JN417956

발 간 등 록 번 호
11-1611000-000057-14

도로설계편람 제5편

교량

2008

머 리 말

그동안 우리나라는 경제발전과 더불어 다양한 사회기반시설을 확충하여 왔습니다. 또한 최근에는 건설기술의 선진화에 많은 노력을 기울이고 있습니다. 이와 같은 노력으로 도로의 가장 중요한 구조물인 교량의 경우 최근 들어 서해대교, 영종대교, 광안대교 등의 장대교량을 우리 기술로 건설할 수 있을 만큼 기술의 발전이 이루어졌습니다.

우리 부에서는 도로설계 기술자들에게 실무적인 도움이 될 수 있도록 도로의 계획에서부터 상세설계까지 전 과정을 체계적으로 정리한 도로설계 편람을 발간하였으며, 이번에 교량편을 개정하게 되었습니다. 이번 개정에서는 최근 개정된 관련 설계기준을 반영하고 최신 설계기술을 적용한 교량형식별 설계사례를 수록하여 편람의 활용도를 향상시켰습니다.

또한 수해에 대비한 설계, 세굴방호공 설계, 선박충돌 방호공 설계, 지진 격리교량 설계, 국내외 최신 설계기술동향, 신기술·신공법, 경관설계, 경제성 검토방법 등을 추가하여 교량의 안전성과 경제성 향상을 도모하였습니다.

개정작업에는 실무 경험이 풍부한 전문가들이 참여하고 토론과 검증, 그리고 자문을 실시하였습니다. 그러나 제한된 연구기간에 방대한 자료를 검토하는 과정에서 일부 미비한 점이 있을 수 있으리라 생각합니다. 이에 대해서는 앞으로 지속적으로 보완 하도록 하겠습니다.

끝으로 개정작업에 참여한 한국건설기술연구원 연구진, 집필위원, 자문위원, 개정심의위원 그리고 관계 공무원 여러분의 노고에 감사드리며, 본 편람이 도로교량을 안전하고 경제적으로 설계하는데 많은 도움이 되기를 기대합니다.

2008년 5월

국토해양부 도로정책관 이 재 홍

이 재홍

본 책자는 도로설계편람 홈페이지 및 국토해양 전자정보관(www.codil.or.kr)에서 열람 및 내려받을 수 있으며, 향후 소폭 개정되는 내용은 도로설계편람 홈페이지에 게시할 예정입니다.

홈페이지 : http://rdguide.kict.re.kr

차 례

501 총 론

502 교량 설계절차

503 교량 기본계획

504 교량계획을 위한 조사

505 설계 기본사항

506 강 교

507 철근콘크리트교

508 프리스트레스트 콘크리트교

509 하부구조

510 내진설계

511 부속장치

부록 A1 최신 설계기술 동향

부록 A2 교량 건설 신기술

참고문헌

찾아보기

501
총 론

501.1 적용범위

1.1 발간 배경

국토해양부에서는 도로설계를 담당하는 일선 기술자들이 설계업무를 효율적이고 충실하게 수행할 수 있도록 하기 위하여 도로의 계획에서부터 상세설계까지 소요되는 업무, 관련기준, 설계과정, 설계흐름, 설계사례 등을 체계적으로 간추려 정리한 『도로설계편람』을 발간하였다. 도로설계편람은 아래와 같이 총 9편으로 구성되어 있다.

- 제1편 총칙
- 제2편 도로계획
- 제3편 기하구조
- 제4편 토공 및 배수
- **제5편 교량**
- 제6편 터널
- 제7편 포장
- 제8편 안전시설
- 제9편 부대시설

도로설계편람 제5편 교량은 2000년에 발간되었으나, 편람 발간 이후 『도로교설계기준』 등 상위기준이 개정됨에 따라 편람의 내용을 상위기준의 관련규정과 부합시키고, 편람의 사용단위계를 상위기준의 단위계인 국제단위계로 통일시키는 것이 필요하게 되었다. 또한, 2000년 발간된 편람의 활용도 및 미비점을 조사·분석한 결과를 반영하고, 최신 교량 설계기술 및 설계사례 등을 도로교 설계 실무자에게 제공하기 위하여 『도로설계편람 제5편 교량』을 전면 개정하게 되었다.

1.2 설계편람 위계

<그림 501.1.1>에는 설계편람의 위계를 설계기준, 지침과 함께 나타내었다. 도로교 설계와 관련된 상위기준은 도로법 제39조의 규정에 따른 『도로의 구조·시설기준에 관한 규칙』과 설계기준이 있으며, 하위기준은 지침과 편람이 있다.

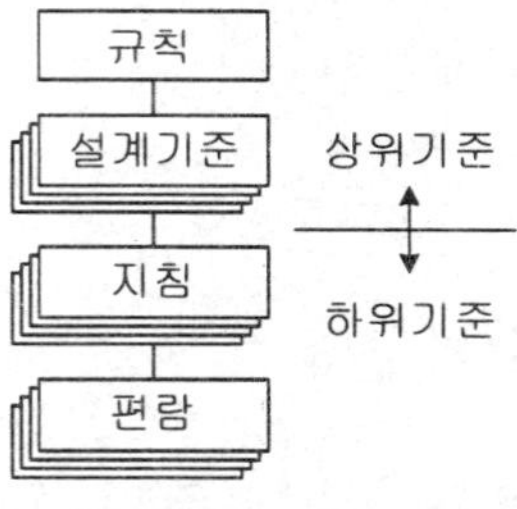

<그림 501.1.1> 설계기준의 구성체계

설계편람은 도로교의 계획, 조사, 설계 등 설계 전 과정 및 단계에서 나열할 사항을 기본으로 하여 특별한 공종과 직접적으로 관련되지 않아 기준에 기술하기에 곤란한 사항, 설계 기술자가 업무수행을 위하여 필요한 사항들을 간추려 정리 및 작성하여 실무에서 쉽게 활용하도록 만든 참고도서를 말한다.

설계기준은 해당 시설물이 품질, 안전, 성능 등을 유지하기 위한 설계조건의 한계를 규정한 기준이다. 설계지침은 설계에 필요한 기술적인 사항들에 대하여 특별히 시설물별로 적절히 응용함으로서 건설공사에 도움이 될 수 있게 세부적인 사항을 정한 도서로서 발주청, 학회, 협회에서 자체적으로 제정 및 관리하고 있다.

1.3 적용범위

본 편람의 적용범위는 상위기준인『도로교설계기준』과 적용범위를 동일하게 설정하여 지간 200 m 이하의 도로교 설계에 적용하는 것을 원칙으로 하였다. 본 편람은『도로교설계기준』을 기준으로 작성되었으며, 501.3에 열거한 관련 기준의 규정이 『도로교설계기준』의 해당 규정과 상충되는 경우 『도로교설계기준』의 규정을 우선적으로 적용하였다.

본 편람은 상위기준에 명시되어 있지는 않으나 설계 업무수행을 위하여 필요한 사항, 상위 설계기준에서 기술하기에 곤란한 사항, 보편적으로 인정되고 있는 설계 기술자의 경험 등을 정리한 설계 참고자료이다. 따라서 본 편람보다 관련법규, 설계기준, 시방서, 발주청 지침을 우선적으로 적용하여야 하며, 편람에 기술된 내용은 설계 기술자가 보다 발전적인 설계를 위한 보조 자료로 활용하도록 한다.

501.2 용어와 기호

편람에 사용된 용어와 기호는 『도로교설계기준』의 정의를 따랐다. 다만, 『도로교설계기준』에 정의가 없는 용어와 기호는 해당 기준 및 참고문헌의 정의를 따랐다. 편람에 사용한 용어와 기호가 관련기준에서 정의되지 아니한 경우 이를 편람 해당 절의 본문에서 별도로 정의하였다.

편람에서 자주 인용된 기호의 정의는 다음과 같다.

A : 부재의 단면적 (mm^2)
E : 재료의 탄성계수 (MPa)
f : 부재에 작용하는 수직응력 (MPa)
f_{ck} : 콘크리트의 설계기준강도 (MPa)
f_y : 철근의 설계항복강도 (MPa)
G : 재료의 전단탄성계수 (MPa)
I : 단면2차모멘트 (mm^4)
L : 부재의 길이 또는 지간장 (m)
M : 부재에 작용하는 모멘트 (kNm)
V : 부재에 작용하는 전단력 (kN)
v : 부재에 작용하는 전단응력 (MPa)

501.3 관련 기준

본 편람의 내용을 간결하게 작성하기 위하여 관련기준에 기술된 내용은 가급적 중복 기술을 피하고 원문의 내용을 참고할 수 있도록 본문에 기준명과 해당 절을 인용하였다. 다만, 관련 규정의 상호비교를 필요로 하는 등 해당 규정을 인용하는 것 보다는 본문에 기술하는 것이 이해에 도움이 되는 경우에는 해당 규정을 본문에 기술하였다.

본 편람에서 인용 또는 기술되지 않은 사항에 대해서는 다음과 같은 관련 기준 또는 규정을 적용하도록 한다.

- 도로설계기준(건설교통부, 2005)
- 도로교설계기준(국토해양부, 2008)
- 콘크리트구조설계기준(건설교통부, 2007)
- 구조물기초설계기준(건설교통부, 2002)
- 하천설계기준 · 해설(건설교통부, 2005)
- 도로교표준시방서-부록(하중-저항계수 설계편) (건설교통부, 1996)
- 도로교표준시방서(건설교통부, 2005)
- 콘크리트표준시방서(건설교통부, 2003)
- 도로공사표준시방서(건설교통부, 2003)
- 토목공사일반표준시방서(대한토목학회, 2005)

본 편람에서 인용된 관련 기준 중에서 자주 인용되는 상위 및 하위기준은 다음과 같이 약칭과 해당 절 번호로 기재하였다.

- 도로교설계기준 → [도 · 설 2.1.7]
- 도로교표준시방서 → [도 · 시 2.3]
- 콘크리트구조설계기준 → [콘 · 설 2.2.2]
- 강도로교상세부설계지침 → [강 · 설 2.1]

외국 설계기준 중에서 본문에 참고문헌으로 자주 인용된 미국 도로교설계기준인 『AASHTO LRFD Bridge Design Specifications』은 [AASHTO LRFD, 해당 절 번호]로 인용하였다.

501.4 구성 체계

본 편람의 각 장은 다음과 같은 원칙을 적용하여 작성하였다.

- 일반도로 상에 교량을 가설하는 경우 적용할 수 있는 설계사항을 수집하여 정리한다.
- 본 편람의 적용범위를 벗어나는 장대지간에 적합한 교량형식 및 특수교량형식에 해당하는 사항에 대하여는 상세한 기술을 하지 않는다. 다만, 실무자의 이해를 돕기 위하여 특수교를 포함하여 도로교 설계 최신 기술동향을 부록편에 기술한다.
- 가장 일반적으로 설계되고 있는 교량형식을 도출하기 위하여 우리나라에 가설되어있는 교량의 현황을 검토하였다. 또한, 최근 설계 실적이 많고, 교량설계 관련 실무자 및 전문가를 대상으로 실시한 설문조사 결과를 근거로 본 편람에 반영 요구가 많은 교량형식을 선정하여 상세 설계 예 작성 대상으로 한다.
- 하부구조에 대해서도 상부구조와 마찬가지로 교량현황의 분석과 설문조사 결과를 바탕으로 작성 대상범위를 결정한다.
- 설계 예에서 교량을 구성하는 재료적 분류에 따라 상부구조형식은 강교, 철근콘크리트교, 프리스트레스트 콘크리트교로 한다. 하부구조는 교대, 교각, 기초로 구성하고 부속장치는 신축이음과 받침으로 구성한다.

편람은 아래와 같이 구성되어 있다.

- 제501장 총론
- 제502장 교량 설계절차
- 제503장 교량 기본계획
- 제504장 교량계획을 위한 조사
- 제505장 설계 기본사항
- 제506장 강교
- 제507장 철근콘크리트교
- 제508장 프리스트레스트 콘크리트교
- 제509장 하부구조
- 제510장 내진설계
- 제511장 부속장치
- 부록 A1 최신 설계기술 동향
- 부록 A2 교량 건설신기술
- 참고문헌

편람의 전반부(501～505)에는 교량의 설계절차, 교량계획, 조사 · 시험, 설계 기본사항 등을 기술한다. 후반부에는 교량의 분류체계에 맞추어 교량형식별 설계고려사항을 기술한다. 후반부(506～511)에는 도로교 설계에서 가장 일반적으로 적용되고 있는 교량 형식 및 부재의 설계와 관련된 세부사항을 단계별 설계절차, 설계 예 등을 활용하여 상세하게 기술하였다.

편람은 특수교, 장대교량을 제외한 일반교량의 설계에 있어서 경험이 부족한 설계자가 교량의 설계흐름을 쉽게 파악하게 하고 관련 기술적 내용을 일목요연하게 파악할 수 있도록 기술하여 활용도를 높이고자 하였다. 설계 예 작성 대상으로 선정한 교량형식 및 부재에 대해서는 다음과 같이 본문을 구성하였다.

- 공통사항
- 설계흐름도
- 설계단계별 고려사항
- 설계 예

501.5 사용단위계

본 편람에서 사용한 단위계는 원칙적으로 국제단위계(SI Units)를 적용하였으며, 단위의 명칭과 기호는 1979년 제16차 국제도량형총회에서 채택한 단위의 명칭과 기호를 사용하였다. 다만, 외국 기준의 도표, 공식 등에서 국제 단위계로 변경 또는 환산할 수 없는 경우에는 해당 기준에서 사용한 단위계로 표기하였다.

본 편람에 사용된 주요 단위의 명칭과 기호를 <표 501.5.1>에 정리하였다. 국제단위계 표기방법에 따라 본문에서 단위 기호(m, kN 등)는 로마체(직립체)로 표기하였고 숫자와 단위 기호사이(예 : 20 MPa)는 한 칸을 띄어서 표기하였다. 관련기준에 정의되어 있는 영문약호(예 : f_{ck}, L, h, B)는 이탤릭체(사립체)로 표기하였다. 도로교설계기준에서는 모멘트의 단위를 'N-m' 또는 'N-mm'로 표기하고 있으나 '-' 또는 '·'를 제외하는 것이 국제적인 추세이므로 편람에서는 'Nm' 또는 'Nmm'로 표기를 통일하였다.

과거 상위 및 하위 설계기준에서 사용하였던 CGS 및 MKS 단위계에 따른 힘(하중)과 응력의 단위를 국제단위로 치환할 수 있도록 주요 단위계 치환표를 <표 501.5.2>에 정리하였다.

<표 501.5.1> 주요 국제단위 및 기호

구 분		명칭	기호
기본량	길이	미터	m
	질량	킬로그램	kg
유도량	넓이	제곱미터	m^2
	부피	세제곱미터	m^3
	밀도		kg/m^3
	힘	뉴턴	N
	모멘트	뉴턴 미터	Nm
	응력	파스칼	Pa
접두어 (십진배수)	10^3	킬로	k
	10^6	메가	M
	10^9	기가	G

<표 501.5.2> 주요 단위계 치환표

힘	N	kgf	tonf
N	1	0.10197	0.10197×10^{-3}
kgf	9.807	1	10^{-3}
tonf	9.807×10^3	10^3	1

응력	kgf/cm^2	Pa (N/m^2)	MPa (N/mm^2)
kgf/cm^2	1	0.9807×10^5	0.09807
Pa (N/m^2)	1.0197×10^{-5}	1	10^{-6}
MPa (N/mm^2)	10.197	10^6	1

501.6 한계사항

편람에 수록된 설계 예는 가상의 교량에 대하여 일반적인 설계조건을 가정하여 작성된 것이므로 그 결과를 교량 설계용역의 성과품 또는 교량 설계자료 등으로 활용해서는 안된다. 또한, 설계 예는 관련기준의 적용, 구조계산 절차와 방법, 결과 정리방법 등을 경험이 부족한 설계자에게 예시하기 위한 목적으로 작성되었으므로 도출된 결과가 교량 설계조건에 따라 최적화된 사항이 아닐 수 있다.

따라서, 도로교 설계자는 교량의 기능성, 경제성, 시공성, 유지관리 편의성 등 다양한 요구조건을 정확하게 파악하고, 관련기준, 발주청 지침 등을 적용하여 교량을 설계하여야 하며, 기술적 지식과 경험은 물론, 설계철학과 창의력을 발휘하여 보다 발전된 설계를 하여야 한다.

편람은 현행 법규, 설계기준 및 시방서의 관련 규정을 반영하여 작성되었으나, 관련 규정은 지속적으로 개정되고 있으므로 관련기준 개정 시 개정된 규정을 적용하여야 한다. 다만, 본 편람에서는 관련 기준 및 규정이 개정되더라도 해당 규정만 변경 적용하는 경우 전체 설계흐름을 이해하는데 큰 영향이 없도록 구성하였다.

502
교량 설계절차

502.1 교량계획

도로교는 도로가 통행을 저해하는 지형 및 공간적 장애물(하천, 계곡, 도로, 철도 등)을 만났을 때 장애물의 상부로 통행할 수 있도록 축조하는 도로구조물이다. 반면에 암거는 구조물 하부로 통수 또는 통행을 주목적으로 축조되는 도로 또는 도로 이외의 구조물로서 교량으로 분류하지 않는다.

최근 경제발전과 사회적 요구의 변화로 인하여 도로의 품질이 향상되었고, 이에 따라 고품질의 교량 가설이 요구되고 있다. 이를 위해 교량의 계획단계에서는 교량의 선형, 가설상의 제약조건, 구조설계기준 만족, 내구성과 안전성 확보, 교장 및 경간분할, 하부구조의 형식 및 형상, 기초 형식 및 공법 결정 등이 이루어지게 된다. 특히, 최근에는 주변환경과 조화를 이룰 수 있는 교량의 경관설계가 부각되고 있다. 계획단계에서 치밀한 조사를 행한 체계적인 계획 수립은 향후 교량의 설계단계와 공용단계에서 교량 성능에 큰 영향을 미치게 되므로, 교량계획은 신중하게 이루어져야 한다.

교량계획을 성공적으로 수행하기 위해서는 설계·시공에 관련된 풍부한 실무경험과 교량의 거동에 대한 이해, 설계 및 해석기법에 대한 폭 넓은 지식, 신재료 및 신기술의 접목, 연관 분야 기술의 이해가 있어야 한다. 이를 바탕으로 계획단계에서 교량 설계기술자는 교량의 안전성 및 내구성 확보, 이를 위한 적절한 교량 형식과 가설공법의 선정, 가설후의 유지관리 편의성, 교량 가설이 미치는 사회적·환경적 영향 등에 대해 면밀하게 검토하여야 한다.

502.2 단계별 설계절차

교량의 설계과정은 타당성 조사, 기본설계, 실시설계의 순서로 진행되며, 각 단계별 과업의 정의 및 내용을 『건설공사의 설계도서 작성기준(건설교통부, 2005)』에 근거하여 교량 위주로 정리하면 <표 502.2.1>과 같다. 교량 설계는 일반적으로 도로 설계와 동시에 진행되므로 본 절에 수록되지 않은 도로설계에 관련된 내용은 『도로설계편람 제1편 도로설계절차』를 참조하도록 한다.

2.1 타당성 조사

교량의 규모나 중요성, 가설지점의 상태를 정확히 파악함으로써, 교량 건설 기간 중 큰 변경 없이 합리적이고 경제적인 계획, 설계, 시공을 하기 위한 목적으로 타당성 조사를 실시한다. 타당성 조사에서는 실측도 작성, 가설위치 선정, 교량 형식과 경간장 등을 결정하기 위하여 기본조사를 실시하고, 이를 바탕으로 실측도를 작성하며, 가설지점의 고수위와 저수위, 접속도로와 기타 도로와의 관계, 장래 도로신설 및 확장계획, 하천의 유량과 주변 지형, 하상변화, 지질 등을 조사하여야 한다.

타당성 조사는 계획단계에서 수행되는 것이 일반적이나, 설계단계 또는 설계심의 후 추가 조사가 요구되는 경우에는 재조사가 실시되며, 최종 조사보고서로 작성 된다. 한편, 교량의 가설을 위하여 용지보상이 필요한 경우에는 용지보상의 근거자료인 용지도 및 지장물 조서를 작성할 수도 있다.

<표 502.2.1> 단계별 설계과정 분류

구 분	정 의	내 용
타당성 조사	• 교량공사에 대한 사업비의 기본구상을 토대로 경제적 타당성, 재무적 타당성, 기술적 타당성, 사회 및 환경적 타당성을 사전에 종합적으로 판단하며 여러 대안을 비교 · 검토하여 최적안을 선정 • 교량사업의 기본계획을 수립하고 설계용역에 필요한 기술자료를 작성	• 지형, 지질, 교차로, 지하매설물, 하천, 바다, 토질, 지진, 기상, 교량 부속물, 부식, 재료, 시공성 등의 조사 • 적용 가능한 교량의 대안 선정 • 추정사업비 산출 및 분석 • 타당성 조사 보고서 작성 • 교통분석, 경제성 분석 등
기본 설계	• 타당성 조사 결과를 근거로 교량의 규모, 배치, 형식, 공사방법 및 기간, 소요비용 등에 대해 일반적인 조사 및 분석, 비교 · 검토를 거쳐 최적안을 선정하고 교량의 예비설계를 수행하며, 설계기준 및 조건 등 실시설계용역에 필요한 기술자료를 작성하는 단계 • 실시설계에서 고려하여야 하는 조건과 설계방향 및 설계기준을 제시하는 단계로서 다양한 교량형식의 적용성 검토, 주요수량에 근거한 예상사업비 산출 등의 내용을 포함	• 구조계산서, 수리계산서 작성 - 주요부재의 구조계산 - 교량 형식 및 주요제원 결정 - 교량 형식별 검토 자료 - 사용재료 결정 - 각 형식의 장단점 분석 - 난간, 배수구, 신축이음, 받침 등 형식비교 검토 • 지질 및 지반조사 보고서 작성 • 기본설계 도면 작성 - 종단면도, 횡단면도, 평면도, 토질주상도 • 기본설계 예산서 작성 - 개략 공사비 및 유지관리비 비교 • 확인조사 및 여건변동조사 • 시공법 결정 • 교량형식별 설계 가정의 적정성, 시공성 등 검토 • 중요하지 않은 상세설계 생략
실시 설계	• 실시설계는 시공을 위한 설계단계 • 기본설계를 토대로 교량의 규모, 배치, 형식, 공사방법 및 기간, 소요비용, 유지관리 등에 관하여 세부조사 및 분석 · 비교 · 검토를 통하여 상세설계를 수행하며 시공 및 유지관리에 필요한 모든 기술자료를 작성하는 단계	• 실시설계 보고서 작성 • 실시설계 도면 작성 - 교량 상세도면 등 • 지질 및 지반조사 보고서 작성 • 공사시방서 작성 • 설계예산서 작성 - 물량 및 공사비 등

타당성 조사과정에서도 사업비 추정 등을 위하여 구조설계를 실시할 수 있는데 그 내용은 다음과 같다.

(1) 설계기준의 설정

- 교량의 등급, 폭원 구성을 제안한다.
- 교량의 설계방법 및 내진설계 등급을 제안한다.
- 계획 시설물 설계에 적용할 홍수재현 빈도에 따른 계획홍수량, 계획홍수위, 다리 밑 공간 및 경간장을 제안한다.
- 교량이 하천을 점용하는 경우에는 『하천설계기준 · 해설(건설교통부, 2005)』 등 관련기준을 고려하여 설치위치의 적정성, 홍수재현 빈도 등을 결정하여야 한다.
- 교량이 해상에 설치되는 경우, 조석의 차 및 설계파고 등을 제안한다.
- 구조물 설계에 적용할 하중의 종류 및 크기 등을 제안한다.

(2) 설계 내용

- 구조물 계획과 결정된 설계기준을 토대로 주요 구조물의 형식을 결정한다. 과업수행방법은 기존 설계자료 및 관련 기술자료를 참조하고 필요시 주요부재의 구조계산을 통하여 계획된 교량형식의 적정성을 확인한다.
- 경제성, 시공성, 안전성, 내구성, 친환경성, 유지관리 등을 고려하여 사용재료를 선정하고, 경간 구성을 결정한다.
- 도로, 철도, 항로 등의 통과와 계획홍수위 등을 고려하여 적정 다리 밑 공간을 결정하고 구조물 설계에 반영한다.

2.2 기본설계

거더높이, 주거더 배치, 주요단면제원, 기초 크기, 말뚝수량 등을 구하고, 물량을 개략 산출하여 구조물 형식비교에 필요한 자료를 작성하는 계획단계와 비교대상 구조물 중 최적형식에 대한 교량제원, 난간, 배수구, 신축이음, 받침 등 교량 부속물의 형식 결정, 사용재료 종류 및 수량 결정, 기타 주요단면 크기 산정, 구조계산, 시공법을 명확하게 하는 설계 단계로 나눌 수 있으며, 이를 기본설계라 한다.

2.2.1 교량 계획단계

교량의 형식은 다음과 같은 요소의 장단점을 비교 · 검토하여 지간, 상부구조, 하부구조 형식을 결정한다.

- 경제성(공사비, 유지관리, 내용연수 등의 적정성)
- 시공성(작업공간확보 및 민원최소화 등)
- 기능성(소음, 진동을 최소화하고 다리 밑 공간 확보 등)
- 안전성
- 미관성
- 유지관리 용이성

(1) 지간구성

- 사용재료 등을 고려하여 적정한 지간을 계획
- 하상 또는 해저면 까지 수심, 지형 등과 기초지반의 상태를 고려하여 지간을 계획
- 계획홍수위 및 홍수량 등을 고려하여 적정지간을 계획하고 홍수시 수위상승으로 기존 제방에 미치는 영향을 최소화
- 교차시설(도로, 철도, 선박의 항로 등)들이 갖는 적정폭을 고려하여 지간 계획
- 지장물 및 기타 장애물을 고려하여 지간 계획
- 주변 경관과 조화를 고려하여 지간 구성

(2) 상부구조형식

- 하중의 종류, 크기, 하부 구조에 미치는 영향 등을 고려

- 운전자의 승차감을 고려하여 가능하면 연속 구조로 계획
- 교차시설(도로, 철도, 선박의 항로 등)을 고려, 적정 다리 밑 공간을 유지 할 수 있도록 계획
- 제작, 가설방법 등을 고려, 적정한 구조형식 계획
- 내구성과 유지관리 등을 고려, 적정 구조형식 계획

(3) 하부구조 및 기초형식

- 상부구조형식, 폭, 사용재료, 하중의 크기 등을 고려하여 하부구조 및 기초 형식 계획
- 내진설계를 고려, 상 · 하부구조 연결부(내진받침, 면진받침, 강결구조 등)를 검토
- 지지층까지 심도, 지반의 상태 등을 고려, 기초의 형식 계획
- 하부구조는 하천 흐름에 방해가 되지 않도록 계획
- 자재 및 장비의 운반 및 진입, 공사방법 등을 고려, 적정 구조형식 계획

(4) 공법

- 계획시설물의 규모, 위치 및 지형지질 동원가능 장비의 성능, 가설제작장 설치가능여부, 공사소요기간, 가설공사비 등을 검토하여 계획
- 주변시설 및 인근 주민에 미치는 소음, 진동, 교통의 혼잡을 최소화할 수 있는 공법 결정
- 하천 또는 해상공사 중 토사유출 등에 의한 주변의 오염을 최소화할 수 있도록 계획

2.2.2 교량 설계단계

설계단계에서는 타당성 조사에서 적용한 설계기준에 대해 적정성을 검토하고 설계를 수행하며, 그 내용은 다음과 같다.

(1) 설계기준

- 설계속도, 소요차로, 폭원구성, 구조물 연장 등을 결정
- 구조물 설계방법과 내진설계 등급 결정
- 재현빈도에 따른 계획홍수량 및 계획홍수위 결정
- 설계하중의 종류, 크기를 결정
- 사용재료의 종류 및 특성(재질, 강도) 설정
- 해상에 가설되는 경우 조수간만의 차, 설계파고 등을 결정
- 설계에 적용할 설계기준, 시방서, 지침, 편람 등을 규정

(2) 교량설계

- 조사 및 계획에 의한 주요 교량의 형식을 비교, 검토하여 최적형식을 결정하고, 이때 구조형식에 따라 상부구조, 하부구조, 기초구조의 단면을 설정하고, 구조물의 안전성, 내구성, 사용성 등을 검토
- 주요 구조부재에 대한 단면을 가정하고, 관련 설계기준에 규정된 해석방법으로 모델링하여 구조계산에 필요한 단면계수를 산출
- 최대단면력이 산출될 수 있도록 하중조합은 가장 불리한 조건이 되는 재하위치를 결정
- 설계방법에 따른 하중계수, 강도감소계수 등을 적용
- 시공방법 및 순서를 고려하여 구조계산을 수행하되 교량의 대표적인 단면에 대하여 수행
- 산출된 최대단면력(휨모멘트, 축력, 전단력, 비틀림모멘트)에 대한 안전성을 설계기준에 근거하여 검토 · 확인
- 사장교, 현수교와 같이 케이블지지 특수교량은 풍하중에 대한 안정성을 검토
- 구조계산에 따른 전산프로그램은 검증된 것을 사용
- 개략 구조계산에 따른 주요 구조물의 표준단면도 및 표준구조상세도를 작성

한편 기본설계시 설계자는 발주청의 과업지시서에 따른 사업내용을 충분히 파악하고, 해당사업에

대한 발주청의 의도를 정확하게 파악하며, 설계 및 제반법규 등을 조사한다. 해당사업의 기본계획, 타당성 조사보고서에 대하여 발주청 자료, 기존 설계자료 등을 참고하여 추가 조사항목, 수집할 자료 등 설계를 위해 필요한 정보가 검토된다.

2.3 실시설계

실시설계란 기본설계를 구체화하여 구조물을 정확하게 시공하는데 필요한 설계로서, 시공을 위한 설계이다. 따라서 시공에 필요한 주의사항을 시공계획서 등에 기술하여 시공자에게 설계자의 의도를 충분히 전달할 수 있어야 한다.

설계자는 발주청이 제시하는 입찰공고, 과업지시서와 발주청 자료 등으로부터 사업의 개요, 목적, 범위, 설계방침, 용역성과품 범위 등 설계업무수행에 관련된 정보를 획득하고, 축적된 설계기술을 활용하여 용역성과품을 작성하는 것이다. 이러한 실시설계 과정은 관련 법규 및 규정(국가를 당사자로 하는 계약에 관한 법률, 건설기술관리법 등)에 의하여 통제된다.

실시설계단계는 설계기준 검토, 구조해석, 설계도면 작성, 공사시방서 작성, 건설사업비 산출 등으로 구성된다. 따라서 실시설계는 계획단계에서 타당성조사 보고서, 기본설계 검토결과, 유사 규모의 시설물 자료 등 관련 설계자료를 이용하여 실시설계단계에서 구조계산서, 실시설계도면, 공사시방서, 설계내역서 등을 작성하며, 설계심의단계에서 지적사항이 있을 경우에는 이를 반영하게 된다.

실시설계업무도 계획단계와 설계단계로 구분할 수 있으며, 그 상세 내용은 다음과 같다.

2.3.1 교량 계획단계

기본설계에서 검토되지 않았거나 생략된 교량가설과 관련된 모든 사항에 대해 경제성, 시공성, 안전성, 유지관리 각각의 장단점을 검토하여 결정한다.

(1) 지간구성

- 상부구조형식, 사용재료 등을 고려하여 적정 지간 계획
- 하상 또는 해저면까지의 수심, 지형 등과 기초지반 상태를 고려하여 지간 계획
- 계획홍수위 및 홍수량을 고려하여 적정지간을 계획하고 홍수시 수위상승으로 기존 제방에 미치는 영향을 최소화
- 교차시설(도로, 철도, 선박의 항로 등)이 갖는 적정폭을 고려하여 지간 계획
- 주변 경관과 조화를 고려하여 지간 구성

(2) 상부구조 형식

- 하중 종류, 크기, 하부구조에 미치는 영향을 고려
- 교차시설(도로, 철도, 선박의 항로 등)을 고려, 적정 다리 밑 공간을 유지할 수 있도록 계획
- 제작, 가설 등을 고려, 적정 형식을 계획
- 내구성과 유지관리 등을 고려, 적정 구조형식 계획
- 신축이음은 상부구조 형식 및 연장, 사용재료 등을 고려하여 선정

(3) 하부구조 및 기초형식

- 상부구조 형식, 폭, 사용재료, 하중 크기 등을 고려하여 하부구조 및 기초형식 계획
- 내진설계, 상 · 하부구조 연결부 등을 검토
- 지지층까지 심도, 지반상태 등을 고려, 기초형식 계획
- 하부구조는 하천 흐름에 방해가 되지 않도록 계획
- 자재, 장비의 운반 및 진입, 공사방법 등을 고려, 적정 구조형식 계획
- 홍수, 파랑에 의한 세굴, 손상 등을 고려하여 적정 구조형식 계획
- 받침은 하중 크기, 상부구조 형식, 지간구성 등을 고려, 선정

(4) 공법선정

- 계획시설물의 규모, 위치 및 지형, 지질, 동원 가능 장비 성능, 가설 제작장 설치 가능 여부, 공사소요기간, 가설공사비 등을 검토하여 계획
- 주변시설, 인근 주민에 미치는 소음, 진동, 교통혼잡을 최소화할 수 있는 공법 결정
- 하천 또는 해상 공사 중 토사유출 등에 의한 주변 오염을 최소화 할 수 있도록 계획

2.3.2 교량 설계단계

기본설계용역의 결과를 참조하여 다음과 같은 사항을 확정하고 상세설계를 수행한다.

(1) 설계기준

- 소요차로, 폭원구성, 구조물 연장
- 구조물 설계방법과 내진설계 등급
- 계획홍수량 및 계획홍수위
- 설계하중의 종류, 크기 및 부가하중
- 사용재료의 종류 및 특성(재질, 강도)
- 조수간만의 차, 설계파고, 조류 속도
- 설계기준, 시방서, 지침, 편람 등 규정

(2) 공법검토

제2.3.1절 교량계획단계의 (4) 공법선정과 동일한 방법으로 검토한다.

(3) 구조설계

- 조사 및 계획업무 결과로 선정된 최적의 구조형식에 따라 상부구조, 하부구조, 기초구조의 단면을 설정하고, 구조물의 안전성, 내구성, 사용성 등을 검토한 후 상세설계
- 관련 시방서 및 규정, 지침에 따라 세부사항 검토 후 설계
- 구조물의 각 단면을 상세하게 선정하고, 관련 설계기준에 규정된 해석방법으로 모델링하여 구조계산에 필요한 단면계수를 산출
- 주하중 및 부가하중을 선정하여 최대단면력이 산출되도록 하중재하 위치를 결정
- 지진력 계산은 구조물 형식, 형태를 고려하여 계산방법을 결정
- 설계방법에 따른 하중계수, 강도감소계수 등을 적용
- 시공방법 및 순서를 고려하여 구조계산 수행
- 산출된 최대단면력(휨모멘트, 축력, 전단력, 비틀림모멘트)에 대한 안전성, 내구성, 사용성 등을 검토 · 확인
- 상부구조의 처짐, 하부구조의 전도 및 활동, 기초구조의 지지력, 변위 등을 검토
- 구조물에 국부적으로 작용하는 하중 및 단면력을 산정하고, 안전성을 확인
- 사장교, 현수교와 같은 특수교량은 풍하중에 대한 안정성을 반드시 검토
- 강도설계 및 피로설계에 따른 상세사항을 관련 기준에 따라 설계
- 하중집중부에 대한 상세설계를 관련 기준에 따라 설계
- 받침부와 상하구조물 연결구조를 상세히 검토하여 설계
- 온도변화에 따른 구조물의 변위 및 구조물 단면력을 상세히 검토하여 설계
- 구조계산에 사용하는 전산프로그램은 검증된 것을 사용
- 중요 가시설물에 대해서는 상세히 검토하여 설계

(4) 교면포장설계

- 상부구조 형식을 고려하여 적정 포장방법 고려
- 소음, 진동과 승차감을 고려, 선정

- 추정 교통량, 기후 등을 기초하여 설계
- 차량하중에 의한 충격과 우수 등 기상조건을 고려, 교면 구조물이 보호될 수 있도록 설계
- 교면과 부착성이 좋고 반복되는 휨응력에 견딜 수 있도록 마모층과 방수층을 설계
- 도로와의 연결부, 갓길 등의 포장은 차량, 폭우에 의해 세굴 또는 파손되지 않도록 설계
- 소성변형을 고려, 적정 포장공법 설계

(5) 부속시설설계

- 도로 조명기준 등에 의해 가로등 간격, 높이, 밝기 등을 검토
- 선박 운항을 고려, 관련규정(항만 및 어항설계기준)에 따른 항로표시 등을 설치
- 선박의 충돌로 인한 하부구조의 피해를 막기 위해 선박충돌 방지공을 검토
- 난간, 방호책, 중앙분리대, 경계석 등의 크기, 재질을 검토하여, 교량의 안전기능을 확보하도록 설계
- 교명주 등은 발주청과 협의하여 위치, 크기, 재료를 결정
- 유지관리시설을 검토
  - · 점검통로 및 교각 안전난간
  - · 박스거더 내부 조명 및 환기시설
  - · 계측기기
  - · 기타 유지관리에 필요한 시설

2.4 설계단계 통합수행

설계용역은 타당성조사, 기본설계, 실시설계를 순차적으로 시행하는 것이 일반적이나, 공사의 규모와 특성에 따른 발주청의 판단에 따라 타당성조사와 기본설계 또는 기본설계와 실시설계를 함께 시행할 수 있다. 이 경우 발주청은 타당성조사 과업지시서와 기본설계 과업지시서를 통합하거나 또는 기본설계 과업지시서와 실시설계 과업지시서를 통합할 수 있으며, 각 통합과업지시서의 내용은 개별과업지시서의 내용을 충분히 참고하여 작성한다. 또한 기본계획 고시가 필요한 사업은 기본계획 고시에 필요한 제반사항을 타당성조사 또는 기본설계과업에 포함하여 시행할 수 있다.

설계와 시공을 일괄 발주(Design Build)하는 경우에는 기본설계단계를 별도 구분하지 않지만, 일반적으로 구조물의 형식 및 가설공법이 결정되는 단계까지를 기본설계로 간주한다. 따라서, 기본설계의 범위는 공사특성이나 발주청에 따라 유동적이나, 실시설계의 경우에는 공사특성에 관계없이 용역 범위와 수행절차가 유사하다.

502.3 성과품

설계용역 성과품의 구성체계가 각 발주청별로 상이하고 타당성조사 및 기본설계 등 설계 초기단계 업무의 미흡, 설계단계별 업무범위 및 내용의 모호함 등의 문제점이 대두됨에 따라 이러한 문제점을 해결하고 건설공사 설계업무의 표준화 및 선진화를 위한 기반으로서 건설공사의 공종별로 표준화 된 「건설공사의 설계도서 작성기준」을 1998년에 제정하게 되었다. 그 이후 관계 법령과 설계기준의 변경, 발주청 자료조사 등을 거쳐 2005년 개정되었다.

「건설공사의 설계도서 작성기준(건설교통부, 2005)」은 각 발주청이 시행하는 토목공사의 설계단계별 업무를 표준화함으로써 설계업무의 효율화 및 내실화를 도모하기 위한 것이다. 이 기준은 발주청이 과업의 성격에 따라 추가·변경하여 적용할 수 있는 것이다.

3.1 성과품 작성

설계자는 과업착수시 예정공정표, 사업책임 기술자 선임신고서가 포함된 착수보고서를 발주청에게 제출한다.

착수보고서를 제출하고, 현장여건 등을 검토한 후 과업수행계획서를 제출하게 되는데, 다음과 같은 내용이 포함된다.

- 세부공정계획서
- 과업의 단계별 성과품 제출 계획서
- 과업수행조직 및 인력(장비) 투입 계획서
- 건설기술 경력사항 확인서
- 참여기술자 인적사항, 참여과업내용 및 참여 예상기간

타당성 조사에서 발주청은 타당성 조사용역을 발주하여 과업지시서(과업수행계획서)에 따라 현장조사 및 타당성 조사가 이루어지면 타당성조사 보고서를 평가하여 평가보고서를 작성하게 된다. 따라서 설계자는 과업지시서에 내용을 숙지하여 타당성 조사보고서를 작성하여야 한다.

발주청은 사업시행계획서, 관련 법규, 사업예산에 따라 설계용역을 발주하고, 설계용역계약서 및 설계방침에 따라 기본설계, 실시설계가 이루어지도록 관리한다. 발주청은 설계의 품질확보를 위해 설계자문위원회를 조직·운영하거나 설계감리를 시행하게 된다. 따라서 설계자는 설계 완료 전에 주요 성과물에 대한 심의를 통해 설계의 적정성을 검토하고 타당한 심의결과를 설계에 반영하여 실시설계를 확정하여야 한다.

3.2 성과품 내용

설계용역 성과품과 관련하여 일반적인 설계도서 작성기준을 『건설기술개발 및 관리 등에 관한 운영규정(국토해양부, 2008)』, 『건설공사의 설계도서 작성기준(건설교통부, 2005)』에서 설계 단계별 업무를 명확하게 구분하고 있으며, 발주청의 기준과 과업성격에 따라 성과품을 추가·변경하여 적용하도록 하였다.

일반적으로 제출하는 설계용역 성과품을 설계 단계별로 기술하면 다음과 같다.

3.2.1 타당성 조사용역 성과품

건설공사에 대한 사업비의 기본구상을 토대로 경제적 타당성, 투자우선순위평가, 재무적 타당성, 기술적 타당성, 사회 및 환경적 타당성을 사전에 종합적으로 판단하며 목적 시설물의 실현방법에 있어 여러 대안을 비교·검토 최적 안을 선정, 그에 대한 사업의 기본계획을 수립하고, 기본설계 용역에 기본이 되는 기술자료를 작성하며, 교통체계효율화법에 의하여 공공교통시설에 대해서는 『공공교통시설 개발사업에 관한 투자평가지침(건설교통부, 2002)』을 활용하여 작성하는 단계이다.

타당성조사의 교량설계 관련 성과품 및 주요 내용은 다음과 같다.

(1) 타당성 조사보고서

- 과업의 개요(목적, 범위, 내용, 과업수행방법 등)
- 관련계획조사, 현지조사 및 답사
  - 교통량 및 교통시설조사, 수리·수문조사
  - 기상·해상조사, 선박운항조사, 환경영향 조사
- 교량형식 검토·평가
- 계획
- 노선대 검토
  - 후보노선대 설정 및 검토, 평가
  - 최적노선대 선정 및 노선계획
  - 최적노선대의 주요 구조물
- 추정사업비 산출

(2) 타당성 조사보고서 별책 부록

- 교통분석
- 경제성 및 재무 분석
- 추정수량 및 추정공사비 산출서

(3) 설계도면

- 노선도(축척 1/25,000~1/50,000)
  - 후보노선대
  - 최적노선대
- 노선 종·평면도(H=1/5,000, V=1/500)

3.2.2 기본설계용역 성과품

타당성조사를 토대로 대상시설물의 규모, 배치, 형태, 공사방법 및 기간, 소요비용 등에 있어 일반적인 조사 및 분석, 비교·검토를 거쳐 최적 안을 선정하고 주요 시설물에 대해서만 예비설계를 수행하며, 설계기준 및 조건 등 실시설계 용역에 필요한 기술자료를 작성하는 단계의 성과품이다.

기본설계 용역의 교량설계관련 성과품 및 주요 내용은 다음과 같다.

(1) 기본설계보고서

· 공사개요(목적, 규모, 범위, 내용, 과업수행방법 등)

· 현지조사, 수리·수문조사, 환경영향조사, 측량조사, 지질 및 지반조사, 지장물 및 구조물조사, 토취장· 골재장·사토장 조사

· 계획

- 구조물계획

- 설계기준 작성

· 기본설계(설계기준 및 조건, 교량공, 기타)

· 기본사업비

· 부록(각종 조사자료, 선형계산서, 기술심의 및 자문사항, 업무협의 및 지시사항, 관계기관 협의자료, 주민공청회 결과, 설계의 경제성 등)

(2) 주요 구조 및 수리계산서

· 주요 구조계산서

- 개요

- 구조계획도

- 설계조건(구조형식, 설계방법, 설계하중, 사용자재 및 특성, 지반조건 및 물성치, 사용프로그램, 설계기준 및 지침, 기타)

- 주요 구조계산(개요, 사용자재, 단면상수, 하중조건, 설계단면력, 단면응력 검토, 안정검토)

· 주요 수리계산서

(3) 지질 및 지반조사 보고서

(4) 기본설계예산서

· 기본설계내역서

· 기본단가산출서

· 기본수량산출서

(5) 기본설계도면

· 주요 구조물 일반도(1/50~1/200)

· 주요 단면 구조상세도(1/10~1/100 : 표준도 및 기본설계단면도)

· 주요 시설계획도(형식, 규모)

3.2.3 실시설계용역 성과품

기본설계를 토대로 목적시설물의 규모, 배치, 형태, 공사방법 및 기간, 소요비용, 유지관리 등에 관하여 세부조사 및 분석, 비교·검토를 통하여 최적 안을 선정하고 상세설계를 수행하며 시공 및 유지관리에 필요한 기술자료를 작성하는 단계의 성과품이다.

실시설계 용역의 교량설계관련 성과품 및 주요 내용은 다음과 같다.

(1) 실시설계보고서

· 공사개요(목적, 범위, 내용, 기간, 과업수행방법, 금액 등)

· 현지조사, 수리·수문조사, 환경영향조사, 측량조사, 지질 및 지반조사, 지장물 및 구조물조사, 토취장·골재장·사토장 조사, 용지조사

· 계획

- 구조물계획

- 설계기준 및 기타

· 상세설계(설계기준 및 조건, 구조물공, 기타)

· 사업비 분석

· 부록(각종 조사자료, 선형계산서, 기술심의 및 자문사항, 업무협의 및 지시사항, 관계기관 협의자료, 주민공청회 결과, 경제성 검토 등)

(2) 지질 및 지반조사 보고서

제504.2절 지반조사 참조

(3) 구조 및 수리계산서

· 구조계산서
  - 개요
  - 구조계획도
  - 설계조건(구조형식, 설계방법, 설계하중, 사용자재 및 특성, 지반조건 및 물성치, 사용프로그램, 설계기준 및 지침, 기타)
  - 구조계산(개요, 구조해석 방법 및 모델, 사용자재, 단면상수, 하중조건, 구조해석, 설계단면력, 단면응력 검토, 기초 허용지지력 계산, 안정검토)
  - 내진설계
  - 가시설(개요, 구조해석 방법 및 모델, 사용자재, 단면상수, 하중조건, 설계단면력, 단면응력 검토, 안정검토, 기타)

· 수리계산서

(4) 설계예산서

· 설계설명서
· 설계내역서
· 단가산출서
· 수량산출서

(5) 실시설계도면

· 구조일반도(1/50~1/200 : 일반구조물, 기초, 가시설, 기타)
· 구조배근도(1/50~1/200 : 일반구조물, 기초, 가시설, 기타)
· 구조상세도(1/10~1/100 : 일반구조물, 기초, 가시설, 기타)
· 부대시설도

(6) 공사시방서

3.3 성과품 검토

교량설계 성과품은 발주청의 최종 승인을 거쳐 제출하게 된다. 이들 성과품의 적정성을 검토하기 위해 발주청은 설계자문위원회를 구성하여 설계심의를 실시한다. 일반적으로 설계단계에서 중요한 결정이 요구되는 경우 설계자문회의를 시행하거나 발주청에게 중간보고를 하여 결정하는데, 설계는 특별한 사유가 없는 한 설계자문에서 지적된 사항을 설계에 반영하여 그 조치결과를 설계자문위원회에 보고하여야 한다.

설계의 적정성을 확보할 목적으로 건설기술관리법 시행령 제2장(건설기술심의위원회)에 따라 중앙위원회, 지방위원회를 구성하여 동법 제9조(중앙위원회의 기능), 제19조(지방위원회의 구성 및 기능 등)에 해당하는 사항을 심의 받도록 되어 있으나, 지방위원회의 경우 동법 제21조(설계자문위원회의 구성 및 기능 등)에 따라 발주청이 설계자문위원회를 구성 · 운영하는 경우에는 심의 대상에서 제외된다.

실시설계 심의는 설계종료 전에 실시설계서를 작성하여 제출하면 발주청에서는 심의위원회에 실시설계 적격여부를 요청하고, 심의위원회는 설계배점표 규정에 의거, 채점하여 발주청에 통보한다.

교량설계 성과품에 대한 검토사항을 점검할 수 있도록 <표 502.3.1>에 교량설계 검토 점검표를 수록하였다. 본 점검표의 검토내용은 기본 및 실시설계에 해당하는 일반적인 내용의 작성사례이며, 교량계획, 가설특성에 따라 점검표를 작성하여 활용한다.

<표 502.3.1> 교량공 설계 검토 점검표 [계속]

구분	검 토 내 용	점검결과		비고
		적합	부적합	
계획	1. 도로선형은 교량계획을 고려하여 결정하였는가?			◉
	2. 교량의 좌표는 도로선형과 일치하는가?			◉
	3. 토공과 교량과의 경제성은 비교, 분석하였는가?			◉
	4. 경제적인 교량형식 선정을 검토하였는가?			
	5. 미관을 위한 교량설계를 고려하였는가?			
	6. 교대설치 위치는 지형, 지질조건 등을 고려하였으며 시공성은 적절한가?			
	7. 관계기관과 사전협의는 하였는가?			◉
	8. 하천개수계획, 계획 홍수량, 계획 홍수위 및 교량 설치위치의 적정성에 대하여 충분히 고려하였는가?			◉
	9. 수심, 유속, 유수 방향에 대한 조사는 충분한가?			
	10. 기초지반 조건, 기초 공사비, 상부 공사비를 연계하여 검토하였는가?			
	11. 교각이 유수흐름에 적절히 정렬되어 치수상 문제가 없도록 계획되었는가?			
	12. 세굴방지를 위한 공법검토 및 설계반영은 적절하였는가?			
	13. 교차하는 도로나 철도의 장래 확장계획을 고려하였는가?			◉
	14. 다리 밑 공간은 충분히 확보하였는가?			◉
	15. 기초의 위치 결정시 지하 매설물 현황을 조사하였는가?			◉
	16. 시공중 교통처리는 가능한가?			◉
	17. 장래 도로확장계획은 고려하였는가?			◉
	18. 도로의 시거 확보 및 미관에 대하여 검토하였는가?			◉
	19. 교량의 설계등급은 적절한가?			◉
	20. 횡단육교 접속도로의 확장계획을 고려하였는가?			◉
설계	1. 기초형식 선정과정은 적절한가?			◉
	2. 하천의 경우, 시공방법, 시공가능기간, 수질오염방지 대책 등에 대하여 검토하였는가?			◉
	3. 파일의 규격, 재질, 간격 및 개수는 적절한가?			
	4. 시공시 소음, 진동 등의 환경조건에 대하여 검토하였는가?			
	5. 하부 구조 설계			
	① 인접 구조물에 대한 악영향에 대하여 검토하였는가?			
	② 기초의 세굴에 대하여 검토하였는가?			
	③ 가시설은 충분히 반영되었는가?			
	④ 기초의 깊이는 보링 조사결과에 맞도록 계획하였는가?			
	⑤ 연약지반 구간에서 교대 수평변위에 대한 대책은 검토되었는가?			
	⑥ 기초침하에 대한 안전 검토는 하였는가?			
	⑦ 하부구조 형식은 교량의 전체적인 미관과 조화되는가?			
	⑧ 가설공법 선정과정은 적절한가?			
	⑨ 가시설은 충분히 반영되었는가?			
	⑩ 교각 보호시설에 대하여 검토하였는가?			
	⑪ 교각 형식과 시거에 대하여 검토하였는가?			

<표 502.3.1> 교량공 설계 검토 점검표

구분	검 토 내 용	점검결과		비고
		적합	부적합	
	6. 상부 구조 설계			
	① 하부 공사비와 연계하여 경제성을 검토하였는가?			
	② 시공성에 대하여 충분히 검토하였는가?			
	③ 국내 설계 기술 수준과 시공 기술 수준은 충분한가?			
	④ 설계기간은 충분한가?			
	⑤ 주변환경과 조화되는 구조형식인가?			
	7. 상세설계 단계			
	① 설계방법(강도설계법, 허용응력설계법) 선택은 적절한가?			
	② 사용재료 및 물리상수는 기준과 일치하는가?			
	③ 전산 입력자료에 대하여 충분히 검토하였는가?			
	④ 전산출력 결과는 적절한가?			
	⑤ 하중 조건은 충분히 고려하였는가?			◉
	⑥ 교좌장치 및 신축이음 장치는 계산값과 비교하여 적절한가?			
	⑦ 우각부 보강철근의 배치는 적절한가?			
설	⑧ ILM으로 시공되는 PSC박스거더 교량에서 수평력에 대한 검토는 되었는가?			
	⑨ 고정단의 위치설정은 적절한가?			
	⑩ 해사 사용시 사용가능 여부에 대한 검토는 충분히 하였는가?			
계	⑪ 교량 배수구 간격 및 규격은 차로수와 지역여건 등을 감안하여 계획하였는가?			
	8. 설계상세도의 작성			
	① 교량 받침의 이동량 및 내하력을 검토 후 도면에 표기하였는가?			◉
	② 설계방법(허용응력설계법, 강도설계법)을 구조물 도면 우측 상단에 표기하였는가?			◉
	③ 연속슬래브 콘크리트 타설 시공순서 및 시공법 등을 도면상에 명기하였는가?			
	④ 시공이음, 신·수축 이음부의 위치, 간격, 설치방법 및 사용재료(채움재) 등에 대한 상세설계 도면과 시공법을 작성, 표기하였는가?			
	⑤ 철근 겹이음 길이는 철근 콘크리트 시방규정에 따라 충분한 이음 길이를 두었으며 동일단면에 집중되지 않도록 겹이음 길이, 겹이음 위치 등의 도면을 작성하였는가?			
	⑥ 철근의 이음부는 구조상 약점이 되는 곳이므로 최대 응력이 작용하는 곳에 이음이 되지 않도록 하였는가?			
	⑦ 철근 배근도에는 정·부 철근 등의 유효 간격 유지 및 철근 피복두께(측저면) 유지용 스페이서 및 체어바의 위치, 설치방법, 재료 및 가공을 위한 상세도면을 작성하였는가?			

주) ◉는 기본설계 및 실시설계에서 검토하는 항목이며, 그 외에는 실시설계에만 검토하는 항목임.

503

교량 기본계획

503.1 개요

1.1 교량 계획 시 고려사항

교량계획에서는 노선의 선형과 지형, 지질, 기상, 교차물 등의 외부적인 제조건, 시공성, 유지관리, 경제성 및 환경과의 미적인 조화를 고려하여 가설위치 및 교량 형식을 선정하여야 하며, 다음 각 요건을 종합적으로 고려하여 결정해야 한다.

- 가설위치와 노선 선형
- 외적 제반조건
- 구조적 안전성과 경제성
- 주행 안전성과 쾌적성
- 시공성과 유지관리성
- 미관
- 지역주민의 의견

1.2 국내 도로교 가설 현황

2007년 교량현황조서(건설교통부, 2006. 12. 31 기준)에 따르면 전체 도로교는 <표 503.1.1>과 같고 상부구조 및 하부구조 형식별 교량현황은 <표 503.1.2> 및 <표 503.1.3>과 같다.

503.2 교량형식 선정

2.1 형식 결정

교량형식 선정의 기본방향은 교량의 가설목적 및 기능을 만족하면서 생애주기비용이 최소가 되도록 하고, 시공성이 우수하며 유지관리가 용이하고, 주변환경과 조화를 이룰 수 있는 교량의 상부구조 및 하부구조 형식을 선정하는 것이다. 교량의 형식 선정과정에는 다음 사항들을 고려한다.

- 교량의 가설목적(기능)에 부합하는 형식(교량길이, 지간, 교대, 교각의 위치와 방향, 다리밑 공간 확보에 적합한 형식)
- 안전성과 시공성이 우수하고 계획된 도로선형에 적합한 형식
- 생애주기비용이 최소화될 수 있는 형식
- 공사비가 유사할 경우에는 시공성과 조형미, 경관미가 우수한 형식

<표 503.1.1> 전국 도로교 총괄표

구 분	계	고속 국도	일반 국도	특별·광역 시도	국가 지원 지방도	지방도	시도	군도	구도
개소수	23,805	6,303	5,570	1,132	960	3,221	2,393	3,843	383
연장(m)	2,139,127.4	774,321.3	526,500.7	242,635.9	71,217.3	179,556.0	146,776.5	181,949.0	16,170.7

<표 503.1.2> 교량 상부구조형식별 교량현황 (단위 : 개소)

상부구조형식	계	고속 국도	일반 국도	특별·광 역시도	국지도	지방도	시도	군도	구도
계	23,805	6,303	5,570	1,132	960	3,221	2,393	3,843	383
RC슬래브교	8,478	298	1,498	350	495	1,860	1,138	2,610	229
RC속빈슬래브교	239	116	52	24	9	11	17	9	1
RC T거더교	847	18	112	37	70	230	159	193	28
강 I거더교	181	42	35	7	11	27	35	23	1
PSC박스거더교	419	253	51	41	16	19	25	12	2
강플레이트거더교	251	103	72	41	1	8	17	2	7
라멘교	5,371	2,034	1,266	147	142	619	507	602	54
트러스교	12	2	2	1	0	0	3	4	0
아치교	92	12	12	17	1	13	15	22	0
사장교	11	2	5	3	0	0	0	1	0
현수교	5	2	1	1	0	0	0	1	0
프리플렉스거더교	685	278	147	65	18	39	60	70	8
PSC합성거더교	3,833	1,739	1,214	156	84	265	174	183	18
PSC슬래브교	350	112	80	14	17	10	84	32	1
PSC속빈슬래브교	43	19	6	11	0	1	5	1	0
RC박스거더교	90	6	11	6	6	4	18	16	23
강박스거더교	2,750	1,263	931	203	83	106	119	41	4
기타	148	4	75	8	7	9	17	21	7

<표 503.1.3> 교량 하부구조형식별 교량현황 (단위 : 개소)

하부구조형식	계	고속 국도	일반 국도	특별·광 역시도	국지도	지방도	시도	군도	구도
계	23,805	6,303	5,570	1,132	960	3,221	2,393	3,843	383
중력식	3,432	39	304	176	186	717	524	1,367	119
벽식	2,189	123	494	74	166	533	236	490	73
구주식	818	410	217	72	20	32	39	24	4
T형 교각식	4,226	1,519	1,000	237	170	509	267	494	30
라멘식	3,369	850	970	267	134	395	391	314	48
아치식	58	2	8	4	1	15	9	19	0
V형 교각식	73	20	6	11	2	12	12	9	1
반중력식	632	26	231	52	11	42	114	147	9
중력식 교대	926	61	117	20	62	231	117	305	13
반중력식 교대	375	85	83	12	28	59	49	43	16
역T형식 교대	2,168	904	869	37	47	79	132	88	12
부벽식 교대	136	35	38	4	5	20	15	18	1
구주식 교대	111	9	12	46	1	25	6	7	5
라멘식 교대	361	12	203	13	5	21	31	74	2
박스식 교대	44	4	15	3	0	0	0	6	16
기타	4,864	2,204	980	104	122	531	451	438	34

자동차 주행의 안정성 및 쾌적성을 좋게 하려면 구조적으로 상로교 형식이 좋고, 신축이음장치가 적은 연속교가 좋다. 특히 도심지에 가설되는 교량은 구조물 자체도 날렵한 느낌을 주는 형식이 좋으며 주위의 경관과 균형을 이루는 것도 중요하다.

2.2 경간 분할

교량의 형식별로 표준적용지간, 거더높이비(거더높이/지간)는 설계조건에 따라 다르지만, 다음과 같은 사항을 고려하여 경간을 분할한다.

2.2.1 미관을 고려한 경간 분할

교량경관설계에 대한 자세한 사항에 대해서는 제503.4절을 참고한다.

- 연속교는 중앙 경간을 측경간 보다 크게 분할하면 안정감이 크게 됨
- 3경간 연속구조일 때는 경간의 개략적 비율이 3:5:3, 4경간 연속구조일 때는 3:4:4:3 이 비례적으로 우수함
- 교량길이가 길고 지형이 평탄할 때는 등경간이 좋음
- 접속교량과의 연결은 경간이 점점 변하여 조화되도록 분할

2.2.2 하천 통과구간의 경간 분할

- 유속이 급변하거나 하상이 급변하는 지역에는 교각을 설치하지 않음
- 저수로 지역에서는 경간을 크게 분할
- 하천 단면을 줄이지 않도록 하고 교각설치로 인한 수위 상승과 배수를 검토
- 유목, 유빙이 있는 하천, 하천 협소부에서는 교각수를 최소화
- 유로가 일정하지 않은 하천에서는 가급적 장경간 선택
- 기존교량에 근접하여 신설교량을 건설할 때는 경간분할을 같게 하거나 하나씩 건너뛰는 교각배치를 하도록 함

수해방지를 위한 교량설계는 편람 부록 A1.12를 참조한다.

2.2.3 경제성을 고려한 경간 분할

- 상부구조와 하부구조의 단위길이 당 건설비가 같거나 상부구조 공사비가 하부구조보다 약간 크게 하는 것이 적절함
- 기초지반이 불량할 때 장경간이 유리, 기초지반이 양호할 때 짧은 경간이 유리
- 하저지반이 불균일할 때는 각 구간별로 나누어 경제성을 검토한 후 경간을 분할

2.3 상부구조형식 선정

교량의 상부구조 형식을 선정할 때에는 구조적으로 안전하고 기능성, 시공성, 경제성, 장래 유지관리 편의성 등을 고려해야 하고 주변 경관과 조화되도록 경관미를 고려하여 선정하는 것이 필요하다. 교량형식 선정은 기본적으로 도로의 평면선형, 종단선형, 교차시설의 교차각, 다리 밑 공간(최소 상부구조 높이), 교량가설 여건을 고려해야 하고 가설목적과 주변 여건에 따라 경제성을 우선적으로 고려할 것이냐, 경관미를 고려할 것이냐가 관건이 될 수 있다.

최근에 교량의 경제성보다는 미관을 고려하여 교량을 설계하는 경우가 다수 있으나 건설공사비 및 유지관리비가 많이 소요되어 비경제적일수도 있다. 상부구조형식 선정과정에서는 구조안전성, 기능성, 시공성, 경제성, 유지관리 편의성, 경관 등 개별요소와 이에 대한 가중치를 반영하여 종합적인 검토가 필요하다. 교량형식 선정과정에서 경제성 검토방법 및 절차는 제503.3절을 참조한다.

교량의 상부구조형식 선정에서는 다음과 같은 단계별 검토가 필요하다.

① 관련법령, 설계기준 검토
- 설계하중 · 도로의 폭원

② 도로의 선형 검토

③ 교량의 평면형상 검토
- 교량의 폭원
- 곡선교, 사교에 대한 검토

④ 교량의 시종점 및 교량길이 검토

⑤ 다리 밑 공간 결정
- 도로 및 철도 횡단, 하천 횡단

⑥ 교량의 경간 분할 검토 및 결정

⑦ 적용 가능한 교량형식 비교 검토

⑧ 교량길이, 경간, 거더높이에 적합한 교량형식 선정
- 기존 교량형식별 설계 및 시공사례
- 외국의 설계자료 및 시공사례

⑨ 시공법에 대한 검토
- 특수공법 도입 여부
- 외국기술 도입 여부
- 국내장비로 시공가능 여부

⑩ 사용재료 및 재질에 대한 검토
- 사용재료의 역학적 성질
- 재료의 내구성
- 사용재료의 확보 가능성

⑪ 유지관리 편의성 검토

⑫ 경관에 대한 검토
- 교량 자체의 조형미
- 주변 경관과의 조화
- 가설 지역의 상징성

⑬ 경제성 검토
- 가치공학(Value Engineering)에 근거한 초기 투자비 검토
- 생애주기비용(Life Cycle Cost) 산정
- 경제성 검토방법은 제503.3절 참조

⑭ 각 교량형식에 대한 비교표 작성

⑮ 교량형식 최종 선정

『국도설계업무매뉴얼(건설교통부, 2007)』의 교량 상부구조형식에 따른 일반적인 적용 지간을 나타내면 <표 503.2.1>과 같다. 그림에서 음영 처리된 구간은 일반적으로 적용되는 지간장을 나타내며, 점선으로 처리된 구간은 적용 가능한 지간장을 나타낸다.

2.3.1 강교

(1) 강교의 형식은 가설조건, 수송조건, 환경조건, 장래유지관리 등을 종합적으로 판단하여 선정하여야 한다.

(2) 비틀림 강성이 작은 플레이트 거더의 선정에 있어서 사각 30° 정도 이하에서는 비합성보로 하는 것이 적합하다. 플레이트거더교 설계는 제506.3절을 참조한다.

(3) 트러스교는 직교에 적용하는 것을 원칙으로 한다.

(4) 강박스거더의 형식은 비틀림강성이 커서 곡선교, 램프교 등에 유리하고 장지간이 가능하여 횡단육교, 과선교에 적합하다. 강박스거더교의 설계는 제506.4절을 참조한다.

(5) 곡선부에 거더를 가설할 경우 횡방향 전도에 대한 검토가 필요하며 단경간 곡선교를 계획할 경우 부반력에 대한 충분한 검토가 필요하다.

(6) 형식선정시 가설공법, 가설기계 능력에 대해서도 검토해야 한다.

2.3.2 콘크리트교

(1) 철근콘크리트 슬래브교와 라멘교의 적용지간은 15 m 정도의 비교적 짧은 지간의 교량에 적용하는 것이 적합하다. 철근콘크리트교 설계는 제507장을 참조한다.

<표 503.2.1> 교량 상부구조형식에 따른 적용지간

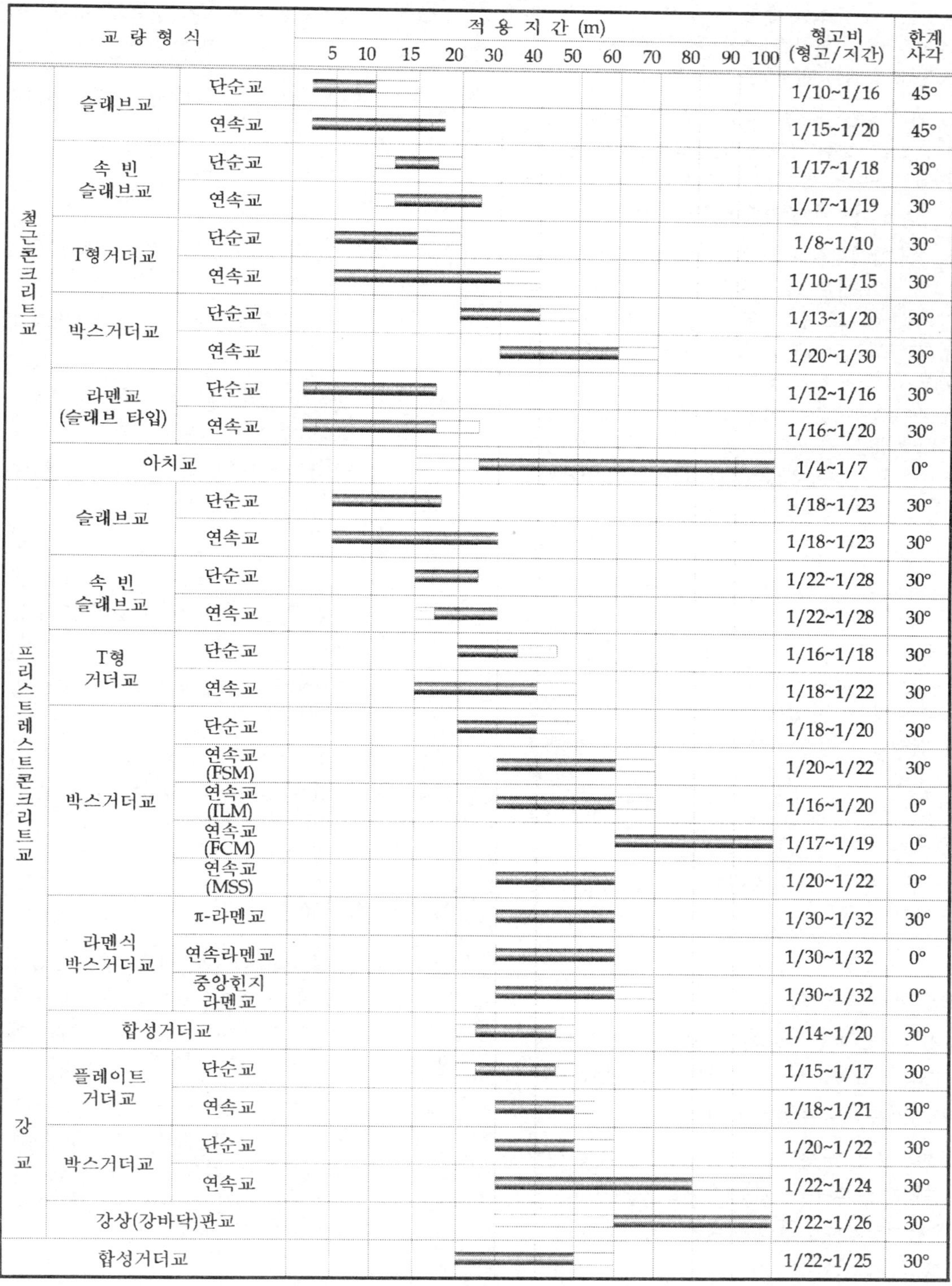

교 량 형 식			적 용 지 간 (m) 5 10 15 20 30 40 50 60 70 80 90 100	형고비 (형고/지간)	한계 사각
철근콘크리트교	슬래브교	단순교		1/10~1/16	45°
		연속교		1/15~1/20	45°
	속 빈 슬래브교	단순교		1/17~1/18	30°
		연속교		1/17~1/19	30°
	T형거더교	단순교		1/8~1/10	30°
		연속교		1/10~1/15	30°
	박스거더교	단순교		1/13~1/20	30°
		연속교		1/20~1/30	30°
	라멘교 (슬래브 타입)	단순교		1/12~1/16	30°
		연속교		1/16~1/20	30°
	아치교			1/4~1/7	0°
프리스트레스트콘크리트교	슬래브교	단순교		1/18~1/23	30°
		연속교		1/18~1/23	30°
	속 빈 슬래브교	단순교		1/22~1/28	30°
		연속교		1/22~1/28	30°
	T형 거더교	단순교		1/16~1/18	30°
		연속교		1/18~1/22	30°
	박스거더교	단순교		1/18~1/20	30°
		연속교 (FSM)		1/20~1/22	30°
		연속교 (ILM)		1/16~1/20	0°
		연속교 (FCM)		1/17~1/19	0°
		연속교 (MSS)		1/20~1/22	0°
	라멘식 박스거더교	π-라멘교		1/30~1/32	30°
		연속라멘교		1/30~1/32	0°
		중앙힌지 라멘교		1/30~1/32	0°
	합성거더교			1/14~1/20	30°
강교	플레이트 거더교	단순교		1/15~1/17	30°
		연속교		1/18~1/21	30°
	박스거더교	단순교		1/20~1/22	30°
		연속교		1/22~1/24	30°
	강상(강바닥)판교			1/22~1/26	30°
합성거더교				1/22~1/25	30°

(2) 철근콘크리트 슬래브교의 경우 속 찬 단면과 속 빈 단면으로 대별할 수 있으며 속 빈 단면의 경우 시공상 중공관 부상 등 문제점으로 인하여 최근에 설계에 반영되는 경우가 없다.

(3) 라멘교는 기초의 부등침하, 수평이동 또는 회전이 있는 경우 구조적 안전성에 치명적인 영향이 발생하므로 견고한 지반 또는 충분히 신뢰할 수 있는 지반에 계획하는 것이 적합하다.

(4) PSC합성형식의 구조는 국내에 1960년대부터 도입되어 설계 및 가설실적이 많은 형식이다. 가장 일반적으로 설계 및 가설되는 형식은 PSC합성거더교와 PSC박스거더교이다. 최근에 국내외에서 다양한 형식의 장지간 PSC합성거더교가 개발되어 설계 및 가설되고 있다. PSC교의 설계는 제508장을 참조하고, 장지간 PSC합성거더교 기술동향은 부록 A1.11, 그리고 국내 신기술현황은 부록 A2를 참조한다.

2.4 하부구조형식 선정

하부구조 형식은 상부구조를 안전하게 지지하고 상부구조로부터 전달되는 하중을 효과적으로 기초에 전달할 수 있는 형식으로 선정한다. 교대형식 선정과 관련된 자세한 사항은 편람 제509.1절, 철근콘크리트 교각에 관련된 사항은 편람 제509.2절, 강교각에 관련된 사항은 편람 제509.3절을 참고한다.

하부구조형식 선정과정에서 고려할 사항은 다음과 같다.

(1) 구조적 안전성

- 상부구조에서 작용하는 하중이 효과적으로 기초에 전달할 수 있는 형상을 확보해야 한다.
- 내진성능이 우수하여야 한다.
- 교각 높이, 상부구조를 고려하여 효과적 내진거동을 확보할 수 있는 형상을 계획한다.
- 응답수정계수가 유리한 단면으로 계획한다.

(2) 시공성

- 시공성 및 경제성 확보를 위하여 거푸집의 반복 사용이 용이한 형상을 계획한다.
- 경관미를 고려한 교각 계획시는 시공성을 충분히 검토하여야 한다.

(3) 경관미

- 도심지에 가설되는 교량의 하부구조는 날렵한 단면이 좋고, 교각과 교각 사이를 길게한다.
- 힘의 흐름과 조화되는 교각의 형상 변화가 필요하다.
- 상부구조와 형상조화, 비례를 고려해야 한다.
- 전체 교량길이에 걸쳐 지형변화에 따른 교각의 연속적(Panorama)인 경관 조화를 이룰 수 있도록 한다.

(4) 기능성

- 하천 횡단시 통수에 유리한 구체(기둥) 형상을 확보한다.
- 시가지 교량에서는 도로시거 확보가 용이한 교각 형상을 계획한다.
- 도심부 고가도로에서는 도로기능성(종단선형) 확보에 유리한 교각을 검토한다.(예 : 코핑 없는 교각)

2.5 기초형식 선정

(1) 기초형식은 지반의 조건에 따라 결정되나 지질조건, 수심, 유속, 하부구조형식 등을 선정과정에 고려한다. 기초설계에 대해서는 편람 제509.4절을 참조한다.

(2) 기초 구조형식은 상부구조조건, 지반조건, 시공조건 등을 충분히 조사, 검토하여 가장 안전하고 경제적인 형식으로 하여야 한다. 또한, 하나의 기초구조에서는 다른 종류의 형식을 병용하지 않는 것을 원칙으로 한다.

503.3 교량 경제성 검토 방법 및 절차

3.1 기본사항

교량은 국가 중요 시설물로서 계획 및 설계단계에서 경제성 검토는 중요한 고려사항 중 하나이며 설계단계에서 수행하는 경제성 검토는 일반적으로 대안비교를 위해서 수행된다. 모든 교량의 계획 및 설계에 있어서 방법과 수준의 차이는 있겠으나 경제성 검토를 수행하고 있다. 다만, 과거의 경제성 검토 및 분석은 주로 초기공사비와 공용연수에 따른 감가상각비용 정도를 고려하는 것이 일반적이었다.

최근에 와서 교량의 경제성 분석이라 함은 해당 교량의 계획 및 설계, 시공, 유지관리, 해체 및 폐기까지 소요되는 교량의 전생애기간 동안 발생하는 총 비용인 생애주기비용(Life Cycle Cost; 이하 LCC)을 고려하여 경제적인 대안을 선정하는 분석을 말한다. 특히, 각 생애주기에 따라 소요되는 교량과 관련한 직접적인 소요비용(건설비, 유지관리비)뿐만 아니라 유지관리행위로 인해 추가적으로 발생하는 사회간접비용(시간지연비용, 차량운행지체비용, 사회손실비용 등)의 추정과 이를 포함하는 경제성의 평가가 합리적이며 바람직한 것으로 인식되고 있으며 점차 이러한 분석을 수행하는 것이 일반적으로 받아들여지고 있다.

이와 같은 맥락에서 교량공사를 포함한 건설공사의 경제성 분석에 대해서는 건설교통부에서 제정 및 관리하고 있는 건설기술관리법 시행령이 있다. 동 시행령 제38조의 13항(2005년 7월 개정)에 근거한 '설계의 경제성 등 검토에 관한 시행지침 제10조'에서 아래와 같은 기준에 해당하는 공사에 대해 '가치공학(VE : Value Engineering 또는 가중치부여 복합기법; 이하 VE)기법'을 적용하도록 규정하고 있으며, 이때 경제성 분석은 생애주기비용을 고려하도록 권고하고 있다.

① 총 공사비가 100억 이상인 건설공사의 기본 및 실시설계

② 공사 시행중 공사비 증가가 10%이상 발생되어 설계변경이 요구되는 건설공사

③ 기타 발주청이 필요하다고 인정하는 사업

LCC에 기초한 교량의 경제성 분석은 설계단계와 유지관리단계에서 활용될 수 있으며, 적용단계에 따라서 분석목적을 아래 같이 구분할 수 있다.

- 설계단계 : 교량의 설계에 있어서 교량형식, 적용공법, 부재, 재료, 신기술 적용여부 등에 대한 효율성 판단
- 유지관리단계 : 공용 중 교량의 유지관리전략 및 공법 선정, 유지보수율, 예산투자 우선순위 등의 선정

그러나 교량의 설계에서 최종적인 설계대안의 선정은 교량의 경제성만을 고려하는 것은 아니고 해당 교량의 설계가 목적하는 성능(P : Performance - 안전성, 시공성, 사용성, 미관, 민원발생 가능성 등)과 경제성(C : Cost - LCC)을 종합적으로 고려하여 최고의 가치(Value)를 달성할 수 있는 설계안을 선정하는 것이 바람직하다.

이와 같은 VE기법은 선진각국에서 일반화되고 있는 기법으로서, 국내에서도 2000년에 제정되어 2005년에 확대, 개정된 건설기술관리법에서 규정한 'VE기법'을 교량 설계대안 선정에 활용할 수 있다. VE기법은 현재 토목, 건축을 비롯한 건설 전반에 걸쳐 최저가 입찰방식을 제외한 건설공사 설계에서 일반적으로 적용되고 있으며, 정부투자기관 등에서도 발주업무에 VE기법을 적용하고 있다.

경제성 분석은 전문적인 지식과 경험이 요구되는 전문분야이므로 본 편람에서는 교량설계자의 이해를 돕기 위하여 현재 실무에서 수행되고 있는 전형적인 VE기법과 LCC분석의 방법 및 절차를 간략하게 기술한 것이다. 특히, VE기법을 활용한 교량대안 선정과정을 예시한 것이나 현재까지 이에 대한 관련규정이 미흡한 실정이므로 관련규정이 마련될 경우 이에 근거하여 경제성검토를 수행하여야 할 것이다.

3.2 설계대안 선정을 위한 방법론

종래 교량의 설계대안 선정방법은 대안간 개요, 장·단점, 특징, 경제성(일반적으로 초기 공사비) 등을 바탕으로 <표 503.3.1>과 같이 선정하고 있다.

<표 503.3.1> 재래적인 설계대안 선정방법

항목＼대안	A안	B안	…
개요	…	…	…
장·단점	…	…	…
특징	…	…	…
경제성 (초기공사비)	금액 또는 상대비교	금액 또는 상대비교	금액 또는 상대비교
…	…	…	…
선정안	◎		

VE기법은 설계대상을 고려함에 있어 설계요소(상부구조, 하부구조, 부속장치 등) 자체보다는 이 설계요소들이 수행하여야 할 기능(Function)에 초점을 두고 있다. 이들 기능을 달성하기 위해서 <그림 503.3.1>과 같이 정해진 수행절차(VE기법의 정식용어는 Job Plan)에 입각하여 여러 전문가들의 토론 및 합의 중심의 워크샵(Workshop)을 통한 창의적 설계대안을 도출하고, 각 대안에 대한 정량적인 비교분석을 수행함으로써 체계적으로 설계대안을 수집, 분석할 수 있는 기법이다. 이 기법에서는 크게 가치평가, 성능분석, 비용분석을 수행하여야 하며 간략하게 그 내용을 살펴보면 다음과 같다.

3.2.1 가치평가

설계대상의 설계요소(상부구조, 하부구조, 부속장치 등)들의 목적하는바 기능(VE팀이 워크샵을 통해 정의한 기능을 말함.)을 달성하기 위해 제안된 각 설계대안의 성능 대비 경제적 비용을 복합적으로 고려하는 평가로서 간단히 살펴보면 다음과 같다.

(1) 기능분석

VE팀이 워크샵을 통해 교량설계의 각 요소(상부구조, 하부구조, 부속장치 등)에 대해 이들 요소들이 수행해야 할 기능을 '명사+동사'식의 함축적 개념으로 정의하여 VE팀원의 사고의 폭을 확대함으로써 정의된 기능을 달성하기 위한 창의적 아이디어 도출의 동기를 유발하고자 한다.

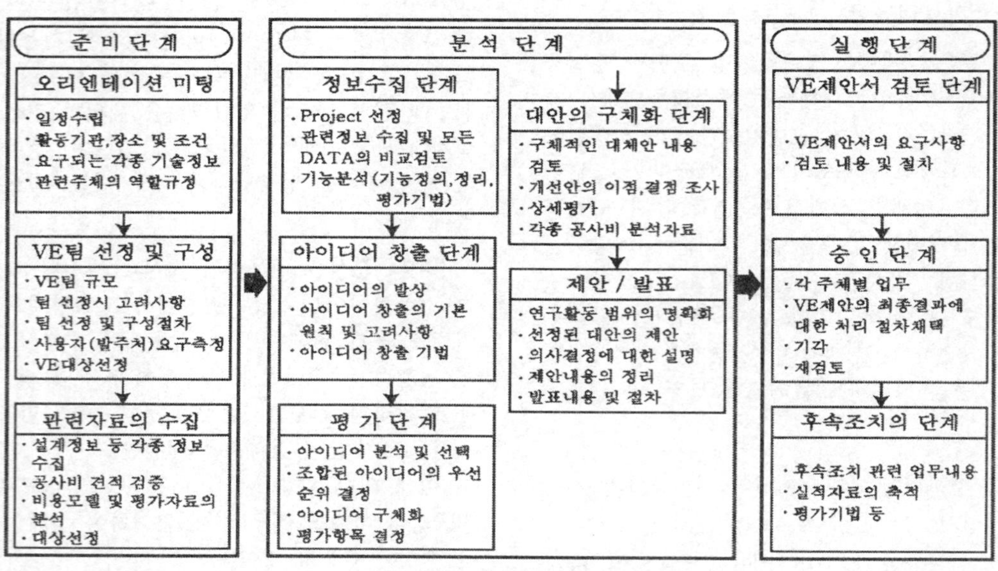

<그림 503.3.1> VE 수행절차

- 기능정의 일예를 살펴보면 <표 503.3.2>와 같다.

<표 503.3.2> 기능정의 일예

기능 / 요소	명사	동사
PSC거더	지간을	길게 한다.
	단면을	작게 한다.
	강도를	크게 한다.
그라우트	부식을	방지 한다.
	빈틈을	막는다.
도장	녹을	방지 한다.
	외관을	아름답게 한다.

- 기능 간의 위계 및 상관관계와 불필요한 기능 또는 누락된 기능을 규명하여 설계의 목적을 정확하게 파악하기 위하여 기능계통도(Function Analysis System Technique; 이하 FAST다이어그램)를 작도한다. 이때 '어떻게(How)? - 왜(Why)? 논리'를 이용하며 일예를 들면 <그림 503.3.2>와 같다. 오른쪽으로 진행하는 전개는 '어떻게 앞의 기능을 달성할 것인가?'를 나타내며, 왼쪽으로 진행하는 전개는 '왜 뒤의 기능을 수행하여야 하는가?'를 나타낸다. 아래로의 전개는 동시에 발생 가능한 기능을 나타낸다. 보다 자세한 내용은 건설교통부 발행의 '설계VE 업무 매뉴얼(2006)'을 참조하면 좋다.

(2) 가치평가

전술한 바와 같이 정의된 기능 중에 설계대안에 가장 큰 영향을 줄 수 있을 것으로 판단되는 몇몇 핵심기능에 대해 창의적 아이디어를 도출하고 각 아이디어에 대해 후술할 성능평가와 비용분석을 통해 최종적으로 가치를 평가한다.

- 제안된 아이디어 및 설계대안에 대해 상대적 비교우위를 정량적으로 평가하기 위한 지표로서 가치점수(V)를 산정하여 비교・분석할 수 있으며, 가치점수는 다음과 같이 구할 수 있다.

$$\text{가치점수}(V) = \frac{\text{성능점수}(P)}{\text{상대}LCC(C)} \qquad (503.3.1)$$

여기서, 성능점수(P)와 상대LCC(C)는 각각 후술할 3.2.2절과 3.2.3절에서 보다 자세히 살펴본다.

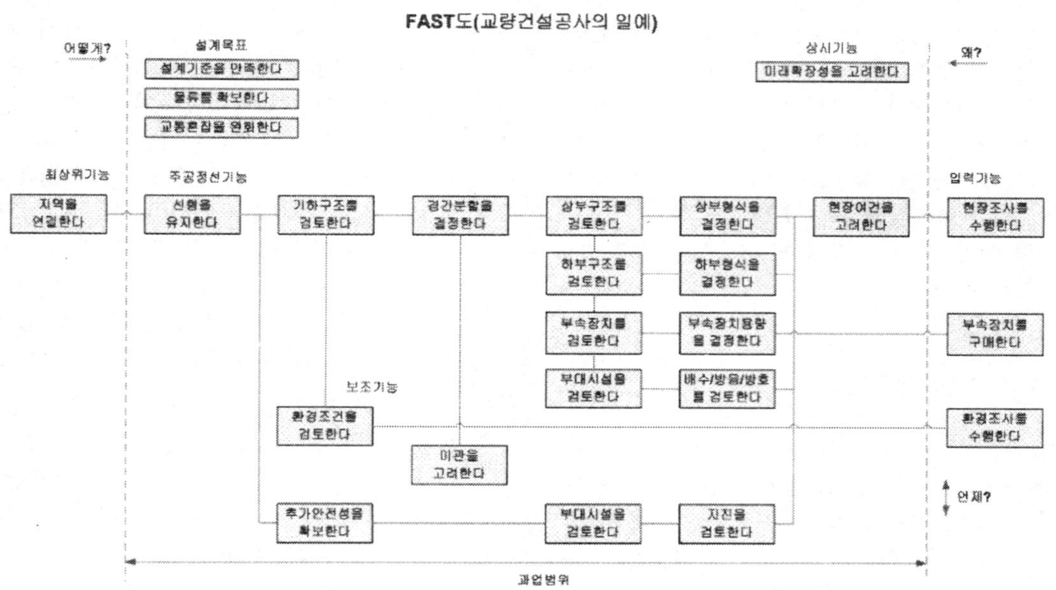

<그림 503.3.2> FAST다이어그램 작성 예

- 아이디어 및 설계대안간 상대적 가치점수를 높일 수 있는 방법 즉, 가치를 향상하기 위한 유형은 식(503.3.1)의 성능과 비용의 상관관계에 따라 <그림 503.3.3>과 같이 4가지로 분류될 수 있으며, 대상 교량에 따라 적정한 가치향상 유형을 판정할 수 있다.

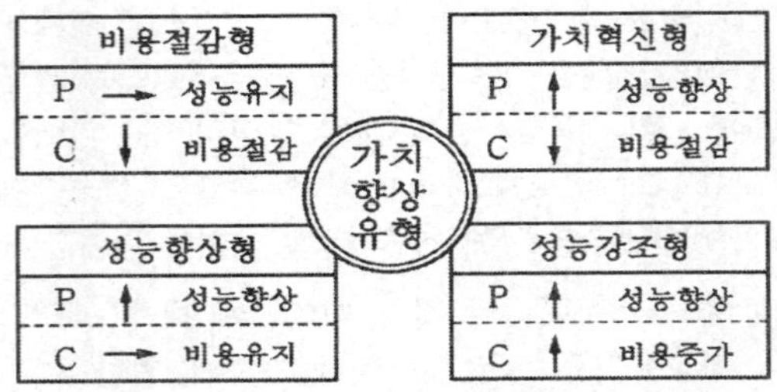

<그림 503.3.3> 가치향상유형

- <그림 503.3.3>에서 보는 바와 같이 가치를 향상시킬 수 있는 방법으로써 우선, 대안간 성능은 비슷한 상태를 유지하되 비용을 절감할 수 있는 대안을 비용절감형 설계대안이라고 말하며, 반대로 비용은 대안간에 비슷하게 유지하되 성능을 향상시키는 대안을 선정하는 성능향상형 설계대안이 있을 수 있다. 또한 대안간 비용은 약간 증가를 하지만 상대적으로 성능을 상당히 개선한 대안을 성능강조형 설계대안이라 말하며, 비용은 절감하는 동시에 성능은 향상시키는 가치혁신형 설계대안이 있을 수 있다. 가치평가적 관점에서 대안을 선정할 때 특별히 유의할 점은 약간의 성능향상을 위해서 비용의 증가가 상당히 많은 대안을 선정하는 것은 지양되어야 할 것이다.

3.2.2 성능분석

제안된 아이디어 및 설계대안간 상대적인 가치를 비교하고자 한다면 3.1절에서 언급한 성능(안전성, 시공성, 사용성, 미관, 민원발생 가능성 등)에 대한 비교를 위하여 각 성능의 정량적 점수 즉, 성능점수(P)를 추정하는 분석을 수행한다.

(1) 성능기준

VE팀의 워크숍을 통해 제안된 아이디어나 설계대안의 성능을 평가하기 위해서 성능의 항목과 각 성능항목의 상대적 가중값을 토론 및 합의에 의해 결정하여 성능기준을 마련한다.

- 해당 교량공사와 관련하여 객관성을 담보할 수 있는 발주청, 설계사, 시공사, 학계, 연구소 등의 전문가 및 기타 이해집단 등 다양한 관계자들로 'VE팀'을 구성하고 워크샵을 통하여 향후 도출될 각 설계대안에 대한 아이디어의 성능을 정량적으로 평가할 수 있도록 성능평가기준을 <그림 503.3.4>와 같은 형태로 작성한다.
- 정량적인 평가를 체계적으로 수행하기 위해 몇몇 매트릭스(Matrix)방법이 있으며 이들 중 쌍대비교법이나 계층분석기법(AHP; Analytic Hierarchy Process) 등을 일반적으로 활용한다. <그림 503.3.4>는 쌍대비교법에 의한 성능기준매트릭스의 일례를 보여주고 있다.
- <그림 503.3.4>의 쌍대비교법을 간단히 살펴보면, 각 행과 열의 성능항목(A와 B, A와 C, B와 C 등)을 서로 비교하여 상대적으로 우위에 있는 항목을 해당 행렬에 넣는 방법이다. 즉, 첫 행이 모두 A(1.0)인 것은 A와 B, A와 C, A와 D, A와 E, A와 G의 비교에서 A가 우위라고 합의를 했음을 의미한다. 두 번째 행의 첫 번째 행렬은 B와 C에서는 B가 우위라고 합의된 결과를 나타낸다. D행 G열(D/G)의 경우는 두 항목의 중요도가 같은 것으로 합의된 결과를 나타낸다. 이때는 D(0.5), G(0.5)로 평가되어 가중값의 산정을 위해 합산할 때 적용한다. 즉, A는 6개, B는 4개, C는 3개, D는 0.5개 등이다. 전체의 개수를 합산하여 상대적인 가중값을 결정한다.
- 이에 대한 보다 상세한 내용은 '설계VE 업무매뉴얼(건설교통부, 2006)'과 '예비타당성조사 수행을 위한 다기준분석 방안연구(한국개발연구원, 2001)' 및 교재 '가치공학(2006)'을 참조하면 보다 자세히 이해할 수 있다.

성능속성매트릭스

교량 교체 프로젝트

항목								총 계	%
주노선 운영	A	A	A	A	A	A	A	6.0	29%
환경 - 자연		B	B	B	E	B	B	4.0	19%
환경 - 사회			C	C	E	C	C	3.0	14%
시 공 성				D	E	F	D/G	0.5	2%
유지관리성					E	E	E	5.0	24%
시공 영향						F	F	2.0	10%
시공 일정							G	0.5	2%
								21.0	100%

<그림 503.3.4> 성능속성매트릭스 일예

(2) 성능평가

VE팀의 워크숍을 통해 확정된 성능의 항목과 상대적 가중값에 의해 각 아이디어 및 설계대안에 대한 성능점수를 산정한다.

- VE팀에서 워크샵을 통해 각 설계요소의 달성하고자 하는 기능중심의 아이디어(설계대안)를 도출하고 각 설계대안에 대한 성능 달성도를 수치화하여 표현한다.
- 이때 각 설계대안에 대한 성능의 평가에 적용하는 성능평가기준은 전술한 성능기준매트릭스에서 결정된 것으로 하며 성능평가의 일예를 살펴보면 <그림 503.3.5>와 같다.
- <그림 503.3.5>에 도시한 바와 같이 원안(또는 다른 설계대안)과 설계대안에 대해 각각의 성능기준항목에 대해 1~10점 사이의 점수를 VE팀이 토의, 결정한 평가기준(본 편람에서는 간략기술을 위하여 각 성능기준에 대한 평가지표를 제시하지는 않았음)에 맞추어서 합의를 통해 결정하며, 이 점수에 가중값을 곱하여서 각 성능기준항목에 대한 성능점수를 산정한다.

3.2.3 비용분석

제안된 설계안간 상대적인 가치를 비교하고자 한다면 3.2.2절에서 언급한 성능분석과 더불어 각 설계안에 대한 비용분석이 반드시 요구된다. 이를 위해 각 설계안에 대한 총수명간 소요비용인 LCC를 산정하여 분석한다. 이에 대한 보다 자세한 내용은 후술할 3.3절에서 살펴보기로 한다.

비용분석은 각 설계안에 대한 소요비용을 LCC에 기초하여 산정하고 이를 분석한다.

- 각 설계안별 LCC를 분석하여 산정한다.
- 현재 실무에서는 일반적으로 각 설계안별 LCC 중 최소값을 기준(1.00)으로 한 상대지수(상대LCC) 산정한다. 그러나 경우에 따라서는 <그림 503.3.5> 성능평가의 일예에서 보여주는 바와 같이 상대지수가 아닌 절대값으로 적용하여 가치평가를 할 수도 있다.
- LCC를 분석하면서 소요되는 각종 비용은 과거의 데이터로부터 추정하게 되는데, 이들의 값을 그대로 적용하여 LCC를 추정하는 확정적 분석기법과 각종 비용의 추정에 관한 불확실성(평균, 표준편차, 확률분포 형태 등)을

가치매트릭스 - 최종

교량 교체 프로젝트

속성	속성 가중값	개 념	성능점수 1	2	3	4	5	6	7	8	9	10	합 계
주노선 운영	29	기본개념					5						145
		수용대안					5						145
													0
													0
													0
환경 - 자연	19	기본개념					5						95
		수용대안						6					114
													0
													0
													0
환경 - 사회	14	기본개념						6					84
		수용대안							7				98
													0
													0
													0
시공성	2	기본개념					5						10
		수용대안				4							8
													0
													0
													0
유지관리성	24	기본개념					5						120
		수용대안						6					144
													0
													0
													0
시공 영향	10	기본개념					5						50
		수용대안						6					60
													0
													0
													0
시공 일정	2	기본개념							7				14
		수용대안						6					12
													0
													0
													0

총 성능 대안구분	총 성능점수	% 성능개선	총 비용	가치지수 (P/C)	% 가치개선
기본개념	518		500.00	1.04	
수용대안 (1,2,6)	581	12%	480.00	1.21	17%

<그림 503.3.5> 성능평가의 일예

추가적으로 고려하여 계산하는 확률적 분석 방법이 있다. 보다 상세한 내용은 후술할 3.3절에서 소개한다.

이상과 같은 VE기법에 의한 의사결정을 수행하기 위해서는 VE팀에서 많은 토론과 협의를 수행하여야 하는데 이러한 토론과 협의과정을 체계적으로 정리하고 기록에 남겨서 최종 의사결정자에게 효과적으로 보고 및 설득하기 위해 각 아이디어 및 설계대안에 대해 <그림 503.3.6>과 같은 내용의 양식지를 작성하는 것이 일반적이다.

3.3 경제성 분석

교량의 경제성 분석은 그 자체로서 뿐만 아니라 3.2절에서 기술한 VE기법의 핵심적인 분석내용으로서 매우 중요하다. 따라서 본 절에서는 LCC 경제성 분석에 대해서 보다 자세하게 살펴본다.

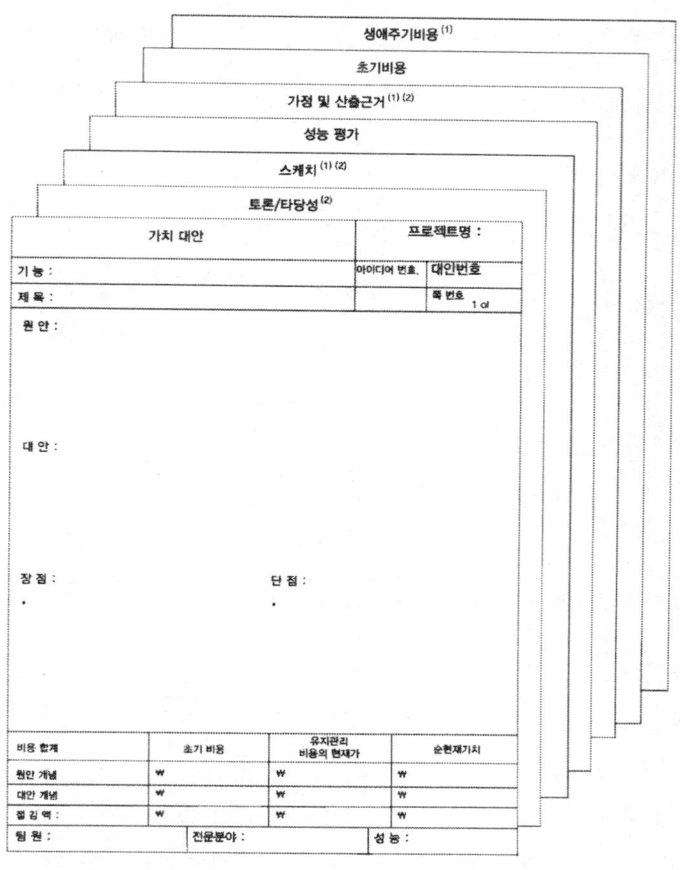

Note : (1) 대안에 따라 필요시 작성
(2) 산출근거 및 비용작성 시 필요하면 여분의 양식 사용

<그림 503.3.6> VE기법의 작업양식지의 일예

3.3.1 분석 방법 및 절차

교량의 LCC 분석은 분석을 위한 데이터의 적용방법에 따라 확정적 방법과 확률적 방법으로 크게 나눌 수 있으며, 각 방법의 수행절차는 각각 <그림 503.3.7>, <그림 503.3.8>과 같다.

(1) 확정적인 방법(Deterministic Approach)

과거의 데이터로부터 추정된 비용관련 제입력변수의 값들과 미래의 비용 예측을 위한 할인율 등을 추정된 값 그대로 사용하는 즉, 제입력변수들의 불확실성을 고려하지 않는 확정적인 값으로 적용하는 것을 말한다. 따라서 후술할 LCC 정식화에 따른 간단한 프로그램의 구성으로 LCC 분석의 실행이 가능하다.

① 분석목적에 따른 대안구성 단계

- LCC 분석목적(교량형식 선정, 내구성재료 선택 등)에 따른 설계대안을 구성하는 단계이다. 이는 VE기법에서 아이디어의 선정 또는 설계대안을 마련하는 것을 의미한다.

② 비용관련 데이터 입력 단계

- LCC 분석을 위한 고려사항 및 설계대안별 비용과 관련한 데이터를 입력하는 단계이다. 여기서 고려사항이라 함은 단계 ①에서 구상

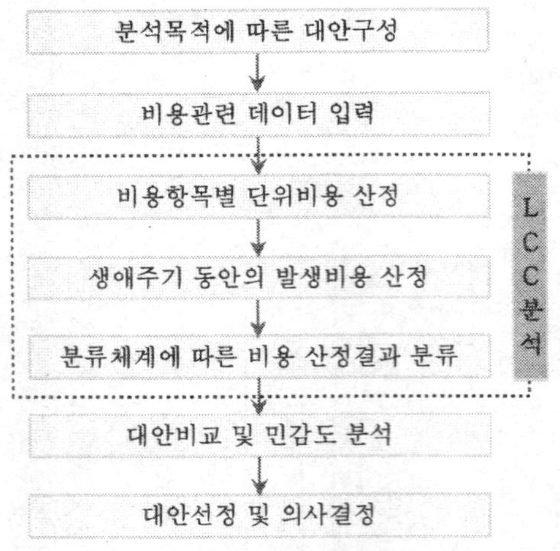

<그림 503.3.7> 확정적 LCC 분석 수행절차

된 설계대안들의 LCC 분석에 있어서 공통적으로 적용되는 매개변수들로서 다음과 같은 항목들에 해당한다.

- 고려사항의 예
  - ○ 분석기간(설계수명 등)
  - ○ 교량의 제원 및 위치
  - ○ 교통조건 및 그와 관련한 비용
  - ○ 기타 경제변수(할인율 등)
  - ○ 관리주체비용(초기건설비용, 유지관리비용, 부재별 수명 및 유지관리관련 변수, 해체·폐기비용)
  - ○ 간접비용(간접 초기건설비용 관련변수, 간접 유지관리비용)

③ 비용항목별 단위비용 산정 단계

- 생애주기 동안 전술한 비용항목별로 단위비용의 산정이 필요하다.
- 차로수, 교폭, 경간수, 경간장, 교량의 지역적 위치 등 주어진 조건별 초기비용이 계산되어야한다.
- 유지관리 각 조치의 1회 시행에 따른 단위관리비용, 단위점검비용, 단위유지보수비용 등 단위유지관리비용이 계산되어야 한다.

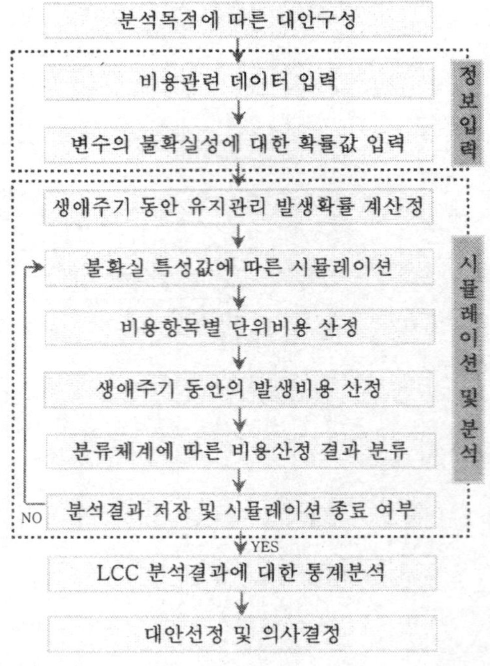

<그림 503.3.8> 확률적 LCC 분석 수행절차

- 교량의 구성 물량에 따른 해체폐기비용이 산정되어야한다.
- 간접비용의 계산을 위하여 공사구간 조건에 따른 단위교통량에 대한 1일 도로이용자비용을 산정하여야한다.

④ 생애주기 동안의 발생비용 산정 단계

- 특정 년도에 대해 입력된 교통량을 보간하여 생애주기 동안 연도별 교통량을 구한다.
- 앞 단계에서 구해진 단위비용들을 이용하여 연간 발생비용을 산정하고 할인율을 적용하여 각 비용들을 현재가치화 한다.

⑤ 분류체계에 따른 비용산정결과 분류 단계

- 후술할 비용분류체계에 따라 산정된 비용 산정의 결과를 정리한다.

⑥ 대안비교 및 민감도 분석 단계

- 제입력변수의 불확실성을 전혀 고려하지 않았기 때문에 변수의 변화에 따른 민감도 분석을 수행하여 결과의 신뢰도를 보완할 수 있다.

- 민감도 분석은 분석을 위한 입력단계에서 중요하다고 생각되는 입력변수에 대해 가능한 범위 내에서 변화를 주면서 다시 LCC분석을 수행하고 대안비교를 수행하는 것으로 LCC 분석에 주요한 영향을 주는 인자로는 일반적으로 할인율, 유지관리비용, 간접비용 산정관련 인자 등이 있다.

⑦ 대안선정 및 의사결정 단계

- LCC 분석목적에 따라 고려된 대안에 대해 LCC 분석을 수행하고, 결과의 신뢰도확보를 위한 다양한 민감도분석을 바탕으로 최소의 LCC를 가지는 대안을 선정한다.

(2) 확률적인 방법(Probabilistic Approach)

LCC 분석을 위한 제입력변수의 불확실성을 반영할 수 있도록 확률적 특성값(분포형태, 평균, 변동계수)을 적용하여 분석을 수행하는 방법이다. 따라서 LCC 분석에 확률통계적 시뮬레이션과 분석이 필요하므로 보다 전문적인 프로그램의 활용이 필요하다.

① 분석목적에 따른 대안구성 단계

- 확정적인 방법과 마찬가지로 LCC 분석목적(교량형식 선정, 내구성재료 선택 등)에 따른 설계대안을 구성하는 단계이다. 이는 VE기법에서 아이디어의 선정 또는 설계대안을 마련하는 것을 의미한다.

② 비용관련 데이터 입력 단계

- LCC 분석을 위한 고려사항 및 설계대안별 비용과 관련한 데이터를 입력하는 단계로서 확정적인 방법과 유사하다.

③ 변수의 불확실성에 대한 확률값 입력 단계

- 입력변수의 불확실성의 정량화를 위해서는 확률적 특성값인 분포형태, 평균, 변동계수의 정의가 필요하며 이 값을 입력하는 것이다.
- 확률적 특성값을 정의하는 것은 확률적인 방법에 있어 가장 난해하고 중요한 문제 중에 하나이다. 따라서 확률통계이론에 대한 충분한 지식과 자료가 요구된다.

④ 생애주기 동안 유지관리 발생확률 계산 단계

- 사건수기법(Event Tree Method)에 기초한생애주기 동안 유지관리활동의 발생확률을 계산한다.

⑤ 불확실 특성값에 따른 시뮬레이션 단계

- 불확실성을 갖는 제입력변수의 확률적 특성값을 이용하여 확률적 시뮬레이션을 수행하고, 정의된 시뮬레이션만큼 LCC 분석된 값들을 통계, 분석하여 LCC에 대한 발생범위를 산정한다.

⑥ 비용항목별 단위비용 산정 단계

- 확정적인 방법과 마찬가지로 생애주기 동안 ②단계에서 전술한 비용항목별로 단위비용의 산정이 필요하다.
- 다만 제입력변수의 불확실성을 고려하여 시뮬레이션에 의해 산정된 비용에 기초하여 단위비용을 산정한다.

⑦ 생애주기 동안의 발생비용 산정 단계

- 제입력변수의 불확실성을 고려하여 시뮬레이션에 의해 산정된 결과를 이용하여 확정적인 방법과 유사하게 생애주기 동안 연도별 교통량을 구한다.
- 앞 단계에서 구해진 단위비용들을 이용하여 연간 발생비용을 산정하고 시뮬레이션 결과의 할인율을 적용하여 각 비용들을 현재가치화 한다.

⑧ 분류체계에 따른 비용 산정결과 분류 단계

- 이전에 계산한 비용을 후술할 비용분류체계에 따라 산정된 비용 결과를 정리한다.

⑨ 분석결과 저장 및 시뮬레이션 종료 여부 단계

⑩ LCC 분석결과에 대한 통계 분석 단계

- 결과의 통계적 분석 및 이러한 결과에 따른 의사결정 또한 매우 중요하다.
- 비용부담주체별, 생애주기단계별 비용의 확률분포와 부재별 유지관리비용의 확률분포 등이 제시되며, 시뮬레이션 과정중의 LCC분석 결과들의 저장 및 통계 분석을 통해 대안별 누

적분포를 산정하게 된다.

⑪ 대안선정 및 의사결정 단계

- LCC 분석목적에 따라 고려된 대안에 대해 LCC 분석을 수행하고, 분석결과의 다양한 통계적 분석을 통해 대안선정을 위한 의사결정이 수행된다.
- 확률적인 분석에서는 각 대안에 대한 총 기대 LCC가 확률분포와 누적확률분포로 표현되므로 최종 대안선정을 위한 의사결정에 다양한 판단자료를 제공할 수 있다.
- <그림 503.3.9>는 확률적 LCC 분석결과에 대한 일예를 보여 주고 있다.
- <그림 503.3.9>에는 두 설계대안의 누적확률분포 예를 나타내었는데, 설계대안(Alternative)-1의 최확기대값인 누적확률 0.5의 동일 비용에 대한 설계대안-2의 누적확률은 0.27임을 나타내고 있다. 이는 대안-2의 기대 LCC가 설계대안-1보다 경제적일 확률은 27%이라는 것을 의미한다. 반대로 설계대안-2의 최확기대값인 누적확률 0.5에 대한 설계대안-1의 누적확률은 0.91임을 알 수 있다. 이는 설계대안-1의 기대 LCC가 설계대안-2 보다 경제적일 확률은 91%라는 것을 의미한다.

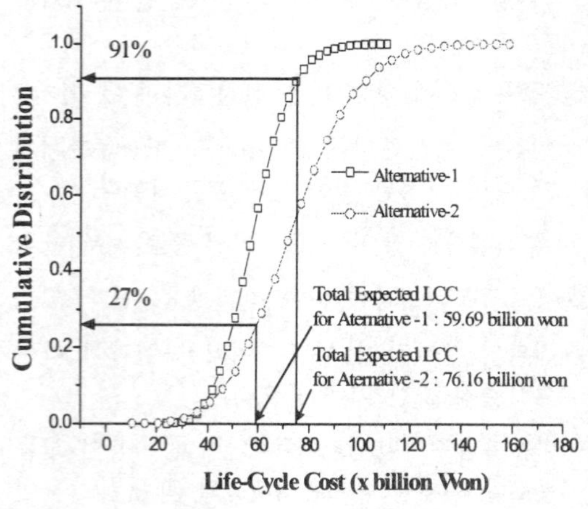

<그림 503.3.9> 확률적 LCC 분석 결과 예

3.3.2 고려사항

교량의 LCC 분석은 주로 설계대안간의 비용효율성 검토에 목적이 있으므로 분석대상이 되는 대안의 선정 시에 동일한 성능요구조건을 만족하여야 하며, 분석에 있어서도 동일한 분석기간 및 경제지표를 사용하여야 하고, 또한 분석에 사용되는 기초자료 역시 유사한 수준의 신뢰도를 가져야 한다.

경제성 분석에 있어서 대안간의 비용효율성 검토를 위해서는 현재와 미래의 비용을 첫 번째 비용이 발생되는 시점으로 변환시키는 시간가치 측정방법의 한 가지인 현재가치법을 사용한다. 이때 미래에 소요되는 비용을 현재비용으로 환산하기 위해 사용되는 것이 할인율(Discount Rate)이며 공칭할인율과 실질할인율이 있다. 할인율의 개념도는 <그림 503.3.10>과 같다. 그림에 도시한 바와 같이 할인율에 의해 공용연수가 증가함에 따라 초기비용(1,000)은 가치가 하락하는 것을 살펴볼 수 있으며, 특히 할인율이 증가하면 그 가치 하락의 폭은 더욱 심해짐을 알 수가 있다.

인플레이션 효과를 고려하여 비용이 발생되는 시기에 따라 구매력이 변동한다는 개념이 공칭할인율이고 인플레이션 효과를 고려하지 않고 현재의 가치가 그대로 미래에도 같은 가치를 가진다는 개념이 실질할인율이다. 따라서 대안간의 상대적 경제성을 비교하는 경우에는 실질할인율이 인플레이션 효과를 고려하지 않고 모든 비용을 현재가치로 추정하기 때문에 실무자들에게 편리한 방법으로 주로 이 방법을 사용한다.

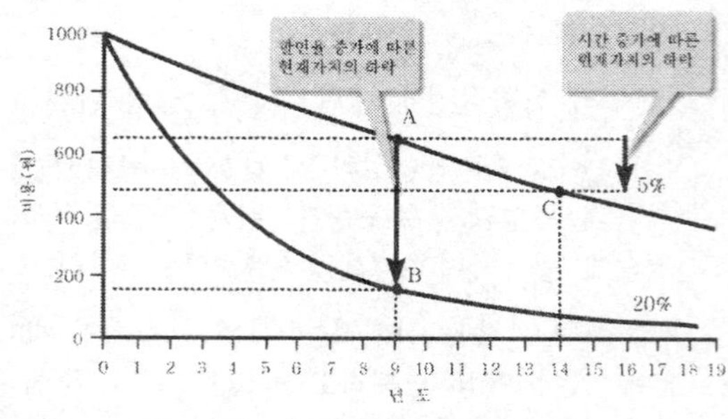

<그림 503.3.10> 할인율의 개념도

<표 503.3.3> 실질할인율(1993-2003년도)의 추정 일예

년 도	은행금리(i_n) (%)	인플레이션율 (f) (Inflation Rate, %)	실질할인율(i_r) (%)
1993	8.50	4.80	3.528
1994	9.30	6.20	2.920
1995	8.80	4.44	4.173
1996	10.79	4.98	5.533
1997	11.32	4.40	6.630
1998	13.30	7.54	5.357
1999	6.90	0.82	6.026
2000	7.01	2.25	4.656
2001	5.43	4.10	1.278
2002	4.73	2.69	1.987
2003	4.15	3.55	0.575
평 균	8.2027	4.1619	3.8791
변동계수	0.3356	0.4231	0.4923

* 자료 : 한국은행, 「경제통계연보」, 2003
* 실질할인율 $i_r = \frac{(1+i_n)}{(1+f)} - 1$ (i_n= 공칭이자율 혹은 은행금리, f = 인플레이션율)

교량의 건설사업에서 할인율의 합리적인 결정은 최적투자계획에 절대적인 영향을 미치며, LCC 분석 결과에도 상당히 민감한 요소다. 할인율의 변화가 LCC 분석 결과에 큰 영향을 미치므로 타당성이 있는 LCC 분석을 위해서는 과거의 오랜 기간의 이력을 반영하고 향후 국가의 경제적인 예측을 통하여 합리적인 할인율의 사용이 필수적이다. 국내에서 일반적으로 사용하고 있는 할인율의 추정 예를 살펴보면 <표 503.3.3>과 같다.

LCC 분석을 위한 분석기간은 미래에 발생될 비용을 평가하는 시간한계이므로 설계대안간의 수명 동안의 비용 차이를 반영할 수 있을 만큼 충분한 범위가 되도록 하여야 하며, 이러한 LCC 분석의 기간은 교량의 기능성, 내구성, 경제성 및 사회적 영향과 관련제도 등에 의해 결정된다.

3.3.3 LCC 항목 및 정식화

교량의 LCC 분석에서는 분석기간 동안 발생되는 모든 비용을 파악해야 하며 대안별 분석 시에는 공통되거나 중요도가 낮은 비용은 제외 가능하다.

LCC를 구성하는 비용항목은 <표 503.3.4>와 같이 대안의 계획, 설계, 시공, 유지 및 보수와 교체, 해체폐기 등 전체 생애에서 발생되는 순서로 구분하여 결정할 수 있다.

LCC는 기대수명(설계수명 또는 공용수명) 동안 발생되는 초기건설비용, 유지관리비용, 해체폐기 비용 및 간접비용의 합으로 식(503.3.2)와 같이 정식화할 수 있다. 이때 $E[\,]$는 미래의 예측되는 기댓값을 나타내며, 초기건설비용(C_{INT})에는 적용되지 않은 것을 알 수가 있다. 또한 유지관리비용(C_{MAI})과 해체폐기비용(C_{DIS})은 미래에 발생하는 비용으로서 현재가치화를 하기 위해서 할인율(q)을 적용하였다. 이상과 같은 비용은 모든 설계요소(X)에 대해 공용수명동안 지속적으로 발생하는 전체 비용을 합산(Σ)하여야만 한다. 여기서, 이산형으로 합산한 것은 유지관리나 해체폐기가 시간의 연속적으로 발생하지 않고 시간 간격을 두고 발생하기 때문이다.

$$E[C_{TOT}(X,T)] = C_{INI}(X) + \sum_{t=1}^{T} \frac{1}{(1+q)^t} \times$$
$$\{E[C_{MAI}(X,t)] + E[C_{DIS}(X,t)]\}$$

(503.3.2a)

$$C_{MAI}(X,t) = C_{MAI}^{관리주체}(X,t) + C_{MAI}^{간접}(X,t)$$

(503.3.2b)

여기서,

C_{TOT} : 총 생애주기비용

C_{INT}, C_{MAI}, C_{DIS} : 기대수명 동안의 임의시간 t와 사용재료, 제원, 사용환경 등의 설계요소 X의 함수로 구성된 초기건설비용, 유지관리비용 및 해체폐기비용

$C_{MAI}^{관리주체}$, $C_{MAI}^{간접}$: 관리주체가 부담하는 직접적인 유지관리비용과 유지관리 시 교량통제로 인한 사회손실비용(사용자비용 포함)

q, X : 할인율 및 교량의 설계요소

T : LCC 분석에 고려된 기대수명

식(503.3.2)에 나타난 바와 같이 교량의 총 생애주기비용은 교량의 사용재료, 제원, 사용환경과 시간의 함수로서 고려되어야 한다. 설계단계 LCC 분석의 경우 교량의 초기건설단계에서부터 유지관리, 해체폐기단계까지 고려하지만, 간접비용의 발생은 유지관리와 해체폐기단계에서만 고려하는 것이 일반적이다. 초기건설단계에서 간접비용의 고려는 교량 대안간 건설기간의 차이로 인해 발생되는 간접비용의 차이가 고려될 수 있지만 교량의 개통시기가 도로의 개통시기와 일치하는 것은 아니므로 단순히 교량만의 건설기간의 차이에서 오는 간접비용을 일반적으로 고려하는 것은 곤란하므로 제외한다. 또한 교량 수명은 수십 년 이상으로 해체폐기시 소요되는 간접비용에 대한 할인율이 적용되어 현재의 가치로 환산되는 경우 그 비용이 매우 적어, 설계대안의 선정에 큰 영향을 주지 않는 것이 일반적이므로 고려하지 않는 것이 편리할 수가 있다.

<표 503.3.4> 교량의 LCC 구성항목 및 세부항목

대분류	중분류	소분류
초기건설비용	계획·설계비	기본설계비
		실시설계비
	시공비	직접공사비
		간접공사비
		일반관리비·이윤
	감리·감독비	공사감리비
		감독비
유지관리비용	일반관리비	인건비
		장비비
		경 비
	점검·진단비	정기점검비
		정밀점검비
		정밀안전진단비
	유지보수비	보수비
		교체비
		보강비
해체폐기비용	해체폐기비	해체·폐기·처분비
간접비용	사용자비용	차량운행비
		시간지연비
		교통사고비용
		환경비용
	사회경제 손실비용	직접손실
		간접손실

3.3.4 LCC 분석 주요변수 데이터선정

(1) 초기건설비용

설계비용, 시공비용, 감리비용 등 일반적으로 교량이 준공되기 전까지 발생하는 비용으로 관리주체가 최초에 투자하는 기본적인 투자비용을 의미한다.

- 초기건설비용은 통계치를 정해 놓은 것도 있고 개략설계도가 구성되면 적산을 통하여 추정할 수 있으므로 다른 LCC 항목에 비해서는 비교적 쉽게 추정할 수 있다.
- 일반적으로 각 건설비용의 항목은 실시개략설계도가 구성되면 '품셈기준(대한건설협회, 2003)'에 의거하여 건설조건에 따른 더 엄밀한 공사비가 추정이 가능하다.
- 개략적인 분석이 필요한 상황에서는 일반적인 통계자료나 전문가 설문에 의한 비용이 적용

될 수 있다.

- 자료가 없는 경우 시공비용은 '고속도로 건설평균단가(한국도로공사, 2003)' 등과 같은 기존 통계 자료에 의해 개략적으로 추정이 가능하고, 계획비용, 설계비용 및 감리비용은 과학기술부가 개정 공고한 '엔지니어링 대가산정기준'의 공사비 요율과 같은 자료가 활용될 수 있다.

(2) 유지관리비용

관리비용, 점검 및 진단비용, 유지보수비용 등이 고려되어야 한다. 이러한 데이터는 통계자료, 설문조사자료 등을 통해 추정이 가능하다.

- 도로 전체에 대한 관리비용은 있으나 교량 자체에 대한 관리비용의 체계적인 자료는 거의 없는 상태이다. 따라서 실무에서는 초기건설비용에 대한 일정비율을 사용하기도 한다.
- 점검 및 진단은 '시설물안전관리에관한특별법'에 정해진 점검주기에 따라 정기적으로 실시되므로 점검 및 진단비용의 추정은 상대적으로 용이하다. 점검 및 진단을 위한 비용 산정은 현재 '대가산정기준(건설교통부, 2003)'에 따라 산정이 가능하다.
- 유지관리비용을 산정하기 위해서는 교량 구성요소의 손상요인별 발생률, 보강을 필요로 하는 물량과 구성요소의 전체 물량에 대한 비율, 손상에 따른 가능한 유지보수 공법의 적용률, 단위유지보수비용, 유지보수의 발생주기 등과 간접비용 산정을 위한 유지보수 공사구간 조건, 유지보수 공사소요일수 등의 정보가 필요하다. 이는 유사교량의 통계적 자료를 바탕으로 추정한다.

(3) 해체폐기비용

철거비용과 재활용비용이 고려되어야 한다. 하지만 설계단계 LCC 분석에서 고려되는 교량의 해체폐기비용은 할인율을 적용하여 현재비용가치로 환산하는 경우 그 값이 타 비용과 비교하여 상대적으로 적으므로 상세한 적산보다는 통계자료를 활용하여 적용이 가능하다.

(4) 간접비용

간접비용은 교량의 이용자들에게 적용되는 사용자비용과 사회·경제적 손실비용으로 구분될 수 있으며 이는 대상교량 또는 현장에 따라 발생 여건이 다르므로 주로 기존 연구결과 등을 활용하여 해당 현장에 맞게 조정하여 사용한다.

- 사용자비용은 시간지연비용, 차량운행비용, 교통사고비용, 환경비용 등으로 구분할 수 있다.
- 시간지연비용은 교량에 적용되는 유지관리조치로 인해 차량운행속도가 변화하는 경우 운전자는 물론 차량에 승차하고 있는 승객들에게 미치는 통행시간의 차이를 고려한 것이다. 통행목적에 따라 업무통행과 비업무통행으로 구분할 수 있으며, 각 통행목적에 따라 상이한 시간가치가 적용된다. 예를 들면, 버스의 경우에는 운전자 및 승객으로 구분되고 있으며, 운전자의 경우는 모두 업무통행으로 고려하지만 승객의 경우에는 승용차와 마찬가지로 '예비타당성조사 표준지침(한국개발연구원, 2001)'에 따라 업무통행은 25%, 비업무통행은 75%로 적용하고, 화물차 운전자는 모두 업무통행으로 한다. 시간지연비용은 통행목적과 '예비타당성조사 표준지침'에서 한계임금율법을 이용하여 산정해 놓은 통행시간의 시간가치를 적용하여 산정 할 수 있다.
- 차량운행비용 산정에 있어 아직까지 국내에서 이에 대한 체계적인 연구가 없으므로 '예비타당성조사 표준지침'의 유류비용을 비롯한 모든 차량관련비용 항목의 소모량 혹은 소모율에 단위 가격을 곱하여 산출하여 이들을 모두 합산한 총 운행비용을 이용할 수 있다.
- 교통사고비용은 '예비타당성조사 표준지침'에 따라 손실의 항목은 교통사고로 인하여 발생되는 사망 및 부상으로 한정하고 이에 대한 비용 위의 지침에서 제시한 비용을 참고할 수 있다. 또한 도로교통사고의 유형별 비용은 직접적인 손실비용, 교통처리비용과 PGS

(Pain, Grief and Suffering) 비용의 합으로 정의하고 교통개발연구원에서 산정된 사상자 1인당 도로유형별 교통사고비용을 이용할 수 있다.

- 교통 혼잡에 따라 영향을 받게 되는 환경비용으로는 소음, 대기오염, 지역분리 등이 있다. 교통 혼잡이 이러한 환경비용에 미치는 영향은 그 크기를 측정하는 것도 용이하지 않거니와 영향의 크기를 측정하더라도 이를 화폐가치화 하는 것은 더욱 어렵다. 이런 교통혼잡에 대한 환경비용은 통상 대기오염에 한정되며 자동차 운행 중에 발생하는 오염물질을 고려하여 환경대기오염비용(Environmental Air Pollution Cost)을 산정한 한국개발연구원의 자료를 사용할 수 있다.
- 사회·경제적 손실비용은 교량의 위치나 규모 등에 따라 대, 중, 소도시로 범주화시켜 사용자비용에 대한 비율(사용자비용의 150%(대도시), 100%(중도시), 50%(소도시), Seskin (1990))로 적용하거나, 정량적으로 산정하는 것이 곤란하므로 고려하지 않기도 한다.

위에서 언급한 내용을 요약, 정리하여 나타내면 <표 5.3.5>와 같다.

3.4 교량 경제성 분석 예

3.4.1 입력 데이터 예시

본 분석사례에서는 LCC 분석의 주요 데이터 근거로 <표 503.3.5>에 제시된 자료들을 참고하였지만, 실무에서는 보다 신뢰도 있는 데이터나 발주청에서 제시하는 근거자료 등을 추가적으로 고려하여 분석을 수행하는 것이 바람직하다.

- 교량명 : ○○교
- 연장(m) : L = 205 m, 폭(m) : B = 23 m
- 차선수 : 4차로
- 분석방식 : 확률적 분석
- 할인율 :

  평균(μ)=3.4 % / 변동계수(C.O.V)=0.05

<표 503.3.5> 교량 LCC분석의 주요 데이터선정 예

비용분류	세부항목	활용예시
초기건설 비용	계획비용	• 품셈기준(대한건설협회, 2003) • 고속도로 건설평균단가(2003) • 엔지니어링 사업대가 기준(과학기술부, 2004) 등
	설계비용	
	시공비용	
	감리비용	
	기 타	
유지관리 비용	관리비용	• 고속도로 교량의 구성요소별 생애주기비용(한국도로공사, 2002) • 안전점검 및 정밀안전진단 대가산정기준(건교부, 2003) 등
	점검비용	
	진단비용	
	유지비용	
	기 타	
해체폐기 비용	철거비용	• 각종 철거관련 연구자료 활용 • 철거 전문업체 견적서 활용 등
	재활용비용	
간접비용	시간지연	• 예비타당성조사 표준지침 (한국개발연구원, 2001) • Quantification of Road User Saving (Jan de Weille, 1996) 등 • Transportation Research Record 1274 (Seskin, 1990) 등
	차량운행	
	교통사고	
	환경	
	사회경제 손실	

- 사회경제 손실비용 :

  대도시 Φ=150 %(Seskin, 1990)
- 교통량 추정방식 : 선형증가형

  40,055대(2009년)~55,730대(2028년)
- 유류비 산정 :

  휘발유=1,600원/L, 경 유=1,400원/L
- 교통점유율 및 재차인원은 <표 503.3.6>과 같다.

<표 503.3.6> ○○교 교통점유율 및 재차인원 예

구 분	승용차	버 스	택 시
구성비(%)	66.3	7.7	26.0
업무용구성비(%)	19.5	16.4	100
평균재차인원(인)	2	22	1

- 유지관리시 교통조건
  - 보수공사, 보강공사, 교체공사 : 모두 동일한 지·정체로 가정함.

    지체속도(V')=22 km/h

    평균속도(V)=80 km/h
- 대안별 비용정보는 <표 503.3.7>과 같다.
- 대안별 보수/보강/교체 물량에 대한 정보는 <표 503.3.8>과 같다. 이상의 정보를 바탕으로 LCC 항목별 비용을 추정하면 <표 503.3.9>와 같다.
- VE팀에서 토론하여 결정한 성능평가기준 및 가중값은 <표 503.3.10>과 같다. 이때 적용방법은 AHP법을 적용하였다.
- 성능평가기준에 따른 성능평가결과는 <표 503.3.11>과 같다.
- 위의 결과를 이용한 대안별 가치평가 결과는 <표 503.3.12>와 같다.

<표 503.3.7> OO교 LCC 분석을 위한 비용정보 예(단위 : 천원)

설계대안		원안 (A형 교량)	대안1 (B형 교량)	대안2 (C형 교량)
초기비용	설계	232,632	289,570	297,325
	시공	9,152,000	11,500,000	11,820,000
	감리	129,664	161,460	165,801
유지관리	관리	2,204	2,939	2,939
	정기	5,455	6,503	6,503
	정밀	11,265	13,268	13,268
	안전	65,690	77,651	77,651
해체폐기		3,111,894	3,446,471	3,111,894

<표 503.3.8> 보수/보강/교체물량 산정 예

항목구분 (규격)		단위	원안 (A형 교량)	대안1 (B형 교량)	대안2 (C형 교량)
교면포장	재포장	m^2	4,008	3,969	3,995
	보 수	m^2	4,008	3,969	3,995
바닥판	교 체	m^2	7,650	-	6,965
	보 강	m^2	7,650	-	6,965
	보 수	m^2	7,650	-	6,965
거더	보강(강)	m^2	13,808	8,463	10,172
	보강(콘)	m^2	-	7,227	-
도장	보수(콘)	m^2	-	7,227	-
	재도장	m^2	13,808	3,000	10,172
	보 수	m^2	13,808	3,000	10,172
교량받침	350 톤	EA	-	-	6
	600 톤	EA	-	4	9
	800 톤	EA	12	2	-
	1000 톤	EA	8	2	-
	보 수	EA	20	8	15
신축이음장치	No.80	m	-	22	21
	No.100	m	21	-	-
	No.120	m	-	22	21
	No.160	m	21	-	-
	보 수	m	42	44	42

3.4.2 교량 설계대안 선정방법에의 활용

- 설계대안 비교 시, LCC 분석에 의한 대안의 선정은 대안별 상대평가로 비교한다.

<표 503.3.9> LCC 산정결과(단위 : 억원)

항목구분	원안 (A형 교량)	대안1 (B형 교량)	대안2 (C형 교량)
초기비용	95.14	119.51	122.83
유지관리비용	58.15	38.29	50.88
간접비용	666.60	666.69	666.28
해체·폐기비용	1.21	1.54	1.26
LCC	821.10	826.03	841.25

<표 503.3.10> VE기법의 성능기준 매트릭스

AHP : Analytic Hierarchy Process							
평가항목	A	B	C	D	E	F	가중값
계획성 A	1.000	0.668	1.395	1.705	1.150	0.769	17%
시공성 B		1.000	2.295	2.505	1.670	1.170	25%
안정성 C			1.000	1.149	0.725	0.505	11%
유지관리성 D				1.000	0.667	0.455	10%
환경성 E					1.000	0.690	15%
경관성 F						1.000	22%
λ_{max} = 6.001, CI = 0.0003, CR = 0.000215							

- 설계대안 중 LCC가 가장 낮은 대안을 기준(1.00)으로 하여 상대지수를 구한다(예 : 대안별 LCC ÷ 기준대안 LCC).
- 앞에서 언급한 성능평가에 의한 성능점수와 LCC 분석을 통한 상대지수(=상대LCC)로, 'V(가치점수)=P(성능점수)/C(상대LCC)'의 계산식에 의해 가치점수를 산정한다.
- <표 503.3.12>에 나타낸 설계대안 선정방법과 같이 가치점수가 높게 산정된 대안 1을 설계(안)으로 선정할 수 있다.

<표 503.3.12> 교량설계대안 선정방법 예

설계대안	원안	대안 1	대안 2
교량형식	A형 교량	B형 교량	C형 교량
성능점수(P)	62.7	96.5	64.7
LCC	821.10억	826.03억	841.25억
상대LCC(C)	1.00	1.01	1.02
가치점수(V)	62.7	96.0	63.2
선정안	-	◎	-

<표 503.3.11> VE기법의 성능평가 결과 예

평가항목	가중치	원안		대안 1		대안 2	
		등급	점수	등급	점수	등급	점수
계획성	17	4.8	82	10	170	6.2	105
시공성	25	6.6	165	9.8	245	4.4	110
안정성	11	7.4	81	9.8	108	7.2	79
유지관리성	10	6.4	64	10	100	7.0	70
환경성	15	6.6	99	9.2	138	7.4	111
경관성	22	6.2	136	9.3	205	7.8	172
합계	100	627		965		647	
성능점수	-	62.7		96.5		64.7	
성능 그래프	-	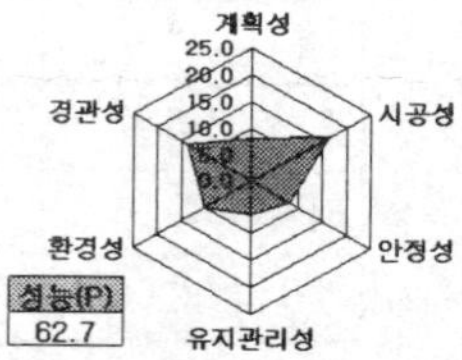 계획성, 시공성, 안정성, 유지관리성, 환경성, 경관성 (0.0~25.0) 성능(P) 62.7		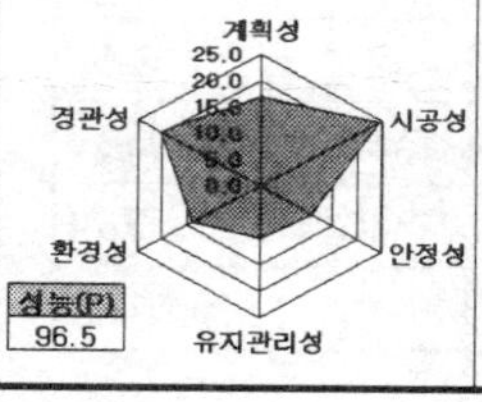 계획성, 시공성, 안정성, 유지관리성, 환경성, 경관성 (0.0~25.0) 성능(P) 96.5		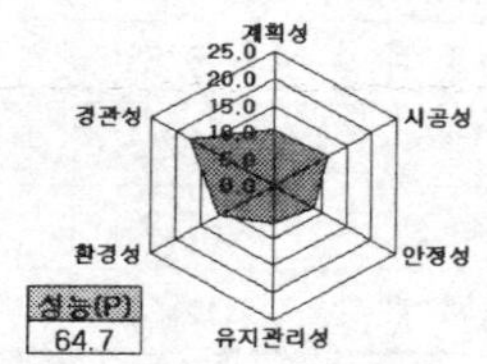 계획성, 시공성, 안정성, 유지관리성, 환경성, 경관성 (0.0~25.0) 성능(P) 64.7	

503.4 교량 경관설계

4.1 개요

교량은 기능성, 구조적 안전성, 유지관리의 편의성, 경제성, 시공성 등을 종합적으로 고려하여 가설목적을 달성할 수 있도록 설계 및 시공되어야 한다. 한편, 교량은 기능적·구조적 요구조건 이외에 지역주민과 도로이용자에게 시각적으로 안정감을 주고 환경과 조화를 이룰 수 있도록 아름답게 설계되어야 하는데 이를 교량의 경관설계(Aesthetic Design)라고 한다.

1970년대부터 시작된 우리나라 경제개발 단계에서 도로망을 확충하면서 도로의 주요 구조물인 교량은 지역특성, 주변경관, 미적인 요구보다는 경제성, 기능성, 안전성을 우선적으로 고려하여 건설되었다. 그러나 최근 사회 및 경제발전이 고도화 단계에 접어들면서 교량에 대한 사회·문화적 요구가 변화되어 교량경관에 대한 관심이 고조되고 있다. 선진국의 경우 오래전부터 교량을 포함한 토목구조물 설계에서 현대적인 경관설계 개념이 도입되었으며, 미국 등 선진국에서는 교량 경관설계의 중요성을 인식하여 교량 설계단계에 경관에 대한 검토를 수행하고 있다. 국내의 경우 1990년 중반부터 일부 교량건설에서 설계시공일괄입찰방식(Design Build)이 적용되면서 사장교, 현수교 등 특수교량을 위주로 경관설계 개념이 교량 설계과정에 도입되고 있다.

교량 경관설계는 교량 자체의 미적 고려는 물론, 지역의 역사·문화를 기초로 주변경관과 조화가 요구되므로 일률적인 교량경관설계 기준이나 지침을 마련하기는 어려운 실정이다. 본 편람에서는 교량 경관설계와 관련된 외국의 자료를 참고하여 경관설계의 기본개념을 기술하였고, 일반적인 교량형식의 계획단계에서 설계자가 고려해야 사항에 대해서 사례 위주로 기술하였다.

4.2 주요 고려사항

교량경관설계는 교량 자체의 미학적 가치를 중시하는 내적요구와 교량 주변환경과의 관계를 중시하는 외적요구를 고려하여야 한다. 경관설계에서는 기본적으로 미적 조형원리와 상징성이 주요 고려사항이다. 대상물이 갖는 상징성을 제외하고 아름다움의 조건을 설명하는 것을 미적 조형원리라고 한다.

교량 경관설계에서 검토해야할 기본적인 미적 조형원리에는 비례(Proportion), 내부 및 외부 조화(Harmony), 대칭(Symmetry), 균형(Balance) 등이 있고, 기능미에는 간결성(Simplicity)과 명료성(Clearness)이 있다. <그림 503.4.1>에는 미적 조형원리를 포함하여 교량 기본설계 단계에서 고려해야할 주요 검토항목을 나타내었다. 미적 조형원리에 대해서는 아름다운 교량 설계, 교량의 조형학 참고문헌을 참고하도록 한다

4.2.1 비례

비례(Proportion)는 사물의 부분과 부분 또는 전체의 수치적 관계로서 길이나 면적의 비례관계를 의미한다. 구조물의 경우 비례는 구조적 안정감은 물론 시각적 아름다움을 주는 조형원리로 작용하며, 구조물 경관설계에 고려되는 중요한 검토항목이다.

교량 설계에 있어서 비례는 경간분할, 특히 중앙경간과 측경간의 분할, 그리고 교장에 따른 교고 또는 거더의 높이, 교각과 교각 간격 설정 등에 활용될 수 있다. 고대로부터 사물의 길이의 분할 또는 배분에 있어서 시각적으로 안정감과 아름다움을 주는 특정한 분할비율이 있다고 알려져 왔다. 교량의 경간분할 계획 등에서도 이러한 분할비율을 참고적으로 활용할 수는 있으나, 이상적인 비례는 다양한 공간적, 환경적 요인을 고려하고 교량설계자의 경험과 여러 가지 비례조합에 대한 반복적인 검토를 통하여 결정하는 것이 적합하다.

참고로 <그림 503.4.2>에는 교고가 비교적 낮은 하천횡단 교량의 경간분할 예를 도시하였다. 일반적으로 교고가 낮은 교량의 경우 경간 수는 홀수가 적합하다. 특히, 경간장의 구성은 중앙경간에서부터 측경간으로 갈수록 경간장을 감소시키는 경간분할이 시각적으로 안정감을 주는 것으로 알려져 있다.

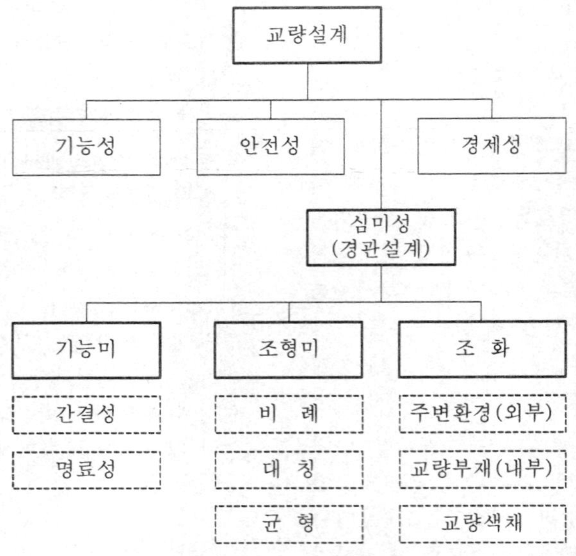

<그림 503.4.1> 교량 경관설계 고려사항

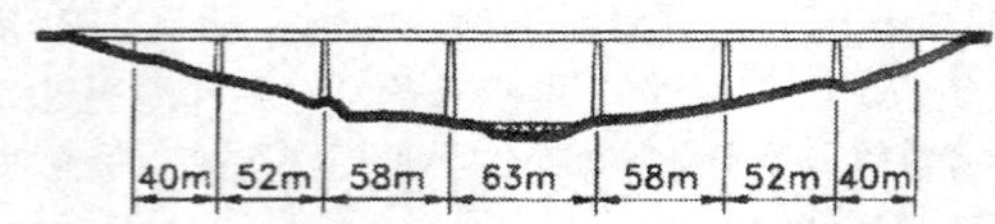

<그림 503.4.2> 비례미를 고려한 교량 경간분할

4.2.2 균형과 대칭

균형(Balance)이란 구조물에 작용하고 있는 힘이 평형상태를 이루는 역학적 개념으로서 역학적인 균형이 시각적인 균형으로 인지되는 조형원리 기본개념이며 앞서 기술한 비례와 관계가 있다. 반면에 대칭(Symmetry)은 좌우대칭의 정적균형(Static Symmetry)과 비대칭의 동적균형(Dynamic Symmetry)으로 나눌 수 있다. 정적균형은 단순하고 명확하며 안정감 있는 조형미로 서 구조물의 대칭축을 중심으로 등거리에 동일한 형상이 좌우에 위치한다.

<그림 503.4.3>에는 좌우 대칭으로 설계된 사장교의 케이블 가설 예를 도시하였다.

비대칭의 동적균형은 운동과 성장의 역동적이고 현대적인 조형미를 이룬다. 일반적인 교량형식의 설계에서는 좌우대칭의 정적균형을 고려하고 있으나, 단조로움을 줄 수 있다. 교량의 상징성을 부여하고 세련된 교량을 설계하기 위해서는 비대칭 사장교와 같은 동적균형미를 고려할 수도 있다.

<그림 503.4.4>에는 비대칭으로 설계된 사장교(네덜란드 로테르담 소재 에라스무스교) 예를 도시하였다.

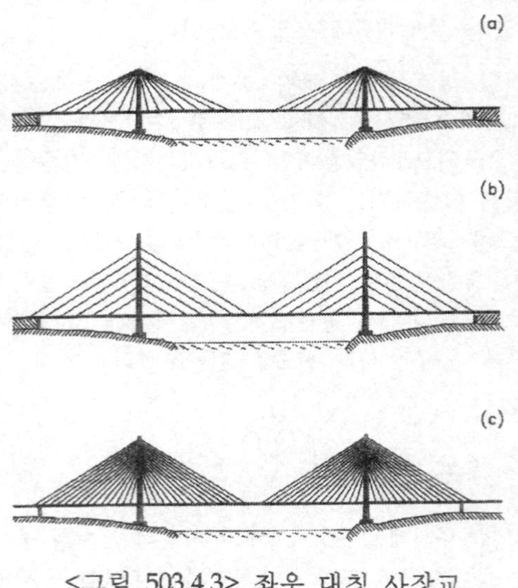

<그림 503.4.3> 좌우 대칭 사장교

<그림 503.4.4> 비대칭 사장교

4.2.3 조화

교량은 내적조화와 외적조화가 이루어질 수 있도록 설계하는 것이 바람직하다. 내적조화란 교량을 구성하는 부재가 교량의 다른 구성요소와 조화(Harmony)를 이뤄야 하는 것을 의미하며, 외적조화는 교량이 주변을 구성하는 다양한 요소들과 조화를 이루는 것을 말한다.

교량구조물은 경간장, 거더의 높이, 교각의 크기 등을 적절하게 설정하여 시각 및 공간적인 조화를 확보하는 것이 좋다. 교량과 주변 환경과의 조화는 주변 환경 대비 구조물의 규모나 크기가 좌우한다.

도심지에서는 날렵한(Slender) 단면으로 교량을 구성하는 것이 조화측면에서 바람직하다. 그러나 교량을 구성하는 상부구조와 하부구조는 상호 조화와 균형을 이루어야 한다.

<그림 503.4.5(a)>에 도시된 교량의 경우 날렵한 상부구조에 비하여 교각의 단면이 육중한 느낌을 주고 있으며, 반면에 <그림 503.4.5(b)>에 도시된 교량은 육중한 상부구조에 비하여 교각이 세장하여 안정감이 부족하다고 할 수 있다. 상부구조와 하부구조의 단면이 서로 조화를 이뤄 안정감을 주는 적절한 예를 <그림 503.4.5(c)>에 도시하였다.

4.2.4 교량형식

교량경관설계에서 교량 상부구조형식의 선정은

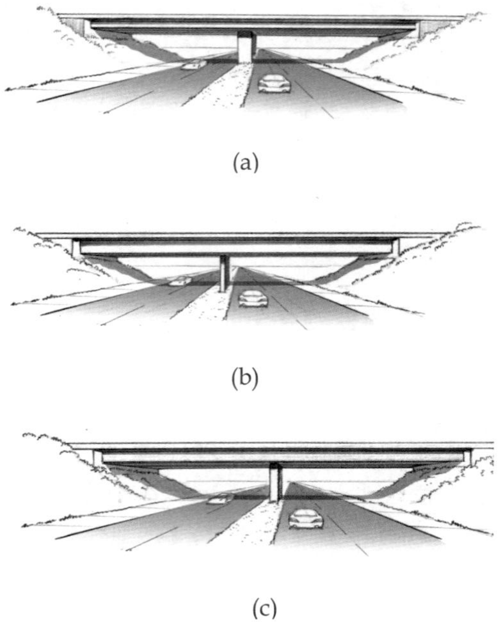

(a)

(b)

(c)

<그림 503.4.5> 상부구조와 하부구조의 조화

교량자체 경관은 물론 전체 경관을 좌우하는 중요한 요소이다. 경관을 고려한 교량설계에서 교량형식의 선정은 다음 두 가지 요인을 참고하여 결정하는 하는 것이 좋다.

첫째는 교량을 전체 경관(자연환경 포함)의 한 요소로 가정하여 교량이 강조되지 않도록 하는 교량형식을 선정하는 방법이다. 이 경우 교량의 구조형식은 비교적 단순한 형식이 적합하다.

둘째는 교량을 전체 경관에서 강조할 수 있도록 교량형식을 선정하는 방법이다. 이 경우 교량자체의 경관미를 강조하게 되므로 교량의 형식은 다소 복잡하게 되며, 교량을 가설지역에 상징적인 구조물로 계획하거나 랜드마크화 하고자 할 때 적합한 방법이다.

4.3 상부구조 경관설계

4.3.1 거더 경간장과 높이

다리 밑 공간의 높이가 경간장보다 큰 경우에

는 경간장(L)과 거더높이(h)의 비율(L/h)을 작게 할 수 있으나 경간장이 긴 연속교량의 경우에는 그 비율을 크게 하는 것이 경관측면에서 유리하다. 이 비율을 크게 할수록 교량은 미적측면에서 날렵하게 보이지만 진동과 처짐에 불리할 수 있으므로 비율의 선정에서는 사용성 측면에 대한 검토가 필요하다.

4.3.2 바닥판 캔틸레버부

교량의 구조적인 특성으로 인하여 거더의 경간장과 높이의 비율을 크게 할 수 없는 경우, 바닥판 캔틸레버부의 지간장을 조절하여 경관을 좋게 할 수도 있다. 거더의 높이가 같더라도 거더 측면에 그림자가 발생하도록 바닥판 캔틸레버부 단면을 설계하는 경우 교량은 날렵하게 보이는 시각적인 효과가 발생한다.

<그림 503.4.6>에는 바닥판 캔틸레버부의 형상이 서로 다른 박스거더교의 그림자에 따른 시각적인 효과를 나타내었다. <그림 503.4.6(a)>에 나타낸 박스거더교는 바닥판 캔틸레버가 없기 때문에 육중하게 보인다. 반면에 <그림 503.4.6(b)>와 <그림 503.4.6(c)>에 나타낸 박스거더교는 거더의 높이는 <그림 503.4.6(a)>의 경우와 동일하나 바닥판 캔틸레버부로 인하여 거더 측면에 그림자가 발생하므로 교량이 날렵하게 보이는 효과가 있다.

거더교의 바닥판 캔틸레버부에 대하여 명암효과를 얻기 위해서는 <그림 503.4.7>에 나타낸 바닥판 캔틸레버부 하면의 경사를 1:4 이하로 확보하는 것이 적합한 것으로 알려져 있다. 교량의 경간장과 거더의 형식에 따라 차이는 있으나 경관을 좋게 하기 위해서는 거더의 높이(h)는 콘크리트 방호울타리의 높이(g)의 3배 정도가 적합하다.

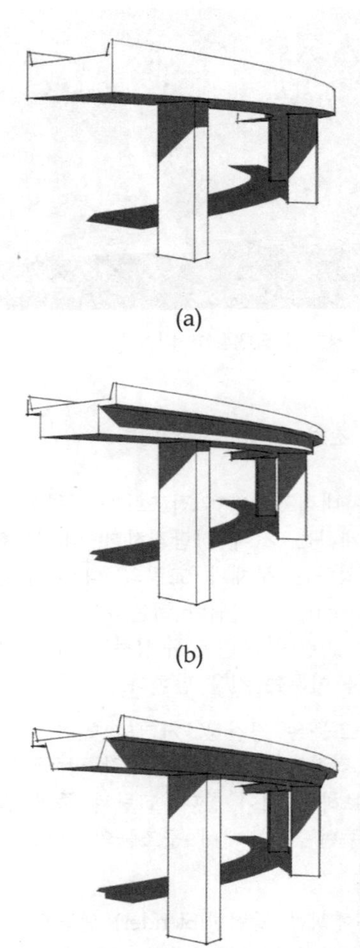

<그림 503.4.6> 그림자에 따른 시각적 효과

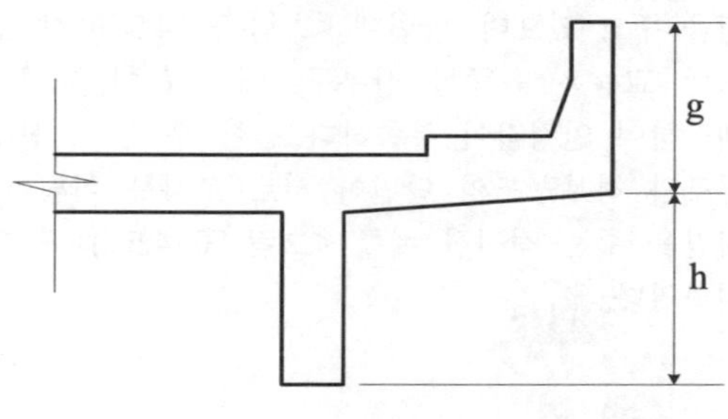

<그림 503.4.7> 캔틸레버부 단면 비례

4.4 횡단육교 경관설계

도로를 가로지르는 횡단육교는 가능하면 하부도로에 교각을 설치하지 않는 것이 경관면에서 좋다. 그러나 차로가 분리된 6차로 이상의 도로를 가로지르는 횡단육교는 <그림 503.4.8(a)>에 나타낸 것과 같이 도로의 중앙에 교각을 설치하는 것이 일반적이다. 이 때 횡단육교의 거더높이나 교각 단면이 크면 운전자의 시야를 좁게 하고 병목으로 빠져들어 가는 느낌을 줄 수 있다.

<그림 503.4.8(b)>에 나타낸 것과 같이 횡단육교의 교각 단면 상부를 하부보다 크게 하고, 교대 벽체에 경사를 주는 등 하부구조 단면에 경사변화를 주면 운전자에게 역동적인 느낌을 줄 수 있다. 또한 횡단육교의 상부구조는 날렵한 단면이 좋다.

4.5 하부구조 경관설계

도심지에 가설되는 교량의 경우 경관을 좋게 하기 위해서는 육중하게 보이는 교각보다는 교각의 단면을 세장하게 설계하는 것이 바람직하다. 거더교에 대해서는 교각의 두부(Pier Cap)를 없애거나 상부구조 내부에 격벽을 두는 방안을 검토하는 것이 적합하다. <그림 503.4.9>에는 두부나 코핑부가 없는 교각의 설계 예를 도시하였다.

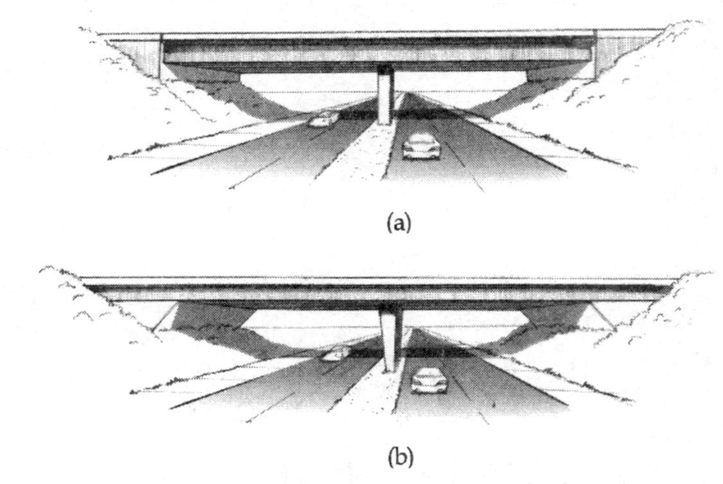

(a)

(b)

<그림 503.4.8> 경관을 고려한 교대 및 교각

<그림 503.4.9> 경관미가 우수한 교각 형상

503.5 교량 구조시설 기준

도로교의 폭원구성, 시설한계, 선형 등의 구조 규격은 도로설계 관련법령인「도로의 구조·시설 기준에 관한 규칙」에 따라 설계하여야 한다. 도로교는 도로의 일부이므로 도로의 규격에 따라 계획되어야 하고, 도로의 종류, 위치, 지형, 계획 교통량에 따라 도로의 규격이 구분된다.

5.1 다리 밑 공간

5.1.1 기존도로 및 장래계획도로를 횡단하는 경우(시설한계)

차도, 보도 및 자전거 도로의 시설한계는 <표 503.5.1>, <표 503.5.2>에 나타내었다. 시설한계는 H=4.7 m 이상을 원칙으로 한다. AASHTO LRFD 설계기준에서는 장래 재포장을 고려하여 150 mm를 추가하도록 하고 있다.

차도부의 시설한계는 <표 503.5.1>에 나타내었다. 표안에 도시된 그림에서 H에 대해서는 설계차량 높이 4.0 m에 동계 적설에 대한 한계 높이 감소 또는 덧씌우기 등이 예상되는 경우에는 4.7 m 이상으로 하는 것이 바람직하다. 다만, 특별한 경우에는 H를 4.0 m 또는 3.0 m 까지 축소할 수 있으나 이 경우에는 도로 표지를 설치하여 적재 높이가 높은 차량을 우회시킬 수 있는 우회도로가 있어야 한다.

5.1.2 철도 위를 횡단하는 경우(건축한계)

건축한계란 차량한계 내의 차량이 안전하게 운행될 수 있도록 궤도상의 일정 공간을 확보하는 한계로서 정거장, 홈, 신호기, 터널 등 일체의 건물이나 시설물이 건축한계 내측으로 들어오는 것이 허용되지 않는다.

(1) 직선구간의 건축한계

직선구간의 건축한계는 <그림 503.5.1>에 도시하였다(국유철도 건설규칙 : 건설교통부령 제258호 2000).

(2) 곡선구간의 건축한계

곡선구간에서 건축한계의 폭은 직선구간에서 건축한계의 폭보다, 궤도 중심 양측에서 다음 식에 의하여 계산한 치수 이상으로 확대해야 한다. 다만, 가공전차선과 그 현수장치를 제외한 상부에 대한 한계는 이에 의하여 아니 할 수 있다.

$$W = 50.000/R \qquad (503.5.1)$$

여기서,

W : 궤도 중심 양측에서 확대할 치수(mm)

R : 곡선반경(m)

또한, 곡선에 있어서 건축한계는 캔트에 따라 변경시켜야 한다. 곡선상에 있어서 차량의 전후 양끝은 곡선 밖으로 중앙부는 안쪽으로 편기한다.

(3) 철도의 다리 밑 공간

국도건설공사 설계실무요령(건설교통부, 2005)에서는 철도의 다리 밑 공간을 7.01 m 이상으로 규정하고 있으며, 철도 건설규칙(한국철도시설공단, 2005)에 의하면 다리 밑 공간 한계는 다음과 같다.

- 철도횡단 과선도로교 등에서의 최소높이 : 7,010 mm 이상
- 레일면상 전차선 표준높이 : 5,200 mm
- 전차선의 표준가고 : 960 mm
- 가압부와 접지물간 이격거리 : 300 mm
- 조가선과 급전선간의 이격거리 : 550 mm

<표 503.5.1> 차도의 시설한계

차도에 접속하여 길어깨가 있는 도로		차도에 접속하여 길어깨가 설치되어 있지 않은 도로	차도 중간 또는 중앙 분리대 안에 분리대 또는 교통섬이 있는 도로
터널 및 100 m 이상인 교량을 제외한 도로의 차도	터널 및 100 m 이상인 교량의 차도		
a, b, H, 차도, e	a, b, H, 0.25m, 차도, 0.25m, 측대	a, b, H, 0.25m, 0.25m, 차도	d, b, H, c, 0.25m, 분리대 또는 교통섬, 차도, 측대

여기서,

a 및 e : 차도에 접속하는 길어깨의 폭(단, a가 1.0 m를 초과하는 경우에는 1.0 m로 한다.)

b : 통과높이 H(4.0 m 미만인 경우에는 4.0 m)에서 4.0 m를 뺀 값

c 및 d : 분리대와 관계가 있는 것에 있어서는 도로의 구분에 따라 각각 다음 표에 정하는 값으로 하고, 교통섬과 관계가 있는 것에 있어서는 c는 0.25 m, d는 0.5 m로 함

구 분	c	d
고 속 도 로	0.25 m 이상 0.5 m 이하	0.75 m 이상 1.0 m 이하
도시고속도로	0.25 m	0.75 m
일 반 도 로	0.25 m	0.5 m

<표 503.5.2> 보도 및 자전거 도로의 시설한계

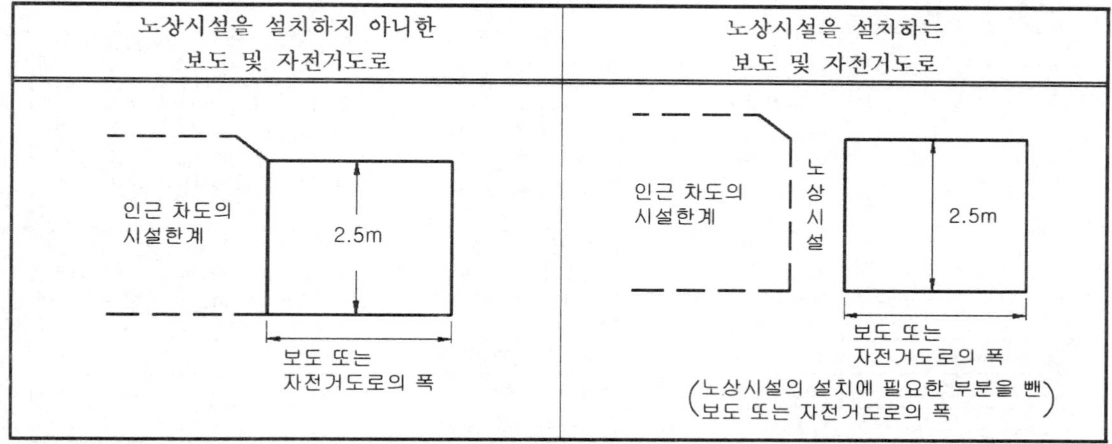

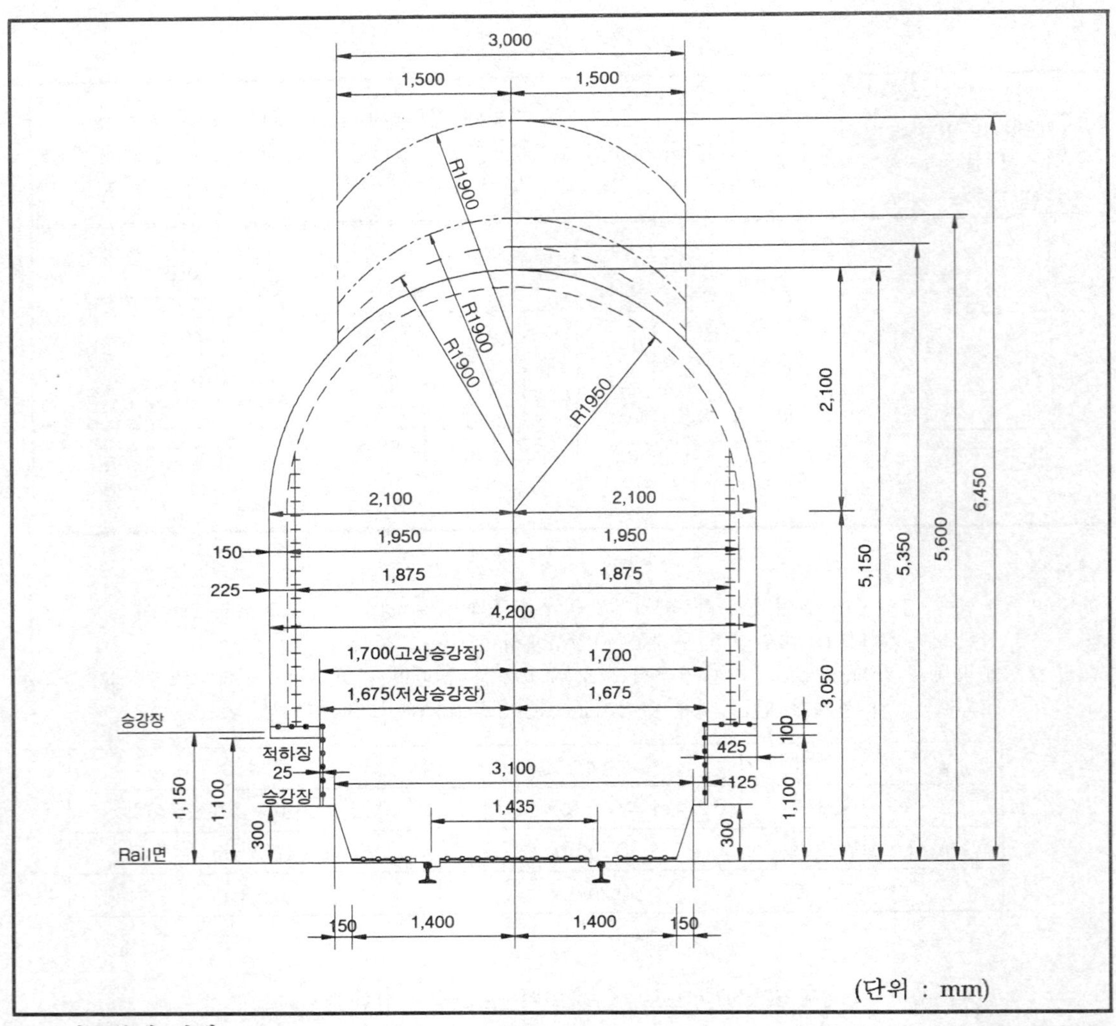

주) 건축한계 범례

	일반의 경우에 대한 건축한계. 다만, 철도를 횡단하는 시설물이 설치되는 구간에는 7,010 mm 이상을 확보하여야 한다.
	전차선로지지주 및 그 현수장치를 제외한 상부에 대한 시설한계(이 한계는 교량, 터널, 구름다리 및 그 앞뒤에 있어서 필요한 경우에는 —·—·— 까지, 기설된 교량, 도시지역 터널, 눈덮개, 구름다리 및 그 앞뒤에 있어서 필요한 경우에는 개수할 때까지 잠정적으로 – — – 로서 표시된 한계)까지 축소할 수 있다.
	측선에 있어서 급수, 급탄, 전차, 계중, 세차 등의 모든 설비, 신호주, 전차선로지지주, 차고의 문 및 내부장치 또는 본선에 있어서 기설된 교량, 터널, 구름다리 및 그의 앞뒤에 있어서 부득이한 경우에 전차선로지지주 지지물에 대한 건축한계를 축소할 수 있는 한계
	전철기 표지 등에 대하여 건축한계를 줄일 수 있는 한계
	승강장 및 적하장에 대하여 건축한계를 줄일 수 있는 한계
	타넘기 부분에 대하여 건축한계를 줄일 수 있는 한계

<그림 503.5.1> 철도의 건축한계

5.1.3 하천을 횡단하는 경우

하천설계기준(건설교통부, 2005)에 따르면 교량이 하천을 횡단하는 경우 다리 밑 공간은 계획홍수량에 따라 <표 503.5.3>의 값을 표준으로 한다. 하천에서 다리 밑 공간은 교량가설을 감안하여 산정한 홍수위로부터 교각이나 교대 중 가장 낮은 교각(교대)에서 교량상부구조를 받치고 있는 받침장치 하단부까지 높이를 뜻하며 받침장치가 콘크리트에 묻혀있을 경우 콘크리트 상단높이까지를 의미한다. 교대와 교각이 여러 개일 경우 이들 중 가장 낮은 지점의 높이를 말한다. 또한 라멘교의 경우 슬래브의 헌치 하단까지의 높이로 한다.

<표 503.5.3> 하천에서의 다리 밑 공간

계획홍수량(m^3/sec)	여유고(m)
200 미만	0.6 이상
200 이상~500 미만	0.8 이상
500 이상~2,000 미만	1.0 이상
2,000 이상~5,000 미만	1.2 이상
5,000 이상~10,000 미만	1.5 이상
10,000 이상	2.0 이상

5.2 경간장

경간장은 [하천설계기준 37.4.3]에 따라 다음과 같이 결정한다.

(1) 교량의 길이는 하천폭 이상이어야 한다.

(2) 경간장은 산간 협착부라든지 그 외 하천의 상황, 지형의 상황 등에 따라 치수상 지장이 없다고 인정되는 경우를 제외하고는 다음 식으로 얻어지는 값 이상으로 한다. 단, 그 값이 70 m를 넘는 경우에는 70 m로 한다.

$$L = 20 + 0.005Q \qquad (503.5.2)$$

여기서, L : 경간장(m)

Q : 계획홍수량(m^3/sec)

(3) 다음의 각 항목에 해당하는 교량의 경간장은 하천관리상 큰 지장을 줄 우려가 없다고 인정될 때는 (2)항의 규정에 관계없이 다음 각 호에서 제시하는 값 이상으로 할 수 있다.

- 계획홍수량이 500 m^3/sec 미만이고 하천폭이 30 m 미만인 하천일 경우 12.5 m 이상
- 계획홍수량이 500 m^3/sec 미만이고 하천폭이 30 m 이상인 하천일 경우 15 m 이상
- 계획홍수량이 500~2,000 m^3/sec인 하천일 경우 20 m 이상
- 주운을 고려해야 할 경우는 주운에 필요한 최소 경간장 이상

(4) 하천의 상황 및 지형학적 특성상 (2), (3)에서 제시된 경간장 확보가 어려운 경우, 치수에 지장이 없다면 교각 설치에 따른 하천폭 감소율(설치된 교각폭의 합계/설계홍수위에 있어서의 수면의 폭)이 5%를 초과하지 않는 범위내에서 경간장을 조정할 수 있다. 일반교량과 사교의 경간 길이는 <그림 503.5.2>와 <그림 503.5.3>과 같다.

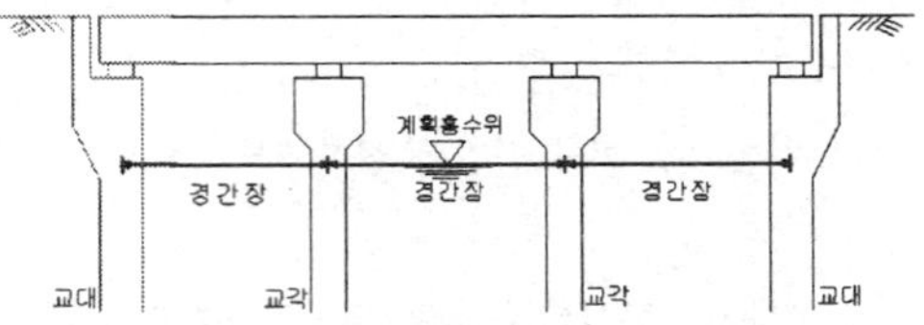

<그림 503.5.2> 일반교량의 경간 길이

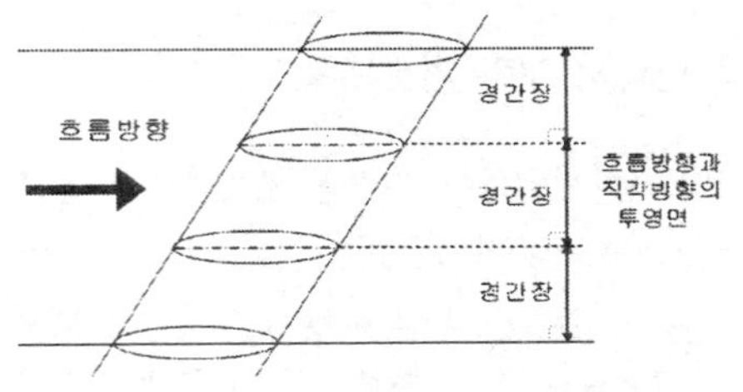

<그림 503.5.3> 사교의 경간 길이

교대, 교각 등은 부득이한 경우를 제외하고는 제체 내에는 설치하지 말아야 한다. 교대, 교각을 제방 정규단면에 설치하면 제체 접속부에서의 누수 발생으로 인하여 제방의 안정성을 저해시킬 수 있을 뿐만 아니라 통수능의 감소로 치수에 어려움을 초래할 수 있다. 따라서 교대 및 교각 위치는 제방의 제외지측 비탈끝으로부터 10 m 이상 떨어져야 한다. 다만, 계획홍수량이 500 m^3/sec 미만인 하천에서는 5 m 이상 이격하여야 한다. 부득이 제방 정규단면에 교대 또는 교각을 설치할 경우에는 제방의 구조적 안정성이 확보될 수 있도록 충분한 검토와 대책을 강구해야 한다.

503.6 산악지 교량 설계요령

산간지역에 가설하는 도로교의 계획에서는 홍수로 인한 토석류에 의한 영향을 고려하여야 한다. 본 절에서는 『수해예방을 위한 산악지 도로설계 매뉴얼(건설교통부, 2007)』의 내용을 원용하여 산악지 교량 계획 시 고려해야 할 사항을 기술하였으며, 유송잡물에 의한 영향은 편람 제509.5절에 기술하였다.

상기 매뉴얼은 고속국도, 일반국도, 국도대체우회도로, 국가지원지방도에서 다음의 경우에 해당하는 지역을 통과하는 교량에 적용한다.

- 산림청 산사태 위험지도상 1, 2등급으로 분류되는 지역
- 표고 400 m 이상 산지를 접한 계곡 등 영향권내의 지역
- 산사태 및 토석류 등으로 피해가 발생한 지역
- 건설관리법 상의 설계자문위원회에서 특별히 설계기준의 강화가 필요하다고 판단되는 지역

6.1 산악지 교량 기본계획

산악지에 가설하는 교량을 계획하는 경우 다음과 같은 사항을 고려해야 한다.

- 산악지 교량은 주변 지형지질 조건과 토석류 및 유송잡물 등을 고려하여 수해 등에 안전한 구조물이 되도록 계획한다.
- 산악지 교량은 주변지형, 터널의 위치, 시공성, 경제성, 유지관리, 자연조건(토석류, 유송잡물, 적설, 눈사태 등), 공사용 도로 등의 현장조건을 종합적으로 판단하여 산악지 교량 설계를 수행한다.
- 교량의 위치는 지형 · 지질적으로 단층대 등 위험요소가 있는 지역을 피하여 계획한다.
- 산악지 교량 계획 시에는 계곡부의 토석류 및 유송잡물, 눈사태 상황과 환경을 최소화한 공사용 진입도로의 계획 수립과 공사시 자재운송 차량의 진출입 가능여부를 검토한다.
- 터널과 터널 사이의 단구간 계곡부에 설치되는 경우 유지관리시의 안전성 등을 고려하여 교량형식을 결정하도록 한다.

6.2 교량 위치 및 길이

- 교량형식 선정에 있어서 계곡부의 토석류 및 눈사태의 상황을 충분히 고려한다.
- 접속교 비교 설계는 공용 후, 유지관리를 고려하여 긴 노면이 생기지 않도록 토공부를 포함하여 교량길이를 검토한다.
- 교량길이는 주변지형, 자연조건(토석류, 유송잡물, 적설, 눈사태 등), 하천폭원, 지반조건 등을 고려한 범위에서 가능한 한 짧게 하는 것이 유리하다.
- 계곡부의 비탈면 붕괴 및 낙석, 토석류 등으로 인한 도로 횡단배수시설의 피해가 발생한 지역은 계곡부 유실 흔적을 조사하여 교량으로 계획한다.

6.3 폭설지역의 다리 밑 공간

폭설이 예상되는 지역의 가설되는 교량이 I형 거더로 지지되는 경우, 적설하중이 거더에 가해지는 것과 눈사태로 인한 충격압으로 눈피해가 우려되므로 적설높이를 고려하여 다리 밑 공간을 확보한다. 다리 밑 공간의 설정은 입지조건에 따라 달라지므로 쉽게 결정할 수 없지만, 지형지질 및 현지 여건을 고려하여 설계 적설깊이 이상을 확보하여 결정한다.

504
교량계획을 위한 조사

504.1 교량 조사 개요

1.1 조사

교량계획을 위한 조사의 목적은 교량을 합리적이고 경제적으로 계획, 설계, 시공을 하는데 필요한 제반 조건을 명확히 파악하기 위함이다. 조사는 교량의 규모, 중요성 및 가설지점의 상황 등을 충분히 고려한 후, 공학적으로 필요한 정도의 조사내용을 포함하여야 한다.

조사 시 교량의 계획, 설계, 제작, 가설, 유지 및 보수에 필요한 내용이 광범위하게 포함되어야 하며 교량 가설위치의 여건에 따라 중요도를 구분하여 조사방법을 기술자의 지식 및 경험과 연관하여 정확하게 시행하여야 한다. 교량의 계획, 설계, 시공시 잘못된 조사에 의해 교량길이, 경간장 및 구성, 기초공법 변경이 발생할 수 있고 공사기간 및 공사비 등의 차질이 발생하므로 철저한 사전조사를 하여 계획 및 설계에 반영하여야 한다.

1.2 조사목적과 조사내용

조사의 목적 및 내용은 교량의 규모에 따라 다소 상이하다. 교량계획에 필요한 조사 내용 및 목적을 개략적으로 정리하여 <표 504.1.1>에 나타내었다.

조사가 불충분하여 공사단계에서 설계변경을 하는 일이 없도록 교량의 규모에 맞는 적절한 조사계획을 사전에 수립하는 것이 필요하다. 특히, 조사시에 관련기관 및 타기관의 자료를 인용하는 경우가 많으므로 자료의 출처, 근거, 판단기준을 명확히 하여야하며 구체적인 자료에 근거한 것과 추정에 의해서 작성된 자료를 구별하여야 한다.

또한 기초의 조사가 불충분하여 설계변경을 해야 하는 경우가 종종 발생하기 때문에 기초 조사시 조사항목, 조사빈도, 조사심도 등은 특히 신중하게 결정할 필요가 있다. 기초설계를 위한 지반조사사항은 제504.2절을 참조한다.

1.3 조사의 단계

교량의 계획단계에서 실시하는 조사는 예비조사와 본조사로 크게 나눌 수 있다. 본조사는 구조물의 가설예정지역을 대상으로, 1차 조사, 2차 조사와 설계 및 시공의 진척도에 맞게 진행될 수 있다.

교량 계획, 설계, 시공의 각 단계에서의 필요한 조사항목을 조사계통 흐름도로 표시하면 <그림 504.1.1>과 같으며 조사단계별 조사사항은 <표 504.1.2>와 같다.

교량의 계획에서 시공까지 각 단계별로 크게 계획조사, 설계조사, 시공조사를 필요하며 계획, 설계, 시공의 각 단계에 관련된 조사를 살펴보면 다음과 같다.

(1) 계획단계

계획단계 조사는 교량가설위치, 교량길이, 다리밑 공간, 구조형식 등을 결정하기 위해 필요한 조사이다. 이 조사결과로부터 교량의 형식 비교와 계획설계를 하고 개략적인 공사비의 산정, 공기의 예측과 공사 방법의 검토를 수행한다.

<표 504.1.1> 조사의 종류[계속]

조사종류	조사내용	조사목적
지형조사	· 지형도 작성	· 교량가설위치, 교량길이, 경간분할 결정
지질조사	· 지질역사, 지질자료 수집 · 지표지질조사 · 지질도 작성 · 물리탐사	· 교량 지지층의 지질조건 판단 · 교량가설위치, 교량길이, 경간분할 결정 · 하부공 위치선정과 구조계획
교차도로 조사	· 교차도로, 철도 등의 폭원, 교량높이, 건축한계, 횡단구조, 종단경사 등의 형황 및 장래 계획 조사 · 지하매설물의 조사 · 교통량 조사	· 교량길이, 경간분할, 다리 밑 공간, 시공 방법의 선정
하천조사	· 하천횡단형상 · 유량, 유속, 고수위, 저수위, 하천경사 등의 형상 및 장래 계획 조사 · 세굴, 조류, 표층모래, 부유물 등의 변화에 대한 조사 · 항해선박의 조사	· 경간분할, 다리 밑 공간, 교각형상, 기초, 근입깊이의 선정 · 시공시기, 시공방법의 선정 · 가교 또는 가축도 설계 · 월류방지 소요단면의 결정 · 경간분할, 교각형상, 시공방법의 결정, 충돌하중의 결정 · 세굴방지공 계획
바다, 호수, 저수지의 조사	· 조수위, 파고, 조류조사 · 항해선박 및 장래 계획 조사	· 계획고의 선정 · 수압, 시공시기, 시공방법의 선정 · 경간분할, 교각형상, 충돌하중의 결정 · 선박충돌 방지공 계획
토질조사	· 시추 · 표준관입시험 · 공내물리검층 · 공내재하시험 · 평판재하시험 · 물성시험 · 일축압축시험 · 삼축압축시험 · 압밀시험	· 하부공의 설계 · 지지층 판단 · 지지력, 침하 검토 · 기초형식 선정 · 지반반력 계수 · 말뚝기초의 경우 부마찰력 검토

<표 504.1.1> 조사의 종류

조사종류	조사내용	조사목적
지진조사	• 지진기록, 지진피해 기록의 조사 • 지반상시 미진동측정 • 지진기반의 확인	• 설계진도의 결정 • 내진, 구조형식 선정
기상조사	• 기상관측 기록의 조사(풍속, 온도, 강설, 천후)	• 온도변화의 결정 • 풍하중, 설하중의 결정 • 피복두께의 선정, 재료의 선정 • 시공시기 및 방법의 선정
교량 부착물 조사	• 교량위치의 기설 지하매설물조사 • 상수도, 하수도, 가스, 전력, 통신선 등의 신설계획 조사	• 부착물의 제원, 중량의 결정
부식조사	• 기존 구조물의 부식상황 조사 • 유기물 조사, pH조사 • 도료에 대한 시험	• 사용재료의 선정 • 방청방법의 결정
재료조사	• 콘크리트용 골재 및 물의 품질과 물량조사	• 재료의 선정 및 적산
시공조사	• 재료 및 부재 운반로의 현황조사 • 제작장, 조립장의 현황조사 • 주변건물의 조사 • 양식장 축산농가의 조사 • 사적, 문화재 등의 유무	• 교량형식의 결정 • 운반될 최대부재의 결정 • 공사용 도로계획, 타공사와의 관련 • 교차물(도로, 철도, 하천)에 의한 제약조건 • 제작장, 조립장 위치 선정 • 시공중 소음, 진동 등의 주변 영향파악 • 환경보존 대책수립
주변환경 조사	• 교량의 조망권 조사 • 생태환경 보호구역 유무조사 • 교량주변의 지형조사 • 교량주변의 문화적, 역사적 유적지 유무조사 • 주변 개발계획 조사	• 교량의 경관설계 • 교량형식 및 시공방법의 선정
지역특성 조사	• 비행 고도한계(항공장애) 유무 조사 • 군작전지역 유무 조사	• 교량형식 및 시공방법의 선정 • 교량 계획고의 결정 • 거부시설의 유무 결정

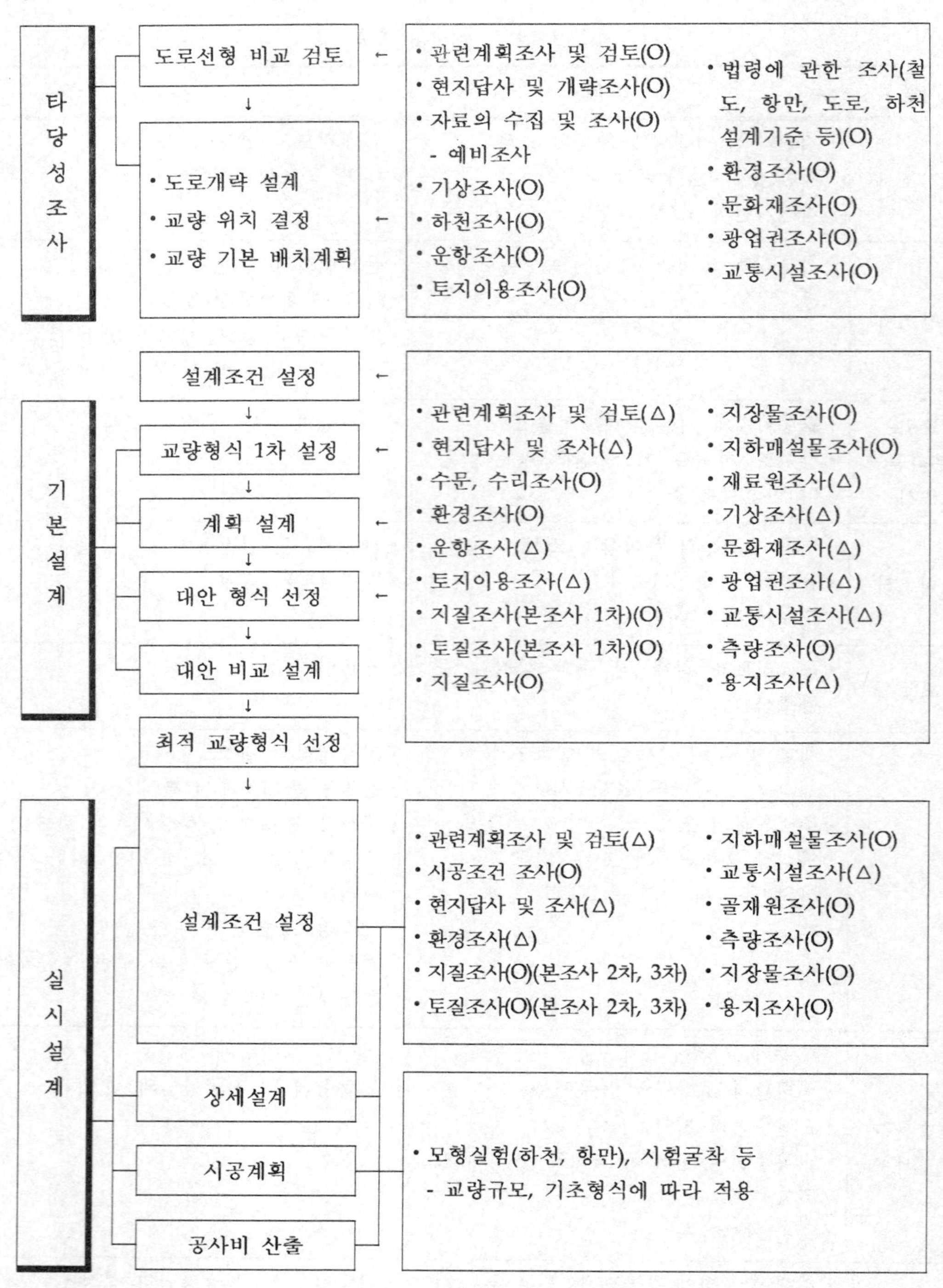

[주] (O) 일반적으로 수행하는 업무, (△) 필요시 수행하는 업무

<그림 504.1.1> 조사계통 흐름도

<표 504.1.2> 조사단계별 조사사항[계속]

구분	예비조사	본조사		추가조사
		1차조사	2차조사	3차조사
목적	• 교량선형 비교 검토 • 교량 가설 위치 결정 • 교량 기본배치 계획	• 교량설계 조건 설정 • 교량계획 설계 • 교량최적 형식 선정 • 교량 경간 및 길이 결정 • 교량의 하부구조, 기초형식 결정 • 기초의 근입 깊이 결정 • 공정 검토	• 상세 설계 • 교량건설 공법 검토 • 시공계획 • 교량공사 원가 산출	• 교량의 설계・시공의 안전성 검토
관련 자료 조사	• 관련계획 조사(1차) - 도로설계 관련 상위계획 - 지역, 교통 관련계획 • 도면류 조사 - 지형도 및 해도 - 국토개발 기본도 - 토지개발, 이용 계획도 - 전국 유적지도 - 도시계획도 • 관측기록, 조사, 보고서 등 - 기상관측 자료 - 재해 피해 기록 - 하천 개수 등 공사기록	• 관련 계획조사(2차) 및 검토	• 관련 계획조사(3차) 및 검토	
현지 답사 및 조사	• 교량 가설지점의 상황조사 • 생활・사회환경 조사 • 주변구조물에 대한 조사 • 수리수문 조사 • 문화재, 공공건물 조사 • 자연환경에 대한 조사	• 교량 가설지점의 상황 조사 • 생활・사회환경 조사 • 주변구조물에 대한 조사 • 수문 수리조사 • 문화재, 공공건물 조사 • 자연환경에 대한 조사 • 지하구조물 조사 • 수송로에 관한 조사 • 지역 특성	• 교량 가설지점의 상황 조사 • 생활・사회환경 조사 • 주변구조물에 대한 조사 • 수문 수리조사 • 문화재, 공공건물 조사 • 자연환경에 대한 조사 • 지하구조물 조사 • 수송로에 관한 조사 • 지역 특성	

<표 504.1.2> 조사단계별 조사사항[계속]

구분	예비조사	본조사		추가조사
		1차 조사	2차 조사	3차 조사
지형조사	• 지형도, 해도 이용 • 항공사진	• 지형측량 • 지형도 작성 • 해저 지형측량 • 교량 평면 · 종단측량	• 1차조사 내용과 현지 답사 결과 상이점 보완 • 세부 측량 • 교대, 교각 위치의 횡단, 종단 측량	
지반지질조사	• 과거 자료 조사 • 지형조사 - 현장답사 및 지표 조사 - 보링 - 표준관입시험 등	제1차 지질조사 • 보링 및 각종 토질 시험 • 조사의 목적 - 토질의 성층 상태 - 지지층의 선정 - 압밀 침하의 유무 - 측방 이동 가능성 - 지하수의 상태	제2차 토질 · 지질 조사 • 교량기초 계획 위치에서 보링 • 각종 토질시험 • 조사의 목적 - 지지력 침하량의 계산 - 지하수위, 피압 지하수	제3차 토질조사 • 시공을 위한 확인 보링 • 설계시 조사 보류 지역 보링 실시 • 보충 보링 - 각종 토질 시험
수리수문조사	• 하천 조사 - 하천정비 계획 조사 - 과거 홍수, 침수 피해조사 - 기타 하천에 관한 장래 계획 조사 - 최대계획홍수위, 최소 수위 조사 - 수문조사	• 하천조사 - 하천현황, 횡단, 종단 - 하천개수 계획 유무 - 하천관리 도로 및 제방 도로 - 하천 구성 상태 조사 - 하천 세굴 퇴적 조사		
교차시설조사	[1] 교차도로 조사 - 장래계획 조사 - 도시계획 조사 - 관련 자료 조사	[1] 교차도로 조사 - 도로의 현황 - 도로의 개수, 확폭 등 장래계획 조사	[1] 교차도로 조사 - 1차 조사에서 미비점 보완 조사	
	[2] 교차철도 조사 - 장래계획 조사 - 관련 자료 조사	[2] 교차철도 조사 - 철도의 현황조사 - 증설계획, 전철화 유무 조사	[2] 교차철도 조사 - 1차 조사에서 미비점 보완조사	
교차시설조사	[3] 운항조사 및 해운 조사 - 해도, 조위표 - 통행 선박 톤수 및 회수 조사 - 장래계획 조사	[3] 운항조사 및 해운조사 - 항로 폭원 조사 - 해저 종단 조사 - 수심조사 - 간만의 차 조사	[3] 운항조사 및 해운조사 - 조류 유속 조사 - 파압 계산 - 조류의 방향 조사	
기상조사		• 기상조사 - 기상조건 조사 - 태풍의 경로 조사 풍속, 방향 조사 - 부식조사		

<표 504.1.2> 조사단계별 조사사항

구분	예비조사	본조사		추가조사
		1차조사	2차조사	3차조사
환경조사	[1] 사회 환경조사 - 교량 가설 주변의 주거·공입지역 등 조사 - 사적, 문화재 조사 - 병원, 학교 등 조사	[1] 사회 환경조사 - 교량 가설 주변의 주거·공입지역 등 조사 - 사적, 문화재 조사 - 병원, 학교 등 조사 - 공사용 도로 조사	[1] 사회 환경조사 - 교량 가설 주변의 주거·공입지역 등 조사 - 사적, 문화재 조사 - 병원, 학교 등 조사 - 공사용 도로 조사	
	[2] 작업환경조사	[2] 작업환경조사 - 작업제약조건 - 인접구조물조사 - 지하매설물조사	[2] 작업환경조사 - 작업제약조건 - 인접구조물조사 - 지하매설물조사	
	[3] 해상공사 등	[3] 해상공사 등 - 어업·수리의 실태 - 어업권, 수리권 - 항로, 항행선박 조사	[3] 해상공사 등	
지진조사		• 지진기록, 지진피해 기록조사 • 지반 상시 미동 측정 • 지진기반의 확인 • 설계진도		
재료조사		• 골재, 수질양의 조사 • 토취장 조사 • 재료운반 경로 조사		• 1차 조사결과 확인·검토
시공조건조사			• 하천에서의 작업 기간 • 출입제한지역 및 제한 시간 • 작업공간 및 작업시간 • 공사용 도로, 전력설비 • 지하매설물 조사 • 어업권, 수리권의 유무 • 각종 이수 상황 실태 • 인접구조물의 영향	• 하천에서의 작업 기간 • 출입제한지역 및 제한 시간 • 작업공간 및 작업시간 • 공사용 도로, 전력설비 • 지하매설물 조사 • 어업권, 수리권의 유무 • 각종 이수 상황 실태 • 인접구조물의 영향
시험시공			• 시험시공(I) • 모형실험 (하천, 항만 등) • 실시실험 - 시험굴착 - 항타시험 - 재하시험 - 기타시험	• 시험시공(II) • 재하시험 • Model 시공

(2) 설계단계

계획조사의 결과를 근거로 공사 발주에 필요한 교량의 설계도를 작성하기 위한 조사이다. 이 조사로부터 교량의 기초공, 하부공 및 상부공의 상세 설계를 시행하고 시공조건, 공사비 및 공기를 산정한다.

(3) 시공단계

상세설계 결과를 근거로 시공에 앞서 행하는 조사이다. 설계에 적용된 조건이 현장에 적합 한지를 조사 확인하기 위한 것과 시공상 문제가 될 점들을 공사에 앞서 미리 파악하기 위한 것이 있다. 시공조사에서는 지금까지 시행한 조사들에 대하여 보충조사를 실시하며 현장 재하 시험을 통해 설계에 정해진 지지력을 확인 조사하고 제시된 설계도가 현장조건에 부합되는지 여부와 현장 부근에 어떤 영향을 끼치는지 또는 이로 인한 공사상의 손해가 있는지 여부의 조사를 수행한다.

504.2 지반조사

2.1 일반사항

교량 기초설계와 관련된 지반조사의 일반사항은 『구조물기초설계기준(2002, 2008년 개정중)』 제3장 지반조사를 참고하며, 주요 내용은 다음과 같다.

(1) 지반의 자료 수집, 기록, 분석은 주의 깊게 수행하며, 지질구조, 지형구조, 지진활동, 수문학적 정보, 대상지역의 역사기록 등이 포함되어야 한다.

(2) 지반조사로부터 시공현장 및 그 주변의 지반, 지하수 상태와 관련된 모든 자료를 얻을 수 있어야 한다.

(3) 대상 구조물 시공 중 필요사항과 성능요구조건을 고려하여 지반 조사계획을 수립한다. 지반조사 중 새로운 정보가 얻어지는 경우 조사범위를 재검토한다.

(4) 구조물의 중요도 등급은 『구조물기초설계기준 2.1.2』 에 따라 결정하고 구조물의 등급 결정에 영향을 줄 수 있는 지반조건은 조사단계에서 결정한다.

(5) 구조물 중요도 3등급의 경우, 시공현장의 육안조사와 얕은 깊이의 시험굴(Test Pit) 조사를 실시하며, 필요할 경우에는 관입시험 또는 오거보링에 의한 조사를 실시한다.

(6) 구조물 중요도 1등급 2등급에 대한 지반조사는 다음 3단계를 통해 이루어진다. 각 단계의 조사내용들은 중복될 수 있으며 소규모 과업의 경우 예비조사와 본조사를 구분하지 않고 수행할 수 있다.

① 예비조사 : 현장 예비답사, 지형조사, 수문조사, 개략적 지하수위, 인접 구조물 및 굴착현장 조사, 지질도와 지반공학관련 지도와 기록, 현장부근 현장조사자료 및 시공경험, 이외 항공사진, 고지형도 등 고지도, 지반 특성, 지진활동 외 지반공학적 관련 정보를 확보한다.

② 본조사 : 지반성층 상태, 지반강도 및 변형특성, 지하수위 및 각 지층 간극수압 분포, 투수 조건, 지반의 잠재적 불안정성, 지반의 다짐 특성, 지반개량 가능성 및 동결 민감도, 이외 지질학적 특징을 조사한다.

③ 추가조사 : 본조사 이후 기초설계를 위해 추가 자료가 필요할 경우에는 구조물이 위치한 지역에 대한 흙과 암의 지반공학적 성질과 지하수위에 대해 추가조사 실시, 또한 본 조사시에 민원 및 장비 진입 불가에 의하여 조사가 불가능한 경우에는 시공시에 확인조사를 실시한다.

2.2 지반 조사항목 및 방법

2.2.1 지반 조사항목

교량 기초설계를 위한 지반조사에서는 시추, 표준관입시험 등 설계에 필요한 시험을 실시하여 시공시 설계변경을 최소화할 수 있도록 하여야 한다. 교량 기초설계에 필요한 조사항목, 조사빈도,

조사심도 등 제반 규정이 관련기준에 미비하므로 잠정적으로 다음과 같은 내용을 참고한다(참고문헌 : 토질조사 기준개선, 한국도로공사, 2006).

- 시추조사 : 교대 및 교각부 지반조사
- 시추공영상촬영 : 터파기시 사면 안전성 검토가 필요한 경우
- 공내재하시험
  - 직접기초 : 풍화대가 깊어 기초심도 결정시 침하량 산정이 필요한 경우
  - 말뚝기초 : 연약층이 깊어 수평방향변위 반력계수 산정이 필요한 경우
- 탄성파탐사 또는 전기비저항 탐사
  - 직접기초 위치의 풍화암 심도가 급변하는 경우
  - 현장여건상 민원 등으로 시추조사가 불가능한 경우

2.2.2 지반 조사방법

현장 조사항목, 조사빈도, 조사심도 등은 현장여건, 교량의 특성, 본 절에서 기술하는 참고사항 등을 종합적으로 고려하고 정밀한 조사가 수행될 수 있도록 발주청과 협의하여 결정하도록 한다. <표 504.2.1>에는 한국도로공사에서 검토한 '토질조사 기준개선'에 근거하여 현장여건에 따른 교량 기초부 현장 조사항목, 조사빈도, 조사심도를 나타내었다.

교량 기초부 지반 조사방법을 자세히 기술하면 다음과 같다.

(1) 교량기초 하부에 공동이 예상되는 지역, 시추조사가 현장여건 등으로 불가한 경우 및 직접기초로 예상되는 지역의 지지층 깊이 변화가 큰 경우에는 물리탐사를 이용하여 공동 및 지지층의 분포를 파악하도록 한다.

(2) 교량기초가 급사면에 위치하여 터파기로 인하여 사면붕괴가 우려되는 경우 사면안정 검토를 수행할 수 있도록 시추공 영상촬영시스템을 활용한 화상정보시험을 실시할 수 있다. 시추공 영상촬영은 암반의 불연속면 상태, 절리의 간격, 주향경사, 방향, 파쇄대 등을 파악하기 위해서 실시하는 조사방법이다.

<표 504.2.1> 교량 기초부 현장 조사항목 및 조사빈도 예시

조사항목	조사빈도	조사심도	비고
시추조사	교대 및 교각 마다 1개소	- 경암 : 1.0 m - 연암 : 3.0 m - 풍화암 : 7.0 m	- SPT : 1.0 m마다 - 상하행선 분리시 모두 시행
시추공 영상촬영	터파기시 사면 안전성 검토가 필요한 경우	암반구간	
공내재하시험	- 풍화대가 깊어 직접기초 심도 결정시 침하량 산정이 필요한 경우 - 연약층이 깊어 말뚝기초의 수평방향변위 반력계수 산정이 필요한 경우	층별(토사, 풍화암, 암반) 각 1회	
탄성파탐사 또는 전기비저항탐사	- 직접기초 위치의 풍화암 심도가 변하는 경우 - 현장여건상 민원 등으로 인하여 시추조사가 불가능한 경우	직접기초 예상심도 이상 깊이까지	교축방향 2개 축선 또는 교축 및 교축직각방향
토모그래피탐사	구조물에 큰 영향을 미칠 공동 발견 시	- 직접기초 : 푸팅 폭의 3배 깊이 까지 - 말뚝기초 : 기초폭의 1~3배 까지	

(3) 교량 가설계획 지점에 대해서는 교각 및 교대마다 1개소 이상 시추를 하도록 한다.

(4) 표준관입시험(SPT)은 시추공 내 1.0 m 간격으로 실시하여 교량기초 형식결정 자료로 활용하도록 한다. 다만, 시추조사에서 표준관입시험의 간격을 국도설계업무매뉴얼(건설교통부, 2007)에서는 1.5 m 간격으로 실시하도록 제시하고 있으며, 한국산업규격 KS F 2307 표준관입시험법에서는 표준관입시험을 시추공 내 1.0 m 간격으로 실시하도록 정하고 있다. 따라서, 시추공 내 표준관입시험 간격은 교량의 특성과 현장여건 등을 종합적으로 고려하여 발주청과 협의하여 결정하도록 한다.

(5) 시추는 평면도상에서 시추계획 위치를 선정하고 굴착심도는 경암층 1.0 m, 연암 3.0 m, 풍화암 7.0 m까지를 원칙으로 하되 예상되는 기초의 형식 및 교량의 특성 등을 종합적으로 고려하여 심도를 증가 또는 감소시키도록 한다.

(6) 풍화암층이 깊을 경우라도 교량당 1개소 이상 암층심도까지 확인하고 자연시료채취, 코아채취 및 시추공 내 수위측정 등 필요한 시험을 실시한다. 또한, 풍화암층이 두껍고(소요 말뚝직경의 5배 이상) 대부분의 지지력이 이 층에서 발휘되는 경우 Triple Core Barrel을 사용하여 불교란 시료를 채취하고 일축압축강도시험 또는 일축압축강도시험을 수행하기 위한 시료성형이 곤란한 경우 점하중시험(Point Load Test)을 실시할 수 있다.

(7) 풍화암 이하의 암반지지 기초의 경우 암반의 일축압축강도가 지지력에 큰 영향을 미치므로 암반에 대한 일축압축강도 및 점하중강도시험을 수행하여 일축압축강도를 산정한다.

(8) 직접기초 심도결정시 침하량을 정확하게 파악하여야 할 필요가 있는 경우 공내재하시험을 실시하여 풍화암 변형계수 또는 탄성계수를 측정하도록 하며, 말뚝기초시 말뚝상부 지층이 연약하여 수평방향 변위가 크게 발생할 가능성이 있는 경우에는 공내재하시험을 실시하여 수평방향 반력계수를 산정한다.

(9) 지지층의 심도변화가 매우 심한 경우와 시추조사가 현장여건 등으로 불가한 경우 탄성파탐사 또는 전기비저항 탐사를 수행하여 지지층의 분포를 파악할 수 있다. 이 경우 탄성파탐사는 지오폰의 간격을 3.0 m 이하로 하고 음원을 3개소 이상의 위치에서 발생시켜 시험을 수행하며, 전지비저항 탐사의 경우도 고밀도 2차원 영상법을 적용하여 충분한 정밀도를 갖도록 한다.

(10) 교각 및 교대에 큰 영향을 미칠 공동이 예상되는 위치에 대해서는 전기비저항탐사, 탄성파탐사, 레이더탐사의 방법을 이용한 토모그래피탐사 중 현장조사에 적합한 방법을 선정 및 적용하여 공동의 크기를 파악하도록 한다.

(11) 말뚝기초 적용구간에 점토층이 깊게 분포할 경우 삼축압축시험 및 일축압축시험을 수행하여 교량구간의 비배수전단강도 및 주변마찰력을 산정하도록 한다.

505
설계 기본사항

505.1 개요

본 장에서는 기본설계를 통해 최종적으로 결정된 교량의 상세설계를 수행함에 있어서 고려되어야할 구체적인 설계내용 중 기본적인 사항에 대해 기술하였다. 특히, 본 장의 대부분 내용은 도로교설계기준[이후 '도·설'로 표기] 제2장 설계일반사항과 강도로교상세부설계지침[이후 '강·설'로 표기]의 제1장 총칙에 해당하는 것이며, 설계기준에서 언급되지 않고 있으나 편람을 이용하는 실무설계자의 편의를 위해 필요하다고 판단되는 내용을 추가적으로 기술하였다.

505.2 설계방법 및 설계기준

과거 설계방법 및 절차는 하중에 의한 작용력의 해석과 재료의 강도에 대한 기술자의 경험에 기초하였으나, 재료 및 구조거동에 대한 이해가 향상되고 해석기술이 발전함에 따라 설계방법이 변천되어왔다. 종래에는 허용응력설계법(ASD ; Allowable Stress Design)이 유일한 설계법이었으며 현재까지도 설계에 적용되고 있다.

1960년대 초반부터 강재에는 소성설계법(Plastic Design)이, 콘크리트에는 강도설계법(Strength Design)이 선진국의 설계기준에 채택되기 시작하였고, 1980년대에 이르러 명칭은 다르지만 원칙적으로 구조신뢰성이론에 기초한 동일한 설계이론인 하중저항계수설계법(LRFD ; Load and Resistance Factor Design)과 한계상태설계법(LSD ; Limit State Design)이 미국과 유럽을 비롯한 선진각국의 설계방법으로 일반화되고 있을 뿐만 아니라 이러한 설계법으로 설계기준을 통일하려는 움직임이 국제적으로 활발히 진행되고 있다.

우리나라도 1983년부터 콘크리트 구조물에는 강도설계법을 채택하고, 1996년 발행된 콘크리트표준시방서와 2007년 개정된 콘크리트구조설계기준[이후 콘·설로 표기]에서는 강도설계법을 원칙으로 하고 있다. 강구조물에 대해서는 아직도 허용응력설계법이 적용되고 있으나, 1996년 발행된 도로교표준시방서의 부록에 하중저항계수설계법을 도입하여 참고하도록 하였다. 그러므로 하중저항계수설계법/한계상태설계법이 설계방법으로 도입될 전망이므로 설계기준마련을 위한 연구와 설계기술자들의 관심이 요구된다.

본 절에서는 설계법의 기초개념과 관련 설계기준에 대하여 간략하게 요약하였다.

2.1 설계방법

2.1.1 허용응력설계법

허용응력설계법은 재료가 공칭항복강도에 도달하면 파괴가 일어난다고 가정하여 이상적인 Hooke의 법칙, 즉 선형탄성거동에 의한 구조물내의 응력이 재료의 허용응력을 초과하지 않도록 하는 설계개념으로서 일명 탄성설계법(Elastic Design)이라고도 한다. 허용응력은 재료, 단면성질, 사용하중, 2차응력, 잔류응력 등에 대해 충분한 여유를 두고 과거의 경험으로부터 결정된다. 일반적으로 사용하중 하에서 구조물이 거의 탄성적으로 거동하는 강구조물의 설계에서는 탄성이론에 의한 허용응력설계법이 많이 적용되고 있으며, 재료적 비탄성거동을 하는 콘크리트구조물에서도 ① 변형은 중립축으로부터 거리에 비례하며, ② 콘크리트의 탄성계수는 일정하고, ③ 콘크리트의 휨인장응력은 무시한다는 세 가지 가정을 전제로 하여 콘크리트를 탄성체로 보고 탄성이론을 적용한다.

대부분의 설계기준은 재료의 항복강도(f_y)를 적절한 안전율로 나누어줌으로써 허용응력을 결정하고 있는데, 이때의 안전율은 식(505.2.1)과 같이 규정함으로써 얻어진다. 설계기준이 이와 같이 안전율 $n(\geq 1)$만큼 허용되는 응력의 한계를 설정했기 때문에 허용응력설계라고 불리게 되었다.

$$\text{안전율} = \frac{\text{저 항}(R)}{\text{하중효과}(Q)} \quad (505.2.1)$$
$$= \frac{f_y}{f_y / n} = n$$

허용응력설계법은 초창기의 정역학적 정정인 강구조물의 설계를 위해 개발되었으므로 다른 재료와 다른 수준의 여용성(Redundancy)을 갖는 구조에는 명료하게 적용되지는 않는다. 따라서, 철근콘크리트구조물의 설계에서는 재료의 비선형·비탄성거동을 이해하고 오래 전부터 강도설계법을 사용했다. 이는 콘크리트의 물성이 시간과 주어진 조건에 따라 변하는 비선형재료이므로 재료물성을 정확히 추정할 수 없지만 조건에 무관하게 비교적 정확히 규명할 수 있는 유일한 값이 한계상태에서의 콘크리트강도, 즉 극한강도(Ultimate Strength)이기 때문이다.

허용응력설계법과 관련하여 [도·설 2.2]에서도 강교와 강교각은 이 설계법을 따르고 콘크리트교와 콘크리트 교대, 교각 등은 원칙적으로 강도설계법을 따르되 허용응력설계법도 사용할 수 있도록 규정하고 있다. 허용응력설계법을 적용함에 있어 필요한 하중조합과 증가계수는 [도·설 2.2.2.2]에 강교, 콘크리트교, 하부구조로 분류되어 제시되어 있다.

또한, 강교, 콘크리트교, 하부구조의 각 재료 및 조건별 허용응력이 각각 [도·설 2.2.2.3, 2.2.2.4, 2.2.2.5]에 주어져 있으며 각 교량형식에 대한 보다 상세한 허용응력설계법에 관련된 기준은 강교의 경우 [도·설 3.3]에, 콘크리트교의 경우 [도·설 4.5.2]에 자세히 제시되어 있다.

2.1.2 강도설계법

강도설계법은 앞에서 간략하게 기술한 바와 같이 부재의 파괴상태 또는 파괴에 가까운 상태에 기초한다. 따라서, 구조부재의 가장 중요한 성질은 그 부재의 실제 강도이다. 그러나 설계시 사용하는 공칭강도는 이러한 실제 강도와 다를 수밖에 없으며 이는 실제 시공된 구조물과 실재료 강도의 불가피한 변동성과 기타의 여러 가지 이유 때문이다. 뿐만 아니라 작용하는 하중 역시 어떤 범위의 오차를 가지고 어느 정도 예측할 수 있을 뿐이지 작용하중의 실제 크기는 알지 못한다.

따라서, 구조부재의 안전성을 확보하기 위해서는 공칭강도 S_n은 예상되는 강도의 결함을 고려하여 강도감소계수 ϕ에 의하여 감소시켜야 하고, 설계기준에 규정된 설계하중 L은 있을 수 있는 초과하중을 고려하여 하중계수 γ에 의하여 증가시켜야 한다. 따라서 식(505.2.2)와 같은 관계가 만족되어야 한다.

$$\phi S_n \geq \Sigma \gamma_i L_i = \gamma_d D + \gamma_l L = U \quad (505.2.2)$$

여기서,

D : 사용 고정하중(Service Dead Load)에 의한 단면력

L : 사용활하중(Service Live Load)에 의한 단면력

γ_d, γ_l : 각 하중에 대한 하중계수

ϕS_n : 설계강도(Design Strength)

U : 소요강도(Required Strength) 또는 계수화된 (Factored) 설계작용 외력

사용하중(Service Load)이란 하중계수를 곱하기 전의 하중으로서 공용하중 또는 실작용하중이라

고도 하며 허용응력설계법에서의 설계하중과 같은 크기의 하중이다. 설계강도가 계수화된 작용외력(극한외력)보다 크게 되도록 설계하는 것이 강도설계법의 기본개념이다. 소요강도는 사용하중에 하중계수를 곱해서 구하기 때문에 이 설계법을 하중계수설계법(Load Factor Design Method)이라고도 한다.

2.1.3 하중저항계수설계법

구조물 또는 부재가 파괴 또는 파괴에 가까운 상태로 되어 그 기능을 완전히 상실한 상태를 극한한계상태(Ultimate Limit State)라 하고, 처짐, 균열, 진동 등이 과대하게 발생하여 정상적인 사용상태의 필요조건을 만족하지 않게 된 상태를 사용한계상태(Serviceability Limit State)라고 한다. 하중저항계수설계법(LRFD)과 한계상태설계법(LSD)은 이러한 한계상태로 되는 확률이 구조물의 모든 부재가 동일한 한계상태 파괴모드에 대하여 일정한 값이 되도록 하려는데 목적을 두고 있다.

구조물에 작용하는 실제의 하중과 재료의 실제강도는 일정한 분포형태를 가지는 무작위변량이라는 것은 이미 잘 알려진 사실이다. 그러므로 작용하중 및 재료강도의 변동을 고려하여 확률론적으로 구조물의 안전성을 평가해야 옳을 것이다. 이러한 뜻에서 하중저항계수설계법이나 한계상태설계법은 안전성의 척도를 구조물이 파괴될 확률(파괴확률), 또는 구조물이 파괴되지 않을 확률(신뢰성)로 나타내려고 한다. 그렇기 위해서는 작용하중이나 재료강도 등에 관한 통계자료가 충분히 있어야 한다. 그러나 현재의 단계에서는 그러한 자료가 충분하지 못하기 때문에 하중과 재료강도에 대한 부분안전계수(Partial Safety Factor)를 도입함으로써, 이 방법에로의 접근을 시도하고 있다.

이와 같이 부분안전계수를 사용하는 설계기준은 미국의 AISC, NBS (National Bureau of Standards), 캐나다의 CSA (Canadian Standard Association)과 같이 전체저항에 대한 하나의 안전계수(Total Resistance Factor)를 사용하는 하중저항계수설계법과 일본의 JCSS (Joint Committee on Structural Safety), 유럽의 BS (British Standards), CEB (Comit' Europeen du Beton)와 같이 부분저항계수(Partial Resistance Factor)를 사용하는 한계상태설계법으로 크게 구분할 수 있다.

LRFD 설계법은 교량의 모든 부재에 대하여 파괴되는 확률을 일정하게 확보할 수 있는 설계법으로서 합리적이고 경제적인 설계방법이다. 우리나라에서는 1996년 발행된 도로교표준시방서에 하중저항계수설계법을 부록으로 수록하고 있다. 그러나 설계자들은 허용응력설계법과 강도설계법에 익숙하기 때문에 미국의 경우에도 LRFD 설계기준을 제정한 후 약 10년 이상 실무에 활용되지 못한 사례가 있다. 미국의 경우 2007년부터 FHWA에서 지원하는 예산으로 건설하는 모든 교량은 AASHTO LRFD 교량설계기준에 의해서 설계하도록 하고 있다.

하중저항계수설계법은 종래의 허용응력 중심의 허용응력설계법과는 달리 부재나 상세요소의 극한내력강도 또는 한계내력에 기초를 두고, 극한 또는 한계상태하중에 의한 부재력이 부재의 극한 또는 한계내력을 초과하지 않도록 하는 설계법이다. 따라서 이 설계법은 종래의 강도설계법이나 소성설계법과 설계기준의 형식(Design Format)면에서는 유사하다. 그러나 하중 및 저항관련 안전모수, 즉 계수안전율의 결정을 종래의 설계법에서 하듯이 주로 오랜 기간의 경험에만 의존하여 확정적으로 결정하지 않고 하중과 구조저항 관련 모든 불확실성을 확률·통계적으로 처리하는 구조신뢰성이론에 기초하여 보정(Calibration)함으로써 구조물의 일관성 있는 적정수준의 안전율 즉, 신뢰성(Reliability)을 갖도록 하는 보다 합리적이고 새로운 설계법이다.

하중저항계수설계는 일반적으로 다음과 같은 과정들을 거치게 된다.

① 구조물에 발생 가능한 모든 한계상태 관련 파괴(파손)모드의 확인

② 각 한계상태에 적정한 안전수준의 결정

③ 설계자에 의한 지배적이고 주요한 한계상태를 고려한 구조단면의 설계

보통 구조물의 설계에서 ①, ②단계는 한계상태설계 관련 기준에 구조물의 종류·형태·특성별로 규정되어 있다. 즉, 설계기준에는 어떠한 한계상태를 고려하여 특정한 구조물이나 구조요소를 어떻게 설계할 것인가와 이에 따른 하중 및 저항 관련 안전계수들이 함께 규정되어 있다.

대개의 경우, 설계자는 일반적으로 고려되는 구조물의 가장 위험한 한계상태의 결정으로부터 출발하면서 ③단계만 수행하면 된다. 설계기준에 규정되어 있지 않은 특수 구조물에 대해서는 설계자가 세 가지 단계를 모두 고려해야 한다. 실제로 한계상태설계는 종래의 구조설계절차와 동일한 것이지만, 다만 여러 가지 지배적이거나 주요한 거동과 관련된 한계상태를 모두 구체적으로 고려하고 체계적으로 정식화하여 설계한다는 점이 재래적인 설계법과는 다르다.

이상과 같이 설계함에 있어 구조안전도는 구조수명 기간동안 실제로 작용하는 하중들의 조합에 대해 구조물에 발생하는 최대외력과 구조물의 실제강도 및 강성이 결정하는 최소저항의 크기와 이들과 관련된 모든 불확실성의 정도에 따라 달라진다. 어느 경우에도 구조수명 기간동안 실제 하중과 실제저항을 정확하게 예측하기란 불가능하다. 따라서 구조물의 안전도나 사용성은 구조물의 실제강도나 저항이 구조수명 기간동안 작용하는 최대하중을 지지할 수 있는 확률 즉, 신뢰도에 기초하여 표현할 수밖에 없다. 따라서 구조물의 안전도와 신뢰도는 불확실량들의 통계적인 추정에 기초한 확률모형, 즉 구조신뢰성방법에 의해 파괴확률 P_f (또는 신뢰성지수 β)를 척도로 하여 해석해야 하고, 종래에 사용해오던 공칭안전율도 신뢰성지수와 저항 및 하중의 통계적 불확실량(평균·분산)의 함수로 유도되어야 한다.

구조안전도를 추정함에 있어 또 하나의 복잡한 요인은 구조물의 안전도가 구조요소의 동일한 파괴모드에 대해서도 구조물이 정정 또는 부정정의 여부에 따라서도 크게 달라진다는 점이다. 뿐만 아니라 대개의 경우 각종 하중과 저항에 관한 불확실량이나 이들의 모델링, 해석 및 예측관련 불확실량 등의 통계적 자료가 부족하여 정확하게 추정할 수 없는 반면에 계산되는 확률값은 저항의 매우 작은 값과 하중의 매우 큰 값 부근에서 이들의 극치분포에 따라 매우 민감하게 변한다. 더구나 이들 저항과 하중관련 불확실성 중에는 인적오차(Human Error, Gross Error)와 같이 통계적으로나 확률적으로 취급하기 곤란한 것들도 있다.

따라서 구조물의 실제 안전도와 실제 신뢰도는 미지인 경우가 대부분이며, 대개는 인적오차문제는 별도로 취급하고, 공칭안전도·공칭신뢰도를 구조신뢰성방법으로 해석하여 구조안전도를 추정한다.

2.2 설계기준

우리나라는 국토해양부 등 정부주도로 구조물 설계 및 시공 시 적용할 각종 설계기준 및 지침 등과 건설공사기준을 제정하고 있다. 건설기술개발 및 관리 등에 관한 운영규정(국토해양부, 2008)에 따르면 건설공사와 관련된 기준은 시설물별 설계기준이나 시방서와 같은 상위기준과 표준도, 지침, 편람, 기술지도서, 요령 등과 같은 하위기준으로 구분된다. 각종 건설공사에 사용되는 설계기준은 그 종류가 다양하고 지속적으로 개정작업을 거치며 세부적인 사항들에 대한 기준들이 계속해서 제정되고 있다.

<표 505.2.1>에는 건설공사기준 종류별 관리주체 및 소관부서를 나타낸 것이며, <표 505.2.2>에는 건설공사기준을 포함하여 도로교의 설계와 관련하여 적용되고 있는 기준 및 참고자료의 종류와 제정, 개정현황을 나타내었다.

구조물의 설계자는 대상구조물에 따라 반드시 적용해야하는 법규, 설계기준, 시방서 등의 규정에 적합하도록 설계하게 된다. 그러나 이러한 기준이나 시방서 등은 설계를 위한 일반적인 지침만을 제공할 뿐이며 올바른 설계를 위해서는 올바른 판단, 설계철학, 풍부한 경험이 필요하다. 이는 관련기준은 최저기준위주로 설정되므로 아무리 많은 기준이 제정된다고 하더라도 모든 상황을 전부 포함할 수는 없기 때문이다.

<표 505.2.1> 건설공사기준 종류별 관리주체 및 소관부서

관리주체	설계기준	시방서	소관부서
대한토목학회	-	토목공사표준일반시방서	국토해양부 기술안전정책관
한국콘크리트학회	콘크리트구조설계기준	콘크리트표준시방서	국토해양부 기술안전정책관
한국지반공학회	구조물기초설계기준	-	국토해양부 기술안전정책관
한국도로교통협회	도로설계기준 도로교설계기준	도로공사표준시방서 도로교표준시방서	국토해양부 도로정책관
한국강구조학회	강구조설계기준	-	국토해양부 기술안전정책관
한국지진공학회	내진설계기준	-	국토해양부 기술안전정책관
한국도로공사	-	고속도로공사전문시방서	국토해양부 도로정책관
한국건설가설협회		가설공사표준시방서	국토해양부 도로정책관
한국수자원공학회	하천설계기준	하천공사표준시방서	국토해양부 수자원정책관

[건설기술개발 및 관리 등에 관한 운영규정(국토해양부, 2008)]

<표 505.2.2> 교량관련 설계기준의 분류

분류	해 당 기 준	제정기관	제정 또는 최근개정년도
기준	• 도로교설계기준	국토해양부	2008
	• 도로교표준시방서 (부록 하중-저항계수 설계편)	건설교통부	1996
	• 콘크리트구조설계기준	건설교통부	2007
	• 도로설계기준	건설교통부	2005
	• 구조물기초설계기준	국토해양부	개정중
	• 하천설계기준 · 해설	건설교통부	2005
시방	• 도로교표준시방서	건설교통부	2005
	• 콘크리트표준시방서	건설교통부	2003
	• 토목공사표준일반시방서	대한토목학회	2005
	• 고속도로공사전문시방서	한국도로공사	2005
	• 도로공사표준시방서	한국도로교통협회	2003
	• 가설공사표준시방서	건설교통부	2004
지침	• 도로포장설계/시공지침	건설교통부	1997
	• 강도로교상세부설계지침	건설교통부	2006
	• 유지관리를 고려한 교량의 설계 및 시공지침	건설교통부	2001
	• 케이블강교량설계지침	대한토목학회	2006
	• 고속도로 교량의 내진설계지침	한국도로공사	1997
	• 콘크리트교량 가설 특수공법 설계·시공·유지관리지침	건설교통부	1994
	• 환경친화적인 도로건설 지침	건설교통부	2004
편람	• 도로설계편람 제5편 교량	국토해양부	2008
	• 환경친화적인 도로건설 편람	건설교통부	2004
	• 강구조설계편람	한국강구조학회	1998
	• 고속도로 교량의 내진설계 편람	한국도로공사	2000
	• 수해예방을 위한 산악지 도로설계 매뉴얼	건설교통부	2007
	• 국도설계업무매뉴얼	건설교통부	2007
요령	• 국도건설공사 설계실무요령	건설교통부	2005
	• 도로설계요령	한국도로공사	개정중
	• 강도로교 시공 · 검사 실무요령	건설교통부	1995
	• 교좌장치의 종류 및 관리요령	건설교통부	1995
지도서	• 프리플렉스합성형의 설계제작 및 시공지도서	대한토목학회	1993
표준도	• 고속도로 건설공사 표준도	한국도로공사	2003
	• 교량 및 가시설 표준도	국토해양부	2008

주 : 건설교통부는 현 국토해양부

505.3 설계하중

교량을 설계할 때 고려하는 하중은 교량을 구성하고 있는 각 부재에 응력, 변형, 변위를 발생시킬 수 있는 모든 외력과 내력으로, 시공 중에 작용하는 하중과 시공 후에 작용하는 모든 하중이다. 구조물 설계에 있어서 부재의 응력을 정확하게 계산해야 함은 물론이지만 이에 못지않게 중요한 것은 정확한 하중의 산정이다. 설계하중은 구조물별로 마련된 설계기준에 규정되어 있다.

이러한 하중들 중에서 교량설계에 적용하는 하중은 교량의 형식이나 교량 가설지점의 조건에 따라 하중의 종류 및 하중조합 조건이 적절히 결정되어야 하며, 하중의 특성, 작용빈도, 교량에 미치는 영향 등에 따라 주하중, 부하중, 특수하중 등으로 분류한다. 교량의 주요부분 설계 시 항상 작용하고 있다고 볼 수 있는 하중을 주하중이라 하고, 항상 작용한다고 볼 수 없으나 때때로 작용한다고 볼 수 있으며 하중 조합에 반드시 고려해야 하는 하중을 부하중이라 한다. 또 교량 주요부분을 설계할 때 교량의 종류, 구조형식, 가설지점의 상황 등의 조건에 따라 특별히 고려해야 할 하중을 특수하중이라 한다.

구조물에 작용하는 하중은 고정하중과 활하중으로 대별할 수 있다. 고정하중이란 구조물의 자중 등 구조물 수명기간 중 상시로 작용하는 하중이다. 활하중은 차량과 같이 스스로 움직이는 이동하중(Moving Load)과 기구나 장비 같이 위치를 이동시킬 수 있는 가동하중(Moveable Load)으로 나누어 생각할 수 있다. 뿐만 아니라 물체의 이동에 의한 충격하중(Impact Load), 구조물에 작용하는 풍하중(Wind Load), 지진하중(Seismic Load)등과 같은 동적하중(Dynamic Load)도 넓은 의미에서 활하중에 포함될 수 있다.

도로교를 설계할 때 적용하는 활하중은 표준트럭하중(DB하중) 또는 차로하중(DL하중), 보도 등의 등분포하중 등이다. 여기서 표준트럭하중이란 실제 통행하는 차량을 모형화 한 것이 아니고, 이들 하중의 효과(영향)를 모형화한 가상하중(Notional Load)이다. 반면에 차로하중은 표준트럭하중보다 크기는 작으나 이러한 차량들이 연행한 경우에 대한 하중효과를 모형화한 것이다.

DB하중 및 DL하중은 과거 미국 도로교설계기준(AASHTO Standard Specifications)에서 사용하였던 HS하중 및 HL하중을 준용하여 국내 도로교설계기준에 반영한 것이다. HS하중은 1944년

<표 505.3.1> 도로교설계기준에서 도로교 설계에 고려하는 하중의 종류

하중의 종류	해당 절	하중의 종류	해당 절
주하중(P)		12. 지진의 영향(E)	2.1.13
1. 고정하중(D)	2.1.2	주하중에 상당하는 특수하중(PP)	
2. 활하중(L)	2.1.3	13. 설하중(SW)	2.1.14
3. 충격(I)	2.1.4	14. 지반변동의 영향(GD)	2.1.15
4. 프리스트레스(PS)	2.1.6	15. 지점이동의 영향(SD)	2.1.15
5. 콘크리트 크리프의 영향(CR)	2.1.7	16. 파압(WP)	2.1.16
6. 콘크리트 건조수축의 영향(SH)	2.1.7	17. 원심하중(CF)	2.1.17
7. 토압(H)	2.1.8	부하중에 상당하는 특수하중(PA)	
8. 수압(F)	2.1.9	18. 제동하중(BK)	2.1.17
9. 부력 또는 양압력(B)	2.1.10	19. 가설시 하중(ER)	2.1.18
부하중(S)		20. 충돌하중(CO)	2.1.19
10. 풍하중(W)	2.1.11		
11. 온도변화의 영향(T)	2.1.12		

이전 적용하였던 2축 차량(H하중) 위에 세미트레일러를 추가한 3축 차량의 하중모델이다. 일설에 의하면 약호 DB는 도로반트럭(Highway Semi-trailer)에서 유래되었다고 한다. 2등교와 3등교에 해당하는 표준트럭하중인 DB-18과 DB-13.5 하중은 AASHTO HS20-44(44는 1944년에 제정되었음을 의미함)와 HS15-44 하중에 해당되며 1977년에 도입된 DB-24 하중은 DB-18 하중을 약 1.33배 증가시킨 하중이다. 현재 AASHTO LRFD 설계기준의 표준트럭하중은 HL-93으로 변경되었다.

바닥판과 바닥틀에 큰 응력을 발생시키는 하중과 거더에 큰 응력을 발생시키는 하중은 분포범위에 따라 다르므로 바닥판과 바닥틀의 설계에는 일반적으로 DB하중을 사용하고 거더의 설계에는 DB하중 또는 DL하중을 사용한다.

3.1 하중

3.1.1 하중의 종류

<표 505.3.1>에는 [도·설 2.1]에서 규정하고 있는 하중의 종류와 이에 따른 목차를 보여주고 있으므로 해당 내용을 참조하여 적용하면 된다. 특히, [도·설 2.1.13]의 지진하중은 6장의 내진설계편에서 정하는 규정을 따르도록 정하고 있다.

3.1.2 고정하중

고정하중을 산출할 때는 <표 505.3.2>에 나타낸 단위질량을 사용한다. [도·설, 표 2.1.1]

<표 505.3.2> 재료의 단위질량 (kg/m³)

재 료	단위질량	재 료	단위질량
강재, 주강 단강	7,850	무근 콘크리트	2,350
주 철	7,250	시멘트 모르터	2,150
알 미 늄	2,800	목 재	800
철근콘크리트	2,500	역청재(방수용)	1,100
프리스트레스트 콘크리트	2,500	아스팔트 포장	2,300

3.1.3 활하중

활하중은 표준트럭하중(DB하중), 차로하중(DL하중), 보도 등의 등분포하중 및 궤도의 차량하중이다.

(1) 자동차 하중

① DB하중[도·설, 표 2.1.2]

<표 505.3.3> DB하중(kN)

교량 등급	하중 등급	중량 W	총하중 1.8W	전륜하중 0.1W	후륜하중 0.4W
1등교	DB-24	240	432	24	96
2등교	DB-18	180	324	18	72
3등교	DB-13.5	135	243	13.5	54

② DL하중[도·설, 그림 2.1.1]

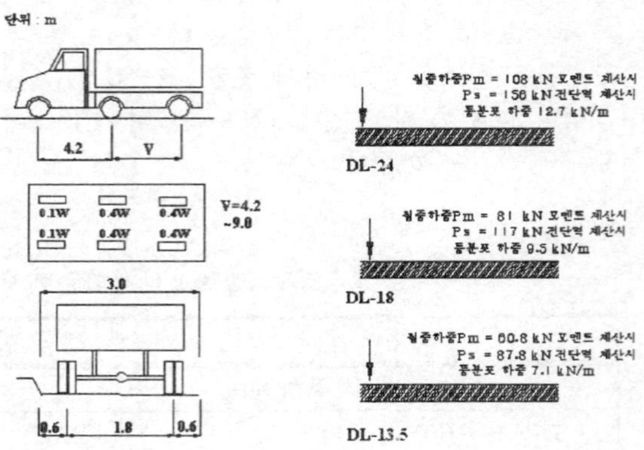

<그림 505.3.1> DB 및 DL하중 개요

(2) 활하중의 재하방법

① 바닥판과 바닥틀 설계

- 종방향으로 차로당 1대의 DB하중
- 횡방향으로 재하 가능한 대수(설계부재에 최대응력이 발생하도록)
- 횡방향 위치 : 설계차로와 관련

② 주거더설계

- 종방향으로 차로당 1대의 DB하중 또는 1차로분의 DL하중
- 차로당 1대의 점유폭은 3 m
- 표준 설계 차로폭은 3.6 m
- 설계차로폭 (W)

$$W = \frac{W_c}{N} \leq 3.6 \text{ m} \qquad (505.3.1)$$

여기서,
W_c : 유효폭(= 연석간의 교폭, m)
N : 설계 차로수

<표 505.3.4> 차로 수[도·설, 표 2.1.3]

W_c의 범위(m)	N	W_c의 범위(m)	N
$6.0 \leq W_c < 9.1$	2	$23.8 \leq W_c < 27.4$	7
$9.1 \leq W_c < 12.8$	3	$27.4 \leq W_c < 31.1$	8
$12.8 \leq W_c < 16.4$	4	$31.1 \leq W_c < 34.7$	9
$16.4 \leq W_c < 20.1$	5	$34.7 \leq W_c < 38.4$	10
$20.1 \leq W_c < 23.8$	6		

참고로 AASHTO LRFD(2007)에서는 연석간 교폭을 차로폭(3.6 m)로 나눈 후 정수만 취하여 설계 차로수를 결정하고 있고, 캐나다 기준에서는 실제 재하 가능한 차로수를 기준으로 하고 있다.

③ 곡선교 : DB하중이나 DL하중을 표준점유폭인 3 m 마다 연속시켜 설계차로수 만큼 재하

④ 3차로 재하 : 90%로 감소

⑤ 4차로이상 재하 : 75%로 감소

(3) 보도하중

① 바닥판과 바닥틀 설계시 5×10-3 MPa

② 주거더 설계시에는 <표 505.3.5> 적용

<표 505.3.5> 보도 등에 재하 하는 등분포하중

지간장 L(m)	$L \leq 80$	$80 < L \leq 130$	$L > 130$
하중(MPa)	3.5×10^{-3}	$(4.3-0.01L) \times 10^{-3}$	3.0×10^{-3}

3.1.4 충격

활하중의 크기에 다음 계수를 곱하여 구한다.

$$I = \frac{15}{40 + L} \leq 0.3 \qquad (505.3.2)$$

여기서 L은 지간장(m)이며, [도·설, 표 2.1.5]의 값을 적용한다.

3.1.5 프리스트레스, 콘크리트 크리프, 건조 수축

(1) 프리스트레싱 직후의 프리스트레스 힘 P_i
- 콘크리트의 탄성변형
- PC강재와 쉬스의 마찰
- 정착장치의 세트량

(2) 유효 프리스트레스 힘 P_e
- 콘크리트의 크리프
- 콘크리트의 건조수축
- PC강재의 Relaxation

(3) 콘크리트 크리프 변형률

$$\epsilon_{cc} = \frac{f_c}{E_c} \varphi \qquad (505.3.3)$$

여기서,
f_c : 지속하중에 의한 콘크리트 응력
E_c : 탄성계수
φ : 크리프계수

<표 505.3.6> 콘크리트의 크리프계수

콘크리트의 재령일		4~7	14	28	90	365
크리프 계수	조강 시멘트	3.8	3.2	2.8	2.0	1.1
	보통 시멘트	4.0	3.4	3.0	2.2	1.3

<표 505.3.7> 콘크리트의 건조수축률

콘크리트 재령일	4~7	28	90	365
건조수축률	27×10^{-5}	20×10^{-5}	14×10^{-5}	7×10^{-5}

3.1.6 토압, 수압

(1) 벽면에 작용하는 분포하중 (Coulomb의 토압 공식)

- 평상시 토압 [도 · 설 5.5.9]
- 지진시 토압 [도 · 설 6.6.3.2]

(2) 수압은 [도 · 설 2.19], 편람 5092.3.3 참조

3.1.7 풍하중, 온도변화

(1) 풍하중[도 · 설 2.1.11 참조]

① 일반 중소지간의 교량

- 표준적인 풍하중 사용

② 태풍이나 돌풍에 취약한 지역에 위치한 중대지간의 교량

- 설계기준 풍속에 기초한 내풍설계

③ 주경간 길이가 200 m 이상인 장대 특수교량

- 동적해석과 풍동실험을 통한 공기역학적 안전성 검토

(2) 강교의 온도변화[도 · 설 2.1.12 참조]

① 온도변화의 범위 : - 10℃ ~ 50℃ (특히 추운지방 : - 30℃ ~ 50℃)

② 태양 직사부분과 그늘진 곳의 온도차 : 15℃

③ 선팽창계수 : α = 1.2 X 10^{-5}

(3) 콘크리트의 온도변화[도 · 설 2.1.12 참조]

① 온도변화 : 지역별 평균기온에서 온도승강 각각 15℃(부재 최소치수가 700 mm이상이면 10℃)

② 선팽창계수 : α = 1.0 X 10^{-5}

③ 상하부 온도차 : 5℃

(4) 합성교의 온도변화[도 · 설 2.1.12 참조]

① 온도차 : 10℃

② 선팽창계수 : α = 1.2 X 10^{-5}

3.1.8 지진, 설하중, 지반변동, 지점이동, 파압

(1) 지진하중 : [도 · 설 제6장]

(2) 설하중[도 · 설 2.1.14]

(3) 지반변동 및 지점이동[도 · 설 2.1.15]

(4) 파압[도 · 설 2.1.16]

3.1.9 원심하중, 제동하중

(1) 원심하중 : DB하중의 백분율[도 · 설 2.1.12 참조]

$$CF = 0.79\frac{V^2}{R}(\%) \tag{505.3.4}$$

여기서,

CF : 원심하중으로서 충격을 포함하지 않은 활하중의 백분율

V : 설계속도(km/h)

R : 곡선반경(m)

① 곡선궤도의 경우 8%

② 교면상 1.8 m의 높이에서 횡방향으로 작용

(2) 제동하중 : 특수한 경우만 고려

① DB하중의 10%

② 교면상 1.8 m의 높이에서 차량진행 방향으로 작용

3.1.10 가설시 하중, 충돌하중

(1) 가설시 하중 : 가설 단계별 가설방법 및 구조를 고려하여 자중, 가설장비, 기자재, 바람, 지진의 영향 고려[도 · 설 2.1.18 참조]

(2) 충돌하중 : 자동차, 유목, 선박의 충돌

- 자동차의 충돌 : [도 · 설 2.1.19] 참조
- 유목 등의 충돌 : [도 · 설 2.1.12] 참조
- 선박의 충돌 : 선박충돌하중에 대해서는 편람 제509.5.6절을 참조한다.

3.2 하중조합

3.2.1 허용응력설계법에서 하중조합

허용응력설계법을 적용하는 강교, 콘크리트교 및 하부구조에서의 하중조합은 <표 505.3.8> ~ <표 505.3.10>과 같다.

3.2.2 강도설계법에서 하중조합

강도설계법을 적용하는 경우 하중조합 규정과 하중계수는 [도·설 2.2.3.2]와 [콘·설 3.3.2]에 자세히 제시되어 있으며 주요 하중조합의 하중계수는 다음과 같다. 다만, 도로교의 경우 하중계수는 도로교설계기준을 따른다.

(1) 주요 하중조합의 하중계수

$$U=1.3D+2.15(L+I)+1.3CF+1.7H+1.3Q \quad (505.3.5a)$$

$$U=1.3D+1.7H+1.3Q+1.3W \quad (505.3.5b)$$

$$U=1.3D+1.3(L+I)+1.3CF+1.7H+1.3Q +1.3(0.5W+WL+BK) \quad (505.3.5c)$$

$$U=1.3D+1.3(L+I)+1.3CF+1.7H+1.3Q+1.3G \quad (505.3.5d)$$

$$U=1.25D+1.65H+1.25Q+1.25W+1.25G \quad (505.3.5e)$$

$$U=1.25D+1.25(L+I)+1.25CF+1.65H+1.25Q +1.25(0.5W+WL+BK)+1.25G \quad (505.3.5f)$$

$$U=1.0(D+H+Q+E) \quad (505.3.5g)$$

$$U=1.3D+1.3(L+I)+1.3CF+1.7H+1.3Q+1.3CO \quad (505.3.5h)$$

$$U=1.2D+1.55H+1.2Q+1.2W+1.2CO \quad (505.3.5i)$$

여기서,

D : 고정하중 또는 이에 따른 단면력
L : 활하중 또는 이에 따른 단면력
I : 충격 또는 이에 따른 단면력
H : 토압 또는 이에 따른 단면력
W : 풍하중 또는 이에 따른 단면력
WL : 차량활하중에 작용하는 풍하중 또는 이에 따른 단면력
BK : 제동하중 또는 이에 따른 단면력
E : 지진의 영향 또는 이에 따른 단면력
CF : 원심하중 또는 이에 따른 단면력
CO : 충돌하중 또는 이에 따른 단면력
G : 부등침하, 크리프, 건조수축, 제작 또는 시공시 치수의 착오, 습도변화 또는 온도변화 등으로 인한 팽창 또는 수축변형으로 유발된 변형력 또는 이에 따른 단면력
Q : 부력 또는 양압력, 수압, 파압 등의 하중 또는 이에 따른 단면력

<표 505.3.8> 강교 하중조합 및 허용응력 증가계수

	하 중 조 합	증가계수
1	주하중+주하중에 해당하는 특수하중+온도변화의 영향	1.15
2	주하중+주하중에 해당하는 특수하중+풍하중	1.25
3	주하중+주하중에 해당하는 특수하중+온도변화의 영향+풍하중	1.35
4	주하중+주하중에 해당하는 특수하중+풍하중+제동하중	1.25
5	주하중+주하중에 해당하는 특수하중+충돌하중	1.70
6	풍하중만 고려할 때	1.20
7	제동하중만 고려할 때	1.20
8	활하중 및 충격 이외의 주하중+지진의 영향	1.50
9	가설시 하중	1.25

<표 505.3.9> 콘크리트교 하중조합 및 허용응력 증가계수

	하 중 조 합	증가계수
1	주하중+주하중에 해당하는 특수하중+온도변화의 영향	1.15
2	주하중+주하중에 해당하는 특수하중+풍하중	1.25
3	주하중+주하중에 해당하는 특수하중+온도변화의 영향+풍하중	1.35
4	주하중+주하중에 해당하는 특수하중+풍하중+제동하중	1.25
5	주하중+주하중에 해당하는 특수하중+충돌하중	1.50
6	풍하중만 고려할 때	1.20
7	활하중 및 충격 이외의 주하중+지진의 영향	1.33
8	가설시 하중	1.25

<표 505.3.10> 하부구조 하중조합 및 허용응력 증가계수

	하 중 조 합	증가계수
1	주하중+주하중에 해당하는 특수하중+온도변화의 영향	1.15
2	주하중+주하중에 해당하는 특수하중+풍하중	1.25
3	주하중+주하중에 해당하는 특수하중+온도변화의 영향+풍하중	1.35
4	주하중+주하중에 해당하는 특수하중+풍하중+제동하중	1.25
5	주하중+주하중에 해당하는 특수하중+충돌하중	
	- 강구조에 대하여	1.70
	- 철근 및 무근 콘크리트에 대하여	1.50
6	활하중 및 충격 이외의 주하중+지진의 영향	
	- 강구조에 대하여	1.50
	- 철근 및 무근 콘크리트에 대하여	1.33
7	가설시 하중의 조합	
	- 완성후의 응력이 현저히 저하되는 경우	1.50
	- 완성후의 응력이 허용응력과 같은 정도로 되는 경우	1.25

(2) 특수하중조합의 하중계수

① [도·설 2.1.5]에 따른 2, 3등교의 설계에서 초과하중에 대하여 검토하는 경우

$$U = 1.3D + 2.85(L+I) \qquad (505.3.5j)$$

② 특별과하중(탱크, 특수 중차량 등)에 대하여 검토하는 경우

$$U = 1.3D + 1.3(L+I) + 1.3CF + 1.7H + 1.3Q \qquad (505.3.5k)$$

(3) 하중계수의 조정

(1)항의 식(505.3.5a)에서 충격을 고려한 차량활하중과 보도 등의 군중하중의 하중조합에 의해서 외측주거더를 설계할 때는 활하중계수를 2.15대신 1.65로 하여 설계한다. 다만 이때의 설계강도는 활하중계수를 2.15로 한 차량 활하중만에 의한 값보다 작아서는 안 된다. 이 경우에 있어서 바닥판 슬래브를 설계할 때는 활하중계수를 2.15 대신 1.3으로 한다.

(4) 하중계수의 적용

(1)항과 (2)항의 모든 하중조합에서 <표 505.3.11>의 각 경우에 대한 고정하중계수와 토압하중계수는 각각 표에 제시한 값을 사용하여야 한다.

기초를 설계할 경우 토압이나 파일하중 등에는 하중계수에 의한 하중증가를 시키지 않는다. 또한 전도, 활동 등에 대한 안전율을 사용하여 구조물 기초의 안정성을 검토하는 경우에도 하중계수를 사용하지 않는다.

또한 강도감소계수는 [도·설 2.2.3.3]과 [콘·설 3.3.3]에 제시되어 있으며 콘크리트 교량에 대한 강도설계법에서는 공칭강도에 설계기준에서 제시하고 있는 강도감소계수를 곱하여 산정하고, 강교에 대한 하중계수설계법에서는 계산된 최대공칭강도를 그대로 설계강도로 사용한다. 콘크리트교에 대한 보다 상세한 강도설계법에 관련된 기준은 [도·설 4.4]와 [콘·설 제3장]에서 자세히 기술하고 있다.

<표 505.3.11> 하중조합에서 고정하중계수와 토압하중계수를 바꾸어 설계하는 경우

식 번호 (505.3.5)	고정하중계수	토압하중계수	
	기둥설계시 최소축하중 및 최대 모멘트 또는 최대 편심에 대하여 설계할 경우	라멘구조에서 횡토압에 의해 정모멘트를 검토하는 경우	연직토압의 경우
(a)~(d), (g), (h), (j), (k)	1.0	0.65	1.5
(e), (f)	0.95	0.65	1.45
(i)	0.9	0.8	1.4

콘크리트 부재의 공칭강도를 산정할 때 적용하는 강도감소계수는 [도·설 2.2.3.3]에 따른다. 2007년 개정된 콘크리트구조설계기준에 규정된 하중계수는 도로교설계기준(2005)에 규정된 하중계수와 상충되므로 강도감소계수는 도로교설계기준을 따른다.

① 휨 부재, 휨과 축방향인장을 겸하여 받는 부재

가. 보통철근콘크리트 부재 : ϕ_f = 0.85

나. 프리스트레스트 콘크리트 부재

- 공장에서 생산된 프리캐스트 프리스트레스트 콘크리트 부재 : ϕ_f = 0.90
- 현장타설 된 포스트텐션 콘크리트 부재 : ϕ_f = 0.85

다. 적절한 품질관리로 공장생산 된 프리캐스트 부재 : ϕ_f = 0.90

② 축방향인장부재 : ϕ_t = 0.85

③ 축방향압축부재, 휨과 축방향압축을 겸하여 받는 부재

가. [도 · 설 4.4.5.1]의 나선철근으로 보강된 철근 콘크리트 부재 : ϕ_c = 0.75

나. 그 이외의 철근콘크리트 부재 : ϕ_c = 0.70

다. 압축부재의 축하중강도 $\phi_c P_n$이 0.10 f_{ck}Ag와 $\phi_c P_n$ 중 작은 값보다 작은 경우, ϕ_c값은 ③항의 ϕ_c값과 ①항의 P_n=0 에 대한 ϕ_c값, 즉 ϕ_f의 값 사이에 직선보간법을 적용하여 구한다.

④ 전단과 비틀림 :ϕ_v = 0.80

⑤ 콘크리트의 지압 : ϕ_b = 0.70

⑥ 무근콘크리트 : ϕ_{pc} = 0.65

강도설계법에 의해 설계된 휨부재는 그 강도외에 반드시 사용성 검토를 수행하여 이의 충족여부를 확인하여야 한다. 따라서 휨부재는 사용하중 작용시 처짐과 하중의 반복작용에 따른 철근의 피로응력 한계, 또는 휨균열을 조절하기 위한 철근의 배근조건 등도 충족되어야 한다.

505.4 사용재료

교량설계에 적용되는 주재료는 콘크리트와 강재이나, 최근 교량설계에서는 신재료도 활용되고 있는 추세이다. 교량의 각 구성요소마다 최상의 재료를 선정하는 것은 설계자에게 중요한 일이다. 그러므로 서로 다른 재료로 건설되는 두 형식의 교량이 타당성에서 비슷할 경우, 두 형식을 모두 대안으로 설계하여 초기 건설비용뿐만 아니라 유지보수비용을 포함한 교량수명동안의 생애주기비용을 고려하여 보다 경제적인 재료를 선택하는 것이 중요하다.

강재와 콘크리트는 교량을 건설할 때 사용되는 대표적인 재료들이며, 다른 재료들은 대부분이 난간·교좌장치·신축이음장치 등 교량의 부대시설등에 사용되고 있다. 최근에는 고성능강재, 고성능 콘크리트, 복합재료 등이 교량의 주 구조재료로 사용하는 경우도 있다. 신재료를 이용한 국내외 설계사례는 편람 부록 A1.8을 참고하도록 한다.

교량설계시 고려해야하는 사용재료의 일반적인 재료의 성질은 [도·설 2.3]과 [콘·설 2.2]를 참조하고, [도·설]의 각 장에 교량형식별로 제시된 추가적인 재료의 성질들을 함께 적용한다.

2007년 개정된 콘크리트구조설계기준에서는 탄성계수와 같은 물리상수, 소요강도 및 설계강도 산정을 위한 하중증가계수와 강도감소계수 등이 개정되었으나, 관련 개정내용이 도로교설계기준에 미반영되었으므로 본 편람에서는 두 기준사이에 상충되는 부분은 잠정적으로 도로교설계기준(2008)을 따르는 것으로 하였다. 향후 도로교설계기준이 개정되면 개정 사항을 설계에 반영하여 수행하여야 한다.

4.1 강재

4.1.1 강재의 선정

강재는 <표 505.4.1>의 규격에 적합한 것을 표준으로 한다. 2008년 부분 개정된 도로교설계기준에는 교량구조용 압연강재가 추가되었고, 마찰이음용 고장력볼트, 인성요구조건 등 관련규정이 개정되었으므로 이를 참조하도록 한다.

(1) 강재 규격

강교 설계에 사용하는 강재의 규격은 [도 · 설, 표 2.3.1]을 따른다.

(2) 판두께에 의한 강재의 선정

판두께에 의한 강재의 선정기준은 일반적인 지역의 경우 [도 · 설, 표 3.2.2]와 [강 · 설, 표 1.3.1]을 따르며, 적용하는 판두께는 아래와 같다.

① A재는 판두께 32 mm까지 사용한다.

② B재는 판두께 40 mm까지 사용한다.

<표 505.4.1> 표준으로 하는 강재[도 · 설, 표 2.3.1]

강재의 종류	규격		강 재 기 호
1. 구조용 강재	KS D 3503	일반구조용 압연강재	SS400
	KS D 3515	용접구조용 압연강재	SM400, SM490, SM490Y, SM520, SM570
	KS D 3529	용접구조용 내후성 열간 압연강재	SMA400, SMA490, SMA570
	KS D 3868	교량구조용 압연강재	HSB500, HSB600
2. 강 관	KS D 3566	일반구조용 탄소강관	STK400, STK490, STK500
	KS F 4602	강관말뚝	STK400, STK490, STK500
	KS F 4605	강관시트파일	SKY41, SKY50
3. 접합용 강재	KS B 1010	마찰접합용 고장력 6각볼트, 6각너트, 평와셔의 세트	F8T, F10T, F13T
4. 용접재료	KS D 7004	연강용 피복 아크 용접봉	
	KS D 7006	고장력강용 피복 아크 용접봉	
	KS D 7024	서브머지드 아크 용접용 강선 및 용제	
5. 주단조품	KS D 3710	탄소강 단강품	SF490A, SF540A
	KS D 4101	탄소주강품	SC450
	KS D 4106	용접구조용 주강품	SCW410, SCW480
	KS D 4102	구조용 고장력 탄소강 및 저합금강 주강품	LMnSC1A, LMnSC2A
	KS D 3752	기계구조용 탄소강재	SM35C, SM45C
	KS D 4301	회주철품	GC250
	KS D 4302	구상 흑연주철품	GCD400
6. 선재 · 선재 2차제품	KS D 3509	피아노 선재	PWR
	KS D 3510	경강선	
	KS D 3514	와이어 로프	
	KS D 3556	피아노선	
	KS D 3559	경강 선재	HSWR
	KS D 7002	PS 강선 및 PS 스트랜드	원형선 SWPC1, 이형선 SWPD1, 2연선 SWPC2, 이형3연선 SWPD3, 7연선 SWPC7, 19연선 SWPC19
7. 봉강	KS D 3504	철근콘크리트용 봉강	SD 300, SD 350, SD 400
	KS D 3505	PS 강봉	A종 1호 SBPR 785/930 A종 2호 SBPR 785/1030 B종 1호 SBPR 930/1080 B종 2호 SBPR 930/1180

③ C재는 판두께 100 mm까지 사용한다.

판두께에 따른 강재의 기준항복점 및 인장강도는 [도 · 설, 표 3.2.3]을 따른다.

(3) 2축응력을 받는 강재

2축응력이 지배적인 부재에 사용되는 강판은 크로스롤(2방향롤)재를 쓴다.

(4) 형강의 선정

2차부재의 설계에 있어서는 조립부재를 사용하는 것보다 형강류를 사용하는 것이 좋다.

(5) 부재의 연결용 재료

부재의 현장이음은 원칙적으로 고장력볼트 마찰접합에 의한다. 또 사용하는 고장력볼트의 종류는 F8T, F10T, F13T, S10T로 한다.

(6) 강판두께의 허용차

강판두께의 허용차는 KS D 3500(열간 압연강판 및 강대(鋼帶)의 형상, 치수, 중량과 그 허용오차)에 있는 두께 허용오차를 적용하고 (-)측의 허용오차가 공칭두께의 1% 이내이어야 한다.

(7) 철근콘크리트용 강재[콘 · 설 2.2.3]

① 보강용 철근은 이형철근을 사용하여야 한다. 다만 나선철근이나 강선으로 원형철근을 사용할 수 있다. 그리고 구조용 강재, 강관에 의한 보강재는 이 기준에 따라 사용될 수 있다.

② 철근을 용접하는 경우 그 위치와 용접방법을 명기하여야 한다. 필요한 용접기호와 용접시험방법은 KS B 0052, KS B 0816 ~ KS B 0892에 따라야 한다.

③ 철근, 철선 및 용접철망의 품질, 형상, 치수는 KS D 3504, KS D 3552와 KS D 7017의 각 규격에 적합하여야 한다.

④ 철근, 철선 및 용접철망의 설계기준항복강도 f_y가 400 MPa를 초과하여 항복마루가 없는 경우, f_y값은 변형률 0.0035에 상응하는 응력의 값으로 사용하여야 한다.

⑤ 철근은 아연도금 또는 에폭시수지 피복을 하는 것이 가능하며, 이들 철근은 KS D 3629의 규정을 따라야 한다.

⑥ 긴장재는 다음 규정을 따라야 한다.

- 프리스트레스트 콘크리트에 사용되는 강선은 KS D 7002의 규정에 따라야 한다.
- 강봉에 관한 것은 KS D 3505의 규정에 따라야 한다.
- 강선, 강연선 및 강봉이 KS D 7002와 KS D 3505에 특별히 제시되지 아니한 사항이 있는 경우 이들 재료가 시방서의 최소 규정에 적합한 것, 그리고 어느 경우에도 상기 규정된 품질 이상의 경우에만 사용할 수 있다.

⑦ 구조용 강재, 강관, 튜브는 품질, 치수, 형상에 있어서 KS D 3503의 규격 이상이어야 하며, 특수한 경우에 책임기술자가 입회하여 소정의 품질 및 강도시험을 시행한 후 사용할 수 있다.

4.1.2 강재의 허용응력

(1) 일반

주하중 및 부하중에 해당하는 특수하중을 고려하는 경우의 허용응력은 [도 · 설, 표 2.2.1]에 주어진 증가계수를 다음의 (2), (3)에 규정한 허용응력에 곱한 값으로 한다.

가설하중으로 시공시의 풍하중 또는 지진의 영향을 고려하는 경우에는 [도 · 설 2.2.2.2]에서 규정하고 있는 증가계수와는 별도로 가교지점의 조건, 시공 중의 구조물 등을 고려하여 가설시의 계산과 본 구조물에 대한 계산에 사용되는 여러 조건이 같은 정밀도를 갖는 경우에만 적용한다. 특히 가설기간이 길거나 또는 국내에서 최초로 시도되는 신공법에서는 허용응력을 증가시키지 않는다.

(2) 강재의 허용응력

구조용 강재의 허용축방향인장응력 및 허용축방향휨인장응력은 [도 · 설, 표 3.3.1]을 따른다.

구조용 강재의 허용축방향압축응력은 아래 식에 의해 산출한 값으로 한다.

$$f_{ca} = f_{cag} \cdot f_{cal} / f_{cao} \qquad (505.4.1)$$

여기서,

f_{ca} : 허용축방향압축응력(MPa)

f_{cag} : 국부좌굴을 고려하지 않은 허용축방향압축응력(MPa)([도 · 설 3.3.2.1] 참조)

f_{cal} : 국부좌굴에 대한 허용응력(MPa)([도 · 설 3.4.2.1, 3.4.2.2 및 3.4.2.3] 참조)

f_{cao} : 국부좌굴을 고려하지 않은 허용축방향압축응력의 상한값(MPa)([도 · 설 3.3.2.1] 참조)

구조용 강재의 허용전단응력 및 허용지압응력은 [도 · 설, 표 3.3.5]를 따른다.

(3) 용접부 및 이음용 강재의 허용응력

용접부 및 이음용 강재의 허용응력은 [도 · 설, 표 3.3.7]을 따른다.

(4) 허용피로응력

반복응력을 받는 부재와 이음부의 설계시 최대응력이 앞에서 언급한 기본허용응력을 초과하지 않아야 하며, 또한 응력범위는 [도 · 설, 표 3.3.12]에 규정된 허용피로응력범위를 초과하지 않아야 한다.

(5) 강교의 바닥판에서 철근의 허용응력

바닥판에 사용되는 철근의 허용응력은 [도 · 설 3.6.1.7, 표 3.6.2]에 제시된 값을 적용한다.

(6) 콘크리트교에서 철근의 허용응력

콘크리트교 설계에 적용하는 철근의 허용응력은 [도 · 설 4.5.2.2, 표 4.5.1]을 따른다.

(7) 콘크리트교에서 강재의 피로응력[콘 · 설 4.4.2]

콘크리트교에서 충격을 포함한 사용 활하중에 의한 철근과 긴장재의 응력범위가 <표 505.4.2> 이내에 들면 피로에 대하여 검토할 필요가 없다.

<표 505.4.2> 피로를 고려하지 않아도 되는 철근과 긴장재의 응력범위

강재의 종류와 위치		철근 또는 긴장재의 응력 범위(MPa)
이형 철근	SD 300	130
	SD 350	140
	SD 400	150
긴장재	연결부 또는 정착부	140
	기타 부위	160

4.2 콘크리트

4.2.1 콘크리트 재료

도로교에 사용하는 콘크리트 설계기준강도는 [도 · 설 2.3.2]에 근거하여 원칙적으로 <표 505.4.3>에 나타낸 값 이상이어야 한다.

<표 505.4.3> 콘크리트의 최저 설계기준강도(MPa)

부재의 종류		최저설계 기준강도
무근콘크리트부재		18
철근콘크리트부재		21
프리스트레스트 콘크리트 부재	프리텐션 방식	35
	포스트텐션 방식	30

4.2.2 콘크리트의 허용응력

콘크리트에 작용되는 모든 응력은 다음 값을 초과해서는 안 된다.

① 허용휨응력

가. 허용휨압축응력 : $f_{ca}=0.4f_{ck}$

나. 허용휨인장응력(무근확대기초와 벽체에서) :

$$f_{ta}=0.13\sqrt{f_{ck}}$$

다. 휨강도(파괴계수)

보통콘크리트 : $f_r=0.63\sqrt{f_{ck}}$

모래 경량콘크리트 : $f_r=0.53\sqrt{f_{ck}}$

전 경량콘크리트 : $f_r=0.47\sqrt{f_{ck}}$

② 허용압축응력(무근확대기초와 벽체에서) :

$$f_{ca}=0.25f_{ck}$$

③ 허용전단응력

보다 엄밀한 허용응력은 [도·설 4.5.5]에 따라야 하지만 다음 값을 사용해도 좋다.

가. 보 및 일방향 전단(일방향 슬래브 및 확대기초)

- 콘크리트의 허용전단응력 :

$$v_{ca}=0.08\sqrt{f_{ck}}$$

- 전단보강이 있는 부재의 최대허용전단응력 :

$$v_{ca}=0.32\sqrt{f_{ck}}$$

나. 2방향 전단 (2방향 슬래브 및 확대기초)

- 콘크리트의 허용전단응력 :

$$v_{ca}=0.08\left(1+\frac{2}{\beta_c}\right)\sqrt{f_{ck}}\leqq 0.16\sqrt{f_{ck}}$$

여기서 β_c: 집중하중 또는 집중반력을 받는 면적의 긴 변의 짧은 변에 대한 비

- 전단보강이 있는 경우의 허용전단응력은 [도·설 4.5.5]에 따른다.

다. 경량골재콘크리트의 허용전단응력

가, 나에 규정된 값의 70%를 취한다.

④ 콘크리트의 허용지압응력

가. 허용지압응력은 다음의 값으로 한다.

$$f_{ba}=0.25f_{ck}\sqrt{\frac{A_c}{A_b}}\leqq 0.5f_{ck}$$

여기서,

A_c: 지지하는 콘크리트의 전면적

A_b: 지압을 받는 재하면적

나. 전면적이 경사진 면이거나 계단식일 경우에는 지압면의 각 변 또는 경계면으로부터 1 : 2 (수직1, 수평2)의 기울기로 경사면을 부재단부까지 그려 지압면의 도심과 일치하는 가장 큰 닮은꼴을 그렸을 때의 피라미드형 각추대나 원추대의 면적을 전면적(A_c)으로 취한다.

다. 처짐이나 편심하중으로 인하여 지압면 단부에 큰 응력이 작용할 경우에는 지압면상의 허용지압응력은 ①항의 값에 0.75를 곱한 값을 취한다.

4.3 설계계산에 사용하는 물리상수

4.3.1 강재

(1) 설계계산에 사용하는 강재의 물리상수 값은 <표 505.4.4>의 값을 사용한다.

<표 505.4.4> 설계계산에 사용되는 강재의 물리상수

종 류	물리상수의 값
강과 주강의 탄성계수	210,000 MPa
철근의 탄성계수	200,000 MPa
PS강선, PS강연선, PS강봉의 탄성계수	200,000 MPa
주철의 탄성계수	100,000 MPa
강의 전단탄성계수	81,000 MPa
강과 주강의 포아송비	0.30
주철의 포아송비	0.25

(2) 프리스트레스의 감소량을 산출하는 경우에 PS강재의 겉보기 릴랙세이션률은 <표 505.4.5>의 값을 표준으로 하며 PS강재가 고온의 영향을 받는 경우에는 <표 505.4.5>의 값에 2%를 가산 한다.

<표 505.4.5> PS강재의 겉보기 릴랙세이션률(%)

PS 강재의 종류	겉보기 릴랙세이션률
PS강선, PS강연선	5
PS강봉	3

(3) (2)항에 따르기 힘든 경우에는 PS강재의 인장응력에 따라 측정된 릴랙세이션률에서 콘크리트의 크리프, 건조수축 등의 영향을 고려하여 별도로 PS강재의 겉보기 릴랙세이션률을 정하여야 한다.

4.3.2 콘크리트

앞서 기술한 바와 같이 2007년 개정된 콘크리트구조설계기준에서 물리상수 계산식이 개정되었으므로 개정내용이 도로교설계기준에 반영되는 경우, 개정된 내용을 따른다. 다만, 본 편람에서는 잠정적으로 [도 · 설 2.3.3]의 규정을 적용한다.

(1) 콘크리트의 탄성계수는 다음의 규정에 따른다.

가. 콘크리트의 압축강도가 30 MPa 이하인 경우로서 단위질량 W_c의 값이 1,450~2,500 kg/m^{3}인 콘크리트의 탄성계수는 다음 식에 따라 구할 수 있다.

$$E_c = 0.043\,W_c^{1.5}\sqrt{f_{ck}}\ \text{(MPa)} \qquad (505.4.2)$$

보통골재를 사용한 콘크리트(W_c=2,300 kg/m^3)에서는 E_c = 4,700 $\sqrt{f_{ck}}$ (MPa)를 적용한다.

나. 콘크리트의 압축강도가 30 MPa를 초과하는 경우로서 단위질량 W_c의 값이 1,450~2,500 kg/m^{3}인 콘크리트의 탄성계수는 다음 식에 따라 구할 수 있다.

$$E_c = 0.03\,W_c^{1.5}\sqrt{f_{ck}} + 7,700\ \text{(MPa)} \qquad (505.4.3)$$

다만, 보통골재를 사용한 콘크리트는 $E_c = 3,300\sqrt{f_{ck}} + 7,700$을 사용할 수 있다.

(2) 콘크리트의 전단탄성계수는 다음 식에 따라 계산한다.

$$G_c = \frac{E_c}{2(1+\nu)} \qquad (505.4.4)$$

여기서,

G_c : 콘크리트의 전단탄성계수(MPa)

E_c : 콘크리트의 탄성계수(MPa)

ν : 포아송비

(3) 콘크리트의 포아송비는 [도 · 설 4.2.3.1]의 규정에 따른다.

(4) 콘크리트의 크리프와 건조수축은 각각 [도 · 설 4.2.3.3 및 4.2.3.4]의 규정에 따른다.

505.5 교량해석

구조적인 측면에서 교량설계란 작용하는 하중을 안전하게 지지할 수 있도록 재료 및 구조단면을 결정하는 것이다. 따라서, 가정한 설계하중에 대하여 교량의 거동을 정확하게 해석하는 것이 설계에 있어서 중요한 부분이다.

그동안 재료 및 구조거동에 대한 많은 이론적 연구, 실험적 연구결과와 해석방법의 발전, 그리고 복잡한 구조계산을 수행할 수 있는 컴퓨터 및 응용프로그램의 보급으로 인하여 일반적인 형식을 갖는 교량구조의 거동해석은 더 이상 어려운 문제가 아니라고 할 수 있다. 특히, 실무에서는 고전적인 이론, 경험적인 공식보다는 다양한 해석프로그램을 교량설계에 적용하고 있다.

교량의 구조가 간단한 경우에는 파괴의 한계상태를 해석하기에 충분한 자료를 얻을 수 있어 소성힌지, 항복선이론 등을 사용할 수 있다. 그러나 최근까지 콘크리트교량 또는 강교량에 대한 대부분의 설계 또는 해석은 탄성응력-변형률 거동을 가정하는 것에 기초하고 있으며 탄성이론에 의한 해석방법들은 한계상태 해석의 기본적 도구가 되기도 한다.

교량에 작용하는 활하중은 주로 차량하중, 즉 이동하중이다. 따라서, 교량을 설계하기 위해서는 각 부재의 거동에 미치는 영향(즉, 변위, 응력, 변형률 등)이 가장 크게 되는 하중의 위치를 찾고 그에 따른 거동을 해석하여야 한다. 이를 위해서는 영향선(Influence Line)과 포락선(Envelop Line)이 필요하며, 이에 대한 개념은 참고문헌을 참조하면 된다.

5.1 해석방법

해석방법은 교량형식, 평면형태, 지지형식 등에 따라 여러 해석방법이 적용될 수 있으며 <표 505.5.1>에는 조건별로 각 해석방법의 적용성을 비교하여 제시하였다. 또한 이러한 해석방법은 2차원 및 3차원 해석방법으로 분류할 수도 있다.

2차원 해석방법에서는 구조물을 판이나 또는 상호연결된 격자로 이상화한다. 판해석을 하는 경우에는 직교성 판방정식을 Fourier급수에 의하여

<표 505.5.1> 교량의 해석방법 예시

구조조건 \ 해석방법		직교성 판이론	유한요소	유한대판	격자해석	입체뼈대
바닥판 및 거더 형식	슬래브	○	○	○	○	
	속 빈 슬래브	○	○	○	○	
	슬래브-보		○	○	○	
	합 성	○	○	○	○	
	직교성	○	○	○	○	
	박 스		○	○	△	○
평면형태	직 교	○	○	○	○	○
	사 교		○		○	○
	곡선교	○	○	○	○	○
	임의형태		○		○	○
지지형식	단순지지	○	○	○	○	○
	연속지지	○	○	○	○	○
	임의지지		○		○	○

해석하거나, 유한차분법에 의해 해석할 수 있다. 또한 판이론에 의거한 설계도표를 이용하여 근사해석을 할 수도 있다.

현재 실무에 활용되고 있는 범용해석프로그램은 1960년 말 미국 토목공학자가 비행기 날개와 동체 연결부 해석을 위해 개발한 유한요소해석법에 근거하고 있다. 유한요소해석법은 구조문제에 있어서 유일해(Unique Solution)을 얻을 수 있는 4가지 조건을 만족하는 해석법이다. 여기서, 4가지 조건이란 평형방정식, 재료의 응력과 변형률의 관계, 변형률과 변위의 관계, 그리고 경계조건이다.

유한요소해석법에서는 구조물을 유한 크기를 갖는 직선, 삼각형, 사각형, 육면체 등 유한요소들로 이산화한다. 유한요소들이 각 절점에서 연결된 것으로 간주하고 주어진 하중 및 반력과 이에 대응되는 절점변위간의 시스템방정식을 구성하고 이를 풀어 미지의 절점변위를 구한다. 절점변위를 구한 후 응력과 변형률은 재료의 응력과 변형률의 관계, 변형률과 변위의 관계를 적용하여 구하게 된다.

교량의 동적거동을 해석하기 위하여 구조요소의 강성도, 질량 및 감쇠특성을 모델링하여야 한다. 해석시 사용하는 최소자유도수는 필요한 고유진동수의 개수와 가정된 모드의 정확도를 바탕으로 결정한다. 해석모델과 해석방법의 정확도는 조화 있게 고려되어야 한다.

차량이나 풍하중으로 인한 진동의 해석은 일반적인 교량구조형식 설계에서 고려하지 않고 있다. 차량이 교량을 통과할 때에는 정적인 상태가 아니지만, 교량을 따라서 차량하중을 여러 위치에 정적으로 재하하여 해석하고 동적효과는 이동차량에 의하여 발생한 동적응답에 관한 충격계수를 적용하여 고려한다. 그러나 유연도가 큰 교량이나 교량의 움직임에 의해서 진동이 발생하는 교량의 길고 가는 부재에서는 동적하중효과가 충격계수를 고려한 허용치를 초과할 수 있다.

진동이 문제가 되는 대부분의 교량에서는 구조물 자체의 자연감쇠력은 매우 작은 것으로 알려져 있다. 따라서 유연도가 큰 연속교량은 특히 진동에 취약한 구조적 특성을 가질 수 있으므로 이동 활하중에 대한 동적해석이 필요하게 된다. 내진설계는 편람 제510장을 참조한다.

5.2 해석프로그램

<표 505.5.2>에는 교량구조물을 포함하여 구조해석에 일반적으로 활용되고 있는 범용해석프로그램의 특징을 나타내었다. 해당 프로그램의 기능, 특징, 용도 등은 해당 프로그램의 사용자매뉴얼을 참고하도록 한다.

범용해석프로그램은 유한요소해석법에 근거하여 개발되었으며, 범용해석프로그램의 보급으로 인하여 과거에는 수계산으로 해결하기 어려웠던 재료적 및 기하학적 비선형문제, 3차원 해석, 동적해석, 좌굴해석, 콘크리트 수화열해석 등을 빠른 시간안에 해결할 수 있게 되었다. 그러나, 범용해석프로그램을 이용한 구조해석의 신뢰성은 적용하는 모델링방법, 유한요소 선정, 경계조건 적용 등에 좌우된다. 구조물의 거동과 해석 및 설계이론에 대한 확실하고 올바른 이해 없이 단순히 응용프로그램의 기교적인 기법만을 익혀 구조해석을 수행하는 것은 지양해야 할 것이다.

따라서, 범용해석프로그램을 이용한 교량구조해석에서는 프로그램에서 산정되는 결과를 경험적 공식 등으로 산출되는 결과와 비교하여 필요시 해석방법 등을 재검토하는 것이 필요하다.

<표 505.5.2> 범용해석프로그램의 주요 기능 예시

프로그램	주 요 기 능	비 고
ABAQUS	• 선형 · 비선형 정적 해석, 동적해석 • Transient 비선형 동적해석 • 크리프와 건조수축 해석, 구조진동해석, Fracture Mechanics	
ADINA	• 2차원, 3차원 선형, 비선형 해석, 접촉문제 해석, 좌굴해석 • 균열 진행을 수반한 파괴해석 • Small & Large Deformation, Large Strain • 온도를 고려한 탄 · 소성 및 크리프 해석	
ANSYS	• 콘크리트 재료 및 요소의 비선형 해석 • 동적해석, 좌굴해석 및 최적설계 모듈 포함	
DIANA	• 콘크리트 및 암반의 균열해석, RC 및 PSC 구조물의 파괴거동 해석 • 장대교량의 동적 비선형 해석, 교량의 시공단계별 해석 • 콘크리트 수화열에 의한 온도 및 균열분포 해석 • 크리프 및 건조수축 해석, 부착 거동을 고려한 철근 및 텐던모델링	
GT-STRUDL	• 선형 동적해석, 비선형 정적해석 • 콘크리트 구조설계(부재 최적설계, 물량산출)	
LUSAS	• 선형, 비선형 해석 • 시간에 따른 응력 및 변위해석, 비선형-동적해석 • 고유치 해석(좌굴해석, 내진 · 내풍해석), 피로해석	
MIDAS	• 정·동적해석, 기하비선형 해석, 좌굴해석 • 이동하중해석, PSC교, 사장교, 현수교 등의 가설단계 해석 및 수화열 해석	
NASTRAN	• 선형 정적해석, 진동해석, 비선형 해석 • 공탄성해석(Static Aeroelastic, Dynamic Aeroelastic, Flutter 해석) • Adaptive 해석, 설계최적화	
NISA	• 선형 · 비선형 정적 해석, 동적해석 • 구조최적설계	
RM	• PSC박스거더교의 시공단계별, 완성계 해석 • 장대교량 해석 및 강상자형교 해석, 시공 단계별 해석 • 단면 물성치 자동계산, 크리프와 건조수축 해석 • 동적해석, 좌굴해석, 장대교량의 초기 평형상태 해석	
SAP2000	• 하중조합, 이동하중, 고유치, 시간이력해석 • 비선형 해석(Isolator, Damper, Gap, Hook요소) • 미국, 영국, 캐나다, 유럽기준에 따른 RC 및 철골부재 설계	

506 강 교

506.1 공통사항

본 절에서는 강교설계와 관련된 공통사항에 대하여 기술한다.

1.1 구조계산

(1) 계산이론

계산이론은 격자이론을 따르는 것을 원칙으로 한다. 다만 단순한 형태의 교량, 그리고 검토를 위한 경우에는 Guyon-Massonnet이론에 따라도 좋다.

(2) 계산모델

구조계에 적합한 구조모델을 선정하여야 한다. 특히 사교의 경우에는 지점부 수직브레이싱 및 지점 위의 수직브레이싱을 포함한 해석모델로 해석한다.

(3) 하중분배

하중분배를 하면 불리한 경우를 제외하고는 일반적으로 하중분배를 한다.

(4) 가정 강도

계산에 사용하는 주거더 및 분배 수직브레이싱의 가정 강도와 실 부재의 강도차이는 5% 이하로 하는 것이 좋다.

(5) 가정 고정하중

가정 고정하중과 실 고정하중과의 차이는 5% 이하로 하는 것이 좋다.

1.2 연결

1.2.1 일반

(1) 부재연결 일반

부재의 연결은 작용응력에 대하여 설계하는 것으로 한다.

주요 부재의 연결은 작용응력에 대해 설계하는 외의 경우라도 모재 전강도의 75% 이상의 강도를 갖도록 설계한다. 단, 전단력에 대해서는 작용응력을 사용하여 설계해도 좋다.

부재의 연결부 구조는 다음의 사항을 만족하도록 설계하여야 한다.

① 연결부 구조가 단순하여 응력전달을 확실히 할 것

② 구성하는 각 재편에 있어서 가능한 한 편심이 일어나지 않게 할 것

③ 유해한 응력집중이 생기지 않게 할 것

④ 유해한 잔류응력이나 2차 응력이 생기지 않도록 할 것

⑤ 연결부에서 단면이 변하는 경우 작은 단면을 기준으로 연결의 제규정을 적용하여야 한다.

(2) 용접, 고장력볼트의 병용

부재의 연결에 용접과 고장력볼트를 병용하는 경우에는 다음의 규정을 따라야 한다.

① 그루브(Groove)용접을 이용한 맞대기이음과 고장력볼트의 마찰이음 병용 및 응력 방향에 평행한 필렛용접과 고장력볼트 마찰이음을 병용하는 경우에는 이들이 각각 응력을 분담하는 것으로 본다. 단, 그 분담의 상태에 대해서는 충분한 검토를 통해 적용한다.

② 응력과 직각방향인 필렛용접과 고장력볼트 마찰이음은 병용하여서는 안된다.

③ 용접과 고장력볼트의 지압이음을 병용해서는 안된다.

1.2.2 용접이음

(1) 용접의 종류와 적용

용접선에 직각방향으로 인장응력을 받는 이음에는 전단면 용입 그루브용접의 사용을 원칙으로 하며, 부분용입 그루브용접을 하여서는 안된다.

플러그(Plug)용접과 슬롯(Slot)용접을 주요 부재에 사용해서는 안된다. 부득이 사용할 경우에는 응력의 전달을 고려하여야 한다.

여기에 언급되지 않은 용접이음의 분류 및 표시방법은 [강 · 설 부록 I]을 따른다.

(2) 용접부의 유효 두께

응력을 전달하는 용접부의 유효 두께는 이론상의 목두께로 한다([도 · 설 3.5.2.2] 참조).

전단면 용입 그루브용접의 목두께는 <그림 506.1.1>에 도시한 것과 같이 취하고 두께가 서로 다를 경우에는 얇은 부재의 두께로 한다.

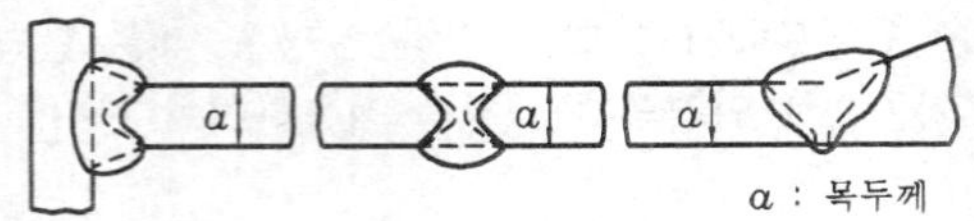

<그림 506.1.1> 전단면용입 그루브용접 목두께

부분 용입 그루브용접의 목두께는 <그림 506.1.2>에 도시한 것과 같은 용입 깊이로 한다.

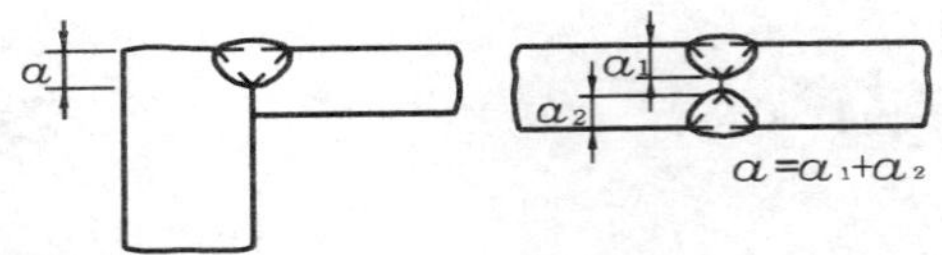

<그림 506.1.2> 부분용입 그루브용접의 목두께

필렛용접의 목두께는 <그림 506.1.3>에 도시한 것과 같이 이음의 루트를 꼭지점으로 하는 이등변 삼각형의 높이로 한다.

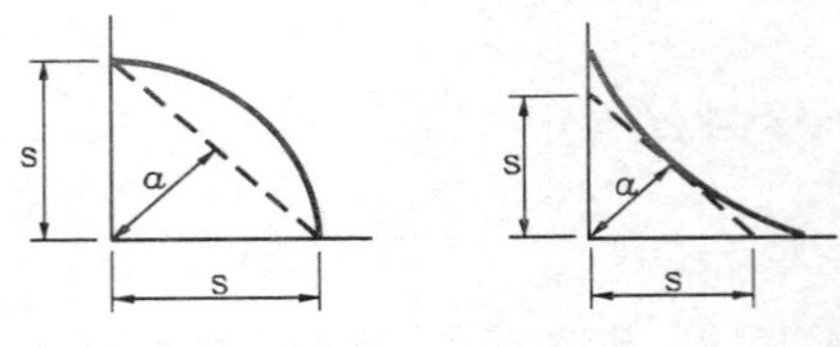

(a) 등각의 경우

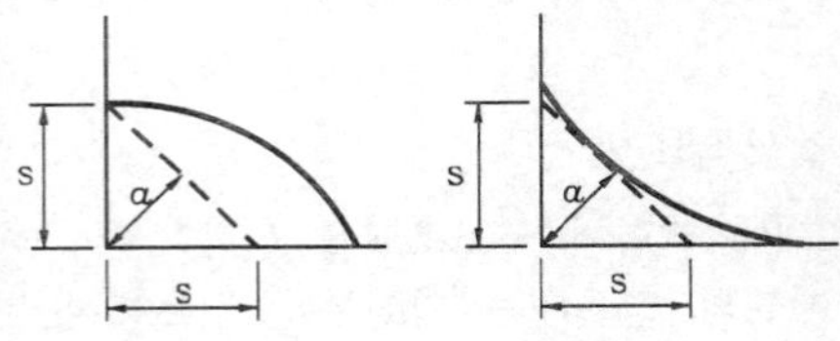

(b) 부등각의 경우

(s : 크기, a : 목두께)

<그림 506.1.3> 필렛용접의 목두께

(3) 용접부의 유효길이

용접부의 유효길이는 이론상의 목두께를 갖는 용접부의 길이로 한다. 다만, 전단면 용입그루브 용접에서, 용접선이 응력방향에 직각이 아닌 경우에는, 실제적인 유효길이를 응력에 직각인 방향에 투영시킨 길이로 할 수 있다.

필렛용접에서 끝돌림용접을 실시할 경우에는 끝돌림용접길이는 유효길이에 포함시키지 않는다. (<그림 506.1.4>, <그림 506.1.5> 및 <그림 506.1.6> 참조).

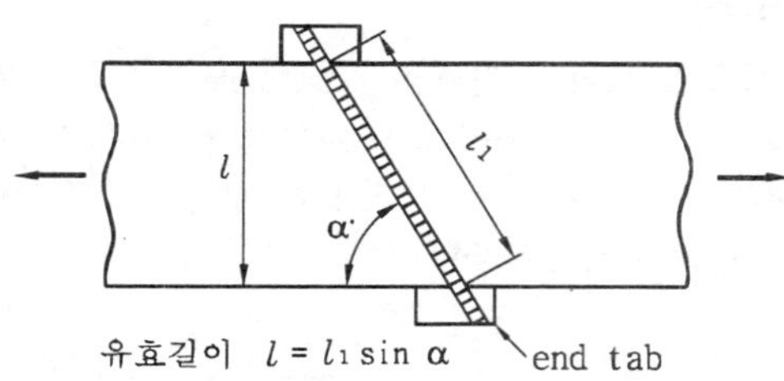

<그림 506.1.4> 용접의 유효길이

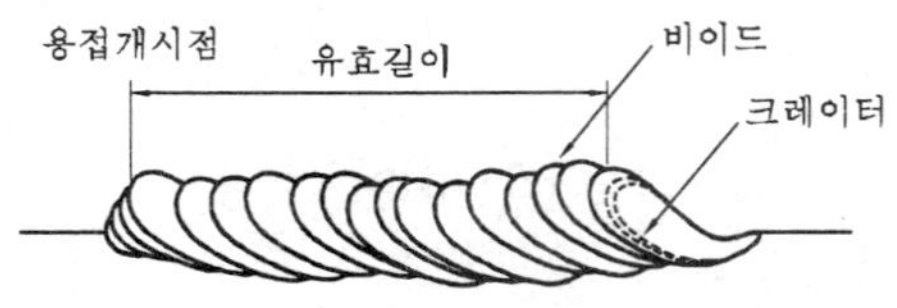

<그림 506.1.5> 용접의 유효길이

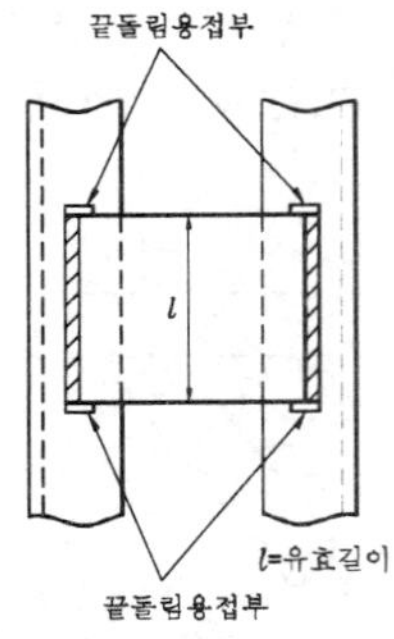

<그림 506.1.6> 용접의 유효길이

(4) 필렛용접의 치수

필렛용접은 등치수로 하는 것을 원칙으로 한다. 주요 부재의 응력을 전달하는 필렛용접의 치수는 다음의 제한 내에 있는 것을 표준으로 한다. 다만, 모재 최소치수가 8 mm 이상인 경우에는 필렛용접 치수를 6 mm 이상으로 한다.

$$t_1 > S \geq \sqrt{2t_2} \qquad (506.1.1)$$

여기서,

t_1 : 얇은 쪽의 모재의 두께 (mm)
S : 치수 (mm)
t_2 : 두꺼운 쪽의 모재의 두께 (mm)

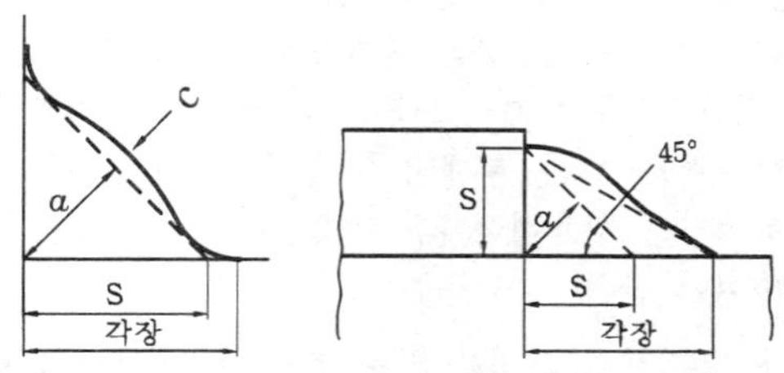

S : 크기, α : 목두께, C : 덧살
<그림 506.1.7> 용접의 크기

(5) 필렛용접의 최소 유효길이

주요 부재의 필렛용접 유효길이는 필렛용접의 크기 S의 10 배 이상, 80 mm 이상으로 한다.

(6) 맞대기용접 이음

단면이 차이가 나는 주요 부재의 맞대기 이음에 있어서는 두께 및 폭을 서서히 변화시켜 길이 방향의 경사가 1/2.5 이하가 되게 한다.

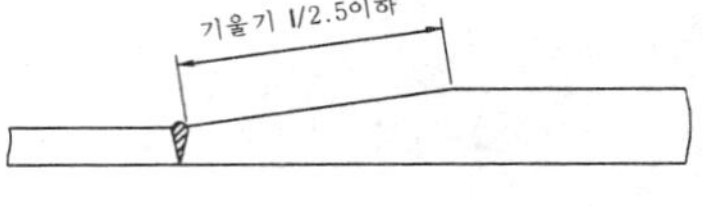

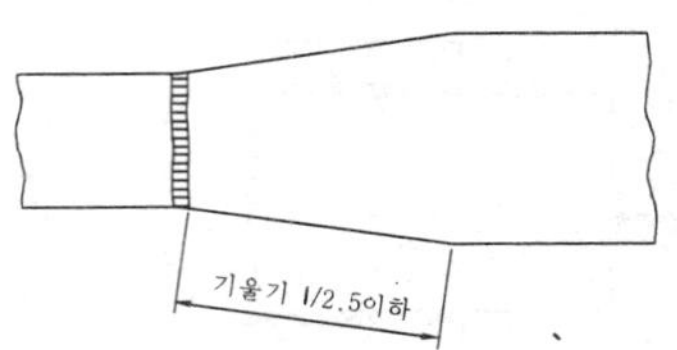

<그림 506.1.8> 단면이 다른 주요 부재의 맞대기 이음

또한 용접이음의 집중을 피하기 위하여 플랜지와 복부판의 용접위치는 100 mm 이상 띄우도록 하며, 플랜지 연단부의 예리한 각부에 대하여 1 mm 정도의 모따기를 원칙으로 한다. [강 · 설

3.1.4, 3.2.3]을 참조한다.

(7) 겹침이음

응력을 전달하는 겹침이음에서는 2줄 이상의 필렛용접을 하는 것을 원칙으로 하고, 겹침길이는 얇은 부재 두께의 5배 이상 되게 하여야한다. 축방향력을 받는 부재의 겹침이음에서, 측면 필렛용접만을 사용하는 경우에는 다음의 규정을 만족하여야 한다.

① 용접선의 간격은 얇은 쪽 강판 두께의 16배 이하로 함을 원칙으로 한다. 단, 인장력만을 받는 경우 용접선의 간격을 얇은 쪽 두께의 20배 이하로 한다. 부득이 20배를 초과하는 경우에는 판의 솟음을 방지하는 대책을 강구하여야 한다.

② 필렛용접의 길이는 용접선의 간격보다 크게 하여야 한다.

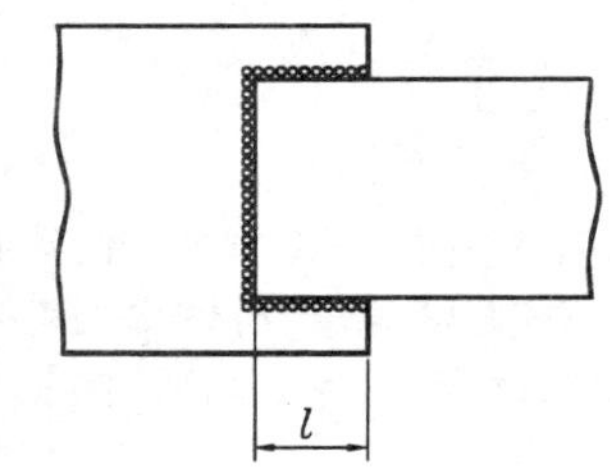

$l > 5t$
l : 부재의 겹침길이
t : 얇은 쪽 판두께

(a) 겹이음

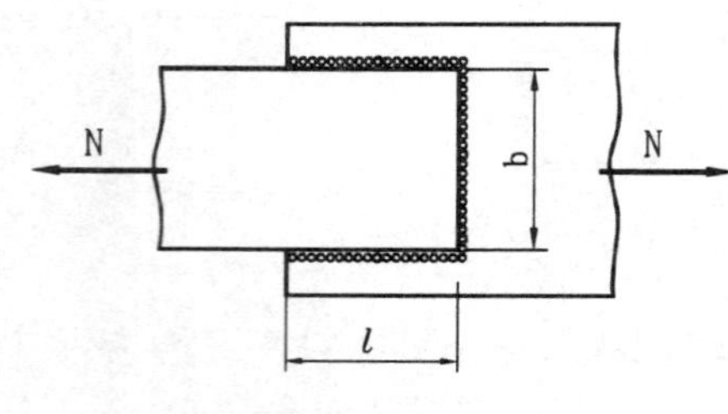

$l > b$
$b < 16t$ (혹은 $20t$)
l : 부재의 겹침길이
t : 얇은 쪽 판두께

(b) 축방향력을 받는 부재 끝의 겹이음

<그림 506.1.9> 겹침이음의 필렛용접

(8) T이음

T이음에 쓰이는 필렛용접 또는 부분용입 그루브용접은 이음의 양쪽에 배치하여야 한다. 다만, 횡방향의 변형에 대해서 저항할 수 있는 구조일 때는 한쪽만으로도 좋다.

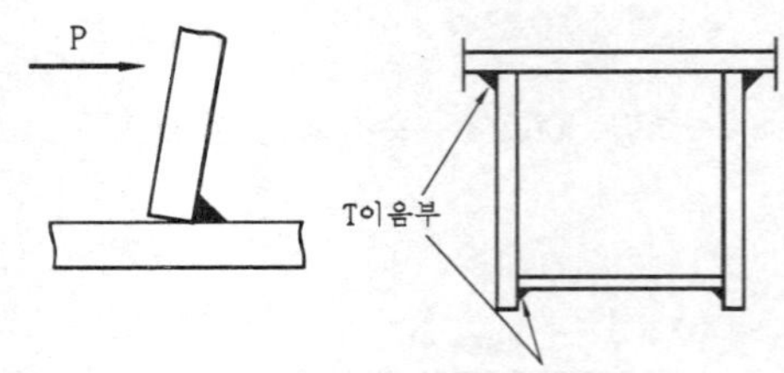

<그림 506.1.10> T이음

재편의 교각이 60° 미만이거나, 또는 120° 를 초과하는 T이음에서는 전단면용입 그루브용접을 쓰는 것을 원칙으로 한다.

필렛용접 또는 부분용입 그루브용접을 사용하는 경우에는 응력의 전달을 기대할 수 없다.

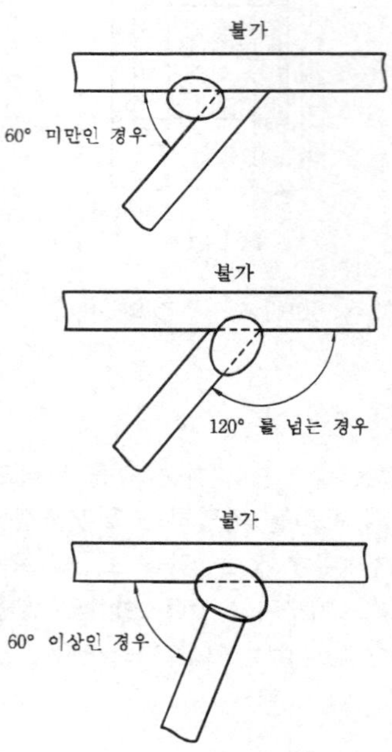

<그림 506.1.11> 교각이 60° 미만 또는 120°를 초과하는 T이음

(9) 축방향력 또는 전단력을 받는 용접이음의 응력

이음에 축방향력 또는 전단력이 작용하는 경우의 용접부에 생기는 응력은 식(506.1.2)에 의해 계산하며, 다만 필렛용접 및 부분 용입 그루브용접의 경우에 생기는 응력은 작용하는 힘의 종류에 관계없이 항상 전단응력을 받는 것으로 보고 식(506.1.3)으로 계산한다.

$$f = \frac{P}{\Sigma \alpha l} \quad (506.1.2)$$

$$v = \frac{P}{\Sigma \alpha l} \quad (506.1.3)$$

여기서,

f : 용접부에 생기는 수직응력 (MPa)
v : 용접부에 생기는 전단응력 (MPa)
P : 용접부에 작용하는 외력 (N)
l : 용접의 유효길이 (mm)
α : 용접의 유효두께(목두께) (mm)

(10) 휨모멘트를 받는 용접이음부의 응력

휨모멘트를 받는 용접이음부에 생기는 응력은 다음 식으로 계산한다.

· 전단면 용입 그루브용접

$$f = \frac{M}{I} y \quad (506.1.4)$$

· 필렛용접

$$v = \frac{M}{I} y \quad (506.1.5)$$

여기서,

M : 용접부의 설계에 쓰이는 휨모멘트 (Nmm)
I : 목두께를 이음면에 전개한 단면의 중립축 둘레의 단면2차모멘트 (mm^4)
y : 목두께를 이음면에 전개한 단면의 중립축에서 응력을 계산하는 점까지의 거리 (mm)

(11) 용접이음부의 합성응력의 검토

축방향력, 휨모멘트 및 전단력을 동시에 받는 용접이음에서는 식(506.1.6) 또는 식(506.1.7)을 만족하여야 한다.

· 전단면 용입 그루브용접

$$\left(\frac{f}{f_a}\right)^2 + \left(\frac{v_s}{v_a}\right)^2 \leqq 1.2 \quad (506.1.6)$$

· 필렛용접

$$\left(\frac{v_b}{v_a}\right)^2 + \left(\frac{v_s}{v_a}\right)^2 \leqq 1.0 \quad (506.1.7)$$

여기서,

f : 축방향력과 휨모멘트에 의한 수직응력 (MPa)
f_a : 허용인장응력 (MPa)
v_b : 축방향력과 휨모멘트에 의한 전단응력 (MPa)
v_s : 전단력에 의한 전단응력(MPa)
v_a : 허용전단응력 (MPa)

1.2.3 고장력볼트 이음

(1) 일반

고장력볼트의 이음에는 마찰이음, 지압이음 및 인장이음이 있다. 지압이음은 우리나라의 경우 사용 예가 없으나 마찰이음에 비해 허용응력을 50% 높게 설정하여 어느 정도 유효한 이음이지만 주요부재에는 사용하지 않는 것을 원칙으로 한다.

인장이음은 앵커부재 또는 받침부의 고정, 라멘 모서리 등에 사용한 예가 있으나 볼트에 일어나는 부가응력의 정도, 이음부의 강성, 이음부재편에 일어나는 응력상태 등의 변동폭이 이음부의 구조세목 여하에 따라 매우 커서 일반적인 기준을 제시할 단계가 아니다. 따라서 고장력볼트의 이음은 마찰이음을 원칙으로 한다.

(2) 볼트, 너트 및 와셔

마찰이음에 쓰이는 볼트, 너트 및 와셔는 KS B 1010에 규정된 제1종 및 제2종의 M20, M22, M24, M27 및 M30, 제4종의 M20, M22, M24를 사용하는 것을 표준으로 한다.

(3) 볼트의 허용력

[도 · 설 3.3.2.3, 표 3.3.8] 마찰이음용 고장력볼트의 허용력을 따른다.

(4) 볼트의 구멍

부재의 순단면적을 산정하는 경우의 볼트구멍의 직경은 접합법에 따라 적절한 형태의 것을 정한다.

(5) 볼트의 중심간격

볼트의 최소중심간격은 <표 506.1.1>에 나타낸 값을 표준으로 한다. 단, 특별한 경우에는 볼트직경의 3 배까지 작게 할 수 있다. 고장력볼트의 최대중심간격은 <표 506.1.2>에 나타낸 값 중에서 작은 것을 택하여야 한다.

<표 506.1.1> 볼트의 최소 중심간격 (mm)

볼트의 호칭	최소 중심간격
M30	105
M27	95
M24	85
M22	75
M20	65

<표 506.1.2> 볼트의 최대 중심간격 (mm)

<table>
<tr><th rowspan="2">볼트의 호칭</th><th colspan="3">최대 중심간격</th></tr>
<tr><th colspan="2">p</th><th>g</th></tr>
<tr><td>M30</td><td>210</td><td rowspan="5">$12t$
지그재그인 경우 : $15t - \frac{3}{8}g$
단, 12t 이하</td><td rowspan="5">$24t$
단, 300 이하</td></tr>
<tr><td>M27</td><td>190</td></tr>
<tr><td>M24</td><td>170</td></tr>
<tr><td>M22</td><td>150</td></tr>
<tr><td>M20</td><td>130</td></tr>
</table>

<표 506.1.2>에서,

t : 외측판 또는 형강의 두께 (mm)
p : 볼트의 응력방향의 간격(Pitch) (mm)
g : 볼트의 응력직각방향 간격(Gauge) (mm)

인장부재의 누빔볼트의 응력방향의 최대 중심간격은 <표 506.1.2>의 규정에도 불구하고 $24t$로 한다. 단, 300 mm를 초과하지 않도록 한다.

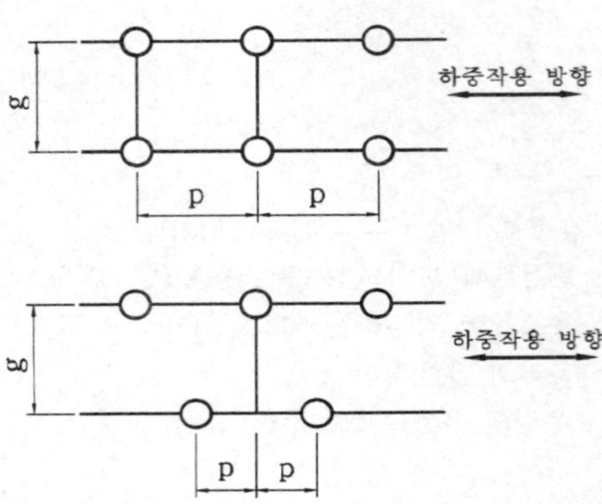

<그림 506.1.12> 볼트의 피치와 간격

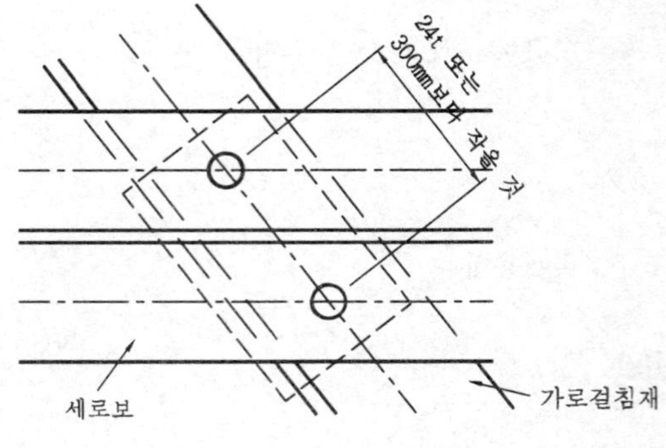

<그림 506.1.13> 누빔볼트의 간격

(6) 연단거리

볼트구멍의 중심으로부터 판의 연단까지의 최소거리는 <표 506.1.3>에 나타낸 값으로 한다. 모재 두께가 50 mm 이상인 경우, 접합되는 모재가 서로 마주보는 측의 모재 연단거리는 인장의 경우 모재 두께 이상, 압축의 경우 모재 두께의 0.75배 이상 확보하도록 한다.

<표 506.1.3> 볼트구멍의 중심으로부터 연단까지의 최소거리 (mm)

볼트의 호칭	최소 연단거리	
	전단연, 수동개스절단연	압연연, 다듬질연, 자동개스절단연
M30	55	50
M27	48	43
M24	42	37
M22	37	32
M20	32	28

볼트구멍의 중심으로부터 연단까지의 최대거리는 표면의 판두께의 8배로 한다. 단, 150 mm를 넘어서는 안된다.

(7) 볼트의 최소 개수

이음에는 한 볼트무리에 최소 2개 이상의 고장력볼트를 사용하여야 한다.

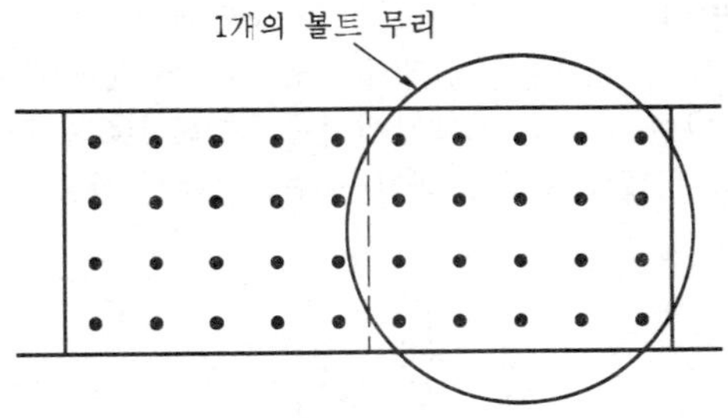

<그림 506.1.14> 1개의 볼트 무리

(8) 볼트의 설계

① 축방향력 또는 전단력을 받는 판을 연결하는 경우 볼트 1개에 작용하는 힘 (kN)은 다음 식으로 계산한다.

$$\rho = \frac{P}{n} \leq \rho_a \qquad (506.1.8)$$

여기서,

ρ : 볼트 1개에 작용하는 힘 (kN)

ρ_a : 볼트 1개의 허용력 (kN)

P : 축방향력 (kN)

n : 볼트의 개수

② 휨모멘트가 작용하는 판을 연결하는 경우 볼트 1개에 작용하는 힘 (kN)은 다음 식으로 계산한다.

$$\rho = \frac{M}{\Sigma y_i^2} y_i \leq \frac{y_i}{y_n} \rho_a \qquad (506.1.9)$$

여기서,

y_i : 볼트로부터 중심축까지의 거리 (mm)

Σ : 접합선 한쪽 편에 있는 볼트군의 집합

y_n : 가장자리의 볼트의 중심축으로부터의 거리. 다만, 같은 연결부의 플랜지를 볼트로 연결한 경우에는 중심축으로부터 플랜지의 압축연 또는 인장연까지의 거리 (mm)

③ 축방향력, 휨모멘트 및 전단력이 함께 작용하는 판을 연결하는 경우 축방향력에 의한 볼트 1개의 작용력 (kN)은 다음 식으로 계산한다.

$$\sqrt{(\rho_p + \rho_m)^2 + \rho_s^2} \leq \rho_a \qquad (506.1.10)$$

여기서,

ρ_p : 축방향력에 의한 볼트 1개의 작용력 (kN)

ρ_m : 휨모멘트에 의한 볼트 1개의 작용력 (kN)

ρ_s : 전단력에 의한 볼트 1개의 작용력 (kN)

④ 휨에 의한 전단력을 받는 판을 수평방향으로 연결하는 경우 수평방향으로 연결하는 볼트에 작용하는 힘 (kN)은 식(506.1.11)으로 계산한다.

$$\rho_h = \frac{VQ}{I}\frac{p}{n} < \rho_a \qquad (506.1.11)$$

여기서,

ρ_h : 수평방향으로 연결하는 볼트에 작용하는 힘 (kN)

V : 계산하는 단면에 작용하는 전단력 (kN)

Q : 부재 총단면의 중립축에 대한 전단력을 계산하는 접합선의 외측의 단면1차모멘트 (mm^3)

I : 부재의 총단면의 중립축에 대한 단면2차모멘트 (mm^4)

p : 볼트의 피치 (mm)

n : 접합선 직각방향의 볼트의 수

(9) 이음판의 설계

① 인장력이 작용하는 판의 이음판은 다음 (10)항에서 규정하는 순단면에 생기는 응력이 허용응력 이하가 되도록 설계하여야 한다.

② 압축력이 작용하는 판의 이음판은 총단면에 생기는 응력이 [도・설 3.3.2.1]에 규정된 허용압축응력의 상한값 이하가 되도록 설계하여야 한다.

③ 휨모멘트가 작용하는 판의 이음판은 식 (506.1.12)를 만족하도록 설계하여야 한다.

$$f = \frac{M}{I}y \leq f_a \qquad (506.1.12)$$

여기서,

f : 이음판의 연단에 생기는 응력 (MPa)

M : 이음판에 작용하는 휨모멘트 (Nmm)

I : 부재의 중립축에 관한 이음판의 총단면의 단면2차모멘트 (mm^4)

y : 부재의 중립축으로부터 이음판의 연단까지의 거리 (mm)

f_a : [도・설 3.3.2.1]에 규정된 허용응력(MPa)의 상한값

④ 모재 한쪽의 이음판 소요 두께가 25 mm를 초과하는 경우에는 두께 10 mm 이상, 21 mm 이하의 2개 또는 3개의 판재를 사용하도록 한다.

(10) 순단면적의 계산

① 인장재의 순단면적은 재편의 순폭과 판두께의 곱으로 한다. 이 경우 재편의 순폭은 그 총폭으로부터 볼트구멍에 의해 잃은 폭을 뺀 값으로 한다.

② 부재의 순단면적을 산정할 때의 볼트 구멍의 지름은, M20, M22, M24에 대해서는 볼트의 공칭지름에 3 mm를 더한 값으로 하고, M27 및 M30의 경우에는 4 mm를 더한 값으로 한다.

③ 볼트를 엇갈리게 체결한 재편의 순폭은 총폭으로부터 고려하는 단면의 최초의 볼트구멍에 대해 그 볼트구멍의 지름을 공제하고, 이하 순차적으로 각 볼트구멍에 대해 다음 식으로 구한 w를 공제한 값으로 한다.

$$w = d - \frac{p^2}{4g} \text{ (mm)} \qquad (506.1.13)$$

여기서,

d : 볼트구멍의 지름(볼트의 공칭지름+3 mm) (mm)

p : 하중이 작용하는 방향의 엇갈린 볼트의 중심간격 (mm)

g : 하중이 작용하는 방향과 직각인 방향의 간격 (mm)

④ T형, H형 등의 조립단면의 순단면적은 각 재편마다 위의 방법으로 구한 순단면적의 총합으로 하고, 압연형강의 경우에도 이것에 준해야 한다. 다만, L형강, ㄷ형강에서는 <그림 506.1.15>와 같이 전개한 모양에 대하여 순단면적을 산출한다.

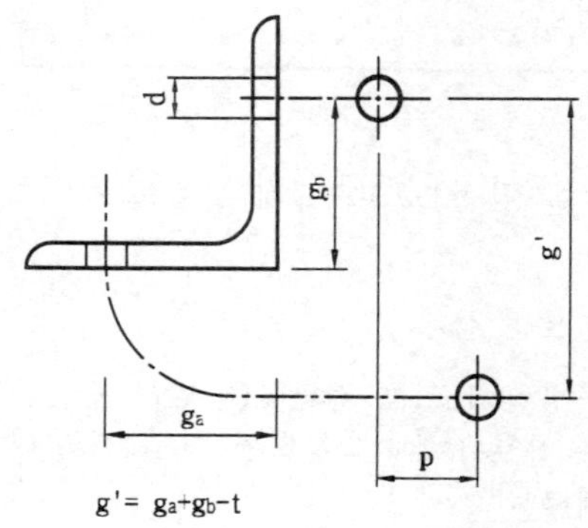

<그림 506.1.15> L형강의 전개방법

1.2.4 연결 위치

연결위치는 기본적으로 <그림 506.1.16>에 도시한 위치가 바람직하며, 천공에 의한 단면보강을 하지 않아도 좋을 위치를 선정하는 것이 좋다. 수직브레이싱의 간격 및 배치, 중간 보강재 배치 등과의 중첩을 피하도록 한다.

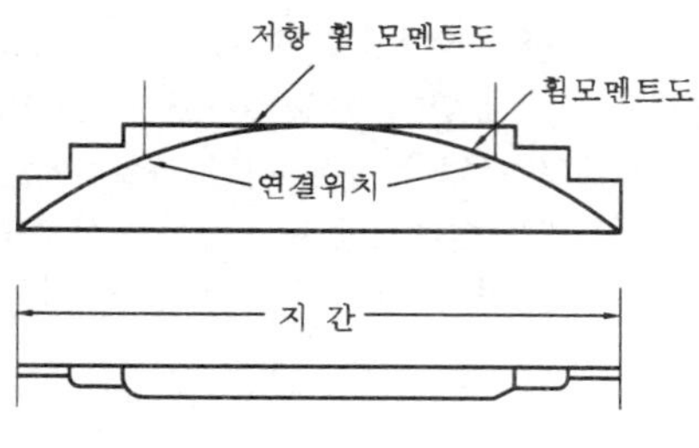

<그림 506.1.16> 연결 위치

1.3 부재에 관한 일반사항

1.3.1 총칙

(1) 2차 응력

일반적으로 교량구조에 있어서는 2차 응력의 발생이 부득이 하나 응력계산 시에는 이를 무시한다. 따라서 구조의 각 부재는 부재의 편심, 격점의 강성, 단면의 급변, 가로보의 처짐, 부재길이의 변화에 의한 바닥틀의 변형, 자중에 의한 부재의 처짐 등의 영향에 의해 생기는 2차 응력이 될 수 있는 한 작아지도록 설계하여야 한다.

(2) 부재의 세장비

부재의 세장비는 <표 506.1.4>에 나타낸 값으로 한다.

<표 506.1.4> 부재의 세장비

부 재		세장비(l/r)
압축부재	주요부재	120
	2차부재	150
인장부재	주요부재	200
	2차부재	240

여기서,

l : 인장부재의 경우 골조길이, 압축부재의 경우 유효좌굴길이 (mm)

r : 부재 총단면의 단면회전반경 (mm)

또한, 주요부재란 주구조와 바닥틀을 말하며, 2차부재란 주요부재 외의 2차적인 기능을 가진 부재를 말한다.

수직브레이싱이나 수평브레이싱은 주요 부재로서의 기능을 부여하지 않을 때는 2차부재로 보아 설계해도 되지만, 교량을 입체적으로 해석하여 설계하는 경우의 수평브레이싱이나 수직브레이싱은 2차부재로 다루어서는 안된다.

1.3.2 축방향 인장력을 받는 골조 부재

(1) 유효단면적

인장부재의 유효단면적은 순단면적으로 한다(편람 506.1.2.3 (4) 및 (10) 참조).

(2) 편심에 의한 유효단면적 감소

L형강 및 ㄷ형강을 거세트플레이트의 편측에만 설치하는 경우 편심의 영향을 고려하여 설계한다. 단, 통상의 경우 그 유효단면적으로부터 돌출다리길이의 1/2을 뺀 단면으로 산정한다(<그림 506.1.17> 참조).

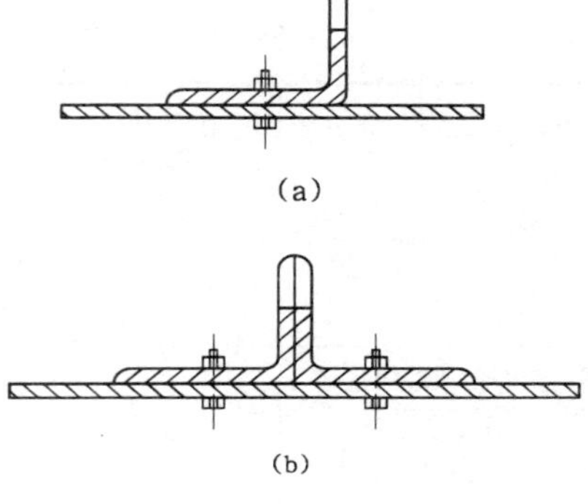

<그림 506.1.17> L형강의 유효 단면적

그러나 트러스의 상부브레이싱 등에서 종종 볼 수 있는 거세트 편측에 부착된 2쌍의 L형강이 타이플레이트 등으로 연결되어 있고 편심을 고려할 필요가 없는 경우에는 전순단면적을 유효로 보아도 좋다(<그림 506.1.18> 참조).

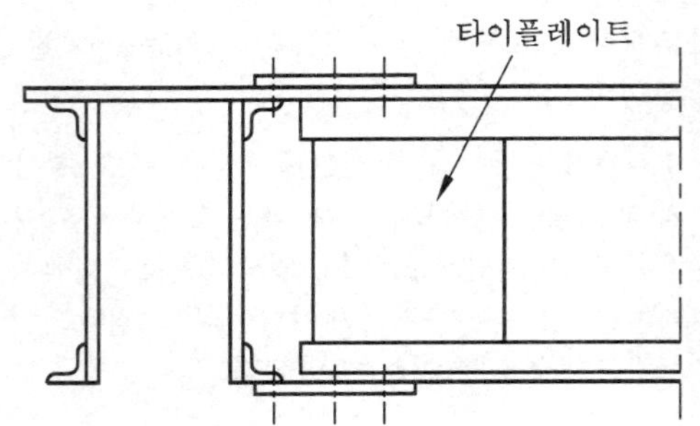

<그림 506.1.18> 타이플레이트에 연결된 L형강의 유효단면적

2쌍의 L형강이 하나의 거세트플레이트의 양측에 부착된 인장재에서는 전순단면적을 유효로 보아도 좋다(<그림 506.1.19> 참조).

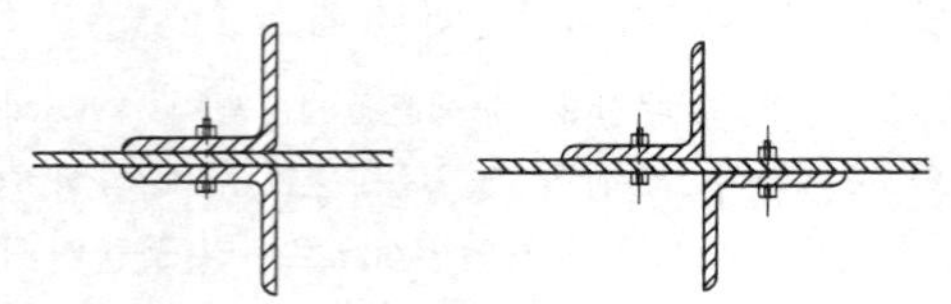

<그림 506.1.19> 거세트 양측에 부착된 경우의 L형강 유효단면적

이상의 규정은 세장비의 산정시에는 고려할 필요가 없으며, 단면2차반경은 부재의 총단면적에 대해 산출해도 좋다.

1.3.3 축방향 압축력을 받는 골조 부재

(1) 압축응력을 받는 판 및 보강판

압축응력을 받는 양연지지판의 두께는 <표 506.1.5>, 압축응력을 받는 보강된 판에 대해서는 <표 506.1.6>의 값 이상으로 하여야 한다. 다만 가설시에만 일시적으로 압축응력을 받는 경우의 판두께는 식 (506.1.14), 그리고 보강된 판의 판두께는 식 (506.1.15)을 만족하여야 한다.

$$t \geq \frac{b}{80i} \qquad (506.1.14)$$

다만, $t \geq \dfrac{b}{220}$

여기서,

t : 판두께 (mm)

b : 판의 고정연 사이의 거리 (mm)

i : $i = 0.65\phi^2 + 0.13\phi + 1.0$, 응력구배계수

Φ : 응력구배, $\phi = \dfrac{f_1 - f_2}{f_1}$

f_1, f_2 : 각각 판의 양연에서의 응력 (MPa)

단, $f_1 \geq f_2$이며 압축응력을 정(+)으로 한다(<그림 506.1.20> 참조).

<표 506.1.5> 압축응력을 받는 양연지지판의 최소 판두께 (mm)

<table>
<tr><th>강 종 / 판두께 (mm)</th><th>SS400
SM400
SMA400</th><th>SM490</th><th>SM490Y
SM520
SMA490</th><th>SM570
SMA570</th></tr>
<tr><td>40 이하</td><td>$\frac{b}{56i}$</td><td>$\frac{b}{48i}$</td><td rowspan="2">$\frac{b}{46i}$</td><td rowspan="2">$\frac{b}{40i}$</td></tr>
<tr><td>40 초과 75 이하</td><td rowspan="2">$\frac{b}{58i}$</td><td rowspan="2">$\frac{b}{50i}$</td></tr>
<tr><td>75 초과 100 이하</td><td>$\frac{b}{48i}$</td><td>$\frac{b}{42i}$</td></tr>
</table>

주 : 판두께 100 mm 이하인 TMC, HSB 강재에 대해서는 [도 · 설 3.4.2.3, 표 3.4.2(b)]를 따른다.

<표 506.1.6> 압축응력을 받는 보강된 판의 최소 판두께 (mm)

<table>
<tr><th>강 종
판두께 (mm)</th><th>SS400
SM400
SMA400</th><th>SM490</th><th>SM490Y
SM520
SMA490</th><th>SM570
SMA570</th></tr>
<tr><td>40 이하</td><td>$\frac{b}{56\,i\,n}$</td><td>$\frac{b}{48\,i\,n}$</td><td rowspan="2">$\frac{b}{46\,i\,n}$</td><td rowspan="2">$\frac{b}{40\,i\,n}$</td></tr>
<tr><td>40 초과 75 이하</td><td rowspan="2">$\frac{b}{58\,i\,n}$</td><td rowspan="2">$\frac{b}{50\,i\,n}$</td></tr>
<tr><td>75 초과 100 이하</td><td>$\frac{b}{48\,i\,n}$</td><td>$\frac{b}{42\,i\,n}$</td></tr>
</table>

주 : 판두께 100 mm 이하인 TMC, HSB 강재에 대해서는 [도 · 설 3.4.2.3, 표 3.4.5(b)]를 따른다.

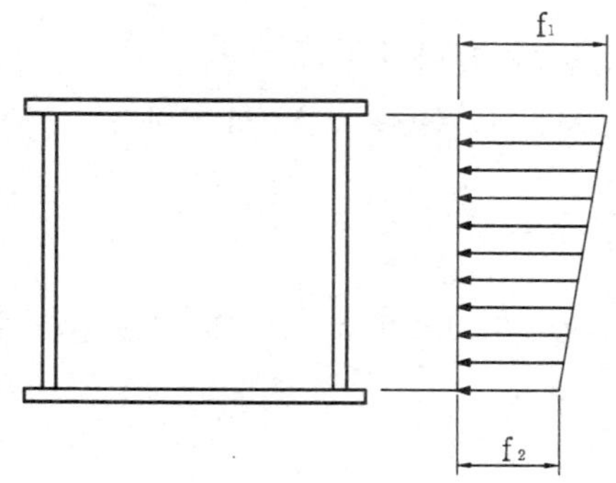

<그림 506.1.20> 압축과 휨에 의한 연응력

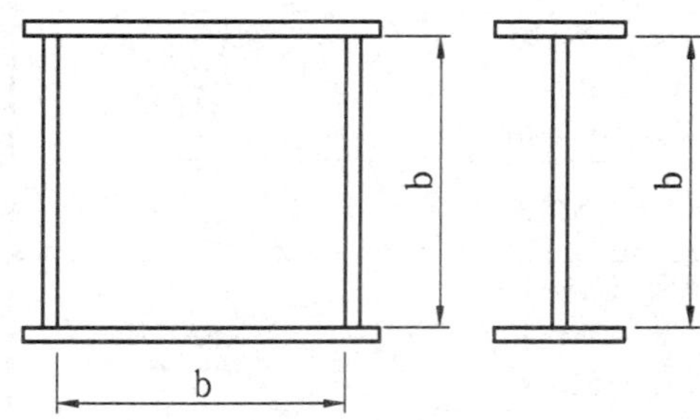

<그림 506.1.21> 판의 고정연 사이의 거리

$$t \geq \frac{b}{80\,i\,n} \qquad (506.1.15)$$

여기서,

t : 보강된 판의 판두께 (mm)

b : 보강된 판의 폭 (mm)

n : 종방향 보강재에 의해서 구분되는 패널의 수 ($n \geq 2$)(<그림 506.1.22> 참조)

$i = 0.65(\frac{\phi}{n})^2 + 0.13(\frac{\phi}{n}) + 1.0$, 응력구배계수

Φ : 응력구배, $\phi = \frac{f_1 - f_2}{f_1}$

f_1, f_2 : 각각 보강된 판의 양연의 응력 (MPa)

단, $f_1 \geq f_2$이며 압축응력을 정(+)으로 한다(<그림 506.1.23> 참조).

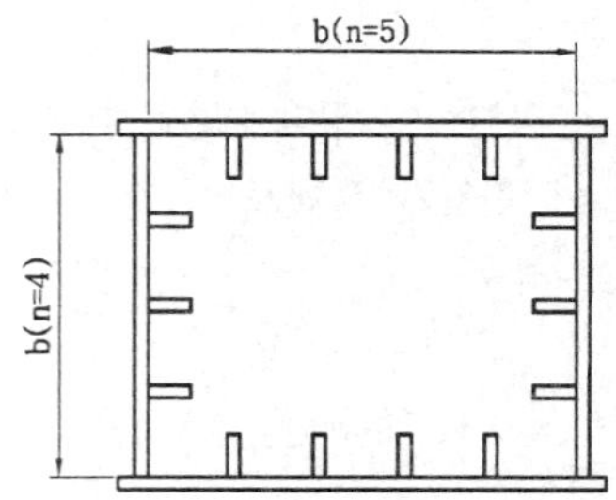

<그림 506.1.22> 보강된 판의 전폭

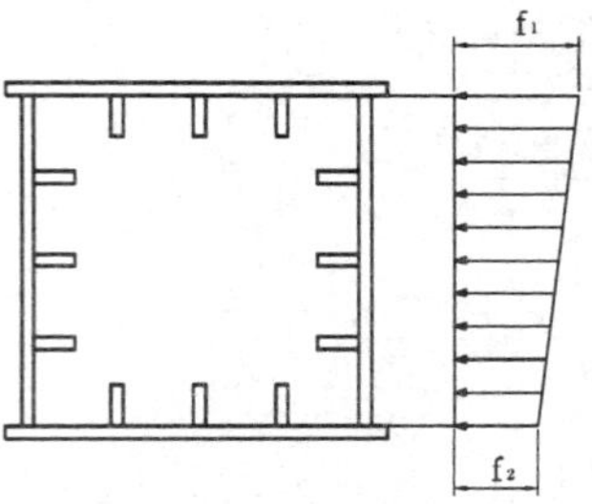

<그림 506.1.23> 보강된 판의 연응력

보강재로 보강된 판에 대해서는 다음의 규정을 만족하여야 한다.

1) 종방향 보강재의 강종은 보강되는 판의 강종과 동등 이상의 것이어야 한다.

2) 4)항에 의해 산출된 종방향 보강판 1개의 단면2차모멘트 I_l 및 단면적 A_l은 각각 식 (506.1.16) 및 식 (506.1.17)을 만족하여야 한다.

$$I_l \geqq \frac{bt^3}{10.92}\gamma_l^{\,*} \qquad (506.1.16)$$

$$A_l \geqq \frac{bt}{10n} \qquad (506.1.17)$$

여기서,

t : 보강된 판의 두께 (mm)

b : 보강된 판의 폭 (mm)

n : 종방향 보강재에 의해서 나누어지는 패널의 수

$r_l^{\,*}$: 3)항에 의해 산출되는 종방향 보강재의 소요강비

3) 종방향 보강재의 소요강비 $r_l^{\,*}$는 다음과 같이 산출한다.

① $\alpha \leqq \alpha_o$이면서 4)항에 의해 산출된 횡방향 보강재 1개의 단면2차모멘트 I_l이 식 (506.1.19)를 만족하는 경우

$$r_l^{\,*} = 4\alpha^2 n\left(\frac{t_0}{t}\right)^2(1+n\delta_l) - \frac{(\alpha^2+1)^2}{n} \quad (t \geqq t_0)$$
$$= 4\alpha^2 n(1+n\delta_l) - \frac{(\alpha^2+1)^2}{n} \quad (t < t_0) \qquad (506.1.18)$$

$$I_l \geqq \frac{bt^3}{10.92}\cdot\left(\frac{1+n\gamma_l^{\,*}}{4\alpha^3}\right) \qquad (506.1.19)$$

② 횡방향 보강재가 없거나 ①의 규정을 만족하지 않는 경우

$$r_l^{\,*} = \frac{1}{n}\left[\left\{2n^2\left(\frac{t_0}{t}\right)^2 \times (1+n\delta_l) - 1\right\}^2 - 1\right] \quad (t \geqq t_0)$$
$$= \frac{1}{n}\left[\left\{2n^2(1+n\delta_l) - 1\right\}^2 - 1\right] \quad (t < t_0) \qquad (506.1.20)$$

여기서,

α : 보강판의 형상비, $\alpha = \frac{a}{b}$ (<그림 506.1.24> 참조)

α_o : 한계 형상비, $\alpha_0 = \sqrt[4]{1+n\gamma_l}$

a : 횡방향 보강재의 간격 (mm)

δ_l : 종방향 보강재 1개의 단면적 비, $\delta_l = \frac{A_l}{b \cdot t}$

r_l : 사용된 종방향 보강재의 강비,

$$r_l = \frac{I_l}{\frac{bt^3}{10.92}}$$

t_0 : <표 506.1.7>에 표시된 보강되는 판의 두께 (mm)

<표 506.1.7> 판두께, t_0 (mm)

강 종	t_0
SS400 SM400 SMA400	$\frac{b}{28\,i\,n}$
SM490	$\frac{b}{24\,i\,n}$
SM490Y SM520 SMA490	$\frac{b}{22\,i\,n}$
SM570 SMA570	$\frac{b}{22\,i\,n}$

주 : TMC, HSB 강재에 대해서는 [도·설 3.4.2.4, 표 3.4.7(b)]를 따른다.

표에서, i : 응력구배계수,

$$i = 0.65\left(\frac{\phi}{n}\right)^2 + 0.13\left(\frac{\phi}{n}\right) + 1.0$$

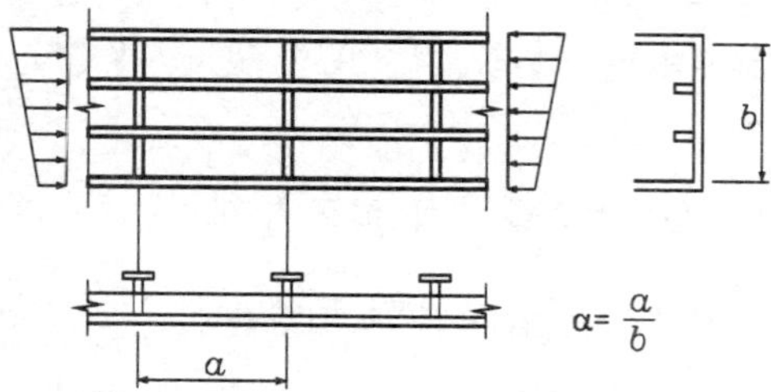

<그림 506.1.24> 보강된 판의 종횡 치수비

4) 보강재의 단면2차모멘트는 다음의 규정에 의해 산출한다.

① 보강재가 한쪽 면에만 보강되는 경우에는 보강되는 판의 보강재 쪽 표면에 관한 단면2차모멘트로 한다.

② 보강재가 양쪽 면에 보강되는 경우에는 보강되는 판의 중립면에 관한 단면2차모멘트로 한다.

(2) 구멍 뚫린 판

구멍 뚫린 판의 최소 판두께 및 안쪽 용접선으로부터 구멍까지의 최대 폭은 <표 506.1.8>에 표시된 값으로 한다.

<표 506.1.8> 구멍 뚫린 판

강 종	최소 판두께 (mm)	안쪽 용접선으로부터 구멍까지의 최대 폭(mm)
SS400 SM400 SMA400	d/50	13t
SM490	d/40	11t
SM490Y SM520 SMA490	d/40	11t
SM570 SMA570	d/35	10t

주 : TMC, HSB 강재에 대해서는 [도 · 설 3.4.2.4, 표 3.4.8(b)]를 따른다.

표에서,

t : 구멍 뚫린 판의 두께 (mm)

d : 안쪽 용접선 간의 거리 (mm)

e : 안쪽 용접선으로부터 구멍까지의 거리 (mm)

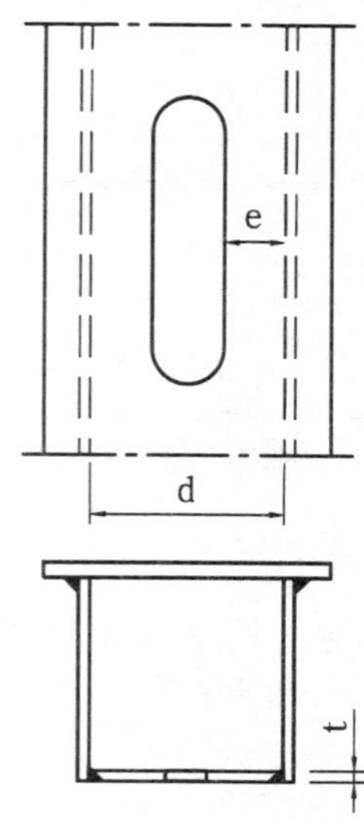

<그림 506.1.25> 구멍 뚫린 판

응력방향으로 잰 구멍의 길이는 구멍 폭의 2배 이하로 한다.

응력방향으로 잰 구멍과 구멍간의 판의 길이는 d보다 커야 한다. 다만 단부 구멍의 연단에서 구멍 뚫린 판의 단부까지의 거리는 1.25d보다 커야 한다.

구멍 연단의 곡률반경은 40 mm 이상이어야 한다.

(3) 유효단면적

압축부재의 유효단면적은 총단면적으로 한다.

(4) L형 및 T형 압축부재(편심에 의한 휨모멘트의 영향)

① <그림 506.1.26>과 같이 플랜지가 거세트플레이트에 연결된 L형 및 T형 압축부재는 다음의 식을 사용해도 좋다.

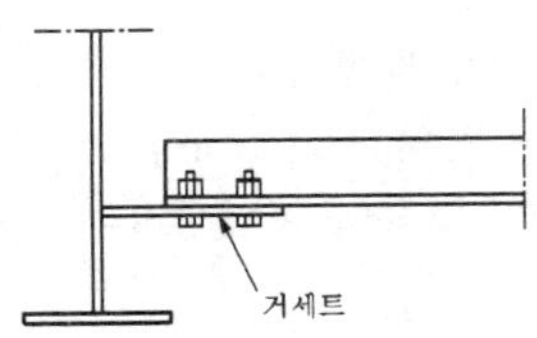

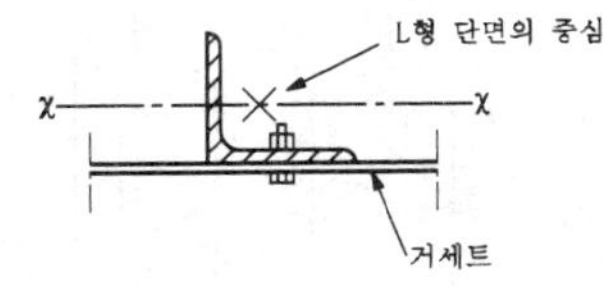

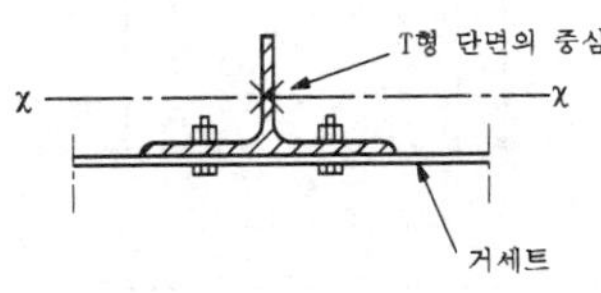

<그림 506.1.26> L형 및 T형 단면을 가진 압축부재

$$\frac{P}{A_g} \leqq f_{ca}(0.5 + \frac{l/r_x}{1,000}) \quad (506.1.21)$$

여기서,

P : 축방향 압축력 (N)

A_g : 부재의 총단면적 (mm^2)

f_{ca} : l/r_x을 사용하여 본 편람의 "505.4.1.2 허용응력 (2) 강재의 허용응력"의 규정으로부터 계산한 허용압축응력 (MPa)

l : 유효좌굴길이 (mm)

r_x : 단면의 중심을 지나고 거세트플레이트 면에 평행한 축(<그림 506.1.26>의 x축)에 관한 단면회전반경 (mm)

② ①항에 따르지 않는 경우에는 그 부재단면의 중심을 지나 거세트플레이트 면에 평행한 축에 대한 편심으로 생기는 휨모멘트 및 축방향압축력을 받는 부재로서 [도 · 설 3.4.3]의 규정에 따라 부재를 설계한다. 다만, f_{ca}는 허용압축응력의 상한치를 사용한다. 이때 편심압축력은 거세트플레이트 면내에 작용하는 것으로 하고, 단면회전반경은 휨변형이 생기는 축에 관한 것을 사용한다.

1.3.4 휨모멘트를 받는 골조 부재

(1) 압축응력을 받는 판 및 보강판

편람 506.1.3.3 (1) '압축응력을 받는 판 및 보강판'의 규정에 따른다.

(2) 유효단면적

인장측 플랜지에 볼트 등의 구멍이 있는 경우에는 구멍에 의한 단면적의 손실을 고려한다.

(3) 처짐, 부정정력 등을 계산하는 경우의 유효단면적

처짐, 부정정력 등을 계산하는 경우의 유효단면적은 총단면적으로 한다.

(4) 외측플랜지판

외측플랜지는 1장의 판으로 함을 원칙으로 하며, 다음의 규정을 따른다.

① 외측플랜지판의 두께는 내측플랜지판 두께의 1.5배 이하로 한다.

② 압축플랜지에 사용하는 외측플랜지판의 두께는 외측플랜지 폭의 1/24 이상으로 한다.

③ 인장플랜지에 사용하는 외측플랜지의 판두께는 외측플랜지 폭의 1/32 이상으로 한다.

④ 외측플랜지판의 길이는 거더 높이의 2배에 1,000 mm를 더한 값 이상으로 하여야 한다.

⑤ 외측플랜지판의 양단에는 이론값 보다 각각 300 mm 이상, 또 외측플랜지판 폭의 1.5 배 이상의 여유 길이를 두어야 한다.

⑥ 인장측에 사용되는 외측플랜지판의 양단은 외측플랜지를 제외하고 계산한 플랜지의 연응력이 90% 되는 곳까지 연장하여야 한다.

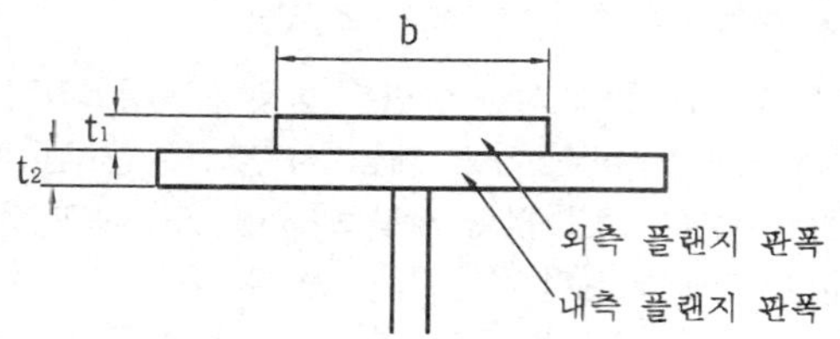

압축플랜지 : $t_1 \le 1.5t_2$ 단 $t_1 \ge b/24$

인장플랜지 : $t_1 \le 1.5t_2$ 단 $t_1 \ge b/32$

<그림 506.1.27> 외측 플랜지의 판두께

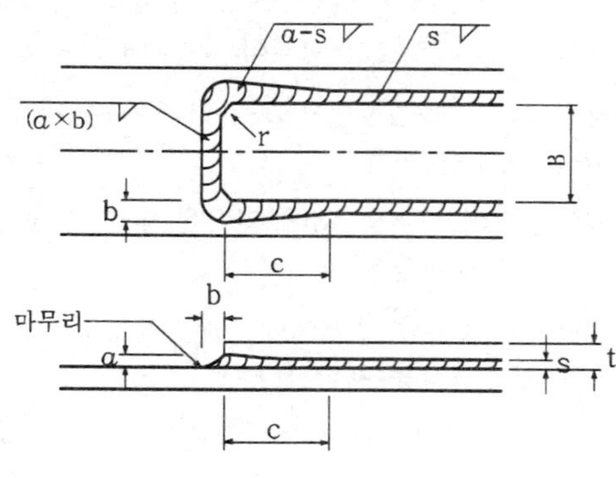

$b/a \ge 2$

$a \ge 0.4t$, 단 $a \ge 7$ mm

$c \ge 10t$, 단 $c \ge 100$ mm

$r \ge B/10$, 단 $r \ge 10$ mm

<그림 506.1.28> 부등치수의 연속필렛용접

⑦ 외측플랜지판의 단부에 사용하는 필렛용접은 부등치수의 연속필렛용접으로 하고 응력이 매끄럽게 전달되도록 배려하여야한다(<그림 506.1.28> 참조).

1.3.5 전단력 혹은 전단력과 비틀림모멘트를 받는 골조 부재

(1) 전단력을 받는 경우의 유효단면적

전단력을 받는 경우의 유효단면적은 부재의 단면형상에 따라 적절하게 정하는 것으로 한다([도 · 설 3.8.2.2 및 3.8.2.3] 참조).

1.3.6 강재의 최소두께

(1) 최소 판두께와 최대 판두께

최소 판두께는 8 mm 이상으로 하고, I형강, ㄷ형강의 복부에서는 7.5 mm 이상으로 할 수 있다. 난간용 재료, 채움재, 보도용 바닥판 등은 이 규정에 따르지 않아도 좋다.

(2) 보강재, 폭두께비

편람 506.1.3.3 (1) '압축응력을 받는 판 및 보강판'의 <표 506.1.7> 및 <표 506.1.8>에 따른다.

1.4 사교 및 곡선교

1.4.1 사교

(1) 일반

교량에서 사각이란 <그림 506.1.29>에 도시한 바와 같이 받침선에 수직한 선과 교축 사이의 각도(90° 이하의 예각)이다.

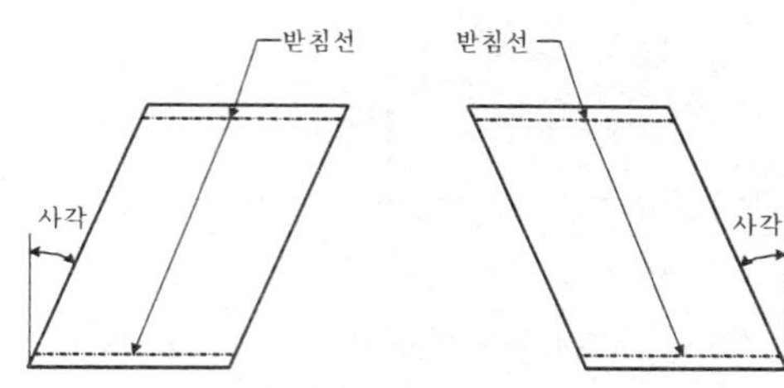

<그림 506.1.29> 사각의 정의

일반적으로 사교에서는 편심재하의 경우뿐만 아니라 교축 중심에 실린 하중에 의해서도 주거더에 비틀림이 발생한다. 또 직교의 경우와는 달리 사각이 커지는 만큼 주거더의 휨모멘트가 작아지고 가로보의 휨모멘트가 증가한다. 이 경향은 주거더의 비틀림강성이 큰 경우에 뚜렷이 나타난다. 또한 사교의 휨모멘트 최대는 외측 주거더 지간 중앙보다 둔각부에 옮겨지는 결과를 초래하여 최대휨모멘트의 분포가 대칭성을 갖지 않는다.

더욱이 사각이 커지면 주거더 단부 부근의 바닥판의 응력분포가 복잡하기 때문에 손상이 발생하기 쉽거나 받침 반력에 큰 영향을 주는 수가 있으므로 주의를 요한다. 이와 같은 이유로 거더 단부의 바닥판이 중요한 역할을 하는 합성거더의 사각은 30° 이하로 하는 것이 바람직하다.

강교의 주거더와 하중분배가로보 또는 수직브레이싱의 구성방식은 <그림 506.1.30>과 같은 2가지 방법이 있다.

<그림 506.1.30(a)>는 사방향으로 교차시키는 격자형식이며, 일반적으로 20°보다 작은 경우에 이용된다. <그림 506.1.30(b)>는 직각방향 교차의 격자형식으로서 사각이 20°를 초과하는 경우에 이용된다. 특히 교폭에 비해 경간이 긴 교량에는 (b)를 적용하는 것이 바람직하다. 그 장단점을 비교하면 다음과 같다.

① (b)는 주거더 상호간의 캠버(솟음)차이가 생기기 때문에 가조립, 가설시의 위치를 고려할 필요가 있다.

② (b)는 주거더와 가로보, 수직브레이싱의 연결을 제외하고 제작이 용이하다.

③ (b)는 (a)에 비해 하중분배효과가 크다.

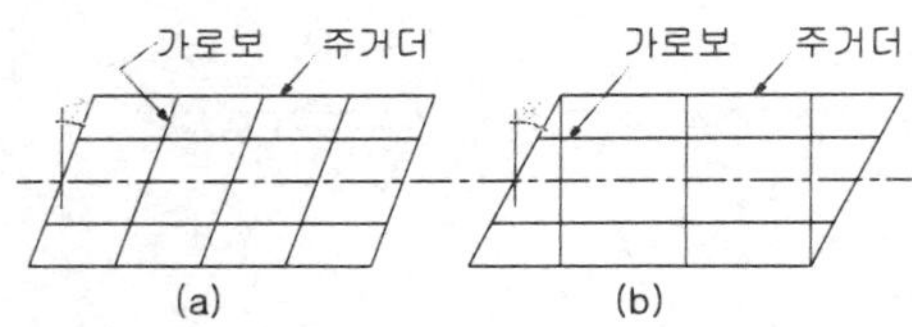

<그림 506.1.30> 하중분배 가로보 혹은 수직브레이싱의 조립

(2) 설계법

사교의 계산법은 종래에는 다음과 같은 방법 등이 이용되어 왔다.

① 사방향 교차 이방성판으로 치환하고 그 기초방정식을 추차법에 의해 계산하는 방법(Guyon-Massonnet 방법의 응용)

② 격자이론의 적용 (F. Leonhardt, H. Homberg의 방법을 확장하여 응용)

③ 변형법을 이용한 격자구조계산

그러나 ①, ②에 의한 방법은 범용성을 상실하여 실제의 계산에 적용하는 데는 약간 곤란한 점이 있어서 현재는 컴퓨터의 발달로 ③을 이용하여 계산하는 경우가 많다. 이 경우 교량의 단부 부근의 가로보에 분배기능을 갖게 하면 구조를 어렵게 하기 때문에 피하는 것이 좋다.

(3) 가조립, 가설공법

I단면의 직교격자형식에서 사각이 큰 경우에는 주거더 상호의 캠버차이(<그림 506.1.31>)가 커지므로 주거더와 가로보의 연결이 매우 어렵다.

따라서 제작, 가설방법으로는 크게 나누어 다음과 같은 방법을 따른다.

① 각 주거더 사이의 캠버 차이에 맞춘 평행사변형의 수직브레이싱을 제작한다.

② 교량 완성시의 주거더에 맞춘 장방형 거푸집의 수직브레이싱을 제작한다.

①의 방법의 경우 가설시에 특별한 조치를 강구하지 않아도 수직브레이싱은 용이하게 설치할 수 있지만 교량 완성시에 주거더가 비틀리게 된다.

②의 방법의 경우에는 교량 완성시에 주거더를 연직으로 하는 것이 가능하지만 가설시에 수직브레이싱을 설치하는 것은 곤란하며, 아래와 같은 특별한 조치를 강구하여야 한다.

i) 프리트위스팅공법

가설시 주거더를 소정의 위치까지 비틀어 수직브레이싱, 수평브레이싱을 조립하고 주거더의 비틀림을 확인한 후 수직브레이싱 설치부의 확공을 한다.

ii) 잭업-잭다운공법

거더를 캠버차의 양만큼 미리 상승시켜 놓고 바닥판 타설 후 하강한다.

iii) 물(모래)하중공법

바닥판의 중량 정도의 물 또는 모래를 재하시켜 놓고 수직브레이싱을 조립한다.

iv) 핀구조공법

수직브레이싱의 사재의 한쪽 볼트를 조이지 않고 처짐이 구속되지 않는 상태로 놓은 다음 바닥판 타설 후 체결한다.

v) 구멍확장공법

주거더와 수직브레이싱의 조임볼트를 길게 확공하여 놓고 바닥판 타설 후 고장력볼트를 체결한다.

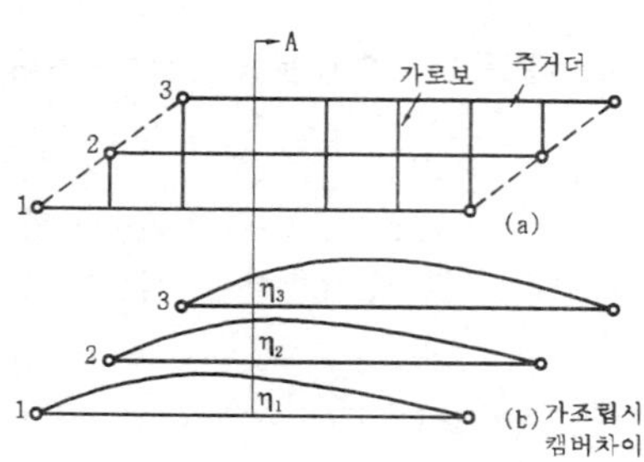

<그림 506.1.31> 솟음차의 영향

(4) 구조세목

(가) 교량 단부의 구조

교량 단부의 수직브레이싱의 연결방법은 <그림 506.1.32>에 나타낸 2가지의 방법이 있다. 그림 (a)는 d거더의 지점부에 3개의 부재를 연결하기 때문에 세부구조가 복잡해진다. 또 단부수직브레이싱에도 힘이 전달되므로 실제로 각 거더에 발생하는 응력도 복잡한 상태가 된다. 즉, 단부의 중간수직브레이싱은 d거더의 지점부에서 단부수직브레이싱에 의해 횡방향 변위가 구속되며, 또한 받침부분이 움직일 수 있어서 통상의 계산가정과 일치하지 않는다.

(b)는 세부구조가 (a)에 비해 간편하며, 받침의 반력분포 영향도 그다지 없지만 단부 부근의 주거더에 비틀림이 발생하기 때문에 주의하여야 한다.

(나) 수직보강재의 설치방법

수직브레이싱 등을 설치하기 위해서는 수직보강재를 <그림 506.1.33>과 같이 한다. 그림에서 교각 θ는 용접 및 고장력볼트 체결을 고려하여 60° 이상으로 하고, 부착재의 거세트 플레이트를 휘게 한다.

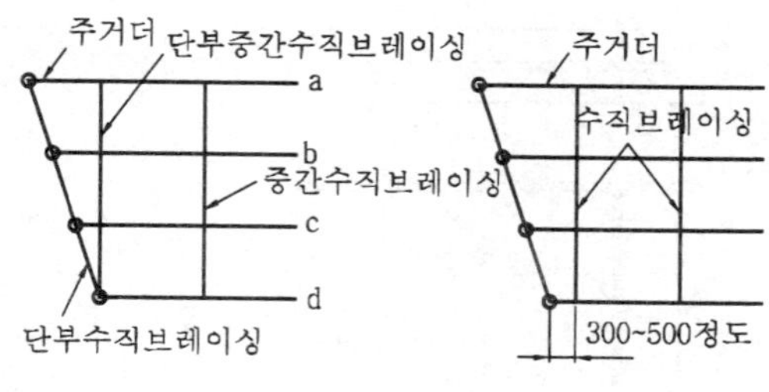

<그림 506.1.32> 교량 단부의 수직브레이싱 설치방법

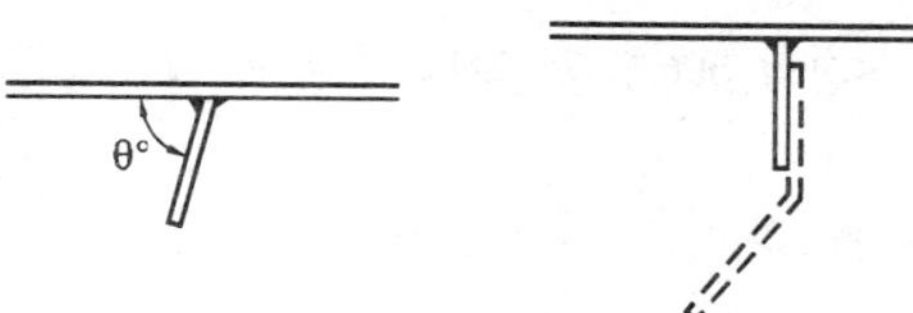

(a) 교각 θ는 용접 및 고장력 볼트 체결을 고려하여 60° 이상으로 한다

(b) 부착재의 거세트 플레이트를 휘게 한다

<그림 506.1.33> 수직보강재 설치방법

(다) 수평보강재와 수직보강재의 접합

수평보강재와 돌림용접을 하고 <그림 506.1.34>와 같이 한다.

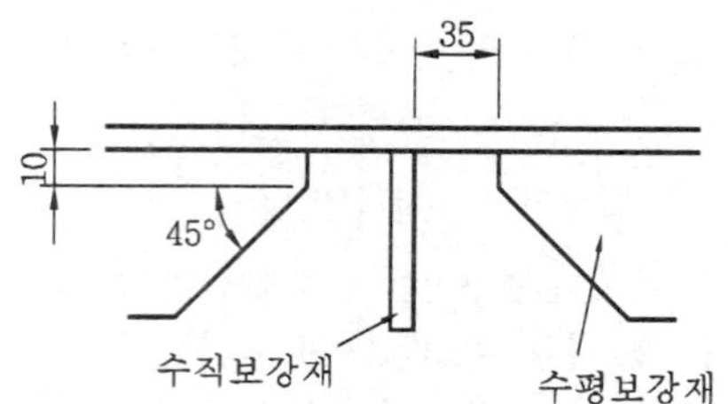

<그림 506.1.34> 수평보강재와 수직보강재의 접합

(라) I거더의 거더단부 형상

상부플랜지는 신축이음의 설치나 바닥판 타설 상태에서 플랜지의 전폭을 경사지게 자르지만, 하부플랜지는 플랜지의 폭의 1/2을 경사지게 자르는 것만으로 충분하다(<그림 506.1.35>).

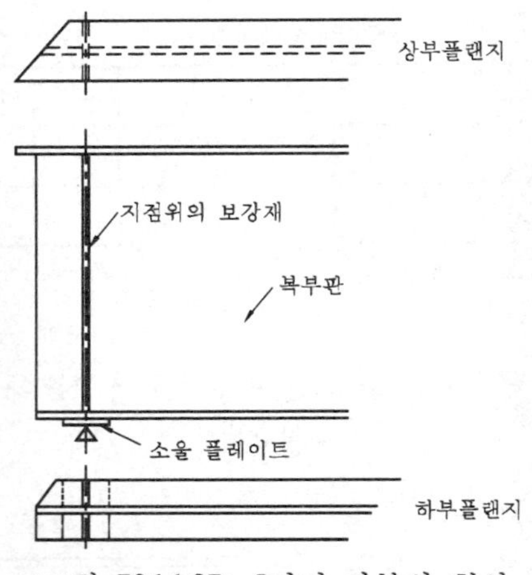

<그림 506.1.35> I거더 단부의 형상

(마) 박스거더의 다이아프램 방향

다이아프램은 지점을 제외하고 박스거더 직각으로 설치하는 것이 다이아프램의 강성을 높이고 제작도 용이하다(<그림 506.1.36> 참조).

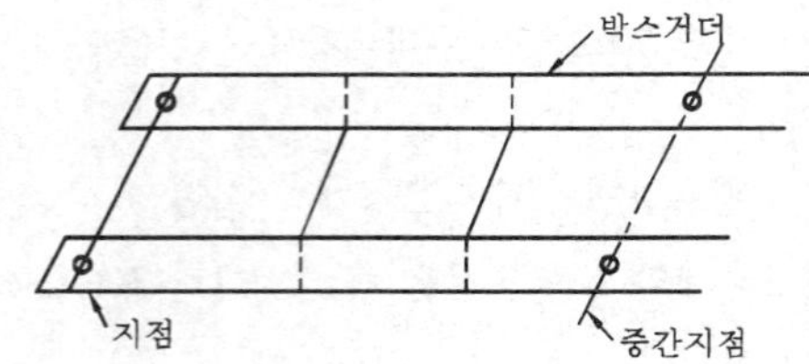

<그림 506.1.36> 박스거더 다이아프램의 방향

(바) 수평브레이싱의 조립방법

수평브레이싱 단면구성의 상태에서 <그림 506.1.37>의 (a), (b)를 각각 적절히 이용한다. (b)의 경우는 수직브레이싱이 수평브레이싱의 역할을 겸하고 있음을 고려하여야 한다.

1.4.2 곡선교

(1) 일반

[도・설 3.8.2.3 비틀림모멘트를 고려하는 범위]에 의하면 구조물의 성질 상 비틀림에 의한 영향을 무시할 수 없는 경우에는 순수비틀림에 의한

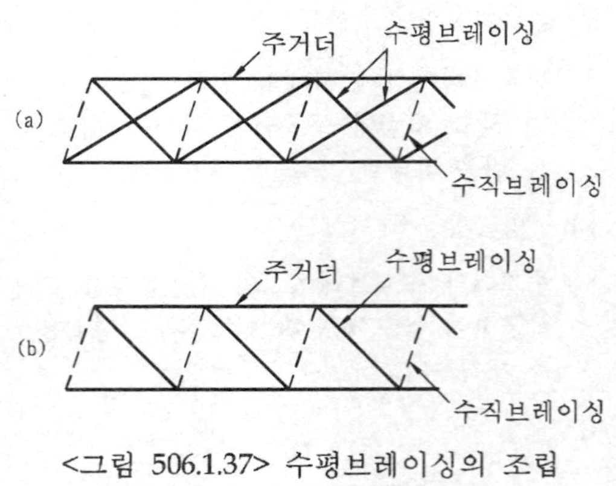

<그림 506.1.37> 수평브레이싱의 조립

전단응력과 뒴비틀림에 의한 전단응력의 합계 및 뒴비틀림에 의한 수직응력을 계산하기 위해 규정하고 있다.

거의 모든 곡선교는 구조물의 성질 상 비틀림의 영향을 무시할 수 없으며, 사각이 큰 사교 혹은 직선교라고 하더라도 큰 편심하중이 재하되면 비틀림의 영향을 고려하여야 한다.

곡선교에서는 주거더의 곡률이 특별히 작은 경우를 제외하고 대부분의 경우 비틀림에 의한 응력이 커지기 때문에 비틀림에 의한 영향을 고려하여야 한다. 다시 말해 곡선교에서는 비틀림에 대한 조치가 가장 큰 문제이다. 아래에 곡선교에 비틀림이 가해진 경우의 취급방법에 대한 개요를 기술한다.

(가) 비틀림을 받는 경우의 교량구조

교량구조는 단일 부재를 복잡하게 조립하여 구성하기 때문에 비틀림이 가해지면 거동 역시 복잡해진다. 비틀림의 문제는 크게 나누어 개별 단일 부재의 비틀림에 대한 저항거동과 주거더, 수직브레이싱, 가로보 등으로 구성된 복합구조 전체의 저항거동으로 나누어 생각한다.

전자는 참고자료가 많고 일반적으로 잘 알려진 역학적인 거동이므로 여기서는 생략한다. 박스형 단면 부재는 비틀림에 대해 큰 저항성을 갖지만, I형 단면 부재는 이른바 개단면 부재로서 비틀림 저항이 적어 비틀림에 의해 큰 변형을 받는 동시

에 뒴을 일으킨다(<그림 506.1.38>). 뒴이 구속되거나 비틀림에 의한 회전각의 변화율(<그림 506.1.38>의 $d\phi/dx$)가 일정하지 않은 경우에는 단면의 길이방향(x축 방향)의 응력이 발생한다. 이것이 뒴비틀림응력 f_w이다

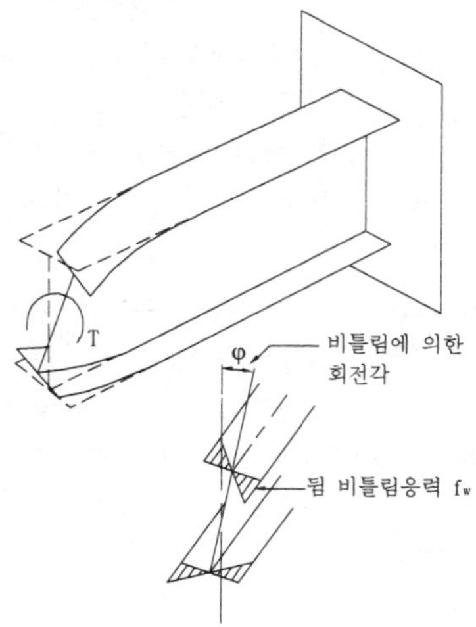

<그림 506.1.38> 단일부재의 비틀림

구조전체가 비틀림에 저항하는 경우 역시 본질적으로는 단일부재와 동일하지만 단일부재의 뒴에 상당하는 것은 이와 같은 구조계 내의 주거더의 휨변형으로 변환되어 나타난다고 생각할 수 있다.

<그림 506.1.39>에 나타낸 2개의 I형단면의 주거더로 구성된 교량의 중앙에 비틀림모멘트 T가 작용하는 경우를 예로 들어 보자. 각각의 주거더에 비틀림강성이 거의 없으므로 단일부재로는 큰 비틀림변형을 일으키지만 2개의 주거더가 충분한 전단강성을 갖는 가로보로 연결되어있다면 2개의 주거더는 일체를 이루는 단면으로 비틀림에 저항하게 된다. 즉, 가해진 비틀림모멘트는 연직력으로 이루어진 1쌍의 우력으로 변환되어 주거더의 휨강성에 의한 저항을 받는다. <그림 506.1.39>에 나타낸 것처럼 $P=\pm T/a$이며, P에 의해 주거더에 생기는 휨응력이 교량 전체의 구조계를 1개의 부재로 간주하는 경우의 뒴비틀림응력에 상당하는 것이다.

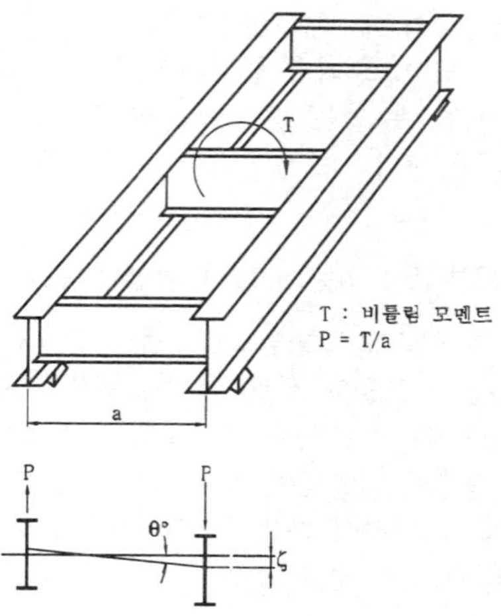

<그림 506.1.39> I거더교의 비틀림

<그림 506.1.40>과 같이 비틀림강성이 매우 큰 박스주거더로 구성된 교량구조에 비틀림모멘트가 가해지면 각각의 박스주거더가 비틀림에 저항함과 동시에 <그림 506.1.39>의 예와 마찬가지로 휨강성에 의해서도 저항한다.

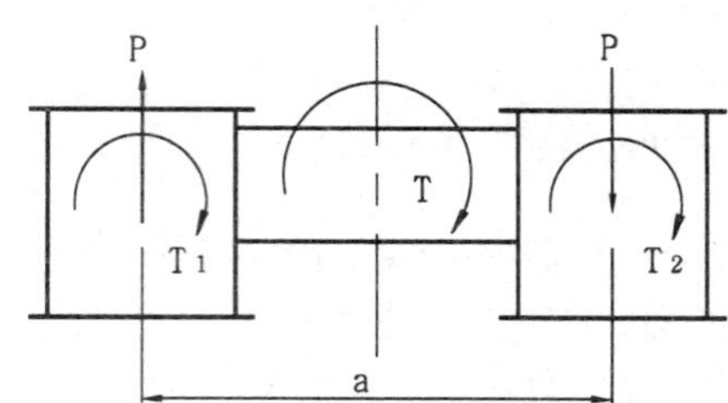

T : 비틀림모멘트

$$T = P \cdot a + T_1 + T_2$$

<그림 506.1.40> 2박스거더교의 비틀림

이상과 같이 교량의 전체적인 구조계로 비틀림에 저항할 때 비틀림의 대부분은 휨응력으로 변환된 형태를 갖지만 각각의 주거더도 단면성상에 부응한 비틀림 저항을 한다. 주거더가 박스거더인 경우에는 비틀림저항이 커서 그 관계는 <그림 506.1.40>에 나타낸 것과 같지만 I형단면의 주거더인 경우에는 각 주거더에서 저항하는 비틀림모멘트의 크기가 대단히 작고, 또 발생하는 뒴비틀

림응력도 작기 때문에 일반적으로 설계에서 이를 무시하고 있다. 그러나 플랜지의 폭이 넓은 경우에는 무시할 수 없는 량이 발생할 수도 있으므로 주의하여야 한다.

(나) 비틀림에 의한 응력의 계산과 α값

[도 · 설 3.8.2.3 비틀림모멘트를 고려하는 범위]에 의하면 구조물의 성질 상 비틀림에 의한 영향을 무시할 수 없는 경우 즉, 설계 상 비틀림을 고려하는 경우의 비틀림에 의한 응력 취급방법을 파라메터를 α로 하여 다음 식 (506.1.22)로 비틀림상수를 계산하도록 하고 있다.

$$\alpha = l\sqrt{\frac{GK}{EI_w}} \qquad (506.1.22)$$

여기서,

l : 지점간의 부재길이 (mm)

G : 전단탄성계수 (MPa)

K : 순수비틀림상수 (mm^4)

E : 탄성계수 (MPa)

I_w : 뒴비틀림상수 (mm^6)

즉, $\alpha > 10$의 경우에는 뒴비틀림에 의한 응력이 현저히 작아지기 때문에 계산을 생략하고, 순수전단응력에 의한 비틀림을 검토하는 것으로 충분하다. $\alpha < 0.4$의 경우에는 순수비틀림에 의한 응력은 무시할 수 있을 만큼 작기 때문에 뒴비틀림에 의한 전단응력과 수직응력의 검토를 하면 된다. 또한 $0.4 \leq \alpha \leq 10$의 범위에서는 순수비틀림과 뒴비틀림에 의한 응력을 모두 계산하여 검토하여야 한다.

곡선교 구조계 전체를 단일 곡선부재로 치환하여 취급하는 경우에 뒴비틀림응력을 무시할 수 있는 범위는 식(506.1.23)과 같다.

$$\alpha > 10 + 40\Phi \qquad (0 \leq \Phi < 0.5) \qquad (506.1.23)$$

$$\alpha > 30 \qquad (0.5 \leq \Phi)$$

여기서,

Φ : 곡선부재의 1경간 회전 중심각(Radian)

곡선교 전체를 단일부재로 치환하여 α값을 구하는 경우, 일반적으로 단일박스거더교 이외에는 뒴비틀림의 영향을 무시할 수 없다.

뒴비틀림 응력을 무시할 수 없는 곡선교의 설계계산은 일반적으로 동심원 상에 나란한 각 주거더의 단면정수를 정리한 단일 곡선부재로서 해석한 후 그 결과를 각 주거더에 분배하는 방법으로 계산한다.

α값에 의한 검산은 각각 부재에 대해서도 적용하여야 하며, 비틀림에 대한 지간장 l은 편의상 수직브레이싱, 가로보 등의 간격을 취하는 것이 가능하므로 I형단면 주거더에서는 α값이 0.4 이하, 박스주거더의 경우는 30 ~ 100으로 되는 것이 보통이다.

(다) 곡선격자거더

교량구조가 비틀림을 받는 경우, 각 주거더가 가로보 등으로 결합되어 있으면 전단면이 일체가 된 거동으로 되며, 주거더의 휨강성에 의해 대부분의 비틀림모멘트에 저항하는 경우에 대해서는 (1)에서 설명하였다. 이 관계를 격자거더교에 대해 그림으로 나타낸 것이 <그림 506.1.41>이다. 이는 I거더병렬교에 편심하중 P가 가해진 경우를 예로 든 것이다.

<그림 506.1.41(a)>는 P가 가해진 경우의 각 주거더플랜지의 응력분포를 나타낸다. 이것은 (b)~(e)의 각 작용에 대한 응력으로 분해할 수 있다. 즉,

$$f = f_1 + f_2 + f_3 + f_4 \qquad (506.1.24)$$

격자거더는 일반적으로 각 부재의 뒴비틀림강성을 고려하지 않는 해석이 이루어지므로 각각의 주거더의 뒴비틀림응력 f_3는 계산되지 않는다. 따라서 격자거더의 계산으로부터 구한 하부플랜지 응력 f는 다음과 같이 된다.

$$f = f_1 + f_2 + f_4 \qquad (506.1.25)$$

또 교량의 전단면을 일체로 보아 단일부재로 간주하여 구한 뒴비틀림응력 f_w는 다음과 같이 된다.

$$f_w = f_2 + f_3 \qquad (506.1.26)$$

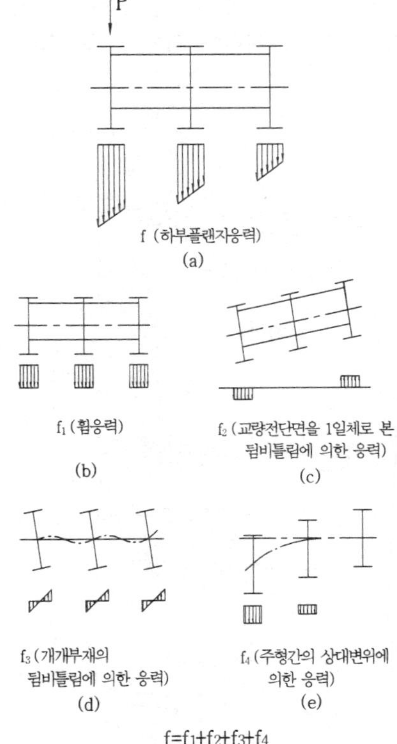

<그림 506.1.41> 플랜지에 작용하는 수직응력

전단면을 일체로 하였으므로 주거더의 상대변위에 따른 응력 f_4는 격자강도 Z가 충분히 큰 경우에는 무시할 만큼 작다. 또 f_3은 (1)에서 설명한 바와 같이 일반적으로 작기 때문에 무시한다.

곡선교를 격자거더로 취급하는 경우의 비틀림과 응력의 관계는 이상의 설명과 같지만, 격자거더에 의한 해석은 부재의 절점 사이를 직선으로 취급하기 때문에 주거더가 절점 사이에서 곡선으로 작용하는 경우, 플랜지의 응력에 만곡에 의해 일어나는 부가응력 f_s를 가산하여야 한다. f_s는 <그림 506.1.42>에 나타낸 분포로 되며, 식 (506.1.27)로 계산한다.

$$f_s = \pm\, 0.106 \frac{f}{RZ_f}\left(A_f + \frac{A_w}{3}\right)\lambda^2 \qquad (506.1.27)$$

여기서,

f : 상부 또는 하부플랜지의 휨응력$(f_1 + f_2 + f_4)$
R : 주거더의 곡률반경
A_f : 상부 또는 하부플랜지의 단면적
A_w : 중립축으로부터 상부 또는 하부플랜지까지의 복부판의 단면적
Z_f : 플랜지폭 중앙의 수직축에 관한 상부 또는 하부플랜지의 단면계수
λ : 플랜지의 고정점간 거리

박스주거더로 된 곡선격자거더에서는 윗 식 중 Z_f가 현저하게 크기 때문에 f_s는 거의 계산할 필요가 없다.

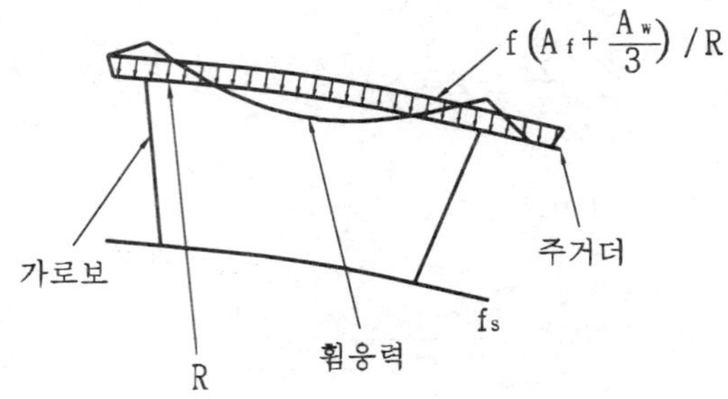

<그림 506.1.42> 플랜지의 만곡에 의한 부가응력

f_s의 값은 <그림 506.1.43>에 나타낸 주거더의 경우, 다음과 같이 계산한다.

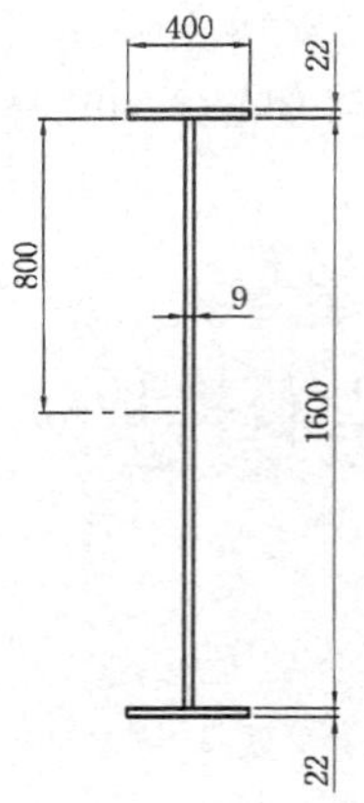

<그림 506.1.43> 부가응력 f_s의 계산단면

(단위: mm)

$$A_f = 400 \times 22 = 8{,}800 \ \text{mm}^2$$

$$\frac{A_w}{3} = 800 \times 9/3 = 2{,}400 \ \text{mm}^2$$

$$R = 100{,}000 \ \text{mm}$$

$$\lambda = 5{,}000 \ \text{mm}$$

$f = 80 \ N/\text{mm}^2$로 하면

$$Z_f = \frac{400^2 \times 22}{6} = 587{,}000 \ \text{mm}^3$$

$$f_s = \pm 0.106 \frac{f}{RZ_f}\left(A_f + \frac{A_w}{3}\right)\lambda^2$$

$$= \pm 0.106 \times \frac{80 \times (8{,}800 + 2{,}400)}{100{,}000 \times 587{,}000} \times 5{,}000^2$$

$$= \pm 40.5 \ \text{MPa}$$

플랜지의 응력은 곡선의 내·외측에서 각각 $\Sigma f = 80 \pm 40.5 = 120.5$ MPa 및 39.5 MPa이다.

(2) 곡선거더의 설계

(가) 주거더의 형식과 설계

곡선교의 주거더에 박스거더를 이용하면 α값으로 알 수 있듯이 뒴비틀림응력이 작아지고, 부가응력 f_s도 계산할 필요 없을 정도의 크기이므로 구조적으로 유리하다. 그러나 지간이 작은 경우에는 경제성을 고려해 I거더병렬교를 채택하는 것이 좋다.

곡선교의 주거더 형식에 의한 분류는 <그림 506.1.44>와 같다. 형식의 선택기준은 주거더의 강성이 같은 직선교에 비해 처짐의 증가가 5% 이하가 되는 조건을 고려하는 경우 <그림 506.1.45>와 같다.

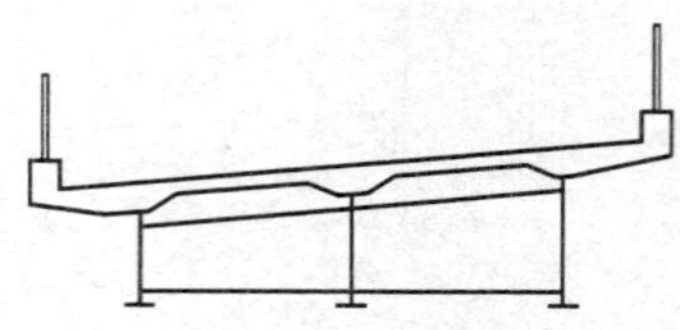

(a) I거더 병렬교

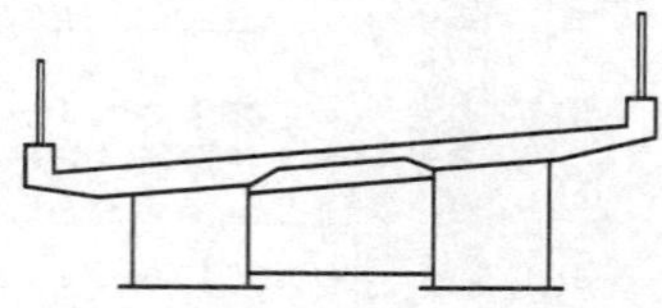

(b) 박스거더 병렬교

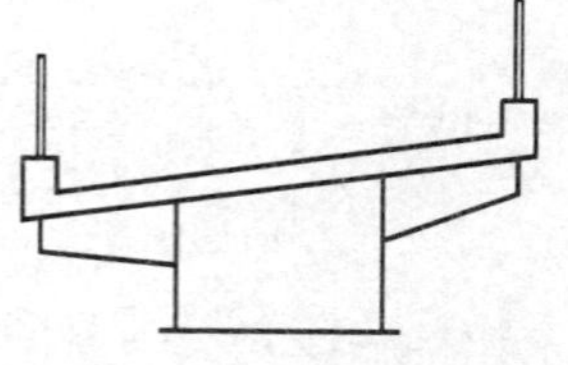

(c) 단일박스거더교

<그림 506.1.44> 곡선교의 주거더 형식

주거더형식의 선택은 폭원의 크기에도 관계가 있으나 <그림 506.1.45>의 기준에 따르면 중심각이 5°~15° 에서는 I거더병렬교가 유리하고, 15°~20° 에서는 단일박스거더교가 유리하다. <그림 506.1.45>로부터 중심각이 25° 를 초과하면 설계에 상당히 무리가 있고, 중심각 5° 이하에서는 직선교에 가까운 성질을 나타낸다.

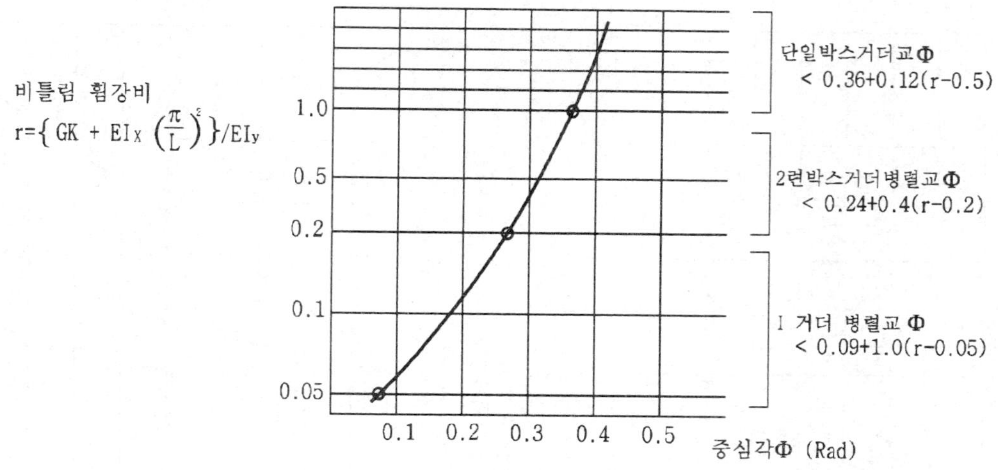

<그림 506.1.45> 곡선교의 주거더 형식의 선택기준

단일박스거더교로 설계하는 경우에는 공식집을 이용하여 비교적 쉽게 계산할 수 있다. 이때 좌우의 받침 반력이 현저히 차이가 나므로 주의하여야 한다.

I거더병렬교, 박스거더병렬교의 경우는 동일한 형식의 직선교와 비교한 휨모멘트, 처짐, 반력 등의 변화율을 <그림 506.1.46>의 (a)~(d)를 이용하여 구하고 각 부재단면을 가정하여 설계계산을 수행한다.

불규칙한 형상을 갖는 곡선교의 설계계산은 임의형상의 격자거더에 대한 변형법의 적용을 통해 구하며 컴퓨터를 이용한다.

(나) 가로보

곡선교의 가로보는 비틀림 전달기구 중 가장 중요한 역할을 하기 때문에 충복단면을 사용하여 충분한 강성을 갖도록 하고, 주거더와 강결하는 것을 원칙으로 한다. 가로보의 단면을 개략적으로 계산하여 가정하고자 하는 경우에는 다음의 식을 이용한다.

$$M = M_0 \times \frac{\lambda}{R} \qquad (506.1.28)$$

여기서,

M : 가로보에 작용하는 휨모멘트

M_0 : 가로보 설치 위치에서의 주거더의 휨모멘트

λ : 가로보의 간격

R : 곡률반경

가로보의 간격은 특히, I거더병렬교의 경우 편람 506.1.5.2 (1) (다) '곡선격자거더'에 기술한 f_s를 작게 하기 위해서라도 직선교인 경우보다 좁게 설정하여 4~5 m로 하는 것이 바람직하다.

(다) 수평브레이싱

I거더병렬의 곡선교에서는 상부와 하부에 수평브레이싱을 설치하는 것을 원칙으로 한다. 이는 가설시 및 완성 후의 교량 전체의 전도 혹은 좌굴에 대한 안정성을 높이고, 플랜지에 발생하는 부가응력을 경감하기 위한 것이다. 상・하부수평브레이싱을 주거더와 공동으로 작용하는 것으로 취급하는 준박스거더구조는 이론적으로 해명하기 어려운 부분이 있으므로 사용하지 않는 것이 좋다.

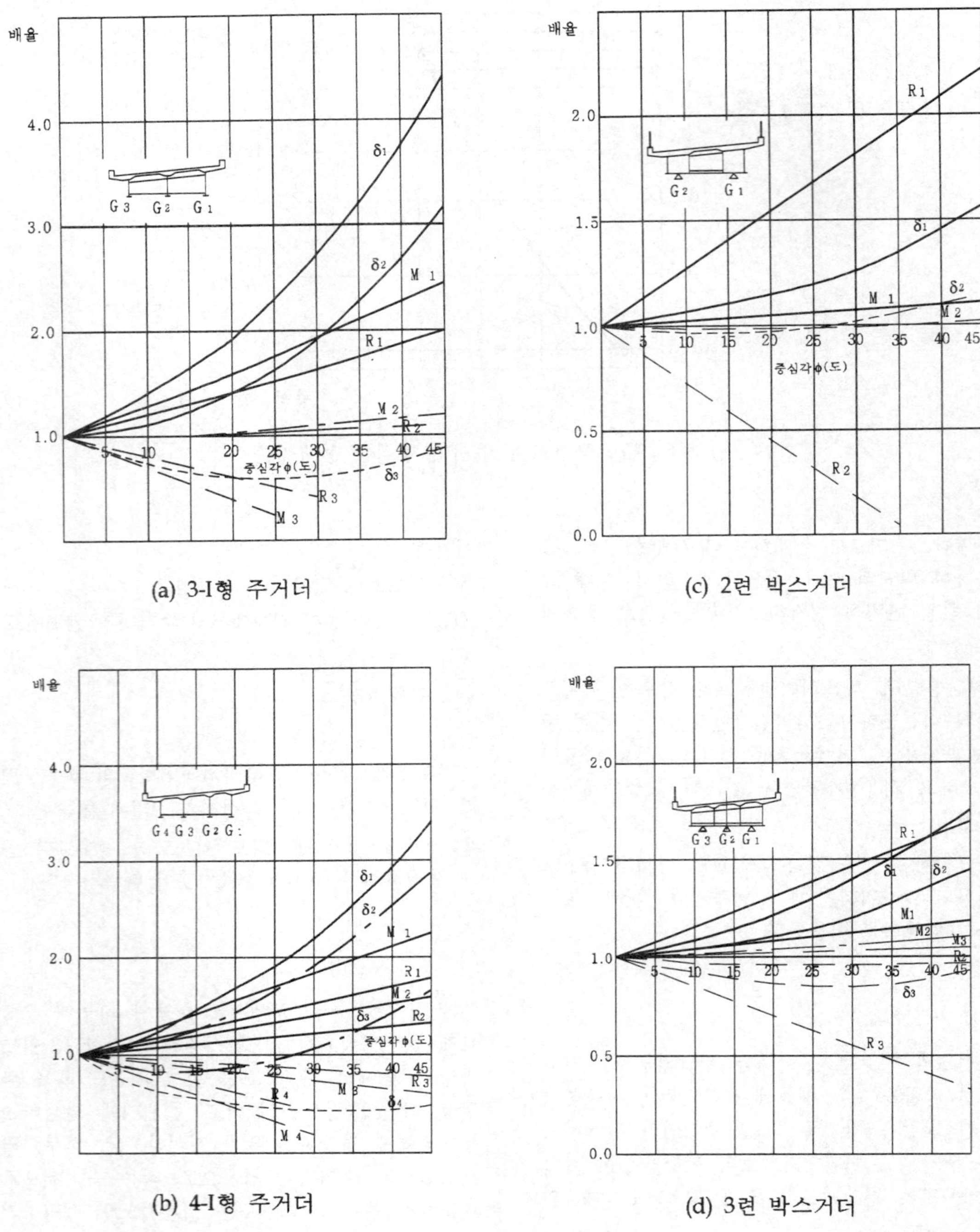

<그림 506.1.46> 곡선격자거더의 휨모멘트, 처짐, 반력

상 · 하부수평브레이싱과 주거더가 연결되는 위치에서는 횡하중 이외에 주거더 플랜지로부터 <그림 506.1.47>에 표시한 P_1, P_2의 주하중에 의한 부가응력이 가해진다.

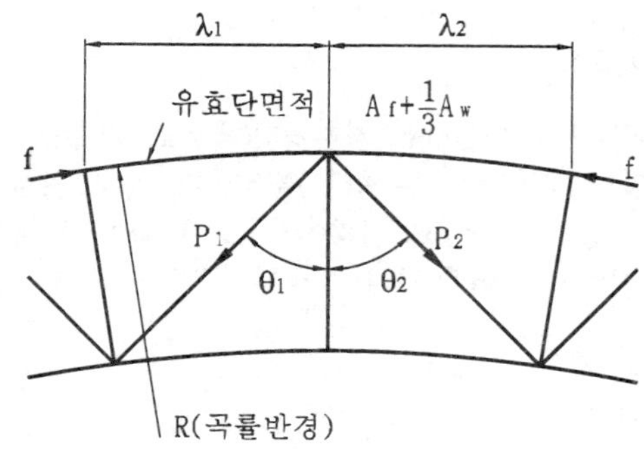

<그림 506.1.47> 수평브레이싱의 부가응력

$$P_1 = \frac{\sin\theta_2}{\sin(\theta_1 + \theta_2)} P_0 \qquad (506.1.29)$$

$$P_2 = \frac{\sin\theta_1}{\sin(\theta_1 + \theta_2)} P_0$$

단, $P_0 = \dfrac{f\left(A_f + \dfrac{1}{3}A_w\right)}{R} \dfrac{(\lambda_1 + \lambda_2)}{2}$

또 수평브레이싱의 단면에는 준박스거더 작용을 고려하여 순수비틀림모멘트에 의한 전단력을 가산하는 것을 원칙으로 한다.

(라) 강재 중량의 가정 및 기타 재료

① 강재 중량(kg/m^2)의 가정

· 비합성단순 I거더

$W = 6.3L \sim 9.0L$

· 단순 I거더

$W = 4.0L \sim 6.3L$

· 단순박스거더(합성, 비합성)

$W = 4.8L \sim 8.6L$

· 연속곡선거더

$W = 5(L-10) \sim 5(L+30)$

여기서, L : 지간장 (m)

② 최적복부높이

· 단순비합성I거더 $L = 20 \sim 30$ m

$$\frac{h}{L} = \frac{1}{11} \sim \frac{1}{15}$$

· 단순박스거더 $L \fallingdotseq 40$ m

$$\frac{h}{L} = \frac{1}{25} \sim \frac{1}{30}$$

③ 주거더의 가정강비

$$I_0 / I_i = 0.024\Phi + 1$$

여기서,

I_0 : 외측거더의 단면2차모멘트

I_i : 내측거더의 단면2차모멘트

Φ : 중심각(도)

(3) 곡선거더의 받침

(가) 일반

곡선교는 지점의 약간의 변위가 교량 전체의 특성에 큰 영향을 주기 때문에 받침의 시공에 매우 주의를 기울여야 하지만 설계에 있어서도 가능한 한 부반력이 생기지 않도록 검토하여야 하고, 지점상의 가로보를 가능한 강성이 큰 구조로 하는 등의 배려가 필요하다.

곡선교를 하나의 만곡들보로 치환하여 구조계산을 하는 경우 주거더의 지지조건은 비틀림에 대해 완전 고정으로 되기 때문에 박스거더를 주거더로 이용하는 경우에는 특별히 이론상의 가정과 실제가 차이가 나지 않도록 충분히 비틀림에 강한 구조로 한다. 곡선격자거더로 취급하는 경우에는 주거더의 지점의 비틀림에 대한 구속의 성질을 실제에 부합하게 해석할 수 있다는 장점이 있다.

(나) 가동받침의 회전축과 이동방향

곡선교에 있어서는 가동받침의 회전축과 이동방향이 일치하지 않기 때문에 고정받침으로서는 피보트받침, 받침판받침이 적당하고, 가동받침으로는 받침판받침이 적당하다. 롤러받침을 사용하는 경우에는 핀의 방향과 롤러의 방향에 각도를 주는 것이 일반적이지만 강거더가설의 정밀도를 엄격히 요구한다. 1개 롤러형의 받침은 그 특성이 곡선교에 적합하지 않다.

가동받침의 이동방향은 이것과 고정받침을 직선으로 연결한 방향으로 하는 것이 원칙이지만 거더 단부에서의 교면의 어긋남이 발생되어 신축이음이나 낙교방지장치 등에 나쁜 영향을 주므로 거더의 접선방향으로 받침의 이동방향을 향하게 하고 횡방향의 구속력에 견디도록 받침을 설계하는 것도 하나의 방법이다. 이 경우에는 온도변화에 따른 횡방향의 구속력이 상부구조에 미치는 영향에 대해서도 설계시 충분히 고려하여야 한다.

(다) 고정받침의 반력

가동받침을 거더의 접선방향으로 배치하는 경우 고정받침의 지진시의 최대반력이 증가한다는 보고가 있으나 중심각이 30° 까지는 2% 정도이므로 무시할 수 있다. 연속곡선교에서는 고정받침의 위치에 따라 최대수평반력의 차이가 거의 없으므로 가동받침의 신축량을 작게 하도록 하부공에 특별히 문제가 없는 한 중간지점을 고정으로 한다.

연속곡선교에서는 고정받침뿐만 아니라 가동받침도 중간지점 상의 연직반력이 곡률 내측의 받침에 큰 정반력을 일으키는 수가 있으므로 주의하여야 한다. 이것은 중간지간 하중에 의한 뒴비틀림 효과가 원인이다.

506.2 바닥판 및 바닥틀

2.1 바닥판

2.1.1 철근콘크리트 바닥판

(1) 일반

바닥판의 지간장은 지지거더(세로보, 가로보, 주거더 등)의 간격으로부터 결정된다. 이때 지지거더가 충분히 강성을 가져야하고, 지지거더의 처짐의 차이가 적어야 한다.

(2) 바닥판 지간 및 두께

① 적용범위

변장비가 1:2 이상인 철근콘크리트 바닥판의 설계에 적용한다. 또 [도 · 설 3.6.1 철근콘크리트 바닥판]의 규정에 의해 설계하는 경우에는 바닥판의 전단력 검토를 생략할 수 있다.

② 바닥판의 지간

바닥판의 지간은 주철근의 방향으로 잰 지지보의 중심간격으로 한다. 그러나 단순판에 대해서는 주철근 방향으로 잰 순지간에 지간 중앙의 바닥판 두께를 더한 길이가 위의 지간보다 작은 경우에는 이것을 지간으로 한다(<그림 506.2.1> 및 <그림 506.2.2> 참조).

사교의 지간은 주철근 방향으로 재는 것으로 한다(<그림 506.2.3> 참조).

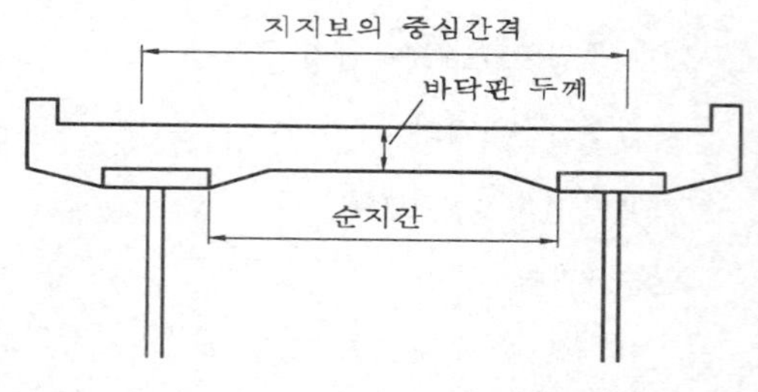

<그림 506.2.1> 단순판의 지간

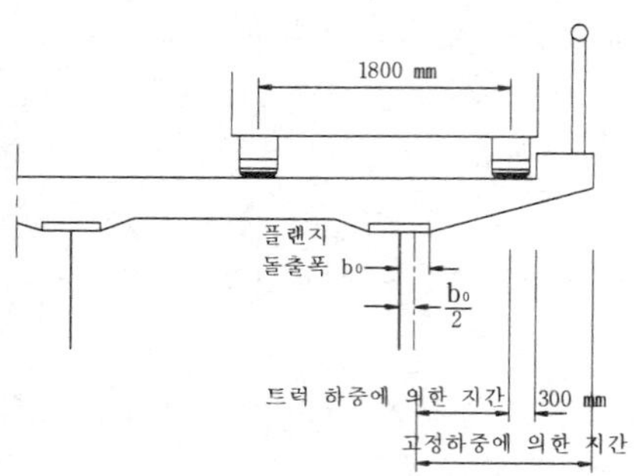

(a) 주철근이 차량진행방향에 직각인 경우

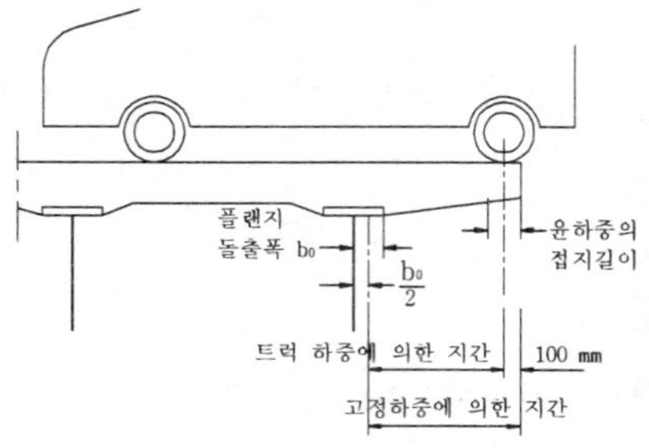

(b) 주철근이 차량진행방향에 평행인 경우

<그림 506.2.2> 캔틸레버판의 지간

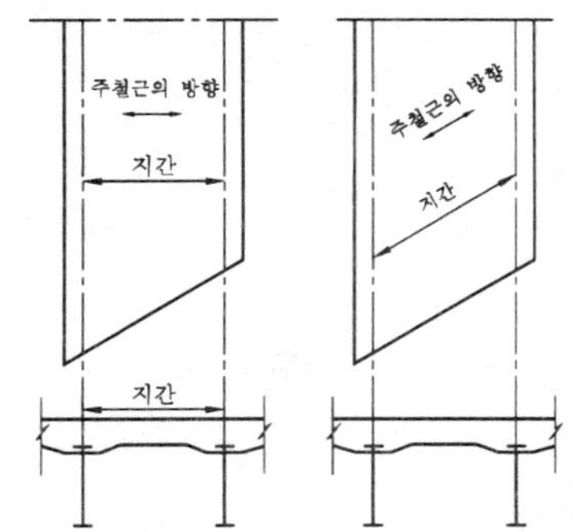

<그림 506.2.3> 사교 바닥판의 지간

③ 바닥판의 최소두께

차도부분 바닥판 최소두께는 <표 506.2.1>에서 구한 값과 220 mm 중 큰 값으로 한다.

캔틸레버판의 최소두께는 <그림 506.2.4>에 나타낸 것처럼 잰다.

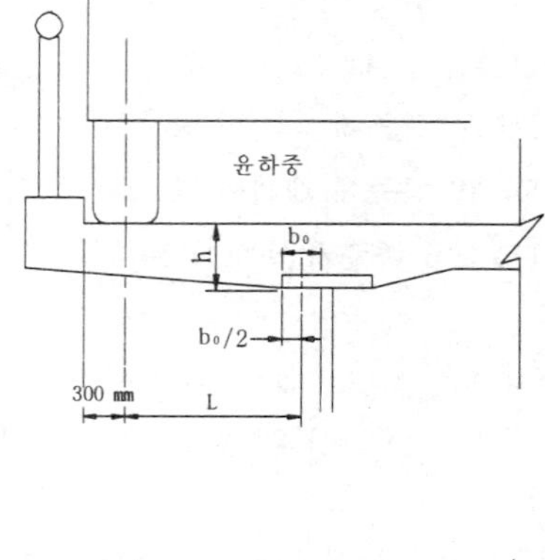

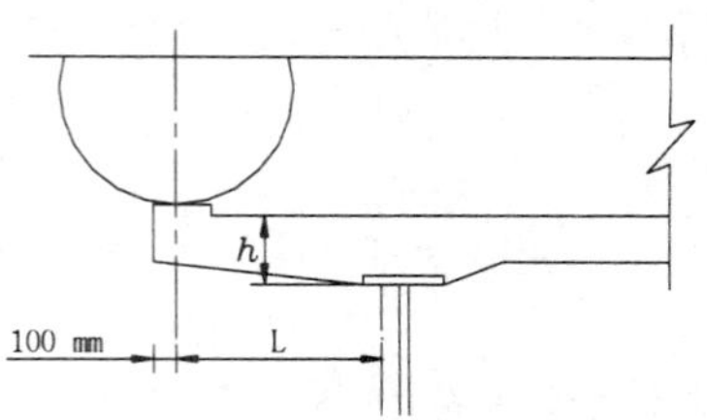

<그림 506.2.4> 캔틸레버 판의 최소 전두께

(3) 바닥판의 설계 휨모멘트

① 주철근 방향이 차량진행방향에 직각인 경우 (지간 : 0.6 m ~ 7.3 m)

i) 단순판의 폭 1 m에 대한 활하중모멘트

$$\text{DB-24} \ : \ \frac{L+0.6}{9.6}P_{24}$$

<표 506.2.1> 차도부분 바닥판의 최소두께 (mm)

판의 구분	바닥판 지간의 방향	
	차량진행방향에 직각	차량진행방향에 평행
단 순 판	$40L + 130$	$65L + 150$
연 속 판	$30L + 130$	$50L + 150$
캔틸레버판	$0 < L \leq 0.25$ $280L + 180$ $L > 0.25$ $80L + 230$	$240L + 150$

여기서 L : 바닥판의 지간 (m)

DB-18 : $\frac{L+0.6}{9.6}P_{18}$ (506.2.1)

DB-13.5 : $\frac{L+0.6}{9.6}P_{13.5}$

여기서,

L : 바닥판의 계산지간 (m)

P_{24} : DB-24 하중에 대하여 96 kN

P_{18} : DB-18 하중에 대하여 72 kN

$P_{13.5}$: DB-13.5 하중에 대하여 54 kN

ii) 바닥판이 3개 이상의 지점을 가진 연속판의 경우 위의 식(506.2.1)의 값에 0.8배를 취한다.

iii) 캔틸레버판에 작용하는 윤하중의 분포폭

$$E = 0.8X + 1.14 \qquad (506.2.2)$$

여기서,

X : 하중점에서 지지점까지의 거리 (m)

iv) 캔틸레버판에 작용하는 윤하중의 분포폭 E에 대한 폭 1 m당 휨모멘트

$$M = \frac{P}{E}X \ (\text{kNm}) \qquad (506.2.3)$$

② 주철근 방향이 차량진행방향과 평행한 경우

i) 단순판의 윤하중 분포폭

$$E = 1.2 + 0.06L \qquad (506.2.4)$$

여기서, E값은 2.1 m 이하일 것

지간 15 m 이하의 단순판의 단위폭당 휨모멘트는 개략 다음과 같다.

DB-24 : $18L$ (kNm/m)

DB-18 : $13.4L$ (kNm/m) (506.2.5)

DB-13.5 : $10L$ (kNm/m)

여기서,

L : 바닥판의 지간 (m)

연속판의 휨모멘트는 적당한 이론방식으로 구한다.

ii) 캔틸레버판에 작용하는 윤하중의 분포폭 및 폭 1 m당 휨모멘트

$$E = 0.35X + 0.98 \qquad (506.2.6)$$

여기서, E값은 2.1 m 이하일 것

$$M = \frac{P}{E}X \ (\text{kNm}) \qquad (506.2.7)$$

<표 506.2.2> 등분포 고정하중에 의한 바닥판의 단위폭당 설계 휨모멘트 (kNm/m)

판의 구분	휨모멘트의 종류	바닥판 경간방향의 휨모멘트
단순판	경간휨모멘트	$+w\,l_d^2/8$
캔틸레버판	지점휨모멘트	$-w\,l_d^2/2$
연속판	경간휨모멘트	$+w\,l_d^2/10$
	지점휨모멘트	$-w\,l_d^2/10$

여기서, w : 등분포 고정하중(kNm/m^2), l_d : 고정하중에 대한 바닥판의 지간 (m)

③ 종방향 단부거더

주철근의 방향이 차량진행방향과 평행할 때에는 종방향 단부거더가 있어야 한다.

단부거더의 설계에 사용되는 활하중 휨모멘트의 크기는 다음과 같다.

단순거더 $M = 0.10PL$ (kNm/m)

연속거더 $M = 0.08PL$ (kNm/m)

(506.2.8)

여기서,

P : 윤하중 (kN)

L : 종방향 단부거더의 지간 (m)

연속지간의 경우, 좀 더 정확한 해석을 함으로써 활하중에 의한 휨모멘트의 크기를 줄일 수 있다.

④ 배력철근

가) 배력철근의 양은 정모멘트 구간에 필요한 주철근에 대한 비율로 나타내는데, 다음의 식을 이용하여 산정한다.

i) 주철근이 차량진행방향에 직각인 경우

$\frac{120}{\sqrt{L}}$ 과 67 % 중 작은 값 이상

여기서 L : 바닥판의 지간 (m)

ii) 주철근이 차량진행방향에 평행인 경우

$\frac{55}{\sqrt{L}}$ 과 50 % 중 작은 값 이상

여기서 L : 바닥판의 지간 (m)

나) 주철근이 차량진행방향에 직각인 경우, 캔틸레버부를 제외한 구간에서는 위에서 산정된 배력철근을 바닥판 지간 중앙부의 1/2 구간에 배근하며, 나머지 구간에는 산정된 배력철근량의 50% 이상만 배근하여도 좋다.

다) 배근되는 배력철근량은 온도 및 건조수축에 대한 철근량 이상이어야 한다. 이때 바닥판 단면에 대한 온도 및 건조수축 철근량의 비는 0.2% 이다.

(4) 고정하중에 의한 설계 휨모멘트

등분포 고정하중에 의한 바닥판의 단위폭 (m)당의 설계 휨모멘트는 <표 506.2.2>와 같다.

(5) 주거더 단부의 바닥판

① 주거더 단부의 차도부분의 바닥판은 단부바닥판거더(단가로보) 및 단부브래킷 등으로 지지시키는 것이 좋다. 이 경우 단가로보 및 단부브래킷 등은 단독으로 윤하중에 저항하여야 한다.

② 주거더 단부의 중간지간의 바닥판을 단가로보 등으로 지지하지 않는 경우, 주거더 단부로부터 바닥판 지간의 1/2 사이에 있는 바닥판에 대해서는, 주거더 단부 이외의 중간지간에 있는 바닥판에서 필요한 철근량의 2 배를 주철근으로 배치하여야 한다.

③ 주거더 단부의 캔틸레버거더의 바닥판을 브래킷 등으로 지지하지 않는 경우, 주거더 단부 이외의 캔틸레버부 바닥판에서 필요한 주철근량의 2 배를 주철근량으로 배치하여야 한다. 그러나 이 부분에는 주거더 단부 이외의 캔틸레버부 바닥판의 상측에 배력철근량의 2 배의 배력철근을 배치하여야 한다.

④ 주거더 단부의 차도부분 바닥판은 바닥판 두께를 헌치 높이만큼 증가시켜야 한다.

⑤ 주거더 단부의 바닥판 두께를 증가시킨 부분의 길이는 다음 식을 참고로 하여 구하는 것이 좋다.

· 비합성거더의 주거더 단부 및 세로보 단부의 경우 :

$$L_E = \frac{1}{2} \cdot L \text{ 또는 } L_E = \frac{1}{2} \cdot L'$$

<표 506.2.3> 리브가 있는 바닥판의 유효폭

구 분	(그림: a_0, a, e)	(그림: $a_0 + e_0$, e, a, e)
바닥판의 강성계산과 고정하중에 의한 휨효과 계산을 위한 리브의 단면값	$a_0 = a$	$a_0 + e_0 = a + e$
윤하중에 의한 휨효과 계산시 사용하는 리브의 단면값	$a_0 = 1.1a$	$a_0 + e_0 = 1.3(a+e)$

· 합성거더의 주거더 단부의 경우 :

$$L_E = \frac{2}{3} \cdot L \text{ 또는 } L_E = \frac{2}{3} \cdot L'$$

여기서,

L_E : 거더 단부의 바닥판두께 증가부분의 길이

L : 교축직각방향의 바닥판 지간

L' : 받침선에 평행한 바닥판 지간

(6) 바닥판 헌치

① 바닥판에는 강재 주거더 위에 헌치를 설치하는 것이 좋다.

② 바닥판 헌치의 경사는 1:3보다 완만하게 하는 것이 좋다. 헌치의 기울기가 1:3을 넘을 때는 1:3까지만 설계상 바닥판의 유효단면으로 간주한다.

③ 높이 80 mm 이상의 헌치에는 헌치 아래면을 따라 주거더의 직각방향으로 가외철근을 배치하는 것이 좋다. 이 경우 가외철근은 D13 이상으로 한다.

2.1.2 강바닥판

(1) 일반

① 강바닥판은 ⅰ) 주거더의 일부로서의 작용, ⅱ) 바닥판 및 바닥틀로서의 작용에 대해 안전하게 설계되어야 한다.

② 1등교로 설계하는 교량에서 가로리브 설계에 쓰이는 단면력은 다음 식에 의해 계산된 할증계수를 곱한 값을 설계단면력으로 한다.

$k = k_0$ $(L \le 4)$

$k = k_0 - (k_0 - 1) \times (L-4)/6$ $(4 < L \le 10)$

$k = 1.0$ $(L > 10)$

단, $k_0 = 1.0$ $(B \le 2)$

$k_0 = 1.0 + 0.2 \times (B-2)$ $(2 < B \le 3)$

$k_0 = 1.2$ $(B > 3)$

여기서,

L : 가로리브의 지간 (m)

B : 가로리브의 간격 (m)

③ 활하중에 의한 충격계수는 세로리브에 대해 0.3, 가로리브에 대해서는 $\frac{15}{40+L}$로 계산한다. 이때 지간 L은 가로리브의 지간(m)이다.

(2) 바닥틀에 대한 바닥강판의 유효폭

종방향 보강재 혹은 종방향 리브의 상부플랜지 역할을 하는 바닥판의 유효폭은 <표 506.2.3>의 규정을 따른다.

(3) 바닥강판의 최소두께

바닥강판의 최소두께 t(mm)는 다음 식 (506.2.9)로 구한 값 이상이어야 한다.

차도부분 : $t = 0.043b$ 단, $t \geq 14\,\mathrm{mm}$

주거더로서의 작용 일부를 받는 보도부 :

$t = 0.025b$ 단, $t \geq 10\,\mathrm{mm}$ (506.2.9)

여기서, b : 세로리브의 간격 (mm)

(4) 구조세목

① 세로리브는 특별한 경우를 제외하고 가로리브의 복부를 통하여 연속시키는 것이 좋다.

② 강바닥판의 온도차에 의한 영향은 다음의 <그림 506.2.5>와 같은 온도분포를 고려한다.

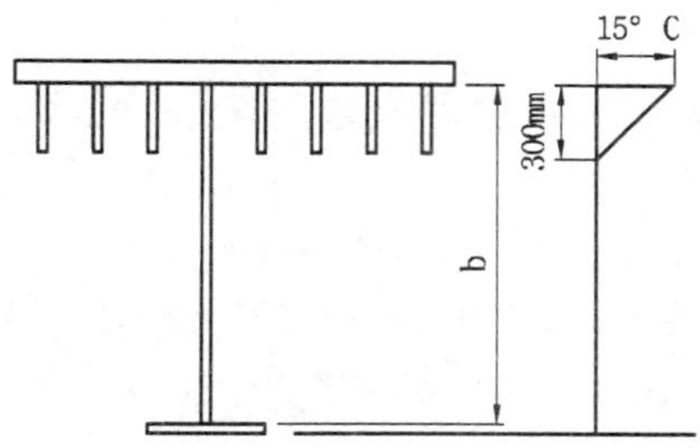

<그림 506.2.5> 강바닥판의 온도분포

③ 세로리브의 최소 두께는 개단면인 경우 6 mm, 폐단면인 경우 8 mm로 한다.

④ 강바닥판의 세로리브는 폐단면 리브를 표준으로 하고, 곡선교나 교량폭이 변하는 경우 부분적으로 개단면 리브를 사용할 수 있다.

⑤ 세로리브의 배치는 아래에 표시한 것을 원칙으로 한다.

⑥ 가로리브는 바닥강판을 상부플랜지로 복부판과 하부플랜지로 구성된 I형 단면으로 한다. 가로리브의 간격(세로리브의 지간)은 폐단면 세로리브를 사용하는 경우에는 2~3 m, 개단면 세로리브를 사용하는 경우에는 1.3~2 m를 표준으로 한다.

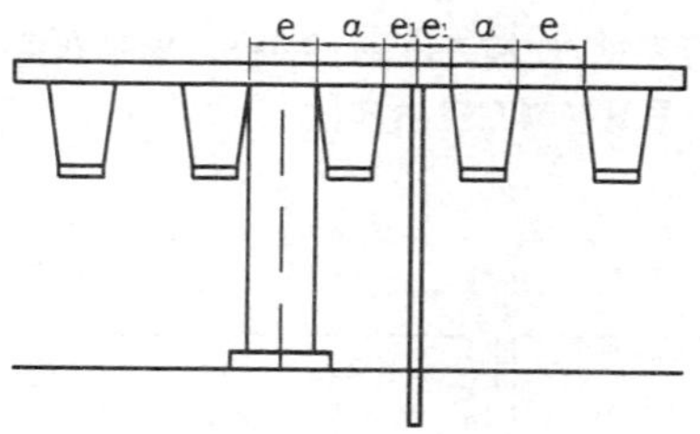

일반부 : 300 mm $\leq$ e, a $\leq$ 340 mm

주거더부근 : 70 mm $\leq e_1 \leq$ 340 mm

<그림 506.2.6> 폐단면 세로리브

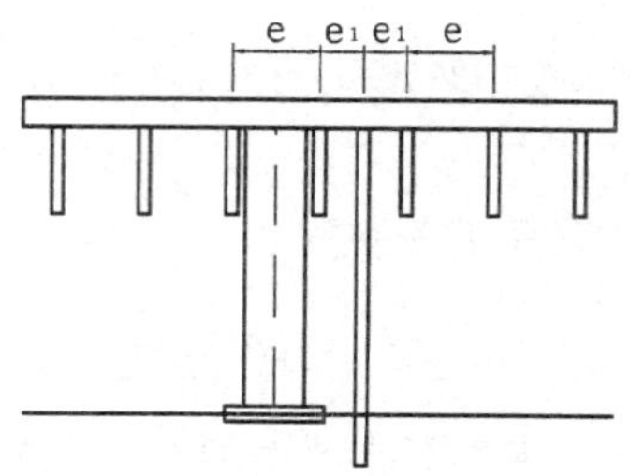

일 반 부 : 300 mm $\leq$ e

주거더부근 : 170 mm $\leq e_1 \leq$ 250 mm

<그림 506.2.7> 개단면 세로리브

⑦ 강바닥판의 단부는 단부 세로리브의 단면력 증가 등을 고려하여 충분히 보강한다.

2.2 바닥틀

2.2.1 바닥틀 지간

(1) 가로보의 지간은 가로보의 방향으로 잰 주거더에 붙은 복부판의 중심간격으로 한다.

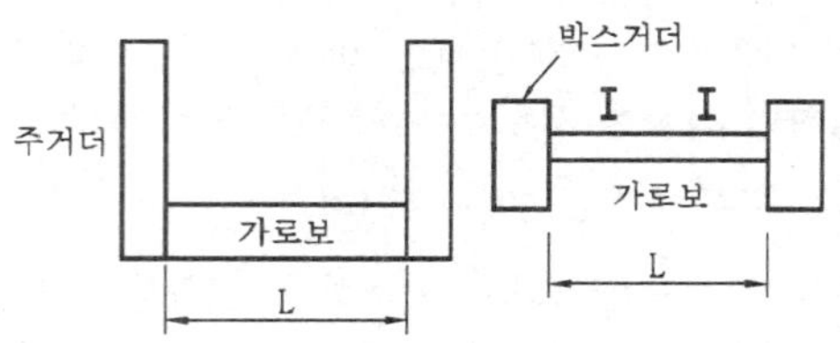

<그림 506.2.8> 가로보의 지간

(2) 세로보의 지간은 세로보의 방향으로 잰 가로보의 중심간격으로 한다.

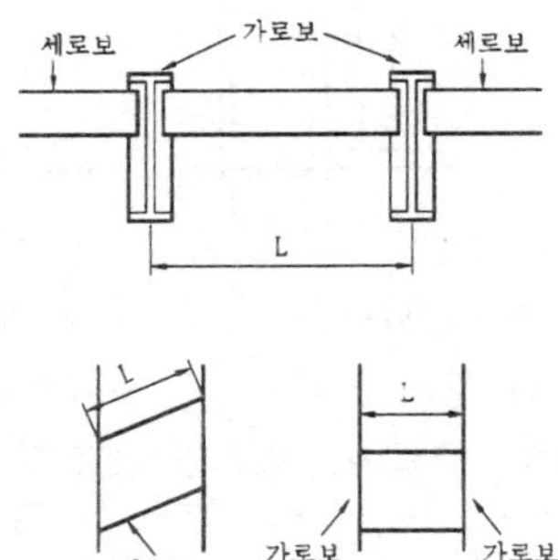

<그림 506.2.9> 세로보의 지간

2.2.2 바닥틀 윤하중

(1) 세로보의 자동차 윤하중 분포

윤하중의 세로방향 분포는 없다고 가정한다.

① 세로보의 휨모멘트 계산에 쓰이는 하중

i) 내측 세로보 또는 주거더

1차선의 경우 $(L/2.10) \times P \qquad L \leqq 3.00$

2차선 이상인 경우

$$(L/1.65) \times P \qquad L \leqq 4.20 \qquad (506.2.10)$$

여기서,

L : 세로보의 간격 (m)

P : 자동차 후륜 혹은 전륜하중

세로보의 간격이 1차선인 경우 3.0 m, 2차선의 경우 4.20 m를 초과할 때는 바닥판을 단순거더로 가정하여 산출한 세로보 위의 반력으로 한다.

ii) 외측 세로보 또는 주거더

바닥판을 단순거더로 가정하여 산출한 세로보 위의 반력으로 한다. 4개 이상의 세로보가 있을 경우의 외측 세로보에 대한 윤하중의 반력은 다음 값 이상이어야 한다.

$$(L/1.65) \times P \qquad L \leqq 1.80$$

$$[(L/(1.2+0.25L)] \times P \qquad 1.80 \leqq L < 4.20 \qquad (506.2.11)$$

여기서,

L : 외측 세로보와 인접 내측 세로보 사이의 간격 (m)

P : 자동차 후륜 혹은 전륜하중

L이 4.20 m를 초과할 때는 바닥판을 단순거더로 가정하여 산출한 세로보 위의 반력으로 한다.

② 세로보의 전단력 계산에 쓰이는 하중

전단력을 결정하려는 점에 놓인 윤하중의 가로방향 분포는 없다고 가정하며, 다른 위치의 윤하중은 휨모멘트 계산시와 같은 분포를 하는 것으로 본다.

③ 외측 세로보의 강성은 내측 세로보의 강성 이상이어야 한다.

④ 1격간 또는 인접하는 가로보 사이에 있는 모든 세로보 강도의 총계는 그 격간에 재하되는 활하중 및 고정하중을 지지하는데 충분한 강도 이상이어야 한다.

(2) 가로보의 자동차 윤하중 분포

윤하중의 횡방향 분포는 없다고 가정한다.

① 가로보의 휨모멘트 계산에 쓰이는 하중

$$(L/1.80) \times P \qquad L \leqq 1.80 \qquad (506.2.12)$$

여기서,

L : 가로보의 중심간격 (m)

P : 자동차 후륜하중

가로보의 간격이 1.8 m를 초과할 때는 바닥판을 단순거더로 가정하여 산출한 가로보 위의 반력으로 한다.

② 가로보의 전단력 계산에 쓰이는 하중

전단력을 결정하는 점에 놓인 윤하중의 세로방향 분포는 없다고 가정하며, 다른 위치의 윤하중은 휨모멘트계산시와 같은 분포를 하는 것으로 본다.

2.2.3 세로보의 휨모멘트 및 전단력

(1) 휨모멘트

연속 세로보의 중앙지점의 휨모멘트를 위와 같이 계산하지 않을 경우 그 전후에 트럭하중을 재하하여야 한다. 이때 충격은 고려하지 않는다.

<표 506.2.4> 연속 세로보의 휨모멘트 (kNm)

단 지 간		$0.9M_0$
중 간 지 간		$0.8M_0$
중간지점	$L<12$	$-0.7M_0$
	$L\geq 12$	$-(0.22+0.04L)M_0$

여기서, M_0 : 단순보로 본 지간 중앙의 휨모멘트 (kNm),

L : 세로보의 지간 (m)

(2) 전단력

전단력은 단순거더로 가정하여 계산한다.

2.2.4 바닥틀보

(1) 바닥틀보의 평면 배치

바닥틀보는 주거더에 직각이 되게 배치하는 것을 원칙으로 한다. 단 경사각이 70° 이상인 경우에는 경사각 방향으로 배치해도 좋다.

(2) 바닥틀보의 설계모델 및 연결부의 구조

바닥틀보의 설계에 쓰이는 계산모델 및 바닥틀단부의 주거더(주구)와의 연결부분 구조는 <표 506.2.5>와 같다.

<표 506.2.5> 바닥틀보의 설계모델 및 연결부의 구조

구조의 종류	계산모델	연결부의 구조
트러스의 주구에 설치하는 경우	양단 힌지의 단순보	전단력에 의한 구조로 함
박스거더에 설치하는 경우	양단 고정보	휨모멘트 및 전단력을 전달하는 구조로 함

506.3 플레이트거더교 설계

3.1 설계일반사항

3.1.1 설계일반

[도·설 3.8.1 적용범위]에서는 I형 단면, π형 단면 및 박스형 단면의 주거더를 주구조로 하는 상부구조의 설계에 대한 사항을 플레이트거더에서 규정하고 있다. 그러나 본 편람에서는 플레이트거더교와 박스거더교를 별개의 형식으로 간주하여 기술하고 있으므로 박스형 단면으로 구성되는 박스거더교는 편람 제506.4절에서 기술하도록 하고, 본 절에서는 주로 I형 단면으로 구성되는 플레이트거더교의 설계에 대해서 기술한다.

(1) 플레이트거더의 형식

① 플레이트거더교의 장단점

가. 플레이트거더교

i) 중량이 가볍고 제작이 용이하며, 경제적이다.

ii) 응력의 상태가 간단하다.

iii) 현장이음 등의 시공이 용이하다.

iv) 가설 중 횡전도를 일으키기 쉽다.

v) 비틀림에 대한 저항성이 약하다.

vi) 단일 부재로는 강성이 작기 때문에 부재 길이가 길면 수송 중 및 가설 중 주의를 요한다.

② 형식 결정시 유의사항

- 평면선형 : 비틀림 강성이 작으므로 가급적 직선구간에 설치
- 종단선형 : 종단선형에는 제약이 거의 없기 때문에 종곡선 구간에도 적용 가능하다.
- 사각 : 사각이 크면 부반력 발생, 보의 부등휨에 의한 비틀림 발생으로 슬래브의 파손이 우려되므로 30° 이하로 계획하는 것이 바람직하다.

③ 지간의 구성

- 비합성 연속보 : 35~60 m, 형고비(h/L) = 1/20
- 합 성 연속보 : 40~70 m, 형고비(h/L) = 1/22

(2) 플레이트거더교의 종류

① 주거더 구성에 의한 분류

- 플레이트거더 병렬교 (다주거더교)
- 단일 박스거더교
  - · 단실박스거더교
  - · 다실박스거더교
- 박스거더 병렬교

② 평면형상에 의한 분류

- 직교
- 사교
- 곡선교

③ 바닥판에 의한 분류

- RC 슬래브 바닥판 : 합성여부에 따라 합성, 비합성으로 분류 가능
- 강바닥판교

④ 지지조건에 의한 분류

- 단순형
- 연속형
- 캔틸레버형

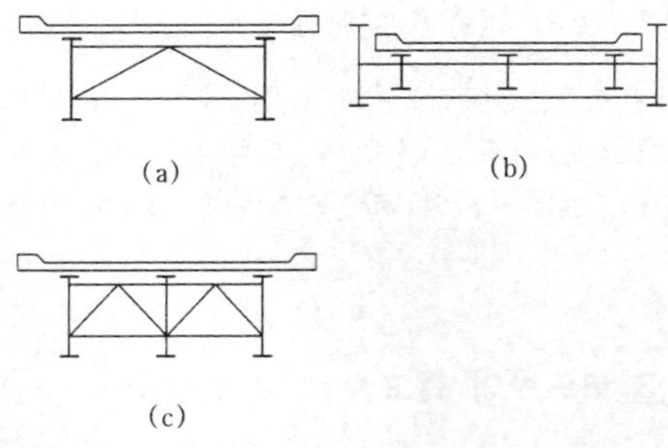

<그림 506.3.1> 플레이트거더교의 종류

(3) 플레이트거더교의 구조형식

① 플레이트거더교의 구조

플레이트거더교는 얇은 강판을 조립·용접 등에 의하여 연결한 형식이다. 지간이 10 ~ 25 m 정도의 플레이트거더교에는 단일 성형된 압연 I 형강을 주로 이용하지만, 지간이 커지면 단일부재로는 설계할 수 없게 되므로 적당한 치수의 강판을 조합한 플레이트거더가 이용되고 있다. 이러한 형태에는 I형 단면, Π형 단면, 박스형 단면이 있으며, I형 단면이 기본적으로 단순플레이트거더에 사용된다.

② 주거더 간격

주거더 간격은 철근콘크리트 바닥판의 지간이 되는 경우가 많다. 주거더 간격을 크게 하면 철근콘크리트 바닥판이 두꺼워져 바닥판에 의한 자중이 커진다. 또 주거더 간격을 작게 해서 주거더의 개수를 늘리면 강재중량이 커져 비경제적이다. 따라서 주거더 간격과 바닥판의 관계에 대한 분석을 통해 경제적인 간격과 단면을 결정하여야 한다.

③ 합성작용

바닥판에서는 철근콘크리트 바닥판뿐만 아니라 I형강 격자 바닥판 등이 있는데 철근콘크리트 바닥판이 저렴하고 또 시공이 비교적 용이하므로 많이 사용된다. 철근콘크리트 바닥판과 강거더와의 연결상태에 따라 슬래브앵커를 사용한 연결강도가 작은 비합성거더와 전단연결재를 사용한 연결강도가 큰 합성거더로 분류된다.

3.1.2 일반제원 계획

(1) 주거더의 개수 및 배치

일반적으로 복부의 높이를 높게 하여 주거더의 개수를 적게 하는 것이 강재의 중량을 줄일 수 있으므로 경제적이라고 하지만 주거더의 개수와 배치에 있어서는 다음의 사항을 유의하여야 한다.

① 철근콘크리트 바닥판의 경우 중차량의 증가에 기인하는 손상 사례를 감안하면 지지거더의 간격을 최대 3 m 정도로 하고, 대형차량 통행시의 바퀴의 위치가 바닥판 지간의 중앙부근이 되지 않도록 거더를 배치하는 것이 바람직하다.

② 바닥판의 캔틸레버부에는 큰 휨모멘트가 가해지므로 캔틸레버부를 길게 하지 않는 것이 좋다. 그러나 캔틸레버부를 너무 작게 하면 빗물이 직접 주거더에 닿게 되므로 통상적으로 캔틸레버부의 길이를 1.0~1.5 m 정도로 하는 것이 좋다.

③ 바닥판의 캔틸레버부와 중간부의 배근이 연속성을 유지할 수 있는 거더의 배치가 바람직하다.

④ 병렬거더의 경우 각 거더의 강성이 거의 같도록 하는 배치가 좋다. 즉 각 거더가 받는 휨모멘트가 비슷한 크기가 되어 같은 단면의 거더를 이용하는 것이 제작 상에도 유리하다.

⑤ 배수 시설이 주거더 위에 놓이지 않도록 한다.

⑥ 교량 부속물과의 배치를 미리 고려한다.

(2) 복부의 높이

주로 휨모멘트에 대한 플랜지의 응력에 의해 단면이 결정되며, 복부판의 전단응력은 거더의 높이가 낮은 경우 연속 거더의 지점 부근을 제외하고 비교적 여유가 있다. 따라서 저항 휨모멘트에 대해 기여가 적은 복부판의 단면적을 적게 하고 복부판의 높이를 크게 하는 것이 경제적이라고 하지만, 복부판의 높이는 교량의 교차조건에 따라 교하공간의 제약에 지배되는 경우가 많다. 한편 설계상의 제약조건은 다음과 같은 사항에 영향을 받는다.

① [도 · 설 3.8.4 복부판]의 규정

가. 비합성 플레이트거더의 복부판

- 복부판의 두께는 <표 506.3.1>의 값 이상이어야 한다. 표에서, b는 상하 양플랜지의 순간격(mm)이다.
- 계산응력이 허용응력에 비해 작을 때에는 <표 506.3.1>의 분모에 아래 식의 값을 곱하되 이 값이 1.2 배를 넘어서는 안된다.

$$\sqrt{\frac{\text{허용휨압축응력의상한치}}{\text{계산휨압축응력}}}$$

- 수평보강재를 3단 이상 사용시의 강재 위치는 패널의 국부응력을 고려하여 결정한다.

<표 506.3.1> 비합성 플레이트거더의 복부판 최소 두께

강 종	SS400 SM400 SMA400	SM490	SM490Y SM520 SMA520	SM570 SMA570
수평보강재가 없을 때	$\frac{b}{152}$	$\frac{b}{130}$	$\frac{b}{123}$	$\frac{b}{110}$
수평보강재 1단을 사용할 때	$\frac{b}{256}$	$\frac{b}{220}$	$\frac{b}{209}$	$\frac{b}{188}$
수평보강재 2단을 사용할 때	$\frac{b}{310}$	$\frac{b}{310}$	$\frac{b}{294}$	$\frac{b}{262}$

주 : TMC, HSB 강재에 대해서는 [도 · 설 3.8.4.1, 표 3.8.2(b)]를 따른다.

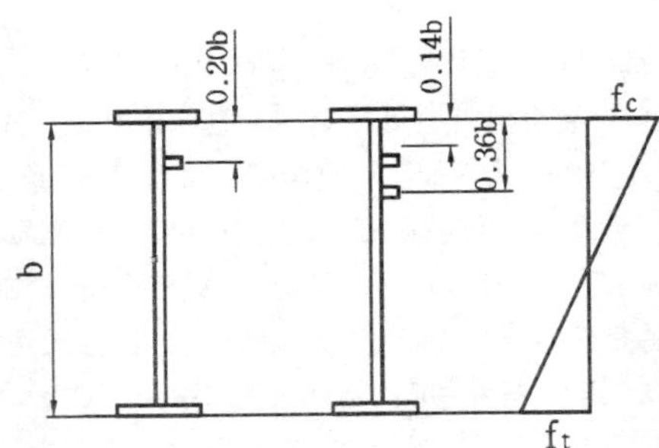

<그림 506.3.2> 복부판의 응력과 수평보강재의 위치

나. 합성 플레이트거더의 복부판

· 합성전

합성전 고정하중에 의해 발생하는 강재의 최대휨압축응력이 허용휨압축응력 보다 작을 때는 <표 506.3.1>에 규정된 비합성 플레이트거더 복부판의 최소 두께값에 아래 식의 값을 곱할 수 있다.

$$\sqrt{\frac{\text{최대휨압축응력}}{\text{허용휨압축응력의 상한치}}}$$

· 합성후

합성후 정모멘트 구간에서는 <표 506.3.1>의 b 대신 압축응력상태에 있는 복부판의 높이, b_c에 2를 곱한 값을 사용한다. 다만, b_c가 0인 경우에는 복부판에 휨응력에 의한 국부좌굴이 발생하지 않으므로 최소두께의 규정을 적용시킬 필요가 없다.

부모멘트를 받는 구간에서는 <표 506.3.1>을 적용시킨다.

② 합성거더인 경우 중립축의 위치 및 바닥판 작용과 주거더 작용의 합성응력과의 관계

③ 거더 높이와 플랜지 폭, 플랜지 두께와의 관계

④ 처짐 제한과의 관계

(3) 강재의 중량

강교는 강재의 중량이 경제성과 직결되므로 제원의 계획시 고려 대상으로 삼아야 한다.

(4) 하중분배 작용

하중분배효과의 판정은 비틀림강성이 없는 주거더, 가로보로 구성된 I거더병렬교의 경우 격자강도(剛度) Z가 식(506.3.1)의 하나의 파라메터로 이용된다.

$$Z=\frac{I_a}{I}\left(\frac{\ell}{2a}\right)^3 \qquad (506.3.1)$$

여기서,

I_a : 가로보의 단면 2차모멘트 (mm^4)

I : 주거더의 단면 2차모멘트 (mm^4)

ℓ : 지간장(연속거더에서는 등가지간장) (mm)

a : 주거더의 간격 (mm)

Z가 작아짐과 동시에 주거더 상호간의 상대변위에 따라 바닥판에 부등침하가 생기고, 이에 따른 바닥판의 휨모멘트가 커진다. 이 휨모멘트가 바닥판 파손의 한 원인이라고 생각되기 때문에 Z = 10 이상으로 하는 것이 좋다. 한편 Z = 25 이상이 되어도 하중분배효과가 증가하지 않으므로 Z를 더 이상 크게 할 필요는 없다.

3.1.3 주거더 설계

(1) 복부판

복부판의 설계에서는 편람 506.3.1.2(2)에 기술한 내용을 참고로 하여 결정하는 것 외에 다음과 같은 사항을 고려한다.

① 복부판은 가능한 한 용접이음을 하지 않고 하나의 판으로 할 것.

② 복부판의 두께가 얇으면 2단 이상의 수평보강재를 두어야 하므로 용접량이 많아져 용접변형을 일으킬 우려가 있으므로 너무 얇은 판을 사용하지 않도록 할 것.

③ [도 · 설 3.8.2.2 복부판의 전단응력] 및 [도 · 설 3.8.4 복부판]의 규정에 따를 것.

(2) 플랜지

플랜지의 단면설계는 다음과 같은 조건을 충족하도록 한다.

① [도 · 설 3.8.2.1 플레이트거더의 휨응력] 및 [도 · 설 3.3.2.1 구조용 강재의 허용응력]의 규정을 만족할 것.

② 압축플랜지는 [도 · 설 3.4.2.2 압축응력을 받는 자유돌출판]의 규정을 만족할 것.

③ [도 · 설 3.8.3.1 자유 돌출부의 판두께]의 규정에 따라 자유 돌출부 폭의 1/16 이상을 판두께로 할 것.

④ 커버플레이트를 사용하는 경우에는 [도 · 설 3.8.3.3 외측 플랜지판]의 규정에 따를 것.

⑤ 합성거더의 경우 전단연결재가 설치되는 플랜지의 두께는 [도 · 설 3.8 플레이트거더]에서 규정하는 것 외에 [도 · 설 3.9.6 강재 주거더의 플랜지 두께]에 따라 10 mm 이상으로 할 것.

⑥ 플랜지 폭은 바닥판 지간장의 산출과 관계가 있으므로 주의할 것([도 · 설 3.6.1.3 바닥판의 지간] 참조).

⑦ 플랜지 폭은 복부판 높이의 1/3 정도를 최대로 한다. 이는 플랜지 폭을 복부판 높이에 비해 매우 크게 할 경우 전단지연에 의해 플랜지 단면의 응력분포가 균일하지 않을 우려가 있기 때문이다(<그림 506.3.3> 참조).

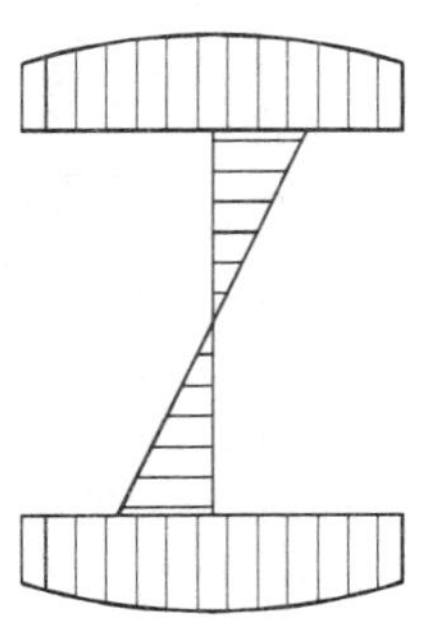

<그림 506.3.3> I거더의 응력분포

⑧ 플랜지의 최소폭은 200 mm로 함. 또한 복부판 높이의 1/5 정도 이상으로 하는 것이 좋다.

⑨ 통상의 I거더의 경우 플랜지의 최대 두께는 40 mm 정도로 한다.

⑩ 단면변화의 개소를 3 m 이상의 거리를 확보하여 주는 것이 바람직하며, 판 두께의 차이는 두꺼운쪽 판두께의 1/2 이하로 한다.

⑩ 다주거더의 경우 각 거더의 플랜지는 가능한 한 두께를 통일하는 것이 바람직하다. 주거더 플랜지는 그 저항모멘트가 작용휨모멘트를 포함하도록 단면변화를 시키는데, 이 경우 판두께를 동일하게 하고, 판의 폭을 변화시키는 것이 좋으며, 판두께와 판폭을 동시에 변화시키는 것은 휨모멘트가 급변하는 곳 등 부득이한 곳에 제한적으로 사용한다.

판두께는 가능한 얇게 하고 판폭을 충분히 크게 하여 단면을 선택하도록 한다. 또한 단면변화점에서는 응력의 흐름을 원활하게 하기 위해 판폭, 판두께 모두 1/5 보다 완만하게 1:2.5의 테이퍼를 주어 단면변화(Taper) 시킨다.

(3) 보강재

가. 하중 집중점의 보강재

① 플레이트거더의 지점 및 가로보, 세로보, 수직브레이싱 등의 연결부와 같은 집중하중점에는 반드시 보강재를 설치하여야 한다.

② 지점부에 설치하는 수직보강재는 압축력을 받는 기둥으로 보고 [도 · 설 3.3.2.1 구조용강재의 허용응력]의 허용축방향압축응력에 따라 설계한다. 이때 보강재 전단면과 복부판 가운데 보강재 부착부에서 양쪽으로 각각 복부판 두께의 12 배 (총 $24t$)까지를 유효단면이라고 생각할 수 있다. 그러나 전체 유효단면은 보강재 단면의 1.7 배를 넘어서는 안된다.

③ 허용응력의 계산에 사용하는 단면회전반경은 복부판의 중심선에 대해 구하고, 유효좌굴길이는 플레이트거더 높이의 1/2(스캘럽 등에 의한 단면 손실을 고려하지 않음)로 한다.

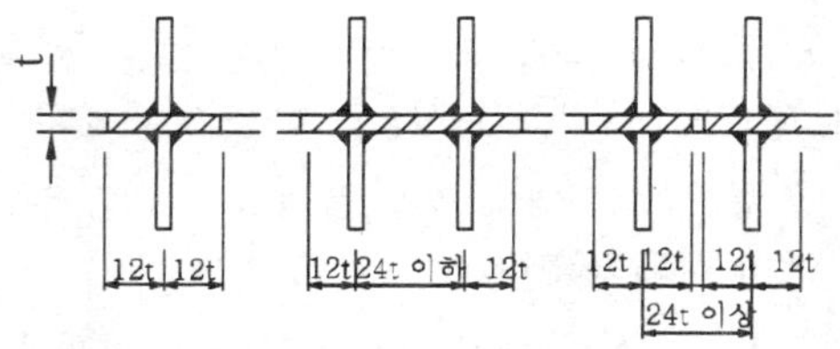

<그림 506.3.4> 하중 집중점 보강재의 유효단면적

④ 보강재와 복부판의 연결은 보강재가 집중하중 전부를 받는 것으로 보고 설계하여야 한다.

⑤ 보강재 돌축각의 판두께는 [도 · 설 3.4.2.2 압축응력을 받는 자유돌출판]의 규정을 만족하여야 한다.

⑥ 지점상의 보강재는 양쪽에 대칭으로 설치하도록 하고 상 · 하연 플랜지까지 연장시키는 것을 원칙으로 한다.

⑦ 지점부 보강재 부근에서는 큰 압축력과 수평전단력이 발생하므로 스캘럽을 설치하는 것 보다 보강재 모서리를 치핑(Chipping)하여 용접량을 줄이는 것이 효과적이며, 복부판의 용접도 완전홈용접으로 하는 구조가 바람직하다. 단, 지점부에 완전홈용접을 실시하는 구간길이는 $l=a/2+a$로 하고, 중간지점부에서는 $l=2a$로 한다. 여기서 a는 받침장치의 길이이다.

나. 수직보강재

[도 · 설 3.8.5.1 수직보강재의 간격], [도 · 설 3.8.5.2 수직보강재의 강도], [도 · 설 3.8.5.3 수직보강재의 부착방법] 및 [도 · 설 3.8.5.4 수직보강재의 강종]의 각 규정을 만족하도록 설계한다.

통상적인 설계과정은 다음과 같다.

① 가로보, 수직브레이싱 사이를 가능한 등간격으로 하고 보강재 배치를 가정한다.

② 등간격으로 배치를 가정한 구간에서는 휨응력의 최대, 전단응력의 최대가 되는 패널에 대해 [도 · 설 3.8.5.1 수직보강재의 간격]에 따라 조사한다. 이 조건을 만족하지 않는 경우에는 분할수를 증가하여 재검토한다.

이 경우 주의하여야 할 사항은 다음과 같다.

i) 단부에 촘촘하게 배치하는 것은 피한다.

ii) 거더의 이음위치와의 관계에 주의한다.

iii) 복부판의 용접이음은 수직보강재로부터 100 mm 이상 떨어진 위치로 한다.

iv) 수평브레이싱의 설치위치에 가능한 수직보강재를 배치하고 복부판을 보강하여 국부변형을 막는 것이 좋다. 이 경우 거세트의 절취는 <그림 506.3.5>의 구조로 하는 것이 좋다.

v) 보강재가 플랜지의 외측으로 돌출하지 않도록 한다. 부득이 돌출하는 경우에는 <그림 506.3.6>과 같이 한다.

vi) 수직브레이싱, 이음 등과의 위치관계로부터 [도 · 설 3.8.5.1 수직보강재의 간격]에서 규정하고 있는 계산상 필요한 간격보다 조밀하게 배치하는 경우에는 보강재의 강도는 계산상 필요로 하는 간격으로 조사하면 된다.

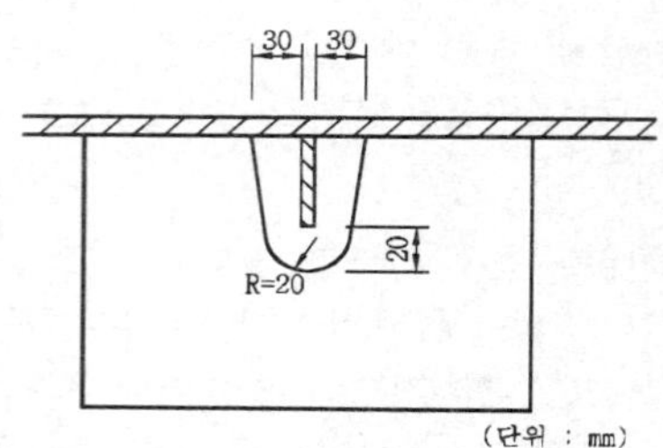

<그림 506.3.5> 수평브레이싱의 거세트 절취

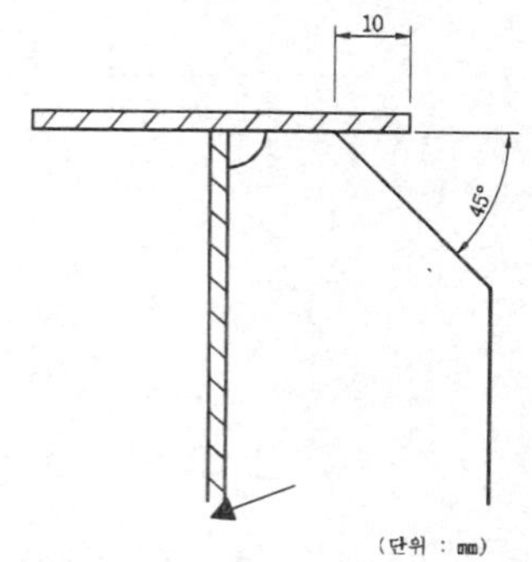

<그림 506.3.6> 중간수직보강재

vii) 상 · 하부플랜지와 수직보강재 사이의 연결은 ②의 <표 506.3.2>과 같은 원칙으로 한다. 교번응력을 받는 부분의 수직보강재와 상 · 하부플랜지의 접합부는 용접을 하는 것을 원칙으로 한다.

다. 수평보강재

수평보강재는 [도 · 설 3.8.6.1 수평보강재의 위치], [도 · 설 3.8.6.2 수평보강재의 강도], [도 · 설 3.8.6.3 수평보강재의 부착방법] 및 [도 · 설 3.8.6.4 수평보강재의 강종]의 각 규정을 만족하도록 설계한다.

수평보강재는 복부판의 좌굴강도를 높이고 복부판두께가 비경제적으로 두꺼워지지 않도록 하는 역할을 하지만, 제작 측면에서는 수평보강재의 단수를 다단으로 하고 복부판 두께를 줄이는 것이 바람직하지 않다. 최대복부판 높이와 수평보강재의 사용 단수의 관계를 [도 · 설 3.8.4 복부판]에 따라 나타낸 것이 <표 506.3.3>이다.

① 보강재의 배치

수평보강재는 수직보강재와 같은 면에 부착해도 되고, 반대 면에 부착해도 상관없으나 외측거더에는 교량 중심방향으로 설치하는 것이 미관상 좋다. 특히 연속교의 중간지점부근에는 브레이싱의 연결판이 있으므로 주의하여 설치한다.

② 수직보강재와의 교차부

수평보강재와 수직보강재의 순간격은 자동용접을 고려하여 35 mm를 표준으로 하고, <그림 506.3.7>과 같은 구조로 한다.

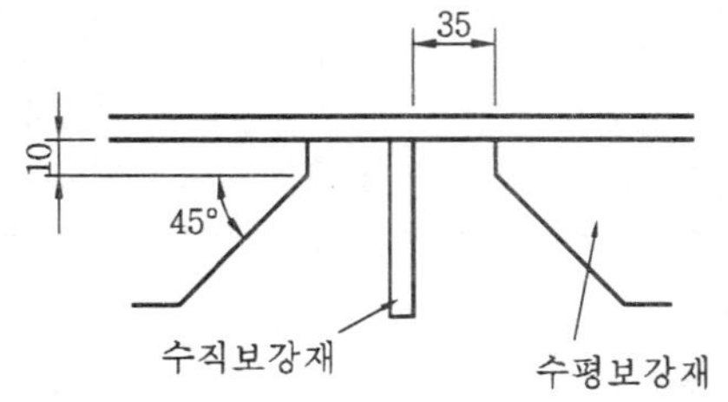

(단위 : mm)

<그림 506.3.7> 수직보강재와의 교차부

③ 이음판과의 교차부

이음판과 수평보강재와의 순간격은 20 mm를 표준으로 하며, 수평보강재 단부는 가설시 연결작업 중의 사고를 방지하기 위해 절단하는 것이 바람직하다(<그림 506.3.8>). 또한 복부판의 현장이음부에서는 수평보강재를 생략하여도 좋다.

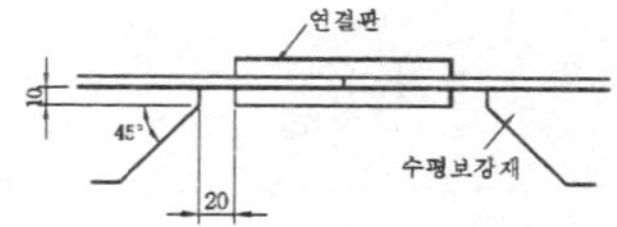

(단위 : mm)

<그림 506.3.8> 이음부의 수평보강재

3.1.4 분배가로보 및 분배수직브레이싱 설계

주거더의 하중분배를 고려하는 방법으로는 분배가로보를 이용하는 방법과 분배수직브레이싱을 이용하는 방법이 있다.

(1) 분배가로보의 설계

분배가로보를 이용하는 경우 그 배치가 문제이다. <그림 506.3.9>는 가로보의 개수의 영향을 나타내는 설계 예이며, 이에 따르면 가로보의 개수를 늘려도 그 효과가 적은 것을 알 수 있다.

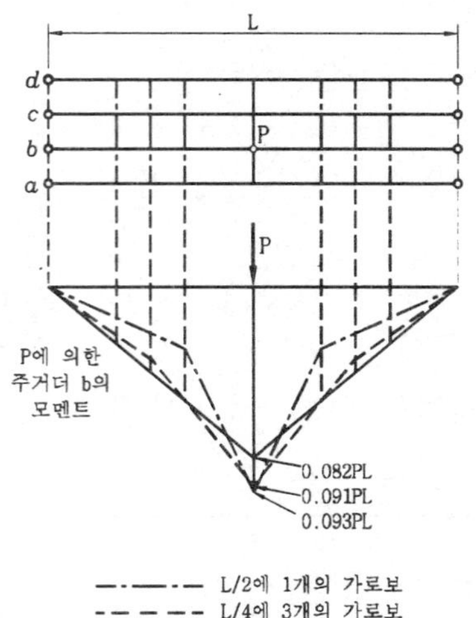

<그림 506.3.9> 분배가로보의 개수와 분배효과의 관계

<표 506.3.2> 상 · 하부플랜지와 수직보강재 사이의 연결

위치	지점부	수직 브레이싱 및 가로보가 설치되는 부분		기타	
휨모멘트의 부호	부	정	부, 교번부	정	부, 교번부
개념도	용접	용접 0.5 mm 이내 밀착	용접	용접 4~6 t_w	용접

<표 506.3.3> 수평보강재와 최대 복부판높이 (mm)

수평보강재의 사 용 단 수	복부판 두 께	최 대 복 부 판 높 이			
		SS400 SM400 SMA400	SM490	SM490Y SM520 SMA520	SM570 SMA570
수평보강재가 없을 때	10	1,520	1,300	1,230	1,100
	11	1,672	1,430	1,353	1,210
	12	1,824	1,560	1,476	1,320
	13	1,976	1,690	1,599	1,430
수평보강재 1단을 사용할 때	10	2,560	2,200	2,090	1,880
	11	2,816	2,420	2,299	2,068
	12	3,072	2,640	2,508	2,256
	13	3,328	2,860	2,717	2,444
수평보강재 2단을 사용할 때	10	3,100	3,100	2,940	2,620
	11	3,410	3,410	3,234	2,882
	12	3,720	3,720	3,528	3,144
	13	4,030	4,030	3,822	3,406

H. Leonhardt의 연구에 따르면 가로보를 같은 간격으로 배치한 경우의 환산격자강도(지간 중앙의 등가인 1개의 분배가로보로 환산한 경우)는 근사적으로 식(506.3.2)으로 주어진다.

$$Z' = i\frac{I_a}{I}\left(\frac{\ell}{2a}\right)^3 = i\,Z \qquad (506.3.2)$$

여기서,

Z' : 환산격자강도

Z : 지간 중앙에 1개의 가로보의 경우의 격자강도

i : 환산계수

가로보가 1개 혹은 2개 일 경우 : $i=1.0$

가로보가 3개 혹은 4개 일 경우 : $i=1.6$

가로보가 5개 혹은 6개 일 경우 : $i=2.6$

I_a : 가로보의 단면2차모멘트

I : 주거더의 단면2차모멘트

ℓ : 지간장(연속거더의 경우는 등가지간장)

a : 주거더의 간격

위에 기술한 바에 따르면 분배가로보가 5~6개인 경우 1~2개의 경우의 2.6 배에 지나지 않아 비경제적이다. 통상의 제작 측면의 치수를 생각할 때 $Z=10$ 이상을 확보하는 것이 용이하기 때문에 4개 이상을 이용하여 $Z=\infty(\fallingdotseq 25)$에 가까운 것으로부터 $Z=25/1.6\fallingdotseq 15$ 정도의 분배가로보를 1개 또는 3개 정도까지 배치하는 것이 경제적이다.

다만, 지간이 길어지는 경우 지간 중앙에 배치한 1개의 가로보에 따른 분배효과는 지간방향으로 일정한 거리 이상 영향을 미치지 않으므로 분배가로보 간격은 20 m 이하로 억제하고 있다([도·설 3.8.8.1 수직브레이싱] 참조). 따라서 지간장 35 m~40 m 이하의 경우는 지간 중앙에 1개, 40 m 이상의 경우에는 지간중앙과 그 양측으로 총 3개를 사용하는 것이 좋다.

분배가로보 자체의 설계는 다음과 같이 한다.

① 일반적으로 분배가로보는 응력의 여유가 있는 단면을 채택하는 것이 좋다. 먼저 주거더의 강도를 결정하고 격자강도 $Z=10\sim15$가 되도록 가로보 단면을 결정한다.

② I거더병렬인 경우 외측 주거더와의 연결은 전단력만 전달해도 좋지만 볼트 수에 여유를 갖도록 한다. 내측 주거더와의 연결은 전단력과 휨모멘트를 전달하는 구조로 한다.

③ 가로보의 높이는 적어도 주거더의 1/2 이상의 높이로 한다.

④ 분배가로보는 DL하중에 의해 설계한다. 단 바닥판을 거쳐 하중이 전달되는 경우에는 DB하중에 대해 응력을 검토한다.

가운데 주거더와 가로보의 연결에 대해서는 <표 506.3.4>과 같이 한다.

연결판의 용접은 <그림 506.3.10>과 같이 하고, 슬리트의 구조는 <그림 506.3.11>과 같이 한다. 노면의 횡단구배 등으로 인해 주거더의 상단이 동일한 높이가 아닐 때의 처리방법은 <그림 506.3.12>의 3가지 방법이 있으나 (C)의 경우가 시공성이 좋다.

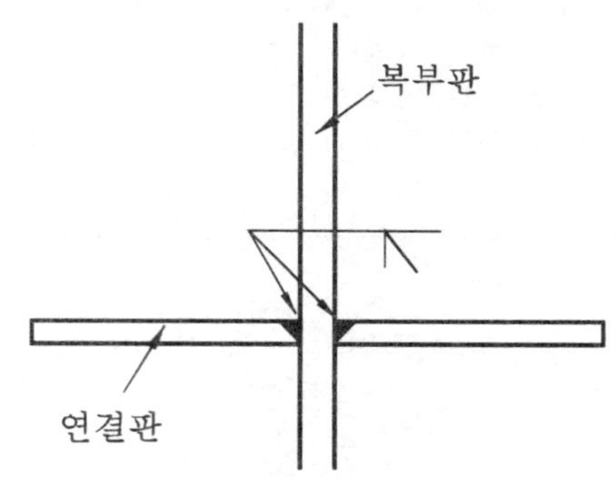

<그림 506.3.10> 연결판의 용접

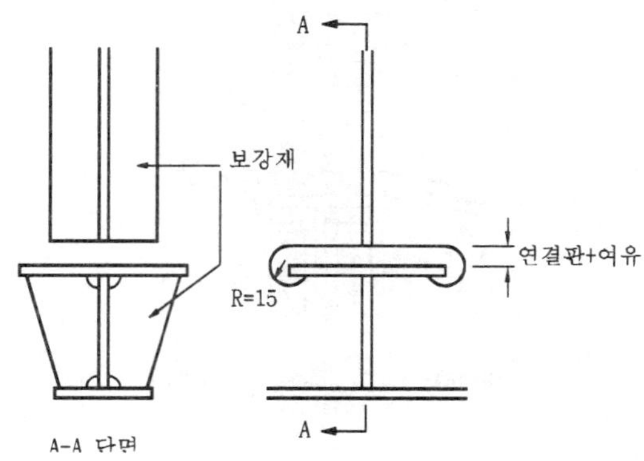

<그림 506.3.11> 슬리트부의 구조

<표 506.3.4> 주거더와 가로보의 연결

구분	연결판을 이용하는 방법	브래킷법	슬리트법
연결구조	인장 플레이트 연결판 플랜지		인장 플레이트 슬리트
장점	• 현장시공이 용이 • 주거더의 폭이 작아 수송 간편	• 응력의 전달 확실 • 연결강도가 큼	• 현장시공 용이
단점	• 상하플랜지 각 이음의 응력 분담이 커짐 • 바닥판 거푸집 시공 불편 • 연결판 용접시 주의 필요	• 볼트의 개수가 많아짐 • 플랜지에 2축 응력이 발생 • 주거더의 폭이 증대되어 수송 불편	• 슬리트 가공시간 소요 • 상하플랜지 각 이음의 응력분담이 커짐 • 주거더의 폭이 약간 커져 수송에 불편 • 바닥판 거푸집 시공 불편

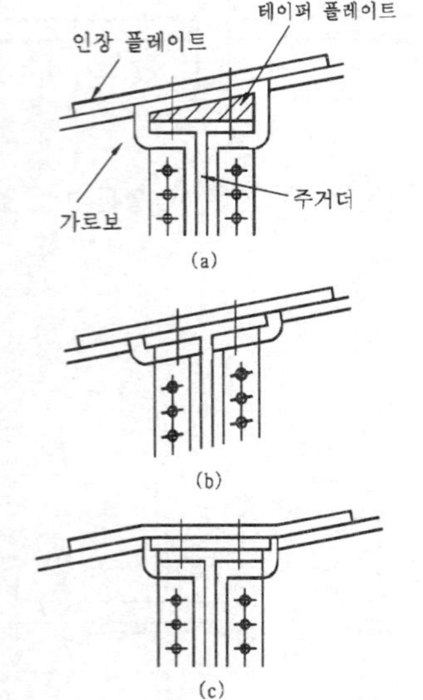

<그림 506.3.12> 주거더 플랜지의 취급

(2) 분배수직브레이싱의 설계

분배수직브레이싱은 DL하중에 의해 1차부재로 설계한다. 또 분배수직브레이싱을 구성하는 각 부재의 연결, 주거더와의 연결도 1차부재로 취급한다. 이 방법의 득실은 다음과 같다.

① 주거더 사이의 상대변위가 가장 큰 위치에 강성이 큰 분배가로보를 배치하면 하중분배작용이 가장 효과적으로 된다. 이런 의미에서 수직브레이싱에 의해 하중을 분배시키는 방법은 분배가로보를 이용하는 방법에 비해 효율이 다소 떨어진다.

② 교면 전체에 대해 강성이 큰 수직브레이싱에 의해 주거더의 상대변위를 억제하기 때문에 철근콘크리트바닥판에서는 무리한 응력을 발생시키는 일이 없어 좋다.

분배수직브레이싱에 대해서는 식(506.3.3)과 같은 환산단면2차모멘트를 이용하는 것이 좋다.

$$I_s = \frac{4h^2 A_1}{9} \times \frac{1}{1 + \dfrac{A_1}{3A_2 \sin^3\theta}} \qquad (506.3.3)$$

여기서,

I_s : 분배수직브레이싱의 환산단면2차모멘트(mm^4)

h : 분배수직브레이싱의 높이(mm)

A_1 : 현재의 단면적(mm^2)

A_2 : 사재의 단면적(mm^2)

Θ : 사재와 주거더와의 교각

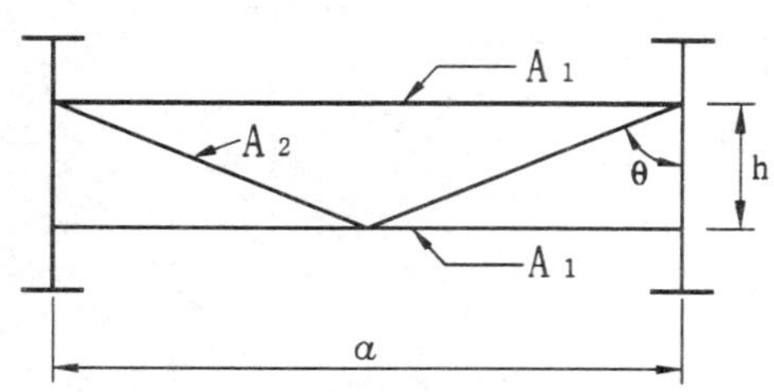

<그림 506.3.13> 분배수직브레이싱의 계산 모델

3.1.5 중간 및 단부수직브레이싱 설계

(1) 중간수직브레이싱의 설계

중간수직브레이싱은 다음과 같은 기능을 갖는 것으로 고려한다.

① 주거더의 전도를 방지하고 안정시키며, 주거더를 계산시의 모델대로 보로서 거동하도록 하는 역할을 한다.

② 주거더의 상대변위를 억제하고 바닥판을 보호함과 동시에 하중분배작용에 기여한다. 단 분배가로보를 사용하는 경우 수직브레이싱에 의한 분배효과는 잉여내력으로 계산에 포함시키지 않는다.

③ 횡하중에 대해 주거더, 수평브레이싱 및 중간수직브레이싱에 의한 평면트러스계를 형성한다.

④ 가설시의 위치결정에 필요한 부재이다.

이상의 기능에 대해 엄밀한 응력해석을 하는 것은 설계를 매우 복잡하게 하며, 종래의 수직브레이싱에 의존하여도 통상 응력 상의 문제는 없다. 그러나 다음의 사항에 주의하여야 한다.

i) 각 부재는 [도 · 설 3.4.7.2 수직브레이싱과 수평브레이싱의 구조] 및 [도 · 설 3.4.1.4 부재의 세장비]의 규정을 만족할 것

ii) 적어도 횡하중에 의한 힘에 대해 응력을 검토할 것

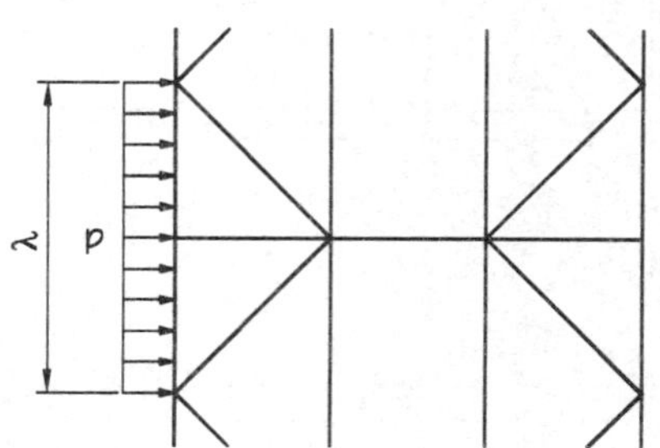

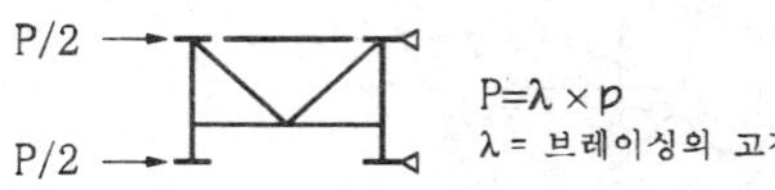

<그림 506.3.14> 횡하중에 의한 응력 검토

구조상세에 대해서는 다음의 치수에 주의하여야 한다.

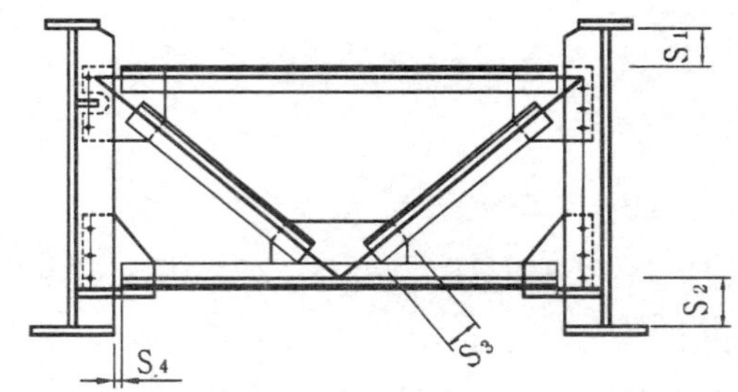

S_1 : 거푸집, 도장의 작업성을 위해 100 mm 이상

S_2 : 단부수직브레이싱이나 수평브레이싱의 치수, 받침의 소울플레이트 등으로부터 결정

S_3 : 용접길이의 조사를 위한 공간

S_4 : 10 ~ 15 mm를 표준으로 하고 수직브레이싱의 사용이 용이하게 할 것

<그림 506.3.15> 중간수직브레이싱의 구조상세

거세트와 수직보강재의 관계는 편심을 적게 하기 위해 가능한 한 <그림 506.3.16>과 같이 하는 것이 좋다. 그 외의 상세치수는 <그림 506.3.17>에 나타낸다.

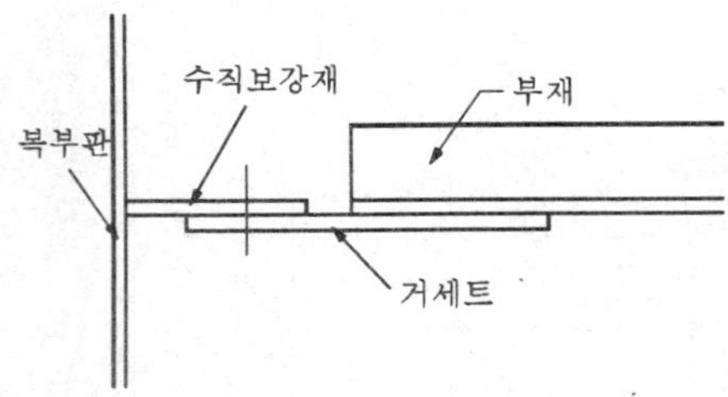

<그림 506.3.16> 거세트와 수직보강재의 연결

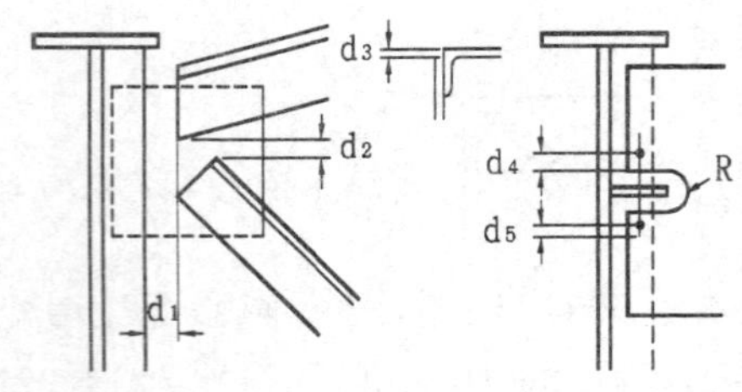

R=15 정도

d_1, d_2, d_3=10, d_4=40, d_5=30 (단위: mm)

<그림 506.3.17> 기타의 구조상세

(2) 단부수직브레이싱의 설계

단부수직브레이싱은 다음과 같은 기능을 갖는 것으로 고려한다.

① 주거더의 위치를 확보하고 비틀림변형을 구속한다. 즉, 연직하중, 수평하중 등에 의해 주거더에 가해지는 비틀림모멘트를 받침위치에서 연직력의 성분으로 변환한다.

② 통상 교량 단부의 바닥판을 두껍게 증가시켜 단부수직브레이싱의 상현재와 결합시키지만 이 상현재는 윤하중을 지지할 수 있도록 설계한다.

이러한 기능을 충분히 발휘하기 위해서는 충복(充腹)형식의 단부가로보가 강성이 큰 경우가 좋지만 경제성, 교대위치의 도장이 어렵기 때문에 작업성을 고려하여 수직브레이싱 형식을 선택한다.

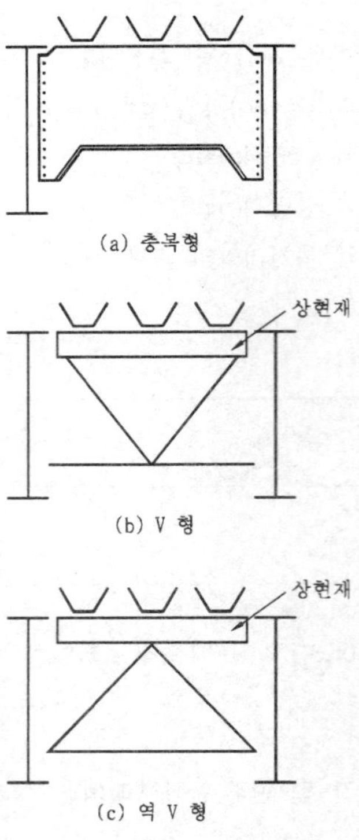

<그림 506.3.18> 단부수직브레이싱의 형식

수직브레이싱의 형식으로는 V형과 역V형이 있으나 단부수직브레이싱의 경우에는 윤하중을 부담하기 때문에 역V형의 방법이 효과적이다. 어떤 경우에도 상현재는 ㄷ형강 등을 이용하고, 슬래브와 일치되도록 바닥판과 결합시킨다.

또 횡하중에 대해 단부수직브레이싱을 설계하는 것 외에, 위에 기술한 단부수직브레이싱의 상현재는 DB하중을 지지할 수 있는 단면을 선택한다.

구조치수 상 주의하여야 할 사항은 <그림 506.3.19>와 같다.

3.1.6 수평브레이싱 설계

수평브레이싱은 다음과 같은 기능을 갖는 것으로 고려한다.

① 지진하중, 풍하중 등의 수평하중을 지점까지 전달한다.

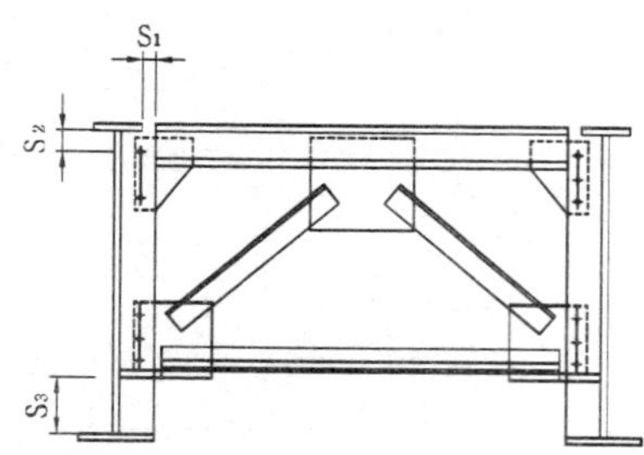

주 : 주거더플랜지와 바닥틀 상부면은 일치 시키는 것이 거푸집 시공상 좋다. 따라서 다주거더의 경우 교량 단부의 상부플랜지 두께를 어느 정도 맞추는 것이 좋다.

S_1 : 10 ~ 15 mm를 표준으로 한다. 사교나 폭이 넓은 바닥틀을 사용하는 경우에는 가설이 곤란한 경우가 있다.

S_2 : 70 ~ 90 mm를 표준으로 한다.

S_3 : 볼트 작업이 용이하도록 250 ~ 300 mm를 표준으로 한다.

<그림 506.3.19> 단부수직브레이싱의 구조상세

iii) 지점부근은 수평하중을 모든 받침에 균등하게 분산시키는 것으로 할 것

수평브레이싱의 배치 예는 <그림 506.3.20>과 같다.

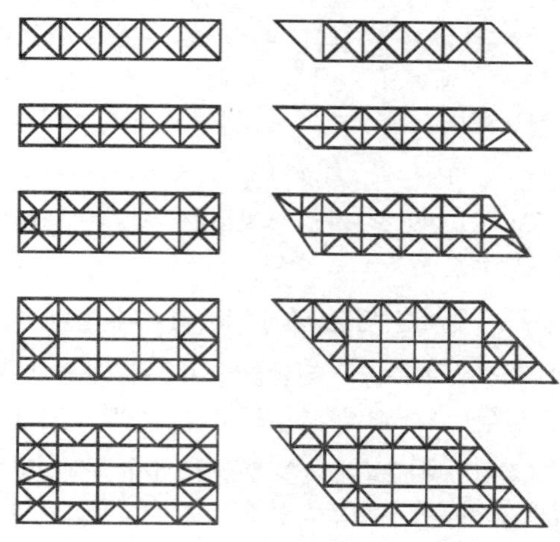

<그림 506.3.20> 수평브레이싱의 배치

② 가설시의 위치 결정재이다.

③ 하부플랜지의 횡방향 진동을 방지한다.

④ 주거더와 공동으로 일종의 준박스형거더를 형성한다.

통상적으로 ①의 기능에 대해 해석되어 설계되지만 바닥판 또는 수직브레이싱 등이 수평브레이싱의 기능을 갖고 있는 경우에는 생략해도 관계없는 경우가 있다. 일반적으로 상로플레이트거더에서는 상부수평브레이싱을 생략하여 설계하는 경우가 많다. 또한 지간장 25 m 이하에서는 강한 수직브레이싱이 있는 경우 하부수평브레이싱도 생략할 수 있다([도 · 설 3.8.8.2 수평브레이싱] 참조).

수평브레이싱의 형식 선정 상의 기본은 다음과 같다.

i) 지간 전장에 걸쳐 적어도 1열의 수평브레이싱을 배치할 것. 단부 부근에만 설치하는 것은 바람직하지 않음

ii) 주거더가 3개 이상인 경우 적어도 2열의 수평브레이싱을 배치할 것

수평브레이싱에 작용하는 지진하중 및 풍하중은 등분포하중으로서 교축직각방향으로 작용하므로 아래와 같이 취급한다. 또한 풍하중은 수평브레이싱 부재력이 최대가 되는 위치에 임의의 길이에 걸쳐 작용하는 것으로 본다.

풍하측에 가해지는 하중은 풍상측의 1/2([도 · 설 2.1.11 풍하중])이며, [도 · 설]에 주어진 풍하중의 값은 풍상 및 풍하의 합계이지만 설계에서는 풍상측의 수평브레이싱이 그 전풍하중을 부담할 수 있도록 하는 것이 좋다.

또한 강바닥판교 혹은 지간에 비해 폭원이 넓고 주거더에 견고하게 결합된 철근콘크리트 바닥판을 갖는 교량에서는 바닥판이 풍하중의 1/2을 부담한다고 하여 하부수평브레이싱에는 전풍하중의 1/2을 부담시켜 설계해도 좋다.

지진하중은 전체 면적에 분포하여 가해진다고 생각할 수 있기 때문에 양측의 2열의 하부수평브레이싱이 각각 전하중의 1/2씩 부담하는 것으로 설계한다. 또 이 경우 상술한 조건을 갖는 바닥판에는 전하중의 1/2을 부담시키면 좋다.

3.1.7 거더 단부 절취부의 설계

도심지 고가교 등에 있어서는 거더 아래의 공간제약으로 인해 거더 단부를 절취하는 경우가 있다. 이러한 경우는 비교적 간단하고 자주 이용됨에도 불구하고 구체적인 설계법이 명확하게 되어있지 않다. 또 종래의 예에서도 구조상세에 대해 신중한 배려가 없어 설계에 있어 충분한 주의가 필요하다.

현재 일반적으로 사용되는 절취부 형상은 <그림 506.3.21>과 같으며, 노치부는 가급적 곡선처리하는 것을 원칙으로 한다.

설계상 주의할 점을 열거하면 다음과 같다.

① 절취부 복부판의 전단응력은 응력집중의 영향을 고려하여 단순보로 설계한 값의 1.7 배로 한다.

② 절취부 하부플랜지의 휨응력 역시 응력집중의 영향을 고려하여 단순보로 설계한 값의 1.7 배로 한다.

③ 절취부도 일반부와 같이 휨과 전단에 의한 합성응력의 검토를 한다. 이 경우 각각 응력의 값은 ①, ②에 따른다.

④ 절취부의 용접부의 응력집중은 ①의 전단응력으로 복부판의 응력검토를 해 놓으면 별도로 검토할 필요가 없다.

⑤ 끼워 넣는 플랜지의 길이 l은 거더의 절취깊이 h' 정도로 한다(<그림 506.3.22>).

⑥ 끼워 넣는 플랜지 단부에는 보강재를 설치하지 않아도 좋다.

⑦ 보강재의 단면적은 절취한 하부플랜지 단면의 70% 이상으로 한다(<그림 506.3.22>).

⑧ 끼워 넣는 플랜지 선단의 복부판과 보강재에도 응력집중의 영향을 보이므로 복부판 두께의 변화위치는 끼워 넣는 플랜지의 선단으로부터 $h/5$ 이상 떨어진 지점에서 하고 그 사이는 절취부와 동일한 복부판 두께로 한다(<그림 506.3.22>).

3.1.8 받침부 설계

받침부의 설계상 주의 사항은 다음과 같다.

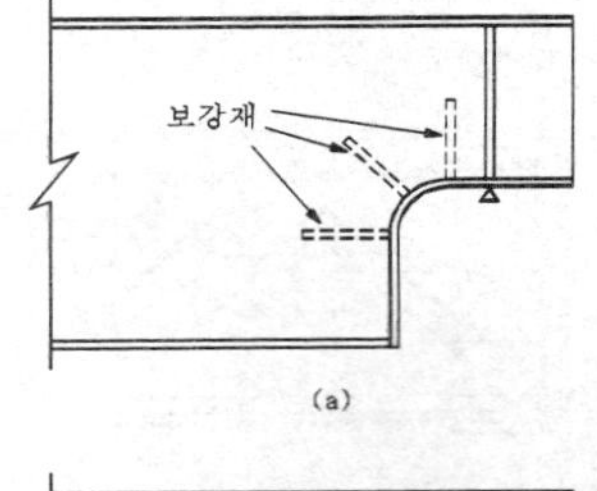

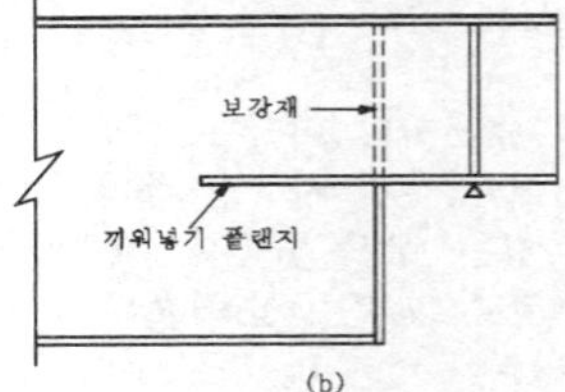

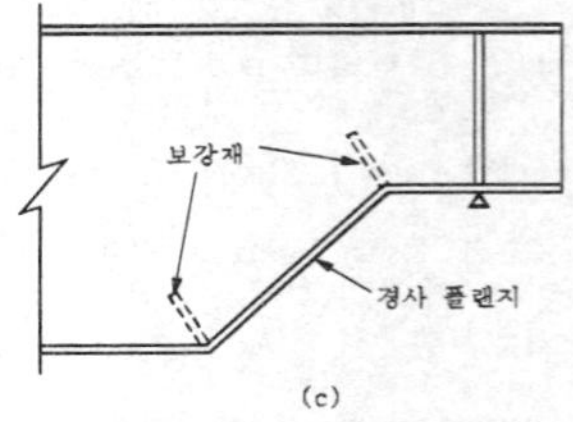

<그림 506.3.21> 절취부 형상

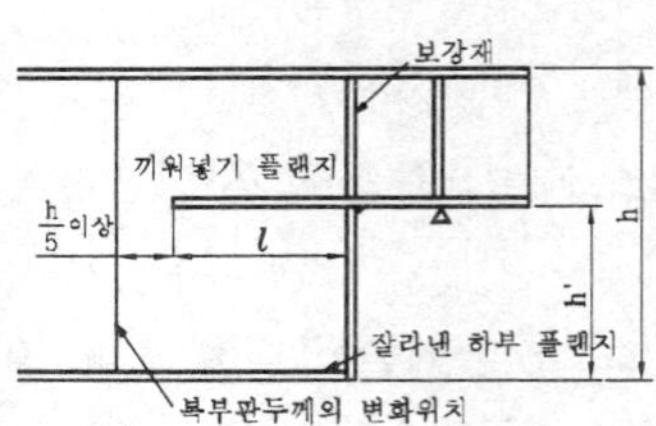

<그림 506.3.22> 거더 절취부

① 소울플레이트와 주거더 하부플랜지 및 단부보강재와의 치수관계에 주의할 것

② 주거더의 구배 및 처짐회전각과 받침의 허용회전량의 크기에 주의할 것

③ 소울플레이트의 용접비이드, 세트볼트 등이 받침에 닿지 않게 치수를 검토할 것

④ 폭원이 큰 교량의 경우 교축직각방향의 온도변화의 영향에 대해서도 고려할 것

⑤ 소울플레이트의 두께는 최소두께를 22 mm로 할 것

3.2 설계 흐름도 구성

3.2.1 주설계단계

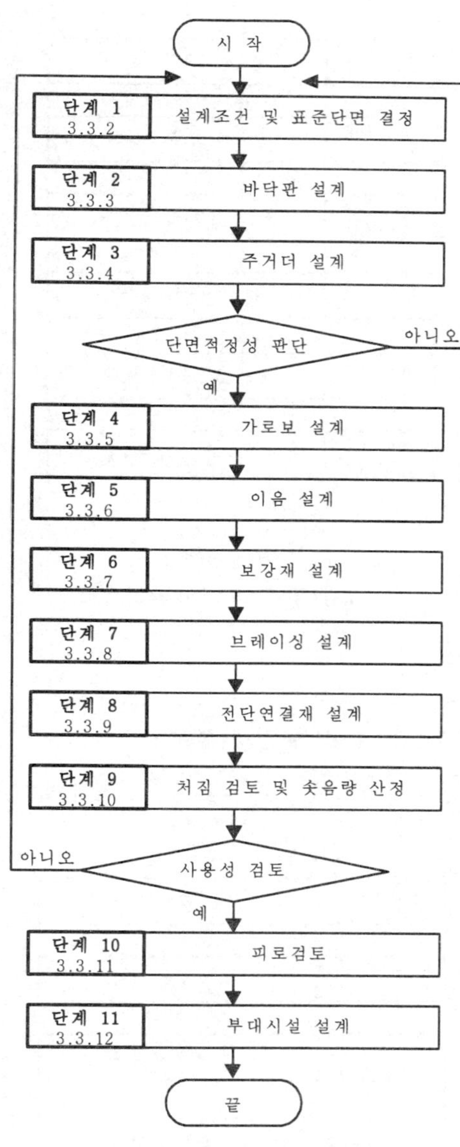

<그림 506.3.23> 주설계흐름도

3.2.2 [단계 1] 설계조건 및 표준단면 결정

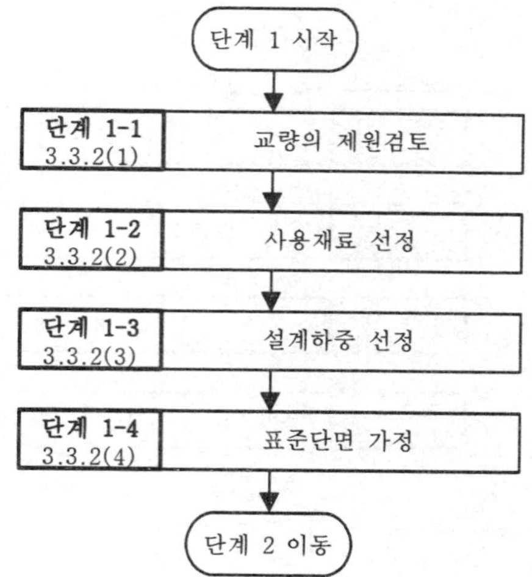

<그림 506.3.24> 설계조건 및 표준단면 결정

3.2.3 [단계 2] 바닥판 설계

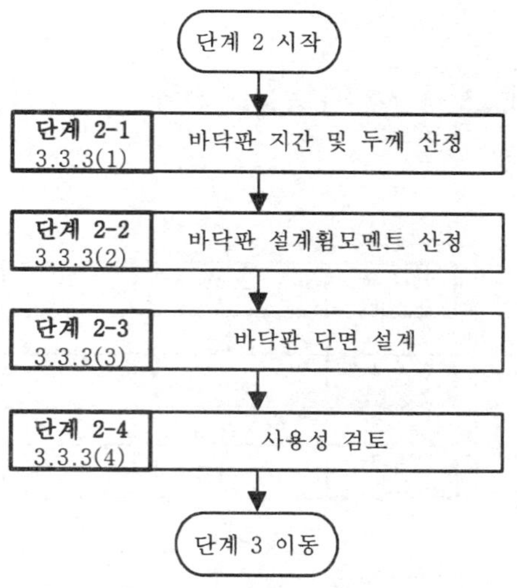

<그림 506.3.25> 바닥판 설계

3.2.4 [단계 3] 주거더 설계

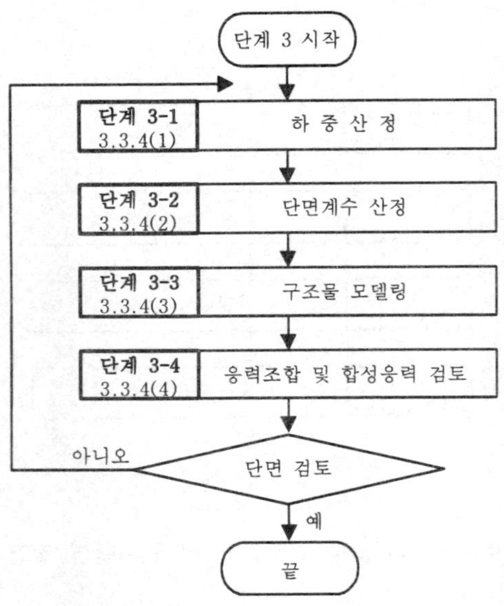

<그림 506.3.26> 주거더 설계

3.2.5 [단계 4] 가로보 설계

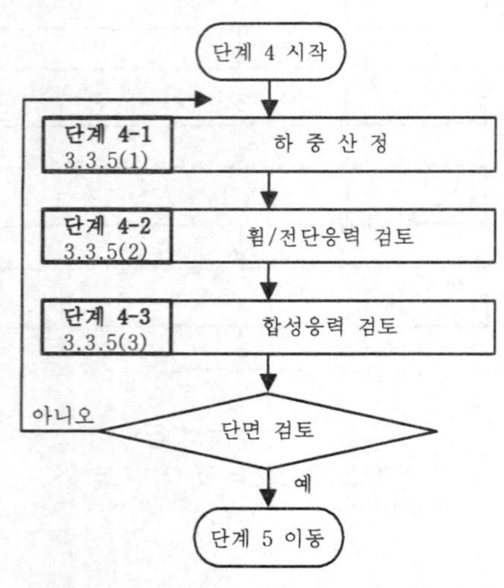

<그림 506.3.27> 가로보 설계

3.2.6 [단계 5] 이음 설계

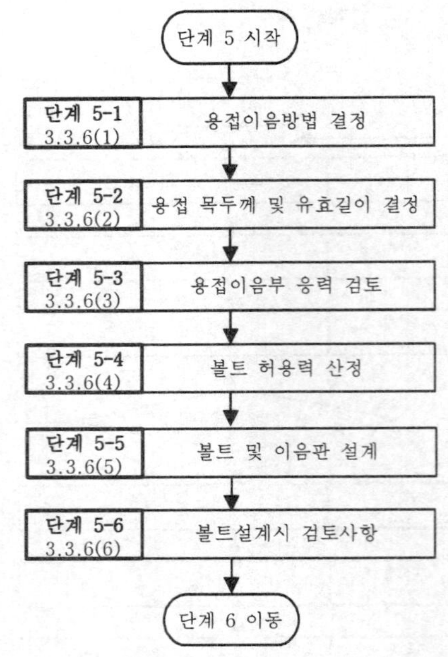

<그림 506.3.28> 이음 설계

3.2.7 [단계 6] 보강재 설계

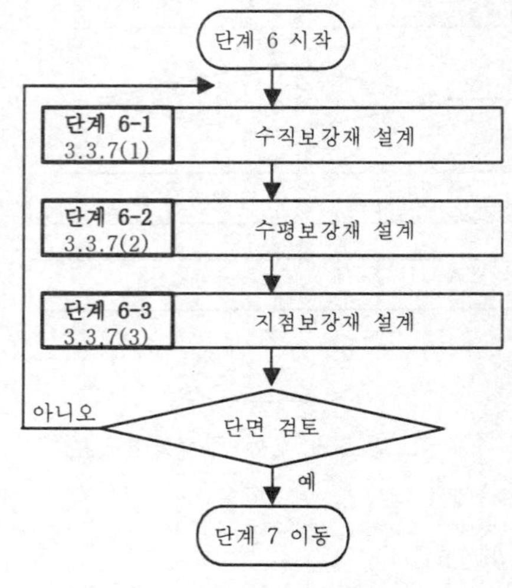

<그림 506.3.29> 보강재 설계

3.2.8 [단계 7] 브레이싱 설계

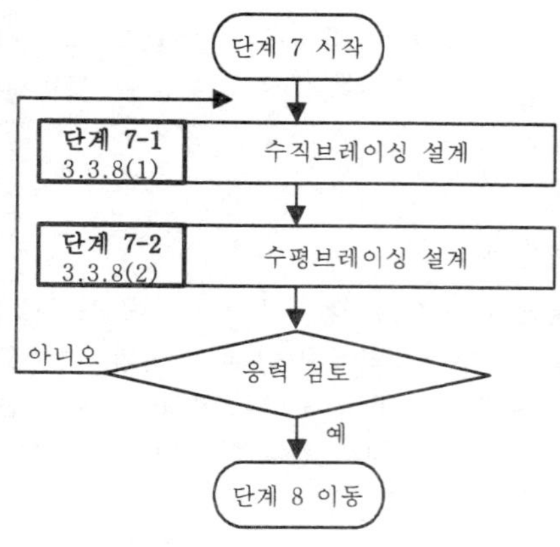

<그림 506.3.30> 브레이싱 설계

3.2.9 [단계 8] 전단연결재 설계

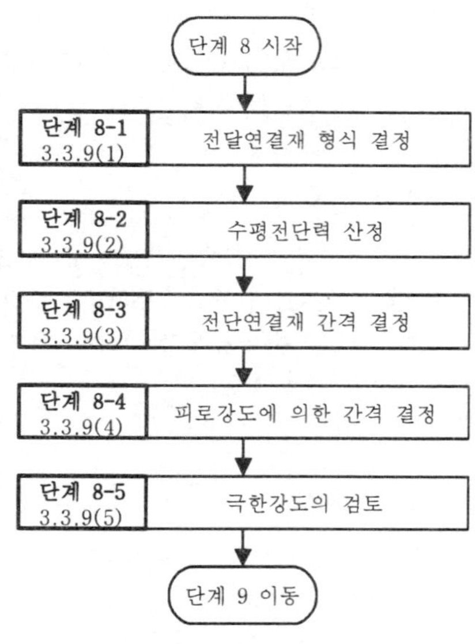

<그림 506.3.31> 전단연결재 설계

3.2.10 [단계 9] 처짐검토 및 솟음

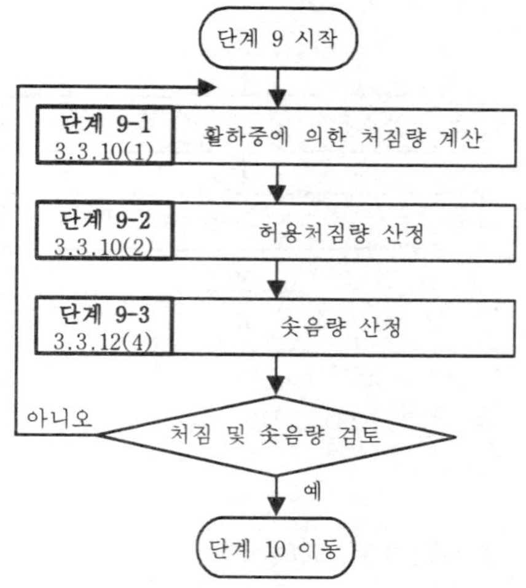

<그림 506.3.32> 처짐검토 및 솟음

3.2.11 [단계10] 피로 검토

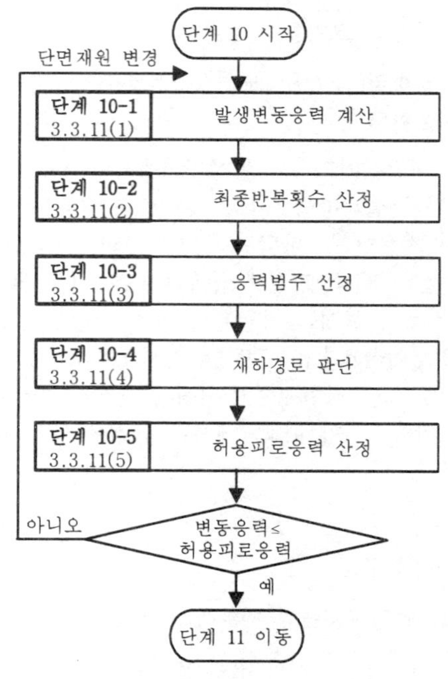

<그림 506.3.33> 피로 검토

3.2.12 [단계11] 부대시설 설계

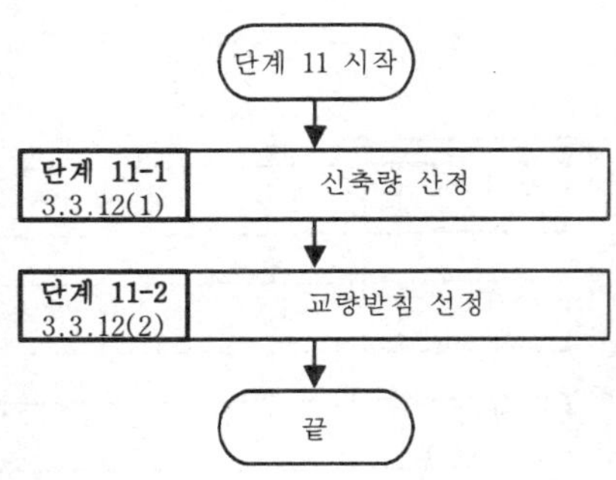

<그림 506.3.34> 부대시설 설계

3.3 설계단계별 고려사항

3.3.1 주설계단계

(1) 설계조건

교량 개요를 파악하고, 교량 연장, 폭원, 교량 설계방법을 결정한다.

① [도 · 설 1.3 교량의 등급]의 규정에 따라 설계 활하중의 크기를 결정한다.

② 교량의 폭원은 [도 · 설 1.5.2 구조규격]에 따라 적용한다.

③ 비합성거더 및 합성거더에서의 주거더 및 부부재의 설계방법은 [도 · 설 2.2.2 허용응력설계법]을 적용하며, 바닥판 콘크리트의 설계방법은 [도 · 설 2.2.3 강도설계법]에 따른다. 단, 바닥판 콘크리트의 설계는 바닥판의 아칭 거동을 기초로 한 경험적설계법을 적용할 수 있으며, 이 경우 [도 · 설 3.6.3 경험적설계법]에서 제시하는 설계조건을 만족하여야 하고, 제시된 규정에 따라 배근을 한다.

(2) 사용재료

재료의 허용응력과 재료특성 등을 파악한다.

① [도 · 설 2.3 사용재료] 및 [도 · 설 3.2.5 강재의 선정]에 따라 재료를 선택한다.

② 재료의 허용응력은 [도 · 설 3.3 허용응력]의 규정을 따른다.

③ 설계계산에 사용하는 재료의 물리상수는 [도 · 설 2.3.3 설계계산에 사용하는 물리상수]를 따른다.

(3) 설계계산

플레이트거더교 각 부재의 설계에 있어서 [도 · 설 2.2.2 허용응력설계법]에 규정된 하중조합에 의해 발생하는 응력이 구조형식에 따라 규정된 허용응력 이하인지를 검토하는 것으로 한다.

3.3.2 [단계 1] 설계조건 및 표준단면 결정

(1) 교량 제원 결정

고속국도, 일반국도 등 가설되는 교량의 제원을 파악하고 접속도로와 교통량에 의해 [도 · 설 1.3 교량의 등급]에 따라 교량을 3등급으로 나누어서 설계한다.

(2) 사용재료 선정

[도 · 설 2.3 사용재료] 및 [도 · 설 3.2.5 강재의 선정]에 따라 사용재료를 선택한다.

(3) 설계하중 선정

플레이트거더교의 설계에는 [도 · 설 2.1.1 하중의 종류]에 규정된 주하중, 부하중, 주하중에 상당하는 특수하중, 부하중에 상당하는 특수하중에 대하여 고려하여야 한다.

(4) 표준단면 가정

① 교량의 형식(고속국도, 일반국도) 및 용도(본선, 램프)에 따라 차로수 및 차로폭이 결정되면, 이에 적합한 주거더수를 결정한다. 또한 지간장별 작용하중에 저항하는 최적의 주거더크기(폭, 높이)뿐만 아니라, 가설위치의 지형을 고려하여 차량 운반이 가능한 주거더의 크기도 함께 검토한다.

② 상·하부 플랜지 및 복부, 가로보 및 세로보 단면의 결정은 [도·설 3.8.3 플랜지] 및 [도·설 3.8.4 복부판]에 따른다.

③ 보강재의 간격 및 단면의 결정은 [도·설 3.8.5 수직보강재] 및 [도·설 3.8.6 수평보강재]를 따른다.

④ I형 단면 플레이트거더교의 경우 일반적으로 휨에 의한 플랜지의 응력이 지배적이고, 복부판의 단면적을 적게 하는 것이 효율적인 단면을 얻게 된다. 따라서 주거더의 갯수는 적고 주거더 간격이 넓은 편이 경제적이라고 할 수 있다. 주거더의 간격은 철근콘크리트 바닥판의 지간제한 때문에 4.0 m까지만 할 수 있게 되어 현재 주거더 간격을 3.0 m 내외로 배치하는 경우가 많으며, 기타 주거더를 배치할 때는 다음 사항에 대한 주의가 필요하다.

- 차륜하중의 재하위치를 고려한다.
- 외측 주거더와 내측 주거더의 하중부담의 균형을 고려한다.
- 바닥판 돌출부의 휨모멘트와 바닥판지간 중앙의 휨모멘트를 가능하면 유사하게 한다.
- 배수구, 부설재 등이 장해가 되면 안된다.

⑤ 복부판의 경제적 높이는 주거더간격, 사용강재의 종류에 따라서도 다르며, 일반적으로 다음 사항을 고려하여 결정하여야 한다.

- 소요 거더 밑 공간과 계획노면 높이의 관계
- 경제적 거더 높이
- 복부판 높이와 복부판 두께에 관한 설계기준 규정
- 플랜지 폭, 플랜지 단면적
- 수송상의 제한

3.3.3 [단계 2] 바닥판의 설계

(1) 바닥판 지간 및 두께 산정

① 적용범위는 변장비가 1:2 이상인 철근콘크리트 바닥판으로 한다.

② 바닥판의 지간은 [도·설 3.6.1.3 바닥판의 지간]에 따라 결정하며, 단면가정을 위한 철근콘크리트 바닥판의 최소두께는 [도·설 3.6.1.5 바닥판의 최소두께]에 따른다.

(2) 바닥판 설계휨모멘트 산정

고정하중, 활하중, 충격계수, 난간 및 방호벽의 충돌하중 등을 산정한다.

① 바닥판 단면검토를 위한 고정하중 및 활하중의 적용은 [도·설 2.1.2 고정하중] 및 [도·설 2.1.3 활하중], 그리고 [도·설 3.6.1.4 바닥판의 설계 휨모멘트]에 따른다.

② 충격하중은 [도·설 2.1.4 충격]에 의해 산정된 충격계수를 활하중에 곱한 값으로 한다.

③ 방호벽에 작용하는 충돌하중 및 풍하중의 적용은 [도·설 2.4.3.3 난간] 및 [도·설 2.1.11 풍하중]에 따른다.

④ 하중의 조합은 [도·설 2.2.3.2 설계하중조합]에 의하여 여러 하중조합중 가장 불리한 하중조합을 산정한다.

(3) 바닥판 단면 설계

주철근 및 배력철근량 등을 산정한다.

① 주철근량 및 배력철근량의 산정은 [도·설 3.6.1.6~3.6.1.11]에 따라 철근의 지름, 덮개, 주철근 및 배력철근의 간격 등의 규정을 만족하도록 설계한다.

② 합성거더인 경우의 바닥판 설계는 ①항에 제시된 것 외에 [도·설 3.9.4 바닥판]의 규정도 만족하도록 설계하여야 한다.

③ 지점부의 인장을 받는 콘크리트 바닥판에서 콘크리트의 단면을 유효로 하는 설계를 하는 경우에는 바닥판에 작용하는 전 인장력을 철근이 받도록 해야 한다. 교축방향의 주장률 철근은 [도·설 3.9.2.3 인장력을 받는 바닥판의 배근]에 따라 설계하도록 한다.

(4) 사용성 검토

균열, 피로응력 등 사용성을 검토한다.

① 콘크리트 구조물에 외력이 작용하면 인장부에 균열이 발생할 수 있으며, 균열부에 노출된 철근은 부식이 발생하므로 균열에 대한 적절한 고려를 하여야 한다. 균열폭에 영향을 주는 요인들은 다음과 같다.

- 이형철근을 사용하면 균열폭을 최소화 할 수 있다.
- 철근은 인장측 콘크리트면에 직경이 작은 철근으로 골고루 분포시켜 균열폭을 최소화 할 수 있다(콘크리트 면적에 대한 총철근 보강비율).
- 균열폭은 콘크리트 덮개에 비례한다.
- 부재가 하중을 받을 경우 철근응력의 증가에 비례한다.
- 콘크리트의 인장강도, 부재의 크기와 형상

② 상기와 같은 요인들을 고려하여 균열이 허용균열폭 이내가 되도록 철근량 및 간격을 결정한다. 허용균열폭 w_a(mm)은 [도 · 설 4.4.9.3]에 따른다.

3.3.4 [단계 3] 주거더 설계

(1) 하중산정

① 주거더 설계를 위한 고정하중은 [도 · 설 2.1.2 고정하중]에 따라 합성전 고정하중과 합성후 고정하중을 구분하여 산정한다.

② 활하중은 [도 · 설 2.1.3 활하중]에 따라 설계 차로폭을 결정하고 표준트럭하중(DB) 및 차로하중(DL)을 재하하며, 충격하중은 [도 · 설 2.1.4 충격]에 의해 충격계수를 산정하여 활하중의 충격효과를 고려한다.

③ 지점침하의 영향을 고려하는 경우 부정정 구조물에서 지반의 압밀침하 등으로 인하여 장기간에 걸친 지점의 이동 및 회전의 영향을 고려하여야 할 경우에는 최종 이동량을 추정하여 단면력을 산정하여야 하며, 탄성계산에서 구한 단면력을 그대로 설계에 사용한다.

④ 2차 부정정력 산정을 위한 하중은 [도 · 설 2.1.7 콘크리트의 크리프와 건조수축의 영향] 및 [도 · 설 2.1.12 온도변화]에 따른다.

(2) 단면계수 산정

① 각 단면에 대하여 합성전, 합성후로 나누어 시공단계에 합당한 단면계수를 산정한다.

② 단면검토를 위한 단면계수는 지간과 부재의 폭에 의한 유효폭 규정인 [도 · 설 3.8.3.4 플랜지의 유효폭] 규정을 적용하여 산정하도록 한다.

(3) 구조물 모델링

① 교량의 상부는 각 주거더와 가로보, 세로보를 격자형태로 모델링하며 평면 곡선 및 사각(Skew) 효과를 고려한 3차원 모델링을 원칙으로 한다. 이때 플레이트거더교가 합성거더일 경우 주거더 및 가로보는 상부 바닥판의 단면 강성도 고려한다.

② 고정하중은 주거더의 강재 자중 및 콘크리트 바닥판의 자중을 고려하며, 바닥판 자중은 2차원 모델을 사용하여 거더에 반력으로 산정한 후 그 반력을 3차원 상부 모델에 재하한다.

③ 활하중은 각 거더에 편심하중으로 재하하며 경간별 및 차로별로 가장 불리한 하중조합을 도출한다. 표준트럭하중 및 차로하중의 재하는 콘크리트 바닥판에 의한 하중의 횡분배 효과를 고려하여 최대로 불리한 경우의 주거더에 대하여 설계하여야 한다.

(4) 응력조합 및 합성응력 검토

① 휨모멘트에 의한 플레이트거더단면의 휨응력은 탄성이론에 따라 평면상태를 유지하는 경우에 한하여 [도 · 설 3.8.2.1 플레이트거더의 휨응력]에 따라 산정한다.

② 판형에서 휨에 의한 전단응력의 단면내 분포는 판형과 같은 얇은 단면의 경우, 전단력이 각 부재의 중앙선에 대하여 흐른다는 전단류(剪斷流) 이론에 의한 것을 엄밀해로 본다. 그러나 판형의 경우는 전단력의 대부분을 복부판에서 받아 지지하고, 복부판 내에는 응력분포가 균일하게 분포되므로 [도·설 3.8.2.2 복부판의 전단응력]에 따라 산정하도록 한다.

③ 휨모멘트에 의한 휨응력과 휨에 따르는 전단응력에 대하여 설계할 경우 각 응력이 각각의 허용응력 안에 들어오더라도 합성응력이 허용응력을 초과하여 위험하게 될 경우를 고려하여 [도·설 3.8.2.4 합성응력의 검산]에 따라 합성응력을 검토하여야 한다.

④ 합성응력의 검토는 휨응력과 전단응력이 다 같이 허용응력의 45 %를 초과할 경우에 대해서만 수행하도록 한다.

⑤ 주거더의 플랜지와 라멘 가로보의 플랜지가 직접 연결되는 경우와 같이 주거더의 2방향 응력이 작용하는 부분에 대해서는 [도·설 3.8.2.5 2축응력 상태의 검산]에 따라 검토가 이루어져야 한다.

3.3.5 [단계 4] 가로보 설계

(1) 하중 산정

① 가로보 설계를 위한 고정하중은 [도·설 2.1.2 고정하중]에 따라 산정한다.

② 활하중은 [도·설 2.1.3 활하중]에 따라 설계차로폭을 결정하고 표준트럭하중(DB) 및 차로하중(DL)을 재하하며, 충격하중은 [도·설 2.1.4 충격]에 의해 충격계수를 산정하여 활하중의 충격효과를 고려한다.

③ 기타 가로보에 작용하는 하중에 대해서는 [도·설 2.1 하중]에 따라 산정한다.

(2) 휨/전단응력 검토

휨모멘트에 의한 판형단면의 휨응력은 [도·설 3.8.2.1 플레이트거더의 휨응력]에 따라 산정하며, 복부판의 휨에 따르는 복부판의 전단응력은 [도·설 3.8.2.2 복부판의 전단응력]에 따라 산정한다.

(3) 합성응력 검토

① 휨모멘트에 의한 휨응력과 휨에 따르는 전단응력에 대하여 설계할 경우 각 응력이 각각의 허용응력 안에 들어오더라도 합성응력이 허용응력을 초과하여 위험하게 될 경우를 고려하여 [도·설 3.8.2.4 합성응력의 검산]에 따라 합성응력을 검토하여야 한다.

② 합성응력의 검토는 휨응력과 전단응력이 다 같이 허용응력의 45 %를 초과할 경우에 대해서만 수행하도록 한다.

3.3.6 [단계 5] 이음 설계

(1) 용접이음방법 결정

응력을 전달하는 용접이음에는 전단면(全斷面) 용입홈용접, 부분 용입홈용접 또는 연속 필렛용접을 쓰도록 하며, 용접이음방법의 결정은 [도·설 3.5.2.1 용접의 종류와 적용]에 따르도록 한다.

(2) 용접 목두께 및 유효길이 결정

① 응력을 전달하는 용접부의 목두께는 [도·설 3.5.2.2 용접부의 유효두께]에 따라 산정한다.

② 용접부의 유효길이는 이론상의 목두께를 가지는 용접부의 길이로 하며, [도·설 3.5.2.3 용접부의 유효길이]에 따라 산정하도록 한다.

③ 필렛용접의 경우 필렛용접 치수 및 최소 유효길이는 [도·설 3.5.2.4 필렛용접의 치수] 및 [도·설 3.5.2.5 필렛용접의 최소 유효길이]에 따른다.

(3) 용접이음부 응력 검토

① 용접이음에 축방향력 또는 전단력이 작용하는 경우 용접부에 발생하는 응력은 [도·설 3.5.2.6 축방향력 또는 전단력을 받는 용접이음의 응력]에 따라 산정한다.

② 휨모멘트를 받는 용접이음부에 발생하는 응력은 [도·설 3.5.2.7 휨모멘트를 받는 용접이음부의 응력]에 따라 산정한다.

③ 축방향력, 휨모멘트 및 전단력을 동시에 받는 용접이음에서는 [도·설 3.5.2.8 용접이음부의 합성응력의 검토]에 따라 합성응력에 대한 검토가 이루어져야 한다.

(4) 볼트 허용력 산정

볼트의 허용력은 [도·설 3.5.3.4 볼트의 허용력]의 규정에 따라 산정한다.

(5) 볼트 및 이음판 설계

① 고장력볼트를 사용한 볼트의 설계는 [도·설 3.5.3.5 볼트의 설계]에 따른다.

② 고장력볼트 이음에 있어서 이음판의 설계는 [도·설 3.5.3.6 이음판의 설계]에 따른다.

(6) 볼트설계시 검토사항

① 볼트설계시 인장재 순단면적의 계산은 [도·설 3.5.3.7 순단면적의 계산]에 따른다.

② 볼트의 최소/최대 중심간격은 [도·설 3.5.3.8 볼트의 최소 중심간격] 및 [도·설 3.5.3.9 볼트의 최대 중심간격]에 따르며, 연단거리는 [도·설 3.5.3.10 연단거리]에 따라 검토하여야 한다.

③ 연결하려는 부재 또는 재편 사이에 채움판을 넣을 경우 [도·설 3.5.3.13 채움판]의 규정에 따라야 한다.

3.3.7 [단계 6] 보강재 설계

(1) 수직보강재 설계

① 복부판 높이와 복부판 두께가 본 편람의 <표 506.3.3>에 표시한 이상의 경우에는 복부판에 필히 수직보강재를 설치하여야 한다. 수직보강재의 간격은 형고보다 좁게 택하는 것이 보통이고, 수직브레이싱간격은 등간격으로 배치하는 경우가 많다. 수직보강재의 간격을 조사하는 관계식은 [도·설 3.8.5.1 수직보강재의 간격]에 따라 정한다.

② 연속형의 지점상에 있어서 전단응력이 비교적 큰 부분에서는 수직보강재의 간격이 좁아질 가능성이 있다. 이 경우에는 복부판 두께를 증가시켜 전단응력을 작게 하거나, 플랜지 휨응력에 여유를 주어 보강재간격이 극단적으로 좁게되는 것을 방지하여야 한다.

③ 수직보강재의 강도는 [도·설 3.8.5.2 수직보강재의 강도]에 따라 검토되어야 한다.

(2) 수평보강재 설계

① 복부판에는 복부판 두께와 복부판 높이의 관계로부터 계산에 따라 필요개수의 수평보강재를 [도·설 3.8.6.1 수평보강재의 위치]에 따라 설치하여야 한다. 수평보강재는 복부판의 한쪽에만 배치하고 돌출길이가 수직보강재보다 짧도록 하는 것이 일반적이며, 복부판의 좌굴파형의 마디가 되고 반드시 주거더가 내하력한계에 이를 때까지 좌굴되지 않을 정도의 강도를 지닐 필요가 있다. 그 필요강도는 [도·설 3.8.6.2 수평보강재의 강도]에 따른다.

② 수평보강재의 강재종류는 그 설치 위치의 복부판에 발생되는 최대응력과 같은 응력을 받는 것으로 하여 정하여야 하며, 보통 수직보강재와 수평보강재의 단부는 35 mm 사이를 두고 설치하는 것이 일반적이다. 또한 복부판의 현장이음부에서는 수평보강재를 생략할 수 있으며, 보강재의 돌출부와 두께의 관계는 압축력을 받는 자유돌출부의 규정에 따르며, 복부판응력이 낮은 곳에 설치한 보강재는 복부판응력과 같은 응력을 받고 있는 것으로 하여 두께를 줄여도 좋다.

(3) 단보강재 설계

지점 및 가로보·세로보·수직브레이싱 등의 연결부와 같이 하중이 집중되는 점에서는 보강재를 [도·설 3.8.7 하중 집중점의 보강재]에 따라 설계하여야 한다.

3.3.8 [단계 7] 브레이싱 설계

(1) 수직브레이싱 설계

① 수직브레이싱은 [도·설 3.8.8.1 수직브레이싱]에 따라 설계하도록 한다. 단, I형 단면 및 π형 단면의 플레이트거더교에서는 수직브레이싱 간격을 6 m 이내로 설계하되 플랜지폭의 30배를 넘지 않는 간격으로 중간수직브레이싱을 설계하여야 한다. 또한 수직브레이싱은 주거더간격, 수평브레이싱의 구조, 현장이음의 위치 등을 고려하여 지간을 대략 등분하여 배치한다.

② 수직브레이싱을 하중분배거더로 하여 설계하는 경우에는 중간주거더와의 연결부에서 휨모멘트가 충분히 전달될 수 있는 구조가 되도록 하여야 하며, 이때 수직브레이싱은 주요 부재로서 DL하중에 의하여 설계하여야 한다. 또한 지점상에는 필히 주거더간을 연결하는 단부 수직브레이싱을 설치하여야 한다.

(2) 수평브레이싱 설계

① 지간이 25 m를 초과하는 경우 횡하중을 받침에 전달하기 위하여 수평브레이싱을 [도·설 3.8.8.2 수평브레이싱]에 따라 설계하도록 한다. 일반적으로 상부 수평브레이싱은 바닥판으로 대용하므로 하부수평브레이싱이 횡하중의 1/2을 받는 것으로 설계한다. 횡하중으로는 풍하중과 지진하중을 고려한다.

② 수평브레이싱의 평면은 보통 수직브레이싱의 하부면과 일치하도록 설치한다. 수평브레이싱 부재에는 일반적으로 L형단면 또는 ㄷ형 단면이 사용되나 너무 작은 부재를 사용하면 강성이 부족하므로 최소 L형강을 75 mm × 75 mm로 한다.

③ 수평브레이싱의 부재는 일반적으로 연결판에 플랜지의 한 면이 연결되도록 한다. 이 경우 인장부재의 경우에는 그 유효단면적의 감소, 압축부재의 경우에는 축력의 편심에 의한 영향을 고려할 필요가 있다.

④ 상로플레이트거더교에서 주거더가 강바닥판 또는 철근콘크리트 바닥판과 결합되어 있어 횡방향 좌굴 등의 변형에 견딜 수 있을 때에는 상부수평브레이싱을 생략할 수 있다.

⑤ 지간이 25 m 이하이면서 튼튼한 수직브레이싱이 있고 바닥판이 주거더를 충분히 고정시키고 있다고 볼 수 있는 경우에는 하부수평브레이싱에서도 생략할 수 있으나 수평브레이싱은 가설시에 거더의 형상을 유지하는데 필요하므로 함부로 생략하지 않는 것이 좋다. 한편 곡선교의 경우에는 하부수평브레이싱을 생략할 수 없다.

3.3.9 [단계 8] 전단연결재 설계

(1) 전단연결재 형식 결정

전단연결재의 설계에 있어서 합성효과, 사용장소, 시공의 난이 등을 고려하여 [도·설 3.9.5.1 전단연결재의 종류] 중에서 선택하도록 한다.

(2) 수평전단력 산정

① 전단연결재는 각종 하중의 조합에 의한 강재거더와 바닥판 콘크리트 사이의 전단력이 가장 크게 되는 경우에 대해서 설계하며, 허용응력의 증가를 고려해서는 안된다. [도·설 3.9.5.2 전단연결재의 설계].

② 바닥판 콘크리트의 건조수축 및 바닥판 콘크리트와 강재거더의 온도차에 의해 전단연결재에 작용하는 전단력은 [도·설 3.9.5.3 바닥판 콘크리트의 건조수축 및 바닥판 콘크리트와 강재주거더의 온도차에 의해서 생기는 전단력]에 따라 산정한다.

(3) 전단연결재 간격 결정

전단연결재의 최대 및 최소간격은 [도·설 3.9.5.4 전단연결재의 최대 간격] 및 [도·설 3.9.5.5 전단연결재의 최소 간격]의 규정에 따른다.

(4) 피로강도에 의한 간격 결정

위 (3)의 항에 의해 설계된 전단연결재는 [도·설 3.9.5.9 피로강도를 고려한 전단연결재의 간격] 규정에 따라 충격을 포함한 활하중 전단력의 범위에 따라 산정된 간격으로 재검토해보아야 한다.

(5) 극한강도의 검토

위 (4) 피로강도의 검토항에 의해 설계된 전단 연결재는 [도 · 설 3.9.5.10 극한강도 검토] 규정에 따라 충분한 극한강도를 지니고 있는지에 대해서 검토하여야 한다.

3.3.10 [단계 9] 처짐 검토 및 솟음

(1) 활하중에 의한 처짐량 산정

① 처짐검토를 위해 충격을 포함한 활하중만을 재하하여 처짐량을 산정하도록 한다.

② 설계트럭하중만으로 얻은 처짐값과 설계차로하중과 조합된 설계트럭하중의 25%에 의해 얻은 처짐값 중 큰 값을 처짐검토를 위한 처짐값으로 사용할 수도 있다[AASHTO LRFD 3.6.1.3.2].

(2) 허용처짐량 산정

충격을 포함한 활하중에 의한 강교의 주거더 및 가로보의 최대처짐은 [도 · 설 3.2.3 처짐의 허용값]에서 규정한 값 이하라야 하며, 처짐은 부재의 총단면적으로 계산한다.

(3) 솟음량 산정

① 지간 25 m 이상의 판형에서는 [도 · 설 3.8.10.1 솟음] 및 [도 · 설 3.9.7 솟음]에 따라 솟음량을 산정한다. 일반적으로 고정하중을 재하시켰을 때 발생하는 처짐만큼 미리 솟음을 주어 차후 고정하중이 실제로 재하되었을 때 처짐량이 발생하지 않도록 함을 원칙으로 한다.

② [AASHTO LRFD] 기준에서는 고정하중에 의한 처짐(솟음)에 의한 사용성의 검토를 위해 [AASHTO LRFD 3.4.1 Load Factors and Load Combinations] 중 ServiceⅡ하중조합에 해당하는 하중을 재하하여 처짐량을 산정하도록 하고 있으므로 참조하여도 좋다.

3.3.11 [단계10] 피로 검토

(1) 발생변동응력 계산

활하중에 의해 발생하는 최대응력과 최소응력의 대수차인 응력범위를 산출한다.

(2) 최종반복횟수 산정

최종반복횟수는 [도 · 설 3.3.4.2 설계응력반복횟수]에 따라 산정하도록 한다.

(3) 응력범주 산정

응력의 종류 및 범주는 [도 · 설 3.3.4.1 허용피로응력범위]의 <표 3.3.13>에 따라 적용한다.

(4) 재하경로 판단

단재하 및 다재하 경로 구조물의 결정은 [도 · 설 3.3.4.1 허용피로응력범위]에 따른다.

(5) 허용피로응력 산정

부재의 허용피로응력은 [도 · 설 3.3.4.1 허용피로응력범위]에 따라 산정하도록 한다.

3.3.12 [단계11] 부대시설 설계

(1) 신축량 산정

① 신축이음장치를 설계하기 위해서는 [도 · 설 2.4.1.3 가동받침의 이동량]의 규정에 따라 온도에 의한 신축량, 활하중 처짐에 의한 신축량, 콘크리트 건조수축에 의한 수축량 등을 고려하여 산정하도록 한다.

② 설치여유량은 [도 · 설 2.4.2.2 설계신축량]에 따라 산정하도록 한다.

(2) 교량받침 선정

교량받침에 최대 반력이 발생되도록 여러 경우에 대해 하중을 재하한다. 이때 하중계수는 적용하지 않으며, 산정된 최대 반력 이상의 용량을 갖는 교량 받침을 결정한다.

3.4 플레이트거더교 설계 예

3.4.1 [단계 1] 설계조건 및 가정단면 결정

(1) 형 식 : 플레이트거더교
(2) 등 급 : 1등교
(3) 연 장 : 40.00 + 2@45.00 + 40.00 = 170.00 m
(4) 폭 원 : 12.60 m
(5) 사 각 : 0°
(6) 사용재료

① 강재
- 주부재 : SM490(상·하 플랜지, 복부판, 종방향 보강재, 수평보강재, 지점보강재, 주부재 이음판, 소울플레이트, 받침부 다이아프램)
- 부부재 : SM400(가로보, 횡방향 보강재, 일반부 다이아프램, 수직보강재, 세로보)
- 탄성계수 : 210,000 MPa

② 콘크리트 : f_{ck} = 27 MPa, E_c = 27,804 MPa
③ 철근 (SD 400)
④ 볼트 : M22 F10T 고장력볼트

(7) 설계하중

① 고정하중(단위질량)
- 철근 콘크리트 = 2,500 kg/m^3
- 아스팔트콘크리트 = 2,300 kg/m^3

② 활하중
- 설계차로수(N) : 3차로 (연석간 교폭 W_c = 11.70 m)
- 1등급 교량으로서 DB-24 및 DL-24 하중을 적용한다.
- DL-24하중 : - 차로당 하중의 점유폭(W) = W_c / N = 11.70/3 = 3.900 m(>3.6 m)
  • 차로당 등분포하중 W_ℓ = 12.7 kN/m
  • 모멘트 계산시 집중하중 P_m = 108 kN
  • 전단력 계산시 집중하중 P_s = 156 kN

- DB-24 하중
  • 전륜 하중 = 24 kN
  • 후륜 하중 = 96 kN
- 설계속도 : V = 80 km/hr

[도·설 2.1.3] 활하중 규정을 적용한 하중 재하

③ 충격계수 [도·설 2.1.4]
- $I = 15 / (40 + L) \le 0.3$, L : 지간 (m)

④ 온도차

- ΔT = ± 10°C　　　　　　- 선팽창계수 a = 0.000012

⑤ 탄성계수비

- 주거더의 탄성변형, 부정정력 및 단면응력을 계산하는 경우에 강재와 바닥판 콘크리트의 탄성계수비 n은 8을 표준으로 한다.

⑥ 바닥판 콘크리트의 건조수축

- 건조수축 계수 : ε_s = 0.00027
- 크리프 계수　: $\phi_2 = 2\phi_1 = 4.0$
- 건조수축 계산을 위한 탄성계수비 : $n_2 = n \times (1 + \phi_2\ /\ 2) = 24$

⑦ 바닥판 콘크리트의 크리프

- 크리프 계수 : ϕ_1 = 2.0
- 크리프 계산을 위한 탄성계수비 : $n_1 = n \times (1 + \phi_1\ /\ 2) = 16$

⑧ 지점 침하에 의한 영향

- 합성후 단면에 대하여 각 지점 위치별 10 mm의 부등침하를 조합하여 적용

(8) 단면 가정

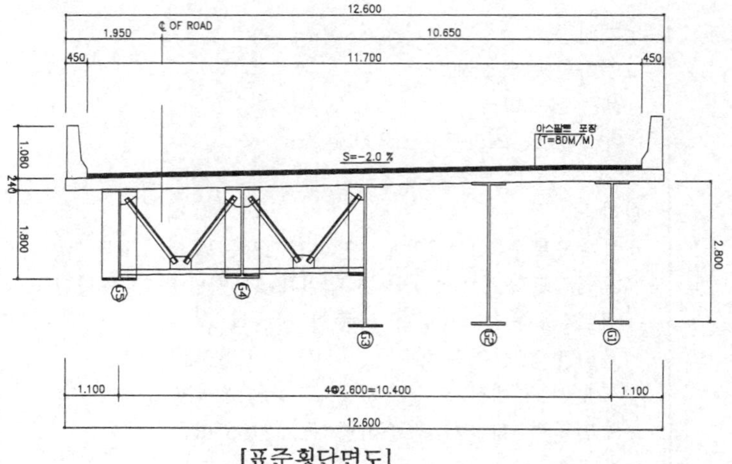

[표준횡단면도]

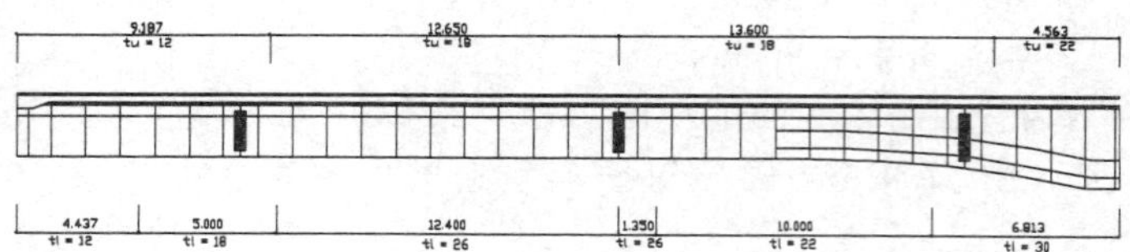

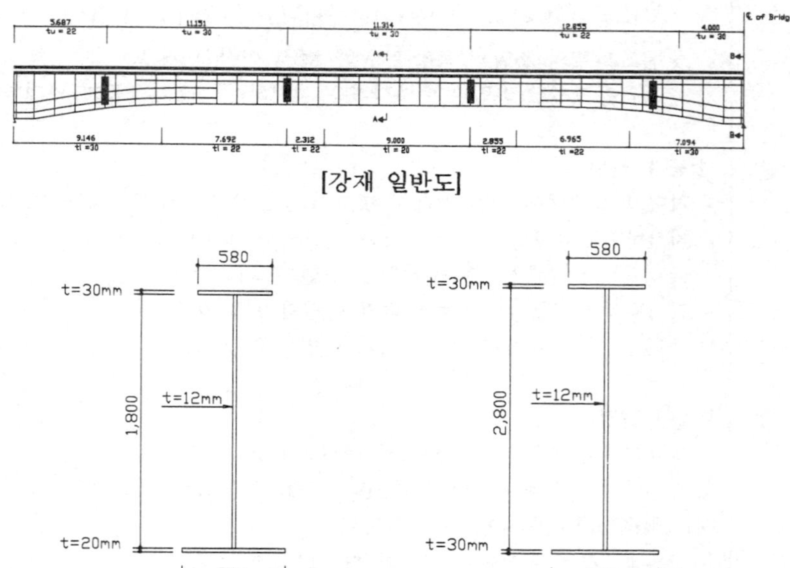

[강재 일반도]

[단면 A-A] [단면 B-B]

3.4.2 [단계 2] 바닥판 설계

(1) [단계 2-1] 중앙부 [도·설 3.6.3]

① 경험적 설계법

- 유효지간 산정

  $2.6 - 0.012 - (0.58 - 0.012)/2 = 2.304$ m (중앙부)

  $1.1 - 0.006 - (0.290 - 0.006)/2 = 0.952$ m (캔틸레버부)

- 경험적 설계법에 의한 바닥판 슬래브 계산
  - 지지부재들이 강재 주거더인 경우
  - 콘크리트를 현장타설하고 습윤양생을 시킨 경우
  - 주거더 플랜지부의 헌치와 같이 국부적으로 두껍게한 곳을 제외한 상태에서 전체적으로 바닥판 두께가 일정해야 함
  - 바닥판 두께에 대한 유효지간의 비가 6이상 15 이하인 경우

    $6 \le 2.304 / 0.24 = 9.600 \le 15$ ---- OK
  - 바닥판의 상면과 하면에 배근된 철근의 외측면 사이의 두께가 150 mm 이상인 경우

    $24.000 - 4.000 - 6.000 + 0.800 + 0.800 = 15.600 \ge 15$ ---- OK
  - 유효지간이 표준차선폭 3.6 m 이하인 경우

    $2.304 \le 3.600$ ---- OK
  - 바닥판의 홈집, 마모면 그리고 보호피복 덮개층을 제외한 바닥판의 최소두께가 240 mm 이상인 경우
  - 캔틸레버부의 길이가 내측바닥판 두께에 5배 이상이거나, 캔틸레버부의 길이가 내측바닥판 두께에 3배 이상이고 구조적으로 연속적인 콘크리트 방호책과 합성이 된 경우

방호벽이 있는 구간 : 캔틸레버 길이 = 1.100 $\geq$ 0.24 x 3 = 0.720 ---- OK
· 콘크리트의 28일 압축강도가 27 MPa 이상인 경우
· 철근콘크리트 바닥판은 바닥판을 지지하는 구조부재들과 완전합성거동을 하여야 함.

② 철근 배근량
- 경험적 설계법에 의한 설계시 별도의 구조해석은 수행하지 않고, 다음과 같이 산정
- 지간방향 : 하부철근량 = 바닥판 단면의 0.4% 이상
: 상부철근량 = 바닥판 단면의 0.3% 이상
- 직각방향 : 하부철근량 = 바닥판 단면의 0.3% 이상
: 상부철근량 = 바닥판 단면의 0.3% 이상

③ 주철근 산정
- 하부철근량 = 콘크리트 바닥판 단면의 0.4% 이상
= 240 x 1,000 x 0.04 = 960.000 mm^2
Use *H*16@200 = 993.000 mm^2 OK
- 상부철근량 = 콘크리트 바닥판 단면의 0.3% 이상
= 240 x 1,000 x 0.03 = 720.000 mm^2
Use *H*16@200 = 993.000 mm^2 OK

④ 배력근 산정
- 하부철근량 = 콘크리트 바닥판 단면의 0.3% 이상
= 240 x 1,000 x 0.03 = 720.000 mm^2
Use *H*16@250 = 794.400 mm^2 OK
- 상부철근량 = 콘크리트 바닥판 단면의 0.3% 이상
= 240 x 1,000 x 0.03 = 720.000 mm^2
Use *H*16@250 = 794.000 mm^2 OK

(2) 캔틸레버부 [도 · 설 3.6]

① 바닥판 최소두께 검토
- 활하중 지간
0.952 - 0.450 - 0.300 = 0.202 m $\leq$ 0.25 m
∴ 바닥판의 최소두께 = 280L + 180 = 280 x 0.202 + 180
= 236.356 mm $\leq$ 240 mm---- OK

② 고정하중 [도 · 설 2.1.2]

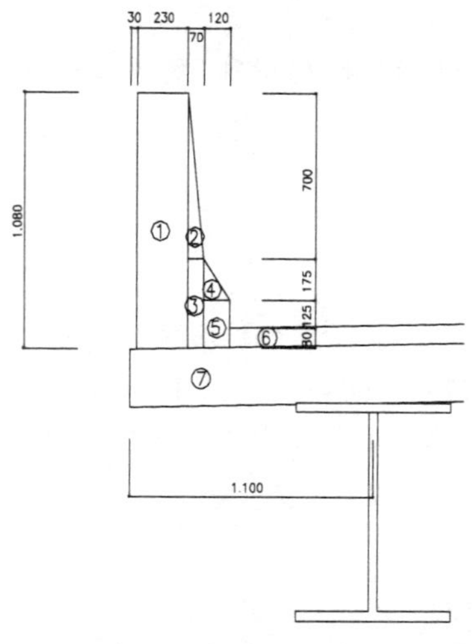

NO.	계 산 식	중량 (kN)	x (m)	모멘트 (kNm)
①	1.08×0.23×25 =	6.210	0.807	5.011
②	0.7×0.07×25×0.5 =	0.613	0.669	0.410
③	0.38×0.07×25 =	0.665	0.657	0.437
④	0.175×0.12×25x0.5 =	0.263	0.582	0.153
⑤	0.205×0.12×25 =	0.615	0.562	0.346
⑥	0.502×0.08×23 =	0.924	0.251	0.232
⑦	0.952×0.24×25 =	5.712	0.476	2.719
	Σ	15.002		9.308

③ 활하중 [도 · 설 2.1.3]

$E = 0.8X + 1.14 = 1.302, \quad X = 0.202$ m

$i = \dfrac{15}{40+L} = 0.373 > 0.3$

$i_{used} = 0.3$

$M_{1+i} = \dfrac{P}{E} \times X \times (1+i) = 19.362$ kNm

④ 충돌하중

- $P_o = (\dfrac{V}{60})^2 \times 7.5 + 2.5 = (\dfrac{80}{60})^2 \times 7.5 + 2.5 = 15.833$ (kN/m)

여기서, P_o : 방호울타리 1 m 높이에 직각으로 작용하는 교축 1.0 m 당 수평충돌력
V : 차량의 충돌속도 (80 km/hr)

- 방호책 설치요령
  P_o는 방호벽 상단에 횡방향으로 10 kN/m의 수평하중 적용

- 설계 충돌하중
  방호벽 충돌하중은 위 두 값 중 큰 값을 적용

$\therefore\ P_o$=15.833 kN/m

곡률 반지름 R ≤200 일 때 P_o값의 2배를 충돌하중으로 적용

$$M_o = 15.833 \times (1.000 + 0.08 + \frac{0.240}{2}) = 19 \ \text{(kNm)}$$

⑤ 풍하중

B = 12.600 m

D = 1.080 + 0.240 + 1.800 = 3.120 m (방호벽높이 + 바닥판높이 + 거더높이)

B/D = 12.600 / 3.120 = 4.038 (1 ≤ B/D ≤ 8)

∴ 풍하중 = (4.0 - 0.2 x (B / D)) x D = 1.800 kN/m

$$M_w = M_o = 1.800 \times (\frac{1.08}{2}) = 0.972 \ \text{kNm}$$

⑥ 하중조합 [도 · 설 2.2.3.2]

Case 1 : 1.3*D* + 2.15*L*

Case 2 : 1.3*D* + 1.3*L* + 1.3*CO*

Case 3 : 1.3*D* + 1.3*L* + 0.65*W*

Case 4 : 1.2*D* + 1.2*W*+1.2*CO*

Case 5 : 1.3*D* + 1.3*W*

하중조합	휨모멘트	비 고
Case 1	53.729	단위 : kNm
Case 2	61.971	
Case 3	37.903	
Case 4	40.423	
Case 5	13.364	
사용성 검토	28.962	

⑦ 단면 검토

콘크리트 설계강도	= 27 MPa	철근의 항복강도 (f_y)	= 400 MPa
극한모멘트 (M_u)	= 61.971 kNm	강도감소계수(휨)	= 0.85
단면폭 (B)	= 1000 mm	피복두께	= 60 mm
유효높이 (d)	= 180 mm		

$$\frac{A_s^{\,2} \times f_y^{\,2}}{\phi \times 2 \times b \times f_{ck}} - A_s \times f_y \times d + \frac{M_u}{\varphi} = 0$$

$\therefore A_{s,req} = 1{,}067.800 \ \text{mm}^2$

Use $\therefore A_s = 1{,}986.000 \ \text{mm}^2$ (1단 H16 @ 100)

- 철근비 검토

$$P_{\min} = \frac{0.25\sqrt{f_{ck}}}{f_y} = 0.0032$$

$$P_{min} = \frac{1.4}{f_y} = 0.0035 \text{ , } P_{min} = 0.0035 \text{ 적용}$$

$$P_{max} = 0.75 \times 0.85 \times \beta_1 \times \frac{f_{ck}}{f_y} \times \frac{600}{600 + f_y} = 0.0219$$

$$P = \frac{A_s}{b \times d} = 0.011 \quad < \quad P_{max} \text{ ———————> O.K}$$

- 휨에 대한 검토

$$\phi M_n = \phi \times A_s \times f_y \times \left(d - \frac{a}{2}\right) = 109.727 \text{ kNm} \quad > M_u \text{ ——> O.K}$$

⑧ 배력근 산정 [도 · 설 3.6.1.4]

- 주철근이 차량진행방향에 직각일 경우

i) 백분율 = $\frac{120}{\sqrt{L}}$ = 124.973%

ii) 67.000%

i), ii) 중 작은 값 이상을 사용한다.

∴ 필요철근량은 1,067.800 x 0.67 = 715.430 mm^2

Use $H16$ @ 250 = 794.400 mm^2

⑨ 사용성 검토

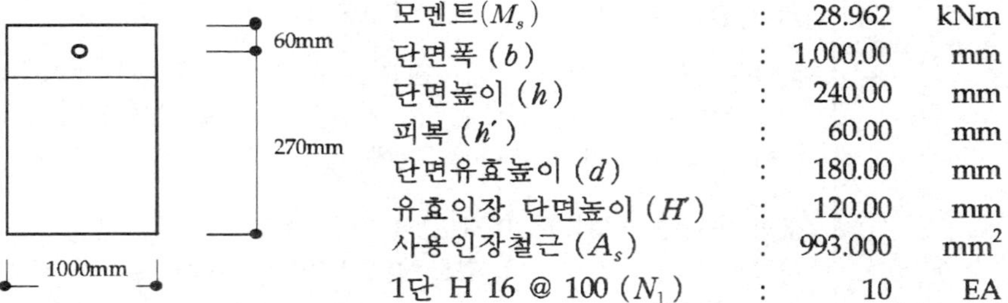

모멘트(M_s)	:	28.962	kNm
단면폭 (b)	:	1,000.00	mm
단면높이 (h)	:	240.00	mm
피복 (h')	:	60.00	mm
단면유효높이 (d)	:	180.00	mm
유효인장 단면높이 (H')	:	120.00	mm
사용인장철근 (A_s)	:	993.000	mm^2
1단 H 16 @ 100 (N_1)	:	10	EA

- 허용 균열폭(w_a)
  - $w_a = 0.005 \times t_c$ (콘크리트의 최소덮개 : $60 - 16/2$) = 0.260 mm
  - $M_a = M_d + M_{l+i} + 0.3M_w$ = 28.962 kNm

- 균열폭(w)

$$w = 1.08 \times R \times f_s \times \sqrt[3]{(d_c \times A)} \times 10^{-5} \text{mm}$$

R = 1.35(바닥판)

$$A = \frac{b \cdot H'}{N_1} = \frac{1,000.00 \times 120.000}{10} = 12,000.00 \text{ mm}^2/\text{EA}$$

$$k = -8 \times 0.011 + \sqrt{(8 \times 0.011)^2 + 2 \times 8 \times 0.011} = 0.341$$

$x = 0.341 \times 180.00 = 61.38$ mm

$$f_s = \frac{28.962 \times 10^6}{1986 \times \left(180.00 - \frac{61.38}{3}\right)}$$

$= 91.274$ MPa $< f_{sa} = 0.6 \times f_y = 240$ MPa ————————> O.K

$w = 1.08 \times 1.35 \times 91.274 \times \sqrt[3]{(60.00 \times 12{,}000.00)} \times 10^{-5}$

$= 0.119$ mm < 0.260 mm ————————> O.K

⑩ 내부 지점부 주장률 검토 [도 · 설 3.9.2.3]

(지점부 부모멘트 구간에 인장을 받는 바닥판 콘크리트의 교축방향 철근)

· 바닥판 콘크리트 단면적의 2% 이상

· 주장률 0.0045 mm/mm²

· A_c = 1,000 x 240 = 240,000 mm², A_s = 240,000 x 0.02 = 4,800 mm²

· 사용철근량

- 상면 및 하면 $H22$ @ 125 = 3,096.8 mm²

A_s = 6,193.6 mm² > 4,800 mm² --- OK

- 주장율 μ = π × 철근 직경 × 사용 갯수 / A_c

= π × 22.2 × 16EA / 240,000

= 0.0046 mm/mm² > 0.0045 mm/mm² ⇒ OK

(3) 거더 단부 바닥판의 보강 [도 · 설 3.6.1.11]

• 단부에서 차도부근의 바닥판은 이곳에서 연속성이 단절되므로 일반부의 바닥판에 비하여 커다란 휨모멘트가 발생한다. 또한 신축장치가 있으므로 차량하중으로 인한 충격이 거더 단부바닥판에 작용하게 되므로 이에 대한 보강을 하여야 한다.

① 내민 바닥판(캔틸레버 바닥판)의 철근 보강

ⓐ $Req'd\ A_s$ = 2 × 필요 철근량 = 1,864.512 mm²

∴ 주철근 보강의 사용철근량 A_s = 2,292.000 mm² → H19 - 8EA (CTC 125 mm)

ⓑ 소요철근량 A_{sd} = 2×단부 이외의 내민 바닥판의 배력철근량 = 1588.8 mm²

∴ 배력근 보강의 사용철근량 A_s = 2,292.000 mm² →H19 - 8EA(CTC 125 mm)

상부의 배력근을 보강 (하부의 배력근은 원래의 배력철근을 그대로 사용한다.)

② 중간 바닥판의 철근 보강

ⓐ 소요철근량 A_s = 2 × 필요 철근량 = 1,864.512 mm²

∴ 주철근 보강의 사용철근량 A_s = 2,292.000 mm² →H19 - 8EA(CTC 125 mm)

ⓑ 단부 보강 철근의 배치가 필요한 최소 거리

: 바닥판 지간의 $\frac{1}{2}$보다 커야 하므로, L = 1.30 m 이상의 구간을 보강한다.

3.4.3 [단계 3] 주거더 설계

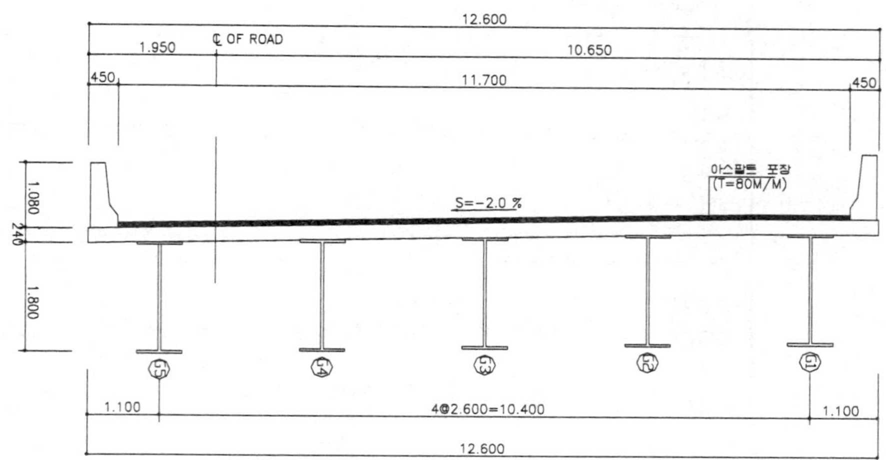

(1) 하중 산정

① 합성전 고정하중

- 강재자중 : 프로그램에서 자동 고려 (부부재 10% 포함)
- 바닥판 단면적 : 0.24 x 12.6 = 3.024 m^2
- 바닥판 자중 : 3.024 x 25 / 12.6 = 6.00 kN/m

② 합성후 고정하중

- 포장단면적 : 0.08 x (12.6 - 0.9) = 0.936 m^2
- 포장하중 : 0.936 x 23 / 11.7 = 1.84 kN/m
- 방호벽 하중 : 0.335 x 25 = 8.375 kN/m (여기서, 0.335 m^2 : 방호벽 단면적)

③ 활하중

- 충격계수(i)

$$i = \frac{15}{40 + L} < 0.3$$

1지간 (L = 40.0 m)	1지점 (L = 42.5 m)	2지간 (L = 45.0 m)	2지점 (L = 45.0 m)
0.188	0.182	0.176	0.176

각 지점 및 지간별 충격계수에 대하여 프로그램에서 DB-24, DL-24를 각 차선별로 자동재하하여 최대단면력을 산출함.

- 설계차로폭 산정

교 폭 : $W_c = 12.600 - 0.45 - 0.45 = 11.700$ m

설계차로폭 : $W = \frac{11.700}{3} = 3.90$ m > 3.6 m

※ W=3.6 m로 적용, 활하중은 DL-24 , DB-24 재하

• 활하중 재하도

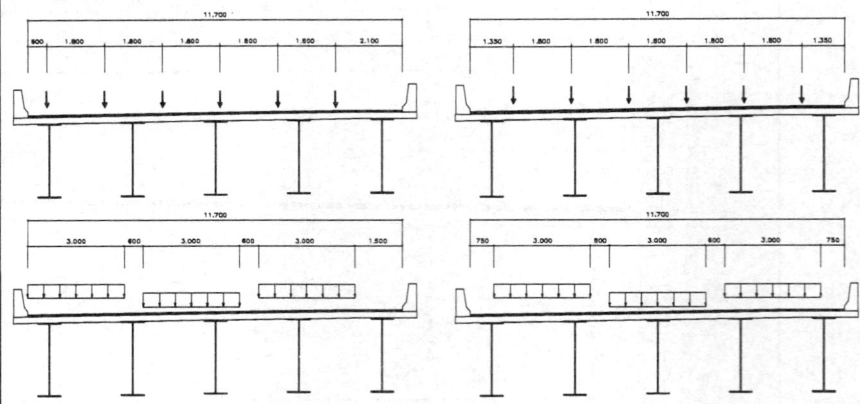

(2) 플랜지 및 바닥판의 유효폭 계산

해석시는 전단면을 고려하고, 응력검토시는 전단지연(Shear Lag) 현상의 영향으로 인한 플랜지 및 바닥판의 유효폭의 고려

① Flange의 유효폭 [도 · 설 3.8.3.4]

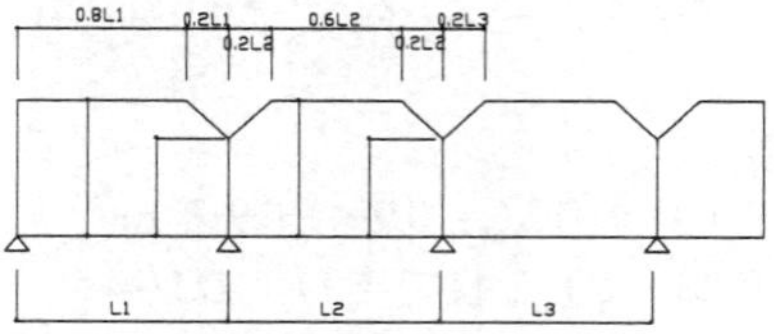

L_1 = 40.000 m, L_2 = 45.000 m, L_3 = 45.000 m

• 제 1 지간 중앙부

ℓ = 0.8 x 40 = 32.000 m

b_u/ℓ = 0.29 / 32 = 0.009

여기서, $b_u/\ell \leq 0.05$ 이므로 $\lambda_{L1} = b_u$ = 0.290 m

∴ 상부 플랜지 유효폭 $B = \lambda_{L1}$ x 2 = 0.580 m

b_ℓ/ℓ = 0.35 / 32 = 0.011

여기서, $b_\ell/\ell \leq 0.05$ 이므로 $\lambda_{L1} = b_\ell$ = 0.350 m

∴ 하부 플랜지 유효폭 $B = \lambda_{L1}$ x 2 = 0.700 m

• 제 1 지간 지점부

ℓ = 0.2 x (40 + 45) = 17.000 m

b_u/ℓ = 0.29 / 17 = 0.017

여기서, $b_u/\ell \leq 0.02$ 이므로

$\lambda_{S1} = b_u$ = 0.290 m

∴ 상부 플랜지 유효폭 B = λ_{S1} x 2 = 0.580 m

b_ℓ/ℓ = 0.35 / 17 = 0.021

여기서, 0.02 < b_ℓ/ℓ < 0.30 이므로

$\lambda_{S1} = \{1.06 - 3.2(b_\ell/\ell) + 4.5(b_\ell/\ell)^2\}b$ = 0.348 m

∴ 하부 플랜지 유효폭 $B = \lambda_{S1}$ x 2 = 0.696 m

• 제 2 지간 중앙부

ℓ = 0.6 x 45 = 27.000 m

b_u/ℓ = 0.29 / 27 = 0.011

여기서, $b_u/\ell \leq 0.05$ 이므로 $\lambda_{L2} = b_u$ = 0.290 m

∴ 상부 플랜지 유효폭 B = λ_{L2} x 2 = 0.580 m

b_ℓ/ℓ = 0.35 / 27 = 0.013

여기서, $b_\ell/\ell \leq 0.05$ 이므로 $\lambda_{L2} = b_\ell$ = 0.350 m

∴ 하부 플랜지 유효폭 $B = \lambda_{L2}$ x 2 = 0.700 m

• 제 2 지간 지점부

ℓ = 0.2 x (45 + 45) = 18.000 m

b_u/ℓ = 0.29 / 18 = 0.016

여기서, $b_u/\ell \leq 0.02$ 이므로

$\lambda_{S2} = b_u$ = 0.290 m

∴ 상부 플랜지 유효폭 B = λ_{S1} x 2 = 0.580 m

b_ℓ/ℓ = 0.35 / 17 = 0.021

여기서, 0.02 < b_ℓ/ℓ < 0.30 이므로

$\lambda_{S2} = \{1.06 - 3.2(b_\ell/\ell) + 4.5(b_\ell/\ell)^2\}b$ = 0.348 m

∴ 하부 플랜지 유효폭 $B = \lambda_{S2}$ x 2 = 0.696 m

② 바닥판 유효폭 [도 · 설 3.9.2.4]

플랜지 상단 부분에서의 바닥판에 대한 전단지연도 바닥판내의 전단지연과 같은 정도가 되는 것으로 간주한다.

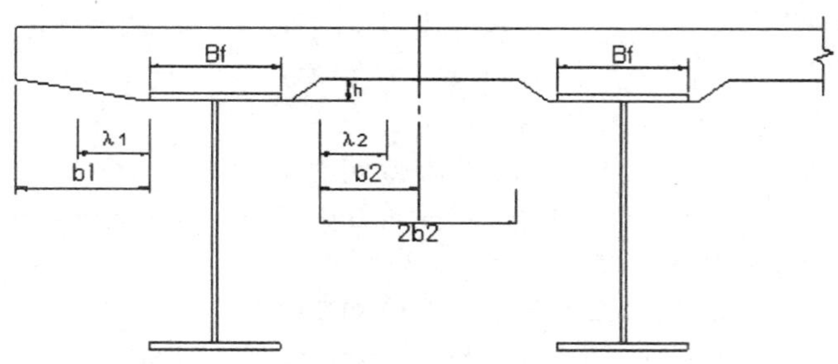

• 제 1 지간 중앙부

ℓ = 0.8 x 40 = 32.000 m

h = 0.0 m, b_1 = 0.810 m, b_2 = 1.010 m, B_f = 0.580 m

b_1/ℓ = 0.81 / 32 = 0.025

여기서, $b1/\ell \leq 0.05$ 이므로 $\lambda_{L1} = b_1 = 0.810$ m

$b_2/\ell = 1.01 / 32 = 0.032$

$\lambda_{L2} = b_2 = 1.010$ m

∴ 슬래브 유효폭

B = 플랜지 폭 + $\lambda_{L1} + \lambda_{L2} + h = 2.400$ m

- 제 1 지간 지점부

$h = 0.0$ m, $b_1 = 0.810$ m, $b_2 = 1.010$ m, $B_f = 0.580$ m

$\ell = 0.2 \times (40 + 45) = 17.000$ m

$b_1/\ell = 0.81 / 17 = 0.048$

여기서, $0.02 < b_1/\ell < 0.30$ 이므로

$\lambda_{S1} = \{1.06 - 3.2(b_1/\ell) + 4.5(b_1/\ell)^2\}b_1 = 0.743$ m

$b_2/\ell = 1.010 / 17 = 0.059$

여기서, $0.02 < b_2/\ell < 0.30$ 이므로

$\lambda_{S2} = \{1.06 - 3.2(b_2/\ell) + 4.5(b_2/\ell)^2\}b_2 = 0.896$ m

∴ 슬래브 유효폭

B = 플랜지 폭 + $\lambda_{L1} + \lambda_{L2} + h = 2.219$ m

- 제 2 지간 중앙부

$\ell = 0.6 \times 45 = 27.000$ m

$h = 0.0$ m, $b_1 = 0.810$ m, $b_2 = 1.010$ m, $B_f = 0.580$ m

$b_1/\ell = 0.81 / 27 = 0.030$

여기서, $b_1/\ell \leq 0.05$ 이므로 $\lambda_{L1} = b_1 = 0.810$ m

$b_2/\ell = 1.01 / 27 = 0.037$

$\lambda_{L2} = b_2 = 1.010$ m

∴ 슬래브 유효폭

B = 플랜지 폭 + $\lambda_{L1} + \lambda_{L2} + h = 2.400$ m

- 제 2 지간 지점부

$h = 0.0$ m, $b_1 = 0.810$ m, $b_2 = 1.010$ m, $B_f = 0.580$ m

$\ell = 0.2 \times (45 + 45) = 18.000$ m

$b_1/\ell = 0.81 / 18 = 0.045$

여기서, $0.02 < b_1/\ell < 0.30$ 이므로

$\lambda_{S1} = \{1.06 - 3.2(b_1/\ell) + 4.5(b_1/\ell)^2\}b_1 = 0.749$ m

$b_2/\ell = 1.010 / 18 = 0.056$

여기서, $0.02 < b_2/\ell < 0.30$ 이므로

$\lambda_{S2} = \{1.06 - 3.2(b_2/\ell) + 4.5(b_2/\ell)^2\}b_2 = 0.904$ m

∴ 슬래브 유효폭

B = 플랜지 폭 + $\lambda_{L1} + \lambda_{L2} + h = 2.233$ m

(3) 구조물 모델링

① 절점번호

② 부재번호

(4) 단면력도

① 휨모멘트 (kNm)

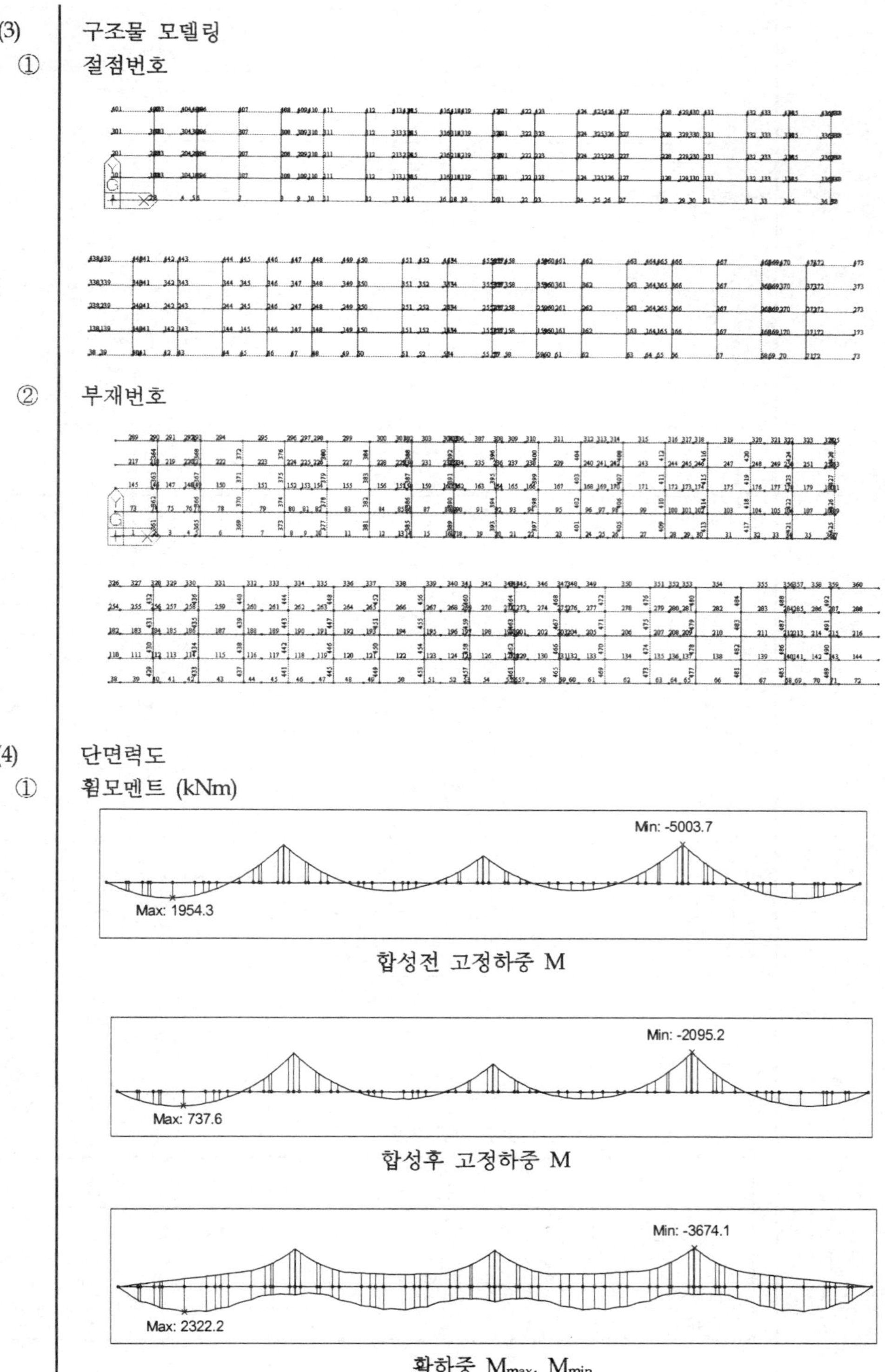

합성전 고정하중 M

합성후 고정하중 M

활하중 M_{max}, M_{min}

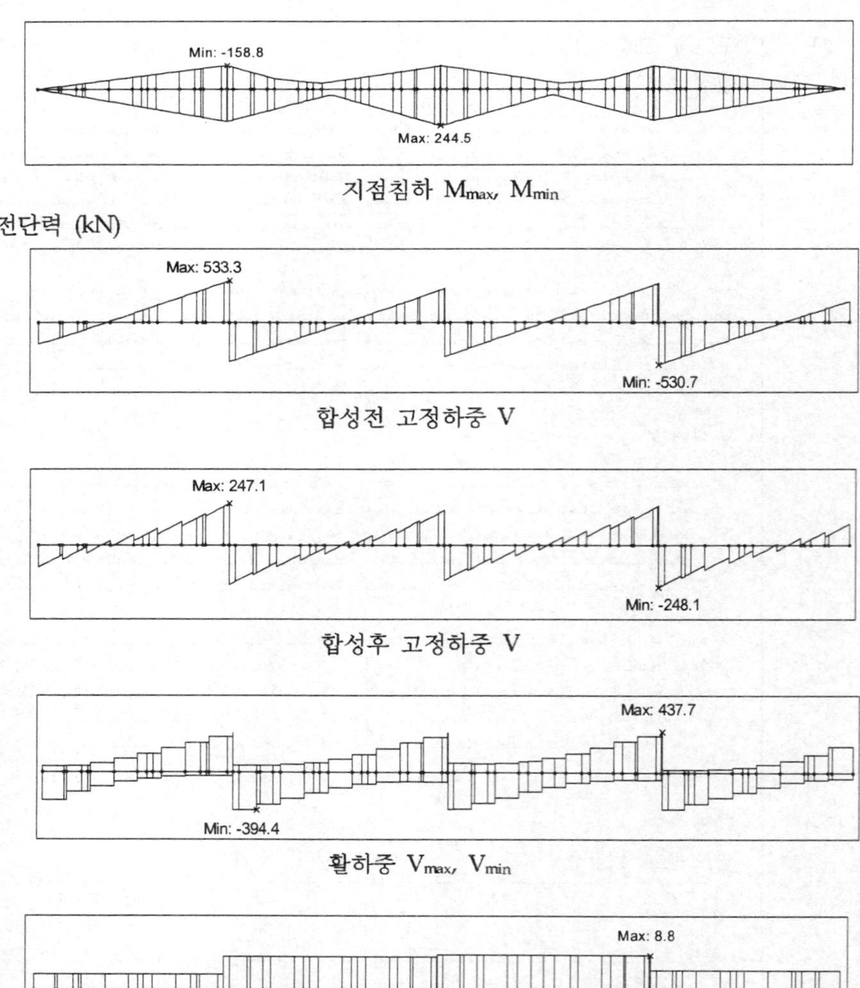

지점침하 M_{max}, M_{min}

② 전단력 (kN)

합성전 고정하중 V

합성후 고정하중 V

활하중 V_{max}, V_{min}

Max: 8.8

Min: -8.9

지점침하 V_{max}, V_{min}

• 검토단면 부재력

- 정모멘트부 : (Node 7, 107, 207, 307, 407)

구 분	거더 No.	합성전 고정하중	합성후 고정하중	활하중	지점침하	합 계
Bending Moment (kNm)	G1	1,954.29	737.63	2,322.16	80.98	5,095.06
Shear Force (kN)	G1	20.06	23.96	130.13	3.96	178.11
Torsion (kNm)	G1	0	0	0.07	0	0.07

- 부모멘트부 : (Node 18, 118, 218, 318, 418)

구 분	거더 No.	합성전 고정하중	합성후 고정하중	활하중	지점침하	합 계
Bending Moment (kNm)	G1	-4,897.03	-2,039.14	-3,564.8	-158.8	-10,659.77
Shear Force (kN)	G1	-493.74	-232.04	-394.14	-8.95	-1,128.87
Torsion (kNm)	G1	0	-0.01	-0.55	-0.01	-0.57

- 현장이음부 : (Node 4, 104, 204, 304, 404)

구 분	거더 No.	합성전 고정하중	합성후 고정하중	활하중	지점침하	합 계
Bending Moment (kNm)	G1	1,606.73	649.86	1,690.12	44.2	3,990.91
Shear Force (kN)	G1	-119.42	-36.28	-202.03	-5.4	-363.13
Torsion (kNm)	G1	0	0	0.11	0	0.11

③ 반력

(단위 : kN)

절점 \ Case		합 성 전	합 성 후			지점침하		계	
		고정 하중	고정 하중	활하중 Max	활하중 Min	Max	Min	Max	Min
G1	1	271.0	128.7	287.5	-62.8	5.4	-4.0	692.6	332.9
	18	1,027.1	479.2	701.0	-104.4	5.4	-4.0	2,212.7	1,397.9
	38	862.6	413.8	684.4	-180.6	5.4	-4.0	1,966.2	1,091.8
	57	1,029.0	481.4	631.5	-102.4	5.4	-4.0	2,147.3	1,404.0
	73	262.9	127.8	282.2	-60.1	5.4	-4.0	678.3	326.6
(중 략)									
G5	401	271.0	128.7	203.6	-73.2	5.2	-3.8	608.5	322.7
	418	1,027.1	479.2	481.0	-136.3	5.2	-3.8	1,992.5	1,366.2
	438	862.6	413.8	467.6	-193.5	5.2	-3.8	1,749.2	1,079.1
	457	1,029.0	481.4	485.5	-135.6	5.2	-3.8	2,001.1	1,371.0
	473	262.9	127.8	199.7	-70.5	5.2	-3.8	595.6	316.4

(5) 뒴비틀림(Warping Torsion)에 대한 검토

① Warping Torsion에 대한 검토

B_u = 상부플랜지 폭 (mm) T_u = 상부플랜지 두께 (mm)
B_l = 하부플랜지 폭 (mm) T_l = 하부플랜지 두께 (mm)
H_w = 플랜지 순간격 (mm) T_w = 복부 두께 (mm)
W = 플랜지 중심간 거리 (mm) L = 지간장 (mm)

⇨ 순수비틀림 상수 K (mm^4)

$$K = \frac{(B_u \times T_u^3 + B_l \times T_l^3 + H_w \times T_w^3)}{3}$$

⇨ 뒴비틀림 상수 K (mm^6)

$$I_w = \frac{\frac{T_u \times B_u^3}{12} \times \frac{T_l \times B_l^3}{12}}{\frac{T_u \times B_u^3}{12} + \frac{T_l \times B_l^3}{12}} \times W^2$$

⇨ 비틀림 상수비 α

$$\alpha = L \times \sqrt{\frac{G \cdot K}{E \cdot I_w}}$$

여기서, L : 지간장 (mm)
E : 탄성계수 210,000 MPa
G : 전단탄성계수 81,000 MPa

이와 같은 방법으로 각 단면의 비틀림모멘트 고려범위를 검토한 결과는 다음과 같다.

단면	B_u	T_u	B_l	T_l	H_w	T_w	L	W	I_w	K	α
4	580	12	700	12	1,800	12	40,000	1,812	4.08e14	1.77e6	1.637
9	580	18	700	26	1,800	12	40,000	1,822	6.97e14	6.27e6	2.355
14	580	30	700	30	2,520	12	40,000	2,550	2.02e15	1.30e7	1.990
21	580	30	700	30	2,520	12	45,000	2,550	2.02e15	1.30e7	2.239
25	580	22	700	22	1,800	12	45,000	1,822	7.57e14	5.58e6	2.400
30	580	22	700	22	1,800	12	45,000	1,822	7.57e14	5.58e6	2.400
34	580	30	700	30	2,520	12	45,000	2,550	2.02e15	1.30e7	2.239
18	580	30	700	30	2,800	12	45,000	2,830	2.49e15	1.31e7	2.030
38	580	30	700	30	2,800	12	45,000	2,830	2.49e15	13.1e7	2.030
8	580	18	700	26	1,800	12	40,000	1,822	6.97e14	6.27e6	2.355
60	580	30	700	30	2,520	12	45,000	2,550	2.02e15	1.30e7	2.239

⇨ 0.4 < α < 10.0 이므로 순수비틀림과 뒴비틀림을 모두 고려한다.

(6) 2차 부정정력에 대한 영향 검토

합성형 교량에서는 고정하중과 활하중에 의한 응력 이외에 건조수축, 크리프, 강-콘크리트의 온도차에 의한 응력이 발생한다. 또한, 2경간 이상의 연속교일 경우에는 건조수축, 크리프, 온도차에 의해 부정정력이 추가적으로 발생되며 이와 같은 하중을 2차모멘트라고 한다.

① 정정계의 모멘트에 영향계수 k를 곱하여 부정정계의 휨모멘트를 산정방법

- 전산프로그램이용

양단에 단위모멘트 M = 1.0 kNm를 작용시켜 각 절점에 작용되는 모멘트값을 영향계수 k 값으로 한다.

node	1	2	3	4	5	6	7	8	9	10	11	12	13	14
k	1	0.84	0.82	0.7	0.66	0.64	0.45	0.27	0.2	0.16	0.09	-0.09	-0.21	-0.25
node	15	16	17	18	19	20	21	22	23	24	25	26	27	28
....	(중략)													
node	71	72	73											
k	0.8	0.83	1											

(7) 단면계수 산정 및 응력 검토

① 최대 정모멘트 단면 (Node 7)

가. 단면가정 및 설계조건

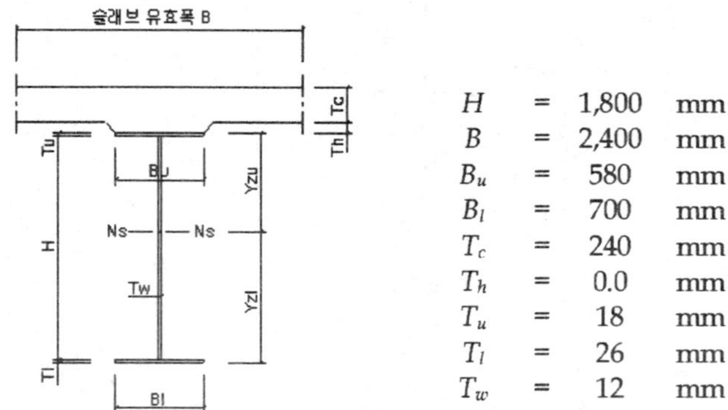

H = 1,800 mm
B = 2,400 mm
B_u = 580 mm
B_l = 700 mm
T_c = 240 mm
T_h = 0.0 mm
T_u = 18 mm
T_l = 26 mm
T_w = 12 mm

구 분	단위	값
E_s : 강의 탄성계수	MPa	210,000
E_c : 콘크리트 탄성계수	MPa	27,804
ε_s : 바닥판 콘크리트의 건조수축에 의한 최종수축율		0.00027
α : 강재 및 콘크리트의 선팽창계수		0.000012
ϕ_2 : 건조수축에 의한 크리프 계수		4
n : 강과 콘크리트의 탄성계수비		8
t : 강과 콘크리트의 온도차	℃	10
M_s : 합성전 고정하중에 의한 모멘트	kNm	1,954.29
M_{sc} : 합성후 고정하중에 의한 모멘트	kNm	737.63
M_v : (활하중 + 지점침하)에 의한 모멘트	kNm	2,403.14
S_s : 합성전 고정하중에 의한 전단력	kN	20.06
S_{sc} : 합성후 고정하중에 의한 전단력	kN	23.96
S_v : (활하중 + 지점침하)에 의한 전단력	kN	134.09
M_{st} : 합성전 고정하중에 의한 비틀림 모멘트	kNm	0.0
M_{sct} : 합성후 고정하중에 의한 비틀림 모멘트	kNm	0.0
M_{vt} : (활하중 + 지점침하)에 의한 비틀림 모멘트	kNm	0.07
G : 전단 탄성계수	MPa	81,000
L : 가로보 간격	mm	5,000

단 면	B (mm)	H (mm)	A (㎟)	Y (mm)	AY (㎣)	AY^2 (mm^4)	I_x (mm^4)
상부플랜지	580	18	10,440	909	9,489,960	8,626,373,640	281,880
복 부	12	1,800	21,600	0	0	0	5,832,000,000
하부플랜지	700	26	18,200	-913	-16,616,600	15,170,955,800	1,025,267
강 단 면	0	0	50,240	0	-7,126,640	23,797,329,440	5,833,307,147
바 닥 판	2,400	240	576,000	1,020	587,520,000	599,270,400,000	2,764,800,000

나. 응력검토

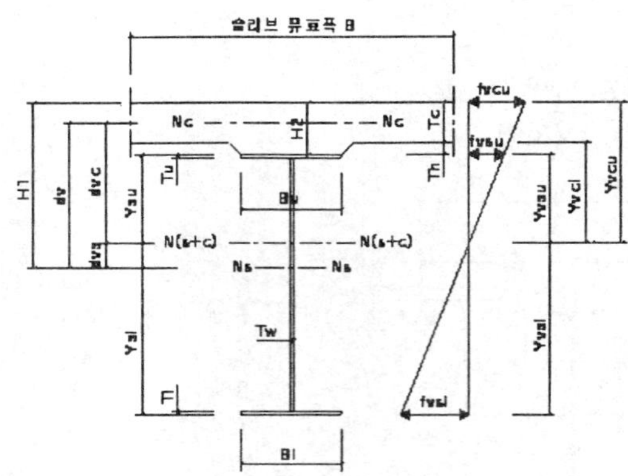

(1) 합성전

$I_s' = A_s \cdot Y^2 + \Sigma I_s = 29{,}630{,}636{,}586.7 \ \text{mm}^4$

$\delta_s = \Sigma(A \cdot Y) \ / \ A_s = -141.9 \ \text{mm}$

$I_s = I_s' - A_s \cdot \delta_s^2 = 28{,}619{,}709{,}084.9 \ \text{mm}^4$

$Y_{su} = H \ / \ 2 + T_u - \delta_s = 1{,}059.9 \ \text{mm}$

$Y_{sl} = H \ / \ 2 + T_l + \delta_s = -784.1 \ \text{mm}$

$f_{su} = M_s \times Y_{su} \ / \ I_s = 72.4 \ \text{MPa}$

$f_{sl} = M_s \times Y_{sl} \ / \ I_s = -53.5 \ \text{MPa}$

$K = \Sigma b \cdot t^3 / \ 3 = 6{,}265{,}386.7 \ \text{mm}^4$

$\tau_s = S_s \ / \ A_{(Web)} + M_{st} \cdot T_w \ / \ K = 0.9 \ \text{MPa}$

(2) 합성후

$A_v = A_s + A_c/n = 122{,}240 \ \text{mm}^2$

$I_c/n = 345{,}600{,}000 \ \text{mm}^4$

$d_v = Y_{su} - T_u + T_h + T_c/2 = 1{,}161.9 \ \text{mm}$

$d_{vc} = d_v \cdot A_s \ / \ (A_c/n + A_s) = 477.5 \ \text{mm}$

$d_{vs} = d_v - d_{vc} = 684.3 \ \text{mm}$

$Y_{vcu} = d_{vc} + T_c/2 = 597.5 \ \text{mm}$

$Y_{vcl} = Y_{vcu} - T_c = 357.5 \ \text{mm}$

$Y_{vsu} = Y_{vcu} - H2 + T_u = 375.5 \ \text{mm}$

$Y_{vsl} = Y_{vsu} - (H + T_u + T_l) = -1{,}468.5 \ \text{mm}$

$I_v = I_s + I_c/n + A_s \cdot d_{vs}^2 + A_c/n \cdot \underline{d_{vc}}^2 = 6.891\text{e}10 \ \text{mm}^4$

$f_{vcu} = M_{sc} \cdot Y_{vcu}/(n \cdot I_v) = 0.8 \ \text{MPa}$

$f_{vcl} = M_{sc} \cdot Y_{vcl}/(n \cdot I_v) = 0.5 \ \text{MPa}$

$f_{vsu} = M_{sc} \cdot Y_{vsu} \ / \ I_v = 4.0 \ \text{MPa}$

$f_{vsl} = M_{sc} \cdot Y_{vsl} \ / \ I_v = -15.7 \ \text{MPa}$

$K = K + \Sigma B \cdot t^3 / \ 3 \ / \ n = 1{,}388{,}665{,}387 \ \text{mm}^4$

$\tau_{sv} = S_{sc} \ / \ A_{(web)} + M_{sct} \cdot T_w/K = 1.1 \ \text{MPa}$

(3) 활하중

$f_{vcu} = M_v \cdot Y_{vcu}/(n \cdot I_v) = 2.6 \ \text{MPa}$

$f_{vcl} = M_v \cdot Y_{vcl}/(n \cdot I_v) = 1.6 \ \text{MPa}$

$f_{vsu} = M_v \cdot Y_{vsu} \ / \ I_v = 13.1 \ \text{MPa}$

$f_{vsl} = M_v \cdot Y_{vsl} \ / \ I_v = -51.2 \ \text{MPa}$

$v = S_v \ / \ A_{(web)} + M_{vt} \cdot T_w \ / \ K = 6.2 \ \text{MPa}$

(4) 크리프 k = 0.45 (2차 부정정력으로 인한 영향 고려)

n_1	=	$n \cdot (1 + \phi_1 / 2)$	=	16	
A_{v1}	=	$A_s + A_c/n_1$	=	86,240	mm^2
d_{c1}	=	$d_v \cdot A_s / (A_c/n_1 + A_s)$	=	676.8	mm
d_{s1}	=	$d_v - d_{c1}$	=	485.0	mm
Y_{v1cu}	=	$d_{c1} + T_c/2$	=	796.8	mm
Y_{v1cl}	=	$Y_{v1cu} - T_c$	=	556.8	mm
Y_{v1su}	=	$Y_{v1cu} - H_2 + T_u$	=	574.8	mm
Y_{v1sl}	=	$Y_{v1su} - (H + T_u + T_l)$	=	-1,269.2	mm
I_v1	=	$I_s + I_c/n_1 + A_s \cdot d_{s1}{}^2 + A_c/n_1 \cdot d_{c1}{}^2$	=	5.710e10	mm^4
N_c	=	$M_{sc} \cdot d_{vc} \cdot A_c/(n \cdot I_v)$	=	368,018.2	N
P_ϕ	=	$N_c \cdot 2 \cdot \phi_1 / (2+\phi_1)$	=	368,018.2	N
M_ϕ	=	$P_\phi \cdot d_{c1}$	=	249,092,705	Nmm
E_{c1}	=	$E_c / (1 + \phi_1 / 2)$	=	12,500	MPa
f_{cu}	=	$M_{sc} \cdot Y_{vcu} / (n \cdot I_v)$	=	0.8	MPa
f_{cl}	=	$M_{sc} \cdot Y_{vcl} / (n \cdot I_v)$	=	0.5	MPa
f_{vcu1}	=	$1/n_1 \cdot (P_\phi/A_{v1} + KM_\phi \cdot Y_{v1cu}/I_{v1})$ $- E_{c1} \cdot f_{cu} \cdot \phi_1 / E_c$	=	-0.4	MPa
f_{vcl1}	=	$1/n1 \cdot (P_\phi/A_{v1} + KM_\phi \cdot Y_{v1cl}/I_{v1})$ $- E_{c1} \cdot f_{cl} \cdot \phi_1 / E_c$	=	-0.1	MPa
f_{vsu1}	=	$P\phi/A_{v1} + kM_\phi \cdot Y_{v1su}/I_{v1}$	=	5.4	MPa
f_{vsl1}	=	$P\phi/A_{v1} + kM_\phi \cdot \cdot Y_{v1sl}/I_{v1}$	=	1.8	MPa

(5) 건조수축

n_2	=	$n \cdot (1 + \phi_2 / 2)$	=	24	
A_{v2}	=	$A_s + A_c/n_2$	=	7,4240	mm^2
d_{c2}	=	$d_v \cdot A_s / (A_c/n_2 + A_s)$	=	786.3	mm
d_{s2}	=	$d_v - d_{c2}$	=	375.61	mm
Y_{v2cu}	=	$d_{c2} + T_c/2$	=	906.3	mm
Y_{v2cl}	=	$Y_{v2cu} - T_c$	=	666.3	mm
Y_{v2su}	=	$Y_{v2cu} - H_2 + T_u$	=	684.3	mm
Y_{v2sl}	=	$Y_{v2cu} - (H + T_u + T_l)$	=	-1,159.7	mm
I_{v2}	=	$I_s + I_c/n_2 + A_s \cdot d_{s2}{}^2 + A_c/n_2 \cdot d_{c2}{}^2$	=	5.066e10	mm^4
P_2	=	$E_s \cdot \varepsilon_s \cdot A_c/n_2$	=	1,360,800	N
M_{v2}	=	$P_2 \cdot d_{c2}$	=	10,699,333,999	Nmm
E_{c2}	=	E_s / n_2	=	8,750.0	MPa
f_{vcu2}	=	$1/n_2 \cdot (P_2/A_{v2} + kM_{v2} \cdot Y_{v2cu}/I_{v2}) - E_{c2} \cdot \varepsilon_s$	=	-1.2	MPa
f_{vcl2}	=	$1/n_2 \cdot (P_2/A_{v2} + kM_{v2} \cdot Y_{v2cl}/I_{v2}) - E_{c2} \cdot \varepsilon_s$	=	-1.3	MPa
f_{vsu2}	=	$P_2/A_{v2} + kM_{v2} \cdot Y_{v2su}/I_{v2}$	=	24.8	MPa
f_{vsl2}	=	$P_2/A_{v2} + kM_{v2} \cdot Y_{v2sl}/I_{v2}$	=	7.3	MPa

(6) 온도차

ε_t	=	$a \cdot t$	=	0.00012

P_1	=	$E_s \cdot \varepsilon_t \cdot A_c/n$	=	1,814,400	N
M_{vt}	=	$P_1 \cdot d_{vc}$	=	866,403,311	Nmm
f_{cut}	=	$1/n \cdot (P_1/A_v + kM_{vt} \cdot Y_{vcu}/I_v) - E_c \cdot \varepsilon_t$	=	-0.7	MPa
f_{clt}	=	$1/n \cdot (P_1/A_v + kM_{vt} \cdot Y_{vcl}/I_v) - E_c \cdot \varepsilon_t$	=	-0.9	MPa
f_{sut}	=	$P_1/A_v + kM_{vt} \cdot Y_{vsu}/I_v$	=	17.0	MPa
f_{slt}	=	$P_1/A_v + kM_{vt} \cdot Y_{vsl}/I_v$	=	6.5	MPa

(7) 전단 및 비틀림

M_t	=	$M_{st} + M_{sct} + M_{vt}$	=	70,000	Nmm
W_n	=	$H \cdot B_u/4$	=	261,000	mm^2
I_w	=	$(H^2 \cdot (T_u \cdot B_u{}^3 \cdot T_b \cdot B_l{}^3))/(12 \cdot (T_u \cdot B_u{}^3 + T_b \cdot B_l{}^3))$	=	6.971e14	mm^4
a	=	$L \cdot \sqrt{((G \cdot K)/(E_s \cdot I_w))}$	=	4	
M_{wa}	=	$(M_t/L)/(a/L)2 \cdot (2sinh(a/2)/sinh(a)-1)$	=	-1.420e7	Nmm^2
T_{wa}	=	$-(M_t/L)/(a/L) \cdot (1-cosh(a))/sinh(a)$	=	15,577	Nmm
S_{wa}	=		=	992,250,000	mm^4
v	=	전단응력 ; $(S_s + S_{sc} + S_v) / A_{s(Web)}$	=	8.246	MPa
v_t	=	순수비틀림에 의한 전단응력 ; $(M_{st} + M_{sct} + M_{vt}) \cdot T_w / K$	=	0.001	MPa
f_w	=	뒴비틀림에 의한 수직응력 ; $M_{wa} \cdot W_n / I_w$	=	0.005	MPa
v_w	=	뒴비틀림에의한 전단응력 ; $T_{wa} \cdot S_{wa} / (I_w \cdot T_u)$	=	0.001	MPa

v_{max} = 8.246 MPa < v_a = 110 MPa ... OK

(8) 조합응력 검토

· 인장 (하부) 플랜지의 허용응력 (SM490)

f_{ta} = 190 MPa

· 압축 (상부) 플랜지의 허용응력 (SM490)

$t_u \geq \frac{b}{11.2} = \frac{284}{11.2} = 25.357\,mm$인 경우 f_{ca} = 190 MPa

$\frac{b}{11.2} > t_u \geq \frac{b}{16} = \frac{284}{16} = 17.750\,mm$인 경우

f_{ca} = 24000 x $(t_u/b)^2$ = 96.409 MPa

사용 t_u = 18.000 mm

그러나, 콘크리트 바닥판에 의해 판의 국부좌굴이 충분히 방지된 경우이므로

f_{ca} = 190 MPa

- 철근 콘크리트의 허용응력

f_{ca} = 0.4 x f_{ck} = 10.8 MPa

f_{ta} = 0.07 x f_{ck} = 1.89 MPa

하중조합 (하중번호)	콘크리트				강재			
	작용응력(MPa)		허용응력(MPa)		작용응력(MPa)		허용응력(MPa)	
	상 연	하 연	상 연	하 연	상 연	하 연	상 연	하 연
1			10.800	10.800	72.372	-53.540	190.000	-190.000
1+2+3	3.404	2.037	10.800	10.800	89.492	-120.500	190.000	-190.000
1+2+3+4	2.969	1.893	10.800	10.800	94.888	-118.700	218.500	-190.000
1+2+3+4+5	1.729	0.559	10.800	10.800	119.720	-111.400	218.500	-190.000
1+2+3+4+5+6	1.007	-0.333	12.420	2.174	136.690	-104.900	247.000	-218.500
1+2+3+4+5-6	2.451	1.450	12.420	12.420	102.750	-117.900	247.000	-218.500

(9) 합성응력 검토

< 상연 >

$$(\frac{f}{f_a})^2 + (\frac{v}{v_a})^2 = (\frac{136.688}{247.000})^2 + (\frac{8.246}{110.000})^2$$
$$= 0.306 + 0.006 = 0.312 < 1.200 \ldots OK$$

< 하연 >

$$(\frac{f}{f_a})^2 + (\frac{v}{v_a})^2 = (\frac{-120.480}{190.000})^2 + (\frac{8.246}{110.000})^2$$
$$= 0.402 + 0.006 = 0.408 < 1.200 \ldots OK$$

(10) 항복에 대한 안전도 검사

Σf = 1.3 × (합성전 고정하중 응력 + 합성후 고정하중 응력)
+ 2.15 × 활하중에 의한 응력(충격포함) + (크리프응력 변화량)
+ (건조수축응력변화량) + (온도차응력변화량) 의 조합 중에서 가장 불리한
하중조합에 대하여 검토

① 바닥판 콘크리트

합성후 고정하중 응력 = { M_{sc} / ($n \cdot I_v$) } × Y_{vcu} = 0.799 MPa

합성후 활하중 응력 = 3.4 - 0.8 = 2.605 MPa

Σf = 1.3 x 0.8 + 2.15 x 2.6 + (-0.4) + (-1.2) + 0.7
= 5.686 MPa (CR & SH 포함시) < (3/5)f_{ck} = 16.20 MPa ... OK

Σf = 1.3 x 0.8 + 2.15 x 2.6 + 0.7
= 7.361 MPa (CR & SH 제외시) < (3/5)f_{ck} = 16.20 MPa ... OK

② 강재주형 상부플랜지

합성전 고정하중 응력 = 72.372 MPa

합성후 고정하중 응력 = M_{sc} / I_v × Y_{vsu} = 4.020 MPa

합성후 활하중 응력 = 89.5 - 72.4 - 4 = 13.101 MPa

Σf = 1.3 x (72.4+4) + 2.15 x 13.1 + 5.4 + 24.8 + 17
= 174.67 MPa (크리프 건조수축 포함시) < f_y = 320.00 MPa ... OK

Σf = 1.3 x (72.4+4) + 2.15 x 13.1 + 17
= 144.44 MPa (크리프 건조수축 제외시) < f_y = 320.00 MPa ... OK

③ 강재주형 하부플랜지

합성전 고정하중 응력 = -53.545 MPa

합성후 고정하중 응력 = M_{sc} / I_v × Y_{vsl} = -15.719 MPa

합성후 활하중 응력 = -119.6 - 53.5 - (-15.5) = -51.216 MPa

Σf = 1.3 x (-53.5 + -15.7) + 2.15 x -51.2 + 1.8 + 7.3 - 6.5

= -197.609 MPa (크리프 건조수축 포함시) < f_y = 320.00 MPa ... OK

Σf = 1.3 x (-53.5 + -15.7) + 2.15 x -51.2 + -6.5

= -206.692 MPa (크리프 건조수축 제외시) < f_y = 320.00 MPa ... OK

(11) 플랜지 자유돌출판의 판두께 검토

- 상부플랜지 : $b/16$ = 17.750 mm < 18.000 mm ... OK
- 하부플랜지 : $b/16$ = 21.500 mm < 26.000 mm ... OK

② 최대 부모멘트 단면 (Node 18)

가. 단면가정 및 설계조건

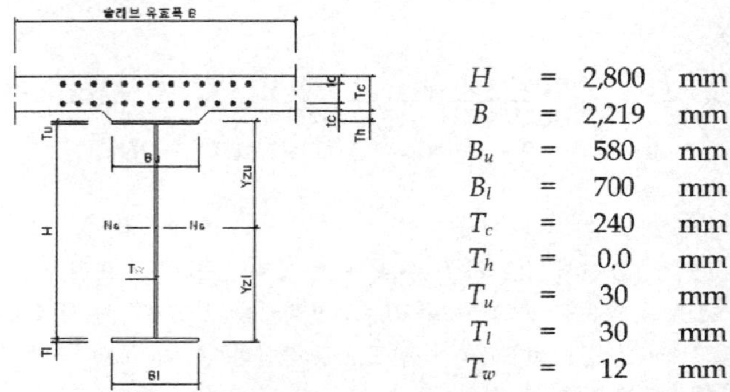

H = 2,800 mm

B = 2,219 mm

B_u = 580 mm

B_l = 700 mm

T_c = 240 mm

T_h = 0.0 mm

T_u = 30 mm

T_l = 30 mm

T_w = 12 mm

구 분	단위	값
E_s : 강의 탄성계수	MPa	210,000
E_c : 콘크리트 탄성계수	MPa	27,804
ε_s : 바닥판 콘크리트의 건조수축에 의한 최종수축율		0.00027
a : 강재 및 콘크리트의 선팽창계수		0.000012
ϕ_2 : 건조수축에 의한 크리프 계수		4
n : 강과 콘크리트의 탄성계수비		8
t : 강과 콘크리트의 온도차	℃	10
M_s : 합성전 고정하중에 의한 모멘트	kNm	-4,897.03
M_{sc} : 합성후 고정하중에 의한 모멘트	kNm	-2,039.14
M_v : (활하중 + 지점침하)에 의한 모멘트	kNm	-3,723.60
S_s : 합성전 고정하중에 의한 전단력	kN	-493.74
S_{sc} : 합성후 고정하중에 의한 전단력	kN	-232.04
S_v : (활하중 + 지점침하)에 의한 전단력	kN	-403.09
M_{st} : 합성전 고정하중에 의한 비틀림 모멘트	kNm	0.0
M_{sct} : 합성후 고정하중에 의한 비틀림 모멘트	kNm	-0.01
M_{vt} : (활하중 + 지점침하)에 의한 비틀림 모멘트	kNm	-0.56
t_{cu}, t_{cl} : 교축방향 철근의 피복두께(상면,하면)	mm	60, 40
G : 전단 탄성계수	MPa	81,000
L : 가로보 간격	mm	5,000

단 면	B (mm)	H (mm)	A (㎟)	Y (mm)	AY (㎣)	AY^2 (mm⁴)	I_x (mm⁴)
상부플랜지	580	30	17,400	1,415	24,621,000	34,838,715,000	1,305,000
복 부	12	2800	33,600	0	0	0	21,952,000,000
하부플랜지	700	30	21,000	-1,415	-29,715,000	42,046,725,000	1,575,000
강단면합계			72,000		-5,094,000	76,885,440,000	21,954,880,000
상부 철근			15,263	1,580	24,114,908	38,101,554,640	
하부 철근			15,263	1,440	21,982,464	31,654,748,160	
철근 합계			30,528		46,097,372	69,756,302,800	
바 닥 판	2,219	240	532,560	1,520	809,491,200	1,230,426,624,000	2,556,288,000

나. 응 력 검 토

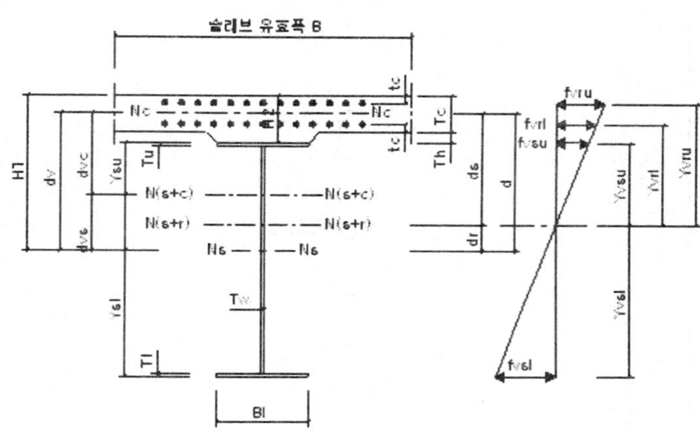

(1) 합성전

I_s'	=	$A_s \cdot Y^2 + \Sigma I_s$	=	98,840,320,000 mm⁴
δ_s	=	$\Sigma(A \cdot Y) / A_s$	=	-70.8 mm
I_s	=	$I_s' - A_s \cdot \delta_s^2$	=	98,479,919,500 mm⁴
Y_{su}	=	$H / 2 + T_u - \delta_s$	=	1,500.8 mm
Y_{sl}	=	$H / 2 + T_l + \delta_s$	=	-1,359.3 mm
f_{su}	=	$M_s \times Y_{su} / I_s$	=	-74.6 MPa
f_{sl}	=	$M_s \times Y_{sl} / I_s$	=	67.6 MPa
K	=	$\Sigma b \cdot t^3 / 3$	=	13,132,800 mm⁴
τ_s	=	$S_s / A_{(Web)} + M_{st} \cdot T_w / K$	=	-14.7 MPa

(2) 합성후

A_v	=	$A_s + A_r$	=	102,528.2 mm²
d	=	$Y_{su} - T_u + T_h + t_d + (T_c - t_{cu} - t_{cl}) \cdot A_{rl}/A_r$	=	1,580.7 mm
d_r	=	$d \cdot A_s / (A_s + A_r)$	=	1,110.1 mm
d_s	=	$d - d_r$	=	470.7 mm
Y_{vru}	=	$d_r + (T_c - t_{cu} - t_d) \cdot A_{rl}/A_r$	=	1,180.1 mm
Y_{vrl}	=	$d_r + (T_c - t_{cu} - t_d) \cdot A_{rl}/A_r$	=	1,040.1 mm
Y_{vsu}	=	$Y_{vru} - t_d - T_h + T_u$	=	1,030.1 mm
Y_{vsl}	=	$Y_{vsu} - (H + T_u + T_l)$	=	-1,829.9 mm
I_{rv}	=	$I_s + A_s \cdot d_s^2 + A_r \cdot d_r^2$	=	1.52e11 mm⁴
f_{vru}	=	$M_{sc} \cdot Y_{vru} / I_{rv}$	=	-15.8 MPa
f_{vrl}	=	$M_{sc} \cdot Y_{vrl} / I_{rv}$	=	-13.9 MPa
f_{vsu}	=	$M_{sc} \cdot Y_{vsu} / I_{rv}$	=	-13.8 MPa
f_{vsl}	=	$M_{sc} \cdot Y_{vsl} / I_{rv}$	=	24.5 MPa
K	=	$K + \Sigma B \cdot t^3 / 3 / n$	=	1,291,276,800 mm⁴
τ_{sv}	=	$S_{sc} / A_{(web)} + M_{sct} \cdot T_w/K$	=	-6.906 MPa

(3) 활하중

f_{vru}	=	$M_v \cdot Y_{vru}$ / I_{rv}	=	-28.9	MPa
f_{vrl}	=	$M_v \cdot Y_{vrl}$ / I_{rv}	=	-25.5	MPa
f_{vsu}	=	$M_v \cdot Y_{vsu}$ / I_{rv}	=	-25.2	MPa
f_{vsl}	=	$M_v \cdot Y_{vsl}$ / I_{rv}	=	44.8	MPa
v	=	S_v / $A_{(Web)}$ + $M_{vt} \cdot T_w$ / K	=	-12.0	MPa

(4) 크리프 k = -0.460 (2차 부정정력으로 인한 영향고려)

A_{vc}	=	$A_s + A_c/n$	=	138,570	mm^2
d_v	=	$Y_{su} - T_u + T_h + T_c/2$	=	1,590.8	mm
d_{vc}	=	$d_v \cdot A_s$ / $(A_c/n + A_s)$	=	826.5	mm
d_{vs}	=	$d_v - d_{vc}$	=	764.2	mm
n_1	=	$n \cdot (1 + \phi_1 / 2)$	=	16	
A_{v1}	=	$A_s + A_c/n_1$	=	105,285	mm^2
d_{c1}	=	$d_v \cdot A_s$ / $(A_c/n_1 + A_s)$	=	1,087.8	mm
d_{s1}	=	$d_v - d_{c1}$	=	502.9	mm
I_{cv}	=	$I_s + I_c/n + A_s \cdot d_{vs}^2 + A_c/n \cdot d_{vc}^2$	=	1.863e11	mm^4
N_c	=	$M_{sc} \cdot d_{vc} \cdot A_c/(n \cdot I_{cv})$	=	-602,163.7	N
P_ϕ	=	$N_c \cdot 2 \cdot \phi_1$ / $(2+\phi_1)$	=	-602,163.7	N
M_ϕ	=	$P_\phi \cdot d_{c1}$	=	-655,062,139	Nmm
E_{c1}	=	E_c / $(1 + \phi_1 / 2)$	=	12,500	MPa
f_{vru1}	=	$P_\phi/A_v + kM_\phi \cdot Y_{vru}/I_{rv}$	=	-3.5	MPa
f_{vrl1}	=	$P_\phi/A_v + kM_\phi \cdot Y_{vrl}/I_{rv}$	=	-3.8	MPa
f_{vsu1}	=	$P_\phi/A_v + kM_\phi \cdot Y_{vsu}/I_{rv}$	=	-3.8	MPa
f_{vsl1}	=	$P_\phi/A_v + kM_\phi \cdot Y_{vsl}/I_{rv}$	=	-9.5	MPa

(5) 건조수축

n_2	=	$n \cdot (1 + \phi_2 / 2)$	=	24	
A_{v2}	=	$A_s + A_c/n_2$	=	94,190	mm^2
d_{c2}	=	$d_v \cdot A_s$ / $(A_c/n_2 + A_s)$	=	1,216.0	mm
d_{s2}	=	$d_v - d_{c2}$	=	374.8	mm
P_2	=	$E_s \cdot \varepsilon_s \cdot A_c/n_2$	=	1,258,173	N
M_{v2}	=	$P_2 \cdot d_{c2}$	=	1,529,924,476	Nmm
f_{vru2}	=	$P_2/A_v + kM_{v2} \cdot Y_{vru}/I_{rv}$	=	6.8	MPa
f_{vrl2}	=	$P_2/A_v + kM_{v2} \cdot Y_{vrl}/I_{rv}$	=	7.5	MPa
f_{vsu2}	=	$P_2/A_v + kM_{v2} \cdot Y_{vsu}/I_{v2}$	=	7.5	MPa
f_{vsl2}	=	$P_2/A_v + kM_{v2} \cdot Y_{vsl}/I_{v2}$	=	20.7	MPa

(6) 온도차

ε_t	=	$a \cdot t$	=	0.00012	
P_1	=	$E_s \cdot \varepsilon_t \cdot A_c/n$	=	1,677,564	N
M_{vt}	=	$P_1 \cdot d_{vc}$	=	1386,578,012	Nmm
E_{rt}	=	$E_s \cdot \varepsilon_t$	=	25.2	Nmm
f_{rut}	=	$P_1/A_v + kM_{vt} \cdot Y_{vru}/I_{rv} - E_{rt}$	=	-13.8	MPa
f_{rlt}	=	$P_1/A_v + kM_{vt} \cdot Y_{vrl}/I_{rv} - E_{rt}$	=	-13.2	MPa
f_{sut}	=	$P_1/A_v + kM_{vt} \cdot Y_{vsu}/I_{rv}$	=	12.0	MPa
f_{slt}	=	$P_1/A_v + kM_{vt} \cdot Y_{vsl}/I_{rv}$	=	24.0	MPa

(7) 전단 및 비틀림

M_t	=	$M_{st} + M_{sct} + M_{vt}$	=	-570,000	Nmm
W_n	=	$H \cdot B_u/4$	=	406,000	mm^2
I_w	=	$(H^2 \cdot (T_u \cdot B_u{}^3 \cdot T_b \cdot B_l{}^3))/(12 \cdot (T_u \cdot B_u{}^3 + T_b \cdot B_l{}^3))$	=	2.490e15	mm^4
a	=	$L \cdot \sqrt{((G \cdot K)/(E_s \cdot I_w))}$	=	2	
M_{wa}	=	$(M_t/L)/(a/L)2 \cdot (2sinh(a/2)/sinh(a)-1)$	=	2.333e8	Nmm^2
T_{wa}	=	$-(M_t/L)/(a/L) \cdot (1-cosh(a))/sinh(a))$	=	-205,680	Nmm
S_{wa}	=		=	2,572,500,000	mm^4
υ	=	전단응력 ; $(S_s + S_{sc} + S_v) / A_{s(Web)}$	=	33.6	MPa
υ_t	=	순수비틀림에 의한 전단응력 ; $(M_{st} + M_{sct} + M_{vt}) \cdot T_w / K$	=	0.0	MPa
f_w	=	뒴비틀림에 의한 수직응력 ; $M_{wa} \cdot W_n / I_w$	=	0.0	MPa
υ_w	=	뒴비틀림에 의한 전단응력 ; $T_{wa} \cdot S_{wa} / (I_w \cdot T_u)$	=	0.0	MPa

υ_{max} = 33.6 MPa < υ_a = 110 MPa ... OK

(8) 조합응력 검토

· 인장 (상부) 플랜지의 허용응력 (SM490)

f_{ta} = 190 MPa

· 압축 (하부) 플랜지의 허용응력 (SM490)

$t_\ell \geq \frac{b}{11.2} = \frac{344}{11.2} = 30.714$ mm인 경우 f_{ca} = 190 MPa

$\frac{b}{11.2} > t_\ell \geq \frac{b}{16} = \frac{344}{16} = 21.500$ mm인 경우

f_{ca} = 24,000 x $(t_\ell / b)^2$ = 182.531 MPa

사용 t_l = 30.000 mm

f_{ca} = 182.531 MPa

상기 두 식에 의한 허용압축응력 f_{ca} = 182.531 MPa

철근의 허용응력

f_{ta} = 160 MPa

f_{ca} = 180 MPa

하중조합 (하중번호)	콘크리트				강재			
	작용응력 (MPa)		허용응력 (MPa)		작용응력 (MPa)		허용응력 (MPa)	
	상 연	하 연	상 연	하 연	상 연	하 연	상 연	하 연
1			160.000	160.000	-74.627	67.590	-190.000	182.531
1+2+3	-44.726	-39.419	160.000	160.000	-113.704	137.000	-190.000	182.531
1+2+3+4	-48.281	-43.251	160.000	160.000	-117.557	127.500	-190.000	182.531
1+2+3+4+5	-41.373	-35.689	160.000	160.000	-109.948	148.400	-190.000	182.531
1+2+3+4+5+6	-54.993	-48.719	184.000	184.000	-97.735	172.700	-218.500	209.911
1+2+3+4+5-6	-27.752	-22.660	184.000	184.000	-122.161	124.200	-218.500	209.911

(9) 합성응력 검토

< 상연 >

$$(\frac{f}{f_a})^2 + (\frac{v}{v_a})^2 = (\frac{-117.557}{190.000})^2 + (\frac{33.597}{110.000})^2$$
$$= 0.383 + 0.093 = 0.476 < 1.200 ... OK$$

< 하연 >

$$(\frac{f}{f_a})^2 + (\frac{v}{v_a})^2 = (\frac{172.722}{207.205})^2 + (\frac{33.597}{110.000})^2$$
$$= 0.691 + 0.093 = 0.784 < 1.200 ... OK$$

(10) 항복에 대한 안전도 검사

Σf = 1.3 × (합성전 고정하중 응력 + 합성후 고정하중 응력)
+ 2.15 × 활하중에 의한 응력(충격포함) + (크리프응력 변화량)
+ (건조수축응력변화량) + (온도차응력변화량) 의 조합 중에서 가장 불리한 하중조합에 대하여 검토

① 바닥판 콘크리트

합성후 고정하중 응력 = M_{sc} / I_{rv} × Y_{vru} = -15.826 MPa

합성후 활하중 응력 = -44.700 - (-15.800) = -28.899 MPa

Σf = 1.3 x -15.800 + 2.15 x -28.900 + (-3.500) + (6.800) - 13.800
= -93.221 MPa (CR & SH 포함시) < f_y = 400.000 MPa ... OK

Σf = 1.3 x -15.800 + 2.15 x -28.900 - 13.600
= -96.275 MPa (CR & SH 제외시) < f_y = 400.000 MPa ... OK

② 강재주형 상부플랜지

합성전 고정하중 응력 = -74.627 MPa

합성후 고정하중 응력 = M_{sc} / I_{rv} × Y_{vsu} = -13.814 MPa

합성후 활하중 응력 = -113.7 - (-74.6) - (-13.8) = -25.264 MPa

Σf = 1.3 x (-74.600+ -13.800) + 2.15 x -25.300 + -3.800 + 7.500 - 12.200
= -177.659 MPa (크리프 건조수축 포함시) < f_y = 320.000 MPa ... OK

Σf = 1.3 x (-74.600 + -13.800) + 2.15 x -25.300 - 12.000
= -181.331 MPa (크리프 건조수축 제외시) < f_y = 320.000 MPa ... OK

③ 강재주형 하부플랜지

합성전 고정하중 응력 = 67.59 MPa

합성후 고정하중 응력 = M_{sc} / I_v × Y_{vsl} = 24.541 MPa

합성후 활하중 응력 = 137.000 - 67.600 - (24.500) = 44.900 MPa

Σf = 1.3 x (67.600 + 24.500) + 2.15 x 44.900 + -9.500 + 20.700 + 24.300
= 251.765 MPa (크리프 건조수축 포함시) < f_y = 320.000 MPa ... OK

Σf = 1.3 x (67.600 + 24.500) + 2.15 x 44.900 + 24.300
= 240.565 MPa (크리프 건조수축 제외시) < f_y = 320.000 MPa ... OK

(11) 플랜지 자유돌출판의 판두께 검토
- 상부플랜지 : $b/16$ = 17.750 mm < 30.000 mm ... OK
- 하부플랜지 : $b/16$ = 21.500 mm < 30.000 mm ... OK

3.4.4 **[단계 4] 가로보 설계**

(1) 단면가정(단위 : mm)

Upper Flange	:	450 x 10 (SM400)
Web	:	1,500 x 10 (SM400)
Lower Flange	:	450 x 10 (SM400)

① 단면적

A = 450 x 10 + 1,500 x 10 + 450 x 10 = 24,000 mm^2

② 단면 2차 모멘트

I = 3,325,522,500 mm^4

(2) 단면력 산정

① 고정하중에 의한 단면력

- 가로보 자중

0.024 x 78.5 = 1.884 kN/m

- 바닥판 및 포장

(0.08 x 1.3 x 23 + 0.24 x 1.3 x 25) x 2 = 20.384 kN/m

- $M_d = \dfrac{1.884 \times 2.6^2}{8} + \dfrac{20.384 \times 2.6^2}{12} = 13.075$ kNm

- $S_d = \dfrac{1.884 \times 2.6}{2} + \dfrac{20.384 \times 2.6}{2} = 28.948$ kN

② 활하중에 의한 단면력

P_f = 24 kN P_r = 96 kN

P = (1+0.79) x 96 + 0.79 x 24 = 190.8 kN

- 충격계수

$i = \dfrac{15}{40+2.6} = 0.352 > 0.3 \qquad \therefore i = 0.3$

$M_{l+i} = \dfrac{0.65}{2} \times 190.8 \times \dfrac{2.6}{2} \times 1.3 = 104.769$ kNm

$S_{l+i} = 1 \times 190.18 \times 1.3 = 247.234$ kN

$\sum M$ = 13.075 + 104.769 = 117.844 kNm

$\sum S$ = 28.948 + 247.234 = 276.182 kN

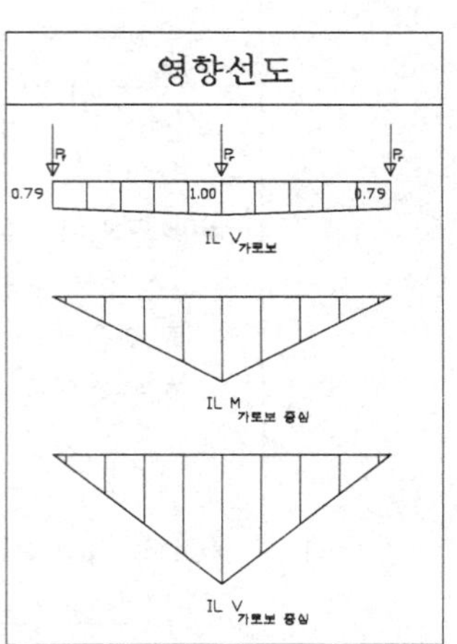

③ 단면응력검토

- SM490 강종의 허용휨응력 : f_a = 190 MPa
- SM490 강종의 허용전단응력 : v_a = 110 MPa

- 휨응력 검토

$$f = \frac{M}{I}y = \frac{117,844,000.0}{3,325,522,500} \times 755 = 26.754 < 190 \ \text{MPa} \qquad \text{OK}$$

- 전단응력 검토

$$v = \frac{S}{A} = \frac{276,182.4}{1,500 \times 10} = 18.412 < 110 \ \text{MPa} \qquad \text{OK}$$

(3) 상부플랜지 이음 검토

- 설계응력 : 39.572 MPa < 0.75 x 190 = 142.5 MPa
  따라서, 설계응력은 142.5 MPa
- 고장력 볼트 : F10T , M22(2면 마찰)
  상부플랜지 단면적 : 4,500 mm^2
  허용력 : 48 x 2 = 96 kN

$$n = \frac{A \times f_{su}}{\rho_a} = \frac{4,500 \times 142.5}{96,000} = 6.68 \ \text{EA}$$

∴ 볼트는 7개 이상이면 OK
∴ M22, F10T 8EA 사용

① 볼트에 작용하는 힘

$$p = \frac{4,500 \times 142.5}{8} = 80.156 \ \text{kN} < 96 \ \text{kN} \quad \therefore \text{OK}$$

② 이음판

1 - PL : 450 x 10 x 1 = 4,500 mm^2
2 - PL : 210 x 10 x 2 = 4,200 mm^2

$\sum$ = 8,700 mm^2

이음판의 단면적

$$A_{req} = \frac{4,500 \times 142.5}{190} = 3,375 \ mm^2 < 8,700 \ mm^2 \quad \therefore \text{OK}$$

(4) 하부플랜지 이음 검토

- 고장력볼트 : F10T, M22 (2면마찰)
  하부플랜지 단면적 : 4,500 mm^2
  허용전단응력 : 48 x 2 = 96 kN

$$n = \frac{A \times f_{su}}{\rho_a} = \frac{4,500 \times 142.5}{96,000} = 6.68 \ \text{EA}$$

① 볼트에 작용하는 힘

$$p = \frac{4,500 \times 142.5}{8} = 80.156 \ \text{kN} < 96 \ \text{kN} \quad \therefore \text{OK}$$

② 이음판

1 - PL : 450 x 10 x 1 = 4,500 mm²
2 - PL : 210 x 10 x 2 = 4,200 mm²

$\sum$ = 8,700 mm²

이음판의 단면적

A_g = 8,700 - ((22+3) x 4) x 10 = 7,700 mm²

$A_{req}= \frac{4,500\times 142.5}{190} = 3,375$ mm² < 7,700 mm² ∴OK

(5) 복부판 이음

① 볼트 1개의 휨 작용력

$\sum y_i^2 = 2\text{열} \times (45^2+145^2+245^2+\cdot\cdot+645^2)\times 2 = 4,452,700$ mm²

휨모멘트 성분

$$M_w = \frac{f \cdot t_w \cdot h_w^2}{6} = \frac{142.5\times 10\times 1500^2}{6} = 534.375\,kN{\cdot}m$$

$$\rho_m = \frac{M_w}{\sum y_i^2} y = \frac{534,375,000}{4,452,700}\times 645 = 77,408 \text{ N}$$

$$\rho_s = \frac{276,182}{15} = 18,412 \text{ N}$$

$\sqrt{(\rho_m^2+\rho_s^2)} = 79.568$ kN < 96 kN ∴OK

② 연결판의 응력검토

2 - PL : 1,440 x 9 x 2 = 25,920 mm²

$$I = \frac{9\times 1,440^3}{12} = 2,239,488,000 \text{ mm}^4$$

$$M = f\times w = 142.5\times \frac{2}{3}\times 760^2 \times 9 = 493,848,000 \text{ Nmm}$$

$f = \frac{M}{I}y = \frac{493,848,000\times 710}{2,239,488,000} = 156.568$ MPa < 190 MPa ∴OK

3.4.5 [단계 5] 이음부 설계

(1) 현장이음의 설계 (Node 9)

합성전 휨모멘트	: M_s	=	1,606.73	kNm
합성후 휨모멘트	: M_v	=	3,990.91	kNm
합성전 전단력	: S_s	=	-119.42	kN
합성후 전단력	: S_v	=	-363.13	kN
총 비틀림 모멘트	: M_t	=	0.11	kNm
상부 플랜지 응력	: f_u	=	63.6	MPa
하부 플랜지 응력	: f_l	=	-91.9	MPa

BOLT : H.T (M22 F10T) ρ_a = 48,000 x 2면 마찰 = 96,000 N

① 압축부 플랜지 (상부 플랜지의 이음)

f_s = 63.6 MPa

f_s' = 0.75 x 190 = 142.5 MPa

∴ 이음부 설계응력(f_u)는 142.5 MPa을 적용한다.

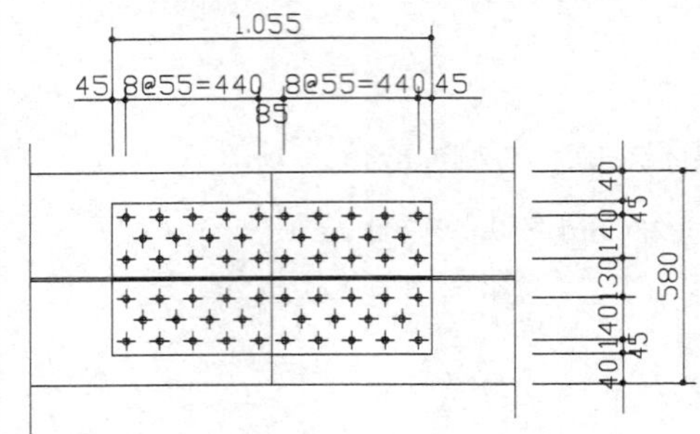

사용강종 : SM490

모재두께 : T_u = 18 mm

모재길이 : L = 580 mm

허용압축응력 : f_a = 190 MPa

허용전단응력 : v_a = 110 MPa

가. 필요 볼트수의 결정

$$n = \frac{A_s \times f_s}{\rho_a} = \frac{18 \times 580 \times 142.5}{96,000} = 16 \text{ EA} \quad \rightarrow n = 28 \text{ EA 사용}$$

나. 이음판의 결정

필요단면적 : $A_s = \frac{18 \times 580 \times 142.5}{190} = 7,830 \text{ mm}^2$

사용이음판 : A_s = 1 - PL 500 x 12 x 1 = 6,000 mm^2

2 - PL 220 x 12 x 2 = 5,280 mm^2

ΣA_s = 11,280 mm^2 > $A_{sreq'd}$ = 7,830 mm^2 , OK

이음판의 응력 : $f_s = \frac{18 \times 580 \times 142.5}{11,280} = 131.888$ MPa < f_{sa} ... OK

다. 볼트의 응력검토

• 직응력

$$\rho_p = \frac{P}{n} = \frac{18 \times 580 \times 142.5}{28} = 53,132.1 \text{ N/EA} \quad < \rho_a \quad \text{... OK}$$

• 휨전단응력

$$\rho_h = \left(\frac{S_s Q_s}{I_s} + \frac{S_v Q_v}{I_v}\right) \times \frac{p}{n} = -1,239.9 \text{ N/EA}$$

S_s = -119.420 kN

S_v = -363.130 kN

Q_s, Q_v : 합성전 및 합성후의 중립축에 대한 접합선 외측의 단면1차모멘트

Q_s = 580 x 18 x (1,041.9 - 9) = 10,783,476 mm^3

Q_v = 580 x 18 x (279.1 - 9) = 2,819,844 mm^3

I_s, I_v : 합성전 및 합성후의 중립축에 대한 총단면의 단면 2차 모멘트

I_s = 28,619,709,085 mm^4

I_v = 68,900,000,000 mm^4

p : 접합선 방향의 볼트의 평균 피치 (mm)

= 플랜지 전폭/횡방향 볼트수 = 580 / (28/9) = 186.4 mm

n : 접합선 직각의 볼트의 개수

• 합성응력의 검토

$\rho = \sqrt{(\rho_p^2 + \rho_h^2)}$ = 53,146.6 N/EA < ρ_a , OK

② 인장부 플랜지 (하부 플랜지의 이음)

f_s = 91.9 MPa

f_s' = 0.75 x 190 = 142.5 MPa

∴ 이음부 설계응력(f_u)는 142.5 MPa을 적용한다.

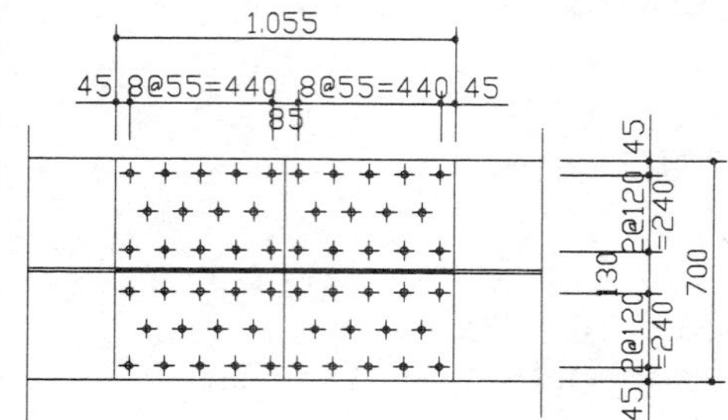

사용강종	:	SM490
모재두께	: T_u	= 26 mm
모재길이	: L	= 700 mm
허용압축응력	: f_a	= 190 MPa
허용전단응력	: v_a	= 110 MPa

가. 필요 볼트수의 결정

$$n = \frac{A_s \times f_s}{\rho_a} = \frac{26 \times 700 \times 142.5}{96,000} = 28 \text{ EA}$$ → n = 28 EA 사용

나. 이음판의 결정

필요단면적 : $As = \frac{26 \times 700 \times 142.5}{190} = 13,650 \text{ mm}^2$

사용이음판 : A_s = 1 - PL 700 x 12 x 1 = 8,400 mm^2

2 - PL 320 x 12 x 2 = 7,680 mm^2

ΣA_s = 16,080 mm^2 > A_s $req'd$ = 13,650 mm^2 , OK

이음판의 순단면적 : 인장부의 순단면적은 볼트지름을 공제

A_n = 16,080 - (22+3) x 12 x 4 x 2 EA

= 13,680 mm^2 > $A_{s\ req'd}$ = 13,650 mm^2 , OK

이음판의 응력 : $f_s = \frac{26 \times 700 \times 142.5}{13,680} = 189.583$ MPa < f_{sa} ... OK

다. 볼트의 응력검토

• 직응력

$$\rho_p = \frac{P}{n} = \frac{26 \times 700 \times 142.5}{28} = 92.625 \text{ N/EA}$$ < ρ_a ... OK

• 휨전단응력

$$\rho_h = \left(\frac{S_s Q_s}{I_s} + \frac{S_v Q_v}{I_v}\right) \times \frac{p}{n} = -5,219.65 \text{ N/EA}$$

S_s = -119.420 kN

S_v = -363.130 kN

Q_s, Q_v : 합성전 및 합성후의 중립축에 대한 접합선 외측의 단면1차모멘트

Q_s = 700 x 26 x (802.1 - 13) = 14,361,620 mm^3

Q_v = 580 x 18 x (1,564.9 - 13) = 28,244,580 mm^3

I_s, I_v : 합성전 및 합성후의 중립축에 대한 총단면의 단면 2차 모멘트

I_s = 28,619,709,085 mm^4

I_v = 68900,000,000 mm^4

p : 접합선 방향의 볼트의 평균 피치 (mm)

= 플랜지 전폭/횡방향 볼트수 = 700 / (28/9) = 225.0 mm

n : 접합선 직각의 볼트의 개수

• 합성응력의 검토

$\rho = \sqrt{(\rho_p{}^2 + \rho_n{}^2)}$ = 92,772 N/EA < ρ_a , OK

• 모재의 응력검토

플랜지의 총단면적 : A_s = 26 x 700 = 18,200 mm^2

볼트구멍을 공제한 플랜지의 순단면적 : A_{sn} = 15,600 mm^2

모재의 응력 : $f_l = \dfrac{18,200 \times 142.5}{15,600} = 166.25$ MPa < f_{sa} .... OK

③ 복부 연결부의 계산

가. 볼트의 응력계산

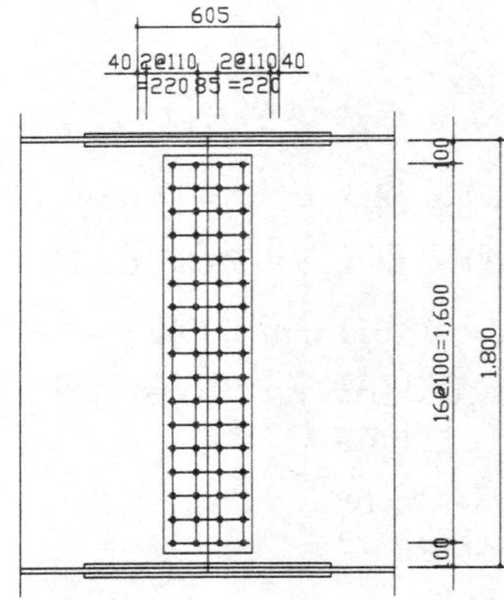

거더총높이 : 1,800 mm

복부판두께 : 12 mm

볼트 1개의 휨 작용력

$$\sum y_i^2 = 2열 \times (100^2 + 200^2 + 300^2 + \bullet\ \bullet + 800^2) \times 2 = 8,160,000\ mm^2$$

휨모멘트 성분

$$M_w = \frac{f \bullet t_w \bullet h_w^2}{6} = \frac{142.5 \times 12 \times 1800^2}{6} = 923.400\ kN{\cdot}m$$

$$\rho_m = \frac{M_w}{\sum y_i^2} y = \frac{923,400,000}{8,160,000} \times 800 = 90,529\ \ N$$

$$\rho_s = \frac{363,130}{34} = 10,680 \text{ N}$$

$$\sqrt{(\rho_m^2 + \rho_s^2)} = 91.127 \text{ kN} < 96 \text{ kN} \qquad \therefore \text{OK}$$

나. 이음판의 응력계산

• 복부판의 단면 2차 모멘트

$$I_{sw}' = \frac{12 \times 1,800^3}{12} + 12 \times 1,800 \times (900 - 802.1)^2 = 6,039,023,256 \text{ mm}^4$$

$$I_{vw}' = \frac{12 \times 1,800^3}{12} + 12 \times 1,800 \times (1,564.9 - 900)^2 = 15,381,187,416 \text{ mm}^4$$

• 복부에 작용하는 모멘트

$$M_{sw} = M_s \cdot \frac{I_{sw}'}{I_s} = 1,606.7 \times \frac{6,039,023,256}{28,619,709,085} = 339 \text{ kNm}$$

$$M_{vw} = M_v \cdot \frac{I_{vw}'}{I_v} = 3,990.9 \times \frac{15,381,187,416}{68,900,000,000} = 890.9 \text{ kNm}$$

M_{sw} : 복부에 작용하는 합성전 하중에 의한 모멘트

M_{vw} : 복부에 작용하는 합성후 하중에 의한 모멘트

• 이음판의 단면 2차모멘트

Splice	A (mm²)	Y (mm)	AY (mm³)	AY² (mm⁴)	I_o (mm⁴)
2PL 1,600x10	32,000	0	0	0	6,826,666,666.7

I_{sw} = 6,826,666,666.7 + 32,000 x (900 - 802.1)^2 = 7,133,367,786.7 mm^4

I_{vw} = 6,826,666,666.7 + 32,000 x (1,564.9 - 900)^2 = 20,973,610,986.7 mm^4

I_{sw} : 강재보단면의 중립축에 대한 이음판의 총단면 2차모멘트

I_{vw} : 합성단면의 중립축에 대한 이음판의 총단면 2차모멘트

• 이음판의 응력

Y_{su}, Y_{sl} : 강재보단면의 중립축에서 이음판 상,하연까지의 거리

Y_{su} = 1,041.9 mm, Y_{sl} = 802.1 mm

Y_{vu}, Y_{vl} : 합성단면의 중립축에서 이음판 상,하연까지의 거리

Y_{su} = 279.1 mm, Y_{sl} = 1,564.9 mm

f_u : 이음판의 상연응력 fl : 이음판의 하연응력

$$f_u = \frac{M_{sw}}{I_{sw}} Y_{su} + \frac{M_{vw}}{I_{vw}} Y_{vu}$$

$$= \frac{339.035 \times 1,000,000}{7,133,367,786.7} \times 1041.9 + \frac{890.928 \times 1,000,000}{20,973,610,986.7} \times 279.1$$

= 61.375 MPa < f_{sa}, OK

$$f_l = \frac{M_{sw}}{I_{sw}} Y_{sl} + \frac{M_{vw}}{I_{vw}} Y_{vl}$$

$$= \frac{339.035 \times 1,000,000}{7,133,367,786.7} \times 802.1 + \frac{890.928 \times 1,000,000}{20,973,610,986.7} \times 1,564.9$$

= 104.597 MPa < f_{sa}, OK

(2) 용접부 검토

① 플랜지와 복부판의 용접부 검토

• 필렛용접 치수 검토

구 분	모재의 사용두께			상부플랜지와 복부판				하부플랜지와 복부판			
	t_u	t_l	t_w	s_{max}	s_{min}	s_{use}	판정	s_{max}	s_{min}	s_{use}	판정
P1	30	30	12	12	7.7	8	OK	12	7.7	8	OK
P2	30	30	12	12	7.7	8	OK	12	7.7	8	OK

• 용접부의 응력검토

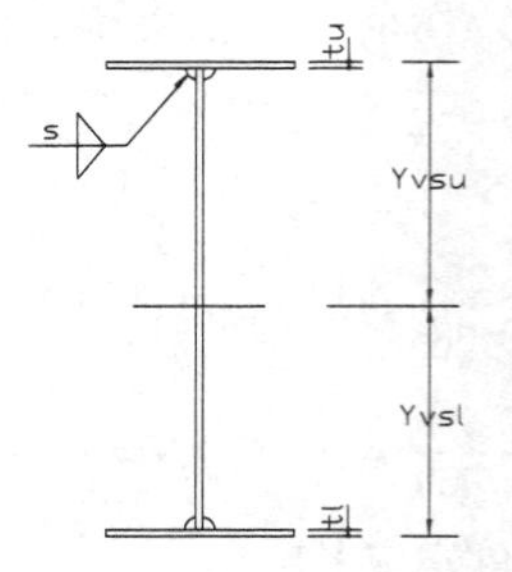

$$v = \frac{S \cdot Q}{I_v \cdot \sum a} < v_a$$

v : 전단응력 (MPa)

v_a : 허용전단응력 (MPa)

S : 총 작용전단력 (N)

Q : 용접선 외측 플랜지의 총단면의 중립축에 관한 단면 1차모멘트

I_v : 총단면의 중립축에 관한 단면 2차 모멘트

$\sum a$: 필렛용접의 목두께의 합

• 응력검토 결과

- 상부플랜지와 복부판

구분	S_{max} (kN)	t_u (mm)	B_u (mm)	A (㎟)	Y_{vsl} (mm)	Q (㎣)	I_v (mm^4)	s (mm)	$\sum a$ (mm)	v (MPa)	v_a (MPa)	비고
P1	1,128.9	30	580	17,400	1,030.1	1.7e7	1.869e11	8	11.31	9.3	110	OK
P2	1,026.9	30	580	17,400	1,030.1	1.7e7	1.869e11	8	11.31	8.5	110	OK

- 하부플랜지와 복부판

구분	S_{max} (kN)	t_u (mm)	B_u (mm)	A (㎟)	Y_{vsl} (mm)	Q (㎣)	I_v (mm^4)	s (mm)	$\sum a$ (mm)	v (MPa)	v_a (MPa)	비고
P1	1,128.9	30	700	21,000	1,829.9	3.8e7	1.869e11	8	11.31	20.2	110	OK
P2	1,026.9	30	700	21,000	1,829.9	3.8e7	1.869e11	8	11.31	18.4	110	OK

② 지점부 보강재 용접부 검토

필렛용접 치수 s= 8.0 mm

사용보강재 : 4 *PL* 180 x 14 x 1,800

용접목두께 $a = \frac{s}{\sqrt{2}} = 5.7$ mm

$$v = \frac{p}{\sum a \cdot l} = \frac{2212.7 \times 10^3}{8EA \times 5.7 \times 1,800} = 27.163 \text{ MPa} \le v_a = 110 \text{ MPa} \quad \text{OK}$$

3.4.6 [단계 6] 보강재 설계

(1) 수직보강재 (수평보강재 1단 배치)

① 수직보강재의 간격 검토

n = 1, a = 1,250 mm , b = 1,800 mm , t = 12 mm

$$\frac{a}{b} = \frac{1,250}{1,800} = 0.694 < 0.8$$

$$\left(\frac{b}{100t}\right)^4 \left[\left(\frac{f}{950}\right)^2 + \left(\frac{v}{95 + 81(b/a)^2}\right)^2\right] \le 1$$

$$\left(\frac{1,800}{100 \times 12}\right)^4 \left[\left(\frac{172.7}{950}\right)^2 + \left(\frac{33.6}{95 + 81(1,800/1,250)^2}\right)^2\right] = 0.25 < 1 \quad \text{OK}$$

여기서, f = 172.7 MPa , v = 33.6 MPa

② 수직보강재의 제원

$$\gamma = 8\left(\frac{b}{a}\right)^2 = 8\left(\frac{1,800}{1,250}\right)^2 = 16.589$$

$$I_v = \frac{bt^3}{10.92}\gamma = \frac{1,800 \times 1,728}{10.92} \times 16.589 = 4,725,073.582 \text{ mm}^4$$

- 보강재의 제원 : 1 - PL 150 x 12 x 1,800

$$I = \frac{12 \times 150^3}{3} = 13,500,000 \text{ mm}^4 > I_v \quad \text{OK}$$

- 수직보강재의 두께

$$\frac{b}{30} + 50 = \frac{1,800}{30} + 50 = 110 < 150 \text{ mm} \quad \text{OK}$$

$$\frac{150}{13} = 11.538 < 12 \text{ mm} \quad \text{OK}$$

(2) 수평보강재

① 수평보강재의 설치여부 및 위치

- 복부판의 두께 : 12 mm
- 복부판의 강종 : SM490

수평보강재가 없을 경우, 판형 복부판의 최소 두께

$$\frac{b}{130} = \frac{1,800}{130} = 13.846 > 12 \text{ : 수평보강재 필요}$$

수평보강재 1단을 사용할 경우, 판형 복부판의 최소 두께

$$\frac{b}{220} = \frac{1,800}{220} = 8.182 < 12 \text{ : 수평보강재 1단 사용}$$

수평보강재의 위치는 압축응력을 받는 복부판의 0.2b 부근

② 수평보강재의 제원

• 보강재의 제원 : 1 - *PL* 130 x 12

$$\gamma = 30\left(\frac{a}{b}\right) = 30\left(\frac{1,250}{1,800}\right) = 14.468$$

$$I_v = \frac{bt^3}{10.92}\gamma = \frac{1,250\times 1,728}{10.92}\times 14.468 = 2,861,721.612 \text{ mm}^4$$

$$I = \frac{12\times 130^3}{3} = 8,788,000 \text{ mm}^4 > I_v \quad \text{OK}$$

(3) 지점보강재

① 단지점부

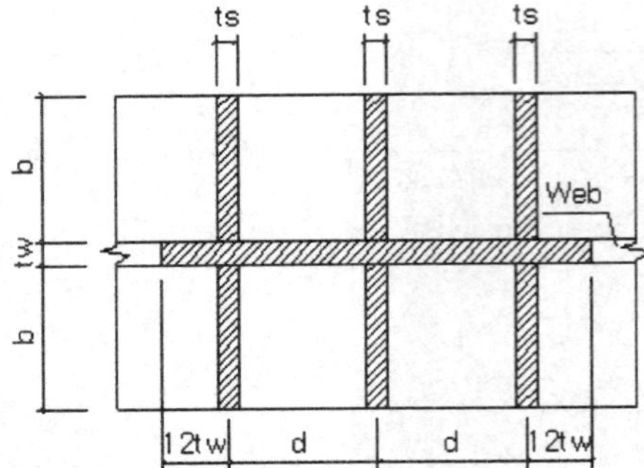

사용강종	:	SM490	
최대지점반력	:	692.6	kN
보강재 폭	:	180	mm
보강재 길이	:	1,800	mm
보강재 두께	:	14	mm > $t_{smin} = b/16 = 11.25$ mm OK
보강재의 설치간격	:		
보강재 사용열수	:	1	EA
복부 두께	:	12	mm

단면유효폭 $B_e = 2 \times 12\ t_w = 288$ mm

보강재의 단면적 $A_s = 180 \times 14 \times 2 = 5{,}040$ mm^2

유효단면적 $A_e = 288 \times 12 + 5{,}040 = 8{,}496$ mm^2 < $1.7A_s = 8{,}568$ mm^2

따라서, 유효단면적 $A_e = 8{,}496$ mm^2

복부폭 중심선 둘레의 단면2차모멘트

$$I = 288\times 12^3/12 + 14\times 180^3/12 + 14\times 180\times 96^2\times 2 = 60,098,112 \text{ mm}^4$$

단면2차 반경 $r = \sqrt{\dfrac{I}{A_e}} = 84.105$ mm

유효좌굴길이 $l_e = 0.5l = 900$ mm

허용축방향 압축응력

$l_e/r = 10.701 \rightarrow f_{cag} = 190$ MPa : 국부좌굴을 고려하지 않은 허용축방향 압축응력

$b/16 \leq t < b/11.2$ → f_{cal} = 145.2 MPa : 국부좌굴에 대한 허용응력
f_{cao} = 190 MPa : 국부좌굴을 고려하지 않은 최대 허용축방향 압축응력
$f_{ca} = f_{cag} \cdot f_{cal} / f_{cao}$ = 145.2 MPa : 허용축방향 압축응력
$f_c = R_{max} / A_e$ = 81.521 MPa < f_{ca} OK

② 중간교각부

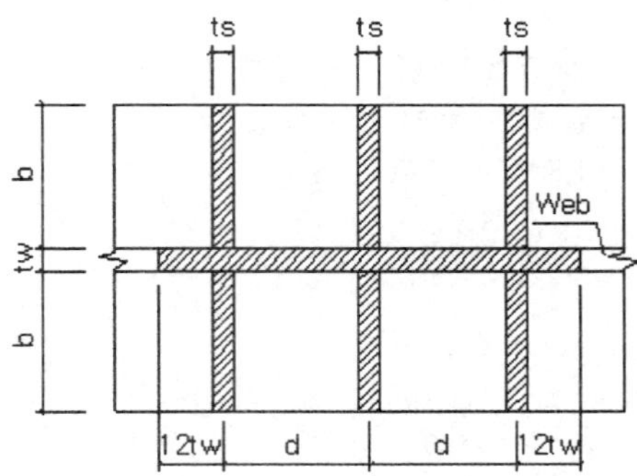

사용강종 : SM490
최대지점반력 : 2,212.7 kN
보강재 폭 : 180 mm
보강재 길이 : 2,500 mm
보강재 두께 : 14 mm > $t_{smin} = b/16$ = 11.25 mm OK
보강재의 설치간격 : 160 mm
보강재 사용열수 : 3 EA
복부 두께 : 12 mm
단면유효폭 $B_e = 2 \times 12\ t_w + 2 \times 288 = 608$ mm
보강재의 단면적 $A_s = 180 \times 14 \times 6 = 15{,}120$ mm^2
유효단면적 $A_e = 608 \times 12 + 15{,}120 = 22{,}416$ mm^2 < $1.7A_s = 25{,}704$ mm^2
따라서, 유효단면적 A_e= 22,416 mm^2
복부폭 중심선 둘레의 단면2차모멘트

$$I = 608 \times 12^3/12 + 14 \times 180^3/12 + 14 \times 180 \times 96^2 \times 6 = 180{,}257{,}472 \text{ mm}^4$$

단면2차 반경 $r = \sqrt{\dfrac{I}{A_e}} = 89.770$ mm
유효좌굴길이 $l_e = 0.5l = 1{,}250$ mm

허용축방향 압축응력
$l_e/r = 13.939$ → f_{cag} = 190 MPa : 국부좌굴을 고려하지 않은 허용축방향 압축응력
$b/16 \leq t < b/11.2$ → f_{cal} = 145.2 MPa : 국부좌굴에 대한 허용응력
f_{cao} = 190 MPa : 국부좌굴을 고려하지 않은 최대 허용축방향 압축응력
$f_{ca} = f_{cag} \cdot f_{cal} / f_{cao}$ = 145.2 MPa : 허용축방향 압축응력

$f_c = R_{max} / A_e = 98.711$ MPa $< f_{ca}$ OK

3.4.7 [단계 7] 브레이싱 설계

(1) 수직브레이싱

① 하중산정

가. 풍하중

- 상부구조 총 높이

: 주형의 하부 플랜지 바닥에서 방호벽 끝까지의 높이

D = 방호벽 높이 + 슬래브 두께 + 주형높이

= 1,080 + 240 + 1,800 = 3,120 mm

- 교량의 총폭

B = 12,600 mm

- 풍하중의 강도

$$\frac{B}{D} = \frac{12,600}{3,120} = 4.038 \quad \therefore 1 \leq B/D < 8$$

$$\therefore P_w = (4 - 0.2 \times \frac{12,600}{3,120}) \times 3,120 = 9.96 \text{ kN/m} > 6 \text{ kN/m} \quad \text{OK}$$

- 수직 브레이싱의 간격 : 5.0 m (6 m 이내, 플랜지폭의 30배 이하)

∴ 1개의 수직브레이싱에 작용하는 하중 = 9.96 x 5 = 49.8 kN

나. 지진하중

전체고정하중 : 24,021.469 kN

H_e = (24,021.469 / 170) x 0.5 x 0.11 = 7.77 kN/m

∴ 1개의 수직브레이싱에 작용하는 하중 = 7.77 x 5 = 38.85 kN

∴ 풍하중에 대해 설계

② 부재력 계산

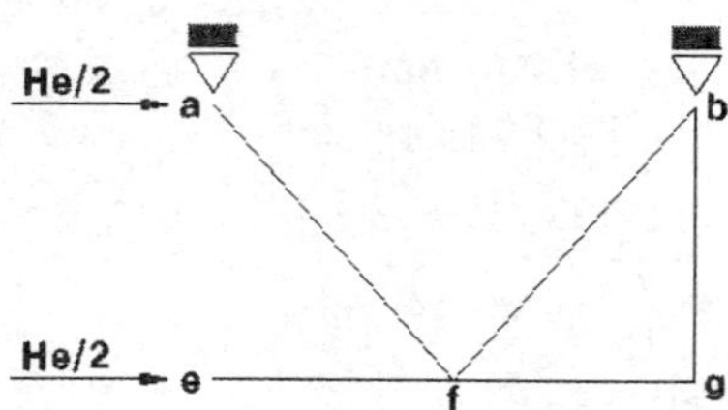

- 부재제원(단위 : mm)
  - 상현재 : L 100 x 100 x 10 (SM400)
  - 하현재 : L 100 x 100 x 10 (SM400)
  - 사　재 : L 90 x 90 x 10 (SM400)

- 부재력 계산
  - 하현재 : $f_{ef,fg} = -\frac{1}{2} \times H_e = -24.9$ kN

- 사 재 : $f_{af} = -\frac{1}{2} \times f_{ef} \times \frac{d}{l} = -\frac{1}{2} \times -24.9 \times \frac{1,896.882}{1,124} = 21.011$ kN

$f_{fb} = -f_{af} = -21.011$ kN

- 상현재 : $f_{ab} = -\frac{1}{2} \times H_e - f_{af} \times \frac{l}{d}$

$= -\frac{1}{2} \times 49.8 - 21.011 \times \frac{1,124}{1,896.882} = -37.35$ kN

③ 단면결정 및 검토

- 상현재

L 100 x 100 x 10 x 2,448 , A : 1,900 mm²

단면 2차 반경의 최소값 $r_{min} = 19.5$ mm, 단면 2차 반경 $r_x (= r_y) = 30.4$ mm

- 세장비

$$\frac{l}{r_{min}} = \frac{2,448}{19.5} = 125.538 < 150 \quad \text{OK}$$

- 허용압축응력

$$\frac{l}{r_y} = \frac{2,448}{30.4} = 80.526, \ f_{ca} = 140 - 0.84\left(\frac{2,448}{30.4} - 20\right) = 89.158 \text{ MPa}$$

거셋판에 연결되어 있는 경우에는 허용압축응력에 저감률을 곱하여야 한다.

$$f'_{ca} = f_{ca} \times \left(0.5 + \frac{l/r_y}{1,000}\right) = 89.158 \times \left(0.5 + \frac{80.526}{1,000}\right) = 51.759 \text{ MPa}$$

- 응력검토

$$f = \frac{P}{A} = \frac{37,350}{1,900} = 19.658 < 51.759 \text{ MPa} \quad \therefore \text{OK}$$

- 사재

L 90 x 90 x 10 x 1,897, A : 1,700 mm²

단면 2차 반경의 최소값 $r_{min} = 17.4$ mm, 단면 2차 반경 $r_x (= r_y) = 27.1$ mm

- 세장비

$$\frac{l}{r_{min}} = \frac{1,897}{17.4} = 109.023 < 150 \quad \text{OK}$$

- 허용압축응력

$$\frac{l}{r_y} = \frac{1,897}{27.1} = 70, \ f_{ca} = 140 - 0.84\left(\frac{1,897}{27.1} - 20\right) = 98.0 \text{ MPa}$$

거셋판에 연결되어 있는 경우에는 허용압축응력에 저감률을 곱하여야 한다.

$$f'_{ca} = f_{ca} \times \left(0.5 + \frac{l/r_y}{1,000}\right) = 98 \times \left(0.5 + \frac{70}{1,000}\right) = 55.860 \text{ MPa}$$

- 응력검토

$$f = \frac{P}{A} = \frac{21,010.833}{1,700} = 12.359 < 55.860 \text{ MPa} \quad \therefore \text{OK}$$

- 하현재

L 100 x 100 x 10 x 2448, A : 1900 mm^2

단면 2차 반경의 최소값 $r_{min} = 19.5$ mm, 단면 2차 반경 $r_x(=r_y) = 30.4$ mm

- 세장비

$$\frac{l}{r_{min}} = \frac{2,448}{19.5} = 125.538 < 150 \quad \text{OK}$$

- 허용압축응력

$$\frac{l}{r_y} = \frac{2,448}{30.4} = 80.526, \ f_{ca} = 140 - 0.84\left(\frac{2,448}{30.4} - 20\right) = 89.158 \text{ MPa}$$

거셋판에 연결되어 있는 경우에는 허용압축응력에 저감률을 곱하여야 한다.

$$f_{ca}' = f_{ca} \times \left(0.5 + \frac{l/r_y}{1,000}\right) = 89.158 \times \left(0.5 + \frac{80.526}{1,000}\right) = 51.759 \text{ MPa}$$

- 응력검토

$$f = \frac{P}{A} = \frac{24,900}{1,900} = 13.105 < 51.759 \text{ MPa} \quad \therefore \text{OK}$$

(2) 수평브레이싱

① 하중산정

수평하중(풍하중)에 대해 상판과 수평브레이싱이 1/2씩 분담하므로

H_e = 4.98 kN

② 부재력 산정

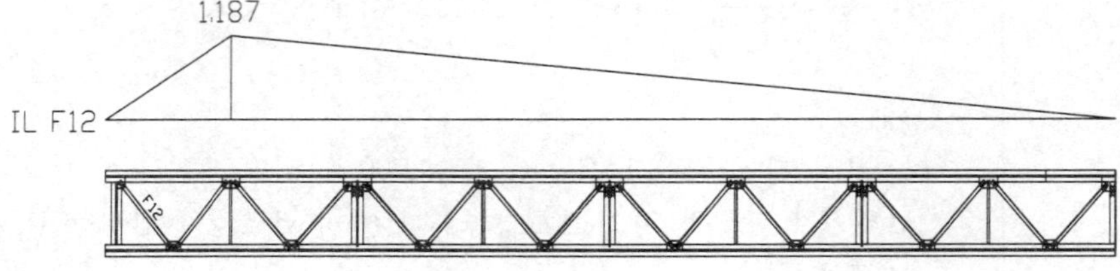

사부재(수평브레이싱)에 대한 영향선의 면적 : 23.74

따라서, 수평하중에 대한 수평브레이싱의 최대부재력은

$F12_{max}$ = 4.98 x 23.74 = 118.23 kN

③ 단면결정 및 검토

- 단면제원

L - 130 x 130 x 9 x 3.070, A = 2,259 mm^2

단면 2차 반경의 최소값 $r_{min} = 25.7$ mm, 단면 2차 반경 $r_x(=r_y) = 40.1$ mm

- 세장비

$$\frac{l}{r_{min}} = \frac{3,070}{25.7} = 119.455 < 150 \quad \text{OK}$$

- 허용압축응력

$$\frac{l}{r_y} = \frac{3,070}{30.4} = 76.559,\ f_{ca} = 140 - 0.84\left(\frac{3,070}{30.4} - 20\right) = 92.491\ \text{MPa}$$

거셋판에 연결되어 있는 경우에는 허용압축응력에 저감률을 곱하여야 한다.

$$f'_{ca} = f_{ca} \times \left(0.5 + \frac{l/r_y}{1,000}\right) = 92.49 \times \left(0.5 + \frac{76.559}{1,000}\right) = 53.326\ \text{MPa}$$

- 응력검토

$$f = \frac{P}{A} = \frac{118,225.2}{2,259} = 52.335 < 53.326\ \text{MPa}\quad \therefore\ \text{OK}$$

3.4.8 **[단계 8] 전단연결재 설계**

(1) 합성후하중에 의한 수평전단력

$$S_v = \frac{V \cdot Q_{vc}}{I_v}$$

$$Q = \frac{A_c \cdot d_{vc}}{n}$$

S_v : 수평전단력 (kN)
I_v : 합성단면 2차 모멘트 (mm^4)
V : 합성후하중에 의한 수직전단력 (kN)
Q_{vc} : 합성단면 중립축에 대한 콘크리트 단면의 단면 1차 모멘트 (mm^3)
d_{vc} : 합성단면의 도심에서 바닥판 콘크리트 도심까지의 거리 (mm)

절점	A_c/n (mm^2)	d_{vc} (mm)	Q_{vc} (mm^3)	I_v (mm^4)	V_d (kN)	V_{l+i} (kN)	V (kN)	S_v (N/mm)
1	72,000	358	25,776,000	4.594e10	271.05	62.79	333.84	187.3
2	72,000	358	25,776,000	4.594e10	192.82	62.79	255.61	143.4
3	72,000	358	25,776,000	4.594e10	176.74	72.97	249.71	140.1
....	중략							
71	72,000	358	25,776,000	4.594e10	169.830	282.150	451.980	253.597
72	72,000	358	25,776,000	4.594e10	184.670	282.150	466.820	261.923
73	72,000	358	25,776,000	4.594e10	274.470	43.440	317.910	178.373

(2) 건조수축 및 온도차에 의한 수평전단력

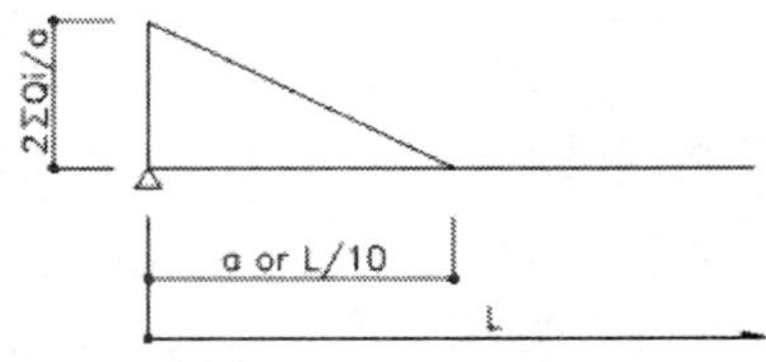

L : 단순합성형 → 지간
연속합성형 → 지간합계

주형의 간격(a) = 2.60 m
$L/10$ = 170 / 10 = 17 m
∴ 전단분포폭 : 2.6 m

• 건조수축에 의한 전단력

n_2	=	24		I_s	=	21,954,880,000	mm^4
A_c	=	576,000	mm^2	I_c	=	2,764,800,000	mm^4
A_s	=	72,000	mm^2	P_2	=	$E_s \cdot \varepsilon_s \cdot A_c / n_2$ = 1,360,800	N
d	=	1,590.8	mm	E_s	=	210,000	MPa
				ε_s	=	0.00027	

$$F_2 = \frac{1}{1 + \frac{A_c}{n_2 \cdot A_s} + \frac{A_c \cdot d^2}{I_c + n_2 \cdot Is}} = 0.245$$

$N_{cs} = P_2 \cdot F_2 = 333,396$ N, $S_s = 2 \cdot N_{cs} / a = 256.458$ N/mm

• 온도차에 의한 전단력

n	=	8		I_s	=	21,954,880,000	mm^4
A_c	=	576,000	mm^2	I_c	=	2,764,800,000	mm^4
A_s	=	72,000	mm^2	P_1	=	$E_s \cdot \Delta t \cdot A_c / n$ = 1,814,400	N
d	=	1,590.8	mm	E_s	=	210,000	MPa
				a	=	0.000012	
				Δt	=	10	℃

$$F_1 = \frac{1}{1 + \frac{A_c}{n \cdot As} + \frac{A_c \cdot d^2}{I_c + n \cdot I_s}} = 0.098$$

$N_{cs} = P_1 \cdot F_1 = 177,811.2$ N, $S_s = 2 \cdot N_{cs} / a = 136.778$ N/mm

(3) 스터드의 설계

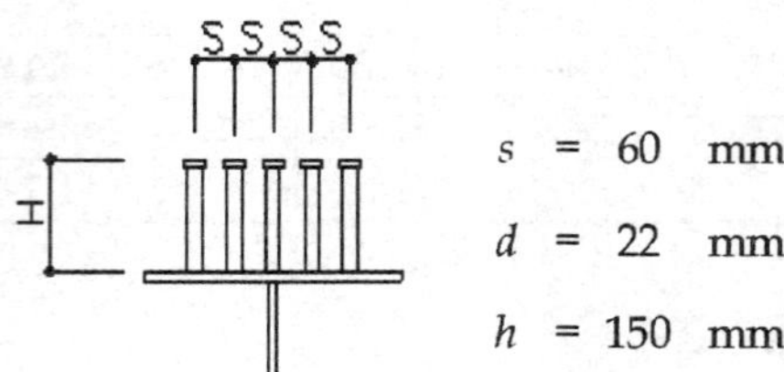

s = 60 mm

d = 22 mm

h = 150 mm

• 스터드의 전단응력

H/d = 150 / 22 = 6.818 > 5.5 이므로

$Q_a = 9.5 d^2 \sqrt{f_{ck}} = 23,891.909$ N/본

스터드 3본 사용 : $Q_a' = 3 \times 23,891.9 = 71,675.7$ N

스터드 배치간격 : Q_a' / S

(4) 하중조합 및 스터드의 배치

절 점	하 중 조 합 (N/mm)					소 요 간 격	배 치 간 격	비 고
	S_v	S_s	S_t	S_v+S_t	S_s+S_t			
1	187.311	256.458	136.778	324.089	393.236	182.272	200	A1
2	143.418	0.000	0.000	143.418	0.000	499.768	200	
3	140.107	0.000	0.000	140.107	0.000	511.578	200	
4	107.946	0.000	0.000	107.946	0.000	663.996	200	
5	95.333	0.000	0.000	95.333	0.000	751.846	200	
....	중략							
72	261.923	0.000	0.000	261.923	0.000	273.652	200	
73	178.373	256.458	136.778	315.151	393.236	182.272	200	A2

- 스터드의 배치간격 검토
  - 스터드의 최대간격
    바닥판 콘크리트 두께의 3배 또는 600 mm 이하
    → 500 mm 이하 사용
  - 스터드의 최소간격

교축방향 : $5d$ = 110 mm → 125 mm 사용 OK
교축직각방향 : d + 30 = 52 mm → 60 mm OK
최소연단순간격 : 25 mm < 220 - 22/2 = 209 mm OK

(5) 전단연결재의 피로설계

- 수평전단력 범위

$$S_r = \frac{V_r \cdot Q}{I}$$

S_r : 설계대상 단면의 슬래브와 주거더 사이의 수평전단력 범위 (N/mm)
V_r : 충격을 포함하는 활하중에 대한 전단력의 범위 (N)
Q : 정모멘트부 → 합성단면의 중립축에 대한 콘크리트의 환산 단면1차 모멘트
: 부모멘트부 → 합성단면의 중립축에 대한 철근의 단면1차모멘트
I : 합성단면의 단면2차모멘트 (부모멘트부는 철근 고려)

- 허용수평전단력 범위

$Z_r = \beta \cdot d^2$ →39 x 22^2 = 18,876 N (DB하중의 경우)
74 x 22^2 = 35,816 N (DL하중의 경우)

Z_r : 전단연결재의 허용수평전단력 범위(N)
d : 22.0 mm (스터드 지름)
β_t : 39 (하중반복횟수 : DB 하중 - 2,000,000 이상)
74 (하중반복횟수 : DL 하중 - 500,000)

- 피로를 고려한 전단연결재의 필요간격

$$d_o = \frac{\sum Z_r}{S_r}$$

d_o : 전단연결재의 간격 (mm)
$\sum Z_r$: $n \cdot Z_r$ (N)
n : 한 단면에 설치된 전단연결재의 총 갯수

- 피로설계에 의한 위치별 전단연결재 간격 검토 (DB 하중에 대한 검토)

절점	$I(mm^4)$	A_c/n or A_{sr}	d_{vc} or d_r	Q (mm^3)	V_r (N)	S_r (N/mm)	n	$\sum Z_r$ (N)	소요 간격	배치 간격	비고
1	4.594E+10	72,000	319.531	23,006,239	51,732.6	25.9	3	56,628.0	2,185.8	125	OK
2	4.594E+10	72,000	358.585	25,818,123	51,732.6	29.1	3	56,628.0	1,947.7	125	OK
3	4.594E+10	72,000	358.585	25,818,123	62,861.7	35.3	3	56,628.0	1,602.9	250	OK
…	중략										
73	4.594E+10	72,000	319.531	23,006,239	33,519.8	16.8	3	56,628	3,373.5	125	OK

- 피로설계에 의한 위치별 전단연결재 간격 검토 (DL 하중에 대한 검토)

절점	$I(mm^4)$	A_c/n or A_{sr}	d_{vc} or d_r	Q (mm^3)	V_r (N)	S_r (N/mm)	n	$\sum Z_r$ (N)	소요 간격	배치 간격	비고
1	4.594E+10	72,000	319.531	23,006,239	61,568.4	30.8	3	107,448	3,484.8	125	OK
2	4.594E+10	72,000	358.585	25,818,123	61,568.4	34.6	3	107,448	3,105.3	125	OK
3	4.594E+10	72,000	358.585	25,818,123	71,809.2	40.4	3	107,448	2,662.4	250	OK
….	중략										
73	4.594E+10	72,000	319.531	23,006,239	43,443	21.8	3	107,448	4,938.8	125	OK

(6) 전단연결재의 극한강도 검토

• 전단연결재의 극한강도

$V_u = 0.4\,d^2\cdot\sqrt{f_{ck}\cdot E_c}$ $\quad$ V_u : 전단연결재의 극한강도 (N)

$= 0.4\times 22^2\times\sqrt{27\times 25{,}000}$ $\quad$ d : 전단연결재의 지름 (mm)

$= 159{,}058.6\ \text{N} > A_{sc}\,f_u$ $\quad$ f_{ck} : 콘크리트의 28일 압축강도 (MPa)

$A_{sc}\,f_u = \pi/4 \times 22^2 \times 410 = 155{,}854.4\text{N}$ $\quad$ A_{sc} : 전단연결재의 단면적 (mm^2)

f_u : 전단연결재의 인장강도 (MPa)

- 최대 정모멘트부의 슬래브에 작용하는힘 (P) - P_1,P_2 중 작은값을 취한다.

$P_1 = A_s\cdot f_y$ $\quad$ A_s : 덮개판을 포함하는 강재 단면의 총면적 (mm^2)

f_y : 사용된 강재의 공칭항복응력 280 MPa

f_{ck} : 콘크리트의 28일 압축강도 (MPa)

$P_2 = 0.85\cdot f_{ck}\cdot b\cdot t_s$ $\quad$ b : 슬래브의 유효폭 (mm)

t_s : 콘크리트의 슬래브 두께 240 mm

- 최대 부모멘트부의 슬래브에 작용하는 힘

$P_3 = A_{sr}\cdot f_{yr}$

A_{sr} : 지점부 유효슬래브 폭 내에 설치된 종방향 철근의 총면적

f_{yr} : 철근의 최소 항복응력 (400 MPa)

- 전단연결재의 필요갯수

$$N_1 = \frac{P}{\Phi V_u}$$

N_1 : 최대 정모멘트부와 인접한 교대 지점부 사이의 전단연결재 필요갯수

P : P_1, P_2 중 작은값

ϕ : 감소계수 (0.85)

$$N_2 = \frac{P + P_3}{\Phi V_u}$$

N_2 : 최대 정모멘트부와 인접한 최대부모멘트부 사이의 전단연결재 필요갯수

- 구간별 전단연결재 필요갯수 및 설치갯수 검토

위치	b	A_s	A_{sr}	P_1	P_2	P_3	필요갯수		설치 갯수	비 고
	(mm)	(mm²)	(mm²)	(N)	(N)	(N)	N1	N2		
1-12	2,400	72,000	0	20,160,000	13,219,200	0	100	-	480	OK
12-23	2,246	72,000	30,526	20,160,000	12,370,968	12,210,400	-	186	204	OK
23-33	2,400	72,000	0	20,160,000	13,219,200	0	100	-	270	OK
33-38	2,259	72,000	30,526	20,160,000	12,442,572	12,214,000	-	186	216	OK

3.4.9 **[단계 9] 처짐검토 및 솟음**

(1) 처짐 검토

① 사용 활하중에 의한 처짐량

node	1	2	3	4	5	6	7	8	9	10	11	12	13	14
처짐	0	-25.22	-28.15	-42.69	-47.35	-49.24	-60.57	-61.71	-59.37	-57.08	-52.79	-36.88	-25.16	-20.49
중략														
node	71	72	73											
처짐	-33.14	-28.30	0											

최대처짐량 $\Delta_{max} = 70.34$ mm

② 허용처짐량

교량구조물의 휨부재는 사용 활하중 (충격하중 포함)으로 구조물의 강도나 실제하중에 지장을 주는 처짐 또는 그외 변형이 일어나지 않도록 충분한 강성을 갖게 설계하여야 한다.

강교의 허용최대처짐량은 아래와 같다[도·설 3.2.3].

- 허용처짐량, (지간장 : m)

교 량 형 식		최 대 처 짐	
종 류	지 간	단면 지지보 및 연속보	게르버보의 캔틸레버부
철근콘크리트 바닥판이 있는 플레이트 거더	$L \le 10$ m	L /2,000	L/1,200
	$10 < L \le 40$ m	L/(20,000/L)	L/(12,000/L)
	$L > 40$ m	L/500	L/300
기타 바닥판이 있는 플레이트거더		L/500	L/300

$\therefore$ 허용처짐량 $\Delta_a = \dfrac{L}{500} = \dfrac{45,000}{500} = 90$ mm

③ 처짐 검토

Δ_{max} = 70.34 mm < Δ_a = 90.000 mm ————> OK

(2) 솟음량 산정

- 솟음량 전산처리결과 (G1), (단위 : mm)

Node	강 재	슬래브	부가 고정하중	총 계
1	0.0	0.0	0.0	0.0
2	4.68	14.55	7.67	26.90
3	5.21	16.17	8.52	26.90
4	7.76	23.98	12.59	44.33
5	8.52	26.30	13.77	48.59
6	8.82	27.19	14.23	50.24
7	10.35	31.70	16.53	58.58

Node	강 재	슬래브	부가 고정하중	총 계
중 략				
28	4.07	11.78	6.42	22.27
29	3.90	11.34	6.20	21.44
30	3.70	10.82	5.92	20.44
31	3.34	9.80	5.37	18.51
32	1.98	5.92	3.30	11.20
33	1.49	4.50	2.54	8.53

3.4.10 [단계 10] 피로 검토

(1) 피로검토기준

① 응력반복횟수

부재 및 하중구분 / 도로의 종류	종방향 주부재		횡방향 부재
	트럭하중	차로하중	트럭하중
고속국도, 국도, 주간선도로	2백만	50만	2백만 이상
기타도로	10만	10만	50만

② 허용응력 범위 f_{sr} (MPa)

응력 범주	다재하 경로구조				단재하 경로구조			
	10만회	50만회	200만회	200만회 이상	10만회	50만회	200만회	200만회 이상
A	442	260	168	168	351	203	168	168
B	344	203	126	112	274	161	112	112
B′	274	161	101	87	218	126	77	77
C	250	147	91	70	196	112	70	63
				84*			84*	77*
D	196	112	70	49	154	91	56	35
E	154	91	56	31	119	70	42	16
E′	112	64	40	18	84	49	28	9
F	105	84	63	56	84	63	49	42

(2) 피로조사위치 및 응력범주의 설정

활하중에 의한 모멘트의 변동범위가 큰 단면에서 인장응력 및 교번응력이 발생하는 상세부에 대하여 피로검토를 수행한다.

- 피로조사 단면위치 (8, 18)

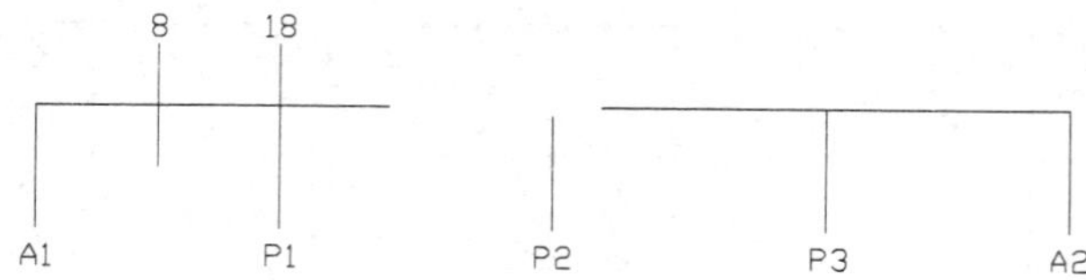

본 교량은 주간선도로에 속하는 다재하경로 구조로서 트럭하중 2백만회와 차로하중 50만회에 대하여 검토하는 것으로 한다.

- node 8

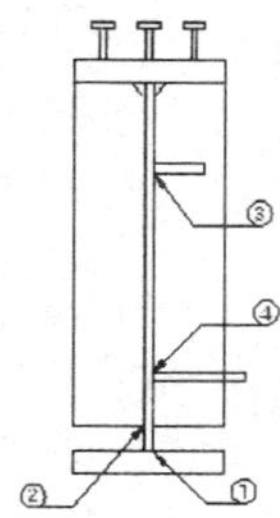

구분	상 세	응력 범주	f_{sr} (MPa)		비고
			DB	DL	
①	플랜지와 복부판의 연속필렛 용접부	B	126	203	
②	수직보강재의 용접 끝부분	C	91	147	
③	수평보강재의 용접 끝부분	E	56	91	
④	복부판에 부착된 가로보 연결용 거셋판 용접 끝부분	E	56	91	

- node 18

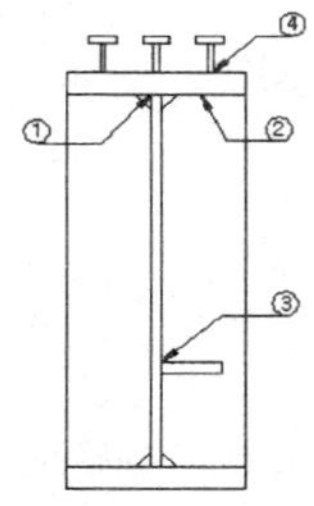

구분	상 세	응력 범주	f_{sr} (MPa)		비고
			DB	DL	
①	플랜지와 복부판의 연속필렛 용접부	B	126	203	
		F	63	84	전단피로검토
②	지점보강재 용접 끝부분	C	91	147	
③	수평보강재의 용접 끝부분	E	56	91	
④	스터드에 인접한 인장측 플랜지부	C	91	147	

(3) 변동응력 산정 및 피로응력 검토

• 휨모멘트에 대한 피로검토

$$\Delta f = \frac{\Delta M}{I_v} y$$

여기서 Δf : 설계피로응력범위(최대-최소)
$\Delta M = M_{max} - M_{min}$
I_v : 합성후 단면의 단면2차 모멘트
y : 합성후 단면 도심으로 부터의 거리

- 단면 8

구분	ΔM (kNm)		I_v	y	Δf (MPa)		응력	f_{sr} (MPa)		비고
	DB	DL	(mm^4)	(mm)	DB	DL	범주	DB	DL	
①	2,159	2,280	6.89e10	1,443	45.201	47.730	B	126	203	OK
②				1,393	43.634	46.076	C	91	147	OK
③				9	0.266	0.281	E	56	91	OK
④				1,193	37.367	39.458	E	56	91	OK

- 단면 18

구분	ΔM (kNm)		I_v	y	Δf (MPa)		응력	f_{sr} (MPa)		비고
	DB	DL	(mm^4)	(mm)	DB	DL	범주	DB	DL	
①	1,946.9	998.3	1.87e11	702	7.309	3.748	B	126	203	OK
②				702	7.309	3.748	C	91	147	OK
③				1,092	11.378	5.835	E	56	91	OK
④				732	7.622	3.908	C	91	147	OK

3.4.11 **[단계 11] 부속장치 설계**

(1) 신축이음장치

신축량 = 온도변화에 의한 이동량($\Delta\ell_t$)
+ 주형의 처짐에 의한 이동량설치 여유량($\Delta\ell_r$)
+ 콘크리트의 건조수축에 의한 이동량($\Delta\ell_s$)
+ 설치여유량(기본신축량의 20% + 부가량 10.000 mm)

① 온도변화에 의한 이동량($\Delta\ell_t$)

$\Delta\ell_t = \Delta t \times \alpha \times \ell$

$\Delta\ell_{t+} = 25.000 \times 0.000012 \times 85.000 = 0.0255$ m(신장량)

$\Delta\ell_{t-} = -25.000 \times 0.000012 \times 85.000 = -0.0255$ m(수축량)

Δt = 온도변화: -10 ~ 40 ℃

② 활하중으로 생긴 주형의 처짐에 의한 이동량($\Delta\ell_r$)

$\Delta\ell_r = \sum(h_i \times \theta_i) = 1.2 \times 0.00667 = 0.008$ m(수축량)

여기서, h_i : 보의 중립축에서 받침의 회전중심까지의 거리, 1,800 x 2/3 = 1,200 mm
θ_i : 받침위의 보의 회전각 (강교 : 1/150 = 0.00667 *rad*)

③ 콘크리트의 건조수축에 의한 이동량(ΔL_s)

$\Delta\ell_s = \Delta t \times \alpha \times \beta \times \ell$

$= 20.000 \times 0.000012 \times 0.5 \times 85.000$

$= 0.0102$ m(수축량)

여기서, Δt : 온도변화 (20 ℃), β : 저감계수 (0.5), ℓ : 거더길이 (85.000 m)

④ 설치유간 및 신축이음장치의 결정

수축량 = -0.0255 + -0.008 + -0.0102 + -0.00874 + 0.01 = -42.440 mm
신장량 = 0.0255 + 0.0087 + 0.01 = 44.24 mm
수축량 + 신장량 = 42.44 + 44.24 = 86.68 mm
⇒ Use EX. NO 100

(2) 받침

편람 511.2.6 받침이동량 산정 예 참조

506.4 박스거더교 설계

4.1 설계일반사항

4.1.1 일반사항

일반적으로 강박스거더교는 지간장 40~80 m의 교량에 적용된다. 이 경우 보통은 철근콘크리트 바닥판을 사용하지만 지간이 80 m 이상으로 되면 강바닥판이 적용되는 경우가 많다. 강바닥판 박스거더교에서는 단일박스의 경우 캔틸레버부를 길게 하고, 병렬박스거더교의 경우에는 주거더의 간격을 넓게 하는 것이 경제적이다. 박스거더교의 설계에 있어서는 제작, 가설에 대한 배려를 염두에 둘 필요가 있다. 이는 일반적으로 단면이 I형거더에 비해 크고, 수송이나 가설법에 따라 형상 등이 결정되는 경우가 많기 때문이다.

또한 구조강성에 대해서도 완성상태에 이르기까지 안전성을 충분히 검토하는 것이 요구된다. 박스거더는 뒤틀림 강성 등이 큰 것이 장점이지만 반면에 전형적인 박판구조물로서 응력분포의 불균일, 변형의 증대, 혹은 국부좌굴의 불안정성 등이 발생할 수 있으므로 이를 방지할 수 있도록 설계단계부터 고려하여야 한다.

설계방법은 플레이트거더교의 설계에 준한다. 다만, 다실박스거더의 경우에는 전단응력의 흐름이 복잡해지기 때문에 보다 상세한 전단류 이론을 이용하여 검토하여야 한다.

4.1.2 일반제원의 계획

(1) 거더높이
일반적인 지간장과 거더높이의 관계는 <그림 506.4.1>과 같다.

(2) 강재의 중량
지간장과 강재의 중량의 관계는 <그림 506.4.2>와 같다.

(3) 단면형상의 선정
박스거더 단면치수를 정리한 것이 <그림 506.4.3>이다.

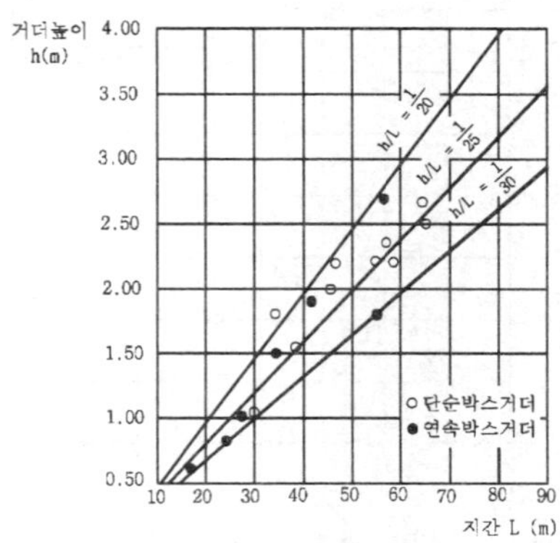

<그림 506.4.1> 거더높이와 지간장

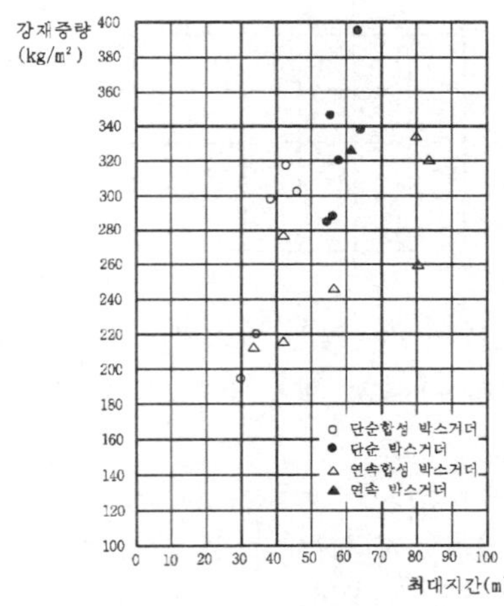

<그림 506.4.2> 지간장과 강재중량

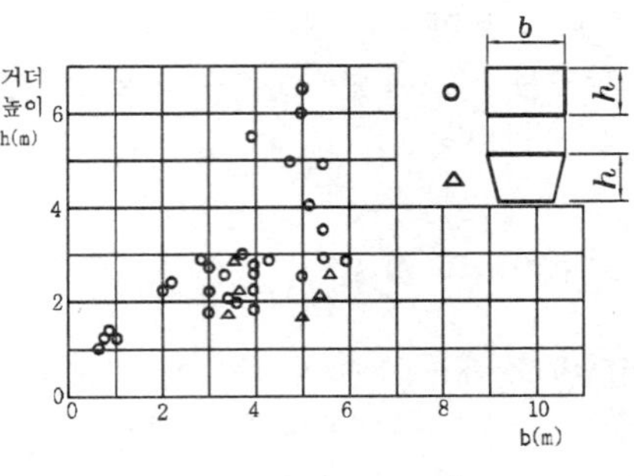

(a) 단일 박스거더

<그림 506.4.3> 박스거더교의 단면치수[계속]

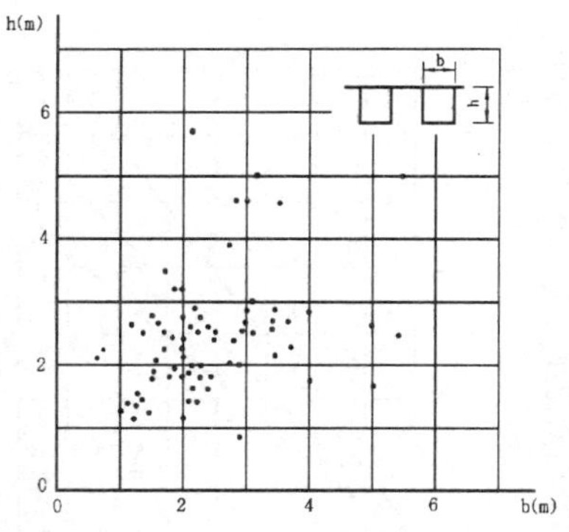

(b) 병렬 박스거더

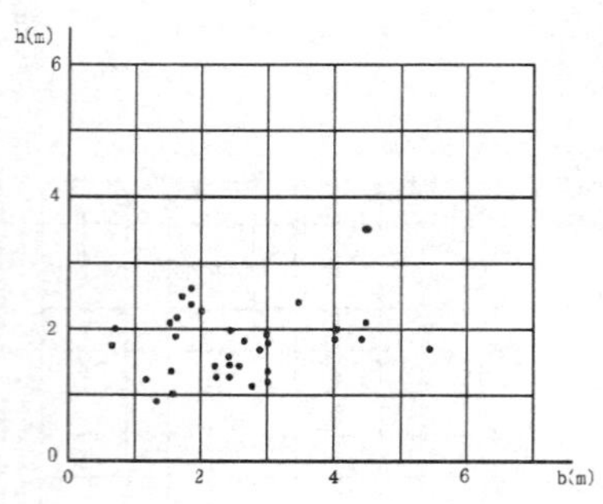

(c) 곡선 박스거더

<그림 506.4.3> 박스거더교의 단면치수

<그림 506.4.1> ~ <그림 506.4.3>에는 기존에 설계된 강박스거더교에 대한 실적 자료를 나타내었다. 최근 고장력강의 개발 및 용접기술의 발달로 SM520, SM570과 TMC강을 적용한 후판(t = 40~100 mm)의 사용이 증가하고 있으므로, 강종에 따른 거더 높이 및 강중의 적정성을 별도로 검토하여야 한다.

박스단면형상의 결정에는 수송상의 제한도 고려할 필요가 있다.

4.1.3 주거더의 설계

주거더의 설계는 통상의 플레이트거더에 준하여도 좋으나 플랜지의 설계시에는 다음의 조건을 고려한다.

① [도 · 설 3.8.2.1 플레이트거더의 휨응력]에 따라 계산된 인장응력 및 압축응력이 [도 · 설 3.3.2.1 구조용 강재의 허용응력]의 <표 3.3.1> 및 <표 3.3.4>에 규정되는 허용응력을 초과하지 않을 것

② [도 · 설 3.8.2.1 플레이트거더의 휨응력] 식(3.8.1)의 단면2차모멘트 산정시 전단지연을 고려해 [도 · 설 3.8.3.4 플랜지의 유효폭]을 적용한다.

③ [도 · 설 3.3.2.1 구조용 강재의 허용응력]에 규정되어있는 바와 같이 박스거더는 충분한 횡방향 강성을 갖고 있기 때문에 휨허용응력은 인장허용응력과 같은 값을 이용하는 것이 좋다.

④ 압축플랜지의 판두께는 [도 · 설 3.4.2 압축응력을 받는 판 및 보강판]의 규정을 만족할 것. 단 충분한 보강재를 배치할 때는 고정단 거리 b로서 복부판 중심간격을 대신하여 이용하는 것이 좋다.

⑤ 압축플랜지는 좌굴에 대해 충분한 안전성을 가져야 한다. 따라서 용접에 의한 초기 뒤틀림이나 잔류응력의 영향을 피하기 위해 판두께를 크게 하고, 보강재의 수를 작게 하는 것이 바람직하다.

⑥ 인장플랜지의 판두께는 [도 · 설 3.8.3.2 박스거더의 플랜지 두께]의 박스거더의 인장플랜지의 규정에 의해 $b/80$ 이상으로 한다. 단 b에 대해서는 압축플랜지와 같은 형태로 생각해도 좋다.

⑦ 바닥판이 합성된 박스거더의 전단연결재 설치 플랜지는 플레이트거더에 준해도 된다.

⑧ 하부플랜지의 돌출길이는 거푸집을 지지할 경우 외측 용접각장 끝에서 80 mm 이상 확보하고, 지보가 필요없는 경우에는 15~30 mm를 두는 것으로 한다.

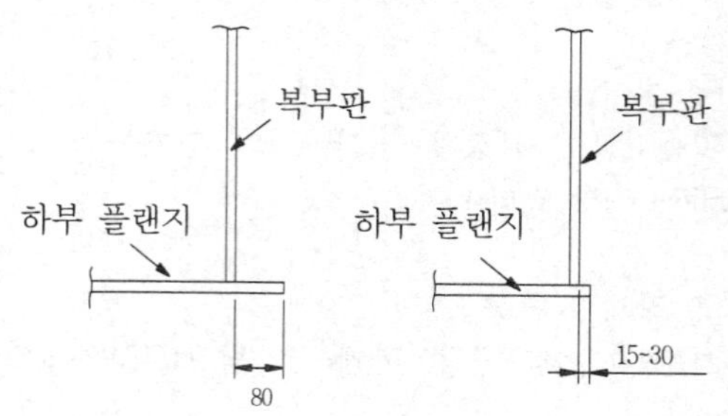

(a) 동바리공 필요시 (b) 동바리공 불필요시

<그림 506.4.4> 하부플랜지의 돌출길이

⑨ 부재축을 통하여 플랜지의 두께가 변하는 경우에는 복부판의 용접과 내부 보강판의 제작 및 용접을 고려하여 내부면을 동일면에 일치시키도록 하는 것을 원칙으로 한다.

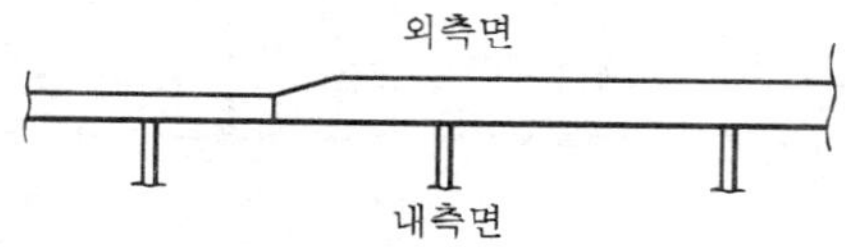

<그림 506.4.5> 판이음

보강재의 설계는 다음의 제반 조건을 만족하도록 설계한다.

① [도・설 3.4.2.2 압축응력을 받는 자유돌출판], [도・설 3.4.2.3 압축응력을 받는 보강된 판]의 판두께, [도・설 3.4.2.4 보강재]에 근거하여 보강재 간격, 소요강성, 강종 등을 선정한다.

② 강바닥판에 대해서는 보통 종리브, 횡리브도 응력계산으로부터 단면을 결정한다. 이 경우 횡리브의 강도를 [도・설 3.4.2.4 보강재]의 식(3.4.5)에 의해 계산하면 과대한 것이 되므로 강바닥판에 대해서는 이를 적용하지 않는다.

③ 종횡보강재의 교차점에서는 돌림용접을 하며, 다음과 같은 구조로 한다.

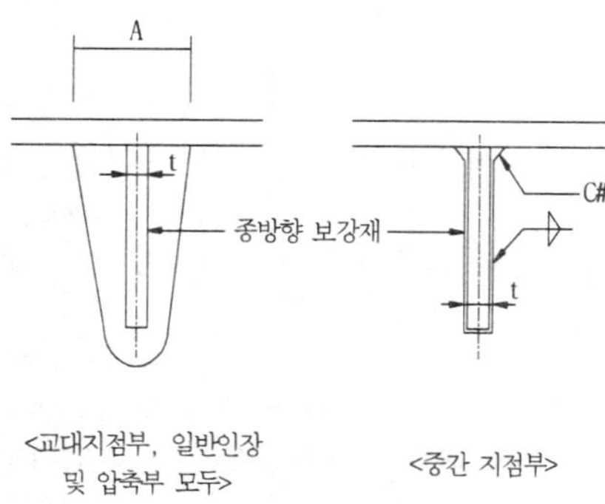

(a) 슬롯상세 (b)

<그림 506.4.6> 보강재 교차부의 구조

④ 플랜지에 대하여 종방향보강재를 부착하는 경우 그 부착 각도는 용접시공성을 고려하여 플랜지면에 직각으로 부착하는 것을 원칙으로 한다.

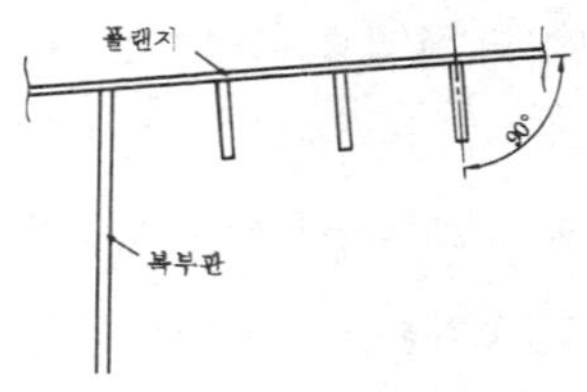

<그림 506.4.7> 보강재의 설치 각도

⑤ 미관상의 이유로 박스 외측면을 평탄하게 맞출 필요가 있는 경우 종보강재의 용접이음은 <그림 506.4.8>과 같이 할 수 있다.

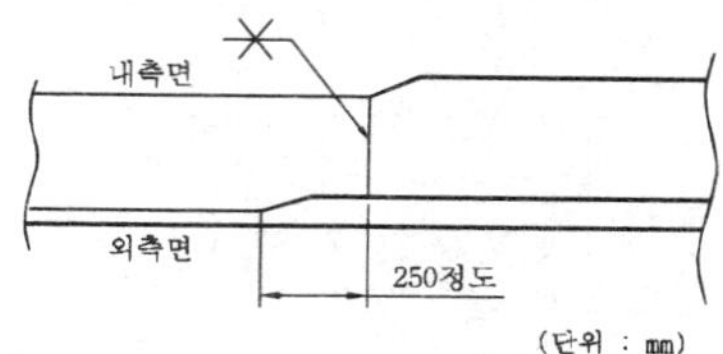

<그림 506.4.8> 용접이음

4.1.4 다이아프램의 설계

(1) 다이아프램의 효과

하중(주로 활하중)이 거더에 편심으로 작용하기도 하고 윤하중이 <그림 506.4.9>에 도시한 바와 같이 작용하는 경우, 거더단면은 원래의 형상을 유지하지 못하고 단면변형이 발생할 수 있다. 이와 같은 단면변형은 박스거더의 강성을 저하시키고 국부응력의 증대를 초래하여 박스거더의 장점이 상실될 수 있으므로 단면변형을 방지할 수 있도록 충분한 강성을 갖는 다이아프램을 적당한 간격으로 배치할 필요가 있다.

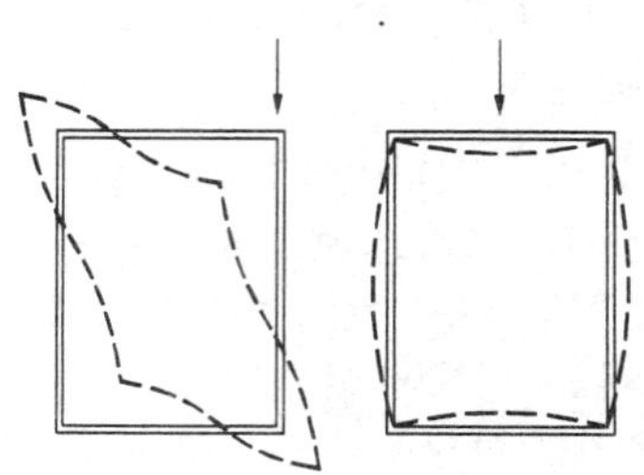

<그림 506.4.9> 박스거더의 단면변형

다이아프램의 효과를 요약하면 다음과 같다.

① 단면형상을 유지한다.

② 강성을 증대시켜 응력을 감소시킨다.

③ 국부 집중하중을 원활하게 거더에 전달한다.

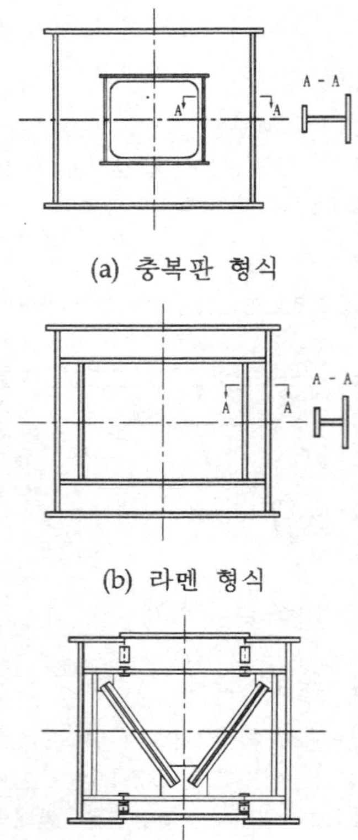

(a) 충복판 형식

(b) 라멘 형식

(c) 수직브레이싱 형식

<그림 506.4.10> 중간다이아프램의 표준형식

(2) 다이아프램의 형상

다이아프램의 표준적인 형상은 <그림 506.4.10>에 나타낸 것과 같다.

일반적으로 중간다이아프램은 제작, 가설 및 부속물 설치의 필요성으로부터 충복판 방식의 경우라도 개구부를 갖는 경우가 많다. 이 경우 다이아프램의 성상이 충복판에 가까운지 라멘에 가까운지는 개구부의 크기에 따라 정해진다.

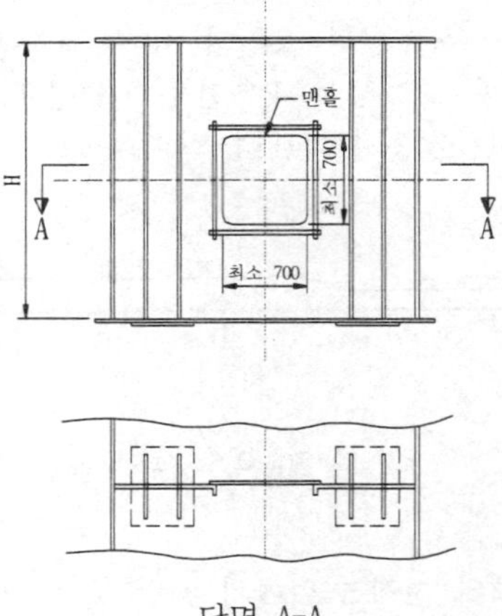

단면 A-A

(a) 받침을 2개 사용하는 경우

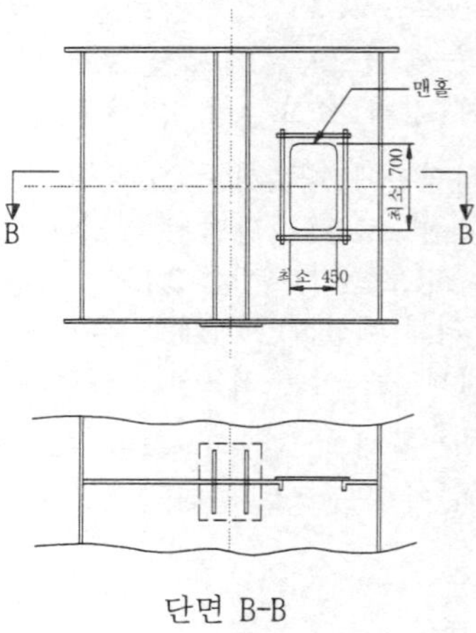

단면 B-B

(b) 받침을 1개 사용하는 경우

(단위 : mm)

<그림 506.4.11> 지점부 다이아프램의 보강구조

<그림 506.4.12>에 도시한 것을 참고하여, 개구율 ρ를 식(506.4.1)과 같이 정의하는 경우, $\rho \leq 0.4$이면 충복판으로 고려하고, $0.4 < \rho < 0.8$의 범위에서는 양자의 중간적인 성질을 나타낸다.

$$\rho = \sqrt{\frac{A'}{A}} = \sqrt{\frac{bh}{BH}} \tag{506.4.1}$$

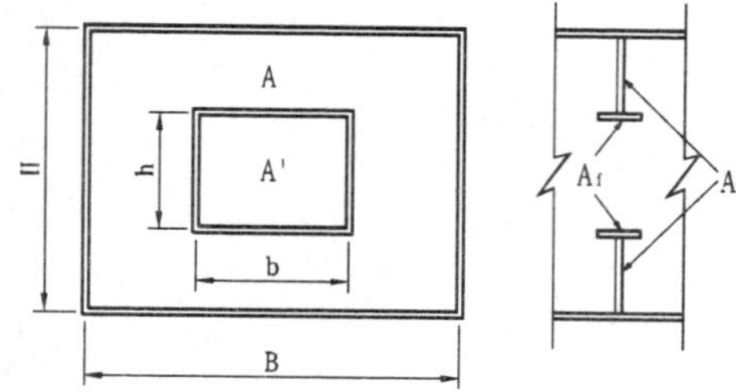

<그림 506.4.12> 개구율

(3) 중간다이아프램의 소요간격 및 강도

다이아프램의 설계에 관해 [도 · 설 3.8.8.1 수직브레이싱]의 (1)항에서 규정하는 대로 지점에는 수직브레이싱을 설치 할 것, 또한 (2)항에서 I단면 플레이트거더의 규정 "중간수직브레이싱은 6 m 또는 플랜지 폭의 30배 이내의 간격으로 설치할 것"을 준용하도록 강조한다.

박스거더의 단면형상을 유지하기 위해 적당한 간격으로 중간다이아프램을 설치하여야 한다. 또 가로보 및 브라킷 설치부에는 작용력의 전달을 원활하게 하기 위해 중간다이아프램을 설치한다.

(가) 다이아프램의 간격은 식(506.4.2)를 만족하도록 결정하는 것이 좋다.

$$L_D \leq 6 \qquad (L_u \leq 50) \qquad (506.4.2)$$

$$L_D \leq 0.14\,L_u - 1 \qquad (L_u > 50)$$

단, $L_D \leq 20$

여기서

L_D : 다이아프램의 간격 (m)

L_u : 등분포하중에 대한 등가지간장 (m)이지만 단순거더의 경우에는 [도 · 설 3.8.3.4 플랜지의 유효폭]으로 이용되는 등가지간장을 사용함

이것을 그림으로 나타내면 <그림 506.4.13>의 실선 아래의 영역이 된다. 단, 이 한계는 도로교에 있어서 작용할 수 있는 편심 활하중 하에서 박스단면의 과대한 변형을 방지하는 것을 목적으로 하며, 바닥틀과의 관계나 제작, 운반, 가설의 상황에서는 L_D가 12 m를 초과하면 2차적인 다이아프램을 중간에 설치하는 것도 고려할 수 있다.

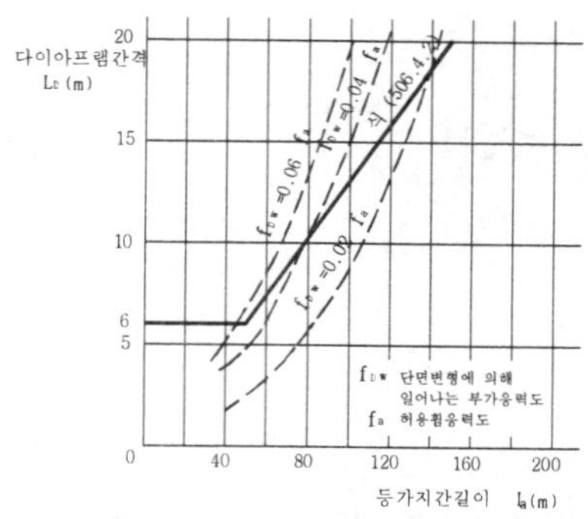

<그림 506.4.13> 다이아프램의 간격

<그림 506.4.13>의 파쇄선은 큰 f_{DW}를 일으키는 교량형식인 강바닥판 단실박스거더교에 편심 활하중을 재하시킨 경우에 f_{DW}/f_a가 2%, 4%, 6%로 되는 한계를 나타낸다. 지간이 커지면 f_a의 속에서 고정하중에 의한 응력 f_d가 차지하는 비율이 증가하고, 활하중에 의한 응력 f_{l+i}의 비율은 감소하기 때문에 f_{DW}를 최대로 하는 재하상태의 휨응력 즉, $f_d + f_{l+i}$는 f_a에 상당히 근접하게 된다. 그러므로 식(506.4.2)는 지간이 작은 부분에서는 f_{DW}가 큰 값까지 허용하고, 지간장이 길면 이것을 약간 엄격하게 억제하도록 결정한다.

(나) 다이아프램의 강성 K는 식(506.4.3)을 만족하여야 한다.

$$K \geq 20\,\frac{EI_{DW}}{L_D^3} \qquad (506.4.3)$$

여기서,

K : 다이아프램의 강성

L_D : 다이아프램의 간격[식(506.4.2)에서 주어지는

값)

I_{DW} : 박스거더의 단면형상에 대한 상수

E : 강재의 탄성계수

식(506.4.3)에 나타낸 I_{DW}는 다음의 식으로 구한다.

$$I_{DW}=\frac{1}{3}\alpha_1^2 F_u\left(1+\frac{2b_1}{B_u}\right)^2 + \alpha_2^2 F_l\left(1+\frac{2b_2}{B_l}\right)^2 + 2\left(\alpha_1^2-\alpha_1\alpha_2+\alpha_2^2\right)F_h \qquad (506.4.4)$$

여기서,

F_u : 상부플랜지의 총단면적(리브 포함)

F_l : 하부플랜지의 총단면적(리브 포함)

F_h : 복부 1개의 단면적

B_u : 상부플랜지의 복부판 중심간격

B_l : 하부플랜지의 복부판 중심간격

b_1 : 상부플랜지의 돌출폭

b_2 : 하부플랜지의 돌출폭

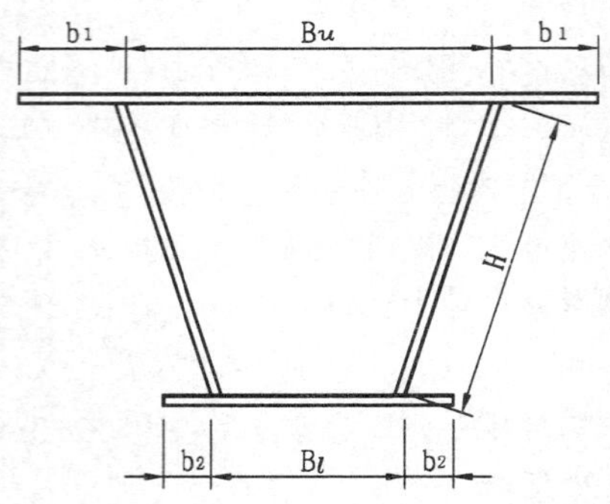

<그림 506.4.14> 박스단면의 기호

식(506.4.4)에서 α_1, α_2는 <그림 506.4.14>에 나타낸 단면변형에 따른 함수의 값으로 다음 식(506.4.5)에 의해 계산한다.

$$\alpha_1=\frac{e}{e+f}\frac{B_u+B_l}{4}H \qquad (506.4.5)$$

$$\alpha_2=\frac{f}{e+f}\frac{B_u+B_l}{4}H$$

단,

$$e=\frac{I_l}{B_l}+\frac{B_u+2B_l}{12}F_h \qquad (506.4.6)$$

$$f=\frac{I_u}{B_u}+\frac{2B_u+B_l}{12}F_h$$

여기서,

I_u : 리브를 포함하는 상부플랜지의 수직축 단면 2차모멘트

I_l : 리브를 포함하는 하부플랜지의 수직축 단면 2차모멘트

H : 복부의 높이

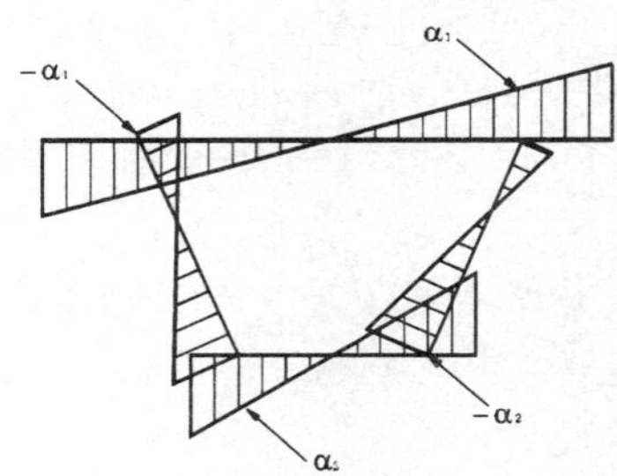

<그림 506.4.15> 박스단면의 단면변형에 따른 함수

(다) 다이아프램의 강성은 식(506.4.7)로 산출하며, 식(506.4.3)을 만족하여야 한다.

① 충복판 방식

$$K=4GAt_D \qquad (506.4.7)$$

여기서,

G : 강재의 전단탄성계수

A : 폐단면부의 판두께 중심선으로 둘러 쌓인 부분의 면적

t_D : 다이아프램의 판두께

② 라멘 방식(<그림 506.4.16> 참조)

$$K=\frac{48E\left(\frac{b}{I_u}+\frac{b}{I_l}+\frac{6h}{I_h}\right)}{\frac{3h^2}{I_h^2}+\frac{2bh}{I_uI_h}+\frac{2bh}{I_hI_l}+\frac{b^2}{I_uI_l}} \qquad (506.4.8)$$

여기서,

b : 수직부재의 중립축 거리

h : 상하부재의 중립축 거리

I_u : 라멘의 상부 부재의 단면2차모멘트(상부플랜지 판두께의 24 배까지 유효)

I_l : 라멘의 하부 부재의 단면2차모멘트(하부플랜지 판두께의 24 배까지 유효)

I_h : 라멘의 수직부재의 단면2차모멘트(복부판 판두께의 24 배까지 유효)

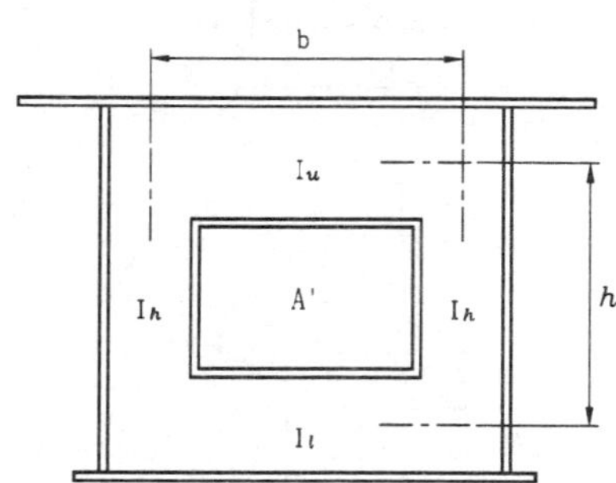

<그림 506.4.16> 라멘구조 방식의 다이아프램

단, 식(506.4.1)로 정의되는 개구율 ρ가 $0.4<\rho<0.8$의 범위에 있는 경우에는 <그림 506.4.17>에 나타낸 것과 같은 보정계수 β를 이용하여 식(506.4.9)에 따라 강도를 보정한다.

$$K'=\beta\cdot K \qquad (506.4.9)$$

여기서,

K' : 라멘의 수정 강도

β : <그림 506.4.17>에 나타낸 보정계수

K : 식(506.4.8)에서 계산된 강성

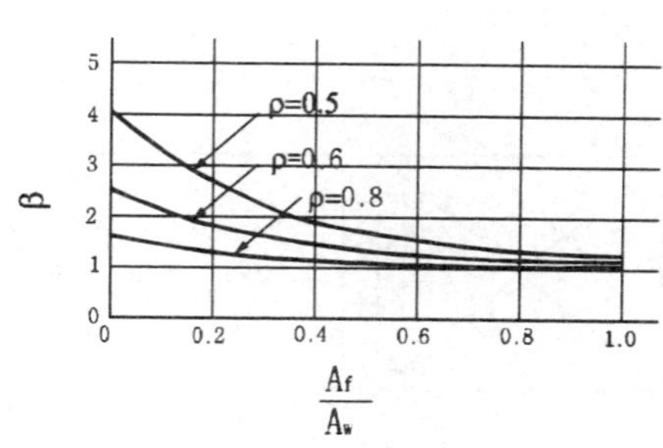

B/H=1.0인 경우

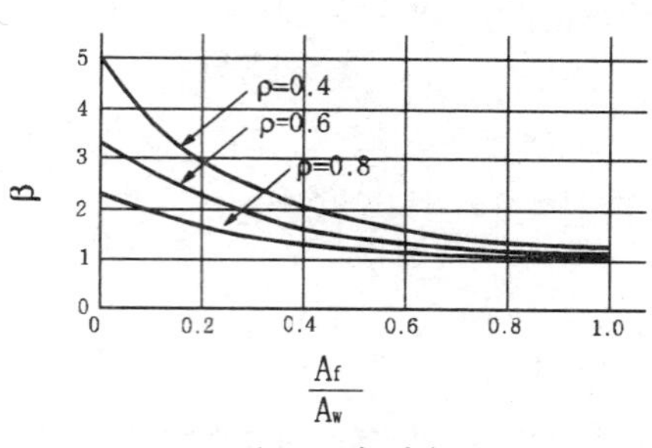

B/H=2.0인 경우

H : 박스거더 복부판 높이
B : 박스거더 복부판 간격
A_f : 다이아프램 칼라플레이트 단면적
A_w : 다이아프램 복부판 단면적(<그림 506.4.12> 참조)

<그림 506.4.17> 강성의 보정계수

③ 수직브레이싱 방식(<그림 506.4.18> 참조)

- X형인 경우

$$K=8EA^2\frac{A_b}{L_b^3} \qquad (506.4.10)$$

- V형인 경우

$$K=2EA^2\frac{A_b}{L_b^3} \qquad (506.4.11)$$

여기서,

A : 폐단면부의 판두께 중심선으로 둘러쌓인 부분의 면적

A_b : 사재 1개 단면적

L_b : 사재의 길이

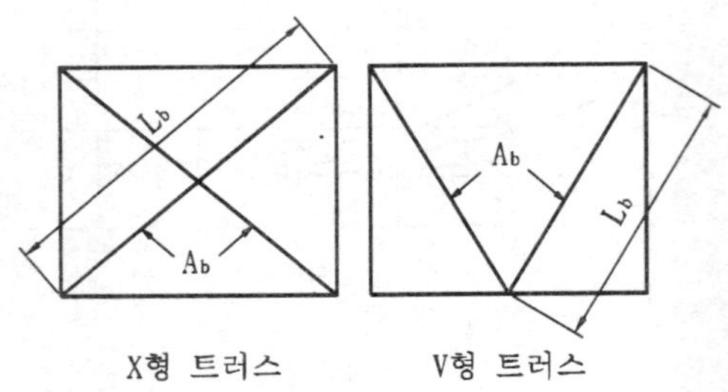

<그림 506.4.18> 수직브레이싱 방식의 다이아프램

(4) 중간다이아프램의 응력검토

① 충복판 방식의 다이아프램 응력검토

충복판 방식의 경우는 식(506.4.12)로 나타내는 전단응력에 대해 검토한다.

$$v_u = \frac{B_l}{B_u} \cdot \frac{T_d}{2At_D}$$

$$v_h = \frac{T_d}{2At_D} \qquad (506.4.12)$$

$$v_l = \frac{B_u}{B_l} \cdot \frac{T_d}{2At_D}$$

여기서,

v_u : 다이아프램 상연의 전단응력

v_h : 다이아프램 측연의 전단응력

v_l : 다이아프램 하연의 전단응력

B_u, B_l : 식(506.4.4) 참조

t_D, A : 식(506.4.7) 참조

T_d : <그림 506.4.20> 참조

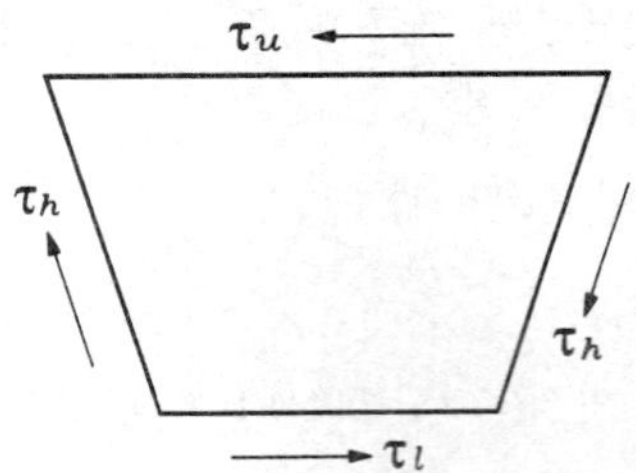

<그림 506.4.19> 다이아프램의 응력

② 라멘 방식의 다이아프램 응력검토

다이아프램 응력은 <그림 506.4.19> 및 <그림 506.4.20>에 나타낸 것과 같은 계산모델로 검토한다.

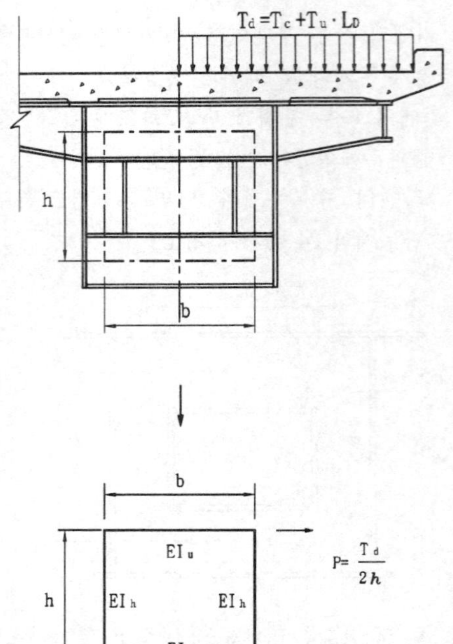

T_d : 다이아프램에 작용하는 마찰모멘트

T_c : 선하중에 의한 토크

T_u : 분포하중에 의한 단위길이당 토크

L_D : 다이아프램의 간격

h, I_u, I_l, I_h : 식(506.4.8) 참조

<그림 506.4.20> 국부집중하중이 없는 라멘방식 다이아프램의 계산모델

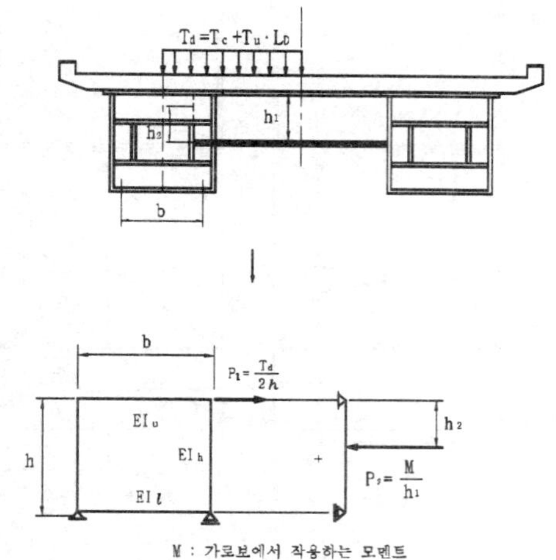

<그림 506.4.21> 국부집중하중을 받는 라멘방식 다이아프램의 계산모델

③ 수직브레이싱 방식의 다이아프램 응력검토

- X형인 경우

$$N_b = \frac{L_b}{4A} \cdot T_d \qquad (506.4.13)$$

- V형인 경우

$$N_b = \frac{L_b}{2A} \cdot T_d \qquad (506.4.14)$$

식(506.4.13) 및 식(506.4.14)에서 산출된 축력은 식(506.4.15)를 만족하여야 한다.

$$N_b \leq f_{ca} \cdot A_b \qquad (506.4.15)$$

여기서,

N_b : 사재의 축력

L_b, A_b : 식(506.4.10) 및 식(506.4.11) 참조

A : 폐단면부의 판두께 중심선으로 둘러 쌓인 부분의 면적

T_d : <그림 506.4.21> 참조

(5) 지점 위의 다이아프램의 응력검토

박스거더 지점부에는 박스거더의 단면형상을 유지하고, 또한 박스거더 복부판으로부터의 전단력을 받침에 원활하게 전달하기 위하여 지점 위에 다이아프램을 설치한다.

지점 위의 다이아프램은 매우 중요한 부재이다. 그러나 그 응력전달기구가 복잡하고 합리적인 설계법이 확립되어있지 않다. 따라서 근사적으로 다음과 같은 조건을 고려하여 응력을 검토하도록 한다.

① 지압응력의 검토

받침 바로 위의 다이아프램의 응력은 식(506.4.16)으로 계산한다.

$$f_b = \frac{R_V}{A_s + B_e \cdot t_D} \qquad (506.4.16)$$

여기서,

R_V : 연직반력

A_s : 지점 위 보강재의 면적, 단 스캘럽에 의한 단면손실을 제함

B_e : 다이아프램의 유효폭
= 소울플레이트 폭 B + 하부플랜지 판두께 $t_f \times 2$

t_D : 다이아프램의 판두께

② 연직방향응력의 검토

연직방향응력은 식(506.4.17)로 계산한다.

$$f_V = \frac{R_V}{A_s + B_e' \cdot t_D} \qquad (506.4.17)$$

여기서,

B_e' : 다이아프램의 유효폭([도 · 설 3.8.7.1 하중 집중점의 보강재]에 따른다)

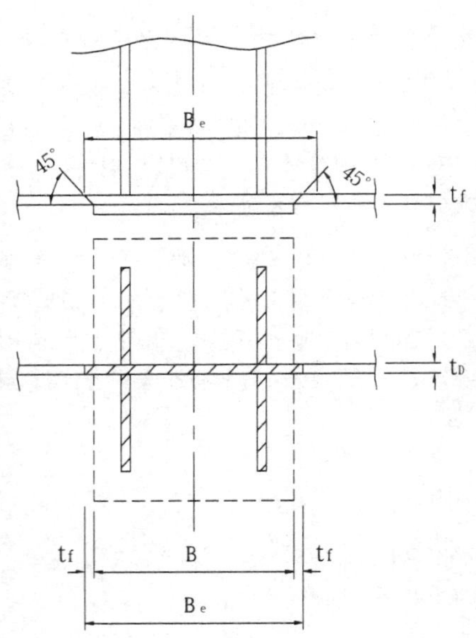

<그림 506.4.22> 지압에 대한 유효단면

<그림 506.4.23>에 도시한 바와 같이 연직방향 응력의 분포형상은 다이아프램 하단에서 최대가 되는 삼각형분포로 한다.

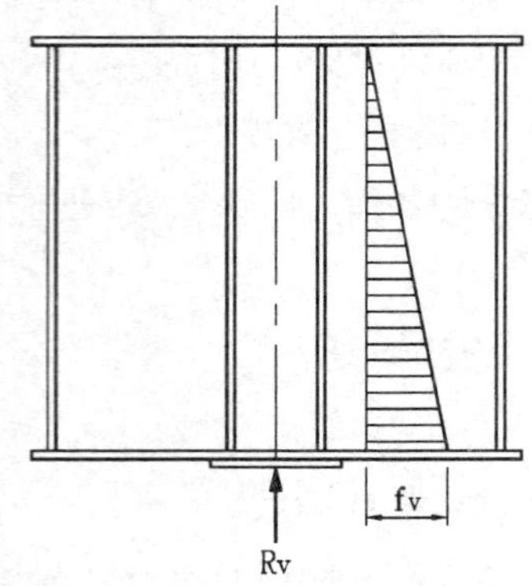

<그림 506.4.23> 다이아프램의 연직방향 응력

③ 수평방향응력의 검토

<그림 506.4.24>에 나타낸 휨모멘트 및 전단력에 대해 검토한다. 이러한 응력은 ②에서 구한 f_v를 이용하고, [도·설 3.8.2.5 2축응력상태의 검산]의 식(3.8.6)에 따라 2축응력의 검토를 한다.

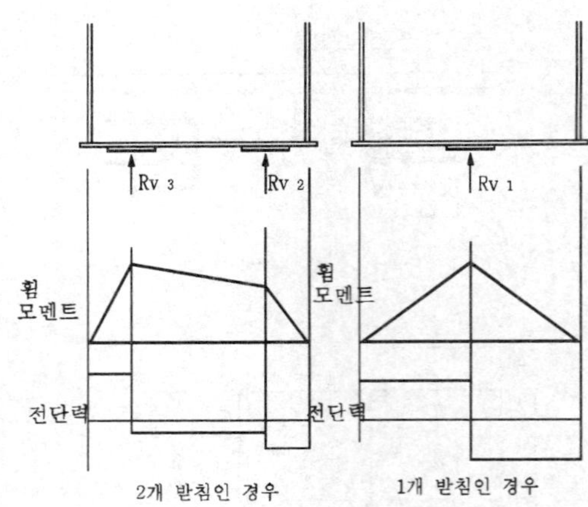

<그림 506.4.24> 다이아프램의 휨모멘트와 전단력

4.1.5 받침부의 설계

받침부는 구조적인 특성, 안전성을 종합적으로 고려하여 설계하되 구조해석모델의 경계조건을 실제 시공구조물의 경계조건과 유사하게 하게 하기 위해서는 받침의 수를 최소화하는 것이 유리하다. 예를 들어 박스거더 병렬교에서는 1박스에 1개의 받침으로 하는 구조는 비틀림에 대한 고정모멘트를 지점 위의 가로보의 휨강성으로 받게 되므로 부의 반력을 대폭 경감하는 효과가 있고, 받침 시공오차에 따른 구조적 결함을 최소화 할 수 있으며 유지관리면에서 유리하다.

받침은 시공성을 위해 소요 작업 높이를 확보하여야 한다.

4.2 설계 흐름도 구성

4.2.1 주설계 단계

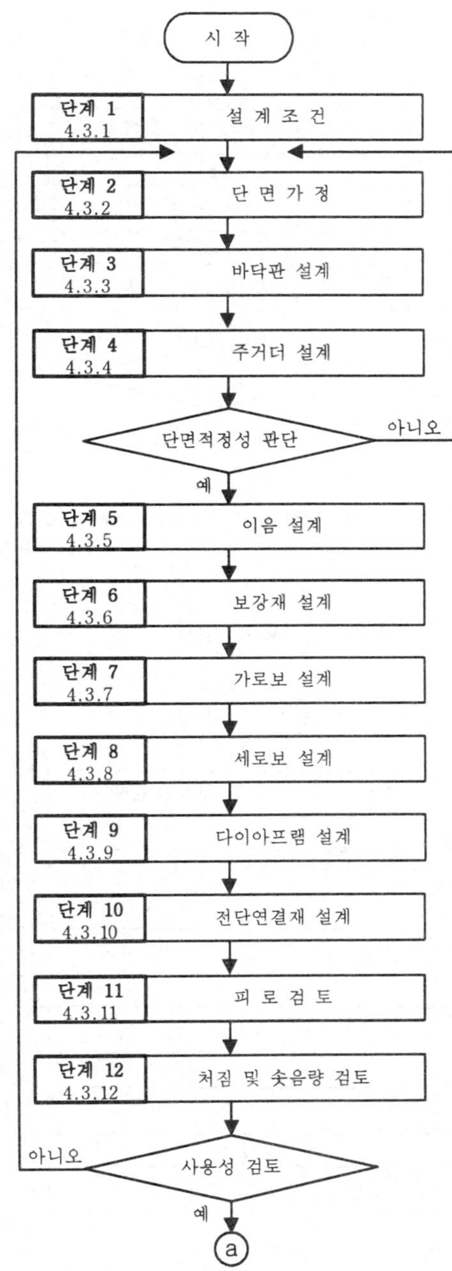

<그림 506.4.25> 주설계흐름도(계속)

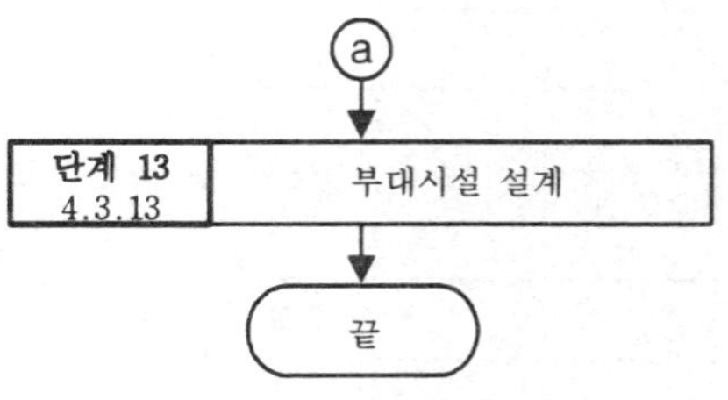

<그림 506.4.25> 주설계흐름도

4.2.2 [단계 1] 설계 조건

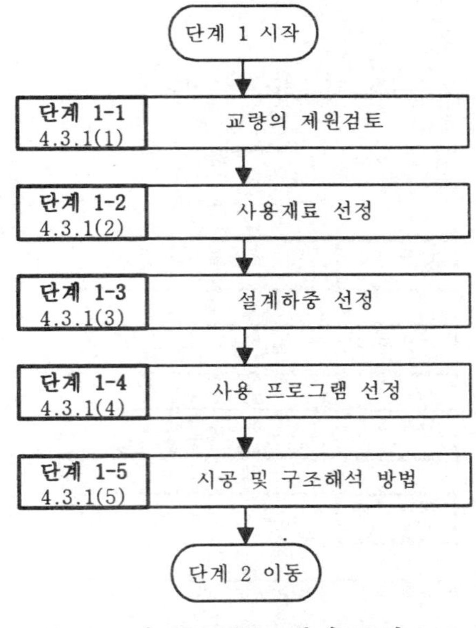

<그림 506.4.26> 설계 조건

4.2.3 [단계 2] 단면 가정

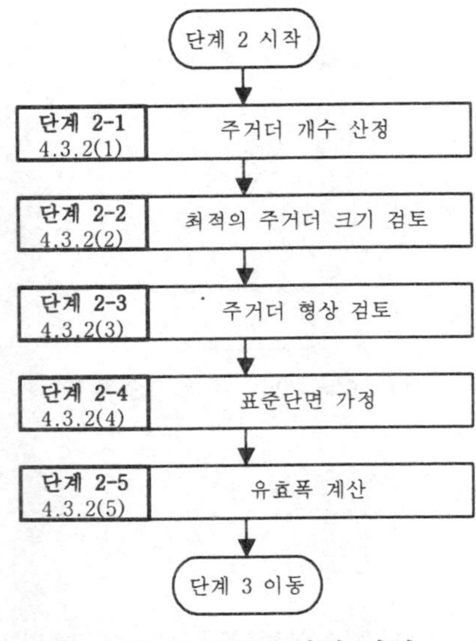

<그림 506.4.27> 단면 가정

4.2.4 [단계 3] 바닥판 설계

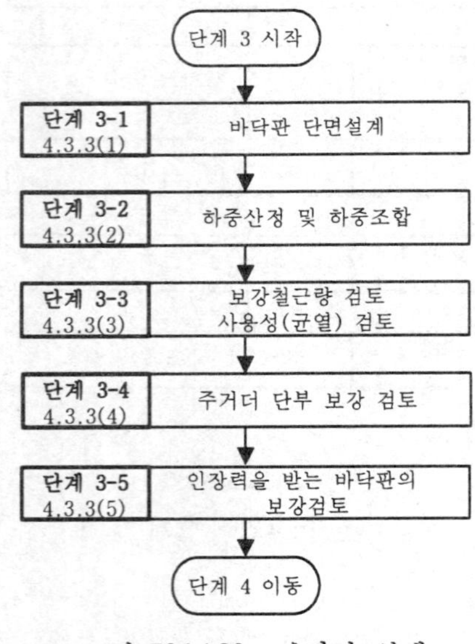

<그림 506.4.28> 바닥판 설계

4.2.5 [단계 4] 거더 설계

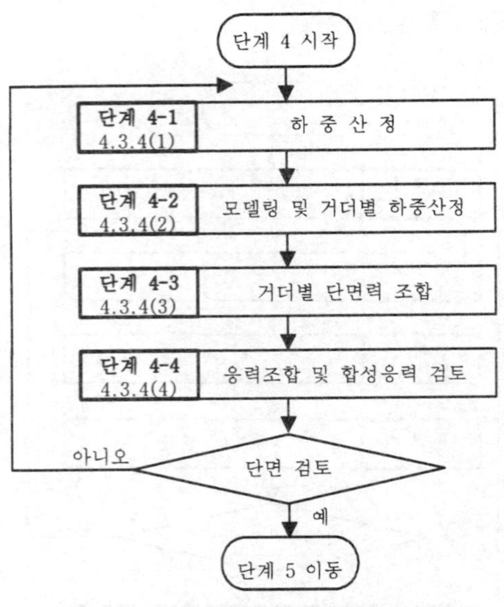

<그림 506.4.29> 거더 설계

4.2.6 [단계 5] 이음 설계

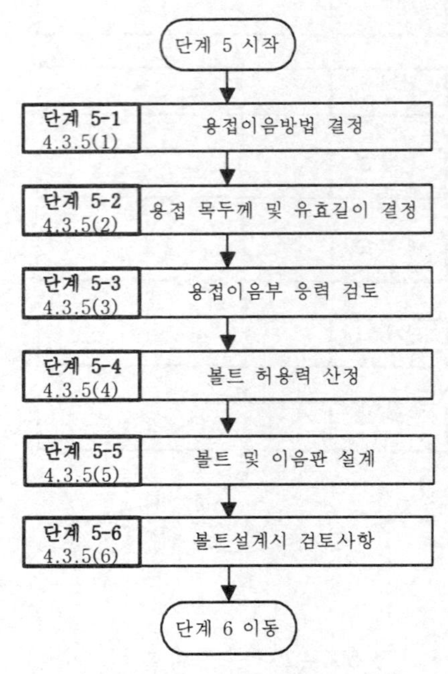

<그림 506.4.30> 이음 설계

4.2.7 [단계 6] 보강재 설계

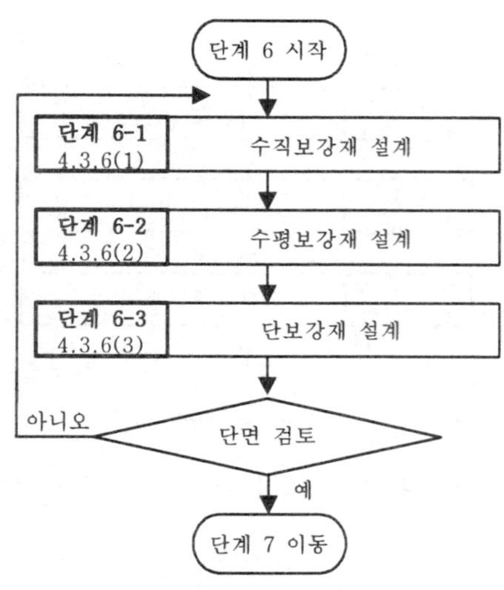

<그림 506.4.31> 보강재 설계

4.2.8 [단계 7] 가로보 설계

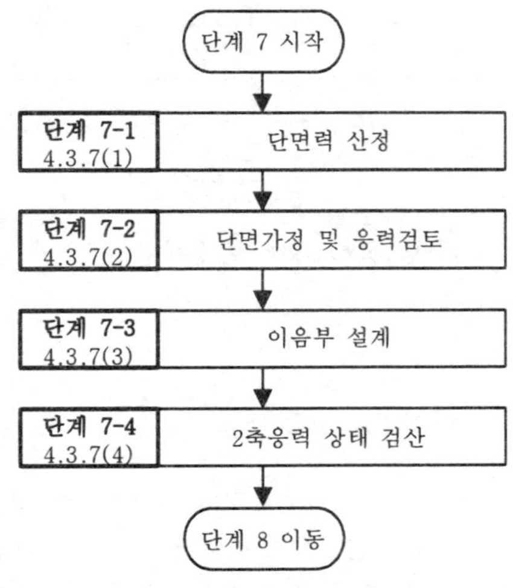

<그림 506.4.32> 가로보 설계

4.2.9 [단계 8] 세로보 설계

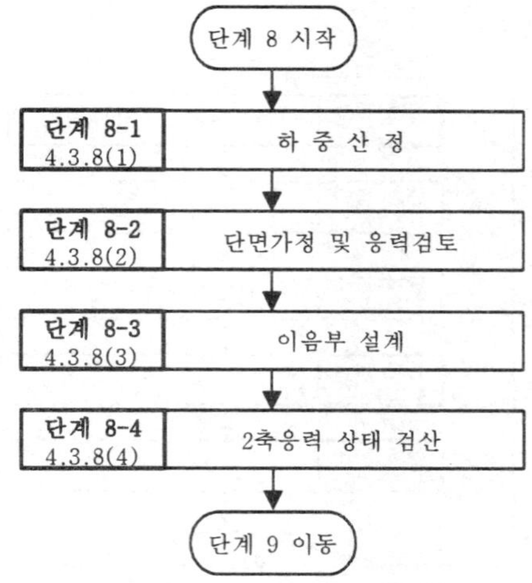

<그림 506.4.33> 세로보 설계

4.2.10 [단계 9] 다이아프램 설계

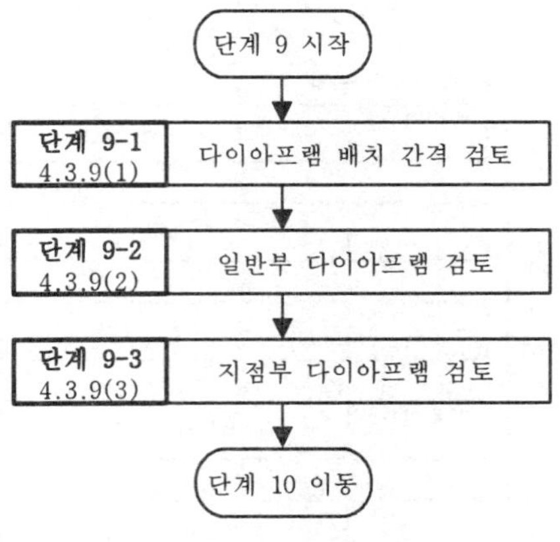

<그림 506.4.34> 다이아프램 설계

4.2.11 [단계 10] 전단연결재 설계

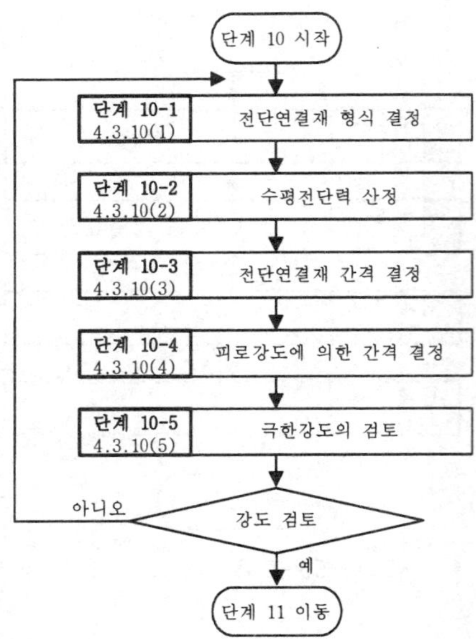

<그림 506.4.35> 전단연결재 설계

4.2.12 [단계 11] 피로 검토

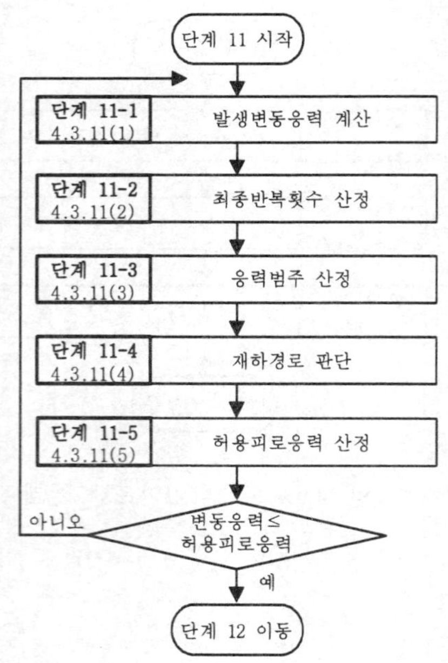

<그림 506.4.36> 피로 검토

4.2.13 [단계 12] 처짐량 검토 및 솟음량 산정

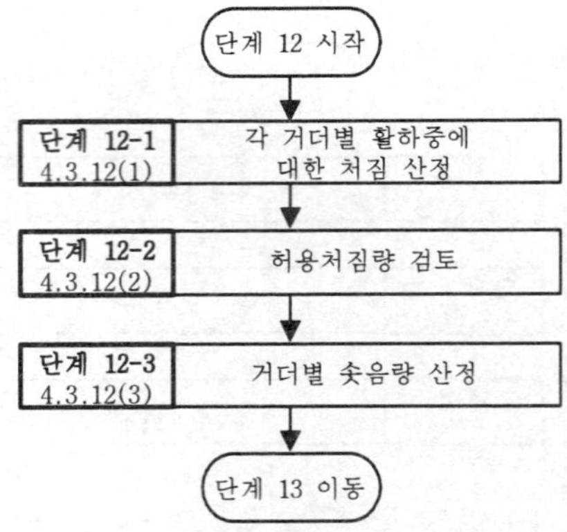

<그림 506.4.37> 처짐량 검토 및 솟음량 산정

4.2.14 [단계 13] 부대시설 설계

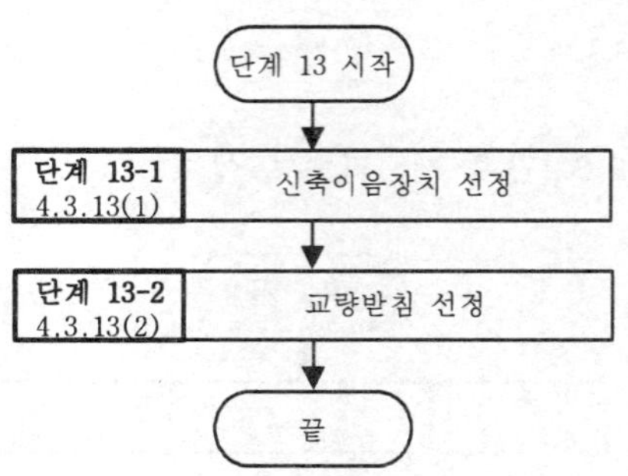

<그림 506.4.38> 부대시설 설계

4.3 설계단계별 고려사항

본 절은 강박스거더교의 설계관련 일반사항으로서 설계 초기에 전반적으로 고려하여야 할 내용을 정리한 것으로, 이는 전체적인 설계흐름을 이해하는데 있어서 필수적이다. 설계자는 강박스거더교의 설계에 앞서 본 설계흐름을 파악하여 설계의 효율성을 증대시킬 뿐만 아니라 혹시 발생할지도 모를 검토항목의 누락을 방지하도록 한다.

4.3.1 [단계 1] 설계조건

(1) 교량의 제원

일반국도 또는 고속국도에 가설되는 교량의 제원을 파악하고 접속도로와 교통량에 의해 [도·설 1.3 교량의 등급]의 규정에 따라 교량을 3등급으로 나누어서 설계한다.

일반적으로 강박스거더교는 40~80 m 지간에 많이 적용되며, 최근에는 연속교에서 80 m를 초과하는 경우에 대해서도 사용한다. 박스거더교는 사각이 45°까지도 적용할 수는 있으나 사각이 30° 미만에 적용하는 것이 적합하다.

(2) 사용재료 선정(재료 일반, 재료의 허용응력, 재료특성 파악)

① [도·설 2.3.1 강재] 및 [도·설 2.3.2 콘크리트] 그리고 [도·설 3.2.5 강재의 선정]에 따라 재료를 선택한다.

주부재와 부부재의 구분은 실무에서 다소의 이견은 있으나 한국도로공사의 [설계실무편람]에 의하면 플랜지, 복부판, 종리브, 수평보강재, 지점보강재, 교좌장치 가설위치의 가로보, 1거더 1받침인 경우의 지점부 가로보, 지점부 수직보강재 및 격벽, 이음판 및 소울플레이트를 주부재라 하며, 가로보, 세로보, 횡리브, 수직보강재 및 격벽을 일반적으로 부부재라 한다.

현업에서 주부재의 강종은 SM490, 부부재는 SM400의 사용이 보편적이나, 최근 고장력강의 개발과 함께 용접기술의 발달로 인하여 SM520, SM570과 TMC강을 적용한 후판(t = 40~100 mm)의 사용이 증가하고 있고 이에 대한 경제성 연구결과들도 발표되고 있다(강재 박스거교의 부재설계 개선연구, 한국도로공사, 2007 참조). 따라서 설계단계에서 다양한 강종을 검토하여 합리적이고 경제성, 시공성, 사용성, 유지관리성 등이 우수한 강종을 적용하여 설계하도록 한다.

② 재료의 허용응력은 [도·설 2.2.2.3 강교에서의 허용응력] 및 [도·설 2.2.2.4 콘크리트교에서의 허용응력]의 규정, 그리고 [도·설 3.3 허용응력] 및 [도·설 3.13.3 허용응력]의 규정을 따른다.

③ 설계계산에 사용되는 재료의 물리상수는 [도·설 2.3.3 설계계산에 사용하는 물리상수] 에 따른다.

(3) 설계하중 선정

① 강박스거더교의 설계에서 고려하여야할 하중은 고정하중, 활하중, 충격, 프리스트레스, 콘크리트의 크리프와 건조수축, 토압, 수압, 부력 또는 양압력에 해당되는 주하중, 풍하중, 온도변화의 영향, 지진의 영향 등에 해당되는 부하중, 설하중, 지반변동의 영향, 지점이동의 영향, 파압, 원심하중에 해당되는 주하중에 상당하는 특수하중 및 제동하중, 가설시하중, 충돌하중에 해당되는 부하중에 상당하는 특수하중으로 구분되며 이에 대한 자세한 내용은 [도·설 2.1 하중]을 참조한다. 이중에서 교량설계시 가장 일반적으로 사용되는 하중은 다음과 같다.

② 고정하중 및 활하중의 적용은 [도·설 2.1.2 고정하중] 및 [도·설 2.1.3 활하중]에 따르며, 충격하중은 [도·설 2.1.4 충격]에 의해 충격계수를 산정하여 활하중의 충격효과를 고려한다. 특히 활하중 재하시 주거더의 단면력(모멘트, 비틀림)이 최대가 되도록 차량하중을 여러 경우에 대하여 재하시킨다.

③ 크리프와 건조수축, 온도변화하중의 적용은 [도·설 2.1.7 콘크리트의 크리프와 건조수축의 영향] 및 [도·설 2.1.12 온도변화]에 따른다.

④ 지점침하의 영향은 [도·설 2.1.15 지반변동 및 지점이동의 영향]에 의거하여 부등침하량을 결정한다.

(4) 사용 프로그램 선정

강박스거더교 설계시 곡선교 및 사교뿐만 아니라 직선교에 대해서도 활하중의 편재하를 고려한 3차원 모델링을 적용한다. 따라서 강박스거더교의 구조해석에 사용되는 프로그램은 3차원 격자모델이 가능한 공인된 프로그램이어야 하며, 활하중의 편심재하가 가능한 것이어야 한다.

(5) 시공방법의 결정

시공방법에 따라 합성거더(바닥판과 강재 주거더의 반합성)교량 및 비합성거더 교량으로 구분한다. 또한 가설공법에 따라 시공중의 구조계가 완성후 구조계와 상이한 경우는 시공중 및 완성후의 교량으로 구분하여 설계한다. 특히 가설단계에 따라 구조계가 변화되는 경우에는 각 시공단계별로 구조해석을 수행하여야 한다.

4.3.2 [단계 2] 단면가정

(1) 차로폭에 적합한 주거더 개수 산정

도로의 종류(고속국도, 일반국도 등) 및 용도별(본선, 램프)로 차로수 및 차로폭이 결정되면, 이에 적합한 최적의 주거더수를 산정한다.

주거더수는 고속국도와 일반국도 구분 없이 2차로인 경우에는 주거더의 수를 2개, 3차로인 경우에는 주거더의 수를 3개로 계획하는 것이 일반적이다.

(2) 최적의 주거더 제원 검토

작용하중에 저항하는 최적의 주거더 제원(폭, 높이)뿐만 아니라, 가설지의 지형을 고려하여 차량 운반이 가능한 주거더의 크기도 함께 검토한다. 도로상을 주행하는 차량에 적재한 적재물의 크기는 관계법령(도로차량운송법, 도로법, 도로교통법) 및 규정(강도로교상세부설계지침, 강구조편람, 고속도로운행제한차량관리지침)에 의하여 통제된다. 특히 운반차량의 중량과 높이 제한은 엄격하게 통제되므로 거더의 폭과 높이는 가급적 3.0 m 이내, 제작길이는 10.0 m 내외, 제작중량은 20톤 이내로 하는 것이 바람직하다. 참고로 지간장과 주거더의 높이와의 경험적인 관계식은 다음과 같다(고속도로 신설 및 확장공사 교량 실시설계 자료, 한국도로공사, 1997).

$$H = \frac{(L-30)}{37.5} + 2.05 \qquad (506.4.18)$$

여기서, H : 주거더 높이(m), L : 지간장(m)

상기의 식을 적용하면 지간이 50 m인 강박스거더교량에 대해서는 주거더 높이를 2.5 m로 결정하는 것이 일반적이나, 주변 현장 및 설계조건 등을 고려하여 주거더 높이를 설계자가 조정할 수 있다.

(3) 주거더 형상 검토

① 주거더의 단면형상을 제형(사다리꼴) 및 상자형에 대하여 검토한다. 특히 제형을 고려하는 경우는 연직력에 대한 수평 분력 등을 상세 검토하여 복부와 플랜지 연결부의 용접 설계에도 유의하여야 한다. 최근에 상부플랜지가 생략된 개구제형 박스거더를 적용하는 경우도 있으나 시공성 및 유지관리면에서 불리하므로 적용하지 않는 것이 바람직하다.

② 교량의 경제성, 구조적 특성 및 교량 가설지의 주변 경관을 감안하여 교축방향으로 직선형 및 곡선형(변단면)에 따른 주거더의 형상을 검토한다. 일반적으로 장지간(55 m 이상) 교량 및 미관이 요구되는 경우에 곡선형(변단면) 주거더를 적용한다.

③ 주거더의 평면선형, 주거더 형상 및 가설조건을 고려하여 받침(1받침, 2받침)을 검토한다. 일반적으로 평면선형상 곡률반경이 작은 곡선형 교량일 경우 받침의 부반력 방지를 위해 받침 계획시 1받침을 적용한다.

(4) 표준단면 가정

① 상·하부 플랜지 및 복부의 폭과 두께의 결정은 부재력(모멘트, 전단력)에 근거하며, [도·설 3.8.3 플랜지] 및 [도·설 3.8.4 복부판]에 따른다. 또한 플랜지 및 복부의 최소 두께는 10 mm로 하며, 플랜지의 최대 두께는 38 mm 이내가 바람직하나, 최근에는 설계자의 판단에 따라 강재 최대 두께를 100 mm 이내로 결정하는 경우도 있다.

② 수직, 수평, 종방향, 횡방향 보강재의 간격 및 단면의 결정은 [도·설 3.4.2.4 보강재], [도·설 3.8.5 수직보강재] 및 [도·설 3.8.6 수평보강재]에 따른다. 수평보강재를 설치할 경우, 수평보강재 설치로 인한 응력집중과 용접작업성 등을 고려하여 복부판 두께를 증가시키는 방법과 비교검토하여야 하며, 1단 설치를 원칙으로 하고, 가급적 2단 내로 설치하는 것이 바람직하다. 현행 설계에서는 일반적으로 플랜지의 종리브의 간격은 330 mm를 최소간격으로 하며, 수직보강재 및 횡방향 보강재의 간격은 2.5 m, 격벽간격은 5.0 m를 일반적으로 적용한다.

③ 가로보 및 세로보의 단면 결정은 [도·설 3.8.3 플랜지] 및 [도·설 3.8.4 복부판]에 따르며, 격벽의 단면 결정은 [도·설 3.8.7 하중 집중점의 보강재]에 따른다.

④ 2006년 이전 품셈에서는 강종을 구분하지 않고 제작공 인원이 획일적으로 정해지므로 강교량 형식의 제작특성을 반영할 수 없었으나, 2006년 개정 된 건설공사 표준품셈에서는 대형부재와 소형부재의 강중비율에 따라 구분·산정하도록 하여 교량구조 형식이 단순할수록 제작 공수도 감소시킬 수 있도록 개정되었다.

이에 따라, 고강도 후판을 적용할 경우 플랜지 보강재 개수를 기존 5개(압축부), 2개(인장부)에서 3개(압축부), 1개(인장부)로 감소시켜 강중의 감소뿐 아니라 개정된 품셈을 적용하였을 때 제작 공수가 많은 소형부재 비중을 줄여 경제성을 확보할 수 있다는 연구결과가 도출되었다. 따라서 단면 계획시에는 상하플랜지, 복부판 등 주부재의 강종 및 두께와 상하부 플랜지 종방향 보강재, 복부판 수평 및 수직 보강재 등의 배치에 따른 경제성 검토를 통하여 합리적인 설계가 되도록 한다. 관련 내용은 건설공사 표준품셈(2006), 강재 박스거더교의 부재설계 개선연구(한국도로공사, 2007)를 참고하도록 한다.

(5) 유효폭 계산

① 강재 플랜지의 유효폭 산정은 [도·설 3.8.3.4 플랜지의 유효폭]에 따른다.

② 콘크리트 바닥판의 유효폭 산정은 [도·설 3.9.2.4 바닥판의 유효폭]에 따른다.

4.3.3 [단계 3] 바닥판 설계

(1) 바닥판 단면 설계

① 철근콘크리트 바닥판의 경우 [도·설 3.6.1.1~3] 또는 박스의 복부 및 세로보를 지점으로 하는 연속보로 고려하여 설계를 수행하고, 단면 가정을 위한 바닥판의 최소두께 규정은 [도·설 3.6.1.5 바닥판의 최소두께]에 따른다.

② 주거더를 지지점으로 하는 바닥판의 간격은 내구성을 고려하여 3.0 m 이하가 되도록 하는 것이 바람직하나 사다리꼴처럼 변단면 바닥판일 경우에는 3.3 m까지 확장할 수도 있다. 그리고 상부플랜지 위의 바닥판은 바닥판의 경사를 고려하여 경사가 작을 경우 바닥판의 높이 변화가 적으므로 상부플랜지와 바닥판을 일체로 계획하나, 경사가 클 경우에는 바닥판의 높이 변화가 크므로 바닥판에 헌치를 계획하여 바닥판과 상부플랜지에 일정한 간격을 계획한다.

③ 바닥판은 시공시 일방향으로 연속타설하기 때문에 기타설된 지점부의 콘크리트에 인장응력에 의한 균열발생 가능성이 있으므로 이에 대한 검토가 반드시 수행되어야 한다. 또한 콘크리트 타설을 용이하게 하기 위해 데크플레이트 또는 가설용 브래킷을 적용할 경우 이에 대한 구조적 검토를 반드시 수행하여야 한다.

④ 콘크리트 바닥판의 설계는 바닥판의 아칭 거동을 기초로 한 경험적 설계법을 적용할 수 있으며, 이 경우 [도·설 3.6.3 경험적 설계법]에서 제시하는 설계조건을 만족하여야 하고, 제시된 규정에 따라 배근을 한다.

(2) 하중 산정 및 하중 조합

① 바닥판 단면검토에 적용하는 단면력은 바닥판을 연속보로 고려하여 고정하중 및 활하중을 적용하고, 이때 적용규정은 [도·설 2.1.2 고정하중] 및 [도·설 2.1.3 활하중]에 따른다. 이러한 단

면력 산정 이외에 [도 · 설 3.6.1.4 바닥판의 설계 휨모멘트]에 따르기로 한다. 바닥판을 연속보로 고려하여 단면력 산정시에는 다음의 규정을 따른다.

② 충격하중은 [도 · 설 2.1.4 충격]에 의해 충격계수를 산정하여 활하중의 충격효과를 고려한다.

③ 방호벽에 작용하는 충돌하중 및 풍하중의 적용은 [도 · 설 2.4.3.3 난간] 및 [도 · 설 2.1.11 풍하중]에 따른다.

④ 하중의 조합은 [도 · 설 2.2.3.2 설계하중조합]에 의하여 여러 하중조합중 가장 불리한 하중조합을 산정한다.

(3) 보강 철근량 검토

바닥판의 휨에 대한 설계 및 배력철근량의 산정은 (2) 하중산정 및 하중조합 규정에서 나타낸 단면력을 적용하고, 콘크리트 바닥판의 휨균열 검토는 [도 · 설 4.4.9.4], 주철근 및 배력철근의 산정은 [도 · 설 3.6.1.6]에 따른다.

(4) 주거더 단부 보강 검토

주거더 단부 바닥판의 보강은 [도 · 설 3.6.1.11 주거더 단부의 바닥판]에 따라 주철근 및 배력철근을 설계한다.

(5) 인장력을 받는 바닥판의 보강 검토

인장력을 받는 바닥판의 보강은 [도 · 설 3.9.2.3 인장력을 받는 바닥판의 배근]에 따라 교축방향 철근량 및 주장률을 검토한다.

4.3.4 [단계 4] 주거더 설계

(1) 하중 산정

① 주거더 설계를 위한 고정하중은 [도 · 설 2.1.2 고정하중]에 따라 합성전 고정하중과 합성후 고정하중을 구분하여 산정한다.

② 활하중은 [도 · 설 2.1.3 활하중]에 따라 설계 차선폭을 결정하고 표준트럭하중(DB) 및 차로하중(DL)을 재하하며, 충격하중은 [도 · 설 2.1.4 충격]에 의해 충격계수를 산정하여 활하중의 충격효과를 고려한다.

③ 지점침하의 영향을 고려하는 경우 부정정 구조물에서 지반의 압밀침하 등으로 인하여 장기간에 걸친 지점의 이동 및 회전의 영향을 고려하여야 할 경우에는 최종 이동량을 고려하여 단면력을 산정하여야 하며, 탄성계산에서 구한 단면력을 그대로 설계에 사용한다.

④ 2차 부정정력 산정을 위한 하중은 [도 · 설 2.1.7 콘크리트의 크리프와 건조수축의 영향] 및 [도 · 설 2.1.12 온도변화]에 따른다.

(2) 모델링 및 거더별 하중 산정

① 교량의 상부는 각 주거더와 가로보, 세로보를 격자형태로 모델링하며 평면 곡선 및 사각 효과를 고려한 3차원 모델링을 원칙으로 한다. 이때 강박스거더교가 합성거더일 경우 주거더 및 가로보는 상부 바닥판의 단면 강성도 고려한다. 그러나 세로보는 바닥판의 강성을 고려하지 않는다.

② 고정하중은 주거더의 강재 자중 및 콘크리트 바닥판의 자중을 고려하며, 바닥판 자중은 2차원 모델을 사용하여 거더 및 세로보에 반력으로 산정한 후 그 반력을 3차원 상부 모델에 재하한다. 고정하중 산출은 [도 · 설 2.1.2 고정하중]에 따른다.

③ 활하중은 각 거더에 편심하중으로 재하하며 경간별 및 차로별로 가장 불리한 하중조합을 도출한다(세로보에는 활하중을 재하하지 않는다). 활하중의 재하는 가까운 거더에만 편심하중으로 재하시키는 방법을 주로 사용하는데 이는 콘크리트 바닥판에 의한 하중의 횡분배 효과는 미고려되었으나, 주거더 설계는 최대로 불리한 경우의 주거더에 대하여 경간별 및 차로별로 가장 불리한 하중조합을 적용하여 설계하므로, 콘크리트 바닥판에 의한 횡분배 효과는 고려하지 않는 것을 원칙으로 한다. 이 방법 이외에 인접한 2개의 주거더 각각에 대하여 하중분배를 고려하여 편심하중을 적용하는 경우도 있으나, 일반적이지는 않다.

이상과 같은 방법은 격자모델이 바닥판이라는 판거동을 정확하게 모사하지 못하기 때문이다. 최근에는 이러한 격자모델 이외에도 바닥판의 판거동을 가능한 정확하게 반영하기 위해서 바닥판을 판모델로, 주거더를 빼대모델로 모델링하는 2층 모델링을 적용하기도 한다. 활하중의 세부규정은 [도 · 설 2.1.3 활하중]을 따른다.

(3) 거더별 단면력의 조합

주거더, 가로보 및 세로보의 단면력은 전단력, 휨모멘트 및 비틀림모멘트 각각에 대하여 가장 불리하도록 조합한다.

(4) 응력 검토

① 합성전 및 합성후 응력 검토는 [도 · 설 3.8.2.1 플레이트거더의 휨응력] 및 [도 · 설 3.9.3.1 허용응력]에 따른다. 이때 부재의 국부좌굴 발생 가능성을 고려하여 허용응력은 국부좌굴을 고려한 감소된 허용응력을 적용한다.

② 2차 부정정력(크리프, 온도차, 건조수축)에 의한 응력은 [도 · 설 3.9.2.6~8]에 따라 산정된 응력을 추가하여 바닥판 콘크리트 및 강재 주거더의 응력을 검토한다.

③ 항복에 대한 검토는 [도 · 설 3.9.3.2 항복에 대한 안전도의 검사]에 따라 고정하중의 1.3배와 활하중(충격 포함)의 2.15 배, 프리스트레스, 크리프 및 건조수축, 온도차에 의한 응력 중 가장 불리한 하중조합에 대하여 검사한다.

④ 전단 및 비틀림 응력의 검토는 [도 · 설 3.8.2.2 복부판의 전단응력] 및 [도 · 설 3.8.2.3 비틀림모멘트를 고려하는 범위]에 따른다.

⑤ 휨응력과 전단응력의 합성응력에 대한 검토는 [도 · 설 3.8.2.4 합성응력의 검산]에 따른다.

4.3.5 [단계 5] 이음 설계

(1) 용접이음방법 결정

응력을 전달하는 용접이음에는 전단면(全斷面) 용입홈용접, 부분 용입홈용접 또는 연속 필렛용접을 쓰도록 하며, 용접이음방법의 결정은 [도 · 설 3.5.2.1 용접의 종류와 적용]에 따르도록 한다.

(2) 용접 목두께 및 유효길이 결정

① 응력을 전달하는 용접부의 목두께는 [도 · 설 3.5.2.2 용접부의 유효 두께]에 따라 산정한다.

② 용접부의 유효길이는 이론상의 목두께를 가지는 용접부의 길이로 하며, [도 · 설 3.5.2.3 용접부의 유효길이]에 따라 산정하도록 한다.

③ 필렛용접의 경우 필렛용접 치수 및 최소 유효길이는 [도 · 설 3.5.2.4 필렛용접의 치수] 및 [도 · 설 3.5.2.5 필렛용접의 최소 유효길이]에 따른다.

(3) 용접이음부 응력 검토

① 용접이음에 축방향력 또는 전단력이 작용하는 경우 용접부에 발생하는 응력은 [도 · 설 3.5.2.6 축방향력 또는 전단력을 받는 용접이음의 응력]에 따라 산정한다.

② 휨모멘트를 받는 용접이음부에 발생하는 응력은 [도 · 설 3.5.2.7 휨모멘트를 받는 용접 이음부의 응력]에 따라 산정한다.

③ 축방향력, 휨모멘트 및 전단력을 동시에 받는 용접이음에서는 [도 · 설 3.5.2.8 용접이음부의 합성응력의 검토]에 따라 합성응력에 대한 검토가 이루어져야 한다.

(4) 볼트 허용력 산정

볼트의 허용력은 [도 · 설 3.5.3.4 볼트의 허용력]의 규정에 따라 산정한다.

(5) 볼트 및 이음판 설계

① 고장력볼트를 사용한 볼트의 설계는 [도 · 설 3.5.3.5 볼트의 설계]에 따른다.

② 고장력볼트 이음에 있어서 이음판의 설계는

[도 · 설 3.5.3.6 이음판의 설계]에 따른다.

(6) 볼트설계시 검토사항

① 볼트설계시 인장재 순단면적의 계산은 [도 · 설 3.5.3.7 순단면적의 계산]에 따른다.

② 볼트의 최소/최대 중심간격은 [도 · 설 3.5.3.8 볼트의 최소 중심간격] 및 [도 · 설 3.5.3.9 볼트의 최대 중심간격]에 따르며, 연단거리는 [도 · 설 3.5.3.10 연단거리]에 따라 검토하여야 한다.

③ 연결하려는 부재 또는 재편 사이에 채움판을 넣을 경우 [도 · 설 3.5.3.13 채움판]의 규정에 따라야 한다.

4.3.6 [단계 6] 보강재 설계

(1) 수직보강재 설계

① 복부판 높이와 복부판 두께가 본 편람의 <표 506.3.3>에 표시한 이상의 경우에는 복부판에 필히 수직보강재를 설치하여야 한다. 수직보강재의 간격은 형고보다 좁게 택하는 것이 보통이고, 수직브레이싱간격은 등간격으로 배치하는 경우가 많다. 수직보강재의 간격을 조사하는 관계식은 [도 · 설 3.8.5.1 수직보강재의 간격]에 따라 정한다.

② 연속형의 지점상에 있어서 전단응력이 비교적 큰 부분에서는 수직보강재의 간격이 좁아질 가능성이 있다. 이 경우에는 복부판 두께를 증가시켜 전단응력을 작게 하거나, 플랜지 휨응력에 여유를 주어 보강재간격이 극단적으로 좁게되는 것을 방지하여야 한다.

③ 수직보강재의 강도는 [도 · 설 3.8.5.2 수직보강재의 강도]에 따라 검토되어야 한다.

(2) 수평보강재 설계

① 복부판에는 복부판 두께와 복부판 높이의 관계로부터 계산에 따라 필요개수의 수평보강재를 [도 · 설 3.8.6.1 수평보강재의 위치]에 따라 설치하여야 한다. 수평보강재는 복부판의 한쪽에만 배치하고 돌출길이가 수직보강재보다 짧도록 하는 것이 일반적이며, 복부판의 좌굴파형의 마디가 되고 반드시 주거더가 내하력한계에 이를 때까지 좌굴되지 않을 정도의 강도를 지닐 필요가 있다. 그 필요강도는 [도 · 설 3.8.6.2 수평보강재의 강도]에 따른다.

② 수평보강재의 강재종류는 그 설치 위치의 복부판에 발생되는 최대응력과 같은 응력을 받는 것으로 하여 정하여야 하며, 보통 수직보강재와 수평보강재의 단부는 35 mm 사이를 두고 설치하는 것이 일반적이다. 또한 복부판의 현장이음부에서는 수평보강재를 생략할 수 있으며, 보강재의 돌출부와 두께의 관계는 압축력을 받는 자유돌출부의 규정에 따르며, 복부판응력이 낮은 곳에 설치한 보강재는 복부판응력과 같은 응력을 받고 있는 것으로 하여 두께를 줄여도 좋다.

(3) 단보강재 설계

지점 및 가로보 · 세로보 · 수직브레이싱 등의 연결부와 같이 하중이 집중되는 점에서는 보강재를 [도 · 설 3.8.7 하중 집중점의 보강재]에 따라 설계하여야 한다.

4.3.7 [단계 7] 가로보의 설계

(1) 단면력 산정

가로보의 단면력은 주거더를 지점으로 고려하여 영향선 종거로 계산하는 Local 방법과 3차원 격자모델에서 산정하는 Global 방법에서 산정된 단면력 중 불리한 경우를 적용한다. 이러한 방법은 주거더를 격자모델로 수행할 경우 현재까지 설계에서 가장 보편적으로 사용되는 방법이다.

(2) 단면 가정 및 응력 검토

가로보의 단면은 거더를 일반적으로 적용하나, 형하공간 등 지형적인 여건에 의해 박스 구조로 계획하는 경우도 있다. 가로보의 응력은 형상에 따른 구조적 특성치를 적용하여, 가로보의 휨응력 및 전단응력은 [도 · 설 3.8.2.1, 3.8.2.2]에 따라 산출한다.

(3) 이음부 설계

플랜지와 복부의 이음부 설계는 [도 · 설 3.5.3 고장력볼트 이음]에 따라 볼트 및 이음판을 검토한다.

(4) 2축응력 상태 검산

주거더와 가로보가 직접 연결되어 2방향 응력이 작용하는 부분의 검토는 [도 · 설 3.8.2.5 2축응력 상태의 검산]에 따른다.

4.3.8 [단계 8] 세로보의 설계

(1) 단면력 산정

세로보의 단면력은 [단계 6]의 가로보 설계에서와 동일하게 Local 방법과 Global 방법에서 산정한 단면력 중 불리한 경우를 적용한다.

(2) 단면 가정 및 응력 검토

세로보의 휨응력 및 전단응력은 [도 · 설 3.8.2. 1~2]에 따라 산출한다.

(3) 이음부 설계

플랜지와 복부의 이음부 설계는 [도 · 설 3.5.3 고장력볼트 이음]에 따라 볼트 및 이음판을 검토한다.

(4) 2축응력 상태 검산

가로보와 세로보가 직접 연결되어 2방향 응력이 작용하는 부분의 검토는 [도 · 설 3.8.2.5 2축응력 상태의 검산]에 따른다.

4.3.9 [단계 9] 다이아프램의 설계

(1) 다이아프램의 배치간격 검토

다이아프램의 간격은 6.0 m 이내에서 결정하며, 일반적으로 5.0 m 간격으로 설치한다.

(2) 일반부 다이아프램 검토

다이아프램의 단면형식은 충복판, 라멘구조 및 수직 브레이싱 방식이 있으며, 각 경우의 강성 산정은 편람 506.4.1.4 다이아프램의 설계에 따르며, 규정된 필요강성보다 크도록 결정한다.

(3) 지점부 다이아프램 검토

편람 506.4.1.4 다이아프램의 설계에 따르며, 2축응력 상태에 대한 안전성 검토를 [도 · 설 3.8.2.5 2축응력 상태의 검산]에 따라 수행한다.

4.3.10 [단계 10] 전단연결재 설계

(1) 전단연결재 형식 결정

전단연결재의 설계에 있어서 합성효과, 사용장소, 시공의 난이 등을 고려하여 [도 · 설 3.9.5.1 전단연결재의 종류] 중에서 선택하도록 한다.

(2) 수평전단력 산정

① 전단연결재는 각종 하중의 조합에 의한 강재들보와 바닥판 콘크리트 사이의 전단력이 가장 크게 되는 경우에 대해서 설계하며, 허용응력의 증가를 고려해서는 안된다. [도 · 설 3.9.5.2 전단연결재의 설계]

② 바닥판 콘크리트의 건조수축 및 바닥판 콘크리트와 강재들보의 온도차에 의해 전단연결재에 작용하는 전단력은 [도 · 설 3.9.5.3 바닥판 콘크리트의 건조수축 및 바닥판 콘크리트와 강재 주거더의 온도차에 의해서 생기는 전단력]에 따라 산정한다.

(3) 전단연결재 간격 결정

전단연결재의 최대 및 최소간격은 [도 · 설 3.9.5.4 전단연결재의 최대 간격] 및 [도 · 설 3.9.5.5 전단연결재의 최소 간격]의 규정에 따른다.

(4) 피로강도에 의한 간격 결정

위 (3)의 항에 의해 설계된 전단연결재는 [도 · 설 3.9.5.9 피로강도를 고려한 전단연결재의 간격] 규정에 따라 충격을 포함한 활하중 전단력의 범위에 따라 산정된 간격으로 재검토해보아야 한다.

(5) 극한강도의 검토

위 (4) 피로강도의 검토항에 의해 설계된 전단연결재는 [도 · 설 3.9.5.10 극한강도 검토] 규정에 따라 충분한 극한강도를 지니고 있는지에 대해서 검토하여야 한다.

4.3.11 [단계 11] 피로 검토

(1) 발생 변동 응력 계산

활하중에 의해 발생하는 최대응력과 최소응력의 대수차인 응력범위를 산출한다.

(2) 최종 반복횟수 산정

설계시 최대응력범위의 반복횟수는 교통량과 하중조사 및 특별한 고려사항이 없으면 [도 · 설 3.3.4.2 설계응력반복횟수]에 따른다.

(3) 응력 범주 산정

부재의 용접 연결부의 형상과 위치에 따른 응력범주는 [도 · 설 3.3.4.1 허용피로응력범위]에 따른다.

(4) 재하경로 판단

단재하 및 다재하 경로 구조물의 결정은 [도 · 설 3.3.4.1 허용피로응력범위]에 따른다

(5) 허용피로응력 산정

활하중에 의한 응력범위는 [도 · 설 3.3.4.1 허용피로응력범위]에 규정된 허용피로응력범위를 초과하지 않아야 한다. 허용범위를 초과할 경우 초기에 가정된 단면을 수정하여야 한다.

4.3.12 [단계 12] 처짐 검토 및 솟음량 산정

(1) 활하중에 대한 처짐 산정

충격하중을 포함한 활하중에 의한 강교의 주거더 및 가로보의 처짐은 부재의 총단면적으로 계산한다.

(2) 허용처짐량 검토

거더에서 산정된 최대 처짐이 [도 · 설 3.2.3 처짐의 허용값] 규정의 허용처짐 이내가 되는지 검토한다.

(3) 거더별 솟음량 산정

시공중 솟음관리를 위해 거더별 솟음량을 산정한다.

4.3.13 [단계 13] 부대시설 설계

(1) 신축이음장치 선정

[도 · 설 2.4.1.3 가동받침의 이동량] 규정에 따라 신축이음장치를 결정한다.

(2) 교량받침 선정

교량받침에 최대 반력이 발생되도록 여러 경우에 대해 하중을 재하한다. 이때 하중계수는 적용하지 않으며, 산정된 최대 반력 이상의 용량을 갖는 교량 받침을 결정한다.

4.4 박스거더교 설계 예

4.4.1 [단계 1] 설계조건

(1) [단계 1-1] 교량의 제원

① 형식 : 강박스거더교

② 등급 : 1등교

③ 연장 : 55.0 + 2@60.0 + 55.0 = 230.0 m

④ 폭원 : 12.60 m

(2) [단계 1-2] 사용재료

① 강재

- 주부재 : SM490(상·하 플랜지, 복부판, 종방향 보강재, 수평보강재, 지점보강재, 주부재 이음판, 소울플레이트, 받침부 다이아프램)
- 부부재 : SM400(가로보, 횡방향 보강재, 일반부 다이아프램, 수직보강재, 세로보)

② 콘크리트 : f_{ck} = 27 MPa, E_c = 27,804 MPa

(3) [단계 1-3] 설계 하중

① 고정하중

바닥판 자중, 거더 자중, 포장, 난간, 기타 하중을 포함한 항상 상재되는 하중.

② 활하중

- 설계차로수(N) : 3차로 (연석간 교폭 W_c = 11.70 m)
- 본 교량은 1등급 교량으로서 DB-24 및 DL-24 하중을 적용한다.
- DL-24하중 : - 차로당 하중의 점유폭(W) = W_c / N = 11.70/3 = 3.900 m(>3.6 m)
  - 차로당 등분포하중 W_ℓ = 12.7 kN/m
  - 모멘트 계산시 집중하중 P_m = 108 kN
  - 전단력 계산시 집중하중 P_s = 156 kN
- DB-24 하중
  - 전륜 하중 = 24 kN
  - 후륜 하중 = 96 kN

③ 충격계수 [도·설 2.1.4]

- $I = 15 / (40 + L) \leq 0.3$, L : 지간 (m)

④ 온도차

- $\Delta T = \pm 10^{\circ}\mathrm{C}$ - 선팽창계수 a = 0.000012

⑤ 탄성계수비

- 주거더의 탄성변형, 부정정력 및 단면응력을 계산하는 경우에 강재와 바닥판 콘

크리트의 탄성계수비 n은 8을 표준으로 한다.

⑥ 바닥판 콘크리트의 건조수축

- 건조수축 계수 : ε_s = 0.00027
- 크리프 계수 : $\phi_2 = 2\phi_1 = 4.0$
- 건조수축 계산을 위한 탄성계수비 : $n_2 = n \times (1 + \phi_2 / 2) = 24$

⑦ 바닥판 콘크리트의 크리프

- 크리프 계수 : $\phi_1 = 2.0$
- 크리프 계산을 위한 탄성계수비 : $n_1 = n \times (1 + \phi_1 / 2) = 16$

⑧ 지점 침하에 의한 영향

- 합성후 단면에 대하여 각 지점 위치별 10 mm의 부등침하를 조합하여 적용

(4) [단계 1-4] 사용 프로그램 선정

① 구조물의 해석시 3차원 해석과 2차원 평면 프레임의 해석이 가능한 프로그램을 사용하였다.

② 가로보를 모델링에 포함시켜 하중의 횡분배 영향을 고려하여 해석하였다.

③ 활하중의 재하에 대해서는 편심을 가지는 이동하중의 재하를 이용하여 해석하였으며, 그 해석 결과는 하중의 조합을 이용하여 가장 불리한 단면력을 도출하였다.

(5) [단계 1-5] 시공 및 구조해석 방법

① 구조물의 시공은 가설벤트를 사용하지 않고 가조립된 강거더에 거푸집 설치 후 콘크리트를 타설하여 강거더가 모든 하중을 부담하게 하였으며, 콘크리트가 완전 경화된 후 활하중이 작용하는 것으로 가정한다.

② 본 교량의 각 거더 사이의 단면력 및 활하중에 대한 허용처짐은 3차원 모델링을 사용하여 각 거더에 근접한 위치로 활하중을 편재하시켜 안전측의 단면력을 구하고, 비틀림과 처짐에 관한 솟음량의 산정에 정확성을 기한다.

③ 본 교량은 거더에서 플랜지의 두께를 변화시킴으로서 전체 교량의 강성에 대한 균형을 이루고 활하중에 의한 처짐이 허용한계 내에 들어오도록 하였으며 교량 받침부에 대해서는 차후의 유지보수를 고려하여 충분한 안전율을 가지도록 설계하였다.

④ 1차 고정하중의 해석에 대한 모델은 비합성의 강성을 가지는 구조물이고, 2차 고정하중 및 활하중의 해석에 대한 모델은 합성의 강성을 갖는 구조물로 치환되었다(강성매트릭스의 재구성).

4.4.2 [단계 2] 단면가정

(1) [단계 2-1] 거더 개수 산정

① 폭원이 12.6 m인 2차로 교량이므로 거더는 2개로 구성한다.

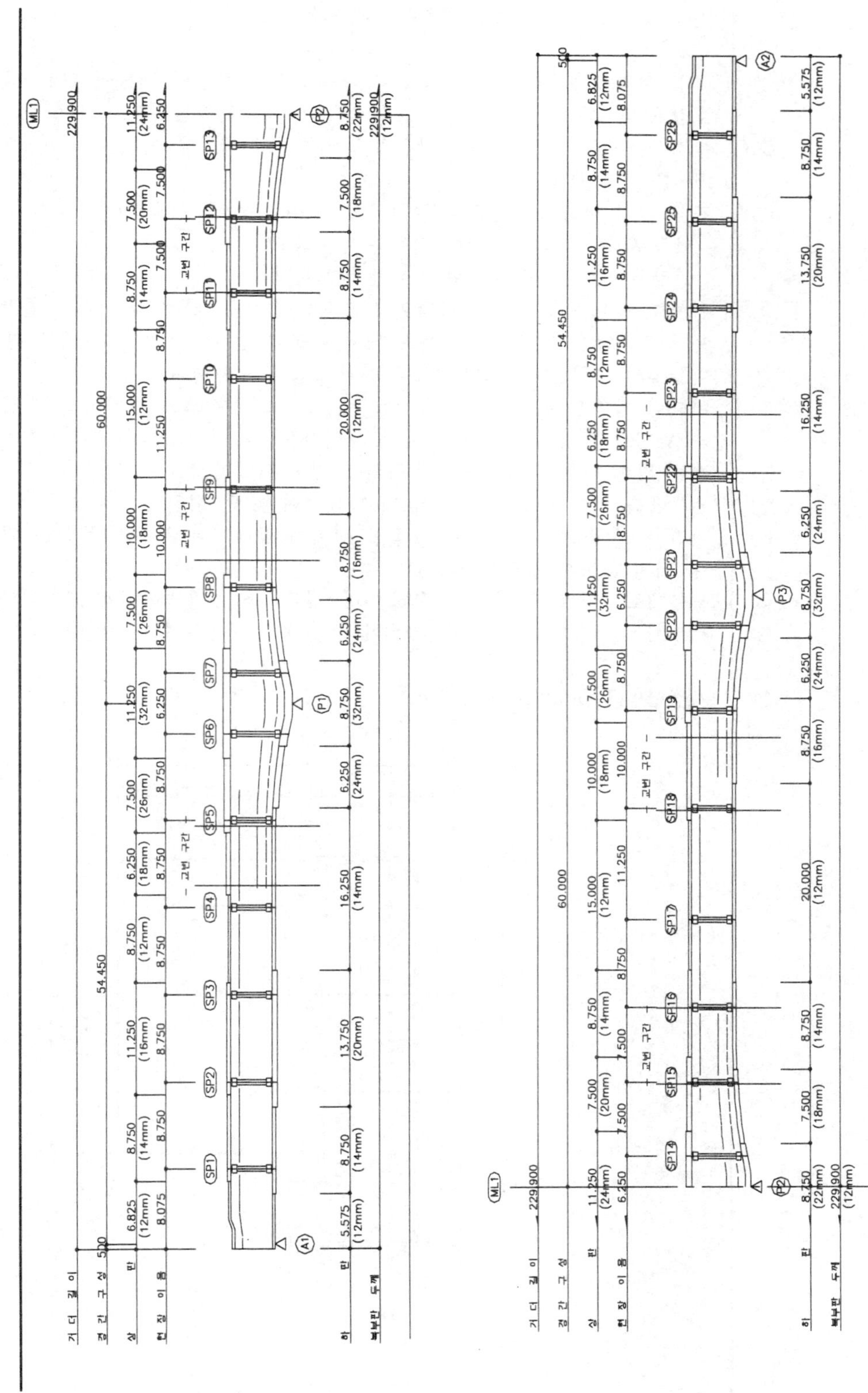

(2) [단계 2-2, 2-3, 2-4] 거더 형상 및 표준단면 결정

① 수평 보강재는 PL 150×12 mm를 사용하며, 압축부의 변화에 따른 배치의 위치는 보강재 배치도에 의한다.

② 수직 보강재는 복부에서 전단응력에 저항하고 좌굴을 방지하기 위하여 PL 200×16 mm를 사용한다.

③ 전 구간에 대하여 종방향 리브는 PL 150×14 mm를 사용한다.
- 압축부에는 5개의 종방향 리브를 배치하고,
- 인장부에는 2개의 종방향 리브를 배치한다.

④ 횡방향 리브는 콘크리트 바닥판과 밀착되어 있는 압축 플랜지나, 인장연에 대해서는 압축좌굴을 고려하지 않아도 되어 비교적 강성이 작아도 무리가 없으나, 보수시 비합성의 영향을 고려하여 PL 350×12 mm를 사용한다.

⑤ 비틀림 방지를 위한 중간 다이아프램은 5 m 간격으로 배치하고, 받침부에 대해서는 받침부 보강재의 계산에 따른 다이아프램의 두께를 사용한다. 이때, 강교의 점검을 위한 내부 다이아프램 구멍의 크기는 다이아프램 계산에 의한다.

⑥ 횡분배를 위한 가로보는 5 m마다 배치하며, 단면 제원은 가로보의 계산에 의한다.

⑦ 단면 변화(플랜지 및 복부)의 용접 위치는 플랜지와 복부가 동일한 위치에서 용접이 되지 않도록 주의하여야 한다.

⑧ 주부재로 사용된 강재는 SM490B이며, 강재의 허용응력은 190 MPa이다.

⑨ 부부재로 사용된 강재는 SM400B이며, 강재의 허용응력은 140 MPa이다.

⑩ 가정단면(Typical Section Type)

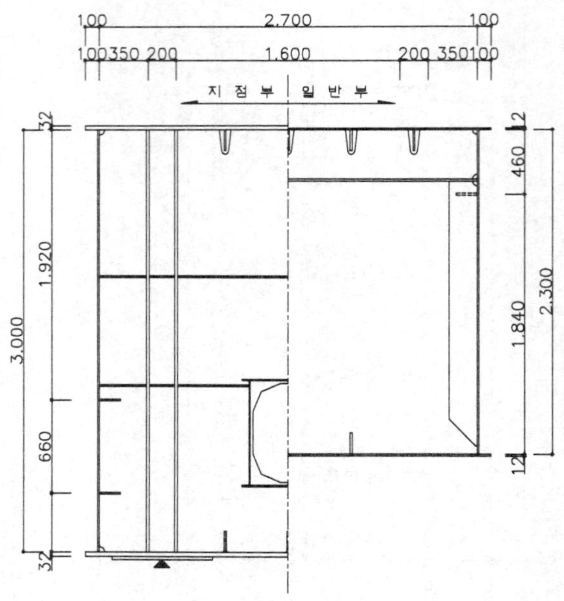

단 면 의 제 원 표

단면 형식	플랜지 (mm)		거더높이 (m)	복부판 (mm)	종방향 보강재 (EA)	
	상부	하부			상연	하연
[1]	12	12	2.100	12	5	2
[2]	12	12	2.300	12	5	5
[3]	14	14	2.300	12	5	2
[4]	14	20	2.300	12	5	2
[5]	16	20	2.300	12	5	2
[6]	12	14	2.300	12	5	2
[7]	18	14	2.300	12	5	5
[8]	26	24	2.363	12	5	5
[9]	32	24	2.642	12	2	5
[10]	32	32	3.000	12	2	5
[11]	18	16	2.300	12	5	5
[12]	18	12	2.300	12	5	2
[13]	14	14	2.300	12	5	5
[14]	20	18	2.363	12	5	5
[15]	24	18	2.642	12	2	5
[16]	24	22	3.000	12	2	5

4.4.3 [단계 3] 바닥판 설계

(1) [단계 3-1, 3-2, 3-3] 캔틸레버부 설계(강도설계법)

① 바닥판 최소두께 검토

- 내민 바닥판의 윤하중에 대한 길이 : $L_c = 1.1 - 0.45 - 0.3 = 0.35\ \mathrm{m} > 0.25\ \mathrm{m}$
- $L_c > 0.25\ \mathrm{m}$ 이므로
  바닥판 최소두께 $t_{c,min} = 80 \times L_c + 230 = 258\ \mathrm{mm} > 220\ \mathrm{mm} \Rightarrow \mathrm{OK}$
- 캔틸레버 바닥판 두께 $t_{c,use} = 290\ \mathrm{mm} > t_{c,min} \Rightarrow \mathrm{OK}$

② 고정하중[도·설 2.1.3]

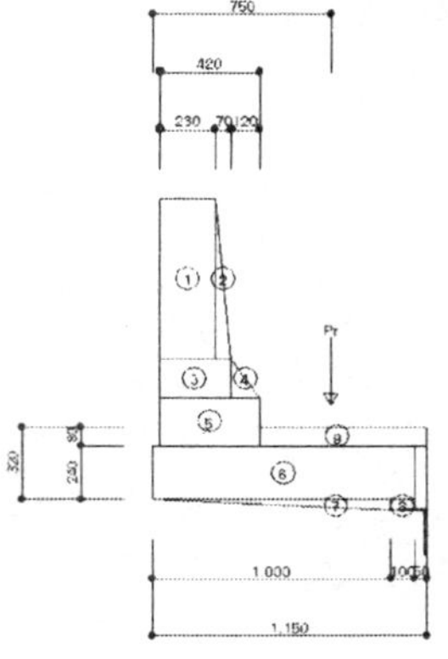

- 콘크리트 단위중량 : $\gamma_c = 25\ \mathrm{kN/m^3}$
- 포 장 단위중량 : $\gamma_p = 23\ \mathrm{kN/m^3}$
- 포 장 두 께 : $t_p = 80\ \mathrm{mm}$

NO.	작 용 하 중 (kN)			거리 x (m)	모멘트 (kNm)
①	0.23 × 0.7 × 25	=	4.025	0.955	3.844
②	0.07 × 0.7 × 25 / 2	=	0.613	0.817	0.500
③	0.3 × 0.175 × 25	=	1.313	0.920	1.208
④	0.12 × 0.175 × 25 / 2	=	0.263	0.730	0.192
⑤	0.42 × 0.205 × 25	=	2.153	0.860	1.851
⑥	1.1 × 0.24 × 25	=	6.600	0.550	3.630
⑦	1.0 × 0.05 × 25 / 2	=	0.625	0.433	0.271
⑧	0.1 × 0.05 × 25	=	0.125	0.050	0.006
⑨	0.65 × 0.08 × 23	=	1.196	0.325	0.389
Total	M_d	=	16.911	0.703	11.890

③ 활하중 [도·설 2.1.3]

- 윤하중 분포 폭 : $E = 0.8L_c + 1.14 = 1.42$ m 여기서, $L_c = 0.35$ m
- 충격 계수 : $i = 15 / (40+L_c) = 0.372 > 0.30 \Rightarrow \therefore i = 0.30$
- 1등급 교량, $P_r = 96$ kN
- 작용 활하중 모멘트 : $M_{l+i} = Pr/E \times L_c \times (1+i) = 30.761$ kNm

④ 차량 충돌하중

- 설계 기준 속도 : $V = 80$ km/hr,
- 작용높이 : $h = 1.0 + 0.08 + 0.29/2 = 1.225$ m
- 수평충돌력 H가 노면상 1 m 높이에 교축을 따라 1 m마다 작용시
  $H = (V/60)^2 \times 7{,}500 + 2{,}500 = 15{,}833$ N = 15.8 kN
  $M_{co1} = 15.8 \times 1.225 = 19.355$ kNm

- 방호벽 상단에 횡방향으로 $H = 10$ kN/m의 수평하중 재하시
  $M_{co2} = 10.0 \times 1.225 = 12.250$ kNm
- 곡선반경 R > 200 m 이므로 M_{co1}과 M_{co2} 중에서 큰 값을 적용
  $M_{co} = \max(M_{co1}, M_{co2}) = 19.355$ kNm

⑤ 풍하중[도·설 2.1.11] (기타형식 교량으로 적용)

- 방호벽 높이 : $H = 1.0$ m
- $P_w = 3.0 \times H = 3.0$ kN
- $M_w = 3.0 \times H/2 = 1.740$ kNm

⑥ 하중조합[도·설 2.2.3.2]

- $M_{u1} = 1.3\ M_d + 2.15\ M_{l+i}$ = 81.593 kNm
- $M_{u2} = 1.3\ M_d + 1.3\ M_{l+i} + 1.3\ M_{co}$ = 80.608 kNm
- $M_{u3} = 1.3\ M_d + 1.3\ M_{l+i} + 0.65\ M_w$ = 56.577 kNm
- $M_{u4} = 1.2\ M_d + 1.2\ M_w + 1.2\ M_{co}$ = 58.476 kNm
- $M_{u5} = 1.3\ M_d + 1.3\ M_w$ = 17.719 kNm

∴ 극한모멘트 $M_u = 81.593$ kNm

⑦ 단면검토

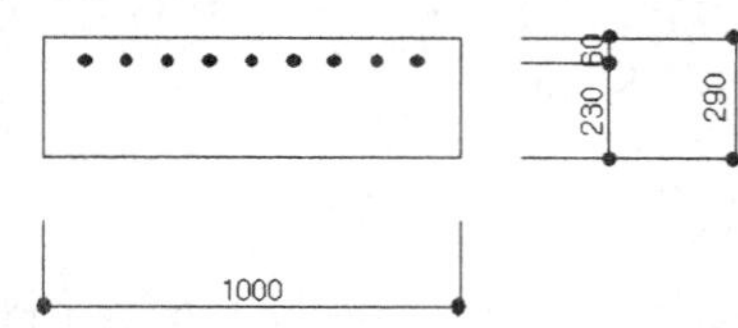

- 단면폭 b = 1,000 mm
- 단면 전체높이 h = 290 mm
- 단면 유효높이 d = 230 mm
- 철근 덮개 d' = 60 mm

- 콘크리트 설계강도 f_{ck} = 27 MPa
- 철근 항복강도 f_y = 400 MPa
- 극한모멘트 M_u = 81.593 kNm
- 강도감소계수(휨) k_1 = 0.850
- 필요철근량 산정

$$a = \frac{A_s \times f_y}{0.85 \times f_{ck} \times b} = 0.0174\,A_s$$

$$M_u = \phi \times A_s \times f_y \times \left(d - \frac{a}{2}\right) = -3.0A_s^2 + 78,200A_s = 81,593,000$$

→ $A_{s,req}$ = 1,088.9 mm²

→ $A_{s,min}$ = $A_{s,req}$ × 4/3 = 1,451.9 mm²

→ $A_{s,min}$ = 0.002 × b × d = 460.0 mm²

→ $A_{s,min}$ = $1.4/f_y$ × b × d = 805.0 mm²

→ $A_{s,min}$ = $0.25\sqrt{f_{ck}}$ / f_y × b × d = 746.9 mm²

∴ $A_{s,use}$ = 1,986.0 mm² (H16@200) > $A_{s,req}$ = 1,088.9 mm² ⇒ OK

- 철근비 검토

P = $A_{s,use}$ / (b × d) = 0.0086 < P_{max} = 0.75 × p_b = 0.0219 ⇒ OK

- 휨모멘트 검토

$$a = \frac{A_s \times f_y}{0.85 \times f_{ck} \times b} = 34.614 \text{ mm}$$

$$\phi M_n = \phi \times As \times f_y \times \left(d - \frac{a}{2}\right) = 143.619 \text{ kNm} > M_u = 81.593 \text{ kNm} \Rightarrow \text{OK}$$

- 전단력의 설계는 [도·설 3.6.1.5]에 따라 바닥판의 최소 두께 및 지간을 적용하였으므로 생략한다.

⑧ 배력 철근량 산정 [도·설 3.6.1.4]

- 배력 철근의 주철근에 대한 비율 = 120 / $\sqrt{L}$ = 120 / $\sqrt{1.100}$ = 114% > p_{max} = 67%
- 소요철근량 A_{sd} = A_s × 0.67 = 1,362.913 × 0.67 = 913.2 mm²
- 수축·온도철근량 = 0.0020 × b × H = 580 mm²
- 배력 철근량 : H16 @ 125 = 1,588.8 mm² > A_{sd} = 913.2 mm² ⇒ OK

⑨ 사용성 검토

ⓐ 처짐 검토

- 처짐검토를 생략해도 되는 최소두께[콘설 4.3]

t_{min} = L_c / 10 = 1100 / 10 = 110.0 mm < T_c = 290 mm

∴ 별도의 처짐검토 필요없음

ⓑ 철근응력 검토

- 사용하중하에서 최대하중을 유발하는 하중조합을 사용한다.
- $M_a = M_d + M_{l+i} + 0.3M_w = 43.173$ kNm
- $n = Es/Ec = 43/\sqrt{f_{ck}} = 8$
- $p = As/(b \times d) = 1{,}986/(1{,}000 \times 230) = 0.0086$
- $k = -np + \sqrt{(np)^2 + 2np} = -0.0691 + \sqrt{0.0691^2 + 2 \times 0.0691} = 0.309$
- $j = 1 - (k/3) = 1 - (0.309/3) = 0.897$
- $f_{s,\max} = \dfrac{M_a}{pdjd^2} = \dfrac{43.173 \times 1{,}000{,}000}{0.0086 \times 1{,}000 \times 0.897 \times 230^2}$

  $= 105.369$ MPa $< 0.6\ f_y = 240$ MPa $\Rightarrow$ OK

ⓒ 균열폭의 검토

- 허용균열폭 $w_a = 0.005 \times t_c = 0.005 \times 52 = 0.26$ mm

  여기서, t_c = 철근 콘크리트 최소 피복두께 = 52 mm
- 균열폭 $w = 1.08 \times R \times f_s \times \sqrt[3]{d_c \times A} \times 10^{-5}$ mm

  $= 1.08 \times 1.38 \times 105.369 \times \sqrt[3]{60 \times 12{,}000} \times 10^{-5}$

  $= 0.14$ mm $< w_a = 0.26$ mm $\Rightarrow$ OK

 여기서, $A = b \times h / 10 = 1{,}000 \times 120 / 10 = 12{,}000\ mm^2$

 R = 단면의 중립축에서 인장연단까지의 거리를 단면의 중립축에서 철근 도심까지의 거리로 나눈 값 = 218.9 / 158.9 = 1.38

(2) [단계 3-1, 3-2, 3-3] 중앙부 설계(경험적설계법) [도·설 3.6.3]

- 바닥판 중앙부의 설계는 경험적 설계법 또는 강도설계법으로 적용할 수 있으며, 본 예제에서는 바닥판의 아치거동을 고려한 경험적설계법을 적용하였다.
- 바닥판 제원 : 바닥판 두께 = 240 mm, 유효지간 = 2,700 mm

  철근덮개(상면) = 60 mm, 철근덮개(하면) = 40 mm

① 설계조건

- 지지부재 : 강재 주거더
- 콘크리트가 현장타설되고 습윤양생되어야 함
- 주거더 플랜지부의 헌치와 같이 국부적으로 두껍게 한 곳을 제외한 상태에서 전체적으로 바닥판의 두께가 일정함
- 바닥판 두께에 대한 유효지간의 비가 6이상 15이하

  6 < 2,700 / 240 = 11.25 < 15 ⇒ OK
- 바닥판의 상부와 하부에 배근된 철근의 외측면 사이의 두께가 150 mm 이상

  8.0 + 140.0 + 8.0 = 156.0 mm > 150 mm ⇒ OK
- 유효지간이 표준차선폭 3.6 m 이하

  2.70 mm < 3.60 mm ⇒ OK
- 바닥판의 흠집, 마모면, 그리고 보호 덮개층을 제외한 바닥판의 최소두께가 240 mm
- 캔틸레버부의 길이가 내측바닥판 두께의 5배 이상이거나, 캔틸레버부의 길이가 내측바닥판 두께의 3배 이상이고 구조적으로 연속적인 콘크리트 방호책과 합성이 된 경우

좌측, 우측 캔틸레버 길이 (방호책 있음) : 1.144 > 0.24 × 3 = 0.72 ⇒ OK
- 콘크리트이 28일 압축강도는 27 MPa 이상
- 철근 콘크리트 바닥판은 바닥판을 지지하는 구조부재들과 완전 합성거동

② 철근배근량
- 경험적 설계법에 의한 설계시 별도의 구조해석 없이 다음과 같이 산정
- 지간방향 : 하부철근량 - 콘크리트 바닥판 단면의 0.4% 이상
  상부철근량 - 콘크리트 바닥판 단면의 0.3% 이상
- 지간방향에 직각방향 : 상부,하부철근량 - 콘크리트 바닥판 단면의 0.3% 이상

③ 사용철근량

위 치			산 정 식	검 토
주철근	하면철근	필요철근량	240,000 × 0.4 % = 960.0 mm^2	OK
		사용철근량	H16 @ 200 = 993.0 mm^2	
	상면철근	필요철근량	240,000 × 0.3 % = 720.0 mm^2	OK
		사용철근량	H16 @ 200 = 993.0 mm^2	
배력철근	하면철근	필요철근량	240,000 × 0.3 % = 720.0 mm^2	OK
		사용철근량	H16 @ 250 = 794.4 mm^2	
	하면철근	필요철근량	240,000 × 0.3 % = 720.0 mm^2	OK
		사용철근량	H16 @ 250 = 794.4 mm^2	
☞ 여기서 바닥판 슬래브 단면적 = 1000 × 240 = 240,000 mm^2				

(3) 거더 단부 캔틸레버부 바닥판의 보강 검토[단계 3-4][도·설 3.6.1.11]
- 단부에서 차도부근의 바닥판은 연속성이 단절되므로 일반부의 바닥판에 비하여 커다란 휨모멘트가 발생한다. 또한 신축장치가 있으므로 차량하중으로 인한 충격이 거더 단부바닥판에 작용하게 되므로 이에 대한 보강을 하여야 한다.

① 주철근량 : 들보단부 이외의 캔틸레버부 바닥판에서 필요한 주철근량의 2배를 주철근으로 배근한다.

$A_{s,req}$ = A_s × 2 = 1,362.9 mm^2 × 2 = 2,725.8 mm^2

$A_{s,use}$ = H19 @ 200 × 2 EA(상하연) = 2,865.0 mm^2 > $A_{s,req}$ ⇒ OK

② 배력철근량 : 들보단부 이외의 캔틸레버부 바닥판 상측에 배력철근량의 2배를 배력철근으로 배근한다.

$A_{s,req}$ = A_s × 2 = 913.2 mm^2 × 2 = 1,826.3 mm^2

$A_{s,use}$ = H19 @ 125 = 2,292.0 mm^2 > $A_{s,req}$ ⇒ OK

③ 배치범위 : 캔틸레버판의 고정하중에 대한 지간을 배치범위로 적용
캔틸레버판의 고정하중에 대한 지간(L = 1.1 m) 이상 ⇒ 2.050 m 적용

(4) [단계 3-5] 인장력을 받는 바닥판의 보강 검토 [도·설 3.9.2.3]

① 인장력을 받는 바닥판에서 콘크리트의 단면을 유효로 하는 설계를 하는 경우에는

바닥판에 작용하는 전 인장력을 철근이 받도록 하여야 한다.

② 인장력을 받는 바닥판에서 콘크리트의 단면을 무시하고 설계를 하는 경우에는 바닥판 콘크리트 단면적의 2% 이상의 교축방향 철근을 배근하여야 한다. 이 경우 철근의 총주변장의 바닥판 콘크리트의 단면적에 대한 비, 즉 주장률은 0.0045 mm/mm^2 이상으로 하면 좋다. 또한 바닥판 작용에 대처하기 위하여 배치된 철근을 교축방향 철근의 일부로 볼 수 있다.

③ 철근은 고정하중에 의한 휨모멘트 부호가 변하는 점을 지나서 바닥판 콘크리트의 압축측에 정착시켜야 한다.

④ 내부지점부 주장률 검토

- A_c = 1000 × 240 = 240,000 mm^2
- A_s' = 240,000 × 0.02 = 4,800 mm^2
- 사용철근량
  상면, 하면 H22 @ 125 = 3,096.8 mm^2
  A_s = 6,193.6 mm^2 > A_s' = 4,800 mm^2 ⇒ OK
- 주장율 μ = 0.0046 mm/mm^2 > 0.0045 mm/mm^2 ⇒ OK

4.4.4 **[단계 4] 거더의 설계**

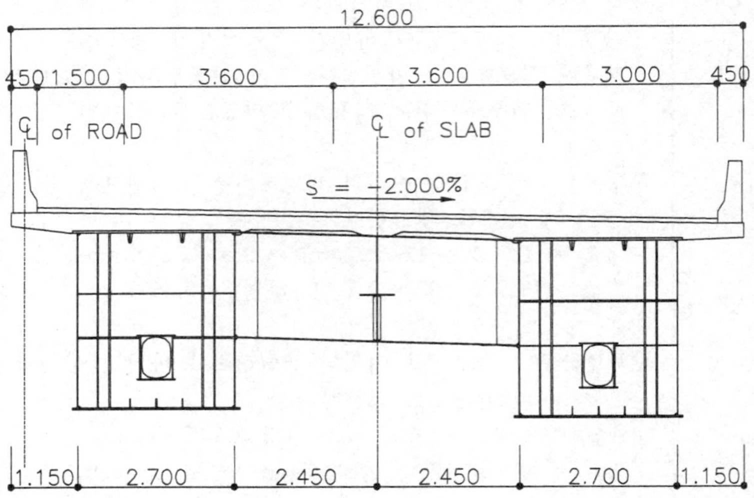

(1) [단계 4-1] 하중 산정

① 합성전 고정하중

• 강재자중 : 프로그램에서 자동 고려 (부부재 할증율 38.67%)

• 콘크리트 바닥판 자중

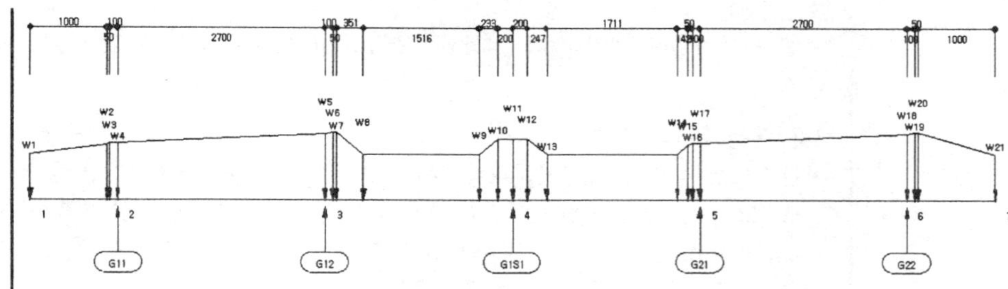

- W1 = 0.240 × 25.0 = 6.000 kN/m
- W2 = 0.290 × 25.0 = 7.250 kN/m
- W3 = 0.291 × 25.0 = 7.275 kN/m
- W4 = 0.293 × 25.0 = 7.325 kN/m
- W5 = 0.347 × 25.0 = 8.675 kN/m
- W6 = 0.349 × 25.0 = 8.725 kN/m
- W7 = 0.350 × 25.0 = 8.750 kN/m
- W8 = 0.240 × 25.0 = 6.000 kN/m
- W9 = 0.240 × 25.0 = 6.000 kN/m
- W10= 0.322 × 25.0 = 8.050 kN/m
- W11= 0.320 × 25.0 = 8.000 kN/m
- W12 = 0.318 × 25.0 = 7.950 kN/m
- W13 = 0.240 × 25.0 = 6.000 kN/m
- W14 = 0.240 × 25.0 = 6.000 kN/m
- W15 = 0.290 × 25.0 = 7.250 kN/m
- W16 = 0.291 × 25.0 = 7.275 kN/m
- W17 = 0.293 × 25.0 = 7.325 kN/m
- W18 = 0.347 × 25.0 = 8.675 kN/m
- W19 = 0.349 × 25.0 = 8.725 kN/m
- W20 = 0.350 × 25.0 = 8.750 kN/m
- W21 = 0.240 × 25.0 = 6.000 kN/m

② 합성후 고정하중

- 아스팔트 포장 : 0.080 × 23.0 = 1.840 kN/m
- 방호벽 자중 : 0.3346 × 25.0 = 8.365 kN/m

③ 활하중의 계산

가. 설계 차로폭 결정 [도·설 2.1.3]

- 연석간의 교폭 W_c = 12.600 - 0.450 × 2 = 11.700 m ⇒ 3차로 재하
- 설계 차로폭 $W = W_c$ / N = 3.900 m > 3.600 m ⇒ 설계 차로폭 W = 3.600 m

나. 충격계수 [도·설 2.1.4]

- 지간장(L) = 54.450 + 60.000 + 60.000 + 54.450 = 228.900 m
- 제 1 지간 : i = 15 / (40+54.450) = 0.159 < 0.3 ⇒ i = 0.159
- 제 2 지간 : i = 15 / (40+60.000) = 0.150 < 0.3 ⇒ i = 0.150
- 제 3 지간 : i = 15 / (40+60.000) = 0.150 < 0.3 ⇒ i = 0.150
- 제 4 지간 : i = 15 / (40+54.450) = 0.159 < 0.3 ⇒ i = 0.159
- 제 1 내부지점 : i = 15 / { 40 + (54.450+60.000) / 2 } = 0.154 < 0.3 ⇒ i = 0.154
- 제 2 내부지점 : i = 15 / { 40 + (60.000+60.000) / 2 } = 0.150 < 0.3 ⇒ i = 0.150
- 제 3 내부지점 : i = 15 / { 40 + (60.000+54.450) / 2 } = 0.154 < 0.3 ⇒ i = 0.159

④ 지점침하

- 합성후 단면에 대하여 각 지점위치별 10 mm의 부등침하를 조합하여 적용

⑤ 2차 부정정력의 영향

- 콘크리트-강재의 합성거더교량에서는 고정하중과 활하중에 의한 응력 이외에 건조수축, 크리프, 강재와 콘크리트의 온도차에 의한 응력이 발생한다. 특히 강합성거더교가 2경간 이상의 연속교일 경우에는 건조수축, 크리프, 온도차에 의해 부정정력이 추가로 발생되며 이 하중을 2차 모멘트라고 한다.
- 부정정계에서 2차 모멘트를 구하기 위하여 해석모델 교량의 양단에 단위 모멘트를 가한 후 각 절점에서의 모멘트(이 값을 영향계수 *k*라 함)를 구하여 이를 단면의 응력 검토시에 이용함으로서 2차 모멘트에 의한 부정정 응력을 합리적으로 도출하여 안전한 설계가 되도록 하였다.

(2) 플랜지 및 바닥판 유효폭의 계산

전단지연(Shear Lag) 현상의 영향으로 인한 플랜지 및 바닥판의 유효폭의 고려하여 단면응력을 검토하도록 하며, 해석 시에는 전단면을 적용한다.

① 플랜지 유효폭 [도·설 3.8.3.4]

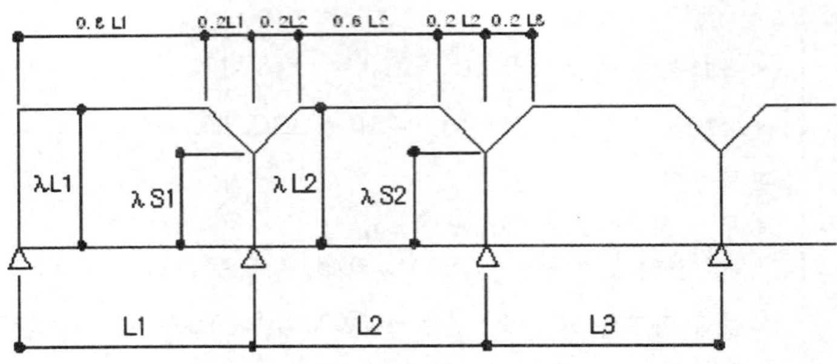

- 상부 : 복부간격 $2b_u$ = 2.700 m, 플랜지돌출폭 b_e = 0.100 m
- 하부 : 복부간격 $2b_\ell$ = 2.700 m, 플랜지돌출폭 b_e = 0.100 m
- L_1 = 54.450m, L_2 = 60.000 m, L_3 = 60.000 m, L_4 = 54.450 m
- 지간구성이 교량중앙을 기준으로 대칭이므로 1, 2경간에 대해서만 산정함.

• 제 1 지간 중앙부

ℓ = 0.8 × 54.450 = 43.560 m

b_u/ℓ = 1.350 / 43.560 = 0.031

여기서, $b_u/\ell \le 0.05$ 이므로 $\lambda_{L1} = b_u$ = 1.350 m

∴ 상부플랜지 유효폭 B = 2 × ($\lambda_{L1} + b_e$) = 2.900 m

b_l/ℓ = 1.350 / 43.560 = 0.031
여기서, $b_l/\ell \leq 0.05$ 이므로 $\lambda_{L1} = b_l$ = 1.350 m
∴ 하부플랜지 유효폭 B = 2 × ($\lambda_{L1} + b_e$) = 2.900 m

- 제 1 중간 지점부

ℓ = 0.2 × (54.450 + 60.000) = 22.890 m
b_u/ℓ = 1.350 / 22.890 = 0.059
여기서, $0.02 < b_u/\ell \leq 0.30$ 이므로
$\lambda_{S1} = \{ 1.06 - 3.2(b_u/\ell) + 4.5(b_u/\ell)^2 \} \times b$ = 1.197 m
∴ 상부플랜지 유효폭 $B = 2 \times (\lambda_{S1} + b_e)$ = 2.595 m
b_l/ℓ = 1.350 / 22.890 = 0.059
여기서, $0.02 < b_l/\ell \leq 0.30$ 이므로
$\lambda_{S1} = \{ 1.06 - 3.2(b_l/\ell) + 4.5(b_l/\ell)^2 \} \times b$ = 1.197 m
∴ 하부플랜지 유효폭 B = 2 × ($\lambda_{S1} + b_e$) = 2.595 m

② 바닥판 유효폭 [도·설 3.9.2.4]

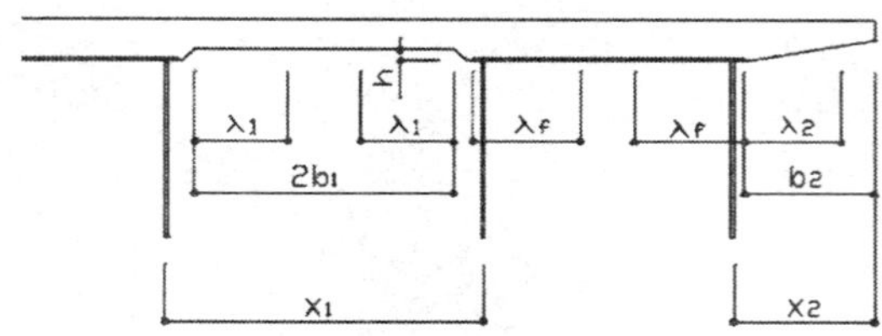

- x_1 = 4.900 m : 인접한 거더의 복부사이의 간격
- x_2 = 1.150 m : 외측 거더 복부에서 캔틸레버 끝단까지의 거리
- h = 0.050 m : 헌치 높이
- b_e = 0.100 m : 플랜지의 돌출폭
- $2b_1 = x_1 - 2 \times (b_e + h)$ = 4.600 m
- $b_2 = x_2 - b_e$ = 1.050 m
- 지간구성이 교량중앙을 기준으로 대칭이므로 1, 2경간에 대해서만 산정함

- 제 1 지간 중앙부

ℓ = 0.8 × 54.450 = 43.560 m
b_1/ℓ = 2.300 / 43.560 = 0.053
여기서, $0.05 < b_u/\ell \leq 0.30$ 이므로
$\lambda_1 = \{ 1.1 - 2(b_1/\ell) \} \times b$ = 2.287 m
b_2/ℓ = 1.050 / 43.560 = 0.024
여기서, $b_l/\ell \leq 0.05$ 이므로 $\lambda_2 = b_2$ = 1.050 m
∴ 슬래브 유효폭 B = 플랜지 유효폭 + $\lambda_1 + \lambda_2 + h$ = 6.287 m

• 제 1 중간 지점부

ℓ = 0.2 × (54.450 + 60.000) = 22.890 m

b_1/ℓ = 2.300 / 22.890 = 0.100

여기서, $0.02 < b_w/\ell \leq 0.30$ 이므로

$\lambda_1 = \{ 1.06 - 3.2(b_w/\ell) + 4.5(b_w/\ell)^2 \} \times b = 1.803$ m

b_2/ℓ = 1.050 / 22.890 = 0.046

여기서, $0.02 < b_i/\ell \leq 0.30$ 이므로

$\lambda_2 = \{ 1.06 - 3.2(b_i/\ell) + 4.5(b_i/\ell)^2 \} \times b = 0.969$ m

∴ 슬래브 유효폭 B = 플랜지 유효폭 + $\lambda_1 + \lambda_2 + h$ = 5.417 m

(3) [단계 4-2] 모델링

① 해석 모델

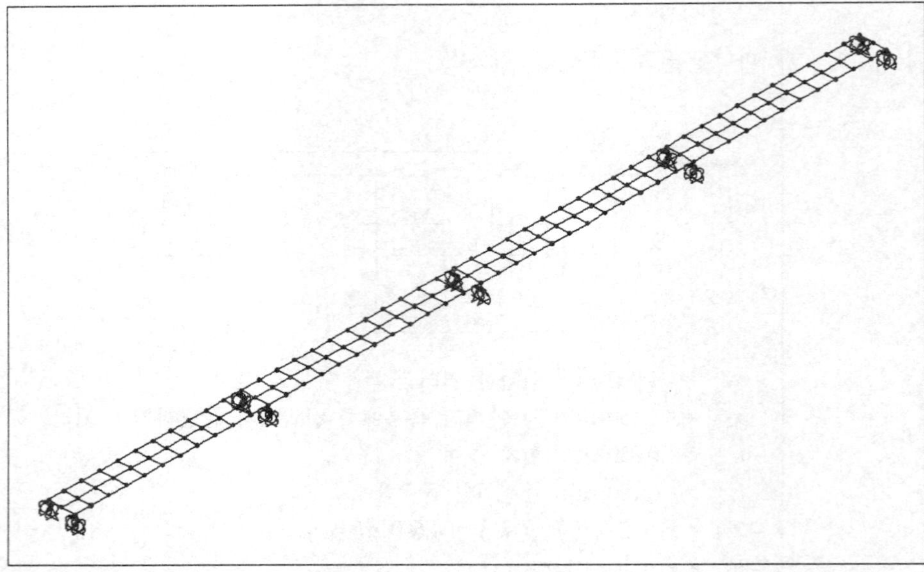

② 절점번호

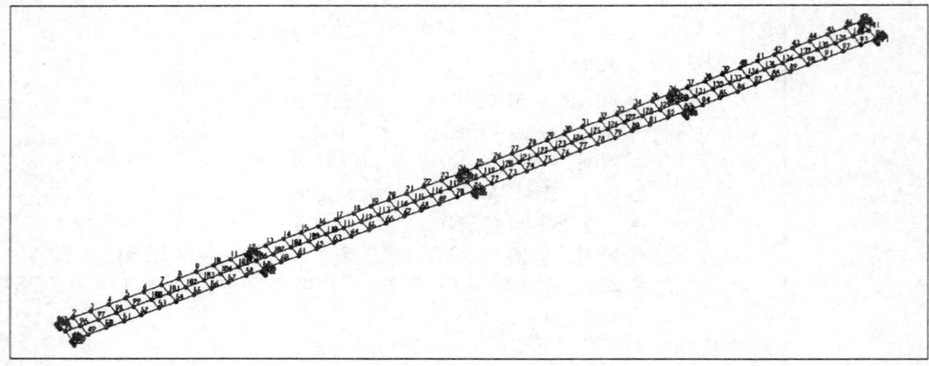

③ 부재번호

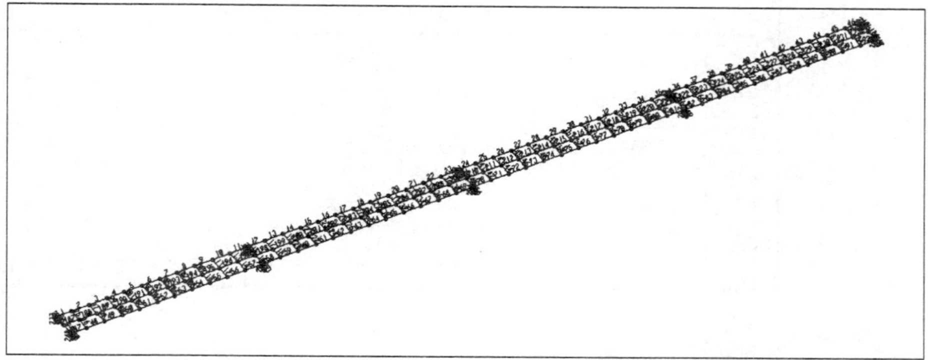

④ 단면제정수

구 분		A (m²)	I_{33} (m⁴)	I_{22} (m⁴)	K (m⁴)	비 고
단면 1	합성전	0.1347	0.109858	0.141451	0.163219	
	합성후	0.3237	0.219237	0.766568	0.204224	
단면 2	합성전	0.1395	0.134030	0.150277	0.187809	
	합성후	0.3285	0.264685	0.775394	0.232664	
단면 3	합성전	0.1511	0.149745	0.158407	0.203767	
	합성후	0.3401	0.287193	0.783524	0.245752	
·····	중략					
단면 15	합성전	0.1999	0.274544	0.201953	0.294887	
	합성후	0.3889	0.469545	0.827070	0.323600	
단면 16	합성전	0.2201	0.388662	0.225881	0.363263	
	합성후	0.4091	0.673378	0.850999	0.396932	

(4) [단계 4-3] 단면력 산정

- 제 1 지간 중앙부(정모멘트부, 단면 5)

구 분	거더번호	합성전 고정하중		합 성 후 고정하중	활하중	지점침하	합 계
		강재	콘크리트				
Bending Moment (kNm)	G1	3,963.932	8,585.615	3,737.390	7,795.654	453.243	24,535.834
	G2	3,963.932	8,622.271	3,737.390	7,795.664	453.243	24,572.500
Shear Force (kN)	G1	25.405	62.640	20.972	346.596	21.898	477.511
	G2	25.405	62.483	20.972	346.593	21.898	477.351
Torsion (kNm)	G1	6.371	27.659	-43.470	520.665	0.042	511.267
	G2	-6.371	-13.163	43.470	-520.663	-0.042	-496.770

- 제 1 중간 지점부(부모멘트부, 단면 10)

구 분	거더번호	합성전 고정하중		합 성 후 고정하중	활하중	지점침하	합 계
		강재	콘크리트				
Bending Moment (kNm)	G1	-8,984.000	-19,027.639	-7,689.577	-12,442.394	-1,195.101	-49,338.711
	G2	-8,984.006	-19,225.031	-7,689.581	-12,442.404	-1,195.093	-49,536.115
Shear Force (kN)	G1	811.628	1566.211	653.978	1,123.652	22.134	4,177.603
	G2	811.630	1588.347	653.978	1,123.663	22.133	4,199.751
Torsion (kNm)	G1	82.928	307.101	-225.126	1,400.409	0.388	1,565.700
	G2	-82.927	-219.561	225.127	-1,400.404	-0.389	-1,478.154

⑥ 최대반력 집계

- 교대 1 & 교대 2 (단위 : kN)

위치	합성전 고정하중		합성후 고정하중	활하중		지점침하		합 계		받침
	강재	콘크리트		Max	Min	Max	Min	Max	Min	용량
G1	148.586	273.941	285.400	694.520	-495.390	10.952	-10.952	1,413.399	201.585	2,500
	247.231	615.486	93.963	1,015.790	-330.109	11.036	-11.036	1,983.506	615.535	2,500
G2	247.339	557.440	94.019	1,015.689	-330.091	11.118	-11.118	1,925.605	557.589	2,500
	148.474	337.693	285.343	694.079	-495.703	10.868	-10.868	1,476.456	264.939	2,500

- 교각 1 & 교각 3 (단위 : kN)

위치	합성전 고정하중		합성후 고정하중	활하중		지점침하		합 계		받침
	강재	콘크리트		Max	Min	Max	Min	Max	Min	용량
G1	676.652	1,124.314	860.056	1,152.861	-495.190	32.139	-32.139	3,846.021	2,133.693	5,500
	902.449	1,921.076	411.577	1,531.125	-99.089	31.727	-31.727	4,797.954	3,104.287	5,500
G2	902.174	1,844.162	411.447	1,531.067	-99.175	31.963	-31.963	4,720.813	3,026.644	5,500
	676.932	1,245.937	860.189	1,152.946	-495.129	31.897	-31.897	3,967.901	2,256.032	5,500

(5) 뒴비틀림(Warping Torsion)에 대한 검토 [도·설 3.8.2.3]

① 가장 취약한 단면인 단면 10에 대하여 검토하면,

$$\beta_u = \frac{b \cdot t_u}{t_w \cdot h} = \frac{2,712 \times 32}{12.0 \times 3,032} = 2.39$$

$$\beta_l = \frac{b \cdot t_l}{t_w \cdot h} = \frac{2,712 \times 32}{12.0 \times 3,032} = 2.39$$

$$\epsilon = \frac{2 \cdot t_u \cdot t_l}{t_w^2} = \frac{2 \times 32 \times 32}{12^2} = 14.22$$

② 비틀림 함수

$$q' = \frac{b \cdot t_w \cdot \epsilon}{\beta_u + \beta_l + \epsilon} = \frac{2712 \times 12 \times 14.22}{2.39 + 2.39 + 14.22} = 24,369.8$$

$$\Delta w = \frac{b \cdot h}{2} + \frac{q' \cdot h}{t_w} = \frac{2,712 \times 3,032}{2} + \frac{24,369.8 \times 3032}{12} = 10,268,833.6$$

③ 솟구침 함수(Unit Warping)

$$w_1 = -\Delta w \frac{\beta_l + 3}{\beta_u + \beta_l + 6} = \frac{-10,268,833.61 \times (2.39 + 3)}{2.39 + 2.39 + 6} = -5,134,416.8$$

$$w_2 = \Delta w \frac{\beta_u + 3}{\beta_u + \beta_l + 6} = \frac{10,268,833.61 \times (2.39 + 3)}{2.39 + 2.39 + 6} = 5,134,416.8$$

④ 솟구침 비틀림 상수

$$I_w = \frac{h \cdot t_w}{3} \times \{w_1^2(2+\beta_u) + 2 \cdot w_1 \cdot w_2 + w_2^2(2+\beta_l)\}$$

$$= \frac{3,032.00 \times 12}{3} \times \{(-5,134,416.81)^2 \times (2+2.39)$$

$$+ 2 \times (-5,134,416.81) \times 5,134,416.81 + (5,134,416.81)^2 \times (2+2.39)\}$$

$$= 2.16466e+18 \ \text{mm}^6$$

⑤ 순수 비틀림 상수

$$K = \frac{4 \cdot b^2 \cdot h^2}{\frac{b}{t_u} + \frac{2 \cdot h}{t_w} + \frac{b}{t_l}} = \frac{4 \times 2,712^2 \times 3,032^2}{\frac{2,712}{32} + \frac{2 \times 3,032}{12} + \frac{2,712}{32}} = 4.00776e+11 \ \text{mm}^4$$

⑥ 비틀림 상수비

$$\alpha = L \cdot \sqrt{\frac{G \cdot K}{E_s \cdot I_w}} = 60,000 \times \sqrt{\frac{81,000 \times 4.00776e+11}{210,000 \times 2.16466e+18}} = 16.03 \quad > \quad 10$$

여기서, L : 지간장 (mm)

Es : 탄성계수 210,000 MPa

G : 전단탄성계수 81,000 MPa

∴ 순수비틀림에 대해서만 검토하며, Warping에 대한 검토는 하지 않아도 된다.

⑦ 이와 같은 방법으로 각 단면의 비틀림모멘트 고려범위를 검토한 결과는 다음과 같다.

단면	b (mm)	h (mm)	t_u (mm)	t_l (mm)	t_w (mm)	L (mm)	I_w (mm^6)	K (mm^4)	α
단면 1	2,712	2,112	12.0	12.0	12.0	54,450	2.78378e+17	1.63219e+11	25.9
단면 2	2,712	2,312	12.0	12.0	12.0	54,450	3.64208e+17	1.87809e+11	24.3
단면 3	2,712	2,314	14.0	14.0	12.0	54,450	4.30495e+17	2.03767e+11	23.3
단면 4	2,712	2,317	14.0	20.0	12.0	54,450	5.22155e+17	2.20746e+11	22.0
단면 5	2,712	2,318	16.0	20.0	12.0	54,450	5.64136e+17	2.28621e+11	21.5
....	중략								
단면 15	2,712	2,664	24.0	18.0	12.0	60,000	9.77949e+17	2.94963e+11	20.5
단면 16	2,712	3,023	24.0	22.0	12.0	60,000	1.54008e+17	3.63263e+11	18.1

- 검토결과 비틀림 상수비 $\alpha < 0.4$일 경우 순수비틀림에 따른 응력계산을, $\alpha > 10$일 경우 뒴비틀림에 대한 응력계산을 각각 생략할 수 있다.

(6) 2차 부정정력에 대한 영향 검토

- 콘크리트-강재 합성형 교량에서는 사하중과 활하중에 의한 응력 이외에 건조수축, 크리프, 강-콘크리트의 온도차에 의한 응력이 발생한다.
- 특히 2경간 이상의 강합성형 연속교일 경우에는 건조수축, 크리프 및 온도차에 의해 부정정력이 추가적으로 발생되며 이와 같은 하중을 2차모멘트라고 한다.

① 양단에 단위모멘트 M = 1.0 kNm 재하

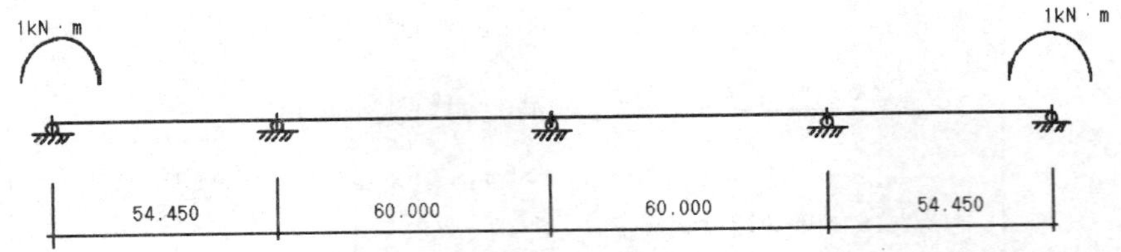

② 각 절점에 작용하는 모멘트값을 영향계수 k값으로 적용

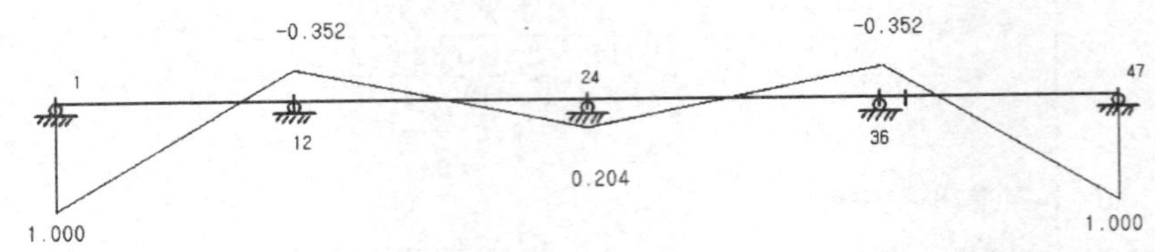

절점	1	2	3	4	5	6	7	8	9	10
k값	1.000	0.890	0.765	0.641	0.517	0.393	0.269	0.145	0.020	-0.104
절점	11	12	13	14	15	16	17	18	19	20
k값	-0.228	-0.352	-0.306	-0.259	-0.213	-0.167	-0.120	-0.074	-0.028	0.019
....	중략									
절점	41	42	43	44	45	46	47			
k값	0.269	0.393	0.517	0.641	0.765	0.890	1.000			

(7) [단계 4-4] 단면 응력검토

- 단면이 변화되는 모든 부분에 대해서 응력검토를 수행한다. 본 예제에서는 최대 부모멘트 발생단면인 제 1 중간지점부(단면 10)에 대해서만 응력검토를 수행한다.

① 단면가정 및 설계조건

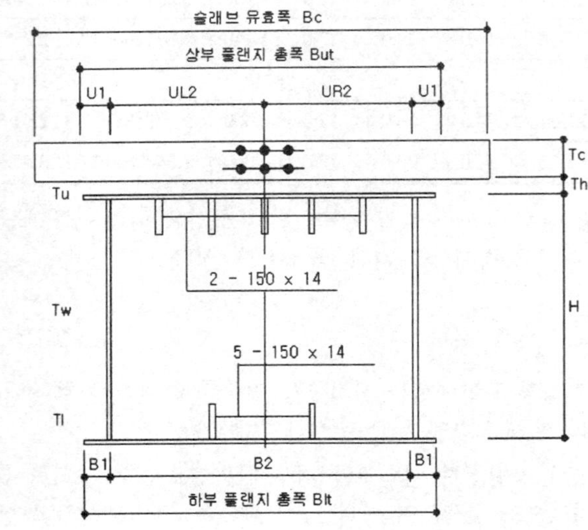

주부재 사용강종 : SM490B

H = 3.000 m

B_c = 5.416 m

U_{L2} = 1.350 m, U_{R2} = 1.350 m

B_2 = 2.700 m

B_{ut} = 2.900 m, B_{lt} = 2.900 m

상하 플랜지 유효폭

B_{ue} = 2.595 m, B_{le} = 2.595 m

T_c = 0.240 m

T_h = 0.050 m

T_u = 0.032 m

T_l = 0.032 m

T_w = 0.012 m

U_1 = 0.100 m

B_1 = 0.100 m

RIB 150×14 mm, 150×14 mm

구 분	단위	값
E_s : 강의 탄성계수	MPa	210,000
E_c : 콘크리트 탄성계수	MPa	27,804
ε_s : 바닥판 콘크리트의 건조수축에 의한 최종수축율		0.00027
a : 강재 및 콘크리트의 선팽창계수		0.000012
ϕ_2 : 건조수축에 의한 크리프 계수		4
n : 강과 콘크리트의 탄성계수비		8
t : 강과 콘크리트의 온도차	℃	10
M_s : 합성전 고정하중에 의한 모멘트	kNm	-28,209.037
M_{sc} : 합성후 고정하중에 의한 모멘트	kNm	-7,689.581
M_v : (활하중 + 지점침하)에 의한 모멘트	kNm	-13,637.497
S_s : 합성전 고정하중에 의한 전단력	kN	2,399.977
S_{sc} : 합성후 고정하중에 의한 전단력	kN	653.978
S_v : (활하중 + 지점침하)에 의한 전단력	kN	1,145.796
M_{st} : 합성전 고정하중에 의한 비틀림모멘트	kNm	-302.488
M_{sct} : 합성후 고정하중에 의한 비틀림모멘트	kNm	225.127
M_{vt} : (활하중 + 지점침하)에 의한 비틀림모멘트	kNm	-1,400.793
t_{cu}, t_{cl} : 교축방향 철근의 상하면 피복두께	mm	60 , 40

- 단면제원

단 면	B (mm)	H (mm)	A (mm^2)	Y (mm)	AY (mm^2)	AY_2 (mm^4)	I_x (mm^4)
1 - 상부플랜지	2,594.7	32	83,030	1,516	125,873,830	190,824,726,375	7,085,246
2 - 상부리브	14.0	150	4,200	1,425	5,985,000	8,528,625,000	7,875,000
1 - 좌측복부판	12.0	3,000	36,000	0	0	0	27,000,000,000
1 - 우측복부판	12.0	3,000	36,000	0	0	0	27,000,000,000
1 - 하부리브	14.0	150	10,500	-1,425	-14,962,500	21,321,562,500	19,687,500
1 - 하부플랜지	2,594.7	32	83,030	-1,516	-125,873,830	190,824,726,375	7,085,246
강단면 합계			252,760		-8,977,500	411,499,640,250	54,041,732,993
상부 철근	-	-	16,774	1,730	29,018,536	50,202,066,588	-
하부 철근	-	-	16,774	1,590	2,667,0215	42,405,641,532	-
철근 합계			33,547		55,688,750	92,607,708,120	-
1 - RC슬래브	54,16.5	240	1,299,953	1,670	2,170,920,716	3,625,437,595,522	6,239,772,118
☞ A_s = 252,760 mm^2, A_c = 1,299,953 mm^2, A_r = 33,547 mm^2							

② 응력검토

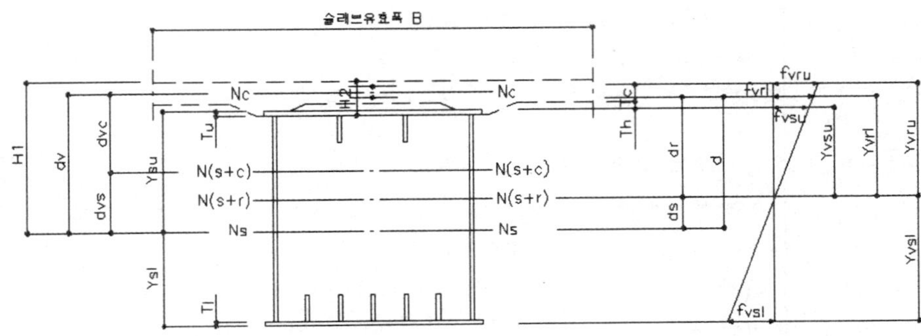

가. 합성전 고정하중에 의한 응력

$I_s' = A_s \cdot Y_2 + \sum I_s = 411{,}499{,}640{,}250 + 54{,}041{,}732{,}993 = 465{,}541{,}373{,}243\ mm^4$

$\delta_s = \sum(A \cdot Y) /\ A_s = -8{,}977{,}500\ /\ 252{,}760 = -35.518\ mm$

$I_s = I_s' - A_s \cdot \delta_s^2 = 465{,}541{,}373{,}243 - 252{,}760 \times -35.518^2 = 465{,}222{,}512{,}034\ mm^4$

$Y_{su} = H/2 + T_u - \delta_s = 3{,}000.0\ /\ 2 + 32.0 - 35.518 = 1{,}567.518\ mm$

$Y_{sl} = Y_{su} - (\ H + T_u + T_l\ ) = 1{,}567.518 - 3{,}064.000 = -{,}1496.482\ mm$

$F = b \cdot h = ((\ U_{L2} + U_{R2} + B_2\ ) / 2 + T_W) \cdot (H + T_u/2 + T_l/2) = 8{,}222{,}784.0\ mm^2$

$f_{su} = M_s \cdot Y_{su}\ /\ I_s = -95.047\ MPa$

$f_{sl} = M_s \cdot Y_{sl}\ /\ I_s = 90.740\ MPa$

$\upsilon = S_s\ /\ A_{(Web)} + M_{st}\ /\ (2 \cdot F \cdot T_w) = 34.866\ MPa$

나. 합성후 고정하중에 의한 응력

$A_v = A_s + A_c/n = 286{,}308\ mm^2$

$d = Y_{su} - T_u + T_h + t_{cl} + (T_c - t_{cu} - t_{cl}) \cdot A_{ru}/A_r = 1{,}695.518\ mm$

$d_r = d \cdot A_s\ /\ (A_s + A_r) = 1{,}496.850\ mm$

$d_s = d - d_r = 198.668\ mm$

$Y_{vru} = d_r + (T_c - t_{cu} - t_{cl}) \cdot A_{rl}/A_r = 1{,}566.850\ mm$

$Y_{vrl} = d_r - (T_c - t_{cu} - t_{cl}) \cdot A_{rl}/A_r = 1{,}426.850\ mm$

$Y_{vsu} = Y_{vrl} - t_{cl} - T_h + T_u = 1{,}368.850\ mm$

$Y_{vsl} = Y_{vsu} - (\ H + T_u + T_l\ ) = -1{,}695.150\ mm$

$I_{rv} = I_s + A_s \cdot d_s^2 + A_r \cdot d_r^2 = 550{,}363{,}739{,}443\ mm^4$

$F_v = b \cdot h_v = ((U_{L2}+U_{R2}+B_2)\ /\ 2+T_w) \cdot (H + (T_u+T_c/n)/2 + T_l/2) = 8{,}263{,}464.0\ mm^2$

$f_{vru} = M_{sc} \cdot Y_{vru}/I_{rv} = -21.892\ MPa$

$f_{vrl} = M_{sc} \cdot Y_{vrl}/I_{rv} = -19.936\ MPa$

$f_{vsu} = M_{sc} \cdot Y_{vsu}/I_{rv} = -19.125\ MPa$

$f_{vsl} = M_{sc} \cdot Y_{vsl}/I_{rv} = 23.684\ MPa$

$\upsilon = S_{sc}\ /\ A_{(Web)} + M_{sct}\ /\ (2 \cdot F_v \cdot T_w) = 10.218\ MPa$

다. 활하중에 의한 응력

$f_{vru} = M_v \cdot Y_{vru}/I_{rv} = -38.825\ MPa$

$f_{vrl} = M_v \cdot Y_{vrl}/I_{rv} = -35.356\ MPa$

$f_{vsu} = M_v \cdot Y_{vsu}/I_{rv} = -33.919\ MPa$

$f_{vsl} = M_v \cdot Y_{vsl}/I_{rv} = 42.004\ MPa$

$\upsilon = S_v\ /\ A_{(Web)} + M_{vt}\ /\ (2 \cdot F_v \cdot T_w) = 22.977\ MPa$

라. 크리프에 의한 응력

2차 부정정력으로 인한 영향 : $K = -0.352$

$A_{vc} = A_s + A_c/n = 415{,}254.527\ mm^2$

$d_v = Y_{su} - T_u + T_h + T_c/2 = 1{,}705.518\ mm$

$d_{vc} = d_v \cdot A_s\ /\ (A_c/n + A_s) = 1{,}038.128\ mm$

$d_{vs} = d_v - d_{vc} = 667.390\ mm$

$n_1 = n \cdot (1 + \phi_1 / 2) = 8 \times (1 + 2.0 / 2) = 16$
$A_{v1} = A_s + A_c / n_1 = 334{,}007.495 \text{ mm}^2$
$d_{c1} = d_v \cdot A_s / (A_c/n_1 + A_s) = 1{,}290.652 \text{ mm}$
$d_{s1} = d_v - d_{c1} = 414.866 \text{ mm}$
$I_{cv} = I_s + I_c + A_s \cdot d_{vs}^2 + A_c / n \cdot d_{vc}^2 = 753{,}705{,}668{,}468 \text{ mm}^4$
$N_c = M_{sc} \cdot d_{vc} \cdot A_c / (n \cdot I_{cv}) = -1{,}721{,}033 \text{ kN}$
$P_\phi = N_c \cdot 2 \cdot \phi_1 / (2 + \phi_1) = -1{,}721{,}033 \text{ kN}$
$M_\phi = P_\phi \cdot d_{c1} = -2{,}221{,}254{,}194 \text{ kNm}$
$f_{vru1} = P_\phi/A_v + K^* M_\phi \cdot Y_{vru}/I_{rv} = -3.785 \text{ MPa}$
$f_{vrl1} = P_\phi/A_v + K^* M_\phi \cdot Y_{vrl}/I_{rv} = -3.984 \text{ MPa}$
$f_{vsu1} = P_\phi/A_v + K^* M_\phi \cdot Y_{vsu}/I_{rv} = -4.066 \text{ MPa}$
$f_{vsl1} = P_\phi/A_v + K^* M_{\phi 1} \cdot Y_{vsl}/I_{rv} = -8.419 \text{ MPa}$

마. 건조수축에 의한 응력

$n_2 = n \cdot (1 + \phi_2 / 2) = 8 \times (1 + 4.0 / 2) = 24$
$A_{v2} = A_s + A_c/n_2 = 306{,}925.150 \text{ mm}^2$
$d_{c2} = d_v \cdot A_s / (A_c/n_2 + A_s) = 1{,}404.536 \text{ mm}$
$d_{s2} = d_v - d_{c2} = 300.982 \text{ mm}$
$P_2 = E_s \cdot \varepsilon_s \cdot A_c/n_2 = 3{,}071{,}138 \text{ N}$
$M_{v2} = P_2 \cdot d_{c2} = 4{,}313{,}524{,}139 \text{ Nmm}$
$f_{vru2} = P_2/A_v + K \cdot M_{v2} \cdot Y_{vru}/I_{rv} = 6.404 \text{ MPa}$
$f_{vrl2} = P_2/A_v + K \cdot M_{v2} \cdot Y_{vrl}/I_{rv} = 6.790 \text{ MPa}$
$f_{vsu2} = P_2/A_v + K \cdot M_{v2} \cdot Y_{vsu}/I_{rv} = 6.950 \text{ MPa}$
$f_{vsl2} = P_2/A_v + K \cdot M_{v2} \cdot Y_{vsl}/I_{rv} = 15.403 \text{ MPa}$

바. 온도차에 의한 응력

$\varepsilon_t = a \cdot t = 0.000012 \times 10 = 0.00012$
$P_1 = E_s \cdot \varepsilon_t \cdot A_c/n = 4{,}094{,}850 \text{ N}$
$M_{vt} = P1 \cdot d_{vc} = 4{,}250{,}980{,}086 \text{ Nmm}$
$E_{rt} = E_s \cdot \varepsilon_t = 25.200 \text{ MPa}$
$f_{rut} = P_1/A_v + K \cdot M_{vt} \cdot Y_{vru}/I_{rv} - E_s \cdot \varepsilon_t = -15.158 \text{ MPa}$
$f_{rlt} = P_1/A_v + K \cdot M_{vt} \cdot Y_{vrl}/I_{rv} - E_s \cdot \varepsilon_t = -14.777 \text{ MPa}$
$f_{sut} = P_1/A_v + K \cdot M_{vt} \cdot Y_{vsu}/I_{rv} = 10.581 \text{ MPa}$
$f_{slt} = P_1/A_v + K \cdot M_{vt} \cdot Y_{vsl}/I_{rv} = 18.911 \text{ MPa}$

사. 전단 및 비틀림에 의한 응력

$v = (S_s + S_{sc} + S_v) / A_w + (M_{st} / (2 F T_w) + (M_{sct} + M_{vt}) / (2 F_v T_w))$
$= 65.791 \text{ MPa} < v_a = 110 \text{ MPa} \Rightarrow \text{OK}$

아. 조합응력의 검토 [도·설 3.4.2.1]

- $i = 0.65(\phi/n)^2 + 0.13(\phi/n) + 1.0$

  $= 0.650 \times (\ 0.0\ /\ 6\ )^2 + 0.13 \times (\ 0.0\ /\ 6\ ) + 1.0 = 1.000$

  $\because \phi = (\ f_1\ -\ f_2\ )/f_1\ \fallingdotseq\ 0$

  여기서, n : 종리브에 의해서 구분되는 Pannel의 수

  i : 응력구배계수

  ϕ : 응력구배

  $f_1\ f_2$: 보강된 판의 양연의 응력

  (단, $f_1\ \geq\ f_2$ 이며 압축응력을 정(+)으로 한다.)

- 인장 (하부)플랜지의 허용응력 (SM490 사용)

  f_{ta} = 190.0 MPa

- 압축 (상부)플랜지의 허용응력 (SM490 사용)

$$t_l \geq \frac{b}{24 \cdot i \cdot n} = \frac{2700}{24 \times 1.000 \times 6} = 18.750\ \text{mm}$$

인 경우 : f_{ca} = 190.0 MPa

$$\frac{b}{24 \cdot i \cdot n} > t_l \geq \frac{b}{48 \cdot i \cdot n} = \frac{2700}{48 \times 1.000 \times 6} = 9.375\ \text{mm}$$

인 경우 : $f_{ca} = 190 - 3.9\ (\ b\ /\ (\ t_u\ \cdot\ i\ \cdot\ n\ )\ -\ 24\ ) = 228.756$

$$\frac{b}{48 \cdot i \cdot n} > t_l \geq \frac{b}{80 \cdot i \cdot n} = \frac{2700}{80 \times 1.000 \times 6} = 5.625\ \text{mm}$$

인 경우 : $f_{ca} = 220000 \times \{\ (\ t_l\ \cdot\ i\ \cdot\ n\ )\ /\ b\ \}^2$ = 1112.494 MPa

사용 t_l = 32.0 mm

따라서, f_{ca} = 190.000 MPa

- 철근의 허용응력 [도·설 2.2.2.4, 3.6.1.7]

  f_{ta} = 160.000 MPa f_{ca} = 180.000 MPa (SD 400 사용)

- 조합응력의 검토 허용응력의 할증 [도·설 3.9.3.1]

하중조합 (하중번호)	철근			강재			
	작용응력 (MPa)		허용응력 (MPa)	작용응력 (MPa)		허용응력 (MPa)	
	상 연	하 연		상 연	하 연	상 연	하 연
가			160.000	-95.047	90.740	190.000	190.000
가+나+다	-60.717	-55.292	160.000	-148.091	156.429	190.000	190.000
가+나+다+라	-64.502	-59.276	160.000	-152.158	148.009	190.000	190.000
가+나+다+라+마	-58.098	-52.485	160.000	-145.208	163.413	190.000	190.000
가+나+다+라+마+바	-73.256	-67.263	160.000	-134.627	182.324	218.500	218.500
가+나+다+라+마-바	-42.940	-37.708	160.000	-155.788	144.502	218.500	218.500

주) 압축응력을 정(+), 인장응력을 부(-)로 하였음.

자. 합성응력의 검토 [도·설 3.8.2.4]

- 상연 합성응력

$$\left(\frac{f}{f_a}\right)^2 + \left(\frac{v}{v_a}\right)^2 = \left(\frac{-152.158}{190.000}\right)^2 + \left(\frac{65.791}{110.000}\right)^2 = 0.641 + 0.358 = 0.999 < 1.2 \Rightarrow OK$$

- 하연 합성응력

$$\left(\frac{f}{f_a}\right)^2 + \left(\frac{v}{v_a}\right)^2 = \left(\frac{163.413}{190.000}\right)^2 + \left(\frac{65.791}{110.000}\right)^2 = 0.740 + 0.358 = 1.097 < 1.2 \Rightarrow OK$$

차. 판의 최소두께 검토

- 인장(상부)플랜지 [도·설 3.8.3.1 및 3.8.3.2]

t_{min} = 자유돌출폭 / 16 = 100 / 16 = 6.3 mm $\leq$ t = 32 mm $\Rightarrow$ OK
$t_{min} = b\ /\ (80 \cdot n) = 2700\ /\ (\ 80 \times 3\ ) = 11.3$ mm $\leq$ t = 32 mm $\Rightarrow$ OK
t_{min} = 10 mm $\leq$ t = 32 mm $\Rightarrow$ OK (합성형 스터드 설치)

- 압축(하부)플랜지 [도·설 3.4.2.2, 3.4.2.3 및 3.9.6]

t_{min} = 자유돌출폭 / 16 = 100 / 16 = 6.3 mm $\leq$ t = 32 mm $\Rightarrow$ OK
$t_{min} = b\ /\ (48 \cdot i \cdot n) = 2700\ /\ (\ 48 \times 1.00 \times 6\ ) = 9.4$ mm $\leq$ t = 32 mm $\Rightarrow$ OK

- 복부판 수평보강재 사용단수 : 2단 [도·설 3.8.4]

합성전 $t_{min} = b\ /\ (\ 310 \times 1.200\ ) = 8.1$ mm $\leq$ t = 12 mm $\Rightarrow$ OK
여기서, $\sqrt{f_{ca}/f_c} = \sqrt{190/90.74} = 1.447 > 1.2 \Rightarrow 1.200$
합성후 $t_{min} = b\ /\ (\ 310 \times 1.021\ ) = 9.5$ mm $\leq$ t = 12 mm $\Rightarrow$ OK
여기서, $\sqrt{f_{ca}/f_c} = \sqrt{190/182.324} = 1.021 < 1.2 \Rightarrow 1.021$

카. 항복에 대한 안전도 검토 [도·설·해(2003) 3.9.3.2]

- Σf = 1.3 × (합성전 고정하중 응력 + 합성후 고정하중 응력)
+ 2.15 × 활하중에 의한 응력(충격포함) + (크리프응력 변화량)
+ (건조수축응력 변화량) + (온도차응력 변화량) 의 조합 중에서 가장 불리한 하중 조합에 대하여 검토

- 상부바닥판 철근

합성후 고정하중 응력 = $M_{sc}\ /\ I_{rv} \times Y_{vru}$ = -21.892 MPa
합성후 활하중 응력 = (-60.717) - (-21.892) = -38.825 MPa
Σf = 1.3 × (-21.892) + 2.15 × (-38.825) + (-3.785) + (6.404) + (-15.158)
= -124.472 MPa < f_y = 400.0 MPa $\Rightarrow$ OK (크리프, 건조수축 포함시)
Σf = 1.3 × (-21.892) + 2.15 × (-38.825) + (-15.158)
= -127.091 MPa < f_y = 400.0 MPa $\Rightarrow$ OK (크리프, 건조수축 제외시)

• 강재주형 상판

합성전 고정하중 응력 = -95.047 MPa

합성후 고정하중 응력 = $M_{sc} / I_{rv} \times Y_{vsu}$ = -19.125 MPa

합성후 활하중 응력 = (-148.091) - (-95.047) - (-19.125) = -33.919 MPa

Σf = 1.3 × ((-95.047) + (-19.125)) + 2.15 × (-33.919) + (-4.066) + (6.95) + (-10.581)

= -229.047 MPa < f_y = 320.0 MPa ⇒ OK (크리프, 건조수축 포함시)

Σf = 1.3 × ((-95.047) + (-19.125)) + 2.15 × (-33.919) + (-10.581)

= -231.931 MPa < f_y = 320.0 MPa ⇒ OK (크리프, 건조수축 제외시)

• 강재주형 하판

합성전 고정하중 응력 = 90.740 MPa

합성후 고정하중 응력 = $M_{sc} / I_{rv} \times Y_{vsl}$ = 23.684 MPa

합성후 활하중 응력 = 156.429 - 90.74 - 23.684 = 42.004 MPa

Σf = 1.3 × (90.74 + 23.684) + 2.15 × 42.004 + (-8.419) + (15.403) + (18.911)

= 264.956 MPa < f_y = 320.0 MPa ⇒ OK (크리프, 건조수축 포함시)

Σf = 1.3 × (90.74 + 23.684) + 2.15 × 42.004 + (18.911)

= 257.972 MPa < f_y = 320.0 MPa ⇒ OK (크리프, 건조수축 제외시)

타. 단면 요약도

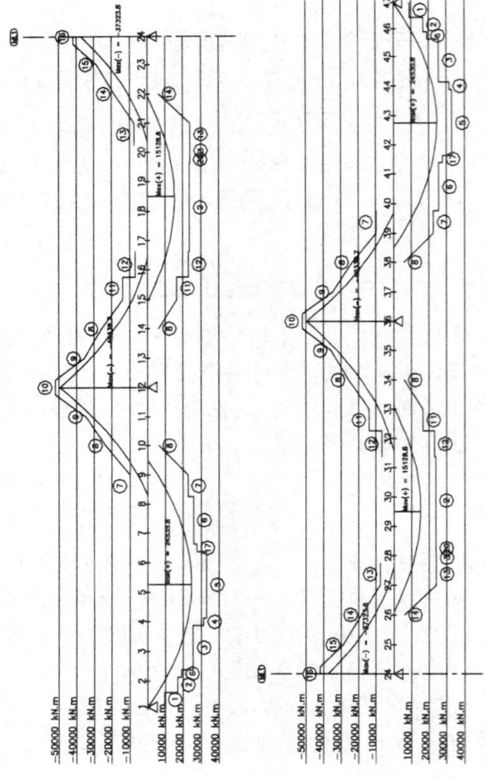

4.4.5 [단계 5] 이음 설계

(1) 현장이음부 설계

- 부재의 현장이음부는 작용응력에 대하여 설계하는 것을 원칙으로 한다
- 주요 부재의 현장이음은 위의 규정을 따르는 외에, 적어도 모재의 전강도의 75% 이상의 강도를 갖도록 설계하여야 한다. 단, 전단력에 대해서는 작용응력을 사용하여 설계해도 좋다.
- 부재의 현장이음부 구조는 다음 사항을 만족하도록 설계하여야 한다.
  - 이음부의 구조가 단순하여, 응력의 전달이 확실할 것
  - 구성하는 각 재편에 있어서, 가급적 편심이 일어나지 않도록 할 것
  - 부재에 해로운 응력 집중이 생기지 않도록 할 것
  - 잔류응력이나 2차응력이 생기지 않도록 할 것
- 모든 현장이음부에 대해 이음부 검토를 수행하여야 하지만, 본 예제에서는 현장이음부 중에서 부모멘트 발생구간에 설치된 SP-6(단면 10)에 대해서만 검토를 수행한다.

① 일반조건(SP-6, 부모멘트 발생 개소, 단면 10)

합성전 휨모멘트 : M_s = -21,051.800 kNm
합성후 휨모멘트 : M_v = -16,583.500 kNm
합성전 전단력 : S_s = 2,190.190 kN
합성후 전단력 : S_v = 1,674.230 kN
총 비틀림 모멘트 : M_t = 1,430.450 kNm
상부 플랜지의 응력 : f_u = -124.4 MPa
하부 플랜지의 응력 : f_l = 136.3 MPa
강 종 : SM490B (f_a = 190 MPa, v_a = 110 MPa)
볼 트 : H.T.B (M22 F10T) ρ_a = 48,000 × 2면마찰 = 96,000 N

② 압축부 플랜지(하부 플랜지)의 이음

f_s = 136.3 MPa
f_s' = 0.75 × 190 = 142.5 MPa [도·설 3.5.1.1]
∴ 이음부의 설계응력(f_l)은 142.5 MPa 을 적용한다.

가. 필요 볼트수의 결정

$n = A_s \times f_s / \rho_a$ = 32 × 2,900 × 142.5 / 96,000.0 ≒ 138 EA ⇒ n = 156 EA 사용

나. 이음판의 결정

필요단면적 : A_s = 32 × 2,900 × 142.5 / 190.0 = 69,600.0 mm²
사용이음판 : 2-PL 60 × 16 × 1,050 = 1920.0 mm²
6-PL 400 × 16 × 1,050 = 38,400.0 mm²
1-PL 2,900 × 16 × 1,050 = 46,400.0 mm²
Σ = 86,720.0 mm² > $As_{req'd}$ = 69,600.0 mm² OK

이음판의 응력 f_s = 32 × 2,900 × 142.5 / 8,6720.0 = 152.491 MPa < f_{sa} , OK

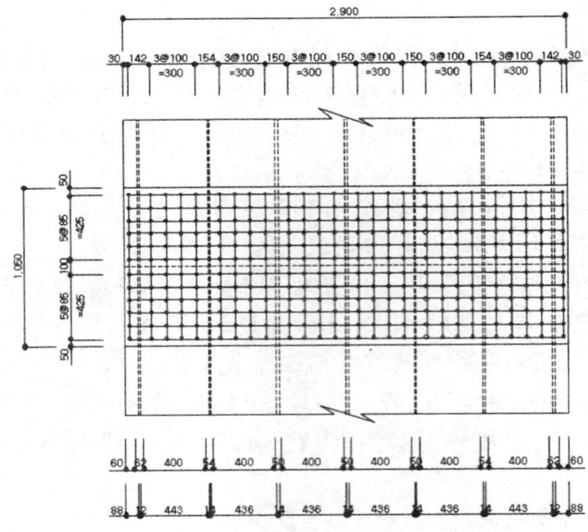

모재두께 : T_u = 32 mm

모재길이 : L = 2,900 mm

다. 볼트의 응력검토

- 직응력

ρ_p = P / n = 32 × 2,900 × 142.5 / 156 EA = 84,769.2 N/EA < ρ_a OK

- 휨전단 응력

$$\rho_h = \left(\frac{S_s Q_s}{I_s} + \frac{S_v Q_v}{I_v}\right) \times \frac{p}{n}$$

$$= \left(\frac{2.190e+06 \times 1.285e+08}{4.03942e+11} + \frac{1.674e+06 \times 1.462e+08}{4.79235e+11}\right) \times \frac{111.5}{6} = 22,445\ \text{N/EA}$$

S_s : 합성전 전단력(2,190.19 kN), S_v : 합성후 전단력(1,674.23 kN)

Q_s, Q_v : 합성전 및 합성후 중립축에 대한 접합선 외측의 단면1차모멘트

Q_s = 2,900.0 × 32 × (1,400.79 − 16.0) = 128,508,512 mm^3

Q_v = 2,900.0 × 32 × (1,590.93 − 16.0) = 146,153,504 mm^3

I_s, I_v : 합성전 및 합성후 중립축에 대한 총단면의 단면2차모멘트

(I_s = 4.03942e+11 mm^4 , I_v = 4.79235e+11 mm^4)

p : 접합선 방향의 볼트의 평균 핏치(mm) = 플랜지 전폭 / 횡방향 볼트수

= 2,900 / 26 = 111.5 mm

n : 접합선직각의 볼트의 개수

- 합성응력의 검토

$\rho = \sqrt{\rho_p^2 + \rho_h^2} = \sqrt{84,769.2^2 + 22,444.7^2} = 87,690.3$ N/EA < ρ_a, OK

③ 인장부 플랜지(상부 플랜지)의 이음

f_s = 124.4 MPa

f_s' = 0.75 × 190 = 142.5 MPa [도·설 3.5.1.1]

∴ 이음부의 설계응력(f_u)은 142.5 MPa을 적용한다.

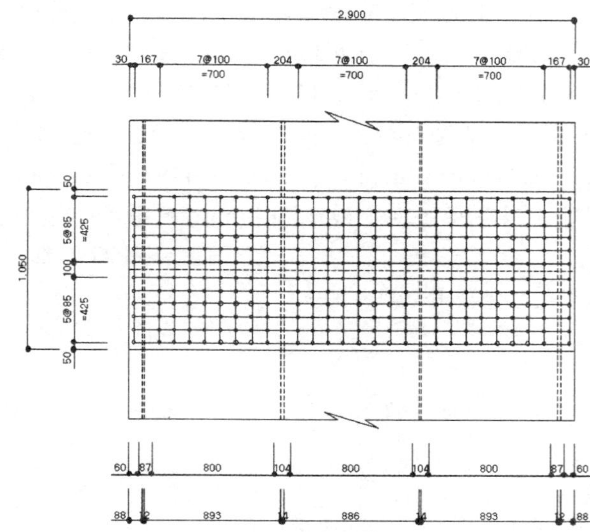

모재두께 : T_u = 32 mm

모재길이 : L = 2,900 mm

가. 필요 볼트수의 결정

n = $A_s \times f_s / \rho_a$ = 32 × 2,900.0 × 142.5 / 96,000.0 ≒ 138 EA ⇒ n = 156 EA 사용

나. 이음판의 결정

필요단면적 : A_s = 32.0 × 2,900.0 × 142.5 / 190.0 = 69,600.0 mm^2

사용이음판 : 2-PL 60 × 18 × 1,050 = 2,160.0 mm^2

3-PL 800 × 18 × 1,050 = 43,200.0 mm^2

1-PL 2,900 × 18 × 1,050 = 52,200.0 mm^2

Σ = 97,560.0 mm^2

이음판의 순단면적 : 인장부의 순단면적은 볼트지름을 공제

A_n = 97,560 − 25.0 × 18.0 × 26 열 × 2 EA

= 74,160.0 mm^2 > $A_{sreq'd}$ = 69,600.0 mm^2 OK

이음판의 응력 f_s = 32 × 2,900 × 142.5 / 74,160.0 = 178.3 MPa < f_a , OK

다. 볼트의 응력검토

- 직응력

ρ_p = P / n = 32 × 2,900.0 × 142.5 / 156 EA = 84,769.2 N/EA < ρ_a OK

- 휨전단 응력

$$\rho_h = \left(\frac{S_sQ_s}{I_s} + \frac{S_vQ_v}{I_v}\right) \times \frac{p}{n}$$

$$= \left(\frac{2.190e+06 \times 1.348e+08}{4.03942e+11} + \frac{1.674e+06 \times 1.171e+08}{4.79235e+11}\right) \times \frac{111.5}{6} = 21,195 \text{ N/EA}$$

S_s : 합성전 전단력(2,190.19 kN), S_v : 합성후 전단력(1,674.23 kN)

Q_s, Q_v : 합성전 및 합성후 중립축에 대한 접합선 외측의 단면1차모멘트

Q_s = 2,900.0 × 32 × (1,468.52 − 16.0) = 134,793,856 mm^3

Q_v = 2,900.0 × 32 × (1,278.38 − 16.0) = 117,148,864 mm^3

I_s, I_v : 합성전 및 합성후 중립축에 대한 총단면의 단면2차모멘트

(I_s = 4.03942e+11 mm^4 , I_v = 4.79235e+11 mm^4)

p : 접합선 방향의 볼트의 평균 핏치(mm) = 플랜지 전폭 / 횡방향 볼트수

= 2,900 / 26 = 111.5 mm

n : 접합선직각의 볼트의 개수

- 합성응력의 검토

$\rho = \sqrt{\rho_p^2 + \rho_h^2} = \sqrt{84,769.2^2 + 21,194.6^2} = 87,378.7$ N/EA < ρa, OK

라. 모재의 응력검토

플랜지의 총단면적 As = 32 × 2,900 = 92,800.0 mm^2

볼트구멍을 공제한 플랜지의 순단면적 A_{sn} = 32 × (2,900 - 25 × 26) = 72,000.0 mm^2

모재의 응력 f_u = 92,800.0 × 142.5 / 72,000.0 = 183.7 ≤ f_a OK

④ 리브 연결부의 계산

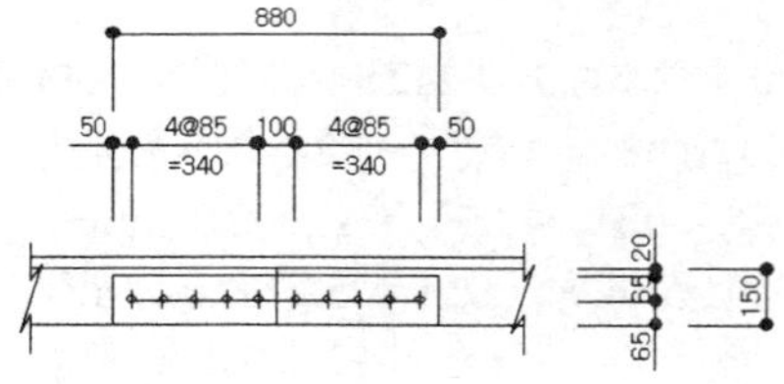

리브 폭 : 150 mm

리브 두께 : 14 mm

가. 필요 볼트수의 결정

n = A_s × f_s / ρ_a = 14 × 150 × 142.5 / 96,000.0 ≒ 3.1 EA ⇒ n = 5 EA 사용

나. 이음판의 결정

필요단면적 : A_s = 14 × 150 × 142.5 / 190.0 = 1,575.0 mm^2

사용이음판 : 2-PL 130 × 12 × 880 = 3,120.0 mm^2

이음판의 순단면적 : 인장부의 순단면적은 볼트지름을 공제

A_n = 3,120.0 - 25.0 × 12 × 2 EA = 2,520 mm^2 > $A_{sreq'd}$ = 1,575.0 mm^2 OK

이음판의 응력 f_s = 14 × 150 × 142.5 / 2,520.0 = 118.8 MPa < f_{sa} , OK

⑤ 복부 연결부의 계산

가. 볼트의 응력계산

• 휨에 의한 볼트의 응력

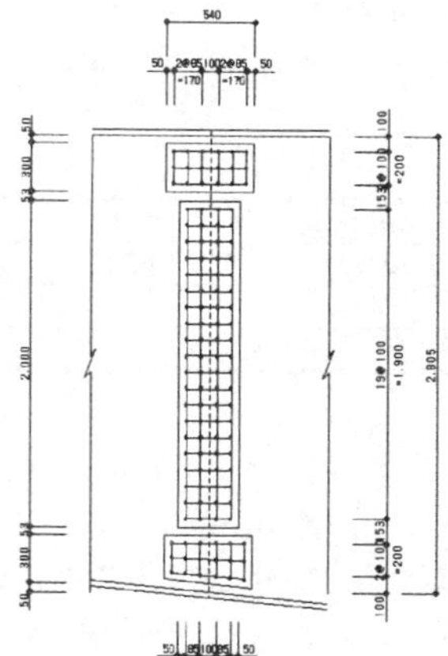

박스 총높이 : 2,805 mm
복부 두께 : 12 mm

※ 본 설계 예에서는 복부판의 이음을 [강 · 설 3.5.3, 그림 3.5.2(a)를 적용하였으나, 습기침투로 인한 강박스 내부의 부식을 방지하기 위해서는 그림 3.5.2(b)을 적용하는 것이 바람직함.

$$\Sigma y_i^2 = 3\text{열} \times (1{,}303^2 + 1{,}203^2 + 1.103^2) \times 2 + 2\text{열} \times (950^2 + 850^2 \cdots + 50^2) \times 2$$

$$= 39{,}468{,}762\ mm^2$$

중립축에서 연단까지의 거리 h_o = 1,403 mm

$$M_w = \frac{f \cdot t_w \cdot h_w^2}{6} = \frac{142.5 \cdot 12 \cdot 2{,}805^2}{6} = 2{,}242{,}387{,}125 = 2{,}242\ \text{kNm}$$

$$\rho_p^2 = \frac{M_w}{\Sigma y_i^2} y_n = \frac{2{,}242 \times 10^3}{39{,}468{,}762} \times 1{,}403 = 79.697\ \text{kN}\ (< \rho_a = 96\ \text{kN})$$

• 전단력에 의한 볼트의 응력

한쪽 복부판이 부담하는 전단력 : $(S_s + S_v) / 2$

비틀림 모멘트에 의한 복부의 전단력 : $S_t = M_t / 2 \cdot b$

$\because\ S_t = M_t \cdot (h \cdot t) / (2 \cdot b \cdot h \cdot t)$, $v_t = M_t / (2 \cdot A \cdot t)$, $A = b \cdot h$ [도 · 설 · 해(2003) 3.8.2.3]

따라서, 전단력에 의한 볼트의 응력은

$$\rho_s = \left(\frac{3{,}864.4 \times 1{,}000}{2} + \frac{1{,}430.5 \times 1{,}000{,}000}{2 \times 2{,}712.0} \right) / 58EA = 37{,}861.0\ \text{N/EA} < \rho_a$$

• 합성응력의 검토

$$\rho = \sqrt{\rho_p^2 + \rho_s^2} = \sqrt{80{,}928^2 + 37{,}861^2} = 89{,}346.8\ \text{N/EA} < \rho_a,\ \text{OK}$$

나. 이음판의 응력계산

• 복부판의 단면2차모멘트

I_{sw}' = 12 × 2,805³ / 12 + 12.0 × 2,805 × (1,402.66 - 1,400.79)² = 22,077,245,287 mm⁴

I_{vw}' = 12 × 2,805³ / 12 + 12.0 × 2,805 × (1,590.93 - 1,402.66)² = 23,270,422,091 mm⁴

• 복부판에 작용하는 모멘트

$M_{sw} = M_s \times I_{sw}' / I_s$ = 21,051.8 × 2.20772e+10 / 4.03942e+11 = 1,150.6 kNm

M_{vw} = M_v × I_{sv}' / I_v = 16,583.5 × 2.32704e+10 / 4.79235e+11 = 805.3 kNm
M_{sw} : 복부에 작용하는 합성전 고정하중에 의한 모멘트, M_s = 21,051.8 kNm
M_{vw} : 복부에 작용하는 합성후 하중에 의한 모멘트, M_v = 16,583.5 kNm
I_s : 강재보단면의 단면2차모멘트, I_s = 4.03942e+11 mm^4
I_v : 합성단면의 단면2차모멘트, I_v = 4.79235e+11 mm^4

• 이음판의 단면2차모멘트

구 분	A (mm^2)	Y (mm)	AY (mm^3)	AY^2 (mm^4)	I_o (mm^4)
4-PL 300×10	12,000.0	1,202.7	14,431,800.0	17,356,404,270	90,000,000
2-PL 2000×10	40,000.0	-	-	-	13,333,333,333
Σ	52,000.0			17,356,404,270	13,423,333,333

I = I_o + AY^2 = 13,423,333,333 + 17,356,404,270 = 30,779,737,603 mm^4
I_{sw} = 30,779,737,603 + 52,000.00 × (1,402.66 − 1,400.79)^2 = 3.07799e+10 mm^4
I_{vw} = 30,779,737,603 + 52,000.00 × (1,590.93 − 1,402.66)^2 = 3.26230e+10 mm^4
I_{sw} : 강재보단면의 중립축에 대한 이음판의 총단면2차모멘트
I_{vw} : 합성단면의 중립축에 대한 이음판의 총단면2차모멘트

• 이음판의 응력
Y_{su}, Y_{sl} : 강재보단면의 중립축에서 이음판 상, 하연까지의 거리
Y_{su} = 1,468.5 mm　　Y_{sl} = 1,400.8 mm
Y_{vu}, Y_{vl} : 합성단면의 중립축에서 이음판 상, 하연까지의 거리
Y_{vu} = 1,278.4 mm　　Y_{vl} = 1,590.9 mm
f_u : 이음판의 상연응력　　f_l : 이음판의 하연응력

f_u = M_{sw} × Y_{su} / I_{sw} + M_{vw} × Y_{vu} / I_{vw}
= 1,150.576 × 1,000,000 × 1,468.520 / 30,779,918,471
+ 805.252 × 1,000,000 × 1,278.380 / 32,623,006,336
= 54.894 + 31.555 = 86.449 MPa < f_{sa} , OK

f_l = M_{sw} × Y_{sl} / I_{sw} + M_{vw} × Y_{vl} / I_{vw}
= 1,150.576 × 1,000,000 × 1,400.790 / 30,779,918,471
+ 805.252 × 1,000,000 × 1,590.930 / 32,623,006,336
= 52.363 + 39.270 = 91.632 MPa < f_{sa} , OK

(2) 용접이음부 설계

주요부재의 응력을 전달하는 필렛용접의 치수는 다음의 제한내에 있는 것을 표준으로 한다. 다만 최소 모재의 두께가 8 mm 이상인 경우는 필렛용접 치수를 6 mm 이상으로 한다. [도·설 3.5.2.4]

$t_1 > S > \sqrt{2 \cdot t_2}$

t_1 : 얇은쪽 모재의 두께 (mm)
t_2 : 두꺼운쪽 모재의 두께 (mm)
S : 필렛용접 치수 (mm)

① 플랜지와 복부판의 용접부 검토

가. 필렛용접 치수 검토

t_u : 상부 플랜지 두께, t_l : 하부 플랜지 두께, t_w : 복부판 두께

(단위 : mm)

구 분	모재의 사용두께			상부플랜지와 복부판				하부플랜지와 복부판			
	t_u	t_l	t_w	S_{min}	S_{max}	S_{use}	판정	S_{min}	S_{max}	S_{use}	판정
단면 1	12	12	12	6.0	12	6	OK	6.0	12	6	OK
단면 2	12	12	12	6.0	12	6	OK	6.0	12	6	OK
단면 3	14	14	12	6.0	12	6	OK	6.0	12	6	OK
단면 4	14	20	12	6.0	12	6	OK	6.3	12	7	OK
단면 5	16	20	12	6.0	12	6	OK	6.3	12	7	OK
단면 6	12	14	12	6.0	12	6	OK	6.0	12	6	OK
....	중략										
단면 15	24	18	12	6.9	12	7	OK	6.0	12	6	OK
단면 16	24	22	12	6.9	12	7	OK	6.6	12	7	OK

나. 용접부의 응력 검토

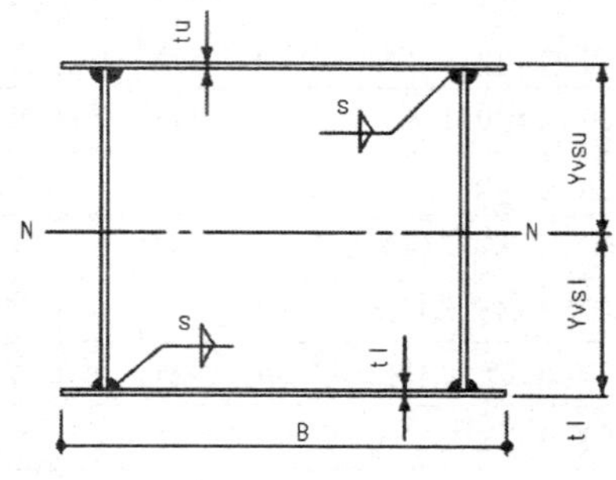

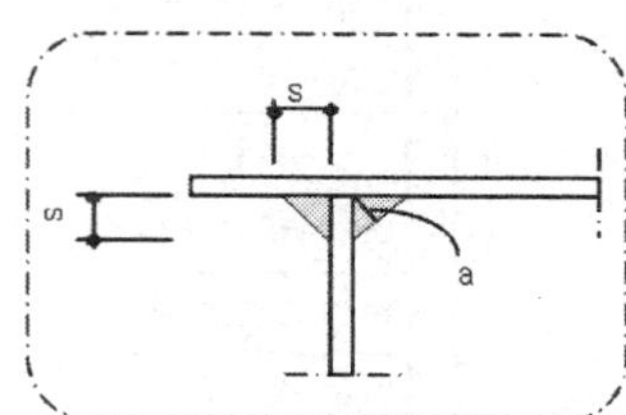

• 용접부에 작용하는 전단응력[용접강도로교 표준시방서]

$$v = \frac{S \cdot Q}{I_v \cdot \Sigma_a} < v_a$$

v : 전단 응력 (MPa)

v_a : 허용 전단 응력 [도·설 3.3.2.1]

S : 총 작용전단력 (N)

Q : 용접선 외측 플랜지의 총단면의 중립축에 관한 단면 1차 모멘트 (mm^3)

$Q = A\ (mm^2) \times y\ (mm)$

$y = Y_{vsu(l)} - tu_{(l)} / 2$

I_v : 총단면의 중립축에 관한 단면 2차 모멘트 (mm^4)

Σa : 필렛 용접의 목두께의 합 (mm) = $4EA \times s / \sqrt{2}$

s : 필렛 용접 치수 (mm)

• 응력 검토 결과

- 상부플랜지와 복부판

구 분	S_{max} (kN)	t_u (mm)	B (mm)	A (mm^2)	Y_{vsu} (mm)	Q (mm^3)	I_v (mm^4)	s (mm)	Σa (mm)	v (MPa)	v_a (MPa)	판정
단면 1	2,466.16	12	2,900	34,800	755	2.608e+07	2.191e+11	6	17	17.3	110	OK
단면 2	2,217.03	12	2,900	34,800	383	1.311e+07	2.646e+11	6	17	6.5	110	OK
단면 3	1,772.52	14	2,900	40,600	411	1.641e+07	2.871e+11	6	17	6.0	110	OK
단면 4	1,013.81	14	2,900	40,600	505	2.021e+07	3.481e+11	6	17	3.5	110	OK
단면 5	1,052.48	16	2,900	4,6400	499	2.276e+07	3.495e+11	6	17	4.0	110	OK
....	중략											
단면 15	3,005.51	24	2,900	69,600	1,059	7.289e+07	3.106e+11	7	20	35.6	110	OK
단면 16	3,514.10	24	2,900	69,600	1,295	8.928e+07	6.161e+11	7	20	25.7	110	OK

- 하부플랜지와 복부판

구 분	S_{max} (kN)	t_u (mm)	B (mm)	A (mm^2)	Y_{vsu} (mm)	Q (mm^3)	I_v (mm^4)	s (mm)	Σa (mm)	v (MPa)	v_a (MPa)	판정
단면 1	2,466.16	12	2,900	34,800	1,369	4.742e+07	2.191e+11	6	17	31.4	110	OK
단면 2	2,217.03	12	2,900	34,800	1,941	4.735e+07	2.646e+11	6	17	33.3	110	OK
단면 3	1,772.52	14	2,900	40,600	1,917	7.754e+07	2.871e+11	6	17	28.2	110	OK
단면 4	1,013.81	20	2,900	58,000	1,829	1.055e+08	3.481e+11	7	20	15.5	110	OK
...	중략											
단면 13	1,838.22	14	2,900	40,600	1,881	7.608e+07	3.072e+11	6	17	26.8	110	OK
단면 14	2,404.93	18	2,900	52,200	1,445	7.494e+07	2.413e+11	6	17	44.0	110	OK
단면 15	3,005.51	18	2,900	52,200	1,625	8.434e+07	3.106e+11	6	17	48.1	110	OK
단면 16	3,514.10	22	2,900	63,800	1,751	1.110e+08	6.161e+11	7	20	32.0	110	OK

② 지점부 보강재 용접부 검토

가. 교대부

R_{max} = 1,983.586 kN

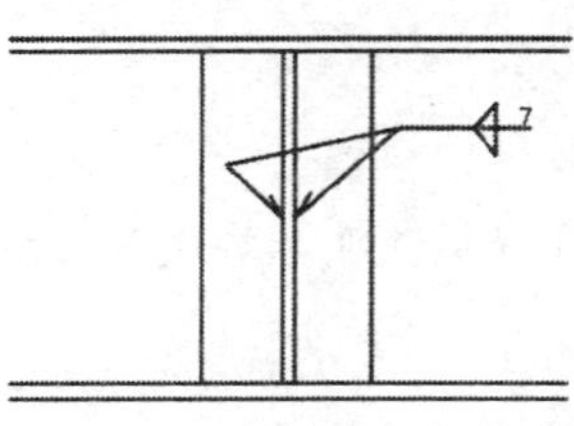

필렛용접 치수 s = 7.0 mm

사용보강재 : 4 PL - 240 × 20 × 2,100

용접 목두께 $a = s / \sqrt{2} = 4.95$ mm

$v = P / \Sigma a \cdot l$

$= 1{,}983.586 \times 10^3 / (8 \text{ EA} \times 4.95 \times 2100)$

$= 23.854 \text{ MPa} \le v_a = 110 \text{ MPa}$ OK

나. 교각부

R_{max} = 4,797.99 kN

필렛용접 치수 s = 7.0 mm

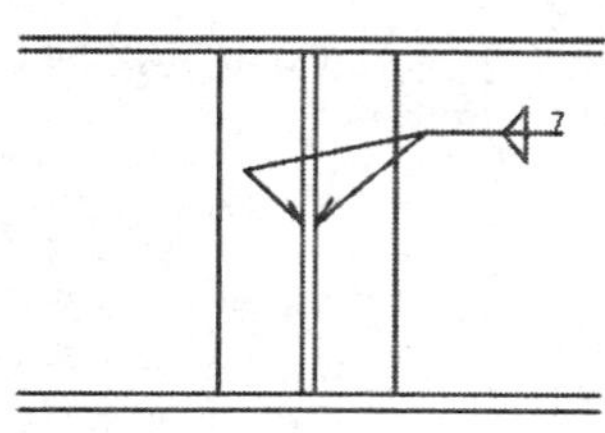

사용보강재 : 4 PL - 240 × 20 × 3,000

용접 목두께 $a = s / \sqrt{2} = 4.95$ mm

$v = P / \Sigma a \cdot l$

$= 4{,}797.990 \times 10^3 / (8 \text{ EA} \times 4.95 \times 3{,}000)$

$= 40.389 \text{ MPa} \leq v_a = 110 \text{ MPa}$ OK

4.4.6 **[단계 6] 보강재 설계**

(1) 지점부 단면 플랜지 보강재 설계

① 종방향 리브의 설계(SM490 사용) [도·설 3.4.2.4]

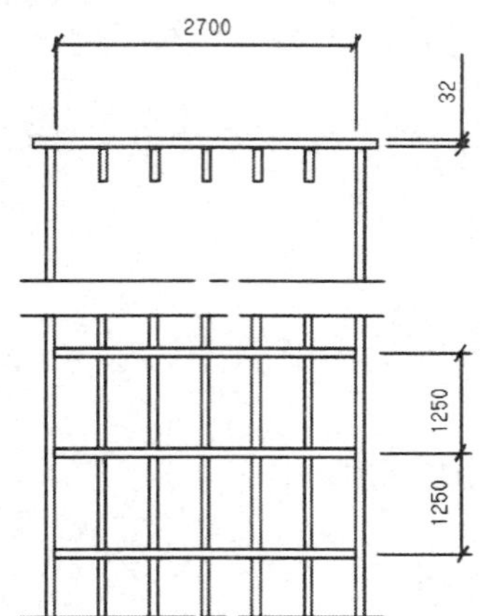

종방향 보강재에 의해 구분되는 패널의 수 : $n = 6$

횡방향 보강재의 간격 : $a = 1{,}250$ mm

플랜지의 고정연 사이의 거리 : $b = 2{,}700$ mm

플랜지의 두께 : $t = 32$ mm

사용 리브의 폭 : $b_{vr} = 150$ mm

리브의 최소두께 : $b_{vr} / 16 = 150 / 16 = 9.38$ mm

⇒ 14.0 mm 사용 OK

리브 1개의 필요단면적 : $A_{1(req)} = bt / 10n = (2{,}700 \times 32) / (10 \times 6) = 1{,}440.0 \text{ mm}^2$

사용 리브의 단면적 : $A_1 = 150 \times 14 = 2{,}100.0 \text{ mm}^2 \geq A_{1(req)}$, OK

종방향 리브 1개의 단면2차모멘트 ; $I_1 = \frac{1}{3} \times 14 \times 150^3 = 15{,}750{,}000 \text{ mm}^4$

종방향 리브의 강비 : $\gamma_1 = \dfrac{I_1}{b \times t^3 / 10.92} = 15{,}750{,}000 / (2{,}700 \times 32^3 / 10.92) = 1.944$

한계 형상비 : $\alpha_0 = \sqrt[4]{1 + n\gamma_1} = 1.886$

보강판의 형상비 : $\alpha = a / b = 0.463 < \alpha_0 = 1.886$

종방향 리브 1개의 단면적비 : $\delta_1 = \dfrac{A_1}{b \cdot t} = 2{,}100 / (2{,}700 \times 32) = 0.024$

응력 구배 계수 $i = 0.65(\phi/n)^2 + 0.13(\phi/n) + 1.0 =$

$= 0.65(0/6)^2 + 0.13(0/6) + 1.0 = 1.00$

$\because \phi = (f_1 - f_2) / f_1 \fallingdotseq 0$

여기서, f_1, f_2 : 각각 보강된 판의 양연응력으로서 $f_1 \geq f_2$ 이며 압축응력을 정(+)으로 한다.

종방향 리브의 소요강비 [도·설 3.4.2.4]

$t_o = b / 24 \cdot i \cdot n = 2{,}700 / (24 \times 1 \times 6) = 18.750 \text{ mm} < t = 32$ 이고, $a \leq a_0$ 이므로

$\gamma_1^* = 4a^2 n (t_o/t)^2 (1 + n\delta_1) - (a^2+1)^2 / n = 1.778$

$I_{1(req)} = \frac{b \cdot t^3}{10.92}\gamma_1{}^* = 1,440,6583.0 \quad < \quad I_1 = 15,750,000.0$ OK

종방향 리브의 압축응력 검토 [도·설 3.4.2.2]

b/t (폭-두께비) = 150.0 / 14.0 = 10.71 $\therefore b / t \le 11.2$

f_{ca} = 190 MPa > f = 163.4 MPa(절점 59의 압축응력) OK

② 횡방향 리브의 설계(SM400 사용)

횡방향 리브의 폭 b_{cr} = 350 mm

횡방향 리브의 두께 t_{cr} = 12 mm

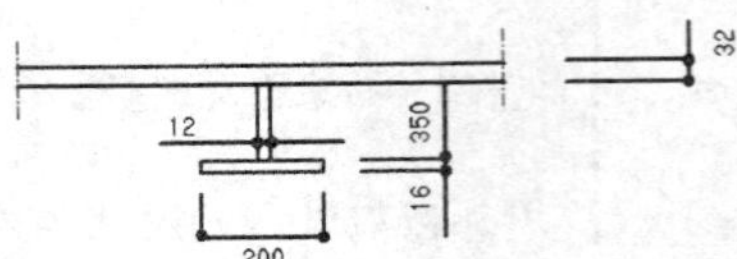

리브의 필요단면 2차 모멘트

$I_{t(req)} = b\ t^3 / 10.92 \cdot \{(1 + n\gamma_1^*) / 4a^3\} = 238,132,906.7\ mm^4$

사용 리브의 단면 2차 모멘트

$It = 1/3 \times 12 \times 350^3 + 200.0 \times 16.0^3 / 12 + 3,200.0 \times 358.0^2$

$= 581,693,066.7\ mm^4 > I_{t(req)}$ OK

(2) 지점부 단면 복부판 보강재 설계

① 수직보강재의 설계(SM400 사용)

수평보강재 사용 단수 : n = 2

복부판의 연섬유 압축응력 : f = 163.413 MPa

복부판의 전단응력 : v = 65.791 MPa

사용 수직보강재의 폭 : b_{vs} = 200.0 mm

사용 수직보강재의 두께 : t_{vs} = 16.0 mm

수직보강재의 간격 : a = 1,250 mm

상하 양플랜지의 순간격 : b = 3,000 mm

복부판의 두께 : t = 12 mm

수직보강재의 간격검토 [도·설 3.8.5.1]

$a / b = 1,250 / 3,000 = 0.417 \le 1.5$OK

수평보강재 2단을 사용하고 $a/b \le 0.64$ 이므로

$(b/100t)^4\ [(f/3,150)^2 + \{ v / 148+81(b/a)^2\}^2] = 0.553 < 1$ OK

수직보강재의 강도검토 [도·설 3.8.5.2]

$\gamma = 8.0(b/a)2 = 8.0 \times (3,000 / 1,250)^2 = 46.08$

$I_{(req)} = \frac{b \cdot t^3}{10.92}\gamma = (3,000 \times 12^3 / 10.92) \times 46.08 = 21,875,340.7\ mm^4$

$I_{used} = ⅓ \times 16 \times 200^3 = 42,666,666.67\ mm^4 > I_{(req)}$ OK

수직보강재 돌출각의 최소폭

$b_{min} = 3,000 / 30 + 50 = 150.0\ mm < b_{vs} = 200.0\ mm$ OK

돌출각의 최소두께

$t_{min} = 200 / 13 = 15.4\ mm < t_{vs} = 16.0\ mm$ OK

② 수평보강재의 설계(SM490 사용)

수직보강재의 간격 : a = 1,250 mm

상하 양플랜지의 순간격 : b = 3,000 mm

사용 수평보강재의 폭 : b_{hs} = 150.0 mm

사용 수평보강재의 두께 : t_{hs} = 12.0 mm > t_{min} = b / 16 = 9.380 mm

수평보강재의 강도검토 [도·설 3.8.6.2]

γ = 30.0 × (a/b) = 30.0 × (1,250/3,000) = 12.5

$I_{(req)} = \dfrac{b \cdot t^3}{10.92}\gamma$ = (3,000 × 12³ / 10.92) × 12.5 = 5,934,065.9 mm⁴

I_{used} = ⅓ × 12 × 150³ = 13,500,000.0 mm⁴ > $I_{(req)}$ OK

수평보강재의 설치위치 [도·설 3.8.6.2]

압축측 플랜지로부터 0.14b 및 0.36b 즉, 420 mm 및 1,080 mm 위치에 설치

(3) 지점부 보강재

① 단지점부

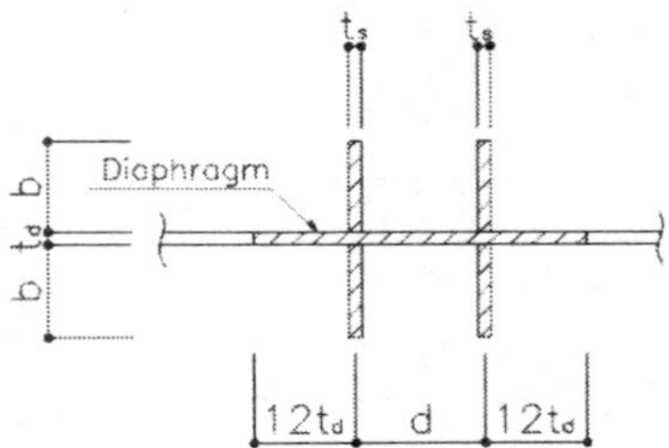

사용 강종 : SM490

최대지점반력 : R_{max} = 1,983.590 kN (절점 156)

보강재의 폭 : b = 240.0 mm　　보강재 각도 α = 90.0 °

보강재의 길이 : l = 2,100.0 mm　　계산 각도 Θ = 0.000 °

보강재의 두께 : t_s = 20.0 mm > t_{smin} = b / 16 = 15.0 mm OK

보강재의 설치간격 : d = 200.0 mm

보강재의 사용열수 : n = 2 EA

다이아프램의 두께 : t_d = 12.0 mm

d = 200.0 mm < 24t_d = 288.0 mm 이므로

단면유효폭 B_e = 2·12t_d + 1·d = 488.0 mm

보강재의 단면적 A_s = 240 × 20 × 4 = 19,200 mm²

유효단면적 A_e = 488 × 12 + 19,200 = 25,056 mm² < 1.7A_s = 32,640 mm²

따라서, 유효단면적 A_e = 25,056 mm²

다이아프램 중심선 둘레의 단면2차모멘트

$I = B_e \cdot td^3/12 + \{ t_s \cdot b/12 \times ((b \cdot cos\Theta)^2 + (t_s \cdot sin\Theta)^2) + t_s \times b \times (b/2 \cdot cos\Theta + td/2)^2 \} \times 2 \cdot n$

= 488 × 12³ / 12 + { 20 × 240 / 12 × ((240 × cos 0.000)² + (20 × sin 0.000)²)

+ 20 × 240 × (240 / 2 × cos 0.000 + 12 / 2)² } × 4

= 397,049,472 mm⁴

단면2차반경 $r = \sqrt{I/(A \times e)}$ = 125.883 mm
유효좌굴길이 l_e = 1/2·l = 1,050.0 mm
허용축방향 압축응력 [도·설 3.3.2.1]

l_e/r = 8.341 ⇒ f_{cag} = 190.0 MPa : 국부좌굴을 고려하지 않은 허용축방향 압축응력

$b/16 \le t < b/11.2$ ⇒ f_{cal} = 166.7 MPa : 국부좌굴에 대한 허용응력
f_{cao} = 190.0 MPa : 국부좌굴을 고려하지 않은 최대 허용축방향 압축응력

$f_{ca} = f_{cag} \cdot f_{cal} / f_{cao}$ = 166.7 MPa : 허용축방향 압축응력
$f_c = R_{max} / A_e$ = 79.166 MPa $<$ f_{ca} OK

② 중간지점부에 대해서도 같은 방법으로 수행

(4) 잭업 보강재

① 단지점부

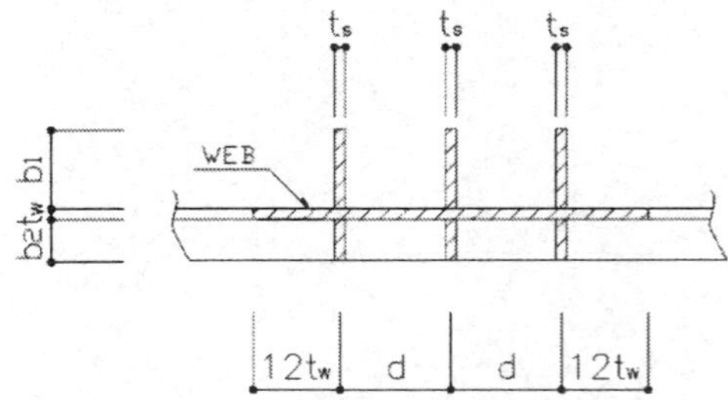

- 사용 강종 : SM490
- 최대지점반력 : R_d = 956.680 kN, R_l = 1,015.870 kN(절점 156)
- 보강재의 폭 : b_1 = 100.0 mm, b_2 = 80.0 mm
- 보강재의 길이 : l = 1,100.0 mm
- 보강재의 두께 : t_s = 20.0 mm $>$ $t_{smin} = b_1 / 16$ = 6.250 mm OK
- 보강재의 설치간격 : d = 200.0 mm
- 보강재의 사용열수 : n = 3 EA
- Web의 두께 : t_w = 12.0 mm
- 교량받침 1개소당 잭업장치 설치개소 : 1개소

※ 교좌받침 교체를 위한 보강부재의 설계시 설계반력은 평상시 지점반력을 할증한 값(R_d + 1.5 R_l)으로 검토한다. [강·설 3.4.3]

- 적용하중 P = (956.68 + 1.5 × 1,015.87) / 1 = 2,480.485 kN
- 단면유효폭

d = 200.0 mm $<$ $24t_w$ = 288.0 mm이므로
$B_e = 2 \cdot 12t_w + 2 \cdot d$ = 688.0 mm

- 보강재의 단면적 A_s = 100 × 20 × 3 + 80 × 20 × 3 = 10,800 mm^2
- 유효단면적 A_e = 688 × 12 + 10,800 = 19,056.0 mm^2 $>$ $1.7A_s$ = 18,360 mm^2

따라서, 유효단면적 A_e = 18,360 mm^2

- 중립축의 위치

$Y_o = \Sigma(A \cdot y) / \Sigma A_e = \{3\times(1,600\times40+2,000\times142) + 8,256 \times 86\} / 18,360 = 95.535$ mm

- 중립축 둘레의 단면2차모멘트

$I = 688 \times 12^3 / 12 + 8,256 \times 9.535^2 + (20 \times 80^3 / 12 + 1,600 \times 55.535^2 + 20 \times 100^3 / 12 + 2,000 \times 46.465^2) \times 3 = 36,167,507.6$ mm^4

- 단면2차반경 $r = \sqrt{I / (A \times e)}$ = 44.384 mm
- 유효좌굴길이 $l_e = 1/2 \cdot l$ = 550 mm
- 허용축방향 압축응력 (25 % 할증 적용) [도·설 3.3.2.1]

$l_e/r = 12.392 \Rightarrow f_{cag} = 237.5$ MPa : 국부좌굴을 고려하지 않은 허용축방향 압축응력

$b/11.2 \leq t \Rightarrow f_{cal} = 237.5$ MPa : 국부좌굴에 대한 허용응력

$f_{cao} = 237.5$ MPa : 국부좌굴을 고려하지 않은 최대 허용축방향 압축응력

$f_{ca} = f_{cag} \cdot f_{cal} / f_{cao} = 237.5$ MPa : 허용축방향 압축응력

$f_c = P / A_e = 135.103$ MPa $< f_{ca}$ OK

② 중간지점부에 대해서도 같은 방법으로 수행

4.4.7 [단계 7, 8] 가로보 및 세로보의 설계

(1) 세로보의 설계

① 일반조건

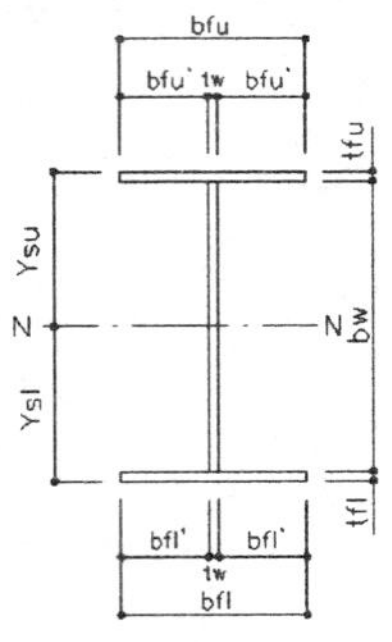

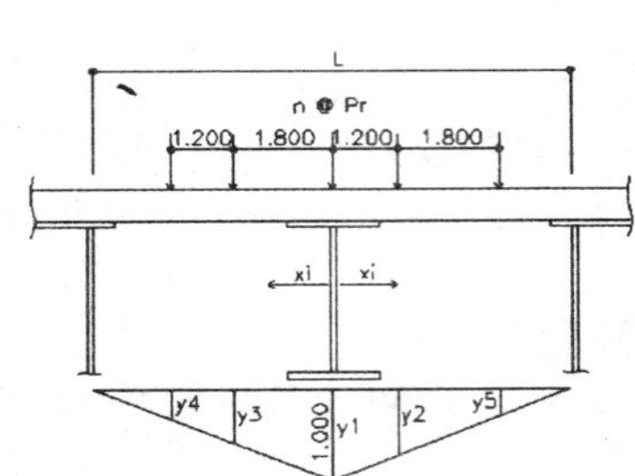

- 사용 강재 : SM400B
- 플랜지 폭 : b_{fu} = 300 mm (상부), b_{fl} = 300 mm (하부)
- 복부의 폭 : b_w = 1,000 mm
- 복부판의 최소두께 [도·설 3.8.4] : $t_{w(min)} = b_w / 152 = 6.58$ mm
- 복부판 사용두께 : t_w = 12 mm> OK

$t_{fu(min)} = b_{fu}' / 16 = 144.0 / 16 = 9.00$ mm

$t_{fl(min)} = b_{fl}' / 16 = 144.0 / 16 = 9.00$ mm

- 상판 사용두께 : t_{fu} = 12 mm > $t_{fu(min)}$ OK

- 하판 사용두께 : t_{fl} = 12 mm > $t_{fl(min)}$ OK
- 바닥슬래브두께 : t_s = 240 mm
- 포장두께 : t_p = 80 mm
- 가로보 설치간격 B = 5.000 m
- 가로보의 지간 L = 4.900 m
- 작용 윤하중 수 n = 3
- 윤하중작용점과 세로보 중심간의 거리 및 영향선 종거

x_1 = 0.000 m → y_1 = 1.000
x_2 = 1.200 m → y_2 = 0.510
x_3 = 1.800 m → y_3 = 0.265
Σy_i = 1.776

② 하중 산정

1) 고정하중

슬 래 브 : 0.240 × 25.00 = 6.000 kN/m^2
아스팔트포장 : 0.080 × 23.00 = 1.840 kN/m^2
Σ = 7.840 kN/m^2

강재자중 : (0.300 × 0.012 + 1.000 × 0.012 + 0.300 × 0.012) × 78.50 = 1.507 kN/m
부가 부재에 대한 강재자중의 할증 : 1.507 × 1.3867 = 2.090 kN/m(하중계산 참조)
영향선의 면적 : $A = L \times 1.0 \times 1 / 2 = 2.450$
$\therefore W_d = 7.840 \times 2.450 + 2.090 \times 1.000 = 21.298$ kN/m

2) 활하중 (DB-24)

P_r = 96.0 kN P_f = 24.0 kN
$P = P_r \cdot \Sigma y_i = 96.0 \times 1.776 = 170.449$ kN

3) 충격 계수

$i = 15 / (40 + 5.000) = 0.33 > 0.30 \quad \therefore i = 0.30$

③ 전단력

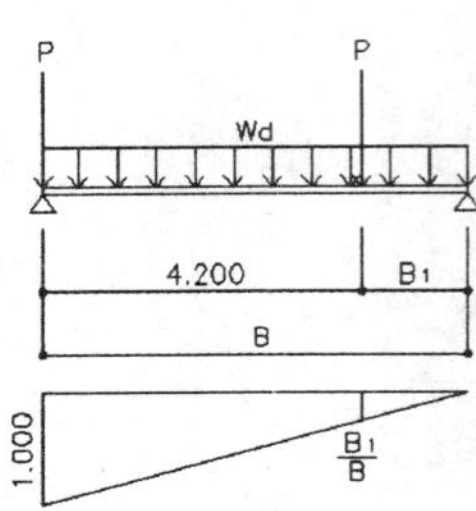

고정하중에 의한 전단력
$S_d = W_d \cdot B / 2 = 21.298 \times 5.000 / 2 = 53.245$ kN
활하중에 의한 전단력
$S_l = P \cdot (1 + B_1 / B)$
$= 170.449 \times (1 + 0.800 / 5.0) = 197.721$ kN
충격하중에 의한 전단력
$S_i = S_l \cdot i = 197.721 \times 0.30 = 59.316$ kN

$\therefore S_t = S_d + S_l + S_i = 53.245 + 197.721 + 59.316 = 310.282$ kN

④ 모멘트

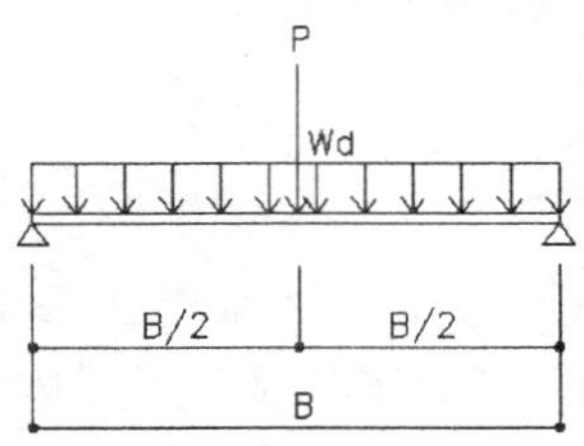

고정하중에 의한 모멘트

M_d = 21.298 × $(5.00)^2$ / 8 = 66.556 kNm

활하중에 의한 모멘트

M_l = = 170.449 × 5.000 / 4 = 213.061 kNm

충격하중에 의한 모멘트

$M_i = M_l \cdot i$ = 213.061 × 0.30 = 63.918 kNm

∴ $M_t = M_d + M_l + M_i$ = 66.556 + 213.061 + 63.918 = 343.536 kNm

< FRAME 해석 결과 >

구 분	합성전 고정하중		합성후 고정하중	활하중	지점침하	합 계
	강재자중	바닥판자중				
휨모멘트	61.836	144.690	36.079	167.027	5.341	414.973
전 단 력	-5.239	-36.439	-17.493	-155.558	-0.401	-215.130

FRAME 해석결과 S_{max} = 215.130 kN, M_{max} = 414.973 kNm (192번 부재)
계산된 부재력과 FRAME 해석결과 중 불리한 값을 설계에 적용
따라서, 설계 부재력은 S_u = 310.282 kN, M_u = 414.973 kNm

⑤ 단면검토

구 분	A (mm²)	Y (mm)	$A \cdot Y$ (mm³)	$A \cdot Y^2$ (mm⁴)	I_o (mm⁴)
1- UFLG 300 × 12	3,600	506	1,821,600	921,729,600	43,200
1- WEB 300 × 12	12,000	0	0	0	1,000,000,000
1- LFLG 300 × 12	3,600	-506	-1,821,600	921,729,600	43,200
합 계	19,200		0	1,843,459,200	1,000,086,400

$\delta = \Sigma A \cdot Y / \Sigma A$ = 0.0 / 19,200 = 0 mm

$I_n = \Sigma I_o + \Sigma A \cdot Y^2 - \Sigma A \cdot \delta^2$ = 1,000,086,400 + 1,843,459,200 - 0 = 2,843,545,600 mm^4

$Y_{su} = b_w / 2 + t_{fu} - \delta$ = 1,000 / 2 + 12.0 - 0.0 = 512.0 mm

$Y_{sl} = b_w / 2 + t_{fl} + \delta$ = 1,000 / 2 + 12.0 + 0.0 = 512.0 mm

- 압축부의 국부좌굴에 대한 허용응력

  b_{fu}' / 13.1 = 10.99 mm ≤ t = 12.0 → f_{ca} = 140.000 MPa

  A_w / A_c = 12,000.0 / 3,600.0 = 3.33 > 2

  l / b = 5,000.0 / 300.0 = 16.7 > 9 / k = 9 / 2.16 = 4.17

  f_{ca} = 140 - 1.2 $(k \cdot l/b - 9)$ = 107.595 MPa

  ∴ f_{ca} = 107.595 MPa, f_{ta} = 140.000 MPa

$v = S_u / A_w$ = 310.282 × 10^3 / 12,000.0 = 25.857 MPa < v_a = 80 MPa OK

$f_u = M_u \cdot Y_{su} / I_n$ = 414.973 × 10^6 × 512.000 / 2,843,545,600.0
= 74.719 MPa < f_{ca} = 107.595 MPa OK

$f_l = M_u \cdot Y_{sl} / I_n$ = 414.973 × 10^6 × 512.000 / 2,843,545,600.0
= 74.719 MPa < f_{ta} = 140.000 MPa OK

- 합성응력의 검토

$(74.719 \ / \ 107.595)^2 + (25.857 \ / \ 80.000)^2 = 0.587 < 1.2$ OK

⑥ 수직보강재(SM400B 사용)

- 수직보강재를 생략할 수 있는 플랜지 순간격의 최대치[도·설 3.8.5.2]

$70\ t_w = 840$ mm < $b_w = 1,000$ mm 이므로 수직보강재 필요

- 수직보강재의 간격 [도·설 3.8.5.1] : a = 1,139.0 mm

$a \ / \ b = 1,139.0 \ / \ 1,000.0 = 1.14 < 3.0$ OK

- 사용 수직보강재의 폭 [도·설 3.8.5.2]

$b_{vs} = 130.0$ mm $> b_{vs(min)} = b \ / \ 30 + 50 = 83.3$ mm OK

- 사용 수직보강재의 두께

$t_{vs} = 12.0$ mm $> t_{vs(min)} = b_{vs} \ / \ 13 = 10.00$ mm OK

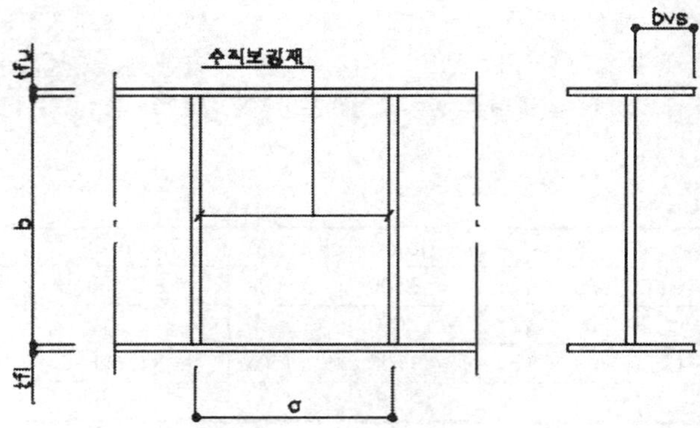

- 수직보강재의 간격 검토 [도·설 3.8.5.1]
- 수평보강재를 사용하지 않고 $a/b > 1$ 이므로

$$\left(\frac{b}{100t}\right)^4 \times \left[\left(\frac{f}{365}\right)^2 + \left(\frac{v}{81+61(b/a)^2}\right)^2\right]$$

$$= \left(\frac{1000}{100 \times 12.0}\right)^4 \times \left[\left(\frac{74.719}{365}\right)^2 + \left(\frac{25.857}{81+61(1000/1139)^2}\right)^2\right]$$

$= 0.833^4 \times (0.205^2 + 0.202^2) = 0.040 < 1$ OK

- 수직보강재의 강도 검토 [도·설 3.8.5.2]

$\gamma = 8.0 \ (b/a)^2 = 8.0 \times (1,000 \ / \ 1,139)^2 = 6.167$

$I_{(req)} = b \cdot t^3 \cdot \gamma \ / \ 10.92$

$= 1,000 \times (12.0)^3 \times 6.167 \ / \ 10.92 = 975,806$ mm^4

$I = 12.0 \times (130.0)^3 \ / \ 3 \times 2$ EA $= 17,576,000$ mm^4 $> I_{(req)}$ OK

(2) 가로보의 설계

① 일반조건

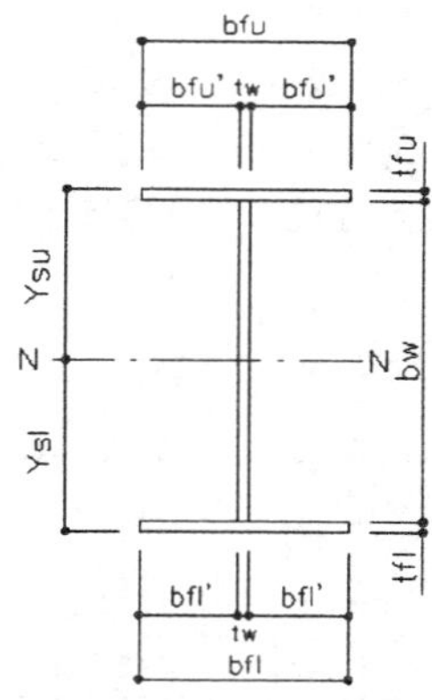

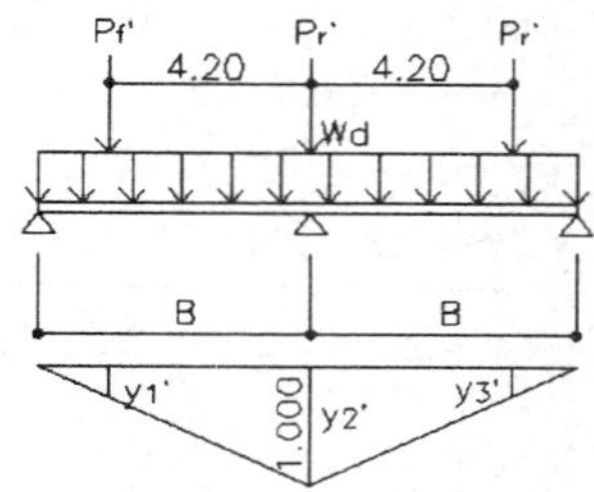

- 사용강재 : SM400B
- 플랜지 폭 : b_{fu} = 300 mm (상부)　　b_{fl} = 300 mm (하부)
- 복부의 폭 : b_w = 1400 mm
- 복부판의 최소두께 [도·설 3.8.4] : $t_{w(min)} = b_w \ / \ 152 = 9.21$ mm
- 복부판 사용두께 : t_w = 12 mm > $t_{w(min)}$ OK

  $t_{fu(min)} = b_{fu}' \ / \ 16 = 144.0 \ / \ 16 = 9.00$ mm

  $t_{fl(min)} = b_{fl}' \ / \ 16 = 144.0 \ / \ 16 = 9.00$ mm
- 상판 사용두께 : t_{fu} = 12 mm > $t_{fu(min)}$ OK
- 하판 사용두께 : t_{fl} = 12 mm > $t_{fl(min)}$ OK
- 가로보 설치간격 : B = 5.000 m
- 가로보의 지간 : L = 4.900 m

② 하중 산정

W_d = 21.298 kN/m (세로보 계산 참조)

- 고정하중에 의한 세로보의 총반력(P_{sd})

  $P_{sd} = W_d \cdot A' = 21.298 \times 5.000 = 106.490$ kN

  여기서, A' : 영향선 면적

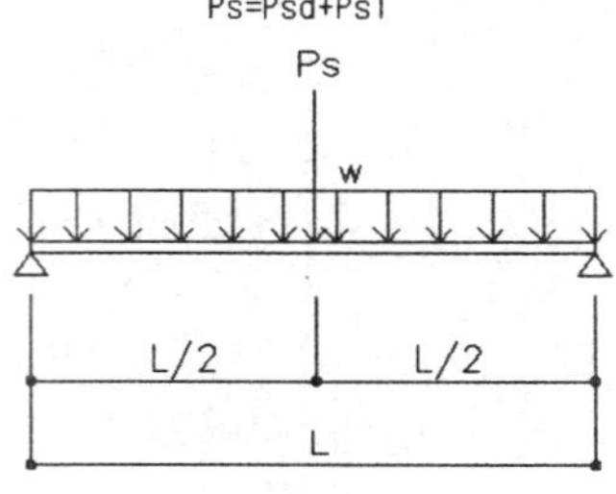

- 활하중에 의한 세로보의 총반력(P_{sl})은

  $P_f' = P_f \cdot \Sigma y_i = 24 \times 1.776 = 42.624$ kN

  $P_r' = P_r \cdot \Sigma y_i = 96 \times 1.776 = 170.496$ kN

  $P_{sl} = P_f' \cdot y_1' + P_r' \cdot (y_2' + y_3')$

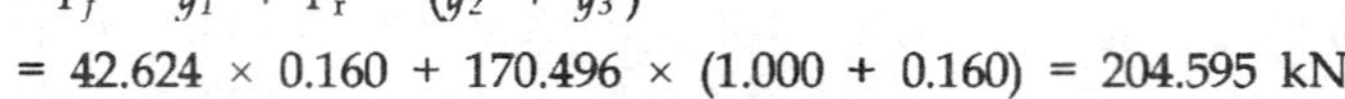

  $= 42.624 \times 0.160 + 170.496 \times (1.000 + 0.160) = 204.595$ kN
- 강재자중 : $W = (0.300 \times 0.012 + 1.400 \times 0.012 + 0.300 \times 0.012) \times 78.50$

  $= 1.884$ kN/m

- 부가 부재에 대한 강재자중의 할증 : 1.884 × 1.3867 = 2.613 kN/m (하중계산 참조)
- 충격 계수 i = 15 / (40 + 5.000) = 0.33 > 0.30 ∴ i = 0.30

따라서, 충격하중을 포함한 모멘트와 전단력

M_{max} = 1/8 × 2.613 × (4.900)^2 + 1/4 × 106.490 × 4.900
+ 1/4 × 204.595 × 4.900 × 1.300 = 464.109 kNm

S_{max} = 2.613 × 4.900 × 1/2 + 106.490 × 1/2 + 204.595 × 1/2 × 1.300
= 192.633 kN

< FRAME 해석결과 >

구 분	합성정 고정하중		합성후 고정하중	활하중	지점침하	합 계
	강재자중	바닥판자중				
휨모멘트	28.644	108.470	-17.711	177.033	0.123	296.559
전 단 력	-11.973	-37.809	-17.687	-166.241	-0.112	-233.822

FRAME 해석결과 S_{max} = 233.822 kN, M_{max} = 296.559 kNm

계산된 부재력과 FRAME 해석결과 중 불리한 값을 설계에 적용

따라서, 설계 부재력은 S_u = 233.822 kN, M_u = 464.109 kNm

③ 단면검토

구 분	A (mm^2)	Y (mm)	A·Y (mm^3)	A·Y^2 (mm^4)	I$_o$ (mm^4)
1- UFLG 300 × 12	3,600	706	2,541,600	1,794,369,600	43,200
1- WEB 300 × 12	16,800	0	0	0	2,744,000,000
1- LFLG 300 × 12	3,600	-706	-2,541,600	1,794,369,600	43,200
합 계	24,000		0	3,588,739,200	2,744,086,400

δ = $\Sigma A \cdot Y$ / ΣA = 0 / 24,000 = 0 mm

I_n = ΣIo + $\Sigma A \cdot Y^2$ - $\Sigma A \cdot \delta^2$ = 2,744,086,400 + 3,588,739,200 - 0 = 63,32,825,600 mm^4

Y_{su} = b_w / 2 + t_{fu} - δ = 1400 / 2 + 12 - 0 = 712 mm

Y_{sl} = b_w / 2 + t_{fl} + δ = 1400 / 2 + 12.0 + 0.0 = 712.0 mm

- 압축부의 국부좌굴에 대한 허용응력

b_{fu}' / 13.1 = 10.99 mm ≤ t = 12.0 → f_{ca} = 140.000 MPa

A_w / A_c = 16,800.0 / 3,600.0 = 4.67 > 2

l / b = 4,900.0 / 300.0 = 16.3 > 9 / k = 9 / 2.31 = 3.90

f_{ca} = 140 - 1.2 (k · l / b - 9) = 105.536 MPa

∴f_{ca} = 105.536 MPa f_{ta} = 140.000 MPa

v = S_u / A_w = 233.822 × 10^3 / 16,800.0 = 13.918 MPa < v_a = 80 MPa OK

f_u = M_u · Y_{su} / I_n = 464.109 × 10^6 × 712.000 / 6,332,825,600.0
= 52.180 MPa < fca = 105.536 MPa OK

f_l = $M_u \cdot Y_{sl}$ / I_n = 464.109 × 10^6 × 712.000 / 6,332,825,600.0

= 52.180 MPa < f_{ta} = 140.000 MPa OK

- 합성응력의 검토

(52.180 / 105.536)^2 + (13.918 / 80.000)^2 = 0.275 < 1.2 OK

④ 수직보강재(SM400B 사용)

- 수직보강재를 생략할 수 있는 플랜지 순간격의 최대치 [도·설 3.8.5.2]

  70 t_w = 840 mm < b_w = 1400 mm 이므로 수직보강재 필요

- 수직보강재의 간격 [도·설 3.8.5.1] : a = 1,093.0 mm

  a / b = 1,093.0 / 1,400.0 = 0.78 < 3.0 OK

- 사용 수직보강재의 폭 [도·설 3.8.5.2]

  b_{vs} = 130.0 mm > $b_{vs(min)}$ = b / 30 + 50 = 96.7 mm OK

- 사용 수직보강재의 두께

  t_{vs} = 12.0 mm > $t_{vs(min)}$ = b_{vs} / 13 = 10.00 mm OK

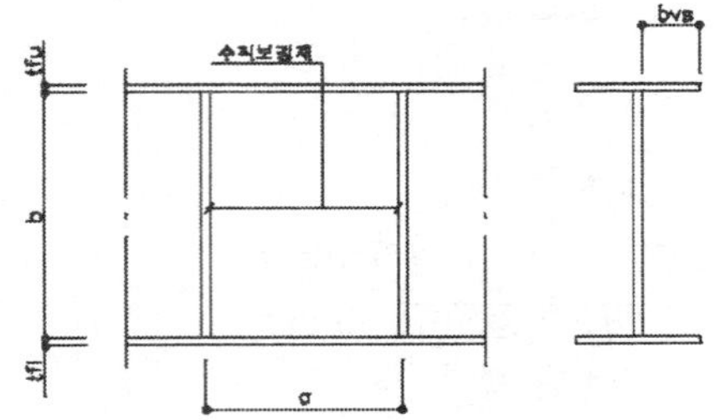

- 수직보강재의 간격 검토 [도·설 3.8.5.1]
- 수평보강재를 사용하지 않고 a/b ≤ 1 이므로

$$\left(\frac{b}{100t}\right)^4 \times \left[\left(\frac{f}{365}\right)^2 + \left(\frac{v}{61+81(b/a)^2}\right)^2\right]$$

$$= \left(\frac{1,400}{100\times 12.0}\right)^4 \times \left[\left(\frac{52.180}{365}\right)^2 + \left(\frac{13.918}{81+61(1,400/1,139)^2}\right)^2\right]$$

= (1.167)^4 × [(0.143)^2 + (0.080)^2] = 0.050 < 1 OK

- 수직보강재의 강도 검토[도·설 3.8.5.2]

  γ = 8.0 $(b/a)^2$ = 8.0 × (1,400 / 1,093)^2 = 13.125

  $I_{(req)}$ = $b \cdot t^3 \cdot \gamma$ / 10.92 = 1,400 × (12.0)^3 × 13.125 / 10.92 = 2,907,735 mm^4

  I = 12.0 × (130.0)^3 / 3 × 2 EA = 17,576,000 mm^4 > $I_{(req)}$ OK

4.4.8 **[단계 9] 다이아프램 검토**

(1) 다이아프램 배치간격 검토

L ≤ 50 m 의 경우 : L_d ≤ 6 m

L > 50 m 의 경우 : L_d ≤ (0.14·L - 1) m

여기서, L_d : 다이아프램 간격 (m), L : 교량의 지간 길이 (m)

교량 지간장 L = 54.5 m 이므로
$L_d \le$ ($0.14 \cdot L$ - 1) = 6.6 m → L_d = 5 m 사용

(2) 일반부 다이아프램 검토

① 단면가정

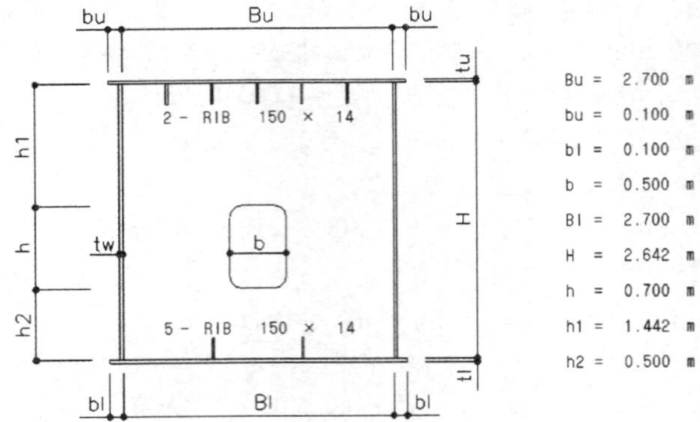

- 다이아프램의 t_D = 12 mm

t_u = 0.032 m, t_l = 0.024 m, t_w = 0.012 m

개구율 $\rho = \sqrt{(A'/A)} = \sqrt{70 \times 50.0/(270.0 \times 264.2)} = 0.22$

$\rho \le 0.4$ → 충복판 형식 적용

② 다이아프램의 강도 검토

- 상부플랜지의 총단면적(리브 포함)
  F_u = 2,900 × 32 + 2 × 150 × 14 = 97,000 mm^2
- 하부플랜지의 총단면적(리브 포함)
  F_l = 2,900 × 24 + 5 × 150 × 14 = 80,100 mm^2
- 한쪽 복부판의 총단면적
  F_h = 2,642 × 12 = 31,709.4 mm^2
- 상부플랜지의 수직축 둘레의 단면2차모멘트(리브 포함)
  I_u = 32 × $(2{,}900)^3$ / 12 + 2 × 150 × $(14)^3$ / 12 + 2 × 150 × 14 × 450.0^2
  = 65,887,901,933 mm^4
- 하부플랜지의 수직축 둘레의 단면2차모멘트(리브 포함)
  I_l = 24 × $(2{,}900)^3$ / 12 + 5 × 150 × $(14)^3$ / 12 + 2 × 150 × 14 × (450.0^2 + 900.0^2)
  = 53,030,671,500 mm^4

  $e = I_l / B_l + (B_u + 2 \cdot B_l) \cdot F_h / 12$
  = 53,030,671,500 / 2,700 + (2,700 + 2 × 2,700) × 31,709.4 / 12
  = 41,044,834 mm^3

  $f = I_u / B_u + (2 \cdot B_u + B_l) \cdot F_h / 12$
  = 65,887,901,933 / 2,700 + (2 × 2,700 + 2,700) × 31,709.4 / 12
  = 45,806,772 mm^3

• 변형함수

$$\alpha_1 = \frac{e}{e+f} \cdot \frac{B_u + B_l}{4} \cdot H$$

$$= \frac{41{,}044{,}834}{41{,}044{,}834 + 45{,}806{,}772} \times \frac{270+270}{4} \times 264 = 16{,}859 \ \text{mm}^2$$

$$\alpha_2 = \frac{f}{e+f} \cdot \frac{B_u + B_l}{4} \cdot H$$

$$= \frac{45{,}806{,}772}{41{,}044{,}834 + 45{,}806{,}772} \times \frac{270+270}{4} \times 264 = 18{,}815 \ \text{mm}^2$$

• 단면변형에 대한 솟음정수

I_{DW} = 1/3 × $\{a_1^2 \cdot F_u\ (1 + 2 \cdot b_u/B_u)^2 + a_2^2 \cdot F_l \cdot (1 + 2 \cdot b_l/B_l)^2$
$+ 2 \cdot (a_1^2 - a_1 \cdot a_2 + a_2^2) \cdot F_h\}$
= 1/3 × { $16{,}859^2$ × 97,000 × (1 + 2 × 10 / 270 $)^2$
+ $18{,}815^2$ × 80,100 × (1 + 2 × 10 / 270 $)^2$
+ 2 × ($16{,}859^2$ - 16,859 × 18,815 + $18{,}815^2$ × 31,709 }
= 2.83e+13 mm^6

• 다이아프램의 필요강도

K_{req} = $20 \cdot E \cdot I_{DW}$ / Ld^3 = 20 × 210,000 × 2.83e+13 / $6{,}623^3$
= 409,008,082 Nmm

여기서, L_d는 실제 간격이 아닌 계산에 의해서 구한 다이아프램 한계간격

• 다이아프램의 강도

K = $4 \cdot G \cdot A \cdot tD$ = 4 × 81,000 × 2,700 × 2,642 × 12
= 2.77394e+13 Nmm > K_{req} OK

여기서, G : 전단탄성계수

(3) 지점부 다이아프램 검토

① 교대부(절점 47)

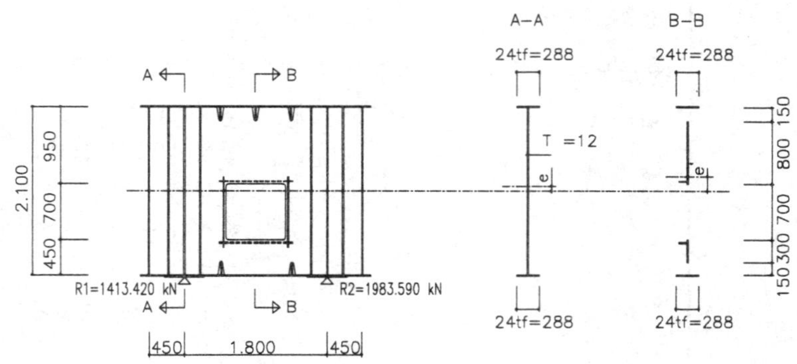

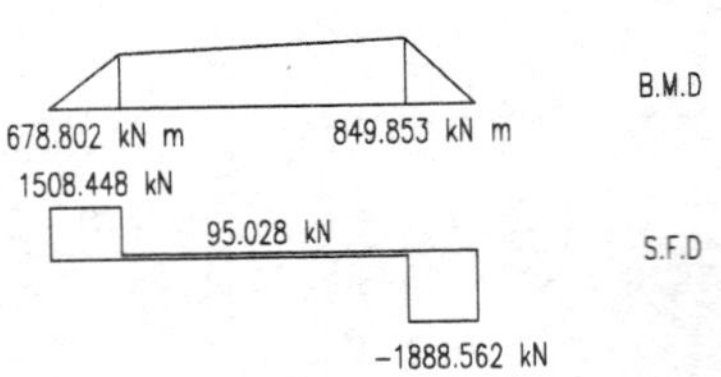

가. 단면 A-A

구 분	A (mm²)	Y (mm)	$A \cdot Y$ (mm³)	$A \cdot Y^2$ (mm⁴)	I_o (mm⁴)
UP-FLG : 288 × 12	3,456	1,056	3,649,536	3,853,910,016	41,472
DIA-PL : 2100 × 12	25,200				9,261,000,000
LOW-FLG : 288 × 12	3,456	-1,056	-3,649,536	3,853,910,016	41,472
계	32,112		0	7,707,820,032	9,261,082,944

$e = \Sigma Ay \ / \ \Sigma A = 0 \ / \ 32{,}112 = 0.00$ mm

$I = \Sigma I_o + \Sigma Ay^2 - \Sigma A \cdot e^2 = 9{,}261{,}082{,}944 + 7{,}707{,}820{,}032 - 32{,}112 \times 0.000^2$

$= 16{,}968{,}902{,}976$ mm⁴

- 응력의 계산

$f_l = 849.85 \times 10^6 / 16{,}968{,}902{,}976 \times (1{,}050.0 + 12.0 + 0.00) = 53.188 < f_a = 190$ MPa OK

$v = 1{,}888.56 \times 10^3 \ / \ 25{,}200 = 74.943 < v_a = 110$ MPa OK

- 2축응력 상태의 검토

f_v : 수직응력 (MPa), 지점부 보강재 검토 참조

$$\left(\frac{f_v}{f_a}\right)^2 - \left(\frac{f_v}{f_a}\right)\left(\frac{f_l}{f_a}\right) + \left(\frac{f_l}{f_a}\right)^2 + \left(\frac{v}{v_a}\right)^2$$

$$= \left(\frac{79.166}{190}\right)^2 - \left(\frac{79.166}{190}\right)\left(\frac{53.2}{190}\right) + \left(\frac{53.2}{190}\right)^2 + \left(\frac{74.9}{110}\right)^2 = 0.6 < 1.2 \quad \text{OK}$$

4.4.9 [단계 10] 전단연결재

(1) 합성후 하중에 의한 수평전단력 [도·설 3.9.5.9]

※휨모멘트 부호에 관계없이 바닥판 콘크리트의 단면을 유효로 계산 [도·설 3.9.5.7]

$S_v = V \cdot Q_{vc} \ / \ I_v$

$Q = A_c \cdot d_{vc} \ / \ n$

여기서, S_v : 수평전단력

I_v : 합성단면2차 모멘트

V : 합성후 하중에 의한 수직전단력(활하중 포함)

Q_{vc} : 합성단면 중립축에 대한 콘크리트의 단면1차 모멘트

d_{vc} : 합성단면의 도심에서 바닥판콘크리트 도심까지의 거리

절점	단면	A_c/n (mm^2)	d_{vc} (mm)	Q_{vc} (mm^3)	I_v (mm^4)	V_d (kN)	V_{l+i} (kN)	V_d+V_{l+i}	S_v (N/mm)
1	1	189,000	488.7	92,364,300	2.192e+11	371.5	840.5	1,211.940	510.589
2	2	189,000	539.9	102,046,770	2.647e+11	302.0	710.6	1,012.595	390.396
3	3	189,000	566.5	107,076,060	2.872e+11	206.2	582.6	788.762	294.079
....	중략								
46	2	189,000	539.9	102,046,770	2.647e+11	302.0	710.7	1,012.667	390.424
47	1	189,000	488.7	92,364,300	2.192e+11	371.5	840.5	1,212.021	510.623

여기서, V_d : 합성후 고정하중에 의한 수직전단력

V_{l+i} : 충격을 포함한 활하중에 의한 수직전단력

(2) 건조수축 및 온도차에 의한 수평전단력 [도·설 3.9.5.3]

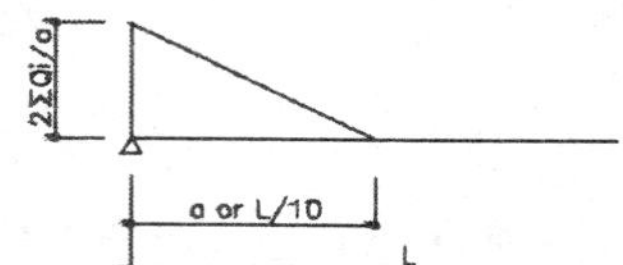

L : 단순합성형 → 지간

연속합성형 → 지간의 합계

주형의 간격(a) = 2.70 m (시점부)

L / 10 = 230.3 / 10 = 23.034 m

∴ 전단분포폭 : 2.70 m (시점부)

* 건조수축에 의한 전단력(GIRDER 계산 단면TYPE - 1 참조) - 시점부

n_2 = 24

I_s = 109,857,944,592 mm^4

A_c = 1,512,000 mm^2

I_c = 7,257,600,000 mm^4

A_s = 134,700 mm^2

$P_2 = E_s \cdot \varepsilon_s \cdot A_c/n_2$ = 3,572,100 N

d = 1,174.399 mm (강재도심과 바닥판 중심간 거리)

E_s = 210,000 MPa (강재의 탄성계수)

ε_s = 0.00027 (콘크리트의 건조수축에 의한 최종수축율)

$$f_2 = \frac{1}{1+\dfrac{A_c}{n_2 \cdot A_s}+\dfrac{A_c \cdot d^2}{I_c+n_2 \cdot I_s}}$$

$$= \frac{1}{1+\dfrac{1{,}512{,}000}{24\times134{,}700}+\dfrac{1{,}512{,}000\times1{,}174.399^2}{7{,}257{,}600{,}000+24\times109{,}857{,}944{,}592}} = 0.443$$

$N_{cs} = P_2 \cdot F_2$ = 3,572,100 × 0.443 = 1,582,440.3 N

$S_s = 2 \cdot N_{cs} / a$ = 2 × 1,582,440.3 / 2,700.0 = 1,172.2 N/mm

* 온도차에 의한 전단력 - 시점부

n = 8

I_s = 109,857,944,592 mm^4

A_c = 1,512,000.0 mm^2

I_c = 7,257,600,000 mm^4

A_s = 134,700.0 mm^2

$P_1 = E_s \cdot a \cdot \Delta t \cdot A_c/n$ = 4,762,800 N

d = 1,174.399 mm (강재도심과 바닥판 중심간 거리)

Es = 210,000 MPa (강재의 탄성계수)
a = 0.000012 (강재 및 콘크리트의 선팽창계수)
Δt = 10 ˚C (바닥판 콘크리트와 강재와의 온도차)

$$f_1 = \frac{1}{1+\frac{A_c}{n_2 \cdot A_s}+\frac{A_c \cdot d^2}{I_c+n_2 \cdot I_s}}$$

$$= \frac{1}{1+\frac{1,512,000}{8\times 134,700}+\frac{1,512,000\times 1,174.399^2}{7,257,600,000+8\times 109,857,944,592}} = 0.21$$

$N_{cs} = P_1 \cdot F_1$ = 4,762,800 × 0.21 = 1,000,188 N
$S_t = 2 \cdot N_{cs} / a$ = 2 × 1,000,188 / 2,700 = 740.9 N/mm

(3) 스터드의 설계

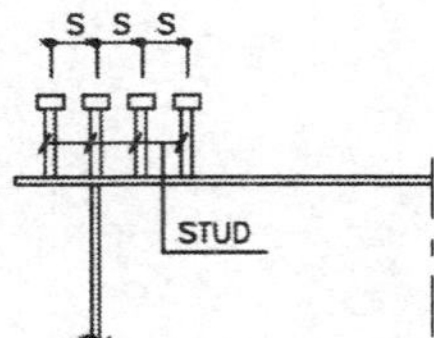

s = 60 mm (s : 스터드의 횡방향 최소간격)
d = 22 mm (d : 스터드의 직경)
H = 150 mm (h : 스터드의 전높이)

• 스터드의 허용전단력 [도·설 3.9.5.6]
H / d = 150 / 22 = 6.818 > 5.5 이므로
$Q_a = 9.5 \cdot d^2 \cdot \sqrt{f_{ck}} = 9.5 \times (22)^2 \times \sqrt{27}$ = 23,891.9 N/본
스터드 11본 사용 : Q_a' = 11 × 23,891.9 = 262,810.9 N

• 스터드의 배치간격
$d_o = Q_a' / S$ (S : 수평전단력)

(4) 하중조합 및 스터드의 배치

절점	하 중 조 합 (N/mm)					소요간격	배치간격	비 고
	S_v	S_s	S_t	S_v+S_t	S_s+S_t	d_o (mm)	(mm)	
1	510.589	1,172.178	740.880	1,251.469	1,913.058	137	125	A1
2	390.396	0.000	0.000	390.396	0.000	673	125	
3	294.079	0.000	0.000	294.079	0.000	894	250	
⋯	중략							
46	390.424	0.000	0.000	390.424	0.000	673	125	
47	510.623	1,172.178	740.880	1,251.503	1,913.058	137	125	A2

• 스터드 배치간격 검토 [도·설 3.9.5.4, 3.9.5.5]
- 스터드의 최대간격
바닥판콘크리트 두께의 3배 (3 × 240 = 720 mm) 이고 600 mm 이하
⇒ 500 mm 이하 사용 OK

- 스터드의 최소간격

교축방향 : $5 \cdot d$ = 110 mm or 100 mm ⇒ 125 mm 사용 OK

교축직각방향 : d + 30 = 52 mm ⇒ 60 mm 사용 OK

- 최소연단 순간격 : 25 mm < 100 - 22 / 2 = 89 mm OK

(5) 전단연결재의 피로설계 [도·설 3.9.5.9]

• 수평전단력 범위

$$S_r = \frac{V_r \cdot Q}{I}$$

여기서, S_r : 설계대상 단면의 슬래브와 주거더 사이의 수평전단력 범위 (N/mm)

V_r : 충격을 포함하는 활하중에 대한 전단력의 범위 (N)

Q : 정모멘트부 ⇒ 합성단면 중립축에 대한 콘크리트의 환산 단면1차모멘트 (mm^3)

부모멘트부 ⇒ 합성단면 중립축에 대한 철근의 단면1차모멘트 (mm^3)

I : 합성단면의 단면2차모멘트 (mm^4) - 부모멘트부의 경우 철근 고려

• 허용 수평전단력 범위

$Z_r = \beta \cdot d^2$ ⇒ 39 × 22.0^2 = 18876.0 N (DB 하중의 경우)

⇒ 74 × 22.0^2 = 35816.0 N (DL 하중의 경우)

Z_r : 전단연결재의 허용수평전단력 범위 (N)

d : 22 mm (스터드의 지름)

β : 39 (하중 반복회수 : DB 하중 - 2,000,000이상)

74 (하중 반복회수 : DL 하중 - 500,000)

• 피로를 고려한 전단연결재의 필요간격

$d_o = \Sigma Zr \,/\, Sr$

d_o :

$\Sigma Z_r = n \cdot Zr$

n : 한 단면에 설치된 전단연결재의 총 개수

• 피로설계에 의한 위치별 전단연결재 간격 검토(DB하중에 대한 검토)

절점	I (mm^4)	A_c/n or A_s'	d_{vc} or d_r	Q (mm^3)	V_r (N)	S_r (N/mm)	n	ΣZ_r (N)	소요간격 (mm)	배치간격 (mm)	검토결과
1	2.1924e+11	188,610	489.280	92,283,101	8.408e+05	353.9	11	2.076e+05	587	125	OK
2	2.6469e+11	188,610	540.570	101,956,908	7.541e+05	290.5	11	2.076e+05	715	125	OK
3	2.8719e+11	188,610	567.180	106,975,820	7.668e+05	285.6	11	2.076e+05	727	250	OK
....	중략										
46	2.6469e+11	188,610	540.570	101,956,908	7.541e+05	290.5	11	2.076e+05	715	125	OK
47	2.1924e+11	179,070	498.980	89,352,349	8.408e+05	342.7	11	2.076e+05	606	125	OK

• 피로설계에 의한 위치별 전단연결재 간격 검토(DL하중에 대한 검토)

절점	I (mm^4)	A_c/n or A_s'	d_{vc} or d_r	Q (mm^3)	V_r (N)	S_r (N/mm)	n	ΣZ_r (N)	소요간격 (mm)	배치간격 (mm)	검토결과
1	2.1924E+11	188,610	489.280	92,283,101	9.366E+05	394.2	11	3.940E+05	999	125	OK
2	2.6469E+11	188,610	540.570	101,956,908	8.635E+05	332.6	11	3.940E+05	1,184	125	OK
3	2.8719E+11	188,610	567.180	106,975,820	7.988E+05	297.6	11	3.940E+05	1,324	250	OK
....	중략										
46	2.6469E+11	188,610	540.570	101,956,908	8.636E+05	332.7	11	3.940E+05	1,184	125	OK
47	2.1924E+11	179,070	498.980	89,352,349	9.367E+05	381.8	11	3.940E+05	1,032	125	OK

(6) 전단연결재의 극한강도 검토[도·설 3.9.5.10]

• 전단연결재의 극한강도

$V_u = 0.4\ d^2 \sqrt{f_{ck} \cdot E_c} = 0.4 \times 22^2 \times \sqrt{27 \times 25{,}000}$

$= 159{,}058.6\ \text{N} > A_{sc} \cdot \text{fu} = \pi/4 \times 22^2 \times 410 = 155{,}854.4\ \text{N}$

$\Rightarrow V_u = A_{sc} \cdot f_u = 155{,}854.4\ \text{N}$

여기서, V_u : 전단연결재의 극한강도 (N) 단, $V_u \leq A_{sc} \cdot f_u$

d : 전단연결재의 지름 (mm)

A_{sc} : 전단연결재의 단면적 (mm^2)

f_u : 전단연결재의 인장강도 (MPa)

• 최대 정모멘트부의 슬래브에 작용하는 힘(P)

- P_1, P_2 중 작은 값을 취한다.

$P_1 = A_s \cdot f_y$

$P_2 = 0.85\ f_{ck}\ b\ t_s$

여기서, A_s : 덮개판을 포함하는 강재 단면의 총면적 (mm^2)

b : 슬래브의 유효폭 (mm)

t_s : 콘크리트 슬래브의 두께 240 mm

• 최대 부모멘트부의 슬래브에 작용하는 힘

$P_3 = A_{sr} \cdot f_{yr}$

여기서, A_{sr} : 지점부 유효슬래브폭 내에 설치된 종방향 철근 총면적 (mm^2)

f_{yr} : 철근의 최소 항복응력 400 MPa

• 전단연결재 필요개수

$$N_1 = \frac{P}{\phi \cdot V_u}$$

$$N_2 = \frac{P + P_3}{\phi \cdot V_u}$$

N_1 : 최대 정모멘트부와 인접한 교대 지점부 사이의 전단연결재 필요개수

P : P_1, P_2 중 작은 값

ϕ : 감소계수 0.85

N_2 : 최대 정모멘트부와 인접한 최대부모멘트부 사이의 전단연결재 필요개수

• 구간별 전단연결재 필요개수 및 설치개수 검토

위 치 (절점번호)	b (mm)	A_s (mm^2)	A_{sr} (mm^2)	P_1 (N)	P_2 (N)	P_3 (N)	필요개수		설치 개수	검토 결과
							N_1	N_2		
1 ~ 6	6,287	174,300	0	48,804,000	34,629,438	0	261	-	924	OK
6 ~ 12	6,287	174,300	33,547	48,804,000	34,629,438	13,418,977	-	363	1,056	OK
12 ~ 18	6,236	139,500	33,547	39,060,000	34,348,500	13,418,977	-	361	990	OK
18 ~ 24	6,236	139,500	33,862	39,060,000	34,348,500	13,544,681	-	362	1,045	OK
24 ~ 30	6,236	139,500	33,862	39,060,000	34,348,500	13,544,681	-	362	968	OK
30 ~ 36	6,236	139,500	33,547	39,060,000	34,348,500	13,418,977	-	361	1,089	OK
36 ~ 42	6,287	174,300	33,547	48,804,000	34,629,438	13,418,977	-	363	957	OK
42 ~ 47	6,287	174,300	0	48,804,000	34,629,438	0	261	-	979	OK

4.4.10 **[단계 11, 12] 사용성 검토**

(1) 피로 검토 [도·설 3.3.4.1]

① 응력반복 횟수

부재 및 하중구분 도로의 종류	종방향 주부재		횡방향 부재	비 고
	트럭하중	차로하중	트럭하중	
고속국도, 일반국도 주간선 도로	2 백만	50 만	2 백만 이상	

② 허용응력 범위 f_{sr} (MPa)

응력 범주	다재하 경로구조				단재하 경로구조			
	10만회	50만회	200만회	200만회이상	10만회	50만회	200만회	200만회이상
A	442	260	168	168	351	203	168	168
B	344	203	126	112	274	161	112	112
B′	274	161	101	84	218	126	77	77
C	250	147	91	70	196	112	70	63
				84*			84*	77*
D	196	112	70	49	154	91	56	35
E	154	91	56	31	119	70	42	16
E′	112	64	40	18	84	49	28	9
F	105	84	63	56	84	63	49	42

주 : *는 거더 복부판과 플랜지의 수직보강재 용접의 경우

③ 피로조사 위치 및 응력범주의 설정

- 활하중에 의한 모멘트의 변동범위가 큰 단면에서 인장응력 및 교번응력이 발생하는 상세부에 대하여 피로검토를 수행한다.

- 피로조사 단면위치

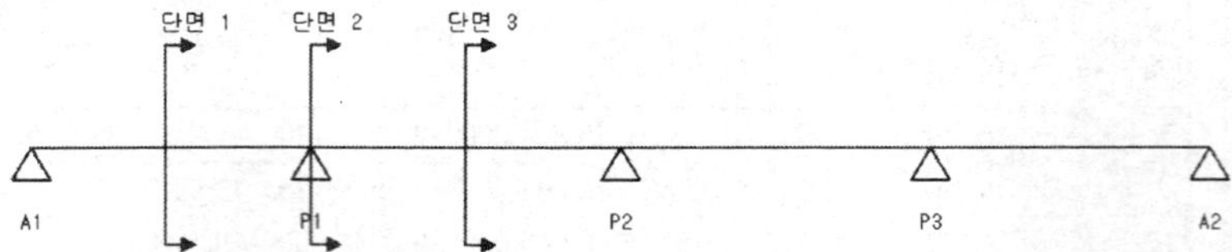

- 본 교량은 주간선도로에 속하는 다재하경로 구조로서 트럭하중 2백만회와 차로하중 50만회에 대하여 검토하는 것으로 한다.

- 단면 1

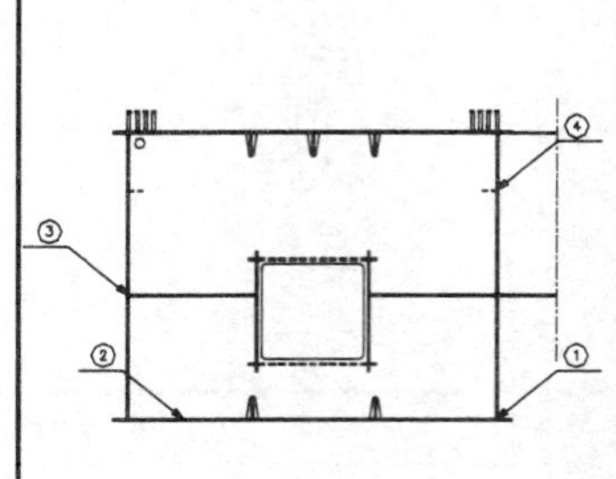

구분	상 세	응력범주	f_{sr} (MPa)	
			DB하중	DL하중
①	플랜지와 복부판의 연속 필렛 용접부	B	126	203
②	인장측 플랜지와 다이어프램의 필렛 용접부	C	91	147
③	복부판에 부착된 가로보 연결용 거셋판 용접 끝부분	E	56	91
④	수평보강재 용접 끝부분	E	56	91

④ 설계 피로응력

가. 휨모멘트에 대한 피로검토

$$\Delta f = \frac{\Delta M}{I_v} y$$

여기서, Δf : 설계피로응력범위(최대응력과 최소응력의 차)
$\Delta M = M_{max} - M_{min}$
I_v : 합성후 단면의 단면2차모멘트
y : 합성후 단면 도심으로부터의 거리

- 단면 1

구분	ΔM (kNm)		I_v (mm^4)	y (mm)	Δf (MPa)		응력범주	f_{sr} (MPa)		검토결과
	DB하중	DL하중			DB하중	DL하중		DB하중	DL하중	
①	8653.4	10681.1	3.495e+11	1,785.4	44.201	54.559	B	126	203	OK
②				1,785.4	44.201	54.559	C	91	147	OK
③				891.4	22.068	27.240	E	56	91	OK
④				54.6	1.352	1.668	E	56	91	OK

나. 전단에 대한 피로검토

- 플랜지와 복부판의 필렛용접부에 대한 전단피로 검토 : 이 부위의 피로상세범주는 "F" 이며, 검토 단면은 전단력이 가장 큰 절점 12로 설정하였음.

$$\Delta v = \frac{\Delta S \cdot Q}{I_v \cdot \Sigma a} + \frac{\Delta M_t}{2F_v T_w}$$

여기서, Δv : 설계전단피로응력범위(최대응력과 최소응력의 차)

$\Delta S = S_{max} - S_{min}$

Q : 용접선 외측 플랜지의 총단면의 중립축에 관한 단면1차모멘트 (mm^3) = A (mm^2) · y (mm)

I_v : 합성후 단면의 단면2차모멘트

Σa : 필렛용접의 목두께의 합 (mm) = 4EA × s / $\sqrt{2}$

s : 필렛용접 치수 (mm)

$\Delta M_t = M_{tmax} - M_{tmin}$

F_v : 폐단면부의 박판두께 중앙선으로 둘러싸인 면적 (mm^2)

T_w : 복부판 두께 (mm)

- 상부플랜지와 복부판

구 분	ΔS (kN)	ΔS (kNm)	Q (mm^3)	I_v (mm^4)	Σa (mm)	F_v (mm^2)	T_w (mm)	Δv (MPa)	Δsr (MPa)	검토결과
DB하중	1653.5	2055.8	1.269e+08	5.504e+11	22.6	72,000	32	20.7	63	OK
DL하중	2252.5	2800.5						28.2	84	OK

- 하부플랜지와 복부판

구 분	ΔS (kN)	ΔS (kNm)	Q (mm^3)	I_v (mm^4)	Σa (mm)	F_v (mm^2)	T_w (mm)	Δv (MPa)	Δsr (MPa)	검토결과
DB하중	1653.5	2055.8	1.572e+08	5.504e+11	22.6	72,000	32	24.8	63	OK
DL하중	2252.5	2800.5						33.7	84	OK

(2) 처짐 검토

- 충격하중을 포함한 활하중에 의한 각 위치별 최대 처짐량 산정[도·설 3.2.3]
- 처짐량 : 거더 1, 거더 2 동일 (단위 : mm)

절점No	1	2	3	4	5	6	7	8	9	10
처짐량	0.000	-9.469	-19.000	-26.500	-31.600	-34.100	-33.800	-30.300	-24.200	-16.500
절점No	11	12	13	14	15	16	17	18	19	20
처짐량	-8.114	-0.001	-7.425	-15.400	-23.400	-30.200	-34.900	-36.800	-35.600	-31.400
절점No	21	22	23	24	25	26	27	28	29	30
처짐량	-24.900	-16.900	-8.313	-0.001	-8.313	-16.900	-24.900	-31.400	-35.600	-36.800
절점No	31	32	33	34	35	36	37	38	39	40
처짐량	-34.900	-30.200	-23.400	-15.400	-7.426	-0.001	-8.114	-16.500	-24.200	-30.300
절점No	41	42	43	44	45	46	47			
처짐량	-33.800	-34.100	-31.600	-26.500	-19.000	-9.469	0.000			

- 처짐도

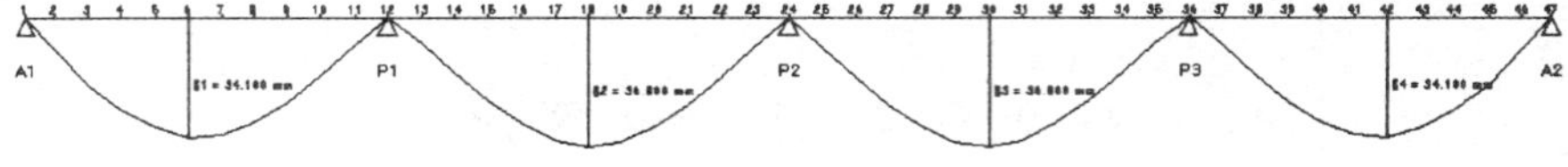

- 허용 처짐량 검토

지간 1 : 지간길이 L_1 = 54.450 m
δ_1 = 34.100 mm < δ_a = L / 500 = 54.5 / 500 = 108.90 mm OK

지간 2 : 지간 길이 L_2 = 60.000 m
δ_2 = 36.800 mm < δ_a = L / 500 = 60.0 / 500 = 120.00 mm OK

지간 3 : 지간 길이 L_3 = 60.000 m
δ_3 = 36.800 mm < δ_a = L / 500 = 60.0 / 500 = 120.00 mm OK

지간 4 : 지간 길이 L_4 = 54.450 m
δ_4 = 34.100 mm < δ_a = L / 500 = 54.5 / 500 = 108.90 mm OK

4.4.11 [단계 12] 솟음량(Camber) 산정

- 거더 1 솟음량 산정(단위 : mm)

절점 번호	합성전 고정하중		합성후 고정하중	솟음량	비고
	Steel	Concrete			
1	0.00	0.00	0.00	0.00	A1
2	8.14	17.71	3.96	29.82	
3	15.99	34.70	7.77	58.46	
4	21.63	46.81	10.50	78.94	
5	24.73	53.37	12.03	90.13	
6	25.24	54.28	12.29	91.81	
7	23.23	49.76	11.32	84.32	
8	18.91	40.23	9.22	68.36	
9	13.22	27.85	6.44	47.50	
10	7.53	15.63	3.61	26.77	

절점 번호	합성전 고정하중		합성후 고정하중	솟음량	비고
	Steel	Concrete			
⋯	중략				
26	2.97	6.91	1.70	11.57	
27	5.73	13.48	3.29	22.50	
28	8.24	19.59	4.76	32.59	
29	9.72	23.35	5.69	38.76	
30	9.71	23.53	5.80	39.04	
31	8.16	20.00	5.05	33.21	
32	5.50	13.74	3.63	22.86	
46	8.14	17.71	3.96	29.82	
47	0.00	0.00	0.00	0.00	A2

4.4.12 [단계 13] 부대시설 설계

(1) 신축이음장치 선정 (교대 1)

① 온도변화에 의한 이동량

$\Delta L_t = \Delta T \times a \times L$

여기서, ΔT : 온도변화(50℃)
a : 선팽창계수(0.000012)
L : 거더의 길이 (m)

ΔL_t = 50 × 0.000012 × 115.0 = 0.0690 m

② 보의 처짐에 의한 이동량

$\Delta L_r = \sum (h_i \times \theta_i)$

여기서, h_i : 보의 중립축에서 받침의 회전 중심까지의 거리
(m, 통상 보높이의 2/3)
θ_i : 받침위의 보의 회전각(강교의 경우 : 1/150)

$\Delta L_r = 2.20 \times 2 / 3 \times 1 / 150 = 0.0098$ m ; 일반가동단

③ 설치유간 및 신축이음장치 규격결정

신축장 100 m 이하시 설치여유량은 기본 신축량의 20 %

$\Delta L = \Delta l_t + \Delta l_r$ + 설치여유량(±10 mm) + 부가여유량(±20 mm)
$= 69.0 + 9.8 + 30.0 = 108.8$ mm
⇒ 신축이음장치 NO.160, 설치유간 170 mm 적용, 허용신축량 160 mm OK

(2) 교량받침 선정

4.4.4 (4) ⑥ 최대반력 집계 참조

506.5 소수거더교 설계

5.1 설계일반사항

5.1.1 설계일반

소수거더교는 강교의 경제성 도모 및 합리화를 위해 채용되는 형식으로, 횡방향으로 프리스트레싱력을 도입하여 바닥판의 내구성을 증진시키며, 주거더 간격을 종래의 3 m 정도에서 2 배 정도인 6 m 이상으로 크게 하여 주거더의 개수를 최소화하는 교량형식이다. 또한, 거더 단면의 단순화를 위하여 거더의 복부판에 부착되는 수평보강재와 수직보강재를 최대한 생략한다.

설계에 있어 소수거더교는 기본적으로 I형 단면으로 구성되는 플레이트거더교와 동일한 설계과정을 거치게 된다. 다만 바닥판의 경우, I형 플레이트거더교에는 없는 설계 항목인 횡방향 PS 구조를 채택함으로써 설계법의 변경이 있었다.

(1) 소수거더교의 종류

① 가로보 또는 브레이싱형식에 따른 분류

- I형 가로보 : 주거더와 동일한 판형의 가로보가 설치된 소수거더교 <그림 506.5.1(a)>
- K형 브레이싱 : 작은 제원의 형강 등이 K형으로 설치된 소수거더교 <그림 506.5.1(b)>
- X형 브레이싱1 : 작은 제원의 형강 등이 X형으로만 설치된 소수거더교 <그림 506.5.1(c)>
- X형 브레이싱2 : 작은 제원의 형강 등이 X형으로 설치되고, 추가로 하부 플랜지에 수평 브레이싱을 설치한 소수거더교 <그림 506.5.1(d)>

② 바닥판에 의한 분류

- RC 바닥판 : 횡방향으로 RC 구조를 적용한 바닥판
- PSC 바닥판 : 횡방향으로 PSC 구조를 도입한 바닥판. <그림 506.5.2> 참조

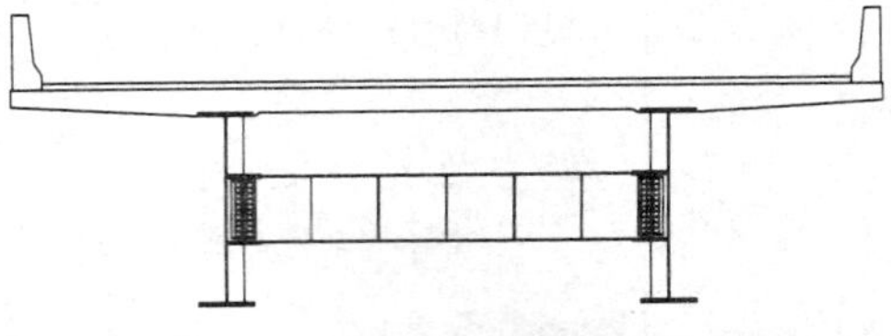

(a) I형 가로보가 설치된 소수거더교

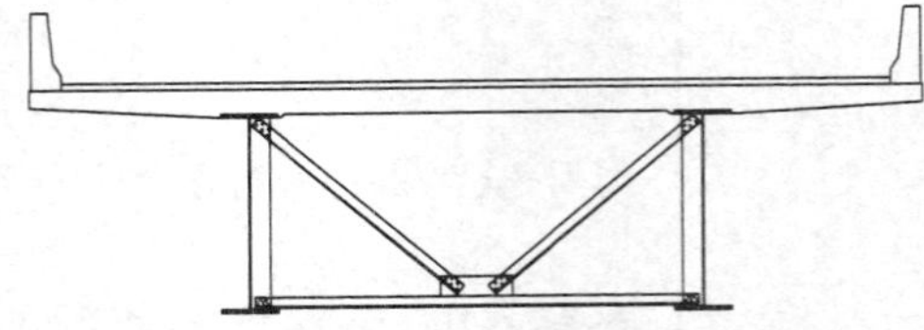

(b) K형 브레이싱이 설치된 소수거더교

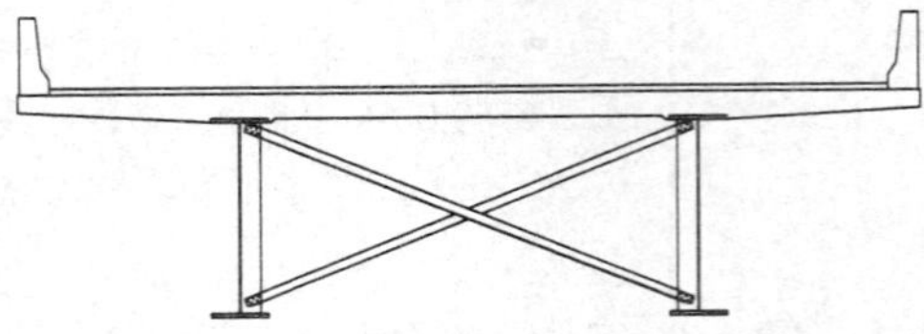

(c) X형 브레이싱이 설치된 소수거더교

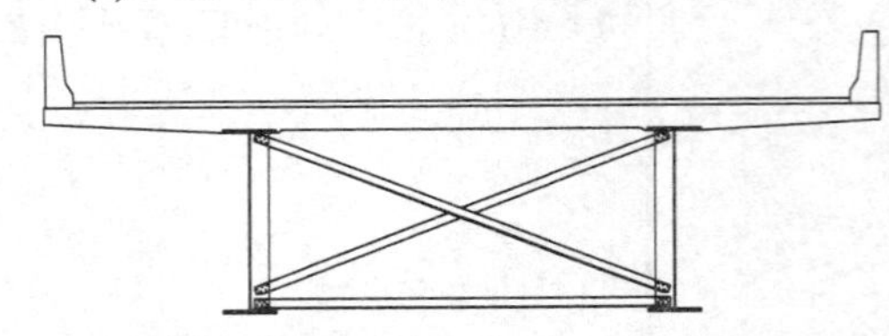

(d) X형 및 수평 브레이싱이 설치된 소수거더교

<그림 506.5.1> 가로보 형식에 따른 소수거더교의 종류

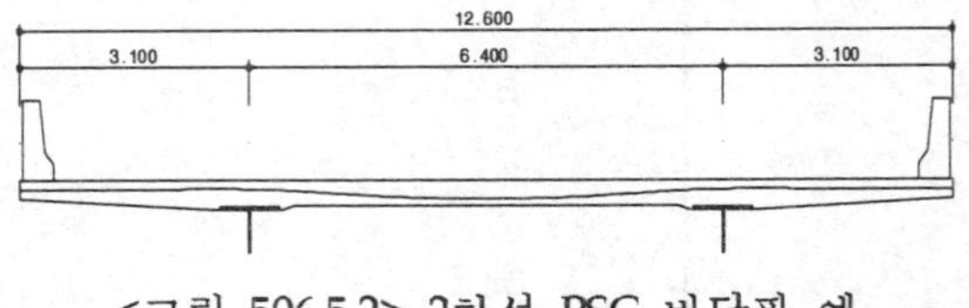

<그림 506.5.2> 2차선 PSC 바닥판 예

(2) 소수거더교의 장 · 단점

(가) 장점

소수거더교는 플레이트거더교의 합리화 교량이므로 기본적인 플레이트거더교의 장점은 그대로 유지된다. 추가적인 소수거더교의 장점은 다음과 같다.

i) 2개의 주형만을 사용하므로, 미관상 유리하다.

ii) 다수의 거더교에 비해 상대적으로 거더수가 줄어들게 되어 제작상에 유리하다.

iii) 일반 플레이트 거더교에서 적용하는 판두께보다 두꺼운 부재들을 사용하여 국부좌굴에 대한 안전율이 높아 각종 보강재의 생략 혹은 절감이 가능하다. 이러한 보강재의 생략 혹은 절감은 제작에 직결되는 문제로, 공사비 절감에도 큰 효과를 발휘하게 된다.

(나) 단점

i) 바닥판의 지간과 캔틸레버 길이가 길어지게 되어 장지간 바닥판의 성능을 확보하는 방안이 필요하다.

ii) 다주형교에 비해 형고가 커져야 한다.

iii) 피로검토시 단재하 경로를 적용하여야 하므로 허용피로응력의 범위가 줄어 다소 불리하게 된다. 그러나 실험적으로 바닥판이나 가로보의 구조적인 거동으로 인하여 다재하에 준하는 안전율을 확보하는 것으로 보고되는 바, 향후 단재하 경로로의 판단 여부는 좀 더 상세한 검토가 필요할 것으로 판단된다.

5.1.2 일반제원의 계획

(1) 검토대상

합리적인 소수거더교의 설계가 되기 위해서는 몇 가지 주요한 조건들에 대한 매개변수해석이 수행되었으며, 그 내용을 소개하면 다음과 같다. 본 내용은 그 동안 발간된 소수거더교 설계관련 문헌들을 참고한 것이며 보다 구체적인 내용은 원전을 참고하도록 한다.

검토 대상이 되는 항목 및 각 항목별 비교내용, 검토방법을 정리하면 <표 506.5.1>와 같다.

(2) Parametric Study를 통한 거더 제원 검토

경간 구성, 적용 강종, 거더 제원 등은 전체 효율을 정하는 가장 중요한 인자들이다. 해당 인자들은 변수로 하여 Parametric Study를 수행하여

<표 506.5.1> 변수의 검토 내용 및 방법

변 수 명	검토방법 및 고려사항	
경간 구성	검토대상 및 범위	- 40 + 50 + 40 = 130 m, 50 + 60 + 50 = 160 m
	검토 방법	- 경간장별, 강종별로 강재 중량을 검토
적용 강종	검토대상 및 범위	- SM520-TMC, SM570-TMC
	검토 방법	- 각 강종에 적합한 최적의 거더 높이 및 단면 형상 검토
거더 제원	검토대상 및 범위	- 주거더의 높이 : H= 2.0 ~ 3.0 m : 기존 교량의 조사 결과 거더의 높이가 3.0 m 내외이므로 이를 고려하여 범위 산정 - 플랜지 폭 및 두께
	검토 방법	- 거더의 높이와 플랜지 폭의 변화에 따른 강중 검토 - 강중비교로 최적 거더 높이와 플랜지 폭 결정
수직보강재	검토대상 및 범위	- 수직보강재의 간격 : 2.5 m, 5.0 m
	검토 방법	- 수직보강재 간격 변화에 따른 강중 (경제성) 비교
수평보강재	검토대상 및 범위	- 수평보강재 단수: 0단, 1단
	검토 방법	- 수평보강재 단수 변화에 따른 강중 (경제성) 비교

단면검토시 자료로 활용하도록 한다.

소수주거더교 설계 합리화 방안(한국도로공사, 2006)에서는 거더의 단면을 최대한 변화시켜가면서 강중의 변화를 분석하였다. 거더의 강종은 고강도, 고성능강의 적용을 통한 단면 경량화와 합리화를 추구하기 위해 SM570-TMC와 SM520-TMC를 적용하였으며, 경간 구성은 40 + 50 + 40 m의 3경간 연속교와 50 + 60 + 50 m의 3경간 연속교를 대상으로 검토하였다. 설계시 최대 허용 플랜지 두께는 80 mm를 기준으로 하였으며, 80 mm 이상을 초과하는 판 두께를 요구하는 플랜지 폭은 고려 대상에서 제외하였다.

개략 설계 결과, 최적 단면 범위에 포함되는 3개 단면을 선정하여 보다 상세한 검토를 수행하였다. 단면 선정에 있어 주요 변수를 주거더 높이와 플랜지 두께로 하였으며, 플랜지 폭은 허용응력, 국부좌굴응력 등의 설계 기준을 만족시킬 수 있는 치수를 결정하여 설계를 수행하였다. 거더 높이 방향의 변단면은 고려하지 않았으며, 허용응력대비 휨응력을 85 ~ 90 %정도 기준으로 하여 플랜지 두께를 산출하였다. 플랜지 두께는 최소 20 mm에서 최대 80 mm로 변화시켰으며, 인접한 플랜지간의 두께 차이는 14 ~ 18 mm 사이에 있도록 조정하였다. 또한 길이방향 단면 두께의 변화점은 제작성, 자재 수급 등을 고려하여 중앙 경간 7곳, 단경간 4곳으로 하였다.

<표 506.5.2>에서 알 수 있는 것과 같이 거더 높이를 변화시킴에 따라 단위면적당 강재량에 차이가 발생하였다. 대부분의 경우에 최소 중량 단면을 중심으로 V자형의 분포를 보여주었다. 그러나 위에서 언급한 것과 같이 최적 단면의 범주에 들어가는 단면들만을 선정하여 상세 설계를 수행하였기 때문에 단면별 강재량의 차이는 크지 않게 나타났다.

주거더에 대한 검토 결과를 요약하면 다음과 같다.

<표 506.5.2> 거더 높이 변화에 따른 강중 변화

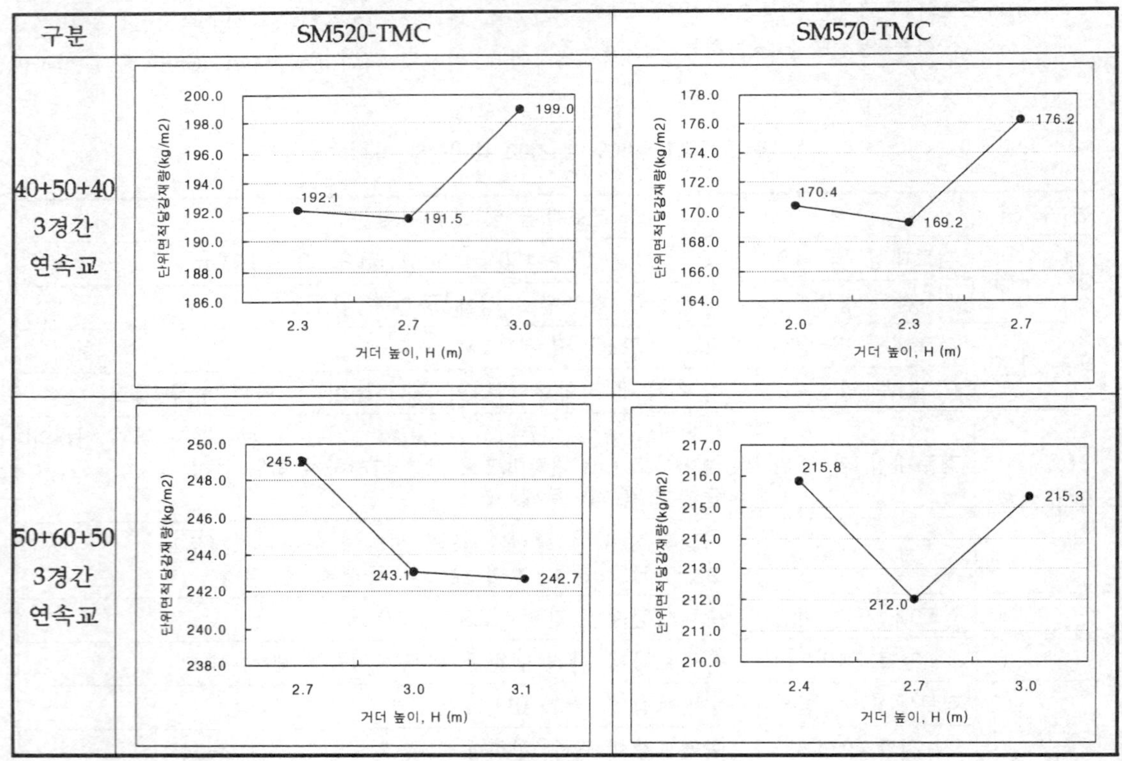

① 경간 구성

50 m안 (40 + 50 + 40)의 소요 단위 강중은 SM570-TMC 적용시에 169.2 kg/m²로 60 m안 (50 + 60 + 50)의 단위강중 212.0 kg/m²보다 작으며, 현재 검토된 안들 중 최소값을 보이고 있어 최적이라고 할 수 있다. 그러나 플랜지의 폭 600 mm, 거더의 높이 2.3 m로 후판이면서 높은 형고를 갖는 소수거더교의 장점을 극대화하지 못하고 있다.

또한 해당하는 경간에서 타교량 형식과의 비교 우위성을 본다면 60 m경간에서의 강박스거더교의 비교시 보다 효율이 높을 것으로 예상된다.

② 적용 강종

후판을 갖는 소수거더교의 특성상, 고강도일 때의 효율이 상대적으로 우수하다. 또한, 국내 소재 기술의 우위성을 부각한다는 차원에서도 SM570-TMC의 사용이 적절할 것으로 판단된다.

③ 거더 제원

50 + 60 + 50 m의 경간에서 SM570-TMC 적용시 가장 강중이 적은 높이 2.7 m, 플랜지 폭 800 mm가 적절할 것으로 검토되었다. 40 + 50 + 40 m의 경간에서는 SM570-TMC를 적용함으로써 2.3 m의 거더 높이에서 경제적인 제원으로 검토되었다.

(3) 가로보

가로보는 형식별(<그림 506.5.1> 참조)로 지간장 40 m의 단순교(거더간 간격 6 m)를 대상으로 한쪽 거더로 편측 하중을 재하하여 하중 분배 효과를 검토하였다. 주형은 Shell 요소로, 바닥판은 Solid 요소를 사용하였다.

각 형식별로 배치간격을 1, 5, 10, 20, 40 m로 각각 모델링하여 배치간격에 따른 하중분배 역할의 차이를 검토하였다. (<표 506.5.3> 참조)

해석 결과, 편재하로 인하여 두 거더간의 응력은 9.5 ~ 10.6 % 정도의 차이가 났으나, 대체적으

<표 506.5.3> 가로보(브레이싱) 형식 및 간격에 따른 거더응력

형식	배치 간격	거더의 응력(MPa)		응력비 (비재하거더/재하거더)
		재하 거더	비재하 거더	
I형 가로보	5 m	39.6	4.14	10.5 %
	10 m	39.7	4.20	10.6 %
	20 m	39.7	4.19	10.6 %
K형 브레이싱	5 m	38.6	3.95	10.2 %
	10 m	38.6	4.01	10.4 %
	20 m	38.6	4.08	10.6 %
X형 브레이싱1	5 m	38.6	3.98	10.3 %
	10 m	38.6	4.03	10.4 %
	20 m	38.6	4.08	10.6 %
X형 브레이싱2	5 m	38.7	4.00	10.3 %
	10 m	38.7	4.03	10.4 %
	20 m	38.8	4.07	10.5 %

※ 주 : 비현실적인 간격인 1 m와 40 m의 결과는 생략.

<표 506.5.4> 수평보강재 설치에 따른 복부판 및 수직보강재의 강중변화 및 용접물량변화

구 분	강 재 물 량			용접물량 (필렛용접)
	복 부 판	수평 보강재	합 계	수평 보강재
수평보강재 없음	64.503 ton	-	64.503 ton	-
수평보강재 1단	59.541 ton	3.020 ton	62.561 ton	342.444 m

<표 506.5.5> 수평보강재 설치에 따른 단가 비교

구 분	철 판 공	용 접 공	철 공	제작 공수 합 계	톤당 강교 제작 단가
수평보강재 없음	0.972 인	3.655 인	0.640 인	5.267 인	116 만원
수평보강재 1단	1.013 인	4.131 인	0.640 인	4.784 인	126 만원

<표 506.5.6> 수평보강재 설치에 따른 공사비 변화 예시(단위 : 백만원)

구 분	강교중량 (ton)	강 교 제작비	운반 및 가설비	강 교 재료비	공 사 비	비 고
수평보강재 없음	151.317	175	52	10.6	333	12
수평보강재 1단	149.375	189	52	10.4	345	

로 그 역할의 차이가 없다는 것을 알 수 있었다. 5가지의 가로보의 간격에 대해서는 10.3 ~ 10.6 % 정도의 분포로 전혀 차이가 없음을 알 수 있다.

결론적으로 소수거더교의 경우 가로보 또는 브레이싱의 형식이나 배치간격이 하중분배에는 큰 영향이 없음을 확인할 수 있다.

(4) 수평 보강재

여기서는 수평보강재의 유무가 강재중량 및 전체 공사비에 미치는 영향을 파악하기 위하여 재료 및 용접의 수량과 단가를 고려해 최종적인 공사비의 변화를 단경간 교량(지간장: 50 m)을 이용하여 검토하였다.

수평보강재의 설치단수는 0 ~ 1단까지만 변화시켰으며, 거더 높이는 단경간교 3.2 m로 고정시켜 강재중량 및 응력비(작용응력/허용응력)를 분석하였다. 수직보강재의 간격은 수직보강재의 간격 검토에서 언급한 것과 같이 부위에 따라 2.5 m와 5.0 m로 고정시켰고, 복부판의 두께는 도로교 설계기준의 최소두께를 적용시켰다.

결론적으로 수평보강재가 없는 경우, 거더의 수량은 좀 더 소요되지만, 수평보강재 추가시에 소요되는 추가 공사비 보다는 적은 것으로 검토되었다.

(5) 수직 보강재

수직보강재는 복부판의 전단 강도를 증가시키기 위해 사용하며, 수평보강재의 간격 및 단수와 밀접한 관련이 있다. 수직보강재의 간격을 변화시키며 전체 공사비에 미치는 영향을 검토하였다.

가로보가 일반적으로 5.0 m 간격으로 배치되고 수직보강재와 접합이 되어야 하는 것을 고려하여, <표 506.5.7>에서 보는 바와 같이 수직보강재 간격을 2.5, 2.5 ~ 5.0, 5.0 m로 변화시켜 검토하였다.

<표 506.5.7> 수직보강재의 제원

CASE	수직보강재 간격	최소수직 보강재제원	수직보강재 강중
1	2.5 m	250 x 22 mm	20.71 ton
2	2.5 m ~ 5.0 m	250 x 22 mm	16.70 ton
3	5.0 m	수직보강재의 간격 조건-NG	-

2.5 ~ 5.0 m 간격의 배치는 지점부 부위에서는 전단응력이 높아 수직보강재가 조밀하게 배치되어야하는 것을 고려한 것으로서 일반부에서는 5.0 m 간격으로 지점부 부위에서는 2.5 m 간격으로 변화시켜 검토하였다.

가로보 등의 간격을 고려하여 일률적으로 5.0 m로 수직보강재의 간격을 유지하는 것이 아니라 부위에 따라 지점부위에는 2.5 m, 지간 중앙부에는 5.0 m로 변화시켜가면서 적용하는 것이 보다 합리적인 것으로 검토되었다.

5.1.3 여유도 평가

소수거더교는 일반적으로 2거더 시스템으로 설계되며 다수 거더교와 다르게 거더의 최소화, 가로보와 수평브레이싱의 단순화 또는 생략을 통하여 경제성, 시공성, 유지관리 측면에서 합리화를 도모한 거더교 형식이다. 그러나 소수거더교는 거더 등 주요부재가 소성상태 또는 다른 원인으로 인하여 하중을 지지할 수 없는 경우 교량 전체의 붕괴로 이어질 수 구조적 여유도(Redundancy)가 낮은 교량형식이다.

한국강구조학회에서는 바닥판과 거더가 합성되는 2거더 시스템의 여유도 평가 및 설계방법을 다음과 같이 제시하고 있다(소수거더교 여유도 설계가이드, 2006).

(1) 단순교의 여유도 설계

단순교의 여유도 확보를 위해 주거더의 휨인장응력을 허용응력 대비 일정 부분 낮추어 설계하여야 한다. 단순교의 효과적인 여유도 확보를 위해 거더 하부플랜지 위치에 수평브레이싱을 설치할 수 있다.

(2) 연속교의 여유도 설계

연속교은 일반적으로 충분한 여유도를 확보하고 있으므로 설계 시에 여유도를 검토하지 않아도 된다.

5.2 설계 흐름도 구성

5.2.1 주설계단계

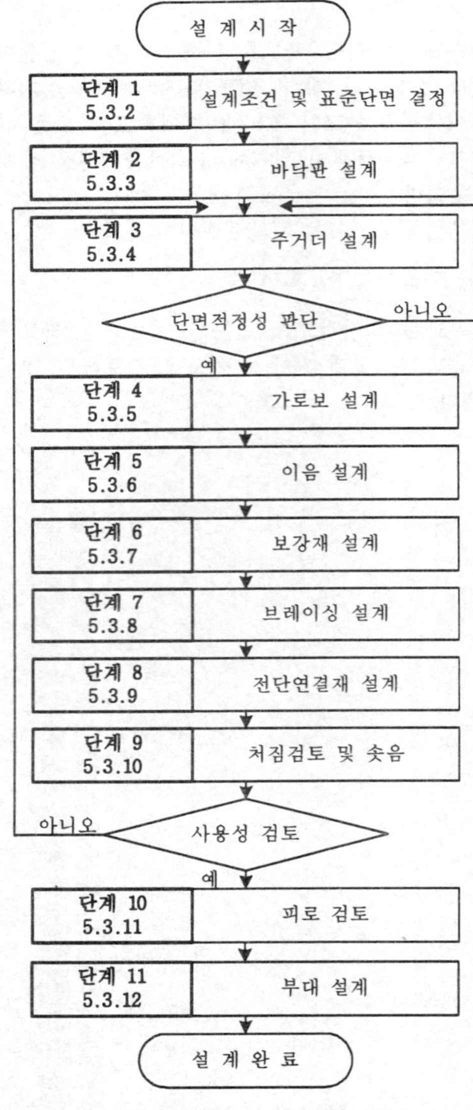

<그림 506.5.3> 주설계흐름도

5.2.2 [단계 1] 설계조건 및 표준단면 결정

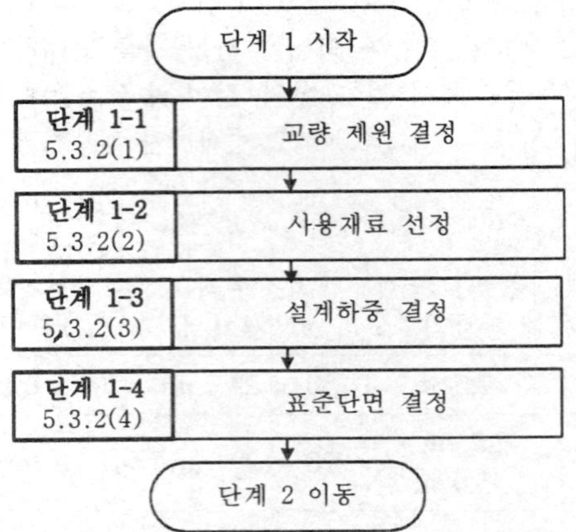

<그림 506.5.4> 설계조건 및 표준단면 결정

5.2.3 [단계 2] 바닥판 설계

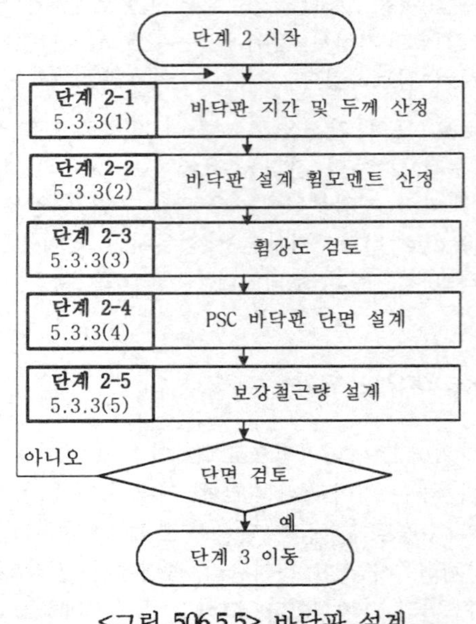

<그림 506.5.5> 바닥판 설계

5.2.4 [단계 3] 주거더 설계

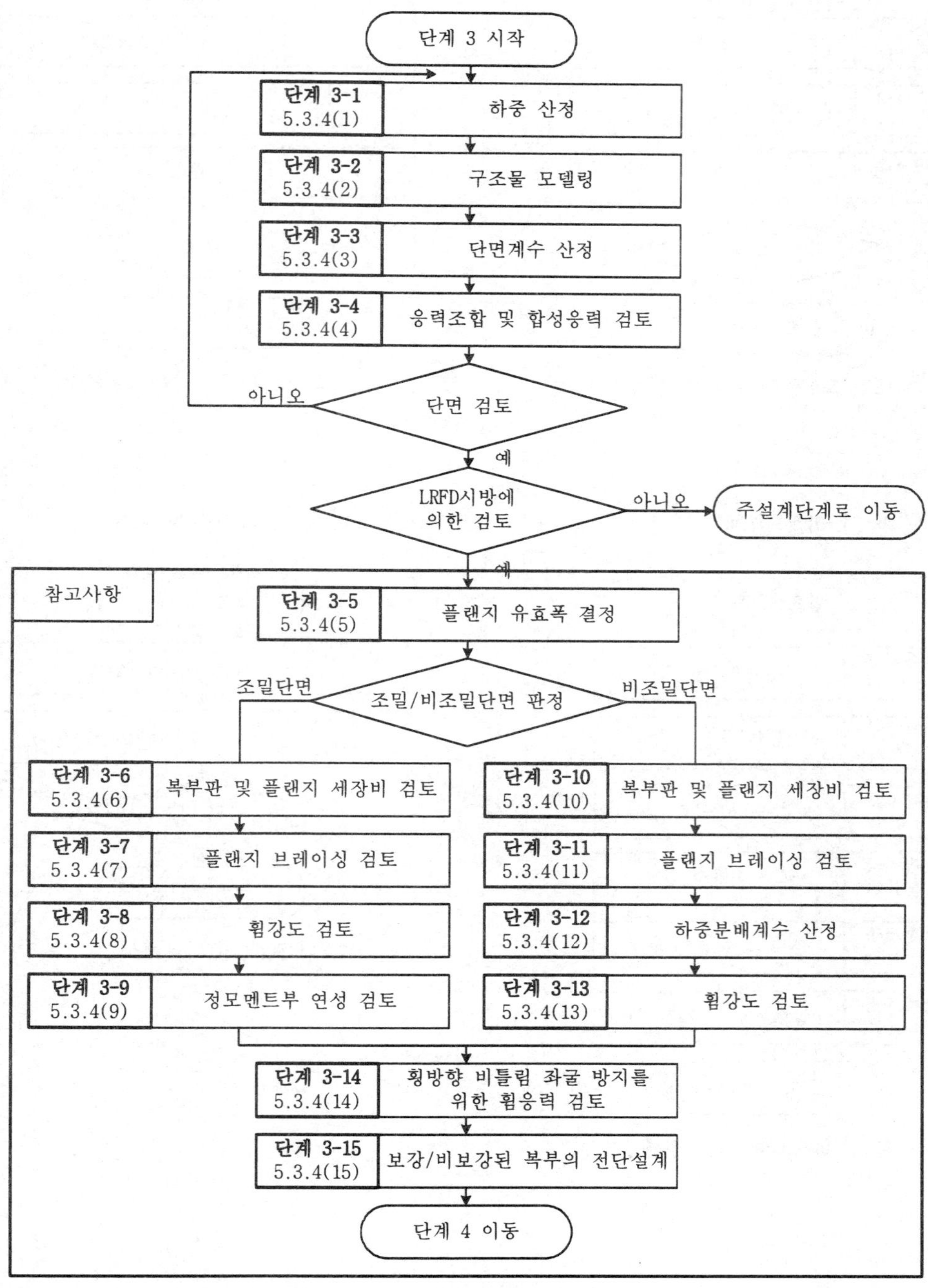

<그림 506.5.6> 주거더 설계

5.2.5 [단계 4] 가로보 설계

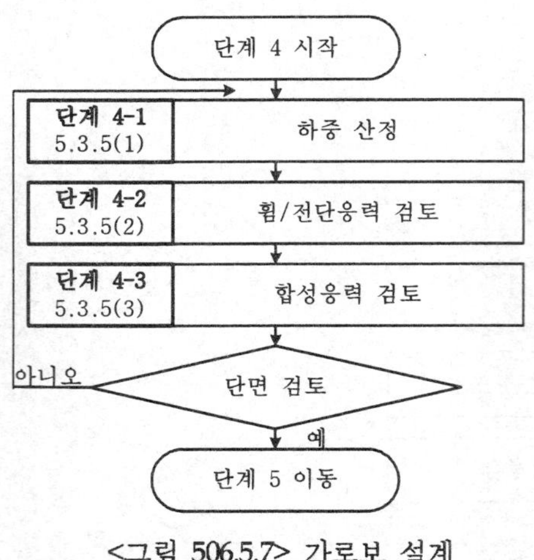

<그림 506.5.7> 가로보 설계

5.2.6 [단계 5] 이음 설계

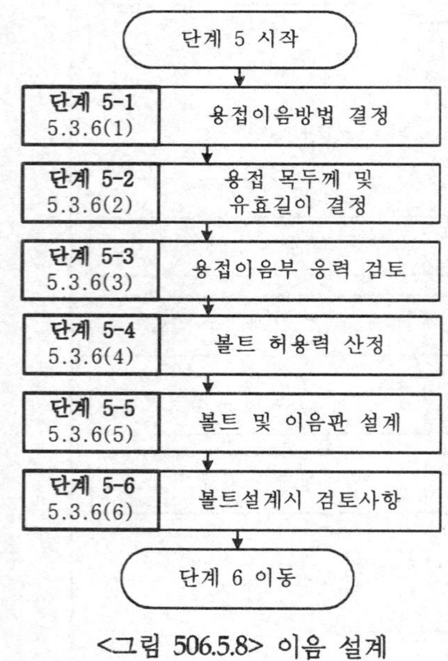

<그림 506.5.8> 이음 설계

5.2.7 [단계 6] 보강재 설계

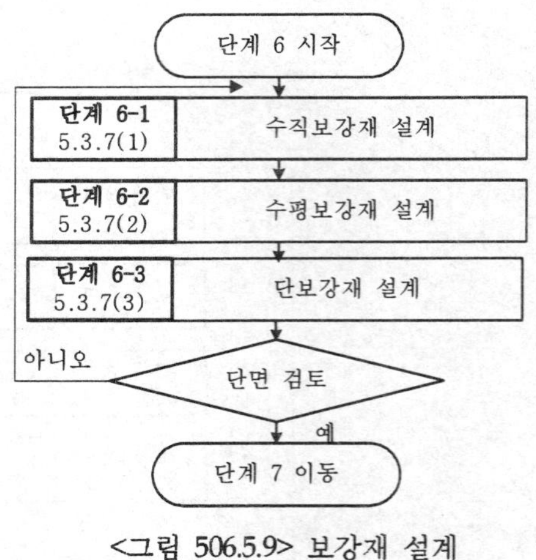

<그림 506.5.9> 보강재 설계

5.2.8 [단계 7] 브레이싱 설계

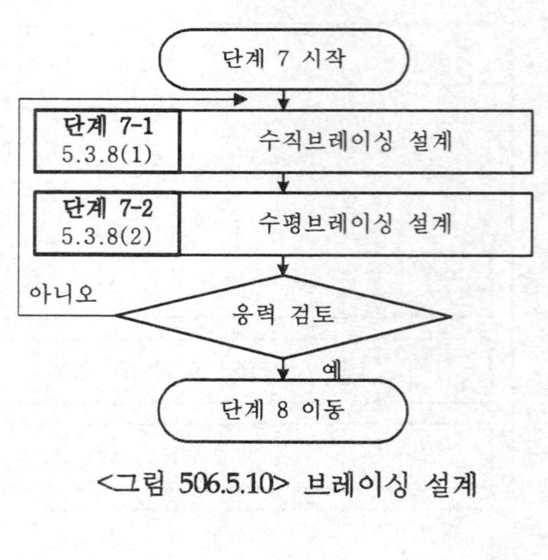

<그림 506.5.10> 브레이싱 설계

5.2.9 [단계 8] 전단연결재 설계

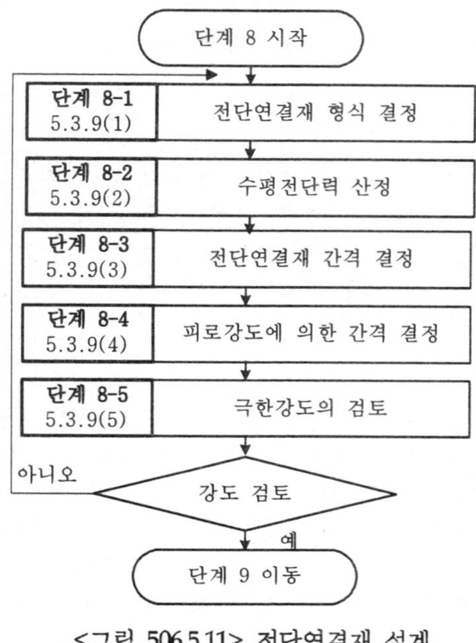

<그림 506.5.11> 전단연결재 설계

5.2.10 [단계 9] 처짐검토 및 솟음

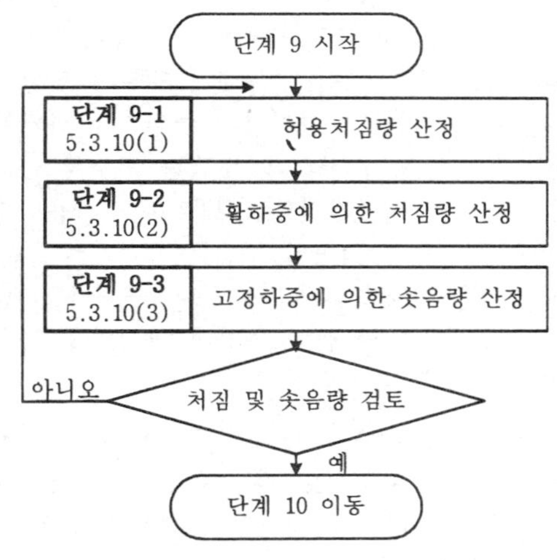

<그림 506.5.12> 처짐검토 및 솟음

5.2.11 [단계10] 피로 검토

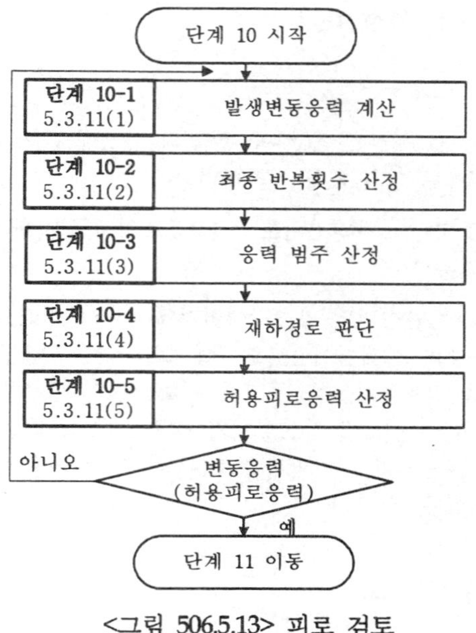

<그림 506.5.13> 피로 검토

5.2.12 [단계11] 부대 설계

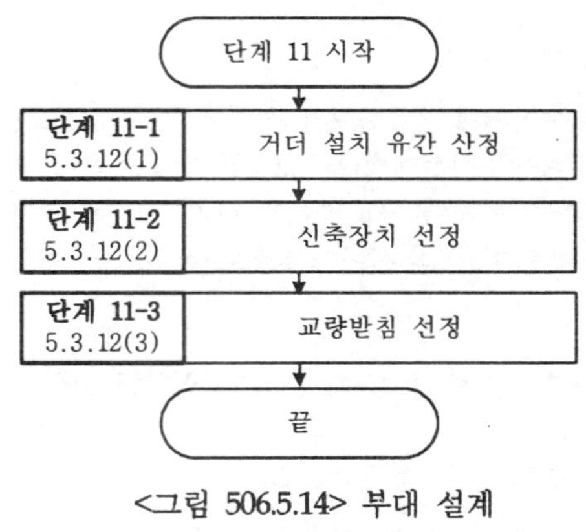

<그림 506.5.14> 부대 설계

5.3 설계단계별 고려사항

5.3.1 주설계단계

(1) 설계조건

① [도 · 설 1.3 교량의 등급]의 규정에 따라 설계 활하중의 크기를 결정한다.

② 교량의 폭원은 [도 · 설 1.5.2 구조규격]에 따라 적용한다.

③ 비합성거더 및 합성거더에서의 주거더 및 부부재의 설계방법은 [도 · 설 2.2.2 허용응력설계법]을 적용한다. 철근콘크리트 바닥판의 설계방법은 [도 · 설 2.2.3 강도설계법]에 따르며, 프리스트레스트콘크리트 바닥판은 [도 · 설 2.2.2 허용응력설계법]을 따른다.

(2) 사용재료

① [도 · 설 2.3 사용재료] 및 [도 · 설 3.2.5 강재의 선정]에 따라 재료를 선택한다.

② 재료의 허용응력은 [도 · 설 3.3 허용응력]의 규정을 따른다.

③ 설계계산에 사용하는 재료의 물리상수는 [도 · 설 2.3.3 설계계산에 사용하는 물리상수]에 따른다.

(3) 설계계산

소수거더교 각 부재의 설계에 있어서 [도 · 설 2.2.2 허용응력설계법]에 규정된 하중조합에 의해 발생하는 응력이 구조형식에 따라 규정된 허용응력 이하인지를 검사하는 것으로 한다.

5.3.2 [단계 1] 설계조건 및 가정단면 결정

(1) 교량 제원 결정

국도 또는 고속도로에 가설되는 교량의 제원을 파악하고 접속도로와 교통량에 의해 [도 · 설 1.3 교량의 등급]에 따라 교량을 3등급으로 나누어서 설계한다.

(2) 사용재료 선정

[도 · 설 2.3 사용재료] 및 [도 · 설 3.2.5 강재의 선정]에 따라 사용재료를 선택한다.

(3) 설계하중 선정

소수거더교의 설계에는 [도 · 설 2.1.1 하중의 종류]에 규정된 주하중, 부하중, 주하중에 상당하는 특수하중, 부하중에 상당하는 특수하중에 대하여 고려하여야 한다.

(4) 단면가정

① 교량의 형식(국도, 고속도로) 및 용도(본선, 램프)에 따라 차로수 및 차로폭이 결정되면, 이에 적합한 주거더수를 결정한다. 또한 지간장별 작용하중에 저항하는 최적의 주거더크기(폭, 높이)뿐만 아니라, 가설위치의 지형을 고려하여 차량 운반이 가능한 주거더의 크기도 함께 검토한다.

② 상 · 하부 플랜지 및 복부, 가로보 및 세로보 단면의 결정은 [도 · 설 3.8.3 플랜지] 및 [도 · 설 3.8.4 복부판]에 따른다.

③ 보강재의 간격 및 단면의 결정은 [도 · 설 3.8.5 수직보강재] 및 [도 · 설 3.8.6 수평보강재]에 따른다.

④ 보강재 개수를 최소로 해 제작성을 개선한 소수거더의 특성상 주거더의 개수는 적고 주거더 간격이 넓어지게 된다. 철근콘크리트 바닥판의 경우에는 주거더간의 간격이 넓어질수록 바닥판 두께가 두꺼워져 주거더 및 바닥판 모두에 불리하게 되어, 적당한 간격으로 세로보를 사용하거나 혹은 최소로 바닥판의 두께를 증가시켜 주거더의 간격을 최대화시키도록 한다. 또한 바닥판에 횡방향 PSC 구조를 도입하여 바닥판을 얇게 하기도 한다.

⑤ 복부판의 경제적 높이는 주거더간격, 사용강재의 종류에 따라서도 다르며, 일반적으로 다음 사항을 고려하여 경제적인 교량이 되도록 결정하여야 한다.

- 다리밑 공간과 계획노면 높이의 관계

- 복부판 높이, 두께에 관한 설계기준 규정
- 플랜지 폭, 플랜지 단면적
- 수송상의 제한

5.3.3 [단계 2] 바닥판의 설계

(1) 바닥판 지간 및 두께 산정

① 적용범위는 변장비가 1:2 이상인 철근콘크리트 바닥판으로 한다.

② 바닥판의 지간은 [도 · 설 3.6.1.3 철근콘크리트 바닥판]에 따라 결정하며, 단면가정을 위한 철근콘크리트 바닥판의 최소두께는 [도 · 설 3.6.1.5 바닥판의 최소두께]에 따른다.

③ 바닥판에 PS 긴장력을 도입하는 경우에는 [도 · 설 4.7.4.2 프리스트레스콘크리트 바닥판]을 추가로 적용한다.

(2) 바닥판 설계휨모멘트 산정(고정하중 · 활하중 산정, 충격계수 산정)

① 바닥판 단면검토를 위한 고정하중 및 활하중의 적용은 [도 · 설 2.1.2 고정하중] 및 [도 · 설 2.1.3 활하중], 그리고 [도 · 설 3.6.1.4 바닥판의 설계 휨모멘트]에 따른다.

② 충격하중은 [도 · 설 2.1.4 충격]에 의해 산정된 충격계수를 활하중에 곱한 값으로 한다.

(3) 휨강도 검토

① 계수하중을 조합하여 하중조합 중에 가장 불리한 상태의 최대·최소 단면력을 결정한다.

② RC 바닥판은 ①에 의해 산정된 단면력에 대하여 주철근량 및 배력철근량을 산정한다. 이때 [도·설 3.6.1.6~3.6.1.11]에 따라 철근의 지름, 덮개, 주철근 및 배력철근의 간격 등의 규정을 만족하도록 설계한다.

③ PSC 바닥판의 휨강도 검토는 [도·설 4.6.3.5 휨강도]에 따라 수행하고, 철근량을 산정한다. 최대/최소 강재량 검토는 [도·설 4.6.3.6 철근 및 PS강재의 제한(연성한계)]에 따라 수행한다.

(4) PSC 바닥판 단면설계

① 가정한 PS강재량에 대하여 초기 강연선 긴장력을 결정하고, [도 · 설 4.6.3.4 프리스트레스의 손실] 규정의 즉시 손실 및 장기 손실을 고려하여 바닥판에 작용하는 유효 PS 긴장력을 산정한다.

② 사용하중상태에서 바닥판 단면의 상 · 하연 응력을 구하고, 허용응력을 만족하는지 여부를 검토한다. 콘크리트의 허용응력을 초과하는 경우에는 단면을 재가정하거나 PS강재의 편심량 또는 PS강재량을 조절하여 사용하중상태에서 응력에 대한 안전을 만족하도록 한다.

③ 슬래브 측면의 PS강연선 정착구 설계는 [도·설 4.6.3.9 포스트텐션 부재의 정착구역]의 기준에 따라 할렬, 파열 및 정착구 지압응력을 검토하도록 한다.

(5) 보강철근량 설계

① 지점부의 인장을 받는 콘크리트 바닥판에서 콘크리트의 단면을 유효로 하는 설계를 하는 경우에는 바닥판에 작용하는 전 인장력을 철근이 받도록 해야 한다. 교축방향의 주장률 철근은 [도 · 설 3.9.2.3 인장력을 받는 바닥판의 배근]에 따라 설계하도록 한다.

② 바닥판에 배근되는 배력철근은 [도 · 설 3.6.1.4 바닥판의 설계 휨모멘트]에 따라 배근하도록 한다.

③ 주거더 단부를 설계하기 위해서는 [도 · 설 3.6.1.11 주거더 단부의 바닥판] 규정과 [도 · 설 4.7.6.4 캔틸레버 바닥판의 단부] 규정에 따라 철근량을 산정하도록 한다.

5.3.4 [단계 3] 주거더 설계

(1) 하중산정

① 주거더 설계를 위한 고정하중은 [도 · 설 2.1.2 고정하중]에 따라 합성전 고정하중과 합성

후 고정하중을 구분하여 산정한다.

② 활하중은 [도 · 설 2.1.3 활하중]에 따라 설계 차로폭을 결정하고 표준트럭하중(DB) 및 차로하중(DL)을 재하하며, 충격하중은 [도 · 설 2.1.4 충격]에 의해 충격계수를 산정하여 활하중의 충격효과를 고려한다.

③ 지점침하의 영향을 고려하는 경우 부정정 구조물에서 지반의 압밀침하 등으로 인하여 장기간에 걸친 지점의 이동 및 회전의 영향을 고려하여야 할 경우에는 최종 이동량을 추정하여 단면력을 산정하여야 하며, 탄성계산에서 구한 단면력을 그대로 설계에 사용한다.

④ 2차 부정정력 산정을 위한 하중은 [도 · 설 2.1.7 콘크리트의 크리프와 건조수축의 영향] 및 [도 · 설 2.1.12 온도변화]에 따른다.

(2) 구조물 모델링

① 교량의 상부는 각 주거더와 가로보, 세로보를 격자형태로 모델링하며 평면곡선 및 Skew 효과를 고려한 3차원 모델링을 원칙으로 한다.

② 소수거더교가 합성거더일 경우 주거더 및 가로보는 상부 바닥판과의 합성을 고려한 단면강성을 고려한다. 이때 부재력 및 변위를 산정하기 위해서는 3차원 모델링에서는 유효폭을 고려하지 않은 전체의 단면을 적용한다.

③ 고정하중은 주거더의 강재 자중 및 콘크리트 바닥판의 자중을 고려하며, 바닥판 자중은 2차원 모델을 사용하여 거더에 반력으로 산정한 후 그 반력을 3차원 상부 모델에 재하한다.

④ 활하중의 재하는 콘크리트 슬래브에 의한 하중의 횡분배 효과를 고려하여 최대로 불리한 경우가 되도록 하여 주거더를 설계하여야 한다.

(3) 단면계수 산정

① 각 단면에 대하여 합성전, 합성후로 나누어 시공단계에 합당한 단면계수를 산정한다.

② 단면검토를 위한 단면계수는 지간과 부재의 폭에 의한 유효폭 규정인 [도 · 설 3.8.3.4 플랜지의 유효폭] 규정을 적용하여 산정하도록 한다.

(4) 응력조합 및 합성응력 검토

① 휨모멘트에 의한 판형단면의 휨응력은 탄성이론에 따라 평면상태를 유지하는 경우에 한하여 [도 · 설 3.8.2.1 플레이트거더의 휨응력]에 따라 산정한다.

② 판형에서 휨에 의한 전단응력의 단면내 분포는 판형과 같은 얇은 단면의 경우, 전단력이 각 부재의 중앙선에 대하여 흐른다는 전단류(剪斷流) 이론에 의한 것을 엄밀해로 본다. 그러나 판형의 경우는 전단력의 대부분을 복부판에서 받아 지지하고, 복부판내에는 응력분포가 균일하게 분포되므로 [도 · 설 3.8.2.2 복부판의 전단응력]에 따라 산정하도록 한다.

③ 휨모멘트에 의한 휨응력과 휨에 따르는 전단응력에 대하여 설계할 경우 각 응력이 각각의 허용응력 안에 들어오더라도 합성응력이 허용응력을 초과하여 위험하게 될 경우를 고려하여 [도 · 설 3.8.2.4 합성응력의 검산]에 따라 합성응력을 검토하여야 한다.

④ 합성응력의 검토는 휨응력과 전단응력이 다 같이 허용응력의 45%를 초과할 경우에 대해서만 수행하도록 한다.

⑤ 주거더의 플랜지와 라멘 가로보의 플랜지가 직접 연결되는 경우와 같이 주거더의 2방향 응력이 작용하는 부분에 대해서는 [도 · 설 3.8.2.5 2축응력 상태의 검산]에 따라 검토가 이루어져야 한다.

5.3.5 [단계 4] 가로보 설계

(1) 하중 산정

(1) 하중 및 단면력 산정

① 가로보 설계를 위한 하중은 주거더 설계에 적용하는 고정하중, 활하중 및 기타 하중과 같이 산정한다.

② 단부 및 내지점부 가로보 단면력은 주거더를 지점으로 고려하여 영향선 종거로 계산하는 Local 방법과 3차원 격자모델에서 산정하는 Global 방법에서 산

정된 단면력 중 불리한 경우를 각각 적용한다. 이러한 방법은 주거더를 격자모델로 수행할 경우 현재까지 설계에서 가장 보편적으로 사용되는 방법이다.

③ 지간부의 I형 비합성 가로보의 경우에는 직접적인 하중이 재하되지 않으므로 Global 해석에 의한 단면력을 적용한다.

(2) 휨/전단응력 검토

휨모멘트에 의한 판형단면의 휨응력은 [도·설 3.8.2.1 플레이트거더의 휨응력]에 따라 산정하며, 복부판의 휨에 따르는 복부판의 전단응력은 [도·설 3.8.2.2 복부판의 전단응력]에 따라 산정한다.

(3) 합성응력 검토

① 휨모멘트에 의한 휨응력과 휨에 따르는 전단응력에 대하여 설계할 경우 각 응력이 각각의 허용응력 안에 들어오더라도 합성응력이 허용응력을 초과하여 위험하게 될 경우를 고려하여 [도·설 3.8.2.4 합성응력의 검산]에 따라 합성응력을 검토하여야 한다.

② 합성응력의 검토는 휨응력과 전단응력이 다같이 허용응력의 45 %를 초과할 경우에 대해서만 수행하도록 한다.

5.3.6 [단계 5] 이음 설계

(1) 용접이음방법 결정

응력을 전달하는 용접이음에는 전단면(全斷面) 용입홈용접, 부분 용입홈용접 또는 연속 필렛용접을 쓰도록 하며, 용접이음방법의 결정은 [도·설 3.5.2.1 용접의 종류와 적용]에 따르도록 한다.

(2) 용접 목두께 및 유효길이 결정

① 응력을 전달하는 용접부의 목두께는 [도·설 3.5.2.2 용접부의 유효두께]에 따라 산정한다.

② 용접부의 유효길이는 이론상의 목두께를 가지는 용접부의 길이로 하며, [도·설 3.5.2.3 용접부의 유효길이]에 따라 산정하도록 한다.

③ 필렛용접의 경우 용접 치수 및 최소 유효길이는 [도·설 3.5.2.4 필렛용접의 치수] 및 3.5.2.5 필렛용접의 최소 유효길이]에 따른다.

(3) 용접이음부 응력 검토

① 용접이음에 축방향력 또는 전단력이 작용하는 경우 용접부에 발생하는 응력은 [도·설 3.5.2.6 축방향력 또는 전단력을 받는 용접이음의 응력]에 따라 산정한다.

② 휨모멘트를 받는 용접이음부에 발생하는 응력은 [도·설 3.5.2.7 휨모멘트를 받는 용접 이음부의 응력]에 따라 산정한다.

③ 축방향력, 휨모멘트 및 전단력을 동시에 받는 용접이음에서는 [도·설 3.5.2.8 용접이음부의 합성응력의 검토]에 따라 합성응력에 대한 검토가 이루어져야 한다.

(4) 볼트 허용력 산정

볼트의 허용력은 [도·설 3.5.3.4 볼트의 허용력]의 규정에 따라 산정한다.

(5) 볼트 및 이음판 설계

① 고장력볼트를 사용한 볼트의 설계는 [도·설 3.5.3.5 볼트의 설계]에 따른다.

② 고장력볼트 이음에 있어서 이음판의 설계는 [도·설 3.5.3.6 이음판의 설계]에 따른다.

(6) 볼트설계시 검토사항

① 볼트설계시 인장재 순단면적의 계산은 [도·설 3.5.3.7 순단면적의 계산]에 따른다.

② 볼트의 최소/최대 중심간격은 [도·설 3.5.3.8 볼트의 최소 중심간격] 및 [도·설 3.5.3.9 볼트의 최대 중심간격]에 따르며, 연단거리는 [도·설 3.5.3.10 연단거리]에 따라 검토하여야 한다.

③ 연결하려는 부재 또는 재편 사이에 채움판을 넣을 경우 [도·설 3.5.3.13 채움판]의 규정에 따라야 한다.

5.3.7 [단계 6] 보강재 설계

(1) 수직보강재 설계

① 복부판 높이와 복부판 두께가 [도·설 3.8.4.1 비합성 플레이트 거더의 복부판 최소두께]에 규정된 두께 이상의 경우에는 복부판에 필히 수직보강재를 설치하여야 한다. 제작성을 강조한 소수거더의 특성상 보강재의 개수를 줄일 수 있도록 복부판의 두께와 수직보강재 또는 수직브레이싱의 간격을 결정한다. 수직보강재의 간격을 조사하는 관계식은 [도·설 3.8.5.1 수직보강재의 간격]에 따라 정한다.

② 연속형의 지점상에 있어서 전단응력이 비교적 큰 부분에서는 수직보강재의 간격이 좁아질 가능성이 있다. 이 경우에는 복부판 두께를 증가시켜 전단응력을 작게 하거나, 플랜지 휨응력에 여유를 주어 보강재간격이 극단적으로 좁게되는 것을 방지하여야 한다.

③ 수직보강재의 강도는 [도·설 3.8.5.2 수직보강재의 강도]에 따라 검토되어야 한다.

(2) 수평보강재 설계

① 복부판에는 복부판 두께와 복부판 높이의 관계로부터 계산에 따라 필요개수의 수평보강재를 [도·설 3.8.6.1 수평보강재의 위치]에 따라 설치하여야 한다. 수평보강재는 복부판의 한쪽에만 배치하고 돌출길이가 수직보강재보다 짧도록 하는 것이 일반적이며, 복부판의 좌굴파형의 마디가 되고 반드시 주거더가 내하력한계에 이를 때까지 좌굴되지 않을 정도의 강도를 지닐 필요가 있다. 그 필요강도는 [도·설 3.8.6.2 수평보강재의 강도]에 따른다.

② 수평보강재의 강재종류는 그 설치 위치의 복부판에 발생되는 최대응력과 같은 응력을 받는 것으로 하여 정하여야 하며, 보통 수직보강재와 수평보강재의 단부는 35 mm 사이를 두고 설치하는 것이 일반적이다. 또한 복부판의 현장이음부에서는 수평보강재를 생략할 수 있으며, 보강재의 돌출부와 두께의 관계는 압축력을 받는 자유돌출부의 규정에 따르며, 복부판응력이 낮은 곳에 설치한 보강재는 복부판응력과 같은 응력을 받고 있는 것으로 하여 두께를 줄여도 좋다.

(3) 단보강재 설계

지점 및 가로보·세로보·수직브레이싱 등의 연결부와 같이 하중이 집중되는 점에서는 보강재를 [도·설 3.8.7 하중 집중점의 보강재]에 따라 설계하여야 한다.

5.3.8 [단계 7] 브레이싱 설계

(1) 수직브레이싱 설계

① 수직브레이싱은 [도·설 3.8.8.1 수직브레이싱]에 따라 설계하도록 한다. 단, I형 단면 및 π형 단면의 소수거더교에서는 수직브레이싱 간격을 6 m 이내로 설계하되 플랜지폭의 30 배를 넘지 않는 간격으로 중간수직브레이싱을 설계하여야 한다. 또한 수직브레이싱은 주거더간격, 수평브레이싱의 구조, 현장이음의 위치 등을 고려하여 지간을 대략 등분하여 배치한다.

② 수직브레이싱을 하중분배거더로 하여 설계하는 경우에는 주거더와의 연결부에서 휨모멘트가 충분히 전달될 수 있는 구조가 되도록 하여야 하며, 이때 수직브레이싱은 주요 부재로서 DL하중에 의하여 설계하여야 한다. 또한 지점상에는 필히 주거더간을 연결하는 단부 수직브레이싱을 설치하여야 한다.

(2) 수평브레이싱 설계

① 지간이 25 m를 초과하는 경우 횡하중을 받침에 전달하기 위하여 수평브레이싱을 [도·설 3.8.8.2 수평브레이싱]에 따라 설계하도록 한다. 일반적으로 상부 수평브레이싱은 바닥판으로 대용하므로 하부수평브레이싱이 횡하중의 1/2을 받

는 것으로 설계한다. 횡하중으로는 풍하중과 지진하중을 고려한다.

② 수평브레이싱의 평면은 보통 수직브레이싱의 하부면과 일치하도록 설치한다. 수평브레이싱 부재에는 일반적으로 L형 단면 또는 ㄷ형 단면이 사용되나 너무 작은 부재를 사용하면 강성이 부족하므로 최소 L형강을 75 mm × 75 mm로 한다.

③ 수평브레이싱의 부재는 일반적으로 연결판에 플랜지의 한 면이 연결되도록 한다. 이 경우 인장부재의 경우에는 그 유효단면적의 감소, 압축부재의 경우에는 축력의 편심에 의한 영향을 고려할 필요가 있다.

④ 상로 소수거더교에서 주거더가 강상판 또는 철근콘크리트 바닥판과 결합되어 있어 횡방향 좌굴 등의 변형에 견딜 수 있을 때에는 상부 수평브레이싱을 생략할 수 있다.

⑤ 지간이 25 m 이하이면서 튼튼한 수직브레이싱이 있고 바닥판이 주거더를 충분히 고정시키고 있다고 볼 수 있는 경우에는 하부 수평브레이싱도 생략할 수 있으나, 수평브레이싱은 가설시에 거더의 형상을 유지하는데 필요하므로 함부로 생략하지 않는 것이 좋다. 한편 곡선교의 경우에는 하부 수평브레이싱을 생략할 수 없다.

5.3.9 [단계 8] 전단연결재 설계

(1) 전단연결재 형식 결정

① 전단연결재의 설계에 있어서 합성효과, 사용장소, 시공의 난이 등을 고려하여 [도 · 설 3.9.5.1 전단연결재의 종류] 중에서 선택하도록 한다.

② Precast 바닥판을 적용할 경우 스터드가 길면 운송 및 가설시에 지장을 초래하기 때문에 [강 · 설 부록 Ⅲ.8]의 규정에 따른 6각 너트를 사용한 나사식 스터드를 적용한다.

(2) 수평전단력 산정

① 전단연결재는 각종 하중의 조합에 의한 강재들보와 바닥판 콘크리트 사이의 전단력이 가장 크게 되는 경우에 대해서 설계하며, 허용응력의 증가를 고려해서는 안된다. [도 · 설 3.9.5.2 전단연결재의 설계]

② 바닥판 콘크리트의 건조수축 및 바닥판 콘크리트와 강재들보의 온도차에 의해 전단연결재에 작용하는 전단력은 [도 · 설 3.9.5.3 바닥판 콘크리트의 건조수축 및 바닥판 콘크리트와 강재 주거더의 온도차에 의해서 생기는 전단력]에 따라 산정한다.

(3) 전단연결재 간격 결정

전단연결재의 최대 및 최소간격은 [도 · 설 3.9.5.4 전단연결재의 최대 간격] 및 [도 · 설 3.9.5.5 전단연결재의 최소 간격]의 규정에 따른다.

(4) 피로강도에 의한 간격 결정

위 (3)의 항에 의해 설계된 전단연결재는 [도 · 설 3.9.5.9 피로강도를 고려한 전단연결재의 간격] 규정에 따라 충격을 포함한 활하중 전단력의 범위에 따라 산정된 간격으로 재검토해보아야 한다.

(5) 극한강도의 검토

위 (4) 피로강도의 검토항에 의해 설계된 전단연결재는 [도 · 설 3.9.5.10 극한강도 검토] 규정에 따라 충분한 극한강도를 지니고 있는지에 대해서 검토하여야 한다.

5.3.10 [단계 9] 처짐 검토 및 솟음

(1) 허용처짐량 산정

충격을 포함한 활하중에 의한 강교의 주거더 및 가로보의 최대처짐은 [도 · 설 3.2.3 처짐의 허용값]에서 규정한 값 이하라야 하며, 처짐은 부재의 총단면적으로 계산한다.

(2) 활하중에 의한 처짐량 산정

① 처짐검토를 위해 충격을 포함한 활하중만을 재하하여 처짐량을 산정하도록 한다.

② 설계트럭하중만으로 얻은 처짐값과 설계차로하중과 조합된 설계트럭하중의 25 %에 의해 얻은 처짐값 중 큰 값을 처짐검토를 위한 처짐값으로 사용할 수도 있다[AASHTO LRFD 3.6.1.3.2].

(3) 고정하중에 의한 솟음량 산정

① 지간 25 m이상의 소수거더에서는 [도 · 설 3.8.10.1 솟음] 및 [도 · 설 3.9.7 솟음]에 따라 솟음량을 산정한다. 일반적으로 고정하중으로 인하여 발생되는 장 · 단기 처짐만큼 미리 솟음을 주어 차후 고정하중이 재하되었을 때 계획선형 이하로의 하향 처짐이 발생되지 않도록 함을 원칙으로 한다.

② [AASHTO LRFD] 기준에서는 고정하중에 의한 처짐(솟음)에 의한 사용성의 검토를 위해 [AASHTO LRFD 3.4.1 Load Factors and Load Combinations] 중 ServiceⅡ하중조합에 해당하는 하중을 재하하여 처짐량을 산정하도록 하고 있으므로 참조하여도 좋다.

5.3.11 [단계10] 피로 검토

(1) 발생변동응력 계산

활하중에 의해 발생하는 최대응력과 최소응력의 대수차인 응력범위를 산출한다.

(2) 최종반복횟수 산정

설계시 최대응력범위의 반복횟수는 [도 · 설 3.3.4.2 설계응력반복횟수]에 따라 산정하도록 한다.

(3) 응력범주 산정

응력의 종류 및 범주는 [도 · 설 3.3.4.1 허용피로응력범위]의 <표 3.3.12>에 따라 적용한다.

(4) 재하경로 판단

단재하 및 다재하 경로 구조물의 결정은 [도 · 설 3.3.4.1 허용피로응력범위]에 따른다.

(5) 허용피로응력 산정

부재의 허용피로응력은 [도 · 설 3.3.4.1 허용피로응력범위]에 따라 산정하도록 한다.

5.3.12 [단계11] 부대시설 설계

(1) 거더 설치 유간 산정

① 거더간의 충돌을 방지하기 위한 유간산정은 온도에 의한 신장량, 활하중 처짐에 의한 신장량 등을 고려하여 산정하도록 한다.

② 경우에 따라서는 지진시의 종방향 이동량이 상시의 값보다 크게 산정되는 경우가 있는데, 이런 경우에는 [도 · 설 6.4.8 설계변위] 규정의 지진시 충돌을 고려한 유간을 산정하도록 한다.

(2) 신축장치 선정

① 신축이음장치를 설계하기 위해서는 [도 · 설 2.4.1.3 가동받침의 이동량]의 규정에 따라 온도에 의한 신축량, 활하중 처짐에 의한 신축량, 콘크리트 건조수축에 의한 수축량 등을 고려하여 산정하도록 한다.

② 설치여유량은 [도 · 설 2.4.2.2 설계신축량]에 따라 산정하도록 한다.

(3) 받침 선정

① 받침 이동량을 산정하기 위해서는 [도 · 설 2.4.1.3 가동받침의 이동량]의 규정에 따라 온도에 의한 신축량, 활하중 처짐에 의한 신축량, 콘크리트 건조수축에 의한 수축량 등을 고려하여 산정하도록 한다.

② 상시 및 지진시의 조합된 하중에 의해 발생되는 최대 수직하중 및 수평하중에 대하여 저항할 수 있는 받침을 적용한다. 이 때 교량의 형식과 하부구조의 강성 등을 고려하여 일점고정, 다점고정, 면진 받침 등의 다양한 형식 중 최적화된 방안을 적용하도록 한다.

5.4 소수거더교 설계 예

5.4.1 [단계 1] 설계조건

(1) [단계 1-1] 교량 제원

① 형　식 : 소수거더교

② 연　장 : 50.00 + 60.00 + 50.00 = 160.00 m

③ 폭　원 : 12.60 m

④ 사　각 : 0°

(2) [단계 1-2] 사용재료 및 물리상수

① 콘크리트

- 설계기준강도 : f_{ck} = 40 MPa
- 탄 성 계 수 : E_c = 28,000 MPa
- 강연선 긴장시의 설계강도 : f_{ci} = 30 MPa
- 강연선 긴장시의 탄성계수 : E_{ci} = 26,000 MPa

② 철근 (SD 400)

③ 강재

- 주부재(SM570-TMC) : 주거더, 주거더 연결판, 수직보강재, Sole Plate, 지점부 보강재, 잭업 보강재 등 응력 수준이 높은 부재
- 부부재(SM490) : 일반부 및 지점부 가로보, 가로보 연결판, 가로보의 보강재 등 2차적 기능을 가진 보강부재

④ PS강재 (KSD 7002 SWPC 7B, 저릴랙세이션 강재)

- 극 한 강 도 : f_{pu} = 1,860 MPa
- 항 복 강 도 : f_{py} = 1,570 MPa
- 탄 성 계 수 : E_s = 200,000 MPa

⑤ 볼트 : M22 F10T 고장력 볼트

(3) [단계 1-3] 설계 하중

① 고정하중(단위질량)

- 콘크리트 = 2,500 kg/m^3
- 아스팔트포장 = 2,300 kg/m^3
- 강재 = 7,850 kg/m^3

② 활 하 중 : DB-24, DL-24

③ 충격계수 : $i = \dfrac{15}{40+L}$

④ 지점침하 : 처짐량 10 mm 적용

⑤ 온도하중 :

- 전부재의 균일한 온도변화 : ΔT = ± 15 ℃

T (단면치수) ≥ 700 mm 일 때 ± 10 ℃

- 합성보의 바닥판 콘크리트와 강재 거더의 온도차 : ΔT_y = ± 10 ℃
- 합성형교 선팽창 계수 : $\alpha = 1.2 \times 10^{-5}$

⑥ 크리프 및 건조수축

- 크리프에 의한 응력 계산을 위한 크리프 계수(ϕ_1) : 2
- 건조수축에 의한 응력 계산을 위한 크리프 계수(ϕ_2) : 4
- 바닥판 콘크리트의 건조수축에 의한 최종 수축율(ϵ_s) : 27×10^{-5}

5.4.2 **[단계 1-4] 단면 가정**

(1) 횡단면도

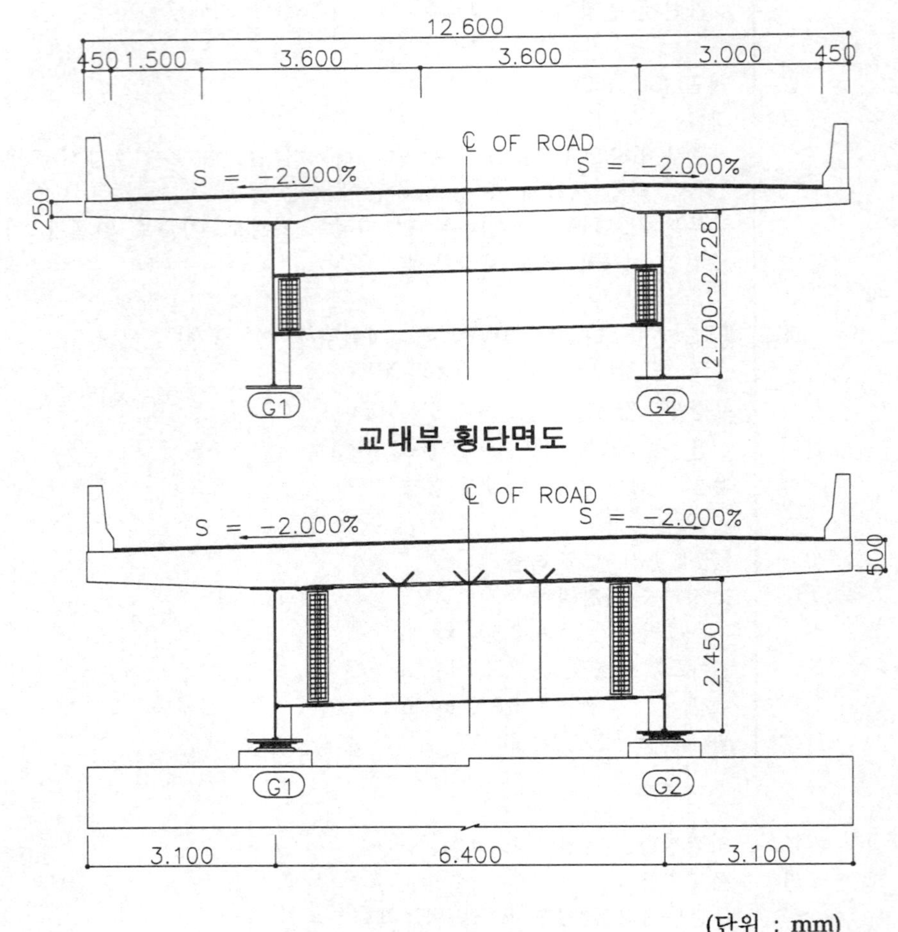

(단위 : mm)

(2) 강재 개요도

1, 3 지간 측면도

NOTE : 3지간은 P1 교각을 중심으로 대칭임.

2 지간 측면도

(단위 : mm)

5.4.3 **[단계 2] 바닥판 설계**

(1) [단계 2-1] 바닥판 최소두께 검토 [도.설 3.6.1.5]

- 바닥판 지간방향으로 긴장력을 도입한 경우 최소 두께의 90 %를 적용 [도·설 4.7.4.2]

① 중앙부 바닥판

- 활하중 지간 : 5.600 + 0.35 = 5.95 m

∴ 바닥판의 최소두께 = $(40L + 130) \times 0.9 = (40 \times 5.95 + 130) \times 0.9$

$= 331 \leq 350$ mm ----- OK

② 캔틸레버 바닥판

- 활하중 지간 : 3.100 - 0.450 - 0.300 - 0.024 / 2 - 0.194 = 2.144 m > 0.25

∴ 바닥판의 최소두께 = $(80L + 230) \times 0.9 = (80 \times 2.144 + 230) \times 0.9$

$= 361 \leq 400$ mm ----- OK

(2) 단면제원

구분	H (mm)	A (mm^2)	Z (mm^3)	I (mm^4)	e_p (mm)
중앙부	350	350,000	20,416,667	3,572,916,667	75
캔틸레버부	400	400,000	26,666,667	5,333,333,333	80

(3) [단계 2-2] 하중산정

① 캔틸레버부

가. 고정하중

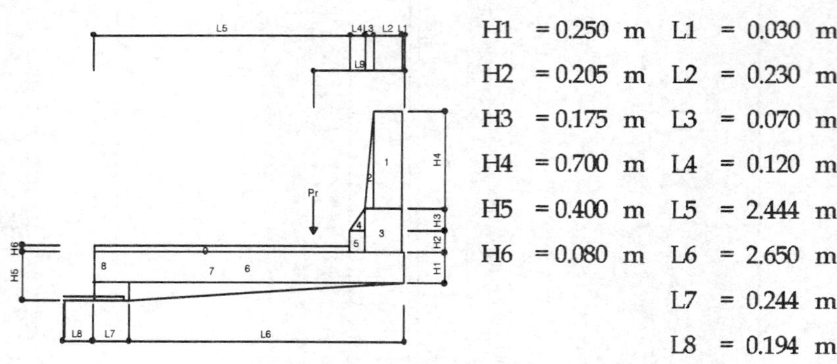

<캔틸레버부 하중 집계표>

NO.	계 산 식	중량 (kN)	x (m)	모멘트 (kNm)
①	0.7 × 0.23 × 25 =	4.025	2.664	10.723
②	0.7 × 0.07 × 25 × 0.5 =	0.6125	2.611	1.599
③	0.38 × 0.30 × 25 =	2.850	2.714	7.735
④	0.175 × 0.12 × 25 × 0.5 =	0.263	2.524	0.663
⑤	0.205 × 0.12 × 25 =	0.615	2.504	1.540
⑥	2.894 × 0.25 × 25 =	18.088	1.569	28.380
⑦	2.65 × 0.15 × 25 × 0.5 =	4.969	1.127	5.600
⑧	0.244 × 0.15 × 25 =	0.915	0.122	0.112
⑨	2.444 × 0.08 × 23 =	4.497	1.222	5.495
	Σ	36.834		61.847

나. 활하중

- 활하중 : 외측 바퀴

$E = 0.8X + 1.14 = 2.855$ m, $X = 2.894 - 0.45 - 0.3 = 2.144$ m

$i = \frac{15}{40 + L} = 0.360 > 0.3$, $i_{used} = 0.3$

$M_{1+i} = \frac{P}{E} \times X \times (1+i) = \frac{96}{2.855} \times 2.144 \times (1+0.3) = 93.714$ kNm/m

- 활하중 : 내측 바퀴

$E = 0.8X + 1.14 = 1.415$ m, $X = 2.894 - 0.45 - 0.3 - 1.8 = 0.344$ m

$i = \frac{15}{40 + L} = 0.372 > 0.3$, $i_{used} = 0.3$

$M_{1+i} = \frac{P}{E} \times X \times (1+i) = 30.340$ kNm

다. 충돌하중

$P_o = (\frac{V}{60})^2 \times 7.5 + 2.5 = (\frac{80}{60})^2 \times 7.5 + 2.5 = 15.833$ (kN/m)

여기서, P_o : 방호울타리 1m 높이에 직각으로 작용하는 교축 1m 당 수평충돌력

V : 차량의 충돌속도 (km/h)

- 방호책 설치요령 : P_o는 방호벽 상단에 횡방향으로 10 kN/m의 수평하중 적용
- 설계 충돌하중 : 방호벽 충돌하중은 위 두 값 중 큰 값을 적용

∴ $P_o = 15.833$ kN/m

곡률 반지름 R ≤ 200 일 때 P_o 값의 2배를 충돌하중으로 적용

$M_o = 15.833 \times (1.000 + 0.08 + \frac{0.400}{2}) = 20.266$ (kNm)

라. 풍하중

B = 12.600 m, D = 4.05 m (방호벽높이 + 바닥판높이 + 거더높이)

B / D = 12.600 / 4.05 = 3.111 (1 ≤ B / D ≤ 8)

∴ 풍하중 = (4.0 - 0.2 × (B / D)) × D = 13.68 kN/m

- 방호벽에 작용하는 풍하중은

$P_w = 13.68 \times 1.000 / 4.050 = 3.378$ kN/m

$M_w = M_o = 3.378 \times (\frac{1.000}{2} + 0.080 + \frac{0.400}{2}) = 2.635$ kNm/m

② 중앙부

가. 고정하중

$w_d = 0.35 \times 25 + 0.08 \times 23 = 10.59$ kN/m

$M_d = \frac{w_d \times l^2}{10} = \frac{10.59 \times 5.95^2}{10} = 37.491$ kNm

나. 활하중

$i = \frac{15}{40 + L} = \frac{15}{40 + 5.95} = 0.326 > 0.3$, $i_{used} = 0.3$

$$M_{1+i}= \frac{L+0.6}{9.6} P_{24}\times(1+i) = \frac{5.95+0.6}{9.6}\times 96\times(1+0.3)= 85.150 \text{ kNm}$$

(4) [단계 2-3] 허용응력 [도 · 설 4.6.3.3]

가. 콘크리트 허용응력

긴장력 도입시 콘크리트 압축강도 : f_{ci}' = 30.0 MPa

프리스트레스 도입직후, 손실 발생전

허용 휨압축응력 : $0.55f_{ci}' =$ 16.5 MPa

허용 휨인장응력 : $0.25\sqrt{f_{ci}'} =$ 1.37 MPa

(보조 철근사용시 : $0.5\sqrt{f_{ci}'} =$ 2.74 MPa)

사용 하중 작용시, 손실 발생후

허용 휨압축응력 : $0.4f_{ck} =$ 16 MPa

허용 휨인장응력 : $0.5\sqrt{f_{ck}} =$ 3.16 MPa

균열응력 : $0.63\sqrt{f_{ck}} =$ 3.98 MPa

나. PS강재의 허용응력

정착후 정착부에서의 응력 : $f_{psa} = 0.7f_{pu} =$ 1,302 MPa

손실 발생 후 사용하중 상태에서의 응력 : $f_{psa} = 0.8f_{py} =$ 1,256 MPa

(5) 프리스트레스의 손실

① 강연선 배치도

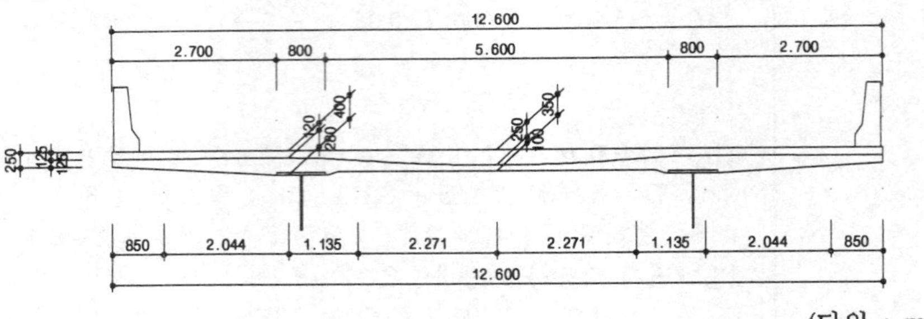

(단위 : mm)

② 정착단에서의 PS강재의 초기긴장력

- 사용긴장재 : SWPC7B 0.6" - 4 EA = 554.8 mm^2, CTC 500
- PS강재 긴장력 : $0.8f_{pu} =$ 1488 MPa, $0.9f_{py} =$ 1413 MPa
  중 작은 값이 최대 허용긴장력이므로 1413 MPa로 긴장
- $P_o =$ 1413 × 554.8 × 2 EA = 1567.86 kN

③ PS강재와 쉬스 사이의 마찰에 의한 손실

- $P_x = P_o e^{(\kappa l_x + \mu\alpha)}$
- 마찰손실(아연도금 금속쉬스)
  곡률마찰계수 : $\mu = 0.25$ (1/rad), 파상마찰계수 : $k = 0.005$ (1/m)

<마찰에 의한 손실량 산정>

구분	단위	좌측슬래브	중앙부	우측슬래브	비고
거리	m	2.894	6.300	9.706	
총각변화량(α)	rad	0.00267	0.15534	0.30801	
$\kappa l_x + \mu\alpha$		0.0151	0.0703	0.1255	
손실률	%	1.51	7.03	12.55	
마찰손실량(Δf_{pf})	MPa	21.34	99.334	177.33	

④ 정착장치 활동에 의한 손실(PS강재와 쉬스 사이의 마찰이 있는 경우)

- 정착구 활동량 : $\Delta_s = 6$ mm
- $p = \dfrac{\Delta P_{pf}}{L} = \dfrac{\Delta f_{pf} \times A_p}{L}$
- 정착장치 활동의 영향이 미치는 긴장재의 길이(l_{set}) 산정 및 활동손실량(ΔP)

$$\Delta P = 2 \times p \times l_{set} \ (\times < l_{set} \text{ 인 경우}), \quad P_i = P_o - \Delta P$$

- 긴장단에서의 긴장재 응력(f_{pi}) 및 활동손실량(Δf_{an})

$$f_{pi} = \frac{P_i}{A_p} = \frac{P_o - \Delta P}{A_p}, \quad \Delta f_{an} = f_{pj} - f_{pi}$$

- 각 위치에서의 초기긴장력(P_i) 및 초기응력(f_{pi})

$$P_i = P_o - \Delta P + p \times x \ , \quad f_{pi} = \frac{P_i}{A_p}$$

- 각 위치에서의 활동에 의한 손실량(Δf_{an})

$$\Delta f_{an} = \frac{P_o - \Delta P_{pf} - P_i}{A_p} = f_j - \Delta f_{pf} - f_{pi}$$

<활동에 의한 손실량 산정>

구분	단위	좌측슬래브	중앙부	우측슬래브	비고
거리	m	2.894	6.300	9.706	
마찰손실량(Δf_{pf})	MPa	21.34	99.334	177.33	
p	N/mm	8.18	17.495	20.273	
l_{set}	m	12.758	8.72	8.104	
활동손실량(ΔP)	kN	208.74	305.257	-	긴장단
긴장단응력(f_{pi})	MPa	1,224.88	1,137.89	-	긴장단
긴장단손실량(Δf_{an})	MPa	188.12	275.105	-	긴장단
위치별긴장력(P_i)	kN	1,382.80	1,372.829	-	검토위치
위치별응력(f_{pi})	MPa	1,246.22	1,237.23	-	검토위치
활동손실량(Δf_{an})	MPa	145.45	76.44	-	검토위치

⑤ 콘크리트 탄성수축에 의한 손실량

- 활동 및 마찰 손실후의 응력(f_{pt1}) 및 긴장력($P_{t'}$)

$$f_{pt} = f_o - \Delta f_{pf} - \Delta f_{an} \ , \quad P_{t'} = f_{pt1} \times A_p$$

- 검토위치에서의 강연선 위치의 콘크리트 응력(f_{ci})

$$f_{ci} = \frac{P_{t'}}{A_c} + \frac{P_{t'} \times e_p}{I_c} \times e_p - \frac{M_d}{I_c} \times e_p$$

- 탄성수축에 의한 손실량(Δf_{pel})

$$\Delta f_{pel} = \frac{1}{2} \times \frac{E_s}{E_{ci}} \times f_{ci}$$

<탄성수축에 의한 손실량 산정>

구분	단위	좌측슬래브	중앙부	우측슬래브	비고
긴장응력(f_o)	MPa	1,413.00	1,413.00	1,413.00	
마찰손실량(Δf_{pf})	MPa	21.34	99.33	177.33	
활동손실량(Δf_{an})	MPa	145.45	76.44	-	
손실후응력(f_{pt1})	MPa	1,246.22	1,237.23	1,235.67	
손실후긴장력($P_{t'}$)	kN	1,382.80	1,372.83	1,371.10	
콘크리트 단면적(A_c)	mm^2	400,000	350,000	400,000	
단면2차 모멘트(I_c)	mm^4	53.30E+08	35.73E+08	53.30E+08	콘크리트
긴장재편심(e_p)	mm	80	75	80	
고정하중모멘트(M_d)	kNm	34.092	30.977	34.092	콘크리트
콘크리트응력(f_{ci})	MPa	4.61	5.43	4.56	긴장재위치
탄성손실량(Δf_{pel})	MPa	17.89	21.11	17.72	

⑥ 프리스트레싱 직후 긴장재 응력 산정

$f_{pt} = f_o - \Delta f_{pf} - \Delta f_{an} - \Delta f_{pel}$

$f_{psa} = 0.7 f_{pu}$ or $0.83 f_{py} = 1,302$ MPa

<프리스트레싱 직후의 총 손실량 산정>

구분	단위	좌측슬래브	중앙부	우측슬래브	비고
긴장응력(f_o)	MPa	1,413.00	1,413.00	1,413.00	
마찰손실량(Δf_{pf})	MPa	21.34	99.33	177.33	
활동손실량(Δf_{an})	MPa	145.45	76.44	-	
탄성손실량(Δf_{pel})	MPa	17.89	21.11	17.72	
총손실량(Δf_{pt})	MPa	184.68	196.88	195.05	
긴장재응력(f_{pt})	MPa	1,228.32	1,216.12	1,217.95	
허용응력 검토		OK	OK	OK	

⑦ 콘크리트의 크리프에 의한 손실량

$$\Delta f_{pcr} = 12\ f_{cir} - 7\ f_{cds}, \quad f_{cds} = \frac{M_d}{Z}$$

여기서, f_{cds}는 부가고정하중 작용시의 콘크리트 응력이다.

<콘크리트 크리프에 의한 손실량 산정>

구분	단위	좌측슬래브	중앙부	우측슬래브	비고
콘크리트응력(f_{ci})	MPa	4.60	5.43	4.56	긴장재위치
부가고정하중(M_d)	kNm	27.754	6.514	27.754	
Z	mm^3	26,666,667	20,416,667	26,666,667	
콘크리트응력(f_{cds})	MPa	1.04	0.32	1.04	상하연
총손실량(Δf_{pcr})	MPa	47.974	62.97	47.455	

⑧ 건조수축에 의한 손실량

$\Delta f_{psh} = 0.80\ (119 - 1.05 H_r) = 0.80 \times (119 - 1.05 \times 70) = 11.2$ MPa

여기서, H_r는 주위의 연간평균 상대습도(%)이다.

⑨ PS강재의 릴렉세이션에 의한 손실량

$\Delta f_{pr} = 35 - 0.07\Delta f_{pf} - 0.1\Delta f_{pel} - 0.05(\Delta f_{psh} + \Delta f_{pcr})$

<PS강재의 릴렉세이션에 의한 손실량 산정>

구분	단위	좌측슬래브	중앙부	우측슬래브	비고
마찰손실량(Δf_{pf})	MPa	21.34	99.33	177.33	
탄성손실량(Δf_{pel})	MPa	17.89	21.11	17.72	
건조수축(Δf_{psh})	MPa	36.40	36.40	36.40	
크리프손실량(Δf_{pcr})	MPa	47.97	62.97	47.46	
릴랙세이션 손실량(Δf_{pr})	MPa	27.50	20.97	16.62	

⑩ 시간에 따른 총 손실을 고려한 긴장재 응력 산정 및 허용응력 검토

$l_{set} = \sqrt{\dfrac{\Delta l \times A_p \times E_p}{p}}$ $\quad f_{pe} = f_{pt} - \Delta f_{pcr} - \Delta f_{psh} - \Delta f_{pr}$

$f_{psa} = 0.8 f_{py} = 1,256$ MPa

<프리스트레싱 직후의 총 손실량 산정>

구분	단위	좌측슬래브	중앙부	우측슬래브	비고
긴장재응력(f_{pt})	MPa	1,228.32	1,216.12	1,217.95	
건조수축(Δf_{psh})	MPa	36.40	36.40	36.40	
크리프손실량(Δf_{pcr})	MPa	47.97	62.97	47.46	
릴랙세이션Δf_{pr})	MPa	27.50	20.97	16.62	
총손실량(Δf_{pe})	MPa	111.87	120.34	100.48	
유효긴장재응력(f_{pe})	MPa	1,116.45	1,095.78	1,117.47	
허용응력 검토		OK	OK	OK	

(6) 단면력 집계

① 작용하중 집계

(단위 : kNm)

구분		캔틸레버부	슬래브 중간부	비고
D1	합성전 고정하중	34.092	30.977	PS도입직후
D2	합성후 고정하중	27.755	6.514	
L	활하중	124.049	85.150	
W	풍하중	2.635	-	
CO	충돌하중	20.266	-	
조합 1 (D+L)/1.0		185.896	122.641	증가계수=1.00
조합 2 (D+L+W/2)/1.25		149.770	-	증가계수=1.25
조합 3 (D+L+CO)/1.50		137.440	-	증가계수=1.50
설계하중 작용시		185.896	122.641	조합1,2,3 중 최대

<프리스트레싱 하중>

구분			긴장측 캔틸레버	슬래브 중앙부	고정측 캔틸레버
프리스트레싱 도입 직후	강재응력	MPa	1,2227.70	1,215.38	1,302.00
	편심	mm	80	75	80
	축력	kN	1,362.36	1,348.587	1,444.70
	모멘트	kNm	108.98	101.14	115.58
프리스트레싱 장기손실후	강재응력	MPa	1,115.89	1,095.12	1,116.91
	편심	mm	80	75	80
	축력	kN	1,238.19	1,215.15	1,239.33
	모멘트	kNm	99.06	91.14	99.15

(7) 바닥판 슬래브 응력검토

① 긴장측 캔틸레버부

- 프리스트레싱 도입 직후의 응력 검토

  슬래브 자중 : 34.092 kNm

  PS강재의 긴장에 의한 축력 : 1,362.36 kN

  PS강재의 긴장에 의한 모멘트 : 108.98 kNm

$$f_c = \frac{P_t}{A} + \frac{M_t}{I} y + \frac{M}{I} y$$

$$f_{c,top} = \frac{1,362.36 \times 10^3}{400,000} + \frac{(108.98 - 34.092) \times 10^6}{53.33 \times 10^8} \times (200) = 6.214 \text{ MPa}$$

$$f_{c,bot} = \frac{1,362.36 \times 10^3}{400,000} + \frac{(108.98 - 34.092) \times 10^6}{53.33 \times 10^8} \times (-200) = 0.597 \text{ MPa}$$

- 설계하중 작용시의 응력 검토

  설계 하중 : 208.80 kNm

  PS강재의 긴장에 의한 축력 : 1,238.19 kN

  PS강재의 긴장에 의한 모멘트 : 99.06 kNm

$$f_{c,top} = \frac{1,238.19 \times 10^3}{400,000} + \frac{(99.06 - 208.800) \times 10^6}{53.33 \times 10^8} \times (200) = -1.020 \text{ MPa}$$

$$f_{c,bot} = \frac{1,238.19 \times 10^3}{400,000} + \frac{(99.06 - 208.800) \times 10^6}{53.33 \times 10^8} \times (-200) = 7.211 \text{ MPa}$$

② 슬래브 중간부

- 프리스트레싱 도입 직후의 응력 검토

  슬래브 자중 : 30.977 kNm

  PS강재의 긴장에 의한 축력 : 1,348.59 kN

  PS강재의 긴장에 의한 모멘트 : 101.14 kNm

$$f_{c,top} = \frac{1,348.587 \times 10^3}{350,000} + \frac{(101.14 - 30.977) \times 10^6}{35.73 \times 10^8} \times (-175) = 0.420 \text{ MPa}$$

$$f_{c,bot} = \frac{1,348.587 \times 10^3}{350,000} + \frac{(101.14 - 30.977) \times 10^6}{35.73 \times 10^8} \times (175) = 7.290 \text{ MPa}$$

- 설계하중 작용시의 응력 검토

  설계 하중 : 122.641 kNm

PS강재의 긴장에 의한 축력 : 1,215.15 kN

PS강재의 긴장에 의한 모멘트 : 91.14 kNm

$$f_{c,top} = \frac{1,215.145 \times 10^3}{350,000} + \frac{(91.14 - 122.641) \times 10^6}{35.73 \times 10^8} \times (-175) = 5.015 \text{ MPa}$$

$$f_{c,bot} = \frac{1,215.145 \times 10^3}{350,000} + \frac{(91.14 - 122.641) \times 10^6}{35.73 \times 10^8} \times (175) = -1.929 \text{ MPa}$$

③ 고정측 캔틸레버부

- 프리스트레싱 도입 직후의 응력 검토

  슬래브 자중 : 34.092 kNm

  PS강재의 긴장에 의한 축력 : 1,444.70 kN

  PS강재의 긴장에 의한 모멘트 : 115.58 kNm

$$f_{c,top} = \frac{1,444.70 \times 10^3}{400,000} + \frac{(115.58 - 34.092) \times 10^6}{53.33 \times 10^8} \times (200) = 6.667 \text{ MPa}$$

$$f_{c,bot} = \frac{1,444.70 \times 10^3}{400,000} + \frac{(115.80 - 34.092) \times 10^6}{53.33 \times 10^8} \times (-200) = 0.556 \text{ MPa}$$

- 설계하중 작용시의 응력 검토

  설계하중 : 208.800 kNm

  PS강재의 긴장에 의한 축력 : 1,239.95 kN

  PS강재의 긴장에 의한 모멘트 : 99.20 kNm

$$f_{c,top} = \frac{1,239.95 \times 10^3}{400,000} + \frac{(99.20 - 208.80) \times 10^6}{53.33 \times 10^8} \times (200) = -1.01 \text{ MPa}$$

$$f_{c,bot} = \frac{1,239.95 \times 10^3}{400,000} + \frac{(99.20 - 208.80) \times 10^6}{53.33 \times 10^8} \times (-200) = 7.210 \text{ MPa}$$

④ 응력검토 결과

(단위 : MPa)

구분		긴장측 캔틸레버	슬래브 중앙부	고정측 캔틸레버	허용응력	
					압축	인장
프리스트레싱 도입 직후	상연응력	6.214	0.420	6.667	16.5	-1.37
	하연응력	0.597	7.290	0.556	16.5	-1.37
프리스트레싱 장기손실후	상연응력	-1.020	5.015	-1.010	16.0	-3.16
	하연응력	7.211	1.929	7.210	16.0	-3.16

(8) [단계 2-4] 극한하중에 대한 단면검토

① 캔틸레버부

- 극한하중 = 1.3 M_d + 2.15 M_l = 1.3 × 61.847 + 2.15 × 124.049 = 347.110 kNm

  여기서, M_d : 강연선의 긴장력을 고려하지 않은 순수 고정하중에 의한 모멘트

- 부착된 부재의 PS강재의 응력 (f_{ps})

$$f_{ps} = f_{pu}\left[1 - \frac{r_p}{\beta_1}\left\{\rho_p \frac{f_{pu}}{f_{ck}} + \frac{d}{d_p}\left(\rho \frac{f_y}{f_{ck}} - \rho' \frac{f_y}{f_{ck}}\right)\right\}\right]$$

$$= 1860\left[1 - \frac{0.28}{0.766}\left\{0.00396 \times \frac{1,860}{40} + \frac{340}{280}\left(0.00292 \times \frac{400}{40} - 0.00292 \times \frac{400}{40}\right)\right\}\right]$$

$$= 1,734.71 \text{ MPa}$$

여기서, γ_p = 0.28 (저릴랙세이션 강재)

$$\beta_1 = 0.85 - 0.007 \times (40 - 28) = 0.766 > 0.65$$

$$\rho_p = \frac{A_p}{b \times d_p} = \frac{554.8 \times 2}{1,000 \times 280} = 0.00396$$

$$\rho = \frac{A_s}{b \times d} = \frac{198.6 \times 5}{1,000 \times 340} = 0.00292$$ (철근 H16 @ 200 적용)

- 극한강도 검토

$$\phi M_n = \phi A_p f_{ps} d_p \left(1 - 0.59 \frac{\rho_p f_{ps}}{f_{ck}}\right)$$

$$= 0.85 \times 554.8 \times 2^{EA} \times 1,734.71 \times 280\left(1 - 0.59 \times \frac{0.00396 \times 1734.71}{40}\right)$$

$$= 411.660 \times 10^6 \text{ Nm} = 411.660 \text{ kNm} > M_u = 347.110 \text{ kNm} \quad \therefore \text{OK}$$

- 최대 강재비 검토(q_p)

$$q_p = \rho_p \frac{f_{ps}}{f_{ck}} = 0.00396 \times \frac{1,734.71}{40}$$

$$= 0.172 \le 0.36\beta_1 = 0.36 \times 0.766 = 0.276 \quad \therefore \text{OK}$$

- 최소 강재량 검토

$$\phi M_n = 411.660 \ge 1.2M_{cr}^* = 1.2 \times 287.95 = 345.54 \text{ kNm} \quad \therefore \text{OK}$$

여기서, $M_{cr}^* = (f_{ru} + f_{pcc})\, Z_c = (3.984 + 6.814) \times \dfrac{1,000 \times 400^2}{6} = 287.95$ kNm

$$f_{ru} = 0.63\sqrt{f_{ck}} = 0.63 \times \sqrt{40} = 3.984 \text{ MPa}$$

$$f_{pcc} = \frac{1,238,820}{400,000} + \frac{1,238,820}{26,666,667} \times (80) = 6.814 \text{ MPa}$$

② 중간부

- 극한하중 산정(M_u)

1.3 M_d + 2.15 M_l = 1.3 × 37.491 + 2.15 × 85.15 = 231.81 kNm

- 부착된 부재의 PS강재의 응력 (f_{ps})

$$f_{ps} = f_{pu}\left[1 - \frac{r_p}{\beta_1}\left\{\rho_p \frac{f_{pu}}{f_{ck}} + \frac{d}{d_p}\left(\rho \frac{f_y}{f_{ck}} - \rho' \frac{f_y}{f_{ck}}\right)\right\}\right]$$

$$= 1,860\left[1 - \frac{0.28}{0.766}\left\{0.00444 \times \frac{1,860}{40} + \frac{310}{250}\left(0.00320 \times \frac{400}{40} - 0.00320 \times \frac{400}{40}\right)\right\}\right]$$

$$= 1,719.68 \text{ MPa}$$

여기서, γ_p = 0.28 (저릴랙세이션 강재)

$$\beta_1 = 0.85 - 0.007 \times (40 - 28) = 0.766 \quad > \quad 0.65$$

$$\rho_p = \frac{A_p}{b \times d_p} = \frac{554.8 \times 2}{1{,}000 \times 250} = 0.004438$$

$$\rho = \rho' = \frac{A_s}{b \times d} = \frac{198.6 \times 5}{1{,}000 \times 310} = 0.00320 \text{ (철근 H16 @ 200 적용)}$$

- 극한강도 검토

$$\phi M_n = \phi A_p f_{ps} d_p \left(1 - 0.59 \frac{\rho_p f_{ps}}{f_{ck}}\right)$$

$$= 0.85 \times 554.8 \times 2\mathrm{EA} \times 1{,}719.68 \times 250\left(1 - 0.59 \times 0.00569 \times \frac{1{,}719.68}{40}\right)$$

$$= 359.830 \times 10^6\ \mathrm{Nm} = 359.8\ \mathrm{kNm} > M = 231.81\ \mathrm{kNm} \quad \therefore \mathrm{OK}$$

- 최대 강재비 검토(q_p)

$$q_p = \rho_p \frac{f_{ps}}{f_{ck}} = 0.004438 \times \frac{1{,}719.68}{40}$$

$$= 0.191 \le 0.36\beta_1 = 0.36 \times 0.766 = 0.276 \quad \therefore \mathrm{OK}$$

- 최소 강재량 검토

$$\phi M_n = 359.8 \ge 1.2 M_{cr}^* = 1.2 \times 181.79 = 218.15\ \mathrm{kNm} \quad \therefore \mathrm{OK}$$

여기서, $M_{cr}^* = (f_{ru} + f_{pcc}) Z_c = (3.984 + 7.94) \times \dfrac{1{,}000 \times 350^2}{6} = 243.47\ \mathrm{kNm}$

$$f_{ru} = 0.63\sqrt{f_{ck}} = 0.63 \times \sqrt{40} = 3.984\ \mathrm{MPa}$$

$$f_{pcc} = \frac{1{,}215.89 \times 10^3}{350{,}000} + \frac{1{,}215{,}885}{20{,}416{,}667} \times (75) = 7.94\ \mathrm{MPa}$$

(9) [단계 2-5] 정착구 설계

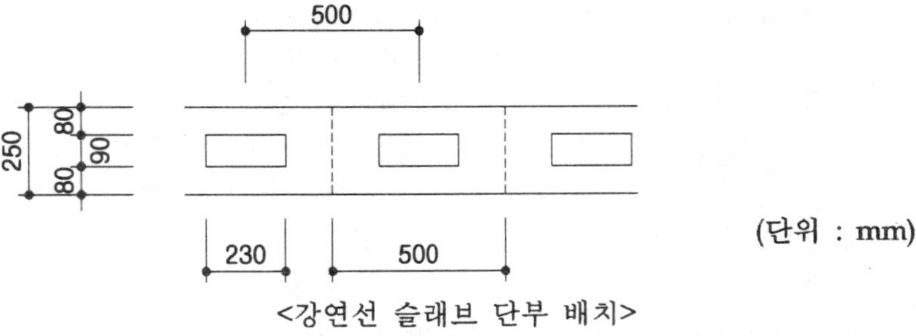

<강연선 슬래브 단부 배치>

① 횡방향 파열력에 대한 보강철근량 산정

- 파열력(T_2) = 0.20 × P × (1 - a / s) = 0.2 × 783.93 × (1 - 230 / 500)
= 84.7 kN

여기서, a : 정착구의 1변의 길이 (= 230 mm)

s : PS강재의 중심간 간격 (= 500 mm)
P : 긴장력 (= 1413 × 554.8 = 783.93 kN)
- 필요철근량 = T_2 / f_{sa} = 84.7 × 10^3 / 180 = 470 mm^2
→ Use H13 × 6 EA = 760 mm^2

② 수직방향 파열력에 대한 보강철근량 산정
- 파열력(T_2) = 0.20 × P × (1 - a / s) = 0.2 × 783.93 × (1 - 90 / 250)
= 100.3 kN
여기서, a : 정착구의 1변의 길이 (= 90 mm)
s : PS강재의 중심간 간격 (= 250 mm, 콘크리트 단면 높이)
P : 긴장력 (= 1413 × 554.8 = 783.93 kN)
- 필요철근량 = T_2 / f_{sa} = 100.3 × 10^3 / 180 = 557.5 mm^2
→ Use H13 × 6 EA = 760 mm^2

③ 단부 인장력에 대한 보강철근량 산정
- 인장력(T_1) = 0.10 × P × (1 - a / s) = 0.1 × 783.93 × (1 - 230 / 500)
= 42.3 kN
여기서, a : 정착구의 1변의 길이 (= 230 mm)
s : PS강재의 중심간 간격 (= 500 mm)
P : 긴장력 (= 1413 × 554.8 = 783.93 kN)
- 필요철근량 = T_1 / f_{sa} = 42.3 × 10^3 / 180 = 235.2 mm^2
→ Use H16 × 2 EA = 397.2 mm^2

④ 정착구 지압응력 검토
- 허용지압응력 산정(f_{ba})

$$f_{ba} = 0.7 \times \phi \times f_{ci}' \times \sqrt{\frac{A}{A_g}} \leq 2.25\,\phi\, f_{ci}'$$

$$= 0.7 \times \phi \times f_{ci}' \times \sqrt{\frac{500 \times 250}{230 \times 90}} = 1.72\phi f_{ci}' \leq 2.25\,\phi\, f_{ci}'$$

여기서, A : 지지하는 콘크리트의 단면적
A_g : 지압을 받는 유효지압 면적
ϕ : 정착구역에 사용되는 강도감소계수 (보통콘크리트 = 0.8)
∴ f_{ba} = 1.72 ϕ f_{ci}' = 1.72 × 0.8 × 30 = 41.3 MPa
- f_b = 1,577.66 kN / 2 EA / (230 × 90) = 38.1 MPa
≤ f_{ba} = 41.3 MPa ∴ OK

(10) [단계 2-6] 내부 지점부 주장률 검토 [도 · 설 3.9.2.3]

(지점부 부모멘트 구간에 인장을 받는 바닥판 콘크리트의 교축방향 철근)
- 바닥판 콘크리트 단면적의 2% 이상
- 주장률 0.0045 mm/mm^2
- A_c = 1,000 × 350 = 350,000 mm^2

- A_s' = 350,000 × 0.02 = 7,000 mm^2
- 사용철근량
  상면 및 하면 : H25 @ 100 = 5,067 mm^2
  A_s = 10,134 mm^2 > 7,000 mm^2 ∴ OK
- 주장률 = (π × 25.4 × 10 EA × 2 열) / 350,000 = 0.046 > 0.045 ∴ OK

(11) 바닥판 배력 철근량 산정

① 캔틸레버 바닥판의 배력근 산정
- 주철근이 차량진행방향에 직각일 경우 $120\sqrt{L}$와 67% 중 작은 값 이상 사용
  $\frac{120}{\sqrt{L}} = \frac{120}{\sqrt{2.144}} = 81.95\ \% \ > 67\ \%$, 그러므로 67%를 적용
  횡방향 철근 = H16@200 = 993 mm^2
  필요철근량 = 0.67 × 993 = 665.3 mm^2
  바닥판 최소철근량 = 0.002 × b × h = 0.002 × 1,000 × 400 = 800 mm^2
- 사용철근량 검토
  H16@200 = 993 mm^2 > 필요 횡방향 철근량 = 665.3 mm^2 ∴ OK
  H16@200 + H13@200 = 1,626.5 mm^2 > 필요 최소 철근량 = 800 mm^2 ∴ OK

② 중간부 바닥판의 배력근 산정
- 주철근이 차량진행방향에 직각일 경우 $120\sqrt{L}$와 67% 중 작은 값 이상 사용
  $\frac{120}{\sqrt{L}} = \frac{120}{\sqrt{5.95}} = 49.2\ \% \ < 67\ \%$, 그러므로 49.19%를 적용
  횡방향 철근 = H16@200 = 993 mm^2
  필요철근량 = 0.492 × 993 = 488.6 mm^2
  바닥판 최소철근량 = 0.002 × b × h = 0.002 × 1,000 × 350 = 700 mm^2
- 사용철근량 검토
  H13@200 = 633.5 mm^2 > 필요 횡방향 철근량 = 488.6 mm^2 ∴ OK
  H13@200 + H13@200 = 1,267.0 mm^2 > 필요 최소 철근량 = 700 mm^2 ∴ OK

(12) 거더 단부 바닥판의 보강

① 긴장측 캔틸레버부의 철근 보강
- 프리스트레싱 도입 직후의 응력 검토
  설계 하중 : 61.97 + 2 × 124.481 = 310.932 kNm
  PS강재의 긴장에 의한 축력 : 1,254.51 kN
  PS강재의 긴장에 의한 모멘트 : 124.20 kNm

$$f_{c,top} = \frac{1,254.51 \times 10^3}{400,000} + \frac{(124.20 - 310.93) \times 10^6}{53.33 \times 10^8} \times (200)$$
$$= -3.87 > f_{ta} = -0.5\sqrt{f_{ck}} = -3.16\ \text{MPa}$$

$$f_{c,bot} = \frac{1,254.51 \times 10^3}{400,000} + \frac{(124.20 - 310.93) \times 10^6}{53.33 \times 10^8} \times (-200)$$
$$= 10.14 < f_{ca} = 0.4 f_{ck} = 16.0\ \text{MPa}$$

- 상연의 응력이 허용응력을 초과하므로 철근을 보강

$$x = \frac{3.87}{10.14 + 3.87} \times 400 = 110.5 \text{ mm}$$

$$T = \frac{1}{2} \times 3.87 \times 110.5 \times 1000 = 213.8 \text{ kN}$$

$$필요철근량 = \frac{213.8 \times 10^3}{160} = 1336.4 \text{ mm}^2$$

단부철근량을 일반구간의 2배 적용 = H16@100 = 1,986 mm^2 ∴ OK

② 슬래브 중간부의 철근 보강

- 캔틸레버부와 동일하게 H16@100 으로 배근

5.4.4 [단계 3] 거더 설계

(1) [단계 3-1] 하중 산정

① 합성전 고정하중

- 강재자중 : 프로그램에서 자동 고려 (할증율 15% 적용)
- 바닥판 자중 : 12.6 × 0.350 × 25 / 2 = 55.125 kN/m/Girder

② 합성후 고정하중

- 포장하중 : 11.7 × 0.08 × 23 / 2 = 10.764 kN/m/Girder
- 방호벽 하중 : 8.366 kN/m/Girder
- 점검로 및 부속시설 : 500 N/m^2 × 12.6 / 2 = 3.150 kN/m/Girder

③ 활하중

- 충격계수(i) : $\frac{15}{40 + L} < 0.3$

<각 위치별 충격계수>

구분	지간 1, 3	지점 1, 2	지간 2
L(m)	50	(50 + 60) / 2 = 55	60
적용 i	0.167	0.158	0.150

각 지점 및 지간별 충격계수에 대하여 프로그램에서 DB-24, DL-24를 각 차로별로 자동재하하여 최대단면력을 산출함

- 설계차로폭 산정

교 폭 : $W_c = 12.600 - 0.45 - 0.45 = 11.700$ m

설계차로폭 : $W = \frac{11.700}{3} = 3.90 \text{ m} > 3.6 \text{ m}$

※ $W = 3.60$ m로 적용, 활하중은 DL-24 , DB-24 재하

- 활하중 횡분배

DB-24 및 DL-24 하중에 대하여 좌측 편재하 및 중앙재하 실시

각 주형별 작용력은 1:0 법에 의한 하중 분배

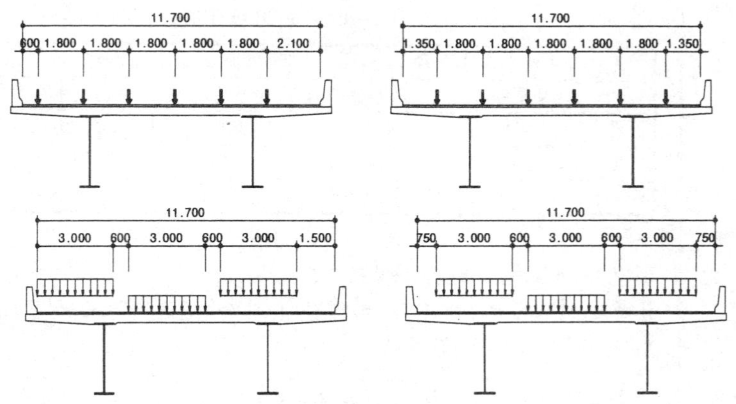

<DB-24 및 DL-24 하중 좌측 편재하 및 중앙재하>

<각 차로재하시 주형별 작용하중>

구분		좌측 재하시			중앙 재하시		
		1차로	2차로	3차로	1차로	2차로	3차로
DB-24	G1	226.50	345.00	327.38	96.00	192.00	276.75
	G2	0.00	73.50	229.50	96.00	192.00	276.75
DL-24	G1	14.98	22.82	20.54	6.35	12.70	18.22
	G2	0.04	4.90	18.43	6.35	12.70	18.22

위 하중표 중 3차로는 다차로 재하시의 할증계수 0.9를 적용한 값임.

④ 지점침하 : 각 지점별 처짐량 10 mm을 적용하여 최대 단면력이 나오도록 조합

⑤ 온도하중 :

- 바닥판의 상하연 온도차 : ΔT_y = ± 10 ℃
- 합성형교 선팽창 계수 : $\alpha = 1.2 \times 10^{-5}$

⑥ 크리프 및 건조수축

- 크리프에 의한 응력 계산을 위한 크리프 계수(ϕ_1) : 2
- 건조수축에 의한 응력 계산을 위한 크리프 계수(ϕ_2) : 4
- 바닥판 콘크리트의 건조수축에 의한 최종 수축율(ϵ_s) : 27×10^{-5}

(2) 플랜지 및 바닥판의 유효폭 계산

- 전단지연(Shear Lag) 현상의 영향으로 인한 플랜지 및 바닥판의 유효폭의 고려
- 전체계 해석은 전폭을 적용하여 단면력 및 변위를 산정하고, 응력검토시에는 유효폭을 고려하여 단면의 적정성을 검토함.

① Flange의 유효폭 [도설 3.8.3.4]

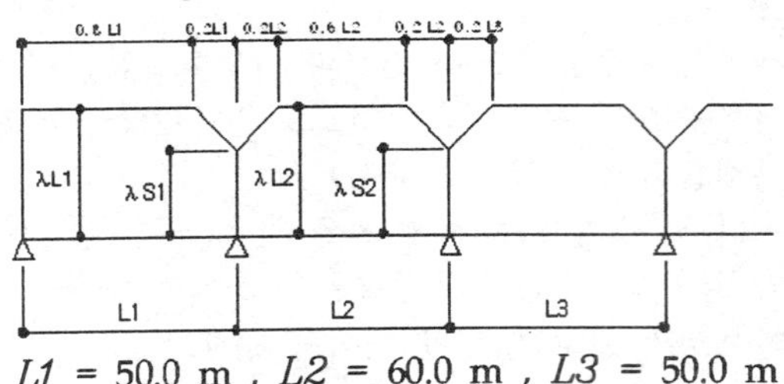

$L1$ = 50.0 m , $L2$ = 60.0 m , $L3$ = 50.0 m

<각 위치별 Flange 유효폭>

구분	1지간 중앙부		1지간 지점부		2지간 중앙부	
	상부플랜지	하부플랜지	상부플랜지	하부플랜지	상부플랜지	하부플랜지
l	40.0 m	40.0 m	22.0 m	22.0 m	36.0 m	36.0 m
b	0.40 m	0.45 m	0.40 m	0.45 m	0.40 m	0.45 m
B	0.80 m	0.90 m	0.80 m	0.90 m	0.80 m	0.90 m

② 바닥판 유효폭 [도설 3.9.2.4]

플랜지 상단 부분에서의 바닥판에 대한 전단지연도 상판내의 전단지연과 같은 정도가 되는 것으로 간주한다.

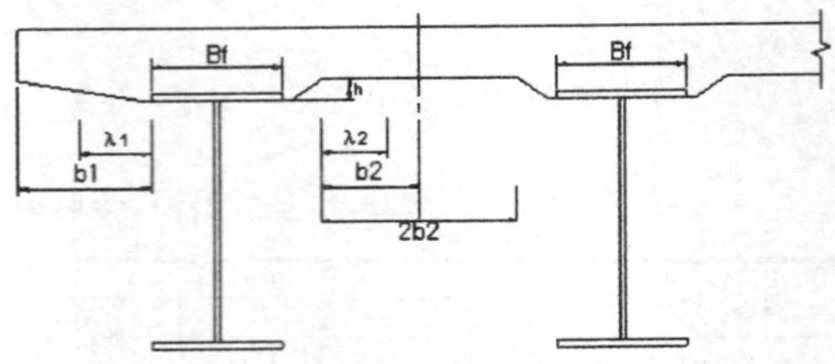

<각 위치별 슬래브 유효폭>

구분	1지간 중앙부 (m)	1지간 지점부 (m)	2지간 중앙부 (m)
h	0.050	0.050	0.050
$b_1=b_2$	2.700	2.700	2.700
Bf	0.800	0.800	0.800
l	40.000	22.000	36.000
$b1/l$	0.068	0.123	0.075
$\lambda L_1=\lambda L_2$	2.603	1.983	2.565
B(유효폭)	6.106	4.866	6.030

(3) [단계 3-2] 구조물 모델링

① 모델링

가. 사용프로그램

- 본 예제의 구조해석은 3D-Series (3DS, 3DL, 3DP) 프로그램을 이용하여 해석하였으나, 소수거더교의 구조해석은 일반적인 범용구조해석프로그램으로 해석이 가능하다.

나. 구조 모델링

- 부재의 단위를 2.5 m 간격의 들보요소를 이용하여 이상화한 격자해석을 수행
- 상부구조의 횡방향부재(가로보 및 횡방향 슬래브)를 묘사하여 횡분배에 의한 각 부재들의 상호작용을 묘사
- 거더 및 슬래브는 전체 폭을 사용(응력 검토시에만 유효폭 적용)
- 각 부재의 지점간의 연결은 3DS에서 구하는 변위일치 기법인 Rigid요소를 사용함으로써 보다 엄밀한 해석을 수행

- 6자유도 Frame 요소를 적용

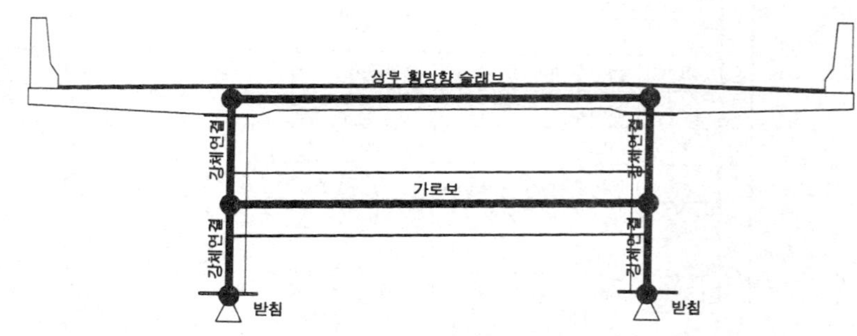

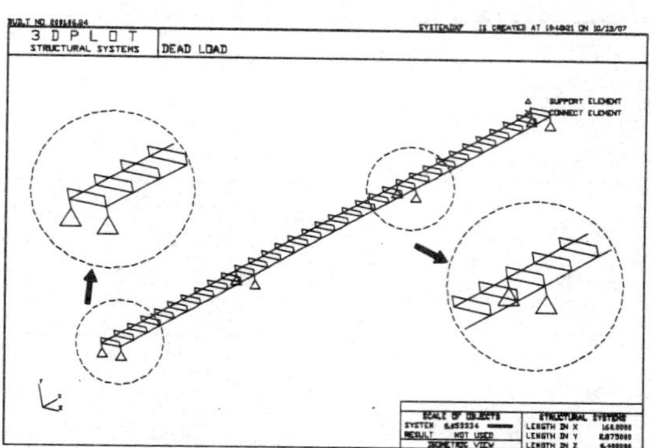

<표준단면 및 3차원 전체계 모델링 개요도>

② 단면 가정

- 슬래브 단면 : B = 6,300 mm, H = 350 mm

  A = 6,300 × 350 = 2,205,000 mm^2

  I_{33} = 6,300 × 350^3 / 12 = 2.2509E+10 mm^4

  I_{22} = $6,300^3$ × 350 / 12 = 7.2930E+12 mm^4

  K = 6,300 × 350^3 / 3 = 9.00375E+10 mm^4

- 주형 단면

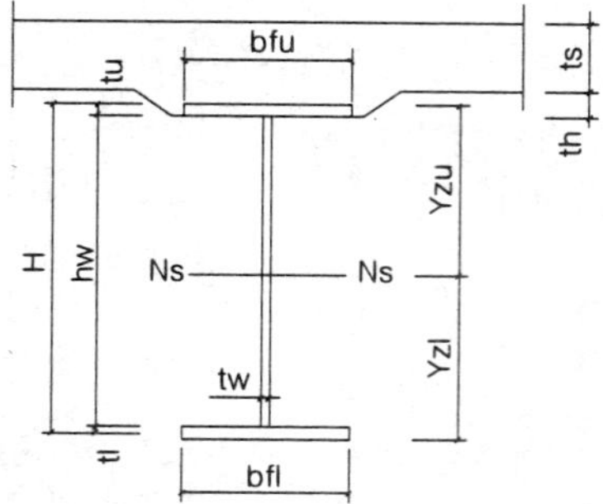

<주형 단면 제원 및 단면 상수>

TYPE	단위	1	2	3	4	5	6
t_h	mm	50	50	50	50	50	50
b_{fu}	mm	800	800	800	800	800	800
t_u	mm	28	28	30	30	42	56
t_w	mm	24	24	24	24	24	24
h_w	mm	2,450	2,700	2,700	2,700	2,700	2,700
b_{fl}	mm	900	900	900	900	900	900
t_l	mm	30	30	30	34	48	62
A	mm^2	108,200	114,200	115,800	119,400	141,600	165,400
I_{33}	mm^4	0.1050E+12	0.1310E+12	0.1342E+12	0.1406+E12	0.1828E+12	0.2295E+12
I_{22}	mm^4	0.3020E+10	0.3020E+10	0.3106E+10	0.3347E+10	0.4711E+10	0.6159E+10
K	mm^4	25,243,467	26,395,467	27,741,600	31,432,800	65,376,000	130,770,933

- 가로보

<가로보 단면 제원 및 단면 상수>

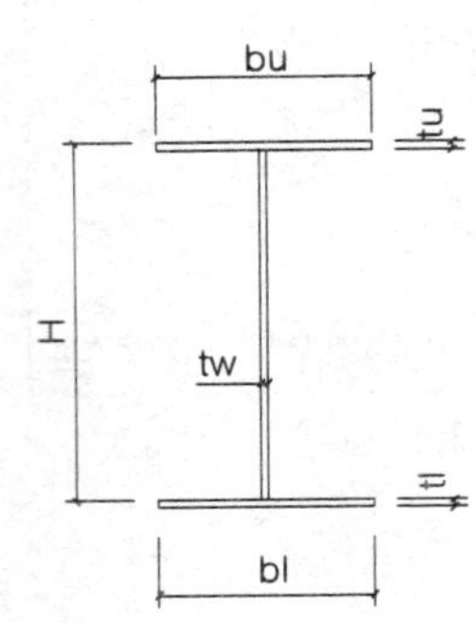

TYPE	단위	단부(교대부)	중앙부	중앙지점부
b_u	mm	400	400	400
b_l	mm	400	400	400
t_u	mm	14	14	14
t_l	mm	14	14	14
H	mm	1,890	950	1,890
t_w	mm	16	14	16
A	mm^2	41,440	24,500	41,440
I_{33}	mm^4	1.915E+10	3.602E+09	1.915E+10
I_{22}	mm^4	1.500E+08	1.500E+08	1.500E+08
K	mm^4	3,312,213	1,600,667	3,312,213

(4) 해석 결과

① 휨모멘트도

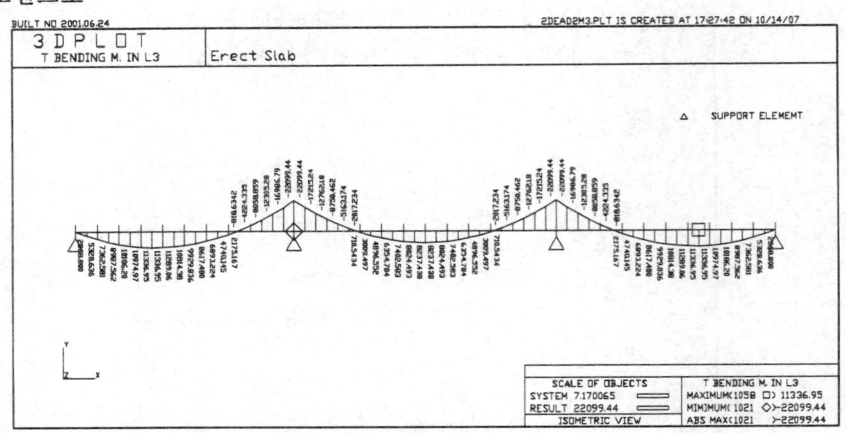

< 합성전 고정하중 Moment >

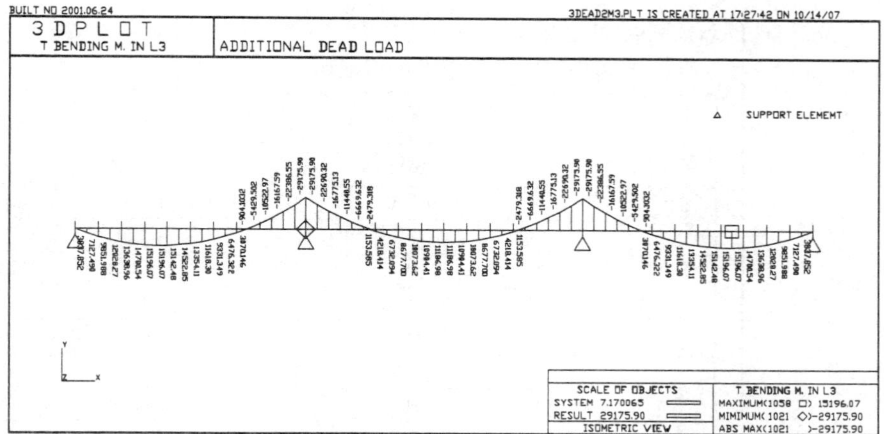

< 합성후 고정하중 Moment >

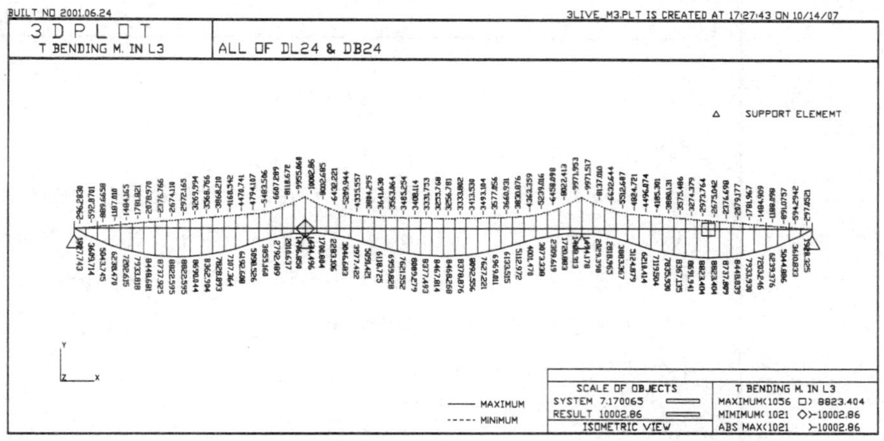

< 활하중 M_{max} & M_{min} >

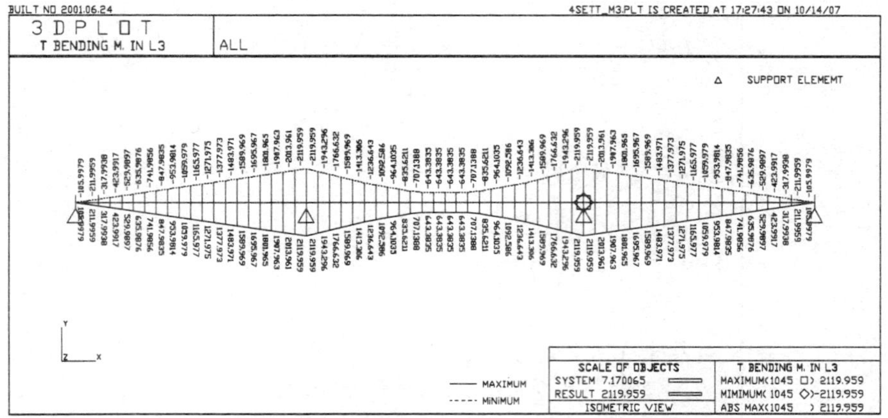

< 지점침하 M_{max} & M_{min} >

③ 검토단면 부재력

- 주요 위치별 단면력 (단위 : kN, m)

위치	구분	합성전 고정하중	합성후 고정하중	활하중	지점침하	합 계
1경간 정모멘트	휨	11,289.10	3,853.40	8,737.00	848.00	23,879.5
	전단	-107.90	-30.10	387.50	-42.40	249.5
	비틀림	0	0	-68.20	0	-68.2
1지점 부모멘트	휨	-22,099.40	-7076.50	-9955.10	-2,120.100	-39,131
	전단	2,401.30	668.40	2,122.20	70.70	5,191.9
	비틀림	0	0	-122.20	0	-122.2
2경간 정모멘트	휨	8,237.40	2949.50	8,468.30	643.40	19,655.2
	전단	-3.40	0	386.10	-70.70	3827.00
	비틀림	0	0	-56.50	0	-56.5
현장 이음부	휨	4,740.10	1736.20	7,107.40	-1,378	13,583.7
	전단	-943.60	-308.60	-606.60	42.40	-1,858.8
	비틀림	0	0	176.95	0	176.95

(5) [단계 3-3] 뒴비틀림(Warping Torsion)에 대한 검토

① 뒴비틀림에 대한 검토

B_u = 상부플랜지 폭 (mm) T_u = 상부플랜지 두께 (mm)

B_l = 하부플랜지 폭 (mm) T_l = 하부플랜지 두께 (mm)

H_w = 플랜지 순간격 (mm) T_w = 복부 두께 (mm)

W = 플랜지 중심간 거리 (mm) L = 지간장 (mm)

- 순수비틀림 상수 K (mm^4)

$$K = \frac{(B_u \times T_u^3 + B_l \times T_l^3 + H_w \times T_w^3)}{3}$$

- 뒴비틀림 상수 I_w (mm^6)

$$I_w = \frac{\dfrac{T_u \times B_u^3}{12} \times \dfrac{T_l \times B_l^3}{12}}{\dfrac{T_u \times B_u^3}{12} + \dfrac{T_l \times B_l^3}{12}} \times W^2$$

- 비틀림 상수비 α

$$\alpha = L \times \sqrt{\frac{G \times K}{E \times I_w}}$$

여기서, L : 지간장 (mm)

E_s : 탄성계수 : 210,000 MPa

G : 전단탄성계수 : 81,000 MPa

0.4 < α < 10 인 경우 순수비틀림과 뒴비틀림을 모두 고려한다.

<각 단면별 비틀림 상수비 산정>

단면	B_u	T_u	B_l	T_l	H_w	T_w	L	W	I_w	K	a
단면1	800	28	900	30	2,450	24	49,550	2,479	4.435E+15	2.524E+07	2.322
단면2	800	28	900	30	2,700	24	49,550	2,729	5.374E+15	2.640E+07	2.157
단면3	800	30	900	30	2,700	24	49,550	2,730	5.604E+15	2.774E+07	2.165
단면4	800	30	900	34	2,700	24	49,550	2,732	5.898E+15	3.143E+07	2.246
단면5	800	42	900	48	2,700	24	49,550	2,745	8.363E+15	6.538E+07	2.721
단면6	800	56	900	62	2,700	24	49,550	2,759	1.113E+16	1.308E+08	3.336

- $0.4 < \alpha < 10$ 이므로 뒴비틀림과 순수비틀림을 모두 고려

(6) 온도, 건조수축 및 크리프의 영향 검토

콘크리트-강재 합성형 교량에서는 고정하중과 활하중에 의한 응력 이외에 건조수축, 크리프, 강-콘크리트의 온도차에 의해 내적 부정정력이 발생될 뿐더러, 2경간 이상의 연속교일 경우에는 외적 부정정력이 추가되어 복잡하다. 그러나 도로교 설계기준의 내용은 정정 구조물을 중심으로 내용이 기술되어 있고, Fixed End System과 Released System의 구분이 명확히 설명되어 있지 않아 설계자의 오해에 의한 오류가 생길 가능성이 크므로, 여기서는 내적 부정정 시스템의 이해와 건조수축과 크리프의 거동 차이에 따른 해석 방법의 차이를 정리하여 적용상의 오류를 줄일 수 있도록 하였다.

① 내적 부정정 시스템의 이해

강합성교량은 바닥판과 강거더의 합성구조로 되어 있어 온도나 크리프 및 건조수축과 같은 Initial Strain에 의해 내적 부정정력이 발생한다. 합성 구조에서는 이와 같은 내적 부정정 구조계를 이해하는 것이 무엇보다도 중요하며 경계를 구속한 상태인 Fixed End System과 실제 경계조건에 맞춰서 경계조건을 푼 Released System으로 구분할 수 있다.

〈 단계1 : Fixed End System 〉

바닥판에 초기변형이 발생하면 모든 경계가 구속된 상태에서 Fixed End Reaction이 발생한다. 예를 들어 i번 부재에 초기변형 ε_i가 발생한 경우에 Fixed End Reaction $P_{R,i}$가 작용하게 된다. 여기서는 ε_i는 바닥판 상하연에 일정한 변형을 발생시킨다고 가정한다.

$P_{R,i} = \varepsilon_i E_{ci} A_{ci}$ (여기서, E_{ci}는 해당 단면의 탄성계수, A_{ci}는 단면적)

마찬가지로 모든 부재에 대해서 Fixed End Reaction $P_{R,j}$, $P_{R,k}$··를 구할 수 있다.

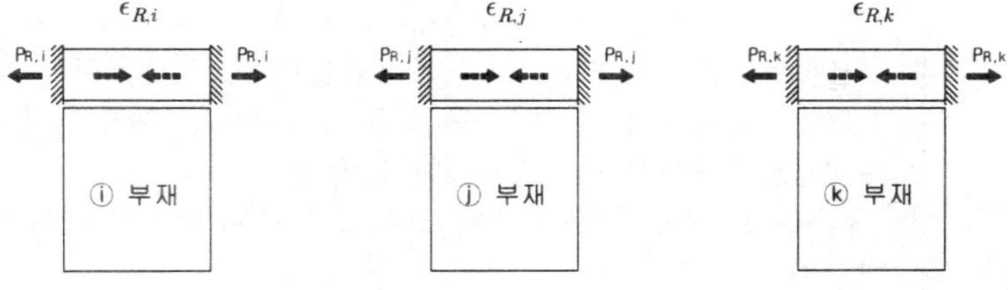

〈 단계 2 : Released System 〉

Fixed End Reaction이 구해지면 구속된 자유도를 실제 구조계의 경계조건에 맞춰서 푼다. 이 과정에서 Fixed End Reaction의 역방향으로 Released Force가 작용하며 구조물 거동의 중심인 합성형의 도심으로 평행 이동시킨 축력과 모멘트로 작용하게 된다.

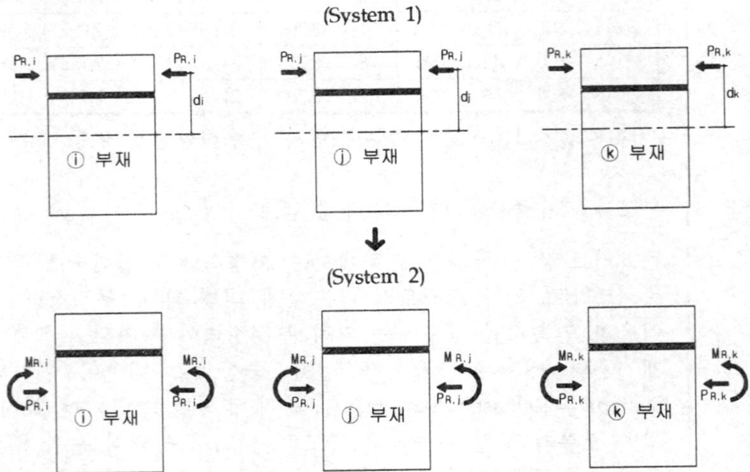

만일 각 부재별로 초기변형량이 같고 단면적, 탄성계수, 합성형 도심간의 거리가 같아서 $P_{R,i} = P_{R,j} = P_{R,k} = \cdots = P$ 로 할 수 있다면 최종적으로 단부에 작용하는 축방향력 P와 집중 모멘트 M만 남게 된다. 건조수축이나 일정한 온도의 경우에는 이와 같은 가정의 도입이 가능하므로 System 3과 같은 Released System을 구성할 수 있다. 이와 같은 Released System은 슬래브와 거더 모두에 단면력을 발생시키게 된다.

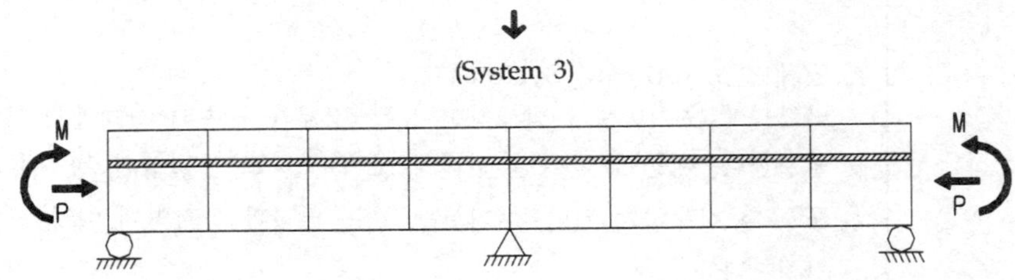

〈 단계 3 : Real System 〉

실제의 시스템은 Fixed System과 Released System을 중첩한 형태로 나타난다.

$$R_{Real} = R_{Fixed} + R_{Released}$$ (여기서 R은 각 시스템의 단면력)

설계기준에서는 위와 같은 중첩법을 단순 정정구조에 적용했을 때의 수식을 제시하고 있으므로 부정정 구조에 대해서는 설계자가 시스템에 적합한 Released System을 구하고 단면력을 계산해야 한다.

여기서는 온도, 건조수축과 크리프의 기본 성질에 근거한 해석법을 검토한다.

② 양단 집중모멘트 작용시의 k Factor를 이용하는 방법

온도와 건조수축(동시에 타설되었다는 가정)과 같이 모든 위치에서 Initial Strain이 동일하고, 동시에 부재 단면도 같다면, 각 절점에서의 Released Force는 상쇄되어 결국 양 끝단에서만 수평력과 모멘트가 작용하는 Released System이 형성된다.

수평력은 전 단면 동일하게 작용할 것이므로 문제가 되지 않지만, 집중 모멘트에 의한 부재 단면력은 부정정구조인 경우, 별도의 해석이 필요하다. 일반적으로 많이 사용하는 있는 방법은 구조물 양 끝단에 단위 집중 모멘트 M = 1.0 kNm를 작용시켜서 그로 인해 발생되는 영향계수(일명 k Factor)를 구하고 그 값에 실제 집중모멘트 크기에 곱해서 Released System의 발생 모멘트를 구하는 것이다.

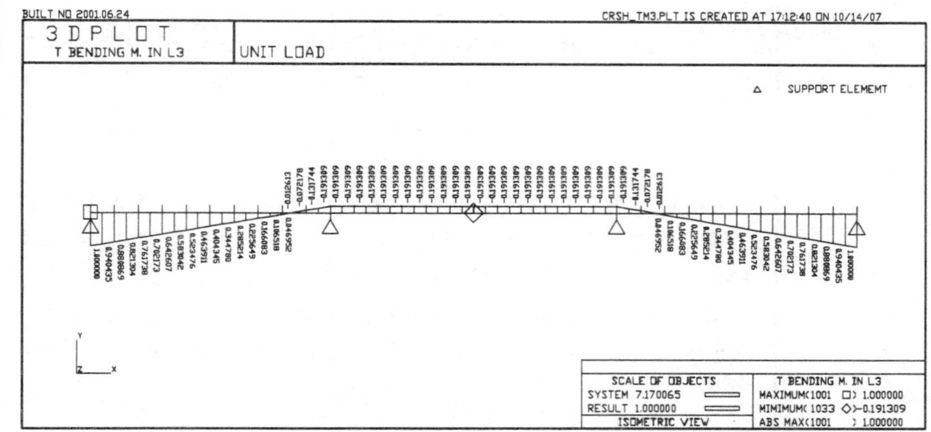

- G1, 2의 영향계수 값

Node	1	2	3	4	5	6	7	8	9	10
k	1.000	0.937	0.875	0.812	0.749	0.686	0.624	0.561	0.498	0.436
Node	11	12	13	14	15	16	17	18	19	20
k	0.373	0.310	0.248	0.185	0.122	0.059	-0.003	-0.066	-0.129	-0.191

영향계수 값은 1경간 값만 수록하였음. 3경간은 대칭이며, 2경간은 절점20과 동일한 값임.

③ 등가온도 해석법에 의한 크리프에 의한 단면력 산정

가. 크리프변형의 이해

온도와 건조수축은 모든 위치에서 바닥판에 동일한 Initial Strain을 유발시킨다고 가정할 수 있으며, 그런 가정하에서 양단 집중모멘트에 의한 k Factor 법을 적용할 수 있으나, 크리프는 경우가 다르다. 즉, 크리프는 고정하중에 의한 바닥판의 즉시변형량에 비례하므로 위치별로 다르다.

일반적인 강합성 구조인 경우, 거더 거치 후 슬래브를 타설하고 양생하게 된다. 양생이 완료되고 일정 시간후에 포장, 방호벽 등의 합성후 고정하중이 작용하며, 이 2차 고정하중은 슬래브에 즉시변형을 유발시키고 이 변형량에 비례해서 크리프

가 진행된다. 따라서 슬래브 변형으로 볼 때, 지간부에서는 수축 크리프가 가장 크고, 중간 지점부에서 인장 크리프가 가장 크게 발생해 위치별로 크리프 변형률은 다르다는 것을 알 수 있다. (인장 크리프를 인정할 것인가에 대해서는 이견이 있지만, 여기서는 인장 크리프을 고려해 검토하였다.) 따라서 방법1)과 같은 양단 집중하중에 의한 k Factor로는 크리프에 의한 내적 부정정구조를 표현할 수 없다. 결국 크리프 변형의 각 부재별 Released Force를 절점별로 조합한 절점하중이 남기 때문에 단부에서만 절점력이 작용하는 System이 아닌 각 절점별로 절점력이 잔존하는 System 4의 형태를 띠게 된다.

(System 4)

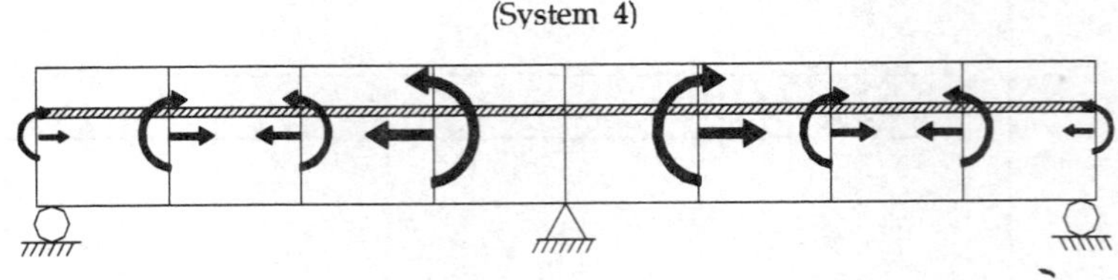

크리프 변형률은 지속응력에 비례해서 발생되며 강합성교에서 지속응력은 일반적으로 2차 고정하중에 의해서 유발된다. 이 지속응력은 각 부재의 절점에서 연속적인 분포를 이루며 부재의 i단과 j단에서의 값이 다른 것이 일반적이다. 그러나 i단과 j단의 값을 다르게 하면 초기변형량과 그에 따른 Fixed End Reaction을 산정하기 어렵기 때문에 설계의 편의성을 위해서 각 부재별 평균 초기변형값을 적용한다. 즉,

$$\text{부재의 초기변형률}(\epsilon_i) = \frac{\text{부재 } i\text{단 변형률} + \text{부재 } j\text{단 변형률}}{2}$$

따라서 절점을 중심으로 인접 부재의 초기 변형값이 다르게 되어 Released Force가 연속이 되지 않으며 단부에서도 작용력이 "0"이 되지 않는다.

그러나 부재 간격을 조밀하게 한다면 이와 같은 불연속값은 크지 않으며 절점 좌우 부재의 단면력중 큰 값을 적용한다면 안전측 결과를 발생시키므로 문제가 되지 않는다.

나. 등가온도 해석법의 적용 방법

등가 온도 해석법은 크리프나 건조수축이 온도와 같은 초기변형문제라는 점에서 착안한 방법이다. 이 방법은 구조해석 프로그램이 기본적으로 갖고 있는 초기변형을 고려한 온도해석 기능을 활용하는 것으로 사용자는 Fixed End System이나 Released System에 대한 구분을 하지 않고 단순히 강성을 조정한 해석모델에 특정량의 변형이 유발되도록 온도를 주고 해석하고 그 결과를 그대로 사용하면 되기 때문에 적용이 쉽다.

모델링 방법은 1) 합성단면을 적용하는 단일부재 모델링 방법, 2)바닥판과 강형을 분리한 분리 모델링방법이 가능하다. 분리 모델링 방법은 바닥판과 거더를 독립된 부재로 간주해 각각의 도심을 따라 모델링하는 방법으로 바닥판의 강성과 강형의 강성에 따라 자연스럽게 합성거동을 구현하며, 각 위치에서의 응력을 별도의 계산없이 구해낼 수 있다는 장점은 있으나, 절점에서 국부적인 영향이 발생하고 분할개수에 따라 결과가 변하므로 가능한 한 부재의 분할개수를 많이 하는 것이 바람직하다.

해석 절차는 다음과 같다. 해석 절차 및 변형률 산정방법은 도로교 설계기준에 제시되어 있는 야쓰미해법을 적용하고 있다. 야쓰미해법은 경화계수를 1/2로 적용하여 안전측 설계를 유도하였으며, 내적 부정정구조를 갖는 강합성의 특성을 반영하여 최종 상태에서의 바닥판 응력변동량$\Delta f(\infty)$를 유도하였다. 또한 바닥판의 휨 변형은 무시할 만하므로 크리프변형 산정시 축변형만을 고려하였다.

< 단계 1 > 필요한 온도증감을 구한다.

$$\Delta T_{\phi} = \frac{\epsilon_0 \phi_1}{\alpha} = \frac{(f_i + f_j) \times \phi_1}{2 \times E_c \times \alpha} \text{ (크리프 고려시)}$$

여기서, $\epsilon_0 = \dfrac{f_i + f_j}{2\ E_c}$, 여기서 E_c : 해당 재령의 콘크리트 탄성계수

f_i, f_j : 지속하중에 대한 부재 양단에서의 응력

ϕ_1 : 크리프 계수

α : 콘크리트의 선팽창 계수

< 단계 2 > 온도를 주고 구조물을 해석하고 응력을 구한다.

바닥판에 온도 증감을 주고 해석하고, 이때 바닥판의 탄성계수는 다음과 같다.

$$\text{크리프 유사시} \quad E_{c1} = \frac{E_c}{1 + 1/2 \times \phi_1}$$

해석 결과로 나오는 강형과 바닥판의 상하연 응력 또는 휨모멘트가 그대로 초기 변형을 고려한 최종 응력 또는 단면력이므로 설계시 그대로 적용이 가능하다.

다. 등가온도 해석법의 적용 예

$$\Delta T_{\phi} = \frac{\epsilon_0 \phi_1}{\alpha} = \frac{(f_i + f_j)}{2\ E_c} \times \frac{\phi_1}{\alpha}$$

여기서, $\epsilon_0 = \dfrac{f_i + f_j}{2\ E_c}$: 부가고정하중 만에 의한 슬래브 상하연의 부재 양단의 평균 응력을 이용하여 구한 변형률

E_c : 28,000 MPa

f_i, f_j : 지속하중에 대한 부재 양단에서의 응력

ϕ_1 : 크리프 계수 (= 2.0)

α : 콘크리트의 선팽창 계수 (= 1.2×10^{-5})

해석시 콘크리트의 탄성계수는 E_{c1}을 적용한다.

- 부가고정하중에 의한 크리프의 온도하중 산정(적용예)

부재	위치	휨단면력 (kNm)	상연응력 (MPa)	하연응력 (MPa)	상연 응력평균	하연 응력평균	슬래브 상연온도	슬래브 하연온도
1008	i 단	3,859.1	0.695	0.417	0.695	0.417	-4.1℃ (수축)	-2.5℃ (수축)
	j 단	3,853.4	0.694	0.417				
1021	i 단	-7,076.5	-1.160	-0.771	-1.029	-0.684	6.1℃ (신장)	4.1℃ (신장)
	j 단	-5,475.1	-0.898	-0.597				

주 : 응력의 부호는 (+)는 압축, (-)는 인장을 의미.

앞에서 산정된 적용 예와 같이 슬래브의 상하연 온도를 전체 구간에서 각각 부재별로 구하여 온도하중으로 재하를 하게 되고, 이 결과로부터 얻은 응력 또는 단면력은 그대로 초기변형을 고려한 최종 응력 또는 단면력이 되므로 설계시 그대로 적용이 가능하다.

라. k Factor법과 등가온도해석법의 결과 비교

<k Factor를 적용한 방법과 등가온도해석법 결과 비교>

하중	부재		거더 (MPa)		슬래브, 철근 (MPa)		비고
			상연응력	하연응력	상연응력	하연응력	
크리프 적용시	최대 정모멘트부	k Factor 설계법	6.9	1.6	-0.4	0.0	
		등가온도 해석법	4.7	-2.4	-0.2	0.1	
	최대 부모멘트부	k Factor 설계법	-9.0	-12.6	-8.6	-8.9	
		등가온도 해석법	-7.3	2.5	4.6	0.5	
하중 조합 적용시	최대 정모멘트부	k Factor 설계법	191.3	-199.7	1.08	-0.52	
		등가온도 해석법	189.1	-203.7	1.28	-0.42	
	최대 부모멘트부	k Factor 설계법	-227.3	267.3	-88.8	-74.8	
		등가온도 해석법	-225.6	282.4	-75.6	-65.4	

주 : 응력의 부호는 (+)는 압축, (-)는 인장을 의미. 슬래브, 철근 응력은 최대 정모멘트부에서는 슬래브 응력, 최대 부모멘트부에서는 철근응력을 의미함.

등가온도 해석법 적용 결과, 크리프의 결과만으로는 거더, 슬래브 및 철근에서 기존의 k Factor 설계법과 다소 응력의 변동이 발생한다. 특히 인장 크리프가 발생하는 지점부 거더의 하면에서는 5% 정도의 압축응력의 증가가 발생한다. 이러한 변동을 감안하면 추후 k Factor 법의 적용성에 대해서 보다 깊은 논의가 필요할 것으로 판단된다.

(7) [단계 3-3 , 단계 3-4] 최대 정모멘트 단면 계수 산정 및 응력 검토

① 단면가정 및 설계조건

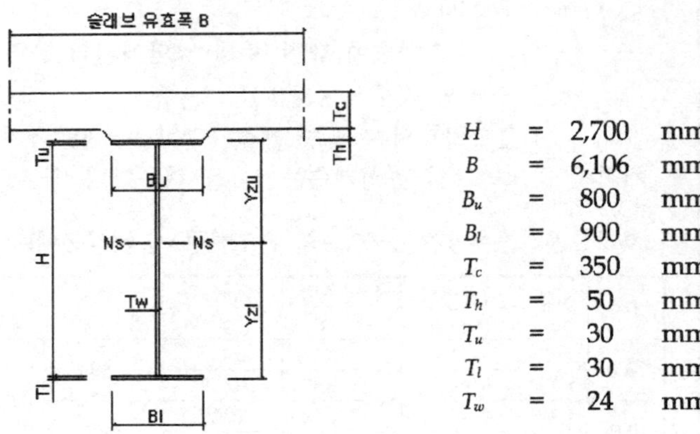

H = 2,700 mm
B = 6,106 mm
B_u = 800 mm
B_l = 900 mm
T_c = 350 mm
T_h = 50 mm
T_u = 30 mm
T_l = 30 mm
T_w = 24 mm

<정모멘트부 단면력 및 단면제원>

구 분	단위	값
n : 강과 콘크리트의 탄성계수비		8
M_s : 합성전 고정하중에 의한 모멘트	kNm	11,097.8
M_{sc} : 합성후 고정하중에 의한 모멘트	kNm	3,041.9
M_v : (활하중 + 지점침하)에 의한 모멘트	kNm	8,055.7
S_s : 합성전 고정하중에 의한 전단력	kN	7.6
S_{sc} : 합성후 고정하중에 의한 전단력	kN	0.7
S_v : (활하중 + 지점침하)에 의한 전단력	kN	-434.9
M_{st} : 합성전 고정하중에 의한 비틀림 모멘트	kNm	0.0
M_{sct} : 합성후 고정하중에 의한 비틀림 모멘트	kNm	0.0
M_{vt} : (활하중 + 지점침하)에 의한 비틀림 모멘트	kNm	-169.2

단 면	B (mm)	H (mm)	A (mm^2)	Y (mm)	AY (mm^3)	AY^2 (mm^4)	I_x (mm^4)
상부플랜지	800	30	24,000	1365	32,760,000	44,717,400,000	1,800,000
복 부	24	2700	64,800	0	0	0	39,366,000,000
하부플랜지	900	30	27,000	-1365	-36,855,000	50,307,075,000	2,025,000
강단면	0	0	115,800	0	-4,095,000	95,024,475,000	39,369,825,000
바닥판	6106	350	2,137,100	1575	3,365,932,500	5,301,343,687,500	21,816,229,167

② 응력검토

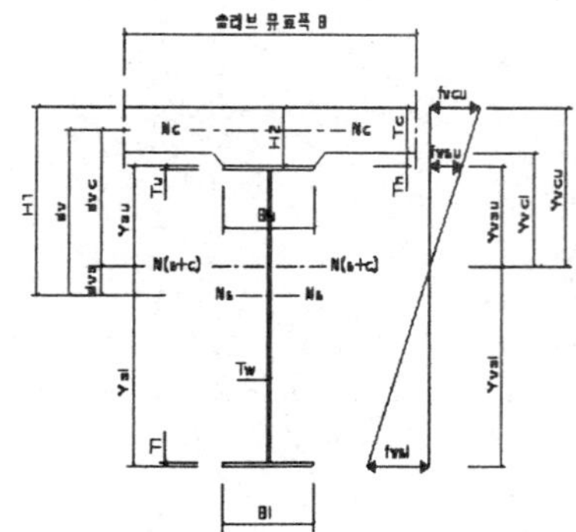

가. 합성전

$I_s' = A_s \cdot Y^2 + \sum I_s$ = 1.344E+10 mm^4

$\delta_s = \sum (A \cdot Y) / A_s$ = -35.4 mm

$I_s = I_s' - A_s \cdot \delta_s^2$ = 13.425E+10 mm^4

$Y_{su} = H / 2 + T_u - \delta_s$ = 1,415.4 mm

$Ysl = H / 2 + T_l + \delta_s$ = -1,344.6 mm

$f_{su} = M_s \times Y_{su} / I_s$ = 119.0 MPa

$f_{sl} = M_s \times Y_{sl} / I_s$ = -113.1 MPa

$K = \Sigma b \cdot t^3 / 3$ = 27,741,600 mm^4

$v_s = S_s / A_{Web} + M_{st} \cdot T_w / K$ = -1.67 MPa

나. 합성후

$A_v = A_s + A_c / n$ = 382,938 mm^2

I_c/n = = 0.2727E+10 mm^4

$d_v = Y_{su} - T_u + T_h + T_c / 2$ = 1,610.4 mm

$d_{vc} = d_v \cdot A_s / (A_c / n + A_s)$ = 487.0 mm

$d_{vs} = d_v - d_{vc}$ = 1,123.4 mm

$Y_{vcu} = d_{vc} + T_c / 2$ = 662.0 mm

$Y_{vcl} = Y_{vcu} - T_c$ = 312.0 mm

$Y_{vsu} = Y_{vcu} - H_2 + T_u$ = 292.0 mm

$Y_{vsl} = Y_{vsu} - (H + T_u + T_l)$ = -2,468.0 mm

$I_v = I_s + I_c / n + A_s \cdot d_{vs}^2 + A_c / n \cdot d_{vc}^2$ = 3.465E+10 mm^4

$f_{vcu} = M_{sc} \cdot Y_{vcu} / (n \cdot I_v)$ = 0.9 MPa

$f_{vcl} = M_{sc} \cdot Y_{vcl} / (n \cdot I_v)$ = 0.4 MPa

$f_{vsu} = M_{sc} \cdot Y_{vsu} / I_v$ = 3.2 MPa

$f_{vsl} = M_{sc} \cdot Y_{vsl} / I_v$ = -27.4 MPa

$K = K + \Sigma B \cdot t^3 / 3 / n$ = 0.1982E+10 mm^4

$v_{sv} = S_{sc} / A_{web} + M_{sct} \cdot T_w / K$ = -0.5 MPa

다. 활하중

$f_{vcu} = M_v \cdot Y_{vcu} / (n \cdot I_v)$ = 2.3 MPa

$f_{vcl} = M_v \cdot Y_{vcl} / (n \cdot I_v)$ = 1.1 MPa

$f_{vsu} = M_v \cdot Y_{vsu} / I_v$ = 8.1 MPa

$f_{vsl} = M_v \cdot Y_{vsl} / Is$ = -68.3 MPa

$v = S_v / A_{web} + M_{vt} \cdot T_w / K$ = -2.9 MPa

라. 크리프 k = 0.523 (2차 부정정력으로 인한 영향 고려)

$n_1 = n \cdot (1 + \phi_1 / 2)$ = 16

$A_{v1} = A_s + A_c / n_1$ = 249,369 mm^2

$d_{c1} = d_v \cdot A_s / (A_c / n_1 + A_s)$ = 747.8 mm

$d_{s1} = d_v - d_{c1}$ = 862.6 mm

$Y_{v1cu} = d_{c1} + T_c / 2$ = 922.8 mm

$Y_{v1cl} = Y_{v1cu} - T_c$ = 572.8 mm

$Y_{v1su} = Y_{v1cu} - H_2 + T_u$ = 552.8 mm

$Y_{v1sl} = Y_{v1su} - (H + T_u + T_l)$ = -2,207.2 mm

$I_{v1} = I_s + I_c/n_1 + A_s \cdot d_{s1}^2 + A_c/n_1 \cdot d_{c1}^2$ = 29.646E+10 mm^4

$N_c = M_{sc} \cdot d_{vc} \cdot A_c / (n \cdot I_v)$ = 1,446,847 N

$P_\phi = N_c \cdot 2 \cdot \phi_1 / (2 + \phi_1)$ = 1,446,847 N

$M_\phi = P_\phi \cdot dc_1$ = 1,082.0E+06 Nmm

$E_{c1} = E_c / (1 + \phi_1 / 2)$ = 14000.0 MPa

$f_{cu} = M_{sc} \cdot Y_{vcu} / (n \cdot I_v)$ = 0.9 MPa

$f_{cl} = M_{sc} \cdot Y_{vcl} / (n \cdot I_v)$ = 0.4 MPa

$f_{vcu1} = 1/n_1 \cdot (P_\phi/A_{v1} + K \cdot M_\phi \cdot Y_{v1cu}/I_{v1})$
$- E_{c1} \cdot f_{cu} \cdot \phi_1/E_c$ = -0.4 MPa

$f_{vcl1} = 1/n_1 \cdot (P_\phi/A_{v1} + K \cdot M_\phi \cdot Y_{v1cl}/I_{v1})$
$- E_{c1} \cdot f_{cl} \cdot \phi_1/E_c$ = 0.0 MPa

$f_{vsu1} = P_\phi/A_{v1} + K \cdot M_\phi \cdot Y_{v1su}/I_{v1}$ = 6.9 MPa

$f_{vsl1} = P_\phi/A_{v1} + K \cdot M_\phi \cdot Y_{v1sl}/I_{v1}$ = 1.6 MPa

마. 건조수축

$n_2 = n \cdot (1 + \phi_2 / 2)$ = 24

$A_{v2} = A_s + A_c / n_2$ = 204,846 mm^2

$d_{c2} = d_v \cdot A_s / (A_c / n_2 + A_s)$ = 910.3 mm

$d_{s2} = d_v - d_{c2}$ = 700.0 mm

$Y_{v2cu} = d_{c2} + T_c / 2$ = 1,085.3 mm

Y_{v2cl} = Y_{v2cu} - T_c = 735.3 mm

Y_{v2su} = Y_{v2cu} - H_2 + T_u = 715.3 mm

Y_{v2sl} = Y_{v2su} - (H + T_u + T_l) = -2,044.7 mm

I_{v2} = $I_s + I_c/n_2 + A_s \cdot d_{s2}^2 + A_c/n_2 \cdot d_{c2}^2$ = 26.570E+10 mm^4

P_2 = $E_s \cdot \varepsilon_s \cdot A_c / n_2$ = 5,049E+03 N

M_{v2} = $P_2 \cdot d_{c2}$ = 4,596E+06 Nmm

E_{c2} = E_s / n_2 = 8,750 MPa

f_{vcu2} = $1 / n_2 \cdot (P_2 / A_{v2} + K \cdot M_{v2} \cdot Y_{v2cu} / I_{v2}) - E_{c2} \cdot \varepsilon_s$ = -0.9 MPa

f_{vcl2} = $1 / n_2 \cdot (P_2 / A_{v2} + K \cdot M_{v2} \cdot Y_{v2cl} / I_{v2}) - E_{c2} \cdot \varepsilon_s$ = -1.1 MPa

f_{vsu2} = $P_2 / A_{v2} + K \cdot M_{v2} \cdot Y_{v2su} / I_{v2}$ = 31.1 MPa

f_{vsl2} = $P_2 / A_{v2} + K \cdot M_{v2} \cdot Y_{v2sl} / I_{v2}$ = 6.1 MPa

바. 온도차

ε_t = $a \cdot t$ = 0.00012

P_1 = $E_s \cdot \varepsilon_t \cdot A_c / n$ = 6731865 N

M_{vt} = $P_1 \cdot d_{vc}$ = 3,278E+06 Nmm

f_{cut} = $1 / n \cdot (P_1 / A_v + k \cdot M_{vt} \cdot Y_{vcu} / I_v) - E_c \cdot \varepsilon_t$ = -0.8 MPa

f_{clt} = $1 / n \cdot (P_1 / A_v + K \cdot M_{vt} \cdot Y_{vcl} / I_v) - E_c \cdot \varepsilon_t$ = -1.0 MPa

f_{sut} = $P_1 / A_v + K \cdot M_{vt} \cdot Y_{vsu} / I_v$ = 19.0 MPa

f_{slt} = $P_1 / A_v + K \cdot M_{vt} \cdot Y_{vsl} / I_v$ = 5.4 MPa

사. 전단 및 비틀림

M_t = $M_{st} + M_{sct} + M_{vt}$ = -68.200E+03 Nmm

W_n = $H \cdot B_u / 4$ = 540,000 mm^2

I_w = $(H^2 \cdot (T_u \cdot B_u^3 \cdot T_b \cdot B_l^3))/(12 \cdot (T_u \cdot B_u^3 + T_b \cdot B_l^3))$ = 5.604×10^{15} mm^4

a = $L \cdot \sqrt{((G \cdot K) / (Es \cdot I_w))}$ = 0.584

M_{wa} = $(M_t/L)/(a/L)^2 \cdot [2sinh(a/2)/sinh(a)-1]$ = 41,162E+06 Nmm

T_{wa} = $-(M_t/L)/(a/L) \cdot [1-cosh(a))/sinh(a)]$ = -33.162E+06 Nmm

S_{wa} = $H \cdot T_l \cdot B_l^2 / 16$ = 0.410E+10 mm^4

υ = 전단력에 의한 복부전단응력
$(S_s + S_{sc} + S_v) / A_{s(Web)}$ = 3.2 MPa

υ_t = 순수비틀림에 의한 복부전단응력
$(M_{st} + M_{sct} + M_{vt}) \cdot T_w / K$ = 8.3 MPa

υ_t = 순수비틀림에 의한 플랜지전단응력
$(M_{st} + M_{sct} + M_{vt}) \cdot T_f / K$ = 10.3 MPa

υ_w = 뒴비틀림에 의한 플랜지전단응력
$T_{wa} \cdot S_w / (I_w \cdot T_u)$ = 0.8 MPa

υ_{web} = 3.2 + 8.3 = 11.5 MPa < υ_a = 150 MPa ∴ OK

υ_{flange} = 10.3 + 0.8 = 11.1 MPa < υ_a = 150 MPa ∴ OK

f_w = 뒴비틀림에 의한 수직응력
$M_{wa} \cdot W_n / I_w$ = 4.0 MPa
(아. 조합응력 검토시 적용됨)

아. 조합응력 검토

- 인장 (하부) 플랜지의 허용응력 (SM570-TMC)

f_{ta} = 260 MPa

- (상부) 플랜지의 허용응력 (SM570-TMC)

$t_u \geq \dfrac{b}{10.7} = \dfrac{388}{10.7} = 36.26$ mm 인 경우

f_{ca} = 260 MPa

$\dfrac{b}{10.7} > t_u \geq \dfrac{b}{16} = \dfrac{388}{16} = 24.25$ mm 인 경우

$f_{ca} = 24{,}000 \times (t \ / \ b)^2 = 143.48$ MPa

사용 t_u = 18.0 mm

그러나, 콘크리트 슬래브에 의해 판의 국부좌굴이 충분히 방지된 경우이므로

f_{ca} = 260 MPa

<정모멘트부 응력집계 및 검토>

하중조합	허용응력 할증계수	콘크리트 (MPa)				강재 (MPa)			
		작용응력		허용응력		작용응력		허용응력	
		상 연	하 연	상 연	하 연	상 연	하 연	상 연	하 연
가	1.00			16.0	16.0	119.02	-113.07	143.5	260.0
가+나+다	1.00	3.21	1.51	16.0	16.0	134.31	-212.76	260.0	260.0
가+나+다+라	1.00	2.76	1.51	16.0	16.0	141.17	-211.17	260.0	260.0
가+나+다+라+마	1.00	1.84	0.45	16.0	16.0	172.29	-205.02	260.0	260.0
가+나+다+라+마+바	1.15	1.08	-0.52	18.4	-3.2	191.31	-199.66	299.0	299.0
가+나+다+라+마-바	1.15	2.59	1.42	18.4	18.4	153.26	-210.39	299.0	299.0

- 뒴비틀림에 의한 수직응력 추가 검토

f_{max} = 191.31 + 4.0 = 195.31 MPa < f_a = 299 MPa ∴ OK

f_{min} = -211.17 - 4.0 = 215.17 MPa < f_a = 260 MPa ∴ OK

뒴비틀림에 의한 수직응력의 추가검토는 실제적으로 비틀림 최대 모멘트가 발생하는 활하중에 의한 수직응력과 더하는 것이 보다 정확하나, 본 편람에서는 적용방법에 대한 예제를 보이는 것이므로 보수측의 검토가 되도록 최대 휨모멘트에 의한 수직응력과 뒴비틀림에 의한 수직응력을 합산하여 응력을 검토하였다.

자. 합성응력 검토

- 상연

$$\left(\frac{f}{f_a}\right)^2 + \left(\frac{v}{v_a}\right)^2 = \left(\frac{119.019}{143.48}\right)^2 + \left(\frac{10.3}{150.00}\right)^2 = 0.688 + 0.005 = 0.693 < 1.2 \ \therefore \ \text{OK}$$

- 하연

$$\left(\frac{f}{f_a}\right)^2 + \left(\frac{v}{v_a}\right)^2 = \left(\frac{-212.764}{260.00}\right)^2 + \left(\frac{10.3}{150.00}\right)^2 = 0.670 + 0.005 = 0.675 < 1.2 \ \therefore \ \text{OK}$$

차. 항복에 대한 안전도 검사

- 바닥판 콘크리트

합성후 고정하중 응력 = { M_{sc} / ($n \cdot I_v$) } × Y_{vcu} = 0.920 MPa
합성후 활하중 응력 = 3.209 - 0.920 = 2.289 MPa
Σf = 1.3 × 0.920 + 2.15 × 2.289 + (-0.447) + (-0.926) + 0.753
= 5.467 MPa (CR & SH 포함시) < (3/5) f_{ck} = 24.0 MPa ∴ OK
Σf = 1.3 × 0.920 + 2.15 × 2.289 + 0.753
= 6.870 MPa (CR & SH 제외시) < (3/5) f_{ck} = 24.0 MPa ∴ OK

- 강재주형 상판
합성전 고정하중 응력 = 119.019 MPa
합성후 고정하중 응력 = M_{sc} / I_v × Y_{vsu} = 3.247 MPa
합성후 활하중 응력 = 134.309 - 119.019 - 3.247 = 12.043 MPa
Σf = 1.3 × (119.019 + 3.247) + 2.15 × 12.043 + 6.857 + 31.119 + 19.024
= 241.838 MPa (크리프 건조수축 포함시) < f_y = 460.0 MPa ∴ OK
Σf = 1.3 × (119.019 + 3.247) + 2.15 × 12.043 + 19.024
= 203.862 MPa (크리프 건조수축 제외시) < f_y = 460.0 MPa ∴ OK

- 강재주형 하판
합성전 고정하중 응력 = -113.071 MPa
합성후 고정하중 응력 = M_{sc} / I_v × Y_{vsu} = -27.449 MPa
합성후 활하중 응력 = -212.764 - (-113.071) - (-27.449) = -72.244 MPa
Σf = 1.3×(-113.071 + (-27.449)) + 2.15×(-72.244) + 1.589 + 6.149 + (-5.366)
= -335.629 MPa (크리프 건조수축 포함시) < f_y = 460.0 MPa ∴ OK
Σf = 1.3 × (-113.071 + (-27.449)) + 2.15 × (-72.244) + (-5.366)
= -343.367 MPa (크리프 건조수축 제외시) < f_y = 460.0 MPa ∴ OK

카. 플랜지 자유돌출판의 판두께 검토
- 상부플랜지 : $b/16$ = 24.25 mm < 30.00 mm ∴ OK
- 하부플랜지 : $b/16$ = 27.375 mm < 30.00 mm ∴ OK

(8) [단계 3-3], [단계 3-4] 최대 부모멘트 단면

① 단면가정 및 설계조건

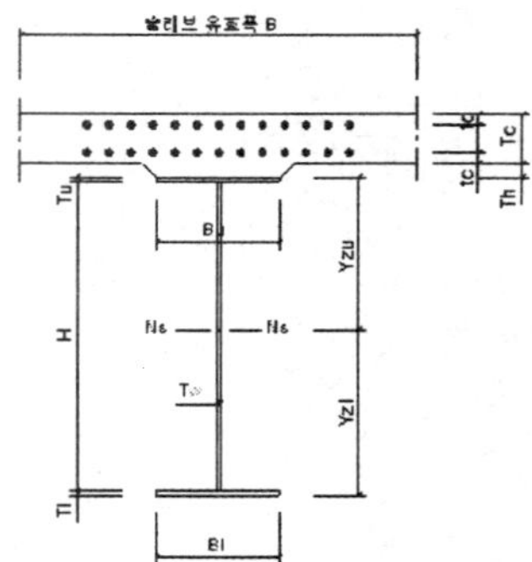

H = 2,700 mm
B = 4,866 mm
B_u = 800 mm
B_l = 900 mm
T_c = 350 mm
T_h = 50 mm
T_u = 56 mm
T_l = 62 mm
T_w = 24 mm

<부모멘트부 단면력 및 단면제원>

구 분	단위	값
M_s : 합성전 고정하중에 의한 모멘트	kNm	-22,099.400
M_{sc} : 합성후 고정하중에 의한 모멘트	kNm	-7,076.500
M_v : (활하중 + 지점침하)에 의한 모멘트	kNm	-12,075.100
S_s : 합성전 고정하중에 의한 전단력	kN	2,041.300
S_{sc} : 합성후 고정하중에 의한 전단력	kN	668.400
S_v : (활하중 + 지점침하)에 의한 전단력	kN	1,142.500
M_{st} : 합성전 고정하중에 의한 비틀림 모멘트	kNm	0.000
M_{sct} : 합성후 고정하중에 의한 비틀림 모멘트	kNm	0.000
M_{vt} : (활하중 + 지점침하)에 의한 비틀림 모멘트	kNm	-112.200
t_{cu}, t_{cl} : 교축방향 철근의 피복두께(상면,하면)	mm	60, 40

단 면	B (mm)	H (mm)	A (mm²)	Y (mm)	AY (mm³)	AY² (mm⁴)	I_X (mm⁴)
상부플랜지	800	56	44,800	1,378	61,734,400	85,070,003,200	11,707,733
복 부	24	2,700	64,800	0	0	0	39,366,000,000
하부플랜지	900	62	55,800	-1,381	-77,059,800	106,419,583,800	17,874,600
강단면합계	0	0	165,400	0	-15,325,400	191,489,587,000	39,395,582,333
상부철근	-	-	24,828	1,690	41,959,320	70,911,250,800	-
하부철근	-	-	24,828	1,440	35,752,320	51,483,340,800	-
철근합계	0	0	49,656	0	77,711,640	122,394,591,600	-
바닥판	4,866	350	1,703,100	1,575	2,682,382,500	4,224,752,437,500	17,385,812,500

② 응력 검토

가. 합성전

I_s'	=	$A_s \cdot Y^2 + \sum I_s$	=	23.09E+10	mm⁴
δ_s	=	$\sum(A \cdot Y) / A_s$	=	-92.657	mm
I_s	=	$I_s' - A_s \cdot \delta_s^2$	=	22.95E+10	mm⁴
Y_{su}	=	$H / 2 + T_u - \delta_s$	=	1,498.657	mm
Y_{sl}	=	$H / 2 + T_l + \delta_s$	=	-1,319.343	mm
f_{su}	=	$M_s \times Y_{su} / I_s$	=	-144.333	MPa
f_{sl}	=	$M_s \times Y_{sl} / I_s$	=	127.064	MPa
K	=	$\Sigma b \cdot t^3 / 3$	=	130,770,933	mm⁴
v_s	=	$S_s / A_{web} + M_{st} \cdot T_w / K$	=	31.50	MPa

나. 합성후

A_v	=	$A_s + A_r$	=	215,056	mm²
d	=	$Y_{su} - T_u + T_h + t_{cl} + (T_c - t_{cu} - t_{cl}) \cdot A_{ru} / A_r)$	=	1,657.7	mm
d_r	=	$d \cdot A_s / (A_s + A_r)$	=	1,274.9	mm
d_s	=	$d - d_r$	=	382.8	mm
Y_{vru}	=	$d_r + (T_c - t_{cu} - t_{cl}) \cdot A_{rl} / A_r$	=	1,399.9	mm
Y_{vrl}	=	$d_r + (T_c - t_{cu} - t_{cl}) \cdot A_{ru} / A_r$	=	1,149.9	mm
Y_{vsu}	=	$Y_{vru} - t_{cl} - T_h + T_u$	=	1,115.9	mm
Y_{vsl}	=	$Y_{vsu} - (H + T_u + T_l)$	=	-1,702.1	mm
I_{rv}	=	$I_s + A_s \cdot d_s^2 + A_r \cdot d_r^2$	=	33.441E+10	mm⁴
f_{vru}	=	$M_{sc} \cdot Y_{vru} / I_{rv}$	=	-29.6	MPa
f_{vrl}	=	$M_{sc} \cdot Y_{vrl} / I_{rv}$	=	-24.3	MPa
f_{vsu}	=	$M_{sc} \cdot Y_{vsu} / I_{rv}$	=	-23.6	MPa
f_{vsl}	=	$M_{sc} \cdot Y_{vsl} / I_{rv}$	=	36.0	MPa

K	=	$K + \Sigma B \cdot t^3 / 3 / n$	=	266,597,593 mm^4
v_{sv}	=	$S_{sc} / A_{(web)} + M_{sct} \cdot T_w / K$	=	10.3 MPa

다. 활하중

f_{vru}	=	$M_v \cdot Y_{vru} / I_{rv}$	=	-50.5 MPa
f_{vrl}	=	$M_v \cdot Y_{vrl} / I_{rv}$	=	-41.5 MPa
f_{vsu}	=	$M_v \cdot Y_{vsu} / I_{rv}$	=	-40.3 MPa
f_{vsl}	=	$M_v \cdot Y_{vsl} / I_{rv}$	=	61.5 MPa
v	=	$S_v / A_{web} + M_{vt} \cdot T_w / K$	=	7.5 MPa

라. 크리프 k = -0.191 (2차 부정정력으로 인한 영향고려)

A_{vc}	=	$A_s + A_c / n$	=	378,288 mm^2
d_v	=	$Y_{su} - T_u + T_h + T_c / 2$	=	1,667.7 mm
d_{vc}	=	$d_v \cdot A_s / (A_c / n + A_s)$	=	729.2 mm
d_{vs}	=	$d_v - d_{vc}$	=	938.5 mm
n_1	=	$n \cdot (1 + \phi_1 / 2)$	=	16
A_{v1}	=	$A_s + A_c / n_1$	=	271,844 mm^2
d_{c1}	=	$d_v \cdot A_s / (A_c / n_1 + A_s)$	=	1,014.7 mm
d_{s1}	=	$d_v - d_{c1}$	=	653.0 mm
I_{cv}	=	$I_s + I_c/n + A_s d_{vs}^2 + A_c/n \cdot d_{vc}^2$	=	49.051E+10 mm^4
N_c	=	$M_{sc} \cdot d_{vc} \cdot A_c / (n \cdot I_{cv})$	=	-2,240E+03 N
P_ϕ	=	$N_c \cdot 2 \cdot \phi_1 / (2 + \phi_1)$	=	-2,240E+03 N
M_ϕ	=	$P_\phi \cdot d_{c1}$	=	-2,272E+06 Nmm
E_{c1}	=	$E_c / (1 + \phi_1 / 2)$	=	14,000.0 MPa
f_{vru1}	=	$P_\phi / A_v + K \cdot M_\phi \cdot Y_{vru} / I_{rv}$	=	-8.6 MPa
f_{vrl1}	=	$P_\phi / A_v + K \cdot M_\phi \cdot Y_{vrl} / I_{rv}$	=	-8.9 MPa
f_{vsu1}	=	$P_\phi / A_v + K \cdot M_\phi \cdot Y_{vsu} / I_{rv}$	=	-9.0 MPa
f_{vsl1}	=	$P_\phi / A_v + K \cdot M_\phi \cdot Y_{vsl} / I_{rv}$	=	-12.6 MPa

마. 건조수축

n_2	=	$n \cdot (1 + \phi_2 / 2)$	=	24
A_{v2}	=	$A_s + A_c / n_2$	=	236,363 mm^2
d_{c2}	=	$d_v \cdot A_s / (A_c / n_2 + A_s)$	=	1,167.0 mm
d_{s2}	=	$d_v - d_{c2}$	=	500.7 mm
P_2	=	$E_s \cdot \varepsilon_s \cdot A_c / n_2$	=	402,3574 N
M_{v2}	=	$P_2 \cdot d_{c2}$	=	4,695E+06 Nmm
f_{vru2}	=	$P_2 / A_v + K \cdot M_{v2} \cdot Y_{vru} / I_{rv}$	=	15.0 MPa
f_{vrl2}	=	$P_2 / A_v + K \cdot M_{v2} \cdot Y_{vrl} / I_{rv}$	=	15.6 MPa
f_{vsu2}	=	$P_2 / A_v + K \cdot M_{v2} \cdot Y_{vsu} / I_{v2}$	=	15.7 MPa
f_{vsl2}	=	$P_2 / A_v + K \cdot M_{v2} \cdot Y_{vsl} / I_{v2}$	=	23.3 MPa

바. 온도차

ε_t	=	$a \cdot t$	=	0.00012
P_1	=	$E_s \cdot \varepsilon_t \cdot A_c / n$	=	5,364E+03 N
M_{vt}	=	$P_1 \cdot d_{vc}$	=	3,912E+06 Nmm
E_{rt}	=	$E_s \cdot \varepsilon_t$	=	25.2 MPa
f_{rut}	=	$P_1 / A_v + K \cdot M_{vt} \cdot Y_{vru} / I_{rv} - E_{rt}$	=	-3.4 MPa
f_{rlt}	=	$P_1 / A_v + K \cdot M_v t \cdot Y_{vrl} / I_{rv} - E_{rt}$	=	-2.8 MPa

f_{sut}	=	$P_1 / A_v + K \cdot M_{vt} \cdot Y_{vsu} / I_{rv}$	=	22.5 MPa
f_{slt}	=	$P_1 / A_v + K \cdot M_{vt} \cdot Y_{vsl} / I_{rv}$	=	28.749 MPa

사. 전단 및 비틀림

M_t	=	$M_{st} + M_{sct} + M_{vt}$	=	-112.2E+06 Nmm
W_n	=	$H \cdot B_u / 4$	=	540,000 mm^2
I_w	=	$(H^2 \cdot (T_u \cdot B_u{}^3 \cdot T_b \cdot B_l{}^3))/(12 \cdot (T_u \cdot B_u{}^3 + T_b \cdot B_l{}^3))$	=	1.113E+16 mm^4
a	=	$L \cdot \sqrt{((G \cdot K)/(E_s \cdot I_w))}$	=	0.481
M_{wa}	=	$(M_t/L)/(a/L)^2 \cdot [2\sinh(a/2)/\sinh(a)-1]$	=	6.848E+10 Nmm^2
T_{wa}	=	$-(M_t/L)/(a/L) \cdot [1-\cosh(a))/\sinh(a)]$	=	-55.044E+06 Nmm
S_{wa}	=	$H \cdot T_l \cdot B_l^2 / 16$	=	0.7655E+10 mm^4
υ	=	전단력에 의한 복부전단응력 $(S_s + S_{sc} + S_v) / A_{s(Web)}$	=	59.4 MPa
υ_t	=	순수비틀림에 의한 복부전단응력 $(M_{st} + M_{sct} + M_{vt}) \cdot T_w / K$	=	10.1 MPa
υ_t	=	순수비틀림에 의한 플랜지 전단응력 $(M_{st} + M_{sct} + M_{vt}) \cdot T_f / K$	=	12.6 MPa
υ_w	=	뒴비틀림에 의한 플랜지전단응력 $T_{wa} \cdot S_w / (I_w \cdot T_u)$	=	0.7 MPa

υ_{web} = 59.4 + 10.1 = 69.5 MPa < υa = 150 MPa ∴ OK

υ_{flange} = 12.6 + 0.7 = 13.3 MPa < υ_a = 150 MPa ∴ OK

f_w	=	뒴비틀림에 의한 수직응력 $M_{wa} \cdot W_n / I_w$ (아. 조합응력 검토시 적용됨)	=	3.3 MPa

아. 조합응력 검토

- 인장 (상부) 플랜지의 허용응력 (SM570-TMC) : f_{ta} = 260 MPa
- 압축 (하부) 플랜지의 허용응력 (SM570-TMC)

$t_l \geq \frac{b}{9.6} = \frac{438}{9.6} = 45.63$ mm 인 경우 : f_{ca} = 260 MPa

$\frac{b}{9.6} > t_l \geq \frac{b}{16} = \frac{438}{16} = 27.38$ mm 인 경우 : f_{ca} = 24,000 × (t / b) 2

사용 t_l = 62.0 mm, 따라서 : f_{ca} = 260 MPa

- 철근의 허용응력 : $f_{ta} = 0.6 \times f_y$ = 180 MPa

하중조합	허용응력 할증계수	철근 (MPa)				강재 (MPa)			
		작용응력		허용응력		작용응력		허용응력	
		상 연	하 연	상 연	하 연	상 연	하 연	상 연	하 연
가	1.00	0.00	0.00	160.0	160.0	-144.33	127.06	260.0	260.0
가+나+다	1.00	-80.17	-65.85	160.0	160.0	-211.56	227.86	260.0	260.0
가+나+다+라	1.00	-88.77	-74.77	160.0	160.0	-220.52	215.24	260.0	260.0
가+나+다+라+마	1.00	-73.81	-59.15	160.0	160.0	-204.81	238.51	260.0	260.0
가+나+다+라+마+바	1.15	-77.19	-61.97	184.0	184.0	-182.35	267.26	299.0	299.0
가+나+다+라+마-바	1.15	-70.43	-56.32	184.0	184.0	-227.26	209.77	299.0	299.0

- 뒴비틀림에 의한 수직응력 추가 검토

f_{max} = 267.26 + 3.3 = 270.56 MPa < f_a = 299 MPa ∴ OK

f_{min} = -220.52 - 3.3 = 223.82 MPa < f_a = 260 MPa ∴ OK

뒴비틀림에 의한 수직응력의 추가검토는 실제적으로 비틀림 최대 모멘트가 발생하는 활하중에 의한 수직응력과 더하는 것이 보다 정확하나, 본 편람에서는 적용방법에 대한 예제를 보이는 것이므로 보수측의 검토가 되도록 최대 휨모멘트에 의한 수직응력과 뒴비틀림에 의한 수직응력을 합산하여 응력을 검토하였다.

자. 합성응력 검토

- 상연

$$\left(\frac{f}{f_a}\right)^2 + \left(\frac{v}{v_a}\right)^2 = \left(\frac{-220.529}{260.0}\right)^2 + \left(\frac{69.5}{150.00}\right)^2 = 0.719 + 0.215 = 0.934 < 1.2 \quad \therefore \text{ OK}$$

- 하연

$$\left(\frac{f}{f_a}\right)^2 + \left(\frac{v}{v_a}\right)^2 = \left(\frac{238.519}{260.00}\right)^2 + \left(\frac{69.5}{150.00}\right)^2 = 0.842 + 0.215 = 1.057 < 1.2 \quad \therefore \text{ OK}$$

차. 항복에 대한 안전도 검사

- 상부 바닥판 철근

합성후 고정하중 응력 = M_{sc} / I_{rv} × Y_{vru} = -29.624 MPa

합성후 활하중 응력 = -80.173 - (-29.624) = -50.549 MPa

Σf = 1.3 × (-29.624) + 2.15 × (-50.549) + (-8.597) + (14.955) - 3.382
= -144.216 MPa (CR & SH 포함시) < f_y = 400.0 MPa ∴ OK

Σf = 1.3 × (-29.624) + 2.15 × (-50.549) - 3.382
= -150.574 MPa (CR & SH 제외시) < f_y = 400.0 MPa ∴ OK

- 강재주형 상판

합성전 고정하중 응력 = -144.333 MPa

합성후 고정하중 응력 = M_{sc} / I_{rv} × Y_{vsu} = -23.614 MPa

합성후 활하중 응력 = -211.564 - (-144.333) - (-23.614) = -43.617 MPa

Σf = 1.3×(-144.333 - 23.614) + 2.15×(-43.617) + (-8.965) + 15.717 - 22.453
= -327.809 MPa (크리프 건조수축 포함시) < f_y = 460.0 MPa ∴ OK

Σf = 1.3 × (-144.333 - 23.614) + 2.15 × (-43.617) - 22453
= -334.561 MPa (크리프 건조수축 제외시) < f_y = 460.0 MPa ∴ OK

- 강재주형 하판

합성전 고정하중 응력 = 127.064 MPa

합성후 고정하중 응력 = M_{sc} / I_{rv} × Y_{vsu} = 36.019 MPa

합성후 활하중 응력 = 227.867 - 127.064 - 36.019 = 64.784 MPa

Σf = 1.3 × (127.064 + 36.019) + 2.15 × 64.784 + (-12.622) + 23.274 + 28.749
= 390.695 MPa (크리프 건조수축 포함시) < f_y = 460.0 MPa ∴ OK

Σf = 1.3 × (127.064 + 36.019) + 2.15 × 64.784 + 28.749
= 380.043 MPa (크리프 건조수축 제외시) < f_y = 460.0 MPa ∴ OK

카. 플랜지 자유돌출판의 판두께 검토
- 상부플랜지 : b / 16 = 24.25 mm < 56.00 mm ∴ OK
- 하부플랜지 : b / 16 = 27.38 mm < 62.00 mm ∴ OK

(9) [단계 3-3], [단계 3-4] 현장이음부 정모멘트부

① 단면가정 및 설계조건

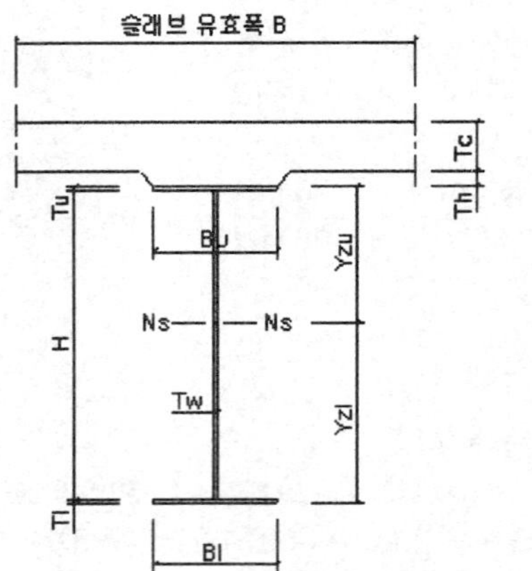

H = 2,700 mm
B = 6,106 mm
B_u = 800 mm
B_l = 900 mm
T_c = 350 mm
T_h = 50 mm
T_u = 30 mm
T_l = 34 mm
T_w = 24 mm

구 분	단위	값
M_s : 합성전 고정하중에 의한 모멘트	kNm	4,740.100
M_{sc} : 합성후 고정하중에 의한 모멘트	kNm	1,736.200
M_v : (활하중 + 지점침하)에 의한 모멘트	kNm	5,729.400
S_s : 합성전 고정하중에 의한 전단력	kN	-943.000
S_{sc} : 합성후 고정하중에 의한 전단력	kN	-308.600
S_v : (활하중 + 지점침하)에 의한 전단력	kN	-564.200
M_{st} : 합성전 고정하중에 의한 비틀림 모멘트	kNm	0.000
M_{sct} : 합성후 고정하중에 의한 비틀림 모멘트	kNm	0.000
M_{vt} : (활하중 + 지점침하)에 의한 비틀림 모멘트	kNm	119.200

단 면	B (mm)	H (mm)	A (mm²)	Y (mm)	AY (mm³)	AY^2 (mm⁴)	I_x (mm⁴)
상부플랜지	800	30	24,000	1365	32,760,000	44,717,400,000	1,800,000
복 부	24	2700	64,800	0	0	0	39,366,000,000
하부플랜지	900	30	27,000	-1365	-36,855,000	50,307,075,000	2,025,000
강단면	0	0	115,800	0	-4,095,000	95,024,475,000	39,369,825,000
바닥판	6106	350	2,137,100	1575	3,365,932,500	5,301,343,687,500	21,816,229,167

② 응력검토

- 계산과정 1지간부와 동일

하중조합	허용응력 할증계수	콘크리트 (MPa)				강재 (MPa)			
		작용응력		허용응력		작용응력		허용응력	
		상 연	하 연	상 연	하 연	상 연	하 연	상 연	하 연
가	1.00	0.00	0.00	16.0	16.0	49.09	-44.10	143.5	260.0
가+나+다	1.00	1.73	0.84	16.0	16.0	62.07	-100.35	260.0	260.0
가+나+다+라	1.00	1.47	0.79	16.0	16.0	64.43	-97.14	260.0	260.0
가+나+다+라+마	1.00	-0.03	-0.65	-2.8	-2.8	86.21	-66.38	260.0	260.0
가+나+다+라+마+바	1.15	-1.36	-1.91	-3.2	-3.2	103.06	-44.60	299.0	299.0
가+나+다+라+마-바	1.15	1.30	0.59	18.4	18.4	69.35	-88.15	299.0	299.0

- 뒴비틀림에 의한 수직응력 추가 검토

f_{max} = 103.06 + 6.6 = 109.66 MPa < f_a = 299 MPa ∴ OK

f_{min} = -97.14 - 6.6 = 103.74 MPa < f_a = 260 MPa ∴ OK

뒴비틀림에 의한 수직응력의 추가검토는 실제적으로 비틀림 최대 모멘트가 발생하는 활하중에 의한 수직응력과 더하는 것이 보다 정확하나, 본 편람에서는 적용방법에 대한 예제를 보이는 것이므로 보수측의 검토가 되도록 최대 휨모멘트에 의한 수직응력과 뒴비틀림에 의한 수직응력을 합산하여 응력을 검토하였다.

가. 합성응력 검토

- 상연

$$\left(\frac{f}{f_a}\right)^2 + \left(\frac{v}{v_a}\right)^2 = \left(\frac{103.069}{273.00}\right)^2 + \left(\frac{42.1}{150.00}\right)^2 = 0.143 + 0.079 = 0.222 < 1.2 \ \therefore \text{OK}$$

- 하연

$$\left(\frac{f}{f_a}\right)^2 + \left(\frac{v}{v_a}\right)^2 = \left(\frac{-100.351}{260.00}\right)^2 + \left(\frac{42.1}{150.00}\right)^2 = 0.149 + 0.079 = 0.228 < 1.2 \ \therefore \text{OK}$$

나. 항복에 대한 안전도 검사

- 바닥판 콘크리트

합성후 고정하중 응력 = { M_{sc} / ($n \cdot I_v$) } × Y_{vcu} = 0.404 MPa

합성후 활하중 응력 = 1.736 - 0.404 = 1.332 MPa

Σf = 1.3 × 0.404 + 2.15 × 1.332 + (-0.263) + (-1.505) + 1.335

= 2.956 MPa (CR & SH 포함시) < (3/5)f_{ck} = 24.0 MPa ∴ OK

Σf = 1.3 × 0.404 + 2.15 × 1.332 + 1.335

= 4.724 MPa (CR & SH 제외시) < (3/5)f_{ck} = 24.0 MPa ∴ OK

- 강재주형 상판

합성전 고정하중 응력 = 49.092 MPa

합성후 고정하중 응력 = M_{sc} / I_v × Y_{vsu} = 1.485 MPa

합성후 활하중 응력 = 62.072 - 49.092 - 1.485 = 11.495 MPa

Σf = 1.3 × (49.092 + 1.485) + 2.15 × 11.495 + 2.361 + 21.781 + 16.855

= 131.461 MPa (크리프 건조수축 포함시) < f_y = 460.0 MPa ∴ OK

Σf = 1.3 × (49.092 + 1.485) + 2.15 × 11.495 + 16.855

=107.319 MPa(크리프건조수축제외시) < 460.0 MPa ∴ OK

- 강재주형 하판

합성전 고정하중 응력 = -44.104 MPa

합성후 고정하중 응력 = M_{sc} / I_v × Y_{vsu} = -11.547 MPa

합성후 활하중 응력 = -100.351 - (-44.104) - (-11.547) = -44.700 MPa

Σf = 1.3 × (-44.104+(-11.547)) + 2.15 × (-44.700) + 3.203 + 30.767 + (-21.777)

= -156.258 MPa (크리프 건조수축 포함시) < f_y = 460.0 MPa ∴ OK

Σf = 1.3 × (-44.104 + (-11.547)) + 2.15 × (-44.700) + (-21.777)

= -190.228 MPa (크리프 건조수축 제외시) < f_y = 460.0 MPa ∴ OK

다. 플랜지 자유돌출판의 판두께 검토

- 상부플랜지 : b / 16 = 24.25 mm < 30.000 mm ∴ OK
- 하부플랜지 : b / 16 = 27.38 mm < 34.000 mm ∴ OK

5.4.5 [단계 4] 가로보 설계

(1) 단면가정

- 단부 및 내지점부 가로보 설계는 전단연결재의 결합을 고려하지 않고 강재만으로 저항하는 비합성 단면으로 검토하여 안전측 설계 수행

Upper Flange : 400 × 14 mm (SM490)
Web : 1890 × 16 mm (SM490)
Lower Flange : 400 × 14 mm (SM490)

① 단면적 : A = 400 × 14 + 1890 × 16 + 400 × 14 = 41,440 mm^2

② 단면 2차 모멘트 : I = 19,152,479,733 mm^4

(2) [단계 4-1] 단면력 산정

① 고정하중에 의한 단면력

- 가로보 자중 : 0.04144 × 78.5 × 1.15 (할증) = 3.741 kN/m
- 바닥판 및 포장
  (0.08 × 23 + 0.65 × 25) = 18.090 kN/m
- 가로보 종방향 5 m 간격에 대하여 2.5 m의 슬래브 하중을 단부가로보에 재하
  w_d = 3.741 + 18.090 × 2.5 = 48.966 kN/m
- 고정하중 전단력 및 모멘트 산정

$$M_d = \frac{w_d \times l^2}{8} = \frac{48.966 \times 6.4^2}{8} = 250.706 \text{ kNm}$$

$$S_d = \frac{w_d \times l}{2} = \frac{48.966 \times 6.4}{2} = 156.691 \text{ kN}$$

② 활하중에 의한 단면력

- 활하중 : P_f = 24 kN, P_r = 96 kN

- 종방향 종거 산정 (뒷바퀴는 가로보 상단, 중간바퀴는 4.2 m 앞쪽에 배치시)
  1.0 + (5.0 - 4.2) / 5.0 = 1.16

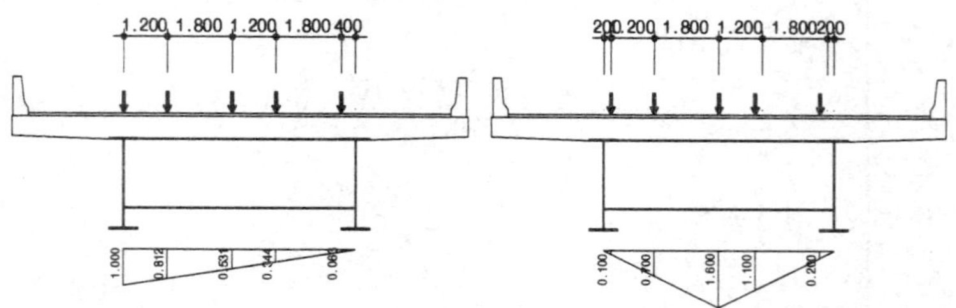

<단부 가로보 활하중 재하도 및 영향선(전단력 및 휨모멘트)>

- 횡방향 종거 산정 (전단력)
  1.0 + 5.2 / 6.4 + 3.4 / 6.4 + 2.2 / 6.4 + 0.4 / 6.4 = 2.75

- 횡방향 종거 산정 (모멘트)
  0.1 + 0.7 + 1.6 + 1.1 + 0.2 = 3.7

- 충격계수

$$i = \frac{15}{40+6.4} = 0.323 > 0.3 \qquad \therefore i = 0.3$$

- 활하중 전단력 및 모멘트 산정
  $\sum S = 2.75 \times 96 \times 1.3 \times 1.16 = 398.1$ kN
  $\sum M = 3.7 \times 96 \times 1.3 \times 1.16 = 535.6$ kNm

③ Global 해석에 의한 단면력
- 비합성인 내부 가로보의 경우에는 간략 계산을 수행하지 않고, Frame 해석에서 구한 단면력을 직접 적용하여 응력 검토
  Frame 해석 결과 : $M_{max} = 11.2$ kNm , $S_{max} = 6.8$ kN (D)
  Frame 해석 결과 : $M_{max} = 42.2$ kNm , $S_{max} = 19.6$ kN (L+I)

- 슬래브로부터 직접 하중을 받는 단부 및 내지점부 가로보의 경우에는 간략 계산과 Frame 해석에서 구한 단면력을 비교하여 큰 값을 적용
  단부 Frame 해석 결과 : $M_{max} = 235.9$ kNm , $S_{max} = 156.1$ kN (D)
  단부 Frame 해석 결과 : $M_{max} = 220.2$ kNm , $S_{max} = 264.1$ kN (L+I)
  내지점부 Frame 해석 결과 : $M_{max} = 260.2$ kNm , $S_{max} = 180.9$ kN (D)
  내지점부 Frame 해석 결과 : $M_{max} = 303.9$ kNm , $S_{max} = 411.8$ kN (L+I)

- 설계 예제는 단부에 대해서만 수록

(3) [단계 4-2] 단면응력검토

- SM490 강종의 허용휨응력 : f_a = 190 MPa
- SM490 강종의 허용전단응력 : v_a = 110 MPa
- 휨응력 검토

$$f = \frac{M}{I}y = \frac{(535.6 + 250.706) \times 10^6}{19,152,479,733} \times 959 = 39.37 < 190 \text{ MPa} \qquad \therefore \text{OK}$$

- 전단응력 검토

$$v = \frac{S}{A} = \frac{(398.1 + 156.691) \times 10^3}{1,890 \times 16} = 18.35 < 110 \text{ MPa} \qquad \therefore \text{OK}$$

(4) 상부플랜지 이음 검토

- 설계응력 : 39.37 MPa < 0.75 × 190 = 142.5 MPa
  따라서, 설계응력은 142.5 MPa

① 볼트의 필요개수 산정

- 고장력 볼트 : F10T , M22(2면 마찰)
  상부플랜지 단면적 : 5,600 mm², 허용전단응력 : 48 × 2 = 96 kN

$$n = \frac{A \times f_{su}}{\rho_a} = \frac{5,600 \times 142.5}{96,000} = 8.3 \text{ EA}$$

∴ M22, F10T 12EA 사용 ∴OK

② 이음판 두께 산정

1 - PL : 400 × 14 = 5,600 mm²
2 - PL : 160 × 14 = 4,480 mm²
Σ = 10,080 mm²

$$A_{sn} = t_s \times \{(400 - 25 \times 4) + (160 - 25 \times 2) \times 2EA\}$$

$$= 520.0 \times t_s \geq A_f = 5,600 \text{ mm}^2$$

$$\therefore t_s \geq \frac{A_f}{520} = \frac{5,600}{520} = 10.8 \text{ mm}$$ → Use t = 14 mm OK

③ 볼트의 응력검토

- 작용전단력 : 554.791 kN
- Q = 400 × 14 × (959 - 14/2) = 5,350,800 mm³
- I = 19,152,479,733 mm⁴
- p : 접합선 방향의 볼트의 평균 피치 = 400 / 4 = 100 mm
- 휨수직응력 및 휨전단응력 검토

$$\rho_p = \frac{14 \times 400 \times 39.37}{12EA} = 18,373 \text{ N/EA}$$

$$\rho_h = \frac{S \times Q}{I} \times \frac{p}{n} = \frac{554.791 \times 10^3 \times 5,350,800}{19,152,479,733} \times \frac{100}{3EA} = 5,167 \quad N/EA$$

$$\rho = \sqrt{\rho_p^2 + \rho_h^2} = \sqrt{18,373^2 + 5,167^2} = 19,806 < \rho_a = 96,000 \quad N/EA \qquad \therefore OK$$

④ 모재의 응력검토

- 모재의 총단면적 A_s = 400 × 14 = 5,600 mm²

- 모재의 순단면적 A_{sn} = (400 - 25 × 4) × 14 = 4,200 mm²

$$f_u = \frac{5,600 \times 39.37}{4,200} = 52.49 < f_a = 190 \text{ MPa} \qquad \therefore OK$$

(5) 하부플랜지 이음 검토

- 설계응력 : 39.37 MPa < 0.75 × 190 = 142.5 MPa
  따라서, 설계응력은 142.5 MPa

- 고장력 볼트 : F10T , M22(2면 마찰)
  상부플랜지 단면적 : 5,600 mm², 허용전단응력 : 48 × 2 = 96 kN

$$n = \frac{A \times f_{su}}{\rho_a} = \frac{5600 \times 142.5}{96,000} = 8.3\text{EA}$$

∴ M22, F10T 12EA 사용 ∴OK

① 볼트에 작용하는 힘

$$p = \frac{5,600 \times 142.5}{12} = 66.5\text{kN} < 96\text{kN} \qquad \therefore OK$$

② 이음판 두께 산정

2 - PL : 160 × 14 = 4,480 mm²
2 - PL : 160 × 14 = 4,480 mm²
Σ = 8,960 mm²

$$A_{sn} = t_s \times \{(160 - 25 \times 2) \times 2\text{EA} + (160 - 25 \times 2) \times 2\text{EA}\}$$

$$= 440.0 \times t_s \geq A_f = 5,600\,\text{mm}^2$$

$$\therefore t_s \geq \frac{A_f}{440} = \frac{5,600}{440} = 12.7\text{ mm}$$ -> Use t = 14 mm. OK

③ 볼트의 응력검토

- 작용전단력 : 554.791 kN
- Q = 400 × 14 × (959 - 14/2) = 5,350,800 mm³
- I = 19,152,479,733 mm⁴
- p : 접합선 방향의 볼트의 평균 피치 = 400 / 4 = 100 mm

- 휨수직응력 및 휨전단응력 검토

$$\rho_p = \frac{14 \times 400 \times 39.37}{12EA} = 18,373 \quad N/EA$$

$$\rho_h = \frac{S \times Q}{I} \times \frac{p}{n} = \frac{554.791 \times 10^3 \times 5,350,800}{19,152,479,733} \times \frac{100}{3EA} = 5,167 \quad N/EA$$

$$\rho = \sqrt{\rho_p^2 + \rho_h^2} = \sqrt{18,373^2 + 5,167^2} = 19,806 < \rho_a = 96,000 \quad N/EA \qquad \therefore OK$$

④ 모재의 응력검토

- 모재의 총단면적 A_s = 400 × 14 = 5,600 mm^2

- 모재의 순단면적 A_{sn} = (400 - 25 × 4) × 14 = 4,200 mm^2

$$f_u = \frac{5,600 \times 39.37}{4,200} = 52.49 < f_a = 190 \ MPa \qquad \therefore OK$$

(6) 복부판 이음

① 볼트설계

- 볼트의 단면2차 모멘트

$$\sum y_i^2 = 2열 \times (840^2 + 760^2 + \cdots\cdots + 120^2 + 40^2) \times 2 = 11,334,400 \ mm^2$$

- 복부판이 부담하는 휨모멘트 산정

$$I_w = \frac{16 \times 1,890^3}{12} = 9,001,692,000 \ mm^4$$

$$M_w = \frac{I_w}{I} \times M = \frac{9,001,692,000}{19,152,479,733} \times 786.306 = 369.56 \ kNm$$

- 볼트 1개의 휨수직응력

$$\rho_m = \frac{M_w}{\Sigma y_i^2} \times y = \frac{369.56 \times 10^6}{11,334,400} \times 840 = 27,388 \ N$$

- 볼트 1개의 전단응력

$$\rho_s = \frac{V}{n} = \frac{554.79 \times 10^3}{44} = 12,608 \ N/EA$$

- 볼트의 합성응력

$$\rho = \sqrt{\rho_m^2 + \rho_s^2} = \sqrt{27,388^2 + 12,608^2} = 30,151 < \rho_a = 96,000 \ N/EA \ \therefore \ OK$$

② 이음판 설계

$$A_{sn} = t_s \times (1,790 - 25 \times 22) \times 2EA = 2,380 \ t_s \geq A_w$$

$t_s \geq \frac{1,890 \times 16}{2,380} = 12.7$ mm → Use t = 14 mm ∴ OK

③ 연결판의 응력검토

- 사용 이음판

2 - PL : 1,790 × 14 = 50,120 mm^2

$$I = \frac{14 \times 1,790^3}{12} \times 2EA = 13,382,457,670 \ \text{mm}^4$$

- 이음판의 응력 검토

$$f = \frac{M_w}{I} \times y = \frac{369.56 \times 10^6}{13,382,457,670} \times 895 = 24.7 \ \text{MPa} < f_a = 190 \ \text{MPa} \quad \therefore \text{OK}$$

$$v = \frac{V}{A_w} = \frac{554.79 \times 10^3}{50,120} = 11.1 \ \text{MPa} < f_a = 110 \ \text{MPa} \quad \therefore \text{OK}$$

- 이음판의 합성응력 검토

$$\left(\frac{f}{f_a}\right)^2 + \left(\frac{v}{v_a}\right)^2 = \left(\frac{24.7}{190.0}\right)^2 + \left(\frac{11.1}{110.00}\right)^2$$

$$= 0.017 + 0.010 = 0.027 < 1.200 \quad \therefore \text{OK}$$

5.4.6 **[단계 5] 이음부의 설계**

(1) [단계 5-1], [단계 5-2], [단계 5-3] 용접부 검토

① 플랜지와 복부판의 용접부 검토

가. 필렛용접 치수 검토

구 분	모재 사용두께			상부플랜지와 복부판				하부플랜지와 복부판			
	t_u	t_l	t_w	S_{max}	S_{min}	S_{use}	판정	S_{max}	S_{min}	S_{use}	판정
TY-1	28	30	24	24	7.5	8	OK	24	7.8	8	OK
TY-2	30	30	24	24	7.8	8	OK	24	7.8	8	OK
TY-3	30	34	24	24	7.8	8	OK	24	8.2	9	OK
TY-4	42	48	24	24	9.2	10	OK	24	9.8	10	OK
TY-5	56	62	24	24	10.6	11	OK	24	11.1	12	OK

나. 용접부의 응력검토

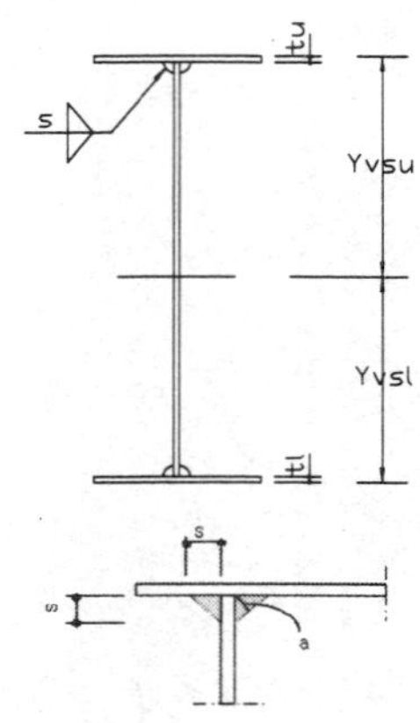

$$v = \frac{V \cdot Q}{I_v \sum a} < v_a$$

v : 전단응력 (MPa)

v_a : 허용전단응력 (MPa)

V : 총 작용전단력 (N)

Q : 용접선 외측 플랜지의 총단면의 중립축에 관한 단면 1차모멘트

I_v : 총단면의 중립축에 관한 단면 2차 모멘트

$\sum a$: 필렛용접의 목두께의 합

s : 필렛용접치수 (mm)

다. 응력검토 결과

- 상부플랜지와 복부판

구분	S_{max} (kN)	t_u (mm)	B_u (mm)	A (mm^2)	Y_{vsu} (mm)	Q (mm^3)	I_v (mm^4)	s (mm)	$\sum a$ (mm)	v (MPa)	v_a (MPa)	비고
A1	2,481.10	30	800	24,000	296.24	6.6×10^6	3.45×10^{11}	8	11.312	4.20	110	OK
P1	3,929.70	56	800	44,800	1115.90	5.0×10^7	3.34×10^{11}	11	15.554	37.80	110	OK

- 하부플랜지와 복부판

구분	S_{max} (kN)	t_u (mm)	B_u (mm)	A (mm^2)	Y_{vsu} (mm)	Q (mm^3)	I_v (mm^4)	s (mm)	$\sum a$ (mm)	v (MPa)	v_a (MPa)	비고
A1	2,481.10	30	900	27,000	2,463.76	6.7×10^7	3.45×10^{11}	8	11.312	42.60	110	OK
P1	3,929.70	62	900	55,800	1,702.10	9.5×10^7	3.34×10^{11}	12	16.968	65.87	110	OK

② 지점부 보강재 용접부 검토

- 단부 지점부

필렛용접 치수 s= 8.0 mm, 사용보강재 : 4 PL 250 × 22 × 2,330

용접목두께 $a = \frac{s}{\sqrt{2}} = 5.7mm$

$$v = \frac{p}{\sum a \cdot l} = \frac{2,505.47 \times 10^3}{8EA \times 5.7 \times 2,330} = 23.58 \le v_a = 110 \text{ MPa} \qquad \therefore \text{ OK}$$

- 내부 지점부

필렛용접 치수 s = 8.0 mm, 사용보강재 : 8 PL 250 × 22 × 2,700

용접목두께 $a = \frac{s}{\sqrt{2}} = 5.7$ mm

$$v = \frac{p}{\sum a \cdot l} = \frac{7,417.75 \times 10^3}{16EA \times 5.7 \times 2,700} = 30.12 \le v_a = 110 \text{ MPa} \quad \therefore \text{OK}$$

(2) [단계 5-4], [단계 5-5], [단계 5-6] 현장이음의 설계

합성전 휨모멘트	: M_s	=	4,740.10 kNm
합성후 휨모멘트	: M_v	=	7,465.60 kNm
합성전 전단력	: S_s	=	-943.00 kN
합성후 전단력	: S_v	=	-872.80 kN
총 비틀림 모멘트	: M_t	=	119.20 kNm
상부 플랜지 응력	: f_u	=	103.069 MPa
하부 플랜지 응력	: f_l	=	-100.351 MPa

BOLT : H.T (M22 F10T) ρ_a = 48,000 × 2면 마찰 = 96,000 N

① 압축부 플랜지 (상부 플랜지의 이음)

f_s = 103.069 MPa, f_s' = 0.75 × 260 = 195.0 MPa

∴ 이음부 설계응력(f_u)는 195.0 MPa을 적용한다.

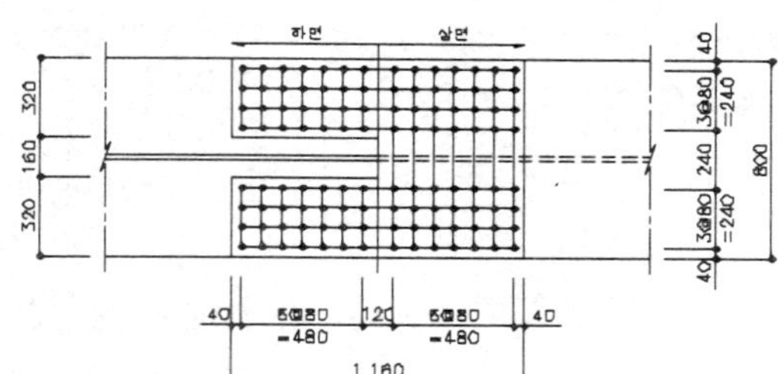

사용강종	:	SM570-TMC
모재두께	: T_u	= 30 mm
모재길이	: L	= 800 mm
허용압축응력	: f_a	= 260 MPa
허용전단응력	: v_a	= 150 MPa

가. 필요 볼트수의 결정

$$n = \frac{As \times fs}{\rho_a} = \frac{30 \times 800 \times 195.0}{96,000} = 49 \text{ EA} \quad \rightarrow n = 56 \text{ EA 사용}$$

나. 이음판의 결정

필요단면적 : $A_s = \dfrac{30 \times 800 \times 195.0}{260} = 18000 \text{ mm}^2$

사용이음판 : A_s = 1 - PL 800 × 20 × 1160 = 16,000 mm^2

2 - PL 320 × 20 × 1160 = 12,800 mm^2

$\Sigma A_s = 28,800 \text{ mm}^2 > A_{s\ req'd} = 1,800 \text{ mm}^2$, OK

이음판의 응력 : $fs = \dfrac{30 \times 800 \times 195.0}{28,800} = 162.5 \text{ MPa} < f_{sa}$ ∴ OK

다. 볼트의 응력검토

- 수직응력

$$\rho_p = \frac{P}{n} = \frac{30 \times 800 \times 195.0}{56} = 83.57 \text{ kN/EA} \quad < \rho_a \quad \therefore \text{ OK}$$

- 휨전단응력

$$\rho_h = \left(\frac{Ss\,Qs}{Is} + \frac{Sv\,Qv}{Iv}\right) \times \frac{p}{n} = -3.56 \text{ kN/EA}$$

S_s = -943.0 kN, S_v = -872.8 kN

Q_s, Q_v : 합성전 및 합성후의 중립축에 대한 접합선 외측의 단면1차모멘트

Q_s = 800 × 30 × (1456.0 - 15) = 34,583,160 ㎣

Q_v = 800 × 30 × (319:7 - 15) = 7,312,704 ㎣

I_s, I_v : 합성전 및 합성후의 중립축에 대한 총단면의 단면 2차 모멘트

I_s = 1.406E+11 mm^4, I_v = 3.673E+11 mm^4

p : 접합선 방향의 볼트의 평균 피치 (mm)

  = 플랜지 전폭/횡방향 볼트수 = 800 / (56 / 7) = 100 mm

n : 접합선 직각의 볼트의 개수

- 합성응력의 검토

$$\rho = \sqrt{\rho_p^2 + \rho_h^2} = \sqrt{83.57^2 + (-3.56)^2} = 83.647 \text{ kN/EA} < \rho a \text{ , OK}$$

② 인장부 플랜지 (하부 플랜지의 이음)

f_s = 100.351 MPa, f_s' = 0.75 × 190 = 195.0 MPa

∴ 이음부 설계응력(f_u)는 195.0 MPa을 적용한다.

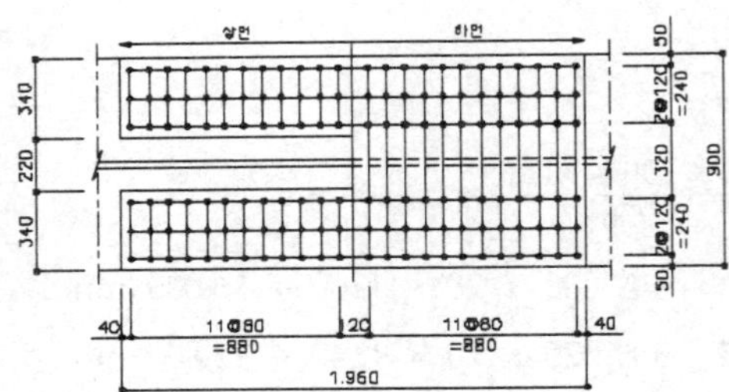

사용강종	: SM570-TMC	
모재두께	: T_u	= 34 mm
모재길이	: L	= 900 mm
허용압축응력	: f_a	= 260 MPa
허용전단응력	: v_a	= 150 MPa

가. 필요 볼트수의 결정

$$n = \frac{A_s \times fs}{\rho_a} = \frac{34 \times 900 \times 195.0}{96{,}000} = 63\,EA \quad \rightarrow n = 72 \text{ EA 사용}$$

나. 이음판의 결정

필요단면적 : $A_s = \dfrac{34 \times 900 \times 195.0}{190} = 22,950\,\text{mm}^2$

사용이음판 : A_s = 1 - PL 900 × 22 × 1,960 = 17,600 mm^2

2 - PL 340 × 22 × 1,960 = 14,960 mm^2

$\Sigma A_s = 32,560\ mm^2 > A_{s\ req'd} = 22,950\ mm^2$, OK

이음판의 순단면적 : 인장부의 순단면적은 볼트지름을 공제

A_n = 32,560 - 25 × 22 × 6 × 2 EA

= 25,960 mm^2 > $A_{s,\ req'd}$ = 22,950 mm^2 , OK

이음판의 응력 : $f_s = \dfrac{34 \times 900 \times 195.0}{25,960} = 229.854$ MPa < f_{sa} ∴ OK

다. 볼트의 응력검토

- 수직응력

$$\rho_p = \frac{P}{n} = \frac{34 \times 900 \times 195.0}{72} = 82.88 \text{ kN/EA} < \rho_a \quad \therefore \text{OK}$$

- 휨전단응력

$$\rho_h = \left(\frac{Ss\,Qs}{Is} + \frac{Sv\,Qv}{Iv}\right) \times \frac{p}{n} = -5.52 \text{ N/EA}$$

S_s = -943.00 kN, S_v = -872.80 kN

Q_s, Q_v : 합성전 및 합성후의 중립축에 대한 접합선 외측의 단면1차모멘트

Q_s = 900 × 34 × (1,308 - 17) = 39,505,671 mm^3

Q_v = 900 × 34 × (2,449 - 17) = 74,419,904 mm^3

I_s, I_v : 합성전 및 합성후의 중립축에 대한 총단면의 단면 2차 모멘트

I_s = 1.406E+11 mm^4 I_v = 3.673E+11 mm^4

p : 접합선 방향의 볼트의 평균 피치 (mm)

= 플랜지 전폭/횡방향 볼트수 = 900 / (72 / 12) = 150 mm

n : 접합선 직각의 볼트의 개수

- 합성응력의 검토

$$\rho = \sqrt{\rho_p^2 + \rho_h^2} = \sqrt{82.88^2 + (-5.52)^2} = 83.059 \text{ kN/EA} < \rho_a\ ,\ \therefore \text{OK}$$

- 모재의 응력검토

플랜지의 총단면적 : A_s = 34 × 900 = 30,600 mm^2

볼트구멍을 공제한 플랜지의 순단면적 : A_{sn} = 34 × (900 - 25×6) = 25,500 mm^2

모재의 응력 : $f_l = \dfrac{30,600 \times 195}{25,500} = 234.00$ MPa < f_{sa} ∴ OK

③ 복부 연결부의 계산

가. 볼트의 응력계산

- 볼트의 단면2차 모멘트

$$\sum y_i^{\,2} = 9\text{열} \times (1,250^2 + 1,160^2 + 1,070^2) \times 2$$
$$+ 5\text{열} \times (920^2 + \cdots\cdots + 120^2 + 40^2) \times 2 = 109,754,000 \ mm^2$$

- 복부에 작용하는 모멘트

$$M_w = \frac{f_s \times t_w \times h_w^2}{6} = \frac{195.0 \times 24 \times 2,700^2}{6} = 5,686.2 \ \text{kNm}$$

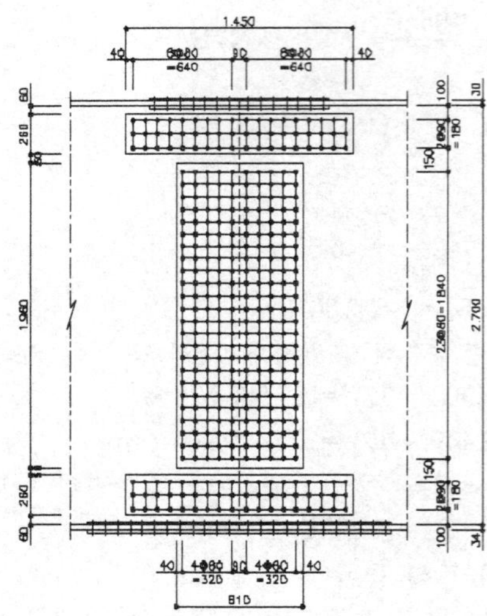

거더총높이 : 2,700 mm

복부판두께 : 24 mm

- 볼트 1개의 휨수직응력

$$\rho_m = \frac{M_w}{.\Sigma y_i^{\,2}} \times y = \frac{5,686.2 \times 10^6}{109,754,000} \times 1,250 = 64.76 \ \text{kN}$$

- 볼트 1개의 전단응력

$$\rho_s = \frac{V}{n} = \frac{1,955.9 \times 10^3}{174} = 11.2 \ \text{kN/EA}$$

- 볼트의 합성응력

$$\rho = \sqrt{\rho_m^2 + \rho_s^2} = \sqrt{64.76^2 + 11.2^2} = 65.72 \text{ kN} < \rho_a = 96 \text{ kN/EA}$$

나. 연결판의 응력검토

- 복부판의 단면 2차 모멘트

$$I_{sw}' = \frac{24 \times 2,700^3}{12} + 24 \times 2,700 \times (1,350 - 1,308)^2 = 3.948\text{E} + 10 \text{ mm}^4$$

$$I_{vw}' = \frac{24 \times 2,700^3}{12} + 24 \times 2,700 \times (2,444 - 1,350)^2 = 1.170\text{E} + 11 \text{ mm}^4$$

- 이음판의 단면 2차모멘트

Splice	$A(mm^2)$	$Y(mm)$	$AY(mm^3)$	$AY^2(mm^4)$	$I_o(mm^4)$
4PL 260×14	14,560	1160	1.689E+07	1.959E+10	8.202E+07
2PL 810×14	22,680	-	-	-	1.240E+09

$I = I_o + AY^2$ = 1.322E+09 + 1.959E+10 = 2.091E+10 mm^4
I_{sw} = 2.091E+10 + 37,240 × $(1,350 - 1,308)^2$ = 2.098E+10 mm^4
I_{vw} = 2.091E+10 + 37,240 × $(2,444 - 1,350)^2$ = 6.551E+10 mm^4
I_{sw} : 강재보단면의 중립축에 대한 이음판의 총단면 2차모멘트
I_{vw} : 합성단면의 중립축에 대한 이음판의 총단면 2차모멘트

- 복부에 작용하는 모멘트

$$M_{sw} = M_s \times \frac{I_{sw}'}{I_s} = 4,740.1 \times \frac{3.948E+10}{1.406E+11} = 1,331.0 \text{ kNm}$$

$$M_{vw} = M_v \times \frac{I_{vw}'}{I_v} = 7,465.6 \times \frac{1.170E+11}{3.673E+11} = 2,377.9 \text{ kNm}$$

M_{sw} : 복부에 작용하는 합성전 하중에 의한 모멘트
M_{vw} : 복부에 작용하는 합성후 하중에 의한 모멘트

- 이음판의 응력 검토

Y_{su}, Y_{sl} : 강재보단면의 중립축에서 이음판 상,하연까지의 거리
Y_{su} = 1,456.0 mm, Y_{sl} = 1,308.0 mm
Y_{vu}, Y_{vl} : 합성단면의 중립축에서 이음판 상,하연까지의 거리
Y_{su} = 319.7 mm, Y_{sl} = 2,444.3 mm
f_u : 이음판의 상연응력 f_l : 이음판의 하연응력

$$f_u = \frac{M_{sw}}{I_{sw}} Y_{su} + \frac{M_{vw}}{I_{vw}} Y_{vu}$$
$$= \frac{1,331.188 \times 10^6}{2.098 \times 10^{10}} \times 1,455.965 + \frac{2,377.631 \times 10^6}{6.551 \times 10^{10}} \times 319.70 = 103.99 \text{ MPa}$$

$$f_l = \frac{M_{sw}}{I_{sw}} Y_{su} + \frac{M_{vw}}{I_{vw}} Y_{vu}$$
$$= \frac{1,331.188 \times 10^6}{2.098 \times 10^{10}} \times 1,308.035 + \frac{2,377.631 \times 10^6}{6.551 \times 10^{10}} \times 2444.30 = 171.71 \text{ MPa}$$

5.4.7 **[단계 6] 보강재의 설계**

(1) [단계 6-1], [단계 6-2] 일반구간 수직 및 수평 보강재 검토

① 수직보강재의 간격 검토

a = 5,000 mm , b = 2700 mm , t = 24 mm

$$\frac{a}{b} = \frac{5,000}{2,700} = 1.852 < 3$$

$$\left(\frac{b}{100t}\right)^4 \left[\left(\frac{f}{3650}\right)^2 + \left(\frac{v}{81 + 61(b/a)^2}\right)^2\right] \le 1$$

$$\left(\frac{2,700}{100 \times 24}\right)^4 \left[\left(\frac{117.00}{3,650}\right)^2 + \left(\frac{20.72}{81 + 61(2,700/5,000)^2}\right)^2\right] = 0.235 \le 1$$

여기서, f = 117.002 MPa , v = 20.72 MPa

② 수직보강재의 제원

$$\gamma = 8\left(\frac{b}{a}\right)^2 = 8\left(\frac{2,700}{5,000}\right)^2 = 2.333$$

$$I_v = \frac{bt^3}{10.92}\gamma = \frac{2,700 \times 24^3}{10.92} \times 2.333 = 7.974\text{E+06 mm}^4$$

- 보강재의 제원 : 1 - PL 250 × 22 × 2,700

$$I = \frac{22 \times 250^3}{3} = 1.146\text{E+08 mm}^4 > I_v \qquad \therefore \text{OK}$$

- 수직보강재의 두께

$$\frac{b}{30} + 50 = \frac{2,700}{30} + 50 = 140 < 250 \text{ mm} \qquad \therefore \text{OK}$$

$$\frac{250}{13} = 19.231 < 22 \qquad \therefore \text{OK}$$

③ 수평보강재의 설치여부 검토

- 복부판의 두께 : 24 mm
- 복부판의 강종 : SM570
- 압축 구간의 복부판 높이(b_c) : 290 mm
- 수평보강재가 없을 경우, 판형 복부판의 최소 두께

  290 × 2 / 110 = 5.3 mm

  t_{use} = 24 mm > 5.3 mm ∴ 수평보강재 필요없음

(2) 지점부 수직 및 수평 보강재 검토

① 수직보강재의 간격 검토

a = 2,500 mm , b = 2,700 mm , t = 24 mm

$$\frac{a}{b} = \frac{2,500}{2,700} = 0.926 < 3$$

$$\left(\frac{2,700}{100\times 24}\right)^4\left[\left(\frac{236.3}{3650}\right)^2 + \left(\frac{59.8}{81+65(2,700/2,500)^2}\right)^2\right] = 0.926 \le 1$$

여기서, f = 236.3 MPa , v = 59.8 MPa

② 수직보강재의 제원

$$\gamma = 8\left(\frac{b}{a}\right)^2 = 8\left(\frac{2,700}{2,500}\right)^2 = 9.331$$

$$I_v = \frac{bt^3}{10.92}\gamma = \frac{2,700\times 24^3}{10.92}\times 9.331 = 3.189\text{E+07 mm}^4$$

- 보강재의 제원 : 1 - PL 250 × 22 × 2,700

  $$I = \frac{22\times 250^3}{3} = 1.146\text{E+08 mm}^4 > I_v$$ ∴ OK

- 수직보강재의 두께

  $$\frac{b}{30} + 50 = \frac{2,700}{30} + 50 = 140 < 250 \text{ mm}$$ ∴ OK

  $$\frac{250}{13} = 19.231 < 22$$ ∴ OK

③ 수평보강재의 설치여부 검토
- 복부판의 두께 : 24 mm
- 복부판의 강종 : SM570

- 수평보강재가 없을 경우, 판형 복부판의 최소 두께

$$\frac{b}{110\times\min\left(1.2,\sqrt{\dfrac{260}{236.3}}\right)}=\frac{2700}{110\times\min\left(1.2,\sqrt{\dfrac{260}{236.3}}\right)}=23.40\ \text{mm}$$

t_{use} = 24 mm > 23.40 mm ∴ 수평보강재 필요 없음

(3) [단계 6-3] 지점보강재

① 단지점부

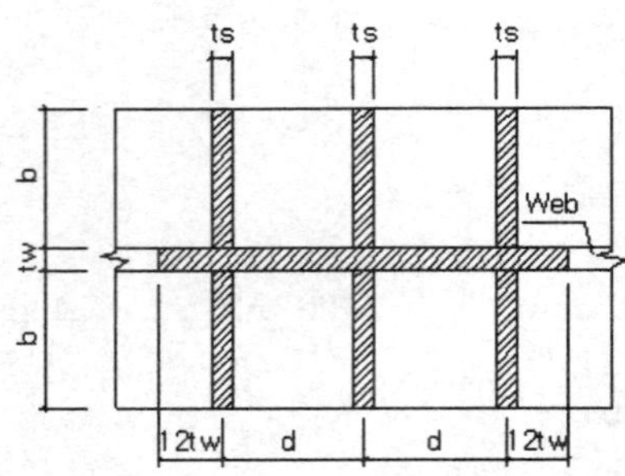

사용강종 : SM570　　최대지점반력 : 2,505.47 kN

보강재 폭 : 200 mm　　보강재 길이 : 2,330 mm

보강재 두께　: 20 mm > t_{smin} = b / 16 = 15.6 mm　OK

보강재의 설치간격 : 200

보강재 사용열수　: 3 EA

복부 두께　: 24 mm

단면유효폭　B_e = 2 × 12 tw + 2 × d = 976 mm

보강재의 단면적　A_s = 200 × 20 × 6 = 24,000 mm^2

유효단면적　A_e = 976 × 24 + 24,000 = 47,424 mm^2 > 1.7 A_s = 40,800 mm^2

따라서, 유효단면적 A_e = 40,800 mm^2

복부폭 중심선 둘레의 단면2차모멘트

$$I=\frac{976\times 24^3}{12}+\left(\frac{20\times 200^3}{12}+20\times 200\times 112^2\right)\times 6\text{EA}=3.822\text{E+08 mm}^4$$

단면2차 반경 $r=\sqrt{\dfrac{I}{A_e}}=\sqrt{\dfrac{3.822\text{E}+08}{40800}}=96.784$ mm

유효좌굴길이 l_e = 0.5 l = 1,165.0 mm

허용축방향 압축응력

l_e / r = 12.037 < 18

→ f_{cag} = 260 MPa : 국부좌굴을 고려하지 않은 허용축방향 압축응력

$b / 16 \le t < b / 9.6$

→ f_{cal} = 240 MPa : 국부좌굴에 대한 허용응력

→ f_{cao} = 260 MPa : 국부좌굴을 고려하지 않은 최대 허용축방향 압축응력

$f_{ca} = f_{cag} \cdot f_{cal} / f_{cao}$ = 240.0 MPa : 허용축방향 압축응력

$f_c = R_{max} / A_e$ = 61.41 MPa < f_{ca} = 240 MPa ∴ OK

② 중간교각부

사용강종 : SM570 최대지점반력 : 7,417.75 kN

보강재 폭 : 200 mm 보강재 길이 : 2,700 mm

보강재 두께 : 20 mm > $t_{smin} = b / 16$ = 15.6 mm OK

보강재의 설치간격 : 400

보강재 사용열수 : 3 EA

복부 두께 : 24 mm

단면유효폭 $B_e = 2 \times 12\ t_w + 2 \times d$ = 1,376 mm

보강재의 단면적 $A_s = 200 \times 20 \times 6$ = 24,000 mm^2

유효단면적 $A_e = 1{,}376 \times 24 + 24{,}000 = 57{,}024\ mm^2 > 1.7\ A_s = 40{,}800\ mm^2$

따라서, 유효단면적 A_e = 40,800 mm^2

복부폭 중심선 둘레의 단면2차모멘트

$$I = \frac{1,376 \times 24^3}{12} + \left(\frac{20 \times 200^3}{12} + 20 \times 200 \times 112^2\right) \times 6\text{EA} = 3.826\text{E+08}\ mm^4$$

단면2차 반경 $r = \sqrt{\dfrac{I}{A_e}} = \sqrt{\dfrac{3.826\text{E}+08}{40800}} = 96.842\ \text{mm}$

유효좌굴길이 $l_e = 0.5\ l$ = 1,350.0 mm

허용축방향 압축응력

l_e/r = 13.940 < 18

→ f_{cag} = 260 MPa : 국부좌굴을 고려하지 않은 허용축방향 압축응력

$b/16 \le t < b/9.6$

→ f_{cal} = 240 MPa : 국부좌굴에 대한 허용응력

→ f_{cao} = 260 MPa : 국부좌굴을 고려하지 않은 최대 허용축방향 압축응력

$f_{ca} = f_{cag} \cdot f_{cal} / f_{cao}$ = 240.0 MPa : 허용축방향 압축응력

$f_c = R_{max} / A_e$ = 181.81 MPa < f_{ca} = 240.0 MPa ∴ OK

(4) 잭업보강재

① 단지점부

사용강종 : SM570
최대지점반력 : 2,505.47 kN (R_d = 1,560 kN, R_l = 923.6 kN)
보강재 폭 : 200 mm 보강재 길이 : 2,330 mm
보강재 두께 : 20 mm > t_{smin} = b / 16 = 15.6 mm OK
보강재의 설치간격 : 200 mm
보강재 사용열수 : 2 EA
복부 두께 : 24 mm
잭업 개소수 : 1 EA
단면유효폭 B_e = 2 × 12 t_w + 1 × d = 776 mm
보강재의 단면적 A_s = 200 × 20 × 4 = 16,000 mm^2
유효단면적 A_e = 776 × 24 + 16000 = 34,624 mm^2 > 1.7A_s = 27,200 mm^2
따라서, 유효단면적 A_e = 27,200 mm^2

복부폭 중심선 둘레의 단면2차모멘트

$$I = \frac{776 \times 24^3}{12} + \left(\frac{20 \times 200^3}{12} + 20 \times 200 \times 112^2\right) \times 4\text{EA} = 2.549\text{E+08 mm}^4$$

단면2차 반경 $r = \sqrt{\frac{I}{A_e}} = \sqrt{\frac{2.549E+08}{27,200}} = 96.806$ mm

유효좌굴길이 l_e = 0.5l = 1,165.0 mm

허용축방향 압축응력
l_e / r = 12.034 < 18
→ f_{cag} = 260 MPa : 국부좌굴을 고려하지 않은 허용축방향 압축응력
b / 16 ≤ t < b / 9.6
→ f_{cal} = 240 MPa : 국부좌굴에 대한 허용응력
→ f_{cao} = 260 MPa : 국부좌굴을 고려하지 않은 최대 허용축방향 압축응력
f_{ca} = f_{cag} · f_{cal} / f_{cao} = 240.0 MPa : 허용축방향 압축응력
R_{max} = 1.0 × 1560 + 1.5 × 923.6 = 2945.4 kN
f_c = R_{max} / A_e = 108.3 MPa < f_{ca} = 240 MPa ∴ OK

② 중간교각부

사용강종 : SM570
최대지점반력 : 2,505.47 kN (R_d = 5,339.14 kN, R_l = 2060.62 kN)
보강재 폭 : 200 mm 보강재 길이 : 2,700 mm
보강재 두께 : 20 mm > t_{smin} = b / 16 = 15.6 mm OK

보강재의 설치간격 : 200 mm
보강재 사용열수 : 2 EA
복부 두께 : 24 mm
잭업 개소수 : 2 EA
단면유효폭 $B_e = 2 \times 12\ t_w + 1 \times d = 776$ mm
보강재의 단면적 $A_s = 200 \times 20 \times 4 = 16,000\ mm^2$
유효단면적 $A_e = 776 \times 24 + 16,000 = 34,624\ mm^2 > 1.7A_s = 27,200\ mm^2$
따라서, 유효단면적 $A_e = 27,200\ mm^2$

복부폭 중심선 둘레의 단면2차모멘트

$$I = \frac{776 \times 24^3}{12} + \left(\frac{20 \times 200^3}{12} + 20 \times 200 \times 112^2\right) \times 4\mathrm{EA} = 2.549\mathrm{E}{+}08\ \mathrm{mm}^4$$

단면2차 반경 $r = \sqrt{\dfrac{I}{A_e}} = \sqrt{\dfrac{2.549\mathrm{E}+08}{27,200}} = 96.806$ mm

유효좌굴길이 $l_e = 0.5\ l = 1,350.0$ mm

허용축방향 압축응력

$l_e / r = 13.95 < 18$
→ $f_{cag} = 260$ MPa : 국부좌굴을 고려하지 않은 허용축방향 압축응력
$b / 16 \leq t < b / 9.6$
→ $f_{cal} = 240$ MPa : 국부좌굴에 대한 허용응력
→ $f_{cao} = 260$ MPa : 국부좌굴을 고려하지 않은 최대 허용축방향 압축응력
$f_{ca} = f_{cag} \cdot f_{cal} / f_{cao} = 240.0$ MPa : 허용축방향 압축응력
$R_{max} = (1.0 \times 5,339.14 + 1.5 \times 2,060.62) / 2 = 4,214.59$ kN
$f_c = R_{max} / A_e = 154.9\ \mathrm{MPa} < f_{ca} = 240\ \mathrm{MPa}$ ∴ OK

5.4.8 **[단계 7] 브레이싱 설계**(본 예에서는 설계 대상 부재가 없음)

5.4.9 **[단계 8] 전단연결재 설계**

(1) [단계 8-2] 합성후하중에 의한 수평전단력

$$S_v = \frac{V \cdot Q_{vc}}{I_v}, \quad Q_{vc} = \frac{A_c \cdot d_{vc}}{n}$$

여기서, S_v : 수평전단력
I_v : 합성단면 2차 모멘트
V : 합성후하중에 의한 수직전단력

Q_{vc} : 합성단면 중립축에 대한 콘크리트 환산단면의 단면 1차 모멘트
d_{vc} : 합성단면의 도심에서 바닥판 콘크리트 도심까지의 거리

<각 위치별 수평전단력 산정>

절점	A_c/n (mm^2)	d_{vc} (mm)	Q_{vc} (mm^3)	Is (mm^4)	V_d (kN)	V_{l+i} (kN)	V (kN)	Ss (N/mm)
1	275,625	487	1.34E+08	3.46E+11	415.5	822.6	1,238.1	480
2	275,625	487	1.34E+08	3.46E+11	359.8	744.7	1,104.5	428
3	275,625	487	1.34E+08	3.46E+11	304.1	671.0	975.1	378
(중간생략)								
63	275,625	487	1.34E+08	3.46E+11	304.1	136.6	440.7	171
64	275,625	487	1.34E+08	3.46E+11	359.8	120.9	480.7	186
65	275,625	487	1.34E+08	3.46E+11	415.5	118.9	534.4	207

(2) 건조수축 및 온도차에 의한 수평전단력

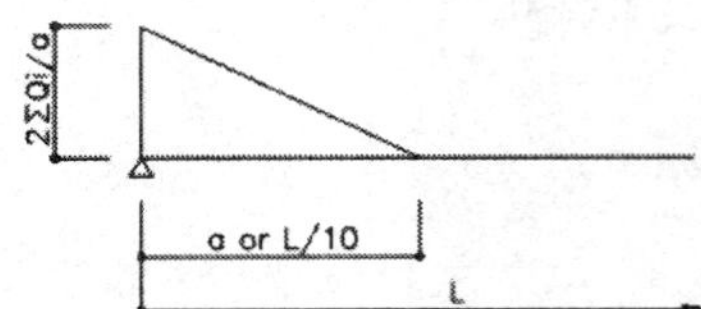

L : 단순합성형 → 지간
연속합성형 → 지간합계

- 주형의 간격(a) = 6.4 m
  L / 10 = 160 / 10 = 16 m ∴ 전단분포폭 : a = 6.4 m

① 건조수축에 의한 전단력

n_2 = 24
A_c = 2,137,100 mm^2
A_s = 114,200 mm^2
d = 1651.0 mm
I_s = 131,351,673,866.7 mm^4
I_c = 21,816,229,167 mm^4
P_2 = $E_s \cdot \varepsilon_s \cdot A_c / n_2$ = 5,209,313 N
E_s = 210,000 MPa
ε_s = 0.00027

$$F_s = \frac{1}{1+\frac{A_c}{n_2 A_s}+\frac{A_c d_c^2}{I_c + n_2 I_S}}$$

$$= \frac{1}{1+\frac{2,137,100}{24\times 114,200}+\frac{2,137,100\times 1,651^2}{21,816,229,167+24\times 131,351,673,866.7}}$$

$$= \frac{1}{1+0.7797+1.8352} = 0.2766$$

$N_{cs} = P_2 \times F_s = 0.2766 \times 5,209,313 = 1,441,063.5$ N
$V_s = 2 \times 1,441,063.5 / 6400 = 450.33$ N/mm

② 온도차에 의한 전단력

n	=	8		I_s	=	134,249,487,263	mm^4			
A_c	=	2,205,000	mm^2	I_c	=	21,816,229,167	mm^4			
A_s	=	119,400	mm^2	P_1	=	$E_s \times \alpha \, \Delta t \times A_c / n$		=	6,945,750	N
d	=	1,651.0	mm	E_s	=	210,000	MPa			
				a	=	0.000012				
				Δt	=	10	℃			

$$F_t = \cfrac{1}{1 + \cfrac{A_c}{nA_s} + \cfrac{A_c d_c^2}{I_c + nI_S}}$$

$$= \cfrac{1}{1 + \cfrac{2,137,100}{8 \times 114,200} + \cfrac{2,137,100 \times 1,651^2}{21,816,229,167 + 8 \times 131,351,673,866.7}}$$

$$= \frac{1}{1 + 2.339 \ + \ 5.431} = 0.1140$$

$$N_{ct} = P_1 \times F_t = \ 6,945,750 \times 0.1140 = 791,815.5 \ \text{N}$$

$$V_t = 2 \times N_{ct} \ / \ a = \ 2 \times 790,426 \ / \ 6400 = \ 247.442 \ \text{N/mm}$$

(3) [단계 8-3] 스터드의 설계

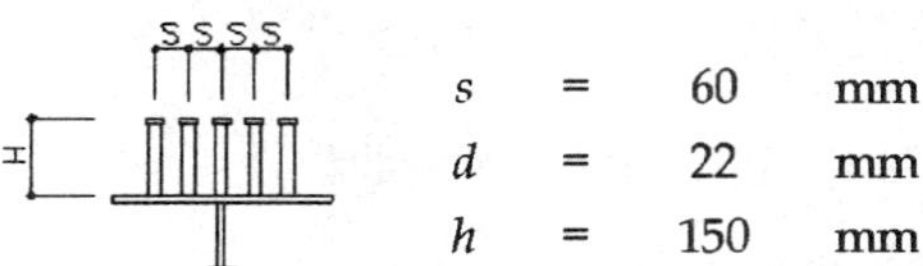

s	=	60	mm
d	=	22	mm
h	=	150	mm

- 스터드의 전단응력

H / d = 150 / 22 = 6.818 > 5.5 이므로

$Q_a = 9.5 d^2 \sqrt{f_{ck}} = 23.891.909$ N/EA

스터드 8본 사용 : $Q_a^{'} = 8 \times 23,891.9 = 191,135.2$ N

- 스터드 배치간격 : $Q_a^{'} \ / \ V$

(4) 하중조합 및 스터드의 배치

절 점	하 중 조 합 (N/mm)					소 요	배 치	비 고
	S_v	S_s	S_t	S_v+S_t	S_s+S_t	간 격	간 격	
1	447	450.1	240	717	690	267	125	A1
2	426	-	-	426	-	449	125	-
3	376	-	-	376	-	509	125	-
-중략-								
19	259	-	-	259	-	737	125	-
20	260	-	-	260	-	734	125	P1
21	282	-	-	282	-	679	125	-
-중략-								
31	224	-	-	224	-	852	500	-
32	186	-	-	186	-	1026	500	-
33	147	-	-	147	-	1302	500	-
이하는 교량 종단상 좌우 대칭이므로 생략								

① 스터드의 배치간격 검토

- 스터드의 최대간격
  바닥판 콘크리트 두께의 3배 또는 600 mm 이하
  → 600 mm 이하 사용

- 스터드의 최소간격
  교축방향 : $5d$ = 110 mm → 125 mm ∴ OK
  교축직각방향 : d + 30 = 52 mm → 100 mm ∴ OK
  최소연단순간격 : 25 mm < 100 - 22 / 2 = 89 mm ∴ OK

(5) [단계 8-4] 전단연결재의 피로설계

- 수평전단력 범위

$$S_r = \frac{V_r \cdot Q}{I}$$

여기서, S_r : 설계대상 단면의 슬래브와 주거더 사이의 수평전단력 범위 (N/mm)
V_r : 충격을 포함하는 활하중에 대한 전단력의 범위 (N)
Q : 정모멘트부→합성단면 중립축에 대한 콘크리트의 환산 단면1차 모멘트
: 부모멘트부→합성단면 중립축에 대한 철근의 단면1차모멘트
I : 합성단면의 단면2차모멘트 (부모멘트부는 철근 고려)

- 허용수평전단력 범위
$Z_r = \beta \cdot d^2$ → 39×22^2 = 18,876 N (DB하중의 경우)
→ 74×22^2 = 35,816 N (DL하중의 경우)

여기서, Z_r : 전단연결재의 허용수평전단력 범위(N)

d : 22.0 mm (스터드 지름)

β_d : 39 (하중반복횟수 : DB 하중 - 2,000,000 이상)

74 (하중반복횟수 : DL 하중 - 500,000)

- 피로를 고려한 전단연결재의 필요간격

$$d_o = \frac{\sum Zr}{Sr}$$

여기서, d_o : 전단연결재의 간격 (mm)

$\sum Zr$: $n \cdot Zr$ (N) = 35,816 × 7 = 250,712 N (DL하중 검토시)

n : 한 단면에 설치된 전단연결재의 총 개수

- 피로설계에 의한 위치별 전단연결재 간격 검토 (DB 하중에 대한 검토)

절점	I (mm^4)	A_c/n or A_{sr}	d_{vc} or d_r	Q (mm^3)	Vs (N)	S_r (N/mm)	소요 간격	배치 간격	비고
1	1.31E+11	14,275	487	6.95E+06	862.5	46	5,478	125	OK
2	1.31E+11	14,275	487	6.95E+06	798.1	42	5,920	125	OK
3	1.31E+11	14,275	487	6.95E+06	740.7	39	6,379	125	OK
-중략-									
31	1.31E+11	14,275	487	6.95E+06	670.7	36	7,044	500	OK
32	1.31E+11	14,275	487	6.95E+06	665.4	35	7,100	500	OK
33	1.31E+11	14,275	487	6.95E+06	666.8	35	7,085	500	OK
이하는 교량 종단상 좌우 대칭이므로 생략									

- 피로설계에 의한 위치별 전단연결재 간격 검토 (DL 하중에 대한 검토)

절점	$I(mm^4)$	A_c/n or A_{sr}	d_{vc} or d_r	Q (mm^3)	V_r (N)	S_r (N/mm)	소요 간격	배치 간격	비고
1	1.31E+11	14,275	487	6.95E+06	862.5	46	5,478	125	OK
2	1.31E+11	14,275	487	6.95E+06	798.1	42	5,920	125	OK
3	1.31E+11	14,275	487	6.95E+06	740.7	39	6,379	125	OK
-중략-									
31	1.31E+11	14,275	487	6.95E+06	670.7	36	7,044	500	OK
32	1.31E+11	14,275	487	6.95E+06	665.4	35	7,100	500	OK
33	1.31E+11	14,275	487	6.95E+06	666.8	35	7,085	500	OK
이하는 교량 종단상 좌우 대칭이므로 생략									

(6) [단계 8-5] 전단연결재의 극한강도 검토

① 전단연결재의 극한강도

$V_u = 0.4\ d^2 \cdot \sqrt{f_{ck} \cdot E_c} = 0.4 \times 22^2 \times \sqrt{40 \times 28,000} = 204,886\ N > A_{sc} \cdot f_u$

여기서, V_u : 전단연결재의 극한강도 (N)

d : 전단연결재의 지름

f_{ck} : 콘크리트의 28일 압축강도

$A_{sc}\ f_u = \pi\ /\ 4 \times 22^2 \times 410 = 155,854.4\ N$

여기서, A_{sc} : 전단연결재의 단면적

f_u : 전단연결재의 인장강도

② 최대 정모멘트부 슬래브에 작용하는 힘

- 최대 정모멘트부의 슬래브에 작용하는힘 (P) - P_1, P_2 중 작은 값을 취한다.

$P_1 = A_s \cdot f_y$

여기서, A_s : 덮개판을 포함하는 강재 단면의 총면적

f_y : 사용된 강재의 공칭항복응력 280 MPa

$P_2 = 0.85 \cdot f_{ck} \cdot b \cdot t_s$

여기서, b : 슬래브의 유효폭

t_s : 콘크리트의 슬래브 두께 240 mm

③ 최대 부모멘트부 슬래브에 작용하는 힘

- 최대 부모멘트부의 슬래브에 작용하는 힘

$P_3 = A_{sr} \cdot f_{yr}$

여기서, A_{sr} : 지점부 유효슬래브 폭 내에 설치된 종방향 철근의 총면적

f_{yr} : 철근의 최소 항복응력(400 MPa)

④ 전단연결재의 필요갯수

$$N_1 = \frac{P}{\Phi Vu}$$

여기서, N_1 : 최대 정모멘트부와 인접한 교대 지점부 사이의 필요개수

P : P_1, P_2 중 작은값

$$N_2 = \frac{P + P_3}{\Phi Vu}$$

여기서, ϕ : 감소계수 (0.85)

N_2 : 최대 정모멘트부와 인접한 최대부모멘트부 사이의 필요개수

⑤ 구간별 전단연결재 필요개수 및 설치개수 검토

위치	b	A_s	A_{sr}	P_1	P_2	P_3	필요개수		설치	비 고
	(mm)	(mm²)	(mm²)	(kN)	(kN)	(kN)	N_1	N_2	개수	
1-12	6,300	119,400	0	54,924	74,970	-	415	-	630	OK
12-23	6,300	165,400	49,656	76,084	74,970	19,862.4	-	716	805	OK
23-33	6,300	119,400	0	54,924	74,970	-	415	-	665	OK

5.4.10 [단계 9] 처짐검토 및 솟음

(1) [단계 9-1] 활하중 허용 처짐량 산정

∴ 1지간 허용처짐량 $\Delta_a = \frac{L}{500} = \frac{50,000}{500} = 100$ mm

∴ 2지간 허용처짐량 $\Delta_a = \frac{L}{500} = \frac{60,000}{500} = 120$ mm

(2) [단계 9-2] 사용 활하중에 의한 처짐 검토

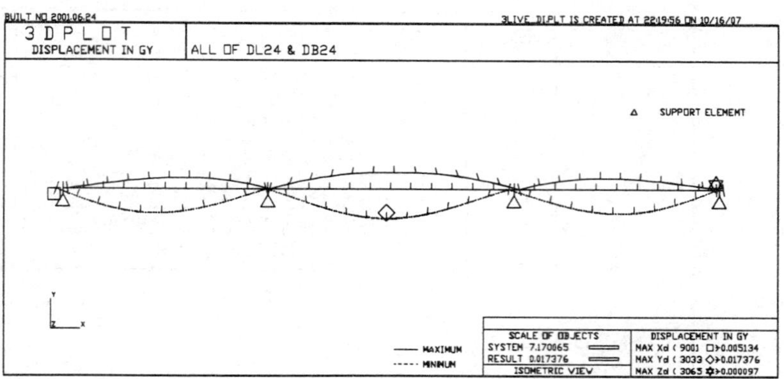

- 1 경간 최대 처짐량 $\Delta_{max} = 14.2$ mm < $\Delta_a = 100$ mm ∴ OK
- 2 경간 최대 처짐량 $\Delta_{max} = 17.4$ mm < $\Delta_a = 120$ mm ∴ OK

(3) [단계 9-3] 고정하중 솟음량 산정

① 고정하중 조합

적용 하중 조합 = 1.0 D + 1.0 (SH + CR)

- 크리프와 건조수축은 그 변형량에 의해 경우에 따라서는 상향으로의 변위발생으로 인하여 하향으로의 솟음을 고려하는 경우가 발생할 수 있다. 그러나 솟음은 계획고에서 하향으로 처지는 것을 막기 위한 것이므로, 크리프와 건조수축의 상향처짐으로 인한 하향 솟음은 고려하지 않기로 한다.

② 솟음량 산정(mm)

Node	강재	슬래브	부가고정하중	CR+SH	총 계
1	0	0	0	0	0
2	3	12	1	3	19
3	5	24	2	6	36
-중략-					
31	10	44	4	0	58
32	11	46	4	0	61
33	11	47	4	0	62

Node	강재	슬래브	부가고정하중	CR+SH	총 계
34	11	46	4	0	61
35	10	44	4	0	58
36	9	40	4	0	53
-중략-					
64	3	12	1	3	19
65	0	0	0	0	0

5.4.11 **[단계 10] 사용성 검토**

(1) [단계 10-1] ~ [단계 10-5] 피로검토

가. 피로조사 단면위치별(1지간부, 1지점부, 2지간부) 허용 피로응력

- 1 지간부 및 2 지간부

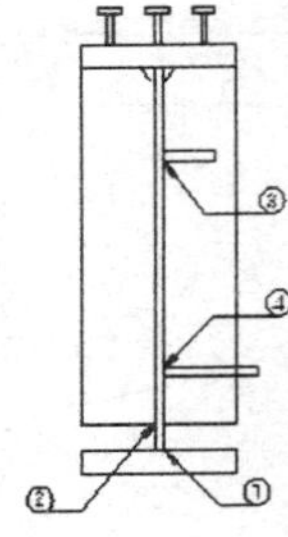

구분	상 세	응력범주	f_{sr} (MPa) DB	f_{sr} (MPa) DL	비고
①	플랜지와 복부판의 연속필렛 용접부	B	126	203	
②	수직보강재의 용접 끝부분	C	91	147	
③	수평보강재의 용접 끝부분	E	56	91	
④	복부판에 부착된 가로보 연결용 거셋판 용접 끝부분	E	56	91	

- 1 지점부

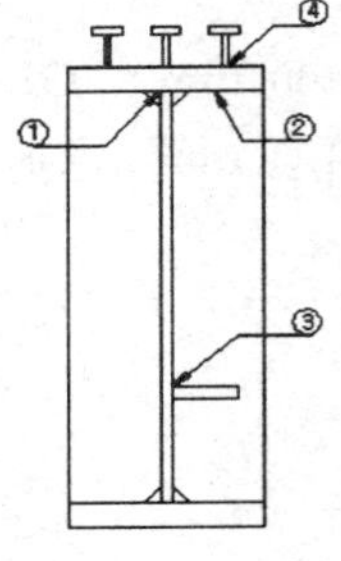

구분	상 세	응력범주	f_{sr} (MPa) DB	f_{sr} (MPa) DL	비고
①	플랜지와 복부판의 연속필렛 용접부	B	126	203	
		F	63	84	전단피로 검토
②	지점보강재 용접 끝부분	C	91	147	
③	수평보강재의 용접 끝부분	E	56	91	
④	스터드에 인접한 인장측 플랜지부	C	91	147	

④ 설계피로응력

가. 휨모멘트에 대한 피로검토

$$\Delta f = \frac{\Delta M}{I_v} y$$

여기서, Δf : 설계피로응력범위(최대-최소), $\Delta M = M_{max} - M_{min}$, I_v : 합성후 단면의 단면 2차 모멘트, y : 합성후 단면 도심으로 부터의 거리

나. 검토위치별 피로응력 검토

- 1 지간부 및 2지간부

구분	ΔM (kNm)		I_v (mm^4)	y (mm)	Δf (MPa)		응력 범주	f_{sr} (MPa)		비고
	DB	DL			DB	DL		DB	DL	
①	8,717	11,662	3.4647 E+11	2,438	61.3	82.1	B	126	203	OK
②				2,318	58.3	78.0	C	91	147	OK
③				-	-	-	E	56	91	OK
④				1,577	39.7	53.1	E	56	91	OK

- 1 지점부

구분	ΔM (kNm)		I_v (mm^4)	y (mm)	Δf (MPa)		응력 범주	f_{sr} (MPa)		비고
	DB	DL			DB	DL		DB	DL	
①	5,409	11,477	3.3441 E+11	1,060	17.1	36.4	B	126	203	OK
②				1,060	17.1	36.4	C	91	147	OK
③				-	-	-	E	56	91	OK
④				1,116	18.1	38.3	C	91	147	OK

나. 전단에 의한 피로응력 검토
- 1 지점부

$$\Delta v = \frac{\Delta S \cdot Q}{I_v \cdot \Sigma a}$$

여기서, Δv : 설계전단피로응력범위(최대응력과 최소응력의 차)
$\Delta S = S_{max} - S_{min}$
Q : 용접선 외측 총단면의 중립축에 관한 단면1차모멘트(mm^3)
I_v : 합성후 단면의 단면2차모멘트
Σa : 필렛용접의 목두께의 합(mm) = 2EA × $s / \sqrt{2}$
s : 필렛용접 치수(mm)

- 상부플랜지와 복부판

구 분	ΔS (kN)	상부철근		상부플랜지		Q (mm^3)	I_v (mm^4)	s (mm)	Σa (mm)	Δv (MPa)	Δv_r (MPa)	검토결과
		Ar (mm^2)	Y_{vsu} (mm)	A (mm^2)	Y_{vsu} (mm)							
DB하중	1,478.3	49,656	1,275	44,800	1,116	1.133 E+08	3.344 E+11	11	15.6	32.1	63	OK
DL하중	2,039.8									44.3	84	OK

- 하부플랜지와 복부판

구 분	ΔS (kN)	하부플랜지		Q (mm^3)	I_v (mm^4)	s (mm)	Σa (mm)	Δv (MPa)	Δv_r (MPa)	검토결과
		A (mm^2)	Y_{vsl} (mm)							
DB하중	1,478.3	50,400	1,702	0.858E+08	3.344E+11	12	17.0	22.3	63	OK
DL하중	2,039.8							30.8	84	OK

5.4.12 **[단계 11] 부속장치 설계**

506.3.4.1 플레이트거더교 부속장치 설계편을 참조한다.

507
철근콘크리트교

507.1 개요

철근과 콘크리트를 주재료로 시공하는 철근콘크리트교(Reinforced Concrete Bridge; RC교)는 강교나 합성교에 비하여 내구성, 내화성, 경제성이 우수하고 진동과 소음이 작은 장점이 있다. 특히, RC교는 초기 건설비용도 다른 교량에 비하여 낮지만 철근 부식을 제외하면 유지관리가 거의 필요하지 않기 때문에 공용중 유지관리비용이 적고 물리적 수명도 길다.

그러나 RC교는 단면과 자중이 크기 때문에 장지간 교량에 적합하지 않으며 공기가 길게 소요되고 시공품질이 현장여건에 좌우되는 단점이 있다. RC교 부재에는 콘크리트 균열이 발생할 수 있는데 누수로 인한 철근 부식을 방지하고 침투한 수분의 동결팽창으로 인한 콘크리트 파손을 방지하기 위해서는 균열폭을 제어할 수 있도록 설계하는 것이 필요하다.

최근에 국외에서는 시공속도와 시공품질을 향상시키기 위해서 RC교를 프리캐스트 부재로 설계 및 제작한 후 현장에서 조립 및 연결하여 완성하는 공법이 일반화되어 있다. 프리캐스트 RC교의 연결을 제외한 기본적인 설계절차는 현장양생 RC교와 유사하다.

RC교를 상부구조 형식에 따라 구분하는 경우, RC아치교를 제외하면 크게 거더가 있는 형식(RC T형거더교, RC박스거더교)과 거더가 없는 형식(RC슬래브교, RC라멘교)으로 구분할 수 있다. 그러나 PSC합성거더교가 본격적으로 가설되기 이전에 시공되었던 RC거더교는 최근에 도로교로 설계되는 경우는 거의 없기 때문에 최근 설계되는 RC교량 형식은 RC슬래브교와 RC라멘교이다.

RC슬래브교는 단면형상으로 구분할 때 속 찬 슬래브와 속 빈 슬래브(Voided Slab)가 있으나 국내에서 1980년대부터 1990년 말까지 가설된 속 빈 슬래브교에서 시공중 중공관 부상 등 여러 가지 설계 및 시공상 문제점이 노출되었다. 특히, 속 빈 슬래브교의 지간장 이상으로 설계할 수 있는 PSC슬래브교가 등장하면서 속 빈 슬래브교는 최근 신설된 실적이 없는 것으로 알려져 있다.

2006년 말 기준 국내에 가설된 RC슬래브교(속 빈 슬래브교 제외)와 RC라멘교의 개소수는 전체 도로교의 35.6%와 22.6%를 차지하고 있으므로 RC슬래브교가 우리나라에서 가장 많이 가설되고 있는 교량형식이라고 할 수 있다. 따라서 본 편람에서도 RC교의 대표적인 상부구조형식인 RC슬래브교와 RC라멘교를 위주로 기술하도록 한다.

507.2 공통사항

2.1 설계계산

RC교는 설계하중에 대하여 부재의 안전성과 사용성을 확인하는 방법으로 다음과 같은 절차로 설계한다.

① 사용하중이 설계하중으로 작용할 때의 부재 단면의 응력 및 사용성을 확인한다.

② 계수하중이 설계하중으로 작용할 때의 부재 단면의 강도를 확인한다.

위에서 RC교 부재의 안전성을 검토할 때는 강도설계법을 설계방법으로 적용하는 것이 원칙이며, 부재나 단면이 설계 하중조합에 의해 계산되는 소요강도 이상의 설계강도를 갖도록 설계한다.

RC교의 단면력 산정에 있어서 RC슬래브교는 판이론, RC라멘교는 뼈대구조이론으로 해석하는 것이 원칙이다. 판구조해석과 뼈대구조해석을 고려한 RC교의 일반적인 설계흐름도를 도식화하면 <그림 507.2.1>과 같이 나타낼 수 있다.

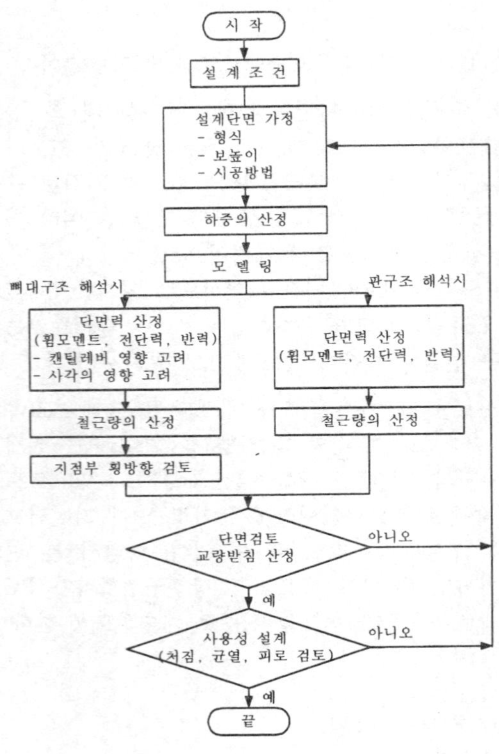

<그림 507.2.1> RC교 설계흐름도

2.2 사용성 설계

강도설계법에 의한 하중계수와 강도감소계수를 적용하여 설계된 휨부재는 안전성에 대한 확인이 완료된 것이다. RC 휨부재는 처짐제한, 균열제어, 피로 규정을 만족하도록 설계해야 하는데 이를 사용성 검토 또는 사용성 설계라고 한다.

2.2.1 처짐제한

RC교의 휨부재는 사용하중과 충격에 의해 구조물 강도나 공용중 해로운 영향을 주는 처짐이나 변형이 발생하지 않도록 설계하여야 한다. RC교 휨부재의 처짐을 제한하는 규정에 대한 검토 방법은 다음과 같다.

① 첫 번째는 상부구조물의 두께를 제한하는 규정에 대한 검토이다. 이 경우 사용하중에 대한 부재의 처짐계산에 의해 더 작은 두께를 사용할 수 있는 경우를 제외하고는 상부구조물 최소두께는 <표 507.2.1>에 정한 값 이상이어야 한다[도·설 4.4.9.5].

<표 507.2.1> 깊이가 일정한 부재의 최소두께

상부구조의 형식	최소두께 (m)	
	단순지간	연속지간
주철근이 차량 진행 방향에 평행한 교량 슬래브	1.2(S+3)/30	(S+3)/30
T형거더	0.070S	0.065S
박스거더	0.060S	0.055S
보행구조거더	0.033S	0.033S

표에서, S는 경간장 (m)을 나타낸다. 변단면 부재가 사용되는 경우, 위 값은 정모멘트 단면과 부모멘트 단면에서의 상대강성의 변화를 고려하기 위해서 수정될 수 있다.

② 두 번째는 사용하중을 작용시켜 상부구조물의 처짐을 계산한 후 처짐 값이 처짐 제한기준을 충족하는지 검토하는 것이다. 이 경우 사용 활하중과 충격으로 인한 상부구조물의 처짐이 경간장의 1/800 이하가 되도록 한다. 다만, 보행자가 사용하는 교량에 대해서는 처짐이 경간의 1/1000을 초과해서는 안 된다. 사용 활하중과 충격으로 인한 캔틸레버의 처짐은 캔틸레버 길이의 1/300을 초과해서는 안 된다. 다만, 보행자 용도가 고려된 경우에는 이 처짐의 비는 1/375를 초과해서는 안 된다[도·설 4.4.9.5].

2.2.2 균열제어

콘크리트 부재에 발생하는 휨인장균열을 제어하기 위해서는 인장철근을 최대 인장구역내에 적절히 분포시켜야 한다. 다만, 휨모멘트 및 축방향력에 의한 콘크리트의 인장응력이 콘크리트의 설계 인장강도의 60%보다 작을 경우에는 휨균열에 대한 검토를 생략할 수 있다.

현행 [도 · 설 4.4.9.4] 균열의 검토에서는 인장철근의 설계강도가 300 MPa 이상인 경우에는 사용하중에 대하여 계산한 휨균열폭이 <표 507.2.2>에 나타낸 허용균열폭 이하가 되도록 규정하고 있다.

<표 507.2.2> 허용균열폭 (mm)[도 · 설 4.4.9.4]

강재의 종류	강재의 부식에 대한 환경조건			
	건조한 환경	일반환경	부식성 환경	극심한 부식성 환경
철근	$0.006t_c$	$0.005t_c$	$0.004t_c$	$0.0035t_c$
PS강재	$0.005t_c$	$0.004t_c$	-	-

여기서, t_c : 최외단 주철근의 표면과 콘크리트 표면 사이의 콘크리트의 최소피복두께 (mm)

휨균열폭 계산식[도 · 설 4.4.9.4]은 다음과 같다.

$$w = 1.08 R f_s \sqrt[3]{d_c A} \times 10^{-5} (mm) \qquad (507.2.1)$$

여기서,

R : 단면의 주철근의 도심으로부터 중립축까지의 거리에 대한 단면의 인장부 연단에서부터 중립축까지의 거리의 비, 보에 대한 값은 1.2, 슬래브에 대한 값은 1.35를 취하여도 좋다.

f_s : 사용하중에서 계산된 철근의 응력 (MPa), 개략적인 균열상태를 알고자 하는 경우에는 $0.6f_y$를 취하여 검토할 수 있다.

d_c : 최대인장연단에서 이 연단에 가장 가까이 놓여 있는 철근중심까지의 거리 (mm)

A : 주인장 철근 주위의 인장부 콘크리트 단면적을 철근의 개수로 나눈 유효인장단면적 (mm²). 유효인장단면적 계산 방법은 슬래브교 설계 예 참조.

한편, 2007년 한국콘크리트학회에서는 [콘크리트구조설계기준(2003)]의 균열제어 규정이 과도하게 엄격하다는 지적과 철근의 부식을 방지하는데 콘크리트 표면에 발생하는 균열폭보다는 콘크리트의 품질, 적절한 다짐, 충분한 피복두께 등이 중요하다는 실험연구 결과를 반영하여 균열 제어 규정을 대폭 개정하였다. 그러나, 본 편람에서는 설계과정의 일관성을 확보하기 위하여 휨모멘트와 축력을 받는 RC교 부재의 설계에서는 [도 · 설 4.4.9.4] 균열제어 규정을 적용하는 것으로 기술하였고, 도로교설계기준(2005)의 관련규정[도 · 설 4.4.9.4]이 개정되는 경우에는 해당 규정을 적용하는 것으로 한다. 참고로 2007년 개정된 [콘 · 설 4.2] 균열제어 규정에 대해서 기술하면 다음과 같다.

특별히 수밀성이 요구되거나 미관이 중요한 콘크리트 구조는 지속하중에 대하여 계산한 휨균열폭이 <표 507.2.3>에 나타낸 허용균열폭 이하가 되도록 설계하되, 균열폭의 계산은 CEB-FIP Model Code 1990의 해석방법을 적용하도록 하였다[콘 · 설 V.3.2 참조].

균열폭을 계산하는 하중이 종전 사용하중에서 지속하중으로 개정되었는데, 이는 사용하중에서 활하중이 제거되면 균열폭이 줄어들게 되며 내구성에 영향을 주는 균열은 지속하중에 의해서 발생하기 때문이다.

그 밖의 구조에 대해서는 다음과 같이 휨인장철근의 간격을 제한함으로써 균열을 제어하도록 하였다. 콘크리트 인장연단에 가장 가까이 배치되는 철근의 중심간격 s는 다음 식에 의해 계산된 값 중에서 작은 값 이하로 한다[콘 · 설 6.3.3].

$$s = 375\left(\frac{210}{f_s}\right) - 2.5c_c \qquad (507.2.2a)$$

$$s = 300\left(\frac{210}{f_s}\right) \qquad (507.2.2b)$$

여기서,

c_c : 인장철근의 표면과 콘크리트 표면 사이의 콘크리트 최소피복두께 (mm)

f_s : 사용하중 상태에서 인장연단에서 가장 가까이에 위치한 철근의 응력 (MPa). 사용하중 휨모멘트에 대한 해석으로 결정하여야 하지만, 근사값으로 f_y의 2/3를 사용할 수 있음.

<표 507.2.3> 허용균열폭 (mm)[콘 · 설 4.2]

강재의 종류	강재의 부식에 대한 환경조건			
	건조 환경	습윤 환경	부식성 환경	고부식성 환경
철근	0.4 mm와 $0.006c_c$중 큰 값	0.3 mm와 $0.005c_c$중 큰 값	0.3 mm와 $0.004c_c$중 큰 값	0.3 mm와 $0.0035c_c$ 중 큰 값
PS강재	0.2 mm와 $0.005c_c$중 큰 값	0.2 mm와 $0.004c_c$중 큰 값	-	-

2.2.3 피로검토

콘크리트와 철근의 피로강도는 각 재료의 정적강도에 비하여 낮기 때문에 [도 · 설 4.4.9.6]에서는 변동하중이 차지하는 비율이나 작용빈도가 많아서 피로에 대한 안전성 검토를 필요로 하는 경우를 다음과 같이 규정하고 있다.

① 충격을 포함한 활하중에 의해서 철근에 발생하는 응력 범위가 <표 507.2.4>에 규정한 응력의 범위를 초과하는 경우 피로에 대한 검토가 필요하다.

② 피로검토가 필요한 경우, 보 및 슬래브의 피로는 휨 및 전단에 대하여 검토한다.

한편, 사용하중 하에서 활하중의 반복작용에 의하여 발생되는 피로현상을 감소하기 위한 제한으로 피로검토가 필요한 구조부재의 높은 응력을 받는 부분에서 철근을 구부리는 것은 피하여야 한다.

<표 507.2.4> 피로를 고려하지 않아도 되는 철근의 응력 범위

철근의 종류	철근의 응력 범위 (MPa)
SD 300	130
SD 350	140
SD 400	150

507.3 RC교량 형식별 설계 주요 사항

3.1 슬래브교

3.1.1 일반사항

슬래브교는 상부구조의 두께에 비하여 폭과 길이가 크고 상대되는 2변이 자유스런 직사각형 판을 주구조로 한 교량이다. 단순지지 RC슬래브교는 보통 10 m 이하의 짧은 지간에 대해서는 1방향 슬래브교가 경제적이다. 단순지지 속 빈 RC슬래브교는 15 m 정도 지간에 사용되며, 경우에 따라 직사각형 모양의 속 빈 슬래브교를 사용하기도 한다. 반면에 연속지지 속 빈 RC슬래브교에서는 지간길이를 최대 25 m 정도까지 가설할 수 있다.

단순지지 PSC슬래브교는 20 m 정도 지간, 연속지지 PSC슬래브교는 30 m 지간장 이상 까지 설계가 가능하여 속 빈 RC슬래브교의 적용 지간장보다 유사하거나 크다.

슬래브교의 특징은 다음과 같다.

- 단면특성상 균열안전율이 비교적 크다.
- 장경간에서는 고정하중이 증가하여 불리하며

지간장 15 m 정도에서 널리 사용된다.

- 상부구조물의 두께를 줄일 수 있으므로 형고의 제약을 받는 곳에서 유리하다.
- 거푸집이 간단하고 콘크리트 타설시 수평이음을 두지 않고 마무리할 수 있으므로 시공이 비교적 용이하고 확실하다.

슬래브교의 용이한 가설을 위해서는 다음과 같은 사항에 유의하여 단면계획 및 설계를 실시하는 것이 바람직하다.

(1) 단면 계획시 고려사항

① 경제성을 향상시키기 위해 캔틸레버 부분을 길게 할 수 있으나, 슬래브 가장자리의 단면력이 커지므로 이에 대한 구조해석이 필요하고 교량받침 배치에 신중하여야 한다.

② 연속 슬래브 구조에서는 지점부에 헌치를 두거나 이에 상응하는 철근 보강이 필요하며 일반적으로 적절한 헌치를 두는 것이 구조적으로 유리하다.

③ 교량 계획 시 직교(사각 : 0°)로 설계하는 것이 좋으나 불가피하게 사각이 요구될 때에는 가급적 사각의 영향이 적은 15° 이내로 계획함이 구조적으로 유리하다. RC슬래브교의 한계사각은 45° 정도, 속 빈 RC슬래브교와 PSC슬래브교의 한계사각은 30° 정도이다.

(2) 슬래브 두께 결정

슬래브 두께는 구조형식, 지간장, 사각에 따라 결정되며 [도 · 설 4.4.9.5]의 규정과 같이 처짐을 제한할 수 있는 최소두께 이상이어야 한다. 또한 교량 계획 시 고려되어야 할 h/L(슬래브 두께/경간장)의 비는 기존에 설계된 슬래브 교량에 대하여 조사한 결과 1/16 ~ 1/20 정도가 적당한 것으로 알려져 있다(<표 507.3.1> 참조).

(3) 헌치크기 결정

슬래브 지점부는 일반구간보다 단면력이 커서 교량 전체에 걸쳐 슬래브 두께를 증가시킬 경우 비경제적이므로 경제적인 설계를 위해서 일반적으로 지점부에는 헌치를 설치한다.

헌치의 크기는 단면 크기에 의해 결정되므로 일괄적으로 그 크기를 결정할 수는 없으며, 헌치길이를 길게 할 경우 지점부의 강성이 커져 정모멘트의 감소효과가 나타난다.

설계자가 어느 정도의 구간에 걸쳐 헌치를 둘 것인가를 각 구조물에 따라서 적절하게 결정하여야 하나 <그림 507.3.1>에 나타낸 것과 같이 일반적으로 헌치의 두께는 일반 구간보다 200 mm 이상 더 크게 하고 헌치길이는 헌치 두께의 3배 이상으로 설계하고 있다.

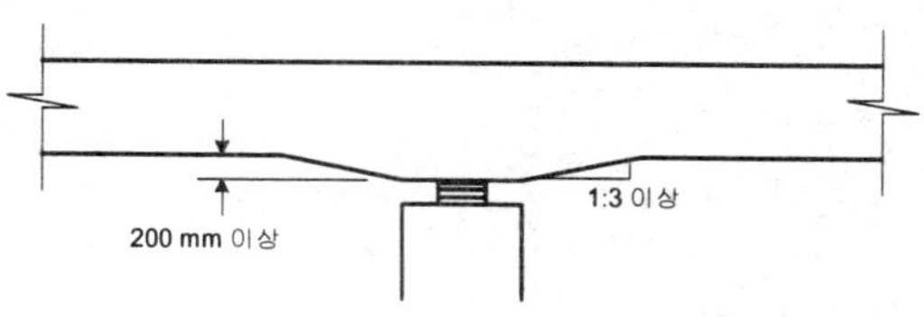

<그림 507.3.1> 헌치 크기의 결정

3.1.2 설계 일반사항

[도 · 설 4.8.2]에 규정된 RC슬래브교 설계일반사항을 정리하면 다음과 같다.

① 슬래브교의 단면력은 설계하중에서 고려되는 DB하중과 DL하중을 각각 고려하여 그 중에서 최대 단면력에 대하여 설계하여야 한다. 단면력 계산에서 슬래브교 난간에 작용하는 축방향력 및 차량방호책에 작용하는 충돌하중 영향을 고려하여야 하는 바 이는 [도로안전시설 설치 및 관리지침-교량용 방호울타리편]을 참조하도록 한다.

② 속 빈 슬래브교를 제외한 슬래브교에서 선형받침이나 이와 근사한 형상으로 지지되는 교량의 경우 전단력에 대한 검토를 생략할 수 있는데, 이는 선형 또는 이와 근사한 형상으로 지지된 속 빈 슬래브교를 제외한 슬래브교는 반력이 받침선상에 분포되어 작용하므로 일반적으로 전단력에 대하여 안전하기 때문이다.

<표 507.3.1> 슬래브교의 슬래브 두께와 형고비

구 분	경간분할	슬래브두께 (*h*)	*h*/경간장
연속교	L=2@10=20 m	0.60 m	1/17
연속교	L=11.5+13.5+11.5=36.5 m	0.70 m	1/19
연속교	L=12+2@15+12=54 m	0.75 m	1/20
연속교	L=12.5+15+12.5=40 m	0.80 m	1/19
연속교	L=2@15=30 m	0.85 m	1/18
단순교	L=10 m	0.60 m	1/17
단순교	L=12 m	0.75 m	1/16

③ 속 빈 슬래브교의 전단력 검토는 설계계산을 쉽게 할 수 있도록 콘크리트 부분의 폭의 총합과 동일한 복부폭을 갖는 T형보의 단면으로 간주해도 좋다.

3.1.3 구조해석

(1) 구조해석 일반

① 슬래브교의 구조해석은 판이론에 따라 수행하는 것을 원칙으로 한다. 다만 연속 슬래브교와 같이 지지조건이 복잡한 경우 또는 곡선교와 사교 같은 경우에는 격자이론과 유한요소법 등에 의하여 해석할 수 있다.

속 빈 슬래브교는 이방성판으로 단면력을 계산하는 것이 바람직하지만, [도 · 설 4.8.4]에 규정된 최소치수 규정을 만족하는 경우 등방성판으로 보고 단면력을 계산하여도 좋다.

② 보도, 차도 구별이 없고 차도쪽 캔틸레버 부분의 내민 길이가 250 mm 이하인 슬래브교는 캔틸레버 부분이 없는 슬래브교 처럼 단면력을 산정하여도 좋다. 캔틸레버 부분이 있는 슬래브교의 구조해석은 캔틸레버 부분에 작용하는 하중 및 강성의 영향을 고려하여 [도 · 설 4.7]의 바닥판 규정에 따라 설계하여야 한다.

③ 지점반력과 받침선 방향의 단면력은 받침 종류, 받침 간격 및 사각 등에 의하여 그 분포가 변화하기 때문에 이를 고려하여 계산하여야 한다.

(2) 슬래브교의 경간 및 휨모멘트

① 고정하중에 의한 휨모멘트는 하중이 슬래브 전 면적에 고르게 분포된 것으로 간주하여 계산하여도 좋다. 다만 피복두께, 난간 등 편재하중의 영향을 무시할 수 없는 경우에는 재하위치의 영향을 고려하여 휨모멘트를 계산하여야 한다.

고정하중에 의한 경간 직각방향의 휨모멘트는 근사적으로 경간방향의 휨모멘트에 다음 식의 β 값을 곱하여 계산해도 좋다. 또한 사각이 30° 이상이면 지간과 판폭비(l/B)와 상관없이 β=1/6로 하는 것이 좋다.

$$l/B < 0.7 : \beta = 1/6 \quad (507.3.1a)$$

$$0.7 < l/B < 2.0 : \beta = -0.074(l/B) + 0.22 \quad (507.3.1b)$$

2005년 개정된 [도 · 설 4.8.3.2]의 (1)항에서 β =1/6를 적용하는 한계사각이 "60° 이하"로 잘 못 표기되어 있으며, 식(4.8.1)에서 l/B가 0.7내지 2.0인 경우 β값 보간 식이 잘 못 표기되어 있으므로 식(507.3.1b)를 적용하도록 한다.

한편, [도 · 설 4.8.3.2, 그림 4.8.2]에서 사각의 정의는 받침선에 수직한 선과 교축 사이의 각으로 개정되었다(<그림 507.3.2> 참조>.

② [도 · 설 4.8.3.1] 캔틸레버판이 있거나 받침 간격, 사각으로 인하여 지점반력과 받침선

방향의 단면력 분포가 변화하는 경우에 대하여 단면력을 계산할 때에는 슬래브교의 지간을 직 슬래브교에서는 받침중심간격인 l_n으로 하고, 사각 45° 이하인 경우에는 사각의 영향이 작으므로 다음 식에 따라 결정할 수 있다.

$$l = l_s \qquad (l_s/B) \geq 1.5$$
$$l = (l_s + l_n)/2 \qquad (l_s/B) < 1.5 \qquad (507.3.1)$$

여기서,

l : 슬래브의 지간

l_s : 사각(경사)지간 (m)

l_n : 받침의 중심간격 (m)

B : 슬래브의 폭 (m)

2005년 개정된 [도 · 설 4.8.3.2]의 (2)항에서 한계사각이 "45° 이상"로 잘 못 표기되어 있으나 이를 "45° 이하"로 해석하여야 한다.

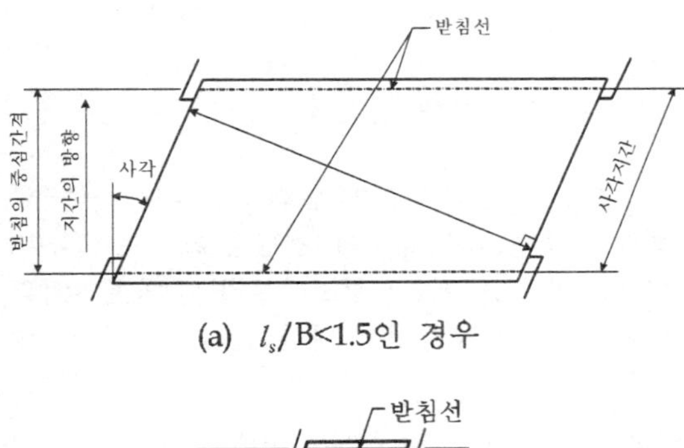

(a) l_s/B<1.5인 경우

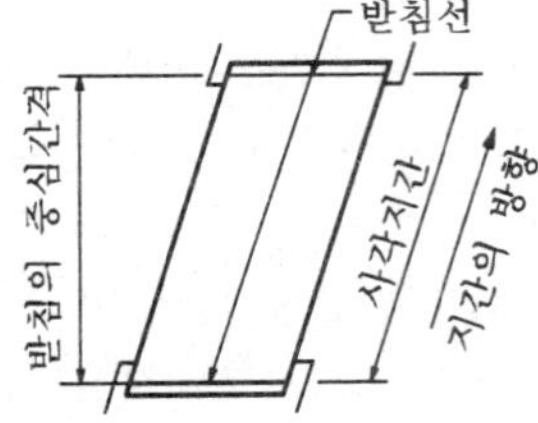

(b) l_s/B≥1.5인 경우

<그림 507.3.2> 경사 슬래브교의 지간방향

③ 지간이 10 m 이하 단순슬래브교의 활하중에 의한 경간 중앙에서의 경간 방향 및 경간직각 방향의 단위폭(1 m)당 설계 휨모멘트는 바닥판 설계휨모멘트 산정 식[도 · 설 4.7.5.1]을 적용하여 계산해도 좋다.

④ 경간이 10 m를 넘는 단순슬래브교의 활하중에 의한 경간 중앙에 발생하는 경간 방향의 단위폭당 설계 휨모멘트는 보도 등에 3.5 kN/m^{2}의 등분포하중을 재하하고 차도에는 DL하중의 주재하하중을 만재하여 산출한 휨모멘트를 슬래브 전폭으로 나눈 값으로 산정하는 것이 가능하다.

3.2 라멘교

3.2.1 일반사항

부재의 절점들이 강결되어 있는 뼈대 구조물을 라멘구조라고 하는데 구조형식상 구분으로 거더교 형식과 기둥이 일체화된 구조를 포함할 수 있으나 본 절에서는 수평 슬래브 부재와 수직부재(벽체)가 강결되어 있는 RC라멘구조를 위주로 기술한다.

RC라멘교는 구조물의 절점 부위가 철근으로 연속되어 있고 콘크리트도 연속 타설되기 때문에 일체화된 구조로 된다. 따라서 RC라멘교에서는 하중이 어느 한 부재에만 작용하더라도 다른 부재에 변형과 응력이 발생하게 된다.

RC라멘교의 특징은 다음과 같다.

① 상하부구조가 일체로 가설되기 때문에 일반적으로 신축이음과 받침이 불필요하고, 유지관리가 용이하다. 반면에 수직부재(벽체)에 작용하는 토압과 수압이 상부구조에 전달된다.

② 수평부재에 작용하는 휨모멘트의 일부를 수직부재가 부담할 수 있기 때문에 동일한 지간의 슬래브교에 비하여 상부구조 두께를 낮출 수 있다. 일반적으로 설계 경간장은 15 m 이하이다.

③ 부정정구조이기 때문에 부재의 일부가 항복해도 응력이 재분배되어 인성이 있는 구조이다. 반면에 온도, 건조수축, 기초의 부등침하에 의한 영향이 크다.

④ 다경간 교량에서는 지진력(수평력)을 각 하부구조에 분산하도록 설계가 가능하고 강결구조

이기 때문에 내진 저항성이 우수하다.

⑤ 문형 라멘교를 제외한 T형 라멘교, Π형라멘교, 연속 라멘교에서는 교량의 시점과 종점에 신축이음과 받침을 두는 경우가 있다.

3.2.2 설계 일반사항

라멘교는 수평부재와 수직부재가 강결되는 것으로 설계하며, 슬래브교, T형교, 박스거더교 등의 단면형상의 고유 사항에 대해서는 도로교 설계기준과 콘크리트구조 설계기준의 해당 규정에 따른다. 그러나 라멘교 벽체에 토압이나 수압이 작용하는 경우에는 [도 · 설 제5장] 하부구조편의 관련 규정을 적용하여 설계하여야 한다.

3.2.3 구조해석

라멘교는 부정정구조물이므로 고전적인 해석방법으로 단면력을 산정하는 것은 번거롭기 때문에 유한요소 해석방법을 적용하여 해석하는 것이 일반적이다. 라멘교의 구조해석 시 유의사항은 다음과 같다.

① 구조해석으로 단면력을 계산할 때의 라멘축선은 콘크리트 전단면을 유효로 하는 부재단면의 도심축선에 일치시키는 것을 원칙으로 한다.

② 단면의 변화가 있는 경우의 축선은 단면 변화에 따라서 변화시킨다. 다만 <그림 507.3.3(a)>에 나타낸 것과 같이 헌치가 있는 라멘교와 단면의 변화가 크지 않은 경우에는 헌치의 영향과 변단면의 영향을 무시하고 축선을 직선으로 가정해도 좋다.

③ 기둥의 축선의 하단은 기둥이 기초구조와 일체로 강결된 경우에는 기초구조의 상면으로 하고 힌지구조에 결합되어 있는 경우에는 힌지의 중심으로 한다. 기초의 침하 또는 회전이 무시될 수 없다고 생각되는 경우에는 기초를 등가 스프링으로 치환하여 해석하는 것이 바람직하다.

④ 기둥과 보의 절점부에 큰 헌치가 있는 경우나 보부재 또는 기둥부재의 부재두께가 매우 큰 경우에는 강역의 영향을 검토하는 것이 좋다. 강역에 대한 설계기준은 [도 · 설 4.12.3]의 규정을 따른다.

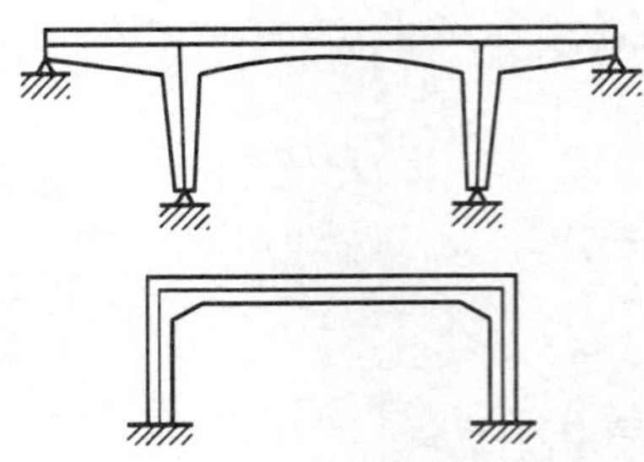

(a) 단면변화를 무시해도 좋은 경우

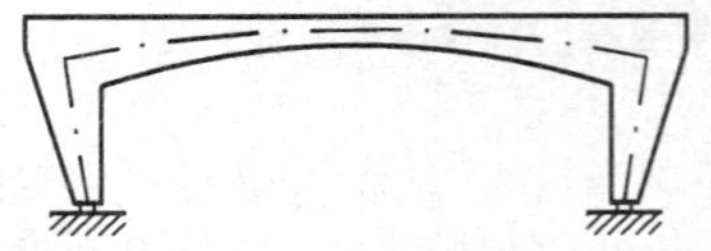

(b) 단면변화를 무시할 수 없는 경우

<그림 507.3.3> 라멘의 축선

3.2.4 라멘 부재 절점부

라멘부재의 절점부는 단면력에 의한 응력의 방향이 급변하여 응력의 전달구조가 복잡하다. <그림 507.3.4>에는 휨모멘트가 작용할 때의 절점부 응력분포상태를 나타내었다.

① 라멘부재의 절점부는 이에 접속하는 부재 상호간에 단면력이 확실하게 전달되도록 설계하여야 한다.

② 라멘의 절점 접합부에는 매우 큰 모멘트와 전단력이 작용한다. 그러므로 절점부는 접합되는 부재들이 서로 단면력을 확실하게 전달할 수 있도록 모서리에 헌치를 두어 이 부분의 모멘트는 증가시키고 경간 모멘트는 감소시키도록 한다.

③ 절점부의 모서리에는 휨모멘트의 작용방향에 따라 균열이 발생하려는 경향이 있으므로 이에 대응하여 철근을 보강하여야 한다.

라멘부재 절점부에 대한 설계기준은 [도 · 설

4.12.4]의 규정을 따른다. [콘 · 설 15.2.3]에서는 콘크리트 라멘부재 접합부(절점부)에 대한 설계 기준을 규정하고 있으며, 해석방법은 스트럿-타이 모델에 의한 해석, 유한요소해석, 허용응력에 의한 근사해법으로 정하고 있다.

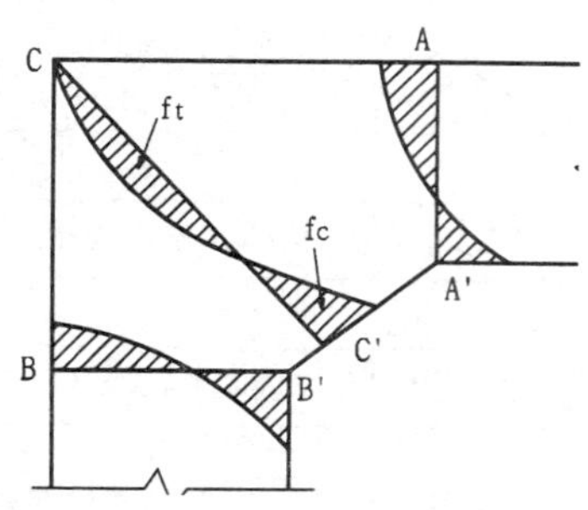

<그림 507.3.4> 라멘 절점부에 휨모멘트가 작용할 경우의 응력분포

507.4 RC 슬래브교 설계

4.1 설계흐름도 구성

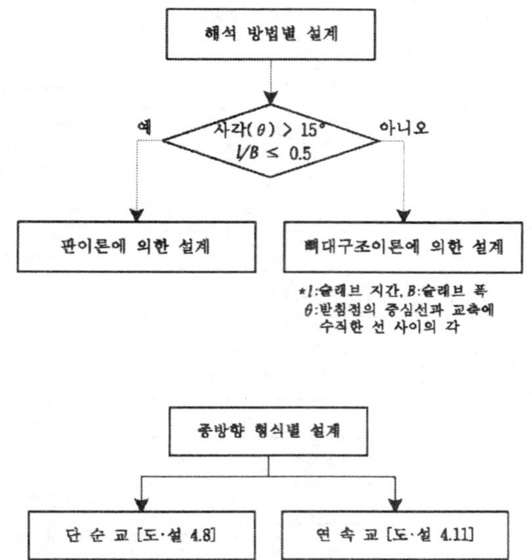

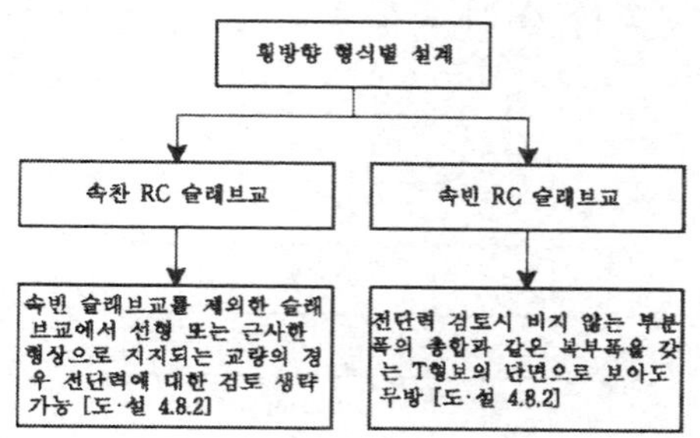

<그림 507.4.1> 설계흐름도

4.2 판이론에 의한 설계 흐름

4.2.1 주설계단계

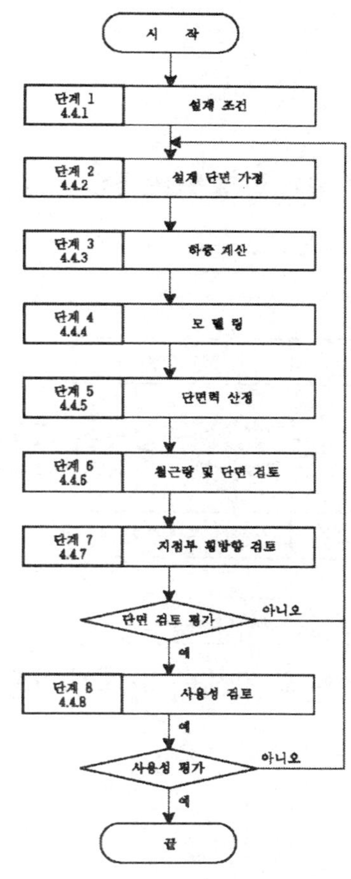

<그림 507.4.2> 주설계단계

4.2.2 [단계 1] 설계 조건

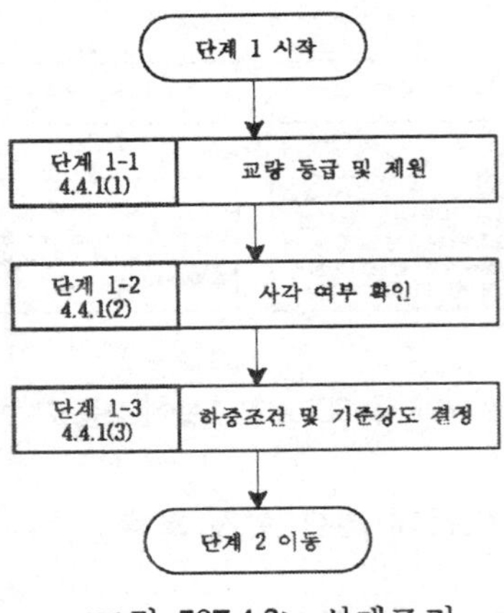

<그림 507.4.3> 설계조건

4.2.3 [단계 2] 설계단면가정

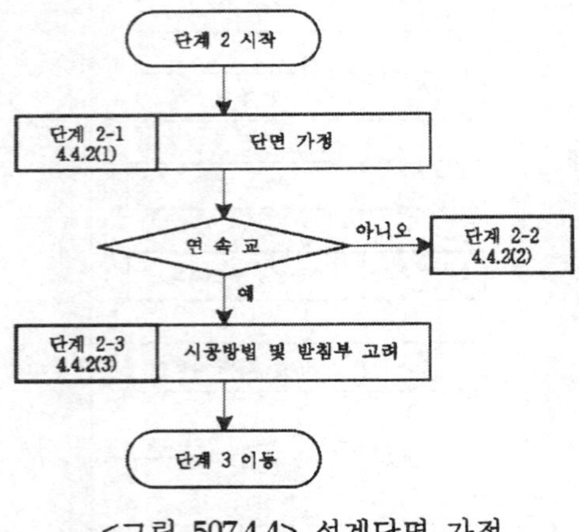

<그림 507.4.4> 설계단면 가정

4.2.4 [단계 3] 하중 계산

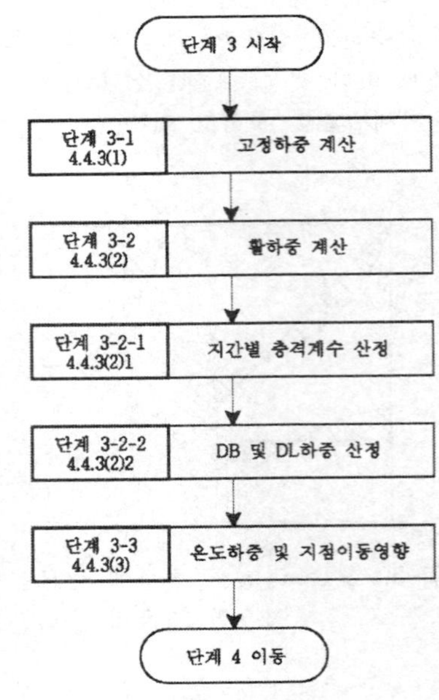

<그림 507.4.5> 하중계산

4.2.5 [단계4] 모델링

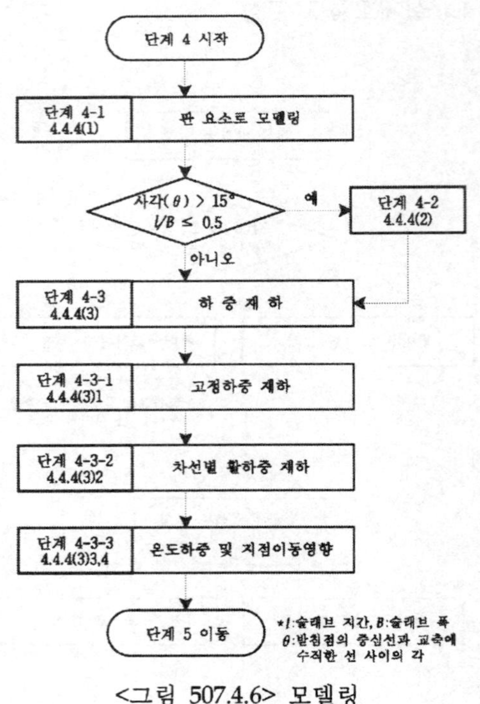

<그림 507.4.6> 모델링

4.2.6 [단계 5] 단면력 산정

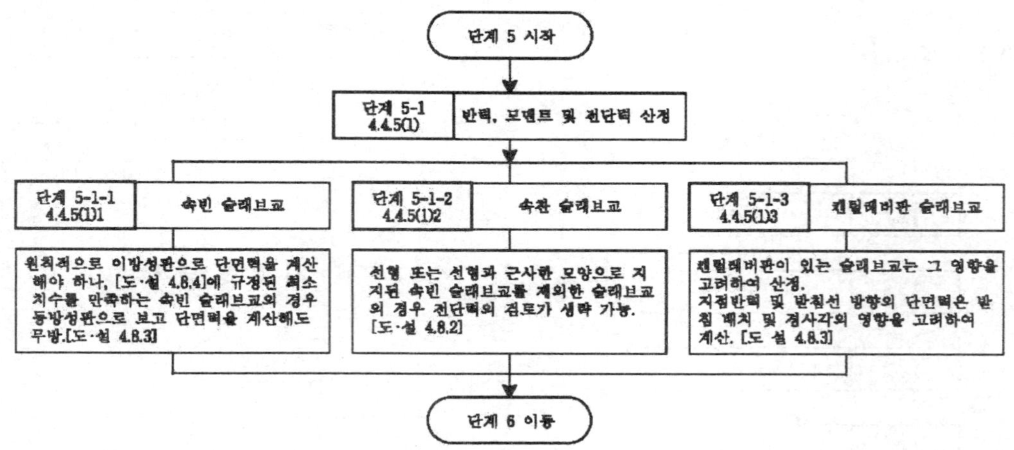

<그림 507.4.7> 단면력 산정

4.2.7 [단계 6] 철근량 계산 및 단면검토

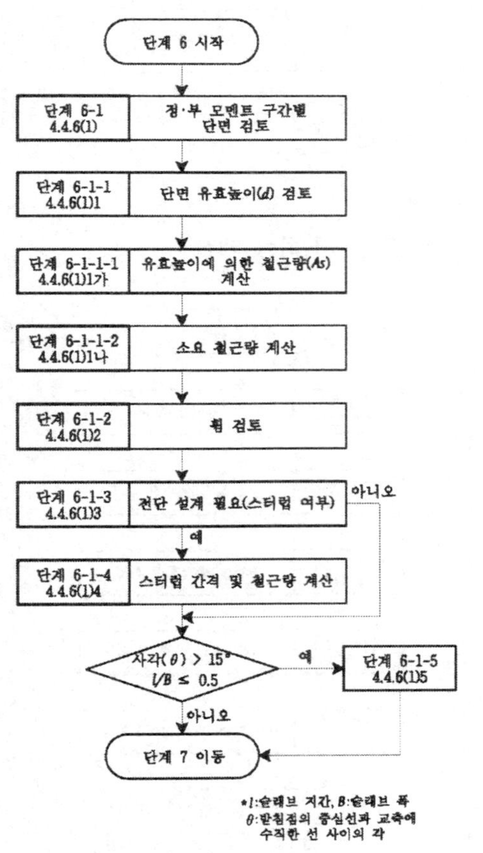

<그림 507.4.8> 철근량 계산 및 단면검토

4.2.8 [단계 7] 지점부 횡방향 검토

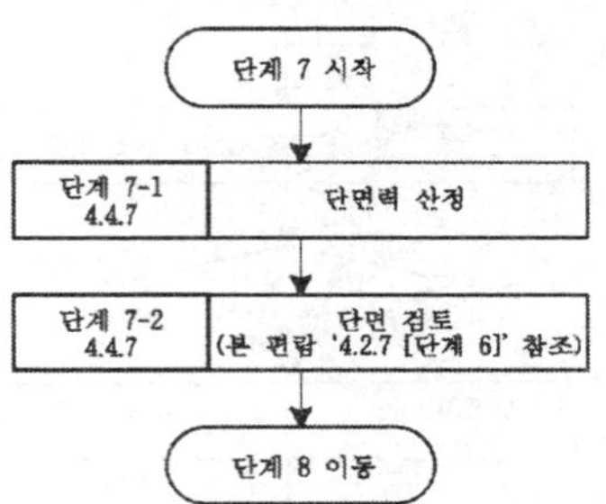

<그림 507.4.9> 지점부 횡방향 검토

4.2.9 [단계 8] 사용성 검토

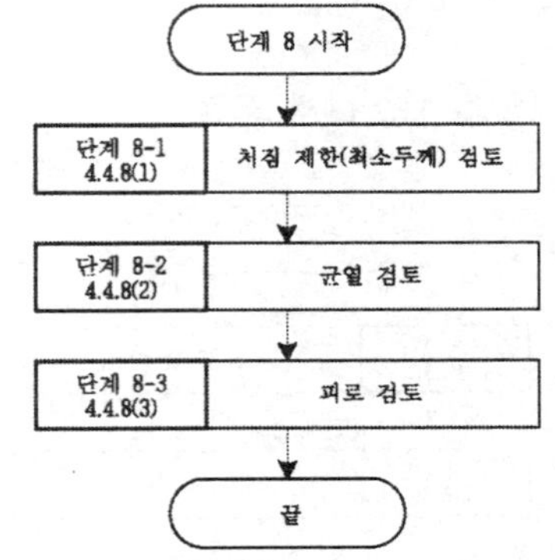

<그림 507.4.10> 사용성 검토

4.3 뼈대구조이론에 의한 설계 흐름

4.3.1 주설계단계

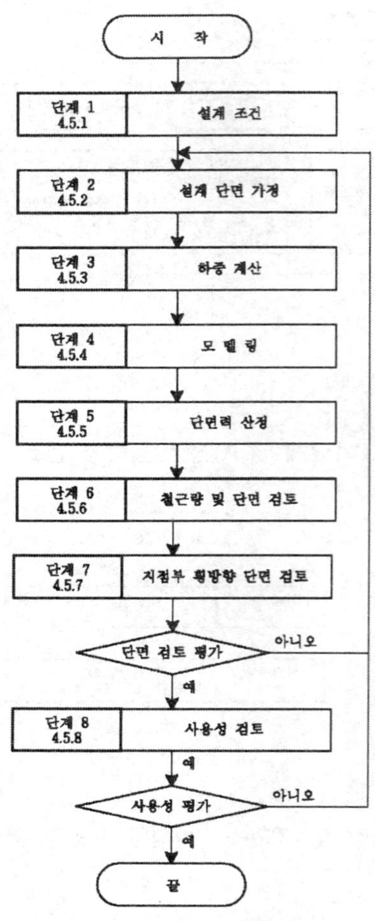

<그림 507.4.11> 주설계단계

4.3.2 [단계 1] 설계 조건

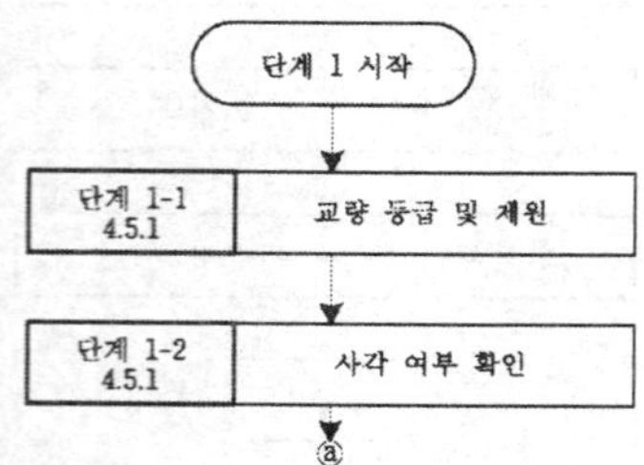

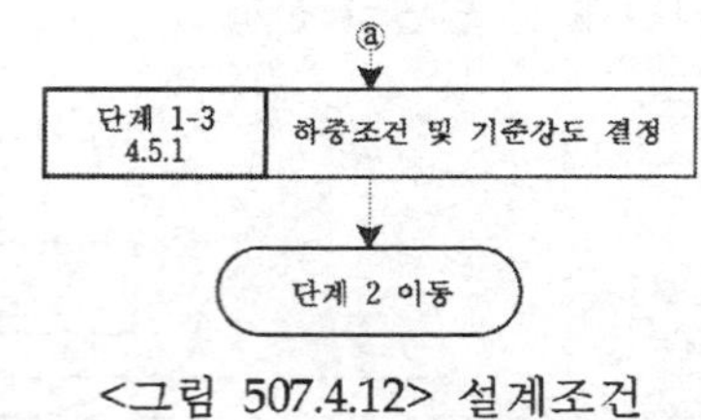

<그림 507.4.12> 설계조건

4.3.3 [단계 2] 설계단면가정

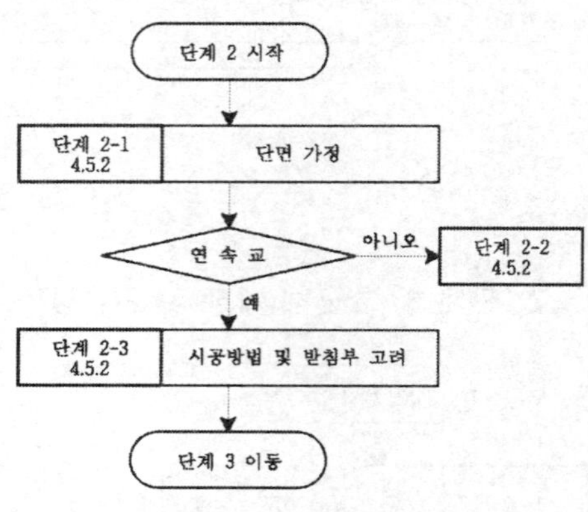

<그림 507.4.13> 설계 단면 가정

4.3.4 [단계 3] 하중 계산

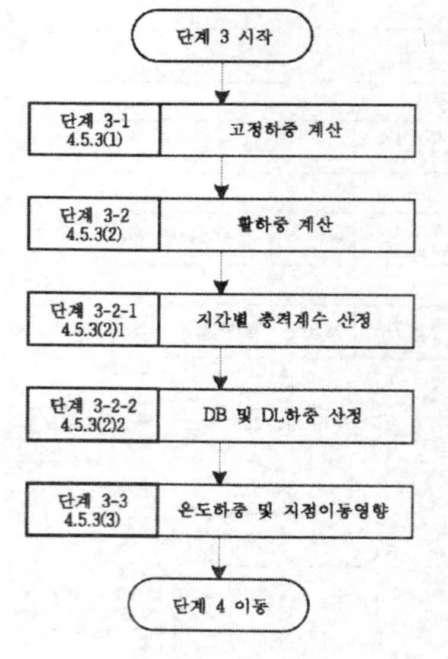

<그림 507.4.14> 하중계산

4.3.5 [단계 4] 모델링

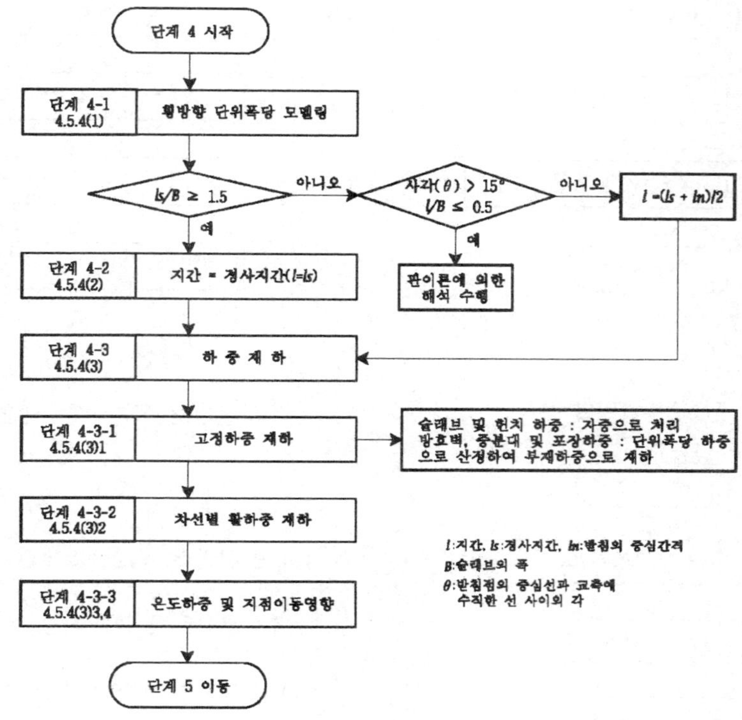

<그림 507.4.15> 모델링

4.3.6 [단계 5] 단면력 산정

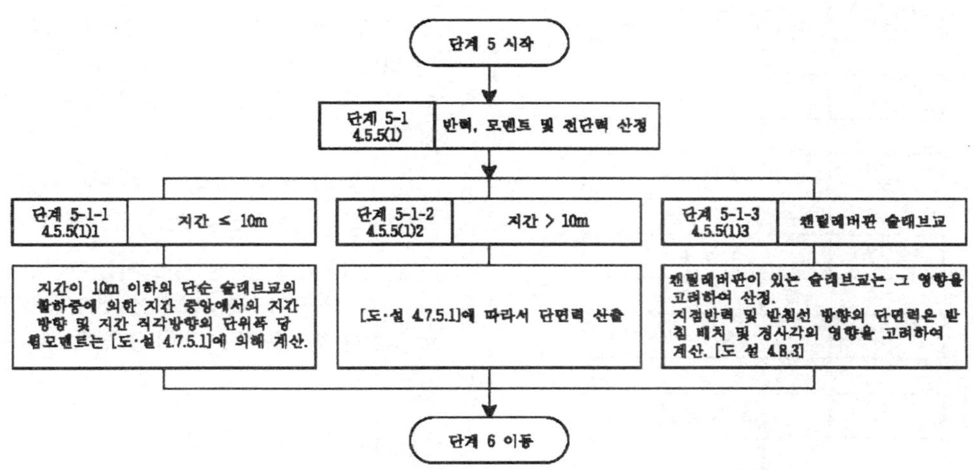

<그림 507.4.16> 단면력 산정

4.3.7 [단계6] 철근량 계산 및 단면검토

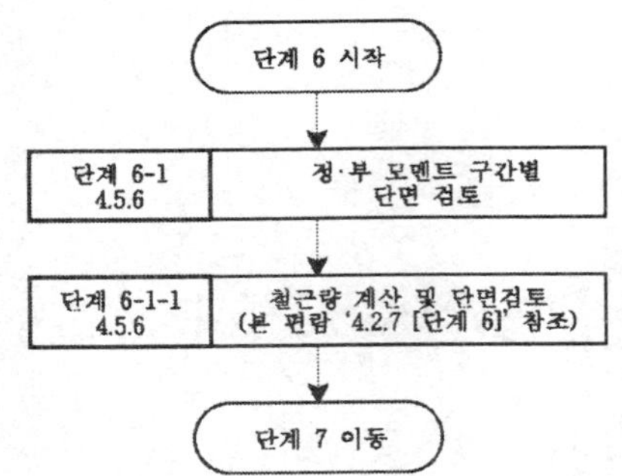

<그림 507.4.17> 철근량 계산 및 단면검토

4.3.8 [단계7] 지점부 횡방향 검토

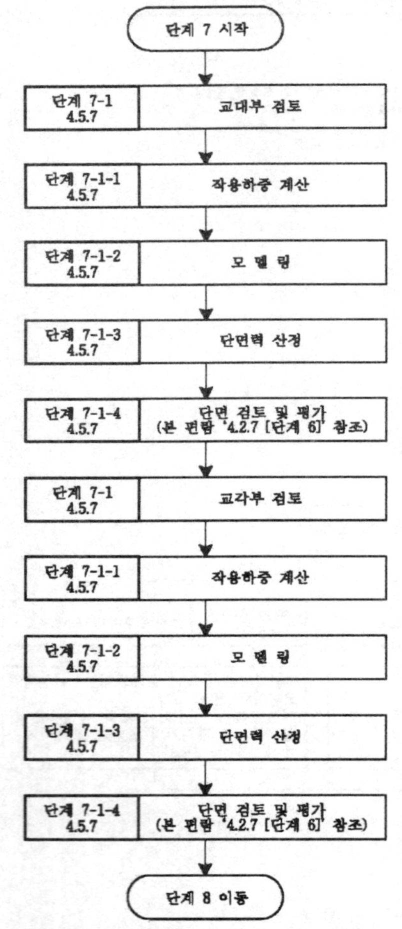

<그림 507.4.18> 지점부 횡방향 검토

4.3.9 [단계8] 사용성 검토

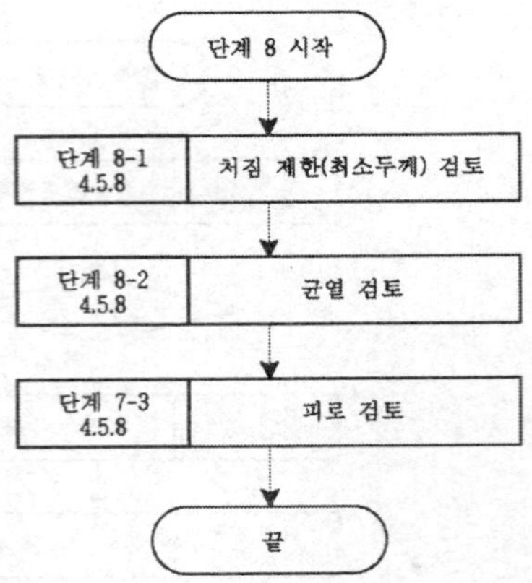

<그림 507.4.19> 사용성 검토

4.4 판이론에 의한 설계단계별 고려사항

4.4.1 [단계 1] 설계조건

(1) [단계 1-1] 교량 등급 및 제원[도·설 1.3, 1.5]

① 교통량이 많거나 중차량 통과가 빈번한 특수산업시설에 인접한 지방도, 시도 및 군도상의 교량은 1등급교로 설계함을 원칙으로 한다. 다만 일일 계획교통량이 1,000대 미만인 경우에 지방도, 시도 및 군도상의 교량을 2등급교로 설계할 수 있다. 교통량이 극히 적은 경우에는 예외적으로 발주청의 판단에 의하여 3등급교로 설계할 수 있다.

② 교량의 폭원 구성, 건축한계, 선형 등은 도로의 구조·시설기준에 관한 규정에 따른다.

③ 연속슬래브 구조에서는 지점부에 헌치를 두거나 이에 상응하는 철근보강이 필요하나, 일반적으로 적절한 헌치를 두는 것이 구조적으로 유리하다.

(2) [단계 1-2] 사각 여부

교량 계획시 사각이 없도록 교량을 직교로 설계하는 것이 좋으나 불가피하게 사각이 요구될 때에는 가급적 영향이 적은 15° 이하로 계획함이 구조적으로 유리하다.

(3) [단계 1-3] 하중조건 및 기준강도 결정

교량설계에 적용하는 하중은 교량의 형식이나 교량 가설지점의 조건에 따라 하중의 종류 및 하중조건이 적절히 결정되어야 한다.

4.4.2 [단계 2] 설계단면가정

(1) [단계 2-1] 단면 가정

① 철근 콘크리트 차도측 바닥판의 최소 두께는 220 mm 또는 [도·설 4.7.4.1]의 <표 4.7.1>에 있는 값 중 큰 값으로 한다. [도·설 4.7.4.1]의 <표 4.7.1>에 나타낸 캔틸레버 바닥판의 최소두께는 지지점에서의 두께를 의미한다. 여기서, L은 트럭하중에 대한 바닥판의 지간장(m)을 의미한다.

② 처짐계산을 생략할 수 있는 경우의 휨부재의 최소높이 및 두께는 <표 507.4.1>의 규정에 의거한다.[콘·설 4.3.1]

<표 507.4.1>의 값은 일반콘크리트(W_c = 2,300 kg/m³)와 항복강도 400 MPa 철근을 사용한 부재에 대한 값이며 다른 조건에 대해서는 그 값을 수정하여야 한다. 1,500~2,000 kg/m³ 범위의 단위질량을 갖는 구조용 경량콘크리트에 대해서는 계산된 h값에 (1.65 - 0.00031 W_c)를 곱해야 하나 1.09보다 작지 않아야 한다. f_y가 400 MPa 이외인 경우에는 계산된 h값에 (0.43 + f_y / 700)를 곱하여야 한다.

③ 캔틸레버 부분을 길게하면 다소 경제성을 높일 수 있으나 캔틸레버 영향을 감안한 구조계산시 주판의 가장자리가 불리해지므로 이에 대한 구조해석이 필요하고 교좌장치 배치에 신중하여야 한다.

④ RC슬래브교에서 장경간은 고정하중의 증가로 불리해지므로 단순경간의 경우 15 m 이하에서 널리 사용하는데 보통 적용지간의 범위는 단지간에서 5~12 m, 연속교에서 10~18 m 정도이다.

⑤ 형고는 구조형식, 지간, 사각의 각도에 따라 틀리며 [도·설 4.4.9.5]에 규정된 처짐의 제한 최소 두께 이상이어야 한다. 국내에서 고속국도에 건설된 RC슬래브교량에 대하여 형고비를 조사한 결과 16~20 정도가 적당할 것으로 사료되며 조사결과 <표 507.3.1>에 나타내었다.

⑥ 연속교의 경우, 교각부와 연속지점부는 일반구간보다 단면력이 커서 전교량에서 슬래브 두께를 키울 경우 비경제적인 설계가 되므로 경제적인 설계를 위하여 일반적으로 교각에 헌치를 설계한다. 헌치의 크기는 단면적의 크기에 의해 결정되므로 일률적으로 그 크기를 정할 수는 없으나, 헌치의 설치구간을 길게 할 경우 교각부의 강성이 커져 정 모멘트의 감소효과가 나타나므로, 설계자가 어느 구간만큼 헌치를 두는 것이 적당한지는 각 구조물에 따라 설계자가 결정할 사항이다. 그러나, 일반적으로 헌치의 두께는 일반 구간보다 200 mm 이상 더 크게 하고 헌치길이는

<표 507.4.1> 처짐을 계산하지 않는 경우의 보 또는 1방향 슬래브의 최소 두께

부 재	최소두께, h			
	단순지지	1단 연속	양단 연속	캔틸레버
	큰 처짐에 의해 손상되기 쉬운 칸막이벽이나 기타 구조물을 지지 또는 부착하지 않은 부재			
·1방향 슬래브	L/20	L/24	L/28	L/10
·보 ·리브가 있는 1방향 슬래브	L/16	L/18.5	L/21	L/8

헌치두께의 3배 이상으로 하는 것이 적당하다.

(2) [단계 2-2] 단순교

일반 단순교는 [도 · 설 4.8]을 참조한다.

(3) [단계 2-3] 시공방법 및 받침부 고려

연속슬래브 구조에서는 온도변화, 건조수축, 프리스트레스 힘 등에 의하여 변형이 구속되어 부정정력이 발생하므로 이에 대한 고려와 시공방법 및 받침부 조건을 고려한 구조 해석을 해야 한다[도 · 설 4.11.3].

4.4.3 [단계 3] 하중계산

(1) [단계 3-1] 고정하중 계산

슬래브 자중은 범용해석프로그램의 쉘요소로 모델링하여 요소 자중으로 계산한다. 포장하중은 단위면적 당 하중으로 계산하여 등분포 하중으로 재하하도록 한다. 방호벽과 중분대의 하중은 각 단면별로 나누어 절점에 작용할 수 있도록 계산한다[도 · 설 2.1.2].

(2) [단계 3-2] 활하중 계산

바닥판과 바닥틀을 설계하는 경우의 활하중으로 [도 · 설 2.1.3]에 의거하여 활하중을 재하한다.

① [단계 3-2-1] 지간별 충격계수 산정

지간별 충격계수의 산정은 [도 · 설 2.1.4]에 의거한다.

② [단계 3-2-2] DB 및 DL하중 산정

DB하중과 DL하중은 [도 · 설 2.1.3]을 따르며, DB하중의 크기는 [도 · 설 2.1.3]의 <표 2.1.2> 를 참고한다.

가. 차도부분에는 DB하중을 재하한다. DB하중은 한 개의 교량에 대하여 종방향으로는 차로당 1대를 원칙으로 하고, 횡방향으로는 재하 가능한 대수를 재하하되 설계부재에 최대응력이 일어나도록 재하한다. 교축 직각 방향으로 볼 때, DB하중의 최외측 차륜중심의 재하위치는 차도부분의 단부로부터 300 mm로 한다. 지간이 특히 긴 세로보나 슬래브교는 DL하중으로도 검토하여 불리한 응력을 주는 하중을 사용하여 설계한다.

나. 보도 등에는 5×10^{-3} MPa의 등분포하중을 재하한다.

다. 궤도에는 궤도의 차량하중과 DB하중 가운데 설계부재에 불리한 응력을 주는 것을 재하한다. 궤도의 차량은 차량 수에 제한이 없는 것으로 보고 설계부재에 가장 불리한 응력을 주도록 재하한다. 차량의 점유폭과 하중은 해당 궤도의 규정을 따른다.

(3) [단계 3-3] 온도하중 및 지점이동의 영향

슬래브 상면과 하면의 온도차는 5℃로 한다. 부정정 구조물에서 지반의 압밀 침하 등으로 인하여 장기간에 걸친 지점의 이동 및 회전의 영향을 고려해야 할 경우에는 최종 이동량을 추정하여 단면력을 산정하여야 한다. 단면력의 산정은 탄성계산에 따른다[도 · 설 2.1.12, 2.1.15].

4.4.4 [단계 4] 모델링

(1) [단계 4-1] 판요소로 모델링

슬래브를 유한요소법을 이용하여 2차원 또는 3차원 삼각형, 사각형의 요소로 모델링하면 불규칙적 기하형태, 이방성 거동, 비탄성 거동 등 복잡한 구조계를 지점조건 및 사각을 고려하여 정확하게 모델링할 수 있으며, 슬래브에 작용하는 모든 하중을 정확히 재하할 수 있어 정확한 단면력과 지점반력을 얻을 수 있다[도 · 설 4.8.3.1].

(2) [단계 4-2] 사교

경사지간(l_s)과 슬래브 전체폭(B)의 비(l_s/B)가 0.5이하가 될 때에는 판이론에 따라 해석하는 것이 좋다[도 · 설 4.8.3.2]. 지점부에 탄성받침을 사용하는 경우 스프링으로 모델링한다.

(3) [단계 4-3] 하중 재하

① [단계 4-3-1] 고정하중 재하

RC슬래브교의 슬래브 자중은 쉘요소의 자중으로 처리하고 포장층은 등분포하중으로, 그리고 방호벽과 중분대는 계산한 자중을 절점하중으로 치환하여 Load하중으로 처리한다.

② [단계 4-3-2] 차선별 활하중 재하

③ [단계 4-3-3] 온도하중 재하

④ [단계 4-3-3] 지점이동의 영향

지점이동의 영향은 최종 침하량을 10 mm로 가정하여 계산한다.

4.4.5 [단계 5] 단면력 산정

(1) [단계 5-1] 반력, 모멘트 및 전단력 산정

① [단계 5-1-1] 속 빈 슬래브교

원칙적으로 이방성판으로 단면력을 계산해야 하나, [도 · 설 4.8.4(1)]에 규정된 최소치수 250 mm를 만족하는 속 빈 슬래브교의 경우 등방성판으로 보고 단면력을 계산해도 무방하다. 전단력을 검토할 경우 비지 않은 부분의 폭의 총합과 같은 복부폭을 갖는 T형보의 단면으로 보아도 좋다.

② [단계 5-1-2] 속 찬 슬래브교

선형 또는 선형과 근사한 모양으로 지지된 속 빈 슬래브교를 제외한 슬래브교의 경우에는 전단력에 대한 검토를 생략할 수 있다[도 · 설 4.8.2].

③ [단계 5-1-3] 캔틸레버판 슬래브교

캔틸레버 부분에 작용하는 하중과 강성의 영향을 고려한 해석을 한다. 또한 지점반력 및 받침선 방향의 단면력은 받침 배치 및 경사각의 영향을 고려하여 계산한다[도 · 설 4.8.3].

4.4.6 [단계 6] 철근량 계산 및 단면 검토

(1) [단계 6-1] 정 · 부 모멘트 구간별 단면 검토

강도설계법에 의하여 사용하중에 대한 하중계수와 하중조합을 [도 · 설 2.2.3.2]의 규정에 의거하여 정리하면 다음과 같다.

$$U=1.3D+2.15(L+I) \qquad (507.4.1a)$$

$$U=1.3D+1.3(L+I)+1.3G \qquad (507.4.1b)$$

여기서,
D : 고정하중 또는 이에 따른 단면력
L : 활하중 또는 이에 따른 단면력
I : 충격 또는 이에 따른 단면력
G : 부등침하, 온도하중 또는 이에 따른 단면력

① [단계 6-1-1] 단면 유효높이(d) 검토

가. [단계 6-1-1-1] 유효높이에 의한 철근량(A_s) 계산

나. [단계 6-1-1-2] 소요철근량 계산[도 · 설 4.7.5]

(가) [단계 6-1-1-1]에서 계산된 철근량으로 소요 주철근량을 산정한다. 또, 바닥판에는 집중하중으로 작용하는 활하중을 수평방향으로 분산시키기 위해 주철근의 직각방향으로 배력철근을 배치하여야 한다. 배력철근량은 계산된 주철근량의 백분율로 산정하며 다음과 같다[도 · 설 4.7.5.7]. 여기서 L은 바닥판의 지간장(m)를 의미한다.

- 주철근이 차량진행방향의 직각인 경우는 $120/\sqrt{L}$ 과 67% 중 작은값 이상으로 산정한다.

- 주철근이 차량 진행방향에 평행한 경우 $55/\sqrt{L}$과 50% 중 작은 값 이상으로 산정한다.

(나) 주철근이 차량진행방향에 직각인 경우, 캔틸레버부를 제외한 구간에서는 위에서 산정된 배력철근을 바닥판 경간 중앙부의 1/2 구간에 배근하며, 나머지 구간에는 산정된 배력철근량의 50% 이상만 배근하여도 좋다.

(다) 배근되는 배력철근량은 온도 및 건조수축에 대한 철근량 이상이어야 한다. 이때 바닥판

단면에 대한 온도 및 건조수축 철근량의 비는 0.2%이다.

(라) [도 · 설 4.7.6.2(4)]에서는 설계에서 고려한 것과 반대방향의 모멘트가 발생하는 예기치 않은 경우에도 철근콘크리트의 바닥판이 어느 정도의 저항을 할 수 있도록 압축 측에도 인장철근의 1/2 이상을 배치하도록 규정하고 있다.

② [단계 6-1-2] 휨 검토

철근비($\rho = A_s/bd$) 및 설계모멘트(ϕM_n)를 계산하고 허용치와 비교 · 검토한다.

③ [단계 6-1-3] 전단 설계 필요(스터럽 여부) 검토[도 · 설 4.4.6]

전단력이 발생되는 지점부는 전단 검토에 의하여 전단철근 필요여부를 결정한다.

④ [단계 6-1-4] 스터럽 간격 및 철근량 계산

전단 철근이 필요한 경우, [도 · 설 4.4.6.3]에 의거하여 전단설계를 실시한다.

⑤ [단계 6-1-5] 둔각부 보강 철근량 계산

경사슬래브교의 둔각부 슬래브 위쪽에는 부모멘트에 대하여 경사경간 방향 및 받침선 방향으로 가외철근을 배치하여야 한다. 가외철근량은 경간중앙부의 경사 단위폭당의 정철근량에 사각의 크기에 따른 계수 K를 곱하여 계산하는 것으로 한다. 이러한 경우 둔각부 슬래브의 위쪽에 배치되는 철근은 가외철근의 일부로 보아도 좋다 [도 · 설 4.8.4].

4.4.7 [단계 7] 지점부 횡방향 단면검토

(1) [단계 7-1] 단면력 산정

지점부의 교축 직각방향 단면력을 산정한다.

(2) [단계 7-2] 단면 검토

지점부를 보로 간주하여 본 편람 '4.4.6 [단계 6]'을 참조해서 철근량 계산 및 단면 검토를 한다.

4.4.8 [단계 8] 사용성 검토

강도설계법에 의해 설계된 휨부재는 그 강도이외에 사용성이 반드시 충족되어야 한다. 따라서 휨부재는 사용하중 작용시 처짐이 [도 · 설 4.4.9.5]에 따라 조절되어야 할 뿐 아니라 하중의 반복작용에 따른 철근의 피로응력한계, 또 휨균열을 조절하기 위한 철근의 배근 조건도 충족되어야 한다.

(1) [단계 8-1] 처짐제한 검토

처짐계산에 의해 좀 더 작은 두께를 사용할 수 있는 경우를 제외하고는 상부 구조물의 최소 두께는 <표 507.2.1>에 나타낸 값을 따라도 좋다 [도 · 설 4.4.9.5]. 변단면 부재가 사용되는 경우, <표 507.2.1>에 나타낸 최소두께 값은 정의 모멘트와 부의 모멘트, 단면의 상대적 강성의 변화를 감안하여 조정될 수 있다. <표 507.2.1>은 권장값이므로 필요하다면 처짐계산에 의해 확인하는 것이 바람직하다.

(2) [단계 8-2]균열 검토

균열의 검토는 [도 · 설 4.4.9.4]의 규정을 따른다.

(3) [단계 8-3] 피로 검토

콘크리트 슬래브의 피로검토는 활하중에 의한 콘크리트 슬래브 모멘트 변화가 큰 곳에서(주로 지간의 중앙점이 검토 대상이 됨) 최대 모멘트와 최소 모멘트에 의한 응력을 어느 한계 이내에 들도록 하여 검토하며 [AASHTO 8.16.8.3, 도 · 설 4.4.9.6], 주로 콘크리트 슬래브, 콘크리트 박스교 등의 주철근이 차량 진행방향에 평행한 슬래브에 대해 검토한다. 이것은 차량 진행방향으로의 모멘트 변화가 크기 때문이며 차량 진행방향의 직각 방향은 응력 차이가 크지 않아서 검토할 필요성이 적다. 사용하중 하에서 충격을 포함한 활하중에 의해 철근에 발생하는 응력 범위가 <표 507.2.4>에 규정한 응력 범위 이내일 경우에는 피로에 대해 검토할 필요가 없다 .

4.5 뼈대구조이론에 의한 설계단계별 고려사항

4.5.1 [단계 1] 설계조건

편람 '4.4.1 [단계 1]'을 참조

4.5.2 [단계 2] 설계단면 가정

편람 '4.4.2 [단계 2]'을 참조

4.5.3 [단계 3] 하중 계산

(1) [단계 3-1] 고정하중 계산

슬래브 및 헌치하중은 해석프로그램내에서 자중으로 고려하고 방호벽 중분대, 포장 하중은 별도로 계산하여 부재하중으로 계산한다. 슬래브, 방호벽 중분대, 포장 등의 하중을 자중으로 처리하지 않고 부재하중이나 절점하중으로 고정하중을 계산하고자 하는 경우에는 각 단면별로 단위길이당 하중으로 환산하는 방식을 사용한다.

(2) [단계 3-2] 활하중 계산

바닥판과 바닥틀을 설계하는 경우의 활하중으로 [도 · 설 2.1.3]의 규정에 의거하여 활하중을 재하한다. 뼈대구조이론에 의한 설계에서는 횡방향에 대하여 단위폭(1 m)당 하중을 계산한다.

① [단계 3-2-1] 지간별 충격계수 산정

판 해석에 의한 설계단계별 고려사항 [단계 3-2] 참조

② [단계 3-2-2] DB 및 DL하중 산정[도 · 설 2.1.3]

판 해석에 의한 설계단계별 고려사항 [단계 3-2] 참조

(3) [단계 3-3] 온도하중 및 지점이동의 영향 [도 · 설 2.1.12, 2.1.15]

슬래브교에서는 종방향에 대하여 가동단 받침을 사용할 경우 온도하중에 의한 응력은 없다. 슬래브 상면과 하면의 온도차는 5℃로 한다. 지점이동의 영향은 최종침하량을 10 mm로 가정하여 계산한다.

4.5.4 [단계 4] 모델링

(1) [단계 4-1] 횡방향 단위폭당 모델링

슬래브교를 횡방향 단위폭당 모델링하여 단위폭당의 단면력을 계산한다. 2차원 모델링으로 해석이 간단하지만 사각에 의한 예각부와 둔각부의 지점 반력차이, 캔틸레버부가 있는 경우의 해석, 그리고 지점의 위치에 따른 영향을 고려한 해석이 곤란하다. 따라서 단순 직교에 적용하는 것이 좋다.

(2) [단계 4-2] 지간=경사지간($l = l_s$)

경사슬래브에 있어서 15° 이상의 사각을 가지는 경우 판해석법을 적용하는 것이 바람직하다. 그러나 사각이 15° 이하인 경우에는 사각의 영향이 작으므로 경사지간(l_s)을 슬래브의 전체폭(B)으로 나눈 값에 관계없이 지간(l)을 경사지간(l_s)으로 하여도 좋다.

(3) [단계 4-3] 하중 재하

① [단계 4-3-1] 고정하중 재하

슬래브 및 헌치하중은 Program내에서 자중으로 처리하고 방호벽, 중분대 및 포장하중 등은 단위폭(1 m) 당 하중으로 산정하여 부재하중으로 재하한다.

② [단계 4-3-2] 차선별 활하중 재하

어느 설계부재의 최대응력이 3차로 이상의 활하중 동시 재하로 인해 발생하는 경우에는 그 활하중 응력을 다음 백분율로 감소시킨다.

- 3차로 : 90%

- 4차로 이상 : 75%

③ [단계 4-3-3] 온도하중 재하

④ [단계 4-3-3] 지점이동의 영향

4.5.5 [단계 5] 단면력 산정

(1) [단계 5-1] 반력, 모멘트 및 전단력 산정

① [단계 5-1-1] 지간 $\leq$ 10 m

지간 10 m 이하의 단순 슬래브교의 활하중(충격을 포함)에 의한 지간 중앙에 있어서의 지간 방향 및 지간 직각방향의 단위폭(1 m) 당 설계 휨모멘트는 판이론에 따라 계산하면 다소 복잡하다. 따라서 [도 · 설 4.7.5.1]를 참조하여 계산해도 무방하다.

② [단계 5-1-2] 지간 > 10 m

지간이 10 m를 넘는 단순슬래브교의 활하중에 의해 지간 중앙에 발생하는 지간 방향의 단위폭(1 m)당의 설계휨모멘트는 보도 등에 3.5×10-3 MPa의 등분포하중을, 차도부분에 DL하중의 주재하중을 만재하고 산출한 휨모멘트를 슬래브의 전폭으로 나눈 값으로 하는 것이 가능하다. 또한, 지간 중앙에 발생한 지간 직각방향의 단위폭(1 m) 당의 설계 휨모멘트는 [도 · 설 4.7.5.1에 따라 계산하는 것이 가능하다.

③ [설계단계 5-1-3] 캔틸레버판 슬래브교

캔틸레버 부분에 작용하는 하중과 강성의 영향을 고려한 해석을 한다. 또한 지점반력 받침선 방향의 단면력은 받침 배치 및 경사각의 영향을 고려하여 계산한다[도 · 설 4.8.3].

4.5.6 [단계 6] 철근량 및 단면 검토

본 편람 '4.4.6 [단계 6]'을 참조

4.5.7 [단계 7] 지점부 횡방향 검토

RC 슬래브교를 뼈대구조이론에 의해 해석하는 경우는 지점부 횡방향 단면 검토를 해야 한다.[도로설계요령 3권 5.7.4]

(1) 연속 슬래브 지점의 설계를 하는 경우에는 연속 슬래브의 지점을 포함하여 모멘트 0인 점 사이의 거리를 지간으로 하고, 받침 반력을 집중하중으로 하는 가상 단순 받침 슬래브로 구조해석을 해도 좋다.

(2) 연속 슬래브지점 교축직각방향의 설계는 교축직각방향에 대한 받침조건을 만족시키기 위해 지점에 생기는 전단력을 지지하는 보로서 구조해석을 하는 것으로 한다.

(3) 고정하중 및 활하중에 의한 반력은 받침선상, 주판폭내에 등분포하중으로 작용하는 것으로 생각한다. 이 때 활하중은 받침선상 각 단면에 최대응력이 생기도록 재하한다.

(4) 받침간격이 크게 되는 경우에는 교축 직각방향 휨모멘트를 줄이기 위해 받침수를 늘여 받침간격을 단축하는 것으로 한다. 받침수가 3개 이상인 경우 가로보는 연속보로 해석하는 것을 원칙으로 한다.

4.5.8 [단계 8] 사용성 검토

사용성 검토는 본 편람 '4.4.8 [단계 8]'을 참조한다.

4.6 RC 슬래브교 설계 예(뼈대구조이론 해석)

4.6.1 [단계 1] 설계조건

(1) [단계 1-1] 교량 등급 및 제원

① 형　　식 : 3경간 연속 RC 슬래브교

② 지간구성 : L = 45.0 m (14.0 + 17.0 + 14.0)

③ 횡단폭원 : 21.2 m

④ 교량등급 : 1등교

(2) [단계 1-2] 사각여부

사　　각 : 20.0°

(3) [단계 1-3] 하중조건 및 기준강도 결정

① 하중조건

가 고정하중(단위질량)

- 철근 콘크리트 : 2,500.0 kg/m³
- 포　장　　　 : 2,300.0 kg/m³

나 활하중

- 차륜하중 : DB-24
- 차선하중 : DL-24
- 충격계수 : $i = 15 / (40 + L) \leq 0.3$

다 온도하중

- 선팽창계수 (α) : 1.000×10^{-5}
- 바닥판 상하면 온도차 : ±5 ℃
- 콘크리트교의 온도변화 범위 : ±10 ℃

라 지점침하

콘크리트교이므로 δ = 10.0 mm를 고려한다.

② 사용재료

가 콘크리트

- f_{ck} = 27.0 MPa
- E_c = 27,804.0 MPa

나 철　근 (SD 400)

4.6.2 [단계 2] 설계단면가정

(1) [단계 2-1] 단면 가정

① 횡단면도

② 종단면도

③ 교량받침 배치도

④ 기타단면

가 보도부 난간 기초

① 0.250 × 0.420	= 0.105 m^2
계	= 0.105 m^2

나 보도부

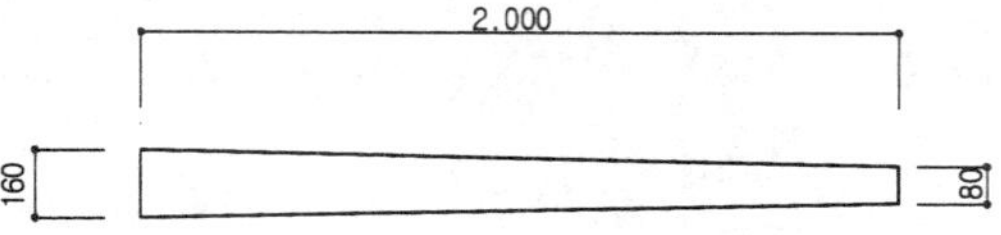

① (0.080 + 0.160) / 2 × 2.000 × 20.000	= 4.800 kN/m
② 0.020 × 2.000 × 23.000	= 0.920 kN/m
계	= 5.720 kN/m

다 차도부 난간 기초

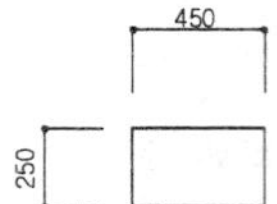

① 0.250 × 0.450	= 0.113 m^2
계	= 0.113 m^2

(2) [단계 2-2] 설계지간 산정 [도 · 설 4.8.3.2]

> 설계지간은 사각 45 ° 미만인 경우는 아래 식에 따라 결정하는 것으로 한다.
> $L = I_s$ $(I_s/B \geq 1.5)$
> $L = (I_s + I_n) / 2$ $(I_s/B < 1.5)$

→ 교량의 사각이 20.0°이므로 위의 식을 적용

구 분	지 간 1	지 간 2	지 간 3
경사지간(I_s)	13.5	17.0	13.5
받침중심간격(I_n)	12.686	15.975	12.686
I_s/B	0.637 < 1.5	0.802 < 1.5	0.637 < 1.5
설계지간(L)	(13.500 + 12.686) / 2 = 13.093	(17.000 + 15.975) / 2 = 16.489	(13.500 + 12.686) / 2 = 13.093

(3) [단계 2-3] 슬래브 두께 검토 [콘 · 설 4.3]

- 지간 1, 3 (1단 연속)
  l / 24 = 13.093 / 24 = 0.546 < 1.0 m ∴ OK
- 지간 2 (2단 연속)
  l / 28 = 16.489 / 28 = 0.589 < 1.0 m ∴ OK

4.6.3 [단계 3] 하중계산

(1) [단계 3-1] 고정하중 계산

① 구체자중 : 프로그램내에서 자동고려

② 기타 고정하중 (횡방향에 대해 단위폭당 하중으로 계산하여 등분포하중으로 재하)

- 포　　장 : (0.08 × 23.0) × 15.4 / 21.2 . = 1.337 kN/m²
- 난간 기초 : (0.105 + 0.113 + 0.113 + 0.105) × 25.0 / 21.2 = 0.514 kN/m²
- 보　　도 : 11.44 / 21.2 = 0.540 kN/m²
- 난　　간 : 4.0 / 21.2 = 0.189 kN/m²

합　　계 : = 2.580 kN/m²

(2) [단계 3-2] 활하중 계산

→ 횡방향에 대하여 단위폭당 하중을 계산

① 지간별 충격계수 산정

가 설계차로 산정

연석간의 교폭(W_c)이 15.4 m 이므로 4차로를 재하한다.

나 유효폭 산정 : [도 · 설 4.7.5.1]

$E = 1.2 + 0.06 \times L \le 2.1$ m

다 충격계수 산정

$i = 15/(40 + L) \le 0.3$

< 지간별 충격계수 (i) 및 유효폭 산정(E) >

구 분		지간1 / 지간3	지점1 / 지점2	지간2
L		13.093	(13.093 + 16.489) / 2 = 14.791	16.489
$i \le 0.3$		0.283 ∴ i = 0.283	0.274 ∴ i = 0.274	0.266 ∴ i = 0.266
$E \le 2.1$		1.986	2.087	2.100
E_a(m)	1차로	3.786	3.887	3.900
	2차로	6.786	6.887	6.900
	3차로	9.786	9.887	9.900
	4차로	12.786	12.887	12.900

② 활하중 (DB-24, DL-24) 산정

가 DB-24 : 2차로 재하 시 적용

- E_a = 1.8 × 2 + 1.2 × 1 + 1.986 = 6.786 m
- P_f = 4 × 24.0 × (1 + 0.283) / 6.786 = 18.151 kN
- P_r = 4 × 96.0 × (1 + 0.283) / 6.786 = 72.606 kN

나 DL-24

- 모멘트 계산시 : P_m = 108.0 × (1 + 0.283) / 3 = 46.188 kN
- 전단력 계산시 : P_s = 156.0 × (1 + 0.283) / 3 = 66.716 kN
- 등분포하중 : w = 12.7 × (1 + 0.283) / 3 = 5.431 kN/m

< 하중산정(단위폭당), 단위 : kN >

구분	재하 차로수	DB-24		DL-24			비고
		P_f = 24.0	P_r = 96.0	W = 12.7	P_m = 108.0	P_s = 156.0	
지간1 / 지간3	1차로	16.268	65.072	5.431	46.188	66.716	
	2차로	18.151	72.606				적용
	3차로	16.992	67.968				
	4차로	14.450	57.800				
지점1 / 지점2	1차로	15.732	62.930	4.233	45.864	66.248	
	2차로	17.759	71.035				
	3차로	16.700	66.799				
	4차로	14.236	56.943				
지간2	1차로	15.582	62.326	5.359	45.576	65.832	
	2차로	17.614	70.456				
	3차로	16.573	66.292				
	4차로	14.132	56.528				

다 어느 설계부재의 최대응력이 3차로 이상의 활하중 동시 재하로 인해 발생하는 경우, 그 활하중 응력을 다음 백분율로 감소시킨다.

3차로 : 90% , 4차로 이상 : 75%

③ 보도 활하중 산정

3.5 kN/m² 의 등분포하중을 재하한다.

W_f = 3.5 × (2.0 + 2.0) / 21.2 = 0.660 kN/m²

(3) [단계 3-3] 온도하중

단면의 최소치수가 1,000 mm 이므로 RC 슬래브교 종방향에 대하여 온도하중 적용시 10℃로 하나, RC 슬래브교에서 종방향에 대하여 가동단 받침을 사용하므로 종방향 온도하중에 의한 응력은 없고 슬래브 상,하면의 온도차 T_Z = ± 5℃를 적용한다.

(4) [단계 3-4] 지점침하

지반조건 및 기초의 종류에 따른 침하량 계산에 의하여 부등침하량을 산정한다. 다만, 본 예제에서는 지점침하량을 20 mm로 가정하여 설계하였다. (콘크리트교에서는 탄성설계력의 50%를 적용, [도 · 설 2.1.15])→ 지점침하는 10 mm로 탄성해석에 적용.

4.6.4 [단계 4] 모델링

(1) [단계 4.1] 횡방향 단위폭당 모델링

① 해석 모델링

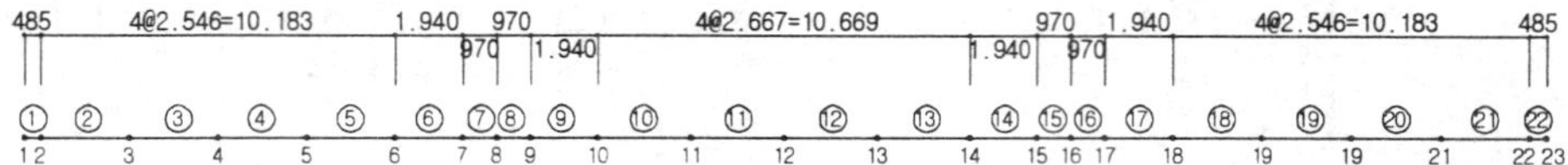

② 절점 좌표

절점	X	Z	절점	X	Z	절점	X	Z
1	0.000	0.000	9	14.548	0.000	17	31.037	0.000
2	0.485	0.000	10	16.488	0.000	18	32.977	0.000
3	3.031	0.000	11	19.155	0.000	19	35.522	0.000
4	5.576	0.000	12	21.822	0.000	20	38.068	0.000
5	8.123	0.000	13	24.489	0.000	21	40.614	0.000
6	10.668	0.000	14	27.157	0.000	22	43.160	0.000
7	12.608	0.000	15	29.097	0.000	23	43.645	0.000
8	13.578	0.000	16	30.067	0.000			

③ 단면 특성

구 분		B (m)	H (m)	A (m²)	I (m⁴)	적용부재
슬래브	①	1.0	1.0	1.0	0.083333	1 ~ 5, 10 ~ 13, 18 ~ 22
	②	1.0	1.4	1.4	0.228667	7, 8, 15, 16
	③	1.0	1.0~1.4	1.0~1.4	VAR	6, 9, 14, 17

(2) [단계 4-3] 하중재하

① 고정하중

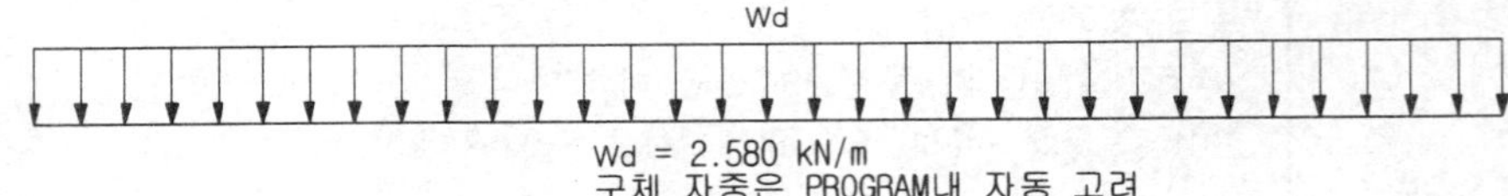

② 활하중

가 DB-24

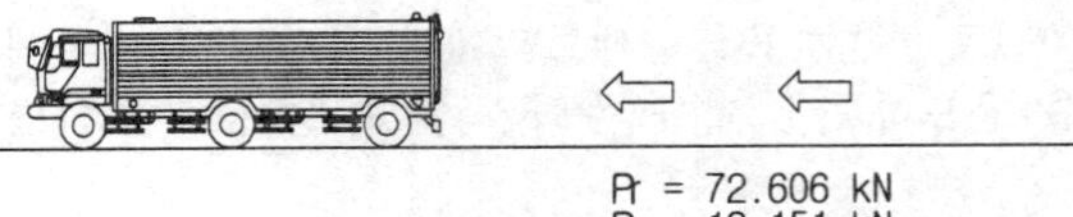

나 DL-24

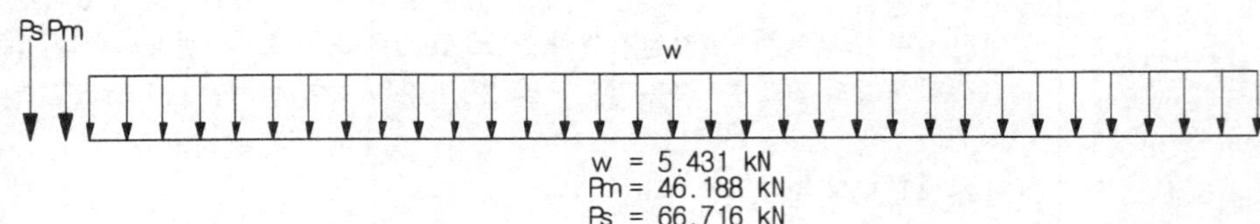

다 보도 활하중

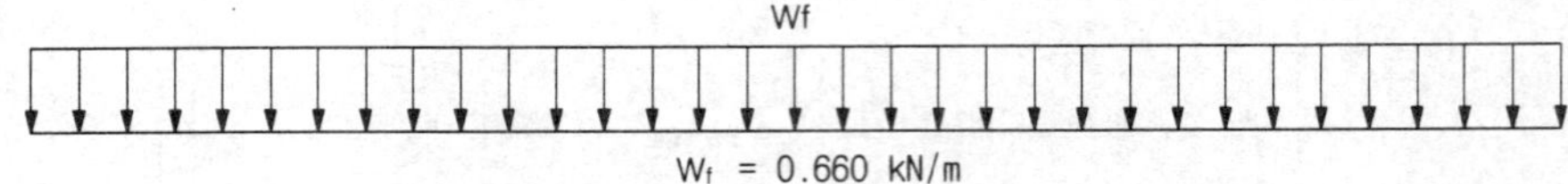

③ 온도하중 (+)
바닥판 상하면 온도차 : 5 ℃
④ 온도하중 (-)
바닥판 상하면 온도차 : -5 ℃
⑤ 지점침하 : 10 mm

(3) [단계 4-4] 하중조합

① 계수하중 조합

구 분	고정하중	활하중	온도하중 (+)	온도하중 (-)	건조수축	지점침하
Comb 1	1.30	2.15				
Comb 2	1.30					
Comb 3	1.30	1.30	1.30		1.30	1.30
Comb 4	1.30	1.30		1.30	1.30	1.30
Comb 5	1.30		1.30		1.30	1.30
Comb 6	1.30			1.30	1.30	1.30
Comb 7	1.25		1.25		1.25	1.25
Comb 8	1.25			1.25	1.25	1.25

② 사용하중 조합

구 분	고정하중	활하중	온도하중 (+)	온도하중 (-)	건조수축	지점침하
Comb 9	1.00	1.00				
Comb 10	1.00					
Comb 11	1.00	1.00	1.00		1.00	1.00
Comb 12	1.00	1.00		1.00	1.00	1.00
Comb 13	1.00		1.00		1.00	1.00
Comb 14	1.00			1.00	1.00	1.00

4.6.5 [단계 5] 단면력 산정

[단계 4]에 의하여 산정된 단위폭당 단면력은 다음 표와 같다.

(1) 지점반력 집계

구 분	교대 1	교각 1	교각 2	교대 2
지점반력 (kN/m)	437.040	1,071.310	1,071.310	437.040

(2) 모멘트 및 전단력 집계

구 분	휨모멘트 (kNm/m)		전단력 (kN/m)
	계수하중	사용하중	계수하중
좌측단부	-100.300	-48.610	430.530
중앙부(지간1)	1,169.310	899.470	221.020
중간지점1	-2,460.670	-1,892.820	644.280
중앙부(지간2)	1,095.430	842.640	168.610
중간지점2	-2,460.670	-1,892.820	644.280
중앙부(지간3)	1,169.310	899.470	221.020
우측단부	-100.300	-48.610	430.530

(3) 사용 받침 산정

• 받침 반력 = 지점반력 × 받침 횡방향 간 거리

- 교대 1 : 437.040 × 2.6 = 1,136.304 kN → ∴ 1,350 kN 사용
- 교각 1 : 1,071.310 × 2.6 = 2,785.406 kN → ∴ 3,000 kN 사용
- 교각 2 : 1,071.310 × 2.6 = 2,785.406 kN → ∴ 3,000 kN 사용
- 교대 2 : 437.040 × 2.6 = 1,136.304 kN → ∴ 1,350 kN 사용

4.6.6 [단계 6] 철근량 계산 및 단면검토

(1) [단계 6-1] 정 · 부 모멘트 구간별 단면 검토

① 단부

- 단면제원 및 설계가정

f_{ck} = 27 MPa, f_y = 400 MPa, k_1 = 0.85, ϕ_f = 0.85, ϕ_v = 0.80

B (mm)	H (mm)	d (mm)	피복 (mm)	M_u (kNm)	V_u (kN)
1,000.0	1,000.0	920.0	80.0	100.300	430.530

$$M_u \;/\; \phi = A_s \times f_y \times (d - a/2) \quad \text{---------------} ①$$

$$a = A_s \times f_y / (0.85 \times f_{ck} \times b) \quad \text{---------------} ②$$

식②를 식①에 대입하여 이차방정식으로 A_s를 구한다.

$$\frac{f_y^2}{2 \times 0.85 \times f_{ck} \times b} A_s^2 - f_y \times d \times A_s + \frac{M_u}{\phi} = 0,\ A_s = 321.632\ \text{mm}^2$$

- 사용철근량 = 2,292.0 mm^2 (철근도심 : 80.0 mm)
  1단 : H19 - 8.0 EA (= 2,292.0 mm^2)

- 철근비 검토

ρ_{min} : 1.4 / f_y = 0.00350

0.25 $\sqrt{f_{ck}}$ / f_y = 0.00325 , ρ_{min}= 0.00350 적용

수축온도철근비 = 0.00200

ρ_{max} = 0.75 × ρ_b = 0.75 × k_1 × ϕ × (f_{ck}/ f_y) × {600 / (600 + f_y)} = 0.02195

$\rho_{use} = A_s / bd = 0.00249$

$\rho_{min} \geq \rho_{use}$, $A_s \geq A_s(req) \times 4 / 3$ → 철근비 만족, ∴ OK [콘 · 설 6.3.2]

- 휨에 대한 검토

$\phi M_n = 0.85 \times 2{,}292.000 \times 400 \times (920.00 - a / 2) = 701.372$ kNm

$a = A_s \times f_y / (0.85 \times f_{ck} \times b) = 39.948$ mm

$\geq M_u$ (= 100.300 kNm) ∴ OK [안전률 6.933]

- 전단에 대한 검토 (d = 920.00 mm)

$\phi V_c = 0.80 \times 1/6 \times \sqrt{f_{ck}} \times b \times d$

$= 0.80 \times 1/6 \times \sqrt{27} \times 1{,}000.00 \times 920.000 = 637.395$ kN

$\geq V_u$ (= 430.530 kN), 전단보강 불필요.

② 중앙부(지간 1, 3)

- 단면제원 및 설계가정

f_{ck} = 27 MPa, f_y = 400 MPa, k_1 = 0.85, ϕ_f = 0.85, ϕ_v = 0.80

B (mm)	H (mm)	d (mm)	피복 (mm)	M_u (kNm)	V_u (kN)
1,000.0	1,000.0	906.7	60.0	1,169.310	221.020

$M_u / \phi = A_s \times f_y \times (d - a / 2)$ --------------- ①

$a = A_s \times f_y / (0.85 \times f_{ck} \times b)$ --------------- ②

식②를 식①에 대입하여 이차방정식으로 A_s를 구한다.

$$\frac{f_y^2}{2 \times 0.85 \times f_{ck} \times b} A_s^2 - f_y \times d \times A_s + \frac{M_u}{\phi} = 0,\ A_s = 3{,}942.565\ \text{mm}^2$$

- 사용철근량 = 6,080.4 mm^2 (철근도심 : 93.3 mm)

1단 : H25 - 8.0 EA (= 4,053.6 mm^2)

2단 : H25 - 4.0 EA (= 2,026.8 mm^2)

- 철근비 검토

ρ_{min} : $1.4 / f_y$ = 0.00350

$0.25 \sqrt{f_{ck}} / f_y$ = 0.00325 , ρ_{min} = 0.00350 적용

수축온도철근비 = 0.00200

$\rho_{max} = 0.75 \times \rho_b = 0.75 \times k_1 \times \phi \times (f_{ck} / f_y) \times \{600 / (600 + f_y)\} = 0.02195$

$\rho_{use} = A_s / bd = 0.00671$

$\rho_{max} \geq \rho_{use} \geq \rho_{min}$ → 철근비 만족, ∴ OK

- 휨에 대한 검토

$\phi M_n = 0.85 \times 6{,}080.400 \times 400 \times (906.67 - a / 2) = 1{,}764.840$ kNm

$a = A_s \times f_y / (0.85 \times f_{ck} \times b) = 105.976$ mm

$\geq M_u$ (= 1,169.310 kNm) ∴ OK [안전률 = 1.509]

- 전단에 대한 검토 (d = 906.67 mm)

$\phi V_c = 0.80 \times 1/6 \times \sqrt{f_{ck}} \times b \times d$

$= 0.80 \times 1/6 \times \sqrt{27} \times 1{,}000.00 \times 906.67 = 628.159$ kN

$\geq V_u$ (= 221.020 kN), 전단보강 불필요.

③ 중간지점 1, 2

- 단면제원 및 설계가정

f_{ck} = 27 MPa, f_y = 400 MPa, k_1 = 0.85, ϕ_f = 0.85, ϕ_v = 0.80

B (mm)	H (mm)	d (mm)	피복 (mm)	M_u (kNm)	V_u (kN)
1,000.0	1,400.0	1,286.7	80.0	2,460.670	644.280

$M_u / \phi = A_s \times f_y \times (d - a/2)$ --------------- ①

$a = A_s \times f_y / (0.85 \times f_{ck} \times b)$ --------------- ②

식②를 식①에 대입하여 이차방정식으로 A_s를 구한다.

$$\frac{f_y^2}{2 \times 0.85 \times f_{ck} \times b} A_s^2 - f_y \times d \times A_s + \frac{M_u}{\phi} = 0,\ A_s = 5{,}857.159\ \text{mm}^2$$

- 사용철근량 = 7,708.8 mm^2 (철근도심 : 113.3 mm)

1단 : H29 - 8.0 EA (= 5,139.2 mm^2)

2단 : H29 - 4.0 EA (= 2,569.6 mm^2)

- 철근비 검토

ρ_{min} : 1.4 / f_y = 0.00350

0.25 $\sqrt{f_{ck}} / f_y$ = 0.00325 , ρ_{min} = 0.00350 적용

수축온도철근비 = 0.00200

$\rho_{max} = 0.75 \times \rho_b = 0.75 \times k_1 \times \phi \times (f_{ck}/f_y) \times \{600 / (600 + f_y)\} = 0.02195$

$\rho_{use} = A_s / bd = 0.00599$

$\rho_{max} \geq \rho_{use} \geq \rho_{min}$ → 철근비 만족, ∴ OK

- 휨에 대한 검토

$\phi M_n = 0.85 \times 7{,}708.800 \times 400 \times (1{,}286.67 - a/2) = 3{,}196.276$ kNm

$a = A_s \times f_y / (0.85 \times f_{ck} \times b) = 134.358$ mm

$\geq M_u$ (= 2,460.670 kNm) ∴ OK [안전률 1.299]

- 전단에 대한 검토 (d = 1,286.67 mm)

$\phi V_c = 0.80 \times 1/6 \times \sqrt{f_{ck}} \times b \times d$

$= 0.80 \times 1/6 \times \sqrt{27} \times 1{,}000.00 \times 1{,}286.67 = 891.431$ kN

$> V_u$ (= 644.280 kN), 전단보강 불필요.

④ 중앙부(지간 2)

- 단면제원 및 설계가정

f_{ck} = 27 MPa, f_y = 400 MPa, k_1 = 0.85, ϕ_f = 0.85, ϕ_v = 0.80

B (mm)	H (mm)	d (mm)	피복 (mm)	M_u (kNm)	V_u (kN)
1,000.0	1,000.0	940.0	60.0	1,095.430	168.610

$M_u / \phi = A_s \times f_y \times (d - a/2)$ --------------- ①

$a = A_s \times f_y / (0.85 \times f_{ck} \times b)$ --------------- ②

식②를 식①에 대입하여 이차방정식으로 A_s를 구한다.

$$\frac{f_y^2}{2 \times 0.85 \times f_{ck} \times b} A_s^2 - f_y \times d \times A_s + \frac{M_u}{\phi} = 0,\ A_s = 3{,}543.940\ \text{mm}^2$$

- 사용철근량 = 5,139.2 mm^2 (철근도심 : 60.0 mm)

1단 : H29 - 8.0 EA (= 5,139.2 mm^2)

- 철근비 검토

ρ_{min} : 1.4 / f_y = 0.00350

0.25 $\sqrt{f_{ck}} / f_y$ = 0.00325 , ρ_{min} = 0.00350 적용

수축온도철근비 = 0.00200

$\rho_{max} = 0.75 \times \rho_b = 0.75 \times k_1 \times \phi \times (f_{ck} / f_y) \times \{600 / (600 + f_y)\} = 0.02195$

$\rho_{use} = A_s / bd = 0.00547$

$\rho_{max} \geq \rho_{use} \geq \rho_{min}$ → 철근비 만족, ∴ OK

- 휨에 대한 검토

ϕM_n = 0.85 × 5,139.200 × 400 × (940.00 - a / 2) = 1,564.232 kNm

: $a = A_s \times f_y / (0.85 \times f_{ck} \times b)$ = 89.572 mm

≥ M_u (= 1,095.430 kNm) ∴ OK [안전률 1.438]

- 전단에 대한 검토 (d = 940.00 mm)

$\phi V_c = 0.80 \times 1/6 \times \sqrt{f_{ck}} \times b \times d$

= 0.80 × 1/6 × $\sqrt{27}$ × 1,000.00 × 940.00 = 651.251 kN

≥ V_u (= 168.610 kN), 전단보강 불필요.

(2) 배력철근 검토

① 단부

- 사용철근량

압축부 : H19 @ 300 = 955.0 mm^2

인장부 : H19 @ 150 = 1,910.0 mm^2

Σ = 2,865.0 mm^2

- 주철근비(주철근이 차량 진행방향에 평행) [도 · 설 4.7.5.7]

55 / $\sqrt{(13.093)}$ = 15.20 % < 최대 50 % 중 작은값 이상

소요 주철근 : 321.6 mm²

필요 철근량 : 321.6 × 0.152 = 48.9 mm² < 1,910.0 mm² ∴ OK

- 단면적비(온도 및 건조수축 철근) [콘 · 설 5.7.2]

단면적대비 0.0020 이상

필요철근량 : 0.0020 × B × T

= 0.0020 × 1,000 × 1,000 = 2,000.0 mm² < 2,865.0 mm² ∴ OK

- 노출면 300 mm² 이상 [도 · 설 4.3.9]

필요철근량 : 300.0 mm² < 955.0 mm² ∴ OK

② 중앙부(지간 1, 3)

- 사용철근량

압축부 : H19 @ 300 = 955.0 mm²

인장부 : H19 @ 150 = 1,910.0 mm²

Σ = 2,865.0 mm²

- 주철근비(주철근이 차량 진행방향에 평행)

55 / $\sqrt{(13.093)}$ = 15.20 % < 최대 50 % 중 작은값 이상

소요 주철근 : 3,942.6 mm²

필요 철근량 : 3,942.6 × 0.152 = 599.3 mm² < 1,910.0 mm² ∴ OK

- 단면적비(온도 및 건조수축 철근)

단면적대비 0.0020 이상

필요철근량 : 0.0020 × B × T

= 0.0020 × 1,000 × 1,000 = 2,000.0 mm² < 2,865.0 mm² ∴ OK

- 노출면 300 mm² 이상

필요철근량 : 300.0 mm² < 955.0 mm² ∴ OK

③ 중간지점 1, 2

- 사용철근량

압축부 : H19 @ 300 = 955.0 mm²

인장부 : H19 @ 150 = 1,910.0 mm²

Σ = 2,865.0 mm²

- 주철근비(주철근이 차량 진행방향에 평행)

55 / $\sqrt{(14.791)}$ = 14.30% < 최대 50% 중 작은값 이상

소요 주철근 : 5,857.2 mm²

필요 철근량 : 5,857.2 × 0.143 = 837.6 mm² < 1,910.0 mm² ∴ OK

- 단면적비(온도 및 건조수축 철근)
  단면적대비 0.0020 이상
  필요철근량 : $0.0020 \times B \times T$
  $= 0.0020 \times 1{,}000 \times 1{,}000 = 2{,}000.0\ \text{mm}^2 < 2{,}865.0\ \text{mm}^2$ ∴ OK

- 노출면 300 mm² 이상
  필요철근량 : $300.0\ \text{mm}^2$ $< 955.0\ \text{mm}^2$ ∴ OK

④ 중앙부(지간 2)
- 사용철근량
  압축부 : H19 @ 300 = 955.0 mm²
  인장부 : H19 @ 150 = 1,910.0 mm²
  $\Sigma = 2{,}865.0\ \text{mm}^2$

- 주철근비(주철근이 차량 진행방향에 평행)
  $55 / \sqrt{(16.489)} = 13.54\%$ < 최대 50% 중 작은값 이상
  소요 주철근 : $3{,}543.9\ \text{mm}^2$
  필요 철근량 : $3{,}543.9 \times 0.135 = 478.4\ \text{mm}^2$ $< 1{,}910.0\ \text{mm}^2$ ∴ OK

- 단면적비(온도 및 건조수축 철근)
  단면적대비 0.0020 이상
  필요철근량 : $0.0020 \times B \times T$
  $= 0.0020 \times 1{,}000 \times 1{,}000 = 2{,}000.0\ \text{mm}^2 < 2{,}865.0\ \text{mm}^2$ ∴ OK

- 노출면 300 mm² 이상
  필요철근량 : $300.0\ \text{mm}^2$ $< 955.0\ \text{mm}^2$ ∴ OK

(3) 캔틸레버부 단면 검토

① 하중산정

가. 고정하중

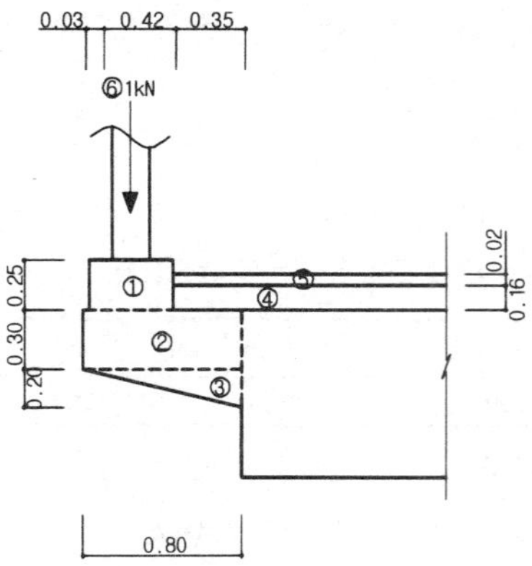

번호	S_d (kN)		X (m)	M_d (kNm)
①	0.42 × 0.25 × 25.0	= 2.625	0.560	1.470
②	0.8 × 0.3 × 25.0	= 6.000	0.400	2.400
③	0.8 × 0.2 / 2 × 25.0	= 2.000	0.267	0.534
④	0.35 × 0.16 × 20.0	= 1.120	0.175	0.196
⑤	0.35 × 0.02 × 23.0	= 0.161	0.175	0.028
⑥	1.0	= 1.000	0.560	0.560
합계	Σ	= 12.906		5.188

나. 활하중

- 보도부에 5.0 kN/m² 등분포하중 재하

W_l = 5.0 kN/m²

M_l = 5.0 × 0.35 × (0.35 / 2) = 0.306 kNm

S_l = 5.0 × 0.35 = 1.750 kN

다. 충돌하중

P = 2.5 kN/m

- 하중 작용점(H)

H = 1.1 + 0.18 = 1.280 m

M_{co} = 2.5 × 1.280 = 3.200 kNm

② 단면력 산정

가. 휨모멘트

M_{u1} = 1.3 M_d + 2.15 M_l

= 1.3 × 5.188 + 2.15 × 0.306 = 7.402 kNm

M_{u2} = 1.3 M_d + 1.3 M_l + 1.3 M_{co}

= 1.3 × 5.188 + 1.3 × 0.306 + 1.3 × 3.200 = 11.302 kNm

나. 전단력

S_u = 1.3 S_d + 2.15 S_l

= 1.3 × 12.906 + 2.15 × 1.750 = 20.540 kN

③ 단면 검토

- 단면제원 및 설계가정

f_{ck} = 27 MPa, f_y = 400 MPa, k_1 = 0.85, ϕ_f = 0.85, ϕ_v = 0.80

B (mm)	H (mm)	d (mm)	피복 (mm)	M_u (kNm)	V_u (kN)
1,000.0	500.0	420.0	80.0	11.302	20.540

$M_u / \phi = A_s \times f_y \times (d - a/2)$ -------------- ①

$a = A_s \times f_y / (0.85 \times f_{ck} \times b)$ -------------- ②

식②를 식①에 대입하여 이차방정식으로 A_s를 구한다.

$$\frac{f_y^2}{2 \times 0.85 \times f_{ck} \times b} \; A_s^2 - f_y \times d \times A_s + \frac{M_u}{\phi} = 0, \; A_s = 79.275 \text{ mm}^2$$

- 사용철근량 = 955 mm^2 (철근도심 : 80.0 mm),
  1단 : H19 - 3.33 EA (= 995 mm^2)

- 철근비 검토
  ρ_{min} : 1.4 / f_y = 0.00350
  $0.25\sqrt{f_{ck}} / f_y$ = 0.00325 , ρ_{min} = 0.00350 적용
  수축온도철근비 = 0.00200
  $\rho_{max} = 0.75 \times \rho_b = 0.75 \times k_1 \times \phi \times (f_{ck}/ f_y) \times \{600 /(600 + f_y)\} = 0.02195$
  $\rho_{use} = A_s / bd = 0.00227$
  $\rho_{max} \geq \rho_{min} \geq \rho_{use}$ → A_s(req) · 4 / 3 철근량 사용
  Req A_s = A_s(req) · 4 / 3 = 79.275 × 4 / 3 = 105.700 mm^2
  Use A_s (955 mm^2) ≥ Req A_s (105.700 mm^2) → 철근비 만족, ∴ OK

- 휨에 대한 검토
  ϕM_n = 0.85 × 955.0 × 400 × (420.00 - a / 2) = 133.672 kNm
  : $a = A_s \times f_y / (0.85 \times f_{ck} \times b)$ = 16.645 mm
  ≥ M_u (= 11.302 kNm) ∴ OK [안전률 11.827]

- 전단에 대한 검토 (d = 420.00 mm)
  $\phi V_c = 0.80 \times 1/6 \times \sqrt{f_{ck}} \times b \times d$
  $= 0.80 \times 1/6 \times \sqrt{27} \times 1{,}000.00 \times 420.00 = 290.985$ kN
  ≥ V_u (= 20.540 kN), 전단보강 불필요.

4.6.7 [단계 7] 지점부 횡방향 검토

(1) [단계 7-1] 하중 계산

① 종방향 해석에 의한 반력(kN)

위치	자중(W_{self})	고정하중(W_d)	온도하중(W_t)	지점침하(W_s)	활하중(W_l)
A1	129.20	13.22	13.12	49.74	128.97
P1	458.30	43.17	13.12	128.52	165.19
P2	458.30	43.17	13.12	128.52	165.19
A1	129.20	13.22	13.12	49.74	128.96

② 군중하중 반력(kN)

위치	군중하중(W_f)
A1	4.87 × 21.2 / 4 = 25.811
P1	15.78 × 21.2 / 4 = 83.634
P2	15.78 × 21.2 / 4 = 83.634
A1	4.87 × 21.2 / 4 = 25.811

③ 캔틸레버부

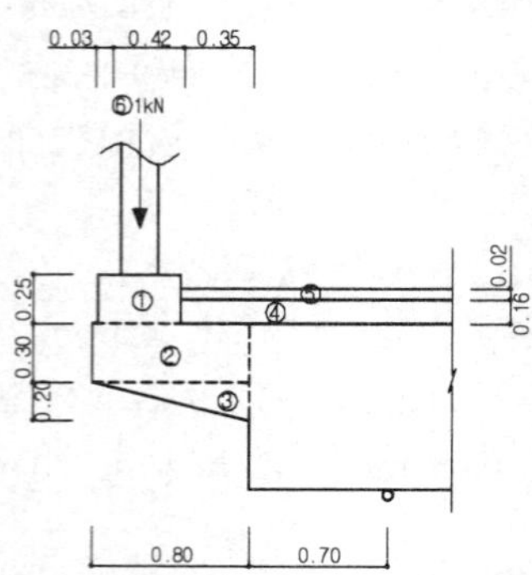

번호	P_c (kN)			x (m)	M_c (kNm)
①	0.42 × 0.25 × 25.0	=	2.625	0.560	1.470
②	0.8 × 0.3 × 25.0	=	6.000	0.400	2.400
③	0.8 × 0.2 / 2 × 25.0	=	2.000	0.267	0.533
④	0.35 × 0.16 × 20.0	=	1.120	0.175	0.196
⑤	0.35 × 0.02 × 23.0	=	0.161	0.175	0.028
⑥	1.0	=	1.000	0.560	0.560
합계	Σ	=	12.906		5.118

(2) [단계 7-1-2] 모델링

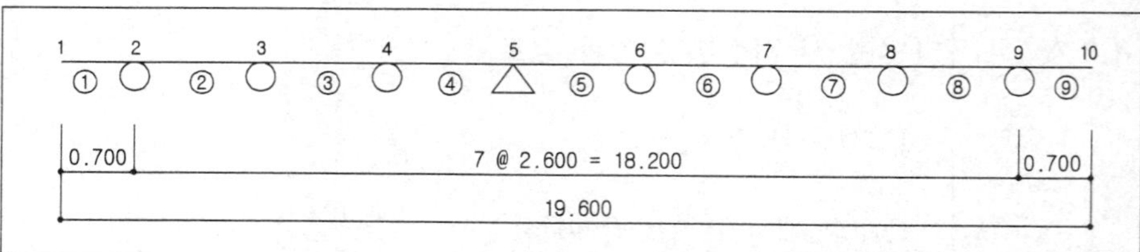

① 절점 좌표

절점	X	Z	절점	X	Z	절점	X	Z
1	0.000	0.000	5	8.500	0.000	9	18.900	0.000
2	0.700	0.000	6	11.100	0.000	10	19.600	0.000
3	3.300	0.000	7	13.700	0.000			
4	5.900	0.000	8	16.300	0.000			

② 단면 특성

(교대부)

구 분	B (m)	H (m)	A (m²)	I_{22} (m⁴)	I_{33} (m⁴)	적용부재
슬래브	1.0	1.0	1.0	0.083333	0.083333	1 ~ 9

(교각부)

구 분	B (m)	H (m)	A (m²)	I_{22} (m⁴)	I_{33} (m⁴)	적용절점
슬래브	1.0	1.4	1.4	0.116667	0.228667	1 ~ 9

③ 하중 재하

가. LOAD CASE 1 : 자중 및 고정하중 반력의 재하

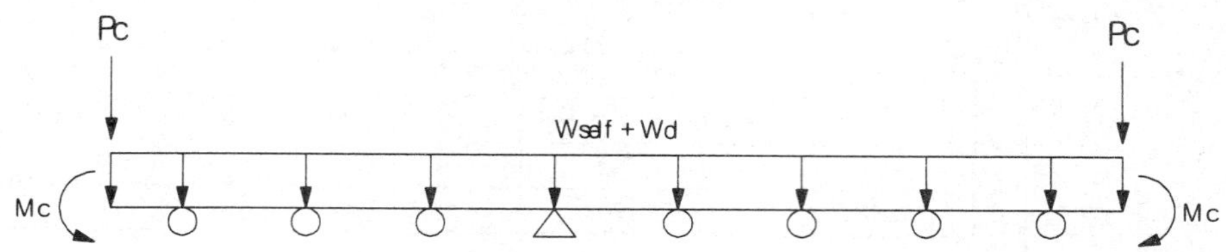

나. LOAD CASE 2 : 온도하중 반력의 재하

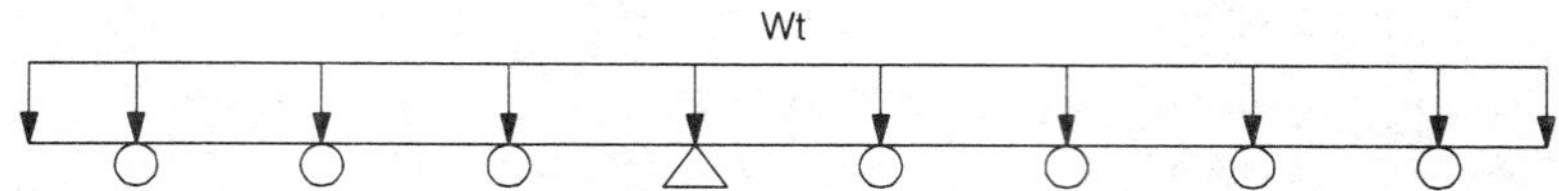

다. LOAD CASE 3 : 지점침하 반력의 재하

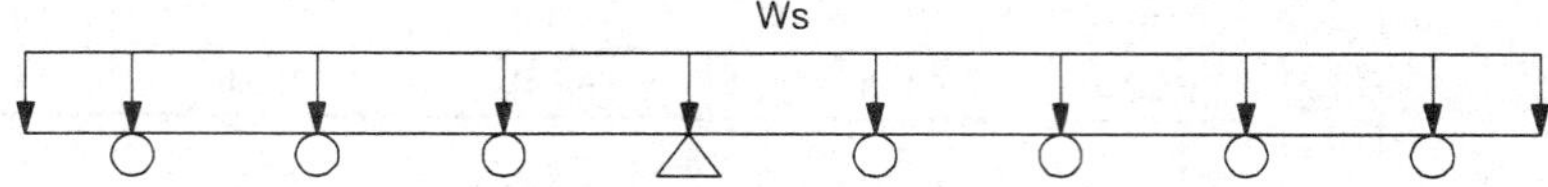

라. LOAD CASE 4 : 활하중 반력의 재하 (정모멘트 최대)
→ DB-24, DL-24

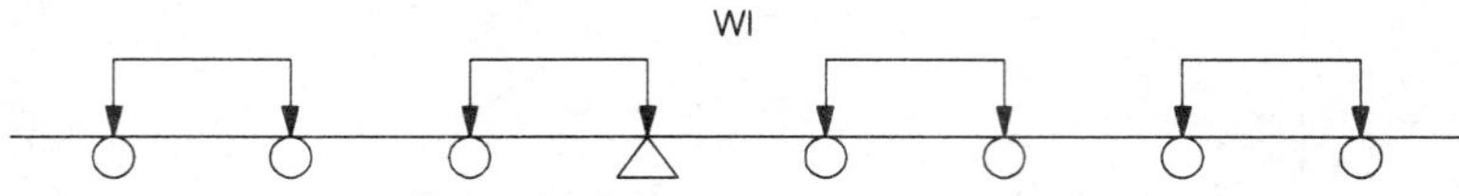

마. LOAD CASE 5 : 활하중 반력의 재하 (부모멘트 최대)
→ DB-24, DL-24

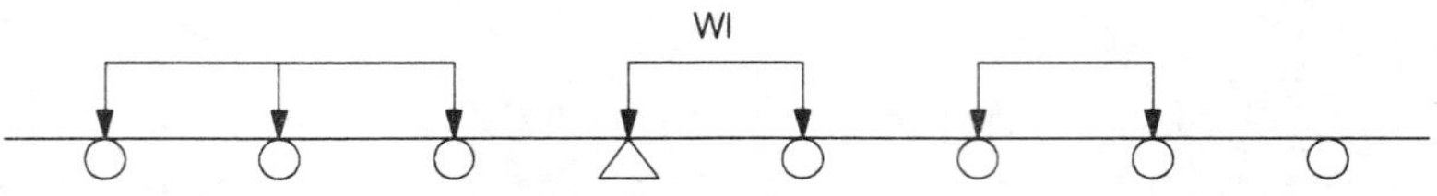

바. LOAD CASE 6 : 활하중 반력의 재하 (반력 최대)
→ DB-24, DL-24

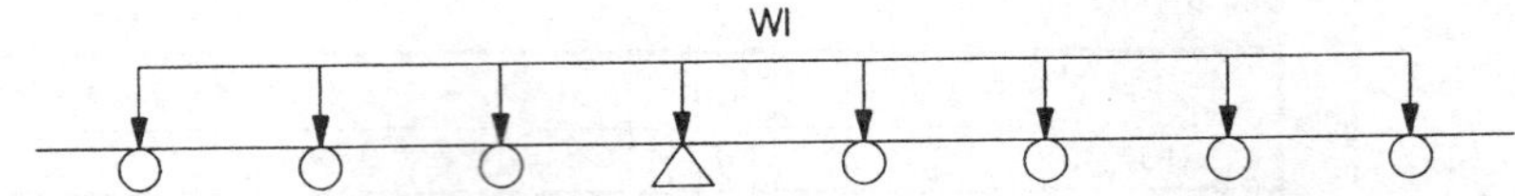

사. LOAD CASE 7 : 군중하중 반력의 재하

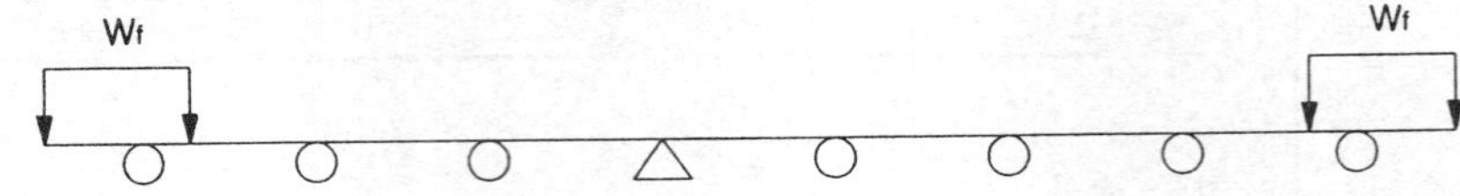

(3) [단계 7-1-3] 단면력 산정

위 치	최대 정모멘트부(중앙부)		최대 부모멘트부(지점부)	
	휨모멘트 (kNm)	전단력 (kN)	휨모멘트 (kNm)	전단력 (kN)
교대부	-260.590	103.350	320.500	704.680
교각부	-521.470	195.550	660.200	1,542.930

(4) [단계 7-1-4] 단면 검토 및 평가

① 교대부

가. 최대 정모멘트부(중앙부)

- 단면제원 및 설계가정

f_{ck} = 27 MPa, f_y = 400 MPa, k_1 = 0.85, ϕ_f = 0.85, ϕ_v = 0.80

B (mm)	H (mm)	d (mm)	피복 (mm)	M_u (kNm)	V_u (kN)
1,000.0	1,000.0	900.0	100.0	260.590	103.350

$$M_u \;/\; \phi = A_s \times f_y \times (d - a/2) \quad \text{---------------} \; ①$$

$$a = A_s \times f_y / (0.85 \times f_{ck} \times b) \quad \text{---------------} \; ②$$

식②를 식①에 대입하여 이차방정식으로 A_s를 구한다.

$$\frac{f_y^2}{2 \times 0.85 \times f_{ck} \times b} A_s^2 - f_y \times d \times A_s + \frac{M_u}{\phi} = 0, \; A_s = 858.742 \text{ mm}^2$$

- 사용철근량 = 1,986 mm² (철근도심 : 100.0 mm)

1단 : H16 - 10 EA (= 1,986 mm²)

- 철근비 검토

ρ_{min} : 1.4 / f_y = 0.00350

$0.25\sqrt{f_{ck}} / f_y$ = 0.00325, ρ_{min} = 0.00350 적용

수축온도철근비 = 0.00200

ρ_{max} = 0.75 × ρ_b = 0.75 × k_1 × ϕ × $(f_{ck}/\ f_y)$ × {600 / (600 + f_y)} = 0.02195

ρ_{use} = $A_s/\ bd$ = 0.00221

ρ_{max} ≥ ρ_{min} ≥ ρ_{use} → A_s(req) · 4/3 철근량 사용

Req A_s = A_s(req) · 4/3 = 858.742 × 4 / 3 = 1,144.989 mm^2

Use A_s(1,986 mm^2) ≥ Req A_s(1,144.989 mm^2) → 철근비 만족, ∴ OK

- 휨에 대한 검토

ϕM_n = 0.85 × 1,986 × 400 × (900.00 - a / 2) = 596.030 kNm

; a = $A_s \times f_y/\ (0.85 \times f_{ck} \times b)$ = 34.614 mm

≥ M_u (= 260.590 kNm) ∴ OK [안전률 2.287]

- 전단에 대한 검토(d = 900.00 mm)

ϕV_c = 0.80 × 1/6 × $\sqrt{f_{ck}}$ × b × d

= 0.80 × 1/6 × $\sqrt{27}$ × 1,000.00 × 900.00 = 623.538 kN

> V_u (= 103.350 kN), 전단보강 불필요

나. 최대 부모멘트부(지점부)

- 단면제원 및 설계가정

f_{ck} = 27 MPa, f_y = 400 MPa, k_1 = 0.85, ϕ_f = 0.85, ϕ_v = 0.80

B (mm)	H (mm)	d (mm)	피복 (mm)	M_u (kNm)	V_u (kN)
1,000.0	1,000.0	880.0	120.0	320.500	704.680

$M_u\ /\ \phi = A_s \times f_y \times (d - a/\ 2)$ --------------- ①

$a = A_s \times f_y/\ (0.85 \times f_{ck} \times b)$ --------------- ②

식②를 식①에 대입하여 이차방정식으로 A_s를 구한다.

$$\frac{f_y^2}{2 \times 0.85 \times f_{ck} \times b} A_s^2 - f_y \times d \times A_s + \frac{M_u}{\phi} = 0,\ A_s = 1{,}082.801\ \text{mm}^2$$

- 사용철근량 = 1,986 mm^2 (철근도심 : 120.0 mm)

1단 : H16 - 10 EA (= 1,986 mm^2)

- 철근비 검토

ρ_{min} : 1.4 / f_y = 0.00350

$0.25\sqrt{f_{ck}}\ /\ f_y$ = 0.00325, ρ_{min} = 0.00350 적용

수축온도철근비 = 0.00200

ρ_{max} = 0.75 × ρ_b = 0.75 × k_1 × ϕ × $(f_{ck}/\ f_y)$ × {600 / (600 + f_y)} = 0.02195

ρ_{use} = $A_s/\ bd$ = 0.00226

$\rho_{max} \geq \rho_{min} \geq \rho_{use} \rightarrow A_s(\text{req}) \cdot 4/3$ 철근량 사용

Req $A_s = A_s(\text{req}) \cdot 4/3 = 1{,}082.801 \times 4 / 3 = 1{,}443.735\ \text{mm}^2$

Use $A_s(1{,}987\ \text{mm}^2) \geq$ Req $A_s(1{,}443.735\ \text{mm}^2) \rightarrow$ 철근비 만족, ∴ OK

- 휨에 대한 검토

$\phi M_n = 0.85 \times 1{,}986 \times 400 \times (880.00 - a / 2) = 582.525$ kNm

$a = A_s \times f_y / (0.85 \times f_{ck} \times b) = 34.614$ mm

$\geq M_u$ (= 320.500 kNm) ∴ OK [안전률 1.818]

- 전단에 대한 검토(d = 880.00 mm)

$\phi V_c = 0.80 \times 1/6 \times \sqrt{f_{ck}} \times b \times d$

$= 0.80 \times 1/6 \times \sqrt{27} \times 1{,}000.00 \times 880.00 = 609.682$ kN

$< V_u$ (= 704.680 kN), 전단보강 필요

Req $A_v = (704.680 - 609.682) \times 300.00 / (400 \times 880.00 \times \phi) = 101.205\ \text{mm}^2$

Use $A_v = 397.200\ \text{mm}^2$ (H16 - 2.0 EA, CTC 300 mm)

$V_s = 397.200 \times 400.00 \times 880.00 / 300.00 = 466.048$ kN

Max $V_s = 2 \times \sqrt{27.0} / 3 \times 1{,}000.00 \times 880.00 = 3{,}048.409\ \text{kN} \geq 466.048$ kN

∴ OK

$s = 300.000 \leq 440.000$ (d / 2, 600 mm) [콘 · 설 7.3.4] ∴ OK

$\phi V_n = 0.80 \times (762.103 + 466.048) = 982.521\ \text{kN} \geq 704.680$ kN ∴ OK

② 교각부

가. 최대 정모멘트부(중앙부)

- 단면제원 및 설계가정

f_{ck} = 27 MPa, f_y = 400 MPa, k_1 = 0.85, ϕ_f = 0.85, ϕ_v = 0.80

B (mm)	H (mm)	d (mm)	피복 (mm)	M_u (kNm)	V_u (kN)
1,000.0	1,400.0	1,300.0	100.0	521.470	195.550

$M_u / \phi = A_s \times f_y \times (d - a/2)$ -------------- ①

$a = A_s \times f_y / (0.85 \times f_{ck} \times b)$ -------------- ②

식②를 식①에 대입하여 이차방정식으로 A_s를 구한다.

$$\frac{f_y^2}{2 \times 0.85 \times f_{ck} \times b} A_s^2 - f_y \times d \times A_s + \frac{M_u}{\phi} = 0,\ A_s = 1{,}189.278\ \text{mm}^2$$

- 사용철근량 = 2,865 mm² (철근도심 : 100.0 mm)

1단 : H19 - 10 EA (= 2,865 mm²)

- 철근비 검토

ρ_{min} : $1.4\ /\ f_y$ = 0.00350

$0.25\sqrt{f_{ck}}\ /\ f_y$ = 0.00325, ρ_{min} = 0.00350 적용

수축온도철근비 = 0.00200

$\rho_{max} = 0.75 \times \rho_b = 0.75 \times k_1 \times \phi \times (f_{ck}/\ f_y) \times \{600\ /\ (600 + f_y)\} = 0.02195$

$\rho_{use} = A_s/\ bd = 0.00220$

$\rho_{max} \geq \rho_{min} \geq \rho_{use} \rightarrow A_s(\text{req})$ · 4/3 철근량 사용

Req $A_s = A_s(\text{req}) \cdot 4/3 = 1{,}189.278 \times 4\ /\ 3 = 1{,}585.704\ \text{mm}^2$

Use $A_s(2{,}865\ \text{mm}^2) \geq$ Req $A_s(1{,}585.704\ \text{mm}^2) \rightarrow$ 철근비 만족, ∴ OK

- 휨에 대한 검토

$\phi M_n = 0.85 \times 2{,}865 \times 400 \times (1{,}300.00 - a\ /\ 2) = 1{,}242.009$ kNm

$a = A_s \times f_y/\ (0.85 \times f_{ck} \times b) = 49.935$ mm

$\geq M_u$ (= 521.470 kNm) ∴ OK [안전률 = 2.382]

- 전단에 대한 검토(d = 1,300.00 mm)

$\phi V_c = 0.80 \times 1/6 \times \sqrt{f_{ck}} \times b \times d$

$= 0.80 \times 1/6 \times \sqrt{27} \times 1{,}000.00 \times 1{,}300.00 = 900.666$ kN

$> V_u$ (= 195.550 kN), 전단보강 불필요

나. 최대 부모멘트부(지점부)

- 단면제원 및 설계가정

f_{ck} = 27 MPa, f_y = 400 MPa, k_1 = 0.85, ϕ_f = 0.85, ϕ_v = 0.80

B (mm)	H (mm)	d (mm)	피복 (mm)	M_u (kNm)	V_u (kN)
1,000.0	1,400.0	1,280.0	120.0	660.200	1,542.930

$M_u\ /\ \phi = A_s \times f_y \times (d - a/\ 2)$ --------------- ①

$a = A_s \times f_y/\ (0.85 \times f_{ck} \times b)$ --------------- ②

식②를 식①에 대입하여 이차방정식으로 A_s를 구한다.

$$\frac{f_y^2}{2 \times 0.85 \times f_{ck} \times b} A_s^2 - f_y \times d \times A_s + \frac{M_u}{\phi} = 0,\ A_s = 1{,}533.004\ \text{mm}^2$$

- 사용철근량 = 2,865 mm² (철근도심 : 120.0 mm)

1단 : H19 - 10 EA (= 2,865 mm²)

- 철근비 검토

ρ_{min} : $1.4\ /\ f_y$ = 0.00350

$0.25\sqrt{f_{ck}}\ /\ f_y$ = 0.00325, ρ_{min} = 0.00350 적용

수축온도철근비 = 0.00200

ρ_{max} = 0.75 × ρ_b = 0.75 × k_1 × ϕ × $(f_{ck}/\ f_y)$ × {600 / (600 + f_y)} = 0.02195
ρ_{use} = $A_s/\ bd$ = 0.00224
ρ_{max} ≥ ρ_{min} ≥ ρ_{use} → A_s(req) · 4/3 철근량 사용
Req A_s = A_s(req) · 4/3 = 1,533.004 × 4 / 3 = 2,044.005 mm²
Use A_s(2,865 mm²) ≥ Req A_s(2,044.005 mm²) → 철근비 만족, ∴ OK

- 휨에 대한 검토

ϕM_n = 0.85 × 2,865 × 400 × (1,280.00 - a / 2) = 1,222.527 kNm
a = $A_s \times f_y /\ (0.85 \times f_{ck} \times b)$ = 49.935 mm
≥ M_u (= 660.200 kNm) ∴ OK [안전률 = 1.852]

- 전단에 대한 검토(d = 1,280.00 mm)

ϕV_c = 0.80 × 1/6 × $\sqrt{f_{ck}}$ × b × d
= 0.80 × 1/6 × $\sqrt{27}$ × 1,000.00 × 1,280.00 = 886.810 kN
< V_u (= 1,542.930 kN), 전단보강 필요.
Req A_v = (1,542.930 - 886.810) × 150.00 / (400 × 1,280.00 × ϕ) = 240.278 mm²
Use A_v = 397.200 mm² (H16 - 2.0 EA, CTC 150 mm)
V_s = 397.200 × 400.00 × 1,280.00 / 150.00 = 1,355.776 kN
Max V_s = 2 × $\sqrt{27.0}$ / 3 × 1,000.00 × 1,280.00 = 4,434.050 kN ≥ 1,355.776 kN
∴ OK
s = 150.000 ≤ 600.000 (d / 2, 600 mm) [콘 · 설 7.3.4] ∴ OK
ϕV_n = 0.80 × (1,108.513 + 1,355.776) = 1,971.431 kN ≥ 1,542.930 kN ∴ OK

4.6.8 [단계 8] 사용성 검토

(1) [단계 8-1] 처짐 검토
- 깊이가 일정한 부재의 최소두께

상부구조의 형식	최소두께 (m)	
	단순경간	연속경간
주철근이 차량 진행방향에 나란하거나 직각인 교량 슬래브	1.2 (S + 3) / 30	(S + 3) / 30

* 변단면 부재가 사용되는 경우, 위의 값은 정모멘트 단면과 부모멘트단면에서의 상대강성의 변화를 고려하기 위해 수정될 수 있다.

* S는 경간 길이를 나타낸다(m).

상부 구조물의 최소 두께 : t_{min} = (S + 3) / 30
= (16.489 + 3) / 30
= 0.65 m < t_{use} = 1.0 m
∴ 처짐 검토 불필요. [도 · 설 4.4.9.5]

(2) [단계 8-2] 균열 검토

① 중앙부(지간 1, 3)

- 응력 산정

$f_s = M / [A_s \times (d - x / 3)$

= 899.470 × 1,000,000 / [6,080.4 × (906.667 - 238.493 / 3)]

= 178.838 MPa

$x = -nA_s / b + nA_s / b \sqrt{[1 + 2bd / (nA_s)]}$

= -7 × 6,080.4 / 1,000.0 + 7 × 6,080.4 / 1,000.0

× $\sqrt{[1 + 2 \times 1,000.0 \times 906.667 / (7 \times 6,080.4)]}$

= 238.493 mm

사용철근량 = 6,080.4 mm^2 (철근도심 d' = 93.333 mm)

1단 : H25 - 8.0 EA (= 4,053.6 mm^2)

2단 : H25 - 4.0 EA (= 2,026.8 mm^2)

- 허용 균열폭

w_a= 0.005t_c (습윤환경) = 0.005 × (60.00 - 25 / 2) = 0.238 mm

- 균열폭 산정

$R = (H - x) / (H - x - d')$ = 1.140

A = 2 × d' × B / (인장철근 개수)

= 2 × 93.333 × 1,000.0 / 12.0 = 15,555.556 ㎟

w= 1.08 × R × f_s × $\sqrt[3]{(d_c \times A)}$ × 0.00001

= 1.08 × 1.140 × 178.838 × $\sqrt[3]{(60.00 \times 15,555.556)}$ × 0.00001

= 0.215 mm < W_s = 0.238 mm ∴ OK

② 중간지점 1, 2

- 응력 산정

$f_s = M / [A_s \times (d - x / 3)$

= 1,892.820 × 1,000,000 / [7,708.8 × (1,286.667 - 322.566 / 3)]

= 208.236 MPa

$x = -nA_s / b + nA_s / b \sqrt{[1 + 2bd / (nA_s)]}$

= -7 × 7,708.8 / 1,000.0 + 7 × 7,708.8 / 1,000.0

× $\sqrt{[1 + 2 \times 1,000.0 \times 1,286.667 / (7 \times 7,708.8)]}$

= 322.566 mm

사용철근량 = 7,708.8 mm^2 (철근도심 d' = 113.333 mm)

1단 : H29 - 8.0 EA (= 5,139.2 mm^2)

2단 : H29 - 4.0 EA (= 2,569.6 mm^2)

- 허용 균열폭

w_a= 0.005t_c (습윤환경) = 0.005 × (80.00 - 29 / 2) = 0.328 mm

- 균열폭 산정

$R = (H - x) / (H - x - d')$ = 1.118

A = 2 × d' × B / (인장철근 개수)

= 2 × 113.333 × 1,000.0 / 12.0 = 18,888.883 ㎟

w= 1.08 × R × f_s × $\sqrt[3]{(d_c \times A)}$ × 0.00001

= 1.08 × 1.118 × 208.236 × $\sqrt[3]{(80.00 \times 18{,}888.883)}$ × 0.00001

= 0.288 mm < W_s = 0.328 mm ∴ OK

③ 중앙부(지간 2)

- 응력 산정

$f_s = M / [A_s \times (d - x / 3)$

= 842.640 × 1,000,000 / [5,139.2 × (940.000 - 226.563 / 3)]

= 189.667 MPa

$x = -nA_s / b + nA_s / b \sqrt{[1 + 2bd / (nA_s)]}$

= -7 × 5,139.2 / 1,000.0 + 7 × 5,139.2 / 1,000.0

× $\sqrt{[1 + 2 \times 1{,}000.0 \times 940.000 / (7 \times 5{,}139.2)]}$

= 226.563 mm

사용철근량 = 5,139.2 mm^2 (철근도심 d' = 60.000 mm)

1단 : H29 - 8.0 EA (= 5,139.2 mm^2)

- 허용 균열폭

w_a= 0.005t_c (습윤환경) = 0.005 × (60.00 - 29 / 2) = 0.228 mm

- 균열폭 산정

$R = (H - x) / (H - x - d')$ = 1.084

A = 2 × d' × B / (인장철근 개수)

= 2 × 60.000 × 1,000.0 / 8.0 = 15,000.000 ㎟

w= 1.08 × R × f_s × $\sqrt[3]{(d_c \times A)}$ × 0.00001

= 1.08 × 1.084 × 189.667 × $\sqrt[3]{(60.00 \times 15{,}000.000)}$ × 0.00001

= 0.214 mm < W_s = 0.228 mm ∴ OK

(3) [단계 8-3] 피로 검토

- 충격을 포함한 사용활하중에 의한 철근의 응력 범위가 <표 507.2.4>의 응력 범위 이내이므로 검토 불필요

① 상부 슬래브 1, 3지간부

M_{Lmax} = 263.530 kNm (활하중과 충격에 의해 야기되는 최대 모멘트)

M_{Lmin} = -93.380 kNm (활하중과 충격에 의해 야기되는 최소 모멘트)

사용철근 : A_s = H25 @ 125

H25 @ 250

= 6,080.4 mm^2

M_L = M_{Lmax} - M_{Lmin} = 263.530 - (-93.380) = 356.910 kNm

$$n = \frac{E_s}{E_c} = \frac{200{,}000}{27{,}804} = 7$$

$$p = \frac{A_s}{b \times d} = \frac{6,080.4}{1,000 \times 906.67} = 0.0067063$$

$$k = -np + \sqrt{((np)^2 + 2np)}$$

$$= -7 \times 0.0067063 + \sqrt{((7 \times 0.0067063)^2 + 2 \times 7 \times 0.0067063)}$$

$$= 0.263$$

$$j = 1 - k / 3 = 0.912$$

$$\Delta f = \frac{M_L}{A_s \times j \times d} = \frac{356.910 \times 10\hat{}6}{6,080.4 \times 0.912 \times 906.67} = 70.988 \text{ MPa}$$

$$f_f = 150 \text{ MPa} > \Delta f = 70.988 \text{ MPa} \quad \therefore \text{ OK}$$

② 상부 슬래브 2지간부

M_{Lmax} = 259.460 kNm (활하중과 충격에 의해 야기되는 최대 모멘트)

M_{Lmin} = -92.290 kNm (활하중과 충격에 의해 야기되는 최소 모멘트)

사용철근 : A_s = H29 @ 125

= 5,139.2 mm²

$$M_L = M_{Lmax} - M_{Lmin} = 259.460 - (-92.290) = 351.750 \text{ kNm}$$

$$n = \frac{E_s}{E_c} = \frac{200,000}{27,804} = 7$$

$$p = \frac{A_s}{b \times d} = \frac{5,139.2}{1,000 \times 906.67} = 0.0056682$$

$$k = -np + \sqrt{((np)^2 + 2np)}$$

$$= -7 \times 0.0056682 + \sqrt{((7 \times 0.0056682)^2 + 2 \times 7 \times 0.0056682)}$$

$$= 0.245$$

$$j = 1 - k / 3 = 0.918$$

$$\Delta f = \frac{M_L}{A_s \times j \times d} = \frac{351.750 \times 10\hat{}6}{5,139.2 \times 0.918 \times 906.67} = 82.233 \text{ MPa}$$

$$f_f = 150 \text{ MPa} > \Delta f = 82.233 \text{ MPa} \quad \therefore \text{ OK}$$

4.7 RC 슬래브교 설계 예(판이론 해석)

4.7.1 [단계 1] 설계조건

(1) [단계 1-1] 교량 등급 및 제원

① 형　식 : 3경간 연속 RC 슬래브교

② 지간구성 : L = 45.0 m (14.0 + 17.0 + 14.0)

③ 횡단폭원 : 21.2 m

④ 교량등급 : 1등교

(2) [단계 1-2] 사각여부

사　각 : 20.0°

(3) [단계 1-3] 하중조건 및 기준강도 결정

① 하중조건

가. 고정하중(단위질량)

- 철근 콘크리트 : 2,500.0 kg/m³
- 포 장 : 2,300.0 kg/m³

나. 활하중

- 차륜하중 : DB-24
- 차선하중 : DL-24
- 충격계수 : $i = 15 / (40 + L) \leq 0.3$

다. 온도하중

- 선팽창계수 (α) : 1.000×10^{-5}
- 바닥판 상하면 온도차 : ±5 ℃
- 콘크리트교의 온도변화 범위 : ±10 ℃

라. 지점침하

콘크리트교이므로 δ = 10.0 mm를 고려한다.

② 사용재료

가. 콘크리트

- f_{ck} = 27.0 MPa
- E_c = 27,804.0 MPa

나. 철 근 (SD 400)

4.7.2 [단계 2] 설계단면가정

(1) [단계 2-1] 단면 가정

① 횡단면도

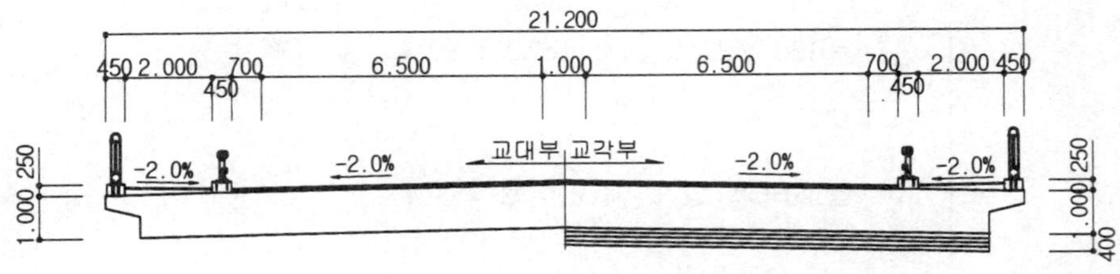

② 종단면도

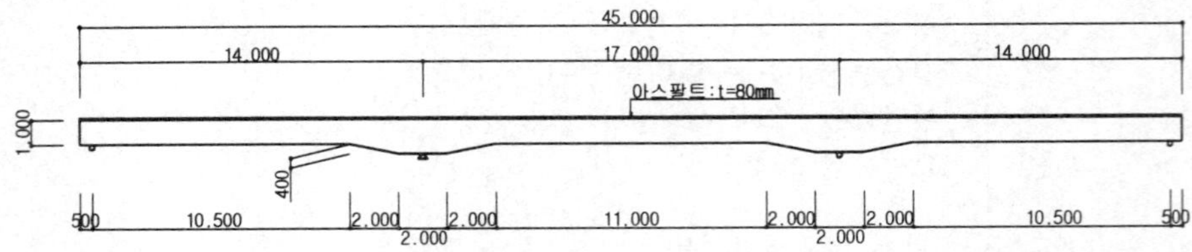

③ 기타단면

가. 보도부 난간 기초

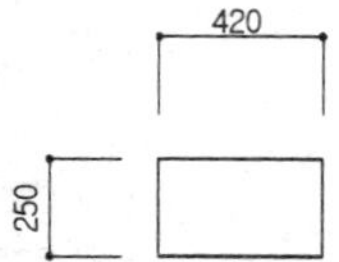

① 0.250 × 0.420	= 0.105 m^2
계	= 0.105 m^2

나. 보도부

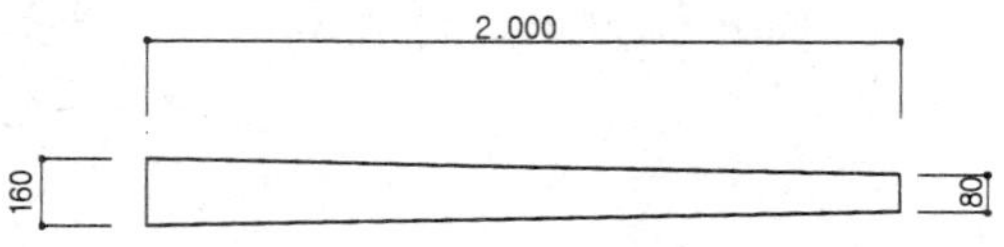

① (0.080 + 0.160) / 2 × 2.000 × 20.0	= 4.800 kN/m
② 0.020 × 2.000 × 23.0	= 0.920 kN/m
계	= 5.720 kN/m

다. 차도부 난간 기초

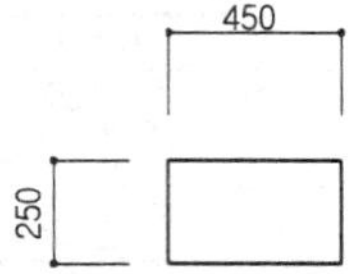

① 0.250 × 0.450	= 0.113 m^2
계	= 0.113 m^2

(2) [단계 2-2] 설계 지간 산정 [도 · 설 4.8.3.2]

설계지간은 사각 45 ° 미만인 경우는 아래식에 따라 결정하는 것으로 한다.

$L = I_s$ $(I_s/B \geq 1.5)$

$L = (I_s + I_n) / 2$ $(I_s/B < 1.5)$

→ 교량의 사각이 20.0 ° 이므로 위의 식을 적용

구 분	지 간 1	지 간 2	지 간 3
경사지간(I_s)	13.500	17.000	13.500
받침중심간격(I_n)	12.686	15.975	12.686
I_s/B	0.637 < 1.5	0.802 < 1.5	0.637 < 1.5
설계지간(L)	(13.500 + 12.686) / 2 = 13.093	(17.000 + 15.975) / 2 = 16.489	(13.500 + 12.686) / 2 = 13.093

(3) [단계 2-3] 슬래브 두께 검토 [콘 · 설 4.3]

- 지간 1, 3 (1단 연속)

  l / 24 = 13.093 / 24 = 0.546 < 1.0 m ∴ OK

- 지간 2 (2단 연속)

  l / 28 = 16.489 / 28 = 0.589 < 1.0 m ∴ OK

4.7.3 **[단계 3] 하중계산**

(1) [단계 3-1] 고정하중 계산

① 구체자중 : 프로그램내에서 자동고려

② 기타 고정하중 (단위 면적당 하중으로 계산)

- 포 장 : 0.08 × 23.0 = 1.840 kN/m²
- 난간 기초 : 0.25 × 0.42 × 25.0 / 0.45 = 5.833 kN/m²
  0.25 × 0.45 × 25.0 / 0.45 = 6.250 kN/m²
- 보 도 : {(0.08 + 0.160) / 2 × 2.0 × 20.0 + 0.02 × 2.0 × 23.0} / 2 = 2.860 kN/m²
- 난 간 : 1.0 / 0.45 = 2.222 kN/m²

(2) [단계 3-2] 활하중 계산

① 지간별 충격계수 산정

가. 설계차로 산정

연석간의 교폭(W_c)이 15.4 m 이므로 4차로를 재하한다.

나. 충격계수 산정

$i = 15/(40 + L) \leq 0.3$

구 분	지간1 / 지간3	지점1 / 지점2	지간2
L	13.093	(13.093 + 16.489) / 2 = 14.791	16.489
$i \leq 0.3$	0.283 ∴ i = 0.283	0.274 ∴ i = 0.274	0.266 ∴ i = 0.266

다. 활하중 재하

② 활하중 (DB-24, DL-24) 산정

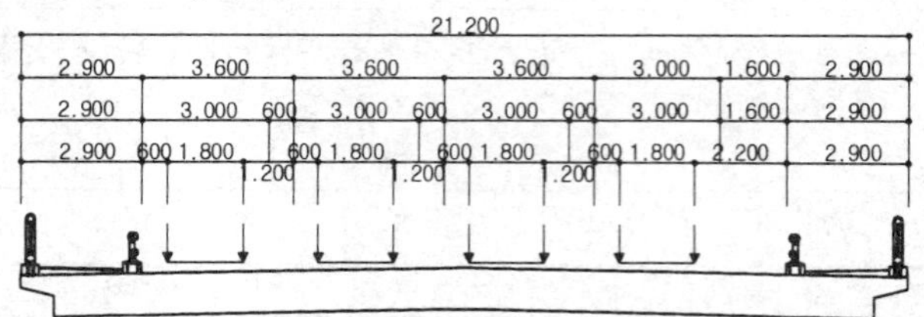

구분	재하 차로수	DB-24 P_f = 24.0 (kN)	DB-24 P_r = 96.0 (kN)	DL-24 W = 12.7 (kN)	DL-24 P_m = 108.0 (kN)	DL-24 P_s = 156.0 (kN)
지간1 / 지간3	1차로	30.792	123.168	16.294	138.564	200.148
	2차로	30.792	123.168			
	3차로	27.713	110.851			
	4차로	23.094	92.376			
지점1 / 지점2	1차로	30.576	122.304	16.180	137.592	198.744
	2차로	30.576	122.304			
	3차로	27.518	110.074			
	4차로	22.932	91.728			
지간2	1차로	30.384	121.536	16.078	136.728	197.496
	2차로	30.384	121.536			
	3차로	27.346	109.382			
	4차로	22.788	91.152			

③ 보도 활하중 산정
3.5 kN/m² 의 등분포하중을 재하한다.

(3) [단계 3-3] 온도하중

단면의 최소치수가 1,000 mm 이므로 종방향에 대하여 온도하중 적용시 10℃로 하나, RC 슬래브교에서 종방향에 대하여 가동단 받침을 사용하므로 종방향 온도하중에 의한 응력은 없고 슬래브 상, 하면의 온도차 T_Z = ± 5℃를 적용한다.

(4) [단계 3-4] 지점침하

지반조건 및 기초의 종류에 따른 침하량 계산에 의하여 부등침하량을 산정한다.
다만, 본 예제에서는 지점침하량을 20 mm로 가정하여 설계하였다. (콘크리트교에서는 탄성설계력의 50% 를 적용, [도 · 설 2.1.15])→ 지점침하는 10 mm 로 탄성해석에 적용.

4.7.4 [단계 4] 모델링

(1) [단계 4-1] 판 요소로 모델링

RC 슬래브를 사각형의 판요소로 분할하여 모델링 한다.
횡방향에 대하여 그림과 같이 방호벽, 보도, 받침 위치 등을 감안하여 분할하였다.

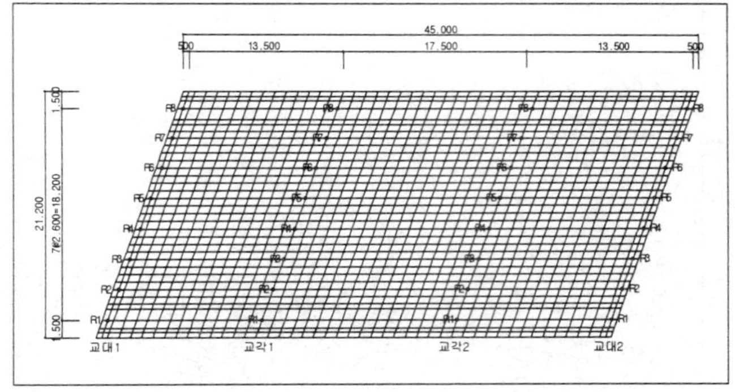

(2) [단계 4-3] 하중재하

① 고정하중

가. 구체자중 : 프로그램내에서 자동고려

나. 포장

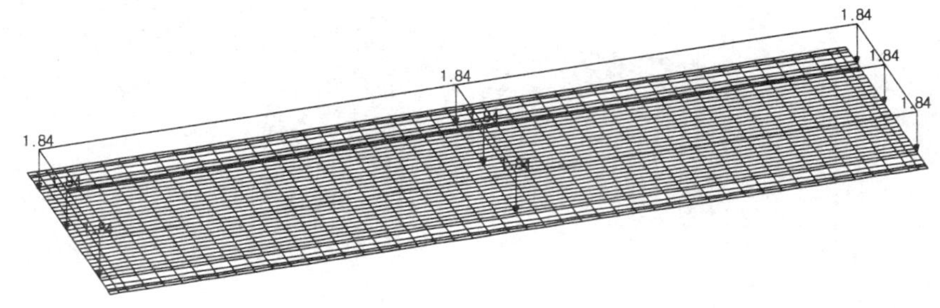

다. 보도부

라. 난간 및 난간기초

② 활하중

가. DB-24

나. DL-24

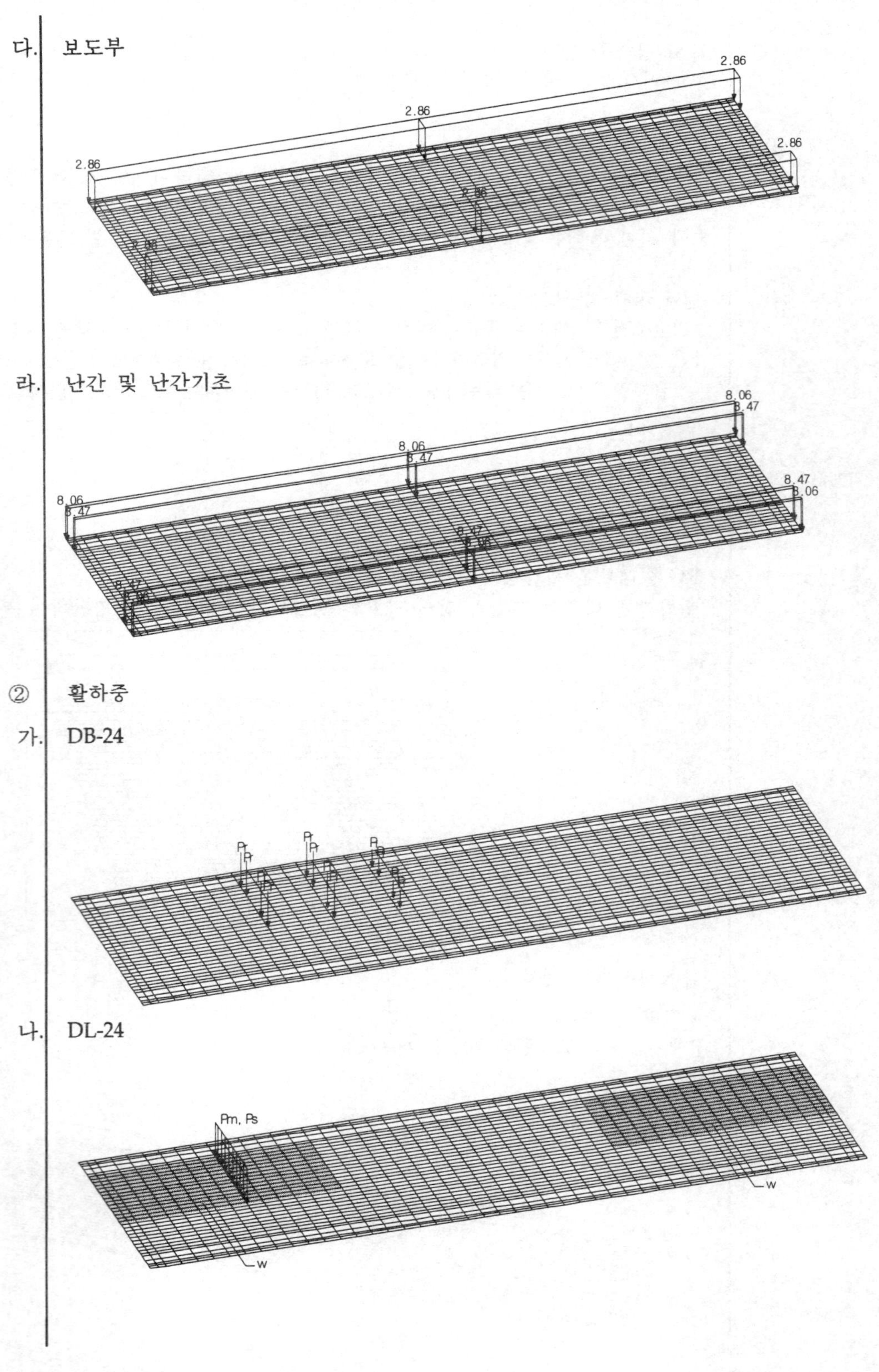

다. 보도 활하중

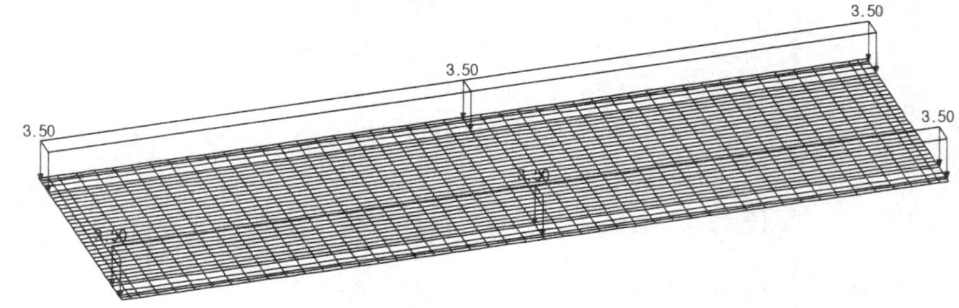

③ 온도하중 (+)
바닥판 상하면 온도차 : 5 ℃

④ 온도하중 (-)
바닥판 상하면 온도차 : -5 ℃

⑤ 지점침하 : 10 mm

(3) [단계 4-4] 하중조합
뼈대구조이론에 의한 설계 예[편람 4.6.4 (3)] 참조

4.7.5 [단계 5] 단면력 산정

(1) 반력집계

받침 번호	교대 1 (kN)	교각 1 (kN)	교각 2 (kN)	교대 2 (kN)
1	842.369	3,103.414	3,330.722	1,890.485
2	1,116.008	3,510.650	3,548.352	1,026.836
3	1,121.785	3,065.206	3,085.138	1,112.693
4	1,137.734	2,950.595	2,955.732	1,118.491
5	1,118.491	2,955.732	2,950.595	1,137.734
6	1,112.693	3,085.138	3,065.206	1,121.785
7	1,026.836	3,548.352	3,510.650	1,116.008
8	1,890.485	3,330.722	3,103.414	842.369

- 하중이 둔각부에 집중되므로 둔각부 아래에 있는 받침이 다른 받침보다 큰 값을 가진다.

(2) 모멘트 및 전단력 집계

구 분	휨모멘트 (kNm)		전단력 (kN)
	계수하중	사용하중	계수하중
좌측단부	-407.370	-313.361	714.247
중앙부(지간 1)	1,090.690	844.247	150.393
중간지점 1	-2,389.110	-1,837.782	1,126.691
중앙부(지간 2)	1,014.466	780.358	120.613
중간지점 2	-2,389.110	-1,837.782	1,126.691
중앙부(지간 3)	1,090.690	844.247	150.393
우측단부	-407.370	-313.361	714.247

(3) 사용 받침 산정

- 교대1 : 최대 반력(1,890.485 kN) → ∴ 2,000 kN 사용
- 교각1 : 최대 반력(3,548.352 kN) → ∴ 4,000 kN 사용
- 교각2 : 최대 반력(3,548.352 kN) → ∴ 4,000 kN 사용
- 교대2 : 최대 반력(1,890.485 kN) → ∴ 2,000 kN 사용

4.7.6 [단계 6] 철근량 계산 및 단면 검토

(1) [단계 6-1] 정 · 부 모멘트 구간별 단면 검토

① 단부

- 단면제원 및 설계가정

f_{ck} = 27 MPa, f_y = 400 MPa, k_1 = 0.85, ϕ_f = 0.85, ϕ_v = 0.80

B (mm)	H (mm)	d (mm)	피복 (mm)	M_u (kNm)	V_u (kN)
1,000.0	1,000.0	920.0	80.0	407.370	714.247

$M_u \ / \ \phi = A_s \times f_y \times (d - a/2)$ --------------- ①

$a = A_s \times f_y / (0.85 \times f_{ck} \times b)$ --------------- ②

식②를 식①에 대입하여 이차방정식으로 A_s를 구한다.

$$\frac{f_y^2}{2 \times 0.85 \times f_{ck} \times b} A_s^2 - f_y \times d \times A_s + \frac{M_u}{\phi} = 0, \ A_s = 1{,}318.809 \text{ mm}^2$$

- 사용철근량 = 2,292.0 mm^2 (철근도심 : 80.0 mm)
  1단 : H19 - 8.0 EA (= 2,292.0 mm^2)

- 철근비 검토

ρ_{min} : 1.4 / f_y = 0.00350

$0.25\sqrt{f_{ck}} / f_y$ = 0.00325 , ρ_{min}= 0.00350 적용

수축온도철근비 = 0.00200

ρ_{max} = 0.75 × ρ_b = 0.75 × k_1 × ϕ × (f_{ck}/ f_y) × {600 / (600 + f_y)} = 0.02195

ρ_{use} = A_s / bd = 0.00249

$\rho_{min} \geq \rho_{use}$, $A_s \geq A_s$(req) × 4 / 3 → 철근비 만족, ∴ OK [콘 · 설 6.3.2]

- 휨에 대한 검토

ϕM_n = 0.85 × 2,292.000 × 400 × (920.00 - a / 2) = 701.372 kNm

$a = A_s \times f_y / (0.85 \times f_{ck} \times b)$ = 39.948 mm

≥ M_u (= 407.370 kNm) ∴ OK [안전률 1.722]

- 전단에 대한 검토 (d = 920.00 mm)

ϕV_c = 0.80 × 1/6 × $\sqrt{f_{ck}}$ × b × d

= 0.80 × 1/6 × $\sqrt{27}$ × 1,000.00 × 920.000 = 637.395 kN

$< V_u$ (= 714.247 kN), 전단보강 필요.

Req A_v = (714.247 - 637.395) × 300.00 / (400 × 920.00 × ϕ) = 78.314 mm^2

Use A_v = 397.200 mm^2 (H16 - 2.0 EA, CTC 300 mm)

V_s = 397.200 × 400.0 × 920.00 / 300.00 = 487.232 kN

Max V_s = 2 × $\sqrt{27.0}$ / 3 × 1,000.00 × 920.00

= 3,186.973 kN ≥ 487.232 kN ∴ OK

s = 300.000 ≤ 460.000 (d / 2, 600 mm) ∴ OK

ϕV_n = 0.80 × (796.744 + 487.232) = 1,027.181 kN ≥ 714.247 kN ∴ OK

② 중앙부(지간 1, 3)

- 단면제원 및 설계가정

f_{ck} = 27 MPa, f_y = 400 MPa, k_1 = 0.85, ϕ_f = 0.85, ϕ_v = 0.80

B (mm)	H (mm)	d (mm)	피복 (mm)	M_u (kNm)	V_u (kN)
1,000.0	1,000.0	906.7	60.0	1,090.690	150.393

$M_u \;/\; \phi = A_s \times f_y \times (d - a/2)$ --------------- ①

$a = A_s \times f_y / (0.85 \times f_{ck} \times b)$ --------------- ②

식②를 식①에 대입하여 이차방정식으로 A_s를 구한다.

$$\frac{f_y^2}{2 \times 0.85 \times f_{ck} \times b} A_s^2 - f_y \times d \times A_s + \frac{M_u}{\phi} = 0, \; A_s = 3{,}667.413 \text{ mm}^2$$

- 사용철근량 = 6,080.4 mm^2 (철근도심 : 93.3 mm)

1단 : H25 - 8.0 EA (= 4,053.6 mm^2)

2단 : H25 - 4.0 EA (= 2,026.8 mm^2)

- 철근비 검토

ρ_{min} : 1.4 / f_y = 0.00350

$0.25\sqrt{f_{ck}} / f_y$ = 0.00325 , ρ_{min} = 0.00350 적용

수축온도철근비 = 0.00200

ρ_{max} = 0.75 × ρ_b = 0.75 × k_1 × ϕ × (f_{ck} / f_y) × {600 / (600 + f_y)} = 0.02195

ρ_{use} = A_s / bd = 0.00671

$\rho_{max} \geq \rho_{use} \geq \rho_{min}$ → 철근비 만족, ∴ OK

- 휨에 대한 검토

ϕM_n = 0.85 × 6,080.400 × 400 × (906.67 - a / 2) = 1,764.840 kNm

a = $A_s \times f_y / (0.85 \times f_{ck} \times b)$ = 105.976 mm

≥ M_u (= 1,090.690 kNm) ∴ OK [안전률 1.618]

- 전단에 대한 검토 (d = 906.67 mm)

ϕV_c = 0.80 × 1/6 × $\sqrt{f_{ck}}$ × b × d

$= 0.80 \times 1/6 \times \sqrt{27} \times 1{,}000.00 \times 906.67 = 628.159$ kN

$\geq V_u$ (= 150.393 kN), 전단보강 불필요.

③ 중간지점 1, 2

- 단면제원 및 설계가정

f_{ck} = 27 MPa, f_y = 400 MPa, k_1 = 0.85, ϕ_f = 0.85, ϕ_v = 0.80

B (mm)	H (mm)	d (mm)	피복 (mm)	M_u (kNm)	V_u (kN)
1,000.0	1,400.0	1,286.7	80.0	2,389.110	1,126.691

$M_u / \phi = A_s \times f_y \times (d - a/2)$ --------------- ①

$a = A_s \times f_y / (0.85 \times f_{ck} \times b)$ --------------- ②

식②를 식①에 대입하여 이차방정식으로 A_s를 구한다.

$$\frac{f_y^2}{2 \times 0.85 \times f_{ck} \times b} A_s^2 - f_y \times d \times A_s + \frac{M_u}{\phi} = 0,\ A_s = 5{,}679.716 \text{ mm}^2$$

- 사용철근량 = 7,708.8 mm^2 (철근도심 : 113.3 mm)

1단 : H29 - 8.0 EA (= 5,139.2 mm^2)

2단 : H29 - 4.0 EA (= 2,569.6 mm^2)

- 철근비 검토

ρ_{min} : 1.4 / f_y = 0.00350

$0.25\sqrt{f_{ck}} / f_y$ = 0.00325 , ρ_{min} = 0.00350 적용

수축온도철근비 = 0.00200

$\rho_{max} = 0.75 \times \rho_b = 0.75 \times k_1 \times \phi \times (f_{ck}/f_y) \times \{600 / (600 + f_y)\} = 0.02195$

$\rho_{use} = A_s / bd = 0.00599$

$\rho_{max} \geq \rho_{use} \geq \rho_{min}$ → 철근비 만족, ∴ OK

- 휨에 대한 검토

$\phi M_n = 0.85 \times 7{,}708.800 \times 400 \times (1{,}286.67 - a / 2) = 3{,}196.276$ kNm

$a = A_s \times f_y / (0.85 \times f_{ck} \times b) = 134.358$ mm

$\geq M_u$ (= 2,389.110 kNm) ∴ OK [안전률 1.338]

- 전단에 대한 검토 (d = 1,286.67 mm)

$\phi V_c = 0.80 \times 1/6 \times \sqrt{f_{ck}} \times b \times d$

$= 0.80 \times 1/6 \times \sqrt{27} \times 1{,}000.00 \times 1{,}286.67 = 891.431$ kN

$< V_u$ (= 1,126.691 kN), 전단보강 필요.

Req A_v = (1,126.691 - 891.431) × 300.00 / (400 × 1,286.67 × ϕ) = 171.416 mm^2

Use A_v = 397.200 mm^2 (H16 - 2.0 EA, CTC 300 mm)

V_s = 397.200 × 400.0 × 1,286.67 / 300.00 = 681.420 kN

Max V_s = 2 × $\sqrt{27.0}$ / 3 × 1,000.00 × 1,286.67

= 4,457.156 kN ≥ 681.420 kN ∴ OK

s = 300.000 ≤ 443.333 (d / 2, 600 mm) ∴ OK

ϕV_n = 0.80 × (1,114.289 + 681.420) = 1,436.567 kN ≥ 1,126.691 kN ∴ OK

④ 중앙부(지간 2)

- 단면제원 및 설계가정

f_{ck} = 27 MPa, f_y = 400 MPa, k_1 = 0.85, ϕ_f = 0.85, ϕ_v = 0.80

B (mm)	H (mm)	d (mm)	피복 (mm)	M_u (kNm)	V_u (kN)
1,000.0	1,000.0	940.0	60.0	1,014.466	120.613

$M_u \ / \ \phi = A_s \times f_y \times (d - a/2)$ --------------- ①

$a = A_s \times f_y / (0.85 \times f_{ck} \times b)$ --------------- ②

식②를 식①에 대입하여 이차방정식으로 A_s를 구한다.

$$\frac{f_y^2}{2 \times 0.85 \times f_{ck} \times b} A_s^2 - f_y \times d \times A_s + \frac{M_u}{\phi} = 0, \ A_s = 3{,}273.520 \text{ mm}^2$$

- 사용철근량 = 5,139.2 mm² (철근도심 : 60.0 mm)

1단 : H29 - 8.0 EA (= 5,139.2 mm²)

- 철근비 검토

ρ_{min} : 1.4 / f_y = 0.00350

$0.25\sqrt{f_{ck}} / f_y$ = 0.00325 , ρ_{min} = 0.00350 적용

수축온도철근비 = 0.00200

ρ_{max} = 0.75 × ρ_b = 0.75 × k_1 × ϕ × (f_{ck}/ f_y) × {600 / (600 + f_y)} = 0.02195

ρ_{use} = A_s / bd = 0.00547

$\rho_{max} \geq \rho_{use} \geq \rho_{min}$ → 철근비 만족, ∴ OK

- 휨에 대한 검토

ϕM_n = 0.85 × 5,139.200 × 400 × (940.00 - a / 2) = 1,564.232 kNm

: $a = A_s \times f_y / (0.85 \times f_{ck} \times b)$ = 89.572 mm

≥ M_u (= 1,014.466 kNm) ∴ OK [안전률 1.542]

- 전단에 대한 검토 (d = 940.00 mm)

ϕV_c = 0.80 × 1/6 × $\sqrt{f_{ck}}$ × b × d

= 0.80 × 1/6 × $\sqrt{27}$ × 1,000.00 × 940.00 = 651.251 kN

≥ V_u (= 120.613 kN), 전단보강 불필요.

(2) 배력철근 검토

① 단부

- 사용철근량

압축부 : H19 @ 300 = 955.0 mm²
인장부 : H19 @ 150 = 1,910.0 mm²

Σ = 2,865.0 mm²

- 주철근비(주철근이 차량 진행방향에 평행) [도 · 설 4.7.5.7]
 $55 / \sqrt{(13.093)}$ = 15.20 % < 최대 50% 중 작은값 이상
 소요 주철근 : 1,318.8 mm²
 필요 철근량 : 1,318.8 × 0.152 = 200.5 mm² < 1,910.0 mm² ∴ OK

- 단면적비(온도 및 건조수축 철근) [콘 · 설 5.7.2]
 단면적대비 0.0020 이상
 필요철근량 : 0.0020 × B × T
 = 0.0020 × 1,000 × 1,000 = 2,000.0 mm² < 2,865.0 mm² ∴ OK

- 노출면 300 mm² 이상 [도 · 설 4.3.9]
 필요철근량 : 300.0 mm² < 955.0 mm² ∴ OK

② 중앙부(지간 1, 3)
- 사용철근량
 압축부 : H19 @ 300 = 955.0 mm²
 인장부 : H19 @ 150 = 1,910.0 mm²

 Σ = 2,865.0 mm²

- 주철근비(주철근이 차량 진행방향에 평행)
 $55 / \sqrt{(13.093)}$ = 15.20% < 최대 50% 중 작은값 이상
 소요 주철근 : 3,667.4 mm²
 필요 철근량 : 3,667.4 × 0.152 = 557.4 mm² < 1,910.0 mm² ∴ OK

- 단면적비(온도 및 건조수축 철근)
 단면적대비 0.0020 이상
 필요철근량 : 0.0020 × B × T
 = 0.0020 × 1,000 × 1,000 = 2,000.0 mm² < 2,865.0 mm² ∴ OK

- 노출면 300 mm² 이상
 필요철근량 : 300.0 mm² < 955.0 mm² ∴ O.K

③ 중간지점 1, 2
- 사용철근량
 압축부 : H19 @ 300 = 955.0 mm²
 인장부 : H19 @ 150 = 1,910.0 mm²

 Σ = 2,865.0 mm²

- 주철근비(주철근이 차량 진행방향에 평행)

$55 \ / \ \sqrt{(14.791)}$ = 14.30 % < 최대 50% 중 작은값 이상

소요 주철근 : 5,679.7 mm^2

필요 철근량 : 5,679.7 × 0.143 = 812.2 mm^2 < 1,910.0 mm^2 ∴ OK

- 단면적비(온도 및 건조수축 철근)

단면적대비 0.0020 이상

필요철근량 : 0.0020 × B × T

= 0.0020 × 1,000 × 1,000 = 2,000.0 mm^2 < 2,865.0 mm^2 ∴ OK

- 노출면 300 mm^2 이상

필요철근량 : 300.0 mm^2 < 955.0 mm^2 ∴ O.K

④ 중앙부(지간 2)

- 사용철근량

압축부 : H19 @ 300 = 955.0 mm^2

인장부 : H19 @ 150 = 1,910.0 mm^2

Σ = 2,865.0 mm^2

- 주철근비(주철근이 차량 진행방향에 평행)

$55 \ / \ \sqrt{(16.489)}$ = 13.54% < 최대 50% 중 작은값 이상

소요 주철근 : 3,273.5 mm^2

필요 철근량 : 3,273.5 × 0.135 = 441.9 mm^2 < 1,910.0 mm^2 ∴ OK

- 단면적비(온도 및 건조수축 철근)

단면적대비 0.0020 이상

필요철근량 : 0.0020 × B × T

= 0.0020 × 1,000 × 1,000 = 2,000.0 mm^2 < 2,865.0 mm^2 ∴ OK

- 노출면 300 mm^2 이상

필요철근량 : 300.0 mm^2 < 955.0 mm^2 ∴ OK

(3) 캔틸레버부 단면 검토

뼈대구조이론에 의한 설계 예[편람 4.6.6 (3)] 참조

(4) 둔각부 보강 철근 [도 · 설 4.8.4]

- 사용 철근량 : H25 @ 125 = 4,053.6 mm^2
- 사각에 따른 계수 : 사각이 20°일 경우 K = 0.8
- Req A_s = K × 경간중앙부 단위폭당 정철근량

= 0.8 × 6,080.4 = 4,864.32 mm^2

< 4,053.6 + 2,292.0 = 6,345.6 mm^2 ∴ OK

4.7.7 [단계 7] 지점부 횡방향 단면검토

(1) [단계 7-1] 단면력 집계

위 치	최대 정모멘트부(중앙부)		최대 부모멘트부(지점부)	
	휨모멘트 (kNm)	전단력 (kN)	휨모멘트 (kNm)	전단력 (kN)
교대부	-341.767	223.374	501.157	857.345
교각부	-421.787	297.847	871.191	1,387.774

(2) [단계 7-2] 단면 검토

① 교대부

가. 최대 정모멘트부(중앙부)

* 단면제원 및 설계가정

f_{ck} = 27 MPa, f_y = 400 MPa, k_1 = 0.85, ϕ_f = 0.85, ϕ_v = 0.80

B (mm)	H (mm)	d (mm)	피복 (mm)	M_u (kNm)	V_u (kN)
1,000.0	1,000.0	900.0	100.0	341.767	223.374

$M_u \ / \ \phi = A_s \times f_y \times (d - a/2)$ --------------- ①

$a = A_s \times f_y / (0.85 \times f_{ck} \times b)$ --------------- ②

식②를 식①에 대입하여 이차방정식으로 A_s를 구한다.

$$\frac{f_y^2}{2 \times 0.85 \times f_{ck} \times b} A_s^2 - f_y \times d \times A_s + \frac{M_u}{\phi} = 0, \ A_s = 1{,}129.233 \text{ mm}^2$$

* 사용철근량 = 1,986 mm² (철근도심 : 100.0 mm)

1단 : H16 - 10 EA (= 1,986 mm²)

* 철근비 검토

ρ_{min} : 1.4 / f_y = 0.00350

$0.25\sqrt{f_{ck}} / f_y$ = 0.00325, ρ_{min} = 0.00350 적용

수축온도철근비 = 0.00200

ρ_{max} = 0.75 × ρ_b = 0.75 × k_1 × ϕ × (f_{ck} / f_y) × {600 / (600 + f_y)} = 0.02195

ρ_{use} = A_s / bd = 0.00221

$\rho_{max} \geq \rho_{min} \geq \rho_{use} \rightarrow A_s$(req) · 4/3 철근량 사용

Req A_s = A_s(req) · 4/3 = 1,129.233 × 4 / 3 = 1,505.644 mm²

Use A_s(1,986 mm²) ≥ Req A_s(1,505.644 mm²) → 철근비 만족, ∴ OK

* 휨에 대한 검토

ϕM_n = 0.85 × 1,986 × 400 × (900.00 - a / 2) = 596.030 kNm

; $a = A_s \times f_y / (0.85 \times f_{ck} \times b)$ = 34.614 mm

≥ M_u (= 341.767 kNm) ∴ OK [안전률 1.744]

* 전단에 대한 검토(d = 900.00 mm)

$\phi V_c = 0.80 \times 1/6 \times \sqrt{f_{ck}} \times b \times d$

$= 0.80 \times 1/6 \times \sqrt{27} \times 1{,}000.00 \times 900.00 = 623.538$ kN

$> V_u$ (= 223.374 kN), 전단보강 불필요

나. 최대 부모멘트부(지점부)

* 단면제원 및 설계가정

f_{ck} = 27 MPa, f_y = 400 MPa, k_1 = 0.85, ϕ_f = 0.85, ϕ_v = 0.80

B (mm)	H (mm)	d (mm)	피복 (mm)	M_u (kNm)	V_u (kN)
1,000.0	1,000.0	880.0	120.0	501.157	857.345

$M_u / \phi = A_s \times f_y \times (d - a/2)$ --------------- ①

$a = A_s \times f_y / (0.85 \times f_{ck} \times b)$ --------------- ②

식②를 식①에 대입하여 이차방정식으로 A_s를 구한다.

$$\frac{f_y^2}{2 \times 0.85 \times f_{ck} \times b} A_s^2 - f_y \times d \times A_s + \frac{M_u}{\phi} = 0,\ A_s = 1{,}703.735\ \text{mm}^2$$

* 사용철근량 = 2,865 mm^2 (철근도심 : 120.0 mm)

1단 : H19 - 10 EA (= 2,865 mm^2)

* 철근비 검토

ρ_{min} : $1.4 / f_y$ = 0.00350

$0.25\sqrt{f_{ck}} / f_y$ = 0.00325, ρ_{min} = 0.00350 적용

수축온도철근비 = 0.00200

$\rho_{max} = 0.75 \times \rho_b = 0.75 \times k_1 \times \phi \times (f_{ck}/f_y) \times \{600 / (600 + f_y)\} = 0.02195$

$\rho_{use} = A_s / bd = 0.00326$

$\rho_{max} \geq \rho_{min} \geq \rho_{use} \rightarrow A_s$(req) · 4/3 철근량 사용

Req A_s = A_s(req) · 4/3 = 1,703.735 × 4 / 3 = 2,271.647 mm^2

Use A_s(2,865 mm^2) ≥ Req A_s(2,271.647 mm^2) → 철근비 만족, ∴ OK

* 휨에 대한 검토

$\phi M_n = 0.85 \times 2{,}865 \times 400 \times (880.00 - a / 2) = 832.887$ kNm

$a = A_s \times f_y / (0.85 \times f_{ck} \times b) = 49.935$ mm

$\geq M_u$ (= 501.157 kNm) ∴ OK [안전률 1.662]

* 전단에 대한 검토(d = 880.00 mm)

$\phi V_c = 0.80 \times 1/6 \times \sqrt{f_{ck}} \times b \times d$

$= 0.80 \times 1/6 \times \sqrt{27} \times 1{,}000.00 \times 880.00 = 609.682$ kN

$< V_u$ (= 857.345 kN), 전단보강 필요

Req A_v = (857.345 - 609.682) × 300.00 / (400 × 880.00 × ϕ) = 263.846 mm²

Use A_v = 397.200 mm² (H16 - 2.0 EA, CTC 300 mm)

V_s = 397.200 × 400.00 × 880.00 / 300.00 = 466.048 kN

Max V_s = 2 × $\sqrt{27.0}$ / 3 × 1,000.00 × 880.00

= 3,048.409 kN ≥ 466.048 kN ∴ OK

s = 300.000 ≤ 440.000 (d / 2, 600 mm) [콘 · 설 7.3.4] ∴ OK

ϕV_n = 0.80 × (762.103 + 466.048) = 982.521 kN ≥ 857.345 kN ∴ OK

② 교각부

가. 최대 정모멘트부(중앙부)

* 단면제원 및 설계가정

f_{ck} = 27 MPa, f_y = 400 MPa, k_1 = 0.85, ϕ_f = 0.85, ϕ_v = 0.80

B (mm)	H (mm)	d (mm)	피복 (mm)	M_u (kNm)	V_u (kN)
1,000.0	1,400.0	1,300.0	100.0	421.787	297.847

M_u / ϕ = $A_s \times f_y \times (d - a/2)$ --------------- ①

$a = A_s \times f_y / (0.85 \times f_{ck} \times b)$ --------------- ②

식②를 식①에 대입하여 이차방정식으로 A_s를 구한다.

$$\frac{f_y^2}{2 \times 0.85 \times f_{ck} \times b} A_s^2 - f_y \times d \times A_s + \frac{M_u}{\phi} = 0, \; A_s = 960.453 \text{ mm}^2$$

* 사용철근량 = 2,865 mm² (철근도심 : 100.0 mm)

1단 : H19 - 10 EA (= 2,865 mm²)

* 철근비 검토

$\rho_{\min}$: 1.4 / f_y = 0.00350

0.25 $\sqrt{f_{ck}}$ / f_y = 0.00325, $\rho_{\min}$ = 0.00350 적용

수축온도철근비 = 0.00200

$\rho_{\max}$ = 0.75 × ρ_b = 0.75 × k_1 × ϕ × (f_{ck} / f_y) × {600 / (600 + f_y)} = 0.02195

ρ_{use} = A_s / bd = 0.00220

$\rho_{\max}$ ≥ $\rho_{\min}$ ≥ ρ_{use} → A_s(req) · 4/3 철근량 사용

Req A_s = A_s(req) · 4/3 = 960.453 × 4 / 3 = 1,280.604 mm²

Use A_s(2,865 mm²) ≥ Req A_s(1,280.604 mm²) → 철근비 만족, ∴ OK

* 휨에 대한 검토

ϕM_n = 0.85 × 2,865 × 400 × (1,300.00 - a / 2) = 1,242.009 kNm

a = $A_s \times f_y / (0.85 \times f_{ck} \times b)$ = 49.935 mm

≥ M_u (= 421.787 kNm) ∴ OK [안전률 2.945]

* 전단에 대한 검토(d = 1,300.00 mm)

ϕV_c = 0.80 × 1/6 × $\sqrt{f_{ck}}$ × b × d

= 0.80 × 1/6 × $\sqrt{27}$ × 1,000.00 × 1,300.00 = 900.666 kN

> V_u (= 297.847 kN), 전단보강 불필요

나. 최대 부모멘트부(지점부)

* 단면제원 및 설계가정

f_{ck} = 27 MPa, f_y = 400 MPa, k_1 = 0.85, ϕ_f = 0.85, ϕ_v = 0.80

B (mm)	H (mm)	d (mm)	피복 (mm)	M_u (kNm)	V_u (kN)
1,000.0	1,400.0	1,280.0	120.0	871.191	1,387.774

M_u / ϕ = $A_s \times f_y \times (d - a/2)$ --------------- ①

$a = A_s \times f_y / (0.85 \times f_{ck} \times b)$ --------------- ②

식②를 식①에 대입하여 이차방정식으로 A_s를 구한다.

$$\frac{f_y^2}{2 \times 0.85 \times f_{ck} \times b} A_s^2 - f_y \times d \times A_s + \frac{M_u}{\phi} = 0, \; A_s = 2{,}029.870 \text{ mm}^2$$

* 사용철근량 = 2,865 mm^2 (철근도심 : 120.0 mm)

1단 : H19 - 10 EA (= 2,865 mm^2)

* 철근비 검토

ρ_{min} : 1.4 / f_y = 0.00350

0.25 $\sqrt{f_{ck}}$ / f_y = 0.00325, ρ_{min} = 0.00350 적용

수축온도철근비 = 0.00200

ρ_{max} = 0.75 × ρ_b = 0.75 × k_1 × ϕ × (f_{ck}/ f_y) × {600 / (600 + f_y)} = 0.02195

ρ_{use} = A_s/ bd = 0.00224

$\rho_{max} \geq \rho_{min} \geq \rho_{use}$ → A_s(req) · 4/3 철근량 사용

Req A_s = A_s(req) · 4/3 = 2,029.870 × 4 / 3 = 2,706.493 mm^2

Use A_s(2,865 mm^2) ≥ Req A_s(2,706.493 mm^2) → 철근비 만족, ∴ OK

* 휨에 대한 검토

ϕM_n = 0.85 × 2,865 × 400 × (1,280.00 - a / 2) = 1,222.527 kNm

$a = A_s \times f_y / (0.85 \times f_{ck} \times b)$ = 49.935 mm

≥ M_u (= 871.191 kNm) ∴ OK [안전률 = 1.403]

* 전단에 대한 검토(d = 1,280.00 mm)

ϕV_c = 0.80 × 1/6 × $\sqrt{f_{ck}}$ × b × d

= 0.80 × 1/6 × $\sqrt{27}$ × 1,000.00 × 1,280.00 = 886.810 kN

$< V_u$ (= 1,387.774 kN), 전단보강 필요.

Req A_v = (1,387.774 - 886.810) × 150.00 / (400 × 1,280.00 × ϕ) = 183.458 mm²

Use A_v = 397.200 mm² (H16 - 2.0 EA, CTC 150 mm)

V_s = 397.200 × 400.00 × 1,280.00 / 150.00 = 1,355.776 kN

Max V_s = 2 × $\sqrt{27.0}$ / 3 × 1,000.00 × 1,280.00

= 4,434.050 kN ≥ 1,355.776 kN ∴ OK

s = 150.000 ≤ 600.000 (d / 2, 600 mm) [콘 · 설 7.3.4] ∴ OK

ϕV_n = 0.80 × (1,108.513 + 1,355.776) = 1,971.431 kN ≥ 1,387.774 kN ∴ OK

4.7.8 **[단계 8] 사용성 검토**

(1) [단계 8-1] 처짐 검토

- 깊이가 일정한 부재의 최소두께

상부구조의 형식	최소두께 (m)	
	단순경간	연속경간
주철근이 차량 진행방향에 나란하거나 직각인 교량 슬래브	1.2 (S + 3) / 30	(S + 3) / 30

* 변단면 부재가 사용되는 경우, 위의 값은 정모멘트 단면과 부모멘트단면에서의 상대강성의 변화를 고려하기 위해 수정될 수 있다.

* S는 경간 길이를 나타낸다(m).

상부 구조물의 최소 두께 : t_{min} = (S + 3) / 30

= (16.489 + 3) / 30

= 0.65 m < t_{use} = 1.0 m

∴ 처짐 검토 불필요. [도 · 설 4.4.9.5]

(2) [단계 8-2] 균열 검토

- 철근의 간격 제한 규정으로 균열 검토

① 중앙부(지간1,3)

- 응력 산정

$f_s = M \,/\, [\ A_s \times (d - x \,/\, 3)$

= 844.247 × 1,000,000 / [6,080.4 × (906.667 - 238.493 / 3)]

= 167.858 MPa

$x = -nA_s / b + nA_s / b \sqrt{[1 + 2bd / (nA_s)]}$

= -7 × 6,080.4 / 1,000.0 + 7 × 6,080.4 / 1,000.0

× $\sqrt{[1 + 2 \times 1,000.0 \times 906.667 / (7 \times 6,080.4)]}$

= 238.493 mm

사용철근량 = 6,080.4 mm² (철근도심 d' = 93.333 mm)

1단 : H25 - 8.0 EA (= 4,053.6 mm²)

2단 : H25 - 4.0 EA (= 2,026.8 mm²)

- 허용 균열폭

w_a= 0.005t_c (습윤환경) = 0.005 × (60.00 - 25 / 2) = 0.238 mm

- 균열폭 산정

$R = (H - x) / (H - x - d') = 1.140$

$A = 2 \times d' \times B$ / (인장철근 개수)

= 2 × 93.333 × 1,000.0 / 12.0 = 15,555.556 ㎟

$w = 1.08 \times R \times f_s \times \sqrt[3]{(d_c \times A)} \times 0.00001$

$= 1.08 \times 1.140 \times 167.858 \times \sqrt[3]{(60.00 \times 15,555.556)} \times 0.00001$

= 0.202 mm < W_s = 0.238 mm ∴ OK

② 중간지점 1, 2

- 응력 산정

$f_s = M / [A_s \times (d - x / 3)$

= 1,837.782 × 1,000,000 / [7,708.8 × (1,286.667 - 322.566 / 3)]

= 202.181 MPa

$x = -nA_s / b + nA_s / b \sqrt{[1 + 2bd / (nA_s)]}$

= -7 × 7,708.8 / 1,000.0 + 7 × 7,708.8 / 1,000.0

$\times \sqrt{[1 + 2 \times 1,000.0 \times 1,286.667 / (7 \times 7,708.8)]}$

= 322.566 mm

사용철근량 = 7,708.8 mm² (철근도심 d' = 113.333 mm)

1단 : H29 - 8.0 EA (= 5,139.2 mm²)

2단 : H29 - 4.0 EA (= 2,569.6 mm²)

- 허용 균열폭

w_a= 0.005t_c (습윤환경) = 0.005 × (80.00 - 29 / 2) = 0.328 mm

- 균열폭 산정

$R = (H - x) / (H - x - d') = 1.118$

$A = 2 \times d' \times B$ / (인장철근 개수)

= 2 × 113.333 × 1,000.0 / 12.0 = 18,888.883 ㎟

$w = 1.08 \times R \times f_s \times \sqrt[3]{(d_c \times A)} \times 0.00001$

$= 1.08 \times 1.118 \times 202.181 \times \sqrt[3]{(80.00 \times 18,888.883)} \times 0.00001$

= 0.288 mm < W_s = 0.328 mm ∴ OK

③ 중앙부(지간 2)

- 응력 산정

$f_s = M / [A_s \times (d - x / 3)$

= 780.358 × 1,000,000 / [5,139.2 × (940.0 - 226.563 / 3)]

= 175.648 MPa

$x = -nA_s / b + nA_s / b \sqrt{[1 + 2bd / (nA_s)]}$

= -7 × 5,139.2 / 1,000.0 + 7 × 5,139.2 / 1,000.0

$\times \sqrt{[1 + 2 \times 1,000.0 \times 940.000 / (7 \times 5,139.2)]}$

= 226.563 mm

사용철근량 = 5,139.2 mm^2 (철근도심 d' = 60.000 mm)
1단 : H29 - 8.0 EA

- 허용 균열폭
  w_a= 0.005t_c (습윤환경) = 0.005 × (60.00 - 29 / 2) = 0.228 mm
- 균열폭 산정
  $R = (H - x) / (H - x - d') = 1.084$
  $A = 2 \times d' \times B$ / (인장철근 개수)
  = 2 × 60.000 × 1,000.0 / 8.0 = 15,000.000 ㎟
  $w = 1.08 \times R \times f_s \times \sqrt[3]{(d_c \times A)} \times 0.00001$
  $= 1.08 \times 1.084 \times 175.648 \times \sqrt[3]{(60.00 \times 15,000.000)} \times 0.00001$
  = 0.199 mm < W_s = 0.228 mm ∴ OK

(3) [단계 8-3] 피로 검토

- 충격을 포함한 사용활하중에 의한 철근의 응력 변동 범위가 <표 507.2.4>의 응력 범위 이내이므로 피로 검토 불필요

① 상부 슬래브 1, 3 지간부

M_{Lmax} = 156.427 kNm (활하중과 충격에 의해 야기되는 최대 모멘트)
M_{Lmin} = -35.691 kNm (활하중과 충격에 의해 야기되는 최소 모멘트)
사용철근 : A_s = H25 @ 125 + H25 @ 250 = 6,080.4 mm^2
$M_L = M_{Lmax} - M_{Lmin}$ = 156.427 - (-35.691) = 192.118 kNm

$$n = \frac{Es}{Ec} = \frac{200,000}{27,804} = 7$$

$$p = \frac{A_s}{b \times d} = \frac{6,080.4}{1,000 \times 906.67} = 0.0067063$$

$$k = -np + \sqrt{((np)^2 + 2np)}$$
$$= -7 \times 0.0067063 + \sqrt{((7 \times 0.0067063)^2 + 2 \times 7 \times 0.0067063)}$$
$$= 0.263$$

$j = 1 - k / 3 = 0.912$

$$\Delta f = \frac{M_L}{A_s \times j \times d} = \frac{192.118 \times 10\hat{}6}{6,080.4 \times 0.912 \times 906.67} = 38.211 \text{ MPa}$$

f_f = 150 MPa > Δf = 38.211 MPa ∴ OK

② 상부 슬래브 2 지간부

M_{Lmax} = 153.809 kNm (활하중과 충격에 의해 발생되는 최대 모멘트)
M_{Lmin} = -33.822 kNm (활하중과 충격에 의해 발생되는 최소 모멘트)
사용철근 : A_s = H29 @ 125 = 5,139.2 mm^2
$M_L = M_{Lmax} - M_{Lmin}$ = 153.809 - (-33.822) = 187.631 kNm

$$n = \frac{Es}{Ec} = \frac{200,000}{27,804} = 7$$

$$p = \frac{A_s}{b \times d} = \frac{5,139.2}{1,000 \times 906.67} = 0.0056682$$

$$k = -np + \sqrt{((np)^2 + 2np)}$$

$$= -7 \times 0.0056682 + \sqrt{((7 \times 0.0056682)^2 + 2 \times 7 \times 0.0056682)}$$

$$= 0.245$$

$$j = 1 - k / 3 = 0.918$$

$$\Delta f = \frac{M_L}{A_s \times j \times d} = \frac{187.631 \times 10^6}{5,139.2 \times 0.918 \times 906.67} = 43.865 \text{ MPa}$$

$$f_f = 150 \text{ MPa} > \Delta f = 43.865 \text{ MPa} \qquad \therefore \text{ OK}$$

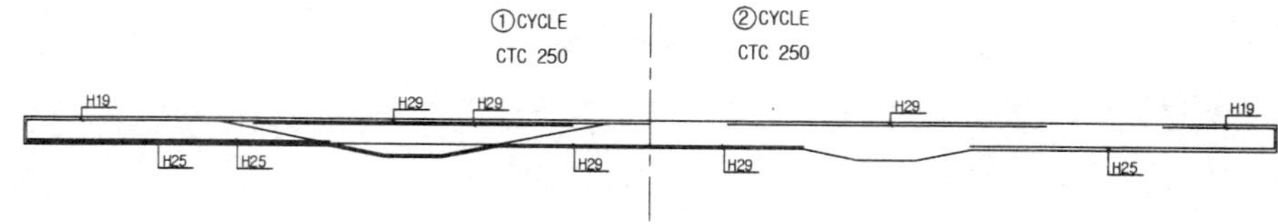

4.7.9 판이론과 뼈대구조이론에 의한 해석결과의 비교

<판이론과 뼈대구조이론으로 산정된 단면력 비교>

구 분	휨모멘트 (kNm)		전단력 (kN)	
	판 해석	뼈대구조해석	판 해석	뼈대구조해석
좌측단부	-407.370	-100.300	714.247	430.530
중앙부(지간 1)	1,090.690	1,169.310	150.393	221.020
중간지점 1	-2,389.110	-2,460.670	1,126.691	644.280
중앙부(지간 2)	1,014.466	1,095.430	120.613	168.610
중간지점 2	-2,389.110	-2,460.670	1,126.691	644.280
중앙부(지간 3)	1,090.690	1,169.310	150.393	221.020
우측단부	-407.370	-100.300	714.247	430.530

본 설계 예에서 판 이론과 뼈대구조이론 해석방법에 의하여 산정된 단면력을 비교하면, 단부에서는 판 해석에 의한 단면력이 큰 값을 갖고 지간 중앙부에서는 뼈대구조이론 해석에 의한 단면력이 다소 큰 값을 갖는 것을 알 수 있다. 지점의 위치와 교량의 사각이 커짐에 따라 지점부에서는 판 해석에 의한 단면력이 크게 산정되고 지간 중앙부에서는 뼈대구조이론 해석에 의한 단면력이 크게 산정되는 경우가 있으므로 단면 검토 시에는 두 가지 해석 방법을 모두 고려하여 검토하는 것이 바람직하나 판 해석이 보다 상세한 해석 방법이므로 판 해석으로 할 경우 뼈대구조이론 해석을 생략할 수도 있다. 또한 사각이 있는 교량의 해석 시 둔각부에 하중이 집중되므로 판 해석에 의해 받침 용량을 산정하는 경우 주의가 필요하다.

507.5 RC 라멘교 설계

5.1 설계흐름도 구성

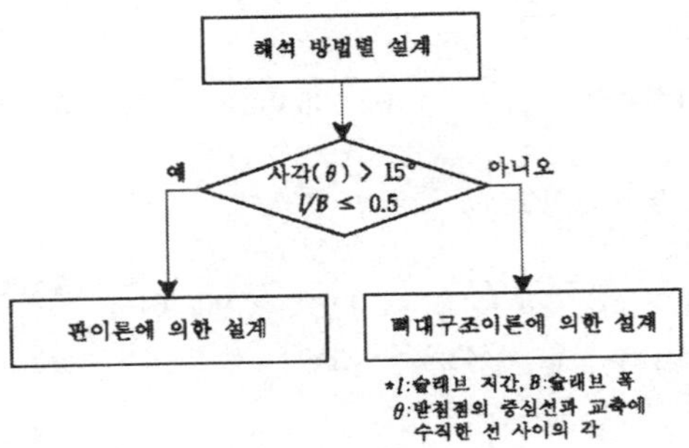

<그림 507.5.1> 설계 흐름도

5.1.1 주설계 단계

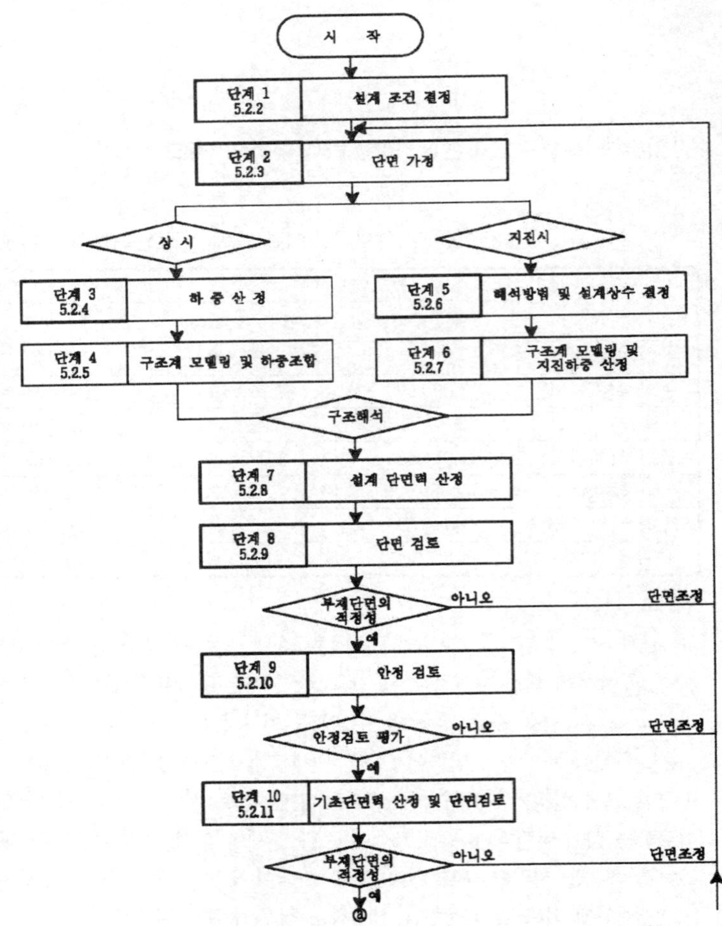

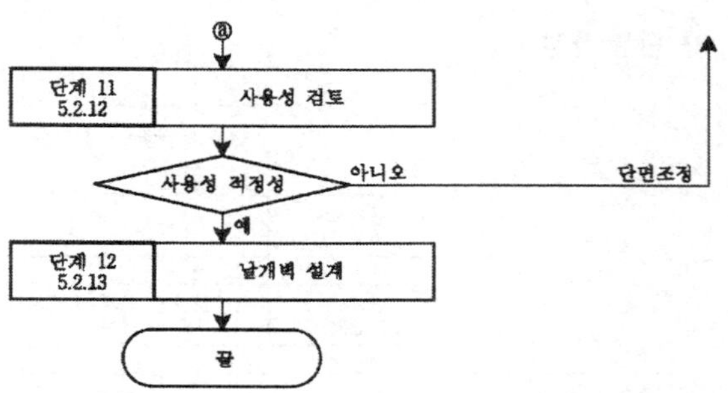

<그림 507.5.2> 주설계 단계

5.1.2 [단계 1] 설계조건 결정

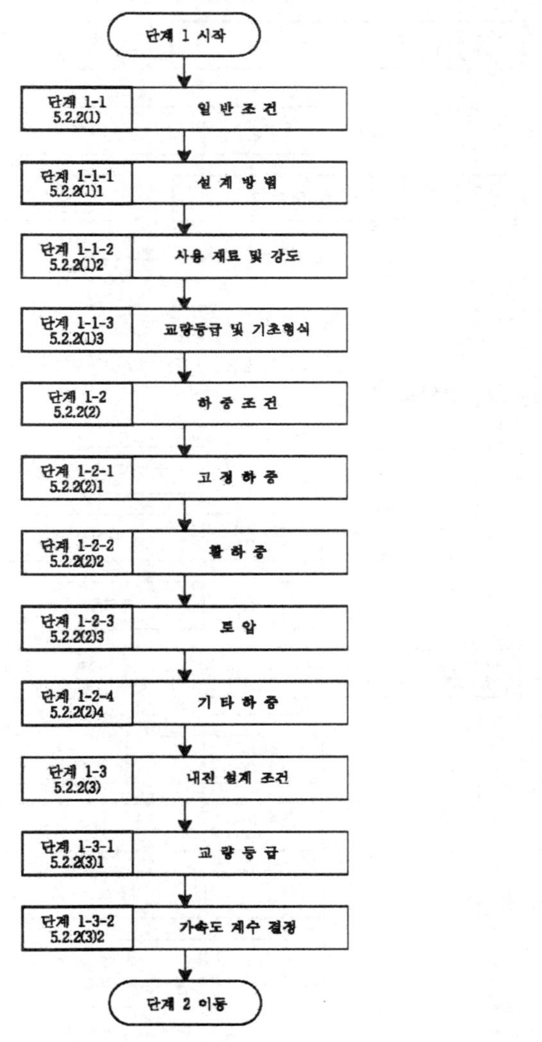

<그림 507.5.3> 설계조건 결정

5.1.3 [단계 2] 단면가정

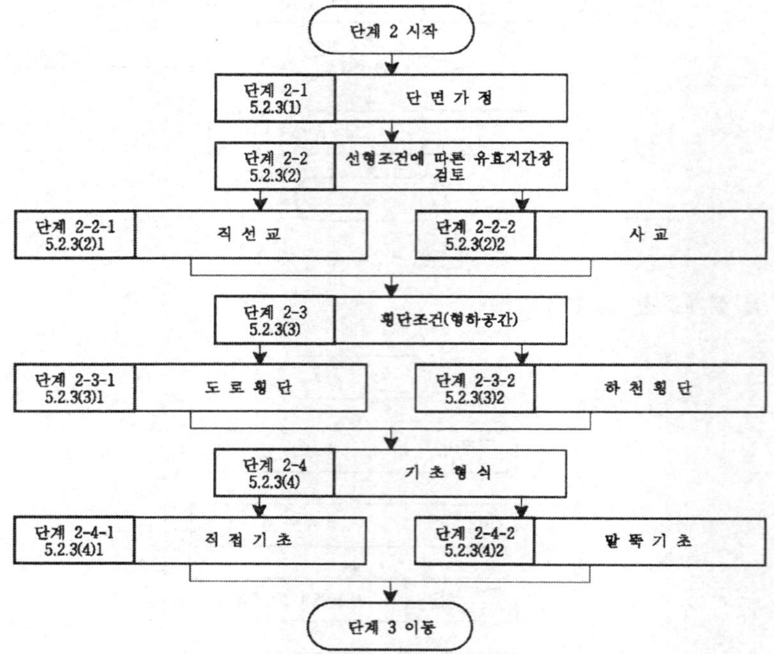

<그림 507.5.4> 단면가정

5.1.4 [단계 3] (상시)하중 산정

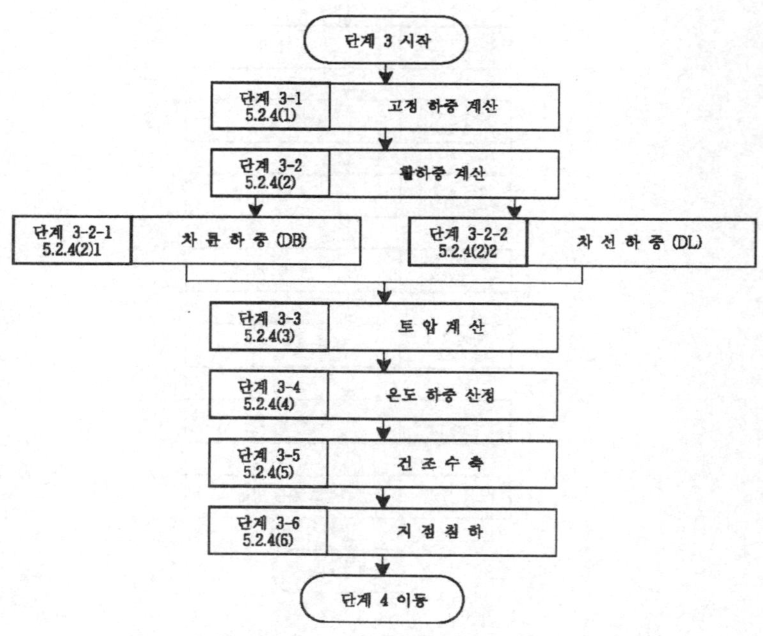

<그림 507.5.5> (상시) 하중산정

5.1.5 [단계 4] (상시) 구조계 모델링 및 하중조합

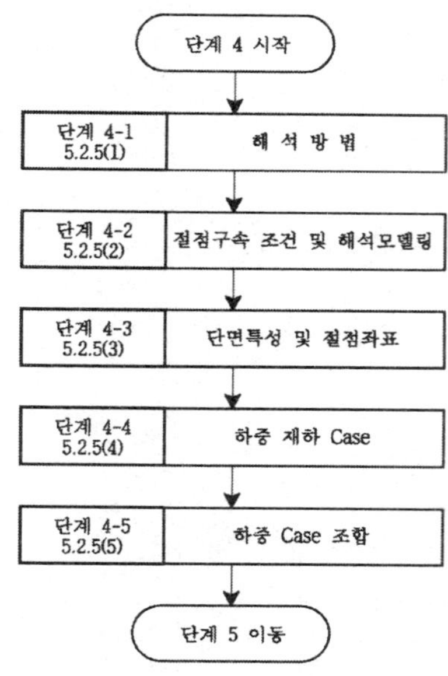

<그림 507.5.6> (상시) 구조계 모델링 및 하중조합

5.1.6 [단계 5] (지진 시) 해석방법 및 설계상수 결정

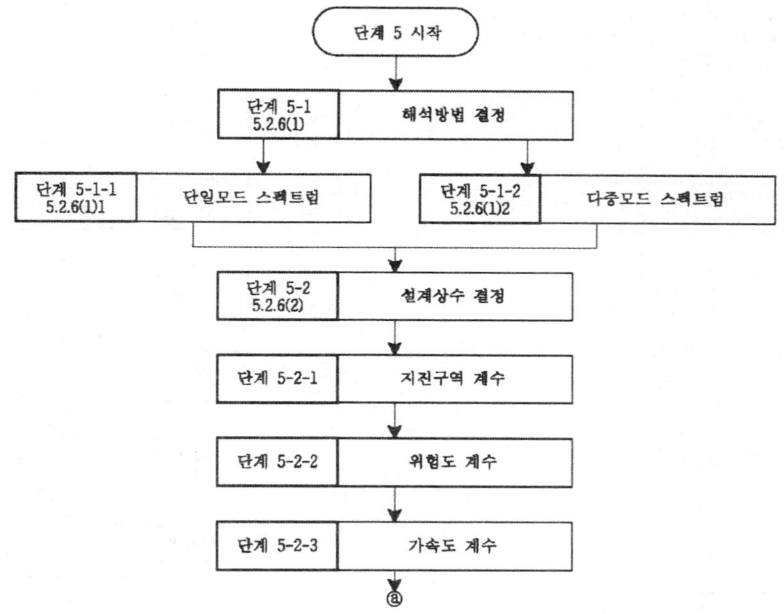

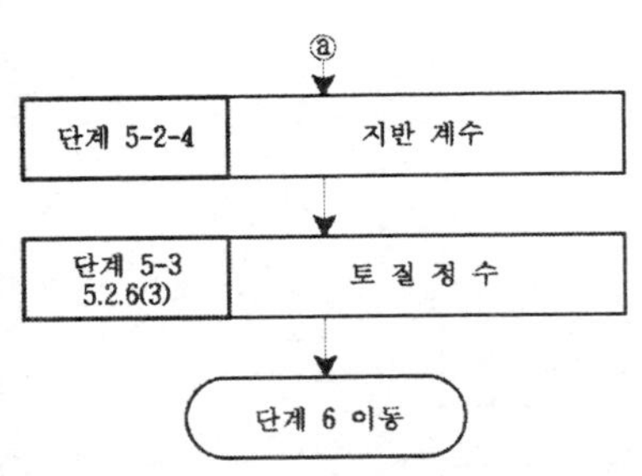

<그림 507.5.7> (지진시) 해석방법 및 설계상수 결정

5.1.7 [단계 6] (지진 시) 구조계 모델링 및 지진하중 산정

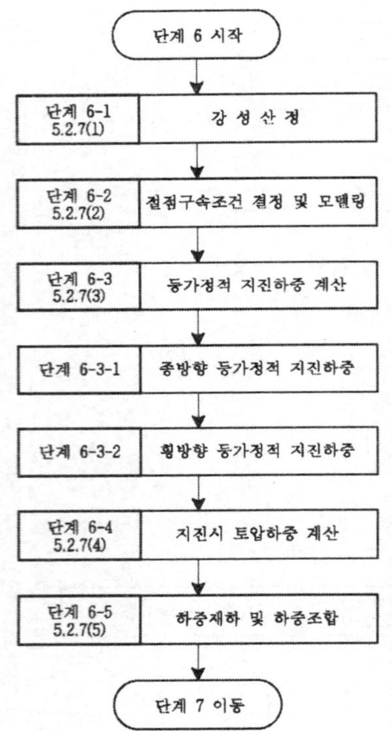

<그림 507.5.8> (지진시) 구조계 모델링 및 지진하중 산정

5.1.8 [단계 7] 설계단면력 산정

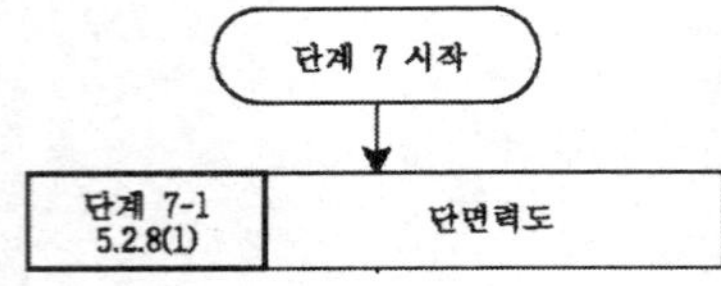

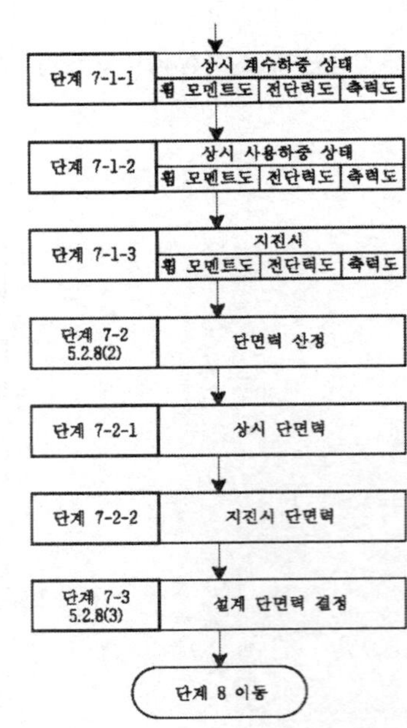

<그림 507.5.9> 설계단면력 산정

5.1.9 [단계 8] 단면검토

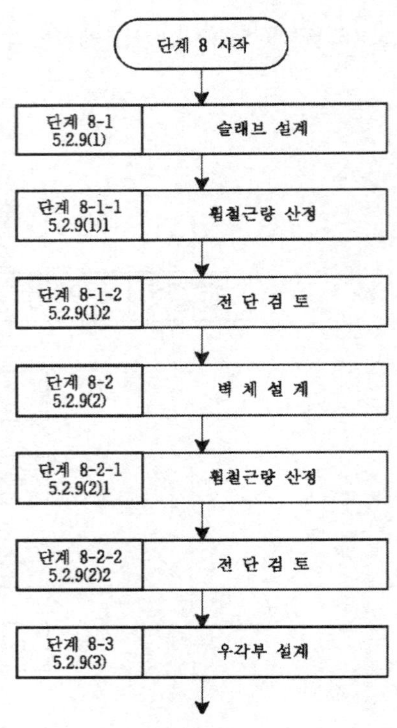

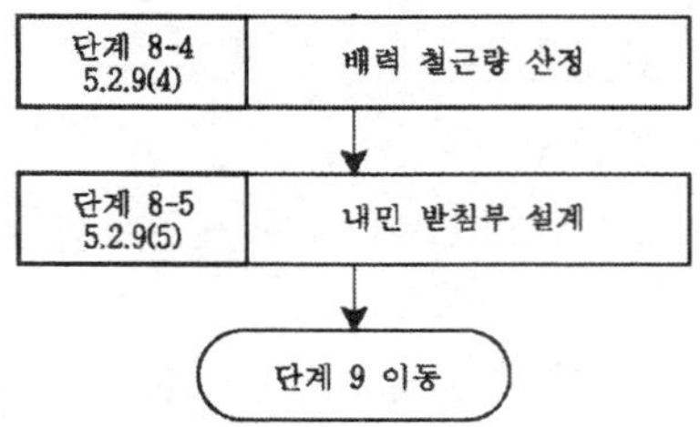

<그림 507.5.10> 단면검토

5.1.10 [단계 9] 안정검토

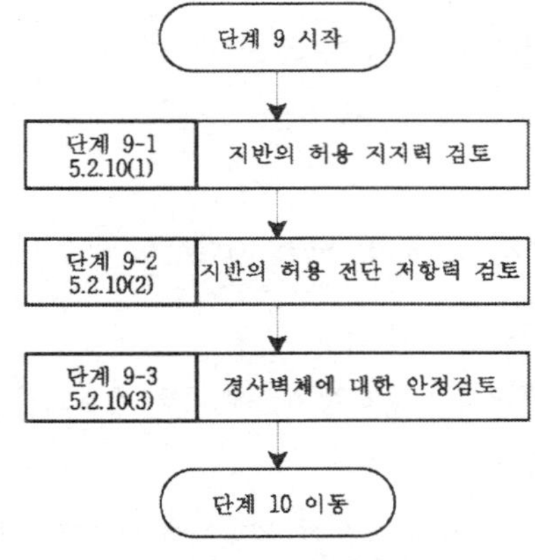

<그림 507.5.11> 안정검토

5.1.11 [단계 10] 기초단면력 산정 및 단면검토

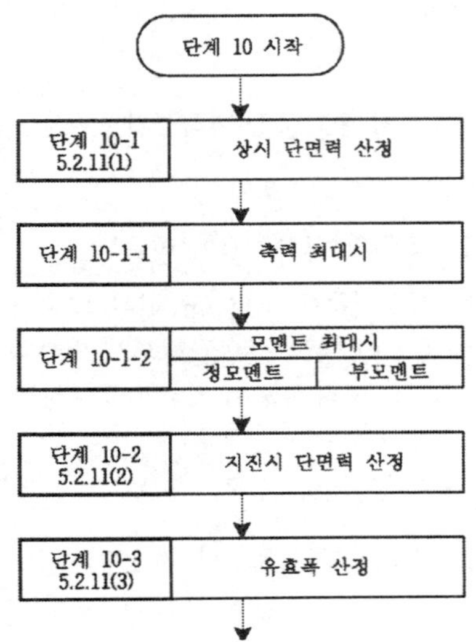

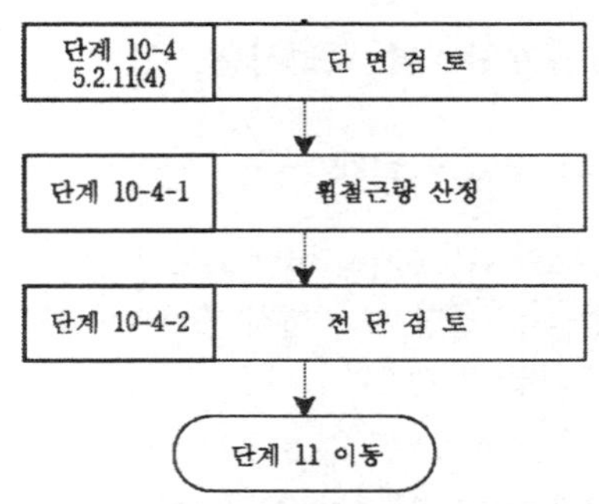

<그림 507.5.12> 기초단면력 산정 및 단면검토

5.1.12 [단계 11] 사용성 검토

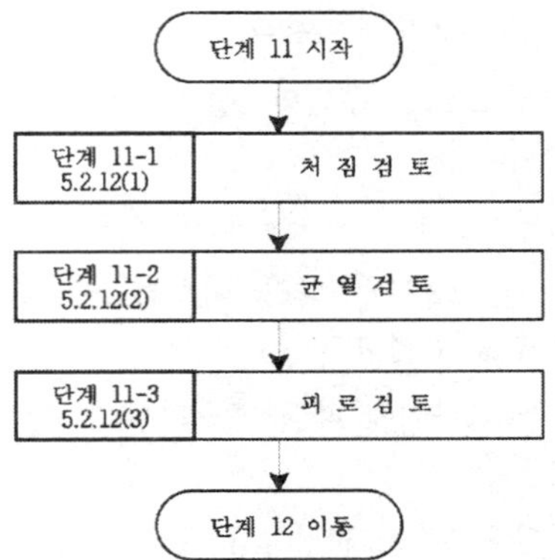

<그림 507.5.13> 사용성 검토

5.1.13 [단계 12] 날개벽 설계

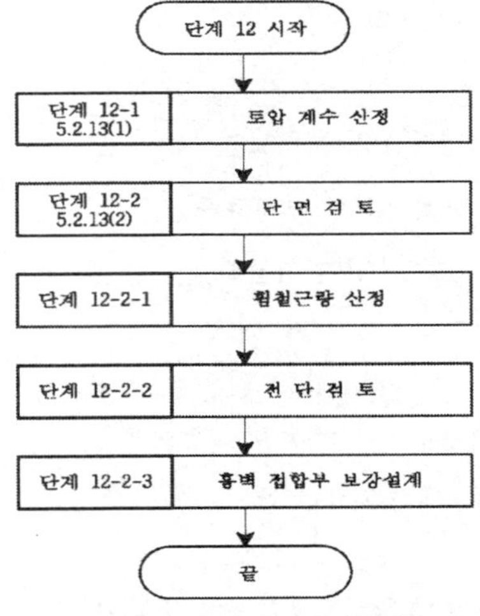

<그림 507.5.14> 날개벽 설계

5.2 설계단계별 고려사항

5.2.1 주설계 단계

설계착수와 동시에 현장조건을 고려하여 교량의 형식을 결정하고 형식결정에 따라 전체적인 설계흐름을 파악한다.

5.2.2 [단계 1] 설계조건 결정

(1) [단계 1-1] 일반조건

① [단계 1-1-1] 설계방법

[도 · 설 4.2.2]에 따른다.

콘크리트교의 주단면 설계는 강도설계법으로 수행한다.

② [단계 1-1-2] 사용재료 및 강도

[도 · 설 2.3.1]에 따라 이형철근의 단위중량과 표준치수를 결정한다.

[도 · 설 2.3.2]에 따라 콘크리트 재료 및 강도를 결정한다.

③ [단계 1-1-3] 교량등급 및 기초형식

[도 · 설 1.3]에 따라 1등교 DB-24, 2등교 DB-18, 3등교 DB-13.5을 결정한다. 또한 [도 · 설 5.5.2]에 따라 지형 및 지질조건, 구조물의 특성, 시공조건, 환경조건 등을 고려하여 직접기초, 말뚝기초를 선정한다.

(2) [단계 1-2] 하중조건

① [단계 1-2-1] 고정하중

[도 · 설 2.1.2]에 따른다.

② [단계 1-2-2] 활 하 중

[도 · 설 2.1.3]에 따르며, [도 · 설 2.1.4]에 따라 충격계수를 산정하여 충격효과를 고려한다.

③ [단계 1-2-3] 토압

[도 · 설 2.1.8]에 따라 교량등급에 관계없이 상시는 정지토압을, 지진 시는 Mononobe-Okabe 토압을 재하한다.

④ [단계 1-2-4] 기타 하중

[도 · 설 2.1.7, 2.1.12]에 따라 크리프 및 건조수축, 온도변화를 고려한다.

[도 · 설 2.1.15]에 따라 지점침하를 고려한다.

(3) [단계 1-3] 내진설계조건

① [단계 1-3-1] 교량등급

[도 · 설 6.3.2]의 내진등급과 설계지진수준을 따른다.

② [단계 1-3-2] 가속도계수 결정

[도 · 설 6.3.1.2]에 따른다.

5.2.3 [단계 2] 단면 가정

(1) [단계 2-1] 단면 가정

(2) [단계 2-2] 선형조건에 따른 유효지간장 검토

① [단계 2-2-1] 직 선 교

[도 · 설 4.8.3.2]의 구조해석에 따르며, 교량중심을 축선으로 한 지간으로 설계한다.

② [단계 2-2-2] 사 교

[도 · 설 4.8.3.2]의 슬래브판의 경간 및 휨모멘트에 따른다.

(3) [단계 2-3] 횡단조건(형하공간)

① [단계 2-3-1] 도로횡단

[도 · 설 1.5.3]의 교차조건에 따른다.

[도로의 시설기준에 관한 규칙]에 따르면 형하고를 H = 4.5 m 이상으로 규정하고 있으나 도로교 설계기준에 따라 4.7 m 이상 확보하도록 한다.

② [단계 2-3-2] 하천횡단

[도 · 설 1.5.3]의 교차조건에 따른다.

하천교에 있어서는 해당 하천의 최대 홍수위(H.W.L)를 구한 후 여유고를 합하여 교량의 형하

고를 구하는 것이 일반적인 방법이다.

(4) [단계 2-4] 기초형식

① [단계 2-4-1] 직접기초

[도 · 설 5.6]에 따른다.

② [단계 2-4-2] 말뚝기초

[도 · 설 5.8]에 따른다.

5.2.4 [단계 3] (상시) 하중산정

(1) [단계 3-1] 고정하중

[도 · 설 2.1.2]에 따르며, 실질량이 명백한 것은 그 값을 사용한다.

(2) [단계 3-2] 활하중

① [단계 3-2-1] 차륜하중(DB)

[도 · 설 2.1.3]에 따르며, 충격계수 포함한다.

차도부분에는 DB 하중을 재하한다. DB 하중은 1개의 교량에 대하여 종방향으로는 차로당 1대를 원칙으로 하고, 횡방향으로는 재하 가능한 대수를 재하하되 설계부재에 최대응력이 일어나도록 재하한다.

3차로 이상에 활하중을 동시 재하함에 따라 설계부재에 최대응력이 발생하는 경우에는 그 활하중 응력을 다음 백분율로 감소시킨다.

3차로 : 90% ; 4차로 이상 : 75%

② [단계 3-2-2] 차선하중(DL)

[도 · 설 2.1.3]에 따르며 충격계수를 포함한다.

DL 하중의 점유폭은 3 m로 한다.

(3) [단계 3-3] 토 압

[도 · 설 5.5.9]에 따른다.

고정벽에 작용하는 토압을 적용하며, 교량등급에 관계없이 교대배면 지표면 상재하중 q= 10 kN/㎡을 재하한다.

(4) [단계 3-4] 온도하중 산정

[도 · 설 2.1.12]에 따른다.

(5) [단계 3-5] 건조수축

[도 · 설 2.1.7]에 따른다.

(6) [단계 3-6] 지점침하

[도 · 설 2.1.15]에 따른다.

콘크리트교에 대해서는 탄성계산에서 구한 값의 50%를 설계계산에 적용한다.

(20 mm × 50% = 10 mm 적용)

5.2.5 [단계 4] (상시) 구조계 모델링 및 하중조합

(1) [단계 4-1] 해석방법

[도 · 설 4.12.3]의 구조해석을 따른다.

(2) [단계 4-2] 절점 구속조건 결정 및 모델링

[도 · 설 4.12.3]의 구조해석 규정을 따른다.

(3) [단계 4-3] 단면특성 및 절점좌표

[도 · 설 4.12.3]의 구조해석 규정을 따른다.

(4) [단계 4-4] 하중재하 Case

· Case 1 -------- 고 정 하 중
· Case 2 -------- 활 하 중
· Case 3 -------- 토 압
· Case 4 -------- 온도하중(+△T°)
· Case 5 -------- 온도하중(-△T°)

· Case 6 -------- 건조수축

· Case 7 -------- 지점침하

(5) [단계 4-5] 하중 Case 조합

[도 · 설 2.2.3]의 설계하중조합에 따른다.

① 계수하중 검토시

계수하중 검토시 하중계수 조합은 <표 507.5.1>를 따른다.

② 사용하중 검토시

사용하중 검토시 하중계수 조합은 <표 507.5.2>을 따른다.

5.2.6 [단계 5] (지진 시) 해석방법 및 설계상수 결정

(1) [단계 5-1] 해석방법 결정

단일모드 스펙트럼해석법을 기본으로 하며 정밀한 해석을 요하는 교량에 대해서는 다중모드 스펙트럼해석법을 적용한다.

① [단계 5-1-1] 단일모드 스펙트럼

[도 · 설 6.5.3]에 따라 계산한다.

② [단계 5-1-2] 다중모드 스펙트럼

[도 · 설 6.5.4]에 따라 계산한다.

(2) [단계 5-2] 설계상수 결정

[도 · 설 6.3]의 일반사항에 따른다.

(3) [단계 5-3] 토질정수

다음과 같은 지반조사 결과를 근거로 토질정수를 결정한다.

표준관입시험(N), 흙의 내부 마찰각(ϕ), 흙의 변형계수(E_o), 흙의 전단탄성계수(G), 포아송비(ν)

5.2.7 [단계 6] (지진 시) 구조계 모델링 및 지진하중 산정

<표 507.5.1> 하중계수 조합(계수하중 검토시)

하중 \ 하중조합	고정하중	활하중	토압	온도하중 (⊿T)	온도하중 (-⊿T)	건조수축	지점침하	비 고
Comb 1	1.3		1.7					
Comb 2	1.3		0.65					
Comb 3	1.3	2.15	1.7					
Comb 4	1.3	2.15	0.65					
Comb 5	1.3	1.3	1.7	1.3			1.3	
Comb 6	1.3	1.3	1.7		1.3	1.3	1.3	
Comb 7	1.3	1.3	0.65	1.3			1.3	
Comb 8	1.3	1.3	0.65		1.3	1.3	1.3	
Comb 9	1.25		1.65	1.25			1.25	
Comb 10	1.25		1.65		1.25	1.25	1.25	
Comb 11	1.25		0.65	1.25			1.25	
Comb 12	1.25		0.65		1.25	1.25	1.25	

※ 건조수축은 -15℃의 온도하중으로 변환 설계됨.
(건조수축율 : 15×10^{-5}, 온도 선팽창 계수 : 1.0×10^{-5})

$$\therefore \quad \Delta T^{\circ} = \frac{15\times10^{-5}}{1.0\times10^{-5}} = 15℃$$

<표 507.5.2> 하중계수 조합(사용하중 검토시)

하중조합 \ 하중	고정하중	활하중	토압	온도하중 (⊿T)	온도하중 (-⊿T)	건조수축	지점침하	비 고
Comb 13	1.0	1.0	1.0					
Comb 14	1.0	1.0	0.5					
Comb 15	1.0	1.0	1.0	1.0			1.0	
Comb 16	1.0	1.0	1.0		1.0	1.0	1.0	
Comb 17	1.0	1.0	0.5	1.0			1.0	
Comb 18	1.0	1.0	0.5		1.0	1.0	1.0	
Comb 19	1.0		1.0				1.0	
Comb 20	1.0		0.5				1.0	

(1) [단계 6-1] 강성산정

[도·시 제5편 6.4]에 따라 기초와 교대의 강성을 계산한다.

(2) [단계 6-2] 절점구속조건 및 모델링

① 절점구속 조건의 결정

연직방향의 하단은 지반의 부재간의 상대변위가 없는 면으로 하고, 직접기초인 경우 기초부의 횡방향 강성이 기둥 또는 벽체의 강성보다 현저히 큰 경우 분리해석방법을 적용하기 위해 기초상면을 설계기준면으로 한다.

강성벽체인 경우 회전강성과 변위강성을 설계기준면상 등가집중 스프링으로 치환하여 적용한다.

② 모델링

구조물의 질량을 집중시키고, 이 절점 사이를 질량이 없는 적절한 요소로 연결한다. 이 연결요소로는 보통 보요소를 사용하게 되며, 특수한 경우 강체 요소 또는 스프링 요소(또는 트러스 요소)를 병용하게 되므로 연결요소의 강성계산을 위한 부재단면 성질을 산정해야 한다. 여기서, 강체요소 및 스프링 요소의 단면성질은 보요소의 단면성질의 계산방법과 동일하게 적용한다.

(3) [단계 6-3] 등가정적 지진하중 산정

[도·설 6.5.3]에 따른다.

(4) [단계 6-4] 지진시 토압하중

[도·설 6.6.3.2]에 따라 Mononobe-Okabe의 등가정적하중법을 이용한다. 가속도계수 A가 0.25 이하일 때는 지진에 의한 수직하중의 영향이 적으므로 생략할 수 있으며 P_A, P_{AE}의 합력작용점은 다음의 식으로 작용점을 계산한다.

$$h = \frac{(P_A \cdot H/3) + (P_{EH} \cdot 0.6H)}{P_{AE}} \qquad (507.5.1)$$

여기서,

P_{AE} : 지진시 주동토압에 의한 라멘교 벽체에 작용하는 Total Force (정적주동토압 + 동적주동토압).

P_A : 정적주동토압(작용점 H/3)

P_{EH} : 수평방향지진에 의한 동적주동토압 (작용점 0.6H)

H : 벽체 높이

(5) [단계 6-5] 하중재하 및 하중조합

[도·설 2.2.3]의 설계하중 및 [도·설 6.4.4]의 직교 지진력의 조합에 따른다.

① 하중재하 Case

· Case 1 : 종방향 등가정적 지진하중

· Case 2 : 횡방향 등가정적 지진하중

· Case 3 : 고정하중

· Case 4 : 지진 시 토압하중

② 하중 Case 조합

하중조합은 <표 507.5.3> 하중계수 조합을 따른다.

직선교이며 직교인 경우 1축 방향 구조해석에 의한 2축 방향 분격이 발생치 않으므로 위의 하중조합은 간단해지며, 횡방향 강성이 매우 크므로 횡방향 해석을 생략할 수 있다.

5.2.8 [단계 7] 설계단면력 산정

상시 및 지진시 단면력을 각각 산정하여 이를 서로 비교한 후 지배적인 단면력을 결정한다.

5.2.9 [단계 8] 단면검토

(1) [단계 8-1] 슬래브 설계

① [단계 8-1-1] 휨철근량 산정

[도 · 설 4.3.6]의 규정에 따른다.

② [단계 8-1-2] 전단검토

[도 · 설 4.4.6]의 규정에 따른다.

(2) [단계 8-2] 벽체설계

① [단계8-2-1] 휨철근량 산정

[도 · 설 4.3.6]의 규정에 따른다.

② [단계 8-2-2] 전단검토

[도 · 설 4.4.6]의 규정에 따른다.

(3) [단계 8-3] 우각부 설계

[도 · 설 4.12.5] 구조상세 및 [콘 · 설 Ⅶ.3] 설계방법 규정에 따른다.

(4) [단계 8-4] 배력철근량 산정

[도 · 설 4.7.5.7] 및 [콘 · 설 5.7]의 수축, 온도철근 규정에 따른다.

(5) [단계 8-5] 내민 받침부 설계

[도 · 설 4.4.6.8] 및 [콘 · 설 7.8]의 브래킷과 내민받침에 의한 전단설계의 규정에 따른다.

5.2.10 [단계 9] 안정검토

본 편람 '509 하부구조편'을 참고한다.

5.2.11 [단계 10] 기초단면력 산정 및 단면검토

본 편람 '509 하부구조편'을 참고한다.

5.2.12 [단계 11] 사용성 검토

(1) [단계 11-1] 처짐검토

[도 · 설 4.4.9.5] 및 [콘 · 설 4.3]에 따른다.

(2) [단계 11-2] 균열검토

본 편람 [507.4.4.8] 판 해석에 의한 설계고려사항 [단계 8]을 참고한다.

(3) [단계 11-3] 피로검토

[도 · 설 4.4.9.6]에 따른다.

<표 507.5.3> 하중계수 조합

하중조합 \ 하중	종방향 등가정적 지진하중	횡방향 등가정적 지진하중	고 정 하 중	지진시 토압	비 고
Comb 1	1.0	0.3	1.0	1.0	
Comb 2	1.0	0.3	1.0	0.65	
Comb 3	0.3	1.0	0.3	0.3	
Comb 4	0.3	1.0	0.3	0.195	

5.3 RC 라멘교 설계 예

5.3.1 [단계 1] 설계조건 결정

(1) [단계 1-1] 일반 조건

① 설계방법 : 강도설계법

② 사용재료 및 설계기준강도

가. 콘크리트

- f_{ck} = 27.0 MPa
- E_c = 27,804.0 MPa

나. 철 근 (SD 400)

다. 교량등급 및 기초형식

- 교량등급 : 1등교
- 기초형식 : 직접기초

라. 사 각 : 0° (직교)

(2) [단계 1-2] 하중조건

① 고정하중(단위질량)

- 철근 콘크리트 : 2,500.0 kg/m^3
- 아스팔트 포장 : 2,300.0 kg/m^3
- 뒷채움 토사 : 2,000.0 kg/m^3

② 활하중

- 1등급교 : DB-24, DL-24
- 상재하중 : 10.00 kN/m^2

③ 토압

- 흙의 내부마찰각 : ϕ = 35.00°
- 정지토압계수 : K_o = 1 - Sinϕ = 0.426

④ 온도하중

- 바닥판 상하면 온도차 : ± 5 ℃
- 콘크리트교의 온도변화 범위 : ±10 ℃ (단면최소치수 : 900 mm)

⑤ 건조수축

- 건조수축률(ε) : 15.00 × 10^{-5}
- 선팽창계수(α) : 1.000 × 10^{-5}

⑥ 지점침하

- 콘크리트교이므로 δ = 10.0 mm를 고려한다.

(3) [단계 1-3] 내진설계 조건

① 내진등급 : 1등급

② 가속도 계수 : $A = 1.4 \times 0.11 = 0.154$

5.3.2 [단계 2] 단면 가정

(1) [단계 2-1] 단면 가정

① 횡단면도

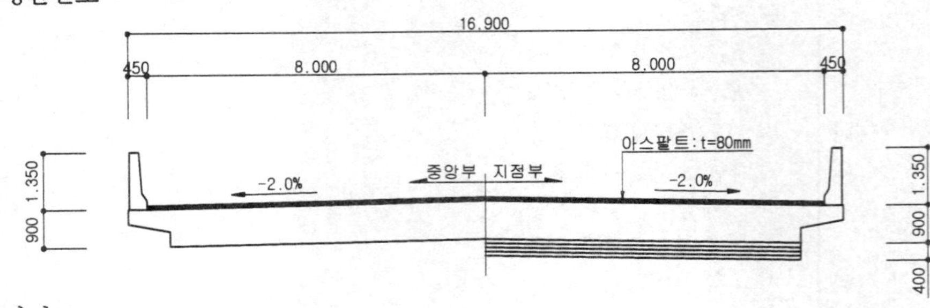

② 단면도

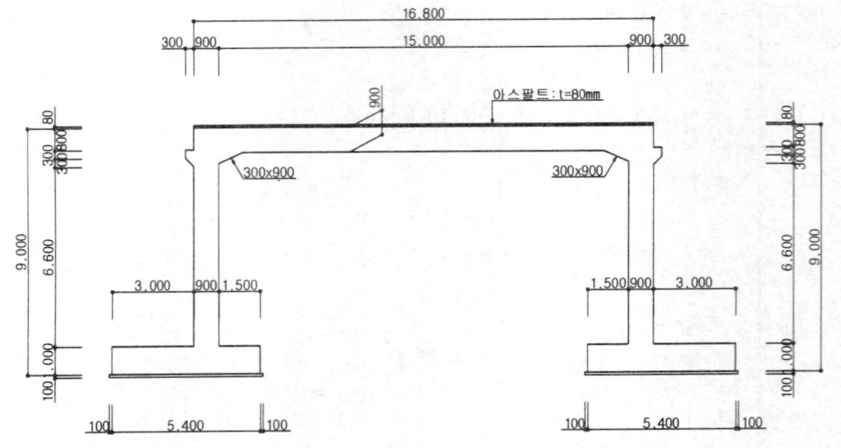

③ 기타단면(방호벽)

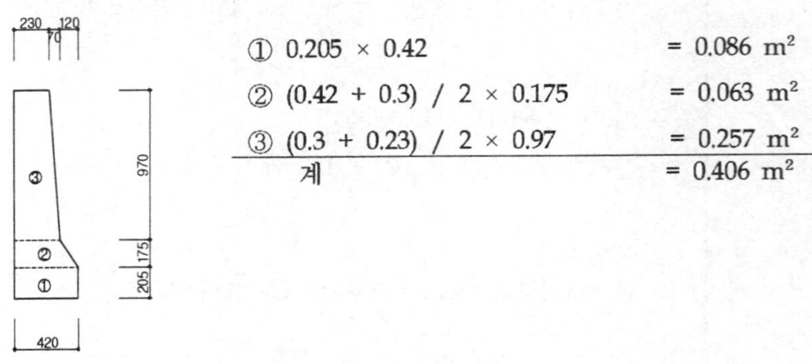

① 0.205×0.42 = $0.086\ m^2$

② $(0.42 + 0.3)\ /\ 2 \times 0.175$ = $0.063\ m^2$

③ $(0.3 + 0.23)\ /\ 2 \times 0.97$ = $0.257\ m^2$

계 = $0.406\ m^2$

(2) [단계 2-2] 선형조건에 따른 유효지간장 검토
- 직교이므로 지간 l = 15.9 m를 적용함

5.3.3 [단계 3] (상시) 하중산정

(1) [단계 3-1] 고정하중

① 구체자중 : 프로그램내에서 자동고려

② 기타 고정하중 (횡방향에 대해 단위폭당 하중으로 계산하여 등분포하중으로 재하)

- 포 장 : (0.08 × 23.0) × 16.0 / 16.9 = 1.742 kN/m²
- 방 호 벽 : (0.406 + 0.406) × 25.0 / 16.9 = 1.201 kN/m²

합 계 : = 2.943 kN/m²

(2) [단계 3-2] 활하중
→ 횡방향에 대하여 단위폭당 하중을 계산

① 설계지간 : 15.9 m

② 연석간의 교폭 : 16.0 m

③ 유효폭 산정 : [도 · 설 4.7.5.1]
$E = 1.2 + 0.06 \times L = 2.154\ \text{m} \leq 2.1\ \text{m},\ \therefore\ E = 2.1\ \text{m}$

④ 충격계수 산정
$i = 15\ /\ (40 + L) = 0.268\ \text{m} \leq 0.3\ \text{m},\ \therefore\ i = 0.268$

⑤ 설계차로 선정 : 연석간의 교폭(W_c)이 16.0 m이므로 4차로를 재하한다.

W_c의 범위	차로수	W_c의 범위	차로수
$6.0 \leq W_c < 9.1$	2	$23.8 \leq W_c < 27.4$	7
$9.1 \leq W_c < 12.8$	3	$27.4 \leq W_c < 31.1$	8
$12.8 \leq W_c < 16.4$	4	$31.1 \leq W_c < 34.7$	9
$16.4 \leq W_c < 20.1$	5	$34.7 \leq W_c < 38.4$	10
$20.1 \leq W_c < 23.8$	6		

⑥ 차로수에 따른 활하중(DB-24, DL-24) 산정

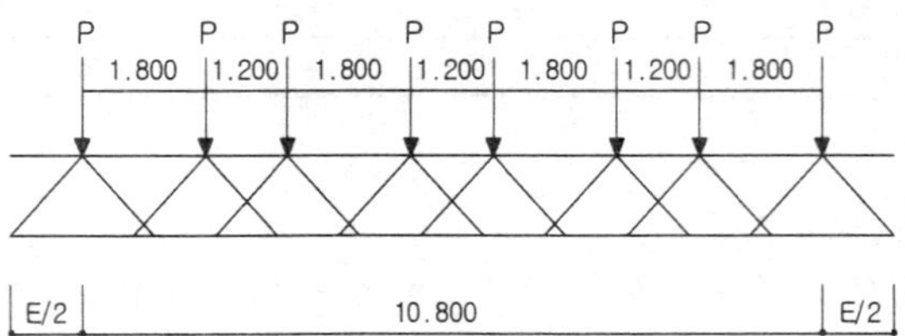

가. DB-24 : 2차로 재하시 적용
- 1차로 재하시

$E_a = 1.8 \times 1 + 1.2 \times 0 + 2.1 = 3.900\ \text{m}$

$P_f = 2 \times 24.0 \times (1 + 0.268)\ /\ 3.9 = 15.606\ \text{kN}$

$P_r = 2 \times 96.0 \times (1 + 0.268)\ /\ 3.9 = 62.425\ \text{kN}$

- 2차로 재하시

E_a = 1.8 × 2 + 1.2 × 1 + 2.1 = 6.900 m

P_f = 4 × 24.0 × (1 + 0.268) / 6.9 = 17.642 kN

P_r = 4 × 96.0 × (1 + 0.268) / 6.9 = 70.567 kN

- 3차로 재하시 : 90% 적용

E_a = 1.800 × 3 + 1.200 × 2 + 2.100 = 9.900 m

P_f = 6 × 24.0 × (1 + 0.268) / 9.9 × 0.9 = 16.599 kN

P_r = 6 × 96.0 × (1 + 0.268) / 9.9 × 0.9 = 66.397 kN

- 4차로 재하시 : 75% 적용

E_a = 1.8 × 4 + 1.2 × 3 + 2.1 = 12.900 m

P_f = 8 × 24.0 × (1 + 0.268) / 12.9 × 0.75 = 14.154 kN

P_r = 8 × 96.0 × (1 + 0.268) / 12.9 × 0.75 = 56.618 kN

나. DB-24

- 모멘트 계산시

P_m = 108.0 × (1 + 0.268) / 3 = 45.648 kN

- 전단력 계산시

P_s = 156.0 × (1 + 0.268) / 3 = 65.936 kN

- 등분포하중

w = 12.7 × (1 + 0.268) / 3 = 5.368 kN/m

다. 단위폭당 활하중

구분	E (m)	DB-24		DL-24			비고
		P_r (kN)	P_f (kN)	w (kN)	P_m (kN)	P_s (kN)	
1차로	3.9	62.425	15.606	5.368	45.648	65.936	
2차로	6.9	70.567	17.642	5.368	45.648	65.936	적용
3차로	9.9	66.397	16.599	5.368	45.648	65.936	
4차로	12.9	56.618	14.154	5.368	45.648	65.936	

(3) [단계 3-3] 토압

① 정지토압 계수 : K_o = 1.0 - sinϕ = 1.0 - sin35.0° = 0.426

② 상재하중 : 10.0 kN/m²

③ 평상시 작용토압

$q1$ = 0.426 × (10.0 + 0.08 × 23.0 + 0.45 × 20.0) = 8.878 kN/m²

$q2$ = 8.878 + 0.426 × 0.450 × 20.0 = 12.712 kN/m²

$q3$ = 8.878 + 0.426 × 0.525 × 20.0 = 13.351 kN/m²

$q4$ = 8.878 + 0.426 × 0.750 × 20.0 = 15.268 kN/m²

$q5$ = 8.878 + 0.426 × 2.450 × 20.0 = 29.752 kN/m²

$q6$ = 8.878 + 0.426 × 4.150 × 20.0 = 44.236 kN/m²
$q7$ = 8.878 + 0.426 × 5.850 × 20.0 = 58.720 kN/m²
$q8$ = 8.878 + 0.426 × 7.550 × 20.0 = 73.204 kN/m²

(4) [단계 3-4] 온도하중

① 콘크리트교의 온도변화 범위 : ± 10 ℃ (단면최소치수 : 900 mm)

② 바닥판 상하면 온도차 : ± 5 ℃

(5) [단계 3-5] 건조수축

① 선팽창계수(α) : 1.0×10^{-5}

② 건조수축률(ε) : 15.0×10^{-5}

③ 15 ℃ 의 온도하중으로 변환하여 설계한다.

$\Delta T = -\varepsilon / \alpha$ = -0.000150 / 0.000010 = -15 ℃

(6) [단계 3-6] 지점침하

지반조건 및 기초의 종류에 따른 침하량 계산에 의하여 부등침하량을 산정한다.
다만, 본 예제에서의 지점침하는 20 mm 로 추정하여 설계하였다.(콘크리트교에서는 탄성설계력의 50% 를 적용, [도 · 설 2.1.15])→ 지점침하는 10 mm 로 탄성해석에 적용.

5.3.4 [단계 4] (상시) 구조계 모델링 및 하중조합

(1) [단계 4-1] 해석방법

- 뼈대구조이론에 의해 해석

(2) [단계 4-2] 절점구속 조건 및 해석 모델링

- 벽체와 기초가 강결된 경우로 기초상면을 고정단으로 간주

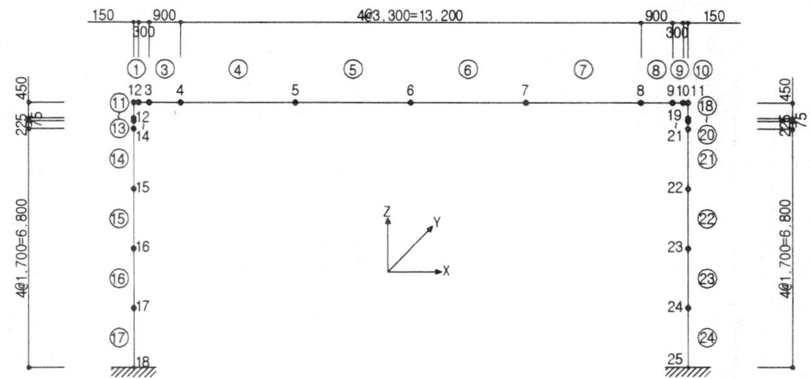

- 강역구간 설정

: 기둥과 보의 절점부에 특히 큰 헌치가 있는 경우나 보부재 또는 기둥부재의 부재두께가 매우 큰 경우에는 강역의 영향을 무시할 수 없으므로 [도 · 설 4.12.3]

강역 고려 여부는 설계자가 판단하되, 본 예제에서는 강역을 설정하여 구조 모델링을 실시하였다.

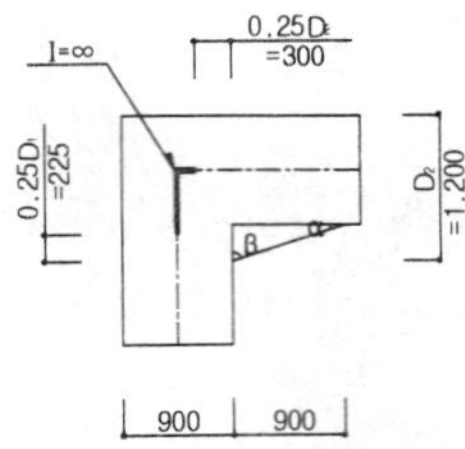

- α = 18.435°
- β = 71.565°
- 강역 계산 결과
  슬래브 : 150.0 mm
  벽 체 : 525.0 mm

(3) [단계 4-3] 절점좌표 및 단면특성

① 절점 좌표

절점	X	Z	절점	X	Z	절점	X	Z
1	0.000	7.550	10	15.750	7.550	19	15.900	7.100
2	0.150	7.550	11	15.900	7.550	20	15.900	7.025
3	0.450	7.550	12	0.000	7.100	21	15.900	6.800
4	1.350	7.550	13	0.000	7.025	22	15.900	5.100
5	4.650	7.550	14	0.000	6.800	23	15.900	3.400
6	7.950	7.550	15	0.000	5.100	24	15.900	1.700
7	11.250	7.550	16	0.000	3.400	25	15.900	0.000
8	14.550	7.550	17	0.000	1.700			
9	15.450	7.550	18	0.000	0.000			

② 단면 특성

구 분		B (m)	H (m)	A (m²)	I (m⁴)	적용절점
슬래브	①	1.0	0.9	0.9	0.060750	4~8
	②	1.0	1.2	1.2	0.144000	2, 3, 9, 10
	③	1.0	1.2	1.2	∞	1, 11
벽 체	①	1.0	0.9	0.9	0.060750	14 ~ 18, 21 ~ 25
	②	1.0	0.975	0.975	0.077238	13, 20
	③	1.0	1.0	1.0	∞	1, 11, 12, 19

(4) [단계 4-4] 하중재하

① 고정하중

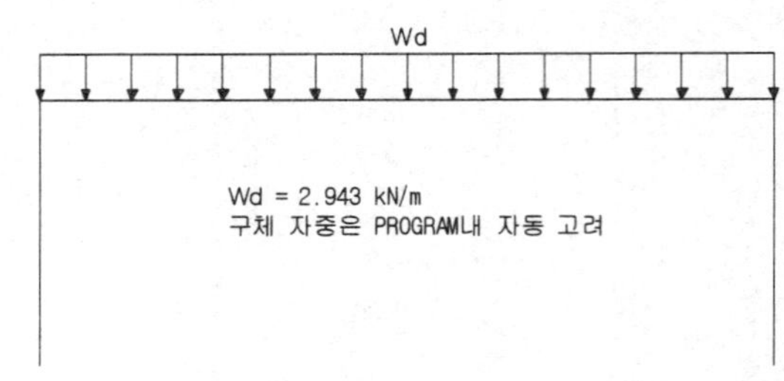

② 활하중

가. DB-24

나. DL-24

③ 양토압

④ 편토압

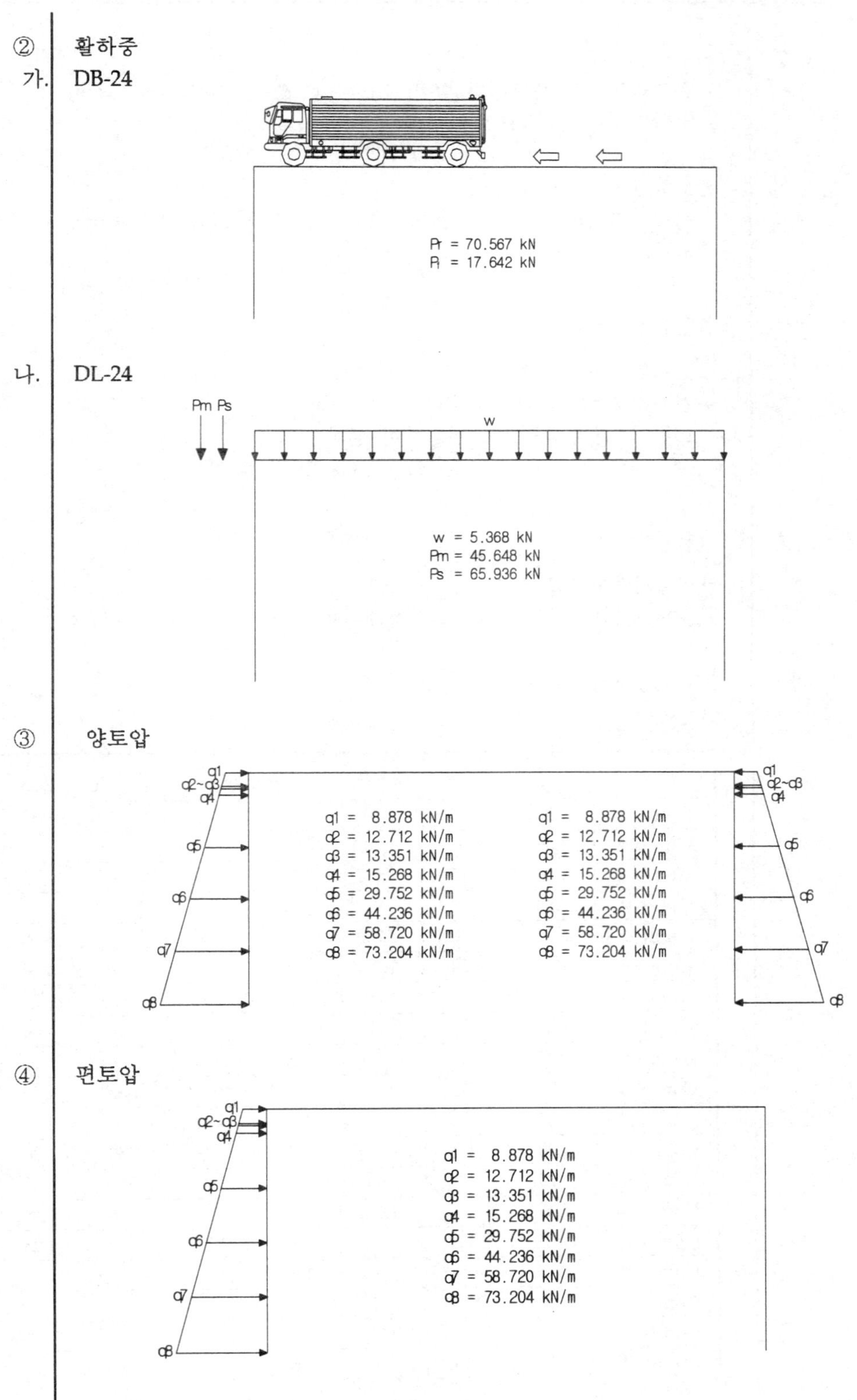

⑤ 온도하중 (+)

- 콘크리트교의 온도변화 범위 : 10 ℃ (단면최소치수 : 900 mm)
- 바닥판 상하면 온도차 : 5 ℃

⑥ 온도하중 (-)

- 콘크리트교의 온도변화 범위 : -10 ℃ (단면최소치수 : 900 mm)
- 바닥판 상하면 온도차 : -5 ℃

⑦ 건조수축

- 선팽창계수(α) : 1.0×10^{-5}
- 건조수축률(ε) : 15.0×10^{-5}
- 15℃ 의 온도하중으로 변환하여 설계한다.
  $\Delta T = -\alpha \,/\, \varepsilon$ = -0.000150 / 0.000010 = -15 ℃

⑧ 지점침하

탄성설계력의 50%를 적용
→ 지점침하(δ)는 10 mm 로 탄성해석에 적용.

(5) [단계 4-5] 하중조합

① 계수하중 조합

구 분	고정하중	활하중	양토압	편토압	온도하중(+)	온도하중(-)	건조수축	지점침하
Comb 1	1.30	2.15	1.70					
Comb 2	1.30		1.70					
Comb 3	1.30	2.15		1.70				
Comb 4	1.30			1.70				
Comb 5	1.30	1.30	1.70		1.30		1.30	1.30
Comb 6	1.30	1.30	1.70			1.30	1.30	1.30
Comb 7	1.30		1.70		1.30		1.30	1.30
Comb 8	1.30		1.70			1.30	1.30	1.30
Comb 9	1.30	1.30		1.70	1.30		1.30	1.30
Comb 10	1.30	1.30		1.70		1.30	1.30	1.30
Comb 11	1.30			1.70	1.30		1.30	1.30
Comb 12	1.30			1.70		1.30	1.30	1.30
Comb 13	1.25		1.65		1.25		1.25	1.25
Comb 14	1.25		1.65			1.25	1.25	1.25
Comb 15	1.25			1.65	1.25		1.25	1.25
Comb 16	1.25			1.65		1.25	1.25	1.25
Comb 17	1.30	2.15	0.65					
Comb 18	1.30		0.65					
Comb 19	1.30	2.15		0.65				

구 분	고정 하중	활하중	양토압	편토압	온도 하중(+)	온도 하중(-)	건조 수축	지점 침하
Comb 20	1.30			0.65				
Comb 21	1.30	1.30	0.65		1.30		1.30	1.3
Comb 22	1.30	1.30	0.65			1.30	1.30	1.3
Comb 23	1.30		0.65		1.30		1.30	1.3
Comb 24	1.30		0.65			1.30	1.30	1.3
Comb 25	1.30	1.30		0.65	1.30		1.30	1.3
Comb 26	1.30	1.30		0.65		1.30	1.30	1.3
Comb 27	1.30			0.65	1.30		1.30	1.3
Comb 28	1.30			0.65		1.30	1.30	1.3
Comb 29	1.25		0.65		1.25		1.25	1.25
Comb 30	1.25		0.65			1.25	1.25	1.25
Comb 31	1.25			0.65	1.25		1.25	1.25
Comb 32	1.25			0.65		1.25	1.25	1.25

② 사용하중 조합

구 분	고정 하중	활하중	양토압	편토압	온도 하중(+)	온도 하중(-)	건조 수축	지점 침하
Comb 33	1.00	1.00	1.00					
Comb 34	1.00		1.00					
Comb 35	1.00	1.00		1.00				
Comb 36	1.00			1.00				
Comb 37	1.00	1.00	1.00		1.00		1.00	1.00
Comb 38	1.00	1.00	1.00			1.00	1.00	1.00
Comb 39	1.00		1.00		1.00		1.00	1.00
Comb 40	1.00		1.00			1.00	1.00	1.00
Comb 41	1.00	1.00		1.00	1.00		1.00	1.00
Comb 42	1.00	1.00		1.00		1.00	1.00	1.00
Comb 43	1.00			1.00	1.00		1.00	1.00
Comb 44	1.00			1.00		1.00	1.00	1.00

- 무분별하게 편토압을 고려할 경우 과다설계를 조장할 우려가 있으므로 구조물 설치 여건상 편토압을 받는 경에만 편토압 하중조합을 고려하여야 한다.

5.3.5 [단계 5] (지진시) 해석방법 및 설계상수 결정

(1) [단계 5-1] 해석방법

- 단일모드 스펙트럼 해석법

(2) [단계 5-2] 내진설계 상수 결정

① 지진구역계수 : I 구역 (0.11)

② 위험도계수 : 1.4

③ 가속도계수 : A = 1.4 × 0.11 = 0.154

④ 지반계수(Ⅱ) : S = 1.2

(3) [단계 5-3] 토질정수

① N = 30

② 흙의 내부 마찰각(ϕ) : 35 °

③ 흙의 변형 계수(E_o) = 84,000 kN/m²

: 양질의 뒷채움재를 사용하는 경우에 더 낮은 E_o값을 사용할 수 있음.

④ 흙의 전단 탄성 계수(G) = E_o / { 2 × (1 + v)} = 31,111.1 kN/m²

⑤ 포아송비(ν) = 0.35

5.3.6 [단계 6] (지진시) 구조계 모델링 및 지진하중 산정

(1) [단계 6-1] 강성 산정 [도 · 시 제5편 6.4]

① 벽체의 변위와 회전에 대한 강성

가. 종방향(교축방향 : X-DIR) 변위강성

K_S = 0.425 × E_o × B

= 0.425 × 84,000 × 16.9

= 603,330 kN/m

나. 횡방향(교축직각방향 : Y-DIR) 회전강성

K_R = 0.072 × E_o × B × H^2

= 0.072 × 84,000 × 16.9 × 7.550²

= 5,826,294 kNm/rad

다. Y축, Z축으로의 변위강성과 X축, Z축에 대한 회전강성은 무시한다.

② 기초의 변위와 회전에 대한 강성

얕은 사각형 기초의 동적거동에 관한 스프링 계수는 반무한체 표면에 구속된 원형기초의 계수로 수정하여 구한다.

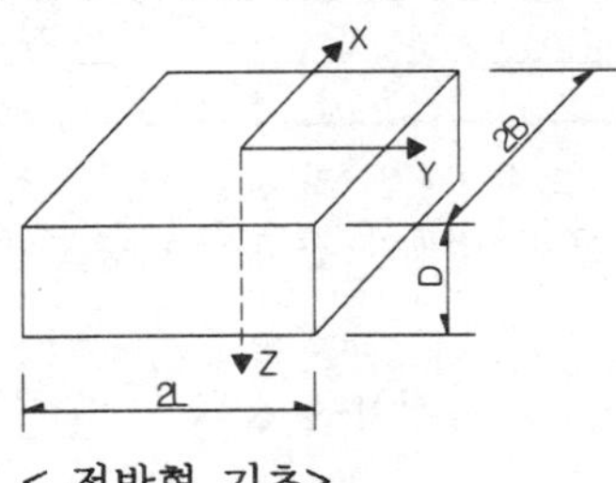

< 정방형 기초>

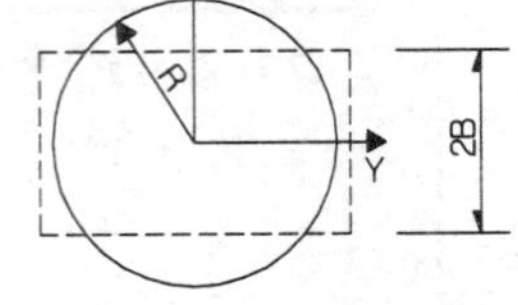

< 등가원형 기초 >

$2B$ = 5.4 m (교축방향)

$2L$ = 16.9 m (교축직각방향)

D = 1.00 m (기초높이)

E_s = 84,000.0 kN/m² (흙의 탄성계수)

U = 0.35 (흙의 포아슨비)

G = E_s / (2 × (1 + ν)) = 31,111.1 kN/m² (흙의 전단탄성계수)

가. 변위에 대한 강성

- X축 방향의 변위 강성

$R_o \;=\; \sqrt{\dfrac{4B \cdot L}{\pi}}$ Ro : 유효 기초 반지름 (m)

$= \sqrt{(4 \times 2.7 \times 8.45 \,/\, \pi)}$

= 5.39 m

$K_o \;=\; \dfrac{8G \cdot R_o}{2 - \nu}$ Ko : 유효 반지름으로 계산된 강성 (kN/m)

= (8 × 31,111.1 × 5.39) / (2 - 0.35)

= 813,037.008 kN/m

L/B = 8.45 / 2.7 = 3.13 → α = 1.145 (기초의 형상계수)

D/R = 1.0 / 5.39 = 0.186 → β = 1.316 (기초의 근입계수)

$K_S \;=\; \alpha \times \beta \times K_o$ K_S : 수정된 기초의 변위강성 (kN/m)

= 1.145 × 1.316 × 813,037

= 1,225,100 kN/m

- Y축 방향의 변위 강성

$K_o \;=\; \dfrac{8G \cdot R_o}{2 - \nu}$

= (8 × 31,111.1 × 5.39) / (2 - 0.35)

= 813,037.008 kN/m

L/B = 8.45 / 2.7 = 3.13 → α = 1.038 (기초의 형상계수)

D/R = 1.0 / 5.39 = 0.186 → β = 1.316 (기초의 근입계수)

$K_S \;=\; \alpha \times \beta \times K_o$ K_S : 수정된 기초의 변위강성 (kN/m)

= 1.038 × 1.316 × 813,037

= 1,110,615 kN/m

- Z축 방향의 변위 강성

$K_o \;=\; \dfrac{4G \cdot R_o}{2 - \nu}$

= (4 × 31,111.1 × 5.39) / (1 - 0.35)

= 1,031,931.587 kN/m

L/B = 8.45 / 2.7 = 3.13 → α = 1.099 (기초의 형상계수)

D/R = 1.0 / 5.39 = 0.186 → β = 1.113 (기초의 근입계수)

$K_S \;=\; \alpha \times \beta \times K_o$ K_S : 수정된 기초의 변위강성 (kN/m)

= 1.099 × 1.113 × 1,031,932

= 1,262,245 kN/m

나. 회전에 대한 강성

- X축 방향의 회전 강성

$R_o \;=\; \left\{\dfrac{(2B) \cdot (2L)^3}{3\pi}\right\}^{1/4}$ R_o : 유효 기초 반지름 (m)

$= \{(2 \times 2.7) \times (2 \times 8.45)^3 \,/\, 3\pi\}^{1/4}$

= 7.252 m

$K_o = \dfrac{8G \cdot R_o^3}{3 \cdot (1-\nu)}$ $\quad Ko$: 유효 반지름으로 계산된 강성 (kN/m)

= (8 × 31,111.1 × 7.252^3) / {3 × (1 - 0.35)}

= 48,679,293.697 kN/m

L/B = 8.45 / 2.7 = 3.13 → α = 1.118 (기초의 형상계수)

D/R = 1.0 / 7.252 = 0.138 → β = 1.184 (기초의 근입계수)

$K_S = \alpha \times \beta \times K_o$ $\quad K_S$: 수정된 기초의 변위강성 (kN/m)

= 1.118 × 1.184 × 48,679,294

= 6,4437,365 kNm/rad

- Y축 방향의 회전 강성

$R_o = \left\{ \dfrac{(2B)^3 \cdot (2L)}{3\pi} \right\}^{1/4}$

= {(2 × 2.7)^3 × (2 × 8.450) / 3π}$^{1/4}$

= 4.099 m

$K_o = \dfrac{8G \cdot R_o^3}{3 \cdot (1-\nu)}$

= (8 × 31,111.1 × 4.099^3) / {3 × (1 - 0.35)}

= 87,090,319.022 kN/m

L/B = 8.45 / 2.7 = 3.13 → α = 1.117 (기초의 형상계수)

D/R = 1.0 / 4.099 = 0.244 → β = 1.345 (기초의 근입계수)

$K_S = \alpha \times \beta \times K_o$ $\quad K_S$: 수정된 기초의 변위강성 (kN/m)

= 1.117 × 1.345 × 8,790,319

= 13,206,268 kNm/rad

- Z축 방향의 회전 강성

$R_o = \left\{ \dfrac{(4BL \cdot (4B^2 + 4L^2)}{6\pi} \right\}^{1/4}$

= {(4 × 2.7 × 8.450) × (4 × 2.7^2 + 4 × 8.450^2) / 6π}$^{1/4}$

= 6.248 m

$K_o = \dfrac{16G \cdot R_o^3}{3}$

= (16 × 31,111.1 × 6.248^3) / 3

= 40,470,381.368 kN/m

L/B = 8.45 / 2.7 = 3.13 → α = 1.117 (기초의 형상계수)

D/R = 1.0 / 6.248 = 0.16 → β = 1.638 (기초의 근입계수)

$K_S = \alpha \times \beta \times K_o$ $\quad K_S$: 수정된 기초의 변위강성 (kN/m)

= 1.117 × 1.638 × 40,470,381

= 74,046,471 kNm/rad

③ 강성집계

가. 벽체강성

절 점	$K\delta_x$	$K\theta_y$
11	603,330 × (0.900 + 0.750) / 2 = 497,747	5,826,294 × (0.900 + 0.750) / 2 = 4,806,693
24	603,330 × (0.750 + 0.971) / 2 = 519,165	5,826,294 × (0.750 + 0.971) / 2 = 5,013,526
25	603,330 × (0.971 + 0.971) / 2 = 585,833	5,826,294 × (0.971 + 0.971) / 2 = 5,657,331
26	603,330 × (0.971 + 0.971) / 2 = 585,833	5,826,294 × (0.971 + 0.971) / 2 = 5,657,331
27	603,330 × (0.971 + 0.971) / 2 = 585,833	5,826,294 × (0.971 + 0.971) / 2 = 5,657,331
28	603,330 × (0.971 + 0.971) / 2 = 585,833	5,826,294 × (0.971 + 0.971) / 2 = 5,657,331
29	603,330 × (0.971 + 0.971) / 2 = 585,833	5,826,294 × (0.971 + 0.971) / 2 = 5,657,331
30	603,330 × (0.971 + 1.948) / 2 = 880,560	5,826,294 × (0.971 + 1.948) / 2 = 8,503,476

나. 기초강성

위치/절점		$K\delta_x$	$K\delta_y$	$K\delta_z$	$K\theta_x$	$K\theta_y$	$K\theta_z$
시점기초	21	1,225,100	1,110,615	1,262,245	64,437,365	13,206,268	74,046,471
종점기초	31	1,225,100	1,110,615	1,262,245	64,437,365	13,206,268	74,046,471

(2) [단계 6-2] 절점 구속조건 결정 및 해석 모델링

① 해석 모델링

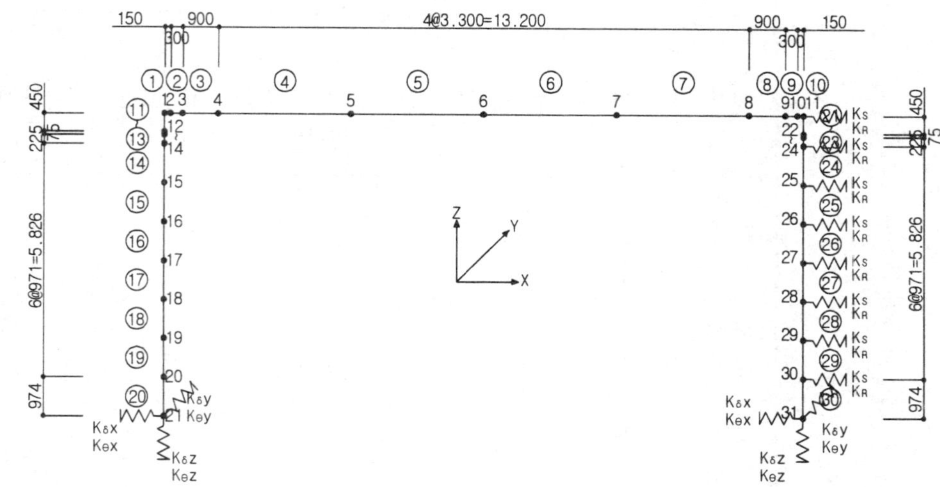

- 강역구간 설정 : 상시 모델링과 동일.

② 절점 좌표

절점	X	Z	절점	X	Z	절점	X	Z
1	0.000	7.550	12	0.000	7.100	23	15.900	7.025
2	0.150	7.550	13	0.000	7.025	24	15.900	6.800
3	0.450	7.550	14	0.000	6.800	25	15.900	5.829
4	1.350	7.550	15	0.000	5.829	26	15.900	4.858
5	4.650	7.550	16	0.000	4.858	27	15.900	3.887
6	7.950	7.550	17	0.000	3.887	28	15.900	2.916
7	11.250	7.550	18	0.000	2.916	29	15.900	1.945
8	14.550	7.550	19	0.000	1.945	30	15.900	0.974
9	15.450	7.550	20	0.000	0.974	31	15.900	0.000
10	15.750	7.550	21	0.000	0.000			
11	15.900	7.550	22	15.900	7.100			

③ 단면 특성

구 분		B (m)	H (m)	A (m²)	I (m⁴)	적용절점
슬래브	①	16.9	0.9	15.21	1.026675	4~8
	②	16.9	1.2	20.28	2.133600	2, 3, 9, 10
	③	16.9	1.2	20.28	∞	1, 11
벽 체	①	16.9	0.9	15.21	1.026675	14 ~ 21, 24 ~ 30
	②	16.9	0.975	16.477	1.305327	13, 23
	③	16.9	1.0	16.90	∞	1, 11, 12, 22

(3) [단계 6-3] 등가 정적 지진하중 산정

① 종방향 지진하중 산정

가. 상부구조 자중 계산

- 슬 래 브 : 0.9 x 16.9 x 25.0 = 380.250 kN/m
- 헌 치 1 : (0.9 × 0.3) / 2 × 16.9 × 25.0 / 15.9 = 3.587 kN/m
- 헌 치 2 : (0.9 × 0.3) / 2 × 16.9 × 25.0 / 15.9 = 3.587 kN/m
- 기타하중 : 2.943 × 16.9 = 49.737 kN/m

합 계 : = 437.161 kN/m

나. 상부 구조 각 부재에 종방향으로 단위하중(1 kN/m) 재하 및 변위계산

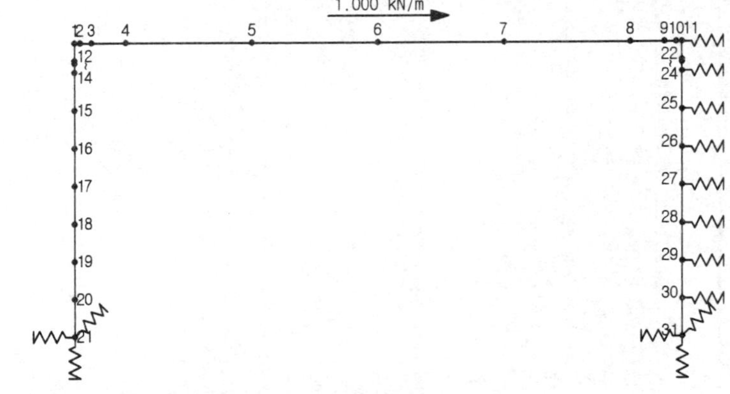

→ 종방향 최대변위 $V(x)$ = 0.000005670 m

다. α , β , γ 계수값 산정

$W(x)$ = 437.161 kN.m

$$\alpha = \int_o^L \cdot V_s(x) \cdot dx = 0.000005670 \times 15.900 = 0.000090153 \text{ m}^2$$

$$\beta = \int_o^L W(x) \cdot V_s(x) \cdot dx = 437.161 \times 0.000005670 \times 15.900 = 0.039411375 \text{ kNm}$$

$$\gamma = \int_o^L W(x) \cdot V_s(x)^2 \cdot dx = 437.161 \times 0.000005670^2 \times 15.900 = 0.000000223462 \text{ kNm}^2$$

라. 교량의 주기 계산

$$T = 2\pi \cdot \sqrt{\frac{\gamma}{P_o \cdot g \cdot a}}$$: P_o : 가상 정적 단위하중 (1.000 kN/m)

$= 2\pi \times \sqrt{(0.000000223462 \ / \ (1.000 \times 9.810 \times 0.000090153))}$

= 0.100 (sec)

마. 탄성지진 응답계수 계산

$$C_s = \frac{1.2 \cdot (A) \cdot (S)}{T^{\frac{2}{3}}}$$; A : 가속도 계수

S : 토질 형상 특성에 대한 무차원 계수

= 1.2 × 0.154 × 1.200 / 0.100^⅔

= 1.029 (≤ 2.5 × A), ∴ C_s = 0.385 적용

바. 등가 정적 지진하중 계산

$$P_e = \frac{\beta \cdot C_s}{\gamma} \cdot W(x) \cdot V_s(x)$$

= 0.039411375 × 0.385 / 0.000000223462 × 437.161 × 0.000005670

= 168.307 kN/m

② 횡방향 지진하중 산정

횡방향 강성이 매우 크므로 생략이 가능하며, 본 예제에서는 설계자의 이해를 돕기 위해 횡방향 지진하중 산정 과정을 기술하였음.

가. 상부구조 자중 계산

- 슬 래 브	: 0.9 x 16.9 x 25.0	= 380.250 kN/m
- 헌 치 1	: (0.9 × 0.3) / 2 × 16.9 × 25.0 / 15.9	= 3.587 kN/m
- 헌 치 2	: (0.9 × 0.3) / 2 × 16.9 × 25.0 / 15.9	= 3.587 kN/m
- 기타하중	: 2.943 × 16.9	= 49.737 kN/m
합 계	:	= 437.161 kN/m

나. 상부 구조 각 부재에 횡방향으로 단위하중(1 kN/m)재하 및 변위계산

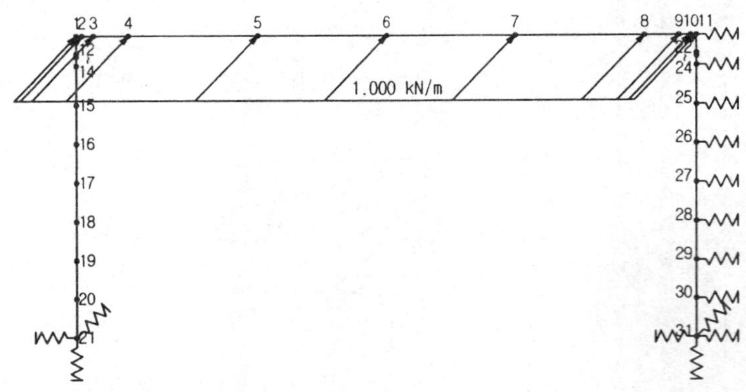

→ 횡방향 최대변위 $V(y)$

절 점	$V(y)$	절 점	$V(y)$	절 점	$V(y)$
1	1.467×10^{-5}	5	1.489×10^{-5}	9	1.469×10^{-5}
2	1.467×10^{-5}	6	1.494×10^{-5}	10	1.467×10^{-5}
3	1.469×10^{-5}	7	1.489×10^{-5}		
4	1.474×10^{-5}	8	1.474×10^{-5}		

다. α ,β , γ 계수값 산정

$W(x)$ = 437.161 kN.m

$$\alpha = \int_o^L \cdot V_s(y) \cdot dy = 0.0002359140 \text{ m}^2$$

$$\beta = \int_o^L W(y) \cdot V_s(y) \cdot dy = 0.103132400 \text{ kNm}$$

$$\gamma = \int_o^L W(y) \cdot V_s(y)^2 \cdot dy = 0.0000015303 \text{ kNm}^2$$

라. 교량의 주기 계산

$$T = 2\pi \cdot \sqrt{\frac{\gamma}{P_o \cdot g \cdot a}}$$: P_o : 가상 정적 단위하중 (1.000 kN/m)

$= 2\pi \times \sqrt{(0.0000015303 \ / \ (1.000 \times 9.810 \times 0.000235914))}$

$= 0.162$ (sec)

마. 탄성지진 응답계수 계산

$$C_s = \frac{1.2 \cdot (A) \cdot (S)}{T^{\frac{2}{3}}}$$; A : 가속도 계수

S : 토질 형상 특성에 대한 무차원 계수

$= 1.2 \times 0.154 \times 1.200 \ / \ 0.162$^⅔

$= 0.746$ ($\leq 2.5 \times A$), $\therefore C_s = 0.385$ 적용

바. 등가 정적 지진하중 계산

$$P_e = \frac{\beta \cdot C_s}{\gamma} \cdot W(y) \cdot V_s(y)$$

$= 0.103132400 \times 0.385 \ / \ 0.0000015303 \times 437.161 \times V(y)$

$= 11{,}343{,}020.3290991 \cdot V(y)$ kN/m

<횡방향 하중에 대한 변위 및 횡방향 등가 지진하중>

절점	변위 $V(y)$ (m)	길이 $I(y)$ (m)	$V(y) \times I(y)$ $= \alpha$ (kN)	$V(y) \times W(y) \times I(y)$ $= \beta$ (kNm)	$V(y)^2 \times W(y) \times I(y)$ $= \gamma$ (kNm²)	P_e (kN/m)
1	1.467×10^{-5}	0.150	0.0000022005	0.000961973	0.0000000141	166.402
2	1.467×10^{-5}	0.300	0.0000044010	0.001923946	0.0000000282	166.402
3	1.469×10^{-5}	0.900	0.0000132210	0.005779706	0.0000000849	166.629
4	1.474×10^{-5}	3.300	0.0000486420	0.021264385	0.0000003134	167.196
5	1.489×10^{-5}	3.300	0.0000491370	0.021480780	0.0000003198	168.898
6	1.494×10^{-5}	3.300	0.0000493020	0.021552912	0.0000003220	169.465
7	1.489×10^{-5}	3.300	0.0000491370	0.021480780	0.0000003198	168.898
8	1.474×10^{-5}	0.900	0.0000132660	0.005799378	0.0000000855	167.196
9	1.469×10^{-5}	0.300	0.0000044070	0.001926569	0.0000000283	166.629
10	1.467×10^{-5}	0.150	0.0000022005	0.000961973	0.0000000141	166.402
계		15.900	0.0002359140	0.103132400	0.0000015303	

(4) [단계 6-4] 지진시 토압하중 산정

① 지진시 주동토압

가. 지진시 주동토압계수 (Mononobe-Okabe식 적용)

$$K_{AE} = \frac{\cos^2(\phi - \theta - \beta)}{\cos\theta \cdot \cos^2\beta \cdot \cos(\delta + \theta + \beta)\left[1 + \sqrt{\frac{\sin(\phi + \delta) \cdot \sin(\phi - \alpha - \theta)}{\cos(\beta + \delta + \theta) \cdot \cos(\beta - \alpha)}}\right]^2}$$

$= 0.314$

여기서, ϕ = 뒷채움 흙의 내부마찰각 (= 35.00°)

α = 뒤채움 흙의 경사각 (= 0°)

β = 흙표면의 경사각 (= 0°)

δ = 벽배면과 뒷채움흙사이의 벽면마찰각 (= 0°)

K_h = 수평지진계수 = A / 2 (변위를 허용한 교대), A = 0.154

K_v = 연직지반 가속도 계수 (고려하지 않음)

$\theta = \tan^{-1}[K_h / (1 - K_v)] = 4.403$, $K_v = 0.0$

나. 지진시 주동토압 : 시점측 벽체

$$P_{AE} = \frac{1}{2} \times K_{AE} \times \gamma \times H^2 \times B$$

$$= \frac{1}{2} \times 0.314 \times 20.0 \times 7.55^2 \times 16.9$$

$= 3{,}024.895$ kN

다. 지진시 주동토압 : 종점측 벽체

$$P_{AE} = \frac{1}{2} \times K_{AE} \times \gamma \times H^2 \times B$$

$$= \frac{1}{2} \times 0.314 \times 20.0 \times 7.55^2 \times 16.9$$

$$= 3{,}024.895 \text{ kN}$$

② 평상시 주동토압

가. 평상시 주동토압계수(Coulomb식 적용)

$$K_A = \frac{\cos^2(\phi - \beta)}{\cos^2\beta \cdot \cos(\beta + \delta)\left[1 + \sqrt{\frac{\sin(\phi+\delta) \cdot \sin(\phi - \alpha)}{\cos(\beta+\delta) \cdot \cos(\beta - \alpha)}}\right]^2}$$

$$= 0.271$$

나. 상시 주동토압 : 시점측 벽체

$$P_A = \frac{1}{2} \times K_A \times \gamma \times H^2 \times B$$

$$= \frac{1}{2} \times 0.271 \times 20.0 \times 7.55^2 \times 16.9$$

$$= 2{,}610.657 \text{ kN}$$

다. 상시 주동토압 : 종점측 벽체

$$P_A = \frac{1}{2} \times K_A \times \gamma \times H^2 \times B$$

$$= \frac{1}{2} \times 0.271 \times 20.0 \times 7.55^2 \times 16.9$$

$$= 2{,}610.657 \text{ kN}$$

③ 지진시 주동토압의 작용점 산정

가. 평상시 주동토압 : 시점측 벽체

$$\Delta P_{AE} = 3{,}024.895 - 2{,}610.657 = 414.237 \text{ kN}$$

$$h = \frac{(P_A \cdot H / 3) + (\Delta P_{AE} \cdot 0.6H)}{P_{AE}}$$

$$= ((2{,}610.657 \times 7.55 / 3) + (414.237 \times 0.6 \times 7.55)) / 3{,}024.895$$

$$= 2.792 \text{ m}$$

나. 평상시 주동토압 : 종점측 벽체

$$\Delta P_{AE} = 3{,}024.895 - 2{,}610.657 = 414.237 \text{ kN}$$

$$h = \frac{(P_A \cdot H / 3) + (\Delta P_{AE} \cdot 0.6H)}{P_{AE}}$$

$$= ((2{,}610.657 \times 7.55 / 3) + (414.237 \times 0.6 \times 7.55)) / 3{,}024.895$$

$$= 2.792 \text{ m}$$

(5) [단계 6-5] 하중 재하 및 하중조합

① 하중재하

가. 종방향 지진하중

나. 횡방향 지진하중

다. 고정하중

라. 지진시 토압 : 시점측 벽체

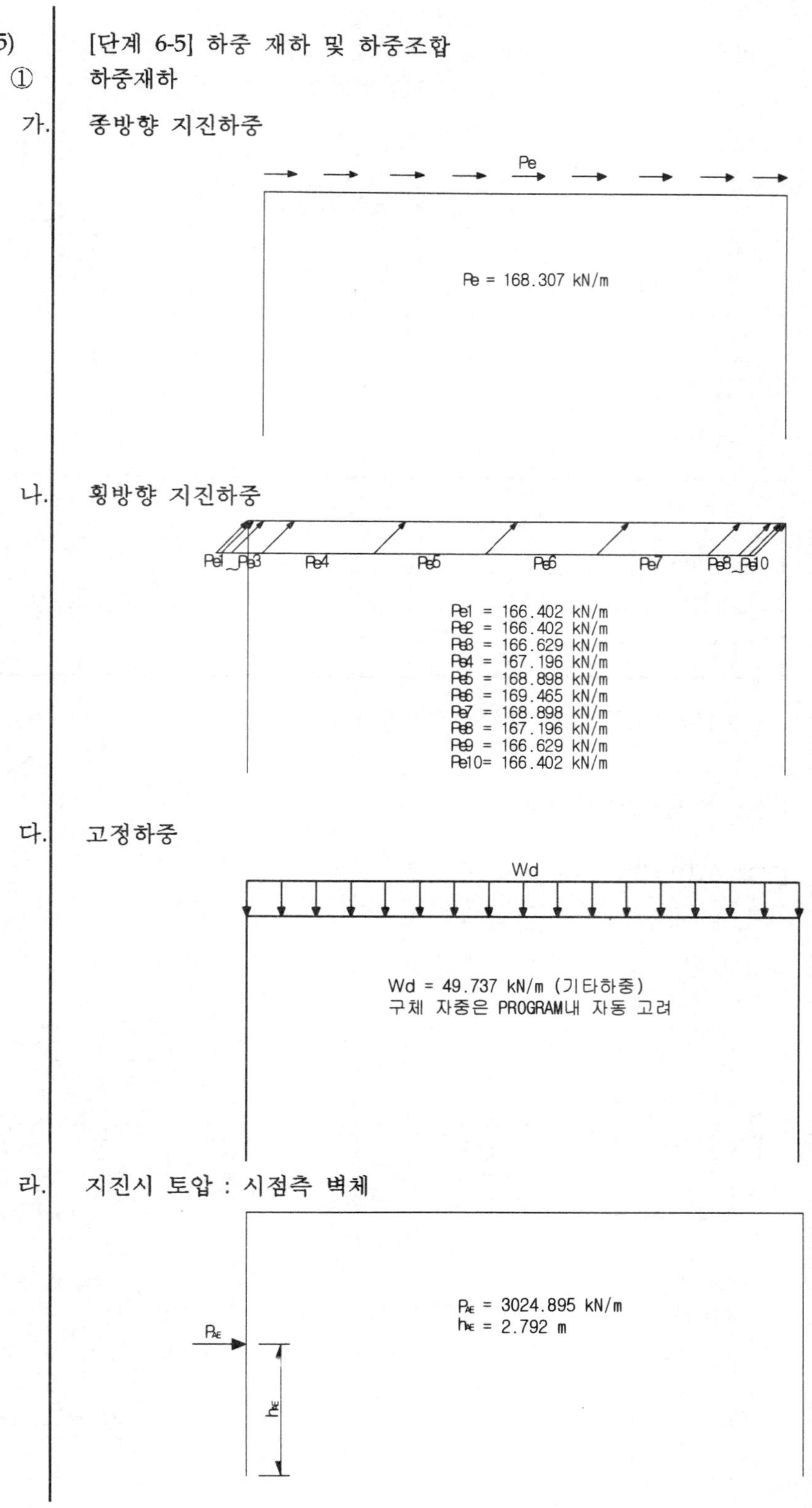

마. 지진시 토압 : 종점측 벽체

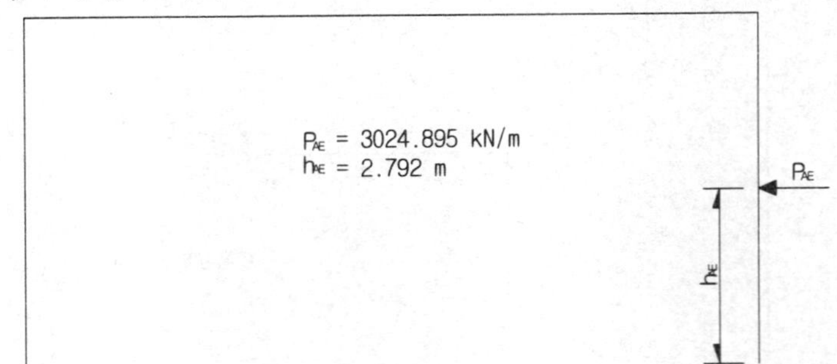

② 하중조합

구 분	종방향 지진하중	횡방향 지진하중	고정 하중	토압
Comb 1	1.00	0.30	1.00	1.00
Comb 2	1.00	0.30	1.00	0.65
Comb 3	0.30	1.00	0.30	0.30
Comb 4	0.30	1.00	0.30	0.20

- 횡방향 지진하중 하중조합은 생략 가능

5.3.7 **[단계 7] 설계단면력 산정**

(1) [단계 7-1] 단면력도

① 상시 계수하중

가. B.M.D (kNm)

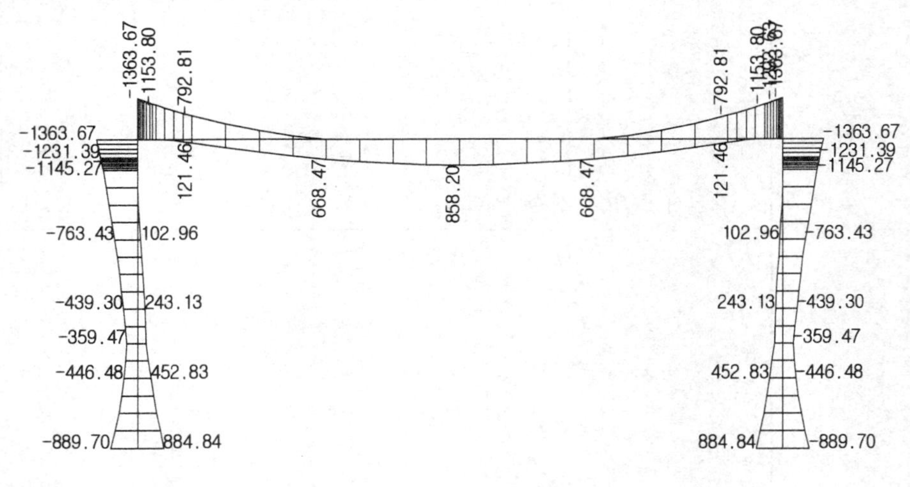

나. S.F.D (kN)

다. A.F.D (kN)

② 상시 사용하중

가. B.M.D (kNm)

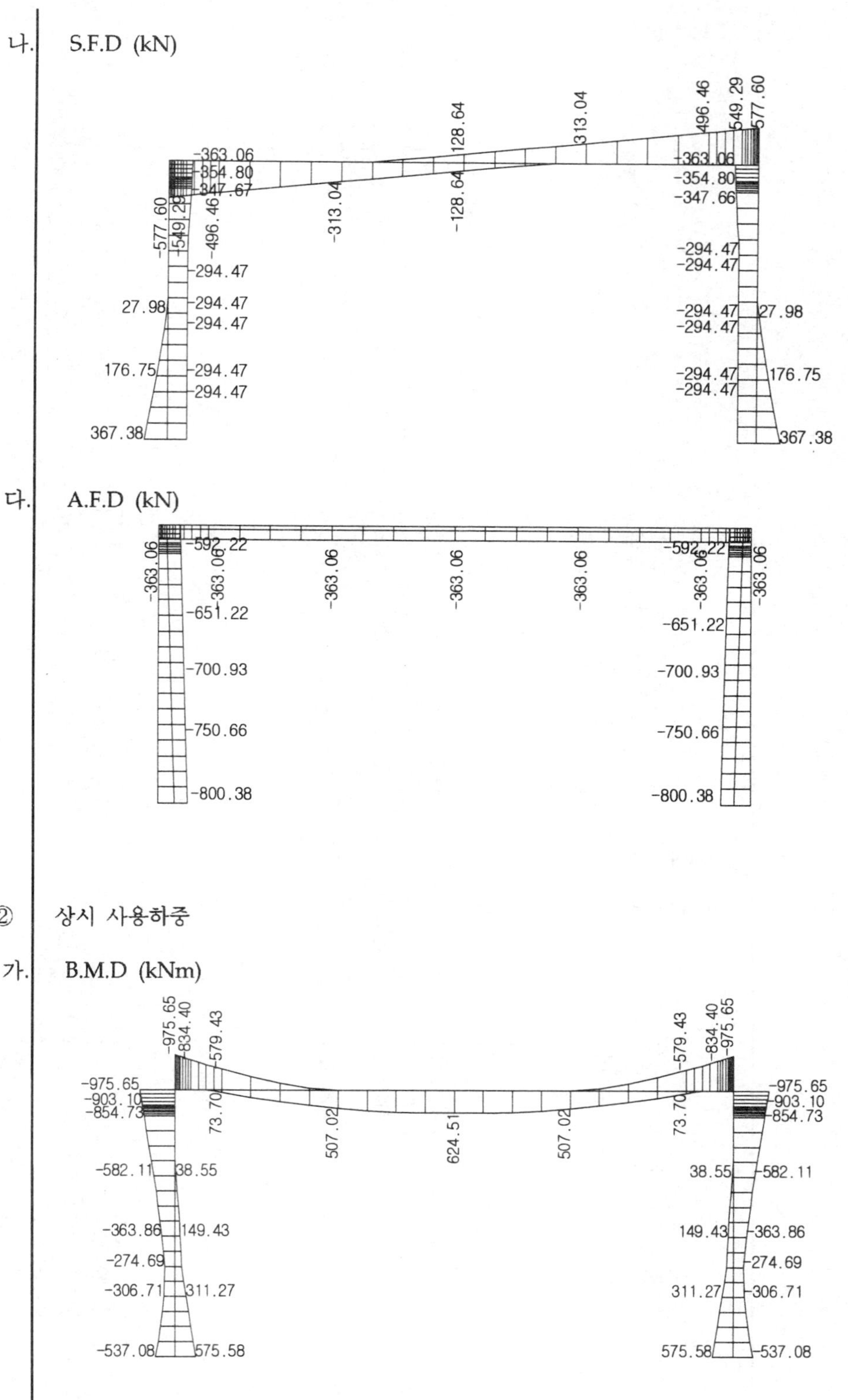

나. S.F.D (kN)

다. A.F.D (kN)

③ 지진시 : 시점부 토압 작용시

가. B.M.D (kNm)

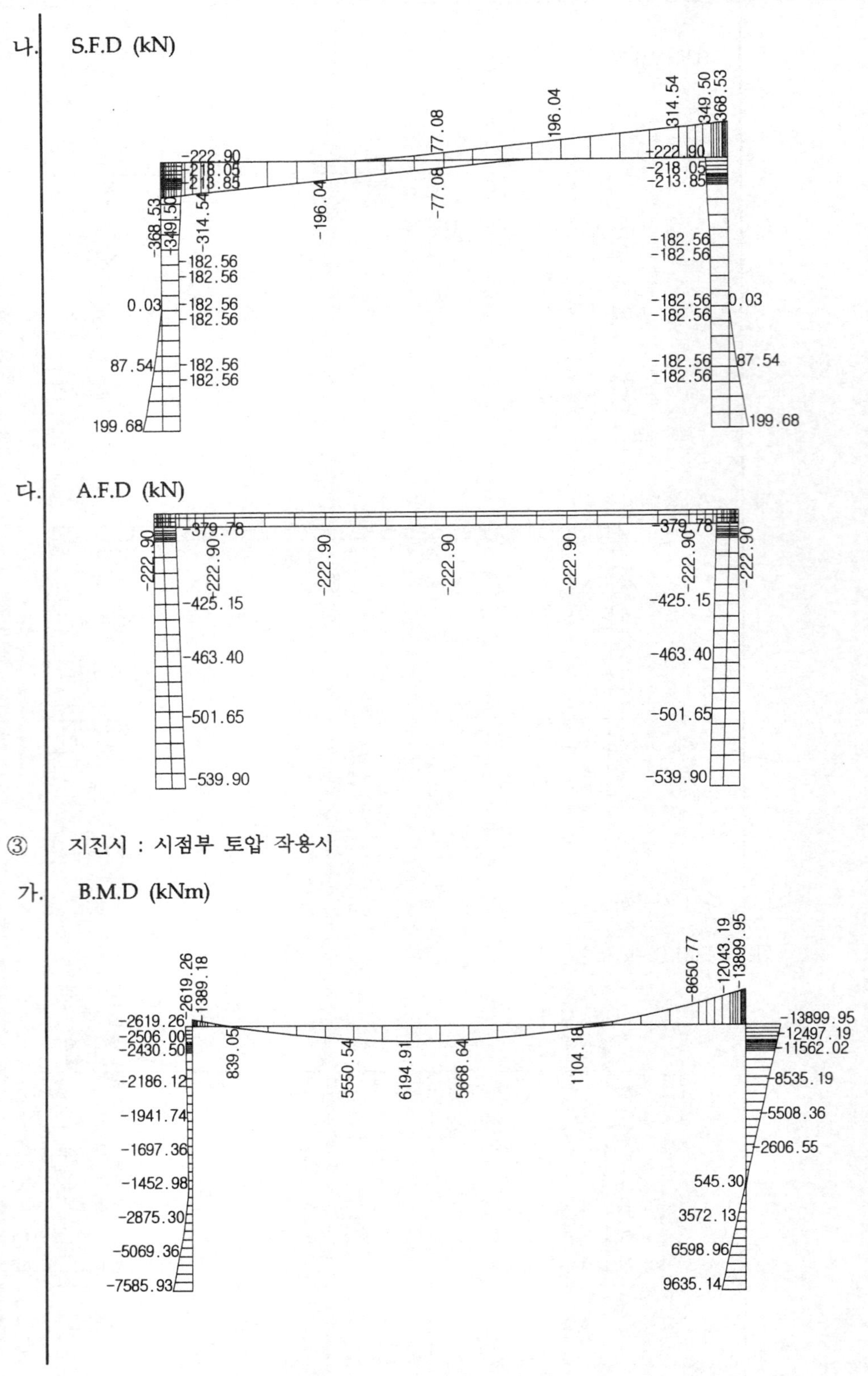

나. S.F.D (kN)

다. A.F.D (kN)

④ 지진시 : 종점부 토압 작용시

가. B.M.D (kNm)

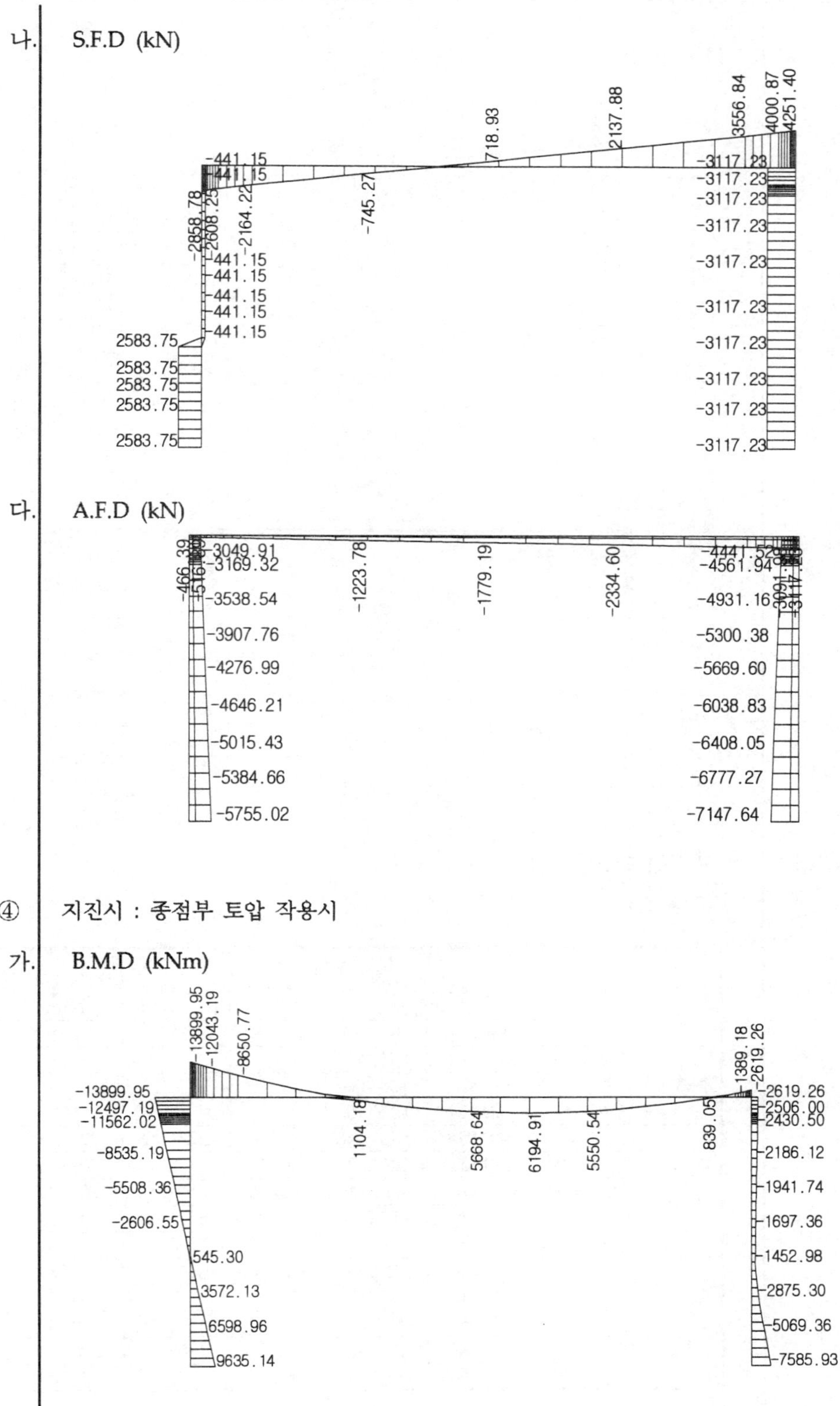

나. S.F.D (kN)

다. A.F.D (kN)

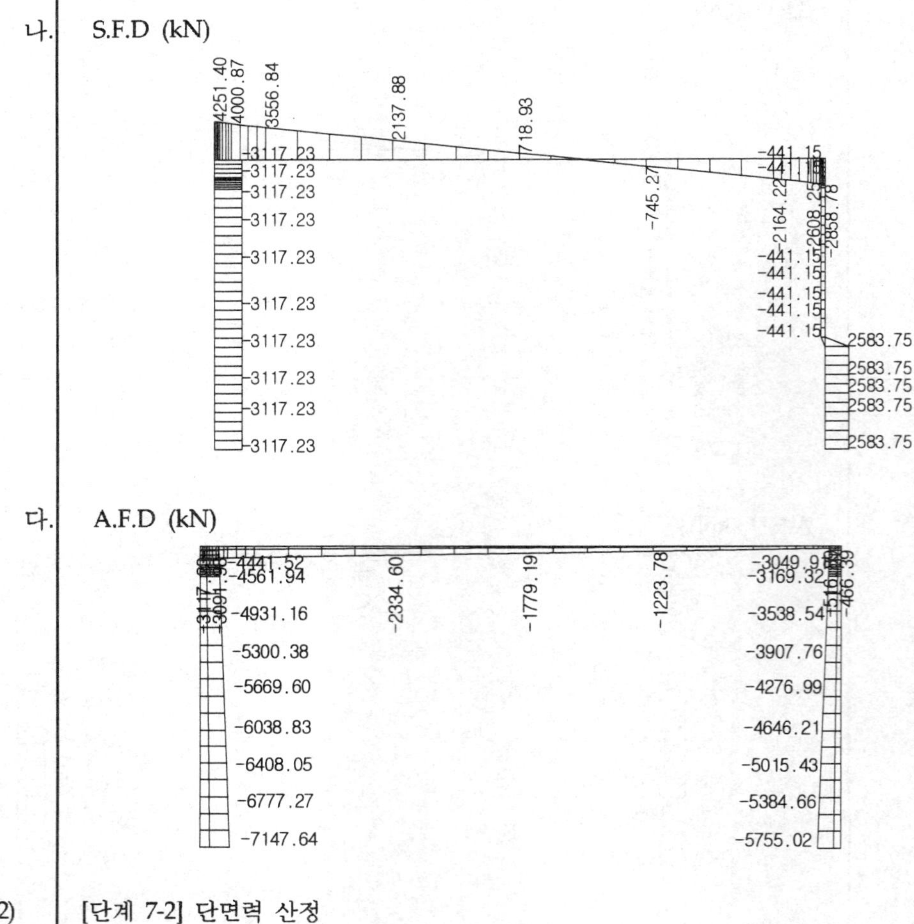

(2) [단계 7-2] 단면력 산정

① 상시 단면력

구 분		최대 휨모멘트시			최대 축력시		전단력 (kN)/m
		휨모멘트 (kNm)/m		축력 (kN)/m	휨모멘트 (kNm)/m	축력 (kN)/m	
		사용하중	계수하중	계수하중	계수하중	계수하중	계수하중
슬래브	좌측단부	-834.404	-1,153.798	-	-	-	501.380
	중앙부	624.510	858.200	-	-	-	-
	우측단부	-834.404	-1,153.798	-	-	-	501.380
시점 벽체	상단부	-903.096	-1,231.388	592.220	-1,231.388	592.220	331.980
	중앙(전면)	149.432	243.132	586.370	5.710	700.930	294.470
	중앙(배면)	-363.863	-439.300	594.400	-155.370	700.930	294.470
	하단(전면)	575.578	884.842	800.380	884.842	800.380	294.470
	하단(배면)	-537.084	-889.702	706.820	-517.90	800.380	294.470
종점 벽체	상단부	-903.096	-1,231.388	592.220	-1,231.388	592.220	331.980
	중앙(전면)	149.432	243.132	586.370	5.710	700.930	294.470
	중앙(배면)	-363.863	-439.300	594.400	-155.370	700.930	294.470
	하단(전면)	575.578	884.842	800.380	884.842	800.380	294.470
	하단(배면)	-537.084	-889.702	706.820	-517.90	800.380	294.470

② 지진시 단면력 : 구조해석 Program에 의해 구한 단면력을 총 폭(16.9 m)으로 나눈 값

- 설계지진력 = 탄성해석에 의한 설계지진력 ÷ R(응답수정계수)
- 상부슬래브 및 벽식교각 : 1.0
- 기둥 또는 교각과 기초 : 1.0

구 분		최대 휨모멘트시		최대 축력시		전단력 (kN)/m
		휨모멘트 (kNm)/m	축력 (kN)/m	휨모멘트 (kNm)/m	축력 (kN)/m	
슬래브	좌측단부	-712.615	-	-	-	236.382
	중앙부	366.563	-	-	-	-
	우측단부	-712.615	-	-	-	236.382
시점 벽체	상단부	-739.479	262.812	-739.479	262.812	184.451
	중앙(전면)	-	-	-	254.201	184.451
	중앙(배면)	-145.509	332.803	137.614	336.605	184.451
	하단(전면)	570.127	422.937	570.127	422.937	184.451
	하단(배면)	-448.872	337.857	367.456	340.534	184.451
종점 벽체	상단부	-739.479	262.812	-739.479	262.812	184.451
	중앙(전면)	-	-	-	254.201	184.451
	중앙(배면)	-145.509	332.803	137.614	336.605	184.451
	하단(전면)	570.127	422.937	570.127	422.937	184.451
	하단(배면)	-448.872	337.857	367.456	340.534	184.451

- 전단력은 위험단면의 단면력임.

(3) [단계 7-3] 설계 단면력 결정

- 상시 및 지진시를 비교하여 지배적인 단면력을 결정한다.

5.3.8 [단계 8] 단면 검토

(1) [단계 8-1] 슬래브 설계

① 단부

- 단면제원 및 설계가정

f_{ck} = 27 MPa, f_y = 400 MPa, k_1 = 0.85, ϕ_f = 0.85, ϕ_v = 0.80

B (mm)	H (mm)	d (mm)	피복 (mm)	M_u (kNm)	V_u (kN)
1,000.0	1,200.0	1,120.0	80.0	1,153.798	501.380

$$M_u \ / \ \phi = A_s \times f_y \times (d - a/2) \quad \text{---------------} ①$$

$$a = A_s \times f_y / (0.85 \times f_{ck} \times b) \quad \text{---------------} ②$$

식②를 식①에 대입하여 이차방정식으로 A_s를 구한다.

$$\frac{f_y^2}{2 \times 0.85 \times f_{ck} \times b} A_s^2 - f_y \times d \times A_s + \frac{M_u}{\phi} = 0, \ A_s = 3{,}104.950 \text{ mm}^2$$

- 사용철근량 = 5,139.2 mm² (철근도심 : 80.0 mm)

1단 : H29 - 8.0 EA (= 5,139.2 mm²)

- 철근비 검토

ρ_{min} : $1.4 \ / \ f_y$ = 0.00350

$0.25\sqrt{f_{ck}} \ / \ f_y$ = 0.00325 , ρ_{min} = 0.00350 적용

수축온도철근비 = 0.00200

$\rho_{max} = 0.75 \times \rho_b = 0.75 \times k_1 \times \phi \times (f_{ck} / f_y) \times \{600 \ / \ (600 + f_y)\} = 0.02195$

$\rho_{use} = A_s \ / \ bd = 0.00459$

$\rho_{max} \geq \rho_{use} \geq \rho_{min}$ → 철근비 만족, ∴ OK

- 휨에 대한 검토

$\phi M_n = 0.85 \times 5{,}139.000 \times 400 \times (1{,}120.00 - a \ / \ 2) = 1{,}878.678$ kNm

$a = A_s \times f_y / (0.85 \times f_{ck} \times b) = 89.572$ mm

$\geq M_u$ (= 1,153.798 kNm) ∴ OK [안전률 1.628]

- 전단에 대한 검토 (d = 820.00 mm)

$\phi V_c = 0.80 \times 1/6 \times \sqrt{f_{ck}} \times b \times d$

$= 0.80 \times 1/6 \times \sqrt{27} \times 1{,}000.00 \times 820.000 = 568.113$ kN

$\geq V_u$ (= 501.380 kN), 전단보강 불필요.

② 중앙부

- 단면제원 및 설계가정

f_{ck} = 27 MPa, f_y = 400 MPa, k_1 = 0.85, ϕ_f = 0.85, ϕ_v = 0.80

B (mm)	H (mm)	d (mm)	피복 (mm)	M_u (kNm)	V_u (kN)
1,000.0	900.0	840.0	60.0	858.200	0.000

$M_u \ / \ \phi = A_s \times f_y \times (d - a/2)$ --------------- ①

$a = A_s \times f_y / (0.85 \times f_{ck} \times b)$ --------------- ②

식②를 식①에 대입하여 이차방정식으로 A_s를 구한다.

$$\frac{f_y^2}{2 \times 0.85 \times f_{ck} \times b} A_s^2 - f_y \times d \times A_s + \frac{M_u}{\phi} = 0, \ A_s = 3{,}104.918 \text{ mm}^2$$

- 사용철근량 = 4,053.6 mm^2 (철근도심 : 60.0 mm)

1단 : H25 - 8.0 EA (= 4,053.6 mm^2)

- 철근비 검토

ρ_{min} : $1.4 \ / \ f_y$ = 0.00350

$0.25\sqrt{f_{ck}} \ / \ f_y$ = 0.00325 , ρ_{min} = 0.00350 적용

수축온도철근비 = 0.00200

$\rho_{max} = 0.75 \times \rho_b = 0.75 \times k_1 \times \phi \times (f_{ck} / f_y) \times \{600 \ / \ (600 + f_y)\} = 0.02195$

$\rho_{use} = A_s \ / \ bd = 0.00483$

$\rho_{max} \geq \rho_{use} \geq \rho_{min}$ → 철근비 만족, ∴ OK

- 휨에 대한 검토

ϕM_n = 0.85 × 4,053.600 × 400 × (840.00 - a / 2) = 1,109.022 kNm

$a = A_s \times f_y / (0.85 \times f_{ck} \times b)$ = 70.651 mm

≥ M_u (= 858.200 kNm) ∴ OK [안전률 1.292]

(2) [단계 8-2] 벽체 설계

① 상단부

가. 모멘트 최대시 = 축력 최대시

- 단면제원 및 설계가정

f_{ck} = 27 MPa, f_y = 400 MPa, k_1 = 0.85, ϕ_f = 0.85, ϕ_v = 0.80, ϕ_c = 0.70

B (mm)	H (mm)	d (mm)	피복 (mm)	P_u (kN)	M_u (kNm)	e (mm)
1,000.0	1,000.0	920.0	80.0	592.220	1,231.388	2,079.275

- 철근비 검토

A_s = 5,139.2 mm^2 (인장중심 = 80.0 mm), 1단 : H29 - 8.0 EA, d_c = 80.0 mm

ρ_{min} (= 0.00150) ≤ ρ_{use} (= 0.00514) ≤ ρ_{max} (= 0.08000) ∴ OK

- 평형하중 산정

• 소성중심 계산

$C_c = 0.85 \times f_{ck} \times A_g = 0.85 \times 27 \times 1,000.0 \times 1,000.0$ = 2,2950.000 kN

$T_s = A_s \times f_y$ = 2,055.680 kN, $C_s' = A_s' \times f_y$ = 0 kN

$X_p = [C_c \times H / 2 + T_s \times d_c + C_s' \times (H - d')] / (C_c + T_s + C_s')$

= 465.472 mm

$d'' = X_p - d_c$ = 385.472 mm

• 평형상태 계산

$c_b = 600 / (600 + f_y) \times d$ = 552.000 mm, $a_b = k1 \times c_b$ = 469.200 mm

$C_c = 0.85 \times f_{ck} \times a_b \times B$ = 10,768.140 kN

$T_s = A_s \times f_y$ = 2,055.680 kN, $C_s' = A_s' \times f_y$ = 0 kN

• 균형하중 및 편심

$P_b = C_c + C_s' - T_s$ = 8,712.460 kN

$M_b = C_c \times (d - a_b / 2 - d'') + C_s' \times (d - d' - d'') + T_s \times d''$

= 4,022.070 kNm

$e_b = M_b / P_b$ = 461.646 mm < $e = M_u / P_u$ = 2,079.275 mm → 인장 파괴

- 공칭강도 산정

• 반복시산법을 이용하여 c = 161.01 mm, $a = k1 \times c$ = 136.856 mm 를 사용

$f_s = 600 \times (d - c) / c$ = 2,828.422 MPa > f_y → $f_s = f_y$

$f_s' = 600 \times (c - d') / c$ = 600.000 MPa > f_y → $f_s' = f_y$

$C_c = 0.85 \times f_{ck} \times a \times B$ = 3,140.844 kN

T_s = $A_s \times f_s$ = 2,055.680 kN, $C_s{'}$ = $A_s{'} \times (f_s{'} - 0.85 f_{ck})$ = 0 kN

P_n = $C_c + C_s{'} - T_s$ = 1,085.164 kN

$M_n{'}$ = $C_c \times (d - a/2) + C_s{'} \times (d - d')$ = 2,674.655 kNm

e' = $e + d''$ = 2,079.275 + 385.472 = 2,464.747 mm

편심오차 = $|e' - M_n{'} / P_n|$ = 0.0001 ≤ 0.010 ∴ 허용오차 만족

- 축방향력 및 휨에 대한 검토

ϕP_n = 759.615 kN < min(ϕP_b, 0.1 × f_{ck} × A_g) = 2,700.000 kN

ϕ = $\phi f - (\phi f - \phi c) \times \phi P_n / (0.1 \times f_{ck} \times A_g)$ = 0.808

ϕP_n = 0.808 × 1,085.164 = 876.595 kN ≥ P_u = 592.220 kN ∴ OK

ϕM_n = $\phi P_n \times e$ = 876.595 × 2.079 = 1,822.680 kNm ≥ M_u = 1,231.388 kN ∴ OK

- 전단에 대한 검토 (검토단면 H = 900.0mm, d = 820.0mm)

설계단면력 : 모멘트 M_u = 1,231.388 kNm 전단력 V_u = 331.980 kN

사용단면 : 두께 H = 900.0 mm 폭 B = 1,000.0 mm

사용철근 : H29 - 8EA = 5,139.2 mm² 철근중심 d_c = 80.0 mm

유효두께 d = H - d_c = 820.0 mm

콘크리트 설계전단강도

$\phi V_c = \phi v \times 1/6 \times \{1 + P_u / (14 \cdot A_g)\} \times \sqrt{f_{ck}} \times B \times d$ = 594.815 kN

$1/2 \phi V_c < V_u < \phi V_c$ → ∴ 최소 전단보강철근 필요

소요 A_v/s = 0.35 × B / f_y = 0.875 mm²/mm

사용전단철근 : 철근(D_s) = H13 다리수(N_s) = 2.0EA 간격(s) = 150 mm

사용간격 s = 150 mm < 최소간격 = min(d / 2, 600 mm) = 410 mm ∴ OK

사용철근량 A_v = 철근면적 × N_s = 253.4000 mm²

> 소요철근량 A_v(req) = 131.250 mm²

철근 설계전단강도 $\phi V_s = \phi v \times A_v \times f_y \times d / (s \times 1000)$ = 443.281 kN

설계전단강도 $\phi V_n = \phi V_c + \phi V_s$ = 1,038.096 kN

> 설계전단력 V_u = 331.980 kN ∴ OK

② 중앙부

가. 전면 - 모멘트 최대시

- 단면제원 및 설계가정

f_{ck} = 27 MPa, f_y = 400 MPa, k_1 = 0.85, ϕ_f = 0.85, ϕ_v = 0.80, ϕ_c = 0.70

B (mm)	H (mm)	d (mm)	피복 (mm)	P_u (kN)	M_u (kNm)	e (mm)
1,000.0	900.0	820.0	80.0	586.370	243.132	414.639

- 철근비 검토

A_s = 2026.8 mm² (인장중심 = 80.0 mm), 1단 : H25 - 4.0 EA, d_c = 80.0 mm

ρ_{min} (= 0.00150) ≤ ρ_{use} (= 0.00225) ≤ ρ_{max} (=0.08000) ∴ OK

- 평형하중 산정
  - 소성중심 계산

C_c = 0.85 × f_{ck} × A_g = 0.85 × 27 × 1,000.0 × 900.0 = 20,655.000 kN

Ts = A_s × f_y = 810.720 kN, C_s' = A_s' × f_y = 0 kN

X_p = $[C_c \times H / 2 + T_s \times d_c + C_s' \times (H - d')] / (C_c + T_s + C_s')$

= 436.026 mm

d'' = X_p - d_c = 356.026 mm

  - 평형상태 계산

c_b = 600 / (600 + f_y) × d = 492.000 mm, a_b = $k1$ × c_b = 418.200 mm

C_c = 0.85 × f_{ck} × a_b × B = 9,597.690 kN

T_s = A_s × f_y = 810.720 kN, C_s' = A_s' × f_y = 0 kN

  - 균형하중 및 편심

P_b = C_c + C_s' - T_s = 8,786.970 kN

M_b = $C_c \times (d - a_b / 2 - d'') + C_s' \times (d - d' - d'') + T_s \times d''$

= 2,734.841 kNm

e_b = M_b / P_b = 311.238 mm < e = M_u / P_u = 414.640 mm → 인장 파괴

- 공칭강도 산정
  - 반복시산법을 이용하여 c = 338.630 mm, a = $k1$ × c = 287.834 mm 를 사용

f_s = 600 × (d - c) / c = 852.922 MPa > f_y → f_s = f_y

f_s' = 600 × (c - d') / c = 600.000 MPa > f_y → f_s' = f_y

C_c = 0.85 × f_{ck} × a × B = 6,605.786 kN

T_s = A_s × f_s = 810.720 kN, C_s' = A_s' × (f_s' - 0.85f_{ck}) = 0 kN

P_n = C_c + C_s' - T_s = 5,795.066 kN

M_n' = $C_c \times (d - a / 2) + C_s' \times (d - d')$ = 4,466.060 kNm

e' = e + d'' = 414.639 + 356.026 = 770.665 mm

편심오차 = $|e' - M_n' / P_n|$ = 0.00098 ≤ 0.010 ∴ 허용오차 만족

- 축방향력 및 휨에 대한 검토

ϕP_n = 4,056.546 kN > min(ϕP_b, 0.1 × f_{ck} × A_g) = 2,430.000 kN

ϕ = ϕc = 0.700

ϕP_n = 0.700 × 5,795.066 = 4,056.546 kN ≥ P_u = 586.370 kN ∴ OK

ϕM_n = $\phi P_n \times e$ = 4,056.546 × 0.415 = 1,682.003 kNm ≥ M_u = 243.132 kN ∴ OK

- 전단에 대한 검토 (검토단면 H = 900.0 mm, d = 820.0 mm)

설계단면력 : 모멘트 M_u = 243.132 kNm 전단력 V_u = 294.470 kN

사용단면 : 두께 H = 900.0 mm 폭 B = 1,000.0 mm

사용철근 : H25 - 4EA = 2,026.8 mm^2 철근중심 d_c = 80.0 mm

유효두께 d = H - d_c = 820.0 mm

콘크리트 설계전단강도

ϕV_c = ϕv × 1/6 × {1 + P_u /(14 · A_g)} × $\sqrt{f_{ck}}$ × B × d = 594.551 kN

V_u < $1/2 \phi V_c$ → ∴ 전단보강철근 필요없음.

나. 전면 - 축력 최대시

- 단면제원 및 설계가정

f_{ck} = 27 MPa, f_y = 400 MPa, k_1 = 0.85, ϕ_f = 0.85, ϕ_v = 0.80, ϕ_c = 0.70

B (mm)	H (mm)	d (mm)	피복 (mm)	P_u (kN)	M_u (kNm)	e (mm)
1,000.0	900.0	820.0	80.0	700.930	5.710	8.146

- 철근비 검토

A_s = 2026.8 mm² (인장중심 = 80.0 mm), 1단 : H25 - 4.0 EA, d_c = 80.0 mm

ρ_{min} (= 0.00150) ≤ ρ_{use} (= 0.00225) ≤ ρ_{max} (=0.08000)   ∴ OK

- 평형하중 산정

• 소성중심 계산

C_c = 0.85 × f_{ck} × A_g = 0.85 × 27 × 1,000.0 × 900.0 = 20,655.000 kN

T_s = A_s × f_y = 810.720 kN, C_s' = A_s' × f_y = 0 kN

X_p = $[C_c \times H / 2 + T_s \times d_c + C_s' \times (H - d')] / (C_c + T_s + C_s')$

= 436.026 mm

d'' = X_p - d_c = 356.026 mm

• 평형상태 계산

c_b = 600 / (600 + f_y) × d = 492.000 mm, a_b = $k1$ × c_b = 418.200 mm

C_c = 0.85 × f_{ck} × a_b × B = 9,597.690 kN

T_s = A_s × f_y = 810.720 kN, C_s' = A_s' × f_y = 0 kN

• 균형하중 및 편심

P_b = C_c + C_s' - T_s = 8,786.970 kN

M_b = $C_c \times (d - a_b / 2 - d'') + C_s' \times (d - d' - d'') + T_s \times d''$

= 2,734.841 kNm

e_b = M_b / P_b = 311.238 mm > e = M_u / P_u = 8.150 mm → 압축 파괴

- 공칭강도 산정

• 최소편심 e_{min} = 90.323 mm > e = 8.150 mm

편심이 최소편심보다 작으므로

P_n = 0.85 × $f_{ck} \times (A_g - A_s) + f_y \times A_s$ = 21,419.205 kN

M_n' = P_n × e_{min} = 1,934.643 kNm

- 축방향력 및 휨에 대한 검토

α = 0.800, ϕ = 0.700

$\alpha\phi P_n$ = 0.80 × 0.700 × 21,419.205 = 11,994.755 kN ≥ P_u = 700.930 kN   ∴ OK

ϕM_n = 0.70 × 1,934.643 = 1,354.250 kNm ≥ M_u = 5.710 kN   ∴ OK

- 전단에 대한 검토 (검토단면 H = 900.00 mm, d = 820.00 mm)

설계단면력 : 모멘트 M_u = 5.710 kNm 전단력 V_u = 294.470 kN
사용단면 : 두께 H = 900.0 mm 폭 B = 1,000.0 mm
사용철근 : H25 - 4EA = 2,026.8 mm² 철근중심 dc = 80.0 mm
유효두께 $d = H - dc$ = 820.0 mm

콘크리트 설계전단강도

$\phi V_c = \phi v \times 1/6 \times \{1 + P_u / (14 \cdot A_g)\} \times \sqrt{f_{ck}} \times B \times d$ = 599.716 kN

$V_u < 1/2\phi V_c$ → ∴ 전단보강철근 필요없음.

다. 배면 - 모멘트 최대시

- 단면제원 및 설계가정

f_{ck} = 27 MPa, f_y = 400 MPa, k_1 = 0.85, ϕ_f = 0.85, ϕ_v = 0.80, ϕ_c = 0.70

B (mm)	H (mm)	d (mm)	피복 (mm)	P_u (kN)	M_u (kNm)	e (mm)
1,000.0	900.0	820.0	80.0	594.400	439.300	739.065

- 철근비 검토

A_s = 4,053.6 mm² (인장중심 = 80.0 mm), 1단 : H25 - 8.0 EA, d_c = 80.0 mm

ρ_{min} (= 0.00150) ≤ ρ_{use} (= 0.00450) ≤ ρ_{max} (=0.08000) ∴ OK

- 평형하중 산정

• 소성중심 계산

$C_c = 0.85 \times f_{ck} \times A_g = 0.85 \times 27 \times 1{,}000.0 \times 900.0$ = 20,655.000 kN

$T_s = A_s \times f_y$ = 1,621.440 kN, $C_s' = A_s' \times f_y$ = 0 kN

$X_p = [C_c \times H / 2 + T_s \times d_c + C_s' \times (H - d')] / (C_c + T_s + C_s')$

= 423.069 mm

$d'' = X_p - d_c$ = 343.069 mm

• 평형상태 계산

$c_b = 600 / (600 + f_y) \times d$ = 492.000 mm, $a_b = k1 \times c_b$ = 418.200 mm

$C_c = 0.85 \times f_{ck} \times a_b \times B$ = 9,597.690 kN

$T_s = A_s \times f_y$ = 1,621.440 kN, $C_s' = A_s' \times f_y$ = 0 kN

• 균형하중 및 편심

$P_b = C_c + C_s' - T_s$ = 7,976.250 kN

$M_b = C_c \times (d - a_b / 2 - d'') + C_s' \times (d - d' - d'') + T_s \times d''$

= 3,126.827 kNm

$e_b = M_b / P_b$ = 392.017 mm < $e = M_u / P_u$ = 739.06 mm → 인장 파괴

- 공칭강도 산정

• 반복시산법을 이용하여 c = 245.450 mm, $a = k1 \times c$ = 208.633 mm 를 사용

$f_s = 600 \times (d - c) / c$ = 1,404.473 MPa > $f_y \rightarrow f_s = f_y$

$f_s' = 600 \times (c - d') / c$ = 600.000 MPa > $f_y \rightarrow f_s' = f_y$

$C_c = 0.85 \times f_{ck} \times a \times B$ = 4,788.135 kN

$T_s = A_s \times f_s$ = 1,621.440 kN,　　$C_s' = A_s' \times (f_s' - 0.85 f_{ck})$ = 0 kN

$P_n = C_c + C_s' - T_s$ = 3,166.695 kN

$M_n' = C_c \times (d - a/2) + C_s' \times (d - d')$ = 3,426.789 kNm

$e' = e + d''$ = 739.065 + 343.069 = 1,082.134 mm

편심오차 = $|e' - M_n' / P_n|$ = 0.0006 ≤ 0.010 ∴ 허용오차 만족

- 축방향력 및 휨에 대한 검토

ϕP_n = 2,216.687 kN < min(ϕP_b, 0.1 × f_{ck} × A_g) = 2,430.000 kN

$\phi = \phi f - (\phi f - \phi c) \times \phi P_n / (0.1 \times f_{ck} \times A_g)$ = 0.713

ϕP_n = 0.713 × 3,166.695 = 2,258.384 kN ≥ P_u = 594.400 kN　∴ OK

$\phi M_n = \phi P_n \times e$ = 2,258.384 × 0.739 = 1,669.092 kNm ≥ M_u = 439.300 kN

∴ OK

- 전단에 대한 검토 (검토단면 H = 900.0 mm, d = 820.0 mm)

설계단면력 : 모멘트 M_u = 439.300 kNm　전단력 V_u = 294.470 kN

사용단면 : 두께 H = 900.0 mm　폭 B = 1000.0 mm

사용철근 : H25 - 8EA = 4,053.600 mm²　철근중심 d_c = 80.0 mm

유효두께 $d = H - d_c$ = 820.0 mm

콘크리트 설계전단강도

$\phi V_c = \phi v \times 1/6 \times \{1 + P_u / (14 \cdot A_g)\} \times \sqrt{f_{ck}} \times B \times d$ = 594.913 kN

$V_u < 1/2 \phi V_c$　→ ∴ 전단보강철근 필요없음.

라. 배면 - 축력 최대시

- 단면제원 및 설계가정

f_{ck} = 27 MPa, f_y = 400 MPa, k_1 = 0.85, ϕ_f = 0.85, ϕ_v = 0.80, ϕ_c = 0.70

B (mm)	H (mm)	d (mm)	피복 (mm)	P_u (kN)	M_u (kNm)	e (mm)
1,000.0	900.0	820.0	80.0	700.930	155.370	221.663

- 철근비 검토

A_s = 4,053.6 mm² (인장중심 = 80.0 mm), 1단 : H25 - 8.0 EA, d_c = 80.0 mm

ρ_{min} (= 0.00150) ≤ ρ_{use} (= 0.00450) ≤ ρ_{max} (=0.08000)　∴ OK

- 평형하중 산정

• 소성중심 계산

$C_c = 0.85 \times f_{ck} \times A_g$ = 0.85 × 27 × 1,000.0 × 900.0 = 20,655.000 kN

$T_s = A_s \times f_y$ = 1,621.440 kN,　　$C_s' = A_s' \times f_y$ = 0 kN

$X_p = [C_c \times H/2 + T_s \times d_c + C_s' \times (H - d')] / (C_c + T_s + C_s')$

= 423.069 mm

$d'' = X_p - d_c$ = 343.069 mm

• 평형상태 계산

$c_b = 600 / (600 + f_y) \times d$ = 492.000 mm,　$a_b = k1 \times c_b$ = 418.200 mm

C_c = 0.85 × f_{ck} × a_b × B = 9,597.690 kN

T_s = A_s × f_y = 1,621.440 kN, C_s' = A_s' × f_y = 0 kN

• 균형하중 및 편심

P_b = C_c + C_s' - T_s = 7,976.250 kN

M_b = C_c× (d − a_b/ 2 − d'')+ C_s' × (d − d' − d'') + T_s× d''

= 3,126.827 kNm

e_b = M_b / P_b = 392.017 mm > e = M_u / P_u = 221.663 mm → 압축 파괴

- 공칭강도 산정

• 최소편심 e_{min} = 89.675 mm < e = 221.663 mm

• 반복시산법을 이용하여 c = 660.950 mm, a = $k1$ × c = 561.807 mm 를 사용 인장철근 A_s의 응력 (압축 콘크리트 끝단 변형률이 0.003일때)

f_s = E_s × ϵs = 2.0 × 10^5 × $(0.003 \times \dfrac{660.950 - 820.000}{660.950})$ = -144.384 MPa

C_{c1} = 0.85 × f_{ck} × (d − d'') × B = 10,945.573 kN

C_{c2} = 0.85 × f_{ck} × (a − (d − d'')) × B = 1,947.890 kN

T_s = A_s × fs = -585.276 kN, C_s' = A_s' × (f_s' - 0.85f_{ck}) = 0 kN

P_n = C_{c1} + C_{c2} + C_s' + T_s = 12,308.187 kN

M_n = C_{c1}× (d − d'') / 2 − C_{c2}× (a − d + d'') /2 − T_s× d''

= 2,728.269 kNm

편심오차 = M_n/ P_n = 221.663 < 221.663 ∴ 허용오차 만족

- 축방향력 및 휨에 대한 검토

ϕ = 0.700

ϕP_n = 0.700 × 12,308.187 = 8,615.731 kN ≥ P_u = 700.930 kN ∴ OK

ϕM_n = 0.700 × 2,728.269 = 1,909.788 kNm ≥ M_u = 155.370 kN ∴ OK

- 전단에 대한 검토 (검토단면 H = 900.00 mm, d = 820.00 mm)

설계단면력 : 모멘트 M_u = 155.370 kNm 전단력 V_u = 294.470 kN

사용단면 : 두께 H = 900.0 mm 폭 B = 1,000.0 mm

사용철근 : H25 - 8EA = 4,053.6 mm² 철근중심 d_c = 80.0 mm

유효두께 d = H - d_c = 820.0 mm

콘크리트 설계전단강도

ϕV_c = ϕv × 1/6 × {1 + P_u /(14 · A_g)} × $\sqrt{f_{ck}}$ × B × d = 599.716 kN

V_u < 1/2ϕV_c → ∴ 전단보강철근 필요없음.

③ 하단부

가. 전면 - 모멘트 최대시 = 축력 최대시

- 단면제원 및 설계가정

f_{ck} = 27 MPa, f_y = 400 MPa, k_1 = 0.85, ϕ_f = 0.85, ϕ_v = 0.80, ϕ_c = 0.70

B (mm)	H (mm)	d (mm)	피복 (mm)	P_u (kN)	M_u (kNm)	e (mm)
1,000.0	900.0	820.0	80.0	800.380	884.842	1,105.527

- 철근비 검토

A_s = 4,053.6 mm^2 (인장중심 = 80.0 mm), 1단 : H25 - 8.0 EA, d_c = 80.0 mm

ρ_{min} (= 0.00150) $\le$ ρ_{use} (= 0.00450) $\le$ ρ_{max} (=0.08000) ∴ OK

- 평형하중 산정

• 소성중심 계산

$C_c = 0.85 \times f_{ck} \times A_g = 0.85 \times 27 \times 1{,}000.0 \times 900.0 = 20{,}655.000$ kN

$T_s = A_s \times f_y = 1{,}621.440$ kN, $C_s' = A_s' \times f_y = 0$ kN

$X_p = [C_c \times H / 2 + T_s \times d_c + C_s' \times (H - d')] / (C_c + T_s + C_s')$

$= 423.069$ mm

$d'' = X_p - d_c = 343.069$ mm

• 평형상태 계산

$c_b = 600 / (600 + f_y) \times d = 492.000$ mm, $a_b = k1 \times c_b = 418.200$ mm

$C_c = 0.85 \times f_{ck} \times a_b \times B = 9{,}597.690$ kN

$T_s = A_s \times f_y = 1{,}621.440$ kN, $C_s' = A_s' \times f_y = 0$ kN

• 균형하중 및 편심

$P_b = C_c + C_s' - T_s = 7{,}976.250$ kN

$M_b = C_c \times (d - a_b / 2 - d'') + C_s' \times (d - d' - d'') + T_s \times d''$

$= 3{,}126.827$ kNm

$e_b = M_b / P_b = 392.017$ mm $< e = M_u / P_u = 1{,}105.530$ mm → 인장 파괴

- 공칭강도 산정

• 반복시산법을 이용하여 $c = 171.630$ mm, $a = k1 \times c = 145.886$ mm 를 사용

$f_s = 600 \times (d - c) / c = 2{,}266.622$ MPa $> f_y \rightarrow f_s = f_y$

$f_s' = 600 \times (c - d') / c = 600.000$ MPa $> f_y \rightarrow f_s' = f_y$

$C_c = 0.85 \times f_{ck} \times a \times B = 3{,}348.084$ kN

$T_s = A_s \times f_s = 1{,}621.440$ kN, $C_s' = A_s' \times (f_s' - 0.85 f_{ck}) = 0$ kN

$P_n = C_c + C_s' - T_s = 1{,}726.644$ kN

$M_n' = C_c \times (d - a / 2) + C_s' \times (d - d') = 2{,}501.210$ kNm

$e' = e + d'' = 1{,}105.527 + 343.069 = 1{,}448.596$ mm

편심오차 = $|e' - M_n' / P_n| = 0.0001 \le 0.010$ ∴ 허용오차 만족

- 축방향력 및 휨에 대한 검토

$\phi P_n = 1{,}208.651$ kN $< \min(\phi P_b,\ 0.1 \times f_{ck} \times A_g) = 2{,}430.000$ kN

$\phi = \phi f - (\phi f - \phi c) \times \phi P_n / (0.1 \times f_{ck} \times A_g) = 0.775$

$\phi P_n = 0.775 \times 1{,}726.644 = 1{,}338.826$ kN $\ge P_u = 800.380$ kN ∴ OK

$\phi M_n = \phi P_n \times e = 1{,}338.826 \times 1.106 = 1{,}480.109$ kNm $\ge M_u = 884.842$ kN

∴ OK

- 전단에 대한 검토 (검토단면 H = 900.00 mm, d = 820.00 mm)

  설계단면력 : 모멘트 M_u = 884.842 kNm 전단력 V_u = 294.470 kN

  사용단면 : 두께 H = 900.0 mm 폭 B = 1000.0 mm

  사용철근 : H25 - 8EA = 4,053.6 mm^2 철근중심 d_c = 80.0 mm

  유효두께 $d = H - d_c$ = 820.0 mm

  콘크리트 설계전단강도

  $\phi V_c = \phi v \times 1/6 \times \{1 + P_u / (14 \cdot A_g)\} \times \sqrt{f_{ck}} \times B \times d$ = 604.200 kN

  $V_u < 1/2\phi V_c$ → ∴ 전단보강철근 필요없음.

나. 배면 - 모멘트 최대시

- 단면제원 및 설계가정

  f_{ck} = 27 MPa, f_y = 400 MPa, k_1 = 0.85, ϕ_f = 0.85, ϕ_v = 0.80, ϕ_c = 0.70

B (mm)	H (mm)	d (mm)	피복 (mm)	P_u (kN)	M_u (kNm)	e (mm)
1,000.0	900.0	820.0	80.0	706.820	889.702	1,258.739

- 철근비 검토

  A_s = 4,053.6 mm^2 (인장중심 = 80.0 mm), 1단 : H25 - 8.0 EA, d_c = 80.0 mm

  ρ_{min} (= 0.00150) ≤ ρ_{use} (= 0.00450) ≤ ρ_{max} (=0.08000) ∴ OK

- 평형하중 산정
  - 소성중심 계산

  $C_c = 0.85 \times f_{ck} \times A_g = 0.85 \times 27 \times 1{,}000.0 \times 900.0$ = 20,655.000 kN

  $T_s = A_s \times f_y$ = 1,621.440 kN, $C_s' = A_s' \times f_y$ = 0 kN

  $X_p = [C_c \times H / 2 + T_s \times d_c + C_s' \times (H - d')] / (C_c + T_s + C_s')$

  = 423.069 mm

  $d'' = X_p - d_c$ = 343.069 mm
  - 평형상태 계산

  $c_b = 600 / (600 + f_y) \times d$ = 492.000 mm, $a_b = k1 \times c_b$ = 418.200 mm

  $C_c = 0.85 \times f_{ck} \times a_b \times B$ = 9,597.690 kN

  $T_s = A_s \times f_y$ = 1,621.440 kN, $C_s' = A_s' \times f_y$ = 0 kN
  - 균형하중 및 편심

  $P_b = C_c + C_s' - T_s$ = 7,976.250 kN

  $M_b = C_c \times (d - a_b / 2 - d'') + C_s' \times (d - d' - d'') + T_s \times d''$

  = 3,126.827 kNm

  $e_b = M_b / P_b$ = 392.017 mm < $e = M_u / P_u$ = 1,258.740 mm → 인장 파괴

- 공칭강도 산정
  - 반복시산법을 이용하여 c = 156.910 mm, $a = k1 \times c$ = 133.376 mm 를 사용

  $f_s = 600 \times (d - c) / c$ = 2,535.488 MPa > f_y → $f_s = f_y$

$f_s' = 600 \times (c - d') \ / \ c = 600.000$ MPa $> f_y \rightarrow f_s' = f_y$

$C_c = 0.85 \times f_{ck} \times a \times B = 3060.987$ kN

$T_s = A_s \times f_s = 1{,}621.440$ kN, $\quad C_s' = A_s' \times (f_s' - 0.85f_{ck}) = 0$ kN

$P_n = C_c + C_s' - T_s = 1{,}439.547$ kN

$M_n' = C_c \times (d - a \ / \ 2) + C_s' \times (d - d') = 2{,}305.878$ kNm

$e' = e + d'' = 1{,}258.739 + 343.069 = 1{,}601.808$ mm

편심오차 = $|e' - M_n' \ / \ P_n| = 0.0001 \leq 0.010$ ∴ 허용오차 만족

- 축방향력 및 휨에 대한 검토

$\phi P_n = 1{,}007.683$ kN $< \min(\phi P_b, 0.1 \times f_{ck} \times A_g) = 2{,}430.000$ kN

$\phi = \phi f - (\phi f - \phi c) \times \phi P_n / (0.1 \times f_{ck} \times A_g) = 0.788$

$\phi P_n = 0.788 \times 1{,}439.547 = 1{,}134.071$ kN $\geq P_u = 706.820$ kN ∴ OK

$\phi M_n = \phi P_n \times e = 1{,}134.071 \times 1.259 = 1{,}427.500$ kNm $\geq M_u = 889.702$ kN

∴ OK

- 전단에 대한 검토 (검토단면 H = 900.0 mm, d = 820.0 mm)

설계단면력 : 모멘트 M_u = 889.702 kNm 전단력 V_u = 294.470 kN

사용단면 : 두께 H = 900.0 mm 폭 B = 1000.0 mm

사용철근 : H25 - 8EA = 4,053.6 mm^2 철근중심 d_c = 80.0 mm

유효두께 $d = H - d_c$ = 820.0 mm

콘크리트 설계전단강도

$\phi V_c = \phi v \times 1/6 \times \{1 + P_u \ /(14 \cdot A_g)\} \times \sqrt{f_{ck}} \times B \times d = 599.982$ kN

$V_u < 1/2\phi V_c$ → ∴ 전단보강철근 필요없음.

다. 배면 - 축력 최대시

- 단면제원 및 설계가정

f_{ck} = 27 MPa, f_y = 400 MPa, k_1 = 0.85, ϕ_f = 0.85, ϕ_v = 0.80, ϕ_c = 0.70

B (mm)	H (mm)	d (mm)	피복 (mm)	P_u (kN)	M_u (kNm)	e (mm)
1,000.0	900.0	820.0	80.0	800.380	517.900	647.068

- 철근비 검토

A_s = 4,053.6 mm^2 (인장중심 = 80.0 mm), 1단 : H25 - 8.0 EA, d_c = 80.0 mm

ρ_{min} (= 0.00150) $\leq$ ρ_{use} (= 0.00450) $\leq$ ρ_{max} (=0.08000) ∴ OK

- 평형하중 산정

• 소성중심 계산

$C_c = 0.85 \times f_{ck} \times A_g = 0.85 \times 27 \times 1{,}000.0 \times 900.0 = 20{,}655.000$ kN

$T_s = A_s \times f_y = 1{,}621.440$ kN, $\quad C_s' = A_s' \times f_y = 0$ kN

$X_p = [C_c \times H \ / \ 2 + T_s \times d_c + C_s' \times (H - d')] \ / \ (C_c + T_s + C_s')$

$= 423.069$ mm

$d'' = X_p - d_c = 343.069$ mm

• 평형상태 계산

$c_b = 600 \ / \ (600 + f_y) \times d = 492.000$ mm, $a_b = k1 \times c_b = 418.200$ mm

$C_c = 0.85 \times f_{ck} \times a_b \times B = 9{,}597.690$ kN

$T_s = A_s \times f_y = 1{,}621.440$ kN, $C_s' = A_s' \times f_y = 0$ kN

• 균형하중 및 편심

$P_b = C_c + C_s' - T_s = 7{,}976.250$ kN

$M_b = C_c \times (d - a_b / 2 - d'') + C_s' \times (d - d' - d'') + T_s \times d''$

$= 3{,}126.827$ kNm

$e_b = M_b \ / \ P_b = 392.017$ mm $< e = M_u \ / \ P_u = 647.068$ mm → 인장 파괴

- 공칭강도 산정

• 반복시산법을 이용하여 $c = 283.270$ mm, $a = k1 \times c = 240.783$ mm 를 사용

$f_s = 600 \times (d - c) \ / \ c = 1{,}136.834$ MPa $> f_y \rightarrow f_s = f_y$

$f_s' = 600 \times (c - d') \ / \ c = 600.000$ MPa $> f_y \rightarrow f_s' = f_y$

$C_c = 0.85 \times f_{ck} \times a \times B = 5{,}525.968$ kN

$T_s = A_s \times f_s = 1{,}621.440$ kN, $C_s' = A_s' \times (f_s' - 0.85 f_{ck}) = 0$ kN

$P_n = C_c + C_s' - T_s = 3{,}904.528$ kN

$M_n' = C_c \times (d - a \ / \ 2) + C_s' \times (d - d') = 3{,}866.014$ kNm

$e' = e + d'' = 647.068 + 343.069 = 990.137$ mm

편심오차 = $|e' - M_n' \ / \ P_n| = 0.0002 \leq 0.010$ ∴ 허용오차 만족

- 축방향력 및 휨에 대한 검토

$\phi P_n = 2{,}733.169$ kN $> \min(\phi P_b, \ 0.1 \times f_{ck} \times A_g) = 2{,}430.000$ kN

$\phi = \phi c = 0.700$

$\phi P_n = 0.700 \times 3{,}904.528 = 2{,}733.169$ kN $\geq P_u = 800.380$ kN ∴ OK

$\phi M_n = \phi P_n \times e = 2{,}733.169 \times 0.647 = 1{,}768.545$ kNm $\geq M_u = 517.900$ kN ∴ OK

- 전단에 대한 검토 (검토단면 $H = 900.0$ mm, $d = 820.0$ mm)

설계단면력 : 모멘트 $M_u = 517.900$ kNm 전단력 $V_u = 294.470$ kN

사용단면 : 두께 $H = 900.0$ mm 폭 $B = 1{,}000.0$ mm

사용철근 : H25 - 8EA = 4,053.6 mm^2 철근중심 $d_c = 80.0$ mm

유효두께 $d = H - d_c = 820.0$ mm

콘크리트 설계전단강도

$\phi V_c = \phi v \times 1/6 \times \{1 + P_u \ /(14 \cdot A_g)\} \times \sqrt{f_{ck}} \times B \times d = 604.200$ kN

$V_u < 1/2 \phi V_c$ → ∴ 전단보강철근 필요없음.

(3) [단계 8-3] 우각부 설계

본 예제에서는 사용하중에 의한 접합부 인장응력을 허용응력과 비교하여 철근을 보강하는 방법인 "허용응력에 의한 근사해법"으로 우각부를 설계하였으며, 참고로 스트럿-타이 모델에 의한 해석 방법도 간단히 기술하였다.

① 허용응력에 의한 근사해법

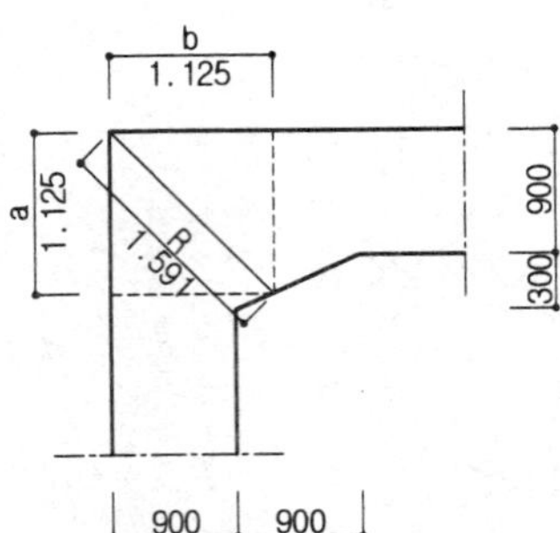

슬래브 두께 = 0.9 m
벽체 두께 = 0.9 m
헌치 높이 = 0.3 m
헌치 폭 = 0.9 m

$a = 0.9 + \tan(18.435) \times \triangle L$
$b = 0.9 + 0.9 - \triangle L$
$a = b,\ \triangle L = (0.9 + 0.9 - 0.9) / (\tan(18.435) + 1)$
$\triangle L = 0.675$ m
$a = 0.9 + \tan(18.435) \times 0.675 = 1.125$ m
$b = 0.9 + 0.9 - 0.675 = 1.125$ m
$R = \sqrt{(a^2 + b^2)} = \sqrt{(1.125^2 + 1.125^2)} = 1.591$ m
$M_o = 903.096$ kNm (사용하중하에서의 우각부 최대 모멘트)
$W = 1.0$m (절점부의 구조물 폭)

$$f_{t\_max} = 5\frac{M_o}{R^2 \cdot w}$$
$= (5 \times 903{,}096{,}336.0) / (1{,}591.0^2 \times 1{,}000.0)$
$= 1.784$ MPa

$v_{ca} = 0.08\sqrt{f_{ck}} = 0.416 \text{ MPa} < f_{t\_max}$ ∴ 우각부 보강철근 필요

$$\text{필요철근량} = \frac{2 \cdot M_o}{R \cdot f_{sa}}$$
$= (2 \times 903{,}096{,}336.0) / (1{,}591.0 \times 180)$
$= 6{,}307.018 \text{ mm}^2$

사용철근량 = $8{,}107.2 \text{ mm}^2$

- 우각부 1단 : H25 @ 125 mm = $4{,}053.6 \text{ mm}^2$
- 우각부 2단 : H25 @ 125 mm = $4{,}053.6 \text{ mm}^2$
- 주철근 1단 : 0 mm^2 (주철근 중 외측에 연하여 배치한 주철근 이외의 구부린 주철근만 보강철근의 일부로 본다. [도 · 설 4.12.5])

사용철근량 : $8{,}107.2 \text{ mm}^2$ > 필요철근량 : $6{,}307.018 \text{ mm}^2$ ∴ OK

② 스트럿-타이 모델에 의한 방법

가. 모델링

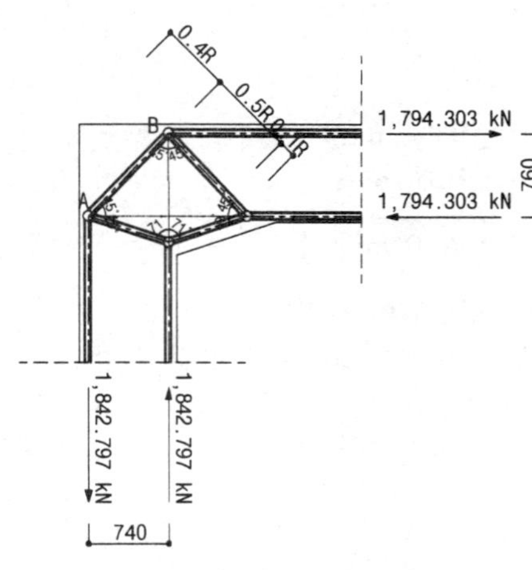

계수하중하에서 우각부에 발생하는 최대 모멘트를 인장력과 압축력으로 변환시켜 스트럿-타이 모델 구성하였음.
(M = 1,363.670 kNm)

나. 타이 AB의 필요 철근량 산정 예

- 타이 AB의 발생 인장력 (f_t)

  f_t = 1,268.764 kN

- 필요 철근량 (A_s)

$$A_s = \frac{f_t}{\phi f_y} = \frac{1,268.764 \times 10^3}{0.9 \times 400} = 3,524.3444 \text{ mm}^2$$

(4) [단계 8-4] 배력 철근량 산정

① 슬래브

가. 단부

- 사용철근량

  압축부 : H19 @ 300 = 955.0 mm^2

  인장부 : H19 @ 150 = 1,910.0 mm^2

  Σ = 2,865.0 mm^2

- 주철근비(주철근이 차량 진행방향에 평행) [도 · 설 4.7.5.7]

  55 / $\sqrt{(15.900)}$ = 13.79% < 최대 50%중 작은값 이상

  소요주철근 : 3,105.0 mm^2

  필요철근량 : 3,105.0 × 0.138 = 428.5 mm^2 < 1,910.0 mm^2 ∴ OK

- 단면적비(온도 및 건조수축 철근) [콘 · 설 5.7.2]

  단면적대비 0.0020 이상

  필요철근량 : 0.0020 × B × T

  = 0.0020 × 1,000 × 900 = 1,800.0 mm^2 < 2,865.0 mm^2 ∴ OK

- 노출면 300 mm^2 이상 [도 · 설 4.3.9]

  필요철근량 : 300.0 mm^2 < 955.0 mm^2 ∴ OK

나. 중앙부

- 사용철근량

압축부 : H19 @ 300 = 955.0 mm^2
인장부 : H19 @ 150 = 1,910.0 mm^2

Σ = 2,865.0 mm^2

- 주철근비(주철근이 차량 진행방향에 평행)
55 / $\sqrt{(15.900)}$ = 13.79% < 최대 50%중 작은값 이상
소요주철근 : 3,104.9 mm^2
필요철근량 : 3,104.9 × 0.138 = 428.5 mm^2 < 1,910.0 mm^2 ∴ OK

- 단면적비(온도 및 건조수축 철근)
단면적대비 0.0020 이상
필요철근량 : 0.0020 × B × T
= 0.0020 × 1000 × 900 = 1,800.0 mm^2 < 2,865.0 mm^2 ∴ OK
- 노출면 300 mm^2 이상
필요철근량 : 300.0 mm^2 < 955.0 mm^2 ∴ OK

② 벽체

가. 벽체 상단부

- 사용철근량

압축부 : H19 @ 300 = 955.0 mm^2
인장부 : H19 @ 150 = 1,910.0 mm^2

Σ = 2,865.0 mm^2

- 0.0015hb [도 · 설 4.3.9]
h : 부재두께(최대 1,200mm) b : 부재 폭
필요철근량 : 0.0015 × 900 × 1,000 = 1,350.0 mm^2 < 2,865.0 mm^2 ∴ OK
- 단면적비(온도 및 건조수축 철근)
단면적대비 0.0025 이상
필요철근량 : 0.0025 × B × T
= 0.0025 × 1,000 × 900 = 2,250.0 mm^2 < 2,865.0 mm^2 ∴ OK
- 노출면 300 mm^2 이상
필요철근량 : 300.0 mm^2 < 955.0 mm^2 ∴ OK

나. 벽체 중앙(전면)

- 사용철근량

압축부 : H19 @ 300 = 955.0 mm^2
인장부 : H19 @ 150 = 1,910.0 mm^2

Σ = 2,865.0 mm^2

- 0.0015hb
  h : 부재두께(최대 1,200mm)　b : 부재 폭
  필요철근량 : 0.0015 × 900 × 1,000 = 1,350.0 mm² < 2,865.0 mm² ∴ OK
- 단면적비(온도 및 건조수축 철근)
  단면적대비 0.0025 이상
  필요철근량 : 0.0025 × B × T
  = 0.0025 × 1,000 × 900 = 2,250.0 mm² < 2,865.0 mm² ∴ OK
- 노출면 300 mm² 이상
  필요철근량 : 300.0 mm² < 955.0 mm² ∴ OK

다. 벽체 하단(배면)

- 사용철근량

  압축부 : H19 @ 300 = 955.0 mm²
  인장부 : H19 @ 150 = 1,910.0 mm²

  Σ = 2,865.0 mm²

- 0.0015hb
  h : 부재두께(최대 1,200mm)　b : 부재 폭
  필요철근량 : 0.0015 × 900 × 1,000 = 1,350.0 mm² < 2,865.0 mm² ∴ OK

- 단면적비(온도 및 건조수축 철근)
  단면적대비 0.0020 이상
  필요철근량 : 0.0025 × B × T
  = 0.0025 × 1,000 × 900 = 2,250.0 mm² < 2,865.0 mm² ∴ OK
- 노출면 300 mm² 이상
  필요철근량 : 300.0 mm² < 955.0 mm² ∴ OK

(5) [단계 8-5] 내민 받침부(브라켓) 설계
① 단면제원 및 설계조건

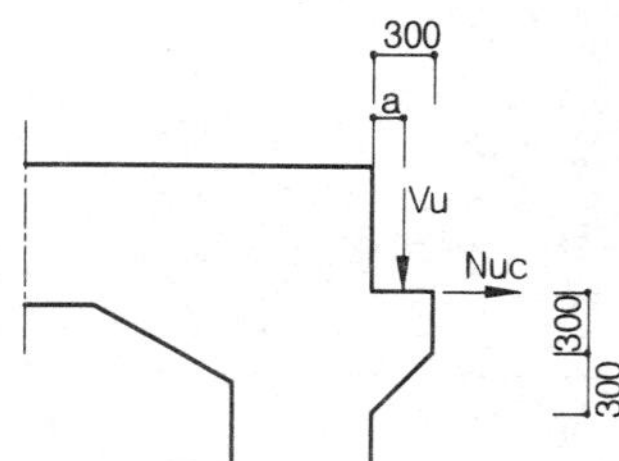

- 설계에서 모든 단면력에 대한 강도감소계수는 전단강도에 대한 강도감소계수로 취하여야 한다. [콘 · 설 7.8.2]

f_{ck} = 27 MPa, f_y = 400 MPa, k_1 = 0.85, ϕ_f = 0.85, ϕ_v = 0.80

B (mm)	H (mm)	d (mm)	피복 (mm)	외단깊이 (kNm)	V_u (kN)
1,000.0	600.0	520.0	80.0	300.0	248.570

$\frac{a}{d} = \frac{150.00}{520.00} = 0.228 \leq 1$ ∴ 브라켓으로 설계 [도 · 설 4.4.6.8]

지압면의 외단깊이 ≥ $0.5d$, 300.0 mm ≥ 0.5 × 520.0 mm ∴ OK

② 작용하중 산정

가. 고정하중 : 66.276 kN

나. 활하중 : 75.54 kN

③ 내민받침에 대한 전단설계, [도 · 설 4.4.6.4] [콘 · 설 7.6.2]

가. 설계 단면력 산정

V_u = 1.300 × 66.276 + 2.150 × 75.540 = 248.570 kN

N_{uc} = 0.20 × 248.570 = 49.714 kN

$M_u = V_u \times a + N_{uc} \times (h - d)$

= 248.570 × 0.15 + 49.714 × (0.6 - 0.52)

= 41.263 kNm

나. 전단마찰철근(A_{vf})의 설계

: 전단마찰철근이 전단면에 수직인 경우

$V_{n\_max} \leq 0.2 \times f_{ck} \times b_o \times d,\ 5.6 \times b_o \times d$

≤ 0.2 × 27 × 1,000.0 × 520.0 = 2,808.000 kN

≤ 5.6 × 1,000.0 × 520.0 = 2,912.000 kN

ϕV_{n_max} = 0.80 × 2,808.0 = 2,246.400 kN ≥ V_u(= 248.570 kN) ∴ OK

$A_{vf} = \frac{V_u}{\phi v \times f_y \times \mu}$ (ϕv = 0.80, $\mu = 1.4\lambda$, λ = 1.0 ; 일체로 친 보통 콘크리트)

= 248,570.483 / (0.80 × 400 × 1.4)

= 554.845 mm^2

다. 휨모멘트 철근(A_f)의 설계

$a = \frac{A_f \times f_y}{0.85 \times f_{ck} \times b}$

$M_n = M_u / \phi = A_f \times f_y \times (d - a/2)$

→ 위의 a를 대입하여 A_f를 이차방정식으로 푼다.

$A_f = \frac{d - \sqrt{[d^2 - 4 \times M_u / (1.7 \times f_{ck} \times b \times \phi)]}}{2 \times f_y / (1.7 \times f_{ck} \times b)}$

= 247.974 mm^2

라. 수평인장 철근(A_n)의 설계

$A_n = N_{uc} / (\phi \times f_y)$ = 155.357 mm^2

마. 주인장철근(A_s)의 산정

주인장철근의 단면적은 (A_f + A_n)과 (2/3 A_{vf} + A_n) 중 큰 값을 취한다.

→ A_s = 525.254 mm²

A_{s_min} = 0.04 × (f_{ck} / f_y) × b × d

= 0.04 × (27 / 400) × 1,000.0 × 520.0

= 1,404.0 mm²

Use A_s = 1,588.8 mm² (철근도심 80.0 mm)

1단 : H16 - 8.0 EA

Use A_s ≥ 525.254 mm², 1,404.0 mm² ∴OK

바. 폐쇄 스터럽, 띠철근(A_h)의 산정

A_h = 0.5 × (As - An) = 0.5 × (525.254 - 155.357)

= 184.949 mm²

사용철근량(1단) : H13 - 2.0 EA = 253.4 mm²

철근의 배치 범위 : 2 / 3 d = 2 / 3 × 520.0 = 346.67 mm 구간에 2.0단 설치

- 사용철근량(2.0단) : H13 - 4.0 EA = 506.80 mm² ≥ 184.949 mm² ∴ OK

(6) [단계 8-6] 캔틸레버부 검토

① 하중산정

가. 고정하중

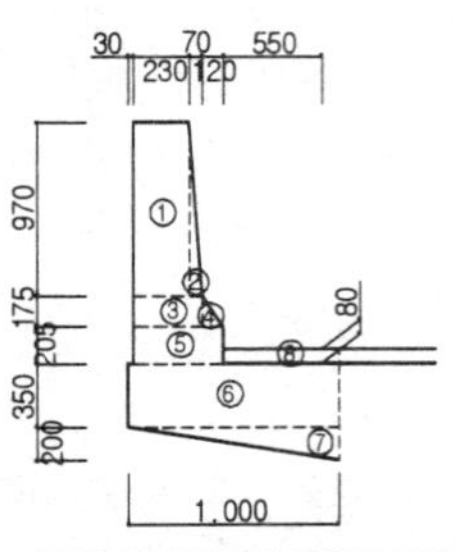

번호	S_d (kN)			x (m)	M_d (kNm)
①	0.23 × 0.97 × 25.0	=	5.578	0.855	4.769
②	0.07 × 0.97 / 2 × 25.0	=	0.849	0.717	0.608
③	0.30 × 0.175 × 25.0	=	1.313	0.820	1.076
④	0.12 × 0.175 / 2 × 25.0	=	0.263	0.630	0.165
⑤	0.42 × 0.205 × 25.0	=	2.153	0.760	1.636
⑥	1.0 × 0.35 × 25.0	=	8.750	0.500	4.375
⑦	1.0 × 0.2 / 2 × 25.0	=	2.500	0.333	0.833
⑧	0.55 × 0.08 × 23.0	=	1.012	0.275	0.278
합계	Σ	=	22.416		13.741

나. 활하중

- 충격계수

i = 15 / (40 + L)

= 15 / (40 + 0.250) = 0.373 ≥ 0.3 ∴ i = 0.3

- 주철근방향이 차량진행방향에 평행한 경우의 윤하중 분포폭

E = 0.8X + 1.14

= 0.8 × (1.0 - 0.45 - 0.3) + 1.14 = 1.34

- 단위 폭당 휨모멘트

S_l = 96.0 × (1 + 0.3) = 124.800 kN

$$M_l = \frac{S_l}{E} X = \frac{124.8}{1.34} \times 0.25 = 23.284 \text{ kNm}$$

다. 충돌하중

- 작용높이 : 노면상 1.0 m (V : 설계기준속도 = 100 km/hr)

P_{co} = (V / 60)^2 × 7.5 + 2.5 = 23.333 kN/m

M_{co} = 23.333 × 1.0 = 23.333 kNm

- 방호벽 상단에 10 kN/m의 수평하중을 재하

• 작용높이 : 1.9 m

M_{co} = 10.0 × 1.9 = 19.000 kNm

- 적용모멘트

M_{co} = 23.333 kNm

② 단면력 계산

가. 휨모멘트

M_{u1} = 1.3 M_d + 2.15 M_l

= 1.3 × 13.741 + 2.15 × 23.284 = 67.923 kNm

M_{u2} = 1.3 M_d + 1.3 M_l + 1.3 M_{co}

= 1.3 × 13.741 + 1.3 × 23.284 + 1.3 × 23.333 = 78.465 kNm

나. 전단력

S_u = 1.3 S_d + 2.15 S_l

= 1.3 × 22.416 + 2.15 × 124.800 = 297.460 kN

③ 단면 검토

- 단면제원 및 설계가정

f_{ck} = 27 MPa, f_y = 400 MPa, k_1 = 0.85, ϕ_f = 0.85, ϕ_v = 0.80

B (mm)	H (mm)	d (mm)	피복 (mm)	M_u (kNm)	V_u (kN)
1,000.0	550.0	470.0	80.0	78.465	297.460

M_u / ϕ = $A_s \times f_y \times (d - a/2)$ -------------- ①

$a = A_s \times f_y / (0.85 \times f_{ck} \times b)$ -------------- ②

식②를 식①에 대입하여 이차방정식으로 A_s를 구한다.

$$\frac{f_y^2}{2 \times 0.85 \times f_{ck} \times b} A_s^2 - f_y \times d \times A_s + \frac{M_u}{\phi} = 0,\ A_s = 495.574$$

- 사용철근량 = 1,910 mm^2 (철근도심 : 80.0 mm)

  1단 : H19 - 6.67 EA (= 1,910 mm^2)

- 철근비 검토

  ρ_{min} : $1.4 / f_y$ = 0.00350

  $0.25\sqrt{f_{ck}} / f_y$ = 0.00325, ρ_{min} = 0.00350 적용

  수축온도철근비 = 0.00200

  $\rho_{max} = 0.75 \times \rho_b = 0.75 \times k_1 \times \phi \times (f_{ck} / f_y) \times \{600 / (600 + f_y)\} = 0.02195$

  $\rho_{use} = A_s / bd = 0.00406$

  $\rho_{max} \geq \rho_{use} \geq \rho_{min}$ → 철근비 만족, ∴ OK

- 휨에 대한 검토

  $\phi M_n = 0.85 \times 1{,}910.0 \times 400 \times (470.00 - a / 2) = 294.409$ kNm

  : $a = A_s \times f_y / (0.85 \times f_{ck} \times b) = 33.290$ mm

  $\geq M_u$ (= 78.465 kNm) ∴ OK [안전률 3.752]

- 전단에 대한 검토(d = 470.00 mm)

  $\phi V_c = 0.80 \times 1/6 \times \sqrt{f_{ck}} \times b \times d$

  $= 0.80 \times 1/6 \times \sqrt{27} \times 1{,}000.00 \times 470.00 = 325.626$ kN

  $> Vu$ (= 297.460 kN), 전단보강 불필요

5.3.9 **[단계 9] 안정검토**

"509 하부구조 설계편" 참조

5.3.10 **[단계 10] 기초단면력 산정 및 단면검토**

"509 하부구조 설계편" 참조

5.3.11 **[단계 11] 사용성 검토**

(1) [단계 11-1] 처짐 검토

- 깊이가 일정한 부재의 최소두께

상부구조의 형식	최소두께 (m)	
	단순경간	연속경간
주철근이 차량 진행방향에 나란하거나 직각인 교량 슬래브	1.2 (S + 3) / 30	(S + 3) / 30

* 변단면 부재가 사용되는 경우, 위의 값은 정모멘트 단면과 부모멘트단면에서의 상대강성의 변화를 고려하기 위해 수정될 수 있다.

* S는 경간 길이를 나타낸다(m).

상부 구조물의 최소 두께 : t_{min} = 1.2 × (S + 3) / 30

= 1.2 × (15.900 + 3) / 30

= 0.756 m < t_{use} = 0.9 m

∴ 처짐 검토 불필요. [도 · 설 4.4.9.5]

(2) [단계 11-2] 균열 검토

- 철근의 간격 제한 규정으로 균열 검토

① 슬래브

가. 단부

- 응력 산정

$f_s = M / [\ A_s \times (d - x / 3)$

= 834.404 × 1,000,000 / [5,139.2 × (1,120.0 - 250.167 / 3)]

= 156.626 MPa

$x = -nA_s / b + nA_s / b\ \sqrt{[1 + 2bd / (nA_s)]}$

= -7 × 5,139.2 / 1,000.0 + 7 × 5,139.2 / 1,000.0

× $\sqrt{[1 + 2 \times 1,000.0 \times 1,120.0 / (7 \times 5,139.2)]}$

= 250.167 mm

사용철근량 = 5,139.2 mm² (철근도심 d' = 80.0mm)

1단 : H29 - 8.0 EA (= 5,139.2 mm²)

- 허용 균열폭

w_a = 0.005t_c (습윤환경) = 0.005 × (80.00 - 29 / 2) = 0.328 mm

- 균열폭 산정

$R = (H - x) / (H - x - d')$ = 1.092

A = 2 × d' × B / (인장철근 개수)

= 2 × 80.000 × 1,000.0 / 8.0 = 20,000.000 ㎟

w = 1.08 × R × f_s × $\sqrt[3]{(d_c \times A)}$ × 0.00001

= 1.08 × 1.092 × 156.626 × $\sqrt[3]{(80.00 \times 20,000.000)}$ × 0.00001

= 0.216 mm < W_s = 0.328 mm ∴ OK

나. 중앙부

- 응력 산정

$f_s = M / [\ A_s \times (d - x / 3)$

= 624.510 × 1,000,000 / [4,053.6 × (840.0 - 191.796 / 3)]

= 198.517 MPa

$x = -nA_s / b + nA_s / b \sqrt{[1 + 2bd / (nA_s)]}$

= -7 × 4,053.6 / 1,000.0 + 7 × 4,053.6 / 1,000.0

× $\sqrt{[1 + 2 \times 1{,}000.0 \times 840.0 / (7 \times 4{,}053.6)]}$

= 191.796 mm

사용철근량 = 4,053.6 mm² (철근도심 d' = 60.0 mm)

1단 : H25 - 8.0 EA (= 4,053.6 mm²)

- 허용 균열폭

w_a = 0.005t_c (습윤환경) = 0.005 × (80.00 - 25 / 2) = 0.238 mm

- 균열폭 산정

$R = (H - x) / (H - x - d')$ = 1.093

A = 2 × d' × B / (인장철근 개수)

= 2 × 60.000 × 1,000.0 / 8.0 = 15,000.000 ㎟

w= 1.08 × R × f_s × $\sqrt[3]{(d_c \times A)}$ × 0.00001

= 1.08 × 1.093 × 198.517 × $\sqrt[3]{(60.00 \times 15{,}000.000)}$ × 0.00001

= 0.226 mm < W_s = 0.238 mm ∴ OK

② 벽체

가. 벽체 상단부

- 응력 산정

$f_s = M / [\ A_s \times (d - x / 3)$

= 903.906 × 1,000,000 / [5,139.2 × (920.0 - 223.808 / 3)]

= 208.050 MPa

$x = -nA_s / b + nA_s / b \sqrt{[1 + 2bd / (nA_s)]}$

= -7 × 5,139.2 / 1,000.0 + 7 × 5,139.2 / 1,000.0

× $\sqrt{[1 + 2 \times 1{,}000.0 \times 920.0 / (7 \times 5{,}139.2)]}$

= 223.808 mm

사용철근량 = 5,139.2 mm² (철근도심 d' = 80.0 mm)

1단 : H29 - 8.0 EA (= 5,139.2 mm²)

- 허용 균열폭

w_a= 0.005t_c (습윤환경) = 0.005 × (80.00 - 29 / 2) = 0.328 mm

- 균열폭 산정

$R = (H - x) / (H - x - d')$ = 1.115

A = 2 × d' × B / (인장철근 개수)

= 2 × 80.000 × 1,000.0 / 8.0 = 20,000.000 ㎟

w= 1.08 × R × f_s × $\sqrt[3]{(d_c \times A)}$ × 0.00001

= 1.08 × 1.115 × 208.050 × $\sqrt[3]{(80.00 \times 20{,}000.000)}$ × 0.00001

= 0.293 mm < W_s = 0.328 mm ∴ OK

나. 벽체 중앙

- 응력 산정

$f_s = M / [A_s \times (d - x / 3)$

$= 363.863 \times 1,000,000 / [4,053.6 \times (820.0 - 189.203 / 3)]$

$= 118.588$ MPa

$x = -nA_s / b + nA_s / b \sqrt{[1 + 2bd / (nA_s)]}$

$= -7 \times 4,053.6 / 1,000.0 + 7 \times 4,053.6 / 1,000.0$

$\times \sqrt{[1 + 2 \times 1,000.0 \times 820.0 / (7 \times 4,053.6)]}$

$= 189.203$ mm

사용철근량 = 4,053.6 mm² (철근도심 d' = 80.0 mm)

1단 : H25 - 8.0 EA (= 4,053.6 mm²)

- 허용 균열폭

$w_a = 0.005t_c$ (습윤환경) = 0.005 × (80.00 - 25 / 2) = 0.338 mm

- 균열폭 산정

$R = (H - x) / (H - x - d') = 1.127$

$A = 2 \times d' \times B$ / (인장철근 개수)

$= 2 \times 80.000 \times 1,000.0 / 8.0 = 20,000.000$ ㎟

$w = 1.08 \times R \times f_s \times \sqrt[3]{(d_c \times A)} \times 0.00001$

$= 1.08 \times 1.127 \times 118.588 \times \sqrt[3]{(80.00 \times 20,000.000)} \times 0.00001$

$= 0.169$ mm < $W_s = 0.338$ mm ∴ OK

다. 벽체 하단

- 응력 산정

$f_s = M / [A_s \times (d - x / 3)$

$= 575.578 \times 1,000,000 / [4,053.6 \times (820.0 - 189.203 / 3)]$

$= 187.589$ MPa

$x = -nA_s / b + nA_s / b \sqrt{[1 + 2bd / (nA_s)]}$

$= -7 \times 4,053.6 / 1,000.0 + 7 \times 4,053.6 / 1,000.0$

$\times \sqrt{[1 + 2 \times 1,000.0 \times 820.0 / (7 \times 4,053.6)]}$

$= 189.203$ mm

사용철근량 = 4,053.6 mm² (철근도심 d' = 80.0 mm)

1단 : H25 - 8.0 EA (= 4,053.6 mm²)

- 허용 균열폭

$w_a = 0.005t_c$ (습윤환경) = 0.005 × (80.00 - 25 / 2) = 0.338 mm

- 균열폭 산정

$R = (H - x) / (H - x - d') = 1.127$

$A = 2 \times d' \times B$ / (인장철근 개수)

$= 2 \times 80.000 \times 1,000.0 / 8.0 = 20,000.000$ ㎟

$w = 1.08 \times R \times f_s \times \sqrt[3]{(d_c \times A)} \times 0.00001$

$= 1.08 \times 1.127 \times 187.589 \times \sqrt[3]{(80.00 \times 20{,}000.000)} \times 0.00001$

$= 0.267$ mm < $W_s = 0.338$ mm ∴ OK

(3) [단계 11-3] 피로 검토

- 충격을 포함한 사용활하중에 의한 철근의 응력 범위가 <표 507.2.4>의 응력 범위 이내이므로 피로에 대한 검토 불필요

① 상부 슬래브

M_{Lmax} = 207.340 kNm (활하중과 충격에 의해 야기되는 최대 모멘트)

M_{Lmin} = -8.510 kNm (활하중과 충격에 의해 야기되는 최소 모멘트)

사용철근 : A_s = H25 @ 125

= 4,053.6 mm²

$M_L = M_{Lmax} - M_{Lmin} = 207.340 - (-8.510) = 215.850$ kNm

$$n = \frac{E_s}{E_c} = \frac{200{,}000}{27{,}804} = 7$$

$$p = \frac{A_s}{b \times d} = \frac{4{,}053.6}{1{,}000 \times 840} = 0.0048257$$

$$k = -np + \sqrt{((np)^2 + 2np)}$$

$$= -7 \times 0.0048257 + \sqrt{((7 \times 0.0048257)^2 + 2 \times 7 \times 0.0048257)}$$

$$= 0.228$$

$$j = 1 - k / 3 = 0.924$$

$$\Delta f = \frac{M_L}{A_s \times j \times d} = \frac{215.850 \times 10^6}{4{,}053.6 \times 0.924 \times 840} = 68.606 \text{ MPa} < f_f = 150 \text{ MPa} \quad \therefore \text{OK}$$

5.3.12 **[단계 12] 날개벽 설계**

편람 509.1.4.9 하부구조 설계편 참조

5.3.13 [단계 13] 주철근 조립도

(1) 본체

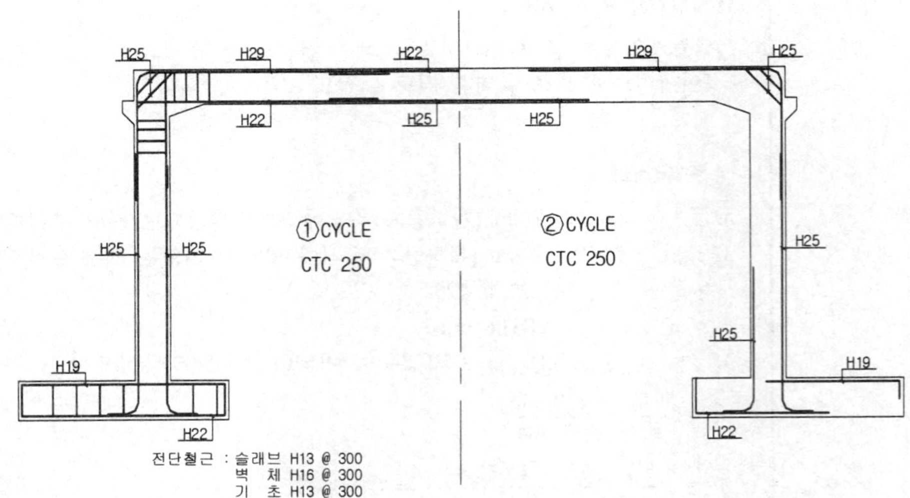

(2) 브라켓

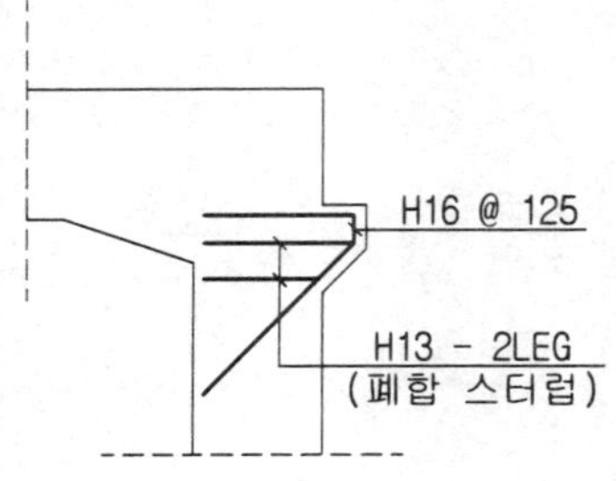

508 프리스트레스트 콘크리트교

508.1 공통사항

1.1 PSC교 일반사항

1.1.1 적용범위

본 장에서는 국내에서 일반적으로 설계 시공되고 있는 프리스트레스트 콘크리트(이하 PSC) 교량형식에 대한 설계 주요사항에 대해서 기술하였으며, 도로교설계기준의 적용범위를 벗어나는 특수한 형식의 PSC 교량형식은 포함하지 않는다. PSC 박스거더교의 경우 주로 다음과 같은 지침 및 연구결과를 반영하였으며, 본문에서는 약호로 인용하였다.

- 콘크리트교량 가설 특수공법 설계·시공·유지관리지침(건설교통부, 1994), 이하 [콘·지]로 인용
- PSC 박스거더교 설계선진화를 통한 물량절감 및 품질향상 방안수립, 최종보고서(건설교통부, 2004), 이하 [선·연]으로 인용

제508.1절 공통사항에서는 PSC교에 보편적으로 적용되는 사항을 관련기준, 지침, 국내외 문헌에 근거하여 기술하였고, 508.2~508.5절에서는 PSC교 중에서 선정된 4가지 대표적인 형식에 국한하여 설계 내용을 다루었다. 설계 예의 경우 공사여건 및 주변 자연환경에 따른 다양한 조건이 발생할 수 있고 이러한 모든 경우의 조건에 대하여 세부 설계내용 및 수치 예를 다룰 수 없으므로 본 편람에서는 다음과 같은 조건의 교량형식에 대해서만 구체적인 설계 예를 기술하였다.

① PSC 합성거더교 : 2경간 연속교, 직교

② FSM에 의한 박스거더교 : 5경간 연속교, 직교

③ ILM에 의한 박스거더교 : 8경간 연속교, 직교

④ FCM에 의한 박스거더교 : 3경간 연속교, 직교

1.1.2 PSC교 종류 및 가설방법

PSC교는 구조형식 및 가설공법 등에 따라 다양하게 분류할 수 있다. 구조형식에 따라 PSC 합성거더교, 라멘교, 슬래브교, 박스거더교, 아치교, 사장교 등으로 구분할 수 있으며, 국내에서는 주로 PSC 합성거더교, 슬래브교, 박스거더교, 사장교 등이 사용되고 있다.

PSC교의 종류만큼이나 가설방법 또한 다양하다. 특히 PSC 박스거더교의 경우 가설공법에 따라 설계방법이 좌우되기도 한다. 일반적으로 많이 사용되는 PSC교의 가설공법을 지보재의 사용 유무에 따라 크게 분류하여 <표 508.1.1>에 나타내었다. 각 공법은 특수한 가설장비·가설방식에 따라 보다 세부적으로 분류할 수 있다.

지간이 짧으면서 형고비를 낮게 할 필요가 있는 경우에는 PSC 슬래브교, 보통의 지간을 갖는 경우에는 PSC 합성거더교, 지간이 길면서 시공이 난해하여 특수 가설공법이 필요한 경우에는 PSC 박스거더교의 형식이 주로 적용되고 있다.

1.1.3 사용재료

(1) 콘크리트

PSC교에 사용되는 콘크리트는 압축강도가 크고, 건조수축과 크리프가 적게 발생해야 한다. 특히 설계에 적용된 압축강도가 현장 시공 시에도 확실하게 확보되어야 한다. PSC교에 사용되는 콘크리트 재료의 일반적인 기준은 [도·설 2.3.2]와 [도·설 4.1.8]을 따르며, 설계계산에 사용되는 물리

<표 508.1.1> PSC교 가설공법의 분류

동바리	콘크리트	가설공법
사용	현장타설	• 전체 지지식(Full Staging Method; FSM)
		• 지주 지지식
		• 거더 지지식
미사용	현장타설	• 캔틸레버공법(Free Cantilever Method; FCM)
		• 이동식비계공법(Movable Scaffolding System; MSS)
		• 연속압출공법(Incremental Launching Method; ILM)
	프리캐스트	• 프리캐스트 거더공법
		• 프리캐스트 세그먼트공법(Precast Segment Method; PSM)

상수는 [도·설 2.3.3]과 [도·설 4.2.3]을 따른다.

(2) PS강재 및 철근

PSC교에 사용되는 PS강재 및 철근은 [도·설 4.1.8]과 [도·설 4.6.1.4]의 규정을 따르며, PS강재 및 철근과 관련된 재료 일반사항은 [도·설 2.3.1]을, 설계계산에 사용되는 물리상수는 [도·설 2.3.3]과 [도·설 4.2.3.2]를 따른다.

(3) 정착장치 및 접속장치

정착장치 및 접속장치는 PS강재가 적정 인장강도를 발휘할 수 있는 구조 및 강도를 가져야 한다. 따라서 새로운 공법이나 사용실적이 없는 경우에는 시험을 통해 각 장치의 특징을 충분히 파악하고 각각의 공법이 갖는 특징을 충분히 살릴 수 있어야 한다[도로설계요령(이후 도·요) 8-2 4.2.3]. 포스트텐션용 정착장치 및 접속장치에 대한 규정은 [도·설 4.6.4.3]을 따른다.

(4) 쉬스

쉬스의 크기는 PS강재와 시공조건에 대해 가장 적합한 단면을 선택해야 한다. 일반적으로 쉬스의 단면은 <표 508.1.2>에 나타낸 규격을 사용할 수도 있으며, 쉬스의 내면지름은 긴장재 지름보다 6 mm 이상 커야 하고, 쉬스의 내부단면적은 긴장재 단면적의 2.5배 정도이어야 한다. 쉬스에 대한 구조 상세는 [도·설 4.15.6.4 (1)]을 따르며, 다음 사항을 고려하여 결정하여야 한다.

① 그라우트의 주입을 충분하고 확실하게 할 수 있을 것

② 긴장시 마찰저항을 증대시키지 않을 것

③ 쉬스 내에서 PS강재의 편심이 증가하지 않을 것

④ 부재단면에 대해 여유를 갖고 배치할 수 있을 것

⑤ 쉬스 내의 PS강재 삽입이 용이할 것

⑥ 포스트 텐션 공법인 경우 강연선을 후삽입하기 위하여 쉬스 직경을 한 단위 위로 설계할 것

<표 508.1.2> 쉬스의 단면

종류	규격	내경 (mm)	단면적 (mm^2)
PS 강연선	7-ø12.7	54	2,290
	12-ø12.7	66	3,421
	15-ø12.7	80	5,027
	19-ø12.7	90	6,362
	15-ø15.2	90	6,362
	19-ø15.2	100	7,854
	24-ø15.2	110	9,503
PS강봉	ø23	35	962
	ø26	35	962
	ø32	45	1,590

(5) 그라우트

그라우트는 재령 28일의 압축강도가 21 MPa이상이고, PS강재가 콘크리트 부재와 충분히 부착될 수 있어야 한다. [도·설 4.1.8]

1.2 PSC교 계획

1.2.1 개요

PSC교는 다양한 형식과 설계방법으로 인하여 설계 시 각 형식에 따른 특수한 문제를 고려하여야 한다. PSC교 전반에 걸친 일반적인 설계 관련 사항은 [도 · 설 제4장 콘크리트교편]과 본 편람의 505장을 참고하고, PSC 박스거더교의 특수공법에 대한 세부내용은 [콘 · 지], [선 · 연] 등 관련된 별도의 기술자료를 활용하도록 한다.

1.2.2 PSC교의 계획

제503장에서 기술한 바와 같이 교량의 가설목적, 교량연장 및 교폭, 교량의 등급, 교량구간의 선형 등 교량설계에 따르는 요구조건과 교량가설 지점의 여건, 시공성, 경제성 및 미관 등을 종합적으로 고려하여 적절한 PSC 교량형식을 결정하여야 한다. 이때 경간구성, 상부구조물의 형식 및 시공법도 같이 검토하여 결정하게 된다.

(1) 경간분할

PSC 합성거더교의 경우 일반적으로 한국도로공사 표준도와 같은 기존 설계자료에 따라 경간을 분할하고, PSC 슬래브교의 경우 주로 단순교 또는 20 m 이상의 연속교에 적용한다. 경간분할 시 교각배치는 교량 하부공간 조건 및 지반 조건과 밀접한 관계가 있지만, 경간길이 비율에 따라 상부구조물의 부재력이 큰 영향을 받게 되므로 각 교량형식에 따라 적절한 간격으로 교각을 배치하는 것이 좋다. 등간격 배치일 경우에는 연속보에서의 휨모멘트를 고려하여 양 측경간은 0.75 l~0.8l(l은 중앙경간장)로 하는 것이 역학적으로 가장 바람직한 것으로 알려져 있으며 실제 강선의 배치에 있어서도 유리하다.

그러나 일반적으로 PSC 합성거더교에서 주로 사용하는 PSC 거더는 일정한 길이를 가진 프리캐스트부재로 제작되므로 등간격으로 배치하는 경우가 많다. 또한 연속압출공법을 적용하는 경우 압출가설시의 캔틸레버부 길이와 가설시 및 가설후의 최대 단면력 등을 고려하여 경제적인 측경간 비율을 결정하여야 한다. 특히, 캔틸레버 공법을 적용하는 경우 휨모멘트 외에도 측경간의 교대에 연결되는 상부구조의 시공 문제와 하중 및 프리스트레스에 의한 부정정 효과 등을 모두 고려해야 한다.

측경간의 경간장이 내부경간장의 1/2, 즉 0.5l이면 밸런스가 잘 이루어져 시공은 용이하지만 단부에서 상향력이 발생하게 되고, 0.5l보다 많이 길어지면 교각을 중심으로 불균형상태를 해소하기 위하여 불가피하게 동바리를 사용하여야 하므로 지형여건에 따라서 캔틸레버공법에서는 측경간의 길이는 상향력의 안정에 대해 별도의 대책을 세우지 않아도 되는 범위 내에서 가능한 한 가장 짧게 하는 것이 바람직하다.

이러한 여러 조건을 고려할 때 일반적인 경우에 있어서 내부지간에 대한 측경간의 비는 압출공법에서 0.75l~0.80l, 캔틸레버공법에서는 0.65 l~0.7l 정도로 알려져 있다.

(2) 가설공법 선정

합성거더교나 슬래브교에 비해 박스거더교의 경우에는 가설공법에 따라 다양한 시공방법이 있으므로 먼저 적절한 가설공법을 선정하여야 한다. 가설공법을 선정할 때는 하부조건과 경제성 등을 고려하여 결정한다. 일반적으로 중소규모의 교량이며, 하부공간이 비교적 높지 않고 기초의 지반조건이 양호하며, 동바리 설치가 용이한 곳에는 경제적인 공법으로서 FSM 공법을 사용한다. 또한 중소지간 규모의 교량인데 동바리 설치가 곤란한 경우에는 ILM 공법이나 MSS 공법을 적용할 수 있다.

ILM 공법은 평면 및 종단선형이 직선이거나 단곡선일 경우에 적합하고, MSS 공법은 곡률반경이 매우 작은 경우에는 비경제적일 수도 있다. 이외에 지간이 비교적 길고 동바리의 설치가 곤란한 경우에는 FCM 공법을 적용하는 것이 유리하다.

(3) 종단면 유형결정

PSC합성거더교는 표준단면이나 일정한 형상의

보를 적용하는 것이 대부분이며, 종단면의 변화가 없는 것이 보통이다. 그러나 박스거더의 경우에는 종단면의 기본 형태를 <그림 508.1.1>에 도시한 것과 같이 분류할 수 있다.

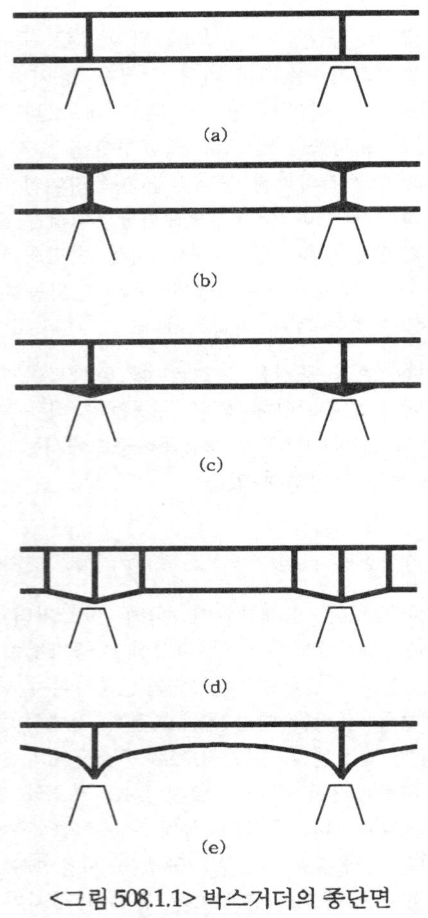

<그림 508.1.1> 박스거더의 종단면 기본형태

설계와 시공의 편의성만을 고려한다면 <그림 508.1.1(a)> 또는 <그림 508.1.1(b)>와 같이 거더 높이를 일정하게 유지하는 것이 유리하다. 그러나 경간장이 60 m 정도를 초과하게 되면 전체하중에서 차지하는 자중의 비중이 증가하게 되고, 교각위치에서 발생하는 상부구조물의 휨모멘트가 과대하게 되므로 거더 높이를 변화시키는 것이 역학적인 면에서 유리하다. 거더 높이를 변화시킬 때는 교량하부공간의 조건이 허용된다면 거더의 하면을 <그림 508.1.1(e)>와 같이 원호나 2차 포물선 형태로 설치하는 것이 시공성이나 미관 측면에서 바람직하지만, 중앙부의 거더 높이가 너무 낮을 경우에는 1차식과 2차식의 중간 형태로 완화시키기도 하고, 하부공간이 허용되지 않을 때에는 3차곡선의 형태나 <그림 508.1.1(c), (d)>와 같이 특수한 형태로 설계한다.

도심교량, 하부공간의 여유가 거의 없는 교량, 부착시설(수도관, 전기케이블 등)이 많은 교량 등은 60 m 이상의 경간장에 대해서도 등단면으로 설계하는 경우도 있다. 외국의 경우 미관을 고려하여 140 m 경간장의 교량도 <그림 508.1.1(b)>와 같은 형태로 설계한 예가 있다. 또한 역학적인 측면에서 볼 때 경간장 60 m 정도가 변단면 설계의 임계치로 볼 수 있는데 국내의 경우에도 보통 이를 적용하여 설계하고 있다.

(4) 횡단면 유형결정

일반적으로 합성거더교에서는 표준단면을 적용하거나 각 교량의 설계조건을 반영한 일정한 거더단면을 채택하게 되며, 박스거더교의 경우 주로 사용되는 횡단면 유형은 일반적으로 <그림 508.1.2>에 나타낸 것과 같이 분류될 수 있다. 이때 박스(Cell)의 개수가 많을수록 복부 개수의 증가에 따른 시공이 복잡해지므로 교폭에 따라 적절히 계획하게 된다. 시공성 측면에서만 보면 단일박스가 편리하나 박스 상부플랜지의 지간이 증가하여 횡방향 모멘트가 증가하므로 교폭이 적정한도를 초과하는 경우에는 복부수를 증가시킨 다중박스(Multi-cell) 또는 다주형 박스(Multi-box)가 바람직하다. 외국에서 일반적으로 적용되고 있는 횡단면 유형별 교폭 적용범위는 다음과 같다.

① 단일박스 : 교폭 ≤ 13 m

② 2중박스 : 13 m < 교폭 ≤ 18 m

③ 2주형 박스(Twin box) : 18 m < 교폭 ≤ 25 m

그러나 전술한 바와 같은 단일박스 구조의 여러 가지 장점으로 인하여 교폭이 넓은 경우에도

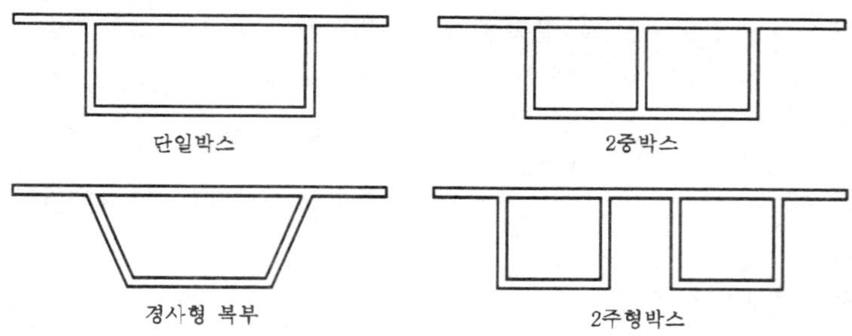

<그림 508.1.2> 박스거더교의 횡단면 유형

횡방향 프리스트레스를 도입한 단일박스 구조를 선택하는 예가 증가하고 있다. 기존에는 캔틸레버 길이가 복부 중심선 간격의 0.45배를 초과하면 프리스트레스를 도입하도록 하였으나, 2005년도 도로설계기준에서는 이를 개정하여 0.45배를 초과하더라도 상세 해석을 통하여 별 문제가 없으면 철근콘크리트 구조로 할 수 있도록 하였다. [도·설 4.15.6.4]

미관이 양호하고 고정하중 저감효과가 있도록 박스거더의 복부를 경사지게 하는데, 일반적으로 그 경사도는 1/4~1/5 정도가 적절하다. 반면, 변단면을 가진 장경간 교량에서는 거더 높이의 변화에 따라 하부플랜지의 폭이 변하게 되면 거푸집 작업의 난이도가 증가하게 되므로 복부를 수직으로 설계하는 경우가 많다.

(5) 형고비 결정

PSC합성거더교에 적용되는 거더의 길이는 보통 25 m~35 m이나, 최근에 프리스트레스를 도입한 새로운 형태의 거더들이 개발되고 있어서 도로교의 경우 40 m를 초과하는 경간장까지 설계에 적용되고 있다. 이런 경우는 교량 하부공간의 조건에 따라 거더 높이를 제한할 필요가 있을 때 주로 적용된다. 보통의 PSC거더의 경우 거더 높이가 1.75 m~2.2 m로서, 형고비를 약 1/15 내외로 계획하는 것이 일반적이다.

박스거더교의 형고비는 경제성과 미관을 동시에 고려하여 결정하고, 하부 건축한계에 의해 제한을 받는다. 형고비가 증가하면 콘크리트의 물량이 증가하고 PS강재의 물량이 감소하며, 형고비가 감소하면 콘크리트의 물량이 감소하고 PS강재의 물량은 증가하게 된다. 국외 PSC박스거더의 설계 현황을 분석한 결과 교폭이 10 m~15 m인 경우에 형고비는 20 정도이며, 교폭이 15 m~20 m인 경우에는 18 정도로서 국내보다 형고비가 다소 높음을 알 수 있다[선·연, 3장 1절 2 나 (1)].

국내의 경우, 공법별로 형고비를 살펴보면 FSM과 MSS공법의 경우가 서로 유사하고 ILM과 PSM공법의 경우가 서로 유사하게 나타남을 알 수 있다 [선·연 3장 1절 2 나 (3)]. 또한 국내에서 교폭 10~15 m 및 15~20 m에 해당하는 교량의 형고비를 실(Cell) 개수에 따라 분류하면 다음과 같다[선·연 3장 1절 2 나 (2)].

<표 508.1.3> 공법에 따른 형고비

구 분	FCM	FSM	ILM	MSS	PSM
중앙부	45~50	15~20	17	15~20	17
지점부	18~20	15~20	17	15~20	17

<표 508.1.4> 교폭 및 실(Cell) 수에 따른 형고비

구 분	교 폭 (m)					
	5~10		10~15		15~20	
	1실	2실	1실	2실	1실	2실
중앙부	45~50	20~15	15~20	15~20	20~25	-
지점부	18	16~23	17	17~18	19	-

모집단의 개체수가 충분하지 않은 관계로 일부 사례는 조사되지 못했으나, PSC 박스거더교의 형고비는 대체로 지간중앙부에서는 15~25 사이에 분포하고, 지점부에서는 16~23 사이에 분포함을 알 수 있다.

(6) PS강재의 종류 및 긴장공법의 선정

현재 적용되고 있는 대부분의 PSC 공법은 각각 도입 하중이 다른 케이블을 2, 3 종류 또는 그 이상을 사용하고 있다. 따라서 설 계시에 어떤 케이블을 쓸 것인가 하는 것이 문제가 된다.

일반적으로 케이블의 길이가 길어짐에 따라 케이블의 도입 하중이 큰 케이블(대형 케이블)이 경제적이라고 알려져 있다. 그러나 대형 케이블이 유리하다고 해도 소요 프리스트레스 양과 조화를 이루지 않는다면 오히려 비경제적인 결과를 초래한다.

구조적인 면에서도 가능한 한 여러 개의 PS강재를 조밀하게 배치하는 것이 부재단면에 프리스트레스를 보다 균등히 도입할 수 있다는 의미에서 바람직하다[도로설계요령 8-2 4.3.3].

일반적으로 긴장공법, 구조계, 시공방법 등을 결정하는 시점에서 PS강재의 긴장공법을 선정하는 것이 합리적이다. 예를 들어, 연속구조계로 하는 경우 시공방법으로서는 거더 전장에 걸쳐 동바리 방식으로 시공하든가, 분할방식에 의해 동바리를 교체하여 시공하든가, 단순프리캐스트 거더를 연속시키든가, 혹은 캔틸레버 거더방식에 의해 가설한 후 연속구조로 하든가, 기타 재긴장을 필요로 하는 구조로 할 것인지를 입지조건, 시공방법의 선정, 공사기간 등을 결정할 때 동시에 결정하는 것이 좋고 긴장공법 역시 확실한 것을 선정한다.

보통 발주도면에는 PS강재의 종류 및 긴장력과 PS강재의 긴장방법은 명시되나, PS강재의 정착구 자재의 제품은 명시하지 않으므로 안전성을 확인하여 자재 선정시 공급승인원을 얻은 후 이를 결정하여야 한다.

(7) 바닥판, 하부플랜지 및 복부

① 바닥판

바닥판의 구조적 기능은 다음과 같다.

- 하중을 복부로 전달하는 횡방향 슬래브 기능
- 횡방향 변형(Distortion)에 저항하는 기능
- 종방향 휨에 대한 종방향 인장 및 압축재로서의 기능
- 단면 비틂(Torsion)에 저항하는 종방향 전단벽(Shear Wall) 기능
- 수평하중에 의해 발생하는 휨에 저항하는 종방향 복부로서의 기능

이중에서 구조적인 측면에서의 바닥판 설계는 횡방향 슬래브의 기능에 의해 좌우되며, 보통 바닥판의 단면적은 종방향 휨에 대해서는 충분하다. 그러므로 바닥판의 두께는 횡방향 모멘트, 최소두께 규정, 철근배근 등 시공성의 확보에 의해 좌우된다.

바닥판의 설계를 위한 관련 제 규정에 대해서는 [도·설 4.7]에 자세히 제시되어 있으며 이를 적용한다. 특히, 박스거더의 바닥판인 경우에는 상기 규정을 따를 필요가 없으며, [도·설 4.6.10]을 따르면 된다. 또한 박스거더의 바닥판과 관련된 국내외의 각종 통계 자료는 [선·연 3장 2절]을 참조하도록 한다.

② 하부플랜지

하부플랜지의 길이는 하부구조와의 미적인 조화와 시공성 등에 의해 결정되고, 앞에서 기술한 복부경사도를 사용하면 하부플랜지 폭은 종속적으로 결정될 수 있다. 하부플랜지 두께는 경간중앙에서는 시공성에 의해 결정되며, 지점부에서는 종방향 휨모멘트의 지배를 받게 된다.

PSC 박스거더의 하부플랜지 최소두께 및 철근배근과 같은 관련사항은 [도·설 4.6.10]의 구조 상세에 제시되어 있다. 또한 하부플랜지와 관련된 국내외의 각종 통계적 자료는 [선·연 3장 2절 1]을 참조하면 된다.

③ 복부설계

복부의 구조적인 기능은 다음과 같다.

- 종방향 휨에 대한 복부로서의 기능
- 비틂에 대한 종방향 전단벽 기능
- 연직축 둘레의 휨모멘트에 대한 종방향 인장 및 압축재로서의 기능
- 바닥판과 하부플랜지에 대한 고정효과 및 횡단면 변형에 대해 저항성을 제고하는 횡방향 뼈대구조 요소로서의 기능

지점부에서의 복부는 최대전단과 횡방향 모멘트에 의하여 지배되나, 지간 중앙부에서는 구조적인 측면보다는 철근 배근, PS강재의 배치, 콘크리트 타설 등의 시공성에 의해 결정되는 것이 일반적이지만, 때때로 PS강선의 곡선배치 또는 방향전환블록(Deviation Block)에 의한 연직방향 상·하향력이 발생되는 경우도 있으므로 상황에 따라 이를 고려하여야 한다.

복부계획에 있어 고려할 제원은 복부경사도와 복부두께이다. 복부경사도는 상부구조 콘크리트 물량에 큰 영향을 미칠 수 있으며, 거푸집과 하부구조 물량에도 영향을 미친다. 그러므로 부모멘트가 과대하지 않은 중경간 교량일 경우에는 부모멘트에 대해 압축플랜지 역할을 하는 하부플랜지의 면적을 감소시켜도 무방하므로 복부를 경사지게 하는 것이 효율적이다. 또한 현장 타설일 경우에는 덕트간 순간격을 덕트의 직경 이상으로 확보하는 것이 좋다.

PSC교의 복부두께에 관련된 설계규준은 [도·설 4.6.2.5]와 [도·설 4.10.6]에 제시되어 있다. 또한 박스거더 복부와 관련된 각종 통계자료는 [선·연 3장 2절 3 가]를 참조하면 된다.

(8) PS강재의 배치계획

PS강재와 관련된 설계규정으로서 PS강재의 배치규준은 [도·설 4.7.6.3]을 따르며, PS강재의 피복두께와 간격에 대한 규준은 [도·설 4.6.4.2]를 적용한다.

(9) PSC 박스거더의 횡단면 치수

박스거더의 횡단면 치수는 [도·설 4.15.6.4]의 (3)항 규정을 만족하도록 계획하여야 한다.

1.3 PSC 합성거더교

PSC 합성거더교는 프리캐스트로 제작된 PSC 거더를 현장 거치 후 전단연결재 등을 이용하여 현장치기 바닥판과 합성시켜서 거더와 바닥판이 일체로 작용하도록 한 구조형식이다. 최근에는 지점부 바닥판을 3경간 정도씩 연속화하여 재료의 내구성(신축이음장치의 유지보수)과 승차감이 향상되도록 하고 있으나, 실제로 거더가 연속이 아니고 해석도 연속으로 하지 않지만, 바닥판에 발생하는 부모멘트의 영향에 대해서는 합성 후 고정하중 및 활하중 연속합성구조로서 중간지점부를 설계하는, 근사적인 접근법이 사용되고 있다.

1.3.1 설계시 유의사항

PSC 합성거더 설계 시 다음 사항에 유의해야 한다.

① 일반적으로 PSC 합성거더는 직선이므로 곡선평면상에 설치할 경우에는 지간중앙부 캔틸레버 길이의 확장으로 인하여 외측 거더에 과도한 하중이 재하될 우려가 있으므로 이에 대한 충분한 검토가 필요하다.

② 캔틸레버의 길이(외측 거더 중앙에서 바닥판 끝단까지의 거리)는 거더 중심 간격의 1/2 이하로 하는 것이 좋으며, 캔틸레버에 고정하중이나 특수하중이 과대하게 재하될 경우에는 주거더를 충분히 검토해야 한다.

③ 충분한 단면 검토를 통해 내·외측 거더의 응력이 비슷한 수준이 되도록 단면을 계획하는 것이 좋다.

④ 지점부에서 바닥판을 연속 처리하여 발생하는 부모멘트의 영향을 고려하여 종방향 철근을 배근함으로써 바닥판의 균열을 최소화시킨다.

⑤ 받침 중심간 간격 및 좌표를 산정할 때와 받침 상면에 소울플레이트를 부착할 경우에는 교량의 종단구배를 반드시 고려하여야 한다.

1.3.2 단면의 가정

횡단면 및 종단면 등을 가정한다. 이때 주거더의 단면은 한국도로공사의 PSC거더 표준도나 기

존의 설계자료 등을 참고하여 결정한다.

1.3.3 바닥판의 설계

(1) 중간 바닥판

설계방법은 경험적 설계법을 이용하여 설계하며 별도의 구조해석을 수행하지 않고 지간방향 및 지간방향에 직각방향으로 바닥판 상·하부에 최소 철근량 이상으로 배근한다. 경험적설계법은 윤하중을 지지하는 교량 바닥판의 주요한 구조적 거동이 휨이 아닌 아치작용이라는 사실에 근거한 설계법이다.

경험적 설계법의 적용범위 [도·설 4.7.7.1] 및 설계조건 [도·설 4.7.7.3]을 만족하여야 하며 그렇지 않을 시에는 기존의 강도설계법을 이용하여 고정하중 및 활하중에 대한 단면력을 구하여 극한모멘트를 산정하고 소요철근량을 배근한다. 또한 배력철근량도 고려해야 한다. 이때 적용되는 중간 바닥판의 지간, 최소두께, 설계휨모멘트는 '(2) 캔틸레버 바닥판' 연속판의 규정을 따른다.

(2) 캔틸레버 바닥판

캔틸레버 바닥판은 경험적 설계법이 아닌 강도설계법을 적용하며, 바닥판 및 포장에 대한 고정하중을 먼저 구하고 이에 대한 단면력을 구한다. 그 후 충격계수를 구하여 활하중에 의한 단면력을 구하고, 단부와 그 외의 부분에 대하여 하중계수를 고려한 극한모멘트를 산정한다. 이 극한모멘트를 이용하여 캔틸레버 바닥판의 단부 및 일반부에 대해 소요철근량을 산정하고 배근한다.

캔틸레버 바닥판에 방음벽이 설치되거나, 차량충돌하중을 고려할 필요가 있을 경우에는 이들 하중을 포함한 설계하중에 대해 캔틸레버의 위험단면 및 지지부 단면도 검토하여야 한다.

① 바닥판의 지간

단순판 및 연속판, 캔틸레버 바닥판에 작용하는 트럭하중 및 고정하중에 대한 지간은 [도·설 4.7.3] 바닥판의 지간을 참고하여 결정한다.

② 바닥판의 최소두께

바닥판의 최소두께 기준은 바닥판을 철근콘크리트와 프리스트레스 콘크리트로 구분하여 차도부분과 보도부분에 대해 [도·설 4.7.4]에 제시되어 있으므로 이를 따른다.

③ 바닥판의 설계휨모멘트 및 응력의 검사 [도·설 4.7.5]

차륜하중의 접지면적을 고려한 정밀해석방법이 아닌 경우에 적용할 수 있는 간략식이 단순판 및 연속판과 캔틸레버 바닥판으로 구분되어 각각 [도·설 4.7.5.1과 4.7.5.2]에 제시되어 있다. 또한 4변이 지지된 바닥판의 휨모멘트를 산정하기 위한 제반 기준이 [도·설 4.7.5.3]에 제시되어 있고 등분포 고정하중에 의한 휨모멘트의 산정식은 [도·설 4.7.5.4]에 제시되어 있다. 주철근의 방향이 차량진행방향에 평행할 때에는 종방향으로 단부보가 있어야 하는데 이에 대한 기준은 [도·설 4.7.5.5]에 주어져 있다.

1.3.4 주거더의 설계

(1) 단면제원

응력 및 강도의 계산에 사용되는 설계상수를 구하기 위한 단면 제원을 구한다. PSC 합성거더교의 경우에는 많은 하중단계를 거치므로 내측거더와 외측 거더에 대하여 각각 유효폭을 산정하고 총단면, 순단면, PS강재의 환산단면, 바닥판을 합성한 환산단면에 대하여 단면의 특성치(단면적, 단면계수, 단면2차모멘트 및 도심 등)를 구하여야 한다. 주거더는 내측 거더와 외측 거더로 분리하여 설계한다. 이때 합성단면의 유효플랜지폭은 [도·설 4.2.2.6]의 기준을 따른다.

(2) 단면력 산정

① 고정하중에 의한 모멘트 및 전단력 : 계산된 하중값(PSC거더, 가로보, 바닥판, 포장 및 방호벽 등)을 이용하여 하중을 적절하게 모델링하고 각각의 계산할 절점에서의 모멘트 및 전단력을 산출한다.

가. PSC거더 : 주거더의 콘크리트 블록(헌치부분) 등을 고려한 주거더 전체의 자중을 고

려한다.

나. 바닥판 및 가로보 : 바닥판과 가로보는 합성전 단계에 작용하는 고정하중으로서 바닥판의 중량, 바닥판 거푸집 중량, 가로보의 중량 등을 계산한다. 이 단계에서의 하중은 동바리 설치 및 거푸집 조립에 따라 다르게 고려하여야 한다.

다. 포장 및 방호벽 : 바닥판과 거더의 합성 후 단계에 해당하는 고정하중으로서 포장과 방호벽, 보도 등의 하중에 대해서 계산한다.

② 활하중에 의한 모멘트 및 전단력 : 활하중을 가장 불리하게 재하시켜 계산할 각각의 절점에서의 단면력을 구한다.

③ 단면력의 집계 : 가장 불리하게 작용하는 휨응력 및 휨강도, 전단강도를 구하기 위하여 내측 거더 및 외측 거더에 대하여 거더 자중과 전술한 합성전의 고정하중, 합성후의 고정하중, 활하중의 4종류의 단계별로 발생하는 전단력 및 모멘트를 지간 중앙부나 지점부 등 주요 절점에 대하여 정리한다.

(3) 프리스트레스 계산 및 휨응력 산정

가정단면에서 가장 크게 발생하는 응력을 구하기 위하여 거더의 자중, 합성전의 고정하중, 합성후의 고정하중, 활하중의 4가지 단계별로 가장 큰 모멘트가 발생하는 점의 모멘트를 구한다. 각각의 단계별로 구한 값을 각 단계별 단면계수로 나누어 콘크리트에 발생하는 가장 큰 휨응력을 구한다.

① 프리스트레스 도입 직후의 응력 : 프리스트레스의 도입은 바닥판 슬래브를 타설하기 전에 이루어지므로 이 단계에서 고려되어야 할 하중은 거더의 자중과 초기손실만을 고려한 초기 프리스트레스 힘만을 고려하게 된다. 초기 손실만을 고려한 초기 프리스트레스를 구하기 위하여 먼저 긴장할 긴장 응력을 가정하고 PS강연선과 쉬스 사이의 마찰에 의한 손실, PS강연선의 활동에 의한 손실, 콘크리트의 탄성변형에 의한 손실을 계산한다. 이를 이용하여 콘크리트의 상연과 하연에서의 프리스트레스에 의한 응력을 구하고 PSC거더의 자중에 의한 콘크리트의 상하연의 응력을 구해 합산하여 프리스트레스 도입 직후의 응력을 구한다.

② 설계하중 작용시의 응력 : 설계하중이 작용하는 단계는 합성단면일 경우이며 이때는 장기손실이 일어난 후의 유효 프리스트레스를 고려하여야 한다. 고려하여야 할 장기 손실은 콘크리트의 크리프 및 건조수축에 의한 손실, PS강연선의 릴랙세이션에 의한 손실 등이 있으며, 이를 고려하여 유효 프리스트레스를 구한다. 이를 바탕으로 ①과 마찬가지 방법으로 설계하중 작용시 콘크리트 상하연의 응력을 구한다.

③ 휨응력 검토 : 위에서 구한 프리스트레스 도입 직후와 설계하중 작용시의 응력을 조합하여 PSC거더에 대하여 프리스트레스와 각 단계별의 하중 조합이 허용응력의 범위 내에 있는지 검토한다. 또 바닥판에 대해서도 허용응력 범위 내에 있는지 검토한다. 이때 조건을 만족하지 못하면 단면을 새로 가정하고 다시 설계한다.

(4) PS강연선의 검토

PS강연선의 배치형상 및 응력은 다음과 같은 방법으로 검토한다.

① 강연선의 배치 : PS강연선의 배치로부터 길이를 구하고 이로부터 각 강선별 강선배치 포물선 함수를 얻는다. 이를 이용하여 각 강선별 PSC 거더 중심으로부터의 거리에 따른 거더 하단에서의 강선 높이를 산출하여 강선의 배치형상을 얻는다.

② PS강연선의 인장력 : PS강연선의 긴장응력이 허용최대 긴장응력보다 작은지, 초기손실인 PS강연선과 쉬스 사이의 마찰에 의한 영향, PS강연선의 활동에 의한 영향, 콘크리트의 탄성변형에 의한 손실 후의 초기 긴장응력이 정착 후의 허용긴장응력보다 작은지, 모든 손실이 일어난 후의 긴장응력이 사용하중상태에서의 허용긴장응력보다 작은지를 검토해야 한다.

③ PS강연선의 신장량 : 위에서 구한 결과들을 이용하여 PS강연선의 신장량을 구한다.

(5) 극한강도에 대한 검토

① 휨강도 검토 : 휨강도는 보통 휨모멘트가 가장 크게 발생하는 부분인 지간중앙부 단면에 대하여 검토한다. 최대모멘트를 받는 단면은 바닥판의 환산단면이므로 이때의 단면저항모멘트를 구하고 극한하중 작용시의 휨모멘트 값과 비교하여 검토한다. 이때 파괴응력 f_{ps}의 산정은 설계기준 규정이나 변형률적합조건의 근사식을 이용하여 구한다. 이에 관한 자세한 사항은 [도·설 4.6.3.5]를 따른다.

② 전단강도 검토 : 전단력이 가장 크게 발생하는 지점부에서 전단강도를 검토한다. 우선 휨균열 발생 시와 전단균열 발생 시에 콘크리트가 부담하는 전단강도를 구하여 그중 작은 값을 콘크리트가 견딜 수 있는 전단강도로 보고 극한전단력을 구하여 [도·설 4.6.3.8]에 따라 전단철근의 배치를 결정한다.

(6) 수평전단설계

합성거더교에서 PSC거더와 바닥판의 결합은 PSC거더의 상면 위로 돌출된 철근이 연결재의 역할을 하게 된다. 전단연결재의 설계는 [도·설 4.6.3.8 (4)]의 규정을 따른다.

(7) 처짐

발생하는 모든 휨모멘트를 고려하여 처짐을 구한다. 우선 프리스트레스에 의해 발생하는 모멘트를 계산하고, 내측 거더, 외측 거더에 대하여 고정하중에 의한 처짐(하향), 프리스트레스에 의한 처짐(상향), 활하중에 의한 처짐(하향)을 계산한다. 그 결과가 허용 처짐 이내에 있는지를 검토한다.

(8) 정착부 검토

설계기준에서는 정착으로 인한 콘크리트의 지압응력이 다음 값을 넘지 않도록 규정하고 있다.[도·설 4.6.3.3 (2)④]

㉮ 긴장재 정착 직후

$$f_b = 0.7 f'_{ci} \sqrt{\frac{A_b'}{A_b} - 0.2} \leq 1.1 f'_{ci} \quad (508.1.1)$$

㉯ 프리스트레스 손실 발생 후

$$f_b = 0.5 f_{ck} \sqrt{\frac{A_b'}{A_b}} \leq 0.9 f_{ck} \quad (508.1.2)$$

여기서, A_b는 정착판의 면적(mm^2)이고, A_b'는 정착판의 도심과 동일한 도심을 가지도록 부재 단부에 정착판의 닮은꼴을 가장 크게 그렸을 때 도형의 면적(mm^2)을 뜻한다.

한편 파열 및 할렬 구역에 대해서는 [도·설 4.6.3.9]의 규정에 따른다.

1.3.5 연속부 검토

PSC 합성거더교를 연속교 형식으로 구성할 경우에는 교각 위의 거더 접합 구간을 현장타설 콘크리트로 연결하게 되며 일반적인 시공순서는 <그림 508.1.3>과 같다. 연속교 형식으로 할 경우 연결부의 지점은 2개의 받침으로 지지하는 형식을 원칙으로 한다.

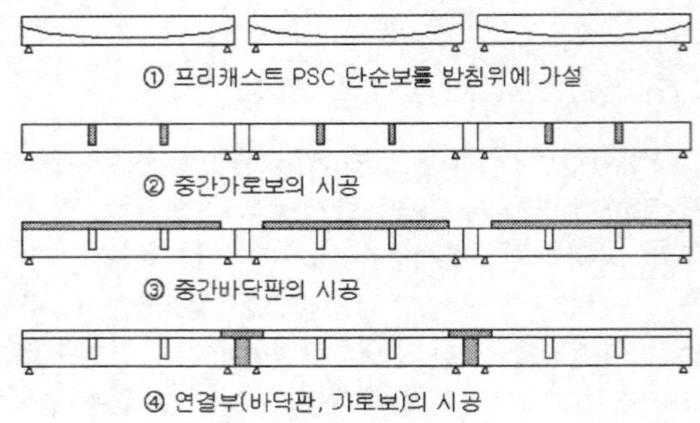

<그림 508.1.3> PSC 합성거더교 시공순서

지점상의 연속부 검토시 연결 후에 탄성받침을 갖는 연속보로서 구한 단면력으로 산정한다. 그리고 거더 연결 후에 발생하는 크리프, 건조수축 및 지점침하에 의한 영향은 고정하중 및 활하중과의 여러 하중조합을 통하여 가장 불리한 경우에 대해 고려하는 것으로 한다.

연결부의 단면산정시 부(-)의 휨모멘트에 대한 설계단면은 연결부 단면으로 하고 단면형태는 <그림 508.1.4>와 같이 PSC 거더의 단면형상을 복부로 하고 [도·설 4.2.2.6]에 규정된 유효폭을 연결부 인장철근이 배근되는 플랜지의 유효 폭으로 한다.

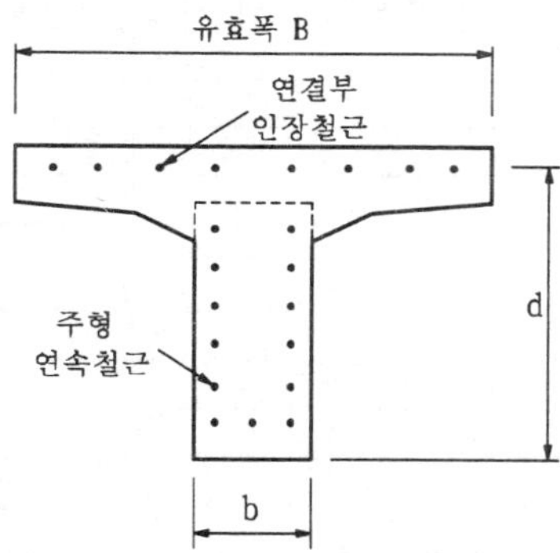

<그림 508.1.4> 연결부 설계단면

1.4 PSC 박스거더교

1.4.1 일반사항

PSC교의 설계는 프리스트레스를 도입할 때부터 구조물의 수명기간 동안 작용할 수 있는 모든 위험한 하중단계에서의 강도(강도설계)와 사용상태에서의 거동(허용응력설계)을 기초로 수행한다. PSC교의 상세설계와 관련된 설계기준은 [도·설 4.6.3]에 제시되어 있으며, 설계이론 및 일반 고려사항과 기본가정 등에 대해서는 [도·설 4.6.3.1]에 제시되어 있다.

(1) 하중

PSC 박스거더교의 설계에 적용되는 하중은 [도·설 2.1]과 편람 505.3절을 참고한다. 특수한 경우에는 각각에 맞는 하중의 종류와 크기를 결정할 필요가 있다. 특히, 부정정구조물의 경우 온도변화, 크리프, 건조수축 등에 대해서 반드시 고려하여야 하며, 가설공법에 따라 교량 가설 중에 발생 가능한 가장 불리한 하중조합에 대하여 안전성을 검토하여야 한다.

(2) 유효플랜지폭

상부구조 형식별 유효플랜지폭은 [도·설 4.2.2.6]을 적용하여 계산하고, 구조해석시에는 [도·설 4.15.6.2] 의 규정에 의거하여야 한다.

(3) 구조해석

구조해석은 설계시 가정된 구조물이 설계기준의 요구조건을 만족하는지 검사하기 위해 필요한 필수적인 과정이다. 특히, PSC 박스거더교는 대부분이 세그멘탈 공법에 의해 시공되므로 시공 단계별 구조해석이 필요하며, 현장치기 포스트텐션 교량의 경우에는 작업하중으로 인해 응력이 발생하므로 이를 계산에 고려하여야 하며, 또한 프리스트레싱에 의한 2차모멘트의 영향을 고려해야 한다.

PSC 박스거더교는 판구조 요소들의 복합체이므로 실제 거동은 매우 복잡하고, 횡방향과 종방향의 거동이 상호 연계되어 나타나지만 일반적으로는 종방향과 횡방향 거동을 분리시켜서 구조해석을 실시한다. 구조해석에 사용될 수 있는 방법들은 <표 508.1.5>와 같다.

이중 ①~⑧은 비교적 간단하게 해석할 수 있는 방법이고, ⑨~⑫는 컴퓨터를 이용하여야만 해석할 수 있는 복잡한 방법이다. 최근의 구조해석은 대부분 컴퓨터를 이용한 유한요소법을 사용하고 있다. 참고로 각 해석방법의 이용에 대해 살펴보면 다음과 같다.

①의 해석법은 일반적인 들보이론으로서 횡방향 휨모멘트 효과를 고려할 수 없지만, 종방향향 해석에 이 방법을 사용하여 거더 높이나 복부두께 등을 결정하고, ⑧의 방법에 의해 상부 바닥판을 설계하며 ④~⑥의 해석법에 의해 뒴(Warping)이나 횡단면 변형(Distortion)의 영향을 고려하면 된다.

②~④, ⑥의 방법은 횡단면 변형해석에만 적용하는 것이고 ⑦은 전단지연(Shear Lag) 효과만을 고려할 수 있다.

강박스거더교처럼 두께가 매우 얇을 때는 전단지연이 큰 영향을 미치지만 콘크리트 교량에서는 영향이 크지 않으며, 이것을 고려할 경우 유효폭 개념을 도입하면 된다.

⑨의 방법은 횡방향 효과를 충분히 반영할 수

<표 508.1.5> 박스거더 구조해석 방법별 특성

해석방법	해석범위						
	종방향 휨	순수 비틂	횡단면 변형	뒴	횡단면 변형뒴	전단 뒤짐	국부 효과
① 들보이론	○	○					
② Knittel			○				
③ Richmond			○		○		
④ Kupfer			○		○		
⑤ Kollbrunner and Hajdin				○			
⑥ BEF 유사법			○		○		
⑦ Reissner						○	
⑧ 영향면							○
⑨ 격자법	○	○	○				
⑩ 절판법	○	○	○	○	○	○	○
⑪ 유한대판법	○	○	○	○	○	○	○
⑫ 유한요소법	○	○	○	○	○	○	○

참고문헌 : [콘·지 I 2.4.1]

없으며 다중박스거더교일 경우에 일반적으로 적용된다.

⑩~⑫의 방법은 PSC 박스거더교에 발생될 수 있는 모든 효과를 고려할 수 있으나 입출력 자료가 복잡하고 프로그램의 배경이론을 충분히 숙지해야만 신뢰할 수 있는 해석을 할 수 있다 [도·요 I 2-4.1].

① 종방향 구조해석

박스거더교의 대표적인 단면형상에는 단일박스거더, 다중박스거더, 다주형박스거더의 3종류가 있다. 각 단면형상, 교폭 및 지간의 비에 따라 주거더의 단면력을 산출할 때의 해석이론이 다르므로 기본 설계된 박스거더에 적합한 해석이론을 이용하는 것이 가장 중요하다. 판이론을 적용하면 모든 경우에 적합하지만 실무에서는 일반적으로 단순한 해석이론을 적용할 수 있다.

가. 단일박스거더교 : 단일박스거더교는 비틀림 강성이 크고 활하중에 대한 하중분배도 양호하므로 박스거더 전단면을 하나의 거더로 보고 교축방향 단면력을 산출할 수 있다. 사각이 20° 이하인 경우는 단일박스거더교에도 격자구조이론을 이용하거나 판요소를 이용해서 단면력을 산출하는 것이 좋다.

나. 다주형박스거더교 : 다주형박스거더교는 판이론을 적용하지 않는다면 격자구조이론을 적용하여 주거더 단면력을 산출하는 것이 원칙이다. 이 경우 각 박스거더를 하나의 거더로 하고 격벽이 각 박스거더를 연결하는 격자구조로 모델링하는 것이 일반적이다. 따라서 단면정수의 산정은 각 박스거더마다의 단면적, 단면2차모멘트 이외에 비틀림강성을 계산할 필요가 있다. 또한 격벽에 관해서도 단면정수를 구해야만 한다. 다주박스거더교의 경우 지점상 및 지간내에 격벽을 설치해야 한다. 격벽이 없으면 주거더 직각방향의 강성이 작아져 하중분배가 나쁘고, 주거더 상호의 처짐 차이 및 비틀림에 의한 변형에 의해 바닥판에 균열이 발생할 가능성이 매우 높다. 곡선교에서는 일반적으로 활하중 편재시의 비틀림모멘트에 의한 휨응력의 검토는 생략해도 좋으나, 비틀림모멘트에 의해 추가되는 전단응력은 반드시 고려해야 한다.

다. 다중박스거더교 : 다중박스거더교에서는 교량의 전폭과 지간의 비(전폭/지간)가 0.5 이하인 경우에 박스거더 전단면을 하나의 보로 보고 교축방향 단면력을 산출할 수 있다. 그러나 0.5 이상의 비교적 폭이 큰 다중

박스거더의 경우는 판요소를 사용하여 유한 요소해석을 실시하거나, 직교이방성판이론(Guyon-Massonnet 방법) 또는 격자구조이론에 의해 단면력을 산출하는 것이 원칙이다.

② 횡방향 구조해석

횡방향 구조해석시 PSC 합성거더교에서는 풍하중, 지진하중, 지점침하, 원심하중 및 제동하중 등은 고려하지 않으며 온도하중에 대한 검토는 일반적으로 생략한다. 그러나 PSC 박스거더교에서는 온도하중을 고려하여 해석하여야 한다. 또한 교면 상에 방음벽 등 특수 가설물이 영구적으로 설치되는 경우에는 이에 대한 하중을 고려하여 부재 검토를 실시하여야 한다. 활하중은, 일반적으로 특수한 경우를 제외하고는 DB하중에 대해서 검토한다.

박스거더의 바닥판 슬래브를 설계할 경우 프리스트레스 하중은 횡방향 프리스트레스를 도입할 경우에만 고려하여도 무방하나, 종방향 긴장재의 만곡으로 인한 연직방향 분력이 클 경우에는 횡방향 박스거더의 구조해석 시 긴장재의 만곡으로 인한 연직방향 분력을 고려하여 해석해야 한다.

횡방향 구조해석은 [도·설 4.15.6.2.(4)]에 의거하여 판해석을 수행하는 것을 원칙으로 하며, 상자형 골조구조로 해석하는 경우에는 플랜지와 복부 사이의 변단면까지 고려하여야 한다.

1.4.2 FSM(MSS)공법에 의한 PSC박스거더교

(1) 개설

① 개요

동바리공법(FSM ; Full Staging Method)은 상부 박스거더 시공시 대상구간 전체를 동바리를 이용하여 지지시키는 공법이다. 이때 동바리와 거푸집을 하나의 시스템으로 구성하여 이동시키며 상부구조를 시공하는 공법을 이동식 비계공법(MSS ; Movable Scaffolding System)이라고 한다. 이 MSS공법은 교량상부구조를 시공할 때 거푸집이 부착된 특수한 이동식 비계를 이용하여 한 경간씩 시공해 나가는 공법이다. 이 공법은 박스거더 시공시 전 시공구간을 지지시킨다는 점에서 동바리공법과 유사하지만, 이동식 비계를 사용하게 되므로 MSS 장비를 거치하기 위한 교각계획 및 MSS장비 운용을 위한 상세를 고려할 필요가 있다. 기계화된 타 공법에 비해 구조계산이 비교적 단순하고 텐던 배치도 복잡하지 않지만, 대형장비를 사용하므로 상부구조와 교각 설계시 장비중량을 반드시 고려해야 하며, 시공단계별 구조해석을 실시해야 한다. 또한 교량구조물 뿐만 아니라 이동식 비계 자체도 시공단계별 구조해석을 실시하여 시공 중의 안전성(Safety) 및 안정성(Stability)을 확보해야 한다.

본 절에서는 MSS공법을 중심으로 기술한다.

② 이동식 비계공법 계획시 유의사항

이동식 비계공법은 기본적으로 동바리 시공을 전제로 한 계획과 차이가 없지만 다음 항목을 고려할 필요가 있다.

가. 단면형상에는 중공슬래브교, T형 거더교, 박스거더교 등 특별한 제약이 없지만, 기계화 시공의 효율성을 높이고 급속 시공을 꾀하기 위해서는 동일단면이 연속해 있을 필요가 있다. 이동식 비계공법은 대형 기계장비를 사용하므로, 동바리공법 등 지상식 비계 시공과 비교할 경우 초기 투자비가 막대하기 때문에 교장이 길어야 경제성이 있다. 외국의 실적으로 볼 때 일반적으로 동바리공법으로 시공이 가능한 평이한 조건에서 15경간 정도 이상의 경간수가 하부이동식 비계를 선정하는 경계선으로 파악되고 있다.

나. 적용 경간, 적용 교폭은 비계보의 강성, 주유압잭 등 가설장비의 능력에 의해 결정되지만, 일반적으로 하부이동식 비계로 시공되는 교량의 경간길이는 30 m~60 m 범위이고, 60 m 이상인 교량의 경우에는 이동식 비계의 장비 제작비가 증가하므로 비경제적이 될 수도 있지만, 현장 사정상 불가피한 경우에는 중간에 가지주(假支柱) 등을 설치하고 사용한다. 이동식 비계를 사용하여 시공하는 교량의 교폭은 20 m 이하가

적당한데, 이는 교폭이 지나치게 커지면 교량 상부구조의 자중이 증대되어, 이동식 비계의 제작비가 증가하기 때문이다.

다. 이동식 비계공법은 시공속도, 교하 교통에 대한 안전성 등의 측면에서 볼 때 우수하므로 이러한 점도 계획시 충분히 고려되어야 한다.

(2) 하중

① 개요

이 절에서는 이동식 비계공법 교량 설계시 특별히 고려해야 할 하중에 대해 기술하였다. 여기서 기술되지 않은 하중은 [도·설 2.1]을 참조하면 된다.

② 하중조건

이동식 비계에 의해서 가설되는 연속교의 단면력 계산시 고려할 하중은 다음과 같다.

가. 콘크리트 상부 자중에 의한 등분포하중(W_d)

나. 이동식 비계자중에 의한 후방지지점 반력(P_g)

다. 타설된 콘크리트 자중에 의한 후방지지점 반력(P_c)

이동식 비계로 연속교를 시공할 때 비계보의 전방은 교각 브래킷으로 지지되고, 후방은 시공이음부(보통, 교각에서 경간길이/5 만큼 내민부분)에서 약 0.5 m~1.0 m 정도 안쪽으로 들어온 위치에서 현수재 등으로 지지된다.

첫 번째 경간에 콘크리트를 타설할 때 하중상태는 <그림 508.1.5(a)>와 같다. 첫 번째 경간의 프리스트레스 도입 후, 이동식 비계를 이동시켜 다음 경간의 타설을 준비할 때는 <그림 508.1.5(b)>와 같이 P_g가 후방지지점 위치에 작용해 단면력이 증가하게 된다. 두 번째 경간에 콘크리트를 타설할 때 이동식 비계의 후방지지점에는 <그림 508.1.5(c)>와 같이 P_c가 이 위치에 부가되어 작용하고 이것에 의해 단면력이 증가한다.

이동식 비계를 이용하면 <그림 508.1.5(d)>와 같이 그 때까지 후방지지점에 작용하고 있던 하중은 제거되고, 새로이 타설된 콘크리트 자중이 2경간 연속교에 작용한다.

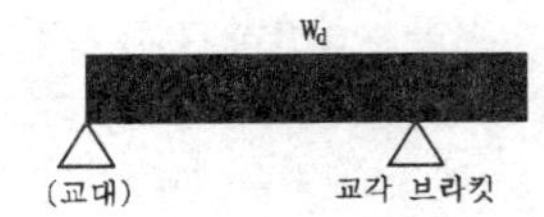

(a) 1경간 타설시 하중상태

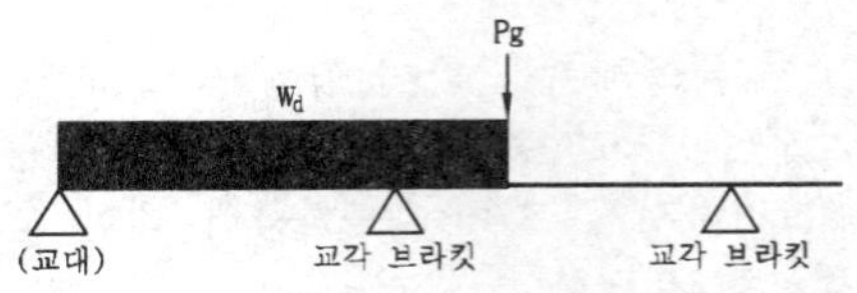

(b) 2경간 타설 준비시 하중상태

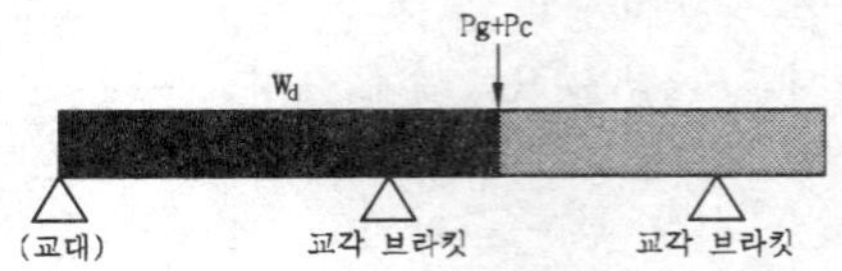

(c) 2경간 타설시 하중상태

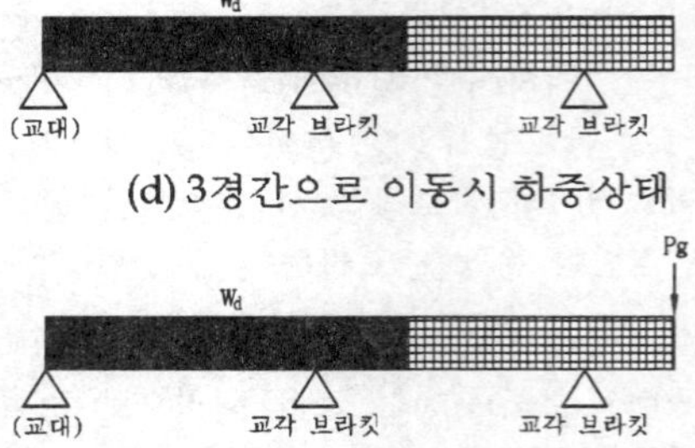

(d) 3경간으로 이동시 하중상태

(e) 3경간 타설 준비시 하중상태

<그림 508.1.5> 연속교 시공단계에서의 하중상태

세 번째 경간을 타설하기 위해 이동식 비계를 이동시키면, P_g는 후방지지점에 위치하고, <그림 508.1.5(e)>와 같은 하중상태가 된다. 이와 같은 하중상태를 계속 반복하면서 연속교를 시공한다.

③ 크리프 및 건조수축

크리프 및 건조수축에 대한 사항은 이동식 비계공법의 공정을 참조해서 시간의 영향을 고려한다.

(3) 종방향 구조해석

① 개요

이동식 비계에 의해 연속교를 1경간씩 분할해

서 시공하는 것은 한 번에 비계보 위에서 연속교를 시공하는 동바리 시공과 비교할 때 다음과 같은 점에서 차이가 있다.

가. 시공단계마다 콘크리트 상부하중과 이동식 비계 자중이 작용하는 구조계가 다르기 때문에 탄성휨모멘트에서 차이가 있다.

나. 탄성이론으로 구한 휨모멘트 이외에 콘크리트의 크리프에 의해 부정정모멘트가 발생한다. 더욱이 이 경우에 각 경간마다 콘크리트의 재령이 다르기 때문에 크리프도 달라서 전체 경간 시공 후에도 부정정모멘트가 변화하게 된다.

② 휨모멘트 계산

이동식 비계로 연속교를 시공할 때 전술한 것처럼 구조계가 변화되므로, [도·설 4.2.2.3]과 같이 콘크리트 재령 차이에 의한 크리프, 건조수축 등의 영향을 고려하여 휨모멘트를 계산해야 한다. 이때 고려할 지속하중은 교량 상부구조의 자중, 프리스트레스 힘, 건조수축의 영향 등으로 한다.

크리프에 의한 부정정력은 엄밀하게는 구조계가 변화할 때의 콘크리트 재령으로부터 구조계 각 부분의 크리프계수를 구하여, 지속하중에 의한 단면력을 고려해서 산출된다. 따라서 위와 같은 엄밀계산은 구조계가 변화하는 횟수가 많아짐에 따라 복잡해지며, 프로그램을 이용한 구조해석을 실시하는 경우가 많다.

한편, 크리프에 의한 부정정력을 근사적으로 계산하는 한 방법으로 다음 식으로 반력의 변화량을 계산하여 부정정력을 산출할 수도 있다.

$$\Delta R_{\phi} = (R_o - R_l)(1 - e^{-\phi}) \qquad (508.1.3)$$

여기서,

R_{ϕ} : 크리프에 의해서 발생하는 반력의 변화량 (kN)

R_o : 최종 구조계를 동바리로 한 번에 시공한다고 가정할 경우의 고정하중 및 프리스트레스에 의한 반력 (kN)

R_l : 최종구조계가 완성되기 전의 구조에 있어서 고정하중 및 프리스트레스에 의한 반력 (kN)

ϕ : 최종 구조계가 완성된 후의 각 부재에 있어서 크리프 계수의 평균값

(4) PS강재 배치

이동식 비계공법을 사용하는 교량의 상부구조에 대한 PS강재 배치방법은 한 경간씩 현장치기로 가설하는 동바리공법의 경우와 유사하다. PS강재를 배치하는 두 가지 유형과 각 유형별 특성은 다음과 같다. [콘·지 I 3-4]

① 유형 1 : 텐던 일부만 시공이음부에서 정착시키고 나머지는 연속으로 배치하는 방법[<그림 508.1.6> 참조]

② 유형 2 : 지점부위에서 텐던을 엇갈리게 중복 배치하는 방법 [<그림 508.1.7> 참조]

전술한 두 가지 방법에 있어서 모든 텐던은 비계를 제거하기 전에 긴장된다. 연결구는 필요 없으며 엇갈리게 중복 배치되는 길이가 충분할 경우에는 지점 근처의 프리스트레스 힘은 두 배가 된다.

특히, "유형 2"를 사용하면 프리스트레스 단계를 자유롭게 조절할 수 있으므로 크리프와 건조수축에 의한 프리스트레스 손실을 상당히 감소시킬 수 있다. "유형 1"의 주된 단점은 아직 시작되지 않은 경간을 위한 텐던이 기 시공 경간에 일체로 묻혀야 한다는 것이다. "유형 2"의 경우는 복부의 돌출부를 사용하여 엇갈리게 중복 배치하는 텐던 부위의 상세가 상당히 복잡해질 수도 있다.

그러나 이동식 비계공법의 특징인 기계화 시공 측면에서는 시공이음부에만 정착구를 설치하는 유형 1 보다 시공성이 떨어진다.

③ 유형 3 : 혼합 배치 방법

전술한 두 가지 유형을 자유로이 조합하면 <그림 508.1.8>과 같이 혼합된 방식의 텐던 배치를 할 수도 있다. 텐던 배치를 단순하면서도 효율적으로 배치하면 마찰손실을 충분히 감소시킬 수 있으나 내부 거푸집 형태를 일률적으로 하는 것에 대해 충분히 고려해야 한다.

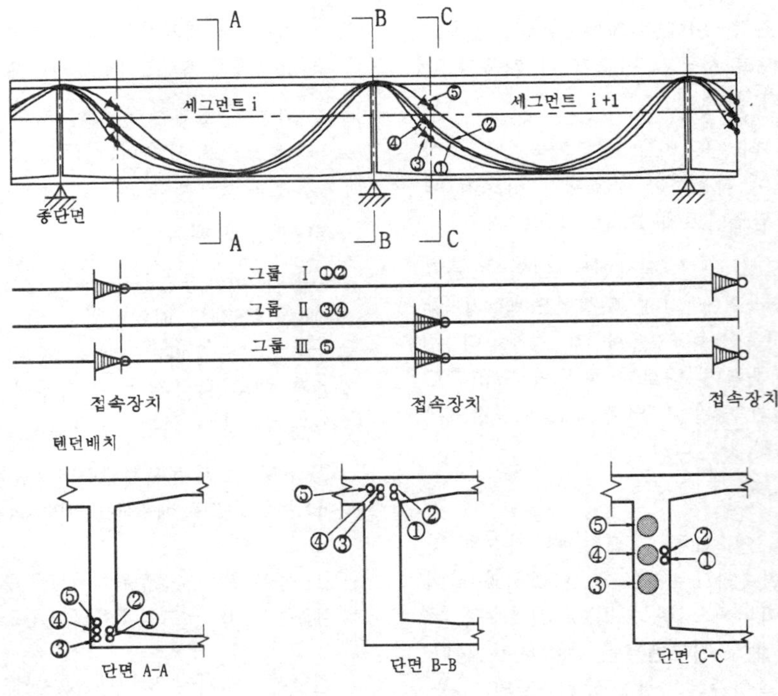

<그림 508.1.6> 유형 1의 텐던 배치방법

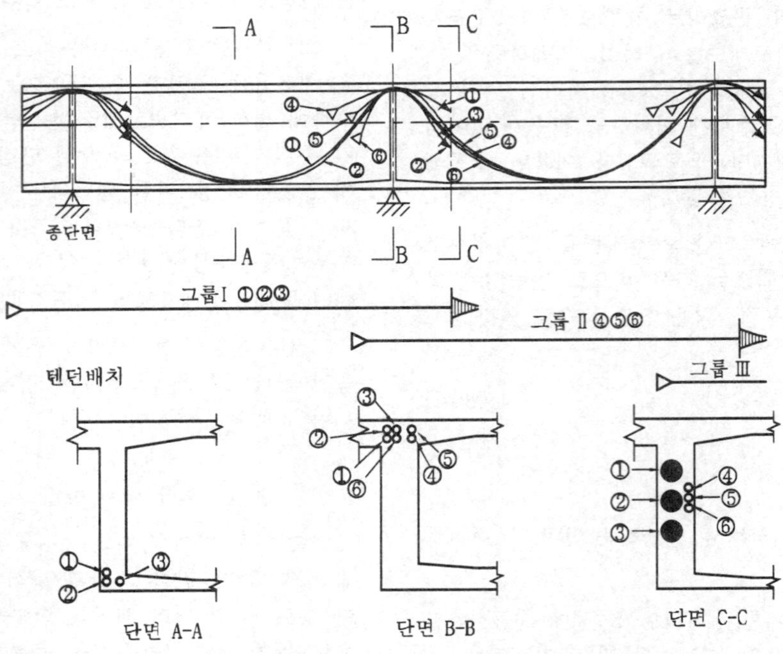

<그림 508.1.7> 유형 2의 텐던 배치방법

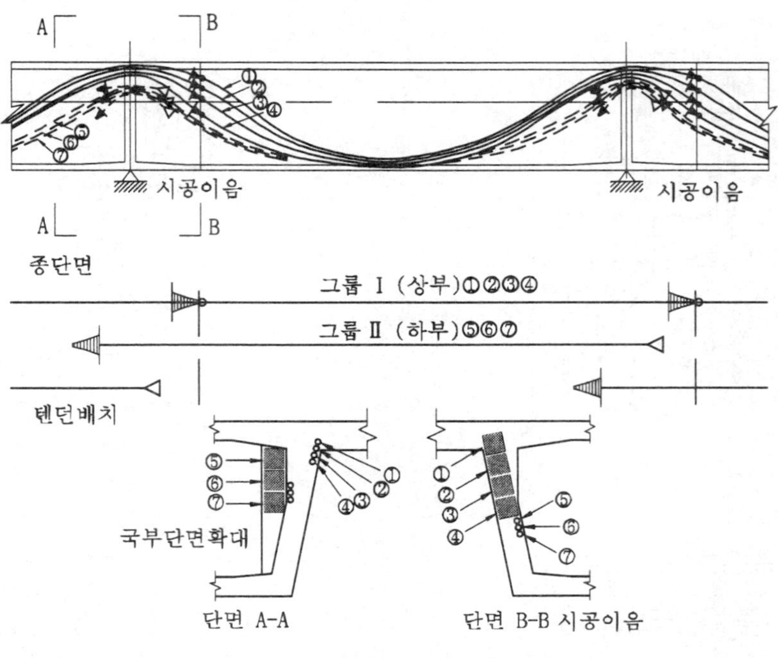

<그림 508.1.8> 유형 3의 텐던 배치방법

(5) 교각 설계

이동식 비계공법으로 교량을 건설하는 경우에는 이동식 비계 특성을 고려하여 교각을 설계하여야 한다.

이동식 비계 특성을 고려한 교각 유형은 <그림 508.1.9>에 있는 바와 같이 5가지로 대별될 수 있다. <그림 508.1.9(a)>는 일반적으로 많이 사용하는 방법으로서 1,200 mm × 400 mm(비계 유형에 따라 다름)의 요철부를 교각 설계시 고려해야 하며 요철부에 작용하는 연직력에 대한 응력검토를 실시해야 한다. <그림 508.1.9(b)>는 교각에 미리 홈을 내고 H형강을 걸쳐서 이동식 비계를 지지하는 방식으로서 교각 설계시 수직력에 대한 응력검토가 필요하다. <그림 508.1.9(c)>와 <그림 508.1.9(d)>는 교각에 현수재나 강재를 사용하여 걸치는 방법으로서 교각에 구멍을 낼 필요가 없으며 연직력에 대한 응력검토를 실시하면 된다.

<그림 508.1.9(a)~(d)>는 교각이 높거나 하부 지반조건이 좋지 않을 때 사용하는 방법이며, <그림 508.1.9(a), (c), (d)>는 브래킷이 구동식일 경우에 일반적으로 사용되고 있으며 <그림 508.1.9(b)>는 비구동식 브래킷일 때 사용하는 방식이다. 하부조건이 양호하고 교각 높이가 비교적 낮을 경우는 <그림 508.1.9(e)>와 같이 지반에 직접 형강이나 트러스재로 지지해서 브래킷의 지점으로 설정할 수도 있다.

(6) 처짐(캠버) 곡선

이동식 비계로 연속교를 분할 시공하는 경우에는 시공단계별로 처짐 관리가 이루어져야 한다. 프리스트레스 및 크리프에 의한 처짐 값은 각 시공단계마다 계산해야 한다. 일반적으로 고려해야 하는 처짐은 다음과 같다.

① 이동식 비계의 자중에 의한 비계보의 처짐

② 교량 상부구조의 자중에 의한 비계보의 처짐

③ 후방 지지현수재 지점반력에 의한 비계보 및 교량 상부구조의 처짐

④ 분할 시공시 교량 상부구조의 자중에 의한 교량 상부구조의 처짐

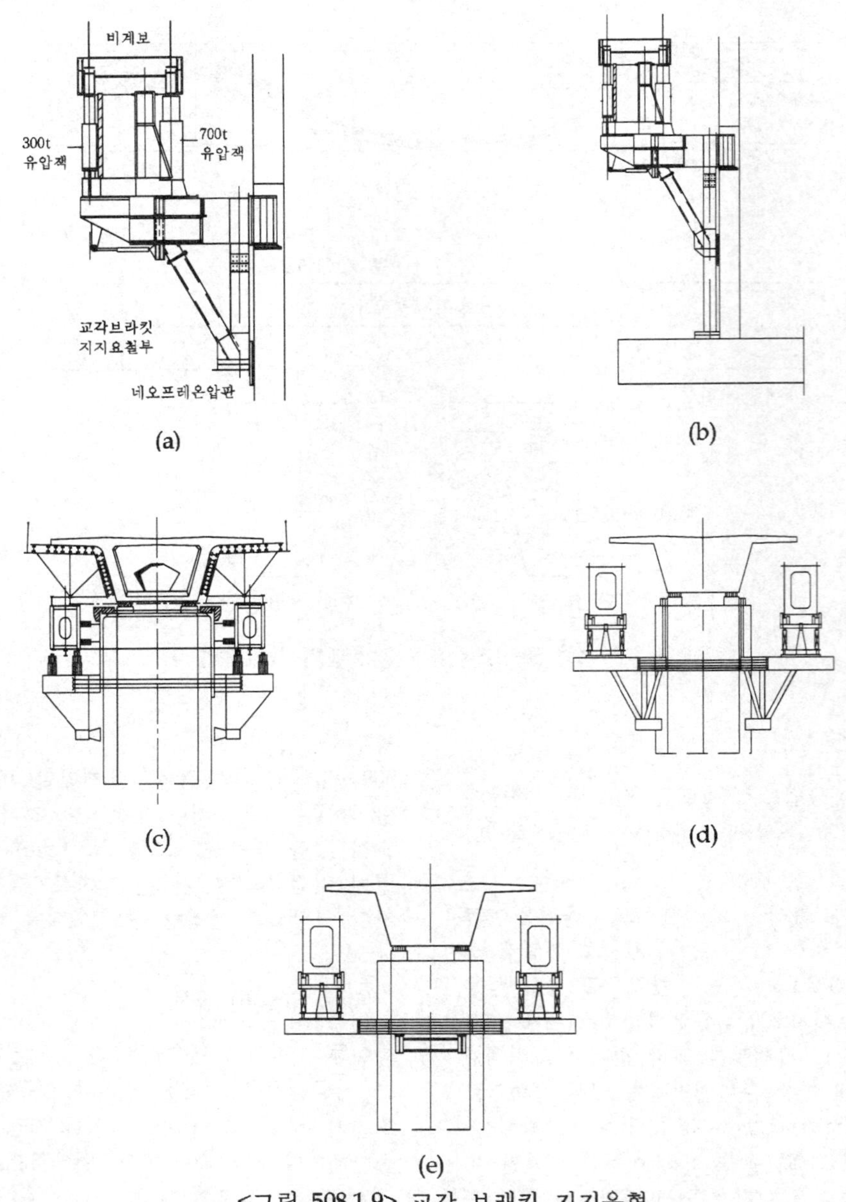

<그림 508.1.9> 교각 브래킷 지지유형

⑤ 프리스트레스 및 크리프에 의한 교량 상부구조의 처짐

⑥ 콘크리트 타설시 발생하는 지점부 장비의 처짐(Pier Bracket 처짐)

따라서 이동식 비계공법을 적용하는 교량일 경우에는 매 시공단계마다 전술한 처짐을 모두 고려한 처짐도를 작성하고, 이에 상응하는 솟음(Camber)도를 작성하여 이동식 비계의 외부거푸집을 이 솟음도에 맞춰 유압잭 등으로 설치할 수 있어야 한다.

1.4.3 ILM공법에 의한 PSC 박스거더교

(1) 개설

① 개요

연속압출공법(ILM ; Incremental Launching Method)이란 교량의 상부구조물을 교대 또는 제1교각의 후방에 설치한 박스거더 제작장에서 1개의 세그먼트씩 제작하고 제작된 세그먼트에 평형 압축력을 포스트텐션 방식으로 도입시켜서 기 제작된 박스거더와 일체화시킨 후, 압출장치에 의해 박스거더를 교축방향으로 밀어내는 공법이다. 연속압출공법에 의해 교량을 가설하는 경우, 시공 중에 발생하는 박스거더의 응력이 완성된 후에 발생하는 박스거더의 응력보다 커지는 수도 있다. 따라서 유해한 균열을 발생시키지 않고 가설을 완료하기 위해서는 완성 후에 대해서 뿐만 아니라 압출시공 중에 대해서도 박스거더 단면의 응력을 검토해야 한다.

일반적으로 압출시공 중에 자중 등에 의해 발생하는 교번응력에 대해서는 1차 PS강재에 의해 프리스트레스를 도입해서 대처하고, 압출 완료 후 부가적인 고정하중이나 활하중 등에 의해 발생하는 응력에 대해서는 2차 PS강재에 의해 프리스트레스를 도입해서 대처하고 있다. 단 1차 PS강재라고 해서 반드시 압출시공 중에만 필요한 PS강재를 배치하는 것에 한하지 않고 경우에 따라서는 압출시공 중뿐만 아니라 완성 후의 설계단면력을 고려해서 압출시공 중에 필요한 PS강재 이외의 추가적인 PS강재를 미리 배치하는 경우도 있다.

압출시공 시 박스거더에 발생하는 단면력을 저감시키고 원활한 압출작업을 위한 가이드 역할을 하게 할 목적으로 박스거더의 선단에 강재로 된 압출 노즈를 설치하며, 교량의 경간이 길 때에는 압출 노즈의 설치와 함께 교대와 교각 또는 교각과 교각 사이에 가교각을 설치하기도 한다.

한편, 연속압출공법으로 시공하는 교량에 있어서 부재단면의 응력검토 뿐만 아니라 압출시공 중 박스거더의 안정, 즉 전도 및 활동에 대한 안전도를 검토해야만 한다. 전도 및 활동은 직접 낙교로 이어지는 문제이므로 현지 상황을 충분히 고려하여 안전성을 확인해야만 한다.

② 적용범위

가. 적용대상

대부분의 공법이 박스거더가 가설되는 지점에서 박스거더의 제작 또는 가설을 수행하기 때문에, 가설지점에서 보행자나 교통의 보행 또는 통행에 지장을 초래한다. 그러나 연속압출공법에서는 보행이나 통행이 없는 교대 또는 제1교각의 후방 등에 박스거더 제작장과 압출장치를 위치시켜 제작과 가설을 수행하기 때문에 보행이나 통행에 지장을 초래하지 않는다. 연속압출공법은 안전성도 뛰어나기 때문에 기존의 도로 위를 횡단하는 교량의 가설에 많이 채용되어 왔다.

나. 구조형식

시공시 박스거더의 안전성, 경제성 등의 관점에서 볼 때 일반적으로 3경간 이상의 연속교에 적용하는 것이 바람직하다.

연속압출공법에 의하여 가설된 교량은 대부분이 연속교이며, 수평선을 강조한 미관상 좋은 교량으로서 교량의 평면적인 형상은 직선형뿐만 아니라 곡선형도 가능하다. 지반상태가 변위가 크게 발생하는 연약지반으로 되어 있어 연속교의 적용이 곤란한 경우에는 시공시에 연속구조로 하여 압출을 실시한 후 지점에서 절단하여 단순교로 만들기도 한다.

연속보의 최대 압출가능 길이는 압출장치와 교량의 자중과 압출반력 및 종단구배의 상호연관성에 따라 제약을 받는다. 일반적으로 압출 가능한 교량길이는 300 m~500 m 정도로 되어 있으나 최근에는 압출장치의 용량 증가로 1,000 m 이상의 장대교량도 1방향 압출을 행하고 있는 추세이다.

국내에서도 교장 1,050 m의 황산대교가 1방향 압출로 시공되었다. 압출 최대경간길이는 압출시 선단부에서 발생하는 휨모멘트를 감소시키는 방법에 따라 결정되는 것으로 이는 압출노즈의 길이, 가교각의 사용유무에 따라 경제성이 좌우되므로 교량 설계시 신중하게 검토하여야 한다.

(2) 설계

① 기본설계

가. 선형

연속압출공법으로 시공하는 교량의 경우, 박스거더 하면이 압출 시공시 미끄럼받침 위의 동일평면을 통과해야 하므로 박스거더 하면의 선형은 직선 또는 단일 원곡선이어야 한다. 도로교의 경우 평면선형에 대해서 곡률반경이 작을 뿐만 아니라 횡단구배 및 크로소이드 곡선이 들어간 교량이 많다. 또한 종단구배가 클 수도 있으며 심지어 교량구간 내에서 종단구배가 변화할 수도 있다. 따라서 연속압출공법의 적용시 교량 선형에의 대처가 가능한지를 우선적으로 검토해야 한다.

(가) 평면선형

평면선형이 직선 또는 단일 원곡선인 경우 아무런 문제가 없으나, 교량이 크로소이드 곡선 구간 또는 크로소이드 곡선과 원곡선의 조합된 구간에 가설될 경우, 평면상에 가상 원곡선을 설치해 평면곡선과의 차를 바닥판의 캔틸레버부에서 조정한다.

평면곡선과의 차의 크기는 크로소이드 파라미터(A) 크기 및 곡률반경(R), 크로소이드 곡선구간의 길이 등에 의해 영향을 받는다.

(나) 종단구배

교량 압출구간 전체의 종단구배가 일정한 직선이거나 압출구간의 종단곡선이 단일 원곡선이면 종단곡선에 따라 압출하면 된다. 그러나 교량구간의 종단구배가 직선에서 원곡선으로 변화하면, 근사원호 곡선으로 대처해 종단선형과의 차가 포장 오차범위 내에 있게 하거나 바닥판 두께의 국부적인 미소 증가 조정에 의해 대처하여야 한다. 이러한 경우 이외에는 종단곡선의 위치를 미세 조정하든지 그렇지 못할 경우에는 연속압출공법을 선택하지 않는 것이 바람직하다.

나. 경간분할

일반적으로 동바리공법에 의해 연속교를 가설할 경우 이상적인 경간분할은 단부 경간과 내부 중앙경간과의 비가 약 1:1.2 정도이다. 그러나 연속압출공법으로 연속교를 가설할 경우에는 이상적으로 경간분할을 해도 시공시의 캔틸레버부 길이 등에 의해 형고 등 단면제원이 결정되며, 연속압출공법에서도 측경간 길이를 압출가설시와 가설 후의 최대 단면력 감소에 따른 공사비 절감 등을 고려할 때 연속교량의 경제적인 측경간 비율인 0.75ℓ ~ 0.80ℓ 로 결정하는 것이 바람직하다.

다. 단면형태

연속압출공법에 적용하는 박스거더의 단면형상은 일반적으로 단일박스 단면을 사용하지만 특별한 조건하에서는 2중박스 단면, 더블 T형 단면 등을 사용하며, 거푸집 전용에 유리하도록 전단면을 동일한 외형으로 사용하는 것이 보통이다. 박스거더의 단면형상은 압출 시공시의 받침 위치 및 반력을 고려하여 결정하며, 전단면이 받침 위를 통과하므로 전단면에 대하여 받침 위에 놓인 단면으로서 검토한다. 받침 중심선과 복부 중심선은 일치시키는 것이 원칙이나 시공 조건에 따라 이것이 불가능한 경우에는 헌치를 크게 하는 등, 받침의 반력에 의해 하부플랜지에 과대한 응력이 발생하지 않도록 헌치의 크기·형상 등을 검토할 필요가 있다(<그림 508.1.10> 참조).

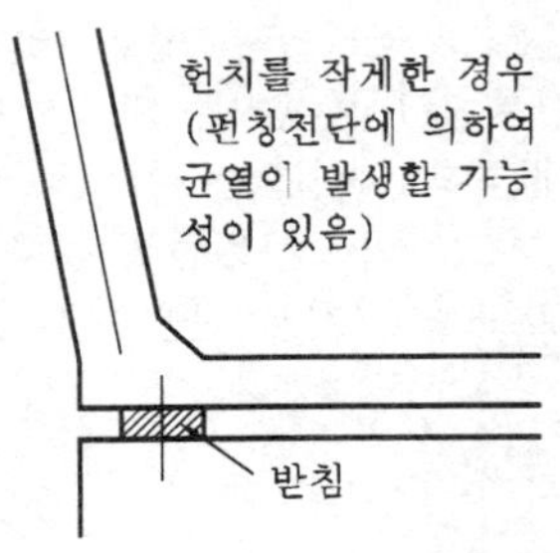

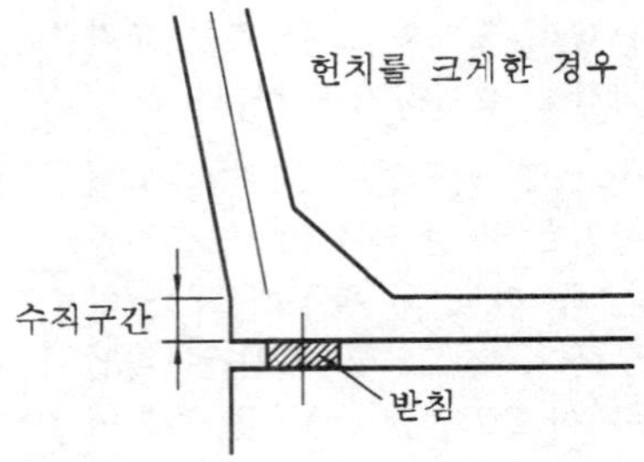

<그림 508.1.10> 헌치의 형상

박스거더 하단부의 측면은 횡방향 가이드가 기능을 발휘할 수 있도록 수직 구간을 설치하는 것이 바람직하다. 한편, 비대칭 단면의 경우 압출시공 중의 비틀림에 대한 검토뿐만 아니라 받침에 하중의 편심이 발생할 수도 있으므로 이에 대한 검토도 동반되어야 한다.

라. 형고

일반적으로 연속압출공법으로 가설하는 교량의 단면 높이는 동바리공법으로 가설하는 교량의 단면 높이(형고비 = 18~23)보다 약간 높으며, 실시예를 보아도 대부분 형고비가 15~17로 되어 있다. 이것은 가설시 휨모멘트가 매우 크므로 가설용 PS강재를 효율적으로 사용하기 위해 거더 높이를 키우는 것이 경제적이기 때문이라고 판단된다. 일반적으로 경간이 증가할수록 형고비는 작아지며, 경간이 감소할수록 형고비가 커진다.

마. 단면제원

(가) 바닥판 및 하부플랜지

바닥판의 두께는 도·설의 관련 시방규정을 고려하여 결정하여야 하며, 바닥판에 배치하는 횡방향 PS강재와 1차 PS강재와의 관계, 1차 PS강재 중 일부를 중간에 정착하는 경우에 필요한 연결용 정착장치의 크기 등을 고려해서 결정한다. 최악의 재하상태에 대해 캔틸레버 바닥판의 고정단부에서 허용범위 이상의 균열이 발생하지 않도록 횡방향 PS강재를 배치하든지 캔틸레버 고정단부의 두께를 크게 하든지 하는 등의 조치를 강구하여야 한다. 하부플랜지의 두께는 1차 PS강재의 크기, 1차 PS강재 중 일부를 중간에 정착하는 경우에 필요한 연결용 정착장치의 크기 등을 고려해서 결정한다. 일반적으로 바닥판 및 하부플랜지의 단면두께 고려시 여기에 정착시키는 1차 압출용 텐던 규격은 큰 규격보다 작은 규격을 여러 개 배치하는 것이 구조적으로 유리하다.

(나) 복부

연속압출공법에서는 완성계의 경간중앙 부근의 단면에서도 압출 시공시에는 교각을 통과하기 때문에 상당히 큰 전단력이 발생하게 된다. 또한 지점 부근의 단면에서도 압출 시공시에는 2차 PS강재를 배치하여 대처하도록 한다. 복부 두께를 증가시켜서 대처하는 것은 고정하중을 증가시키고 전단력을 증가시키므로 그다지 좋은 방법은 아니다. 따라서 복부의 두께는 수직 PS강재를 배치할 경우 수직 PS강재의 필요량 및 수직 PS강재와 2차 PS강재, 바닥판 배치용 PS강재와의 상호관계 등을 고려하여 결정하여야 한다.

② 상세설계

가. 압출방식의 선정 및 압출설비의 배치

압출력을 가하는 방식에 따라 분산 압출방식과 집중 압출방식으로 구분한다. 분산 압출방식은 압출 시공시에 지점이 되는 위치에 수직잭과 압출잭을 설치하여 각 지점에서 압출력을 분산시켜 가하는 방식이며, 집중 압출방식은 한 장소에서 압출력을 가하는 방식이다. 집중 압출방식의 경우, 압출력에 대한 반력대가 필요하며 Lifting and Pushing방식, Pulling 방식, Pushing 방식 및 일본 특유의 공법인 RS공법 등으로 구분한다.

압출시공 시에 발생하는 단면력에 대처하기 위하여 1차 PS강재를 배치하므로 불필요한 1차 PS강재의 사용을 감소시키기 위하여 압출노즈를 사용하는 방안, 가교각을 사용하는 방안, 중앙경간이 긴데도 불구하고 가교각을 설치할 수 없는 경우, 양측에서 압출하여 중간에서 접합하는 방안, 탑과 케이블을 이용하는 방안 등의 여러 가지 방안에 대하여 종합적으로 검토해야 한다. 박스거더 제작장의 위치 및 압출설비의 배치 위치는 자재 반입로, 교통로의 근접상황, 다른 공사와의 경합 등 안전성, 시공성, 경제성을 검토하여 적절히 결정하여야 한다.

나. 박스거더의 세그먼트 분할

공법 개발 초기에는 세그먼트 1개의 길이가 6 m ~10 m 정도이었으나 최근에는 공기 단축을 위해 20 m~25 m 정도의 길이로 세그먼트를 제작한다. 세그먼트의 분할은 교량 연장, 경간장, 시공시 박스거더의 최대 캔틸레버부 길이, 제작장의 크기, 공사기간, 이음부의 위치, 거푸집의 전용횟수 등을 고려하여 결정하여야 한다.

세그먼트의 이음부는 지점 위치나, 완성구조계에 있어서 단면력이 크게 발생하는 위치를 피해야 하며, 2차 PS강재의 정착위치 부근은 보강철근, 거푸집 등이 복잡하여 세그먼트의 이음부로서는 부적당하므로 이곳을 피하는 것이 좋다. 세그먼트 분할시 1사이클의 공정은 공사기간, 공사비에 미치는 영향이 크므로 반드시 고려하여야 하며, 세그먼트 길이의 통일 등을 고려하여야 한다. 이외에 1세그먼트 제작에 소요되는 콘크리트, PS강재, 철근 등의 물량, 철근 및 PS강재의 길이와 이음부와의 관계 등 시공성을 고려하여야 한다. 압출장치의 설치 개수나 압출 반력의 제약에 따라 최대 연속압출 경간수가 결정되는 경우도 있으므로 세그먼트 분할시 이에 대한 검토도 필요하다.

다. 박스거더의 안정성 검토

연속압출공법의 시공시 안정성에 대해서는 박스거더의 전도 및 활동에 대해서 검토해야 한다.

(가) 전도

박스거더의 전도에 대한 검토를 행하는데 있어서는 특히 압출 초기에 검토하는 것이 중요하다. 예를 들어 <그림 508.1.11>에 나타낸 바와 같이 압출노즈의 선단이 제2지점 P_1에 도달하기 직전의 상태에서 제1지점에 관한 안정성을 검토하여 전방으로 전도하지 않을 지를 확인해야 한다.

<그림 508.1.11>에서 D_1은 A_1 후방 거더의 중량, D_2는 A_1 전방 거더의 중량, D_3 는 압출노즈의 중량, EM은 가설하중, EQD_1, EQD_2, EQD_3, EQD_4는 각각 D_1, D_2, D_3, EM에 대한 지진시 수평력을 나타낸다.

박스거더의 안정을 검토할 경우에는 가장 불안정한 상태에서 회전에 대하여 1.3 이상의 안전율을 확보하도록 하여야 한다.

$$\frac{M_R}{M_r} = \text{안전율}(>1.3) \quad (508.1.4a)$$

$$M_R = D_1 \cdot l_1 \quad (508.1.4b)$$

여기서, M_R은 저항모멘트, M_r은 전도모멘트이며, 다음과 같이 구한다.

$$\begin{aligned} M_r = \; & D_2 \cdot l_2 + D_3 \cdot l_3 + EM \cdot l_M \\ & + EQ_{D1} \cdot h_1 + EQ_{D2} \cdot h_2 \\ & + EQ_{D3} \cdot h_3 + EQ_{D4} \cdot h_4 \end{aligned} \quad (508.1.4c)$$

전도에 대한 안정이 얻어지지 않은 경우에는 작업장의 위치를 후방으로 이동하던가 또는 A1~P1 사이에 가교각을 설치하거나 하여 안전하게 시공이 이루어지도록 조치를 강구하여야 한다.

(나) 활동

압출작업의 초기단계에서 박스거더가 활동하게 되면 전도할 염려도 있으므로 충분히 안정성을 검토할 필요가 있다(<그림 508.1.12> 참조).

라. 압출노즈

압출 시공시 박스거더는 정·부모멘트를 번갈아 받게 되므로 교번응력이 발생한다. 이 교번응력

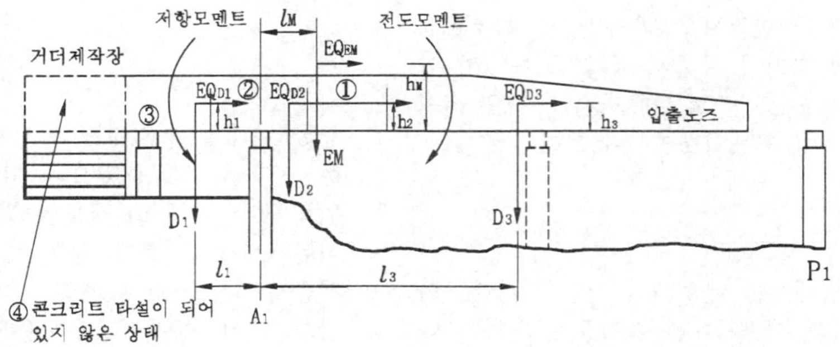

<그림 508.1.11> 전도에 관한 안정성 검토

에 대처하기 위하여 1차 PS강재로서 축방향 압출력을 도입하는데, 단면에 축방향 압축력을 도입하여 대처하는 데는 한계가 있으므로 대개는 박스거더에 작용하는 응력을 경감시키기 위하여 압출노즈를 사용한다.

압출노즈의 길이는 시공시 박스거더의 응력에 영향을 주는 주요한 요인으로 최대 경간장 통과시에 발생하는 박스거더의 단면력, 한 번에 압출시켜야 하는 구간의 길이 등을 고려하여 결정한다. 압출노즈의 길이와 박스거더 단면력과의 관계는 일반적으로 압출노즈 길이를 시공시 최대경간장의 0.6~0.7배 보다 짧게 하면 압출 시공시 부모멘트가 급격히 증가하고 이것보다 길게 하면 부모멘트의 크기가 약간 변화할 뿐이므로, 압출노즈의 길이는 최대경간장의 0.6~0.7배 정도로 하는 것이 좋다.

압출노즈의 단위길이당 중량과 길이에 따른 휨모멘트의 변화는 <그림 508.1.13>과 같다. 상대휨강성계수(압출노즈 휨강성/박스거더 휨강성)도 박스거더의 단면력 변화에 큰 영향을 미치는 인자로서 압출노즈는 압출 시공시 박스거더에 과대한 단면력이 생기지 않도록 수직휨, 수평휨, 좌굴에 대하여 소요의 강성을 가져야 한다. 즉, 압출노즈는 압출 시공시 단면력을 감소시킬 수 있는 충분한 강성을 가져야 하며, 지진시 등의 수평력에 대해서도 필요한 횡강성을 가져야 한다.

연속압출공법을 적용하는 교량 단면의 비틀림강성은 상당히 커서 제작 등에 의한 오차가 압출노즈에 작용하는 반력의 불균형을 증가시키기 때문에 압출노즈에 대해 수직휨 및 복부판의 좌굴에 대해서 충분한 보강을 해야 한다. 상대휨강성계수를 K라 할 때, K값의 변화에 따른 전체적인 압출단계에서의 최대지점모멘트 변화는 <그림 508.1.14>와 같다.

$$K = \frac{E_s I_s}{E_c I_c} \qquad (508.1.5)$$

여기서,

E_s, E_c : 압출노즈와 박스거더의 탄성계수

I_s, I_c : 압출노즈와 박스거더의 단면2차모멘트

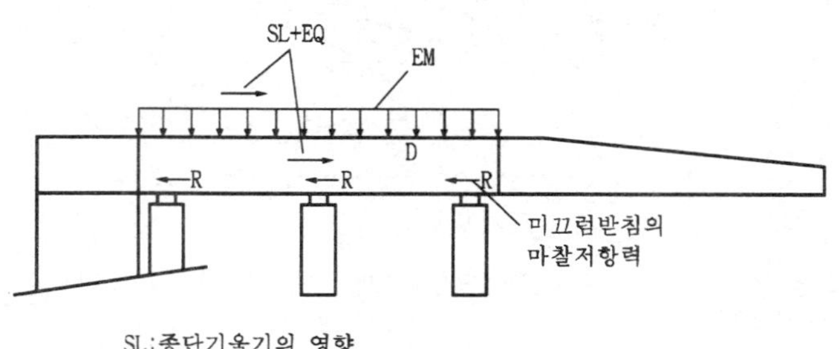

<그림 508.1.12> 활동에 관한 안정성 검토

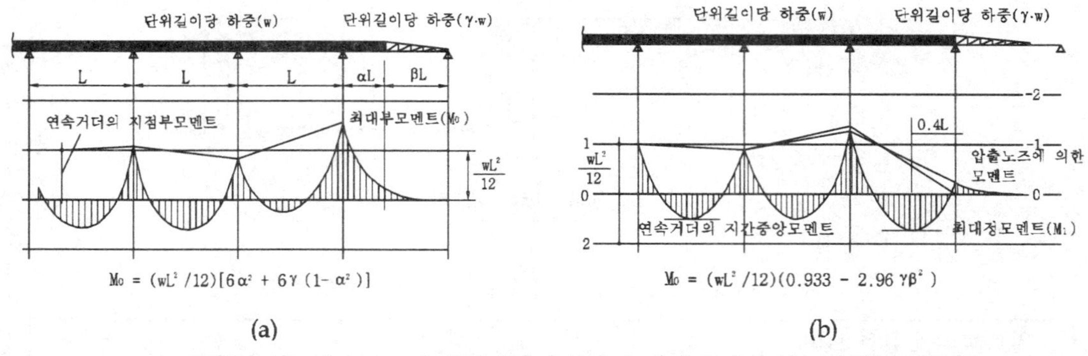

<그림 508.1.13> 압출노즈의 단위길이당 중량과 길이에 따른 휨모멘트의 변화

곡선교의 시공에 압출노즈를 사용하는 경우, 대상 교량의 평면선형 및 종단선형을 고려하여 형상을 정해 압출시공 중 박스거더에 유해한 응력이 발생하지 않도록 해야 한다. 평면선형이 직선이 아닌 경우, 압출노즈도 곡선형으로 하는 것이 시공상 바람직하다.

그러나 이와 같이 하면 압출노즈의 제작 및 전용이 곤란할 뿐만 아니라 압출노즈의 Shift량(압출축선에 대한 압출노즈의 연직 벗어난 량)이 100 mm 미만인 경우 압출노즈의 설계단면응력이 문제가 되지 않을 경우에는 직선형의 압출노즈를 사용해도 무방하나 받침의 편기 영향 및 가이드 통과방안 등의 시공성을 면밀히 검토하여야 한다. 또한 압출노즈의 하부플랜지 두께는 단면응력이 충분하더라도 용접성 및 압출 시공성, 복부강판의 제작 · 시공성 등을 고려하여 동일한 강판 두께로 통일하는 것이 바람직하다.

압출노즈의 Shift량이 100 mm 이상인 경우 미끄럼받침의 폭이 커지게 되고 영구받침의 배치와 관련해서 교대 또는 교각에서 여분의 공간이 필

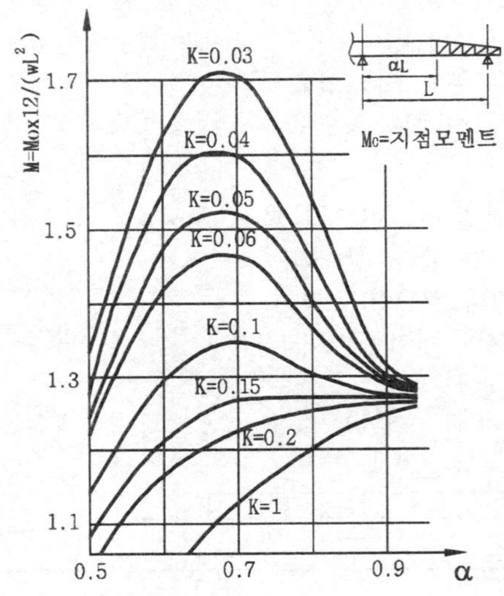

<그림 508.1.14> 압출노즈의 휨강성에 따른 최대지점모멘트의 변화

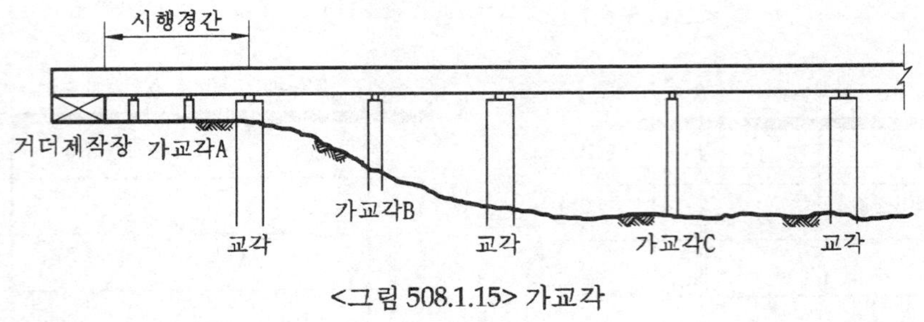

<그림 508.1.15> 가교각

<표 508.1.6> 압출노즈의 길이에 대한 최소곡률반경

압출노즈의 길이 l (m)	25	30	35	40	45	50
곡률반경 R (m)	400	600	800	1000	1300	1600

요하고 압출노즈의 횡방향 이동량이 증가하기 때문에 압출작업이 어려워진다.

따라서 곡률반경이 <표 508.1.6>보다 작은 경우에는 Shift량이 100 mm 이하가 되도록 압출노즈의 중간부를 꺾어 절선 형상으로 하는 것이 좋다. 박스거더와 압출노즈의 연결부 설계는 휨모멘트와 전단력에 대하여 안전하도록 수행하여야 한다. 휨모멘트에 의하여 연결부의 접합면에서 발생하는 휨압축응력은 콘크리트의 허용휨압축응력 이하이어야 한다.

지진하중을 포함하지 않는 하중조합(고정하중, 가설하중, 프리스트레스, 압출력, 기타)에 대해서는 연결부의 접합면에서 휨인장응력이 발생해서는 안 되며, 지진하중을 포함한 하중조합에 대해서는 접합면에서 휨인장응력이 발생해도 좋다. 그러나 휨인장응력이 발생해도 좋은 경우에는 인장력이 발생하는 부분에 배치된 PS강재를 인장철근으로 간주하고 접합면에 발생하는 인장력의 합력을 그 부분에 배치한 PS강재의 단면적으로 나눈 응력과 PS강재의 인장응력의 합이 PS강재 항복응력의 90 % 이하가 되도록 해야 한다. 또한 인장력의 합력을 PS강재의 단면적으로 나눈 응력이 270 MPa 이하로 하여야 한다.

한편, 연결부에 작용하는 전단력은 다음 식에 의해 계산되는 허용전단력 이하이어야 한다.

$$S_r = \frac{P_e \cdot \mu}{F} \qquad (508.1.6)$$

여기서,

S_r : 허용전단력 (kN)

P_e : 연결부에 배치한 PS강재의 유효프리스트레스힘 (kN)

μ : 마찰계수(0.5)

F : 안전율(2)

단, 전단력에 저항하기 위하여 전단키 등 별도의 전단저항장치를 설치한 경우에는 그 영향을 고려하여도 좋다.

마. 가교각

가교각은 용도에 따라 <그림 508.1.15>에서와 같이 3종류로 구분한다. 가교각 A는 시행 경간부에 설치하는 구조물로서, 초기재령의 콘크리트 박스거더에 작용하는 단면력을 감소시키는 역할을 하며, 가교각 B는 제1경간부에 설치하는 구조물로서 주로 압출시공 초기에 박스거더의 전도방지 역할을 한다. 가교각 C는 시공 경간장이 길 경우 설치하는 구조물로서 박스거더에 발생하는 단면력을 감소시키는 역할을 한다.

장경간 시공시 가교각 C는 압출노즈와 병행하여 사용하는 경우가 많다. 가교각을 설치할 경우에는 일반적으로 가교각 설치의 필요성 여부, 박스거더의 안정성, 가교각의 경제성 등을 고려하여야 한다. 가교각은 압출 시공시의 하중에 대해 침하 및 변형이 적은 구조이어야 한다. 변위량은 압출 시공시의 박스거더 자중, 재하 정하중, 풍하중, 가설 받침의 마찰력, 지진의 영향, 반력의 불균형 등을 고려하여 산정한다.

바. 박스거더의 응력

(가) 개요

연속압출공법에서는 압출 시공시에 박스거더가 점차 이동하면서 단면력이 변화하므로 압출 단계별로 박스거더의 응력을 검토하여야 한다. 1차 프리스트레스 도입 직후의 상태, 압출 시공시의 상태, 2차 프리스트레스 도입 직후의 상태, 크리프·건조수축 등이 완료된 후의 상태 등에 대하여 응력을 검토하여야 하며 그 외에 응력변화가 예상되는 상태에 대해서는 필요에 따라 응력을 검토하여야 한다.

가교각을 사용한 경우 압출 완료 후 가교각의 철거에 따라 구조계가 변화하여 박스거더의 단면력이 갑자기 변할 수도 있으므로 이에 대한 검토를 해야 한다. 완성구조계에서 뿐만 아니라 압출 시공시의 응력검토에 있어서도 지진의 영향을 고려하여야 하며 특히 지진시에 대비해 받침부의 응력과 보강이 충분한지에 대한 검토를 하여야 한다. 압출 시공시 지진이 발생하여도 박스거더가 낙하하지 않도록 낙교방지 장치를 설치해야 하며 압출 시공시의 수평진도는 설계진도의 1/2로 한다.

일반적으로 연속압출공법에서는 연속형으로 가설하는 것이 유리하지만 지반조건 등에 따라 압출 시공 후 절단하여 단순형으로 만드는 것이 유리한 경우도 있다. 이와 같이 단순형을 연결하여 압출하는 경우, 연결 강봉 및 1차 PS강재의 일부는 압출시공 완료 후 프리스트레스 힘을 풀어주는데 이에 따라 박스거더의 응력상태가 변화하여 일시적으로 위험한 응력상태가 될 수도 있으므로 이 상태에 대한 응력검토도 병행해야 한다.

압출 시공시의 단면력을 계산하는데 있어서는 미리 입안된 가설 계획에 기초를 두고 압출 시공시의 구조계를 결정한 후, 압출노즈와 박스거더가 연결된 다경간 연속보로서 구조계산을 하여야 한다. 단면력 산정시 박스거더와 압출노즈의 강성 차이, 가교각 및 교각의 탄성 변형, 박스거더 제작장에서 박스거더의 지지조건 등을 고려하여야 한다.

(나) 프리스트레스의 손실

크리프 및 건조수축에 의한 프리스트레스의 감소량은 1차 PS강재 및 2차 PS강재 프리스트레싱시의 콘크리트 재령을 고려하여 결정해야 한다. 이때 콘크리트의 크리프계수, 건조수축계수 및 PS강재의 릴랙세이션은 [도·설]에 의한다.

1차 PS강재의 접합부 구조는 나중에 타설한 세그먼트의 PS강재 도입 프리스트레스가 먼저 타설한 세그먼트에 배치되어 있는 PS강재에 도입될 수 있는 구조로 되어 있다. 따라서 크리프, 건조수축에 의한 1차 PS강재 프리스트레스 감소량의 산정에 이용하는 먼저 타설한 세그먼트의 콘크리트 재령은 최단 1사이클 공정을 7일 정도라고 생각할 때 나중에 타설한 세그먼트의 1차 PS강재를 프리스트레싱하는데 10일 정도가 걸리므로 프리스트레싱시 콘크리트의 재령을 10일로 하는 것이 좋으며, 유압잭의 응력을 결정할 때는 설계기준 규정 값의 최대인장응력 이하로 결정하여야 한다.

(다) 지점침하

압출 시공시 지점침하가 박스거더에 영향을 미치지 않도록 지점 높이를 조정해야 하므로 압출 시공시의 지점침하에 대해 별도로 보강할 필요는 없다. 즉, 압출 시공시에 가교각 및 지점에서는 탄성변형, 침하 등이 발생하여 박스거더의 휨모멘트, 전단력 및 비틀림모멘트에 영향을 주기 때문에 지점침하의 영향을 고려하여야 하지만 높이 조정 기능이 있는 압출장치를 이용하여 높이를 조정하므로 지점침하에 대하여 특별한 검토를 할 필요가 없게 된다.

다만, 시공관리상 지점침하의 허용치를 인지할 필요가 있으며, 집중 압출방식 중 Lifting and Pushing 방식의 경우에 있어서는 압출장치가 설치되어 있는 위치에서 압출시 10 mm 정도의 상향처짐이 발생할 것을 예상하여 설계에 고려하는 것이 바람직하다. 한편, 박스거더의 설계에 있어서 압출시공 완료 후의 고정하중, 활하중에 의한 지점침하는 당연히 고려해야 한다.

사. 기타

(가) 받침

압출시공에 이용하는 미끄럼받침은 가설받침으로서만 사용하는 형식과 가설받침과 영구받침을 겸하게 하는 형식이 있으며 두 형식 모두 박스거더로부터의 하중에 대하여 안전하게 설계되어야 한다. 받침을 박스거더의 복부 아래쪽에 배치하면 받침으로부터의 반력을 직접 복부에 전달하기 때문에 합리적이며 PS강재와 스토퍼를 배치하기가 용이하다. 따라서 받침의 설치위치는 박스거더의 복부 아래쪽에 배치하는 것으로 한다. 압출시공 완료 후 영구받침을 설치하는 형식에서는 압출장치의 위치를 피해서 지점 위 격벽에 영구받침을 설치할 수도 있으나 받침의 고정방법, 시공성, 격벽의 안전성, 받침의 부반력에 대한 대처 등 설계상의 충분한 검토를 행해야 한다.

(나) 보강철근

박스거더 하면은 압출 시공시에는 일시적으로 받침 위치가 되므로 받침의 반력에 의한 지압응력에 견디도록 보강철근을 배치하는 것을 검토해야 한다. 즉, 박스거더의 복부 아래쪽이 전장에 걸쳐 지압면이 되기 때문에 그 범위에 대해서 보강철근을 배치하도록 한다(<그림 508.1.16> 참조).

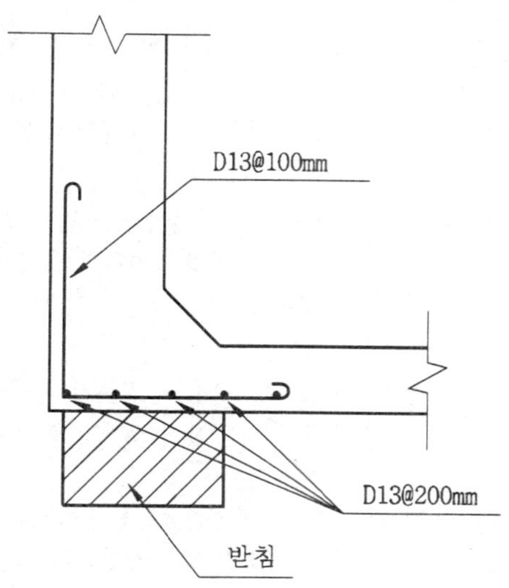

<그림 508.1.16> 지압면의 보강철근

(다) 세그먼트의 가접합

주형을 가접합하여 연속압출을 하고 압출완료 후 가접합부를 절단하는 경우, 가접합면의 사각은 0° 에 가까운 것이 바람직하지만 사각이 20° 인 경우에도 가접합면이 직선 형상일 때 접합면에 횡마멸이 생기지 않음이 실험으로 확인되었으므로 접합면의 사각은 20° 까지 가능하다. 원칙적으로 사각이 20° 이하로는 사용하지 않지만 접합면에 전단키 등을 사용하여 주형의 일체화를 도모한 경우에는 25° 정도까지 완화해도 좋다(<그림 508.1.17> 참조).

가접합부는 PS강재로 결합하는 것으로 하며 접합부에는 지진하중을 고려하지 않은 하중조합에 대해 휨인장응력이 발생하지 않도록 한다. 전단에 대해서는 다음과 같은 조건을 만족하여야 한다.

$$S < \frac{1}{2} \cdot \mu \cdot P_e \qquad (508.1.7)$$

여기서,

S : 가접합부에 작용하는 최대전단력

μ : 콘크리트와 콘크리트의 마찰계수(0.5)

P_e : 가접합부에 작용하는 PS강재의 프리스트레스 힘

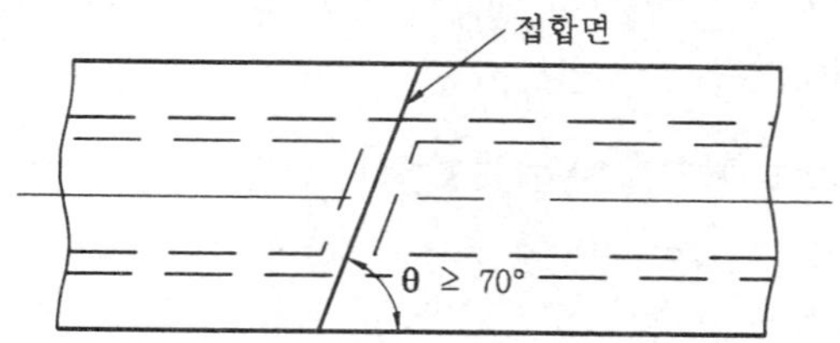

<그림 508.1.17> 세그먼트의 가접합부

1.4.4 FCM 공법에 의한 PSC 박스거더교

(1) 개설

캔틸레버공법(FCM ; Free Cantilever Method)은 교량 하부에 동바리를 설치하지 않고 특수한 가설장비를 이용하여 교각 또는 교대에서 순차적으로 한 세그먼트씩 내민 시공을 함으로써 교량을 가설하는 방법이다. 캔틸레버공법은 크게 현장타설 캔틸레버공법(Cast-in-Place Cantilever Method)과 프리캐스트 캔틸레버공법(Precast Cantilever Method)으로 분류할 수 있다.

현장타설 캔틸레버공법의 특징은 다음과 같다.

① 동바리가 필요 없으므로 깊은 계곡이나 하천, 해상 그리고 교통량이 많은 위치에 적용할 경우 경제성이 높다.

② 세그먼트 제작에 필요한 모든 장비를 갖춘 이동식 작업차를 이용하여 시공하므로 커다란 가설장비를 사용하지 않아도 장대교량의 시공이 가능하다.

③ 3~5 m 씩 세그먼트로 나누어 시공하므로 상부구조를 변단면으로 시공할 수 있다.

④ 대부분의 작업이 이동식 작업차 내에서 실시되므로 기후조건에 관계없이 품질, 공정 등의 시공관리를 확실하게 행할 수 있다.

⑤ 거푸집 설치, 콘크리트 타설, 프리스트레싱 작업 등 모든 작업이 동일하게 반복 수행되므로 시공속도가 빠르고 작업인원도 적게 필요하며 작업원의 숙련도가 빨라서 작업을 능률적으로 행할 수 있다.

⑥ 각 시공단계마다 오차 수정이 가능하므로 시공 정밀도를 높일 수 있다.

⑦ 구조계산 및 설계가 다른 형식의 교량보다 복잡하다.

프리캐스트 캔틸레버공법의 특징은 다음과 같다.

① 취급이 편리한 치수, 경량의 세그먼트로 분할하여 시공할 수 있으므로 대형구조물, 복잡한 형상의 구조물에도 비교적 쉽게 적용할 수 있다.

② 세그먼트는 일정한 장소에서 제작되므로 콘크리트의 품질관리가 용이하며, 세그먼트를 연속적으로 제작하므로 인력관리 및 거푸집 전용이 가능하다.

③ 세그먼트 제작을 하부 공사와 병행해서 실시할 수 있으므로 현장타설 방식에 비해서 공기를 단축시킬 수 있다.

④ 상부구조 가설시 콘크리트는 상당한 재령에 도달해 있으므로 가설 후에 발생하는 크리프, 건조수축 등에 의한 소성변형이 적게 발생하여 프리스트레스의 감소량 등이 줄어들게 되므로 구조적으로 유리하다.

⑤ 세그먼트의 운반, 가설을 위해 비교적 대형의 장비가 필요하다.

⑥ 세그먼트의 제작 및 야적을 위해 넓은 장소가 필요하다.

⑦ 선형관리가 현장타설 방식에 비해 복잡하고 오차수정이 어렵다.

(2) 캔틸레버공법 교량의 구조형식

캔틸레버공법으로 시공하는 교량의 완공 후의 구조형식은 라멘교 형식과 연속거더교 형식으로 분류할 수 있다.

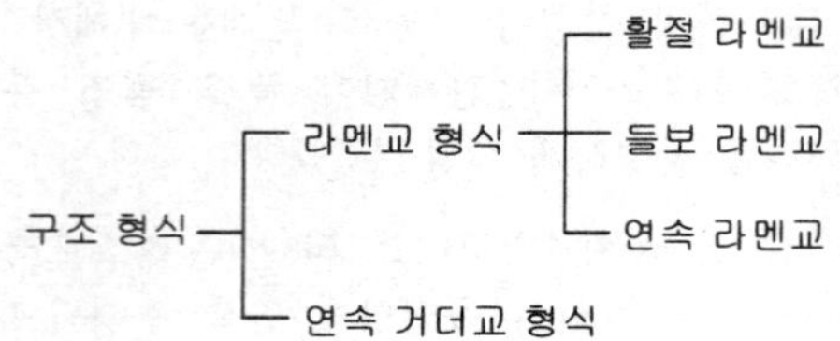

① 라멘교 형식

라멘교는 상·하부 구조를 일체화시킨 교량형식으로 다음과 같은 장·단점이 있다.

가. 장점

(가) 상·하부 구조가 일체로 되어 있어 받침이 필요 없고 연속구조인 경우에는 신축이음장치가 줄어들어서 주행성이 좋아지고 유지관리가 용이해진다.

(나) 다경간 형식에서는 지진시 수평력을 각 교각에 분산시켜 설계할 수 있고 교각 하단에 작용하는 휨모멘트도 감소하므로 지진시에 유리해질 가능성이 높다.

(다) 부정정구조이므로 부재의 일부가 항복하여도 응력의 재분배가 이루어져서 갑작스런 구조계 전체의 파괴를 방지할 수 있다.

(라) 캔틸레버공법을 적용할 때 불균형모멘트에 저항하기 위한 가설 고정장치가 불필요하다.

나. 단점

부정정구조이므로 프리스트레스, 온도, 콘크리트의 건조수축, 크리프, 기초의 부등침하 등에 의한 영향이 크다.

이상과 같은 장·단점이 있으나 이들은 교량가설 위치의 지형, 지질, 구조물의 형상, 치수, 시공조건 등에 의해 좌우되므로 라멘교 형식을 채택하는 경우에는 이상의 조건들에 대한 충분한 검토가 필요하다.

다. 힌지 라멘교

캔틸레버공법으로 시공한 뒤 <그림 508.1.18>과 바와 같이 중앙이음부를 힌지(Hinge)로 처리하는 교량형식이다. 이 구조형식의 장·단점은 다음과 같다.

(가) 장점

㉮ 정정구조계이므로 구조해석 및 설계가 쉬우며, 가설 중의 휨모멘트와 완성 후의 휨모멘트가 일치하므로 텐던 배치가 간단하며 텐던 물량도 적다.

㉯ 크리프나 온도변화에 의한 내부 구속력이 발생하지 않는다.

㉰ 교각 기초가 부등 침하하는 경우, 연속 거더교에 비해 그 영향이 적기 때문에 연약지반에서도 적용할 수 있다.

(나) 단점

㉮ 모멘트 재분배가 이루어지지 않으므로 연속교 형식에 비해 교량 내하력이 작아진다.

㉯ 힌지부분은 설계와 시공이 어렵고, 장기적으로는 힌지부분에서 여러 가지 문제점이 발생되어 유지관리 비용이 증가한다.

㉰ 교대측 경간길이가 인접 경간길이의 1/2 이하일 때는 박스거더 자체가 교대 위쪽으로 들릴 염려가 있으므로 교대에 박스거더를 고정시키든지, 아니면 교대측의 박스거더를 무겁게 하여 안정성을 확보해야 한다.

㉱ 위의 단점들 보다 더욱 심각한 결점은 긴장재의 릴랙세이션이나 콘크리트의 크리프에 대해 지나치게 민감한 거동을 한다는 것이다. 즉, 경간중앙에 있는 힌지로 인해서 크리프에 의한 연직처짐이나 변형각에 대해 구속력이 없어져서 장기적인 변형이 크게 발생하게 되어 차량의 주행성에 문제를 야기하고 미관상의 문제점도 유발한다.

이와 같은 문제점으로 인해 현재는 국내·외를 막론하고 더 이상 이 방식을 사용하지 않고 있다. 다만, 아래와 같은 상황에서 힌지 라멘교가 어느 정도 사용될 수 있을 것으로 판단된다.

㉮ 경간길이가 짧거나 형고비(경간길이/형고)가 작은 경우 또는 등단면인 경우에는 중앙 힌지에서의 장기 처짐을 보다 정확하게 예측할 수 있고 탄성 처짐이 작으면 장기 처짐 또한 작아지므로 어느 정도 적용성이 있을 것이다.

㉯ 텐던을 설계기준에서 요구하는 양보다 더 많이 배치하여서 긴장력을 더 크게 도입하면 장기변형에 의한 수직변위를 상당히 줄일 수 있다.

㉰ 부착시키지 않은 긴장재(외부 긴장재)를 중앙 힌지 근처에 추가로 배치함으로써 중앙의 처짐을 줄일 수 있다.

라. 게르버 라멘교

기초 침하 등에 의해 지점간 부등침하가 발생할 가능성이 있는 지역에는 연속교 형식이 바람직하지 않다. 이런 지형조건을 고려하면서 힌지라멘교에 비해 처짐각 차이가 크지 않도록 고안된 방식이 바로 <그림 508.19>와 같이 중앙에 독립된 게르버를 걸치는 방법이다. 그러나 구조적인 특성 때문에 3경간 교량의 경우 양쪽 교대측

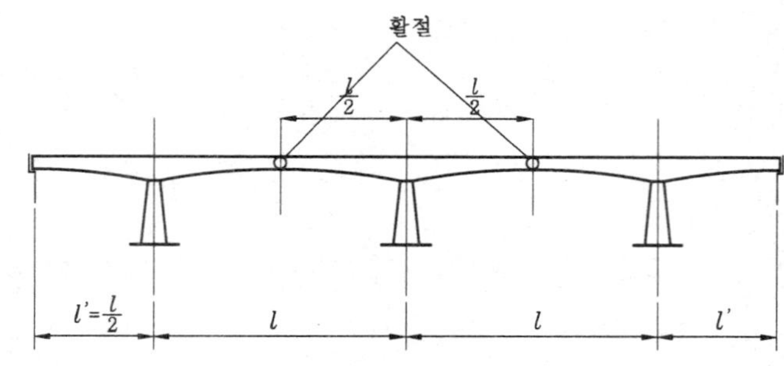

<그림 508.1.18> 힌지 라멘교

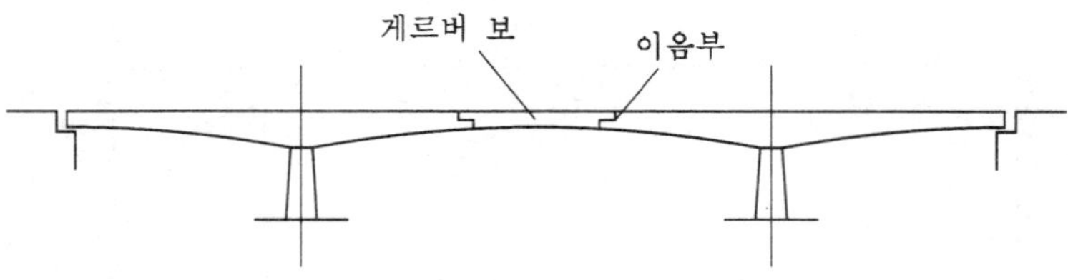

<그림 508.1.19> 게르버 라멘교

경간이 매우 짧은 경우에만 적용성이 좋고 적정 비율은 교대측 경간이 중앙경간에 대해 1/3 정도일 때이다.

중앙에 걸치는 게르버보는 주로 정모멘트만 받으므로 굳이 박스단면을 사용할 필요가 없으며 캔틸레버 부분과 복부 개수만 같도록 한 I형이나 T형 단면을 사용함으로써 자중을 줄일 수도 있다. 그러나 이 형식도 힌지 라멘교 방식과 마찬가지로 내하력이 작고 신축이음장치가 증가하는 단점이 있다.

마. 연속 라멘교

이 형식은 캔틸레버부 시공 후 이음부를 <그림 508.1.20>과 같이 현장타설 또는 프리캐스트 세그먼트로 연결시키고 긴장력을 도입하여 일체화시킨 것이다. 이 형식은 신축이음장치가 줄어들어서 주행성이 좋고 교각의 받침 또한 불필요하므로 유지관리가 쉽다. 고차 부정정구조이므로 내진, 내풍에 강한 특징을 갖기 때문에 최근 시공예가 증가하고 있다.

이 구조계는 일반적으로 연속 거더교 형식에 비해서 고차 부정정이어서 프리스트레스, 온도, 콘크리트의 건조수축, 크리프, 기초의 부등침하에 의한 영향을 많이 받게 되고 교각 기초에 수평력이 항상 작용하게 되는 단점이 있다. 그러나 지진하중 등에 의한 수평력을 각 교각에 분산시켜서 설계할 수 있고 받침에 소요되는 비용이 줄어드는 등의 이유에서 연속 거더교 형식보다 경제적인 면도 있다.

다경간 연속 라멘교 형식은 콘크리트 크리프, 건조수축의 영향, 프리스트레스, 온도변화의 영향 등에 의한 거더의 신축량이 크고 교각의 변형량도 증가하기 때문에 소성이 큰(즉, 연성이 큰) 높은 교각을 갖는 교량구조에 적합하다.

② 연속 거더교 형식

연속 거더교는 박스거더를 2경간 이상 연속시키고 박스거더가 교각과 교대 위에 설치된 받침으로 지지되는 교량형식이다. 연속 거더교 형식을 캔틸레버공법으로 가설할 때에는 가설 중에 발생하는 불균형모멘트에 저항하기 위한 가설 고정장치를 추가로 설치해야 하는 점과 공용 중에 발생되는 받침의 유지관리 등이 단점이다. 받침의 형식과 기능에 따라 다음과 같이 분류할 수 있다.

가. 단일 고정방식

<그림 508.1.21>에 도시한 단일 고정방식은 고정받침을 1개만 설치하고 다른 받침은 모두 가동받침으로 하는 연속 거더교 형식이다. 온도 및 지진하중 등에 의한 상부구조의 수평력이 1개의 고정교각(고정받침이 설치되는 교각)에 집중되기 때문에 고정교각을 크게 설계해야 한다. 종방향

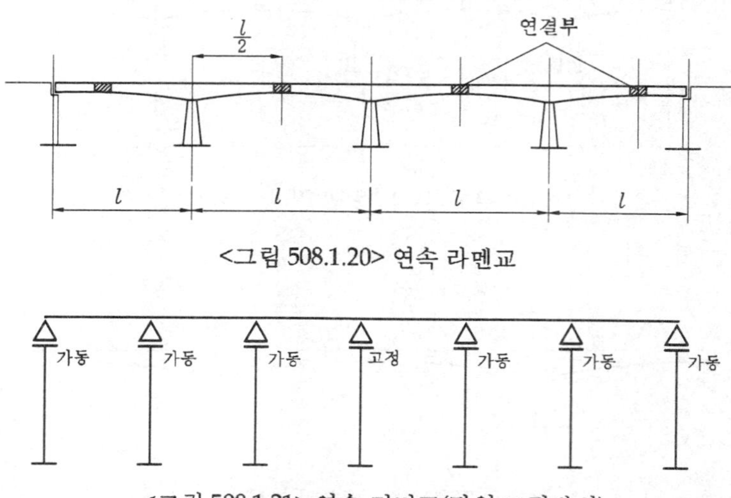

<그림 508.1.20> 연속 라멘교

<그림 508.1.21> 연속 거더교(단일 고정방식)

온도변화, 크리프 및 건조수축 등에 의한 부정정력은 발생하지 않는다.

나. 복수 고정방식

<그림 508.1.22>에 도시한 복수 고정방식은 고정받침을 다수 설치하고 지진하중 등에 의한 수평력을 다수의 교각으로 분산시키는 연속 거더교 형식이다. 고정교각의 크기를 단일 고정방식의 경우보다 작게 할 수 있지만 온도변화, 크리프, 건조수축 등에 의한 부정정력이 발생한다. 온도변화 등의 영향에 대해서는 교각의 연성을 고려해 해석하는 방식 또는 지반의 변형을 고려해 해석하는 방식이 있다.

다. 스토퍼 방식

<그림 508.1.23>에 도시한 스토퍼 방식은 고정교각을 1개 또는 여러 개 설치하고 다른 가동교각에 스토퍼 또는 댐퍼를 추가로 설치하는 연속 거더교 형식이다. 이 스토퍼에 의해 지진하중 등에 의한 과도한 수평력은 교각으로 분산되고 온도변화 등에 의한 박스거더의 신축은 구속되지 않는다. 스토퍼는 박스거더 하단에 설치된 凸과 교각상단에 설치된 凹를 결합시키는 구조이며 수평력을 흡수하기 위해 凹부에 고무패드, 판스프링 또는 점도가 큰 액체를 주입시키는 방법을 사용한다.

<그림508.1.24>은 스토퍼의 구조를 나타내는 것이다. 이와 같은 스토퍼 외에 최근에는 유압실린더를 이용한 기계적인 방식이 사용되는 드문 경

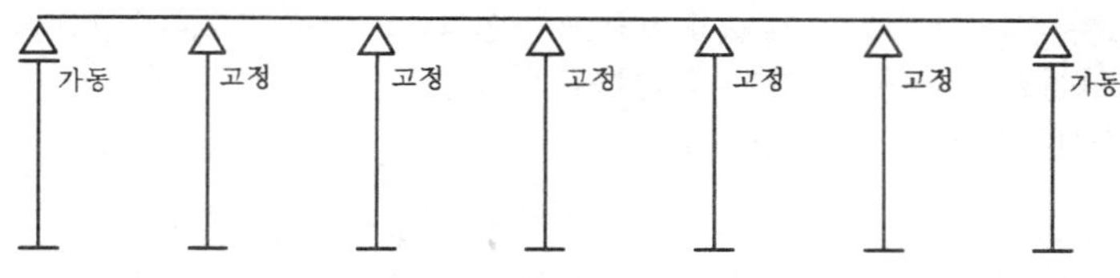

<그림 508.1.22> 연속 거더교(복수 고정식)

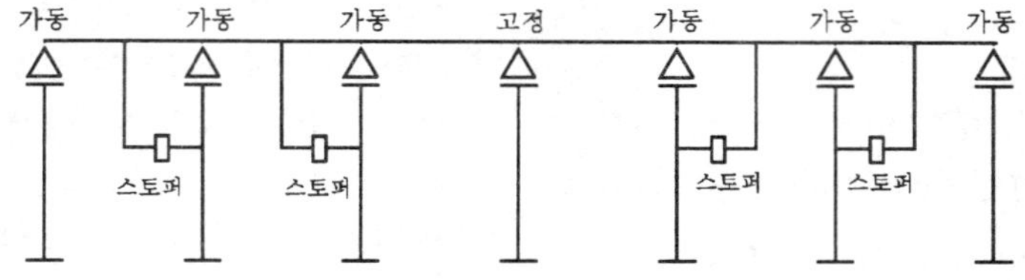

<그림 508.1.23> 연속 거더교(스토퍼 방식)

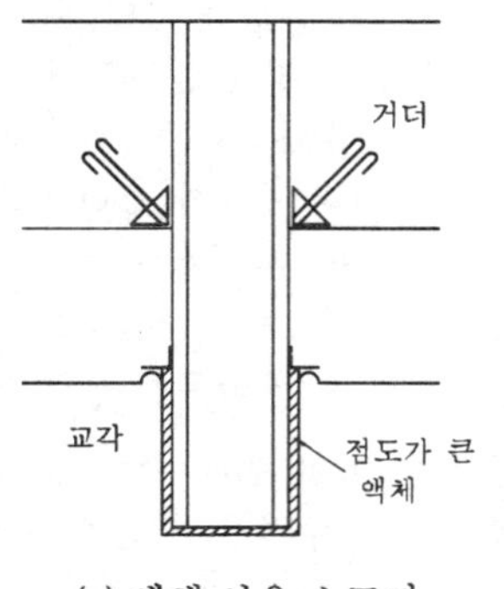

(a) 액체 사용 스토퍼

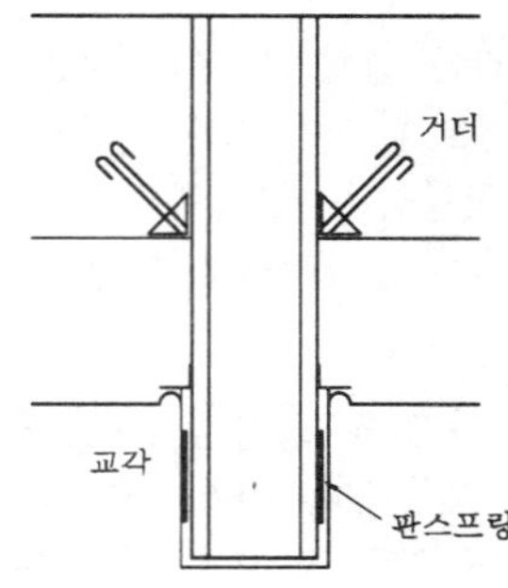

(b) 판스프링 사용 스토퍼

<그림 508.1.24> 스토퍼 형상

우도 있지만 특수한 예이며, 현재 이 부분에 대해서는 연구 개발이 진행 중이다. 내진설계를 고려하지 않는 경우, 수평력은 주로 온도하중, 차량의 제동하중에 의한 양이고 이 양에 대해서는 받침을 설계할 수 있었으나 내진설계를 고려하게 되면 수평력이 받침이 담당할 수 없을 정도로 과도해지는 경우가 발생할 수 있는데 이때 스토퍼나 지진격리받침을 이용하여 효과적으로 이 문제에 대처할 수 있다.

(3) 캔틸레버공법 교량의 교각형식

캔틸레버공법으로 시공되는 교량의 교각은 시공 중 및 시공 후의 모든 하중에 대해서 안전하도록 설계해야 한다. 특히, 캔틸레버부 가설 중에 발생하는 커다란 불균형모멘트 및 변형을 교각이 부담해야 하므로 각별한 주의가 요구된다. 캔틸레버공법으로 시공되는 교량의 교각형태는 다양하지만 교량의 구조형식과 가설위치의 지형, 지질 및 미관 등을 고려해서 적절한 것을 선정해야 한다.

① 교각의 종류

캔틸레버공법에 사용되는 교각은 다음과 같은 것들이 있다.

i) 모멘트 저항교각(Moment Resisting Pier)

ii) 연성 양주교각(Piers With Twin Flexible Legs)

iii) 연성 단주교각(Single Flexible Pier)

가. 모멘트 저항교각

모멘트 저항교각은 캔틸레버부의 시공 중에 발생하는 불균형모멘트를 주두부가 위치하는 1개의 교각 강성으로 저항하는 교각형태이다. 따라서 교각의 단면이 크며, 일반적으로 가장 많이 사용되는 형태이다.

교각 높이가 낮지만 교각 강성이 큰 모멘트 저항교각을 사용한 연속 라멘교의 경우에는 콘크리트의 부피변화(건조수축, 크리프, 온도팽창 등에 의한)와 프리스트레스에 의한 2차응력의 영향으로 교각과 상부구조의 접합부에 대단히 큰 응력이 발생되므로 주의해야 한다. 즉, 접합부에 응력집중으로 인한 균열 등의 향후 문제가 발생될 가능성이 매우 높다. 따라서 이와 같은 경우에는 상부구조가 교축방향(종방향)으로 이동할 수 있는 연속 거더교 구조를 사용하는 것이 바람직하다. 연속 거더교 구조는 시공중 안정성을 위해 가설 고정장치를 설치하거나 가지주를 설치해야 한다.

나. 연성 양주교각

연성 양주교각은 강성이 비교적 작은 2개의 기둥 구조로 된 교각형태로서 캔틸레버부의 시공 중 및 시공 후에 발생하는 교축방향의 수평력이 양주의 연성으로 조절되어 교각 상단과 상부구조 사이 접합부에서의 응력집중을 방지할 수 있게 된다. 이런 형태 교각은 <그림 508.1.25>과 같은 강결구조와 <그림 508.1.26>와 같은 받침구조가 있다. 이 형태의 교각은 다음과 같은 장점이 있다.

(가) 두 개의 지지점이 있으므로 수직하중에 대해서 효과적이다.

(나) 수평연성이 크므로 연속교의 신축에 보다 효과적으로 대응할 수 있다.

(다) 간단한 브레이싱 등으로 캔틸레버 시공 중의 안정성을 확보할 수 있다.

양주는 온도하중 등에 의한 교축방향의 이동량에 대처할 만큼의 연성을 가져야 함은 물론이고 차량의 제동하중을 흡수하고 구조물의 전체 안정성을 확보할 수 있을 만큼의 충분한 강성을 가져야 한다. 양주는 경사지게 하거나 수직으로 배치할 수 있다. 양주가 경사져 있으면 휨모멘트를 감소시킬 수 있으며 양주가 끝단에서 힌지구조로 결합되거나 양주의 부재축이 기초면으로 수렴하면 휨모멘트가 상쇄되거나 최소화되어 기초에는 <그림 508.1.25>과 같이 균등한 응력분포가 나타난다.

이 구조는 마치 라멘이나 아치와 유사하게 되며 교축방향의 수평력에 의한 비틈에 대해서 한쪽 주는 인장, 다른 한쪽 주는 압축상태에 있게 된다. 이와 같은 인장력에 대처하기 위해 양쪽

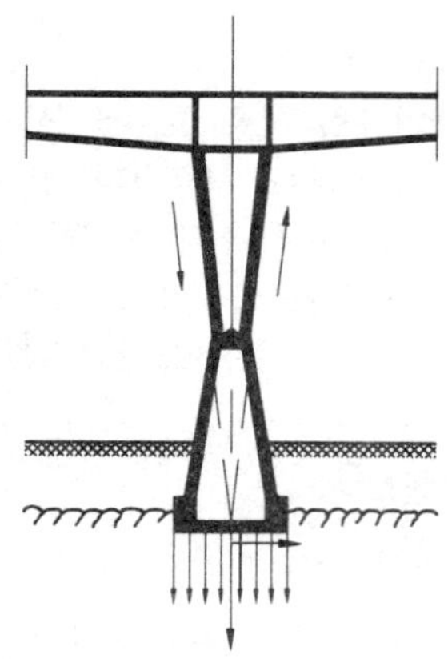

<그림 508.1.25> 양주 교각(강결구조)

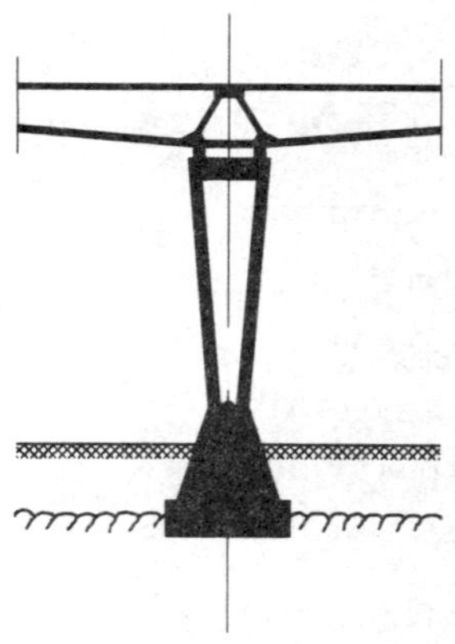

<그림 508. 1.26> 양주 교각(받침구조)

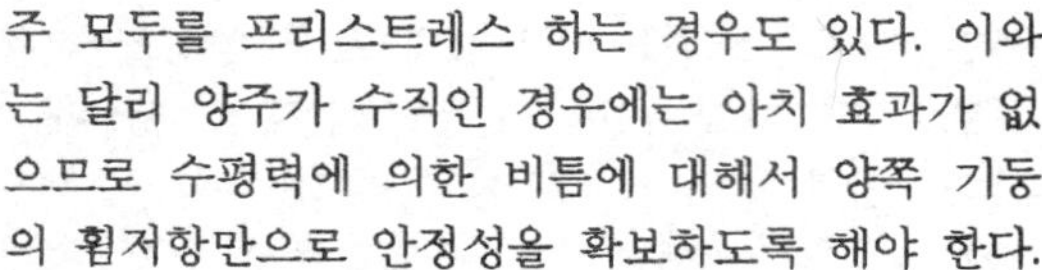

주 모두를 프리스트레스 하는 경우도 있다. 이와는 달리 양주가 수직인 경우에는 아치 효과가 없으므로 수평력에 의한 비틈에 대해서 양쪽 기둥의 휨저항만으로 안정성을 확보하도록 해야 한다.

한편, 이런 형식의 교각 설계시 주의할 사항은 안정성과 좌굴문제이다. 교각의 강성이 비교적 작기 때문에 전체구조 및 시공중인 구조의 안정성과 교각의 국부좌굴에 대한 검토를 반드시 행해야 한다.

다. 연성 단주교각

연성 단주교각은 강성이 비교적 작은 1개의 교각을 주두부에 설치하는 교량형태이다. 강성이 작기 때문에 시공중의 불균형모멘트에 저항하기 위한 가지주 등을 설치해야 한다. 이 형태의 교각은 교각 높이가 큰 연속 라멘교에 적합하다.

② 교각의 단면형태

캔틸레버공법의 교량에 사용되는 교각의 단면형태는 다음과 같은 것들이 사용된다.

i) 속빈 단면

ii) 속찬 단면

iii) I 또는 H형 단면

iv) 프리캐스트 단면

미국에서는 속찬 단면이 경제적인 것으로 인식하고 있으나, 유럽에서는 속빈 단면이 시공 중·후에도 더 효과적이고 경제적인 것으로 여기고 있다. 경우에 따라서는 I, H형 단면이 사용되기도 하는데 이 단면들은 비틈강성이 작기 때문에 균형 캔틸레버 시공시 가설하중, 특히 풍하중에 대한 상부구조의 변형을 제한시킬 필요가 있다. 최근에는 프리캐스트 속빈 단면을 사용하여 수직방향으로 프리스트레스를 가하는 방법이 사용되기도 한다.

(4) 설계하중 및 하중조합

캔틸레버공법으로 시공되는 교량의 설계시 다음과 같은 하중을 고려해야 한다. 각 항목들은 교량의 규모, 가설위치 등에 따라 적절히 선택되어야 하며 본 항에 포함되지 않은 사항에 대해서는 도·설을 참조한다.

① 종방향 설계하중

가. 거더 자중, 추가 고정하중(포장, 난간 등)

나. 작업하중

다. 가설장비하중(작업차, 이동작업거더), 시공시 하중

라. 종방향 프리스트레스

마. 크리프, 건조수축, 릴랙세이션

바. 활하중(DB, DL, 보도하중)

사. 지점침하

아. 종방향의 온도변화

자. 단면내의 온도변화, 시공 완료 후 하중

차. 풍하중, 지진하중

카. 받침의 마찰력

타. 선박충돌하중 등

② 횡방향 설계하중

가. 거더 자중

나. 추가 고정하중(포장, 난간 등)

다. 활하중(DB, 보도하중)

라. 횡방향 프리스트레스 등

③ 가설 고정장치 설계하중

연속 거더교를 캔틸레버공법으로 가설할 때 가설 고정장치를 설치해야 하는데 이를 설계하기 위해서는 교각 위치에서 불균형모멘트가 최대로 되도록 다음과 같은 하중을 작용시킨다. 이때 고려하는 구조계는 불균형모멘트가 최대로 되는 상태, 즉 캔틸레버부 길이가 최대일 때이다.

가. 구조의 고정하중

나. 균형 캔틸레버공법에서 생기는 하중의 차이로서 한쪽 캔틸레버에 작용하는 고정하중의 2%

다. 작업하중 : 시공중의 분포 활하중으로서 한쪽에 5 MPa, 반대쪽에 2.5 MPa를 취함

라. 특수 건설장비로서 가설에 필요한 이동식 운반 건설장비 등에 의해 구조물에 작용되는 최대하중, 기타 하중

마. 건설장비 즉, 세그먼트의 인양시의 동적 효과로 인한 충격하중으로서 통상 10 %를 취함

바. 세그먼트의 불균형, 세그먼트 인양 순서의 과오, 기타 비정상적인 조건 때문에 생기는 하중

사. 풍하중 상향력으로서 한쪽에만 2.5 MPa 재하

아. 프리캐스트 세그먼트 하중의 급격한 제거나 작용시 생기는 것으로서 정적하중의 2배의 충격하중이 작용

자. 크리프와 건조수축

차. 온도하중

④ 하중조합

캔틸레버공법 적용 교량을 설계하기 위해서는 도·설을 참조하여 시공시의 설계하중들에 대한 하중조합 및 시공 후의 설계하중들에 대한 하중조합을 이용하여 설계하고, 또한 극한하중에 대한 하중조합을 이용하여 안전도를 검사해야 한다.

(5) 단면형태

① 횡방향 단면 형태

캔틸레버공법을 적용하는 PSC 박스거더의 횡단면 형태는 교량규모 및 가설설비의 능력에 따라 단일, 2중, 또는 3중의 박스단면을 사용할 수 있으며, 다른 공법의 경우와 큰 차이가 없지만 단면 형태와 크기는 공사비에 크게 영향을 미치므로 여러 가지 제반조건을 감안해서 결정해야 한다. 일반적으로 사용되는 세그먼트의 중량은 500~800 kN 정도이지만 세그먼트의 단면 형태와 크기는 다음과 같은 사항들을 고려하여 결정한다. 횡방향 단면 형태 및 단면 상세에 대해서는 전술한 내용을 참조하면 된다.

가. 세그먼트 가설장비의 인양능력

나. 제작장에서 인양장비의 능력(프리캐스트)

다. 세그먼트 운반장비의 능력(프리캐스트)

라. 공사기간

마. 거푸집의 운영(프리캐스트)

바. 프리스트레스 도입방법(내부 긴장방식, 외부 긴장방식) 및 철근 배근

사. 콘크리트 타설 등

위와 같은 사항들을 고려하여 세그먼트의 형태 및 크기가 개략적으로 결정되며 설계자는 다음과 같은 사항들을 고려하여 세부적인 상세를 결정해야 한다.

가. 세그먼트의 크기는 가능한 한 일정하게 유지시킬 것

나. 세그먼트는 직선으로 제작할 것(프리캐스트)

다. 전단키의 위치, 형상은 일정하게 유지시킬 것(프리캐스트)

라. 바닥판의 두께, 복부 두께, 헌치 형상 등은 일정하게 할 것(프리캐스트)

마. 거더 높이가 변화하는 경우에는 복부를 수직으로 하고 하부플랜지 폭이 변화되지 않도록 하여 시공성을 높이도록 할 것

바. 콘크리트 타설을 쉽게 하도록 모서리 부분을 완화시킬 것

사. 凹凸부위는 거푸집 탈형을 용이하게 하는 형태로 할 것(프리캐스트)

아. 정착구(정착돌기)나 덕트의 위치는 가능한 일정한 위치로 배열하여 작업성을 높일 것

자. 격벽의 설치 개수와 위치에 주의할 것

일반적으로 사용되는 프리캐스트 세그먼트의 단면형태는 <그림 508.1.27>와 같다.

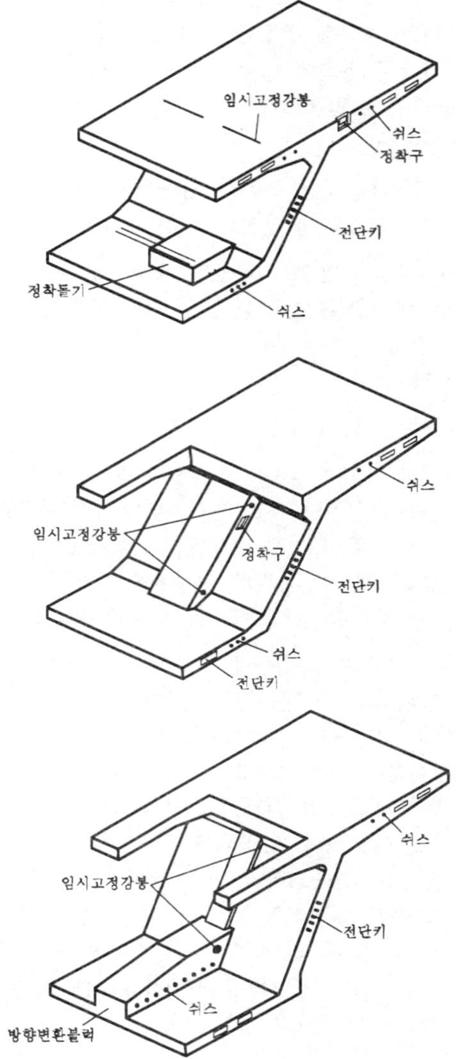

<그림 508.1.27> 프리캐스트 세그먼트 단면형상

② 종방향 단면형태 및 형고 결정

가. 종방향 단면형태

일반적으로 캔틸레버공법에 의해서 시공되는 교량은 경간길이가 길고 시공중의 구조계가 캔틸레버 형식이므로 주두부에 커다란 부모멘트가 작용하게 되며 고정하중과 활하중의 비가 약 10:1 정도가 되기 때문에 고정하중을 줄이는 것이 경제적이므로 형고를 변화시키는 것이 바람직하다. 이러한 형고의 변화와 함께 하부플랜지의 두께도 변화시키면 주두부에 가까울수록 두께가 증가하게 된다.

형고를 변화시키는 방법은 2차 포물선, 3차 곡선, Cosine 함수를 이용한 곡선 등으로 다양하며, 시공성 및 미관을 고려하여 결정한다.

나. 형고 결정 방법

캔틸레버공법 교량의 주두부 및 중앙부의 형고를 결정하기 위해서는 다음과 같은 작업을 수행한다.

(가) 기존의 유사한 교량의 형고를 참조한다.

(나) 교각에서 좌·우로 1/2 경간만큼 내민 구조에 전체 하중을 재하시켰을 때 주두부에 발생하는 부모멘트에 대응하는 데 필요한 단면강성을 구하고 이것을 주두부 형고의 상한치로 본다.

(다) 중앙경간 위치의 형고를 구하기 위해서는 중앙단면 폐합 후, 연속교의 정모멘트 구간을 단순보로 놓고 이 위에 전체 하중을 재하시켰을 때 발생하는 중앙부의 정모멘트에 대응할 수 있는 단면 강성을 구하고 이것을 중앙경간 위치의 형고의 하한치로 본다. 힌지 라멘교인 경우에는 전단력으로 중앙경간 위치의 형고가 결정된다.

(라) 중앙부의 최소 형고를 결정하고 주두부의 형고 변화 범위를 결정한 다음, 하부플랜지의 두께를 각각의 형고에 대해서 변화시키면서 주두부 하부플랜지에 발생하는 최대 압축응력의 여유치를 계산한다.

(마) 위에서 계산된 최대 압축응력이 허용응력에 비해서 과도하게 안전한 것은 제외시킨다.

(바) 위의 방법으로 계산된 응력검토 외에 PS 강재량, 콘크리트, 철근량 등도 함께 고려하고 또 교하공간의 활용성 등을 고려하여 최적 형고를 결정한다.

③ 기존 교량의 경간길이와 형고의 관계

캔틸레버공법에 의해 시공된 교량의 구조형식별 최대경간길이와 형고(경간 중앙부, 주두부)의 관계를 <표 508.1.7>에 나타내었다(이것은 일본에서 시공된 1970년 이후의 교량들에 대한 것이고, 등형고와 특수한 구조, 형상은 제외된 것임.)

일반적으로 형고비는 힌지 라멘교의 경간 중앙부를 제외하고 구조형식과 무관하게 대체로 일정한 값을 나타낸다. 이는 주두부의 형고는 어느 구조형식을 채택하더라도 가설단계의 구조계(즉, 캔틸레버가 최대인 상태) 및 가설하중에 의해서 결정되기 때문이다. 연속교의 경우에는 경간중앙의 단면력이 연속거더와 연속 라멘교에서 큰 차이를 보이지 않으므로 두 구조계의 경간중앙의 형고가 비슷하게 되며, 힌지 라멘교에서는 경간중앙의 단면력이 전단력만 존재하게 되므로 형고가 연속교의 경우보다 작아진다.

가. 주두부의 형고비 : 17~ 18

나. 경간중앙의 형고비 : 38~40(150 m 이상)

29~38(50~150 m 이내)

38~61(힌지 라멘교)

(6) 경간분할

캔틸레버공법을 적용하는 교량의 경간분할은 다른 공법에 비해 자유스러운 것이 커다란 특징이며 장점이다. 이것은 교량 하부조건의 영향을 크게 받지 않기 때문이다. 경간분할시 고려해야 할 사항은 가설지점의 지형, 지질, 가설장비의 능력, 경제성 등이며, 경간분할 방법은 등경간 분할 및 부등경간 분할이 있다.

① 등경간 분할

경간분할은 1차적으로 가설 지점의 지형 및 지질과 밀접한 관계가 있지만, 경간장의 비율에 따라서 상부구조의 부재력이 큰 영향을 받게 되고, 이에 따라 시공에도 많은 변화가 발생하므로 가능하면 등간격으로 분할하는 것이 좋다. 측경간의 경우 균형 캔틸레버공법에서는 휨모멘트, 측경간의 교대에 연결되는 상부구조의 시공문제, 고정하중의 작용 형태, 프리스트레싱 형태, 부정정 효과 등을 고려하여 경간을 분할한다. 이와 같은 여러 조건을 고려할 경우, 가장 적합한 측경간장은 $0.65l \sim 0.7l$(여기서, l은 인접 경간장)인 것으로 알려져 있다.

이 정도의 측경간 분할이면 교대에 상향력이 발생하지 않고 하향의 힘이 작용한다(<그림

<표 508.1.7> 경간장과 형고의 관계식(일본의 경우)

구조형식	위치	회귀식 H : 형고 (m) L : 최대경간 (m)	데이터 수	상관계수
힌지 라멘교	경간중앙		125	0.94
	주두부	H= 0.060L-0.273	125	0.98
연속 거더교	경간중앙	H= 0.023L+0.367	128	0.87
	주두부	H= 0.055L+0.024	128	0.95
연속 라멘교	경간중앙	H= 0.022L+0.626	72	0.75
	주두부	H= 0.055L+0.546	72	0.88

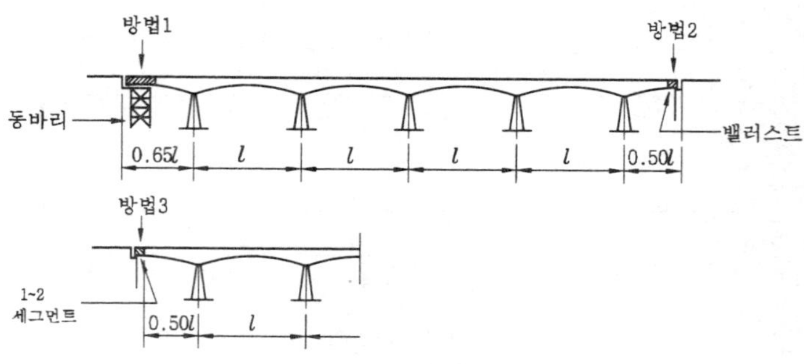

<그림 508.1.28> 등경간 분할

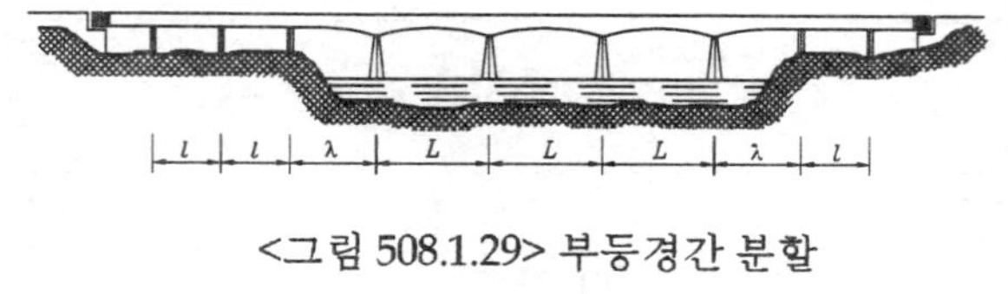

<그림 508.1.29> 부등경간 분할

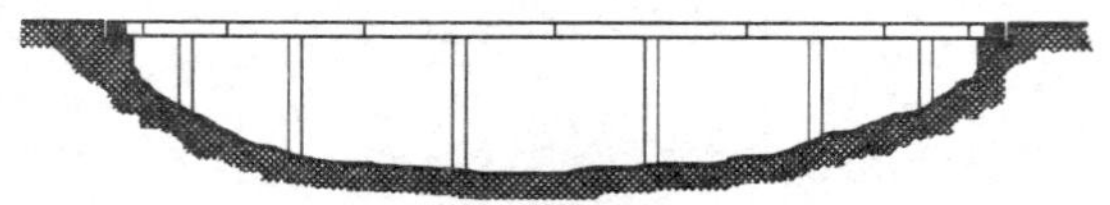

<그림 508.1.30> 규칙적인 부등경간 분할

508.1.28>의 방법 1).

측경간이 0.5ℓ 보다 상당히 커지면 동바리 또는 가지주를 사용해서 시공하고, 0.5ℓ 또는 그 이하인 경우에는 동바리 없이 캔틸레버로 시공할 수 있으나 교대 부분에서 발생하는 상향력에 대해 안정할 수 있도록 상부구조를 교대에 고정시키든지 또는 단면을 확대하여 자중을 늘리는 등의 방법을 사용해야 한다(<그림 508.1.28>의 방법 2).

교량의 구조형식이 연속교 형식이고, 측경간을 인접경간 보다 먼저 연속화시키는 경우에는 중량이 큰 1~2개의 세그먼트를 캔틸레버로 시공하여 상향력에 대처한다(<그림 508.1.28> 방법 3). 인접경간을 연속화 시킨 후에 측경간을 연속화하는 경우에는 교대와 교각에 발생된 반력을 유압잭 등을 이용하여 조정하고 받침의 상대높이를 조절하면 동일한 효과를 거둘 수 있다.

② 부등경간 분할

가설지점의 지형, 지질 등에 의해 등경간으로 분할하는 것이 비경제적인 경우가 발생한다. 즉, 계곡이나 깊은 하천, 해상 등에 교량을 가설하면 상대적으로 하부구조 공사비가 많아 들게 되고, 또 특별한 목적상(수로 확보, 미관 등) <그림 508.1.29>과 같이 중앙부의 경간을 길게 하고, 측경간의 경간을 작게 배치하는 것이 더 경제적일 때는 부등으로 배치한다.

이때 중앙부의 경간길이 L과 측경간의 길이 ℓ의 평균에 해당하는 조정용 경간(λ)을 설치하면 단면력을 개선시키는데 도움이 된다.

$$\lambda \fallingdotseq 0.5(L + \ell) \qquad (508.1.8)$$

한편, <그림 508.1.30>과 같이 계곡에 교량을 건설할 때 미관을 위해서 경간길이를 교각 높이에 따라 규칙적으로 변화시킬 수도 있다.

(7) 세그먼트 분할

① 현장타설 캔틸레버공법의 세그먼트 분할

현장타설 캔틸레버공법에서 세그먼트의 크기는

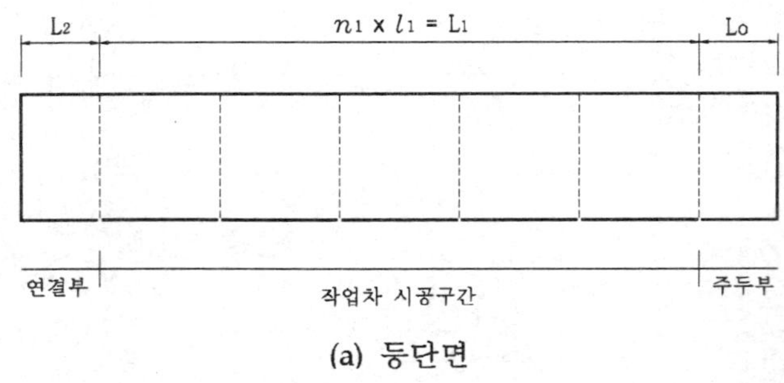

(a) 등단면

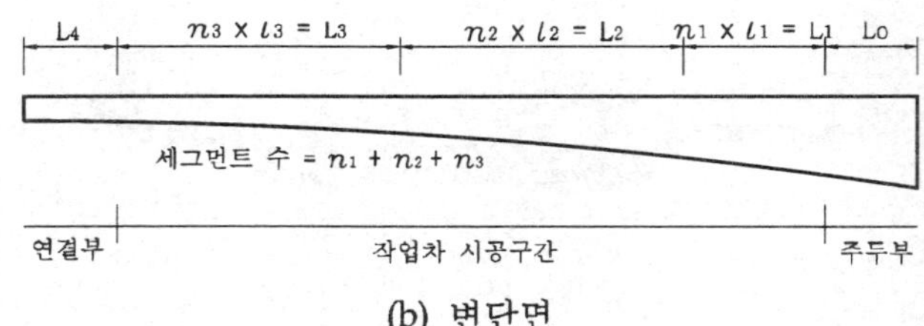

(b) 변단면

<그림 508.1.31> 세그먼트 분할

시공기간 및 작업의 효율성에 많은 영향을 미치게 된다. 세그먼트의 크기는 가설장비의 용량에 좌우된다. 세그먼트의 길이는 3 m~5 m 정도가 가장 많이 사용되며, 각 세그먼트의 중량이 동일하도록 교각에 가까운 쪽은 짧게 하고 중앙으로 갈수록 길게 하는 것이 보통이다.

한편, 공기가 문제가 될 경우에는 세그먼트 길이를 모두 같게 하여 작업차(F/T ; Form Traveller)가 다소 무겁더라도 공기를 단축하는 효과를 얻도록 하는 방법이 사용되기도 한다. 주두부의 길이는 작업차의 설치(1대, 2대)와 주두부 설치용 동바리 및 거푸집의 설치조건 등을 감안하여 결정한다.

<그림 508.1.31(a)>와 같이 박스거더가 등단면인 경우에 세그먼트의 길이는 한 종류가 되지만, <그림 508.1.31(b)>와 같이 박스거더가 변단면인 경우에는 작업차가 작업할 수 있는 최대 세그먼트 내에서 단계적으로 세그먼트 길이를 변화시키고, 어떤 일정한 구간 내에서는 세그먼트 길이를 같게 하여 시공성을 향상시키도록 한다.

세그먼트 길이를 결정하는 방법은 <그림 508.1.32>에서 타설되는 세그먼트의 콘크리트 중량에 의한 지점 A에 대한 휨모멘트를 사용하는 작업차가 지지할 수 있는 최대모멘트(M)와 같게 하여 구할 수 있다. 한편, 교량 단면이 2중, 3중인 경우에는 작업차의 각 프레임에 작용하는 하중이 균등하지 않을 수도 있으므로 세그먼트 길이 결정시 이를 고려해야 한다.

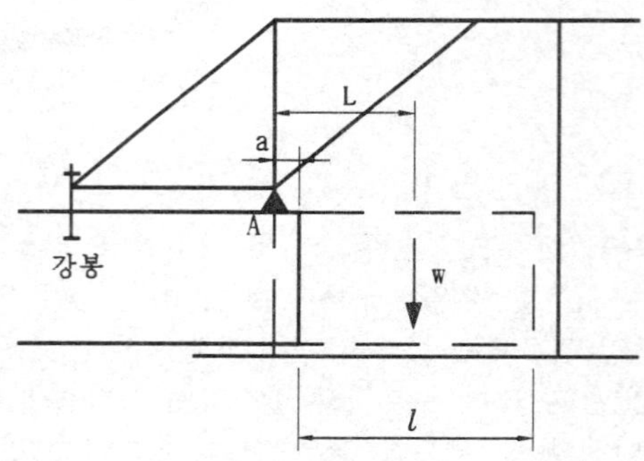

<그림 508.1.32> 세그먼트 길이

$$M = W\times L = \omega Al \times L \qquad (508.1.9)$$

$$L = \frac{l}{2} + a \qquad (508.1.10)$$

$$\therefore l = -a + \left(a^2 + \frac{2M}{\omega A}\right)^{0.5} \qquad (508.1.11)$$

여기서,

M : 작업차의 최대용량 (kNm)
W : 세그먼트 중량 (kN)
ω : 콘크리트 단위질량 (2,500 kg/m^3)
A : 세그먼트 단면적 (m^2)
l : 세그먼트 길이 (m)
a : 작업차의 지지점 위치 (보통 0.5 m)

② 프리캐스트 캔틸레버공법의 세그먼트 분할

프리캐스트 캔틸레버공법의 세그먼트 분할은 세그먼트의 제작 방법에 따라 달라진다. 즉, 롱라인(Long Line)공법인 경우에는 한 경간의 전체 선형이 작업대에서 조절되므로 세그먼트 분할은 세그먼트의 인양장비나 운반장비의 능력에 따라 분할되더라도 큰 문제가 없다. 그러나 숏라인(Short Line)방법인 경우에는 세그먼트 분할이 세그먼트의 제작거푸집과 밀접한 관련을 가지므로 이와 연관하여 분할을 실시해야 한다.

즉 거푸집의 측대면과 바닥거푸집이 항상 수직을 이룬다는 점에 주의하면서 세그먼트를 분할해야 한다. <그림 508.1.33>에는 종단선형 및 평면선형에 대한 세그먼트의 인양 및 가설장비의 능력 내에서 세그먼트의 크기가 결정되어야 한다.

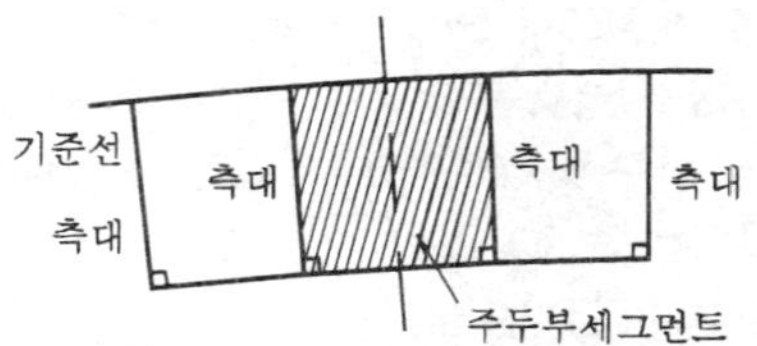

(a) 종단선형에 의한 세그먼트 분할

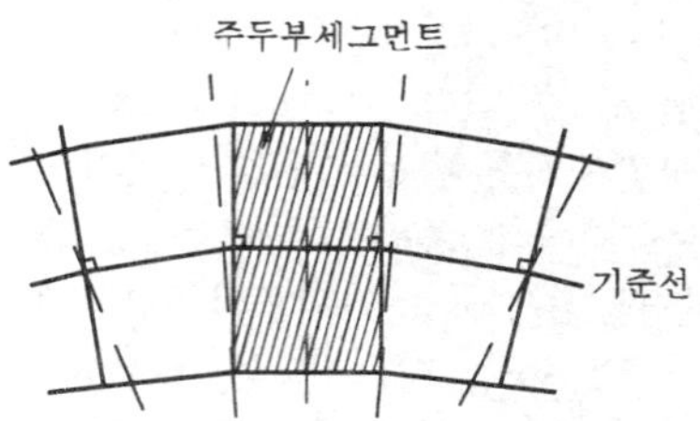

(b) 평면선형에 의한 세그먼트 분할

<그림 508.1.33> 프리캐스트 세그먼트 분할

(8) 텐던 배치

① 개요

캔틸레버공법으로 시공되는 교량의 주 텐던은 시공 중 발생하는 부모멘트에 저항하기 위해 거더의 상부에 배치하는 캔틸레버 텐던과 캔틸레버

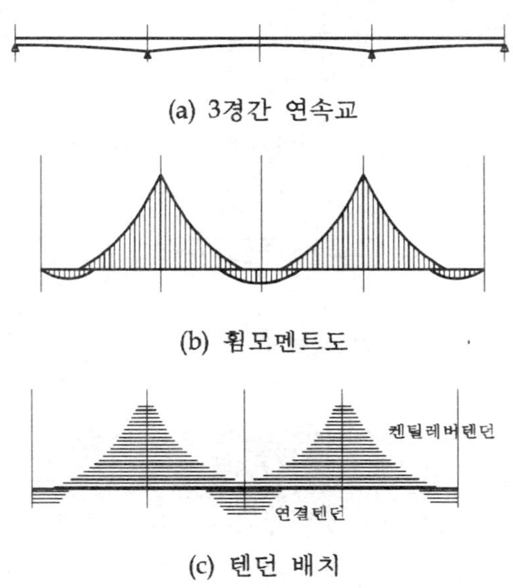

<그림 508.1.34> 휨모멘트와 텐던의 배치 형태

시공 후 연결부(Key Segment)를 시공하고 연속화 시켰을 때 발생하는 정모멘트에 저항하기 위해 박스거더의 하부에 배치하는 연결텐던(Continuity Tendon)이 있다.

이들 텐던은 교축방향으로 배치되므로 종방향 텐던으로 분류된다. <그림 508.1.34>는 휨모멘트와 종방향 텐던의 배치 형태를 나타내는 것으로서 여기서 캔틸레버공법이 긴장력을 효과적으로 사용하는 공법임을 알 수 있다. <그림 508.1.35>과 <그림 508.1.36>는 캔틸레버 텐던과 연결 텐던의 배치 예를 나타내는 것이다. 종방향 텐던 외에 박스거더의 바닥판에 설치되어 바닥판의 횡방향 텐던(Transverse Tendon), 박스거더의 복부 전단력에 저항하기 위한 복부 전단 텐던(Shear Tendon)도 배치된다.

② 종방향 텐던

가. 캔틸레버 텐던

이 텐던은 캔틸레버 시공시 세그먼트의 자중 및 가설하중에 의해 발생되는 부모멘트에 저항하기 위해 배치하는 것으로서 매 세그먼트가 가설될 때마다 단계적으로 긴장되는 텐던이다. 시공을 위하여 텐던을 바닥판에 배치하는 것이 일반적이지만, 경우에 따라서는 복부까지 경사지게 배치하여 복부 전단력을 상쇄시키기도 한다. 중앙에 힌지를 갖는 힌지 라멘교인 경우에는 이 텐던만 필요하게 된다.

캔틸레버 교량에 사용되는 긴장재는 인장력이 작은 긴장재를 다수 사용하는 것보다 1개당 프리스트레싱을 크게 할 수 있는 것을 적게 사용하는 것이 시공상 유리하다. 일부 국가에서 긴장재로서 강봉을 사용하고 있는데, 강도가 적다는 점과 텐던 배치가 곡선인 경우에는 선형유지 등의 문

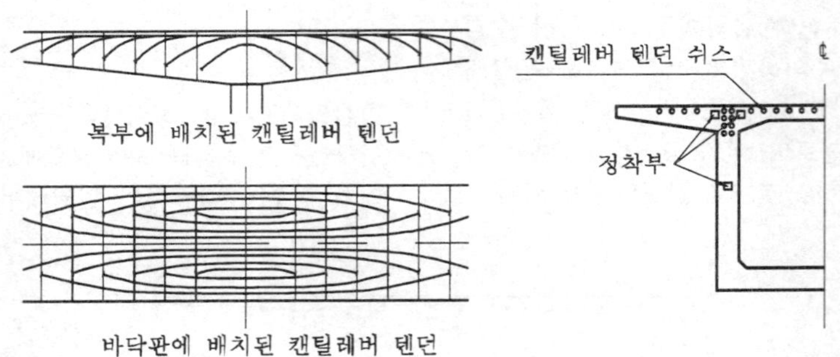

<그림 508.1.35> 캔틸레버 텐던의 배치 예

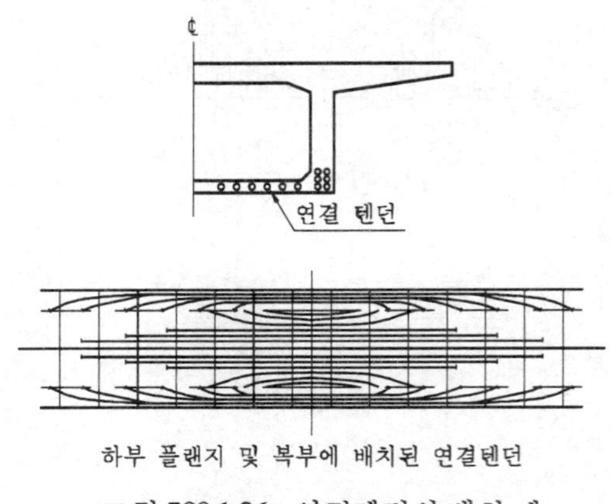

<그림 508.1.36> 연결텐던의 배치 예

제가 있는 점 등에서 강선이 유리하다.

캔틸레버 텐던의 배치 방법은 복부 쪽으로 경사지게 배치하여 복부에 정착시키는 방법(경사배치)과 바닥판에 정착시키는 방법(수평배치)이 있다.

(가) 경사배치 방법

긴장력에 의한 상향의 수직력을 효과적으로 이용하기 위해 복부 쪽으로 텐던을 휘어서 배치하는 방법이다. 일반적으로 텐던의 정착은 각 세그먼트의 단부(이음부) 복부에서 행해진다. 따라서 복부두께는 긴장력에 의한 집중하중에 충분히 저항할 수 있도록 설계되어야 하며, 복부 두께가 얇은 경우나 콘크리트 강도가 작은 경우에는 <그림 508.1.37>에 도시한 바와 같이 덕트를 따라서 균열이 발생할 가능성이 있다.

이 균열은 정착구 배면에 수직방향의 프리스트레스를 도입하거나 철근을 보강함으로써 방지할 수 있다. 한편, 세그먼트의 하단부에서는 긴장력의 경사 분력에 의한 전단력이 평형을 이루지 않으므로 수직방향으로 스터럽을 설치하여 평형을 이루도록 한다. 텐던이 <그림 508.1.38>과 같이 하부플랜지와 복부의 접합부(헌치부)에서 정착되는 경우에는 이러한 문제가 발생하지 않는다.

거더 높이가 변화하는 변단면 교량에서는 <그림 508.1.39>와 같이 정착구의 위치(d′), 텐던과 세그먼트의 이음부가 교차하는 위치(d)를 일정하게 유지시키도록 한다. 이렇게 하면 텐던의 경사(α_i)는 매 세그먼트마다 변하게 되고, 지점 부근에서 최대경사를 갖게 되어 전단력이 가장 큰 부분의 전단응력을 감소시킬 수 있게 된다. 거더

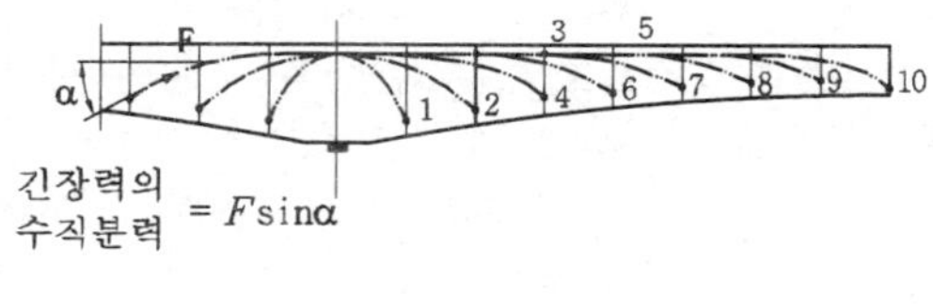

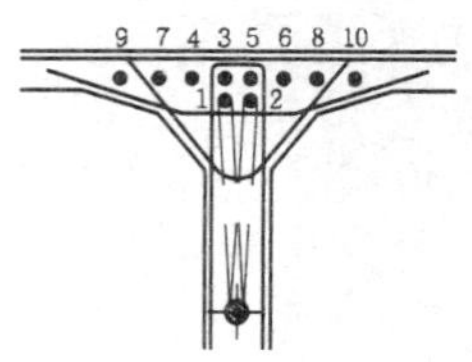

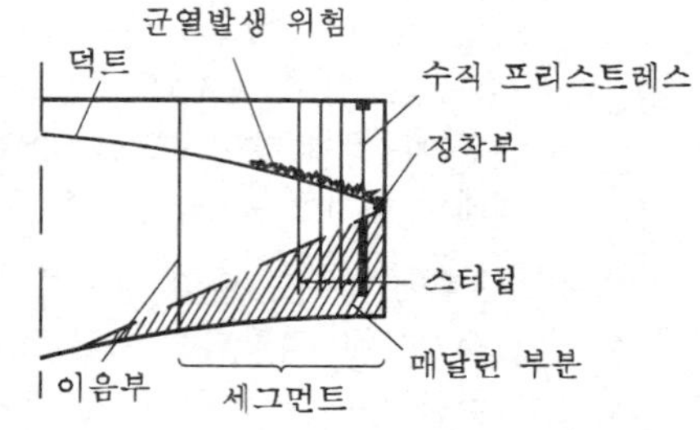

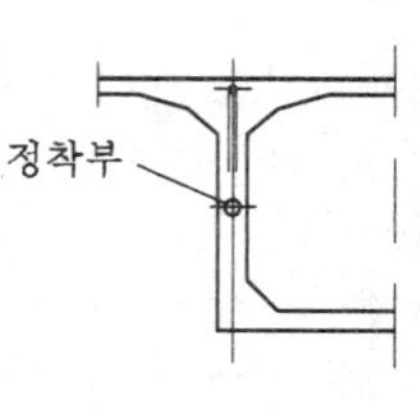

<그림 508.1.37> 복부에 정착된 캔틸레버 텐던

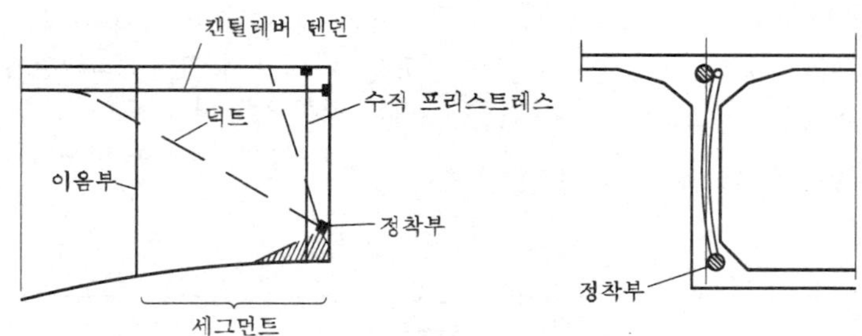

<그림 508.1.38> 복부와 하부플랜지의 접합부에 정착된 캔틸레버 텐던

높이가 일정한 등단면 교량에서는 <그림 508.1.40>과 같이 텐던의 배치가 인접 세그먼트로 평행 이동된 것처럼 배치한다. 연결 텐던의 경우에도 동일한 방법으로 배치한다.

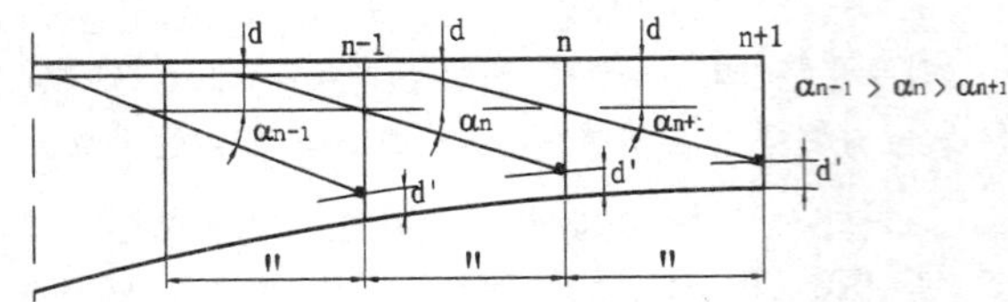

<그림 508.1.39> 변단면 교량의 캔틸레버 텐던 배치

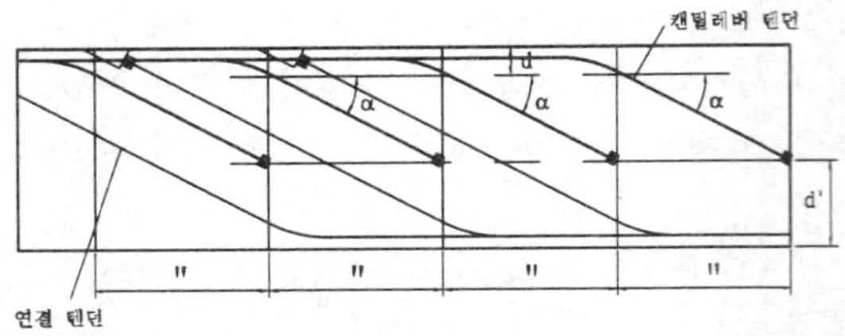

<그림 508.1.40> 등단면 교량의 캔틸레버 텐던 배치

(나) 수평배치 방법

이 방법은 텐던이 바닥판 내에 모두 배치되는 것으로 측면에서 보면 거의 직선이고 평면에서 보면 오늬모양을 갖는 배치 형식이다. 텐던의 정착위치는 세그먼트 단부의 복부와 바닥판의 접합부(헌치부) 또는 박스거더 내부에 설치된 돌기이다. 이와 같이 수평으로 텐던을 배치하면 긴장력에 의한 전단력의 감소를 기대하기 곤란하므로 복부에 수직 프리스트레스 또는 추가의 스터럽을 배치해야 하는 단점이 있으나 다음과 같은 장점도 있다.

㉮ 설계, 시공의 단순화가 가능하다.

㉯ 곡률 및 파상 마찰손실 감소로 인한 긴장력의 효율적 이용이 가능하다.

㉰ 긴장재의 쉬스 내 배치(삽입)가 쉽다.

㉱ 복부에 텐던이 배치되지 않으므로 복부 두께를 줄일 수 있고, 높이가 큰 복부 콘크리트의 타설이 보다 용이해진다.

한편, 형고가 일정한 등단면의 경우는 하부플랜지의 곡률로 인한 전단력의 감소효과(Resal Effect)가 없으므로 수직 프리스트레스가 변단면보다 더 많이 필요하게 된다. 수평 배치된 텐던의 설계와 배치는 휨모멘트로 결정되고, 복부의 전단강도는 수직 프리스트레스 또는 전단철근에 의해 전적으로 확보되도록 설계한다.

나. 연결 텐던

이 텐던은 캔틸레버부 시공이 끝난 후 연결부를 시공하고 연속화시키는 구조형식에 필요한 것으로, 연속화 이후 시간경과에 따라 발생하는 정모멘트에 저항하도록 설치된 텐던이다. 이 텐던이 사용됨으로써 별개의 구조물이었던 양쪽의 캔틸레버 구조물이 하나의 구조물을 형성하므로 이를 일체 텐던(Integration Tendon)이라고도 한다. 이 텐던은 주로 하부 플랜지에 정착되지만 바닥판까지 휘어 배치되는 경우도 있다. 연결 텐던은 정착위치에 따라 <그림 508.1.41>와 같이 여러 형태로 배치될 수 있다.

(가) 복부를 따라 경사져 올라 바닥판에 설치된 정착부에 정착되는 A의 경우, 캔틸레버 텐던이 경사져 배치되어 있으면 복부에서 이 텐던은 캔틸레버 텐던과 서로 중복된다. 따라서 복부에는 다수의 경사 텐던이 중복 배치되고, 복부의 전단강도가 저하되므로 직경이 작은 철근으로 전단보강을 해야 한다. 한편, 바닥판에 위치한 연결 텐던은 정착구를 타고 물이 스며들 가능성이 있으므로 이 부분은 철저한 방수처리가 필요하다.

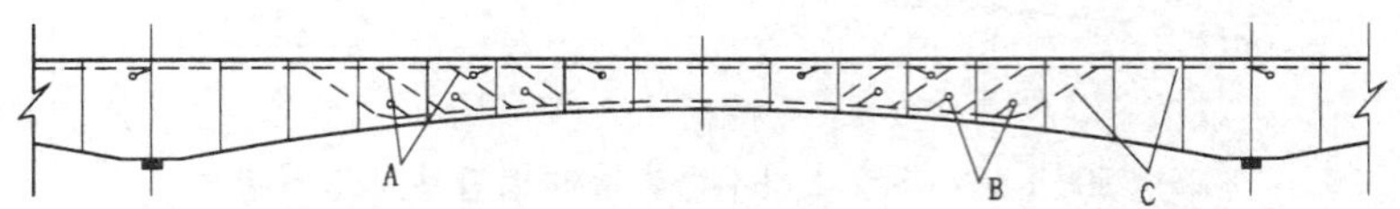

<그림 508.1.41> 연결 텐던의 배치형태

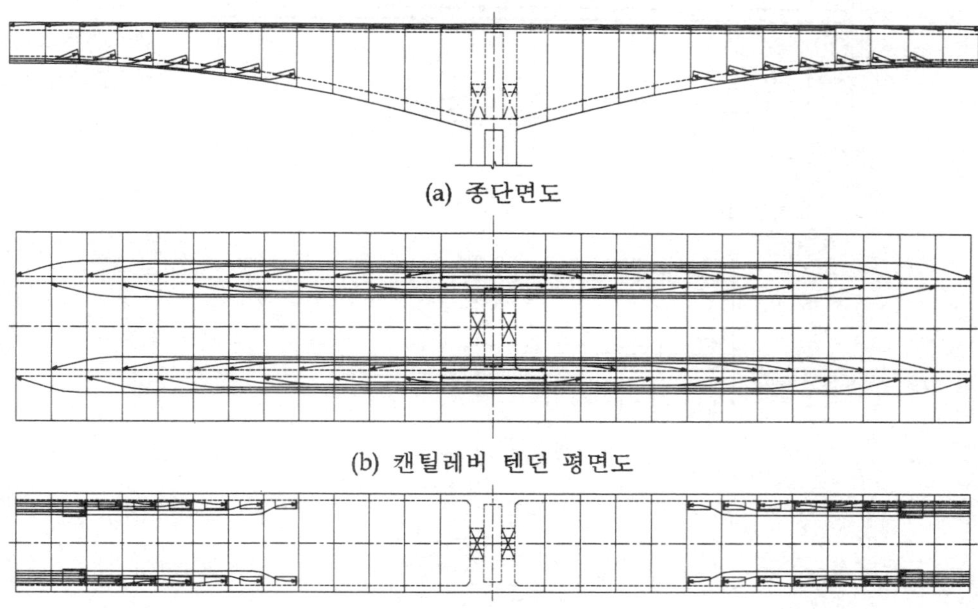

(a) 종단면도

(b) 캔틸레버 텐던 평면도

(c) 연결 텐던 평면도

<그림 508.1.42> 캔틸레버 텐던 및 연결 텐던의 배치방법

(나) 하부플랜지 또는 복부와의 접합부에 설치된 정착돌기에서 정착되는 B의 경우는 캔틸레버 텐던의 수평 배치와 유사하게 배치된다.

(다) 지점부에서는 캔틸레버 텐던의 역할을 하고, 경간 중앙에서는 연결텐던 역할을 하는 텐던배치(C)

연결 텐던은 하부플랜지의 축선을 따라 배치한다. 형고가 변화할 때는 하부플랜지의 축선이 곡선이 되므로 이 축선을 따라 배치한 연결 텐던은 아래 방향으로 힘을 작용시키고, 이 힘에 대해서 하부플랜지의 횡방향 휨이 저항해야 한다. 한편, 하부플랜지에 작용하는 교축방향의 압축응력은 상향의 힘을 유발시키고, 이것은 연결 텐던에 의한 하향의 힘을 어느 정도 상쇄시킨다.

그러나 하부플랜지의 자중과 활하중, 온도하중 등에 의해서 하향의 응력은 증가하고, 이것이 텐던에 의한 하향의 응력과 중첩되면서 이에 대한 충분한 철근 보강 조치를 하지 않으면 하부플랜지에 균열이 발생하게 된다. 곡률에 따라 다르지만 어떤 경우에는 연결 텐던의 곡률에 의한 하향의 응력이 자중에 의한 것보다 4~5배 이상인 예도 있으므로 주의를 요한다. 또한 도면에 제시된 곡률과 실제 시공시 설치되는 텐던의 곡률이 서로 달라져서 실제로는 계산보다 더 많은 배근이 필요할 수 있음을 주지해야 한다. <그림 508.1.43>은 위에서 설명한 사항을 나타내고 있다.

한편, 세그먼트가 서로 만나는 부분, 즉 이음부에서 쉬스는 보통의 경우 제 위치에 놓이게 되지만, 연성 쉬스를 사용하거나 인접 세그먼트의 상대변위가 과도해지면 이 부분에서 쉬스의 각도가 불연속으로 될 수 있다.

이러한 경우에는 이 부분의 마찰손실이 클 뿐만 아니라 긴장력이 <그림 508.1.44>와 같이 불연속 부위에 집중되어 하향의 집중하중이 작용되고, 이로 인해 하부플랜지의 내호면(內弧面)에 국부적

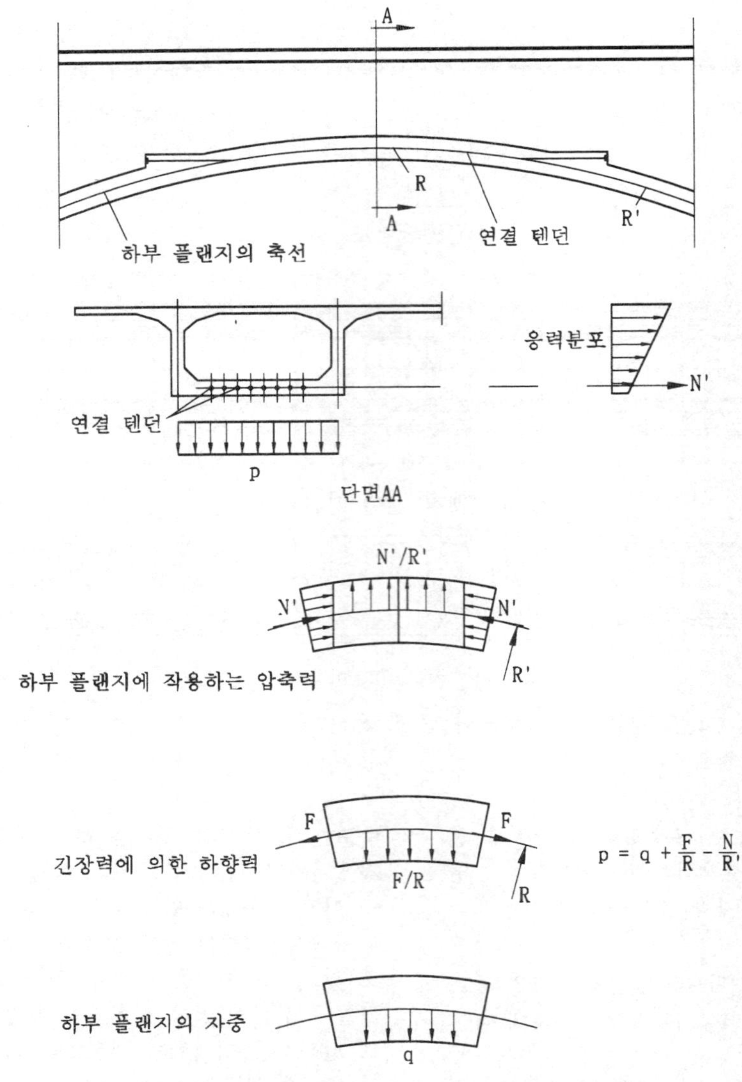

<그림 508.1.43> 하부플랜지에 배치된 연결텐던의 곡률효과

인 할렬과 파열이 발생될 가능성이 있다. 이러한 문제는 연성 덕트를 강성 쉬스로 교체하고, 시공시 쉬스의 불연속을 방지함으로써 해결이 가능하다. 키세그먼트와 인접한 세그먼트의 이음부에는 쉬스 둘레에 보강철근을 배치하여 국부적인 파손을 방지하는 방법도 고려할 수 있다.

연결 텐던을 하부플랜지에 설치된 정착돌기에서 정착시킬 때 한 단면 내에 여러 개의 정착구를 설치하면 긴장력에 의해서 정착구 배면에 <그림 508.1.45>와 같이 인장균열이 발생할 가능성이 있으므로 주의해야 한다. 프리캐스트 세그먼트 교량인 경우에는 이음부를 통과하는 철근이 없으므로 이음부에서 균열이 발생하게 될 가능성이 높다. 이 부분에 대한 자세한 사항은 [콘·지 II 5-3.14] '세그먼트 제작 및 시공시 주의사항'을 참조한다.

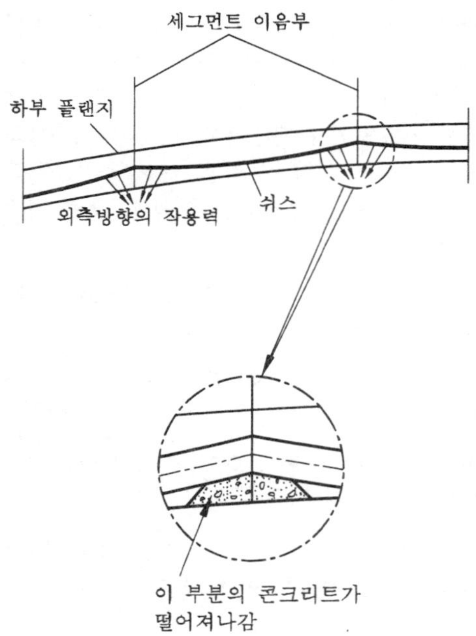

<그림 508.1.44> 쉬스 배치 실수에 의한 국부응력

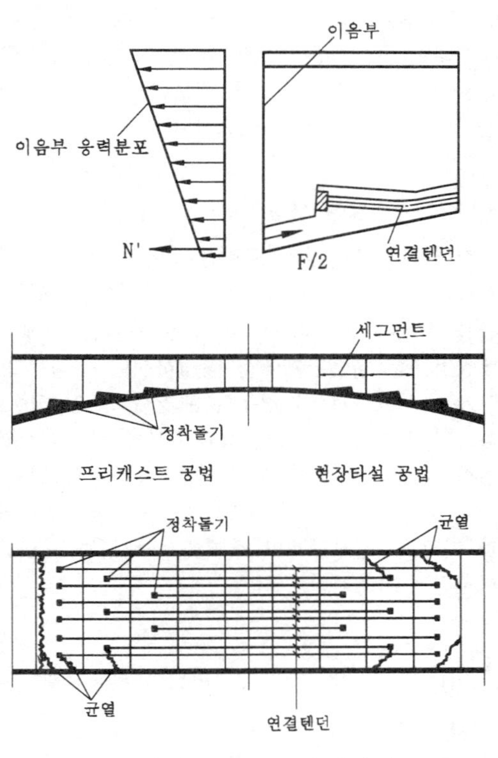

<그림 508.1.45> 정착돌기 배면의 균열

(9) 구조해석

① 종방향 구조해석

가. 개요

현장타설 캔틸레버공법 교량은 콘크리트의 시간 의존성 특성인 크리프 및 건조수축의 영향을 많이 받고, 구조계의 변화에 따른 응력 재분배 현상이 큰 구조이다. 즉, 세그먼트를 순차적으로 시공하게 됨에 따라 각 세그먼트의 콘크리트 재령 차에 의해 크리프 및 건조수축 양이 달라지고, 정정구조계를 현장 연결부의 시공에 의해서 부정정구조계로 전환시킴으로써 단면력의 변화가 발생한다.

정정구조계의 경우에는 크리프에 의해서 단지 처짐의 증가 및 긴장력의 손실만 존재하게 되지만, 캔틸레버공법 교량과 같이 정정구조물이 연결되어 부정정구조물이 되는 경우에는 처짐의 증가에 따라 구조물이 구속되어 있어 부정정력이 발생하게 된다. 이러한 부정정력으로 인하여 구조물의 단면력(응력)에 변화가 발생하는데 이를 응력 재분배(Stress Redistribution)라 한다. 이러한 응력 재분배는 시간의 함수인 크리프의 진행에 따라 계속 발생하므로, 응력 재분배 역시 시간경과에 따라 진행이 계속된다.

<그림 508.1.46>과 같이 양단이 각기 고정된 두 개의 캔틸레버 구조를 살펴보자. <그림 508.1.47>은 시간 경과에 따른 구조계의 처짐 및 단면력의 변화를 나타낸 것이다. <그림 508.1.47(a)>는 시공이 완료된 직후이고, <그림 508.1.47(b)>는 중앙에 힌지를 갖는 구조계로 두 캔틸레버를 연결시키고 일정시간이 경과한 후의 처짐 및 단면력을 나타낸 것이다. 크리프에 비례하여 처짐이 증가할 뿐, 응력의 재분배는 일어나지 않는다.

<그림 508.1.47(c)>는 중앙부를 연속으로 처리한 경우로서 크리프계수가 1.5이므로 처짐이 δ =15.0 만큼 발생해야 하는데 중앙부의 연속화로

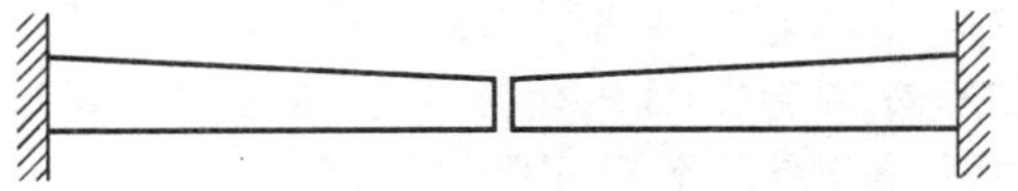

<그림 508.1.46> 시공직후의 캔틸레버 구조

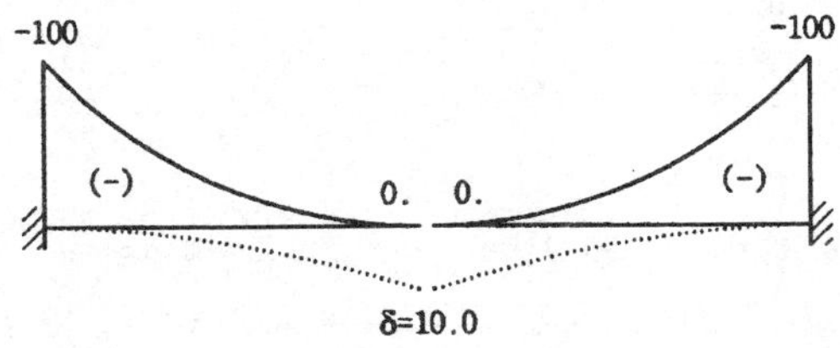

(a) 시공직후의 단면력 및 처짐(t=0)

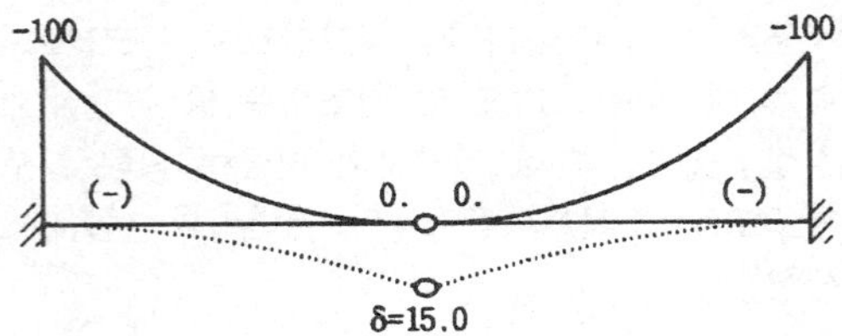

(b) 중앙을 힌지로 연결한 구조의 단면력 및 처짐(t=100일)

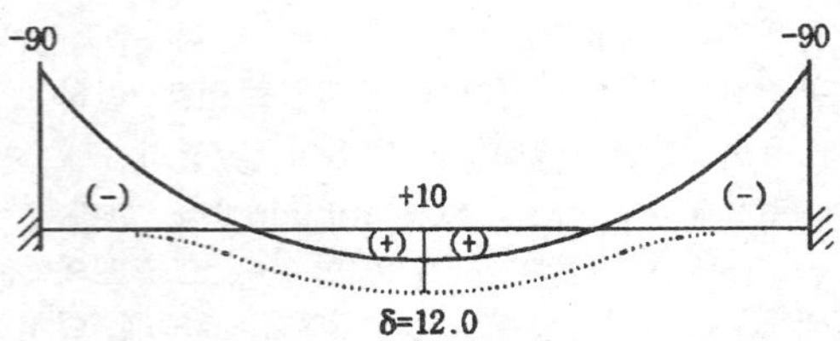

(c) 중앙을 연속화한 구조의 단면력 및 처짐(t=100일)

<그림 508.1.47> 크리프 효과

인해 δ=12.0의 처짐만 발생한다. 또한, 중앙부의 연결로 인한 구조계의 변화는 모멘트의 변화를 발생시켜 지점부에서는 -100에서 -90으로 감소하고, 중앙부는 0에서 +10으로 증가된다.

즉, 부재 내에서 응력의 변화가 일어나고 부재 전체가 응력을 부담하는 경향을 보이므로 응력재분배가 발생한 것이다. 크리프 해석을 통하여 응력재분배의 영향을 구할 수 있으며, 이는 시간경과와 밀접한 관계가 있고, 각 시공단계 및 구조물각 부분의 재령 차이 등을 고려해야 하므로 매우 복잡한 계산을 수행해야 한다.

따라서 캔틸레버공법으로 시공되는 교량의 구조해석은 하중의 경우 수가 많고, 시공단계별로 경계조건이 변화하며 크리프, 건조수축 등의 시간 의존적 영향 때문에 일반 범용 구조해석 프로그램을 적용하기가 곤란하고, 전용 해석프로그램을 사용하여야 한다. 하지만, 전용 해석프로그램을 사용하더라도 설계자는 다음과 같은 사항에 대해서 정확히 숙지하고 있어야 한다.

(가) 시공단계 및 각 시공단계의 시공시간에 대한 정확한 이해

(나) 시공단계별로 재하되는 설계하중에 대한 정확한 이해

(다) 시공단계마다 변화되는 경계조건에 대한 정확한 이해

(라) 사용프로그램의 구조모델링 기법 및 재료 모델링에 대한 정확한 이해 등

만일 이중에서 어느 하나라도 잘못되면 시공시 커다란 오차를 유발할 수 있다. 또 설계시 설정한 시공단계 및 설계하중이 현장 여건상 차이를 나타내면 재계산을 수행해야 한다. 캔틸레버공법 적용 교량은 다른 어떤 공법보다도 설계자와 시공자의 긴밀한 협조가 필요하다.

나. 시공단계의 설정

캔틸레버공법 적용 교량을 해석하기 위해서는 시공단계의 설정과 각 단계의 가설하중, 시공시간을 산정해야 한다. 이와 같은 목적을 위해 설계공정표를 설계단계에서 작성하여야 한다. 시공단계는 현장 타설인 경우와 프리캐스트인 경우에 따라 달라지고, 각 공법에 대해서도 교량의 구조형식, 교량규모 등에 따라 각기 달라져서 일률적으로 말할 수 없지만 일반적인 시공단계는 다음과 같으며, 시공단계의 상세에 대해서는 콘·지의 시공편을 참조한다.

(가) 주두부 및 기준 세그먼트의 시공단계

(나) 캔틸레버의 시공단계

(다) 측경간의 시공단계

(라) 측경간 연결부의 시공단계

(마) 중앙경간 연결부의 시공단계

(바) 가설 고정장치의 해체단계

(사) 교량 완공 후 및 사용단계

(아) 크리프 변형의 완료단계

한편, 시공시간의 산정은 다음과 같은 사항들을 고려하여 결정한다.

(가) 동원되는 가설장비(작업차 또는 이동 작업 거더 등)의 능력과 대수

(나) 주두부의 시공 소요 시간

(다) 가설장비의 시공 소요 시간

(라) 세그먼트의 가설시간

㉮ 가설장비의 이동, 설치 시간(매 세그먼트 가설시)

㉯ 거푸집의 설치 시간

㉰ 철근 및 쉬스의 배치 시간

㉱ 콘크리트의 타설 시간

㉲ 양생 시간

㉳ 긴장작업 및 그라우트 작업 소요 시간

(마) 측경간의 시공 시간

(바) 현장 연결부의 시공 시간

(사) 기타 현장사정(공자중지 이후 공사재개 사이 시간 등)

다. 시공단계시 경계조건

캔틸레버공법은 시공단계에 따라 지지점의 경계조건이 달라지므로 주의해야 한다. 보통은 다음과 같은 네 가지 경우로 분류할 수 있다.

(가) 주두부 시공 및 가설고정장치 설치 후

(나) 세그먼트(캔틸레버부) 시공시

(다) 현장 연결부(Key Segment) 시공 후(측경간 연결부, 중앙 연결부)

(라) 교량 완성 후

<그림 508.1.48>은 3경간 연속교의 현장타설 캔틸레버공법으로 시공할 때의 시공과정을 나타낸 것이다. 프리캐스트 캔틸레버공법의 시공과정도 가설장비만 다를 뿐 큰 차이는 없다. <그림 508.1.49>은 뼈대요소로 교량을 모델링했을 때의 각각의 경우에 대한 교각 지지점의 경계조건을 예시한 것이다. 한편, 현장타설 공법이 적용된 <그림508.1.48>은 3경간 연속 거더교에 대해서 시공단계, 설계하중 및 교각 두부의 지지점 경계조건에 대해서 예시하면 <표 508.1.8>과 같다.

라. 설계 단면력

캔틸레버공법 교량의 설계 단면력을 계산하기 위해서는 시공단계에 따른 구조계의 변화 및 경계조건의 변화, 크리프 효과 등을 고려하면서 각 시공단계에 적합한 설계하중에 대해서 휨모멘트, 전단력, 비틈모멘트 등을 산출해야 하며, 이들 설계하중의 조합에 의한 최대·최소의 단면력이 곧 설계단면력이 된다.

마. 시공단계시 처짐

캔틸레버공법 교량은 시공단계에 따른 하중의 변화, 구조계의 변화와 콘크리트의 시간 의존적 특성에 의한 탄·소성 변형에 의해 처짐이 계속 변하게 된다.

시공단계시 처짐을 계산하는 것은 이 처짐의 양을 역으로 한 솟음(Camber) 곡선을 작성하기 위함이다. 보통 처짐곡선은 주두부의 기준선을 기준(수평선)으로 제작된다. 처짐곡선은 아래의 처짐 항목을 각 시공단계, 구조계 변화에 따라 정밀도가 입증된 계산 프로그램을 사용하여 구한다.

(가) 처짐 항목

캔틸레버공법 교량의 처짐 계산시에는 다음과 같은 항목들을 고려해야 한다.

- 세그먼트(박스거더) 및 격벽 자중에 의한 처짐

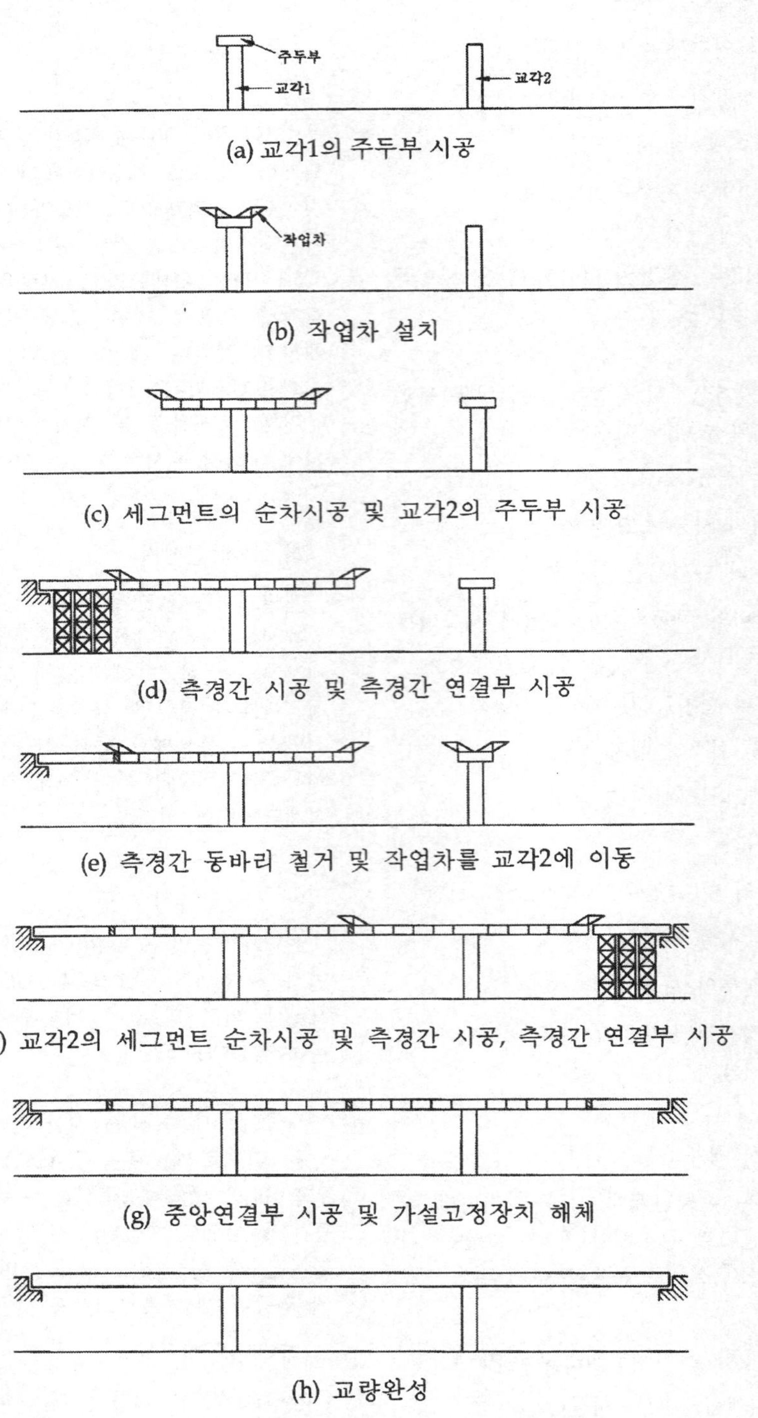

<그림 508.1.48> 3경간 연속교의 현장타설 캔틸레버공법 시공과정

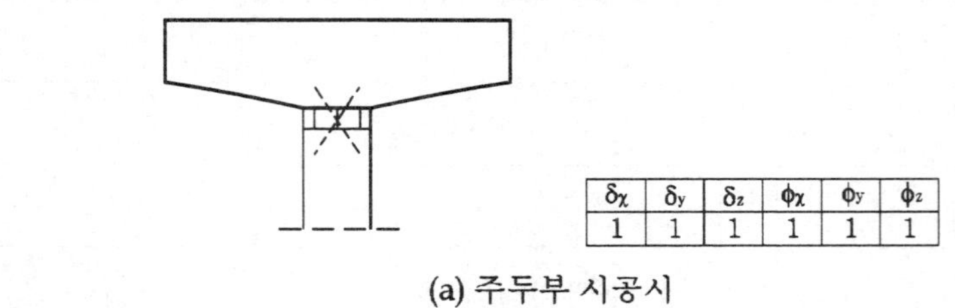

δ_x	δ_y	δ_z	ϕ_x	ϕ_y	ϕ_z
1	1	1	1	1	1

(a) 주두부 시공시

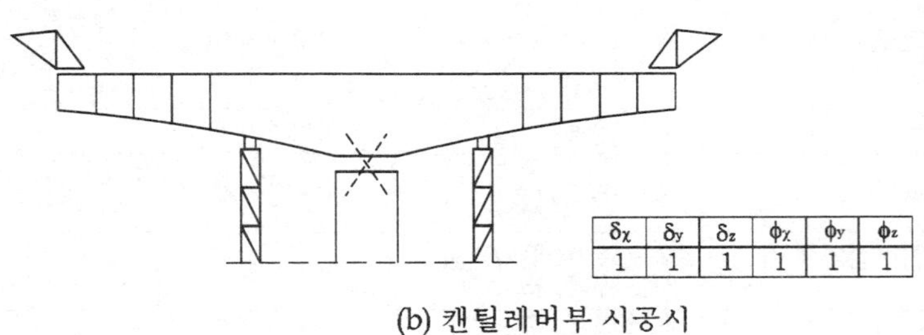

δ_x	δ_y	δ_z	ϕ_x	ϕ_y	ϕ_z
1	1	1	1	1	1

(b) 캔틸레버부 시공시

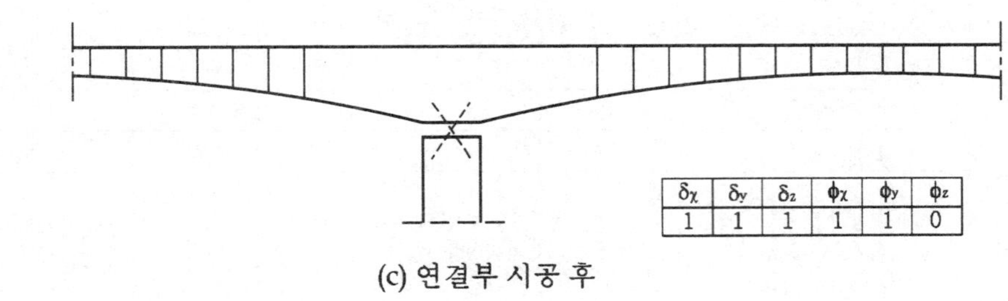

δ_x	δ_y	δ_z	ϕ_x	ϕ_y	ϕ_z
1	1	1	1	1	0

(c) 연결부 시공 후

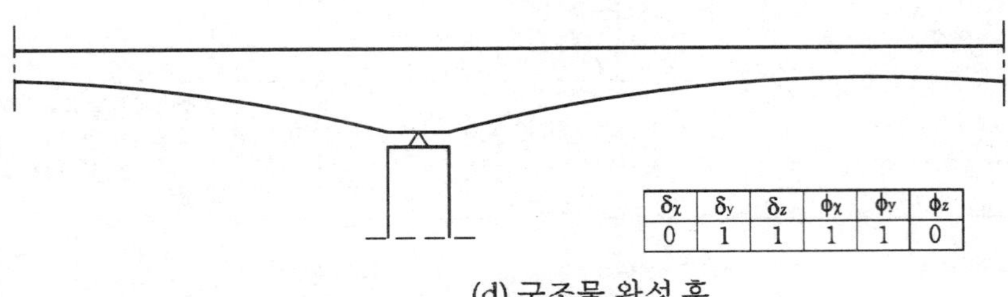

δ_x	δ_y	δ_z	ϕ_x	ϕ_y	ϕ_z
0	1	1	1	1	0

(d) 구조물 완성 후

여기서, 0 : 자유, 1 : 구속

<그림 508.1.49> 각 시공단계에 따른 지점의 경계조건

<표 508.1.8> 3경간 연속교의 구조해석을 위한 조건 예시

시공단계	시공상세	설계하중	교각두부의 지지점 경계조건	참고사항
교각 두부 및 받침 설치	교각1의 두부 시공(가설 고정용 강봉 매입)	·	·	·
	교각 받침 및 콘크리트 가받침 설치	·	·	·
주두부 시공	주두부 타설 및 양생	자중, 크리프 및 건조수축(C+S), 수화열	·	주두부 시공시 수화열 균열 예방을 위한 수화열 해석이 필요
	가설 고정장치 설치	·	고정지지점	가설 고정장치에 의한 주두부의 응력 검사요. 구조해석은 이 이후부터 시작됨
	주두부 텐던 긴장	텐던 긴장력	고정지지점	·
작업차 설치	주두부에 작업차 설치	작업차(F/T) 하중	고정지지점	F/T하중은 사용되는 작업차마다 다름
세그먼트 시공 및 측경간의 동바리 시공	세그먼트 1,2의 타설 및 양생	1,2 세그먼트의 자중, C+S 및 주두부의 C+S	고정지지점	·
	캔틸레버 텐던 긴장	텐던 긴장력	고정지지점	·
	작업차를 다음 시공위치로의 이동	이전 위치의 F/T하중 제거 및 현 위치의 F/T하중 재하	고정지지점	·
	세그먼트 i, (i+1)의 타설 및 양생	i, (i+1) 세그먼트의 자중, C+S 및 주두부에서 (i-1) 세그먼트의 C+S	고정지지점	·
	캔틸레버 텐던 긴장	텐던 긴장력	고정지지점	·
	작업차 제거	F/T하중 제거	고정지지점	·
측경간 연결부 시공 (key seg. 시공)	위의 작업진행 동안에 시공된 측경간부의 동바리 시공부와 캔틸레버 시공부의 현장연결(Key Seg.)	Key Seg. 자중, C+S 및 주두부에서 캔틸레버 끝단 세그먼트까지의 C+S	힌지지지점	측경간 연결부 시공 후 가설 고정장치의 일부를 해방함
	하부 연결텐던 긴장	텐던 긴장력	힌지지지점	·
교각2의 시공반복	작업차 제거 후, 교각2의 주두부로 이동, 위의 작업 반복 후 이하의 작업시행	위의 설계하중 반복	위의 경계조건과 동일함	·
중앙 연결부 시공 (Key Seg. 시공)	교각1과 교각2의 중앙연결부 시공(Key Seg. 공사)	Key Seg. 자중, C+S 및 전체 세그먼트의 C+S	교각2의 지지점이 힌지에서 롤러로 바뀜	중앙연결부 시공 후 가설고정장치를 완전히 해방함. 교각2의 받침이 가동받침인 경우
작업차 제거	작업차 제거	F/T하중 제거	위와 동일	작업차의 제거는 중앙연결부 시공 전에 행할 수도 있음
마무리 시공	교면공 시공(포장, 난간, 보도 등)	추가사하중	위와 동일	·
시공완료	시공완료	·	위와 동일	C+S의 효과를 ∞시간까지 계산함

- 프리스트레스에 의한 처짐
- 크리프, 건조수축, 릴랙세이션에 의한 처짐
- 작업차 자중과 작업차의 철거에 의한 처짐
- 추가 고정하중(포장, 난간, 중앙분리대)에 의한 처짐
- 정적하중에 의한 처짐
- 측경간 자중에 의한 처짐
- 현장 연결부용 거푸집 자중에 의한 처짐
- 연결부용 거푸집 철거에 의한 처짐
- 연결부 콘크리트 자중에 의한 처짐
- 가설 고정장치의 철거에 의한 처짐
- 온도하중에 의한 처짐
- 교각의 변형에 의한 처짐
- 지점반력 조정에 의한 처짐 및 기초침하에 의한 처짐 등

(나) 처짐 계산을 위한 구조계

처짐을 계산하는 구조계는 다음과 같은 시공단계이며, 각 시공단계의 시간 경과 및 지점의 경계조건을 포함시켜서 계산한다.

- 세그먼트(캔틸레버부) 시공 시
- 현장 연결부 시공 후(측경간 연결부, 중앙 연결부)
- 교량 완성 후

(다) 처짐 곡선

<그림 508.1.50>은 3경간 연속교의 각 시공단계별 처짐 곡선을 나타내고 있다. 이 그림에서 알

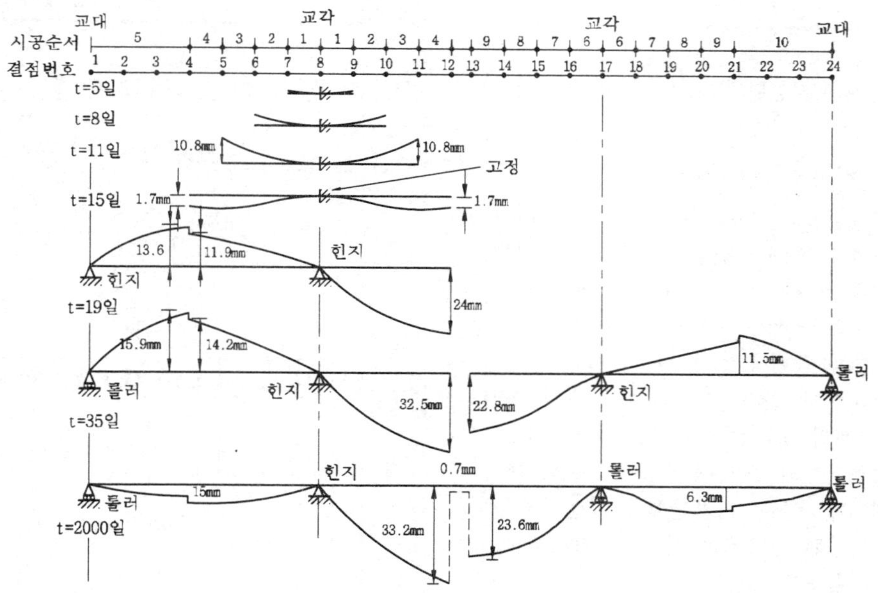

<그림 508.1.50> 3경간 연속교의 시공단계별 처짐곡선

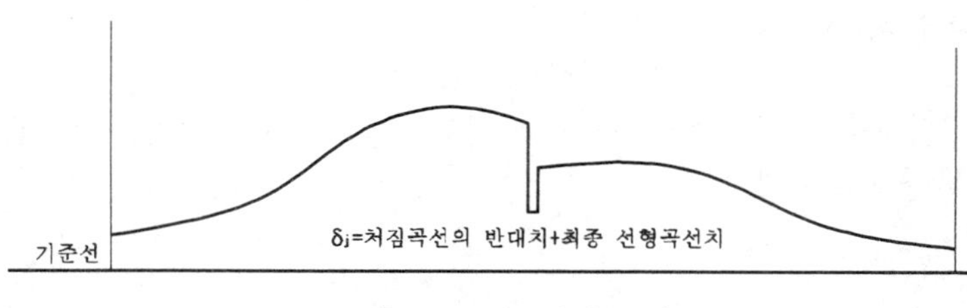

<그림 508.1.51> 솟음곡선

<표 508.1.9> 프리캐스트 캔틸레버공법의 횡방향 해석 구조계

구 분	세그먼트 제작 및 가설 완료 후	세그먼트 분리, 횡이동, 야적, 운반시	세그먼트 인양시
지지상태			l l
단면력도			
비 고	설계하중에 대해 횡방향 설계를 행하면 생략함	바닥판 및 하부플랜지의 단면력에 대해서 철근을 보강시켜 대처함	설계시 단면력에 거의 일치하도록 반복 계산하여 인양점의 간격을 결정함

수 있듯이 처짐은 시공단계별로 계속 변하고 있다.

(라) 솟음 곡선(Camber Curve)

위에서 계산된 처짐 곡선을 반대로 한 곡선과 최종 선형곡선을 합한 곡선으로 교량 시공곡선이 다. <그림 508.1.51>는 <그림 508.1.50>의 중앙 경간부에서의 솟음 곡선을 나타낸 것이다. 각 시공단계에서의 솟음 곡선을 설계자는 계산하여 시공자에게 제공하여야 한다. 시공단계의 솟음 곡선은 최종 완성계의 상태를 기본으로 해서 역으로 추적, 각 시공단계의 처짐량을 순차적으로 빼감으로써 구해진다. 만일, 시공단계나 가설하중 등 설계조건이 변경된 경우에는 이를 고려한 새로운 캠버곡선을 마련해야 한다.

② 횡방향 구조해석

캔틸레버공법 교량의 횡방향 해석방법은 다른 공법의 경우와 동일하지만 프리캐스트 캔틸레버 공법인 경우에는 시공단계별로 <표 508.1.9>와 같은 구조계에 대해서도 검토해야 한다.

508.2 PSC 합성거더교 설계

2.1 설계흐름도 구성

2.1.1. 주 설계단계

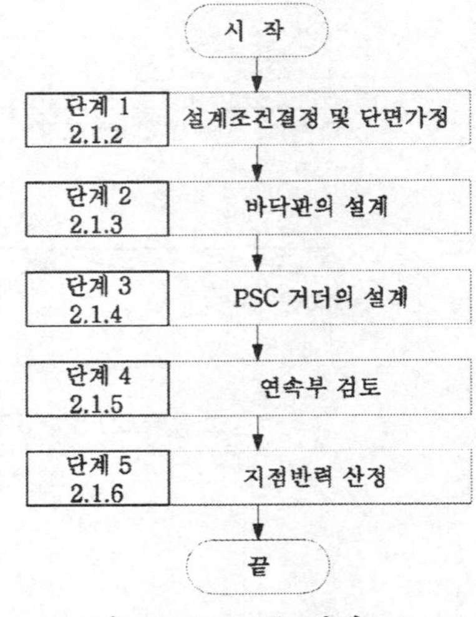

<그림 508.2.1> 주 설계흐름도

2.1.2 [단계 1] 설계조건 결정 및 단면가정

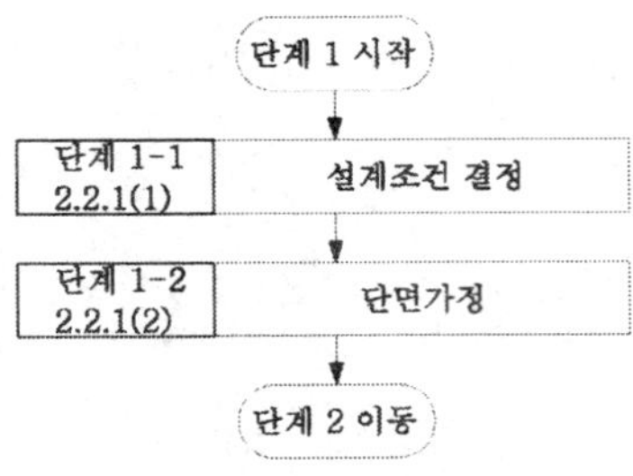

<그림 508.2.2> 설계조건 결정 및 단면가정

2.1.3 [단계 2] 바닥판의 설계 (중간 및 캔틸레버 바닥판)

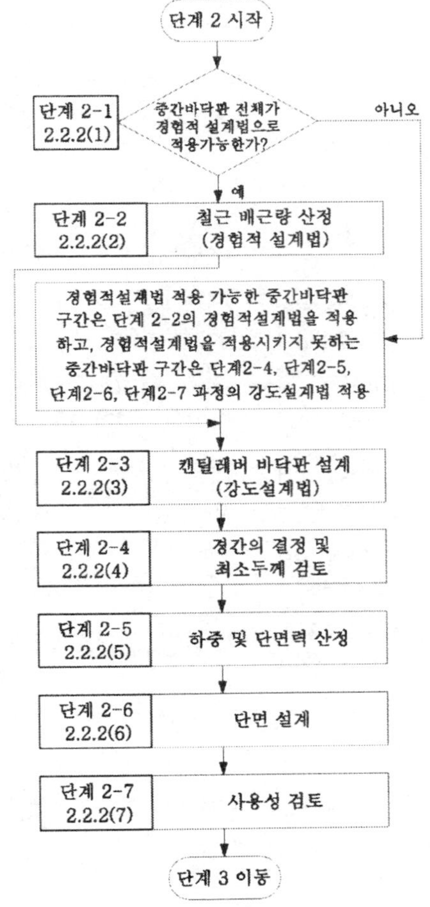

<그림 508.2.3> 바닥판의 설계

2.1.4 [단계 3] PSC 거더의 설계

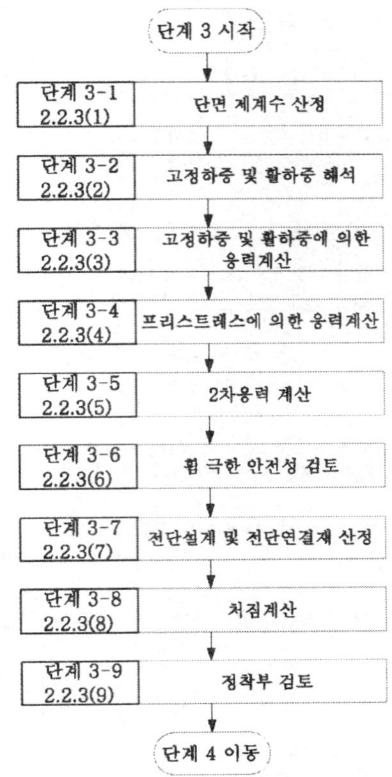

<그림 508.2.4> PSC 합성거더교의 설계

(1) [단계 3-1] 단면 제 계수 산정

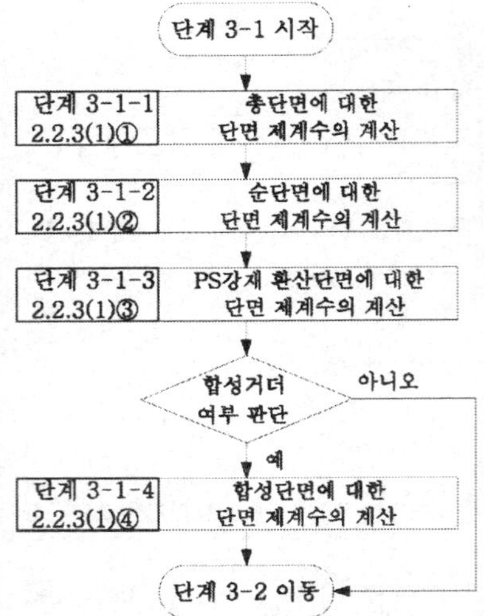

<그림 508.2.5> 단면 제 계수 산정

(2) [단계 3-2] 고정하중 및 활하중 해석

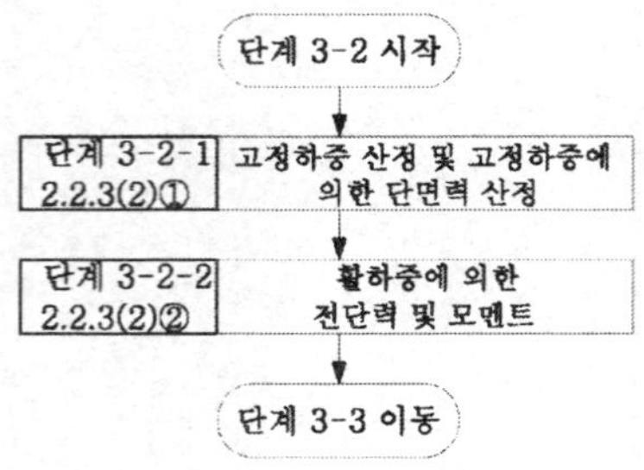

<그림 508.2.6> 고정하중 및 활하중 해석

(3) [단계 3-3] 고정하중 및 활하중에 의한 응력 계산

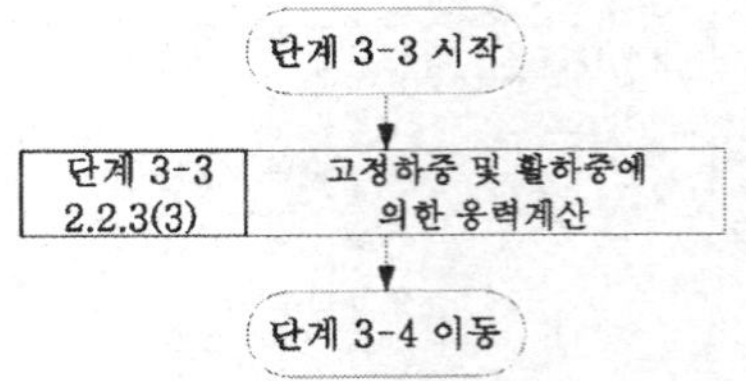

<그림 508.2.7> 고정하중 및 활하중에 의한 응력계산

(4) [단계 3-4] 프리스트레스에 의한 응력계산

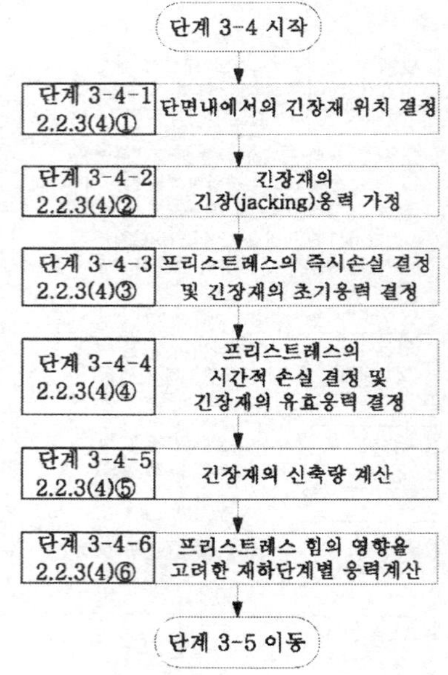

<그림 508.2.8> 프리스트레스에 의한 응력 산정

(5) [단계 3-5] 2차응력 계산

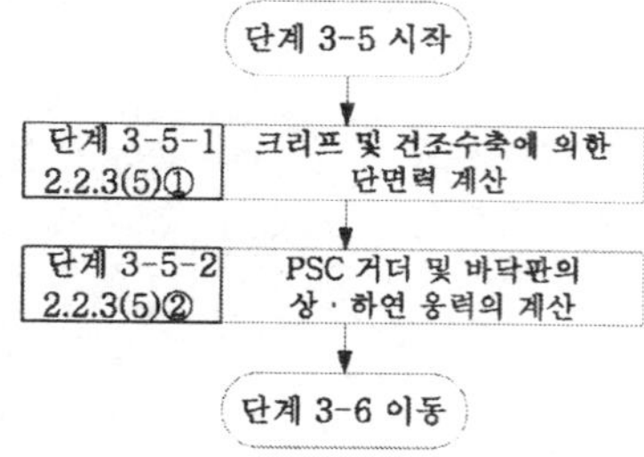

<그림 508.2.9> 2차응력 계산

(6) [단계 3-6] 휨 극한 안전성 검토

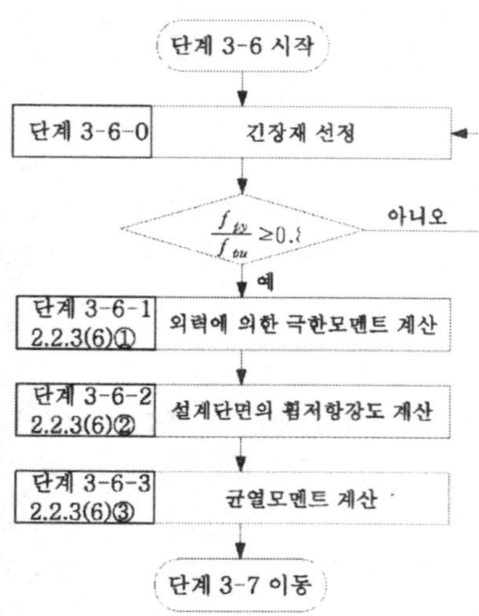

<그림 508.2.10> 휨 극한 안전성 검토

(7) [단계 3-7] 전단설계 및 전단연결재 산정

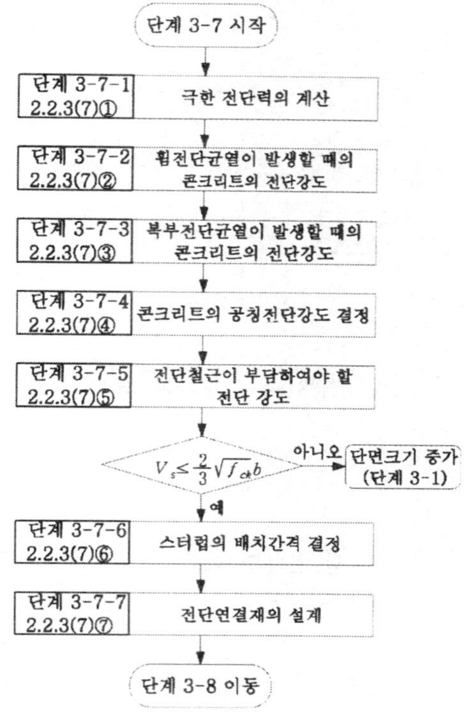

<그림 508.2.11> 전단강도 계산 및 전단검토

(8) [단계 3-8] 처짐 계산

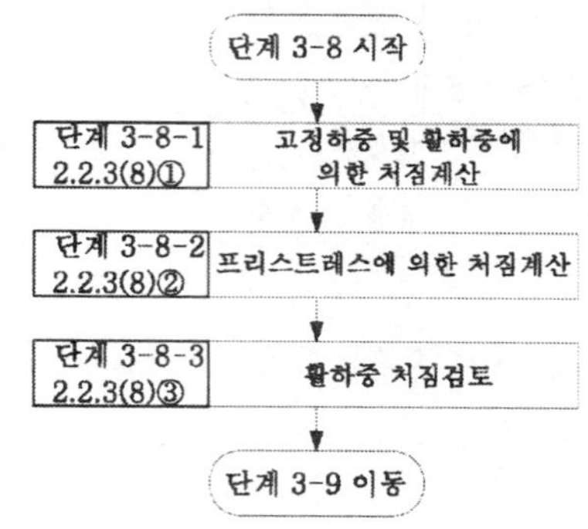

<그림 508.2.12> 처짐 계산

(9) [단계 3-9] 정착부 검토

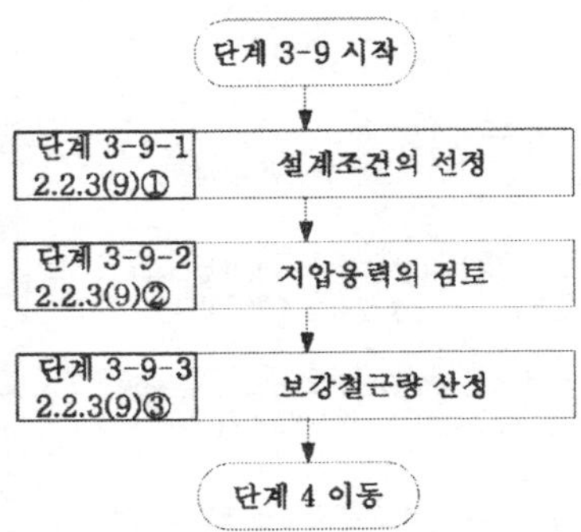

<그림 508.2.13> 정착부 검토

2.1.5 [단계 4] 연속부 검토

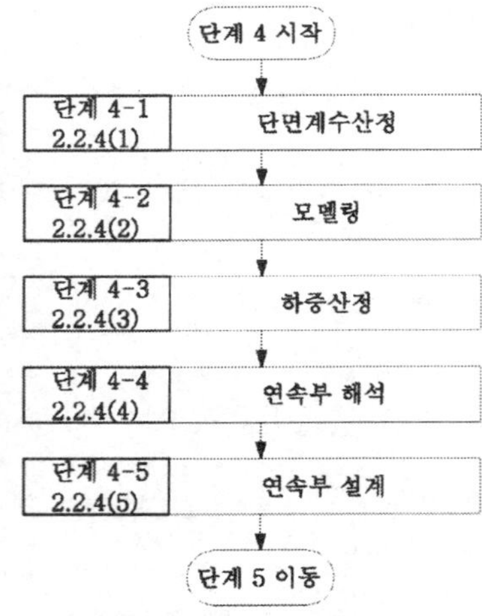

<그림 508.2.14> 연속부 검토

2.1.6 [단계 5] 지점 반력 산정

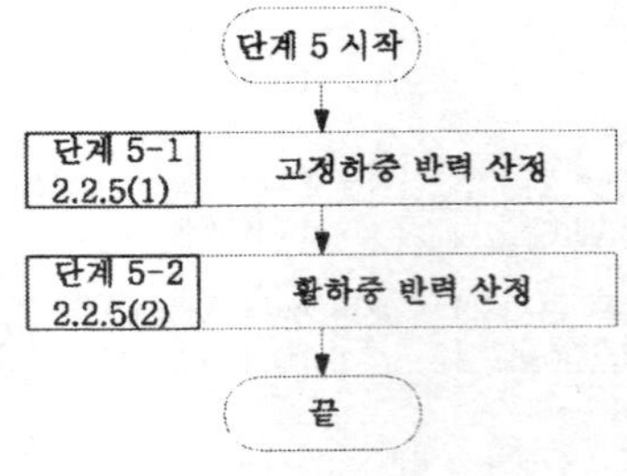

<그림 508.2.15> 지점반력의 산정

2.2 설계단계별 고려사항

2.2.1 [단계 1] 설계조건 결정 및 단면가정

(1) [단계 1-1] 설계조건 결정

① 교량등급은 [도 · 설 1.3]의 규정에 따른다.

② 콘크리트, PS강재, 철근 등 주요 사용 재료는 [도 · 설 2.3]의 규정을 만족해야 한다. 또한 사용재료의 허용응력은 [도 · 설 2.2.2.4]의 규정에 따른다.

③ 강도설계법을 적용하는 경우, [도 · 설 2.2.3]의 설계하중조합과 강도감소계수를 적용하여야 한다.

(2) [단계 1-2] 단면가정

① 단면은 기존의 설계를 참고하고 지간, 거더 간격, 거더 높이 등을 복합적으로 고려하여 가정한다.

② PSC 거더는 직선이므로 평면 곡선상에 설치할 경우에는 곡률 변화에 의해 캔틸레버의 길이가 추가적으로 돌출되어 외측 거더에 과대한 하중이 재하될 수도 있으므로 사전에 충분한 검토가 필요하다.

③ 캔틸레버의 길이(외측거더 중앙에서 바닥판 끝단까지의 거리)는 가능하면 내측 거더 간격의 반 이하로 줄여 외측 거더에 불필요하게 과하중이 재하되지 않도록 하는 것이 좋다.

2.2.2 [단계 2] 바닥판의 설계 (중간 및 캔틸레버 바닥판)

콘크리트교의 바닥판은 윤하중을 직접 지지할 뿐만 아니라 거더로서의 기능을 갖는 부재이다. 바닥판의 설계는 중간 및 캔틸레버 바닥판에 대하여 개별적으로 수행한다.

바닥판은 다른 부재에 비교하여 손상 사례가 많다는 사실이 나타내듯이 가장 가혹한 조건하에 설치되어 있어 손상을 받기 쉬우므로 설계 규정으로써 바닥판 두께의 제한 등의 조치가 취해지고 있다. 바닥판은 균열에 수분이 침투하여 노화가 촉진된다는 것이 실험결과로도 보고되어 있으므로 바닥판의 내구성을 향상시키기 위해서는 설계상의 대책뿐만 아니라 콘크리트의 품질관리, 적절한 시공관리에도 유의하는 것이 필요하며 바닥판으로의 수분 침투에 의한 노화방지대책으로서 방수층 등을 설치하여야 한다.

(1) [단계 2-1] 경험적 설계법 적용에 대한 설계조건 검토

중간바닥판 전체가 경험적 설계법으로 적용가능한지의 설계조건을 검토하여야 한다.

경험적 설계법에 의한 중간바닥판의 설계조건은 [도 · 설 4.7.7.3]의 규정에 따른다.

경험적 설계법 설계조건을 만족하면 중간 바닥판 전체를 경험적 설계법에 의한 최소철근량 이상을 배근하고, 설계조건을 일부가 만족시키지 못하는 경우에는 그 구간에만 강도설계법을 적용한다.

(2) [단계 2-2] 철근 배근량 산정 (경험적 설계법)

3개 이상의 콘크리트 지지보와 합성으로 거동하고, 바닥판의 지간방향이 차량진행 방향에 직각인 경우의 철근콘크리트 바닥판에만 적용할 수 있으며, 배근해야 되는 최소철근량은 [도 · 설 4.7.7.4]의 규정에 의하여 산정한다. 사교의 경사각이 20°를 넘는 경우, 단부 바닥판의 철근은 단부 끝단에서 바닥판의 유효지간에 해당하는 위치까지 최소철근량의 2배를 배근한다.

(3) [단계 2-3] 캔틸레버 바닥판 설계 강도설계법을 적용한다.

(4) [단계 2-4] 경간의 결정 및 최소두께 검토

① 경간의 결정

콘크리트교의 바닥판 경간에 대한 규준은 [도 · 설 4.7.3]의 규정에 따른다.

② 최소두께 검토

바닥판의 최소두께 검토는 [도 · 설 4.7.4]의 규정에 따른다.

(5) [단계 2-5] 하중 및 단면력 산정

① 하중의 산정

경험적 설계법 설계조건을 만족시키지 못하는 중간 바닥판 일부 구간의 경우 설계단면력 산정을 위한 하중으로서 일반적으로 고정하중과 활하중만을 고려한다. 캔틸레버 바닥판의 경우 고정하중, 활하중 외에 풍하중, 충돌하중 등에 의한 영향을 추가적으로 고려하여 가장 큰 단면력을 발생시키는 하중조합을 선택하여야 한다.

② 단면력의 산정

활하중에 의한 단면력은 [도 · 설 4.7.5.1] 및 [도 · 설 4.7.5.2]의 규정에 의거하여 단면력을 산출한다. 이때의 하중조합은 [도 · 설 2.2.3.2]의 규정에 따른다.

(6) [단계 2-6] 단면 설계

① 주철근의 설계

단면의 폭과 높이, 콘크리트의 설계기준강도, 철근의 항복강도, 극한모멘트, 유효높이 등은 주어진 값이므로 직사각형 단철근보에 대한 극한강도 설계이론을 이용하여 필요 철근량을 산정한다.

필요 철근량 산정 후 철근비가 최대 · 최소철근비 규정을 만족하는지를 검토한다.

② 배력철근의 설계

배력철근은 [도 · 설 4.7.5.7]의 규정에 의하여 산정한다.

<표 508.2.1> 단면계수 및 탄성계수

구분 하중	비합성보 (프리텐션)		합성보 (포스트텐션)		비 고
	단면계수	탄성계수	단면계수	탄성계수	
프리스트레스	PS강재 환산단면	프리스트레스 도입시	순단면	프리스트레스 도입시	
자 중	PS강재 환산단면	프리스트레스 도입시	순단면	프리스트레스 도입시	
합 성 전 고 정 하 중	PS강재 환산단면	교면 포장시	PS강재 환산단면	바닥판 타설시	비합성보인 경우 고정하중
합 성 후 고 정 하 중			바닥판 합성단면	바닥판 타설시	비합성보는 해당 없음
활 하 중	PS강재 환산단면	교면 포장시	바닥판 합성단면	바닥판 타설시	

③ 구조상세

[도 · 설 4.7.6] 및 [콘 · 설 4.2]의 규정에 따른다.

(7) [단계 2-7] 사용성 검토

[도 · 설 4.4.9]의 규정에 따른다.

2.2.2 [단계 3] PSC 거더의 설계

(1) [단계 3-1] 단면 제 계수 산정

PSC 거더교는 시공순서나 시공조건에 따라 동일 단면내의 응력분포가 다르기 때문에 미리 산정한 조건에 따라 바닥판 합성 전 · 후에 있어서 각각의 시공단계마다 응력을 산출하여 단면의 각 부분에 대한 응력을 검토해야 한다. 산정한 시공공정이 실제의 공정과 달리 휨응력에 영향을 미칠 경우에는 재차 응력 조사를 하는 것이 좋다.

PSC 거더의 응력 검토시의 단면계수는 거더의 전단면에 걸쳐 인장응력이 발생하지 않거나 균열이 발생하지 않을 정도로 작다고 가정하여, RC 거더와는 달리 전단면이 유효한 것으로 간주하여 계산한다. 응력의 정밀해를 구하기 위해서는 긴장재를 부착시키기 전의 계산에서는 덕트의 단면을 공제한 단면(순단면)에 대한 계수를, 부착시킨 긴장재 및 보강철근이 있는 단면에 대한 계산에서는 이들을 콘크리트 단면으로 환산한 단면(PS강재 환산단면)에 대한 계수를 사용해야 한다. 합성교의 경우에는 환산단면(바닥판 합성단면)에 대한 합성 환산단면계수를 사용해야 한다.

① [단계 3-1-1] 총단면에 대한 단면 제 계수

PSC 거더 전단면이 균일한 콘크리트 단면인 것으로 가정한 단면을 나타낸다.

② [단계 3-1-2] 순단면에 대한 단면 제 계수

총단면에서 덕트 단면을 공제한 단면을 나타낸다.

③ [단계 3-1-3] PS강재 환산단면에 대한 단면 제 계수

순단면에서 강연선을 콘크리트 단면으로 환산한 단면을 나타낸다.

④ [단계 3-1-4] 합성단면에 대한 단면 제 계수

PS강재 환산단면 + 바닥판 단면을 나타낸다.

콘크리트의 크리프 및 건조수축에 의한 2차응력 산정을 위해 사용하는 단면계수 및 탄성계수는 거더와 바닥판 각각에 대한 계수를 사용한다. 비합성 및 합성거더 교량의 응력 및 처짐 계산시에 사용하는 거더의 단면계수 및 탄성계수는 <표 508.2.1>에 나타낸 바와 같다.

(2) [단계 3-2] 고정하중 및 활하중 해석

① [단계 3-2-1] 고정하중 산정 및 고정하중에 의한 단면력 산정

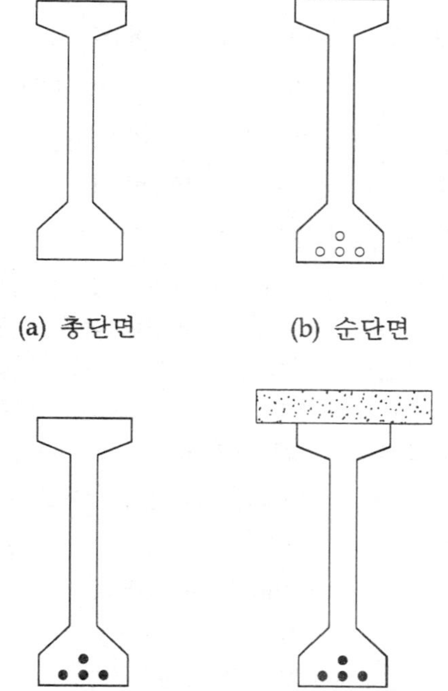

(a) 총단면　　(b) 순단면

(c) PS강재환산단면　　(d) 바닥판 합성단면

<그림 508.2.16> 응력계산에 사용하는 각종 단면

합성거더교의 설계시 고려해야 할 고정하중으로는 자중, 바닥판, 가로보, 교면 포장, 난간, 방호책, 보도 등에 의한 하중이 있으며, 다중보 교량 설계시 고려해야 할 고정하중으로는 자중, 가로보, 교면 포장, 난간, 방호책, 보도 등에 의한 하중이 있다. 이들은 재하 시기에 따라 합성교의 경우 자중, 합성 전 고정하중, 합성 후 고정하중 등으로 구분할 수 있으며, 비합성거더의 경우 자중, 추가고정하중 등으로 구분할 수 있다. 상기 고정하중은 모두 등분포 하중인 것으로 가정할 수 있으나 가로보의 경우는 여러 개의 집중하중이 보에 작용하는 것으로서 가정해야 한다(<그림 508.2.17> 참조).

② [단계 3-2-2] 활하중에 의한 전단력 및 모멘트

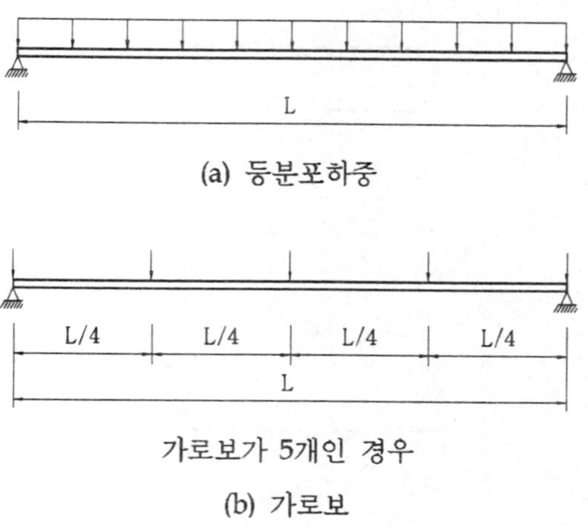

(a) 등분포하중

가로보가 5개인 경우

(b) 가로보

<그림 508.2.17> 고정하중 분포

가. 충격계수

[도 · 설 2.1.4]의 규정에 따른다.

나. 횡분배계수

AASHTO Standard Specifications for Highway Bridges (17th Edition) 3.23.2.3.1.2에 의거하여, 외측 거더의 경우 단순 캔틸레버보로 가정하여 얻어진 반력을 횡분배계수로 정한다. 내측 거더의 경우에는 AASHTO 3.22의 Table 3.23.1에 의거하여 2차로 이상이면서 거더간격이 4.2 m 이하인 경우 (거더간격/1.65)를 횡분배계수로 정한다. 이외에도 횡분배계수는 다른 경험식, 격자구조이론, 직교이방성 판이론, 3차원 해석 등 보다 정밀한 이론에 의하여 구하여도 좋다.

다. 임의점에서의 최대 단면력 결정

DB하중 재하시 보의 절대 최대 모멘트는 보의 중앙 또는 중앙점 인접 부근의 하중재하점에서 발생되어지며 <그림 508.2.18>과 같은 재하상태에 따른다. 이때 절대 최대 모멘트는 보의 중앙에서 발생되는 것으로 가정한다. DL하중 재하시 해석은 고정하중 해석 과정과 동일하게 하되 집중하중의 영향을 추가로 고려하여야 한다.

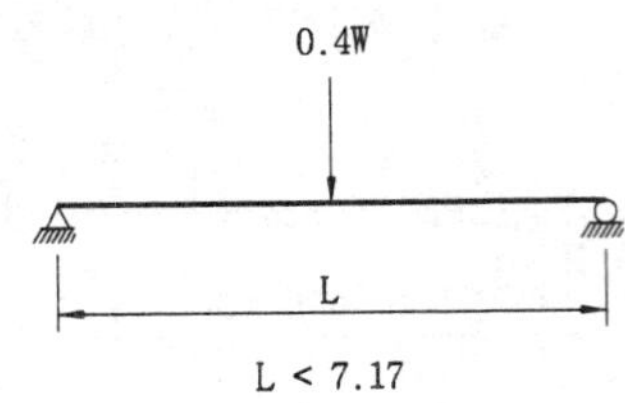

(a) 1점 재하

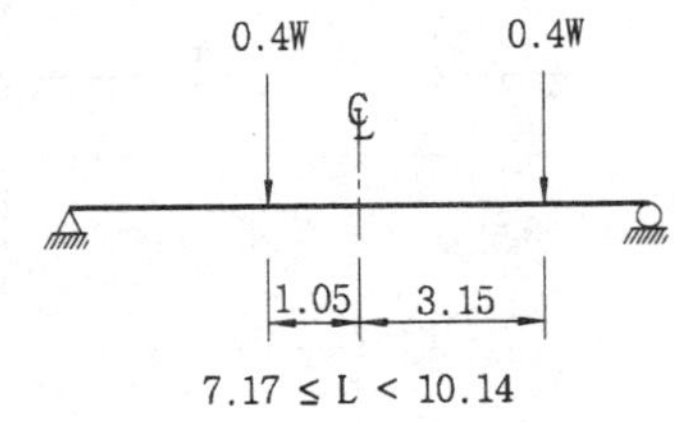

(b) 2점 재하

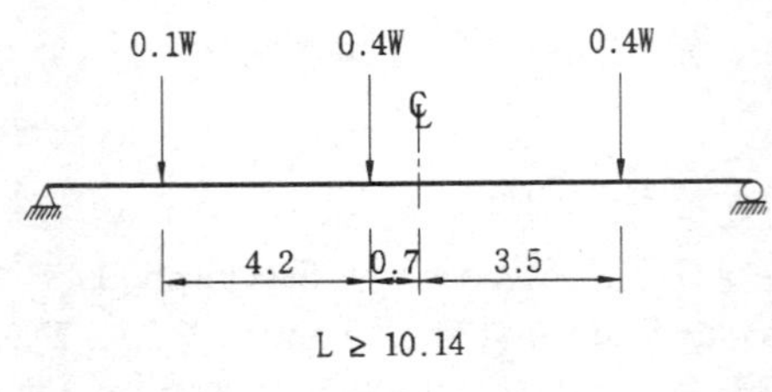

(c) 3점 재하

<그림 508.2.18> 절대 최대 모멘트

(3) [단계 3-3] 고정하중 및 활하중에 의한 응력 계산

단면에 발생되는 응력 계산시의 단면은 전단면이 유효한 것으로 본다. (2)의 ①, ②에 의한 해석에 의하여 구해진 힘과 <표 508.2.1>의 단면계수를 이용하여 응력을 결정한다.

(4) [단계 3-4] 프리스트레스에 의한 응력계산

① [단계 3-4-1] 단면내에서의 긴장재 위치 결정

긴장재 배치 형상의 수, 지점 및 중앙부에서의 단면내 긴장재의 위치 등을 결정한다.

② [단계 3-4-2] 긴장재의 긴장응력 가정

[도 · 설 4.6.3.3(1)] PS강재의 허용응력에 규정된 값 이하의 범위에서 긴장응력을 가정한다.

③ [단계 3-4-3] 프리스트레스의 즉시손실 결정 및 긴장재의 초기응력 결정

[도 · 설 4.6.3.4(1)]의 규정에 따른다.

④ [단계 3-4-4] 프리스트레스의 시간적 손실 결정 및 긴장재의 유효응력 결정

[도 · 설 4.6.3.4(2)]의 규정에 따른다.

⑤ [단계 3-4-5] 긴장재의 신축량 계산

긴장재의 신축량을 계산하여 시공시 긴장응력의 측정과 더불어 시공이 원활히 이루어지는지에 대한 지표로써 활용한다. 긴장시에는 마찰손실만이 발생하므로 신축량 계산시 긴장재의 마찰손실만을 고려하는 것으로 한다.

⑥ [단계 3-4-6] 프리스트레스의 영향을 고려한 재하단계별 응력계산

[도 · 설 4.14.2.1]의 규정에 따른다.

(5) [단계 3-5] 2차응력 계산

합성거더교의 경우 바닥판이 합성된 후에는 바닥판과 프리캐스트 보가 합성된 시점에서 각각의 콘크리트 건조수축과 크리프 특성 차이에 따라 2차적인 내부 응력이 발생한다. 일반적으로 건조수축 차이에 따라 발생하는 응력은 설계상 불리하게 작용하며, 크리프 차이에 의해 발생하는 응력은 유리하게 작용한다.

① [단계 3-5-1] 크리프 및 건조수축에 의한 단면력 계산

가. 크리프에 의한 단면력

$$N_c = -\frac{K'}{C^2-BF}[P\{B(y_1'\cdot e_p - r_{c1}^2) - C\cdot e_p\} + M_{d1}(C-By_1')] - \frac{K'}{C^2-BF}M_{d2}(C-By_1') \qquad (508.2.1)$$

$$M_c = -\frac{K'}{BF-C^2}[P\{C(y_1' \cdot e_p - r_{c1}^2) - F \cdot e_p\} + M_{d1}(F - Cy_1')] - \frac{K'}{BF-C^2}M_{d2}(F - Cy_1')$$

(508.2.2)

여기서,

$B = 1 + m$

$C = y_1' - my_2$

$F = y_1'^2 + r_{c1}^2 + mr_{c2}^2 + my_2^2$

$K = \frac{\phi^\infty}{1+\phi^\infty}$

$K' = \frac{\phi_t}{1+\phi^\infty}$

ϕ^∞ : 콘크리트 초기재령부터 T = ∞ 까지의 크리프계수

ϕ_t : 바닥판을 합성한 후부터 T = ∞ 까지의 크리프계수

P : PS강재의 긴장력(단면력을 계산하는 시점에서의 크리프, 릴랙세이션 및 건조수축에 의한 프리스트레스의 감소량을 고려하지 않으면 안 된다. 프리스트레스를 가한 후부터 합성할 때까지가 3개월 이상 경과한 경우에는 릴랙세이션은 종료된 것으로 보아도 좋다). (kN)

M_{d1} : 거더의 고정하중에 의한 휨모멘트 (kNm)

M_{d2} : 현장치기 바닥판의 고정하중에 의한 휨모멘트 (kNm)

A_{c1} : 거더의 단면적 (m^2)

I_{c1} : 거더의 단면 2차 모멘트 (m^4)

$r_{c1}^2 = I_{c1} / A_{c1}$

E_{c1} : 거더의 탄성계수 (MPa)

A_{c2} : 현장치기 바닥판의 단면적 (m^2)

I_{c2} : 현장치기 바닥판의 단면 2차 모멘트 (m^4)

$r_{c2}^2 = I_{c2} / A_{c2}$

E_{c2} : 현장치기 바닥판의 탄성계수 (MPa)

나. 건조수축에 의한 단면력

$$N_S = \epsilon_s \cdot E_{c1} \cdot I_{c1} \frac{B}{BF - C^2} \cdot \frac{1}{1+\phi^\infty}$$

(508.2.3)

$$M_S = \epsilon_s \cdot E_{c1} \cdot I_{c1} \frac{C}{C^2 - BF} \cdot \frac{1}{1+\phi^\infty}$$

(508.2.4)

여기서, ε_s : 거더와 바닥판의 건조수축차

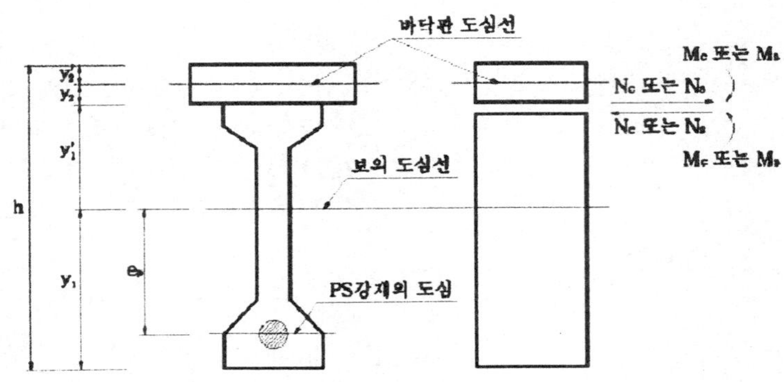

<그림 508.2.19> 2차 응력의 계산을 위한 기호 정의

② [단계 3-5-2] PSC 거더 및 바닥판의 상 · 하연 응력계산

가. 크리프에 의한 응력

크리프에 의해 단면에 작용하는 축력 및 휨모멘트가 계산되면 바닥판의 상연응력 f_{c2}', 하연응력 f_{c2} 및 보의 상연응력 f_{c1}', 하연응력 f_{c1}은 다음과 같이 계산할 수 있다.

$$f_{c2}' = -\frac{N_c}{A_{c2}} - \frac{M_c - N_c y_2}{I_{c2}} \cdot y_2'$$

$$f_{c2} = -\frac{N_c}{A_{c2}} + \frac{M_c - N_c y_2}{I_{c2}} \cdot y_2$$

$$f_{c1}' = \frac{N_c}{A_{c1}} + \frac{M_c + N_c y_1'}{I_{c1}} \cdot y_1'$$

$$f_{c1} = \frac{N_c}{A_{c1}} - \frac{M_c + N_c y_1'}{I_{c1}} \cdot y_1$$

(508.2.5)

나. 건조수축에 의한 응력

건조수축에 의해 단면에 작용하는 축력 및 휨모멘트가 계산되면 바닥판의 상연응력 f_{s2}', 하연응력 f_{s2} 및 보의 상연응력 f_{s1}', 하연응력 f_{s1}은 다음과 같이 계산할 수 있다.

$$f_{s2}' = -\frac{N_s}{A_{c2}} - \frac{M_s - N_s y_2}{I_{c2}} \cdot y_2'$$

$$f_{s2} = -\frac{N_s}{A_{c2}} + \frac{M_s - N_s y_2}{I_{c2}} \cdot y_2$$

$$f_{s1}' = \frac{N_s}{A_{c1}} + \frac{M_s + N_s y_1'}{I_{c1}} \cdot y_1'$$

$$f_{s1} = \frac{N_s}{A_{c1}} - \frac{M_s + N_s y_1'}{I_{c1}} \cdot y_1$$

(508.2.6)

(6) [단계 3-6] 휨 극한 안전성 검토

PSC교의 파괴시 휨파괴 양상은 다음과 같은 세 가지 형태로 구분된다.

i) 균열의 발생과 동시에 PS강재도 파단하는 형태로서 돌발적인 파괴양상을 나타낸다.

ii) PS강재의 응력이 항복강도 이상이 된 후에 콘크리트가 압축파괴를 일으키는 형태로서 저보강 PSC보에서 발생하기 쉬우며 연성파괴형태이므로 바람직스러운 파괴양상을 나타낸다.

iii) PS강재의 응력이 항복강도에 이르기 전에 콘크리트가 압축파괴를 일으키는 형태로서 과보강 PSC보에서 발생하기 쉬우며, 인성이 작은 결점이 있으므로 취성파괴양상을 나타낸다.

RC 보의 과소철근보, 과다철근보와는 달리 PSC 보에 있어서 과보강보, 저보강보의 구별은 강재지수에 의하며, 강재지수는 강재비, 콘크리트의 강도, PS강재의 강도 등에 의한 영향을 고려하여 결정한다. 특별한 경우를 제외하고 PSC 보는 연성파괴를 보장하기 위하여 저보강보로 설계되어야 한다.

긴장재의 유효 프리스트레스 응력이 극한응력의 1/2 이상인 경우에는 설계기준의 규정에 따라 휨저항강도를 계산해도 좋으나 1/2 미만인 경우에는 변형률 적합조건(Strain Compatibility Analysis)에 의하여 휨저항강도를 계산해야 한다. 휨저항강도는 극한하중에 의한 휨모멘트 보다 커야 되며, 균열모멘트의 1.2배보다도 커야 된다. 하지만, 검토 단면의 휨강도(ϕM_n)가 외력에 의한 극한모멘트(M_u)의 4/3 배 이상인 경우에는 이를 따르지 않아도 된다(도 · 설 4.6.3.6 (2) ②).

극한하중에 대한 안전도의 검토는 최대 모멘트가 발생하는 지간중앙부 단면에 대해서만 실시하며, 이외의 단면에서는 검토를 하지 않더라도 안전한 것으로 간주한다.

① [단계 3-6-1] 외력에 의한 극한모멘트 계산

고정하중과 활하중에 하중계수를 곱하여 부재에 발생되는 최대 극한모멘트를 계산한다.

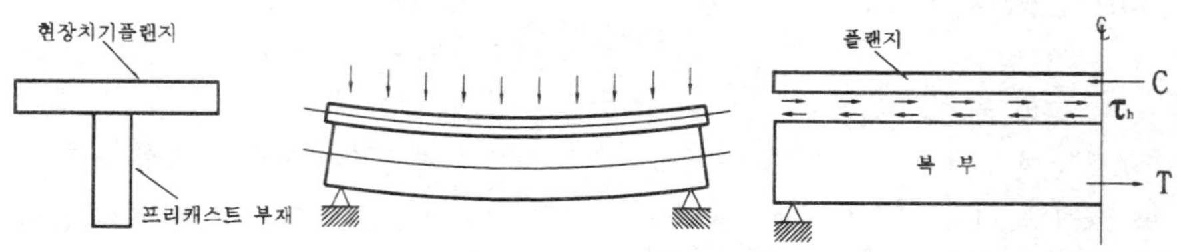

<그림 508.2.20> 합성거더교의 수평활동

② [단계 3-6-2] 설계단면의 휨저항강도 계산

[도 · 설 4.6.3.5], [도 · 설 4.6.3.6] 및 [콘 · 설 9.5]의 규정에 따른다.

③ [단계 3-6-3] 균열모멘트 계산

콘크리트의 파괴계수를 기초로 하여 균열 모멘트를 계산한다.

(7) [단계 3-7] 전단설계 및 전단연결재 산정

사용하중에 하중계수를 곱한 하중을 극한하중 또는 설계하중이라 하고, 극한하중에 의한 전단력을 극한전단력 또는 설계전단력이라고 한다. 강도설계법에 관한 설계기준의 규정과 가정에 따라 계산한 부재단면의 전단강도를 공칭전단강도라고 한다.

① [단계 3-7-1] 극한 전단력의 계산

강도설계법의 하중조합에 의하여 부재에 발생하는 극한전단력을 계산한다.

② [단계 3-7-2] 휨전단균열이 발생할 때의 콘크리트 전단강도

[도 · 설 4.6.3.8 (2) ②]의 규정에 따른다.

③ [단계 3-7-3] 복부전단균열이 발생할 때의 콘크리트 전단강도

[도 · 설 4.6.3.8 (2) ③]의 규정에 따른다.

④ [단계 3-7-4] 콘크리트의 공칭전단강도 결정

②와 ③의 값 중에서 작은 값을 콘크리트의 공칭전단강도로 한다.

⑤ [단계 3-7-5] 전단철근이 부담하여야 할 전단강도

[도 · 설 4.6.3.8 (3)]의 규정에 따른다.

⑥ [단계 3-7-6] 스터럽의 배치간격 결정

[도 · 설 4.6.3.8 (3)]의 규정에 따른다.

⑦ [단계 3-7-7] 전단연결재의 설계

합성거더교의 경우 휨을 받으면 거더와 바닥판 사이에 활동이 일어나서 <그림 508.2.20>과 같이 변형될 것이다. <그림 508.2.20>와 같이 수평 활동을 방지하지 않으면 거더와 바닥판은 분리된 보처럼 작용하게 될 것이므로, 완전합성을 이루기 위하여 거더와 바닥판 사이의 접합면에 작용하는 전단력의 전달방법을 마련하여야 한다.

합성단면의 접합면적이 넓은 경우 전단력의 전달은 두 콘크리트 사이의 점착력과 마찰력만으로 충분하다. 그러나 합성단면의 접합면적이 좁은 경우에는 콘크리트 사이의 점착력과 마찰력만으로는 전단력을 전달하지 못하므로, 거더에 사용한 스터럽을 위쪽으로 연장시켜서 바닥판 콘크리트 속에 정착하는 것이 보통이며, 특수한 경우 거더 상부와 바닥판에 전단연결재를 둘 수도 있다.

수평전단설계는 [도 · 설 4.6.3.8(4)]의 규정에 따른다.

(8) [단계 3-8] 처짐-계산

PSC교는 고강도재료가 사용되고 보다 정밀하게 시공되기 때문에 RC 교량보다 날씬하며, 활하중에 대한 고정하중의 비가 낮아서 장지간이 될 수 있으므로 처짐에 주의해야 한다.

① [단계 3-8-1] 고정하중 및 활하중에 의한 처짐 계산

각 하중에 대한 처짐 계산시 단면계수 및 탄성계수는 <표 508.2.1>의 계수를 사용한다. 단순교에서의 활하중에 의한 최대 처짐은 지간 중앙에서 발생하므로 처짐에 대한 검토는 지간중앙에 대해서만 실시하는 것으로 한다.

② [단계 3-8-2] 프리스트레스에 의한 처짐 계산

프리스트레스에 의한 처짐은 상향 처짐이며 긴장재의 배치형상에 따라 계산식이 달라진다.

프리스트레스 도입시의 프리스트레스에 의한 부재의 초기탄성 처짐은 다음과 같이 계산한다.

가. 직선형상 긴장재의 경우

$$d_{pr} = -\frac{P_i \cdot e_1 \cdot L^2}{8EI} \qquad (508.2.7)$$

나. 절선형상 긴장재의 경우

$$d_{pr} = -\frac{P_i e_1 L^2}{8EI} - \frac{P_i e_2}{EI}\left(\frac{L^2}{8} - \frac{X^2}{6}\right) \qquad (508.2.8)$$

다. 포물선형상 긴장재의 경우

$$d_{pr} = -\frac{P_i e_1 L^2}{8EI} - \frac{5P_i e_2 L^2}{48EI} \qquad (508.2.9)$$

여기서,

d_{pr} : 초기 프리스트레스에 의한 처짐(지간중앙)
P_i : 초기 프리스트레스 힘
e_1 : 지점에서의 편심거리 (하향+)
e_2 : 지점과 중앙점에서의 긴장재간의 거리 (하향+)
X : 지점에서 절곡점까지의 거리
L : 지간
E : 탄성계수
I : 단면 2차 모멘트

③ [단계 3-8-3] 활하중 처짐 검토

[도·설 4.4.9.5(3)]의 규정에 따른다.

(9) [단계 3-9] 정착부 검토

① [단계 3-9-1] 설계조건의 선정

정착부에 집중된 프리스트레스 힘을 횡방향으로 분산시켜서 단면 전체에 선형의 응력분포가 되도록 하는 콘크리트 부분으로, 철근의 가공·조립·설치의 허용오차, 골재 크기, 콘크리트 치기 및 치밀한 경화에 대해 고려하여야 한다. 따라서 정착장치 공급자가 제시하는 값을 면밀히 검토한 후 설계조건을 선정하여야 한다.

② [단계 3-9-2] 지압응력의 검토

정착부에서 발생하는 지압응력은 [도·설 4.6.3.3(2)④]의 규정에 따른다.

③ [단계 3-9-3] 보강철근량 산정

파열력은 정착장치 앞부분에 긴장재 축에 횡방향으로 작용하는 정착구역 내의 인장력으로 [도·설 4.6.3.9]의 규정에 따른다.

2.2.4 [단계 4] 연속부 검토

(1) [단계 4-1] 단면계수 산정

'PSC 거더 단면' + '바닥판 단면'을 'PSC 거더 단면'으로 환산하여 외측 및 내측 거더의 단면계수를 산정한다.

(2) [단계 4-2] 모델링

연속 후에 작용하는 하중에 대해 연속격자형으로 해석하기 위한 모델링을 실시하며, 이때 받침이 놓이는 지점부는 스프링 지점으로서 모

델링한다.

(3) [단계 4-3] 하중 산정

합성 후 고정하중, 활하중 및 2차하중(크리프, 건조수축, 지점침하)을 외측 및 내측 거더로 구별하여 산정한다.

(4) [단계 4-4] 연속부 해석

[도 · 설 4.11.2]의 규정에 따라 연속부 해석을 수행한다.

(5) [단계 4-5] 연속부 설계

강도설계법으로 연속부를 설계하고, [도 · 설 4.11.6.(1)]의 규정에 따라 사용성 검토를 한다.

2.2.5 [단계 5] 지점 반력 산정

(1) [단계 5-1] 고정하중 반력 산정

지점부에서 고정하중에 의해 발생되는 최대 전단력을 하부에 전달되는 고정하중 반력으로 한다. 구조 해석시 지간장을 받침간 거리로 가정한 경우 지간부 외측으로 돌출된 부분에 대해서는 약간의 증가 · 보정이 필요하다.

(2) [단계 5-2] 활하중 반력 산정

지점부에서 활하중에 의해 발생되는 최대 전단력을 하부에 전달되는 활하중 반력으로 한다.

2.3 PSC 합성거더교 설계 예

2.3.1 [단계 1] 설계조건 결정 및 단면가정

(1) [단계 1-1] 설계조건 결정

① 교량제원

- 형　　식 : PSC 합성거더교
- 교량등급 : 1등교 (차량전용)
- 교　　장 : 2@30.0 = 60.0 m (신축 여유량 미포함)
- 폭　　원 : 10.750 m
- 지　　간 : 29.100 m
- 거더간격 : 2.750 m

② 하중

- 활 하 중 : DB-24, DL-24
- 충격계수

$$I = \frac{15}{40 + L} \leq 0.30$$

③ 사용재료

가. 콘크리트

i) 바닥판

· $f_{ck} = 27$ MPa

ii) PSC 거더

· $f_{ck} = 40$ MPa

나. 강재

i) 바닥판 : SD 400

ii) PSC 거더

· SD 300

· SWPC7B 12.7 mm 7연선, 저릴랙세이션 강선 사용

· 쉬스 ϕ66 사용

④ 허용응력

가. 바닥판 콘크리트

· 허용 휨 압축응력 : $f_{ca} = 0.4\,f_{ck} = 10.8$ MPa

나. 프리스트레스 콘크리트 (PSC 거더)

i) 프리스트레스 도입시의 압축강도

· $f_{ci} = 28.0$ MPa [도 · 설 4.6]

ii) 프리스트레스 도입 직후

· 허용 휨 압축응력 : $0.55\,f_{ci} = 17.6$ MPa

· 허용 휨 인장응력 : $0.50\sqrt{f_{ci}} = 2.65$ MPa

iii) 설계하중 작용시

· 허용 휨 압축응력 : $0.4\,f_{ck} = 16.0$ MPa

· 허용 휨 인장응력 : $0.5\sqrt{f_{ck}} = 3.2$ MPa (일반적인 경우)

다. PS강재(저릴랙세이션 강재)

· 극한강도(f_{pu}) : 1,900 MPa

· 항복강도(f_{py}) : 1,600 MPa

i) 허용 최대 긴장응력

· $0.9\,f_{py} = 1{,}440$ MPa

ii) 정착 직후 정착부에서의 응력

· $0.7\,f_{pu} = 1{,}330$ MPa

iii) 손실이 일어난 후 사용하중 상태에서의 응력

· $0.8\,f_{py} = 1{,}280$ MPa

⑤ 탄성계수

· 콘크리트

$E_c = 27{,}804$ MPa (바닥판)

$E_c = 30{,}891$ MPa (PSC거더)

· 철근 및 PS강선

$E_s = 2.0 \times 10^5$ MPa

⑥ 마찰계수

가. 곡률마찰계수

· [도 · 설 4.6.3.4 표 4.6.1] 참조

나. 파상마찰계수

· [도 · 설 4.6.3.4 표 4.6.1] 참조

(2) [단계 1-2] 단면가정

① 평면도 및 종단면도 (단위 : mm)

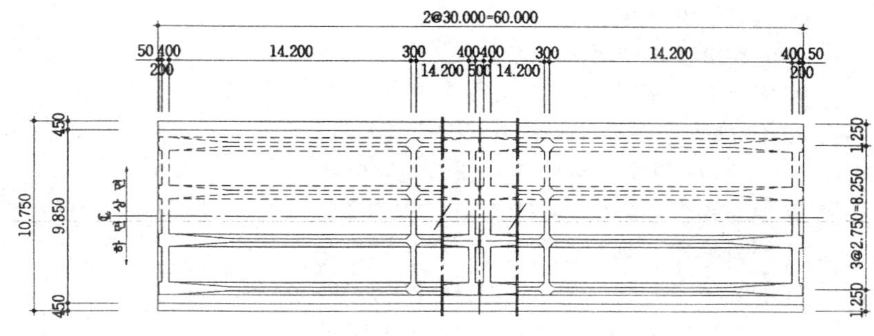

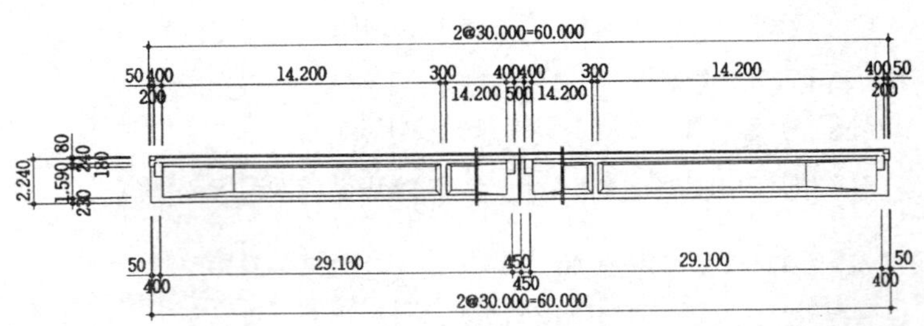

② 횡단면도 (단위 : mm)

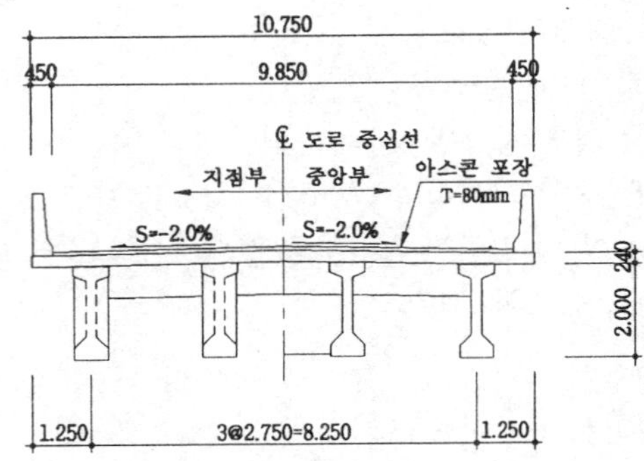

③ 단면상세도 (단위 : mm)

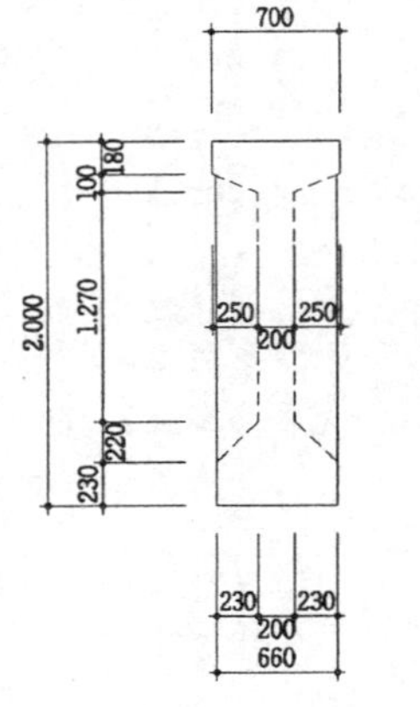

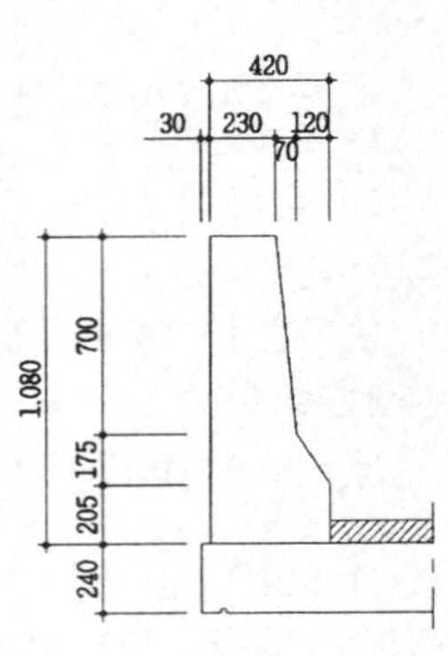

2.3.2 **[단계 2] 바닥판의 설계**

(1) 중간 바닥판의 설계

① [단계 2-1] 경험적 설계법 적용에 대한 설계조건 검토

가. 지지부재들이 콘크리트로 된 경우

나. 콘크리트가 현장 타설되고 습윤 양생되어야 함

다. 주거더 플랜지부의 헌치와 같이 국부적으로 두껍게 한 곳을 제외한 상태에서 전체적으로 바닥판의 두께가 일정함

라. 바닥판 두께에 대한 유효지간의 비가 6 이상 15 이하

유효지간 / 바닥판 두께 = 2.050 / 0.240 = 8.542

∴ 6 ~ 15 의 범위에 있으므로 OK

마. 바닥판 상부와 하부에 배근된 철근의 외측면 사이의 두께가 0.150 m 이상
0.008 + 0.140 + 0.008 = 0.156 m ∴ OK

바. 유효지간이 표준 차로폭 3.6 m 이하
유효지간 = 2.750 − 0.700 = 2.050 m ∴ OK

사. 바닥판의 홈집, 마모면, 그리고 보호 덮개층을 제외한 바닥판의 최소두께가 0.240 m 이상

아. 캔틸레버부의 길이가 내측 바닥판 두께의 5배 이상이거나, 캔틸레버부의 길이가 내측 바닥판 두께의 3배 이상이고 구조적으로 연속적인 콘크리트 방호책과 합성이 된 경우
중앙분리대가 있는 구간 : 캔틸레버부 길이 = 1.250 m (거더 중심으로부터의 거리)
3 × 0.240 = 0.720 m < 1.250 m ∴ OK

자. 콘크리트의 28일 압축강도는 27 MPa 이상

차. 철근콘크리트의 바닥판은 바닥판을 지지하는 구조부재들과 완전 합성거동을 해야 함

② [단계 2-2] 철근 배근량 산정 (경험적 설계법)
경험적 설계법을 적용한다.

가. 경간방향 : 하부철근량 - 콘크리트 바닥판 단면의 0.4% 이상
상부철근량 - 콘크리트 바닥판 단면의 0.3% 이상

나. 경간방향에 직각방향 : 하부철근량 - 콘크리트 바닥판 단면의 0.3% 이상
상부철근량 - 콘크리트 바닥판 단면의 0.3% 이상

③ 사용 철근량

가. 바닥판 단면적 : 240 × 1,000 = 240,000 mm^2

나. 주철근
- 하부철근량
콘크리트 바닥판 단면의 0.4 % = 960 mm^2
사용철근량 A_s = 993 mm^2 H16 × 5 EA (CTC 200 mm)
- 상부철근량
콘크리트 바닥판 단면의 0.3 % = 720 mm^2
사용철근량 A_s = 993 mm^2 H16 × 5 EA (CTC 200 mm)

다. 배력 철근
- 하부철근량
콘크리트 바닥판 단면의 0.3 % = 720 mm^2
사용철근량 A_s = 794 mm^2 H16 × 4 EA (CTC 250 mm)
- 상부철근량
콘크리트 바닥판 단면의 0.3 % = 720 mm^2
사용철근량 A_s = 794 mm^2 H16 × 4 EA (CTC 250 mm)

(2) [단계 2-3] 캔틸레버 바닥판 설계
강도설계법을 적용한다.

① [단계 2-4] 경간의 결정 및 최소두께 검토

가. 캔틸레버 바닥판의 지간 : (고정하중에 의한) $L = 0.900\ \text{m}$

(활하중에 의한) $L = 0.900 - 0.3 - 0.450 = 0.150\ \text{m}$

나. 바닥판의 최소두께

$t_{\min} = 280L + 180 = 280 \times 0.150 + 180 = 222\ \text{mm}$

다. 캔틸레버 바닥판의 두께 : $t = 240\ \text{mm} \;>\; t_{\min} = 222\ \text{mm}$ ∴ OK

② [단계 2-5] 하중 및 단면력 산정

가. 고정하중

· 방호벽

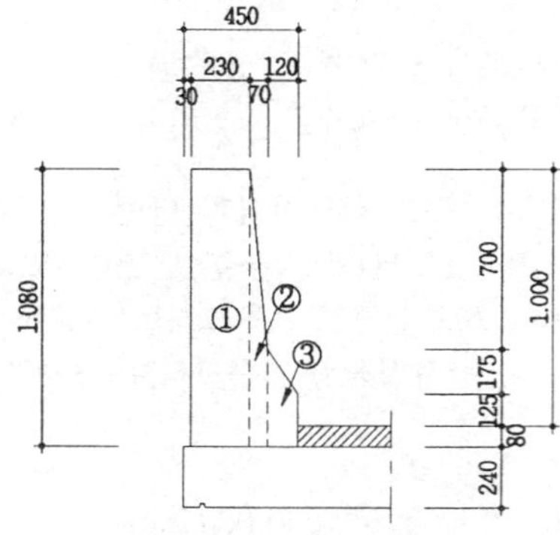

(단위 : mm)

구 분		두 께 (m)	길 이 (m)	단위중량 (kN/m³)	팔길이 (m)	모멘트 (kNm)
바닥판		0.240	0.900	25.00	0.450	2.430
포 장		0.080	0.450	23.00	0.225	0.186
방호벽	①	1.080	0.230	25.00	0.755	4.689
	②	0.730	0.070	25.00	0.611	0.781
	③	0.293	0.120	25.00	0.516	0.453
ΣMd						8.539

나. 활하중 (Live Load) : DB − 24 , $P_{\Upsilon} = 96.0\ \text{kN}$

· 충격계수 (I)

$$I = \frac{15}{40 + L} = \frac{15}{40 + 0.150} = 0.374 > 0.3$$

$\therefore I = 0.300$

· 윤하중 분포폭 (E)

$E = 0.8 \times x + 1.14 = 1.260\ \text{m}$

(여기서, $x = 0.900 - 0.3 - 0.45 = 0.150$ 이므로, $x = 0.150$ 임)

$\therefore M_l = P_\gamma (1 + i)\, x / E \;=\; 96.0 \times (1 + 0.3) \times 0.150 / 1.260$

$= 14.857\ \text{kNm}$

다. 방호벽에 작용하는 충돌하중

・설계기준속도 $V = 100.0\ \mathrm{km/hr}$

$M_{co} = \left(\frac{V}{60}\right)^2 \times 7.5 + 2.5 = 23.333\ \mathrm{kNm}$

・직선 구간에서는 벽의 상단에 횡방향으로 10 kN/m, 곡선 구간은 20 kN/m를 적용

$M_{co} = P \times h = 10.000 \times 1.080 = 10.800\ \mathrm{kNm}$ (직교)

$\therefore M_{co} = 23.333\ \mathrm{kNm}$

라. 방호벽에 작용하는 풍하중

부재의 단면형상 : 각형 $\omega = 3.000\ \mathrm{kN/mm^2}$

$\therefore M_{\omega} = \omega \times h \times l = 3.000 \times 1.000 \times 0.580 = 1.740\ \mathrm{kNm}$

마. 극한 하중(M_u)의 산정 : 사용하중에서 충돌하중은 제외하며, 풍하중의 영향은 30%를 고려함

$M_u = 1.3 \times M_d + 2.15 \times M_l = 43.043\ \mathrm{kNm}$ (23.396 : 사용하중)

$M_u = 1.3 \times M_d + 1.3 \times M_w = 13.363\ \mathrm{kNm}$ (9.061 : 사용하중)

$M_u = 1.3 \times M_d + 1.3 \times M_l + 0.650 \times M_w = 31.546\ \mathrm{kNm}$ (23.918 : 사용하중)

$M_u = 1.3 \times M_d + 1.3 \times M_l + 1.3 \times M_{co} = 60.748\ \mathrm{kNm}$ (23.396 : 사용하중)

$M_u = 1.2 \times M_d + 1.2 \times M_w + 1.2 \times M_{co} = 40.334\ \mathrm{kNm}$ (9.061 : 사용하중)

$\therefore M_u = 60.748\ \mathrm{kNm}$ (23.396 : 사용하중)

③ [단계 2-6] 단면 설계

가. 주철근

$f_{ck} = 27\ \mathrm{MPa}$, $f_y = 400\ \mathrm{MPa}$, $M_u = 60.748\ \mathrm{kNm}$

$b = 1000\ \mathrm{mm},\ d = 180\ \mathrm{mm},\ d' = 60\ \mathrm{mm},\ \phi = 0.85,\ k_1 = 0.85$

$M_n = M_u / \phi = 0.85 \times f_{ck} \times b \times d \times a - 1/2 \times 0.85 f_{ck} \times b \times a^2$ 에서

$0.425 \cdot f_{ck} \times b \times a^2 - 0.85 \times f_{ck} \times b \times d \times a + M_u / \phi = 0$

$11{,}475\, a^2 - 4{,}131{,}000\, a + 71{,}468{,}235 = 0$: (a에 대한 2차 방정식)

$\therefore a = 18.223\ \mathrm{mm}$

필요철근량 : $A_s = 0.85 \times (f_{ck} / f_y) \times a \times b = 1{,}046\ \mathrm{mm^2}$

최소철근량 : $A_s = (1.4 / f_y) \times b \times d = 630\ \mathrm{mm^2}$

사용철근량 : $A_s = 1{,}433\ \mathrm{mm^2}$ H19 × 5 EA (CTC 200 mm)

시공의 편의를 위하여 H19 철근을 200 mm 중심간격으로 상・하면에 직선 배치

$M_d = 0.85^2 \times f_{ck} \times a' \times b \times (d - a'/2) \leftarrow a' = 24.967\ \mathrm{mm}$

$= 81.589\ \mathrm{kNm} > M_u = 60.748\ \mathrm{kNm}$ ∴ OK

$p_{\max} = 0.75 \times p_b = 0.75 \times 0.85 \times \frac{27}{400} \times 0.85 \times \frac{600}{600 + 400}$

$= 0.0219$

$p_{min} = 14/f_y = 0.0035 \quad < \quad p = 0.0080 \quad < \quad p_{max} = 0.0219$

나. 배력 철근

· 주철근에 대한 배력 철근의 비율(ρ)

$\rho_d = \dfrac{120}{\sqrt{L}} = \dfrac{120}{\sqrt{0.90}} = 126.5\,\% \quad > \quad \rho_{max} = 67\ \%$

∴ ρ = 67.0 %

필요철근량 : $A_{sd} = A_s \times 0.67 = 1{,}046 \times 0.67 = 701\ \mathrm{mm}^2$

· 온도 및 건조수축에 대한 철근량 : 바닥판 단면의 0.2%

필요철근량 : $A_{sd} = 1{,}000 \times 240 \times 0.002 = 480\ \mathrm{mm}^2$

사용철근량 : $A_{sd} = 794\ \mathrm{mm}^2$ H16 × 4 EA (CTC 250 mm)

다. 캔틸레버 바닥판의 단부 철근량 : 단부외의 캔틸레버 바닥판에서 필요한 철근량의 2배를 배치

필요철근량 : $A_s = 1{,}046 \times 2 = 2{,}092\ \mathrm{mm}^2$

사용철근량 : $A_s = 2{,}865\ \mathrm{mm}^2$ H19 × 10 EA (CTC 100 mm)

④ [단계 2-7] 사용성 검토

가. 처짐 검토

주철근이 차량 진행방향에 나란하거나 직각인 교량슬래브 : 1.2 (S+3)/30

$1.2\,(S+3)/30 = 1.2(0.900+3)/30 \quad = \quad 0.156\ \mathrm{m} \quad < \quad 0.240\ \mathrm{m}$ ∴ OK

나. 휨 균열에 대한 검토

$M_{ser} = 23.918\ \mathrm{kNm}\ , \qquad p = 0.0080\ , \qquad n = \dfrac{E_s}{E_c} = 7.193$

$k = -\,np + \sqrt{(np)^2 + 2\,np} \ = 0.287$

$x = kd = 51.660\ \mathrm{mm}$

$f_s = \dfrac{M_{ser}}{A_s(d - x/3)}$

$= \dfrac{23.918 \times 10^6}{1{,}433 \times (180.0 - 51.66/3)}$

$= 102.5\ \mathrm{MPa} \quad < \quad 0.6\,f_y = 240\ \mathrm{MPa}$ ∴ OK

$A = 2 \times y \times b/\text{철근수} = 2 \times 60 \times 1{,}000/5 \ = \ 24{,}000\ \mathrm{mm}^2$

$R = d_1 / d_2 \ = \ 188.533 / 128.533 \ = \ 1.467$

균열폭(ω)

$w = 1.08 \times R \times fs \times \sqrt[3]{(dc \times A)} \times 10^{-5}$

$= 1.08 \times 1.467 \times 102.5 \times \sqrt[3]{(60 \times 24{,}000)} \times 10^{-5}$

$= 0.183\ \mathrm{mm} \quad < \quad w_a = 0.005 \times t_c = 0.253\ \mathrm{mm}$ ∴ OK

다. 피로검토

SD 400은 철근의 응력범위가 150 MPa이하일 경우에 피로를 고려하지 않아도 된다.

$M = 14.857\ \text{kNm}$

$$f_s = \frac{M}{A_s \times (d - x/3)}$$

$= 63.7\text{MPa}$ 이므로 피로에 대하여 안전하다.

2.3.3 [단계 3] PSC 거더의 설계

(1) [단계 3-1] 단면 제계수 산정

① [단계 3-1-1] 총단면에 대한 단면 제계수의 계산

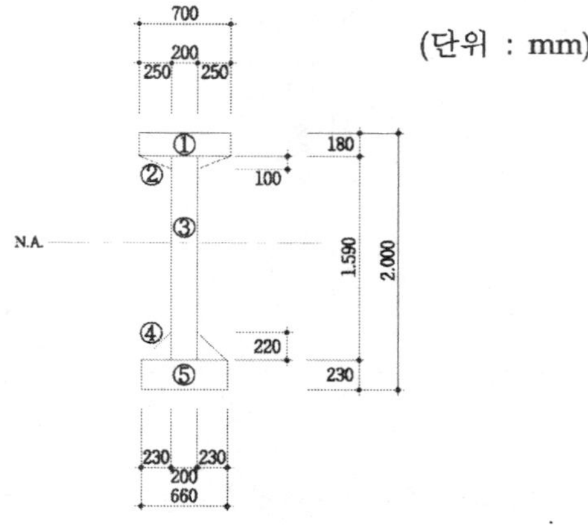

(단위 : mm)

(단위 : m)

번 호	b	h	A	y	$A\times y$	y'	$A\times y'^2$	I_o
①	0.700	0.180	0.126	0.090	0.011340	0.951	0.113955	0.000340
②	0.250	0.100	0.0250	0.213	0.005333	0.828	0.017127	0.000014
③	0.200	1.590	0.318	0.975	0.310050	0.066	0.001385	0.066995
④	0.230	0.220	0.0506	1.697	0.085853	-0.656	0.021755	0.000136
⑤	0.660	0.230	0.1518	1.885	0.286143	0.844	0.108133	0.000669
계			0.6714		0.698719		0.262355	0.068154

$y_{t1} = \dfrac{\Sigma(A\times y)}{\Sigma A} = \dfrac{0.698719}{0.6714} = 1.041\ \text{m}$: 거더 상단에서 도심까지의 거리

$y_{b1} = 1.041 - 2.000 = -0.959\ \text{m}$: 도심축에서 거더 하단까지의 거리

$I_{x1} = \Sigma(I_o + A\times y'^2)$

$= 0.068154 + 0.262355$

$= 0.330509\ \text{m}^4$

$$Z_{t1} = \frac{I_{x1}}{y_{t1}} = \frac{0.330509}{1.041} = 0.317492\ \text{m}^3$$

$$Z_{b1} = \frac{I_{x1}}{y_{b1}} = \frac{0.330509}{0.959} = 0.344639\ \text{m}^3$$

$$r_1^2 = \frac{0.330509}{0.6714} = 0.492268\ \text{m}^2$$

② [단계 3-1-2] 순단면에 대한 단면 제계수의 계산

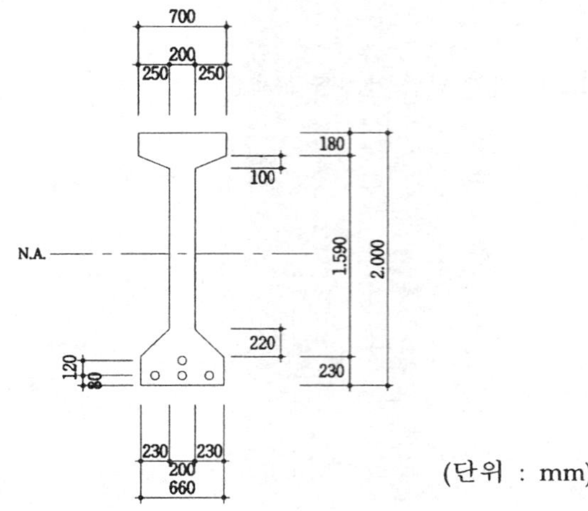

(단위 : mm)

쉬스 ϕ66 × 4 EA (A=0.0137 m^2) ; 하단에서의 편심거리 = 0.110 m

(단위 : m)

구 분	A	y	$A \times y$	y'	$A \times y'^2$	I_o
총 단 면	0.6714	1.041	0.698927	-0.018	0.000218	0.330509
쉬 스 관	-0.0137	1.890	-0.025893	-0.867	-0.010298	
계	0.6577		0.673034		-0.010081	0.330509

$$y_{t2} = \frac{\Sigma(A \times y)}{\Sigma A} = \frac{0.673034}{0.6577} = 1.023\ \text{m}$$: 거더 상단에서 도심축까지의 거리

$$y_{b2} = 1.023 - 2.000 = -0.977\ \text{m}$$: 도심축에서 거더 하단까지의 거리

$$I_{x2} = \Sigma(I_o + A \times y'^2)$$

$$= 0.330509 - 0.01008$$

$$= 0.320428\ \text{m}^4$$

$$Z_{t2} = \frac{I_{x2}}{y_{t2}} = \frac{0.320428}{1.023} = 0.313224\ \text{m}^3$$

$$Z_{b2} = \frac{I_{x2}}{y_{b2}} = \frac{0.320428}{0.977} = 0.327971\ \text{m}^3$$

$$e_{p2} = 0.977 - 0.110 = 0.867\ \text{m}$$

$$Z_{p2} = \frac{0.320428}{0.867} = 0.369583\ \text{m}^3$$

③ [단계 3-1-3] PS강연선 환산단면에 대한 단면 제 계수의 계산

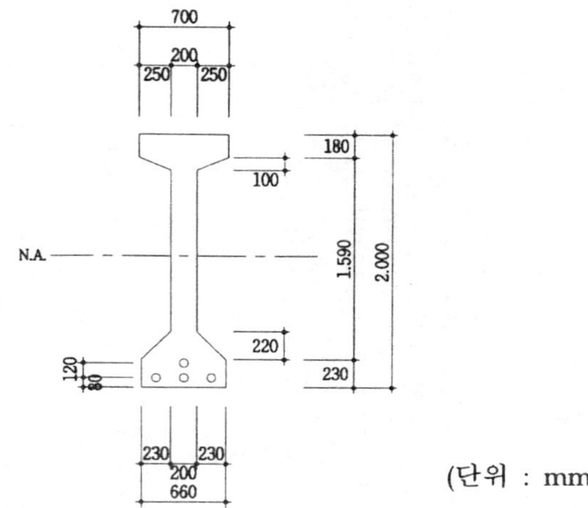

(단위 : mm)

USE $\phi 12.7 \times 12\ \text{EA} = 98.71 \times 10^{-6} \times 12 = 0.001185\ \text{m}^2$

$$n_p = \frac{E_s}{E_c} = \frac{200,000}{8,500\sqrt[3]{40+8}} = 6.474$$

$$A = 0.001185 \times 4\ \text{EA} \times 6.474 = 0.0307\ \text{m}^2$$

(단위 : m)

구 분	A	y	$A \times y$	y'	$A \times y'^2$	I_o
순 단 면	0.6577	1.023	0.672827	0.039	0.001000	0.320428
PS강연선	0.0307	1.890	0.058023	-0.828	0.021047	
계	0.6884		0.730850		0.022048	0.320428

$$y_{t3} = \frac{\Sigma(A \times y)}{\Sigma A} = \frac{0.730850}{0.6884} = 1.062\ \text{m}$$: 거더 상단에서 도심축까지의 거리

$$y_{b3} = 1.062 - 2.000 = -0.938\ \text{m}$$: 도심축에서 거더 하단까지의 거리

$$I_{x3} = \Sigma(I_o + A \times y'^2)$$

$$= 0.320428 + 0.022048$$

$$= 0.342476\ \text{m}^4$$

$$Z_{t3} = \frac{I_{x3}}{y_{t3}} = \frac{0.342476}{1.062} = 0.322482\ \text{m}^3$$

$$Z_{b3} = \frac{I_{x3}}{y_{b3}} = \frac{0.342476}{0.938} = 0.365113\ \mathrm{m}^3$$

$$e_{p3} = 0.938 - 0.110 = 0.828\ \mathrm{m}$$

$$Z_{p3} = \frac{0.342476}{0.828} = 0.413618\ \mathrm{m}^3$$

④ [단계 3-1-4] 합성단면에 대한 단면 제계수의 계산

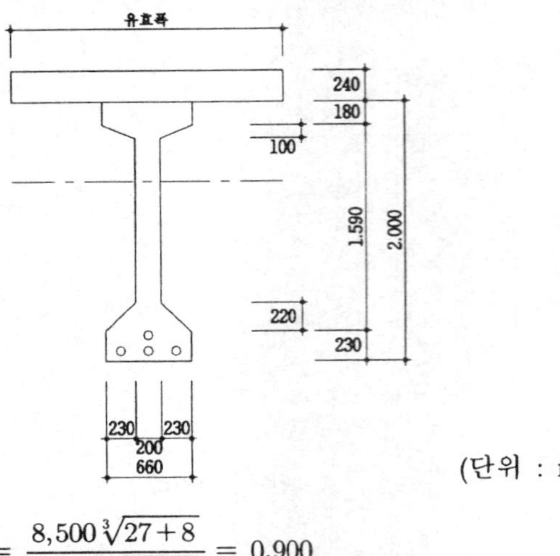

(단위 : mm)

$$n_c = \frac{8,500\sqrt[3]{27+8}}{8,500\sqrt[3]{40+8}} = 0.900$$

가. 외측 거더

$b_1 = 1.250 + 0.1 = 1.350\ \mathrm{m}$

유효폭 산정

(한쪽으로 내민 플랜지 두께의 6배) + b_1
$= 6 \times 0.240 + 1.350 = 2.790$ m

(보의 경간의 1/12) + b_1
$= 29.100 / 12 + 1.350 = 3.775$ m

(인접 보와의 내측 거리의 1/2) + b_1
$= 2.550 / 2 + 1.350 = 2.625$ m

작은 값 사용 (2.625 m)

바닥판 단면적 : $A = 0.240 \times 2.625 \times 0.900 = 0.567\ \mathrm{m}^2$

(단위 : m)

구 분	A	y	$A \times y$	y'	$A \times y'^2$	I_o
PS강연선 환산단면	0.6884	1.302	0.896297	-0.534	0.196301	0.342476
바 닥 판	0.5670	0.120	0.068040	0.648	0.238086	0.002722
계	1.2554		0.964337		0.434387	0.345198

$y_{st} = \dfrac{\Sigma(A \times y)}{\Sigma A} = \dfrac{0.964337}{1.2554} = 0.768$ m : 바닥판 상단에서 도심축까지의 거리

$y_{t4} = 0.768 - 0.240 = 0.528$ m : 거더 상단에서 도심축까지의 거리

$y_{b4} = 0.768 - 2.240 = -1.472$ m : 도심축에서 거더 하단까지의 거리

$I_{x4} = \Sigma(I_o + A \times y'^2)$

$= 0.345198 + 0.434387$

$= 0.779585 \text{ m}^4$

$Z_{st} = \dfrac{I_{x4}}{y_{st}} = \dfrac{0.779585}{0.768} = 1.015084 \text{ m}^3$

$Z_{t4} = \dfrac{I_{x4}}{y_{t4}} = \dfrac{0.779585}{0.528} = 1.476486 \text{ m}^3$

$Z_{b4} = \dfrac{I_{x4}}{y_{b4}} = \dfrac{0.779585}{1.472} = 0.529609 \text{ m}^3$

$e_{p4} = 1.472 - 0.110 = 1.362$ m

$Z_{p4} = \dfrac{0.779585}{1.362} = 0.572382 \text{ m}^3$

나. 내측 거더

유효폭 산정

(플랜지 두께의 12배) + b_w

= 12 × 0.240 + 0.200 = 3.080 m

양쪽의 슬래브의 중심 간 거리 = 2.750 m

거더 경간의 1/4 = 29.100 / 4 = 7.275 m

→ 작은 값 사용 (2.750 m)

바닥판 단면적 : $A = 0.240 \times 2.750 \times 0.900 = 0.5940 \text{ m}^2$

(단위 : m)

구 분	A	y	$A \times y$	y'	$A \times y'^2$	I_o
PS강연선 환산단면	0.6884	1.302	0.896297	-0.547	0.205976	0.342476
바 닥 판	0.5940	0.120	0.071280	0.635	0.239516	0.002851
계	1.2824		0.967577		0.445491	0.345327

$y_{st} = \dfrac{\Sigma(A \times y)}{\Sigma A} = \dfrac{0.967577}{1.2824} = 0.755$ m : 바닥판 상단에서 도심축까지의 거리

$y_{t4} = 0.755 - 0.240 = 0.515$ m : 거더 상단에서 도심축까지의 거리

$y_{b4} = 0.755 - 2.240 = -1.485$ m : 도심축에서 거더 하단까지의 거리

$$I_{x4} = \Sigma(I_o + A \times y'^2)$$

$$= 0.345327 + 0.445491$$

$$= 0.790818\ \mathrm{m}^4$$

$$Z_{st} = \frac{I_{x4}}{y_{st}} = \frac{0.790818}{0.755} = 1.047442\ \mathrm{m}^3$$

$$Z_{t4} = \frac{I_{x4}}{y_{t4}} = \frac{0.790818}{0.515} = 1.535570\ \mathrm{m}^3$$

$$Z_{b4} = \frac{I_{x4}}{y_{b4}} = \frac{0.790818}{1.485} = 0.532538\ \mathrm{m}^3$$

$$e_{p4} = 1.485 - 0.110 = 1.375\ \mathrm{m}$$

$$Z_{p4} = \frac{0.790818}{1.375} = 0.575141\ \mathrm{m}^3$$

⑤ [단계 3-1-5] 단면제원 정리

구 분	순단면	PS강연선 환산	바닥판 환산	
			내측	외측
A	0.6577	0.6884	1.2824	1.2554
y_{st}			0.755	0.768
y_t	1.023	1.062	0.515	0.528
y_b	-0.977	-0.938	-1.485	-1.472
I_x	0.320428	0.342476	0.790818	0.779585
Z_{st}			1.047442	1.015084
Z_t	0.313224	0.322482	1.535570	1.476486
Z_b	0.327971	0.365113	0.532538	0.529609
e_p	0.867	0.828	1.375	1.362
Z_p	0.369583	0.413618	0.575141	0.572382

A : 단면적 (m^2)
y_{st} : 바닥판 상면~도심축 (m)
y_t : 거더 상면~도심축 (m)
y_b : 도심축~거더 하면 (m)
I_x : 단면 2차 모멘트 (m^4)
Z_{st} : 바닥판 상면에 대한 단면계수 (m^3)
Z_t : 거더 상면에 대한 단면계수 (m^3)
Z_b : 거더 하면에 대한 단면계수 (m^3)
e_p : 도심축~PS강연선 도심 (m)
Z_p : 강선 위치에 대한 단면계수 (m^3)

(2) [단면 3-2] 고정하중 및 활하중 해석

① [단면 3-2-1] 고정하중 산정 및 고정하중에 의한 단면력 산정

가. 고정하중 산정

(가) 거더 중량

· 표준구간

$w1 = 0.6714 \times 25.0 = 16.785\ \text{kN/m}$

· 단부

$w2 = 16.785 + (1.590 + 1.270) / 2 \times 0.230 \times 25.0 \times 2\text{EA} = 33.230\ \text{kN/m}$

· 가로보 구간 헌치부

$h = (0.520 + 0.420) / 2 = 0.470\,\text{m}$

$$W = 0.300 \times 0.250 \times 0.470 \times 25.0 \times 2\text{EA}$$
$$+ (0.230 \times 0.250) / 2 \times 0.470 \times 25.0 \times 4\text{EA}$$
$$= 3.114\ \text{kN}$$

(나) 가로보 중량

· 내측 거더 (중앙부) : $w = 0.700 \times 2.090 \times 0.300 \times 25.0 = 10.973\ \text{kN}$

· 외측 거더 (중앙부) : $w = 10.973 / 2 = 5.487\ \text{kN}$

(다) 방호벽 중량

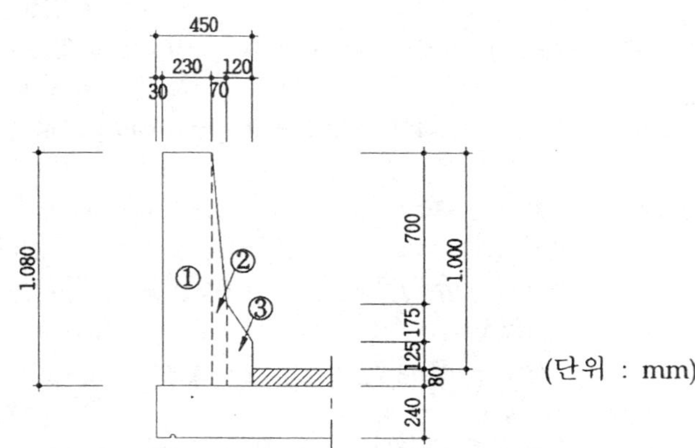

구분	A	x	$A \times x$
①	0.248	0.305	0.0758
②	0.051	0.161	0.0082
③	0.035	0.066	0.0023
계	0.335		0.0863

· 도심위치

$x = 0.0863 / 0.335 = 0.258\ \text{m}$

· 방호벽중량

$w = 0.335 \times 25.0 = 8.365\ \text{kN/m}$

나. 고정하중에 의한 단면력 산정

(가) 거더 자중

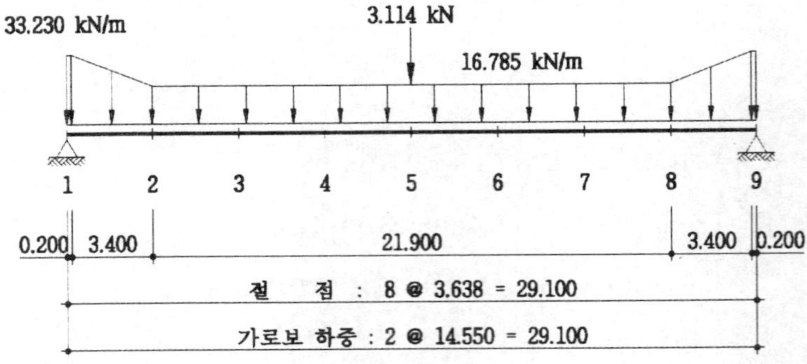

V_1 = 16.785 × 29.100 / 2 + 16.445 × 0.200 + 16.445 / 2 × 3.400
+ 3.114 × 0.5 EA = 277.0 kN

V_2 = 277.0 - (16.785 × 3.638 + 16.445 × 0.200 + 0.5 × 16.445 × 3.400)
= 184.7 kN

V_3 = 277.0 - (16.785 × 7.275 + 16.445 × 0.200 + 0.5 × 16.445 × 3.400)
= 123.7 kN

V_4 = 277.0 - (16.785 × 10.913 + 16.445 × 0.200 + 0.5 × 16.445 × 3.400)
= 62.6 kN

V_5 = 277.0 - (16.785 × 14.550 + 16.445 × 0.200 + 0.5 × 16.445 × 3.400)
= 1.6 kN

M_2 = 277.0 × 3.638 - (16.785 × 3.638^2/2 + 16.445 × 0.200 × 3.538 + 0.5
× 16.445 × 3.400 × 2.304) = 820.6 kNm

M_3 = 277.0 × 7.275 - (16.785 × 7.275^2/2 + 16.445 × 0.200 × 7.175 + 0.5
× 16.445 × 3.400 × 5.942) = 1,381.5 kNm

M_4 = 277.0 × 10.913 - (16.785 × 10.913^2/2 + 16.445 × 0.200 × 10.813 + 0.5
× 16.445 × 3.400 × 9.579) = 1,720.3 kNm

M_5 = 277.0 × 14.550 - (16.785 × 14.550^2/2 + 16.445 × 0.200 × 14.450
+ 0.5 × 16.445 × 3.400 × 13.217)

(나) 합성 전 고정하중

㉮ 외측 거더

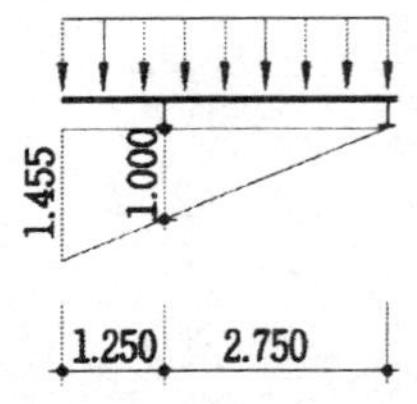

(단위 : m)

단면적(A) = 1/2 × (1.250 + 2.750) × 1.455
= 2.910 m^2

· 하중 산정

바닥판 중량 w_s = 0.240 × 2.910 × 25.0 = 17.460 kN/m

거푸집 중량 : 바닥판 중량의 10%로 추정 · 계산

w_g = 17.460 × 0.1 = 1.746 kN/m

가로보 중량 W_c = 5.487 kN/EA

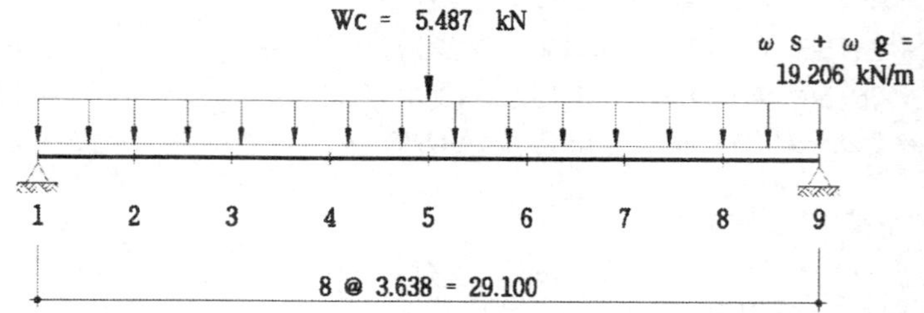

· 단면력 산정

V_1 = 19.206 × 29.100 / 2 + 5.487 × 0.5 EA = 282.2 kN

V_2 = 282.191 - (19.206 × 3.638) = 212.3 kN

V_3 = 282.191 - (19.206 × 7.275) = 142.5 kN

V_4 = 282.191 - (19.206 × 10.913) = 72.6 kN

V_5 = 282.191 - (19.206 × 14.550) = 2.7 kN

M_2 = 282.191 × 3.638 - (19.206 × 3.638^2/2) = 899.4 kNm

M_3 = 282.191 × 7.275 - (19.206 × 7.275^2/2) = 1,544.7 kNm

M_4 = 282.191 × 10.913 - (19.206 × 10.913^2/2) = 1,935.9 kNm

M_5 = 282.191 × 14.550 - (19.206 × 14.550^2/2)

㉯ 내측 거더

· 하중 산정

바닥판 중량 w_s = 0.240 × 2.750 × 25.0 = 16.500 kN/m

거푸집 중량 : 바닥판 중량의 10%로 추정 · 계산

w_g = 16.500 × 0.1 = 1.650 kN/m

가로보 중량 W_c = 10.973 kN/EA

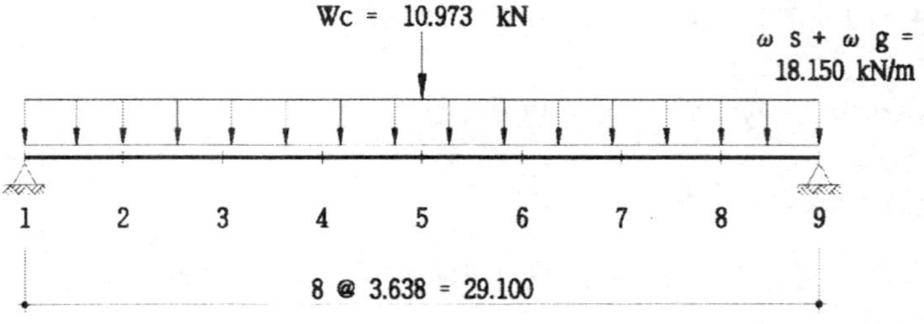

· 단면력 산정

V_1 = 18.150 × 29.100 / 2 + 10.973 × 0.5 EA = 269.6 kN
V_2 = 269.569 - (18.150 × 3.638) = 203.5 kN
V_3 = 269.569 - (18.150 × 7.275) = 137.5 kN
V_4 = 269.569 - (18.150 × 10.913) = 71.5 kN
V_5 = 269.569 - (18.150 × 14.550) = 5.5 kN
M_2 = 269.569 × 3.638 - (18.150 × 3.638^2/2) = 860.5 kNm
M_3 = 269.569 × 7.275 - (18.150 × 7.275^2/2) = 1,480.8 kNm
M_4 = 269.569 × 10.913 - (18.150 × 10.913^2/2) = 1,861.0 kNm
M_5 = 269.569 × 14.550 - (18.150 × 14.550^2/2) = 2,001.0 kNm

(다) 합성 후 고정하중

㉮ 내 · 외측 거더

· 포장 중량 w_p = 0.080 × (10.750 - 0.450 × 2EA) × 23.0 = 18.124 kN/m
· 방호벽 중량 w_b = 8.365 kN/m
· 합계 w = (w_b × 2 + w_p - 거푸집중량) / 거더의 수
= {8.365 × 2 + 18.124 - (1.650 × 2 + 1.746 × 2)} / 4 = 7.016 kN/m

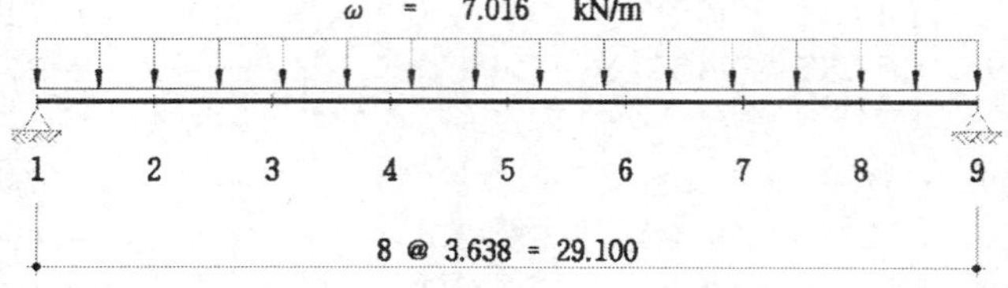

· 단면력 산정

V_1 = 7.016 × 29.100 × 1/2 = 102.1 kN
V_2 = 102.076 - (7.016 × 3.638) = 76.6 kN
V_3 = 102.076 - (7.016 × 7.275) = 51.1 kN
V_4 = 102.076 - (7.016 × 10.913) = 25.5 kN
V_5 = 102.076 - (7.016 × 14.550) = 0.0 kN

M_2 = 102.076 × 3.638 - (7.016 × 3.638^2 / 2) = 324.9 kNm
M_3 = 102.076 × 7.275 - (7.016 × 7.275^2 / 2) = 557.0 kNm
M_4 = 102.076 × 10.913 - (7.016 × 10.913^2 / 2) = 696.2 kNm
M_5 = 102.076 × 14.550 - (7.016 × 14.550^2 / 2) = 742.6 kNm

② [단계 3-2-2] 활하중에 의한 전단력 및 모멘트

가. 충격계수

$$I = \frac{15}{40+L} = \frac{15}{40+29.1} = 0.217 < 0.3 \quad \therefore I = 0.217$$

나. 외측 거더

(가) 횡분배 계수

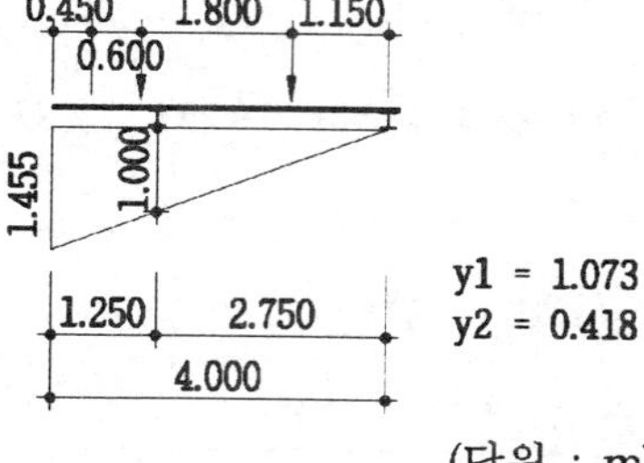

(단위 : m)

횡분배계수= 1.073 + 0.418 = 1.491

$\therefore\ P_r$ = 1.491 × 96 × 1.217 = 174.197 kN

P_f = 1.491 × 24 × 1.217 = 43.549 kN

(나) 전단력 산정

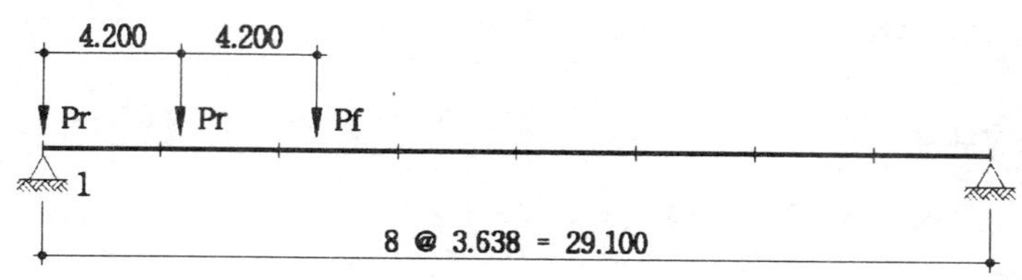

V_1 = (174.197 × 29.100 + 174.197 × 24.900 + 43.549 × 20.700) / 29.100

= 354.2 kN

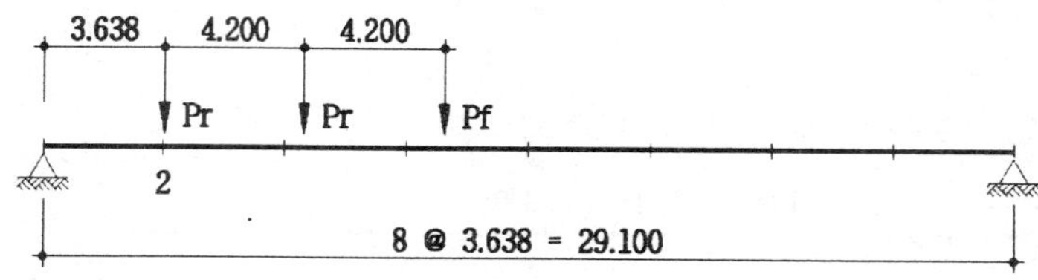

V_2 = (174.197 × 25.463 + 174.197 × 21.263 + 43.549 × 17.063) / 29.100

= 305.2 kN

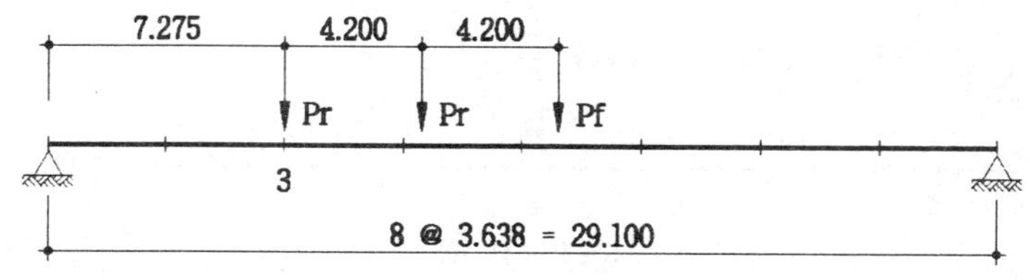

V_3 = (174.197 × 21.825 + 174.197 × 17.625 + 43.549 × 13.425) / 29.100

= 256.2 kN

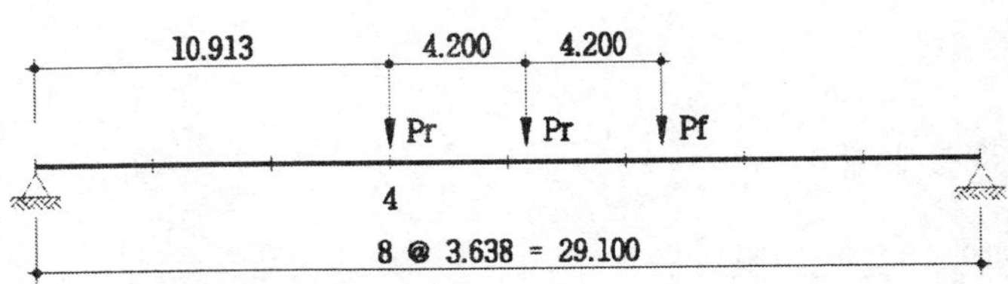

V_4 = (174.197 × 18.188 + 174.197 × 13.988 + 43.549 × 9.788) / 29.100
= 207.3 kN

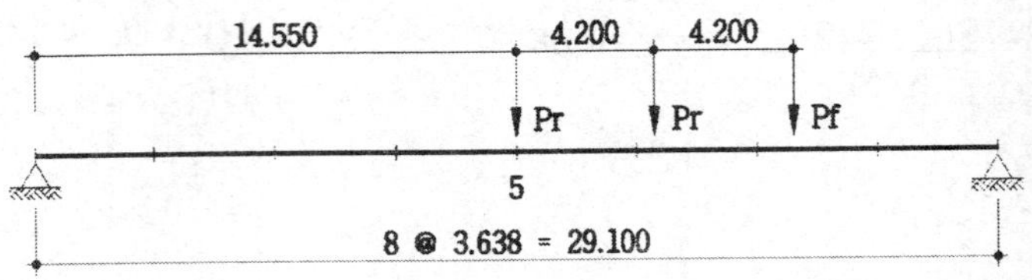

V_5 = (174.197 × 14.550 + 174.197 × 10.350 + 43.549 × 6.150) / 29.100
= 158.3 kN

(다) 모멘트 산정

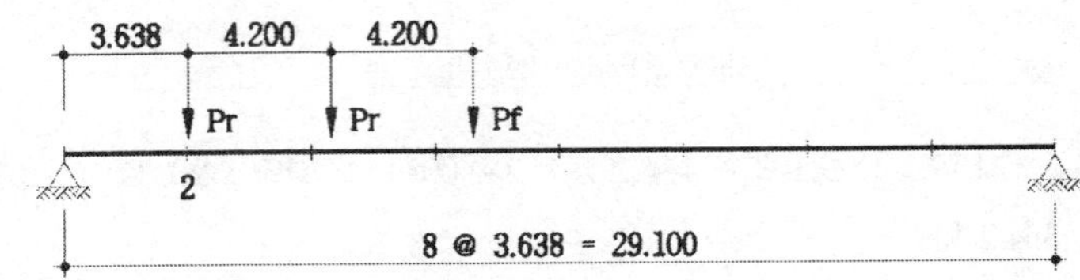

M_2 = 305.237 × 3.638 = 1,110.3 kNm

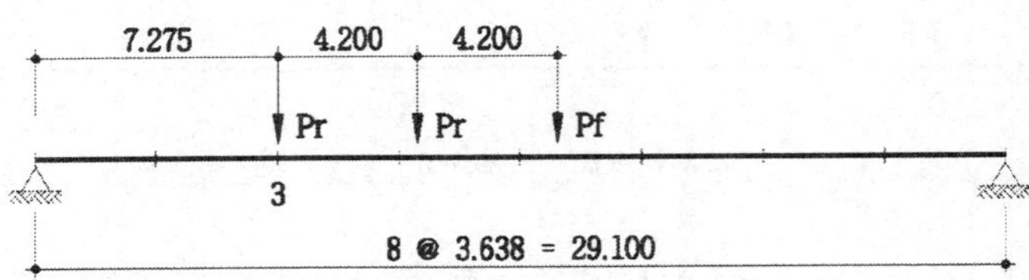

M_3 = 256.245 × 7.275 = 1,864.2 kNm

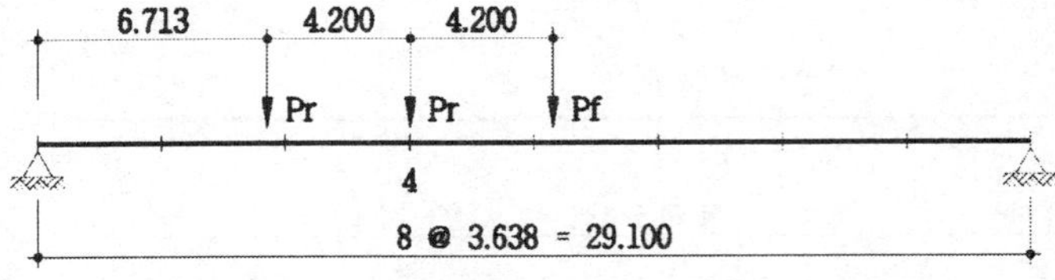

M_4 = (40.549 × 22.388 + 174.197 × 18.188 + 174.197 × 13.988) / 29.100
× 10.913 - 43.549 × 4.200 = 2,284.5 kNm

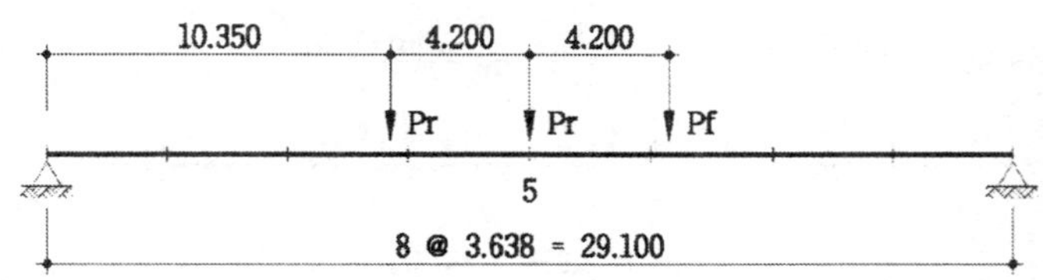

M_5 = (43.549 × 18.750 + 174.197 × 14.550 + 174.197 × 10.350) / 29.100
× 14.550 - 43.549 × 4.200 = 2,394.1 kNm

다. 내측 거더

(가) 횡분배 계수

횡분배 계수= 2.750 / 1.65 = 1.667

∴ P_r = 1.667 × 96 × 1.217 = 194.759 kN

P_f = 1.667 × 24 × 1.217 = 48.690 kN

(나) 전단력 산정

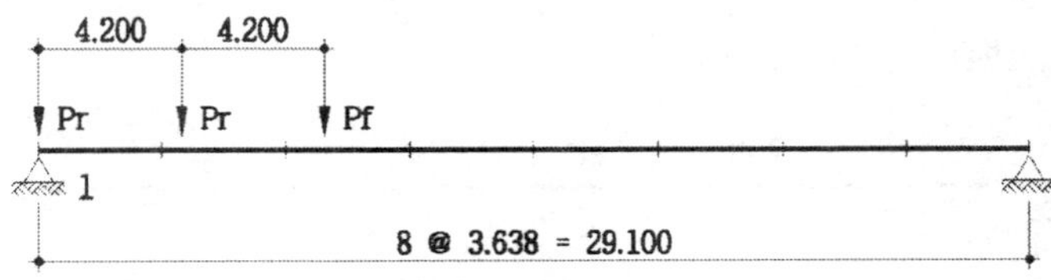

V_1 = (194.759 × 29.100 + 194.759 × 24.900 + 48.690 × 20.700) / 29.100
= 396.0 kN

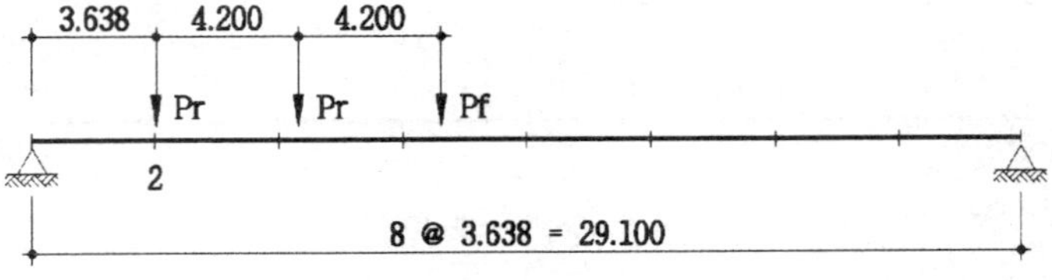

V_2 = (194.759 × 25.463 + 194.759 × 21.263 + 48.690 × 17.063) / 29.100
= 341.3 kN

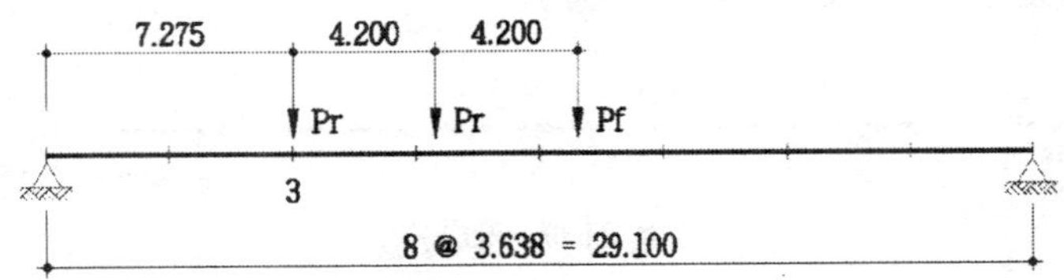

V_3 = (194.759 × 21.825 + 194.759 × 17.625 + 48.690 × 13.425) / 29.100
= 286.5 kN

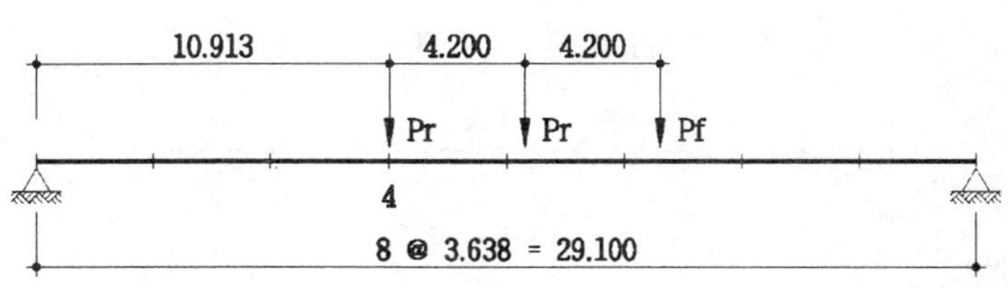

V_4 = (194.759 × 18.188 + 194.759 × 13.988 + 48.690 × 9.788) / 29.100
= 231.7 kN

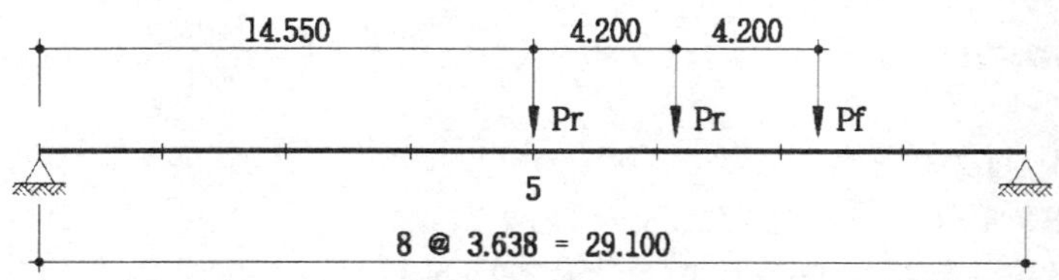

V_5 = (194.759 × 14.550 + 194.759 × 10.350 + 48.690 × 6.150) / 29.100
= 176.9 kN

(다) 모멘트 산정

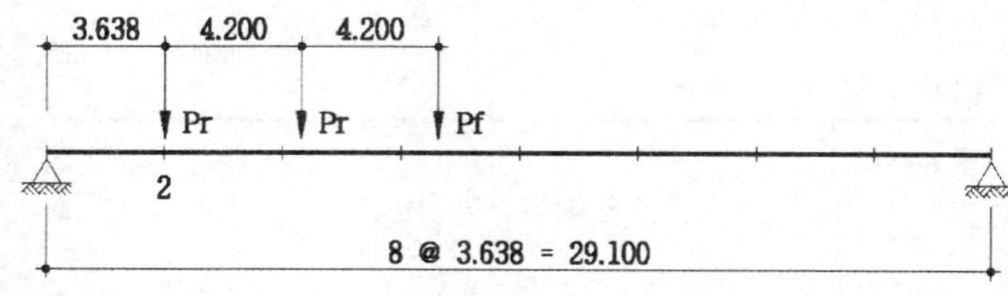

M_2 = 341.268 × 3.638 = 1,241.4 kNm

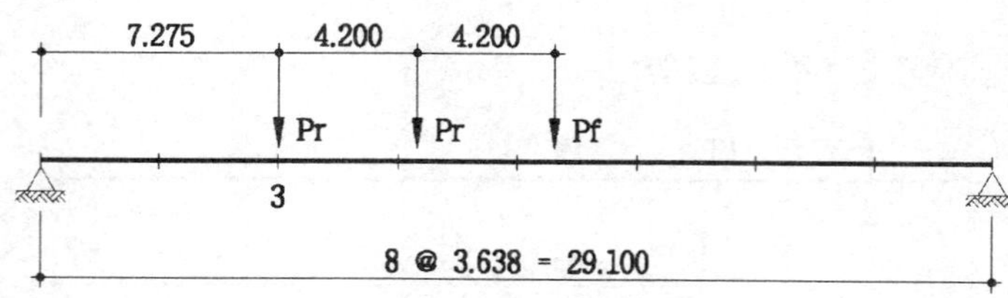

M_3 = 286.492 × 7.275 = 2,084.2 kNm

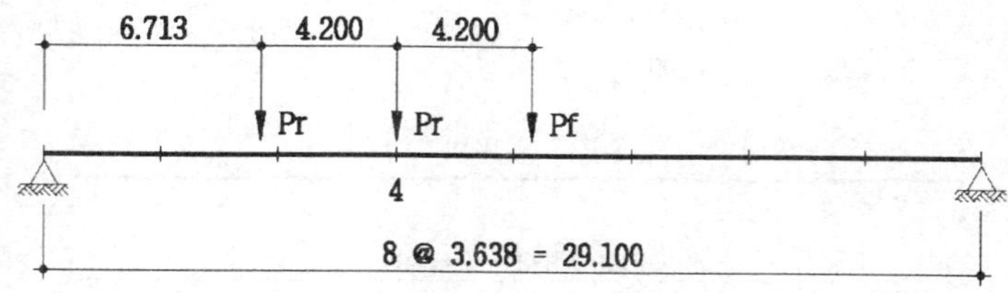

M_4 = (48.690 × 22.388 + 194.759 × 18.188 + 194.759 × 13.988) / 29.100
× 10.913 - 48.690 × 4.200 = 2,554.2 kNm

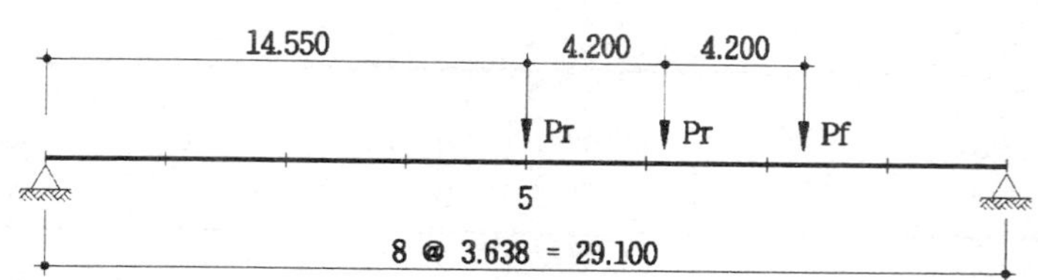

M_5 = (48.690 × 18.750 + 194.759 × 14.550 + 194.759 × 10.350) / 29.100 × 14.550 - 48.690 × 4.200 = 2,676.7 kNm

③ 단면력 집계

구 분		절 점	1	2	3	4	5
		거 리	0.000	3.638	7.275	10.913	14.550
외측거더	전단력 (kN)	거 더 자 중	277.0	184.7	123.7	62.6	1.6
		합성전 고정하중	282.2	212.3	142.5	72.6	2.7
		합성후 고정하중	102.1	76.6	51.0	25.5	0.0
		활 하 중	354.2	305.2	256.2	207.3	158.3
		계	1015.5	778.8	573.4	368.0	162.6
	모멘트 (kNm)	거 더 자 중	0.0	820.6	1381.5	1720.3	1837.0
		합성전 고정하중	0.0	899.4	1,544.7	1,935.9	2,072.9
		합성후 고정하중	.0.	324.9	557.0	696.2	742.6
		활 하 중	0.0	1,110.3	1,864.2	2,284.5	2,394.1
		계	0.0	3155.2	5347.3	6636.8	7046.6
내측거더	전단력 (kN)	거 더 자 중	277.0	184.7	123.7	62.6	1.6
		합성전 고정하중	269.6	203.5	137.5	71.5	5.5
		합성후 고정하중	102.1	76.6	51.0	25.5	0.0
		활 하 중	396.0	341.3	286.5	231.7	176.9
		계	1044.7	806.1	598.7	391.4	184.0
	모멘트 (kNm)	거 더 자 중	0.0	820.6	1,381.5	1,720.3	1,837.0
		합성전 고정하중	0.0	860.5	1,480.8	1,861.0	2,001.0
		합성후 고정하중	0.0	324.9	557.0	696.2	742.6
		활 하 중	0.0	1,241.4	2,084.2	2,554.2	2,676.7
		계	0.0	3247.3	5503.5	6831.6	7257.3

(3) [단계 3-3] 고정하중 및 활하중에 의한 응력계산

바닥판 및 PSC거더 $f = \dfrac{M}{Z}$

PS강연선 $f = \dfrac{n \cdot M}{Z}$, $n = \dfrac{E_s}{E_c} = \dfrac{2.0 \times 10^5}{30.891 \times 10^3} = 6.474$

① 외측 거더

구 분	모멘트 (kNm)	단면계수 (m^3)	콘크리트 휨응력 (MPa) 바닥판 상연	PSC 거더 상연	PSC 거더 하연	PS강연선 도심위치	PS강연선 응력 (MPa)
거 더 자 중	1,837.0	0.313224		5.86			
		0.327971			-5.60		
		0.369583				-4.97	
합 성 전 고정하중	2,072.9	0.322482		6.43			
		0.365113			-5.68		
		0.413618				-5.01	-32.45
합 성 후 고정하중	742.6	1.015084	0.73				
		1.476486		0.50			
		0.529609			-1.40		
		0.572382				-1.30	-8.40
활 하 중	2,394.1	1.015084	2.36				
		1.476486		1.62			
		0.529609			-4.52		
		0.572382				-4.18	-27.08
계	7,046.6		3.09	14.42	-17.20	-15.46	-67.92

(-) : 인장, (+) : 압축

② 내측 거더

구 분	모멘트 (kNm)	단면계수 (m^3)	콘크리트 단면 휨응력 (MPa) 바닥판 상연	PSC 거더 상연	PSC 거더 하연	PS강연선 도심위치	PS강연선 응력 (MPa)
거 더 자 중	1,837.0	0.313224		5.86			
		0.327971			-5.60		
		0.369583				-4.97	
합 성 전 고정하중	2,001.0	0.322482		6.21			
		0.365113			-5.48		
		0.413618				-4.84	-31.32
합 성 후 고정하중	742.6	1.047442	0.71				
		1.535570		0.48			
		0.532538			-1.39		
		0.575141				-1.29	-8.36
활 하 중	2,676.7	1.047442	2.56				
		1.535570		1.74			
		0.532538			-5.03		
		0.575141				-4.65	-30.13
계	7,257.3		3.26	14.30	-17.50	-15.75	-69.81

(-) : 인장, (+) : 압축

(4) [단계 3-4] 프리스트레스에 의한 응력 계산

① [단계 3-4-1] 단면내에서의 긴장재 위치 결정

PS강연선의 배치

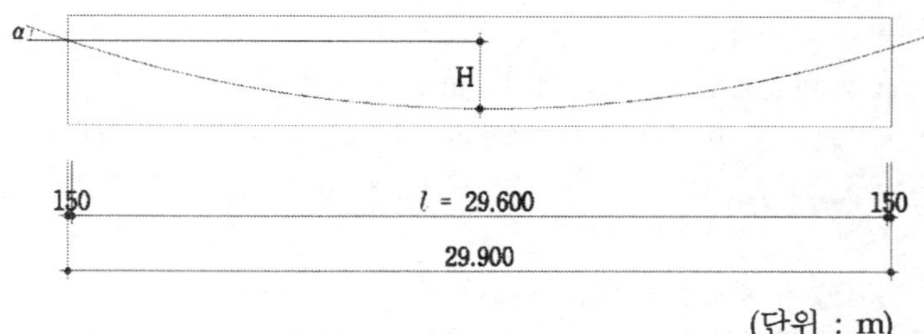

(단위 : m)

· PS강연선을 포물선 형상으로 배치

(단위 : m)

강연선 번호	H_{end}	H_{middle}	H	l	a	α (rad)	L
1	1.500	0.200	1.300	29.600	0.00593499	0.17390	29.751
2	1.086	0.080	1.006	29.600	0.00459277	0.13512	29.691
3	0.700	0.080	0.620	29.600	0.00283053	0.08359	29.635
4	0.294	0.080	0.214	29.600	0.00097699	0.02891	29.604
계				118.400		0.42152	118.681
평 균				29.600		0.10538	29.670

· 거더 중심으로부터 거리에 따른 거더 하단에서 강연선까지의 높이 산출

$y = a \cdot x^2 + 0.08$ (강연선 ②,③,④)

$\quad = a \cdot x^2 + 0.20$ (강연선 ①)

(단위 : m)

강연선 번호	0.000	3.638	7.275	10.913	14.800
1	0.200	0.279	0.514	0.907	1.500
2	0.080	0.141	0.323	0.627	1.086
3	0.080	0.117	0.230	0.417	0.700
4	0.080	0.093	0.132	0.196	0.294

② [단계 3-4-2] 긴장재의 긴장(Jacking)응력 가정

강연선 번호	긴장순서	긴장력(kN)	긴장응력(MPa)
1	1	1,606.0	1,355.27
2	2	1,564.0	1,319.83
3	3	1,518.0	1,281.01
4	4	1,470.0	1,240.51
평 균		1,539.5	1,299.16

③ [단계 3-4-3] 프리스트레스의 즉시손실 및 긴장재의 초기응력 결정

가. PS강연선과 쉬스 사이의 마찰에 의한 손실량

$x = L/2 = 29.670/2 = 14.835\ \text{m}$: 정착단에서 거더 중심까지의 강연선 평균길이

곡률 마찰계수 $\mu = 0.25$ (1/rad)

파상 마찰계수 $\kappa = 0.005$ (1/m)

$\kappa \times x + \mu \times \alpha = 0.005 \times 14.835 + 0.25 \times 0.10538 = 0.10052$

$\therefore f_{pf} = f_{pt1}(1 - e^{-(\kappa x + \mu\alpha)}) = 1{,}299.16 \times (1 - e^{-0.10052}) = 124.24\ \text{MPa}$

나. 정착장치 활동량에 의한 손실량

· PS 강연선과 쉬스 사이에 마찰이 있는 경우

$$\Delta l = \frac{A_{EP}}{A_p \times E_p}$$

$$\therefore A_{EP} = \Delta l \times A_p \times E_p = 0.006 \times 0.001185 \times 4EA \times 200{,}000 \times 10^3$$

$$= 5{,}688.0\ \text{kNm}$$

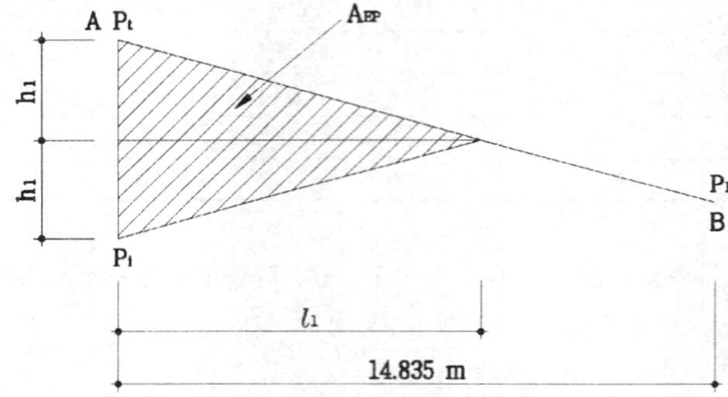

마찰에 의한 손실은 직선으로 변한다고 가정한다.

$P_t = 1{,}299.16 \times 0.001185 \times 4 \times 10^3 = 6{,}158.0\ \text{kN}$

$P_B = (1{,}299.16 - 124.24) \times 0.001185 \times 4 \times 10^3 = 5{,}569.1\ \text{kN}$

$\Delta P_t = P_t - P_B = 6{,}158.0 - 5{,}569.1 = 588.9\ \text{kN}$

$l_1 : h_1 = 14.835 : 588.9, \quad h_1 = l_1 \times 588.9 / 14.835$

$$A_{EP} = \frac{1}{2} \times l_1 \times h_1 \times 2\ \text{EA}$$

$$= \frac{588.9}{14.835} \times {l_1}^2$$

$$\therefore \quad l_1 = \sqrt{5{,}688.0 \times \frac{14.875}{588.9}} = 11.986\ \text{m} \quad < \quad 14.835\ \text{m}$$

∴ 정착장치의 활동에 의한 손실이 중앙단면에는 영향을 미치지 않음.

다. 콘크리트 탄성수축에 의한 손실량

$$f_{pel} = 0.5 \times \frac{E_s}{E_{ci}} \times f_{cir} = 0.5 \times \frac{E_s}{E_{ci}} \left(\frac{N-1}{N} f_{ctg'} + f_{dog} \right)$$

E_s : PS 강연선의 탄성계수

E_{ci} : 프리스트레스 도입시의 콘크리트의 압축강도

$(= 8,500 \sqrt[3]{f_{ci}+8} = 8,500 \sqrt[3]{32+8} = 29,070 \text{ MPa})$

f_{cir} : 프리스트레스 도입 직후 거더의 고정하중과 프리스트레스 힘에 의해 발생하는 긴장재 도심에서의 콘크리트 평균 압축응력

$f_{ctg'}$: 순단면에서 프리스트레스에 의한 PS강연선 도심위치에서의 응력

f_{dog} : 거더 자중에 의한 PS강연선 도심위치에서의 응력

$$f_{pt} = f_{pt1} - f_{pf} - f_{ps} = 1,299.16 - 124.24 - 0 = 1,174.92 \text{ MPa}$$

$$P_t' = f_{pt} \times A_p \times N = 1,174.92 \times 0.001185 \times 4 \times 10^3 = 5,569.1 \text{ kN}$$

$$f_{ctg'} = \frac{P_t'}{A_c} + \frac{P_t' \times e_{p2}}{Z_{p2}} = \frac{5,569.1 \times 10^{-3}}{0.6577} + \frac{5,569.1 \times 0.867 \times 10^{-3}}{0.369583}$$

$$= 21.53 \text{ MPa}(\text{압축})$$

$$f_{dog} = \frac{M_d}{Z_{p2}} = \frac{1,837.0 \times 10^{-3}}{0.369583} = -4.97 \text{ MPa}(\text{인장})$$

(M_d : 거더 자중에 의한 절점 5의 모멘트)

$$f_{cir} = \frac{N-1}{N} f_{ctg'} + f_{dog} = \frac{3}{4} \times 21.53 - 4.97 = 11.18 \text{ MPa}$$

$$\therefore \quad f_{pel} = 0.5 \times \frac{E_s}{E_{ci}} \times f_{cir} = 0.5 \times \frac{200,000}{29,070} \times 11.18$$

$$= 38.46 \text{ MPa}$$

라. PS강연선의 초기 긴장응력

$$f_{pt} = f_{pt1} - f_{pf} - f_{ps} - f_{pel}$$

$$= 1,299.16 - 124.24 - 0.00 - 38.46 = 1,136.46 \text{ MPa}$$

④ [단계 3-4-4] 프리스트레스의 시간적 손실 및 긴장재의 유효응력 결정

가. 콘크리트 크리프에 의한 손실량

$$\therefore \quad \Delta f_{pcr} = 12 \times f_{cirl} - 7 \times f_{cds}$$

(f_{cds} : 프리스트레스를 가할 당시 존재하는 고정하중을 제외한 모든 고정하중에 의해 발생하는 PS강연선 도심에서의 콘크리트 평균 압축응력)

· 외측 거더

$$P_t = 1,136.46 \times 0.00185 \times 4 \times 10^3 = 5,386.8 \text{ kN}$$

$$f_{cir1} = \frac{P_t}{A_c} + \frac{P_t \times e_{p2}}{Z_{p2}} - \frac{M_d}{Z_{p2}}$$

$$= \frac{5{,}386.8 \times 10^{-3}}{0.6577} + \frac{5{,}386.8 \times 10^{-3} \times 0.867}{0.369583} - \frac{1{,}837.0 \times 10^{-3}}{0.369583}$$

$$= 8.19 + 12.64 - 4.97 = 15.86 \text{ MPa}$$

$f_{cds} = 5.01 + 1.30 = 6.31$ MPa (휨응력 참조)

$\therefore \quad \Delta f_{pcr} = 12 \times 15.86 - 7 \times 6.31 = 146.16$ MPa

· 내측 거더

$f_{cds} = 4.84 + 1.29 = 6.13$ MPa (휨응력 참조)

$\therefore \quad \Delta f_{pcr} = 12 \times 15.86 - 7 \times 6.13 = 147.42$ MPa

나. 콘크리트 건조수축에 의한 손실량

$\therefore \quad \Delta f_{psh} = 0.8 \times (119 - 1.05 \times H_r)$

(H_r : 주위의 연평균 상대습도, 국내 평균 상대습도 = 70%)

$= 0.8 \times (119 - 1.05 \times 70) = 36.40$ MPa

다. PS강연선의 릴랙세이션에 의한 손실량

- 저릴랙세이션 강연선 사용.

$\therefore \Delta f_{pr} = 35 - 0.07 \times \Delta f_{pf} - 0.1 \times \Delta f_{pel} - 0.05 \times (\Delta f_{pcr} + \Delta f_{psh})$

Δf_{pf} : 고려되는 시점인 $0.7 f_{pu}$ 이하에서 마찰손실에 의한 응력 감소량

Δf_{pel} : 콘크리트 탄성수축에 의한 손실량

Δf_{pcr} : 콘크리트 크리프에 의한 손실량

Δf_{psh} : 콘크리트 건조수축에 의한 손실량

· 외측 거더

$\therefore \Delta f_{pr} = 35 - 0.07 \times 124.24 - 0.1 \times 38.46 - 0.05 \times (146.16 + 36.40)$

$= 13.24$ MPa

· 내측 거더

$\therefore \Delta f_{pr} = 35 - 0.07 \times 124.24 - 0.1 \times 38.46 - 0.05 \times (147.42 + 36.40)$

$= 13.30$ MPa

라. PS강연선의 유효응력

(가) 외측 거더

· PS강연선의 유효인장응력

$f_{pe} = f_{pt} - \Delta f_{pcr} - \Delta f_{psh} - \Delta f_{pr}$

$= 1{,}136.46 - 146.16 - 36.40 - 13.24 = 940.18$ MPa

· 유효계수

$$\eta = \frac{f_{pe}}{f_{pt}} = \frac{940.19}{1,136.46} = 0.827$$

(나) 내측 거더

· PS강연선의 유효인장응력

$$f_{pe} = f_{pt} - \Delta f_{pcr} - \Delta f_{psh} - \Delta f_{pr}$$

$$= 1,136.46 - 147.42 - 36.40 - 13.30 = 938.98\ \text{MPa}$$

· 유효계수

$$\eta = \frac{f_{pe}}{f_{pt}} = \frac{938.98}{1,136.46} = 0.826$$

⑤ [단계 3-4-5] 긴장재의 신축량 계산

$$\Delta l = \frac{P_t + P_{t1}}{A_p \cdot E_p} \times \text{강연선길이}$$

강 선 번 호	긴장순서	P_t (kN)	P_{t1} (kN)	강연선 길이 ($L/2$, m)	Δl (m)
1	1	1,606.0	1,458.8	14.876	0.192
2	2	1,564.0	1,416.8	14.846	0.187
3	3	1,518.0	1,370.8	14.818	0.181
4	4	1,470.0	1,322.8	14.802	0.174

⑥ [단계 3-4-6] 프리스트레스의 영향을 고려한 재하단계별 응력계산

가. 프리스트레스 도입 직후의 콘크리트 응력

· 프리스트레스에 의한 콘크리트 응력

$$P_t = f_{pt} \times A_p \times N = 1,136.46 \times 0.001185 \times 4 \times 10^3 = 5,386.8\ \text{kN}$$

$$f_{ct}(\text{상연응력}) = \frac{P_t}{A_c} - \frac{P_t \times e_{p2}}{Z_{t2}} = \frac{5,386.8 \times 10^{-3}}{0.6577} - \frac{5,386.8 \times 10^{-3} \times 0.867}{0.313224}$$

$$= -6.72\ \text{MPa}$$

$$f_{cb}(\text{하연응력}) = \frac{P_t}{A_c} + \frac{P_t \times e_{p2}}{Z_{b2}} = \frac{5,386.8 \times 10^{-3}}{0.6577} + \frac{5,386.8 \times 10^{-3} \times 0.867}{0.327971}$$

$$= 22.43\ \text{MPa}$$

· 거더 자중에 의한 콘크리트 응력

$$f_{ct}(\text{상연응력}) = \frac{M_d}{Z_{t2}} = \frac{1,837.0 \times 10^{-3}}{0.313224} = 5.86\ \text{MPa}$$

$$f_{cb}(\text{하연응력}) = \frac{M_d}{Z_{b2}} = \frac{1{,}837.0 \times 10^{-3}}{0.327971} = -5.60\,\text{MPa}$$

∴ 프리스트레스 도입 직후의 콘크리트 응력

f_{ct}(상연응력) = −6.72 + 5.86 = −0.86 MPa

f_{cb}(하연응력) = 22.43 − 5.60 = 16.83 MPa

나. 유효 프리스트레스

· 외측 거더

f_{ct} (상연응력) = $\eta \times f_{ct}$ = 0.827 × −6.72 = −5.56 MPa

f_{cb} (하연응력) = $\eta \times f_{cb}$ = 0.827 × 22.43 = 18.55 MPa

(프리스트레스에 의한 콘크리트 응력)

· 내측 거더

f_{ct} (상연응력) = $\eta \times f_{ct}$ = 0.826 × −6.72 = −5.55 MPa

f_{cb} (하연응력) = $\eta \times f_{cb}$ = 0.826 × 22.43 = 18.53 MPa

다. 설계하중 작용시의 휨응력

· 외측 거더

(단위 : MPa)

구 분		프리스트레스 도입 직후			설계하중 작용시		
		프리 스트레스	거더 자중	계	유효 프리 스트레스	총하중 (고정하중 · 활하중)	계
PSC 거더	상연	-6.72	5.86	-0.86	-5.56	14.42	8.86
	하연	22.43	-5.60	16.83	18.55	-17.20	1.35
PS 콘크리트 허용응력		-1.41 < 계 < 17.60			-3.16 < 계 < 16.00		
바닥판						3.09	3.09
바닥판 콘크리트 허용응력					-0.68 < 계 < 10.8		

(-) : 인장, (+) : 압축

· 내측 거더

(단위 : MPa)

구 분		프리스트레스 도입 직후			설계하중 작용시		
		프리 스트레스	거더 자중	계	유효 프리 스트레스	총하중 (고정하중 · 활하중)	계
PSC 거더	상연	-6.72	5.86	-0.86	-5.55	14.30	8.75
	하연	22.43	-5.60	16.83	18.53	-17.50	1.03
PS 콘크리트 허용응력		-1.41 < 계 < 17.60			-3.16 < 계 < 16.0		
바닥판						3.26	3.26
바닥판 콘크리트 허용응력					-0.68 < 계 < 10.80		

(-) : 인장, (+) : 압축

(5) [단계 3-5] 2차응력 계산

① [단계 3-5-1] 크리프 및 건조수축에 의한 단면력 계산

가. 크리프에 의한 단면력 계산

(가) 외측 거더

$$N_c = -\frac{K'}{C^2 - BF}[P\{B(y_1' \times e_{p1} - r_{c1}^2) - C \times e_{p1}\} + M_{d1}(C - B \times y_1')]$$

$$-\frac{K}{C^2 - BF}M_{d2}(C - B \times y_1')$$

$$M_c = -\frac{K'}{BF - C^2}[P\{C(y_1' \times e_{p1} - r_{c1}^2) - F \times e_{p1}\} + M_{d1}(F - C \times y_1')]$$

$$-\frac{K}{BF - C^2}M_{d2}(F - C \times y_1')$$

$$m = \frac{E_{c1}\, I_{c1}}{E_{c2}\, I_{c2}} = \frac{30,891 \times 0.342476}{27,804 \times 0.003024} = 125.8$$

$$B = 1 + m = 1 + 125.8 = 126.8$$

$$C = y_1' - m\, y_2 = 1.062 - 125.8 \times 0.120 = -14.0$$

$$F = y_1'^2 + r_{c1}^2 + m\, y_2^2 + m\, r_{c2}^2$$

$$= 1.062^2 + 0.497495 + 125.8 \times 0.120^2 + 125.8 \times 0.004800 = 4.0$$

$$P = \frac{(1,136.46 + 940.18) \times 10^3}{2} \times 0.0011845 \times 4 = 4,921.6\,\text{kN}$$

$$K = \frac{\phi^\infty}{1 + \phi^\infty} = \frac{3.8}{1 + 3.8} = 0.792$$

$$K' = \frac{\phi_t}{1 + \phi^\infty} = \frac{2.4}{1 + 3.8} = 0.500$$

$$N_c = -\frac{0.500}{14.0^2 - 126.8 \times 4.0}[4,921.6\{126.8(1.062 \times 0.828 - 0.497495)$$

$$+ 14.0 \times 0.828\} + 1,837.0 \times (-14.0 - 126.8 \times 1.062)]$$

$$-\frac{0.792}{14.0^2 - 126.8 \times 4.0} \times 2,072.9 \times (-14.0 - 126.8 \times 1.062) = -748.5\text{ MPa}$$

$$M_c = -\frac{0.500}{126.8 \times 4.0 - 14.0^2}[4,921.6\{-14.0(1.062 \times 0.828 - 0.497495)$$

$$- 4.0 \times 0.828\} + 1,837.0 \times (4.0 + 14.0 \times 1.062)]$$

$$-\frac{0.792}{126.8 \times 4.0 - 14.0^2} \times 2,072.9 \times (4.0 + 14.0 \times 1.062) = -86.8\text{ kNm}$$

(나) 내측 거더

$$m = \frac{E_{c1} I_{c1}}{E_{c2} I_{c2}} = \frac{30,891 \times 0.342476}{27,804 \times 0.003168} = 120.1$$

$$B = 1+m = 1+120.1 = 121.1$$

$$C = y_1' - m\, y_2 = 1.062 - 120.1 \times 0.120 = -13.4$$

$$F = y_1'^2 + r_{c1}^2 + m\, y_2^2 + m\, r_{c2}^2$$

$$= 1.062^2 + 0.497495 + 120.1 \times 0.120^2 + 120.1 \times 0.004800 = 3.9$$

$$P = \frac{(1,136.46 + 938.98) \times 10^3}{2} \times 0.0011845 \times 4 = 4,918.8\ \text{kN}$$

$$K = \frac{\phi^\infty}{1+\phi^\infty} = \frac{3.8}{1+3.8} = 0.792$$

$$K' = \frac{\phi_t}{1+\phi^\infty} = \frac{2.4}{1+3.8} = 0.500$$

$$N_c = -\frac{0.500}{13.4^2 - 121.1 \times 3.9}[4,918.8\{121.1(1.062 \times 0.828 - 0.497495)$$

$$+13.4 \times 0.828\} + 1,837.0 \times (-13.4 - 121.1 \times 1.062)]$$

$$-\frac{0.792}{13.4^2 - 121.1 \times 3.9} \times 2,001.0 \times (-13.4 - 121.1 \times 1.062) = -732.7\ \text{kN}$$

$$M_c = -\frac{0.500}{121.1 \times 3.9 - 13.4^2}[4,918.8\{-13.4(1.062 \times 0.828 - 0.497495)$$

$$-3.9 \times 0.828\} + 1,837.0 \times (3.9 + 13.4 \times 1.062)]$$

$$-\frac{0.792}{121.1 \times 3.9 - 13.4^2} \times 2,001.0 \times (3.9 + 13.4 \times 1.062) = -84.9\ \text{kNm}$$

나. 건조수축에 의한 단면력 계산

(가) 외측 거더

$$N_s = \epsilon_s E_{c1} I_{c1} \frac{B}{BF - C^2} \frac{1}{1+\phi^\infty}$$

$$M_s = \epsilon_s E_{c1} I_{c1} \frac{C}{C^2 - BF} \frac{1}{1+\phi^\infty}$$

$$N_s = \frac{0.0001 \times 30,891 \times 10^3 \times 0.342476 \times 126.8}{126.8 \times 4.0 - 14.0^2} \times \frac{1}{1+3.8} = 89.8\ \text{kN}$$

$$M_s = \frac{0.0001 \times 30,891 \times 10^3 \times 0.342476 \times (-14.0)}{14.0^2 - 126.8 \times 4.0} \times \frac{1}{1+3.8} = 9.9\ \text{kNm}$$

(나) 내측 거더

$$N_s = \frac{0.0001\times 30{,}891\times 10^3\times 0.342476\times 121.1}{121.1\times 3.9-13.4^2}\times\frac{1}{1+3.8} = 91.2\,\text{kN}$$

$$M_s = \frac{0.0001\times 30{,}891\times 10^3\times 0.342476\times(-13.4)}{13.4^2-121.1\times 3.9}\times\frac{1}{1+3.8} = 10.1\,\text{kNm}$$

② [단계 3-5-2] PSC 거더 및 바닥판의 상·하연 응력계산

가. 크리프에 의한 응력계산

(가) 외측 거더

$$f_{c2}{}' = -\frac{N_c}{A_{c2}} - \frac{M_c - N_c y_2}{I_{c2}}\cdot y_2{}' \qquad ;\ \text{바닥판 상연응력}$$

$$= -\frac{-748.5\times 10^{-3}}{0.6300} - \frac{-86.8+748.5\times 0.120}{0.003024}\times 0.120\times 10^{-3} = 1.07\,\text{MPa}$$

$$f_{c2} = -\frac{N_c}{A_{c2}} + \frac{M_c - N_c y_2}{I_{c2}}\cdot y_2 \qquad ;\ \text{바닥판 하연응력}$$

$$= -\frac{-748.5\times 10^{-3}}{0.6300} + \frac{-86.8+748.5\times 0.120}{0.003024}\times 0.120\times 10^{-3} = 1.31\,\text{MPa}$$

$$f_{c1}{}' = \frac{N_c}{A_{c1}} + \frac{M_c + N_c y_1{}'}{I_{c1}}\cdot y_1{}' \qquad ;\ \text{PSC거더 상연응력}$$

$$= \frac{-748.5\times 10^{-3}}{0.6884} + \frac{-86.8-748.5\times 1.062}{0.342476}\times 1.062\times 10^{-3} = -3.82\,\text{MPa}$$

$$f_{c1} = \frac{N_c}{A_{c1}} - \frac{M_c + N_c y_1{}'}{I_{c1}}\cdot y_1 \qquad ;\ \text{PSC거더 하연응력}$$

$$= \frac{-748.5\times 10^{-3}}{0.6884} - \frac{-86.8-748.5\times 1.062}{0.342476}\times 0.938\times 10^{-3} = 1.33\,\text{MPa}$$

(나) 내측 거더

$$f_{c2}{}' = -\frac{-732.7\times 10^{-3}}{0.6600} - \frac{-84.9+732.7\times 0.120}{0.003168}\times 0.120\times 10^{-3} = 1.00\,\text{MPa}$$

$$f_{c2} = -\frac{-732.7\times 10^{-3}}{0.6600} + \frac{-84.9+732.7\times 0.120}{0.003168}\times 0.120\times 10^{-3} = 1.22\,\text{MPa}$$

$$f_{c1}{}' = \frac{-732.7\times 10^{-3}}{0.6884} + \frac{-84.9-732.7\times 1.062}{0.342476}\times 1.062\times 10^{-3} = -3.74\,\text{MPa}$$

$$f_{c1} = \frac{-732.7\times 10^{-3}}{0.6884} - \frac{-84.9-732.7\times 1.062}{0.342476}\times 0.938\times 10^{-3} = 1.30\,\text{MPa}$$

나. 건조수축에 의한 응력계산

(가) 외측 거더

$$f_{s2}{}' = -\frac{N_s}{A_{c2}} - \frac{M_s - N_s\, y_2}{I_{c2}} \cdot y_2{}' \qquad ;\ \text{바닥판 상연응력}$$

$$= -\frac{89.8\times 10^{-3}}{0.6300} - \frac{9.9 - 89.8\times 0.120}{0.003024}\times 0.120\times 10^{-3} = -0.11\ \text{MPa}$$

$$f_{s2} = -\frac{N_s}{A_{s2}} + \frac{M_s - N_s\, y_2}{I_{c2}} \cdot y_2 \qquad ;\ \text{바닥판 하연응력}$$

$$= -\frac{89.8\times 10^{-3}}{0.6300} + \frac{9.9 - 89.8\times 0.120}{0.003024}\times 0.120\times 10^{-3} = -0.18\ \text{MPa}$$

$$f_{s1}{}' = \frac{N_s}{A_{c1}} + \frac{M_s + N_s\, y_1{}'}{I_{c1}} \cdot y_1{}' \qquad ;\ \text{PSC거더 상연응력}$$

$$= \frac{89.8\times 10^{-3}}{0.6884} + \frac{9.9 + 89.8\times 1.062}{0.342476}\times 1.062\times 10^{-3} = 0.46\ \text{MPa}$$

$$f_{s1} = \frac{N_s}{A_{c1}} - \frac{M_s + N_s\, y_1{}'}{I_{c1}} \cdot y_1 \qquad ;\ \text{PSC거더 하연응력}$$

$$= \frac{89.8\times 10^{-3}}{0.6884} - \frac{9.9 + 89.8\times 1.062}{0.342476}\times 0.938\times 10^{-3} = -0.16\ \text{MPa}$$

(나) 내측 거더

$$f_{s2}{}' = -\frac{91.2\times 10^{-3}}{0.6600} - \frac{10.1 - 91.2\times 0.120}{0.003168}\times 0.120\times 10^{-3} = -0.11\ \text{MPa}$$

$$f_{s2} = -\frac{91.2\times 10^{-3}}{0.6600} + \frac{10.1 - 91.2\times 0.120}{0.003168}\times 0.120\times 10^{-3} = -0.17\ \text{MPa}$$

$$f_{s1}{}' = \frac{91.2\times 10^{-3}}{0.6884} + \frac{10.1 + 91.2\times 1.062}{0.342476}\times 1.062\times 10^{-3} = 0.46\ \text{MPa}$$

$$f_{s1} = \frac{91.2\times 10^{-3}}{0.6884} - \frac{10.1 + 91.2\times 1.062}{0.342476}\times 0.938\times 10^{-3} = -0.16\ \text{MPa}$$

(6) [단계 3-6] 휨 극한 안전성 검토

① [단계 3-6-1] 외력에 의한 극한 모멘트 계산

· 외측 거더

M_u = 1.3 × (Σ고정하중) + 2.15 × (Σ활하중)

= 1.3 × (1,837.0 + 2,072.9 + 742.6) + 2.15 × 2,394.1 = 11,195.6 kNm

· 내측 거더

$M_u = 1.3 \times (\Sigma 고정하중) + 2.15 \times (\Sigma 활하중)$

$= 1.3 \times (1{,}837.0 + 2{,}001.0 + 742.6) + 2.15 \times 2{,}676.7 = 11{,}709.7\ \text{kNm}$

② [단계 3-6-2] 설계단면의 휨저항강도 계산

가. 외측 거더

$B = 2.625\ \text{m}$

$b_1 = 0.200\ \text{m}$: 복부 두께

$d = 2.000 + 0.240 - 0.110 = 2.130\ \text{m}$: 바닥판 상단에서 강연선 도심간 거리

$A_p = 4 \times 0.001185 = 0.004740\ \text{m}^2$: PS강연선 총단면적

$f_{pe} = 940.2\ \text{MPa}$: PS강연선의 유효인장응력

$$\frac{f_{pe}}{f_{pu}} = \frac{940.2}{1900.00} = 0.495 \quad < 0.5$$

$f_{ps} = 0.93 \times f_{pu} = 0.93 \times 1{,}900 = 1{,}767.00\ \text{MPa}$ (가정치)

$A_p \cdot f_{ps} = 0.85 \cdot f_{ck} \cdot 0.85 \cdot x \cdot B$ 에서

$$x = \frac{0.00474 \times 1{,}767}{0.85 \times 0.85 \times 27 \times 2.625} = 0.164\ \text{m}$$

$a = 0.85 \cdot x = 0.85 \times 0.164 = 0.140\ \text{m} \quad < \ 0.240\ \text{m}$ ∴ 직사각형 부재로 취급

$$\epsilon_p = \frac{d - x}{x} \cdot \epsilon_{cu} + \epsilon_{pe}$$

여기서, ϵ_{cu} : 콘크리트 압축연단에서의 최대변형율 (= 0.003)

$$\epsilon_{pe} = \frac{f_{pe}}{E_p} = \frac{940.2}{200{,}000} = 0.0047$$

$$\epsilon_p = \frac{2.130 - 0.164}{0.164} \times 0.003 + 0.0047 = 0.0407 \ > \ 0.015$$

($\frac{f_{pe}}{f_{pu}}$ < 0.5인 경우에 있어 휨저항 강도를 계산할 때 PS강연선의 응력-변형율 관계는 $0.84 f_{pu}$ 이하에서는 0에서부터 탄성비례하는 것으로, 변형율 0.015 이상에서 는 PS강연선의 최대응력이 $0.93 f_{pu}$ 인 것으로 그 사이는 직선비례하는 것으로 가정함.)

$\therefore f_{ps} = 0.93 \times f_{pu} = 1{,}767.00\ \text{MPa}$ 로 사용함

극한저항모멘트

$\phi M_n = \phi \ \{A_p \times f_{ps} \times (d - a/2)\}$

$= 0.85 \times 0.00474 \times 1{,}767 \times 10^3 \times (2.130 - 0.140/2) = 14{,}665.6\ \text{kNm}$

$\therefore \phi M_n > M_u = 11,195.6\,\mathrm{kNm}$

※ f_{pe} / f_{pu}가 0.5보다 크거나 같다면 도로교설계기준에 따라 다음과 같이 산출할 수 있다.

$f_{ps} = f_{pu} \times \{1-(\gamma_p/\beta_1) \times \rho_p \times (f_{pu}/f_{ck})\}$

여기서, γ_p = 0.28 : PS강재 종류에 따른 계수 (저릴랙세이션 강재)

β_1 = 0.850

$$\rho_p = A_p/(b \times d) = \frac{0.001185 \times 4}{2.625 \times (2.240 - 0.110)} = 0.00085$$

$f_{ps} = 1,862.60\,\mathrm{MPa}$

$A_p \cdot f_{ps} = 0.85 \cdot f_{ck} \cdot a \cdot B$ 에서

$$a = \frac{0.00474 \times 1,862.6}{0.85 \times 27 \times 2.625} = 0.147\,\mathrm{m} < 0.240\,\mathrm{m}$$ ∴ 직사각형 부재로 취급

연성한계 검토

$$q_p = \rho_p \times \frac{f_{ps}}{f_{ck}}$$; 사각형 단면에서의 강재지수

$$= 0.00085 \times \frac{1,862.60}{27.00}$$

$= 0.059 \quad \leq \quad 0.36 \times \beta_1 = 0.306$ (연성파괴로 되는 저보강보임.)

따라서, 극한저항모멘트

$$\phi M_n = \phi \{A_p \times f_{ps} \times (d_p - a/2)\}$$

$$= 0.85 \times 0.00474 \times 1,862.6 \times 10^3 \times (2.130 - 0.147/2)$$

$$= 15,432.8\,\mathrm{kNm}$$

$\phi M_n > M_u = 11,195.6\,\mathrm{kNm}$ ∴ OK

나. 내측 거더

$B = 2.750\,\mathrm{m}$

$b_1 = 0.2000\,\mathrm{m}$: 복부 두께

$d = 2.000 + 0.240 - 0.110 = 2.130\,\mathrm{m}$: 바닥판 상단에서 강연선 도심간 거리

$A_p = 4 \times 0.001185 = 0.04740\,\mathrm{m}^2$: PS강연선 총단면적

$f_{pe} = 939.0\,\mathrm{MPa}$: PS강연선의 유효인장응력

$$\frac{f_{pe}}{f_{pu}} = \frac{939.0}{1900.00} = 0.494 < 0.5$$

$f_{ps} = 0.93 \times f_{pu} = 0.93 \times 1,900 = 1,767.00\ \mathrm{MPa}$ (가정치)

$A_p \cdot f_{ps} = 0.85 \cdot f_{ck} \cdot 0.85 \cdot x \cdot B$ 에서

$$x = \frac{0.00474 \times 1,767}{0.85 \times 0.85 \times 27 \times 2.750} = 0.156\ \mathrm{mm}$$

$a = 0.85 \cdot x = 0.85 \times 0.156 = 0.133\ \mathrm{m} < 0.240\ \mathrm{m}$ ∴ 직사각형 부재로 취급

$$\epsilon_p = \frac{d - x}{x} \cdot \epsilon_{cu} + \epsilon_{pe}$$

여기서, ϵ_{cu} : 콘크리트 압축연단에서의 최대 변형률 (= 0.003)

$$\epsilon_{pe} = \frac{f_{pe}}{E_p} = \frac{939.0}{200,000} = 0.0047$$

$$\epsilon_p = \frac{2.130 - 0.156}{0.156} \times 0.003 + 0.0047 = 0.0427 > 0.015$$

$\therefore f_{ps} = 0.93 \times f_{pu} = 1,767.00\ \mathrm{MPa}$ 로 사용함

극한저항모멘트

$\phi M_n = \phi\ \{A_p \times f_{ps} \times (d - a/2)\}$

$= 0.85 \times 0.00474 \times 1,767 \times 10^3 \times (2.130 - 0.133 / 2) = 14,690.6\ \mathrm{kNm}$

$\therefore \phi M_n > M_u = 11,709.7\ \mathrm{kNm}$

※ f_{pe} / f_{pu}가 0.5보다 크거나 같다면 도로교설계기준에 따라 다음과 같이 산출할 수 있다.

$$f_{ps} = f_{pu} \times \{1 - (\gamma_p/\beta_1) \times \rho_p \times (f_{pu}/f_{ck})\}$$

여기서, γ_p = 0.28 ; PS강재 종류에 따른 계수 (저 릴랙세이션 강재)

β_1 = 0.850

$$\rho_p = A_p / (b \times d) = \frac{0.001185 \times 4}{2.750 \times (2.240 - 0.110)} = 0.00081$$

$f_{ps} = 1,864.32\ \mathrm{MPa}$

$A_p \cdot f_{ps} = 0.85 \cdot f_{ck} \cdot a \cdot B$ 에서

$$a = \frac{0.00474 \times 1,864.3}{0.85 \times 27 \times 2.750} = 0.140\ \mathrm{m} < 0.240\ \mathrm{m}$$ ∴ 직사각형 부재로 취급

연성한계 검토

$q_p = \rho_p \times \dfrac{f_{ps}}{f_{ck}}$; 사각형 단면에서의 강재지수

$= 0.00081 \times \dfrac{1,864.32}{27.00}$

$= 0.056 \quad \leq \quad 0.36 \times \beta_1 = 0.306$ (연성파괴로 되는 저보강보임.)

따라서, 극한저항모멘트

$\phi M_n = \phi \ \{A_p \times f_{ps} \times (d_p - a/2)\}$

$= 0.85 \times 0.00474 \times 1,864.3 \times 10^3 \times (2.130 - 0.140/2)$

$= 15,473.4 \text{ kNm}$

$\phi M_n > M_u = 11,709.7 \text{ kNm} \ \therefore \text{OK}$

③ [단계 3-6-3] 균열모멘트 계산

가. 외측 거더

$f_{외력} + f_{pe} + f_{cr}' = -0.63\sqrt{f_{ck}}$

여기서, $f_{외력}$: [단계 3-3] 참조

f_{pe} : 유효프리스트레스에 의한 응력

f_{cr}' : 균열이 발생되기 위한 추가적인 응력

M_{cr}' : 균열이 발생되기 위한 추가적인 모멘트

$f_{외력} + f_{pe} + f_{cr}' = -17.20 + 18.55 - \dfrac{M_{cr}'}{0.529609}$

$= -0.63\sqrt{40} = -3.98$

$M_{cr}' = (1.35 + 3.98) \times 0.529609 \times 10^3 = 2,822.8 \text{ kNm}$

$\therefore M_{cr} = 7,046.6 + 2,822.8 = 9,869.4 \text{ kNm}$

$\phi M_n = 14,665.6 \text{ kNm} \quad > 1.2 \text{ M}_{cr} = 11,843.3 \text{ kNm} \quad \therefore \text{OK}$

나. 내측 거더

$f_{외력} + f_{pe} + f_{cr}' = -17.50 + 18.53 - \dfrac{M_{cr}'}{0.532538}$

$= -0.63\sqrt{40} = -3.98$

$M_{cr}' = (1.03 + 3.98) \times 0.532538 \times 10^3 = 2,668.0 \text{ kNm}$

$\therefore M_{cr} = 7,257.3 + 2,668.0 = 9,925.3 \text{ kNm}$

$\phi M_n = 14,690.6 \text{ kNm} \quad > 1.2 \text{ M}_{cr} = 11,910.4 \text{ kNm} \quad \therefore \text{OK}$

(7) [단계 3-7] 전단설계 및 전단연결재 산정

① [단계 3-7-1] 극한 전단력의 계산
전단력이 큰 내측 거더에 대해 검토

가. 절점 1 (지점)
$V_u = 1.3 \times (\Sigma\,고정하중) + 2.15 \times (\Sigma\,활하중)$

$= 1.3 \times (277.0 + 269.6 + 102.1) + 2.15 \times 396.0$

$= 1{,}694.8\ \text{kN}$

나. 절점 2 (지점에서 3.638 m 이격부)
$V_u = 1.3 \times (\Sigma\,고정하중) + 2.15 \times (\Sigma\,활하중)$

$= 1.3 \times (184.7 + 203.5 + 76.6) + 2.15 \times 341.3$

$= 1{,}338.0\ \text{kN}$

② [단계 3-7-2] 휨전단균열이 발생할 때의 콘크리트의 공칭전단강도

가. 절점 1 (지점)
$$V_{ci} = 0.05\sqrt{f_{ck}} \cdot b_w \cdot d + V_{do} + \frac{V_i \cdot M_{cr}}{M_{max}}$$
$= \infty$: 단 지점부에서의 $M_{max} = 0$ 이므로
$d = 2.0 - (0.294 + 0.700 + 1.086 + 1.500)/4$

$= 1.105\ \text{m} < 0.8 \times \text{h} = 0.8 \times 2.0 = 1.600\ \text{m}$
$\therefore\ d = 1.600\ \text{m}$ 적용함.

나. 절점 2 (지점에서 3.638 m 이격부)
$$V_{ci} = 0.05\sqrt{f_{ck}} \cdot b_w \cdot d + V_{do} + \frac{V_i \cdot M_{cr}}{M_{max}}$$
여기서, $M_{cr} = Z_b(0.5\sqrt{f_{ck}} + f_{pe} - f_{do})$
$$\left[f_{pe} = \frac{4{,}449.5 \times 10^{-3}}{0.6884} + \frac{4{,}449.5 \times 0.401 \times 10^{-3}}{0.365113} = 11.35\ \text{MPa}\right]$$
$$= 0.365113 \times 10^3 \times \left(0.5 \times \sqrt{40} + 11.35 - \frac{820.6 \times 10^{-3}}{0.365113}\right)$$
$= 4{,}477.1\ \text{kNm}$

$V_{do} = 184.7\ \text{kN}$: 거더자중에 의한 전단력
$b_w = 0.200\ \text{m}$: 복부 두께

$d = 2.0 - (0.196 + 0.417 + 0.627 + 0.907) / 4$

$= 1.463\,\text{m} < 0.8 \times h = 0.8 \times 2.0 = 1.600\,\text{m}$

$\therefore d = 1.600\,\text{m}$ 적용함.

$V_i = 1.3 \times (\Sigma$ 거더자중을 제외한고정하중$) + 2.15 \times (\Sigma$ 활하중$)$

$= 1.3 \times (203.5 + 76.6) + 2.15 \times 341.3 = 1{,}097.9\,\text{kN}$

$M_{max} = 1.3 \times (\Sigma$ 거더자중을 제외한고정하중$) + 2.15 \times (\Sigma$ 활하중$)$

$= 1.3 \times (860.5 + 324.9) + 2.15 \times 1{,}241.4 = 4{,}209.9\,\text{kN}$

$$V_{ci} = 0.05 \times \sqrt{40} \times 0.200 \times 1.600 \times 10^3 + 184.7 + \frac{1{,}097.9 \times 4{,}477.1}{4{,}209.9}$$

$= 1{,}453.5\,\text{kN}$

③ [단계 3-7-3] 복부전단균열이 발생할 때의 콘크리트의 공칭전단강도

가. 절점 1 (지점)

$V_{cw} = (0.29\sqrt{f_{ck}} + 0.3 f_{pc}) \cdot b_w \cdot d + V_p$

$P_e = f_{pe} \times A_p = 0.826 \times 1{,}136.46 \times 0.001185 \times 4 \times 10^3 = 4{,}449.5\,\text{kN}$

$$f_{pc} = \frac{P_e}{A_c} = \frac{4{,}449.5 \times 10^{-3}}{0.6884} = 6.46\,\text{MPa}$$

$V_p = P_e \times \sin\alpha = 4{,}449.5 \times \sin(0.10537955) = 468.0\,\text{kN}$

$V_{cw} = (0.29 \times \sqrt{40} + 0.3 \times 6.46) \times 0.200 \times 1.600 \times 10^3 + 468.0$

$= 1{,}675.5\,\text{kN}$

나. 절점 2 (지점에서 3.638 m 이격부)

$V_{cw} = (0.29\sqrt{f_{ck}} + 0.3 f_{pc}) \cdot b_w \cdot d + V_p$

$P_e = f_{pe} \times A_p = 0.826 \times 1{,}136.46 \times 0.001185 \times 4 \times 10^3 = 4{,}449.5\,\text{kN}$

$$f_{pc} = \frac{P_e}{A_c} = \frac{4{,}449.5 \times 10^{-3}}{0.6884} = 6.46\,\text{MPa}$$

$V_p = P_e \times \sin\alpha = 4{,}449.5 \times \sin(0.06956237) = 309.3\,\text{kN}$

$V_{cw} = (0.29 \times \sqrt{40} + 0.3 \times 6.46) \times 0.2 \times 1.600 \times 10^3 + 309.3$

$= 1{,}516.4\,\text{kN}$

④ [단계 3-7-4] 콘크리트의 공칭전단강도 결정

가. 절점 1 (지점)

$\therefore V_c = \min[V_{ci}, V_{cw}] = \min[\infty, 1{,}675.5] = 1{,}675.5\,\text{kN}$

나. 절점 2 (지점에서 3.638m 이격부)

$\therefore V_c = \min[V_{ci}, V_{cw}] = \min[1{,}453.5, 1{,}516.4] = 1{,}453.5\,\text{kN}$

⑤ [단계 3-7-5] 전단철근이 부담하여야 할 전단강도

가. 절점 1 (지점)

$\phi V_c = 0.8 \times 1{,}675.5 = 1{,}340.4\,\text{kN}$

$\phi V_s = V_u - \phi V_c = 1{,}694.8 - 1{,}340.4 = 354.4\,\text{kN}$

$V_s = 443.0\,\text{kN} < 1/3 \times \sqrt{f_{ck}} \times b_w \times d = 674.6\,\text{kN}$

나. 절점 2 (지점에서 3.638m 이격부)

$\phi V_c = 0.8 \times 1{,}453.5 = 1{,}162.8\,\text{kN}$

$\phi V_s = V_u - \phi V_c = 1{,}338.0 - 1{,}162.8 = 175.2\,\text{kN}$

$V_s = 219.0\,\text{kN} < 1/3 \times \sqrt{f_{ck}} \times b_w \times d = 674.6\,\text{kN}$

⑥ [단계 3-7-6] 스터럽의 배치간격 결정

가. 절점 1 (지점)

사용 철근량 : D16 × 2EA = 198.6 × 2 = 397.2 mm²

$\therefore$ 전단철근 간격(s) $\leq \dfrac{A_v \times f_y \times d}{V_s}$

$= \dfrac{397.2 \times 300 \times 1{,}600}{443.0 \times 10^3} = 430.4\,\text{mm}$

나. 절점 2 (지점에서 3.638m 이격부)

사용 철근량 : D16 × 2EA = 198.6 × 2 = 397.2 mm²

$\therefore$ 전단철근 간격(s) $\leq \dfrac{A_v \times f_y \times d}{V_s}$

$= \dfrac{397.2 \times 300 \times 1{,}600}{219.0 \times 10^3} = 870.6\,\text{mm}$ (600 mm 적용)

⑦ [단계 3-7-7] 전단연결재의 설계

전단력이 큰 내측 거더에 대해 검토

합성 후 고정하중에 의해 접합면에 작용하는 전단응력

$$\tau_d = \frac{102.1 \times 10^{-3}}{0.700 \times (2.240 - 0.895)} = 0.11\,\text{MPa}$$

합성 후 활하중에 의해 접합면에 작용하는 전단응력

$$\tau_l = \frac{396.0 \times 10^{-3}}{0.700 \times (2.240 - 0.895)} = 0.42\,\text{MPa}$$

크리프 · 건조수축에 의해 접합면에 작용하는 전단응력

$$\tau_{c+s} = \frac{N_c + N_s}{a \times b} = \frac{(732.7 - 91.2) \times 10^{-3}}{0.700 \times 2.750} = 0.33\,\text{MPa}$$

온도차에 의해 접합면에 작용하는 전단응력

$$V_t = \alpha \times \triangle T \times E \times A$$

$$= 1.0 \times 10^{-5} \times 5 \times 27{,}804 \times 10^3 \times (0.240 \times 2.750) = 917.5\,\text{kN}$$

$$\tau_t = \frac{V_t}{a \times b} = \frac{917.5 \times 10^{-3}}{0.700 \times 2.750} = 0.48\,\text{MPa}$$

· 극한응력의 산정

$1.3 \times \tau_d + 2.15 \times \tau_l = 1.3 \times 0.11 + 2.15 \times 0.42$

$= 1.05\ \text{MPa} \leqq 3.5\,\text{MPa}$

$1.3 \times \tau_d + 1.3 \times \tau_l + 1.3 \times (\tau_{c+s} + \tau_t)$

$= 1.3 \times 0.11 + 1.3 \times 0.42 + 1.3 \times (0.33 + 0.48)$

$= 1.74\ \text{MPa} \leqq 3.5\ \text{MPa}$

∴ 접촉면을 청결하고 부유물이 없게끔 하며, 대략 6 mm 깊이로 표면을 일부러 거칠게 한 후 최소 전단연결재 이상을 사용

사용철근량 : H16 × 2.00EA = 198.6 × 2 = 397.2 mm^2

∴ 전단연결재 간격(s) $\leqq \dfrac{A_v \times f_y}{0.35 \times b_v} = \dfrac{397.2 \times 300}{0.35 \times 700} = 486\,\text{mm}$

(8) [단계 3-8] 처짐 계산

① [단계 3-8-1] 고정하중 및 활하중에 의한 처짐 계산

가. 자중, 고정하중에 의한 처짐

$$\delta = \frac{5 \times M \times L^2}{48 \times E_c \times I}$$

L : 전체 지간 = 29.100 m

E_c : 거더의 탄성계수 = $8{,}500\sqrt[3]{fck+8}$ = 30,891 MPa

I : 단면 2차 모멘트 (순단면, PS강연선 환산단면 및 바닥판 환산단면)

구 분	외 측 주 형			내 측 주 형		
	M (kNm)	I (mm^4)	δ (mm)	M (kNm)	I (mm^4)	δ (mm)
PSC 거더	1,837.0	0.320428	16.4	1,837.0	0.320428	16.4
합성 전 고정하중	2,072.9	0.342476	17.3	2,001.0	0.342476	16.7
합성 후 고정하중	742.6	0.779585	2.7	361.0	0.790818	2.7
계			36.4			35.8

나. 활하중에 의한 처짐

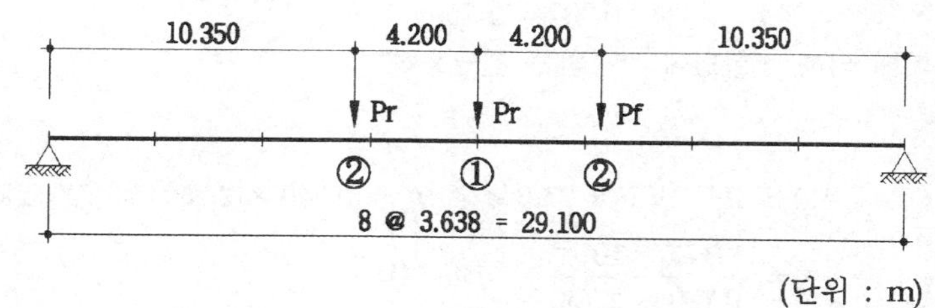

(단위 : m)

(가) 외측 거더

$$\delta_1 = \frac{P_r \times L^3}{48 \times E_c \times I_{c4}} = \frac{174.2 \times 29.100^3 \times 10^3}{48 \times 30,891 \times 10^3 \times 0.779585} = 3.7\ \text{mm}$$

$$\delta_2 = \frac{P_r}{48 \times E_c \times I_{c4}}(3 \times L^2 \times 10.350 - 4 \times 10.350^3)$$

$$+ \frac{P_f}{48 \times E_c \times I_{c4}}\{3 \times L^2 \times (L - 8.400 - 10.350) - 4 \times (L - 8.400 - 10.350)^3\}$$

$$= \frac{174.2 \times 10^3}{48 \times 30,891 \times 10^3 \times 0.779585}(3 \times 29.100^2 \times 10.350 - 4 \times 10.350^3)$$

$$+ \frac{43.5 \times 10^3}{48 \times 30,891 \times 10^3 \times 0.779585}\{3 \times 29.100^2 \times (29.100 - 8.400 - 10.350)$$

$$- 4 \times (29.100 - 8.400 - 10.350)^3\} = 4.1\,\text{mm}$$

$$\therefore \delta = \delta_1 + \delta_2 = 3.7 + 4.1 = 7.8\ \text{mm}$$

(나) 내측 거더

$$\delta_1 = \frac{P_r \times L^3}{48 \times E_c \times I_{c4}} = \frac{194.8 \times 29.100^3 \times 10^3}{48 \times 30,891 \times 10^3 \times 0.790818} = 4.1\ \text{mm}$$

$$\delta_2 = \frac{P_r}{48 \times E_c \times I_{c4}}(3 \times L^2 \times 10.35 - 4 \times 10.35^3)$$

$$+ \frac{P_f}{48 \times E_c \times I_{c4}}\{3 \times L^2 \times (L - 8.400 - 10.35) - 4 \times (L - 8.400 - 10.350)^3\}$$

$$= \frac{194.8 \times 10^3}{48 \times 30,891 \times 10^3 \times 0.790818}(3 \times 29.100^2 \times 10.350 - 4 \times 10.350^3)$$

$$+ \frac{48.7 \times 10^3}{48 \times 30,891 \times 10^3 \times 0.790818}\{3 \times 29.100^2 \times (29.100 - 8.400 - 10.350)$$

$$- 4 \times (29.100 - 8.400 - 10.350)^3\} = 4.5\,\text{mm}$$

$$\therefore \delta = \delta_1 + \delta_2 = 4.1 + 4.5 = 8.6\ \text{mm}$$

② [단계 3-8-2] 프리스트레스에 의한 처짐 계산

$$P_i = 1,136.46 \times 10^3 \times 0.001185 \times 4 = 5,387.0\ \text{kN}$$

$$\delta_p = -\frac{P_i\ e_1\ L^2}{8\,EI} - \frac{5\,P_i\ e_2\ L^2}{48\,EI}$$

$$= -\frac{5,387.0 \times (0.977 - 0.895) \times 29.100^2}{8 \times 30,891 \times 0.320428} - \frac{5 \times 5,387.0 \times (0.895 - 0.110) \times 29.100^2}{48 \times 30,891 \times 0.320428}$$

$$= -42.4\ \text{mm}$$

③ [단계 3-8-3] 활하중 처짐검토

· 허용 처짐

$$\delta_a = \frac{L}{800} = \frac{29.1 \times 10^3}{800} = 36.4\ \text{mm}$$

· 외측 거더

$\delta = 7.8\ \text{mm} < \delta_a$; OK

· 내측 거더

$\delta = 8.6\ \text{mm} < \delta_a$; OK

PSC 합성거더의 시공단계별 처짐은 콘크리트의 성질 및 프리스트레스 도입 시기, 바닥판 타설 시기 등 시공진행 과정에 의해서도 영향을 받는다. PSC 합성거더의 초기 재령에 긴장력이 도입되어 졌다고 가정하고, 약 2개월 후에 바닥판이 타설되어 합성작용을 한다고 가정할 때, 그리고 각각의 크리프 계수를 3.8, 2.4라 할 때, 내측 거더에 대한 시공단계별 처짐은 다음과 같다.

· 프리스트레스 도입시

$\delta_{S1} = 16.4 - 42.4 = -26.0\ \text{mm}$(상향)

· 바닥판 타설후(크리프, 건조수축의 영향 포함)

$$\delta_{S2} = 16.4 - 42.4 + 16.7 + (3.8 - 2.4) \times (16.4 - 42.4)$$

$$= -45.7\ \text{mm}\text{(상향)}$$

· 사용하중 작용시(최종)

$$\delta_{S3} = 16.4 - 0.826 \times 42.4 + 16.7 + 2.7$$

$$+ (3.8 - 2.4)(16.4 - 42.4)$$

$$+ 2.4 \times (16.4 - 0.826 \times 42.4 + 16.7 + 2.7) + 8.6$$

$$= -13.1\ \text{mm}\text{(상향)}$$

(9) [단계 3-9] 정착부 설계

① [단계 3-9-1] 설계조건의 선정

· 정착판 규격

$0.240 \times 0.240 = 0.0576\ \text{m}^2$

· 긴장력 표

(단위 : kN)

구 분	긴장력 (P_t)	초기 프리스트레스 (P_i)	유효 프리스트레스 (P_e)
긴장재 1	1,606.0	1,382.2	1,143.1
긴장재 2	1,564.0	1,358.4	1,123.4
긴장재 3	1,518.0	1,334.7	1,103.8
긴장재 4	1,470.0	1,309.5	1,083.0
평 균	1,539.5	1,346.2	1,113.3

· 초기 프리스트레스 (= 긴장력 (P_t) × 즉시 손실률)

즉시 손실률 = 1,346.2 / 1,539.5 = 87.4 %

· 유효 프리스트레스 (= 초기 프리스트레스 (P_i) × 유효계수)

유효계수 : $\eta = 0.827$ (내 · 외측 거더 중 큰 값)

· 단부 및 정착부 상세

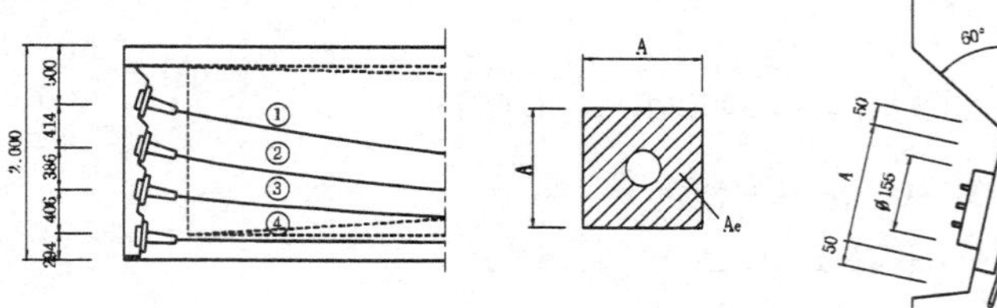

② [단계 3-9-2] 지압응력의 검토

가장 불리하게 작용하는 긴장재 1에 대해서 검토

가. 긴장재 정착 직후

· 허용지압응력

$$f_{api} = 0.7 \times f_{ci} \times \sqrt{(\frac{A_b'}{A_b} - 0.2)} \leq 1.1 f_{ci}$$

여기서, f_{ci} : 프리스트레스 도입시의 압축강도 (= 32.0 MPa)

A_b' : 정착판의 도심과 일치하는 정착판의 닮은꼴을 부재 단부에 가장 크게 그렸을 때 그 도형의 면적 (= 0.414 × 0.414 = 0.1714 m^2)

A_b : 정착판의 면적 (= 0.0576 m^2)

$$f_{api} = 0.7 \times 32.0 \times \sqrt{(\frac{1,714}{576.0} - 0.2)}$$

$$= 37.3 \text{ MPa} > 1.1 \times 32.0 = 35.2 \text{ MPa}$$

$\therefore f_{api} = 35.2$ MPa

· 실제로 작용하는 지압응력

$$f_{b1} = \frac{P_t}{A_e}$$

여기서, A_e : 정착판의 유효면적 (= 0.0576 − $\pi D^2 / 4$ = 0.0490 m^2)

$$f_{b1} = 1,606.0 \times 10^{-3} / 0.0490$$

$$= 32.8 \text{ MPa} < 35.2 \text{ MPa} \quad \therefore \text{OK}$$

나. 프리스트레스 손실 발생 후

· 허용지압응력

$$f_{api} = 0.5 \times f_{ck} \sqrt{(\frac{A_{b'}}{A_b})} \leq 0.9 f_{ck}$$

$$= 0.5 \times 40 \times \sqrt{(0.171 / 0.058)}$$

$$= 34.5 \text{ MPa} < 36.0 \text{ MPa}$$

$\therefore f_{api} = 34.5\,\text{MPa}$

· 실제로 작용하는 지압응력

$$f_{b1} = \frac{P_t}{A_e} = 1{,}143.1 \times 10^{-3} / 0.0490$$

$$= 23.3\,\text{MPa} < 34.5\,\text{MPa} \quad \therefore \text{OK}$$

③ [단계 3-9-3] 보강철근량 산정

$$T_{burst} = 0.25 \sum P_u \left(1 - \frac{a}{h}\right) + 0.5\,P_u \sin\alpha$$

여기서, T_{burst} : 파열력

a : 정착판의 일변길이 (0.24 × 0.24)

h : 정착단면의 치수

P_u : 긴장재의 긴장력

$$T_{burst} = 0.25 \times 1{,}539.5 \times 4 \times \left(1 - \frac{0.24 \times 4}{2.000}\right) + 0.5 \times 1{,}539.5 \times \sin(0.10538)$$

$$= 880.3\,\text{kN}$$

∴ 철근은 최대 긴장력에 대하여 $0.6\,f_y$ 이하의 응력을 받도록 설계하여야 한다.

$f_s = 0.6 \times f_y = 0.6 \times 300 = 180\,\text{MPa}$

필요철근량, $As = T_{burst} / f_s = 880.3 / 180 \times 10^3 = 4{,}891\,\text{mm}^2$

$$e = \frac{2.000}{2} - \frac{0.294 \times 4 + 0.406 \times 3 + 0.386 \times 2 + 0.414}{4} = 0.105\,\text{m}$$

$$d_{burst} = 0.5\,(h - 2e) + 5\,e \sin\alpha$$

$$= 0.5 \times (2.000 - 2 \times 0.105) + 5 \times 0.105 \times \sin 0.10538$$

$$= 0.950\,\text{m}$$

$T_{spall} = 0.02 \times P_u = 0.02 \times 1{,}539.5 = 30.8\,\text{kN}$

$f_s = 0.6 \times f_y = 0.6 \times 300 = 180\,\text{MPa}$

필요철근량, $As = T_{spall} / f_s = 30.8 / 180 \times 10^3 = 171\,\text{mm}^2$

2.3.4 [단계 4] 연속부 검토

(1) [단계 4-1] 단면계수산정

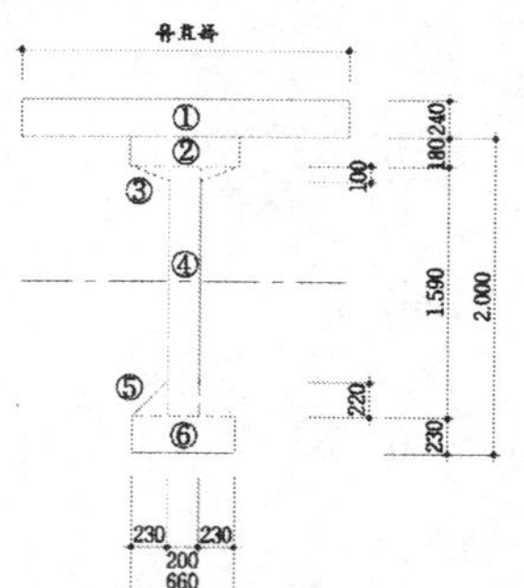

(단위 : mm)

① 내측 거더

바닥판을 PSC거더로 환산 : $n = E_{c2}/E_{c1} = 0.900$

$I_x = 0.790818\ \text{m}^4$ '[단계 3-1-4] 합성단면에 대한 단면 제계수의 계산' 참조

(단위 : m)

항 목	가로	세로	A	I_o'
①	2.750	0.216	0.5940	0.374344
②	0.700	0.180	0.1260	0.005145
③	0.250	0.100	0.0250	0.000927
④	0.200	1.590	0.3180	0.001060
⑤	0.230	0.220	0.0506	0.001728
⑥	0.660	0.230	0.1518	0.005510
합 계			1.2654	0.388714

$$I_y = \sum(I_0' + A \times x'^2) = 0.388714 + 0.0 = 0.388714\ \text{m}^4$$

$$J = \frac{1}{3}\sum(b \times t^3) = \frac{1}{3} \times (0.9 \times 2.750 \times 0.240^3 + 0.7 \times 0.18^3 + 1.77 \times 0.200^3 + 0.660 \times 0.230^3) = 0.019682\ \text{m}^4$$

② 외측 거더

바닥판을 PSC 거더로 환산 : $n = E_{c2}/E_{c1} = 0.900$

$I_x = 0.779585\ \text{m}^4$ '[단계 3-1-4] 합성단면에 대한 단면 제계수의 계산' 참조

(단위 : m)

항 목	A	x	$A \times x$	x'	$A \times x'^2$	I_o'
①-1	0.2700	0.625	0.168750	0.654	0.115483	0.035156
①-2	0.2970	1.938	0.575438	-0.659	0.128786	0.046793
②	0.1260	1.250	0.157500	0.029	0.000106	0.005145
③	0.0250	1.250	0.031250	0.029	0.000021	0.000927
④	0.3180	1.250	0.397500	0.029	0.000267	0.001060
⑤	0.0506	1.250	0.063250	0.029	0.000043	0.001728
⑥	0.1518	1.250	0.189750	0.029	0.000128	0.005510
합 계	1.2384		1.583438		0.244834	0.096320

$$x_2 = \frac{\sum(A \times x)}{\sum A} = 1.583438/1.2384 = 1.279\ \text{m}$$: 좌측 끝에서 도심까지의 거리

$$I_y = \sum(I_0' + A \times x'^2) = 0.096320 + 0.244834 = 0.341154\ \text{m}^4$$

$$J = \frac{1}{3}\sum(b \times t^3)$$

$$= \frac{1}{3} \times (0.9 \times 2.625 \times 0.240^3 + 0.7 \times 0.18^3 + 1.590 \times 0.200^3 + 0.660 \times 0.230^3)$$

$$= 0.019614\ \text{m}^4$$

(2) [단계 4-2] 모델링

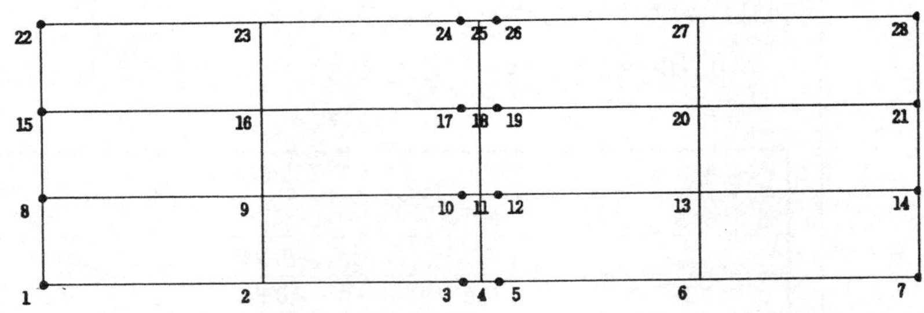

(3) [단계 4-3] 하중 산정

① 합성 후 고정하중

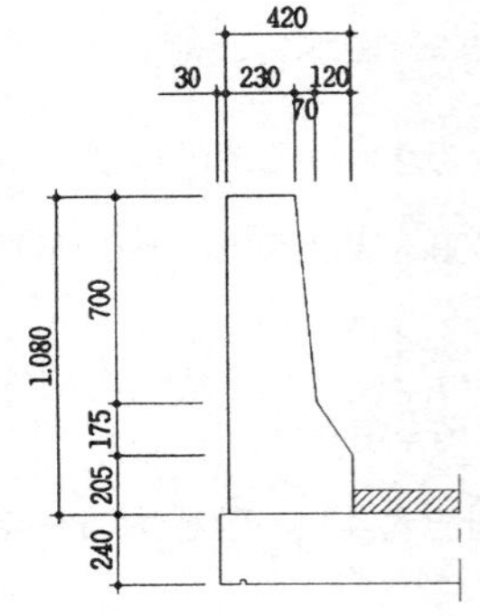

(단위 : mm)

· 방호벽 A = 0.335 m^2

가. 외측

· 방호벽 : 0.335 × 25.0 = 8.375 kN/m

· 포　장 : 0.080 × 2.175 × 23.0 = 4.002 kN/m

· 계　　: 12.377 kN/m

나. 내측

· 포　장 : 0.080 × 2.750× 23.0 = 5.060 kN/m

· 계　　: 5.060 kN/m

② 활하중

가. 지　간 : L= 29.100 m

나. 충격계수

$$I = \frac{15}{40+L} = \frac{15}{40+29.1} = 0.217 < 0.3 \quad \therefore I = 0.217$$

(가) DB-24

$\therefore\ P_f = 24.0 \times (1 + 0.217) = 29.208$ kN

$P_r = 96.0 \times (1 + 0.217) = 116.832$ kN

(나) DL-24

$\therefore\ w = 12.7 \times 1.217 = 15.456\ \mathrm{kN/m}$

$P_m = 108 \times 1.217 = 131.436\ \mathrm{kN}$

$P_s = 156 \times 1.217 = 189.852\ \mathrm{kN}$

(4) [단계 4-4] 연속부 해석

① 설계 차로폭 결정

㉮ $W_c = 10.750 - 0.450 - 0.450 = 9.850\ \mathrm{m}$ ==> 3차로

㉯ $W = W_c/N = 9.850/3 = 3.280\ \mathrm{m} > 3.600$

==> 설계 차로폭 $= \mathrm{Min}(3.280,\ 3.600) = 3.280\ \mathrm{m}$

② DB-24 하중 재하

가. DB-24 하중 재하도

· 좌측 편재하

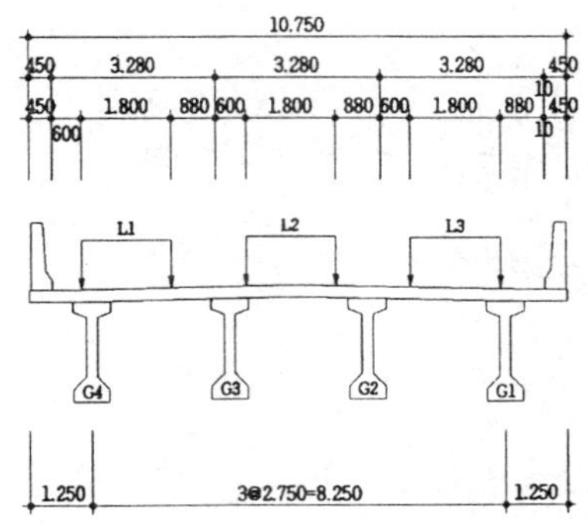

· 우측 편재하

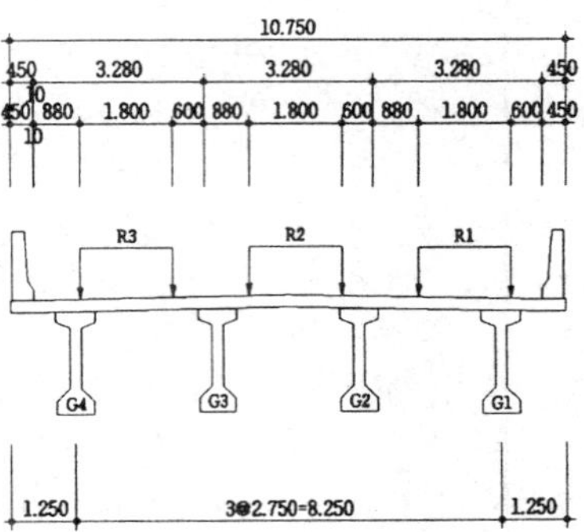

③ DL-24 하중 재하

가. DL-24 하중 재하도

· 좌측 편재하

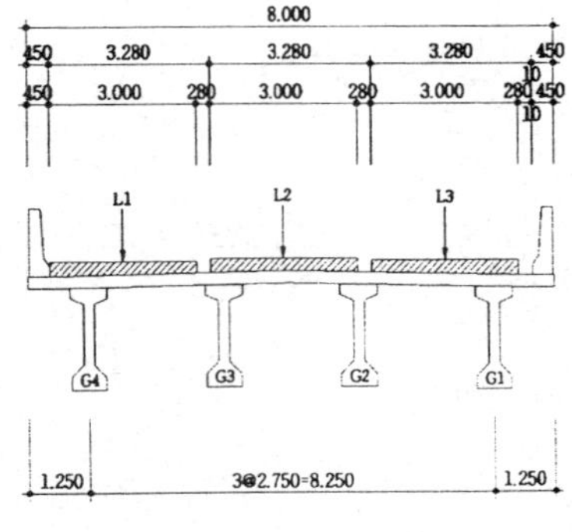

· 우측 편재하

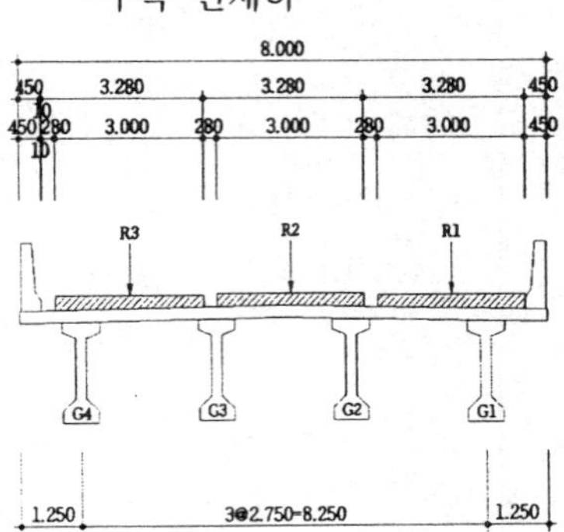

④ 합성에 의한 2차응력

- 합성후 PSC거더의 소성변형이 바닥판에 의하여 구속되고 콘크리트의 타설시기(재령) 차이에 의한 건조수축 및 크리프가 달라지므로 내부응력이 발생된다.
- 본 검토에서는 공사진행시기를 다음과 같이 시행하는 것으로 가정한다.
  · 바닥판 콘크리트의 타설은 PSC거더 프리스트레스 도입시점에서 90일 이내
  · 바닥판 콘크리트 타설후 동바리의 제거는 15일 이후

가. 크리프 및 건조수축계수의 산정

(가) 바닥판의 크리프 계수 ; $\phi_s(t,t')$

· $\phi_s(t,t') = \phi_0 \times \beta_c(t-t')$이며, t' = 15일, t = ∞일, RH = 70 %

· $\phi_0 = \phi_{RH} \times \beta(f_{cu}) \times \beta(t')$

$= 1.486 \times 2.840 \times 0.550 = 2.321$

· $\phi_{RH} = 1 + \dfrac{(1-0.01 \times RH)}{(0.1 \times \sqrt[3]{h})}$

$= 1 + \dfrac{(1-0.01 \times 70)}{(0.1 \times \sqrt[3]{235})} = 1.486$

여기서 , $h = \dfrac{2A_c}{u}$

$= \dfrac{2 \times (10{,}750 \times 240)}{\{(10{,}750 + 240) \times 2\}} = 235$ mm

· $\beta(f_{cu}) = \dfrac{16.8}{\sqrt{f_{cu}}} = \dfrac{16.8}{\sqrt{27+8}} = 2.840$

· $\beta(t') = \dfrac{1}{(0.1 + (t')^{0.2})} = \dfrac{1}{(0.1 + 15^{0.2})} = 0.550$

· $\beta_H = 1.5 \times h \times [1 + (0.012 \times RH)^{18}] + 250 \le 1500$ 일

$= 1.5 \times 235 \times [1 + (0.012 \times 70)^{18}] + 250$

$= 618$ 일 ∴ 618 일 적용

· $\beta_c(t-t') = [\dfrac{(t-t')}{(\beta_H + (t-t'))}]^{0.3}$

$= [\dfrac{(\infty - 15)}{(618 + (\infty - 15))}]^{0.3} = 1.000$

∴ $\phi_s(t,t') = \phi_0 \times \beta_c(t-t') = 2.321 \times 1.000 = 2.321$

(나) PSC거더의 크리프 계수 ; $\phi_p(t,t')$

· $\phi_p(t,t') = \phi_0 \times \beta_c(t-t')$이며, t' = 90일, t = ∞일, RH = 70 %

· $\phi_0 = \phi_{RH} \times \beta(f_{cu}) \times \beta(t')$

$= 1.491 \times 2.425 \times 0.391 = 1.414$

· $\phi_{RH} = 1+\dfrac{(1-0.01\times RH)}{(0.1\times\sqrt[3]{h})}$

$= 1+\dfrac{(1-0.01\times 70)}{(0.1\times\sqrt[3]{228})} = 1.491$

여기서, $h = \dfrac{2A_c}{u}$

$= \dfrac{2\times 671,400}{700+660+(180+269+1,270+318+230)\times 2} = 228\text{mm}$

· $\beta(f_{cu}) = \dfrac{16.8}{\sqrt{f_{cu}}} = \dfrac{16.8}{\sqrt{40+8}} = 2.425$

· $\beta(t') = \dfrac{1}{(0.1+(t')^{0.2})} = \dfrac{1}{(0.1+90^{0.2})} = 0.391$

· $\beta_H = 1.5\times h\times[1+(0.012\times RH)^{18}]+250 \le 1500$일

$= 1.5\times 228\times[1+(0.012\times 70)^{18}]+250$

$= 607$ 일 ∴ 607 일 적용

· $\beta_c(t-t') = [\dfrac{(t-t')}{(\beta_H+(t-t'))}]^{0.3} = [\dfrac{(\infty-90)}{(607+(\infty-90))}]^{0.3} = 1.000$

∴ $\phi_s(t,t') = \phi_0\times\beta_c(t-t') = 1.414\times 1.000 = 1.414$

(다) 바닥판의 건조수축 계수 ; $\varepsilon_{sh}(t,t_s)$

· $\varepsilon_{sh}(t,t_s) = \varepsilon_{sho}\times\beta_s(t-t_s)$이며, $t_s = 1$일, $t = \infty$일, RH = 70 %

· $\varepsilon_{sho} = \varepsilon_s(f_{cu})\times\beta_{RH}$

$= 0.000435\times -1.018 = -0.000443$

· $\varepsilon_s(f_{cu}) = [160+10\times\beta_{sc}\times(9-\dfrac{f_{cu}}{10})]\times 10^{-6}$

$= [160+10\times 5\times(9-\dfrac{35}{10})]\times 10^{-6} = 0.000435$

여기서, $\beta_{sc} = 5$ (1, 5종 시멘트)

· $\beta_{RH} = -1.55\times[1-(\dfrac{RH}{100})^3]$; $40\% \le RH < 99\%$일 경우

$= -1.55\times[1-(\dfrac{70}{100})^3] = -1.018$

· $\beta_s(t-t_s) = \sqrt{\dfrac{t-t_s}{0.035\times h^2+(t-t_s)}}$

$= \sqrt{\dfrac{\infty-1}{0.035\times 235^2+(\infty-1)}} = 1.000$

여기서 , $h = \frac{2A_c}{u} = \frac{2\times(10,750\times240)}{(10,750+240)\times2} = 235$ mm

$\therefore\ \varepsilon_{sh}(t,t_s) = \varepsilon_{sho}\times\beta_s(t-t_s) = -0.000443\times1.000 = -0.000443$

(라) PSC거더의 건조수축 계수 ; $\varepsilon_{sh}(t,t_s)$

· $\varepsilon_{sh}(t,t_s) = \varepsilon_{sho}\times\beta_s(t-t_s)$이며, $t_s = 1$일, $t = \infty$일, RH = 70 %

· $\varepsilon_{sho} = \varepsilon_s(f_{cu})\times\beta_{RH}$

$= 0.000370\times-1.018 = -0.000377$

· $\varepsilon_s(f_{cu}) = [160+10\times\beta_{sc}\times(9-\frac{f_{cu}}{10})]\times10^{-6}$

$= [160+10\times5\times(9-\frac{48}{10})]\times10^{-6} = 0.000370$

여기서, $\beta_{sc} = 5$ (1, 5종 시멘트)

· $\beta_{RH} = -1.55\times[1-(\frac{RH}{100})^3]$; $40\% \le RH < 99\%$일 경우

$= -1.55\times[1-(\frac{70}{100})^3] = -1.018$

· $\beta_s(t-t_s) = \sqrt{\frac{t-t_s}{0.035\times h^2+(t-t_s)}}$

$= \sqrt{\frac{\infty-1}{0.035\times228^2+(\infty-1)}} = 1.000$

여기서 , $h = \frac{2A_c}{u}$

$= \frac{2\times671,400}{700+660+(180+269+1,270+318+230)\times2} = 228$

· $\varepsilon_{sh}(t,t_s) = \varepsilon_{sho}\times\beta_s(t-t_s) = -0.000377\times1.000 = -0.000377$

※ 크리프 및 건조수축계수의 정리

	크리프 계수	건조수축 변형률
바닥판	2.321	-0.000443
PSC 거더	1.414	-0.000377

나. 2차응력(크리프, 건조수축)에 의한 부재력 산정

(가) 크리프에 의한 부재력

· 고정하중에 의한 모멘트

포　장 : $0.080\times9.850\times29.900\times23.0$ = 541.9 kN

바닥판 : $0.240\times10.750\times29.900\times25.0$ = 1,928.6 kN

방호벽 : $(0.335+0.335)\times29.900\times25.0$ = 500.8 kN

PSC거더 : $0.6884 \times 29.900 \times 25.0 \times 4\text{EA} = 2{,}058.3\text{ kN}$

가로보 : $0.300 \times 0.700 \times 2.550 \times 25.0 \times 3\text{EA} \times 1 = 40.2\text{ kN}$

$0.400 \times 0.700 \times 2.550 \times 25.0 \times 3\text{EA} \times 2 = 107.1\text{kN}$

$W = 5{,}176.9\text{kN}$

$$w = \frac{5{,}176.9}{29.100} = 177.900\text{ kN/m}$$

$$M_d = w \times \frac{L^2}{10} = 177.900 \times \frac{29.100^2}{10} = 15{,}064.7\text{ kNm}$$

· 프리스트레스에 의한 모멘트

$P = 939.6 \times 10^3 \times 0.001185 \times 4 = 4{,}453.7\text{kN}$(거더당)

$$w = 8 \times P \times \frac{s}{L^2} = 8 \times (4{,}453.7 \times 4\text{본}) \times \frac{0.785}{29.100^2} = 132.116\text{ kN/m}$$

$$M_{ps} = w \times \frac{L^2}{10} = 132.116 \times \frac{29.100^2}{10} = 11{,}187.7\text{kNm}$$

· 크리프에 의한 연속부에서의 부재력

$\phi = \phi_s - \phi_p = 2.321 - 1.414 = 0.907$

$M_{c_2} = (M_{ps} - M_d) \times (1 - e^{-\phi})$

$= (11{,}187.7 - 15{,}064.7) \times (1 - e^{-0.907})$

$= -2{,}311.7\text{ kNm}$: 교량 전폭에 대한 단면력

(-591.4 kNm : 내측 거더에 대한 단면력

-564.5 kNm : 외측 거더에 대한 단면력)

(나) 건조수축에 의한 부재력

$y_{st} = 0.755\text{ m}$: '[단계 3-1-4] 합성단면에 대한 단면 제계수의 계산' 참조

$y_s = 0.755 - 0.120 = 0.635\text{ m}$

※ y_{st} : 바닥판 환산단면의 도심에서 바닥판 상면까지의 거리

y_s: 전체단면의 도심에서 바닥판 도심까지의 거리

바닥판 면적$(A) = 10.750 \times 0.240 = 2.580\text{ m}^2$

$E_{c_1} = 8{,}500 \times \sqrt[3]{f_{ck} + 8} = 27{,}804\text{ MPa}$

$P_s = E_{c_1} \times (\varepsilon_{cs} - \varepsilon_{cp}) \times A$

$= 27{,}804 \times (-0.0004430 + 0.0003770) \times 2.580 \times 10^3$

$= -4{,}734.5\text{ kN}$

$M_s = P_s \times y_s = -4{,}734.5 \times 0.635 = -3{,}006.4\text{ kNm}$: 교량 전폭에 대한 단면력

(-769.1 kNm : 내측 거더에 대한 단면력

-734.1 kNm : 외측 거더에 대한 단면력)

해석모델링

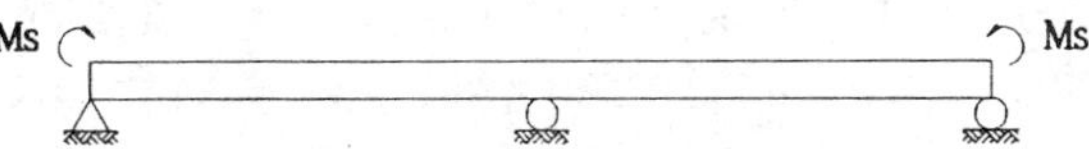

프로그램의 해석결과 연속부에서의 건조수축에 의한 모멘트

$M_{s_2} = -328.1\,\text{kNm}$ (외측), $-332.0\,\text{kNm}$ (내측)

⑤ [단계 4-4-5] 지점침하에 의한 영향

연속보에서는 지점의 압밀침하에 의해 변위가 생기고 주형에 휨응력이 발생하므로 보통의 경우 부등침하량은 10 mm로 하여 주형에 생기는 휨응력을 검토하여야 한다.

지점 침하에 대한 하중 경우는 다음과 같다.

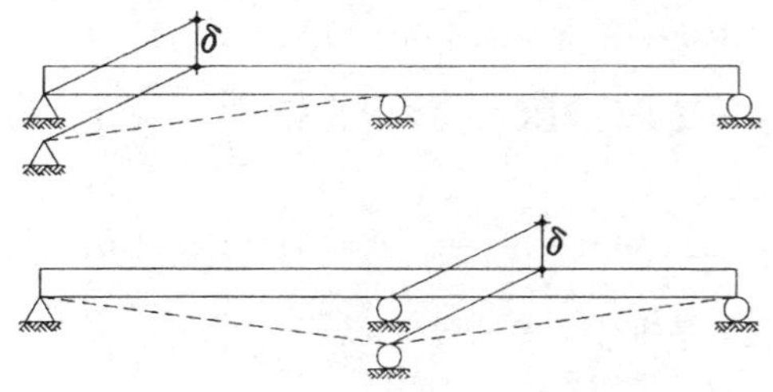

프로그램의 해석결과 연속부에서의 지점침하에 의한 모멘트는

$M_{s_2} = -411.5\,\text{kNm}$ (외측), $-417.3\,\text{kNm}$ (내측)

(5) [단계 4-5] 연속부 설계

연속부는 적어도 PSC거더의 저면폭(660 mm)만큼은 연속부에서 완전히 강결된 것으로 가정

① 하중조합

가. 외측 거더에 대한 하중조합 (G1, G4)

구 분	휨모멘트	하중계수	ϕM	하중계수	ϕM
고정 하중	-996.2	1.30	-1,295.1	1.30	-1,295.1
활 하 중	-1,894.0	2.15	-4,072.1	1.30	-2,462.2
크 리 프	-564.5			1.30	-733.9
건조 수축	-337.3			1.30	-438.5
지점 침하	-411.5			1.30	-535.0
합 계	-4,203.5		-5,367.2		-5,464.7

나. 내측 거더에 대한 하중조합 (G2~G3)

구 분	휨모멘트	하중계수	ϕM	하중계수	ϕM
고정 하중	-742.8	1.30	-965.6	1.30	-965.6
활 하 중	-2,035.4	2.15	-4,376.1	1.30	-2,646.0
크 리 프	-591.4			1.30	-768.8
건조 수축	-343.4			1.30	-446.4
지점 침하	-417.3			1.30	-542.5
합 계	-4,130.3		-5,341.7		-5,369.3

② 외측 거더에 대한 연속부 검토 (G1, G4)

가. 연속부 철근량 산정 (G1, G4)

f_{ck}	=	27.0 MPa	b	=	2,625 mm
f_y	=	400.0 MPa	b'	=	660 mm (저면폭)
M_u	=	5,464.7 kNm	H	=	2,240 mm
V_u	=	0.00 kN	d	=	2,110 mm
ϕ	=	0.85 (Bending)	d_c	=	60 mm (최외단 피복)
k_1	=	0.85	d_s	=	140 mm (상하 철근간격)

$M_n = 0.85 \times f_{ck} \times b' \times d \times a - \frac{1}{2} \times 0.85 \times f_{ck} \times b' \times a^2$에서

$0.425 \times f_{ck} \times b' \times a^2 - 0.85 \times f_{ck} \times b' \times d \times a + \frac{M_u}{\phi} = 0$ (a에 대한 2차 방정식)

$\therefore\ a = 211.8\ mm$ $(a_{\max} = 807\ \mathrm{mm})$

Req'd $A_s = 0.85 \times (\frac{f_{ck}}{f_y}) \times a \times b' = 8{,}020\ \mathrm{mm^2}$

USE $A_s = 16{,}258\ \mathrm{mm^2}$ 1단 배근 : H22 × 21.00 EA (CTC 125)

2단 배근 : H22 × 21.00 EA (CTC 125)

$M_d = 0.85^2 \times f_{ck} \times a' \times b' \times (d - \frac{a'}{2})$ $\leftarrow a' = 429\ \mathrm{mm}$

$= 10{,}477.0\ \mathrm{kNm} > \mathrm{M_u} = 5{,}464.9\ \mathrm{kNm}$ $\therefore$ OK

$p_{\min} = 0.00350 > p = 0.00294 < p\max = 0.02195$

$P_{\min} > P$이지만, 사용 철근량이 필요 철근량의 4/3 이상이므로 OK

나. 휨 균열에 대한 검토 (G1, G4)

$M = 4{,}230.5\ \mathrm{kNm}$ (Service Load)

$p = 0.00294, \quad n = \frac{E_s}{E_c} = 7$

$k = -n \times p + \sqrt{(n \times p)^2 + 2 \times n \times p} = 0.182$

$x = k \times d = 384\ \mathrm{mm}$

$$f_s = \frac{M_{ser}}{A_s \times (d - \frac{x}{3})} = \frac{4{,}230.5 \times 10^6}{16{,}258 \times (2{,}110 - \frac{384}{3})}$$

$= 130.46\ \mathrm{MPa} \le 160.0\ \mathrm{MPa}$ [도·설 4.11.6(1)] $\therefore$ OK

$A = 2 \times y \times b\ /$ 철근수 $= 2 \times 130 \times 2{,}625 / 42 = 16{,}250\ \mathrm{mm^2}$

$R = d_1 / d_2 = 1{,}855.53 / 1{,}725.53 = 1.075$

균열폭(ω)

$w = 1.08 \times R \times f_s \times \sqrt[3]{(d_c \times A)} \times 10^{-5}$

$= 1.08 \times 1.075 \times 130.46 \times \sqrt[3]{(60 \times 16{,}250)} \times 10^{-5}$

$= 0.150\ \text{mm} < w_a = 0.260\ \text{mm} \quad \therefore \text{OK}$

다. 주장률 검토 (G1, G4)

인장력을 받는 바닥판에서 콘크리트의 단면을 무시하고 설계를 하는 경우에는 바닥판 콘크리트 단면적의 2 %이상의 교축방향 철근을 배근하여야 한다.

이 경우 주장률은 0.0045 mm/mm² 이상으로 한다.

철근 사용량 : 42.00/2.625 = 16.00 EA/m (H22)

주장률 : $\mu = \dfrac{\pi \times D \times n}{1000 \times t_m} > 0.0045\ \text{mm/mm}^2$

여기서, D : 철근 직경

n : 철근 개수

1,000 : 단위 폭 (mm)

t_m : 중간슬래브 두께 (mm)

$$\mu = \frac{\pi \times D \times n}{1{,}000 \times t_m} = \frac{\pi \times 22.20 \times 16.00}{1{,}000 \times 240}$$

$= 0.0047\ \text{mm/mm}^2 > 0.0045\ \text{mm/mm}^2 \quad \therefore \text{OK}$

③ 내측 거더에 대한 연속부 검토 (G2~G3)

가. 연속부 철근량 산정 (G2~G3)

f_{ck}	=	27.0 MPa	b	=	2,750 mm
f_y	=	400.0 MPa	b'	=	660 mm (저면 폭)
M_u	=	5,369.3 kNm	H	=	2,240 mm
V_u	=	0.00 kN	d	=	2,110 mm
ϕ	=	0.85 (Bending)	d_c	=	60 mm (최외단 피복)
k_1	=	0.85	d_s	=	140 mm (상하 철근간격)

$M_n = 0.85 \times f_{ck} \times b' \times d \times a - \dfrac{1}{2} \times 0.85 \times f_{ck} \times b' \times a^2$에서

$0.425 \times f_{ck} \times b' \times a^2 - 0.85 \times f_{ck} \times b' \times d \times a + \dfrac{M_u}{\phi} = 0$ (a에 대한 2차 방정식)

$\therefore a = 207.9\ \text{mm} \qquad (a_{\max} = 807\ \text{mm})$

Req'd $A_s = 0.85 \times (\dfrac{f_{ck}}{f_y}) \times a \times b' = 7{,}872\ \text{mm}^2$

USE A_s = 17,032 mm² 1단 배근 :H22 × 22.00 EA (CTC125.00)

2단 배근 :H22 × 22.00 EA (CTC125.00)

$$M_d = 0.85^2 \times f_{ck} \times a' \times b' \times (d - \frac{a'}{2}) \qquad \leftarrow a' = 450\ \text{mm}$$

$$= 10{,}916.68\ \text{kNm} > \text{M}_\text{u} = 5{,}369.3\ \text{kNm} \qquad \therefore \text{OK}$$

$$p_{\min} = 0.00350 \quad > \quad p = 0.00294 \quad < \quad p_{\max} = 0.02195$$

$P_{\min}$ > P이지만, 사용 철근량이 필요 철근량의 4/3 이상이므로 OK

나. 휨균열에 대한 검토 (G2 ~ G3)

M= 4,130.3 kNm (Service Load)

$$p = 0.00294, \quad n = \frac{E_s}{E_c} = 7$$

$$k = -n \times p + \sqrt{(n \times p)^2 + 2 \times n \times p} = 0.183$$

$$x = k \times d = 387\ \text{mm}$$

$$f_s = \frac{M_{ser}}{A_s \times (d - \frac{x}{3})} = \frac{4{,}128.5 \times 10^6}{17{,}032 \times (2{,}110 - \frac{387}{3})}$$

$$= 122.41\ \text{MPa} \le 160.0\ \text{MPa}\ [\text{도·설 } 4.11.6(1)] \qquad \therefore \text{OK}$$

$A = 2 \times y \times b$ / 철근수 = $2 \times 130 \times 2{,}750 / 44$ = 16,250 mm²

$R = d_1 / d_2$ = 1,853.15 / 1,723.15 = 1.075

균열폭(ω)

$$w = 1.08 \times R \times f_s \times \sqrt[3]{(d_c \times A)} \times 10^{-5}$$

$$= 1.08 \times 1.075 \times 122.41 \times \sqrt[3]{(60 \times 16{,}250)} \times 10^{-5}$$

$$= 0.141\ \text{mm} < w_a = 0.260\ \text{mm} \qquad \therefore \text{OK}$$

다. 주장률 검토 (G2~G3)

인장력을 받는 바닥판에서 콘크리트의 단면을 무시하고 설계를 하는 경우에는 바닥판 콘크리트 단면적의 2% 이상의 교축방향 철근을 배근하여야 한다. 이 경우 주장률은 0.0045 mm/mm² 이상으로 한다.

철근사용수량 : 44.00/2.750 = 16.00 EA/m (H22)

$$\text{주장률} : \mu = \frac{\pi \times D \times n}{1{,}000 \times t_m} > 0.0045\ \text{mm/mm}^2$$

여기서, D : 철근 직경

n : 철근 개수

1,000 : 단위폭 (mm)

t_m : 중간슬래브 두께 (mm)

$$\mu = \frac{\pi \times D \times n}{1{,}000 \times t_m} = \frac{\pi \times 22.20 \times 16.00}{1{,}000 \times 240}$$

$= 0.0047 \text{ mm/mm}^2 \quad > \quad 0.0045 \text{ mm/mm}^2 \qquad \therefore \text{OK}$

2.3.5 **[단계 5] 지점반력의 산정**

(1) [단계 5-1] 고정하중 반력 산정

[단계 3-2]의 ③ 단면력 집계 참조.

실제 PSC 합성거더교의 길이는 30.0 m로서 지점간거리 29.1 m보다 길기 때문에 반력 산정 시에는 이의 영향을 고려하여 고정하중에 의한 최대전단력에 약 5%의 할증을 하는 것으로 가정함.

(단위 : kN)

구 분	거더 자중	합성전 고정하중	합성후 고정하중	계
외측 거더	1.05×277.0	1.05×282.2	1.05×102.1	698.8
내측 거더	1.05×277.0	1.05×269.6	1.05×102.1	684.9

(2) [단계 5-2] 활하중 반력 산정

[단계 3-2]의 ③ 단면력 집계 참조.

· 외측 거더 : 354.2 kN

· 내측 거더 : 396.0 kN

508.3 FSM(MSS)에 의한 PSC 박스거더교 설계

3.1 설계흐름도 구성

3.1.1 주설계단계

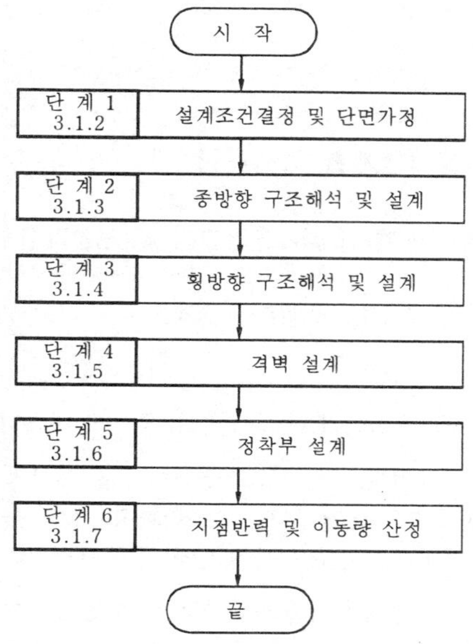

<그림 508.3.1> 주설계흐름도

3.1.2 [단계 1] 설계조건결정 및 단면가정

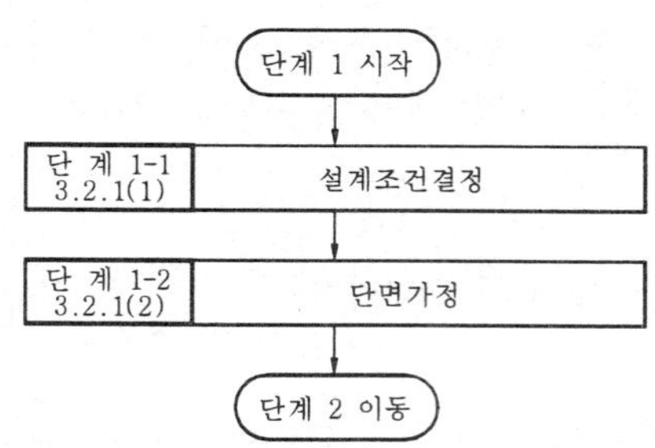

<그림 508.3.2> 설계조건결정 및 단면가정

3.1.3 [단계 2] 종방향 구조해석 및 설계

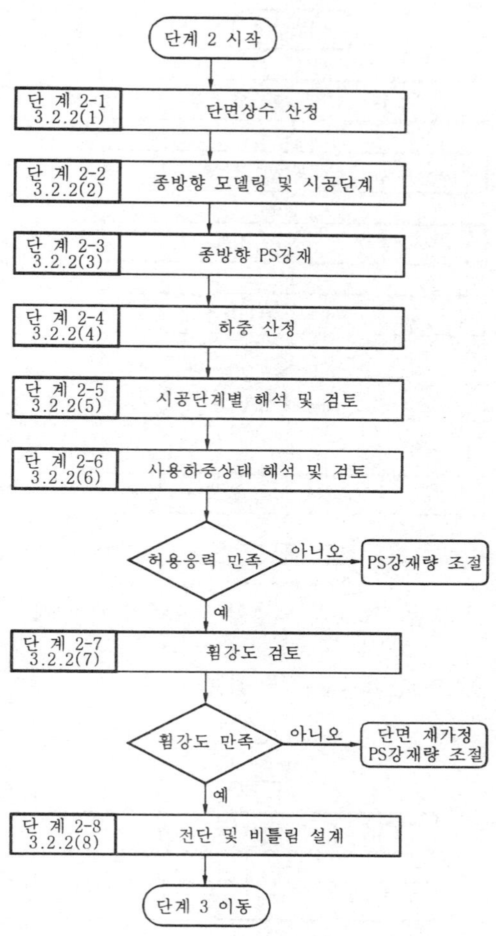

<그림 508.3.3> 종방향 구조해석 및 설계

3.1.4 [단계 3] 횡방향 구조해석 및 설계

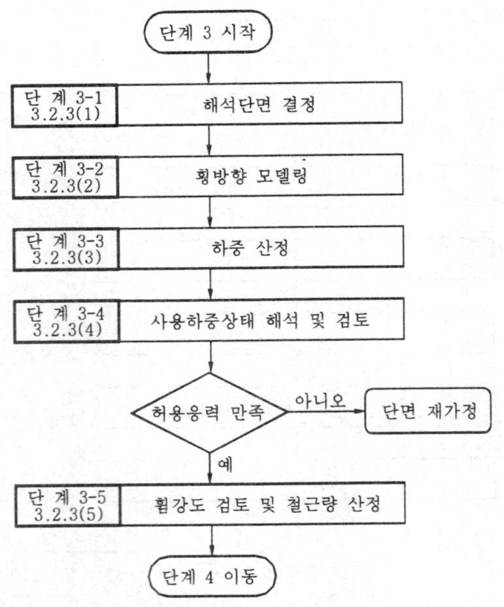

<그림 508.3.4> 횡방향 구조해석 및 설계

3.1.5 [단계 4] 격벽 설계

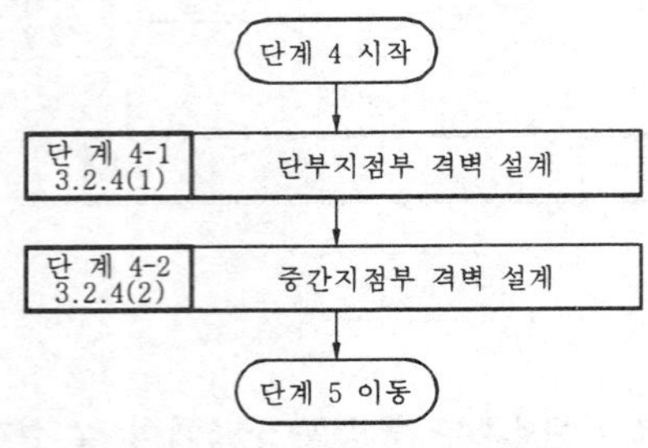

<그림 508.3.5> 격벽 설계

3.1.6 [단계 5] 정착부 설계

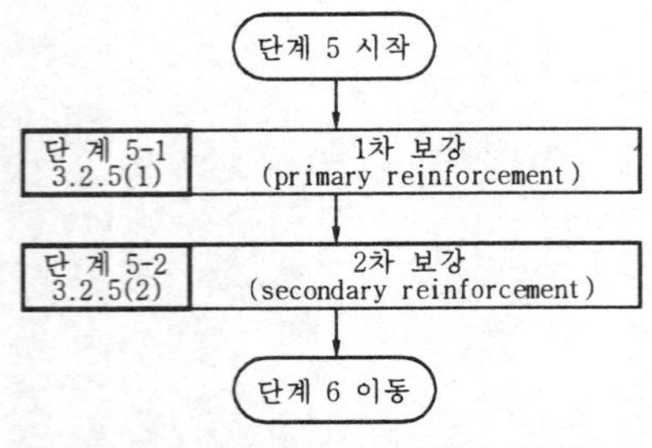

<그림 508.3.6> 정착부 설계

3.1.7 [단계 6] 지점반력 및 이동량 산정

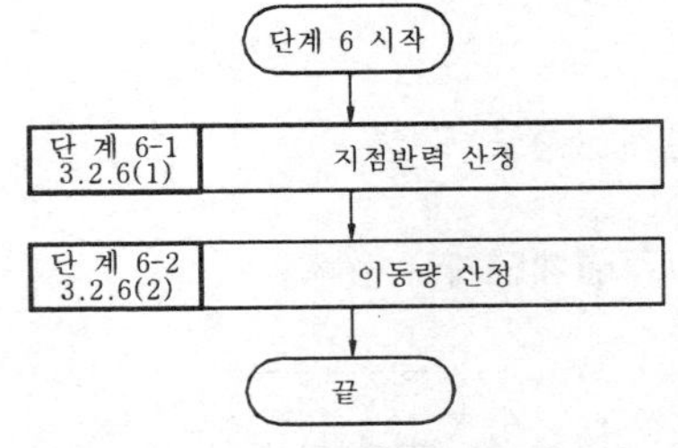

<그림 508.3.7> 지점반력 및 이동량 산정

3.2 설계단계별 고려사항

3.2.1 [단계 1] 설계조건결정 및 단면가정

(1) [단계 1-1] 설계조건 결정

① 교량등급은 [도·설 1.3]의 규정에 따른다.

② 콘크리트, PS강재, 철근 등 주요 사용재료는 [도·설 2.3]의 규정을 만족해야 한다. 또한 사용재료의 허용응력은 [도·설 2.2.2.4]의 규정을 따른다.

③ 설계방법은 [도·설 2.2]의 허용응력설계법 및 강도설계법을 적절하게 선택하여 적용한다. 즉, 종방향 설계는 허용응력설계법 및 강도설계법을 적용하고, 횡방향 설계는 원칙적으로 강도설계법을 적용하나, 횡방향 텐던 설치시 두 설계법을 모두 적용하여야 한다.

④ 사용 전산프로그램은 프리스트레스의 영향을 고려할 수 있고 그 신뢰성이 검증된 프로그램이어야 한다. 따라서 프리스트레스를 고려할 수 있는 PSC교 전용 해석프로그램을 사용하는 것이 바람직하다.

(2) [단계 1-2] 단면가정

① FSM에 의해 가설되는 교량의 단면은 일반부, 시공이음부, 중간지점부, 단부지점부 등으로 구성된다.

② 시공이음부 단면은 프리스트레스 도입을 위

하여 정착단을 설치해야하므로 이를 고려하여 단면을 가정한다.

3.2.2 [단계 2] 종방향 구조해석 및 설계

(1) [단계 2-1] 단면상수 산정

① 보통콘크리트를 사용하고 종방향, 횡방향 포스트텐션 방식을 도입한 프리캐스트 및 현장치기 콘크리트의 단일박스 거더교, 다중박스 거더교의 단순교와 연속교의 설계에서 구조해석, 휨모멘트 및 전단력의 영향을 계산하기 위한 단면의 성질은 유효플랜지폭을 사용한다. 유효플랜지폭상의 비대칭하중의 영향은 무시해도 좋다.[도·설 4.15.6.2]

② 슬래브가 거더와 일체로 간주되는 보통의 슬래브 지간과 거더 간격을 갖는 현장치기 박스거더에서는 슬래브의 전폭이 압축에 유효하다고 본다.

③ 단면의 유효폭은 [도·설 4.15.6.2]의 규정에 따라 계산한다.

(2) [단계 2-2] 종방향 모델링 및 시공단계

① 교량의 선형 및 단면 형태를 고려하여 해석모델을 결정한다.

② 종방향 시스템 모델링 방법은 각 단면 모양(단일 박스거더, 다주형 박스거더, 다중 박스거더) 및 교폭과 지간의 비에 따라 달라질 수 있다. 판이론을 적용하면 모든 경우에 적합한 설계가 가능하다. 각 단면 형상에 따라 가용한 모델링 방법의 자세한 내용은 [콘·지 I-2-4.2.5]를 참조한다.

③ FSM에 의해 가설되는 교량은 매 경간별로 시공단계를 결정하여야 한다. 그리고 시공단계를 고려하여 매 경간 상부구조 시공이 진행되는 동안의 해석이 필수적이고 또한 이러한 해석결과를 조합하여 최대·최소 단면적 등을 찾아서 설계하여야 한다. 따라서 교량 구조물 전체를 모델링하여 콘크리트 박스 세그먼트를 활성화(Activation) 시켜가며 경간진행 단계별로 구조해석을 수행한다.

④ 지간 내의 각 위치에 따라 일반부, 시공이음부, 중간지점부, 단부지점부 등으로 구성되므로, 각 위치에 따라 해당 단면의 단면상수에 대한 정확한 입력이 필요하다.

(3) [단계 2-3] 종방향 PS강재의 배치

① 종방향으로 필요한 PS강재량을 가정하고, 이에 따라 PS강재의 배치계획을 세운다.

② FSM에 의한 교량의 상부구조에 대한 PS강재 배치방법은 MSS의 경우와 유사하며 다음과 같은 유형이 있다.[콘·지 I-3-4]

- 모든 텐던을 동일한 위치에서 접속장치(Coupler)를 사용하여 접속시키는 방법
- 텐던 일부만 시공이음부에서 정착시키고, 나머지는 연속으로 배치하는 방법
- 지점부 위에서 텐던을 엇갈리게 중복 배치하는 방법
- 혼합배치 방법

③ 일반적으로 혼합배치 방법을 사용하여 PS강재의 배치를 단순하면서도 효율적으로 하여 마찰손실을 감소시킨다.

(4) [단계 2-4] 하중 산정

FSM으로 시공되는 PSC 박스거더교는 MSS, ILM, FCM 등 특수가설공법으로 시공되는 박스거더교와 같이 특별한 하중(경계조건 변화, 가설장비에 의한 하중 등)을 고려하지 않아도 되므로 일반적으로 도로교설계기준 및 콘크리트구조설계기준의 하중을 적용한다.

① 고정하중

- 자중 : 구조물의 자중과 격벽, 정착블록 및 방향변화블록 등의 자중을 산정

· 2차 고정하중 : 포장, 방호벽, 난간, 중앙분리대 등을 산정

· 고정하중의 적용은 [도·설 2.1.2]에 따른다.

② 프리스트레스

· 가정한 PS강재량에 대하여 초기 프리스트레스 도입력을 결정

· 프리스트레스 손실을 고려

- 즉시 손실 : 정착장치에서의 슬립량, PS강재와 쉬스 사이의 마찰, 콘크리트의 탄성수축

- 장기 손실 : 콘크리트의 크리프, 콘크리트의 건조수축, PS강재의 릴랙세이션

· 프리스트레스의 적용은 [도·설 2.1.6]에 따른다.

· 구조적 효율성을 고려하여 최적의 프리스트레스 강선량을 결정

③ 크리프 및 건조수축

· 시공단계에 따라 각 부재가 서로 다른 재령을 갖는 경우의 크리프 및 건조수축 효과 고려

· 콘크리트의 크리프 계수 및 건조수축 변형률 산정을 위한 각 시공단계별 시공일수 계산

· 각 시공단계별 콘크리트의 크리프 계수 및 건조수축 변형률 산정

· 콘크리트의 크리프와 건조수축에 대한 영향은 [도·설 2.1.7]을 따르며, 크리프 계수 및 건조수축 변형률 산정은 [도·설 4.2.3.3, 4.2.3.4] 또는 [콘·설 2.2.2]에 따른다.

④ 활하중

· 하중 등급, 충격 계수, 설계 차로수, 재하차로에 의한 감소율을 고려하여 차량하중을 산정

· 하중 재하는 휨모멘트가 최대인 경우와 비틀림 모멘트가 최대인 경우로 구분

· 활하중의 적용은 [도·설 2.1.3, 2.1.4]에 따른다.

⑤ 온도변화의 영향

· 상하연 온도변화 : $\triangle T = \pm 5℃$

· 종방향 온도변화 : $\triangle T = \pm 15℃$

· 가동받침의 이동량 산정시 종방향 온도변화 : $\triangle T = -5℃ \sim +35℃$

· 온도변화의 적용은 [도·설 2.1.12]에 따른다.

⑥ 지점이동

· 지점이동의 적용은 [도·설 2.1.15]에 따른다.

⑦ 풍하중

· 상부구조에 작용하는 풍하중 산정 : 교축직각방향으로 수평재하

· 풍하중의 적용은 [도·설 2.1.11]에 따른다.

⑧ 기타하중

· 위의 하중 이외에 추가로 고려할 필요가 있는 하중 경우(예 : 가설시 하중, 충돌하중)는 [도·설 2.1]에 따른다.

(5) [단계 2-5] 시공단계별 해석 및 검토

① FSM에 의해 가설되는 교량은 경간 단위별로 가설하며, 이에 따른 시공 순서를 고려하여 시공단계별 해석을 수행한다. 따라서 경간단위별로 시공 순서를 가정한다.

② 시공단계에 따라 구조계의 변화가 일어나고 하중 조건이 변화한다. 따라서 시공 순서에 따라 각 시공단계별로 고려해야 할 하중을 구분하고, 시공단계별 해석시 고려한다.

③ 각 시공단계에 따라 교량 시공 위치에서의 단면력도를 나타낸다.

④ 시공단계에 따라 콘크리트 박스단면의 상연응력과 하연응력을 나타내고, 콘크리트의 허용응력을 만족하는지에 대한 검토를 수행한다. 시공단계에 따라 콘크리트의 허용응력을 초과하는 경우에는 단면을 재가정하거나 PS강재량을 조절하여 시공단계에서의 응력에 대한 안전을 만족하도록 한다.

⑤ MSS장비 Lowering시 프리스트레스 힘을 검토한다.

(6) [단계 2-6] 사용하중상태 해석 및 검토

① 사용하중별로 단면력도를 나타낸다.

· 자중, 2차 고정하중, 프리스트레스, 크리프 및 건조수축, 활하중, 온도하중, 지점침하

② 사용하중상태에서 콘크리트 박스 단면의 상연응력과 하연응력을 구하고, 허용응력을 만족하는지 여부를 검토한다. 콘크리트의 허용응력을 초과하는 경우에는 단면을 재가정하거나 PS강재량을 조절하여 사용하중상태에서 응력에 대한 안전을 만족하도록 한다.

③ 각 하중에 대하여 조합하고, 하중조합은 [도·설 2.2.2.2]에 따른다.

④ 건조수축 및 크리프가 일어나기 전과 후에 대하여 각각 응력을 검토한다. 이때 각각 하중의 하중계수는 1.0이다.

(7) [단계 2-7] 휨강도 검토

① 계수하중을 조합하여 하중조합 중에 가장 불리한 상태의 최대·최소 단면력(계수 모멘트, 전단력, 비틀림 모멘트)을 결정한다.

② 하중계수를 사용한 계수하중의 하중조합은 [도·설 2.2.3.2]에 따른다.

③ 하중계수를 사용하여 하중조합을 수행한 후 이에 따른 휨, 축방향력, 전단 및 비틀림에 대한 극한 외력을 적용하여 최대 부재력을 계산한다.

④ 휨강도 검토는 [도·설 4.6.3.5]에 따라 수행하고, 철근량을 산정한다.

⑤ 최대/최소 강재량 검토는 [도·설 4.6.3.6]에 따라 수행한다.

(8) [단계 2-8] 전단 및 비틀림 설계

① 전단 및 비틀림 설계는 [도·설 4.6.3.8]에 따라 수행한다.

② 전단 및 비틀림에 대하여 검토를 수행하고, 필요한 철근량을 산정한다.

3.2.3 [단계 3] 횡방향 구조해석 및 설계

(1) [단계 3-1] 해석 단면

① 단면이 위치에 따라 지간 내에서 변화하는 경우, 단면 변화가 크게 발생하거나 큰 하중이 작용하는 단면을 해석단면으로 한다.

② FSM에 의해 가설하는 교량의 경우는 일반부 단면에 대하여 횡방향 구조해석 및 설계를 수행한다.

(2) [단계 3-2] 횡방향 모델링

① 횡방향 해석은 상부구조의 횡단면을 교축방향으로 단위길이를 갖는 뼈대(Frame)구조로 모델링하여 해석하는 방법 외에 유한요소법(FEM)이나 격자해석(Grillage Analysis) 등으로 해석하는 방법이 있다.

② 박스거더의 횡방향 구조해석에 대한 규정은 [도·설 4.10.4, 4.15.6.2 (4)]를 따라야 한다.

③ 횡방향 해석에 대하여 간편한 뼈대구조 해석법을 사용하는 경우가 많다. 이 경우 활하중에 대해서는 영향면 또는 부분 유한요소해석법 등을 적용하면 바닥판 부분은 비교적 정확한 결과를 얻을 수 있다. 하지만, 복부 및 하부플랜지의 경우에는 과도한 단면력이 산정되게 된다. 따라서 실제 교량의 일부분에 대하여 3차원 유한요소해석을 실시함으로써 보다 정확한 단면력을 산정할 수 있으며, 이때 유한요소해석을 위한 구체적인 수치모델링 방법은 [선·연]를 참고하도록 한다. 한편, 영향면 등을 이용한 뼈대해석을 행한 경우 복부 및 하부플랜지의 배근은 [도·설 4.10.6 (7)]을 따라야 한다.

(3) [단계 3-3] 하중 산정

① 고정하중

- 자중 및 2차 고정하중을 고려한다.
- 고정하중의 적용은 [도·설 2.1.2]에 따른다.

② 횡방향 프리스트레스

- 상부슬래브의 캔틸레버 길이가 길수록 미관에 좋지만, 보통 3.0 m~3.5 m를 초과하는 경우에는 횡방향 프리스트레스를 도입하여 구조적으로 해결하는 것이 바람직하다.
- PS강재량을 가정하고, 배치계획을 세운다.
- 복부나 헌치 순간격이 4.5 m 이상일 때는 적절한 방법으로 횡방향 프리스트레싱 도입 여부를 검토하여야 한다. 횡방향 프리스트레싱을 도입할 경우 상부플랜지의 두께는 230 mm 이상이어야 한다[도·설 4.15.6.4 (3)].

③ 활하중 : DB하중

박스거더 세그먼트의 횡방향 휨을 해석할 때는 판해석을 원칙으로 한다. 만일, 세그먼트를 상자형 골조구조로 해석할 경우에는 플랜지와 복부 사이의 변단면까지 고려하여 플랜지를 변단면부재로 보고 해석해야 하며 다음을 따라야 한다.

- 차륜하중은 최대모멘트를 줄 수 있는 곳에 재하시켜야 하며, 탄성해석 결과에 의하여 각 재하 위치에 대한 차륜하중의 유효 종방향 분포를 구해야 한다.
- 편심재하 또는 구조의 비대칭 기하형상 때문에 생기는 복부전단 증가 및 기타 영향을 고려해야 한다.
- 박스형 단면의 상부플랜지에 미치는 활하중과 충격모멘트 효과를 평가할 때는 영향면을 사용하는 방법이나 기타 탄성해석방법을 사용해도 된다.
- 프리스트레싱에 의한 탄성 및 크리프 변형과 건조수축도 횡방향해석에 고려해야 한다.
- 사용하중하에서의 응력을 계산할 때는 프리스트레싱에 의한 2차모멘트의 영향을 포함시켜야 한다.
- 극한상태의 모멘트와 전단력을 계산할 때는 프리스트레싱(하중계수1.0)으로 인한 2차모멘트나 전단력을 계수고정하중 및 활하중 조합에 의한 모멘트와 전단력에 대수적으로 합해야 한다.
- 복부 및 하부슬래브에 미치는 활하중과 충격모멘트 효과를 평가할 때는 차륜하중이 종방향으로 분포되는 영향을 적절히 고려해야 한다.[도·설 4.15.6.2 (4)]

④ 온도하중

- 상하연 온도변화 : $\Delta T = \pm 5℃$

⑤ 설계에 사용되는 하중은 도로교설계기준에 주어진 일반적인 하중 외에 가설방법이나 구조물의 기하형상 등에 의하여 추가로 발생되는 하중이 고려되어야 한다.

(4) [단계 3-4] 사용하중상태 해석 및 검토

① 사용하중별 단면력도

- 자중, 2차 고정하중, 횡방향 프리스트레스, 활하중, 온도하중

② 사용하중상태 응력검토 : 상연응력, 하연응력

(5) [단계 3-5] 휨강도 검토 및 철근량 산정

① 계수하중을 조합하여 가장 불리한 상태의 최대·최소 단면력을 결정한다.

② 계수하중의 하중조합은 [도·설 2.2.3.2]에 따른다.

③ 휨강도 검토는 [도·설 4.6.3.5]에 따라 수행하고, 철근량을 산정한다.

3.2.4 [단계 4] 격벽 설계

(1) [단계 4-1] 단부지점부 격벽 설계

① 콘크리트 박스거더는 T형거더에 비하여 횡방향 강성이 강하나, 격벽이 없으면 주형직각방향의 강성감소로 인하여 바닥판, 받침 등의 구조에 해로운 영향을 미칠 수 있으므로 단부와 중간지점부에는 격벽을 설치하는 것을 원칙으로 하며, 충분한 폭을 가져야 한다.

② 일반적으로 50 m 지간의 교량에 대하여 단부 지점에서는 2.0 m 정도의 구간에 격벽을 설치한다.

③ 격벽을 해석하기 위하여 대체로 유한요소법에 의하여 격벽의 주압축응력과 주인장응력의 궤적을 구하고 스트럿-타이 모델을 구성한다. 해석모델링으로 구한 단면력을 토대로 수평, 수직 방향 철근량을 산정한다.

④ 2차원 스트럿-타이 모델 구성이 어려운 3차원 구조의 경우에는 유한요소해석법에 의하여 소요철근을 산정할 수 있다.

(2) [단계 4-2] 중간지점부 격벽 설계

① 일반적으로 50 m 지간의 교량에 대하여 중간지점부에서는 1.5 m 정도의 구간에 격벽을 설치한다.

② 중간지점부의 경우도 단부지점부와 유사한 방법으로 스트럿-타이 모델을 구성하여 단면력을 구하고 수평, 수직 방향 철근량을 산정한다.

3.2.5 [단계 5] 정착부 설계

(1) [단계 5-1] 1차 보강

① 정착장치를 포함한 국소구역의 단면과 보강철근은 긴장재의 힘을 주위의 콘크리트 구조에 안전하게 전달해야 하고, 이때의 하중의 전달을 위하여 지압판 형식이나 특수정착장치(나선철근, 스터럽, 기타)를 사용해도 좋지만, 어느 것이든 국소구역의 하중을 정착장치로부터 일반구역으로 안전하고 확실하게 전달할 수 있는 기능이 확인된 것을 사용해야 한다.

② 프리스트레스를 도입하기 위하여 정착구가 설치된 시공이음부에 대하여 정착부 보강에 대한 설계를 수행한다.

③ 정착부 설계는 [도·설 4.6.3.9, 4.15.6.3(5)]의 규정에 따른다.

④ 일반적으로 정착부의 보강은 1차 보강(Primary Reinforcement)과 2차 보강(Secondary Reinforcement)으로 이루어진다. 이중 1차 보강은 정착부 주변의 최소부재 치수와 관계된다.

(2) [단계 5-2] 2차 보강

① 정착부에서 프리스트레스 힘이 전단면에 분포하기까지의 구간에 대하여 2차 보강을 한다.

② 프리스트레스 힘에 의하여 정착부 주위를 보강하여 균열이 발생하지 않도록 복부, 상부슬래브, 하부슬래브에 대하여 작용하는 파열력(Bursting Force)을 구하여 보강 철근량을 산정한다.

3.2.6 [단계 6] 지점반력 및 이동량 산정

(1) [단계 6-1] 지점반력 산정

① 지속하중과 변동하중에 대하여 교대 및 교각에서 발생하는 반력을 산정한다.

② 지점반력은 사용받침의 용량을 결정하는데 사용된다.

(2) [단계 6-2] 이동량 산정

① 온도변화, 크리프 및 건조수축, 활하중, 프리스트레스의 영향을 고려하여 가동받침의 이동량을 산정한다.

② 가동받침의 이동량 산정은 [도·설 2.4.1.3]의 규정을 따른다.

3.3 FSM(MSS)에 의한 PSC 박스거더교의 설계 예

3.3.1 [단계 1] 설계조건결정 및 단면가정

(1) [단계 1-1] 설계조건결정

① 교량제원

- 상부형식 : PSC 단일 박스거더교
- 교량등급 : 1등교(차량전용)
- 교량연장 : 5 @ 50.0 m = 250.0 m
- 교량폭원 : 16.2 m
- 곡률반경 : ∞
- 가설공법 : 전체 지지식(Full Staging Method; FSM)
- 프리스트레스 도입 방식 : Post-tensioning 방식

② 주요 사용재료

- 콘크리트
  - 설계기준강도 : $f_{ck}=$ 40 MPa
  - 탄성계수 : E_c = 29,300 MPa
  - 프리스트레스 도입시의 콘크리트의 압축강도 $f_{ci}=$ 28 MPa
  - 단위질량 : $\gamma_c=$ 2,500 kg/m^3
  - 허용응력

    크리프와 건조수축에 의한 손실이 일어나기 전의 일시적 응력

    허용휨 압축응력 : $0.55f_{ci}=$ 15.4 MPa

    허용휨 인장응력 :

    - 부착된 철근이 없는 인장구역 : 1.4 MPa 또는 $0.25\sqrt{f_{ci}}=1.3$ MPa
    - 부착된 철근이 있는 인장구역 : $0.50\sqrt{f_{ci}}=$ 2.6 MPa

    모든 손실이 일어난 후 사용하중에 상태에서의 응력

    허용휨 압축응력 : $0.4f_{ck}=$ 16 MPa

    허용휨 인장응력 :

    - 부착된 철근을 갖는 부재 : $0.50\sqrt{f_{ck}}=$ 3.2 MPa
    - 해변지역과 같이 심각한 부식에 노출된 상태 : $0.25\sqrt{f_{ck}}=$ 1.6 MPa

    균열응력 : $0.63\sqrt{f_{ck}}=$ 4.0 MPa.

- PS 강재
  - 사용기준 : KS D 7002, SWPC 7B
  - 항복강도 : $P_y=$ 226 kN/strand ($f_{py}=$ 1,600 MPa 이상)
  - 인장강도 : $P_u=$ 264 kN/strand ($f_{pu}=$ 1,900 MPa 이상)
  - 초기 긴장응력 : $f_{pj}=0.7f_{pu}=$ 1,330 MPa (인장강도의 70%)

- 탄성계수 : $E_p = 2.0 \times 10^5$ MPa
- PS 강재의 허용응력
  정착부 : $0.7f_{pu} =$ 1,330 MPa
  활동에 대한 손실구역 끝 부분 : $0.83 f_{py} =$ 1,328 MPa
  손실이 일어난 후 사용하중 상태에서의 응력 : $0.8f_{py} =$ 1,280 MPa
- 사용 텐던단위 : 6-22 (ø15.2 mm-22)
- 사용 덕트 크기 : 110/113 mm
- 릴랙세이션률 : 5%
- 마찰계수
  [도 · 설 4.6.3.4 표 4.6.1] 참조
- 정착장치 활동 : Δ = 6 mm
- 단면적 : 138.7 mm²

· 철 근 : SD 400

③ 사용 전산프로그램
· Midas Civil 2006 (한국, MIDAS IT)

(2) [단계 1-2] 단면가정

① 일반부 (단위 : mm)

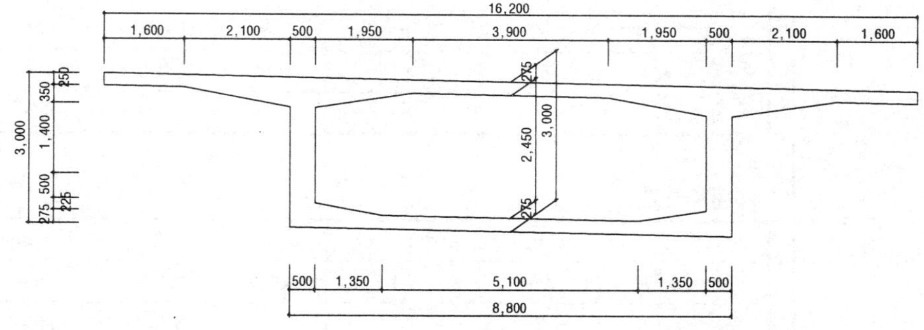

② 지점부 (단위 : mm)

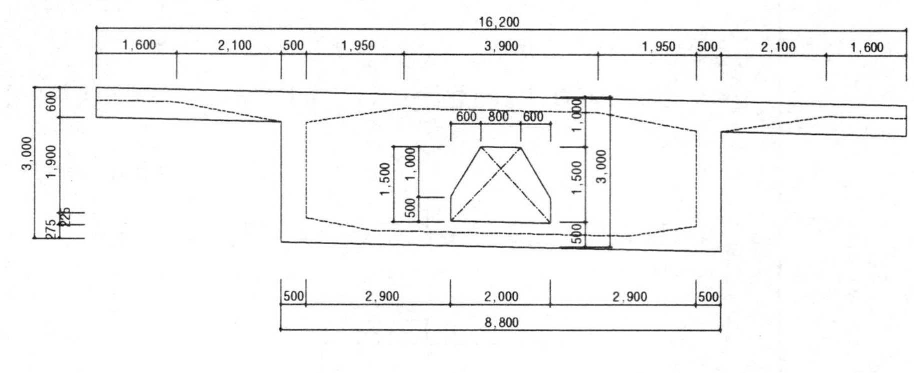

(1) [단계 2-1] 단면상수 산정

① 유효폭 계산

가. 일반부

· 단부경간

위치	L (m)	L_i=0.8L (m)	b (m)	b/L_i	b_f-ratio	B_f
상부슬래브	50	40	3.900	0.098	0.93	3.632
하부슬래브	50	40	3.900	0.098	0.93	3.632
캔틸레버	50	40	3.700	0.093	0.94	3.479

· 내측경간

위치	L (m)	L_i=0.6L (m)	b (m)	b/L_i	b_f-ratio	B_f
상부슬래브	50	30	3.900	0.130	0.87	3.392
하부슬래브	50	30	3.900	0.130	0.87	3.392
캔틸레버	50	30	3.700	0.123	0.88	3.266

나. 중간지점부

· 단부경간

위치	L (m)	L_i=0.8L (m)	b (m)	b/L_i	b_s-ratio	B_s
상부슬래브	50	40	3.900	0.098	0.71	2.750
하부슬래브	50	40	3.900	0.098	0.71	2.750
캔틸레버	50	40	3.700	0.093	0.73	2.687

· 내측경간

위치	L (m)	L_i=0.6L (m)	b (m)	b/L_i	b_s-ratio	B_s
상부슬래브	50	30	3.900	0.130	0.63	2.458
하부슬래브	50	30	3.900	0.130	0.63	2.458
캔틸레버	50	30	3.700	0.123	0.65	2.403

② 유효폭을 고려한 단면

일반부 단면에 대하여 계산한 유효폭을 고려한 단면을 나타내면 다음과 같다.

(단위 : mm)

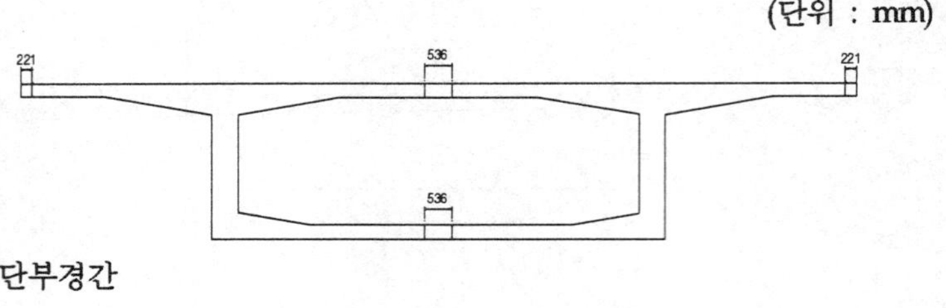

단부경간

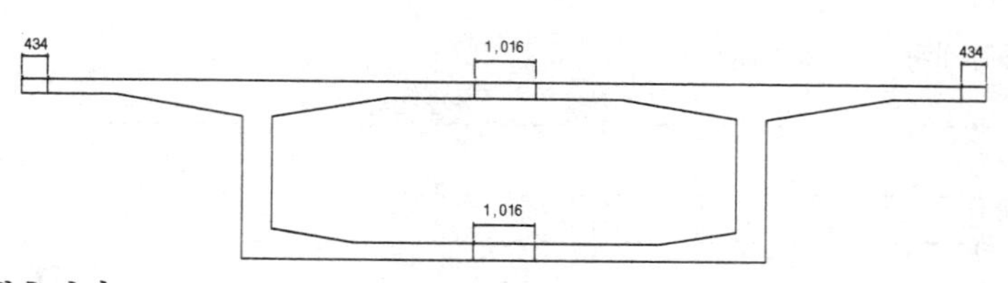

내측경간

(2) [단계 2-2] 종방향 모델링 및 시공단계

① 구조물의 기하형상

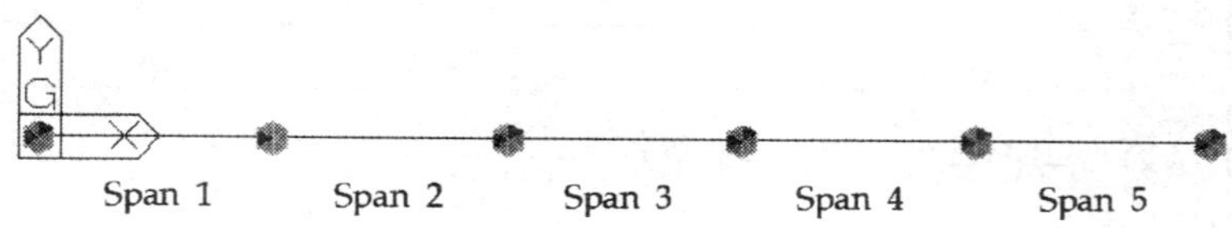

② 시스템 모델링

Span 1 :

Span 2 :

Span 3 :

Span 4 :

Span 5 :

③ 시공단계

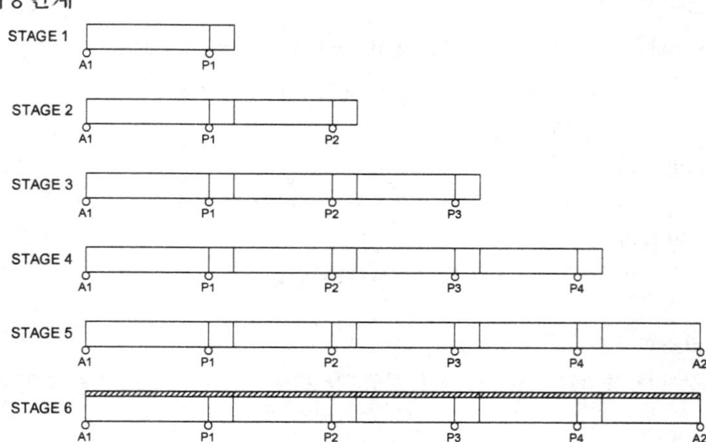

→ FSM과 MSS은 거의 유사하지만, MSS에서는 시공 중에 MSS 장비 하중이 작용하고, FSM에서는 MSS 장비 하중이 작용하지 않음

(3) [단계 2-3] 종방향 PS강재

① 긴장력(Jacking Force)

$P_j = 0.70\, P_u$ $(= 184.5\,\text{kN/Strand})$: 인장강도의 70%로 가정

② PS강재량 및 배치계획

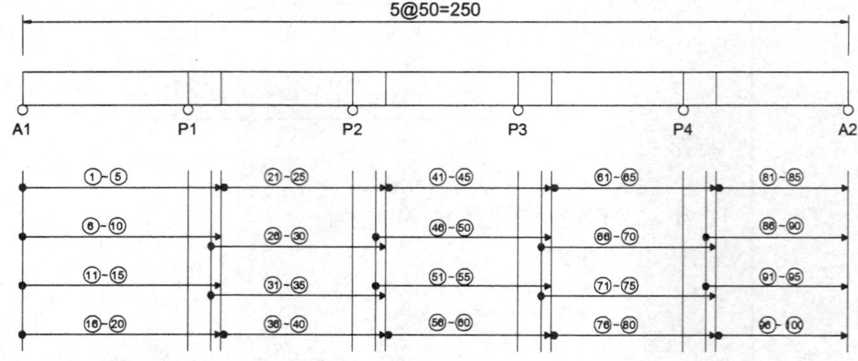

각 복부(Web)당 텐던 배치계획

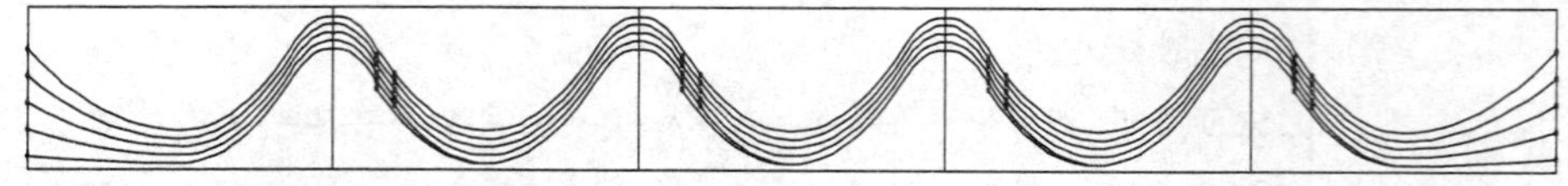

교량전체의 텐던 배치형상

(4) [단계 2-4] 하중 산정

① 고정하중

· 콘크리트 박스 자중(단위질량) : γ_c = 2,500 kg/m^3

· 2차 고정하중

- LMC 포장 : γ_a = 2,350 kg/m^3 (두께 h_a = 50 mm)

W_1 = 23.50 × 0.05 × (16.20 - 0.45 × 2 EA)
= 17.978 kN/m

- 방호벽

W_2 = 0.406 × 25.0 × 2 EA = 20.300 kN/m

- 방음벽

W_3 = 1.000 × 2 EA = 2.000 kN/m

② 프리스트레스

PS강재량 및 배치계획에 따라 시공단계별로 프리스트레스력을 도입하여 고려한다.

③ 크리프 및 건조수축

가. 시간경과에 따른 크리프 계수와 건조수축 변형률 산정

· 조건

- 시멘트 : 보통(1종) 시멘트
- 지속하중 재하시의 콘크리트 재령 : t_0 = 5일
- 콘크리트가 외기 중에 노출되었을 때의 재령 : t_s = 3일
- 상대습도 : 70% (가정)

- 외기 또는 양생온도 : T = 20 ℃
- 적용기준 : 콘크리트구조설계기준 2.2.2

나. 크리프와 건조수축의 산정을 위한 시공일수 계산

Stage	Duration	Span 1	Span 2	Span 3	Span 4	Span 5
Stage 1	20	20				
Stage 2	20	40	20			
Stage 3	20	60	40	20		
Stage 4	20	80	60	40	20	
Stage 5	20	100	80	60	40	20
Stage 6	10,000	10,000	10,000	10,000	10,000	10,000

다. 시간경과에 따른 크리프 계수와 건조수축 변형률 산정

Age (day)	크리프 계수	건조수축 변형률	Age (day)	크리프 계수	건조수축 변형률
	$\Delta\phi(t,t_o)$	$\Delta\varepsilon_{sh}(t,t_s)$		$\Delta\phi(t,t_o)$	$\Delta\varepsilon_{sh}(t,t_s)$
18	0.437	-1.3529E-05	562	1.399	-8.1311E-05
32	0.592	-1.8814E-05	1000	1.556	-1.0663E-04
56	0.739	-2.5631E-05	1778	1.687	-1.38047E-04
100	0.893	-3.4532E-05	3162	1.785	-1.7521E-04
178	1.057	-4.6205E-05	5623	1.853	-2.1619E-04
316	1.229	-6.1481E-05	10000	1.897	-2.5724E-04

④ 활하중

- 하중등급 : 1등교

  W_l = 12.7 kN/m　　P_m = 108 kN　　P_s = 156 kN

- 충격계수

$$i = \frac{15}{40+L} \le 0.3$$

  L = 50.0m 일 때　　i = 0.1667

- 설계차로수

  W_c : 연석간의 교폭　　W : 설계차로폭　　N : 설계차로수

  W_c = 16.20 - 0.45 - 0.45 = 15.30 m

  ∴ N = 4 Lane (12.8 ≤ W_c ≤ 16.4)

  W = W_c / N = 15.30 / 4 = 3.825 > 3.6 m

  ∴ W = 3.6 m

- 재하차로에 의한 감소율 : 4차선 이상 : 75%
- 차량하중의 산정

하중	4 차로	2 차로
	50 m	50 m
W_l (kN/m)	44.45	29.63
P_m (kN)	378.01	252.01
P_s (kN)	546.02	364.01

· 하중재하

- 비틀림 모멘트 최대인 경우 (단위 : mm)

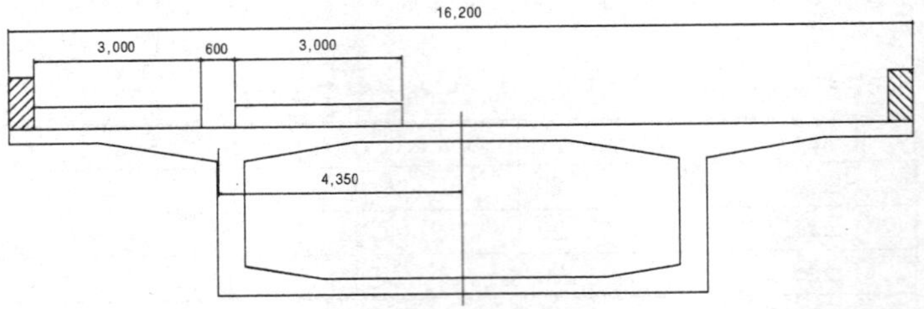

- 휨모멘트 최대인 경우 (단위 : mm)

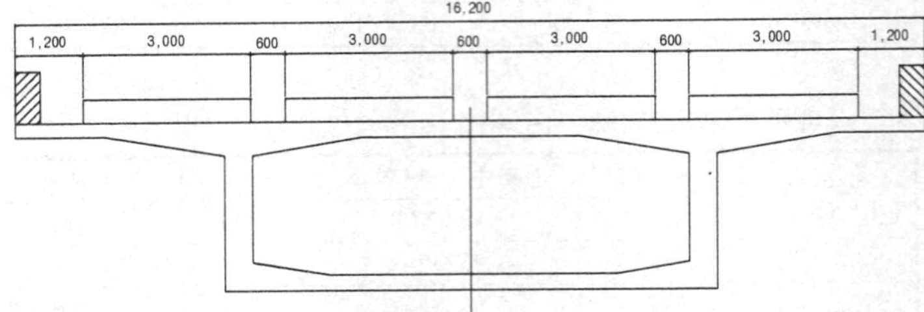

⑤ 온도변화

· 선팽창계수 : α = 0.00001

· 상하연 온도변화 (Gradient) : ΔT = ±5℃

· 종방향 온도변화 (Global) : ΔT = ±15℃

· 이동량 산정시 종방향 온도하중 (Global) : ΔT = ±25℃

⑥ 지점침하

각각의 지점인 교대(Abutment)와 교각(Pier)에서 각각 10 mm가 불리하게 일어난다고 가정한다.

⑦ 풍하중

· 재하방법 : 교축직각방향으로 수평재하

· 단위면적당 작용하는 풍하중 (kN/m^2)

$$P = \frac{1}{2} p V_d^2 C_d G = \frac{1}{2} \times 1.225 \times 33.56^2 \times 1.830 \times 1.900 = 2.399 \text{ kN/m}^2$$

· 설계기준 풍속(V_d)

: 태풍이나 돌풍에 취약한 지역에 위치한 중대지간의 교량

$$V_d = 1.925 \left[\frac{z}{z_G}\right]^a V_{10}, \qquad z \geq z_b$$

$$= 1.925 \left[\frac{z_b}{z_G}\right]^a V_{10}, \qquad z < z_b$$

- 지역별 기본풍속(V_{10}) = 30 m/s (구분 I)
- 지표조도구분 III : a = 0.22, z_G = 700 m, z_b = 15 m
- z ≒ 59.383 m (교각평균높이)

$$\Rightarrow V_d = 1.925 \times \left[\frac{59.383}{700}\right]^{0.22} \times 30 = 33.561 \text{ m/s}$$

· 항력계수(C_d)

$$C_d = 2.1 - 0.1\ (B/D), \qquad 1 \le B/D < 8$$
$$= 1.3 \qquad\qquad\qquad , \qquad B/D > 8$$

여기서, B=16.2 m(상부거더 폭), D=6.0 m(방호벽을 고려한 상부거더 높이)

· 거스트 응답계수(G)

$$G = 1.9$$

(5) [단계 2-5] 시공단계별 해석 및 검토 (단위 : MPa)

① 시공단계 1

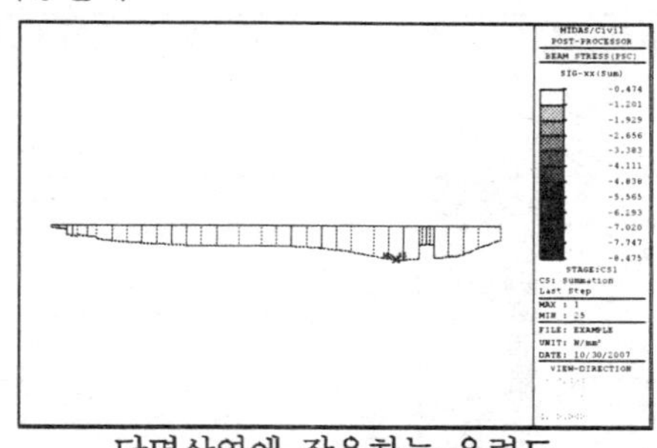

단면상연에 작용하는 응력도

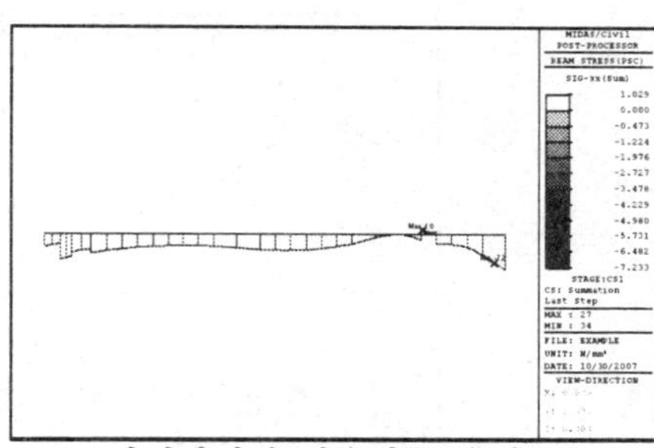

단면하연에 작용하는 응력도

② 시공단계 2

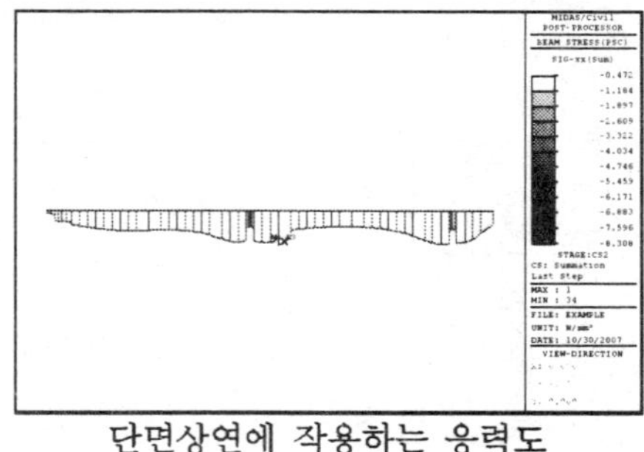

단면상연에 작용하는 응력도

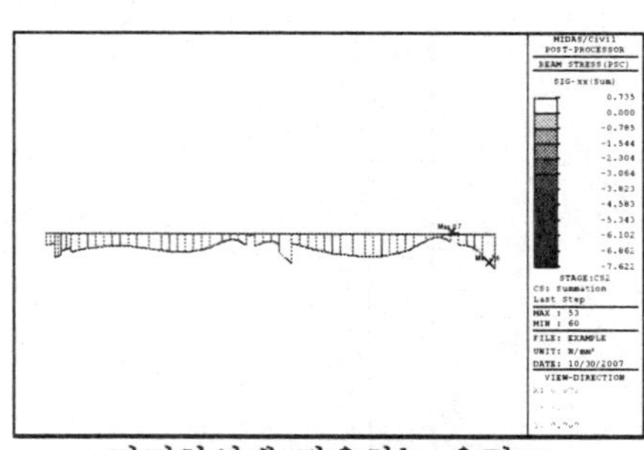

단면하연에 작용하는 응력도

③ 시공단계 3

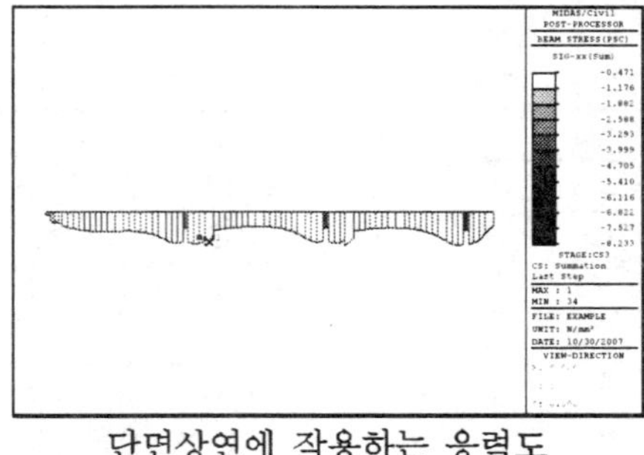

단면상연에 작용하는 응력도

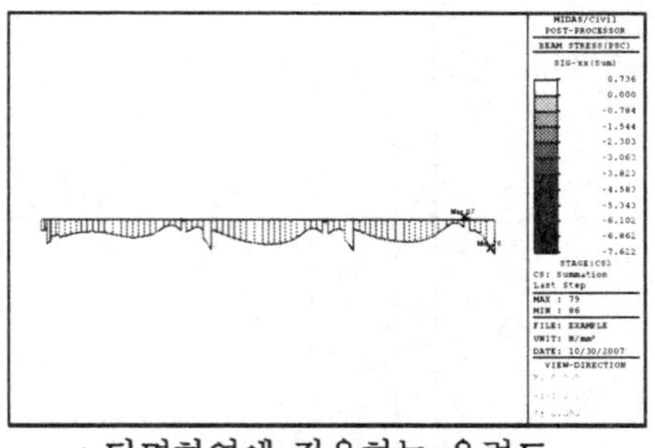

단면하연에 작용하는 응력도

④ 시공단계 4

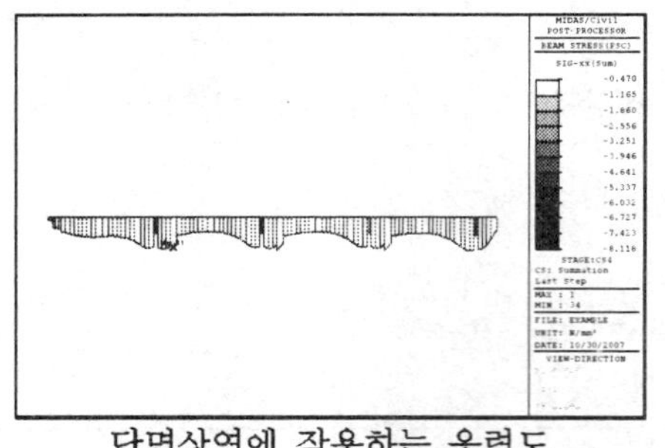
단면상연에 작용하는 응력도

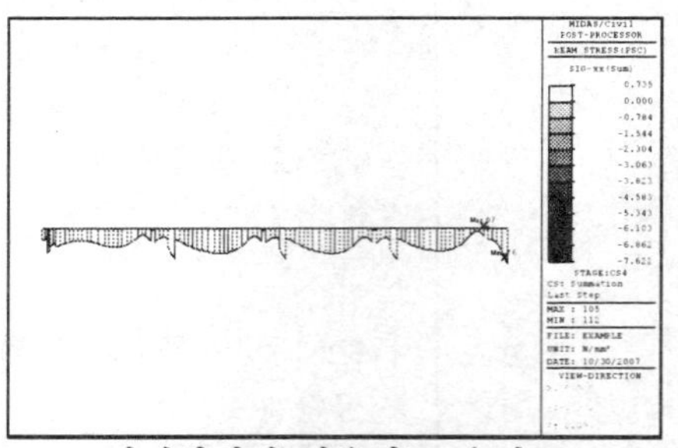
단면하연에 작용하는 응력도

⑤ 시공단계 5

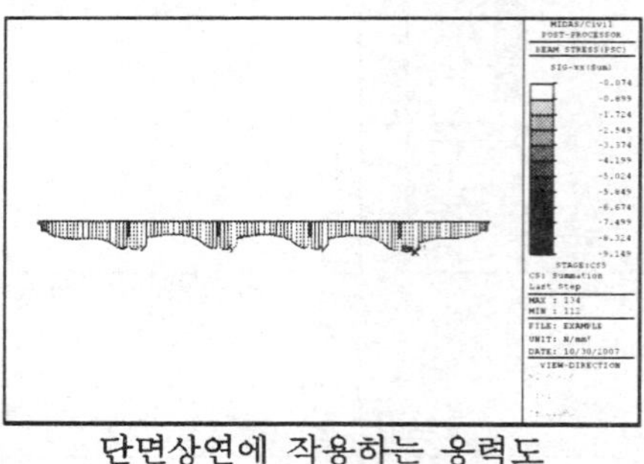
단면상연에 작용하는 응력도

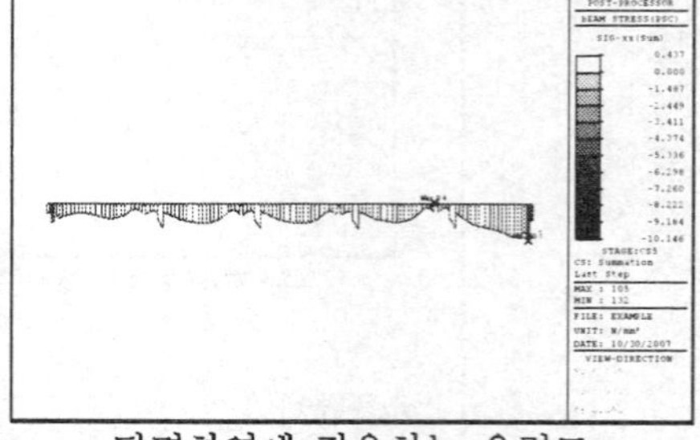
단면하연에 작용하는 응력도

⑥ 시공단계 6

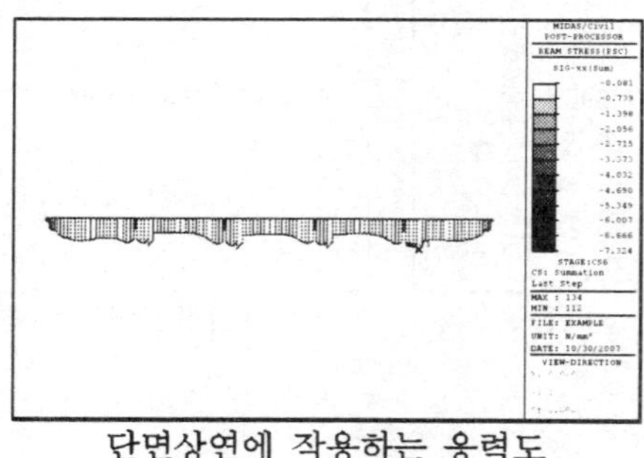
단면상연에 작용하는 응력도

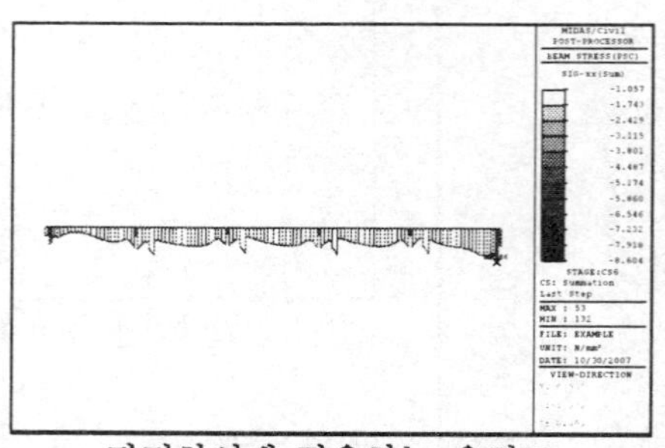
단면하연에 작용하는 응력도

⑦ 응력검토

시공단계	상연응력 (MPa)		하연응력 (MPa)		허용응력 (MPa)	
	최대	최소	최대	최소	인장	압축
Stage 1	-0.47	-8.48	1.03	-7.23	3.2	-16.00
Stage 2	-0.47	-8.31	0.74	-7.62	3.2	-16.00
Stage 3	-0.47	-8.23	0.74	-7.62	3.2	-16.00
Stage 4	-0.47	-8.12	0.74	-7.62	3.2	-16.00
Stage 5	-0.07	-9.15	0.44	-10.15	3.2	-16.00
Stage 6	-0.08	-7.32	-1.06	-8.60	3.2	-16.00

(6) [단계 2-6] 사용하중상태 해석 및 검토 (단위 : kN, m)

① 사용하중별 단면력도

· 자중

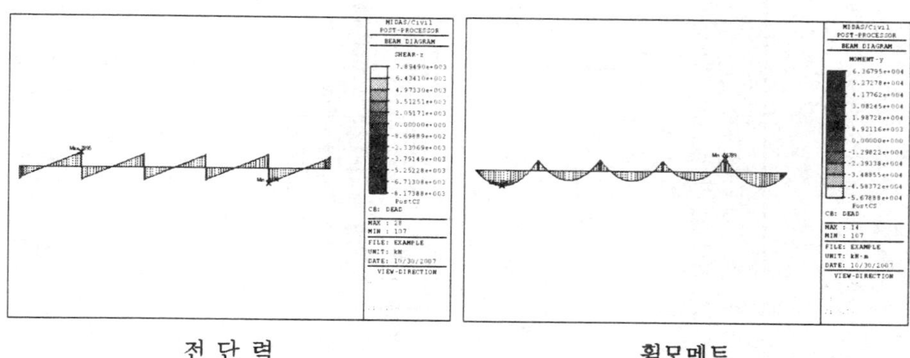

전 단 력 휨모멘트

· 2차 고정하중

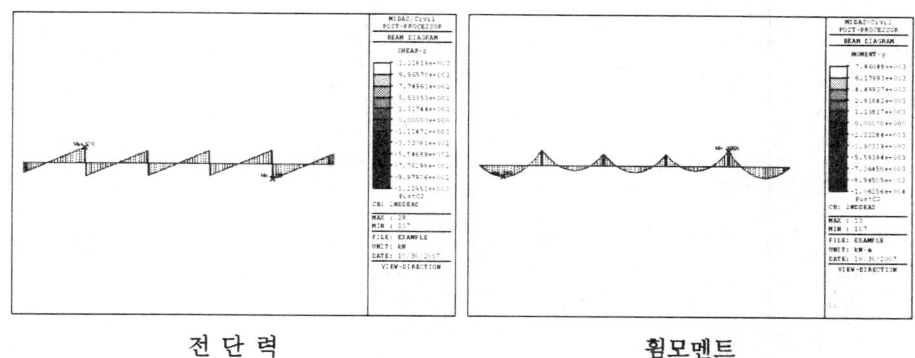

전 단 력 휨모멘트

· 프리스트레스

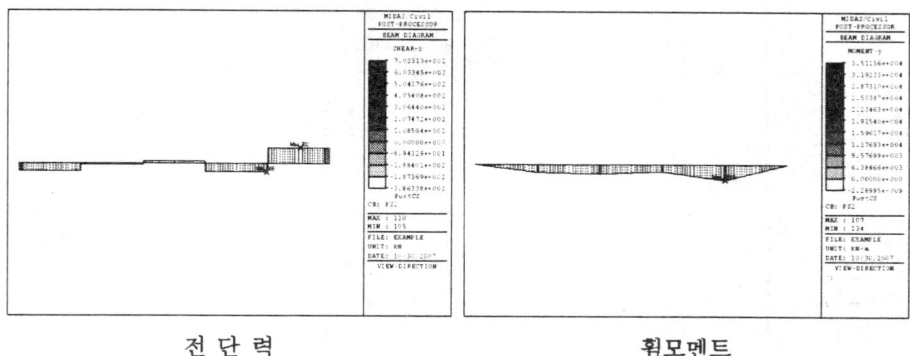

전 단 력 휨모멘트

· 크리프 및 건조수축

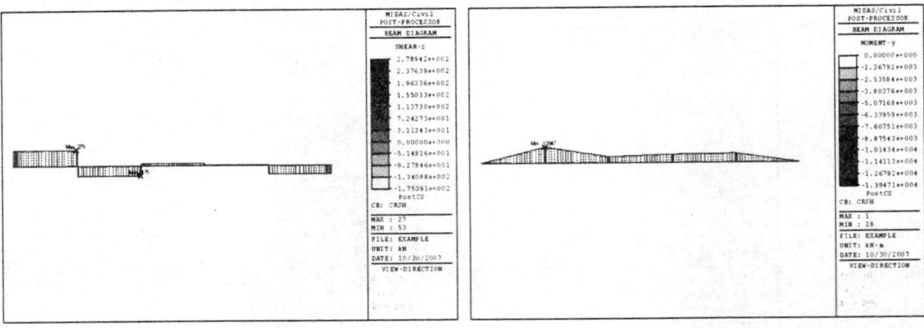

전 단 력　　　　　휨모멘트

· 활하중

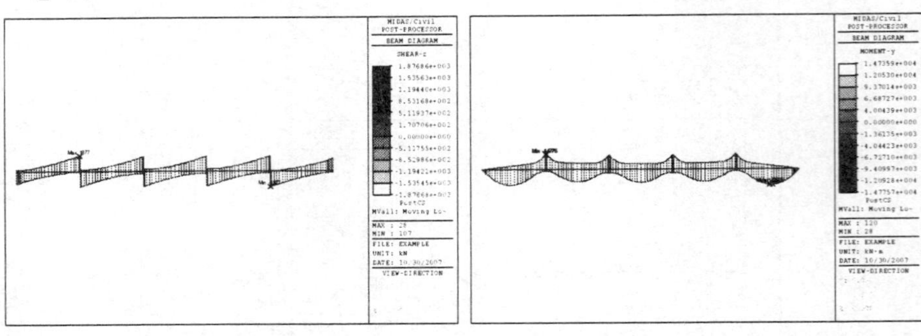

전 단 력　　　　　휨모멘트

· 온도하중

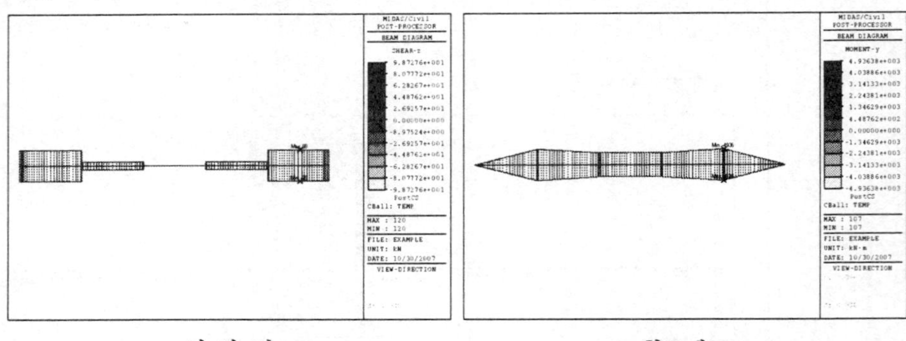

전 단 력　　　　　휨모멘트

· 지점침하

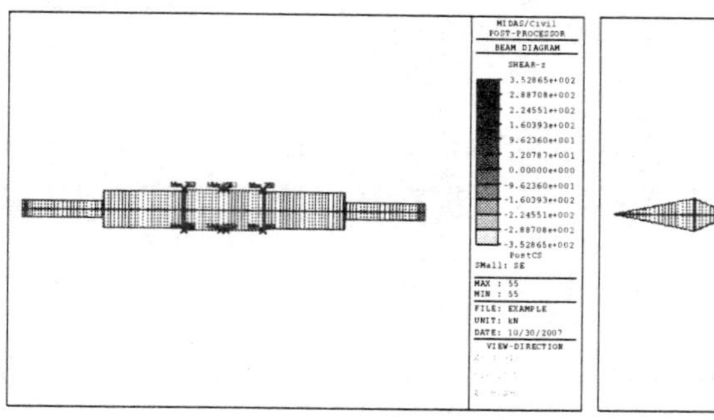

전 단 력

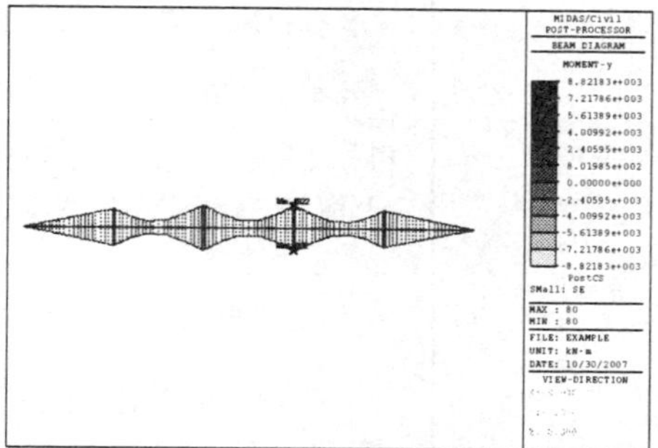

휨모멘트

② 사용하중상태의 응력검토

Case	하 중 조 합	증가계수
Case 1	주하중+주하중에 해당하는 특수하중+온도변화의 영향 D+(L+I)+(PS+CR+SH)+T	1.15
Case 2	주하중+주하중에 해당하는 특수하중+풍하중 D+(L+I)+(PS+CR+SH)+W	1.25
Case 3	주하중+주하중에 해당하는 특수하중+온도변화의 영향+풍하중 D+(L+I)+(PS+CR+SH)+T+W	1.35
Case 4	주하중+주하중에 해당하는 특수하중 D+(L+I)+(PS+CR+SH)	1.00

· 사용하중 재하시 단면 상연에 작용하는 응력도

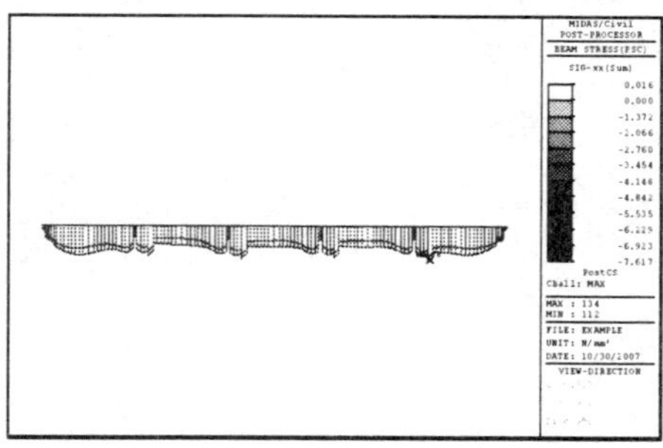

· 사용하중 재하시 단면 하연에 작용하는 응력도

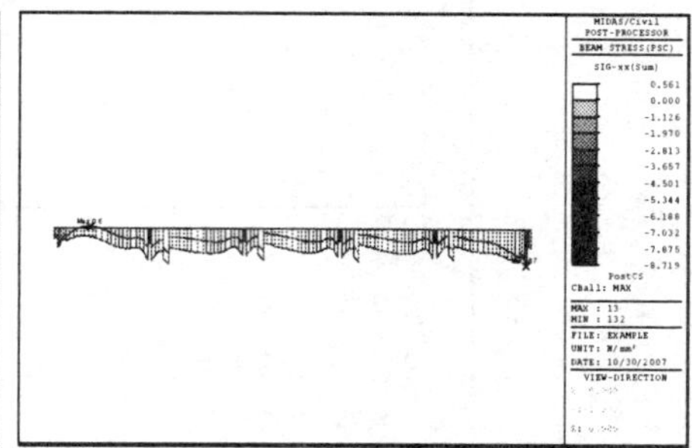

· 응력 검토

구 분	상연응력 (MPa)		하연응력 (MPa)	
	인장	압축	인장	압축
발생응력	-0.02	-7.62	0.56	-8.72
허용응력	3.2	-16.0	3.2	-16.0
비 고	OK	OK	OK	OK

(7) [단계 2-7] 휨강도 검토

① 설계단면력

가. 설계하중조합

하중계수를 사용하여 하중조합을 수행한 후 이에 따른 휨, 축방향력, 전단 및 비틀림력에 대한 극한외력을 적용하여 부재의 휨강도 검토 및 기타 부재의 설계를 수행하였다.

나. 설계 단면력도

· 계수하중에 의한 전단력도　　　　· 계수하중에 의한 휨모멘트도

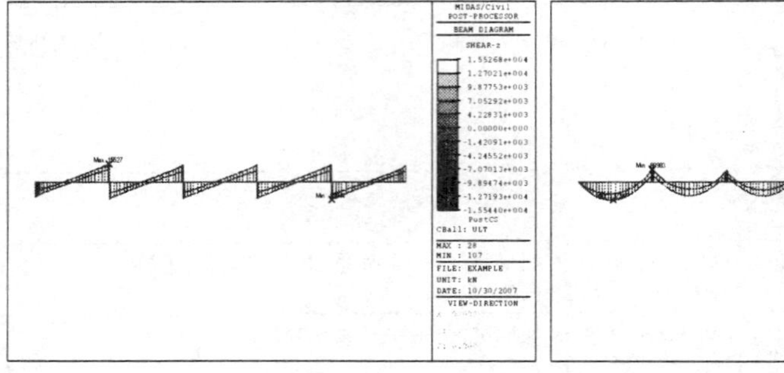

· 계수하중에 의한 비틀림 모멘트도

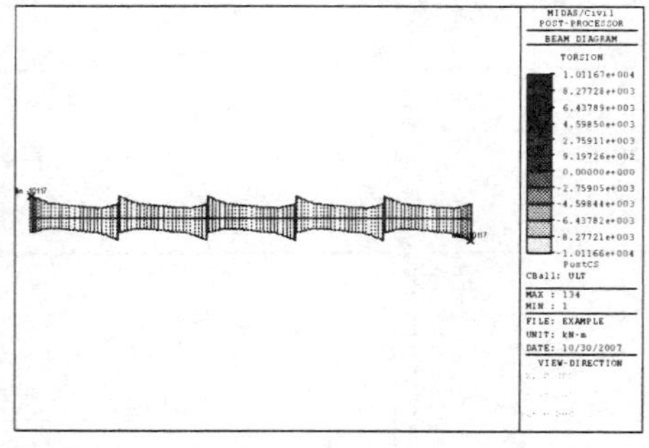

② 휨강도 검토

가. 지간 중앙부(node 15)

· 설계 변수

f_{ck} : 40.0 N/mm^2	b : 16,200.0 mm	A_p : 52,706 mm^2
f_y : 400.0 N/mm^2	d_p : 2,452.9 mm	A_s : 11,320.2 mm^2
f_{pu} : 1,900.0 N/mm^2	d : 2,950.0 mm	A_c : 1.081E+07 mm^2
β_1 : 0.766	y_t : 1,845.4 mm	I_y : 1.460E+13 mm^4
γp : 0.28	e_p : 1,298.3 mm	P_e : 32,789 kN
b_0 : 1,000.0 mm	t : 275.0 mm	M_u : 132,347 kN·m

· 힘의 평형 조건으로 중립축 c 결정

c = 278.0 mm

· 등가 사각형의 응력블록의 깊이

$a = \beta_1 c = 0.766 \times 278.0 = 212$ mm

· PS강재의 응력

- 부착된 부재

$$f_{ps} = f_{pu}[1 - \frac{r_p}{\beta_1}\{\rho_p \frac{f_{pu}}{f_{ck}} + \frac{d}{d_p}(\rho \frac{f_y}{f_{ck}})\}]$$

$= 1,900.00 \times (1 - 0.28 / 0.766 \times (0.00154 \times 1,900.00 / 40.00 + 2,950.0 / 2,452.9 \times (0.00024 \times 400.00 / 40.00)))$

$= 1,847.191\ \text{N/mm}^2$

· 설계 휨강도

$a = 212.9 < t = 275.0$ (사각형 단면)

$$\phi M_n = \phi[A_p f_{ps} d_p \{1 - 0.59(\frac{\rho_p f_{ps}}{f_{ck}} + \frac{d}{d_p}\frac{\rho f_y}{f_{ck}})\}$$

$$+ A_s f_y d\{1 - 0.59(\frac{d_p}{d}\frac{\rho_p f_{ps}}{f_{ck}} + \frac{\rho f_y}{f_{ck}})\}]$$

$= 0.85 \times (52,706 \times 1,847.36 \times 2,452.9 \times (1 - 0.59 \times (0.00154 \times 1,847.36 / 40.00 + 2,950.0 / 2,452.9 \times (0.00024 \times 400.00 / 40.00))) + 11,320.2 \times 400.00 \times 2,950.0 \times (1 - 0.59 \times (2,452.9 / 2,950.0 \times (0.00154 \times 1,847.36 / 40.00) + 0.00024 \times 400.00 / 40.00))) / 10^6$

$= 205,084$ kNm

$\phi M_n = 2.05\text{E+05 kNm} \geq M_u = 1.32\text{E+05 kNm}$ OK

· 최대 PS강재량

$$0.36\beta_1 = 0.36 \times 0.766 = 0.276$$

$$q_p = \rho_p(f_{ps}/f_{ck}) = 0.00154 \times 1,847.36/40.00 = 0.071$$

$$q_p \leq 0.36\beta_1$$

· 최소 강재량

$$f_{pcc} = \frac{P_e}{A_c} + \frac{P_e e_p}{I} y_t$$

$= 32,789,000 / 10,812,500.0 + (32,789,000 \times 1,298.3) \times 1,845.4 / 1.460\text{E+13}$

$= 8.413\ \text{N/mm}^2$

$$M_{cr} = (0.63\sqrt{f_{ck}} + f_{pcc})(I/y_t)$$

$= (0.63 \times \sqrt{40.0} + 8.413) \times (1.460\text{E+13} / 1,845.4) / 10^6$

$= 98,083$ kNm

$\phi M_n = 2.05\text{E+05 kNm} \geq 1.2\ M_{cr} = 1.18\text{E+05 kNm}$ OK

나. 지점부 (node 28)

· 설계 변수

f_{ck} : 40.0 N/mm²	b : 8,800.0 mm	A_p : 52,706 mm²
f_y : 400.0 N/mm²	d_p : 2,535.0 mm	A_s : 21,250.2 mm²
f_{pu} : 1,900.0 N/mm²	d : 2,940.0 mm	A_c : 2.659E+07 mm²
β_1 : 0.766	y_t : 1,341.0 mm	I_y : 2.288E+13 mm⁴
γ_p : 0.28	e_p : 876.0 mm	P_e : 54,918 kN
b_0 : 6,800.0 mm	t : 500.0 mm	M_u : -88,983 kNm

· 힘의 평형 조건으로 중립축 c 결정

c = 517.1 mm

· 등가 사각형의 응력블록의 깊이

$a = \beta_1 c$ = 0.766 × 517.1 = 396.099 mm

· PS강재의 응력

- 부착된 부재

$$f_{ps} = f_{pu}[1 - \frac{r_p}{\beta_1}\{\rho_p \frac{f_{pu}}{f_{ck}} + \frac{d}{d_p}(\rho \frac{f_y}{f_{ck}})\}]$$

= 1,900.00 × (1 - 0.28 / 0.766 × (0.00274 × 1,900.00 / 40.00 + 2,940.0 / 2,535.0 × (0.00082 × 400.00 / 40.00)))

= 1,803.004 N/mm²

· 설계 휨강도

a = 396.1 〈 t = 500.0 (사각형 단면)

$$\phi M_n = \phi[A_p f_{ps} d_p \{1 - 0.59(\frac{\rho_p f_{ps}}{f_{ck}} + \frac{d}{d_p}\frac{\rho f_y}{f_{ck}})\} + A_s f_y d\{1 - 0.59(\frac{d_p}{d}\frac{\rho_p f_{ps}}{f_{ck}} + \frac{\rho f_y}{f_{ck}})\}]$$

= 0.85 × (52,706 × 1,803.13 × 2,535.0 × (1 - 0.59 × (0.00274 × 1,803.13 / 40.00 + 2,940.0 / 2,535.0 × (0.00082 × 400.00 / 40.00))) + 212,500.2 × 400.00 × 2,940.0 × (1 - 0.59 × (2,535.0 / 2,940.0 × (0.00274 × 1,803.13 / 40.00) + 0.00082 × 400.00 / 40.00))) / 10^6

= 208,510 kNm

ϕM_n = 2.09E+05 kN > M_u = 88,983 kNm OK

· 최대 PS강재량

$$0.36\beta_1 = 0.36 \times 0.766 = 0.276$$

$$q_p = \rho_p(f_{ps}/f_{ck}) = 0.00274 \times 1,803.13/40.00 = 0.124$$

$$q_p \leq 0.36\beta_1$$

· 최소 강재량

$$f_{pcc} = \frac{P_e}{A_c} + \frac{P_e e_p}{I} y_t$$

= 54,918,000 / 26,585,000.0 + (54,918,000 × 876) × 1,341.0 / 2.288E+13
= 4.885 N/mm^2

$$M_{cr} = (0.63\sqrt{f_{ck}} + f_{pcc})(I/y_t)$$

= (0.63 × $\sqrt{40.0}$ + 4.89) × (2.288E+13 / 1,341.0) / 10^6
= 151,329 kNm

ϕM_n = 2.09E+05 kNm ≥ 1.2 M_{cr} = 1.82E+05 kNm OK

(8) [단계 2-8] 전단 및 비틀림 설계

① 전단 설계

· 설계 변수

f_{ck} : 40.0 N/mm^2	b_w : 6,800.0 mm	y_t : 1,341.0 mm
f_y : 400.0 N/mm^2	h : 3,000.0 mm	I_y : 2.288E+13 mm^4
	d : 2,940.0 mm	A_c : 2.659E+07 mm^2

· 설계 단면력(node 28)

계수하중	
M_u	V_u
(kNm)	(kN)
88,983	15,527

· 콘크리트가 부담하는 전단강도의 산정

0.8 × 3,000.0 = 2,400.000 〈 d = 2,940.0 mm

∴ d = 2,940.0 mm

$$M_{cr} = \frac{I}{y_t}(0.5\sqrt{f_{ck}} + f_{pe})$$

= (2.288E13 / 1341.0) × (0.5 × $\sqrt{40.0}$ + 5.8) / 10^6
= 152,913.4 kNm

$$V_{ci} = 0.05\sqrt{f_{ck}} b_w d + \frac{V_u M_{cr}}{M_u} \geq 0.14\sqrt{f_{ck}} b_w d$$

= 0.05 × $\sqrt{40.0}$ × 6,800.0 × 2,940.0 / 10^3 + 15,527 × (152,913.4 / 88,983)
= 3.30E+4 kN

$$min\,V_{ci} = 0.14\sqrt{f_{ck}} b_w d$$

= 0.14 × $\sqrt{40.0}$ × 6800.0 × 2,940.0 / 10^3
= 17,701.671 kN

∴ V_{ci} = 3.30E+4 kN

f_{pc} = 1.70 N/mm^2

$V_{cw} = (0.29\sqrt{f_{ck}} + 0.3f_{pc})b_w d + V_p$

$= (0.29 \times \sqrt{40.0} + 0.3 \times 1.70) \times 6{,}800.0 \times 2{,}940.0 \ / \ 10^3 + 0.0$

$= 46{,}863.668$ kN

$V_c = Min\ (\ V_{ci},\ V_{cw}\ ) = Min\ (\ 3.30E{+}4,\ 4.69E{+}4\ )$

$= 3.30E{+}4$ kN

· 전단 철근량 산정

- 전단 보강 철근 계산

$1/2\phi V_c = 1/2 \times 0.8 \times 3.30E4 = 13{,}200 < V_u = 15{,}527 < \phi V_c = 26{,}400$ kN

: 최소 전단철근 필요

$$A_v = 0.35\frac{b_w s}{f_y} = 0.35\frac{1{,}000 \times 150}{400} = 131.25\,mm^2$$

$A_{s1} = 32.813$ mm^2/leg/web/m

- 전체 보강 철근량

횡방향 해석에 의한 필요 철근량 : $A_{s2} = 1{,}779$ mm^2/leg/web/m

$A_s = max(17.79,\ 0.328 + \frac{17.79}{2} = 9.223\ ) = 1{,}779$ mm^2/m/leg/web

→ H19@150 간격으로 배치 $A_{s,used} = \frac{2.865}{0.15} = 1{,}910$ mm^2/leg/web/m

② 비틀림 설계

· 최대 비틀림 모멘트가 작용하는 지점에 대한 검토 (node 1)

$$\phi T_{cr} = \phi\frac{1}{12}\sqrt{f_{ck}}\frac{A_{cp}^2}{P_{cp}}\sqrt{1 + \frac{f_{pc}}{(1/3)\sqrt{f_{ck}}}}$$

$= 0.8 \times (1\ /12\ ) \times \sqrt{40.0} \times 28{,}985{,}000.0^2 \ / \ 37{,}757.9 \times$

$\sqrt{1 + 1.45/(1/3 \times \sqrt{40.0})} \ / \ 10^6$

$= 12{,}188$ kNm $> T_u = 10{,}117$ kNm

∴ 비틀림에 대하여 고려할 필요 없음

3.3.3 [단계 3] 횡방향 구조해석 및 설계

(1) [단계 3-1] 해석 단면 (단위 : mm)

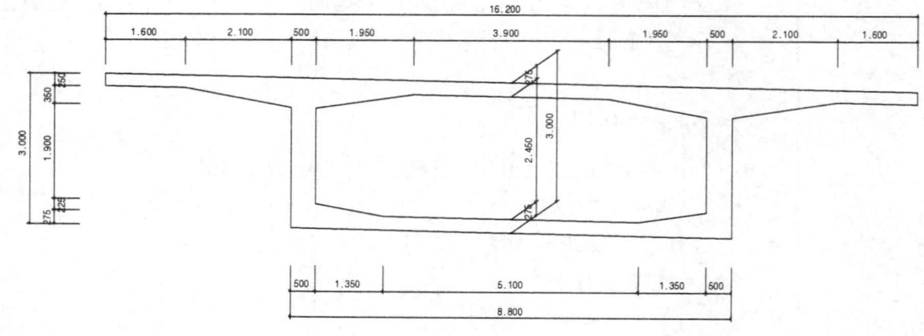

(2) [단계 3-2] 횡방향 모델링

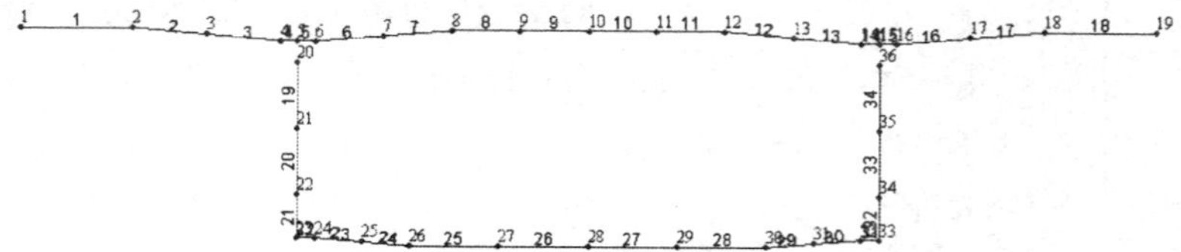

(3) [단계 3-3] 하중 산정

① 고정하중

· 콘크리트 박스 단위질량 : $\gamma_c = 2,500 \text{ kg/m}^3$

· 2차 고정하중 : 방호벽, 방풍벽, 아스팔트 포장

- 방호벽 (양측) 단위 : mm)

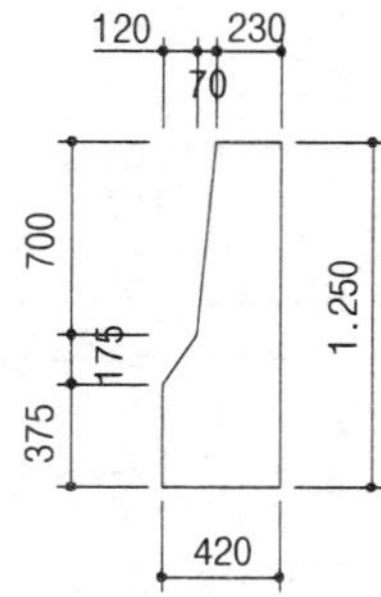

단면적 : $A = 0.406 \text{ m}^2$

단위질량 : $\gamma_c = 2,500 \text{ kg/m}^3$

- 방풍벽 (양측) : $F_0 = 100 \text{ kg/m} \fallingdotseq 1 \text{ kN/m}$

- 작용하중 $F_1 = F_2 = \gamma \times A + F_0 = 2,500 \times 0.406 + 100 = 1,115 \text{ kg/m}$

$\fallingdotseq 11.15 \text{ kN/m}$

· LMC 포장

- 포장두께 : $h_a = 50 \text{ mm}$

- 단위질량 : $\gamma_a = 2,300 \text{ kg/m}^3$

- 작용하중 : $F_a = \gamma_a \times h_a = 2,300 \times 0.05 = 115 \text{ kg/m/m}$

$\fallingdotseq 1.15 \text{ kN/m/m}$

② 횡방향 프리스트레스

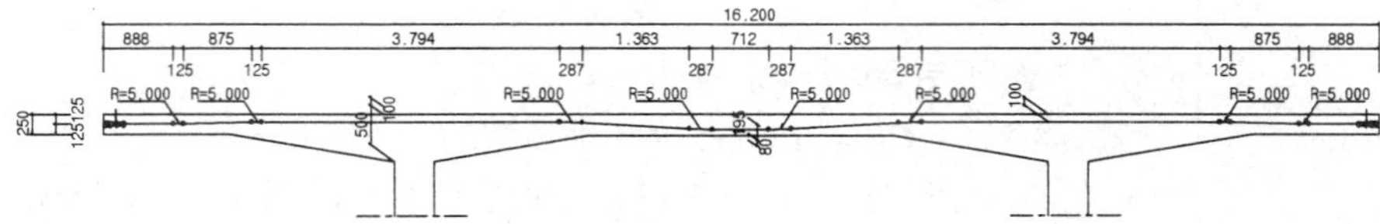

· 사용텐던 단위 : 5-5 (ø12.7mm-5), CTC 800 mm

· 긴장재의 단면적 : $A_p = 98.71 \times 5 = 493.6\ \mathrm{mm}^2$

$A_{p'} = 493.55 \times 1{,}000/800 = 616.9\ \mathrm{mm}^2$; 단위폭 당 환산

· 사용 덕트 : 19 × 70 mm (Flat Duct)

· 긴장력 : $f_{pj} = 0.70 f_{pu}$

· 마찰계수

[도 · 설 4.6.3.4 표 4.6.1] 참조

③ 온도하중 : 상부 슬래브에 ±5℃의 온도차 적용

④ 활하중

· 교량등급 1등교, DB-24 적용

· 활하중에 의한 모멘트 산출을 위해 쉘요소로 교량의 전 구간을 모델링하여 접지압을 고려한 활하중의 재하를 통해 모멘트 값을 산출함

- 충격계수 (i)

$I = 15/(40+L) \leq 0.3$

구분	캔틸레버	중앙슬래브
경간장	3.700 m	7.800 m
계산충격계수	0.343	0.314
적용충격계수	0.300	0.300

- 하중의 결정

DB-24 하중, 차량재하 : 횡방향 재하 가능 대수 재하

- 차량하중의 접지압 분포를 고려한 재하

차륜하중의 접지압을 고려하여 면하중으로 재하함. 차륜의 접지면은 DB 하중의 각 차륜에 대해 면적이 $12{,}500/9 \times P(\mathrm{mm}^2)$인 하나의 직사각형으로 간주하여 이 직사각형의 폭과 길이의 비는 2.5 : 1 로 한다. 여기서, P는 차륜의 중량(kN)이다. 접지면에 균일하게 분포하는 것으로 가정함.

[도 · 설 2.1.3]

ⓐ $P = 24$ kN 인 경우

$2.5 \times l^2 = 12{,}500/9 \times 24 \quad \therefore l = 115\ \mathrm{mm}$

차륜 접지폭은 289 mm, 길이는 115 mm, 접지압은 0.72 MPa

실제 모델링 적용 접지폭 (슬래브 높이: 250 mm 적용)

- 접지폭 $B' = b + t = 289 + 250 = 539$ mm

- 접지길이 $B' = b + t = 115 + 250 = 365$ mm

- 접지압 : 0.122 MPa

ⓑ $P = 96$ kN 인 경우

$2.5 \times l^2 = 12{,}500/9 \times 96 \quad \therefore l = 231\ \mathrm{mm}$

차륜 접지폭은 577 mm, 길이는 231 mm, 접지압은 0.72 MPa

실제 모델링 적용 접지폭 (슬래브 높이: 250 mm 적용)

- 접지폭 $B' = b + t = 577 + 250 = 827$ mm

- 접지길이 $B' = b + t = 231 + 250 = 481$ mm
- 접지압 : 0.241 MPa

- 차량하중의 조합

ⓐ 캔틸레버에 DB-24 하중이 작용하는 경우

<Case 1>

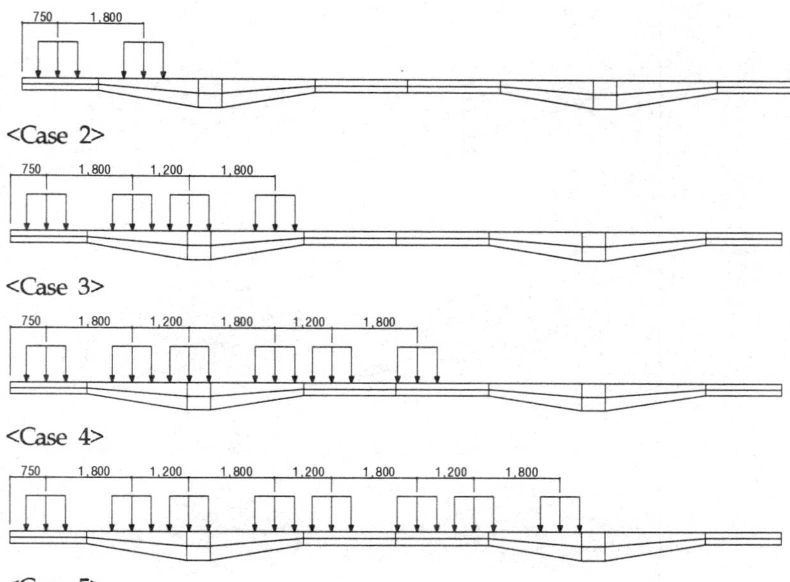

<Case 5>

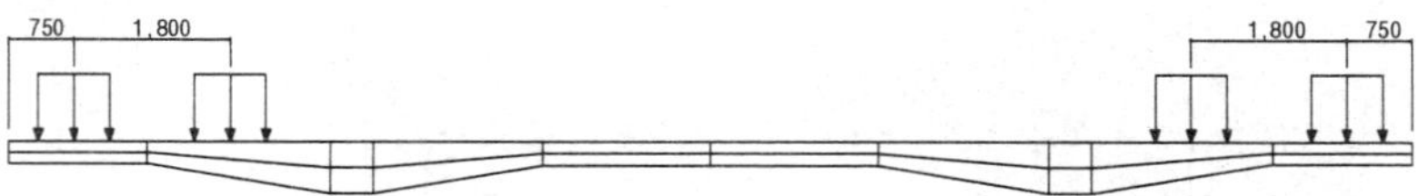

ⓑ 중앙슬래브에 DB-24 하중이 작용하는 경우

<Case 6>

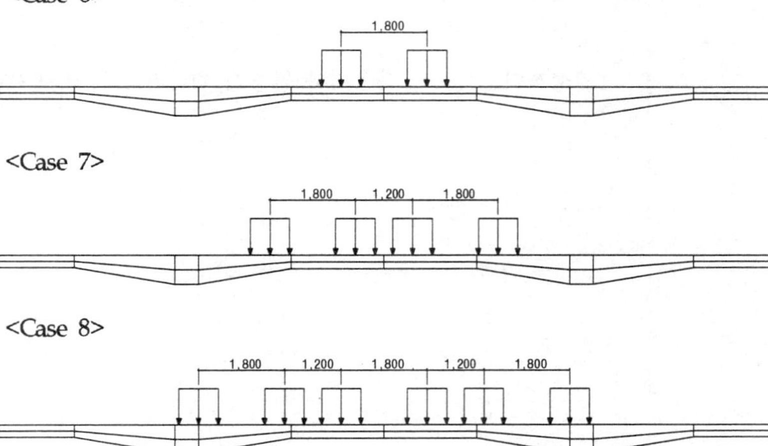

<Case 9>

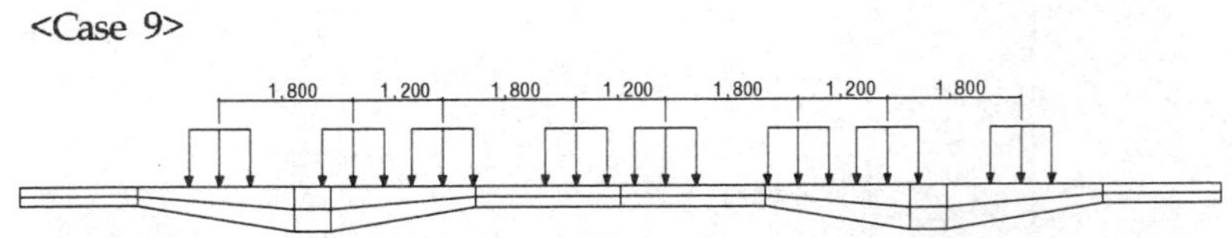

- 접지압을 고려한 하중재하

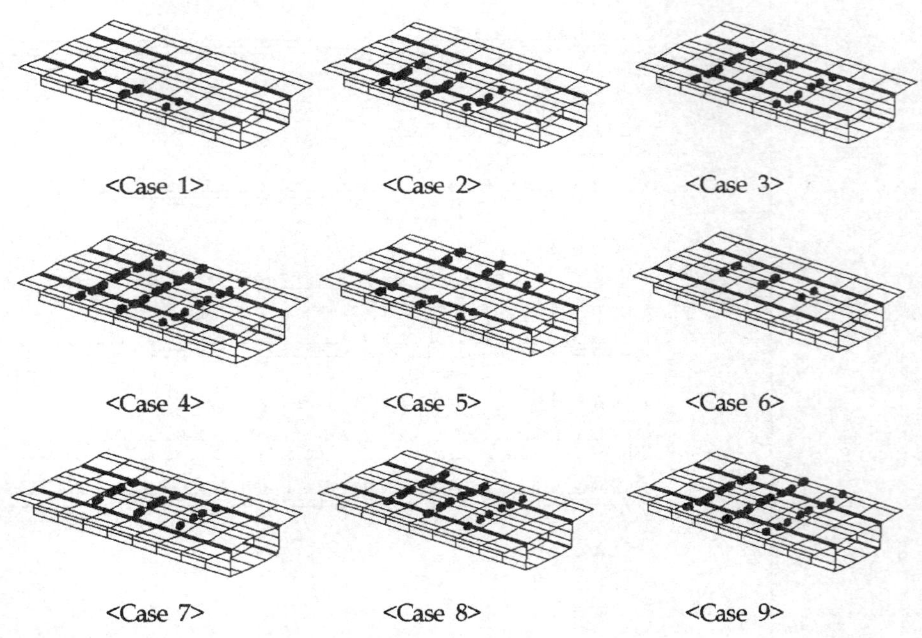

<Case 1> <Case 2> <Case 3>

<Case 4> <Case 5> <Case 6>

<Case 7> <Case 8> <Case 9>

⑤ 풍하중

- 단위면적당 작용하는 풍하중

$$p = \frac{1}{2}\rho V_d^2 C_d G = \frac{1}{2} \times 1.225 \times 33.56^2 \times 1.830 \times 1.900 = 2.399\ \mathrm{kN/m^2}$$

- 설계기준 풍속 : 태풍이나 돌풍에 취약한 지역에 위치한 중대지간의 교량

$$V_d = 1.925\left[\frac{z}{z_G}\right]^{\alpha} V_{10}, \qquad z \geqq z_b$$

$$= 1.925\left[\frac{z}{z_G}\right]^{\alpha} V_{10}, \qquad z < z_b$$

지역별 기본 풍속 (V_{10}) = 30 m/s (구분 I)

지표조도구분 III : $\alpha = 0.22,\ z_G = 700\ m,\ z_b = 15$ m

$z \fallingdotseq 59.383$ m (교각평균높이)

$$\Rightarrow V_d = 1.925 \times \left[\frac{59.383}{700}\right]^{0.22} \times 30 = 33.56\ \ \mathrm{m/s}$$

- 항력계수

$$C_d = 2.1 - 0.1(B/D), \qquad 1 \leq B/D < 8$$
$$= 1.3, \qquad B/D > 8$$

$B = 16.2$ m (상부거더 폭), $D = 6$ m (방풍벽을 고려한 상부거더 높이)

- 거스트 응답계수 : $G = 1.9$

⑥ 하중조합

구 분	고정하중	활하중	풍하중	온도하중	횡방향 PS	비 고
LC 1	1.300	2.150	-	-	1.000	강도설계법
LC 2	1.300	-	1.300	-	1.000	강도설계법
LC 3	1.300	1.300	0.650	-	1.000	강도설계법
LC 4	1.300	1.300	-	1.300	1.000	강도설계법
LC 5	1.250	-	1.250	1.250	1.000	강도설계법
LC 6	1.250	1.250	0.625	1.250	1.000	강도설계법
SC 1	1.000	1.000	0.500	1.000	1.000	허용응력설계법
SC 2	1.000	-	1.000	1.000	1.000	허용응력설계법

(4) [단계 3-4] 사용하중상태 해석 및 검토

① 횡방향 해석시 차량하중을 제외한 모든 하중에 대한 모멘트 값은 골조해석으로 부터 산출하였고, 차량하중에 대한 모멘트를 산출하기 위해 접지압이 고려된 차륜하중을 쉘 요소로 구성된 3차원 유한요소모델링에 재하하여 산출하였다.

② 사용하중별 단면력도 및 결과정리(예 : 자중, 2차 고정하중, 풍하중) (단위 : kN, m)

· 자중에 의한 모멘트도

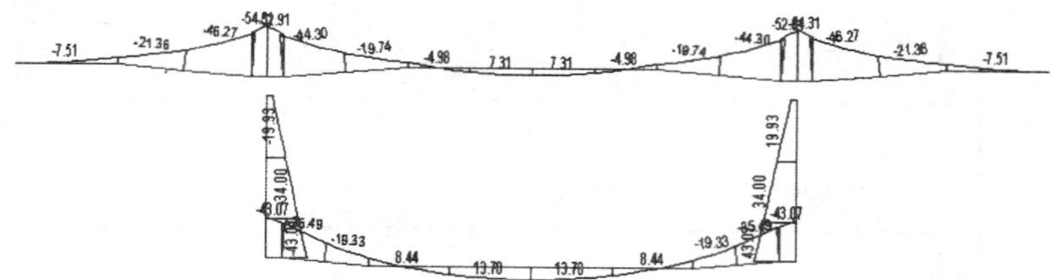

· 2차 고정하중에 의한 모멘트도

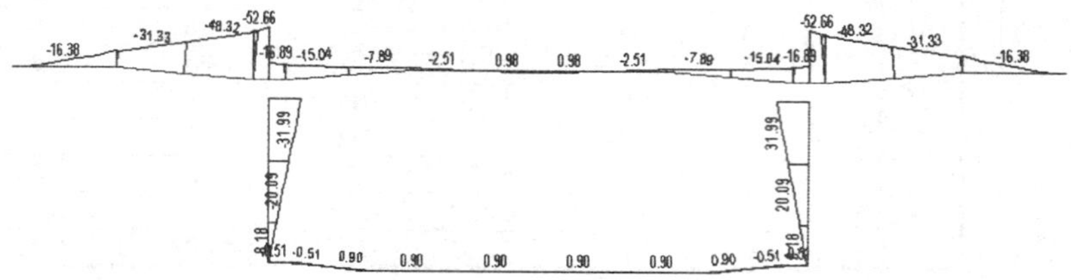

· 풍하중에 의한 모멘트도

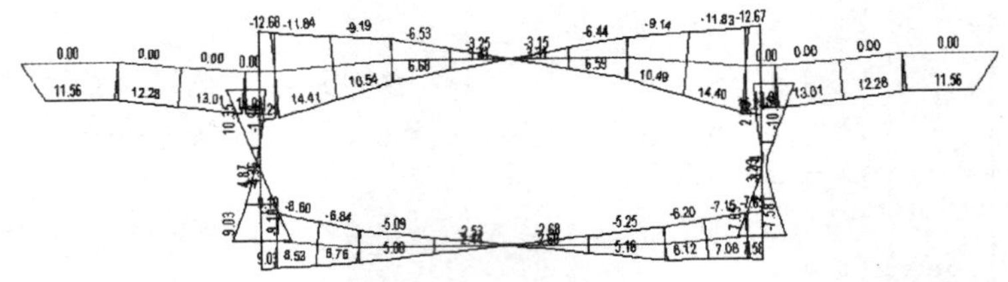

· 단면검토 위치

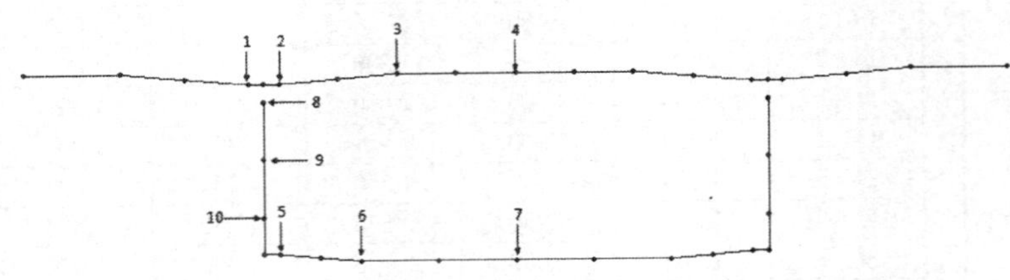

· 단면력 (해석결과)

- 하중에 따른 모멘트 결과 (단위 : kNm)

검토위치		자중	2차 고정하중	온도	활하중 (유한요소해석결과)	풍하중	횡방향 Prestress
상 부 슬래브	1	-44.26	-48.31	0.00	-90.09	0.00	131.71
	2	-44.30	-15.04	-10.18	-66.17	-11.84	131.15
	3	-4.98	-2.51	-10.76	-11.90	-6.53	17.80
	4	7.31	0.98	10.75	18.72	0.13	-36.90
하 부 슬래브	5	-35.49	-0.51	-0.19	0.56	-8.60	1.59
	6	-7.34	0.9	-0.21	-1.43	-5.09	1.68
	7	13.70	0.9	0.21	1.78	0.04	1.68
복 부	8	-5.86	-31.99	-9.11	-81.77	-1.90	-0.44
	9	-19.93	-20.09	-5.74	-53.04	0.33	0.33
	10	-34.00	-8.18	-2.37	-23.92	-4.36	1.09

- 하중에 따른 전단력 결과 (단위 : kN)

검토위치		자중	2차 고정하중	온도	활하중 (유한요소해석결과)	풍하중	횡방향 Prestress
상 부 슬래브	1	30.42	17.14	0.00	75.79	0.00	0.00
	2	-31.36	-8.20	-0.29	-64.23	-2.71	53.93
	3	-12.59	-3.58	0.00	-35.49	-3.37	37.63
	4	0.01	0.00	0.00	9.78	3.37	0.33
하 부 슬래브	5	-27.53	-1.04	-0.29	0.44	-2.59	-0.07
	6	-16.50	0.00	0.00	-0.56	-2.01	0.00
	7	0.00	0.00	0.00	3.15	2.01	0.00
복 부	8	14.81	-12.53	3.55	38.14	7.74	-0.81
	9	14.81	-12.53	-3.55	-45.24	-3.56	-0.81
	10	14.81	-12.53	-3.55	-44.07	-6.00	-0.81

② 사용하중상태의 응력검토 (단위 : kN/m²)

· 사용하중 재하시 단면상연에 작용하는 응력도

- 고정하중+풍하중+온도하중+횡방향 Prestress (활하중 제외)

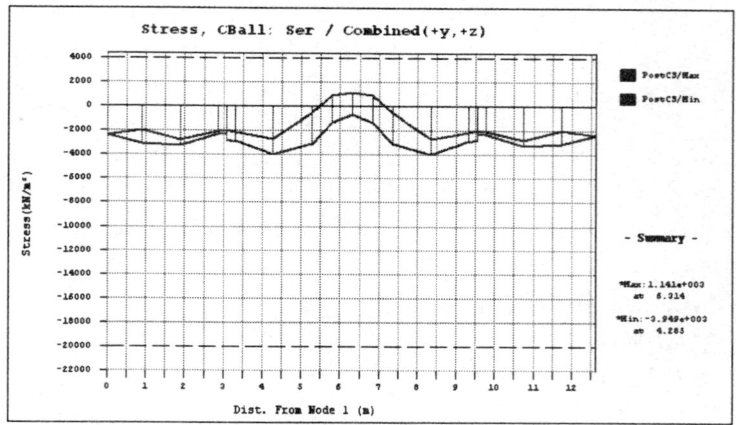

- 활하중

(최대응력 : Case 7 : 유한요소 해석결과 - 충격계수 포함)

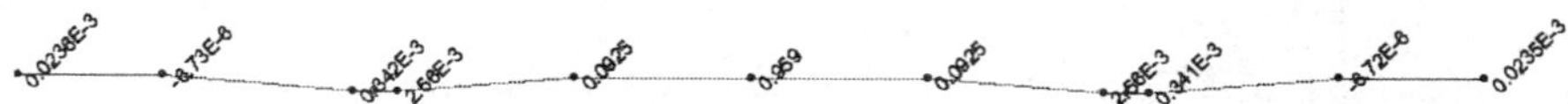

(최소응력 : Case 4 : 유한요소 해석결과 - 충격계수 포함)

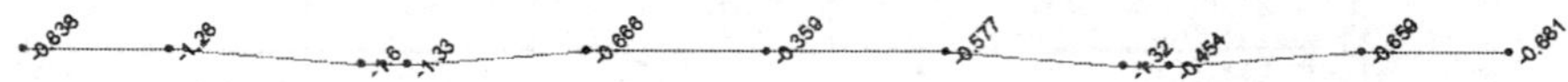

- 응력검토

$$f_{\max} = 1.141 + 0.959 = 2.100 < 3.2\,\text{MPa} = f_{ta}$$

$$|f_{\min}| = 3.949 + 0.666 = 4.615 < 16.0\,\text{MPa} = f_{ca}$$

· 사용하중 재하시 단면하연에 작용하는 응력도

- 고정하중+풍하중+온도하중+횡방향 Prestress (활하중 제외)

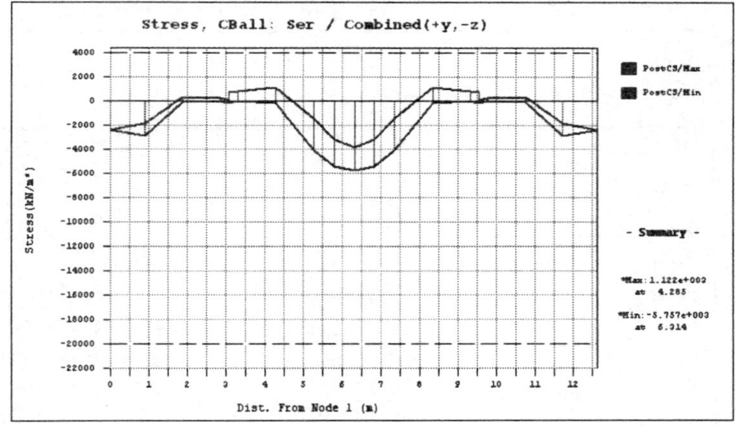

- 활하중

(최대응력 : Case 4 : 유한요소 해석결과 - 충격계수 포함)

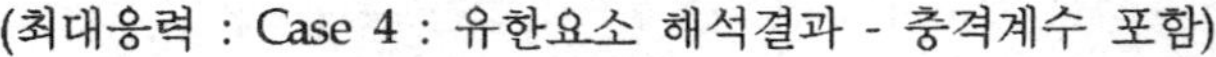

(최소응력 : Case 4 : 유한요소 해석결과 - 충격계수 포함)

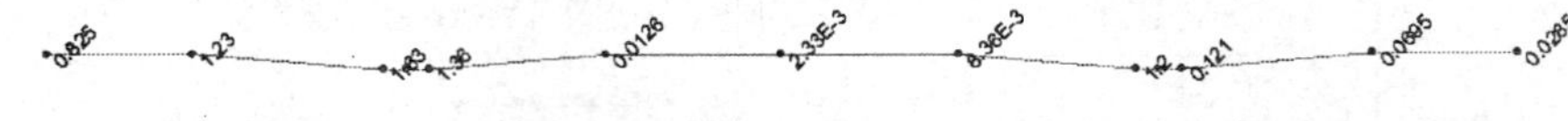

- 응력검토

$$f_{\max} = 1.122 + 1.360 = 2.482 < 3.2\,\text{MPa} = f_{ta}$$

$$|f_{\min}| = 5.757 + 1.410 = 7.167 < 16.0\,\text{MPa} = f_{ca}$$

(5) [단계 3-5] 휨강도 검토 및 철근량 산정

① 설계단면력

· 단면검토 위치

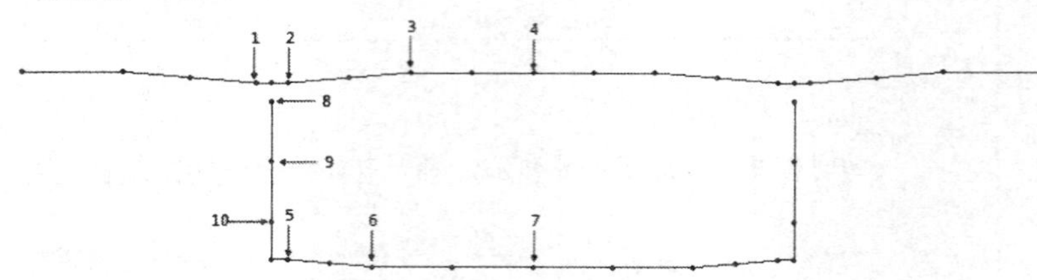

· 하중조합에 따른 극한 모멘트 결과 (단위 : kNm)

검토위치		LC 1	LC 2	LC 3	LC 4	LC 5	LC 6	SC 1	SC 2	Max	Min
상부 슬래브	1	-316.64	-122.95	-240.07	-240.07	-118.22	-230.83	-184.67	-9458	-94.58	-316.64
	2	-219.41	-92.54	-170.86	-176.40	-86.90	-177.02	-141.62	-81.37	-81.37	-219.41
	3	-35.30	-18.22	-29.43	-39.17	-22.80	-41.75	-33.40	-24.77	-18.22	-41.75
	4	51.02	10.94	35.20	49.09	23.80	47.28	37.83	19.17	51.02	10.94
하부 슬래브	5	-44.00	-56.38	-50.06	-44.73	-43.65	-48.31	-38.33	-43.19	-38.33	-56.38
	6	-9.76	-13.31	-11.86	-8.82	-6.63	-11.60	-8.94	-10.05	-6.63	-13.31
	7	24.50	20.71	23.01	23.26	20.19	22.45	18.29	16.53	24.50	16.53
복부	8	-225.45	-52.11	-157.18	-167.79	-59.14	-162.54	-130.12	-49.30	-49.30	-225.45
	9	-165.73	-51.27	-120.43	-128.10	-56.87	-122.96	-98.31	-45.10	-45.10	-165.73
	10	-105.17	-59.40	-87.67	-87.92	-54.59	-87.21	-69.55	-47.81	-47.81	-105.17

· 하중조합에 따른 극한 전단력 결과 (단위 : kN)

검토위치		LC 1	LC 2	LC 3	LC 4	LC 5	LC 6	SC 1	SC 2	Max	Min
상부 슬래브	1	224.79	61.84	160.37	160.37	59.46	154.20	123.36	47.57	224.79	47.57
	2	-189.52	-54.95	-136.68	-135.30	-49.81	-131.79	-105.44	-42.56	-42.56	-189.52
	3	-97.33	-25.41	-69.36	-67.17	20.22	-66.69	-53.36	-19.55	-19.55	-97.33
	4	21.04	4.38	14.91	12.73	0.01	14.34	11.47	3.37	21.04	0.01
하부 슬래브	5	-36.27	-40.57	-38.32	-37.02	-36.15	-37.22	-29.79	-31.52	-29.79	-40.57
	6	-22.67	-24.07	-23.49	-22.19	-20.63	-22.60	-18.07	-18.51	-18.07	-24.07
	7	6.76	2.61	5.40	4.09	0.00	5.19	4.15	2.01	6.76	0.00
복부	8	84.17	12.22	56.77	56.35	6.48	59.00	47.04	12.77	84.17	6.48
	9	-95.11	-2.47	-58.97	-61.27	-2.40	-61.17	-49.10	-5.64	-2.40	-95.11
	10	-92.59	-5.65	-59.03	-59.75	-2.40	-61.24	-49.15	-8.08	-2.40	-92.59

② 휨강도 검토

가. 상부슬래브(Top Slab) 단면 검토

· 검토 단면
- 캔틸레버부 단부, 최대 부모멘트 발생지점 : 검토위치 1
- 중앙슬래브 단부, 최대 부모멘트 발생지점 : 검토위치 2
- 중앙슬래브 중앙부, 최대 정모멘트 발생지점 : 검토위치 4

· 예 : 중앙슬래브 중앙부, 최대 정모멘트 발생지점 (검토위치 4)

- 단면 및 긴장재 제원

단면 폭 (단위폭 가정) $b_w = 1{,}000$ mm

단면 높이 $H = 275$ mm

긴장재 위치 (From Bottom) $e_p = 80$ mm

긴장재 유효높이 $d_p = H - e_p = 195$ mm

긴장재의 배치간격 $s_p = 800$ mm

긴장재 단면적 $A_p = 5 \times A_{p0} \times \dfrac{1{,}000}{s_p} = 616.938\ \text{mm}^2$

PS 강재비 $\rho_p = \dfrac{A_p}{1{,}000 \times d_p} = 3.2 \times 10^{-3}$

긴장재의 인장강도 $f_{pu} = 19{,}000$ MPa

강연선 1개의 단면적 $A_{p0} = 98.71\ \text{mm}^2$

콘크리트 설계기준강도 $f_{ck} = 40$ MPa

$\beta_1 = 0.766,\ \gamma_p = 0.28$

- 철근 배치 및 철근비

철근 중심까지의 덮개 cover = 60 mm

유효높이 $d = H - \text{cover} = 215$ mm

철근의 배근간격 $s_b = 150$ mm

인장철근량 (H16@150) $A_{s1} = 198.6 \times \dfrac{1{,}000}{s_b} = 1{,}324\ \text{mm}^2$

인장철근비 $\rho = \dfrac{A_{s1}}{1{,}000 \times d} = 2.50 \times 10^{-3}$

압축철근량 (H16@150) $A_{s2} = 198.6 \times \dfrac{1{,}000}{s_b} = 1{,}324\ \text{mm}^2$

압축철근비 $\rho' = \dfrac{A_{s2}}{1{,}000 \times d} = 2.50 \times 10^{-3}$

- 강재지수 검토 및 휨강도 검토

강재가 부착된 부재에서의 공칭 강도에 대하여 산출한 강재의 응력

$$f_{ps} = f_{pu}\left[1 - \frac{\gamma_p}{\beta_1}\left[\rho_p \frac{f_{pu}}{f_{ck}} + \frac{d}{d_p}(\rho - \rho')\right]\right]$$

$\therefore\ f_{ps} = 1{,}860.414$ MPa

강재가 부착된 부재의 공칭 모멘트강도

$$M_n = A_p f_{ps}\, d_p \left(1 - 0.59\, \frac{\rho_p\, f_{ps}}{f_{ck}}\right)$$

$\therefore \quad M_n = 554.98$ kNm

$\phi\, M_n = 471.74$ kNm

외력에 의한 계수 모멘트

$M_u = 51.02$ kNm

단면 검토

$\phi\, M_n \geq M_u$ $\quad\therefore$ OK

강재지수의 제한 (최대 PS 강재량)

$q_p = \rho_p \dfrac{f_{ps}}{f_{ck}}$ $\quad\therefore\ q_p = 0.056$

$0.36\,\beta_1 = 0.276$

$q_p \leq 0.36\,\beta_1$ $\quad\therefore$ OK

강재지수의 제한 (최소 강재량)

$\dfrac{4}{3} M_u = 68.03$ kNm $< \phi M_n$ $\quad\therefore$ OK

나. 하부슬래브(Bottom Slab) 단면 검토

· 검토 단면

- 바닥 슬래브 단부, 최대 부모멘트 발생지점 : 검토위치 5
- 바닥 슬래브 최대 정모멘트 발생지점 : 검토위치 7

· 예 : 바닥 슬래브 단부, 최대 부모멘트 발생지점 (검토위치 5)

- 단면 제원, 철근 배치 및 철근비

단면 폭 (단위폭 가정) $\quad b_w = 1{,}000$ mm

단면 높이 $\quad H = 500$ mm

철근 중심까지의 덮개 $\quad$ cover = 50 mm

유효높이 $\quad d = H -$ cover = 450 mm

- 휨강도 검토 (압축철근 무시, 단철근 직사각형 해석)

휨모멘트에 의한 소요철근량

$M_u = 56.38$ kNm

$$\frac{\phi\, f_y^2}{1.7\, f_{ck}\, b_w} A_s^2 - \phi\, f_y\, d\, A_s + M_u = 0 \quad \Rightarrow \quad \therefore A_{s,0} = 370 \text{ mm}^2$$

최대 및 최소 철근량 검토

최소 철근량 $\quad A_{s,\min} = \mathrm{Max}\left(\dfrac{1.4}{f_y} b_w d, \dfrac{0.25\sqrt{f_{ck}}}{f_y b_{sd}} b_w d\right) = 1{,}779 \text{ mm}^2$

필요 철근량 $\quad A_{s,req} = \mathrm{Min}(A_{s,0}, 4/3 A_{s,0}) = 493 \text{ mm}^2$

최대 철근량

균형철근비 $\rho_b = 0.85\,\beta_1 \dfrac{f_{ck}}{f_y}\left(\dfrac{600}{600+f_y}\right) = 0.039$

$A_{s,\max} = 0.75\,\rho_b b_w d = 13,264\ \ \mathrm{mm^2} > A_{s,req}$ $\quad\therefore$ OK

H16@150을 배근한다. $\Rightarrow\ A_{s,used} = \dfrac{1,000}{150} \times 198.6$

$\therefore\ A_{s.used} = 1,324\ \ \mathrm{mm^2/m}$

설계 휨모멘트 검토

등가 직사각형의 깊이 $a = \dfrac{A_s f_y}{0.85 f_{ck} b_w} = \dfrac{1,324 \times 400}{0.85 \times 40 \times 1,000} = 15.6\ \ \mathrm{mm}$

설계휨모멘트

$\phi M_n = \phi A_s f_y (d - a/2)$

$= 0.85 \times 1,324 \times 400 \times (450 - 15.6/2) = 199.06\ \ \mathrm{kNm}$

$> M_u = 56.38\ \ \mathrm{kNm}$ $\quad\therefore$ OK

- 균열폭 검토

사용 휨모멘트 = 43.19 kNm

철근의 응력

$$n = \frac{E_s}{E_c} = 200,000/29,300 = 6.826 \simeq 7$$

$$x = -\frac{nA_s}{b_w} + \frac{nA_s}{b_w}\sqrt{1 + \frac{2bd}{nA_s}} = 82.7\,\mathrm{mm}$$

$f_s = M/[A_s(d - x/3)] = (43.19 \times 10^6)/[1,324 \times (450.0 - 82.7/3)] = 77.2\,\mathrm{MPa}$

균열폭 계산

$\beta_c = (h-x)/(d-x) = (500 - 82.7)/(450 - 82.7) = 1.136$

d_c = 인장연단에서 이 연단에 가장 가까이 있는 인장철근 중심까지의 거리 = 50 mm

$A = (b \times 2d_c)/N = (1,000 \times 2 \times 50)/6.7 = 15,000.0\ \ \mathrm{mm^2}/\mathrm{EA}$

$w = 1.08\,\beta_c f_s \sqrt[3]{d_c A} \times 10^{-5} = 0.086\ \ \mathrm{mm}$

허용균열폭 검토

$w_a = 0.005\,C = 0.005 \times (50.0 - 15.9/2) = 0.210\ \ \mathrm{mm} > 0.054\ \ \mathrm{mm}$

$\therefore$ OK

- 전단강도 설계

$V_u = 40.57\ \ \mathrm{kN}$

전단보강철근 필요여부 검토

콘크리트의 설계전단강도

$$\phi V_c = \phi\frac{1}{6}\sqrt{f_{ck}}\,b_w d = 0.8 \times 1/6 \times \sqrt{40} \times 1,000 \times 450 = 379.47\ \ \mathrm{kN}$$

$\therefore\ 1/2\,\phi V_c > V_u$ 이므로 전단보강 불필요

다. 복부(Web) 단면 검토

· 검토 단면

- 복부 최대 모멘트 발생지점 : 검토위치 8

· 예 : 복부 최대 모멘트 발생지점 (검토위치 8)

- 단면 제원, 철근 배치 및 철근비

단면 폭 (단위폭 가정)	$B = 1{,}000$ mm
단면 높이	$H = 500$ mm
철근 중심까지의 덮개	cover = 50 mm
유효높이	$d = H - \text{cover} = 450$ mm

- 휨강도 검토 (압축철근 무시, 단철근 직사각형 해석)

휨모멘트에 의한 소요철근량

$M_u = 225.45$ kNm

$$\frac{\phi f_y^2}{1.7 f_{ck} b_w} A_s^2 - \phi f_y d A_s + M_u = 0 \quad \Rightarrow \quad \therefore A_{s,0} = 1{,}503 \text{ mm}^2$$

최대 및 최소 철근량 검토

최소 철근량 $A_{s,\min} = \text{Max}\left(\frac{1.4}{f_y} b_w d, \frac{0.25\sqrt{f_{ck}}}{f_y} b_w d\right) = 1{,}779 \text{ mm}^2$

필요 철근량 $A_{s,req} = \text{Min}(A_{s,0}, 4/3 A_{s,0}) = 1{,}779 \text{ mm}^2$

최대 철근량

균형철근비 $\rho_b = 0.85 \beta_1 \frac{f_{ck}}{f_y}\left(\frac{600}{600 + f_y}\right) = 0.039$

$A_{s,\max} = 0.75 \rho_b b_w d = 13{,}264 \text{ mm}^2 > A_{s,req} \quad \therefore$ OK

H19@150을 배근한다. $\Rightarrow A_{s,used} = \frac{1{,}000}{150} \times 286.5$

$\therefore A_{s.used} = 1{,}910 \text{ mm}^2/\text{m}$

설계 휨모멘트 검토

등가직사각형의 깊이 $a = \frac{A_s f_y}{0.85 f_{ck} b_w} = \frac{1{,}910 \times 400}{0.85 \times 40 \times 1{,}000} = 22.5$ mm

설계휨모멘트

$$\phi M_n = \phi A_s f_y (d - a/2)$$

$$= 0.85 \times 1{,}910 \times 400 \times (450 - 22.5/2) = 284.92 \text{ kNm}$$

$$> M_u = 222.45 \text{ kNm} \quad \therefore \text{OK}$$

- 균열폭 검토

사용 휨모멘트 = 130.12 kNm

철근의 응력

$$n = \frac{E_s}{E_c} = 200{,}000/29{,}300 = 6.826 \simeq 7$$

$$x = -\frac{nA_s}{b_w} + \frac{nA_s}{b_w}\sqrt{1+\frac{2bd}{nA_s}} = 97.2 \text{ mm}$$

$$f_s = M/[A_s(d-x/3)] = (130.12\times 10^6)/[1{,}910\times(450.0-97.2/3)] = 163.1 \text{ MPa}$$

균열폭 계산

$\beta_c = (h-x)/(d-x) = (500-97.2)/(450-97.2) = 1.142$

d_c = 인장연단에서 이 연단에 가장 가까이 있는 인장철근 중심까지의 거리 = 50 mm

$A = (b\times 2d_c)/N = (1{,}000\times 2\times 50)/6.7 = 15{,}000.0 \text{ mm}^2/\text{EA}$

$w = 1.08\beta_c f_s \sqrt[3]{d_c A}\times 10^{-5} = 0.183 \text{ mm}$

허용균열폭 검토

$w_a = 0.005\,C = 0.005\times(50.0-19.1/2) = 0.202 \text{ mm} > 0.183 \text{ mm}$

$\therefore$ OK

- 전단강도 설계

$V_u = 84.17$ kN

전단보강철근 필요여부 검토

콘크리트의 설계전단강도

$$\phi V_c = \phi\frac{1}{6}\sqrt{f_{ck}}\,b_w d = 0.8\times 1/6\times\sqrt{40}\times 1{,}000\times 450 = 379.47 \text{ kN}$$

$\therefore 1/2\phi V_c > V_u$이므로 전단보강 불필요

라. 철근배근 상세

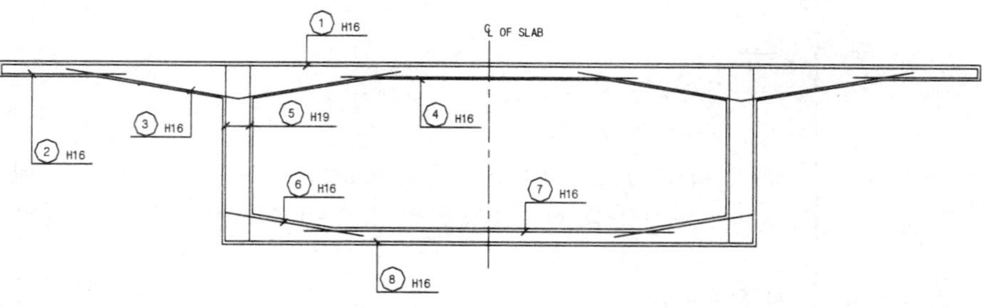

철근 종방향 간격 : 150 mm

(6) 교축방향 철근량 산정

① 복부 안쪽 상부슬래브의 바닥판 하면

- 배력철근량

주철근이 차량 진행방향에 직각인 경우이므로

백분율 = $\text{Min}\left(\frac{120}{\sqrt{L}}, 67\%\right)$, $L = 8.3$ m

∴ 백분율 = Min (41.7%, 67%) = 41.7%
주철근량 = 1,324 mm^2 (H16@150)
$\therefore A_{s,req} = 1,324 \times 41.7\% = 552.1\ \mathrm{mm^2/m}$ (1면에 배근)

- 건조수축 및 온도철근
  설계기준 (콘크리트구조설계기준 5.7절) : 0.2% 이상 배치하여야 한다.
  상부슬래브 두께 : 275 mm
  필요 철근 $= 1,000 \times 275 \times 0.002 = 550\ \mathrm{mm^2/m}$ (2면에 배근)

- 필요 교축방향 철근량
  Max (배력철근량, 건조수축 및 온도철근량) = 552.1 mm^2/m
  ∴ H13@150 = 844.7 mm^2/m으로 배근

② 복부 안쪽 상부슬래브의 바닥판 상면
- 건조수축 및 온도철근
  상부슬래브 두께 : 275 mm
  필요 철근 $= 1,000 \times 275 \times 0.002 = 550\ \mathrm{mm^2/m}$ (2면에 배근)
  $= 275\ \mathrm{mm^2/m}$ (1면에 배근)
  ∴ H13@150 = 844.7 mm^2/m으로 배근

③ 상부 캔틸레버 단면
- 건조수축 및 온도철근
  상부슬래브 평균 두께 : 307 mm
  필요 철근 $= 1,000 \times 307 \times 0.002 = 614\ \mathrm{mm^2/m}$ (2면에 배근)
  ∴ H13@150 = 844.7 mm^2/m으로 양면 배근

④ 복부
- 건조수축 및 온도철근
  복부 두께 : 500 mm
  필요 철근 $= 1,000 \times 500 \times 0.002 = 1,000\ \mathrm{mm^2/m}$ (2면에 배근)
  ∴ H13@150 × 2(양면에 배근)= 1,689.4 mm^2/m으로 양면 배근

⑤ 하부 슬래브
- 도로교설계기준 6.4.1 : 플랜지 단면적의 최소 0.4% 이상 (종방향)
  하부 슬래브 두께 : 275 mm
- 종방향
  필요 철근 $= 1,000 \times 275 \times 0.004 = 1,100\ \mathrm{mm^2/m}$ (2면에 배근)
  ∴ H13@150 × 2(양면에 배근)= 1,689.4 mm^2/m으로 양면 배근

3.3.4 [단계 4] 격벽 설계

(1) 단면가정 (단위 : mm)

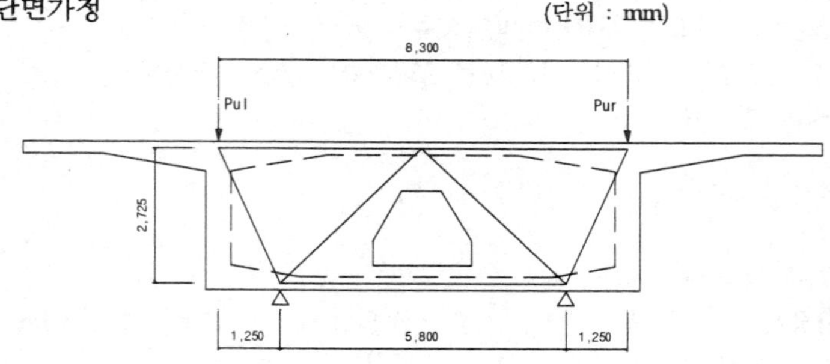

(2) 설계 하중(극한하중)

위치	V_{max} (kN)	T_{max} (kNm)
P1	28,823	10,092

(3) 격벽검토

P = 28,823 kN

M_t = 10,092 kNm

① Strut-Tie Model 구성

A_m = 2.725 × 7.050 = 19.211 m^2

V_f = 10,092 / (2 × 19.211) = 262.659 kN/m

P_{ul} = 28,823.00 / 2 = 14,411.5 kN

P_{ur} = 28,823.00 / 2 = 14,411.5 kN

② 해석결과

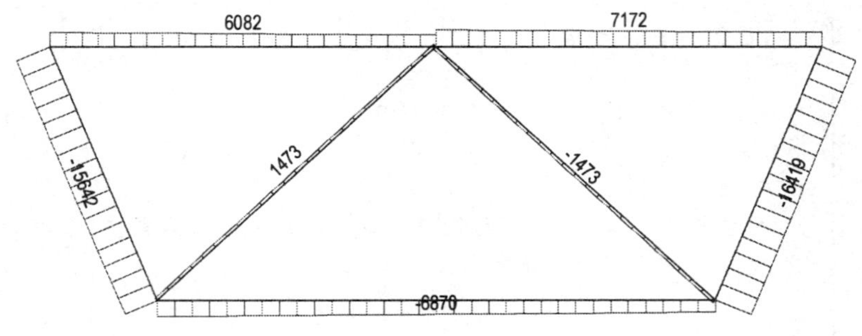

③ 철근량 계산

· 작용부재력

H_1 = 7172 kN

V_1 = 1,473 × $sin\theta$ = 990.39 kN

H_2 = 1,473 × $cos\theta$ = 1,090.34 kN

· H_1방향

Width (폭) = 1,000 mm(단위길이), f_y = 400 MPa

Height (두께) = 2,000 mm(인장철근 배근 범위) ϕ = 0.85

T_u (인장력) = 7,172 × 1,000 = 7,172,000 N/m (극한강도)

- 필요 철근량 산정

$$A_{s,req} = \frac{T_u}{\phi \times f_y} = 21,094\,\text{mm}^2/\text{m}$$

- 사용 철근량

사용된 As : D29, 연직방향 : 6 EA/m, 교축방향 : 6 layer,

$A_{s,req}$ = 23,126 mm²/m > $A_{s,req}$ OK

· H_2방향

Width (폭) = 1,000 mm(단위길이), f_y = 400 MPa

Height (두께) = 2,000 mm(인장철근 배근 범위) ϕ = 0.85

T_u (인장력) = 1,090 × 1,000 = 1,090,343 N/m (극한강도)

- 필요 철근량 산정

$$A_{s,req} = \frac{T_u}{\phi \times f_y} = 3,207\,\text{mm}^2/\text{m}$$

- 사용 철근량

사용된 As : D19, 연직방향 : 3 EA/m, 교축방향 : 6 layer,

$A_{s,req}$ = 5,157 mm²/m > $A_{s,req}$ OK

· V_1방향

Width (폭) = 1,000 mm(단위길이) f_y = 400 MPa

Height (두께) = 2,000 mm(인장철근 배근 범위) ϕ = 0.85

T_u (인장력) = 990 × 1,000 = 990,395 N/m (극한강도)

- 필요 철근량 산정

$$A_{s,req} = \frac{T_u}{\phi \times f_y} = 2,913\,\text{mm}^2/\text{m}$$

- 사용 철근량

사용된 As : D19, 연직방향 : 3 EA/m, 교축방향 : 6 layer,

$A_{s,req}$ = 5,157 mm²/m > $A_{s,req}$ OK

3.3.5 [단계 5] 정착부 설계

일반적으로 정착부의 보강은 1차 보강(Primary Reinforcement)과 프리스트레스 힘이 전단면에 분포하기까지의 구간(≒d, 일반적으로 박스의 높이)의 2차 보강 (Secondary Reinforcement)으로 이루어진다. 이중 1차 보강은 정착부 주변의 최소부재 치수와 관계된다. 다음 그림은 시점부 정착부의 단면형상이다.

(단위 : mm)

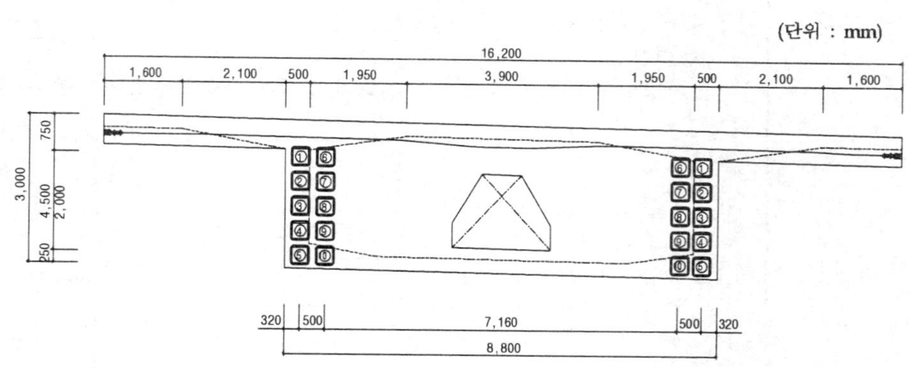

정착부의 단면형상

(1) [단계 5-1] 1차 보강

파열력(Bursting Force) : T_{burst}

긴장력 : $P_j = 3{,}469.4\,\text{kN}$ (in case of 6-19)

Primary Prism 크기: $h = 500$ mm

계수 긴장력 : $P_u = 1.2 \times P_j = 4{,}163.3\,\text{kN}$

정착판 크기: $a = 315$ mm

$$T_{burst} = 0.25 \cdot P_u \cdot (1 - \frac{a}{h}) + 0.5 P_u \sin\alpha$$

$$T_{burst} = 0.25 \times 4{,}163.3 \times (1 - \frac{315}{500}) + 0.5 \times 4{,}163.3 \times \sin 10^{\circ} = 746.6\,\text{kN}$$

$$A_{s,bst} = \frac{T_{burst}}{f_{allow}} = \frac{746.6 \times 1{,}000}{0.6 \times 400} = 3{,}110.8\,\text{mm}^2$$ (SD 400 철근 사용)

※ 1차 보강은 Primary Prism 내에서 파열력에 대하여 철근으로 보강하게 되는데, 이 경우처럼 Primary Prism의 크기가 작은 경우에는 격자철근보다 나선형 철근을 사용하는 것이 더 효과적이다.

→ H19 - 나선철근 사용시

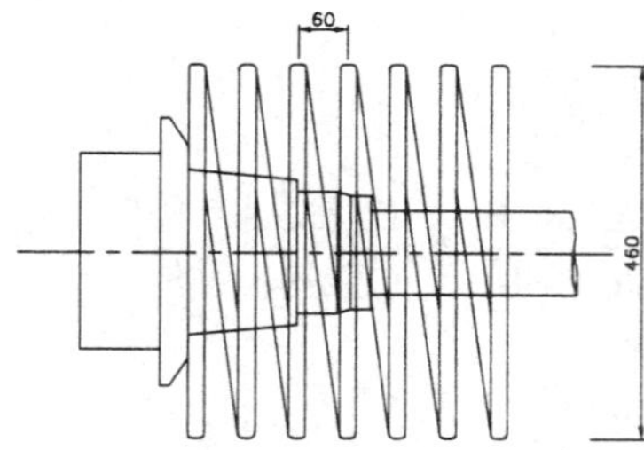

나선회수 : 6-19인 경우 7회

사용철근 $A_s = 2 \times 286.5 \times 7 = 4{,}011\,\text{mm}^2$

∴ 60 mm 간격으로 H19 나선철근 7회 배근

(2) [단계 5-2] 2차 보강

・응력산정

시점부에 긴장력 도입으로 인하여 발생하는 응력분포는 다음 그림과 같다.

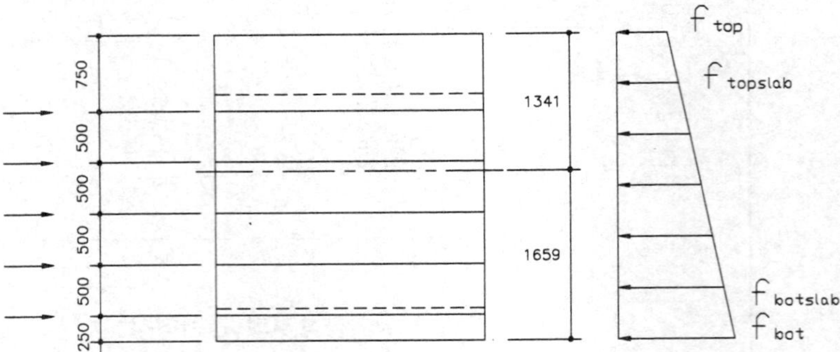

각 연단에 발생하는 응력을 계산하면 다음과 같다.

- 시점부 단면의 면적 $A = 2.659 \times 10^7\ \text{mm}^2$
- 시점부 단면의 단면2차모멘트 $I = 2.288 \times 10^{13}\ \text{mm}^4$
- $f = -\dfrac{P}{A} \pm \dfrac{M}{I} y$

$e_1 = 1.341 - 0.750 = 0.591\ \text{m}$, $e_2 = 1.341 - 0.75 - 0.5 \times 1 = 0.091\ \text{m}$

$e_3 = 1.341 - 0.75 - 0.5 \times 2 = -0.409\ \text{m}$

$e_4 = 1.341 - 0.75 - 0.5 \times 3 = -0.909\ \text{m}$

$e_5 = 1.341 - 0.75 - 0.5 \times 3 = -1.409\ \text{m}$

텐던 총개수 = 20 개

$P_{1,2,3,4,5} = 20 \times 4,163.3 = 83,266.0\ \text{kN}$

$$M = \sum M_i = 14,163.0 \times 4 \times (0.591 + 0.091 - 0.409 - 0.909 - 1.409)$$
$$= -34,055.8\ \text{kNm}$$

- 단면 상연

$$f_{top} = -\frac{P}{A} \pm \frac{M}{I} y_{top}$$

$$= -\frac{83,266 \times 10^3}{2.659 \times 10^7} + \frac{34,055.8 \times 10^5}{2.288 \times 10^{13}} \times 1,341 = -2.932\ \text{MPa}$$

- 상부슬래브 하단

$$f_{topslab} = -\frac{P}{A} \pm \frac{M}{I} y_{topslab}$$

$$= -\frac{83,266 \times 10^3}{2.659 \times 10^7} + \frac{34,055.8 \times 10^5}{2.288 \times 10^{13}} \times (1,341 - 600) = -3.021\ \text{MPa}$$

- 하부슬래브 상단

$$f_{bot\,slab} = -\frac{P}{A} \pm \frac{M}{I} y_{bot\,slab}$$

$$= -\frac{83,266 \times 10^3}{2.659 \times 10^7} - \frac{34,055.8 \times 10^5}{2.288 \times 10^{13}} \times (1,659 - 275) = -3.337\ \text{MPa}$$

- 단면 하연

$$f_{bot\,slab} = -\frac{P}{A} \pm \frac{M}{I} y_{bot}$$

$$= -\frac{83,266 \times 10^3}{2.659 \times 10^7} - \frac{34,055.8 \times 10^5}{2.288 \times 10^{13}} \times 1,659 = -3.378\ \text{MPa}$$

· 작용력 산정

앞에서 산정된 응력에 상부슬래브, 복부 및 하부슬래브 각각의 평균 면적을 산정하여 작용력으로 가정한다.

- 상부슬래브 면적

$A_{top} = 9,720,000\ \text{mm}^2$

- 복부 면적

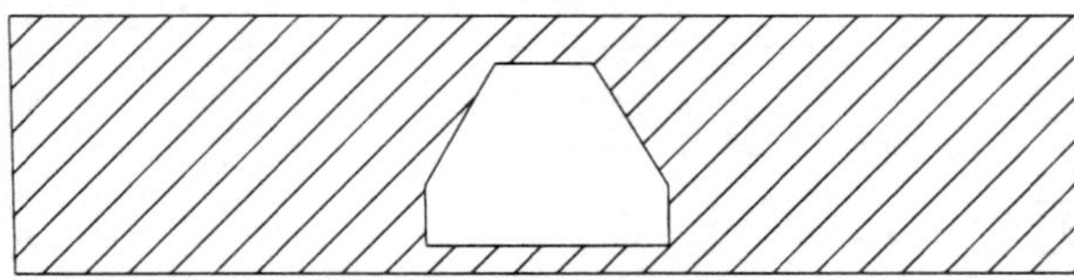

$A_{web} = 18,705,358 - 2,400,000 = 16,305,358\ \text{mm}^2$

- 하부슬래브 면적

$A_{bot} = 2,421,240\ \text{mm}^2$

- 단면에 작용하는 힘

(a) 상부슬래브

$$F_{top} = \frac{(f_{top} + f_{topslab})}{2} A_{top}$$

$$= \frac{(2.932 + 3.021)}{2} \times \frac{9,720,000}{1,000}$$

$$= 28,931.6\ \text{kN}$$

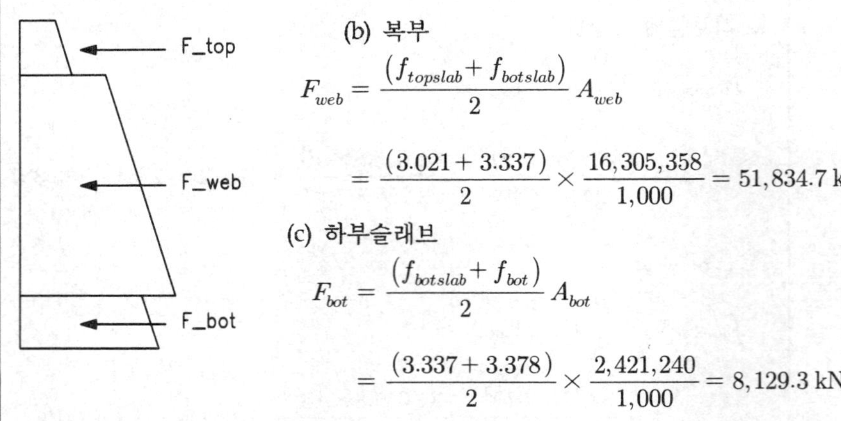

(b) 복부

$$F_{web}=\frac{(f_{topslab}+f_{botslab})}{2}A_{web}$$

$$=\frac{(3.021+3.337)}{2}\times\frac{16,305,358}{1,000}=51,834.7\text{ kN}$$

(c) 하부슬래브

$$F_{bot}=\frac{(f_{botslab}+f_{bot})}{2}A_{bot}$$

$$=\frac{(3.337+3.378)}{2}\times\frac{2,421,240}{1,000}=8,129.3\text{ kN}$$

· 복부 검토

(a) Bursting Force, Z_s

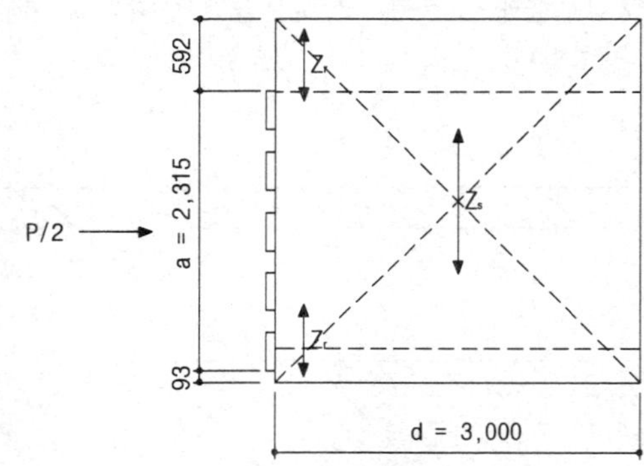

$$P=\sum P_i=83,266\text{ kN}$$

$$Z_s=0.25\times\frac{P}{2}\times\left(1-\frac{a}{d}\right)$$

$$=0.25\times\frac{83,266}{2}\times\left(1-\frac{2,315}{3,000}\right)=4,753.1\text{ kN}$$

$$A_{s,req}=\frac{Z_s}{0.6f_y}$$

$$=\frac{4,753.1\times10^3}{0.6\times400}=19,804.6\ \text{mm}^2$$

▶ 철근 배근

→ 3.0 m 구간에 H25@125 로 변경

$$A_{s,used}=506.7\times\left(\frac{3,000}{125}\times2\right)=24,322\,\text{mm}^2$$

$$A_{s,used}>\ A_{s,req}\qquad\therefore OK$$

(b) Spalling Force, Z_r (정착구 1개당)

$$Z_r = 0.04 \times P = 0.04 \times 4,163.3 = 166.5 \text{ kN}$$

$$A_{s,req} = \frac{Z_r}{0.6f_y} = \frac{166.5 \times 1,000}{0.6 \times 400} = 693.8 \text{ mm}^2$$

▶ 철근 배근

→ H22 2개

$$A_{s,used} = 387.1 \times 2 = 774.2 \text{ mm}^2$$

$$A_{s,used} > A_{s,req} \qquad \therefore OK$$

· 상부슬래브 검토

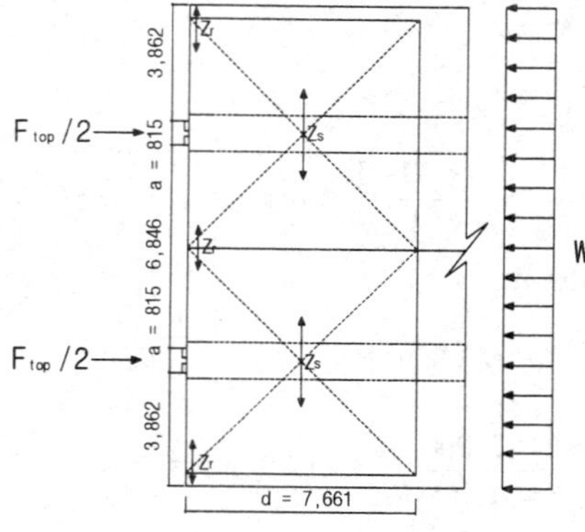

(a) Bursting Force, Z_s

$$Z_s = 0.25 \times \frac{F_{top}}{2} \times \left(1 - \frac{a}{d}\right)$$

$$= 0.25 \times \frac{28,931.6}{2} \times \left(1 - \frac{815}{7,661}\right) = 3,231.7 \text{ kN}$$

$$A_{s,req} = \frac{Z_s}{0.6f_y}$$

$$= \frac{3,231.7 \times 1,000}{0.6 \times 400} = 13,465 \text{ mm}^2$$

▶ 철근 배근

7.661 m 구간에 H16@125 2 Layer 배근

$$A_{s,used} = 198.6 \times \frac{7,661}{125} \times 2 = 23,344 \text{ mm}^2$$

$$A_{s,used} > A_{s,req} \qquad \therefore OK$$

(b) Spalling Force, Z_f, Z_r

① Z_f

Deep Beam 이론을 적용하여 산정하였다.

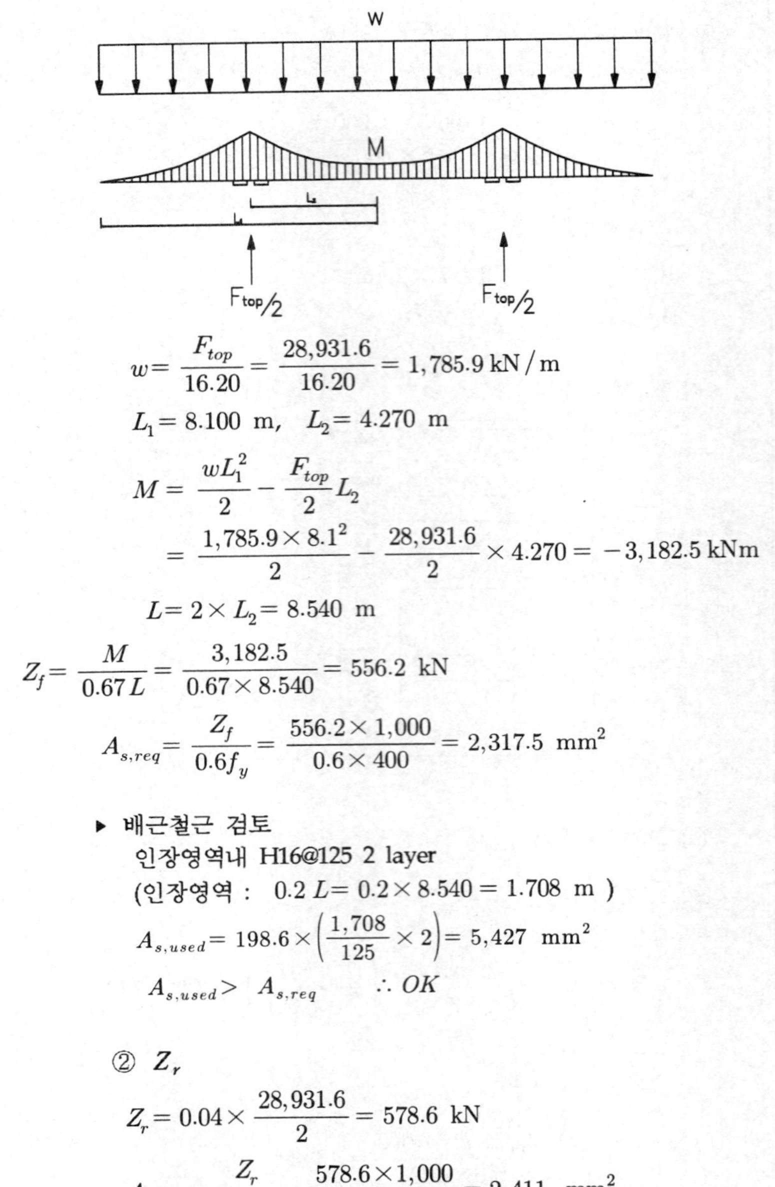

$$w=\frac{F_{top}}{16.20}=\frac{28{,}931.6}{16.20}=1{,}785.9\ \text{kN/m}$$

$L_1=8.100\ \text{m},\quad L_2=4.270\ \text{m}$

$$M=\frac{wL_1^2}{2}-\frac{F_{top}}{2}L_2$$

$$=\frac{1{,}785.9\times 8.1^2}{2}-\frac{28{,}931.6}{2}\times 4.270=-3{,}182.5\ \text{kNm}$$

$L=2\times L_2=8.540\ \text{m}$

$$Z_f=\frac{M}{0.67L}=\frac{3{,}182.5}{0.67\times 8.540}=556.2\ \text{kN}$$

$$A_{s,req}=\frac{Z_f}{0.6f_y}=\frac{556.2\times 1{,}000}{0.6\times 400}=2{,}317.5\ \text{mm}^2$$

▸ 배근철근 검토

인장영역내 H16@125 2 layer

(인장영역 : $0.2L=0.2\times 8.540=1.708\ \text{m}$)

$$A_{s,used}=198.6\times\left(\frac{1{,}708}{125}\times 2\right)=5{,}427\ \text{mm}^2$$

$A_{s,used}>A_{s,req}\qquad \therefore OK$

② Z_r

$$Z_r=0.04\times\frac{28{,}931.6}{2}=578.6\ \text{kN}$$

$$A_{s,req}=\frac{Z_r}{0.6f_y}=\frac{578.6\times 1{,}000}{0.6\times 400}=2{,}411\ \text{mm}^2$$

▸ 철근 배근

인장영역 내 H16@125 2 layer

(인장영역 : $0.2L=0.2\times 8.100=1.620\ \text{m}$)

$$A_{s,used}=198.6\times\left(\frac{1{,}620}{125}\times 2\right)=5{,}427\ \text{mm}^2$$

$A_{s,used}>A_{s,req}\qquad \therefore OK$

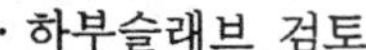

· 하부슬래브 검토

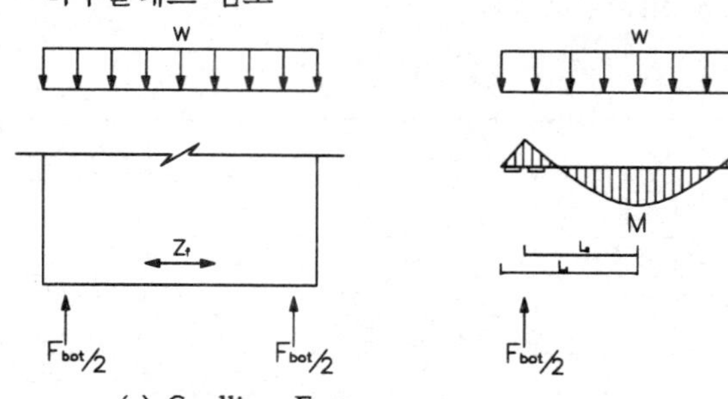

(a) Spalling Force

① Z_f

Deep Beam 이론을 적용하여 산정하였다.

$$w = \frac{F_{bot}}{8.800} = \frac{8,129.3}{8.800} = 923.8 \text{ kN/m}$$

$$L_1 = 4.400 \text{ m}, \quad L_2 = 3.830 \text{ m}$$

$$M = \frac{wL_1^2}{2} - \frac{F_{bot}}{2} L_2$$

$$= \frac{923.8 \times 4.4^2}{2} - \frac{8,129.3}{2} \times 3.830 = -6,625.2 \text{ kNm}$$

계산 결과 부모멘트가 발생하여 Z_f 의 효과가 나타지 않음을 알 수 있다.
따라서, 기본적으로 하부 슬래브에 작용하는 긴장력의 2%에 대한 철근을 배근한다.

② Z_r

$$Z_r = 0.04 \times \frac{8,129.3}{2} = 162.6 \text{ kN}$$

$$A_{s,req} = \frac{Z_r}{0.6 f_y} = \frac{162.6 \times 1,000}{0.6 \times 400} = 677.5 \text{ mm}^2$$

▶ 철근 배근

인장영역 내 H16@125 2 layer

(인장영역 : $0.2\,L = 0.2 \times 4.400 = 0.880$ m)

$$A_{s,used} = 198.6 \times \left(\frac{880}{125} \times 2\right) = 2,796.3 \text{ mm}^2$$

$$A_{s,used} > A_{s,req} \qquad \therefore OK$$

(3) 정착구 배근 상세

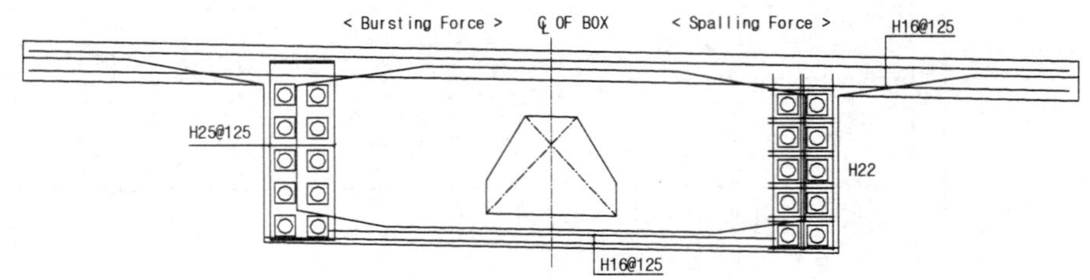

3.3.6 [단계 6] 지점반력 및 이동량 산정

(1) [단계 6-1] 지점반력 산정

(단위 : kN)

구 분				A1	P1	P2	P3	P4	A2
지속하중	고정하중		Pz	6653	14,859	14,153	13,645	15,494	6,374
	2차 고정하중		Pz	796	2,275	1,965	1,962	2,278	794
	크리프 및 건조수축		Pz	-279	454	-214	27	164	-153
	프리스트레스		Pz	355	-296	-158	485	-1,089	702
변동하중	활하중	max	Pz	1,512	3,183	3,069	3,069	3,183	1,512
		min	Pz	-157	-249	-492	-492	-249	-157
	지점침하	max	Pz	143	462	672	672	462	143
		min	Pz	-143	-462	-672	-672	-462	-143
	온도하중	max	Pz	99	122	23	24	122	99
		min	Pz	-99	-122	-23	-24	-122	-99
	풍하중		Py	-363	-716	-720	-720	-716	-363
총 계		max	Pz	9,278	21,060	19,511	19,885	20,614	9,471
		min	Pz	7,127	16,460	14,558	14,933	16,014	7,319

(2) [단계 6-2] 이동량 산정

① 검토 대상

· 교대 1 ~ 2

· 교각 1 ~ 4

② 가동받침의 이동량 산정

시공 직후부터 교량의 수명이 다할 때까지의 전 이동량과 시공직전까지의 프리셋값(Preset Value)를 이용하여 산정한다.

$$\Delta l = \Delta l_t + \Delta l_c + \Delta l_s$$

③ 예 : 교대 1, 교각 2, 교각 4

[단위 : mm, 줄음량(-), 늘음량(+)]

구 분			교대 1	교각 2	교각 4
계산 이동량	온도차	+	6.93	6.93	20.84
		-	-6.93	-6.93	-20.84
	크리프 및 건조수축		21.89	-24.77	-64.54
	계	+	28.82	-17.84	-43.70
		-	14.96	-31.70	-85.38
거더의 처짐에 의한 이동량		+	6.67	6.67	6.67
		-	-6.67	-6.67	-6.67
여유량		+	10.00	10.00	10.00
		-	-10.00	-10.00	-10.00
전 이동량		+	45.49	-1.17	-27.03
		-	-1.71	-48.37	-102.05
Preset Value	프리스트레스		12.81	-7.98	-5.85
	크리프 및 건조수축		6.11	-6.14	-7.93
	계		18.92	-14.12	-13.78

※ 신축이음 설치시 온도 : 15 ℃

※ 온도변화 범위 : -15 ℃ ~ +35 ℃

508.4 ILM에 의한 PSC 박스거더교의 설계

4.1 설계흐름도

4.1.1 주설계 단계

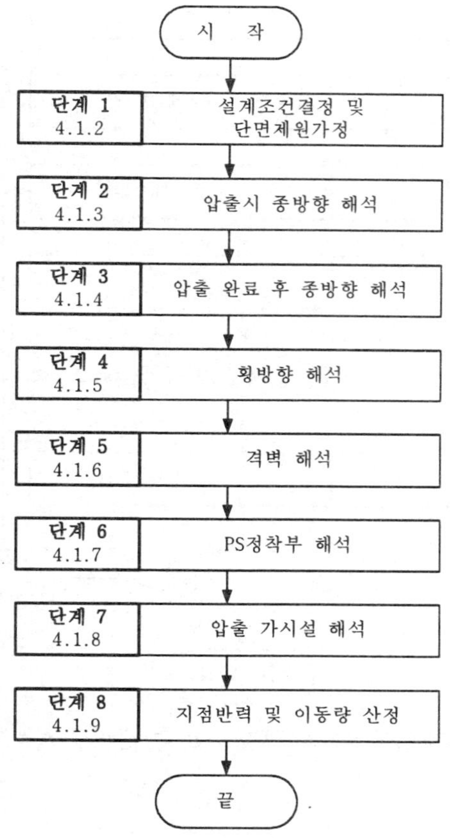

<그림 508.4.1> 주 설계 흐름도

4.1.2 [단계 1] 설계조건결정 및 단면제원가정

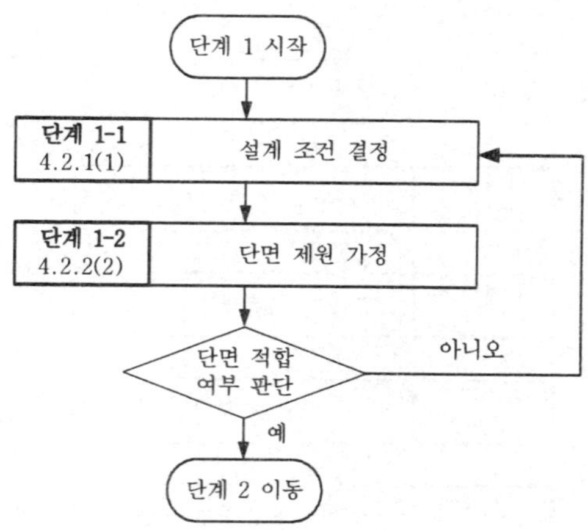

<그림 508.4.2> 설계조건결정 및 단면제원 가정

4.1.3 [단계 2] 압출시 종방향 해석

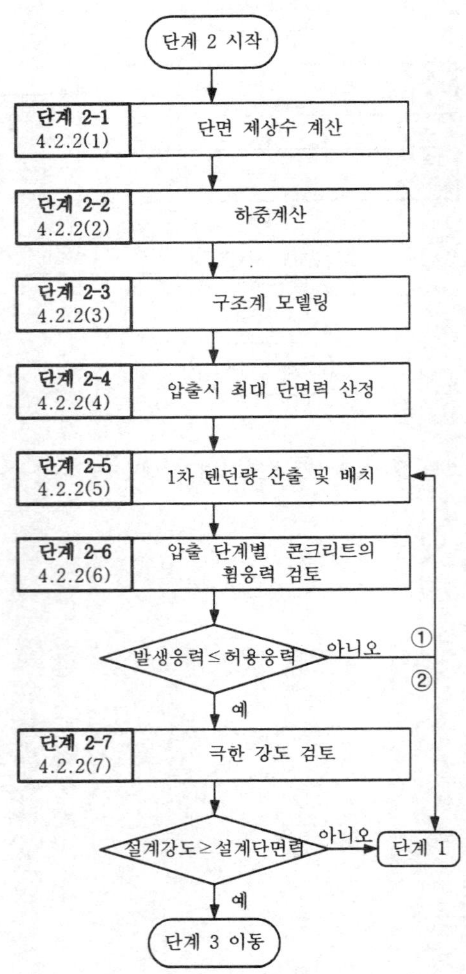

<그림 508.4.3> 압출시 종방향 해석

4.1.4 [단계 3] 압출 완료 후 종방향 해석

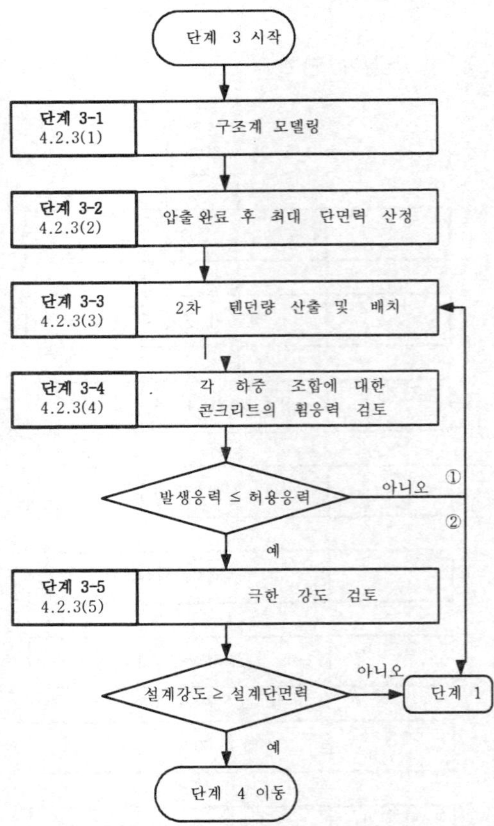

<그림 508.4.4> 압출 완료 후 종방향 해석

4.1.5 [단계 4] 횡방향 해석

편람 508.3 'FSM에 의한 PSC 박스거더교' 참조

4.1.6 [단계 5] 격벽 해석

편람 508.3 'FSM에 의한 PSC 박스거더교' 참조

4.1.7 [단계 6] PS 정착부 해석

편람 508.3 'FSM에 의한 PSC 박스거더교' 참조

4.1.8 [단계 7] 압출 가시설 해석

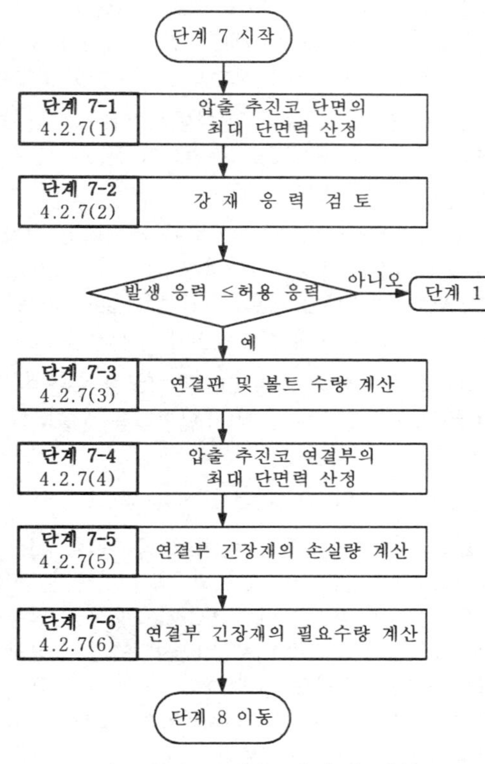

<그림 508.4.5> 압출 가시설 해석

4.1.9 [단계 8] 지점반력 및 이동량 산정

편람 508.3 'FSM에 의한 PSC 박스거더교' 참조

4.2 설계 단계별 고려사항

4.2.1 [단계 1] 설계조건 결정 및 단면제원 가정

(1) [단계 1-1] 설계조건 결정

① 교량 등급은 [도 · 설 1.3]의 규정에 따른다. 일반적으로 ILM에 의한 PSC 박스거더교의 경우 1등교로 적용한다.

② 교량의 폭원 구성 및 선형 등의 구조규격은 관련 프로젝트 규정에 따른다.

③ 주요 사용재료 및 허용응력은 [도 · 설 2.3 및 2.2.2.4]의 규정을 따른다.

④ 설계방법은 [도 · 설 2.2]의 허용응력설계법 및 강도설계법을 적절하게 선택하여 적용한다. 즉, 종방향 설계는 허용응력설계법 및 강도설계법을 적용하고, 횡방향 설계는 원칙적으로 강도설계법을 적용하나, 횡방향 텐던 설치시 두 설계법을 모두 적용하여야 한다.

⑤ 사용 전산 프로그램은 시공단계에 따른 구조계의 변화와 크리프 · 건조수축 효과 및 프리스트레스의 영향을 고려할 수 있는 검증된 프로그램을 사용하여야 한다. 단, 프로그램만에 의한 해석결과에 대해 수계산이나 근사적인 방법에 의한 검토 확인 없이 그 결과를 그대로 설계에 적용하는 경우 설계오류를 범할 수 있으므로, 내부적으로 수계산 또는 근사적인 검토를 수행하거나 유사 설계 결과와 비교하는 것이 바람직하다.

(2) [단계 1-2] 단면 제원 가정

강연선이 단면 상 · 하부 플랜지 및 복부에 설치되는 구조로서 단면제원 결정시 강연선 정착구의 배열 및 크기와 철근 배근상태 등을 고려하여 단면을 결정하여야 한다.

4.2.2 [단계 2] 압출시 종방향 해석

압출시 종방향 해석은 시공 단계별 응력 및 안전성 검토를 수행하여야 하며, [도 · 설 4.15.6.2(5)]를 참고한다.

(1) [단계 2-1] 단면 제상수 계산

① 주거더의 제상수 계산시 유효 플랜지폭을 고려하여야 한다. 즉, 유효 플랜지폭은 축방향 응력에 대해서는 전단면적이 유효하고, 휨에 의한 응력에 대해서 적용되어져야 한다. 단, 극한강도 검토시에는 전 플랜지 폭이 유효한 것으로 보고 계산하여도 좋다[도 · 설 4.15.6.2].

② 유효폭은 [도 · 설 4.15.6.2]의 규정을 따른다.

(2) [단계 2-2] 하중 계산

① 고정하중

가. 주거더 단면의 하중 및 교대 및 교각부, 격벽(Diaphragm) 하중을 계산한다.

나. 또한 유지보수 텐던용 블록과 2차 연속 텐던용 정착구 등의 하중도 고려하여야 한다.

② 2차 고정하중

포장, 방호벽, 중앙 분리대와 방음벽 등의 하중을 고려한다.

③ 활하중

활하중 및 충격의 적용은 [도 · 설 2.1.3, 2.1. 4]에 따른다.

④ 기타 하중

가. 압출 추진코 자중을 고려한다.

나. 프리스트레스 힘의 적용은 [도 · 설 2.1.6, 4.6.3.4]에 따른다.

다. 크리프와 건조수축은 [도 · 설 2.1.7, 4.2.3.3, 4.2.3.4]의 규정을 따른다.

라. 풍하중은 방음벽 등의 설치 필요시 [도 · 설 2.1.11]을 고려한다.

마. 온도 하중의 적용은 [도 · 설 2.1.12]에 따른다.

바. PSC 연속보에서는 지점의 압밀침하에 의해 연직변위가 생기고 주거더에 휨응력이 발생하므로 통상의 경우 부등 침하량 s = 10 mm로 하여 주거더에 생기는 휨응력을 검토하여야 한다[도로설계요령 제3권 제8-2편 4.10.1].

사. 가설 하중은 [도 · 설 2.1.18]에 따른다.

(3) [단계 2-3] 구조계 모델링

① 교량의 평면 선형 및 단면 형태를 고려하여 모델링한다.

② 교량 전체길이에 대하여 표준 경간을 10~20 등분한 간격으로 부재를 나누어 각 가설 단계별로 해석이 가능토록 모델링하고, 압출 추진코도 동일한 간격으로 구분하도록 한다. 예를 들면 50 m 경간의 경우, 5.0~2.5 m로 등분한 간격으로 부재를 나누어 해석할 수 있다.

③ 모델링시 상부 주거더와 압출 추진코는 물론, 제작장과 가교각 등도 고려하여야 한다.

(4) [단계 2-4] 압출시 최대 단면력 산정

① 주거더의 상 · 하부 슬래브와 압출 추진코 연결부용 PS강재량을 산정하기 위해 압출시 주거더와 압출 추진코의 최대 모멘트를 산정하여야 한다.

② 주거더의 압출이 진행됨에 따라 단면력이 변화하므로 각 단계별로 주거더의 콘크리트 응력을 검토하여야 한다.

③ 일반적으로 압출 추진코와 주거더의 연결부가 교각 위에 위치할 때 최장 경간에서 최대 정모멘트가 발생하고 압출 추진코가 교각 위에 위치하기 직전에 최대 부모멘트가 발생한다.

④ 상기 사항을 기준으로 주거더의 중앙부, 지점부 등에서 발생하는 최대 단면력을 산출한다.

(5) [단계 2-5] 1차 텐던량 산출 및 배치

1차 텐던은 그 정착 방법에 따라 2-Cycle 방식과 3-Cycle 방식이 있으며, 적용 방식은 설계자의 판단에 따른다. 단, 3-Cycle 방식을 적용할 경우에는 2-Cycle 방식에 비하여 연결 정착구의 개수가 약 1/3정도 감소하나, 정착구의 규격이 커지기 때문에 특히 상부구조의 플랜지 제원 결정시에 유의하여야 한다.

① 필요 프리스트레스 힘 ($F_{top},\ F_{bot}$)의 계산

압출 단계에서 발생한 최대 모멘트를 이용하여 필요 프리스트레스 힘을 구한다.

가. 주거더에 발생하는 콘크리트 최대 휨응력의 계산

$$f_{top} = \frac{-M_{max}}{Z_{1top}} \qquad (508.4.1)$$

$$f_{bot} = \frac{-M_{max}}{Z_{1bot}}$$

여기서,

M_{max} : 압출단계에서 상부 고정하중과 가설하중에 의한 최대 모멘트

Z_{1top}, Z_{1bot} : 상・하부 주거더의 단면 계수

나. 콘크리트 상연의 휨 인장응력 (보조 철근 사용 조건) 계산

$$f'_{top} = -f_{top} + f_{ta} \qquad (508.4.2)$$

여기서,

f'_{top} : 콘크리트 상연 인장응력

f_{top} : 콘크리트 상연의 최대 응력

f_{ta} : 콘크리트의 허용 휨인장응력

다. 필요 프리스트레스 힘(F_{1top}, F_{1bot})의 계산

$$F_1 = f'_{top} \times A_1 \qquad (508.4.3)$$

여기서,

A_1 : 상부 주거더의 단면적

$$\therefore \; F_{1top} : \frac{y'_{bot}}{y'} \times F_1$$

$$F_{1bot} : \frac{y'_{top}}{y'} \times F_1$$

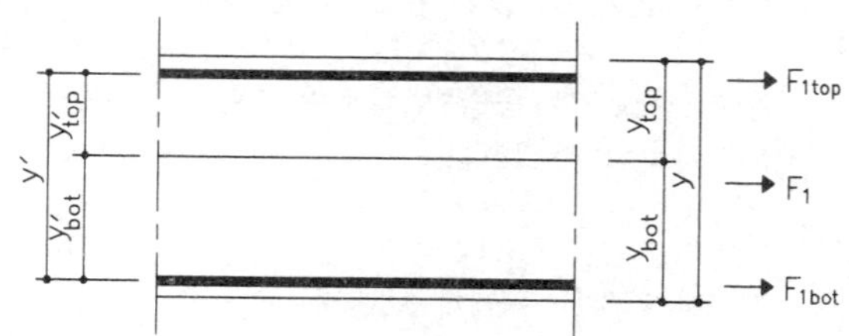

<그림 508.4.6> 필요 프리스트레스 힘

② 사용 강연선 수의 가정

③ 프리스트레스 손실량의 산정

프리스트레스의 즉시 및 장기 손실량은 [도・설 4.6.3.4]을 적용한다.

④ 총 손실량에 저항할 필요 프리스트레스 힘($F2$) 산정

⑤ 사용 강연선에 의한 프리스트레스 힘이 총 필요 프리스트레스 힘보다 큰지를 검토한다.

(6) [단계 2-6] 압출 단계별 콘크리트의 휨응력 검토

① 압출 시공 단계별 콘크리트의 상・하연 발생 휨응력이 허용 휨압축응력 및 허용 휨인장응력 이내인지 검토하여야 한다. 즉, [상・하연 발생 휨응력] ≤ [허용 휨압축응력 및 허용 휨인장응력]을 만족해야 한다.

② 콘크리트의 허용응력은 [도・설 2.2.2.4(2)]를 따른다.

(7) [단계 2-8] 극한 강도 검토

① 설계 단면력 (M_u, V_u)은 [도・설 2.2.3.2 (2)]에 준하여 산정한다.

② 부재 설계 휨강도 ($\phi \cdot M_n$) 및 전단강도 ($\phi \cdot V_n$)는 각각 [도・설 4.6.3.5, 4.6.3.8]에 준하고, $\phi \cdot M_n \geq M_u$ 및 $\phi \cdot V_n \geq V_u$를 만족하여야 한다.

③ 단, ILM공법으로 상부구조물을 시공하는 경우 압출 시공시의 M_u는 압출완료 후의 M_u보다 적게 발생하므로, 일반적으로 압출 시공시에는 전단강도만 검토한다.

4.2.3 [단계 3] 압출 완료 후 종방향 해석

압출 완료 후 종방향 해석은 [도 · 설 4.15.6.2 (5)]에 준하여 수행한다.

(1) [단계 3-1] 구조계 모델링

압출 완료 후의 완성된 교량을 모델링한다.

(2) [단계 3-2] 압출 완료 후 최대 단면력 산정

① 2차 연속 텐던량을 산정하기 위해 주거더의 최대 모멘트를 산정하여야 한다.

② 2차 고정하중, 활하중, 지점 침하, 온도 하중, 크리프와 건조수축에 의한 최대 단면력을 산정한다.

(3) [단계 3-3] 2차 텐던량 산출 및 배치

① 2차 텐던은 압출 시공 완료 후의 단면력을 부담하기 위해 복부에 포물선 또는 원곡선의 형상으로 배치하는 것이 일반적이다. 설계 하중에 의한 발생 응력에 대해서는 물론이고 극한강도에 대한 안전이 확보되도록 배치하여야 한다.

텐던 배치 형상에 무리가 없는 곡선으로 배치하고, 급격한 각도로 설치되어 무리한 프리스트레스 손실이 발생하지 않도록 세심한 주의가 필요하다.

② 유지 보수용 텐던(External Tendon) 배치는 [도 · 설 4.15.6.3(5)⑨⑩]의 규정을 따른다. 텐던 배치시 텐던과 주거더 내부 돌출물 등과 공간상 저촉되지 않도록 주의하여야 한다.

③ 경간 중앙부 배치용 2차 텐던

가. PSC 박스거더 경간 중앙부 최대 정모멘트의 산정

$$+M_{max} = (M_{LL}+M_{ST}+M_{TEM}+M_{CR}+M_{AD}) \qquad (508.4.4.)$$

여기서,

M_{LL} : 활하중에 의한 모멘트

M_{ST} : 지점침하에 의한 모멘트

M_{TEM} : 온도변화에 의한 모멘트

M_{CR} : 크리프 및 건조수축에 의한 모멘트

M_{AD} : 2차 고정하중에 의한 모멘트

나. 텐던의 편심거리 산정 (e_b)

쉬스 피복 및 시공성을 고려하여 편심거리 (e_p : 주거더 도심과 텐던과의 거리)를 산정한다.

다. 초기 인장력 (P_j) 및 유효 인장력 (P_e)의 산정

일반적으로 전체 손실량을 감안한 유효 인장력은 초기 인장력의 70 %로 가정한다.

라. 하연 콘크리트의 응력 검토 (f_{bot})

다음의 관계식을 만족시키는 텐던량을 산정한다.

$$f_{bot} = \frac{P_e}{A} + \frac{P_e.e_p}{I} \cdot y_{bot} - \frac{M_{max}}{I} \cdot y_{bot} \geq 0 \qquad (508.4.5)$$

④ 지점부 배치용 2차 텐던

가. PSC 박스거더 지점부 최대 부모멘트의 산정
상기 경간 중앙부와 같은 방법으로 최대 부모멘트($-M_{max}$)를 산정한다.

나. 텐던의 편심거리 산정 (e_p)

다. 상연 콘크리트의 응력 검토 (f_{top})

다음의 관계식을 만족시키는 텐던량을 산정한다.

$$f_{top} = \frac{P_e}{A} + \frac{P_e.e_p}{I} \cdot y_{top} - \frac{M_{max}}{I} \cdot y_{top} \geq 0 \qquad (508.4.6)$$

(4) [단계 3-4] 각 하중조합에 대한 콘크리트의 휨응력 검토

① 각 하중조합은 [도 · 설 2.2.2.2(2)]에 준하며, 콘크리트의 상 · 하연 발생 휨응력이 허용 휨압축응력 및 허용 휨인장응력 이내인지 검토하여야

한다. 즉, [상 · 하연 발행 휨응력] ≤ [허용 휨 압축응력 및 허용 휨 인장응력]을 만족해야 한다.

② 콘크리트의 허용응력은 [도 · 설 2.2.2.4(2)]를 따른다.

(5) [단계 3-5] 극한 강도 검토

① 설계단면력(M_u, V_u)은 [도 · 설 2.2.3.2(2)]에 준하여 산정한다.

② 부재의 설계 휨강도($\phi \cdot M_n$) 및 전단강도($\phi \cdot V_n$)는 각각 [도 · 설 4.6.3.5, 4.6.3.8]에 준하고, $\phi \cdot M_n \geq M_u$ 및 $\phi \cdot V_n \geq V_u$를 만족하여야 한다.

또한, [도 · 설 4.6.3.6(2)] 및 [콘 · 설 9.5.2(3)]의 $\phi M_n \geq 1.2\ M_{cr}$의 규정을 만족해야 한다. 단, 검토 단면의 휨강도(ϕM_n)가 외력에 의한 극한모멘트(M_u)의 4/3배 이상인 경우에는 이를 만족할 필요가 없다.

4.2.4 [단계 4] 횡방향 해석

편람 508.3 'FSM에 의한 PSC박스거더교' 참조

4.2.5 [단계 5] 격벽 해석

편람 508.3 'FSM에 의한 PSC박스거더교' 참조

4.2.6 [단계 6] PS 정착부 해석

편람 508.3 'FSM에 의한 PSC박스거더교' 참조

4.2.7 [단계 7] 압출 가시설 해석

(1) [단계 7-1] 압출 추진코 단면의 최대 단면력 산정

압출 시공 중 압출 추진코 단면의 최대 모멘트 및 최대 전단력을 산정한다.

(2) [단계 7-2] 강재 응력 검토

① 검토 단면의 상 · 하연 응력 및 전단응력을 검토하여야 하며, [도 · 설 3.3.2.1]에 준한다.

② 강재 응력 검토시 휨 압축응력에 대한 계산에서 국부좌굴을 고려한 허용 응력검토도 수행하여야 한다.

(3) [단계 7-3] 볼트(Bolt) 수량 계산 및 연결판 검토

① 연결판의 응력을 검토하고, 인장부는 볼트구멍(Bolt Hole)을 공제한 단면으로 검토해야 한다.

② 볼트 검토는 [도 · 설 3.3.2.3(2)]에 따른다.

(4) [단계 7-4] 압출 추진코 연결부의 최대 단면력 산정

압출 추진코 연결부의 최대 정 · 부모멘트를 산정한다.

(5) [단계 7-5] 연결부 긴장재의 손실량 계산

긴장재의 즉시 손실량 및 장기 손실량을 고려한 유효 프리스트레스 응력을 계산한다.

손실량 계산은 [도 · 설 4.6.3.4]의 규정을 따른다.

(6) [단계 7-6] 연결부 긴장재의 필요 수량 계산

상부 및 하부의 연결부 긴장재의 필요 수량을 계산한다.

4.2.8 [단계 8] 지점 반력 및 이동량 산정

편람 508.3 'FSM에 의한 PSC박스거더교' 참조

4.3 ILM에 의한 PSC 박스거더교 설계 예

4.3.1 [단계 1] 설계조건 결정 및 단면가정

(1) [단계 1-1] 설계조건 결정

① 교량 제원
- 구조 형식 : PSC 박스거더교(ILM)
- 지간 구성 : L = 40.0 + 6@50.0 + 40.0 = 380.0 m
- 교량 폭원 : B = 12.60 m
- 단면 형고 : H = 3.0 m
- 평면 선형 : R = ∞(직선 구간)
- 교량 등급 : 1등교

② 사용재료 및 허용응력

가. 콘크리트
- 설계기준강도 : f_{ck} = 40 MPa
- 탄성계수 : E_c = 28,600 MPa
- 단위질량 : γ_c = 2,500 kg/m^3
- 초기압축강도 : f_{ci} = 28.0 MPa
- 허용응력
- 크리프와 건조수축에 의한 손실이 일어나기 전의 일시적 응력

- 허용 휨 압축응력 : $f_{cai} = 0.55 f_{ci}$
- 허용 휨 인장응력 :

  미리 압축력을 가한 인장구역 : $f_{tai} = 0.5\sqrt{f_{ci}}$

  그 외 지역 : $0.25\sqrt{f_{ci}}$

- 압출공법에서 최대 응력이 발생하는 위치에 있는 콘크리트의 재령은 대부분 28일 이상이며, 크리프와 건조수축이 상당히 진행된 단계이므로, 시공단계에서의 콘크리트 허용응력을 완성 후의 구조계에 대한 것과 동일하게 적용함.
- 손실이 일어난 후 사용하중 상태에서의 응력

- 허용 휨압축응력 : 완공후, $f_{ca} = 0.40 f_{ck} = 0.4 \times 40 = 16.0$ MPa

  압출중, $f_{ca} = 1.25 \times 0.40 f_{ck} = 1.25 \times 0.4 \times 40 = 20.0$ MPa

  (시공 중 최대 응력 발생 위치에서는 허용응력 할증을 25% 적용하나, 콘크리트의 재령이 28일 미만에 해당하는 세그먼트는 허용응력을 할증하지 않음)

- 허용 휨 인장응력 :

  미리 압축력을 가한 인장구역에서 부착된 철근을 갖는 부재 :

  $f_{ta} = 0.50\sqrt{f_{ck}} = 0.50 \times \sqrt{40} = 3.2$ MPa => 적용 (압출 중 및 완공 후)

  그 외 지역 : $0.25\sqrt{f_{ck}} = 0.25 \times \sqrt{40} = 1.6$ MPa

· 균열 응력

$f_{ru} = 0.63\sqrt{f_{ck}} = 0.63 \times \sqrt{40} = 4.0$ MPa

· 선팽창 계수

$a = 1.0 \times 10^{-5}$

· 크리프 계수(ϕ_c) :

$\phi(t, t') = \phi_0 \cdot \beta_c\ (t\text{-}t')$

· 건조 수축율(ε_{cs}) :

$\varepsilon_{sh}\ (t,\ t_s) = \varepsilon_{sho} \cdot \beta_s(t - t_s)$

나. 철근 (SD 400)

· 항복 응력 : f_y = 400 MPa

다. 강연선

· 사용 기준 : KSD 7002, SWPC 7B - ϕ15.2 mm(0.6" Strand)

· 항복 강도 : f_{py} = 1,600 MPa

· 인장 강도 : f_{pu} = 1,900 MPa

· 단면적 : A_p = 138.7 mm²

· 탄성 계수 : E_p = 200,000 MPa

· 허용 응력

- 초기 긴장시 : $f_{pi} = 0.90 f_{py} = 0.90 \times 1{,}600 = 1{,}440$ MPa
- 정착 후 정착부에서의 응력 : $f_{pa} = 0.70 f_{pu} = 0.70 \times 1{,}900 = 1{,}330$ MPa (1차 손실 후)
- 설계하중 작용시 응력 : $f_{pa} = 0.80 f_{py} = 0.80 \times 1{,}600 = 1{,}280$ MPa (2차 손실 후)

· 사용 텐던(Tendon) 규격

- 1차 텐던 (Central Tendon) : 7 x ø15.2 mm
- 2차 텐던 (Continuous Tendon) : 12 x ø15.2 mm
- 횡방향 텐던 (Transverse Tendon) : 미배치

· 도입 긴장력(Jacking Force)

- 1차 텐던 : $0.9 f_{py} \cdot A_p$
- 2차 텐던 : $0.9 f_{py} \cdot A_p$

· 마찰 계수

- 곡률 마찰계수 : μ = 0.25 /rad
- 파상 마찰계수 : κ = 0.0066 /m (곡선부), 0.0015 /m (직선부)

· 정착시 슬립량 : 6 mm

라. 강봉 (ø36mm)

· 항복 강도 : f_{py} = 1,100 MPa

· 인장 강도 : f_{pu} = 1,250 MPa

· 단면적 : A_p = 1017.6 mm²

· 탄성 계수 : E_p = 200,000 MPa

· 도입 긴장력

$0.8 f_{py} \cdot A_p$

· 마찰 계수

- 곡률 마찰계수 : μ = 0.20 /rad
- 파상 마찰계수 : κ = 0.0010 /m

마. 추진코

· 사용 강종 : SM 400

· 허용 응력(가설시 허용응력 증가계수 1.25 적용)

· 허용 휨 압축응력

f_{ca} = (국부좌굴 고려여부에 따른 허용응력 중 작은 값) × 1.25

· 허용 휨 인장응력

f_{ta} = 140 × 1.25 = 175 MPa

· 허용 전단응력

τ_{sa} = 80 × 1.25 = 100 MPa

③ 상부 제작 공기 가정

가. 제작 및 압출 시공

· 첫 번째 세그먼트 및 마지막 세그먼트 제작 소요일수 : 30일 /seg

· 일반 세그먼트 제작 소요일수 : 12일 /seg

나. 내부 작업 시공

· 2차 텐던 정착부 및 격벽부 시공, 긴장 작업 : 90일

다. 기타 작업

· Sliding Pad 제거 및 받침 고정작업 : 50일

④ 사용 전산 프로그램

· 종방향 해석 : RM-SPACE FRAME

(2) [단계 1-2] 단면제원 가정

① 상부 구조 (단위 : mm)

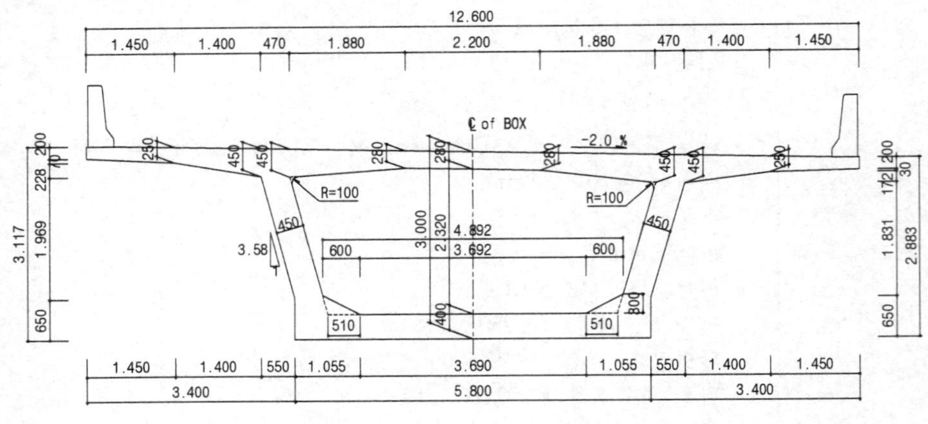

② 압출 추진코 (단위 : mm)

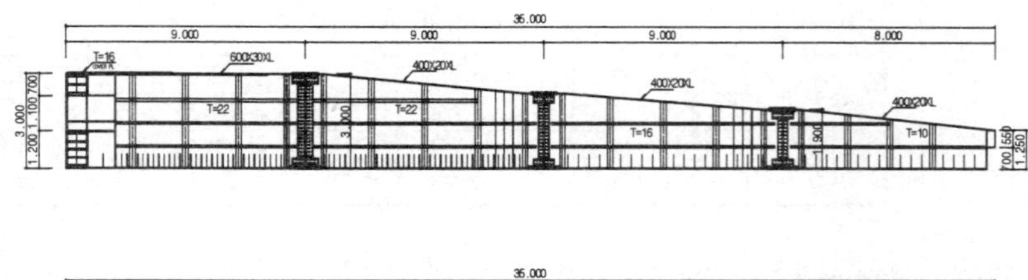

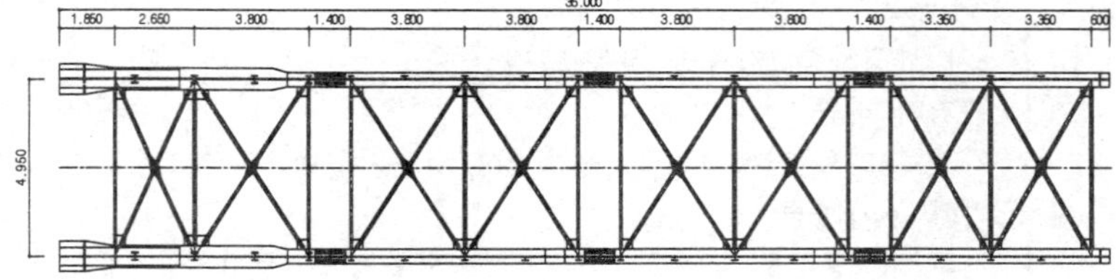

5.3.2 **[단계 2] 압출시 종방향 해석**

(1) [단계 2-1] 단면 제상수 계산

① 상부 주거더

가. 유효폭 산정

(가) 유효폭 산정을 위한 경간장(Li)

· 단부경간 : L_i = 40.00 × 0.8 = 32.00 m

· 내측경간 : L_i = 50.00 × 0.6 = 30.00 m

(나) 각 부재별 유효폭 산정

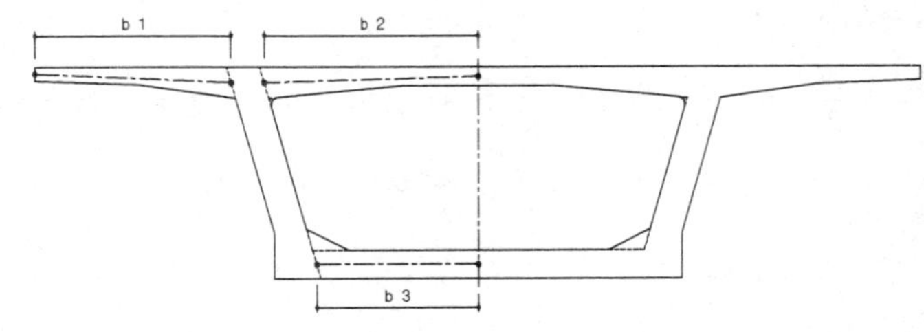

구 분			b_i (m)	b_i/L_i	b_m/b		b_m (m)	
					b_f	b_s	$b_f \times b_i$	$b_s \times b_i$
중앙부	단부경간	b_{m1}	2.785	0.09	0.93	-	2.590	-
		b_{m2}	3.047	0.10	0.91	-	2.773	-
		b_{m3}	2.301	0.07	0.94	-	2.163	-
	내측경간	b_{m1}	2.785	0.09	0.93	-	2.590	-
		b_{m2}	3.047	0.10	0.89	-	2.712	-
		b_{m3}	2.301	0.08	0.93	-	2.140	-
지점부	단부경간	b_{m1}	2.785	0.16	-	0.70	-	1.950
		b_{m2}	3.047	0.17	-	0.68	-	2.072
		b_{m3}	2.301	0.13	-	0.73	-	1.680
	내측경간	b_{m1}	2.785	0.14	-	0.70	-	1.950
		b_{m2}	3.047	0.15	-	0.65	-	1.981
		b_{m3}	2.301	0.12	-	0.70	-	1.611

나. 적용단면계수

구 분		단면적 (m^2)	단면2차 모멘트 (m^4)	도심 위치 (m)	
				y_{top}	y_{bot}
중앙부	단부경간	8.213	11.010	1.260	1.740
	내측경간	8.161	10.923	1.261	1.739
지점부	단부경간	7.156	9.222	1.283	1.717
	내측경간	7.050	9.028	1.280	1.720

(2) [단계 2-2] 하중 계산

① 1차 고정하중 (압출중 작용 고정하중)

가. 주거더 하중

· 콘크리트 단위중량(γ_c = 25 kN/m^3)을 입력, 프로그램으로 자동 재하

나. 기타 부가하중

· 격벽, 정착부, 외부강연선 방향변환블럭 등 부가하중 재하

다. 추진코 자중

· 프로그램에서 자동고려 (부속 자재하중 - 50% 할증)

② 2차 고정하중 (압출완료 후 작용 고정하중)

가. 아스팔트 포장

$W_p = 0.08 \times 23.0 \times (12.6 - 0.45 \times 2EA) = 21.528$ kN/m

나. 방호벽

$W_b = 25.0 \times 0.301m^2 \times 2EA = 15.050$ kN/m

③ 활하중

가. 설계 차로폭(W) 및 차로수 산정

· 교폭(W_c) = 12.6 - 0.45 × 2EA = 11.7 m

$W = \dfrac{W_c}{N} = \dfrac{11.7}{2}$ = 5.85 m > 3.6 m 이므로 설계 차로폭 = 3.6 m

· $9.1 \le W_c = 11.7 < 12.8$ 이므로 설계 차로수(N) = 3

나. 충격 계수

(가) 단부경간 (L=40.0 m)

$i = \dfrac{15}{40+L} = \dfrac{15}{40+40.0} = 0.188 < 0.3 \quad \therefore i = 0.188$

(나) 내측 경간 (L=50.0 m)

$i = \dfrac{15}{40+L} = \dfrac{15}{40+50.0} = 0.167 < 0.3 \quad \therefore i = 0.167$

다. 하중

(가) DB-24 (3차로 재하)

구 분	전륜 하중 (P_f)	후륜 하중 (P_r)
단부 경간	P_f = 24.0×(1+0.188)×6×0.9 = 153.96 kN	P_r = 96.0×(1+0.188)×6×0.9 = 615.86 kN
내측 경간	P_f = 24.0×(1+0.167)×6×0.9 = 151.24 kN	P_r = 96.0×(1+0.167)×6×0.9 = 604.97 kN

(나) DL-24 (3차로 재하)

㉮ 모멘트 계산시

구 분	집중 하중	등분포 하중
단부 경간	P_m = 108.0×3×1.188×0.9 = 346.42 kN	W_m = 12.7×3×1.188×0.9 = 40.74 kN/m
내측 경간	P_m = 108.0×3×1.167×0.9 = 340.30 kN	W_m = 12.7×3×1.167×0.9 = 40.02 kN/m

㉯ 전단력 계산시

구 분	집중 하중	등분포 하중
단부 경간	P_s = 156.0×3×1.188×0.9 = 500.39 kN	W_m = 40.74 kN/m
내측 경간	P_m = 156.0×3×1.167×0.9 = 491.54 kN	W_m = 40.02 kN/m

④ 프리스트레스 힘

(가) 사용 텐던량

㉮ 1차 텐던

· 상부 : 7^T-ø15.2 mm - 22 EA

· 하부 : 7^T-ø15.2 mm - 16 EA

㉯ 2차 텐던

· 중앙부 : 12^T-ø15.2 mm - 8 EA

· 지점부 : 12^T-ø15.2 mm - 12 EA

(나) 긴장력

㉮ 1차 텐던

· 7^T-ø15.2 mm : P_j = 1,600 × 0.9 × 138.7 × 7 × 10^{-3} = 1,398 kN

㉯ 2차 텐던

· 12^T-ø15.2 mm : P_j = 1,600 × 0.9 × 138.7 × 12 × 10^{-3} = 2,397 kN

(다) 프리스트레스 손실

프리스트레싱 직후 및 시간적인 손실은 프로그램으로 자동 계산

⑤ 크리프와 건조수축

$\phi(t, t') = \phi_0 \cdot \beta_c\ (t-t')$

$\varepsilon_{sh}\ (t, t_s) = \varepsilon_{sh0} \cdot \beta_s(t - t_s)$

⑥ 풍하중

(가) 단면 형상

B/D = 12.6/4.0 = 3.150

여기서, D = 3.0 + 1.0 = 4.0 m

∴ $1 < B/D < 8$

(나) 풍하중 계산

· $W_w = [4.0 - 0.2(B/D)] \times D$

$= (4.0 - 0.2 \times 3.150) \times 4.0$

$= 13.48$ kN/m

⑦ 온도 하중

(가) 온도 변화

· 온도 승강 = ±15 ℃

(나) 바닥판과 기타 부분의 온도차

· 온도차 = ±5 ℃

⑧ 지점침하 [도로설계요령 제3권 제8-2편 4.10.1]

· δ = ±10 mm

⑨ 가설 하중

· 시공 중 종방향으로 있는 두 인접 받침 사이에 5 mm, 제작장과 압출장치 사이에 2 mm의 시공 오차 고려

(3) [단계 2-3] 구조계 모델링

① 구조계 모델링 (단위 : m)

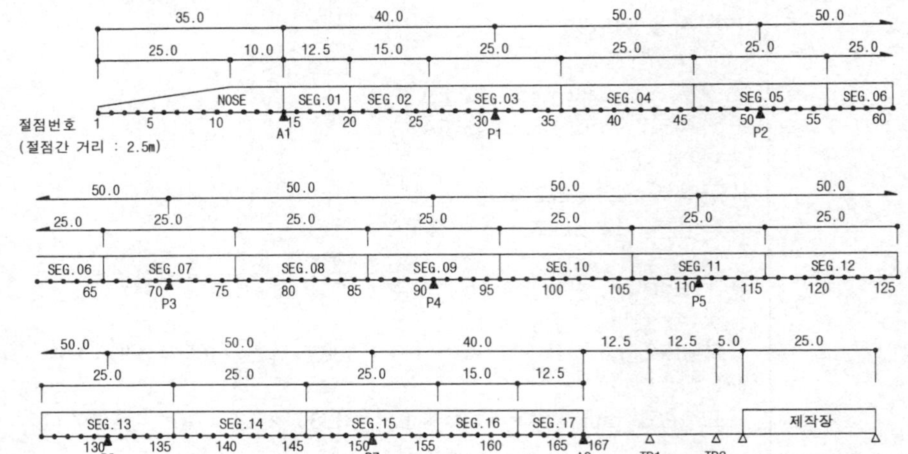

② 압출 시공단계 모델링

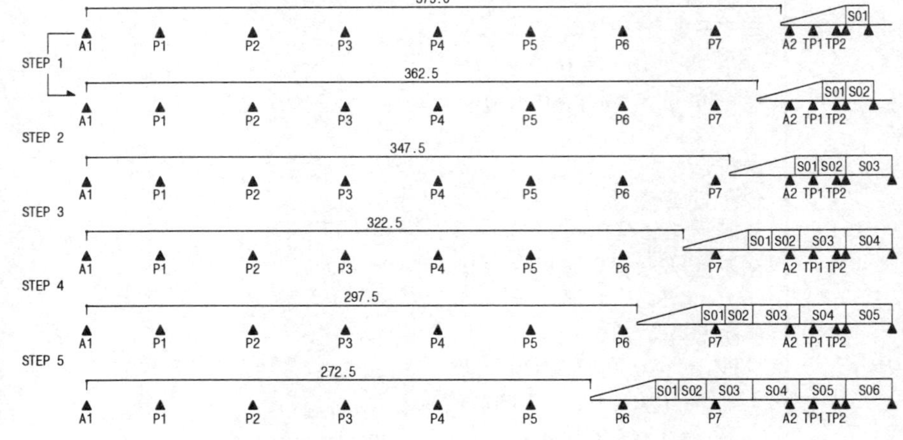

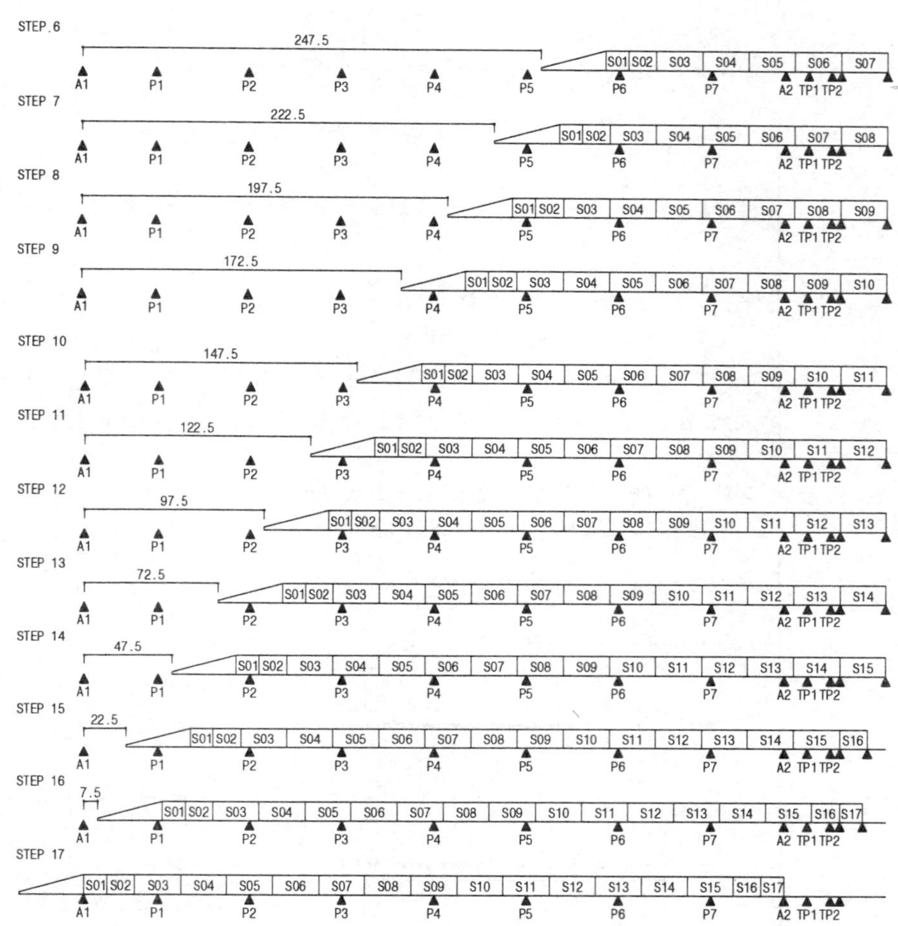

(4) [단계 2-4] 압출시 최대 단면력 산정

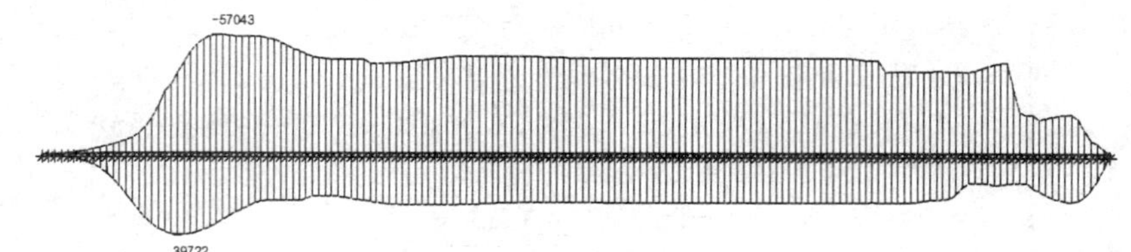

구 분	절점 번호	발생 단계 (Step)	1 차 고정하중+가설하중
정모멘트 최대 (kNm)	22	6 단계	39,722.0
부모멘트 최대 (kNm)	28	7 단계	-57,043.0

(5) [단계 2-5] 1차 텐던량 산출 및 배치

① 최대 모멘트에 의한 콘크리트 응력

· M_{max} = -57,043.0 kNm

· A_c = 8.557 m²

· I_z = 9.028 m⁴ , y_{top} = 1.28 m , y_{bot} = 1.72 m

$$\therefore f_{top} = \frac{57,043.0 \times 10^6}{9.028 \times 10^{12}} \times 1,280.0 = 8.088 \text{ MPa}$$ (인장응력)

$$f_{bot} = \frac{-57,043.0 \times 10^6}{9.028 \times 10^{12}} \times 1,720.0 = -10.868 \text{ MPa}$$ (압축응력)

② 콘크리트 상연의 휨인장응력

f_{top} = 8.088 - 3.20 = 4.89 MPa

여기서, 3.20 = $0.50\sqrt{f_{ci}'}$ = $0.50\sqrt{40}$ 으로서, 압출 중 최대 인장응력이 발생하는 위치에 있는 콘크리트의 재령은 대부분 28일 이상이므로 f_{ci}'를 40 MPa로 적용함.

③ 최대 부모멘트에 저항할 필요 프리스트레스 힘(F_1)

F_1 = 4.89 × 8.559 × 10³ = 41,853 kN

$$F_{1top} = \frac{1.52}{2.60} \times 41,853 = 24,468 \text{ kN}$$

$$F_{1bot} = \frac{1.08}{2.60} \times 41,853 = 17,385 \text{ kN}$$

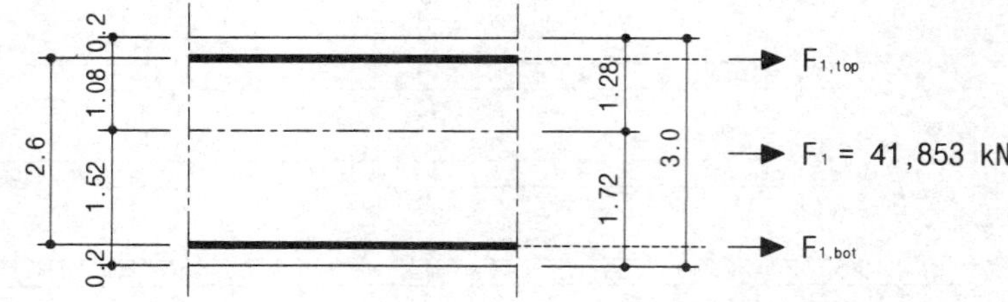

④ 사용 강연선 수의 가정

가. 상부 슬래브 : N_{top} = 7^T × 22 EA = 154 EA

나. 하부 슬래브 : N_{bot} = 7^T × 16 EA = 112 EA

다. e_p (텐던 도심과 주거더 도심과의 편심거리)

· $A_p \cdot y$ = 112 EA × 0.2 + 154 EA × (3.0 - 0.2) = 453.6 EAm

· A_p = 154 + 112 = 266 EA

· $y = A_p \cdot y / A_p$ = 453.6/266 = 1.705 m

∴ e_p = 1.705 - 1.72 = -0.015 m

⑤ 프리스트레스 손실량

가. 긴장재와 쉬스 사이의 마찰에 의한 손실량

$\Delta f_{pf} = f_{PJ}\{1 - e^{-(\mu a + kl)}\}$

여기서, Δf_{PJ} : 1,440 MPa (긴장력에 의한 긴장재의 응력)

μ : 0.25 /rad (곡률마찰계수)

a : 0 rad (긴장재의 각 변화)

k : 0.0015 /m (파상마찰계수)

Δf_{pf} = 1,440 $\{1-e^{-(0.25\times0+0.0015\times25)}\}$ = 53.0 MPa

단, 2 Cycle로 텐던 배치시 손실량은 상기 값의 1/2로 가정할 수 있으므로 Δf_{pf} = 26.5 MPa

나. 탄성 수축에 의한 손실량

$$\Delta f_{pel} = 0.5\frac{E_p}{E_{ci}}\cdot f_{cir}$$

여기서, $E_p = 2.0 \times 10^5$ MPa

$E_{ci} = 3{,}300\sqrt{f_{ci}} + 7{,}700 = 3{,}300\sqrt{28} + 7{,}700 = 25{,}162$ MPa

$f_{cir} = f_{cpi} - f_g$ (정착 직후 고정하중과 프리스트레스 힘에 의해 발생되는 긴장재 중심에서의 콘크리트 응력)

$$= \frac{P_i}{A_c} + \frac{P_i\cdot e_p^2}{I_c} - \frac{M_d\cdot e_p}{I_c}$$

$$= \frac{49,069}{8.557} + \frac{49,069}{9.028}\times(-0.015^2) - \frac{57,043}{9.028}\times(-0.015)$$

$= 5{,}830\ \mathrm{kN/m^2} = 5.83$ MPa

단, $P_i = 0.7\cdot f_{pu}\cdot A_p$ (정착 직후 긴장재의 허용 인장력)

$= 0.7 \times 1{,}900 \times 138.7 \times 266 \times 10^{-3} = 49{,}069$ kN

$$\therefore\ \Delta f_{pel} = 0.5\times\frac{200,000}{25,162}\times 5.83 = 23.2\ \text{MPa}$$

다. 크리프에 의한 손실량

$\Delta f_{pcr} = 12 f_{cir} - 7 f_{cds}$

여기서, f_{cir} = 5.83 MPa

$f_{cds} = M_{ds}\cdot\frac{e_p}{I_c}$ (프리스트레스를 가한 이후의 모든 고정하중에 의해 발생하는 긴장재 중심에서의 콘크리트 응력)

= 0

$\therefore\ \Delta f_{pcr} = 12 \times 5.83 = 70.0$ MPa

라. 건조수축에 의한 손실량

$\Delta f_{psh} = 0.80\ (119 - 1.05H_r)$

$= 0.80 \times (119 - 1.05 \times 70) = 36.4$ MPa

마. 긴장재의 릴락세이션에 의한 손실량

$\Delta f_{pr} = 35 - 0.07\Delta f_{pf} - 0.1\Delta f_{pel} - 0.05(\Delta f_{psh} + \Delta f_{pcr})$

$= 35 - 0.07 \times 26.5 - 0.1 \times 5.83 - 0.05 \times (36.4 + 70.0) = 27.2$ MPa

$\therefore$ 총 손실량 $\Delta f_p = 26.5 + 23.2 + 70.0 + 36.4 + 27.2 = 183.3$ MPa

⑥ 총 손실량에 저항할 필요 프리스트레스 힘(F_2)

$F_2 = A_p\cdot\Delta f_p$

$= 138.7 \times 266 \times 189.3 \times 10^{-3} = 6{,}984$ kN

⑦ 총 필요 프리스트레스 힘(F)

$F = F_1 + F_2 = 41{,}853.0 + 6{,}984 = 48{,}837$ kN

⑧ 사용 강연선에 의한 프리스트레스 힘(F_{used})

$F_{used} = 0.7 \cdot f_{pu} \cdot A_p$

$= 0.7 \times 1{,}900 \times 138.7 \times 266 \times 10^{-3} = 49{,}069$ kN $>$ $F = 48{,}837$ kN OK

이상과 같이 최대 부모멘트에 대한 콘크리트의 인장응력을 상쇄하기 위한 사용 텐던수(N_{top} = 154 EA, N_{bot} = 112 EA)는 적절하며, 최대 정모멘트에 저항할 사용 텐던수도 같은 방법으로 산정한다.

바. 1차 텐던의 배치

· 다음과 같이 2 Cycle로 배치하기로 한다.

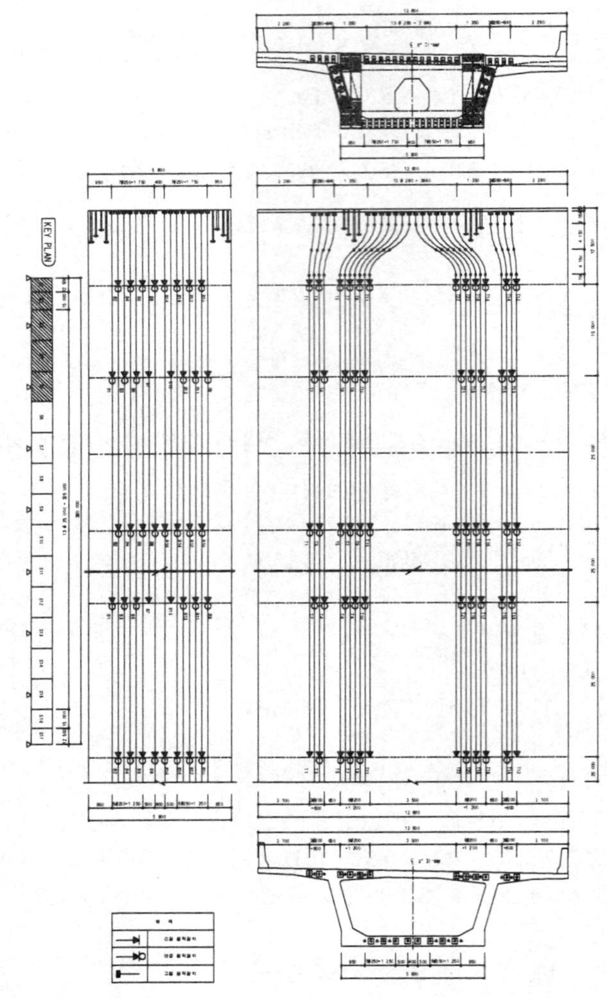

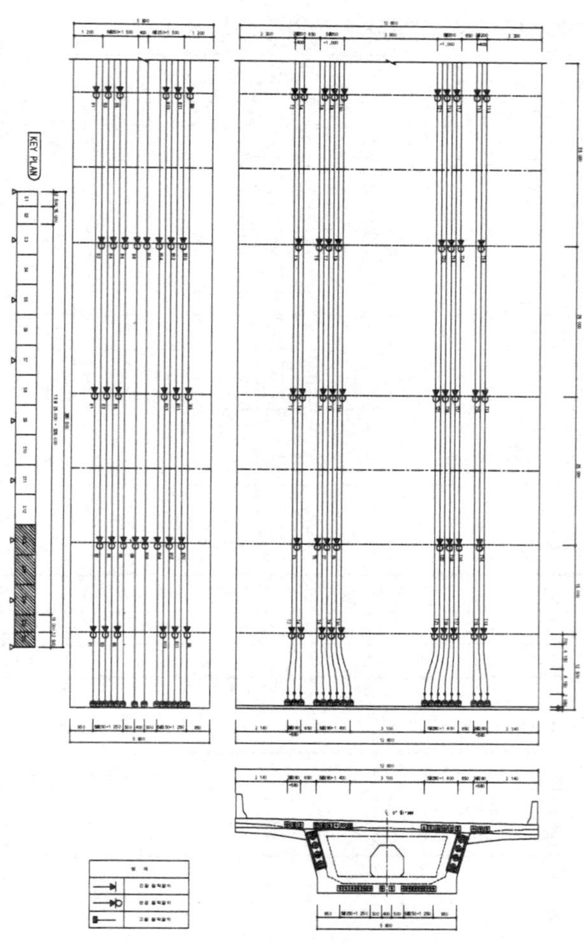

(6) [단계 2-6] 압출 단계별 콘크리트의 휨응력 검토

· 압출 중 절점별 최대 단면상연 응력 (단위 : MPa)

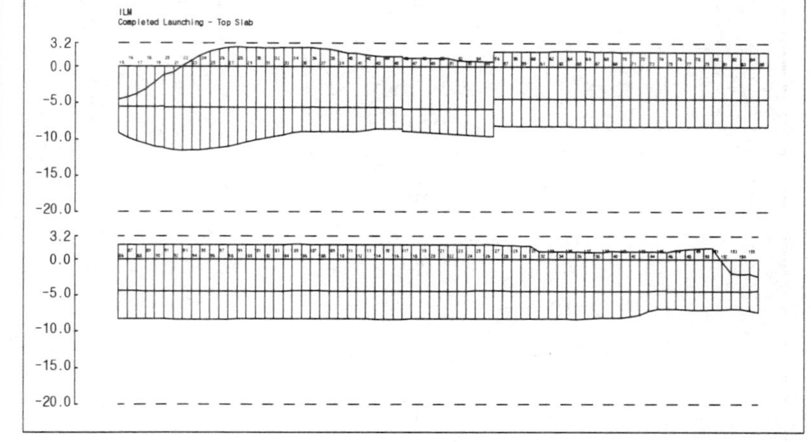

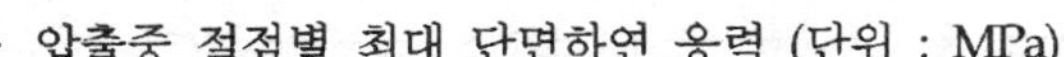

· 압출중 절점별 최대 단면하연 응력 (단위 : MPa)

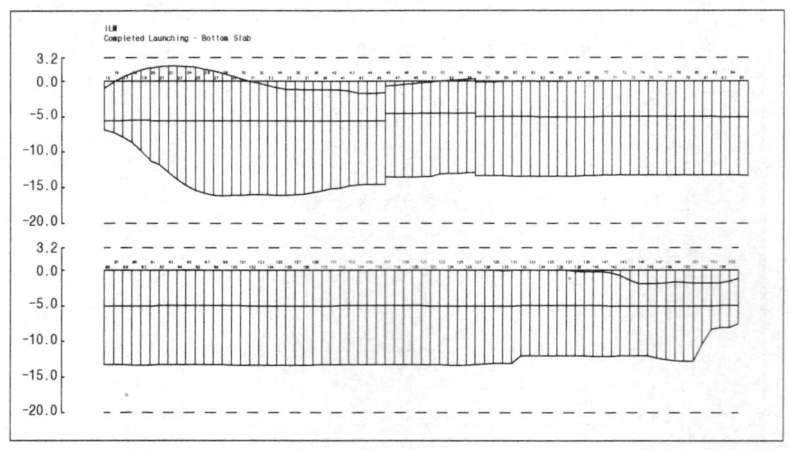

① 최대 압축응력 결과

구 분	절점번호	발생 응력 (MPa)	허용 응력 (MPa)	판정	발생 단계
상 연	24	-11.5	-20.0	OK	7 단계
하 연	26	-16.9	-20.0	OK	7 단계

② 최대 인장응력 결과

구 분	절점번호	발생 응력 (MPa)	허용 응력 (MPa)	판정	발생 단계
상 연	26	2.7	3.2	OK	8 단계
하 연	25	2.2	3.2	OK	7 단계

(7) [단계 2-7] 압출시 전단 검토

가. 콘크리트가 부담하는 전단강도

(가) 휨 전단강도(V_{ci})

· $V_{ci} = 0.05\sqrt{f_{ck}} \cdot b_w \cdot d + \dfrac{V_u . M_{cr}}{M_u} \geq 0.14\sqrt{f_{ck}} \cdot b_w \cdot d$

여기서, f_{ck} = 40 MPa

$b_w = 450.0 \times 2 = 900.0$ mm

d = 2,800.0 mm $\geq 0.8\ h$

$V_u = 8{,}249.1 \times 10^3$ N

$M_u = 73{,}239.3 \times 10^3$ Nm

$M_{cr} = \dfrac{I_y}{y_t}(0.5\sqrt{f_{ck}} + f_{pe})$

y_t = 1,280.0 mm

$I_y = 11.568 \times 10^{12}$ mm^4

$f_{pe} = \dfrac{P_e}{A_g} + P_e \cdot e_p \cdot \dfrac{y_t}{I_g}$

$P_e = 48{,}885 \times 10^3$ N

$A_g = 8.557 \times 10^6$ mm^2

$e = y_t - d'$

$= 1{,}250.0 - 200.0 = 1{,}050.0$ mm

$$f_{pe} = \frac{48,885 \times 10^3}{8.557 \times 10^6} + 48,885 \times 10^3 \times 1,050.0 \times \frac{1,280.0}{11.568 \times 10^{12}}$$

$= 11.4$ MPa

$$M_{cr} = \frac{11.568 \times 10^{12}}{1,280.0}(0.5\sqrt{40} + 11.4)/1000$$

$= 1.316 \times 10^8$ Nm

$$\therefore\ V_{ci} = 0.05\sqrt{40} \times 900 \times 2,800 + \frac{8,249.1 \times 10^3 \times 1.316 \times 10^8}{73,239.3 \times 10^3}$$

$= 15{,}619{,}285$ N $= 15.6$ MN $> 0.14\sqrt{40} \times 900 \times 2{,}800 \times 10^{-6} = 2.23$ MN

(나) 복부 전단강도(V_{cw})

· $V_{cw} = (0.29\sqrt{f_{ck}} + 0.3 f_{pc}) \cdot b_w \cdot d + V_p$

여기서, $f_{pc} = \dfrac{P_e}{A_g}$

$$= \frac{48,885 \times 10^3}{8.557 \times 10^6} = 5.713 \text{ MPa}$$

$V_p = 0$

$\therefore\ V_{cw} = (0.29\sqrt{40} + 0.3 \times 5.713) \times 900 \times 2{,}800/1{,}000$

$= 8{,}941$ kN $= 8.941$ MN

∴ 콘크리트가 부담하는 전단력(V_c)

$V_c = V_{cw} = 8.941$ MN

나. 전단철근이 부담하는 전단강도($ø \cdot V_s$)

$ø \cdot V_s = V_u - ø \cdot V_c$

$= 8.249 - 0.8 \times 8.941 = 1.096$ MN $< ø \cdot (\frac{2}{3}\sqrt{f_{ck}} \cdot b_w \cdot d)$

(가) 필요 철근량($A_{V\text{-}req}$)

$$\cdot\ A_{V\text{-}req} = \frac{(V_u - \phi\ V_c) \cdot s}{\phi \cdot f_y \cdot d}$$

$$= \frac{1.096 \times 10^6 \times 125}{0.8 \times 400 \times 2,800} = 153 \text{ mm}^2$$

(나) 최소 철근량($A_{V\text{-}min}$)

$$\cdot\ A_{V\text{-}min} = 3.5 \cdot \frac{b_w \cdot s}{f_y}$$

$$= 0.35 \times \frac{900 \times 125}{400} = 98.4 \text{ mm}^2 < A_{V\text{-}req} = 153 \text{ mm}^2$$

∴ 전단철근량은 압출완료 후 전단설계와의 비교를 통해 배치한다.

4.3.3 **[단계 3] 압출 완료 후 종방향 해석**

(1) [단계 3-1] 구조계 모델링 (단위 : m)

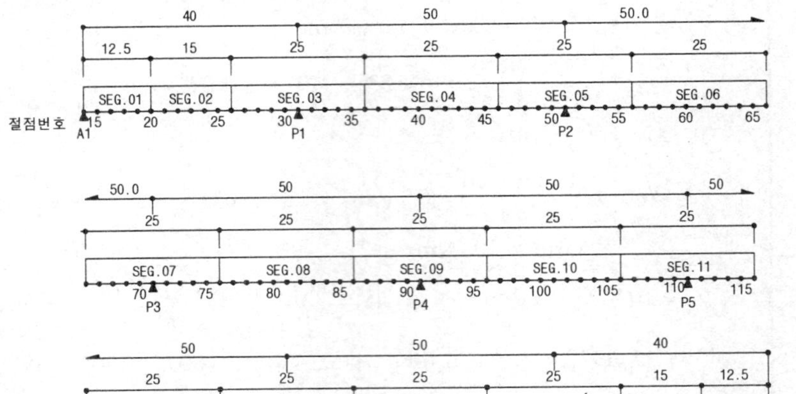

(2) [단계 3-2] 최대 단면력 산정 (모멘트)

구 분	절점 번호	고정하중	활하중	지점침하	온도변화	크리프 및 건조수축	합 계 (kNm)
중앙부	141	28,299	12,088	2,189	6,035	-621	47,990
지점부	91	-51421	-12,802	-6,638	-5,497	-600	-76,958

(3) [단계 3-3] 2차 텐던량 산출 및 배치

① 경간 중앙부 배치용 2차 텐던량 산출

$+M_{max}$ = 47,990 kNm

$$f_{top} = \frac{P_e}{A} + \frac{P_e \cdot e_p}{I} \cdot y_{bot} - \frac{M_{\max}}{I} \cdot y_{bot} \ \geq \ 0$$

$$P_e \geq \left(\frac{M_{\max}}{I} \cdot y_{bot}\right) / \left(\frac{1}{A} + \frac{e_p \cdot y_{bot}}{I}\right)$$

$$P_e \geq \left(\frac{47,990}{10.923} \times 1.739\right) / \left(\frac{1}{8.557} + \frac{1.539 \times 1.739}{10.923}\right)$$

여기서, e_p = 1.739 - 0.20 = 1.539 m

$P_e \ \geq$ 21,113 kN

· 전체 손실량을 감안한 강연선의 유효 인장응력을 초기 인장응력의 70%로 가정하면

f_{pe} = 0.9 × 1600 × 0.7 = 1,008 MPa

· 강연선 1 EA의 유효 인장력(P_e)

$P_e = f_{pe} \times A_p$

= 1,008 × 138.7 = 139,810 N = 139.8 kN

· $R_{eq} \cdot N_{bot} = \dfrac{21,113}{139.8}$ = 151 EA

· 1차 텐던 7^T × ø15.2 mm, 14 EA 사용 = 7 × 14 = 98 EA
따라서, 필요한 2차 텐던량 = 151 - 98 = 53 EA → 12^T × 8 EA 사용

② 지점부 배치용 2차 텐던량 산출

$-M_{max}$ = -76,958 kNm

$$f_{top} = \frac{P_e}{A} + \frac{P_e \cdot e_p}{I} \cdot y_{top} - \frac{M_{max}}{I} \cdot y_{top} \geq 0$$

$$P_e \geq \left(\frac{M_{max}}{I} \cdot y_{top}\right) / \left(\frac{1}{A} + \frac{e_p \cdot y_{top}}{I}\right)$$

$$P_e \geq \left(\frac{76,958}{9.028} \times 1.080\right) / \left(\frac{1}{8.557} + \frac{1.080 \times 1.280}{9.028}\right)$$

여기서, e_p = 1.280 - 0.2 = 1.080 m

$P_e \geq$ 34,099 kN

· 경간 중앙부와 같은 방법으로

$$R_{eq} \cdot N_{bot} = \frac{34,099}{139.8} = 244 \text{ EA}$$

· 1차 텐던 7^T × 18 EA = 7 × 18 = 126 EA
따라서, 필요한 2차 텐던량 = 244 - 126 = 118 EA → 12^T × 12 EA 사용

③ 2차 텐던 배치

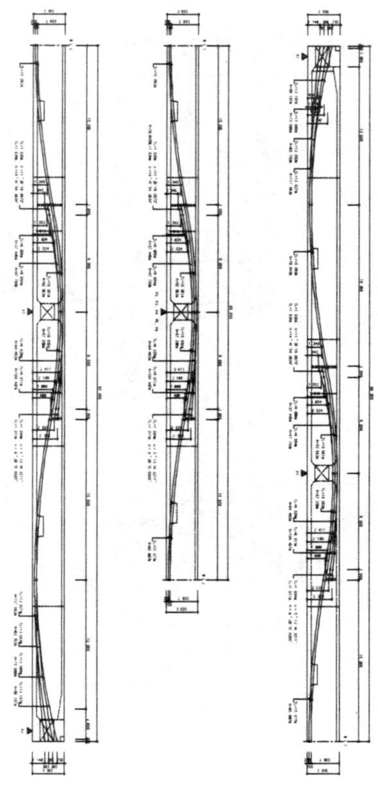

(4) [단계 3-4] 각 하중조합에 대한 콘크리트의 휨응력 검토

① 주하중에 의한 단면 상연의 응력 (단위 : MPa)

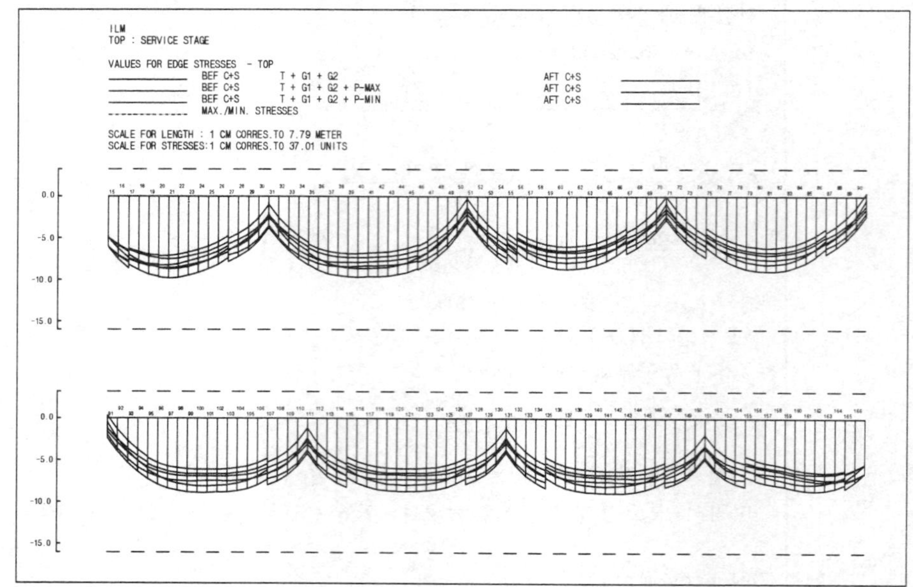

② 주하중에 의한 단면하연의 응력 (단위 : MPa)

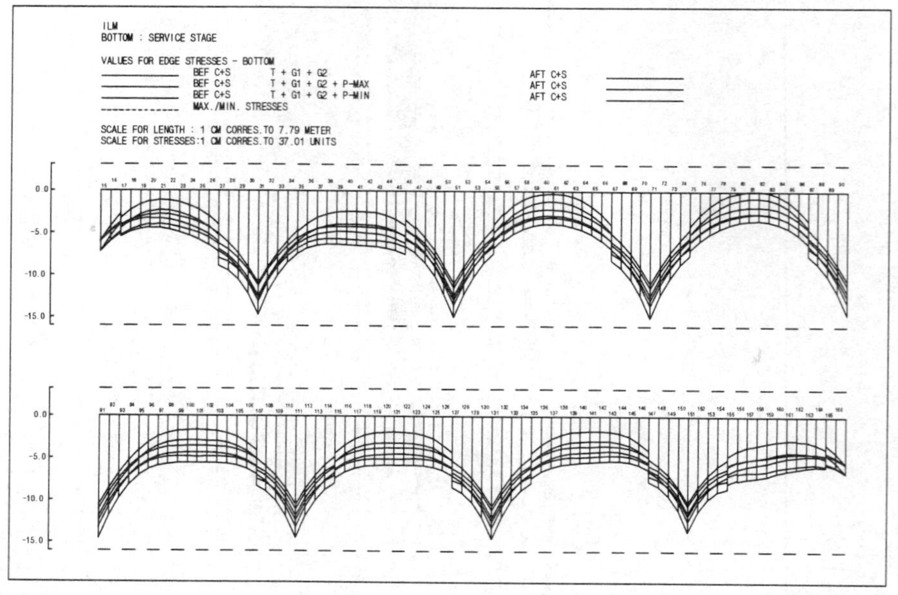

③ 주하중+온도하중에 의한 단면상연의 응력 (단위 : MPa)

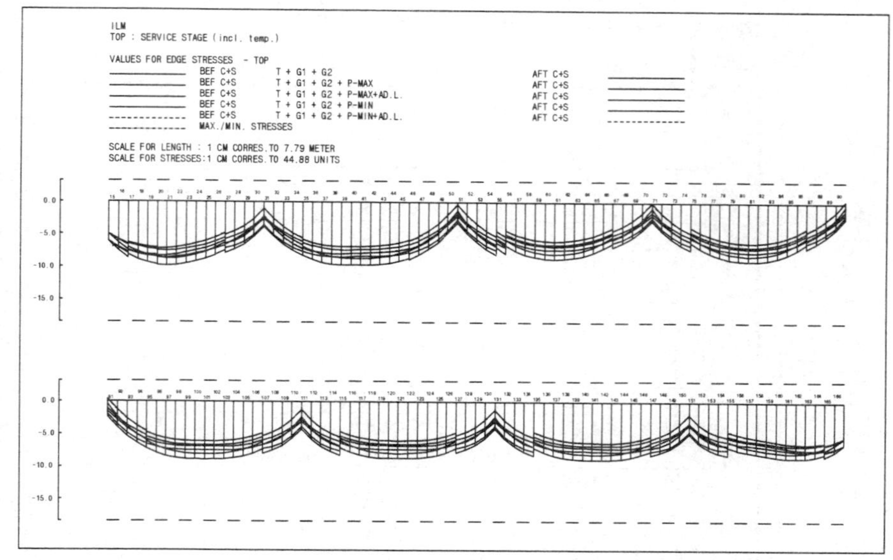

④ 주하중+온도하중에 의한 단면하연의 응력 (단위 : MPa)

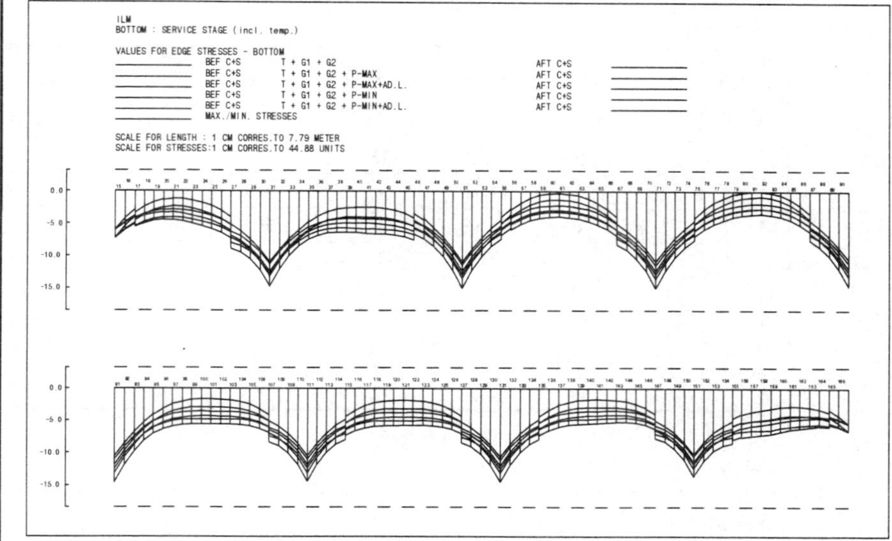

구 분		상연응력 (MPa)	하연응력 (MPa)	허용응력 (MPa)	
				압축	인장
주하중	압축최대	-9.80	-14.95	-16.0	3.20
	인장최대	0.35	0.04	-16.0	3.20
주하중 + 온도하중	압축최대	-10.38	-16.88	-18.4	3.20
	인장최대	1.79	1.31	-18.4	3.20

※ 주하중+온도하중에서 허용압축응력에 대해 15 % 할증을 고려함.

(5) [단계 3-5] 극한강도 검토

① 최대 단면력(하중계수 미고려) 결과

가. 최대 휨모멘트(M_z) (단위 : kNm)

구분	절점	고 정 하 중	활하중	온도 변화	지점 침하	크리프 및 건조수축	P/T 부정정력	합 계
중앙부	22	27,108	11,069	3,010	2,884	-374	3,554	47,251
	41	26,643	11,848	6,034	2,338	-440	3,992	50,415
	61	26,189	12,341	5,419	2,606	-277	1,290	47,568
	81	26,302	12,469	5,573	2,661	-573	4,964	51,396
	101	26,302	12,469	5,573	2,661	-633	6,195	52,567
	121	26,189	12,341	5,419	2,606	-590	4,930	50,895
	141	26,643	11,848	6,034	2,338	-737	6,385	52,511
	160	27,108	11,069	3,010	2,884	-412	3,541	47,200
지점부	15	0.0	0.0	0.0	0.0	0.0	0.0	0.0
	31	-51,583	-12,016	-6,880	-6,592	-855	8,125	-69,801
	51	-52,832	-13,023	-5,189	-7,138	-25	-140	-78,347
	71	-52,492	-13,330	-5,650	-7,281	-530	2,720	-76,563
	91	-52,605	-13,403	-5,496	-7,310	-617	7,207	-72,224
	111	-52,492	-13,330	-5,650	-7,281	-649	5,183	-74,219
	131	-52,832	-13,023	-5,189	-7,138	-532	4,676	-74,038
	151	-51,583	-12,016	-6,880	-6,592	-942	8,095	-69,918
	167	0.0	0.0	0.0	0.0	0.0	0.0	0.0

나. 최대 전단력(Q_y) (단위 : kN)

구분	절점	고 정 하 중	활하중	온도 변화	지점 침하	크리프 및 건조수축	P/T 부정정력	합 계
지점부	15	-3,756	-1,241	-172	-164	21	-203	-5,515
	31	-6,283	-1,628	-33	-274	-16	165	-8,069
	51	-6,314	-1,656	-9	-288	10	-57	-8,314
	71	-6,305	-1,663	-3	-291	1	-89	-8,350
	91	-6,310	-1,663	-3	-291	1	40	-8,226
	111	-6,301	-1,655	-9	-288	-2	10	-8,245
	131	-6,333	-1,625	-33	-274	8	-68	-8,325
	151	-6,336	-1,553	-172	-164	-23	202	-8,046
	167	3,756	1,241	172	164	-23	202	5,512

다. 최대 비틀림 모멘트(M_T) (단위 : kNm)

구분	절점	고 정 하 중	활하중	온 도 변 화	지 점 침 하	크리프 및 건조수축	P/T 부정정력	풍하중	합 계
지점부	15	0.0	-2630	0.0	0.0	0.0	0.0	-42	-2,672
	31	0.0	-3181	0.0	0.0	0.0	0.0	-67	-3,248
	51	0.0	-3181	0.0	0.0	0.0	0.0	-68	-3,249
	71	0.0	-3181	0.0	0.0	0.0	0.0	-67	-3,248
	91	0.0	-3181	0.0	0.0	0.0	0.0	-67	-3,248
	111	0.0	-3181	0.0	0.0	0.0	0.0	-67	-3,248
	131	0.0	-3181	0.0	0.0	0.0	0.0	-67	-3,248
	151	0.0	-3181	0.0	0.0	0.0	0.0	-67	-3,248
	167	0.0	2630	0.0	0.0	0.0	0.0	42	2,672

② 하중 조합에 의한 설계 단면력(하중계수 고려) 결과

가. 계수하중에 의한 최대/최소 단면력도

(가) 계수하중에 의한 최대/최소 휨모멘트도 (단위 : kNm)

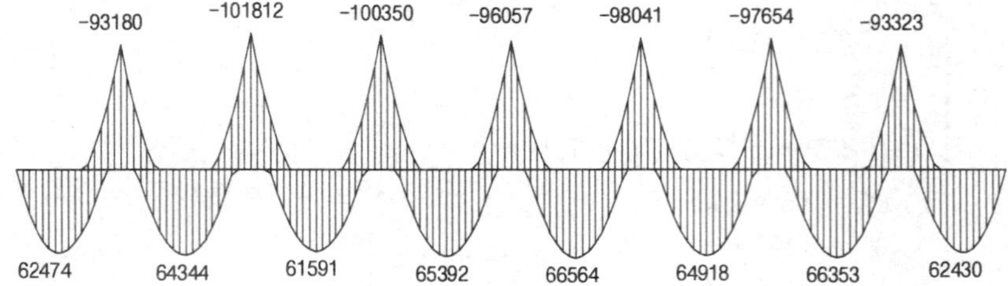

(나) 계수하중에 의한 최대/최소 전단력도 (단위 : kN)

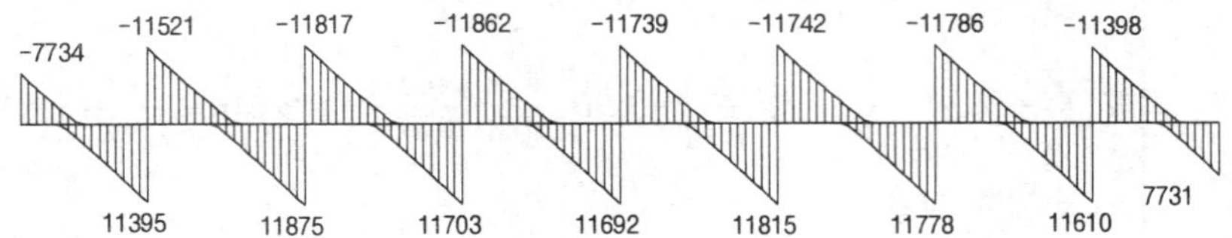

(다) 계수하중에 의한 최대/최소 비틀림 모멘트도 (단위 : kNm)

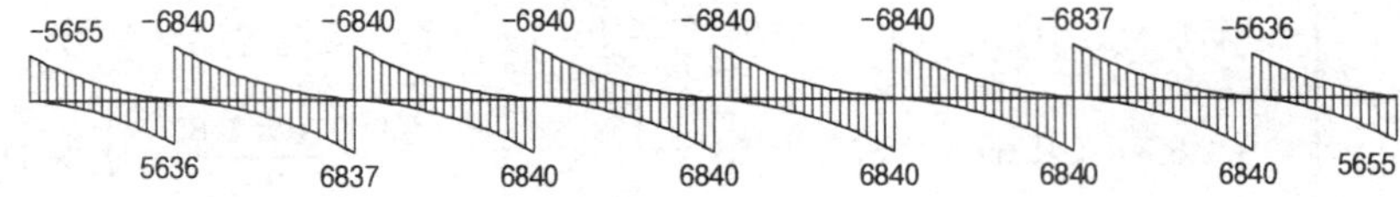

나. 휨모멘트 최대인 경우의 설계 단면력

구 분	설계 단면력		비 고
	휨모멘트 (kNm)	전단력 (kN)	
중앙부	66,564	-485	하중조합 : 1.3*D* + 2.15*L* + 1.0*PT*
지점부	-101,812	10,241	하중조합 : 1.3*D* + 1.3*L* + 1.3*G* + 1.0*PT*

다. 전단력 최대인 경우의 설계 단면력

구 분	설계 단면력		비 고
	휨모멘트 (kNm)	전단력 (kN)	
지점부	-92,851	11,875	하중조합 : 1.3*D* + 2.15*L* + 1.0*PT*

라. 비틂 모멘트가 최대인 경우의 설계 단면력

구 분	설계 단면력			비 고
	휨모멘트 (kNm)	전단력 (kN)	비틂 모멘트 (kNm)	
지점부	-73,697	-10,177	6,840	하중조합 : 1.3*D* + 2.15*L* + 1.0*PT*

③ 극한강도 검토

가. 휨강도 검토

(가) 정모멘트 최대 (절점 101)

· M_u = 66,564 kNm

· A_c = 8.557 m^2

· I_c = 11.568 m^4

· P_e = 45,174 kN

· A_{ps} = 1.387 × (7 × 14EA + 12 × 8EA) × 10^{-4} = 0.0269 m^2 (압축부 강선 무시)

· $\rho_p = \dfrac{A_{ps}}{b{\cdot}d_p} = \dfrac{0.0269}{12.6\times2.8} = 0.00076$

· $f_{ps} = f_{pu}\left[1-\dfrac{\gamma_p}{\beta_1}\times\rho_p{\cdot}\dfrac{f_{pu}}{f_{ck}}\right] = 1{,}900\times\left[1-\dfrac{0.28}{0.766}\times0.00076\times\dfrac{1{,}900}{40}\right] = 1{,}875.0$ MPa

· 중립축 검토

$a = \dfrac{A_{ps}{\cdot}f_{ps}}{0.85f_{ck}{\cdot}b} = \dfrac{1{,}875.0\times0.0269}{0.85\times40\times12.6} = 0.118\text{ m} < 0.28\text{ m}$

∴ 중립축은 압축 플랜지 내에 있음 - 직사각형 단면으로 해석

· ϕM_n의 산정

$\phi M_n = \phi\left[A_{ps}{\cdot}f_{ps}{\cdot}d_p\left\{1-0.59\left(\dfrac{\rho_p{\cdot}f_{ps}}{f_{ck}}\right)\right\}\right]$ (인장측 철근영향 무시)

$= 0.85 \times 0.0269 \times 1{,}875 \times 2.8 \times \left\{1-0.59\times\left(\dfrac{0.00076\times1{,}875}{40}\right)\right\} = 117.51$ MNm

∴ $\phi \cdot M_n = 117.51\text{ MNm} > M_u = 66.564\text{ MNm}$ OK

· PS 강재의 최대량 검토

$q_p = \rho_p \cdot \dfrac{f_{ps}}{f_{ck}} = 0.00076 \times \dfrac{1{,}875}{40} = 0.036 < 0.36\beta_1 = 0.276$ OK

· 균열모멘트 검토

$\dfrac{4}{3}M_u = \dfrac{4}{3} \times 66{,}564 = 88{,}752\text{ kNm} < \phi M_n = 117{,}510\text{ kNm}$

∴ 검토단면의 휨강도가 외력에 의한 극한모멘트의 4/3배 이상인 경우에는 균열모멘트에 대한 검토를 하지 않아도 된다.

(나) 부모멘트 최대 (절점 51)

· M_u = 101,812 kNm

· A_c = 8.557 m^2

· I_c = 11.568 m^4

· P_e = 48,787 kN

· A_{ps} = 1.387 × (7 × 18EA + 12 × 12EA) × 10^{-4} = 0.0375 m^2 (인장부 강선 무시)

· $\rho_p = \dfrac{A_{ps}}{b \cdot d_p} = \dfrac{0.0375}{5.8 \times 2.8} = 0.00231$

· $f_{ps} = f_{pu}\left[1-\dfrac{\gamma_p}{\beta_1}\times\rho_p\cdot\dfrac{f_{pu}}{f_{ck}}\right] = 1{,}900 \times \left[1-\dfrac{0.28}{0.766}\times 0.00231\times\dfrac{1{,}900}{40}\right] = 1{,}823.8$ MPa

· 중립축 검토

$a = \dfrac{A_{ps}\cdot f_{ps}}{0.85 f_{ck}\cdot b} = \dfrac{1{,}823.8\times 0.0375}{0.85\times 40\times 5.8} = 0.347\text{ m} < 0.40\text{ m}$

∴ 중립축은 압축 플랜지 내에 있음 - 직사각형 단면으로 해석

· $øM_n$의 산정

$øM_n = ø\left[A_{ps}\cdot f_{ps}\cdot d_p\left\{1-0.59\left(\dfrac{\rho_p\cdot f_{ps}}{f_{ck}}\right)\right\}\right]$ (압축 철근의 영향 무시)

$= 0.85 \times 0.0375 \times 1{,}823.8 \times 2.8 \times \left\{1-0.59\times\left(\dfrac{0.00231\times 1{,}823.8}{40}\right)\right\} = 152.66$ MNm

∴ $ø \cdot M_n$ = 152.66 MNm > M_u = 101.812 MNm (OK)

· PS 강재의 최대량 검토

$q_p = \rho_p \cdot \dfrac{f_{ps}}{f_{ck}} = 0.00231 \times \dfrac{1{,}823.8}{40} = 0.105 < 0.36\beta_1 = 0.276$ OK

· 균열모멘트 검토

$\dfrac{4}{3}M_u = \dfrac{4}{3} \times 101{,}812 = 135{,}749$ kNm < $øM_n$ = 152,660 kNm

∴ 검토단면의 휨강도가 외력에 의한 극한모멘트의 4/3배 이상인 경우에는 균열모멘트에 대한 검토를 하지 않아도 된다.

나. 전단 강도 검토(절점 51)

(가) 콘크리트가 부담하는 전단강도

㉮ 휨 전단 강도(V_{ci})

· $V_{ci} = 0.05\sqrt{f_{ck}}\cdot b_w\cdot d + \dfrac{V_u \cdot M_{cr}}{M_u} \geq 0.14\sqrt{f_{ck}}\cdot b_w\cdot d$

여기서, f_{ck} = 40 MPa

b_w = 450.0 × 2 = 900.0 mm

d = 2,800.0 mm ≥ 0.8 h

V_u = 11,875 × 10^3 N

M_u = 92,851 × 10^3 Nm

$M_{cr} = \dfrac{I_y}{y_t}(0.5\sqrt{f_{ck}} + f_{pe})$

y_t = 1,250.0 mm

I_y = 11.568 × 10^{12} mm^4

$f_{pe} = \dfrac{P_e}{A_g} + P_e \cdot e_p \cdot \dfrac{y_t}{I_g}$

P_e = 48,787 × 10^3 N

A_g = 8.557 × 10^6 mm^2

e = y_t - d'

= 1,250.0 - 200.0 = 1,050.0 mm

$$f_{pe} = \frac{48,787 \times 10^3}{8.557 \times 10^6} + 48,787 \times 10^3 \times 1,080.0 \times \frac{1,280.0}{11.568 \times 10^{12}}$$

= 11.5 MPa

$$M_{cr} = \frac{11.568 \times 10^{12}}{1,280.0}(0.5\sqrt{40} + 11.5)/1,000$$

= 1.325 × 10^8 Nm

$$\therefore V_{ci} = 0.05\sqrt{40} \times 900 \times 2,800 + \frac{11,875 \times 10^3 \times 1.325 \times 10^8}{92,851 \times 10^3}$$

= 17,742,726 N = 17.7 MN > $0.14\sqrt{40}$ × 900 × 2,800 × 10^{-6} = 2.23 MN

㉯ 복부 전단강도(V_{cw})

· $V_{cw} = (0.29\sqrt{f_{ck}} + 0.3f_{pc}) \cdot b_w \cdot d + V_p$

여기서, $f_{pc} = \dfrac{P_e}{A_g}$

$$= \frac{48,787 \times 10^3}{8.557 \times 10^6} = 5.701 \text{ MPa}$$

V_p = 0

$\therefore V_{cw} = (0.29\sqrt{40} + 0.3 \times 5.701) \times 900 \times 2,800/1,000$

= 8,932 kN = 8.932 MN

∴ 콘크리트가 부담하는 전단력(V_c)

V_c = V_{cw} = 8.932 MN

나. 전단철근이 부담하는 전단강도($ø \cdot V_s$)

$ø \cdot V_s = V_u - ø \cdot V_c$

= 11.875 - 0.8 × 8.932 = 4.729 MN < $ø \cdot (\frac{2}{3}\sqrt{f_{ck}} \cdot b_w \cdot d)$

(가) 필요 철근량($A_{V\text{-}req}$)

$$\cdot\ A_{V\text{-}req} = \frac{(V_u - \phi \cdot V_c) \cdot s}{\phi \cdot f_y \cdot d}$$

$$= \frac{4.729 \times 10^6 \times 125}{0.8 \times 400 \times 2800} = 660 \text{ mm}^2$$

(나) 최소 철근량($A_{V\text{-}min}$)

$$\cdot\ A_{V\text{-}min} = 3.5 \cdot \frac{b_w \cdot s}{f_y}$$

$$= 0.35 \times \frac{900 \times 125}{400} = 98.4 \text{ mm}^2 < A_{V\text{-}req} = 660 \text{ mm}^2$$

다. 복부 철근량 검토

복부의 휨모멘트에 대하여 배치된 철근량의 1/2은 교축방향 설계를 할 때 사인장 철근으로 간주하여도 된다. 그러나 복부 내측 및 외측에 대하여는 복부에 생기는 정·부모멘트에 대하여 각각 필요한 철근량 이상의 철근을 배치하여야 한다.

· $A_s = Max(A_{s2},\ A_{s1} + 0.5A_{s2} + A_t)$

여기서, A_{s1} = 복부 1개의 철근 하나당 필요한 사인장 철근량

$= 660\ mm^2/4 = 165\ mm^2$

A_{s2} = 복부에 생기는 휨모멘트에 저항하는데 필요한 철근 하나당 필요량

$= 984\ mm^2/m$ (가정) $= 984/8EA = 123\ mm^2$

A_t = 간격 s내의 비틀림에 저항하는 폐쇄 스터럽의 다리 1개의 면적

$= 0.0\ mm^2/m$ (비틀림 설계 결과로부터 비틀림 무시)

$A_s = A_{s1} + 0.5A_{s2} + A_t = 165 + 0.5\times123 + 0 = 226.5\ mm^2 > A_{s2} = 123\ mm^2$

$A_{s\text{-}used}$ = H19 = $286.5\ mm^2 > A_{s\text{-}req} = 226.5\ mm^2$ OK

라. 비틀림 검토

(가) $T_u < ø\cdot T_{cr}$ 의 경우 : 비틀림 설계 무시

T_u = 계수 비틀림 모멘트

$$T_{cr} = \frac{1}{3}\sqrt{f_{ck}}\cdot\frac{A_{cp}^{\ 2}}{P_{cp}}\sqrt{1+\frac{f_{pc}}{\sqrt{f_{ck}}/3}}$$

여기서, P_{cp} = 전 단면의 둘레의 길이

A_{cp} = 콘크리트 단면의 바깥둘레로 둘러싸인 단면적

f_{pc} = 유효 프리스트레스 힘으로 인한 콘크리트 도심에서의 압축응력

(나) 비틀림 고려 여부 판단

· $T_u = 6{,}840$ kNm

· $P_{cp} = 29{,}786$ mm

· $A_{cp} = 20.572\times10^6\ mm^2$

· $f_{pc} = \dfrac{P_e}{A_g} = \dfrac{48,787\times10^3}{8.557\times10^6} = 5.701\ N/mm^2$

· $øT_{cr} = 0.8 \times \dfrac{1}{3}\sqrt{40} \times \dfrac{(20.572\times10^6)^2}{29,786}\sqrt{1+\dfrac{5.701}{\sqrt{40}/3}}$

$= 4.612\times10^{10}$ Nmm $= 4.612\times10^4$ kNm

∴ $T_u = 6{,}840$ kNm $< ø\cdot T_{cr} = 46{,}120$ kNm 이므로 비틀림 설계를 생략함.

4.3.4 [단계 7] 압출 가시설 해석

(1) [단계 7-1] 압출 추진코 단면의 최대 단면력 산정

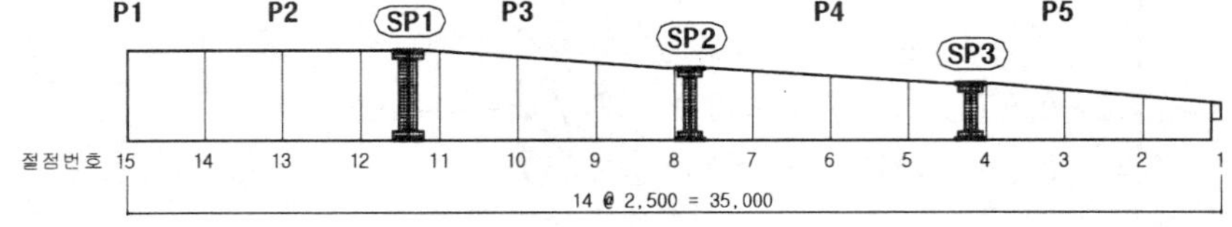

(단위 : kN,m)

구분	M_{max}	M_{min}	S
P1	23,875	-7,392	4,463
P2	15,867	-5,200	3,510
P3	7,424	-2,816	2,219
P4	2,061	-861	876
P5	727	-162	327

(2) [단계 7-2] 강재 응력 검토

① P1 지점에서의 응력검토

가. 단면제원

구분	B (mm)	H (mm)	A (mm²)	Y (mm)	AY (mm³)	$(Y_t-Y)^2$ (mm²)	$A(Y_t-Y)^2$ (×10⁴ mm⁴)	I_o (×10⁴ mm⁴)	I (×10⁴ mm⁴)
U_f	850	30	25,500	15	38,250	2,205,230	5,623,323.8	191.3	5,623,515.0
W	22	2,940	64,680	1,500	9,702,000	9,702,000	-	4,658,900.4	4,658,900.4
L_f	850	30	25,500	2,985	7,611,750	7,611,750	5,623,323.8	191.3	5,623.515.0
SUM	-	-	115,680	-	17,352,000	17,352,000	11,246,647.5	4,659,282.9	15,905,930.4

· H = 3,000 mm, Z_t = 106,039.54×10^{-3} mm^3

· Y_t = 1,500 mm, Z_b = 106,039,54×10^{-3} mm^3

· Y_b = 1,500 mm, γ^2 = 1,374,994 mm^2

나. 단면력

· M_{max} : 11,938 kNm

· M_{min} : -3,696 kNm

· 전단력 : 2,232 kN

다. 허용 응력

· 허용 휨압축응력

- 국부좌굴을 고려하지 않은 경우

A_w / A_f = 646.8 / 255.0 = 2.536 (A_w / A_c > 2)

$K = (3 + A_w/2A_c)^{1/2}$ = $(3 + 646.8 / (2 \times 255.0))^{1/2}$

= 2.066

l / b = 1,850 / 850 = 2.18 < 9 / K = 4.36

=> f_{sa1} = 140 MPa

- 국부좌굴을 고려한 경우

$b = (b_f - t_w) / 2$ = (850 - 22) / 2 = 414 mm

b / t_f = 414 / 30 = 13.8 > 13.1

=> f_{sa2} = $24{,}000 \times (t/b)^2$ = 126.024 MPa

∴ f_{sac} = 126.024 × 1.25 = 157.530 MPa

· 상부플랜지의 경우 덮개판(Cover Plate)으로 보강하므로 허용응력의 감소는 발생하지 않는 것으로 간주함

· 허용 휨인장응력

f_{sat} = 140 × 1.25 = 175 MPa

· 허용 전단응력

τ_{sa} = 80 × 1.25 = 100 MPa

라. 응력 검토

· M_{max} : f_t = 11,938 × 10^6 / (15,905,930.4 × 10^4) × 1,500
= -112.58 MPa < f_{sac}

f_b = 11,938 × 10^6 / (15,905,930.4 × 10^4) × 1,500
= 112.58 MPa < f_{sat}

· M_{min} : f_t = -3,696 × 10^6 / (15,905,930.4 × 10^4) × 1,500
= -34.85 MPa < f_{sac}

f_b = -3,696 × 10^6 / (15,905,930.4 × 10^4) × 1,500
= 34.85 MPa < f_{sat}

· 전단응력 : τ = 2,232 × 10^3 / 64,680 = 34.51 MPa

마. 합성응력 검토

· (τ / τ_{sa}) > 0.45일 때 검토

∴ (34.51/100) = 0.35 < 0.45이므로 검토하지 않음.

② P2~P5지점에서의 응력 검토도 P1에서의 응력검토와 동일한 방법으로 수행한다.

(3) [단계 7-3] 추진코 연결부 검토

① 설계조건

가. 콘트리트

· f_{ck} = 40 MPa, f_{ci} = 28 MPa

· 건조수축계수 = 1.8 × 10^{-5}

· 종탄성계수 = 28,600 MPa

나. PS강봉 (ϕ36 mm : Thread Bar 1,080/1,230)

· f_{pu} = 1,250 MPa, f_{py} = 1,100 MPa

· E_p = 200,000 MPa, A_p = 1,017.6 mm^2

· 초기 인장 강도, f_{pj} = 0.8 × f_{py} = 880 MPa

· 허용응력
- f_{pa1} = 0.7 × f_{pu} = 875 MPa (프리스트레스 도입 직후)
- f_{pa2} = 0.8 × f_{py} = 880 MPa (사용하중 상태)

② 추진코 부착단면의 단면성능

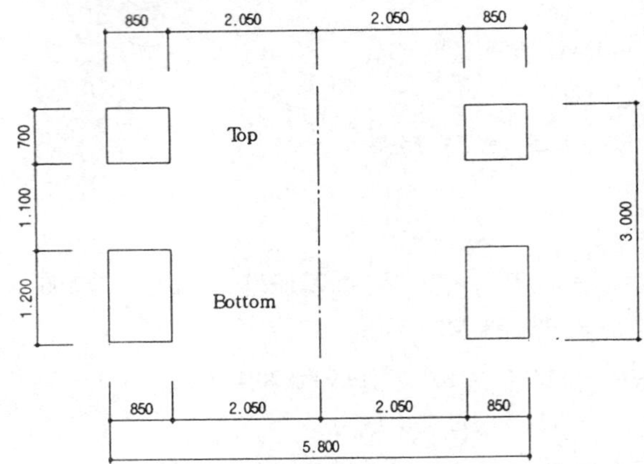

구 분	단면적(A) (mm²)	Y (mm)	A · Y (×10³ mm³)	A · Y² (×10⁴ mm⁴)	I_o (×10⁴ mm⁴)
상부 단면	(8,500× 7,000) × 2EA = 1,190,000	2,650	3,153,500	835,677,500	4,859,167
하부 단면	(8,500× 12,000) × 2EA = 2,040,000	600	1,244,000	73,440,000	24,480,000
계	3,230,000		4,377,500	909,117,500	29,339,167

가. 단면적 : A_c = 3,230,000 mm³

나. 상 · 하연 거리 계산

· $Y_l = \Sigma(A_c \times Y) / A_c$ = 4,377,500 × 10³ / 3,230,000 = 1,355.3 mm

· Y_u = 3,000 - 1355.3 = 1,644.7 mm

다. 단면 2차모멘트

· $I_c = I_o + \Sigma(A_c \times Y^2) - A_c \times e^2$

= 29,339,166.67 + 909,117,500 - 3,230,000 × 1,355.3² = 345,190,219.3×10⁴ mm⁴

라. 단면 계수

· $Z_l = I_c / Y_l$ = 345,190,219.3 × 10⁴ / 1,355.3 = 2,547,034.628 × 10³ mm³

· $Z_u = I_c / Y_u$ = 345,190,219.3 × 10⁴ / 1,664.7 = 2,098,756.533 × 10³ mm³

③ 설계 단면력

가. Max (+) Moment (15번 절점)

$+M_{max}$ = 23,875 kNm

나. Max (-) Moment (15번 절점)

$-M_{max}$ = -7,392 kNm

다. Max Shear Force (15번 절점)

S_{max} = 4,463 kN

④ 강봉의 편심량 계산

가. $r^2 = I / A = 345{,}190{,}219.3 \times 10^4 / 3{,}230{,}000 = 1{,}068{,}700\ mm^2$

$Y_{l'} = r^2 / Y_u = 1{,}068{,}700 / 1{,}644.7 = 649.8$ mm

$Y_{u'} = r^2 / Y_l = 1{,}068{,}700 / 1{,}355.3 = 788.6$ mm

나. $e_p + (|M_{max}| / f_p) \leq Y_{u'}$

$e_p - (|M_{min}| / f_p) \leq -Y_{l'}$

$(|M_{max}| + |M_{min}|) / f_p \leq Y_{u'} + Y_{l'}$

$f_p \geq (|M_{max}| + |M_{min}|) / (Y_{u'} + Y_{l'}) = 31{,}267/1.438 = 21.743$ kN

$\therefore e_p \leq Y_{u'} - |M_{max}| / f_p = 309$ mm

(합력 f_p는 도심에서 편심 e_p = 309 mm 만큼 아래 작용)

⑤ 필요 프리스트레스 힘의 계산

가. 최대응력

· $f_u = M / Z_l = -7{,}392 \times 10^6 / 2{,}547{,}034{,}630 = -2.902$ MPa

· $f_l = M / Z_u = 23{,}875 \times 10^6 / 2{,}098{,}756{,}530 = 11.367$ MPa

나. 필요 프리스트레스 힘

· F = 21,743 kN

· $F_u = \dfrac{2.902}{2.902 + 11.376} \times 21{,}743 = 4{,}419.3$ kN

· $F_l = \dfrac{11.376}{2.902 + 11.376} \times 21{,}743 = 17{,}323.7$ kN

⑥ 유효 프리스트레스

가. 활동에 의한 손실

$\triangle f_{ps}$ = 0 (∵ 나사식의 정착장치에서는 슬립량이 작기 때문에 무시)

나. 마찰에 의한 손실

· $\triangle f_{pf} = f_{pj} - f_{pj}\ e^{-(kl + \mu\alpha)}$ = 3.566 MPa

- k : 파상마찰계수 = 0.001 /m
- l : 정착단으로부터 임의의 길이 = 4.060 m
- μ : 곡률마찰계수 = 0.200 /rad
- a : PS강재의 각변화 = 0.000 (∵직선)
- f_{pj} : 초기 긴장력 = $0.80f_{py}$ = 880 MPa

다. 콘크리트의 탄성수축에 의한 변형량

· $\triangle f_{pel} = 0.5 \times E_s / E_{ci} \times \triangle f_{cir}$

· $\Delta f_{cir} = (P_i \ / \ A + P_i \times e_p^{\ 2} \ / \ I_c) - M_d \times e \ / \ I_c$

- $P_i = N \times (f_{pj} - \Delta f_{ps} - \Delta_{pf}) \times A_p$

$= 48 \times (880 - 0 - 3.566) \times 1{,}017.6$

$= 42{,}809{,}243$ N

· $\Delta f_{cir} = \{42{,}809{,}243 \ / \ 8{,}548{,}400 + 42{,}809{,}243 \times -363^2 \ / \ (11.568 \times 10^{12})\}$

$- 30{,}768.0 \times 10^6 \times 363^2 \ / \ (11.568 \times 10^{12})$

$= 4.530$ MPa

· $\Delta f_{pe1} = 0.5 \times 200{,}000 \ / \ 28{,}600 \times 4.530 = 16.18$ MPa

라. 콘크리트의 크리프에 의한 손실량

· $\Delta f_{pcr} = 12 f_{cir} - 7 f_{cds} = 12 \times 4.500 = 54.36$ MPa

f_{cds} : 추가고정하중에 의한 긴장재 중심에서의 콘크리트 응력

마. 콘크리트의 건조수축에 의한 손실량

· $\Delta f_{psh} = 0.8 \times (119.0 - 1.05 H_r) = 0.8 \times (119.0 - 1.05 \times 70) = 36.40$ MPa

바. PS강재의 릴락세이션에 의한 손실량

· $\Delta f_{pr} = 35 - 0.07 \Delta f_{pf} - 0.1 \Delta f_{pe1} - 0.05(\Delta f_{psh} + \Delta f_{pcr})$

$= 35 - 0.07 \times 3.566 - 0.1 \times 16.18 - 0.05 \times (36.40 + 54.36) = 28.594$ MPa

사. 유효 Prestress계산

· 초기 Prestress

$f_{pi} = f_{pj} - (\Delta f_{ps} + \Delta f_{pf} + \Delta f_{p1})$

$= 880 - (0 + 3.566 + 16.180) = 860.25$ MPa $< 0.7 \times 1{,}250 = 875$ MPa (f_{pa1})

· 유효 프리스트레스

$f_{pe} = f_{pi} - (\Delta f_{cr} + \Delta f_{psh} + \Delta f_{pr})$

$= 860.25 - (54.36 + 36.40 + 28.594)$

$= 740.90$ MPa $< 0.8 \times 1{,}100 = 870$ MPa (f_{pa2})

∴ 유효율 $R = 740.90 \ / \ 880.0 = 84.2$ %

⑦ 강봉의 배치

· 사용 PS 강봉 ϕ36 ㎜, $A_p = 1{,}017.6$ mm²

· 사용 개수 상 부 : 8 × 2 = 16 EA

하 부 : 16 × 2 = 32 EA

= 48 EA

· $P_e = f_{pe} \times A_p = 740.90 \times 1{,}017.6 = 753.940$ kN/EA

· Req. $N_t = 4{,}419.3 \ / \ 753.940 = 5.86$ EA < Use ϕ36 - 16 EA

· Req. $N_b = 17{,}323.7 \ / \ 753.940 = 23.0$ EA < Use ϕ36 - 32 EA

⑧ 전단 검토

· 전단마찰철근이 전단면에 수직인 경우

- $V_n = A_{vf} \times f_y \times \mu$
- Req. $A_{vf} = V_u$ / $(\phi \times f_y \times \mu)$

$f_y = f_{py}$ = 1,100 MPa

μ = 연결봉에 의하거나 철근에 의해 구조강에 정착된 콘크리트

= 0.3λ (보통의 콘크리트는 1.0)

∴ Req. A_{vf} (소요 강봉량) = (1.3 × 4,463,000) / (0.7 × 1,100 × 0.3)

= 25,116.5 mm^2

Use ϕ36 - 48 EA = 48,845 mm^2 > 25,116.5 mm^2 ∴ OK

∴ PS 강봉의 인장에 의한 전단저항을 고려하더라도 충분히 전단에 저항할 수 있으므로 강봉에 의한 추진코를 PSC 거더와 결합시킬 경우에는 전단키의 설치가 불필요함.

⑨ PS 강봉의 인장응력에 의한 전단마찰력

· 유효 프리스트레스 : 753.940 MPa

· 유효 프리스트레스에 의한 마찰력

753.94 × 1,017.6 × 48 × 0.3 = 11,047,814 N > 4,704,000 N ∴ OK.

(4) [단계 7-4] 현장이음부 검토

① 위치별 최대 단면력

구분	M_{max} (kNm)	M_{min} (kNm)	S (kN)
SP1	11,207	-3,910	2,847
SP2	4,069	-1,678	1,475
SP3	1,011	-330	464

- 필요한 위치에서의 단면력이 모델링 위치와 달라서 근접한 위치의 부재력을 직선 보간하여 적용함.

② 사용부재 제원

가. 주부재(모재)

· 사용 재료 : SM400, f_{sa} = 140 MPa

· 모재의 최소허용응력 $f_a = 0.75 f_{sa}$ = 105 MPa

나. 볼트

· 사용 볼트 : M22(F10T)1볼트 1마찰일 때 허용력 F_{bolt} = 48 kN

③ SP1 지점 연결부 검토

가. 작용 응력계산

· 단면력

- 휨모멘트 : 5,604 kNm
- 전 단 력 : 1,424 kN

· 단면제원

구분	B (mm)	H (mm)	A (mm^2)	Y (mm)	AY (mm^3)	$(Y_t-Y)^2$ (mm^2)	$A(Y_t-Y)^2$ ($\times10^4mm^4$)	I_o ($\times10^4mm^4$)	I ($\times10^4mm^4$)
U_f	400	20	8,000	10	80.0	2,421,140	1,936,908.8	26.7	1,936,935.5
W	22	2,950	64,900	1,495	97,025.5	5,040	32,716.1	4,706,602.1	4,739,318.2
L_f	400	30	12,000	2,985	35,820.0	2,013,560	2,416,273.2	2,416,273.2	2,416,363.2
SUM	-	-	84,900	-	132,925.5	-	4,385,898.1	4,385,898.1	9,092.616.8

- U_f = 상부플랜지, W = 복부, L_f = 하부플랜지
- H = 3,000 mm,　　- Z_t = 58,062.69 $\times10^3$ mm^3
- Y_t = 1,566 mm,　　- Z_b = 63,407.37 $\times10^3$ mm^3
- Y_b = 1,434 mm

· $f_c = M/I \times y_{top}$ = (5,604 × 10^6 / 9,092,616.8 × 10^4) × 1,566
　= 96.5 MPa < f_a = 105 MPa　∴ f = 105 MPa

· $f_t = M/I \times y_{bot}$ = (5,604 × 10^6 / 9,092,616.8 × 10^4) × 1,434
　= 88.4 MPa < f_a = 105 MPa　∴ f = 105 MPa

나. 상부플랜지

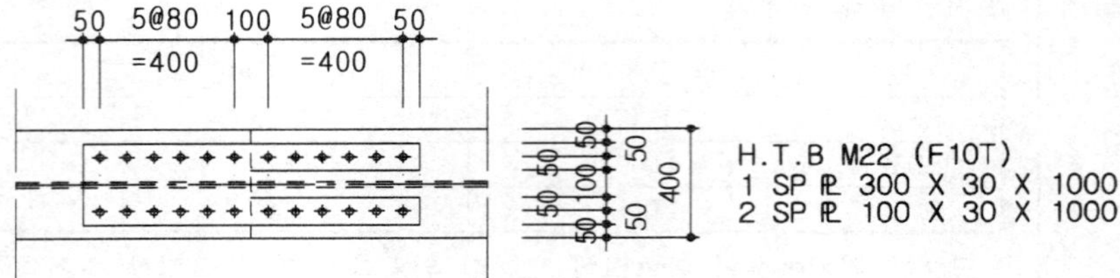

· 볼트 개수 검토 (F10T M22 기준)
- 플랜지에 작용하는 단면력 : $P = f \times A_f$ = 772 kN
- ρ_a = 2 × 48.0 ×1.15 = 110.4 kN (2면 마찰)
- n(req) = P / ρ_a = 9.3 EA
- n(use) = 2 × 6 = 12.0 EA > n(req)　∴ OK

· 이음판 검토
- 1PL : 300 × 30 × 1,320 = 9,000 mm^2
- 2PL : 100 × 30 × 1,320 = 6,000 mm^2
- 총단면적(A_g) : 15,000 mm^2
- 순단면적(A_n) : (15,000 - 25 × 60 × 2) = 12,000 mm^2
- 필요단면적(A_{req}) : {96.5 × (20 × 400)} / 140 = 5,514 mm^2
- A_n = 12,000 mm^2 > A_{req} = 5,514 mm^2　∴ OK

다. 하부플랜지

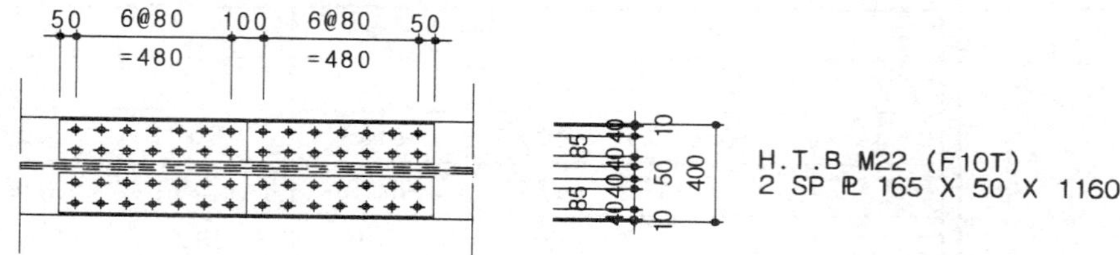

· 볼트 개수 검토 (F10T M22 기준)

- 플랜지에 작용하는 단면력 : $P = f \times A_f$ = 1,061 kN
- ρ_a = 2 × 48.0 ×1.15 = 55.20 kN (1면 마찰)
- n(req) = P / ρ_a = 25.6 EA
- n(use) = 4 × 7 = 28.0 EA > n(req) ∴ OK

· 이음판 검토

- 2PL : 165 × 50 × 1,160 = 16,500 mm²
- 총단면적(A_g) : 16,500 mm²
- 순단면적(A_n) : (16,500 - 25 × 50 × 4) = 11,500 mm²
- 필요단면적(A_{req}) : {88.4 × (30 × 400)} / 140 = 7,577 mm²
- A_n = 11,500 mm² > A_{req} = 7,577 mm² ∴ OK

라. 복부

· 휨모멘트에 의한 볼트력

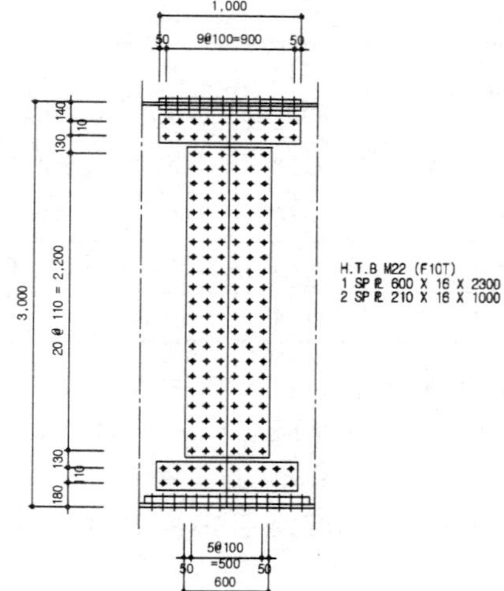

- $f_i = (f_{su} + f_{sl}) \times y_i \div (h_w + t_u + t_l) - f_{su}$
  $= (105 + 105) \times y_i \div (2{,}950 + 20 + 30) - 105$
  $= 307\ y_i$ - 123.13 MPa
- $f_{pi} = (f_{i-1} + f_i) / 2$ (MPa)
- $P_i = f_{pi} \times b_i \times t$ (t = 22) (kN)
- $\rho_i = P_i / n_i$ (kN/EA)

[단위 : kN]

구 분	U_f 하면	1열	2열	22 열	23 열	L_f 상면
y_i	20	195	305	2,615	2,735	2,970
f_i	-103.60	-91.35	-83.65	78.05	86.45	102.90
f_{pi}	-	-94.48	-87.50	82.25	94.68	-
b_i	-	175.0	110.0	110.0	205.0	-
P_i	-	375.298	211.750	199.045	427.006	-
n_i	-	5	5	5	5	-
ρ_i	-	75.060	42.350	38.809	85.401	-

$\therefore\ \rho_p = \rho_i(_{max}) = 85.401$ kN/EA $<$ ρ_a (= 110.4 kN/EA)

· 전단력에 의한 볼트력

$\rho_s = S\ /\ n = 1{,}424\ /\ 83 = 17{,}157$ kN/EA

· 합성 볼트력

$\rho = (\rho_p{}^2 + \rho_s{}^2)^{1/2} = 87.107$ kN/EA $<$ ρ_a (= 110.4 kN/EA)

· 연결판 검토

- $M_w = M \times (\ I_w\ /\ I\ ) = 5{,}604.0 \times 4{,}739{,}318.2\ /\ 9{,}092{,}616.8 = 3{,}893.0$ kNm
- y = 1,426 mm (부재도심으로부터 연결판 상 · 하 연단까지의 거리 중 큰 값)
- I_w

연 결 판	A (mm²)	Y' (mm)	AY'^2 ($\times10^4$ mm⁴)	I_o ($\times10^4$ mm⁴)	I ($\times10^4$ mm⁴)
2-PL 210 × 16 × 1000	6,720	1,511	1,534,257.3	2,469.6	1,536,726.9
2-PL 2300 × 16 × 600	73,600	66	32,060.2	3,244,533.3	3,276,593.5
2-PL 210 × 16 × 1000	6,720	1,379	1,277,902.8	2,469.6	1,280,372.4
합계	87,040	-	-	-	6,093,692.8

(Y' : 부재 도심으로부터 연결판 도심까지의 거리)

- $f = M_w \times (\ y\ /\ I_w\ ) = 87.9$ MPa $< f_a = 140$ MPa $\therefore$ OK

④ SP2, SP3 지점의 연결부 검토도 동일한 방법으로 수행한다.

508.5 FCM에 의한 PSC 박스거더교의 설계

5.1 설계흐름도

5.1.1 주설계 단계

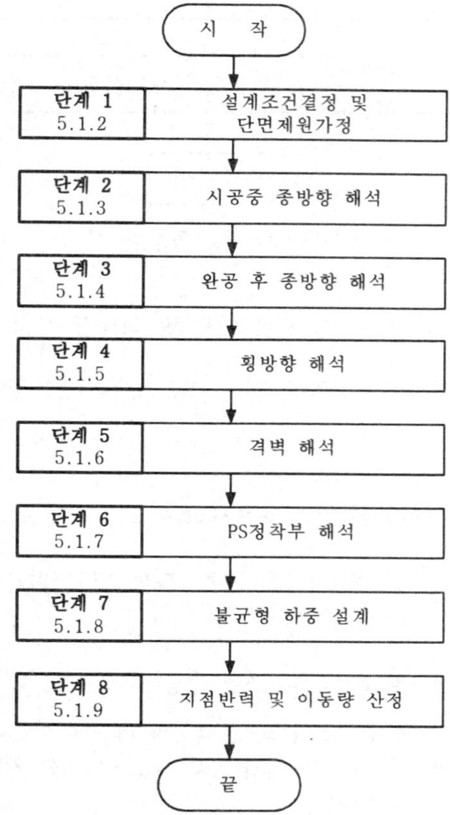

<그림 508.5.1> 주 설계 흐름도

5.1.2 [단계 1] 설계조건결정 및 단면제원가정

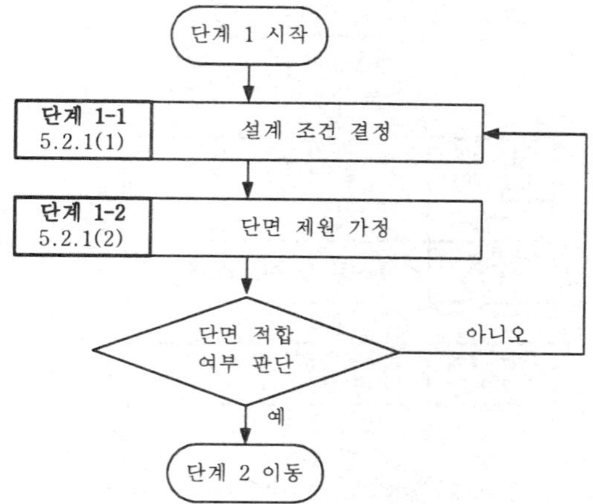

<그림 508.5.2> 설계조건결정 및 단면제원가정

5.1.3 [단계 2] 시공중 종방향 해석

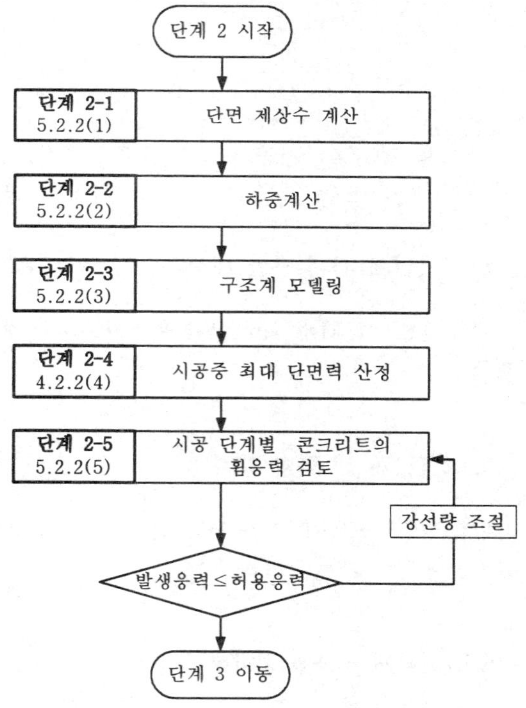

<그림 508.5.3> 시공중 종방향 해석

5.1.4 [단계 3] 시공완료 후 종방향 해석

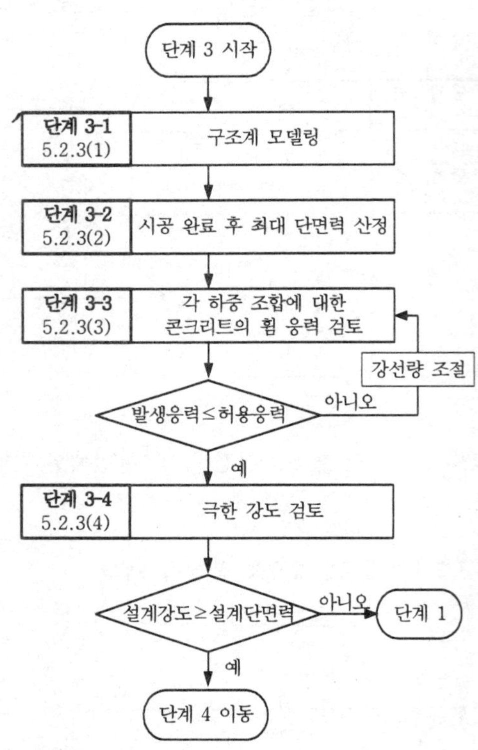

<그림 508.5.4> 시공완료 후 종방향 해석

5.1.5 [단계 4] 횡방향 해석

편람 508.3 'FSM에 의한 PSC 박스거더교 설계' 참조

5.1.6 [단계 5] 격벽 해석

편람 508.3 'FSM에 의한 PSC 박스거더교 설계' 참조

5.1.7 [단계 6] PS 정착부 해석

편람 508.3 'FSM에 의한 PSC 박스거더교 설계' 참조

5.1.8 [단계 7] 불균형하중 설계

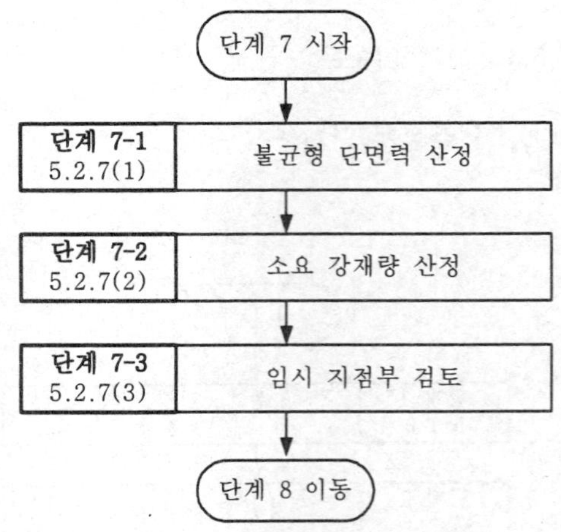

<그림 508.5.5> 불균형하중 설계

5.1.9 [단계 8] 지점 반력 및 이동량 산정

편람 508.3 'FSM에 의한 PSC 박스거더교 설계' 참조

5.2 설계 단계별 고려사항

5.2.1 [단계 1] 설계조건 결정 및 단면제원 가정

(1) [단계 1-1] 설계 조건 결정

① 교량 등급은 [도·설 1.3]의 규정에 따른다. 일반적으로 FCM에 의한 PSC 박스거더교의 경우 1등교로 적용한다.

② 교량의 폭원 구성 및 선형 등의 구조규격은 관련 프로젝트 규정에 따른다.

③ 주요 사용재료 및 허용응력은 [도·설 2.3 및 2.2.2.4]의 규정을 따른다.

④ 설계방법은 [도·설 2.2]의 허용응력설계법 및 강도설계법을 적절하게 선택하여 적용한다. 즉, 종방향 설계는 허용응력설계법 및 강도설계법을 적용하고, 횡방향 설계는 원칙적으로 강도설계법을 적용하나, 횡방향 텐던 설치시 두 설계법을 모두 적용하여야 한다.

⑤ 전산프로그램은 시공단계에 따른 구조계의 변화와 크리프·건조수축 효과, 프리스트레스의 영향을 고려할 수 있는 검증된 프로그램을 사용하여야 한다. 단, 프로그램만에 의한 해석결과에 대해 수계산이나 근사적인 방법에 의한 확인 없이 그 결과를 그대로 설계에 적용하는 경우 설계 오류를 범할 수 있으므로, 내부적으로 수계산 또는 근사적인 검토를 수행하거나 유사 설계 결과와 비교하는 것이 바람직하다.

(2) [단계 1-2] 단면 제원 가정

단면 상·하부 플랜지 및 복부의 제원 결정시 강연선 배열 및 강연선 정착구의 설치 위치, 크기 등을 고려하여야 한다. 특히, 변단면 교량의 경우 단면 형고 변화식에 따라 물량 증감, 전단 저항력 및 프리스트레스에 의한 하부 슬래브의 분력에 영향을 주게 되며, 특히 프리스트레스에 의한 분력은 그 크기가 클 경우 하부슬래브가 국부적인 탈락을 유발시킨다.

일반적으로 저차식의 경우에는 전단 저항력은 증가하나, 물량 및 하부슬래브의 프리스트레스 분력이 증가하며, 고차식으로 갈수록 물량 및 하부슬래브 분력 효과가 감소되는 대신에 전단저항력이 감소하게 된다.

국내에서는 단면 형고 변화식으로 1.4차식, 2차식 및 3차식을 주로 사용해왔으나, 최근에는 경제성 및 구조물의 사용성 측면에서 평균적으로 유리한 2차식을 일반적으로 적용하고 있다.

단면형고, $H = H_i + \dfrac{H_j}{L^2} \times x^2$

여기서, Hi : 형고 변화 구간중 최소 형고

Hj : 형고 변화 구간중 최대 형고와 최소 형고간의 형고차

L : 형고 변화구간 길이

x : 구하는 위치의 변화구간길이

5.2.2 [단계 2] 시공중 종방향 해석

시공중 종방향 해석은 시공 단계별 응력 및 안전성 검토를 수행하여야 하며, [도·설 4.15.6.2(5)]를 참고한다.

(1) [단계 2-1] 단면 제상수 계산

① 주거더의 제상수 계산시 유효 플랜지폭을 고려하여야 한다. 즉, 유효 플랜지폭은 축방향 응력에 대해서는 전단면적이 유효하고, 휨에 의한 응력에 대해서 적용되어져야 한다. 단, 극한강도 검토시에는 전 플랜지 폭이 유효한 것으로 보고 계산하여도 좋다[도·설 4.15.6.2].

② 유효폭은 [도·설 4.10.3(5), 4.15.6.2(3)]의 규정을 따른다.

(2) [단계 2-2] 하중 계산

① 고정하중

세그먼트 단면의 하중 및 교대 및 교각부, 지점부의 격벽 하중을 고려한다.

② 가설하중

세그먼트 가설을 위한 작업차 하중을 계산한다. 이때, 작업차 하중은 시공 상황을 고려하여작업차 자중만 작용할 경우와 작업차 자중과 세그먼트 타설 하중이 동시에 작용하는 경우에 대해 고려하여야 한다.

③ 2차 고정하중

포장, 방호벽, 중앙 분리대와 방음벽 등의 하중을 고려한다.

④ 활하중

활하중 및 충격의 적용은 [도·설 2.1.3, 2.1. 4]에 따른다.

⑤ 기타 하중

가. 프리스트레스 힘의 적용은 [도·설 2.1.6, 4.6.3.4]에 따른다.

나. 크리프와 건조수축은 [도·설 2.1.7, 4.2.3.3, 4.2.3.4]의 규정을 따른다.

라. 풍하중은 방음벽 등의 설치 필요시 [도·설 2.1.11]을 고려한다.

마. 온도 하중의 적용은 [도·설 2.1.12]에 따른다.

바. PSC 연속보에서는 지점의 압밀침하에 의해 연직 변위가 생기고 주거더에 휨응력이 발생하므로 통상의 경우 부등 침하량 δ= 10 mm로 하여 주거더에 생기는 휨응력을 검토하여야 한다[도로설계요령 제3권 제8-2편 4.10.1].

사. 가설 하중은 [도・설 2.1.18]에 따른다.

(3) [단계 2-3] 구조계 모델링

① 교량의 평면 선형 및 단면 형태를 고려하여 모델링한다.

② 교량 전체길이에 대하여 계획된 세그먼트 길이에 맞게 전 경간을 분할하여 각 가설 단계별 해석이 가능토록 모델링한다.

③ 모델링시 가설단계별로 지점부 구속조건이 달라지므로 이를 고려하여야 한다.

일반적으로 상・하부 분리형일 경우, 캔틸레버 가설시 주두부에서 강봉을 이용하여 상・하부를 일체화시키므로 이때는 지점조건을 고정단으로 모델링하며, 이후 키 세그먼트 연결순서에 의해 고정단에서 힌지단 또는 가동단으로 순차적으로 지점 구속조건을 변화시켜가며 해석을 수행하여야 한다.

(4) [단계 2-4] 시공 중 최대 단면력 산정

① 매 세그먼트 가설단계별로 구조계 시스템을 설정하여 단계별로 하중을 재하시켜 단면력을 산출한다.

② 단면력 산출시 지점부 구속조건이 변하는 가설단계에서는 구속조건의 변화에 따라 발생하는 단면력을 하중으로 치환하는 등의 방법으로 반드시 고려하여야 한다.

③ 가설단계별 단면력은 매 단계별로 누적하여 단면설계에 반영하여야 한다.

(5) [단계 2-5] 시공단계별 휨응력 검토

① 세그먼트의 가설이 진행됨에 따라 단면력이 변화하므로 각 단계별로 세그먼트의 콘크리트 응력이 검토되어야 한다.

② 시공 단계별 콘크리트의 상・하연 발생 휨응력이 허용 휨압축응력 및 허용 휨인장응력 이내인지 검토하여야 한다. 즉, [상・하연 발생 휨응력] ≤ [허용 휨압축응력 및 허용 휨인장응력]을 만족해야 한다.

③ 콘크리트의 허용응력은 [도・설 2.2.2.4(2)]를 따른다.

5.2.3 [단계 3] 시공완료 후 종방향 해석

시공완료 후 종방향 해석은 [도・설4.15.6.2 (5)]에 준하여 수행한다.

(1) [단계 3-1] 구조계 모델링

시공 완료 후의 완성된 교량에 대한 구조계를 대상으로 하며, 시공 중 발생응력이 세그먼트에 유지되므로 시공 중 종방향 해석을 위한 모델링 작성시 완성계구조계까지 모델링되어야 한다.

(2) [단계 3-2] 시공완료 후 최대 단면력 산정

시공 중 가설 단계별로 산정된 단면력에 시공완료 후 작용하는 단면력을 조합하여 단면검토를 위한 최대 단면력을 산출한다.

(3) [단계 3-3] 각 하중조합에 대한 콘크리트의 휨응력 검토

① 2차 고정하중, 활하중, 지점 침하, 온도 하중, 크리프와 건조수축에 의한 단면응력을 산정한다.

② 각 하중조합은 [도・설 2.2.2.2(2)]에 준하며, 콘크리트의 상・하연 발생 휨응력이 허용 휨압축응력 및 허용 휨인장응력 이내인지 검토하여야 한다. 즉, [상・하연 발행 휨응력] ≤ [허용 휨압축응력 및 허용 휨인장응력]을 만족해야 한다.

③ 콘크리트의 허용응력은 [도・설 2.2.2.4(2)]를 따른다.

(4) [단계 3-4] 극한 강도 검토

① 설계단면력(M_u, V_u)은 [도・설 2.2.3.2(2)]에 준하여 산정한다.

② 부재 설계 휨강도($\phi \cdot M_n$) 및 전단강도 ($\phi \cdot V_n$)는 각각 [도・설 4.6.3.5, 4.6.3.8]에 준하고, $\phi \cdot M_n \geq M_u$ 및 $\phi \cdot V_n \geq V_u$를 만족하여야 한다.

또한, [도・설 4.6.3.6(2)] 및 [콘・설 9.5.2(3)]의 $\phi M_n \geq 1.2M_{cr}$의 규정을 만족해야 한다. 단, 검토단면의 휨강도(ϕM_n)가 외력에 의한 극한모멘트

(M_u)의 4/3 배 이상인 경우에는 ①항의 규정을 따르지 않아도 된다.

③ 전단강도 검토시 변단면에서의 전단력 산정은 다음과 같이 산정한다.

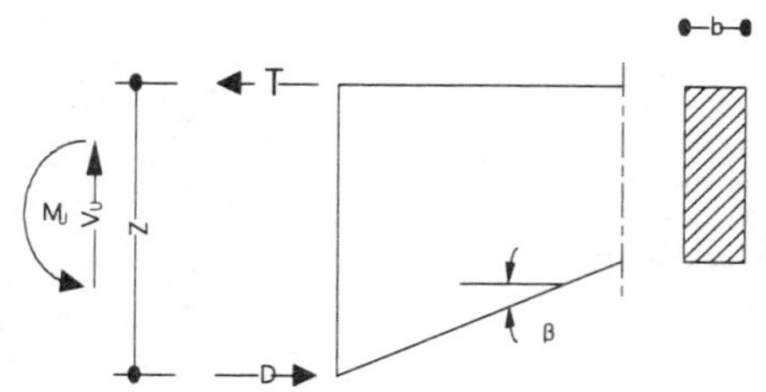

$V_{u,eff} = V_u - M_u/z \cdot \tan\beta$

V_u : 해당단면에서의 계수 전단력

$V_{u,eff}$: 변단면의 영향을 고려한 계수하중 전단력

M_u : 계수하중 모멘트

5.2.4 [단계 4] 횡방향 해석

횡방향 해석시 단면 모델링 및 해석은 편람 508.3 'FSM에 의한 PSC 박스거더교 설계'에 따라 수행한다. 단, FCM공법에서는 하부 텐던이 종단상 구조물의 바닥슬래브와 같은 선형을 갖고 있으며, 인장력이 도입되면 이 선형으로 인한 하향 분력이 작용하게 되므로 하중 재하시 하부텐던 분력에 대한 영향을 고려하여야 한다.

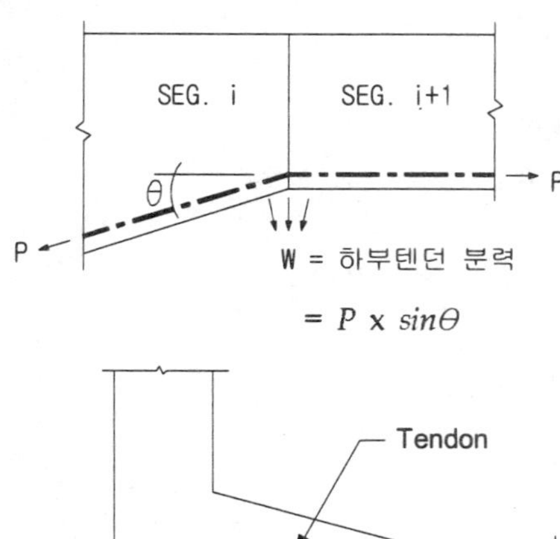

<그림 508.5.8> 하부텐던 분력

5.2.5 [단계 5] 격벽 해석

격벽 해석은 편람 508.3 'FSM에 의한 PSC 박스거더교 설계'에 따라 수행한다.

5.2.6 [단계 6] PS 정착부 해석

정착부 해석은 편람 508.3 'FSM에 의한 PSC 박스거더교 설계'에 따라 수행한다.

5.2.7 [단계 7] 불균형 하중 설계

(1) [단계 7-1] 불균형 단면력 산정

캔틸레버 시공중 작용하는 불균형하중을 산정한 후, 캔틸레버에 작용하는 단면력을 산출하여야 하며, 불균형 하중의 산정은 [도・설 4.15.6.3]에 준한다.

(2) [단계 7-2] 소요 강재량 산정

불균형 하중을 제어하는 방법은 가설벤트에 의한 방법, 케이블에 의한 방법 및 강봉에 의한 방법 등으로 다양하나, 국내에서는 강봉에 의한 임시고정 방법을 가장 많이 적용하고 있다.

(3) [단계 7-3] 임시 지점부 검토

불균형 하중을 제어하기 위한 콘크리트 블록 또는 강재 등으로 형성된 임시 지점부로서, 캔틸레버 상태에서의 상부반력, 강봉의 압축력 및 불균형 단면력을 지지할 수 있어야 한다.

일반적으로 캔틸레버 길이가 긴 경우에는 불균형 하중이 증가하여 임시 지점부의 크기도 증대되어야 되는데, 이것이 교각단면의 크기를 결정하는데 있어서 지배적인 요소가 되는 경우가 있다. 따라서 설계 전에 이를 반드시 검토하여 교각단면과의 연관성을 확인하여야 한다.

5.2.8 [단계 8] 지점 반력 및 이동량 산정

지점반력 및 이동량 산정은 편람 508.3 'FSM에 의한 PSC 박스거더교 설계'를 참고하여 수행한다.

5.3 FCM에 의한 PSC 박스거더교 설계 예

5.3.1 [단계 1] 설계조건 결정 및 단면가정

(1) [단계 1-1] 설계조건 결정

① 교량 제원

· 구조 형식 : PSC 박스거더교 (FCM)
· 지간 구성 : L = 85.0 + 130.0 + 85.0 = 300.0 m
· 교량 폭원 : B = 12.70 m
· 단면 형고 : H = 2.7 ~ 7.0 m (변단면)
· 평면 선형 : $R = \infty$ (직선 교량)
· 교량 등급 : 1등교

② 사용재료 및 허용응력

가. 콘크리트

· 설계기준강도 : f_{ck} = 40 MPa
· 탄성계수 : E_c = 28,600 MPa
· 단위질량 : γ_c = 2,500 kg/m^3
· 초기압축강도 : f_{ci} = 28.0 MPa
· 허용응력
· 크리프와 건조수축에 의한 손실이 일어나기 전의 일시적 응력
- 허용 휨 압축응력 : $f_{cai} = 0.55 f_{ci} = 0.55 \times 28.0 = 15.4$ MPa
- 허용 휨 인장응력
  미리 압축력을 가한 인장구역 : $f_{tai} = 0.5\sqrt{f_{ci}} = 0.50 \times \sqrt{28} = 2.6$ MPa
  그 외 지역 : $0.25\sqrt{f_{ci}} = 0.25 \times \sqrt{28} = 1.3$ MPa

· 손실이 일어난 후 사용하중 상태에서의 응력
- 허용 휨 압축응력 : 완공 후, $f_{ca} = 0.40 f_{ck} = 0.4 \times 40 = 16.0$ MPa
- 허용 휨 인장응력 :
  미리 압축력을 가한 인장구역에서 부착된 철근을 갖는 부재 :
  $f_{ta} = 0.50\sqrt{f_{ck}} = 0.50 \times \sqrt{40} = 3.2$ MPa
  그 외 지역 : $0.25\sqrt{f_{ck}} = 0.25 \times \sqrt{40} = 1.6$ MPa
· 균열 응력
  $f_{ru} = 0.63\sqrt{f_{ck}} = 0.63 \times \sqrt{40} = 4.0$ MPa
· 선팽창 계수
  $a = 1.0 \times 10^{-5}$
· 크리프 계수(ϕ_c) :
  $\phi(t,\ t') = \phi_0 \cdot \beta_c\ (t-t')$

· 건조수축율(ε_{cs}) :

ε_{sh} $(t,\ t_s) = \varepsilon_{sho} \cdot \beta_s(t - t_s)$

나. 철근 (SD 400)

· 항복강도 : f_y = 400 MPa

다. 강연선

· 사용기준 : KSD 7002, SWPC 7B - φ15.2 mm(0.6" strand)

· 항복강도 : f_{py} = 1,600 MPa

· 인장강도 : f_{pu} = 1,900 MPa

· 단면적 : A_p = 138.7 mm²

· 탄성계수 : E_p = 200,000 MPa

· 허용응력

- 초기긴장시 : f_{pi} = $0.90f_{py}$ = 0.90 × 1,600 = 1,440 MPa
- 정착 후 정착부에서의 응력 : f_{pa} = $0.70f_{pu}$= 0.70 × 1,900 = 1,33 0MPa
- 설계하중 작용시 응력 : f_{pa} = $0.80f_{py}$ = 0.80 × 1,600 = 1,280 MPa

· 사용 텐던(Tendon) 규격

- 상부 텐던 (Top Tendon) : 19 - ø15.2 mm
- 하부 텐던 (Bottom Tendon) : 19 - ø15.2 mm
- 횡방향 텐던 (Transverse Tendon) : 미배치

· 도입 긴장력(Jacking Force)

- 상부 : $0.72f_{pu}$ = 1,368 MPa
- 하부 : $0.72f_{pu}$ = 1,368 MPa

· 마찰 계수

- 곡률 마찰계수 : μ = 0.20 /rad(상부), 0.25 /rad(하부)
- 파상 마찰계수 : κ = 0.001 /m (상부), 0.0066 /m (하부)

· 정착시 슬립량 : 6 mm

③ 상부 제작 공기 가정

가. Pier 및 Pier Table 제작

· Pier 제작 소요 일수 : 180일

· Pier Table 제작 소요 일수 : 90일

· Form Traveller 설치 일수 : 30일

나. 세그먼트 제작 일수

· 일반 세그먼트 제작 소요일수 : 15일 /seg

· 키 세그먼트 제작 소요일수 : 30일 /seg

④ 사용 전산프로그램

· RM-SPACE FRAME

(2) [단계 1-2] 단면제원 가정

① 상부 구조

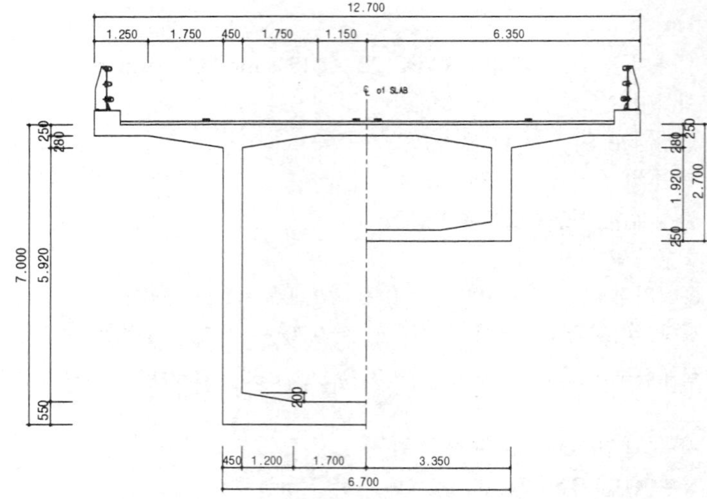

· 단면 형고의 변화 : $H = 2.7 + \dfrac{4.3X^2}{56.25^2}$, $B_t = 0.25 + \dfrac{0.3X}{56.25}$

구　분	단면번호	H (m)	Bt (m)
1	S13	2.700	0.250
2	S12	2.731	0.275
3	S11	2.823	0.301
4	S10	2.976	0.326
5	S9	3.191	0.351
6	S8	3.467	0.377
7	S7	3.804	0.402
8	S6	4.202	0.427
9	S5	4.662	0.453
10	S4	5.184	0.478
11	S3	5.766	0.503
12	S2	6.410	0.529
13	S1	7.000	0.550

5.3.2 [단계 2] 시공단계 종방향 해석

(1) [단계 2-1] 단면 제상수 계산

① 상부 주거더

가. 유효폭 산정

(가) 유효폭 산정을 위한 경간장(L_i)

· 단부경간 : L_i = 85.00 × 0.8 = 68.00 m

· 내측경간 : L_i = 130.00 × 0.6 = 78.00 m

(나) 각 부재별 유효폭 산정

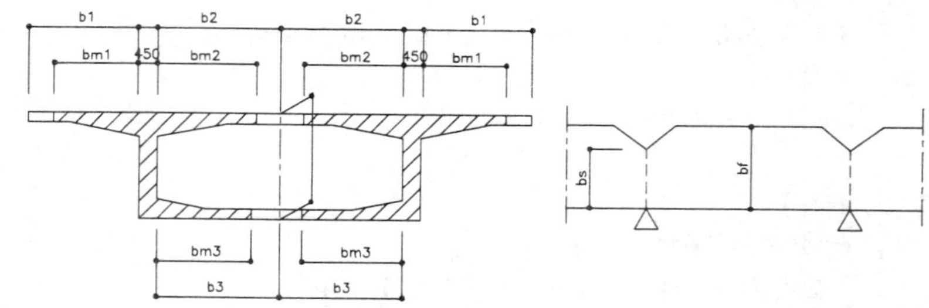

구 분		b_i (m)	b_i/L_i	$b_{s\text{-}ratio}$	$b_{f\text{-}ratio}$	B_s	B_f
단부경간	b_{m1}	2.800	0.041	1.0	1.0	2.800	2.800
	b_{m2}	3.100	0.046	1.0	1.0	3.100	3.100
	b_{m3}	3.100	0.046	1.0	1.0	3.100	3.100
내측경간	b_{m1}	2.800	0.036	1.0	1.0	2.800	2.800
	b_{m2}	3.100	0.040	1.0	1.0	3.100	3.100
	b_{m3}	3.100	0.040	1.0	1.0	3.100	3.100

나. 적용단면계수

단면번호	단면적 (m^2)	단면2차 모멘트 (m^4)	도심 위치(m)	
			y_{top}	y_{bot}
S13	8.0203	8.0001	0.9985	1.7015
S12	8.2087	8.0713	1.0379	1.6931
S11	8.4423	8.1946	1.1001	1.7229
S10	8.7366	8.3732	1.1888	1.7872
S9	9.0809	8.6048	1.3044	1.8866
S8	9.4859	8.8917	1.4501	2.0169
S7	9.9459	9.2323	1.6263	2.1777
S6	10.4548	9.6249	1.8333	2.3687
S5	11.0254	10.0738	2.0746	2.5874
S4	11.6460	10.5757	2.3488	2.8352
S3	12.3264	11.1320	2.6577	3.1083
S2	13.0626	11.7429	3.0014	3.4086
S1	13.7212	12.2981	3.3169	3.6831

(2) [단계 2-2] 하중 계산

① 1차 고정하중

가. 콘크리트 자중

· 콘크리트 단위질량을 입력, 프로그램으로 자동 재하

나. 기타 부가하중

· 격벽, 정착부, 기타 부속물 부가하중 재하

② 2차 고정하중

가. 아스팔트 포장

W_p = 0.08 × 23.0 × (12.7 - 0.60 × 2 EA) = 21.16 kN/m

나. 방호벽

W_b = 25.0 × 2 × 0.21m^2 × 2 EA = 10.26 kN/m

다. 연석

W_h = 2 × 1.0 = 2.0 kN/m

③ 활하중

가. 설계 차로폭(W) 및 차로수 산정

· 교폭(W_c) = 12.7 - 0.6 × 2 EA = 11.5 m

$$W = \frac{W_c}{N} = \frac{11.7}{2} = 5.85\ m > 3.6\ m$$ 이므로 설계 차로폭 = 3.6 m

· 9.1 $\le W_c$ = 11.7 < 12.8 이므로 설계 차로수(N) = 3

나. 충격 계수

(가) 단부경간 (L=85.0 m)

$$i = \frac{15}{40+L} = \frac{15}{40+85.0} = 0.120 < 0.3 \qquad \therefore i = 0.120$$

(나) 내측 경간 (L=130.0 m)

$$i = \frac{15}{40+L} = \frac{15}{40+130.0} = 0.088 < 0.3 \qquad \therefore i = 0.088$$

다. 하중

(가) DB-24 (3차로 재하)

구 분	전륜 하중 (P_f)	후륜 하중 (P_r)
단부경간	P_f = 24.0 × (1 + 0.120) × 6 × 0.9 = 145.152 kN	P_r = 96.0 × (1 + 0.120) × 6 × 0.9 = 580.608 kN
내측경간	P_f = 24.0 × (1 + 0.088) × 6 × 0.9 = 141.005 kN	P_r = 96.0 × (1 + 0.088) × 6 × 0.9 = 564.019 kN

(나) DL-24 (3차로 재하)

㉮ 모멘트 계산시

구 분	집중 하중	등분포 하중
단부경간	P_m = 108.0 × 3 × 1.120 × 0.9 = 326.592 kN	W_m = 12.7 × 3 × 1.120 × 0.9 = 38.405 kN/m
내측경간	P_m = 108.0 × 3 × 1.088 × 0.9 = 317.261 kN	W_m = 12.7 × 3 × 1.088 × 0.9 = 37.308 kN/m

㉯ 전단력 계산시

구 분	집중 하중	등분포 하중
단부경간	P_s = 156.0 × 3 × 1.120 × 0.9 = 471.744 kN	W_m = 38.405 kN/m
내측경간	P_m = 156.0 × 3 × 1.088 × 0.9 = 458.266 kN	W_m = 37.308 kN/m

④ 프리스트레스 힘

가. 사용 텐던량

· 1차 텐던 : 19^{T} - ø15.2 mm

· 2차 텐던 : 19^{T} - ø15.2 mm

나. 긴장력

· 1차 텐던 : P_J = 1,900 × 0.72 = 1,368 MPa

· 2차 텐던 : P_J = 1,900 × 0.72 = 1,368 MPa

다. 프리스트레스 손실

프리스트레싱 직후 및 시간적인 손실은 프로그램으로 자동 계산

라. 종방향 강연선 배치

(가) 종방향 강연선 배치 단면도

· 상부 텐던

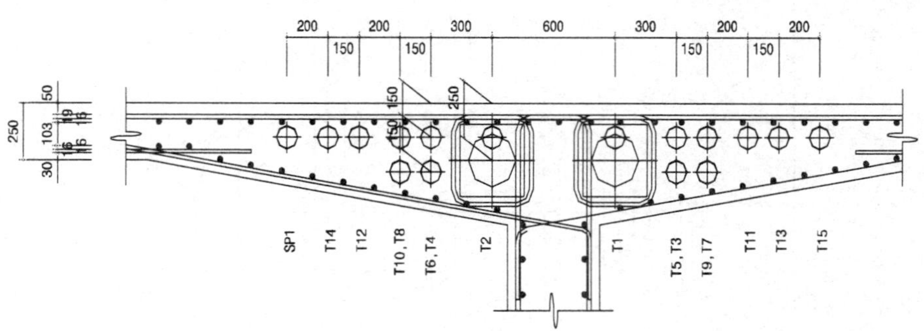

· 중앙경간 및 측경간 하부 텐던

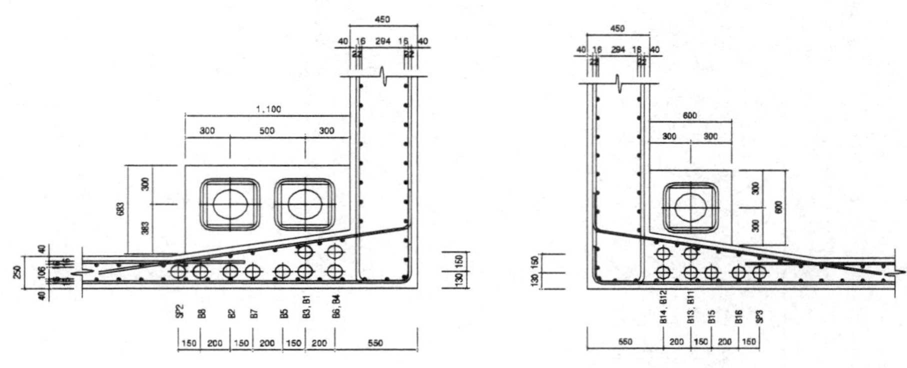

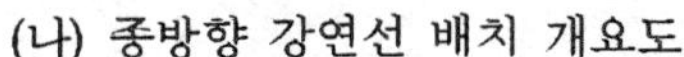
(나) 종방향 강연선 배치 개요도

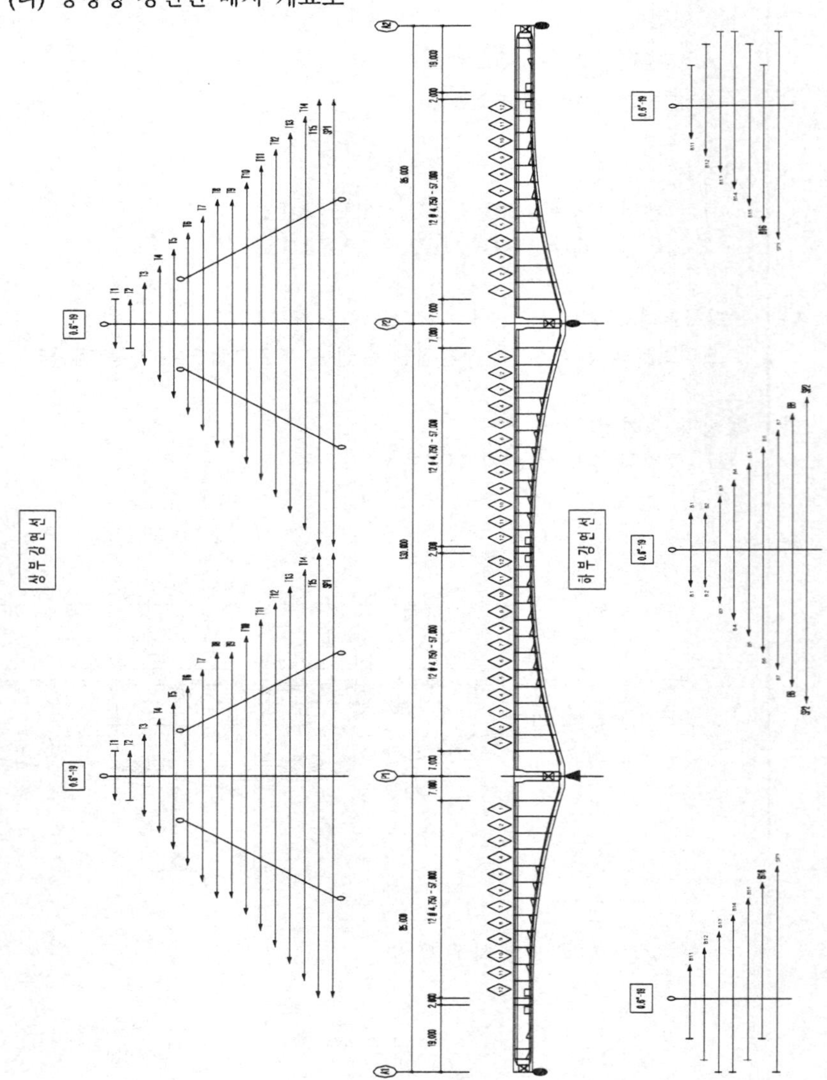

⑤ 크리프와 건조수축

$\phi(t,\ t') = \phi_0 \cdot \beta_c\ (t\text{-}t')$

$\varepsilon_{sh}\ (t,\ t_s) = \varepsilon_{sho} \cdot \beta_s(t\ -\ t_s)$

⑥ 온도 하중

(가) 온도 변화

· 온도 승강 = ±15 ℃

(나) 바닥판과 기타 부분의 온도차

· 온도차 = ±5 ℃

⑦ 지점침하

· δ = ±10 mm

⑧ 작업대차 하중

· 작업대차(Form Traveller) 하중은 다음과 같이 적용한다.

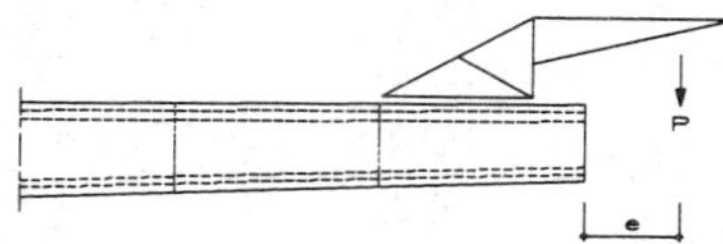

· P = 800 kN

· e = 2.500 m

· $M = P \times e$ = 2000.0 kN · m

⑨ 풍하중

구조물의 설계에 적용하는 단위면적당 풍하중은 다음 식에 의한다.

· P = $5 \times 10^{-7} \rho V_d^2 C_d G$ (MPa)

ρ : 공기밀도 (= 1.225 kg/m^3)

V_d : 설계기준풍속(m/s)

C_d : 항력계수

G : 거스트계수

· 지역별 기본풍속 : V_{10} = 30 m/s

· 지표조도구분 (완만한 구릉지, 중고층건물이 산재)

α = 0.22, z_G = 700 m, z_b = 15 m

· 설계기준풍속

$$V_d = 1.925 \cdot [\frac{z}{z_G}]^{\alpha} \cdot V_{10} \quad , z \geq z_b$$

$$z \fallingdotseq 48.00m \geq zb = 15m$$

$$V_d = 1.925 \cdot [\frac{48.00}{700}]^{0.22} \cdot 30$$

$$= 32.03\mathrm{m/s}$$

· 거스트계수 : G = 1.9 (해안지역)

· 상부구조의 항력계수 : C_d = 1.6

· 설계 풍하중

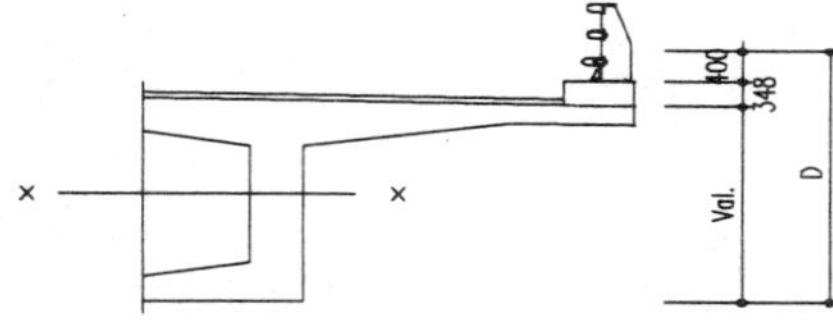

$$W = P \cdot D = 5 \times 10^{-7} \times 1.225 \times 32.03^2 \times 1.6 \times 1.9 \times D \times 10^3$$

$$= 1.91 \cdot D \text{ kN/m}$$

단면 번호	교량 총높이 D (m)	단위풍하중 P (kN/m)	단면상연에서 중립축까지 거리(m)	풍하중 W (kN/m)	편심거리 (m)
S13	3.448	1.910	1.0429	6.586	0.067
S12	3.479	1.910	1.1015	6.645	0.110
S11	3.571	1.910	1.1824	6.821	0.145
S10	3.724	1.910	1.2890	7.113	0.175
S9	3.939	1.910	1.4247	7.523	0.204
S8	4.215	1.910	1.5913	8.051	0.232
S7	4.552	1.910	1.7903	8.694	0.262
S6	4.950	1.910	2.0237	9.455	0.297
S5	5.410	1.910	2.2941	10.333	0.337
S4	5.932	1.910	2.6023	11.330	0.384
S3	6.514	1.910	2.9023	12.442	0.436
S2	7.158	1.910	3.3266	13.672	0.496
S1	7.748	1.910	3.6767	14.799	0.551

(3) [단계 2-3] 구조계 모델링

① 구조계 모델링 (단위 : mm)

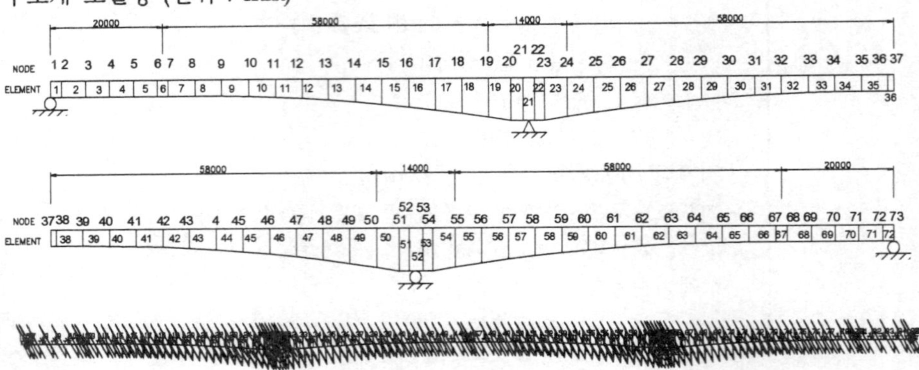

② 시공단계 정의

가. 시공중 단계

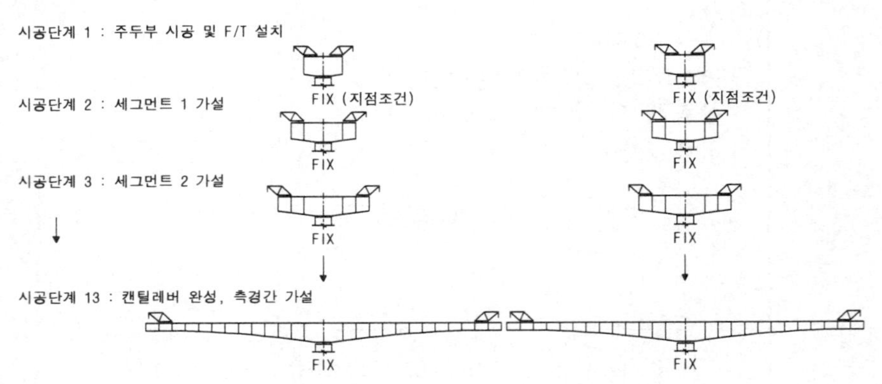

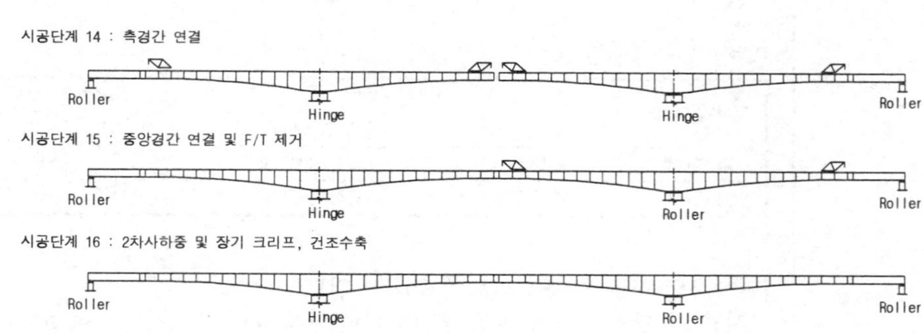

나. 완성 후 사용하중 단계
시공단계 15의 구조계에 사용하중 재하단계

(4) [단계 2-4] 시공중 최대 단면력 산정

· 시공단계별 단면력도는 단면응력계산에 사용되는 축력 및 휨모멘트도를 수록하며, 캔틸레버 완성단계인 13단계와 완공단계인 16단계에 대해 수록한다.

① 시공단계 13 : 단면력도

· 축력도 (단위 : kN)

-123526.1
-123449.3 -123369.1

· 휨모멘트도 (단위 : kNm)

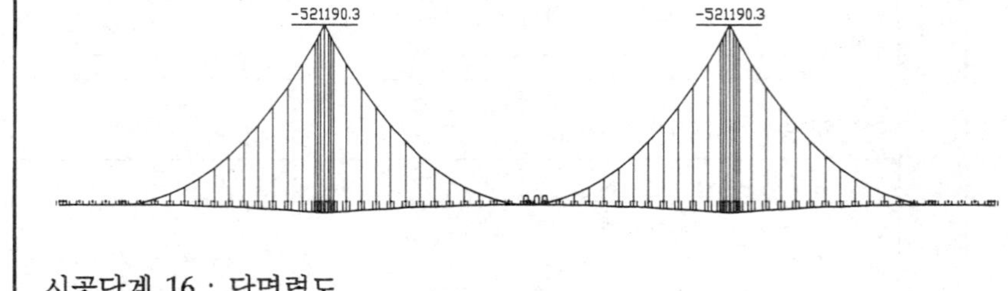

② 시공단계 16 : 단면력도

· 축력도 (단위 : kN)

-123526.1
-123449.3 -123369.1
-44284.0
-14082.8
-13850.0

· 휨모멘트도 (단위 : kNm)

-494415.0
-493994.7
50642.2
61214.8
50746.0

③ 시공 단계 단면력 정리

[단위 : kN, m]

시공단계	지점부		내측경간 중앙부	
	최대 축력	최대 모멘트	최대 축력	최대 모멘트
13단계	-123,526.1	-521,190.3	-	-
16단계	-123,526.1	-494,415.0	-44,284.0	61,214.8

(5) [단계 2-5] 시공 중 콘크리트의 휨응력 검토

시공 중 단면 응력상 가장 불리한 시공단계 16에 대해서만 수록한다.

· 16 단계에서의 단면응력도

-단면상연응력 (단위 : MPa)

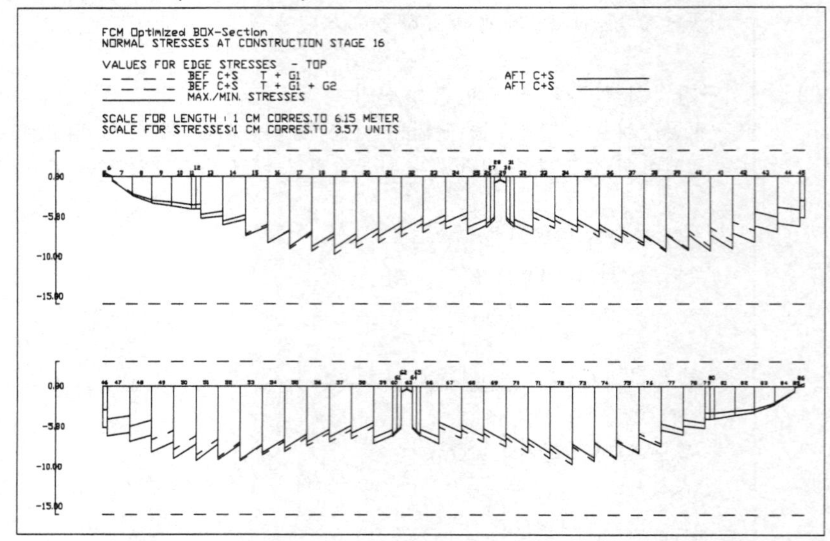

-단면하연응력 (단위 : MPa)

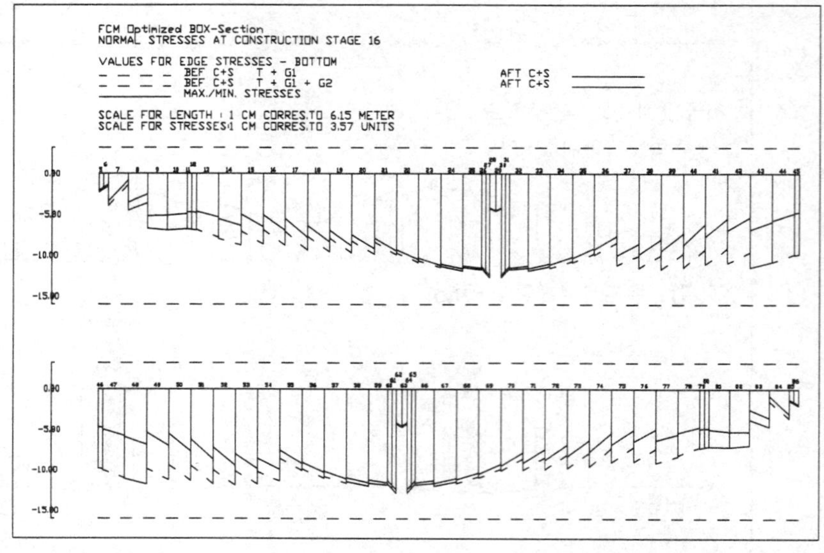

위 치	지점부		지간 중앙부	
	상연 (MPa)	하연 (MPa)	상연 (MPa)	하연 (MPa)
단면응력	-254.3	-1129.1	-624.1	-466.4

5.3.3 [단계 3] 시공 완료 후 종방향 해석

(1) [단계 3-1] 구조계 모델링

가설단계 16의 구조계에 사용하중을 재하시켜 해석을 수행한다.

(2) [단계 3-2] 시공 완료 후 최대 단면력 산정

① 주하중 조합 단면력도

· 축력도 (Secondary Effect) (단위 : kN)

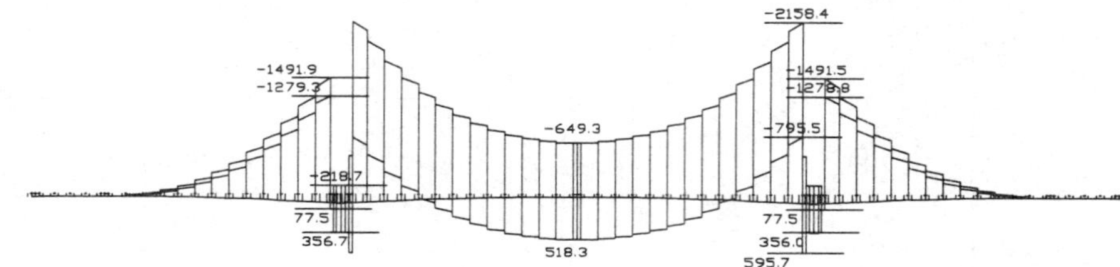

· 휨모멘트도 (단위 : kNm)

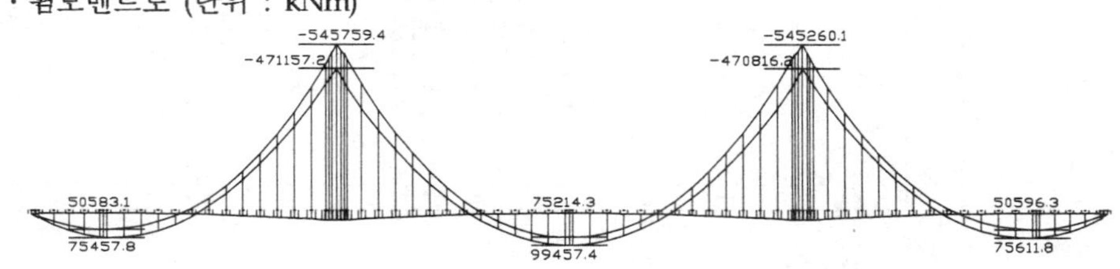

② 주하중 + 온도하중 조합 단면력도

· 축력도 (Secondary Effect) (단위 : kN)

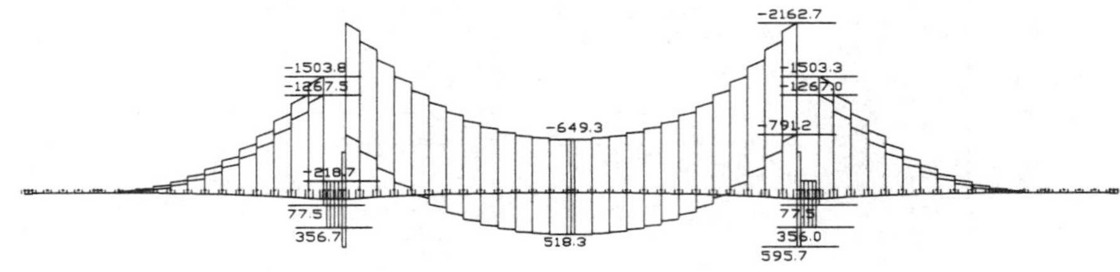

· 휨모멘트도 (단위 : kNm)

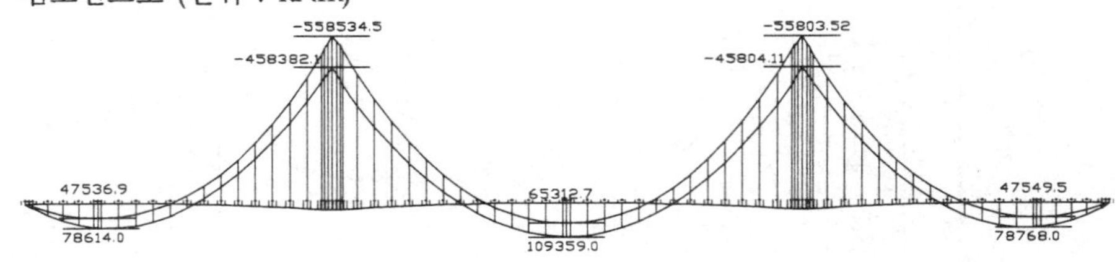

③ 단면력 정리 [단위 : kN,m]

시공단계	지점부		중앙부	
	최대 축력	최대 모멘트	최대 축력	최대 모멘트
주하중	-2,158.4	-545,759.4	-649.3	99,457.4
주하중+온도하중	-2,162.7	-558,534.5	-649.3	109,359.0

(3) [단계 3-3] 각하중 조합에 대한 콘크리트 휨응력 검토

가. 주하중에 대한 응력 검토

· 단면상연응력 (단위 : MPa)

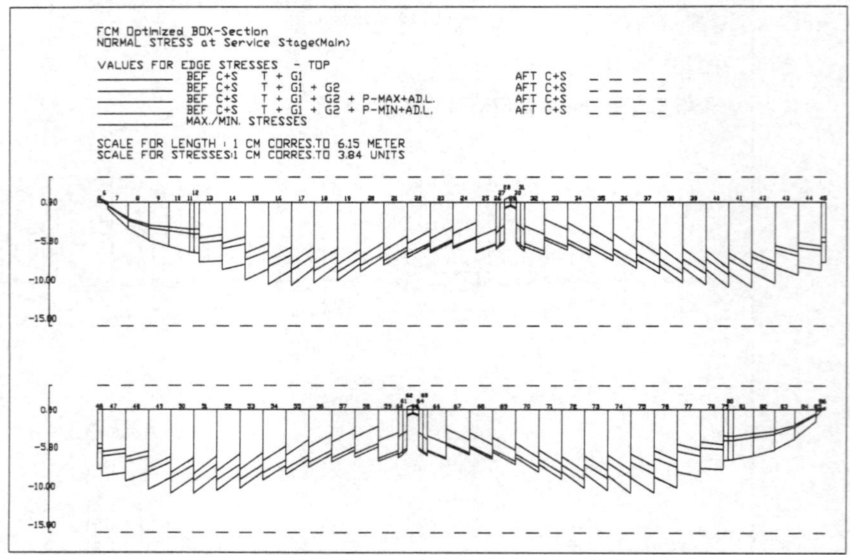

· 단면하연응력 (단위 : MPa)

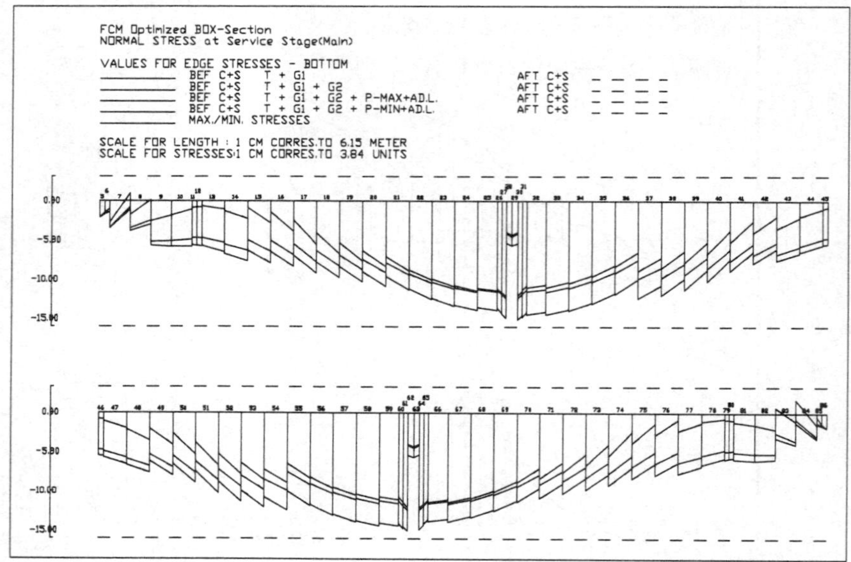

나. 주하중+온도하중에 대한 응력 검토

· 단면상연응력 (단위 : MPa)

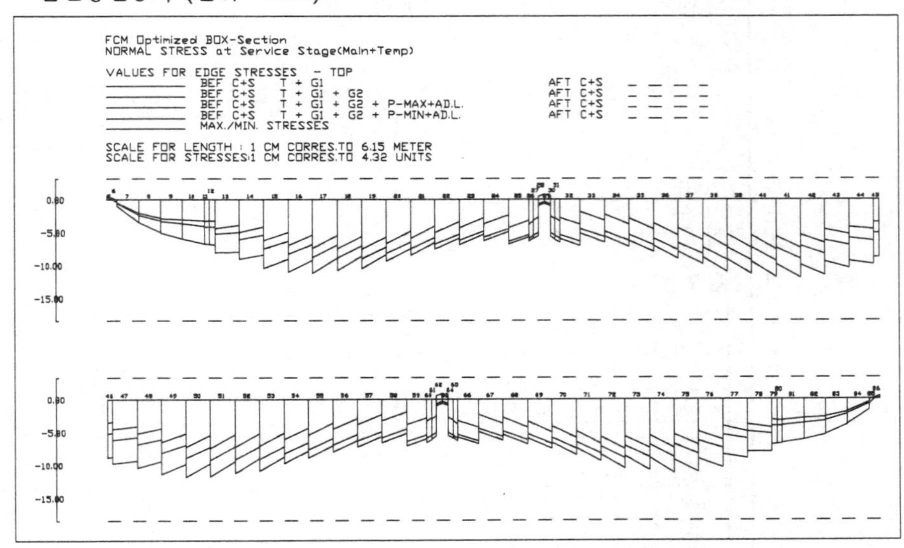

· 단면하연응력 (단위 : MPa)

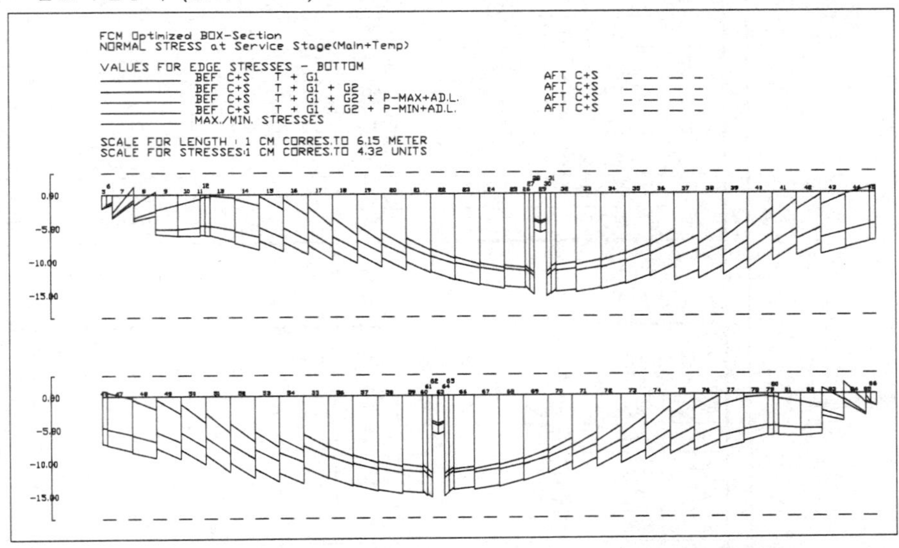

구 분		상연응력 (MPa)	하연응력 (MPa)	허용응력 (MPa)	
				압축	인장
주하중	압축최대	-10.9	-15.1	-16.0	3.20
	인장최대	0.4	1.7	-16.0	3.20
주하중 + 온도하중	압축최대	-9.9	-15.4	-18.4	3.20
	인장최대	0.5	1.8	-18.4	3.20

주하중+온도하중에서 허용압축응력에 대해 15 % 할증을 고려하였다.

(4) [단계 3-4] 극한 강도 검토

① 극한강도 검토 구간 (단위 : mm)

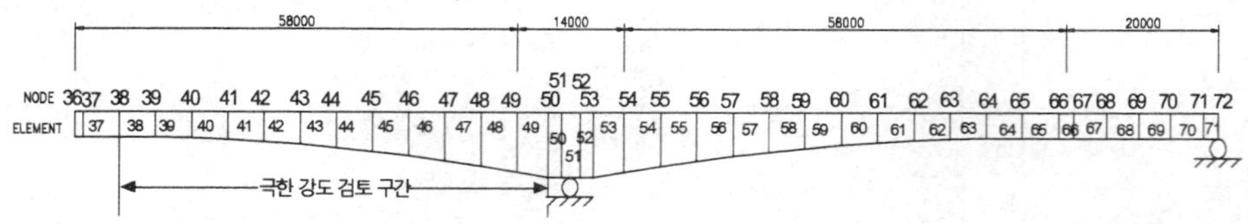

② 최대 단면력(하중계수 미고려) 결과

가. 휨모멘트(M_z)

(단위 : kNm)

절점	고 정 하 중	활하중	온도 변화	지점 침하	크리프 및 건조수축	P/T 부정정력	합 계
43	17,967	20,493	9,205	697	22,004	38,864	109,230
44	14,215	19,843	9,205	697	22,019	38,864	104,843
45	5,157	18,286	9,205	751	22,034	38,864	94,297
46	-9,292	-5,589	-9,205	-933	22,050	38,864	35,895
47	-29,268	-7,742	-9,205	-1,115	22,065	38,864	13,599
48	-54,934	-11,154	-9,205	-1,359	22,080	38,864	-15,708
49	-86,487	-15,644	-9,205	-1,620	22,096	38,864	-51,996
50	-124,158	-21,210	-9,205	-1,881	22,111	38,864	-95,479
51	-168,206	-27,929	-9,205	-2,142	22,126	38,864	-146,492
52	-218,923	-36,003	-9,205	-2,403	22,142	38,864	-205,528
53	-276,633	-45,199	-9,205	-2,664	22,157	38,864	-272,680
54	-341,692	-55,509	-9,205	-2,925	22,172	38,864	-348,295
55	-414,487	-66,935	-9,205	-3,186	22,188	38,864	-432,761
56	-482,088	-77,427	-9,205	-3,406	22,201	38,864	-511,061

나. 전단력(Q_y)

(단위 : kN)

절점	단면	고 정 하 중	활하중	온도 변화	지점 침하	크리프 및 건조수축	P/T 부정정력	합 계
3	S13	-3,868	-1,475	-108	-42	-256	-457	-6,206
43	S13	234	872	0	55	-3	0	1,158
44	S12	1,346	990	0	55	-3	0	2,388
45	S11	2,468	1,121	0	55	-3	0	3,641
46	S10	3,615	1,261	0	55	-3	0	4,928
47	S9	4,793	1,414	0	55	-3	0	6,259
48	S8	6,009	1,566	0	55	-3	0	7,627
49	S7	7,269	1,724	0	55	-3	0	9,045
50	S6	8,579	1,886	0	55	-3	0	10,517
51	S5	9,946	2,052	0	55	-3	0	12,050
52	S4	11,377	2,223	0	55	-3	0	13,652
53	S3	12,876	2,394	0	55	-3	0	15,322
54	S2	14,452	2,569	0	55	-3	0	17,073
55	S1	16,111	2,746	0	55	-3	0	18,909
56	D1	17,633	2,934	0	55	-3	0	20,619

다. 비틀림 모멘트(M_T)

(단위 : kNm)

절점	단면	고 정 하 중	활하중	온 도 변 화	지 점 침 하	크리프 및 건조수축	P/T 부정정력	활하중	합 계
3	S13	0	-3,963	0	0	0	0	-357	-4,320
43	S13	0	1,704	0	0	0	0	5,647	7,351
44	S12	0	1,982	0	0	0	0	5,539	7,521
45	S11	0	2,289	0	0	0	0	5,279	7,568
46	S10	0	2,619	0	0	0	0	4,863	7,482
47	S9	0	2,975	0	0	0	0	4,287	7,262
48	S8	0	3,331	0	0	0	0	3,541	6,872
49	S7	0	3,698	0	0	0	0	2,616	6,314
50	S6	0	4,074	0	0	0	0	1,498	5,572
51	S5	0	4,455	0	0	0	0	169	4,624
52	S4	0	4,843	0	0	0	0	1,388	6,231
53	S3	0	5,233	0	0	0	0	3,196	8,429
54	S2	0	5,627	0	0	0	0	5,280	10,907
55	S1	0	6,024	0	0	0	0	7,666	13,690
56	D1	0	6,363	0	0	0	0	9,881	16,244

③ 하중 조합에 의한 설계 단면력(하중계수 고려) 결과

가. 계수하중에 의한 최대/최소 단면력도

(가) 계수하중에 의한 최대/최소 휨모멘트도 (단위 : kNm)

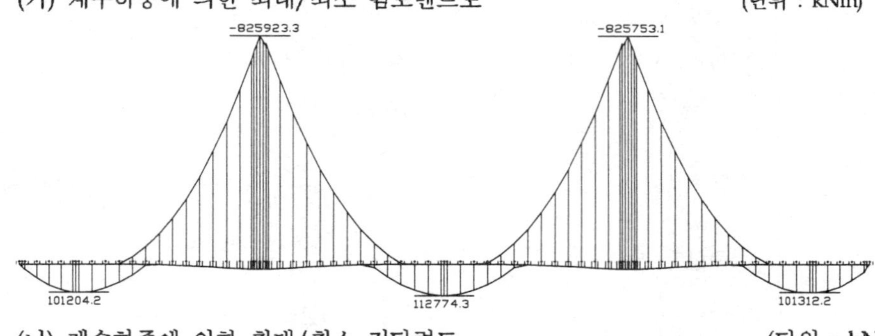

(나) 계수하중에 의한 최대/최소 전단력도 (단위 : kN)

(다) 계수하중에 의한 최대/최소 비틀림 모멘트도 (단위 : kNm)

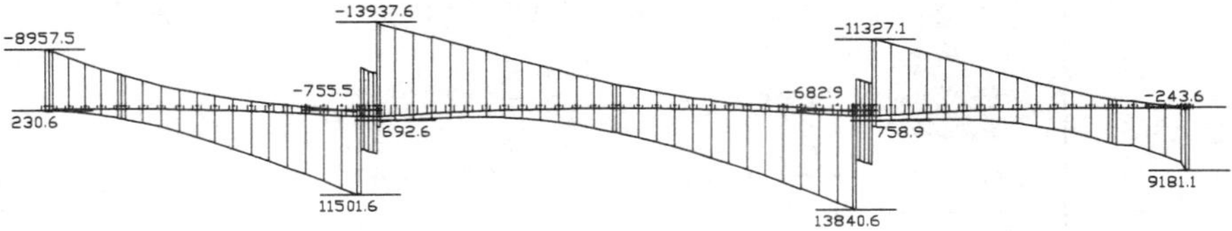

나. 휨모멘트 최대인 경우의 설계 단면력

구 분	설계 단면력		비 고
	휨모멘트 (kNm)	전단력 (kN)	
중앙부	112,774	286	하중조합 : 1.3*D*+2.15*L*+1.0*PT*
지점부	-769,514	24,907	하중조합 : 1.3*D*+1.3*L*+1.3*G*+1.0*PT*

다. 전단력 최대인 경우의 설계 단면력

구 분	설계 단면력		비 고
	휨모멘트 (kNm)	전단력 (kN)	
지점부	-689,697	39,118	하중조합 : 1.3*D*+2.15*L*+1.0*PT*

라. 비틂 모멘트 최대인 경우의 설계 단면력

구 분	설계 단면력			비 고
	휨모멘트 (kNm)	전단력 (kN)	비틂 모멘트 (kNm)	
지점부	-704,718	-27,567	-13,938	하중조합 : 1.3*D*+2.15*L*+1.0*PT*

④ 극한강도 검토

가. 휨강도 검토

(가) 정모멘트 최대 (절점 37)

· M_u = 112,774 kNm

· A_c = 8.0203 m²

· A_{ps} = 1.387 × 19 × 9 EA × 2 EA × 10^{-4} = 0.0474 m²

· $\rho_p = \dfrac{A_{ps}}{b \cdot d_p} = \dfrac{0.0474}{12.7 \times 2.575} = 0.00145$

· $f_{ps} = f_{pu}\left[1-\dfrac{\gamma_p}{\beta_1}\times\rho_p \cdot \dfrac{f_{pu}}{f_{ck}}\right] = 1{,}900\times\left[1-\dfrac{0.28}{0.766}\times 0.00145\times\dfrac{1{,}900}{40}\right] = 1{,}852.2$ MPa

· 중립축 검토

$a = \dfrac{A_{ps} \cdot f_{ps}}{0.85 f_{ck} \cdot b} = \dfrac{1{,}852.2\times 0.0474}{0.85\times 40\times 12.7} = 0.203 \text{ m} < 0.25 \text{ m}$

∴ 중립축은 압축 플랜지내에 있음 - 직사각형 단면으로 해석

· ϕM_n의 산정

$\phi M_n = \phi\left[A_{ps} \cdot f_{ps} \cdot d_p\left\{1-0.59\left(\dfrac{\rho_p \cdot f_{ps}}{f_{ck}}\right)\right\}\right]$ (인장측 철근영향 무시)

$= 0.85 \times 0.0474 \times 1{,}852.2 \times 2.575 \times \left\{1-0.59\times\left(\dfrac{0.00145\times 1{,}852.2}{40}\right)\right\} = 184.55$ MNm

∴ $\phi \cdot M_n$ = 184.55 MNm > M_u = 112.774 MNm OK

· PS 강재의 최대량 검토

$q_p = \rho_p \cdot \dfrac{f_{ps}}{f_{ck}} = 0.00145 \times \dfrac{1{,}852.2}{40} = 0.067 < 0.36\beta_1 = 0.276$ OK

· 균열모멘트 검토

$\frac{4}{3}M_u = \frac{4}{3} \times 112,774 = 150,365$ kNm < $øM_n = 184,550$ kNm

∴ 검토단면의 휨강도가 외력에 의한 극한모멘트의 4/3배 이상인 경우에는 균열모멘트에 대한 검토를 하지 않아도 된다.

(나) 부모멘트 최대 (절점 21)

· $M_u = 769,514$ kNm

· $A_c = 13.7212$ m^2

· $A_{ps} = 1.387 \times 19 \times 19$ EA $\times$ 2 EA $\times 10^{-4} = 0.1001$ m^2

· $\rho_p = \frac{A_{ps}}{b \cdot d_p} = \frac{0.1001}{6.7 \times 6.875} = 0.00217$

· $f_{ps} = f_{pu}\left[1 - \frac{\gamma_p}{\beta_1} \times \rho_p \cdot \frac{f_{pu}}{f_{ck}}\right] = 1,900 \times \left[1 - \frac{0.28}{0.766} \times 0.00217 \times \frac{1,900}{40}\right] = 1,828.4$ MPa

· 중립축 검토

$a = \frac{A_{ps} \cdot f_{ps}}{0.85 f_{ck} \cdot b} = \frac{1,828.4 \times 0.1001}{0.85 \times 40 \times 6.7} = 0.803$ m > 0.55 m

∴ 중립축은 압축 플랜지내에 있지 않음 - 플랜지를 갖는 단면으로 해석

· $øM_n$의 산정

$$øM_n = ø\left[A_{pw} \cdot f_{ps} \cdot d_p\left\{1 - 0.59\left(\frac{A_{pw} \cdot f_{ps}}{f_{ck}}\right)\right\} + 0.85 f_{ck}(b - b_0)t(d_p - 0.5t)\right]$$

$$= 0.85 \times \left[0.0408 \times 1,828.4 \times 6.875 \times \left\{1 - 0.59 \times \left(\frac{0.0408 \times 1,828.4}{40}\right)\right\}\right.$$

$$\left. + 0.85 \times 40 \times (6.7 - 0.9) \times 0.55 \times (6.875 - 0.5 \times 0.55)\right]$$

$= 1045.1$ MNm

여기서, $A_{pw} = A_{ps} - A_{pf} = 0.1001 - 0.85 \times 40 \times (6.7 - 0.9) \times 0.55/1,828.4$

$= 0.0408$ m^2

∴ $ø \cdot M_n = 1045.1$ MNm > $M_u = 825.9$ MNm OK

· PS 강재의 최대량 검토

$q_p = A_{pw} \cdot \frac{f_{ps}}{b_w d_p f_{ck}} = 0.0408 \times \frac{1,828.4}{0.9 \times 6.875 \times 40}$

$= 0.301 > 0.36\beta_1 = 0.276$ ∴ $øM_n$의 재산정

$$øM_n = ø\left[(0.36\beta_1 - 0.08\beta_1^2)f_{ck} b_w d_p^2 + 0.85 f_{ck}(b - b_w)t(d_p - 0.5t)\right]$$

$$= 0.85 \times \left[(0.276 - 0.08 \times 0.766^2) \times 40 \times 0.9 \times 6.875^2\right.$$

$$\left. + 0.85 \times 40 \times (6.7 - 0.9) \times 0.55 \times (6.875 - 0.5 \times 0.55)\right]$$

$= 939.8$ MNm

∴ $ø \cdot M_n = 939.8$ MNm > $M_u = 825.9$ MNm OK

· 균열모멘트 검토

$\frac{4}{3}M_u = \frac{4}{3} \times 769{,}514 = 102{,}602$ kNm < $\phi M_n = 104{,}510$ kNm

∴ 검토단면의 휨강도가 외력에 의한 극한모멘트의 4/3배 이상인 경우에는 균열모멘트에 대한 검토를 하지 않아도 된다.

나. 전단 및 비틀림 설계 검토

· $V_u = 39{,}118$ kN, $M_u = -689{,}697$ kNm

· $f_{pc} = 6.2$ MPa, $f_{pcc} = 19.2$ MPa

(가) 변단면 영향을 고려한 설계 전단력, V_{eff}

$$V_{eff} = V_u - \frac{M_u}{z}tan\beta = 39{,}118 - \frac{698{,}697}{6.6}tan(8.3906)$$

$$= 23{,}704 \text{ kN}$$

여기서, $z = 7.0 - 0.25/2 - 0.55/2 = 6.6$ m

$\beta = tan^{-1}\{(7.0 - 6.41)/4.0\} = 8.3906$

(나) 콘크리트가 부담하는 전단강도

$$M_{cr} = \left(\frac{I}{y_t}\right)(0.5\sqrt{f_{ck}} + f_{pcc})$$

$$= \frac{12.2982}{3.3169}(0.5\sqrt{40} + 19.2) \times 10^6 = 8.291 \times 10^7 \text{ Nm}$$

$$V_{ci} = 0.05\sqrt{f_{ck}}b_w d + \frac{V_u M_{cr}}{M_u}$$

$$= 0.05\sqrt{40} \times 900 \times 6{,}900 + \frac{23{,}704 \times 8.291 \times 10^7}{689{,}697} = 4.813 \text{ MN}$$

$$V_{cw} = (0.29\sqrt{f_{ck}} + 0.3f_{pc})b_w d$$

$$= (0.29\sqrt{40} + 0.3 \times 6.2) \times 0.9 \times 6.9 = 22.941 \text{ MN}$$

· $\phi V_c = 0.8 \times 4.813 = 3.850$ MN

(다) 필요 전단철근량

$$A_v = \frac{(23.704 - 3.850) \times 1 \times 10^4}{0.8 \times 400 \times 6.9} \times 10^2 = 8{,}992 \text{ mm}^2/\text{m}$$

· 횡방향 계산에 의한 휨 철근량 ,$A_v^T = 1{,}600$ mm²/m/leg (가정)

· 복부 전체 철근량 ,$A_{v,tot}$

: 복부 휨모멘트에 의하여 계산된 철근량의 1/2은 교축방향 설계시 사인장 철근으로 간주한다.

$$A_{v.tot} = \frac{A_v}{4} + \frac{A_v^T}{2} = \frac{8{,}991.8}{4} + \frac{1{,}600}{2}$$

$$= 3{,}048 \text{ mm}^2/\text{m/leg} \rightarrow \text{use H22@125} (= 3{,}097 \text{ mm}^2)$$

· 철근의 공칭전단강도 검토

$$V_s = \frac{(30.97 - 16.0/2) \times 4 \times 400 \times 6,900}{1,000} \times 10^{-4} = 25.359 \text{ MN}$$

$$V_{smax} = \frac{2}{3}\sqrt{f_{ck}}\, b_w\, d = \frac{2}{3} \times \sqrt{40} \times 900 \times 6,900 \times 10^{-6}$$

$$= 26.183 \text{ MN} > V_s = 25.359 \text{ MN} \quad \therefore \text{Use} \quad V_s$$

· 공칭전단강도 검토

$$\phi(V_c + V_s) = 0.8 \times (4.813 + 25.359) = 24.138 \text{ MN} > V_u = 23.704 \text{ MN}$$

(라) 비틀림 고려 유무 검토

· $T_u = 13,938$ kNm

$$\cdot\ \phi T_n = \phi \cdot \frac{1}{12}\sqrt{f_{ck}} \times \frac{A_{cp}^2}{P_{cp}} \times \sqrt{1 + \frac{f_{pc}}{\frac{1}{3}\sqrt{f_{ck}}}}$$

$$= 0.8 \times \left(\frac{1}{12}\sqrt{40} \times \frac{(46.9 \times 10^6)^2}{27,400} \times \sqrt{1 + \frac{6.2}{\frac{1}{3}\sqrt{40}}}\right) \times 10^{-6}$$

$$= 67,194 \text{ kNm} \quad \langle \quad 13,938 \text{ kNm}$$

∴ 비틀림 고려할 필요 없음.

5.3.4 **[단계 8] 불균형하중 설계**

① 불균형하중 산정

하중 경우 1 : 시공 순서에 따른 자중차이(25 kN/m^3)

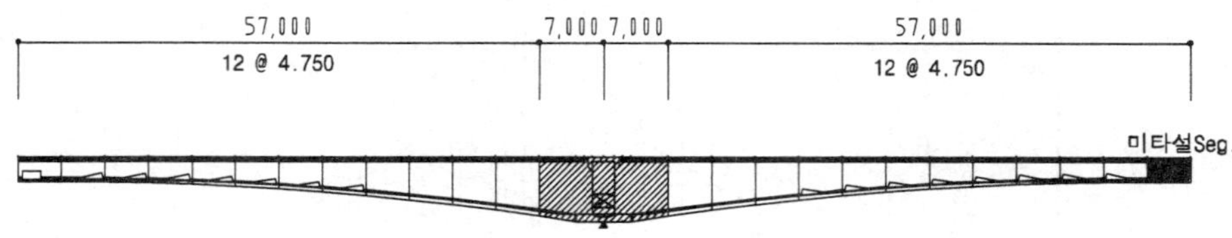

하중 경우 2 : 콘크리트 타설 오차(고정하중의 2%)

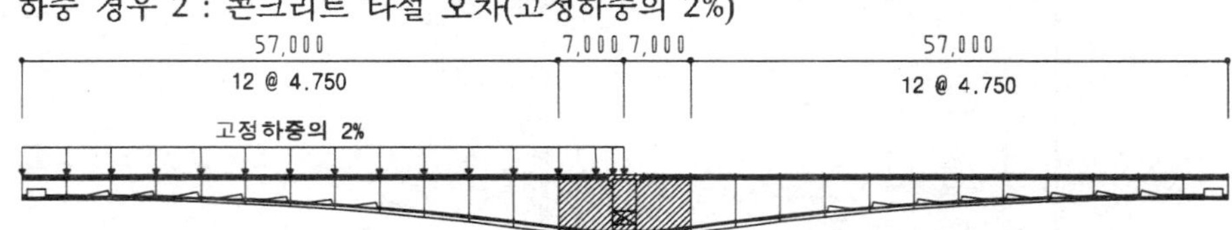

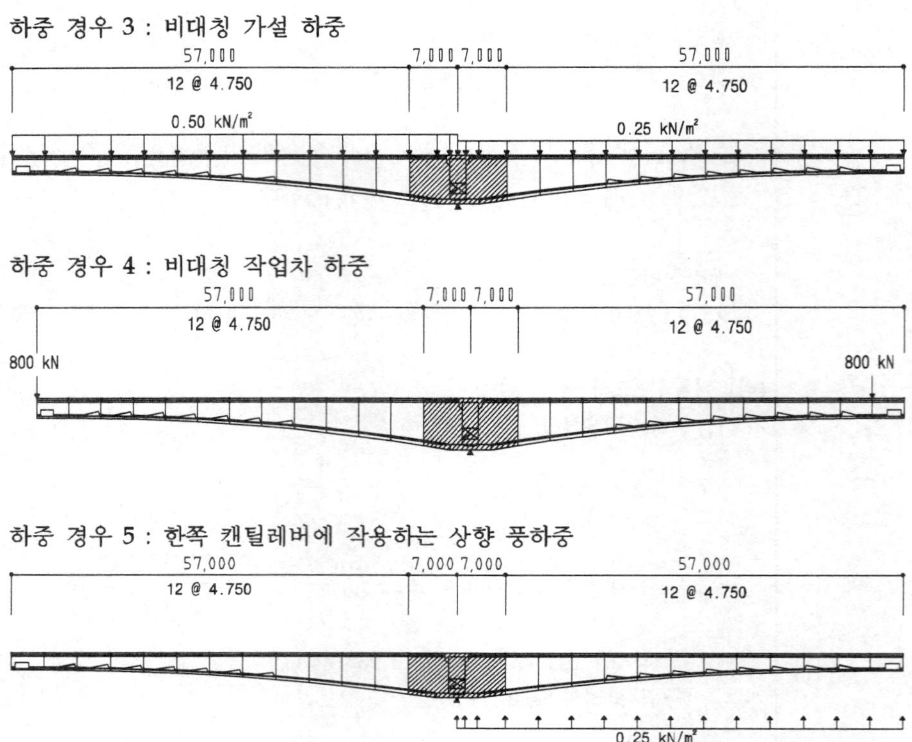

② 불균형하중에 의한 모멘트도 (단위 : kNm)

하중 경우 1 : 시공 순서에 따른 자중차이(25 kN/m^3)

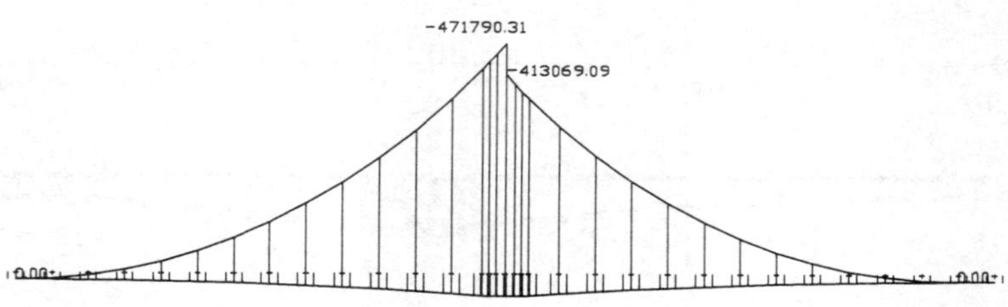

하중 경우 2 : 콘크리트 타설 오차(고정하중의 2%)

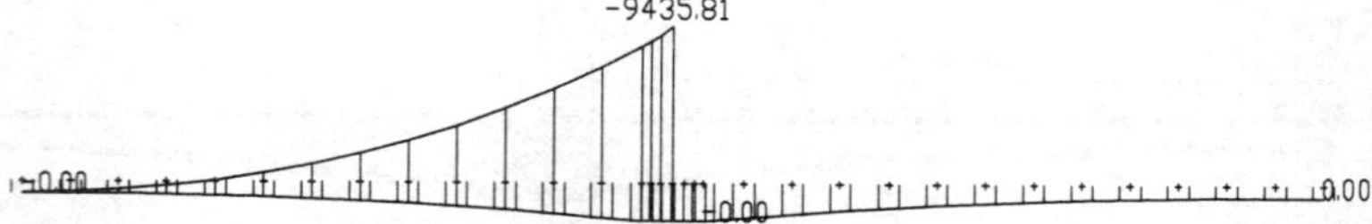

하중 경우 3 : 비대칭 가설 하중

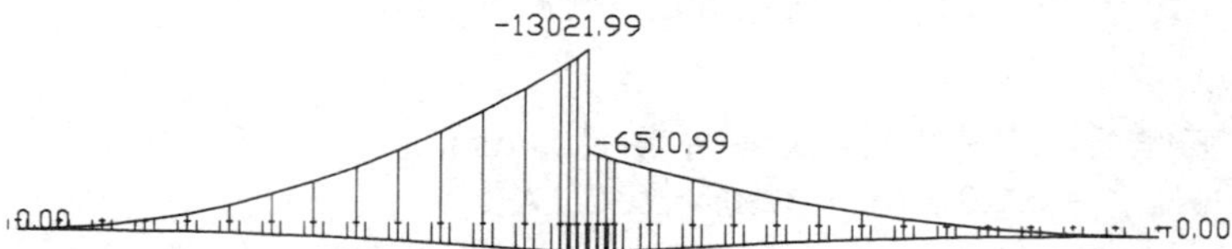

하중 경우 4 : 비대칭 작업차 하중

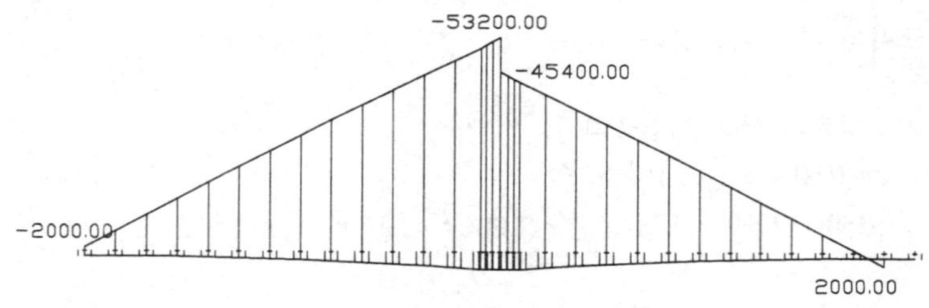

하중 경우 5 : 한쪽 캔틸레버에 작용하는 상향 풍하중

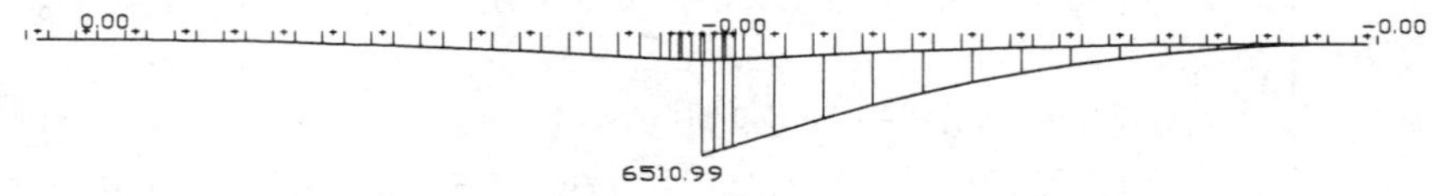

전체 불균형 하중 조합에 의한 불균형 모멘트도 (kNm)

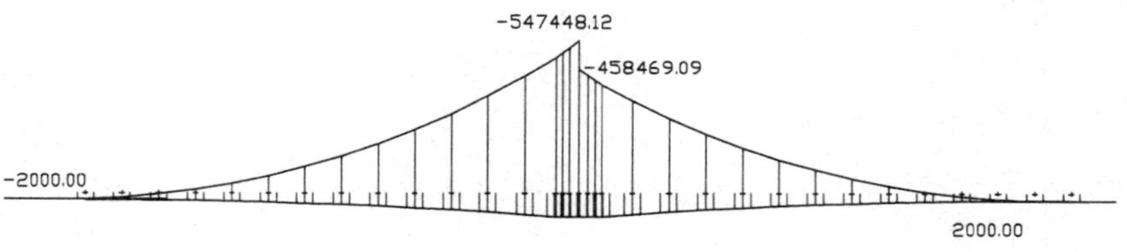

③ 가설 고정장치 설계

가. 단면력

- M = 88,979.03 kNm , R = 36,361.0 kN

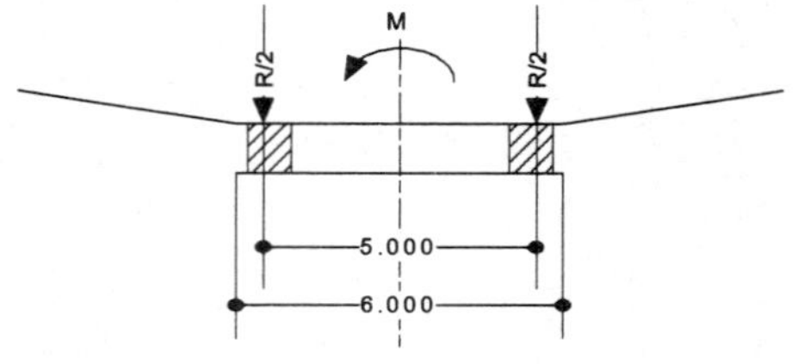

나. 불균형 하중에 의해 콘크리트 단면에 작용하는 인장력

- T_s = (88,979.03/5 - 36,361.0/2) × 1.5 = -577.0 kN

다. 인장력에 저항하기 위한 강봉 수량 산정(Φ38)

- $N_{req.}$ = 577.0 /(0.5 × 1250) = 0.92 EA

∴ Φ38 강봉 2 EA를 좌 · 우측에 각각 설치하여 50% 긴장한다.

라. 임시 지점부 설계

- 교각의 콘크리트 압축강도 : f_{ck} = 27 MPa
- 교각의 콘크리트 블록 면적 : A_b = 6.7 × 1.0 = 6.7 m^2

- 콘크리트의 허용 지압응력

$f_{ba} = 0.50 \times (A_c/A_b)^{1/2} \times f_{ck}$

$= 0.50 \times \{(6.9 \times 1.2)/(6.7 \times 1.0)\}^{1/2} \times 27 = 15.01$ MPa

$f_{ba} < 0.9 f_{ck}$ = 24.3 MPa을 만족함.

- 콘크리트에 작용하는 하중

P_c = (88,979.03/5 + 36,361.0/2) + 2 × 0.5 × 1,250 = 37,226.31 kN

- 콘크리트에 작용하는 지압응력

$f_b = (37{,}226.31 \times 10^3)/(6{,}700 \times 1000) = 5.56$ MPa $< f_{ba}$ ∴ OK

509 하부구조

509.1 교대 설계

1.1 설계일반사항

1.1.1 개요

교대는 교량의 길이방향 양끝단을 지지하며 교량 상부구조에 작용하는 하중과 배면 성토의 토압이나 지표재하중 등을 기초로 전달하는 역할을 하는 구조부재이다. 교대의 각부 명칭을 나타내면 <그림 509.1.1>과 같다.

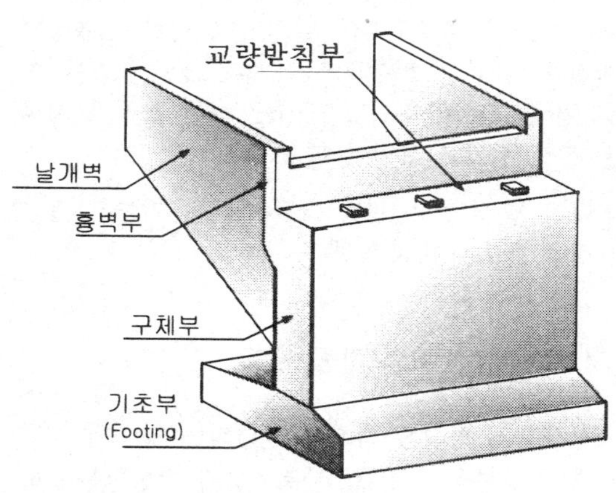

<그림 509.1.1> 교대의 각부 명칭

흉벽부 : 받침부 위쪽의 배면 토압과 표면재 하중을 지지하는 부분

교량받침부 : 상부의 하중을 받는 받침이 놓이는 부분

구체부 : 교대의 구체로서 상부하중과 배면 토압을 지지하는 부분

기초부 : 교대가 받는 모든 하중을 기초에 전달하는 부분

날개벽 : 토압과 재하하중을 지지하는 부분

1.1.2 교대의 종류

교대의 형식은 크게 상부구조의 결합형태에 따라 가동교대와 고정교대로 분류되며, 형상 및 구조형태에 의해 다음과 같이 분류할 수 있다[<그림 509.1.2> 참조].

(1) 중력식(Gravity Type) 교대

교대에 작용하는 토압과 구체자중을 구체의 콘크리트 단면으로만 저항하도록 하여 구체의 단면에 인장응력이 발생하지 않도록 단면의 전면과 배면을 대칭적으로 한 형식이다. 교대로서 구조가 간단하고 시공이 용이하며 양호한 지반이 있는 지역에 직접기초로서 적용되는 사례가 많다. 일반적으로 이 형식의 경제적 높이는 4 m 정도이다.

(2) 반중력식(Semi-Gravity Type) 교대

중력식과 유사한 구조형식이나 단면의 형상이 비대칭을 이루며 구체 배면이나 기초의 일부에 인장력을 허용하는 구조이다. 인장력에 대해서는 철근을 배치하여 단면을 보강하는 동시에 자중의 경감을 도모한다. 뒷굽의 길이를 일반적으로 200~300 mm 이하로 하므로 토압의 작용방향은 역T형식 교대와는 달리 구체의 배면에 직접 작용한다. 일반적으로 4~6 m 정도 높이의 교대에 이용한다.

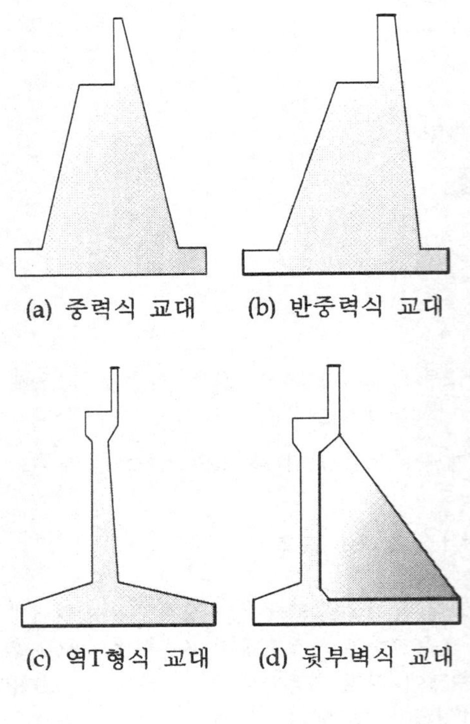

(a) 중력식 교대　　(b) 반중력식 교대

(c) 역T형식 교대　　(d) 뒷부벽식 교대

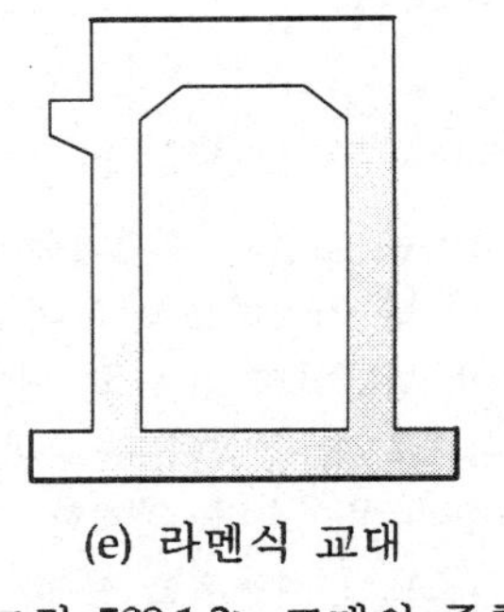

(e) 라멘식 교대

<그림 509.1.2> 교대의 종류

(3) 역T형식 교대

가장 일반적인 교대형식으로서 구체자중이 작고 흙의 중량으로 안정을 유지하므로 경제적이며, 다른 교대형식에 비교하여 뒷채움부의 시공도 용이하다. 높이 12 m 정도까지의 일반적인 지반조건에 적용한다.

(4) 뒷부벽식 교대

높이 10 m 정도 이상일 때 역T형식 교대 보다 많은 형식이지만 뒷부벽의 배근이나 콘크리트 타설에 어려움이 따른다. 또 배면 뒷채움부의 시공이 곤란하다.

(5) 라멘식 교대

교대 위치에 교차도로(제방도로)가 있는 경우 교대를 교축방향으로 박스단면으로 하고 차도를 박스내에 넣어 박스라멘식 교대로 하지만, 사각이 있는 경우는 박스가 길어지므로 채광을 위해서나 보도, 차도의 분리를 위해 2연(連) 박스 라멘 교대로 한다.

1.1.3 교대의 형식

교대의 형식은 구조적으로 안정하고 경제적이어야 하며, 교대의 높이에 따라 일반적으로 적용되는 형식은 <표 509.1.1>에 나타내었다.

1.1.4 다리 밑 공간

하천, 도로 또는 철도 등의 교차 조건에 의하여 교량 및 하부구조의 일반적인 형식이 결정되어진다. 따라서 하부구조 계획시 상부구조의 형식 외에 교량의 다리밑 공간에 대한 고려와 지장물 등의 위치의 확인이 필요하다.

다리 밑 공간은 편람 제503.5절에 기술된 관련 규정을 참조하여 계획한다.

1.1.5 상부구조의 하중 규모

상부구조 형식은 하부에 전달되는 하중에 직접적으로 영향을 미치며, 상부구조에 작용하는 하중에 따라 교대의 형식을 고려할 필요가 있다. 일반적으로 콘크리트교는 강교에 비하여 자중이 커서 하부구조의 단면크기에 큰 영향을 미친다.

1.1.6 지반의 경사도 확인

사면 상에 교대를 가설하는 경우는 교대의 높이 및 사면과의 위치관계에 따라 교대높이를 10 m

<표 509.1.1> 교대의 선정기준

교대형식	높 이(m)				비 고
	10	20	30		
중 력 식	4				
반중력식	6				
역T형식	6	12			
뒷부벽식					
라 멘 식		15			
박 스 형		12			

정도로 하고 있지만 시공성, 장래의 안정성 등을 종합적으로 판단하여 결정할 필요가 있다. 또한, 앞판에서 지표면까지의 수평여유폭(S)에 대해서는 사면경사, 지지층 깊이 등을 감안해야 하고, 사면에 의한 지지력 감소, 장시간에 걸친 사면안정 등의 문제로 인하여 교대 저면폭에 상당하는 앞면 여유폭을 <그림 509.1.3>에 도시한 것과 같이 S≥B로 설계하는 것이 바람직하나 지지력, 사면안정 등의 구조적안정성이 확보되면 여유폭을 조정할 수 있다.

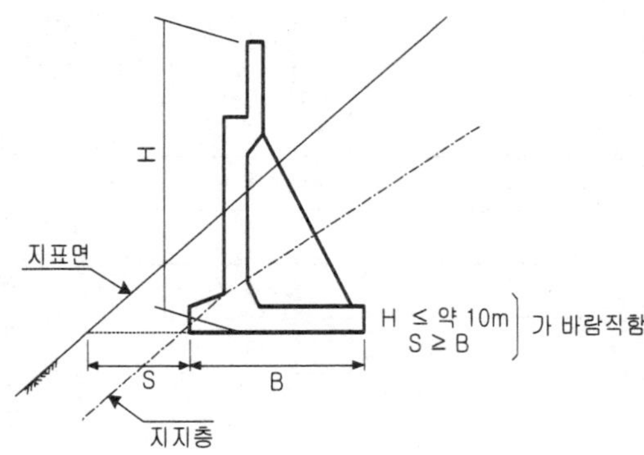

<그림 509.1.3> 교대의 높이와 사면과의 관계

1.1.7 지지층의 깊이 결정

기초지반의 지지근입(깊은기초)에 따라 교량 하부구조의 공사비가 증가하므로 교량의 경간분할에 따른 총공사비를 고려하여 하부구조의 기초형식을 결정할 필요가 있다. 기초상부에서 장래 지반선까지의 근입깊이는 동결심도를 고려하여 결정 하고 하천에서는 세굴심도를 고려하여 다음 각 항목을 충분히 검토 후 적용하여야 한다.

- 하천의 흐름, 바다, 호수의 파랑에 의한 하상저하
- 지하매설물 및 인접구조물의 영향
- 동결작용을 받는 깊이
- 지하수위
- 시공성과 경제성

1.1.8 받침교체를 고려한 설계

하부구조(교각 포함)를 설계할 때는 공용중에 받침교체를 고려하여 효율적인 유지관리가 가능하도록 하는 것이 바람직하다. 유지관리를 고려한 교량의 설계 및 시공지침(건설교통부, 2001)에서는 받침교체를 고려한 하부구조 설계에 대하여 다음과 같이 제시하고 있다.

공용중 교량받침의 교체를 위해서는 상부구조물의 인상이 불가피하다. 교량 설계시 이에 대한 고려를 하지 않은 경우에는 상부구조물을 인상할 때 교량의 안전성에 문제가 발생할 수 있으므로 잭업 위치에서의 상·하부구조물에 대한 적절한 보강이 필요하다. 또한, 상부구조물의 인상을 위해서는 잭을 설치할 공간이 필요한데 이를 고려하지 않고 설계된 교량에서는 받침교체 작업시 인상용 잭의 설치를 위한 공간 확보를 위해 브라켓을 설치하는 등 별도의 공정이 추가되어야 하는 문제점도 있다.

따라서 하부구조 설계에서는 잭업 위치 등을 미리 결정하여 상·하부구조물에 대한 구조를 검토한 후 보강을 수행하고 받침교체를 위한 작업공간을 확보해 두는 것이 바람직하다.

<그림 509.1.4>에는 받침교체에 필요한 거더 밑 공간을 도시하였다. 거더 밑 공간(하부구조물 상단과 상부구조물 하단 사이의 공간)은 인체의 일부(머리 및 어깨)가 들어가서 받침을 조사하고, 유압잭을 설치하기 위하여 400 mm 정도 확보하는 것이 좋다. 특수교량을 제외한 중소규모 교량에 사용되는 받침의 높이는 대부분 400 mm보다 작으므로 받침대 콘크리트(Bed Concrete)의 높이를 조절하여 필요한 공간을 확보하게 된다. 한편, 슬래브교나 PSC빔교와 같은 소규모 교량에서는 거더밑공간을 400 mm이하로 하더라도 받침교체작업이 가능한 경우가 많으므로, 이와 같은 경우에는 미리 유압잭의 치수를 조사한 후, 이의 설치가 가능한 만큼의 높이만큼만 확보해도 좋다.

받침종류 및 용량별 거더 밑 공간 설계와 받침부 보강설계는 편람 509.2.3.8을 참고한다.

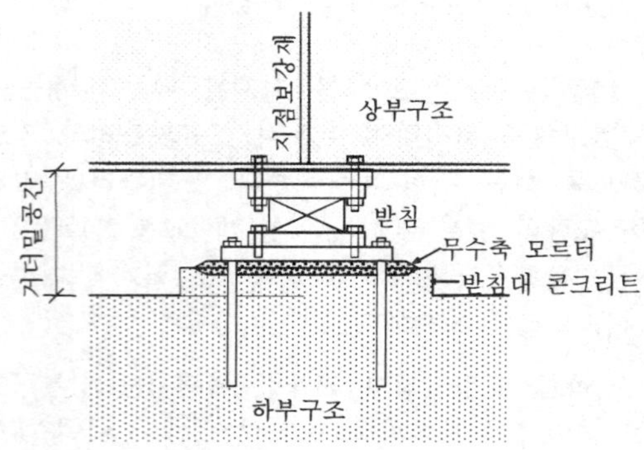

<그림 509.1.4> 받침교체를 위한 거더 밑 공간(강교 예)

1.2 설계흐름도 구성

1.2.1 주설계단계

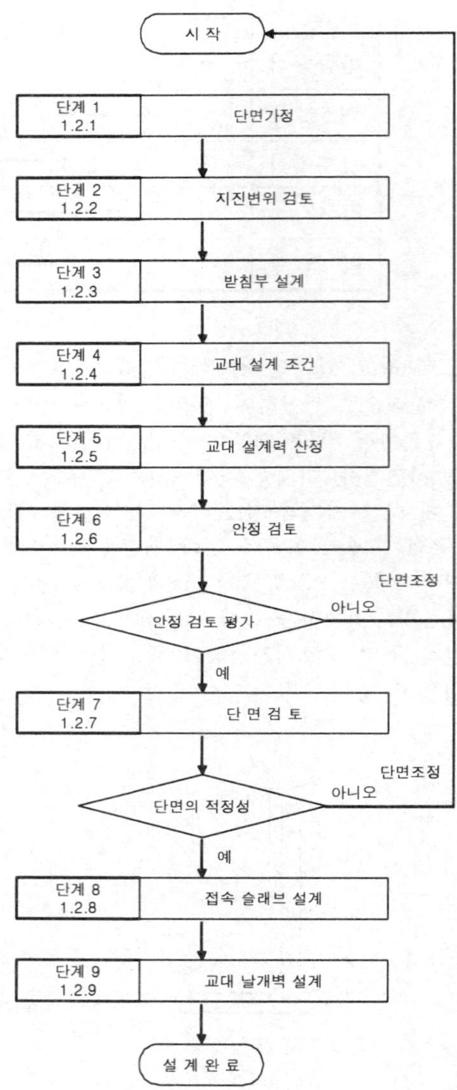

<그림 509.1.5(a)> 주설계 흐름도

1.2.2 [단계 1] 단면가정

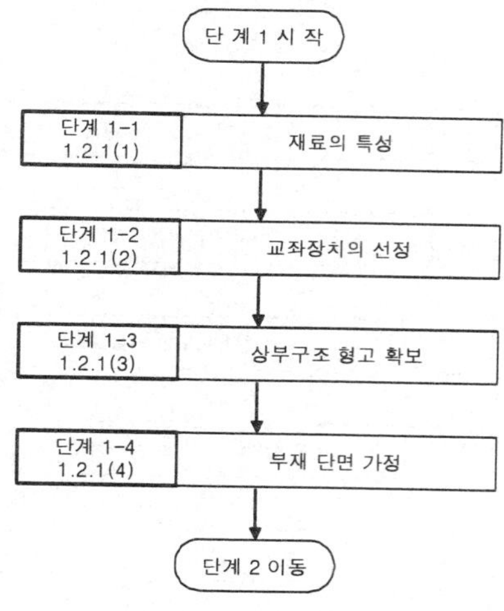

<그림 509.1.5(b)> 단면가정

1.2.3 [단계 2] 지진변위 검토

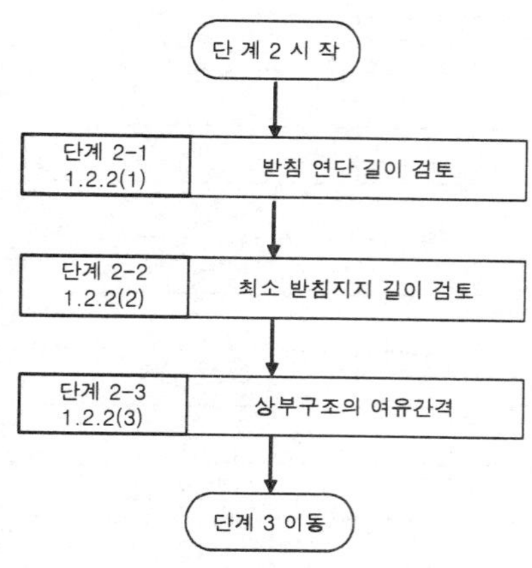

<그림 509.1.6> 지진변위 검토

1.2.4 [단계 3] 받침부 설계

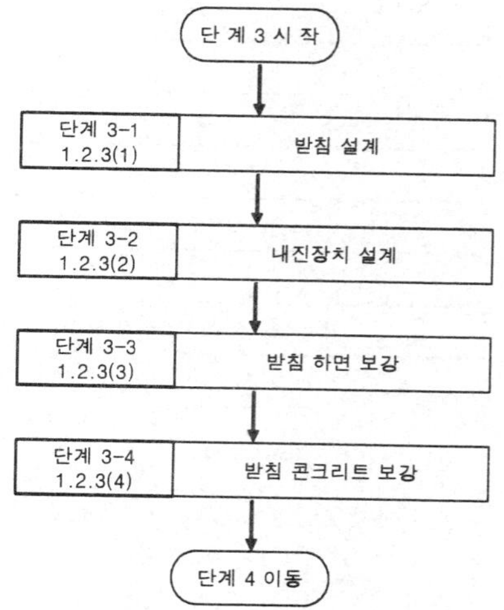

<그림 509.1.7> 받침부 설계

1.2.5 [단계 4] 교대 설계조건

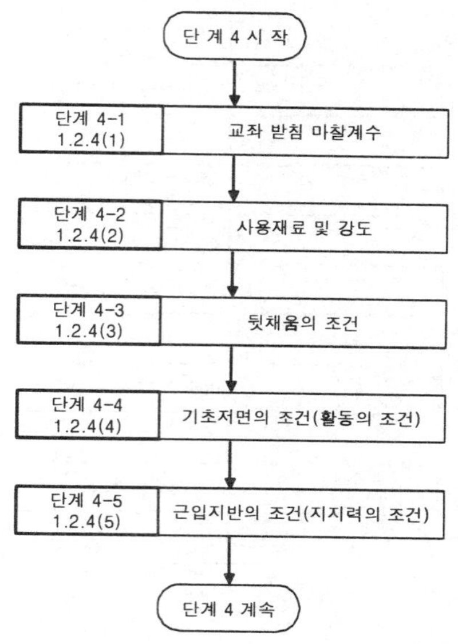

<그림 509.1.8> 교대 설계조건

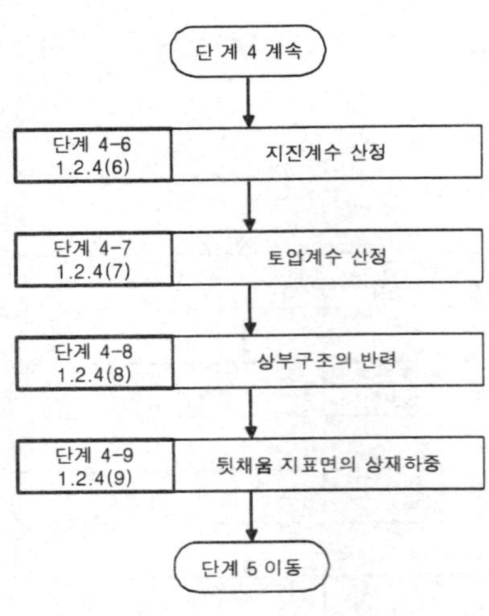

<그림 509.1.9> 교대 설계조건

1.2.6 [단계 5] 교대 설계력 산정

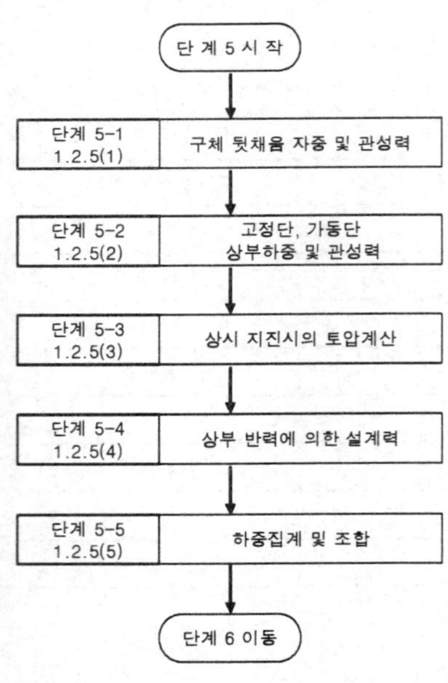

<그림 509.1.10> 교대 설계력 산정

1.2.7 [단계 6] 안정검토

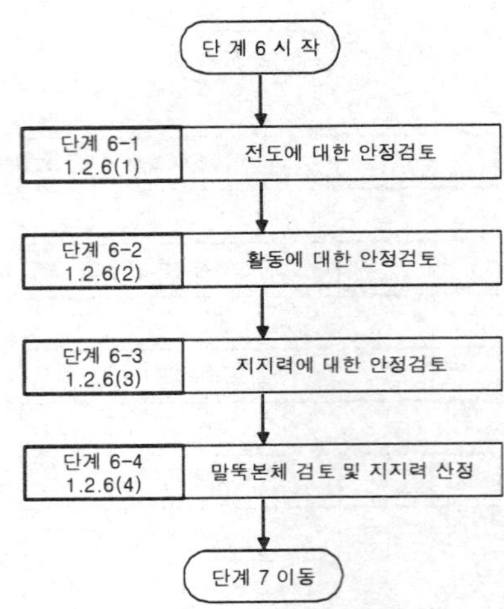

<그림 509.1.11> 안정검토

1.2.8 [단계 7] 단면검토

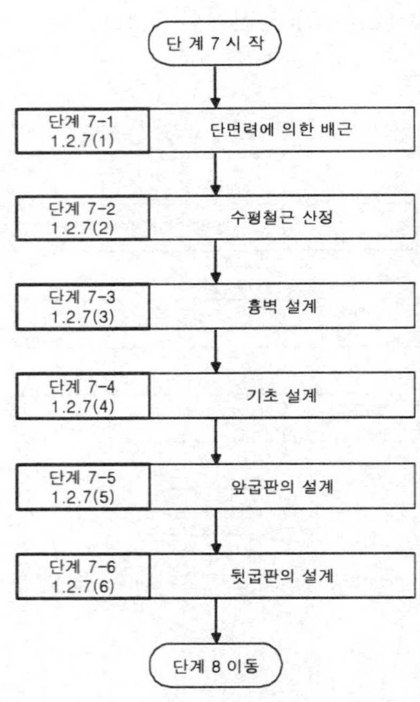

<그림 509.1.12> 단면검토

1.2.9 [단계 8] 접속슬래브 설계

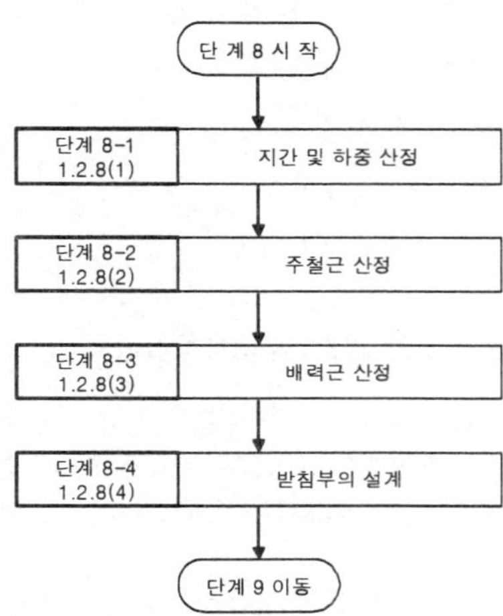

<그림 509.1.13> 접속슬래브 설계

1.2.10 [단계 9] 교대 날개벽 설계

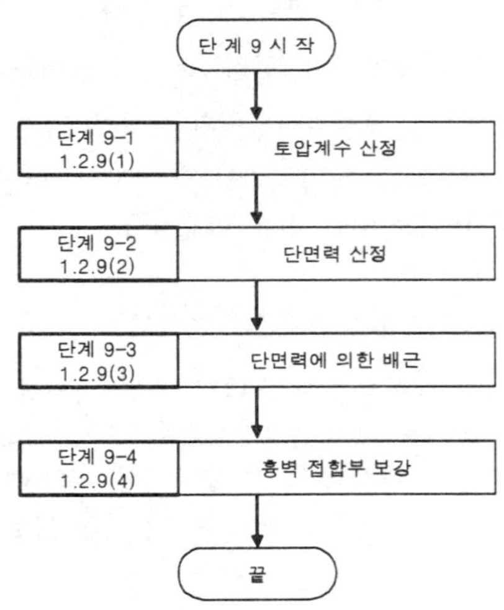

<그림 509.1.14> 교대 날개벽 설계

1.3 설계단계별 고려사항

1.3.1 [단계 1] 단면가정

(1) [단계 1-1] 재료의 특성

사용재료를 선정하고 재료강도를 가정한다. 교량 하부구조의 콘크리트 압축강도와 철근의 항복강도는 $f_{ck} = 24$ MPa, $f_y = 300$ MPa (SD 300)을 일반적으로 적용하고 있으나 교량의 형식과 구조적 특징에 따라서 상향조정될 수 있다.

(2) [단계 1-2] 받침의 선정

상부구조 형식을 고려하여 받침을 선정한 후 교대의 받침길이를 가정한다. 이때 받침부 받침면의 길이는 받침 연단길이, 받침 크기, 상부구조의 여유간격, 지진에 의한 받침지지길이 등을 복합적으로 고려하여 결정한다.

(3) [단계 1-3] 상부구조 형고 확보

상부구조의 형고와 받침을 포함하여 유지관리 높이를 확보한 흉벽의 높이를 가정한다. 장경간 PSC박스거더교나 강박스거더교는 형고가 높아 흉벽의 높이가 높고 하중이 크므로 역T형 교대를 일반적으로 적용하고, 형고가 작고 하중이 작은 슬래브교는 반중력식 교대가 유리하다.

(4) [단계 1-4] 부재의 단면가정

교대의 기초면에서 흉벽까지의 단면의 치수를 가정한다. 흉벽 배면의 상면에서 접속슬래브 받침의 높이는 포장두께에 따라 조정하여 높이를 산정한다.

1.3.2 [단계 2] 지진변위 검토

(1) [단계 2-1] 받침 연단길이 검토

받침면은 상부구조로부터 전달되는 하중을 받침을 통하여 하부구조로 전달하는 부위이므로 집중하중을 받는 부위이며 또한 지진 시에는 큰 수평력이 작용하는 곳이다. 따라서 받침 끝에서 정부연단까지의 거리가 작으면 고정단에서는 전단면에 연하여 받침면이 파손되는 경우가 있고 또한 가동단에서는 받침이 이탈되어 낙교사고가 발생할 수 있다.

<그림 509.1.15>에 도시한 바와 같이 받침 연단거리 S의 크기는 강재받침의 경우 받침 끝까지로

정하고, 고무받침의 경우에는 상부구조의 신축과 회전이 고무받침 자체의 변형에 의해 흡수되어 받침면의 파괴는 앵커로부터 생긴다고 생각하여 앵커 중심까지로 정한다. 부득이 받침의 연단거리를 확보하지 못할 경우 받침면의 파손에 대한 안정성을 검토하여 보강방안을 수립 후 연단거리를 적용할 수 있다.

거더의 경간길이 100 m 이하 : $S = 200 + 5L$

거더의 경간길이 100 m 이상 : $S = 300 + 4L$

여기서, L : 경간길이 (m)

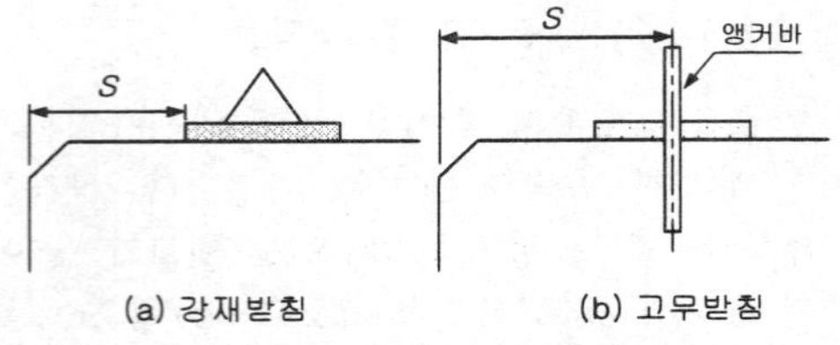

<그림 509.1.15> 받침연단거리

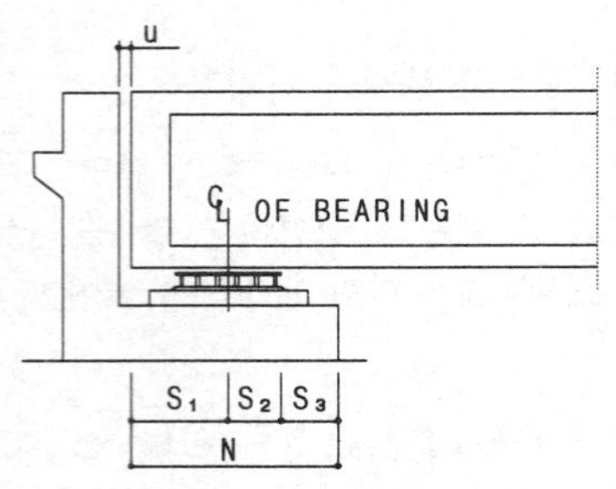

<그림 509.1.16> 교대의 연단 및 받침지지길이

그림에서,

S_1 : 주형 끝에서 받침 중심까지의 거리

S_2 : 받침 길이의 1/2

S_3 : 받침 연단거리

N : 최소받침 지지길이

u : 상부구조의 여유간격

(2) [단계 2-2] 최소 받침지지길이

교량의 단부에서 지진시의 낙교를 방지하기 위하여 최소 받침지지길이 N(mm)은 다음 값 보다 작아서는 안 된다[<그림 509.1.17> 참조].

$$N = (200 + 1.67L + 6.66H)(1 + 0.000125\theta^2) \qquad (509.1.1)$$

여기서,

L : 인접 신축이음부까지 또는 교량단부까지의 거리. 다만, 지간내에 힌지가 있는 경우의 L은 힌지 좌우방향의 거리인 L_1과 L_2의 합

H : 기둥의 평균높이 (단경간교 평균높이는 0)

θ : 받침선과 교축직각방향의 사이각(도)

이때 최소 받침지지길이는 최대 탄성변위와 비교하여 큰 값을 적용한다.

(3) [단계 2-3] 상부구조의 여유간격

지진시에 상부구조와 교대의 충돌에 의한 주요 부재의 손상을 방지하고, 설계시 고려된 내진성능이 충분히 발휘될 수 있도록 [도·설 6.4.8(5)]의 규정에 따라 상부구조의 여유간격을 검토한다.

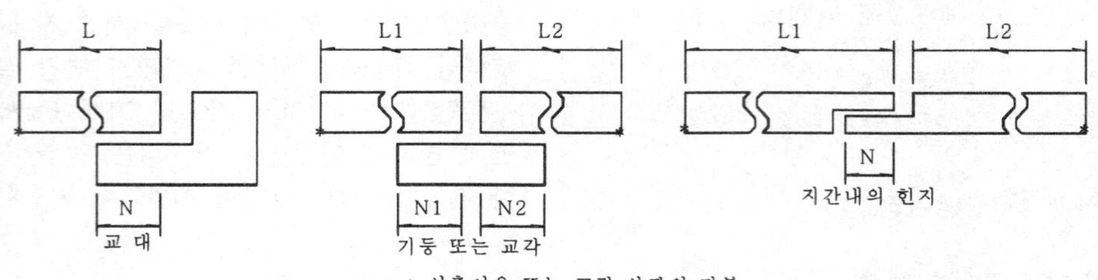

<그림 509.1.17> 최소 받침지지길이 규정에 관한 치수

1.3.3 [단계 3] 받침부 설계

(1) [단계 3-1] 받침 설계

받침의 수직력, 수평력과 변위를 고려하여 받침을 선정한다. 이때 받침은 풍하중 등의 하중에 견딜 수 있어야 하며, 특히 지진시에는 중요연결구조로 완전한 강도를 유지하기 위하여 1.0(교각) 및 0.8(상부구조와 교대)의 응답수정계수 R값을 고려하여 탄성지진력과 같거나 크게 받침설계를 하여야 한다.

(2) [단계 3-2] 내진장치 설계

받침이 지진시 수평력을 초과할 때 지진시 구조계를 유지시키기 위하여 별도의 내진장치(Shear Key 또는 Damper 등)를 설치한다.

(3) [단계 3-3] 받침 하면 보강

① 연직하중에 대한 보강

받침 하면 콘크리트에는 연직하중에 의한 인장응력이 발생하므로 교축방향 및 교축직각방향으로 아래의 식으로 구한 철근량을 배근한다.

$$A_{sn1} = \frac{1}{4}\left(1 - \frac{b_1}{b_c}\right)\frac{P}{f_{sa}} \qquad (509.1.2)$$

여기서,

A_{sn1} : 연직력에 대한 철근량 (mm^2)

P : 연직하중 (kN)

b_1 : 연직하중의 작용폭 (mm)

b_2 : P의 작용점으로부터 받침 외측까지의 거리 (mm)

b_c : 연직하중의 분포폭 (mm)
($b_c = 2 \times b_2 \le 5 \times b_1$)

② 수평하중에 대한 보강

받침의 하면에는 수평하중에 대한 보강철근으로서 아래의 식에서 구한 철근량을 교축방향과 교축직각방향을 구분하여 연직하중에 의한 철근량에 더하여 배근한다.

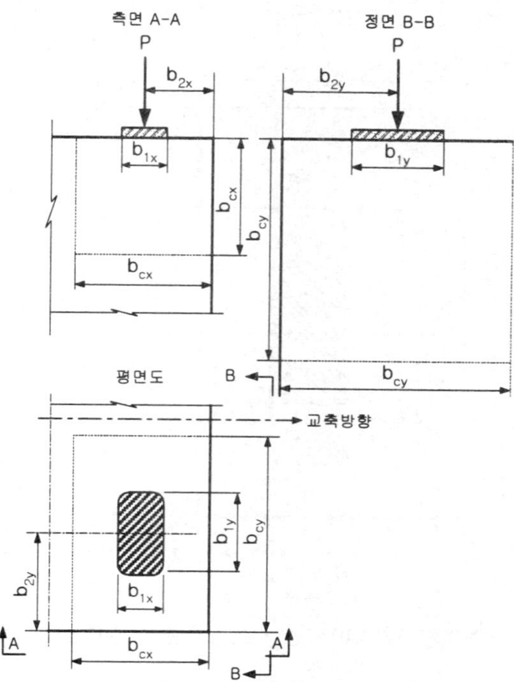

<그림 509.1.18> 연직하중에 대한 보강철근

$$A_{sn2} = H / f_{sa} \qquad (509.1.3a)$$

여기서,

A_{sn2} : 수평하중에 대한 수평철근량 (mm^2)

H : 받침에 작용하는 수평하중 (kN)

f_{sa} : 철근의 허용인장응력 (MPa)

(4) [단계 3-4] 받침 콘크리트 보강

수평하중에 의해 받침과 하부구조 상면 사이작용하는 전단응력에 대하여 수직철근의 전단마찰로 보강한다. 전단마찰 계산시 마찰계수는 μ=1.0을 적용한다.

$$A_s = H / f_{sa} \qquad (509.1.3b)$$

여기서 ,

A_s : 수평보강 철근량 (mm^2)

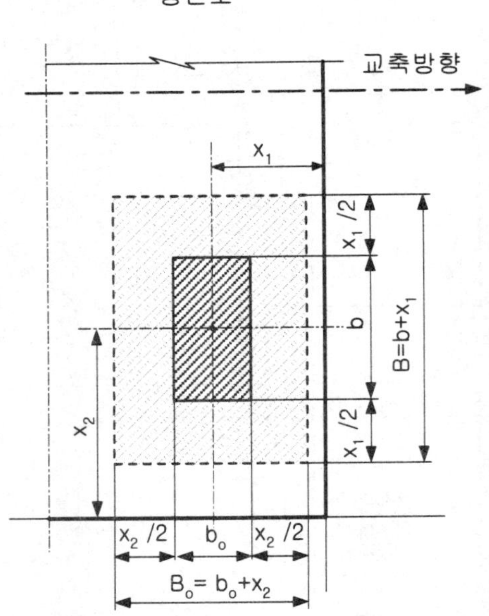

<그림 509.1.19> 받침 보강철근의 유효범위

H : 수평력 (kN)

f_{sa} : 철근의 허용인장응력 (MPa)

1.3.4 [단계 4] 교대 설계조건

(1) [단계 4-1] 받침 마찰계수

상부하중의 관성력 및 가동받침의 수평력을 산정할 때 가동받침의 마찰계수를 사용하도록 한다. 고무받침 계열의 받침은 전단변형에 대하여 수평저항을 하지만 겉보기의 정지마찰계수는 0.15로 하여도 무방하다.

온도변화에 따른 받침의 마찰에 의해 일어나는 수평력은 원칙적으로 고정하중에 받침의 정지마찰계수를 곱한 것으로 하지만 경우에 따라서는 과대한 값이 될 수 있으므로 주의하여야 한다.

(2) [단계 4-2] 사용재료 및 강도

콘크리트의 설계기준강도는 [도 · 설 2.3.2.2]의 규정을 만족하여야 한다.

(3) [단계 4-3] 뒷채움의 조건

교대의 뒷채움 흙의 경우 양질의 뒷채움재로 채운 후 다짐을 원칙으로 하며, 흙의 단위질량은 성토시 모래 및 자갈지반의 경우로 할 수 있다.

(4) [단계 4-4] 기초 저면의 조건 (활동의 조건)

기초 저면에 있어서 토압에 의하여 기초 저면에 전단력이 발생한다. 이때 기초 저면의 허용전단력은 기초가 수평으로 활동하는 것을 방지하고 수평력을 지반에 전달하도록 지지지반에 밀착하고 충분한 활동저항을 갖도록 설계하여야 한다. 이때 허용전단력을 구하는 방법으로 편람 509.4를 따른다.

(5) [단계 4-5] 근입지반의 조건(지지력의 조건)

지반의 허용연직지지력은 하중의 편심, 경사, 지반조건, 기층조건 및 기초의 침하량을 고려하여 정하여야 한다. 이때 지지력 및 침하의 조건은 편람 509.4에 따라 구한다.

(6) [단계 4-6] 지진계수 산정

독립식 교대의 경우 수평지진계수는 [도 · 설 6.6.3.2]에 따라 적용한다.

참고로 경사말뚝이 아닌 수직말뚝의 경우 수평지진계수를 1.5A로 하여야 하는지 논란이 되고 있다. 수직말뚝의 경우 향후 연구를 통해 기준이 정립이 필요하나, 편람에서는 수평지진계수를 변위를 허용하는 교대값의 0.5A와 변위를 구속하는 교대 1.5A 의 중간값인 1.0A로 하여 과대한 설계가 되지 않도록 적용하였다.

(7) [단계 4-7] 토압계수의 산정

토압계수의 산정은 평상시 [도 · 설 5.5.9]에 따라 Coulomb의 토압계수를 적용하고, 지진시의 독립식 교대에 대해서는 토압계수는 [도 · 설 6.6.3.2]에 따라 Mononobe-Okabe의 토압공식을 사용한다.

(8) [단계 4-8] 상부구조의 반력

교대의 경우 토압이 교대의 전폭에 걸쳐 균일하게 작용하므로 편의상 상부구조에 작용하는 반력을 고정하중과 활하중으로 구분하여 단위폭으로 환산하여 작용시킨다.

(9) [단계 4-9] 뒷채움 지표면의 상재하중

평상시 뒷채움 지표면의 상재하중은 교량등급에 관계없이 $q = 10$ kN/m^{2}으로 한다.

이것은 교대의 벽면치수에 비해 재하면적이 큰 경우로, 흉벽의 경우 재하면적이 작아 깊이가 깊어짐에 따라 토압이 감소하므로 깊이 방향의 감소를 고려하면 된다.

1.3.5 [단계 5] 교대 설계력 산정

(1) [단계 5-1] 구체, 뒷채움 자중 및 관성력

구체, 뒷채움의 자중을 중력방향에 대하여 구하고, 지진시 구체 및 뒷채움 자중에 의한 관성력을 K_h배 만큼의 수평력으로 환산한다.

(2) [단계 5-2] 고정단·가동단 상부하중 및 관성력

고정단 및 가동단의 상부하중에 대한 관성력을 교대 경사를 [도·설·해설 5.4.3.4(2)]에 따라 산정한다(<그림 509.1.20> 참조).

· 고정단 하부구조에 작용하는 수평력

$$F_F = W_d \cdot k_h - \Sigma F_{M1} \qquad (509.1.4a)$$

· 가동단 하부구조에 작용하는 수평력

$$F_M = F_{M1} + F_{M2} \qquad (509.1.4b)$$

다만,

$$F_{M1} = R \cdot k_h \cos^2\theta \qquad (509.1.4c)$$

$$F_{M2} = R \cdot k_h \sin^2\theta \,(k_h \sin\theta \le f_s \text{ 일 때})$$

$$= R \cdot f_s \sin\theta \,(k_h \sin\theta > f_s \text{ 일 때}) \qquad (509.1.4d)$$

여기서,

W_d : 들보의 전 사하중 (kN)

k_h : 설계수평진도

R : 생각하고 있는 하부구조에 작용하고 있는 지진시의 상부로부터 연직반력 (kN)

f_s : 가동받침의 마찰계수

(3) [단계5-3] 상시, 지진시의 토압계산

상시 토압은 삼각형분포로 교대 밑면으로부터 H/3 위치에 작용하는 것으로, 지진시 토압의 경

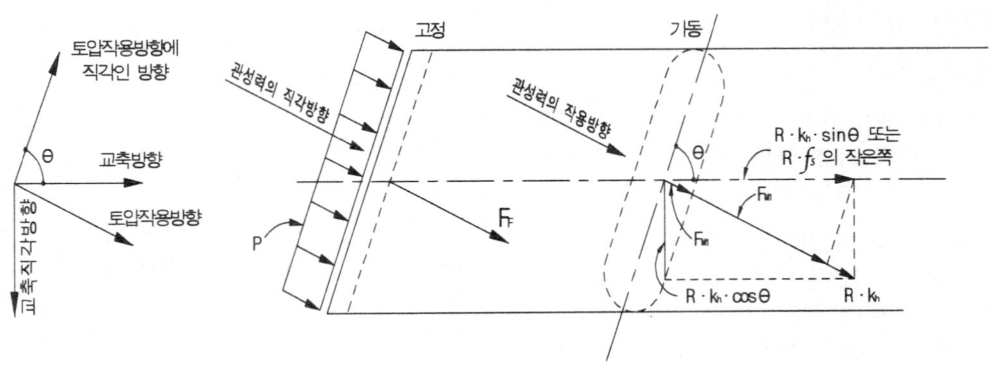

<그림 509.1.20> 경사교대의 지진시 수평력

우 상시 토압의 분력은 교대 밑면으로부터 H/3에 작용하는 것으로 하되 추가적인 동적 영향이 0.6H의 높이에 작용한다고 가정하여 토압의 분력 위치를 구하지만, 대부분의 경우에는 토압이 균등하게 분포되어 있고 그 높이는 H/2로 가정한다.

- 토압의 작용면은 다음 규정에 의한다.

· 뒷굽의 내민 길이가 200 ~ 300 mm 이하로 짧은 반중력식 또는 중력식 교대는 구체콘크리트 배면으로 한다.

· 역T형과 부벽식 교대의 경우 벽의 단면 계산에서는 구체콘크리트 배면, 안정계산에서는 뒤쪽 연단에서 연직인 가상배면으로 한다.

(4) [단계 5-4] 상부반력에 의한 설계력

상부반력 및 관성력에 의한 수평, 연직, 모멘트를 산정한다.

(5) [단계 5-5] 하중집계 및 조합

안정검토(상시, 가설시, 지진시) 및 단면설계를 위한 하중조합은 [도 · 설 2.2.3.2]의 규정에 따른다.

1.3.6 [단계 6] 안정검토

기초의 안정검토는 편람 509.4를 참고한다.

1.3.7 [단계 7] 단면검토

(1) [단계 7-1] 단면력에 의한 배근

① 역T형교대

벽체의 단면계산에서는 지진시의 토압을 구체콘크리트 배면에 직접 작용시키고, 뒷굽의 재하토사의 관성력은 고려하지 않아도 된다.

벽의 확대기초와의 접합부를 고정단으로 한 캔틸레버보로서 설계한다. 벽의 하단의 두께는 단면에 작용하는 축력, 휨모멘트 및 전단력으로 정하나, 벽에는 전단력에 저항시키기 위한 전단철근을 쓰게 되면 콘크리트를 타설하는데 방해가 되므로 전단철근을 쓰지 않아도 좋은 두께로 하는 것이 바람직하다.

② 부벽식교대

부벽식교대의 벽은 부벽으로만 지지된 연속보로 하여도 좋다. 이 경우 벽과 확대기초의 접합부에는 상당량의 가외철근을 각각 배면과 상면에 가까이 배근해야 한다. 이 철근량은 벽과 확대기초의 접합단면에 있어서 배력철근과 같은 정도의 양을 사용하면 좋다. 다만, 확대기초의 두께가 두꺼운 경우는 확대기초 뒷면의 가외철근을 생략해도 좋다(<그림 509.1.21> 참조).

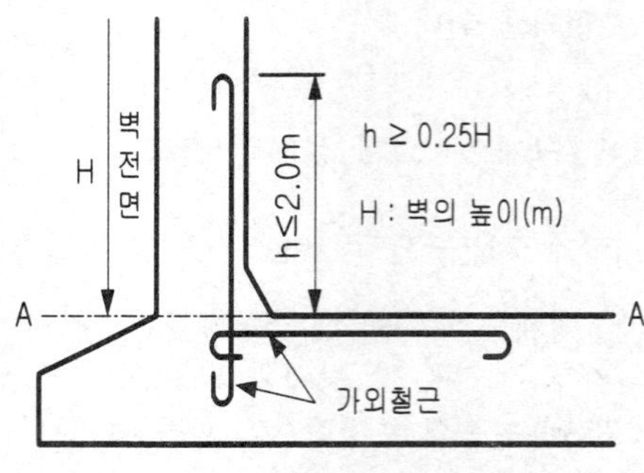

<그림 509.1.21> 가외철근

연속보로서 설계하는 경우의 휨모멘트 및 전단력은 다음 값으로 해도 좋다.

· 지간 휨모멘트 및 지점모멘트 : $\pm \omega l^2 / 10$

· 전단력 : $\omega \cdot l/2$

여기서, ω : 보의 단위폭당 토압 (kN/m²), l : 부벽의 중심간격 (m)

벽의 두께는 시공이 확실히 되도록 300 mm 이상으로 하는 것이 좋다.

부벽은 부벽간의 중심간격에 작용하는 수평하중에 대하여 휨모멘트와 전단력을 계산한다. 휨모멘트에 대한 인장철근은 부벽의 배면에 연해서 경사지게 배치한다. 그 단면적은 보의 높이가 변화하는 쐐기형의 보로 간주하고 구하는 것이 좋으나, 간단히 하기 위해 T형 단면에서 콘크리트의 전압축응력이 연직벽 두께의 중심에 작용하는 것으로 가정해서 <그림 509.1.22>에 도시한 바와 같이 구해도 좋다. 또한, 계산의 편의를 도모하기 위해 축력을 무시하고 있다. 따라서 축력이 큰 경우는 단면의 압축측이 위험하게 되는 경우가 있으므로 콘크리트의 휨압축응력에 대해서도 검토하여야 한다.

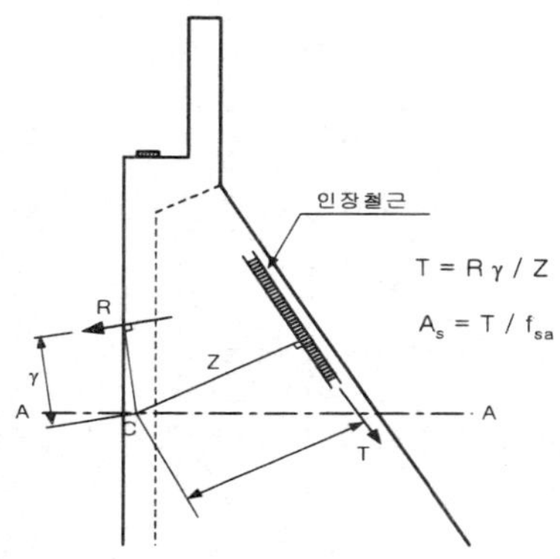

<그림 509.1.22> 부벽 배면의 철근배치

③ 중력식 및 반중력식 교대

축방향 편심하중을 받는 무근콘크리트 부재의 콘크리트 응력은 다음 식에 의하여 산출하도록 한다.

$$f_c = \frac{N}{A} \pm \frac{N \cdot e}{Z} \tag{509.1.5}$$

여기서,

f_c : 콘크리트 단면의 연응력 (MPa)

N : 축방향력 (kN)

A : 콘크리트의 전단면적 (mm^2)

e : 콘크리트 단면의 도심축으로부터 축방향력 작용점까지의 거리 (mm)

Z : 콘크리트 단면의 도심축에 관한 단면계수 (mm^3)

이 때 무근 콘크리트로서 설계한 구체의 전인장응력이 그 허용 휨인장응력을 넘는 경우 콘크리트에서 전인장응력을 철근으로 부담시키지 않으면 안된다. 이때 철근의 단면적은 단면에 생긴 전인장응력을 <그림 509.1.23>에 도시한 바와 같이 철근의 허용 인장응력으로 나누어 얻어진 값으로 하면 좋다.

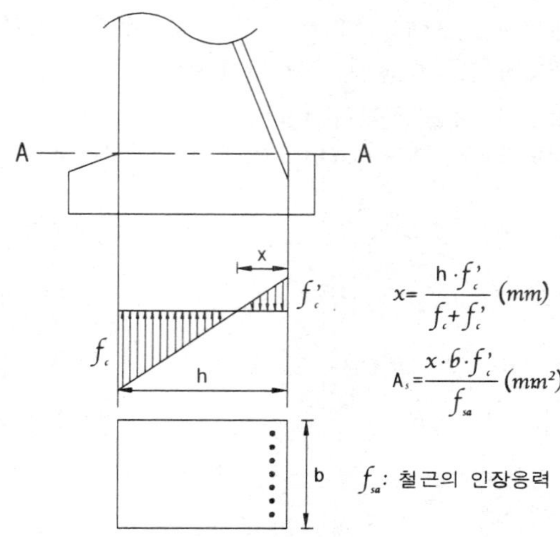

<그림 509.1.23> 인장응력이 발생하는 무근콘크리트

(2) [단계 7-2] 수평철근 산정

교대 벽체 및 기초의 최소 수평철근은 [도 · 설 4.3.9]의 규정에 따른다.

참고로 2000년 발간된 편람에서는 교대의 수평철근을 [콘 · 설 11.3]의 최소철근비 규정에 따라 적용 하는 것으로 하였다. 그러나 부재의 두께의 제한 없이 단면적에 비례하는 철근량을 산정하도록 함으로서 과도한 수평철근량이 배근되어야만 하는 실정이다.

[도 · 설 4.3.9]는 위에서 언급된 문제점을 개선하여 건조수축 및 온도의 최소철근비를 0.0015로 규정하였으며, 부재의 두께가 1.2 m 이상인 경우에는 두께를 1.2 m로 보고 철근량을 산정하는 것으로 하였으며, 또한 단위 m당 300 ㎟ 이상 배근하는 것으로 되어있다. 따라서 교대의 벽체 및 기초의 경우 수평철근량은 현행 [도 · 설 4.3.9]에 따라서 최소철근비를 0.0015로 적용하여 설계하는 것으로 하였다.

(3) [단계 7-3] 흉벽설계

윤하중 및 토압에 의한 단면력을 산정한다. 윤하중과 같이 재하면적이 작고 비교적 짧은 시간에 재하되는 것에 대해서는 깊이와 더불어 토압강도는 작아지므로, 윤하중에 의한 하중강도를 합력이 지표에서 1.0 m 범위의 하중을 외력으로 생각하여 나타낸 윤하중 단면력 M_p 및 S_p 와 토압을 다음과 같이 나타낼 수 있다. 윤하중에 의한 하중상태는 <그림 509.1.24>를 참고한다.

$$M_p = 114.6\ K_a\ (h - 0.36) \tag{509.1.6a}$$

$$S_p = 114.6\ k_a \tag{509.1.6b}$$

$$P_h = 1/2 \cdot K_a \gamma h^2 \cos\delta \tag{509.1.6c}$$

$$M_e = 1/3 \cdot P_h \cdot h \tag{509.1.6d}$$

여기서,

P_x : 길이 x 에서 윤하중강도 (kNm/m^2)
M_p : 윤하중에 의한 휨모멘트 (kN/m)
S_p : 윤하중에 의한 전단력 (kN/m)
P_h : 토압 (kN/m)
γ : 흙의 단위 중량 (kN/m^3)
δ : 벽배면과 흙 사이의 벽면 마찰각 (δ=ψ/3)
K_a : Coulomb의 토압에 의한 주동토압계수
h : 흉벽의 높이 (m)

(4) [단계 7-4] 기초설계

교대의 구체 및 토압, 활하중에 대한 기초에 발생하는 단면력을 구한다.

(5) [단계 7-5] 앞굽판의 배근

휨모멘트의 위험단면은 벽체 전면으로 하고 전단력에 대한 위험단면은 벽체 전면에서 유효높이 d 만큼 떨어진 단면에서 검토한다.

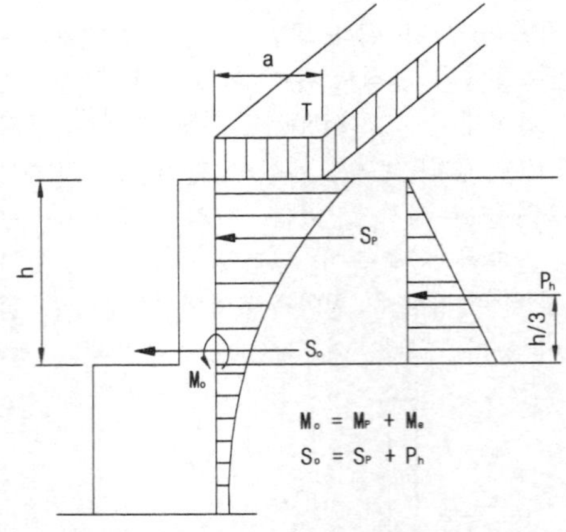

<그림 509.1.24> 윤하중에 의한 하중상태

(6) [단계 7-6] 뒷굽판의 배근

휨모멘트의 위험단면 및 전단력의 위험단면을 벽체 배면으로 한다.

뒷굽판의 경우 앞굽과는 반대로 뒷굽의 상면에서 인장력이 발생하는 부분으로 [콘 · 설 해설 그림 7.2.1.3(다)]와 같이 전단의 위험단면은 벽체와 기초의 접합부에서 검토되어야 한다.

1.3.8 [단계 8] 접속슬래브 설계

(1) [단계 8-1] 지간 및 하중 산정

접속슬래브 길이(교축방향)의 70%를 지간으로 한 단순보로 계산해도 좋다. 접속슬래브의 하중은 고정하중과 윤하중으로 한다. 충격계수는 0.3으로 한다.

(2) [단계 8-2] 주철근 산정

윤하중의 분포폭은 [도 · 설 4.7.5.1]의 규정에 따라 주철근이 차량진행방향과 평행한 경우로 산정한다.

$$E = 1.2 + 0.06\,L < 2.1\ m \tag{509.1.7a}$$

$$P_s = P(1+i)/E \tag{509.1.7b}$$

여기서,

E : 윤하중분포폭

P_s : 윤하중

P : DB하중의 1륜 하중

고정하중은 등분포하중으로, 윤하중은 집중하중으로 하여 단면력 및 철근량을 산정한다.

(3) [단계 8-3] 배력근 산정

주철근이 차량진행방향에 평행할 때의 경우로 [도・설 4.7.5.7]의 규정에 따른다.

$55/\sqrt{L}$와 최대 주철근의 50% 중 작은 값 이상으로 하며, 배근되는 배력철근량은 온도 및 건조수축 철근량의 비 0.2% 이상이 되도록 하여야 한다.

(4) [단계 8-4] 받침부의 설계

고정하중반력 및 윤하중 브라켓에 전달되는 내민받침에 대한 전단설계를 한다.

1.3.9 [단계 9] 교대 날개벽 설계

(1) [단계 9-1] 토압계수 산정

날개벽의 경우 교대 앞벽과 날개벽이 U자 형상으로 되는 교대에 있어서는 내부를 채운 흙이 활하중에 의해 끊임없이 전압되어 날개벽 접속부에 균열이 발생한 예가 대단히 많다. 따라서 날개벽의 토압은 정지토압 이상의 토압발생 가능성이 있어 적어도 정지토압으로 설계한다.

(2) [단계 9-2] 단면력 산정

측벽형 및 평행형 날개벽의 경우로 나누어 관용적인 방법 또는 2변 고정판의 경우로 설계한다. 날개벽의 형상과 2변지지 날개벽에 대한 설계모멘트는 <그림 509.1.26>, <그림 509.1.25>와 같다.

<그림 509.1.26>에서 A, D 부분은 a-b 및 e-f에 지지된 캔틸레버보로서 설계한다. 이때 a-b 및 e-f 의 설계는 캔틸레버보에 A, D부분에 작용하는 토압 합력을 작용시켜 구해지는 고정단 단면력을 a-b 및 e-f 부분에 등분포시켜서 구해도 좋다. 또한 B, C에 대해서는 b-c 및 c-d에 지지된 캔틸레버보로서 설계한다. 이 경우 b-c 및 c-d를 b-b′, b′-c 및 c-c′, c′-d 의 두 구간으로 분할하여 각각의 구간에서 가장 불리한 장소에서 계산한 단면력으로 설계하는 것이 좋다.

<그림 509.1.25>에 있어서 b-b′ 구간은 b점에 있어서의 단위길이 당 모멘트 M_b에 의하여 설계하고 같은 방법으로 b′-c는 $M_{b'}$, c-c′는 $M_{c'}$, c-d는 M_d에 의해서 설계하는 것이 좋다.

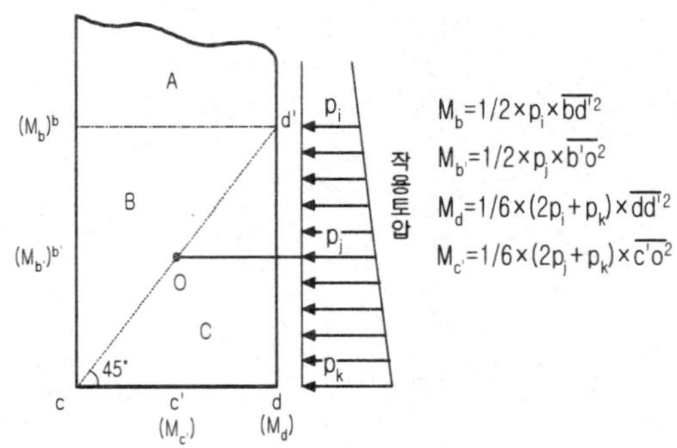

<그림 509.1.25> 2변지지 날개벽의 설계

(3) [단계 9-3] 단면력에 의한 배근

평행형 날개벽과 2변지지 날개벽에서 구한 단면력으로 날개벽에 철근으로 보강한다. 특히 2변지지 날개벽의 경우 지지면이 두 방향이므로 두 방향 모두에 만족한 배근을 해야 한다.

(4) [단계 9-4] 흉벽 접합부 보강

평행형의 날개벽은 수평 주철근을 흉벽배력근(수평철근) 방향에 정착시키지 않으면 안되므로 흉벽의 벽두께나 수평철근량이 날개벽보다 작은 경우는 흉벽에 보강철근을 추가해 둘 필요가 있다.

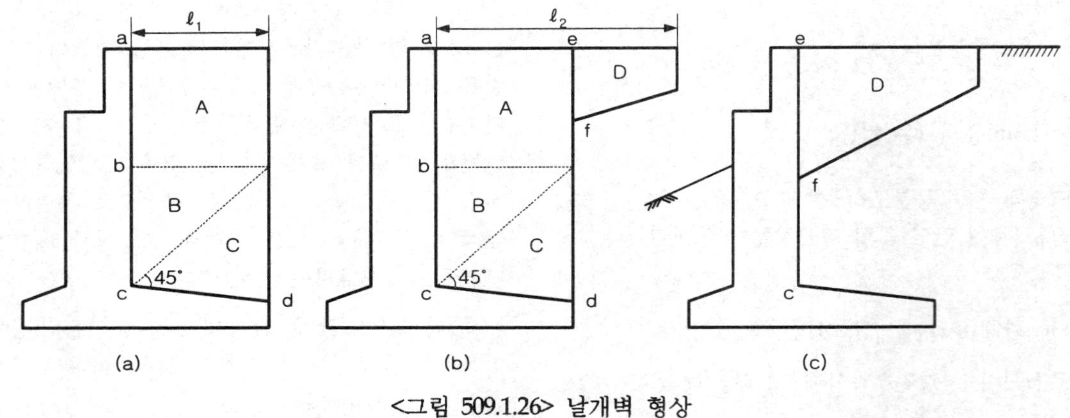

<그림 509.1.26> 날개벽 형상

1.4 역T형식 교대 설계 예

1.4.1 **[단계 1] 단면가정**

- 상부구조
  - 구조형식 : 강박스거더교
  - 교량등급 : 1등급 (내진 1등급)
  - 지 간 : 55.0 + 60.0 + 60.0 + 55.0 = 230.0 m

- 하부구조
  - 구체형식 : 철근콘크리트 역T형식 교대
  - 기초형식 : 파일기초
  - 폭 원 : 10.50 m

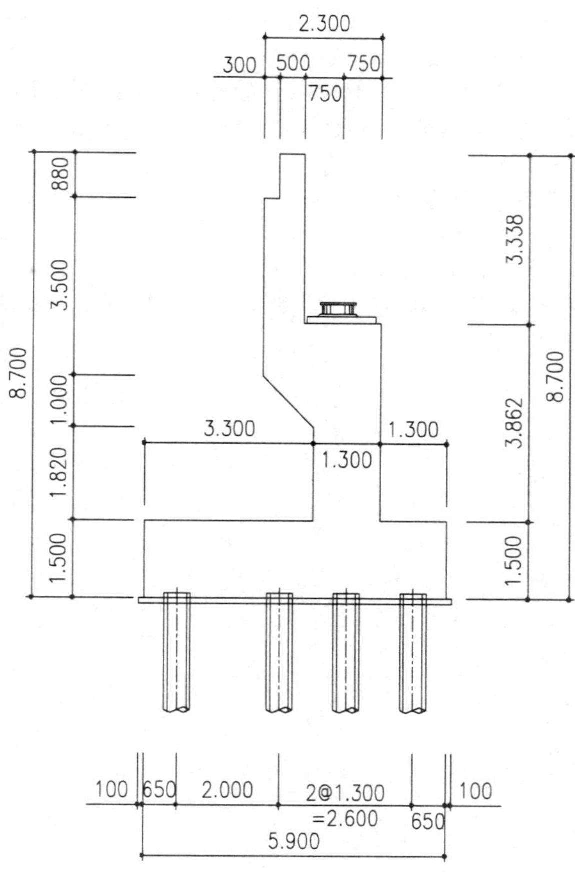

(1) [단계 1-1] 재료의 특성

교량 하부구조 설계에 사용하는 콘크리트와 철근의 강도는 통상적으로 f_{ck} = 24 MPa, f_y = 300 MPa로 적용하고 있으나, 구조형식이 특성을 고려하여 상향 조정될 수 있다.

(2) [단계 1-2] 받침의 선정

상부구조의 형식을 고려하여 받침을 선정하며 교대의 받침길이를 가정한다. 이때 받침면의 길이는 받침 연단길이, 받침 크기, 상부의 탄성 및 지진변위, 지진에 의한 받침지지 길이 등을 복합적으로 고려하여 결정한다.

(3) [단계 1-3] 상부구조 형고 확보

상부구조와 교량받침부를 포함하여 받침의 유지관리 높이를 확보한 흉벽의 높이를 가정한다. 장경간 PSC 박스거더교나 강박스거더교의 경우 형고가 높아 흉벽의 높이가 높고 하중이 크므로 역T형 교대가 일반적이고 형고가 작고 하중이 작은 슬래브교량의 경우 반중력식 교대가 유리하다.

(4) [단계 1-4] 부재의 단면가정

교대의 기초면에서의 흉벽까지의 단면의 치수를 가정한다. 흉벽 배면의 상면에서 접속슬래브 받침의 높이는 포장두께에 따라 조정하여 높이를 산정한다.

1.4.2 **[단계 2] 지진 변위 검토**

(1) [단계 2-1] 받침 연단길이 검토

받침은 연직하중 1,600 kN 포트받침으로 가정하였고 받침의 크기는 340 mm 정도로 연단거리 검토함.

① 연단거리

$S = 200 + 5 \cdot L = 200 + 5 \cdot 55$

$= 475$ mm

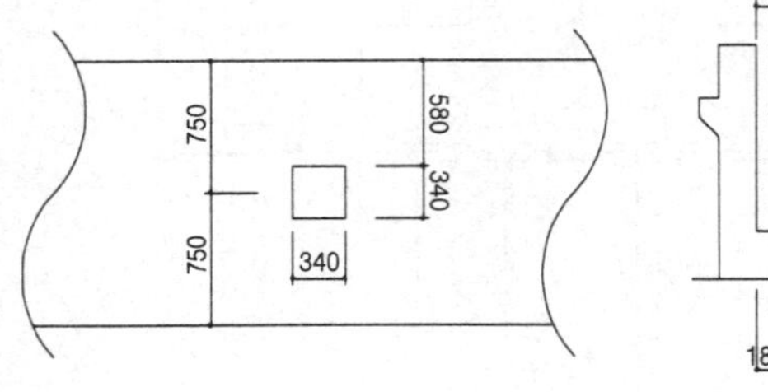

② 1,600 kN 받침의 연단거리 580 mm > 475 mm OK

(2) [단계 2-2] 최소 받침지지 길이

① 받침지지 길이

사각이 0°이므로 받침선과 교축직각방향의 사잇각은 0°

$N = (200 + 1.67 \times L + 6.66 \times H)(1 + 0.000125 \times \Theta^2)$ mm
$= 200 + 1.67 \times 230 + 6.66 \times 12 = 664.02$ mm

② 실제 받침지지 길이
N = 1,320 mm > 664.02 mm OK

(3) [단계 2-3] 상부구조의 여유간격

① 평상시의 신축장치 유간
· $\Delta l = 93$ mm

② 지진시의 상부구조 여유간격
· $\Delta l = d + \Delta l_s + \Delta l_c + 0.4\Delta l_t$
· d : 지반에 대한 상부구조의 총변위 ($d_i + d_{sub}$)
· Δl_s : 콘크리트의 건조수축에 의한 이동량 (mm)
· Δl_c : 콘크리트의 크리프에 의한 이동량 (mm)
· Δl_t : 온도변화로 인한 이동량
· $\Delta l = 45 + 0 + 0 + 46 = 91$ mm
따라서 상부구조의 여유간격은 130 mm 적용

※ 지진시 상부가 교대의 흉벽에 충돌하는 쪽의 경우 건조수축과 크리프의 변위량은 충돌하려는 변위와 반대방향으로 거동하기 때문에 건조수축과 크리프의 변위량은 상부구조의 여유간격 감소 요인으로 작용하므로 받침의 이동량 및 신축유간보다 상부구조의 여유간격을 크게 확보하기 위해서는 건조수축 및 크리크에 의한 이동은 완료된 것으로 보고 상부구조의 여유간격을 산정한다.

1.4.3 [단계 3] 받침부 설계

(1) [단계 3-1] 받침설계
포트받침으로 가정하였고 연직하중 1,600 kN 용량의 포트받침은 320 kN 내외의 수평저항력을 가진다.
· 1,600 kN의 포트받침의 지진시 허용수평력 = 320 kN
· 탄성지진력 : 209.16 kN

(2) [단계 3-2] 내진 장치 설계
· 포트받침 허용수평력 320 kN > 탄성 지진력 261.45 kN (R = 0.8)
∴ 내진장치 불필요

(3) [단계 3-3] 받침 하면 보강
· 받침에 작용하는 하중
- 연직하중 : 799.56 kN(고정하중) + 398.99 kN(활하중) = 1198.55 kN
- 수평하중

교축방향 : 799.56 kN × 0.05 / 1.15 = 34.76 kN (온도변화의 영향고려)
교축직각방향 : 261.45 / 1.33 = 196.58 kN (탄성지진력)

① 연직하중에 대한 보강

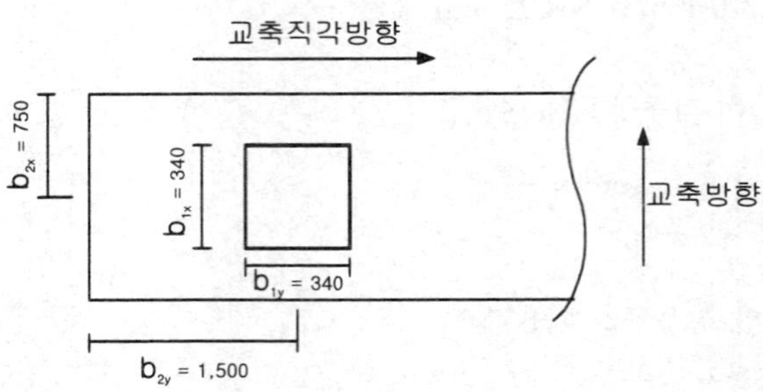

$b_{1x} = 340\,\text{mm} \qquad b_{1y} = 340\,\text{mm}$

$b_{2x} = 750\,\text{mm} \qquad b_{2y} = 1,500\,\text{mm}$

$b_{cx} = 2 \times b_{2x} = 2 \times 750 = 1,500\ \text{mm} < 5 \times b_{1x} = 1,700\ \text{mm}$

$b_{cy} = 2 \times b_{2y} = 2 \times 1,500 = 3,000\,\text{mm} > 5 \times b_{1y} = 1,700\ \text{mm}$

$$A_{sx1} = \frac{1}{4} \times \left(1 - \frac{b_{1x}}{b_{cx}}\right) \times \frac{P}{f_{sa}}$$

$$= \frac{1}{4} \times \left(1 - \frac{340}{1,500}\right) \times \frac{1,198.55 \times 10^3}{150}$$

= 1,544 mm²

$$A_{sy1} = \frac{1}{4} \times \left(1 - \frac{b_{1y}}{b_{cy}}\right) \times \frac{P}{f_{sa}}$$

$$= \frac{1}{4} \times \left(1 - \frac{340}{1,700}\right) \times \frac{1,198.55 \times 10^3}{150}$$

= 1,598 mm²

② 수평하중에 대한 보강

$$A_{sx2} = \frac{H_x}{f_{sa}} = \frac{34.76 \times 10^3}{150}$$

= 232 mm²

$$A_{sy2} = \frac{H_y}{f_{sa}} = \frac{196.58 \times 10^3}{150}$$

= 1,311 mm²

③ 철근 보강 범위

· 교축직각방향 철근보강 범위

$B_{xo} = b_{1x} + b_{2y} = 340 + 1,500 = 1,840\ \text{mm}$

여기서, 받침의 중심에서 연단까지 거리 750 mm가 $B_{xo}/2 = 920$ mm 보다 작으므로 보정필요

$$B_{xo}' = b_{2x} + \frac{B_{xo}}{2} = 750 + 920 = 1,670 \text{ mm}$$

· 교축방향 철근보강 범위

$$B_{yo} = b_{1x} + b_{2x} = 340 + 750 = 1,090 \text{ mm}$$

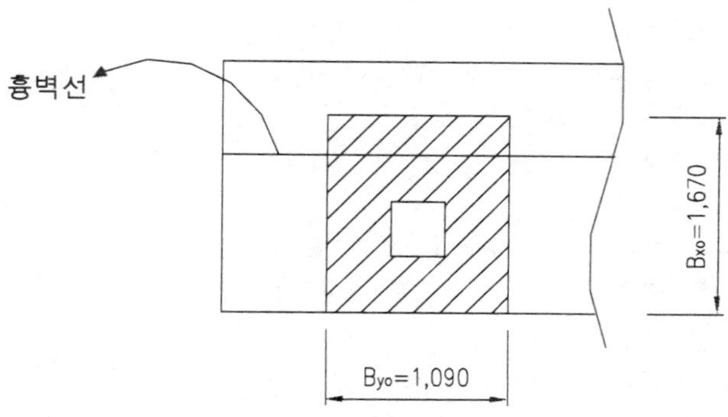

④ 철근량 산정

- 교축방향 : $A_{sx} = A_{sx1} + A_{sx2} = 1,544 + 232 = 1,776 \text{ mm}^2$
- $B_{yo} = 1,090$ mm 범위내에서 $D16 - 11EA$

  $A_s = 198.6 \times 11 = 2,185 \text{ mm}^2$
- 교축 직각 방향 : $A_{sy} = A_{sy1} + A_{sy2} = 1,598 + 1,311 = 2,909 \text{ mm}^2$
- $B_{xo} = 1,670$ mm 범위내에서 $D16 - 15EA$

  $A_s = 198.6 \times 15 = 2,979 \text{ mm}^2$

(4) [단계 3-4] 받침부 콘크리트 보강

- 교축방향 : $A_{s1} = \dfrac{H_{sx}}{f_{sa}} = 232 \text{ mm}^2$

  사용철근 $D16 - 5EA$

  $A_s = 198.6 \times 5 = 993 \text{ mm}^2$
- 교축직각방향 : $A_{s2} = \dfrac{H_{sy}}{f_{sa}} = 1,311 \text{ mm}^2$

  사용철근 $D16 - 7EA$

  $A_s = 198.6 \times 7 = 1,390 \text{ mm}^2$

1.4.4 [단계 4] 교대 설계조건

(1) [단계 4-1] 받침 마찰계수

- 받침의 종류 : 포트받침
- 마찰계수 : 0.05

(2) [단계 4-2] 사용재료 및 강도

재료	단위중량(kN/m^3)	재료	구분	설계기준강도(MPa)
철근콘크리트	25	콘크리트	압축강도	24
뒷채움흙	20	철근	항복강도	300

(3) [단계 4-3] 뒷채움의 조건

- 양질이고 충분히 다져지는 재료를 사용
- 단위중량 (γ_t = 20 kN/m^3)
- 전단 저항각 (Φ = 35°)

(4) [단계 4-4] 기초 저면의 조건 (활동의 조건)

교대의 활동검토를 위한 조건으로 활동면을 기준으로 한다.

- 기초저면 지반의 $N = 10$
- 전단 저항각 $\Phi = 20 + \sqrt{12N} = 30.954°$
- 지반 마찰각 $\Phi_B = \frac{2}{3}\Phi = 20.636°$
- 마찰계수 $u = \tan\Phi_B = 0.377$

(5) [단계 4-5] 근입지반의 조건

- 지반의 허용 연직지지력은 지반조건, 시공조건 등을 조사후 각종 설계기준에 따라 결정하여야 한다.

- 지반 허용 연직지지력

  Terzaghi의 허용지지력

  $q_u = \alpha c N_c + \beta \gamma_1 B N_r + \gamma_2 D_f N_q$

  여기서,

  α, β : 형상계수

  N_c, N_r, N_q : 지지력 계수

  γ_1 : 기초저면 상부지반의 단위중량(kN/m^3)

  γ_2 : 기초저면 하부지반의 단위중량(kN/m^3)

기초의 형상계수

형상계수	연속기초	원형기초	정사각형기초	직사각형기초
α	1.0	1.3	1.3	1 + 0.3B/L
β	0.5	0.3	0.4	0.5 - 0.1B/L

직사각형 기초이므로

$$\alpha = 1 + 0.3\frac{B}{L} = 1 + 0.3 \times \frac{5.9}{10.5} = 1.169$$

$$\beta = 0.5 - 0.1\frac{B}{L} = 0.5 - 0.1\frac{5.9}{10.5} = 0.444$$

지지력 계수 산정

지지력 계수는 아래의 그래프에서 구할 수 있다.

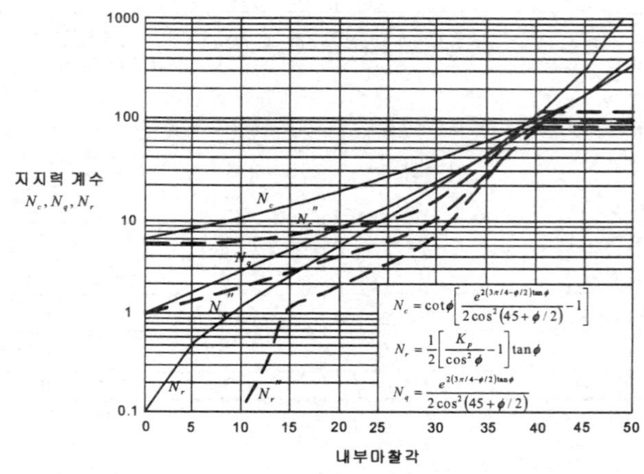

$N_c = 40.41$, $N_r = 22.65$, $N_q = 25.28$, $D_f = 2\,m$

검토결과

$$Q_u = \alpha c N_c + \beta \gamma_1 B N_r + \gamma_2 D_f N_q$$

$$= 1.169 \times 0 \times 40.41 + 0.444 \times 8 \times 5.411 \times 22.65$$

$$+ 8 \times 2.0 \times 25.28 = 839.81\,kN/m^2$$

$$Q_a = \frac{Q_u}{F_s} = \frac{839.81}{3} = 279.94\,kN/m^2$$

∴평상시 : 279.94 kN/m^2, 지진시 419.91 kN/m^2

(6) [단계 4-6] 지진계수 산정

- 내진1등급교량으로 지진구역은 I 구역으로 가속도계수를 산정
- 지진구역계수 0.11 , 위험도계수 1.4
- 가속도계수(A) = 지진구역계수 × 위험도계수 = 0.11×1.4 = 0.154
- 수평지진계수 $K_h = A = 0.154$ (수직 말뚝 기초)

참고로 경사말뚝이 아닌 수직말뚝의 경우 수평지진계수를 1.5A로 하여야 하는지 논란이 되고 있다. 수직말뚝의 경우 향후 지침 및 연구를 통해 기준이 정립이 필요하다. 본 편람 설계 예에서는 수평지진계수를 변위를 허용하는 교대 값의 0.5A와 변위를 구속하는 교대 1.5A 의 중간 값인 1.0A로 하여 과대한 설계가 되지 않도록 적용하였다.

(7) [단계 4-7] 토압계수 산정

- 평상시 토압계수 (Coulomb)산정

$$K_a = \frac{\cos^2(\phi - \beta)}{\cos^2\beta \cdot \cos(\beta + \delta)\left[1 + \sqrt{\frac{\sin(\phi + \delta) \cdot \sin(\phi - \alpha)}{\cos(\beta + \delta) \cdot \cos(\beta - \alpha)}}\right]^2}$$

- 지진시 토압계수(Mononobe-Okabe) 산정

$$K_{ae} = \frac{\cos^2(\phi - \Theta - \beta)}{\cos\Theta \cdot \cos^2\beta \cdot \cos(\delta + \Theta + \beta)\left[1 + \sqrt{\frac{\sin(\phi + \delta) \cdot \sin(\phi - \alpha - \Theta)}{\cos(\beta + \delta + \Theta) \cdot \cos(\beta - \alpha)}}\right]^2}$$

구 분	평상시		지진시	
	안정검토	벽체검토	안정검토	벽체단면
ϕ(deg)	35.0	35.0	35.0	35.0
α(deg)	0	0	0	0
β(deg)	0	0	0	0
δ(deg)	0	11.667	0	0
K_h	0	0	0.154	0.154
토압계수	0.271	0.251	0.363	0.363

(8) [단계 4-8] 상부구조의 반력

· 상부 고정하중 $= \frac{3,073.04}{10.5} = 292.67$ kN/m

· 상부 활하중 $= \frac{1,615.01}{10.5} = 153.81$ kN/m

(9) [단계 4-9] 뒷채움 지표면의 상재하중

· $q_o = 10$ kN/m^2

1.4.5 [단계 5] 교대 설계력 산정

(1) [단계 5-1] 구체, 뒷채움 자중 및 관성력

구체 및 뒷채움의 자중 및 중심을 구하고 관성력을 수평지진계수비 만큼의 수평력을 계산한다.

구분	체적 (m^3)	연직력 (kN)	관성력 (kN)	팔길이(m)		모멘트(kNm)	
				수평 X_i	수직 Y_i	M_x	M_y
구체	8.969	224.23	34.53	2.466	4.555	552.95	157.28
기초	8.850	221.25	34.07	2.950	0.750	652.69	25.55
토사	19.144	382.88	58.96	4.536	4.850	1,736.74	285.96
총계	36.963	828.36	127.56	-	-	2,942.38	468.79

관성력은 산정시 수평지진계수 $K_h = 0.154$

(2) [단계 5-2] 고정단 · 가동단 상부하중 및 관성력

· 상부하중 작용시 설계수평진도 $k_h = A \cdot S = 0.154 \cdot 1.2 = 0.185$

· 상부하중의 반력 $R = 292.67$ kN/m

$$F_{m1} = R \cdot k_h . \cos^2\Theta = 0$$

$$F_{m2} = R \cdot f_s . \sin\Theta = 292.67 \times 0.05 \times 1.0 = 14.63 \text{ kN/m}$$

$$(k_h . \sin\Theta = 0.185 > f_s = 0.05 \text{ 일 때})$$

$$\text{관성력 } F_m = F_{m1} + F_{m2} = 14.63 \text{ kN/m}$$

※ 연속교의 경우 교대에 작용하는 수평지진력은 상부를 포함한 전체 구조체에 대한 해석을 통해 하부구조(교대)에 대한 지진수평력을 구하는 것을 원칙으로 하지만 설계과정을 보여 주기위해 단경간에 준하는 지진 수평력으로 설계하는 것으로 하였다.

(3) [단계 5-3] 평상시, 지진시 토압계산

① 안정검토시

· 평상시 토압($H = 8.7$ m)

$$P_a = \frac{1}{2} \times K_a \times \gamma \times H^2 \times \cos\delta$$

$$= \frac{1}{2} \times 0.271 \times 20 \times 8.7^2 \times \cos 0°$$

= 205.12 kN

· 지진시 토압($H = 8.7$ m)

$$P_{ae} = \frac{1}{2} \times K_{ae} \times \gamma \times H^2 \times \cos\delta$$

$$= \frac{1}{2} \times 0.363 \times 20 \times 8.7^2 \times \cos 0°$$

= 274.75 kN

② 단면검토시

· 평상시 토압($H = 7.2$ m)

$$P_a = \frac{1}{2} \times K_a \times \gamma \times H^2 \times \cos\delta$$

$$= \frac{1}{2} \times 0.251 \times 20 \times 7.2^2 \times \cos 11.667°$$

= 127.43 kN

· 지진시 토압($H = 7.2$ m)

$$P_{ae} = \frac{1}{2} \times K_{ae} \times \gamma \times H^2 \times \cos\delta$$

$$= \frac{1}{2} \times 0.363 \times 20 \times 7.2^2 \times \cos 0°$$

= 188.18 kN

(4) [단계 5-4] 상부반력에 의한 설계력

구분	수직력 (kN)	수평력 (kN)	팔길이(m)		모멘트(kNm)	
			X	Y	M_x	M_y
고정하중	292.67	14.63	2.050	5.362	599.97	78.45
활하중	153.81	-	2.050	-	315.31	-

(5) [단계 5-5] 하중집계 및 조합

① 평상시 하중집계

구분	수직력 (kN)	수평력 (kN)	팔길이(m)		모멘트(kNm)	
			X	Y	$M_{저항}$	$M_{전도}$
교대구체	224.23	-	2.466	4.555	553.95	-
교대기초	221.25	-	2.950	0.750	652.69	-
배면토사	382.88	-	4.536	4.850	1,736.74	-
상부고정하중	292.67	14.63	2.050	5.362	599.97	78.45
배면토압	-	205.12	5.900	2.900	-	594.85
배면밖의 과재하중	-	23.58	5.900	4.350	-	102.57
과재하중	26.00	-	4.600	-	119.60	-
상부활하중	153.81	-	2.050	-	315.31	-
전도 및 활동 안전 검토	828.36	205.12			2,943.38	594.85
기초 지지력 안전 검토	1,300.84	243.33	$M_r - M_o$ = 3,202.39		3,978.26	775.87

② 지진시 하중조합

구분	수직력 (kN)	수평력 (kN)	팔길이(m)		모멘트(kNm)	
			X	Y	$M_{저항}$	$M_{전도}$
교대구체	224.23	34.53	2.466	4.555	553.95	157.28
교대기초	221.25	34.07	2.950	0.750	652.69	25.55
배면토사	382.88	58.96	4.536	4.850	1,736.74	285.96
상부고정하중	292.67	14.63	2.050	5.362	599.97	78.46
배면토압	-	274.75	5.900	4.350	-	1,194.58
전도 및 활동 안전 검토	1,121.03	416.94			3,543.35	1,741.83
기초 지지력 안전 검토	1,121.03	416.94	$M_r - M_o$ = 1,801.52		3,543.35	1,741.83

③ 안정 검토시 하중조합

U = 1.0D + 1.0(L + I) + 1.0H

U = 1.0D + 1.0H + 1.0E

④ 단면 검토시 하중조합

U = 1.3D + 2.15(L + I) + 1.7H

U = 1.0D + 1.0H + 1.0E

1.4.6 [단계 6] 안정검토

(1) [단계 6-1] 전도에 대한 안정

① · 평상시(상부구조 설치전, 노면 활하중 비재하시)

$$F_s = \frac{M_{저항}}{M_{전도}} = \frac{2,943.38}{594.85} = 4.948 > 1.5 \Rightarrow OK$$

② · 지진시

$$F_s = \frac{M_{저항}}{M_{전도}} = \frac{3,543.35}{1,741.83} = 2.034 > 2.0 \Rightarrow OK$$

(2) [단계 6-2] 활동에 대한 안정

① · 평상시

$$\mu(마찰계수) = \tan\phi_B = 0.377$$

$$F_s = \frac{\mu \times 수직력}{수평력} = \frac{0.377 \times 828.36}{205.12} = 1.522 > 1.5 \Rightarrow OK$$

② · 지진시

$$\mu(마찰계수) = \tan\phi_B = 0.377$$

$$F_s = \frac{\mu \times 수직력}{수평력} = \frac{0.377 \times 1,121.03}{416.94} = 1.014 < 1.20 \Rightarrow NG$$

(3) [단계 6-3] 지지력에 대한 안정

① 평상시

$$M = V \times \xi$$

$$\Rightarrow 3,202.39 = 1,300.84 \times \xi$$

$$\therefore \xi = 2.462\ m$$

$$\cdot 편심거리(e) = \frac{B}{2} - \xi = \frac{5.90}{2} - 2.462$$

$$= 0.488\ m \leqq \frac{B}{6} = 0.983 \Rightarrow OK$$

$$Q_{max} = \frac{V}{B}\left(1 + \frac{6 \cdot e}{B}\right) = \frac{1300.84}{5.9} \times \left(1 + \frac{6 \times 0.488}{5.9}\right) = 329.90\ \mathrm{kN/m^2}$$

$$Q_{min} = \frac{V}{B}\left(1 - \frac{6 \cdot e}{B}\right) = \frac{1300.84}{5.9} \times \left(1 - \frac{6 \times 0.488}{5.9}\right) = 111.06\ \mathrm{kN/m^2}$$

· 단위 면적당 최대 지반반력

$$Q_a = 279.94\ \mathrm{kN/m^2}$$

$$\therefore Q_{max} = 330.07 > 279.94\ \mathrm{kN/m^2} \Rightarrow \mathrm{NG}$$

② 지진시

$$M = V \times \xi$$

$$\Rightarrow 1,801.52 = 1,121.03 \times \xi$$

$$\therefore \xi = 1.607\ m$$

·편심거리$(e) = \frac{B}{2} - \xi = \frac{5.9}{2} - 1.607$

$$= 1.343\ m \leqq \frac{B}{3} = 1.967 \Rightarrow OK$$

$$Q_{max} = \frac{V}{B}\left(1 + \frac{6 \cdot e}{B}\right) = \frac{1,121.03}{5.9} \times \left(1 + \frac{6 \times 1.343}{5.9}\right) = 449.51 \quad kN/m^2$$

$$Q_{min} = \frac{V}{B}\left(1 - \frac{6 \cdot e}{B}\right) = \frac{1,121.03}{5.9} \times \left(1 - \frac{6 \times 1.343}{5.9}\right) = -69.50 \quad kN/m^2$$

하중분포가 삼각형이므로 지반반력을 수정하여 사용한다.

· 단위 면적당 최대 지반 반력

$Q_a = 419.91 \quad kN/m^2$

$$X = 3\left(\frac{B}{2} - e\right) = 4.819\ m$$

$$Q_{max} = \frac{2V}{x} = \frac{2 \times 1,121.03}{4.819} = 465.25 \quad kN/m^2$$

$\therefore Q_{max} = 465.25 > 419.91 \quad kN/m^2 \Rightarrow NG$

직접기초로 검토시 활동 및 지지력에 대해서 불완전하므로 기초를 파일기초로 선정하고 파일기초의 지지력 및 파일의 본체 검토를 한다.

(4) [단계 6-4] 말뚝 본체 검토 및 지지력 산정

① · 설계조건

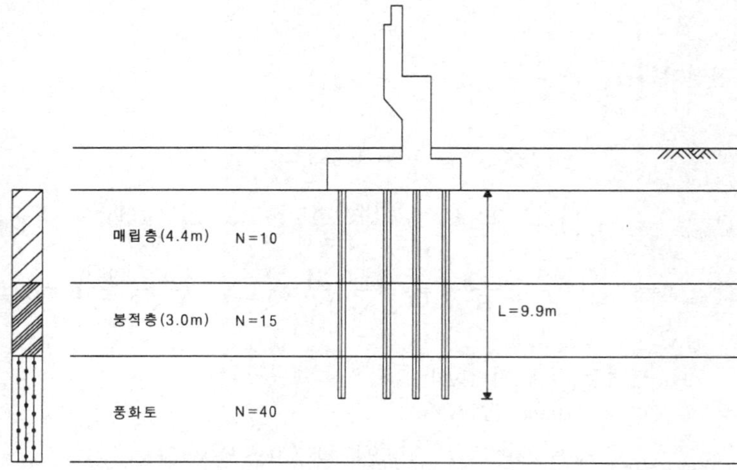

- 지반조건

지층명	지층두께(m)	단위중량(kN/m³)	내부마찰각(°)	탄성계수(kN/m²)	N값
매립층	4.4	18	31	25,000	10
붕적층	3.0	18	31	40,000	15
풍화토	2.5	19	32	50,000	40

- 말뚝제원

종류	직경	두께	부식고려	길이
타입강관말뚝	508 mm	9 mm	2 mm	9.9 m

수평저항에 관여하는 말뚝의 특성치 $\frac{1}{\beta}$ 의 깊이 까지의 평균 N값은 10임

- 말뚝의 배치

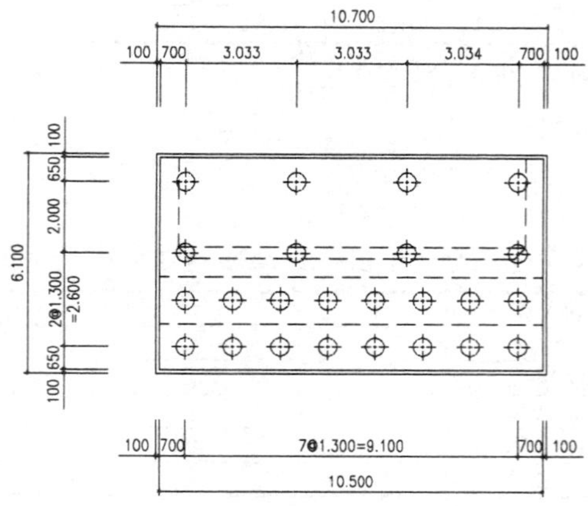

② · 말뚝도심에서의 작용하중

· 평상시(상부구조 시공후 : 토압+상부구조 하중)

-합력작용점위치 $\xi = 33{,}617.71 / 13{,}658.78 = 2.461$ m

-편심거리 $e = B/2 - \xi = 2.95 - 2.461 = 0.489$ m

수 직 력 : $V = 1{,}300.84 \times 10.5 = 13{,}658.78$ kN

수 평 력 : $H = 243.33 \times 10.5 = 2{,}554.97$ kN

모 멘 트 : $M = V \times e = 13{,}658.78 \times 0.489 = 6{,}675.68$ kNm

· 지진시

-합력작용점위치 $\xi = 18{,}907.82 / 11{,}770.77 = 1.606$ m

-편심거리 $e = B/2 - \xi = 2.95 - 1.606 = 1.344$ m

수 직 력 : $V = 1{,}121.03 \times 10.50 = 11{,}770.77$ kN

수 평 력 : $H = 416.94 \times 10.50 = 4{,}377.87$ kN

모 멘 트 : $M = V \times e = 11{,}770.77 \times 1.344 = 15{,}815.94$ kNm

③ · 말뚝 반력 및 지지력 검토

· 허용지지력 산정

가. 말뚝본체의 허용압축하중

$$Q_a = f_{sa}A(1-\frac{\mu_1+\mu_2}{100})$$

여기서,

Q_a : 말뚝 본체 허용압축하중 (kN/EA)

f_{sa} : 말뚝재료 장기허용압축응력 (kN/㎡)

A : 말뚝 유효단면적 (m^2)

μ_1 : 장경비에 의한 지지하중 감소율 (%)

μ_2 : 말뚝이음에 의한 허용하중 감소율 (%)

· 말뚝재료의 최대허용압축응력(f_{sa})

말뚝부재	장기허용압축응력
$SPS400$ 강말뚝	140,000 kN/m^2
$SPS490$ 강말뚝	190,000 kN/m^2

· 장경비에 의한 지지하중 감소(μ_1)

$\mu_1(\%) = [(L/d)-n]$

여기서,

L/d : 장경비(=말뚝길이/말뚝직경)

n : 허용하중을 감소시키지 않아도 되는 장경비의 한계값

말뚝종류	n	장경비의 상한계
RC 말뚝	70	90
PSC 말뚝	80	105
PHC 말뚝	85	110
강관 말뚝	100	130
현장타설 콘크리트말뚝	60	80

· 말뚝이음에 의한 지지하중 감소(μ_2)

이음방법	용접이음	볼트식이음	충전식이음
감 소 율	5%/개소	10%/개소	최초 2개소 20%/개소 3개소 째 30%/개소

· 검토결과

$f_{sa} = 140,000\ kN/m^2$($SPS400$ 강관말뚝)

$A = 0.0109\ m^2$(말뚝재료의 순단면적)

장경비 L/d = 19.64로 n = 100을 넘지 않으므로 μ_1 미고려

말뚝길이(L) = 9.9 m로 이음개소수 0개소이므로 μ_2 미고려

$$Q_{as} = (1-\frac{0+0}{100})\times 140,000\times 0.0109 = 1,530.14\ kN/ea$$

나. 도로교설계기준에 의한 극한지지력산정

말뚝의 선단이 $N\geq 40$ 지지층에 4D(D:말뚝직경) 이상 관입하여 선단의 평균 N치가 40인 경우로 가정하여 지지력 산정

$$R_u = q_b A_p + U\Sigma\ l_i f_i$$

여기서,

q_b : 말뚝선단의 극한지지력 (kN/㎡)

A_p : 말뚝 선단면적 (m^2)

U : 부식을 고려한 말뚝 둘레 길이 (m)

l_i : 주면마찰력을 고려하는 층의 두께 (m)

f_i : 주면마찰력을 고려하는 층의 최대주면마찰력 (kN/㎡)

· 극한선단지지력

$Q_P = q_b A_p$

여기서, q_b/N은 아래그림을 참조하여 계산

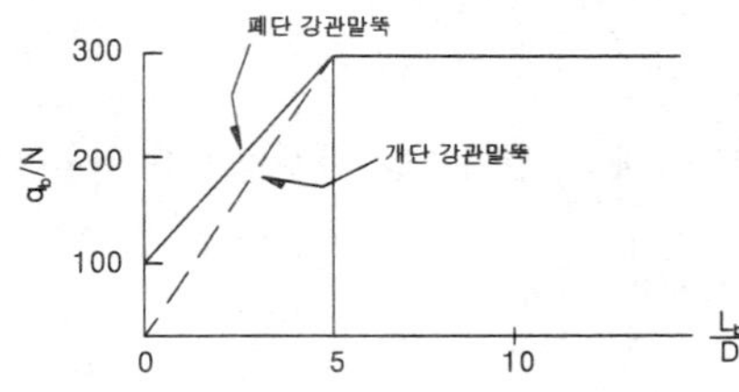

L_b : 말뚝근입깊이

N : 말뚝선단의 평균 N치 = 40

L_b/D(근입비) = 5.0

$q_b/N = 300$ (폐단말뚝)

$q_b = 300 \times 40 = 12{,}000\ kN/m^2$

$Q_P = q_b A_p = 12{,}000 \times 0.1995 = 2{,}394\ kN$

· 극한주변마찰력

$Q_s = U \sum l_i f_i$

- 최대주면마찰력(f_i)

사질토 지반이며 시공법은 타입공법으로 가정하여 최대주면마찰력은 2N으로 간주

- 지층별 주면마찰력 산정

지층명	두께 (l_i, m)	N치	f_i 계산식	f_i (kN/m^2)	l_i • f_i (kN/m)
매립층	4.4	10	2N	20	88
붕적층	3.0	15	2N	30	90
풍화토	2.5	40	2N	80	200
지층별 주면마찰력의 합 $\sum l_i f_i$					378

$Q_s = U \sum l_i f_i = 1.583 \times 378 = 598.51\ kN$

· 검토결과

$R_u = (Q_P + Q_S) = 2{,}394.04 + 598.51 = 2{,}992.55\ kN/ea$

$R_a(\text{허용지지력}) = \dfrac{R_u}{F_s} = \dfrac{2{,}992.55}{3} = 997.52\ kN/ea$

다. 검토결과 비교

구분	말뚝본체허용하중	도로교설계기준	적용
허용지지력	1,530.14 kN	997.52 kN	997.52 kN

적용지지력은 안전측으로 [도 · 설, 5.8.5.1]을 이용한 식 적용

$\therefore Q_a = 997.52\,\text{kN} > 686.97\,\text{kN} \Rightarrow \text{OK}$

④ 연직침하량 검토

가. 반경험적 공식에 침하량 산정 [구조물기초설계기준]

$$S_t = S_s + S_p + S_{ps}$$

여기서,

S_t : 기초의 전체침하량 (mm)

$S_s = \dfrac{(Q_{pa} + \alpha_s Q_{fs})L}{A_p E_p}$: 말뚝자체의 길이방향 탄성침하량 (mm)

$S_p = \dfrac{C_p Q_{pa}}{B q_p}$: 말뚝선단부 침하량 (mm)

$S_{ps} = \dfrac{C_s Q_{fs}}{L_b q_p}$: 말뚝 주면마찰에 의해 발생하는 침하량 (mm)

α_s : 말뚝의 주면마찰력 분포에 따른 계수

L : 말뚝길이 (m)

L_b : 말뚝 근입깊이 (m)

A_p : 말뚝 단면적 (재료의 순단면적) (m²)

E_p : 말뚝 탄성계수 (kN/m²)

C_p : 흙의 종류와 말뚝시공법에 따른 경험계수 ($C_s = (0.93 + 0.16\sqrt{L_b/B})C_p$)

B : 말뚝의 직경 (m)

q_p : 말뚝 단위면적당 극한지지력 (kN/m²)

· 하중조건

Q_{pa}(말뚝선단부에 전달되는 하중) $= Q\left(\dfrac{Q_p}{Q_p + Q_s}\right) = 549.58\,\text{kN/ea}$

Q_{fs}(말뚝주변부에 전달되는 하중) $= Q\left(\dfrac{Q_s}{Q_p + Q_s}\right) = 137.39\,\text{kN/ea}$

q_p(말뚝 단위면적당 극한 선단지지력) $= 11{,}999.98\,\text{kN/m}^2$

· 주면마찰력 분포특성에 따른 계수(α_s)

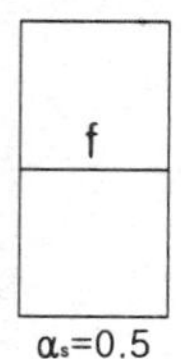

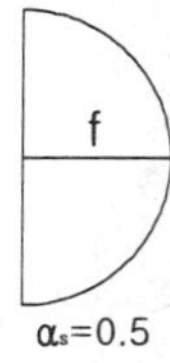

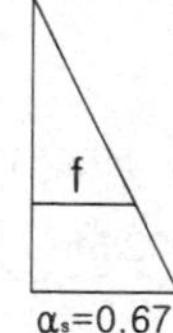

주면마찰력 분포를 직각삼각형 형태로 가정하여 α_s=0.67로 계산

· 시공방법과 지반조건에 따른 계수(C_p)

흙의 종류	타입말뚝	굴착말뚝
모래 (조밀 ~ 느슨)	0.02 ~ 0.04	0.09 ~ 0.18
점토 (굳음 ~ 연약)	0.02 ~ 0.03	0.03 ~ 0.06
실트 (조밀 ~ 느슨)	0.03 ~ 0.05	0.09 ~ 0.12

사질토 지반이며 시공법은 타입공법으로 가정, C_p = 0.03

$$C_s = \left(0.93 + 0.16\sqrt{\frac{L_b}{B}}\right) C_p$$

$$= \left(0.93 + 0.16\sqrt{\frac{9.9}{0.504}}\right) 0.03 = 0.049$$

· 검토결과

$$S_s = \frac{(Q_{pa} + \alpha_s\, Q_{fs})\, L}{A_p\, E_p} = \frac{(\,549.58 + 0.67 \times 137.39\,) \times 9.9}{0.0109 \times (\,2.1 \times 10^8\,)} = 0.00277\ \mathrm{m}$$

$$S_p = \frac{C_p\, Q_{pa}}{B\, q_p} = \frac{0.03 \times 549.58}{0.504 \times 11{,}999.98} = 0.00273\ \mathrm{m}$$

$$S_{ps} = \frac{C_s\, Q_{fs}}{L_b\, q_p} = \frac{0.049 \times 137.39}{9.9 \times 11{,}999.98} = 0.00006\ \mathrm{m}$$

$$S_{ps} = S_s + S_p + S_{ps}$$

$$= 0.00277 + 0.00273 + 0.00006 = 0.00555\ \mathrm{m} = 5.55\ \mathrm{mm}$$

나. Vesic 제안식 [Canadian Foundation Engineering Manual]

$$S_t = \frac{D}{100} + \frac{Q\,L}{A\,E_p}$$

여기서,

D : 말뚝 직경 (m)

Q : 작용하중 (kN)

L : 말뚝 길이 (m)

A : 말뚝 단면적 (㎡)

E_p : 말뚝 탄성계수 (kN/㎡)

· 검토결과

$$S_t = \frac{D}{100} + \frac{Q\,L}{A\,E_p} = \frac{0.504}{100} + \frac{686.97 \times 9.9}{0.0109 \times (\,2.1 \times 10^8\,)}$$

$$= 0.008043\,m = 8.04\,mm$$

· 검토결과 비교

구분	반경험적 공식	Vesic	적용
침하량	5.55 mm	8.04 mm	8.04 mm

침하량 산정은 안전측으로 Vesic 공식 적용

$\therefore S_t = 8.04\ mm < 25\ mm \Rightarrow$ OK

⑤ 수평방향 안정검토

가. 수평지반반력계수 산정

· 도로교 설계 기준

$$K_H = K_{HO}\left(\frac{B_H}{0.3}\right)^{-\frac{3}{4}}$$

여기서,

K_H : 수평방향 지반반력계수 (kN/m³)

K_{HO} : 지름 300 mm의 강체원판에 의한 평판재하시험의 값에 상당하는 수평방향 지반반력계수 (kN/m³), $K_{H0} = \frac{1}{0.3}\alpha E_0$

E_0 : 지반탄성계수 (kN/m²)

α : 지반반력계수의 추정에 따른 계수

B_H : 하중작용방향에 직교하는 기초 환산재하폭 (m)

- 설계조건

$E_0 = 1,200\ N$ (NAVFAC DM 7-1에서 제시한 관계이용)

$N = 10$ (특성장 1/β의 대표값)

- 변형계수 산정방법에 따른 E_0, α 결정

시험방법에 의한 지반탄성계수 E_o (kN/m²)	α	
	평 상 시	지 진 시
보링공내에서 측정한 변형계수	4	8
공시체의 1축 또는 3축 압축시험에서 구한 변형계수	4	8
표준관입시험의 N치에서 $E_o = 2,800\,N$으로 추정한 변형계수	1	2
지름 300 mm 강체원판에 의한 평판재하시험으로부터 구한 변형계수의 1/2	1	2

- 기초의 환산재하폭 B_H

기 초 형 식	B_H	기 초 형 식	B_H
직접기초	$\sqrt{A_H}$	말뚝기초	$\sqrt{D/\beta}$
케이슨 기초 ($\beta l < 2$)	$\sqrt{A_H}$	강관널말뚝기초	$\sqrt{D/\beta}$
케이슨 기초 ($1 < \beta l < 2$)	$\sqrt{D/\beta}$		

여기서,

A_H : 하중작용방향에 직교하는 기초의 재하면적 (m²)

d : 하중작용방향에 직교하는 기초의 재하폭 (m)

$1/\beta$: 수평저항에 관여하는 지반의 깊이로서 기초의 길이 이하로 한다

β : 기초의 특성치 = $\left(\frac{K_H D}{4EI}\right)^{\frac{1}{4}}$

K_H값을 구하는데 있어서 β값을 구하는 식 자체에 K_H항이 들어 있으므로 간단 히 구할 수 없다 따라서, β값을 가정하여 수평방향 지반반력계수(K_H)를 산정하고 $\beta = (K_H D / 4EI)^{1/4}$식에 대입하여 β값을 산출한다. 가정한 β값과 계산식에 의한 β값의 오차가 1%미만이면 채택하고, 그렇지 않으면 위의 과정을 반복하여 산정.

- 검토결과

$\beta = 0.40500\ m^{-1}$ 이라 가정

$$K_{HO} = \frac{1}{0.3}\alpha E_0 = \frac{1}{0.3} \times 1 \times (1{,}200 \times 10) = 40{,}000\ \mathrm{kN/m^3}$$

$$B_H = \sqrt{D/\beta} = 1.1156\ m$$

$$K_H = K_{H0}\left(\frac{B_H}{30}\right)^{-\frac{3}{4}} = 40{,}000 \times \left(\frac{1.1156}{0.3}\right)^{-\frac{3}{4}} = 14{,}938\ \mathrm{kN/m^3}$$

β를 가정해서 산정한 지반반력계수(K_H)를 다음식에 대입하여 오차 확인.

$$\beta = \left(\frac{K_H D}{4E_0 I}\right)^{\frac{1}{4}} = \left(\frac{14{,}938 \times 0.504}{4 \times 210{,}000{,}000 \times 0.00033753}\right)^{\frac{1}{4}} = 0.40447$$

β값의 오차가 0.13%로 1% 이하이므로 지반반력계수는 14,938 $\mathrm{kN/m^3}$을 채택.

· Hukuoka 공식

$K_H = 6{,}910\ N^{0.406}$

여기서,

N : 평균 N값

- 검토결과

$K_H = 6{,}910\ N^{0.406} = 6{,}910 \times 10^{0.406} = 17{,}600\ \mathrm{kN/m^3}$

· 수평지반반력계수 산정결과

적용 N값	도로교설계기준 ($\mathrm{kN/m^3}$)	Hukuoka 공식 ($\mathrm{kN/m^3}$)	적 용 ($\mathrm{kN/m^3}$)
10	14,938	17,600	14,938

나. Chang방법에 의한 수평지지력 산정

$$Q_a = \frac{n_h y}{0.93\eta^2}$$

여기서,

$n_h = K_H(d/z)$: 수평지반 반력상수 ($\mathrm{kN/m^3}$)

$z = 1/\beta$: 말뚝축에 따라 측정한 지표면으로부터의 깊이 (m)

y : 기준변위량(평상시 = 0.015 m)

$$\eta = \left(\frac{n_h}{EI}\right)^{\frac{1}{5}}$$

E : 말뚝의 탄성계수 ($\mathrm{kN/m^2}$)

I : 말뚝의 단면2차모멘트 (m^4)

· 수평지반 반력상수 산정

$n_h = K_H(d/z) = 14{,}938(0.504/2.48) = 3{,}039.2\ \text{kN/m}^3$

$$\eta = \left(\frac{n_h}{EI}\right)^{\frac{1}{5}} = \left(\frac{3{,}039.2}{2.1\times10^8\times0.00033753}\right)^{\frac{1}{5}} = 0.5327$$

· 검토결과

$$Q_a = \frac{n_h\,y}{0.93\,\eta^2} = \frac{3{,}039.2\times0.015}{0.93\times0.5327^2} = 172.77\ \text{kN}$$

다. Broms방법에 의한 수평지지력 산정

$$Q_u = \frac{3}{2}K_p\gamma\, dL^2 \text{ (짧은 말뚝)}$$

$$Q_u = 0.5\gamma\, dL^2K_p \text{ (중간 말뚝)}$$

$$Q_u = 2.38\left(\frac{M_y}{K_p\,d^4\,\gamma}\right)^{\frac{2}{3}} K_p\,d^3\,\gamma \text{ (긴말뚝)}$$

$M_{max} = M_y$ (kNm)

여기서,

Q_u : 극한수평저항력 (kN)

$K_p = \dfrac{1+\sin\phi}{1-\sin\phi}$: 수동토압계수

γ : 흙의 단위중량 (kN/m^3)

d : 말뚝의 폭 (m)

M_{max} : 지중부 최대 휨모멘트 (kNm)

$M_y = \left(f_y - \dfrac{p}{A}\right)Z$: 항복 휨모멘트 (kNm)

Z : 말뚝의 단면계수 (m^3)

· 긴말뚝과 짧은말뚝 판정

구분	점성토	사질토
짧은말뚝	$\beta\times L\le2.25$	$\eta\times L<2.0$
중간말뚝	-	$2.0\le\eta\times L\le4.0$
긴 말 뚝	$\beta\times L\ge2.25$	$\eta\times L>4.0$

$\eta\times L = 0.5327\times9.9 = 5.273 > 4.0$ → 긴말뚝으로 판정

· 수평지지력 산정

$$Q_u = 2.38\left(\frac{M_y}{K_p\,d^4\,\gamma}\right)^{\frac{2}{3}} K_p\,d^3\,\gamma = 278.11\ \text{kN}$$

- 항복휨모멘트 산정

$M_{max} = M_y$

· 검토결과

$$Q_a = \frac{1}{F_s}Q_u = \frac{1}{2.5}\times278.11 = 111.24\ \text{kN}$$

라. 수평지지력 검토결과

적용 N값	Chang의 방법 (kN)	Broms의 방법 (kN)	적 용 (kN)
10	172.77	111.24	111.24

적용 수평지지력은 안전측으로 Broms방법을 이용한 식 적용

$\therefore Q_a = 111.24\ \text{kN} > 106.45\ \text{kN} \Rightarrow$ OK

마. 수평변위 검토

· 탄성지반반력법(Chang의 방법)

$$y = \frac{0.93\,Q\eta^2}{n_h}$$

여기서,

$n_h = K_H \times d\,/\,z$: 수평지반 반력상수 (kN/m³)

Q : 말뚝의 수평반력 (kN/ea)

$$\eta = \left(\frac{n_h}{EI}\right)^{\frac{1}{5}}$$

- 수평지반 반력상수 산정

$n_h = K_H \times D\,/\,z = 14{,}938 \times 0.504\,/\,2.48 = 3{,}039.2$ kN/m³

$$\eta = \left(\frac{n_h}{EI}\right)^{\frac{1}{5}} = \left(\frac{3{,}039.2}{2.1 \times 10^8 \times 0.00033753}\right)^{\frac{1}{5}} = 0.5327$$

· 검토결과

$$y = \frac{0.93\,Q\,\eta^2}{n_h} = \frac{0.93 \times 106.45 \times 0.5327^2}{3{,}039.2}$$

$= 0.0092\ \text{m} = 9.2\ \text{mm}$

· 수평변위 = 9.2 mm < 말뚝의 허용변위 = 15 mm ⇒ OK

· $P-y$ 곡선법에 의한 수평변위검토

$P-y$곡선법은 말뚝의 변위 증가에 의한 지반반력과의 관계는 비선형성을 보인다는 사실에 근거한 해석방법으로 임의의 깊이에서의 말뚝변위는 그 위치에서의 지 반반력에만 의존하기 때문에 지반을 일련의 $P-y$곡선으로 표현한다. 실제 지반의 비선형성이나 지표면에서 시작하는 전형적인 파괴형상을 충실히 고려할 수 있다. $P-y$곡선은 지반의 성질에 따라 각 연구자들이 다양한 곡선을 제시하고 있다. 기본 방정식은 아래식과 같다.

$$EI\frac{d^4y}{dx^4} + Q\frac{d^2y}{dx^2} - P + W = 0$$

여기서,

Q : 말뚝에 작용하는 축방향 하중

y : 말뚝의 각 깊이별 횡방향 변위

P : 단위 길이당 지반의 반력

EI : 말뚝의 휨 강성

W : 말뚝의 횡방향 하중

본 예제의 $P-y$ 해석시 사용한 프로그램은 *Reese*와 *Wang*이 개발한 *LPILE*[PLUS]라고 하는 프로그램이다. 아래표의 지반조건 및 말뚝제원을 입력치로 하여 말뚝두부에서 발생하는 수평변위를 검토하였다.

- 지반조건

지층명	지층두께 (m)	건조단위중량 (kN/m³)	내부마찰각 (°)	탄성계수 (kN/m²)	N값
매립층	4.4	8	31	25,000	10
붕적층	3.0	8	31	40,000	15
풍화토	2.5	9	32	50,000	40

- 말뚝제원

종류	직경	두께	단면2차 모멘트	탄성계수	길이
타입강관말뚝	508 mm	9 mm	0.00033753 m^4	2.1×10^8 kN/m^2	9.9 m

아래 그림은 말뚝의 두부에 작용하는 수평하중이 106.45 kN 일때의 말뚝의 깊이별 변위를 도시한 것이다. 또한 아래 표는 Edit Output Text를 선택하면 나타나는 해석결과의 일부분을 보여주는 것으로 말뚝두부에서 변위가 5.8 mm 발생하며, 발생 모멘트는 183.74 kNm 임을 알 수 있다.

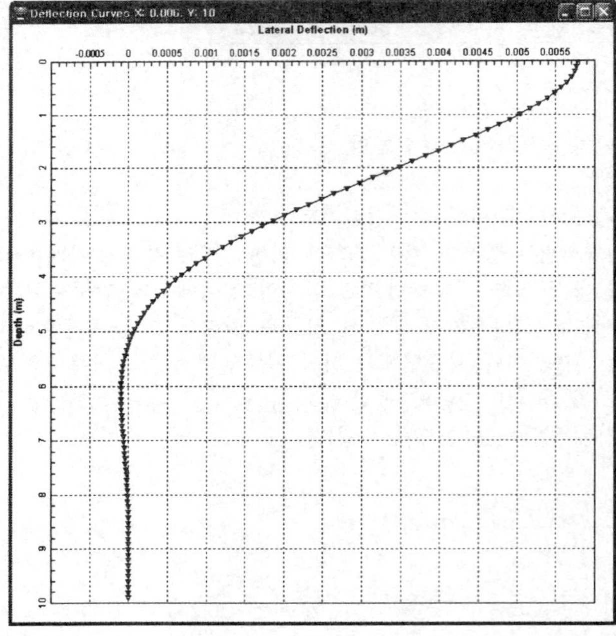

```
---------------------------------------------------------------------------
                         Summary of Pile-head Response
---------------------------------------------------------------------------

Definition of symbols for pile-head boundary conditions:

y = pile-head displacment, m
M = pile-head moment,  kN- m
V = pile-head shear force,  kN
S = pile-head slope, radians
R = rotational stiffness of pile-head,  m- kN/rad

 BC    Boundary     Boundary       Axial    Pile Head    Maximum      Maximum
Type  Condition    Condition       Load    Deflection    Moment       Shear
          1            2            kN          m         m- kN         kN
---- ------------ ------------ ----------- ----------- ----------- -----------
  2  V=   106.450 S=     0.000    686.9700     .005778   -183.7367    106.4500

The analysis ended normally.
```

· 수평변위 = 5.8 mm < 말뚝의 허용변위 = 15 mm ⇒ OK

바. 수평변위 검토결과

구분	Chang의 방법	LPILE 프로그램	적용
수평변위	9.2 mm	5.8 mm	9.2 mm

수평변위 산정은 안전측으로 Chang 방법을 이용한 식 적용

∴수평변위 = 9.2 mm < 말뚝의 허용변위 = 15 mm ⇒ OK

⑥ 안정검토결과

역T형교대에 대한 안정검토결과, 직접기초를 적용할 경우에 활동 및 지지력에 대해 불안정하게 나타나 말뚝기초를 적용하였으며 지지력, 침하 및 변위에 대해 안정한 것으로 검토되었음

· 평상시 반력

구분		단위	R1	R2	R3	R4
고정	수직반력	kN	570.94	569.49	568.04	565.80
	수평반력	kN	106.45	106.45	106.45	106.45
힌지	수직반력	kN	504.23	555.87	607.52	686.97
	수평반력	kN	106.45	106.45	106.45	106.45

수직반력 R = 686.97 kN < Ra = 997.52 kN ⇒ OK

· 지진시 반력

구분		단위	R1	R2	R3	R4
고정	수직반력	kN	799.72	553.56	307.41	-71.28
	수평반력	kN	182.41	182.41	182.41	182.41
힌지	수직반력	kN	703.22	533.87	364.53	104.00
	수평반력	kN	182.41	182.41	182.41	182.41

수직반력 R = 812.04 kN < Ra = 1,496.28(=997.52×1.5) kN ⇒ OK

· 부반력 R = -93.67 kN < Rta = -101.84(=305.52÷3) kN ⇒ OK

⑦ · 말뚝 본체 설계

· 말뚝 본체는 말뚝의 수직변력과 말뚝본체의 지중부 최대 휨모멘트를 산정하여 응력 검토를 한다.

$$f = \frac{R}{Ap} \pm \frac{M}{Ip} y$$

구분		R(kN)	M(kNm)	f_{max}(MPa)	f_{sa}(MPa)	비 고
평상시	고정	570.94	104.10	129.95	140.0	OK
	힌지	686.97	67.23	113.05	140.0	OK
지진시	고정	799.72	150.59	185.59	210.0	OK
	힌지	703.22	115.20	150.35	210.0	OK

1.4.7 **[단계 7] 단면설계**

(1) [단계 7-1] 단면력에 의한 배근

① 평상시 ($K_a = 0.251$, 벽체계산높이 = 7.20 m, 작용높이 ($H/3$) = 2.40 m)

구분	수식	전단력 (kN)	팔길이 (m)	모멘트 (kNm)	하중계수
상부하중	상부고정하중 × 마찰력	14.63	3.862	56.50	1.3
토압	$\frac{1}{2} \times K_a \times \gamma \times H^2 \times \cos\delta$	127.43	2.400	305.83	1.7
노면하중	$K_a \times Q \times H \times \cos\delta$	17.69	3.600	63.68	1.7
평상시의 극한 단면력		265.72		701.62	극한값
평상시 사용하중에 의한 단면력		159.67		426.01	사용하중

② 지진시 ($K_{ae} = 0.363$, 벽체계산높이 = 7.20 m, 작용높이 ($H/3$) = 3.60 m)

구분	수식	전단력 (kN)	팔길이 (m)	모멘트 (kNm)	하중계수
토압	$\frac{1}{2} \times K_{ae} \times \gamma \times H^2 \times \cos\delta$	184.29	3.600	663.44	1.0
상부하중	고정하중 반력고려	14.63	3.862	56.50	1.0
구체하중	구체의 관성력	34.53	3.055	105.49	1.0
지진시의 단면력		233.45		825.43	극한값

③ 설계에 사용하는 단면력

· 극한 모멘트 (M_u) = 825.43 kNm ⇒ 내진설계시 단면력 사용

· 극한 전단력 (S_u) = 265.72 kNm ⇒ 평상시설계시 단면력 사용

④ 휨철근 보강

구분	비고	구분	비고
M_u	825.43 kNm	폭원	1,000 mm
유효높이	1,200 mm	휨 최소철근비	0.305 %
Req′ A_s	2,743.61mm^2	사용철근	D25 CTC 125 mm

⑤ 전단철근 보강

$$\phi V_c = 0.8 \times \frac{1}{6} \times \sqrt{f_{ck}} \times bd = 783.8\ \text{kN} > V_u = 265.72\ \text{kN}$$

∴ 전단 철근 보강 불필요

최소전단철근은 [콘 · 설 7.4.3]에 따라 교대벽체 및 날개벽, 옹벽의 벽체, 암거등과 같은 휨이 주거동인 부재로 보아 적용하지 않았다.

⑥ 벽체의 사용성(균열) 검토

구분	비고	구분	비고
M_{wall}	421.32 kNm	A	21,875 mm^2
f_s	94.07 MPa	t_c	87.5 mm

· 사용철근 : $A_s = D25 \times 8.0\,(CTC\,125\ \text{mm}) = 4{,}053.6\ mm^2$

$\beta_c = 1.35$, $D_c = 100$ mm

$\omega_a = 0.005\,t_c = 0.438$ mm(습윤환경)

$\omega = 1.08\beta_c f_s \sqrt[3]{d_c A} \times 10^{-5} = 0.170\ \text{mm} < \omega_a$ O.K

(2) [단계 7-2] 수평철근 산정

부재두께 1,300 mm 이나 [도 · 설 4.3.9]에 따라 부재두께는 최대 1,200 mm 로 하여 최소 철근비 0.0015를 적용하고 단위 m 당 300 mm^2 이상 배근 한다

· 필요철근량 $= 0.0015 \times 1{,}200 \times 1{,}000 = 1{,}800\ mm^2$

· 사용철근량 $= D16 \times 6.667 + D16 \times 6.667 = 2{,}648\ mm^2$

앞뒤 CTC 150 mm로 배근

(3) [단계 7-3] 흉벽 설계

① 벽체(토압, 노면 활하중)의 계산 높이 H = 3.338 m , 마찰각(δ) = 11.667°

구분	수식	전단력 (kN)	팔길이 (m)	모멘트 (kNm)	하중계수
토압	$\frac{1}{2} \times K_a \times \gamma \times H^2 \times \cos\delta \times 1.7$	46.56	1.113	51.82	1.7
노면하중	$114.6 \times K_a \times 1.7$	48.90	2.978	145.62	1.7
평상시의 단면력		95.46		197.44	극한값
평상시 사용하중에 의한 단면력		56.15		116.14	사용하중

② 휨철근 보강

구분	비고	구분	비고
M_u	197.44 kNm	폭원	1,000 mm
유효높이	700 mm	휨 최소철근비	0.213 %
Req' A_s	1,119.3 mm^2	사용철근	D16 CTC 125 mm

③ 전단철근 보강

$\phi V_c = 0.8 \times \frac{1}{6} \times \sqrt{f_{ck}} \times bd = 457.2$ kN > V_u = 95.41 kN

∴ 전단 철근 보강 불필요

④ 흉벽의 사용성(균열) 검토

구분	비고	구분	비고
M_{wall}	116.14 kNm	A	23,000 mm^2
f_s	110.829 MPa	t_c	92.0 mm

· 사용철근 : $A_s = D16 \times 8.0(CTC\,125\,mm)$ = 1,588.8 mm^2

$\beta_c = 1.35$, $D_c = 100$ mm

$\omega_a = 0.005\,t_c = 0.460$ mm (습윤환경)

$\omega = 1.08\beta_c f_s \sqrt[3]{d_c A} \times 10^{-5} = 0.207$ mm $< \omega_a$ OK

⑤ 수평 철근 산정

[도 · 설 4.3.9]에 따라 부재두께는 800 mm 로 하여 최소 철근비 0.0015를 적용하고 단위 m 당 300 ㎟ 이상 배근 한다

· 필요철근량 = $0.0015 \times 800 \times 1,000 = 1,200$ mm^2

· 사용철근량 = $D16 \times 6.667 + D16 \times 6.667 = 2,648$ mm^2

앞뒤 CTC 150 mm로 배근

※ D13 철근도 사용 가능하나 시공성을 고려 벽체와 같은 철근으로 배근

(4) [단계 7-4] 기초설계

① 평상시

- 하중계수 : 토압, 상재노면 활하중의 수평력 = 1.70, 고정하중 = 1.3, 활하중 = 2.15

구 분		수직력 (kN)	수평력 (kN)	팔길이(m)		모멘트 (kNm)	하중계수
				X	Y		
교대 구체		291.49	-	2.466	4.555	718.81	1.3
교대 기초		287.63	-	2.950	0.750	848.51	1.3
배면 토사		497.74	-	4.536	4.850	2,257.75	1.3
상부 고정하중		380.47	19.02	2.050	5.362	677.98	1.3
배면 토압		-	348.69	5.900	2.900	-1,011.20	1.7
배면 밖의 과재하중		-	40.08	5.900	4.350	-174.35	1.7
과재 활하중		55.90	-	4.600	-	257.14	2.15
상부 활하중		330.69	-	2.050	-	677.91	2.15
계수하중	뒷굽판 단면력	1,076.86	348.69	-		2,813.87	상부하중제외
	앞굽판 단면력	1,843.92	407.79	-		4,252.55	상부하중포함

· 앞굽판의 최대 단면력을 위한 말뚝 도심에서의 반력(상부구조 시공후 활하중 재하시)

- 합력작용점위치 ξ = 4,252.55 / 1,843.92 = 2.306 m

-편심거리 $e = B/2 - \xi = 2.950 - 2.306 = 0.664$ m

수 직 력 : V = 1,843.92 × 10.5 = 19361.16 kN

수 평 력 : H = 407.79 × 10.5 = 4281.80 kN

모 멘 트 : $M = V \times e$ = 19,361.16 × 0.644 = 12,468.59 kNm

· 뒷굽판의 최대 단면력을 위한 말뚝 도심에서의 반력 (상부구조 시공전)

-합력작용점위치 ξ = 2,813.87 / 1,076.86 = 2.613 m

-편심거리 $e = B/2 - \xi = 2.950 - 2.613 = 0.337$ m

수 직 력 : V = 1,076.86 × 10.5 = 11,307.03 kN

수 평 력 : H = 348.69 × 10.5 = 3,661.25 kN

모 멘 트 : $M = V \times e$ = 11,307.03 × 0.337 = 3,810.47 kNm

② 지진시 (상부 고정하중 고려)

- 하중계수 : 토압 = 1.0, 고정하중 = 1.0, 지진시 수평전도에 의한 관성력 = 1.0

구 분	수직력 (kN)	수평력 (kN)	팔길이(m)		모멘트 (kNm)
			X	Y	
교대 구체	224.23	34.53	2.466	4.555	395.67
교대 구체	221.25	34.07	2.950	0.750	627.14
배면 토사	382.88	58.96	4.536	4.850	1,450.79
상부 고정하중	292.67	14.63	2.050	5.362	521.53
배면 토압	-	274.62	-	4.350	-1,194.60
지반 반력을 위한 하중 총계	1,121.03	416.82	-	-	1,800.52

· 지진시의 말뚝도심에서의 반력

-합력작용점위치 ξ = 1,800.52 / 1,121.03 = 1.606 m

-편심거리 $e = B/2 - \xi = 2.950 - 1.606 = 1.344$ m

수 직 력 : V = 1,121.03 × 10.5 = 11,770.82 kN

수 평 력 : H = 416.82 × 10.5 = 4,376.61 kN

모 멘 트 : $M = V \times e$ = 11,770.82 × 1.344 = 15,815.98 kNm

③ 기초설계시 말뚝반력

· 기초 설계시의 말뚝본당 작용 반력

(단위 kN/본)

구 분		R_{u1}	R_{u2}	R_{u3}	R_{u4}
평상시	앞굽판	912.19	828.24	744.29	615.14
	뒷굽판	476.34	472.19	468.04	461.66
지진시		703.22	533.87	364.53	104.00

· 기초 설계시의 말뚝단위 m당 작용반력

(단위 kN/m)

구 분		R_1	R_2	R_3	R_4
평상시	앞굽판	695.00	631.04	283.54	234.34
	뒷굽판	362.93	359.76	178.30	175.87
지진시		535.79	406.75	138.87	39.62

여기서 $R_1 = R_{u1} \times$ 8본 / 10.500 kN/m

$R_2 = R_{u2} \times$ 8본 / 10.500 kN/m

$R_3 = R_{u3} \times$ 4본 / 10.500 kN/m

$R_4 = R_{u4} \times$ 4본 / 10.500 kN/m

(5) [단계 7-5] 앞굽판 배근

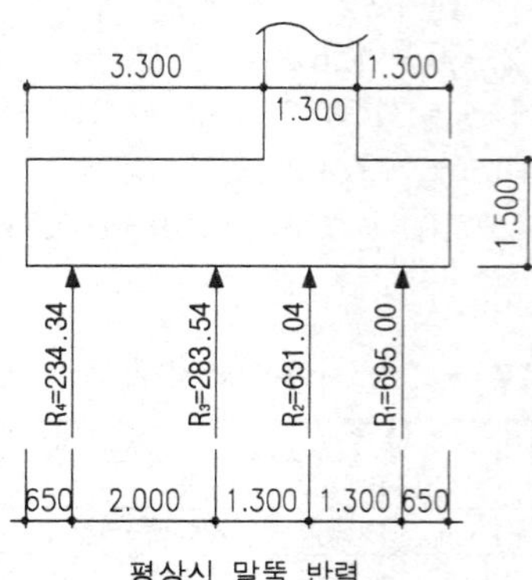

평상시 말뚝 반력

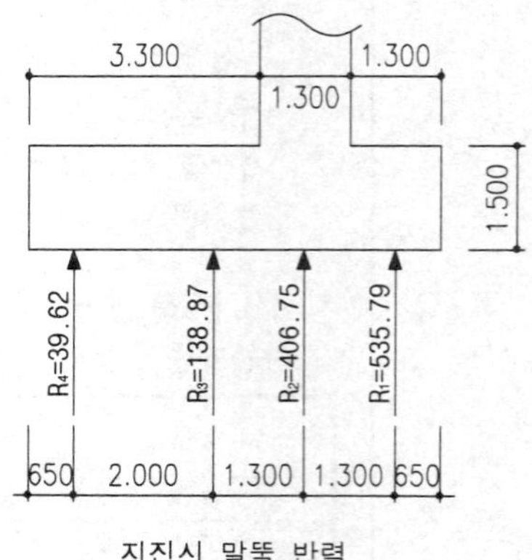

지진시 말뚝 반력

① 평상시의 단면력 계산

- 단면력

$$M_{rea} = 695.00 \times 0.65$$

$$= 451.75 \text{ kNm}$$

전단위험단면은 벽체전면에서 $d = 1.4\,m$ 만큼 떨어진 곳에 위치하므로 전단에 대하여 안전하다.

- 기초 앞굽판의 중량에 의한 단면력

$$M_{toe} = 1.3 \times 1.5 \times 1.3 \times 25.0 \times \frac{1.3}{2}$$

$$= 41.19 \text{ kNm}$$

∴ 따라서 $M_u = M_{rea} - M_{toe} = 451.75 - 41.19 = 410.56$ kNm

② 지진시의 단면력 계산

- 단면력

$$M_{rea} = 535.79 \times 0.65$$

$$= 348.26 \text{ kNm}$$

- 기초 앞굽판의 중량에 의한 단면력

$$M_{toe} = 1.0 \times 1.3 \times 1.5 \times 25.0 \times \frac{1.3}{2}$$

$$= 31.69 \text{ kNm}$$

∴ 따라서 $M_u = M_{rea} - M_{toe} = 348.26 - 31.69 = 316.57$ kNm

· 평상시와 지진시를 비교한 최대 설계단면력 선택
- 극한모멘트 $M_u = 410.56$ kNm ⇔ 평상시 설계단면력

⇒ 휨철근 보강

구분	비고	구분	비고
M_u	410.56 kNm	폭원	1,000 mm
유효높이	1,350 mm	휨 최소철근비	0.200 %
Req´ A_s	1,200.5 mm^2	사용철근	D22 CTC 125 mm

⇒ 전단철근 보강
전단위험단면이 벽제 전면에서 $d = 1.4\,m$ 만큼 떨어진 곳에 위치하므로 전단에 대하여 안전하다.

⇒ 수평철근 산정
부재두께 1,500 mm 이나 [도 · 설 4.3.9]에 따라 부재두께는 최대 1,200 mm 로 하여 최소 철근비 0.0015를 적용하고 단위 m 당 300 mm^2 이상 배근 한다

· 필요철근량 $= 0.0015 \times 1,200 \times 1,000 = 1,800$ mm^2
· 사용철근량 $= D16 \times 6.667 + D16 \times 6.667 = 2,648$ mm^2
앞뒤 CTC 150 mm로 배근

(6) [단계 7-6] 뒷굽판의 설계

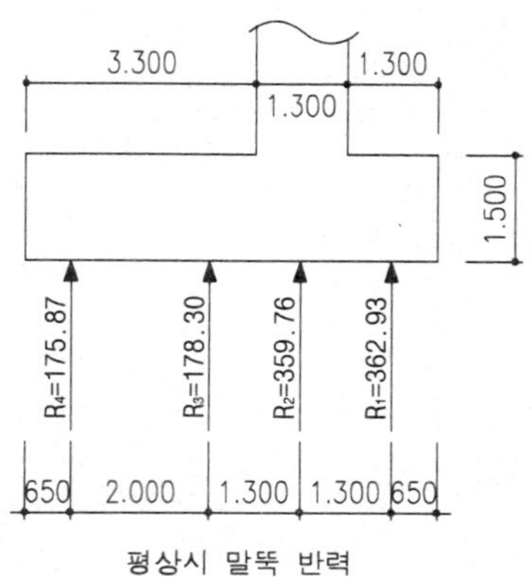

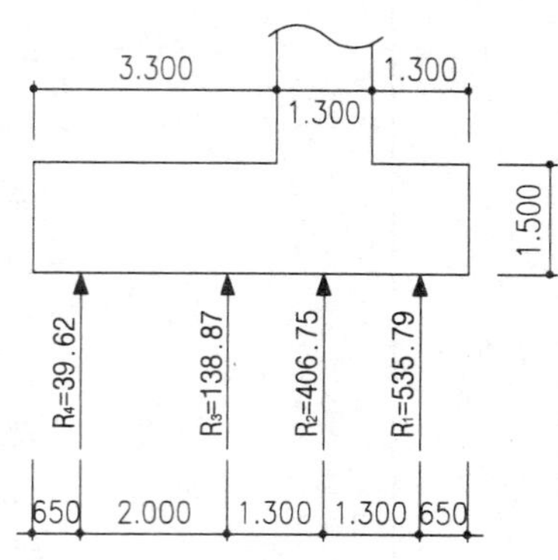

① 평상시의 단면력 계산
- 단면력

$$M_{rea} = 175.87 \times 2.65 + 178.30 \times 0.65$$
$$= 581.95 \text{ kNm}$$
$$S_{rea} = 175.87 + 178.30$$
$$= 354.17 \text{ kN}$$

- 기초 뒷굽판의 중량에 의한 단면력

$M_{hel} = 1.3 \times 3.3 \times 1.5 \times 25.0$

$= 265.44$ kNm

$S_{hel} = 1.3 \times 3.3 \times 1.5 \times 25.0$

$= 160.87$ kN

- 기초 뒷굽판의 배면중량에 의한 단면력

$M_{sol} = 1.3 \times 382.88 \times (4.536 - 2.6) = 963.63$ kNm

$S_{sol} = 1.3 \times 382.88 = 497.74$ kN

∴ 따라서 $M_u = M_{hel} + M_{sol} - M_{rea}$

$= 265.44 + 963.63 - 581.95 = 647.12$ Nm

$S_u = S_{hel} + S_{sol} - S_{rea}$

$= 160.87 + 497.74 - 354.17 = 304.44$ kN

② 지진시의 단면력 계산

- 단면력

$M_{rea} = 39.62 \times 2.65 + 138.87 \times 0.65$

$= 195.26$ kNm

$S_{rea} = 39.62 + 138.87$

$= 178.49$ kN

- 기초 뒷굽판의 중량에 의한 단면력

$M_{hel} = 1.0 \times 3.3 \times 1.5 \times 25.0 \times \frac{3.3}{2}$

$= 204.19$ kNm

$S_{hel} = 1.0 \times 3.3 \times 1.5 \times 25.0$

$= 123.75$ kN

- 기초 뒷굽판의 배면중량에 의한 단면력

$M_{sol} = 382.88 \times (4.536 - 2.6)$

$= 741.26$ kNm

$S_{sol} = 382.88$ kN

∴ 따라서 $M_u = M_{hel} + M_{sol} - M_{rea}$

$= 204.19 + 741.26 - 195.26$

$= 750.19$ kNm

$S_u = S_{hel} + M_{sol} - S_{rea}$

$= 123.75 + 382.88 - 178.49$
$= 328.14$ kN

· 평상시와 지진시를 비교한 최대 설계단면력 선택
- 극한모멘트 $M_u = 750.19$ kNm ⇔ 내진설계시의 단면력
- 극한전단력 $S_u = 328.14$ kN ⇔ 내진설계시의 단면력

⇒ 휨철근 보강

구분	비고	구분	비고
M_u	750.19 kNm	폭원	1,000 mm
유효높이	1,350 mm	휨 최소철근비	0.200 %
Req' A_s	2,205.7 mm^2	사용철근	D22 CTC 125 mm

⇒ 전단철근 보강

$\phi V_c = 0.8 \times \frac{1}{6} \times \sqrt{f_{ck}} \times bd = 881.82$ kN $> V_u = 328.14$ kN

∴ 전단철근 보강 불필요

⇒ 수평철근 산정
· 필요철근량 $= 0.0015 \times 1,200 \times 1,000 = 1,800$ mm^2
· 사용철근량 $= D16 \times 6.667 + D16 \times 6.667 = 2,648$ mm^2
앞뒤 CTC 150 mm로 배근

1.4.8 **[단계 8] 접속슬래브 설계**

(1) [단계 8-1] 지간 및 하중산정
· 접속 슬래브의 지간 길이 $L_s = 6.00$ m
설계지간 $L_c = 0.7 \times L_s = 4.20$ m
· 설계 등분포고정하중
접속판 위의 포장 $\omega_{dp} = 23.0 \times 0.20 = 4.60$ kN/m
접속판의 자중 $\omega_{dw} = 25.0 \times 0.40 = 10.00$ kN/m

- 설계모멘트의 계산
· 고정하중 $\omega_d = \omega_{dp} + \omega_{dw} = 14.60$ kN/m

$$M_d = \frac{\omega_d \times L_c^2}{8} = 32.19 \text{ kNm}$$

· 활하중(DB-24)
충격계수 $i = \frac{15}{40 + L_c} = 0.339 > 0.3 \therefore i = 0.3$

윤하중 분포폭 $E = 1.20 + 0.06 \times L_c = 1.452 < 2.1\,m \therefore E = 1.452$
슬래브 단위폭에 작용하는 윤하중

$$P_s = \frac{P_r}{E} = \frac{96}{1.452} = 66.12 \text{ kN}$$

$$M_l = \frac{1}{4} \times P_s \times L_c(1 + i)$$

$$= \frac{1}{4} \times 66.12 \times 4.2 \times (1 + 0.3)$$

$$= 90.25 \text{ kNm}$$

· 모멘트 합계

$$M_u = 1.3 \times M_d + 2.15 \times M_l = 235.88 \text{ kNm}$$

(2) [단계 8-2] 주철근 산정

구분	비고	구분	비고
M_u	235.88 kNm	폭원	1,000 mm
유효높이	320 mm	휨 최소철근비	0.200 %
Req' A_s	3,113.4 mm^2	사용철근	D25 CTC 125 mm

(3) [단계 8-3] 배력근 산정

· 배력철근량 $= \frac{55}{\sqrt{L_c}} = 26.837\,(\%)$

$\therefore$ 4,053.6×0.268 = 1,086.4 mm^2
사용철근 : $A_s = D16 \times 6.667\,(CTC$ 150 mm) = 1,324.0 mm^2

$\cdot P_{\min} = 0.2\,\% < \frac{A_s}{bH} = 0.33\,\%$ OK

1.4.9 [단계 9] 교대 날개벽 계산

(1) [단계 9-1] 토압계수 산정

· 정지토압계수 사용 $K_o = 1 - \sin\phi = 0.426$

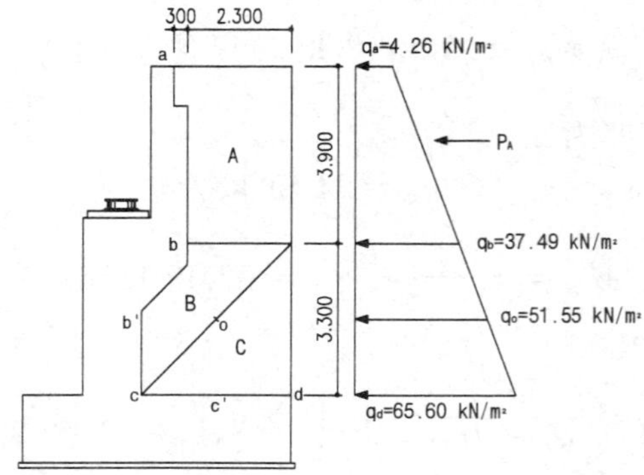

(2) [단계 9-2] 단면력 산정

① 측벽형 날개벽 단면력

· 각 위치에서의 토압

$q_a = q \times K_o = 4.26$ kN/m²

$q_b = 4.26 + K_o \times \gamma \times 3.9 = 37.49$ kN/m²

$q_d = 4.26 + K_o \times \gamma \times 7.2 = 65.60$ kN/m²

$q_o = 4.26 + K_o \times \gamma \times 5.55 = 51.55$ kN/m²

② 단면 a-b에 대한 단면력

$P_A = (q_a + q_b) \times \frac{1}{2} \times 2.3 \times 3.9$

$= (4.26 + 37.49) \times \frac{1}{2} \times 2.3 \times 3.9 = 187.25$ kN

$M_{ab} = P_A \times \frac{2.3}{2} = 215.34$ kNm

$S_{ab} = P_A = 187.25$ kN

∴ 단위 길이당의 설계 극한단면력

$M_{ab} = 1.70 \times \frac{215.34}{3.9} = 93.87$ kNm

$S_{ab} = 1.70 \times \frac{187.25}{3.9} = 81.62$ kN

③ 단면 b-b'에 대한 극한단면력

$S_B = 1.7 \times q_b \times 3.3 = 210.32$ kN

$M_B = S_B \times 3.3 \times \frac{1}{2} = 347.03$ kNm

④ 단면 c'-d에 대한 극한단면력

$M_c = 1.7 \times \frac{1}{6} \times (2 \times q_b + q_d) \times 3.3^2 = 434.76$ kNm

$S_c = 1.7 \times (q_b + q_d) \times \frac{1}{2} \times 3.3 = 289.17$ kN

(3) [단계 9-3] 단면력에 의한 배근

① 단면 a-b의 철근량 계산

⇒ 휨철근 보강

구분	비고	구분	비고
M_u	93.87 kNm	폭원	1,000 mm
유효높이	520 mm	휨 최소철근비	0.200 %
Req' A_s	715.2 mm²	사용철근	D16 CTC 125 mm

⇒ 전단철근 보강

$\phi V_c = 0.8 \times \frac{1}{6} \times \sqrt{f_{ck}} \times bd$ = 339.66 kN > V_n = 81.62 kN

∴ 전단 철근 보강 불필요

최소전단철근은 [콘 · 설 7.4.3]에 따라 교대벽체 및 날개벽, 옹벽의 벽체, 암거등과 같은 휨이 주거동인 부재로 보아 적용하지 않았다.

② 단면 b-b′의 철근량 계산

- 휨철근 보강

구분	비고	구분	비고
M_u	347.03 kNm	폭원	1,000 mm
유효높이	520 mm	휨 최소철근비	0.200 %
Req′ A_s	2,721.9 mm^2	사용철근	D25 CTC 125 mm

- 전단철근 보강

$\phi V_c = 0.8 \times \frac{1}{6} \times \sqrt{f_{ck}} \times bd$ = 339.66 kN > V_n = 210.32 kN

∴ 전단 철근 보강 불필요

③ 단면 c′-d의 철근량 계산

- 휨철근 보강

구분	비고	구분	비고
M_u	434.76 kNm	폭원	1,000 mm
유효높이	520 mm	휨 최소철근비	0.200 %
Req′ A_s	3,446.7 mm^2	사용철근	D29 CTC 125 mm

- 전단철근 보강

$\phi V_c = 0.8 \times \frac{1}{6} \times \sqrt{f_{ck}} \times bd$ = 339.66 kN > V_n = 289.17 kN

∴ 전단 철근 보강 불필요

1.4.10 **[단계 10] 철근 조립도**

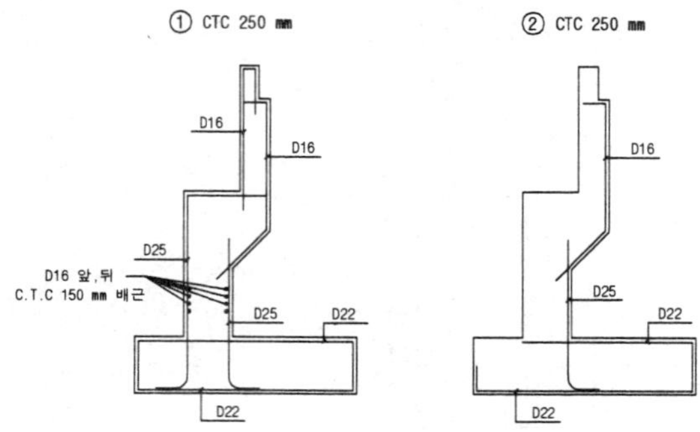

1.5 반중력식 교대 설계 예

1.5.1 [단계 1] 단면가정

- 상부구조
· 구조형식 : RC 슬래브교
· 교량등급 : 1등급 (내진 1등급)
· 지 간 : 11.0 + 14.0 + 14.0 + 11.0 = 50.0 m

- 하부구조
· 구체 형식 : 콘크리트 반중력식 교대
· 기초 형식 : 직접기초
· 폭 원 : 10.50 m

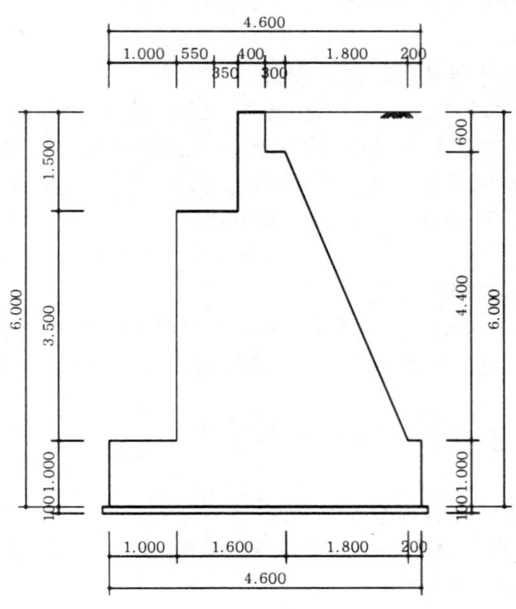

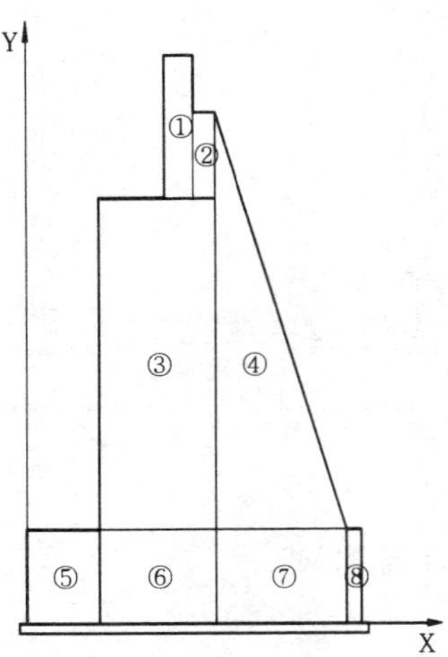

(1) [단계 1-1] 재료의 특성

$f_{ck} = 21$ MPa, $f_y = 300$ MPa으로 가정하였다.

(2) [단계 1-2] 받침의 선정

상부구조의 형식을 고려하여 받침을 선정하며 교대의 받침길이를 가정한다. 이때 교량받침면의 길이는 받침 연단길이, 받침크기, 상부의 탄성 및 지진변위, 지진에 의한 받침지지 길이 등을 복합적으로 고려하여 결정한다.

(3) [단계 1-3] 상부구조 형고 확보

상부구조의 형고와 교량받침부를 포함하여 받침의 유지관리 높이를 확보한 흉벽의 높이를 가정한다. 장경간 PSC 박스거더교나 강박스거더교의 경우 형고가 높아 흉벽의 높이가 높고 하중이 크므로 역T형 교대가 일반적이며 형고가 작고 하중이 작은 슬래브교량의 경우 반중력식 교대가 유리하다.

(4) [단계 1-4] 부재의 단면가정

교대의 기초면에서의 흉벽까지의 단면의 치수를 가정한다. 흉벽 배면의 상면에서 접속슬래브 받침의 높이는 포장두께에 따라 조정하여 높이를 산정한다.

1.5.2 **[단계 2] 지진변위 검토**

(1) [단계 2-1] 받침 연단길이 검토

교량받침은 연직하중 650 kN 탄성받침으로 가정하였고 받침의 크기는 450 ㎜로 가정하여 연단거리 검토함.

· 연단거리

$$S = 200 + 5 \cdot L = 200 + 5 \cdot 11 = 255 \text{ mm}$$ 이상필요

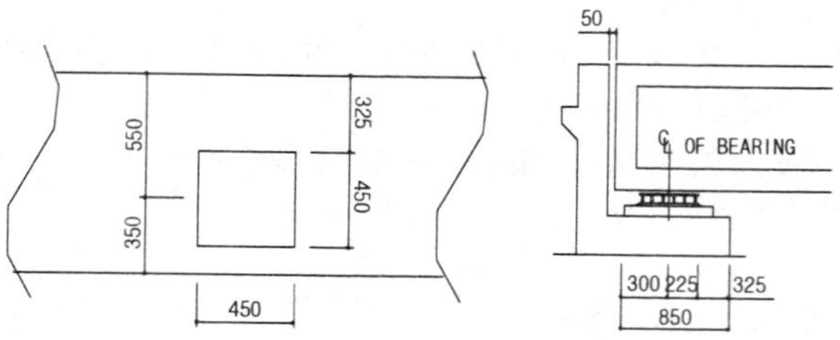

· 650 kN 받침의 연단거리 325 mm > 255 mm OK

※ 탄성받침의 고무받침과 같은 종류로 연단거리는 앵커로부터 적용하나 일반적인 보강탄성 받침은 앵커와 탄성받침이 분리되어 있어 연단거리 기준이 명확치 않으므로 안전측으로 강재받침과 같이 받침 끝에서 정하였음.

(2) [단계 2-2] 최소 받침지지 길이

· 받침지지 길이

사각이 0°이므로 받침선과 교축직각방향의 사잇각은 0°

$$N = (200 + 1.67 \times L + 6.66 \times H)(1 + 0.000125 \times \Theta^2) \text{ mm}$$
$$= 200 + 1.67 \times 50 + 6.66 \times 12 = 363.4 \text{ mm}$$

· 실제 받침지지 길이

$N = 850$ mm > 363.42 mm OK

(3) [단계 2-3] 상부구조의 여유간격

① 평상시의 신축장치 유간

$\Delta l = 25$ mm

② 지진시의 상부구조 여유간격

· $\Delta l = d + \Delta l_s + \Delta l_c + 0.4\Delta l_t$

· $\Delta l = 30 + 0 + 0 + 10 = 40$ mm

따라서 상부구조의 여유간격은 50 mm 적용

※ 지진시 상부가 교대의 흉벽에 충돌하는 쪽의 경우 건조수축과 크리프의 변위량은 충돌하려는 변위와 반대방향으로 거동하기 때문에 건조수축과 크리프의 변위량은 상부구조의 여유간격 감소 요인으로 작용하므로 받침의 이동량 및 신축유간보다 상부구조의 여유간격을 크게 확보하기 위해서는 건조수축 및 크리크에 의한 이동은 완료된 것으로 보고 상부구조의 여유간격을 산정한다.

1.5.3 **[단계 3] 받침부 설계**

(1) [단계 3-1] 받침설계

교량받침은 탄성 받침으로 가정하였고 연직하중 650 kN 의 용량의 탄성받침은 96 kN 내외의 수평저항력을 가진다.

· 650 kN의 탄성 받침의 지진시 허용 수평력 = 96 kN

· 탄성지진력 : 75 kN

(2) [단계 3-2] 내진 장치 설계

· 탄성 받침 허용수평력 96 kN > 탄성 지진력 93.75 kN(R = 0.8)

∴ 내진장치 불필요

(3) [단계 3-3] 받침부 보강 철근 산정

· 받침에 작용하는 하중

- 연직하중 : 211.9 kN (고정하중) + 245.1 kN (활하중) = 457.0 kN

- 수평하중

교축방향 : 83.7 / 1.33 = 62.93 kN (탄성지진력)

교축직각방향 : 93.7 / 1.33 = 70.45 kN (탄성지진력)

① 연직하중에 대한 보강

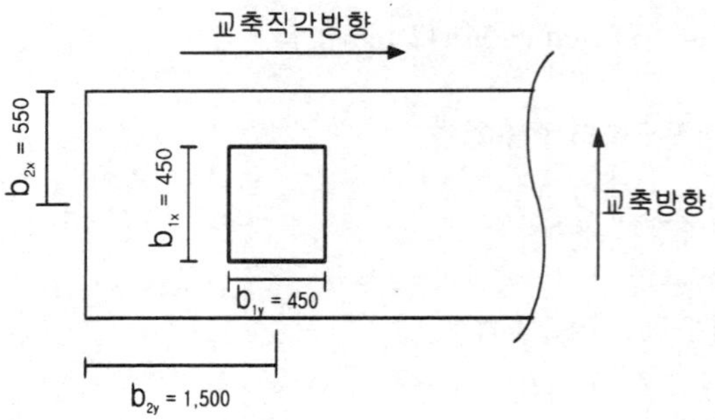

$b_{1x} = 450$ mm $\quad b_{1y} = 450$ mm

$b_{2x} = 550$ mm $\quad b_{2y} = 1,500$ mm

$b_{cx} = 2 \times b_{2x} = 2 \times 550 = 1,100$ mm $< 5 \times b_{1x} = 2,250$ mm

$b_{cy} = 2 \times b_{2y} = 2 \times 1,500 = 3,000$ mm $> 5 \times b_{1y} = 2,250$ mm

$$A_{sx1} = \frac{1}{4} \times \left(1 - \frac{b_{1x}}{b_{cx}}\right) \times \frac{P}{f_{sa}}$$

$$= \frac{1}{4} \times \left(1 - \frac{450}{1,100}\right) \times \frac{457.0 \times 10^3}{150}$$

$= 450$ mm^2

$$A_{sy1} = \frac{1}{4} \times \left(1 - \frac{b_{1y}}{b_{cy}}\right) \times \frac{P}{f_{sa}}$$

$$= \frac{1}{4} \times \left(1 - \frac{450}{2,250}\right) \times \frac{457.0 \times 10^3}{150}$$

$= 609 \text{ mm}^2$

② 수평하중에 대한 보강

$$A_{sx2} = \frac{H_x}{f_{sa}} = \frac{62.93 \times 10^3}{150}$$

$= 420 \text{ mm}^2$

$$A_{sy2} = \frac{H_y}{f_{sa}} = \frac{70.45 \times 10^3}{150}$$

$= 470 \text{ mm}^2$

③ 철근 보강 범위

· 교축직각방향 철근보강 범위

$B_{xo} = b_{1x} + b_{2y} = 450 + 1,500 = 1,950$ mm

여기서, 받침의 중심에서 연단까지 거리 550 mm가 $B_{xo} / 2 = 975$ mm 보다 작으므로 보정 필요.

$$B_{xo}' = b_{2x} + \frac{B_{xo}}{2} = 550 + 975 = 1,525 \text{ mm}$$

· 교축방향 철근보강 범위

$B_{yo} = b_{1x} + b_{2x} = 450 + 550 = 1,000$ mm

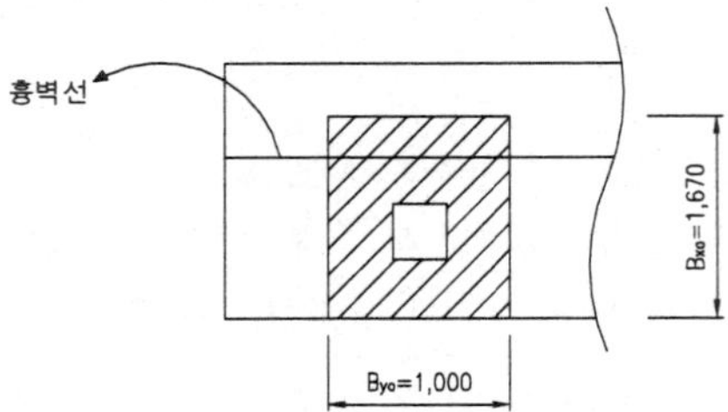

④ 철근량 산정

- 교축방향 : $A_{sx} = A_{sx1} + A_{sx2} = 450 + 420 = 870 \text{ mm}^2$
- $B_{yo} =$ 1,000 mm 범위내에서 $D13 - 8EA$

  $A_s = 126.7 \times 8 = 1,013.6 \text{ mm}^2$

- 교축 직각 방향 : $A_{sy} = A_{sy1} + A_{sy2} = 609 + 470 = 1,079 \text{ mm}^2$
- $B_{xo} =$ 1,525 mm 범위내에서 $D13 - 9EA$

  $A_s = 126.7 \times 9 = 1,140.3 \text{ mm}^2$

(4) [단계 3-4] 받침 콘크리트 보강

- 교축방향 : $A_{s1} = \dfrac{H_{sx}}{f_{sa}} = 420\ \text{mm}^2$

사용철근 $D13 - 5EA$

$A_s = 126.7 \times 5 = 633.5\ \text{mm}^2$

- 교축직각방향 : $A_{s2} = \dfrac{H_{sy}}{f_{sa}} = 470\ \text{mm}^2$

사용철근 $D13 - 7EA$

$A_s = 126.7 \times 7 = 886.9\ \text{mm}^2$

1.5.4 [단계 4] 교대 설계조건

(1) [단계 4-1] 받침 마찰계수

· 받침의 종류 : 탄성 받침

· 마찰계수 : 0.15

(2) [단계 4-2] 사용재료 및 강도

재료	단위질량(kg/m³)	재료	구분	설계기준강도(MPa)
무근콘크리트	2,350	콘크리트	압축강도	21
뒷채움흙	2,000	철근	항복강도	300

(3) [단계 4-3] 뒷채움의 조건

· 양질이고 충분히 다져지는 재료를 사용

· 단위중량 ($\gamma_t = 20\ \text{kN/m}^3$)

· 전단 저항각 ($\phi = 35°$)

(4) [단계 4-4] 기초 저면의 조건(활동의 조건)

교대의 활동검토를 위한 조건으로 활동면을 기준으로 한다.

· 마찰계수 $\mu = \tan\phi_B = 0.60$: 암과 콘크리트

(5) [단계 4-5] 근입지반의 조건(지지력의 조건)

· 지반의 허용 연직지지력은 지반 조건, 시공조건 등을 조사후 각종 설계기준에 따라 결정하여야 하며 예제에서는 각종 설계기준을 참고로 하여 지반의지지력을 산정하였다.

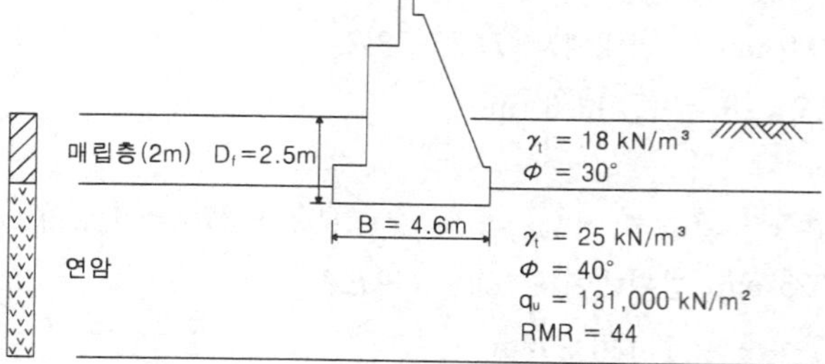

① Hoek & Brown 제안식

$$Q_u = C_{f1} S^{\frac{1}{2}} \sigma_{u(r)} \left[1 + (m s^{-\frac{1}{2}} + 1)^{\frac{1}{2}} \right]$$

여기서,

$\sigma_{u(r)}$: Intact Rock의 일축압축강도 (kN/m^2)

C_{f1} : 기초형상에 따른 보정계수

m : 암질에 따른 상수

s : 암석에 따른 상수

· 형상계수(C_{f1}) 산정

기초형상		C_{f1}
연속기초	L/B > 6	1.0
직사각형 기 초	L/B = 2	1.12
	L/B = 5	1.05
정사각형 기초		1.25
원 형 기초		1.20

형상계수 값은 위 표를 이용하여 보간법으로 구할 수 있다.

L/B = 2.283 일때 C_{f1} = 1.09

· 상수 m, s 결정

구분	암반상태	RMR	Q-값	S Value	m-Value as Function of Rock Type				
					A	B	C	D	E
Intact Rock	>3 m(Intact)	100	500	1	7	10	15	17	25
Very Good	1~3 m (Interlocking)	85	100	0.082	2.4	3.43	5.14	5.82	8.56
Good	1~3 m (Slightly Weathered)	65	10	0.00293	0.575	0.821	1.231	1.395	2.052
Fair	0.3~1 m (Moderately Weathered)	44	1	0.00009	0.128	0.183	0.275	0.311	0.458
Poor	30~500 mm (Weathered with Gouge)	23	0.1	3×10^{-6}	0.029	0.041	0.061	0.069	0.102
Very Poor	<50 mm (Heavily Weathered)	3	0.01	1×10^{-7}	0.007	0.01	0.015	0.017	0.025
Rock Type	A : 잘 발달된 결정성 벽개를 가진 탄산염 암석(백운석,석회암,대리석) B : 암석화된 점토질 암석 (이암, 미사암, 셰일, 점판암) C : 강한결정을 가지고 있으며, 결정성 벽개는 잘 발달되지 않은 사질 암석 (사암, 규암) D : 다중 광물조성의 세립결정질 화성암 (안산암, 조립현무암, 회록암, 유문암) E : 다중 광물조성의 조립결정질 화성암 및 변성암 (각섬암, 반려암, 화강암, 석영섬록암)								

상수 m, s는 위의 표를 이용해 Rock Type에 따른 RMR 값으로 산정

기반암은 사암에 RMR값은 44로 $m = 0.28$, $s = 8.84 \times 10^{-5}$

· 검토결과

$$Q_u = C_{f1}\, S^{\frac{1}{2}}\, \sigma_{u(r)} \left[1 + (m\, s^{-\frac{1}{2}} + 1)^{\frac{1}{2}} \right]$$

$$= 1.09 \times (8.84 \times 10^{-5})^{\frac{1}{2}} \times 131{,}000 \times \left[1 + \left\{ 0.28 \times (8.84 \times 10^{-5})^{-\frac{1}{2}} + 1 \right\}^{\frac{1}{2}} \right]$$

$$= 8{,}790.908\,\text{kN/m}^2$$

$$Q_a = \frac{Q_u}{F_s} = \frac{8{,}790.908}{3} = 2{,}930.303\ \text{kN/m}^2$$

② AASHTO 제안식

$$Q_u = N_{ms} C_o$$

여기서,

N_{ms} : 암질과 암종에 따른 지지력 계수

C_o : 암석의 일축압축강도 (kN/m²)

· 지지력 계수(N_{ms}) 산정

암반 등급	일 반 사 항	RMR 등급[(1)]	NGI 등급[(2)]	RQD (%)[(3)]	N_{ms}[(4)]				
					A	B	C	D	E
우수	절리간격 3 m 이상의 신선암	100	500	95~100	3.8	4.3	5.0	5.2	6.1
매우 양호	절리간격 0.9~3 m이며, 절리면이 거칠며 치밀하게 밀착되어있고 풍화되어 있지 않음	85	100	90~95	1.4	1.6	1.9	2.0	2.3
양호	절리간격 0.9~3 m이며, 절리면이 약간 교란되고 풍화된 신선암	65	10	75~90	0.28	0.32	0.38	0.40	0.46
보통	절리간격 0.3~0.9 m의 여러세트의 적당히 풍화된 절리를 가진 암석	44	1	50~75	0.049	0.056	0.066	0.069	0.081
불량	절리간격 0.02~0.5 m의 약간의 충전물이 있으며 풍화된 절리를 가진 암석	23	0.1	25~50	0.015	0.016	0.019	0.020	0.024
매우 불량	0.05m 보다 작은 간격의 수없이 많은 풍화된 절리를 가진 암석	3	0.01	< 25	상응하는 사질토의 극한지지력을 사용				

(1) Geotmechanics Rock Mass Rating System, Bieniawski, (1989)
(2) Norwegian Geotechnical Institute Rock Mass Classification System, Barton, (1974)
(3) Rock Quality Designation
(4) N_{ms} 는 암석의 종류에 따라 정해지는 값

지지력계수 N_{ms}는 위의 표를 이용해 Rock Type에 따른 RMR 값을 이용하여 산정기반암은 사암에 RMR값은 44로 $N_{ms} = 0.079$

· 검토결과

$$Q_u = N_{ms}\, C_o = 0.079 \times 131{,}000 = 10{,}349\,\text{kN/m}^2$$

$$Q_a = \frac{Q_u}{F_s} = \frac{10{,}349}{3} = 3{,}449.667\ \text{kN/m}^2$$

③ 검토결과 비교

구분	Hoek & Brown 제안식	AASHTO 제안식	적용
허용지지력	2,930.303 kN/m²	3,449.667 kN/m²	2,930.303 kN/m²

적용지지력은 안전측으로 Hoek & Brown식을 적용

$\therefore Q_a = 2,930.303\ \text{kN/m}^2 \Rightarrow \text{OK}$

허용 연직지지력 = 평상시 : 2,930.303 kN/m², 지진시 : 4,395.455(=2,930.303×1.5) kN/m²

(6) [단계 4-6] 지진 계수 산정

- 내진1등급교량으로 지진구역은 I 구역으로 가속도계수를 산정
- 지진구역계수 0.11 , 위험도계수 1.4
- 가속도계수(A) = 지진구역계수 × 위험도계수 = 0.11×1.4 = 0.154
- 수평지진계수 $K_h = \dfrac{A}{2} = 0.077$ (변위를 허용하는 교대)

(7) [단계 4-7] 토압계수 산정

- 평상시 토압계수 (coulomb)산정

$$K_a = \frac{\cos^2(\phi - \beta)}{\cos^2\beta \cdot \cos(\delta + \beta)\left[1 + \sqrt{\dfrac{\sin(\phi + \delta)\cdot\sin(\phi - \alpha)}{\cos(\beta + \delta)\cdot\cos(\beta - \alpha)}}\ \right]^2}$$

- 지진시 토압계수(Mononobe-Okabe) 산정

$$K_{ae} = \frac{\cos^2(\phi - \Theta - \beta)}{\cos\Theta \cdot \cos^2\beta\cos(\delta + \Theta + \beta)\left[1 + \sqrt{\dfrac{\sin(\phi + \delta)\cdot\sin(\phi - \alpha - \Theta)}{\cos(\beta + \delta + \Theta)\cdot\cos(\beta - \alpha)}}\ \right]^2}$$

구 분	평상시	지진시
ϕ(deg)	35.0	35.0
α(deg)	0	0
β(deg)	22.249	22.249
δ(deg)	11.667	0
K_h	0	0.077
토압계수	0.444	0.505

(8) [단계 4-8] 상부구조의 반력

- 상부 고정하중 $= \dfrac{1,016.70}{10.5} = 96.83$ kN/m
- 상부 활하중 $= \dfrac{1,214.10}{10.5} = 115.63$ kN/m

(9) [단계 4-9] 뒷채움 지표면 상재하중

$q_o = 10$ kN/m²

1.5.5 **[단계 5] 교대 설계력 산정**

(1) [단계 5-1] 구체, 뒷채움 자중 및 관성력

· 구체 및 뒷채움의 자중 및 중심을 구하고 관성력을 수평지진계수비 만큼의 수평력을 계산한다.

구분	번호	체적 (m^3)	연직력 (kN)	관성 (kN)	팔길이(m)		모멘트(kNm)	
					수평 X_i	수직 Y_i	M_x	M_y
벽체부	①	0.600	14.100	1.086	2.100	5.250	29.610	5.702
	②	0.270	6.345	0.489	2.450	4.950	15.545	2.421
	③	5.600	131.600	10.133	1.800	2.750	236.880	27.866
	④	3.960	93.060	7.166	3.200	2.467	297.792	17.679
	소계	10.430	245.105	18.874	2.366	2.843	579.827	53.668
기초부	⑤	1.000	23.500	1.810	0.500	0.500	11.750	0.905
	⑥	1.600	37.600	2.896	1.800	0.500	67.680	1.448
	⑦	1.800	42.300	3.257	3.500	0.500	148.050	1.629
	⑧	0.200	4.700	0.362	4.500	0.500	21.150	0.181
	소계	4.600	108.100	8.324	2.300	0.500	248.630	4.163
총계		15.030	353.205	27.198	-	-	828.457	57.831

여기서 수평지진계수 $K_h = 0.077$

(2) [단계 5-2] 고정단 · 가동단 상부하중 및 관성력

· 상부하중 작용 시 설계수평진도 $k_h = A \cdot S = 0.154 \times 1.2 = 0.185$

· 상부하중의 반력 $R = 96.83$ kN/m

$F_{m1} = R \cdot k_h \cdot \cos^2\Theta = 0$

$F_{m2} = R \cdot f_s \cdot \sin\Theta = 96.83 \times 0.15 \times 1.0 = 14.52$

($k_h \cdot \sin\Theta = 0.185 > f_s = 0.15$ 일 때)

관성력 $F_m = F_{m1} + F_{m2} = 14.52$ kN/m

(3) [단계 5-3] 평상시, 지진시 토압계산

① 안정검토시

· 평상시 토압 ($H = 6.0$ m)

$$P_a = \frac{1}{2} \times K_a \times \gamma \times H^2 \times \cos(\delta + \beta)$$

$$= \frac{1}{2} \times 0.444 \times 20 \times 6.0^2 \times \cos 33.916°$$

= 132.64 kN

· 지진시 토압 ($H = 6.0$ m)

$$P_{ae} = \frac{1}{2} \times K_{ae} \times \gamma \times H^2 \times \cos(\delta + \beta)$$

$$= \frac{1}{2} \times 0.505 \times 20 \times 6.0^2 \times \cos 22.249°$$

= 168.26 kN

② 단면검토시

· 평상시 토압 ($H=5.0$ m)

$$P_a = \frac{1}{2} \times K_a \times \gamma \times H^2 \times \cos(\delta + \beta)$$

$$= \frac{1}{2} \times 0.444 \times 20 \times 5.0^2 \times \cos 33.916°$$

= 92.11 kN

· 지진시 토압 ($H=5.0$ m)

$$P_{ae} = \frac{1}{2} \times K_{ae} \times \gamma \times H^2 \times \cos(\delta + \beta)$$

$$= \frac{1}{2} \times 0.505 \times 20 \times 5.0^2 \times \cos 22.249°$$

= 116.85 kN

(4) [단계 5-4] 상부반력에 의한 설계력

구분	수직력 (kN)	수평력 (kN)	팔길이(m)		모멘트(kNm)	
			X_i	Y_i	M_x	M_y
고정하중	96.83	14.52	1.550	4.500	150.08	65.34
활하중	115.63	-	1.550	-	179.22	-

(5) [단계 5-5] 하중집계 및 조합

① 평상시 하중집계

구분	수직력 (kN)	수평력 (kN)	팔길이(m)		모멘트(kNm)	
			X_i	Y_i	$M_{저항}$	$M_{전도}$
교대구체	245.11	-	2.366	2.843	579.93	-
교대기초	108.10	-	2.300	0.500	248.63	
상부고정하중	96.83	14.52	1.550	4.500	150.09	65.34
배면토압	89.19	132.64	3.833	2.000	341.87	265.28
배면밖의 과재하중	14.86	22.11	3.450	3.000	51.27	66.33
상부활하중	115.63	-	1.550	-	179.23	-
전도 및 활동 안전 검토	442.40	132.64	-		1170.43	265.28
기초 지지력 안전 검토	669.72	169.27	M_r - M_o = 1154.07		1551.02	396.95

② 지진시 하중조합

구분	수직력 (kN)	수평력 (kN)	팔길이(m)		모멘트(kNm)	
			X_i	Y_i	$M_{저항}$	$M_{전도}$
교대구체	245.11	18.87	2.366	2.843	579.93	53.65
교대기초	108.10	8.32	2.300	0.500	248.63	4.16
상부고정하중	96.83	14.52	1.550	4.500	150.09	65.34
배면토압	68.84	168.26	3.450	3.000	237.50	504.78
전도 및 활동 안전 검토	518.88	209.97	-		1216.15	627.93
기초 지지력 안전 검토	518.88	209.97	M_r - M_o = 588.22		1216.15	627.93

1.5.6 **[단계 6] 안정검토**

(1) [단계 6-1] 전도에 대한 안정

① · 평상시(상부구조 설치전, 노면 활하중 비 재하시)

$$F_s = \frac{M_{저항}}{M_{전도}} = \frac{1,170.43}{265.28} = 4.412 > 2.0 \Rightarrow OK$$

② · 지진시

$$F_s = \frac{M_{저항}}{M_{전도}} = \frac{1,216.15}{627.93} = 1.937 > 1.5 \Rightarrow OK$$

(2) [단계 6-2] 활동에 대한 안정

① · 평상시

u (마찰계수) $= \tan\phi_B = 0.60$ 암과 콘크리트

$$F_s = \frac{\mu \times 수직력}{수평력} = \frac{0.60 \times 442.40}{132.64} = 2.001 > 1.5 \Rightarrow OK$$

② · 지진시

u (마찰계수) $= \tan\phi_B = 0.60$ 암과 콘크리트

$$F_s = \frac{\mu \times 수직력}{수평력} = \frac{0.60 \times 518.88}{209.97} = 1.483 > 1.20 \Rightarrow OK$$

(3) [단계 6-3] 지지력에 대한 안정

① · 평상시

$$M = V \times \xi$$

$$\Rightarrow 1,154.07 = 669.72 \times \xi$$

$$\therefore \xi = 1.723 \text{ m}$$

· 편심거리(e) $= \frac{B}{2} - \xi = \frac{4.60}{2} - 1.723$

$$= 0.577\ m \le \frac{B}{6} = 0.767 \Rightarrow O.K$$

$$Q_{max} = \frac{V}{B}\left(1 + \frac{6 \cdot e}{B}\right) = \frac{669.72}{4.6} \times \left(1 + \frac{6 \times 0.577}{4.6}\right) = 255.165 \text{ kN/m}^2$$

$$Q_{min} = \frac{V}{B}\left(1 - \frac{6 \cdot e}{B}\right) = \frac{669.72}{4.6} \times \left(1 - \frac{6 \times 0.577}{4.6}\right) = 36.018 \text{ kN/m}^2$$

· 단위 면적당 최대 지반 반력

$$Q_a = 580.20 \text{ kN/m}^2$$

$$\therefore Q_{max} = 255.16 < 580.20 \text{ kN/m}^2 \Rightarrow \text{OK}$$

② · 지진시

$$M = V \times \xi$$

$$\Rightarrow 588.22 = 518.88 \times \xi$$

$$\therefore \xi = 1.134\ m$$

· 편심거리$(e) = \dfrac{B}{2} - \xi = \dfrac{4.60}{2} - 1.134$

$$= 1.166\ m \leqq \frac{B}{3} = 1.533 \Rightarrow OK$$

$$Q_{max} = \frac{V}{B}\left(1 + \frac{6 \cdot e}{B}\right) = \frac{518.88}{4.6} \times \left(1 + \frac{6 \times 1.166}{4.6}\right) = 284.354\ \text{kN/m}^2$$

$$Q_{min} = \frac{V}{B}\left(1 - \frac{6 \cdot e}{B}\right) = \frac{518.88}{4.6} \times \left(1 - \frac{6 \times 1.166}{4.6}\right) = -58.754\ \text{kN/m}^2$$

· 하중의 분포가 삼각형이므로 지반반력을 수정하여 사용한다.

$x = 3 \times (\dfrac{B}{2}$ − 편심거리$) = 3 \times (\dfrac{4.6}{2} - 1.166) = 3.402\ \text{m}$

$$Q_{max} = \frac{2 \times V}{x} = \frac{2 \times 518.88}{402} = 305.044\ \text{kN/m}^2$$

· 단위 면적당 최대 지반반력

$$Q_a = 870.30\ \text{kN/m}^2$$

$$\therefore Q_{max} = 305.044 < 870.30\ \text{kN/m}^2 \Rightarrow \text{OK}$$

(4) [단계 6-4] 침하에 대한 안정

① Schleicher 방법

$$S_i = \frac{C_d\, q\, B(1 - \nu^2)}{E}$$

여기서,

C_d : 기초저면 형상과 강성에 따라 결정하는 침하계수

$q = \overline{q} - q'$: 기초바닥부 순연직응력 (kN/m²)

$\overline{q}$ = 기초저면의 접지압, $q' = \gamma D_f$

B : 기초폭 (m)

E : 기초지반의 변형계수 (kN/m²)

ν : 포와송비

가. 침하 계수(C_d) 산정

· 기초형상 및 강성에 따른 C_d값

길이/폭	중심	모서리	단변의 중심	장변의 중심	평균
Circle	1.00	0.64	0.64	0.64	0.85
Circle (Rigid)	0.79	0.79	0.79	0.79	0.79
Square	1.12	0.56	0.76	0.76	0.95
Square (Rigid)	0.99	0.99	0.99	0.99	0.99
1.5	1.36	0.67	0.89	0.97	1.15
2	1.52	0.76	0.98	1.12	1.30
3	1.78	0.88	1.11	1.35	1.52
5	2.10	1.05	1.27	1.68	1.83
10	2.53	1.26	1.49	2.12	2.25
100	4.00	2.00	2.20	3.60	3.70
1,000	5.47	2.75	2.94	5.03	5.15
10,000	6.90	3.50	3.70	6.50	6.60

침하계수(C_d)는 위의 표를 이용해 길이/폭에 따른 값으로 보간하여 구할 수 있다.

L/B = 2.28 일때 $C_d = 1.59$

나. 기초 바닥부분 순연직응력 산정

$q = \bar{q} - q' = 255.16 - (8 \times 2.00) = 239.16 \text{ kN/m}^2$

다. 검토결과

$$S_i = \frac{C_d\, q\, B\,(1 - \nu^2)}{E} = \frac{1.59 \times 239.16 \times 4.6\,(1 - 0.26^2)}{3{,}000{,}000}$$

$$= 0.00054 \text{ m} = 0.54 \text{ mm}$$

② Vesic 제안식

$$S_i = \frac{1}{K_g}\, q$$

여기서,

K_g : 지반반력계수

$q = \bar{q} - q'$: 기초바닥부 순연직응력 (kN / m²)

$\bar{q}$ = 기초저면의 접지압, $q' = \gamma D_f$

가. 지반반력계수(K_g) 산정

$$K_g = \frac{E}{B\,(1 - \nu^2)}$$

여기서,

E : 기초지반의 탄성계수 (kN/m²)

B : 기초폭 (m)

ν : 포와송비

$$K_g = \frac{E}{B(1-\nu^2)} = \frac{3,000,000}{4.6\,(1-0.26^2)}$$

$$= 699,457.22\ \text{kN/m}^2$$

나. 기초 바닥부 순연직응력 산정

$$q = \bar{q} - q' = 255.16 - (8 \times 2.0) = 239.16\ \ \text{kN/m}^2$$

다. 검토결과

$$S_i = \frac{1}{K_g}\, q = \frac{1}{699,457.22} \times 239.16$$

$$= 0.00034\ \text{m} = 0.34\ \text{mm}$$

③ Harr 방법에 의한 침하량 산정

$$S_i = q\,B\,\frac{(1-\nu^2)}{E}\,I_s$$

여기서,

I_s : 탄성침하 영향계수

$q = \bar{q} - q'$: 기초바닥부 순연직응력 (kN/m^2)

$\bar{q}$ = 기초저면의 접지압, $q' = \gamma\, D_f$

B : 기초폭 (m)

E : 기초지반의 변형계수 (kN/m^2)

ν : 포와송비

가. 탄성침하 영향계수(I_s) 산정

구 분		영향계수
원형기초		0.785
정방형기초		0.880
구형기초	L/B = 2	1.120
	L/B = 5	1.600
	L/B = 10	2.000

침하계수(I_s)는 위의 표를 이용해 L/B에 따른 값으로 보간하여 구할 수 있다.

L/B = 2.28 일때 $I_s = 1.165$

나. 기초상부 연직응력(q) 산정

$$q = \bar{q} - q' = 255.16 - (8 \times 2.0) = 239.16\ \text{kN/m}^2$$

다. 검토결과

$$S_i = q\,B\,\frac{(1-\nu^2)}{E}\,I_s$$

$$= 239.16 \times 4.6 \times \left(\frac{1-0.26^2}{3{,}000{,}000}\right) \times 1.165$$

$$= 0.0004 \text{ m} = 0.40 \text{ mm}$$

④ 검토결과 비교

구분	Schleicher	Vesic	Harr	적용
침하량	0.54 mm	0.34 mm	0.40 mm	0.54 mm

침하량 산정은 안전측으로 Schleicher식을 적용

$\therefore S_i = 0.54 \text{ mm} < 25.00 \text{ mm} \Rightarrow$ OK

(5) 안정검토결과

중력식교대 구조물에 대한 안정 검토결과, 전도, 활동, 지지력 및 침하량이 허용치 이내로 안정성을 확보하고 있는 것으로 검토되었음

따라서, 가정된 기초근입심도 및 기초크기는 적합

1.5.7 [단계 7] 단면검토

(1) [단계 7-1] 단면력에 의한 배근

① 평상시 (K_a=0.444, 벽체높이 = 5.0 m, 작용높이(H/3) = 1.667 m)

구분	수식	수직력 (kN)	전단력 (kN)	팔길이 (m)	모멘트 (kNm)	비고
상부하중	고정하중 반력만을 고려	96.83	14.52	3.500	50.82	
구체하중	설계지반면 이상의 구체	245.11				
토압	$\frac{1}{2} \times K_a \times \gamma \times H^2 \times \cos(\delta+\beta)$	61.94	92.11	1.667	153.55	
노면하중	$K_a \times Q \times H \times \cos(\delta+\beta)$	12.39	18.42	2.500	46.05	
평상시의 단면력		416.27	128.05		250.42	

· 휨응력

$$e = \frac{M}{N} = \frac{250.19}{416.17} = 0.6016\ m = 601.6 \text{ mm}$$

$$A = 3{,}400{,}000\ mm^2, \quad Z = \frac{1{,}000 \times 3{,}400^2}{6} = 1{,}926{,}666{,}667 \text{ mm}^3$$

$$f_{c1} = \frac{N}{A} + \frac{Ne}{Z} = 0.252 \text{ MPa (압축)}$$

$$f_{c2} = \frac{N}{A} - \frac{Ne}{Z} = 0.0075 \text{ MPa (인장)}$$

$$f_{c1} = 0.252 \text{ MPa} < f_{ca} = 0.4\,f_{ck} = 8.40 \text{ MPa}$$

$f_{c2} = 0.0075$ MPa $< f_{ta} = 0.13\sqrt{f_{ck}} = 0.596$ MPa 이므로
∴ 철근보강 불필요

· 전단응력

$$\upsilon = \frac{V}{A} = \frac{125.05 \times 10^3}{3,400,000}$$

$= 0.0368$ MPa $< \upsilon_{ca} = 0.08\sqrt{f_{ck}} = 0.3666$ MPa
∴ 철근보강 불필요

② 지진시(K_{ae}=0.505, 벽체계산높이 = 5.0 m, 작용높이(H/2) = 2.50 m)

구분	수식	수직력 (kN)	전단력 (kN)	팔길이 (m)	모멘트 (kNm)	비 고
토압	$\frac{1}{2} \times K_{ae} \times \gamma \times H^2 \times \cos(\delta+\beta)$	47.77	116.85	2.500	292.13	
상부하중	고정하중 반력만을 고려	96.83	14.52	3.500	50.82	
구체하중	설계지반면 이상의 구체	245.11	18.87	1.843	34.78	
지진시의 단면력		389.71	150.24		377.73	

· 휨응력

$$e = \frac{M}{N} = \frac{377.73}{389.71} = 0.969\ m = 969.26\ \text{mm}$$

$$A = 3,400,000\ mm^2,\quad Z = \frac{1,000 \times 3,400^2}{6} = 1,926,666,667\ mm^3$$

$$f_{c1} = \frac{N}{A} + \frac{Ne}{Z} = 0.3107\ \text{MPa (압축)}$$

$$f_{c2} = \frac{N}{A} + \frac{Ne}{Z} = -0.0814\ \text{MPa (인장)}$$

평상시 $f_{ta} = 0.13\sqrt{f_{ck}} = 0.596$ MPa

지진시 $f_{tae} = f_{ta} \times 1.33 = 0.793$ MPa

$f_{c2} < f_{tae}$ 이므로 철근보강 불필요

· 전단응력

$$\upsilon = \frac{V}{A} = \frac{150.24 \times 10^3}{3,400,000} = 0.0442\ \text{MPa} < \upsilon_{ae} = \upsilon_a \times 1.33$$

∴ 철근보강 불필요

(2) [단계 7-2] 수평철근 산정
· 해당사항 없음

(3) [단계 7-3] 흉벽 설계
· 벽체와 일체형으로 검토 생략

(4) [단계 7-4] 기초설계

① 평상시

구 분	수직력 (kN)	수평력 (kN)	팔길이(m) X	팔길이(m) Y	모멘트 (kNm)
교대 구체	245.11	-	2.366	2.843	579.93
교대기초	108.10	-	2.300	0.500	248.63
상부 고정하중	96.83	14.52	1.550	4.500	84.75
배면 토압	89.19	132.64	3.833	2.000	76.59
배면 밖의 과재하중	14.86	22.11	3.450	3.000	-15.06
상부 활하중	115.63	-	1.550	-	179.23
앞굽판 단면력	669.72	169.27			1,154.07

· 앞 굽판의 최대 단면력을 위한 지반(상부구조 시공후 활하중 재하시)

$1,154.07 = 669.72 \times \xi$ 에서 $\xi = 1.723\ \text{m}$

편심거리 $= \dfrac{B}{2} - \xi = 2.300 - 1.723 = 0.577 < \dfrac{B}{6} = 0.767\ \text{m}$ ⇒사다리꼴분포 !

$$Q_{max} = \frac{V}{B}\left(1 + \frac{6 \cdot e}{B}\right) = \frac{669.72}{4.6} \times \left(1 + \frac{6 \times 0.577}{4.6}\right) = 255.165\ \text{kN/m}^2$$

$$Q_{min} = \frac{V}{B}\left(1 - \frac{6 \cdot e}{B}\right) = \frac{669.72}{4.6} \times \left(1 - \frac{6 \times 0.577}{4.6}\right) = 36.018\ \text{kN/m}^2$$

② 지진시 (상부 고정하중 고려)

구 분	수직력 (kN)	수평력 (kN)	팔길이(m) X	팔길이(m) Y	모멘트 (kNm)
교대 구체	245.11	18.87	2.366	2.843	526.28
교대기초	108.10	8.32	2.300	0.500	244.47
상부 고정하중	96.83	14.52	1.550	4.500	84.75
배면 토압	68.84	168.26	3.450	3.000	-267.28
지반 반력을 위한 하중 총계	518.88	209.97	-	-	588.22

$588.22 = 518.88 \times \xi$ 에서 $\xi = 1.134\ \text{m}$

· 편심거리 $= \dfrac{B}{2} - \xi = 2.300 - 1.134 = 1.166 > \dfrac{B}{6} = 0.767\ \text{m}$ ⇒삼각형 분포 !

$$Q_{max} = \frac{V}{B}\left(1 + \frac{6 \cdot e}{B}\right) = \frac{518.88}{4.6} \times \left(1 + \frac{6 \times 1.166}{4.6}\right) = 284.354\ \text{kN/m}^2$$

$$Q_{min} = \frac{V}{B}\left(1 - \frac{6 \cdot e}{B}\right) = \frac{518.88}{4.6} \times \left(1 - \frac{6 \times 1.166}{4.6}\right) = -58.754\ \text{kN/m}^2$$

· 하중의 분포가 삼각형이므로 지반반력을 수정하여 사용한다.

$$x = 3 \times \left(\frac{B}{2} - \text{편심거리}\right) = 3 \times \left(\frac{4.6}{2} - 1.166\right) = 3.402\ \text{m}$$

$$Q_{max} = \frac{2 \times V}{x} = \frac{2 \times 518.88}{3.402} = 305.044\ \text{kN/m}^2$$

(5) [단계 7-5] 앞굽판 배근

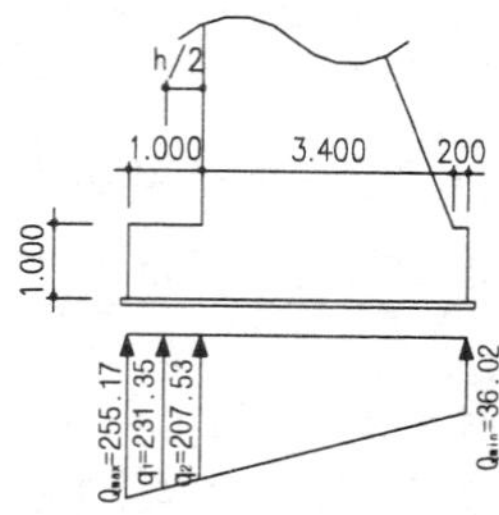

평상시 지반 반력

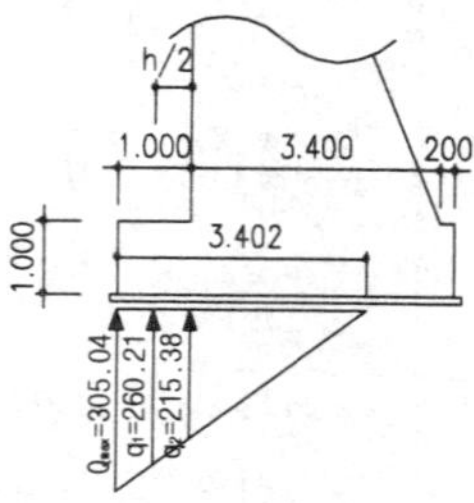

지진시 지반 반력

① 평상시의 단면력 계산

- 단면력

$$M_{rea} = 207.53 \times \frac{1.0^2}{2} + \frac{1}{2} \times (255.17 - 207.53) \times 1.0^2 \times \frac{2}{3}$$

$$= 119.645 \text{ kNm}$$

$$V_{rea} = (255.17 + 231.35) \times (1.0 - 0.5) \times \frac{1}{2}$$

$$= 121.630 \text{ kN}$$

- 기초 앞굽판의 중량에 의한 단면력

$$M_{toe} = 1.0 \times 1.0 \times 23.5 \times \frac{1.0}{2}$$

$$= 11.75 \text{ kNm}$$

$$V_{toe} = 1.0 \times 0.5 \times 23.5$$

$$= 11.75 \text{ kN}$$

∴ 따라서 $M_u = M_{rea} - M_{toe} = 119.645 - 11.750 = 107.895$ kNm

$V_u = V_{rea} - V_{toe} = 121.630 - 11.750 = 109.880$ kN

② 지진시의 단면력 계산

- 단면력

$$M_{rea} = 215.38 \times \frac{1.0^2}{2} + \frac{1}{2} \times (305.04 - 215.38) \times 1.0^2 \times \frac{2}{3}$$

$$= 137.577\text{m}$$

$$V_{rea} = (305.04 + 260.21) \times (1.0 - 0.5) \times \frac{1}{2}$$

$$= 141.313 \text{ kN}$$

- 기초 앞굽판의 중량에 의한 단면력

$$M_{toe} = 1.0 \times 1.0 \times 23.5 \times \frac{1.0}{2}$$

$$= 11.75 \text{ kNm}$$

$V_{toe} = 1.0 \times 0.5 \times 23.5$
$= 11.75$ kN

∴ 따라서 $M_u = M_{rea} - M_{toe} = 137.577 - 11.750 = 125.827$ kNm
$V_u = V_{rea} - V_{toe} = 141.313 - 11.750 = 129.563$ kN

· 평상시와 지진시를 비교한 최대 단면력 선택
지진시와 평상시의 모멘트비 125.827 / 107.895 = 1.17과 전단력비 129.563 / 109.880 = 1.18은 모두 지진시의 허용응력 증가계수 1.33미만으로 평상시의 단면력 선택

구분	비고	구분	비고
압축강도	21 MPa	인장강도	300 MPa
f_{ca}	8.4 MPa	f_{sa}	150 MPa
M	107.895 kNm	탄성계수비	9
폭원	1,000 mm	높이	1,000 mm
피복	100 mm	유효높이	900 mm
사용철근	1,910 mm^2	응력깊이(x)	159.55 mm
f_c	1.597 MPa	f_s	66.708 MPa

⇒ 휨철근 보강
사용철근 : $A_s = D19\,(CTC150\ \ mm) = 1,910\ \ mm^2$

· $P_{min} = 0.200\,\% < \dfrac{A_s}{bd} = 0.212\,\%$

⇒ 전단철근 보강
· 전단응력

$$\upsilon = \frac{V}{A} = \frac{109.880 \times 10^3}{900,000}$$

$= 0.122$ MPa $< \upsilon_{ca} = 0.08\sqrt{f_{ck}} = 0.3666$ MPa
∴ 철근보강 불필요

(6) [단계 7-6] 뒷굽판의 설계
· 뒷굽길이가 200 mm 이하로 해당사항 없음.

1.5.8 **[단계 8] 접속슬래브 설계**
· 역 T 형 교대와 동일

509.2 콘크리트교각 설계

2.1 설계일반사항

2.1.1 개요

교각은 상부구조가 2경간 이상으로 구성되는 경우에 설치되며, 상부구조에 작용하는 하중과 교각의 자중을 안전하게 기초지반에 전달하는 구조물이다.

일반적으로 교각의 계획 혹은 설계에 있어서 가설지점에 관계가 있는 하천, 도로, 철도 등의 관련 자료들로부터 제시된 각종 조건은 교각의 구조계산에서 고려되는 설계조건보다 우선적으로 고려하여야 한다.

2.1.2 교각의 세부명칭

교각의 부분적 명칭은 <그림 509.2.1>에 나타내었다. A는 교량받침부로 상부구조의 지점이 되는 교량받침이 놓이는 곳이다. B는 기둥, C는 기초이다.

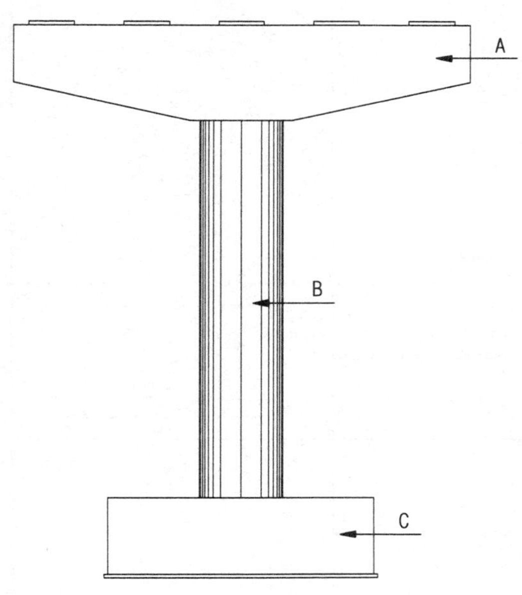

<그림 509.2.1> 교각의 세부명칭

2.1.3 교각의 종류 및 형식 결정

교각의 형식은 도로 및 하천 등 부대조건에 의한 외적요소에 제약을 받으며, 형식선정은 미관을 고려하고 입지조건, 구간에 따라 통일시키는 것이 필요하다. 지형조건에 따른 선정기준은 아래와 같고, 교각의 높이에 따른 선정기준은 <표 509.2.1>와 같다.

① 하천부 : 벽식교각(타원형, 특수한 원기둥식)

② 평지부 : 라멘교각, 기둥식교각, 벽식교각

③ 산간부 : 라멘교각(1층, 2층), 기둥식교각, 벽식교각

④ 도시부 : 라멘교각, 기둥식교각

⑤ 인터체인지부 : 로커교각, 라멘교각, 기둥식교각

산악지대의 교량에서는 교각높이가 50 m 이상이 되는 경우가 많은데, 높은 교각에 대해서는 상부구조와 함께 교량전체로서의 형식과 구조를 검토해야 하며 시공법도 검토하는 것이 바람직하다.

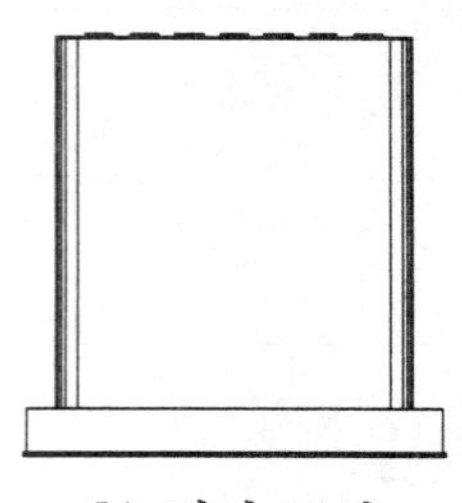

(b) 벽식 교각

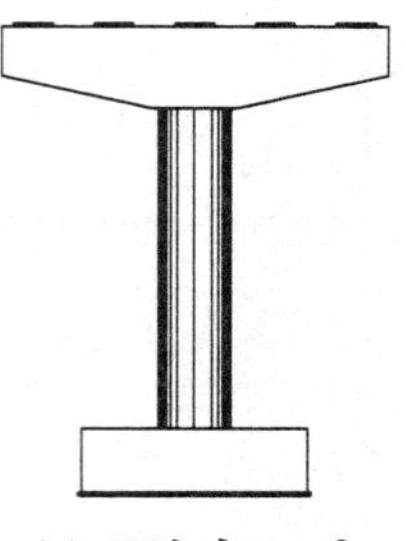

(a) T형식 교각

<그림 509.2.2> 교각의 종류[계속]

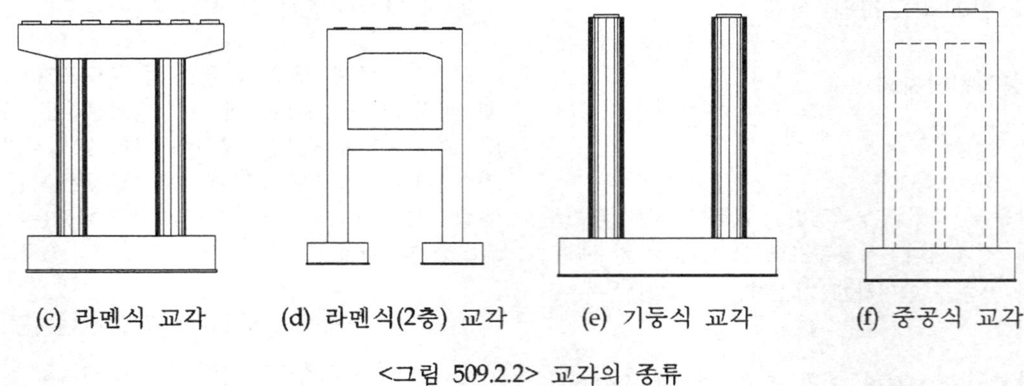

(c) 라멘식 교각　(d) 라멘식(2층) 교각　(e) 기둥식 교각　(f) 중공식 교각

<그림 509.2.2> 교각의 종류

<표 509.2.1> 교각의 높이에 따른 선정기준

교각형식	높이 (m)				비고
	10		20	30이상	
기둥식		15			
라멘식 (1층)	5	15			
라멘식 (2층)		15	25		
벽식 기둥식					
중공식			25		

2.2 설계흐름도 구성

2.2.1 주 설계단계

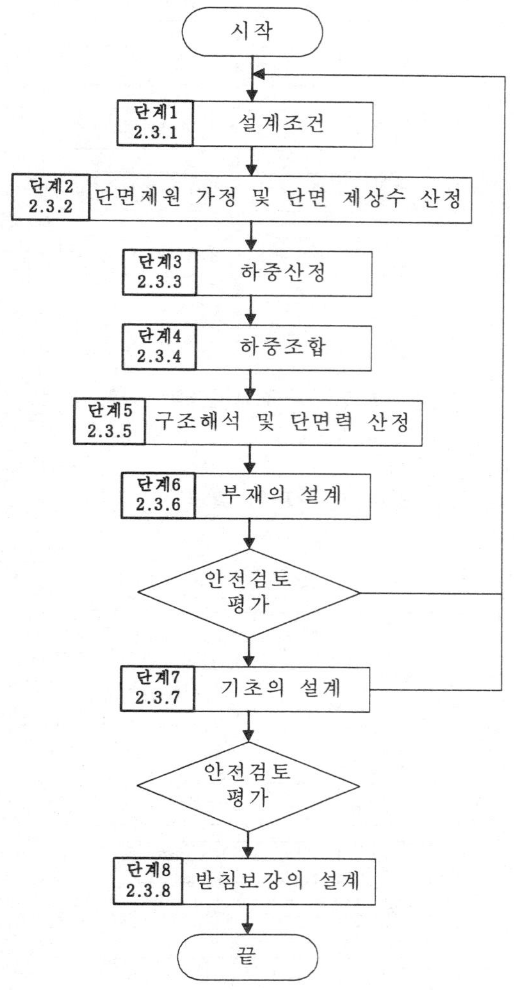

<그림 509.2.3> 설계흐름도

2.2.2 [단계 1] 설계조건

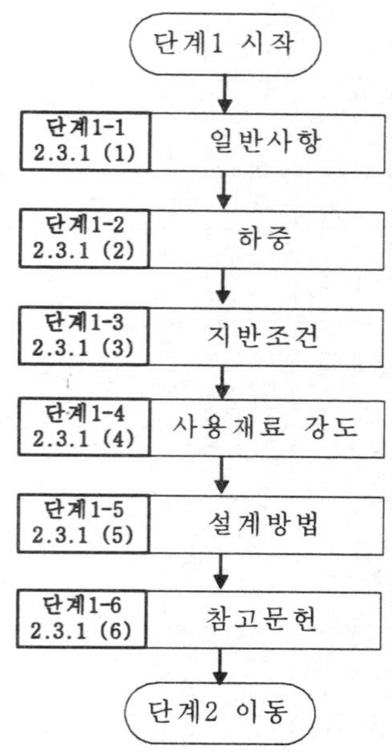

<그림 509.2.4> 설계조건

2.2.3 [단계 2] 단면제원 가정 및 단면 제상수 계산

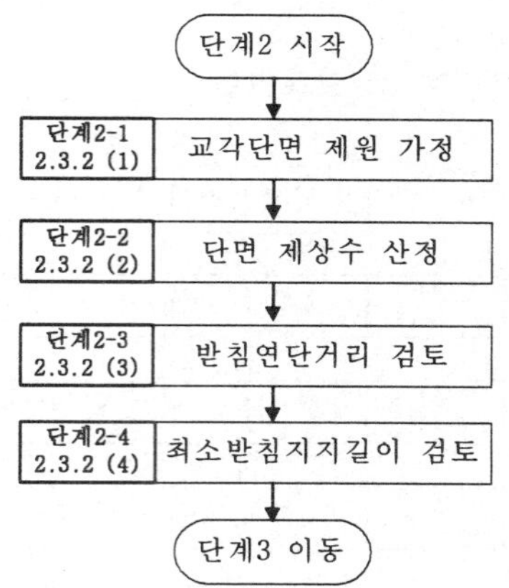

<그림 509.2.5> 단면제원 가정 및 단면 제상수 계산

2.2.4 [단계 3] 하중산정

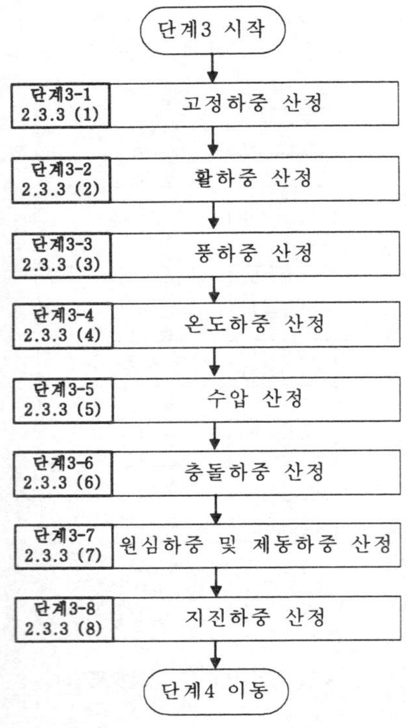

<그림 509.2.6> 하중산정

2.2.5 [단계 4] 하중조합

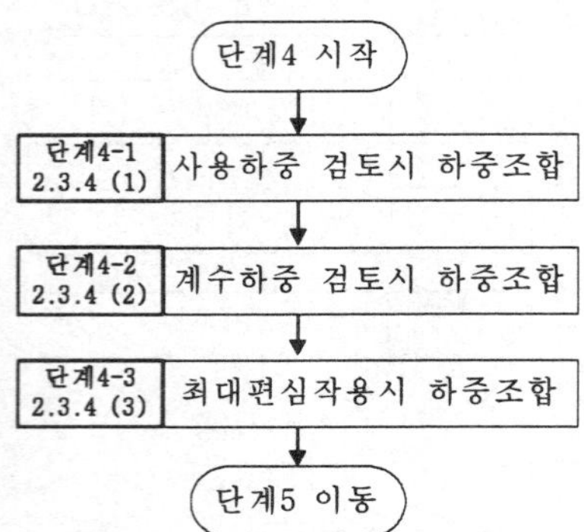

<그림 509.2.7> 하중조합

2.2.6 [단계 5] 구조해석 및 단면력 산정

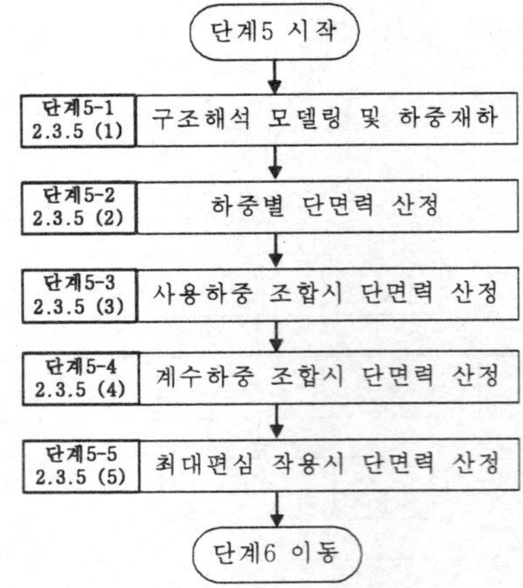

<그림 509.2.8> 구조해석 및 단면력 산정

2.2.7 [단계 6] 부재의 설계

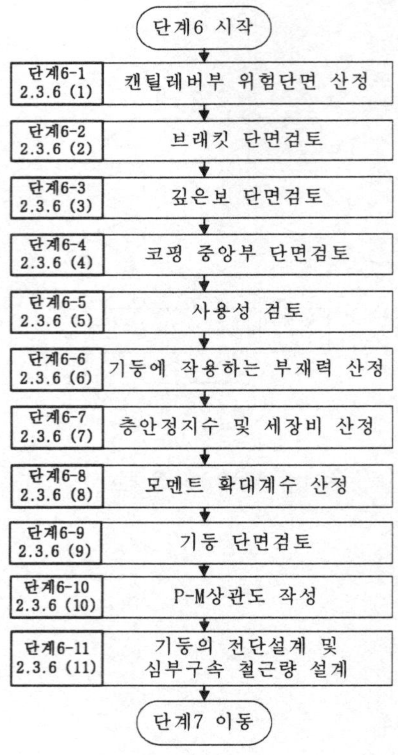

<그림 509.2.9> 부재의 설계

2.2.8 [단계 7] 기초의 설계

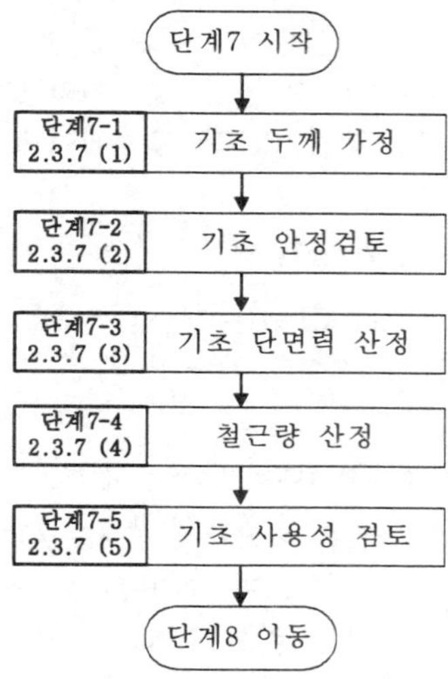

<그림 509.2.10> 기초의 설계

2.2.9 [단계 8] 받침보강의 설계

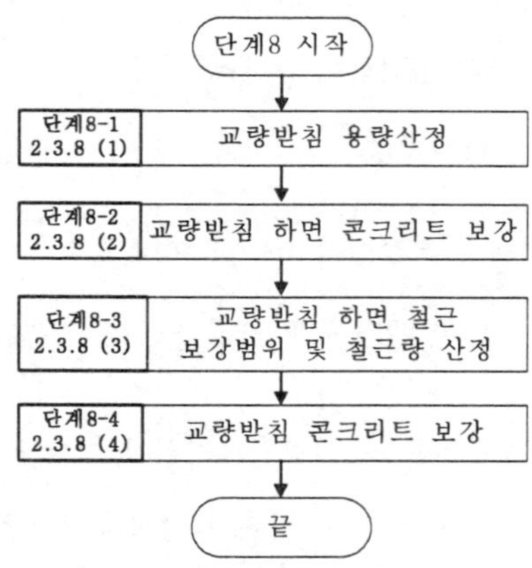

<그림 509.2.11> 받침보강의 설계

2.3 설계단계별 고려사항

2.3.1 [단계 1] 설계조건

(1) [단계 1-1] 일반사항

일반적으로 교각의 형식은 다양하므로 일률적으로 계획할 수는 없으나 다음과 같은 사항을 고려하여 적정한 재료와 구조 형식을 선정한다.

① 상부구조의 반력 크기 및 교량받침 배치 상황
② 교량가설 위치 현황 및 지질조건
③ 교각의 높이
④ 교량 하부도로 이용 유무(다리 밑 공간 이용 유무)
⑤ 교량의 폭원
⑥ 교각의 시공성 및 경제성

(2) [단계 1-2] 하중

[도ㆍ설 2.1] 하중편을 따른다.

(3) [단계 1-3] 지반조건

지반에 대한 조사는 통상 예비조사와 본조사로 나누어 시행되며, 설계, 시공 및 유지관리단계에서 필요시 추가조사를 시행한다. 교각설계를 위한 지반조사는 제504장을 참조한다.

① 예비조사
가. 자료조사 및 현지답사
나. 물리탐사
다. 보링 및 시굴조사

② 본조사
가. 보링, 샘플링, 사운딩
나. 토질 및 암석시험
다. 지하수위 조사
라. 평판재하시험 및 말뚝재하시험
마. 물리탐사

(4) [단계 1-4] 사용재료 강도

① 콘크리트의 설계기준강도

콘크리트의 설계기준강도는 원칙적으로 <표 509.2.2>에 나타낸 값 이상으로 한다.

② 콘크리트 설계기준 강도 상향 설계

현장여건에 따른 시공성 및 경제성 미관등 고려시 설계자의 판단하에 콘크리트의 강도(f_{ck})는 27 MPa로 철근의 강도(f_y)는 400 MPa로 상향조정하여 설계할 수 있으며, 아래와 같은 기대 효과가 있으므로 교각 설계시 적극 반영할 수 있다.

<표 509.2.2> 콘크리트의 최저설계기준강도 (MPa)

부재의 종류		최저설계기준강도
무근콘크리트(레벨링)		18
무근콘크리트(Mass)		21
철근콘크리트		24
프리스트레스트 콘크리트	프리텐션방식	35
	포스트텐션방식	30

가. 교량성능 측면

부재단면 축소에 따른 슬림화로 미관이 향상되고, 구조물의 유연성 확보로 내진성능이 우수하다.

철근부식, 콘크리트 마모에 대한 저항성 향상, 내약품성 향상 등 철근콘크리트 내구성이 증가되므로 생애주기비용 측면에서 가치가 상승한다.

나. 시공성측면

단위시멘트량 증가로 인하여 워커빌러티가 증대되고, 콘크리트 표면 조직이 조밀해진다. 철근 배근간격 증가 및 사용 철근량의 감소로 전반적으로 시공성이 향상된다.

다. 하부구조물 영향

교각은 장기하중 하에서 주로 압축력을 받는 압축부재이므로 균열에 대한 문제가 휨부재에 비하여 작으므로 고강도 철근을 사용하여도 균열폭의 문제와 콘크리트 전단강도 저하 문제가 적다.

(5) [단계 1-5] 설계방법

교각의 단면설계는 강도설계법에 의해 설계하며 안정성 검토는 허용응력설계법에 의해 설계하는 것을 원칙으로 한다.

2.3.2 [단계 2] 단면제원 가정 및 단면 제상수 산정

(1) [단계 2-1] 교각단면 제원 가정

기둥 단면을 지나치게 크게 설계하면 미관에 불리하고 필요철근보다 최소철근에 의해 설계되어 비경제적이 되고, 반대로 지나치게 작게 할 경우 철근에 의해 단면의 강도가 크게 향상되지 않아 하중을 견디어낼 수 없으므로, 최적단면이면서도 안정성을 확보할 수 있도록 결정되어야 한다.

(2) [단계 2-2] 단면 제상수 산정

단면의 면적, 전단면적(Shear Area), 2차모멘트 등의 상수들을 적절히 산정한다.

(3) [단계 2-3] 받침연단거리 검토

받침면은 받침을 통해서 상부구조로부터의 집중하중을 받는 곳이고, 또 지진시에는 큰 수평력이 작용하는 곳이다. 따라서 받침 끝에서 정부연단거리까지의 거리가 작으면 고정단에서는 전단면에 연하여 받침부가 파손되는 경우가 있으며, 또한 가동단에서는 받침을 벗어나 들보가 낙하 하는 경우도 있다. 그러므로 하부구조 정부에 있어서 교축방향의 받침연단과 하부구조 정부연단 사이의 거리 S(mm)는 규정값 이상을 사용하도록 하고 있다

① 거더의 경간길이 100 m 이하

$$S = 200 + 5L \qquad (509.2.1a)$$

② 거더의 경간길이 100 m 이상

$$S = 300 + 4L \qquad (509.2.1b)$$

(4) [단계 2-4] 최소 받침지지길이 검토

교량의 단부에 있어서 지진시 낙교를 방지하기 위하여 내진설계시 최소 받침지지길이 N은 다음 값보다 작아서는 안된다.

$$N = (200 + 1.67L + 6.66H)(1 + 0.000125\theta^2)(mm) \qquad (509.2.2)$$

여기서,

L : 인접 신축이음부 또는 교량단부까지의 거리 (m). 다만, 지간 내에 힌지가 있는 경우의 L은 힌지 좌·우측방향의 거리인 L_1과

L_2의 합으로 한다.

H : 기둥 또는 교각의 평균높이 (m)

Θ : 받침선과 교축직각방향의 사잇각 (도)

2.3.3 [단계 3] 하중산정

(1) [단계 3-1] 고정하중 산정

① 상부구조로부터의 고정하중반력

② 교각 자중

(2) [단계 3-2] 활하중 산정

하부구조를 설계하는 경우에 상부구조에 재하하는 활하중은 DB 또는 DL하중 가운데 하부구조에 가장 불리한 영향을 주도록 재하하는 것을 원칙으로 한다.

(3) [단계 3-3] 풍하중 산정

① 상부구조에 작용하는 풍하중

플레이트거더교에 작용하는 풍하중은 교량 하나의 교축방향길이 1 m 당 <표 509.2.3>에 나타난 값으로 한다.

<표 509.2.3> 플레이트교의 풍하중

단 면 형 상	풍하중 (kN/m)
$1 \le B/D < 8$	$[4.0 - 0.2(B/D)]\ D \ge 6$
$8 \le B/D$	$2.4\ D \ge 6$

여기서, B : 교량 총폭 (m), D : 교량 총높이 (m)

② 하부구조에 작용하는 풍하중

하부구조에 직접 작용하는 풍하중은 교축방향과 교축직각방향에 작용하는 수평하중으로 한다. 풍하중의 크기는 풍향방향의 유효연직투영면적에 대하여 <표 509.2.4>의 값으로 한다.

또한, 기둥이 풍향에 대해 2개가 앞뒤로 늘어서 있을 때는 다음과 같이 재하 한다. 기둥이 직경의 2배 이상 떨어져 있는 경우는 단일 부재가 2개 존재한다고 생각하여 풍하중측 부재에는 <표 509.2.4>의 값을 재하한다. 이 외의 경우에는 풍하중측 부재에 재하하는 풍하중은 <표 509.2.4>의 0.5배로 한다.

<표 509.2.4> 하부구조에 작용하는 풍하중

구체의 단면형상		풍하중 (MPa)
원형 및 트랙형	활하중 재하시	0.75×10^{-3}
	활하중 비재하시	1.50×10^{-3}
각 형	활하중 재하시	1.50×10^{-3}
	활하중 비재하시	3.00×10^{-3}

③ 활하중에 대한 풍하중

활하중이 재하 될 때에는 교면상 1.5 m의 위치에서 1,500 N/m의 풍하중이 활하중에 대하여 작용하는 것으로 본다.

④ 태풍이나 돌풍에 취약한 지역

태풍이나 폭풍시의 하중을 재하하고 폭풍시의 안전율을 적용한다.

(4) [단계 3-4] 온도하중 산정

상부구조의 온도에 의한 변형을 교각 상단에 가했을 때의 교각 변위에 의한 등가하중과 상부자중에 대한 받침의 마찰력 중 작은 값을 사용한다.

① 가동받침의 이동량 산정시 온도변화 및 선팽창계수

콘크리트의 온도변화 범위는 지역별 평균기온을 고려하여 정한다. 가동받침의 이동량 산정시 온도변화 및 선팽창계수는 <표 509.2.5>와 같으며 보통의 경우 온도의 승강은 각각 15℃로 하면 된다. 단면의 최소치수가 700 mm 이상인 경우에는 위 표준을 10℃로 하면 된다.

② 가동받침의 마찰계수

가동받침에 작용하는 수평력을 산정할 때 받침의 마찰계수는 제조자의 공인된 규격에 따르되 최소값은 <표 509.2.6>의 값을 적용하도록 한다. 탄성반침의 경우에는 받침의 수평변위에 따라 수평력을 산정한다.

<표 509.2.5> 가동받침의 이동량 산정시 온도변화 및 선팽창계수

교량 종류	온 도 변 화		선팽창 계수
	보통지방	한냉지방	
PSC교, RC교	-5~+35℃	-15~+35℃	1.0×10^{-5}
강 교 (상로교)	-10~+40℃	-20~+40℃	1.2×10^{-5}
강 교 (하로교 및 강바닥판교)	-10~+50℃	-20~+40℃	1.2×10^{-5}

<표 509.2.6> 가동받침 마찰계수의 최소값

마찰기구	받침의 종류	마찰계수
회전 마찰	롤러 및 로커받침	0.05
활동 마찰	불소주지 받침판 받침	0.05
	고력 황동주물 받침판 받침	0.15
	주철의 선받침	0.20
	강재의 선받침	0.25

(5) [단계 3-5] 수압 산정

① 정수압 산정

정수압의 산정은 다음 식과 같이 산정할 수 있다. 단, 지반 내에 있는 구조물에 작용하는 수압이 이론수압의 값까지 작용하지 않는 것이 확실한 경우에는 그 확실한 값까지 감소시킬 수 있다.

$$P_h = 1\times10^{-3}\, w_o \cdot h \tag{509.2.3}$$

여기서,

P_h : 수면에서 h만큼 깊은 곳의 정수압 (MPa)
h : 수면에서의 깊이 (m)
w_o : 물의 단위중량 (kN/m³)
A : 교각의 연직투영면적 (m²)

② 유수압

유수방향에 대한 교각의 연직투영면적에 작용하는 수평하중으로 하고 다음 식에 의하여 산출한다.

$$P = 10 \cdot K v^{2} \cdot A \tag{509.2.4}$$

여기서,

P : 유수압 (kN)
K : <표 509.2.7>에 나타난 교각의 형상에 따라 정해지는 계수
v : 최대유속 (m/S)
A : 교각의 연직투영면적 (m²)
H : 수심 (m)

<표 509.2.7> 교각의 저항계수, K

교각의 유수방향	단면의 형상	계수
→	정사각형	0.07
→	직사각형	
→	원형	0.04
→	양단 원형	
→	양단 뾰족	
→	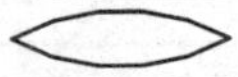 렌즈형	0.02
	유송잡물이 집적되는 교각	0.07

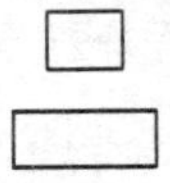

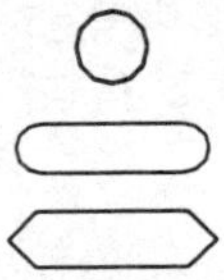

(6) [단계 3-6] 충돌하중의 산정

① 차량 충돌

교각에 대한 방호시설이 설치되어 있지 않는 경우 노면 위 1,800 mm에서 수평으로 작용하는 것으로 보고 각주를 설계한다.

- 차도방향에 대해서 : 1,000 kN
- 차도직각방향에 대해서 : 500 kN

② 유목 등의 충돌

유목 및 기타의 유송잡물이 충돌할 우려가 있는 경우에는 다음 식에 의해 충돌력을 산출하고 그 작용 높이는 수면으로 한다. 유송잡물에 의한 영향에 대해서는 편람 509.5.5를 참조한다.

$$P = 0.1\ W_v \qquad (509.2.5)$$

여기서,

P : 충돌력 (kN)
W : 유송잡물의 중량 (kN)
v : 표면유속 (m/s)

③ 선박의 충돌

항로상 또는 항로 근처에 교각을 설치하여 선박과 충돌할 우려가 있는 경우에는 이것을 설계에 고려하여야 한다. 선박충돌에 대비한 충돌방호공 설계방법은 편람 509.5.6을 참조한다.

(7) [단계 3-7] 원심하중 및 제동하중

① 원심하중

교량의 곡선부는 모든 설계차로에 재하된 DB하중의 백분율로서 표현되는 다음과 같은 원심하중에 의해 설계하여야 한다.

$$CF = 0.79\ \frac{V^2}{R}\ (\%) \qquad (509.2.7)$$

여기서,

CF : 원심하중으로서 충격을 포함하지 않는 활하중의 백분율
V : 설계속도 (km/hr)
R : 곡선반경 (m)

곡선궤도의 경우 원심하중은 궤도차량하중의 8%로 본다. 원심하중은 교면상 또는 레일면 상 1,800 mm의 높이에서 횡방향으로 작용하는 것으로 한다. 이 원심하중은 지점을 통하여 하부구조로 전달되므로 하부구조의 설계시에도 이것을 고려하여야 한다.

② 제동하중

자동차의 제동하중 및 궤도차량의 제동하중은 극단적으로 가벼운 교량 및 궤도가 있는 교량 등 특별한 경우에 고려하는 것으로 한다. 자동차의 제동하중은 최대하중 효과가 발생하도록 설계차로 위에 재하된 DB 하중의 10%로 하고 교면상 1,800 mm 되는 위치에서 자동차의 진행방향으로 작용하는 것으로 본다. 궤도상의 제동하중은 윤하중 전체의 10%로 하고 레일면상의 1,800 mm 높이에서 차량의 진행방향으로 작용하는 것으로 한다.

(8) [단계 3-8] 지진하중 산정

내진해석에 의한 교축방향과 교축직각방향의 지진하중을 고려하여야 한다.

2.3.4 [단계 4] 하중조합

(1) [단계 4-1] 사용하중 검토시 하중조합

<표 509.2.8> 사용하중 검토시 하중조합

구분	D	L	W	W_L	E	CO	G	Q	CF
1	1.0	1.0						1.0	1.0
2	1.0		1.0					1.0	
3	1.0	1.0	0.5	1.0				1.0	1.0
4	1.0	1.0					±1.0	1.0	1.0
5	1.0		1.0				±1.0	1.0	
6	1.0	1.0	0.5	1.0			±1.0	1.0	1.0

여기서,

D = 고정하중 또는 이에 따른 단면력
L = 활하중 또는 이에 따른 단면력
W= 풍하중 또는 이에 따른 단면력
W_L = 차량활하중에 작용하는 풍하중 또는 이에 따른 단면력
E = 지진하중 또는 이에 따른 단면력
CO = 충돌하중 또는 이에 따른 단면력
G = 부등침하, 크리프, 건조수축, 제작 또는 시공시 치수착오, 습도변화 또는 온도변화 등으로 인한 팽창 또는 수축변형으로 유발된 변형력 또는 이에 따른 단면력
Q = 부력 또는 양압력, 수압, 파압 등의 하중 또는 이에 따른 단면력
CF = 원심하중 또는 이에 따른 단면력

(2) [단계 4-2] 계수하중 검토시 하중조합

<표 509.2.9> 계수하중 검토시 하중조합

구분	D	L	W	W_L	E	CO	G	Q	CF
1	1.3	2.15						1.30	1.30
2	1.3		1.30					1.30	
3	1.3	1.30	0.65	1.30				1.30	1.30
4	1.3	1.30					±1.30	1.30	1.30
5	1.25		1.25				±1.25	1.25	
6	1.25	1.25	0.63	1.25			±1.25	1.25	1.25
7	1.0				1.0			1.0	
8	1.3	1.30				1.30		1.3	1.3
9	1.2		1.2			1.2		1.2	

(3) [단계 4-3] 최대편심 작용시 계수하중 하중조합

<표 509.2.10> 계수하중 검토시 하중조합

구분	D	L	W	W_L	E	CO	G	Q	CF
1	1.00	2.15							
2	1.00				1.30				
3	1.00	1.30			0.65	1.30			
4	1.00	1.30							1.30
5	0.95				1.25				1.25
6	0.95	1.25			0.63	1.25			1.25
7	0.95						±1.00		
8	1.00	1.30						1.30	
9	0.90				1.20			1.20	

2.3.5 [단계 5] 구조해석 및 단면력 산정

(1) [단계 5-1] 해석 모델링 및 하중재하

해석모델의 절점은 단면력을 정리해야 하는 위치와 단면상수가 변화되는 곳, 그리고 하중재하 위치를 적절히 나누어 주어야만 한다.

하중의 재하는 하중의 특성에 따라 집중하중 및 분포하중으로 재하한다. 또한, 기둥과 보의 지점부에 특히 큰 헌치가 있는 경우나 보 부재 또는 기둥 부재의 부재두께가 매우 큰 경우에 <그림 509.2.12>에 도시한 바와 같이 강역의 영향을 고려하여야 한다.

① 부재 단부가 다른 부재와 접합할 때는 그 부재단에서 부재 두께의 1/4 안쪽 점에서부터 절점까지로 한다.

② 부재가 그 축선에 대해 25° 이상 경사진 헌치를 갖는 경우에는 부재 두께의 1.5배가 되는 점에서부터 절점까지로 한다. 다만, 헌치의 경사가 60° 이상의 경우는 헌치의 시점부터 부재 두께의 1/4 안쪽 점에서부터 절점까지로 한다.

(2) [단계 5-2] 하중조건별 단면력 산정

각 하중 조건별로, 검토단면별로 단면력을 산출한다.

(3) [단계 5-3] 사용하중 조합시 단면력산정

조합된 단면력을 각 위치별로 기초의 안정검토 및 균열검토용으로 정리한다.

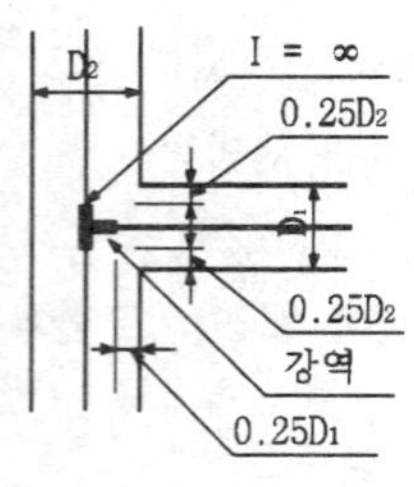

(a) 등단면인 경우

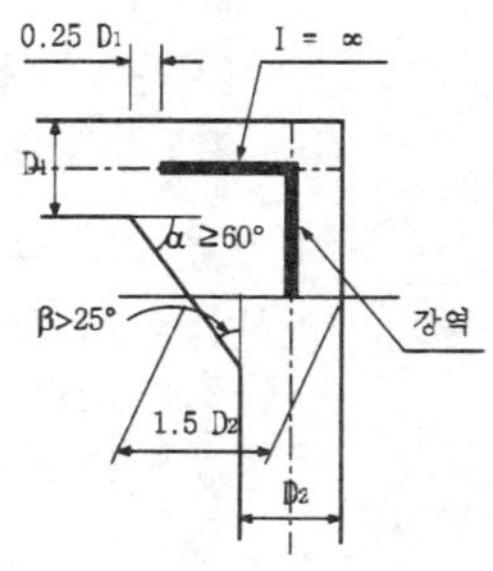

(b) 변단면인 경우(1)

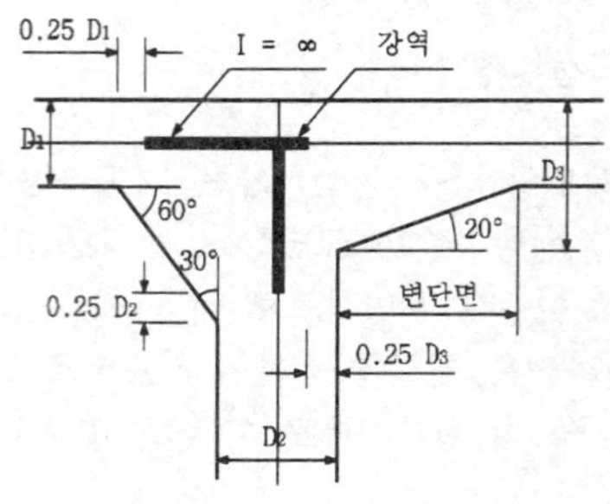

(c) 변단면인 경우(2)

<그림 509.2.12> 라멘교 절점부에서의 강역

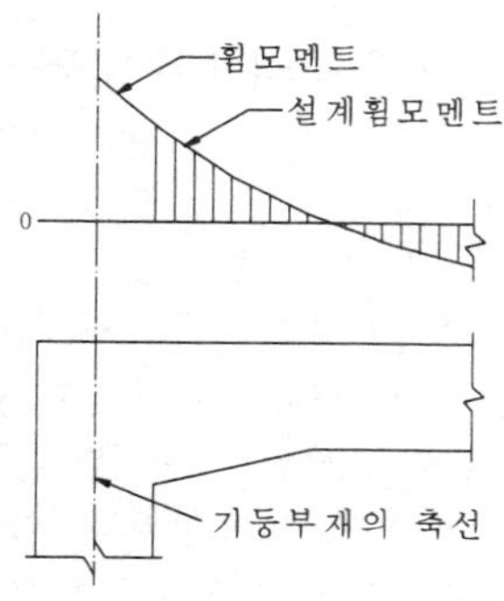

(a) 헌치와 단면변화의 영향을 고려해서 해석하는 경우

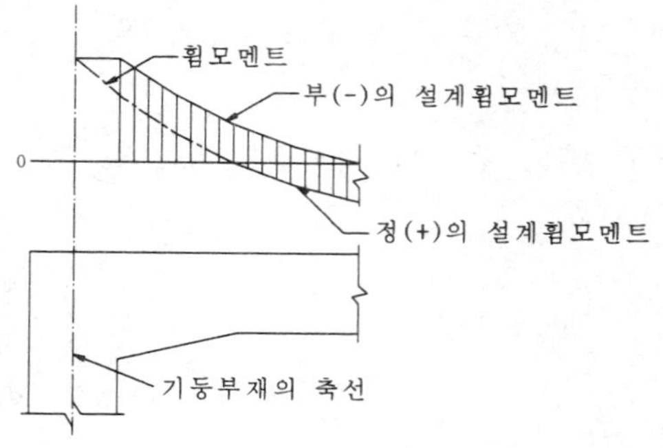

(b) 헌치와 단면변화를 무시해서 해석하는 경우

<그림 509.2.13> 라멘부재 절점부의 설계 휨모멘트

(4) [단계 5-4] 계수하중 조합시 단면력산정

조합된 단면력을 각 위치별로 부재설계 검토용으로 정리한다. 부재 절점부에 작용하는 설계 휨모멘트는 <그림 509.2.13>에 도시한 바와 같이 결정한다.

부재 절점부에 대한 설계 전단력은 변단면 및 헌치의 영향이 작기 때문에 단면력의 이동은 하지 않는다. 단, 기둥 단면이 원형이나 정다각형 기둥인 경우는 기둥단면과 같은 면적의 정사각형 기둥 단면으로 치환하여 내민길이를 구한다.

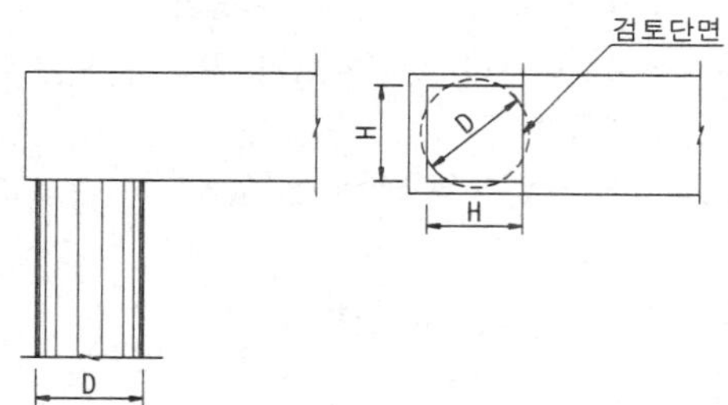

<그림 509.2.14> 기둥단면이 원형인 경우의 설계단면

(5) [단계 5-5] 최대편심 작용시 단면력 산정

기둥설계시 최소 축하중 및 최대 모멘트 또는 최대 편심에 대하여 설계하여야 한다. 최대축하중과 최소모멘트에 조합된 단면력을 각 위치별로 부재설계 검토용으로 정리하며 [단계 5-4]와 동일한 방법으로 검토한다.

2.3.6 [단계 6] 부재의 설계

(1) [단계 6-1] 캔틸레버부 위험단면의 선정

내민보는 캔틸레버보로 설계하여야 한다. 캔틸레버보의 내민길이는 기둥단면이 직사각형인 경우 기둥 앞면에 있어서 연직단면으로부터 보의 끝까지의 길이로 한다. 원형단면이나 정다각형 기둥인 경우는 기둥단면적과 같은 면적의 정사각형 기둥단면으로 치환하여 내민길이를 구하도록 한다. 또 기둥단면이 타원형인 경우는 단면이 반원형과 직사각형으로 이루어지는 것으로 하여 원형인 경우의 규정에 따라 내민길이를 구하도록 한다.

(2) [단계 6-2] 브래킷단면 검토

① 일반사항

캔틸레버부는 전단경간에 대한 깊이의 비가 1.0 이하인 경우에 대해서는 코벨로서 검토하며 그 강도는 전단으로 지배된다. 브래킷은 그 위에 놓인 보가 신축하고 또 보가 브래킷에 부착됨으로써 크리프, 건조수축 및 온도에 의한 보의 변형이 구속되기 때문에 <그림 509.2.15>와 같은 수평인장력 N_{uc}가 작용한다.

여기서, 콘크리트가 부담하는 전단력은 없는 것으로 가정한다.

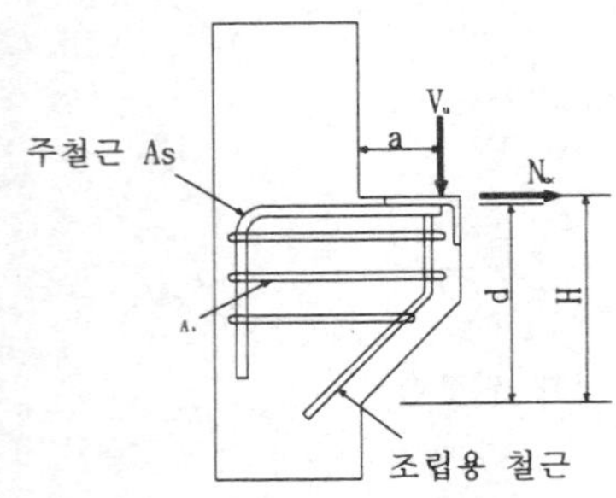

<그림 509.2.15> 철근콘크리트의 브래킷

전단경간에 대한 깊이의 비가 1.0 이상인 경우는 일반보로서 검토한다. 그러나 가급적 일반보가 되도록 단면을 선정하는 것으로 하여 수평철근 과다배치로 인한 시공성 저하를 예방토록 한다.

② 설계단면력 산정

받침부면의 단면은 전단력 V_u, 모멘트[$V_u a_v + N_{uc}(h-d)$] 및 수평인장력을 동시에 견디도록 설계하여야 한다. h는 받침부 면의 총높이이다.

③ 전단마찰철근의 설계

전단력 V_u를 저항할 전단마찰철근 A_{vf}의 설계는 [도 · 설 4.4.6.4]에 따라야 한다. 일반콘크리트에 대해서는 전단강도 V_n은 $0.12 f_{ck} b_w$ 또는 $5.6 b_w d$보다 크게 취해서는 안된다. 전경량콘크리트 또는 모래경량콘크리트에 대해서는 아래 식보다 크게 취해서는 안된다.

$$(0.2 - 0.07\frac{a_v}{d}) f_{ck} b_w d \text{또는} \ (5.6 - 2.0\frac{a_v}{d}) b_w d$$

④ 휨모멘트 철근의 설계

모멘트 [$V_u a_v + N_{uc}(h-d)$]에 저항할 철근 A_f는 [도 · 설 4.4.3] 및 [도 · 설 4.4.4]에 따라 구하여야 한다.

⑤ 수평인장철근의 설계

인장력 N_{uc}를 저항할 철근A_n은 $N_{uc} \le \phi A_n f_y$로부터 결정하여야 한다. 인장력 N_{uc}는 인장력을 피하도록 특별한 규정이 마련되어 있지 않는 한 $0.2V_u$보다 작게 취해서는 안된다. 인장력 N_{uc}는 이 인장력이 비록 크리프, 건조수축 또는 온도변화에 기인한 경우라도 활하중으로 간주하여야 한다.

⑥ 주인장철근의 산정

주인장철근의 단면적 A_s는 (A_f+A_n)과 ($2A_f/3$+A_n) 중에서 큰 값과 같아야 한다.

⑦ 폐쇄스터럽, 띠철근의 산정

A_s와 나란한 폐쇄스터럽이나 띠철근은 그 총단면적 A_h가 0.5(A_s-A_n)이상이라야 하고 A_s에 인접한 유효깊이의 2/3내에 균등하게 배치하여야 한다.

⑧ 브래킷 또는 코벨의 전면에서 주인장철근 A_s는 다음 방법 중 한 방법에 의해 정착되어야 한다.

ⓐ 적어도 같은 크기의 횡방향 철근에 구조적으로 용접되어야 하며, 이러한 용접은 주인장철근 A_s의 명시된 항복강도를 발휘할 수 있게 설계되어야 한다.
ⓑ 주인장철근이 수평갈고리 형태가 되도록 구부린다.
ⓒ 기타 확실한 정착방법을 사용한다.

(3) [단계 6-3] 깊은 보 단면 검토

① 일반사항

보의 높이가 지간에 비하여 보통의 경우보다 높고, 보의 폭이 지간이나 높이보다 매우 작은 보를 깊은 보(Deep Beam)라고 한다. 일반적으로 보의 지간 l_n 과 보의 유효높이 d와의 비가 $l_n / d < 5$ 인 보 또는 전단지간 a와 보의 유효높이 d 와의 비가

$a/d < 2$ 인 보를 말한다. 만일 a/d가 1이하인 경우는 브래킷에 의한 검토를 만족하여야 한다.

<그림 509.2.16>에 도시한 높이가 큰 보의 경우 최소수평전단철근의 배근으로 경제성 및 시공성이 저하될 수 있으므로 가급적 일반보가 되도록 단면을 산정하는 것으로 한다.

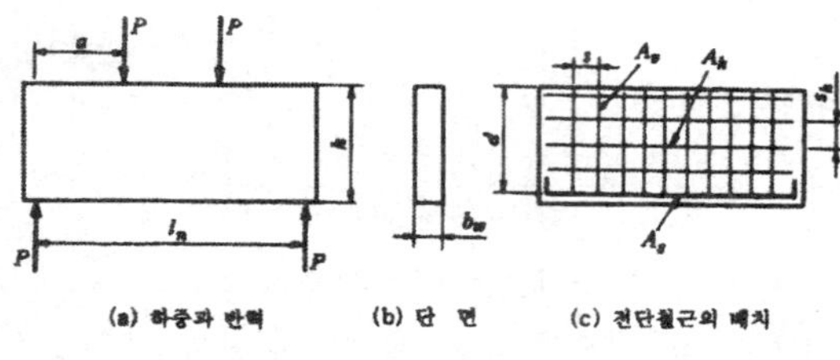

<그림 509.2.16> 높이가 큰 보의 개요도

② 높이가 큰 보의 전단강도

가. $\frac{l_n}{d} < 2$: $V_n \leq \frac{2}{3}\sqrt{f_{ck}}\, b_w\, d$ (509.2.7a)

나. $2 \leq \frac{l_n}{d} \leq 5$:

$$V_n \leq \frac{1}{18}\left(10 + \frac{l_n}{d}\right)\sqrt{f_{ck}}\, b_w\, d \quad (509.2.7b)$$

③ 위험단면의 결정

전단에 대한 위험단면은 받침부 전면에서 등분포 하중을 받는 경우 0.15 l_n , 집중하중을 받는 경우에는 0.5α 이며 유효깊이 d 보다 커서는 안된다.

④ 콘크리트가 부담하는 전단강도

$$V_c = \frac{1}{6}\sqrt{f_{ck}}\, b_w\, d \quad (509.2.8)$$

⑤ 전단철근의 배치 : $V_u \geq \phi V_c$

$$V_s = \left[\frac{A_v}{s}\left(\frac{1 + l_n/d}{12}\right) + \frac{A_h}{s_2}\left(\frac{11 - l_n/d}{12}\right)\right] f_y\, d$$

$$= \frac{V_u - \phi V_c}{\phi} \quad (509.2.9)$$

⑥ 최소철근량 산정 및 배근

가. 수직 전단철근의 최소량

$$A_v \geq 0.0015\, b_w\, s \quad (509.2.10)$$

여기서, s는 $d/5$ 혹은 400 mm 이하로 하여야 한다.

나. 수평 전단철근의 최소량

$$A_h \geq 0.0025\, b_w\, s_h \quad (509.2.11)$$

여기서, s_h 는 $d/3$ 혹은 400 mm 이하로 하여야 한다.

다. 전단철근의 배치

위험단면에서 요구되는 전단철근은 해당 경간 전체에 사용하여야 한다.

(4) [단계 6-4] 코핑 중앙부 단면 검토

코핑 중앙부 단면의 휨에 대한 검토를 시행하여야 하며 구조물과 구조부재의 모든 단면은 적어도 소요강도와 같은 크기의 설계강도를 가져야 한다.

① 최대철근비 검토(ρ_{max})

철근의 항복에 의한 파괴를 보증하기 위하여 철근비가 0.75 ρ_b를 초과해서는 안 된다고 규정하고 있다.

$$\rho_{max} = 0.75\,\rho_b$$

$$= 0.85\,\beta_1 \frac{f_{ck}}{f_y}\frac{600}{f_y + 600} \quad (509.2.12)$$

여기서,

ρ_b : 균형철근비

β_1 : 등가응력 사각형의 깊이 a와 중립축 c의 깊이로 다음과 같이 산정한다.

$f_{ck} \leq$ 28MPa : β_1 = 0.85 (509.2.13a)

$f_{ck} >$ 28MPa : $\beta_1 = 0.85 - 0.007(f_{ck} - 28)$ (509.2.13b)

② 단면의 공칭휨강도 산정

$$M_d = \varphi M_n = \varphi A_s f_y \left(d - \frac{a}{2}\right) \quad (509.2.14)$$

여기서, $a = \dfrac{f_y A_s}{0.85 f_{ck} b}$

③ 최소철근비(ρ_{min})

인장철근을 너무 적게 넣어도 취성파괴를 일으킬 수가 있으므로 인장균열의 발생과 동시에 갑작스럽게 파괴되는 것을 방지하기 위하여 최소철근 이상을 배치하여야 한다.

$$A_{s,}\min = \frac{0.25\sqrt{f_{ck}}}{f_y} \quad (509.2.15)$$

단, 위의 식의 값이 $\dfrac{1.4}{f_y}$보다 작아서는 안 되며 계산상 필요 철근량보다 1/3 이상 인장철근을 더 배치한 경우에는 최소철근 규정을 적용하지 않아도 좋다.

(5) [단계 6-5] 사용성 검토기둥 설계

① 균열폭 검토 조건

가. 강도설계법에 의한 경우 내구성 확보를 위하여 사용하중 하에서 균열폭 검사를 실시한다.

나. 균열폭은 휨, 전단, 비틀림에 의한 균열폭을 검토한다.

다. 휨모멘트 및 축력에 의한 콘크리트의 인장응력이 콘크리트 설계기준 강도의 60%보다 적을 때는 휨균열을 검토하지 않는다.

② 휨인장 균열폭(w)

도로교설계기준 규정에 의하여 다음식으로 산정한다.

$$w = 1.08\beta_c f_s \sqrt[3]{d_c A} \times 10^{-5}\,(mm) \leq w_a \quad (509.2.16)$$

여기서,

β_c : $\dfrac{\text{인장측연단에서중립축까지거리}}{\text{주철근도심에서중립축까지거리}}$

(보 = 1.2, 슬래브= 1.35 사용 가능)

f_s : 사용하중에 의해 계산된 철근의 인장응력 ($0.6 \times f_y$ 사용가능)

d_c : 인장측 연단에서 가장 가까운 인장철근의 도심에서 인장측 연단까지의 거리

A : 콘크리트 유효인장 단면적을 철근의 수로 나눈 값

③ 허용균열폭

허용균열폭 w_a는 구조물의 사용목적, 소요내구성, 환경조건, 부재의 조건 등을 고려하여<표 509.2.11>과 <표 509.2.12>에 의해 정한다.

④ 균열폭 제어 방법

- 철근응력을 저하시키는 방법

철근응력과 균열폭은 비례하므로 저강도 철근을 사용하여 철근응력 상한값을 제한하는 방법으로 단면 치수 중 유효높이를 증가하거나 철근량을 최대 철근량 이하가 되도록 증가시킨다.

- 철근 배근에 의한 방법

이형철근을 사용하고 철근 간격을 균일하게 배근하며 동일 철근량에서 철근의 직경을 작게하여 철근의 개수는 많게 한다.

- 연성파괴 유도

큰 폭의 소수 개수의 균열보다는 미세폭의 다수 균열이 유리하다.

- 구조적 균열이외의 균열 제어

<표 509.2.11> 강재의 부식에 대한 환경조건의 구분

구분	내용
건조환경	일반옥내, 부식의 우려가 없을 정도로 보호한 경우, 보통 주거 및 사무실 건물 내부
습윤환경	일반 옥외의 경우, 흙 속의 경우
부식성환경	· 습윤환경과 비교하여 건습의 반복하중이 많은 경우, 특히 유해한 물질을 함유한 지하수위 이하의 흙 속에 있어서 강재의 부식에 해로운 영향을 주는 경우, 동결작용이 있는 경우, 동상방지제를 사용하는 경우 · 해양콘크리트구조물 중 해수 중에 있거나 극심하지 않은 해양환경에 있는 경우(가스, 액체, 고체)
고부식성환경	· 강재의 부식에 현저하게 해로운 영향을 주는 경우 · 해양 콘크리트 구조물 중 간만조위의 영향을 받거나 비말대에 있는 경우, 극심한 해풍의 영향을 받는 경우

<표 509.2.12> 허용균열폭, ω_a (mm)

강재종류		강재의 부식에 대한 환경조건			
		건조한 환경	습윤 환경	부식성 환경	고부식성환경
철근	건 물	0.4 mm	0.3 mm	$0.004\,t_c$	$0.0035\,t_c$
	기타구조물	$0.006\,t_c$	$0.006\,t_c$		
PS강재		$0.005\,t_c$	$0.004\,t_c$	-	-

여기서, t_c : 최외단 철근의 표면의 콘크리트 표면 사이의 콘크리트 최소 피복두께 (mm)

건조수축 및 온도균열을 제어하기 위하여 배력철근은 작은 직경의 철근을 좁게 배근한다. 균열유발 줄눈 및 신축줄눈을 설치하여 균열을 집중하거나 온도에 의한 신축을 흡수한다.

(6) [단계 6-6] 기둥에 작용하는 부재력 산정

교각지점의 상황에 따라 각 하중을 설계기준에 따라 조합하여 사용하여야 한다. 또한, 기둥설계시 최소 축하중 및 최대 모멘트, 또는 최대 편심에 대하여 설계할 경우 계수를 적용하여 기둥의 안정성을 확인하여야 한다 [도 · 설 2.2.3.2].

(6) [단계 6-7] 충안정 지수 및 세장비 산정

① 압축부재의 비지지길이 산정

압축부재의 비지지장 l_u는 바닥슬래브들 사이의 순거리, 보 및 거더들 사이의 순거리, 기타 압축부재를 횡방향으로 지지하는 부재들 사이의 순거리로 취한다. 헌치가 있는 경우의 비지지장은 해당 평면내에 있는 헌치의 하단으로부터 잰 거리로 한다.

기둥의 유효길이 계수는 다음에 서술한 간편식에 의해 구할 수 있다.

가. 횡구속 압축부재

$$k = 0.7 + 0.05(\psi_A + \psi_B) \le 1.0 \qquad (509.2.17a)$$

$$k = 0.85 + 0.05\psi_{\min} \le 1.0 \qquad (509.2.17a)$$

여기서,

$$\psi = \frac{\Sigma(\frac{EI}{l})_{기둥}}{\Sigma(\frac{EI}{l})_{보}}$$

ψ_A와 ψ_B는 압축부재 양단의 ψ값이다. 그리고 $\psi_{\min}$은 ψ_A와 ψ_B중 작은 값을 나타낸다.

나. 양단 비횡구속 압축부재

$\psi_m < 2$에 대해서,

$$k = \frac{20-\psi_m}{22}\sqrt{1+\psi_m} \qquad (509.2.18a)$$

$\psi_m \geq 2$에 대해서,

$$k = 0.9\sqrt{1+\psi_m} \qquad (509.2.18b)$$

여기서, ψ_m은 ψ_A와 ψ_B의 평균 값이다.

다. 한 끝단이 힌지인 비횡구속 압축부재

$$k = 2.0 + 0.3\psi \qquad (509.2.19)$$

여기서, ψ는 구속단의 ψ값이다.

라. 지점조건에 따른 유효좌굴길이
<표 509.2.13>을 참조한다.

② 세장비 산정

일반적인 경우 장주의 설계에서 요구되는 복잡한 해석을 생략하도록 허용하기 위해 설계기준에서는 세장의 영향(Effect of Slenderness)을 무시할 수 있는 하한을 주고 있으며 세장비가 다음 조건을 만족할 경우 세장의 영향을 무시한 단주로 설계한다.

가. 횡구속 구조

$$\frac{kl_u}{r} \leq 34 - 12\,(M_1 / M_2) \qquad (509.2.20)$$

여기서,

k : 기둥의 유효길이 계수

l_u : 기둥의 비지지길이

r : 단면의 회전반경

M_1 : 두 단모멘트 중 작은 값(단일곡률(+), 2중곡률(-))

M_2 : 두 단모멘트 중 큰 값(항상(+))
(여기서, $M_1 / M_2 \geq -0.5$)

<표 509.2.13> 기둥의 유효좌굴길이

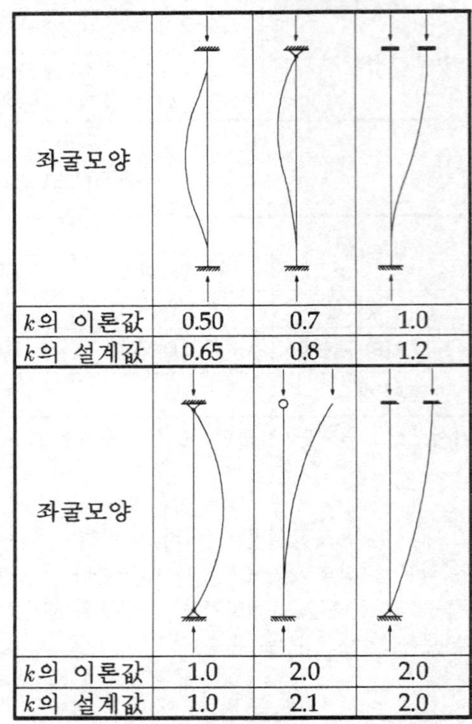

좌굴모양	(그림)	(그림)	(그림)
k의 이론값	0.50	0.7	1.0
k의 설계값	0.65	0.8	1.2
좌굴모양	(그림)	(그림)	(그림)
k의 이론값	1.0	2.0	2.0
k의 설계값	1.0	2.1	2.0

나. 비횡구속구조

$$\frac{kl_u}{r} < 22 \qquad (509.2.21)$$

세장비가 $(kl_u / r)_{\min}$ 보다 큰 장주로 판명된 기둥은 좌굴의 영향을 반영하여 단모멘트 M_2를 확대한 확대모멘트 M_c로 설계하여야 한다. 만일 세장비가 100이 넘어갈 경우 $P-\Delta$ 해석을 수행하여야 하며 항목별 상세기준은 다음과 같다.

가. 세장한 장주해석시 유효강성의 적용

ⓐ 코핑검토시 전단면 유효
기둥 : E_cI_g
코핑 : E_cI_g

ⓑ 지진시 탄성모멘트를 산정할 경우에는 전단면 유효
기둥 : E_cI_g
코핑 : E_cI_g

ⓒ 상시 $P-\Delta$ 해석시
기둥 : $0.7E_cI_g$
코핑 : $0.35E_cI_g$

ⓓ 좌굴해석시 기둥유효강성 : E_cI_g

ⓔ 지신시 $P-\Delta$추가 모멘트 산정
기둥 : $0.5E_cI_g$
코핑 : $0.75E_cI_g$

나. 좌굴한계상태

높은 교각에서 좌굴한계 상태 안전율 적용범위

$$\frac{P_{u,\max}}{\phi_k P_c} > 1 \qquad (509.2.32b)$$

여기서,

$P_{u,\max}$는 하중계수가 적용된 최대축하중
ϕ_k는 강성감소 계수(0.75)
P_c는 임계좌굴하중

다. $P-\Delta$해석시 수렴조건

ⓐ 수렴시까지 5회 반복계산

ⓑ 수렴결정 추가 변위(Tolerance)는 1.0×10^{-5}으로 설정

라. $P-M$상관도

P-M상관해석 프로그램을 사용, P-△해석된 설계단면력을 $P-M$상관도상에 단주(모멘트가 확대되지 않는 δ_s=1)로 적용하여 상관해석 시행

마. 기초단면 검토

기초단면 검토시 유효강성 적용
기둥 : $0.7E_cI_g$를 적용하고 $P-\Delta$효과 배제
코핑 : $0.35E_cI_g$

바. 내진해석

추가변위를 수렴조건에 해당될 때까지 반복적용

사. 철근비와 축력비가 결정된 이후의 설계단계에서는 ATC-32의 항복유효강성식을 적용한다.

$$I_{eff} = \left(0.16 + 12.0\rho + 0.3\sqrt{\frac{P}{f_{ck}A_g}} \right) I_g \qquad (509.2.33)$$

※위 상세기준은 도로교설계기준 등 관련기준에 동 내용이 개정되기 전까지 잠정적으로 적용하도록 한다.

다. 회전반경(r)의 산정

회전반경 r은 직사각형 압축부재에 대해서는 안정이 고려되는 방향의 단면치수의 0.3배, 원형압축부재에 대해서는 지름의 0.25배를 사용할 수 있다. 그 외의 형상에 대한 r은 콘크리트의 총단면적에 대하여 계산할 수 있다.

③ 층안정지수 산정

횡방향 상대변위에 대하여 다음 식에 주어지는 안정지수(Stability Index) Q의 값이 0.05이면 그 구조물의 그 층은 횡방향 상대변위가 방지되어 있다고 보아도 좋다.

$$Q = \frac{\Sigma P_u \Delta_o}{V_u l_c} \le 0.05 \qquad (509.2.22)$$

여기서,

ΣP_u : 각 해당 층의 총 수직하중
V_u : 각 해당 층의 총 전단력
Δ_o : V_u에 의한 해당 층의 상 · 하부의 1차 상대처짐
l_c : 골조에서 절점간 거리로 측정된 압축부재의 길이

(8) [단계 6-8] 모멘트 확대계수 산정

① 횡구속 구조물의 확대모멘트

횡구속 구조물의 경우에는 압축부재는 계수 축하중 P_u와 부재곡률의 영향을 고려한 아래의 확대모멘트 M_c를 사용하여 설계한다.

$$M_c = \delta_{ns} M_2 \qquad (509.2.23)$$

여기서,

M_2 : 기둥의 상·하부 단모멘트 중 큰 값

δ_{ns} : 횡구속 골조에서 압축부재의 양단사이의 부재곡률의 영향을 반영한 모멘트 확대계수

가. M_2의 산정

단모멘트 M_2는 $P_u(15 + 0.03h)$보다는 커야 하며 여기서, 15와 h는 mm 단위이다.

만일 단모멘트 M_2가 매우 작거나 0이 나오는 경우 기둥의 설계는 다음의 최소 단모멘트를 적용하여야 한다.

$$M_{2,\min} = P_u(15 + 0.03h) \qquad (509.2.24)$$

나. 모멘트 확대계수(δ_{ns})의 산정

$$\delta_{ns} = \frac{C_m}{1 - \dfrac{P_u}{0.75P_c}} \qquad (509.2.25)$$

$$P_c = \frac{\pi^2 EI}{(k\,l_u)^2} \qquad (509.2.26)$$

여기서,

δ_{ns} : 모멘트 확대계수

P_u : 외력에 의한 극한 축방향 강도

P_c : 오일러의 좌굴하중

EI : 근사화한 휨강성

C_m : 등가모멘트 보정계수

다. 등가모멘트 보정계수(C_m)의 산정

ⓐ 횡하중이 없는 경우 :

$$C_m = 0.6 + 0.4\frac{M_1}{M_2} \geq 0.4 \qquad (509.2.27a)$$

ⓑ 횡하중이 있는 경우 : $C_m = 1.0$ (509.2.27b)

라. 근사화한 휨강성(EI)

임계하중 P_c를 정의할 때 중요한 문제는 균열이나 크리프, 콘크리트의 응력-변형률 곡선의 비선형성으로 인한 강성의 변화이므로 합리적으로 근사화한 휨강성 EI를 사용한다.

$$EI = \frac{(0.2\,E_c I_g + E_s I_{se})}{1 + \beta_d} \qquad (509.2.28a)$$

$$EI = \frac{0.4\,E_c I_g}{1 + \beta_d} \qquad (509.2.28b)$$

여기서,

β_d : 전체계수 축하중에 대한 최대 계수 축방향 고정하중의 비 ($= \sum P_d / \sum P_u$)

② 비횡구속 구조물의 확대모멘트

가. 단모멘트(M_1, M_2)의 산정

장주효과를 고려할 필요가 없는 경우 각 압축부재의 단모멘트 M_1과 M_2는 다음과 같이 취한다.

$$M_1 = M_{1ns} + \delta_s M_{1s} \qquad (509.2.29a)$$

$$M_2 = M_{2ns} + \delta_s M_{2s} \qquad (509.2.29b)$$

여기서,

M_1 : 압축부재의 계수 단 모멘트중 작은값[부재가 단일곡률로 휠 경우(+), 2중 곡률로 휠 경우(-)]

M_2 : 압축부재의 계수 단 모멘트 중 큰 값 [항상(+)]

M_{1ns} : 탄성해석에 의한 횡방향 상대변위를 일으

키지 않는 하중으로 인한 M_1이 작용하는 단부의 계수 단 모멘트

M_{2ns} : 탄성해석에 의한 횡방향 상대변위를 일으키지 않는 하중으로 인한 M_2가 작용하는 단부의 계수 단 모멘트

M_{1s} : 탄성해석에 의해 계산된, 횡방향 상대변위를 일으키는 하중로 인한 M_1이 작용하는 단부의 계수 단 모멘트

M_{2s} : 탄성해석에 의해 계산된, 횡방향 상대변위를 일으키는 하중로 인한 M_2가 작용하는 단부의 계수 단 모멘트

δ_s : 횡방향 하중과 연직하중으로 인한 횡방향 변위를 반영하기 위하여 횡방향 상대변위가 방지되어 있지 않은 라멘에서의 모멘트 확대계수

나. 확대된 횡변위 가능모멘트 $\delta_s M_s$산정

확대모멘트 $\delta_s M_s$($\delta_s M_{1s}$와 $\delta_s M_{2s}$)는 다음 방법 중의 하나로 계산한다.

ⓐ 2차 탄성 골조해석

부재강도(Stiffness)에 근거한 2차 탄성해석을 사용하여 기둥의 단 모멘트를 산정한다.

ⓑ 근사적인 2차 해석

$$\delta_s M_s = \frac{M_s}{1 - Q} \geq M_s \quad (509.2.30a)$$

단, $\delta_s = \dfrac{1}{1 - Q} \leq 1.5$ 이상이어야 한다. 만약 $\delta_s > 1.5$ 이면 2차 탄성 골조해석이나 근사적인 확대계수법을 사용하여야 한다.

ⓒ 근사적인 확대계수법

$$\delta_s M_s = \frac{M_s}{1 - \dfrac{\Sigma P_u}{0.75 \Sigma P_c}} \geq M_s \quad (509.2.30b)$$

여기서,

ΣP_u : 해당 층의 모든 수직하중의 합

ΣP_c : 해당 층의 횡변위를 지지하는 기둥들의 임계하중의 합

P_c : 오일러의 좌굴하중 $\left(= \dfrac{\pi^2 EI}{(kl_u)^2}\right)$

ⓓ 근사화한 휨강성(EI)

EI값은 다음의 두 식에 의해 산정한다.

$$EI = \frac{(0.2 E_c I_g + E_s I_{se})}{1 + \beta_d} \quad (509.2.31a)$$

$$EI = \frac{0.4 E_c I_g}{1 + \beta_d} \quad (509.2.31b)$$

여기서,

β_d : 전체계수 전단력에 대한 최대 계수 지속 전단력의 비 ($= \Sigma H_d / \Sigma H_u$)

(9) [단계 6-9] 기둥단면 검토

축방향 압축하중을 받는데 사용하는 부재로서, 높이가 단면 최소치수의 3배 이상인 것을 기둥이라 한다. 압축부재는 순수한 압축하중만을 받는 일은 거의 없으며 축방향 압축과 휨을 동시에 받는 것이 보통이다. 압축부재의 강도는 양단의 지지조건과 길이의 영향을 크게 받는다. 즉 단주냐 장주냐에 따라 동일한 단면이라도 그 강도가 달라지며 장주는 좌굴의 영향으로 강도가 감소한다.

① 기둥의 축하중강도

가. 나선철근 압축부재 (ϕ = 0.75)

$$P_n(\text{최대}) = 0.85[0.85 f_{ck} + (A_g - A_{st}) + f_y A_{st}] \quad (509.2.34a)$$

나. 띠철근 압축부재 (ϕ = 0.70)

$$P_n(\text{최대}) = 0.80[0.85 f_{ck} + (A_g - A_{st}) + f_y A_{st}] \quad (509.2.34b)$$

여기서,

A_g : 단면의 총단면적

A_{st} : 축방향 철근의 총단면적

② 2축 휨을 받는 압축부재

교량에 있어 인접지간의 불균형 하중으로 인하여 그 사이에 있는 교각은 2축 휨을 받게 된다. 응력과 변형률 조건에 준한 일반적인 단면해석 대신에 2축 휨을 받는 비원형 부재의 설계강도는 다음 식으로 구하여도 좋다.

가. 계수축하중 $P_u \geq 0.1 f_{ck} A_g$의 경우

$$\frac{1}{P_{nxy}} = \frac{1}{P_{nx}} + \frac{1}{P_{ny}} - \frac{1}{P_o} \quad (509.2.35a)$$

여기서,

P_{nxy} : 2축휨을 받는 경우의 공칭 축하중강도

P_{nx} : 휨이 x 축 방향으로만 고려되는 경우의 M_{nx}에 부합하는 단면의 공칭축하중강도 ($M_{nx} = P_{nx} e_y$, $e_x = 0$)

P_{ny} : 휨이 y 축 방향으로만 고려되는 경우의 M_{ny}에 부합하는 단면의 공칭축하중강도 ($M_{ny} = P_{ny} e_x$, $e_y = 0$)

P_o : 순수축하중강도 ($e_x = e_y = 0$)

나. 계수축하중 $P_u < 0.1 f_{ck} A_g$의 경우

$$\frac{M_{ux}}{\varphi M_{nx}} + \frac{M_{uy}}{\varphi M_{ny}} \leq 1 \quad (509.2.35b)$$

여기서,

M_{ux} , M_{uy} : 2축휨을 받는 경우의 단면의 x, y 방향으로의 계수휨강도

M_{nx} , M_{ny} : 위의 ①항에서 정의된 각각 x, y방향의 공칭휨강도

다. 엄밀해석방법에 의한 해석

M_x, M_y는 확대 모멘트 값을 사용하여 M_{xy}의 값을 구하며 지진시의 조합은 교축직각방향의 부재력 및 모멘트 확대계수를 적용한다.

$$M_{xy} = \sqrt{M_x^2 + M_y^2} \quad (509.2.35c)$$

여기서, M_x , M_y : 2축휨을 받는 경우의 단면의 x, y방향으로의 계수휨강도

라. 2축 휨을 받는 압축부재의 특징

외측 기둥인 경우에 2축 압축의 강도는 1축 압축에 비해 20% 정도 증가하며 2축 인장상태는 2축 하중에 의한 영향이 없다. 1축 압축 1축 인장상태인 경우 인장응력의 증가에 따라 압축강도가 직선적으로 감소한다.

③ 다발철근 적용에 대한 검토

기둥의 축방향 철근이 2단 배근 이상이 필요한 교각의 시공시 다발철근으로 배치함으로써 시공성 향상 및 안전한 작업이 되도록 유도할 수 있으므로 관련 설계규정과 다발철근 배근에 대한 배치법 등을 아래에 소개한다.

가. 2단 이상 배근시 단점

ⓐ 내부철근의 띠철근 배근시 작업공간 협소로 시공성 결여

ⓑ 외측 및 내측 철근간격 협소로 콘크리트 타설 및 다짐시공 불리

ⓒ 내부 배근철근의 중심이 한쪽으로 편기되어 작업의 안전성 결여

나. 관련 설계규정[( )는 관련규정 번호체계]

ⓐ [도 · 설 4.3.5.3] 다발철근의 배치

(1) 한다발내에 4개 이하의 이형철근이어야 하고 이러한 다발철근은 스터럽이나 띠철근으로 둘러싸여야 한다.

(2) 각 다발철근의 철근단은 모든 철근을 받침

점에서 끝나게 하지 않고, 부재의 경간내에서 절단되는 경우에는 철근지름의 40배 이상 서로 엇갈리게 다발내에 철근을 절단하여야 한다.

(3) 보에서 D35를 초과하는 철근은 다발로 사용할 수 없다.

ⓑ [도 · 설 4.3.3] 철근의 피복두께

(2) 피복두께는 철근지름 이상이어야 한다. 또한 다발철근을 사용할 경우에는 등가지름 이상이어야 하나 60 mm 보다 크게 할 필요는 없다.

ⓒ [도 · 설 4.3.5.1] 철근의 간격

(5) 철근간격을 철근지름으로 나타내는 경우, 철근 다발의 지름은 등가단면적으로 환산된 1개의 철근지름으로 보아야한다.

ⓓ [도 · 설 4.3.13] 다발철근의 정착길이

[도 · 설 4.3.13.1] 정착길이

하나의 다발철근 내에 있는 개개철근의 정착길이는 철근다발이 아닌 경우의 각철근의 정착길이에 3개의 철근으로 구성된 다발철근에 대해서는 20%, 4개의 철근으로 구성된 다발철근에 대해서는 33%를 증가시켜야 한다.

[도 · 설 4.3.13.2] 보정계수

다발철근의 정착길이 계산시 [도 · 설 4.3.11]에 기술된 계수를 적절하게 선택하기 위해 다발철근 한 묶음은 한 다발내 전체 철근단면적을 등가단면으로 환산하여 산정된 지름으로 된 하나의 철근으로 취급하여야 한다.

ⓔ [도 · 설 4.3.18.1] 겹침이음

(2) 다발철근의 겹침이음은 다발내의 개개철근에 대해 필요로 하는 겹침이음길이에 따라 결정되어야 하며 각 철근은 [도 · 설 4.3.13]에 따라 겹침이음 길이를 증가시켜야 한다. 그리고 한 다발내에서 각 철근의 이음은 중복하지 않아야 한다. 또한 두 다발철근을 개개 철근처럼 겹침이음 하지 않아야 한다.

다. 다발철근 배근에 따른 효과

ⓐ 띠철근이 철근 외측부 1회 시공됨에 따라 철근조립 시공성이 향상되며 콘크리트 타설시 내외측 철근이 동시 띠철근으로 지지함에 따라 안전성이 확보된다.

ⓑ 내측 띠철근(가외철근)의 미시행으로 철근량이 감소하고 작업공정을 단순화 할 수 있다.

④ 유효단면적에 대한 고려사항

하중에 의해 요구되는 단면보다 큰 단면으로 설계된 압축부재의 경우, 감소된 유효단면적을 사용하여 최소철근량과 설계강도를 결정할 수 있다. 이때 감소된 유효단면적은 전체 단면적의 1/2이상이어야 한다. 이러한 유효단면적은 축력이 주된 하중으로 작용하여 휨모멘트보다는 축력이 강도를 지배하는 압축부재에 적용된다. 따라서 압축부재의 감소된 유효단면적은 최소편심 이하의 편심을 갖는 하중이 설계를 지배하는 경우에 적용될 수 있다.

(10) [단계 6-10] P-M 상관도 작성

임의의 기둥에서 소성중심으로부터 e만큼의 편심거리에서 축하중 P가 작용할 때, e의 변화에 따라 기둥의 공칭축방향 하중강도 P_n의 값이 달라진다. 이와 같이 e의 변화에 따른 P_n의 값, 즉 P_n과 M_n과의 상관관계를 나타낸 그림을 P-M상관도라 한다(<그림 509.2.17> 참조).

① 중심축하중을 받는 압축파괴기둥($e < e_{min}$)

작용편심이 최소편심 e_{min} 보다 작을 경우 기둥의 파괴는 단면 전체의 압축파괴에 지배되며 기둥 상관도상의 영역 I 에 해당된다. 이때 최소편심이라 함은 모멘트의 작용을 무시하고 극한변형율의 균등분포하는 것으로 볼 수 있는 편심거리를 말한다.

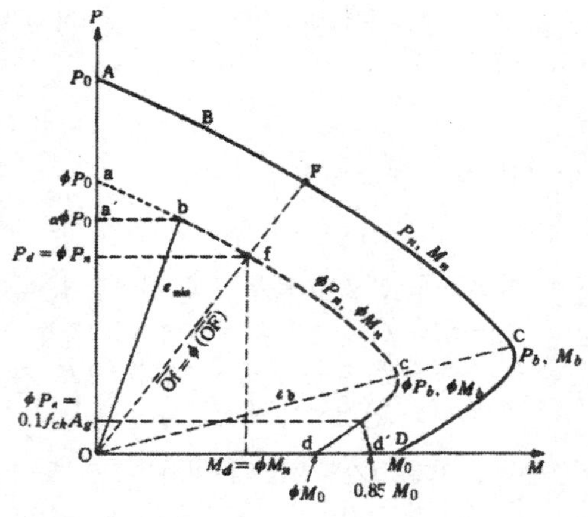

<그림 509.2.17> 기둥의 P-M상관도

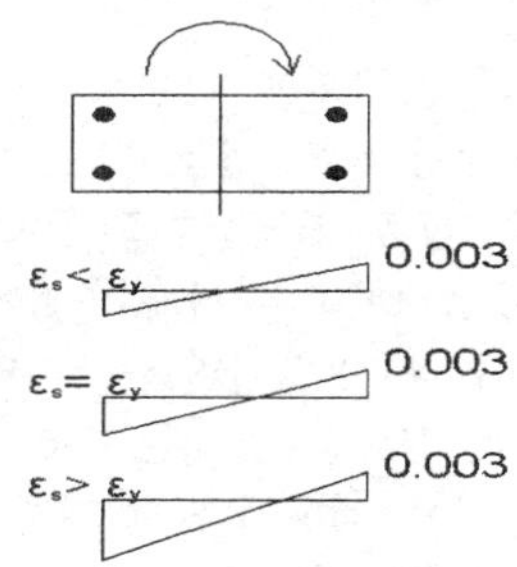

<그림 509.2.18> 기둥의 변형률

가. 나선철근의 경우

$$\phi P_{n,\max} = 0.85\,\phi\,[\,0.85\,f_{ck}(A_g - A_{st}) + f_y\,A_{st}\,]$$

(509.2.36a)

나. 띠철근의 경우

$$\phi P_{n,\max} = 0.80\,\phi\,[\,0.85\,f_{ck}(A_g - A_{st}) + f_y\,A_{st}\,]$$

(509.2.36b)

② 편심하중을 받는 압축파괴기둥

($e_{min} < e < e_b$, $\varepsilon_s < \varepsilon_y$)

작용편심이 최소편심 e_{min}과 평형편심 e_b 사이에 놓일 경우 기둥의 파괴는 인장측 철근이 파괴되기 전에 압축측 콘크리트가 파괴되는 압축파괴에 지배되며 기둥상관도상의 영역Ⅱ에 해당된다.

③ 균형하중을 받는 파괴기둥

($e = e_b$, $\varepsilon_s = \varepsilon_y$)

작용편심이 평형편심과 일치할 때의 파괴형태로, 이 때 평형편심이라 함은 압축측 콘크리트의 극한 변형률이 0.003이 됨과 동시에 인장측 철근의 변형률이 ε_y가 되는 평형파괴시의 편심거리를 말한다.

④ 편심하중을 받는 인장파괴기둥

($e > e_b$, $\varepsilon_s > \varepsilon_y$)

작용편심이 평형편심보다 클 경우 기둥의 파괴는 인장측 철근의 인장파괴에 지배되며 기둥상관도상의 영역Ⅲ에 해당한다.

그러나 ϕP_n이 $0.1 f_{ck} \cdot A_g$보다 작은 경우에는 강도감소계수는 기둥의 강도감소계수 ϕ_c를 쓰는 것이 아니라 ϕ_c(띠철근 0.7 나선철근 0.75)에서 ϕ_f (보의 강도 감소계수 0.85)까지 직선 변화하는 것으로 보고 직선보간법에 의해 구한다. 반대로 큰 경우는 ϕ_c를 적용한다. 따라서 기둥상관도상의 cd선은 cd'선으로 변화하게 된다.

(11) [단계 6-11] 기둥의 전단설계 및 심부 구속철근량 산정(편람 510.1.1.13 참조)

2.3.7 [단계 7] 기초의 설계

(1) [단계 7-1] 기초 두께의 가정

확대기초는 부재로서 필요한 두께를 확보함과 동시에 강체로서 취급되는 두께를 가져야 함을 원칙으로 한다. 또한, 확대기초 상면의 경사는 원칙적으로 1:2 보다 완만하도록 한다.

확대기초의 두께를 정하는 요인은 다음과 같다.

① 부재로서 필요한 두께

가. 휨모멘트에 대하여

나. 전단력에 대하여

다. 펀칭전단력에 대하여 필요한 두께

② 강체로서 취급되는 두께

확대기초의 설계는 말뚝과 기둥이나 벽구조물의 접속부로서 각각 확대기초에 고정지지 되어 있다는 전제에서 설계체계가 정리되어 있다. 즉, 확대기초는 말뚝 혹은 기둥이나 벽에 비하여 어느 정도의 강도가 필요하게 된다. 따라서 여기에서 확대기초는 강체로서 취급되는 두께를 갖는 것을 원칙으로 하였다.

확대기초를 강체로서 취급하느냐, 취급하지 않느냐는 지반반력 및 말뚝반력에 미치는 확대기초의 강성의 영향을 고려해서 판정하는 것으로 하고 확대기초가 다음 식을 만족할 때, 이를 강체로 보면 된다.

$$\beta\lambda \le 1.0 \qquad (509.2.37)$$

여기서,

$\beta = \sqrt[4]{\dfrac{3 \cdot k}{E \cdot h^3}}$ (m^{-1})

$k = k_v$: 직접기초인 경우

k_p : 말뚝기초인 경우

k_v : 연직방향 지반반력계수 (kN/m^3)

k_p : 환산지반반력계수 (kN/m^3)

$k_p = K_v \cdot \dfrac{n \cdot M}{L \cdot B}$

K_v: 1개 말뚝의 축방향 스프링정수 (kN/m)

L : 확대기초의 폭 (m)

B : 확대기초의 길이 (m)

n : 말뚝의 열수

m : 말뚝의 행수

E : 확대기초의 탄성계수 (kN/m^2)

h : 확대기초의 평균두께 (m)

λ : 확대기초의 환산 돌출길이(m)로서 확대기초의 형식에 따라 다음과 같이 정한다.

가. 독립확대기초 및 벽확대기초의 경우

$$\lambda = \max(l,\ b) \qquad (509.2.38a)$$

다만,

$l \ \ge L/2$ 이면 $l = L/2$

$b \ \ge B/2$ 이면 $b = B/2$

나. 연속확대기초의 경우

$$\lambda = \frac{a \cdot (\lambda^2 + e^2)}{\lambda' + e} \qquad (509.2.38b)$$

여기서, $\lambda' = \max(l,\ b)$, $a = 1.3$

다만, 암반 등 변형계수가 큰 지반상에 설치되는 직접기초의 확대기초에 대해 윗 식의 강성평가식을 적용하는 경우 강체로 보아야 할 확대기초의 두께는 현저하게 두꺼워지는 경향이 있다. 일반적으로 이와 같은 지반에서는 허용되는 지반 반력에 여유가 있고 변형도 작을 것이라 생각되므로 비교적 단단한 지반상에 설치되는 확대기초에 대해서는 확대기초 두께의 상한값을 확대기초 긴 변의 1/5 정도로 보아도 좋다.

이 때 확대기초 설계에서는 확대기초의 탄성거동을 고려할 필요는 없고 강체 확대기초와 같은 방식으로 설계하면 된다.

또한, 입지조건에 의해 충분한 확대기초 두께를 얻지 못할 경우, 큰 지하매설물이 확대기초 아래에 위치해 있기 때문에 1개의 확대기초 중에서 말뚝 배치가 한곳에 치우치게 되어 환산 지반반력계수가 불균일하게 되는 경우, 혹은 확대기초의 치수가 크기 때문에 확대기초 두께도 현저하게 두꺼워질 경우 등에서는 확대기초를 탄성체로 하여 설계해도 좋다. 이런 경우에는 해석모델을 설정하는데 있어서 설계가 안전하게 되도록 충분히 검토를 해 둘 필요가 있다.

(2) [단계 7-2] 기초 안정검토

기초의 안정성검토는 전도, 활동, 지지력에 대하여 수행하여야 하며 기초의 변위량은 허용변위량을 초과하여서는 안된다. 기초의 허용변위량은 상부구조에 유해한 영향을 미치지 않도록 제한하여야 한다.

직접기초 및 케이슨 기초는 양질의 지지층에 지지되어 있어야 한다. 직접기초는 그 지지기구로

보아서, 측면마찰에 의하여 수직하중을 분담 지지한다는 것은 거의 기대할 수 없으므로, 사질토 및 자갈모래층에 있어서는 충분한 강도를, 점성토에서는 압밀의 염려가 없는 양질의 층을 각각 필요로 한다. 케이슨기초에서는 일반적으로 저면의 치수가 크기 때문에 말뚝기초에 비해서 케이슨기초 주변의 저항보다는 저면지지에 의한 저항이 훨씬 크다. 따라서 지지력을 유지하고 경제적이고 또한 확실하게 발휘시키려면 양질인 지지층에 도달시키는 것은 말뚝기초 때보다 더 한층 필요하게 된다. 말뚝기초는 상부구조의 형식과 기능, 말뚝의 지지기구, 시공성을 고려하여 적절한 근입깊이를 결정하여야 한다.

강관널말뚝기초는 타입공법에 의한 선단지지를 원칙으로 하고 있으며 또한, 우물통부의 하단구속을 지반에 의해 기대하는 구조체이기 때문에 양질인 지지층에 관입시킬 필요가 있다.

평상시에 있어서 설계상의 지반면을 정하기 위해서는 오랫동안에 걸쳐서 안정된 토층이어야 하고, 지지력이 기대될 수 있는지 여부의 판단이 필요하다.

(3) [단계 7-3] 기초의 단면검토

① 휨설계

가. 휨모멘트의 계산

ⓐ 독립확대기초 및 벽확대기초의 휨모멘트는 캔틸레버보로서 산출하여야 한다.

ⓑ 연속확대기초 사이의 확대기초부는 구조물의 연속성 및 구속조건을 고려하여 설계하여야 한다.

ⓒ 연속확대기초의 캔틸레버로서 작용하는 부분은 독립확대기초와 같이 설계하여야 한다.

ⓓ 설계단면에 있어서 휨모멘트는 기둥 또는 벽 앞면의 확대기초 전면적에 작용하는 하중에 의하여 발생하는 휨모멘트로 한다.

나. 휨에 대한 위험단면

ⓐ 직사각형의 기둥 또는 벽체를 지지하는 확대기초의 위험단면은 기둥 또는 벽체의 전면으로 한다.

ⓑ 강체철판을 갖는 기둥을 지지하는 확대기초의 위험단면은 강철저판연단과 기둥전면의 중간으로 한다.

ⓒ 원형이나 정다각형 기둥을 지지하는 확대기초는 기둥단면적과 같은 면적의 정사각형 기둥단면으로 취급하여 위험단면을 결정해도 좋다.

② 전단설계

가. 전단에 대한 위험단면

확대기초의 전단강도를 결정할 때는 다음 위험단면 중 가장 불리한 것으로 하여야 한다.

ⓐ 1방향작용의 위험단면은 기둥 또는 벽체의 전면에서 d거리에 위치하는 전체폭을 가로지르는 평면으로 한다.

ⓑ 2방향작용의 위험단면은 집중이나 반력을 받는 구역에서 d/2 거리에 위치하는 둘레에 수직하는 평면으로 한다.

ⓒ 말뚝으로 지지된 확대기초에서는 위험단면의 전단력은 [콘·설 12.3.2]에 따라 결정되어야 한다.

나. 전단강도 및 설계

확대기초의 전단강도 및 설계는 [도·설 4.4.6.6]의 규정에 따른다.

(4) [단계7-4] 철근량 계산

① 확대기초의 주철근은 2방향으로 배근하고, 배근방향은 말뚝배치를 고려하여야 한다.

② 1방향 확대기초와 정사각형 확대기초의 휨철근은 전폭에 걸쳐 균등하게 배치하여야 한다.

③ 2방향 직사각형 확대기초의 휨철근은 다음과 같이 배치하여야 한다.

ⓐ 긴 변 방향의 휨철근은 전폭에 걸쳐 등간격으로 배치하여야 한다.

ⓑ 짧은 변 방향의 휨철근은 식(509.2.34)으로 결정되는 철근량을 확대기초의 짧은 변의 폭만큼의 중심구간 폭에 걸쳐 균등하게 배치하여야 하며, 중심구간폭의 중심선은 기둥 또는 교각의 중심선으로 한다. 나머지 철근량은 기초 중심구간 폭의 외측부분에 균등하게 배치하여야 한다.

$$\frac{\text{유효폭 내에 배치되는 철근량}}{\text{단면방향의 전체 철근량}} = \frac{2}{\beta+1}$$

$\beta=$ 단변에 대한 장변의 비

(509.2.39)

여기서, 유효폭은 기둥이나 받침대의 중심선이 유효폭의 중심이 되도록 하며, 기초판의 단변 폭 길이로 취한다.

④ 윗면 철근은 아랫면 철근의 1/3이상을 배근하여야 한다.

⑤ 말뚝에 인발력이 생기는 경우에는 윗면에 철근을 배근한다.

(5) [단계7-5] 기초의 사용성 검토

[단계 6-5] 사용성 검토 참조

2.3.8 [단계 8] 받침보강의 설계

(1) [단계 8-1] 교량받침 용량 산정

상부에서 작용하는 수직력 및 수평 탄성지진력에 대하여 안전율을 가진 교량받침을 사용하여야 한다.

교량받침 면의 치수는 교축방향과 직각방향에 대해서 상기 연단거리를 고려하여 정하며, 교량받침의 상부 받침판이 받침부를 벗어나지 않도록 한다.

직교 및 사교에서 교축의 직각 및 경사방향은 교량받침 연단과 하부구조 연단거리중 부득이하여 경사방향으로 연단거리 확보가 불가능할 때는 별도의 응력검토를 하여 구조계산서에 첨부하고 구조물도를 보완토록 한다.

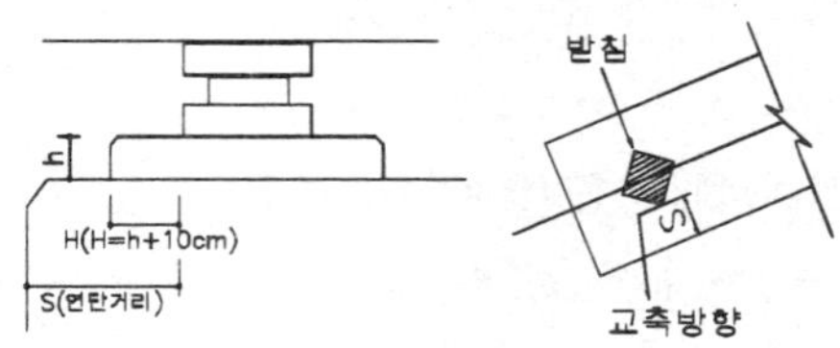

(a) 일반받침　　　(b) 사교 · 곡선교

<그림 509.2.18> 교량 받침부

연단거리교량받침부의 형하공간은 인체의 일부분(머리 및 어깨)이 들어가서 작업을 하거나 세밀하게 관찰을 할 수 있고, 유지보수시 Jack의 설치가 가능한 공간인 400 mm를 확보하도록 한다.

단, 부득이한 경우는 450 mm까지 가능하며 10,000 kN 이상 용량인 경우에는 교량받침의 치수를 감안하여 별도의 검토를 수행한다.

교량받침은 무수축모르타르로 처리하고 높이는 50 mm를 기준으로 하고 폭은 교량받침보다 50 mm 이상 여유를 둔다.

① POT형식 받침인 경우 (10,000 kN미만)

ILM교량인 경우 85 mm로는 받침부 철근의 배근이 어려우므로 형하공간을 최대 450 mm까지 허용(받침높이 135 mm)

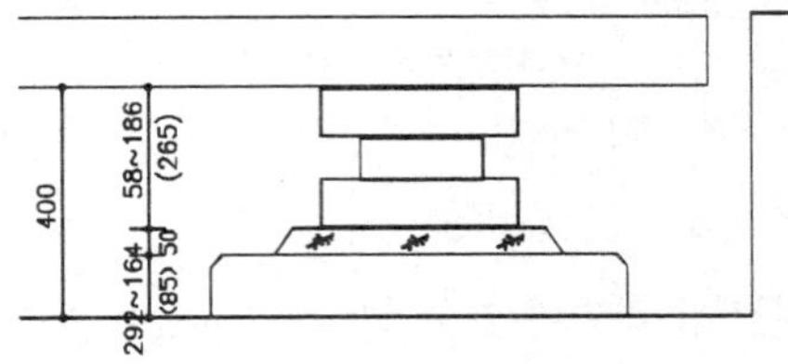

(주) ( )안의 치수는 ILM교량인 경우

<그림 509.2.19> POT받침인 경우

② 플레이트 형식 받침인 경우

플레이트 형식의 교량받침장치는 그 자체의 두께가 크므로 아래와 같이 규격별로 구분하여 적용 한다.

ⓐ 500 kN ~ 2,500 kN 인 경우

형하공간 400 mm적용하며 받침부는 225 mm ~ 100 mm를 적용한다.

ⓑ 2,750 kN ~ 4,000 kN인 경우

형하공간 450 mm적용하며 받침부 145 mm ~ 100 mm를 적용한다.

ⓒ 4,500 kN이상인 경우

교량받침부 없이 무수축모르타르 50 mm만 시공하며 형하공간 365 mm를 적용한다.

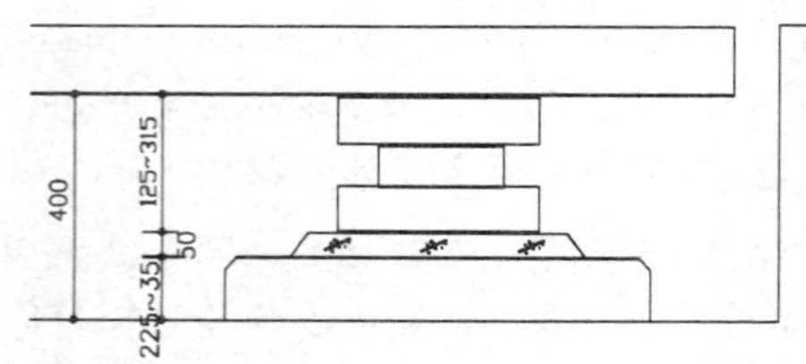

<그림 509.2.20> 플레이트형식 받침인 경우

(2) [단계 8-2] 교량받침 하면 콘크리트보강

① 연직하중에 대한 보강

교량받침 하면에 작용하는 지압력(연직하중)에 의한 인장응력 발생에 대해 보강한다. 교량받침에 작용하는 연직하중은 고정하중과 활하중의 조합으로 계산한다.

② 수평하중에 대한 보강

교량받침 하면에 작용하는 수평하중에 의한 전단력에 대해 보강한다.

교량받침에 작용하는 하중은 탄성지진력, 온도변화의 영향, 풍하중의 영향 등에 대하여 고려하여야 한다.

(3) [단계 8-3] 교량받침 하면 철근보강 범위 및 철근량 산정

① 연직하중에 대한 철근량 산정

교량받침 하면에는 연직하중에 의해 인장응력이 발생하므로 교축방향 및 교축직각방향으로 아래의 식에서 구한 철근량을 배근하여야 한다.

$$A_{sn} = \frac{1}{4}\left(\frac{1-b_1}{b_c}\right)\frac{P}{f_{sa}} \qquad (509.2.40)$$

여기서,

A_{sn} : 연직력에 대한 철근량 (mm^2)

f_{sa} : 철근의 허용인장응력도 (kN/m^2)

P : 연직하중 (kN)

b_1 : 연직하중의 작용폭 (mm)

b_2 : P 의 작용점으로부터 교량받침 외측까지의 거리 (mm)

b_c : 연직하중의 분포폭 (b_c= 2, $b_2 \leq 5\ b_1$)

② 수평하중에 대한 보강철근량 산정

교량받침 하면에는 수평하중에 대한 보강철근으로서 아래의 식에서 구한 철근량을 배근하여야 한다.

$$A_{sn} = \frac{H_s}{f_{sa}} \qquad (509.2.41)$$

여기서,

A_{sn} : 수평하중에 대한 수평철근량 (mm^2)

H_s : 교량받침에 작용하는 수평하중 (kN)

f_{sa} : 철근의 허용인장응력 (kN/m^2)

③ 교량받침 하면 보강철근 배치범위

보강철근은 <그림509.2.21>에 도시한 바와 같은 범위 안에 배치토록 한다.

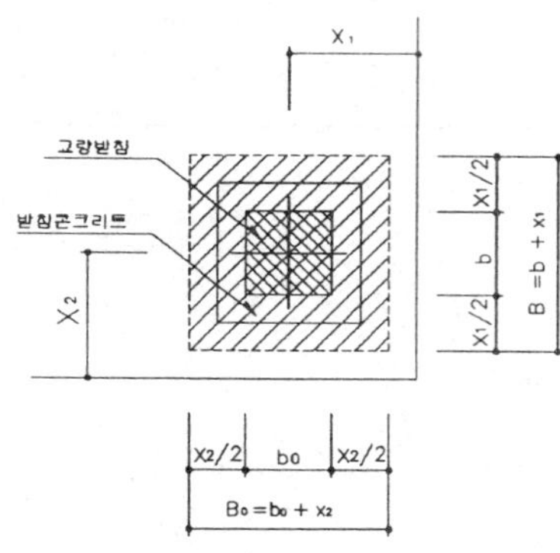

<그림 509.2.21> 보강철근 배치범위

④ 보강철근 배치 방법

보강철근의 배치는 <그림 509.2.22>에 도시한 바와 같이 가급적 2단 이상으로 한다. 첫 번째 추가 보강철근은 배력철근으로부터 100 mm를 이격시켜 배근하고 이후는 100 mm ~ 150 mm 간격으로 배치한다. 일반적인 간격은 100 mm로 하고 있다.

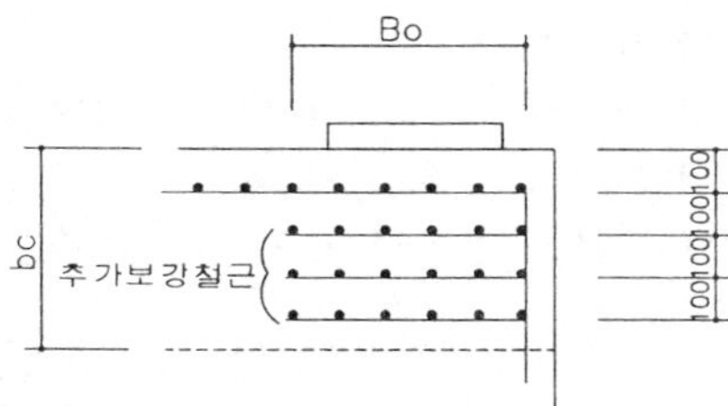

<그림 509.2.22> 하면 보강철근 배치 예

(4) [단계 8-4] 교량받침 콘크리트보강

수평하중에 의해 발생하는 교량받침과 하부구조 상면사이의 전단응력에 대하여 수직철근의 전단마찰로 저항한다. 수평력에 의한 45° 방향의 전단파괴는 고려하지 않아도 지장은 없다. 교량받침 콘크리트의 폭이 이에 비해 100 mm의 여유가 더 있으므로 45° 방향의 전단 파괴면은 발생치 않을 것으로 판단된다.

① 보강 철근량 산정

$$A_s \geq \frac{H}{f_{sa}} \tag{509.2.42}$$

여기서,

A_s : 보강 철근량 (mm^2)

H : 작용 수평력 (kN)

f_{sa} : 철근의 허용인장응력 (kN/mm^2)

② 보강철근 배근방법

교량받침 콘크리트의 높이가 200 mm 이하의 경우는 1단 배치하고, 200 mm 이상인 경우는 2단 배치토록 한다. 철근은 교량받침 콘크리트 상면에서 구부려 하부구조 구체에 필요 정착길이 이상 매입시켜야 한다.

상면의 철근배근 간격은 교량받침장치 하면 보강철근의 간격과 일치시키도록 한다. 앵커의 시공을 고려하여 철근 중심간 간격은 125 mm를 기준으로 한다. 온도 및 건조수축에 대한 최소 철근규정을 준수하여야 한다.

③ 보강철근 배치 예

보강철근 배치 예는 다음 그림을 참고한다.

• H ≤ 200 mm인 경우

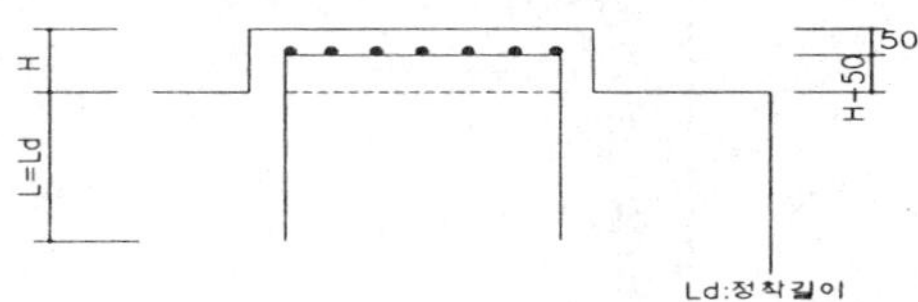

<그림 509.2.23> H ≤ 200 mm인 경우

• H > 200 mm인 경우

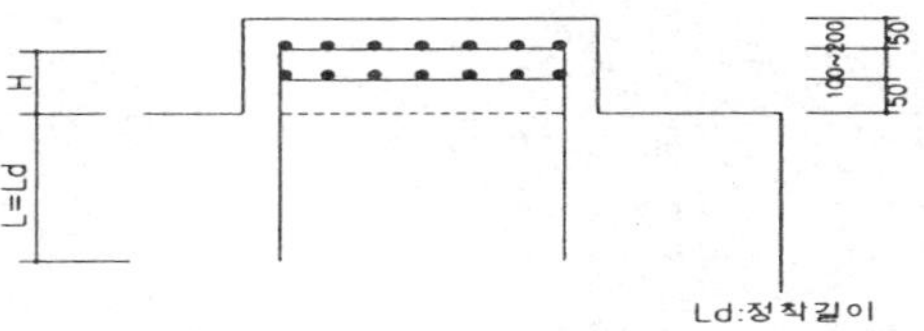

<그림509.2.24> H > 200 mm인 경우

2.4 π 형 교각 설계 예

2.4.1 [단계 1] 설계조건 및 단면가정

(1) [단계 1-1] 일반사항

- 교 량 연 장 : 35.00 + 35.00 + 35.00 = 105.00 m
- 교 량 폭 원 : 14.235 m
- 상부구조형식 : PSC합성거더교
- 하부구조형식 : 다주식 원형 교각
- 교량등급 : 1 등교
- 기초형식 : 직접기초

(2) [단계 1-2] 하 중

- 철근콘크리트 단위중량 : r_c = 25.000 kN/㎥ [도 · 설 2.1.2]
- 기초지반 단위중량 : r_{s2} = 20.000 kN/㎥
- 탄성받침 전단탄성계수 : K_h = 2,876 kN/m

(3) [단계 1-3] 지반조건

- 기초지반의 N치 : N = 50
- 기초지반의 내부마찰각 : Φ_2 = 42.386° { $\Phi_2 = 15 + \sqrt{15N}$ }
- 기초지반의 점착력 : C = 0.000 kN/㎡
- 기초지반의 최대 허용지지력 : Q_a = 600.00 kN/㎡
- 기초지반의 마찰계수 : μ = 0.600 ; $\tan\Phi_b$ = 0.60, C_b = 0 : 암과 콘크리트
- 지반 가속도 계수 : A = 0.154 ; 위험도계수 x 지진구역계수
  - 내진등급 : I 등급 - 위험도 계수 : 1.400 [도 · 설 6.3.1.2]
  - 지진구역 : I 구역 - 지진구역 계수 : 0.110

(4) [단계 1-4] 사용재료

① 설계강도

가. 콘크리트

상부구조 : f_{ck} = 27.00 MPa

하부구조 : f_{ck} = 24.00 MPa

나. 철 근

상부구조 : f_y = 400.00 MPa (SD 400)

하부구조 : f_y = 300.00 MPa (SD 300)

② 탄성계수

- 철근콘크리트: E_c = 23,998.0 MPa

- 강　　재 : E_s = 200,000.0 MPa
- 탄성계수비 : $N = E_s \ / \ E_c = 8.0$

(5) [단계 1-5] 설계방법

· 안정성검토 : 허용응력설계법
· 단면설계 : 강도설계법

2.4.2 [단계 2] 단면제원 가정 및 단면 제상수 계산

(1) [단계 2-1] 교각단면 제원 가정

· 상부구조도

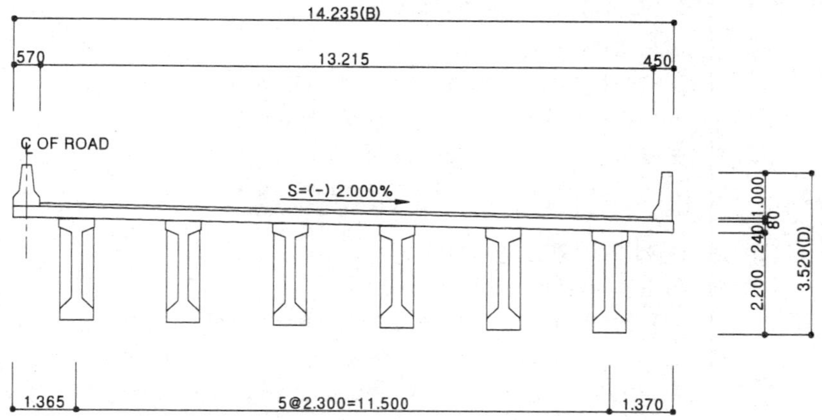

· 하부구조도

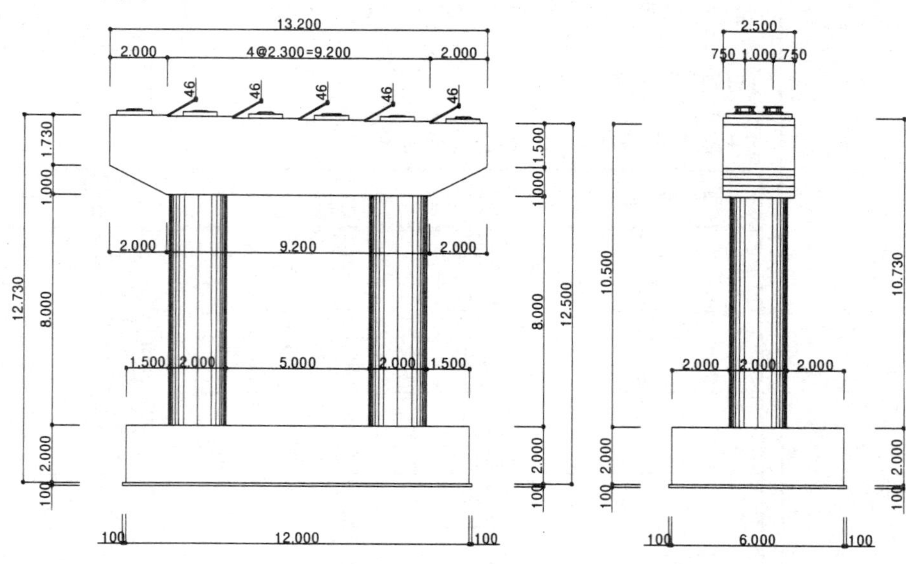

(2) [단계 2-2] 단면 제상수 산정

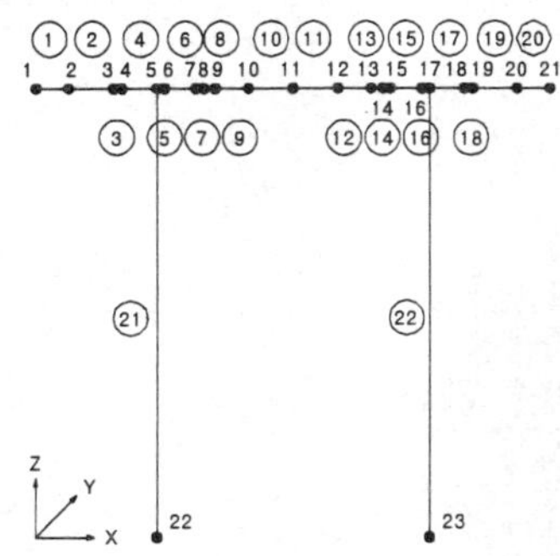

절점	B	H	A	I_{22}	I_{33}	절점번호
1	2.500	1.500	3.750	1.953	0.703	21
2	2.500	1.730	4.325	2.253	1.079	1
3	2.500	1.925	4.813	2.507	1.486	20
4	2.500	2.155	5.387	2.806	2.085	2
5	2.500	2.546	6.365	3.315	3.438	14,15,16,17,18,19
6	2.500	2.592	6.480	3.375	3.628	12,13
7	2.500	2.638	6.595	3.435	3.825	10,11
8	2.500	2.684	6.710	3.495	4.028	4,5,6,7,8,9
9	2.500	2.730	6.825	3.555	4.239	3
10	2.500	-	3.142	0.785	0.785	기둥부재

(3) [단계 2-3] 받침 연단거리 검토

① 필요 연단거리

- 거더의 경간길이가 100 m 이하이므로 $S = 200 + 5.0L$

$S = 200 + 5.0 \times 35.100 = 375.500$ mm

② 실제 연단거리 : 교량받침 1에 대하여 검토

$S_1 = 445.000$ mm ≥ 375.500 mm ∴ OK

(4) [단계 2-4] 최소 받침지지 길이

① 최소 받침지지 길이

- 사각이 90.0°이므로 받침선과 교축직각방향의 사잇각은 0.00°

$N = (200 + 1.67 \times L + 6.66 \times H) \times (1 + 0.000125 \times \theta^2)$ mm

$= (200 + 1.67 \times 70.100 + 6.66 \times 10.730) \times (1 + 0.000125 \times 0.00^2)$

$= 388.529$ mm

② 실제 받침지지 길이

$N_1 = 1{,}250 - 0 - 50 = 1{,}200$ mm ≥ 389 mm ∴ OK

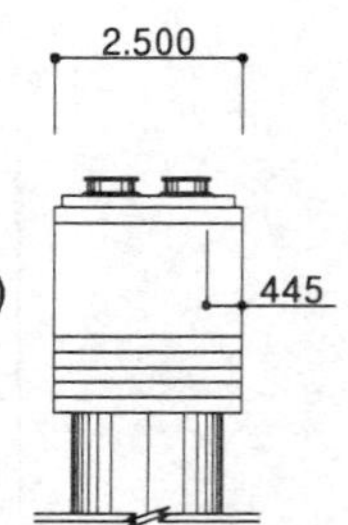

2.4.3 **[단계 3] 하중계산**

(1) [단계 3-1] 상부로부터 작용되는 반력 (단위 : kN)

받침번호		고정하중(D)	활하중(L)		
			만재하시(L_1)	좌측편재하(L_2)	우측편재하(L_3)
좌측	1	1,011.148	138.836	256.477	5.124
	2	827.811	247.160	165.838	5.038
	3	891.232	245.697	52.307	24.247
	4	895.954	260.654	26.196	51.201
	5	821.624	263.684	5.994	151.943
	6	1,035.383	260.125	4.957	270.563
우측	1	1,011.148	138.836	256.477	5.124
	2	827.811	247.160	165.838	5.038
	3	891.232	245.697	52.307	24.247
	4	895.954	260.654	26.196	51.201
	5	821.624	263.684	5.994	151.943
	6	1,035.383	260.125	4.957	270.563
계		10,966.304	2,832.312	1,023.538	1,016.232

※ 교각자중은 25.000 kN/m³의 값을 프로그램에서 자동재하

(2) [단계 3-2] 풍 하 중

① 교축직각방향

· 상부구조에 작용하는 풍하중

B/D = 14.235 / 3.520 = 4.044 [1 ≤ B/D < 8] 여기서, B = 교량총폭, D = 교량총높이

W_1 = [4.0 - 0.2 x (14.235 / 3.520)] x 3.520 = 11.2 kN/m ≥ 6.0 이므로 = 11.233 kN/m

P_1 = 11.233 x (35.100 + 35.000) / 2 x sin90.0 x 0.8

= 314.973 kN [도로교설계기준 해설 2.1]

작용위치 h = 3.520 / 2 + 0.400 + 1.500 / 2 = 2.910 m

작용모멘트 M_y = P1 x h = 314.973 x 2.910 = 916.572 kNm

· 하부구조에 작용하는 풍하중

W'coping = 3.000 x 2.500 x 2.500 = 18.750 kN

W'column = 1.500 x 2.000 = 3.000 kN/m (풍상측)

W'column = 1.500 x 2.000 / 2 = 1.500 kN/m (풍하측)

※ 활하중 재하시는 계산된 하중의 1/2를 적용한다

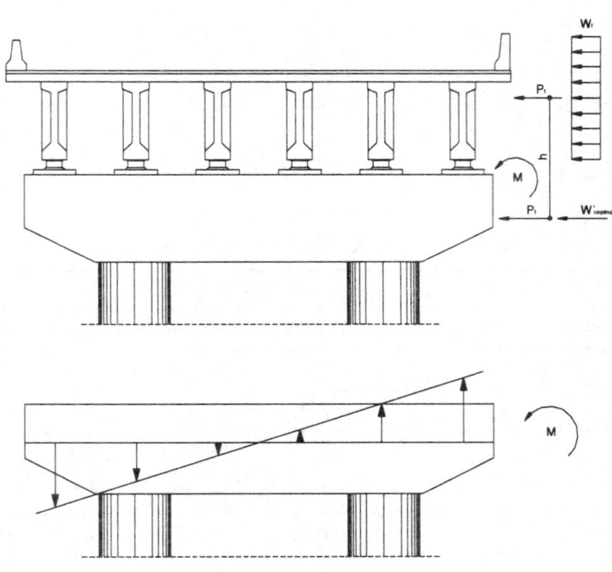

※풍하중에 의한 상부 구조물의 우력은 연직력으로 치환하여 재하한다.

② 교축방향

· 하부구조에 작용하는 풍하중

W'coping = 3.000 x 2.500 = 7.500 kN

W'column = 1.500 x 2.000 = 3.000 kN/m

※ 활하중 재하시는 계산된 하중의 1/2를 적용한다

③ 활하중에 작용하는 풍하중

방음벽과 겹쳐진 활하중에 대해서는 풍하중을 재하하지 않아도 좋다. [도 · 설 2.1.11]

(3) [단계 3-3] 온도하중 산정

① 교축직각방향
연평균 온도변화차 ΔT = 10℃ 적용

② 교축방향(고정단일 경우)
고정단이므로 교량받침마찰력에 의한 수평력은 고려하지 않는다.
일반적으로 고정단에서도 교량받침의 마찰력보다는 지진시의 상부구조에 의한 수평력이 크기 때문에 지진시의 수평력을 고려한다.

③ 교축방향(가동단일 경우)
교각의 종방향 변위를 유발하는 수평력과 탄성받침의 전단변형을 유발하는 수평력중 작은 값을 적용한다.

(4) [단계 3-4] 수압산정 : 지하수위가 없는 것으로 가정하여 수압은 고려하지 않음

(5) [단계 3-5] 원심하중 산정 : 직교로 원심하중은 고려하지 않음

(6) [단계 3-6] 충돌하중 산정 : 교량하부에 관통하는 도로가 없으므로 충돌하중은 고려하지 않음

(7) [단계 3-7] 지진하중 산정

· 지진에 의한 하중 : 편람 제510장 내진설계 참조

구분			교축방향			교축직각방향		
위치	하중경우	기둥	전단력(kN)	모멘트(kNm)	변위(m)	전단력(kN)	모멘트(kNm)	변위(m)
기둥상단	Case 1	1	988.11	846.44	0.0158	334.72	1,248.35	0.0000
		2	987.58	848.62	0.0158	335.23	1,250.80	0.0000
	Case 2	1	297.75	258.55	0.0000	1,104.06	4,116.76	0.0037
		2	297.77	261.40	0.0000	1,106.52	4,128.80	0.0037
기둥하단	Case 1	1	1,001.79	8,804.25	-	339.03	1,449.50	-
		2	1,001.26	8,800.69	-	339.52	1,451.05	-
	Case 2	1	301.90	2,648.42	-	1,118.37	4,782.35	-
		2	301.94	2,646.54	-	1,120.80	4,789.83	-

2.4.4 [단계 4] 하중조합

(1) [단계 4-1] 사용하중 검토시 하중조합

구분	D	L_1	L_2	L_3	W	WL	E	CO	G	Q	CF
Comb 01	1.00	1.00								1.00	1.00
Comb 02	1.00		1.00							1.00	1.00
Comb 03	1.00			1.00						1.00	1.00
Comb 04	1.00				1.00					1.00	
Comb 05	1.00	1.00			0.50	1.00				1.00	1.00
Comb 06	1.00		1.00		0.50	1.00				1.00	1.00
Comb 07	1.00			1.00	0.50	1.00				1.00	1.00
Comb 08	1.00	1.00							1.00	1.00	1.00
Comb 09	1.00	1.00							-1.00	1.00	1.00
Comb 10	1.00		1.00						1.00	1.00	1.00
Comb 11	1.00		1.00						-1.00	1.00	1.00
Comb 12	1.00			1.00					1.00	1.00	1.00
Comb 13	1.00			1.00					-1.00	1.00	1.00
Comb 14	1.00				1.00				1.00	1.00	
Comb 15	1.00				1.00				-1.00	1.00	
Comb 16	1.00	1.00			0.50	1.00			1.00	1.00	1.00
Comb 17	1.00	1.00			0.50	1.00			-1.00	1.00	1.00
Comb 18	1.00		1.00		0.50	1.00			1.00	1.00	1.00
Comb 19	1.00		1.00		0.50	1.00			-1.00	1.00	1.00
Comb 20	1.00			1.00	0.50	1.00			1.00	1.00	1.00
Comb 21	1.00			1.00	0.50	1.00			-1.00	1.00	1.00
Comb 22	1.00						1.00			1.00	
Comb 23	1.00	1.00						1.00		1.00	1.00
Comb 24	1.00		1.00					1.00		1.00	1.00
Comb 25	1.00			1.00				1.00		1.00	1.00
Comb 26	1.00				1.00			1.00		1.00	

주) 설계하중조합은 [도 · 설 2.2.3.2] 또는 편람 509.2.3.4 참조

(2) [단계 4-2] 계수하중 검토시 하중조합

구분	D	L_1	L_2	L_3	W	WL	E	CO	G	Q	CF
Comb 01	1.30	2.15								1.30	1.30
Comb 02	1.30		2.15							1.30	1.30
Comb 03	1.30			2.15						1.30	1.30
Comb 04	1.30				1.30					1.30	
Comb 05	1.30	1.30			0.65	1.30				1.30	1.30
Comb 06	1.30		1.30		0.65	1.30				1.30	1.30
Comb 07	1.30			1.30	0.65	1.30				1.30	1.30
Comb 08	1.30	1.30							1.30	1.30	1.30
Comb 09	1.30	1.30							-1.30	1.30	1.30
Comb 10	1.30		1.30						1.30	1.30	1.30
Comb 11	1.30		1.30						-1.30	1.30	1.30
Comb 12	1.30			1.30					1.30	1.30	1.30
Comb 13	1.30			1.30					-1.30	1.30	1.30
Comb 14	1.25				1.25				1.25	1.25	
Comb 15	1.25				1.25				-1.25	1.25	
Comb 16	1.25	1.25			0.63	1.25			1.25	1.25	1.25
Comb 17	1.25	1.25			0.63	1.25			-1.25	1.25	1.25
Comb 18	1.25		1.25		0.63	1.25			1.25	1.25	1.25
Comb 19	1.25		1.25		0.63	1.25			-1.25	1.00	1.25
Comb 20	1.25			1.25	0.63	1.25			1.25	1.25	1.25
Comb 21	1.25			1.25	0.63	1.25			-1.25	1.25	1.25
Comb 22	1.00						1.00			1.00	
Comb 23	1.30	1.30						1.30		1.30	1.30
Comb 24	1.30		1.30					1.30		1.30	1.30
Comb 25	1.30			1.30				1.30		1.30	1.30
Comb 26	1.20				1.20			1.20		1.20	

(3) [단계 4-3] 최대편심 작용시 하중조합

구분	D	L_1	L_2	L_3	W	WL	E	CO	G	Q	CF
Comb 01	1.00	2.15								1.30	1.30
Comb 02	1.00		2.15							1.30	1.30
Comb 03	1.00			1.25						1.30	1.30
Comb 04	1.00				1.30					1.30	
Comb 05	1.00	1.30			0.65	1.30				1.30	1.30
Comb 06	1.00		1.30		0.65	1.30				1.30	1.30
Comb 07	1.00			1.30	0.65	1.30				1.30	1.30
Comb 08	1.00	1.30							1.30	1.30	1.30
Comb 09	1.00	1.30							-1.30	1.30	1.30
Comb 10	1.00		1.30						1.30	1.30	1.30
Comb 11	1.00		1.30						-1.30	1.30	1.30
Comb 12	1.00			1.30					1.30	1.30	1.30
Comb 13	1.00			1.30					-1.30	1.30	1.30
Comb 14	0.95				1.25				1.25	1.25	
Comb 15	0.95				1.25				-1.25	1.25	
Comb 16	0.95	1.25			0.63	1.25			1.25	1.25	1.25
Comb 17	0.95	1.25			0.63	1.25			-1.25	1.25	1.25
Comb 18	0.95		1.25		0.63	1.25			1.25	1.25	1.25
Comb 19	0.95		1.25		0.63	1.25			-1.25	1.25	1.25
Comb 20	0.95			1.25	0.63	1.25			1.25	1.25	1.25
Comb 21	0.95			1.25	0.63	1.25			-1.25	1.25	1.25
Comb 22	0.95						1.00			1.00	
Comb 23	1.00	1.30						1.30		1.30	1.30
Comb 24	1.00		1.30					1.30		1.30	1.30
Comb 25	1.00			1.30				1.30		1.30	1.30
Comb 26	0.90				1.20			1.20		1.20	

2.4.5 [단계 5] 구조해석 및 단면력 산정

(1) [단계 5-1] 구조해석 모델링 및 하중 재하

① 모델링

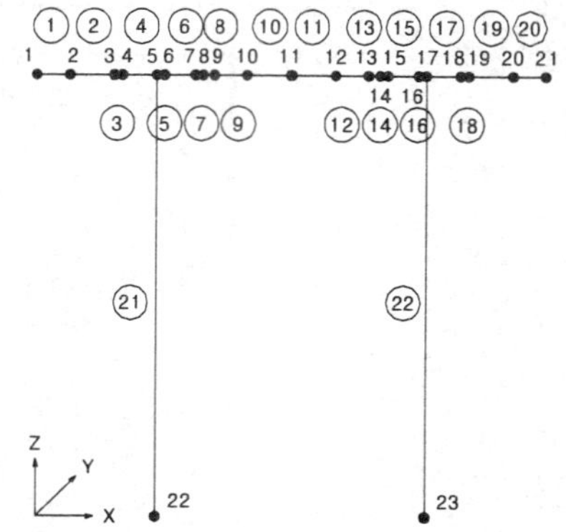

· 절점좌표

절점	X	Z	절점	X	Z
1	0.000	9.750	13	8.900	9.750
2	0.850	9.750	14	9.100	9.750
3	2.000	9.750	15	9.214	9.750
4	2.214	9.750	16	10.050	9.750
5	3.100	9.750	17	10.100	9.750
6	3.150	9.750	18	10.986	9.750
7	3.986	9.750	19	11.200	9.750
8	4.100	9.750	20	12.350	9.750
9	4.300	9.750	21	13.200	9.750
10	5.450	9.750	22	3.100	0.000
11	6.600	9.750	23	10.100	0.000
12	7.750	9.750			

② 하중재하

가. 연직하중

· 고정하중

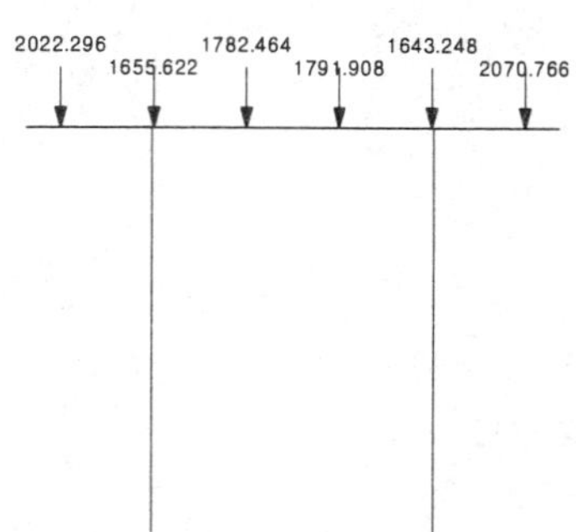

· 활하중 : 만재하시

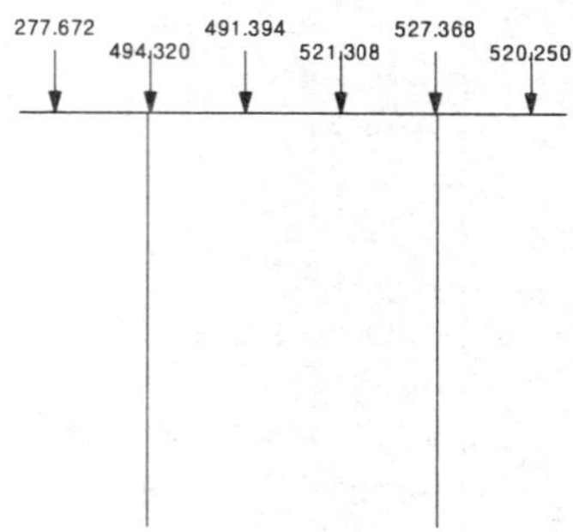

· 활하중 : 좌측 편재하시

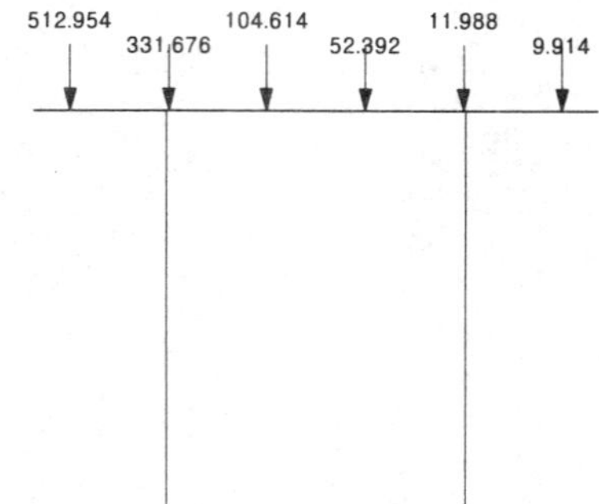

· 활하중 : 우측 편재하시

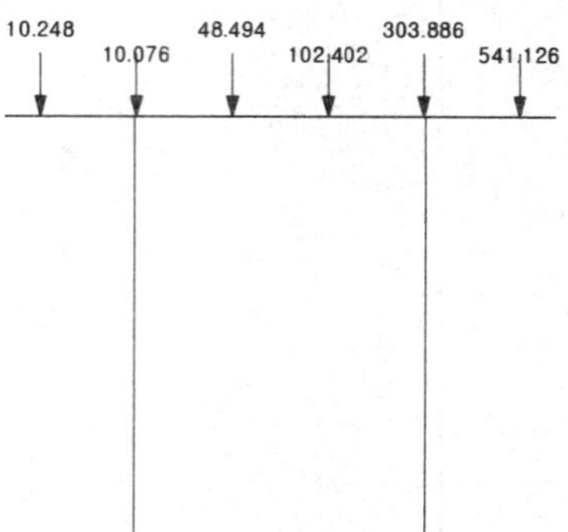

나. 수평하중

ⓐ 교축직각방향

· 풍하중 : 구조물에 재하되는 풍하중 · 온도하중 : 온도변화범위 $\triangle T_X$ = 10°C

P = 314.973 / 6EA = 52.496 kN

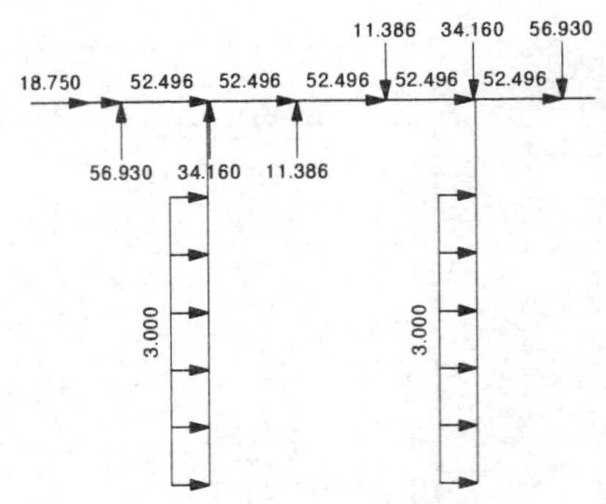

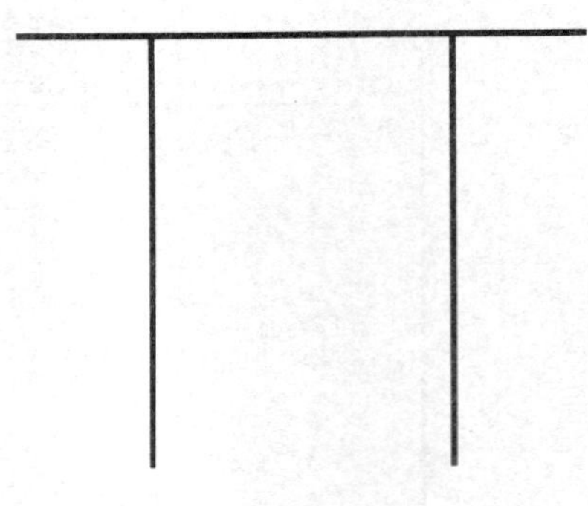

$R1$ = (916.572 × 5.75) / (5.75^2 + 3.45^2 + 1.15^2) = 56.930 kN (↑)
$R2$ = (916.572 × 3.45) / (5.75^2 + 3.45^2 + 1.15^2) = 34.160 kN (↑)
$R3$ = (916.572 × 1.15) / (5.75^2 + 3.45^2 + 1.15^2) = 11.386 kN (↓)
$R4$ = (916.572 × 1.15) / (5.75^2 + 3.45^2 + 1.15^2) = 11.386 kN (↓)
$R5$ = (916.572 × 3.45) / (5.75^2 + 3.45^2 + 1.15^2) = 34.160 kN (↓)
$R6$ = (916.572 × 5.75) / (5.75^2 + 3.45^2 + 1.15^2) = 56.930 kN (↓)

ⓑ 교축방향

· 풍하중

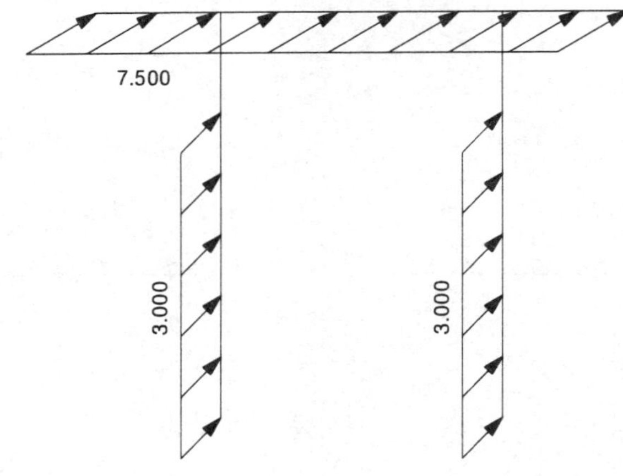

(2) [단계 5-2] 하중별 단면력 집계

① 하중별 부재력 집계

가. 기둥 : 부재번호 21

하중	기둥상단			기둥하단		
	P_t (kN)	M_t (kNm)	V_t (kN)	P_b (kN)	M_b (kNm)	V_b (kN)
고정하중	-6,639.994	-463.627	-93.616	-7,268.313	285.300	-93.616
만재하시 활하중	-1,204.234	4.708	-4.993	-1,204.234	44.649	-4.993
좌측 편재하시 활하중	-1,071.618	-190.910	-24.301	-1,071.618	3.495	-24.301
우측 편재하시 활하중	60.987	-68.890	-27.956	60.987	154.761	-27.956
교축직각방향 풍하중	391.900	-630.100	-168.600	391.900	814.900	-192.600
차량활하중에 작용하는 풍하중	0.000	0.000	0.000	0.000	0.000	0.000
온도하중	-0.359	331.004	93.736	-0.359	-418.883	93.736
교축직각방향 지진하중	0.000	4,116.758	1,104.059	0.000	4,782.350	1,118.371
교축방향 풍하중	0.000	-86.613	49.518	0.000	-578.756	73.518
교축방향 지진하중	0.000	846.441	988.115	0.000	8,804.255	1,001.787

나. 기둥 : 부재번호 22

하중	기둥상단			기둥하단		
	P_t (kN)	M_t (kNm)	V_t (kN)	P_b (kN)	M_b (kNm)	V_b (kN)
고정하중	-6,639.135	481.475	93.616	-7,267.453	-267.452	93.616
만재하시 활하중	-1,628.076	55.111	4.993	-1,628.076	15.170	4.993
좌측 편재하시 활하중	48.088	54.418	24.301	48.088	-139.988	24.301
우측 편재하시 활하중	-1,077.227	213.344	27.956	-1,077.227	-10.306	27.956
교축직각방향 풍하중	-391.900	-612.700	-165.100	-391.900	804.400	-189.100
차량활하중에 작용하는 풍하중	0.000	0.000	0.000	0.000	0.000	0.000
온도하중	0.359	-328.491	-93.736	0.359	421.396	-93.736
교축직각방향 지진하중	0.000	4,128.803	1,106.519	0.000	4,789.833	1,120.797
교축방향 풍하중	0.000	-86.637	49.511	0.000	-578.722	73.511
교축방향 지진하중	0.000	848.618	987.581	0.000	8,800.689	1,001.260

다. 두부보 : 부재번호 3, 18

하중	내민보			내측빔		
	P (kN)	M (kNm)	V (kN)	P (kN)	M (kNm)	V (kN)
고정하중	0.000	-3,079.871	2,337.256	0.000	-3,111.828	-2,356.476
만재하시 활하중	0.000	-378.742	277.670	0.000	-709.621	-520.250
좌측 편재하시 활하중	0.000	-699.664	512.950	0.000	-13.517	-9.910
우측 편재하시 활하중	0.000	-13.981	10.250	0.000	-738.101	-541.130
교축직각방향 풍하중	-71.300	77.700	-56.900	52.500	-77.700	-56.900
차량활하중에 작용하는 풍하중	0.000	0.000	0.000	0.000	0.000	0.000
온도하중	0.000	0.000	0.000	0.000	0.000	0.000
교축직각방향 지진하중	0.000	0.000	0.000	0.000	0.000	0.000
교축방향 풍하중	0.000	0.000	0.000	0.000	0.000	0.000
교축방향 지진하중	0.000	0.000	0.000	0.000	0.000	0.000

라. 두부보 : 부재번호 7, 11, 14

하중	내측빔 지점부(좌측)		내측빔 중앙부		내측빔 지점부(우측)	
	M (kNm)	V (kN)	M (kNm)	V (kN)	M (kNm)	V (kN)
고정하중	-2,480.240	-2,212.420	684.515	3.579	-2,505.285	2,219.995
만재하시 활하중	-213.044	-432.244	351.743	59.146	-566.062	580.456
좌측 편재하시 활하중	-703.006	-226.988	-229.961	-122.378	13.236	-69.988
우측 편재하시 활하중	23.208	81.317	-245.117	129.807	-734.345	232.207
교축직각방향 풍하중	785.100	300.800	11.700	289.500	-761.600	300.800
차량활하중에 작용하는 풍하중	0.000	0.000	0.000	0.000	0.000	0.000
온도하중	-494.724	-0.359	-493.785	-0.359	-492.847	-0.359
교축직각방향 지진하중	0.000	0.000	0.000	0.000	0.000	0.000
교축방향 풍하중	0.000	0.000	0.000	0.000	0.000	0.000
교축방향 지진하중	0.000	0.000	0.000	0.000	0.000	0.000

(3) [단계 5-3] 사용하중 조합시 단면력 산정

① 교축직각방향

가. 기둥 : 부재번호 21

하중	기둥상단			기둥하단			비고
	P_t (kN)	M_t (kNm)	V_t (kN)	P_b (kN)	M_b (kNm)	V_b (kN)	
Comb 1	-7,844.228	468.335	98.608	-8,472.547	329.949	98.608	
· · · ·	중략						
Comb 8	-7,844.587	799.339	192.344	-8,472.906	748.833	192.344	축력최대
· · · ·	중략						
Comb 14	-6,248.453	1,424.731	355.952	-6,876.772	1,519.083	379.952	모멘트최대
Comb 15	-6,247.735	1,424.731	355.952	-6,876.054	1,519.083	379.952	
Comb 16	-7,648.637	1,114.389	276.645	-8,276.956	1,156.282	288.645	
Comb 17	-7,647.919	1,114.389	276.645	-8,276.238	1,156.282	288.645	
· · · ·	중략						
Comb 22	-6,639.994	4,580.385	1,197.675	-7,268.313	5,067.650	1,211.987	지진시
· · · ·	중략						
Comb 26	-6,248.094	1,093.727	262.216	-6,876.413	1,100.200	286.216	

나. 기둥 : 부재번호 22

하중	기둥상단			기둥하단			비고
	P_t (kN)	M_t (kNm)	V_t (kN)	P_b (kN)	M_b (kNm)	V_b (kN)	
Comb 1	-8,267.211	536.586	98.608	-8,895.529	282.623	98.608	
· · · ·	중략						
Comb 8	-8,266.852	865.077	192.344	-8,895.170	704.018	192.344	
· · · ·	중략						
Comb 14	-7,030.676	1,422.666	352.452	-7,658.994	1,493.248	376.452	모멘트최대
Comb 15	-7,031.394	1,422.666	352.452	-7,659.712	1,493.248	376.452	
Comb 16	-8,462.802	1,171.427	274.895	-9,091.120	1,106.218	286.895	축력최대
Comb 17	-8,463.520	1,171.427	274.895	-9,091.838	1,106.218	286.895	
· · · ·	중략						
Comb 22	-6,639.135	4,610.278	1,200.134	-7,267.453	5,057.285	1,214.413	지진시
· · · ·	중략						
Comb 26	-7,031.035	1,094.175	258.716	-7,659.353	1,071.852	282.716	

다. 두부보 : 부재번호 3, 18, 14, 11

하중	내민보		내측빔 지점부		내측빔 중앙부		비고
	M (kNm)	V (kN)	M (kNm)	V (kN)	M (kNm)	V (kN)	
Comb 1	3,821.449	2,876.726	3,071.347	2,800.451	1,036.259	62.725	
· · · ·	중략						
Comb 3	3,849.929	2,897.606	3,239.630	2,452.201	929.632	133.385	
· · · ·	중략						
Comb 8	3,821.449	2,876.726	3,564.194	2,800.809	1,530.044	63.084	
· · · ·	중략						
Comb 16	3,860.299	2,905.176	3,944.994	2,951.210	1,535.893	207.834	
Comb 17	3,860.299	2,905.176	3,944.994	2,951.210	1,535.893	207.834	
· · · ·	중략						
Comb 20	3,888.779	2,926.056	4,113.277	2,602.961	1,429.267	278.495	
Comb 21	3,888.779	2,926.056	4,113.277	2,602.961	1,429.267	278.495	
· · · ·	중략						
Comb 26	3,189.528	2,413.376	3,266.885	2,520.975	696.215	293.079	

주) 내민보의 부재력은 부재3, 부재18의 결과값 중 큰 값을 사용한다.

② 교축방향

가. 기둥 : 부재번호 21

하중	기둥상단			기둥하단			비고
	P_t (kN)	M_t (kNm)	V_t (kN)	P_b (kN)	M_b (kNm)	V_b (kN)	
Comb 1	-7,844.228	0.000	0.000	-8,472.547	0.000	0.000	
· · · ·	중략						
Comb 4	-6,639.994	86.613	49.518	-7,268.313	578.756	73.518	모멘트최대
Comb 5	-7,844.228	43.307	24.759	-8,472.547	289.378	36.759	축력최대
· · · ·	중략						
Comb 14	-6,639.994	86.613	49.518	-7,268.313	578.756	73.518	
Comb 15	-6,639.994	86.613	49.518	-7,268.313	578.756	73.518	
· · · ·	중략						
Comb 22	-6,639.994	846.441	988.115	-7,268.313	8,804.255	1,001.787	지진시
· · · ·	중략						
Comb 26	-6,639.994	86.613	49.518	-7,268.313	578.756	73.518	

나. 기둥 : 부재번호 22

하중	기둥상단			기둥하단			비고
	P_t (kN)	M_t (kNm)	V_t (kN)	P_b (kN)	M_b (kNm)	V_b (kN)	
Comb 1	-8,267.211	0.000	0.000	-8,895.529	0.000	0.000	
· · · ·	중략						
Comb 4	-6,639.135	86.637	49.511	-7,267.453	578.722	73.511	모멘트최대
Comb 5	-8,267.211	43.318	24.755	-8,895.529	289.361	36.755	축력최대
· · · ·	중략						
Comb 14	-6,639.135	86.637	49.511	-7,267.453	578.722	73.511	
Comb 15	-6,639.135	86.637	49.511	-7,267.453	578.722	73.511	
· · · ·	중략						
Comb 22	-6,639.135	848.618	987.581	-7,267.453	8,800.689	1,001.260	지진시
· · · ·	중략						
Comb 26	-6,639.135	86.637	49.511	-7,267.453	578.722	73.511	

(4) [단계 5-4] 계수하중 조합시 단면력 산정

① 교축직각방향

가. 기둥 : 부재번호 21

하중	기둥상단			기둥하단			비고
	P_t (kN)	M_t (kNm)	V_t (kN)	P_b (kN)	M_b (kNm)	V_b (kN)	
Comb 1	-11,221.096	612.837	132.435	-12,037.910	466.886	132.435	축력최대
· · · ·	중략						
Comb 4	-8,122.522	1,421.845	340.881	-8,939.337	1,430.260	372.081	
· · · ·	중략						
Comb 14	-7,810.566	1,780.914	444.940	-8,595.965	1,898.854	474.940	모멘트최대
Comb 15	-7,809.669	1,780.914	444.940	-8,595.068	1,898.854	474.940	
Comb 16	-9,558.837	1,396.137	346.649	-10,344.236	1,449.427	361.769	
· · · ·	중략						
Comb 22	-6,639.994	4,580.385	1,197.675	-7,268.313	5,067.650	1,211.987	지진시
· · · ·	중략						
Comb 26	-7,497.713	1,312.472	314.659	-8,251.696	1,320.240	343.459	

나. 기둥 : 부재번호 22

하중	기둥상단			기둥하단			비고
	P_t (kN)	M_t (kNm)	V_t (kN)	P_b (kN)	M_b (kNm)	V_b (kN)	
Comb 1	-12,131.238	744.406	132.435	-12,948.052	380.304	132.435	축력최대
· · · ·	중략						
Comb 4	-9,140.346	1,422.428	336.331	-9,957.159	1,393.408	367.531	
· · · ·	중략						
Comb 14	-8,788.345	1,778.333	440.565	-9,573.743	1,866.560	470.565	
Comb 15	-8,789.243	1,778.333	440.565	-9,574.640	1,866.560	470.565	모멘트최대
Comb 16	-10,580.462	1,467.347	344.444	-11,365.860	1,386.795	359.564	
· · · ·	중략						
Comb 22	-6,639.135	4,610.278	1,200.134	-7,267.453	5,057.285	1,214.413	지진시
· · · ·	중략						
Comb 26	-8,437.242	1,313.010	310.459	-9,191.224	1,286.222	339.259	

다. 두부보 : 부재번호 3, 18, 14, 11

하중	내민보		내측빔 지점부		내측빔 중앙부		비고
	M (kNm)	V (kN)	M (kNm)	V (kN)	M (kNm)	V (kN)	
Comb 1	5,571.062	4,181.956	4,473.904	4,133.973	1,646.119	131.816	
Comb 2	5,508.110	4,141.275	3,285.329	3,036.467	1,384.286	267.765	
Comb 3	5,632.294	4,226.848	4,835.713	3,385.237	1,416.871	283.737	
Comb 4	4,146.386	3,137.389	4,246.951	3,277.034	905.080	381.003	
· · · ·	중략						
Comb 8	4,967.884	3,739.744	4,633.453	3,641.052	1,989.058	82.009	
· · · ·	중략						
Comb 16	4,825.762	3,631.755	4,935.051	3,690.517	1,919.925	261.240	
Comb 17	4,825.762	3,631.755	4,935.051	3,690.517	1,919.925	261.240	
· · · ·	중략						
Comb 20	4,861.362	3,657.855	5,145.404	3,255.205	1,786.642	349.566	
Comb 21	4,861.362	3,657.855	5,145.404	3,255.205	1,786.642	349.566	
· · · ·	중략						
Comb 26	3,827.434	2,896.051	3,920.262	3,024.954	835.458	351.695	

주) 내민보의 부재력은 부재3, 부재18의 결과값 중 큰 값을 사용한다.

② 교축방향

가. 기둥 : 부재번호 21

하중	기둥상단			기둥하단			비고
	P_t (kN)	M_t (kNm)	V_t (kN)	P_b (kN)	M_b (kNm)	V_b (kN)	
Comb 1	-11,221.096	0.000	0.000	-12,037.910	0.000	0.000	축력최대
· · · ·	중략						
Comb 4	-8,631.992	112.597	64.373	-9,448.806	752.382	95.573	모멘트최대
Comb 5	-10,197.497	56.299	32.187	-11,014.311	376.191	47.787	
· · · ·	중략						
Comb 14	-8,299.993	108.266	61.897	-9,085.391	723.445	91.897	
Comb 15	-8,299.993	108.266	61.897	-9,085.391	723.445	91.897	
· · · ·	중략						
Comb 22	-6,639.994	846.441	988.115	-7,268.313	8,804.255	1,001.787	지진시
· · · ·	중략						
Comb 26	-7,967.993	103.936	59.421	-8,721.975	694.507	88.221	

나. 기둥 : 부재번호 22

하중	기둥상단			기둥하단			비고
	P_t (kN)	M_t (kNm)	V_t (kN)	P_b (kN)	M_b (kNm)	V_b (kN)	
Comb 1	-12,131.238	0.000	0.000	-12,948.052	0.000	0.000	축력최대
· · · ·	중략						
Comb 4	-8,630.875	112.628	64.364	-9,447.689	752.339	95.564	모멘트최대
Comb 5	-10,747.374	56.314	32.182	-11,564.188	376.170	47.782	
· · · ·	중략						
Comb 14	-8,298.918	108.296	61.888	-9,084.317	723.403	91.888	
Comb 15	-8,298.918	108.296	61.888	-9,084.317	723.403	91.888	
· · · ·	중략						
Comb 22	-6,639.135	848.618	987.581	-7,267.453	8,800.689	1,001.260	지진시
· · · ·	중략						
Comb 26	-7,966.962	103.964	59.413	-8,720.944	694.467	88.213	

(5) [단계 5-5] 최대편심 작용시 단면력 집계

① 교축직각방향

가. 기둥 : 부재번호 21

하중	기둥상단			기둥하단			비고
	P_t (kN)	M_t (kNm)	V_t (kN)	P_b (kN)	M_b (kNm)	V_b (kN)	
Comb 1	-9,229.097	473.749	104.350	-9,857.416	381.296	104.350	
· · · ·	중략						
Comb 4	-6,130.524	1,282.757	312.796	-6,758.843	1,344.670	343.996	
· · · ·	중략						
Comb 14	-5,818.568	1,641.826	416.855	-6,415.471	1,813.264	446.855	최대편심
Comb 15	-5,817.671	1,641.826	416.855	-6,414.574	1,813.264	446.855	
Comb 16	-7,566.839	1,257.049	318.564	-8,163.742	1,363.837	333.684	
· · · ·	중략						
Comb 22	-6,639.994	1,286.978	1,197.675	-7,268.313	1,241.770	1,211.987	
· · · ·	중략						
Comb 26	-5,505.715	1,173.384	286.574	-6,071.202	1,234.650	315.374	

나. 기둥 : 부재번호 22

하중	기둥상단			기둥하단			비고
	P_t (kN)	M_t (kNm)	V_t (kN)	P_b (kN)	M_b (kNm)	V_b (kN)	
Comb 1	-10,139.498	599.964	104.350	-10,767.816	300.068	104.350	
· · · ·	중략						
Comb 4	-7,148.605	1,277.985	308.246	-7,776.923	1,313.172	339.446	
· · · ·	중략						
Comb 14	-6,796.605	1,633.890	412.480	-7,393.507	1,786.324	442.480	
Comb 15	-6,797.502	1,633.890	412.480	-7,394.404	1,786.324	442.480	최대편심
Comb 16	-8,588.722	1,322.905	316.359	-9,185.624	1,306.559	331.479	
· · · ·	중략						
Comb 22	-6,639.135	1,307.235	1,200.134	-7,267.453	1,225.419	1,214.413	
· · · ·	중략						
Comb 26	-6,443.033	1,158.662	282.195	-7,008.520	1,214.097	310.995	

② 교축방향

가. 기둥 : 부재번호 21

하중	기둥상단			기둥하단			비고
	P_t (kN)	M_t (kNm)	V_t (kN)	P_b (kN)	M_b (kNm)	V_b (kN)	
Comb 1	-9,229.097	0.000	0.000	-9,857.416	0.000	0.000	
· · · ·	중략						
Comb 4	-6,639.994	112.597	64.373	-7,268.313	752.382	95.573	
Comb 5	-8,205.498	56.299	32.187	-8,833.817	376.191	47.787	
· · · ·	중략						
Comb 14	-6,307.994	108.266	61.897	-6,904.897	723.445	91.897	
Comb 15	-6,307.994	108.266	61.897	-6,904.897	723.445	91.897	
· · · ·	중략						
Comb 22	-6,639.994	169.288	988.115	-7,268.313	1,760.851	1,001.787	최대편심
· · · ·	중략						
Comb 26	-5,975.995	103.936	59.421	-6,541.481	694.507	88.221	

나. 기둥 : 부재번호 22

하중	기둥상단			기둥하단			비고
	P_t (kN)	M_t (kNm)	V_t (kN)	P_b (kN)	M_b (kNm)	V_b (kN)	
Comb 1	-10,139.498	0.000	0.000	-10,767.816	0.000	0.000	
· · · · ·	중략						
Comb 4	-6,639.135	112.628	64.364	-7,267.453	752.339	95.564	
Comb 5	-8,755.633	56.314	32.182	-9,383.952	376.170	47.782	
· · · · ·	중략						
Comb 14	-6,307.178	108.296	61.888	-6,904.081	723.403	91.888	
Comb 15	-6,307.178	108.296	61.888	-6,904.081	723.403	91.888	
· · · · ·	중략						
Comb 22	-6,639.135	169.724	987.581	-7,267.453	1,760.138	1,001.260	최대편심
· · · · ·	중략						
Comb 26	-5,975.221	103.964	59.413	-6,540.708	694.467	88.213	

2.4.6 **[단계 6] 부재의 설계**

(1) [단계 6-1] 캔틸레버부 위험단면 산정

① 내민길이의 산정
원형이나 정다각형 기둥인 경우 내민 길이는 정사각형 기둥단면으로 치환하여 구한다. [도 · 설 5.4.4.1]

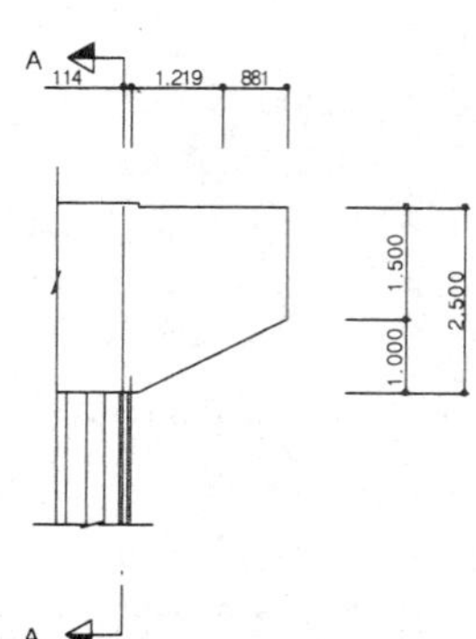

가. 기둥의 단면적

$A = \pi \times 2.000^2 / 4 = 3.142$ ㎡

나. 치환단면의 한변길이

$L = \sqrt{3.142} = 1.772$ m

☞ 위험단면은 기둥끝단으로부터 0.114 m (= 1.000 - 1.772 / 2)에 위치한다.

(2) [단계 6-2] 브래킷 단면 검토

① 브래킷 판정

가. 위험단면에서의 작용력 : [단계 5-4] ①. 다 Comb 3 참조
V_u = 4,226.848 kN
M_u = 5,632.294 kNm
N_u = 0.000 kN

나. 브래킷 판정
a = 5,632.294 / 4226.848 = 1.333 m
d = 2.500 - 0.150 = 2.350 m
a / d = 1.333 / 2.350 = 0.567 ≤ 1.0 ∴브래킷으로 검토

② 브래킷 단면 검토

가. 단면제원 및 설계조건
f_{ck} = 24 MPa, f_y = 300 MPa, k_1 = 0.85, Φ_f = 0.80, Φ_v = 0.80

B (mm)	H (mm)	d (mm)	피복 (mm)	외단깊이 (mm)	V_u (kN)
2,500.000	2,500.000	2,350.000	100.000	1,940.748	4,226.848

a = 1,332.505 mm, d = 2,350.000 mm
a / d (= 0.567) ≤ 1 → Bracket으로 설계. [도 · 설 4.4.6.8]
지압면의 외단깊이 ≥ 0.5d, 1,940.748 mm ≥ 0.5 x 2,350.000 mm ∴ OK

나. 설계단면력 산정

V_u = 4,226.848 kN

N_{uc} = 0.20 x 4,226.848 = 845.370 kN

M_u = V_u x a + N_{uc} x (h - d)

= 4,226.848 x 1.333 + 845.370 x (2.500 - 2.350) = 5,759.100 kNm

다. 전단마찰철근(A_{vf})의 설계

: 전단마찰철근이 전단면에 수직인 경우, [도 · 설 4.4.6.4]

V_{n_max} ≤ 0.2 x f_{ck} x b_o x d, 5.6 x b_o x d

≤ 0.2 x 24 x 2,500.000 x 2,350.000 = 28,200.000 kN

≤ 5.6 x 2,500.000 x 2,350.000 = 32,900.000 kN

ΦV_{n_max} = 0.80 x 28,200.000 = 22,560.000 kN ≥ V_u(= 4,226.848 kN) ∴ OK

$A_{vf} = \dfrac{V_u}{\Phi_v \times f_y \times \mu}$ (Φ_v = 0.80, μ = 1.4λ, λ = 1.0 ; 일체로 친 보통 콘크리트)

= 4,226,848.144 / (0.80 x 300 x 1.4) = 12,579.905 ㎟

라. 휨모멘트 철근(A_f)의 설계

M_u = 4,226.848 x 1.333 + 845.370 x (2.500 - 2.350) = 5,759.100 kNm

$A_{vf} = \dfrac{A_f \times f_y}{0.85 \times f_{ck} \times b}$

M_n = M_u/Φ = A_f x f_y x (d - a / 2) → 위의 a를 대입하여 A_f를 이차방정식으로 푼다.

$A_f = \dfrac{d - \sqrt{\left[d^2 - 4 \times M_u / (1.7 \times f_{ck} \times b \times \Phi)\right]}}{2 \times f_y / (1.7 \times f_{ck} \times b)}$ = 10,345.114 ㎟

마. 수평인장 철근(A_n)의 설계

N_{uc} = 0.20 x 4,226.848 = 845.370 kN

A_n = N_{uc} / (Φ x f_y) = 3,522.373 ㎟

바. 주인장철근(A_s)의 산정

주인장철근의 단면적은 (A_f + A_n)과 (2/3 A_{vf} + A_n) 중 큰 값을 취한다.

→ A_s = 13,867.487 ㎟

$A_{s(\min)}$ = 0.04 x (f_{ck} / f_y) x b x d

= 0.04 x (24 / 300) x 2,500.000 x 2,350.000

= 18,800.000 ㎟

Use A_s = 24,321.600 ㎟ (철근도심 138.95 ㎜)

1단 : D25 = 24.0EA, d_1 = 100.00 ㎜

2단 : D25 = 24.0EA, d_2 = 200.00 ㎜

Use A_s ≥ 13,867.487 ㎟, 18,800.000 ㎟ ∴ OK

사. 폐쇄 스터럽, 띠철근(A_h)의 산정

A_h = 0.5 x (A_s - A_n) = 0.5 x (13,867.487 - 3,522.373) = 5,172.557 ㎟

사용철근량(1단) : D19 - 6.0 EA = 1,719.000 ㎟
철근의 배치 범위 : $2/3d$ = 2/3 x 2,350.00 = 1,566.67 ㎜ 구간에 7.0단 설치
▶ 사용철근량(7.0단) : D19 - 42.00 EA = 12,033.000 ㎟ ≥ 5,172.557 ㎟ ∴ OK

(3) [단계 6-3] 깊은보 단면 검토

① 깊은보 판정

- 1단지지 캔틸레버보의 경우 작용점에서 받침부 전면까지 거리의 2배를 L_n으로 하여단순지지된 깊은 보에 대한 규정에 따르고 a/d가 1이하인 경우는 7.8의 규정(브래킷)도 따라야 한다. [콘 · 설 7.7.1.(2)]
- L_n = 2 x a = 2 x 1.333 m = 2.655 m , L_n/d = 1.110 < 5 ∴ 깊은보로 설계
- $a/2$ = 0.666 m (< d = 2.400 m) L 위험단면 위치
- V_u = 4,226.710 kN ([단계 5-4] ①. 다 Comb 3 참조)

부재번호 : 18 (I단 : 절점18, J단 : 절점19) 부재길이(L) : 0.214 m

V_{ui} = 4,226.848 kN (I단), V_{uj} = 4,182.580 kN (J단)

검토위치(L_c) = 10.987 m (두부보 좌측단에서의 거리)

$V_u = V_{ui} + (V_{uj} - V_{ui}) / L \times (L_c$ - I단 좌표)

= 4,226.848 + (4,182.580 - 4,226.848) / 0.214 x (10.987 - 10.986)

= 4,226.710 kN

② 깊은보 단면 검토

* 단면제원 및 설계조건

B (mm)	L_n (mm)	d (mm)	V_u (mm)	f_{ck} (MPa)	f_y (MPa)
2,500.000	2,665.010	2,350.000	4,226.710	24.0	300.0

* 최대전단강도 검토

$\Phi \mathrm{Max} V_n = \Phi \times 2 \times \sqrt{f_{ck}} / 3 \times b \times d$

= 0.80 x 2 x $\sqrt{24}$ / 3 x 2,500.00 x 2,350.00

= 15,350.136 kN ≥ V_u(= 4,226.710 kN) ∴ OK

* 콘크리트의 전단강도

$\Phi V_c = 0.80 \times 1/6 \times \sqrt{f_{ck}} \times b \times d$

= 0.80 x 1/6 x $\sqrt{24}$ x 2,500.00 x 2,350.00 = 3,837.534 kN

< V_u (= 4,226.710 kN) , 전단보강 필요.

* 전단철근의 전단강도

ⓐ 수직 전단철근

s = 300.00 mm ≤ $d/5$ 또는 400 mm ∴ OK

A_v = D19 - 6.0 EA (= 1,719.000 mm^2) ≥ 0.0015 x b x s (= 1,125.000 mm^2) ∴ OK

ⓑ 수평 전단철근

s_h = 200.00 mm ≤ $d/3$ 또는 400 mm ∴ OK

A_{vh} = D19 - 6.0 EA (= 1,719.000 mm²) ≥ 0.0025 x b x s_h (= 1,250.000 mm²) ∴ OK

→ V_s = [A_v / s x (1 + L_n / d) / 12 + A_{vh} / s_h x (11 - L_n / d) / 12] x f_y x d

= 5,700.275 kN

* 설계 전단강도

ΦV_n = Φ x (S_s + S_c) = 0.80 x (5,700.275 + 4,796.917)

= 8,397.754 kN ≥ V_u(= 4,226.710 kN) ∴ OK

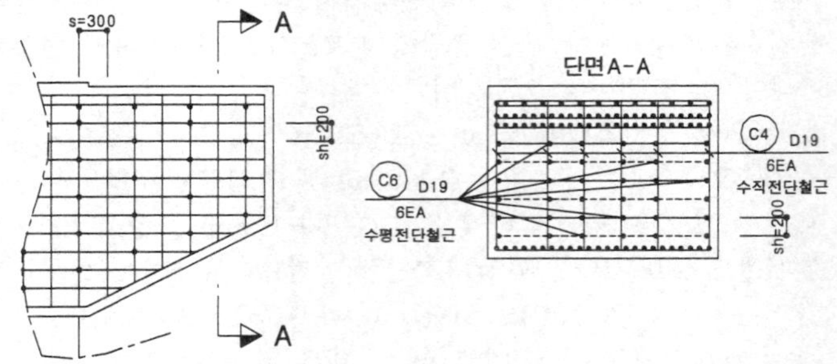

(4) [단계 6-4] 코핑부 두부 관성력에 대한 단면 검토

① 단면력 산정

- 교축방향 지진시 수평력과 두부보 관성력으로 교축방향 모멘트를 산정

→ 두부보 자중에 의한 관성력 산정 : 설계수평진도(K_h = 0.154 x 1.200 = 0.185)

w_1 = 1.500 x (2.214 - 0.214) x 2.500 x 25.000 x 0.185 = 34.650 kN

w_2 = (1.500 + 1.000) x 0.214 x 2.500 x 25.000 x 0.185 = 6.179 kN

w_3 = 1.000 x (2.214 - 0.214) / 2 x 2.500 x 25.000 x 0.185 = 11.550 kN

V_c = 34.650 + 6.179 + 11.550 = 52.436 kN

M_c = 34.650 x 1.214 + 6.179 x 0.107 + 11.550 x 0.881 = 52.955 kN

V_u = 163.033 + 163.043 + 52.436 (V_c) = 378.512 kN

M_u = 163.033 x 1.364 + 163.043 x 1.364 + 52.955 (M_c) = 497.723 kNm

② 코핑부 단면 검토

* 단면제원 및 설계조건

f_{ck} = 24 MPa, f_y = 300 MPa, k_1 = 0.85, Φ_f = 0.80, Φ_v = 0.80

B (mm)	H (mm)	d (mm)	피복 (mm)	M_u (kNm)	V_u (kNm)
2,500.000	2,500.000	2,400.000	100.000	497.723	378.512

M_u / Φ = A_s x f_y x (d - a / 2) ———— (1)

a = A_s x f_y / (0.85 x f_{ck} x b) ———— (2)

식(2)를 식(1)에 대입하여 이차방정식으로 A_s를 구한다

$$\frac{f_y^2}{2\times0.85\times f_{ck}\times b}A_s^2 - f_y \times d \times A_s + \frac{M_u}{\Phi} = 0$$

→ Req A_s = 814.084 mm²

Use A_s = 5,391.100 mm² (철근도심 : 100.000 mm)

1단 : D25 - 1.0 EA + D25 - 1.0 EA (= 1,013.400 mm²) , d_1 = 100.00 mm

2단 : D19 - 10.0 EA + D29 - 1.0 EA (= 3,371.700 mm²) , d_2 = 100.00 mm

* 철근비 검토

ρ_{min} : $1.4 / f_y$ = 0.00467

$0.25\sqrt{f_{ck}} / f_y$ = 0.00408 , ρ_{min} = 0.00467 적용

ρ_{max} = 0.75 x ρ_b = 0.75 x k_1 x Φ x (f_{ck} / f_y) x {600 / (600 + f_y)} = 0.02890

$\rho_{use} = A_s / bd$ = 0.00073

$\rho_{max} \geq \rho_{use}$, $A_s \geq A_s$(req) x 4/3 → 철근비 만족, ∴ OK [콘 · 설 6.3.2]

* 휨에 대한 검토

ΦM_n = 0.85 x 4,835.100 x 300 x (2,400.00 - $a/2$) = 2,669.259 kNm

; a = A_s x f_y / (0.85 x f_{ck} x b) = 25.795 mm

≥ M_u (= 497.723 kNm) ∴ OK [안전률 5.363]

* 전단에 대한 검토(d = 2,400.00 mm)

ΦV_c = 0.80 x 1/6 x $\sqrt{f_{ck}}$ x b x d

= 0.80 x 1/6 x $\sqrt{24}$ x 2,500.00 x 2,400.00 = 3,919.184 kN

≥ V_u (= 378.512 kN), 전단보강 불필요.

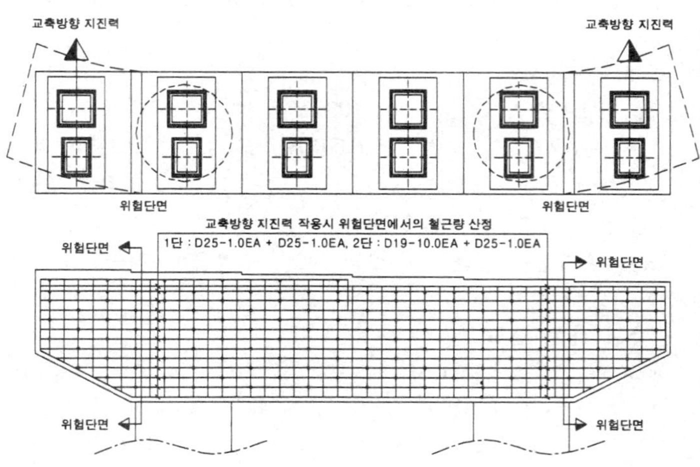

(5) [단계 6-5] 코핑 중앙부 단면검토

① 깊은 보 판정

: L_n/d가 5보다 작고 부재의 상부 또는 압축면에 하중이 작용하는 부재에 대하여 적용한다. [콘 · 설 7.8.1.(1)]

$cD = \sqrt{(\pi \times 2.000^2/4)}$ = 1.772 m : 정사각형 치환단면의 한변길이

L_n = 7.000 - 1.772 = 5.228 m

d = 1.000 + 1.500 - 0.100 = 2.400 m

L_n/d = 5.228 / 2.400 = 2.178 < 5 ∴ 깊은 보로 전단설계

② 휨에 대한 검토

가. 지점부 : [단계 5-4] ①. 다 Comb 20, Comb 1 참조

* 단면제원 및 설계가정

f_{ck} = 24 MPa, f_y = 300 MPa, k_1 = 0.85, Φ_f = 0.85, Φ_v = 0.80

B (mm)	H (mm)	d (mm)	피복 (mm)	M_u (kNm)	V_u (kNm)
2,500.000	2,500.000	2,350.000	100.000	5,145.404	4,133.973

$M_u / \Phi = A_s \times f_y \times (d - a/2)$ ———— (1)

$a = A_s \times f_y / (0.85 \times f_{ck} \times b)$ ———— (2)

식(2)를 식(1)에 대입하여 이차방정식으로 A_s를 구한다

$$\frac{f_y^2}{2\times0.85\times f_{ck}\times b}A_s^2 - f_y \times d \times A_s + \frac{M_u}{\Phi}$$

→ Req A_s = 8,771.896 mm²

Use A_s = 24,321.600 mm² (철근도심 : 150.000 mm)

1단 : D25 - 24.0 EA (= 12,160.800 mm²) , d_1 = 100.00 mm

2단 : D25 - 24.0 EA (= 12,160.800 mm²) , d_2 = 200.00 mm

* 철근비 검토

ρ_{min} : $1.4 / f_y$ = 0.00467

$0.25\sqrt{f_{ck}} / f_y$ = 0.00408 , ρ_{min} = 0.00467 적용

ρ_{max} = 0.75 x ρ_b = 0.75 x k_1 x Φ x (f_{ck} / f_y) x {600 / (600 + f_y)} = 0.02890

ρ_{use} = A_s / bd = 0.00414

$\rho_{max} \geq \rho_{use}$, $A_s \geq A_s$(req) x 4/3 → 철근비 만족, ∴ OK [콘 · 설 6.3.2]

* 휨에 대한 검토

ΦM_n = 0.85 x 24,321.600 x 300 x (2,350.00 - a/2) = 14,131.064 kNm

; a = A_s x f_y / (0.85 x f_{ck} x b) = 143.068 mm

≥ M_u (= 5,145.404 kNm) ∴ OK [안전률 2.746]

나. 중앙부 : [단계 5-4] ①. 다 Comb 8, Comb 4 참조

* 단면제원 및 설계가정

f_{ck} = 24 MPa, f_y = 300 MPa, k_1 = 0.85, Φ_f = 0.85, Φ_v = 0.80

B (mm)	H (mm)	d (mm)	피복 (mm)	M_u (kNm)	V_u (kNm)
2,500.000	2,638.000	2,538.000	100.000	1,989.058	381.003

M_u / Φ = A_s x f_y x (d - $a/2$) -------------- (1)

a = A_s x f_y / (0.85 x f_{ck} x b) -------------- (2)

식(2)를 식(1)에 대입하여 이차방정식으로 A_s를 구한다

$$\frac{f_y^2}{2\times0.85\times f_{ck}\times b}A_s^2 - f_y \times d \times A_s + \frac{M_u}{\Phi}$$

→ Req A_s = 3,084.400 mm²

Use A_s = 12,160.800 mm² (철근도심 : 100.000 mm)

1단 : D25 - 24.0 EA (= 12,160.800 mm²), d_1 = 100.00 mm

* 철근비 검토

$\rho_{\min}$: 1.4 / f_y = 0.00467

0.25 $\sqrt{f_{ck}}$ / f_y = 0.00408 , $\rho_{\min}$ = 0.00467 적용

$\rho_{\max}$ = 0.75 x ρ_b = 0.75 x k_1 x Φ x (f_{ck} / f_y) x {600 / (600 + f_y)} = 0.02890

ρ_{use} = A_s / bd = 0.00192

$\rho_{\max}$ ≥ ρ_{use} , A_s ≥ A_s(req) x 4/3 → 철근비 만족, ∴ OK [콘 · 설 6.3.2]

* 휨에 대한 검토

ΦM_n = 0.85 x 12,160.800 x 300 x (2,538.00 - $a/2$) = 7,759.434 kNm

; a = A_s x f_y / (0.85 x f_{ck} x b) = 71.534 mm

≥ M_u (= 1,989.058 kNm) ∴ OK [안전률 3.901]

③ 깊은 보에 대한 전단 설계

\- 0.5a = 0.732 m (< d = 2.350 m)

\- V_u = 3,980.614 kN

부재번호 : 12 (I단 : 절점12, J단 : 절점13) 부재길이(L) : 1.150 m

V_{ui} = 3,826.455 kN (I단), V_{uj} = 4,068.645 kN (J단)

검토위치(L_c) = 8.482 m (두부보 좌측단에서의 거리)

V_u = V_{ui} + (V_{uj} - V_{ui}) / L x (L_c - I단 좌표)

= 3,826.455 + (4,068.645 - 3,826.455) / 1.150 x (8.482 - 7.750)

= 3,980.614 kN

* 단면제원 및 설계가정

B (mm)	H (mm)	d (mm)	V_u (kNm)	f_{ck} (MPa)	f_y (MPa)
2,500.000	5,227.550	2,350.000	3,980.614	24	300

* 최대전단강도 검토

ΦMax V_n = Φ x 1 / 18 x (10 + L_n / d) x $\sqrt{f_{ck}}$ x b x d

= 0.80 x 0.18 x (10 + -97.72/2,350.00) x $\sqrt{24}$ x 2,500.00 x 2,350.00

= 15,637.295 kN ≥ V_u(= 3,980.614 kN) ∴ OK

* 콘크리트의 전단강도

ΦV_c = 0.80 x 1/6 x $\sqrt{f_{ck}}$ x b x d

= 0.80 x 1/6 x $\sqrt{24}$ x 2,500.00 x 2,350.00 = 3,837.534 kN

< V_u (= 3,980.614 kN), 전단보강 필요.

* 전단철근의 전단강도

ⓐ 수직 전단철근

s = 300.00 mm ≤ d/5 또는 400 mm ∴ OK

A_v = D19 - 6.0 EA (= 1,719.000 mm²) ≥ 0.0015 x b x s (= 1,125.000 mm²) ∴ OK

ⓑ 수평 전단철근

s_h = 200.00 mm ≤ d/3 또는 400 mm ∴ OK

A_{vh} = D19 - 6.0 EA (= 1,719.000 mm²) ≥ 0.0025 x b x s_h (= 1,250.000 mm²) ∴ OK

→ V_s = [A_v / s x (1 + L_n / d) / 12 + A_{vh} / s_h x (11 - L_n / d) / 12] x f_y x d

= 5,516.733 kN

* 설계 전단강도

ΦV_n = Φ x (V_s + V_c) = 0.80 x (5,516.733 + 4,796.917)

= 8,250.921 kN ≥ V_u(= 3,980.614 kN) ∴ OK

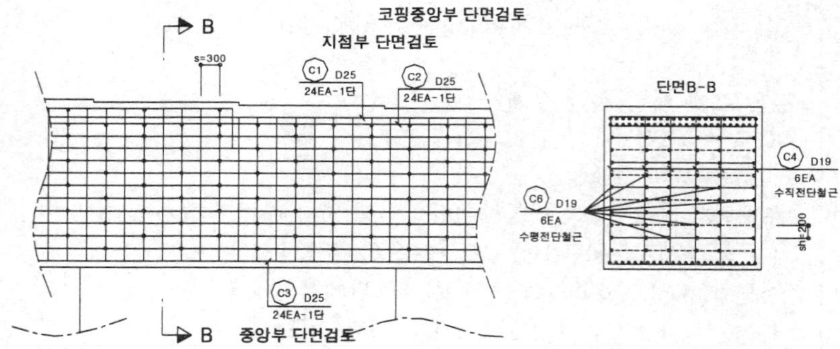

(6) [단계 6-6] 사용성 검토

① 브래킷부 : [단계 5-3] ①. 다 Comb 20 참조

* 응력산정

f_s = M / [A_s x (d - x / 3)] = 3,888.779 x 100000 / [24321.600 x (2350.000 - 531.969/3)]

= 73.591 MPa

x = -nA_s / b + nA_s / $b\sqrt{[1+2bd/(nA_s)]}$

= -8 x 24,321.600 / 2,500.0 + 8 x 24,321.600 / 2,500.0 x

$\sqrt{[(1+2\times 2,500.0\times 2,350.0)/(8\times 24,321.600)]}$ = 531.969 mm

Use A_s = 24,321.600 mm² (철근도심 : 150.000 mm)

1단 : D25 - 24.0 EA (= 12,160.800 mm²) , d_1 = 100.00 mm

2단 : D25 - 24.0 EA (= 12,160.800 mm²) , d_2 = 200.00 mm

* 허용 균열폭

w_a = 0.005t_c (습윤 환경) = 0.0050 x (100.00 - 25/2) = 0.438 mm

* 균열폭 산정

R = (H - x) / (H - x - d') = 1.083

A = 2 x 150.000 x 2,500.00 / 48.0 = 15,625.000 mm²

w = 1.08 x R x $f_s \sqrt[3]{(d_c \times A)}$ x 0.00001

= 1.08 x 1.083 x 73.591 x $\sqrt[3]{(100.00 \times 15,625.000)}$ x 0.00001

= 0.100 mm ≤ w_a (= 0.438 mm) ∴ OK

② 코핑중앙부

가. 지점부 : [단계 5-3] ①. 다 Comb 20 참조

* 응력 산정

f_s = M / [A_s x (d - x/3)] = 4,113.277 x 1,000,000 / [24,321.600 x (2,350.000 - 531.969/3)]

= 77.840 MPa

x = -nA_s / b + nA_s / $b\sqrt{[1+2bd/(nA_s)]}$

= -8 x 24,321.600 / 2,500.0 + 8 x 24,321.600 / 2,500.0 x

$\sqrt{[(1+2\times 2,500.0\times 2,350.0)/(8\times 24,321.600)]}$ = 531.969 mm

Use A_s = 24,321.600 mm² (철근도심 : 150.000 mm)

1단 : D25 - 24.0 EA (= 12,160.800 mm²) , d_1 = 100.00 mm

2단 : D25 - 24.0 EA (= 12,160.800 mm²) , d_2 = 200.00 mm

* 허용 균열폭

w_a = 0.005t_c (습윤 환경) = 0.0050 x (100.00 - 25/2) = 0.438 mm

* 균열폭 산정

R = (H - x) / (H - x - d') = 1.083

A = 2 x 150.000 x 2,500.00 / 48.0 = 15,625.000 mm²

w = 1.08 x R x $f_s \sqrt[3]{(d_c \times A)}$ x 0.00001

= 1.08 x 1.083 x 77.840 x $\sqrt[3]{(100.00 \times 15,625.000)}$ x 0.00001

= 0.106 mm ≤ w_a (= 0.438 mm) ∴ OK

나. 중 앙 부 : [단계 5-3] ①. 다 Comb 16 참조

* 응력 산정

f_s = M / [A_s x (d - x/3)] = 1,535.893 x 1,000,000 / [12,160.800 x (2,538.000 - 407.230/3)]

= 52.575 MPa

x = -nA_s / b + nA_s / $b\sqrt{[1+2bd/(nA_s)]}$

= -8 x 12,160.800 / 2,500.0 + 8 x 12,160.800 / 2,500.0 x

$\sqrt{[(1+2\times 2,500.0\times 2,538.0)/(8\times 12,160.800)]}$ = 407.230 mm

Use A_s = 12,160.800 mm² (철근도심 : 100.000 mm)

1단 : D25 - 24.0 EA (= 12,160.800 mm²), d_1 = 100.00 mm

* 허용 균열폭

w_a = $0.005t_c$ (습윤 환경) = 0.0050 x (100.00 - 25/2) = 0.438 mm

* 균열폭 산정

R = $(H - x)$ / $(H - x - d')$ = 1.047

A = 2 x 100.000 x 2,500.00 / 24.0 = 20,833.333 mm^2

w = 1.08 x R x $f_s \sqrt[3]{(d_c \times A)}$ x 0.00001

= 1.08 x 1.047 x 52.575 x $\sqrt[3]{(100.00 \times 20,833.333)}$ x 0.00001

= 0.076 mm $\leq$ w_a (= 0.438 mm) ∴ OK

(7) [단계 6-7] 기둥에 작용하는 부재력 집계

① 부재력 집계

가. 교축직각방향 (기둥부재력 집계 : [단계 5-4], [단계 5-5] ① 참조)

구분	P_e (kN)	P_u (kN)	M_t (kNm)	M_b (kNm)	V (kN)	△ (m)	비고
Comb 1	-9,447.689	-12,948.052	744.406	380.304	132.435	0.00000	축력최대
Comb 14	-9,085.391	-8,595.965	1,780.914	1,898.854	474.940	0.00126	모멘트최대
Comb 22	-7,268.313	-7,268.313	4,580.385	5,067.650	1,211.987	0.00372	탄성설계
Comb 14	-6,904.897	-6,415.471	1,641.826	1,813.264	446.855	0.00126	편심최대

注) P_e : 장기지속축력 (= 고정하중에 의한 축력 x 고정하중계수)

P_u : 전체축력, M_t : 기둥상단 모멘트, M_b : 기둥하단 모멘트

V : 전단력, Δ : 기둥상단의 변위량

※ 소성설계시 지진시 모멘트에 대하여 응답수정계수(R =3.0)로 나눈 값을 적용한다.

나. 교축방향 (기둥부재력 집계 : [단계 5-4], [단계 5-5] ② 참조)

구분	P_e (kN)	P_u (kN)	M_t (kNm)	M_b (kNm)	V (kN)	△ (m)	비고
Comb 1	-9,447.689	-12,948.052	0.000	0.000	0.000	0.00000	축력최대
Comb 4	-9,448.806	-9,448.806	112.597	752.382	95.573	0.00121	모멘트최대
Comb 22	-7,267.453	-7,267.453	848.618	8,800.689	1,001.260	0.01583	탄성설계
Comb 22	-7,268.313	-7,268.313	169.288	1,760.851	1,001.787	0.01584	편심최대

注) P_e : 장기지속축력 (= 고정하중에 의한 축력 x 고정하중계수)

P_u : 전체축력, M_t : 기둥상단 모멘트, M_b : 기둥하단 모멘트

V : 전단력, Δ : 기둥상단의 변위량

※ 소성설계시 지진시 모멘트에 대하여 응답수정계수(R =3.0)로 나눈 값을 적용한다.

(8) [단계 6-8] 층안정 지수 및 세장비 산정

① 교축직각방향

가. 축력 최대 : 상시

ⓐ 층 안정지수 산정

$Q = \sum P_u \times \Delta / (V_u \times L_c)$ $Q > 0.05$: 비횡구속 구조물

= 12,948.052 x 0.00000 / (132.435 x 9.750) ≤ 0.05 : 횡구속 구조물

= 0

여기서, $\sum P_u$: 층전체의 수직하중

Δ : 층상단의 상대변위

V_u : 층전단력

L_c : 절점을 중심으로 측정된 기둥의 길이(= 8.000 m)

ⓑ 세장비 검토

횡구속된 압축부재이므로, k = 1.00

세장비 $\lambda = k \times L_u / r \leq 34 - 12 (M_1 / M_2)$

= 1.000 x 8.000 / 0.500

= 16.000 ≤ 27.869 ∴ 단주

여기서, M_1, M_2 : 기둥 양끝단 모멘트 (M_1 = 38.030 , M_2 = 74.441)

M_1 / M_2의 값이 단일곡률일 때(+), 이중곡률일 때(-)

$M_1 / M_2 \geq -0.5$ = 0.511

$r = \sqrt{(I/A)}$ = 0.500 : 부재단면의 최소회전반경

L_u : 압축부재의 비지지길이(= 8.000 m, 기둥순길이 적용)

나. 모멘트 최대 : 상시

ⓐ 층 안정지수 산정

$Q = \sum P_u \times \Delta / (V_u \times L_c)$ $Q > 0.05$: 비횡구속 구조물

= 8,595.965 x 0.00126 / (474.940 x 9.750) ≤ 0.05 : 횡구속 구조물

= 0.002

여기서, $\sum P_u$: 층전체의 수직하중

Δ : 층상단의 상대변위

V_u : 층전단력

L_c : 절점을 중심으로 측정된 기둥의 길이(= 9.750 m)

ⓑ 세장비 검토

횡구속된 압축부재이므로, k = 1.00

세장비 $\lambda = k \times L_u / r \leq 34 - 12 (M_1 / M_2)$

= 1.000 x 8.000 / 0.500

= 16.000 ≤ 22.853 ∴ 단주

여기서, M_1, M_2 : 기둥 양끝단 모멘트 (M_1 = 177.308 , M_2 = 190.872)

M_1 / M_2의 값이 단일곡률일 때(+), 이중곡률일 때(-)

$M_1 / M_2 \geq -0.5$ = 0.929

$r = \sqrt{(I/A)} = 0.500$: 부재단면의 최소회전반경

L_u : 압축부재의 비지지길이(= 8.000 m , 기둥순길이 적용)

다. 지진시 : 탄성설계적용시

ⓐ 층 안정지수 산정

$Q = \sum P_u \times \Delta / (V_u \times L_c)$ $\qquad Q > 0.05$: 비횡구속 구조물

$= 7{,}268.313 \times 0.00372 / (1{,}211.987 \times 9.750)$ $\qquad \leq 0.05$: 횡구속 구조물

$= 0.002$

여기서, $\sum P_u$: 층전체의 수직하중

Δ : 층상단의 상대변위

V_u : 층전단력

L_c : 절점을 중심으로 측정된 기둥의 길이(= 9.750 m)

ⓑ 세장비 검토

횡구속된 압축부재이므로, $k = 1.00$

세장비 $\lambda = k \times L_u / r \leq 34 - 12\ (M_1 / M_2)$

$= 1.000 \times 8.000 / 0.500$

$= 16.000 \leq 23.154$ ∴ 단주

여기서, M_1, M_2 : 기둥 양끝단 모멘트 ($M_1 = 458.038$, $M_2 = 506.765$)

M_1 / M_2의 값이 단일곡률일 때(+), 이중곡률일 때(-)

$M_1 / M_2 \geq -0.5 = 0.904$

$r = \sqrt{(I/A)} = 0.500$: 부재단면의 최소회전반경

L_u : 압축부재의 비지지길이(= 8.000 m, 기둥순길이 적용)

라. 최대편심

ⓐ 층 안정지수 산정

$Q = \sum P_u \times \Delta / (V_u \times L_c)$ $\qquad Q > 0.05$: 비횡구속 구조물

$= 6{,}415.471 \times 0.00126 / (446.855 \times 9.750)$ $\qquad \leq 0.05$: 횡구속 구조물

$= 0.002$

여기서, $\sum P_u$: 층전체의 수직하중

Δ : 층상단의 상대변위

V_u : 층전단력

L_c : 절점을 중심으로 측정된 기둥의 길이(= 9.750 m)

ⓑ 세장비 검토

횡구속된 압축부재이므로, $k = 1.00$

세장비 $\lambda = k \times L_u / r \leq 34 - 12\ (M_1 / M_2)$

$= 1.000 \times 8.000 / 0.500$

$= 16.000 \leq 23.245$ ∴ 단주

여기서, M_1, M_2 : 기둥 양끝단 모멘트 ($M_1 = 163.399$, $M_2 = 182.313$)

M_1 / M_2의 값이 단일곡률일 때(+), 이중곡률일 때(-)

$M_1 / M_2 \geq -0.5 = 0.896$

$r = \sqrt{(I/A)} = 0.500$: 부재단면의 최소회전반경
L_u : 압축부재의 비지지길이(= 8.000 m, 기둥순길이 적용)

② 교축방향

가. 축력 최대 : 상시

ⓐ 세장비 검토

교축방향으로는 횡방향 강성이나 브레이싱 부재 또는 전단벽등에 의한 횡방향 강성이 존재하지 않는 캔틸레버 형식이므로 비횡구속 구조, k = 2.1

세장비 $\lambda = k \times L_u / r < 22$

$= 2.100 \times 8.000 / 0.500$

$= 33.600 \geq 22$ ∴ 장주

여기서, $r = \sqrt{(I/A)} = 0.500$: 부재단면의 최소회전반경

L_u : 압축부재의 비지지길이(= 15.000 m, 기둥순길이 적용)

ⓑ 층 안정지수 산정

$Q = \sum P_u \times \Delta / (V_u \times L_c)$

$= 12{,}948.052 \times 0.00000 / (0.000 \times 9.750) = 0.000$

여기서, $\sum P_u$: 층전체의 수직하중

Δ : 층상단의 상대변위

V_u : 층전단력

L_c : 절점을 중심으로 측정된 기둥의 길이(= 9.750 m)

ⓒ 모멘트 확대계수 산정

$\delta_s = 1 / (1 - Q) \geq 1.0$

$= 1 / (1 - 0.000)$

$= 1.000$

만일, $\delta_s > 1.5$ 이면 $\delta s = 1 / (1 - P_u/0.75P_c) \geq 1.0$

ⓓ 확대 모멘트 산정

$M_1 = M_{1ns} + \delta_s \times M_{1s}$

$= 0.000 + 1.000 \times 0.000$

$= 0.000$ kNm

$M_2 = M_{2ns} + \delta_s \times M_{2s}$

$= 0.000 + 1.000 \times 0.000$

$= 0.000$ kNm

나. 모멘트 최대 : 상시

ⓐ 세장비 검토

교축방향으로는 횡방향 강성이나 브레이싱 부재 또는 전단벽등에 의한 횡방향 강성이 존재하지 않는 캔틸레버 형식이므로 비횡구속 구조, k = 2.1

세장비 $\lambda = k \times L_u / r < 22$
$= 2.100 \times 8.000 / 0.500$
$= 33.600 \geq 22$ ∴ 장주
여기서, $r = \sqrt{(I/A)} = 0.500$: 부재단면의 최소회전반경
L_u : 압축부재의 비지지길이(= 15.000 m, 기둥순길이 적용)

ⓑ 층 안정지수 산정
$Q = \sum P_u \times \Delta / (V_u \times L_c)$
$= 9{,}448.806 \times 0.00121 / (95.5473 \times 9.750) = 0.012$
여기서, $\sum P_u$: 층전체의 수직하중
Δ : 층상단의 상대변위
V_u : 층전단력
L_c : 절점을 중심으로 측정된 기둥의 길이(= 9.750 m)

ⓒ 모멘트 확대계수 산정
$\delta_s = 1 / (1 - Q) \geq 1.0$
$= 1 / (1 - 0.012)$
$= 1.012$
만일, $\delta_s > 1.5$ 이면 $\delta s = 1 / (1 - P_u / 0.75 P_c) \geq 1.0$

ⓓ 확대 모멘트 산정
$M_1 = M_{1ns} + \delta_s \times M_{1s}$
$= 0.000 + 1.012 \times 112.597$
$= 113.965$ kNm
$M_2 = M_{2ns} + \delta_s \times M_{2s}$
$= 0.000 + 1.012 \times 752.382$
$= 761.520$ kNm

다. 지진시 : 탄성설계적용시 → 소성설계도 같은 방법으로 한다.

ⓐ 세장비 검토
교축방향으로는 횡방향 강성이나 브레이싱 부재 또는 전단벽등에 의한 횡방향 강성이 존재하지 않는 캔틸레버 형식이므로 비횡구속 구조, $k = 2.1$
세장비 $\lambda = k \times L_u / r < 22$
$= 2.100 \times 8.000 / 0.500$
$= 33.600 \geq 22$ ∴ 장주
여기서, $r = \sqrt{(I/A)} = 0.500$: 부재단면의 최소회전반경
L_u : 압축부재의 비지지길이(= 15.000 m, 기둥순길이 적용)

ⓑ 층 안정지수 산정
$Q = \sum P_u \times \Delta / (V_u \times L_c)$

= 7,267.453 x 0.01583 / (1,001.260 x 9.750) = 0.012

여기서, $\sum P_u$: 층전체의 수직하중

Δ : 층상단의 상대변위

V_u : 층전단력

L_c : 절점을 중심으로 측정된 기둥의 길이(= 9.750 m)

ⓒ 모멘트 확대계수 산정

$\delta_s = 1 / (1 - Q) \geq 1.0$

$= 1 / (1 - 0.012)$

$= 1.012$

만일, $\delta_s > 1.5$ 이면 $\delta s = 1 / (1-P_u/0.75P_c) \geq 1.0$

ⓓ 확대 모멘트 산정

$M_1 = M_{1ns} + \delta_s \times M_{1s}$

$= 0.000 + 1.012 \times 848.618$

$= 858.925$ kNm

$M_2 = M_{2ns} + \delta_s \times M_{2s}$

$= 0.000 + 1.012 \times 8,800.689$

$= 8,907.580$ kNm

라. 최대편심

ⓐ 세장비 검토

교축방향으로는 횡방향 강성이나 브레이싱 부재 또는 전단벽등에 의한 횡방향 강성이 존재하지 않는 캔틸레버 형식이므로 비횡구속 구조, k = 2.1

세장비 $\lambda = k \times L_u / r < 22$

$= 2.100 \times 8.000 / 0.500$

$= 33.600 \geq 22 \quad \therefore$ 장주

여기서, $r = \sqrt{(I/A)} = 0.500$: 부재단면의 최소회전반경

L_u : 압축부재의 비지지길이(= 15.000 m, 기둥순길이 적용)

ⓑ 층 안정지수 산정

$Q = \sum P_u \times \Delta / (V_u \times L_c)$

= 7268.313 x 0.01584 / (1,001.787 x 9.750) = 0.012

여기서, $\sum P_u$: 층전체의 수직하중

Δ : 층상단의 상대변위

V_u : 층전단력

L_c : 절점을 중심으로 측정된 기둥의 길이(= 9.750 m)

ⓒ 모멘트 확대계수 산정

$\delta_s = 1 / (1 - Q) \geq 1.0$

$= 1 \ / \ (1 - 0.012)$

$= 1.012$

만일, $\delta_s > 1.5$ 이면 $\delta s = 1 \ / \ (1 - P_u / 0.75 P_c) \geq 1.0$

ⓓ 확대 모멘트 산정

$M_1 = M_{1ns} + \delta_s \times M_{1s}$

$= 0.000 + 1.012 \times 169.288$

$= 171.344$ kNm

$M_2 = M_{2ns} + \delta_s \times M_{2s}$

$= 0.000 + 1.012 \times 1760.851$

$= 1782.238$ kNm

(9) [단계 6-9] 모멘트 확대계수 산정

- [단계 6-8]에서 산정하였음.

(10) [단계 6-10] 기둥 단면 검토

① 교축직각방향

구 분	D(㎜)	d(㎜)	P_u(kN)	ΦP_n(kN)	M_u(kNm)	ΦM_n(kNm)	e(㎜)	e_b(㎜)	판정	비 고
축력최대 (LC1)	2,000	1,852.632	12,948.052	43,426.575	380.304	7,677.968	29.372	545.084	OK	압축파괴
모멘트최대 (LC2)	2,000	1,852.632	8,595.965	40,774.900	1,898.854	9,019.580	222.005	545.084	OK	압축파괴
탄성설계 (LC3)	2,000	1,852.632	7,268.313	20,513.734	5,067.650	14,298.330	697.225	545.084	OK	인장파괴
편심최대 (LC4)	2,000	1,852.632	6,415.471	37,260.496	1,813.264	10,555.010	284.102	545.084	OK	압축파괴

② 교축방향

구 분	D(㎜)	d(㎜)	P_u(kN)	ΦP_n(kN)	M_u(kNm)	ΦM_n(kNm)	e(㎜)	e_b(㎜)	판정	비 고
축력최대 (LC1)	2,000	1,852.632	12,948.052	43,426.575	0.000	7,677.968	0.000	545.084	OK	압축파괴
모멘트최대 (LC2)	2,000	1,852.632	9,448.806	43,426.575	761.520	7,677.968	80.594	545.084	OK	압축파괴
탄성설계 (LC3)	2,000	1,852.632	7,267.453	10,490.371	8907.580	12,651.690	1,225.681	545.084	OK	인장파괴
편심최대 (LC4)	2,000	1,852.632	7,268.313	39,607.347	1782.238	9,670.108	245.207	545.084	OK	압축파괴

③ 합성부재력

구 분	D(㎜)	d(㎜)	P_u(kN)	ΦP_n(kN)	M_u(kNm)	ΦM_n(kNm)	e(㎜)	e_b(㎜)	판정	비 고
축력최대 (LC1)	2,000	1,852.632	12,948.050	43,426.575	380.300	7,677.968	29.371	545.084	OK	압축파괴
모멘트최대 (LC2)	2,000	1,852.632	9,448.810	43,426.575	1620.356	7,677.968	171.488	545.084	OK	압축파괴
탄성설계 (LC3)	2,000	1,852.632	7,267.450	10,230.336	9071.833	12,570.030	1248.283	545.084	OK	인장파괴
편심최대 (LC4)	2,000	1,852.632	7,268.310	38,890.251	1872.762	9,979.806	257.661	545.084	OK	압축파괴

④ 축방향 철근비 검토

사용 철근비

$A_g = \pi \times 2{,}000^2 / 4 = 3{,}141{,}592.654$ ㎟

A_{st} = D25 - 50EA(1단) + D25 - 45EA(2단) = 48136.500 mm^2

$\rho_{use} = A_{st}/A_g = 0.01532$

철근비 검토

ρ_{min} (= 0.001) $\leq$ ρ_{use} (= 0.015) $\leq$ ρ_{max} (= 0.080) $\therefore$ OK

(11) [단계 6-11] P-M 상관도 작성

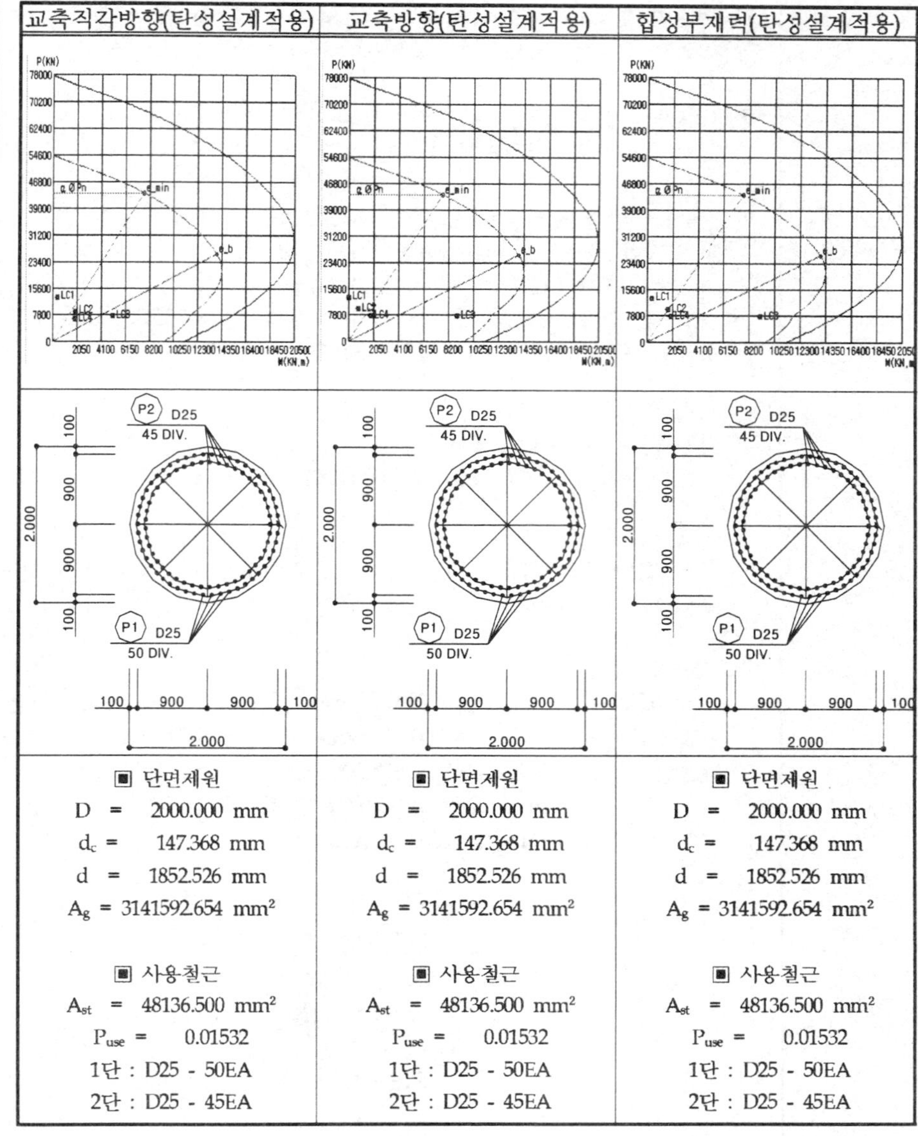

교축직각방향(탄성설계적용)	교축방향(탄성설계적용)	합성부재력(탄성설계적용)
■ 단면제원	■ 단면제원	■ 단면제원
D = 2000.000 mm	D = 2000.000 mm	D = 2000.000 mm
d_c = 147.368 mm	d_c = 147.368 mm	d_c = 147.368 mm
d = 1852.526 mm	d = 1852.526 mm	d = 1852.526 mm
A_g = 3141592.654 mm^2	A_g = 3141592.654 mm^2	A_g = 3141592.654 mm^2
■ 사용철근	■ 사용철근	■ 사용철근
A_{st} = 48136.500 mm^2	A_{st} = 48136.500 mm^2	A_{st} = 48136.500 mm^2
P_{use} = 0.01532	P_{use} = 0.01532	P_{use} = 0.01532
1단 : D25 - 50EA	1단 : D25 - 50EA	1단 : D25 - 50EA
2단 : D25 - 45EA	2단 : D25 - 45EA	2단 : D25 - 45EA

* 축방향 철근 2단 배근시 작업공간 협소로 콘크리트 타설 및 시공성 불리, 안전성 결여 등으로 인하여 최근 다발철근을 배치함으로써 시공성 향상 및 안전성 확보, 경제성을 고려하여 축방 향 철근의 다발철근 적용에 대해 검토함이 바람직함.

(12) [단계 6-12] 기둥의 전단설계

① 기둥의 전단설계

가. 기둥에 발생하는 최대전단력 : Comb 22, 『기둥부재력 집계』 참조

교축방향 V = 301.935 kN

교축직각방향 V = 1,214.413 kN

합성 전단력 V_{max} = 1,251.385 kN

나. 공칭전단력 $V_n = V_c + V_s$ (Φ = 0.80)

$V_n = V_{max} / \Phi$ = 1,564.231 kN

다. 압축부재에 의한 콘크리트 전단 V_c 및 필요철근 전단 V_s

ⓐ 인장철근들의 도심과 압축연단까지의 d

h = 2,000.000 mm d' = 147.368 mm

Z_s = Σ(인장철근들의 면적 x 거리) / Σ(면적) = 525.706 mm

$d = h/2 + Z_s$ = 2,000.000/2 + 525.706 = 1,525.706 mm

ⓑ 압축부재의 콘크리트 전단력 V_c

$V_c = 1/6 \times \sqrt{(fck)} \times b \times d$

$= 1/6 \times \sqrt{(24.0)} \times 2{,}000.000 \times 1{,}525.706 = 2{,}491.467$ kN

ⓒ 필요철근 전단력 V_s

$V_c / 2 = 1{,}245.734 \le V_n \le V_c = 2{,}491.467$ ∴ 최소 전단 철근 필요

V_s = 318.497 kN

라. 필요철근량 계산 A_v

$A_v = 0.35 \times B \times s / f_y$ = 700.000 mm^2 ; 최소 전단 철근 필요시

띠철근의 수직 간격 S = 300.00 mm d = 1,525.706 mm f_y = 300.00 MPa

사용철근량 : D19 x 2EA = 573.000 mm^2

D19 x 2EA x 300/600 = 286.500 mm^2

A_{v_use} = 859.500 mm^2 ≥ 700.000 mm^2 ∴ OK

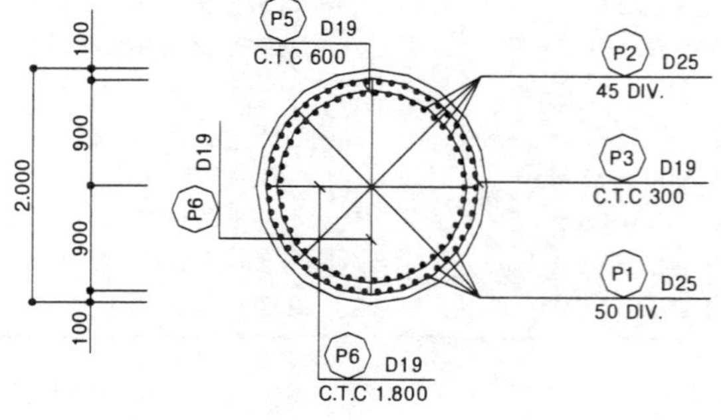

2.4.7 [단계 7] 기초 설계

(1) [단계 7-1] 확대기초 두께 산정

▣ 확대기초 두께에 대한 강체 검토 : [도 · 설 5.4.5.2]
- 확대기초는 부재로서 필요한 두께를 확보함과 동시에 강체로서 취급되는 두께를 가져야함을 원칙으로 한다.
- 확대기초에 대한 강체로서의 취급여부는 지반반력 및 말뚝반력에 미치는 확대기초의 강성의 영향을 고려하여 판정하는 것으로서, 일반적으로 다음의 식을 만족할 때 강체로 취급할 수 있다.

$\beta\lambda \leq 1.0$

$$\beta = \sqrt[4]{\frac{3\times k}{E\times h^3}}\ (m^{-1})$$

여기서 k : k_v - 직접기초인 경우, k_p - 말뚝기초인 경우

k_v : 연직방향 지반반력계수 (kN/m³)

= 466,666.667 x { $\sqrt{(6.000\times 12.000)}$ / 30) ^ (-3/4)} = 38,050.366 kN/m³

$$k_v = \left(\frac{B_v}{30}\right)^{-\frac{3}{4}}$$

k_{vo} = 1/30 x a x E_o = 1/0.3 x 1.000 x 140,000.000 = 466,666.667 kN/m³

L : 확대기초의 길이 (= 12.000 m)

B : 확대기초의 폭 (= 6.000 m)

E : 확대기초의 탄성계수 (= 23,998,050.000 kN/m²)

h : 확대기초의 평균두께 (= 2.000 m)

λ : 확대기초의 환산 돌출길이 (m)

β = $\sqrt[4]{[(3\times 38{,}050.366)/(2{,}399{,}800.000\times 2.000^3)]}$ = 0.156 (m-1)

* 연속확대기초의 경우

λ = a x (λ'^2 + e^2) / (λ' + e)

= 1.300 x (2.500² + 2.000²) / (2.500 + 2.000) = 2.961

λ = max(l, b) = max(1.500, 2.500) = 2.500

a = 1.3

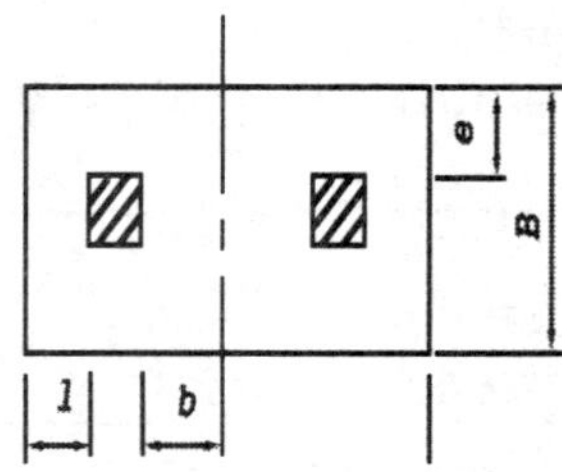

$\beta\lambda$ = 0.156 x 2.961 = 0.462 ≤ 1.0, ∴ OK

(2) [단계 7-2] 기초안정 검토

① 교축직각방향

가. 기초 중앙작용력 산정 : [단계 5-3] ①. 가, 나항 참조

구분	P (kN)	V_x (kN)	M_y (kNm)	ΣV (kN)	M_r (kNm)	M_o (kNm)	비고
Comb 16	17,368.076	575.578	2,269.825	20,968.076	128,660.114	3,420.981	축력최대
Comb 14	14,535.766	756.482	3,026.980	18,135.766	111,534.960	4,539.944	모멘트최대
Comb 22	14,535.766	2,426.400	10,124.935	18,135.766	108,814.596	14,977.735	지진시

주) 기초중앙의 부재력은 기둥의 부재력을 합산한 값을 사용한다.

$\Sigma V = P + W$, W = 12.000 x 6.000 x 2.000 x 25.000 = 3,600.000 kN(기초의 자중)

$M_r = \Sigma V \times x$, B = 12.000 m, $x = B / 2 + \Sigma(P_i \times d_i) / \Sigma(P_i)$

$M_o = |M_y + V_x \times h|$, h = 2.000 m

※ 지진시의 부재력은 탄성설계를 적용한 값을 사용한다.

나. 전도에 대한 안정

- 직접기초에 작용하는 하중의 합력이 작용하는 위치는 평상시에는 바닥판 중심으로부터 바닥판 폭의 1/6이내, 지진시와 폭풍시에는 바닥판 폭의 1/3이내에 있어야 한다. [도 · 설 5.6.2]
- 평상시 전도에 대한 저항모멘트는 전도모멘트의 2.0배 이상이어야 한다.
- 지진시 전도에 대한 저항모멘트는 전도모멘트의 1.5배 이상이어야 한다.

구분	M_r (kNm)	M_o (kNm)	V (kN)	S.F	e (m)	허용폭 (m)	비고
Comb 16	128,660.114	3,420.981	20,968.076	37.609	0.027	2.000	OK
Comb 14	111,534.960	4,539.944	18,135.766	24.567	0.100	2.000	OK
Comb 22	108,814.596	14,977.735	18,135.766	7.265	0.826	4.000	OK

주) B : 기초의 폭원 (12.0 m), $M = M_r - M_o$, $e = B/2 - M/V$

S.F = $M_r / M_o \geq$ 2.00 (평상시), $\geq$ 1.50 (지진시)

다. 활동에 대한 안정

직접기초 바닥면에서의 전단지반반력은 바닥면 아래 기초지반의 허용전단저항력 이내에 있어야 한다. [도 · 설 5.6.2]

$$H_u = C_b A + V \tan\Phi_b$$

H_u : 기초저면과 지반과의 사이에 작용하는 전단 저항력 (kN)

C_b : 기초저면과 지반과의 부착력 (kN/m^2)

Φ_b : 기초저면과 지반과의 마찰각 (degree)

A' : 기초저면의 유효재하면적 (m^2)

V : 기초저면에 작용하는 연직하중 (kN), 다만 부력을 뺀 값으로 한다.

구분	V (kN)	H_u (kN)	H (kN)	S.F	허용안전율	비고
Comb 16	20,968.076	12,580.846	575.578	21.858	1.500	OK
Comb 14	18,135.766	10,881.460	756.482	14.384	1.500	OK
Comb 22	18,135.766	10,881.460	2,426.400	4.485	1.200	OK

주) $\tan\Phi_b$ = 0.600, C_b = 0, 암과 콘크리트

라. 지지력에 대한 안정

직접기초 바닥면에서의 연직지반반력은 기초 바닥아래 지지지반의 허용연직 지지력 이내에 있어야 한다. [도 · 설 5.6.2]

구분	V (kN)	M (kNm)	e (m)	Q_{max} (kN)	Q_{min} (kN)	Q_a (kN)	비고
Comb 16	20,968.076	125,239.133	0.027	295.177	287.270	1,126.76	OK
Comb 14	18,135.766	106,995.017	0.100	264.522	239.250	1,126.76	OK
Comb 22	18,135.766	93,836.860	0.826	355.898	147.874	1,690.14	OK

주) B : 기초의 폭원 (12.0 m), M = M_r-M_o, e = B/2 - M/V

- 하중의 작용위치가 저면 핵 내에 있는 경우 (사다리꼴 분포)

$$Q_{max} = \frac{V}{B}\left(1+\frac{6e}{B}\right),\ Q_{min} = \frac{V}{B}\left(1-\frac{6e}{B}\right)$$

: 저면반력의 작용폭(x = 3*[B/2-e])이 B보다 큰 경우 => Comb-16, Comb-14, Comb-22

② 교축방향

가. 기초 중앙작용력 산정 : [단계 5-3] ②. 가, 나항 참조

구분	P (kN)	V_x (kN)	M_y (kNm)	ΣV (kN)	M_r (kNm)	M_o (kNm)	비고
Comb 5	17,368.076	73.514	578.739	20,968.076	62,904.228	725.768	축력최대
Comb 4	14,535.766	147.029	1,157.478	18,135.766	54,407.298	1,451.535	모멘트최대
Comb 22	14,535.766	2,003.047	17,604.944	18,135.766	54,407.298	21,611.038	지진시

주) 기초중앙의 부재력은 기둥의 부재력을 합산한 값을 사용한다.

ΣV = P + W, W = 12.000 x 6.000 x 2.000 x 25.000 = 3,600.000 kN(기초의 자중)

M_r = ΣV x B/2, B = 6.000 m

M_o = $|M_y + V_y \times h|$, h = 2.000 m

※ 지진시의 부재력은 탄성설계를 적용한 값을 사용한다.

나. 전도에 대한 안정

- 직접기초에 작용하는 하중의 합력이 작용하는 위치는 평상시에는 바닥판 중심으로부터 바닥판 폭의 1/6이내, 지진시와 폭풍시에는 바닥판 폭의 1/3이내에 있어야한다. [도 · 설 5.6.2]
- 평상시 전도에 대한 저항모멘트는 전도모멘트의 2.0배 이상이어야 한다.
- 지진시 전도에 대한 저항모멘트는 전도모멘트의 1.5배 이상이어야 한다.

구분	M_r (kNm)	M_o (kNm)	V (kN)	S.F	e (m)	허용폭 (m)	비고
Comb 05	62,904.228	5.768	20,968.076	86.673	0.035	1.000	OK
Comb 04	54,407.298	1,451.535	18,135.766	37.483	0.080	1.000	OK
Comb 22	54,407.298	21,611.038	18,135.766	2.518	1.192	2.000	OK

주) B : 기초의 폭원 (6.000m), M = M_r - M_o, e = $B/2$ - M/V

S.F = M_r / M_o ≥ 2.00 (평상시), ≥ 1.50 (지진시)

다. 활동에 대한 안정

직접기초 바닥면에서의 전단지반반력은 바닥면 아래 기초지반의 허용전단저항력 이내에 있어야 한다. [도 · 설 5.6.2]

$H_u = C_b A + V tan\Phi_b$

H_u : 기초저면과 지반과의 사이에 작용하는 전단 저항력 (kN)

C_b : 기초저면과 지반과의 부착력 (kN/m²)

Φ_b : 기초저면과 지반과의 마찰각 (degree)

A' : 기초저면의 유효재하면적 (m²)

V : 기초저면에 작용하는 연직하중 (kN), 다만 부력을 뺀 값으로 한다.

구분	V (kN)	H_u (kN)	H (kN)	S.F	허용안전율	비고
Comb 05	20,968.076	12,580.846	73.514	171.135	1.500	OK
Comb 04	18,135.766	10,881.460	147.029	74.009	1.500	OK
Comb 22	18,135.766	10,881.460	2,003.047	5.432	1.200	OK

주) $\tan\Phi_b$ = 0.600, C_b = 0, 암과 콘크리트

라. 지지력에 대한 안정

직접기초 바닥면에서의 연직지반반력은 기초 바닥아래 지지지반의 허용연직 지지력 이내에 있어야 한다. [도 · 설 5.6.2]

구분	V (kN)	M (kNm)	e (m)	Q_{max} (kN)	Q_{min} (kN)	Q_a (kN)	비고
Comb 05	20,968.076	62,178.460	0.035	301.303	281.143	1,126.76	OK
Comb 04	18,135.766	52,955.763	0.080	272.046	231.725	1,126.76	OK
Comb 22	18,135.766	32,796.260	1.192	557.154	0.000	1,690.14	OK

주) B : 기초의 폭원 (12.0 m), $M = M_r - M_o$, $e = B/2 - M/V$

- 하중의 작용위치가 저면 핵 내에 있는 경우 (사다리꼴 분포)

$$Q_{\max} = \frac{V}{B}\left(1+\frac{6e}{B}\right),\ Q_{\min} = \frac{V}{B}\left(1-\frac{6e}{B}\right)$$

: 저면반력의 작용폭(x = 3*[B/2-e])이 B보다 큰 경우 => Comb-16, Comb-14, Comb-22

③ π형 교각 직접기초 지지력 및 침하량 검토

가. 설계조건(풍화암지지 직접기초)

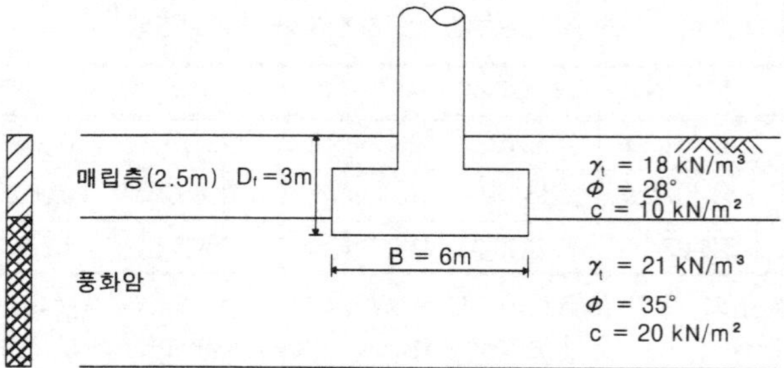

나. 지지력 검토

ⓐ Terzaghi의 허용지지력

$$q_u = \alpha c N_c + \beta \gamma_2 B N_r + \gamma_1 D_f N_q$$

여기서, α, β : 형상계수

N_c, N_r, N_q : 지지력 계수

γ_1 : 기초저면 상부지반의 단위중량 (kN/m³)

γ_2 : 기초저면 하부지반의 단위중량 (kN/m³)

· 기초의 형상계수

형상계수	연속기초	원형기초	정사각형기초	직사각형기초
α	1.0	1.3	1.3	1+0.3B/L
β	0.5	0.3	0.4	0.5-0.1B/L

직사각형 기초이므로

$$\alpha = 1 + 0.3\frac{B}{L} = 1 + 0.3 \times \frac{6.0}{12.0} = 1.15$$

$$\beta = 0.5 - 0.1\frac{B}{L} = 0.5 - 0.1\frac{6.0}{12.0} = 0.45$$

· 지지력 계수 산정

지지력 계수는 아래의 그래프에서 구할 수 있다.

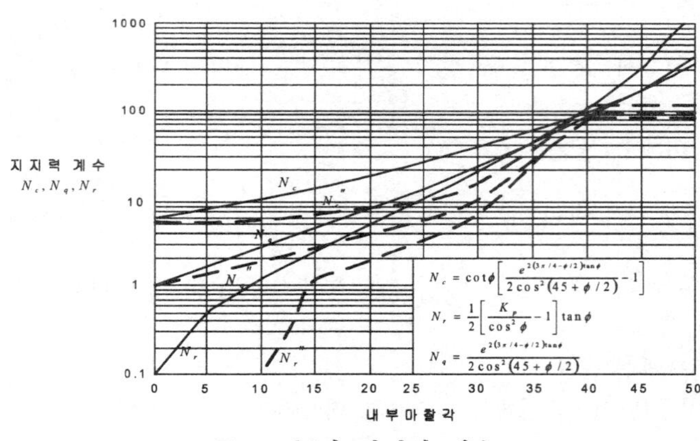

Terzaghi의 지지력 계수

$N_c = 57.75$, $N_r = 45.41$, $N_q = 41.44$, $D_f = 3\,m$

· 검토결과

$$q_u = \alpha c N_c + \beta \gamma_2 B N_r + \gamma_1 D_f N_q$$

$$= 1.15 \times 20 \times 57.75 + 0.45 \times 11 \times 6.0 \times 45.41$$

$$+ (2.5 \times 8 + 0.5 \times 11) \times 41.44 = 3{,}733.65\ \text{kN/m}^2$$

$$q_a = \frac{q_u}{F_s} = \frac{3{,}733.65}{3} = 1{,}244.55\ \text{kN/m}^2$$

ⓑ Meyerhof의 허용지지력

$$q_u = c\,N_c\,S_c\,d_c\,i_c + \frac{1}{2}\gamma_2\,B\,N_r\,S_r\,d_r i_r + \gamma_1\,D_f\,N_q\,S_q\,d_q\,i_q$$

여기서, γ_1 : 기초저면 상부지반의 단위중량 (kN/m^3)

γ_2 : 기초저면 하부지반의 단위중량 (kN/m^3)

N_c, N_r, N_q : 지지력 계수

S_c, S_r, S_q : 형상계수

d_c, d_r, d_q : 깊이계수

i_c, i_r, i_q : 하중경사계수

· 지지력 계수 산정

$$N_c = \cot\phi\,(N_q - 1) = 46.12$$

$$N_q = e^{\pi\tan\phi}\tan^2\left(45 + \frac{\phi}{2}\right) = 33.30$$

$$N_r = (N_q - 1)\tan(1.4\phi) = 37.15$$

· 형상계수 산정($\phi \geq 10°$)

$$S_c = 1 + 0.2\left(\frac{B}{L}\right)K_p = 1 + 0.2 \times 3.69\left(\frac{6.0}{12.0}\right) = 1.369$$

$$S_r = S_q = 1 + 0.1\,K_p\left(\frac{B}{L}\right) = 1 + 0.1 \times 3.69\left(\frac{6.0}{12.0}\right) = 1.185$$

여기서, $K_p = \tan^2\left(45 + \frac{\phi}{2}\right) = \tan^2\left(45 + \frac{35}{2}\right) = 3.69$

· 깊이계수 산정($\phi \geq 10°$)

$$d_c = 1 + 0.2\left(\frac{D_f}{B}\right)\sqrt{K_p} = 1 + 0.2\left(\frac{3}{6.0}\right)\sqrt{3.69} = 1.192$$

$$d_r = d_q = 1 + 0.1\left(\frac{D_f}{B}\right)\sqrt{K_p} = 1 + 0.1\left(\frac{3}{6.0}\right)\sqrt{3.69} = 1.096$$

· 경사계수 산정

하중은 기초중심에서 수직으로 작용하므로 $\alpha = 0°$

$$i_c = i_q = i_r = \left(1 - \frac{\alpha}{90}\right)^2 = 1$$

· 검토결과

$$q_u = c\,N_c\,S_c\,d_c\,i_c + \frac{1}{2}\gamma_2\,B\,N_r\,S_r\,d_r i_r + \gamma_1\,D_f\,N_q\,S_q\,d_q\,i_q$$

$$= 20 \times 46.12 \times 1.369 \times 1.185 \times 1$$

$$+ \frac{1}{2} \times 11 \times 6.0 \times 37.15 \times 1.185 \times 1.096 \times 1$$

$$+ (2.5 \times 8 + 0.5 \times 11) \times 33.30 \times 1.185 \times 1.096 \times 1 = 4{,}059.94\ \text{kN/m}^2$$

$$q_a = \frac{q_u}{F_s} = \frac{4{,}059.94}{3} = 1{,}353.31\ \text{kN/m}^2$$

ⓒ 수정 Meyerhof의 허용지지력

$q_a = 12N' K_d(\frac{B+0.3}{B})^2 \quad [B > 1.2m]$

여기서,

q_a : 25 mm 침하에 대한 허용지지력 (kN/m^2)

N' : 보정된 N값

K_d : 깊이계수 ($K_d = 1 + \frac{0.33 D_f}{B}$, $D_f < B$인 경우)

B : 기초폭 (m)

· 수정 N값 산정

$N' = C_N N$

$C_N = 0.77 \times \log\left(\frac{20 p_a}{\sigma_{v'}}\right) = 0.77 \times \log\left(\frac{20 \times 101.3}{25.5}\right) = 1.463$

단, p_a = 1기압 (=101.3 kN/m^2)

· 깊이계수 Kd 산정

$K_d = 1 + \frac{0.33 \times 3}{6} = 1.17$

· 검토결과

$q_a = 12 \times 73 \times 1.17 \times (\frac{6+0.3}{6})^2$

$= 1,126.76 \text{ kN/m}^2$

ⓓ 검토결과 비교

구분	Terzaghi	Meyerhof	수정 Meyerhof	적용
허용지지력	1,244.55 kN/m^2	1,353.31 kN/m^2	1,126.76 kN/m^2	1,126.76 kN/m^2

적용지지력은 안전측으로 수정 Meyerhof식을 적용

$\therefore Q_a = 1,126.76 \text{ kN/m}^2 > 301.30 \text{ kN/m}^2 \Rightarrow$ OK

다. 침하에 대한 안정

ⓐ 탄성이론에 의한 침하량 산정

$S_i = q B \frac{(1-\nu^2)}{E_s} I_s$

여기서, I_s : 탄성침하 영향계수

$q = \bar{q} - q'$: 기초상부 연직응력 (kN/m^2)

$\bar{q}$ = 기초저면의 접지압, $q' = \gamma D_f$

B : 기초폭 (m)

E_s : 기초지반의 변형계수 (kN/m^2)

ν : 포와송비

탄성침하 영향계수(I_s) 산정

구 분		강성기초
원형기초		0.785
정방형기초		0.880
구형기초	L/B=2	1.120
	L/B=5	1.600
	L/B=10	2.000

I_s는 보간법을 사용하여 산정

$\therefore\ I_s = 1.12$

기초상부 연직응력(q) 산정

$q = \bar{q} - q' = 301.30 - (2.5 \times 8 + 0.5 \times 11) = 275.80\ \ \text{kN/m}^2$

검토결과

$$S_i = q\,B\,\frac{(1-\nu^2)}{E_s}\,I_s = 275.80 \times 6.0 \times \left(\frac{1-0.30^2}{500{,}000}\right) \times 1.12$$

$= 0.00337\ \text{m} = 3.37\ \text{mm}$

ⓑ Schmertmann의 제안식에 의한 침하량 산정

$$S_i = C_1\,C_2\,\Delta P \sum_{0}^{2B}\left(\frac{I_Z}{E}\right)\Delta Z$$

여기서, C_1 : 기초근입깊이에 대한 보정계수

C_2 : 사질토의 크리프에 대한 보정계수

$\Delta P = \bar{q} - q'$: 기초상부 연직응력 (kN/m²)

$\bar{q}$ = 기초저면의 접지압, $q' = \gamma\,D_f$

I_Z : 변형영향계수, E : 기초지반의 변형계수 (kN/m²)

Δz : 각 토층의 두께 (m)

기초근입깊이에 대한 보정계수(C_1) 산정

$$C_1 = 1 - 0.5\left(\frac{q'}{\bar{q}-q'}\right)$$

$$= 1 - 0.5\left(\frac{8 \times 2.5 + 11 \times 0.5}{301.30 - 8 \times 2.5 + 11 \times 0.5}\right) = 0.954$$

사질토의 크리프에 대한 보정계수(C_2) 산정

경과년수(t_{year})는 10년으로 가정한다.

$C_2 = 1 + 0.2\log(t_{year} \times 10) = 1 + 0.2\log(10 \times 10) = 1.4$

변형영향계수(I_Z) 산정

깊이에 대한 변형율 계수의 그래프는 다음과 같다.

정방향 또는 원형기초의 경우

z = 0에서 $I_Z = 0.1$

$L/B \geq 10$인 구형기초의 경우

z = 0에서 $I_Z = 0.2$

z = 0.5B에서 $I_Z = 0.5$　　　　z = B에서 $I_Z = 0.5$

z = 2B에서 $I_Z = 0$　　　　z = 4B에서 $I_Z = 0$

1 < L/B < 10인 경우 변형계수 값을 그림을 추정하여 사용한다.

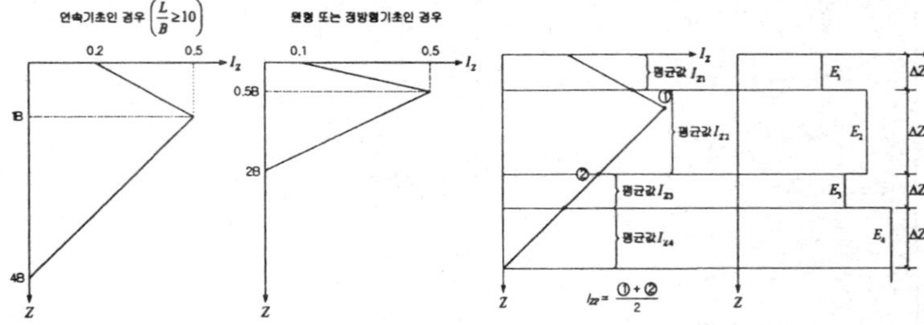

변형영향계수　　　　변형영향계수 적용방법

깊이에 따른 탄성계수의 변화를 다음과 같은 표로 나타낼 수 있다.

영향심도(m)	Δz(m)	E(kN/m²)	I_Z	I_{Zaver}	$I_Z/E \times \Delta Z$
0.00	1.67	500,000	0.11	0.21	6.944×10^{-7}
1.67		500,000	0.31		
3.33	1.67	500,000	0.50	0.40	1.342×10^{-6}
5.83	2.50	500,000	0.375	0.44	2.187×10^{-6}
8.33	2.50	500,000	0.25	0.31	1.562×10^{-6}
10.83	2.50	500,000	0.125	0.19	9.375×10^{-7}
13.33	2.50	500,000	0.00	0.06	3.125×10^{-7}
합계	13.33	$\Sigma\ (I_Z/E)\ \Delta Z$			7.037×10^{-6}

검토결과

$$S_i = C_1\ C_2\ \Delta P \sum_{0}^{2B} \left(\frac{I_Z}{E} \right) \Delta Z = 0.954 \times 1.40 \times (301.30 - 25.5) \times 7.037 \times 10^{-6}$$

$$= 0.00259\ \text{m} = 2.59\ \text{mm}$$

ⓒ Terzaghi-Peck에 의한 방법

$$S_i = \frac{1}{1,280\ N} \times \left(\frac{2\ B}{B + 0.3} \right)^2 q$$

여기서, N : 기초저면에서 B에 동등한 깊이까지의 표준관입시험에 의한 N값의 평균값은 50을 적용

B : 기초폭 (m)

검토결과

$$S_i = \frac{1}{1,280\ N} \left(\frac{2\ B}{B + 0.3} \right)^2 q = \frac{1}{1,280 \times 50} \left(\frac{2 \times 6.0}{6.0 + 0.3} \right)^2 \times 301.30(\text{kN/m}^2)$$

$$= 0.017081\ \text{m} = 17.08\ \text{mm}$$

ⓓ Alpan (1964)에 의한 방법

$$S_i = m \left(\frac{2\ B}{1 + B} \right)^2 \frac{\alpha_0}{12}\ q$$

여기서, m : 형상계수

α_0 : 보정된 N값과 관련된 계수

B : 기초의 폭(ft), q : 평균하중강도(tsf)

형상계수(m) 산정

$$m = \left(\frac{L}{B}\right)^{0.39} = 1.31$$

계수(α_0) 산정

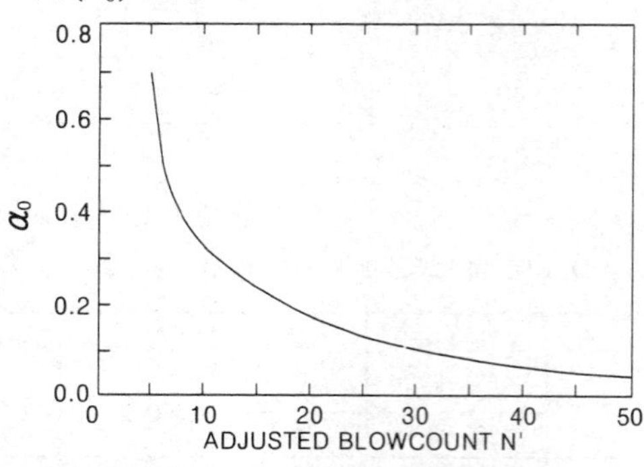

계수(α_0)은 위 그래프에서 구할 수 있다.

보정 N치가 50일 때 $\alpha_0 = 0.04$

검토결과

$$S_i = m\left(\frac{2B}{1+B}\right)^2 \frac{\alpha_0}{12} q$$

$$= 1.206\left\{\frac{2\times(6.0\times 3.085)}{1+(6.0\times 3.085)}\right\}^2 \times \frac{0.04}{12} \times \frac{301.30}{98}$$

$$= 0.0487992\ \mathrm{ft} = 14.87\ \mathrm{mm}$$

ⓔ 검토결과 비교

구분	탄성이론	Schmertmann	Terzaghi & Peck	Alpan	적용
침하량	3.37 mm	2.59 mm	17.08 mm	14.87 mm	17.08 mm

침하량 산정은 안전측으로 Terzaghi & Peck식을 적용

$\therefore S_i = 17.08\ \mathrm{mm} < 25.00\ \mathrm{mm} \Rightarrow \mathrm{OK}$

라. 안정검토결과

π형교각 구조물에 대한 안정 검토결과, 전도, 활동, 지지력 및 침하량이 허용치 이내로 안정성 을 확보하고 있는 것으로 검토되었음. 따라서, 가정된 기초근입심도 및 기초크기는 적합함.

(3) [단계 7-3] 기초 단면 검토

① 부재력 산정

가. 교축직각방향

* 기초 중앙작용력 산정 : [단계 5-3], [단계 5-4] ①. 가, 나항 참조

구분		P (kN)	V_x (kN)	M_y (kNm)	ΣV (kN)	M_r (kNm)	M_o (kNm)	x (m)
계수하중	Comb 1	24,985.962	264.870	847.190	29,665.962	181,170.031	1,376.929	6.107
	Comb 14	18,169.707	945.603	3,783.725	22,669.707	139,418.701	5,674.930	6.150
	Comb 22	14,535.766	2,426.400	10,124.935	18,135.766	108,814.596	14,977.735	6.000
사용하중	Comb 16	17,368.076	575.578	2,269.825	20,968.076	128,660.114	3,420.981	6.136
	Comb 14	14,535.766	756.482	3,026.980	18,135.766	111,534.960	4,539.944	6.150
	Comb 22	14,535.766	2,426.400	10,124.935	18,135.766	108,814.596	14,977.735	6.000

주) 기초중앙의 부재력은 기둥의 부재력을 합산한 값을 사용한다.

$\Sigma V = P + W$, W = 12.000 x 6.000 x 2.000 x 25.000 x 하중계수

$M_r = \Sigma V \times x$, B = 12.000 m, $x = B/2 + \Sigma(P_i \times d_i)/\Sigma(P_i)$

$M_o = |M_y + V_x \times h|$, h = 2.000 m

※ Comb 16, Comb 14, Comb 22는 사용하중하의 축력최대, 모멘트최대, 지진시의 조합임.

※ 지진시의 부재력은 탄성설계를 적용한 값을 사용한다.

* 지반반력 산정

구분		V (kN)	M (kNm)	e (m)	Q_{max} (kN)	Q_{min} (kN)	x (m)
계수하중	Comb 1	29,665.962	179,793.102	-0.061	2,397.275	2,547.052	12.000
	Comb 14	22,669.707	133,743.771	0.100	1,983.912	1,794.373	12.000
	Comb 22	18,135.766	93,836.860	0.826	2,135.386	887.242	12.000
사용하중	Comb 16	20,968.076	125,239.133	0.027	1,771.061	1,723.618	12.000
	Comb 14	18,135.766	106,995.017	0.100	1,587.130	1,435.498	12.000
	Comb 22	18,135.766	93,836.860	0.826	2,135.386	887.242	12.000

주) B : 기초의 폭원 (12.0 m), $M = M_r - M_o$, $e = e/2 - M/V$

- 하중의 작용위치가 저면 핵 내에 있는 경우 (사다리꼴 분포)

$$Q_{max} = \frac{V}{B}\left(1 + \frac{6e}{B}\right),\quad Q_{min} = \frac{V}{B}\left(1 - \frac{6e}{B}\right)$$

: 저면반력의 작용폭(x = 3 x [B / 2 - e])이 B보다 큰 경우

=> Comb 01, Comb 14, Comb 22, Comb 16, Comb 14, Comb 22

* 구조해석 모델링

ⓐ 모델링

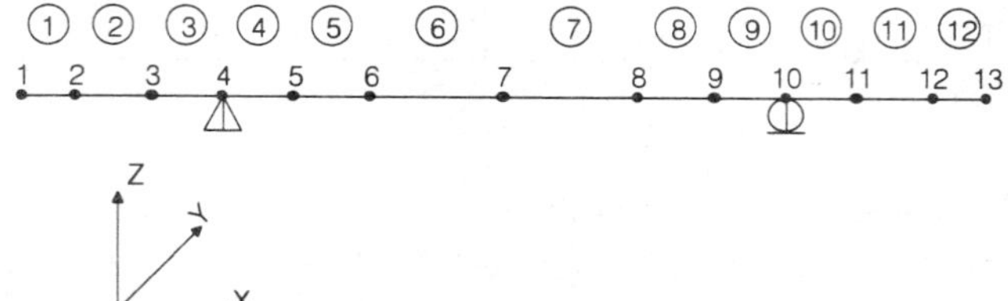

ⓑ 절점좌표

절점	X	Z	절점	X	Z
1	0.600	0.000	8	8.264	0.000
2	1.264	0.000	9	9.214	0.000
3	2.214	0.000	10	10.100	0.000
4	3.100	0.000	11	10.986	0.000
5	3.986	0.000	12	11.936	0.000
6	4.936	0.000	13	12.600	0.000
7	6.600	0.000			

* 하중재하도

ⓐ 극한하중 검토시

· 축력 최대(Comb 1)

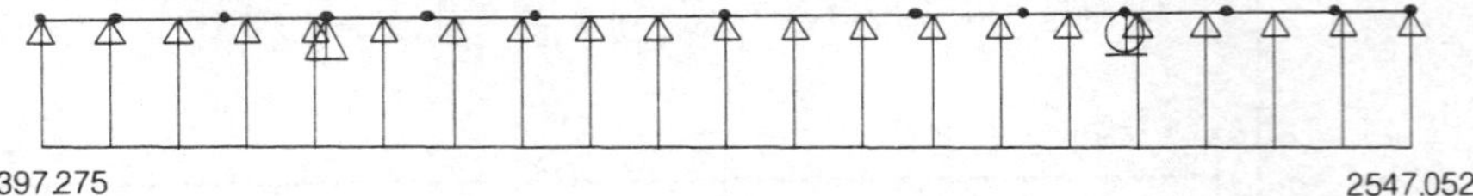

· 모멘트 최대(Comb 14)

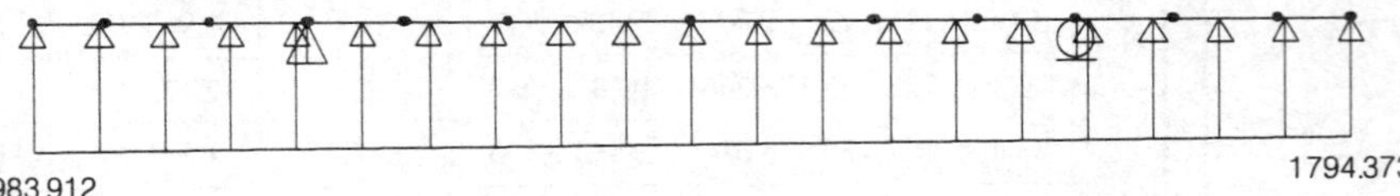

· 지 진 시 (Comb 22)

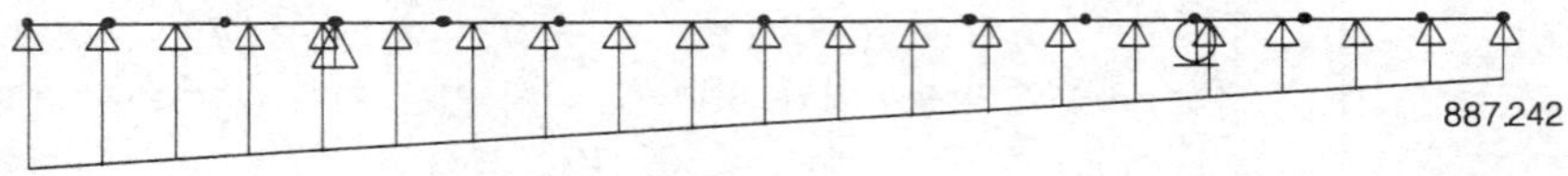

ⓑ 사용하중 검토시

· 축력 최대시 (Comb 16)

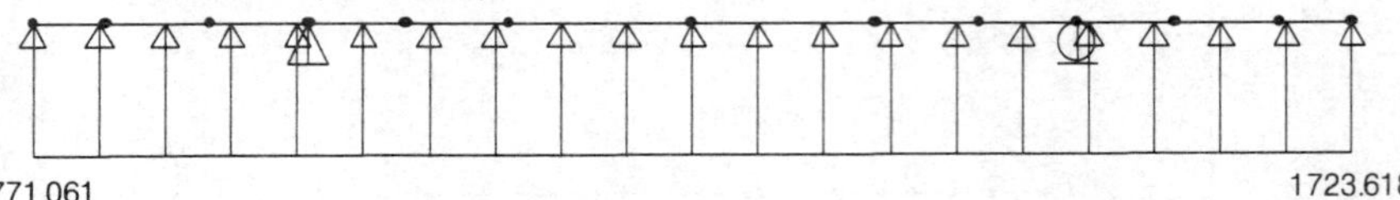

· 모멘트 최대시 (Comb 14)

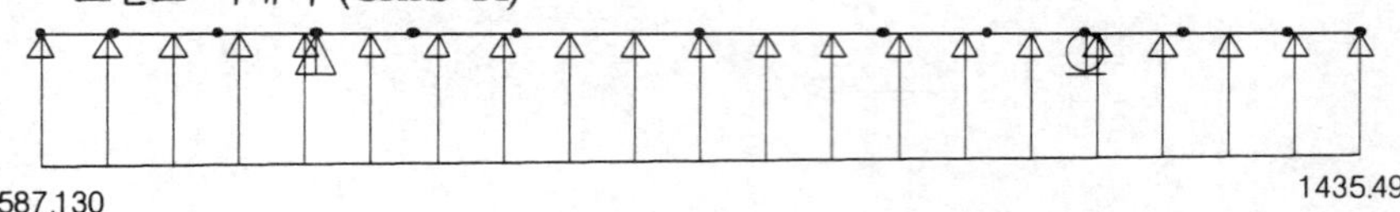

* 위치별 단면력 집계 : 부재번호 2, 8, 7, 11(전단검토)

구 분		내민보		내측빔		비고
		M (kNm)	V (kN)	M (kNm)	V (kN)	
계수하중	Comb 1	2,623.214	1,429.529	-6,246.480	-3,514.090	축력최대
	Comb 14	2,064.995	935.984	-4,497.429	-2,432.092	모멘트최대
	Comb 22	2,317.701	412.859	-3,633.933	-1,604.166	지진시
사용하중	Comb 16	1,913.286	946.154	-4,342.016	-2,392.733	축력최대
	Comb 14	1,667.631	756.757	-3,633.929	-1,965.637	모멘트최대
	Comb 22	-	-	-	-	지진시

나. 교축방향

* 기초 중앙작용력 산정: [단계 5-3], [단계 5-4] ② 참조

구분		P (kN)	V_y (kN)	M_x (kNm)	$\sum V$ (kN)	M_r (kNm)	M_o (kNm)	비고
계수하중	Comb 1	24,985.962	0.000	0.000	29,665.962	88,997.887	0.000	축력최대
	Comb 4	18,896.496	191.137	1,504.721	23,576.496	70,729.487	1,886.996	모멘트최대
	Comb 22	14,535.766	2,003.047	17,604.944	18,135.766	54,407.298	21,611.038	지진시
사용하중	Comb 5	17,368.076	73.514	578.739	20,968.076	62,904.228	725.768	축력최대
	Comb 4	14,535.766	147.029	1,157.478	18,135.766	54,407.298	1,451.535	모멘트최대
	Comb 22	14,535.766	2,003.047	17,604.944	18,135.766	54,407.298	21,611.038	지진시

주) 기초중앙의 부재력은 기둥의 부재력을 합산한 값을 사용한다.

$\sum V = P + W$, W = 12.000 x 6.000 x 2.000 x 25.000 x 하중계수

$M_r = \sum V \times B/2$, B = 6.000 m

$M_o = |M_y + V_x \times h|$, h = 2.000 m

※ Comb 5, Comb 4, Comb 22는 사용하중하의 축력최대, 모멘트최대, 지진시의 조합임.

※ 지진시의 부재력은 탄성설계를 적용한 값을 사용한다.

* 지반반력 산정

구분	V (kN)	M (kNm)	e (m)	Q_{max} (kN)	Q_{min} (kN)	x (m)
Comb 1	29,665.962	88,997.887	0.000	4,944.327	4,944.327	6.000
Comb 4	23,576.496	68,842.491	0.080	4,243.915	3,614.917	6.000
Comb 22	18,135.766	32,796.260	1.192	6,685.844	0.000	5.425
Comb 5	20,968.076	62,178.460	0.035	3,615.641	3,373.718	6.000
Comb 4	18,135.766	52,955.763	0.080	3,264.550	2,780.705	6.000
Comb 22	18,135.766	32,796.260	1.192	6,685.844	0.000	5.425

주) B : 기초의 폭원 (6.0 m), $M = M_r - M_o$, $e = B/2 - M/V$

- 하중의 작용위치가 저면 핵 내에 있는 경우 (사다리꼴 분포)

$$Q_{max} = \frac{V}{B}\left(1 + \frac{6e}{B}\right),\ Q_{min} = \frac{V}{B}\left(1 - \frac{6e}{B}\right)$$

: 저면반력의 작용폭(x = 3 x [B / 2 - e])이 B보다 큰 경우

=> Comb 1, Comb 4, Comb 5, Comb 4

- 하중의 작용위치가 저면 핵 외에 있는 경우 (삼각형 분포)

$$Q_{max} = \frac{2V}{L_x}$$

: 저면반력의 작용폭(x = 3 x [B / 2 - e])이 B보다 작은 경우

=> Comb 22, Comb 22

* 기초의 단면력 계산

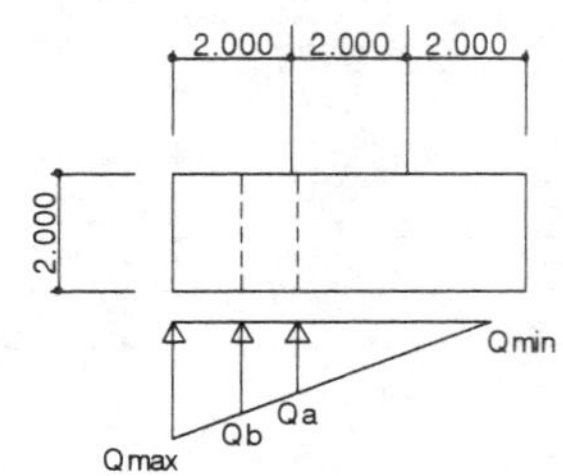

ⓐ 기초자중에 의한 단면력

S_b = 2.000 x 1.164 x 12.000 x 25.000 = 698.400 kN

M_a = 2.000 x 2.114 x 12.000 x 25.000 x 2.114 / 2

= 1,340.699 kNm

ⓑ 지반반력에 의한 단면력

$S_b = Q_b \times 1.164 + (Q_{max} - Q_b) / 2 \times 1.164$

$M_a = Q_a \times 2.114^2 / 2 + (Q_{max} - Q_a) / 2 \times 2.114^2 \times 2 / 3$

ⓒ 계수단면력 산정

구분	지반반력			지반반력에 의한 단면력		계수단면력	
	Q_{max} (kN)	Q_a (kN)	Q_b (kN)	S_b (kN)	M_a (kNm)	V_u (kN)	M_u (kNm)
Comb 1	4,944.327	4,944.327	4,944.327	5,755.197	11,048.089	4,847.277	9,305.180
Comb 4	4,243.915	4,022.298	4,121.889	4,868.898	9,317.952	3,960.978	7,575.044
Comb 22	6,685.844	4,080.581	5,251.347	6,947.445	12,999.020	6,249.045	11,658.321

※ 계수단면력 = 지반반력에 의한 단면력 - 자중에 의한 단면력 x 사하중계수

ⓓ 사용하중 단면력 산정

구분	지반반력			지반반력에 의한 단면력		계수단면력	
	Q_{max} (kN)	Q_a (kN)	Q_b (kN)	S_b (kN)	M_a (kNm)	V_s (kN)	M_s (kNm)
Comb 5	3,615.641	3,530.403	3,568.708	4,181.291	8,015.654	3,482.891	6,674.955
Comb 4	3,264.550	3,094.075	3,170.684	3,745.306	7,167.656	3,046.906	5,826.957
Comb 22	-	-	-	-	-	-	-

※ 사용하중단면력 = 지반반력에 의한 단면력 - 자중에 의한 단면력

(4) [단계 7-4] 철근량 산정

① 교축직각방향 : [단계 7-3] ①. 가 참조

가. 지점부

B(㎜)	H(㎜)	d(㎜)	M_u(kNm)	ΦM_n(kNm)	V_u(kN)	ΦV_c(kN)	Use A_s(㎟)	판정
6,000.0	2,000.0	1,900.0	2,623.214	11,361.085	1,429.529	7,446.449	1단 : D25-47EA	OK

나. 중앙부

B(㎜)	H(㎜)	d(㎜)	M_u(kNm)	ΦM_n(kNm)	V_u(kN)	ΦV_c(kN)	Use A_s(㎟)	판정
6,000.0	2,000.0	1,900.0	6,246.480	11,361.085	3,514.090	7,446.449	1단 : D25-47EA	OK

② 교축방향 : [단계 7-3] ①. 나 참조

B(㎜)	H(㎜)	d(㎜)	M_u(kNm)	ΦM_n(kNm)	V_u(kN)	ΦV_c(kN)	Use A_s(㎟)	판정
12,000.0	2,000.0	1,900.0	11,658.321	20,577.332	6,249.045	14,892.898	1단 : D25-85EA	OK

(5) [단계 7-5] 기초 사용성 검토

① 교축직각방향

가. 지 점 부

ⓐ 응력 산정

$f_s = M / [A_s \times (d - x/3)]$ = 1,913.286 x 100,000 / [23,814.900 x (1,900.000 - 317.060/3)]
= 44.775 MPa

$x = -nA_s / b + nA_s / b\sqrt{[1+2bd/(nA_s)]}$
= -8 x 23,814.900 / 6,000.0 + 8 x 23,814.900 / 6,000.0 x
$\sqrt{[1+2\times 6{,}000.0\times 1{,}900.0/(8\times 23{,}814.900)]}$ = 317.060 mm

Use A_s = 23,814.900 mm^2 (철근도심 : 100.000 mm)
1단 : D25 - 47.0 EA (= 23,814.900 mm^2) , d_1 = 100.00 mm

ⓑ 허용 균열폭

$w_a = 0.005t_c$ (습윤 환경) = 0.0050 x (100.00 - 25/2) = 0.438 mm

ⓒ 균열폭 산정

$R = (H - x) / (H - x - d')$ = 1.063
A = 2 x 100.000 x 6,000.00 / 47.0 = 25,531.915 mm^2
$w = 1.08 \times R \times f_s \sqrt[3]{(d_c\times A)} \times 0.00001$
= 1.08 x 1.063 x 44.775 x $\sqrt[3]{(100.00\times 25{,}531.915)}$ x 0.00001
= 0.070 mm $\leq w_a$ (= 0.438 mm) ∴ OK

나. 중 앙 부

ⓐ 응력 산정

$f_s = M / [A_s \times (d - x/3)]$ = 4,342.016 x 100,000 / [23,814.900 x (1,900.000 - 317.060/3)]
= 101.612 MPa

$x = -nA_s / b + nA_s / b\sqrt{[1+2bd/(nA_s)]}$
= -8 x 23,814.900 / 6,000.0 + 8 x 23,814.900 / 6,000.0 x
$\sqrt{[1+2\times 6{,}000.0\times 1{,}900.0/(8\times 23{,}814.900)]}$ = 317.060 mm

Use A_s = 23,814.900 mm^2 (철근도심 : 100.000 mm)
1단 : D25 - 47.0 EA (= 23,814.900 mm^2) , d_1 = 100.00 mm

ⓑ 허용 균열폭

$w_a = 0.005t_c$ (습윤 환경) = 0.0050 x (100.00 - 25/2) = 0.438 mm

ⓒ 균열폭 산정

$R = (H - x) / (H - x - d')$ = 1.063
A = 2 x 100.000 x 6,000.00 / 47.0 = 25,531.915 mm^2
$w = 1.08 \times R \times f_s \sqrt[3]{(d_c\times A)} \times 0.00001$
= 1.08 x 1.063 x 101.612 x $\sqrt[3]{(100.00\times 25{,}531.915)}$ x 0.00001
= 0.159 mm $\leq w_a$ (= 0.438 mm) ∴ OK

② 교축방향

ⓐ 응력 산정

$f_s = M / [A_s \times (d - x/3)]$ = 6,674.955 x 100,000 / [43,069.500 x (1,900.000 - 302.850/3)]

$= 86.146$ MPa

$x = -nA_s \;/\; b + nA_s \;/\; b\sqrt{[1+2bd/(nA_s)]}$

$= -8 \times 43{,}069.500 \;/\; 12{,}000.0 + 8 \times 43{,}069.500 \;/\; 12{,}000.0 \times$

$\sqrt{[1+2\times 12{,}000.0\times 1{,}900.0/(8\times 43{,}069.500)]} = 302.850$ mm

Use A_s = 43,069.500 mm² (철근도심 : 100.000 mm)

1단 : D25 - 85.0 EA (= 43,069.500 mm²) , d_1 = 100.00 mm

ⓑ 허용 균열폭

$w_a = 0.005t_c$ (습윤 환경) = 0.0050 x (100.00 - 25/2) = 0.438 mm

ⓒ 균열폭 산정

$R = (H - x) \;/\; (H - x - d') = 1.063$

$A = 2 \times 100.000 \times 10{,}800.00 \;/\; 85.0 = 28{,}235.294$ mm²

$w = 1.08 \times R \times f_s \sqrt[3]{(d_c \times A)} \times 0.00001$

$= 1.08 \times 1.063 \times 86.146 \times \sqrt[3]{(100.00\times 28{,}235.294)} \times 0.00001$

$= 0.140$ mm $\leq w_a$ (= 0.438 mm) ∴ OK

2.4.8 [단계 8] 받침보강의 설계

(1) [단계 8-1] 교량받침 용량 산정

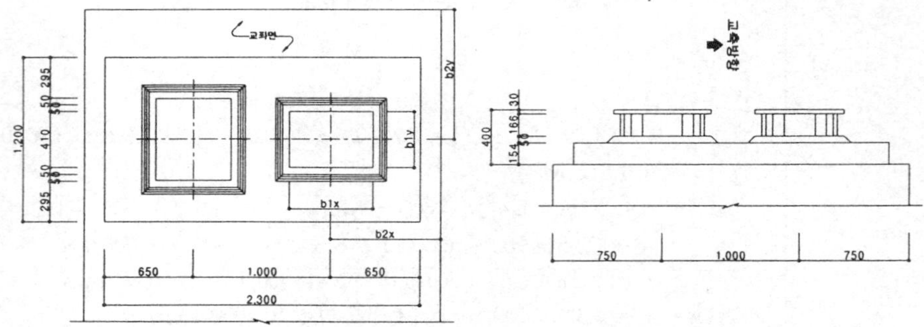

· 교량받침 용량 선정 (단위 : kN)

구 분	수직력			수평력		
	허용값	상부반력	비 고	허용값	탄성지진력	비 고
받침 1	1,750.000	1,342.263	OK	258.800	183.220	OK
받침 2	1,750.000	1,164.312	OK	258.800	183.453	OK
받침 3	1,750.000	1,197.285	OK	258.800	183.624	OK
받침 4	1,750.000	1,204.232	OK	258.800	183.634	OK
받침 5	1,750.000	1,155.811	OK	258.800	183.498	OK
받침 6	1,750.000	1,383.725	OK	258.800	183.315	OK
받침 7	1,750.000	1,342.263	OK	258.800	183.382	OK
받침 8	1,750.000	1,164.312	OK	258.800	183.547	OK
받침 9	1,750.000	1,197.285	OK	258.800	183.667	OK
받침10	1,750.000	1,204.232	OK	258.800	183.681	OK
받침11	1,750.000	1,155.811	OK	258.800	183.599	OK
받침12	1,750.000	1,383.725	OK	258.800	183.480	OK

탄성지진력은 응답수정계수(R=1.0)를 고려한 값이며 내진장치 불필요

(2) [단계 8-2] 교량받침 하면 콘크리트 보강

① 교량받침에 작용하는 하중 : 교량받침 6, 1, 4

- 연직하중 : 고정하중 + 활하중

P = 1,035.383 + 348.342 = 1,383.725 kN

- 교축방향 수평하중 : 탄성지진력, 온도변화의 영향

H_{x1} = 0.000 kN : 고정단이므로 온도변화의 영향은 고려하지 않는다

H_{x2} = 163.043 / 1.33 = 122.589 kN

☞ 수평력은 H_{x1}, H_{x2} 중 큰 값인 122.589 kN를 적용한다.

☞ $H_{x1} = P_h$ / 1.15 (가동단일경우)

$P_h = k_h \times \delta$, k_h : 탄성받침의 전단탄성계수, δ : 상부구조의 신축량

$\delta = \alpha \times \Delta T \times L$

- 교축직각방향 수평하중 : 탄성지진력, 풍하중의 영향

B/D = 14.235 / 3.520 = 4.044 [$1 \leq B/D < 8$]

W_1 = [4.0 - 0.2 x (14.235 / 3.520)] x 3.520 = 11.2 kN/m ≥ 6.0 이므로

H_{y1} = 11.233 x 0.80 x 70.100 / 2 / 2EA / 1.25

= 125.989 kN ; 『도로설계기준.해설』 57p, 8)

H_{y2} = 183.681 / 1.33 = 138.106 kN

☞ 수평력은 H_{y1}, H_{y2} 중 큰 값인 138.106 kN를 적용한다.

② 연직하중에 대한 보강

b_{1x} = 610.000 mm b_{1y} = 410.000 mm

b_{2x} = 750.000 mm b_{2y} = 850.000 mm

b_{cx} = 2 x b_{2x} = 2 x 750.000 = 1,500.000 mm < 5 x b_{1x} = 3,050.000 mm

b_{cy} = 2 x b_{2y} = 2 x 850.000 = 1,700.000 mm > 5 x b_{1y} = 2,050.000 mm

A_{sx1} = 1/4 x (1 - b_{1x} / b_{cx}) x P / f_{sa}

= 1/4 x (1 - 610.000 / 1,500.000) x 1,383.725 x 10^3 / 150.000

= 1,368.350 mm^2

A_{sy1} = 1/4 x (1 - b_{1y} / b_{cy}) x P / f_{sa}

= 1/4 x (1 - 41.000 / 170.000) x 1383.725 x 10^3 / 150.000

= 1,750.005 mm^2

③ 수평하중에 대한 보강

A_{sx2} = H_x / f_{sa}

= 122.589 x 10^3 / 150.000 = 817.257 mm^2

A_{sy2} = H_y / f_{sa}

= 138.106 x 10^3/ 150.000 = 920.708 mm^2

(3) [단계 8-3] 철근보강 범위 및 철근량 산정

① 철근보강 범위 산정

ⓐ 교축직각방향 철근보강 범위

$B_{xo} = b_{1x} + b_{2y} = 610.000 + 850.000 = 1{,}460.000$ mm

ⓑ 교축방향 철근보강 범위

$B_{yo} = b_{1y} + b_{2x} = 410.000 + 750.000 = 1{,}160.000$ mm

② 철근량 산정

ⓐ 교축직각방향

$A_{sy} = A_{sy1} + A_{sy2} = 1{,}750.005 + 920.708 = 2{,}670.713$ mm²

$B_{xo} = 1{,}460.000$ mm 범위 내에서 D16 - 18.0 EA

$A_s = 198.600 \times 18.0 = 3{,}574.800$ mm² ∴ OK

ⓑ 교축방향

$A_{sx} = A_{sx1} + A_{sx2} = 1{,}368.350 + 817.257 = 2{,}185.607$ mm²

$B_{yo} = 1{,}160.000$ mm 범위내에서 D16 - 18.0 EA

$A_s = 198.600 \times 18.0 = 3{,}574.800$ mm² ∴ OK

(4) [단계 8-4] 교량받침 콘크리트 보강

① 교축직각방향

$A_{s2} = H_y \;/\; f_{sa} = 138.106 \times 10^3 \;/\; 150.000 = 920.708$ mm²

사용철근 : D16 - 9.0 EA : $A_s = 198.600 \times 9.0 = 1{,}787.400$ mm² ∴ OK

② 교축방향

$A_{s1} = H_x \;/\; f_{sa} = 122.589 \times 10^3 / \; 150.000 = 817.257$ mm²

사용철근 : D16 - 9.0 EA : $A_s = 198.600 \times 9.0 = 1{,}787.400$ mm ∴ OK

* 주철근 조립도

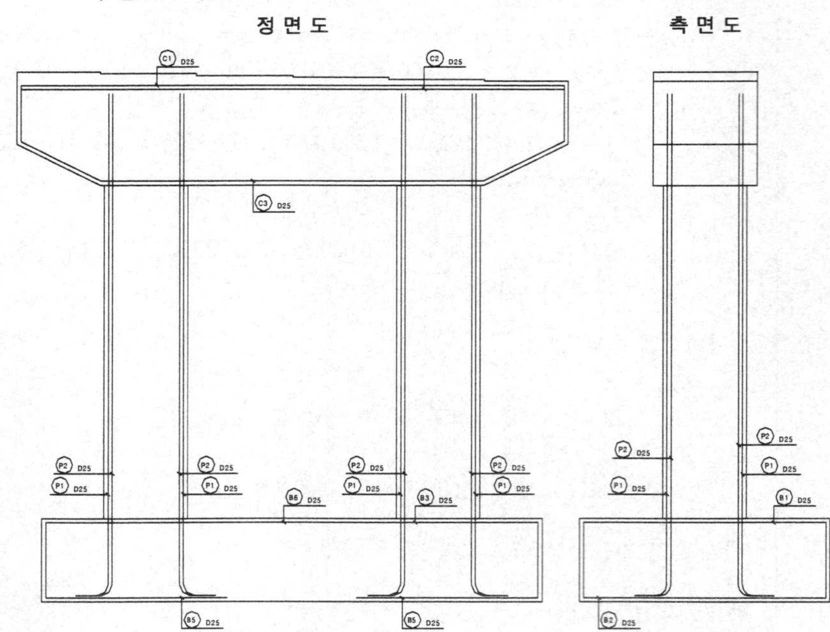

2.5 T형 교각 설계 예

2.5.1 **[단계 1] 설계조건**

(1) [단계 1-1] 일반사항

- 교 량 연 장 : 35.00 + 35.00 + 35.00 = 105.00 m
- 교 량 폭 원 : 10.735 m
- 상부구조형식 : PSC 합성거더교
- 하부구조형식 : T형 원형 교각
- 교 량 등 급 : 1등교
- 기 초 형 식 : 말뚝기초

(2) [단계 1-2] 하 중

- 철근콘크리트 단위중량 : r_c = 25.000 kN/㎥ [도 · 설 2.1.2]
- 기초지반 단위중량 : r_{s2} = 20.000 kN/㎥
- 탄성받침 전단탄성계수 : K_h = 2,876 kN/m

(3) [단계 1-3] 지 반 조 건

- 기초지반의 N값 : $N = 10$
- 기초지반의 내부마찰각 : $\Phi_2 = 27.247°$ { $\Phi_2 = 15 + \sqrt{15N}$ }
- 기초지반의 점착력 : $C = 0.000$ kN/㎡
- 기초지반의 마찰계수 : $\mu = 0.328$; $\tan\left(\frac{2}{3}\times\Phi_2\right)$: 흙과 콘크리트
- 지반 가속도 계수 : $A = 0.154$; 위험도계수 x 지진구역계수
  - 내진등급 : I 등급 - 위험도 계수 : 1.400 [도 · 설 6.3.1.2]
  - 지진구역 : I 구역 - 지진구역 계수 : 0.110

(4) [단계 1-4] 사용재료

① 설계강도

가. 콘크리트

상부구조 : f_{ck} = 27.00 MPa

하부구조 : f_{ck} = 24.00 MPa

나. 철 근

상부구조 : f_y = 400.00 MPa

하부구조 : f_y = 300.00 MPa

② 탄성계수

- 철근콘크리트: E_c = 23,998.0 MPa
- 강 재 : E_s = 200,000.0 MPa
- 탄성계수비 : $N = E_s / E_c = 8.0$

(5) [단계 1-5] 설계방법

- 안정성검토 : 허용응력설계법
- 단면설계 : 강도설계법

2.5.2 **[단계 2] 단면제원 가정 및 단면 제상수 계산**

(1) [단계 2-1] 교각단면 제원 가정

- 상부구조도

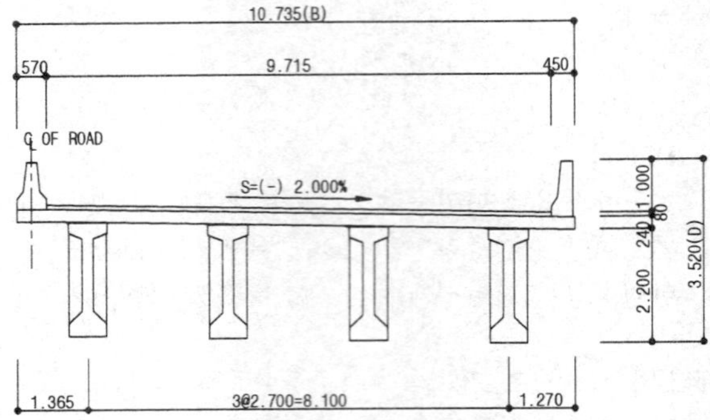

- 하부구조도

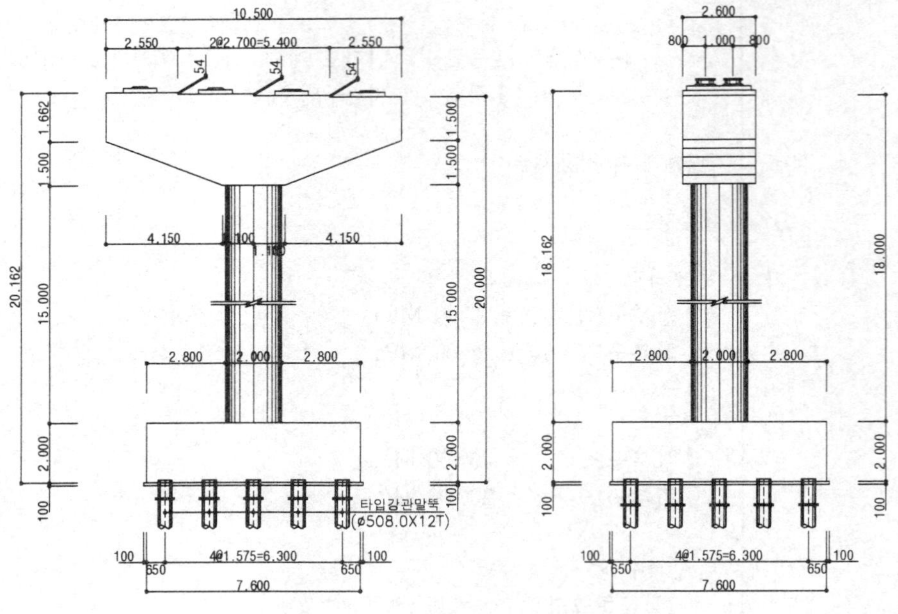

(2) [단계 2-2] 단면 제상수 산정

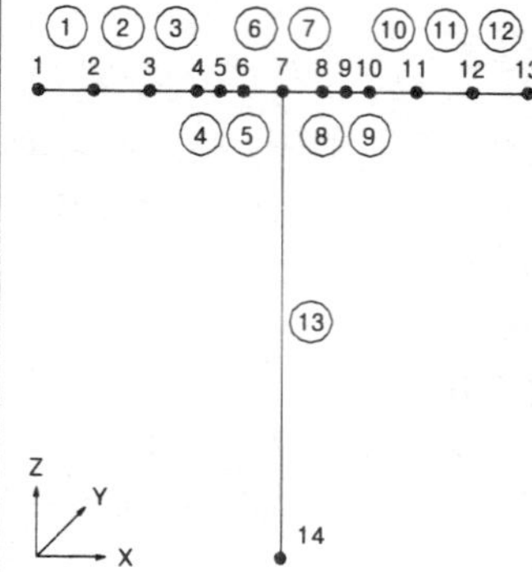

구분	B	H	A	I_{22}	I_{33}	절점번호
1	2.600	1.500	3.900	2.197	0.731	13
2	2.600	1.662	4.321	2.434	0.995	1
3	2.600	1.934	5.028	2.833	1.567	12
4	2.600	2.096	5.450	3.070	1.995	2
5	2.600	2.476	6.438	3.627	3.289	11
6	2.600	2.584	6.718	3.785	3.738	3
7	2.600	2.964	7.706	4.341	5.642	10
8	2.600	3.018	7.847	4.420	5.956	4
9	2.600	3.054	7.940	4.473	6.172	8, 9
10	2.600	3.108	8.081	4.552	6.505	5, 6, 7
11	2.000	-	3.142	0.785	0.785	기둥부재

(3) [단계 2-3] 받침 연단거리 검토

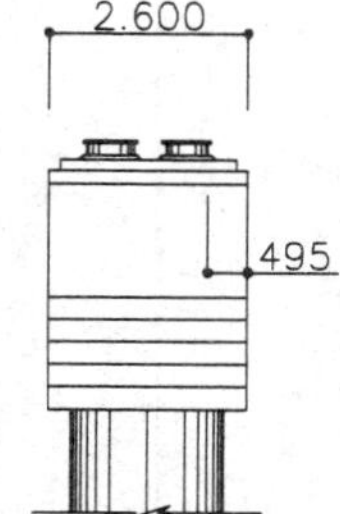

① 필요 연단거리

- 거더의 경간길이가 100 m 이하이므로 S = 200 + 5.0L

S = 200 + 5.0 x 35.100 = 375.500 mm

② 실제 연단거리 : 교량받침1에 대하여 검토

S_1 = 495.000 mm ≥ 375.500 mm ∴ OK

(4) [단계 2-4] 최소 받침지지 길이

① 최소 받침지지 길이

- 사각이 90.0°이므로 받침선과 교축직각방향의 사잇각은 0.00°

N = (200 + 1.67 x L + 6.66 x H) x (1 + 0.000125 x θ^2) mm

= (200 + 1.67 x 70.100 + 6.66 x 9.162) x (1 + 0.000125 x 0.00^2)

= 378.086 mm

② 실제 받침지지 길이

N_1 = 1,300 - 0 - 50 = 1,250 mm ≥ 378 mm ∴ OK

2.5.3 [단계 3] 하중계산

(1) [단계 3-1] 상부로부터 작용되는 반력 (단위 : kN)

받침번호		고정하중(D)	활하중(L)		
			만재하시	좌측편재하(L_2)	우측편재하(L_3)
좌측	1	1,040.923	228.788	282.018	13.188
	2	931.834	352.452	161.852	41.777
	3	932.418	351.317	42.137	159.249
	4	1,041.053	319.158	13.551	284.612
우측	1	1,040.923	228.788	282.018	13.188
	2	931.834	352.452	161.852	41.777
	3	932.418	351.317	42.137	159.249
	4	1,041.053	319.158	13.551	284.612
계		7,892.456	2,503.430	999.116	997.652

※ 교각자중은 25.000 kN/m³의 값을 프로그램에서 자동재하

(2) [단계 3-2] 풍 하 중

① 교축직각방향

· 상부구조에 작용하는 풍하중

B/D = 10.735 / 3.520 = 3.050 [1 ≤ B/D < 8] 여기서, B = 교량총폭, D = 교량총높이

W_1 = [4.0 - 0.2 x (10.735 / 3.520)] x 3.520 = 11.9 kN/m ≥ 6.0 이므로

= 11.933 kN/m

P_1 = 11.933 x (35.100 + 35.000) / 2 x sin90.0 x 0.8

= 334.601 kN ; [도로교설계기준 해설 2.1]

작용위치 h = 3.520/2 + 0.400 + 1.500/2 = 2.910 m

작용모멘트 M_y = P1 x h = 334.601 x 2.910 = 973.690 kNm

· 하부구조에 작용하는 풍하중

W'coping = 3.000 x 3.000 x 2.600 = 23.400 kN

W'column = 1.500 x 2.400 = 3.600 kN/m (풍상측)

W'column = 1.500 x 2.400 / 2 = 1.800 kN/m (풍하측)

※ 활하중 재하시는 계산된 하중의 1/2를 적용한다

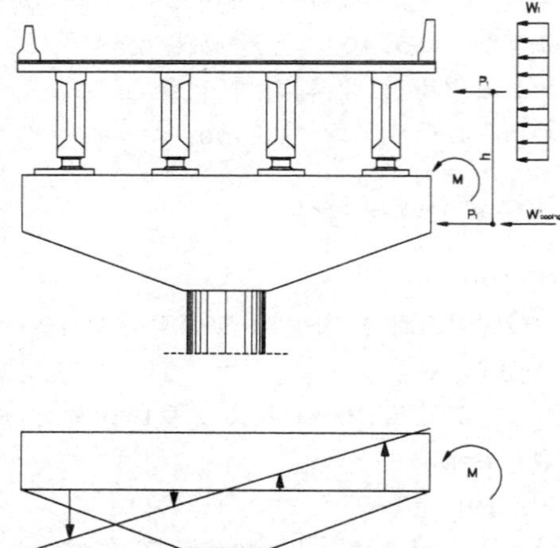

※풍하중에 의한 상부 구조물의 우력은 연직력으로 치환하여 재하한다.

② 교축방향

· 하부구조에 작용하는 풍하중

W'coping = 3.000 x (1.500 / 2 + 1.500) = 6.750 kN

W'column = 1.500 x 2.400 = 3.600 kN/m

※ 활하중 재하시는 계산된 하중의 1/2를 적용한다

③ 활하중에 작용하는 풍하중

방음벽과 겹쳐진 활하중에 대해서는 풍하중을 재하하지 않아도 좋다.
[도 · 설 2.1.11]

(3) [단계 3-3] 온도하중 산정

① 교축방향(고정단일 경우)

고정단이므로 교량받침마찰력에 의한 수평력은 고려하지 않는다.

일반적으로 고정단에서도 교량받침의 마찰력보다는 지진시의 상부구조에 의한 수평력이 크기 때문에 지진시의 수평력을 고려한다.

② 교축방향(가동단일 경우)

교각의 종방향 변위를 유발하는 수평력과 탄성받침의 전단변형을 유발하는 수평력 중 작은값을 적용한다.

(4) [단계 3-4] 수압산정 : 지하수가 없는 것으로 가정하여 수압은 고려하지 않음

(5) [단계 3-5] 원심하중 산정 : 직교로 원심하중은 고려하지 않음

(6) [단계 3-6] 충돌하중 산정 : 교량하부에 관통하는 도로가 없으므로 충돌하중은 고려하지 않음

(7) [단계 3-7] 지진하중 산정

- 지진에 의한 하중 : 제510장 내진해석 참조

구 분			교축방향			교축직각방향		
위치	Case	기둥	전단력(kN)	모멘트(kNm)	변위(m)	전단력(kN)	모멘트(kNm)	변위(m)
기둥상단	Case 1	1	1,074.00	2,156.97	0.0683	279.91	1,354.54	0.0001
	Case 2	1	323.07	654.29	0.0000	931.83	4,502.87	0.1090
기둥하단	Case 1	1	1,131.48	14,513.95	-	299.26	5,563.95	-
	Case 2	1	340.52	4,363.56	-	996.12	18,518.78	-

2.5.4 [단계 4] 하중조합

(1) [단계 4-1] 사용하중 검토시 하중조합

구분	D	L_1	L_2	L_3	W	WL	E	CO	G	Q	CF
Comb 1	1.00	1.00								1.00	1.00
Comb 2	1.00		1.00							1.00	1.00
Comb 3	1.00			1.00						1.00	1.00
Comb 4	1.00				1.00					1.00	
Comb 5	1.00	1.00			0.50	1.00				1.00	1.00
Comb 6	1.00		1.00		0.50	1.00				1.00	1.00
Comb 7	1.00			1.00	0.50	1.00				1.00	1.00
Comb 8	1.00	1.00							1.00	1.00	1.00
Comb 9	1.00	1.00							-1.00	1.00	1.00
Comb 10	1.00		1.00						1.00	1.00	1.00
Comb 11	1.00		1.00						-1.00	1.00	1.00
Comb 12	1.00			1.00					1.00	1.00	1.00
Comb 13	1.00			1.00					-1.00	1.00	1.00
Comb 14	1.00				1.00				1.00	1.00	
Comb 15	1.00				1.00				-1.00	1.00	
Comb 16	1.00	1.00			0.50	1.00			1.00	1.00	1.00
Comb 17	1.00	1.00			0.50	1.00			-1.00	1.00	1.00
Comb 18	1.00		1.00		0.50	1.00			1.00	1.00	1.00
Comb 19	1.00		1.00		0.50	1.00			-1.00	1.00	1.00
Comb 20	1.00			1.00	0.50	1.00			1.00	1.00	1.00
Comb 21	1.00			1.00	0.50	1.00			-1.00	1.00	1.00
Comb 22	1.00						1.00			1.00	
Comb 23	1.00	1.00						1.00		1.00	1.00
Comb 24	1.00		1.00					1.00		1.00	1.00
Comb 25	1.00			1.00				1.00		1.00	1.00
Comb 26	1.00				1.00			1.00		1.00	

주) 설계하중조합은 [도 · 설 2.2.3.2] 또는 편람 509.2.3.4 참조

(2) [단계 4-2] 계수하중 검토시 하중조합

구분	D	L_1	L_2	L_3	W	WL	E	CO	G	Q	CF
Comb 1	1.30	2.15								1.30	1.30
Comb 2	1.30		2.15							1.30	1.30
Comb 3	1.30			2.15						1.30	1.30
Comb 4	1.30				1.30					1.30	
Comb 5	1.30	1.30			0.65	1.30				1.30	1.30
Comb 6	1.30		1.30		0.65	1.30				1.30	1.30
Comb 7	1.30			1.30	0.65	1.30				1.30	1.30
Comb 8	1.30	1.30							1.30	1.30	1.30
Comb 9	1.30	1.30							-1.30	1.30	1.30
Comb 10	1.30		1.30						1.30	1.30	1.30
Comb 11	1.30		1.30						-1.30	1.30	1.30
Comb 12	1.30			1.30					1.30	1.30	1.30
Comb 13	1.30			1.30					-1.30	1.30	1.30
Comb 14	1.25				1.25				1.25	1.25	
Comb 15	1.25				1.25				-1.25	1.25	
Comb 16	1.25	1.25			0.63	1.25			1.25	1.25	1.25
Comb 17	1.25	1.25			0.63	1.25			-1.25	1.25	1.25
Comb 18	1.25		1.25		0.63	1.25			1.25	1.25	1.25
Comb 19	1.25		1.25		0.63	1.25			-1.25	1.00	1.25
Comb 20	1.25			1.25	0.63	1.25			1.25	1.25	1.25
Comb 21	1.25			1.25	0.63	1.25			-1.25	1.25	1.25
Comb 22	1.00						1.00			1.00	
Comb 23	1.30	1.30						1.30		1.30	1.30
Comb 24	1.30		1.30					1.30		1.30	1.30
Comb 25	1.30			1.30				1.30		1.30	1.30
Comb 26	1.20				1.20			1.20		1.20	

(3) [단계 4-3] 최대편심 작용시 하중조합

구분	D	L_1	L_2	L_3	W	WL	E	CO	G	Q	CF
Comb 1	1.00	2.15								1.30	1.30
Comb 2	1.00		2.15							1.30	1.30
Comb 3	1.00			1.25						1.30	1.30
Comb 4	1.00				1.30					1.30	
Comb 5	1.00	1.30			0.65	1.30				1.30	1.30
Comb 6	1.00		1.30		0.65	1.30				1.30	1.30
Comb 7	1.00			1.30	0.65	1.30				1.30	1.30
Comb 8	1.00	1.30							1.30	1.30	1.30
Comb 9	1.00	1.30							-1.30	1.30	1.30
Comb 10	1.00		1.30						1.30	1.30	1.30
Comb 11	1.00		1.30						-1.30	1.30	1.30
Comb 12	1.00			1.30					1.30	1.30	1.30
Comb 13	1.00			1.30					-1.30	1.30	1.30
Comb 14	0.95				1.25				1.25	1.25	
Comb 15	0.95				1.25				-1.25	1.25	
Comb 16	0.95	1.25			0.63	1.25			1.25	1.25	1.25
Comb 17	0.95	1.25			0.63	1.25			-1.25	1.25	1.25
Comb 18	0.95		1.25		0.63	1.25			1.25	1.25	1.25
Comb 19	0.95		1.25		0.63	1.25			-1.25	1.25	1.25
Comb 20	0.95			1.25	0.63	1.25			1.25	1.25	1.25
Comb 21	0.95			1.25	0.63	1.25			-1.25	1.25	1.25
Comb 22	0.95						1.00			1.00	
Comb 23	1.00	1.30						1.30		1.30	1.30
Comb 24	1.00		1.30					1.30		1.30	1.30
Comb 25	1.00			1.30				1.30		1.30	1.30
Comb 26	0.90				1.20			1.20		1.20	

2.5.5 [단계 5] 구조해석 및 단면력 산정

(1) [단계 5-1] 구조해석 모델링 및 하중 재하

① 모델링

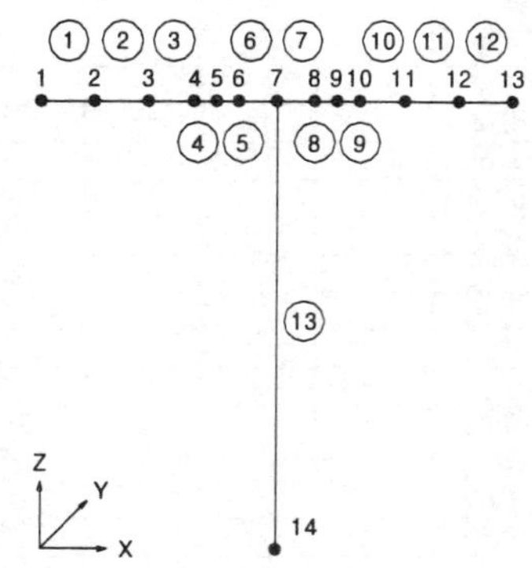

· 절점좌표

절점	X	Z	절점	X	Z
1	0.000	17.250	8	6.313	17.250
2	1.200	17.250	9	6.350	17.250
3	2.550	17.250	10	6.600	17.250
4	3.900	17.250	11	7.950	17.250
5	4.150	17.250	12	9.300	17.250
6	4.364	17.250	13	10.500	17.250
7	5.250	17.250	14	5.250	0.000

② 하 중 재 하

가. 연직하중

· 고정하중

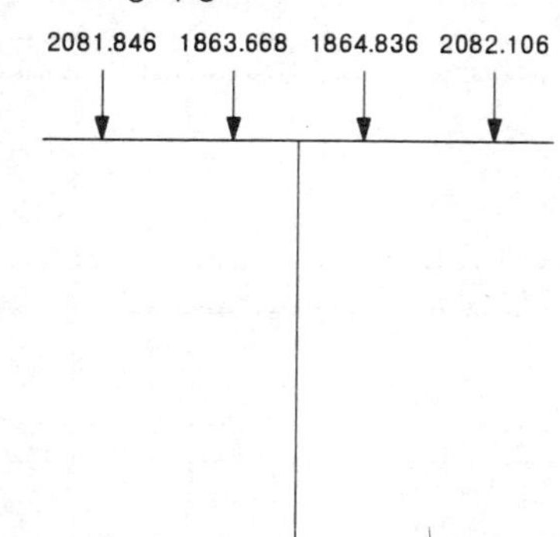

· 활하중 : 만재하시

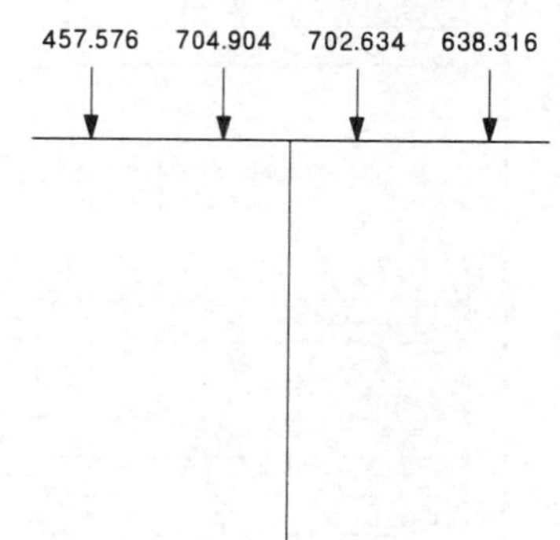

· 활하중 : 좌측 편재하시

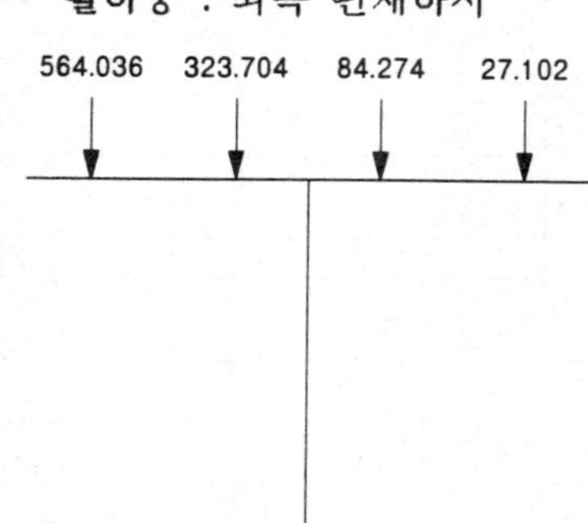

· 활하중 : 우측 편재하시

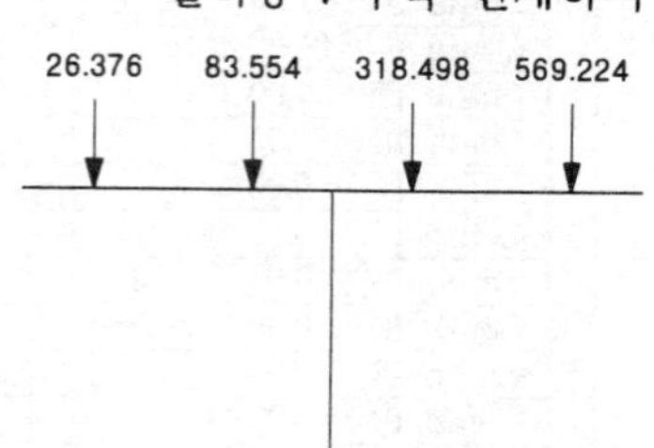

나. 수 평 하 중

ⓐ 교축직각방향

· 풍하중 : 구조물에 재하되는 풍하중

P = 334.601 / 4EA = 83.650 kN

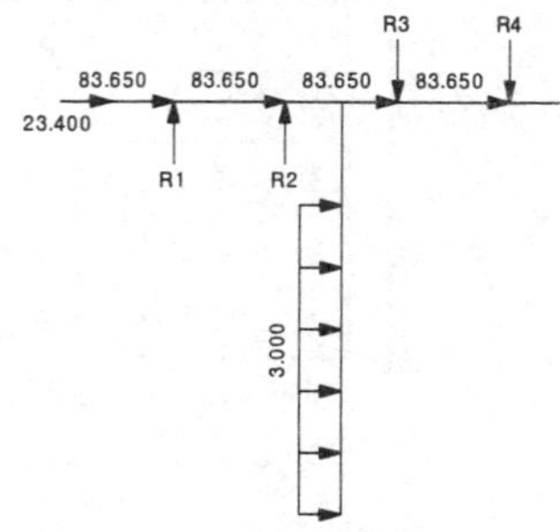

$R1$ = (973.69 × 4.05) / (4.05^2 + 1.35^2) = 108.188 kN (↑)

$R2$ = (973.69 × 1.35) / (4.05^2 + 1.35^2) = 36.063 kN (↑)

$R3$ = (973.69 × 1.35) / (4.05^2 + 1.35^2) = 36.063 kN (↓)

$R4$ = (973.69 × 4.05) / (4.05^2 + 1.35^2) = 108.188 kN (↓)

ⓑ 교축방향

· 풍하중

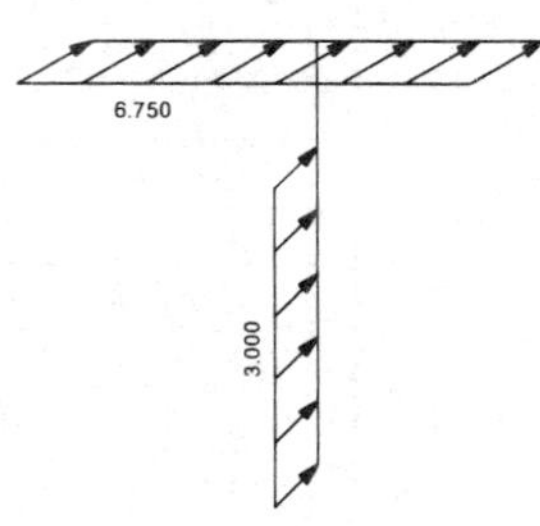

(2) [단계 5-2] 하중조건별 단면력 산정

① 하중별 부재력 집계

가. 기둥 : 부재번호 13

하 중	기둥상단			기둥하단			비고
	P_t (kN)	M_t (kNm)	V_t (kN)	P_b (kN)	M_b (kNm)	V_b (kN)	
고정하중	-9,773.772	-114.305	0.000	-10,951.870	-114.305	0.000	
만재하시 활하중	-2,503.430	728.932	0.000	-2,503.430	728.932	0.000	
좌측 편재하시 활하중	-999.110	-2,497.838	0.000	-999.110	-2,497.838	0.000	
우측 편재하시 활하중	-997.650	2,515.685	0.000	-997.650	2,515.685	0.000	
교축직각방향 풍하중	0.000	1,779.180	-358.023	0.000	7,487.018	-403.023	
차량활하중에 작용하는 풍하중	0.000	0.000	0.000	0.000	0.000	0.000	
교축직각방향 지진하중	0.000	4,502.870	931.826	0.000	18,518.781	996.122	
교축방향 풍하중	0.000	-159.469	70.898	0.000	-1,560.431	115.898	
교축방향 지진하중	0.000	2,156.967	1,073.996	0.000	14,513.950	1,131.480	·

나. 두부보 : 부재번호 5, 8

하 중	내민보			내측빔			비고
	P (kN)	M (kNm)	V (kN)	P (kN)	M (kNm)	V (kN)	
고정하중	0.000	-8,803.388	4,636.211	0.000	-8,718.167	-4,604.422	
만재하시 활하중	0.000	-1,774.857	1,162.480	0.000	-2,345.665	-1,340.950	
좌측 편재하시 활하중	0.000	-1,934.819	887.740	0.000	-124.846	-111.370	
우측 편재하시 활하중	0.000	-122.234	109.930	0.000	-1,948.796	-887.720	
교축직각방향 풍하중	-190.700	359.000	144.300	167.300	-359.000	-144.300	
차량활하중에 작용하는 풍하중	0.000	0.000	0.000	0.000	0.000	0.000	
교축직각방향 지진하중	0.000	0.000	0.000	0.000	0.000	0.000	
교축방향 풍하중	0.000	0.000	0.000	0.000	0.000	0.000	
교축방향 지진하중	0.000	0.000	0.000	0.000	0.000	0.000	

(3) [단계 5-3] 사용하중 조합시 단면력 산정

① 교축직각방향

가. 기둥 : 부재번호 13

하 중	기둥상단			기둥하단			비고
	P_t (kN)	M_t (kNm)	V_t (kN)	P_b (kN)	M_b (kNm)	V_b (kN)	
Comb 1	-12,277.202	843.035	0.000	-13,455.300	843.237	0.000	
· · · ·	중략						
Comb 4	-9,773.772	1,893.485	358.023	-10,951.870	7,601.322	403.023	모멘트최대
· · · ·	중략						
Comb 16	-12,277.202	1,732.827	179.011	-13,455.300	4,586.746	201.511	축력최대
· · · ·	중략						
Comb 22	-9,773.772	4,617.526	931.826	-10,951.870	18,633.086	996.122	지진시
· · · ·	중략						
Comb 26	-9,773.772	1,893.485	358.023	-10,951.870	7,601.322	403.023	

나. 두부보 : 부재번호 5, 8

하중	내민보		비고
	M (kNm)	V (kN)	
Comb 1	11,063.832	5,945.372	
· · · ·	중략		
Comb 5	11,243.332	6,017.522	
· · · ·	중략		
Comb 26	9,162.388	4,780.511	

주) 내민보의 부재력은 부재5, 부재8의 결과값 중 큰 값을 사용한다.

② 교축방향

가. 기둥 : 부재번호 13

하중	기둥상단			기둥하단			비고
	P_t (kN)	M_t (kNm)	V_t (kN)	P_b (kN)	M_b (kNm)	V_b (kN)	
Comb 1	-12,277.202	0.000	0.000	-13,455.300	0.000	0.000	
· · · ·	중략						
Comb 4	-9,773.772	159.469	70.898	-10,951.870	1,560.431	115.898	모멘트최대
Comb 5	-12,277.202	79.734	35.449	-13,455.300	780.216	57.949	축력최대
· · · ·	중략						
Comb 22	-9,773.772	2,156.967	1,073.996	-10,951.870	14,513.950	1,131.480	지진시
· · · ·	중략						
Comb 26	-9,773.772	159.469	70.898	-10,951.870	1,560.431	115.898	

(4) [단계 5-4] 계수하중 조합시 단면력 산정

① 교축직각방향

가. 기둥 : 부재번호 13

하중	기둥상단			기둥하단			비고
	P_t (kN)	M_t (kNm)	V_t (kN)	P_b (kN)	M_b (kNm)	V_b (kN)	
Comb 1	-18,088.278	1,715.801	0.000	-19,619.805	1,715.801	0.000	축력최대
· · · ·	중략						
Comb 4	-12,705.904	2,461.530	465.429	-14,237.431	9,881.719	523.929	모멘트최대
· · · ·	중략						
Comb 22	-9,773.772	4,617.175	931.826	-10,951.870	18,633.086	996.122	지진시
· · · ·	중략						
Comb 26	-11,728.526	2,272.182	429.627	-13,142.244	9,121.587	483.627	

나. 두부보 : 부재번호 5, 8

하중	내민보		비고
	M (kNm)	V (kN)	
Comb 1	16,376.796	8,868.791	
· · · ·	중략		
Comb 26	10,994.866	5,736.613	

주) 내민보의 부재력은 부재5, 부재8의 결과값 중 큰 값을 사용한다

② 교축방향

가. 기둥 : 부재번호 13

하 중	기둥상단			기둥하단			비 고
	P_t (kN)	M_t (kNm)	V_t (kN)	P_b (kN)	M_b (kNm)	V_b (kN)	
Comb 1	-18,088.278	0.000	0.000	-19,619.805	0.000	0.000	축력최대
· · · ·	중략						
Comb 4	-12,705.904	207.309	92.167	-14,237.431	2,028.561	150.667	모멘트최대
· · · ·	중략						
Comb 22	-9,773.772	2,156.967	1,073.996	-10,951.870	14,513.950	1,131.480	지진시
· · · ·	중략						
Comb 26	-11,728.526	191.363	85.077	-13.142.244	1,872.518	139.077	

(5) [단계 5-5] 계수하중 조합시 단면력 산정(최대편심)

① 교축직각방향

가. 기둥 : 부재번호 13

하중	기둥상단			기둥하단			비고
	P_t (kN)	M_t (kNm)	V_t (kN)	P_b (kN)	M_b (kNm)	V_b (kN)	
Comb 1	-15,156.147	1,681.509	0.000	-16,334.245	1,681.509	0.000	
· · · ·	중략						
Comb 26	-8,796.395	2,237.890	429.627	-9,856.683	9,087.295	483.627	최대편심

② 교축방향

가. 기둥 : 부재번호 13

하중	기둥상단			기둥하단			비고
	P_t (kN)	M_t (kNm)	V_t (kN)	P_b (kN)	M_b (kNm)	V_b (kN)	
Comb 1	-15,156.147	0.000	0.000	-16,334.245	0.000	0.000	
· · · ·	중략						
Comb22	-9,773.772	718.989	1,073.996	-10,951.870	4,837.983	1,131.480	최대편심
· · · ·	중략						
Comb26	-8,796.395	191.363	85.077	-9,856.683	1,872.518	139.077	

2.5.6 [단계 6] 부재의 설계

(1) [단계 6-1] 캔틸레버부 위험단면 산정

① 내민길이의 산정

: 원형이나 정다각형 기둥인 경우 내민 길이는 정사각형 기둥단면으로 치환하여 구한다. [도 · 설 5.4.4.1]

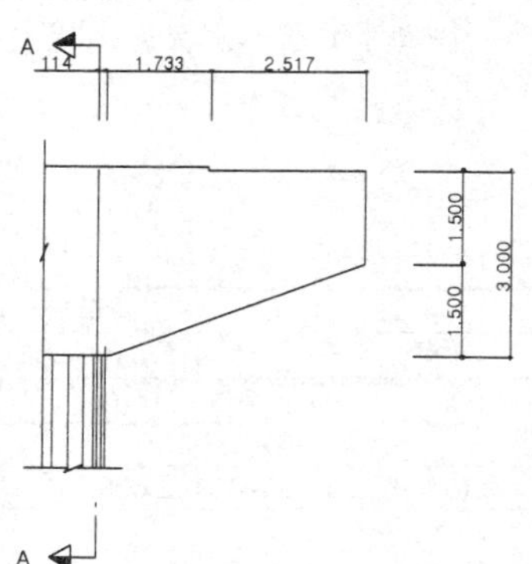

가. 기둥의 단면적

$$A = \pi \times 2.000^2 \ / \ 4 = 3.142 \ m^2$$

나. 치환단면의 한변길이

$$L = \sqrt{3.142} = 1.772 \ m$$

☞ 위험단면은 기둥끝단으로부터 0.114 m (= 1.000 - 1.772 / 2)에 위치한다.

(2) [단계 6-2] 브래킷 단면 검토

① 브래킷 판정

가. 위험단면에서의 작용력 : [단계 5-4] ①. 나 Comb 1 참조

V_u = 8,868.791 kN

M_u = 16,376.796 kNm

N_u = 0.000 kN

나. 브래킷 판정

a = 16,376.796 / 8,868.791 = 1.847 m

d = 3.000 - 0.145 = 2.855 m

a / d = 1.847 / 2.855 = 0.647 ≤ 1.0 ∴브래킷으로 검토

② 브래킷 단면 검토

가. 단면제원 및 설계조건

f_{ck} = 24 MPa, f_y = 300 MPa, k_1 = 0.85, Φ_f = 0.80, Φ_v = 0.80

B (mm)	H (mm)	d (mm)	피복 (mm)	외단깊이 (mm)	V_u (kN)
2,600.000	3,000.000	2,855.283	100.000	2,409.916	8,868.791

a = 1,846.565 mm, d = 2,855.283 mm

a / d (= 0.647) ≤ 1 → Bracket으로 설계. [도 · 설 4.4.6.8]

지압면의 외단깊이 ≥ 0.5d, 2,409.916 mm ≥ 0.5 x 2,855.283 mm ∴ OK

나. 설계단면력 산정

V_u = 8,868.791 kN

N_{uc} = 0.20 x 8,868.791 = 1,773.758 kN

M_u = V_u x a + N_{uc} x (h - d)

= 8,868.791 x 1.847 + 1,773.758 x (3.000 - 2.855) = 16,633.489 kNm

다. 전단마찰철근(A_{vf})의 설계

: 전단마찰철근이 전단면에 수직인 경우, [도 · 설 4.4.6.4]

V_{n_max} ≤ 0.2 x f_{ck} x b_o x d, 5.6 x b_o x d

≤ 0.2 x 24 x 2,600.000 x 2,855.283 = 35,633.936 kN

≤ 5.6 x 2,600.000 x 2,855.283 = 41,572.925 kN

ΦV_{n_max} = 0.80 x 35,633.936 = 28,507.149 kN ≥ V_u(= 8,868.791 kN) ∴ OK

$$A_{vf} = \frac{V_u}{\Phi_v \times f_y \times \mu}$$ (Φ_v = 0.80, μ = 1.4λ, λ = 1.0 ; 일체로 친 보통 콘크리트)

= 8,868,791.282 / (0.80 x 300 x 1.4)

= 26,395.212 ㎟

라. 휨모멘트 철근(A_f)의 설계

M_u = 8,868.791 x 1.847 + 1,773.758 x (3.000 - 2.855) = 16,633.489 kNm

$$A_{vf} = \frac{A_f \times f_y}{0.85 \times f_{ck} \times b}$$

$M_n = M_u / \Phi = A_f \times f_y \times (d - a / 2)$ → 위의 a를 대입하여 A_f를 이차방정식으로 푼다.

$$A_f = \frac{d - \sqrt{\left[d^2 - 4 \times M_u / (1.7 \times f_{ck} \times b \times \Phi)\right]}}{2 \times f_y / (1.7 \times f_{ck} \times b)}$$

= 24,886.395 ㎟

마. 수평인장 철근(A_n)의 설계

N_{uc} = 0.20 x 8,868.791 = 1,773.758 kN

$A_n = N_{uc} / (\Phi \times f_y)$ = 7,390.659 ㎟

바. 주인장철근(A_s)의 산정

주인장철근의 단면적은 $(A_f + A_n)$과 $(2/3\ A_{vf} + A_n)$ 중 큰 값을 취한다.

→ A_s = 32,277.055 ㎟

A_s(min) = 0.04 x (f_{ck} / f_y) x b x d

= 0.04 x (24 / 300) x 2,600.000 x 2,855.283

= 23,755.957 ㎟

Use A_s = 35,915.000 ㎟ (철근도심 144.72 ㎜)

1단 : D32 = 25.0EA, d_1 = 100.00 ㎜

2단 : D29 = 25.0EA, d_2 = 200.00 ㎜

Use $A_s \geq$ 32,277.055 ㎟, 23,755.957 ㎟ ∴ OK

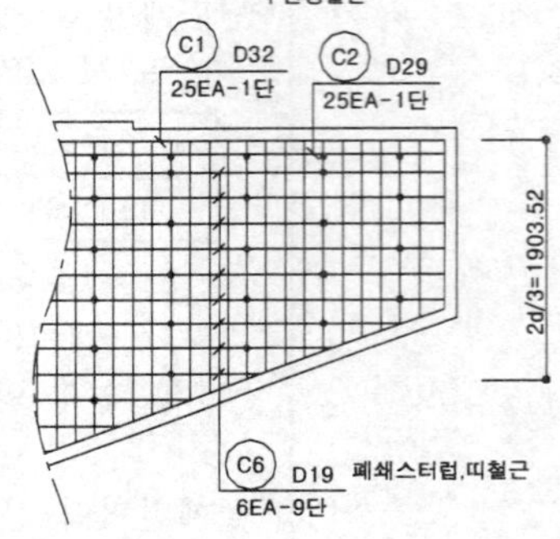

사. 폐쇄 스터럽, 띠철근(A_h)의 산정

A_h = 0.5 x $(A_s - A_n)$ = 0.5 x (32,277.055 - 7,390.659)

= 12,443.198 ㎟

사용철근량(1단) : D19 - 6.0 EA = 1,719.000 ㎟

철근의 배치 범위 : 2/3d = 2/3 x 2,855.28 = 1,903.52㎜ 구간에 9.0단 설치

▶ 사용철근량(9.0단) : D19 - 54.00 EA = 15,471.000 ㎟ ≥ 12,443.198 ㎟ ∴ OK

(3) [단계 6-3] 깊은보 단면 검토

① 깊은보 판정

- 1단지지 캔틸레버보의 경우 작용점에서 받침부 전면까지 거리의 2배를 L_n으로 하여 단순지지된 깊은 보에 대한 규정에 따르고 a/d가 1이하인 경우는 7.8의 규정(브래킷)도 따라야 한다. [콘 · 설 7.7.1.(2)]
- L_n = 2 x a = 2 x 1.847 m = 3.693 m , L_n/d = 1.273 < 5 ∴ 깊은보로 설계
- $a/2$ = 0.923 m (< d = 2.900 m) L 위험단면 위치

② 단면력 산정 : [단계 5-4] ①. 나 Comb 1 참조

- V_u = 8,868.553 kN

  부재번호 : 8 (I단 : 절점8, J단 : 절점9) 부재길이(L) : 0.237 m

  V_{ui} = 8,868.791 kN (I단), V_{uj} = 8,813.566 kN (J단)

  검토위치(L_c) = 6.137 m (두부보 좌측단에서의 거리)

  $V_u = V_{ui} + (V_{uj} - V_{ui}) / L \times (L_c$ - I단 좌표)

  = 8,868.791 + (8,813.566 - 8,868.791) / 0.214 x (6.137 - 6.136) = 8,868.553 kN

③ 깊은보 단면 검토

* 단면제원 및 설계조건

B (mm)	L_n (mm)	d (mm)	V_u (mm)	f_{ck} (MPa)	f_y (MPa)
2,600.000	3,693.130	2,855.280	8,868.553	24.0	300.0

* 최대전단강도 검토

$\Phi \mathrm{Max} V_n = \Phi \times 2 \times \sqrt{f_{ck}} / 3 \times b \times d$

$= 0.80 \times 2 \times \sqrt{24} / 3 \times 2{,}600.00 \times 2{,}855.28$

$= 19{,}396.658$ kN $\geq V_u$ (= 8,868.553 kN) ∴ OK

* 콘크리트의 전단강도

$\Phi V_c = 0.80 \times 1/6 \times \sqrt{f_{ck}} \times b \times d$

$= 0.80 \times 1/6 \times \sqrt{24} \times 2{,}600.00 \times 2{,}855.28 = 4{,}849.164$ kN

$< V_u$ (= 8,868.553 kN) , 전단보강 필요.

* 전단철근의 전단강도

ⓐ 수직 전단철근

s = 150.00 mm $\leq d/5$ 또는 400 mm ∴ OK

A_v = D19 - 6.0 EA (= 1,719.000 mm²) $\geq 0.0015 \times b \times s$ (= 585.000 mm²) ∴ OK

ⓑ 수평 전단철근

s_h = 200.00 mm $\leq d/3$ 또는 400 mm ∴ OK

A_{vh} = D19 - 6.0 EA (= 1,719.000 mm²) $\geq 0.0025 \times b \times s_h$ (= 1,300.000 mm²) ∴ OK

→ $V_s = [A_v / s \times (1 + L_n / d) / 12 + A_{vh} / s_h \times (11 - L_n / d) / 12] \times f_y \times d$

= 7,831.378 kN

* 설계 전단강도

$\Phi V_n = \Phi \times (S_s + S_c)$ = 0.80 x (7,831.378 + 6,061.456)

= 11,114.267 kN ≥ Vu(= 8,868.553 kN) ∴ OK

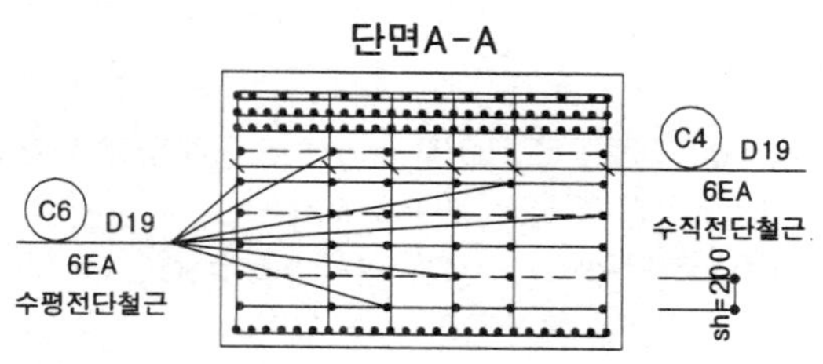

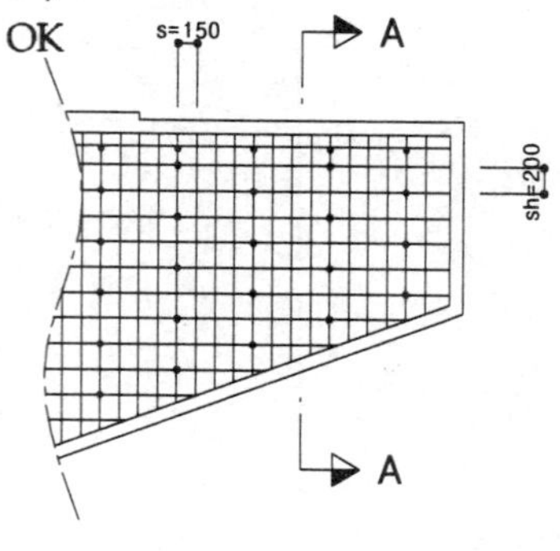

(4) [단계 6-4] 코핑부 두부 관성력에 대한 단면 검토

① 단면력 산정

- 교축방향 지진시 수평력과 두부보 관성력으로 교축방향 모멘트를 산정

→ 두부보 자중에 의한 관성력 산정 : 설계수평진도 (K_h = 0.154 x 1.200 = 0.185)

w_1 = 1.500 x (4.364 - 0.214) x 2.600 x 25.000 x 0.185 = 74.775 kN

w_2 = (1.500 + 1.500) x 0.214 x 2.600 x 25.000 x 0.185 = 7.712 kN

w_3 = 1.500 x (4.364 - 0.214) / 2 x 2.600 x 25.000 x 0.185 = 37.387 kN

V_c = 74.775 + 7.712 + 37.387 = 120.003 kN

M_c = 74.775 x 2.289 + 7.712 x 0.107 + 37.387 x 1.597 = 231.955 kN

V_u = 104.736 + 103.853 + 104.665 + 103.883 + 120.003(V_c) = 537.091 kN

M_u = 104.736 x 3.164 + 103.853 x 0.464 + 104.665 x 3.164 + 103.833 x 0.464 + 231.955(M_c)
= 990.868 kNm

② 코핑부 단면 검토

* 단면제원 및 설계조건

f_{ck} = 24 MPa, f_y = 300 MPa, k_1 = 0.85, Φ_f = 0.80, Φ_v = 0.80

B (mm)	H (mm)	d (mm)	피복 (mm)	M_u (kNm)	V_u (kNm)
3,000.000	2,600.000	2,500.000	100.000	990.868	537.091

M_u / Φ = A_s x f_y x (d - a / 2) ---------------- (1)

a = A_s x f_y / (0.85 x f_{ck} x b) ---------------- (2)

식(2)를 식(1)에 대입하여 이차방정식으로 A_s를 구한다

$$\frac{f_y^2}{2\times 0.85\times f_{ck}\times b}A_s^2 - f_y \times d \times A_s + \frac{M_u}{\Phi} = 0$$

→ Req A_s = 1,556.679 mm²

Use A_s = 5,955.300 mm² (철근도심 : 100.000 mm)

1단 : D32 - 1.0 EA + D29 - 1.0 EA (= 1,436.600 mm²) , d_1 = 100.00 mm

2단 : D19 - 13.0 EA + D32 - 1.0 EA (= 4,518.700 mm²) , d_2 = 100.00 mm

* 철근비 검토

ρ_{min} : 1.4 / f_y = 0.00467

$0.25\sqrt{f_{ck}}$ / f_y = 0.00408 , ρ_{min} = 0.00467 적용

ρ_{max} = 0.75 x ρ_b = 0.75 x k_1 x Φ x (f_{ck} / f_y) x {600 / (600 + f_y)} = 0.02890

ρ_{use} = A_s / bd = 0.00079

ρ_{max} ≥ ρ_{use} , A_s ≥ A_s(req) x 4/3 → 철근비 만족, ∴ OK [콘 · 설 6.3.2]

* 휨에 대한 검토

ΦM_n = 0.85 x 5,955.300 x 300 x (2,500.00 - a/2) = 3,774.338 kNm

; a = A_s x f_y / (0.85 x f_{ck} x b) = 29.193 mm

≥ M_u (= 990.868 kNm) ∴ OK [안전률 3.809]

* 전단에 대한 검토(d = 2,500.00 mm)

ΦV_c = 0.80 x 1/6 x $\sqrt{f_{ck}}$ x b x d

= 0.80 x 1/6 x $\sqrt{24}$ x 3,000.00 x 2,500.00 = 4,898.979 kN

≥ V_u (= 537.091 kN) , 전단보강 불필요

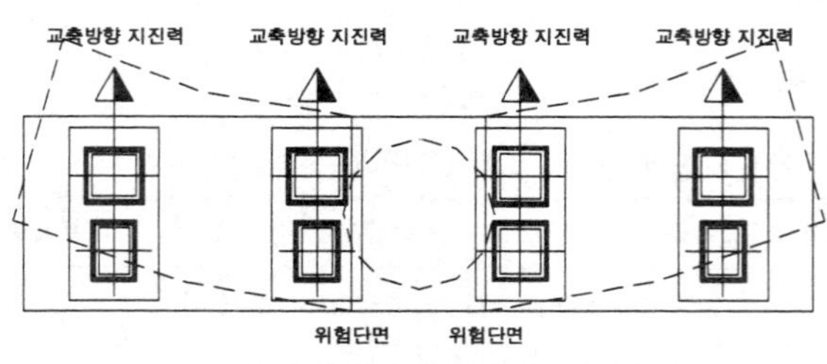

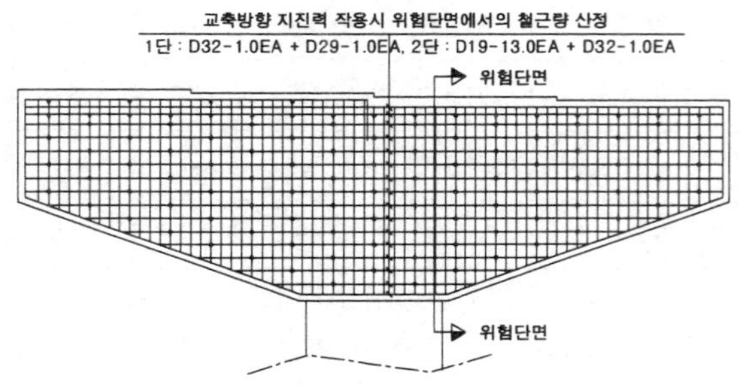

(5) [단계 6-5] 코핑중앙부 단면검토

T형 원형 교각으로 코핑 중앙단면이 존재하지 않으므로 생략

(6) [단계 6-6] 사용성 검토 : [단계 5-3] ①. 나 Comb 4 참조

① 응력산정

f_s = M / [A_s x (d - x / 3)] = 11,243.332 x 100,000 / [35,915.500 x (2,855.283 - 691.536 / 3)]

= 119.269 MPa

x = -nA_s / b + nA_s / $b\sqrt{[1+2bd/(nA_s)]}$

= -8 x 35,915.000 / 2,600.0 + 8 x 35,915.000 / 2,600.0 x

$\sqrt{[(1+2\times 2{,}600.0\times 2{,}855.3)/(8\times 35{,}915.000)]}$ = 691.536 mm

Use A_s = 35,915.000 mm^2 (철근도심 : 144.717 mm)

1단 : D32 - 25.0 EA (= 19,855.000 mm^2) , d_1 = 100.00 mm

2단 : D25 - 25.0 EA (= 16,060.000 mm^2) , d_2 = 200.00 mm

② 허용 균열폭

w_a = 0.005t_c (습윤 환경) = 0.0050 x (100.00 - 32 / 2) = 0.420 mm

③ 균열폭 산정

R = (H - x) / (H - x - d') = 1.067

A = 2 x 144.717 x 2,600.00 / 50.0 = 15,050.536 mm^2

w = 1.08 x R x f_s x $\sqrt[3]{(d_c \times A)}$ x 0.00001
= 1.08 x 1.067 x 119.269 x $\sqrt[3]{(100.00 \times 15,050.536)}$ x 0.00001
= 0.158 mm $\leq$ w_a (= 0.420 mm) ∴ OK

(7) [단계 6-7] 기둥에 작용하는 부재력 집계

① 부재력 집계

가. 교축직각방향 (기둥부재력 집계 : [단계 5-4], [단계 5-5] ①. 가 참조)

구분	P_S(kN)	P_u(kN)	M_t(kNm)	M_b(kNm)	V(kN)	△(m)	비고
Comb 01	-14,237.431	-19,619.805	1,715.801	1,715.801	0.000	0.00000	축력최대
Comb 04	-14,237.431	-14,237.431	2,461.530	9,881.719	523.929	0.05380	모멘트최대
Comb 22	-10,951.870	-10,951.870	4,617.175	18,633.086	996.122	0.10899	탄성설계
Comb 22	-10,951.870	-10,951.870	1,615.261	6,287.232	996.122	0.10899	소성설계
Comb 26	-9,856.683	-9,856.683	2,237.890	9,087.295	483.627	0.04966	편심최대

주) P_e : 장기지속축력 (= 고정하중에 의한 축력 x 고정하중계수)
P_S : 전체축력, M_t : 기둥상단 모멘트, M_b : 기둥하단 모멘트
V : 전단력, Δ : 기둥상단의 변위량
※ 소성설계시 지진시 모멘트에 대하여 응답수정계수(R=3.0)로 나눈 값을 적용한다

나. 교축방향 (기둥부재력 집계 : [단계 5-4], [단계 5-5] ②. 가 참조)

구분	P_e(kN)	P_u(kN)	M_t(kNm)	M_b(kNm)	V(kN)	△(m)	비고
Comb 01	-14,237.431	-19,619.805	0.000	0.000	0.000	0.00000	축력최대
Comb 04	-14,237.431	-14,237.431	207.309	2,028.561	150.667	0.00998	모멘트최대
Comb 22	-10,951.870	-10,951.870	2,156.967	14,513.950	1,131.480	0.06835	탄성설계
Comb 22	-10,951.870	-10,951.870	718.989	4,837.983	1,131.480	0.06835	소성설계
Comb 22	-10,951.870	-10,951.870	718.989	4,837.983	1,131.480	0.06835	편심최대

주) P_e : 장기지속축력 (= 고정하중에 의한 축력 x 고정하중계수)
P_u : 전체축력, M_t : 기둥상단 모멘트, M_b : 기둥하단 모멘트
V : 전단력, Δ : 기둥상단의 변위량
※ 소성설계시 지진시 모멘트에 대하여 응답수정계수(R=3.0)로 나눈 값을 적용한다.

(8) [단계 6-8] 총안정 지수 및 세장비 산정

① 교축직각방향

가. 축력 최대 : 상시

ⓐ 세장비 검토

횡방향 강성이나 브레이싱 부재 또는 전단벽등에 의한 횡방향 강성이 존재하지 않는 캔틸레버 형식이므로 비횡구속 구조, k = 2.1

세장비 $\lambda = k^*L_u/r < 22$

$= 2.100 \times 15.000 / 0.500$

$= 63.000 \geq 22.000$ ∴ 장주

여기서, $r = \sqrt{(I/A)} = 0.500$: 부재단면의 최소회전반경

L_u : 압축부재의 비지지길이(= 15.000 m, 기둥순길이 적용)

ⓑ 층 안정지수 산정

$Q = \sum P_u^*\Delta / (V_u^*L_c)$

$= 19{,}616.81 \times 0.00000 / (0.000 \times 17.250)$

$= 0.000$

여기서, L_c : 절점을 중심으로 측정된 기둥의 길이(= 17.250 m)

ⓒ 모멘트 확대계수 산정

$\delta_s = 1 / (1 - Q) \geq 1.0$

$= 1 / (1 - 0.000)$

$= 1.000$

만일, $\delta_s > 1.5$ 이면 $\delta s = 1 / (1-P_u/0.75P_c) \geq 1.0$

ⓓ 확대 모멘트 산정

$M_1 = M_{1ns} + \delta_s \times M_{1s}$

$= 0.000 + 1.000 \times 1715.801$

$= 1715.801$ kNm

$M_2 = M_{2ns} + \delta_s \times M_{2s}$

$= 0.000 + 1.000 \times 1715.801$

$= 1710.801$ kNm

나. 모멘트 최대 : 상시

ⓐ 세장비 검토

횡방향 강성이나 브레이싱 부재 또는 전단벽등에 의한 횡방향 강성이 존재하지 않는 캔틸레버 형식이므로 비횡구속 구조, k = 2.1

세장비 $\lambda = k^*L_u/r < 22$

$= 2.100 \times 15.000 / 0.500$

$= 63.000 \geq 22.000$ ∴ 장주

여기서, $r = \sqrt{(I/A)} = 0.500$: 부재단면의 최소회전반경

L_u : 압축부재의 비지지길이(= 15.000 m, 기둥순길이 적용)

ⓑ 층 안정지수 산정

$Q = \sum P_u^*\Delta / (V_u^*L_c)$

$= 14,237.431 \times 0.05380 / (523.929 \times 17.250)$
$= 0.085$

여기서, L_c : 절점을 중심으로 측정된 기둥의 길이(= 17.250 m)

ⓒ 모멘트 확대계수 산정

$\delta_s = 1 / (1 - Q) \geq 1.0$
$= 1 / (1 - 0.085)$
$= 1.093$

만일, $\delta_s > 1.5$ 이면 $\delta s = 1 / (1-P_u/0.75P_c) \geq 1.0$

ⓓ 확대 모멘트 산정

$M_1 = M_{1ns} + \delta_s \times M_{1s}$
$= 0.000 + 1.093 \times 2,461.530$
$= 2,690.197$ kNm

$M_2 = M_{2ns} + \delta_s \times M_{2s}$
$= 0.000 + 1.093 \times 9,881.719$
$= 10,799.693$ kNm

다. 지진시 : 탄성설계적용시

ⓐ 세장비 검토

횡방향 강성이나 브레이싱 부재 또는 전단벽등에 의한 횡방향 강성이 존재하지 않는 캔틸레버 형식이므로 비횡구속 구조, k = 2.1

세장비 $\lambda = k^*L_u/r < 22$
$= 2.100 \times 15.000 / 0.500$
$= 63.000 \geq 22.000$ ∴ 장주

여기서, $r = \sqrt{(I/A)} = 0.500$: 부재단면의 최소회전반경
L_u : 압축부재의 비지지길이(= 15.000 m, 기둥순길이 적용)

ⓑ 층 안정지수 산정

$Q = \sum P_u^*\Delta / (V_u^*L_c)$
$= 10,951.870 \times 0.10899 / (996.122 \times 17.250)$
$= 0.069$

여기서, L_c : 절점을 중심으로 측정된 기둥의 길이(= 17.250 m)

ⓒ 모멘트 확대계수 산정

$\delta_s = 1 / (1 - Q) \geq 1.0$
$= 1 / (1 - 0.069)$
$= 1.074$

만일, $\delta_s > 1.5$ 이면 $\delta s = 1 / (1-P_u/0.75P_c) \geq 1.0$

ⓓ 확대 모멘트 산정

$M_1 = M_{1ns} + \delta_s \times M_{1s}$

$= 0.000 + 1.074 \times 4,617.175$

$= 4,959.371$ kNm

$M_2 = M_{2ns} + \delta_s \times M_{2s}$

$= 0.000 + 1.074 \times 18,633.086$

$= 20,014.056$ kNm

라. 지진시 : 소성설계적용시

ⓐ 세장비 검토

횡방향 강성이나 브레이싱 부재 또는 전단벽등에 의한 횡방향 강성이 존재하지 않는 캔틸레버 형식이므로 비횡구속 구조, $k = 2.1$

세장비 $\lambda = k^*L_u/r < 22$

$= 2.100 \times 15.000 / 0.500$

$= 63.000 \geq 22.000$ ∴ 장주

여기서, $r = \sqrt{(I/A)} = 0.500$: 부재단면의 최소회전반경

L_u : 압축부재의 비지지길이(= 15.000 m, 기둥순길이 적용)

ⓑ 층 안정지수 산정

$Q = \sum P_u^*\Delta / (V_u^*L_c)$

$= 10,951.870 \times 0.10899 / (996.122 \times 17.250)$

$= 0.069$

여기서, L_c : 절점을 중심으로 측정된 기둥의 길이(= 17.250 m)

ⓒ 모멘트 확대계수 산정

$\delta_s = 1 / (1 - Q) \geq 1.0$

$= 1 / (1 - 0.069)$

$= 1.074$

만일, $\delta s > 1.5$ 이면 $\delta s = 1 / (1-Pu/0.75Pc) \geq 1.0$

ⓓ 확대 모멘트 산정

$M_1 = M_{1ns} + \delta_s \times M_{1s}$

$= 0.000 + 1.074 \times 1,615.261$

$= 1,734.974$ kNm

$M_2 = M_{2ns} + \delta_s \times M_{2s}$

$= 0.000 + 1.074 \times 6,287.232$

$= 6,753.203$ kNm

마. 최대편심

ⓐ 세장비 검토

횡방향 강성이나 브레이싱 부재 또는 전단벽등에 의한 횡방향 강성이 존재하지 않는 캔틸레버 형식이므로 비횡구속 구조, $k = 2.1$

세장비 $\lambda = k^*L_u/r < 22$

$= 2.100 \times 15.000 \ / \ 0.500$

$= 63.000 \geq 22.000$ ∴ 장주

여기서, $r = \sqrt{(I/A)} = 0.500$: 부재단면의 최소회전반경

L_u : 압축부재의 비지지길이(= 15.000 m, 기둥순길이 적용)

ⓑ 층 안정지수 산정

$Q = \Sigma P_u{*}\Delta \ / \ (V_u{*}L_c)$

$= 9{,}856.683 \times 0.04966 \ / \ (483.627 \times 17.250)$

$= 0.059$

여기서, L_c : 절점을 중심으로 측정된 기둥의 길이(= 17.250 m)

ⓒ 모멘트 확대계수 산정

$\delta_s = 1 \ / \ (1 - Q) \geq 1.0$

$= 1 \ / \ (1 - 0.059) = 1.063$

·만일, $\delta_s > 1.5$ 이면 $\delta s = 1 \ / \ (1 - Pu/0.75Pc) \geq 1.0$

ⓓ 확대 모멘트 산정

$M_1 = M_{1ns} + \delta_s \times M_{1s}$

$= 0.000 + 1.063 \times 2{,}237.890$

$= 2{,}378.204$ kNm

$M_2 = M_{2ns} + \delta_s \times M_{2s}$

$= 0.000 + 1.063 \times 9{,}087.295$

$= 9{,}657.062$ kNm

② 교축방향

가. 축력 최대 : 상시

ⓐ 세장비 검토

횡방향 강성이나 브레이싱 부재 또는 전단벽등에 의한 횡방향 강성이 존재하지 않는 캔틸레버 형식이므로 비횡구속 구조, $k = 2.1$

세장비 $\lambda = k{*}L_u/r < 22$

$= 2.100 \times 15.000 \ / \ 0.500$

$= 63.000 \geq 22.000$ ∴ 장주

여기서, $r = \sqrt{(I/A)} = 0.500$: 부재단면의 최소회전반경

L_u : 압축부재의 비지지길이(= 15.000 m, 기둥순길이 적용)

ⓑ 층 안정지수 산정

$Q = \Sigma P_u{*}\Delta \ / \ (V_u{*}L_c)$

$= 19{,}616.810 \times 0.00000 \ / \ (0.000 \times 17.250)$

$= 0.000$

여기서, L_c : 절점을 중심으로 측정된 기둥의 길이(= 17.250 m)

ⓒ 모멘트 확대계수 산정

δ_s = 1 / (1 - Q) ≥ 1.0

= 1 / (1 - 0.000) = 1.000

만일, δ_s > 1.5 이면 δs = 1 / (1-Pu/0.75Pc) ≥ 1.0

ⓓ 확대 모멘트 산정

$M_1 = M_{1ns} + \delta_s \times M_{1s}$

= 0.000 + 1.000 x 0.000

= 0.000 kNm

$M_2 = M_{2ns} + \delta_s \times M_{2s}$

= 0.000 + 1.000 x 0.000

= 0.000 kNm

나. 모멘트 최대 : 상시

ⓐ 세장비 검토

횡방향 강성이나 브레이싱 부재 또는 전단벽등에 의한 횡방향 강성이 존재하지 않는 캔틸레버 형식이므로 비횡구속 구조, k = 2.1

세장비 λ = $k*L_u/r$ < 22

= 2.100 x 15.000 / 0.500

= 63.000 ≥ 22.000 ∴ 장주

여기서, r = √(I/A) = 0.500 : 부재단면의 최소회전반경

L_u : 압축부재의 비지지길이(= 15.000 m, 기둥순길이 적용)

ⓑ 층 안정지수 산정

$Q = \sum P_u*\Delta / (V_u*L_c)$

= 14,237.431 x 0.00998 / (150.667 x 17.250)

= 0.055

여기서, L_c : 절점을 중심으로 측정된 기둥의 길이(= 17.250 m)

ⓒ 모멘트 확대계수 산정

δ_s = 1 / (1 - Q) ≥ 1.0

= 1 / (1 - 0.055) = 1.058

만일, δ_s > 1.5 이면 δ_s = 1 / (1-Pu/0.75Pc) ≥ 1.0

ⓓ 확대 모멘트 산정

$M_1 = M_{1ns} + \delta_s \times M_{1s}$

= 0.000 + 1.058 x 207.309

= 219.375 kNm

$M_2 = M_{2ns} + \delta_s \times M_{2s}$

= 0.000 + 1.058 x 2,028.561

= 2,146.625 kNm

다. 지진시 : 탄성설계적용시

ⓐ 세장비 검토

횡방향 강성이나 브레이싱 부재 또는 전단벽등에 의한 횡방향 강성이 존재하지 않는 캔틸레버 형식이므로 비횡구속 구조, k = 2.1

세장비 $\lambda = k*L_u/r < 22$

$= 2.100 \times 15.000 / 0.500$

$= 63.000 \geq 22.000$ ∴ 장주

여기서, $r = \sqrt{(I/A)} = 0.500$: 부재단면의 최소회전반경

L_u : 압축부재의 비지지길이(= 15.000 m, 기둥순길이 적용)

ⓑ 층 안정지수 산정

$Q = \sum P_u*\Delta / (V_u*L_c)$

$= 10,951.870 \times 0.06835 / (1,131.480 \times 17.250)$

$= 0.038$

여기서, L_c : 절점을 중심으로 측정된 기둥의 길이(= 17.250 m)

ⓒ 모멘트 확대계수 산정

$\delta_s = 1 / (1 - Q) \geq 1.0$

$= 1 / (1 - 0.038) = 1.040$

만일, $\delta_s > 1.5$ 이면 $\delta s = 1 / (1\text{-}Pu/0.75Pc) \geq 1.0$

ⓓ 확대 모멘트 산정

$M_1 = M_{1ns} + \delta_s \times M_{1s}$

$= 0.000 + 1.040 \times 2,156.967$

$= 2242.169$ kNm

$M_2 = M_{2ns} + \delta_s \times M_{2s}$

$= 0.000 + 1.040 \times 14,513.950$

$= 15087.27$ kNm

라. 지진시 : 소성설계적용시

ⓐ 세장비 검토

횡방향 강성이나 브레이싱 부재 또는 전단벽등에 의한 횡방향 강성이 존재하지 않는 캔틸레버 형식이므로 비횡구속 구조, k = 2.1

세장비 $\lambda = k*L_u/r < 22$

$= 2.100 \times 15.000 / 0.500$

$= 63.000 \geq 22.000$ ∴ 장주

여기서, $r = \sqrt{(I/A)} = 0.500$: 부재단면의 최소회전반경

L_u : 압축부재의 비지지길이(= 15.000 m, 기둥순길이 적용)

ⓑ 층 안정지수 산정

$Q = \sum P_u*\Delta / (V_u*L_c)$

$= 10951.870 \times 0.06835 / (1,131.480 \times 17.250)$

$= 0.038$

여기서, L_c : 절점을 중심으로 측정된 기둥의 길이(= 17.250 m)

ⓒ 모멘트 확대계수 산정

$\delta_s = 1 / (1 - Q) \geq 1.0$

$= 1 / (1 - 0.038) = 1.040$

만일, $\delta_s > 1.5$ 이면 $\delta_s = 1 / (1-Pu/0.75Pc) \geq 1.0$

ⓓ 확대 모멘트 산정

$M_1 = M_{1ns} + \delta_s \times M_{1s}$

$= 0.000 + 1.040 \times 718.989$

$= 747.390$ kNm

$M_2 = M_{2ns} + \delta_s \times M_{2s}$

$= 0.000 + 1.040 \times 4,837.983$

$= 5029.088$ kNm

마. 최대편심

ⓐ 세장비 검토

횡방향 강성이나 브레이싱 부재 또는 전단벽등에 의한 횡방향 강성이 존재하지 않는 캔틸레버 형식이므로 비횡구속 구조, $k = 2.1$

세장비 $\lambda = k^*L_u/r < 22$

$= 2.100 \times 15.000 / 0.500$

$= 63.000 \geq 22.000$ ∴ 장주

여기서, $r = \sqrt{(I/A)} = 0.500$: 부재단면의 최소회전반경

L_u : 압축부재의 비지지길이(= 15.000 m, 기둥순길이 적용)

ⓑ 층 안정지수 산정

$Q = \sum P_u{}^*\Delta / (V_u{}^*L_c)$

$= 10,951.870 \times 0.06835 / (1,131.480 \times 17.250)$

$= 0.038$

여기서, L_c : 절점을 중심으로 측정된 기둥의 길이(= 17.250 m)

ⓒ 모멘트 확대계수 산정

$\delta_s = 1 / (1 - Q) \geq 1.0$

$= 1 / (1 - 0.038) = 1.040$

만일, $\delta_s > 1.5$ 이면 $\delta_s = 1 / (1-Pu/0.75Pc) \geq 1.0$

ⓓ 확대 모멘트 산정

$M_1 = M_{1ns} + \delta_s \times M_{1s}$

$= 0.000 + 1.040 \times 718.989$

$= 747.390$ kNm

$M_2 = M_{2ns} + \delta_s \times M_{2s}$
$= 0.000 + 1.040 \times 4,837.983$
$= 5,029.088$ kNm

(9) [단계 6-9] 기둥 단면 검토

① 교축직각방향

구 분	D(㎜)	d(㎜)	P_u(kN)	ΦP_n(kN)	M_u(kNm)	ΦM_n(kNm)	e(㎜)	e_b(㎜)	판정	비고
축력최대 (LC1)	2,000	1,852.632	19,619.805	43,426.575	1715.801	7677.968	87.453	545.084	OK	압축파괴
모멘트최대 (LC2)	2,000	1,852.632	14,237.431	18,774.295	10,799.693	14,241.096	758.542	545.084	OK	인장파괴
탄성설계 (LC3)	2,000	1,852.632	10,951.870	6,297.303	20,014.056	11,508.041	1,827.456	545.084	N.G	인장파괴
소성설계 (LC4)	2,000	1,852.632	10,951.870	23,061.889	6,753.203	14,220.550	616.626	545.084	OK	인장파괴
편심최대 (LC5)	2,000	1,852.632	9,856.683	13,854.019	9,657.062	13,573.443	979.748	545.084	OK	인장파괴

② 교축방향

구 분	D(㎜)	d(㎜)	P_u(kN)	ΦP_n(kN)	M_u(kNm)	ΦM_n(kNm)	e(㎜)	e_b(㎜)	판정	비고
축력최대 (LC1)	2,000	1,852.632	19,619.805	43,426.575	0.000	7677.968	0.000	545.084	OK	압축파괴
모멘트최대 (LC2)	2,000	1,852.632	14,237.431	43,426.575	2,146.625	7677.968	150.773	545.084	OK	압축파괴
탄성설계 (LC3)	2,000	1,852.632	10,951.870	9,291.292	15,087.270	11953.850	1,377.598	545.084	N.G	인장파괴
소성설계 (LC4)	2,000	1,852.632	10,951.870	29,529.570	5,029.088	13433.690	459.199	545.084	OK	압축파괴
편심최대 (LC5)	2,000	1,852.632	10,951.870	29,529.570	5,029.088	13433.690	459.199	545.084	OK	압축파괴

③ 합성부재력

구 분	D(㎜)	d(㎜)	P_u(kN)	ΦP_n(kN)	M_u(kNm)	ΦM_n(kNm)	e(㎜)	e_b(㎜)	판정	비고
축력최대 (LC1)	2,000	1,852.632	19,619.810	43,426.575	1987.830	7677.968	101.318	545.084	OK	압축파괴
모멘트최대 (LC2)	2,000	1,852.632	14,237.430	18,378.959	11010.970	14098.110	773.382	545.084	OK	인장파괴
탄성설계 (LC3)	2,000	1,852.632	10,951.870	6,114.274	20964.274	11393.650	1914.219	545.084	N.G	인장파괴
소성설계 (LC4)	2,000	1,852.632	10,951.870	22,524.295	7066.270	14298.120	645.211	545.084	OK	인장파괴
편심최대 (LC5)	2,000	1,852.632	10,951.870	22,524.295	7066.270	14298.120	645.211	545.084	OK	인장파괴

④ 축방향 철근비 검토

사용 철근비

$A_g = \pi \times 2,000^2 / 4 = 3,141,592.654$ ㎟

A_{st} = D25 - 50EA(1단) + D25 - 45EA(2단) = 48136.500 mm^2

$\rho_{use} = A_{st}/A_g = 0.01532$

철근비 검토

$\rho_{min} (= 0.001) \leq \rho_{use} (= 0.015) \leq \rho_{max} (= 0.080)$ ∴ OK

(10) [단계 6-10] P-M 상관도 작성

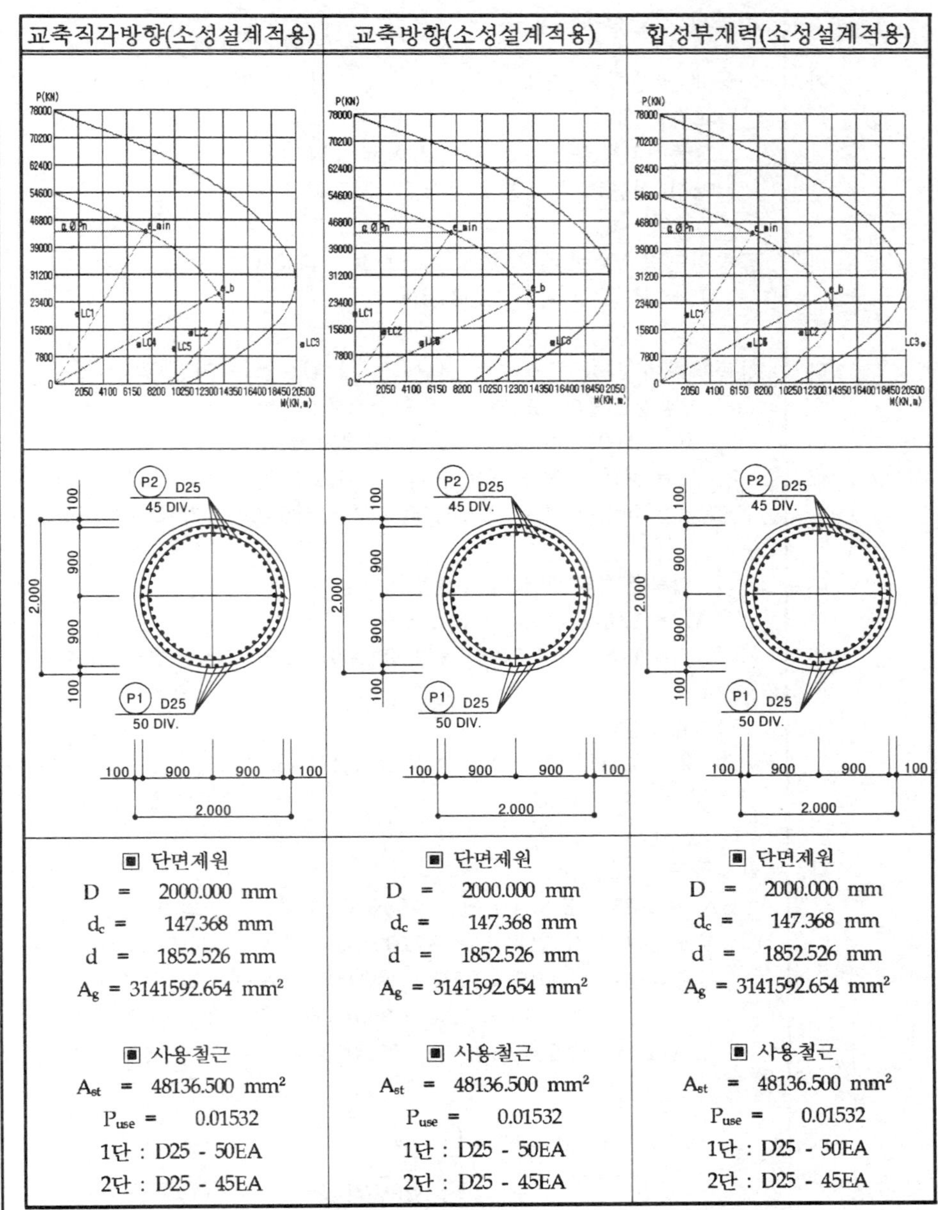

교축직각방향(소성설계적용)	교축방향(소성설계적용)	합성부재력(소성설계적용)
▣ 단면제원	▣ 단면제원	▣ 단면제원
D = 2000.000 mm	D = 2000.000 mm	D = 2000.000 mm
d_c = 147.368 mm	d_c = 147.368 mm	d_c = 147.368 mm
d = 1852.526 mm	d = 1852.526 mm	d = 1852.526 mm
A_g = 3141592.654 mm^2	A_g = 3141592.654 mm^2	A_g = 3141592.654 mm^2
▣ 사용철근	▣ 사용철근	▣ 사용철근
A_{st} = 48136.500 mm^2	A_{st} = 48136.500 mm^2	A_{st} = 48136.500 mm^2
P_{use} = 0.01532	P_{use} = 0.01532	P_{use} = 0.01532
1단 : D25 - 50EA	1단 : D25 - 50EA	1단 : D25 - 50EA
2단 : D25 - 45EA	2단 : D25 - 45EA	2단 : D25 - 45EA

* 축방향 철근 2단 배근시 작업공간 협소로 콘크리트 타설 및 시공성 불리, 안전성 결여 등으로 인하여 최근 다발철근을 배치함으로써 시공성 향상 및 안전성 확보, 경제성을 고려하여 축방 향 철근의 다발철근 적용에 대해 검토함이 바람직함.

(11) [단계 6-11] 기둥의 전단설계 및 심부구속 철근량 설계

① 기둥의 전단설계

가. 기둥에 발생하는 최대전단력 : [단계 3-7] 지진에 의한 하중 참조

교축방향 $V = 1,131.480$ kN

교축직각방향 $V = 299.263$ kN

합성 전단력 $V_{max} = 1,170.387$ kN

나. 공칭전단력 $V_n = V_c + V_s$ ($\Phi = 0.80$)

$V_n = V_{max}/\Phi = 1,462.984$ kN

다. 압축부재에 의한 콘크리트 전단 Vc 및 필요철근 전단 Vs

ⓐ 인장철근들의 도심과 압축연단까지의 d

$h = 2,000.000$ mm $d' = 147.368$ mm

$Z_s = \sum$(인장철근들의 면적 x 거리) / $\sum$(면적) = 525.706 mm

$d = h/2 + Z_s = 2,000.000 / 2 + 525.706 = 1,525.706$ mm

ⓑ 압축부재의 콘크리트 전단력 V_c

$V_c = 1/6 \times \sqrt{(f_{ck})} \times b \times d$

$= 1/6 \times \sqrt{(24.0)} \times 2,000.000 \times 1,525.706 = 2,491.467$ kN

ⓒ 필요철근 전단력 V_s

$V_c/2 = 1,245.734 \leq V_n \leq V_c = 2,491.467$ ∴ 최소 전단 철근 필요

$V_s = 217.250$ kN

라. 필요철근량 계산 A_v

$A_v = 0.35 \times B \times s / f_y = 700.000$ mm² ; 최소 전단 철근 필요시

띠철근의 수직 간격 S = 300.00 mm d = 1,525.706 mm $f_y = 300.00$ MPa

사용철근량 : D19 x 2EA = 573.000 mm²

D19 x 2EA x 300/600 = 286.500 mm²

A_v Use = 859.500 mm² ≥ 700.000 mm² ∴ OK

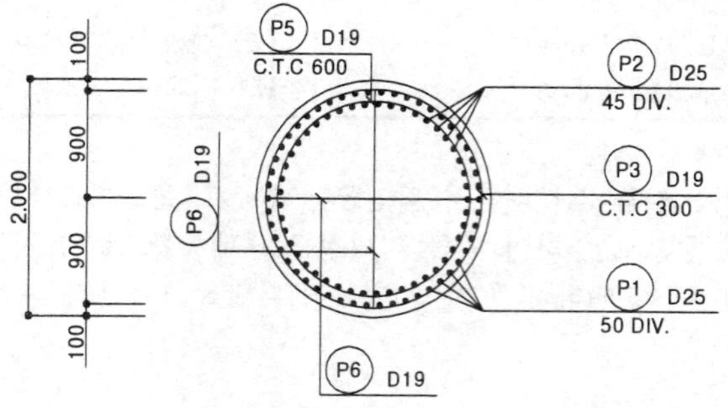

② 소성설계시 심부구속 철근량 설계

가. 필요철근량 계산

: 띠철근에 대한 심부구속 철근량 계산식은 원형나선철근에서 유도된 식을 적용 (ACI 및 Caltrans 내진 실무 규정 인용, 고속도로교량의 내진설계편람 참조)

ⓐ 철근비 계산

P_{s1} = 0.45 x f_{ck}/f_y x [A_g/A_c - 1]

P_{s2} = 0.12 x f_{ck}/f_y

A_g (기둥의 전면적) = π/4 x (2,000.000)^2 = 3,141,592.654 mm^2

A_c (기둥심부의 면적) = π/4 x (2,000.000 - 123.800)^2 = 2,764,700.841 mm^2

P_{s1} = 0.45 x 24.00 / 300.0 x [3,141,592.654 / 2,764,700.841 -1] = 0.0049

P_{s2} = 0.12 x 24.00 / 300.00 = 0.0096

P_s = max (0.0049, 0.0096) = 0.0096

ⓑ 필요철근량 계산

d_{core} = 1876.200 mm, 압축철근 공칭지름 = 25.400 mm, 띠철근 공칭지름 = 25.400 mm

띠철근의 수직간격 a = 100.000 mm

d_s = d_{core} - 25.400 = 1,850.800 mm

A_s = P_s x a x $(d_{core})^2$ / (4 x d_s)

= 0.0096 x 100.000 x 1,876.200^2 / (4 x 1,850.800) = 456.468 mm^2

나. 사용 철근량

외측띠철근 : D25 x 1EA = 506.700 mm^2

A_v Use = 506.700 mm^2 $\geq$ 456.468 mm^2 ∴ OK

다. 심부구속 철근의 최소설치구간

심부구속을 위한 횡방향 철근은 기둥의 상부와 하부에 설치하며 설치구간은 기둥의 최대 단면치수, 기둥 순높이의 1/6, 450 mm 중 가장 큰 값 이상이어야 한다.

- 기둥의 최대단면치수 D = 2000.0 mm
- 기둥 순높이의 1/6

: 15000.0 / 6 = 2500.000 mm

∴ 2500.000 mm = 2.500 m

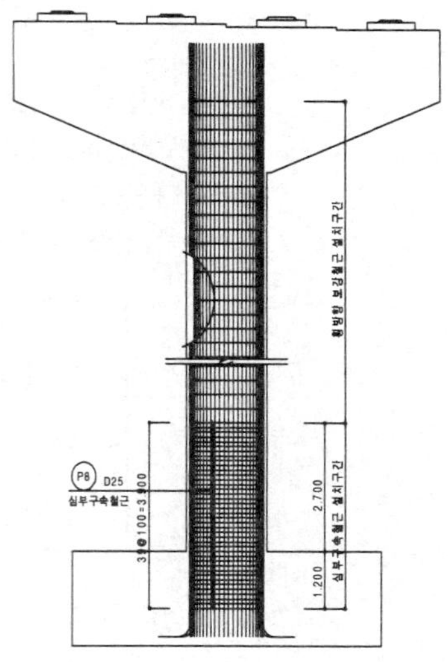

횡방향 철근은 인접부재와의 연결면으로부터 기둥 치수의 0.5배까지 연장해서 설치해야 하나 그 길이가 380 mm 작아서는 안된다.

- 기둥 치수의 0.5배 이상 연장

: 0.5 x D = 1000.000 mm

∴ 1000.0 mm = 1.000 m

2.5.7 **[단계 7] 기초설계**

(1) [단계 7-1] 확대기초 두께 산정

▣ 확대기초 두께에 대한 강체 검토 : [도 · 설 5.4.5.2]

- 확대기초는 부재로서 필요한 두께를 확보함과 동시에 강체로서 취급되는두께를 가져야함을 원칙으로 한다.
- 확대기초에 대한 강체로서의 취급여부는 지반반력 및 말뚝반력에 미치는 확대기초의 강성의 영향을 고려하여 판정하는 것으로서, 일반적으로 다음의 식을 만족할 때 강체로 취급할 수 있다.

$\beta\lambda \leq 1.0$

$$\beta = \sqrt[4]{\frac{3 \cdot k}{E \cdot h^3}} (m^{-1})$$

여기서 k : k_v - 직접기초인 경우, k_p - 말뚝기초인 경우

k_p : 환산지반 반력계수 (kN/m³)

= 304,151.770 x 9 / (7.000 x 7.000) = 55,864.611 kN/m³

$$k_p = k_v \cdot \frac{n \cdot m}{L \cdot B}$$

K_v : 1개 말뚝의 축방향 스프링정수 (= 304,151.770 kN/m) ,「말뚝계산」 참조

L : 확대기초의 길이 (= 7.000 m)

B : 확대기초의 폭 (= 7.000 m)

n*m : 말뚝의 개수 (= 9 본)

E : 확대기초의 탄성계수 (= 23,998,050.000 kN/m²)

h : 확대기초의 평균두께 (= 2.000 m)

λ : 확대기초의 환산 돌출길이 (m)

β = ⁴ √{(3 x 55,864.611) / (23,998,050.000 x 2.000³)} = 0.172 (m⁻¹)

* 독립확대기초 및 벽변화확대기초의 경우

λ = max(l,b) = max(2.500, 2.500) = 2.500

다만, l ≥ L/2이면 l = L/2 = 3.500

b ≥ B/2이면 b = B/2 = 3.500

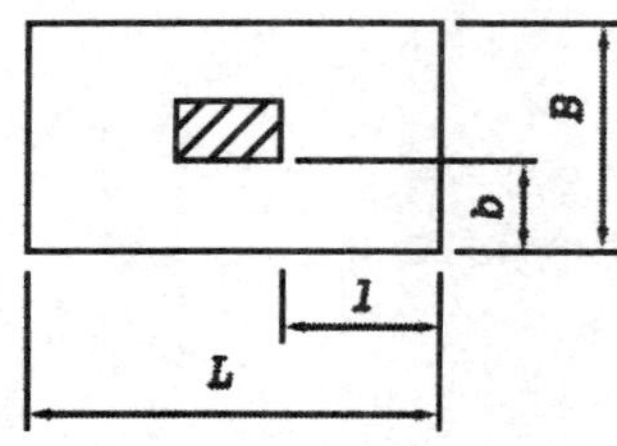

βλ = 0.172 x 2.500 = 0.430 ≤ 1.0, ∴ OK

(2) [단계 7-2] 기초안정 검토

① 교축직각방향 : [단계 5-3] ①. 가 참조

가. 기초 중앙작용력 산정

구 분	P(kN)	V_x(kN)	M_y(kNm)	ΣV(kN)	M_r(kNm)	M_o(kNm)	비고
Comb 16	13,455.300	201.511	4,586.746	15,905.300	55,668.550	4,989.768	축력최대
Comb 4	10,951.870	403.023	7,601.322	13,401.870	46,906.545	8,407.367	모멘트최대
Comb 22	10,951.870	996.122	12,422.057	13,401.870	46,906.545	14,414.302	지진시

주) 기초중앙의 부재력은 기둥의 부재력을 합산한 값을 사용한다.

ΣV = P+W, W = 7.000 x 7.000 x 2.000 x 25.000 = 2,450.000 kN(기초의 자중)

$M_r = \Sigma V \times \chi$, B = 7.000 m, $\chi = B/2 + \Sigma(P_i * d_i)/\Sigma(P_i)$

$M_o = |M_y + V_x \times h|$, h = 2.000 m

※ 말뚝검토시의 모멘트는 Mc = $\Sigma V \times e$ 를 적용한다, $e = B/2 - (M_r - M_o)/\Sigma V$

※ 지진시의 부재력은 소성설계시 값이며, 응답수정계수 R(=3.0)의 1/2을 적용한 값을 사용한다.

나. 전도에 대한 안정

- 말뚝기초이므로 불필요 : [단계 7-6] 말뚝검토 4) 말뚝의 안전성 검토 참조

다. 활동에 대한 안정

- 말뚝기초이므로 불필요 : [단계 7-6] 말뚝검토 4) 말뚝의 안전성 검토 참조

라. 지지력에 대한 안정

- 말뚝기초이므로 불필요 : [단계 7-6] 말뚝검토 4) 말뚝의 안전성 검토 참조

② 교축방향 : [단계 5-3] ② 가 참조

가. 기초 중앙작용력 산정

구 분	P(kN)	V_y(kN)	M_x(kNm)	ΣV(kN)	M_r(kNm)	M_o(kNm)	비고
Comb 5	13,455.300	57.949	780.216	15,905.300	55,668.550	896.113	축력최대
Comb 4	10,951.870	115.898	1,560.431	13,401.870	46,906.545	1,792.226	모멘트최대
Comb 22	10,951.870	1,131.480	9,675.967	13,401.870	46,906.545	11,938.927	지진시

주) 기초중앙의 부재력은 기둥의 부재력을 합산한 값을 사용한다.

ΣV = P+W, W = 7.000 x 7.000 x 2.000 x 25.000 = 2,450.000 kN(기초의 자중)

$M_r = \Sigma V \times \chi$, B = 7.000 m, $\chi = B/2 + \Sigma(P_i * d_i)/\Sigma(P_i)$

$M_o = |M_y + V_x \times h|$, h = 2.000 m

※ 말뚝검토시의 모멘트는 $M_c = \Sigma V \times e$ 를 적용한다, $e = B/2 - (M_r - M_o)/\Sigma V$

※ 지진시의 부재력은 소성설계시 값이며, 응답수정계수 R(=3.0)의 1/2을 적용한 값을 사용한다.

나. 전도에 대한 안정

- 말뚝기초이므로 불필요 : [단계 7-6] 말뚝검토 4) 말뚝의 안전성 검토 참조

다. 활동에 대한 안정

- 말뚝기초이므로 불필요 : [단계 7-6] 말뚝검토 4) 말뚝의 안전성 검토 참조

라. 지지력에 대한 안정

- 말뚝기초이므로 불필요 : [단계 7-6] 말뚝검토 4) 말뚝의 안전성 검토 참조

(3) [단계 7-3] 기초 단면 검토

① 교축직각방향

가. 기초 중앙작용력 산정 : [단계 5-3] ①. 가, [단계 5-4] ①. 가 참조

구분		P(kN)	V_x(kN)	M_y(kNm)	ΣV(kN)	M_r(kNm)	M_o(kNm)	비고
계수하중	Comb 1	19,619.805	0.000	1,715.801	22,804.805	79,816.819	1,715.801	축력최대
	Comb 4	14,237.431	523.929	9,881.719	17,422.431	60,978.508	10,929.577	모멘트최대
	Comb 22	10,951.870	996.122	12,422.057	13,401.870	46,906.545	14,414.302	지진시
사용하중	Comb 16	13,455.300	201.511	4,586.746	15,905.300	55,668.550	4,989.768	축력최대
	Comb 4	10,951.870	403.023	7,601.322	13,401.870	46,906.545	8,407.367	모멘트최대
	Comb 22	10,951.870	996.122	12,422.057	13,401.870	46,906.545	14,414.302	지진시

주) 기초중앙의 부재력은 기둥의 부재력을 합산한 값을 사용한다.

ΣV = P+W, W = 7.000 x 7.000 x 2.000 x 25.000 x 하중계수

$M_r = \Sigma V \times \chi$, B = 7.000 m, $\chi = B/2 + \Sigma(P_i * d_i)/\Sigma(P_i)$

$M_o = |M_y + V_x \times h|$, h = 2.000 m

※ Comb 16, Comb 4, Comb 22는 사용하중하의 축력최대, 모멘트최대, 지진시의 조합임.

※ 말뚝검토시의 모멘트는 $M_c = \Sigma V \times e$ 를 적용한다, $e = B/2 - (M_r - M_o)/\Sigma V$

※ 지진시의 부재력은 소성설계시 값이며, 응답수정계수 R(=3.0)의 1/2을 적용한 값을 사용한다.

나. 기초의 단면력 계산 : 계수하중

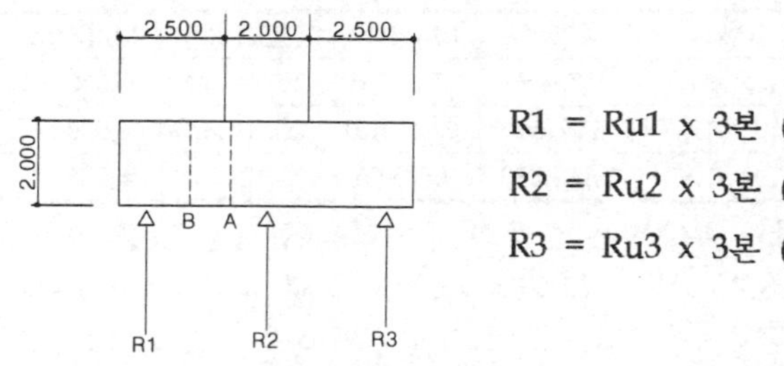

R1 = Ru1 x 3본 (kN)

R2 = Ru2 x 3본 (kN)

R3 = Ru3 x 3본 (kN)

구분	R1	R2	R3
Comb 1	7,902.620	7,601.602	7,311.594
Comb 4	7,725.242	5,807.477	3,890.007
Comb 22	6,996.115	4,467.290	1,939.841

ⓐ 기초자중에 의한 단면력

V_b = 2.000 x 1.689 x 7.000 x 25.000 = 614.796 kN

M_a = 2.000 x 2.614 x 7.000 x 25.000 x 2.614 / 2 = 1,243.605 kNm

ⓑ 말뚝반력에 의한 단면력

V_b = R1

M_a = R1 x 1.964

ⓒ 계수단면력 산정

구 분	말뚝반력에 의한 단면력		계수단면력		비 고
	V_b(kN)	M_a(kNm)	V_u(kN)	M_u(kNm)	
Comb 1	7,902.620	15,520.745	7,134.125	13,966.238	
Comb 4	7,725.242	15,172.375	6,956.747	13,617.868	
Comb 22	6,996.115	13,740.370	6,404.965	12,544.595	

※ 계수단면력 = 말뚝반력에 의한 단면력 - 자중에 의한 단면력 x 사하중계수

다. 기초의 단면력 계산 : 사용하중

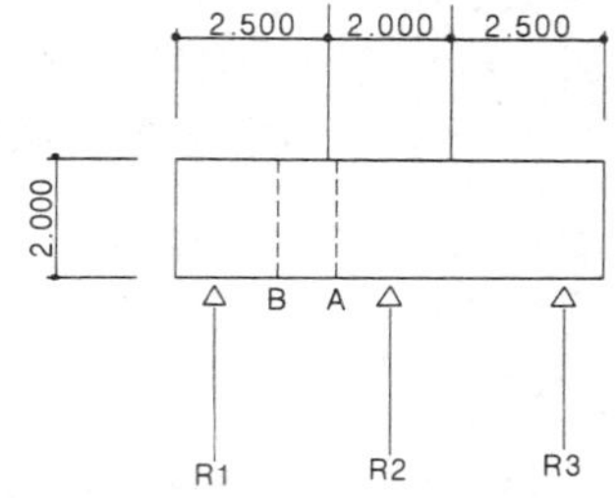

R1 = Ru1 x 3본 (kN)

R2 = Ru2 x 3본 (kN)

R3 = Ru3 x 3본 (kN)

구 분	R1	R2	R3
Comb 16	6,177.165	5,301.767	4,431.299
Comb 4	5,942.494	4,467.290	2,992.313
Comb 22	6,996.115	4,467.290	1,939.841

ⓐ 기초자중에 의한 단면력

S_b = 2.000 x 1.689 x 7.000 x 25.000 = 591.150 kN

M_a = 2.000 x 2.614 x 7.000 x 25.000 x 2.614 / 2 = 1,195.774 kNm

ⓑ 말뚝반력에 의한 단면력

V_b = R1

M_a = R1 x 1.964

ⓒ 사용하중 단면력 산정

구 분	말뚝반력에 의한 단면력		계수단면력		비 고
	V_b(kN)	M_a(kNm)	V_u(kN)	M_u(kNm)	
Comb 16	6,177.165	12,131.951	5,586.015	10,936.177	
Comb 4	5,942.494	11,671.058	5,351.344	10,475.283	
Comb 22	-	-	-	-	

※ 사용하중단면력 = 말뚝반력에 의한 단면력 - 자중에 의한 단면력

② 교축방향 : [단계 5-3] ②. 가, [단계 5-4] ②. 가 참조

가. 기초 중앙작용력 산정

구 분		P(kN)	V_y(kN)	M_x(kNm)	ΣV(kN)	M_r(kNm)	M_o(kNm)	비고
계수하중	Comb 01	19,619.805	0.000	0.000	22,804.805	79,816.819	0.000	축력최대
	Comb 04	14,237.431	150.667	2,028.561	17,422.431	60,978.508	2,329.894	모멘트최대
	Comb 22	10,951.870	1,131.480	9,675.967	13,401.870	46,906.545	11,938.927	지진시
사용하중	Comb 05	13,455.300	57.949	780.216	15,905.300	55,668.550	896.113	축력최대
	Comb 04	10,951.870	115.898	1,560.431	13,401.870	46,906.545	1,792.226	모멘트최대
	Comb 22	10,951.870	1,131.480	9,675.967	13,401.870	46,906.545	11,938.927	지진시

주) 기초중앙의 부재력은 기둥의 부재력을 합산한 값을 사용한다.

ΣV = P+W, W = 7.000 x 7.000 x 2.000 x 25.000 x 하중계수

M_r = ΣV x B/2, B = 7.000 m

M_o = $|M_y + V_x \times h|$, h = 2.000 m

※ Comb 5, Comb 4, Comb 22는 사용하중하의 축력최대, 모멘트최대, 지진시의 조합임.

※ 말뚝검토시의 모멘트는 M_c = ΣV x e 를 적용한다, e = B/2 - $(M_r\text{-}M_o)/\Sigma V$

※ 지진시의 부재력은 소성설계시 값이며, 응답수정계수 R(=3.0)의 1/2을 적용한 값을 사용한다.

나. 기초의 단면력 계산 : 계수하중

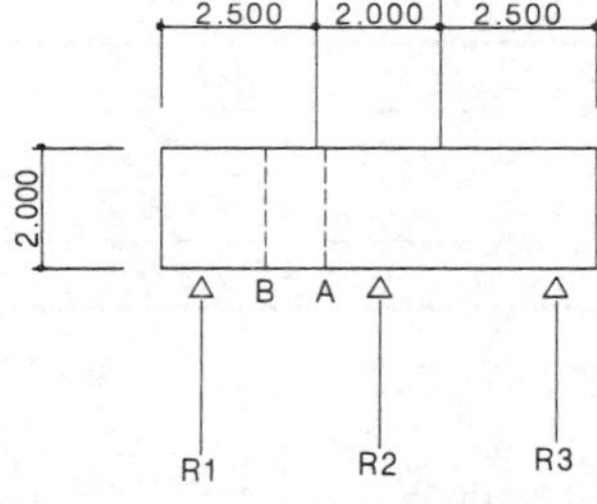

R1 = Ru1 x 3본 (kN)

R2 = Ru2 x 3본 (kN)

R3 = Ru3 x 3본 (kN)

구 분	R1	R2	R3
Comb 1	7,601.602	7,601.602	7,601.602
Comb 4	6,221.533	5,807.477	5,398.724
Comb 22	6,594.460	4,467.290	2,372.741

ⓐ 기초자중에 의한 단면력

V_b = 2.000 x 1.689 x 7.000 x 25.000 = 591.150 kN

M_a = 2.000 x 2.614 x 7.000 x 25.000 x 2.614 / 2 = 1,195.774 kNm

ⓑ 지반반력에 의한 단면력

V_b = R1

M_a = R1 x 1.964

ⓒ 계수단면력 산정

구 분	말뚝반력에 의한 단면력		계수단면력		비 고
	V_b(kN)	M_a(kNm)	V_u(kN)	M_u(kNm)	
Comb 1	7,601.602	14,929.546	6,833.107	13,375.039	
Comb 4	6,221.533	12,219.091	5,453.038	10,664.584	
Comb 22	6,594.460	12,951.520	6,003.310	11,755.746	

※ 계수단면력 = 말뚝반력에 의한 단면력 - 자중에 의한 단면력 x 사하중계수

다. 기초의 단면력 계산 : 사용하중

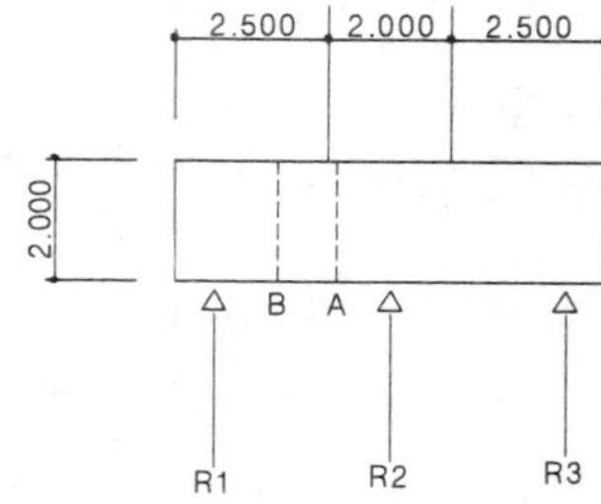

R1 = Ru1 x 3본 (kN)
R2 = Ru2 x 3본 (kN)
R3 = Ru3 x 3본 (kN)

구 분	R1	R2	R3
Comb 5	5,461.019	5,301.767	5,144.554
Comb 4	4,785.795	4,467.290	4,152.864
Comb 22	6,594.460	4,467.290	2,372.741

ⓐ 기초자중에 의한 단면력

V_b = 2.000 x 1.689 x 7.000 x 25.000 = 591.150 kN

M_a = 2.000 x 2.614 x 7.000 x 25.000 x 2.614 / 2 = 1,195.774 kNm

ⓑ 지반반력에 의한 단면력

V_b = R1

M_a = R1 x 1.964

ⓒ 사용하중 단면력 산정

구 분	말뚝반력에 의한 단면력		계수단면력		비 고
	V_b(kN)	M_a(kNm)	V_u(kN)	M_u(kNm)	
Comb 5	5,461.019	10,725.441	4,869.869	9,529.667	
Comb 4	4,785.795	9,399.301	4,194.645	8,203.526	

※ 사용하중단면력 = 말뚝반력에 의한 단면력 - 자중에 의한 단면력

(4) [단계 7-4] 철근량 산정]

① 교축직각방향 : [단계 7-3] ①. 나 참조

B(㎜)	H(㎜)	d(㎜)	M_u(kNm)	ΦM_n(kNm)	V_u(kN)	ΦV_c(kN)	Use A_s(㎟)	판정
7,000.0	2,000.0	1,850.0	13,966.238	20,384.327	7,134.125	8,458.905	1단 : D29-69EA	OK

② 교축방향 : [단계 7-3] ②. 나 참조

B(㎜)	H(㎜)	d(㎜)	M_u(kNm)	ΦM_n(kNm)	V_u(kN)	ΦV_c(kN)	Use A_s(㎟)	판정
7,000.0	2,000.0	1,850.0	13,375.039	20,384.327	6,833.107	8,458.905	1단 : D29-69EA	OK

(5) [단계 7-5] 기초 사용성 검토

① 교축직각방향 : [단계 7-3] ①. 다 참조

* 응력 산정

$f_s = M / [A_s \times (d - \chi/3)] = 10{,}936.177 \times 1{,}000{,}000 / [44{,}325.600 \times (1{,}850.000 - 385.232/3)]$

$= 143.312$ MPa

$\chi = -nA_s/b + nA_s/b\sqrt{[1 + 2bd/(nA_s)]}$

$= -8\times44{,}325.600/7{,}000.0 + 8\times44{,}325.600/7{,}000.0 \times \sqrt{[(1 + 2\times7{,}000.0\times1{,}850.0/(8\times44{,}325.600)]}$

$= 385.232$ mm

Use A_s = 44,325.600 mm² (철근도심 : 150.000 mm)

1단 : D29 - 69.0 EA (= 44,325.600 mm²) , d_1 = 150.00 mm

* 허용 균열폭

$w_a = 0.005t_c$ (습윤 환경) = 0.0050 x (150.00 - 29 / 2) = 0.677 mm

* 균열폭 산정

$R = (H - \chi) / (H - \chi - d') = 1.102$

A = 2 x 150.000 x 7,000.00 / 69.0 = 30,434.783 mm²

$w = 1.08 \times R \times f_s \times \sqrt[3]{(dc \times A)} \times 0.00001$

$= 1.08 \times 1.102 \times 143.312 \times \sqrt[3]{(150.00 \times 30{,}434.783)} \times 0.00001$

$= 0.283$ mm $\leq$ Wa (= 0.677 mm) ∴ OK

② 교축 방향 : [단계 7-3] ②. 다 참조

* 응력 산정

$f_s = M / [A_s \times (d - \chi/3)] = 9{,}529.667 \times 1{,}000{,}000 / [44{,}325.600 \times (1{,}850.000 - 385.232/3)]$

$= 124.880$ MPa

$\chi = -nA_s/b + nA_s/b\sqrt{[1 + 2bd/(nA_s)]}$

$= -8\times44{,}325.600/7{,}000.0 + 8\times44{,}325.600/7{,}000.0 \times \sqrt{[(1 + 2\times7{,}000.0\times1{,}850.0/(8\times44{,}325.600)]}$

$= 385.232$ mm

Use A_s = 44,325.600 mm² (철근도심 : 150.000 mm)

1단 : D29 - 69.0 EA (= 44,325.600 mm²) , d_1 = 150.00 mm

* 허용 균열폭

$w_a = 0.005t_c$ (습윤 환경) = 0.0050 x (150.00 - 29/2) = 0.677 mm

* 균열폭 산정

$R = (H - \chi) / (H - \chi - d') = 1.102$

A = 2 x 150.000 x 7,000.00 / 69.0 = 30,434.783 mm²

w = 1.08 x R x f_s x $^3\sqrt{}$(dc x A) x 0.00001
 = 1.08 x 1.102 x 124.880 x $^3\sqrt{}$(150.00 x 30,434.783) x 0.00001
 = 0.247 mm ≤ w_a (= 0.677 mm) ∴ OK

(6) [단계 7-6] 말뚝기초 설계

1) 설계조건 (교축직각방향)

※ 말뚝규격의 선정방법 및 절차는 편람 509.4.4 『말뚝기초 경제성 검토』를 참조

① 말뚝의 규격 및 제원

말뚝 종류	직경(mm)	두께(mm)	부식두께(mm)	길이(m)
타입강관말뚝	508	12	2	11.900

※ 말뚝길이는 기초평면에 묻힌 100 mm는 제외한 길이로 계산한다.

말뚝의 탄성계수 E = 210000.00 MPa
말뚝의 단면2차모멘트 I = π/64 x (504.0^4 - 484.0^4) = 473,607,596.1 mm^4
말뚝 머리의 평균 N값 N = 30
말뚝 선단의 평균 N값 N = 40 , N값은 40을 상한으로 한다.
말뚝 선단의 근입깊이 D_f = 1.0 m
원지반으로부터 돌출된 길이 h = 0.0 m

② 말뚝의 배치

※ 말뚝 배치방법은 편람 509.4.4 『말뚝기초 경제성 검토』를 참조하여 사용하중/허용력 비율, 말뚝 시공비 등을 종합적으로 고려하여 경제적인 설계가 되도록 한다.

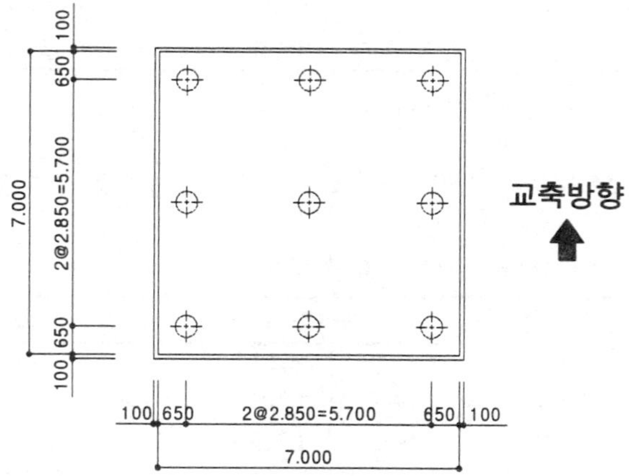

③ 말뚝도심에서의 작용하중 : [단계7-3] ①. 가 참조

구 분		V_o(kN)	H_o(kN)	M_o(kN.m)	비 고
사용하중	Comb 16	15,905.300	201.511	4,989.768	축력최대
	Comb 4	13,401.870	403.023	8,407.367	모멘트최대
	Comb 22	13,401.870	996.122	14,414.302	지진시
계수하중	Comb 1	22,804.805	0.000	1,715.801	축력최대
	Comb 4	17,422.431	523.929	10,929.577	모멘트최대
	Comb 22	13,401.870	996.122	14,414.302	지진시

2) 말뚝의 특성치 계산

① 말뚝의 축방향 스프링정수

A_p = π/4 x (504.0²- 484.0²) = 15,519.468 mm² ; 말뚝의 순단면적

a = 0.014 x (L/D) + 0.78 = 1.111

K_v = a x A_p x E_p / L = 304,151.770 kN/m ; 말뚝의 축방향 스프링정수

② 말뚝의 축직각방향 스프링정수

: 1/β 가정된 값이 계산된 값과 일치할 때까지 반복 계산

$$B_H = \sqrt{\frac{D}{\beta}}, \quad k_{HO} = \frac{1}{0.3}\alpha E_O, \quad k_H = k_{HO}\left(\frac{B_H}{0.3}\right)^{-\frac{3}{4}}$$

α = 1 (평상시), 2 (지진시)

E_o = 2,800.0 x N = 2,800.0 x 30.0 = 84,000.00 kN/m²

$$\beta = \sqrt[4]{\frac{k_H D}{4EI}}$$

가. 수평저항에 관여하는 지반의 깊이 : 평상시

가정된 1/β(m)	계산값 1/β(m)	K_h(kN/m³)
0.504	1.428	189,747.5033
1.428	1.575	128,394.8807
1.575	1.589	123,778.4526
1.589	1.590	123,354.2664
1.590	1.591	123,314.5736
1.591	1.591	123,310.8530
1.591	1.591	123,310.5043

K_h = 123,310.47155 kN/m³

β = 0.62869 m-1

β_L = 0.62869 x 11.90 = 7.481 ≥ 3 ∴ 반무한장 말뚝으로 설계한다.

나. 수평저항에 관여하는 지반의 깊이 : 지진시

가정된 1/β(m)	계산값 1/β(m)	K_h(kN/m³)
0.504	1.201	379,495.0065
1.201	1.303	274,030.7289
1.303	1.313	265,792.2897
1.313	1.314	265,032.7515
1.314	1.314	264,961.6561
1.314	1.314	264,954.9919

K_h = 264,954.36717 kN/m³

β = 0.76116 m-1

β_L = 0.76116 x 11.90 = 9.058 ≥ 3 ∴ 반무한장 말뚝으로 설계한다.

3) 말뚝의 변위 및 부재력

① 말뚝머리 고정일 경우

가. 축직각방향 스프링정수

구 분	평상시	지진시	산출식	단 위
K_1	98,854.708	175,438.821	$4EI\beta^3$	kN/m
K_2	78,620.215	115,244.388	$2EI\beta^2$	kN/rad
K_3	78,620.215	115,244.388	$2EI\beta^2$	kN/rad
K_4	125,055.008	151,406.273	$2EI\beta$	kNm/rad

나. 기초의 변위

말뚝원점에서의 변위		계산값	
		평상시	지진시
A_{xx}	$\sum\left(K_1\cos^2\theta_i + K_v\sin^2\theta_i\right)$	889,692.4	1,578,949.4
A_{xy}, A_{yx}	$\sum\left(K_v - K_1\right)\sin\theta_i\cos\theta_i$	0.0	0.0
A_{xa}, A_{ax}	$\sum\{(K_v - K_1)x_i\sin\theta_i\cos\theta_i - K_2\cos\theta_i\}$	-707,581.9	-1,037,199.5
A_{yy}	$\sum\left(K_v\cos^2\theta_i + K_1\sin^2\theta_i\right)$	2,737,365.9	2,737,365.9
A_{ya}, A_{ay}	$\sum\{(K_v\cos^2\theta_i + K_1\sin^2\theta_i)x_i + K_2\sin\theta_i\}$	0.0	0.0
A_{aa}	$\sum\{(K_v\cos^2\theta_i + K_1\sin^2\theta_i)x_i^2 + (K_2+K_3)x_i\sin\theta_i + K_4\}$	15,948,331.6	16,185,492.9
일반식	$\begin{bmatrix}\delta_x\\ \delta_y\\ \alpha\end{bmatrix} = \begin{bmatrix}A_{xx} & A_{xy} & A_{xa}\\ A_{yx} & A_{yy} & A_{ya}\\ A_{ax} & A_{ay} & A_{aa}\end{bmatrix}^{-1} \times \begin{bmatrix}H_o\\ V_o\\ M_o\end{bmatrix}$		

구 분	사용하중			계수하중		
	δ_x(m)	δ_y(m)	α(rad)	δ_x(m)	δ_y(m)	α(rad)
Comb 1	0.0004927	0.0058104	0.0003347	0.0000887	0.0083309	0.0001115
Comb 2	0.0009042	0.0048959	0.0005673	0.0011754	0.0063647	0.0007375
Comb 3	0.0012693	0.0048959	0.0009719	0.0012693	0.0048959	0.0009719

* 말뚝의 수평변위 검토

말뚝의 수평변위 = 1.269 mm ≤ 말뚝의 허용변위 = 15.000 mm ∴ OK

다. 말뚝의 작용력과 말뚝머리에서의 반력

▣ 말뚝머리 변위량 및 작용력 : 말뚝응력검토시

$\delta_x(i) = \delta_x \times \cos\Theta(i) - (\delta_y + \alpha \times x(i)) \times \sin\Theta(i)$

$\delta_y(i) = \delta_x \times \sin\Theta(i) + (\delta_y + \alpha \times x(i)) \times \cos\Theta(i)$

$P_n(i) = K_v \times \delta_y(i)$

$P_h(i) = K_1 \times \delta_x(i) - K_2 \times \alpha$

$M_t(i) = -K_3 \times \delta_x(i) + K_4 \times \alpha$

- 사용하중 조합

구 분		δx(i)	δy(i)	α	$P_n(i)$	$P_h(i)$	$M_t(i)$
Comb 1	1	0.0004927	0.0067644	0.0003347	2,057.411	22.390	3.123
	2	0.0004927	0.0058104	0.0003347	1,767.256	22.390	3.123
	3	0.0004927	0.0048565	0.0003347	1,477.100	22.390	3.123
Comb 2	1	0.0009042	0.0065126	0.0005673	1,980.831	44.780	-0.144
	2	0.0009042	0.0048959	0.0005673	1,489.097	44.780	-0.144
	3	0.0009042	0.0032792	0.0005673	997.362	44.780	-0.144
Comb 3	1	0.0012693	0.0076658	0.0009719	2,331.580	110.680	0.872
	2	0.0012693	0.0048959	0.0009719	1,489.097	110.680	0.872
	3	0.0012693	0.0021260	0.0009719	646.614	110.680	0.872

- 계수하중 조합

구 분		δx(i)	δy(i)	α	$P_n(i)$	$P_h(i)$	$M_t(i)$
Comb 1	1	0.0000887	0.0086488	0.0001115	2,630.536	0.000	6.973
	2	0.0000887	0.0083309	0.0001115	2,533.867	0.000	6.973
	3	0.0000887	0.0080131	0.0001115	2,437.198	0.000	6.973
Comb 2	1	0.0011754	0.0084664	0.0007375	2,575.081	58.214	-0.187
	2	0.0011754	0.0063647	0.0007375	1,935.826	58.214	-0.187
	3	0.0011754	0.0042629	0.0007375	1,296.571	58.214	-0.187
Comb 3	1	0.0012693	0.0076658	0.0009719	2,331.580	110.680	0.872
	2	0.0012693	0.0048959	0.0009719	1,489.097	110.680	0.872
	3	0.0012693	0.0021260	0.0009719	646.614	110.680	0.872

▣ 말뚝머리 작용력 : 기초응력 검토시

$V(i) = P_n(i) \times \cos\Theta(i) - P_h(i) \times \sin\Theta(i)$

$H(i) = P_n(i) \times \sin\Theta(i) + P_h(i) \times \cos\Theta(i)$

$H_t = \sum H(i) \times N$

$V_t = \sum V(i) \times N$

$M_t = \sum (V(i) \times x(i) + M(i)) \times N$

- 사용하중 조합

구 분		수평거리	각도	축력	수평력	모멘트	본수
Comb 1	1	2.850	0	2,057.411	22.390	3.123	3
	2	0.000	0	1,767.256	22.390	3.123	3
	3	-2.850	0	1,477.100	22.390	3.123	3
	계			15,905.300	201.511	4,989.768	9
Comb 2	1	2.850	0	1,980.831	44.780	-0.144	3
	2	0.000	0	1,489.097	44.780	-0.144	3
	3	-2.850	0	997.362	44.780	-0.144	3
	계			13,401.870	403.023	8,407.367	9
Comb 3	1	2.850	0	2,331.580	110.680	0.872	3
	2	0.000	0	1,489.097	110.680	0.872	3
	3	-2.850	0	646.614	110.680	0.872	3
	계			13,401.870	996.122	14,414.302	9

- 계수하중 조합

구 분		수평거리	각도	축력	수평력	모멘트	본수
Comb 1	1	2.850	0	2,630.536	0.000	6.973	3
	2	0.000	0	2,533.867	0.000	6.973	3
	3	-2.850	0	2,437.198	0.000	6.973	3
	계			22,804.806	0.000	1,715.801	9
Comb 2	1	2.850	0	2,575.081	58.214	-0.187	3
	2	0.000	0	1,935.826	58.214	-0.187	3
	3	-2.850	0	1,296.571	58.214	-0.187	3
	계			17,422.431	523.929	10,929.577	9
Comb 3	1	2.850	0	2,331.580	110.680	0.872	3
	2	0.000	0	1,489.097	110.680	0.872	3
	3	-2.850	0	646.614	110.680	0.872	3
	계			13,401.870	996.122	14,414.302	9

라. 말뚝의 변위 및 부재력 : 사용하중

㉮ Comb 1 : 축력최대

㉠ 말뚝의 최대모멘트 및 변위

- 최대모멘트 및 깊이 : -13.579 kNm, 1.121 m
- 말뚝머리부의 변위 : 0.493 mm
- 지표면에서의 변위 : 0.493 mm

㉡ 말뚝의 깊이별 모멘트 및 변위

깊이(m)	모멘트(kNm)	전단력(kN)	변위(mm)	비 고
0.000	-3.123	-22.390	0.493	
0.793	-12.918	-4.296	0.251	
1.587	-12.627	3.675	0.086	
2.380	-8.704	5.504	-0.001	
3.173	-4.627	4.516	-0.033	
3.967	-1.725	2.786	-0.034	
4.760	-0.134	1.307	-0.025	
5.553	0.494	0.366	-0.014	
6.347	0.576	-0.091	-0.005	
7.140	0.432	-0.233	-0.001	
7.933	0.249	-0.214	0.001	
8.727	0.106	-0.143	0.002	
9.520	0.021	-0.073	0.001	
10.313	-0.016	-0.026	0.001	
11.107	-0.025	0.000	0.000	
11.900	-0.021	0.009	0.000	

㉢ 변형곡선도 및 휨모멘트도

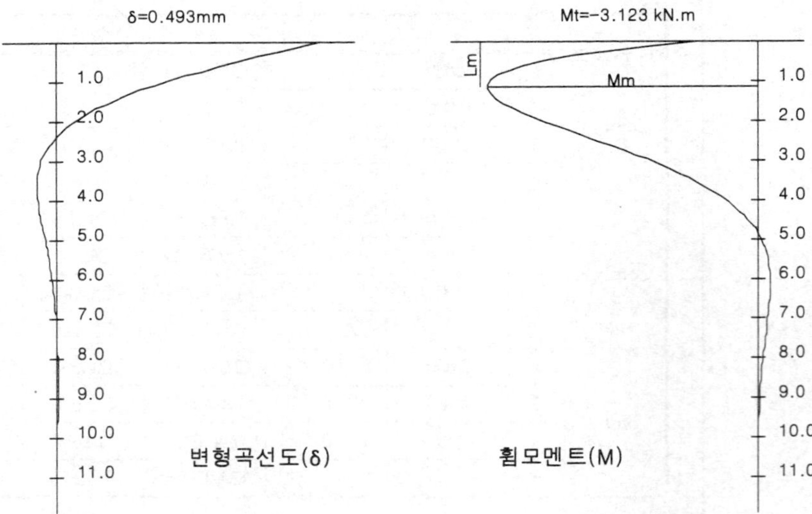

㉯ Comb 2 : 모멘트최대

㉠ 말뚝의 최대모멘트 및 변위

- 최대모멘트 및 깊이 : -22.871 kNm, 1.252 m
- 말뚝머리부의 변위 : 0.904 mm
- 지표면에서의 변위 : 0.904 mm

㉡ 말뚝의 깊이별 모멘트 및 변위

깊이(m)	모멘트(kNm)	전단력(kN)	변위(mm)	비 고
0.000	0.144	-44.780	0.904	
0.793	-20.572	-10.926	0.483	
1.587	-21.996	4.861	0.181	
2.380	-15.874	9.214	0.015	
3.173	-8.819	8.035	-0.050	
3.967	-3.552	5.172	-0.059	
4.760	-0.537	2.553	-0.045	
5.553	0.738	0.816	-0.026	
6.347	0.985	-0.071	-0.011	
7.140	0.778	-0.377	-0.002	
7.933	0.467	-0.376	0.002	
8.727	0.211	-0.262	0.003	
9.520	0.053	-0.141	0.002	
10.313	-0.021	-0.053	0.001	
11.107	-0.042	-0.005	0.001	
11.900	-0.037	0.014	0.000	

㉢ 변형곡선도 및 휨모멘트도

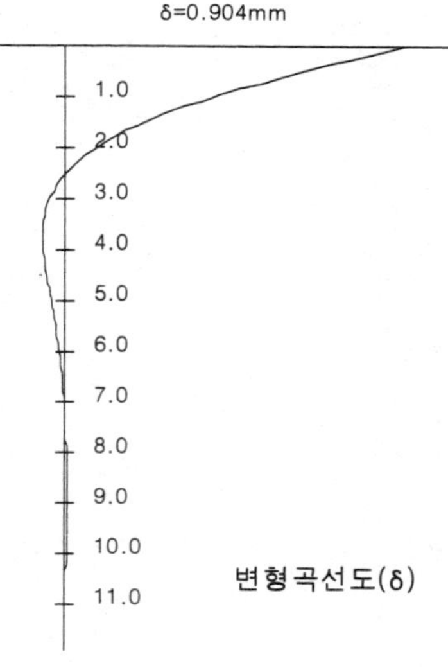

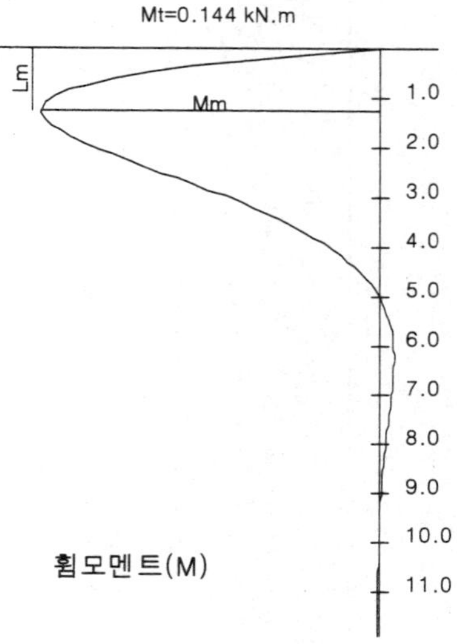

㈐ Comb 3 : 지진시

㉠ 말뚝의 최대모멘트 및 변위

- 최대모멘트 및 깊이 : -47.443 kNm, 1.024 m
- 말뚝머리부의 변위 : 1.269 mm
- 지표면에서의 변위 : 1.269 mm

㉡ 말뚝의 깊이별 모멘트 및 변위

깊이(m)	모멘트(kNm)	전단력(kN)	변위(mm)	비 고
0.000	-0.872	-110.680	1.269	
0.793	-45.802	-15.038	0.569	
1.587	-40.963	19.545	0.133	
2.380	-23.179	22.086	-0.051	
3.173	-8.619	14.037	-0.085	
3.967	-0.829	6.032	-0.062	
4.760	1.829	1.234	-0.030	
5.553	1.894	-0.692	-0.009	
6.347	1.158	-0.992	0.001	
7.140	0.476	-0.686	0.004	
7.933	0.082	-0.321	0.003	
8.727	-0.068	-0.084	0.002	
9.520	-0.086	0.020	0.001	
10.313	-0.057	0.043	0.000	
11.107	-0.026	0.033	0.000	
11.900	-0.006	0.017	0.000	

㉢ 변형곡선도 및 휨모멘트도

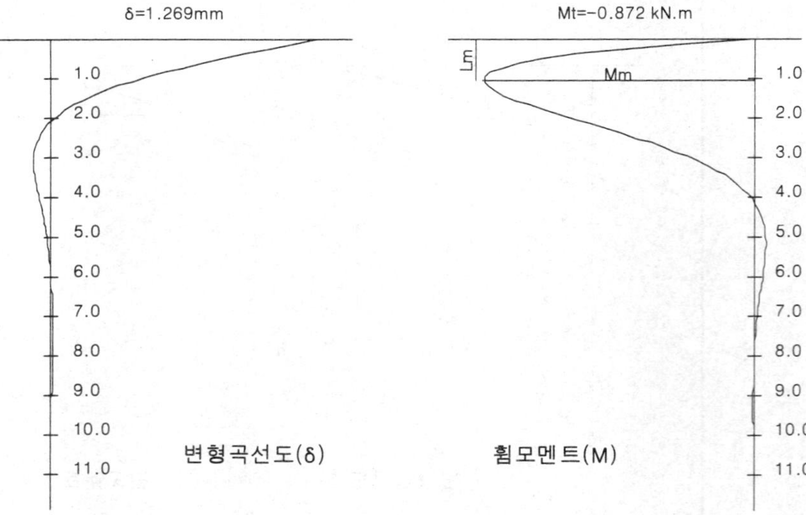

마. 말뚝의 변위 및 부재력 : 계수하중

㉮ Comb 1 : 축력최대

㉠ 말뚝의 최대모멘트 및 변위

- 최대모멘트 및 깊이 : -6.973 kNm, 0.000 m
- 말뚝머리부의 변위 : 0.089 mm
- 지표면에서의 변위 : 0.089 mm

㉡ 말뚝의 깊이별 모멘트 및 변위

깊이(m)	모멘트(kNm)	전단력(kN)	변위(mm)	비 고
0.000	-6.973	0.000	0.089	
0.793	-5.744	2.547	0.022	
1.587	-3.555	2.717	-0.010	
2.380	-1.674	1.958	-0.018	
3.173	-0.474	1.087	-0.016	
3.967	0.112	0.437	-0.010	
4.760	0.294	0.065	-0.005	
5.553	0.272	-0.092	-0.002	
6.347	0.182	-0.122	0.000	
7.140	0.094	-0.096	0.001	
7.933	0.033	-0.058	0.001	
8.727	0.000	-0.026	0.001	
9.520	-0.012	-0.006	0.000	
10.313	-0.013	0.003	0.000	
11.107	-0.009	0.005	0.000	
11.900	-0.005	0.005	0.000	

㉢ 변형곡선도 및 휨모멘트도

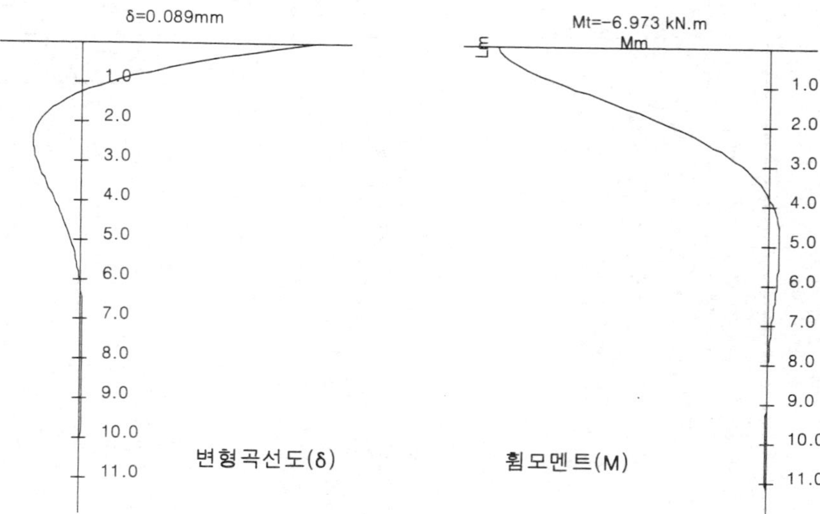

㉯ Comb 2 : 모멘트최대

㉠ 말뚝의 최대모멘트 및 변위

- 최대모멘트 및 깊이 : -29.733 kNm, 1.252 m
- 말뚝머리부의 변위 : 1.175 mm
- 지표면에서의 변위 : 1.175 mm

㉡ 말뚝의 깊이별 모멘트 및 변위

깊이(m)	모멘트(kNm)	전단력(kN)	변위(mm)	비 고
0.000	0.187	-58.214	1.175	
0.793	-26.744	-14.204	0.628	
1.587	-28.594	6.319	0.236	
2.380	-20.636	11.978	0.020	
3.173	-11.465	10.446	-0.066	
3.967	-4.618	6.724	-0.077	
4.760	-0.698	3.320	-0.058	
5.553	0.959	1.061	-0.034	
6.347	1.280	-0.093	-0.014	
7.140	1.012	-0.490	-0.003	
7.933	0.607	-0.489	0.002	
8.727	0.274	-0.340	0.003	
9.520	0.069	-0.183	0.003	
10.313	-0.028	-0.070	0.002	
11.107	-0.055	-0.007	0.001	
11.900	-0.048	0.018	0.000	

㉢ 변형곡선도 및 휨모멘트도

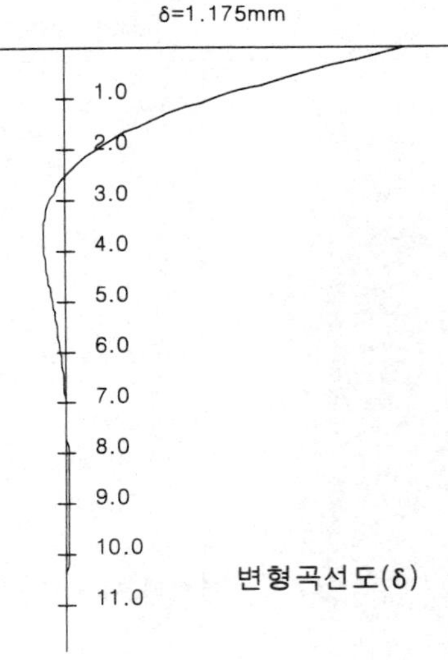

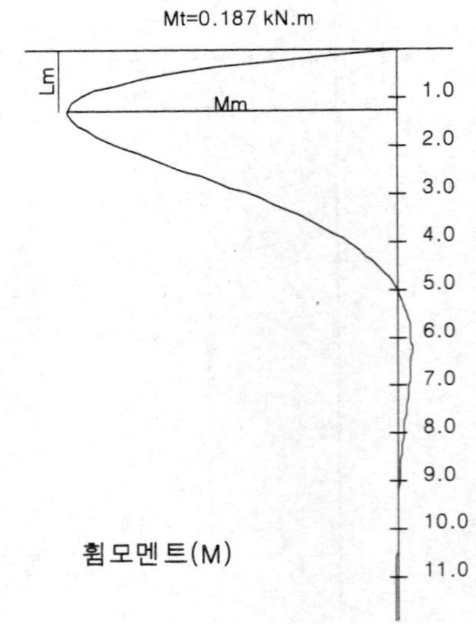

㉰ Comb 3 : 지진시

㉠ 말뚝의 최대모멘트 및 변위

- 최대모멘트 및 깊이 : -47.443 kNm, 1.024 m
- 말뚝머리부의 변위 : 1.269 mm
- 지표면에서의 변위 : 1.269 mm

㉡ 말뚝의 깊이별 모멘트 및 변위

깊이(m)	모멘트(kNm)	전단력(kN)	변위(mm)	비 고
0.000	-0.872	-110.680	1.269	
0.793	-45.802	-15.038	0.569	
1.587	-40.963	19.545	0.133	
2.380	-23.179	22.086	-0.051	
3.173	-8.619	14.037	-0.085	
3.967	-0.829	6.032	-0.062	
4.760	1.829	1.234	-0.030	
5.553	1.894	-0.692	-0.009	
6.347	1.158	-0.992	0.001	
7.140	0.476	-0.686	0.004	
7.933	0.082	-0.321	0.003	
8.727	-0.068	-0.084	0.002	
9.520	-0.086	0.020	0.001	
10.313	-0.057	0.043	0.000	
11.107	-0.026	0.033	0.000	
11.900	-0.006	0.017	0.000	

ⓒ 변형곡선도 및 휨모멘트도

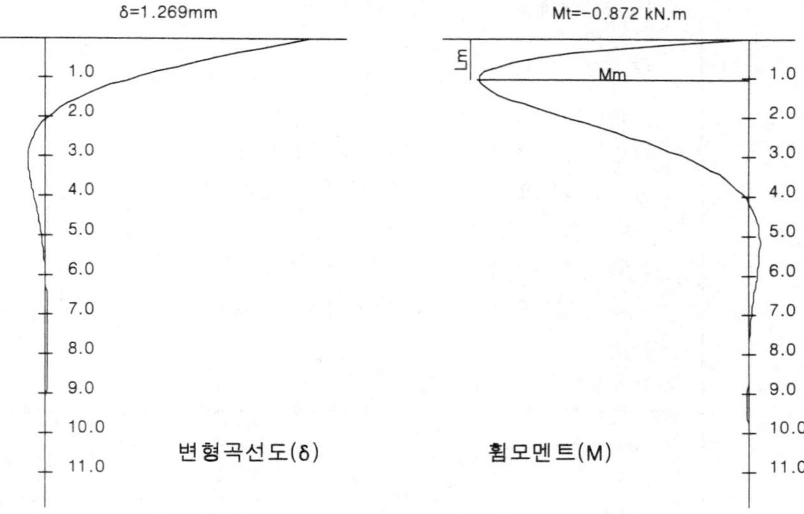

4) 말뚝의 안정성 검토[편람 509.4 기초설계편 참조]

① 설계조건(기반암지지 말뚝기초)

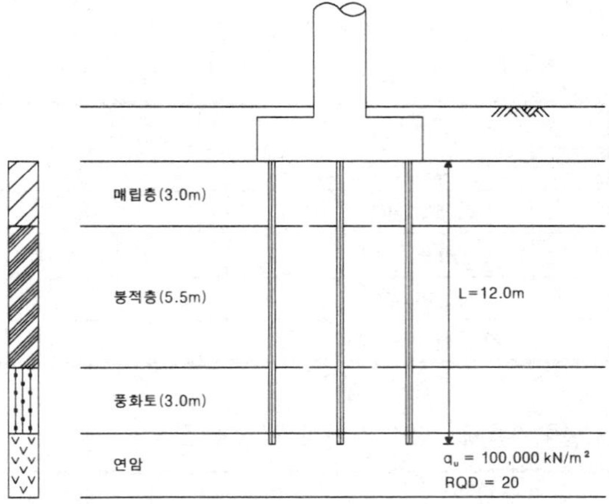

- 지반조건

지층명	지층두께 (m)	단위중량 (kN/m³)	내부마찰각 (°)	탄성계수 (kN/m²)	N값
매립층	3.0	18	28	40,000	30
붕적층	5.5	18	28	40,000	30
풍화토	3.0	19	30	100,000	40
연 암	0.5	24	35	3,000,000	-

- 말뚝제원

종류	직경	두께	부식고려	길이
타입강관말뚝	508 mm	12 mm	2 mm	12.0 m

② 지지력 검토

가) 말뚝본체의 허용압축하중

$$Q_a = f_{sa} A (1 - \frac{\mu_1 + \mu_2}{100})$$

여기서,

Q_a : 말뚝 본체 허용압축하중 (kN/ea)

f_{sa} : 말뚝재료 장기허용압축응력 (kN/㎡)

A : 말뚝 유효단면적 (m^2)

μ_1 : 장경비에 의한 지지하중 감소율 (%)

μ_2 : 말뚝이음에 의한 허용하중 감소율 (%)

· 말뚝재료의 최대허용압축응력(f_{sa})

말뚝부재	장기허용압축응력
SPS400 강말뚝	140,000 kN/m^2
SPS490 강말뚝	190,000 kN/m^2

· 장경비에 의한 지지하중 감소(μ_1)

$\mu_1(\%) = [(L/d) - n]$

여기서,

L/d : 장경비(=말뚝길이/말뚝직경)

n : 허용하중을 감소시키지 않아도 되는 장경비의 한계값

말뚝종류	n	장경비의 상한계
RC 말뚝	70	90
PSC 말뚝	80	105
PHC 말뚝	85	110
강관 말뚝	100	130
현장타설 콘크리트말뚝	60	80

· 말뚝이음에 의한 지지하중 감소(μ_2)

이음방법	용접이음	볼트식이음	충전식이음
감 소 율	5%/개소	10%/개소	최초 2개소 20%/개소 3개소 째 30%/개소

· 검토결과

$f_{sa} = 140{,}000\ \mathrm{kN/m^2}$(SPS400 강관말뚝)

$A = 0.0155\ \mathrm{m^2}$(말뚝재료의 순단면적)

장경비 L/d = 23.81로 n=100을 넘지 않으므로 μ_1 미고려

말뚝길이(L) = 12.0 m로 이음개소수 0개소이므로 μ_2 미고려

$$Q_{as} = (1 - \frac{0+0}{100}) \times 140{,}000 \times 0.0155 = 2{,}172.73\ \mathrm{kN/ea}$$

나) Polus & Davis 제안식

$$Q_a = \frac{1}{F_s}(\alpha\, q_{u(lab)} A_p + U \Sigma f_s L_i)$$

여기서, $q_{u(lab)}$: 암석의 일축압축강도 (kN/㎡)

α : 감소계수, A_P : 말뚝의 선단면적 (m^2)

U : 부식을 고려한 말뚝 둘레 길이 (m)

l_i : 주면마찰력을 고려하는 층의 두께 (m)

f_s : 주면마찰력을 고려하는 층의 최대주면마찰력 (kN/㎡)

· 극한선단지지력

$Q_p = \alpha\, q_{u(lab)} A_p$

- 감소계수(α) 산정

감소계수는 0.2~0.5의 값을 가지며 평균값 0.35의 값을 적용

$Q_p = \alpha\, q_{u(lab)} A_p = 0.35 \times 100{,}000 \times 0.2 = 6{,}982.63$ kN

· 지층별 주면마찰력 산정

지층명	두께 (l_i, m)	N치	f_i 계산식	f_i (kN/m^2)	$l_i \cdot f_i$ (kN/m^2)
매립층	3.0	30	2N	60	180.0
붕적층	5.5	30	2N	60	330.0
풍화토	3.0	40	2N	80	240.0
지층별 주면마찰력의 합 $\Sigma l_i f_i$					750.0

$Q_s = U \Sigma l_i f_i = 1.583 \times 750.0 = 1{,}187.52$ kN

· 검토결과

$Q_u = (Q_P + Q_S) = 6{,}982.63 + 1{,}187.52 = 8{,}170.15$ kN/ea

$$Q_a(\text{허용지지력}) = \frac{Q_u}{F_s} = \frac{8{,}170.15}{3} = 2{,}723.38 \text{ kN/ea}$$

다) Canadian Foundation Engineering Manual (1992)

$$Q_a = \frac{1}{F_s}(3\, q_{u(lab)} K_{sp}\, d\, A_p + U \Sigma f_s l_i)$$

여기서, $q_{u(lab)}$: 암석의 일축압축강도 (kN/㎡)

K_{sp} : 불연속면 간격에 따른 경험계수

d : 깊이계수, A_P : 말뚝의 선단면적 (m^2)

U : 부식을 고려한 말뚝 둘레 길이 (m)

l_i : 주면마찰력을 고려하는 층의 두께 (m)

f_s : 주면마찰력을 고려하는 층의 최대주면마찰력 (kN/㎡)

· 극한선단지지력

$Q_u = 3\, q_{u(lab)} K_{sp}\, d\, A_p$

- 불연속면 간격에 따른 경험계수(K_{sp}) 결정

Spacing of Discontinuities	Spacing (m)	K_{sp}
Moderately Close	0.31 - 1.0	0.1
Wide	1.0 - 3.0	0.25
Very Wide	3 이상	0.4

K_{sp}계수에는 안전율 3이 고려된 값이다. 따라서 본 공식에서 앞에 3이 곱해진 것임
불연속면 간격이 적당히 촘촘한 것으로 간주하여 K_{sp}는 0.1로 결정.

- 깊이계수(d)의 산정

$$d = 1 + 0.4\left(\frac{L_s}{B_s}\right) \leq 3.4$$

여기서, B_s : 암반에 근입된 말뚝직경 (m)

L_s : 암반에 근입된 말뚝길이 (m)

$$d = 1 + 0.4\left(\frac{L_s}{B_s}\right) = 1 + 0.4\left(\frac{0.50}{0.508}\right) = 1.39$$

$$Q_u = 3\, q_{u(lab)}\, K_{sp}\, d\, A_p = 3 \times 100{,}000 \times 0.1 \times 1.39 \times 0.2 = 8{,}341.45 \text{ kN}$$

· 극한주변마찰력

$$Q_s = U \sum l_i f_i$$

- 최대주면마찰력(f_i)

사질토 지반이며 시공법은 타입공법으로 가정, 최대주면마찰력은 2N으로 간주.

- 지층별 주면마찰력 산정

지층명	두께 (l_i, m)	N치	f_i 계산식	f_i (kN/m^2)	$l_i \cdot f_i$ (kN/m^2)
매립층	3.0	30	2N	60	180.0
붕적층	5.5	30	2N	60	330.0
풍화토	3.0	40	2N	80	240.0
지층별 주면마찰력의 합 $\sum l_i f_i$					750.0

$$Q_s = U \sum l_i f_i = 1.583 \times 750.0 = 1{,}187.52 \text{ kN}$$

· 검토결과

$$Q_u = (Q_P + Q_S) = 8{,}341.45 + 1{,}187.52 = 9{,}528.97 \text{ kN/ea}$$

$$Q_a(\text{허용지지력}) = \frac{Q_u}{F_s} = \frac{9{,}528.97}{3} = 3{,}176.33 \text{ kN/ea}$$

라) 검토결과 비교

구분	말뚝본체	Polus & Davis 제안식	CFEM	적용
허용지지력	2,172.73 kN	2,723.38 kN	3,176.33 kN	2,172.73 kN

적용지지력은 안전측으로 말뚝본체 허용하중 적용

$\therefore Q_a = 2{,}172.73 \text{ kN} > 2{,}057.41 \text{ kN} \Rightarrow$ OK

③ 연직침하량 검토

가) 반경험적 공식에 침하량 산정 (Ref : 구조물기초 설계기준)

$S_t = S_s + S_p + S_{ps}$

여기서, S_t : 기초의 전체침하량 (mm)

$S_s = \dfrac{(Q_{pa} + \alpha_s Q_{fs})L}{A_p E_p}$: 말뚝자체의 길이방향 탄성침하량 (mm)

$S_p = \dfrac{C_p Q_{pa}}{B q_p}$: 말뚝선단부 침하량 (mm)

$S_{ps} = \dfrac{C_s Q_{fs}}{L_b q_p}$: 말뚝 주면마찰에 의해 발생하는 침하량 (mm)

α_s : 말뚝의 주면마찰력 분포에 따른 계수

L : 말뚝길이 (m), L_b : 말뚝 근입깊이 (m)

A_p : 말뚝재료의 순단면적 (m^2), E_p : 말뚝 탄성계수 (kN/m^2)

C_p : 흙의 종류와 말뚝시공법에 따른 경험계수

$C_s = \left(0.93 + 0.16\sqrt{L_b/B}\right)C_p$, B : 말뚝의 직경 (m)

q_p : 말뚝 단위면적당 극한지지력 (kN/m^2)

· 하중조건

Q_{pa}(말뚝선단부에 전달되는 하중) $= Q\left(\dfrac{Q_p}{Q_p + Q_s}\right) = 1{,}758.37\ kN/ea$

Q_{fs}(말뚝주변부에 전달되는 하중) $= Q\left(\dfrac{Q_s}{Q_p + Q_s}\right) = 299.04\ kN/ea$

q_p(말뚝 단위면적당 극한 선단지지력) $= 35{,}000.00\ kN/m^2$

· 주면마찰력 분포특성에 따른 계수(α_s)

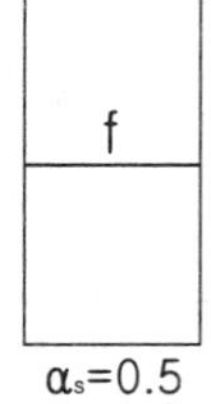

αs=0.5

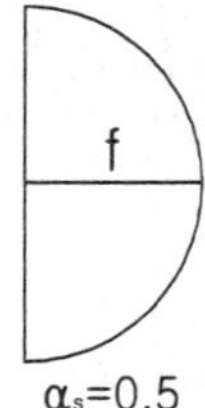

αs=0.5

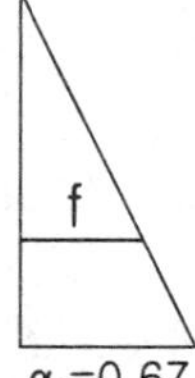

αs=0.67

주면마찰력 분포를 직각삼각형 형태로 보고 α_s= 0.67로 간주.

· 시공방법과 지반조건에 따른 계수(C_p)

흙의 종류	타입말뚝	굴착말뚝
모래 (조밀~느슨)	0.02~0.04	0.09~0.18
점토 (굳음~연약)	0.02~0.03	0.03~0.06
실트 (조밀~느슨)	0.03~0.05	0.09~0.12

사질토 지반이며 시공법은 타입공법으로 가정, C_p=0.02로 간주.

$$\cdot\ C_s = \left(0.93 + 0.16\sqrt{\frac{L_b}{D}}\right) C_p$$

$$= \left(0.93 + 0.16\sqrt{\frac{12.0}{0.504}}\right) 0.02 = 0.034$$

· 검토결과

$$S_s = \frac{(Q_{pa} + \alpha_s\, Q_{fs})\, L}{A_p\, E_p} = \frac{(1{,}758.37 + 0.67 \times 299.04) \times 12.0}{0.015 \times (2.1 \times 10^8)} = 0.00721\ \mathrm{m}$$

$$S_p = \frac{C_p\, Q_{pa}}{B\, q_p} = \frac{0.02 \times 1{,}758.37}{0.504 \times 35{,}000.00} = 0.00199\ \mathrm{m}$$

$$S_{ps} = \frac{C_s\, Q_{fs}}{L_b\, q_p} = \frac{0.034 \times 299.04}{12.0 \times 35{,}000.00} = 0.0000244\ \mathrm{m}$$

$$S_{ps} = S_s + S_p + S_{ps}$$

$$= 0.00721 + 0.00199 + 0.0000244 = 0.00923\ \mathrm{m} = 9.23\ \mathrm{mm}$$

나) Vesic 제안식 (Ref : Canadian Foundation Engineering Manual)

$$S_t = \frac{D}{100} + \frac{Q\, L}{A\, E_p}$$

여기서, D : 말뚝 직경 (m)

Q : 작용하중 (kN)

L : 말뚝 길이 (m)

A : 말뚝 단면적 (㎡)

E_p : 말뚝 탄성계수 (kN/㎡)

· 검토결과

$$S_t = \frac{D}{100} + \frac{Q\, L}{A\, E_p} = \frac{0.504}{100} + \frac{2{,}057.41 \times 12.0}{0.015 \times (2.1 \times 10^8)}$$

$$= 0.012655\ \mathrm{m} = 12.66\ \mathrm{mm}$$

다) 탄성계수법(Das)에 의한 방법

$$S_t = S_s + S_p + S_{ps}$$

여기서, S_t : 기초의 전체침하량 (mm)

$S_s = \dfrac{(Q_{pa} + \xi\, Q_{ws})\, L}{A_p\, E_p}$: 말뚝자체의 길이방향 탄성침하량 (mm)

$S_p = \dfrac{q_{wp}\, D\,(1 - \nu^2)\, I_{wp}}{E_s}$: 말뚝선단부 침하량 (mm)

$S_{ps} = \dfrac{Q_{ws}\, D\,(1 - \nu^2)\, I_{ws}}{p\, L_b\, E_s}$: 말뚝 주면마찰에 의해 발생하는 침하량 (mm)

E_s : 지반의 탄성계수 (kN/m^2)

ξ : 주면마찰력 분포특성에 따른 계수

ν : 포와송비

I_{wp}, I_{ws} : 영향계수

p : 말뚝의 윤변 (m)

L_b : 말뚝의 근입깊이 (m)

· 하중조건

Q_{pa}(말뚝선단부에 전달되는 하중) $= Q\left(\dfrac{Q_p}{Q_p + Q_s}\right) = 1{,}758.37$ kN/ea

Q_{ws}(말뚝주변부에 전달되는 하중) $= Q\left(\dfrac{Q_s}{Q_p + Q_s}\right) = 299.04$ kN/ea

q_{wp}(말뚝 단위면적당 극한 선단지지력) $= \left(\dfrac{Q_u}{A_p}\right) = 35{,}000.00$ kN/m^2

· 말뚝자체의 길이방향 탄성침하량

- 주면마찰력 분포특성에 따른 계수(ξ)

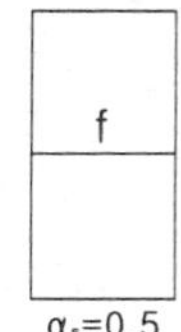

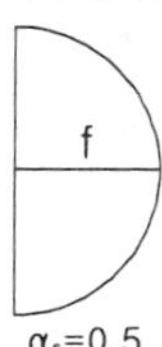

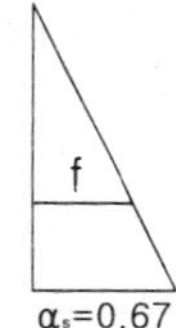

주면마찰력 분포를 직각삼각형 형태로 보고 α_s= 0.67로 간주.

$$S_s = \frac{(Q_{pa} + \xi\, Q_{ws})\, L}{A_p\, E_p} = \frac{(1{,}758.37 + 0.67 \times 299.04) \times 12.0}{0.015 \times 210{,}000{,}000} = 0.00721 \text{ m}$$

· 말뚝선단부 침하량 (mm)

- 영향계수(I_{wp}) 산정

모든 실제 문제에서 I_{wp}는 탄성이론에 의한 직접기초 침하량 산정식에 주어진 I_s값과 동일하게 취하거나 아래 그래프에서 계산할 수 있다.

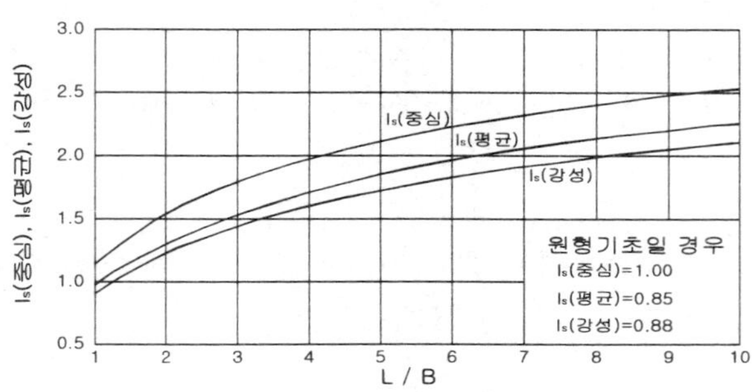

말뚝기초는 원형기초로 보고 I_{wp} = 0.88

$$S_p = \frac{q_{\wp}\, D\,(1 - \nu^2)\, I_{\wp}}{E_s} = \frac{35{,}000.00 \times 0.504 \times (1 - 0.26^2) \times 0.88}{3{,}000{,}000} = 0.00482 \text{ m}$$

· 말뚝 주면마찰에 의해 발생하는 침하량

- 영향계수(I_{ws}) 산정

$$I_{ws} = 2 + 0.35\sqrt{\frac{L}{D}} = 2 + 0.35\sqrt{\frac{12.0}{0.504}} = 3.71$$

$$S_{ps} = \frac{Q_{ws}\,D\,(1-\nu^2)\,I_{ws}}{p\,L_b\,E_s} = \frac{299.04 \times 0.504 \times (1 - 0.26^2) \times 3.71}{\pi \times 0.504 \times 12.0 \times 3,000,000} = 0.0000091\ \mathrm{m}$$

· 검토결과

$$S_t = S_s + S_p + S_{ps} = 0.00721 + 0.00482 + 0.0000091$$

$$= 0.01205\ \mathrm{m} = 12.05\ \mathrm{mm}$$

라) 검토결과 비교

구분	반경험적 공식	Vesic 제안식	탄성계수법(Das)	적용
침하량	9.23 mm	12.66 mm	12.05 mm	12.66 mm

침하량 산정은 안전측으로 Vesic 공식 적용

$\therefore S_t = 12.66\ \mathrm{mm} < 25\ \mathrm{mm} \Rightarrow$ OK

④ 수평방향 안정검토

가) 수평지반반력계수 산정

· 도로교설계기준

$$K_H = K_{HO}\left(\frac{B_H}{0.3}\right)^{-\frac{3}{4}}$$

여기서, K_H : 수평방향 지반반력계수 (kN/m^3)

K_{HO} : 지름 300 mm의 강체원판에 의한 평판재하시험의 값에 상당하는 수평방향 지반

반력계수 (kN/m^3), $K_{H0} = \frac{1}{0.3}\alpha\,E_0$

E_0 : 지반탄성계수 (kN/m^2)

α : 지반반력계수의 추정에 따른 계수

B_H : 하중작용방향에 직교하는 기초 환산재하폭 (m)

- 설계조건

$E_0 = 1,200\,N$ (NAVFAC DM 7-1에서 제시한 관계이용)

$N = 10$ (특성장 $1/\beta$의 대푯값)

- 변형계수 산정방법에 따른 E_0, α 결정

시험방법에 의한 지반탄성계수 E_o (kN/㎡)	α	
	평 상 시	지 진 시
보링공내에서 측정한 변형계수	4	8
공시체의 1축 또는 3축 압축시험에서 구한 변형계수	4	8
표준관입시험의 N값에서 $E_o = 2{,}800N$으로 추정한 변형계수	1	2
지름 300 mm 강체원판에 의한 평판재하시험으로부터 구한 변형계수의 1/2	1	2

- 기초의 환산재하폭 B_H

기 초 형 식	B_H	기 초 형 식	B_H
직접기초	$\sqrt{A_H}$	말뚝기초	$\sqrt{D/\beta}$
케이슨 기초 ($\beta \cdot l < 2$)	$\sqrt{A_H}$	강관널말뚝기초	$\sqrt{\mathrm{D}/\beta}$
케이슨 기초 ($1 < \beta \cdot l < 2$)	$\sqrt{D/\beta}$		

여기서, A_H : 하중작용방향에 직교하는 기초의 재하면적 (m²)

d : 하중작용방향에 직교하는 기초의 재하폭 (m)

$1/\beta$: 수평저항에 관여하는 지반의 깊이로서 기초의 길이 이하로 한다

β : 기초의 특성치 = $\left(\dfrac{K_H D}{4EI}\right)^{\frac{1}{4}}$

K_H값을 구하는데 있어서 β값을 구하는 식 자체에 K_H항이 들어 있으므로 간단히 구할 수 없다. 따라서, β값을 가정하여 수평방향 지반반력계수(K_H)를 산정하고 $\beta = (K_H D/4EI)^{1/4}$식에 대입하여 β값을 산출한다. 가정한 β값과 계산식에 의한 β값의 오차가 1%미만이면 채택하고, 그렇지 않으면 위의 과정을 반복하여 산정.

- 검토결과

$\beta = 0.49872$ m⁻¹ 이라 가정

$$K_{HO} = \frac{1}{0.3}\alpha E_0 = \frac{1}{0.3} \times 1 \times (1{,}200 \times 30) = 120{,}000 \text{ kN/m}^3$$

$$B_H = \sqrt{D/\beta} = 1.0053 \text{ m}$$

$$K_H = K_{H0}\left(\frac{B_H}{0.3}\right)^{-\frac{3}{4}} = 120{,}000 \times \left(\frac{1.0053}{0.3}\right)^{-\frac{3}{4}} = 48{,}451.5 \text{ kN/m}^3$$

β를 가정해서 산정한 지반반력계수(K_H)를 다음식에 대입하여 오차 확인.

$$\beta = \left(\frac{K_H D}{4E_0 I}\right)^{\frac{1}{4}} = \left(\frac{48{,}451.5 \times 0.504}{4 \times 210{,}000{,}000 \times 0.0004736076}\right)^{\frac{1}{4}} = 0.49873$$

β값의 오차가 0.01%로 1% 이하이므로 지반반력계수(K_H)는 48.451.5 kN/m³을 채택.

· Hukuoka 공식

$K_H = 6{,}910\, N^{0.406}$

여기서, N : 평균 N값

- 검토결과

$K_H = 6{,}910\ N^{0.406} = 6{,}910 \times 30^{0.406} = 27{,}490.9\ \text{kN/m}^3$

· 수평지반반력계수 산정결과

적용N값	도로교설계기준 (kN/m³)	Hukuoka 공식 (kN/m³)	적 용 (kN/m³)
30	48,451.5	27,490.9	27,490.9

나) Chang방법에 의한 수평지지력 산정

$$Q_a = \frac{n_h\, y}{0.93\, \eta^2}$$

여기서, $n_h = K_H\,(d\,/\,z)$: 수평지반 반력상수 (kN/m³)

$z = 1\,/\,\beta$: 말뚝축에 따라 측정한 지표면으로부터의 깊이 (m)

y : 기준변위량(평상시=0.015 m)

$$\eta = \left(\frac{n_h}{EI}\right)^{\frac{1}{5}}$$

E : 말뚝의 탄성계수 (kN/m²)

I : 말뚝의 단면2차모멘트 (m⁴)

· 수평지반 반력상수 산정

$$n_h = K_H\,(d\,/\,z) = 27{,}490.9\,(0.504\,/\,2.31) = 5{,}985.5\ \text{kN/m}^3$$

$$\eta = \left(\frac{n_h}{EI}\right)^{\frac{1}{5}} = \left(\frac{5{,}985.5}{2.1 \times 10^8 \times 0.00047361}\right)^{\frac{1}{5}} = 0.57$$

· 검토결과

$$Q_a = \frac{n_h\, y}{0.93\, \eta^2} = \frac{5{,}985.5 \times 0.015}{0.93 \times 0.57^2} = 297.11\ \text{kN}$$

다) Broms방법에 의한 수평지지력 산정

$$Q_u = \frac{3}{2} K_p\, \gamma\, d\, L^2 \text{ (짧은 말뚝)}$$

$$Q_u = 0.5\, \gamma\, d\, L^2\, K_p \text{ (중간 말뚝)}$$

$$Q_u = 2.38 \left(\frac{M_y}{K_p\, d^4\, \gamma}\right)^{\frac{2}{3}} K_p\, d^3\, \gamma \text{ (긴말뚝)}$$

$M_{max} = M_y$ (kNm)

여기서, Q_u : 극한수평저항력 (kN)

$K_p = \dfrac{1 + \sin\phi}{1 - \sin\phi}$: 수동토압계수

γ : 흙의 단위중량 (kN/m³)

d : 말뚝의 폭 (m)

M_{max} : 지중부 최대 휨모멘트 (kNm)

$M_y = \left(f_y - \dfrac{p}{A} \right) Z$: 항복 휨모멘트 (kNm)

Z : 말뚝의 단면계수 (m^3)

· 긴말뚝과 짧은말뚝 판정

구분	점성토	사질토
짧은말뚝	$\beta \times L \le 2.25$	$\eta \times L < 2.0$
중간말뚝	-	$2.0 \le \eta \times L \le 4.0$
긴 말 뚝	$\beta \times L \ge 2.25$	$\eta \times L > 4.0$

사질토지반이므로 $\eta \times L$

$$\eta = \left(\frac{n_h}{EI} \right)^{\frac{1}{5}}$$

여기서, $n_h = K_H \times d \,/\, z$: 수평지반 반력상수 (kN/m^3)

K_H : 수평방향 지반반력계수 (kN/m^3)

d : 말뚝직경 (강관말뚝인 경우 부식두께 고려, m)

$z = 1 \,/\, \beta$: 말뚝축에 따라 측정한 지표면으로부터의 깊이 (m)

$$\beta = \left(\frac{K_H D}{4 E_0 I} \right)^{\frac{1}{4}} = 0.432$$

E : 말뚝의 탄성계수 (kN/m^2)

I : 말뚝 단면2차모멘트 (m^4)

- 수평지반 반력상수 산정

$n_h = K_H \times D \,/\, z = 27{,}490.9 \times 0.504 \,/\, 2.31 = 5{,}985.5\ kN/m^3$

$$\eta = \left(\frac{n_h}{EI} \right)^{\frac{1}{5}} = \left(\frac{5{,}985.5}{2.1 \times 10^8 \times 0.00047361} \right)^{\frac{1}{5}} = 0.57$$

- 검토결과

$\eta \times L = 0.57 \times 12.0 = 6.84 > 4.0$ → 긴말뚝으로 판정

· 수평지지력 산정

$$Q_u = 2.38 \left(\frac{M_y}{K_p\, d^4\, \gamma} \right)^{\frac{2}{3}} K_p\, d^3\, \gamma = 247.2\ kN$$

- 항복휨모멘트 산정

$M_{max} = M_y$

· 검토결과

$$Q_a = \frac{1}{F_s} Q_u = \frac{1}{2.5} \times 247.2 = 98.88\ kN$$

라) 수평지지력 검토결과

적용N값	Chang의 방법	Broms의 방법	적 용
30	297.11 kN	98.88 kN	98.88 kN

적용 수평지지력은 안전측으로 Broms방법을 이용한 식 적용

$\therefore Q_a = 98.88\ \mathrm{kN} > 44.78\ \mathrm{kN} \Rightarrow$ OK

마) 수평변위 검토

· 탄성지반반력법(Chang의 방법)

$$y = \frac{0.93\,Q\,\eta^2}{n_h}$$

여기서, $n_h = K_H \times d\,/\,z$: 수평지반 반력상수 (kN/m^3)

Q : 말뚝의 수평반력 (kN/ea)

$$\eta = \left(\frac{n_h}{EI}\right)^{\frac{1}{5}}$$

- 수평지반 반력상수 산정

$$n_h = K_H \times D\,/\,z = 27{,}490.9 \times 0.504\,/\,2.31 = 5{,}985.5\ \mathrm{kN/m^3}$$

$$\eta = \left(\frac{n_h}{EI}\right)^{\frac{1}{5}} = \left(\frac{5{,}985.5}{2.1\times10^8\times0.00047361}\right)^{\frac{1}{5}} = 0.57$$

· 검토결과

$$y = \frac{0.93\,Q\,\eta^2}{n_h} = \frac{0.93\times44.78\times0.57^2}{5{,}985.5}$$

$$= 0.00226\ \mathrm{m} = 2.26\ \mathrm{mm}$$

· $P-y$ 곡선법에 의한 수평변위 검토

$P-y$ 곡선법은 말뚝의 변위증가에 의한 지반반력과의 관계는 비선형성을 보인다는 사실에 근거한 해석방법으로 임의의 깊이에서의 말뚝변위는 그 위치에서의 지반 반력에만 의존하기 때문에 지반을 일련의 $P-y$ 곡선으로 표현한다. 실제 지반의 비선형성이나 지표면에서 시작하는 전형적인 파괴형상을 충실히 고려할 수 있다. $P-y$ 곡선은 지반의 성질에 따라 각 연구자들이 다양한 곡선을 제시하고 있다. 기본 방정식은 아래식과 같다.

$$EI\frac{d^4y}{dx^4} + Q\frac{d^2y}{dx^2} - P + W = 0$$

여기서,

Q : 말뚝에 작용하는 축방향 하중

y : 말뚝의 각 깊이별 횡방향 변위

P : 단위 길이당 지반의 반력

EI : 말뚝의 휨 강성

W : 말뚝의 횡방향 하중

본 예제의 $P-y$ 해석시 사용한 프로그램은 Reese와 Wang이 개발한 $LPILE^{PLUS}$라고 하는 프로그램이다. 아래표의 지반조건 및 말뚝제원을 입력치로 하여 말뚝두부에서 발생하는 수평 변위를 검토하였다.

- 지반조건

지층명	지층두께 (m)	건조단위중량 (kN/m^3)	내부마찰각 (°)	탄성계수 (kN/m^2)	N값
매립층	3.0	8	28	40,000	30
붕적층	5.5	8	28	40,000	30
풍화토	3.0	9	30	100,000	40
연 암	0.5	14	35	3,000,000	-

- 말뚝제원

종류	직경	단면2차 모멘트	탄성계수	길이
타입강관말뚝	508 mm	0.00047361 m^4	2.1×10^8 kN/m^2	12.0 m

아래 그림은 말뚝의 두부에 작용하는 수평하중이 44.78 kN 일때의 말뚝의 깊이 별 변위를 도시한 것이다. 또한 아래 표는 Edit Output Text를 선택하면 나타나는 해석결과의 일부분을 보여주는 것으로 말뚝두부에서 변위가 1.98 mm 발생하며, 발생 모멘트는 70.87 kNm 임을 알 수 있다.

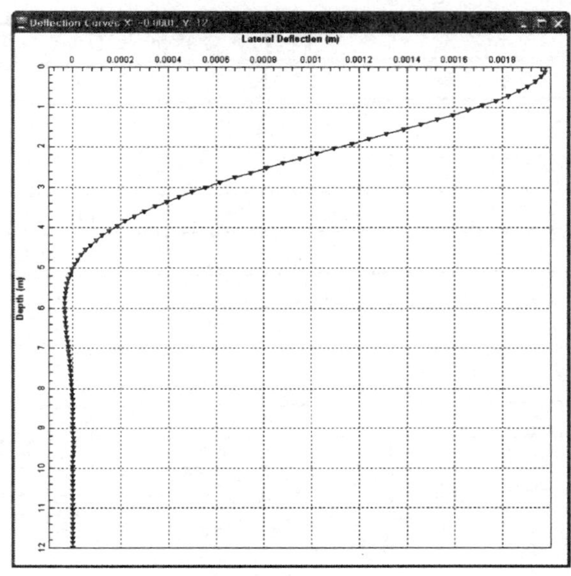

```
--------------------------------------------------------------------------------
                      Summary of Pile-head Response
--------------------------------------------------------------------------------

Definition of symbols for pile-head boundary conditions:

y = pile-head displacment, m
M = pile-head moment,  kN- m
V = pile-head shear force,  kN
S = pile-head slope, radians
R = rotational stiffness of pile-head,  m- kN/rad

 BC    Boundary      Boundary        Axial    Pile Head    Maximum      Maximum
Type  Condition     Condition        Load    Deflection    Moment       Shear
          1             2             kN          m         m- kN         kN
---- ------------ ------------ ------------ ----------- ------------ -----------
  2  V=    44.780 S=     0.000  1980.8300     .001980    -70.8735     44.7800

The analysis ended normally.
```

· 수평변위 = 1.98 mm < 말뚝의 허용변위 = 15 mm ⇒ OK

바) 수평변위 검토결과

구분	Chang의 방법	LPILE 프로그램	적용
수평변위	2.26 mm	1.98 mm	2.26 mm

수평변위 산정은 안전측으로 Chang 방법을 이용한 식 적용

∴수평변위 = 2.26 mm < 말뚝의 허용변위 = 15 mm ⇒ OK

⑤ 안정검토결과

T형교각기초에 대한 안정검토결과, 직접기초를 적용할 경우에 활동 및 지지력에 대해 불안정하게 나타나 말뚝기초를 적용하였으며 지지력, 침하 및 변위에 대해 안정한 것으로 검토되었음

가. 허용지지력 검토결과

구분	말뚝본체	Polus & Davis	CFEM	적용
허용지지력	2,172.73 kN	2,723.38 kN	3,176.33 kN	2,172.73 kN

나. 수평지지력 검토결과

적용N값	Chang의 방법	Broms의 방법	적 용
30	297.11 kN	98.88 kN	98.88 kN

$\therefore Q_a = 98.88\ kN > 44.780\ kN \Rightarrow$ OK

다. 하중조합별 검토

구 분		V(max)	V(min)	Q_a(kN)	비 고
Comb 1	FIX	2,057.411	1477.100	2,172.73	OK
	HINGE	2,059.055	1475.456	2,172.73	OK
Comb 2	FIX	1,980.831	997.362	2,172.73	OK
	HINGE	1,980.756	997.438	2,172.73	OK
Comb 3	FIX	2,331.580	646.614	3,259.10	OK
	HINGE	2,332.038	646.155	3,259.10	OK

⑥ 말뚝의 응력 검토

가. 말뚝의 이음과 장경비에 따른 허용응력의 감소율 검토

:『도로교설계기준 해설(하부구조편)』 참조

사용 PILE 본당 길이 : 15.00 m / 본

PILE 길이 : 12.00 m

이음개소수 : 0 개소

말뚝이음에 의한 허용응력 감소율 : 0.00%

장경비 (L/D) = 11.90/0.508 = 23.425 < 100 이므로 장경비에 따른 허용응력의 감소 없음.

따라서 허용응력의 총 감소율은 0.00% 적용

나. 말뚝의 휨응력 검토

f_{sa} = 140.000 MPa (평상시)

= 210.000 MPa (지진시)

f = V / A_p ± M x y / Io

= V / 15,519.468 ± M x 508.0/2 / 473,607,596.1

구 분		V(kN)	M(kNm)	f_{max}	f_{sa}	비 고
Comb 1	FIX	2,057.411	13.579	139.852	140.00	OK
	HINGE	2,059.055	11.482	138.833	140.00	OK
Comb 2	FIX	1,980.831	22.871	139.901	140.00	OK
	HINGE	1,980.756	22.964	139.946	140.00	OK
Comb 3	FIX	2,331.580	47.443	175.680	210.00	OK
	HINGE	2,332.038	46.880	175.407	210.00	OK

다. 말뚝의 전단응력 검토

v_{sa} = 80.000 MPa (평상시)

= 120.000 MPa (지진시)

v = α x H_o / A_p

α = 4 x (D^2 + D × d + d^2) / (3 x (D^2 + d^2))

= 4 x (504.000^2 + 504.000 × 484.000 + 484.000^2) / (3 x (504.000^2 + 484.000^2))

= 1.999 : 전단형상계수

구 분		H(kN)	v	v_{sa}	비 고
Comb 1	FIX	22.390	2.885	80.000	OK
	HINGE	22.390	2.885	80.000	OK
Comb 2	FIX	44.780	5.769	80.000	OK
	HINGE	44.780	5.769	80.000	OK
Comb 3	FIX	110.680	14.260	120.000	OK
	HINGE	110.680	14.260	120.000	OK

☞ 교축방향 강관파일검토는 교축직각방향과 같은 방법으로 한다.

2.5.8 [단계 8] 받침보강 설계

(1) [단계 8-1] 교량받침 용량 산정

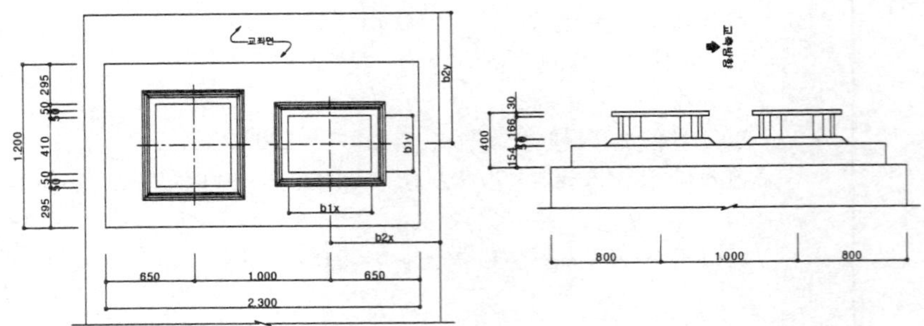

· 교량받침 용량 선정 (단위 : kN)

구 분	수직력			수평력		
	허용값	상부반력	비 고	허용값	탄성지진력	비 고
받침 1	1,750.000	1,400.478	OK	258.800	104.736	OK
받침 2	1,750.000	1,317.547	OK	258.800	103.853	OK
받침 3	1,750.000	1,317.610	OK	258.800	103.886	OK
받침 4	1,750.000	1,404.305	OK	258.800	104.780	OK
받침 5	1,750.000	1,400.478	OK	258.800	104.665	OK
받침 6	1,750.000	1,317.547	OK	258.800	103.833	OK
받침 7	1,750.000	1,317.610	OK	258.800	103.864	OK
받침 8	1,750.000	1,404.305	OK	258.800	104.711	OK

· 탄성지진력은 응답수정계수(R=1.0)를 고려한 값이며 내진장치 불필요

(2) [단계 8-2] 교량받침 하면 콘크리트 보강

① 교량받침에 작용하는 하중 : 교량받침 4, 4, 3g

- 연직하중 : 고정하중 + 활하중

  $P = 1{,}041.053 + 363.252 = 1{,}404.305$ kN

- 교축방향 수평하중 : 탄성지진력, 온도변화의 영향

  $H_{x1} = 0.000$ kN : 고정단이므로 온도변화의 영향은 고려하지 않는다

  $H_{x2} = 104.711 / 1.33 = 78.730$ kN

  ☞ 수평력은 H_{x1}, H_{x2} 중 큰 값인 78.730 kN를 적용한다.

  ☞ $H_{x1} = P_h / 1.15$ (가동단일경우)

  $P_h = k_h \times \delta$: k_h 탄성받침의 전단탄성계수, δ 상부구조의 신축량

  $\delta = \alpha \times \Delta T \times L$

- 교축직각방향 수평하중 : 탄성지진력,풍하중의 영향

  $B/D = 10.735 / 3.520 = 3.050$ $[\,1 \le B/D < 8\,]$

  $W_1 = [4.0 - 0.2 \times (10.735 / 3.520)] \times 3.520 = 11.9$ kN/m ≥ 6.0 이므로

H_{y1} = 11.933 x 0.80 x 70.100 / 2 / 2EA / 1.25
= 133.841 kN ; 『도로교설계기준 해설』 참조
H_{y2} = 83.936 / 1.33 = 63.110 kN
☞ 수평력은 H_{y1}, H_{y2} 중 큰 값인 133.841 kN를 적용한다.

② 연직하중에 대한 보강
b_{1x} = 610.000 mm
b_{1y} = 410.000 mm
b_{2x} = 800.000 mm
b_{2y} = 1,200.000 mm
b_{cx} = 2 x b_{2x} = 2 x 800.000 = 1,600.000 mm < 5 x b_{1x} = 3,050.000 mm
b_{cy} = 2 x b_{2y} = 2 x 1,200.000 = 2,400.000 mm > 5 x b_{1y} = 2,050.000 mm
A_{sx1} = 1/4 x (1 - b_{1x} / b_{cx}) x P / f_{sa}
= 1/4 x (1 - 610.000 / 1,600.000) x 1404.305 x 10^3 / 150.000
= 1,448.190 mm^2
A_{sy1} = 1/4 x (1 - b_{1y} / b_{cy}) x P / f_{sa}
= 1/4 x (1 - 41.000 / 205.000) x 1,404.305 x 10^3 / 150.000
= 1,872.407 mm^2

③ 수평하중에 대한 보강
A_{sx2} = H_x / f_{sa}
= 78.730 x 10^3 / 150.000 = 524.867 mm^2
A_{sy2} = H_y / f_{sa}
= 133.841 x 10^3 / 150.000 = 892.270 mm^2

(3) [단계 8-3] 교량받침 하면 철근보강 범위 및 철근량 산정

① 철근보강 범위 산정
ⓐ 교축직각방향 철근보강 범위
B_{xo} = b_{1x} + b_{2y} = 610.000 + 1,200.000 = 1,810.000 mm
여기서, 받침중심에서의 연단거리 800.00 mm 가 B_{xo}/2 = 905.00 mm 보다 작으므로 보정필요
B_{xo} = b_{2x} + (b_{1x} + b_{2y}) / 2 = 800.000 + (610.000 + 1,200.000) / 2 = 1,705.000 mm

ⓑ 교축방향 철근보강 범위
B_{yo} = b_{1y} + b_{2x} = 410.000 + 800.000 = 1,210.000 mm

② 철근량 산정
ⓐ 교축직각방향
A_{sy} = A_{sy1} + A_{sy2} = 1,872.407 + 892.270 = 2,764.677 mm^2
B_{xo} = 1,705.000 mm 범위내에서 D16 - 18.0 EA
A_s = 198.600 x 18.0 = 3,574.800 mm^2 ∴ OK

ⓑ 교축방향

$A_{sx} = A_{sx1} + A_{sx2} = 1,448.190 + 524.867 = 1,973.057\ mm^2$

B_{yo} = 1,210.000 mm 범위내에서 D16 - 18.0 EA

$A_s = 198.600 \times 18.0 = 3,574.800\ mm^2 \therefore$ OK

(4) [단계 8-4] 교량받침 콘크리트 보강

① 교축직각방향

$A_{s2} = H_y\ /\ f_{sa} = 133.841 \times 10^3\ /\ 150.000 = 892.270\ mm^2$

사용철근 : D16 - 9.0 EA

$A_s = 198.600 \times 9.0 = 1,787.400\ mm^2 \therefore$ OK

② 교축방향

$A_{s1} = H_x\ /\ f_{sa} = 78.730 \times 10^3\ /\ 150.000 = 524.867\ mm^2$

사용철근 : D16 - 9.0 EA

$A_s = 198.600 \times 9.0 = 1,787.400\ mm^2 \therefore$ OK

* 주철근 조립도

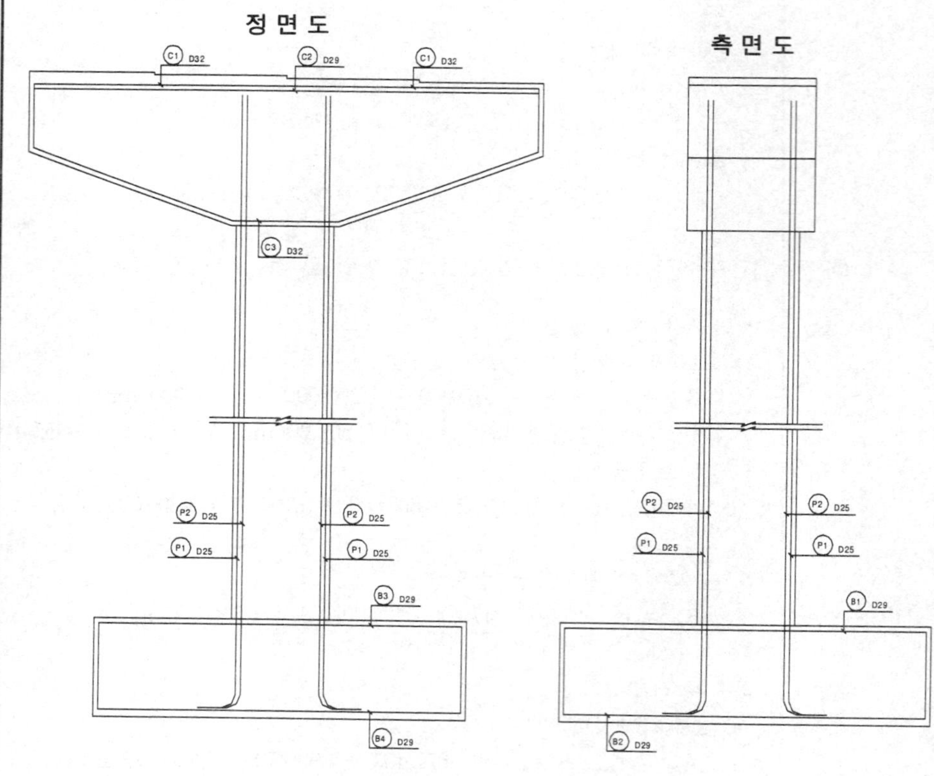

509.3 강교각 설계

3.1 설계일반

3.1.1 일반사항

(1) 개 요

강교각은 좁은 입지조건이나 공사기간에 제약이 있는 경우, 그리고 다층 구조 등 다소 복잡한 교각형상이 요구되는 경우 콘크리트 교각에 비하여 유리한 구조라고 할 수 있다. 일반적으로 교각의 설계에서는 상부구조로부터의 하중을 안전하게 기초구조로 전달함과 동시에, 가설지점의 상황에 가장 적절한 것이어야 한다. 또한 상부구조의 형식에 따라서는 교각의 변위가 상부구조에 직접 영향을 미치는 경우도 있으므로 지지조건을 만족시키도록 하여야 한다.

강교각은 철근콘크리트 기초에 앵커프레임을 매입하고 그 위에 강교각 본체를 얹혀 앵커볼트를 사용하여 연결하게 된다. 이때 보와 기둥의 단면은 보강재와 다이아프램 등을 설치한 보강단면으로 이루어지게 되며, 원형기둥 단면의 경우는 직경과 판두께를 먼저 결정한 후 설계하여야 한다. 접합부 보로부터의 휨모멘트를 기둥으로 원활하게 전달하는 역할을 하며, 이때 단면력의 급변으로 인하여 보 및 기둥의 내측 플랜지에 전단지연현상이 발생하므로 이를 설계에 반영해야 한다.

기둥기초부의 설계형식은 압축력에 대해서 베이스 플레이트 하면의 콘크리트로 저항하고, 인장력에 대해서는 앵커볼트와 앵커플레이트로 저항하는 RC방식과 앵커볼트 및 앵커프레임으로 압축력 및 인장력에 저항하는 말뚝방식이 있다. RC방식은 베이스 플레이트 직하의 콘크리트 지압을 충분히 기대할 수 있는 경우에 사용되며, 말뚝방식은 시공상의 이유로 콘크리트의 지압을 충분히 기대하기 힘든 경우에 사용된다. 여기서 RC방식의 앵커볼트 볼트 한개당 소요단면적은 RC기둥으로 가정한 교각 기둥으로 부터의 반력에 의해 결정된다.

차량 충돌에 대한 방호 역할을 위하여 외피 콘크리트와 속채움 콘크리트를 노면으로부터 2 m 높이까지 설치한다. 강교각은 콘크리트 교각에 비해 유지관리가 중요하므로, 유지관리용 설비로서 맨홀, 트랩, 배수구, 도장용 발판 등을 고려하여 설계하여야 한다.

(2) 강교각의 필요성

최근 도로의 입체화나 고가차도를 이용한 도로 확충 등에서 공간적인 제약의 극복과 공사기간 단축 등의 필요성 등으로 강교각의 도입을 적극적으로 검토하고 있다. 도시의 입체화에 따라 도로면의 높이가 매우 높은 위치에 설정되기 때문에 교각의 설계조건이 더욱 까다로워지고 있는 것도 강교각의 필요성을 부각시키고 있으며, 도로면의 배치에 따라 T형 교각의 캔틸레버 길이나 라멘교각의 장지간화 및 복잡한 형식의 교차형태 등에 대해 적합한 형식의 골조로 구성하는데 구조적으로 유리한 장점도 있다.

<그림 509.3.1>과 <그림 509.3.2>에 도시한 바와 같이 1995년의 일본 고베 지진에서 철근콘크리트 교각의 취약함(취성파괴)이 드러나는 경험을 통해 내진 저항성의 측면에서 강교각의 우수성이 다시 한번 인식되었다.

<그림 509.3.1> 고베지진시 전도된 고가교

<그림 509.3.2> 콘크리트 교각 파괴

<그림 509.3.3> 지진피해를 입은 고가도로의 복구 전후 전경, 일본

<그림 509.3.4>에는 강교각의 지진피해 사례를 나타낸 것으로 콘크리트 교각과는 달리 구성판의 균열, 국부좌굴, 변형 등 부분적인 손상이 대부분을 차지하고 있다. 강재는 재료적으로 인성이 우수해서 파단에 이르기 까지 에너지흡수 능력이 크므로 좌굴과 같은 불안정 현상이나 공진현상 등에 대해 철저히 대처하면 동적외력에 의한 국부적인 파손은 물론이고 붕괴에 대해서도 큰 안전도를 기대할 수 있다. 이와 같은 이유에서 강교각은 내진에 매우 적합한 구조 형식이라고 할 수 있다.

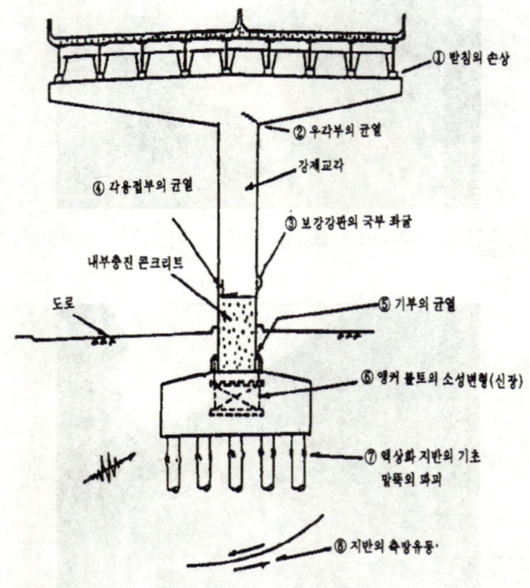

<그림 509.3.4> 강교각의 지진피해 사례

(3) 교각형식

교각의 형식은 그 설치위치 및 하중조건에 따라 단주 및 라멘형식 등이 있으며, 또한 각각의 단면형상은 설계조건을 고려하여 원형 또는 박스형 단면을 채택할 수 있다. 단주 형식의 교각은 단선형식인 경우는 가능하나, 복선과 같이 설계하중이 크거나 기둥의 설치위치가 제약을 받는 경우에는 라멘형식을 채택하는 것이 바람직하다.

기둥의 단면형상을 선택하는데 있어서는 여러가지 요인을 고려하여야 하므로 매우 복잡한 문제라고 할 수 있다. 원형단면의 경우 국부좌굴 및 비틀림저항, 미관 등이 유리한 반면 박스형에 비하여 제작상의 결함이 발생할 염려가 있다고 할 수 있다. 한편 박스형 단면은 하중방향과 크기에 따라 단면치수 및 두께 등을 적절히 조절할 수 있으나 용접부위에 대한 상세한 검토가 요망된다.

(4) 부재구성

부재 구성에 있어서 다음과 같은 사항에 주의를 요한다.

(a) 부재의 단면 및 이음은 조립 작업, 용접 및 검사 등이 용이하며 용접부 상에 구성판이 집중되는 것을 피하고 응력집중 및 편심을 일으키지 않도록, 될 수 있으면 단순한 형상을 채용한다.

(b) 조합부재 및 보의 단면은 가능한 한 용접이 대칭되도록 한다.

(c) 부재 및 용접부는 구속응력, 수축응력, 수축변형을 고려해 설계한다.

(d) 용접은 가능한 한 하향 용접한다.

(e) 현장 이음을 용접으로 하는 경우의 이음 위치는 응력 상태나 운반가설을 고려해서 정한다.

한편 베이스부, 우각부, 원기둥의 다이아프램부를 용접구조로 하는 경우에는 구속도가 높고 좁은 장소에서의 용접이기 때문에 설계상 및 제작상 고려해야 하는 중요한 인자중의 하나로 용접균열의 문제가 있다. 이 용접균열에 대해서는 설계 또는 시공상의 불완전성으로 발생하며, 부재

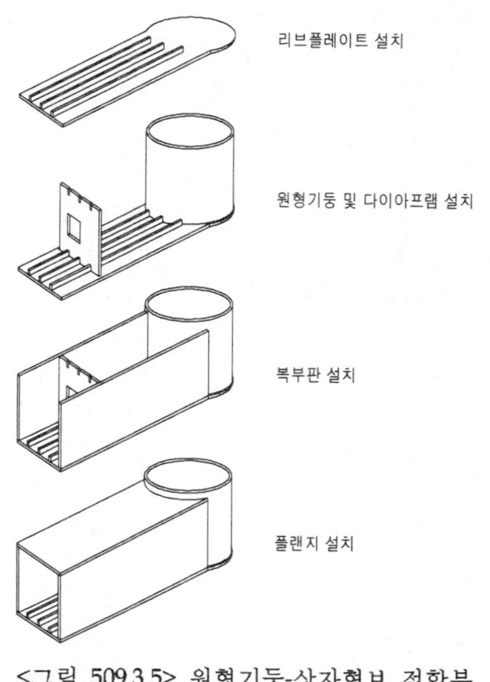

<그림 509.3.5> 원형기둥-상자형보 접합부 제작순서

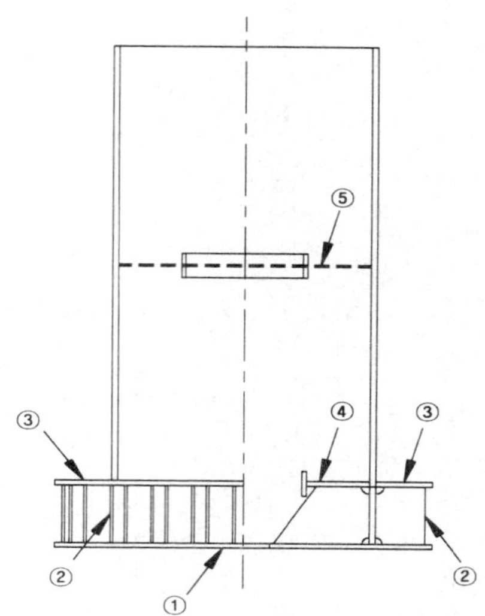

i. 기둥에 베이스 플레이트 ① 설치
ii. 리브 플레이트 ② 설치
iii. 베이스 플레이트 ③ 설치)
iv. 다이아프램 ④ 설치
v. 다이아프램 ⑤ 부착

<그림 509.3.6> 베이스부 제작순서

<표 509.3.1> 강교각의 단면수 예

(a) 라멘의 거더		(b) 캔틸레버 거더		(c) 기 둥	
지간 (m)	단면수	내민길이 (m)	단면수	층 높 이	단면수
$l < 15$	3 - 4	$l < 5$	1	$H < 10$	2
$15 \leq l < 35$	5 - 6	$5 \leq l < 10$	2	$10 \leq H < 25$	3
$35 \leq l < 55$	7 - 8	$10 \leq l < 15$	3	$25 \leq H < 35$	4

에 결정적인 결함을 주게 되어 파괴를 초래할 수 있으므로 특별한 주의를 요한다. 그러나 이러한 파괴의 경우 발생 미케니즘이 복잡해서 명확한 원인을 규명하지는 못하고 있다.

강재 라멘교각은 휨모멘트의 변화가 심하여 원형기둥-상자형보 접합부의 제작순서 및 베이스부의 제작순서의 예를 나타내면 <그림 509.3.5>, <그림 509.3.6>과 같다. 단면 변화 치수가 많아지기 쉬운데, 부재력에 대한 최적화를 위해 단면변화를 많이 하면 오히려 경제성 확보에 불리하다. 강교각은 보 및 기둥 일반부와 모서리부(접합부)의 계산이 이원화 되어 있으므로 기본적으로 일반부와 모서리부는 단면의 변화가 필요하다. 따라서 일반부내에서의 단면변화 수는 제한적이게 된다. 따라서 일본 한신고속도로공단(1985)에서는 <그림 509.3.7> 및 <표 509.3.1>과 같이 표준적 단면변화를 적용한다. 또한 단면변화 시 인접하는 단면과의 판두께 차이는 12 mm정도 이내로 하나, 모서리부 및 기둥기초부 부근 단면의 경우에는 20 mm 정도로 하여도 무방하다.

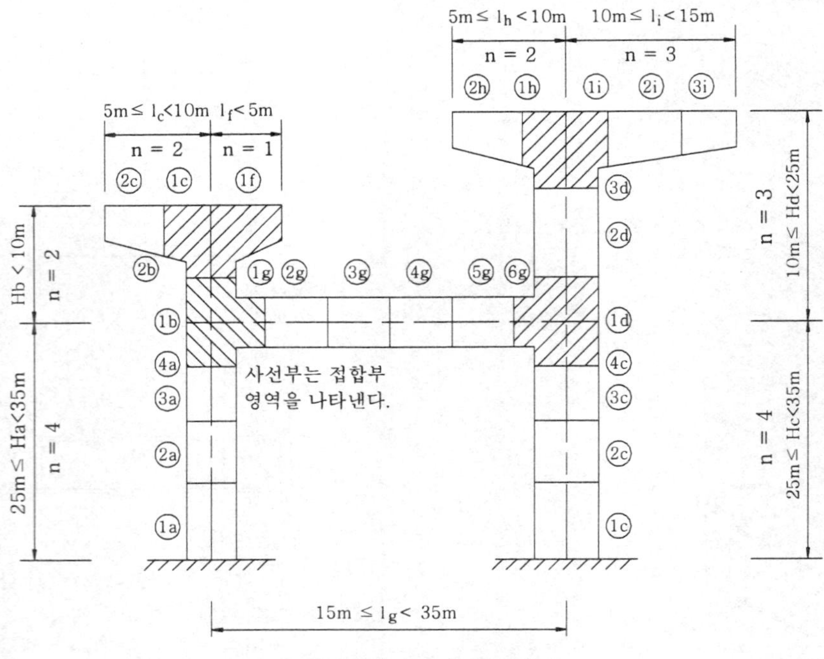

<그림 509.3.7> 단면 변화도

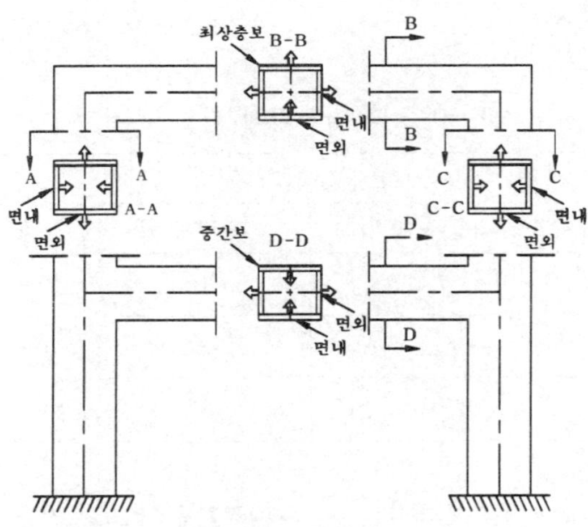

<그림 509.3.8> 판두께의 변화 방향

한편 기둥부재로서 원형단면을 사용하는 경우에는 바깥지름을 1 m 이상으로 하고 단면변화는 안쪽을 원칙으로 한다. 이때, 보와 기둥부재의 판두께 변화 방향은 <그림 509.3.8>에 표시한 화살표 방향으로 하는 것을 원칙으로 한다.

3.1.2 하중조합 및 허용응력 증가계수

설계에 고려할 여러 가지 하중조합과 이에 대한 허용응력의 증가계수를 정리하면 <표 509.3.2>와 같다. 또한 <표 509.3.3>에는 교각의 면내 및 면외 방향 부재력을 발생시키는 하중을 분류하여 나타내었다.

[도·설 2.2.2.2]

<표 509.3.2> 하부구조(강구조)에서의 하중조합 및 허용응력 증가계수

	하중조합		허용응력 증가계수
1	주하중+주하중에 해당하는 특수하중+온도변화의 영향	P+PP+T	1.15
2	주하중+주하중에 해당하는 특수하중+풍하중	P+PP+W	1.25
3	주하중+주하중에 해당하는 특수하중+온도변화의 영향+풍하중	P+PP+T+W	1.35
4	주하중+주하중에 해당하는 특수하중+풍하중+제동하중	P+PP+W+LF	1.25
5	주하중+주하중에 해당하는 특수하중+충돌하중	P+PP+SB	
	강구조에 대하여		1.70
	무근 및 철근콘크리트 구조에 대하여		1.50
6	활하중 및 충격 이외의 주하중 + 지진의 영향	P+E	
	강구조에 대하여		1.50
	무근 및 철근콘크리트 구조에 대하여		1.33
7	가설시 하중의 조합	ER	
	완성 후의 응력이 현저히 저하되는 경우		1.50
	완성 후의 응력이 허용응력과 같은 정도로 되는 경우		1.25

주) 허용응력에 대한 하중조합으로부터 산정된 부재력을 허용응력증가계수로 나누어 모든 하중조합에 대한 최대 부재력으로부터 응력을 구하고, 기본 허용응력과 비교를 통하여 안전성을 검토하면 설계의 편이성을 높일 수 있다.

<표 509.3.3> 교각의 면내(교축 직각방향)에 작용하는 하중

면 내 기본하중 (교축직각방향 부재력 유발)		면 외 기본하중 (교축방향 부재력 유발)	
①	상부구조 고정하중	①	지진하중
②	하부구조 고정하중	②	풍 하 중
③	상부구조 활하중	③	충돌하중
④	풍 하 중	④	온도하중
⑤	지진하중		
⑥	충돌하중		

주) 교각의 면내 및 면외 부재력을 발생시키는 요인을 일반적인 하중 성분에 따라 분류한 것으로서, 상부구조의 선형과 하부구조의 형상, 배치 및 하중의 특수성 등에 따라 크게 다른 양상을 나타낼 수 있다.

3.1.3 구조해석

(1) 기본가정

구조해석에서 사용되는 골조선은 부재중심선을 택하도록 한다. 또한 골조 전체해석에서는 유효폭을 고려한 각 부재마다의 강성을 가정하여 단면력을 계산하여야 하며, <그림 509.3.9(a)>에 도시한 바와 같이 단면이 크게 변하는 경우에는 변단면으로서의 강성을 사용하고 <그림 509.3.9(b)>와 같이 판 두께 만이 변하는 경우에는 일정단면으로서의 강성을 사용하여도 무방하다. 아울러 강교각 설계시 재하 하중으로서는 상부구조 설계시의 각 지점에서의 최대 반력을 사용토록 한다.

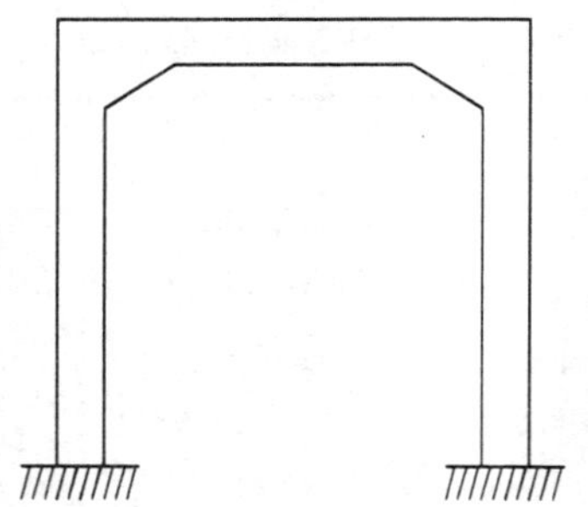

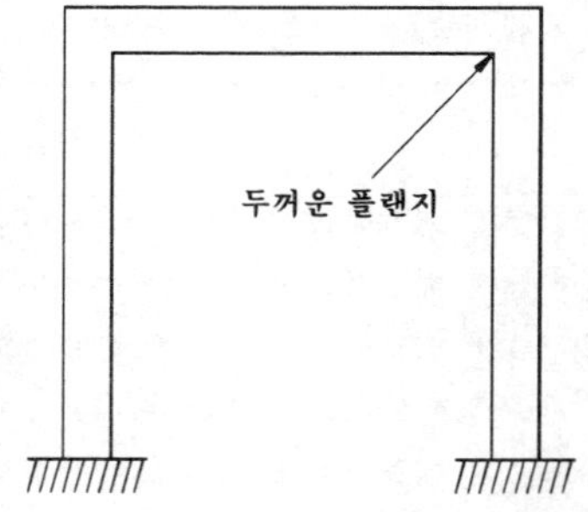

(a) 보의 높이가 변화하는 경우 (b) 판의 두께가 변화하는 경우

<그림 509.3.9> 라멘교각의 단면변화

(2) 절점좌표의 기본설정 위치

구조해석상 필요로 하는 대표적인 절점 위치는 다음과 같다.

① 골조상의 절점(기둥하단, 보와 기둥의 교차점, 내민보의 선단)

② 하중재하점(상부 구조물의 받침위치, 기타)

③ 현장이음위치

④ 단면변화위치, 보-기둥 접합부의 단면계산위치

위 조건 중 ①과 ②에 대해서는 설계조건 및 골조형상 등이 결정되면 쉽게 정할 수 있다. 그러나 ③과 ④는 시공조건 또는 설계진행단계에서는 설정하기 곤란하므로 이에 대해서는 과거의 설계 예와 경험 등을 토대로 결정하도록 한다.

3.1.5 유효폭 및 유효좌굴길이의 산정

(1) 면내변형에 대한 유효폭

응력계산을 위한 유효폭은 [도 · 설 3.8.3.4]의 플랜지 유효폭에 준하여 산정하는 것으로 한다. 그러나 하부구조의 등가지간길이 l에 대해서는 동 설계기준에 명시되어 있지 않으므로 지배적인 하중재하 상태에서의 휨모멘트 분포형상을 고려하여 결정토록 하여야만 한다.

<표 509.3.4>에는 면내변형에 대한 교각형식에 따른 등가지간길이 l을 정리한 것이다. 여기서 역L자형 교각의 경우 보의 내민부와 기둥에 대해서는 게르버거더의 캔틸레버부에 준하는 것으로 간주하여 구한 것이다. 또한 라멘교각의 보 경간부에 대해서는 연속거더의 지간중앙부에 준하는 것으로 하며, 기둥에 대해서는 캔틸레버부를 적용하되 이때의 거리는 모멘트 변화 위치를 고려하여 기둥기초부로부터 높이의 1/3 지점까지 거리를 택한 것이다.

(2) 면외변형에 대한 유효폭

역L형 교각의 내민부와 기둥의 등가지간길이 l은 면내변형에서와 마찬가지 방법으로 계산하며 [도 · 설 3.8.3.4]에 준하여 유효폭을 산정한다. 또한 라멘교각의 기둥은 <표 509.3.5>와 같이 캔틸레버부로 간주하여 등가지간길이를 계산토록 한다.

(3) 유효좌굴길이의 산정

라멘 기둥의 유효좌굴길이는 도로교설계기준에서 언급하고 있지 않으므로 <표 509.3.6>에 나타낸 바와 같이 [철도설계기준(교량편) 2.2.3(9)]에 준하여 계산하여도 좋다. 라멘 교각에 대해서는 보와 기둥의 강비, 지점이 고정인가 힌지인가, 또한 라멘의 보에 올려진 교량의 주거더가 라멘구조를 어떻게 구속하고 있는 가 등에 의해 압축부분을 검토하기 위한 l의 산정 방법이 달라진다.

라멘구조의 형식은 <그림 509.3.10>과 같이 1층 라멘의 보위에 교량의 주거더를 올려놓는 방식이

<표 509.3.4> 면내방향의 등가지간길이

교각형식		구간	등가지간길이	적용[(1)]	비고
역L자형교각	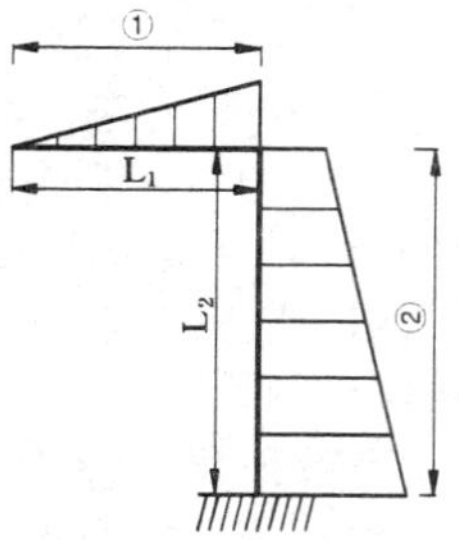	①	$l = 2L_1$	캔틸레버부	L_1: 보의 내민길이
		②	$l = 2L_2$	캔틸레버부	L_2: 기둥 기초부로 부터 접합부 까지의 높이
라멘교각	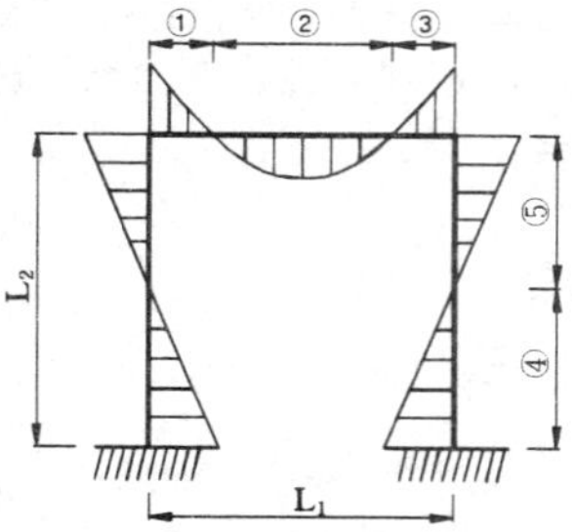	①	$l = 2 \cdot (0.2L_1)$	캔틸레버부	L_1: 기둥간격
		②	$l = 0.6L_1$	지간중앙부	
		③	$l = 2(0.2L_1)$	캔틸레버부	
		④	$l = 2\left(\frac{1}{3}L_2\right)$	캔틸레버부	L_2: 기둥 기초부로 부터 접합부 까지의 높이
		⑤	$l = 2\left(\frac{1}{3}L_2\right)$	캔틸레버부	

주) (1) - [도·설 3.8.3.4] 참조

<표 509.3.5> 면외방향의 등가지간길이

교각형식		구간	등가 지간길이	적용[(1)]	비고
역L자형 교각	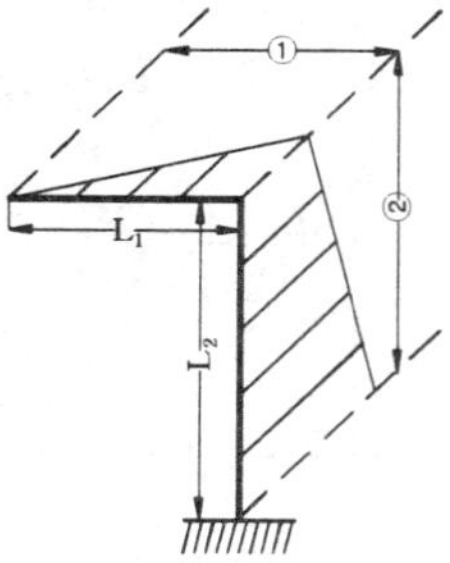	①	$l = 2L_1$	캔틸레버부	L_1 : 보의 내민길이
		②	$l = 2L_2$	캔틸레버부	L_2 : 기둥 기초부로 부터 접합부 까지의 높이
라멘 교각	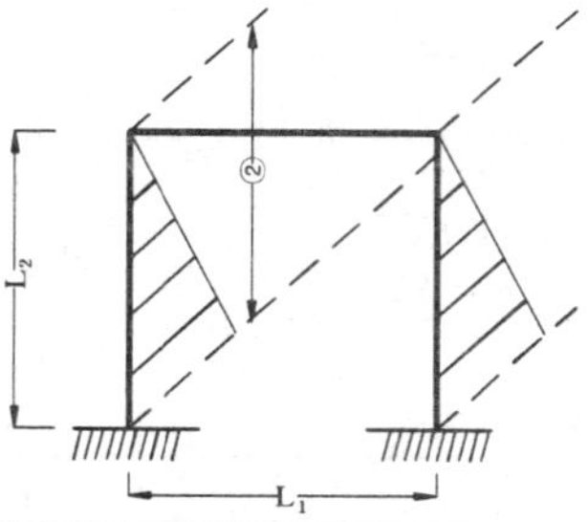	②	$l = 2L_2$	캔틸레버부	L_2 : 기둥 기초부로 부터 접합부 까지의 높이

주) (1) - [도·설 3.8.3.4] 참조

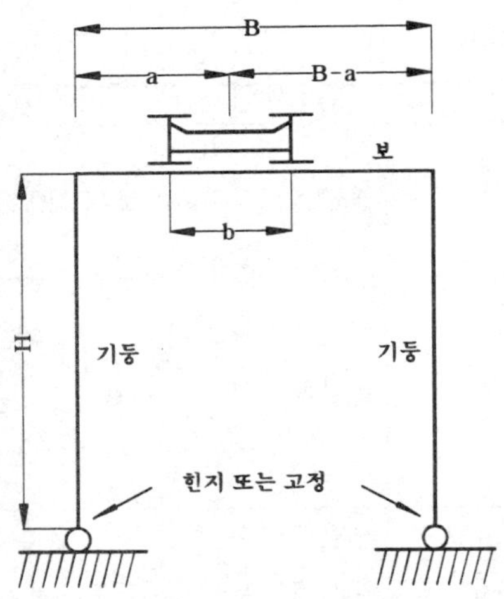

<그림 509.3.10> 라멘의 부재길이

가장 많이 사용된다. 이러한 경우의 l을 결정하는 방법을 <표 509.3.6>에 예시한다. 기둥의 l은 동 표의 값에 따라 기둥의 길이 H를 곱하여 구한다.

3.1.6 보 및 기둥부재의 설계

(1) 단면구성

보와 기둥부재의 판두께 변화 방향은 <그림 509.3.8>에 도시한 화살표 방향으로 하는 것을 원칙으로 한다. 이때의 단면 변화수는 보의 지간길이와 기둥높이에 따라 변화하나 가능한 단면변화수를 줄이는 것이 바람직하다. 또한 단면변화시 인접하는 단면과의 판두께 차이는 12 mm 정도 이내로 하나, 모서리부 및 기둥기초부 부근 단면의 경우에는 20 mm 정도로 하여도 무방하다. 한편 기둥부재로서 원형단면을 사용하는 경우에는 바깥지름을 1 m 이상으로 하고 단면변화는 안쪽을 원칙으로 한다.

(2) 변형성능의 확보

(가) 최소두께

강교각의 내진안전성을 확보하기 위해서는 이

<표 509.3.6> 라멘기둥의 좌굴길이

부재 \ 기둥의 받침조건		힌 지	고 정
보		$l=B$	$l=B$
기둥	라멘 면내	$\eta=1.64\sqrt{\dfrac{B}{B-a}}$ 단, $\eta\leqq 2.32$	$\eta=0.82\sqrt{\dfrac{B}{B-a}}$ 단, $\eta\leqq 1.16$
	라멘 면외	$\eta=\left(\dfrac{4a}{B}+0.3\right)\left(1-\dfrac{b}{B}\right)+0.7$ 단, $\eta\geqq 1$	$\eta=2$

여기서, B, H, b , a : <그림 509.3.10> 참조

η : 기둥의 좌굴계산시 기둥길이에 곱하는 계수, 즉, 기둥의 유효좌굴길이는 $l=\eta\times H$

<표 509.3.7> 종방향보강재의 최소두께

강종	SS400 SM400 SMA41	SM490	SM490Y SM520 SMA50	SM570 SMA58
판두께 t_l	$\dfrac{h_l}{9.0}$	$\dfrac{h_l}{8.0}$	$\dfrac{h_l}{7.5}$	$\dfrac{h_l}{6.5}$

여기서 t_l : 종방향 보강재의 판두께 (mm)

h_l : 종방향 보강재의 높이 (mm)

<표 509.3.8> 플랜지, 복부판의 최소두께

강종	SS400 SM400 SMA41	SM490	SM490Y SM520 SMA50	SM570 SMA58
판두께 t	$\frac{b}{22n}$	$\frac{b}{19n}$	$\frac{b}{18n}$	$\frac{b}{16n}$

여기서 t : 판두께(mm)

b : 플랜지 및 복부판의 전폭(mm)

n : 보강판으로 구분된 패널수($n \geq 2$), <그림 509.3.11> 참고

에 대한 조사법의 확립이 요구되지만, 이를 고려하는 방법으로서 기둥 하단에서의 보강판의 폭-두께비와 보강재의 두께를 제한을 하기도 한다 [일본 도로교시방서 · 해설, 2002].

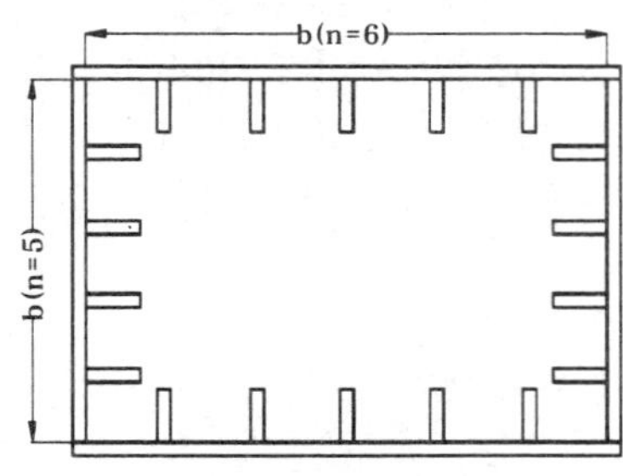

<그림 509.3.11> 보강된 판의 전폭

즉, 기둥하단에서의 종방향 보강재 최소 판두께는 <표 509.3.7>과 같고, 플랜지와 복부판의 최소두께는 <표 509.3.8> 이상으로 한다. 이를 적용할 경우 지진 등에 대한 충분한 에너지소산을 기대 할 수 있으며, 변형성능을 확보함으로써 극한상태의 취성파괴를 방지할 수 있다. 그러나 위 사항은 도로교설계기준(2005)에서는 언급하고 있지 않고 있는 내용이므로 구조물의 내진성능 확보에 대해 매우 큰 중요성을 필요로 할 때 적용하도록 한다.

(나) 소요 단면 2차모멘트

종방향 보강재 한개의 단면 2차모멘트는 [도 · 설 3.8.5] 규정에 의해서 산출한 값 이상 이어야 한다.

(3) 종방향 보강재

상자형단면 기둥의 플랜지와 복부판에는 좌굴방지를 위해 종방향 보강재를 설치하도록 한다. 단면계산에 종방향 보강재를 고려하는 경우에는 이를 연속구조로 하여야 하며, 단면의 폭과 높이가 1.5 m 이하이거나 맨홀 등을 설치하는 경우에는 연속시키지 않아도 무방하다. 또한 기둥 하단에서는 지진시의 내하력 향상을 위하여 <그림 509.3.12>에 나타낸 바와 같이 하단 베이스 플레이트까지 종방향 보강재를 연속시켜야 한다.

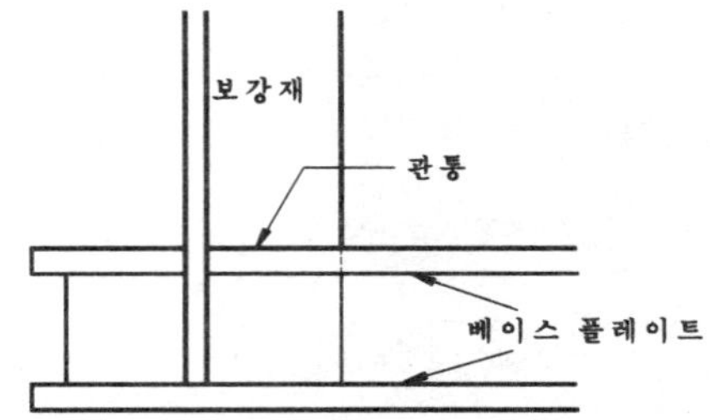

<그림 509.3.12> 기둥하단의 종방향 보강재

(4) 다이아프램의 설치

상부구조 받침부에는 상부로부터 전달되는 하중에 충분히 저항할 수 있도록 다이아프램을 설치하여야 한다. 또한 받침부 이외의 보와 기둥에서는 5 m 이내의 간격으로 <그림 509.3.13>에 나타낸 바와 같은 다이아프램을 설치하도록 한다. 단, 원형단면 기둥의 경우에는 설치간격을 바깥지름의 3배 이내로 한다.

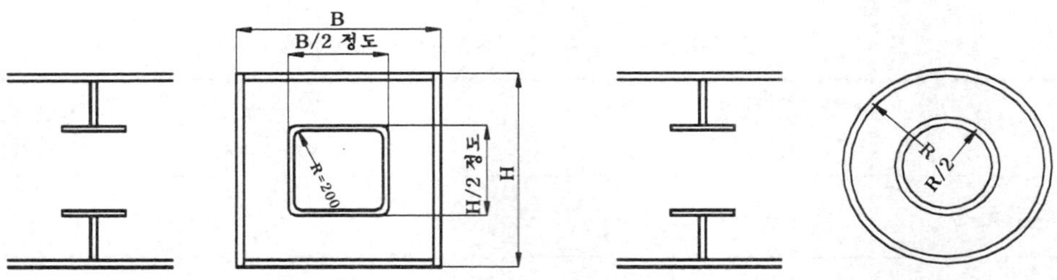

(a) 상자형단면의 중간다이아프램 (b) 원형단면의 중간다이아프램

<그림 509.3.13> 중간다이아프램

(5) 축력에 대한 고려방법

보와 기둥에 대해 축력과 휨모멘트를 동시에 받는 경우 부재의 휨내력은 원래의 내력보다 감소하게 되므로, 설계시 축방향력에 대한 영향을 고려해야 하며, 고려 방법은 아래와 같다.

(가) 보

휨과 전단응력의 합성응력도

$$\alpha_1 = \left(\frac{f_b + f_N}{f_a}\right)^2 + \left(\frac{v_1}{v_a}\right)^2 \leqq 1.2 \qquad (509.3.1)$$

(나) 기둥

휨과 전단응력의 합성응력도

$$\alpha_1 = \left(\frac{f_b + f_N}{f_a}\right)^2 + \left(\frac{v}{v_a}\right)^2 \leqq 1.2 \qquad (509.3.2)$$

단, 휨응력 휨에 따르는 전단응력 중 하나가 허용응력의 45% 이하인 경우에는 검토를 생략할 수 있다.

- 일축 휨응력과 압축응력의 검토식

$$\alpha_2 = \frac{f_N}{f_{ca}} + \frac{f_b}{f_{ba}} \leqq 1.0 \qquad (509.3.3)$$

- 2축 휨응력과 압축응력의 검토식

$$\alpha_3 = \frac{f_N}{f_{ca}} + \frac{f_b}{f_{ba}\left(1 - \frac{f_N}{f_{ea}}\right)} \leqq 1.0 \qquad (509.3.4)$$

여기서,

f_N : 축방향력에 의한 수직응력 (MPa)

f_b : 휨모멘트에 의한 최연단의 응력(MPa)

f_{ca} : 허용축방향 압축응력 (MPa)

f_{ea} : 약축에 관한 오일러 좌굴에 대한 허용응력 (MPa)

v : 전단응력 (MPa)

v_a : 허용전단응력 (MPa)

3.1.7 접합부의 설계

(1) 작용단면력

접합부에 작용하는 휨모멘트는 <그림 509.3.14> 에 도시한 A-A 단면에 대해서는 M_1을, B-B 단면에 대해서는 M_2를 사용하여 단면을 결정하는 것을 원칙으로 한다.

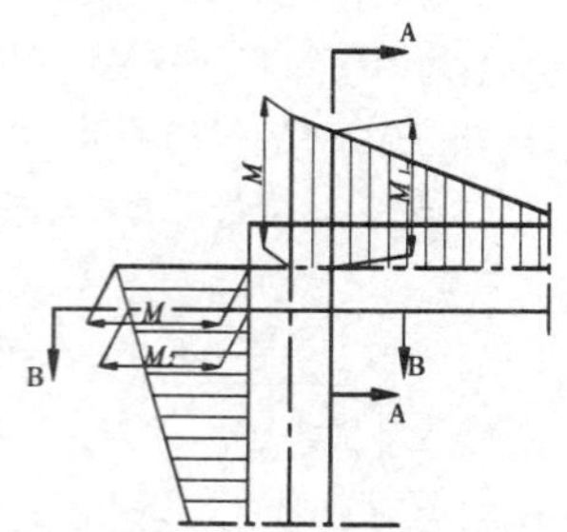

<그림 509.3.14> 접합부의 설계휨모멘트

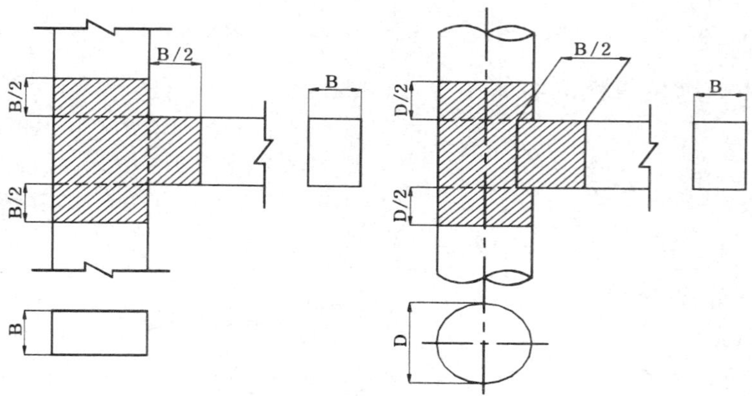

<그림 509.3.15> 접합부의 보강범위

(2) 접합부의 범위

접합부는 <그림 509.3.15>에 나타낸 바와 같이 상자형 단면의 경우에는 접합부부터 복부판 간격의 1/2 이상까지로 하며, 원형단면의 경우에는 바깥지름의 1/2가지로 한다. 접합부 범위 이내에는 유효폭에 의한 설계방법 대신 전단지연 파라메타를 이용한 전단지연응력을 산정하여 응력을 검토한다.

(3) 접합부의 응력산정

(가) 기본가정

접합부의 응력산정은 연결부재의 플랜지와 보와 기둥이 교차하는 패널존에 대하여 검토하여야 하며 이때 고려해야 할 사항은 다음과 같다.

① 플랜지에서의 수직응력은 전단지연 현상을 고려하여 계산하도록 한다. 원형기둥 교각과 상자형 단면보 접합부는 수직응력을 플랜지 단면으로 분담하는 것으로 하며, 복부판을 삽입하지 않는 것을 원칙으로 한다.

② 복부판의 두께는 전단응력에 의해 결정하며, 허용전단응력이 $0.45f_a$이하가 되도록 하기도 하지만, 도로교설계기준(2005) 에서는 작용하는 최대 전단응력을 구한 뒤 도로교설계기준(2005)에서 제시하는 일반적인 허용전단응력 보다 작도록 하는 방법을 제안하고 있다. 패널존의 최대 전단응력의 산정은 평균전단응력v_{ave}의 1.1배를 취해도 된다.

③ 플랜지 및 패널존 단면은 식(509.3.5)에 의한 합성응력의 검산을 수행한다.

$$\left(\frac{f}{f_a}\right)^2 + \left(\frac{v}{v_a}\right)^2 \leq 1.0 \qquad (509.3.5)$$

여기서,

f : 전단지연을 고려한 수직응력 (MPa)

v : 플랜지 단면에 대해서는 전단흐름 이론에 의한 전단응력 (MPa), 패널존에 대해서는 이하의 방법에 의해 구한 전단응력 (MPa)

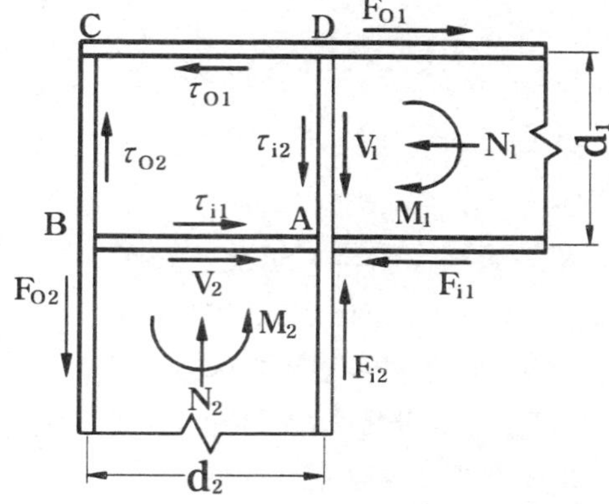

<그림 509.3.16> 접합부에 작용하는 외력

(나) 상자형기둥 접합부의 응력계산

① 플랜지의 수직응력

i) 휨모멘트와 축방향력에 의한 수직응력

$$\begin{matrix} f_{o1} \\ f_{i1} \end{matrix} = \pm\frac{M_1}{W_1} - \frac{N_1}{A_1},\ \begin{matrix} f_{o2} \\ f_{i2} \end{matrix} = \pm\frac{M_2}{W_2} - \frac{N_2}{A_2}$$

(509.3.6)

ii) 전단지연에 의한 수직응력

- AD단면에 대하여

$$f_{s1} = \frac{b}{d_1} \times \frac{F_{i2}}{A_{w1}} S_I \qquad (509.3.7)$$

$$S_1 = \frac{A_{w1}}{A_{f1}}$$

- AB단면에 대하여

$$f_{s2} = \frac{b}{d_2} \times \frac{F_{i1}}{A_{w2}} S_{I2} \qquad (509.3.8)$$

$$S_1 = \frac{A_{w2}}{A_{f2}}$$

iii) 플랜지의 최대수직응력

$$f_{mo1} = f_{o1} + f_{s1} \qquad (509.3.9)$$

$$f_{mi1} = f_{i1} + f_{s1}$$

$$f_{mo2} = f_{o2} + f_{s2} \qquad (509.3.10)$$

$$f_{mi2} = f_{i1} + f_{s2}$$

여기서,

W_1, W_2 : 보 및 기둥의 단면계수 (mm^3)

A_1, A_2 : 보 및 기둥의 전단면적 (mm^2)

S_1, S_2 : 보 및 기둥의 전단력 (kN)

$F_{o1}, F_{i1}, F_{o2}, F_{i2}$: 플랜지로부터의 집중력 (kN)

d_1 : 보의 플랜지 중심간격 (mm)

d_2 : 기둥의 플랜지 중심간격 (mm)

A_{f1}, A_{f2} : 보 및 기둥의 플랜지 단면적 (상하플랜지중 한쪽 1매) (mm^2)

A_{w1}, A_{w2} : 보 및 기둥의 부판단면적 (좌우복부판 2매) (mm^2)

b : 복부판 중심간격 (mm)

S_1, S_2 : S에 관한 함수로 <그림 509.3.17>에서 구한 값

iv) 전단지연 파라메타 S_I

전단지연응력은 길이가 L인 상자형 단면 캔틸레버보 모델(Hwang, 2004)로부터 유도된 값을 사용할 수 있다. 이때 <그림 509.3.17>에 나타낸 것과 같은 도표를 이용하여 구한 전단지연 파라메타S_I를 구할 수도 있고, 식(509.3.10b)에 대입하여 전단지연응력 f_s를 구할 수도 있으므로 계산의 정확성과, 편의성을 크게 높였다. 종전 도로교설계기준(2000)에서는 도표에 의한 전단지연 파라메타 (Okumura, 1968) S_I를 제시하고 있었다. 그러나 도로교설계기준에서는 접합부의 전단지연응력 분포가 단순보 모델에 의한 값보다는 캔틸레버보 모델에 의한 값이 보다 실험결과에 근접한다는 점에 주목하여 전단지연응력을 다음 식으로 계산토록 하였다.

$$f_s = S_I \cdot \left(\frac{b}{d} \frac{F_i}{A_w} \right) \qquad (509.3.10a)$$

여기서,

S_I : 전단지연 파라메타

b : 상자형 단면 플랜지의 폭

d : 상자형 단면 복부판의 높이

F_i : 플랜지 내부 집중력

A_w : 상자형 단면 복부판의 면적

식(509.3.10a)에서 S_I는 다음과 같이 산정한다.

$$S_I = 7.805 \times \frac{S}{(S+3)^2} \sqrt{\frac{10S+30}{10S+3}} \qquad (509.3.10b)$$

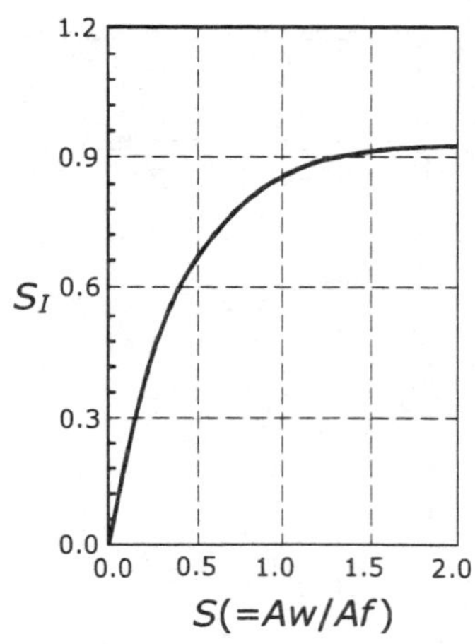

<그림 509.3.17> 전단지연 파라메타 S_I

② 패널존의 전단응력

패널존은 <그림 509.3.18>의 보와 기둥의 교차 부분(A-D 둘러싸인 부분)을 나타내며 여기에서의 전단응력은 다음과 같이 계산된다.

i) 플랜지 집중력

$$F_{o1} = \frac{M_1}{d_1} - \frac{N_1}{2},\ F_{i1} = \frac{M_1}{d_1} + \frac{N_1}{2},$$

$$F_{o2} = \frac{M_2}{d_2} - \frac{N_2}{2},\ F_{i2} = \frac{M_2}{d_2} + \frac{N_2}{2} \qquad (509.3.11)$$

여기서,

F_{o1}, F_{i1} : 보 플랜지 집중력 (kN)

F_{o2}, F_{i2} : 기둥 플랜지 집중력 (kN)

ii) 복부판의 전단응력

복부판의 평균 전단응력은 다음 식으로 구하며, 최대 작용 전단응력은 평균 전단응력을 1.1배 하여 구한다.

$$v_{o1} = \frac{F_{o1}}{2d_2 t},\ v_{i1} = \frac{F_{i1} - S_2}{2d_2 t} = v_{o1} \qquad (509.3.12)$$

$$v_{o2} = \frac{F_{o2}}{2d_2 t},\ v_{i2} = \frac{F_{i2} - S_1}{2d_1 t} = v_{o2} \qquad (509.3.13)$$

여기서, t : 접합부의 복부판 두께

(다) 원형기둥 접합부의 응력계산

원형단면의 기둥과 상자형 단면의 보로 구성된 접합부에서 거더 플랜지의 전단지연에 의한 응력 및 패널존의 전단응력은 원형기둥을 <그림 509.3.18>에 나타낸 바와 같이 유효환산깊이 d_e로써 상자형단면으로 치환하여 식(509.3.10)으로 계산하며 원형기둥 단면의 응력계산에 있어서는 전단지연응력을 고려치 않아도 무방하다.

원형기둥 교각의 접합부의 설계에서는 <그림 509.3.18>의 d_e대신, A, B점과 대칭점간 거리인

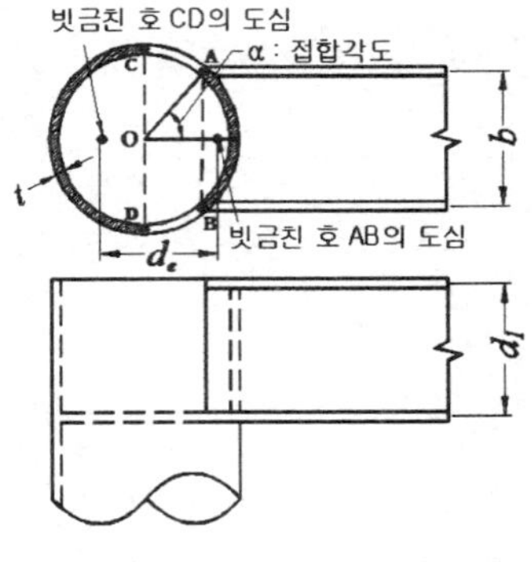

(a) 실제 단면($d_e = \frac{2R}{\pi} + \frac{R\sin(\alpha)}{\alpha}$)

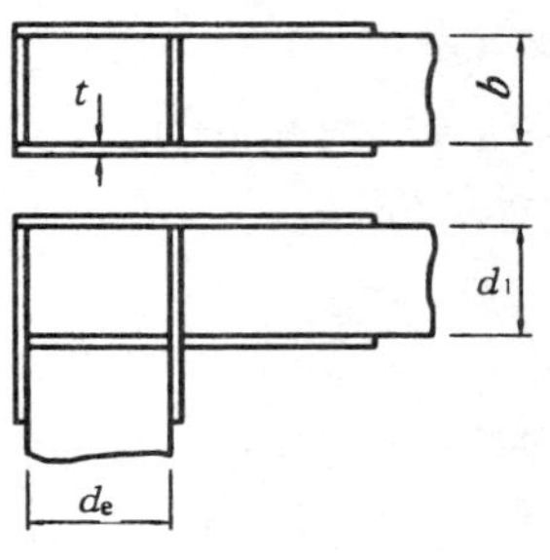

(b) 환산 단면

<그림 509.3.18> 원형기둥 접합부의 단면치환

유효환산길이 d_2를 이용하여 상자형 단면으로 치환토록 하고 있으나, 기둥부재의 플랜지 내부집중력으로부터 계산되는 보의 전단지연응력과 패널존의 전단응력은 환산길이(유효환산깊이)d_2의 영향을 받기 때문에 주의하여야 한다.

즉, 환산길이 d_2는 보 플랜지의 폭과 기둥의 직경이 동일할 때 그 값이 "0"이 되므로 전단지연응력 및 패널존의 전단응력 등을 계산할 수 없게 된다. 이에 대하여 Okumura 등(1968)은 접합부의 구조상세들을 고려하여 α를 $45^o \sim 55^o$정도로 정하고 있으나 접합부의 과대설계를 완화하는데는 한계가 있다고 할 수 있다. 따라서 최근의 연구에서는 실험결과를 기초로 기존의 d_2대신 환산길이 d_e를 이용한 설계방법을 제시하고 있다.

① 전단응력

$$F_{i1} = \frac{M}{d_1} + \frac{N_1}{2} \quad (509.3.14)$$

$$v_i = \frac{F_{i1}}{\pi R t_1}\sqrt{1-\left(\frac{y}{R}\right)^2} \quad (509.3.15)$$

$$v_{i\,1\max} = \frac{2F_{i1}}{A_c} \leq v_a$$

여기서,

v_{i1} : 원형기둥 전단응력 (MPa)

$v_{i1\max}$: 원형기둥 최대전단응력 (MPa)

d_1 : 보의 플랜지 중심간격 (mm)

t_1 : 원형기둥의 판두께 (mm)

R : 원형기둥의 반경 (mm)

y : 원형기둥 축중심으로부터 거리 (mm)

A_c : 원형기둥의 단면적 (mm)

② 축방향응력

원형기둥의 축방향력은 축방향력과 휨모멘트를 이용하는 관용적인 보이론에 의해 구한다.

$$f_l = \frac{M \cdot y}{I_x} + \frac{N_2}{A_c} \quad (509.3.16)$$

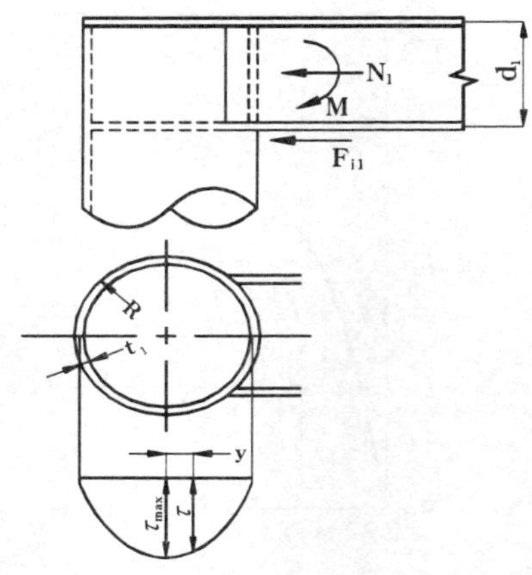

<그림 509.3.19> 전단응력 분포

여기서,

f_l : 축방향응력 (MPa)

y : 축중심으로부터의 거리 (mm)

I_x : 단면 2차모멘트[할입(割込)형식에는 할입복부판을 고려한다.] (mm^4)

N_2 : 기둥에 작용하는 축방향력 (kN)

A_c : 기둥의 단면적 (mm^2)

③ 원주방향응력

다이아프램은 보의 플랜지가 하중이 집중하는 곳에 있기 때문에 응력의 조사가 필요하며 다음과 같은 방법으로 검토한다.

$$f_o = -\frac{T_\varphi}{A_r} - \frac{M_\varphi \cdot h_1}{A_r \cdot e \cdot j} \quad (509.3.16)$$

$$f_i = -\frac{T_\varphi}{A_r} + \frac{M_\varphi \cdot h_2}{A_r \cdot e \cdot a} \quad (509.3.17)$$

$$v = \frac{Q_\phi}{A_d} \quad (509.3.18)$$

여기서,

f_o : 외측 연단응력 (MPa)

f_i : 내측 연단응력 (MPa)

v : 다이아프램의 전단응력 (MPa)

T_ϕ : 임의 점에서의 압축력 (kN)

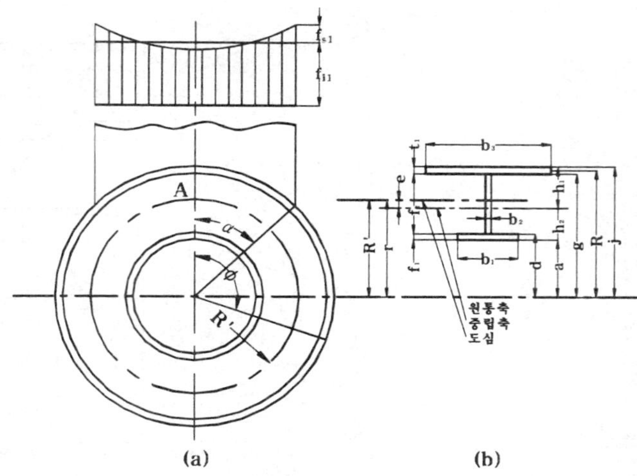

(a) (b)

<그림 509.3.20> 원주방향응력의 각 변수에 대한 참조

M_ϕ : 임의 점의 휨모멘트 (kNm)

Q_ϕ : 임의 점에서의 전단력 (kN)

a, j, h_1, h_2 : <그림 509.3.20>참조

$A_r = b_1 f_1 + b_2 f_2 + b_3 t_1$

$e = R' - r$

R', r : <그림 509.3.20> 참조

$$r = \frac{A_r}{b_1 \log_e \frac{d}{a} + b_2 \log_e \frac{g}{d} + b_3 \log_e \frac{j}{g}}$$

$b_3 = b_2 + 1.56\sqrt{Rt_1}$

$A_d = b_2 f_2$

응력을 계산하는 위치로서는 $\phi = \alpha$, $\phi = \pi/2$, $\phi = \pi$의 세점을 택하도록 하며, 이때 각각의 위치에서의 T_φ, M_φ, Q_φ는 다음 식으로부터 구하는 것으로 한다.

i) $\phi = \alpha$일 경우

$$T_\varphi = T_o \cos\alpha - \frac{F_{i1}}{2} sin\alpha \left(\frac{\alpha}{\pi} - 1\right) \quad (509.3.19)$$

$$M_\varphi = M_o + R' \left[\begin{array}{l} T_o(1-\cos\alpha) \\ -\frac{F_{i1}}{2} \left\{ \begin{array}{l} \frac{2\lambda}{\pi}(1-\cos\alpha) \\ + \left(1 - \frac{\alpha}{\pi} - \frac{3}{4}\lambda + \frac{1}{4}\lambda k\right)\sin\alpha \end{array} \right\} \end{array} \right] \quad (509.3.20)$$

$$Q_\varphi = T_o \sin\alpha - \frac{F_{i1}}{2}\left\{\frac{1}{\pi}(\sin\alpha - \alpha\cos\alpha) + \cos\alpha\right\} \quad (509.3.21)$$

ii) $\phi = \pi/2$인 경우

$$T_\varphi = \frac{F_{i1}}{4} \quad (509.3.22)$$

$$M_\varphi = M_o + T_o R' + F_{i1} R' \left\{\frac{\lambda}{\pi} + \frac{1}{4} - \frac{\lambda}{8}(3-k)\sin\alpha\right\} \quad (509.3.23)$$

$$Q_\varphi = T_o + \frac{F_{i1}}{2\pi} \quad (509.3.24)$$

iii) $\phi = \pi$인 경우

$$T_\varphi = -T_o \quad (509.3.25)$$

$$M_{\varphi} = M_{o+}2T_oR' - F_{i1}R'\left\{\frac{2\lambda}{\pi} - \frac{\lambda}{8}(3-k)\sin\alpha\right\} \quad (509.3.26)$$

$$Q_{\varphi} = 0 \quad (509.3.27)$$

여기서, $k = \dfrac{2f_{i1} - fs1}{2f_{i1}}$

$\lambda = \dfrac{R}{R'} \fallingdotseq \dfrac{j}{R'}$

(4) 접합부의 다이아프램

(가) 상자형단면 접합부

상자형 단면 접합부의 다이아프램에는 접합부의 플랜지와 동일한 재료를 사용하도록 한다. 또한 이 부분에는 일반적으로 맨홀이 설치되게 되며 이에 따른 단면 손실분에 대해서는 <그림 509.3.21>에 나타낸 바와 같이 보강재에 의한 보강을 하는 것으로 한다.

(나) 원형단면 접합부

다이아프램의 치수는 응력검토에 따라 정하는 것을 원칙으로 하고 있으나 다음의 ①~⑤의 경우에는 다이아프램의 응력계산을 생략해도 무방하다.

① $R \leqq$ 1500mm, ② $t_f \leqq$ 25mm,

③ $r = \dfrac{R}{2}$, ④ $t_d \geqq t_f$ 또는 $t_d = \dfrac{b}{17}$,

⑤ $t_r \cdot b_r \geqq 250t_f$

여기서,

R : 원형기둥의 반경 (mm)

t_f : 보의 플랜지두께 (mm)

t_d : 다이아프램의 복부판두께 (mm)

t_r : 다이아프램의 플랜지두께 (mm)

b_r : 다이아프램의 플랜지폭 (mm)

b : 다이아프램의 복부판높이 (mm)

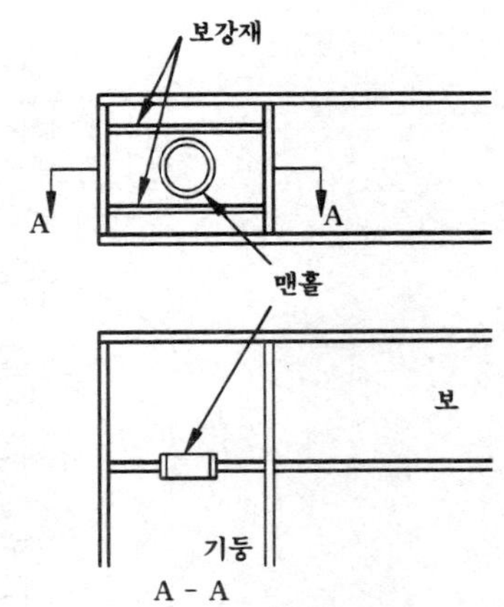

<그림 509.3.21> 접합부의 맨홀설치

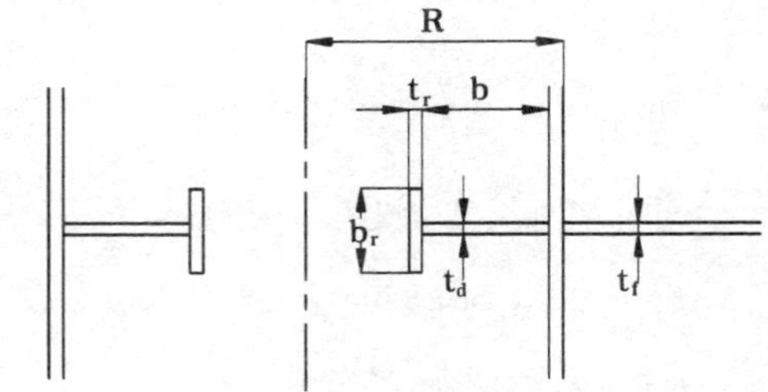

<그림 509.3.22> 원형기둥 접합부의 다이아프램

또한 다이아프램 맨홀의 지름은 원형기둥 바깥지름의 1/2을 표준으로 하며, 판두께 t_d는 보 플랜지의 두께 t_f이상으로 한다.

3.1.8 기둥기초부의 설계

강교각의 기둥기초부의 설계는 기둥으로부터의 힘에 대하여 압축력에 대해서는 베이스 플레이트 하면의 콘크리트로, 인장력에 대해서는 앵커볼트 및 앵커프레임으로 저항하는 철근콘크리트 방식을 기본으로 한다.

(1) 앵커볼트

(가) 앵커볼트의 인장응력 및 콘크리트 압축응력

기둥기초부에는 축방향력 N과 휨모멘트 M에 의해 베이스플레이트와 콘크리트의 접촉면에 인

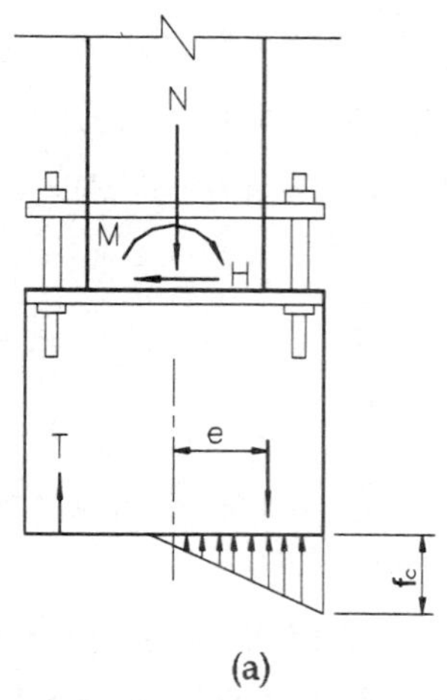

(a)

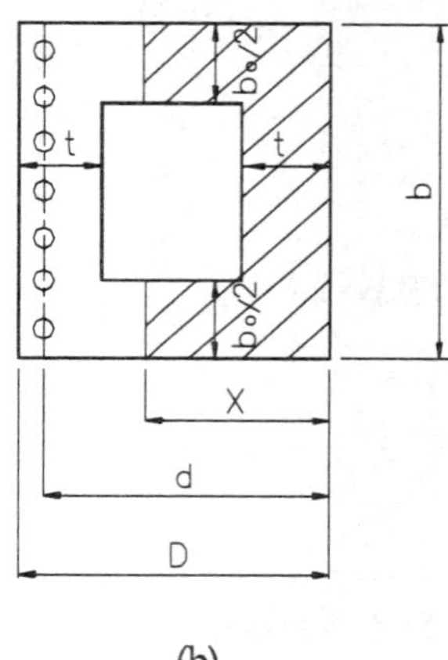

(b)

<그림 509.3.23> 기둥기초부의 구조시스템

장 및 압축응력이 생기게 되며, 철근콘크리트 구조의 가정과 마찬가지로 콘크리트는 인장에 저항치 못하는 것으로 하여 단철근 단면으로 계산한다. <그림 509.3.23>은 베이스 플레이트에 맨홀 설치를 한 것을 나타내며 이때의 앵커볼트의 인장응력 및 콘크리트의 압축응력은 중심축 위치에 따라 다음과 같이 주어진다.

① $X > t$ 인 경우

- 중립축 X 의 위치

$$b_0X^3 + 3ab_0X^2 + 3[(b-b_0)(2a+t)t + 2nA_sf]X - (b-b_0)(3a+2t)t^2 - 6nA_sfd = 0 \quad (509.3.28)$$

여기서,

$a = e - D/2$

$e = \dfrac{M}{N}$

단, $e \geq \dfrac{1}{6} \cdot \dfrac{bD^3 - (b-b_0)(D-2t)^3}{bD^2 - (b-b_0)(D-2t)D}$

$f = d + a$

n : 강과 콘크리트의 탄성계수비 (= 15)

A_s : 인장측 앵커볼트군의 단면적 (mm²)

- 인장측 앵커볼트군에 발생하는 인장력 T (kN)

$$T = \frac{2N(d-X)}{\dfrac{1}{n \cdot A_s}[bX^2 - (b-b_0)(X-t)^2] - 2(d-X)} \quad (509.3.29)$$

- 앵커볼트의 인장응력 f_s (MPa)

$$f_s = \frac{T}{A_s} \quad (509.3.30)$$

- 콘크리트의 최대압축응력 f_c (MPa)

$$f_c = \frac{2NX}{bX^2 - (b-b_0)(X-t)^2 - 2nA_s(d-X)} \quad (509.3.31)$$

② $X \leq t$ 일 때

- 중립축 X 의 위치

$$bX^3 + 3abX^2 + 6nA_sf(X-d) = 0 \quad (509.3.32)$$

- 인장측 앵커볼트군에 발생하는 인장력 T (kN)

$$T = \frac{2N(d-X)}{\dfrac{1}{n \cdot A_s}bX^2 - 2(d-X)} \quad (509.3.33)$$

- 앵커볼트의 인장응력 f_s (MPa)

$$f_s = \frac{T}{A_s} \quad (509.3.34)$$

콘크리트의 최대압축응력 f_c (MPa)

$$f_c = \frac{2NX}{bX^2 - 2nA_s(d-X)} \quad (509.3.35)$$

(나) 수평력에 의한 앵커볼트의 전단응력

수평력에 의한 앵커볼트의 전단응력은 다음 식으로부터 구한다.

$$v = \frac{H}{A_s} \quad (509.3.36)$$

여기서,

H : 수평력 (kN)

A_s : 앵커볼트의 총단면적 (mm^2)

(다) 합성응력의 검토

앵커볼트는 휨모멘트와 전단응력을 동시에 받기 때문에 다음 식을 만족시켜야 한다.

$$\left(\frac{f}{f_a}\right)^2 + \left(\frac{v}{v_a}\right)^2 \leq 1.0 \quad (509.3.37)$$

여기서, f, v : 앵커볼트 인장 및 전단응력 (MPa)

f_a, v_a : 허용인장응력 및 허용전단응력 (MPa)

(2) 베이스플레이트

(가) 베이스부의 구조

베이스부의 구조 및 치수는 <그림 509.3.24> 및 <그림 509.3.25>에 나타낸 것을 표준으로 한다.

(나) 하부 베이스플레이트

베이스 플레이트의 두께 t_d는 다음 식으로부터 구하며 $t_d \geq 25\text{mm}$ 이어야 한다.

$$t_d \geq \sqrt{\frac{6m}{f_{sa}}} \quad (\text{mm}) \quad (509.3.38)$$

여기서, f_{sa} : 강재의 허용압축응력 (MPa)

식 (509.3.38)에서 m은 베이스플레이트에 작용하는 휨모멘트로서 다음 식으로부터 구할 수 있다.

$$m = k \cdot \beta \cdot p \cdot a^2 \quad (509.3.39)$$

여기서,

k : 계수

$k = 1.7$(앵커볼트 구멍이 있는 구획)

$k = 1.0$(앵커볼트 구멍이 없는 구획)

β : <표 509.3.9>에 의한 계수

p : 베이스플레이트에 작용하는 최대 등

원형단면의 경우에는 앵커볼트 구멍 유무에 따라 a_1 또는 a_2를 사용

또한 이상에서 구한 판두께에 대하여 다음과 같은 전단력을 조사하여야 한다.

$$q = k \cdot \alpha \cdot p \cdot a \quad (509.3.40)$$

여기서,

q : 하부 베이스플레이트에 작용하는 전단력 (MPa)

α : <표 509.3.10>에 의한 계수

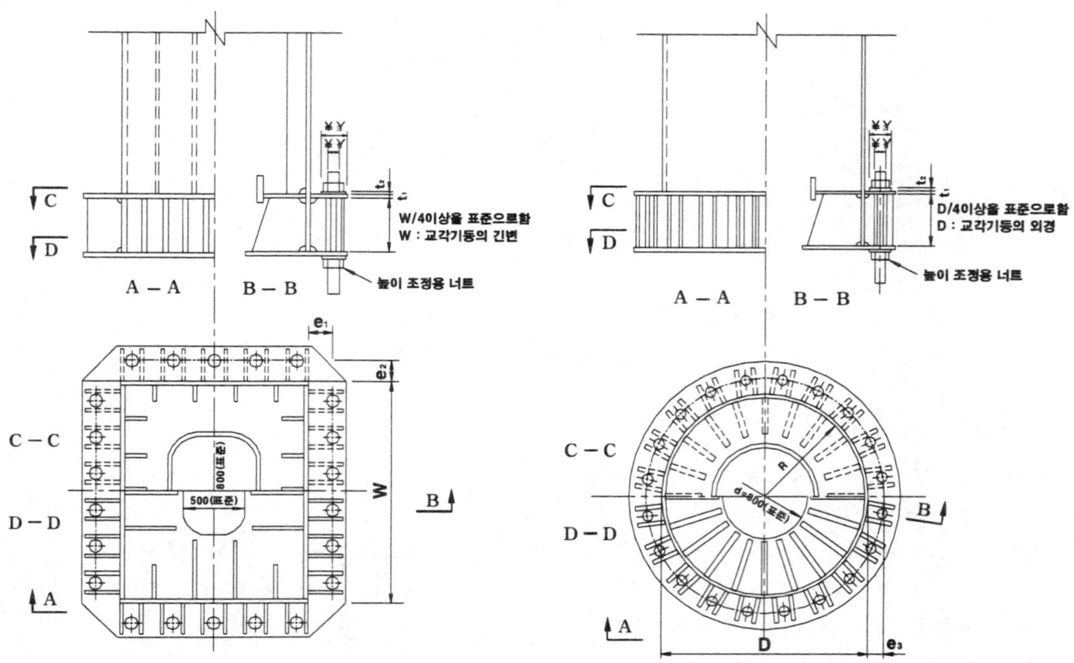

<그림 509.3.24> 상자형단면기둥의 베이스부 <그림 509.3.25> 원형단면기둥의 베이스부

위 그림에서, t_1 : 베이스플레이트의 두께 (25 mm 이상)

t_2 : 와셔의 두께 (22 mm를 표준)

ϕ_1 : 앵커볼트의 지름 (50 mm 이상)

ϕ_2 : 와셔의 지름 ($2\phi_1$정도)

e, e_1, e_2 : 기둥의 외측연단과 앵커볼트 중심간거리 (200 mm 이상)

<표 509.3.9> 휨에 대한 계수 β

b/a	0.6	0.7	0.8	0.9	1.0	1.25	1.5이상
β	0.0728	0.0764	0.0798	0.0617	0.0834	0.0847	0.0823

<표 509.3.10> 전단력에 대한 계수 α

b/a	0.6	0.7	0.8	0.9	1.0	1.25	1.5이상
α	0.750	0.717	0.685	0.656	0.628	0.570	0.527

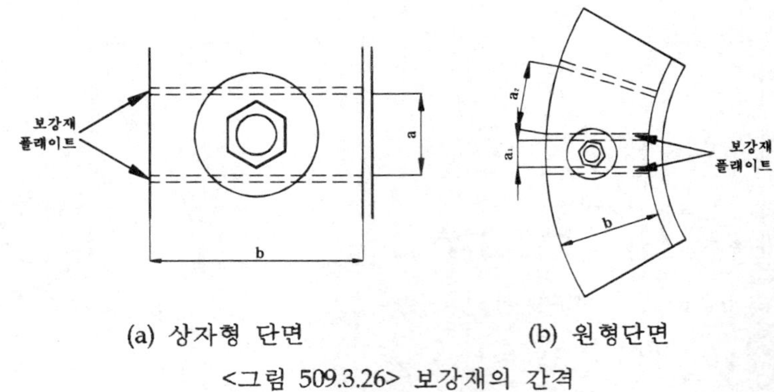

(a) 상자형 단면 (b) 원형단면

<그림 509.3.26> 보강재의 간격

(다) 상부베이스플레이트

상부 베이스 플레이트는 <그림 509.3.27>에서 $a \leq B+2t_w$가 되는 경우에는 휨응력에 대한 조사는 생략하여도 무방하다. 그러나 구조상 불가피하게 $a > B+2t_w$가 되는 경우는 식(509.3.40)의 p대신에 앵커볼트의 축방향력을 등분포 하중으로 환산한 값 (볼트 한 개당의 축방향력$/(a \times b)$)를 사용하는 것으로 한다. 또한, 휨모멘트 및 전단력은 식(509.3.39), 식(509.3.40)에 각각 계수 1.7을 곱하여 구하여도 무방하다.

(3) 앵커 프레임

앵커볼트에 작용하는 인장력은 <그림 509.3.28>과 같이 앵커 빔을 통해 기초의 콘크리트에 전달된다. 앵커프래임 전체로서는 앵커볼트 위치를 지점으로 하는 연속보로서의 응력이 작용하고, 앵커 빔의 상부 플랜지에는 콘크리트의 지압에 의한 판으로서의 응력이 작용한다.

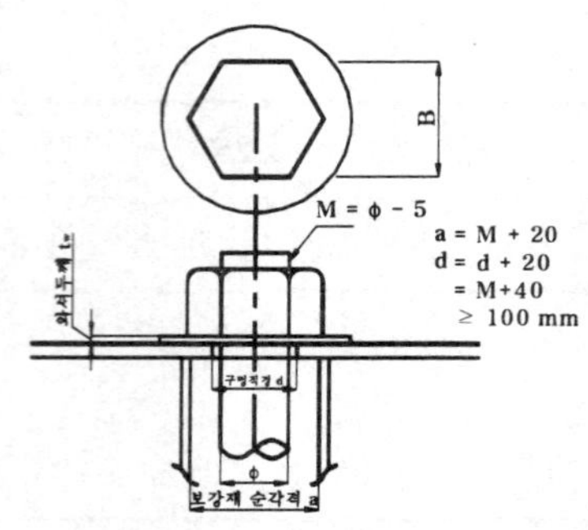

<그림 509.3.27> 상부베이스 플레이트의 보강재 순간격

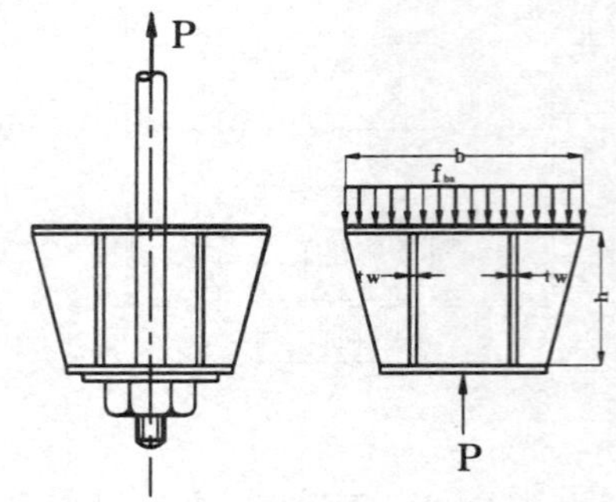

<그림 509.3.28> 앵커빔에 작용하는 외력

(가) 앵커프레임의 구조

앵커프래임의 구조는 <그림 509.3.29>에 나타낸 것과 같이 이루어진다.

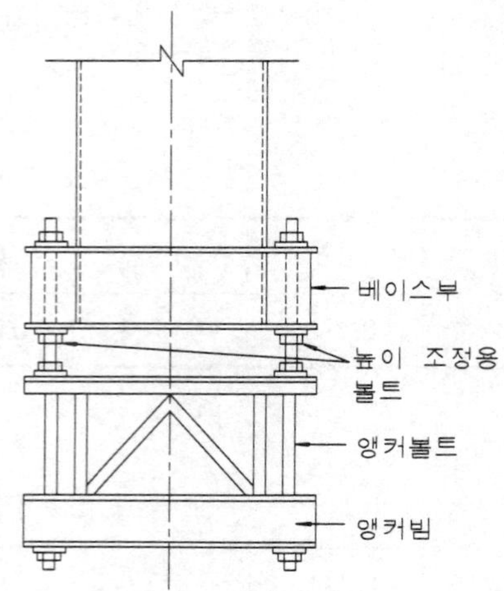

<그림 509.3.29> 앵커프레임의 구조

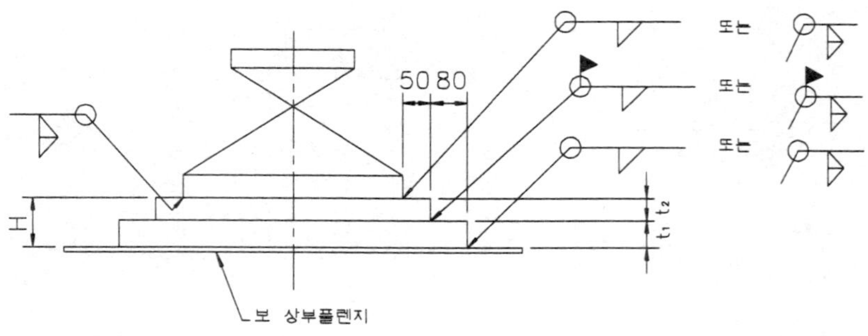

(a) H<130의 경우(받침판 사용)

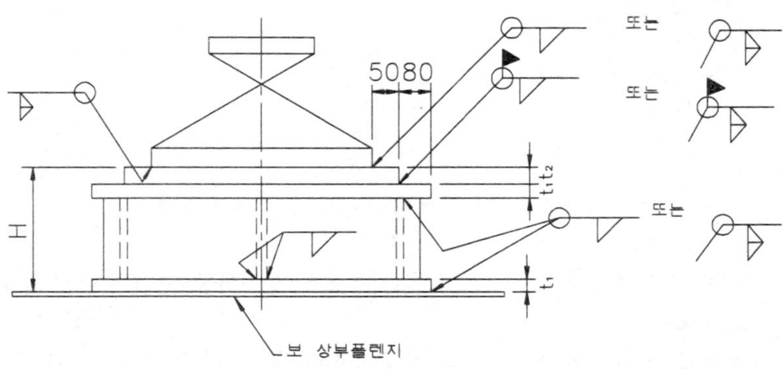

(b) $H\geq$ 의 경우(상자형받침 사용)

<그림 509.3.30> 받침의 설치방법

(나) 앵커빔의 플랜지폭 결정

앵커빔의 플랜지폭 b는 앵커볼트의 인장력에 대한 지압력에 저항할 수 있도록 결정한다.

$$b = \frac{p}{f_{ba}l} \tag{509.3.41}$$

여기서,

b : 앵커빔의 플랜지 폭(mm)

p : 앵커볼트 1개당 인장력 (kN)

f_{ba} : 콘크리트의 허용지압응력 (MPa), $f_{ba}(=f_{ck}/3)$

f_{ck} : 콘크리트의 설계기준강도 (MPa)

l : 앵커볼트의 간격 (mm)

(다) 앵커빔의 복부판 두께 결정

복부판의 두께는 다음 식으로 구한다.

$$t_w \geq \frac{s}{2v_a h} = \frac{p}{4v_a h} \tag{509.3.42}$$

여기서,

s : 복부판에 작용하는 전단응력 (= p/2(kN))

p : 앵커볼트 1본당 인장력(kN)

h : 복부판의 높이 (mm)

t_w : 복부판 두께 (mm)

또한, 복부판은 전단응력과 휨모멘트의 합성응력에 대하여 검토해야 한다.

$$\left(\frac{f}{f_a}\right)^2 + \left(\frac{v}{v_a}\right)^2 \leq 1.0 \tag{509.3.43}$$

여기서, f, v : 복부판의 휨 및 전단응력 (MPa)

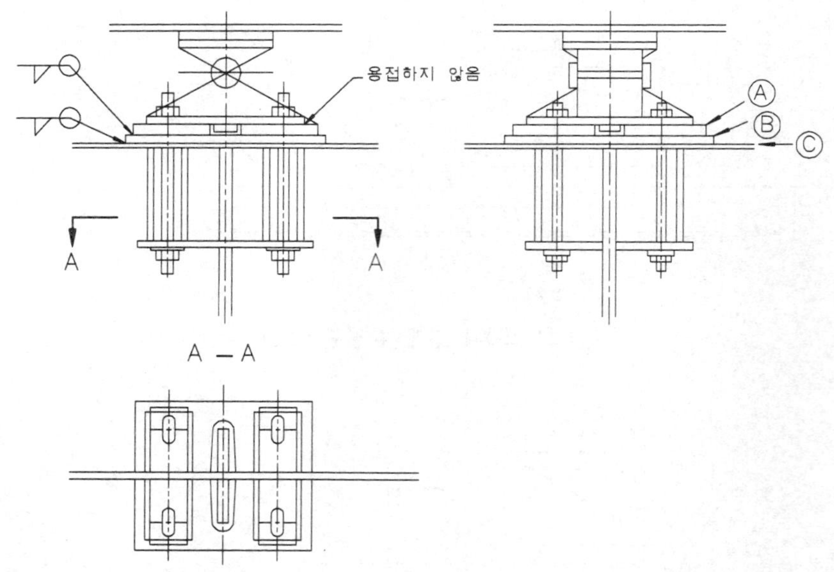

<그림 509.3.31> 볼트에 의한 받침 설치방법

(라) 앵커빔 다이아프램의 두께결정

볼트 축방향력은 복부판과 다이아프램의 지압에 의해서 받게되는 것으로 <그림 509.3.32>와 같은 다이아프램의 판두께는 식(10.5.3-4)에 따라 결정한다.

$$f_c = \frac{p}{2(t_w b_w + t_D b_D)} \leq f_{ca} \qquad (509.3.44)$$

여기서,

t_w : 복부판 두께 (mm) $\geq$ 10 mm

t_D : 다이아프램 판두께 (mm) $\geq$ 10 mm

b_w : 와셔와 복부판의 접촉길이 (mm)

b_D : 와셔와 리브의 접촉길이 (mm)

3.1.9 받침의 설치

강교각에 설치하는 받침은 <그림 509.3.30>에 나타낸 것과 같은 것을 표준으로 한다. 강교각 상부에 받침을 설치하는 요령은 <그림 509.3.31>에 나타낸바와 같으며, 이때 t_1과 t_2의 두께는 22 mm 이상이어야 한다.

또한 상시하중 조건 중에서 부반력이 발생하거나 용접사이즈가 12 mm를 초과하는 경우에는 <그림 509.3.31>에 나타낸 바와 같이 볼트체결을 하는 것으로 하며, 이때 받침부 하면에는 사이드 블럭을 설치하여 수평력에 저항토록 하여야 한다. 아울러 판 Ⓐ, Ⓑ, Ⓒ에서의 볼트구멍은 교축 및 교축직각 방향을 가설오차를 고려할 수 있도록 제작하는 것이 바람직하다.

3.1.10 구조상세

(1) 다이아프램 설계

상부구조 받침 바로 밑면과 지점침하가 일어날 때 잭업용 다이아프램은 상부구조로부터의 연직하중 및 수평하중이 집중하여 작용하기 때문에 일반적인 검사와는 달리 이러한 작용력에 충분히 저항할 수 있도록 <그림 509.3.32>와 같이 설계한다.

검사로서는 다이아프램의 복부판의 전단응력, 집중력을 받는 기둥으로서의 다이아프램 복부판과 보강재 단면 또한 다이아프램 복부판과 보강재의 용접부의 응력을 조사하는 것이 좋다.

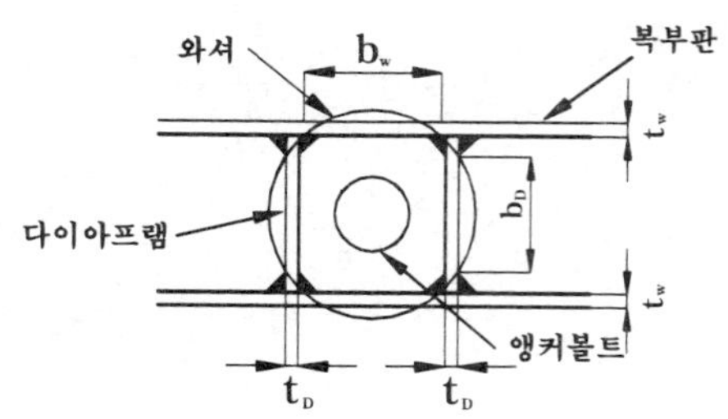

<그림 509.3.32> 다이아프램

(2) 보강재 설계

(가) 수직보강재

수직보강재의 간격은 각 단면에 대한 최대 연단압축응력 및 전단응력을 이용하여 결정한다.

① 수평보강재를 이용하지 않는 경우

$$\frac{a}{b} \leqq 1$$
$$\left(\frac{b}{10t}\right)^4\left[\left(\frac{f}{365}\right)^2+\left\{\frac{v}{61+81\left(\frac{b}{a}\right)^2}\right\}^2\right] \leqq 1 \quad (509.3.45)$$

② 수평보강재를 1단만 이용하는 경우

$$\frac{a}{b} \leqq 0.80$$
$$\left(\frac{b}{10t}\right)^4\left[\left(\frac{f}{950}\right)^2+\left\{\frac{v}{127+61\left(\frac{b}{a}\right)^2}\right\}^2\right] > 1 \quad (509.3.46)$$

$$\frac{a}{b} > 0.8$$
$$\left(\frac{b}{10t}\right)^4\left[\left(\frac{f}{950}\right)^2+\left\{\frac{v}{95+81\left(\frac{b}{a}\right)^2}\right\}^2\right] \leqq 1 \quad (509.3.47)$$

여기서,

a : 수직보강재 간격 (mm)

b : 상하 플랜지의 순간격 (mm)

t : 복부판의 두께 (mm)

f : 보를 설계할 때 구한 복부판의 최대연단압축응력 (MPa)

τ : 보를 설계할 때 구한 복부판의 최대전단응력 (MPa)

수직보강재의 강도($I_{v,\,req}$)는 다음과 같은 방법으로 구한다.

$$I_{v,req}= \frac{bt^3}{10.92}\gamma_{v,req} \quad (509.3.48)$$

$$\gamma_{v,req}= 8.0\times\left(\frac{b}{a}\right)^2 \quad (509.3.49)$$

여기서,

t : 복부판의 판두께 (mm)

b : 복부판의 판폭 (mm)

a : 수직보강재의 간격 (mm)

수직보강재가 받침 바로 밑면, 지점침하가 일어날 때 잭업용 위치 및 현장조립 점검용 출입구의 다이아프램과 병용할 경우에는 수직보강재의 강도는 [도 · 시 강교편 8.5.2]를 만족하므로 검토를 생략하여도 좋다.

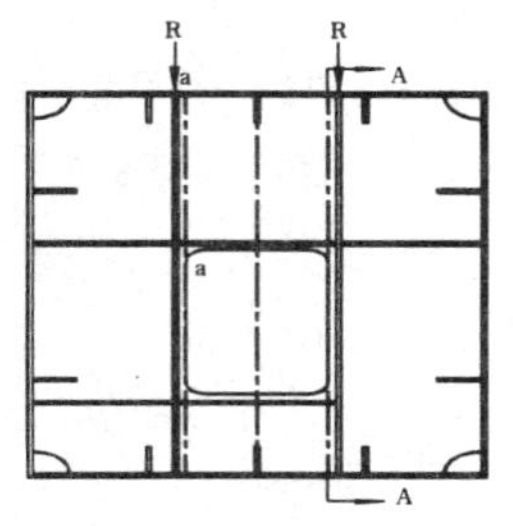

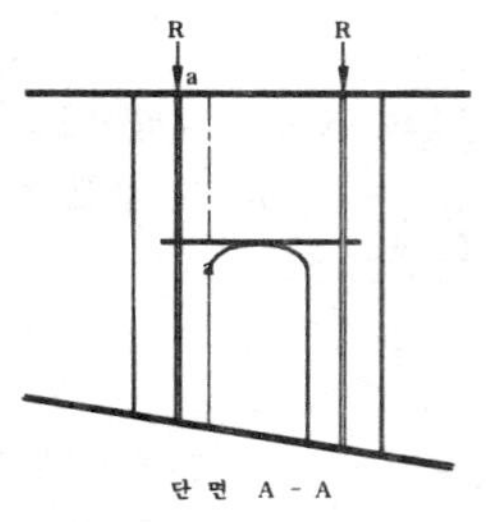

<그림 509.3.33> 하중집중점의 다이아프램 형상

(나) 수평보강재

수평보강재의 소요강도는 [도 · 설 8.6.2]를 만족시켜야 한다.

$$I_h \geqq \frac{bt^3}{10.92}\gamma_{h,req} \quad (509.3.50)$$

$$\gamma_{h,req} = 30.0 \times \left(\frac{a}{b}\right) \quad (509.3.51)$$

여기서,

I_h : 수평보강재의 소요 단면 2차 모멘트(mm^4)

b : 보강되는 판의 전폭 (mm)

t : 보강되는 판의 두께 (mm)

$\gamma_{h.req}$: 수평보강재의 소요강비

a : 수직보강재 간격 (mm)

(다) 종방향보강재

종방향보강재는 [도 · 설 3.2.4]와 같이 설계한다. 종방향보강재의 단면 2차 모멘트는 도시강교편 식(4.7.2-8)을 만족시켜야만 한다.

$$I_l \geqq \frac{bt^3}{10.92}\gamma_{l,req} \quad (509.3.52)$$

$$A_l \geqq \frac{bt}{10n} \quad (509.3.53)$$

여기서,

t : 보강된 판의 사용판두께 (mm)

b : 보강된 판의 전폭 (mm)

$\gamma_{l,req}$: 종방향보강재의 필요강비

그리고, $\gamma_{l,req}$는 $\alpha \leq \alpha_o$이고 또한, 횡방향보강재 1개의 단면 2차모멘트 I_t 가 식(509.3.54)을 만족하는 경우 다음 식으로 결정한다.

$$I_t \geqq \frac{bt^3}{10.92}\frac{(1+n\gamma_{l,req})}{4\alpha^3} \quad (509.3.54)$$

$t \geqq t_o$:

$$\gamma_{l,req} = 4\alpha^2 n\left(\frac{t_0}{t}\right)^2(1+n\delta) - \frac{(\alpha^2+1)^2}{n}$$

$t < t_o$:

$$\gamma_{l,req} = 4\alpha^2 n(1+n\delta) - \frac{(\alpha^2+1)^2}{n}$$

(509.3.55)

여기서,

$\alpha = \dfrac{a}{b}$: 보강판의 종횡 치수비

$\alpha_0 = \sqrt[4]{1+n\gamma_l}$: 한계종횡치수비

a : 횡방향보강재 간격 (mm)

δ : 종방향보강재 1개의 단면적비

n : 종방향보강재에 따라 구획지어지는 패널 수

$\gamma_l = I_l/\left(\dfrac{bt^3}{10.92}\right)$: 종방향보강재 강비

t_o : [도 · 설 표 3.2.6]에 주어진 값

(라) 원형단면기둥의 보강재

원형단면기둥의 보강재는 [도 · 설 13.4]에 따라 설계한다.

① 간격

최대간격은 원형기둥 외경의 3배로 한다. 다만, $R/t \leq 30$의 범위에 있는 경우에는 보강재를 생략하여도 좋다.

② 강도

현장용접 점검용 출입구의 보강재는 플랜지부착의 다이아프램을 사용하여 충분한 강도가 주어지기 때문에 특별한 검사가 필요하지는 않지만 매립콘크리트부의 보강재는 [도 · 설 13.4]에 주어진 환보강재의 형식을 채용하므로 [도 · 설 식(13.4.1)]을 만족하여야 한다. 예를 들면,

$$b \geqq \frac{d}{20} + 70(\text{mm}) \quad (509.3.56)$$

$$t \geqq \frac{b}{17}(\text{mm}) \quad (509.3.57)$$

여기서,
b : 환보강재의 폭 (mm)
t : 환보강재의 두께 (mm)
d : 원형기둥의 외경 (mm)

(3) 플랜지와 복부판의 용접설계

수평전단응력을 전달하는 플랜지와 복부판을 결합하는 용접은 맞대기 용접으로 한다. 이 경우의 개선(開先)치수는 이하와 같이 하는 것이 좋다.

① $t \leq 25$ 일 때

<그림 509.3.34>의$(S_1 + 0.707S_2)$를 허용응력에 대한 용접단면의 필요치수의 1.5배 이상 ($=S_{req}$)으로 하지만 완전용입 홈용접으로 한다. 여기에 1.5배로 한 것은 부분용입 용접의 경우 L형 용접부는 볼트부에 응력이 집중되기 쉬운 점을 고려하였기 때문이다.

② $t > 25$ 일 때

<그림 509.3.35>에 대한$(S_1{'} + S_1{''} + 0.707S_2)$를 허용응력에 대한 용접단면의 필요치수의 1.5배 이상($= S_{req}$)으로 하지만 완전용입으로 한다.

③ 단, ①, ②에 있어서 아래 조건을 만족하여야 한다.

$$S_1 \geq \frac{t}{2}$$

$$S_1{'} + S_1{''} \geq \frac{t}{2}$$

$$S_1,\ S_1{'},\ S_1{''} \text{ 및 } S_2 \geq 6mm$$

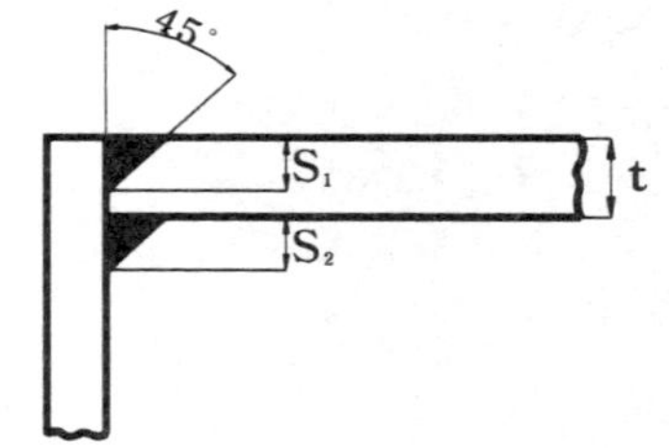

<그림 509.3.34> 개선치수($t \leq 25$)

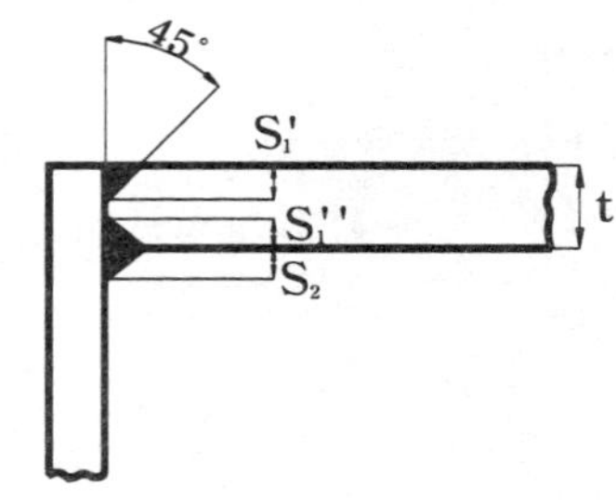

<그림 509.3.35> 개선치수($t > 25$)

④ 완전용입 홈용접으로 하지 않는 경우

완전용입 홈용접으로 하지 않는 경우는 [도·설 3.5.2.8]의 휨모멘트와 전단응력을 동시에 받는 용접이음의 검사를 수행한다.

⑤ 접합부

접합부는 작용력이 크기 때문에 완전용입 홈용접으로 한다.

(4) 이음, 처짐검토

(가) 이음

이음부에 작용하는 응력 검토는 다음 식에 의한다.

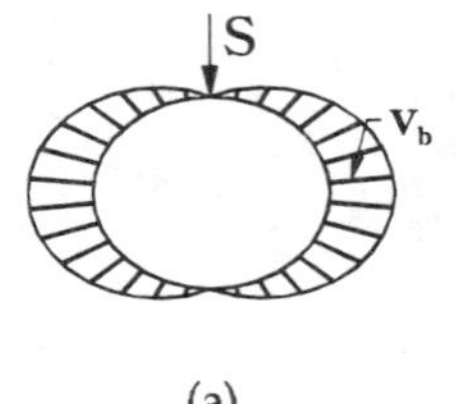

(a)

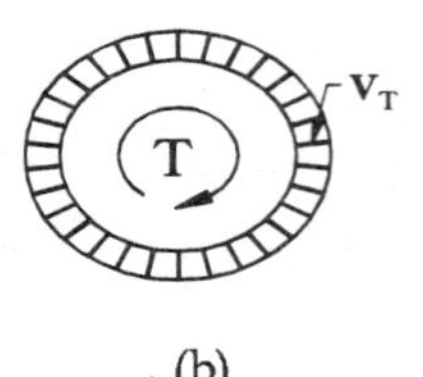

(b)

<그림 509.3.36> (a) 휨에 의한 전단응력, (b) 비틀림에 의한 전단응력

① 수직응력

$$f_N = \frac{N}{A} \tag{509.3.58}$$

② 휨응력

$$f_b = \frac{M}{W} \tag{509.3.59}$$

③ 합성응력

$$f = f_N + f_b \tag{509.3.60}$$

④ 전단응력

$$v_{bmax} = \frac{2S}{2\pi Rt} \tag{509.3.61}$$

$$v_l = \frac{T}{2\pi R^2 t} \tag{509.3.62}$$

여기서,

S : 전단력 (kN)

T : 비틀림 모멘트 (kNm)

R : 원형단면기둥의 반지름 (mm)

t : 원형단면기둥의 두께 (mm)

⑤ 합성응력에 대한 검토

축방향압축응력과 전단응력의 조합에 대해서는 다음 식으로 검토한다. [도 · 설 식(13.3.1)]

$$\frac{f}{f_a} + \left(\frac{v}{v_a}\right)^2 \leq 1.0 \tag{509.3.63}$$

(나) 처짐

주형을 라멘교각으로 받칠 경우 활하중(충격을 포함하지 않음)에 의한 라멘교각의 최대처짐은 다음 식을 만족하여야 한다.

$$(\delta_1 + \delta_2) \text{ 또는 } (\delta_2 + \delta_3) \tag{509.3.64}$$

중 큰값 $\leq (L_1 + L_2 + L_3)/500$

① <그림 509.3.37(a)>의 경우

$$\delta_1 \leq L_1/300 \tag{509.3.65}$$

$$\delta_3 \leq L_3/300 \tag{509.3.66}$$

② <그림 509.3.37(b)>의 경우

$$\delta_1 \leq L_1/500 \tag{509.3.67}$$

$$\delta_3 \leq L_3/500 \tag{509.3.68}$$

또 위의 식을 만족하더라도 상부구조의 응력이 δ_1 또는 δ_3에 의해서 무시할 수 없는 영향을 받는다고 판단될 경우에는 주형을 탄성받침상의 보로 간주하고 해석하여야 한다.

(다) 제작 솟음

제작솟음은 보 및 기둥의 처짐에 대응하여 올린 양을 적용하지만 처짐값이 작은 경우에는 그에 대한 제작솟음을 하지 않는 경우가 많다. 하지만 캔틸레버부에 대해서는 제작솟음을 두어야 한다.

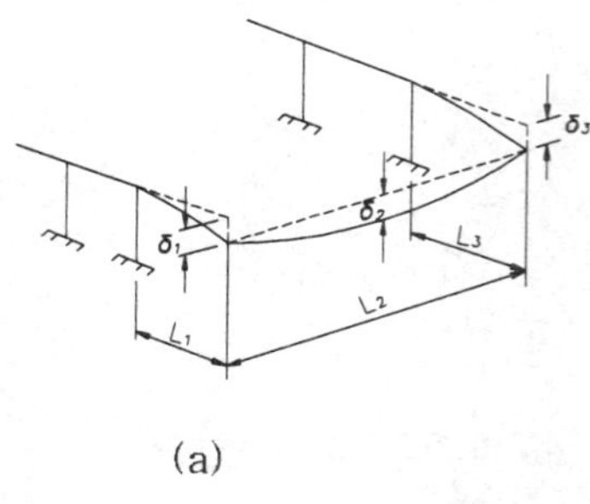

(a)

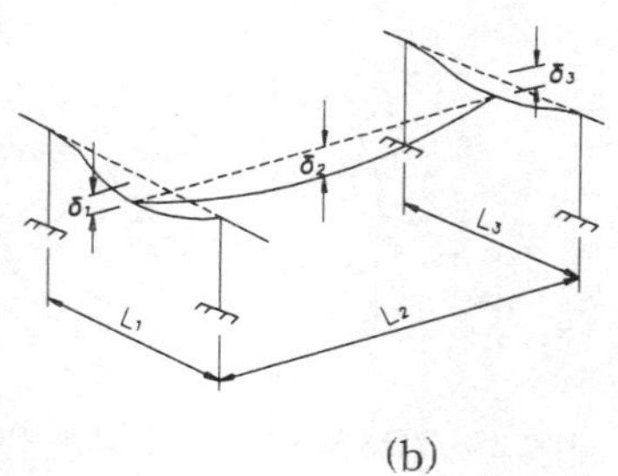

(b)

<그림 509.3.37> 라멘교각의 처짐

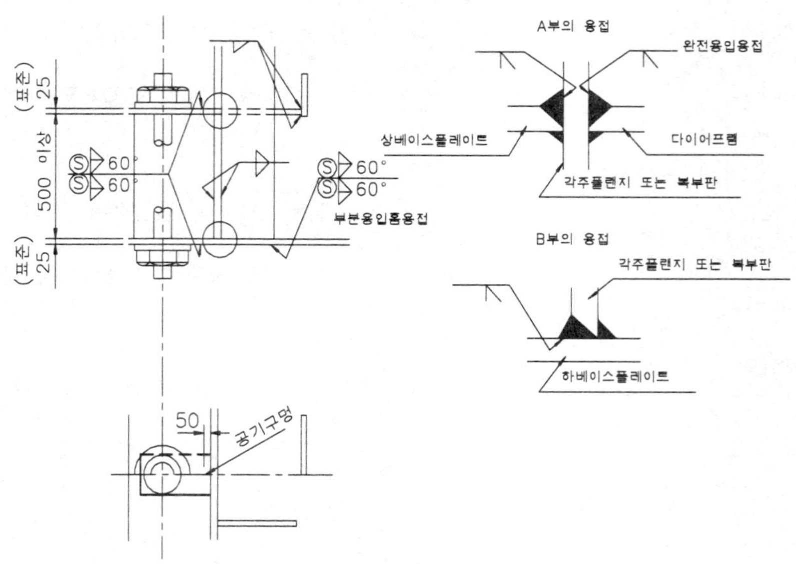

<그림 509.3.38> 베이스부의 용접

(5) 기둥기초부

(가) 베이스부, 앵커빔

베이스부, 앵커빔의 용접이음은 그 부분에 작용하는 힘의 전달방법을 충분히 파악하여 계산하지 않으면 안된다. 베이스부의 용접 및 앵커빔의 용접은 <그림 509.3.38>을 표준으로 한다.

(나) 기둥의 코너부의 용접

기둥의 코너부에 있어서는 기둥플랜지와 복부판의 용접과 리브의 용접이 겹치지 않도록 리브를 배치하여야 한다. 기둥코너부의 용접은 <그림 509.3.39>와 <그림 509.3.40>을 표준으로 한다.

(다) 기타용접

앵커볼트의 너트, 와셔와 베이스부, 앵커빔과의 용접방법은 그 사용목적에 따라 행하는 것으로 한다.

(라) 공기구멍, 그라우트 구멍

베이스부, 앵커빔에는 공기구멍 · 그라우트구멍을 설치하지 않으면 안된다.

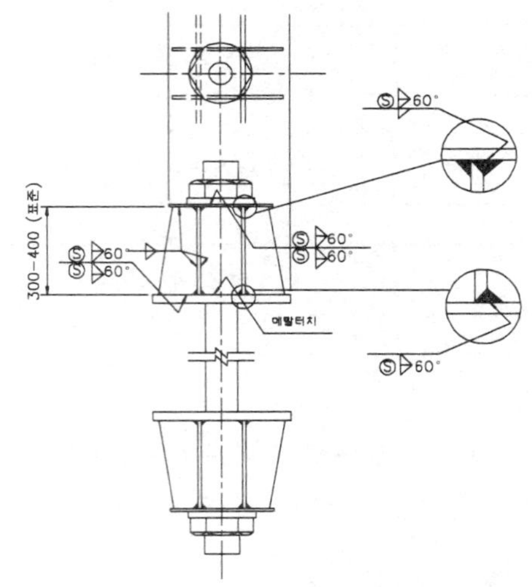

<그림 509.3.39> 앵커빔의 용접

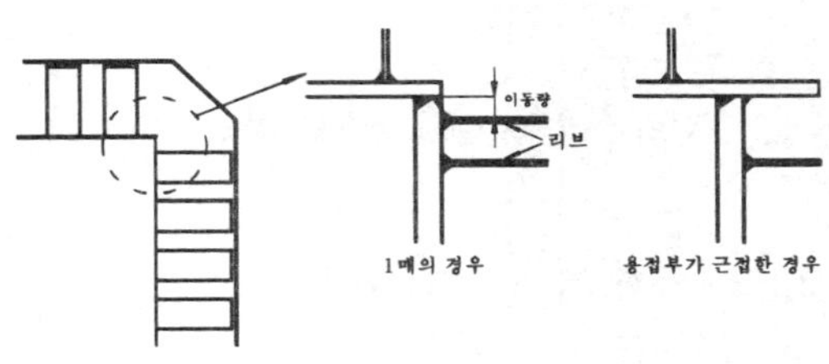

<그림 509.3.40> 각형단면기둥 코너부의 용접

3.2 설계흐름도

3.2.1 주설계단계

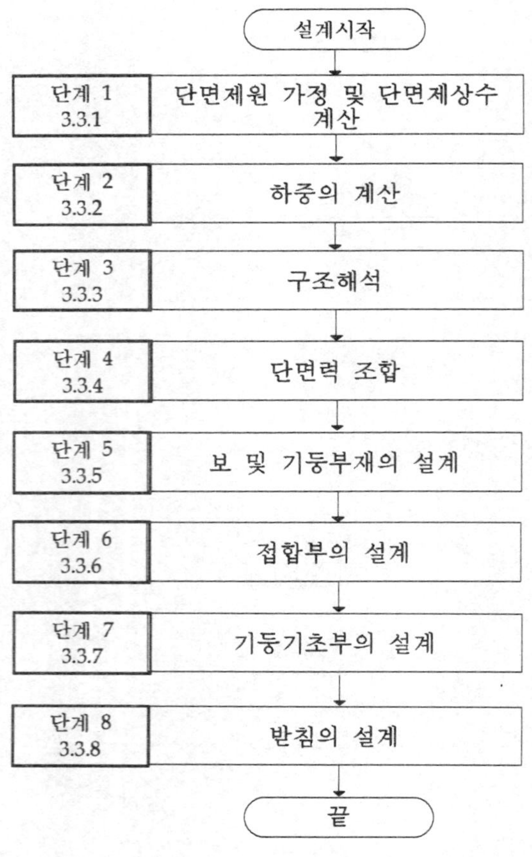

<그림 509.3.41> 주설계 흐름도

3.1.2 [단계 1] 단면제원 가정 및 단면상수 계산

편람 509.2.2 설계흐름도 참조

3.1.3 [단계 2] 하중의 계산

편람 509.2.2 설계흐름도 참조

3.1.4 [단계 3] 구조해석

편람 509.2.2 설계흐름도 참조

3.2.5 [단계 4] 단면력의 조합

편람 509.2.2 설계흐름도 참조

3.1.6 [단계 5] 보 및 기둥부재의 설계

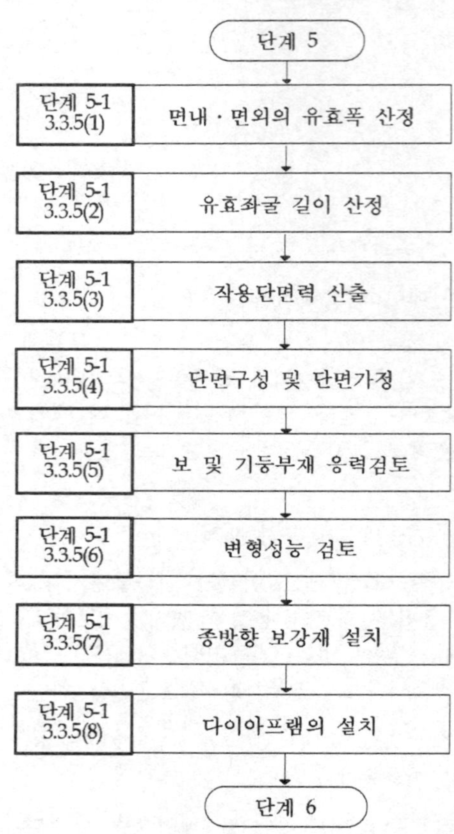

<그림 509.3.42> 보 및 기둥부재 설계

3.2.7 [단계 6] 접합부의 설계

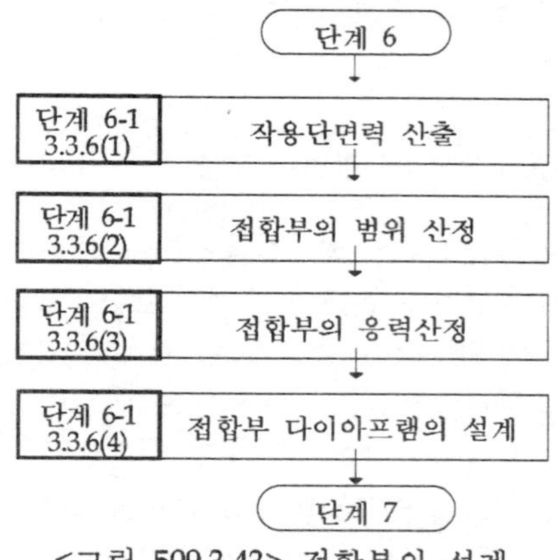

<그림 509.3.43> 접합부의 설계

3.2.8 [단계 7] 기둥기초부의 설계

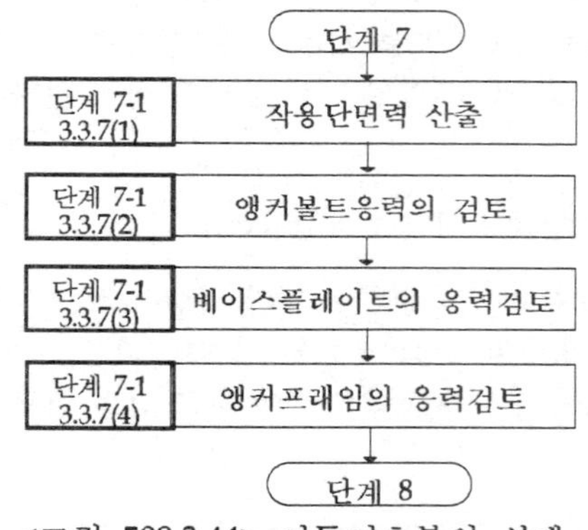

<그림 509.3.44> 기둥기초부의 설계

3.2.9 [단계 8] 받침의 설치

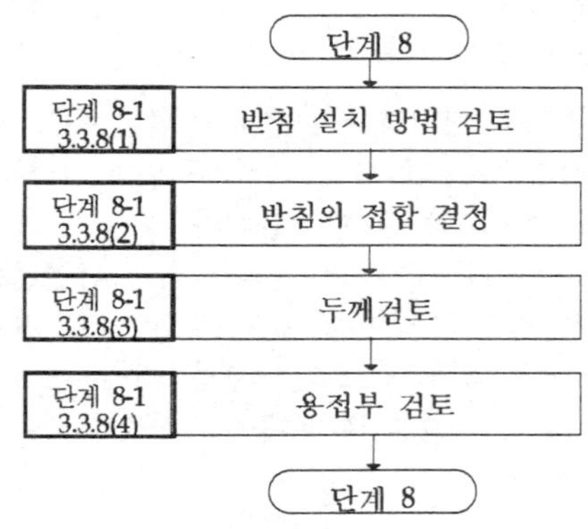

<그림 509.3.45> 기둥기초부의 설계

3.3 설계단계별 고려사항

3.3.1 [단계 1] 단면제원 가정 및 단면제상수 산정

(1) [단계 1-1] 받침 연단거리검토

교량 받침면은 받침을 통해서 상부구조로부터의 집중하중을 받는 곳이고, 또 지진시에는 큰 수평력이 작용하는 곳이다. 콘크리트 교각에서는 받침 끝에서 정부연단거리까지의 거리가 작으면 고정단에서는 전단면에 연하여 받침이 파손되는 경우도 있다. 또한 가동단에서는 받침이 벗어나 거더가 낙하 하는 경우도 있다.

강교각의 경우는 하부구조 정부에 있어서 교축방향의 받침연단과 하부구조 정부연단 사이의 거리 S(mm)를 콘크리트 교각과 동일한 규정값 이상이 되도록 하는 것이 좋다.

(2) [단계 1-2] 받침 최소지지길이 검토

교량의 끝부분에 있어서 지진시에 낙교를 방지하기 위하여 내진설계시 최소 받침지지길이 N은 다음 값보다 작아서는 안된다.

$$N = (200 + 1.67L + 6.66H) \times (1 + 0.000125\theta^2) \quad (\mathrm{mm}) \qquad (509.3.69)$$

여기서,

L : 인접 신축이음부 또는 교량단부까지의 거리 (mm)

H : 기둥의 평균높이 (mm)

(3) [단계 1-3] 기둥단면의 가정

강교각의 기둥 단면은 콘크리트 교각과는 달리 보부재와 기둥부재 접합부에 단차를 주지 않기 때문에 보부재의 응력검토 결과에 따라서 단면의 교축방향 복부판 높이가 결정되는 경우가 많다. 그러나 기둥부재를 지나치게 크게 하면 유효단면 폭이 크게 감소하여 비경제적이 되고, 반대로 지나치게 작게 할 경우 전체좌굴에 대한 위험이 발생하므로 주의를 요한다. 따라서 최적단면을 결정할 수 있으면서도 안정성을 확보할 수 있는 교각단면의 결정이 중요하다. 콘크리트 교각처럼 보와 기둥부재 접합부에 헌치를 설치하거나 제작 및 운반의 편의를 위해 접합부 영역 이내에 볼트 연결을 실시하는 것도 배제되어야 한다.

(4) [단계 1-4] 단면 제상수의 산정

가정된 단면에 대해 단면의 면적, 전단면적(Shear Area), 2차모멘트 등의 상수들을 산정하지만, 후에 플랜지 및 종방향 리브의 설치에 따른 단면 제 상수를 다시 계산하여야 한다.

3.3.2 [단계 2] 하중의 계산

강교각에 작용되는 하중은 고정하중, 활하중, 풍하중, 온도하중, 유수압, 충돌하중, 지진하중 등 콘크리트 교각에서 고려하는 모든 하중을 동일하게 고려한다.

3.3.3 [단계 3] 구조해석

(1) [단계 3-1] 해석 모델링 및 하중재하

해석모델의 절점은 단면력을 정리해야 하는 위치와 단면상수가 변화되는 곳, 그리고 하중재하 위치를 적절히 나누어 주어야만 한다.

하중의 재하는 하중의 특성에 따라 집중하중 및 분포하중으로 재하한다. 또한, 기둥과 보의 지점부에 특히 큰 헌치가 있는 경우나 보부재 또는 기둥 부재의 부재두께가 매우 큰 경우에는 강역의 영향을 고려하여야 한다.

① 부재 단부가 다른 부재와 접합할 때는 그 부재단에서 부재 두께의 1/4 안쪽 점에서부터 절점까지로 한다.

② 부재가 그 축선에 대해 25° 이상 경사진 헌치를 갖는 경우에는 부재 두께의 1.5배가 되는 점에서부터 절점까지로 한다. 다만, 헌치의 경사가 60° 이상의 경우는 헌치의 시점부터 부재 두께의 1/4 안쪽 점에서부터 절점까지로 한다.

(2) [단계 3-2] 하중조건별 단면력 산출

각 하중 조건별로, 검토단면별로 단면력을 산출한다.

3.3.4 [단계 4] 단면력 조합

강교각의 설계는 허용응력설계법에 의해 진행되므로 사용하중에 대한 단면력 조합을 기본 조합으로 하며, 각 하중 Case에 대해 하용응력의 할증을 고려한다.

3.3.5 [단계 5] 보 및 기둥부재의 설계

(1) [단계 5-1] 면내·면외의 유효폭 산정

강교각의 경우 보 및 기둥부재의 설계는 면내 및 면외방향의 유효폭을 산정하여 전단지연응력에 대해 고려하도록 하며, 이는 편람 509.3.1.5 (1)항과 509.3.1.5(2)항의 내용에 따라 산정 한다.

(2) [단계 5-2] 유효좌굴길이 산정

강교각은 T형 뿐만 아니라 라멘형 2층형 등 다양한 형태의 구조 형상을 가지게 되며, 이때 유효좌굴길이는 509.3.1.5 (3)에 따라 산정 한다.

(3) [단계 5-3] 작용단면력 산출

구조해석으로부터 산출된 부재력을 조합하여 최대의 단면력을 계산한다. 이때 1축의 단면력이 작용할 때와 2축의 단면력이 동시에 작용하는 경우를 모두 고려한다.

보의 작용 단면력을 산정하는 위치는 보 일반부중 최대 부재력점과 보 및 기둥부재 접합부 영역과의 경계점에 대해 산출한다. 기둥의 단면력은 기둥부재와 기초부가 만나는 점과 단면변화부에 대해 산정하며, 라멘이나 2층 이상의 경우는 부재력의 변화가 크므로 단부와 최대 부재력점 단면 변화점 등에 대해 부재력을 산출한다.

(4) [단계 5-4] 단면구성 및 단면가정

작용단면력에 대해 응력계산 및 합성응력 검토가 허용치 이내에 있도록 개략의 단면을 가정한다. 이 단계에서 단면의 좌굴 및 변형성능 검토나 종방향 보강재 등을 고려하는 것이 좋다.

(5) [단계 5-5] 보 및 기둥부재 응력검토

면내 및 면외 유효폭을 고려하여 작용 단면력에 대한 응력계산을 수행하고, 축방향력, 전단응력 등이 휨응력과 함께 작용할 때는 합성응력의 검토를 추가로 수행해야 한다.

(6) [단계 5-6] 변형성능 검토

강교각의 기둥 지점부는 지진 및 진동에 대해 에너지 흡수를 충분히 할 수 있는 구조를 채택해야 한다. 이때 509.3.1.6 (2)항의 판의 최소두께 두께에 대한 제한을 적용하는 것이 일반적이다.

(7) [단계 5-7] 종방향 보강재 설치

단면 구성판의 국부좌굴의 방지를 위해 509.3.1.6 (3)항과 같이 종방향 보강재를 설치한다. 기둥부재의 경우는 복부판에도 종방향 보강재를 설치하여야 한다. 이때 종방향 보강재는 연속구조로 하여야 한다.

(8) [단계 5-8] 다이아프램의 설치

상부구조 받침부에는 상부로부터 전달되는 하중에 충분히 저항할 수 있도록 509.3.1.6 (4)항과 같이 다이아프램을 설치한다. 받침부 이외의 보와 기둥에 대해서는 5 m 이내 간격으로 일반부 다이아프램을 설치한다.

3.3.6 [단계 6] 접합부의 설계

(1) [단계 6-1] 작용단면력 결정

<그림 509.3.14>와 같이 보 및 기둥 부재에 대해 단면력을 산출하는 것을 원칙으로 하지만, 접합부범위를 고려하여 산정하여 계산 할 수도 있다.

(2) [단계 6-2] 접합부의 범위 결정

접합부 범위는 보 및 기둥 부재 폭의 1/2을 표준으로 한다. 원형기둥 접합부의 접합부 범위는 <그림 509.3.15>와 같이 정의한다.

(3) [단계 6-3] 접합부의 응력 산정

접합부의 전단지연응력은 일반부보다 다소 큰 경향이 있고, 유효폭 개념을 적용하지 않으므로 주의하여야 한다.

접합부에서는 전단지연을 고려한 플랜지의 수직응력과 복부판의 전단응력 및 패널부의 전단응력 등과 합성응력을 검토한다. 전단지연 파라메타 S_l는 식(509.3.10b)와 같이 단면적비 $S(=A_w/A_f)$에 대한 식으로 정의 되므로, 기존의 설계기준 [도ㆍ설]에서의 도표에 의한 방법과 차이가 있다. <그림 509.3.17>은 식(509.3.10b)을 기존의 도표에 의한 방법으로 나타낸 것이다.

(4) [단계 6-4] 접합부의 다이아프램 설계

접합부 다이아프램 설계는 509.3.1.7 (4)항과 같이 수행한다. 이때, 상자형 단면 접합부는 맨홀과 맨홀에 의한 단면손실에 대해 보강재를 설치하는 것으로 하고 있으며, 원형기둥 접합부는 경험적인 다이아프램 설계방법을 채택하고 있다.

3.3.7 [단계 7] 기둥기초부의 설계

(1) [단계 7-1] 작용단면력 결정

기둥 하단부에 대한 축력, 휨모멘트, 전단력을 작용 단면력으로 결정한다.

(2) [단계 7-2] 앵커볼트 응력 검토

509.3.1.8(1)항과 같은 방법으로 앵커볼트의 응력을 검토하며, 이때 발생하는 콘크리트의 압축력을 동시에 검토한다.

(3) [단계 7-3] 베이스플레이트 응력 검토

상자형 기둥과 원형기둥에 대해 베이스부의 구

조를 <그림 509.3.24>와 <그림 509.3.24>로 결정할 수 있으며, 상부 및 하부 베이스 플레이트에 대해 509.3.1.8 (2)의 계산식에 의해 안전을 검토한다.

(4) [단계 7-4] 앵커프레임의 응력검토

앵커프레임은 기둥기초부의 기초판 내부에 위치하는 구조로, 일반적으로 <그림 509.3.29>와 같은 구조를 가진다. 앵커프레임은 509.3.1.8 (3)과 같은 보강구조 형식으로 안전성을 검토한다.

3.3.8 [단계 8] 받침의 설계

(1) [단계 8-1] 받침 설치 방법 검토

받침블럭의 높이 H가 130 mm를 초과하는 경우에는 박스형 받침을 적용하며, 130 mm 미만의 경우는 판 받침을 사용한다.

(2) [단계 8-2] 받침 접합 방법 결정

강교각상의 받침은 용접에 의해 설치하는 것을 원칙으로 하지만, 용접 각 길이가 12 mm를 초과하는 등 부득이한 경우에는 볼트로 설치한다.

(3) [단계 8-3] 부재 두께 검토

소울 플레이트의 두께는 최소 22 mm 이상으로 한다.

(4) [단계 8-4] 용접부 검토

상향력을 받는 경우 용접부의 계산을 수행하여야 한다.

3.4 강교각 설계 예

3.4.1 [단계 1] 단면제원 가정 및 단면제상수 산정

(1) 교량제원

① 상부형식 : 3경간 연속 강박스거더교
② 등　　급 : 내진 1등급
③ 경간구성 : 60.0 m + 75.0 m + 60.0 m
④ 상부폭원 : 25.6 m(6차로)
⑤ 교량등급 : 1등교
⑥ 하부형식 : T형 강교각
⑦ 기초 및 하부 연결 : 강재 기둥기초부
⑧ 교 각 폭 : 21.56 m

(2) 사용재료 및 물리상수

① 콘크리트 : f_{ck} = 27 MPa, E_c = 24,422 MPa, γ_c = 2,500 kg/m^3
② 지　　반 : γ_{soil} = 2,000 kg/m^3
③ 강　　재 : γ_s = 7,850 kg/m^3

구 분	f_y (MPa)	f_a (MPa)	f_{va} (MPa)	적용부재	E(MPa)
SS400	240	140	81	횡보강재	210,000
SM490	320	190	110	기둥부재, 보부재	
SM520	360	210	120	접합부 모 및 기둥부재	
SM570	460	260	150	기둥기초부	

(3) 상부구조도

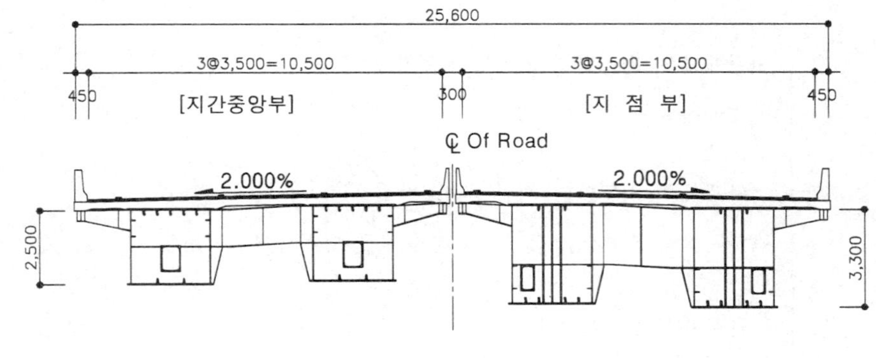

(3) 하부구조도

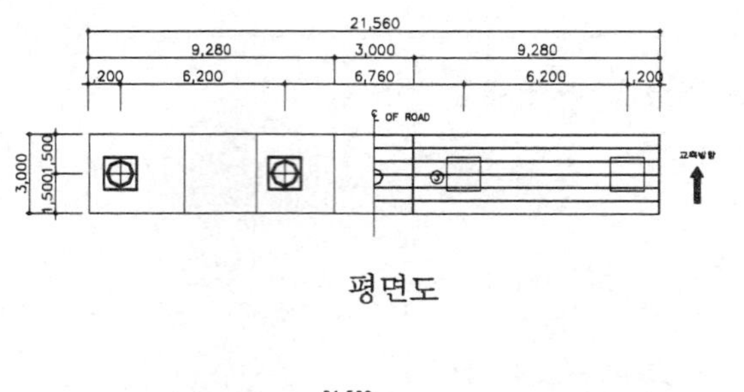

평면도

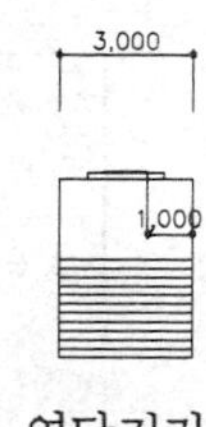

연단거리

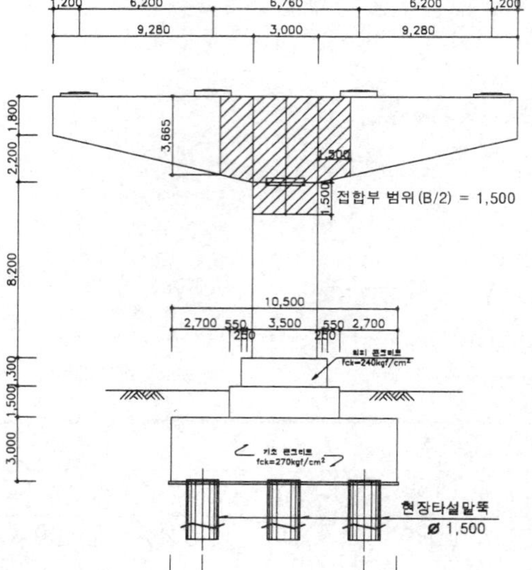

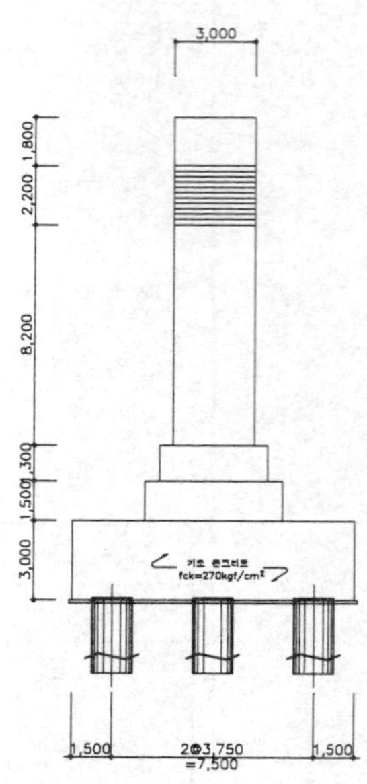

① [단계 1-1] 받침의 연단거리 검토

- 거더의 경간길이 100 m 이하 : $S = 200 + 5L$

$S = 200 + 5 \times 75 = 575$ mm < 1,000 mm OK

② [단계 1-2] 최소받침 지지길이 검토

- 연속지점부 이므로 생략

③ [단계 1-3] 기둥단면 제원 가정

- 연단거리 및 강성, 강재교각의 응력을 고려하여 3.0 m x 3.0 m 단면으로 가정

④ [단계 1-4] 단면제상수의 계산

- 단면의 제상수 계산 생략(응력계산 단계 이전에 각각 계산)

3.4.2 [단계 2] 하중계산

(1) Load Case 1(D0) - 교각고정하중

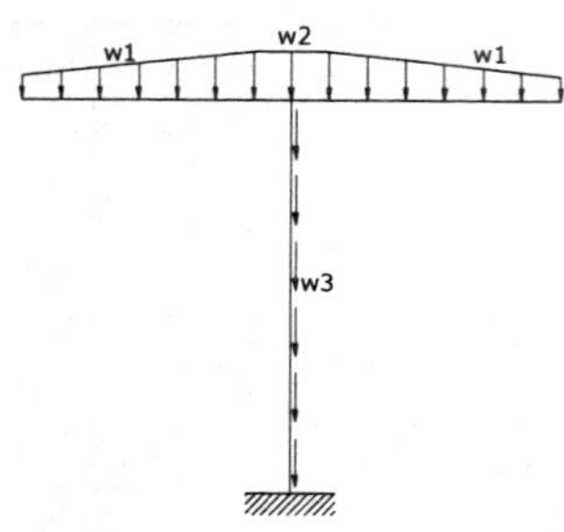

w1, w2, w3 ⇒ 프로그램에서 자동계산

(2) Load Case (D1) - 상부고정하중반력

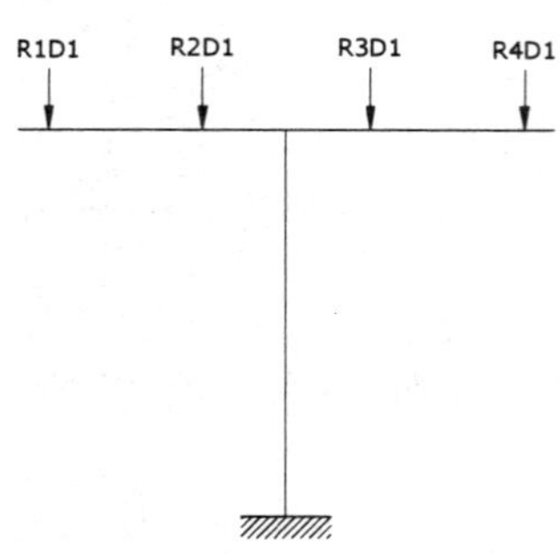

상부구조계산서로 부터

R1D1 = 8,061 kN, R2D1 = 7,208 kN

R3D1 = 7,437 kN, R4D1 = 7,815 kN

(3) Load Case 3(L1) - 상부활하중반력(편재하)

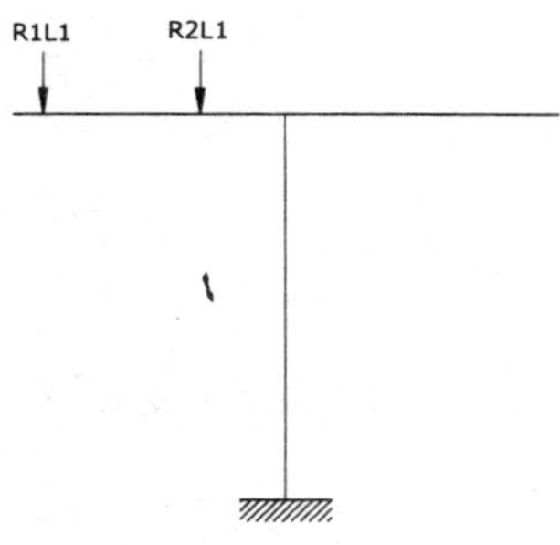

상부구조계산서로 부터

R1L1 = 2,585 kN, R2L1 = 2,457 kN

(4) Load Case 4(L2) - 상부활하중반력(만재하)

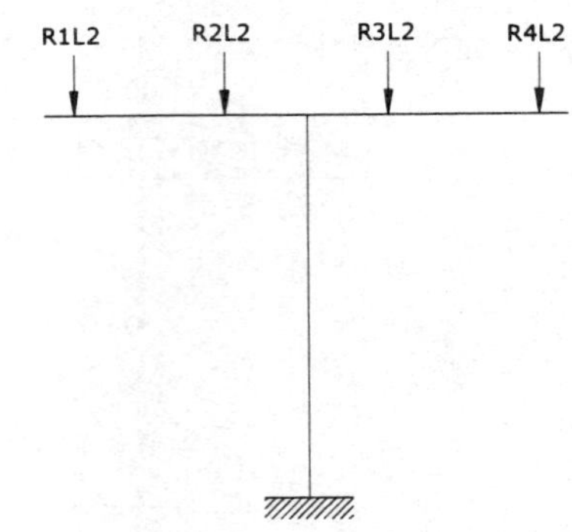

상부구조계산서로 부터

R1L2 = 2,513 kN, R2L2 = 2,506 kN

R3L2 = 2,585 kN, R4L2 = 2,457 kN

(5) Load Case 5(W1) - 풍하중 활하중 비재하

(6) Load Case 6(W2) - 풍하중 활하중 재하(0.5*Load Case 5)

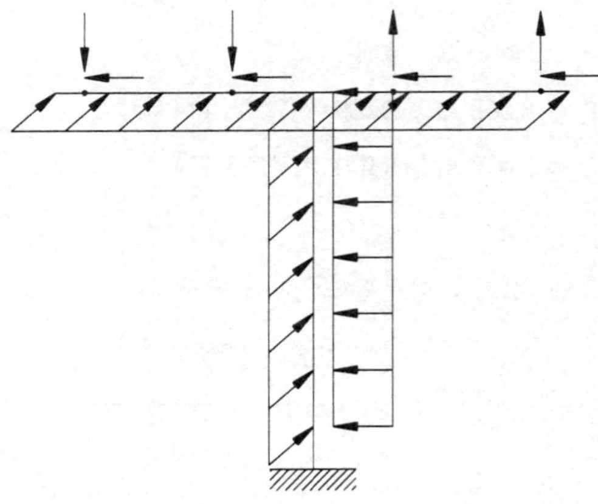

활하중 비재하시

W1 기둥(교축, 교축직각) : 3,000 N/m^2 x 3.0 m = 9.0 kN/m

W1 코핑(교축) :

3,000 N/m^2 x (9.28 X (1.8 + 4.0)/2 x 2 + 4 x 3) / 25.6 = 7.71 kN/m

(7) Load Case 7(Ey) - 교축방향 지진력

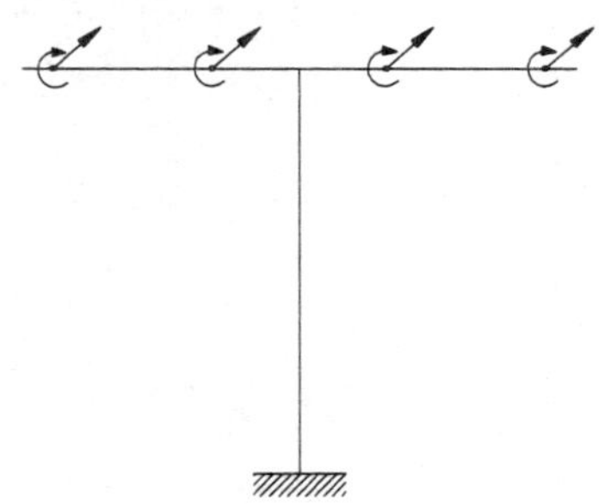

내진설계계산서로 부터
R1Ey = 754 kN, R2Ey = 755 kN => 발생모멘트는 받침의 높이 0.4 m를 곱함
R3Ey = 755 kN, R4Ey = 752 kN => 발생모멘트는 받침의 높이 0.4 m를 곱함

(8) Load Case 8(Ex) - 교축직각방향 지진력

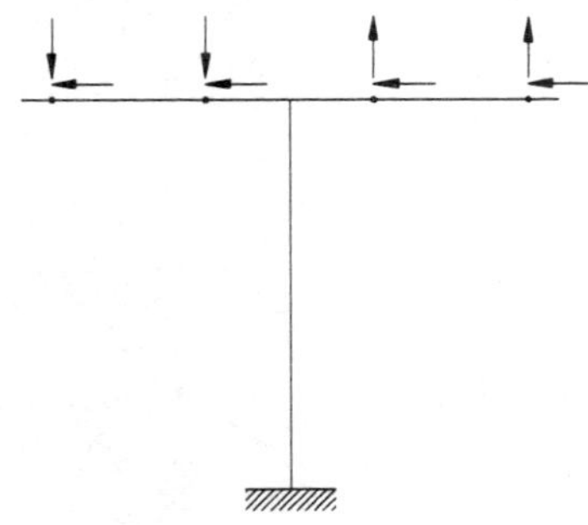

내진설계계산서로 부터
R1Ex = 228 kN, R2Ex = 228 kN => 발생연직력과 수평력으로 환산
R3Ex = 230 kN, R4Ex = 230 kN => 발생연직력과 수평력으로 환산

(9) Load Case 9(Coy) - 교축방향 충돌하중

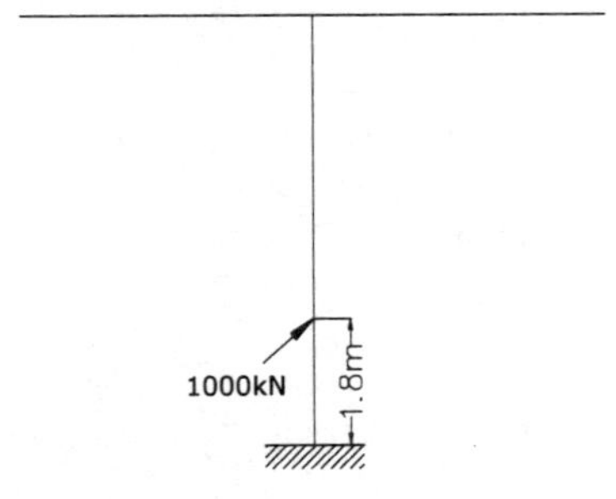

교축방향 충돌하중 1,000 kN

(10) Load Case 10(Coy) - 교축직각방향 충돌하중

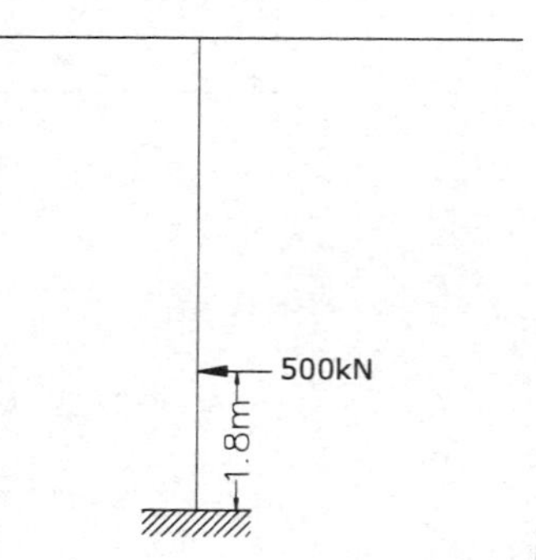

교축직각방향 충돌하중 500 kN

(11) Load Case 11(T) - 온도하중(±25℃)

3.4.3 [단계 3] 구조해석

(1) 구조해석

① 모델링

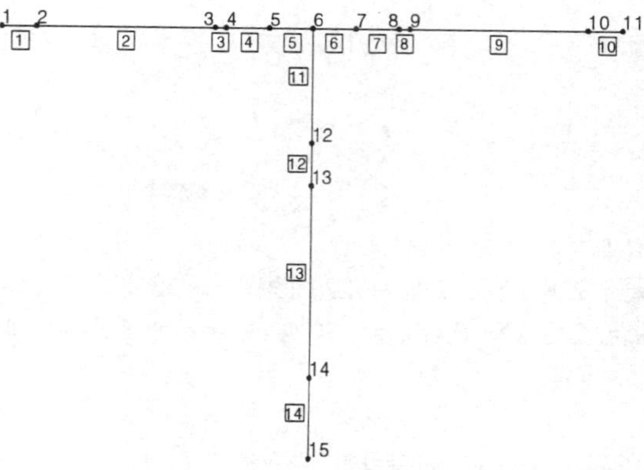

② Joint 좌표(생략)

3.4.4 [단계 4] 단면력 조합

(1) 하중 조합

하부구조(강구조)에서의 하중조합 및 허용응력 증가계수는 [도・설 2.2.2], 편람 <표 509.3.2> 참조

① 교축방향 하중조합

구 분	하부 교각 자중 (LC1)	상부 고정 하중 (LC2)	활하중		풍하중		충돌 하중 (LC9)	지진 하중 (LC7,8)	온도 하중 (LC11)
			편재하 (LC3)	만재하 (LC4)	활하중 비재하 (LC5)	활하중 재 하 (LC6)			
CASE 1	1.0	1.0		1.0					
CASE 2	1.0	1.0	1.0						
CASE 3	1.0	1.0			1.0				
CASE 4	1.0	1.0		1.0		1.0			
CASE 5	1.0	1.0	1.0			1.0			1.0
CASE 6	1.0	1.0		1.0					1.0
CASE 7	1.0	1.0	1.0						1.0
CASE 8	1.0	1.0			1.0				1.0
CASE 9	1.0	1.0		1.0		1.0			1.0
CASE 10	1.0	1.0	1.0			1.0			
CASE 11	1.0	1.0		1.0			1.0		
CASE 12	1.0	1.0	1.0				1.0		
CASE 13	1.0	1.0						1.0	
CASE 14	1.0	1.0						1.0	

② 교축직각방향 하중조합

구 분	하부 교각 자중 (LC1)	상부 고정 하중 (LC2)	활하중		풍하중		충돌 하중 (LC10)	지진 하중 (LC7,8)	온도 하중 (LC11)
			편재하 (LC3)	만재하 (LC4)	활하중 비재하 (LC5)	활하중 재 하 (LC6)			
CASE 1	1.0	1.0		1.0					
CASE 2	1.0	1.0	1.0						
CASE 3	1.0	1.0			1.0				
CASE 4	1.0	1.0		1.0		1.0			
CASE 5	1.0	1.0	1.0			1.0			
CASE 6	1.0	1.0		1.0			1.0		
CASE 7	1.0	1.0	1.0				1.0		
CASE 8	1.0	1.0						1.0	
CASE 9	1.0	1.0						1.0	

(2) 단면력 정리(사용하중 상태)

① 1축 검토용 기둥단면력 (교축직각 CASE 5 = 고정하중 + 활하중 + 풍하중)

요소	M_y (kNm)	S_y (kN)	N_y (kN)
14	34,852	4,810	-36,506

② 2축 검토용 기둥단면력(교축방향 CASE 13 = 고정하중 + 교축직각 지진하중)

요소	M_y (kNm)	S_y (kN)	N_y (kN)
14	18,989	6,115	-31,465
	M_z (kN·m)	S_z (kN)	M_t (kNm)
	38,794	2,223	11,261

③ 보단면력 (교축직각 CASE 1)

요소	M_y (kNm)	S_y (kN)	N_y (kN)
7	74,170	20,227	-2,398

④ 접합부 면내(하중조합 4)

요소			
요소 5	M_1 (kNm)	S_1 (kN)	N_1 (kN)
	104,765	20,289	-2,404
요소 5	M_2 (kNm)	S_2 (kN)	N_2 (kN)
	1,244	0	-41,254

3.4.5 [단계 5] 보 및 기둥 부재의 설계

(1) 기둥의 유효폭

① 면내

$l = 2L = 2 \times 12.0 = 24.0\ \mathrm{m}$

$b/l = 1.5\ \mathrm{m}/24.0\ \mathrm{m} = 0.063$

$0.30 > b/l > 0.02$이므로

$\lambda = (1.06 - 3.2(b/l) + 4.5(b/l)^2)b$

$= (1.06 - 3.2 \times 0.063 + 4.5 \times 0.063^2) \times b$

$= 1.314\ \mathrm{m}$

여기서, $b =$ 플랜지폭$/2 = 3.0\mathrm{m}/2 = 1.5\ \mathrm{m}$

$B = 2\lambda = 2 \times 1.314 = 2.628\ \mathrm{m}$

② 면외

면내와 동일하게

$l = 2L = 2 \times H = 2 \times 12.0 = 13.5\ \mathrm{m}$

$0.30 > b/l = 1.5\ \mathrm{m}/24.0\ \mathrm{m} = 0.063 > 0.02$

여기서, $b = 3.0\mathrm{m}/2 = 1.5\mathrm{m}$

$\lambda = (1.06 - 3.2(b/l) + 4.5(b/l)^2)b$

$= (1.06 - 3.2 \times 0.063 + 4.5 \times 0.063^2)b$

$= 1.314\ \mathrm{m}$

유효폭 B는 다음과 같다.

$B = 2\lambda = 2 \times 1.314 = 2.628\ \mathrm{m}$

(2) 내민보 유효폭

① 면내

$l = 2L_2 = 2 \times 10.78 = 21.56\ \mathrm{m}$

$b/l = 0.07 \quad 0.02 < b/l < 0.3$

$\lambda_s = (1.06 - 3.2(b/l) + 4.5(b/l)^2)b = 1.287\ \mathrm{m}$

유효폭 B는 다음과 같다.

$B = 2\lambda_s = 2 \times 1.287 = 2.574\ \text{m}$

② 면외

$l = 2L_1 = 2 \times 10.78 = 21.56\ \text{m},\ b = 3{,}665/2 = 1{,}832\text{mm}$

$b/l = 0.085,\ 0.02 < b/l < 0.3$

$\lambda_s = (1.06 - 3.2(b/l) + 4.5(b/l)^2)b = 1.503\ \text{m}$

유효폭(B)는

$B = 2\lambda_s = 2 \times 1.503 = 3.006\ \text{m}$

(3) 유효좌굴길이

① 면내방향

$l = 2.0 \times h = 2.0 \times 12.0 = 24.0\ \text{m}$

② 면외방향

$l = 2.0 \times h = 2.0 \times 12.0 = 24.0\ \text{m}$

(4) 기둥의 설계

① 단면제원 ($SM490$)

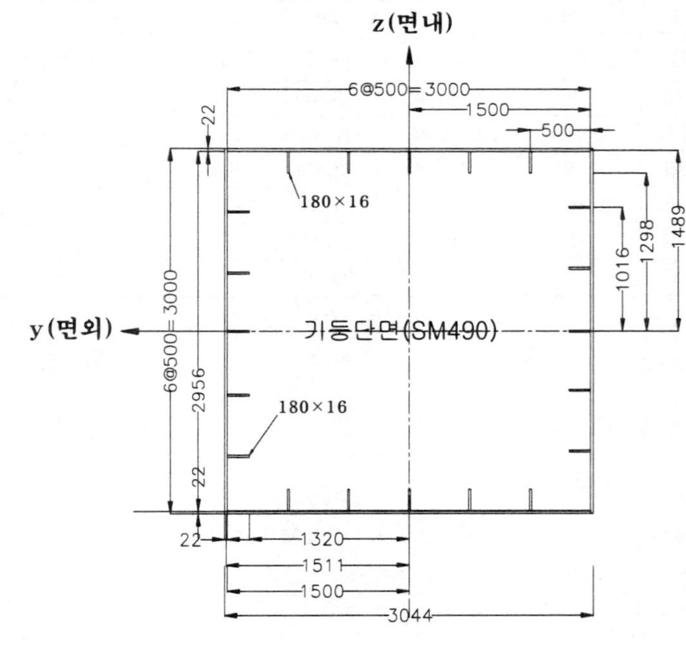

기둥부재 단면

㉮ 면내

구분	규격 (mm)	A_g (mm²)	A_e (mm²)	z (mm)	$I_{yg} = I_o + A_g z^2$ (mm⁴)	$I_{yeg} = I_o + A_e z^2$ (mm⁴)
2-Flg	3,000×22	132,000	115,632	1,489	292,665,296,000	256,374,799,300
10-Rib	180×16	28,800	28,800	1,288	55,562,227,200	55,562,227,200
2-Web	3,000×22	132,000	132,000	-	99,000,000,000	99,000,000,000
4-Rib	180×16	11,520	11,520	500	2,880,245,760	2,880,245,760
4-Rib	180×16	11,520	11,520	1,000	11,520,245,760	11,520,245,760
2-Rib	180×16	5,760	5,760	-	122,880	122,880
계		321,600	305,232		461,628,137,600	425,337,640,900

$$r_y = \sqrt{\frac{I_{yg}}{A_g}} = \sqrt{\frac{461628137600}{321600}} = 1198\,\text{mm}$$

$$l_y = 24000\,\text{mm}$$

$$l_y/r_y = 20.03 < 15$$

$$f_{ca} = 190 - 1.3(l_y/r_y - 15) = 183\ MPa$$

㉯ 면외

구분	규격 (mm)	A_g (mm²)	A_e (mm²)	y (mm)	$I_{yg} = A_g y^2$ (mm⁴)	$I_{yg} = A_e y^2$ (mm⁴)
2-Flg	3,000×22	132,000	115,632	1,511	5,324,000	264,006,511,296
6-Rib	180×16	28,800	28,800	1,410	7,760,000	57,335,040,000
2-Web	3,000×22	132,000	132,000	-	99,000,000,000	99,000,000,000
4-Rib	180×16	11,520	11,520	500	245,760	2,880,245,760
4-Rib	180×16	11,520	11,520	1,000	245,760	11,520,245,760
2-Rib	180×16	5,760	5,760	-	122,880	122,880
계		321,600	305,232		472,112,950,400	5,845,750,000

$$r_z = \sqrt{\frac{I_{zg}}{A_g}} = 1212\,\text{mm}$$ [도 · 설 표 3.3.2]

$$l_z = 24000\,\text{mm}$$

$$l_z / r_z = 19.81$$

$$f_{ca} = 190 - 1.3(l_z / r_z - 15) = 184\,\text{MPa}$$

$$J = \frac{4F^2}{\frac{2b}{t_f} + \frac{2h}{t_w}} = \frac{4 \times 3022^2 \times 2978^2}{\frac{2 \times 3022}{22} + \frac{2 \times 2978}{22}} = 593{,}936{,}113{,}700\ \text{mm}^4$$

$$f_{ea} = \frac{\pi^2 E}{\nu_c \times (l_z / r_z)^2} = \frac{3.14^2 \times 2.1 \times 10^5}{1.7 \times 19.81^2}$$

$$= 3104\,\text{MPa}$$

여기서, J : 비틀림 상수 (mm^4)
F : 플랜지 폭(b) × 복부높이(h) (각각 축선장을 취한다.) (mm^2)
b : 플랜지 폭 (mm)
h : 복부높이 (mm)
t_f : 플랜지 두께 (mm)
t_w : 복부 두께 (mm)
π : 원주율
E : 탄성계수
ν_c : 압축에 관한 안전율

② 단면력

▶ 1축 검토용 기둥단면력 (교축직각 CASE 5 = 고정하중 + 활하중 + 풍하중)

요소	M_y (kNm)	S_y (kN)	N_y (kN)
1	34,852	4,810	-36,506

▶ 2축 검토용 기둥단면력(교축방향 CASE 13 = 고정하중 + 교축직각 지진하중)

요소	M_y (kNm)	S_y (kN)	N_y (kN)
1	18,989	6,115	-31,465
	M_z (kNm)	S_z (kN)	M_t (kNm)
	38,794	2,223	11,261

③ 응력계산

㉮ 면내

▶ 축방향력에 의한 응력

$$f_N = \frac{N_y}{A_g} = \frac{-36506000}{321600} = -113.5\text{MPa} < 183\text{MPa}$$

※ 면내의 f_{ca}는 183 MPa, 면외의 f_{ca}는 184 MPa 이기 때문에 f_{ca}는 작은 값을 취하였다.

▶ 휨응력

$$f_{by} = \frac{M_y}{I_{ye}} y = \frac{3485200000}{425337640900} \times 1500 = 12.3\text{MPa} < 190\text{MPa}$$

▶ 휨에 따른 전단응력

$$C_y = \frac{S_y}{I_{ye}} = \frac{4810000}{421045216} = 1.131 \times 10^{-5}\text{N/mm}^4$$

$$q_0 = 0$$

$$q_{01} = 1489 \times 22 \times 500 \times C_y = 16380000C_y = 185.3\text{ N/mm}$$

$$q_1 = C_y\left(q_{01} + \int_{1489}^{1298} yt\,du\right) = C_y\left\{16380000 + 16 \times \frac{1}{2} \times (1489^2 - 1298^2)\right\} = 233.4\ \mathrm{N/mm}$$

$$q_{12} = (20640000 + 16380000)C_y = 37020000C_y = 418.7\ \mathrm{N/mm}$$

$$q_2 = (37020000 + 4258536)C_y = 41280000C_y = 466.9\ \mathrm{N/mm}$$

$$q_{23} = q_2 + C_y\int_{1000}^{1489} yt\,du = \{41280000 + 511 \times 22 \times 1489)\}\ C_y = 652.0\ \mathrm{N/mm}$$

$$q_3 = q_{23} = 652.0\ \mathrm{N/mm}$$

$$v_{y1} = \frac{q_3}{t} = \frac{652.0}{22} = 29.6\mathrm{MPa} < 110\ \mathrm{MPa}$$

$$q_{34} = (57654072 + \int_{1000}^{1489} yt)C_y$$

$$= \left\{57654072 + \frac{1}{2} \times 16 \times (1489^2 - 1000^{2)}\right\}\ C_y = 803.5\ \mathrm{N/mm}$$

$$q_4 = (71040000 + 180 \times 16 \times 1000)C_y = 73920000C_y = 836.0\ \mathrm{N/mm}$$

$$q_{45} = (73920000 + \int_{500}^{1000} yt)C_y$$

$$= \left\{73920000 + \frac{1}{2} \times 22 \times (1000^2 - 500^2)\right\}\ C_y = 929.3\ \mathrm{N/mm}$$

$$q_5 = (82170000 + 180 \times 16 \times 500)C_y = 83610000C_y = 945.6\ \mathrm{N/mm}$$

$$q_{56} = (83610000 + \int_{0}^{500} yt)C_y$$

$$= \left\{83610000 + \frac{1}{2} \times 22 \times (500^2 - 0)\right\}\ C_y = 976.7\ \mathrm{N/mm}$$

$$v_{ymax} = \frac{976.7}{22} = 44.4\ \mathrm{MPa} < 110\ \mathrm{MPa}$$

▶ 1축 휨응력과 압축응력의 합성응력의 검산

$$\alpha_2 = \frac{f_N}{f_{ca}} + \frac{f_{by}}{f_{ba}} < 1.0$$

$$\alpha_2 = \frac{113.5}{183} + \frac{12.3}{1\ 90} = 0.685 < 1.0$$

㉯ 면외

▶ 축방향력에 의한 응력

$$f_N = \frac{-31465 \times 10^5}{321600} = -97.8\ \mathrm{MPa} < 184\mathrm{MPa}$$

▶ 휨응력

$$f_{by} = \frac{1898900000}{421045216555} \times 1500 = 6.8\text{MPa}$$

$$f_{bz} = \frac{3879400000}{434742165696} \times 1019 = 13.6\ \text{MPa}$$

$$f_b = 6.8 + 13.6 = 20.4\ \text{Mpa} < 190\ \text{MPa}$$

▶ 휨에 따른 전단응력

$$C_y = \frac{S_y}{I_{ye}} = \frac{12230 \times 10^3}{421045216555} = 2.905 \times 10^{-5}\ \text{N / mm}^4$$

$$C_z = \frac{S_z}{I_{ze}} = \frac{12230 \times 10^3}{434742165696} = 2.813 \times 10^{-5}\ \text{N / mm}^4$$

면내와 동일한 방법으로 산정

$$q_0 = 0$$

$$q_{01} = 1489 \times 22 \times 500 \times C_y = 16380000C_y = 237.9\text{N/mm}$$

$$q_1 = C_y\left(q_{01} + \int_{1489}^{1298} yt\ du\right)$$

$$= C_y\left\{16380000 + 16 \times \frac{1}{2} \times (1489^2 - 1298^2)\right\} = 20640000\ C_y = 300\ \text{N /mm}$$

$$q_{12} = (20640000 + 16380000)C_y = 37020000C_y = 538\ \text{N/mm}$$

$$q_2 = (37020000 + 4258536)C_y = 41280000C_y = 599\ \text{N/mm}$$

$$q_{23} = q_2 + C_y\int_{1000}^{1489} yt\ du = \{41280000 + 511 \times 22 \times 1489)\}\ C_y = 837\ \text{N/mm}$$

$$q_3 = q_{23} = 837\text{N/mm}$$

$$v_{y1} = \frac{q_3}{t} = \frac{837}{22} = 38\text{MPa} < 110\text{MPa}$$

$$q_{34} = (57654072 + \int_{1000}^{1489} yt)C_y$$

$$= \left\{57654072 + \frac{1}{2} \times 16 \times (1489^2 - 1000^{2)}\right\}\ C_y = 1032\ \text{N/mm}$$

$$q_4 = (71040000 + 180 \times 16 \times 1000)C_y = 73920000C_y = 1074\text{N/mm}$$

$$q_{45} = (73920000 + \int_{500}^{1000} yt)C_y$$

$$= \left\{73920000 + \frac{1}{2} \times 22 \times (1000^2 - 500^2)\right\}\ C_y = 1193\ \text{N/mm}$$

$$q_5 = (82170000 + 180 \times 16 \times 500)C_y = 83610000C_y = 1214\ \text{N/mm}$$

$q_{56} = \left(83610000 + \int_0^{500} yt\right) C_y$

$= \left\{83610000 + \frac{1}{2} \times 22 \times (500^2 - 0)\right\} C_y = 1254\ \text{N/mm}$

$v_{ymax} = \frac{1254}{22} = 57\ \text{MPa} < 110\ \text{MPa}$

$q_0 = 0$

$q_{01} = 1511 \times 22 \times 500 \times C_z = 16620000 C_z = 84.99\ \text{N/mm}$

$q_1 = C_z\left(q_{01} + \int_{1320}^{1511} yt\, du\right)$

$= C_z\left\{16620000 + 16 \times \frac{1}{2} \times (1511^2 - 1320^2)\right\} = 107\ \text{N /mm}$

$q_{12} = (20950000 + 16620000) C_z = 37570000 C_z = 192\ \text{N/mm}$

$q_2 = (37020000 + 4325768) C_z = 41890000 C_z = 214\ \text{N/mm}$

$q_{23} = q_2 + C_z \int_{1000}^{1489} yt\, du = (41890000 + 16620000) C_z = 299\ \text{N/mm}$

$q_3 = q_{23} = 299\text{N/mm}$

$v_{z1} = \frac{q_3}{t} = \frac{299}{22} = 14\text{MPa} < 110\text{MPa}$

$q_{34} = \left(58510000 + \int_{1000}^{1511} yt\right) C_z = \{58510000 + 14114331\}\ C_z = 371\ \text{N/mm}$

$q_4 = (72630000 + 180 \times 16 \times 1000) C_z = 75510000 C_z = 1074\ \text{N/mm}$

$q_{45} = \left(75500000 + \int_{500}^{1000} yt\right) C_z = \left\{7550000 + \frac{1}{2} \times 22 \times (1000^2 - 500^2)\right\} C_z = 386\ \text{N/mm}$

$q_5 = (83760000 + 180 \times 16 \times 500) C_z = 86640000 C_z = 443\ \text{N/mm}$

$q_{56} = \left(86640000 + \int_0^{500} yt\right) C_z = \left\{83610000 + \frac{1}{2} \times 22 \times (500^2 - 0)\right\} C_z = 457\ \text{N/mm}$

$v_{zmax} = \frac{457}{22} = 21\ \text{MPa} < 110\ \text{MPa}$

▶ 비틀림 전단응력

$v_t = \frac{11261 \times 10^5}{2 \times 3022 \times 2978 \times 22} = 2.84\ \text{MPa}$

$v_{max} = 57 + 2.8 = 59.8\ \text{MPa}$

$v_1 = 38.0 + 14.0 + 2.8 = 53.8\ \text{MPa}$

④ 응력검토

- 수직응력과 전단응력의 합성응력의 검산

$f_N + f_{by} = 97.8 + 6.8 = 104.6\text{MPa} > 190 \times 0.45 = 85.5\ \text{MPa}$

$f_N + f_{by}$가 $0.45 f_{ba}$ 이상이므로 α_1에 대해 검토

$v_1 = 53.8\ \text{Mpa} > 110 \times 0.45 = 49.5\ \text{MPa}$

$$\alpha_1 = \left(\frac{f_b + f_N}{f_a}\right)^2 + \left(\frac{v_1}{v_a}\right)^2 = \left(\frac{104.6}{183}\right)^2 + \left(\frac{53.8}{110}\right)^2 = 0.566 \leqq 1.2$$

$$\alpha_2 = \frac{f_N}{f_{ca}} + \frac{f_{by}}{f_{ba}} < 1.0$$

$$\alpha_2 = \frac{97.8}{183} + \frac{6.8}{190} = 0.570 < 1.0$$

일축 휨응력과 압축응력의 검산식으로부터 휨응력과 전단응력의 합성응력의 검산 식에서부터 다음과 같이 검토된다.

- 이축휨응력과 압축응력의 검산

$$\alpha_3 = \frac{f_N}{f_{ca}} + \frac{f_b}{f_{ca}\left(1 - \frac{f_N}{f_{ea}}\right)} < 1.0$$

$$\alpha_3 = \frac{97.8}{183} + \frac{20.4}{190\left(1 - \frac{97.8}{3104}\right)} = 0.53 + 0.11 = 0.65 < 1.0$$

이하 동일한 방법으로 각 하중조합에 대한 계산을 수행하여 단면을 결정한다.

(5) 보설계(캔틸레버부)

① 단면제원 ($SM490$)

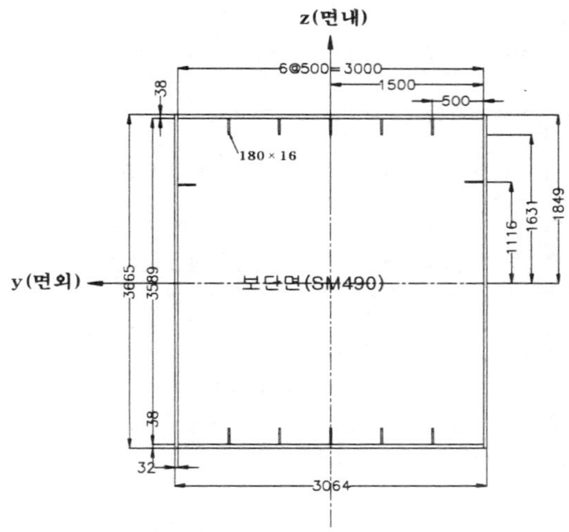

㉮ 면내

구분	규격 (mm)	A_g (mm²)	A_e (mm²)	z (mm)	$I_{yg} = I_o + A_g z^2$ (mm⁴)	$I_{yeg} = I_o + A_e z^2$ (mm²)
1-U.Flg	3,000×38	114,000	104,652	1,813.5	374,934,894,500	344,189,410,100
5-U.Rib	180×16	14,400	14,400	1,704.5	41,875,491,600	41,875,491,600
2-Web	3,665×32	234,560	234,560	-	262,555,224,667	262,555,224,667
5-U.Rib	180×16	14,400	14,400	-1,704.5	41,875,491,600	41,875,491,600
1-L.Flg	3,000×38	116,432	104,652	-1,813.5	374,934,894,500	344,189,410,100
계		491,360	472,664		1,096,175,996,867	103,468,502,800

$$r_y = \sqrt{\frac{I_{yg}}{A_g}} = \sqrt{\frac{1096175996867}{491360}} = 1494\,mm$$

$$l_y = 10780 \times 2 = 21560\text{mm}$$

$$l_y / r_y = 14.43 < 15$$

$$f_{ca} = 190\text{ MPa}$$

㉯ 면외

구 분	규격 (mm)	A_g (mm²)	A_e (mm²)	y (mm)	$I_{zg} = I_o + A_g y^2$ (mm⁴)	$I_{zeg} = I_o + A_e y^2$ (mm²)
2-U.Flg	3,665×32	234,560	192,448	1,516	539,098,943,147	442,302,981,800
2-Web	3,000×38	228,000	228,000	-	171,000,000,000	171,000,000,000
4-Rib	180×16	11,520	11,520	500	2,880,245,760	2,880,245,760
4-Rib	180×16	11,520	11,520	1,000	11,520,245,760	11,520,245,760
2-Rib	180×16	5,760	2,880	-	122,880	122,880
계		491,360	446,368		724,499,557,547	627,703,596,200

$$r_z = \sqrt{\frac{I_{zg}}{A_g}} = 1214\text{ mm}$$

$$l_z = 10780 \times 2 = 21560\text{ mm}$$

$$l_z / r_z = 17.76 < 15$$

$$f_{ca} = 190 - 1.3(l_z / r_z - 15) = 186\text{ MPa}$$

$$J = \frac{4F^2}{\frac{2b}{t_f} + \frac{2h}{t_w}} = \frac{4 \times 3064^2 \times 3627^2}{\frac{2 \times 3064}{38} + \frac{2 \times 3627}{32}}$$

$$= 1.273 \times 10^{12}\text{mm}^4$$

$$f_{ea} = \frac{\pi^2 E}{\nu_c \times (l_z / r_z)^2} = \frac{3.14^2 \times 2.1 \times 10^5}{1.7 \times 12.82^2}$$

$$= 7411\text{ MPa}$$

② 단면력

▶ 1축 검토용 보단면력 (교축직각 CASE 1)

요소	M_y (kNm)	S_y (kN)	N_y (kN)
13	74,170	20,227	-11,990

③ 응력계산 및 검토

㉮ 면내

▶ 축방향력에 의한 응력

$$f_N = \frac{N_y}{A_g} = \frac{-119900}{491360} = 24.4\,\mathrm{MPa} < 186\,\mathrm{MPa}$$

▶ 휨응력

$$f_{by} = \frac{M_y}{I_{ye}} y = \frac{7410000000}{627703596200} \times 1832 = 21.6\,\mathrm{MPa} < 190 \times 0.45 = 85.5\,\mathrm{MPa}$$

▶ 전단응력

$$v = \frac{S}{I_{ye}} \times \frac{bh}{4} \times \frac{t_f}{t_w}$$

$$v = \frac{20227 \times 10^3}{627703596200} \times \frac{3064 \times 3627}{4} \times \frac{38}{32} = 106\mathrm{MPa} < 110$$

▶ 수직응력과 전단응력의 합성응력의 검산은

$$f_N + f_{by} = 24.4 + 21.6$$

$$= 46.0\mathrm{MPa} < 190 \times 0.45 = 85.5\mathrm{MPa}$$

$f_N + f_{by} < 0.45 f_{ba}$ 이므로 α_1계산 생략 가능

(6) 보강재설계

교각의 기둥부재에 대한 보강재 및 다이아프램의 대해서 계산한다.

① 기둥 보강재 설계

(가) 종방향 보강재 [도 · 설 3.2.4]

㉮ 플랜지의 종방향 보강재

리브 단면 1 PL 180 × 16, 단면적 $A = 2,880\ \mathrm{mm}^2$

종방향보강재 1개의 단면2차 모멘트는 다음과 같이 구한다.

▶ 보강되는 판의 두께

$t = 22\,\mathrm{mm}$

▶ 보강되는 판의 전폭

$b = 3000\,\mathrm{mm}$

▶ 강비

γ는 충분한 휨강도를 갖는 횡방향 보강재가 a_o이하의 간격으로 설치되어있을 경우 다음 식을 사용한다. (단, $a \le a_o$ 일 경우)

$$\gamma = 4\alpha^2 n \left(\frac{t_0}{t}\right)^2 (1 + n\delta) - \frac{(\alpha^2 + 1^2)}{n}$$ ☞ [도 · 설 3.4.2.4]

여기서, $\alpha = a/b$: 보강판의 종횡치수비 = 1,500 / 3,000 = 0.5

a : 횡방향보강재 간격(다이아프램간격 (= 1,500 mm))

n : 종방향 보강재에 의해 나누어진 패널개수 = 6

t_o : 플랜지의 최소두께 ☞ [도 · 설 표 3.4.7]

▶ SM490의 경우

$$t_o = \frac{b}{34n} = \frac{3000}{34 \times 6} = 14.7\ \text{mm}$$

F : 종방향보강재 1개의 단면적 = $2{,}880\,\text{mm}^2$

$$\delta = \frac{F}{b \cdot t}\left(\text{단}, F \geq \frac{bt}{10n}\right)$$: 종방향 보강재 단면적비 ☞ [도 · 설 식(3.4.3)]

$$= \frac{2880}{3000 \times 22} = 0.0436$$

$$a_0 = b\sqrt{2n^2\left(\frac{t_0}{t}\right)^2(1+n\delta) - 1}$$ ☞ [도 · 설 식(3.4.6)]

$$= 300\sqrt{2 \times 6^2 \times \left(\frac{14.7}{22}\right)^2 (1 + 6 \times 0.0436) - 1}$$

$$= 1{,}887\text{mm}$$

$$a = 1{,}500\ \text{mm} < a_0 = 1{,}887\ \text{mm}$$

$$\gamma = 4 \times 6 \times 0.5^2 \left(\frac{14.7}{22}\right)^2 (1 + 6 \times 0.0436) - \frac{(0.5^2 + 1)^2}{4} = 2.99$$

따라서, $I_{s,req} = \dfrac{3000 \times 22^3}{10.92} \times 2.99 = 8{,}746{,}571\ \text{mm}^4$

▶ 종방향 보강재 1개의 단면2차 모멘트 I_s는,

$$I_s = \frac{bh^3}{3} = \frac{16 \times 180^3}{3} = 31{,}100{,}000\text{mm}^4$$

이므로 $I_s > I_{s,req}$ 이 되어 기준을 만족한다. 이하 동일한 방법으로 각 단면에 대하여 계산을 수행한다.

㉯ 복부판의 종방향 보강재

플랜지와 동일한 방법으로 계산을 수행하며, 복부판의 높이가 플랜지의 폭과 유사하여 기준을 만족하는 것으로 간주되므로 본 예제에서는 생략함.

② 보부재 보강재 설계

①과 같은 방법으로 검토한다.

(6) 다이아프램의 설계

① 기둥 다이아프램의 설계

횡방향보강재의 단면 2차 모멘트 I_Q는 다음과 같다.

▶ 플랜지에 대하여

$$I_{Q,req} = \frac{\dfrac{3{,}000 \times 22^3}{10.92} + 6 \times 31{,}100{,}000}{4 \times 0.5^3} = 379{,}050{,}549\ mm^4$$

▶ 복부판에 대해서는 플랜지와 동일함

$$I_{Q,req} = \frac{\dfrac{3{,}000 \times 32^3}{10.92} + 6 \times 31{,}100{,}000}{4 \times 0.5^3} = 379{,}050{,}549\ \mathrm{mm}^4$$

▶ 단면결정

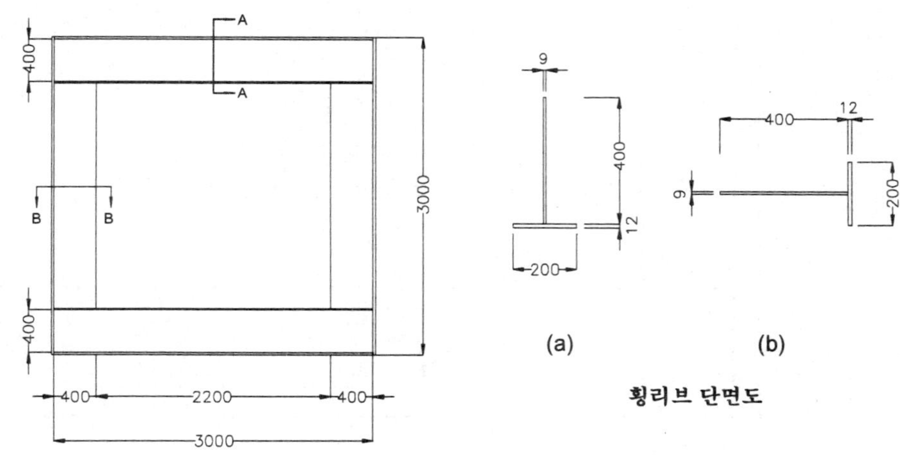

기둥의 횡방향보강재 일반도

▶ 플랜지에 대하여

SS400 강재 사용

구분	제원	$A(\mathrm{mm}^2)$
1 PL	400 × 9	3600
1 PL	200 ×12	2400
		계 : 6,000 mm²

$$I_Q = \frac{400^3 \times 9}{3} + 426^2 \times 2400 = 587{,}600{,}000\,\mathrm{mm}^4 > I_{Q,req} = 379{,}050{,}549\ mm^4$$

▸ 복부판에 대해서도 플랜지의 경우와 동일하다.
SS400 강재 사용

구분	제원	$A(mm^2)$
1 PL	400 × 9	3600
1 PL	200 ×12	2400
		계 : 6,000 mm^2

$$I_Q = \frac{400^3 \times 9}{3} + 426^2 \times 2400 = 587,600,000\,\text{mm}^4 > \ I_{Q,req} = \ 379,050,549 \ mm^4$$

② 보단면의 다이아프램 설계
①과 같은 방법으로 검토한다.

3.4.6 [단계 6] 접합부의 설계

(1) 단면력 산정

① 작용단면력 산정 위치

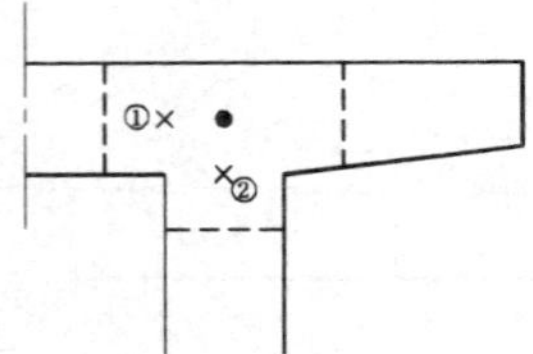

접합부 작용 단면력

여기서는 하중조합 4에 의해 발생된 단면력을 사용한다.

▸ 접합부 면내(하중조합 4)

절점 ①	M_1 (kNm)	S_1 (kN)	N_1 (kN)
	104,765	20,289	-2,404
절점 ②	M_2 (kNm)	S_2 (kN)	N_2 (kN)
	1,244	0	-41,254

(2) 단면제상수 계산

▸ 보 단면 (SM520)
접합에에는 부재력이 급변하여 큰 전단지연응력과 응력 집중이 발생하게 된다. 따라서 접합부의 단면제상수 계산시 보강재 단면을 제외하여 전단지연응력 계산을 용이하게 하며, 또한 I_{yg}에 I_o값을 배제하여 것은 휨응력 및 전단지연응력을 크게 평가한다.

구분	규격 (mm)	A (mm^2)	y (mm)	$I_{yg} = A_g y^2$ (mm^4)
2-UFlg	3,000 × 38	228,600	1,962	8.80×10^{11}
2-Web	4,000 × 32	256,000	-	0
		A_1 = 484,600		$I_1 = 8.80 \times 10^{11}$

▶ 단면계수(W_1)은

$$W_1 = \frac{I_1}{y} = \frac{8.8\times10^{11}}{2000} = 4.4\times10^8\ \mathrm{mm}^3$$

$$S = \frac{A_w}{A_f} = 1.12$$

$$S_I = 7.805\times\frac{S}{(S+3)^2}\sqrt{\frac{10S+30}{10S+3}} = 0.877$$

▶ 허용휨응력 : $f_{ba} = 210\mathrm{MPa}$

▶ 허용전단응력 :

$\overline{v_a} = 0.45 f_{ta} = 0.45\times210 = 94.5\ \mathrm{MPa}$

$v_a = 120\mathrm{MPa}$

▶ 기둥단면 (복부판 $SM520$, 플랜지 $SM520$)

구분	규격 (mm)	A (mm^2)	y (mm)	$I_{yg} = A_g y^2$ (mm^4)
2-Flg	3000 × 22	132000	1511	3.01×10^{11}
2-Web	3000 × 22	132000	-	0
		A_2 = 264000		$I_2 = 3.01\times10^{11}$

▶ 단면계수(W_2)는

$$W_2 = \frac{I_2}{y} = \frac{3.01\times10^{11}}{1522} = 1.98\times10^8\mathrm{cm}^3$$

$$S = \frac{A_w}{A_f} = 1.0,\qquad S_I = 7.805\times\frac{S}{(S+3)^2}\sqrt{\frac{10S+30}{10S+3}} = 0.86$$

(2) 응력계산

▶ 허용휨응력 복부판 : $f_{ba} = 210\ \mathrm{MPa}$

플랜지 : $f_{ba} = 210\ \mathrm{MPa}$

▶ 허용전단응력 복부판 : $\overline{v_a} = 0.450 f_{ta} = 94.5\ \mathrm{MPa}$

$v_a = 120\ \mathrm{MPa}$

플랜지 : $\overline{v_a} = 0.450 f_{ta} = 94.5\ \mathrm{MPa}$

$v_a = 120\ \mathrm{MPa}$

$$\begin{matrix}F_{01}\\F_{i1}\end{matrix} = \pm\frac{104765}{4162} - \frac{(2404)}{2} = \pm2517 + 1202 = \begin{matrix}3719\ \mathrm{kN}\\-1315\ \mathrm{kN}\end{matrix}$$

$$\begin{matrix}F_{02}\\F_{i2}\end{matrix} = \pm\frac{1244}{3.022} + \frac{(41254)}{2} = \pm411 + 20627 = \begin{matrix}+21038\ \mathrm{kN}\\+20216\ \mathrm{kN}\end{matrix}$$

$$v_1 = \frac{3719\times10^3}{2\times3000\times22} = 28.2\ \mathrm{MPa} < \overline{v_a}\quad \mathrm{OK}$$

$$v_2 = \frac{21038\times10^3}{2\times4200\times32} = 78.3\ \mathrm{MPa} < \overline{v_a}\quad \mathrm{OK}$$

$v_{max} = 1.1v = 1.1\times78.3 = 86.13\ \mathrm{MPa} < 120\ \mathrm{MPa} = v_a$ OK

$$\begin{matrix} f_{o1} \\ f_{i1} \end{matrix} = \pm \frac{104765 \times 10^5}{4.7 \times 10^8} + \frac{(2404000)}{496800} = \pm 22.24 + 4.83 = \begin{matrix} 27.07\,\text{MPa} \\ -17.41\,\text{MPa} \end{matrix} < f_{ba} = 210\,\text{MPa}$$

동일한 방법으로

$$\begin{matrix} f_{o2} \\ f_{i2} \end{matrix} = \begin{matrix} 150.1\text{MPa} \\ -162.7\text{MPa} \end{matrix} < f_{ba} = 210\,\text{MPa}$$

$$f_{s1} = \frac{3022}{4162} \times \frac{21038 \times 10^3}{268800} \times 0.877 = 49.8\,\text{MPa}$$

동일한 방법으로

$$f_{s2} = \frac{3022}{2978} \times \frac{3719000}{132000} \times 0.86 = 24.6\text{MPa}$$

보 측 $f_{mo1} = 27.07 + 49.8 = 76.87\,\text{MPa} < f_{ba} = 210\,\text{MPa}$

$f_{mi1} = -17.4 - 49.8 = -67.2\,MPa < f_{ba} = 210\,\text{MPa}$

기둥측 $f_{mo2} = 150.1 + 24.6 = 174.7\,\text{MPa} < f_{ba} = 210\,\text{MPa}$

$f_{mi2} = -162.7 - 24.6 = 187.3\,\text{MPa} < f_{ba} = 210\,\text{MPa}$

3.4.7 [단계 7] 기둥기초부의 설계

기둥 기초부에는 일반적으로 축방향력 N, 휨모멘트 M 및 수평력 S가 작용한다. 축 방향력과 휨모멘트에 의해서 기둥의 베이스 플레이트와 콘크리트의 접촉면에는 인장력 및 압축력이 발생하지만 인장력에 대해서는 앵커볼트 및 앵커프레임으로 저항하고 압축력에 대해서는 베이스 플레이트 하면의 콘크리트로 저항하는 것으로 한다.

(1) 앵커볼트의 설계

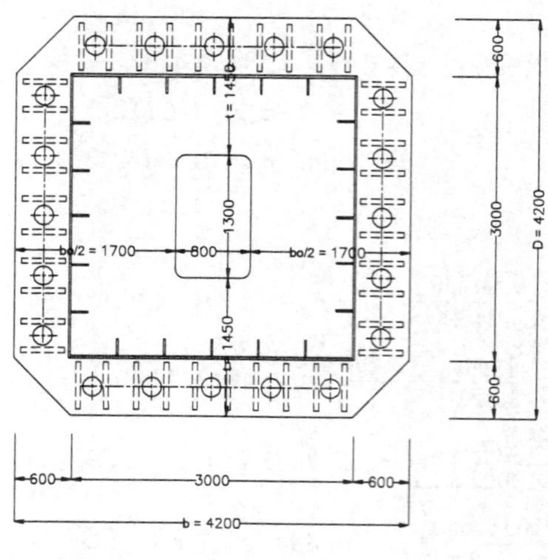

기둥기초부 단면

① 앵커볼트 제원

명 칭	외경(mm)	유효지름(mm)	곡 경(mm)	나사피치	재 질
M80	34,852	76.103	73.505	6 mm	S35C

▶ 1개당 유효 단면적

$$A_s = \left(\frac{76.103 + 73.505}{2}\right) \times \frac{\pi}{4} = 4,395\,\mathrm{mm}^2$$

▶ 면내방향 앵커볼트 단면적 $A_{s1} = 5 \times 4,395\ \mathrm{mm}^2 = 0.021975\,\mathrm{m}^2$

▶ 면외방향 앵커볼트 단면적 $A_{s1} = 5 \times 4,395\ \mathrm{mm}^2 = 0.021975\,\mathrm{m}^2$

▶ 총단면적 $A = 2A_{s1} + 2A_{s2} = 0.09669\ \ \mathrm{m}^2$

▶ 앵커 허용응력 $f_{sa} = 190\,MPa,\ v_a = 80\,MPa$

콘크리트 허용응력 $f_{ca} = \dfrac{f_{ck}}{3} = 9\ \ MPa,\ (f_{ck} = 27\,MPa),\ v_{ca} = 8\,MPa$

▶ 강과 콘크리트의 탄성계수비 n = 15

② 작용단면력

단면력

▶ 1축 검토용 기둥단면력 (교축직각 CASE 5 = 고정하중 + 활하중 + 풍하중)

요소	M_y (kNm)	S_y (kN)	N_y (kN)
1	34,852	4,810	-36,506

▶ 2축 검토용 기둥단면력(교축방향 CASE 13 = 고정하중 + 교축직각 지진하중)

요소	M_y (kNm)	S_y (kN)	N_y (kN)
1	18,989	6,115	-31,465
	M_z (kNm)	S_z (kN)	M_t (kNm)
	38,794	2,223	11,261

(가) 면내방향

$b = 4.2\ m,\ D = 4.2\,m,\ d = 3.9\ m,\ t = 1.45\ m,\ b_o = 3.4\ m$

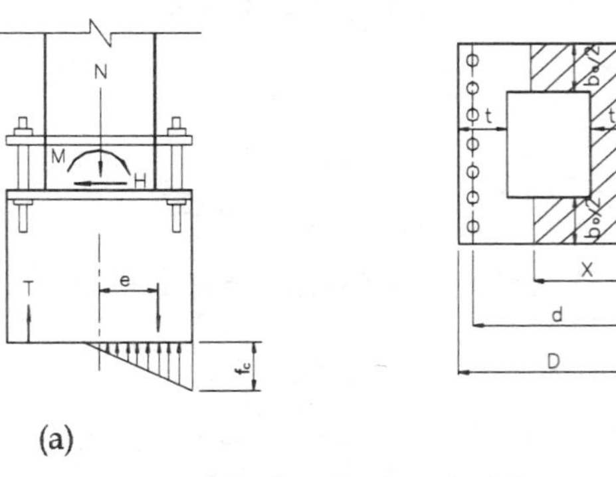

기둥기초부 구조시스템

$$e = \frac{M}{N} = 34,852/36,506 = 0.955\ m$$

$$\frac{1}{6} \cdot \frac{bD^3 - (b-b_0)(D-2t)^3}{bD^2 - (b-b_0)(D-2t)D} = 0.740 \leq e$$

$$a = e - \frac{D}{2} = 0.955 - \frac{4.2}{2} = -1.15$$

$$f = d + a = 3.9 - 1.15 = 2.79$$

$b_0X^3 = 3.4X^3$이므로

$$b_0X^3 + 3ab_0X^2 + 3[(b-b_0)(2a+t)t + 2nA_sf]X - (b-b_0)(3a+2t)t^2 - 6nA_sfd = 0$$

$$X = 3.68\ m > t = 1.45\ m$$

따라서, $bX^3 = 3.8X^3$을 다음 식에 대입한다.

$$bX^3 + 3abX^2 + 6nA_sf(X-d) = 0, \quad X = 3.68\ m > t = 1.45\ m$$

그러므로 앵커볼트 인장력 T는 다음 식으로 구해진다.

$$T = \frac{2N(d-X)}{\frac{1}{n \cdot A_s}[bX^2 - (b-b_0)(X-t)^2] - 2(d-X)} = 102.2\ kN$$

앵커볼트 작용응력은

$$f_s = \frac{100200N}{0.021975} = 4.66\ MPa$$

콘크리트에 작용하는 응력은 다음 식으로 구한다.

$$f_c = \frac{2NX}{bX^2 - 2nA_s(d-X)} = 4.74\ MPa$$

앵커볼트에 작용하는 전단응력은 다음 식으로 구한다.

$$v_s = \frac{4810\ N}{0.0878969\ m^2} = 10.4\ MPa$$

앵커볼트의 합성응력은 다음 식으로 검토한다.

$$\left(\frac{f}{f_a}\right)^2 + \left(\frac{v}{v_a}\right)^2 \leq 1.0$$

$$\left(\frac{4.66}{190}\right)^2 + \left(\frac{54.7}{80}\right)^2 = 0.469 \leq 1.0\ \text{OK}$$

기타의 하중 케이스에 대해서도 검토해야 한다,

(나) 면외방향

면외방향의 경우도 면내방향과 마찬가지로 검토하며 전단응력 v는 전단력에 의한 전단응력 v_s와 비틀림에 대한 전단응력 v_t를 더하여 구한다.

509.4 기초 설계

4.1 설계일반사항

기초의 형식은 지형 및 지질조건, 구조물의 특성, 시공조건, 환경조건 등을 고려하여 선정하여야 하며 기초형식별로 구분하면 직접기초, 케이슨기초, 말뚝기초 및 강관널말뚝기초 등으로 나누어진다. 각 기초의 설계모델은 기초의 강성과 깊이, 수평지반 저항(지반반력), 작용하중에 대한 기초와 지반의 하중분담 등을 주로 고려하여 구축되어 있다.

4.1.1 기초형식 구분

기초는 그 형식에 따라 직접기초, 케이슨기초, 말뚝기초 및 강관널말뚝기초로 구분할 수 있는데 이는 주로 시공방법에 의한 구분이며 기초와 지반과의 상대적인 강성을 평가하는 βl에 있어서 설계법의 실용적인 적용범위를 나타내는 표준값은 <표 509.4.1>과 같다. 따라서 βl이 적용범위의 표준값에서 멀어지는 경우에는 다른 기초형식의 선정을 검토하여야 하며, 그렇지 않은 경우에는 별도의 설계계산 모델을 설정해서 검토하도록 한다. 한편, 기초형식 선정과정에는 <표 509.4.2>와 같은 기초형식 선정도표를 참고할 수 있다.

(1) 직접기초와 케이슨기초의 차이는 근입깊이이다. 여기서 근입깊이와 기초폭의 비를 계산하여 <표 509.4.3>과 같이 구분한다. 다만, $D_f/B > 1/2$의 기초라 하더라도 근입부 전면의 저항이 기대되지 못하는 경우에는 직접기초로 하여 설계하는 것이 좋다.

(2) 케이슨기초와 말뚝기초 설계법의 구분은 원칙적으로 시공법에 의하는 것으로 한다. 케이슨기초는 그 시공법에서 원칙적으로 지지력에 주면마찰력을 고려하지 않지만 말뚝기초는 주면마찰력을 기대할 수 있다.

(3) 강관널말뚝기초는 그 시공법에 말뚝기초의 시공법을 응용한 기초이고 과거의 실적 등에 의해 유한장의 탄성체로 설계를 할 수 있다.

<표 509.4.1> 기초형식별 기초 설계법의 적용범위

기 초 형 식		설계법의 적용범위를 나타내는 βl의 표준				
		1	2	3	4	
직 접 기 초						
케 이 슨 기 초		──	──			
강관널말뚝기초*		──	──	──	──	
말뚝기초	유한장 말뚝**		──	──		
말뚝기초	반무한장 말뚝***				──	──

주) * 강관에 용접으로 이음금속을 붙여 서로 연결할 수 있도록 한 널말뚝기초
** 말뚝이 비교적 짧고 말뚝의 변위나 휨모멘트가 말뚝길이에 영향을 미치는 말뚝
*** 말뚝이 충분히 길고 말뚝의 변위나 휨모멘트가 말뚝길이에 영향을 미치지 않는 말뚝

<표 509.4.2> 기초형식 선정 참고자료

선정조건 ＼ 기초형식			직접기초	케이슨기초: 공기케이슨	케이슨기초: 오픈케이슨	말뚝기초 타입말뚝기초: RC말뚝	타입말뚝기초: PC·PHC말뚝	타입말뚝기초: 강관말뚝	내부굴착 말뚝기초 PC·PHC말뚝: 최종타격방법	PC·PHC말뚝: 분출교반방식	PC·PHC말뚝: 콘크리트타설방식	강관말뚝: 최종타격방법	강관말뚝: 분출교반방식	강관말뚝: 콘크리트타설방식	현장타설 말뚝기초: 올케이싱	현장타설 말뚝기초: 리버스	현장타설 말뚝기초: 어스드릴	현장타설 말뚝기초: 인력	강관널말뚝기초	지중연속벽기초
지반조건	지지층까지 상태	중간층에 극 연약층이 있음	△	○	○	○	○	○	○	○	○	○	○	○	○	○	○	×	○	○
		중간층에 극 굳은층이 있음	○	○	△	×	△	△	○	○	○	○	○	○	△	○	△	○	△	○
		중간층에 조약돌이 있음: 조약돌지름 50 mm 이하	○	○	○	△	△	○	○	○	○	○	○	○	○	○	○	○	○	○
		중간층에 조약돌이 있음: 조약돌지름 50~100 mm	○	○	○	×	△	△	△	△	△	△	△	△	○	○	△	○	△	○
		중간층에 조약돌이 있음: 조약돌지름 100~500 mm	○	○	△	×	×	×	×	×	×	×	×	×	△	×	×	○	×	△
		액상화하는 지반이 있음	△	○	○	△	○	○	○	○	○	○	○	○	○	○	○	○	○	○
	지지층의 상태	지지층의 심도: 5 m 미만	○	×	×	×	×	×	×	×	×	×	×	×	×	×	×	○	×	×
		지지층의 심도: 5~15 m	△	○	○	○	○	○	○	○	○	○	○	○	○	△	○	○	△	△
		지지층의 심도: 15~25 m	×	○	○	△	○	○	○	○	○	○	○	○	○	○	○	○	○	○
		지지층의 심도: 25~40 m	×	○	○	×	○	○	○	○	○	○	○	○	○	○	△	△	○	○
		지지층의 심도: 40~60 m	×	△	○	×	△	○	△	△	△	○	○	○	△	○	×	×	○	○
		지지층의 심도: 60 m 이상	×	×	○	×	×	△	×	×	×	×	×	×	×	△	×	×	○	○
		지지층의 토질: 점성토(20 ≤ N)	○	○	○	○	○	○	○	×	△	○	×	△	○	○	○	○	○	○
		지지층의 토질: 모래·모래자갈(30 ≤ N)	○	○	○	○	○	○	○	○	×	○	○	×	○	○	○	○	○	○
		경사가 큼(30정도 이상)	○	○	△	×	△	○	△	△	△	○	○	○	○	△	△	○	△	△
		지지층면의 요철이 심함	○	○	△	△	△	○	△	△	△	○	△	△	○	○	○	○	△	○
	지하수상태	지하수위가 지표면 근처	△	○	○	○	○	○	○	○	○	○	○	○	○	○	△	△	○	○
		용수량이 아주 많음	△	○	○	○	○	○	○	○	○	○	○	○	○	○	△	×	○	△
		지표에서 2 m 이상 피압지하수	×	△	△	○	○	○	×	×	×	×	×	×	×	×	×	×	○	×
		지하수 유속 3 m/min 이상	×	○	△	○	○	○	○	×	×	○	×	×	×	×	×	×	○	×
구조물의 특성	하중규모	연직하중이 작음(지간 20 m 이하)	○	×	△	○	○	○	○	○	○	○	○	○	○	○	○	○	×	×
		연직하중이 보통(지간 20~50 m 이하)	○	○	○	△	○	○	○	○	○	○	○	○	○	○	○	○	○	○
		연직하중이 큼(지간 50 m 이상)	○	○	○	×	△	○	△	△	△	○	○	○	○	○	△	○	○	○
		연직하중에 비해 수평하중이 작음	○	△	△	○	○	○	○	○	○	○	○	○	○	○	○	○	△	△
		연직하중에 비해 수평하중이 큼	○	○	○	×	△	○	△	△	△	○	○	○	○	○	○	○	○	○
	지지형식	지지말뚝	／	／	／	○	○	○	○	○	○	○	○	○	○	○	○	○	／	／
		마찰말뚝	／	／	／	○	○	○	／	／	／	／	／	／	○	○	○	／	／	／
시공조건	수상시공	수심 5 m 미만	○	△	△	○	○	○	△	△	△	△	△	△	×	○	△	×	○	×
		수심 5 m 이상	×	△	△	△	△	○	△	△	△	△	△	△	×	△	×	×	○	×
	작업공간이 좁음		○	△	△	△	△	△	△	△	△	△	△	△	△	△	△	○	×	△
	경사말뚝의 시공		／	／	／	△	○	○	×	×	×	△	△	△	△	×	×	×	／	／
	유해가스의 영향		△	×	○	○	○	○	○	○	○	○	○	○	○	○	○	×	○	○
	주변환경	진동소음대책	○	○	○	×	×	×	△	○	○	△	○	○	△	○	○	○	×	○
		인접구조물에 대한 영향	○	△	△	×	×	△	△	○	○	△	○	○	○	○	○	△	△	○

○ : 적합성이 높음　　△ : 적합성이 있음　　× : 적합성이 낮음

<표 509.4.3> D_f/B에 따른 직접기초와 케이슨기초의 선정방법

D_f/B / 기초형식	0	1/2	1	
직접기초		←		
케이슨기초			→	

<표 509.4.3>에서, D_f는 유효 근입깊이(m), B는 기초의 폭(m)을 나타낸다.

4.1.2 기초 안정검토

<표 509.4.4> ~ <표 509.4.5>에 나타낸 검사항목과 같이 지지, 전도, 활동, 사면활동, 침하 등에 대하여 안정하여야 하며 기초의 변위량은 허용변위량을 초과하지 않아야 한다.

(1) 직접기초

① 직접기초 바닥면에서의 연직지반반력은 기초 바닥 아래 지지지반의 허용연직지지력 이내에 있어야 한다.

② 직접기초에 작용하는 하중의 합력이 작용하는 위치는 평상시에는 바닥면의 중심으로부터 바닥면 폭의 1/6 이내, 지진시와 폭풍시에는 바닥면 폭의 1/3 이내에 있어야 한다.

③ 직접기초 바닥면에서의 전단지반반력은 바닥면 아래 기초지반의 허용전단저항력이내에 있어야 한다.

④ 직접기초 근입부에 수평하중을 분담시키는 경우에는 그 수평반력은 근입부 지반의 허용수평지지력 이내에 있어야 한다.

⑤ 직접기초의 변위량은 허용변위량 이내에 있어야 한다.

(2) 말뚝기초

① 말뚝기초에 하중이 작용하여 생기는 말뚝머리부의 반력은 말뚝의 허용지지력이내라야 한다.

② 말뚝기초의 변위가 허용변위량보다 작아야 한다.

③ 말뚝기초의 설계는 "예비설계, 검증시험(Proof Test), 예비설계의 보완"의 절차를 거쳐 수행하는 것이 바람직하다. 검증시험이란 일정 규모 이상의 교량공사에서 말뚝거동의 확인 등을 위하여 실시하는 시험이다. 설계단계에서 시험말뚝에 대한 시험이 곤란한 경우에는 시공초기에 설계확인 및 본시공 관리기준의 설정을 위한 말뚝시험이 되도록 계획한다.

(3) 케이슨기초

① 케이슨기초 저면에서의 연직지반반력은 지반의 허용연직지지력을 초과해서는 안된다.

② 케이슨기초 전면에서의 최대수평지반반력은 그 위치에 있어 지반의 허용수평지지력을 초과해서는 안된다.

③ 케이슨기초 저면에서의 전단지반반력은 케이슨기초 저면과 지반과의 사이에 작용하는 허용전단저항력을 초과해서는 안된다.

④ 케이슨기초의 변위량은 허용변위량을 초과해서는 안된다.

(4) 강관널말뚝

① 강관널말뚝기초에 하중이 작용함으로써 우물통 바닥면에 발생하는 연직반력은 그 위치에서 허용되는 강관널말뚝의 허용지지력이내라야 한다.

② 강관널말뚝 기초의 변위량이 허용변위량보다 작아야 한다.

<표 509.4.4> 기초형식별 안정검사 항목

기초형식 \ 검사항목		지지력		전 도	활 동	연직 변위량	수평 변위량
		연 직	수 평				
직 접 기 초		○	(○)	○	○	○	-
케이슨 기초	βl < 1	○	○	-	○	○	-
	1 < βl < 2	○	○	-	○	○	○
강관널말뚝기초		○	-	-	-	○	○
말뚝 기초	유한장 말뚝	○	(○)	-	-	○	○
	반무한장 말뚝	○	(○)	-	-	○	○

주 : 위 <표 509.4.4>에서, ( )는 교대구조물과 같이 수평력이 크게 발생하는 기초구조물 및 연약한 지반과 같이 수평력에 취약한 구간에 대해 적용한다.

<표 509.4.5> 기초형식별 안정검사내용

기 초 형 식		검 사 내 용				
		전도	연 직 지 지		수평지지, 활동, 수평변위량	
		전도항목	검사면	검사항목	검사항목	검사항목
직 접 기 초		하중합력의 작용위치	저면	지지력	저면 【전면】	전단저항력 【수동저항력】
케 이 슨 기 초		-	저면	지지응력	저면 전면 (설계지반력)	전단저항력 수동저항력 (수평변위량)
강관널말뚝기초		-	저면	지지력	설계 지반력	수평변위량
말뚝 기초	유한장 말뚝	-	저면	지지력	설계 지반력	수평변위량
	반무한장 말뚝					

<표 509.4.5>에서,

【 】: 전면지반의 수평저항을 기대하는 경우에 대해서만 검사를 한다.

( ) : 1< βl < 2의 케이슨기초에 대해서는 기초의 강성을 평가하고 수평변위량에 대해서도 검사를 한다.

l : 기초의 유효근입깊이 (m)

β : 기초의 특성값 (m^{-1}) , $\beta = \sqrt[4]{\dfrac{K_H \cdot D}{4EI}}$

EI : 기초의 휨강성 (kNm^2)

D : 기초의 폭 또는 지름 (m)

K_H : 수평방향 지반반력 계수 (kN/m^3)

4.2 직접기초 안정

4.2.1 지지력 검토

지반의 허용 연직지지력은 극한지지력에 대하여 소정의 안전율을 확보해야 한다.

(1) 토사지반의 연직지지력

① 이론식에 의한 지지력 산정방법

가. Terzaghi의 이론식

Terzaghi 지지력공식은 편심이 아닌 수평기초에 한하며, 경사하중이나 편심하중에 의해 모멘트가 작용하는 기둥이나 경사기초 등에 적합하지 않다. 그러나 결과가 안전측이며 계산식이나 도표를 이용하므로 널리 이용되고 있다. 점착력이 큰 지반에 설계된 얕은 기초에 주로 적용된다.

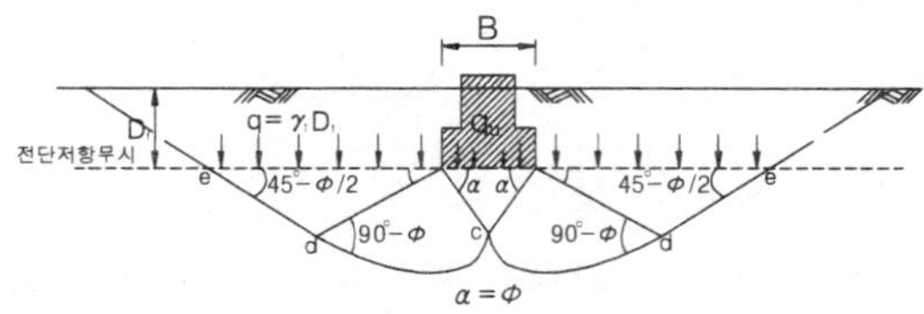

<그림 509.4.1> Terzaghi의 전반전단파괴 모델

$$q_{ult} = \alpha c N_c + \beta \gamma_2 B N_r + \gamma_1 D_f N_q \quad (509.4.1)$$

여기서,

γ_1 : 기초저면 상부지반의 단위중량 (kN/m³)

γ_2 : 기초저면 하부지반의 단위중량 (kN/m³)

c : 점착력 (kN/m²)

α, β : 형상계수 (Shape Factor)

N_c, N_r, N_q : 전반전단파괴에 대한 지지력계수

국부전단파괴의 경우 점착력을 $2/3c$만 취하고 전단저항각은 $2/3 tan \varnothing$만 취한다.

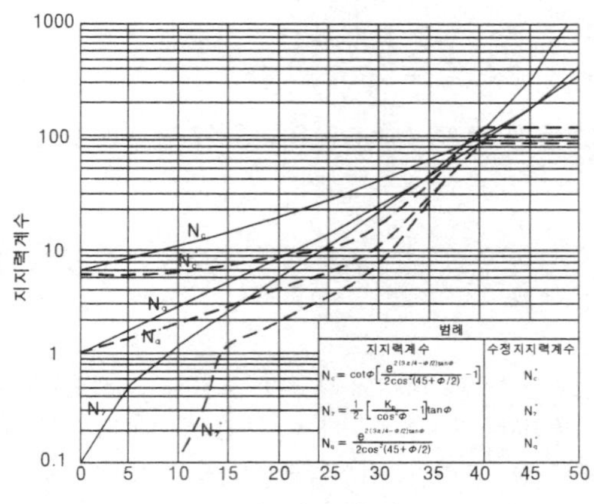

<그림 509.4.2> Terzaghi의 지지력계수 및 수정지지력계수

나. Meyerhof의 이론식

Meyerhof는 Terzaghi의 파괴미케니즘과 유사하지만 기초바닥 바로 아래 쐐기형 파괴체의 각도가 다르고 파괴면이 지표면까지 연장되는 형상을 가정하여 극한지지력 공식을 유도하였다. 이 식은 근입깊이의 전단저항을 고려하였으며 기초의 형상, 근입깊이, 하중경사를 고려하여 실험결과와 비교적 상관관계가 좋다.

<표 509.4.6> Terzaghi의 형상계수

형상계수	연속기초	원형기초	정사각형기초	직사각형기초
α	1.0	1.3	1.3	1 + 0.3 B/L
β	0.5	0.3	0.4	0.5 - 0.1 B/L

<표 509.4.7> Terzaghi의 수정지지력 계수

지지력계수	∅ = 0°	5°	10°	15°	20°	25°	28°	32°	36°	40° 이상
N_c''	5.3	5.3	5.3	6.5	7.9	9.9	11.4	20.9	42.2	95.7
N_r''	0	0	0	1.2	2.0	3.3	4.4	10.6	30.5	114.0
N_q''	1.0	1.4	1.9	2.7	3.9	5.6	7.1	14.1	31.6	81.2

여기서, N_c'', N_r'', N_q'' : 국부전단파괴에 대한 지지력계수

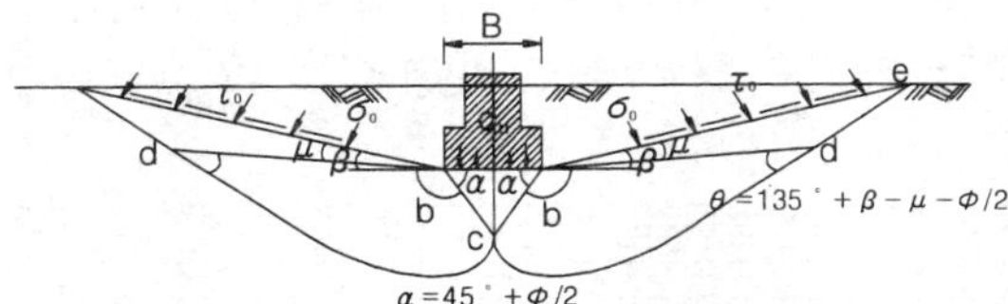

<그림 509.4.3> Meyerhof의 전반전단파괴 모델

$$q_{ult} = cN_c + \frac{1}{2}\gamma_2 BN_r + \gamma_1 D_f N_q \qquad (509.4.2)$$

또한 Meyerhof는 기초의 모양을 고려한 형상계수(Shape Factor), 기초 저면 위 파괴면의 전단저항을 고려한 깊이계수(Depth Factor) 및 기초 중심에 대한 하중의 방향을 고려한 경사계수(Inclination) 등을 도입하여 수정공식을 다음과 같이 제안하였다.

$$q_{ult} = cN_c S_c d_c i_c + \frac{1}{2}\gamma_2 BN_r S_r d_r i_r + \gamma_1 D_f N_q S_q d_q i_q \qquad (509.4.3)$$

여기서,

γ_1 : 기초저면 상부지반의 단위중량 (kN/m^3)

γ_2 : 기초저면 하부지반의 단위중량 (kN/m^3)

N_c, N_r, N_q : 지지력 계수

$N_q = e^{\pi \tan\phi}\tan^2(45 + \varnothing/2)$

$N_c = (N_q - 1)\cot\phi$

(단, $\varnothing$ = 0일 때, N_c = 5.54)

$N_r = (N_q - 1)\tan(1.4\varnothing)$

S_c, S_r, S_q : 형상계수

d_c, d_r, d_q : 깊이계수

i_c, i_r, i_q : 하중경사계수

다. Hansen의 이론식

Hansen은 Meyerhof의 수정식에 지반 및 기초계수를 추가한 공식을 다음과 같이 제시하였다.

$$q_{ult} = cN_c S_c d_c i_c g_c b_c + \frac{1}{2}\gamma_2 BN_r S_r d_r i_r g_r b_r + \gamma_1 D_f N_q S_q d_q i_q g_q b_q \qquad (509.4.4)$$

<표 509.4.8> Meyerhof의 형상계수, 깊이계수, 경사계수

구 분	$\varnothing = 0°$	$\varnothing \geq 10°$
형상계수(S)	$S_c = 1 + 0.2(\frac{B}{L})K_p$ $S_q = 1$ $S_r = 1$	$S_c = 1 + 0.2(\frac{B}{L})K_p$ $S_q = 1 + 0.1(\frac{B}{L})K_p$ $S_r = 1 + 0.1(\frac{B}{L})K_p$
깊이계수(d)	$d_c = 1 + 0.2(\frac{D_f}{B})\sqrt{K_p}$ $d_q = 1$ $d_r = 1$	$d_c = 1 + 0.2(\frac{D_f}{B})\sqrt{K_p}$ $d_q = 1 + 0.1(\frac{D_f}{B})\sqrt{K_p}$ $d_r = 1 + 0.1(\frac{D_f}{B})\sqrt{K_p}$
경사계수(i)	$i_c = (1 - \frac{\alpha^\circ}{90^\circ})^2$ $i_q = (1 - \frac{\alpha^\circ}{90^\circ})^2$ $i_r = (1 - \frac{\alpha^\circ}{\phi^\circ})^2$ ($\varnothing > 0°$), $i_r = 0$ ($\varnothing = 0°$)	

$\varnothing$ = 0 일 때는 다음 식으로 구한다.

$$q_{ult} = 5.14S_u(1 + S'_c + d'_c - i'_c - b'_c - g'_c) + \bar{q}$$

(509.4.5)

여기서,

$N_c,\ N_q$: Meyerhof 값과 동일

$N_r = 1.5(N_q - 1)\tan\varnothing$

또한, S_u는 비배수 전단강도이고 $s,\ d,\ i,\ b,\ g$ 등은 각각 형상, 근입깊이, 하중경사, 기초면 및 지반에 따라 결정되는 계수이다.

여기서, $N_c,\ N_r,\ N_q$는 지지력 계수로 <그림 509.4.4>와 같이 계산하거나 <표 509.4.9>에서 구한다.

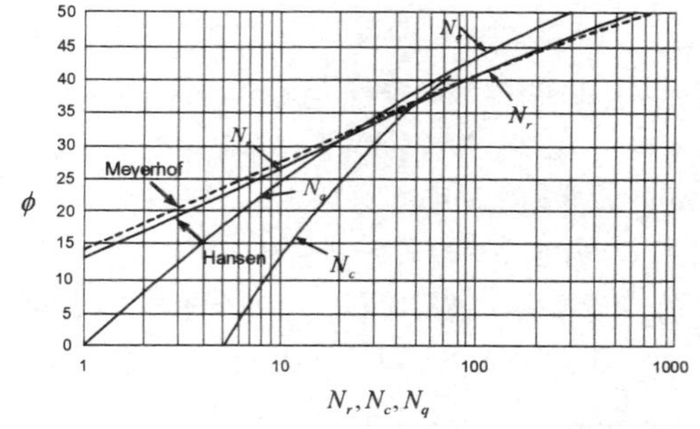

<그림 509.4.4> Meyerhof 및 Hansen의 지지력 계수

<표 509.4.9> Hansen식에 쓰이는 형상, 깊이, 경사계수 및 기타계수(계속)

형 상 계 수	근 입 계 수	경 사 계 수	지 반 계 수
$S_c = 0.2B/L$ $S_c = 1 + N_q B/N_c L$	$d_c' = 0.4D_f/B \quad D_f \le B$ $d_c' = 0.4\tan^{-1}D_f/B \quad D_f > B$	$i_c' = 0.5 - 0.5\sqrt{(1 - H/A_f c_a)}$ $i_c = i_q - (1 - i_q)/(N_q - 1)$	$g_c' = \psi°/147°$ 수평지반일 때 $g_c' = 0.0$ $g_c = 1 - \psi°/147°$ $g_q = g_r$ $= (1 - 0.5\tan\psi°)^5$
–	$d_c = 1 + 0.4D_f/B \quad D_f \le B$ $d_c = 1 + 0.4\tan^{-1}D_f/B \quad D_f > B$	–	
$S_q = 1 + (B/L)\tan\varnothing$	$d_q = 1 + 2\tan\varnothing \times [(1 - \sin\varnothing)^2 \frac{D_f}{B}], \quad D_f \le B$ $d_q = 1 + 2\tan\varnothing \times [(1 - \sin\varnothing)^2 \tan^{-1}\frac{D_f}{B}], \quad D_f > B$	$i_q = (1 - \frac{0.5H}{V + A_f\ c_a \cot\varnothing})^5$	기초계수 $b_c' = \eta°/147°$ 수평지반일 때 $b_c' = 0.0$ $b_c = 1 - \eta°/147°$ $b_q =$ $\exp(-2\eta\tan\varnothing)$ $b_r = \exp(-2.7\eta\tan\varnothing)$ η = Radians
$S_r = 1 - 0.4(B/L)$	모든 $\varnothing$값에 대해, $d_1 = 1$	수평지반 $i_r = \left(1 - \frac{0.7H}{V + A_f\ c_a \cot\varnothing}\right)^5$ 경사지반 $i_r = \left(1 - \frac{(0.7 - \eta°/450°)H}{V + A_f\ c_a \cot\varnothing}\right)^5$	

<표 509.4.9> Hansen식에 쓰이는 형상, 깊이, 경사계수 및 기타계수

<table>
<tr><td>

A_f : 유효접촉면적 = $B'L'$
L' : 기초유효길이, B' : 기초유효폭, D_f : 근입깊이
c_a : 기초와 지반의 부착력, $\varnothing$: 흙의 내부마찰각
η, ψ : (+)방향으로 구한 각, c : 지반의 점착력
H, V : 기초에 평행한 하중성분과 수직한 하중성분
$\tan\delta$: 기초와 지반의 마찰계수
: 지반에 콘크리트 타설시 $\delta = \varnothing$
주) 형상계수와 경사계수는 같이 사용하지 말 것,
3축압축시험에 의한 $\varnothing$값을 평면변형에 쓸 때
$\varnothing_{ps} = \varnothing_{triaxial} \times 1.1$을 쓸 것
적용한계 : $H \le V \tan\delta + c_o A_f$
$i_p, i_r > 0, \ \psi \le \varnothing, \ \eta + \psi \le 90°$

</td><td>

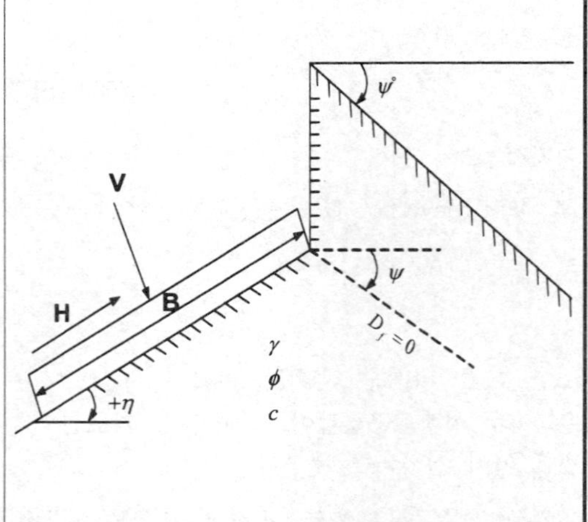

</td></tr>
</table>

② 현장시험에 의한 지지력 산정방법

가. 표준관입시험(SPT)에 의한 허용지지력

i) Meyerhof의 수정지지력공식

Meyerhof는 다음과 같이 표준관입시험 N값으로부터 최대침하량 25 mm를 전제로 한 허용지지력을 추정하는 공식(수정 Meyerhof식, 1965년)을 다음과 같이 제시하였다.

$$q_a = \frac{N}{F_1} K_d \quad (\text{단, B} \le \text{F}_4) \quad (509.4.6)$$

$$q_a = \frac{N}{F_2} \left(\frac{B + F_3}{B}\right)^2 \quad (\text{단, B} > \text{F}_4) \quad (509.4.7)$$

여기서,

q_a : 25 mm 침하에 대한 허용지지력 (kPa)

$K_d = 1 + 0.33 \frac{D_f}{B} \le 1.33$

F_1 = 0.05 m, F_2 = 0.08 m, F_3 = 0.3 m

F_4 = 1.2 m (SI 단위로 환산시)

N = 기초저면상부 $0.5D_f$ ~ 기초저면아래 2B 사이 평균 N값

ii) Bowles의 지지력 공식

$$q_{t(all)} = 19N K_d \left(\frac{S}{25}\right) \quad [B \le 1.2 \text{ m}] \quad (509.4.8)$$

$$q_{t(all)} = 12N \left(\frac{B + 0.3}{B}\right)^2 K_d \left(\frac{S}{25}\right) \quad [B > 1.2 \text{ m}] \quad (509.4.9)$$

여기서,

$q_{t(all)}$: 순하중을 이용한 지지력 (kPa)

N : 보정된 N값

S : 발생 침하량 (mm)

K_d : 깊이계수

$$K_d = 1 + \frac{0.33 D_f}{B} \quad (D_f < B\text{인 경우})$$

$$K_d = 1.33 \quad (D_f > B\text{인 경우})$$

나. 콘관입시험(CPT)에 의한 허용지지력

정적콘(Cone)관입시험 결과로부터 허용지지력을 추정할 수 있다. 사용하는 표준 콘은 단면적이

0.001 m^2이고 콘의 각도는 60° 이다. 근입깊이 1 m의 얕은 기초에서, 허용지지력은 다음과 같이 추정할 수 있다.

$$q_{all} = 0.1q_{cone} \qquad (509.4.10)$$

여기서,

q_{all} = 허용지지력 (kN/m²)

q_{cone} = 콘의 전단저항 (kN/m²)

윗 식은 신중하게 사용해야 하고 간단한 경우에만 사용한다. 그 밖의 다른 경우에는 다음의 <그림 509.4.5>에서 추정하여 구한다.

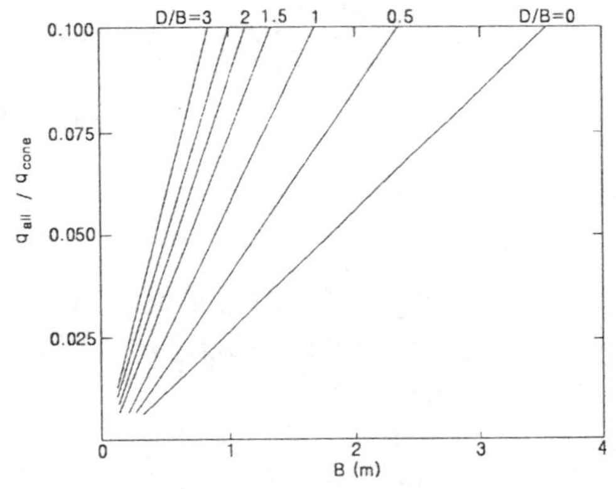

<그림 509.4.5> 콘관입시험에 의한 허용지지력

정적콘관입시험 결과는 표준관입시험보다 오차가 크지 않으나 콘관입시험은 깊은 세립토층(느슨하고 균질한 비점성)에 사용하도록 개발되었기 때문에, 그러한 지반에서 효과적이며 신뢰성 있는 결과를 얻을 수 있다. 조밀하고 혼합된 토질에서는 시험에 어려움이 있다.

다. 베인시험

점토지반에서는 지지력이 단기안정조건(Short-Term Stability Conditions)에 의해 좌우된다. 이 조건에 적합한 비배수강도(τ_u)는 현장베인시험으로 측정할 수 있다. 지지력은 다음과 같은 관계식에서 구한다.

$$q_{ult} = 5\mu\,\tau_u(1 + 0.2\frac{D}{B})(1 + 0.2\frac{B}{L}) + \sigma_0 \qquad (509.4.11)$$

여기서,

q_{ult} : 지지력 (kN/m²)

μ : 베인강도 저감계수

σ_0 : 기초저판의 깊이에서 전체 상재하중 (kN/m²)

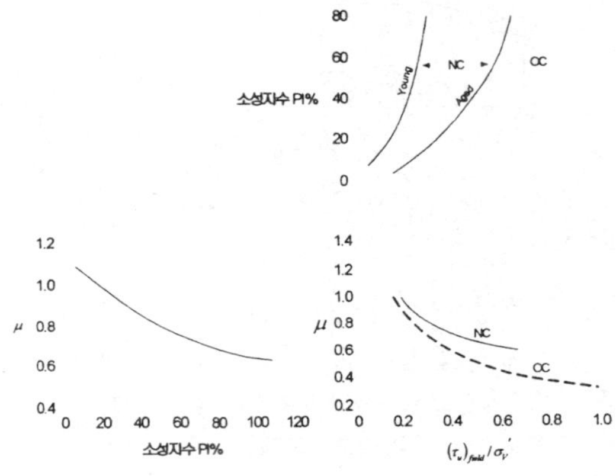

<그림 509.4.6> 베인강도 저감계수
[Bjerrum(1972), Aas et al.(1986)]

라. 프레셔미터시험

프레셔미터시험은 실제 크기(Full Scale Model) 시험 결과로부터 설계방법이 정립되었다[Menard (1965), Baguelin 등 (1978)]. 지지력은 다음과 같이 한계압(Limit Pressure) P_L에 비례한다.

$$q_{ult} = K_g(P_L - P_0) + \sigma_0 \qquad (509.4.12)$$

여기서,

q_{ult} : 지지력 (kN/m²)

P_L : Pressuremeter 한계압력(기초바닥을 기준으로 상하 기초 폭의 1.5배 범위)

P_0 : 전체수평압력(기초 위치에서 측정한 값)

K_g : 지지력 계수(기초형상과 토질종류 함수)

σ_0 : 기초위치의 전체 상재하중 (kN/m²)

$(P_L - P_0)$: 순한계압력 (kN/m²)

보통 $K_g(P_L - P_0)$에 안전율 3 이상을 적용하여 허용지지력을 구한다.

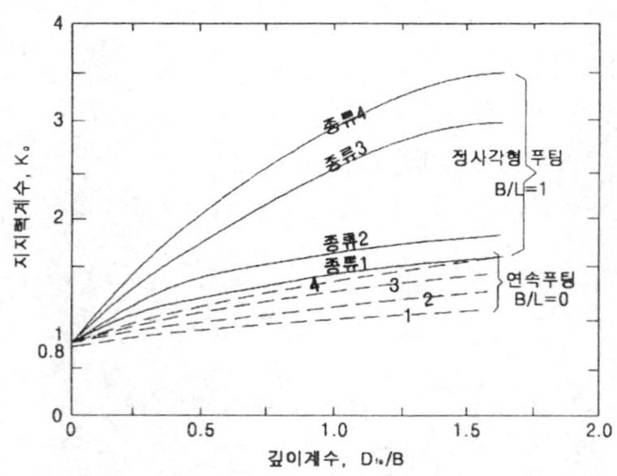

<그림 509.4.7> 얕은기초의 지지력 계수 K_g

마. 평판재하시험

기초 예상 지반에 대한 평판재하시험에서 얻은 하중-침하곡선으로부터 허용지지력을 구하고 기초의 크기효과를 고려하여 설계지지력을 구한다.

$$q_a = q_t + \frac{1}{3}\gamma_1 D_f N_q \quad (509.4.13)$$

여기서,

q_t : 재하시험결과에 의한 허용지지력 (kN/m^2)

(2) 암반의 연직지지력

① 일축압축강도에 의한 암반의 지지력

캐나다 지반공학회(CFEM, 1992)에서 제시된 일축압축강도에 의한 지지력의 산정은 무결암의 일축압축강도와 절리면 간격에 따른 보정계수를 이용하여 다음과 같이 산정할 수 있다.

$$q_a = K_{sp}\, q_{u(core)} \quad (509.4.14)$$

여기서,

q_a : 허용지지력 (kN/m^2)

$q_{u(core)}$: 코어의 평균일축압축강도 (kN/m^2)

K_{sp} : 안전율 3을 포함한 경험계수

<표 509.4.11> K_{sp}(경험계수)의 값

불연속면 간격	K_{sp}	간 격(m)
비교적 좁음	0.1	0.3 ~ 1.0
넓 음	0.25	1 ~ 3
매우 넓음	0.4	> 3

② Bell의 식(Foundations on Rock, 1999)

파쇄가 심한 기반암의 경우 기초저면 기반암의 파괴형태를 General Wedge Failure로 가정하여 제안한 방법으로 지지층이 연암정도일 경우 적용성이 높다.

$$q_a = \frac{C_{f1}\, c\, N_c + C_{f2}(B\gamma_r/2)N_r + \gamma D N_q}{Fs}$$

(509.4.15)

여기서,

B : 기초폭 (m)

γ_r : 기초하부 지지암반의 단위중량 (kN/m^3)

γ : 기초 측면지반의 단위중량 (kN/m^3)

D : 근입깊이 (m)

C_{f1}, C_{f2} : 기초의 형상에 대한 보정계수

N_c, N_r, N_q : 지지력 계수

$N_c = 2N_\varnothing^{1/2}(N_\varnothing + 1)$

$N_r = 0.5N_\varnothing^{1/2}(N_\varnothing^2 - 1)$

$N_q = N_\varnothing^2$

$N_\varnothing = \tan^2(45 + \varnothing/2)$

<표 509.4.12> 기초형상에 대한 보정계수

기초 형상		C_{f1}	C_{f2}
띠기초 (L/B > 6)		1.00	1.00
직사각형	L/B = 2	1.12	0.90
	L/B = 5	1.05	0.95
정사각형		1.25	0.85
원 형		1.20	0.7

③ Hoek and Brown의 식(Foundations On Rock, 1999)

원지반의 암반상태를 RMR과 Q-Value에 의해 고려할 수 있는 장점이 있으나 m, s값이 RMR에 대한 지수적 계수이기 때문에 RMR이 작을 경우 지지력이 토사지반보다 작게 나타날 수 있는 문제점이 있다.

$$q_a = \frac{C_{f1} s^{1/2} \sigma_{u(r)} [1 + (ms^{-1/2} + 1)^{1/2}]}{Fs}$$

(509.4.16)

여기서,

C_{f1} : 기초의 형상계수로 <표 509.4.12>을 이용하여 구함

$\sigma_{u(r)}$: Intact Rock의 일축압축강도 (kN/m^2)

m, s : 암종과 파쇄도에 따른 상수

④ RQD와 암반의 지지력 관계

RQD를 이용하여 허용지지력을 평가하는 방법은 반경험적인 방법으로 지지력을 산정할 경우 해당지역 기반암의 특성이 반영되어야 한다.

계산된 허용지지력이 암석의 일축압축강도와 기초 콘크리트의 허용응력 중 어느 하나보다 크면 암의 일축압축강도와 콘크리트의 허용응력 중에서 작은 값을 허용지지력으로 한다.

또한 콘크리트의 허용응력은 $0.3f_{ck}$로 간주할 수 있다.

<표 509.4.13> Hoek & Brown의 기반암의 종류에 따른 상수인 m, s

구분	암반상태	RMR	Q-Value	S-Value	m-Value as Function of Rock Type				
					A	B	C	D	E
Intact Rock	> 3 m Intact	100	500	1	7	10	15	17	25
Very Good	1～3 m Interlocking	85	100	0.082	2.4	3.43	5.14	5.82	8.56
Good	1～3 m Slightly Weathered	65	10	0.00293	0.575	0.821	1.231	1.395	2.052
Fair	0.3～1 m Moderately Weathered	44	1	9.0e-5	0.128	0.183	0.275	0.311	0.458
Poor	30～500 mm Weathered with Gouge	23	0.1	3.0e-6	0.029	0.041	0.061	0.069	0.102
Very Poor	< 50 mm Heavily Weathered	3	0.01	1.0e-7	0.007	0.01	0.015	0.017	0.025
Rock Type	A : 잘 발달된 결정성 벽개를 가진 탄산염 암석(백운석, 석회암, 대리석) B : 암석화된 점토질 암석(이암, 미사암, 셰일, 점판암) C : 강한 결정을 가지며, 결정성 벽개는 잘 발달되지 않은 사질 암석(사암, 규암) D : 다중 광물조성의 세립결정질 화성암(안산암, 조립현무암, 휘록암, 유문암) E : 다중 광물조성의 조립결정질 화성암 및 변성암(각섬암, 반려암, 화강암, 석영섬록암)								

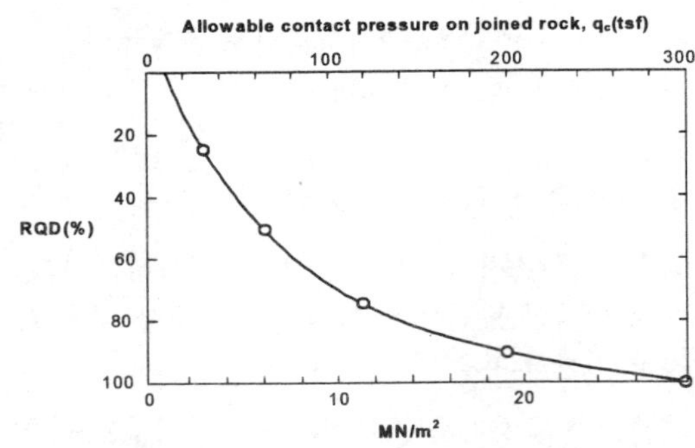

<그림 509.4.8> RQD를 이용한 암반의 지지력 산출 (Peck et al., 1974)

⑤ AASHTO(1996년)

공학적분류에 의해 암반의 상태를 정량적으로 평가할 수 있는 경우, 암반의 극한지지력 q_{ult}은 다음 관계식을 사용하여 산정할 수 있으며, 최소 안전율을 3으로 한다(AASHTO, 1996).

$$q_{ult} = N_{ms} \cdot C_o \qquad (509.4.17)$$

여기서,

N_{ms} : 암석의 종류에 따라 정해지는 계수

C_o : 암석의 일축압축강도 (kN/m^2)

<표 509.4.14> 암의 허용지지력-사용한계상태 (Peck et al., 1974)

RQD(%)	허용지지력	
	(MPa)	(kN/m^2)
100	28.7	28,694.2
90	19.2	19,191.6
75	11.5	11,493.4
50	6.23	6,227.2
25	2.87	2,863.5
0	0.96	951.2

⑥ 문헌에 의한 지지력 산정

NAVFAC(1982)에서 제시한 암반 허용지지력 경험치는 <표 509.4.16>과 같다.

<표 509.4.15> 파쇄나 절리가 발달한 암반에 놓인 기초의 극한지지력 산정을 위한 N_{ms} 계수

암반 등급	일반사항	RMR 등급	NGI 등급	RQD (%)	N_{ms}				
					A	B	C	D	E
우수	절리간격 3 m 이상의 신선암	100	500	95~100	3.8	4.3	5.0	5.2	6.1
매우 양호	절리간격 0.9~3 m이며, 절리면이 거칠며 치밀하게 밀착되어 있고 풍화되어 있지 않음	85	100	90~95	1.4	1.6	1.9	2.0	2.3
양호	절리간격 0.9~3 m이며, 절리면이 약간 교란되고 풍화된 신선암	65	10	75~90	0.28	0.32	0.38	0.40	0.46
보통	절리간격 0.3~0.9 m의 여러 세트의 적당히 풍화된 절리를 가진 암석	44	1	50~75	0.049	0.056	0.066	0.069	0.081
불량	절리간격 20~500 mm의 약간의 충진물이 있으며 풍화된 절리를 가진 암석	23	0.1	25~50	0.015	0.016	0.019	0.020	0.024
매우 불량	50 mm 보다 작은 간격의 수없이 많은 풍화된 절리를 가진 암석	3	0.01	< 25	상응하는 사질토의 극한지지력을 사용				

<표 509.4.16> 지지층 조건별 허용 지지력(NAVFAC, 1982)

지 지 층	현장 연경도 상태	허용지지력(kN/m^2)	
		범위	추천값
괴상의 결정질 화강암, 변성암 : 화강암, 섬록암, 현무암, 완전히 고결된 역암	경질의 신선한 암	6,500~10,700	8,600
엽리성의 변성암 : 슬레이트, 편암	중간경질의 신선한 암	3,200~4,300	3,750
퇴적암 : 시멘트화된 경질의 셰일, 실트암, 사암, 동공이 없는 석회암	중간경질의 신선한 암	1,600~2,700	2,150
풍화되거나 파쇄된 모암, 이질암(Shale)이외의 모든 암, RQD < 25	연 암	850~1,300	1,050

4.2.2 침하 검토

얕은 기초는 지지력 및 침하에 대한 안정성을 모두 만족하여야 기초로서의 역할을 충실히 수행할 수 있다. 얕은 기초는 기초의 지지력 보다는 허용침하량 기준에 의하여 기초의 크기 등이 결정되므로, 침하량 산정은 설계에서도 가장 중요한 부분을 차지한다.

지반의 전침하량은 계산의 편의상 다음과 같이 구분할 수 있다.

$$S_t = S_i + S_c + S_s \qquad (509.4.18)$$

여기서,

S_t : 전침하량 (m)

S_i : 즉시침하 (m)

S_c : 압밀침하 (m)

S_s : 2차 압밀침하량 (m)

(1) 즉시침하

① 모래지반의 즉시침하

사질토의 침하량은 점성토의 침하량보다 작기 때문에 점성토와 사질토로 구성된 지반에 있어서는 통상 사질토의 즉시침하량은 고려하지 않으나 모래층이 두껍고 큰 하중이 작용할 경우에는 이를 고려한다.

가. 탄성이론에 의한 방법

$$S_i = q \cdot B \cdot \frac{1-\mu^2}{E_s} \cdot I_s \qquad (509.4.19)$$

여기서,

q : 기초에 작용하는 순하중 (kN/m^2)

B : 기초의 최소폭 (m)

E_s : 비배수조건의 평균탄성계수 (kN/m^2)

μ : 포와송비

I_s : 영향계수

이때 탄성계수와 포와송비는 비배수 조건에서의 값을 사용한다.

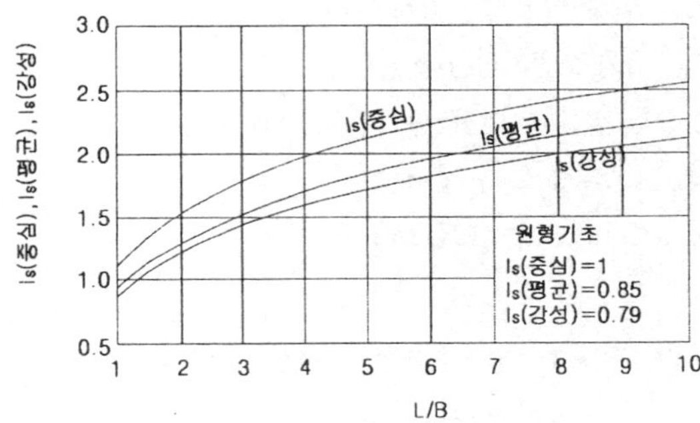

<그림 509.4.9> 탄성침하의 영향계수 I_s

<표 509.4.17> 탄성침하의 영향계수(I_s)

구 분		강성기초	연 성 기 초				비 고
			중심점	외변의 중심	모서리점	평 균	
원형기초		0.785	1.00	0.637	-	0.848	연성기초 중심점의 영향치는 모서리점 영향치의 2배임. 즉, 중심점의 침하량은 모서리점의 침하량의 2배임
정방형기초		0.88	1.12	0.76	0.56	0.950	
구형기초	L/B=2	1.12	1.53	1.12	0.76	1.30	
	L/B=5	1.60	2.10	1.68	1.05	1.82	
	L/B=10	2.00	2.56	2.10	1.28	2.24	

나. DE BEER 제안식

DE BEER는 Dutch Cone 지수 q_c와 e-$log\ P$ 곡선의 기울기인 C_s의 관계로부터 다음 식을 제안하였다.

$$S_i = \int_0^z \Delta\epsilon\, dz = 1.533 \int_0^z \frac{P_0}{q_c} log \frac{P_0 + \Delta P}{P_0} dz$$

$$= 1.533 \times \frac{P_0}{q_c} log \frac{P_0 + \Delta P}{P_0} H_s \quad (509.4.20)$$

여기서,

S_i : 모래층의 즉시침하량 (m)

P_0: 유효상재하중 (kN/m^2)

ΔP : 재하에 의한 증가응력 (kN/m^2)

H_s : 모래층의 두께 (m)

q_c : Cone 지수 (kN/m^2)

다. 변형률 영향계수를 이용한 강성기초의 탄성침하량(Schmertmann, 1978)

Schmertmann & Hartman (1978)은 사질토 지반의 탄성침하를 구할 수 있는 변형영향계수(Strain Influence Factor)를 제안하였다. 이것은 지반내의 응력분포 형태와 유사하게 변형분포를 경험적으로 근사화 시킨 것이다.

$$S_i = C_1\ C_2 \Delta P \sum \frac{I_z}{E} \Delta z \quad (509.4.21)$$

여기서,

I_z : 변형영향계수

C_1 : 기초 근입 깊이의 보정계수

$C_1 = 1 - 0.5[q/(\bar{q} - q)]$ 단, $C_1 > 5$

C_2 : 모래의 Creep 보정계수

$C_2 = 1 + 0.2 \log[10 \times 시간(년)]$

ΔP : 순접지압($\Delta P = \bar{q} - q$, kN/m^2)

q : γD_f

$\bar{q}$: 기초저면의 접지압 (kN/m^2)

E : 탄성계수 (kN/m^2)

정방형 기초 : $E = 2.5 q_c$

연속기초 : $E = 3.5 q_c$

일반기초 : $E = \alpha q_c = (1 \sim 8) q_c$

Δz : 각 토층의 두께 (m)

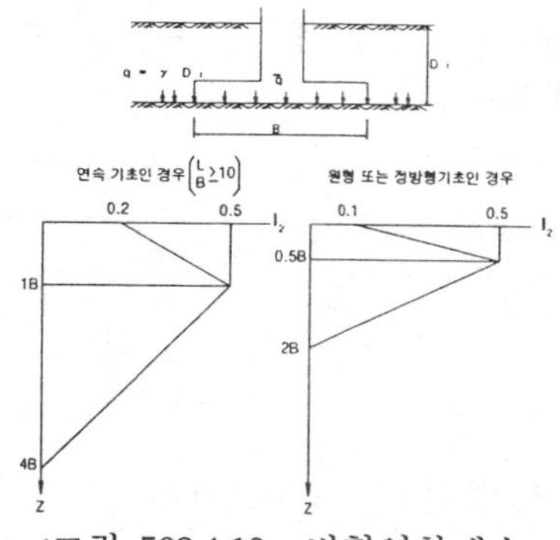

<그림 509.4.10> 변형영향계수

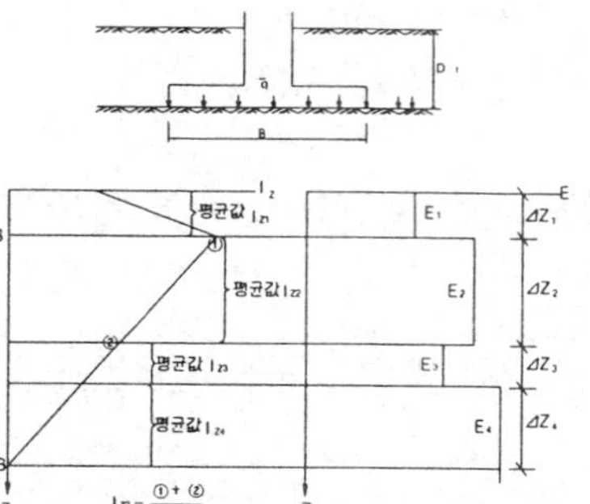

<그림 509.4.11> 변형영향계수 적용방법

라. 평판재하시험에 의한 침하량 산정

평판재하시험은 보통 조립토에서 시행하는데 직경 300 mm 재하판에서 측정한 침하량으로 기초의 침하량을 예측한다. Terzaghi & Peck (1967)은 다음과 같은 상관관계를 제시하였다.

$$S_2 = S_1 \left(\frac{2}{1 + B_1/B_2} \right)^2 \tag{509.4.22}$$

여기서,

S_1 : 기초의 설계하중과 동일한 하중에서 직경 300 mm(B_1) 재하판의 침하량 (mm)

S_2 : 기초폭 B_2인 기초 침하량 (mm)

Meyerhof(1965)는 직경 300 mm 재하판의 침하량과 표준관입시험값(N)의 관계를 다음과 같이 제시하였고

$$S_1 = 2 \times 10^{-6} \frac{q_a}{N} \tag{509.4.23}$$

여기서,

q_a : 재하판에 대한 하중강도 (kN/m^2)

Bond (1961)는 S_2에 대해서 다음과 같은 관계식을 제시하였다.

$$S_2 = S_1 (B_2/B_1)^{n+1} \tag{509.4.24}$$

Bond는 흙의 종류에 따라 n 값을 제시하였는데 느슨한~중간정도의 조밀한 모래의 경우 0.2~0.4, 조밀한 경우 0.4~0.5를 적용한다.

마. Terzaghi & Peck (1996) 경험식

보정된 N값(에너지 보정)를 이용하여 침하량을 산정한다.

$$S_i = \frac{1}{1{,}280N} \cdot \left(\frac{2B}{B + 0.3} \right)^2 \cdot q \tag{509.4.25}$$

여기서,

N : 기초저면에서 기초폭 B에 동등한 깊이까지 N값의 평균값

q : 상부작용하중 (kN/m^2)

바. Alpan (1964) 제안식

경험적인 방법으로 보정된 N값을 사용한다.

$$S_i = m' \cdot \left[\frac{6.6B}{1 + 3.3B} \right]^2 \cdot \alpha_o \cdot q \tag{509.4.26}$$

여기서,

m' : 형상계수, $(L/B)^{0.39}$

α_o : N값에 따른 계수 (m/kN/m^2)

B : 기초폭 (m)

q : 작용하중 (kN/m^2)

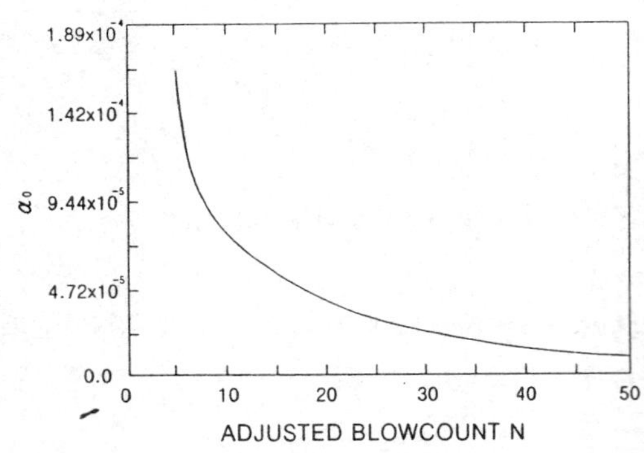

<그림 509.4.12> Alpan 방법에서 사용되는 계수

사. Vesic (1961) 제안식

접지압과 침하량의 관계가 서로 비례한다고 가정한 식에 근거한 방법으로 지반반력계수 산정시 Vesic이 제안한 산정식을 이용하여 계산한다.

$$\delta_s = \frac{1}{K_g} \times q \tag{509.4.27}$$

$$K_g = \frac{E}{B(1-\mu^2)} \tag{509.4.28}$$

여기서,

δ_s : 침하량 (m)

K_g : 지반반력계수 (kN/m³)

q : 작용하중 (kN/m²)

B : 기초 폭 (m)

μ : 기초지반의 포와송비

E : 기초지반의 탄성계수 (kN/m²)

② 점성토 지반의 즉시침하량

점토지반에 구조물 하중이 재하될 때 미소한 순간침하량(S_i)이 발생하는데 이는 입자의 뒤틀림이나 점토의 형상변화에 의해 발생한다.

가. Janbu 제안식

Janbu et al. (1971)은 포아송비가 0.5인 점토지반에 대해 즉시침하를 구하였는데 이 결과는 탄성론에 근거하여 산정하였으며 즉시침하량 산정식은 다음과 같다.

$$S_i = \mu_0 \cdot \mu_1 \cdot \frac{q \cdot B}{E} \tag{509.4.29}$$

여기서,

S_i : 즉시침하량(평균값) (m)

q : 작용하중 (kN/m²)

B : 기초 폭 (m)

μ_0, μ_1 : 침하영향계수

E : 지반의 탄성계수 (kN/m²)

침하영향계수(μ_0, μ_1)는 <그림 509.4.13>과 같다.

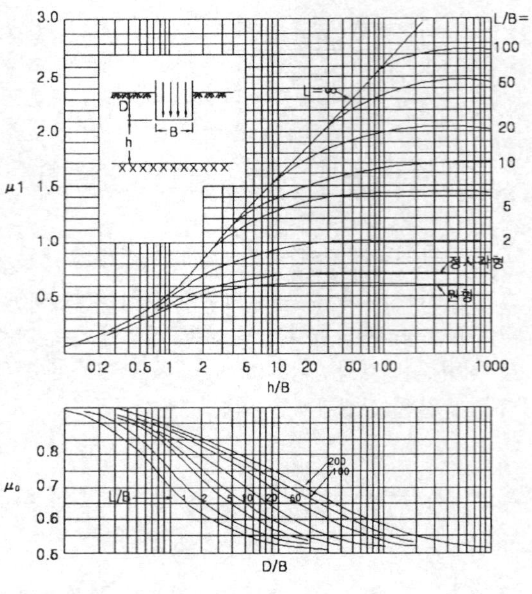

<그림 509.4.13> 침하영향계수 μ_0, μ_1 (Janbu et al., 1971)

(2) 1차 압밀침하

포화된 점성토 지반에 외부하중을 재하시 흙입자 사이에 존재하는 과잉간극수가 소산됨에 따른 압축변형에 의해 발생하는 침하를 1차 압밀침하라고 한다.

① 압축지수법

압밀시험개소가 적은 지역, 압밀시험을 하지 않고 물리적 시험치를 가지고 개략침하량 산정에 사용한다.

가. 정규압밀상태 일 때($P_c = P_0$ 일 때)

$$S_c = \frac{C_c}{1 + e_0} H \log \frac{P_o + \Delta P}{P_0} \quad (509.4.30)$$

나. 과압밀상태 일 때($P_c > P_0$ 일 때)

ⅰ) $P_0 + \Delta P \leq P_c$일 경우

$$S_c = \frac{C_r}{1 + e_0} H \log \frac{P_o + \Delta P}{P_0} \quad (509.4.31)$$

ⅱ) $P_0 + \Delta P > P_c$일 경우

$$S_c = \frac{C_r}{1 + e_0} H \log \frac{P_c}{P_0} + \frac{C_c}{1 + e_0} H \log \frac{P_0 + \Delta P}{P_c} \quad (509.4.32)$$

여기서,

S_c : 1차압밀 침하량 (m)
C_c : 압축지수
e_0 : 지반의 초기간극비
H : 압밀층 두께 (m)
P_0 : 압밀층 중앙의 유효상재하중 (kN/m^2)
ΔP : 압밀층 중앙의 연직응력 증가분 (kN/m^2)
$\Delta P = (\Delta\sigma_t + 4\Delta\sigma_m + \Delta\sigma_b) / 6$
$\Delta\sigma_t$: 압밀층 상단부의 응력증가량 (kN/m^2)
$\Delta\sigma_m$: 압밀층 중앙부의 응력증가량 (kN/m^2)
$\Delta\sigma_b$: 압밀층 하단부의 응력증가량 (kN/m^2)
P_c : 선행압밀하중 (kN/m^2)
C_r : 재압축지수(C_r값은 일반적으로 C_c값의 5~20% 값을 취함)

② 체적압축계수(m_v)법

시험결과치가 많은 지역 및 넓은 지역에 사용한다.

$$S_c = m_v \cdot \Delta P \cdot H \quad (509.4.33)$$

여기서,
m_v : 체적압축계수
ΔP : 지반내의 증가응력 (kN/m^2)
H : 압밀층 두께 (m)

③ $e - \log P$법

이론적인 식으로 실제의 설계계산에는 거의 사용하지 않는다.

$$S_c = \frac{\Delta e}{1 + e_o} \times H \quad (509.4.34)$$

여기서,
Δe : 간극비의 변화
e_0 : 지반의 초기간극비
H : 압밀층 두께 (m)

(3) 2차 압밀침하

외부하중에 의해 발생한 과잉간극수압이 모두 소산된 후에 지속하중에 의해 점토의 구조골격이 Creep 변형에 의한 흙섬유의 소성 재조정 때문에 체적변화가 계속되어 발생하는 침하로, 보통의 경우 1차 압밀침하가 완전히 끝난 후 2차 압밀침하가 발생한다고 가정한다. 2차 압밀침하는 점토층이 연약할수록 소성이 클수록 유기질이 많이 함유된 흙일수록 크게 발생한다.

$$S_s = C_\alpha H_p \Delta \log \frac{t_2}{t_1} \quad (509.4.35)$$

여기서,
C_α : 2차압축지수
H_p : 1차 압밀 완료 후 압밀층두께 (m)
t_1 : 1차 압밀 완료된 시간 (년)
t_2 : 1차 압밀 완료후 임의의 시간 (년)

(4) 허용침하

① 구조물의 허용침하

구조물의 허용침하(Allowable Settlement)는 구조물의 기능이나 안정성 및 미관을 해치지 않을 정도로 미소하게 허용되는 절대 침하량을 의미한다.

구조물에 손상이 발생하는 절대침하량은 정하기가 쉽지 않으나 Skempton & McDonald (1965)는 경험적으로 독립기초일 경우는 허용절대침하량을 점성토에서는 60 mm, 사질토에서는 40~60 mm로 하였다.

일반적으로 지반의 침하거동은 특정지점에 대한 자료로부터 예측하게 되므로 예측치를 실제에 적용하는 데는 한계가 있기 때문에 현장측정을 통해서 확인해야 한다. 사질토와 과압밀 점성토에서는 지층의 압축성을 판정하기 어렵기 때문에 계산된 침하량이 실제보다 항상 크다. 또한 침하가 주로 일어나는 지층이 두꺼울수록 침하량의 계산값과 실제의 침하량의 차이가 커진다.

일반적으로 구조물의 기초는 구조형식에 따라 아래의 <표 509.4.18>~<표 509.4.21>과 같은 허용침하량, 각변위 및 총변위를 적용할 수 있으며 특히, 직접기초의 각변위는 교량의 특성(교각 높이, 경간 등)을 고려하여 선정하도록 하여야 한다.

<표 509.4.18> 직접기초의 허용침하량(국도건설공사 실무요령, 2005)

정정구조			부정정구조		
지지층	총변위	부등변위	지지층	총변위	부등변위
모래지반	50 mm	40 mm	모래지반	25 mm	20 mm
점토지반	100 mm	40 mm	점토지반	50 mm	20 mm
복합지반	60 mm	40 mm	복합지반	30 mm	20 mm

<표 509.4.19> 직접기초의 각변위(국도건설공사 실무요령, 2005)

구 분	허용각변위(δ/s)
다경간 교량	0.004
단경간 교량	0.005

<표 509.4.20> 보강토 옹벽(국도건설공사 실무요령, 2005)

구 분	총 변 위	부등변위
교량 접속부	100~200 mm	$\frac{1}{100} \times H$: 여기서, H = 옹벽높이
상기 이외의 경우	150~300 mm	

<표 509.4.21> 지하공동 존재시 기초의 안정성 평가기준

구 분 / 평가항목		허용범위 (구조물기초 설계기준)	적용기준	비 고
침하량	전 침하량	S = 25~37.5 mm	25 mm 이하	Terzaghi Skempton
	부등 침하량	S = 10~25 mm	10 mm 이하	
	각 변 위	δ = 1/300	1 / 300 이하	

② 구조물의 부등침하

구조물에 하중이 작용하여 침하가 균등하게 발생하는 경우에는 단차 등 구조물의 기능에 문제가 발생하게 된다. 그러나 침하가 균등하지 않으면 이로 인한 힘이 구조물에 추가로 작용하여 구조물에 부정적인 영향이 발생할 수 있다.

<표 509.4.22> 허용부등침하량(Skempton et al., 1955)

기 준		단독기초	전면기초
각 변 위		1/300	-
최대 부등 침하	점토	44 (38)	-
	모래	32 (25)	-
최대 침하	점토	76 (64)	76~127(64)
	모래	51 (38)	51~76(38~64)
주) 단위 : mm, ( )는 추천값이다.			

이러한 부등침하(Differential Settlement)로 인한 구조물의 문제는 구조물과 지반의 상대적인 강성도에 따라 다르므로 일반화된 수치로 나타내기가 어렵기 때문에 허용부등침하(Allowable Differential Settlement)는 대개 경험적으로 정한다.

아래 그림은 Bjerrum (1963)이 조사한 구조물의 허용부등침하(처짐각) 한계를 나타낸 것이다.

1/10 | 1/100 | 1/200 | 1/300 | 1/400 | 1/500 | 1/600 | 1/700 | 1/800 | 1/900 | 1/1000

침하에 민감한 기계의 허용한계
라멘구조의 손상한계
균열 미발생 한계
내하벽의 균열발생한계
강성 높은 구조물의 기울어짐 육안 구별 한계
내하벽의 균열 대폭 확대
조적벽체의 안정한계 (4H<L)
일반적인 구조물의 손상한계
Pisa 탑의 기울어짐

<그림 509.4.14> 구조물의 허용부등침하(처짐각)

4.2.3 직접기초의 안정성 검토

직접기초의 안정계산은 구조물에 작용하는 하중을 조합하여 구조물의 안정이 가장 불리한 상태가 되는 경우에 대하여 조사를 해야 한다. 이 경우 상시 및 지진시에 대하여 각각 산정하는 것이 일반적이다.

(1) 지반반력의 계산

직접기초에 작용하는 하중은 기초저면 아래의 지반에서만 지지시켜야 한다.

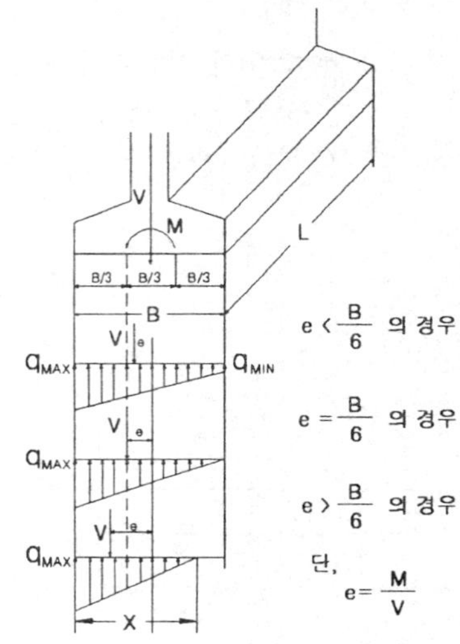

<그림 509.4.15> 지반반력 분포도

① 하중의 작용위치가 저면의 중심내에 있는 경우(반력은 사다리꼴 분포)

$$q_{\max,\min} = \frac{V}{L \cdot B} \pm \frac{6 \cdot M}{L \cdot B^2} = \frac{V}{L \cdot B}(1 \pm \frac{6 \cdot e}{B}) \quad (509.4.36)$$

② 하중의 작용위치가 저면의 중심외에 있는 경우(반력은 삼각형 분포)

$$q_{\max} = \frac{2V}{L \cdot x}\{\text{단, } x = 3(\frac{2}{B} - e)\} \quad (509.4.37)$$

여기서,

V : 기초저면의 연직하중 (kN)

M : 기초저면 도심에 작용하는 모멘트 (kNm)

e : 하중의 편심거리 (m)

x : 저면반력의 작용폭 (m)
B : 기초폭 (m)
L : 기초길이 (m)
q_{max} : 기초저면 최대지반반력 (kN/m^2)
q_{min} : 기초저면 최소지반반력 (kN/m^2)

(2) 전도에 대한 안정

기초저면에 대한 하중의 작용위치는, 기초 외측 연단에서 측정하여 상시에 대해서는 저면폭의 1/3, 지진시에 대해서는 1/6보다 내측에 있어야 한다.

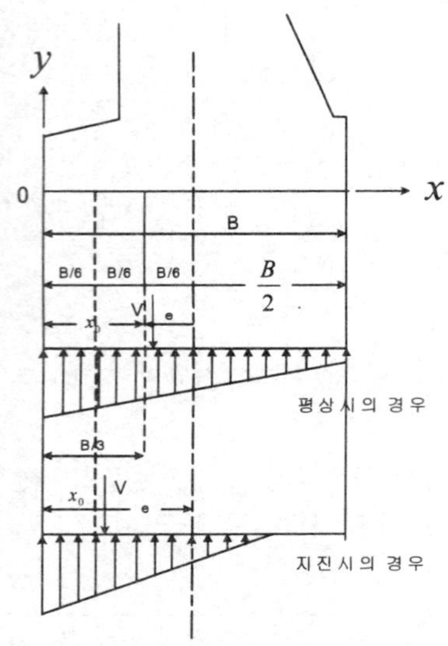

<그림 509.4.16> 지반반력 분포도

$$X_0 = \frac{M_r - M_0}{V} \quad (\text{단, } e = B/2 - X_0)$$

(509.4.38)

여기서,
V : 기초저면의 전연직력 (kN)
M_r : 원점 0을 중심으로 한 저항모멘트(kNm)
M_0 : 원점 0을 중심으로 한 전도모멘트(kNm)
혹은 $e = M/V$
따라서 상시 : $X_0 \geq B/3$ or $e \leq B/6$
지진시 : $X_0 \geq B/6$ or $e \leq B/3$

(3) 지지력에 대한 안정

기초저면에 대한 연직작용력은 그 기초에 대한 지반의 허용지지력을 초과해서는 안된다. 지반의 허용지지력은 하중의 편심, 경사를 고려하여 구한 지반의 극한지지력을 상시에 3, 지진시에 2의 안전율로 나눈 값으로 한다.

(4) 활동에 대한 안정

기초저면에 작용하는 수평하중에 대해 저면지반에 대한 전단저항은 상시 1.5, 지진시 1.2 이상의 안전율을 확보해야 한다. 직접기초의 전단저항력은 기초저면과 지반사이의 점착력 및 마찰력에 의하여 다음 식에 의해 결정된다.

$$H_u = C_B \cdot A' + V \cdot \tan\varnothing_B \qquad (509.4.39)$$

여기서,
H_u : 기초저면의 전단저항력 (kN)
C_B : 기초저면과 지반사이의 점착력 (kN/m^2)
A' : 유효재하면적 (m^2)
V : 연직하중 (kN)
$\varnothing_B$: 기초저면과 지반사이의 마찰각

이 때 안전율은 다음과 같다.

$$Fs = \frac{H_u}{H_B} = \frac{\text{기초전단저항력(kN)}}{\text{기초저면에 작용하는 수평력(kN)}}$$

4.3 말뚝기초 안정

4.3.1 지지력 검토

말뚝의 연직지지력은 ① 지반조건으로부터 결정되는 극한지지력에 소정의 안전율을 적용하여 구한 지반의 허용지지력, ② 말뚝재료의 허용압축응력에 말뚝의 유효단면적을 곱하여 구한 허용압축하중(단, 이음과 말뚝길이와 지름의 비(L/D)에 의한 감소율 적용시킴) 및 ③ 허용침하량을 기준으로 한 허용압축하중들 중 작은 값으로 결정한다.

(1) 말뚝본체의 허용압축하중

말뚝본체의 허용하중은 말뚝 구성재료의 허용압축응력에 유효단면적을 곱한 값에 장경비(말뚝직경에 대한 길이의 비) 및 말뚝이음에 의한 지지하중 감소를 고려하여 결정한다.

강말뚝 본체의 유효단면적은 구조물 사용기간에 따른 부식을 공제한 값을 적용하며, 일반적인 조건에서는 강재부식률 0.02 mm/년 및 내용년수 100년을 고려한 2 mm를 적용한다.

말뚝의 허용압축하중은 다음의 식으로 구할 수 있다.

$$Q_a = f_{sa} \cdot A \cdot (1 - \frac{\mu_1 + \mu_2}{100}) \qquad (509.4.40)$$

여기서,

Q_a : 말뚝 본체 허용압축하중 (kN)/EA

f_{sa} : 말뚝 재료 허용압축응력 (kN/m^2)

A : 말뚝 유효단면적 (m^2)

μ_1 : 장경비에 의한 저감률

μ_2 : 이음에 의한 저감률

현재 국내에서 사용되는 강말뚝재료의 장기 허용압축응력 f_{sa}를 <표 509.4.23>에 나타내었다.

<표 509.4.23> 말뚝재료의 장기 허용압축응력

말뚝부재	장기허용압축응력
SPS 400 강말뚝	140,000 kN/m^2
SPS 490 강말뚝	190,000 kN/m^2

기성 콘크리트 말뚝중 RC말뚝은 원칙적으로 콘크리트 압축강도의 최대 25%까지를 말뚝재료의 장기 허용압축응력으로 한다. 기성 콘크리트말뚝은 일반적인 지반조건의 경우 부식이 거의 문제되지 않으며 따라서 재료 단면적을 100% 사용할 수 있지만 특히 부식성이 높은 지하수 조건일 경우에는 부식방지공을 검토하여야 한다. 그러나, 현재 국내에서 사용되는 기성 콘크리트말뚝은 거의 대부분 PC 또는 PHC 말뚝으로 프리스트레싱 방식으로 제작되고 있다. 프리스트레싱이 기성 콘크리트 말뚝재료의 장기 허용압축응력에 미치는 영향에 대하여는 여러 가지 제안들이 있지만 아직까지 분명한 이론이 정립되지 못하였다. 따라서 PC 또는 PHC말뚝의 장기 허용압축응력은 경험적으로 결정할 수밖에 없는 실정이다. <표 509.4.24>와 <표 509.4.25>에는 일본에서 보편적으로 적용되고 있는 기성 콘크리트말뚝의 장기 허용압축하중을 나타내었다.

현장타설 콘크리트말뚝재료의 허용하중은 콘크리트 부위와 보강철근 부위로 구분하여 두 부분의 허용하중을 각각 산정한 다음 이 두 값을 합하여 결정한다.

① 콘크리트 부위 : 현장타설말뚝 재료는 흙 속에서 타설되기 때문에 기성 콘크리트말뚝보다 품질면에서 열악하며 따라서 말뚝재료의 장기 허용압축응력을 산정하는데 몇가지 제약을 갖는다. 지하수가 없는 건조한 상태에서 정밀한 품질관리를 실시하며 콘크리트를 타설하는 경우에는 기성콘크리트말뚝에서와 같이 콘크리트 압축강도의 최대 25%까지를 장기허용압축응력으로 하며 그 값이 6,000 kN/m^{2}을 초과하지 않도록 한다. 콘크리트 타설조건상 지하수가 존재하는 상태에서 정밀한 품질관리를 실시하면 콘크리트를 타설하는 경우에는 콘크리트 압축강도의 최대 20%까지를 장기 허용압축응력으로 하며 그 값이 5,000 kN/m^{2}를 초과하지 않도록 한다.

② 철근 부위 : 보강철근의 장기 허용압축응력은 항복강도의 40%로 한다.

③ 기타 : 일반적인 지하수조건일 경우 현장타설말뚝에서 부식은 거의 문제시되지 않는다. 그러나, 특히 부식성이 높은 지하수조건일 경우에는 부식방지공을 검토하여야 한다.

말뚝을 이음시공하면 여러 가지 요인에 의하여 말뚝재료의 강도감소가 나타나며 이 감소율은 <표 509.4.26>과 같다. 또한 선굴착 시공된 말뚝의 경우 말뚝 타격에 의한 이음부 손상이 발생하지 않으므로 감소율의 1/2만 적용한다.

<표 509.4.24> PC말뚝의 장기 허용압축하중

직경 (mm)	두께 (mm)	단면적 (m^2)	구분	Prestress (kN/m^2)	허용지지력 (kN)
300	60	0.0452	A종	4,500	470
			B종	8,300	450
			C종	10,400	420
350	65	0.0582	A종	4,100	610
			B종	7,700	580
			C종	10,000	550
400	745	0.0766	A종	4,100	800
			B종	7,700	760
			C종	10,000	720
450	80	0.0930	A종	4,300	970
			B종	8,000	930
			C종	10,200	880
500	90	0.1159	A종	4,300	1,210
			B종	7,900	1,150
			C종	10,000	1,100
600	100	0.1571	A종	4,200	1,640
			B종	7,800	1,570
			C종	10,000	1,490

<표 509.4.25> PHC말뚝의 장기 허용압축하중

직경 (mm)	두께 (mm)	단면적 (m^2)	구분	Prestress (kN/m^2)	허용지지력 (kN)
300	60	0.0452	A종	4,000	700
			B종	8,000	650
			C종	10,000	600
350	60	0.0546	A종	4,000	800
			B종	8,000	850
			C종	10,000	750
400	65	0.0684	A종	4,000	1,050
			B종	8,000	1,050
			C종	10,000	900
450	70	0.0835	A종	4,000	1,300
			B종	8,000	1,300
			C종	10,000	1,150
500	80	0.1055	A종	4,000	1,650
			B종	8,000	1,650
			C종	10,000	1,450
600	90	0.1441	A종	4,000	2,550
			B종	8,000	2,300
			C종	10,000	2,000

<표 509.4.26> 말뚝이음에 의한 허용하중 감소율 μ_2

이음방법	감 소 율
용접이음	5% / 1개소
볼트식 이음	10% / 1개소
충전식 이음	최초 2개소 20 % / 1개소 3개소째 30 % / 1개소

장경비가 큰 말뚝은 다음 식을 적용하여 말뚝재료의 허용응력을 감소시켜 적용한다.

$$\mu_1 = (\frac{L}{d} - n) \qquad (509.4.41)$$

여기서,

μ_1 : 장경비에 의한 저감률

n : 허용응력을 감소하지 않아도 되는 L/d 상한값

L/d : 말뚝길이 / 말뚝직경

(2) 지반의 허용지지력

외말뚝 조건에서 지반의 허용지지력은 극한지지력을 안전율로 나눈 값으로, 원칙적으로 안전율은 3을 적용한다.

<표 509.4.27> 장경비에 의한 허용응력 감소 한계값 n

말뚝종류	n	장경비 상한계
RC말뚝	70	90
PSC말뚝	80	105
PHC말뚝	85	110
강관말뚝	100	130
현장타설 콘크리트 말뚝	60	80

주) 장경비에 의한 말뚝재료의 허용응력 감소를 감안하더라도, 장경비의 상한계 이상의 긴 말뚝은 설계하지 않는 것이 좋다.

일정규모 이상의 공사에서는 시험말뚝을 설치하고 압축재하시험을 실시하여 지반의 축방향 극한지지력을 확인하도록 한다. 단, 시험말뚝 시공과 압축재하시험이 곤란한 경우 정역학적 지지력공식을 이용하거나 원위치시험 결과를 이용한 경험식에 의하여 계산할 수 있다.

말뚝의 하중 지지특성을 고려하여 선단지지력과 주면마찰력을 각각 산정한 후, 두 값을 합산하여 말뚝의 극한 지지력을 구한다. 허용지지력을 산정하는 방법은 다음과 같다.

① 토사에서의 허용지지력

가. 구조물기초 설계기준 해설 [구조물기초설계기준 해설 5.2.3]에 의한 방법

$$Q_a = \frac{1}{F_s}(q_p A_p + \Sigma f_s A_s) \qquad (509.4.42)$$

여기서,

Q_a : 축방향 허용지지력 (kN)/EA

F_s : 안전율

A_p : 말뚝 선단 지지면적 (m^2)

A_s : 말뚝 주면적 (m^2)

q_p : 단위면적당 선단지지력 (kN/m^2)

f_s : 단위면적당 주면마찰력 (kN/m^2)

i) 사질토지반의 지지력

㉠ 선단지지력

사질토 지반에서 선단부에서의 유효상재압 σ'_v는 직선적으로 증가하므로 단위면적당 선단지지력도 직선적으로 증가하여야 한다. 그러나, 실제 선단지지력은 어느 정도의 깊이가 되면 더 이상 증가하지 않는데, 이 깊이를 한계관입깊이(D_f)라고 하며, 말뚝의 선단지지력 추정시 한계관입깊이를 $20D$로 보고 $D_f > 20D$ 인 경우에도 $\sigma'_v = \gamma' \cdot D_f$, ($D_f = 20D$)로 산정한다. 선단지지력은 다음과 같다.

$$q_p = \sigma'_v N_q \qquad (509.4.43)$$

여기서,

D : 말뚝직경(m)
σ'_v : 유효상재압 (kN/m²)
N_q : 지지력계수

㉡ 주면마찰력

말뚝과 흙사이의 마찰에 의한 주면마찰력은 다음과 같다.

$$f_s = K_s \cdot \sigma'_v \cdot \tan\delta \qquad (509.4.44)$$

여기서,
K_s : 말뚝 측면에 작용하는 법선토압계수
σ'_v : 말뚝 측면 평균 유효상재압 (kN/m²)
δ : 말뚝과 흙사이의 마찰각

주면마찰력도 어느 정도 깊이까지는 직선적으로 증가하지만 어느 깊이 이하에서는 일정 값을 유지한다. 이를 한계깊이(L_c)라고 하며 $L_c = 20D$를 적용한다.

<표 509.4.28> 말뚝표면과 흙의 마찰각 δ (Aas, 1966)

구 분	δ
강말뚝	20°
콘크리트 말뚝	$\frac{3}{4}\phi$
나무말뚝	$\frac{3}{4}\phi$

ii) 점성토 지반

비배수조건의 포화점성토 지반에 적용되는 식으로 지지력계수 N_c는 기초 폭, 형태 및 관입비의 영향을 받는 값으로 말뚝기초의 경우 일반적으로 정방형 또는 원형단면이며 관입비 또한 4 이상으로 $N_c = 9$를 적용할 수 있다.

㉠ 선단지지력

$$q_p = c_u N_c \qquad (509.4.45)$$

여기서,
c_u : 말뚝 지지층 점착력 (kN/m²)
N_c: 지지력계수

㉡ 주면마찰력

• α계수법 (비배수 조건)

α계수법은 비배수조건이므로 주면마찰력은 흙과 말뚝의 부착력만으로 표시되며, α는 점토층의 굳기와 말뚝종류, 크기, 시공법 및 지층상태에 따라 값이 다르다. <그림 509.4.17>은 α계수와 비배수 점착력 c_u의 관계를 제시하고 있다.

$$f_s = \alpha \cdot c_u \qquad (509.4.46)$$

여기서,
c_u : 비배수 점착력
α : 부착력 계수

<표 509.4.29> 내부마찰각과 지지력계수 N_q와의 관계

ϕ	26°	28°	30°	31°	32°	33°	34°	35°	36°	37°	38°	39°	40°
타입말뚝	10	15	21	24	29	35	42	50	62	77	86	120	145
현장타설말뚝	5	8	10	12	14	17	21	25	30	38	43	60	72

<표 509.4.30> 주면마찰력 산정을 위한 법선토압계수 K_s

말뚝형태 / K_s	타 입 H말뚝	타 입 치환말뚝	타입치환 쐐기형말뚝	타 입 사수말뚝	굴착말뚝 ($B \le 1500$mm)
느슨한 모래	0.5	1.0	1.5	0.4	0.7
촘촘한 모래	1.0	1.5	2.0	0.9	

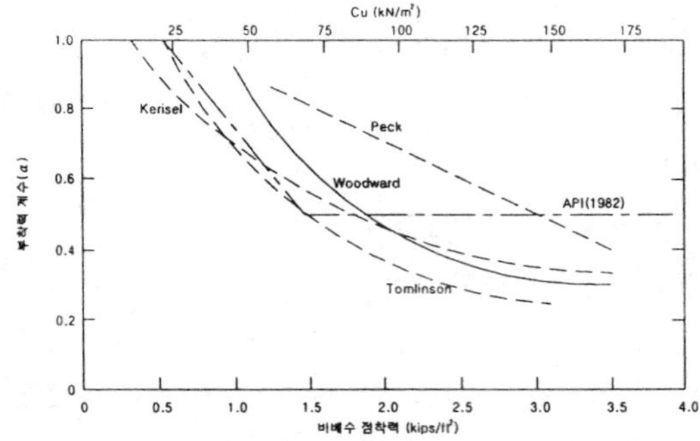

<그림 509.4.17> 타입말뚝의 부착력계수α

- β계수법 (유효응력 해석법)

β계수법은 말뚝을 시공한 후 과잉간극수압이 소산된 후 하중이 재하되는 경우 말뚝 주면에 발생하는 마찰력을 구하는 방법으로 주변 지반의 배수전단강도로 나타낸다.

$$f_s = \beta \cdot \sigma'_v \qquad (509.4.47)$$

여기서,

β : 유효응력계수(=$K\tan\phi_R$, K=토압계수)

ϕ_R : 재성형된 점토의 배수마찰각

σ'_v : 각 지층별 평균 유효상재압 (kN/m²)

나. 도로교설계기준 해설 [도•설 5.8.5]에 의한 방법

i) 선단지지력

타입말뚝의 경우 말뚝선단의 극한지지력 q_b는 <그림 509.4.18>에서와 같이 q_b와 말뚝선단 지반의 설계 N값의 비(m)를 말뚝 지지층에서의 근입비[=지지층에서의 근입깊이(L_B)/말뚝지름(D)]의 함수로 나타내었다.

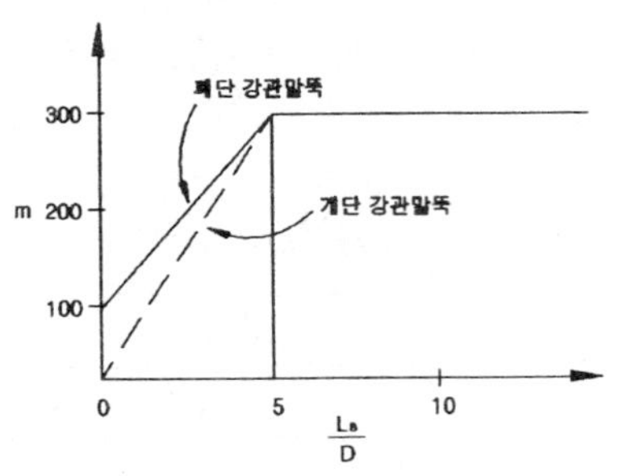

<그림 509.4.18> 말뚝선단지반의 극한지지력 산정도

보통암이나 연암류의 경우는 적용대상에서 제외되며 말뚝선단 지반의 설계 N값은 지지력 산정상 40을 상한으로 한다.

ii) 주면마찰력

말뚝 주면에 작용하는 최대주면마찰력은 말뚝의 시공방법과 지반종류에 따라 <표 509.4.31>을 참조하여 산정하도록 하며, 일반적으로 $N \leq 2$의 연약층에서는 신뢰성 부족으로 인해 주면마찰 저항을 고려할 수 없다.

$$R_u = q_b \cdot A + U\sum l_i \cdot f_i \qquad (509.4.48)$$

여기서,

R_u : 극한지지력 (kN)/EA

A : 말뚝 선단면적 (m²)

q_b : 말뚝선단에서 지지하는 단위면적당 극한 지지력 (kN/m²)

U : 말뚝 둘레 길이 (m)

l_i : 주면마찰력을 고려하는 층의 두께 (m)

f_i : 주면마찰력을 고려하는 층의 최대주면 마찰력 (kN/m²)

다. 현장시험결과에 의한 방법

i) 표준관입시험(SPT)에 의한 방법

N값을 이용하여 사질토지반에 설치된 말뚝의 지지력을 추정하는 방법은 다수 존재하며 식(509.4.49)는 Meyerhof(1976)에 의해 제안되었다.

$$Q_a = \frac{1}{F_s}(m N'_{60} A_p + n \overline{N_{60}} A_s) \qquad (509.4.49)$$

여기서,

Q_a : 허용지지력 (kN/ea)

A_p : 말뚝 선단면적 (m²)

A_s : 사질토 지반에 묻힌 말뚝 겉면적 (m²)

$N'_{60} = C_N \cdot N_{60}$($C_N$: 상재하중보정계수)

N_{60} : 말뚝 선단부 N값 (타격에너지 효율을 실측하여 60% 보정한 값)

$\overline{N_{60}}$: 말뚝 주면부 평균 N값 (타격에너지 효율을 실측하여 60% 보정한 값)

$$m = 30\left(\frac{L_b}{B}\right) \leq 300$$

(타입말뚝, $mN'_{60} \leq 15{,}000\,\mathrm{kN/m^2}$)

$$n = 2 \ \ (n\overline{N} \leq 100\,\mathrm{kN/m^2})$$

선굴착말뚝의 지지력을 산정할 때는 선굴착 직경, 주면고정 및 선단부 고정을 위한 시멘트풀 주입여부 및 최종 항타 정도 등에 따라 <표 509.4.32>를 참조하여 산정할 수 있으며, 이 방법으로 허용지지력을 구할 때는 안전율 3.0 이상을 적용한다.

ii) 정적콘관입시험(CPT)에 의한 방법

말뚝지지력 추정에 가장 적당한 현장시험방법으로서 매우 치밀한 사질토층이나 자갈층을 제외하고 적용된다. 타입치환말뚝의 경우 단위면적당 선단지지력과 주면마찰력은 식(509.4.50a)와 식(509.4.50b)로 구하며, 착공말뚝에서는 타입치환말뚝에서 구한 값의 1/2을 사용한다.

$$q_p = q_c \ (\leq 15{,}000\,\mathrm{kN/m^2}) \qquad (509.4.50a)$$

$$f_a = f_c \ (\leq 100\,\mathrm{kN/m^2}) \qquad (509.4.50b)$$

여기서,

q_c : 콘지수 ($\mathrm{kN/m^2}$)

f_c : 콘마찰 저항치 ($\mathrm{kN/m^2}$)

iii) 프레셔미터시험에 의한 방법

Menard(1975)에 의해 제안된 방법으로 시료채취가 곤란한 사질토층, 잔류토층, 빙하 퇴적토층 및 연암층에 적용한다.

$$Q_u = [\,\overline{P_{oh}} + k_g(P_L - \overline{P_{oh}})\,] \cdot A_p + f_s \cdot A_s \qquad (509.4.51)$$

여기서,

Q_u : 극한지지력 (kN/ea)

$\overline{P_{oh}}$: 정지상태의 수평응력 (시험에서 측정)

P_L : 극한 또는 한계압 (시험에서 측정)

k_g : 지지력계수, 지반조건과 말뚝형태에 의하여 결정됨

f_s : 단위면적당 주면마찰력 ($\mathrm{kN/m^2}$)

$Z_{tip}/B \geq 10$인 관입깊이에서는 k_g는 <표 509.4.33>의 값보다 작은 값을 적용한다.

극한주면마찰력은 프레셔미터 한계압 P_L과 단위면적당 주면마찰력 f_s의 관계도표를 이용하여 구한다.

a. 사질토

무치환콘크리트 말뚝, 치환 강말뚝 : 곡선 A

치환 콘크리트 말뚝 : 곡선 B

b. 점성토

콘크리트, 나무말뚝 : 곡선 A

강말뚝 : 곡선 A의 75%

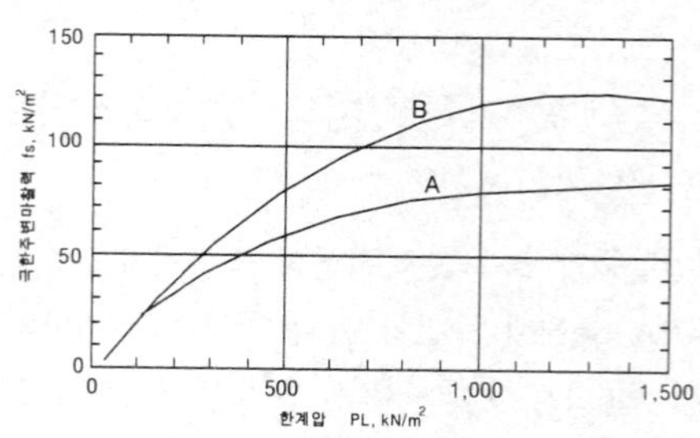

<그림 509.4.19> 한계압과 단위극한주면마찰력과의 관계

<표 509.4.31> 최대주면마찰력 산정방법(단위 : $\mathrm{kN/m^2}$)

시 공 법	타입공법	현장타설말뚝공법	내부굴착말뚝공법
사 질 토	$2N(\leq 100)$	$5N(\leq 200)$	$1N(\leq 50)$
점 성 토	$10c^*$ 또는 $10N(\leq 150)$	$10c^*$ 또는 $10N(\leq 150)$	$5c^*$ 또는 $5N(\leq 150)$

주) c^* : 점성토의 전단강도, N≤20의 연약층에서는 신뢰성이 부족하므로 주변마찰저항을 고려할 수 없음.

<표 509.4.32> 내부굴착말뚝공법에 따른 말뚝선단의 극한지지력(단위 : kN)

선단처리방법	최종타격방식	시멘트밀크 분출 교반방식	콘크리트 타설방식
선단지지력 산정방법	타입말뚝의 산정방법 이용	모래층 : 150N(≤ 7,500) 모래자갈층 : 200N(≤10,000)	현장타설말뚝의 극한지지력을 적용

<표 509.4.33> 지지력계수 k_g (깊은기초, Hunt, 1986)

지 반 조 건	구 분	P_{Ln}* (MPa)	지지력계수 k_g **	
			타입말뚝	착공말뚝
연약내지 중간점토	1	0~2	2.0	1.8
느슨한 점토		0~0.7		
느슨한 모래	2	0.4~0.8	3.6	3.2
조밀한 실트		1.2~3.0		
굳은 점토		1.8~4.0		
연약하고 잘 부스러지는 화강암		1.0~3.0		
중밀의 모래자갈	3	1.0~2.0	5.8	5.2
중간굳기의 풍화암		4.0~10.0		
매우 조밀한 모래자갈	4	3.0~6.0	9.0	7.1
중간 내지 굳은 암		6.0~10.0*		

주) *순한계압 P_{Ln} = P_L - P_{oh}

**$Z_{tip}/B \geq$ 10인 관입깊이에서는 k_g는 표의 값보다 작은 값이다.

<표 509.4.34> 각종 매입공법의 지지력 산정식(일본 국토건설성 자료)(단위 : kN)

시공법	지지력 산정식	조 건	비 고
타격공법	$R_u = 300NA_p + (2N_sL_s + 0.5q_uL_c)\Phi$	N은 말뚝선단부의 평균값 $N \leq 60$, $N_s \leq 50$, $q_u \leq 200$	N_s : 사질토층의 평균 N값 q_u : 점성토층의 평균 일축압축 강도(kN/m²) A_p : 말뚝선단부의 단면적 L_s : 사질토층에 관입된 말뚝길이 L_c : 점성토층에 관입된 말뚝길이 Φ : 말뚝의 주면장 L : 말뚝의 길이
시멘트풀 주입공법	$R_u = 200NA_p + (2N_sL_s + 0.5q_uL_c)\Phi$	N은 말뚝선단부의 평균값 $N \leq 50$, $N_s \leq 25$, $q_u \leq 100$	
선굴착 근고공법	$R_u = 250NA_p + (2N_sL_s + 0.5q_uL_c)\Phi$	N은 말뚝선단부의 평균값 $N \leq 60$, $N_s \leq 25$, $q_u \leq 100$	
선굴착 최종타격공법	$R_u = 300NA_p + (5N_sL_s + 0.5q_uL_c)\Phi$	N은 1D~4D 평균값 $N \leq 60$, $N_s \leq 25$, $q_u \leq 100$	
선굴착 최종경타공법	$R_u = 250NA_p + (9L_c + 24L_s)\Phi$	N은 1D~4D 평균값 $N \leq 60$	
선굴착 확대근고공법	$R_u = 250NA_p + (2N_sL_s + 0.5q_uL_c)\Phi$ $R_u = 250NA_p + 15L\Phi$ (주면고정액 미사용시)	N은 1D~4D 평균값 $N \leq 60$, $N_s \leq 25$, $q_u \leq 100$	
속파기 확대근고공법	$R_u = 250NA_p + 15L\Phi$	N은 1D~4D 평균값 $N \leq 60$	
회전 근고공법	$R_u = 250NA_p + (2N_sL_s + 0.5q_uL_c)\Phi$ $R_u = 250NA_p + 15L\Phi$ (주면고정액 미사용시)	N은 1D~4D 평균값 $N \leq 60$, $N_s \leq 25$, $q_u \leq 100$	

주) 매입말뚝의 경우 굴착공경, 굴착방법, 말뚝선단의 위치, 굴착깊이, 시멘트풀 등의 영향이 지지력에 영향을 미친다. 국내의 경우 매입말뚝의 지지력을 지반조건과 연계하여 계산하는 지지력공식은 없는 실정으로 일본 국토건설성에서 고시한 각종 매입말뚝의 지지력 산정식을 참고하여 사용하고 있다.

② 암반에서의 허용지지력

가. 구조물기초 설계기준 해설 [구조물기초설계 기준 해설 5.2.3]에 의한 방법

강관말뚝이 암반에 말뚝직경 이상 타입되어 근입된 경우 적용할 수 있으며 암반근입부의 주면마찰력까지 포함하였다.

$$Q_u = 140 \cdot (\frac{q_u}{0.1})^{\frac{1}{2}} \cdot A_t^{\frac{2}{5}} \cdot A_i^{\frac{1}{3}} \qquad (509.4.52)$$

여기서,

Q_u : 극한선단지지력 (kN)/EA
q_u : 암반의 일축압축강도 (kN/m²)
($q_u \le$ 10,000 kN/m²)
A_t : 강관말뚝 선단 순단면적 (m²)
A_i : 강관말뚝 선단 심부면적 (m²)

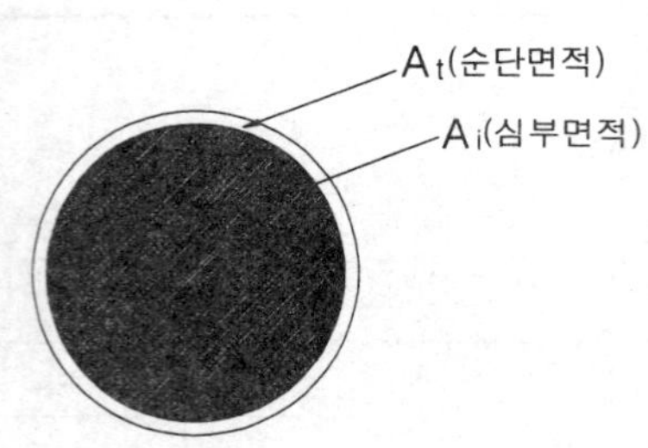

<그림 509.4.20> A_i 및 A_t 산정

나. 도로교설계기준 해설[도로교설계기준 해설 5.8.5]에 의한 방법

현장타설말뚝은 축방향 변위를 감소시키고, 하중 지지응력을 증가시키며 수평하중에 대한 저항을 위한 고정점을 만들어 주기 위하여 암반에 소켓시킨다. 암반소켓말뚝의 축방향 지지력을 결정할 때 토사층의 마찰력을 고려하지 않을 수도 있다.

일반적으로 암반 소켓부의 총침하량이 약 10 mm가 될 때까지는 암반소켓말뚝의 외주면 마찰력에 의해서만 압축 축하중을 지지한다. 이 변위에서 극한 주면마찰력이 발휘되며 암반과 콘크리트 사이에서 미끄러짐이 발생한다. 미끄러짐이 발생하면 부가적인 하중이 말뚝선단에 전이된다.

설계시에는 시공에 의해 거의 영향을 받지 않으며 콘크리트 타설 전에 깨끗하게 청소된 충분히 신선한 암반에 소켓부가 시공된다고 가정한다. 만약, 암반의 강도가 약해질 수 있다면 특별한 시공법, 소켓 직경의 증가, 또는 지지력의 축소 등을 고려해야 한다.

i) 암반의 주면 마찰력

암반에 소켓된 말뚝의 극한주면마찰력은 식(509.4.53)을 이용하여 계산할 수 있다.

$$Q_s = \pi \cdot B_r \cdot D_r \cdot q_s \qquad (509.4.53)$$

여기서,

B_r : 소켓부의 직경 (m)
D_r : 소켓부의 길이 (m)
q_s : 소켓과 암반의 접촉면에서의 극한주면 마찰력(<그림 509.4.21 참조>)

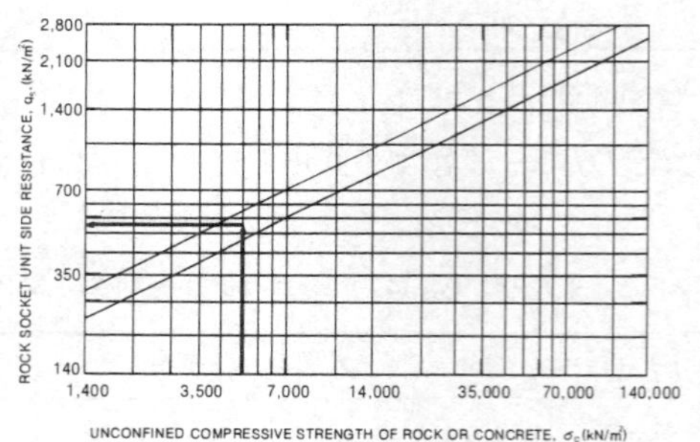

<그림 509.4.21> 벽면 거칠기가 부드러운 암반소켓말뚝의 단위극한주면마찰력

암반소켓의 극한 인발력은 $0.7Q_s$로 제한되어야 한다.

암반의 일축압축강도(C_m)나 콘크리트의 일축압축강도(σ_c)중 약한 것에 기초하여 암반소켓을 설계하여야하며 C_m은 식(509.4.54)에 의하여 구할 수 있다(단위 : US Customary Units).

$$C_m = \alpha_E \cdot C_o \qquad (509.4.54)$$

여기서,

$\alpha_E = 0.231(RQD) - 1.32 \ge 0.15$

C_o : 암석 일축압축강도(psi)

ii) 암반의 선단 지지력

암반소켓 현장타설말뚝의 극한선단지지력 계산에는 암반 불연속면의 영향을 고려하여야 하며 식 (509.4.55)으로 구할 수 있다.

$$Q_p = N_{ms} \cdot C_o \cdot A_p \qquad (509.4.55)$$

여기서,
N_{ms} : 암석의 극한 지지력을 평가하기 위한 계수
C_o : 말뚝선단 아래 $2D$ 이내에서 채취된 암석코아에 대한 일축압축강도
A_p : 말뚝선단부 면적

암질이 매우 불량한 경우에도 Q_p의 값은 등가적인 토사에 대한 지지력보다는 작아서는 안된다.

다. Canadian Foundation Engineering Manual (1992)에 의한 방법

$$Q_a = q_u \cdot K_{sp} \cdot d \cdot A_p \qquad (509.4.56)$$

여기서,
q_u : 암석시편 평균 일축압축강도 (kN/m²)
K_{sp} : 불연속면 간격에 따른 계수
d : 무차원 깊이계수 $\quad d = 1 + 0.4\dfrac{H_s}{D_s} \le 3.4$
H_s : 말뚝 근입깊이 (m)
D_s : 말뚝 근입부 지름 (m)
A_p : 말뚝 선단면적 (m²)

<표 509.4.35> 불연속면 간격에 따른 계수 K_{sp}

절리간격	K_{sp}
비교적 좁음 (0.3~1.0 m)	0.10
넓 음 (1.0~3.0 m)	0.25
매우 넓음 (〉 3.0 m)	0.40

라. Goodman의 제안식 (Introduction to Rock Mechanics, Goodman, 1980)에 의한 방법

실험실에서 구한 일축압축강도에 크기효과(Scale Effect)를 고려하여 q_u값을 사용하도록 추천하고 있으며, 허용선단지지력은 3.0 이상의 안전율을 적용한다.

$$Q_a = \frac{1}{3}\left[\frac{q_{u(lab)}}{5}\cdot(N_\varnothing + 1)\right]A_p \qquad (509.4.57)$$

여기서,
$q_{u(lab)}$: 암석의 일축압축강도 (kN/m²)
$N_\varnothing = \tan^2(45 + \varnothing/2)$

마. Polus & Davis 제안식에 의한 방법

(Pile Foundation Analysis and Design, Polus & Davis, 1980)

감소계수는 0.2가 하한값이며 이 값을 적용하더라도 암석의 일축압축강도에 의해 기타 제안식들보다 지지력이 크게 산정된다.

$$Q_a = \alpha \cdot q_{u(lab)} \cdot A_p \qquad (509.4.58)$$

여기서,
$q_{u(lab)}$: 암석의 일축압축강도 (kN/m²)
α : 감소계수 (0.2~0.5)
A_p : 말뚝 선단부 면적 (m²)

③ 부주면마찰력

말뚝을 포화된 점토층에 시공한 경우 포화된 점토층 위에 새로운 성토를 하거나 지하수위가 저하됨에 따라 점토층에 압밀침하가 발생하고 이로 인해 말뚝에는 하향으로 작용하는 마찰력이 발생하게 된다. 이러한 마찰력은 상향의 주면마찰력과는 반대로 말뚝에 재하되는 하중으로 작용하게 되며 이를 부주면마찰력이라 한다.

부주면마찰력이 발생하는 경우에는 말뚝본체의 손상을 막고 구조물의 기능을 확보하기 위하여 말뚝의 연직지지력, 말뚝본체응력 및 말뚝머리 침하량에 대하여 검토하여야 한다.

가. 부주면마찰력 검토조건

다음과 같은 현장조건의 경우에는 부주면마찰력을 고려하지 않을 수 있으나, 그 외의 경우에는 부주면마찰력의 발생가능성에 대하여 검토하여야 한다.

- 지반침하가 정지된 경우
- 지반토층 분포양상이 비교적 균일하며 지반침하량이 계속적으로 감소하더라도 지반침하속도가 20 mm/년 이하인 경우
- 향후 지하수 양수작업 등을 하더라도 지반침하를 고려하지 않아도 되는 경우

나. 중립점 위치 산정

말뚝 주면 압밀침하량은 지표면에서 최대이고 깊이에 따라 점차 감소하여 압밀층 최하단에서는 0이 된다. 지반침하와 말뚝의 침하가 같아서 상대적 침하가 발생하지 않는 위치를 중립점이라 하며 중립점 위에서는 부주면마찰력이 발생하고 그 아래에서는 정주면마찰력이 발생한다.

중립점 위치는 말뚝 선단 지지층의 굳기에 따라 변화하며 압밀층 깊이의 75~95% 정도이며 일반적으로 압밀층 하단이라고 가정한다. 압밀층의 두께를 H라 하고 중립점까지의 깊이를 $L(L = n \cdot H)$이라고 하면 대략적인 n값은 다음과 같다.

<표 509.4.36> 중립층까지의 깊이를 나타내는 n

말뚝 지지형태	n
마찰말뚝이나 불완전 지지말뚝	0.8
보통모래, 모래자갈층으로 지지된 경우	0.9
암반이나 굳은지층에 완전 지지된 경우	1.0

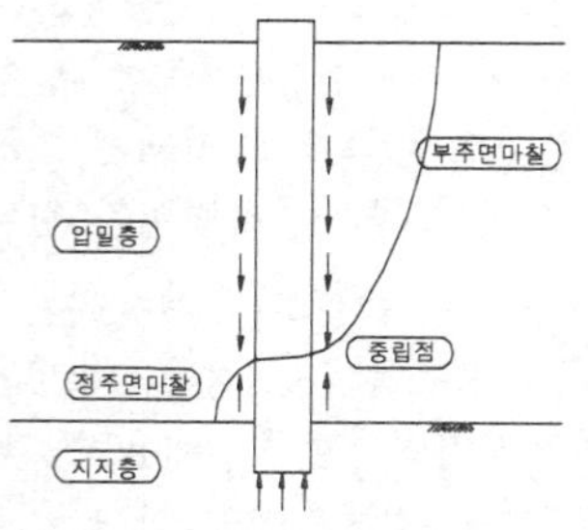

<그림 509.4.22> 부주면마찰력과 중립점

다. 단말뚝에 작용하는 부주면마찰력

부주면마찰력의 크기는 장기간 계측을 통하여 확인하는 것이 가장 좋으나, 직접측정이 곤란한 경우 부주면마찰력 산정공식을 이용하여 추정할 수 있다.

i) 구조물기초설계기준 해설[5.2.7]

$$Q_{ns} = f_n A_{sn} \tag{509.4.59}$$

여기서,

Q_{ns} : 부주면마찰력 (kN)
f_n : 단위면적당 부주면마찰력 (kN/m^2)
A_{sn} : 부주면마찰력 작용하는 부분의 말뚝주면적 (m^2)

단위면적당 부주면 마찰력(f_n)은 점토와 점토질 실트의 단기거동 해석에는 α계수법을, 점토와 사질토의 장기거동 해석에는 β계수법에 의하여 구한다.

a. α계수법

$$f_n = \alpha \cdot c_u \tag{509.4.60}$$

여기서,

c_u : 비배수 점착력 (kN/m^2)
α : 부착력계수

b. β계수법

$$f_n = \beta \cdot \sigma'_v \tag{509.4.61}$$

여기서,

σ'_v : 각 지층별 평균 유효상재압 (kN/m^2)
β : 유효응력계수

<표 509.4.37> 토질별 β 대표치

토 질	β
점 토	0.20 ~ 0.25
실 트	0.25 ~ 0.35
모 래	0.35 ~ 0.50

ii) 도로교설계기준 해설[5.8.5]

$$Q_{nf} = U\sum l_i \cdot f_i \quad (509.4.62)$$

여기서,

Q_{nf} : 부주면마찰력, 중립점보다 위쪽의 최대 주면마찰력의 합 (kN)

U : 말뚝 둘레길이 (m)

l_i : 마찰력을 고려하는 층의 두께 (m)

f_i : 마찰력을 고려한 층의 최대 주면마찰력 (kN/m²)

부주면마찰력은 주면마찰력 산정공식에 의해 계산하며, $N \leq 2$의 연약층이더라도 고려하여야 한다.

<표 509.4.38> 최대주면마찰력

구 분	사질토	점성토
타입공법	$2N(\leq 100)$	$10c^*$ 또는 $10N(\leq 150)$
현장타설 말뚝공법	$5N(\leq 200)$	$10c^*$ 또는 $10N(\leq 150)$
내부굴착 말뚝공법	$1N(\leq 50)$	$5c^*$ 또는 $5N(\leq 150)$

주) c^* : 점성토의 전단강도

④ 부주면마찰력을 고려한 허용지지력 산정

부주면마찰력이 작용하는 지반조건에서는 허용지지력 산정시 부주면마찰력을 고려하여야 하며, 다음의 방법을 적용하여 산정한다.

가. 구조물기초설계기준 해설[5.2.7]

$$Q_a = \frac{Q_p + Q_{ps} - Q_{ns}}{F.S} \quad (509.4.63)$$

여기서,

Q_p : 극한선단지지력 (kN)

Q_{ps} : 중립점 아래에 작용하는 정주면마찰력 (kN)

Q_{ns} : 중립점 위에 작용하는 부주면마찰력 (kN)

$F.S$: 안전율 (극한지지력 3.0, 항복지지력 2.0 적용)

나. 도로교설계기준 해설[5.8.5]

$$Q_a' = \frac{1}{3}(Q_u' - W_s' - Q_{nf}) + W_s' - W \quad (509.4.64)$$

여기서,

Q_a' : 부주면마찰력을 고려한 허용지지력 (kN)

Q_u' : 중립점보다 밑에 있는 지반에 의한 말뚝의 극한지지력 (kN)

Q_{nf} : 부주면마찰력 (kN)

W_s' : 중립점 하부 말뚝으로 치환되는 부분에 대한 흙의 유효중량 (kN)

W : 말뚝과 말뚝 내부의 흙의 유효중량 (kN)

⑤ 부주면마찰력 작용시 말뚝재료 허용하중

부주면마찰력이 작용하지 않는 경우 말뚝에 작용하는 최대하중은 말뚝상단에 위치하고 말뚝두부에 작용된 하중과 동일하다. 그러나 부주면마찰력이 작용하는 경우에는 말뚝두부가 아닌 중립점 위치에서 최대하중이 작용하며 작용하중에 부주면마찰력을 더한 값이 된다.

이처럼 부주면마찰력은 하중으로 작용하여 말뚝재료의 구조적 손상을 발생시키므로 중립점 위치에서 이에 대한 검토가 필요하다.

가. 구조물기초설계기준 해설[5.2.7]

$$\sigma_y \cdot A_t \geq (Q_t + Q_{ns}) \cdot F.S \quad (509.4.65)$$

여기서,

σ_y : 말뚝재료의 항복응력 (kN/m²)

A_t : 말뚝의 순단면적 (m²)

Q_t : 말뚝에 작용하는 상부하중 (kN) (장기 사하중만 고려)

Q_{ns} : 중립점에 작용하는 부주면마찰력 (kN)

$F.S$: 안전율(정확한 지반강도 및 중립축 산정시 1.0, 그 외에는 1.2 적용)

나. 도로교설계기준 해설[5.8.5]

$$1.2 \times (P_0 + Q_{nf} + W') \leq \sigma_y \cdot A_p \qquad (509.4.66)$$

여기서,

P_0 : 말뚝머리에 작용하는 고정하중 (kN)
Q_{nf} : 부주면마찰력 (kN)
W' : 중립점보다 위쪽말뚝의 유효중량 (kN)
σ_y : 말뚝재료의 항복응력 (kN/m^2)
A_p : 검토단면에서의 말뚝의 순단면적 (m^2)

4.3.2 침하 검토

(1) 허용침하량 기준

장기 지속하중에 의해서 발생하는 부정정구조물의 연직변위량은 표에서 제시하는 값을 넘지 않도록 설계하여야 하며, 허용침하량은 상부구조물의 구조형식, 사용재료, 용도, 중요도 및 침하의 시간적 성격 등에 의해 정한다.

<표 509.4.39> 부정정 구조물의 허용연직변위량

지 지 층	최대변위량 (mm)	부등변위량 (mm)
모래지반	25	20
점토지반	50	20
복합지반	30	20

<표 509.4.40> 각변위에 따른 교량의 침하기준

각변위 (δ/s)	구 분
0.004	다경간 교량의 허용치
0.005	단경간 교량의 허용치

(2) 침하량 산정방법

침하를 판정할 때에는 외말뚝의 침하량, 부주면마찰력에 의한 외말뚝 침하량 및 부등침하량 등을 상부 구조물 특성과 연계하여 다음과 같은 방법으로 판정한다.

① 구조물기초 설계기준 및 탄성계수법

말뚝침하량(S_t)은 말뚝자체의 탄성침하량(S_s), 말뚝 선단부에 가해지는 하중에 의한 침하량(S_p) 및 주면마찰력에 의한 침하량(S_{ps})의 합으로 아래의 식으로 표시할 수 있으며, 말뚝의 선단지지층이 아래쪽으로 말뚝직경의 10배 이상이 되며 충분히 견고한 경우 적용할 수 있다.

$$S_t = S_s + S_p + S_{ps} \qquad (509.4.67)$$

여기서,

S_t : 기초의 전체침하량 (mm)
S_s : 말뚝자체의 길이방향 탄성변형 (mm)
S_p : 말뚝선단부의 하중에 의한 침하량 (mm)
S_{ps} : 주면마찰력에 의한 말뚝선단부의 침하량 (mm)

가. 말뚝 자체의 탄성침하량 (S_s)

i) 구조물기초설계기준 해설[5.2.9]

$$S_s = (Q_{pa} + \alpha_s Q_{fs}) \cdot \frac{L}{A_p E_p} \qquad (509.4.68)$$

여기서,

Q_{pa} : 말뚝선단부에 전달되는 하중 (kN)
Q_{fs} : 말뚝주면에 전달되는 하중 (kN)
α_s : 말뚝의 주면마찰력 분포에 따른 계수
L : 말뚝길이 (m)
A_p : 말뚝 단면적 (재료의 순단면적, m^2)
E_p : 말뚝 탄성계수 (kN/m^2)

Vesic(1977)은 주면마찰력이 균등분포 또는 포물선분포인 경우에는 $\alpha_s = 0.5$, 삼각형분포의 경우는 $\alpha_s = 0.67$을 적용하도록 권장하고 있다.

ii) 탄성계수법

$$S_s = (Q_{pa} + \xi Q_{ws}) \cdot \frac{L}{A_p E_p} \qquad (509.4.69)$$

여기서,

ξ: 주면마찰력 분포특성에 따른 계수

Q_{ws} : 말뚝에 설계하중이 재하되었을 때 말뚝 주변부에 전달되는 하중 (kN)

나. 말뚝 선단부에 가해지는 하중에 의한 침하량(S_p)

i) 구조물기초설계기준 해설[5.2.9]

$$S_p = \frac{C_p \cdot Q_{pa}}{B \cdot q_p} \quad (509.4.70)$$

여기서,

C_p : 흙의 종류와 말뚝시공법에 따른 경험계수

Q_{pa} : 말뚝선단부에 전달되는 하중 (kN)

B : 말뚝 직경 (m)

q_p : 말뚝 단위면적당 극한지지력 (kN/m^2)

ii) 탄성계수법

$$S_p = \frac{q_{wp} \cdot D(1 - \mu^2) \cdot I_{wp}}{E_s} \quad (509.4.71)$$

여기서,

q_{wp} : 단위면적당 극한 선단지지력 (kN/m^2)

μ : 포와송비

I_{wp} : 영향계수

E_s : 흙의 탄성계수 (kN/m^2)

다. 주면마찰력에 의한 침하량(S_{ps})

i) 구조물기초설계기준 해설[5.2.9]

$$S_{ps} = \frac{C_s \cdot Q_{fs}}{L_b \cdot q_p} \quad (509.4.72)$$

여기서,

$C_s = \left(0.93 + 0.16\sqrt{L_b/B}\right)C_p$

L_b : 말뚝 근입깊이 (m)

ii) 탄성계수법

$$S_{ps} = \frac{Q_{ws} \cdot D(1 - \mu^2) \cdot I_{ws}}{p \cdot L_b \cdot E_s} \quad (509.4.73)$$

여기서,

Q_{ws} : 말뚝에 설계하중이 재하되었을 때 말뚝 주변부에 전달되는 하중 (kN)

I_{ws} : $2 + 0.35\sqrt{L/D}$ (Vesic, 1977)

p : 말뚝의 윤변 (m)

L_b : 근입깊이 (m)

<표 509.4.41> 경험계수 C_p

구 분	타입말뚝	굴착말뚝
모래 (조밀~느슨)	0.02~0.04	0.09~0.18
점토 (굳은~연약)	0.02~0.03	0.03~0.06
실트 (조밀~느슨)	0.03~0.05	0.09~0.12

② Canadian Foundation Engineering Manual (1992)

$$S = \frac{D}{100} + \frac{Q \cdot L}{A \cdot E_p} \quad (509.4.74)$$

여기서,

D : 말뚝 직경 (m)

Q : 작용하중 (kN)

L : 말뚝 길이 (m)

A : 말뚝 단면적 (m^2)

E_p : 말뚝 탄성계수 (kN/m^2)

4.3.3 무리말뚝 검토방법

일반적으로 말뚝기초 시공시 여러 개의 말뚝을 인접 설치하며 각 말뚝에 의해 지반에 전달되는 응력이 중복되는 경우가 많다. 따라서 무리말뚝과 외말뚝의 지지력과 침하거동은 달라진다. 무리말뚝의 지지력 산정방법에는 외말뚝의 지지력을 합한 값에 무리효율을 고려한 방법과 무리말뚝의 바깔 외주면을 연결한 가상 케이슨으로 산정하는 방법이 있는데 이 두 가지 방법 중 작은 값으로 결정한다.

(1) 무리말뚝의 지지력 검토

① 무리효율을 고려하는 경우

가. 항타말뚝의 무리효율

i) 점성토

$\eta = 0.7 \ (2.5d < D \leq 3.0d)$ (509.4.75)

ii) 사질토

$\eta = 1.0 \ (D > 3.0d)$ (509.4.76)

$= 2/3 \sim 3/4 \ (D = 3.0d)$ (509.4.77)

여기서,

d : 말뚝직경

D : 말뚝중심간격

나. 현장 타설말뚝의 무리효율

i) 점성토

㉠ 지반면과 말뚝 캡이 밀실하게 접촉된 경우

Q_{ult}는 외말뚝의 지지력의 합이나 무리말뚝의 외주면에서 정의된 등가 케이슨의 지지력중 작은 값으로 결정한다. 등가 케이슨의 경우, 지반의 전단 강도는 Q_{ult}의 Q_B성분을 저감시키지 않고 그대로 사용하며, 선단 지지력은 Q_{ult}의 Q_B성분을 사용하고 말뚝 캡의 하중지지능력을 고려하지 않는다.

㉡ 지반면과 말뚝 캡이 밀실하게 접촉되지 않는 경우 또는 지반면의 흙이 느슨하거나 약한 경우 외말뚝의 선단지지력 Q_B에 무리효율을 곱한다.

$\eta = 0.67 \ (D = 3.0d)$ (509.4.78)

$= 1.00 \ (D = 6.0d)$ (509.4.79)

여기서,

$3.0d<D<6.0d$인 경우 선형 보간하여 결정

ii) 사질토

연직지지력은 인접한 말뚝간의 간격을 고려하여 결정되며, 각 현장타설말뚝의 개별지지력은 선단지지력 Q_B에 무리효율 η을 곱하여 산정한다.

$\eta = 0.67 \ (D = 3.0d)$ (509.4.80)

$= 1.00 \ (D = 8.0d)$ (509.4.81)

여기서,

$3.0d<D<8.0d$인 경우 선형 보간하여 결정

iii) 지지층 아래에 연약층이 있는 경우

지지층 아래에 연약층이 있는 지반에 시공된 무리말뚝의 경우, 연약한 층 속으로 말뚝선단이 관입 파괴될 우려가 있다. 이 때, 등가무리말뚝의 단위 선단지지력(q_E)은 다음과 같다.

$$q_E = q_{LO} + (H/10B_l) \cdot (q_{up} - q_{LO}) \leq q_{up} \qquad (509.4.82)$$

여기서,

q_{Lo} : 하부 연약층에서의 등가무리말뚝의 극한 단위선단지지력

q_{up} : 상부 지지층에서의 등가무리말뚝의 극한 단위선단지지력

H : 연약층의 상부로부터 무리말뚝 선단까지의 거리

B_l : 현장타설 무리말뚝의 최소폭

연약층이 점성토층인 경우, 연약층에서 침하가 과대하게 발생될 우려가 있으므로 주의하여야 한다.

② 가상 케이슨으로 가정하는 경우

무리말뚝의 바깥 외주면을 연결한 가상 케이슨으로 고려 식(509.4.83)에 의해 무리말뚝의 축방향

허용압축지지력을 검토한다.

$$Q_a = \frac{1}{n} \cdot (Q_p + Q_f) \qquad (509.4.83)$$

여기서,

Q_a : 무리말뚝으로서의 축방향 허용압축지지력(kN)

n : 안전율

Q_p : 무리말뚝으로서의 말뚝 선단의 극한지지력(kN)

$Q_p = Aq_d' - W$

A : 가상 케이슨 부분의 바닥 면적(㎡)

q_d' : 말뚝 선단 지반의 극한지지력(kN/㎡)

W : 가상 케이슨기초로 치환되는 흙의 유효중량(kN)

Q_f : 무리말뚝으로서의 주면 마찰력(kN)

$Q_f = L\sum l_i\tau_i$

L : 가상 케이슨 부분의 둘레(m)

l_i : 확대기초 바닥면에서 선단 지지층까지의 각 층 두께(m)

τ_i : 각 토층의 전단저항력(kN/㎡)

③ 암반의 무리말뚝

경사진 암반에 무리말뚝이 시공된 경우에는 기초저면 암반의 활동파괴에 대한 검토가 필요하며 지지력에 대해서는 무리말뚝 효율을 고려하지 않는다.

(2) 무리말뚝의 침하량 검토

① 점성토의 경우

점성토에 시공된 무리말뚝의 침하량은 압밀침하량으로 계산한다. 등가 케이슨을 가정하고 말뚝 선단 위 1/3L(L = 말뚝 근입길이)지점에 가상기초의 바닥면을 설정하고 응력분포는 2:1(연직:수평)로 가정하여 해당 지층의 압밀 침하량을 구한다. 다만, 이 방법에 의해 계산된 침하량은 과대평가되는 것으로 알려져 있다.

② 사질토의 경우

사질토에 시공된 무리말뚝의 침하량은 다음 식으로 구할 수 있다.

$$S_g = S_o \cdot \sqrt{\frac{B_g}{D}} \qquad (509.4.84)$$

여기서,

S_g : 무리말뚝의 침하량

S_o : 외말뚝의 침하량

B_g : 무리말뚝의 최소폭

D : 외말뚝의 직경

③ 지지층 아래에 연약층이 있는 경우

얇은 지지층 밑에 연약층 또는 압밀층이 있는 경우 말뚝군을 일체로 취급할 필요가 있다. 지지층 밑의 깊이에서의 하중 분산을 고려하여 압밀침하량을 검토하는 것이 좋다.

4.3.4 말뚝 수평방향 안정성 검토

말뚝의 수평방향 지지력은 말뚝에 발생하는 휨응력이 말뚝재료의 허용휨응력 이내가 되는 값이며 말뚝머리의 수평방향 변위량이 상부구조에서 정해지는 허용변위량을 초과하지 않는 조건을 만족시키는 가장 큰 값으로 한다.

수평방향 허용지지력은 수평재하시험을 통하여 결정하는 것이 가장 신뢰성 있는 방법이나, 수평재하시험을 실시할 수 없는 경우에는 극한평형법과 탄성보 방법 등과 같은 해석적 방법 또는 프레셔미터 결과를 이용한 방법으로 추정할 수 있다.

(1) 수평지반반력계수(k_h) 산정

지반반력계수는 지반의 탄성적인 거동을 보여주

는 범위 내에서 기초의 변위 또는 지반반력을 구하기 위해 필요한 상수로 지반과 구조물의 상호작용을 나타내는 값이다. 이러한 지반반력계수는 구조물의 형상, 치수, 강성 및 재하시간, 지반특성 변화 등에 영향을 받는다.

수평지반반력계수의 추정은 다음과 같으며 지반조건, 기초의 설계조건 등을 고려하여 검토하여야 한다.

① 공내재하시험결과를 이용한 방법

가. 사질토 :

$$k_h = 3.3\frac{E_m}{D} = 25\frac{P_1}{D} \tag{509.4.85}$$

나. 점성토 :

$$k_h = 1.6\frac{E_m}{D} = 16\frac{P_1}{D} \tag{509.4.86}$$

여기서,

E_m : 프레셔미터시험에서 측정된 탄성계수 (kN/m^2)

P_1 : 프레셔미터시험의 한계압 (kN/m^2)

D : 말뚝 직경 (m)

② 실내시험결과를 이용한 방법

$$k_h \equiv 67\frac{c_u}{D} \tag{509.4.87}$$

여기서,

c_u : 비배수 점착력 (kN/m^2)

D : 말뚝 직경 (m)

③ 경험에 의해 추정된 값을 이용하는 방법

경험적인 방법으로는 일반적으로 지반종류별 수평지반반력계수를 <표 509.4.42>에 나타낸 값으로 적용할 수 있다.

<표 509.4.42> 지반종류에 따른 수평지반반력계수

흙의 종류	k_h (MN/m^3)
대단히 유연한 실트 혹은 점토	3 ~ 15
유연한 실트 혹은 점토	15 ~ 30
중위의 점토	30 ~ 150
단단한 점토	150 이상
모 래 (점착력 없음)	30 ~ 80

④ 경험식에 의한 방법

$$k_H = k_{H0}\left(\frac{B_H}{0.3}\right)^{-3/4} \tag{509.4.88}$$

여기서,

k_H : 수평방향 지반반력계수 (kN/m^3)

k_{H0} : 지름 300 mm의 강체원판에 의한 평판 재하시험의 값에 상당하는 수평방향 지반반력계수 (kN/m^3) $k_{H0} = \frac{1}{0.3}\alpha E_0$

기초의 환산재하폭에 대해 <표 509.4.45>에 나타내었다.

A_H : 하중작용방향에 직교하는 기초의 면적 (m^2)

D : 하중작용방향에 직교하는 기초의 폭 (m)

B_H : 하중작용방향에 직교하는 기초 환산재하폭 (m)으로 <표 509.4.45>에 나타낸 방법으로 구한다. 일반적으로 탄성체기초의 수평저항에 관여하는 지반으로서는 설계지반면에서 $1/\beta$까지 고려한다.

E_0 : <표 509.4.43>에 나타낸 방법으로 측정 또는 추정한 설계의 대상이 되는 위치에서의 지반탄성계수 (kN/m^2)

α : 지반반력계수의 추정에 따른 계수로서 <표 509.4.44>에 주어져 있다.

β : 기초의 특성값 (m^{-1}) $\beta = \left(\frac{k_H \cdot D}{4EI}\right)^{\frac{1}{4}}$

EI : 기초의 휨강성 (kNm^2)

<표 509.4.43> 지반종류에 따른 변형계수 제안값

지반종류 (kPa)	E_o (kPa)	
	SPT	CPT
정규 압밀된 모래	$E_o = 500(N+15)$ $E_o = (15,000 \sim 22,000)\ln N$ $E_o = (35,000 \sim 50,000)\log N$	$E_o = (2 \sim 4)q_c$ $E_o = (1+D_r^2)q_c$
포화된 모래	$E_o = 250(N+15)$	
과압밀된 모래	$E_o = 18,000 + 750N$ $E_{o(OCR)} = E_{o(NC)}(OCR)^{1/2}$	$E_o = (6 \sim 30)q_c$
자갈질 모래와 자갈	$E_o = 1,200(N+6)$ $E_o = 600(N+6) \quad N \leq 15$ $E_o = 600(N+6) + 2,000 \quad N > 15$	
점토질 모래	$E_o = 320(N+15)$	$E_o = (3 \sim 6)q_c$
실트질 모래	$E_o = 300(N+6)$	$E_o = (1 \sim 2)q_c$
연약 점토		$E_o = (3 \sim 8)q_c$
점토	$I_p > 30$ 또는 Organic $E_o = (100 \sim 500)S_u$ $I_p < 30$ 또는 Stiff $E_o = (500 \sim 1,500)S_u$ $E_{o(OCR)} = E_{o(NC)}(OCR)^{1/2}$	

<표 509.4.44> 변형계수 산정방법에 따른 α 결정

시험방법에 의한 지반탄성계수 E_o (kN/m^2)	α	
	평 상 시	지 진 시
보링공내에서 측정한 변형계수	4	8
공시체의 1축 또는 3축 압축시험에서 구한 변형계수	4	8
표준관입시험의 N값에서 $E_o = 2,800N$으로 추정한 변형계수	1	2
지름 300 mm 강체원판에 의한 평판재하시험으로부터 구한 변형계수의 1/2	1	2

<표 509.4.45> 기초의 환산재하폭 B_H (m)

기 초 형 식	B_H	기 초 형 식	B_H
직접기초	$\sqrt{A_H}$	말뚝기초	$\sqrt{D/\beta}$
케이슨 기초 ($\beta \cdot l < 2$)	$\sqrt{A_H}$	강관널말뚝기초	$\sqrt{D/\beta}$
케이슨 기초 ($1 < \beta \cdot l < 2$)	$\sqrt{D/\beta}$		

이 방법에서 수평지반반력계수는 환산재하폭 B_H를 $\sqrt{D/\beta}$에 의해 구한 다음 경험식을 이용하여 수평지반반력계수를 산정하도록 하였다. 탄성체 기초의 B_H를 산정할 때의 k_H는 설계지반면에서 $1/\beta$까지 깊이의 평균값을 사용한다.

(2) 무리말뚝 효과를 고려한 감소계수 산정

무리말뚝이 수평하중을 받는 경우에는 말뚝 상호간의 간섭에 의해 각 말뚝의 하중부담이 서로 다르고 전체적인 효율도 단말뚝에 비하여 떨어진다. 이러한 무리말뚝의 효과에 대해서는 무리말뚝의 수평방향 재하시험을 실시하여 확인하는 것이 바람직하나 시험을 실시할 수 없는 경우 해석적 방법으로 추정하여 무리말뚝의 효과를 고려하여야 한다.

① 구조물기초설계기준 해설[5.3.3]

수평하중을 받는 무리말뚝의 거동에 관하여 명확히 규명된 바는 없으나, 캐나다 기초설계지침서(1985)에 의하면 하중이 작용하는 방향의 말뚝중심간 거리가 말뚝직경의 8배 이하일 때는 지반반력계수 k_h나 n_h를 줄여서 사용하며(<표 509.4.46> 참조) 하중직각방향 말뚝중심간 거리가 $2.5D$ 이상이면 그 방향의 무리말뚝효과를 고려하지 않아도 된다.

<표 509.4.46> 수평지반 반력계수 감소계수

하중방향 말뚝간격	8D	6D	4D	3D
감소계수	1.00	0.70	0.40	0.25

② 도로교설계기준 해설[5.8.6]

무리말뚝의 수평저항에 대해 설계상 특히 고려해야 하는 것은 말뚝 중심간격에 따른 효율의 저하인데 말뚝중심간격이 $2.5D$ 정도라면 무리말뚝효과를 고려하지 않아도 되며, 말뚝중심간격을 $2.5D$보다 작게 할 경우 설계시에 수평방향 지반반력계수를 낮추도록 해야 한다.

수평방향 지반반력계수를 낮추는 방법은 단말뚝의 수평지반 반력계수에 보정계수 μ를 곱하면 된다.

$$\mu = 1 - 0.2(2.5 - L/D), \quad (L < 2.5D) \qquad (509.4.89)$$

여기서,

L : 말뚝 중심간격 (m)
D : 말뚝 직경 (m)

(3) 수평방향 허용지지력

① 극한평형법 (Broms법)

Broms(1964)의 방법을 대표적인 해법으로 들 수 있으며, 그는 수평하중을 받는 연직말뚝을 긴말뚝과 짧은말뚝으로 나누어 각각의 파괴형태를 가정하고 말뚝의 응력-변형, 필요한 근입길이를 구하는 설계법을 제안하였다.

가. 말뚝길이 판정

$$\beta = \left(\frac{k_h B}{4EI}\right)^{\frac{1}{4}} \quad (509.4.90)$$

$$\eta = \left(\frac{n_h}{EI}\right)^{\frac{1}{5}} \quad (509.4.91)$$

여기서,

L : 말뚝 길이 (m)

k_h : 수평지반반력계수 (kN/m³)

n_h : 지반반력상수 (kN/m³) 수평지반반력계수의 깊이방향 증가율에 말뚝직경 D을 곱한 값

<표 509.4.47> 점성토 및 사질토지반의 말뚝판정

구 분	점 성 토	사 질 토
짧은말뚝	$\beta \cdot L \leq 2.25$	$\eta \cdot L < 2.0$
중간말뚝	-	$2.0 < \eta \cdot L < 4.0$
긴 말 뚝	$\beta \cdot L \geq 2.25$	$\eta \cdot L > 4.0$

나. 수평지지력 산정

Broms의 해법은 말뚝본체와 주변지반의 파괴가능성을 모두 고려하고 말뚝본체의 휨저항에 의해 설계가 결정되는 긴말뚝의 경우에도 지표면 부근의 지반이 파괴된다는 조건을 고려하고 있다. 이 방법은 흙의 전단강도와 토압계수를 사용하기 때문에 실용적일 뿐만 아니라 지반을 점성토와 사질토로 나누어 각기 다른 형태로 수평방향 저항력을 산정하였다. <표 509.4.48>과 <표 509.4.49>에 각 조건별 Broms해석방법을 정리하였다.

② 탄성지반반력법

말뚝을 탄성지반에 지지된 보라고 가정하여 허용수평변위를 기준으로 수평지지력을 역산하는 방법으로 해석적 해는 k_h가 일정한 경우에만 가능하며 k_h의 분포가 깊이에 따라 다른 경우에는 수치적 방법으로 구할 수 있다. 말뚝의 휨변형에 관한 기본방정식은 다음과 같다.

$$EI\frac{d^4 y}{dx^4} + P = 0 \quad (509.4.92)$$

여기서,

x : 말뚝축에 따라 측정한 지표면으로부터의 깊이 (m)

y : 말뚝의 수평변위 (m)

E : 말뚝의 영계수 (kN/m²)

I : 말뚝의 단면2차모멘트 (m⁴)

P : 수평지반반력 (kN/m)

$P = k_h \cdot B \cdot y$ (k_h가 깊이에 따라 일정할 경우)

$P = n_h \cdot x \cdot y$ (k_h가 깊이에 따라 선형적으로 증가하는 경우)

k_h : 수평지반반력계수 (kN/m³)

n_h : 수평지반반력상수 $n_h = k_h(B/x)$ (kN/m³)

B : 말뚝폭 (m)

상기 식의 해를 해석적으로 구하는 방법은 Chang의 방법(1986)을 사용하는 경우가 많은데, 이 방법은 수평지반반력계수 k_h 및 말뚝의 EI가 일정하고 말뚝의 근입길이가 충분히 길어서 반무한 길이로 볼 수 있을 때만 적용할 수 있다.

<표 509.4.48> Broms 방법에 의한 수평지지력 계산(점성토 지반)

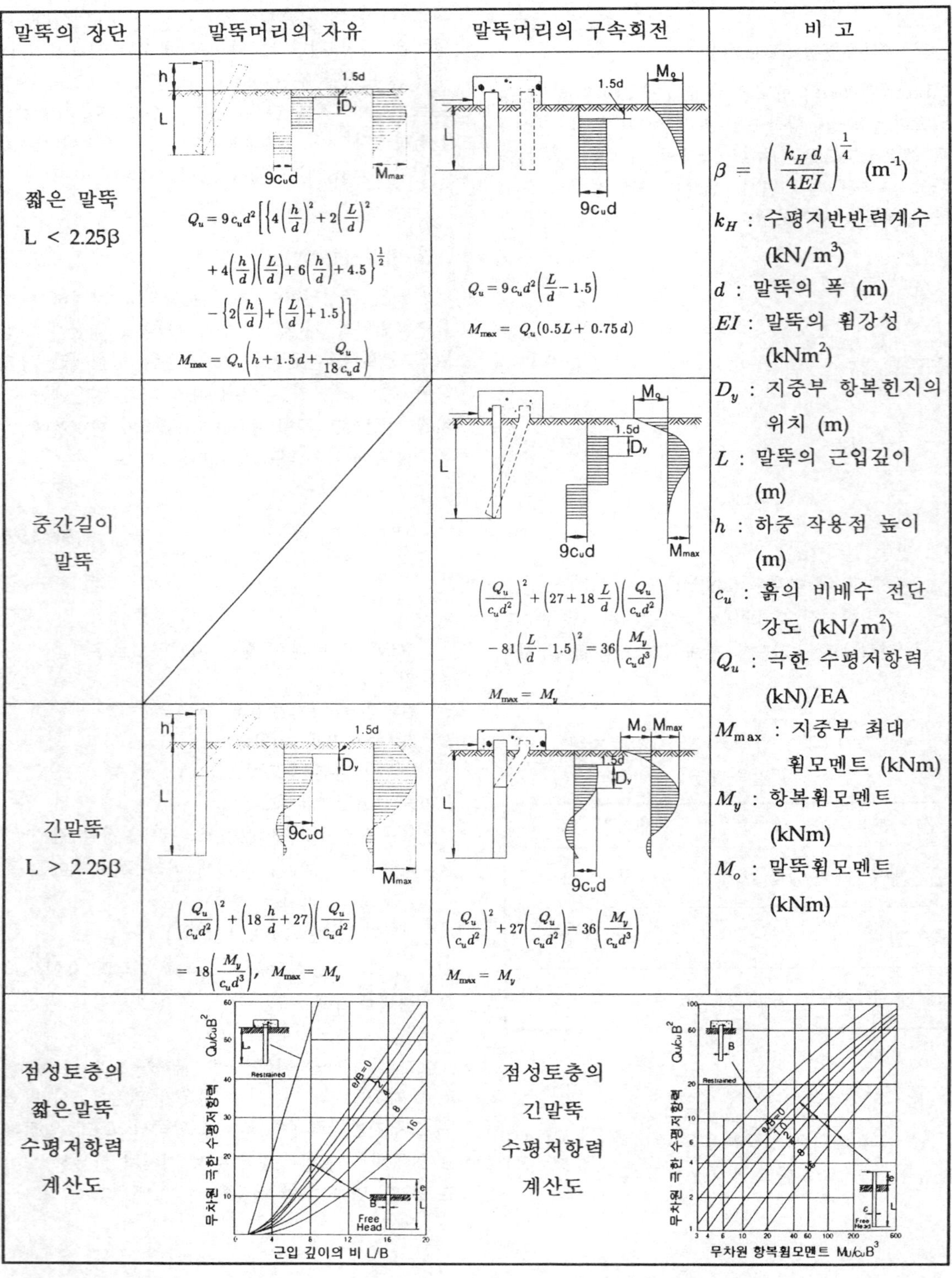

말뚝의 장단	말뚝머리의 자유	말뚝머리의 구속회전	비 고
짧은 말뚝 L < 2.25β	$Q_u = 9c_u d^2\left[\left\{4\left(\frac{h}{d}\right)^2 + 2\left(\frac{L}{d}\right)^2 + 4\left(\frac{h}{d}\right)\left(\frac{L}{d}\right) + 6\left(\frac{h}{d}\right) + 4.5\right\}^{\frac{1}{2}} - \left\{2\left(\frac{h}{d}\right) + \left(\frac{L}{d}\right) + 1.5\right\}\right]$ $M_{max} = Q_u\left(h + 1.5d + \frac{Q_u}{18c_u d}\right)$	$Q_u = 9c_u d^2\left(\frac{L}{d} - 1.5\right)$ $M_{max} = Q_u(0.5L + 0.75d)$	$\beta = \left(\frac{k_H d}{4EI}\right)^{\frac{1}{4}}$ (m^{-1}) k_H : 수평지반반력계수 (kN/m^3) d : 말뚝의 폭 (m) EI : 말뚝의 휨강성 (kNm^2) D_y : 지중부 항복힌지의 위치 (m) L : 말뚝의 근입깊이 (m) h : 하중 작용점 높이 (m) c_u : 흙의 비배수 전단강도 (kN/m^2) Q_u : 극한 수평저항력 (kN)/EA M_{max} : 지중부 최대 휨모멘트 (kNm) M_y : 항복휨모멘트 (kNm) M_o : 말뚝휨모멘트 (kNm)
중간길이 말뚝		$\left(\frac{Q_u}{c_u d^2}\right)^2 + \left(27 + 18\frac{L}{d}\right)\left(\frac{Q_u}{c_u d^2}\right) - 81\left(\frac{L}{d} - 1.5\right)^2 = 36\left(\frac{M_y}{c_u d^3}\right)$ $M_{max} = M_y$	
긴말뚝 L > 2.25β	$\left(\frac{Q_u}{c_u d^2}\right)^2 + \left(18\frac{h}{d} + 27\right)\left(\frac{Q_u}{c_u d^2}\right) = 18\left(\frac{M_y}{c_u d^3}\right)$, $M_{max} = M_y$	$\left(\frac{Q_u}{c_u d^2}\right)^2 + 27\left(\frac{Q_u}{c_u d^2}\right) = 36\left(\frac{M_y}{c_u d^3}\right)$ $M_{max} = M_y$	
점성토층의 짧은말뚝 수평저항력 계산도		점성토층의 긴말뚝 수평저항력 계산도	

<표 509.4.49> Broms 방법에 의한 수평지지력 계산 (사질토지반)

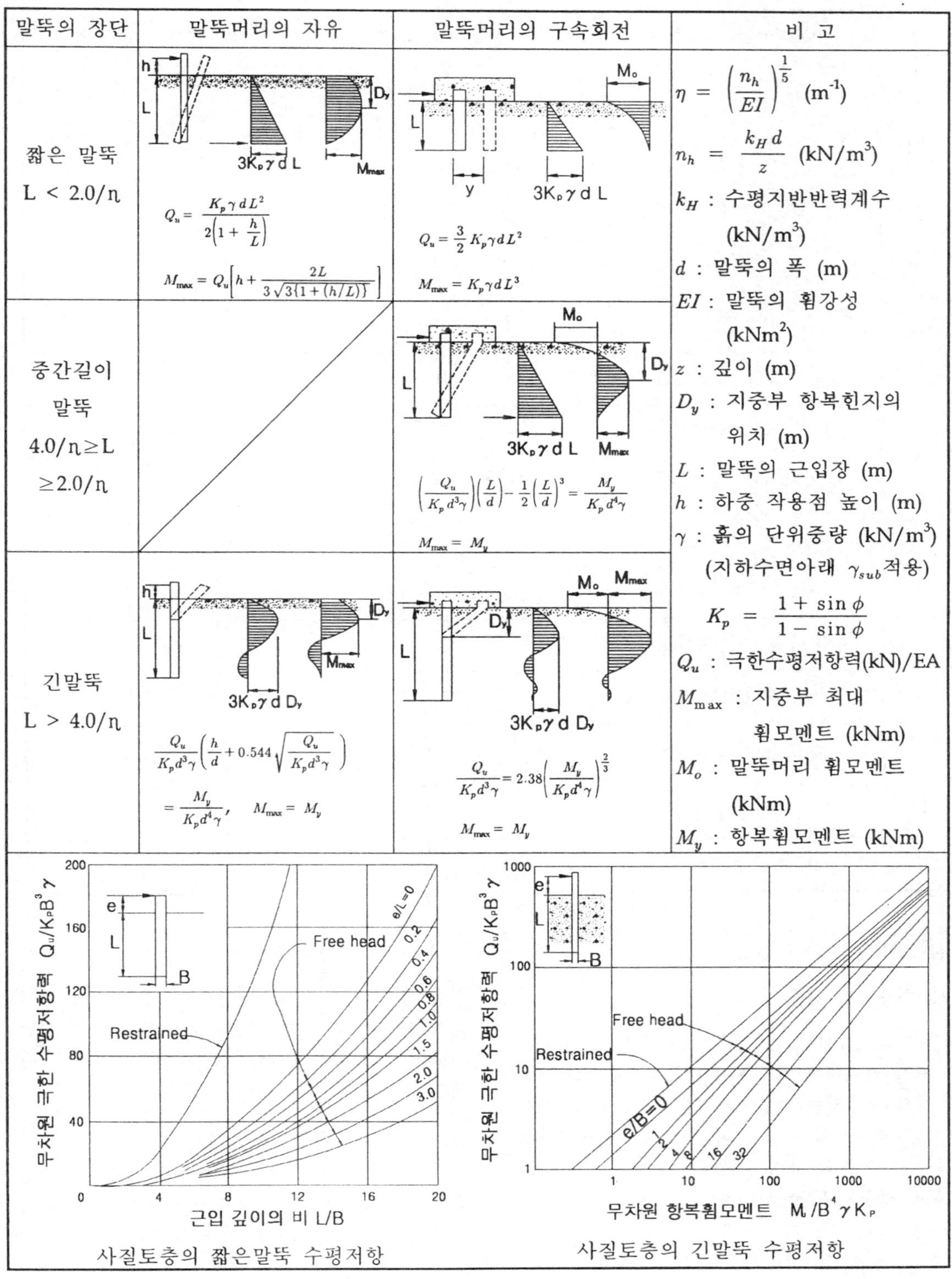

말뚝의 장단	말뚝머리의 자유	말뚝머리의 구속회전	비 고
짧은 말뚝 L < 2.0/η	$Q_u = \frac{K_p \gamma d L^2}{2\left(1+\frac{h}{L}\right)}$ $M_{max} = Q_u\left[h + \frac{2L}{3\sqrt{3\{1+(h/L)\}}}\right]$	$Q_u = \frac{3}{2} K_p \gamma d L^2$ $M_{max} = K_p \gamma d L^3$	$\eta = \left(\frac{n_h}{EI}\right)^{\frac{1}{5}}$ (m^{-1}) $n_h = \frac{k_H d}{z}$ (kN/m^3) k_H : 수평지반반력계수 (kN/m^3) d : 말뚝의 폭 (m) EI : 말뚝의 휨강성 (kNm^2) z : 깊이 (m) D_y : 지중부 항복힌지의 위치 (m) L : 말뚝의 근입장 (m) h : 하중 작용점 높이 (m) γ : 흙의 단위중량 (kN/m^3) (지하수면아래 γ_{sub}적용) $K_p = \frac{1+\sin\phi}{1-\sin\phi}$ Q_u : 극한수평저항력(kN)/EA M_{max} : 지중부 최대 휨모멘트 (kNm) M_o : 말뚝머리 휨모멘트 (kNm) M_y : 항복휨모멘트 (kNm)
중간길이 말뚝 4.0/η≥L ≥2.0/η		$\left(\frac{Q_u}{K_p d^3 \gamma}\right)\left(\frac{L}{d}\right) - \frac{1}{2}\left(\frac{L}{d}\right)^3 = \frac{M_y}{K_p d^4 \gamma}$ $M_{max} = M_y$	
긴말뚝 L > 4.0/η	$\frac{Q_u}{K_p d^3 \gamma}\left(\frac{h}{d} + 0.544\sqrt{\frac{Q_u}{K_p d^3 \gamma}}\right) = \frac{M_y}{K_p d^4 \gamma}$, $M_{max} = M_y$	$\frac{Q_u}{K_p d^3 \gamma} = 2.38\left(\frac{M_y}{K_p d^4 \gamma}\right)^{\frac{2}{3}}$ $M_{max} = M_y$	

사질토층의 짧은말뚝 수평저항

사질토층의 긴말뚝 수평저항

<표 509.4.50> 수평력을 받는 긴말뚝 응력과 변형의 이론해석 (Chang의 방법)

수평지반 반력계수	말뚝머리 구속조건	말뚝머리 자유	말뚝머리 회전구속
	모 식 도	Y₀, Q, L₀, Lm, Mmax, x	Y₀, Q, M₀, L₀, Lm, Mmax
일정	말뚝머리의 휨모멘트 M_o	0	$\frac{Q}{2\beta}$
	지중부의 최대 휨모멘트 M_{max}	$0.3224\frac{Q}{\beta}$	$0.104\frac{Q}{\beta}$
	말뚝머리의 수평변위 y_0	$\frac{Q}{2EI\beta^3}=\frac{2Q\beta}{k_H d}$	$\frac{Q}{4EI\beta^3}=\frac{Q\beta}{k_H d}$
	M_{max}의 발생깊이 L_m	$\frac{\pi}{4\beta}=\frac{0.785}{\beta}$	$\frac{\pi}{2\beta}=\frac{1.571}{\beta}$
	제1부동점 깊이 L_o	$\frac{\pi}{2\beta}=\frac{1.571}{\beta}$	$\frac{3\pi}{4\beta}=\frac{2.356}{\beta}$
깊이에 비례	말뚝머리의 휨모멘트 M_o	0	$0.92\frac{Q}{\eta}$
	지중부의 최대 휨모멘트 M_{max}	$0.78\frac{Q}{\eta}$	$0.26\frac{Q}{\eta}$
	말뚝머리의 수평변위 y_0	$\frac{2.4Q}{EI\eta^3}=\frac{2.4Q\eta^2}{n_h}$	$\frac{0.93Q}{EI\eta^3}=\frac{0.93Q\eta^2}{n_h}$
	M_{max}의 발생깊이 L_m	$\frac{1.32}{\eta}$	$\frac{2.15}{\eta}$
	제1부동점 깊이 L_o	$\frac{2.42}{\eta}$	$\frac{3.10}{\eta}$

(4) 수평방향 변위 검토

① 허용변위 기준

말뚝기초 설계시 허용변위량은 상부구조의 조건에 따라 정해지는 허용변위량과 하부구조의 조건에 따라 결정되는 허용변위량을 함께 고려하여야 한다. 하부구조의 조건에 따라 정해지는 허용변위량은 말뚝지름의 1%로 하는데, 지름이 1,500 mm 이하인 말뚝은 15 mm로 한다.

② 허용변위 산정방법

말뚝에 발생하는 변위를 검토하는 수평방향 안정성 해석방법 중 정밀검토법은 지반반력해석법(Chang의 방법)과 P-y곡선을 이용하는 비선형 해석법이 있다.

가. Chang의 방법

말뚝의 설계지반면에 수평하중이 작용할 때 말뚝의 강성치와 말뚝특성치를 이용하여 말뚝수평변위를 산정하는 방법으로 말뚝의 휨강성(EI)이 일정하고 긴말뚝에 적용한다.

말뚝머리에서 발생한 수평방향 소성변형이 하부로 전달되는 것에 착안하여 말뚝이 근입된 상부지반 즉, 지반으로부터 $1/\beta$ 범위 영역에서의 지반특성을 이용하고 경계조건을 단순화시켜 기본 미분방정식의 해를 산정한다.

i) 말뚝머리가 구속되어 있지 않은 경우

$$y = \frac{Q}{2EI\beta^3} \qquad (509.4.93)$$

ii) 말뚝머리가 구속되어 있는 경우

$$y = \frac{Q}{4EI\beta^3} \qquad (509.4.94)$$

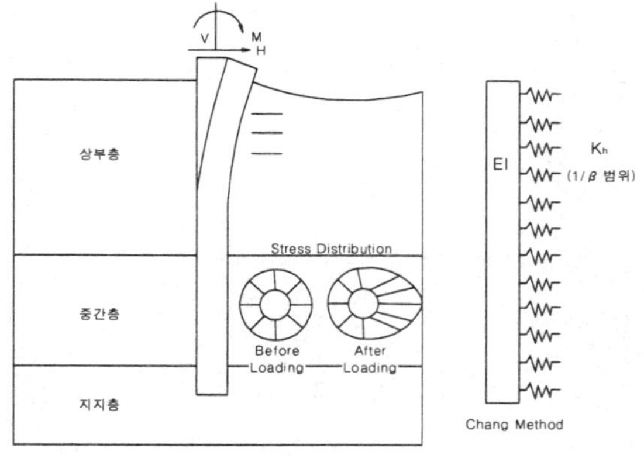

<그림 509.4.23> Chang의 방법 개요도

나. P-y곡선을 이용한 비선형 해석

말뚝의 변위 증가에 의한 지반반력과의 관계는 비선형성을 나타낸다는 사실에 근거한 해석방법으로 임의의 깊이에서의 말뚝변위는 그 위치에서의 지반반력에만 의존하기 때문에 지반을 일련의 P-y 곡선으로 표현한다.

임의의 깊이에 대한 지반반력-변위관계(P-y곡선)를 이용하여 수치해석을 수행하며, 실제 지반의 비선형성이나 지표면에서 시작하는 전형적인 파괴형상을 충실히 고려할 수 있다

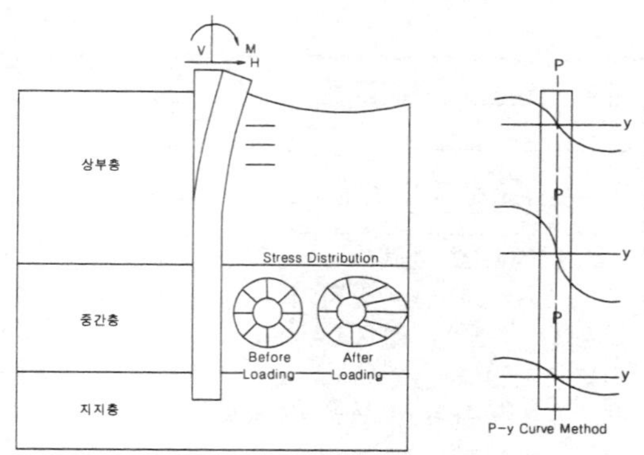

<그림 509.4.24> P-y곡선을 이용한 비선형 해석 개요도

4.3.5 기타 말뚝 설계법

(1) IGM의 (현장타설말뚝) 허용지지력

① IGM의 정의 및 분류

IGM(Intermediate Geomaterials)은 토사와 암반의 경계에 있는 성질을 지닌 지반으로서 현장타설말뚝에 적용시 기존의 말뚝공법에 비해 상대적으로 안정적이며, 일반적으로 굴착이 용이하고 작용하중에 대해 효과적인 저항력을 제공한다. 현장타설말뚝과 가장 일반적으로 비교되는 항타말뚝은 IGM에서 시공이 어렵고, 항타로 인한 말뚝의 손상이 자주 발생한다. IGM에서 현장타설말뚝은 선단저항보다 주면저항에 의해서 대부분의 작용하중에 저항하도록 설치된다(FHWA, 1996).

FHWA(1996)에서는 IGM을 3가지 종류로 분류하였는데, 고려된 내용은 <표 509.4.51>과 같다.

② IGM 분류의 특징

가. 분류 1 IGM

분류 1의 IGM은 점착력이 있고 물과 접했을 경우 과도한 강도저하를 보이는 q_u의 범위 500~5,000 kN/m^2 사이의 지반이다. 이러한 지반의 특징은 물과 접하게 되면 느슨해지기 쉽게 연약해지며 굴착 중 교란될 수 있다.

<표 509.4.51> IGM의 분류

구분	점성의 IGM (모델 1)		비점성의 IGM (모델 2)
	1	2	3
정의	교란되기 쉬운 점성의 IGM	쉽게 교란되지 않는 점성의 IGM	비점성의 IGM
적용 지반	점토질 지반 - 시추시 교란되기 쉬운 과압밀 점토 - 점토 혈암 - 부식되기 쉬운 풍화토 - 이암	석회질 지반 - 시추시 쉽게 교란되지 않는 석회암과 점토질 지반 - 백운석 - 연약한 사암	매우 조밀한 조립토 지반 - 표준관입시험 N값이 50~100 사이인 잔류토 - 완전히 풍화된 암반 - 빙적토

나. 분류 2 IGM

분류 2 IGM은 일반적으로 물에 대하여 민감하지 않으며, 석회석, 석회암, 사암과 같은 q_u=500~5,000 kN/m^{2}의 점성토, 탄소질/규산질로 굳어진 지반이다. 이러한 IGM 역시, 분류 1과 마찬가지로 시추공이 "매끄러운" 조건인지 "거친" 조건인지의 평가가 설계에서 매우 중요시 된다

다. 분류 3 IGM

모든 비점착성 IGM에 적용되며, N값 50이상의 입상토, 입상의 풍화암 등이 여기에 속한다. 설계시에는 N값과 지하수위, 흙의 단위중량만이 필요하다. 실측결과와의 비교에 의하면 N값을 100으로 제한할 경우가 잘 일치한다고 보고된 사례도 있다(FHWA, 1996).

③ 지지력 산정

가. 주면 마찰력

i) 점성토

$$q_p = [s^{0.5} + (m \cdot s^{0.5} + s)^{0.5}]\ q_u \qquad (509.4.95)$$

여기서,

q_p : 단위면적당 극한선단지지력(kN/m^2)

m, s : 암종과 파쇄도에 따른 상수 (<표 509.4.13> 참조)

q_u : 일축압축강도 (kN/m^2)

ii) 사질토

$$q_p = 0.59[N_{60}(P_a/\sigma'_v)]^{0.8}\sigma'_v \qquad (509.4.96)$$

여기서,

N_{60} : 보정된 표준관입치 ($N_{60} \le 100$)

P_a : 대기압력 (kN/m^2)

σ'_v : 유효응력 (kN/m^2)

나. 선단지지력

i) 점성토

$$q_s = \alpha q_u \quad \text{(Smooth Socket)} \qquad (509.4.97a)$$

$$q_s = q_u/2 \quad \text{(Rough Socket)} \qquad (509.4.97b)$$

여기서,

q_s : 단위면적당 극한주면지지력(kN/m^2)

α : 점성 IGM의 계수(<그림 509.4.25>참조)

ii) 사질토

$$q_s = \sigma'_v K_o \tan\varphi \qquad (509.4.98)$$

여기서,

K_o : 각 지층의 정지토압계수

$$(K_o = [\frac{N_{60}}{12.3 + 20.3(\frac{\sigma'_v}{P_a})}]^{0.34})$$

φ : 각 지층의 내부마찰각

$$(\varphi = (1 - \sin\varphi')[\frac{0.2P_a N_{60}}{\sigma'_v}]^{0.34})$$

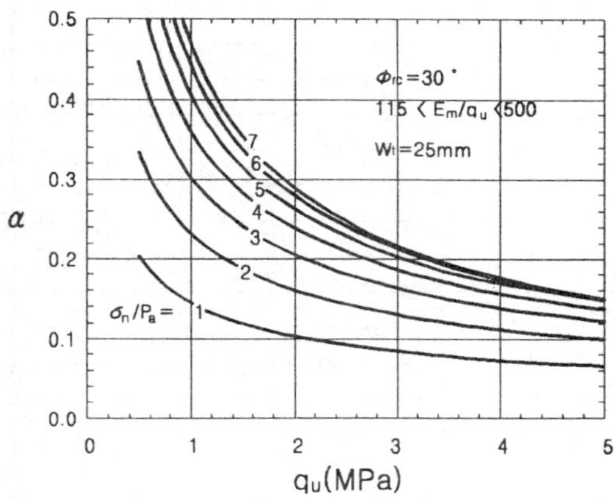

<그림 509.4.25> 점성이 있는 IGM의 계수

④ IGM 지지력 이론의 특징

IGM 지지력 이론은 기존의 지반강도 이외에 매우 다양한 요소들을 설계에 반영할 수 있다.

특히, 다양한 설계 영향 요소에 대한 자료조사, 주면부 상태파악, 국내적용시 IGM 분류체계 개선 등이 반드시 수행되어야 한다. 또한 설계대상지반을 토사, 암반, IGM 중 어느 것으로 볼 것인지에 따라 설계 결과는 크게 다를 수 있다.

IGM 설계 이론 적용시 영향을 미치는 주요사항으로는 분류 1, 2, 3 중 적용 분류의 결정, 주면부의 거칠기 및 교란도, IGM 소켓의 깊이와 직경의 결정, IGM 내부 틈 사이의 충전물의 두께 및 특징이 있으며 이는 IGM 분류에 따라 적용 및 중요도의 차이가 있다. 또한 IGM 설계 이론 적용시 영향을 미치는 설계변수로는 IGM의 일축압축강도, N값, IGM과 말뚝재료의 변형계수, IGM 중간 깊이에서의 초기 콘크리트 타설 압력, IGM 내부마찰각 및 팽창 등이 있다.

IGM의 설계모델은 기존의 일축압축강도나 N값만을 이용하던 기존의 방법에 비해 많은 요소들을 고려할 수 있어 매우 합리적이고, 실제 지지력에 근접하는 값을 예측하는 방법으로 기존설계 방법의 대안이 될 수 있다. 반면에 기존 설계방법에 비해 상당히 많은 설계요소들(샘플링의 문제, 주면부의 거칠기 및 교란도 조사, 말뚝 및 지반의 탄성계수 측정, 형상파악, 효율을 고려한 N_{60} 값의 측정 등)을 결정하고 추정해야 하는 번거로움과 계산 및 이론의 복잡성으로 인해 실무자들이 쉽게 접근하기 어려운 단점도 있다.

(2) 한계상태 개념의 말뚝 설계법

① 구조물의 한계상태 개념

한계상태(Limit State)란 구조물이 한계에 이른 상황을 의미하며 일반적으로 공용성 한계상태(Serviceability Limit State Design, SLS)와 극한한계상태(Ultimate Limit State, ULS)로 구분할 수 있다. 이것은 구조물의 파괴와 불안정성과 관련이 되어 기초의 침하와 구조물의 변형과 같은 공용상태 아래의 구조물의 거동과 관련이 있다.

그러므로 한계상태설계법은 기대하는 구조물의 수명 범위에서 이 두 가지 한계상태를 넘지 않게 하도록 설계하는 것이며 두 가지의 한계상태를 대상구조물 마다 정량적으로 정의하는 것이 본 설계법의 중요한 부분이다.

한계상태설계의 기초개념은 <그림 509.4.26>와 같이 설명되며 <그림 509.4.26>에 도시한 바와 같이 기초공학에서 안전영역(Safety Margin)은 주로 불확실성과 지반 물성치 설계모델과 같은 안정성 분석을 하는데 있어서의 근사성, 그리고 적용된 외부하중 조건의 변화성에 의존한다. 그러므로 만일 어느 하나가 간단한 확률과 신뢰성 이론을 사용한다면, 불확실성들을 정량화할 수 있다면 보다 합리적이고 일관되며 체계적인 기초설계를 할 수 있을 것이다.

<표 509.4.52> 말뚝설계시 설계방법에 따른 저항계수(AASHTO LRFD)

항타말뚝(Driven Piles)		
설계방법/토질조건		저항계수
축압축력 작용시 단말뚝의 연직저항계수 ϕ_{stat}	주면마찰력 및 선단지지력 : 점토 및 혼합토사	
	α 방법(Tomlinson, 1987; Skempton, 1951)	0.35
	β 방법(Esrig & Kirby, 1979; Skempton, 1951)	0.25
	λ 방법(Vijayvergiya & Focht, 1972; Skempton, 1951)	0.40
	주면마찰력 및 선단지지력 : 모래	
	Nordlund/Thurman 방법(Hannigan et al., 2005)	0.45
	SPT 방법	0.30
	마찰력 및 선단지지력 : 모래	
	SPT 방법	0.45
	CPT 방법	0.55
블록 파괴, ϕ_{b1}	점토	0.60
상향력이 작용시 단말뚝의 저항계수 ϕ_{up}	Nordlund 방법	0.35
	α 방법	0.25
	β 방법	0.20
	λ 방법	0.30
	SPT 방법	0.25
	CPT 방법	0.40
	Load Test	0.60
상향력 작용시 무리말뚝의 저항계수, ϕ_{ug}	모래 및 점토	0.50
단말뚝과 무리말뚝의 수평저항계수	모든 토사 및 암반	1.0

현장타설말뚝(Drilled Piles)				
설계방법/토질조건				저항계수
축압축력 작용시 단말뚝의 연직저항계수 ϕ_{stat}	점토	주면저항	α 방법(O,Neill and Reese, 1999)	0.45
		선단저항	전응력법(O,Neill and Reese, 1999)	0.40
	모래	주면저항	β 방법(O,Neill and Reese, 1999)	0.55
		선단저항	O,Neill and Reese (1999)	0.50
	IGM	주면저항	O,Neill and Reese (1999)	0.60
		선단저항	O,Neill and Reese (1999)	0.55
	암반	주면저항	Horvath and Kenny(1979) O,Neill and Reese (1999)	0.55
			Carter and Kulhawy (1988)	0.50
		선단저항	Canadian Geotechnical Society (1985) PMT(Canadian Geotechnical Society, 1985) O,Neill and Reese (1999)	0.50
블록 파괴, ϕ_{b1}	점토			0.55
상향력이 작용시 단말뚝의 저항계수 ϕ_{up}	점토	α 방법(O,Neill and Reese, 1999)		0.35
	모래	β 방법(O,Neill and Reese, 1999)		0.45
	암반	Horvath and Kenny(1979), Carter and Kulhawy (1988)		0.40
상향력 작용시 무리말뚝의 저항계수, ϕ_{ug}	모래 및 점토			0.45
단말뚝과 무리말뚝의 수평저항계수	모든 토사 및 암반			1.0

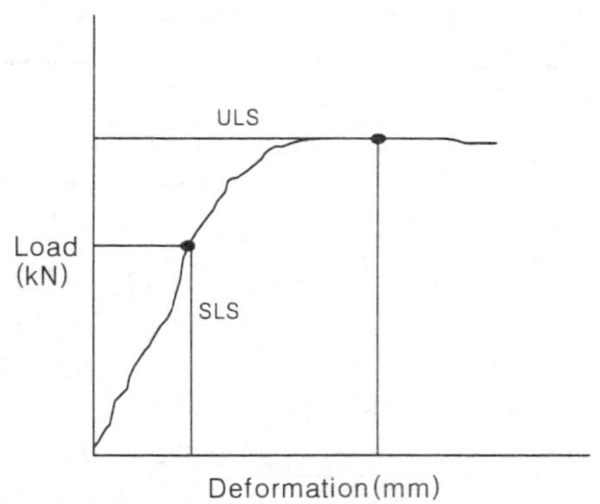

<그림 509.4.26> 한계상태설계법의 정의

② 한계상태설계법에 의한 설계

한계상태설계법 중의 하나인 LRFD(Load and Resistance Factor Design)법은 저항값은 설계모델에 의해 계산되며, 계산된 저항값은 재료나 설계모델의 불확실성을 반영하기 위해서 저항계수를 곱해준다. 한계상태설계법의 경우에는 하중이나 토질정수에도 하중계수나 저항계수가 존재하기 때문에 허용지지력의 산출은 저항계수만 이용하여 행하여지는 것은 아니다. AASHTO에서는 하중저항계수(LRFD)에 의해 각 한계상태를 다음 식으로 나타낼 수 있다.

$$\phi R_n \geq \sum r_i Q_i \qquad (509.4.99)$$

여기서, ϕ : 저항계수

R_n : 공칭저항

r_i : 하중계수

Q_i : 외부하중

위의 식은 저항계수가 곱해진 구조물의 저항치는 항상 하중계수가 곱해진 외부하중의 합보다 커야 한다는 의미다. 말뚝기초의 주면마찰력과 선단지지력으로 제각기 산정되는 항타말뚝의 저항계수 ϕ는 <표 509.4.52>에 나타내었다.

4.4 말뚝기초 경제성 검토

4.4.1 검토배경

말뚝기초설계는 말뚝종류와 직경별로 시공성, 안정성, 경제성 등을 종합적으로 검토하여 가장 합리적인 방법으로 수행하여야 한다. 일반적으로 말뚝기초는 말뚝의 사용하중이 허용력 이내가 되도록 설계를 수행하지만 경우에 따라서 안정성만을 강조하여 비경제적인 설계를 초래하기도 한다.

최근 교각에 적용한 말뚝기초 설계 및 시공현황에 대한 감사원 감사결과에 따르면 말뚝에 작용하는 하중(사용하중)과 말뚝의 허용력(기초지지력과 말뚝재료 허용하중값 중 작은 값) 비율의 적정 범위에 대한 규정이 설계기준이나 지침에 없어 현장마다 적용비율이 다르고 동일한 현장에서도 다르게 적용하고 있는 것으로 조사되었다.

설계자 입장에서는 상부 및 하부 구조물의 설계하중을 고려한 말뚝의 설계반력은 허용지지력 몇 %가 되든 허용지지력 이내에서 사용하면 안전측이므로 구조적으로는 문제가 되지 아니한다. 그러나 경제성 측면에서는 사용하중/허용력 비율이 높을수록 경제적인 설계가 되므로 이를 설계단계에서 충분히 고려하는 것이 필요하다.

따라서, 본 절에서는 말뚝기초를 합리적이고 경제적으로 설계하기 위한 설계절차와 방법에 대하여 기술하였다. 설계기준은 물론 설계지침과 편람에서 말뚝기초의 사용하중/허용력의 적정한 비율을 제시하는 것은 기술적으로 불가능하나 본 편람에서는 말뚝기초의 설계과정에서 경제성 검토방법을 예시함으로써 말뚝기초를 경제적으로 설계 및 시공 할 수 있는 방안을 제시하였다.

4.4.2 경제성 검토방법

말뚝기초의 경제적인 설계는 다양한 말뚝 재료에 대한 지지력을 검토하고 기초 크기를 조정하면서 말뚝 배치간격을 검토하여 안전하면서 경제적인 기초형식을 찾아야 한다. 따라서 설계 시 지반분야 기술자와 상하부 구조를 설계하는 구조분야

기술자의 유기적인 협력관계가 필수적이며 상호 보완적인 설계검토가 이루어져야 한다.

경제성을 향상시킬 수 있는 말뚝기초의 설계과정을 단계별로 구분하여 <표 509.4.53>에 나타내었다. 단계별 설계절차에 따라 설계를 수행한 결과가 만족스럽지 못한 경우에는 전단계 또는 처음 단계로 다시 돌아가 기초형식을 변경하거나 기초 지지층을 재검토하는 것이 필요하다.

단계별 절차에서 단계 2와 단계 3을 설계자가 쉽게 이해할 수 있도록 흐름도를 <그림 509.4.27>에 도시하였다. 그림에서 사용하중/허용력의 최소 비율은 경제성 분석에 앞선 예비검토 단계로서 가능한 높은 값을 적용하는 것이 말뚝공사비 절감에 유리하며, 반면에 지나치게 낮은 값을 적용하는 경우 경제성을 검토하는 의미가 없게 된다. 한편, 설계단계에서는 경제적인 비율을 찾기 위하여 시행착오법에 의한 반복 계산이 요구된다.

말뚝의 사용하중/허용력 비율이 높게 산정되었다고 반드시 경제적인 설계결과라고 할 수는 없다. 이는 구조물의 특성과 현장 지반조건 등 여러 가지 요인에 따라 비교적 낮은 사용하중/허용력 비율에서도 경제적인 설계결과가 도출될 수도 있기 때문이다. 반면에 허용지지력 산정에 오류 등으로 인하여 허용력 자체가 지나치게 낮게 산정되는 경우 사용하중/허용력 비율이 높게 산정될 수 있으므로 유의하여야 한다.

4.4.3 경제성을 고려한 말뚝기초 설계 예

검토대상 교량의 설계조건 등은 편람 제509.2.5절 T형 교각 설계 예를 참조하였으며, 개략적인 검토조건은 다음과 같다.

- 상부구조형식 : PSC 합성거더교
- 하부구조형식 : T형 원형 교각
- 푸 팅 크 기 : 7.0 m × 7.0 m
- 사 용 하 중 : 18,513 kN /EA

<표 509.4.54>에는 암반에 선단 정착된 강관말뚝기초에 대한 설계결과를 나타내었다. 표에 나타낸 바

<표 509.4.53> 단계별 설계절차

구 분	단계별 과정
단계 1	• 구조물 기초형식의 개략 선정 • 지반조건을 고려한 기초지지층의 결정 • 말뚝재료 및 시공법의 선정
단계 2	• 다양한 말뚝재료에 대한 허용력 산정(기초지지력 및 말뚝재료허용하중) • 말뚝 배치 및 각 말뚝재료에 대한 사용하중 산정 • 사용하중/허용력 비율 검토
단계 3	• 각 말뚝재료의 사용하중에 대한 변위량(연직 및 수평변위, 부등 침하 등) 산정 • 변위 및 응력기준을 만족하는 말뚝재료에 대한 경제성 검토 • 구조 안전성 검토
단계 4	• 최적 또는 경제성이 확보되는 말뚝재료 및 배치간격 결정(사용하중 및 말뚝본수의 확정) • 결정된 말뚝설계에 대한 현장 재하시험 등 품질관리방법 검토

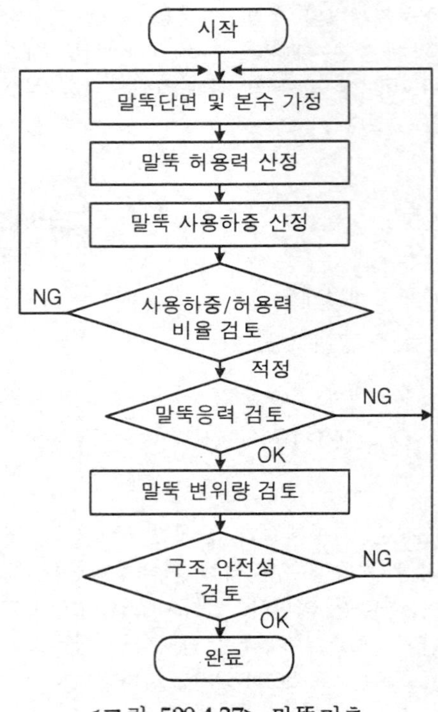

<그림 509.4.27> 말뚝기초 설계 흐름도

와 같이 경제성을 고려한 말뚝기초 설계결과에 따르면 사용하중/허용력 비율은 각 검토조건 모두 84% 이상이나 강관말뚝(직경 : 508 mm, 두께 12 mm) 9본으로 설계하는 것이 경제성 측면에서 가장 유리함을 알 수 있다.

다만, 본 예제는 경제성을 고려한 말뚝기초의 설계 절차를 소개하기 위한 것으로 말뚝단면, 본수, 배치방법이 결정되면 앞서 기술한 바와 같이 구조특성 및 하중조건 등을 종합적으로 고려하여 하부구조 푸팅단면 제원의 변경, 철근 배근량 검토 등 구조적 안전성에 대한 재검토를 수행하여 구조적으로 안전하면서 경제적인 기초설계가 되도록 하여야 한다. 특히, 단순히 연직력과 연직응력에 대한 고려뿐만 아니라 말뚝의 침하량, 변위, 모멘트와 수평력 등 작용력을 고려해야한다. 또한 경제적인 말뚝기초 설계가 실현되기 위해서는 품질관리와 시공능력 향상이 뒷받침 되어야 할 것이다.

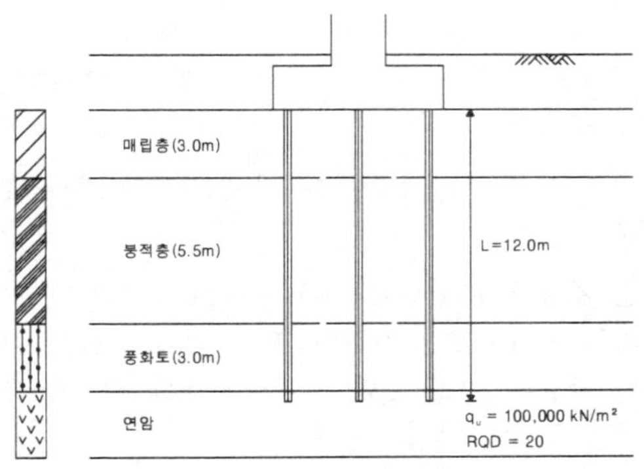

<그림 509.4.28> 지반조건 가정

<표 509.4.54> 말뚝기초 설계결과

말뚝재료	직경/두께 (mm)	말뚝 본수	허용력 (kN)	사용하중 (kN)	사용하중/허용력 (%)	개략 공사비 (천원)	선정
강관말뚝	406 / 9	16본	1,216	1,157	95.1	27,868	
	508 / 12	9본	2,172	2,057	94.7	19,193	●
	609 / 12	8본	2,617	2,314	88.4	23,024	
	711 / 14	6본	3,668	3,086	84.1	22,306	

509.5 교량 세굴방호공 및 선박충돌 방호공 설계

5.1 세굴 일반사항

5.1.1 설계개념

유체의 흐름에 의해 교량의 교각 및 교대 주변의 하상재료가 유실되는 현상을 교량세굴이라 하며, 이로 인해 낮아진 하상고와 자연 하상고와의 차이를 세굴심으로 정의한다. 유속과 그로 인해 하상에 작용하는 전단응력은 하천유역 내에 홍수가 발생하였을 때 급격히 증가하며, 이로 인해 하천 경계면의 토사는 더 많이 침식되어 이동하게 된다. 특히, 하천 내에 위치한 교각이나 교대와 같은 수리학적 구조물은 흐름을 가속시키거나 와류를 형성시켜 흐름 유형의 변화를 발생시킴으로써 구조물 주위에 세굴을 발생시킨다.

교량 횡단부에서 발생할 수 있는 세굴의 형태는 주로 장기하상변동, 단면축소세굴 그리고 국부세굴이다. 장기하상변동이란 교량의 유무에 상관없이 장기간 또는 단기간에 발생하는 하상고의 변동을 말하며, 단면축소세굴은 교량 등의 인공구조물 또는 자연적인 요인에 의해 하천내의 통수단면적이 축소되어 발생하는 세굴이다. 국부세굴은 구조물에 의한 흐름의 방해와 가속된 흐름에 의해 야기된 와류의 발달에 의해 생긴다. 교각 또는 교대 주변의 총세굴은 이상의 세 가지 세굴 성분인 장기 하상 변동, 단면축소세굴, 국부세굴을 모두 합하여 산정하게 된다.

교량세굴은 유수에 의한 침식유발능력과 지반의 침식저항능력의 상호관계에 따라 발생하는 현상이므로 수리학과 지반공학적인 측면을 모두 고려하여 주의 깊게 평가해야 한다. 또한 교량 통수부의 규모 및 교량기초의 제원은 해당 도로의 중요성 및 붕괴 결과를 고려하여 세굴의 위험에 안전하도록 설계해야 하며, 세굴평가를 위해 기존의 방정식을 적용할 경우 기존 공식의 한계와 미진함에 대한 적절한 보완이 필요하다. 즉, 지난 홍수기간 중 기존 구조물의 성능과 홍수 유량 조절의 영향을 파악해야 하며, 하천의 수문학적 특성과 홍수

<표 509.5.1> 설계 홍수사상 결정(하천설계기준, 2005)

구분	설계 홍수사상	설계 홍수량
$Q_{100} \leq 200\ m^3/sec$	50년 빈도	Q_{50}
$200\ m^3/sec < Q_{100} \leq 2{,}000\ m^3/sec$	100년 빈도	Q_{100}
Q_{100} 또는 기왕 최대홍수량 > $2{,}000\ m^3/sec$	500년 빈도	Q_{500}

주) Q_{100} = 100년 빈도 설계 홍수량

이력 등에 대한 자료를 면밀히 검토하여 세굴계산으로부터 얻은 결과를 공학적으로 판단해야 한다.

교량세굴은 그 복잡한 발생 양상으로 인해 여러 단계에 걸쳐 평가하며, 크게 조사(유역 및 수로특성 평가), 해석(수리·수문학적 해석, 지반 특성 평가 및 세굴심 산정), 검토의 3단계로 나뉜다.

총 세굴심은 교각의 형상과 같은 국부적인 요인들에서부터 지형적 특성과 같은 유역전체에 걸쳐 분석이 요구되는 요인들에 이르기까지 많은 영향인자에 의해 영향을 받는다. 따라서 정확한 교량세굴 평가를 위해서 국부적인 교량 지점뿐만 아니라 교량 지점의 상·하류방향 전체 유역에 걸쳐 분석이 이루어져야 한다.

5.1.2 설계과정

세굴에 대비한 교량 기초의 형태, 크기와 위치는 일반적으로 다음과 같은 과정을 거쳐 결정하게 된다.

① 설계 홍수사상을 선정한다.

교량건설에 따른 세굴 검토를 위해서는 <표 509.5.1>을 참조하여 홍수사상을 결정한다. 다만, 중요도가 큰 교량이거나 수리·수문 및 지반공학적 측면에서 세굴의 위험도가 큰 교량인 경우에는 홍수량이 기준이하라도 500년 빈도의 홍수로부터 안전하도록 설계되어야 하며, 만약 500년 빈도의 홍수량을 구할 수 없을 때는 $1.7 \times Q_{100}$의 유량을 사용하도록 한다.

② 위 ①에서 결정한 홍수사상에 대한 수면형을 결정하고 총세굴심을 계산한다. 조석의 영향을 받는 경우에는 구조물 설치 지점에 대하여 조석 영향의 규모, 횡단부의 장기 안정성(연직 및 횡방향 안정성) 및 변화에 대한 수로의 반응에 대한 잠재력을 정성적으로 평가한다. 횡단부의 장기 안정성 및 변화는 조석, 폭풍해일, 홍수에 대하여 검토한다.

만약 횡단부에 대한 주요한 위험이 상류의 홍수에 의하여 일어난다면 100년 및 500년 빈도의 홍수에 의하여, 주요한 위험이 조석이나 폭풍해일에 의하여 일어난다면 100년 및 500년 빈도의 폭풍에 의하여 해석한다. 그러나, 어느 것인지 명백하지 않은 경우에는 두 경우를 모두 고려하여 수리학적 특성을 산정한다.

③ 교량 지점에 대해서 위에서 계산한 총세굴심을 도시한다.

④ 유역 특성을 고려하여 위의 결과가 합리적인지 판단한다.

⑤ 결정한 세굴심에 대해서 교량의 형식, 크기, 위치를 평가하고 수정하며, 홍수 흐름형태를 도시하여 세굴에 가장 취약한 교량요소를 확인한 뒤, 방호공의 범위를 결정한다.

⑥ 세굴심 상부의 하상재료는 모두 유실된다고 가정하여 기초의 지지력을 분석한 뒤 최종 검토를 한다.

세굴심의 하부에 푸팅의 저면을 위치시키고 암반 상의 기초인 경우 암반에 천공하여 그라우팅하는 것이 좋다. 침식성 암반 상의 기초인 경우 세굴심을 예측하여 그 하부에 푸팅의 저면을 위치시키도록 한다.

5.1.3 세부 설계과정

교량세굴 설계 과정은 <그림 509.5.1>에 도시하였으며 다음과 같은 절차를 거친다.

① 세굴해석 변수의 결정

일반 설계절차에서 결정한 홍수사상의 규모에 대하여 최대 세굴심을 발생시킬 수 있는 수면형을 결정하고 교량지점과 상·하류 유역 수면표고의 장래 상태를 예상한다. 그리고 현장의 지질주상도, 하천 유역의 단면도, 홍수 이력, 하상재료의 특성 등의 유역 특성, 하천 특성, 지반공학적 특성 자료 뿐만 아니라 하천과 유역의 개발 이력, 항공사진, 주민 면담 자료 등을 수집하여 설계에 반영하도록 한다.

② 장기하상변동 평가
③ 단면축소세굴 계산
④ 교각 국부세굴 계산
⑤ 교대 국부세굴 계산
⑥ 총 세굴심을 도시하고 설계 결과 분석

장기하상변동은 하상저하만 고려하고 그 아래에 단면축소세굴을 도시한다. 단면축소세굴선 아래에 국부세굴심을 도시하며 세굴공의 폭도 나타낸다. 예측 세굴심은 설계자의 경험에 미루어 합리적이고 일관성이 있는지 평가하여 공학적 판단에 따라 수정한다. 교각과 교대의 국부세굴공이 중복되는지를 조사해야 하며, 유송잡물의 영향을 검토한다.

교량기초의 설계에서 기초 저면의 표고는 총세굴심보다 아래에 위치하는 것을 원칙으로 한다.

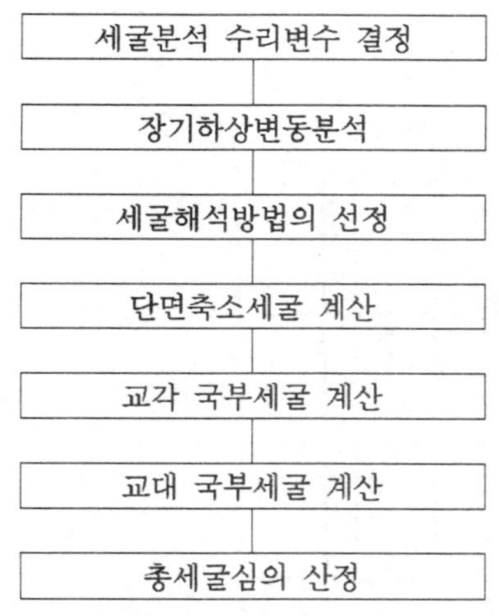

<그림 509.5.1> 교량세굴 세부설계과정 모식도

장기하상변동에는 횡방향 수로 이동, 만곡부 세굴, 합류부 세굴 등이 있다. 이들의 해석방법은 횡방향 수로 이동의 경우, 연속된 시간동안 촬영한 항공사진을 이용하여 경험과 공학적 판단을 내리며, 만곡부 세굴의 경우 수로의 곡률과 폭을 고려하여 평가한다. 또한 합류부 세굴의 경우 두 지류의 접근각, 유속, 수심 등의 함수로써 세굴심을 평가한다. 그러나 이러한 장기하상변동의 세부 요소들은 유역전체에 걸쳐 자연적 또는 인위적으로 특별한 변화가 없는 경우에는 단면축소세굴이나 국부세굴에 비해 아주 적은 양의 세굴이 발생한다. 따라서 단면축소세굴과 국부세굴을 중심으로 교량세굴을 평가하는 것이 일반적이다.

5.1.4 설계시 고려 사항

교량세굴의 평가시 부가적으로 고려할 사항들은 다음과 같다.

① 세굴폭

교각과 교대 주변의 국부세굴공은 서로 겹치는 경우가 있는데 이때 세굴심은 더 깊어지므로 이에 대해서 고려해야 한다. 교각세굴공의 폭은 세굴심의 1~2.8배의 범위이며 보통 2배의 값을 사용한다.

② 수로의 이동

수로의 이동 가능성을 평가하여 교량수명기간 동안 수로의 위치가 변경될 가능성이 있으면 홍수터에서의 교각기초는 수로에서의 교각기초와 동일한 심도까지 설계되도록 한다.

③ 흐름 유입각

흐름 유입각을 최소화시키고 유송잡물의 형성 가능성을 줄인다.

④ 교대 주위의 흐름

교대 근처에 위치한 교각의 세굴해석시에는 교대 주위를 돌아 흐르는 흐름의 접근 각도와 유속 증가 가능성을 고려한다.

⑤ 교대 형상

경사벽 교대의 세굴량은 연직벽 교대 세굴량의 약 50% 정도 수준이므로, 경사벽 교대의 사용을 권장한다.

⑥ 유송잡물

수로 주변에 식생하는 나무나 기타 이물질 등이 홍수기간 동안 이송되어 교각과 교대 주변에 유송잡물로 집적되며 이로 인해 수로의 일부분 또는 전체가 단면축소되어 교량구조에 대한 충격압과 양압력이 증가한다. 또한, 교각과 교대에서의 세굴심이 증가하고, 도로 및 교량에서의 월류로 인해 교량 파괴가 가속화된다. 이러한 유송잡물은 제방 침식이 활발한 불안정한 하천과 상류에 비해 경사가 완만한 하천에서 빈번히 발생한다.

5.2 단면축소세굴

하상에서는 다음과 같은 두 가지 상태로 세굴이 발생한다. 첫째는 이동상세굴(Live-bed Scour)로서 교량 상류부로부터 토사의 이송이 있는 경우이며, 상류부로부터 이송되는 토사의 양과 세굴되는 토사의 양이 같아질 때 평형을 이루게 된다. 둘째는 정지상세굴(Clear-water Scour)로서 상류부로부터 토사의 이송이 없는 경우이며, 평균 하상전단응력이 하상재료의 한계전단응력보다 작을 때 평형을 이루게 된다. 하상재료의 이동을 초기화하는 한계유속과 수로의 평균유속을 비교하여, 수로의 평균유속이 크면 이동상세굴이 발생하고, 한계유속이 더 크면 정지상세굴이 발생한다. 하상재료의 한계유속 V_c는 식(509.5.1)로 구한다.

$$V_c = 6.19\ y^{1/6}\ d_{50}^{1/3} \qquad (509.5.1)$$

여기서,

y : 평균수심 (m)

d_{50} : 입도분포곡선에서 흙의 중량통과백분율이 50%에 해당하는 입자의 크기 (m)

일반적으로 한계유속이 큰 조립토 지반에서는 홍수사상의 강도에 따라 세굴의 형태가 결정되지만 세립토 지반에서는 세굴되는 흙이 부유사의 형태로 이동하게 되므로 정지상세굴이 주로 발생하게 된다.

5.2.1 이동상 단면축소세굴

이동상 단면축소세굴에 대해서는 [하천설계기준 37.3.3]에 규정된 Laursen의 식(509.5.2)을 적용하여 세굴량을 산정한다.

$$\frac{y_2}{y_1} = \left(\frac{Q_2}{Q_1}\right)^{6/7}\left(\frac{W_1}{W_2}\right)^{k_1}\left(\frac{n_2}{n_1}\right)^{k_2} \qquad (509.5.2)$$

$$y_s = y_2 - y_0 \qquad (509.5.3)$$

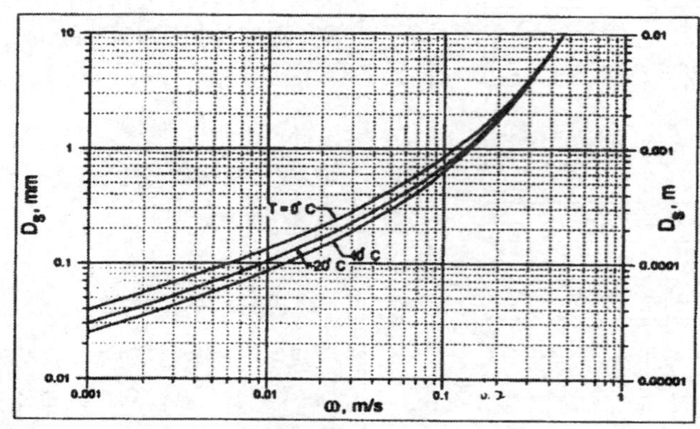

<그림 509.5.2> 비중 2.65인 모래질 입자에 대한 침강속도

여기서,

y_1 : 상류부 주 하도의 평균수심 (m)
y_2 : 세굴 발생 후 단면축소부 주 수로 평균수심 (m)
y_0 : 세굴 발생 전 단면축소부 평균수심 (m)
y_s : 평균 단면축소세굴심 (m)
W_1 : 상류부 주 수로의 하상폭 (m)
W_2 : 단면축소부 주 수로의 하상폭 (m)
Q_1 : 하상재료를 이송하는 상류부 주 수로 유량 (m^3)
Q_2 : 단면축소부를 통과하는 총 유량 (m^3)
n_1 : 주 하도에서의 Manning의 조도계수
n_2 : 축소단면에서의 Manning의 조도계수
k_1과 k_2 : <표 509.5.2>의 값을 적용

<표 509.5.2>에서 ω는 d_{50}의 침강 속도(m/s, <그림 509.5.2> 참조)이고, 상류 단면의 전단속도 V_*(m/s)는 다음과 같이 구한다.

$$V_* = (\tau_0/\rho)^{1/2} = (g y_1 S_1)^{1/2} \quad (509.5.4)$$

여기서,

g : 중력가속도 (m/s^2)
S_1 : 주 하도의 에너지 경사 (m/m)
τ_0 : 하상의 전단응력 (Pa)
ρ : 물의 단위질량 (1,000 kg/m^3)

<표 509.5.2> 계수 k_1과 k_2의 값

V_*/ω	k_1	k_2	하상재료 이동양상
< 0.5	0.59	0.066	대부분 하상접촉이동
0.5 - 2.0	0.64	0.21	부분적인 부유사 이동
> 2.0	0.69	0.37	대부분 부유사 이동

식 (509.5.2)에서 주의할 점은 첫째, 주 수로에서 물러난 교대에서는 Q_2의 값이 교량 통수부를 지나는 총 유량이 아니기 때문에 주 수로와 좌, 우 양쪽 홍수터에서의 단면축소세굴량을 각각 독립적으로 산정해야 한다. 둘째, Q_1은 교량 상류 주 수로의 유량이며, 홍수터 흐름을 포함하지 않는다. 셋째, W_1과 W_2는 종종 주 수로의 상부폭을 사용하기도 하는데 상부폭이나 하부폭 어느 쪽을 사용하든 일관성 있게 사용해야 한다. 넷째, 교량 통수부의 평균폭(W_2)는 보통 교각의 폭을 제외한 하부폭을 사용한다. 다섯째, 단면축소세굴공이 채워지는 홍수의 쇠퇴기에는 모래하상 하천에서는 y_0는 y_1의 값과 거의 같아질 것이므로 교량 주위의 측량을 통해 기존 하상을 미리 결정해야 한다. 마지막으로, 이동상 단면축소세굴심은 하상을 덮고 있는 굵은 조립토의 피복효과에 의해 일정 한계값을 가진다. 따라서 이동상세굴 방정식과 정지상세굴 방정식을 모두 적용하여 그 중 작은 값을 세굴심으로 결정한다.

5.2.2 정지상 단면축소세굴

정지상 단면축소세굴의 경우 Laursen이 제안한 식에 기초하여 식(509.5.5)을 사용하여 세굴심을 산정한다.

$$y_2 = \left(\frac{K_u Q^2}{d_m^{2/3} W^2} \right)^{3/7} \quad (509.5.5)$$

$$y_s = y_2 - y_0$$

여기서,

Q : 폭 W에 해당하는 교량통수부를 통과하는 유량 (m^3/s)
d_m : 단면축소부의 이송되지 않는 하상재료의 최소입경(=1.25d_{50}) (m)
W : 단면축소부에서 교량폭 제외 하상폭 (m)
K_u : 0.025

d_{50}이 하상 재료 중 가장 큰 입경이 아니므로 세굴 단면은 보호층으로 덮여있을 수 있다. 따라서 d_m은 1.25d_{50}로 가정한다. 다층지반 하상의 세굴심은 각 층의 연속적인 d_m을 차례로 정지상세굴 공식에 대입하여 결정할 수 있다.

5.2.3 기타사항

단면축소세굴을 평가함에 있어 부가적으로 고려해야할 사항은 다음과 같다.

① 배수(Backwater)가 발생하면 상류부의 유속, 전단응력, 토사운송을 감소시킬 수 있으므로 상류 단면에서는 토사 이송이 감소되어 이동상 세굴 조건에서 정지상 세굴 조건으로 변화될 수 있다.

② 단면축소세굴 공식은 주로 모래질의 균질한 재료에 대해서 유도되었고 홍수터의 정지상 세굴은 보통 소류력 계산을 사용하여 세굴심을 산정한다. 이때 점착성과 식생, 토사 입도의 영향을 고려하지 못하므로 세굴심이 과대평가되기 쉽다.

③ 대부분의 단면축소 세굴심 공식들은 교량 통수부 단면 전체에 걸쳐 동일한 세굴심이 발생한다고 가정하고 있지만 자연 하천의 경우 흐름의 곡선부에서 단면축소부가 생길 가능성이 높고 유속이 통수부 단면 전체에 걸쳐 동일하지 않기 때문에 세굴심은 단면의 부분들에 따라 다르게 된다.

5.3 국부세굴

5.3.1 교각 국부세굴

교각 주위의 국부세굴량은 [하천설계기준 37.3.2]에 규정된 CSU 공식을 적용하여 산정하되, 불확실성을 감안하여 CSU공식 이외에 Froehlich 공식, Laursen 공식, Neill 공식 중 최소한 2개 이상을 택하여 세굴량을 산출하고 세굴깊이와 세굴폭에 대한 평가를 실시한 후 세굴량을 결정하도록 한다. 각 공식으로 구한 세굴량의 차이가 큰 경우 산술평균값을 적용할 수 있다.

5.3.2 세립토 교각 국부세굴

일반적으로 세립토의 세굴은 조립토의 세굴에 비해 매우 느린 속도로 발생하며, 흐름특성 보다는 지반의 성질에 더욱 의존하는 것으로 알려져 있다. 따라서 세굴률실험 등을 통해 지반의 침식특성을 정량화한 후 이를 수리특성과 함께 고려하여 세굴심을 산정하는 것이 바람직하며, 다음과 같이 Briaud 등이 제안한 방법을 이용하여 세굴심을 산정한다.

① 세굴률 실험 등을 통해 유속의 변화에 따른 지반의 침식특성(세굴률-전단응력 변화곡선)을 얻는다.

② 설계유속 $V(m/s)$에 대해 교각주위에서 발생하는 최대전단응력 $\tau_{max}(N/m^2)$과 최대세굴심 z_{max}을 다음과 같이 산정한다.

$$\tau_{max} = 0.094\ \rho \cdot V^2\left(\frac{1}{\log Re} - \frac{1}{10}\right) \qquad (509.5.6)$$

$$z_{max}(mm) = 0.18\ Re^{0.635} \qquad (509.5.7)$$

여기서,

τ_{max} : 평탄하상에 위치한 교각주위의 최대 전단응력 (N/m²)

ρ : 물의 단위질량 (kg/m³)

V : 평균유속 (m/s)

$Re\ (=\frac{va}{\nu})$: 교각 Reynolds 수

a : 교각폭 (m)

ν : 물의 동점성계수($10^{-6}m^2/s, 20^oC$ 일 때)

③ 세굴률-전단응력 변화곡선으로부터, 계산된 τ_{max}에 상응하는 초기세굴률 $\dot{z}_i$를 구한다. 대상지반이 다층지반구조일 경우에는 각 층의 초기세굴률을 두께비에 따라 평균한 값을 사용한다.

④ 다음 식을 이용하여 등가시간 t_e를 계산한다. 등가시간 t_e는 해석기간동안의 수문곡선에 의해 발생한 세굴깊이와 같은 깊이를 생성하기 위해 최대유속이 지속되어야 하는 시간 (hours)으로 정의된다.

$$t_e(hrs) = 73\ t_{life}(yrs)^{0.126}\ V(m/s)^{1.706}\ \dot{z}_i(mm/hr)^{-0.2} \qquad (509.5.8)$$

여기서,

t_{life} : 세굴해석기간 (years)

⑤ 교각세굴깊이를 다음 식을 이용해서 구한다.

$$y_s(mm) = \frac{t_e(hrs)}{\dfrac{1}{\dot{z}_i(mm/hr)} + \dfrac{t_e(hrs)}{z_{max}(mm)}} \qquad (509.5.9)$$

5.3.3 교대 세굴

교대의 이동상 세굴에 대한 Froehlich 공식은 다음과 같다.

$$\frac{y_s}{y_a} = 2.27K_1K_2\left(\frac{L'}{y_a}\right)^{0.43} Fr^{0.61} + 1 \qquad (509.5.10)$$

여기서,

K_1 : 교대 모양에 따른 계수 <표 509.5.3>

K_2 : 흐름 유입각에 따른 계수 = $\left(\frac{\theta}{90}\right)^{0.13}$

θ<90° : 하류쪽으로 교대가 굽어진 경우

θ>90° : 상류쪽으로 교대가 굽어진 경우

L' : 교대 길이 (m)

A_e : 교대에 의해 방해받는 흐름 단면적 (m^2)

Fr : 교대 상류부 Froude 수 = $\frac{V_e}{\sqrt{gy_a}}$

$V_e = \frac{Q_e}{A_e}$ (m/s)

Q_e : 교대에 의해 방해받는 유량 (m^3)

y_a : 홍수터 평균 수심 (m)

y_s : 세굴심 (m)

<표 509.5.3> 교대 모양에 따른 계수, K_1

교대 모양	K_1
수직벽	1.00
날개벽이 있는 수직벽	0.82
경사벽	0.55

5.4 세굴방호공 설계

교량 등 하천구조물의 세굴로 인한 손상과 붕괴로부터 구조물을 보호하기 위하여 세굴방호공을 설치할 수 있다.

세굴방호공은 사석방호공, 콘크리트블럭 방호공, 지오백 세굴방호공 등 여러 가지가 있으며, 구조적 안정성과 경제성 등을 고려하여 적절한 방호공을 선정하도록 한다.

사석을 이용한 세굴방호공일 경우에는 2년의 정기적 주기 및 계획홍수량의 80%가 넘는 홍수 발생시 마다 사석의 이동 여부를 확인하여 문제 발생시 대책을 강구하여야 한다. 세굴방호를 위한 사석의 크기는 [하천설계기준 37.4.5]의 규정을 적용하여 결정하도록 한다.

세굴방호공의 적용범위는 교각의 한쪽 면으로부터 교각폭의 2배의 거리까지 양쪽 모두 시공하고, 세굴방호공의 최상부는 주변 하상선과 일치하거나 더 낮아야 한다. 사석방호공의 경우 방호공의 두께는 D_{50}의 3배 이상으로 시공하여야 하며 실제 설치에 있어서 최소 300 mm 보다 커야한다. 그리고 떠내려 오는 조각돌 또는 유빙이나 선박, 바람 또는 하상의 모양에 의해 생겨난 파도의 영향을 받는 곳에서는 사석층의 두께를 150 ~ 300 mm 더 증가시킨다.

5.4.1 교량세굴심 평가

교량세굴심 평가는 다음과 같은 절차에 의해 수행한다.

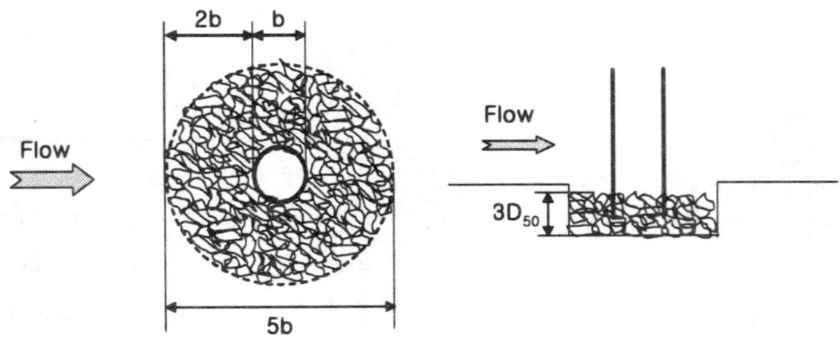

<그림 509.5.3> 세굴방호공의 적용범위(사석방호공 예)

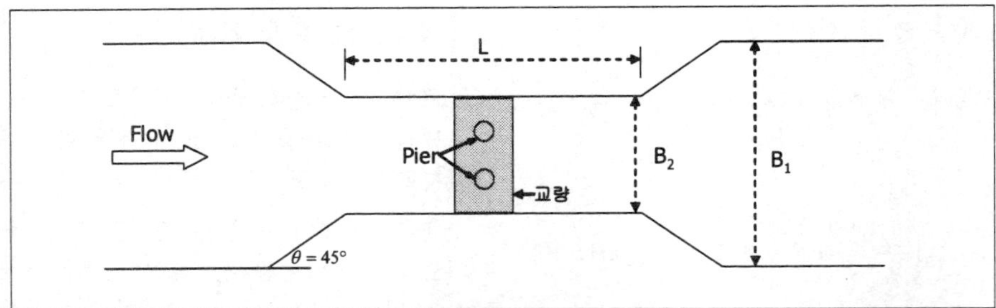

<그림 509.5.4> 교량 유역 단면

① 세굴해석에 필요한 매개변수를 결정한다.
② 장기하상변동을 예측한다.
③ 단면축소세굴을 계산한다.
④ 교각 또는 교대 주변에서 발생하는 국부세굴을 계산한다.
⑤ 총 세굴깊이를 결정한다.

세굴해석에 필요한 구조, 수리, 지반 조건에 대한 매개변수들은 현장조사를 통해 하천의 형상, 하상경사 등 수리학적 특성과 하상지반의 종류와 물리적 성질을 파악한 후 해석에 사용될 방법을 결정한다. 그리고 빈도해석을 통해 재현기간에 따른 최대홍수량 산정 및 홍수해석을 수행하여 그에 상응하는 최대유속, 수위 등의 수리학적 매개변수를 구한다. 또한 교각과 기초의 형상 및 크기 등 구조적인 매개변수와 입도분석 등을 통해 지반의 매개변수를 구한다. 지반이 세립토 또는 풍화암으로 구성되어 있다면 불교란시료를 채취하여 세굴률 실험을 통해 지반의 침식특성 등을 조사해야 한다.

이상의 내용을 고려하여 <그림 509.5.4>에 나타낸 유역 단면과 조건을 갖는 교량에 대해서 세굴해석을 실시하였다.

<표 509.5.4> 교량세굴 설계변수 조건

설계변수		설정 값	비고
상부 하도 폭		300 (m)	
단면축소부 폭		200 (m)	
홍수 시 접근 수심		12 (m)	
교량 지점의 원 수심		11 (m)	
홍수 시 접근 유속		4 (m/s)	
흐름 접근 각		0°	
하상상태		평탄 하상	
유량		773 (m^3/s)	월류량 없음
하도 경사		0.004 (m/m)	
교대 모양		날개벽이 있는 수직벽	
교각	수	2 ea	
	폭	5 (m)	
	형상	원형	
하상 재료	d_{50}	0.70 (mm)	
	d_{50} 침강속도(w)	0.10 (m/s)	
	d_{90}	10 (mm)	

(1) 장기하상변동 산정

장기하상변동은 하도나 유역의 현재 상태와 수계 내에서 장래에 예상되는 변화를 함께 평가하고 이러한 평가를 근거로 하여 산정되어야 한다. 특히 정기적인 관측이 매우 중요하며, 이를 토대로 장기하상변화를 예측해야 한다. 그러나 하상이 이미 안정화되어 <그림 509.5.5>와 같이 점진적인 변화가 없는 것으로 가정할 수 있다면, 이 경우 총세굴깊이는 단면축소세굴과 국부세굴의 합으로 결정된다.

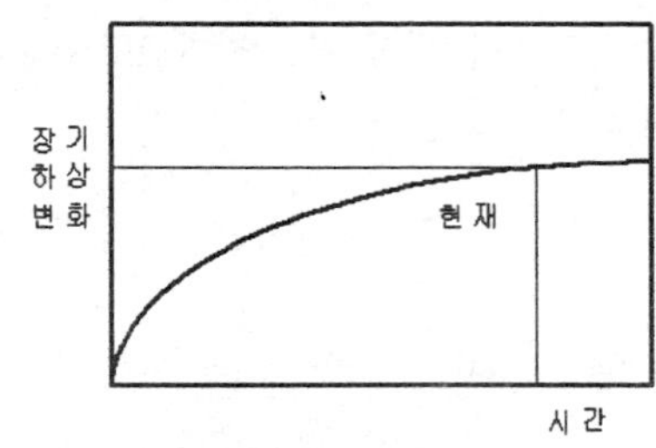

<그림 509.5.5> 장기하상변화 관측 결과 예

(2) 단면축소 세굴량 산정

■ 세굴심 계산

① 이동상 세굴인지 정지상 세굴인지 결정

교량 직상류부의 평균 유속, $V = 4\ m/s$

하상 재료의 한계유속, V_c [편람 509.5.2 식(509.5.1) 참조]

$$V_c = 6.19 \times (12)^{\frac{1}{6}} \times (0.0007)^{\frac{1}{3}} = 0.83\ m/s$$

따라서, $V > V_c$ 이므로 이동상 단면축소세굴 공식을 적용한다.

② 단면축소 세굴심 계산[편람 509.5.2 참조]

상류부의 전단속도(V_*)와 하상재료 d_{50}의 침강속도(w=0.10 m/s, <그림 509.5.2> 참조)를 이용하여 계수 k_1<표 509.5.2>을 결정한다.

$$V_* = (9.81 \times 12 \times 0.004)^{0.5} = 0.68\ m/s,$$

$$w = 0.10\ ;\ \frac{V_*}{w} = 6.8$$

따라서, k_1 = 0.69 (대부분 부유사 이동)

이상의 값들을 이동상 단면축소세굴 공식[하천설계기준 37.3.3, 식(37.2)]에 대입한다.

$$\frac{y_2}{12} = \left[\frac{Q_2}{Q_1}\right]^{6/7} \left[\frac{300}{190}\right]^{0.69} \left(\frac{n_2}{n_1}\right)^{k_2}$$

$$\frac{y_2}{12} = \left[\frac{Q_2}{Q_1}\right]^{6/7} \left[\frac{300}{190}\right]^{0.69} \left[\frac{0.020}{0.025}\right]^{0.37}$$

$Q_1 = Q_2$ 이므로(월류량 없음),

$$y_2 = 12 \times 1.37 \times 0.92 = 15.12\ m$$

$y_s = 15.12 - 11 = \underline{4.13}\,m$(단면축소세굴심 발생)

(3) 국부세굴량 산정

■ 조립토 국부세굴[하천설계기준 37.3.3 참조]

단면축소세굴 공식에는 일반적으로 단면 전체 또는 일부의 평균유속이 사용되는 반면, 교각세굴 계산시에는 대상 교각 직전의 국부 평균유속이 사용되어야 한다. 또한 하상이 횡방향으로 이동할 가능성이 있기 때문에 일반적으로 가장 큰 유속이 발생하는 부분에 위치한 교각에 대해 계산을 하여 각각의 교각에 적용하게 된다.

(가) CSU 공식

① 보정계수 결정

계수	값	비고
K_1	1.0	원형 단면
K_2	1.0	흐름 유입각 0°
K_3	1.1	평탄 하상
K_4	1.0	피복효과 없음 ($d_{50} < 2\ mm$, $d_{90} < 20\ mm$)

② 국부세굴심 계산

$$\frac{y_s}{y} = 2.0 K_1 K_2 K_3 K_4 \left(\frac{a}{y}\right)^{0.65} Fr^{0.43}$$

$$\frac{y_s}{12} = 2.0(1.0)(1.0)(1.1)(1.0)\left(\frac{5}{12}\right)^{0.65}\left(\frac{4}{\sqrt{9.81 \times 12}}\right)^{0.43}$$

$y_s = 12 \times 0.81 = \underline{9.73}\,m$ (국부세굴심 발생)

(나) Froehlich

$$\frac{y_s}{a} = 0.32\Phi\left(\frac{a'}{a}\right)^{0.62}\left(\frac{y}{a}\right)^{0.46} Fr^{0.2}\left(\frac{a}{d_{50}}\right)^{0.08} + 1$$

$$\frac{y_s}{5} = 0.32(1.0)\left(\frac{5}{5}\right)^{0.62}\left(\frac{12}{5}\right)^{0.46}\left(\frac{4}{\sqrt{9.81 \times 12}}\right)^{0.2}\left(\frac{5}{0.0007}\right)^{0.08} + 1$$

$y_s = 5 \times 1.80 = \underline{8.75}\, m$ (국부세굴심 발생)

(다) Laursen 공식

$$\frac{a}{y} = 5.5\frac{y_s}{y}\left[\left(\frac{y_s}{11.5y}+1\right)^{1.7}-1\right]$$

$$\frac{5}{12} = 5.5\frac{y_s}{12}\left[\left(\frac{y_s}{11.5\times 12}+1\right)^{1.7}-1\right]$$

$y_s = \underline{8.50}\, m$ (국부세굴심 발생)

(라) Neill 공식

$$\frac{y_s}{a} = 1.5\left(\frac{y}{b}\right)^{0.3}$$

$$\frac{y_s}{5} = 1.5\left(\frac{12}{5}\right)^{0.3}$$

$y_s = \underline{9.75}\, m$ (국부세굴심 발생)

■ 세립토 국부세굴[편람 509.5.3 참조]

세립토 지반상에 위치한 교량 주위에서 발생하는 세굴을 해석하기 위해서는 수리학적 특성뿐만 아니라 지반의 세굴특성을 충분히 고려하여 계산해야 한다. 이를 위해 불교란시료를 채취하여 세굴률 실험을 통해 지반 고유의 침식함수(세굴률-전단응력 관계)를 구하여 세굴심을 평가한다.

앞의 예제와 모든 조건을 동일하게 가정하고 지반을 세립토라고 가정했을 때 교각 국부세굴량을 평가하면 다음과 같다.

① 세굴률 실험을 통해 세굴률-전단응력 변화곡선을 <그림 509.5.6>과 같이 결정한다.

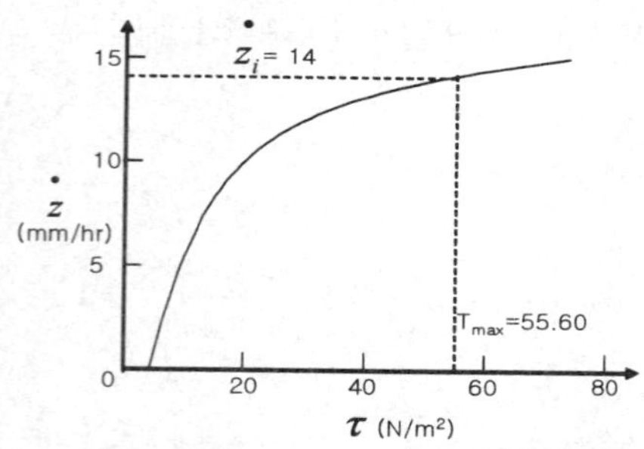

<그림 509.5.6> 세굴률-전단응력 곡선

② 교각주위에서 발생하는 최대전단응력 τ_{max}와 최대세굴깊이 z_{max} 계산

$$\tau_{max} = 0.094\ \rho \cdot V^2\left(\frac{1}{\log Re} - \frac{1}{10}\right)$$

$$\tau_{max} = 0.094 \cdot 1000 \cdot 4^2\left(\frac{1}{\log\frac{4\ \cdot\ 5.0}{10^{-6}}} - \frac{1}{10}\right)$$

$$= 55.60\ N/m^2$$

$$z_{max}(mm) = 0.18\,Re^{0.635} = 0.18 \cdot \left(\frac{4\ \cdot\ 5.0}{10^{-6}}\right)^{0.635}$$

$$= 7788\ mm$$

③ τ_{max}에 상응하는 초기세굴률, $\dot{z}_i = 14\ mm/hr$ (<그림 509.5.6> 참조)

④ 등가시간 t_e 계산

$$t_e = 73\ t_{life}^{\ 0.126}\ V^{1.706}\ \dot{z}_i^{-0.20}$$

$$t_e = 73 \cdot 100^{0.126}\ 4^{1.706}\ 14^{-0.20} = 818\ (hrs)$$

⑤ 교각세굴깊이 y_s

$$y_s = \frac{t_e}{\frac{1}{\dot{z}_i} + \frac{t_e}{z_{max}}}$$

$$y_s = \frac{818}{\frac{1}{14} + \frac{818}{7788}} = 4636\ mm$$

$y_s = \underline{4.36}\ m$ (세립토 국부세굴심 발생)

따라서, 세립토 교각 국부세굴심은 4.36 m로서 조립토 경우에 비해 작게 산정됨을 알 수 있다.

(4) 총세굴량 산정

이상에서 살펴본 바와 같이 본 예제의 경우 장기하상변동이 없는 것으로 가정하여, 총세굴깊이는 단면축소세굴심과 국부세굴심의 합으로써 <표 509.5.5>와 같이 구할 수 있다.

<표 509.5.5> 총세굴량(세굴심 산정)

구 분	단면축소 세굴심(m)	국부세굴		총 세굴심(m)		
		적용공식	국부세굴심(m)	합계	산술평균	적용
조립토	4.13	CSU	9.73	13.36	12.96	12.96
		Froehlich	8.75	12.88		
		Laursen	8.50	12.63		
		Neill	9.75	13.88	최대값 제외	
세립토	4.13	Briaud	4.36	8.49		8.49

5.4.2 세굴방호공 설계

(1) 설계조건

- 교량부근의 하상이 수평, $\beta = 0$
- 사석의 단위중량 $\gamma_s = 2{,}650\ kg/m^3$
- Isbash 계수 $C = 0.86$ (보수적 설계)
- 원형교각, $K = 1.5$

(2) 사석 크기 결정

① Isbash 공식

$$4 = 0.86\sqrt{2\times 9.81\times D_u\left(\frac{2.65-1}{1}\right)}\sqrt{\cos 0-\sin 0}$$

$$D_u = 0.668\ m$$

② Richardson 공식

$$D_{50} = \frac{0.692(1.5\times 4)^2}{2\times 9.81\left(\frac{2.65-1}{1}\right)} = 0.769\ m$$

따라서 사석의 크기는 Richardson 공식의 결과를 적용하여 평균입경 770 mm 이상으로 결정하며, [편람 509.2.4] <그림 509.5.3>과 같이 교각의 한쪽 면으로부터 교각폭의 2배의 거리(10 m)까지 양쪽 모두 시공하고, 세굴방호공의 최상부는 주변 하상선과 일치하거나 더 낮아야 한다. 사석의 시공두께는 D_{50}의 3배(2.30 m) 이상이어야 한다.

5.5 유송잡물에 대비한 설계

5.5.1 유송잡물에 의한 영향

(1) 유송잡물의 발생 및 이송

유송잡물은 수로 주변에 식생하는 나무와 기타 이 물질 들을 포함한다. 홍수터와 산사태 등은 많은 유송잡물을 발생시킨다.

이러한 유송잡물은 개별적으로 이송되고 일반적으로 하천의 중앙으로 이동하는 경향이 있으며, 수심이 깊고 유속이 빠른 곳에 집중된다.

(2) 유송잡물이 교량세굴에 미치는 영향

홍수기간 동안 하천에서는 나뭇가지 및 뿌리 등과 같은 유송잡물이 운반되고 이 들은 교각과 교대주변에 쌓이게 된다. 이와 같은 현상은 하천구조물 주변의 흐름을 방해하게 되며 상류부의 수위를 증가시키고, 이는 하천의 범람이나 제방의 침식, 구조물 침수의 원인이 된다. 또한 구조물 상·하류간의 수위차를 크게 하여 주변의 유속을 증가시키고 이는 국부세굴이 커지는 데에 영향을 준다. 또한 유송잡물은 교각의 폭을 증가시키고, 교각의 형상을 변화시키며 흐름성분에 변화를 주어 국부세굴심을 증가시키게 되는데 유송잡물로 인한 교각 폭의 증가를 고려함으로써 세굴심의 증가를 평가할 수 있다.

기존 연구에 따르면 작은 스케일의 실험 모형을 이용하여 잡물의 축적은 모든 흐름 조건에서 수면에서부터 하상 바닥까지 넓게 퍼져 형성되어 있다는 것을 확인하였으며, 낮은 Froude 수 조건에서는 부유 잡물의 덩어리가 평면에서

얇고 넓은 반면 높은 Froude 수 조건에서는 부유 잡물의 덩어리가 깊고 좁음을 파악되었다.

(3) 유송잡물에 의한 교량세굴심 증가

앞서 기술한 바와 같이 유송잡물에 의한 교량세굴심의 증가는 유송잡물로 인한 교각폭의 증가를 고려하여 산정된 유효폭을 세굴심 계산에 적용함으로써 평가할 수 있다.

유송잡물은 일반적으로 흐름방향에 따라 교각의 전면에 집적되며, 집적된 유송잡물의 폭 W_d와 두께 T_d에 관한 각 국의 규정은 <표 509.5.6>에 나타내었다.

유송잡물의 폭과 두께는 일반적으로 AASHTO의 규정에 따라 계산하나 불확실성을 감안하여 오스트레일리아와 뉴질랜드의 규정에 따른 결과와 비교하여 기술자의 공학적인 판단에 따라 결정한다.

<표 509.5.6> 유송잡물의 폭과 두께

구 분	형상	폭 W_d	두께 T_d
오스트레일리아	직사각형	인접한 교각사이 길이의 평균 (최대 20 m)	최소 1.2 m
뉴질랜드	삼각형	인접한 교각사이 길이의 평균 (최대 15 m)	수심의 절반 최소 3 m
AASHTO-LRFD	삼각형	인접한 교각사이 길이의 평균 (최대 14 m)	수심의 절반 최대 3 m

세굴심 계산에 사용되는 교각의 유효폭 b_e는 다음의 두 식에 의해 결정될 수 있다.

① Dongol-Melville 공식

$$b_e = \frac{0.52T_d W_d + (y - 0.52T_d)b}{y} \qquad (509.5.11)$$

여기서,

b : 교각폭 (m)

y : 평균수심 (m)

② HEC-18

$$b_e = \begin{pmatrix} 2W_d + b\cos\theta \\ W_d + b\cos\theta + L'\sin\theta \end{pmatrix} \text{중 큰 값} \qquad (509.5.12)$$

여기서,

Θ : 흐름접근각

L' : L 또는 12 중 작은 값

5.5.2 유송잡물 집적시 유수압 산정

교량에 유송잡물이 집적되면, 크게 세굴심의 증가 그리고 교각에 작용하는 유수압의 증가 등의 발생을 예상할 수 있다.

유송잡물이 집적되면, 통수단면이 줄어들게 되어 국부적으로 유속이 크게 증가하게 된다. 유속의 증가는 하상 토사의 제거로 이어져 결국 교각의 세굴심이 증가하게 된다. 세굴심의 증가는 기초의 저항력을 크게 감소시켜 결국 교량을 전도시키는 주요한 요인이 된다. 또한, 유송잡물이 넓은 범위에 걸쳐 집적되면 유속에 의한 수평하중을 교각이 전부 받게 되어 교각 하부에 큰 전단력과 휨모멘트가 작용하게 된다. 이 경우 유속과 유송잡물의 폭과 깊이 등을 고려하여 수평 하중을 계산하게 되며, 유송잡물에 의한 수평하중이 지진에 의한 수평하중을 넘게 되면 이를 설계에 반드시 고려하여야 한다.

유송잡물 집적시 유수압은 [도 · 설 2.1.9]에 의해 산정한다.

5.5.3 교각-수면 경계부 설계

하천상에 가설된 교량의 교각-수면 경계부는 물리적, 화학적 작용으로 인하여 손상과 열화가 발생하기 쉬운 부위이다. 유지관리를 고려한 교량의 설계 및 시공지침(건설교통부, 2001)에서는 교각-

수면 경계부의 내구성 향상을 위하여 다음과 같은 방법을 제시하고 있다.

(1) 물리적 손상을 방지하기 위해서는 하천의 수리 특성에 유리한 교각형상으로 설계·시공하여야 한다.

(2) 직접적 손상방지책으로는 유속 및 부유물 충돌로부터 콘크리트를 보호하기 위한 교각방호공법이 효과적이다.

(3) 간접적 손상방지책으로는 사용기간중 콘크리트의 물리적 침식 정도를 예측하여 시공시 여유 단면적을 확보하는 단면적 증설 공법이 효과적이다.

(4) 기타방법으로는 희생말뚝 설치에 의한 방법, 펜스설치 등의 보조재 부착에 의한 방법 등이 있다.

하천 흐름에 대한 교각의 앞부분은 항상 유속 및 부유물 충돌 작용을 받는다. 따라서 이때 발생하는 저항을 최소화하도록 교각 앞부분을 수리학적 저항에 유리하게 설계하는 방법은 교각-수면 경계부 콘크리트의 물리적 손상을 완화시킬 수 있는 방법이다. 유수압에 관련된 사항은 편람 제 509.2.3절을 참조한다.

교각-수면 경계부에 발생하는 물리적 손상을 적극적인 방법으로 방지하기 위해서는 손상요인에 대한 근본적인 차단이 필요하다. 이때 작용하는 손상요인은 유수에 의한 마찰, 부유물 충돌 등 상당히 큰 하중으로 여기에 저항 가능한 재질을 이용하여야 한다. 적극적인 손상방지공법은 물리적인 손상을 고려하여 교각의 단면을 증가시키거나 교각의 외부를 콘크리트 재료보다 내충격성이 우수한 재질로 감싸는 공법이 있다. 기타 공법으로는 교각 전방에 여러 개의 희생파일을 설치하여 부유물을 일차적으로 차단하는 방법과 교각-수면 경계부에 보조부재를 설치하여 유속, 부유물 충돌을 차단하는 방법 등이 있다.

5.6 선박충돌 방호공 설계

5.6.1 선박충돌 사례 현황

최근 해상교량의 설계가 늘어나면서 대형 선박과의 충돌과 그로 인한 피해 방지가 중요한 설계 요소가 되고 있다. 선박의 충돌에 의한 사고는 대부분 대형 참사를 불러일으키게 되며 경제적인 손실도 대단히 크기 때문에, 교량의 계획 및 설계시에 선박의 충돌에 대한 안정성을 염두에 두어야 한다.

(a) Sunshine Skyway Bridge

(b) Tjorn Bridge

(c) Bayou Canot Bridge

<그림 509.5.7> 선박충돌 사고 사진

전 세계적으로 대형선박의 빈번한 통행과 장대교량의 증가로 교량에 대한 선박의 충돌 사고가 증가하고 있는 추세이다. 국외 선박충돌에 의한 교량사고 중 사망자가 발생한 사례를 소개하면 다음의 <표 509.5.7>과 같다.

<표 509.5.7> 선박충돌 교량사고 사례

교량명	년도	사망자	비고
Silver Bridge	1967	46	상부붕괴
Sidney Lanier Bridge	1972	10	
Lake Pontchartrain Bridge	1974	3	
Tasman Bridge	1975	15	
Pass Manchac Bridge	1976	1	
Tjorn Bridge	1980	8	상부붕괴
Sunshine Skyway Bridge	1980	35	화물선충돌
Lorraine Pipeline Bridge	1982	7	
Sentosa Aerial Tramway	1983	7	
Volga River Railway Bridge	1983	176	
Mianus River Bridge	1983	3	상부붕괴
Schoharie Creek Bridge	1987	10	상부붕괴
Claiborne Avenue Bridge	1993	1	
Bayou Canot Bridge	1993	47	
Mobile Railroad Bridge	1993	47	바지선충돌
Arroya Psajero Bridge	1995	7	상부붕괴
Queen Isabella Causeway	2001	8	바지선충돌
I-40 Bridge	2002	14	바지선충돌

5.6.2 선박충돌 방호공 설계현황

(1) 개요

항로상 또는 항로근처에 교각을 설치하여 선박과 충돌할 우려가 있는 경우에는 이것을 설계에 고려하여야 한다. 하부구조에의 선박충돌하중은 선박의 크기 및 항로에 의하여 선박에 의해서 가해지는 충돌력을 적절하게 산정하여야 한다. 선박충돌은 운항의 잘못이나 선체의 기술적인 결함에 의해서 발생하며, 시야 확보의 곤란이나 기상 악화에 따라서 충돌이 발생할 수 있지만, 교량이 건설됨에 따른 운항의 어려움에 의해서는 발생하지 않는 것으로 간주한다.

(2) 선박충돌에 대한 설계법

설계선박의 결정을 위하여 AASHTO [Guide Specification and Commentary for Vessel Collision Design of Highway Bridges] 설계지침 및 해설에서는 다음의 3가지 방법을 제시하고 있다.

(a) Method I

Method I은 교량 설치 위치의 여건이 복잡하지 않은 경우 또는 다음의 Method II와 III에 의한 해석이 없을 경우에 설계 선박을 결정하는 간단한 방법이다.

설계선박의 허용 범주는 다음과 같은 기준을 가지고 교량의 중요성, 선박 특성, 교량 제원, 수심 등에 기초하여 결정된다. 상세한 적용방법은 편람 509.5.6.5 설계 예를 참고한다.

- 위험교량(Critical Bridge)

선박이 충돌할 가능성이 큰 위험교량의 경우, 설계선박은 연간 최대 50회 이상 통행하는 선박보다는 크거나, 화물선 전체 통행량의 5% 이내에 포함되는 선박으로 결정한다.

- 일반교량(Regular Bridge)

일반교량의 경우 설계선박은 연간 최대 200번 이상 통행하는 선박보다는 크거나, 화물선 전체 통행량의 10% 이내에 포함되는 선박으로 결정한다.

(b) Method II

Method II는 설계선박을 결정하는데 있어서 해석 과정에 기초한 확률적인 방법으로 선박, 교량, 항로에 대한 매우 많은 양의 데이터가 필요하게 된다. 교량과 통행 선박을 묘사할 수 있는 이상적인 수학모델이 교량 충돌의 확률을 평가하고 교량 구조에 대한 충돌력을 구하는데 이용된다. 상세한 적용방법은 편람 509.5.6.5 설계 예를 참고한다.

- 위험교량(Critical Bridge)

연 붕괴 빈도수(AF)는 100년 내에 0.01보다 같거나 작아야 한다. (AF=0.0001)

- 일반교량(Regular Bridge)

연 붕괴 빈도수(AF)는 100년 내에 0.1보다 같거나 작아야 한다. (AF=0.001)

AF는 선박충돌에 대한 교량 붕괴의 연 빈도수이며, 식 (509.5.13)과 같은 방법으로 구한다.

$$AF = (N)(PA)(PG)(PC) \quad (509.5.13)$$

여기서,

N : 교량에 충돌할 수 있는 선박 수
PA : 선박 항로이탈 확률
PG : 교량과 이탈된 선박의 충돌 확률
PC : 이탈된 선박에 의한 교량 붕괴 확률

(c) Method III

Method III는 설계선박을 결정하는데 있어서 비용-유효성 해석을 이용하는 방법이다. 또한 교량부재의 설계 강도를 결정하거나 교량에 대한 방호공의 적정한 등급을 지정하는데 이용된다. 몇몇의 경우에는 Method I과 II에서 정의된 위험도 기준이 비합리적이거나 고비용이기 때문에 만족되지 않을 때가 있다. 즉 매우 넓은 항로를 통과하는 교량으로 선박의 충돌에 노출된 교각들이 많거나, 매우 깊은 수심에 교각이 위치한 경우들이다. 이러한 상황에서는 Method III를 이용하여 위험 저감을 위한 비용-유효성 해석과 연관된 경제적인 측면에서 설계 선박의 결정, 교량부재의 설계강도, 방호공의 적절한 수준을 결정한다.

(3) 국내 설계지침

우리나라 교량관련 설계지침 중 선박충돌에 대비한 설계지침은 『케이블강교량설계지침, 대한토목학회, 2006』이 있다. 이는 AASHTO 설계지침의 내용을 원용한 것이다.

5.6.3 선박 충돌력 산정

(1) 선박의 톤수 정리

선박의 중량을 나타내는 방법은 해당 선박의 화물 혹은 사용용도에 따라 다양하게 구분된다. 일반적인 방법으로는 여객선, 카훼리선, 자동차 전용선, 가스운반선 등 용적을 표시할 경우에는 G/T(Gross Tonnage)로, 화물선, 유조선 등 중량을 표시할 경우에는 D/T(Displacement Tonnage)로 표시를 한다.

보다 상세한 구분은 <표 509.5.8>에 나타낸 내용을 참조한다.

<표 509.5.8> 선박의 규모를 나타내는 방법

구 분	의 미	용 도
총톤수 Gross Tonnage (G.T 또는 G/T)	전체 용적을 나타내는 가상중량	상선 크기 산정 관세, 검사료 등 요금산정
순톤수 Net Ton. (N.T 또는 N/T)	적재가능 용적을 나타내는 가상중량	화물이나 여객의 적재용적 각종세금 등 요금계산
배수톤수 Displacement Ton. (D.T 또는 D/T)	전체 중량 (화물+선박자중)	군함 크기표시 접안능력 표시(항만)
재하중량톤수 Dead Weight Ton. (D.W.T 또는 D/W)	적재가능중량 (화물중량)	화물 적재능력
재하용적톤수 Measurement Ton. (M.T 또는 M/T)	화물 적재용적을 나타내는 가상중량	하역업무
TEU (Twenty-foot Equivalent Unit)	선박에 실을 수 있는 컨테이너 개수를 20ft 길이로 환산한 단위	컨테이너선의 규모표시

(2) 충돌력의 산정

설계 충돌하중을 구하는 방법에는 여러 가지 공식과 실험식들이 있지만, 여기서는 대표적인 AASHTO 설계지침 및 해설 『Guide Specification and Commentary for Vessel Collision Design of Highway Bridges, AASHTO, 1991』에서 제시한 식과 Pedersen의 제안식에 대해서 기술한다.

1) AASHTO 지침에 의한 방법

(a) 충돌에너지

선박이 교각에 정면으로 충돌하는 경우의 운동에너지는 다음 식 (509.5.14)와 같다.

$$KE = 500\, C_H\, M\, V^2 \quad (509.5.14)$$

여기서,
KE : 충돌에너지(J)

M : 선박의 용적 톤수(Mg)
V : 충돌 속도(m/sec)
C_H : 수리동적질량계수

(b) 충돌력(기초)

선박과 교각이 충돌하는 경우 교각에 작용하는 힘은 다음 식 (509.5.15)와 같다.

$$P_s = 1.2 \times 10^5 \, V \sqrt{DWT} \qquad (509.5.15)$$

여기서,
P_s : 등가 정적 선박충돌력(N)
DWT : 선박의 적재중량톤수(Mg)

(c) 설계 충돌 속도

항로에서 교량에 적용되는 설계충돌 속도는 표준 선박 속도(Typical Vessel Transit Speed)에 근거하여 결정된다. 표준 선박 속도는 항로 제한, 항로폭, 통행 선박의 길이 등에 의해서 결정된다. 따라서 표준 선박 속도(V_T)는 정상적인 상황에서 교량에 인접한 항로에서의 대표적인 속도이다. 들어오고 나가는 선박의 속도는 항로의 조류 상황에 따라서 다를 수 있다.

Method I의 규정에 의한 설계선박의 충돌력은 교량 중심으로부터 3 × LOA (선박전체 길이)이내일 경우 교량에 적용되며, 이후의 범위는 최소 충돌하중의 적용을 받는다.

교량에 대한 설계 충돌속도는 <그림 509.5.8>과 같으며 설계 충돌속도 분포는 교량의 크기, 항로폭, 선박길이(LOA)에 의해서 결정된다.

그림에서,
V_T : 표준 선박 속도(m/sec)
$V_{\min}$: 최소 설계 충돌속도(m/sec)
X_C : 항로중심에서 항로끝까지 폭
X_L : 설계선박의 전체길이의 3배

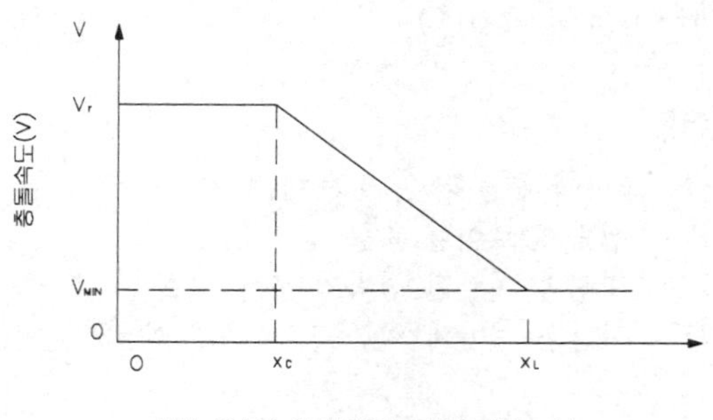

<그림 509.5.8> 설계 충돌 속도

(d) 충돌력 및 작용 위치

하부구조의 설계에서 충돌력은 항로의 중심선형과 평행한 방향으로 하부 구조에 횡방향력으로 적용된다. 횡방향력의 50%는 종방향력으로 적용될 수 있지만 두 개의 충돌력이 동시에 작용하지 않는다.

① 설계 충돌력은 평균최고수위(MHW)일 경우 집중하중으로 작용하여 전체적인 안정성에 대한 하부구조의 설계에 적용한다. (<그림 509.5.9(a)> 참조)

② 국부 충돌력에 대한 교각과 기초의 설계는 선박의 선수 깊이에 따른 수직 선하중으로 적용한다. (<그림 509.5.9(b)> 참조)

③ 선박의 선수가 돌출되어 있을 경우에는 교각 또는 기초에 충돌력의 접촉 면적을 결정하도록 한다. (<그림 509.5.9(c)> 참조)

④ 바지선의 충돌은 선수의 깊이에 따른 수직 등분포하중으로 간주하여 적용한다. (<그림 509.5.9(d)> 참조)

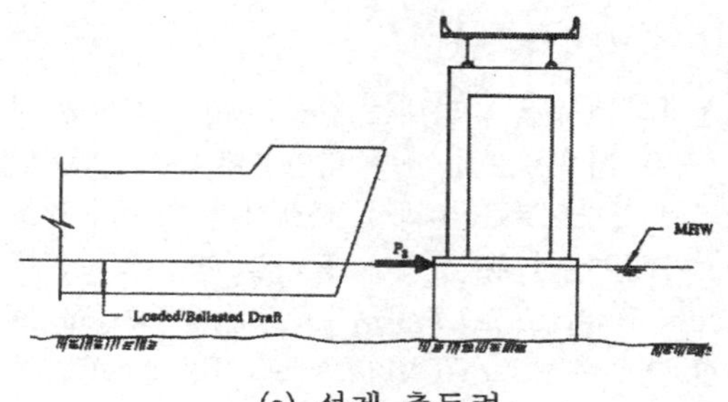

(a) 설계 충돌력

<그림 509.5.9> 충돌력 작용 위치(계속)

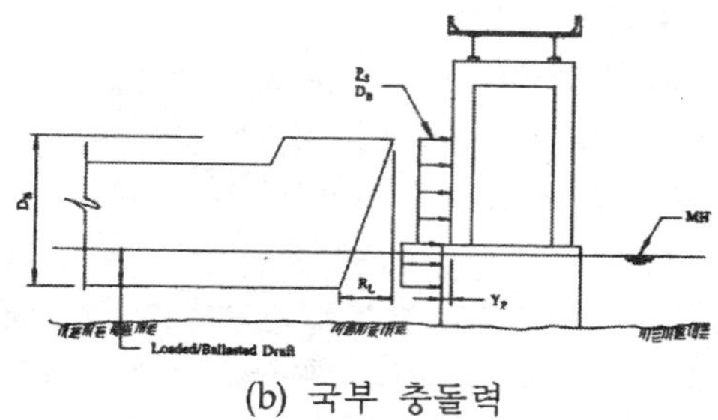

(b) 국부 충돌력

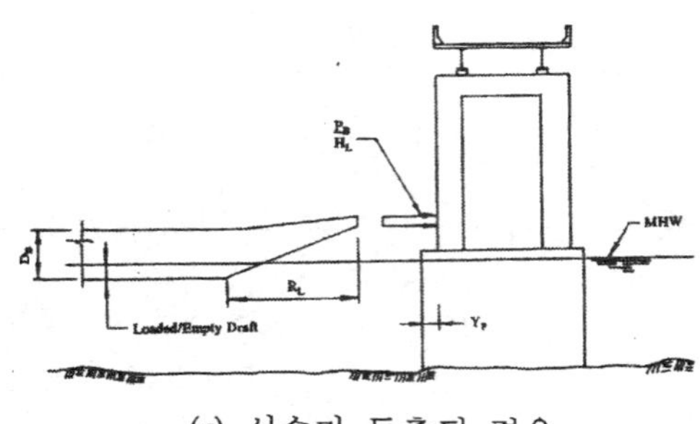

(c) 선수가 돌출된 경우

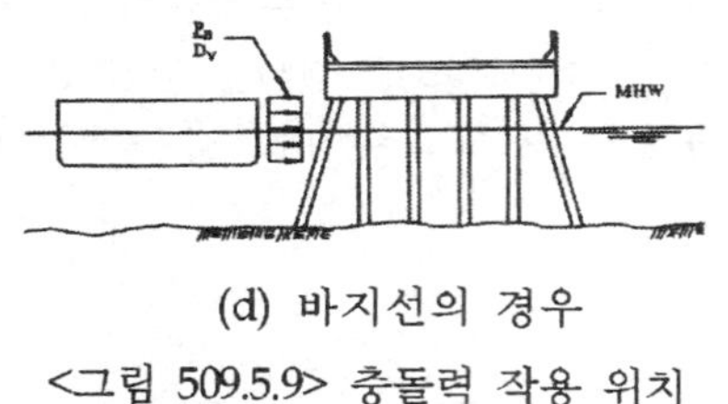

(d) 바지선의 경우

<그림 509.5.9> 충돌력 작용 위치

2) Pedersen의 제안식에 의한 충돌력 산정

선박의 충돌력 평가는 Pedersen의 제안식을 사용할 수 있으며, 500 DWT에서 30,000 DWT 사이의 선박에 대해서 다음과 같이 적용하도록 한다. (International Symposium in Liverpool, 1993)

충돌력의 산정은 다음 식 (509.5.16)에 의한다.

$$P_{bow} = P_o \cdot \overline{L}[\overline{E}_{imp} + (5.0 - \overline{L})\overline{L}^{1.6}]^{0.5} \quad \text{for} \ \overline{E}_{imp} \geq \overline{L}^{2.6}$$

$$= 2.24 \cdot P_0[\overline{E}_{imp}\overline{L}] \quad \text{for} \ \overline{E}_{imp} < \overline{L}^{2.6}$$

$$\overline{L} = L_{pp}/275\text{m}, \ \overline{E}_{imp} = E_{imp}/1425\text{MNm}$$

$$E_{imp} = 1/2 m_x V_0^2$$

(509.5.16)

여기서,

P_{bow} : 선박 뱃머리의 최대 충격력 (MN)
P_0 : 기준 충격력 (210 MN)
E_{imp} : 소성 변형에 의해 흡수된 에너지
L_{pp} : 선박의 길이(m)
m_x : 운행방향에 대해 5% 할증된 질량(10^6kg)
V_0 : 초기 선박 속도 (m/s)

5.6.4 충돌방호공 분류

선박충돌 방호공의 설계는 항로폭, 충돌력, 공사비용, 미관 등의 요소가 고려되어 적절하게 설계되어야 하며, 대표적인 충돌방호공 형식은 <표 509.5.9>와 같다.

<표 509.5.9> 충돌방호공의 구분

설치 장소	에너지 흡수형태	종 류
직접 구조	탄성변형형	Fender 방식
	파괴변형형	강재 다실형 방식
	변위형	중력방식
간접 구조	탄성변형형	Dolphin 방식, Pile 방식
	파괴변형형	축도방식, 케이슨 방식
	변위형	Barrier 방식

다음은 충돌방호공의 대표적인 형식인 Fender 방식, 버퍼 방식, Dolphin 방식, Pile 방식, 축도(인공섬식) 방식에 대하여 설계개념과 사례 등을 소개한다.

(1) Fender 방식

충돌완화재의 개념으로 충돌력을 구조물이 흡수하며, 선박이나 구조물의 부분적인 손상을 방지하는 개념의 충돌방호공이다.

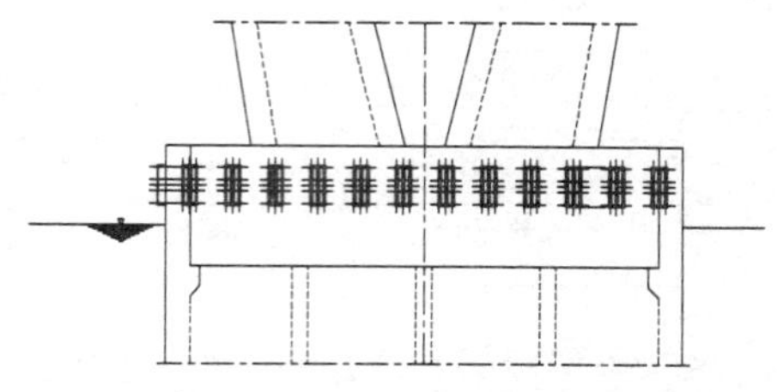

<그림 509.5.10> Fender 방식 방호공

(2) 버퍼 방식

버퍼는 선박의 충돌에너지를 구조물의 소성에너지의 흡수로 충돌력을 저감시키는 구조로, 벌집(Honey Comb) 형태로 제작되어 가능한 많은 소성에너지를 흡수할 수 있도록 제작한다.

설계개념은 우물통 기초시 선박의 충돌력을 버퍼로 1차 흡수하고 나머지를 구조물이 견딜 수 있도록 하며, 공사비가 저렴하며 항로 잠식을 최소화할 수 있다. 선박의 충돌력을 버퍼와 구조물이 나누어 받는 방식이기 때문에 충돌력이 크지 않을 경우에 적용될 수 있으나, 충돌시 미케니즘이 복잡하여 설계하는데 있어서 어려운 점이 있다.

일본의 최장 현수교인 Akashi-Kaikyo에서 적용된 사례이다.

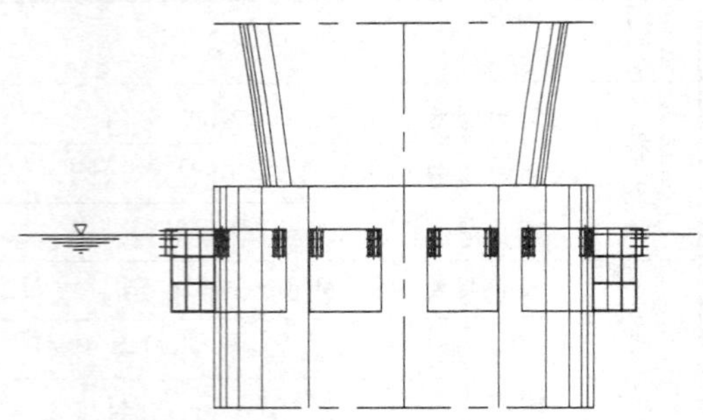

<그림 509.5.11> 버퍼 방식 방호공

(3) Dolphin 방식

본 구조물 앞에 별도의 충돌방호공을 설치하여 선박 충돌에 의한 구조물 손상을 원천 봉쇄하는 방법으로, 공사비가 고가이며 말뚝식과 우물통식이 있다. 충돌방호공 설치에 따라 항로폭이 감소되고 미관이 다소 저해될 수 있으며, 설치 수심이 깊은 경우, 규모와 공사비가 커지고 효율이 저하된다. 인천대교(사장교) 등에 적용되었다.

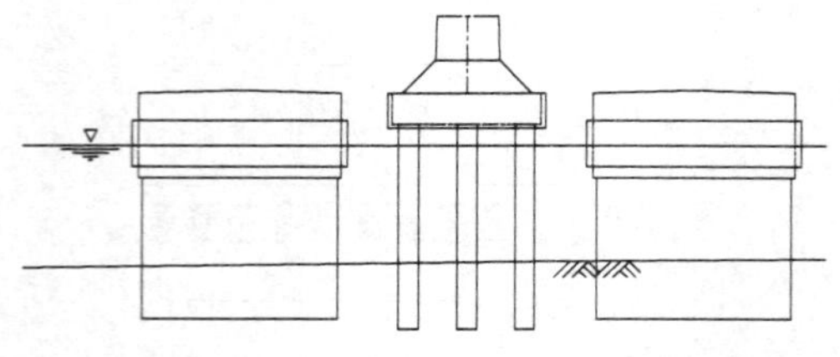

<그림 509.5.12> Dolphin 방식 방호공

(4) 축도방식(인공섬)

인공섬을 만들어 선박의 직접 충돌을 방지하고, 기초 육상시공을 통하여 시공성 및 안전성을 확보한다. 공사비는 중간정도이나 항로 잠식이 큰 형식이다.

여수산단 3공구 현수교, 중국의 Tsing Ma(현수교), Ting Kau(사장교), 덴마크의 Great Belt East (현수교), Oresund(사장교) 등에 적용된 사례이다.

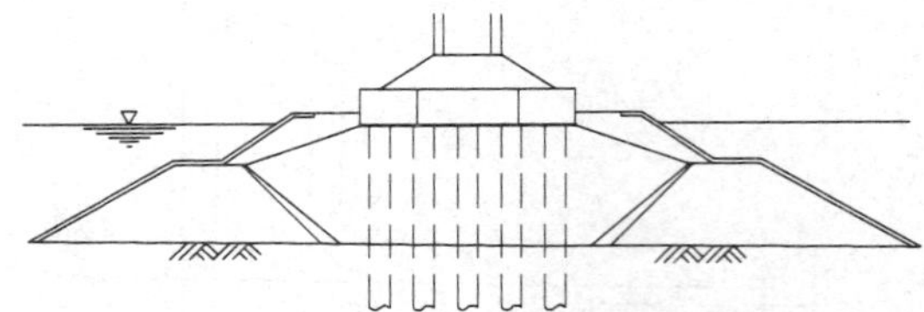

<그림 509.5.13> 인공섬 방식 방호공

(5) Pile 방식(안)

본 구조물과 선박의 충돌을 완전히 분리함으로써 선박충돌에 의한 구조물 손상을 원천 봉쇄하는 방식의 충돌방호공으로, 공사비는 중간 정도이다.

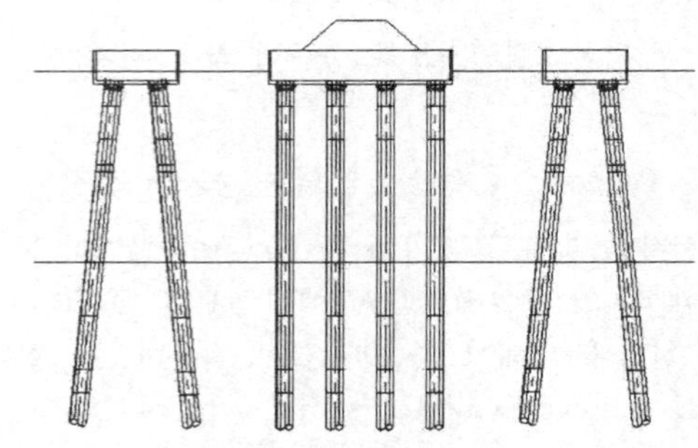

<그림 509.5.14> Pile 방식 방호공

5.6.5 충돌방호공 설계 예

본 설계 예에서는 AASHTO 지침 및 해설에 제시된 Method I과 Method II를 적용하고 <그림 509.5.15>에 도시된 설계조건을 가정하여 선박충돌 방호공 설계 예를 기술하였다.

<표 509.5.10> Method I에 의한 설계선박 선정

선박톤급별(GT)		20XX년 연간 입항 선박합계	누적률 (%)	DWT (Mg)	전장 (LOA, m)	만재흘수 (m)
1	100,000 톤 이상	38	0.37	111,600	332	14.5
2	90,000~100,000 톤	106	1.42	106,200	326	14.4
3	80,000~90,000 톤	92	2.32	95,400	314	14.1
4	70,000~80,000 톤	158	3.88	84,600	300	13.9
5	60,000~70,000 톤	453	8.33	73,700	285	13.5
6	50,000~60,000 톤	492	13.17	62,800	269	13.1
...... (중간 생략)						
14	500~3,000 톤	1,009	99.04	2,600	42	3.0
15	500 톤 미만	98	100.00	400	28	3.0
합 계		10,164				

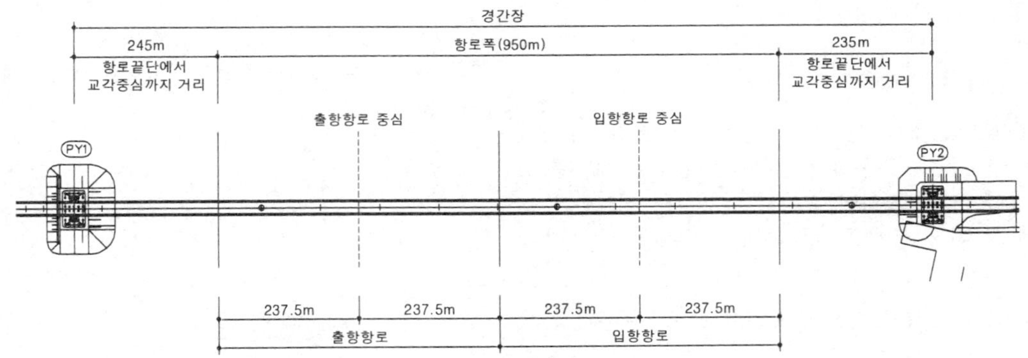

<그림 509.5.15> 대상 항로 모델

(1) Method I 에 의한 충돌력의 산정

1) 설계 대상 선박의 선정

<표 509.5.10>에서 51번째 큰 선박의 범위는 90,000~100,000 톤이며, 연간 전체 선박 통행수의 5% 이내의 선박 범위는 60,000~70,000 톤이다. 이 중 작은 값을 취하여 65,000 톤(73,700 DWT)을 설계 대상 선박으로 적용하였다. 이 경우 전장(LOA)은 285 m 로 가정하였다.

2) 설계 대상 선박의 충돌속도 산정

주항로폭(입항항로 또는 출항항로, 2Xc) 475 m를 가지는 항로(<그림 509.5.15>)에서, 주탑 중심까지의 거리(X)가 482.5 m 이며, 최저속도는 엔진정지를 고려하여 조류속인 0.93 m/sec (1.8knot)로 가정할 경우 다음의 <그림 509.5.16> 그래프로부터 선박 충돌속도를 3.16 m/sec로 산정할 수 있다.

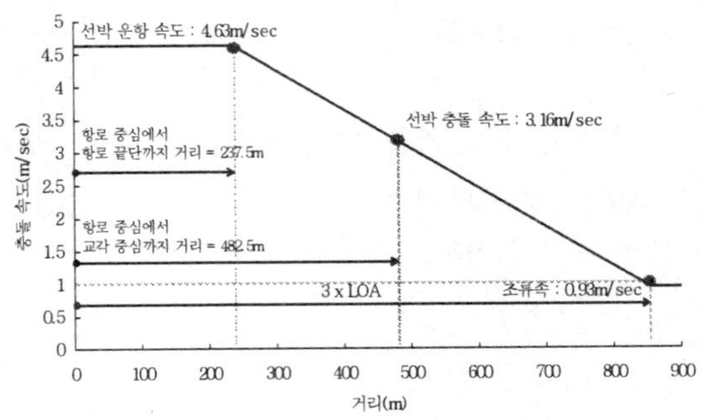

<그림 509.5.16> 선박의 주탑충돌 속도

3) 설계 대상 선박의 충돌력 산정

(a) AASHTO 식에 의한 충돌력 산정

$$P_s = 1.2 \times 10^5 \times V \times \sqrt{DWT} \quad (509.5.17)$$
$$= 1.2 \times 10^5 \times 3.16 \times \sqrt{73,700}$$
$$= 102.9 \quad \text{MN}$$

여기서,

P_s : 등가 정적 선박충돌력(N)

V : 선박충돌 속도(m/sec)

DWT : 선박의 적재중량톤수(Mg)

(b) 충돌력의 재하

식(509.5.17)에서 산정된 충돌력을 항로와 평행하게 구조물에 작용하며, 이와는 별도로 50%를 직각방향으로 재하하여 교량의 안전성을 검토한다. 이 때 두 값을 동시에 재하하지는 않는다.

(2) Method II에 의한 충돌력의 산정

1) 항로이탈확률(Probability of Aberrancy, PA)의 산정

선박의 이탈 확률은 운항자의 과실, 해상 환경 영향 그리고 기관 손상 등으로 항해 불능 상태가 발생할 확률을 나타내며, 식(509.5.18)로 표현된다.

$$PA = BR(R_B)(R_C)(R_{XC})(R_D) \quad (509.5.18)$$

(a) 기준 이탈 확률(Aberrancy Base Rate, BR)

BR은 미국내 항로에서 발생한 기존의 충돌 사고 사례에 의거하여 다음과 같이 산정된다.

- 선박의 경우 : $BR = 0.6 \times 10^4$
- 바지선의 경우 : $BR = 1.2 \times 10^4$

(b) 교량 위치 관련 보정 계수(Correction Factor for Bridge Location, R_B)

교량의 위치와 관련된 보정 계수는 다음과 같은 3개 항로와의 관계를 기준으로 산정된다.

- 직선항로(Straight Region)에 위치한 경우

$$R_B = 1.0 \quad (509.5.19a)$$

- 전이영역(Transition Region) 구간에 위치한 경우

$$R_B = \left[1 + \frac{\theta}{90^\circ}\right] \quad (509.5.19b)$$

여기서, Θ : 만곡부 회전각(Degree)

- 직선 또는 곡선 만곡부 구간(Turn or Bend Region)에 위치한 경우

$$R_B = \left[1 + \frac{\theta}{45^\circ}\right] \quad (509.5.19c)$$

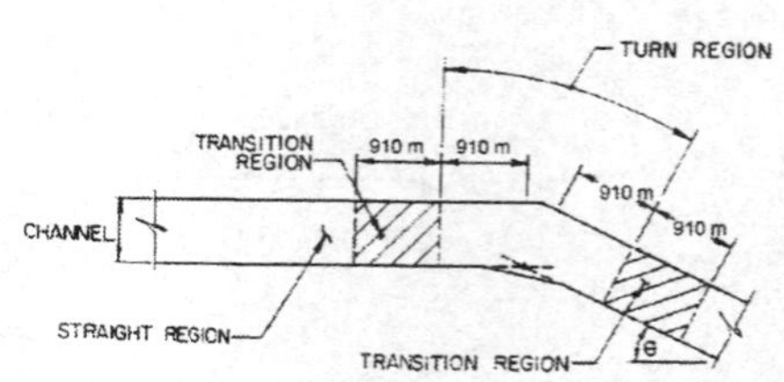

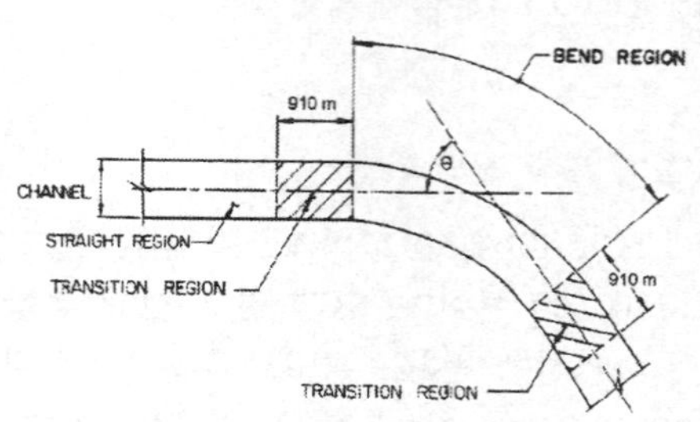

<그림 509.5.17> 만곡부 구간

(c) 항로에 평행한 조류속 계수(Correction Factor for Current Acting Parallel to Vessel Transit Path, R_C)

선박이 통항하는 항로에 대해 평행한 방향으로 작용하는 조류속 영향을 나타내고 있다.

$$R_C = \left[1 + \frac{V_C}{19}\right] \qquad (509.5.20)$$

여기서, V_C : 항로에 수평 방향 성분 조류속 (km/hr)

(d) 항로를 횡단하는 조류속 계수(Correction Factor for Cross Currents Acting Perpendicular to Vessel Transit Path, R_{XC})

선박이 통항하는 항로를 횡단하는 방향으로 작용하는 조류속 영향을 나타내고 있다.

$$R_{XC} = [1 + 0.54\, V_{XC}] \qquad (509.5.21)$$

여기서, V_{XC} : 항로를 횡단하는 방향 성분 조류속(km/hr)

(e) 선박 교통 밀도에 따른 보정 계수(Correction Factor for Vessel Traffic Density, R_D)

설치된 교량 인근의 교통량 밀도를 나타내는 계수로서 다음과 같이 분류하고 있다.

- 교량 인접부근에서 선박이 서로 만나거나 추월하는 것이 드문 경우(Low Density) :
  R_D = 1.0

- 교량 인접부근에서 선박이 서로 만나거나 추월하는 것이 간혹 있는 경우(Average Density) :
  R_D = 1.3

- 교량 인접부근에서 선박들이 일상적으로 만나거나 추월하는 경우(High Density) :
  R_D = 1.6

<표 509.5.11> Method II에 의한 항로이탈 확률(PA) 산정 예

구분	적용계수	비 고
BR	0.6 x 10^{-4}	선박의 경우
R_B	2	곡선 만곡부 (Θ=45°)
R_C	1.18	평행조류속 = 3.35 km/hr
R_{XC}	1	횡단 조류속 = 0 knot
R_D	1.6	High Density
PA	2.27 x 10^{-4}	

2) 기하학적 충돌확률(Geometric Probability of Impact, PG)의 산정

기하학적 충돌 확률은 교량 인근을 통항하는 선박이 여러 요인에 의해 제어 불능 상태(표류)가 되었을 경우 교량에 충돌할 확률을 나타낸다. 과거 사고사례 분석 결과 기하학적 충돌 확률 분포는 <그림 509.5.18>과 같이 정규 분포 곡선으로 나타낼 수 있다.

기하학적 위험도는 설계 대상 선박 전장(AASHTO 4.8.3.3)의 표준 편차 함수로 선박의 이상 통항 가능성을 나타낸다. 항로 중심으로부터 교량의 최근접 지점까지 표준 편차 거리를 각 항로에 대하여 계산하고 이를 기하학적 충돌 위험도로 나타내게 되며, 선박의 폭 또한 같은 방법으로 계산된다. 교각의 기초 폭은 38 m로 가정하였다.

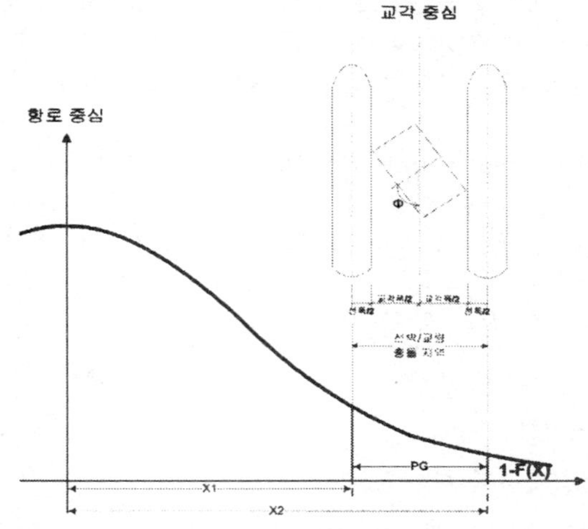

<그림 509.5.18> 기하학적 충돌 확률

<표 509.5.12> Method II에 의한 설계선박별 기하학적 충돌확률(PG)의 산정 예

구분	선폭 (Beam,m)	선장 LOA(m)	X1	X2	PG
1	66	332	1.297	1.610	0.0437
2	44	326	1.354	1.606	0.0337
3	44	314	1.406	1.667	0.0321
4	42.8	300	1.474	1.743	0.0296
5	32.3	285	1.551	1.835	0.0272
6	32.2	269	1.663	1.924	0.0210
(중간 생략)					
14	18	82	5.543	6.226	0.0000
15	18	58	7.836	8.802	0.0000

여기서,

$X1$ = (482.5-38/2-Beam/2) / 전장(LOA)

$X2$ = (482.5+38/2+Beam/2) / 전장(LOA)

PG = (1-F(X2)) - (1-F(X1))

$F(X)$: 정규분포함수

3) 이탈된 선박에 의한 교량 붕괴 확률(Probability of Collapse, PC)의 산정

교량의 붕괴는 충돌 선박의 조건 및 충돌 방향, 충돌 속도 등 다양한 요인에 의해 발생한다. 따라서 교량은 충돌시 작용하는 횡력에 저항할 수 있는 횡방향 극한 강도 능력을 충분히 보유하고 있어야 한다. AASHTO 기준에서는 교량의 붕괴 확률을 다음 세 가지로 분류하여 나타내고 있다.

$$0 \le H/P \le 0.1 : PC = 0.1 + 9\left(0.1 - \frac{H}{P}\right)$$

$$0.1 \le H/P \le 1.0 : PC = 0.111\left(1 - \frac{H}{P}\right)$$

$$1.0 \le H/P : PC = 0.0$$

(509.5.22)

여기서,

PC : 붕괴 확률

H : 교량의 횡방향 극한 강도

P : 선박의 충돌 하중

식(509.5.22)를 그래프로 도시하면 아래 <그림 509.5.19>이 된다.

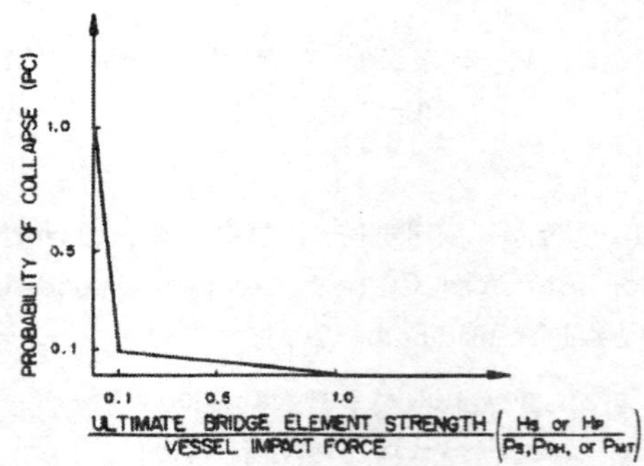

<그림 509.5.19> 교량붕괴 확률

교량의 붕괴 확률은 선박의 충돌 하중과 교량의 횡방향 극한 강도와의 관계로 표시된다. 교량의 횡방향 극한 강도가 선박의 충돌 하중보다 작고, 경제적인 관점에서 선박의 충돌 하중까지 교량의 횡방향 극한 강도를 증가시킬 수 없을 경우에는 추가적으로 충돌 방호공을 설치하여 교량의 안전성을 확보하여야 한다.

각 설계선박별 붕괴확률을 구하면 <표 509.5.13>과 같다. P는 Method I의 등가 정적 선박충돌력 산정방법을 적용하면 각 선박톤급별 충격력은 구할 수 있으며, H 는 주탑 기초의 극한강도는 충돌방호공의 설치 없이 주탑의 기초만 가정하여 50 MN으로 가정하여 산정하였다.

<표 509.5.13> Method II에 의한 설계선박별 붕괴확률(PC)의 산정 예

구분	P(MN)	H/P	PC
1	126.678	0.395	0.0673
2	123.575	0.405	0.0662
3	117.123	0.427	0.0637
4	110.294	0.453	0.0607
5	102.944	0.486	0.0571
6	95.027	0.526	0.0526
...... (중간 생략)			
14	19.335	2.586	0.0000
15	7.584	6.593	0.0000

4) 연간 붕괴 빈도수(AF)의 산정

$$AF_{cj} = \sum_{i=1}^{n} AF_{ci,j} = \sum_{i=1}^{n} N_i \cdot PA_i \cdot PG_{i,j} \cdot PC_{i,j}$$

(509.5.23)

여기서,

AF_{cj} : 선박충돌에 의한 j번째 교량 요소의 연간 붕괴 빈도
j = 1, . . . , m (m : 선박충돌이 가능한 교량 요소 전체 수)

N_i : 종류별, 크기별, 적재조건별로 분류된 선박 항목 중 교량 요소에 충돌할 수 있는 i번째 선박의 연간 척수.

<표 509.5.14> Method II에 의한 연간 붕괴빈도수(AF)의 산정 예

구분	PA	PG	PC	AF_i	$\sum AF$
1	0.00023	0.04366	0.06726	0.000025	0.000025
2	0.00023	0.03367	0.06615	0.000053	0.000079
3	0.00023	0.03212	0.06368	0.000043	0.000121
4	0.00023	0.02962	0.06074	0.000064	0.000186
5	0.00023	0.02359	0.05714	0.000138	0.000324
6	0.00023	0.02097	0.05265	0.000123	0.000447
...... (중간 생략)					
14	0.00023	0.00000	0.00000	0.000000	0.000572
15	0.00023	0.00000	0.00000	0.000000	0.000572

<표 509.5.14>의 결과를 분석하여 보면, 최종 누적된 교량의 붕괴확률은 0.000572 x 2 = 0.001144 (입출항)로 허용치인 0.0001을 넘어서고 있다. 설계 선박은 0.0001 / 2(입출항) = 0.00005 를 넘는 가장 큰 선박인 95,000 톤 (106,200 DWT)급의 선박으로 된다.

5) 교량의 횡방향 강도 재산정

Method II의 허용치인 0.0001을 넘지 않도록 하기 위하여 교량의 극한강도를 재산정하는 과정을 거치게 된다.

<표 509.5.15>는 몇 번의 극한강도 재가정을 통하여 구한 결과로, 최종적으로는 102 MN을 확보하면 허용치 이내로 들어오게 되었다.

따라서 교량의 해당 주탑은 102 - 50 = 52 MN의 추가적인 보강을 함으로써 Method II 에 의한 허용치를 만족하게 된다.

<표 509.5.15> Method II에 의한 연간 붕괴빈도수(AF)의 재산정 예

구분	PA	PG	PC	AF_i	$\sum AF$
1	0.00023	0.04366	0.02165	0.000008	0.000008
2	0.00023	0.03367	0.01940	0.000016	0.000024
3	0.00023	0.03212	0.01435	0.000010	0.000033
4	0.00023	0.02962	0.00836	0.000009	0.000042
5	0.00023	0.02359	0.00102	0.000002	0.000045
6	0.00023	0.02097	0.00000	0.000000	0.000045
...... (중간 생략)					
14	0.00023	0.00000	0.00000	0.000000	0.000045
15	0.00023	0.00000	0.00000	0.000000	0.000045

(3) 충돌방지 구조체 설계

위의 Method I과 Method II에서 산정된 등가정적 선박충돌력(P_s)를 구조체에 적용하여 설계하게 된다.

이 때의 해석방법은 충돌방지 구조체의 형식에 맞게끔 적절하게 선택하여야 하며, 다음은 버퍼식과 인공섬식에 대한 사례를 제시한다.

1) 버퍼식 충돌방호공의 해석 예

<그림 509.5.20>과 <그림 509.5.21>은 버퍼식 충돌방호공의 비선형 해석을 위하여 모델링된 선박의 선수부에 해당되는 Bulb Bow와 보호하고자 하는 구조물에 설치되는 버퍼식 충돌방호공의 모델링을 보여주고 있다.

해석과정은 <그림 509.5.22>와 같이 동적비선형 유한요소해석을 통하여 시간의 변화에 따른 버퍼식 충돌방호공의 에너지 흡수능력, 변위, 구조물에 가해지는 충격력 등을 산정하게 되고, 구조물에 적절한 버퍼의 용량(크기 및 두께 등)을 산정하는 과정을 거치게 된다.

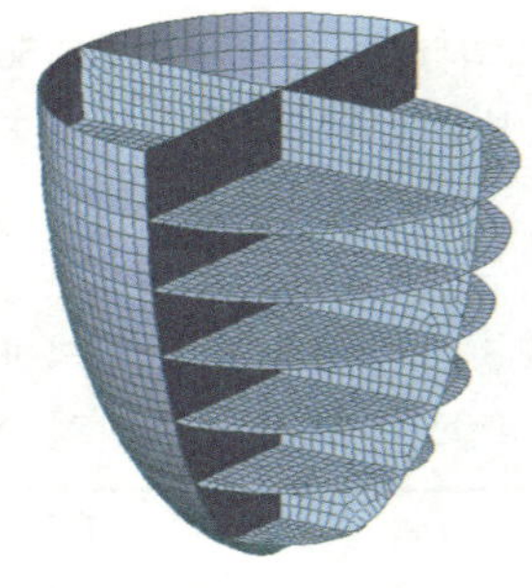

<그림 509.5.20> 선박의 Bulb Bow의 모델링

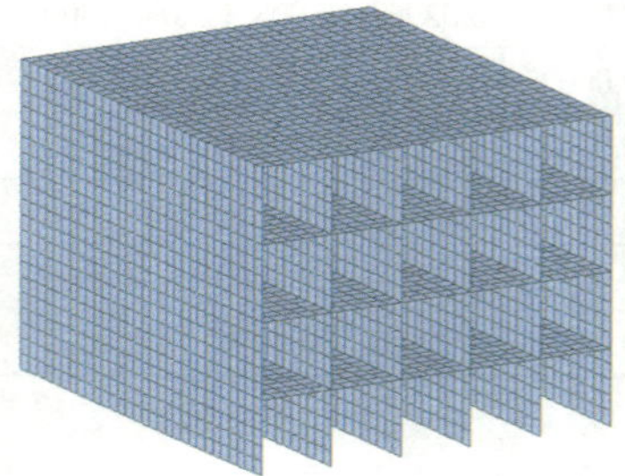

<그림 509.5.21> 버퍼식 충돌방호공의 모델링

2) 인공섬식 충돌방호공의 해석 예

(a) 비선형 수치해석모델을 이용한 충돌방호공 설계

검토하고자 하는 구조물에 작용하는 충격력을 산정하기 위하여 Shell 요소와 Solid 요소로 선박, 인공섬, 기초, 해당 구조물 등을 모델링한다[<그림 509.5.23> 참조]. 이 때 적용된 선박은 강체 구조물과의 충돌해석을 통하여 목표로 하는 선박의 충돌력이 나오도록 조정된 모델링을 사용한다.

<그림 509.5.24>는 수치해석을 통하여 구할 수 있는 선박 충돌에 의한 변위와 말뚝에서의 응력양상을 보여주고 있다.

비선형 해석은 각 충돌방향별로 수차례 수행하게 되고, 각 시간대별로 변위와 말뚝에서의 응력양상을 구하여 최대로 발생하는 변위 및 응력을 산정하여 구조물의 안정성을 판정하게 된다.

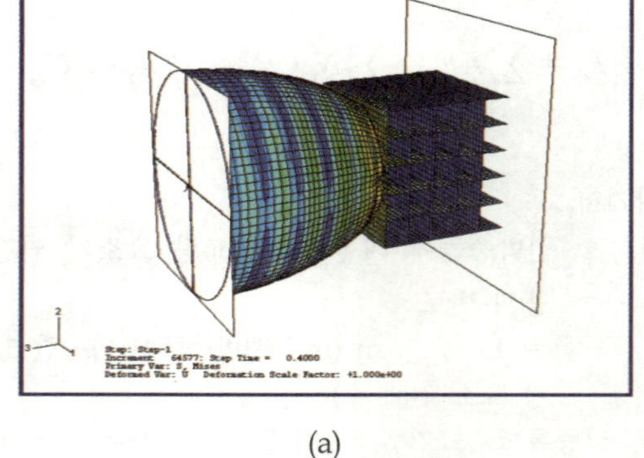

(a)

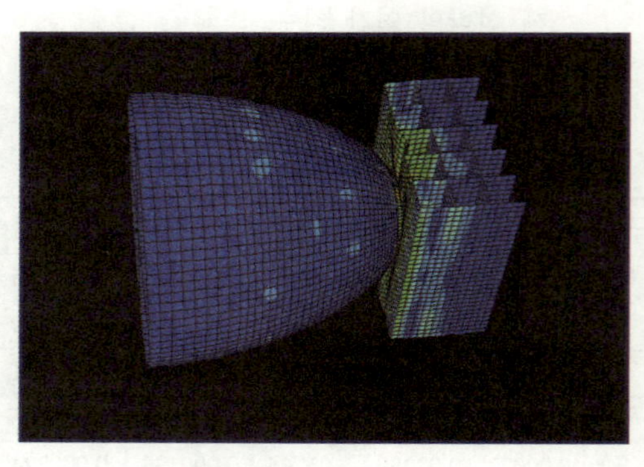

(b)

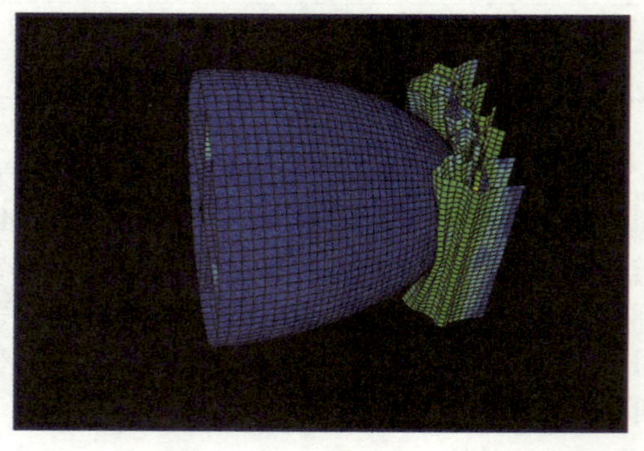

(c)

<그림 509.5.22> 버퍼식 충돌방호공의 해석 모델링 예

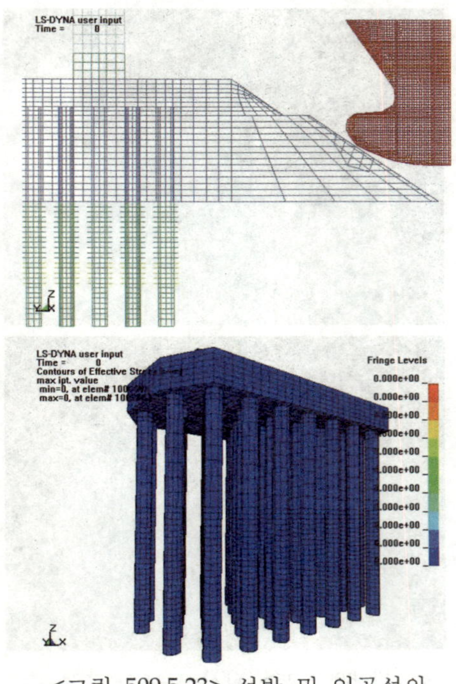

<그림 509.5.23> 선박 및 인공섬의 해석 모델링 예

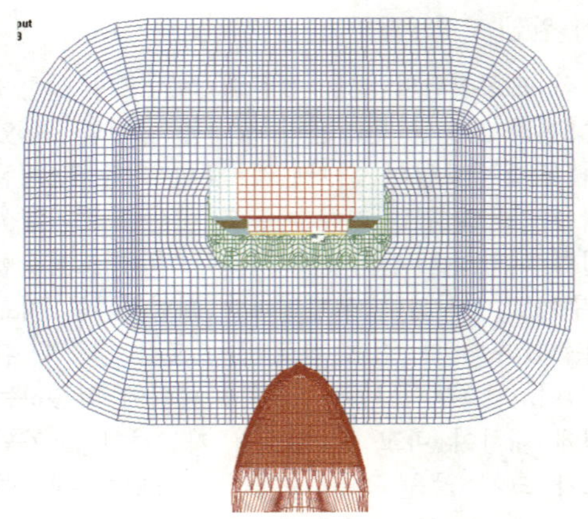

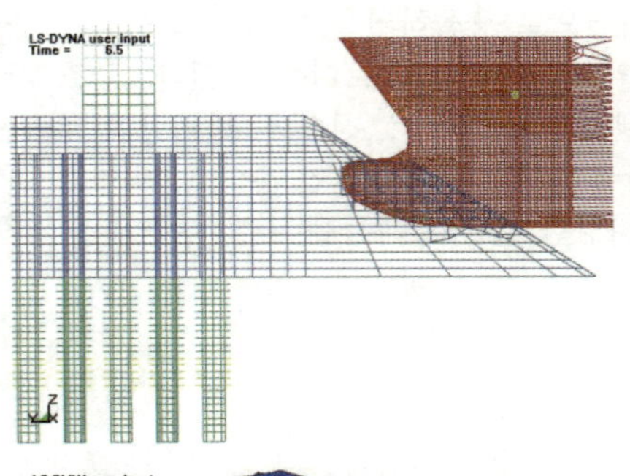

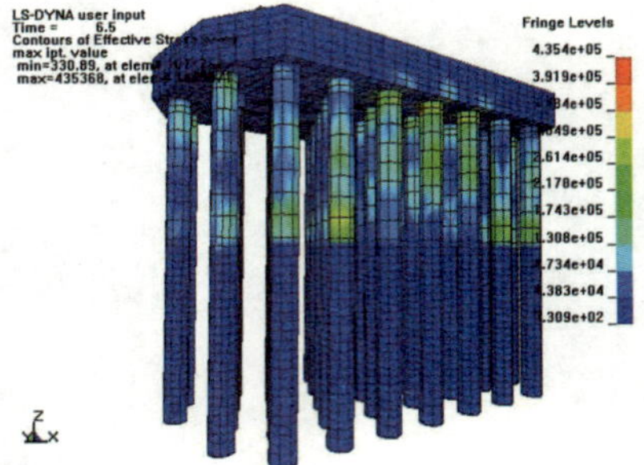

<그림 509.5.24> 충돌 후 임의시간 경과 후 변형 및 말뚝의 응력 Contour

(b) 원심 모형실험

원심 모형실험의 경우 기존의 축소모형 실험에서 재현하기 힘든 현장응력 상태를 재현할 수 있으며, 충돌방호공의 다차원적 파괴 거동에 대한 분석이 가능하다. 이러한 이유로 비선형 수치해석 모델의 적합성을 판정하기 위하여 원심 모형실험을 추가로 실시하여 설계결과와 실험결과를 비교할 수 있다.이 때 주요 검토사항으로는 선수부 관입 깊이, 기초부의 변위, 그리고 파일에 작용하는 응력에 대하여 비교 및 검토가 가능하며, 오차의 정도가 크지 않을 경우 수치해석 모델이 적정한 것으로 보고 이를 설계에 적용하게 된다.

<그림 509.5.25>는 원심 모형실험으로 구조물에 선박을 정면으로 충돌하였을 때의 충돌형상과 충돌방호공의 변형 형상을 보여주고 있다. 구조 각부에는 센서를 설치하여 선박의 변위량과 속도, 충돌시 간극 수압, 파일캡 전면 총압력, 파일캡 변위 등의 다양한 실험 결과들을 구할 수 있다.

<그림 509.5.25> 원심 모형의 충돌 후 형상

510 내진설계

510.1 공통사항

1.1 내진설계 일반사항

1.1.1 기본방향

(1) 목적

지진에 대비하여 안전하게 교량을 설계하고, 지진 발생시 교량이 받을 수 있는 피해의 정도를 최소화하기 위함이다.

(2) 기본개념

① 인명피해를 최소화한다.

② 지진시 교량 부재들의 부분적인 피해는 허용하나 전체적으로 붕괴는 방지한다.

③ 지진시 가능한 한 교량의 기본 기능은 발휘할 수 있게 한다.

④ 교량의 정상수명 기간에 설계지진력이 발생할 가능성은 희박하다.

⑤ 설계기준은 남한 전역에 적용될 수 있다.

⑥ 설계기준을 따르지 않더라도 창의력을 발휘하여 보다 발전된 설계를 할 경우에는 이를 인정한다.

이러한 기본개념을 구현하기 위해 가능하면 교각의 연성거동을 유도하여야 하며, 필요시 510.1.2에 기술한 지진격리시스템을 설치할 수 있다.

1.1.2 기본조건

설계지진력에 대해 안전 및 통행을 보장할 수 있는 구조형식이어야 하며, 내진저항 구조의 효율성을 높이기 위한 구조계획의 기본 조건은 다음과 같다.

① 단순성(Simplicity)
② 대칭성(Symmetry)
③ 완전성(Completeness)
④ 연속성(Continuity)

1.1.3 부재의 허용피해

구조물의 허용 피해부재는 교각 연결부의 소성모멘트에 의한 항복과 이탈부재로 설계된 교대의 흉벽 및 신축이음부 등의 국부부재에 국한하며, 어떠한 경우에도 주요 부재의 파괴 및 붕괴가 발생하지 않도록 하여야 한다.

1.1.4 내진구조계획

내진설계는 구조계획 단계부터 고려되어, 상시의 계획조건과 조화를 이루는 적절한 구조계획이 수립되어야 한다.

1.1.5 설계지반운동

(1) 일반사항

① 설계지반운동은 부지 정지작업이 완료된 지표면에서의 자유장 운동으로 정의한다.

② 국지적인 토질조건, 지질조건과 지표 및 지하지형이 지반운동에 미치는 영향이 고려되어야 한다.

③ 설계지반운동은 흔들림의 세기, 주파수 내용 및 지속시간의 세 가지 측면에서 그 특성이 잘 정의되어야 한다.

<표 510.1.1> 지진구역계수 Z (재현주기 500년에 해당)

지진구역	행 정 구 역[e]		지진구역계수
I	시	서울특별시, 인천광역시, 대전광역시, 부산광역시, 대구광역시, 울산광역시, 광주광역시	0.11
	도	경기도, 강원도 남부[a], 충청북도, 충청남도, 경상북도, 경상남도, 전라북도, 전라남도 북동부[b]	
II	도	강원도 북부[c], 전라남도 남서부[d], 제주특별자치도	0.07

주 :

(a) 강원도 남부(군, 시) : 영월, 정선, 삼척시, 강릉시, 동해시, 원주시, 태백시

(b) 전라남도 북동부(군, 시) : 장성, 담양, 곡성, 구례, 장흥, 보성, 화순, 광양시, 나주시, 여수시, 순천시

(c) 강원도 북부(군,시) : 홍천, 철원, 화천, 횡성, 평창, 양구, 인제, 고성, 양양, 춘천시, 속초시

(d) 전라남도 남서부(군, 시) : 무안, 신안, 완도, 영광, 진도, 해남, 영암, 강진, 고흥, 함평, 목포시

(e) 행정구역의 경계를 통과하는 교량의 경우에는 구역계수가 큰 값을 적용한다.

④ 설계지반운동은 수평 2축 방향 성분으로 정의되며 그 세기와 특성은 동일하다고 가정한다.

⑤ 모든 점에서 똑같이 가진하는 것이 합리적일 수 없는 특징을 갖는 교량 건설부지에 대해서는 지반운동의 공간적 변화모델을 사용해야 한다.

(2) 가속도계수

① 지진재해도 해석 결과에 근거하여 우리나라의 지진구역을 <표 510.1.1>와 같이 설정한다. 각 지진구역에서의 평균재현주기 500년 지진지반운동에 해당하는 지진구역계수는 <표 510.1.1>에 수록된 바와 같이 구역 I 에서는 0.11, 구역 II 에서는 0.07이다

② 평균재현주기별 최대유효지반가속도의 비를 의미하는 위험도계수 I는 <표 510.1.2>와 같다. 이 표에서 기준은 평균재현주기 500년 지진이다.

<표 510.1.2> 위험도 계수

재현주기(년)	500	1,000
위험도 계수 (I)	1	1.4

(3) 교량이 위치할 부지에 대한 지진지반운동의 가속도계수 A는 규정된 내진등급별 설계지진의 재현주기에 해당되는 위험도계수를 지진구역에 따른 지진구역계수에 곱하여 계산한다.

$$A = I \cdot Z \qquad (510.1.1)$$

여기서, I : 위험도계수, Z : 지진구역계수

1.1.6 내진등급과 설계지진수준

(1) 교량의 내진등급은 <표 510.1.3>과 같이 교량의 중요도에 따라서 내진 I 등급과 내진 II 등급으로 분류한다. 단, 교량의 관할기관에서 교량의 내진등급을 별도로 정할 수 있다.

(2) 교량은 <표 510.1.3>에서 내진등급별로 규정된 평균재현주기를 갖는 설계지진에 대하여 설계되어야 한다.

1.1.7 지반의 분류

(1) 지반의 영향은 교량의 지진하중을 결정하는데 고려되어야 한다. <표 510.1.4>에 명시된 지반계수 S는 <표 510.1.5>에서 정의된 지반종류에 근거를 두고 있다.

(2) 지반 종류 V는 부지의 특성 조사가 요구되

<표 510.1.3> 지진구역 구분

내진등급	교 량	설계지진의 평균재현주기
내진 I 등급교	- 고속국도, 자동차 전용도로, 특별시도, 광역시도 또는 일반국도상의 교량 - 지방도, 시도 및 군도 중 지역의 방재계획상 필요한 도로에 건설된 교량, 해당 도로의 일일계획교통량을 기준으로 판단했을 때 중요한 교량 - 내진 I 등급교가 건설되는 도로 위를 넘어가는 고가교량	1,000년
내진Ⅱ등급교	- 내진 I 등급교에 속하지 않는 교량	500년

<표 510.1.4> 지반종류의 구분

지반종류	지반종류의 호칭	지표면 아래 30 m 토층에 대한 평균값		
		전단파 속도 (m/sec)	표준관입시험 (N값[a])	비배수전단강도 (kPa)
I	경암지반 보통암지반	760 이상	-	-
Ⅱ	매우 조밀한 토사지반 또는 연암지반	360에서 760	> 50	> 100
Ⅲ	단단한 토사지반	180에서 360	15에서 50	50에서 100
Ⅳ	연약한 토사지반	180 미만	< 15	< 50
Ⅴ	부지 고유의 특성평가가 요구되는 지반			

주 : (a) 비 점착성 토층만을 고려한 평균 *N* 값

는 다음 경우에 속하는 지반으로서, 전문가가작성한 부지종속 설계응답스펙트럼을 사용하여야 한다.

가. 액상화가 일어날 수 있는 흙, 퀵클레이와 매우 민감한 점토, 붕괴될 정도로 결합력이 약한 붕괴성 흙과 같이 지진하중 작용시 잠재적인 파괴나 붕괴에 취약한 지반.

나. 이탄 또는 유기성이 매우 높은 점토지반

다. 매우 높은 소성을 갖은 점토지반

라. 층이 매우 두꺼우며 연약하거나 중간 정도로 단단한 점토

<표 510.1.5> 지반계수(S)

지반계수	지 반 종 류			
	I	Ⅱ	Ⅲ	Ⅳ
S	1.0	1.2	1.5	2.0

1.1.8 응답수정계수

(1) 일반사항

응답수정계수(R)는 하부구조의 연성능력과 여용력을 고려하여 기둥 또는 교각에 설계지진력에

의한 항복을 유도하기 위해 제시된 방법으로 탄성해석에 의한 설계 단면력과 소성해석에 의한 설계 단면력의 비를 가정한 것이다.

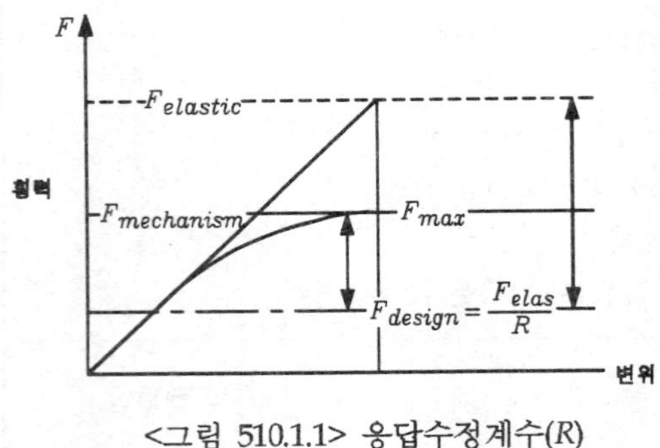

<그림 510.1.1> 응답수정계수(R)

(2) 응답수정계수

① 내진설계를 위해 추가로 규정한 설계요건을 모두 충족시키는 경우, 교량의 각 부재와 연결부분에 대한 설계지진력은 탄성지진력을 <표 510.1.6>의 응답수정계수로 나눈 값으로 한다. 다만, 하부구조의 경우 축방향력과 전단력은 응답수정계수로 나누지 않는다.

② 내진설계를 위해 추가로 규정한 설계요건을 충족시키지 못하는 경우, 하부구조와 연결부분에 대한 응답수정계수는 각각 1.0과 0.8을 넘지 못한다. 이 때, 교각의 철근상세는 [도 · 설 6.9]를 만족해야 한다.

③ 응답수정계수 R은 하부구조의 양 직교축방향에 대해 모두 적용한다.

④ 벽식교각의 약축방향은 <표 510.1.6>의 기둥 규정을 적용하여 설계할 수 있다. 이때 응답수정계수 R은 단일기둥의 값을 적용할 수 있다.

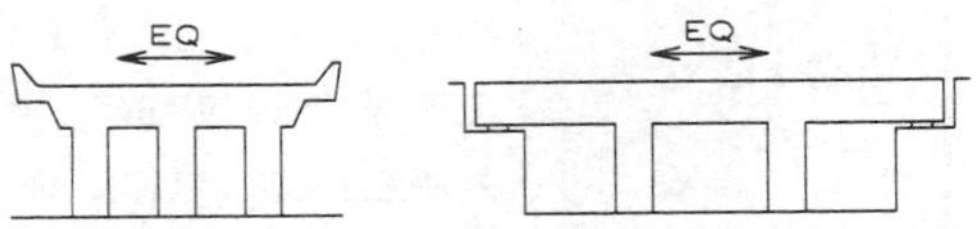

R = 5 (교축직각방향) R = 5 (교축방향)

(a) 종방향모멘트 저항시스템을 갖는 횡방향 다주

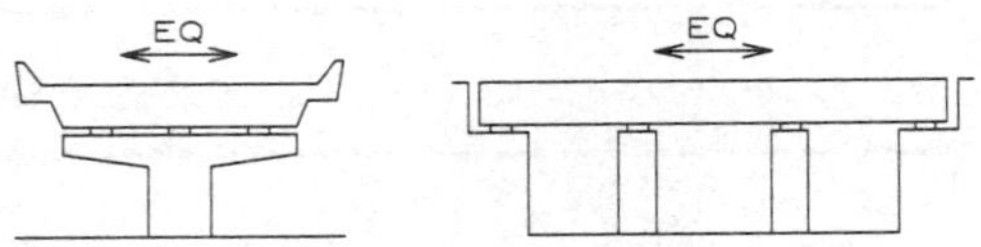

R = 3 (교축직각방향) R = 3 (교축방향)

(b) 종방향 핀지지시스템을 갖는 횡방향 단주

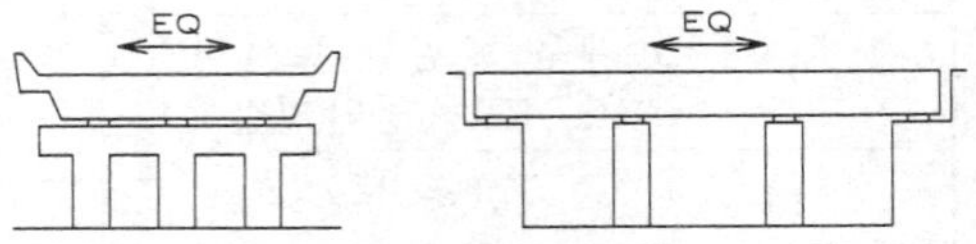

R = 5 (교축직각방향) R = 3 (교축방향)

(c) 종방향 핀지지시스템을 갖는 횡방향 다주

<표 510.1.6> 응답수정계수 (R)

하부구조	R	연결부분[(a)]	R
벽식교각	2	상부구조와 교대	0.8
철근콘크리트 말뚝 가구(Bent) 1. 수직말뚝만 사용한 경우 2. 한 개 이상의 경사말뚝을 상용한 경우	 3 2	상부구조의 한 지간내의 신축이음	0.8
단일 기둥	3	기둥, 교각 또는 말뚝 가구와 캡빔 또는 상부구조	1.0
강재 또는 합성강재와 콘크리트 말뚝가구 1. 수직말뚝만 사용한 경우 2. 한 개 이상의 경사말뚝을 사용한 경우	 5 3	기둥 또는 교각과 기초	1.0
다주 가구	5		

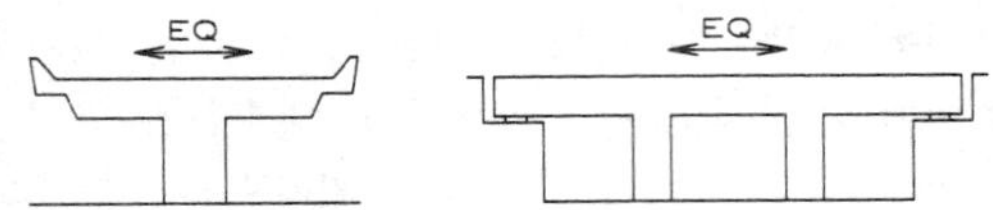

R = 3 (교축직각방향)　　R = 5 (교축방향)

(d) 종방향모멘트 저항시스템을 갖는 횡방향 단주

<그림 510.1.2> 방향별 응답수정계수

1.1.9 내진설계 해석

(1) 일반사항

① 탄성지진력은 [도 · 설 6.5]에 규정한 값으로 한다.

② 재료 및 기초 설계조건은 [도 · 설 6.6, 6.7, 6.8]에 따른다.

③ 교량의 내진설계절차는 모든 내진등급의 교량에 대하여 동일하게 적용한다. 다만 단경간교에 대한 내진설계는 [도 · 설 6.4.5]와 [도 · 설 6.4.8]에 따른다. 또한 지진구역 Ⅱ에 위치하는 내진Ⅱ등급교의 내진설계는 [도 · 설 6.4.6]과 [도 · 설 6.4.8]에 의해서 수행할 수 있다.

(2) 해석방법

① 교량의 지진해석 방법은 단일모드스펙트럼 해석법을 사용하는 것을 기본으로 한다.

② 정밀한 해석을 요한다고 판단되는 교량에 대해서는 다중모드스펙트럼해석법 또는 발주자가 인정하는 검증된 정밀해석법을 사용할 수 있다.

③ 단경간교 및 지진구역 Ⅱ에 위치하는 내진Ⅱ등급교는 상세한 지진해석을 할 필요가 없다.

(3) 단일모드 스펙트럼 해석법

① 개 요

가. 구조물의 형상이 단순하여 기본모드가 구조물의 동적거동을 대표할 수 있는 경우

나. 교량의 기본 주기로부터 탄성지진력 및 변위를 예측

다. 동역학에 대한 깊은 지식이 없어도 쉽게 적용 가능한 간략한 해석법이며 수계산이 가능함.

라. 형상이 단순한 단순교나 연속교에 적용이 가능함

마. 일반적으로 다른 해석법에 비해 응답값이 크게 산정됨.

바. 구조물의 형상이 복잡하여 기본모드 이외의 모드들에 의한 영향이 큰 경우는 적용이 어려움.

② 등가정적 지진하중의 산정

가. 정적처짐 $v_s(x)$ 계산

상부슬래브 단위 길이당 1.0 kN/m 하중재하

나. 등가정적 지진하중 산정[$w(x)$]

$$w(x)=\left(w_{상부}+w_{coping}+\frac{w_{column}}{2}\right)\frac{1}{L} \tag{510.1.2}$$

여기서,

$w_{상부}$: 상부단위 길이당 중량

w_{coping} : 고정단 교각 코핑의 자중

w_{column} : 기둥의 자중

L : 교량연장

다. α, β, γ 계산

$$\alpha=\int_0^L v_s(y)\,dy\ ,\ \int_0^L v_s(x)\,dx \tag{510.1.3}$$

$$\beta=\int_0^L w(y)\cdot v_s(y)\,d_y\ ,\int_0^L w(x)\,v_s(x)\,d_x \tag{510.1.4}$$

$$\gamma=\int_0^L w(y)\cdot v_s(y)^2 d_y,\ \int_0^L w(x)\cdot v_s(x)^2 d_y \tag{510.1.5}$$

여기서,

$v_s(x)$: 균일한 등분포하중 p_o에 의한 정적처짐

$w(x)$: 교량 상부구조와 이의 동적거동에 영향을 주는 하부구조의 단위길이당 고정하중

라. 교량의 주기(T) 계산

$$T = 2\pi\sqrt{\frac{\gamma}{p_0 \cdot g \cdot \alpha}} \quad (510.1.6)$$

여기서,

g : 중력가속도, 9.81 m/sec^2

p_o : 단위하중(힘/단위길이)

마. 탄성 지진응답계수(C_s) 계산

$$C_s = \frac{1.2\ A \cdot S}{T^{2/3}} \leq 2.5A \quad (510.1.7)$$

여기서,

A : 가속도계수

S : 지반계수

바. 등가정적 지진하중 P_e(x, y) 계산

$$P_e(x, y) = \frac{\beta C_s}{\gamma} w(x, y) \cdot v_s(x, y) \quad (510.1.8)$$

③ 종방향 해석

고정받침이 놓인 교각만이 지진하중에 저항하는 것으로 모델링하며 가동받침부의 경우 종방향 마찰을 무시한다.

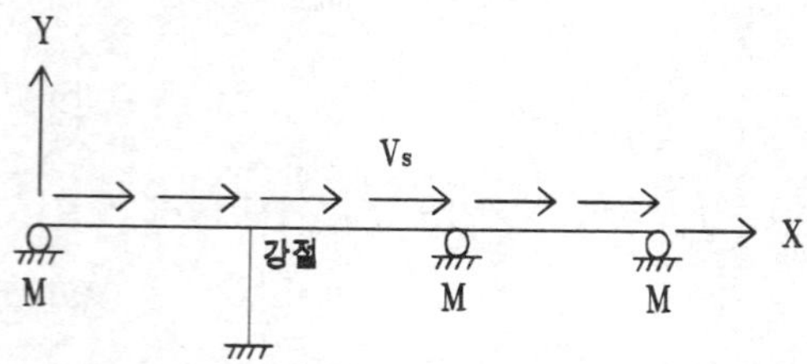

<그림 510.1.3> 교축방향 지진력 재하도

④ 횡방향 해석

가동 또는 고정받침의 구분 없이 모든 교각이 동시에 저항하도록 모델링하며 상부구조는 단면 폭이 크거나, 단일교각이라 할지라도 여러 개의 받침이 놓이는 것이 일반적이므로 횡방향으로는 강절로 연결된 것으로 모델링 한다. 교대 또는 신축이음부와 같은 지지부에서는 교축에 대한 회전구속을 한다.

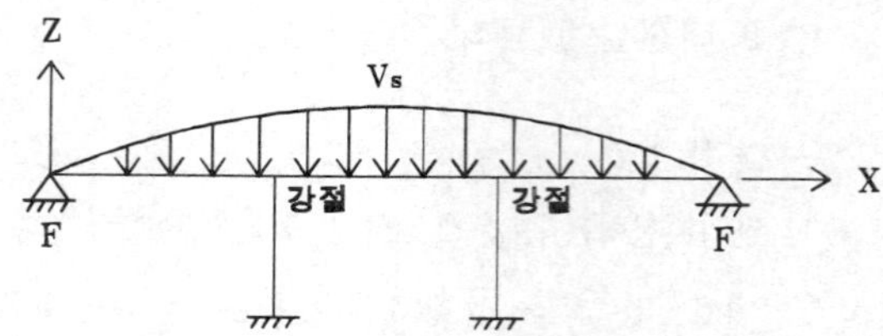

<그림 510.1.4> 교축직각방향 지진력 재하도

⑤ 중간신축이음부의 처리

가. 방법 1 : 전체 모델링

종방향 : 두개의 힌지가 동시에 작용하여 롤러와 같은 거동

횡방향 : 강절로 거동

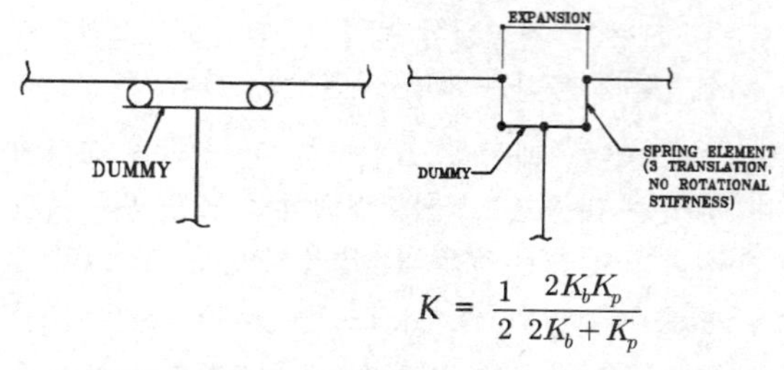

$$K = \frac{1}{2}\frac{2K_b K_p}{2K_b + K_p}$$

(a) 강재받침 (b) 탄성고무 받침

<그림 510.1.5> 중간신축이음부의 모델링

나. 방법 2 : 진동단위별로 계산하여 중첩

신축이음부에서 교량 상판 간에 발생하는 충돌은 고려치 않는다. 여유간격을 확보하여 지진시 예상되는 충돌을 피한다.

(4) 다중모드 스펙트럼 해석법

① 개 요

응답 해석 시 고려되는 모드의 수는 지간 수의 3배 이상이어야 한다. 이때 잔여모드를 모두 포함하여 해석하더라도 응답이 10%이상 증가하지 않는 충분한 개수의 모드를 고려해야 한다.

- 기본모드 이외의 모드들이 구조물의 동적거동에 대한 기여도가 큰 경우에 사용한다.
- 여러 개의 진동모드가 구조물 전체의 거동에 기여한다.
- 선형해석프로그램을 이용하여 해석한다.
- 일반적으로 중간정도 지간의 연속교에 적용하며 해석모델을 잘 선택할 경우, 장대교와 특수교량에도 적용 가능하다.
- 시간이력해석법에 비해 시간과 노력을 적게 들이고도 정밀한 해석결과를 얻을 수 있다.
- 기하학적인 형상이 복잡하여 직교좌표축으로 모드를 분리하기 힘든 교량에 대해서는 적절한 응답값을 기대하기 어렵다.

② 수학적 모형

- 교량은 그 구조물의 강성과 관성효과를 실제에 가깝게 모형화하기 위해 적절한 연결부와 절점으로 구성된 3차원 뼈대구조로 모형화하여야 한다.
- 각 연결부와 절점은 6개의 자유도(3개의 이동자유도, 3개의 회전자유도)를 가진다.
- 구조 질량은 최소한 3개의 이동 관성항을 갖는 집중질량으로 모형화하여야 하며 구조질량은 하부 구조를 포함하여 관련된 모든 요소들을 고려하야 한다.
- 지진시에도 교량에 큰 활하중이 재하 되어 있을 가능성이 많은 경우에는 그 활하중의 관성효과를 고려하여야 한다.
- 상부구조는 최소한 각 경간단부의 연결부와 지간의 1/4지점마다 절점을 가진 공간뼈대부재의 집합체로 모형화해야 한다. 이 때 집중질량의 관성효과를 적정하게 분배시켜야 한다.
- 하부구조에서 중간 기둥 또는 교각들은 일반적으로, 인접 지간길이의 1/3보다 짧은 길이를 갖는 짧고 강성이 강한 기둥에 대해서는 중간 절점이 불필요하나, 길고 유연한 기둥은 기둥단부의 연결부 외에 2개의 1/3지점을 중간절점으로 모형화하여야 한다. 하부구조의 모형은 상부구조에 대한 기둥이 편심을 고려해야 한다. 기둥 또는 교각하부와 교대에서의 지반은 등가의 선형 스프링 계수를 이용하여 모형화할 수 있다.

③ 해석모형의 정확도

다중모드스펙트럼 해석결과는 해석모형의 집중질량의 자유도 선정과 고려된 고유진동모드의 개수에 따라 달라지므로 해석모형의 정확도를 확보하기 위해서 질량기여도(Mass Participation Factor)의 합이 90% 이상 되도록 하는 것이 좋다.

④ 탄성지진력 산정과 변위 산정

부재의 단면력과 변위는 개별 모드들로부터 각각의 응답성분(힘, 변위 또는 상대변위)은 CQC방법(Complete Quadratic Combination)으로 조합함으로써 계산한다.

(5) 시간이력 해석법

① 개 요

가. 하중의 지속기간이 짧을 경우

나. 모드간의 구분이 명확하지 않아 Coupling 모드가 나타나기 쉬운 경우

다. 높은 안전성이 요구되어 비선형 해석을 필요로 하는 경우

라. 입력 데이터로 실측된 지진파형이나 인공파형이 필요

마. 선형 혹은 비선형 해석 프로그램을 이용하여 해석

바. 응답해석에 필요한 모드의 개수가 많을 경우 효과적(모드중첩법)

사. 동적 비선형 해석 가능 (직접적분법)

아. 예상되는 지반운동을 정확히 예측하기가 어렵기 때문에 기존의 지진기록이나 합성된 지진기록을 사용하여야 하므로 해석 및 결과분석에 많은 시간과 노력이 필요

② 비선형 해석의 종류

비선형해석은 재료가 비탄성적이거나 혹은 재료가 탄성이라도 하중이 비선형적으로 작용하는 경우의 재료비선형과 구조물의 형상이 크게 변하여 그 영향을 고려해 그 단면력을 계산하는 경계비선형으로 나뉜다.

비선형 경계요소는 점탄성 감쇠기(Viscoelastic Damper), 갭(Gap), 후크(Hook), 이력거동시스템(Hysteretic System), 납삽입고무받침형 지진격리받침 등 6가지이며 각각의 동특성은 다음과 같다.

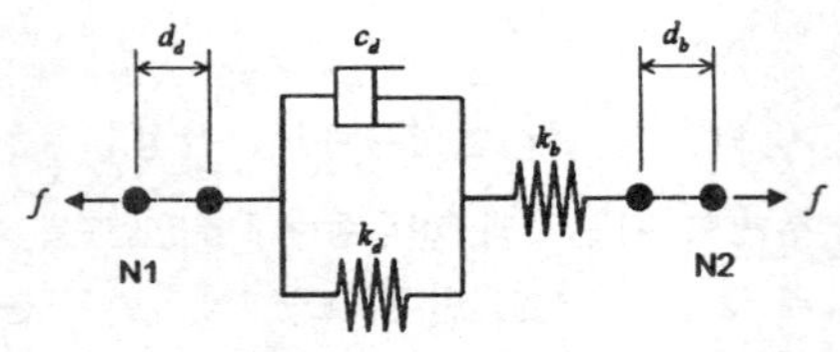

(a) 점탄성 감쇠기

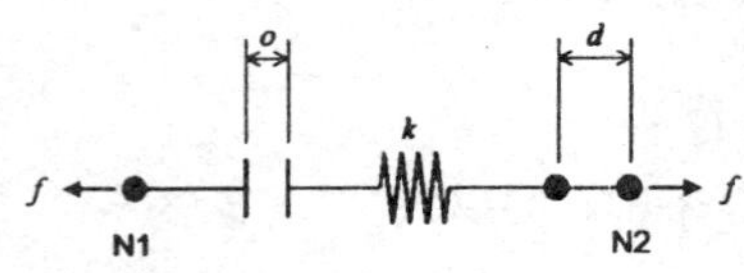

(b) 갭

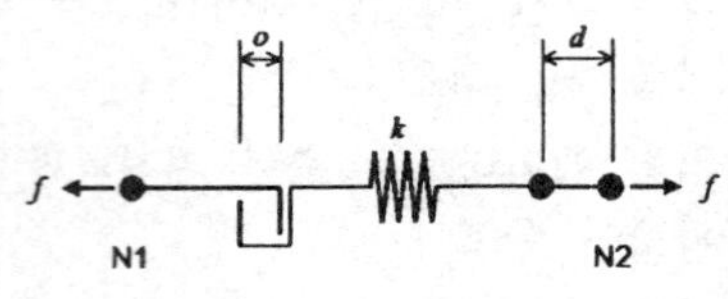

(c) 후크

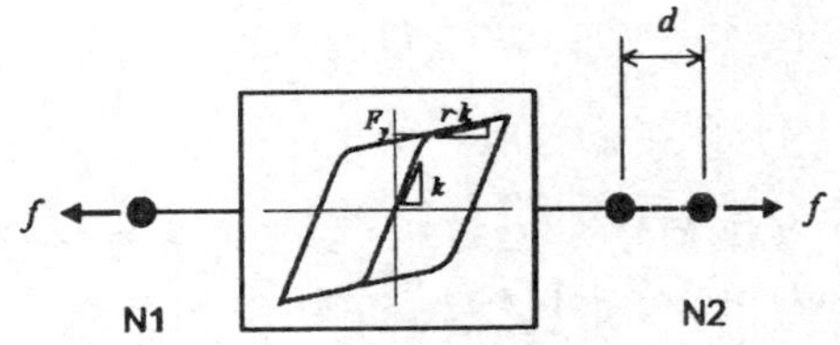

(d) 이력거동 시스템 및 납삽입고무받침형 지진격리장치 전단스프링

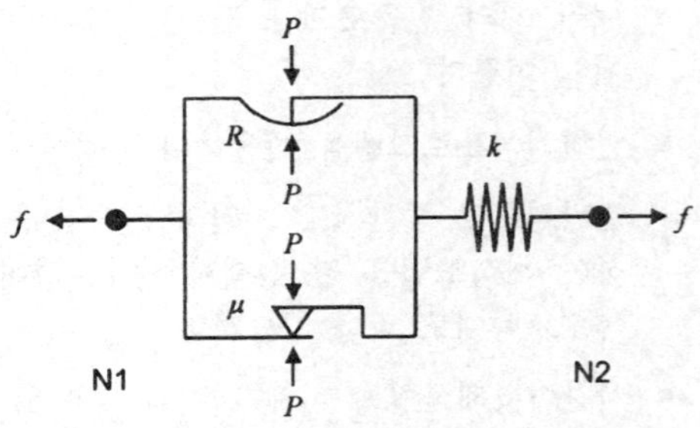

(e) 마찰진자형 지진격리장치 전단스프링 (Friction Pendulum System)

<그림 510.1.6> 비선형연결요소의 스프링 개념도

<그림 510.1.6 >에서,

N1, N2 : 절점번호

k_d : 점탄성감쇠기의 감쇠정수

c_d : 점탄성감쇠기의 감쇠 상수

k_b : 연결 부재의 강성

d : 요소의 두 절점 사이의 변형

d_d : 점탄성감쇠기의 변형

d_b : 연결부재의 변형

k : 스프링 초기강성강성

o : 초기간격

d : 요소좌표계에서의 스프링 변화

F_y : 항복강도

r : 항복 후 강성 저하율

(6) 단경간교의 설계

가. 상부구조와 교대 사이의 연결부에 대하여 고정하중반력에 가속도계수와 지반계수를 곱한 값의 수평지진력이 작용한다고 보고 종방향 및 횡방향에 대하여 안전하도록 설계하여야 한다.

$$\text{수평지진력} = \text{고정하중} \times A \times S$$

여기서,
A : 가속도 계수
S : 지반계수

나. 낙교방지를 위한 최소받침지지길이는 [도·설 6.4.8]에 규정한 값으로 한다.

(7) 지진구역 II에 위치하는 내진II등급교의 설계 지진력

가. 지진구역 II에 위치하는 내진II등급교에서 상부구조와 하부구조를 연결하는 교량받침이나 기계장치는 고정하중의 20%에 해당되는 수평지진력이 구속방향으로 작용한다고 보고 이에 저항하도록 설계하여야 한다.

나. 종방향으로 구속되어 있을 경우 종방향의 수평지진력에 사용되는 고정하중은 상부구조의 각 세그먼트의 자중으로 정의된다.

다. 횡방향으로 구속되어 있을 경우 횡방향의 수평지진력에 사용되는 고정하중은 그 교량받침에서의 고정하중 반력으로 정의된다.

1.1.10 설계지진력의 조합

(1) 직교 지진력의 조합

① 교량의 모든 부재는 자중 및 부속시설을 고려한 연직방향 고정하중과 수평방향 지진력이 조합된 설계하중에 저항하도록 설계되어야 한다.

② 직교 지진력의 조합은 [도·설 6.4.4] 직교 지진력의 조합에 의한다.

가. 하중 경우 1 : 종방향 해석으로 구한 지진력(절대값)에 횡방향 해석으로부터 구한 종방향 지진력(절대값)의 30%를 합한 경우

나. 하중 경우 2 : 횡방향 해석으로부터 구한 지진력(절대값)에 종방향 해석으로부터 구한 횡방향 지진력(절대값)의 30%를 합한 경우.

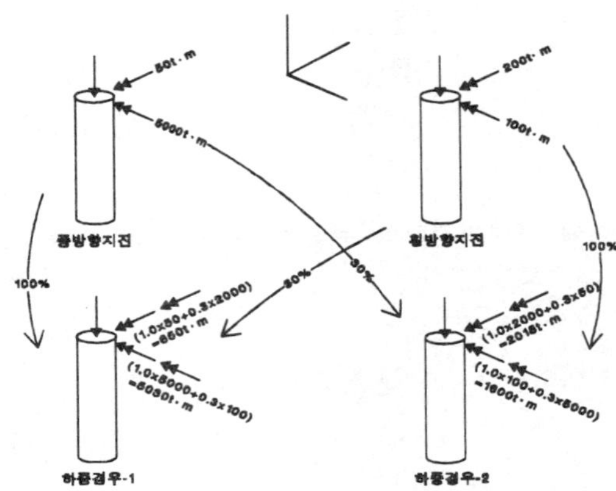

<그림 510.1.7> 지진력의 조합

(2) 설계지진력의 결정

① 구조부재 및 연결부의 설계지진력

가. 적 용

상부구조, 상부구조의 신축이음 및 상부구조와 하부구조상단 사이의 연결부, 하부구조 상단으로부터 기둥이나 교각의 하단까지 (단 기초, 말뚝머리 및 말뚝은 포함하지 않는다.), 상부구조와 교대의 연결요소에 적용한다.

나. 설계지진력

하중 경우 1과 하중 경우 2로부터 구한 탄성지진력을 응답수정계수 R로 나눈 값으로 한다.

다. 최대하중

설계지진력은 다른 설계력과 함께 전체하중 조합식에 조합하여야 하며 각 요소에 대한 최대하중은 다음 식으로부터 구한다.

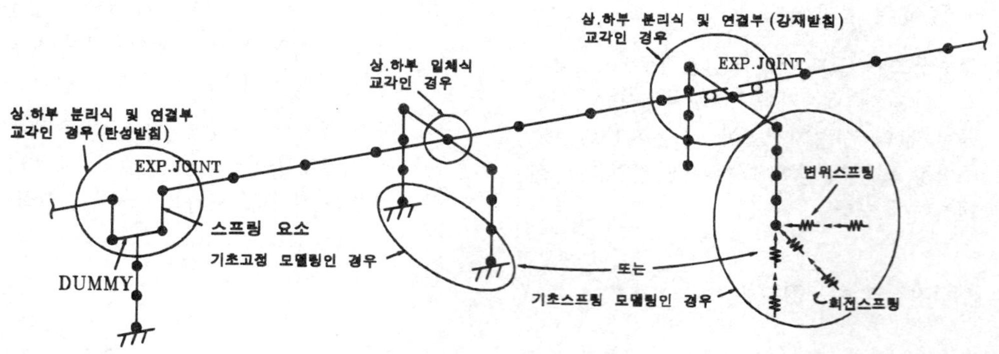

<그림 510.1.8> 구조해석 모형도

이때 설계지진력의 부호는 양 또는 음 중 불리한 경우를 취한다.

$$\text{최대하중} = 1.0\ (D + B + F + H + EM) \qquad (510.1.10)$$

여기서,

D : 고정하중, B : 부력, F : 유체압,

H : 횡토압,

EM : 하중경우 1과 하중경우 2 중 큰 값을 응답수정계수 R로 나눈 값

② 기초의 설계지진력

가. 설계지진력

확대기초, 말뚝머리 및 말뚝을 포함하는 기초의 설계지진력은 하중 경우 1과 하중 경우 2로부터 구한 탄성지진력을 하부구조(기둥 및 교각)에 대한 응답수정계수 R의 1/2로 나눈 값으로 한다. 단, 말뚝가구의 설계지진력은 탄성지진력을 해당 구조의 응답수정계수 R로 나눈 값으로 한다.

나. 최대하중

설계지진력은 다른 설계력과 함께 전체하중 조합식에 조합하여야 하며 각 요소에 대한 최대하중은 다음 식으로부터 구한다.

이때 설계지진력의 부호는 양 또는 음중 불리한 경우를 취하다.

$$\text{최대하중} = 1.0\ (D + B + F + H + EF) \qquad (510.1.11)$$

여기서, EF : 설계지진력

1.1.11 구조해석 모델링

(1) 상부구조

집중질량의 관성효과를 적절하게 절점위치로 분배하기 위해 <그림 510.1.8>과 같이 각 경간 단부의 연결부와 지간 1/4지점마다 절점을 가진 공간 뼈대구조로 모형화 한다.

(2) 하부구조

하부구조의 모델링은 <그림 510.1.9>에서와 같이 상부구조의 도심과 주형 하단까지는 Rigid요소로 주형하단에서 교각상단까지는 교량받침의 배치를 고려하여 변위에 대한 자유도를 연결하는 방법으로 적용한다. 하부구조의 설계기준면은 직접기초일 경우 기초도심, 우물통 기초인 경우는 기초상면으로 적용한다.

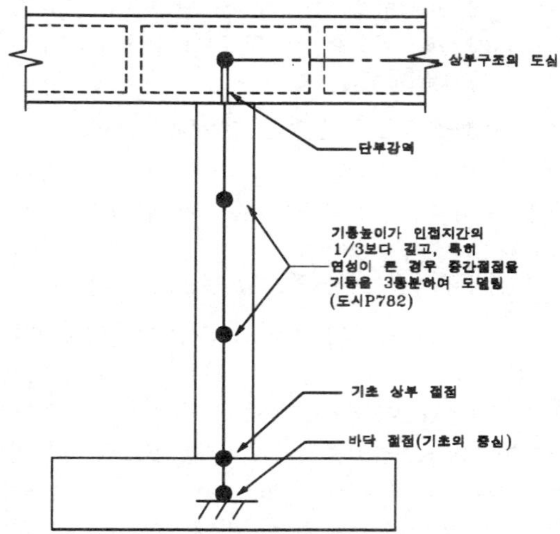

<그림 510.1.9> 하부구조 모형도

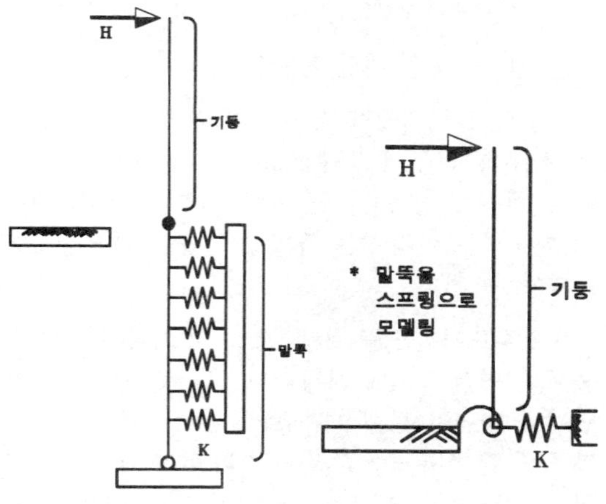

(c) 등가지반스프링모델 (d) 등가기초스프링모델

<그림 510.1.10> 깊은기초의 모델링

(3) 깊은기초

기초는 구조물의 안정에 있어서 지반과 교량의 주연결부로서 중요한 역할을 한다. 그 결과로서 지반-기초의 내진설계의 응답을 설정하는 필수적인 요소로 고려되어야만 한다. 그러나 지반의 특성은 매우 다양하고 복잡하여 그 영향을 일괄적으로 구조물 내진설계에 반영하기 어렵기 때문에 보다 체계적이고 합리적인 연구를 통한 지반특성의 고려가 요구되고 있다.

현재 제시된 일반적인 방법은 <그림 510.1.10>와 같이 지반과 구조물을 분리해석하거나 또는 등가의 탄성스프링을 이용하여 일체로 해석하는 방법이 있다.

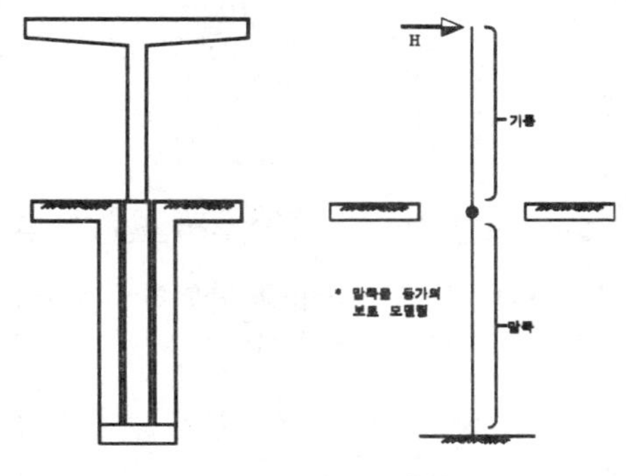

(a) 교량말뚝시스템 (b) 등가캔틸레버모델

1.1.12 받침배치 방법

받침을 사용할 경우, 받침의 배치방법은 가능한 한 고정받침과 일방향받침의 축선이 상부구조의 질량중심을 통과하도록 배치하여야 한다. 전단키는 고정받침의 수평력 보강방법으로 받침의 이동에 지장을 초래하지 않도록 한다.

1.1.13 소성힌지 검토

(1) 소성힌지

교량구조물에 작용하는 외적하중에 의한 최대모멘트가 부재 단면의 소성모멘트(Plastic Moment)와 같게 되면 이 점에서는 곡률이 무한히 커지며 비제약 소성유동 발생에 따른 과대회전이 발생하는 점을 소성힌지(Plastic Hinge)라 한다.

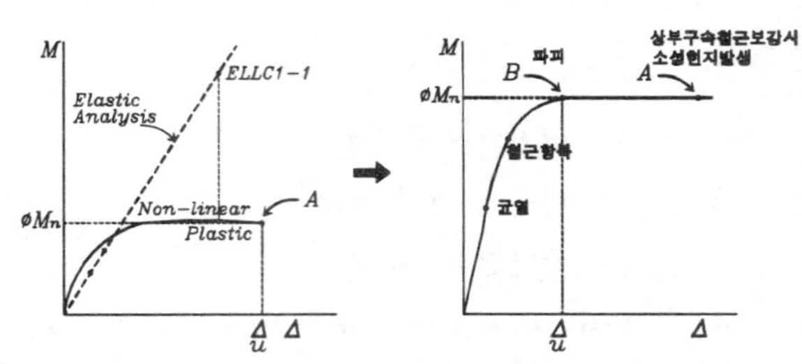

<그림 510.1.11> 소성거동 및 탄성거동

(2) 심부구속철근

① 심부구속을 위한 횡방향 철근

기둥과 말뚝가구에서 소성영역 형성이 예상되는 상부와 하부의 심부(Core)는 이 절의 규정에 따라 횡방향 철근으로 구속해야 한다. 이때 횡방향 철근의 항복강도는 축방향 철근의 항복강도를 초과할 수 없다.

원형후프띠철근을 용접 또는 기계적 정착장치 등으로 연결하거나, 보강띠철근을 추가하여 정착단에서 슬립이 발생하지 않게 함으로서 나선철근과 동등한 심부구속효과를 발휘할 수 있다면, 원형 띠철근량의 계산은 나선철근식을 사용할 수 있다. 나선 또는 원형띠철근을 사용한 경우, 결속철근은 심부구속철근으로 계산하여서는 안 된다.

원형기둥의 나선철근비 ρ_s는 다음 값 중 큰 값으로 취한다.

$$\rho_s = 0.45\left[\frac{A_g}{A_c}-1\right]\frac{f_{ck}}{f_y},\ \rho_s = 0.12\frac{f_{ck}}{f_y} \tag{510.1.12}$$

사각형 기둥에서는 띠철근에 대한 심부구속 철근량 계산식은 원래 원형나선철근에서 유도된 식으로 사각기둥에서만 규정하므로 나선철근의 규정 식에 대한 띠철근의 안전율 비를 고려하여 횡방향 철근의 총단면적 A_{sh}을 구한다.

$$A_{sh} = 0.30\, a\, h_c \frac{f_{ck}}{f_y}\left[\frac{A_g}{A_c}-1\right] \tag{510.1.13}$$

$$A_{sh} = 0.12\, a\, h_c \frac{f_{ck}}{f_y} \tag{510.1.14}$$

여기서, a : 띠철근의 수직간격

A_c : 기둥 심부의 면적 (mm)

A_g : 기둥 총단면적 (mm²)

A_{sh} : 수직간격이 a이고, 심부의 단면치수가 h_c 인 단면을 가로지르는 보강띠철근을 포함하는 횡방향 철근의 총 단면적(mm²), 직사각형 기둥의 두 주축에 대하여 별도로 계산해야 한다.

f_y : 띠철근 또는 나선철근 항복강도 (MPa)

h_c : 띠철근 기둥의 고려하는 방향으로 심부의 부피의 비(나선철근의 끝에서 끝까지)

② 심부구속을 위한 횡방향 철근의 간격

심부구속철근의 최소설치구간은 <그림 510.1.12>와 같이 기둥 최대단면치수, 기둥 순높이의 1/6 또는 450 mm 이상으로 기둥에 배근하여야 하며, 횡방향 철근은 인접부재와의 연결 면으로부터 기둥 치수의 0.5배 이상 , 380 mm 보다 작아서는 안 된다. 말뚝가구의 말뚝상단에서의 구속을 위한 횡방향 철근은 기둥에 대해 규정된 것과 같은 구간에 설치한다.

말뚝하단에서는 모멘트 고정점에서 말뚝지름의 3배 길이만큼 내려간 위치로부터 진흙선에서 말뚝지름과 450 mm 중 큰 값 이상의 길이만큼 올라간 위치까지의 구간에 횡방향 철근을 설치해야 한다.

철근의 최대 중심 간격은 부재 최소 단면치수의 1/4 또는 축방향 철근 지름의 6배 중 작은 값을 초과해서는 안 된다.

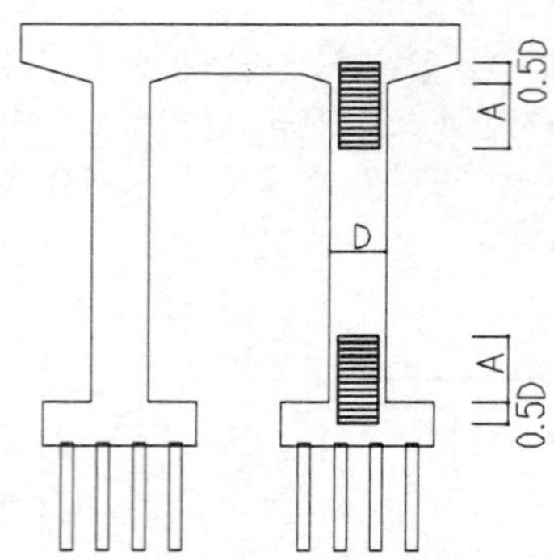

A 소성힌지영역($\frac{h}{6}$, D, 450 mm)중 큰 값

* 사각기둥 : 약축방향 단면치수 × 0.5
원형기둥 : 직경 × 0.5

<그림 510.1.12> 소성힌지 발생 영역

소성힌지 구간 내에서의 횡방향으로 구속된 부분에서는 나선철근 겹이음은 허용되지 않는다. 이 부분의 나선철근 연결은 완전 용접 또는 기계적 연결장치로 해야 한다.

모멘트 고정점에서 기둥에 대해 규정된 것과 같은 구간에 연장 배근하며 일반 띠철근량은 전단검토를 통하여 산정한다.

③ 기둥의 축방향 철근에 대한 최소규정

소성힌지가 형성되지 않는 경우(탄성영역인 경우)에 대한 최소 안전규정으로 기둥의 상부와 하부에서 기둥의 최대단면치수, 기둥 순높이의 1/6, 450 mm 중 가장 큰 값으로 결정되는 구간에 배근되는 축방향 철근은 전체 철근량 중 1/2이상이 연속철근(단일철근 또는 기계적으로 연결된 철근)이어야 한다.

1.1.14 지진시 변위검토

(1) 최대 탄성변위 검토

상부 및 하부구조를 포함하여 교대 측에서 일어나는 탄성변위를 구하여 받침면 받침의 지지길이와 비교 검토하여 주형이 낙교하지 않도록 한다.

(2) 최소 받침지지길이

교량의 단부 부분에 있어서 지진시의 낙교를 방지하기 위하여 내진설계시 최소 받침지지길이 N (mm)은 다음 값 보다 작아서는 안 된다.

$$N = (200 + 1.67L + 6.66H)(1 + 0.000125\theta^2) \quad (510.1.15)$$

여기서,

L : 인접 신축이음부까지 또는 교량단부까지의 거리. 다만, 지간 내에 힌지가 있는 경우의 L은 힌지 좌우방향의 거리인 L_1과 L_2의 합

H : 기둥의 평균높이 (단경간교의 평균높이는 0)

Θ : 받침선과 교축직각방향의 사이각(도)

이때 최소 받침지지길이는 최대 탄성변위와 비교하여 큰 값을 적용한다.

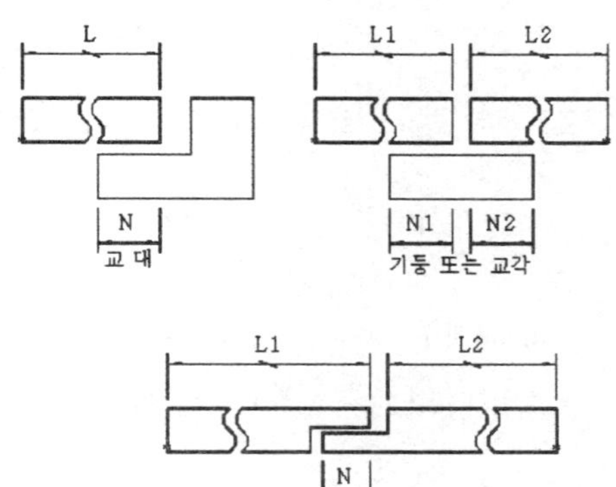

<그림 510.1.13 > 최소 받침지지길이 규정에 관한 치수

(3) 상부구조의 여유간격

지진시에 상부구조와 교대 혹은 인접하는 상부구조간의 충돌에 의한 주요구조부재의 손상을 방지하고, 설계시 고려된 내진성능이 충분히 발휘될 수 있도록 하기 위하여 상부구조의 단부에는 <그림 510.1.14>에 나타낸 바와 같이 여유간격을 설치한다.

$$\Delta l_i = d + \Delta l_s + \Delta l_c + 0.4\,\Delta l_t \quad (510.1.16)$$

여기서,

Δl_i : 상부구조의 여유간격 (mm)

d : 지반에 대한 상부구조의 총 변위 ($d_i + d_{sub}$) (mm)

Δl_s : 콘크리트의 건조수축에 의한 이동량 (mm)

Δl_c : 콘크리트의 크리프에 의한 이동량 (mm)

Δl_t : 온도변화로 인한 이동량 (mm)

단 상부구조의 여유간격은 가동받침의 이동량 보다는 커야 하며 교축직각방향의 지진시 변위에 의한 인접상부구조 및 주요구조부재간의 충돌 가

능성이 있을 때는 이를 방지하기 위한 여유간격을 설치한다.

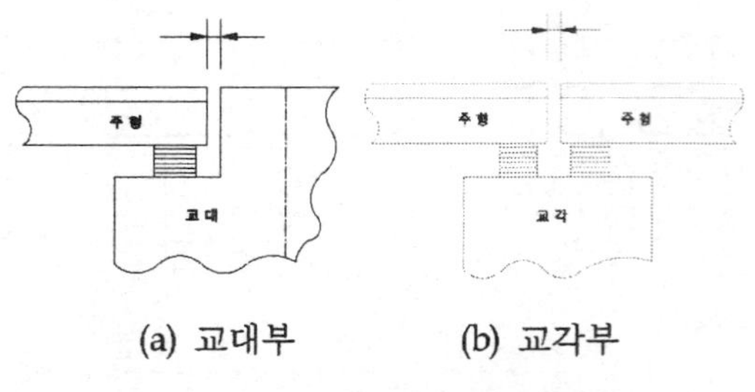

(a) 교대부 (b) 교각부

<그림 510.1.14> 교량의 여유간격

(4) 신축이음부 유간 검토

교대의 흉벽 전면과 주형단부 사이의 유간은 상시의 신축이동량을 고려하여 유간을 검토하고

지진시는 신축이음장치가 파괴되어도 인명피해에 영향이 적고 보수가 가능하므로 파괴를 허용하는 것으로 보아 유간은 지진시의 최대 탄성변위 또는 독립식 교대의 예상 변위 (250A mm) 이상으로 신축이음부 유간을 설계한다. 또한 지진시 상부구조에 과도한 변위가 예상될 때 흉벽 부분에 이탈장치(Knock-Off)를 두어 상부구조가 이탈장치의 교대 뒷채움 흙의 방향으로 이동을 허용하여 교대 뒷채움 흙의 수동토압과 지반의 소성변형으로 충돌에 의한 영향을 완화하는 목적으로 이탈장치를 검토한다.

1.1.15 내진성능 확보방안

(1) 교량의 내진설계는 구조물의 동적거동에 대하여 각 구조부재가 저항하여 전체적인 교량의 붕괴를 방지하는 것으로 크게 두 가지 개념으로 구분할 수 있다.

첫째는, 구조물에 작용하는 지진력에 저항할 수 있도록 구속을 주거나 단면의 강성을 증가시키는 방안이며, 두 번째는 구조물의 주기를 크게 하거나 감쇠를 증가시켜서 지진하중의 영향을 감소시키는 방안, 즉 지진격리 방안(Seismic Isolation)을 사용하는 것이다.

① 고유주기의 변화에 의한 방법

구조물의 고유주기를 길어지게 하는 방법은 응답변위(Displacement Response)를 증가시키는 대신에 응답가속도(Acceleration Response)를 현저히 감소시켜 지진력의 크기를 줄이는 방법이 있으며, 이 경우 과도한 변위에 의한 사용성 확보 및 낙교나 이탈방지를 위한 대비가 강구되어야 한다.

② 인위적인 감쇠장치를 사용하는 방법

구조물의 감쇠율을 증가시켜 응답변위와 응답가속도(Acceleration Response)를 동시에 감쇠시켜 지진력의 크기를 줄이는 방법으로 감쇠장치(Damper)의 효과가 구조해석에 의해 확실히 검증되는 경우에 적용되며 감쇠 장치 자체의 사용성, 내구성 등에 대한 검토가 필요하다.

(2) 일반적인 내진성능 확보방안

① 1점 고정단 사용

고정단을 1개소에 두는 방안으로 교량이 긴 경우에는 지진에 의한 수평력이 고정단 교각 1개소에 집중되므로 교각 및 기초가 비대해지므로 대부분 상당히 공사비가 증가된다. 고정단을 1개소 사용하기 위하여 교량의 연장을 작게 계획할 수 있다. 고정단 교량받침으로 지진에 의한 수평력을 지지하지 못할 경우 전단키(Shear Key)를 설치하여 수평력을 지지하게 된다.

② 다점 고정단 사용

고정단 1개소로 지진수평력을 저항하지 못하는 경우 다점 고정단을 적용할 수 있다. 교각의 높이가 작은 경우에는 온도, 크리프나 건조수축의 영향이 크기 때문에 적용하기 곤란하며, 대부분 상대적으로 유연한 강성을 갖는 장대교각에서 적용이 가능하다.

③ 평상시는 1점 고정단, 지진시는 다점 고정단 사용

이를 위해선 온도나 크리프, 건조수축 등의 천천히 발생하는 변위에는 저항하지 않지만 지진 같은 충격에는 고정단 역할을 하는 충격전달장치

(STU, Shock Transmission Units)를 적용할 수 있다. 그러나 기본적으로 지진시에는 개수가 많아져 주기가 짧아지므로 1점 고정단 지지 보다 전체 지진력은 커지므로 지진력 분산의 효율성은 경제성과 함께 검토되어야 한다.

④ 상부와 교각을 일체로 계획

다점고정단을 사용하는 것과 마찬가지 개념으로서 높이가 높은 장대교각에서 주로 적용가능하다. 교량의 시공법과 밀접한 관계가 있다.

(3) 주기나 감쇠조절방안

① 지진 격리받침 사용

기초로부터 전달되는 지진력을 상부까지의 전달 경로를 분리하는 받침으로 받침의 고유기능에 주로 이력감쇠(Hysteresis Damping)나 마찰감쇠(Frictional Damping) 기능이 추가된다. 대표적인 받침으로는 탄성고무받침, 납삽입고무받침, 고감쇠 고무받침, 기타 마찰판을 이용한 받침 등이 이에 해당한다.

② 외부 감쇠장치(Damper) 사용

구조물의 진동응답을 줄이기 위해 지진으로부터 구조물에 들어오는 에너지를 흡수하는 장치로 받침과 별도로 설치하며 다음과 같은 종류가 있다.

가. 이력감쇠기(Hysteresis Damper)

나. 점성감쇠기(Viscous Damper)

다. 마찰감쇠기(Frictional Damper) 또는 동조질량 감쇠장치(TMD, Tuned Mass Damper)

라. 동조액체 감쇠장치(TLD, Tuned Liquid Damper)

마. 능동질량 감쇠장치(AMD, Active Mass Damper)

바. Hybrid 감쇠기(HMD=TMD+AMD)등이 이에 해당한다.

1.1.16 액상화

(1) 정의

지진에 의한 동적 전단 변형이 발생하면 간극수압이 상승하게 되고 이로 인해서 유효응력이 감소되고, 그 결과 포화 사질토가 외력에 대한 전단저항을 잃게 되는 현상을 말하는 것이다. 액상화(Liquefaction)란 용어는 비배수 상태의 하중 하에서 포화사질토에 일어나는 변형을 포함한 여러 가지의 현상을 관련해서 1950년대에 처음으로 사용하였으며, 현재까지도 많은 연구가 진행 중에 있다. 일반적으로 액상화는 포화된 모래가 단일하중 또는 진동하중으로 인해 전단저항이 감소하게 되어 전단응력과 같은 크기로 줄어들어 액체처럼 유동하는 현상을 말한다. 이로 인해서 일어나는 액상화는 유동액상화와 Cyclic Mobility로 나눌 수 있다.

(2) 종류

① 유동 액상화 : 토체(Soil Mass)내의 정적 평형상태의 전단응력이 액상화 상태의 흙의 전단강도보다 큰 경우에 발생하는 현상으로 유동파괴(Flow Failure)를 유발하는데 지진이 계속되는 동안이나 끝난 후에 발생하고 느슨한 흙에서만 발생되는데 주로 경사지에서 일어난다.

② Cyclic Mobility : 포화사질토가 일정한 함수비에서 진동하중을 받아 일어나는 진행성 연화현상(Progressive Softening)으로서 유동액상화와는 달리 정적 전단응력이 액상화토의 전단강도보다 작은 상태에서 일어나며, 변형은 정적 전단응력과 동적 전단응력 모두에 의해서 일어나고 지진이 계속되는 동안에 점차적으로 증가한다.

측방퍼짐(Lateral Spreading)이라고 부르는 이러한 변형은 물에 인접하고 있는 평지나 또는 대단히 완만한 경사지반에서 발생하고 구조물이 있을 경우 큰 피해를 줄 수 있다. Cyclic Mobility는 느슨한 모래와 조밀한 모래에서 모두 일어날 수 있으나, 밀도가 증가할수록 변형은 크게 감소한다.

(3) 액상화 평가 기본자료

① 지질 및 지형에 대한 자료

② 입도분포, 밀도, 지하수위

③ 변형률수준에 따른 각 지층의 전단탄성계수와 감쇠비

④ 현장시험(표준관입시험, 콘관입시험, 탄성파 시험)이나 실내시험(진동삼축시험) 자료

⑤ 설계지진 규모(최대지반가속도와 지속시간)

(4) 액상화 예비평가 기준

액상화 예비평가는 수집된 관련 자료에 근거하여 지반의 액상화 가능성에 대하여 개괄적으로 판단하고 액상화 가능성이 없을 경우에는 액상화 평가를 생략하는 것으로 하였다. 다음의 경우에는 액상화에 대하여 안전한 것으로 판단하고 액상화 평가를 생략하였다.

① 지하수위 위의 지반

② 주상도상의 표준관입저항치(N)가 20 이상인 지반

③ 대상지반심도가 15 m 이상인 지반

④ 소성지수(PI)가 10이상이고 점토성분이 20% 이상인 지반

⑤ 세립토 함유량이 35% 이상인 지반

⑥ 상대밀도가 80% 이상인 지반

⑦ 지진구역 II에서의 내진 2등급 구조물

⑧ 지반분류가 SA ~ SD인 지반

⑨ 기타, 경제성을 위해서 내진 II등급 구조물에서는 전문가와 상의 후에 액상화 평가를 생략할 수 있다.

(5) 설계단계

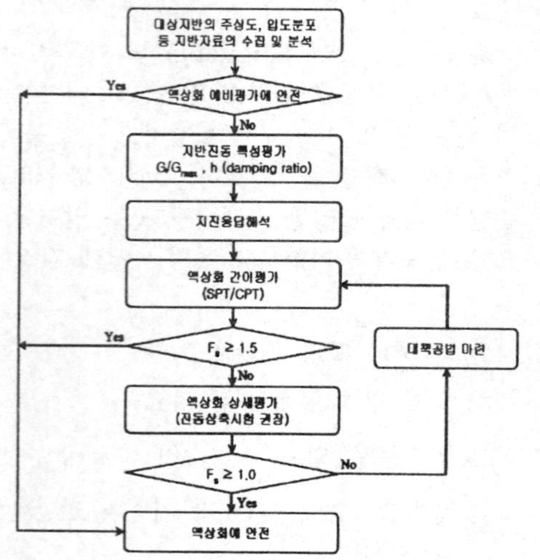

(6) 액상화 예측방법

① Seed의 경험적 방법

가. 지진시 예상되는 지진 전단응력(υ_d)을 깊이에 따라 산정한다.

나. 지반의 액상화 저항 전단응력(υ_l)을 깊이에 따라 산정한다.

다. υ_d가 υ_l보다 커지는 깊이에서 액상화가 발생한다.

라. $F.S_L = \dfrac{\text{저항전단응력비}}{\text{지진전단응력}} = \dfrac{\upsilon_l}{\upsilon_d}$

② 해석적 방법 : 실험실에서 불교란 시료의 반복시험에서 얻은 현장 액상화 강도와 지진으로 인한 전단응력을 비교하는 방법이다.

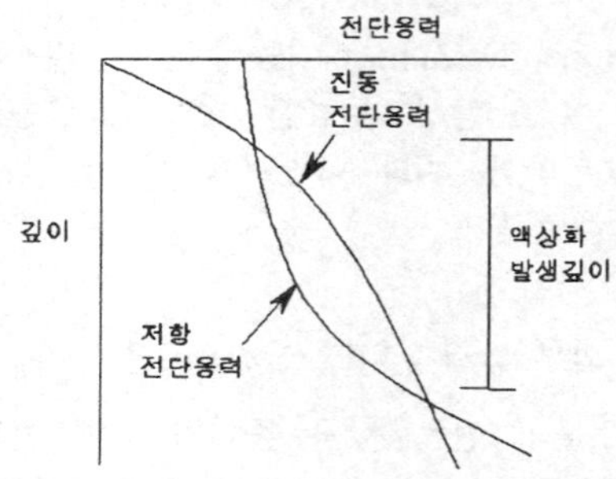

<그림 510.1.15> Seed와 Idriss방법에 의한 액상화 깊이

③ 경험적 방법 : 지진 규모와 진앙 거리에서부터 액상화가 일어날 현장까지의 최대거리를 바탕으로 성립된 경험적 상관관계를 이용하여 개략적인 판단을 하는 방법으로, 이 방법은 연약한 지반에서 액상화로 인한 지반파괴의 작성기준으로 이용할 수 있다.

(7) 지반의 액상화평가

액상화에 대한 안전율은 다음과 같이 정의한다. 현장시험을 이용한 액상화 평가의 기준 안전율은 1.5이고 실내시험을 이용한 액상화 평가의 기준 안전율은 1.0이다.

$$F.S_L = \frac{\upsilon_l}{\upsilon_d} \qquad (510.1.17)$$

(현장시험 : 1.5, 실내시험 : 1.0)

여기서,

υ_d : 설계지진(지진규모)에 상응하는 등가의 반복횟수에서 액상화를 일으키는 평균 반복전단응력

υ_l : 설계지진에 상응하는 등가의 평균반복전단응력

① υ_l은 불교란 시료의 실내 반복전단시험이나 현장시험(예: 표준관입시험)결과로부터 결정할 수 있다.

② υ_d는 Seed와 Idriss (1971)의 간편법으로 산정한다. 이때 지반응답해석을 이용하며 지진규모는 6.5로 한다.

③ 현장시험을 이용한 액상화 평가의 안저율이 1.5 미만일 경우에만 실내시험을 이용한 액상화 평가를 추가로 수행한다.

1.2 지진격리교량 설계 일반사항

1.2.1 적용범위

이 절은 신설되는 지진격리교량의 설계에 적용한다. 적용하는 교량 및 준용의 방법은 [도·설 1.1]에 규정한 바와 같으며, 특수한 형식의 교량(아치교, 사장교, 현수교 등)은 이 절의 설계개념 및 원칙을 준수하되 적절한 보정을 한 지진격리 교량 설계기준을 작성하여 설계할 수 있다. 이 절의 설계 규정들은 수평방향으로 지진격리시키는 시스템에 대해서만 고려되었으며, 수직방향에 대해서는 강체라고 가정한다. 또한 이 절의 규정들은 외부에너지를 이용하지 않는 지진격리시스템에만 적용된다.

1.2.2 지진격리설계의 기본방침

(1) 목적

지진격리설계의 목적은 509.1.1 내진설계의 목적과 동일하다.

(2) 기본개념

지진격리설계는 지진 발생시 수평지진력에 의한 교량의 응답을 감소시킬 목적으로, 주로 상부구조와 하부구조 사이에, 지진격리받침을 적용하여 설계기준에서 요구하는 내진성능을 확보하는 방법이다. 이 때, 지진격리받침은 교량의 고유주기를 길게 함으로써 교량에 작용하는 지진력을 줄여주고, 지진에너지흡수성능 향상을 통하여 지진시 응답을 감소시키는 역할을 한다. 그 적용에 있어서 다음 사항을 충분히 검토하여야 한다.

가. 지진격리설계의 적용은 교량의 장주기화 혹은 지진에너지흡수성능 향상효과를 상시와 지진시의 양측면에서 검토한 후에 판단해야 한다. 특히, 다음의 조건에 해당되는 경우에는 지진격리설계를 적용하지 않는 것으로 한다.

① 하부구조가 유연하고 고유주기가 긴 교량

② 기초주변의 지반이 연약하고 지진격리설계의 적용에 따른 교량 고유주기의 증가로 지반과 교량의 공진가능성이 있는 경우

③ 받침에 부반력이 발생하는 경우

나. 교량의 장주기화로 인한 지진시 상부구조의 변위가 교량의 기능에 악영향을 주지 않도록 해야 한다.

다. 지진격리받침은 역학적 거동이 명확한 범위에서 사용하여야 한다. 또한 지진시의 반복적인 횡변위와 상하진동에 대하여 안정적으로 거동하여야 한다.

라. 이 절에서 규정하고 있는 지진격리받침 이외에도 그 특성의 안정성이 확인된 각종

감쇠기, 낙교방지장치, 지진보호장치 등에 의하여 보다 발전된 설계를 할 경우에는 이를 인정한다.

1.2.3 지진격리교량의 가속도계수

편람 510.1.1.5의 내진설계에 사용되는 가속도계수가 지진격리교량의 내진설계에도 동일하게 사용된다.

1.2.4 지진격리교량의 내진등급과 설계지진수준

지진격리교량의 내진등급과 설계지진수준은 편람 510.1.1.6에서 규정된 내진설계의 규정과 동일하다.

1.2.5 지진격리교량의 지반계수

지진격리교량의 지진하중을 결정하는데 사용되는 지진격리교량의 지반계수 S_i 는 <표 510.1.7>과 같으며, 지반종류는 <표 510.1.4>에서 정의된 지반종류를 동일하게 사용한다.

<표 510.1.7> 지진격리교량의 지반계수 S_i

지진격리교량의 지반계수	지반종류			
	I	II	III	IV
S_i	1.0	1.5	2.0	2.7

1.2.6 지진격리교량의 응답수정계수

(1) 편람 510.1.1.13에서 내진설계를 위해 추가로 규정된 설계요건을 모두 충족시키는 경우, 지진격리교량의 각 부재와 연결부분에 대한 설계지진력은 편람 510.1.2.7에서 규정된 등가지진력을 <표 510.1.8>의 지진격리교량의 응답수정계수로 나눈 값으로 한다. 다만 하부구조의 경우, 축방향력과 전단력은 응답수정계수로 나누지 않는다.

(2) 편람 510.1.1.13에서 내진설계를 위해 추가로 규정한 설계요건을 충족시키지 못하는 경우, 하부구조와 연결부분에 대한 응답수정계수는 각각 1.0과 0.8을 넘지 못한다. 이때, 지진응답해석을 통하여 설계지진시에 하부구조가 탄성범위 내에서 거동함을 확인하여야 하고, 철근콘크리트 기둥의 철근상세는 편람 510.1.1.13을 만족시켜야 한다.

<표 510.1.8> 지진격리교량의 응답수정계수, R_i

하 부 구 조	R_i	연 결 부 분	R_i
벽 식 교 각	1.5	상부구조와 교대	0.8
철근콘크리트 말뚝 가구 (Bent) 1. 수직말뚝만 사용한 경우 2. 한 개 이상의 경사말뚝을 사용한 경우	 1.5 1.5	상부구조의 한 지간내의 신축이음	0.8
단일 기둥	1.5	기둥, 교각 또는 말뚝 가구와 캡빔 또는 상부구조	1.0
강재 또는 합성강재와 콘크리트 말뚝 가구 1. 수직말뚝만 사용한 경우 2. 한 개 이상의 경사말뚝을 사용한 경우	 2.5 1.5	기둥 또는 교각과 기초	1.0
다주 가구	2.5		

1.2.7 지진격리시스템의 설계변위

지진격리시스템이 도입되는 교량의 교각에 작용하는 등가정적하중(Static Equivalent Lateral Force) F_e은 식(510.1.18)로 계산된다.

<그림 510.1.16>은 지진격리받침이 적용된 교량에서 교각의 강성을 고려한 지진격리받침의 설계변위 D를 개념적으로 보여주고 있다. 즉, 지진격리시스템의 전체변위 D는 하부구조의 설계변위 d_{sub}와 지진격리받침의 설계변위 d_i를 합하여 결정된다.

$$F_e = C_s W = K_{eff} D \qquad (510.1.18)$$

여기서,

K_{eff} : 지진격리받침과 하부구조의 조합강성

$$\left(= \sum_j \left(\frac{k_{sub} k_{eff}}{k_{sub} + k_{eff}} \right) = \sum_j K_{eff,j} \right)$$

D : 지진격리받침의 설계변위(d_i)와 하부구조의 설계변위(d_{sub})의 합

F_e : 등가지진력

W : 상부구조물의 총중량

1.2.8 해석방법

(1) 일반사항

가. 이 항의 규정은 지진격리교량의 지진해석에 대한 규정이며 다음과 같은 네 가지 해석법 또는 발주청이 인정하는 검증된 정밀해석법을 사용할 수 있다.

① 등가정적하중법

② 단일모드스펙트럼해석법

③ 다중모드스펙트럼해석법

④ 시간이력해석법

나. 교량해석은 지진격리받침의 특성을 고려하여 수행한다. 지진격리받침의 비선형거동을 단순화하기 위해서 이중선형모델을 사용할 수 있다.

지진격리받침의 유효강성 k_{eff} 및 지진격리시스템의 등가감쇠비 β_i는 원칙적으로 다음과 같이 산출한다. 해석에 사용되는 지진격리받침의 유효강성은 설계변위에서 계산되어야 한다.

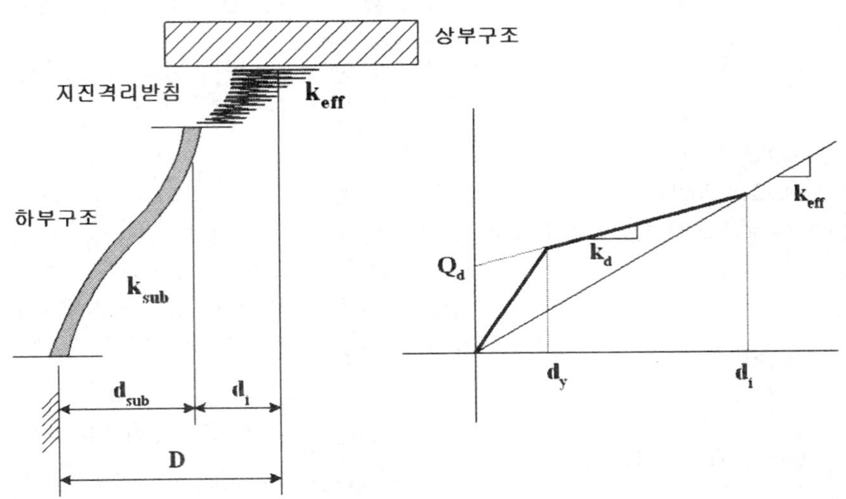

<그림 510.1.16> 지진격리교량의 설계변위 개요도

$$k_{eff} = \frac{F_p - F_n}{d_p - d_n} \tag{510.1.19}$$

$$\beta_i = \frac{1}{2\pi} \frac{\text{전체 } EDC \text{ 면적}}{\sum (k_{eff} d_i^2)} \times 100 \quad (\%) \tag{510.1.20}$$

여기서,

F_n : 지진격리장치의 원형 시험시, 한 Cycle 동안의 최대부변위량 발생시의 수평력

F_p : 지진격리장치의 원형 시험시, 한 Cycle 동안의 최대양변위량 발생시의 수평력

d_n : 지진격리장치의 원형 시험시, 한 Cycle 동안의 최대부변위

d_p : 지진격리장치의 원형 시험시, 한 Cycle 동안의 최대양변위

d_i : 고려하고 있는 방향에 대한 강성 중심에서의 등가지진력에 의한 지진시 설계변위

EDC : 한 Cycle 당 소산된 에너지이다.

유효주기가 3초보다 긴 교량 또는 등가감쇠비가 30%를 초과하는 지진격리받침을 사용하는 경우에는 지진격리받침의 비선형성을 고려한 시간이력해석을 수행해야 한다.

(2) 등가정적하중법

등가지진력은 다음과 같다.

$$F_e = C_s W \tag{510.1.21}$$

등가지진력을 결정하기 위해서 사용되는 탄성지진응답계수 C_s는 다음의 무차원식으로 구할 수 있다. 단, C_s값은 $2.5A$보다 크게 취할 필요는 없다.

$$C_s = \frac{K_{eff} \times d}{W} = \frac{AS_i}{T_{eff} B} \tag{510.1.22}$$

지반에 대한 상부구조의 총변위 d는 다음 식으로 구한다.

$$d = \frac{250 A S_i T_{eff}}{B} \quad \text{(mm)} \tag{510.1.23}$$

여기서, B는 <표 510.1.9>로부터 구한다.

유효주기 T_{eff}는 아래의 식으로 구한다.

$$T_{eff} = 2\pi \sqrt{\frac{W}{K_{eff}\, g}} \tag{510.1.24}$$

여기서, K_{eff}는 지진격리교량의 유효강성이다.

<표 510.1.9> 지진격리교량의 감쇠계수 B

지진격리교량의 감쇠계수	지진격리시스템의 등가감쇠비 β (%)				
	≤2	5	10	20	30
B	0.8	1.0	1.2	1.5	1.7

(3) 단일모드스펙트럼해석법

종방향 및 횡방향 지진에 의한 부재의 단면력과 처짐을 계산하는 등가정적 지진하중 $p_e(x)$는, 지진격리받침의 변위에 의하여 편람 510.1.2.7에 따라 결정된 등가지진력을 사용하여 편람 510.1.1.9에 기술된 대로 수평 2축 방향을 따라 구하고, 그 값을 편람 510.1.1.10에 기술된 대로 조합하여 사용한다.

$$p_e(x) = w(x)\, C_s \tag{510.1.24}$$

여기서,

$p_e(x)$: 등가정적 지진하중의 단위길이당 하중강도

$w(x)$: 상부구조의 단위길이당 고정하중

C_s : 탄성지진응답계수

(4) 다중모드스펙트럼해석법

탄성지진응답계수는 <그림 510.1.17>에 도시한 바와 같이 해당모드주기 T_i가 $0.8T_{eff}$를 초과하는

경우에만 B에 의해 감소된 값이 적용된다.

$$C_{si} = \frac{AS_i}{T_i} \qquad (T_i \leq 0.8T_{eff}) \qquad (510.1.25)$$

$$C_{si} = \frac{AS_i}{T_i B} \qquad (T_i > 0.8T_{eff}) \qquad (510.1.26)$$

여기서,

C_{si} : i번째 모드의 탄성지진응답계수

T_i : i번째 모드의 주기

다만, C_{si}값은 $2.5A$보다 크게 취할 필요는 없다.

직교하는 지진력의 조합은 1.1.10에 의한다.

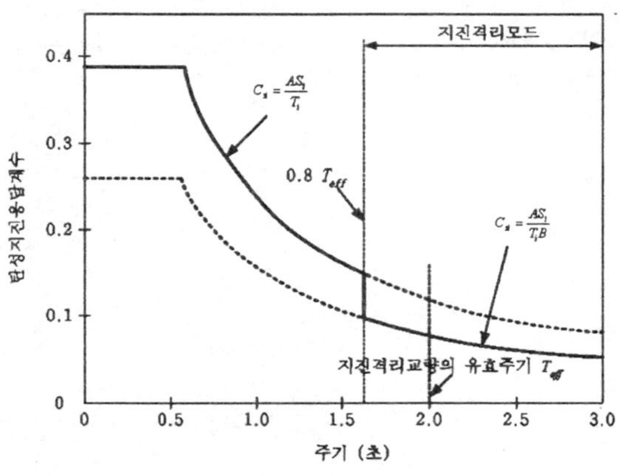

<그림 510.1.17> 지진격리교량의 탄성지진응답계수

(5) 시간이력해석법

① 시간이력해석법의 종류

시간이력해석은 직접수치해석을 행하는 직접적분법과 서로 독립된(Uncoupled) 모드별 방정식으로 변환시켜 각 모드별 해를 구하고 그 해를 중첩하는 모드중첩법(Mode Superposition Method)으로 구분된다.

가. 모드중첩법에 의한 시간이력해석

일반적인 동적운동방정식의 해는 결국 2차 상미분방정식(2nd-order Ordinary Differential Equation)의 해가 된다. 운동방정식의 하중항이 간단한 형태일 때에는 수식으로 표현될 수 있는 해를 얻을 수 있지만, 지반가속도는 간단한 수식의 형태로 나타낼 수 없으므로 수치해석적 기법(Numerical Method of Analysis)을 사용할 수밖에 없다. 선형해석에 있어서는 운동방정식의 질량[M], 감쇠[C], 강성[K]등이 상수로 남아 있어서 해석이 비교적 용이하지만, 비선형해석의 경우에는 감쇠[C], 강성[K] 등이 변위 및 속도의 종속함수가 되어 해석에 많은 시간과 주의를 요한다.

구조물의 거동을 각 모드의 거동으로 분리하여 모든 모드에서의 응답을 전부 중첩시키면 이론상 정확한 응답의 시간이력을 구할 수 있다. 그러나 이 방법의 장점은 각 모드로부터 구성되는 단자유도계에 대한 독립적인 해석이 가능하다는 점으로서 동적거동을 지배하는 몇 개의 저차 진동모드에 대한 해석만으로도 정확한 해에 아주 근접한 해를 얻을 수 있다는 점이다. 그러므로 일반적으로 전체 모드를 모두 중첩하여 거동을 알아내지 않고도 기여도가 큰 몇 개의 저차모드만을 중첩하여 정확한 해에 아주 가까운 근사적 해를 구한다.

나. 직접적분법에 의한 시간이력해석

직접 적분에 의한 수치 해석법은 다자유도계의 운동 방정식을 변화시키지 않고 점진적(Step by Step)방법에 의해 수치적으로 적분한다. 이 방법은 임의의 시간 t에서의 거동을 구하는 것이 아니라, Δt 간격의 시점에서 구조물의 응답(변위, 속도, 가속도)을 점진적으로 구하는 것이다. 이 방법은 한 시점 t에서의 거동이 구해져 있을 때, 이를 이용하여 다음 시점인 $t+\Delta t$에서의 거동을 구하는 작업을 반복하여 전체시간 구간에 걸친 거동을 구하게 된다. 그리고 이러한 시간간격의 길이(Δt)는 단계의 간격이 같을 때 전체시간을 총 시간간격의 수 n으로 나뉜다.($\Delta t = t/n$) 이 크기(Δt)는 변위, 속도 및 가속도의 해석 과정의 정확성, 안정성, 그리고 계산량에 직접적인 영향을 미친다.

② 시간이력해석법의 요구 조건

시간이력해석이 요구되는 지진격리교량의 경우에는 다음 조건들을 적용하여야 한다.

가. 지진격리받침의 비선형 특성을 고려하여야 한다.

나. 시간이력해석을 위한 지진입력 시간이력은 <그림 510.1.17>에 나타낸 감쇠율 5%에 대한 설계지반응답스펙트럼에 부합되도록 실제 기록된 지진운동을 수정하거나 인공적으로 합성된 최소한 4개 이상의 지진운동을 작성하여 사용해야 한다.

다. 작성된 시간이력이 설계지반 응답스펙트럼에 부합되기 위해서는 작성된 시간이력의 평균 응답스펙트럼이 다음 요건을 만족해야 한다.

ⓘ 시간이력의 응답스펙트럼 값이 설계지반 응답스펙트럼값보다 낮은 주기의 수는 5개 이하이고 낮은 정도는 10%이내이어야 한다.

ⓙ 시간이력의 응답스펙트럼을 계산하는 주기의 간격은 스펙트럼 값의 변화가 10% 이상되지 않을 정도로 충분히 작아야 한다.

라. 시간이력의 지속시간은 10~25초 또 강진구간 지속시간은 6~10초가 되도록 하여야 한다.

마. 두 방향 이상의 시간이력을 동시에 고려할 경우, 각 직교방향의 시간이력은 통계학적으로 독립되어야 한다. 여기서, 두 시간이력 사이의 시작시간 차이를 고려하여 계산된 상관계수함수의 최대절대값이 0.3을 넘지 않는다면 두 시간이력은 통계학적으로 독립이라고 간주할 수 있다.

바. 7쌍 미만의 지반운동시간이력에 의한 해석결과로부터 얻어진 응답치의 최대값 혹은 7쌍 이상의 해석결과로부터 얻어진 평균값을 설계값으로 한다.

③ 인공지진파의 생성

가. 인공적으로 합성된 인공지진파 생성

인공시간이력가속도의 작성은 참고문헌(Gasparini D. A. and Vanmarcke E. H., "Simulated Earthquake Motions Compatible with Prescribed Response Spectra," MIT, R76-4, January, 1976)에서 제안된 정현파 중첩에 의한 인공시간이력작성법을 바탕으로 한 프로그램 SIMQKE를 이용하는 것으로, 시간구간에 따른 형상을 정의하기 위한 포괄함수(Intensity Envelope)는 국내의 지진특성에 따라 계산되어야 하지만, 현재 국내의 지진에 대한 실측 지진 데이터의 부족으로 이미 사용되고 있는 사다리꼴형, 지수형, 복합형 등을 사용하여 인공시간이력을 작성하는 방법이다.

예로 사다리꼴형 포괄함수는 그림과 같으며 여기서, TR은 최고가속도의 발생시간이고, TL은 최고가속도의 지속시간이다.

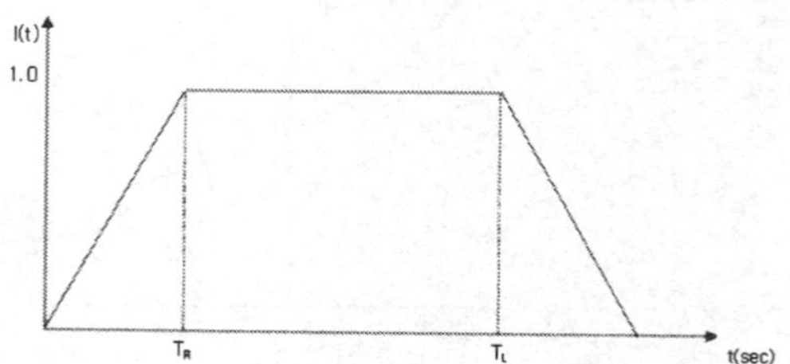

<그림 510.1.18> 인공지진파 작성에 사용된 사다리꼴형 포괄함수

나. 실제 지진기록을 수정한 인공지진파 생성

시간구간에 따른 형상을 정의하기 위한 포괄함수(Intensity Envelope)로 실제 기록된 지진운동의 포락곡선을 사용하는 방법으로 실제 기록된 지진파의 전체적인 외곽형태(포락곡선)는 그대로 유지하면서 스펙트럼으로 변환시 시방서에서 제시하고 있는 스펙트럼곡선에 근접하도록 최초 지진파의 시간-가속도 값을 계속 변화시켜 가는 과정에 의해서 생성하는 방법이다.

ⓐ Imperial Valley 1979 Array 6 239°

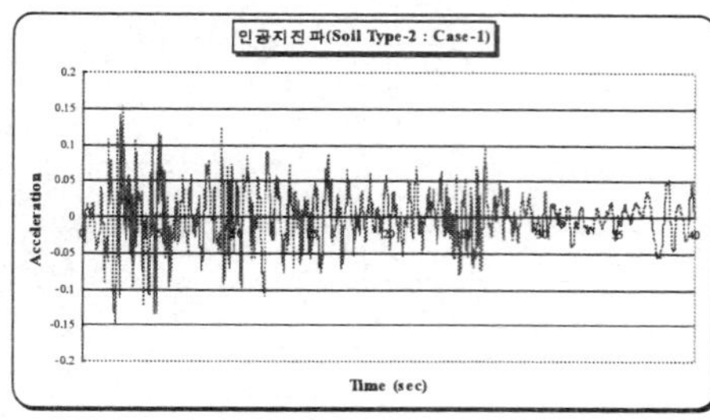

ⓑ Kern Country 1952 Taft S69°E

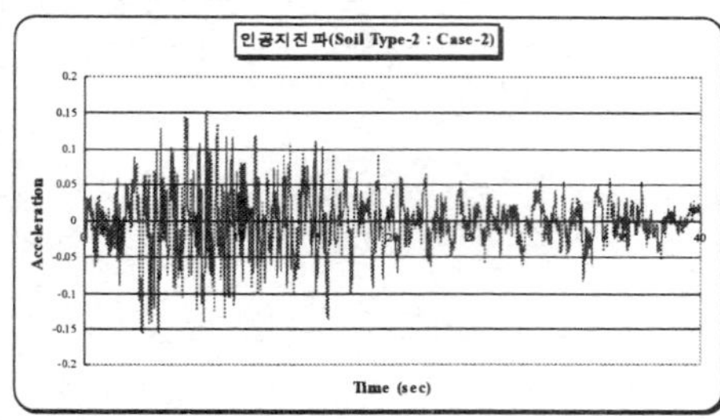

ⓒ Loma Prieta Corralitos 0°

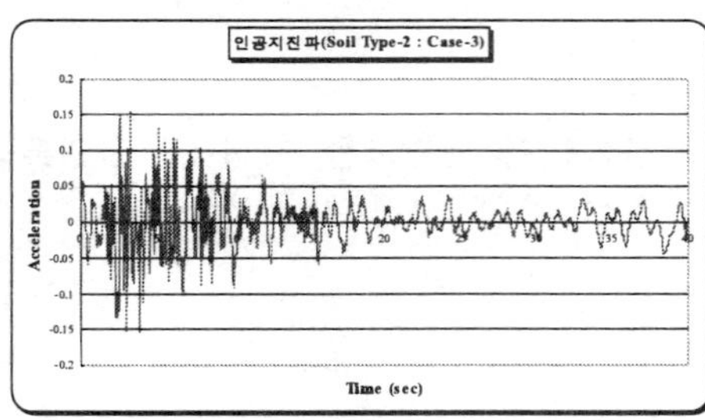

ⓓ Northridge 1994 0°

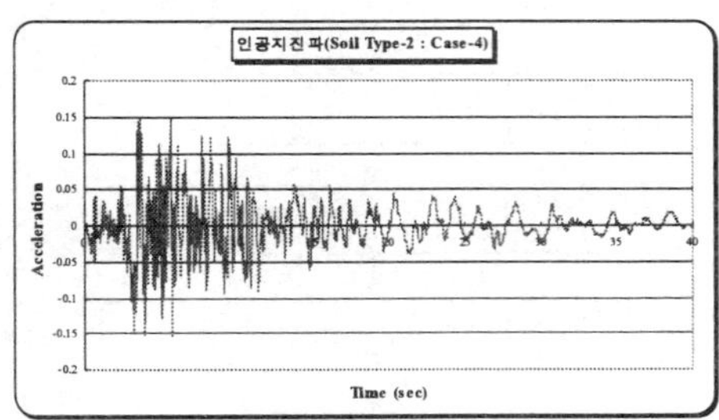

<그림 510.1.19> 인공지진파

1.2.9. 기타 요구조건

(1) 상시 수평력 안정성

가. 지진격리받침은 풍하중, 원심력, 제동력, 온도변위에 의한 하중을 포함하는 모든 상시 수평력 조합에 안정적으로 거동하도록 설계되어야 한다.

나. 지진격리받침 탄성중합체의 최대전단변형률은 상시 70%, 지진시 200% 이내 이어야 한다.

(2) 수직력 안정성

지진격리받침은 수평변위가 없는 상태에서 고정하중과 활하중을 더한 수직하중에 대하여 최소한 3 이상의 안전율을 제공하여야 한다. 또한 1.2배의 고정하중, 지진하중으로 인한 수직 하중, 그리고 횡방향 변위로 인한 전도하중의 합에 대하여 안정적으로 거동하도록 설계하여야 한다. 여기서 전도하중을 계산할 때의 횡방향 변위는 옵셋변위와 설계지진에 의한 설계변위의 2.0배와 같다.

(3) 회전 성능

지진격리받침의 회전성능은 고정하중, 활하중, 시공오차의 영향을 포함하여야 하고, 여기서 고려되는 시공오차의 설계회전각은 0.005 rad보다 작아서는 안된다.

(4) 품질 기준

지진격리받침과 그 재료는 화학적, 물리적, 기계적 성질이 충분히 안정적이어야 하며, 다음의 조건을 만족하여야 한다.

가. 다수의 지진격리받침을 대상으로 측정한 평균 유효강성은 설계값의 ±10 %이내이어야 하고, 각각의 유효강성은 설계값의 ±20 % 이내이어야 한다. 또한, 평균 EDC 값은 설계값의 -15 % 이상이어야 하고 각각의 EDC 값은 설계값의 -25 % 이상이어야 한다.

<표 510.1.10> 지진격리받침 유효강성과 EDC의 품질 기준

	k_{eff}	EDC
개체차	±20 %	-25 %
평균값	±10 %	-15 %

나. 지진격리받침의 유효강성 및 등가감쇠비는 지진설계변위에 의한 연속반복재하에 대해 안정적이어야 한다.

다. 지진격리받침은 원칙적으로 지진후에 교량의 기능에 악영향을 주는 잔류변위가 발생하지 않도록 설계해야 한다.

라. 지진격리받침의 유효강성 및 등가감쇠비는 [도·설 2.1.12]의 온도범위에서 안정적이어야 한다.

마. 지진격리받침은 지진설계변위 범위에서는 항상 양의 접선강성을 가져야 한다.

510.2 내진설계

2.1 설계흐름도 구성

2.1.1 주설계단계

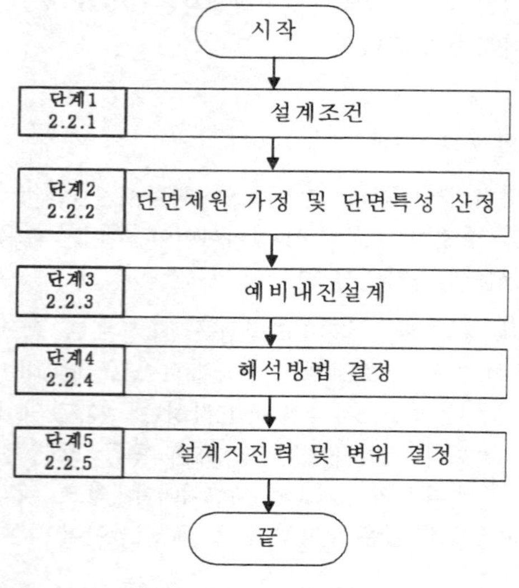

<그림 510.2.1> 주설계 단계

2.1.2 [단계 1] 설계조건

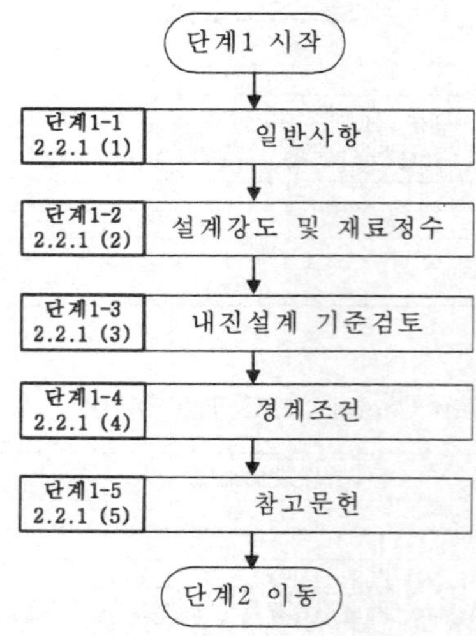

<그림 510.2.2> 설계조건

2.1.3 [단계 2] 단면제원 가정 및 단면특성 산정

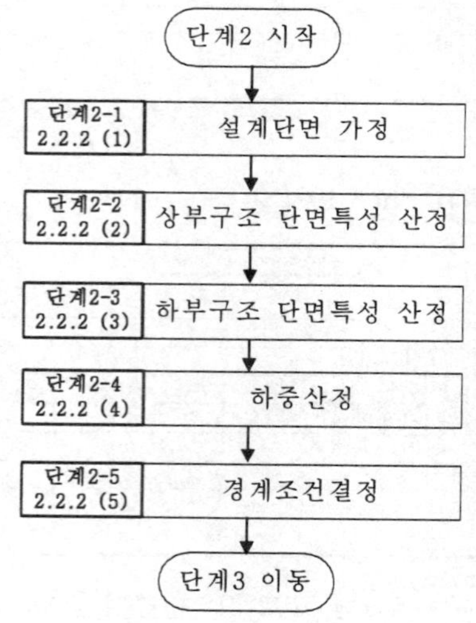

<그림 510.2.3> 단면제원 가정 및 단면특성산정

2.1.4 [단계 3] 예비내진설계

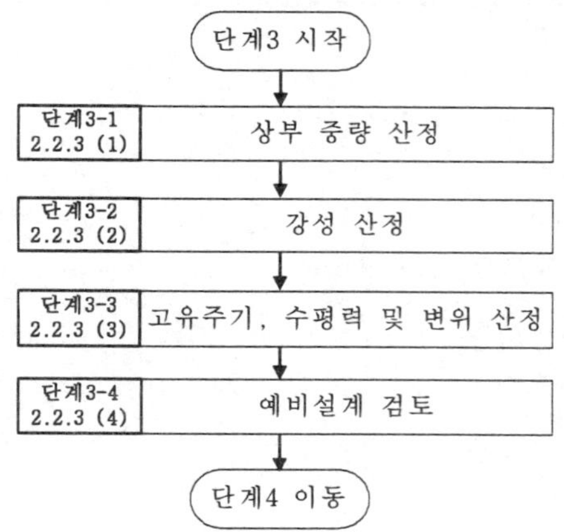

<그림 510.2.4> 예비내진설계

2.1.5 [단계 4] 해석방법 결정

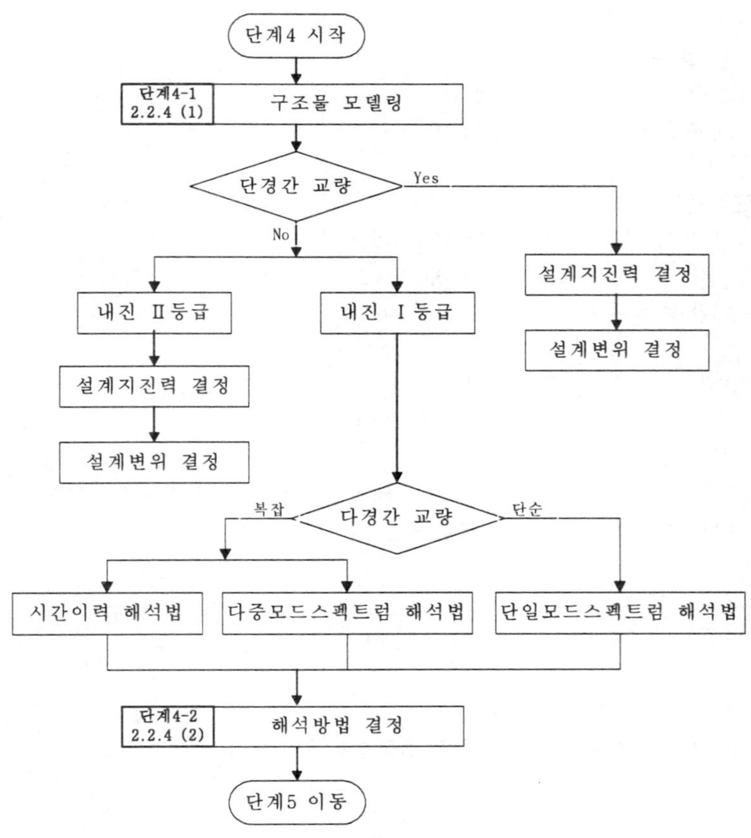

<그림 510.2.5> 해석방법 결정

2.1.6 [단계 5] 설계지진력 및 변위 결정

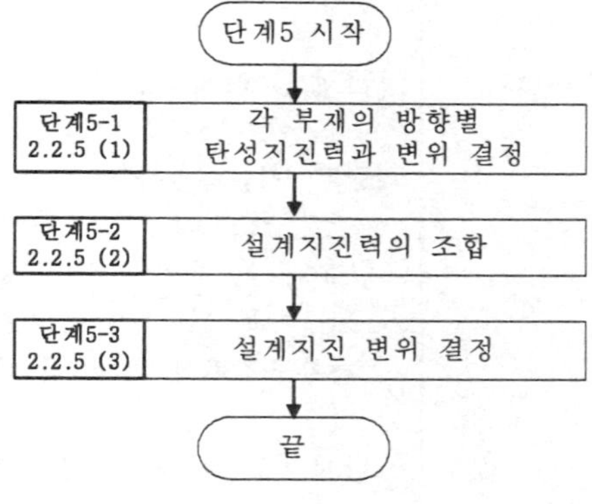

<그림 510.2.6> 설계지진력 및 변위 결정

2.2 π 형 교각 내진설계 예

2.2.1 [단계 1] 설계조건

(1) [단계 1-1] 일반사항

상부구조형식 : PSC 합성거더교
교 량 연 장 : L = 35.000 + 35.000 + 35.000 = 105.000 m
교 량 폭 원 : B = 14.235 m
하부구조형식 : 다주식 원형 교각

(2) [단계 1-2] 설계강도 및 재료상수

① 설계강도

가. 콘크리트
상부구조 : f_{ck} = 27.00 MPa
하부구조 : f_{ck} = 24.00 MPa

나. 철 근
상부구조 : f_y = 400.00 MPa
하부구조 : f_y = 300.00 MPa

② 탄성계수

- 철근콘크리트 : E_c = 23,998.0 MPa
- 강 재 : E_s = 200,000.0 MPa
- 탄 성 계 수 비 : N = E_s / E_c = 8.0

(3) [단계 1-3] 내진설계 기준검토

내진등급 : 1등급
가속도계수 : A = 0.154 (지진구역계수 : 0.110, 위험도계수 : 1.4)
지반계수 : S = 1.2 (지반종류 II)

(4) [단계 1-4] 경계조건
받침형식 : 탄성받침

(5) [단계 1-5] 참고문헌
고속도로교량의 내진설계지침, 한국도로공사, 2000

2.2.2 [단계 2] 단면제원 가정 및 단면특성 산정

(1) [단계 2-1] 설계단면 가정

① 평면도

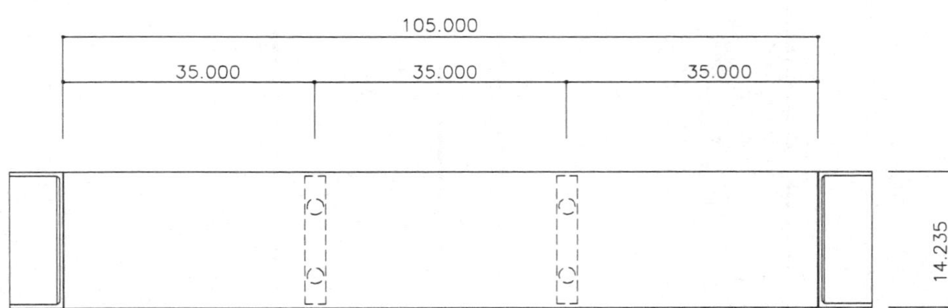

② 종단면도

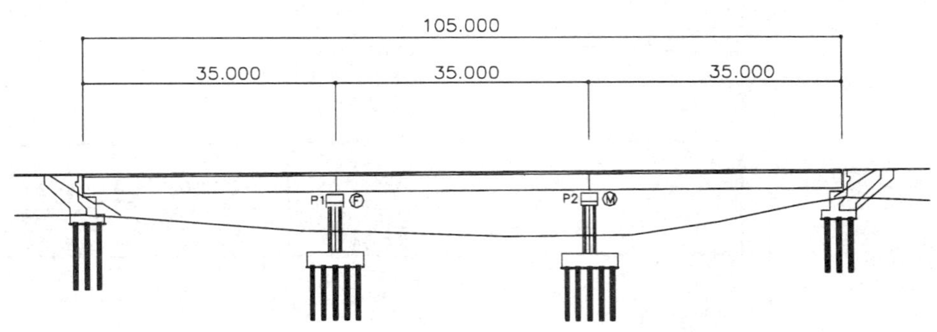

③ 상부구조

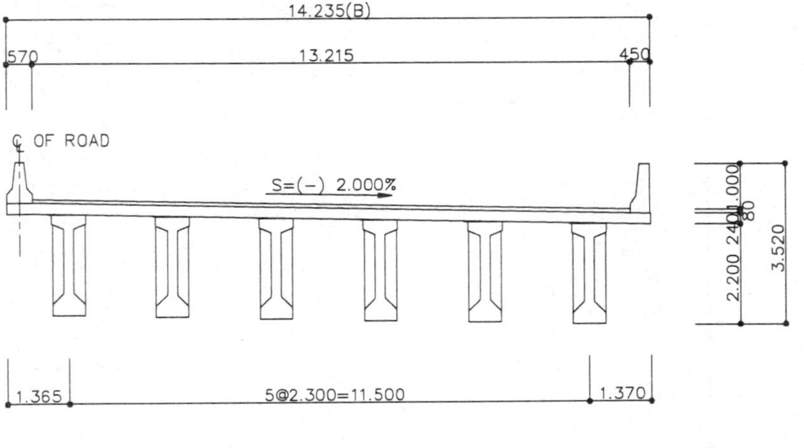

④ 하부구조

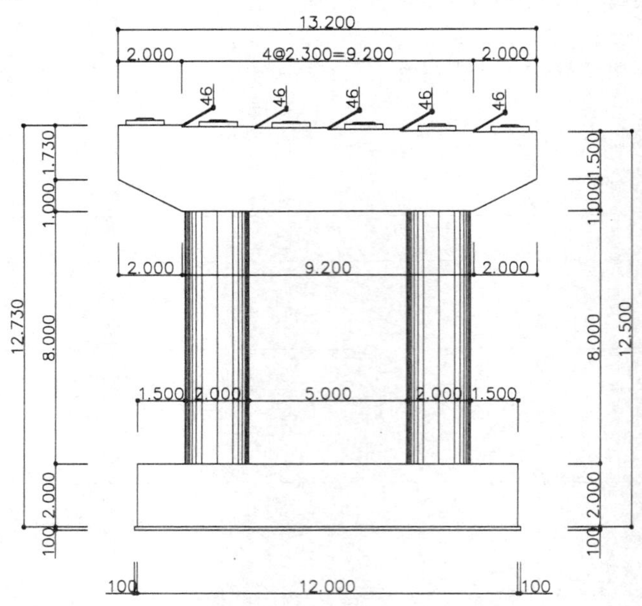

(2) [단계 2-2] 상부구조 단면특성 산정

① 거더 단면제원

구 분	A	I_{33}	I_{22}	K	비 고
1	1.2618219	0.4894107	0.2014302	0.0207263	
2	1.2228531	0.4887887	0.1588265	0.0199781	
3	1.2626555	0.4894238	0.2024260	0.0207423	

◎ 단면 - 1

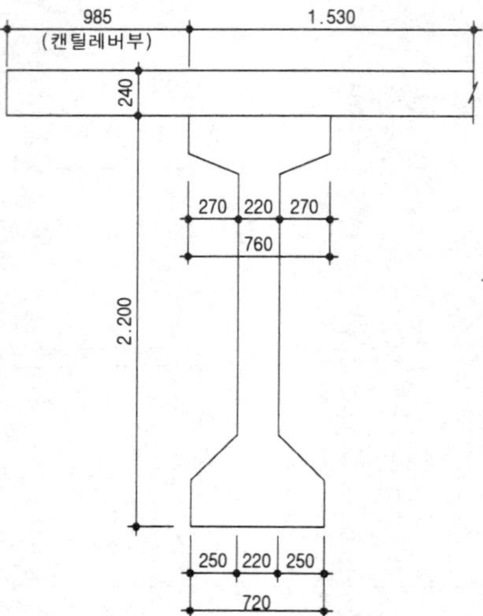

Beam길이 : 34.900 m
Beam배치간격 : 2.300 m
바닥판탄성계수 : 25,454 MPa
Beam탄성계수 : 29,315 MPa

상부바닥판 유효폭 계산(비대칭)

a. $6t + b_1 = 6\times240 + 1,475 = 2,915$ mm
b. $L/12 + b_1 = 34,900/12 + 1,475 = 4,383$ mm
c. $L_n/2 + b_1 = 2,080/12 + 1,475 = 2,515$ mm
이 중 작은 값 사용
$n = 25,454 \ / \ 29,315 = 0.868$
$\therefore\ B = 2,515\times0.868 = 2,184$ mm

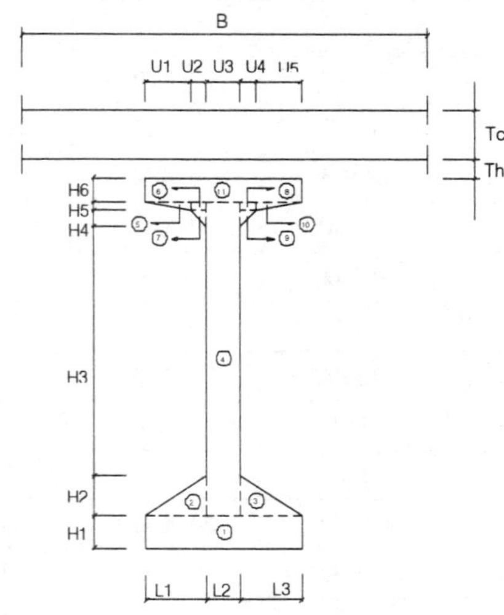

B = 2.184 m
T_c = 0.240 m
U_1 = 0.270 m
U_2 = 0.000 m
U_3 = 0.220 m
U_4 = 0.000 m
U_5 = 0.270 m
H_1 = 0.250 m
H_2 = 0.240 m
H_3 = 1.400 m
H_4 = 0.000 m
H_5 = 0.110 m
H_6 = 0.200 m
L_1 = 0.250 m
L_2 = 0.220 m
L_3 = 0.250 m

단 면	A_s (m^2)	y (m)	$A_s y$ (m^3)	$A_s y^2$ (m^4)	I_o (m^4)
①	0.1800	0.1250	0.0225	0.0028	0.0009370
②	0.0300	0.3300	0.0099	0.0033	0.0000960
③	0.0300	0.3300	0.0099	0.0033	0.0000960
④	0.3850	1.1250	0.4331	0.4873	0.0982550
⑤	0.0149	1.9633	0.0292	0.0572	0.0000100
⑥	0.0000	1.9450	0.0000	0.0000	0.0000000
⑦	0.0000	1.8900	0.0000	0.0000	0.0000000
⑧	0.0000	1.9450	0.0000	0.0000	0.0000000
⑨	0.0000	1.8900	0.0000	0.0000	0.0000000
⑩	0.0149	1.9633	0.0292	0.0572	0.0000300
⑪	0.1520	2.1000	0.3192	0.6703	0.0005070
합 계	0.8067	-	0.8529	1.2814	0.0999310
슬래브	0.5242	2.3200	1.2161	2.8212	0.0025160

◎ 합성전

A_s = 0.8067 m^2

$I_s' = \sum A_s y^2 + \sum I_o$ = 1.2814 + 0.0999 = 1.3813474 m^4

$\delta_s = \sum A_s y \ / \ A_s$ = 0.8529 / 0.8067 = 1.0573150 m

$I_{33} = I_s' - \sum A_s \times \delta_s^2$ = 1.3813 - 0.8067 x 1.1179 = 0.4795253 m^4

$I_{22} = \sum I_o + \sum A_s z^2$ = 0.0171 + 0.0034 = 0.0205247 m^4

- 비틀림 상수

$K = \Sigma(b \times t^3) \ / \ 3$

= ($0.7200 \times 0.2500^3 + 0.7600 \times 0.2000^3 + 1.7500 \times 0.2200^3$) / 3 = 0.0119880 m^4

단 면	A_s (m²)	z (m)	$A_s z$ (m³)	$A_s z^2$ (m⁴)	I_o (m⁴)
①	0.1800	0.0000	0.0000	0.0000	0.0077760
②	0.0300	-0.1933	-0.0058	0.0011	0.0001040
③	0.0300	0.1933	0.0058	0.0011	0.0001040
④	0.3850	0.0000	0.0000	0.0000	0.0015530
⑤	0.0149	-0.2000	-0.0030	0.0006	0.0000600
⑥	0.0000	-0.1100	0.0000	0.0000	0.0000000
⑦	0.0000	-0.1100	0.0000	0.0000	0.0000000
⑧	0.0000	0.1100	0.0000	0.0000	0.0000000
⑨	0.0000	0.1100	0.0000	0.0000	0.0000000
⑩	0.0149	0.2000	0.0030	0.0006	0.0001800
⑪	0.1520	0.0000	0.0000	0.0000	0.0073160
합 계	0.8067	-	0.0000	0.0034	0.0170940
슬래브	0.5658	0.0000	0.0000	0.0000	0.2620190

◎ 합성후 단면

$A_c = B \times T_c = 2.1840 \times 0.2400 = 0.5241600 \text{ m}^2$

$A_v = \Sigma A_s + A_c / N = 0.8067 + 0.5242 / 1.15 = 1.2618219 \text{ m}^2$

$I_c = B \times T_c^3 / 12 = 2.1840 \times 0.2400^3 / 12 = 0.0025160 \text{ m}^4$

$d_v = H / 2 - \delta_s + T_c / 2 = 2.2000 / 2 - 1.0573 + 0.2400 / 2 = 0.1626850 \text{ m}$

$d_{vc} = d_v \times \Sigma A_s / A_v$

$= 0.1627 \times 0.8067 / 1.2618 = 0.1040068 \text{ m}$

$d_{vs} = d_v - d_{vc} = 0.1627 - 0.1040 = 0.0586783 \text{ m}$

$I_{v33} = I_{33} + I_c / N + \Sigma A_s \times d_{vs}^2 + A_c / N \times d_{vc}^2$

$= 0.4795 + 0.0027 / 1.15 + 0.8067 \times 0.0587^2 + 0.5242 / 1.15 \times 0.1040^2$

$= 0.4894107 \text{ m}^4$

$I_{v22} = I_{22} + B^3 \times T_c / 12 / N$

$= 0.0205 + 2.1840^3 \times 0.2400 / 12 / 1.15 = 0.2014302 \text{ m}^4$

- 비틀림 상수

$K_v = K + B \times T_c^3 / N$

$= 0.0120 + 2.1840 \times 0.2400^3 / 1.15 = 0.0207263 \text{ m}^4$

◎ 단면 - 2

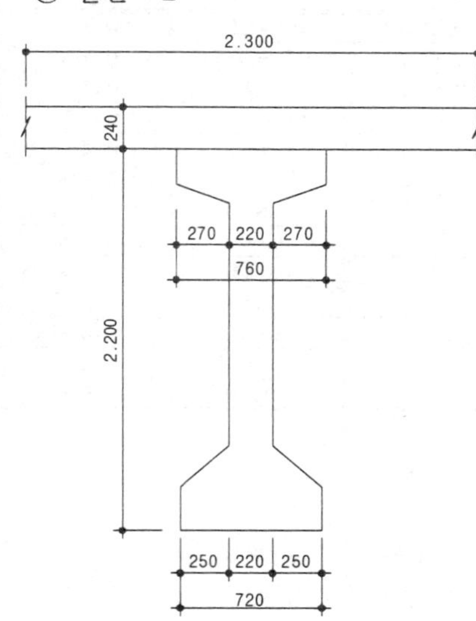

Beam길이 : 34.900 m
Beam배치간격 : 2.300 m
바닥판탄성계수 : 25,454 MPa
Beam탄성계수 : 29,315 MPa

상부바닥판 유효폭 계산(대칭)

a. $12t + b_w = 12 \times 240 + 220 = 3{,}100$ mm
b. 슬래브 중심간거리 = 2,300 mm
c. L/4 = 34,900/4 = 8,725 mm
이 중 작은 값 사용
n = 25,454 / 29,315 = 0.868
∴ B = 2,300×0.868 = 1,997 mm

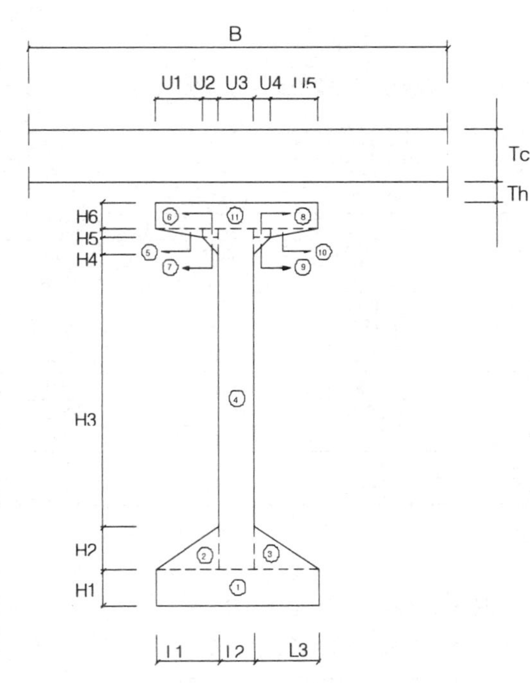

B = 1.997 m
T_c = 0.240 m
U_1 = 0.270 m
U_2 = 0.000 m
U_3 = 0.220 m
U_4 = 0.000 m
U_5 = 0.270 m
H_1 = 0.250 m
H_2 = 0.240 m
H_3 = 1.400 m
H_4 = 0.000 m
H_5 = 0.110 m
H_6 = 0.200 m
L_1 = 0.250 m
L_2 = 0.220 m
L_3 = 0.250 m

단 면	A_s (m²)	y (m)	$A_s y$ (m³)	$A_s y^2$ (m⁴)	I_o (m⁴)
①	0.1800	0.1250	0.0225	0.0028	0.0009370
②	0.0300	0.3300	0.0099	0.0033	0.0000960
③	0.0300	0.3300	0.0099	0.0033	0.0000960
④	0.3850	1.1250	0.4331	0.4873	0.0982550
⑤	0.0149	1.9633	0.0292	0.0572	0.0000100
⑥	0.0000	1.9450	0.0000	0.0000	0.0000000
⑦	0.0000	1.8900	0.0000	0.0000	0.0000000
⑧	0.0000	1.9450	0.0000	0.0000	0.0000000
⑨	0.0000	1.8900	0.0000	0.0000	0.0000000
⑩	0.0149	1.9633	0.0292	0.0572	0.0000300
⑪	0.1520	2.1000	0.3192	0.6703	0.0005070
합 계	0.8067	-	0.8529	1.2814	0.0999310
슬래브	0.4793	2.3200	1.1119	2.5797	0.0023010

◎ 합성전

A_s = 0.8067 m²

$I_s' = \sum A_s y^2 + \sum I_o$ = 1.2814 + 0.0999 = 1.3813474 m⁴

$\delta_s = \sum A_s y \ / \ A_s$ = 0.8529 / 0.8067 = 1.0573150 m

$I_{33} = I_s' - \sum A_s \times \delta_s^2$ = 1.3813 - 0.8067 x 1.1179 = 0.4795253 m⁴

$I_{22} = \sum I_o + \sum A_s z^2$ = 0.0171 + 0.0034 = 0.0205247 m⁴

- 비틀림 상수

$K = \Sigma(b \times t^3) \ / \ 3$

= (0.7200 x 0.2500³ + 0.7600 x 0.2000³ + 1.7500 x 0.2200³) / 3 = 0.0119880 m⁴

단 면	A_s (m²)	z (m)	$A_s z$ (m³)	$A_s z^2$ (m⁴)	I_o (m⁴)
①	0.1800	0.0000	0.0000	0.0000	0.0077760
②	0.0300	-0.1933	-0.0058	0.0011	0.0001040
③	0.0300	0.1933	0.0058	0.0011	0.0001040
④	0.3850	0.0000	0.0000	0.0000	0.0015530
⑤	0.0149	-0.2000	-0.0030	0.0006	0.0000600
⑥	0.0000	-0.1100	0.0000	0.0000	0.0000000
⑦	0.0000	-0.1100	0.0000	0.0000	0.0000000
⑧	0.0000	0.1100	0.0000	0.0000	0.0000000
⑨	0.0000	0.1100	0.0000	0.0000	0.0000000
⑩	0.0149	0.2000	0.0030	0.0006	0.0001800
⑪	0.1520	0.0000	0.0000	0.0000	0.0073160
합 계	0.8067	-	0.0000	0.0034	0.0170940
슬래브	0.4793	0.0000	0.0000	0.0000	0.1592810

◎ 합성후 단면

$A_c = B \times T_c$ = 1.9970 x 0.2400 = 0.4792800 m²

$A_v = \Sigma A_s + A_c \ / \ N$ = 0.8067 + 0.4793 / 1.15 = 1.2228531 m²

$I_c = B \times T_c^3 \ / \ 12$ = 1.9970 x 0.2400³ / 12 = 0.0023005 m⁴

$d_v = H \ / \ 2 - \delta_s + T_c \ / \ 2$ = 2.2000 / 2 - 1.0573 + 0.2400 / 2 = 0.1626850 m

$d_{vc} = d_v \times \Sigma A_s \ / \ A_v$ = 0.1627 x 0.8067 / 1.2229 = 0.1073211 m

$d_{vs} = d_v - d_{vc}$ = 0.1627 - 0.1073 = 0.0553639 m

$$I_{v33} = I_{33} + I_c / N + \Sigma A_s \times d_{vs}^2 + A_c / N \times d_{vc}^2$$
$$= 0.4795 + 0.0023 / 1.15 + 0.8067 \times 0.0554^2 + 0.4793 / 1.15 \times 0.1073^2$$
$$= 0.4887887 \text{ m}^4$$
$$I_{v22} = I_{22} + B^3 \times T_c / 12 / N$$
$$= 0.0205 + 1.9970^3 \times 0.2400 / 12 / 1.15 = 0.1588265 \text{ m}^4$$

- 비틀림 상수

$$K_v = K + B \times T_c^3 / N$$
$$= 0.0120 + 1.9970 \times 0.2400^3 / 1.15 = 0.0199781 \text{ m}^4$$

◎ 단면 - 3

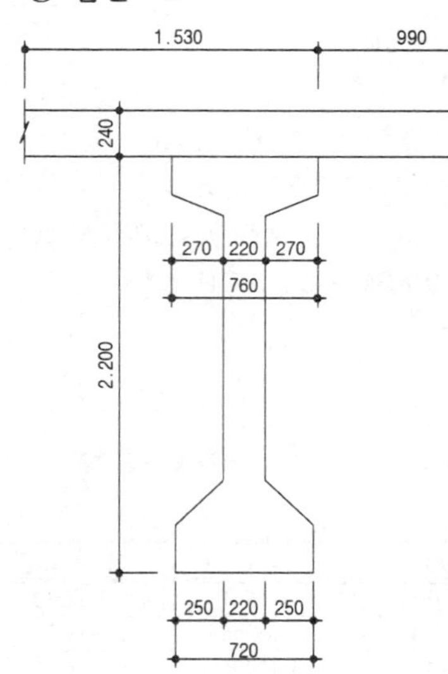

Beam길이 : 34.900 m
Beam배치간격 : 2.300 m
바닥판탄성계수 : 25,454 MPa
Beam탄성계수 : 29,315 MPa

상부바닥판 유효폭 계산(비대칭)

a. $6t + b_1 = 6 \times 240 + 1{,}480 = 2{,}920$ mm
b. $L/12 + b1 = 34{,}900/12 + 1{,}480 = 4{,}388$ mm
c. $L_n/2 + b_1 = 2{,}080/12 + 1{,}480 = 2{,}520$ mm
이 중 작은 값 사용
$n = 25{,}454 / 29{,}315 = 0.868$
$\therefore B = 2{,}520 \times 0.868 = 2{,}188$ mm

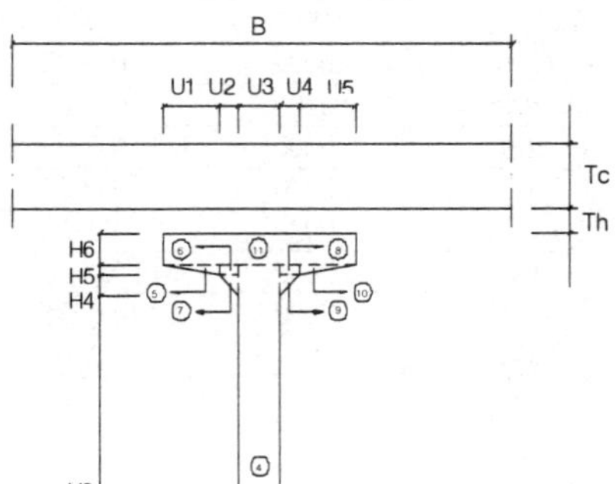

$B = 2.188$ m
$T_c = 0.240$ m
$U_1 = 0.270$ m
$U_2 = 0.000$ m
$U_3 = 0.220$ m
$U_4 = 0.000$ m
$U_5 = 0.270$ m
$H_1 = 0.250$ m
$H_2 = 0.240$ m
$H_3 = 1.400$ m
$H_4 = 0.000$ m
$H_5 = 0.110$ m
$H_6 = 0.200$ m
$L_1 = 0.250$ m
$L_2 = 0.220$ m
$L_3 = 0.250$ m

단 면	A_s (m²)	y (m)	$A_s y$ (m³)	$A_s y^2$ (m⁴)	I_o (m⁴)
①	0.1800	0.1250	0.0225	0.0028	0.0009370
②	0.0300	0.3300	0.0099	0.0033	0.0000960
③	0.0300	0.3300	0.0099	0.0033	0.0000960
④	0.3850	1.1250	0.4331	0.4873	0.0982550
⑤	0.0149	1.9633	0.0292	0.0572	0.0000100
⑥	0.0000	1.9450	0.0000	0.0000	0.0000000
⑦	0.0000	1.8900	0.0000	0.0000	0.0000000
⑧	0.0000	1.9450	0.0000	0.0000	0.0000000
⑨	0.0000	1.8900	0.0000	0.0000	0.0000000
⑩	0.0149	1.9633	0.0292	0.0572	0.0000300
⑪	0.1520	2.1000	0.3192	0.6703	0.0005070
합 계	0.8067	-	0.8529	1.2814	0.0999310
슬래브	0.5251	2.3200	1.2183	2.8264	0.0025210

◎ 합성전

A_s = 0.8067 m²

I_s' = $\Sigma A_s y^2$ + ΣI_o = 1.2814 + 0.0999 = 1.3813474 m⁴

δ_s = $\Sigma A_s y$ / A_s = 0.8529 / 0.8067 = 1.0573150 m

I_{33} = I_s' - ΣA_s x δ_s^2 = 1.3813 - 0.8067 x 1.1179 = 0.4795253 m⁴

I_{22} = ΣI_o + $\Sigma A_s z^2$ = 0.0171 + 0.0034 = 0.0205247 m⁴

- 비틀림 상수

$K = \Sigma(b \times t^3) / 3$

$= (0.7200 \times 0.2500^3 + 0.7600 \times 0.2000^3 + 1.7500 \times 0.2200^3) / 3 = 0.0119880$ m⁴

단 면	A_s (m²)	z (m)	$A_s z$ (m³)	$A_s z^2$ (m⁴)	I_o (m⁴)
①	0.1800	0.0000	0.0000	0.0000	0.0077760
②	0.0300	-0.1933	-0.0058	0.0011	0.0001040
③	0.0300	0.1933	0.0058	0.0011	0.0001040
④	0.3850	0.0000	0.0000	0.0000	0.0015530
⑤	0.0149	-0.2000	-0.0030	0.0006	0.0000600
⑥	0.0000	-0.1100	0.0000	0.0000	0.0000000
⑦	0.0000	-0.1100	0.0000	0.0000	0.0000000
⑧	0.0000	0.1100	0.0000	0.0000	0.0000000
⑨	0.0000	0.1100	0.0000	0.0000	0.0000000
⑩	0.0149	0.2000	0.0030	0.0006	0.0001800
⑪	0.1520	0.0000	0.0000	0.0000	0.0073160
합 계	0.8067	-	0.0000	0.0034	0.0170940
슬래브	0.5251	0.0000	0.0000	0.0000	0.2094940

◎ 합성후 단면

A_c = B x T_c = 2.1880 x 0.2400 = 0.5251200 m²

A_v = ΣA_s + A_c / N = 0.8067 + 0.5251 / 1.15 = 1.2626555 m²

I_c = B x T_c^3 / 12 = 2.1880 x 0.2400³ / 12 = 0.0025206 m⁴

d_v = H / 2 - δ_s + T_c / 2 = 2.2000 / 2 - 1.0573 + 0.2400 / 2 = 0.1626850 m

d_{vc} = d_v x ΣA_s / A_v = 0.1627 x 0.8067 / 1.2627 = 0.1039381 m

$d_{vs} = d_v - d_{vc} = 0.1627 - 0.1039 = 0.0587469$ m

$I_{v33} = I_{33} + I_c / N + \Sigma A_s \times d_{vs}^2 + A_c / N \times d_{vc}^2$

$= 0.4795 + 0.0025 / 1.15 + 0.8067 \times 0.0587^2 + 0.5251 / 1.15 \times 0.1039^2$

$= 0.4894238$ m^4

$I_{v22} = I_{22} + B^3 \times T_c / 12 / N$

$= 0.0205 + 2.1880^3 \times 0.2400 / 12 / 1.15 = 0.2024260$ m^4

- 비틀림 상수

$K_v = K + B \times T_c^3 / N$

$= 0.0120 + 2.1880 \times 0.2400^3 / 1.15 = 0.0207423$ m^4

② 가로보 단면제원

구분	A	I_{33}	I_{22}	K	비고
1	0.2800000	0.0114333	0.0037333	0.0096051	
2	0.2800000	0.0114333	0.0037333	0.0096051	
3	0.5850000	0.1853719	0.0043875	0.0158491	
4	0.8775000	0.2780578	0.0148078	0.0506220	

◎ 단면 - 1

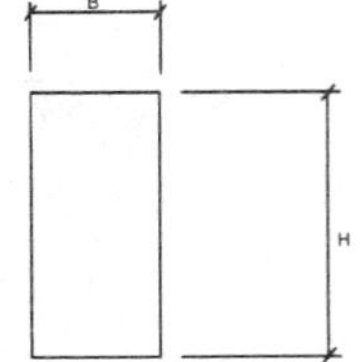

$H = 0.700$ m

$B = 0.400$ m

$A = 0.4000 \times 0.7000 = 0.2800000$ m^2

$I_{33} = 0.4000 \times 0.7000^3 / 12 = 0.0114333$ m^4

$I_{22} = 0.7000 \times 0.4000^3 = 0.0037333$ m^4

- 비틀림 상수

$K = a \times b^3 \times (16 / 3 - 3.36 \times b / a \times (1 - b^4 / (12 \times a^4)))$

$= 0.0096051$ m^4 ($a = H / 2$, $b = B / 2$ 이며 $a \geq b$ 일 때)

◎ 단면 - 2

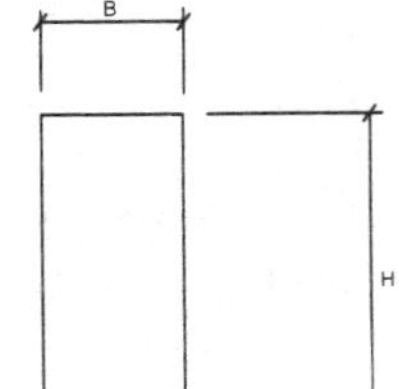

$H = 0.700$ m

$B = 0.400$ m

A = 0.4000 x 0.7000 = 0.2800000 m^2
I_{33} = 0.4000 x 0.7000^3 / 12 = 0.0114333 m^4
I_{22} = 0.7000 x 0.4000^3 = 0.0037333 m^4

- 비틀림 상수

$K = a \times b^3 \times (16 / 3 - 3.36 \times b / a \times (1 - b^4 / (12 \times a^4)))$
= 0.0096051 m^4 ($a = H / 2$, $b = B / 2$ 이며 $a \geq b$ 일 때)

◎ 단면 - 3

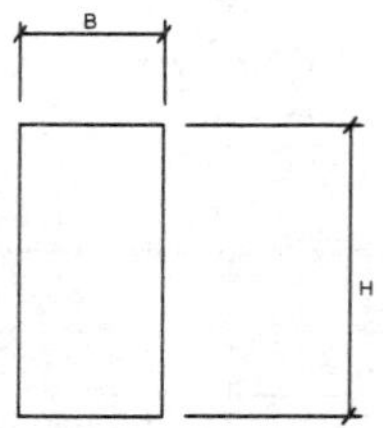

H = 1.950 m
B = 0.300 m

A = 0.3000 x 1.9500 = 0.5850000 m^2
I_{33} = 0.3000 x 1.9500^3 / 12 = 0.1853719 m^4
I_{22} = 1.9500 x 0.3000^3 = 0.0043875 m^4

- 비틀림 상수

$K = a \times b^3 \times (16 / 3 - 3.36 \times b / a \times (1 - b^4 / (12 \times a^4)))$
= 0.0158491 m^4 ($a = H / 2$, $b = B / 2$ 이며 $a \geq b$ 일 때)

◎ 단면 - 4

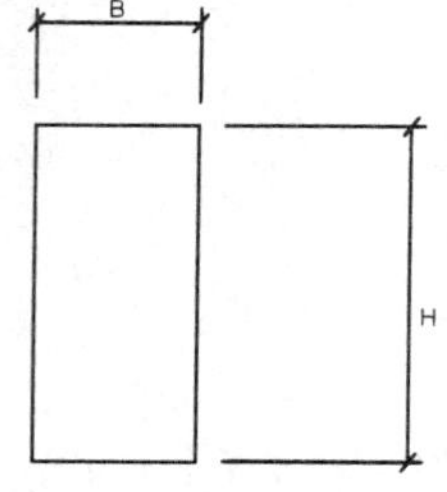

H = 1.950 m
B = 0.450 m

A = 0.4500 x 1.9500 = 0.8775000 m^2
I_{33} = 0.4500 x 1.9500^3 / 12 = 0.2780578 m^4
I_{22} = 1.9500 x 0.4500^3 = 0.0148078 m^4

- 비틀림 상수

$K = a \times b^3 \times (16 / 3 - 3.36 \times b / a \times (1 - b^4 / (12 \times a^4)))$
= 0.0506220 m^4 ($a = H / 2$, $b = B / 2$ 이며 $a \geq b$ 일 때)

(3) [단계 2-3] 하부구조 단면특성 산정 (교각 $P1$, $P2$)

R = 1.000 m

$A = \pi D^2 / 4 = 3.142\ m^2$

$I = \pi D^4 / 64 = 0.785\ m^4$

$K = \pi D^4 / 32 = 1.571\ m^4$

(4) [단계 2-4] 하중 산정

구분		W	MPL	비고
거더	1	56.223	5.731	
	2	46.626	4.753	
	3	53.648	5.469	
가로보	1	7.000	0.714	
	2	7.000	0.714	
	3	14.625	1.491	
	4	21.938	2.236	

MPL = W / 9.810 (TON/m)

(5) [단계 2-5] 경계조건 결정

① 교량받침(탄성받침)

가. 교대부 : A1

적용하중 : 1,750 kN 탄성받침 사용, T = 166 mm

K_v = 605,100 kN/m K_h = 2,876 kN/m

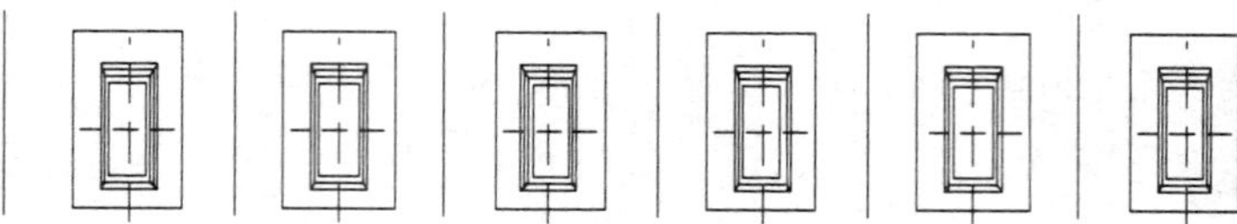

나. 교대부 : A2

적용하중 : 1,750 kN 탄성받침 사용, T = 166 mm

K_v = 605,100 kN/m K_h = 2,876 kN/m

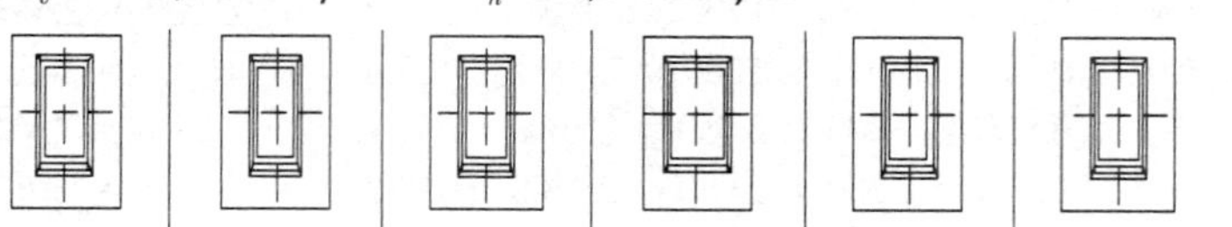

다. 교각부 : P1

적용하중 : 1,750 kN 탄성받침 사용, T = 166 mm

K_v = 605100 kN/m K_h = 2,876 kN/m

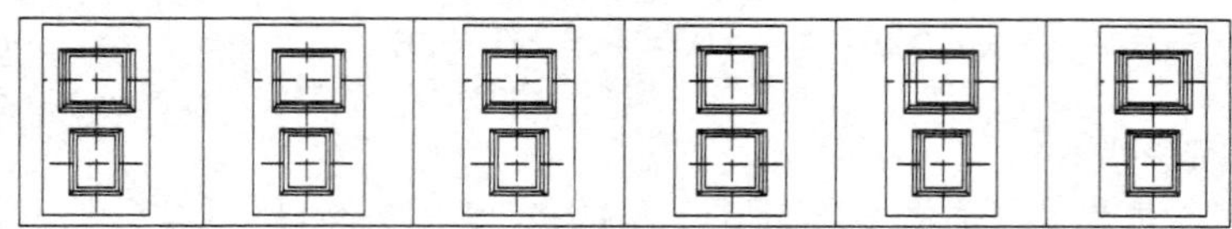

라. 교각부 : P2

적용하중 : 1,750 kN 탄성받침 사용, T = 166 mm

K_v = 605,100 kN/m K_h = 2,876 kN/m

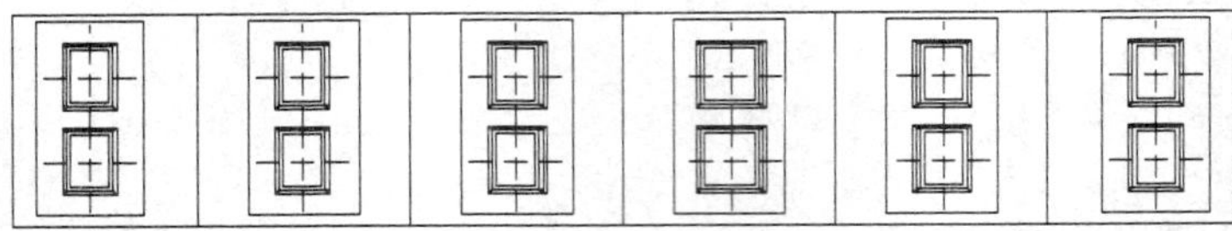

② 하부구조

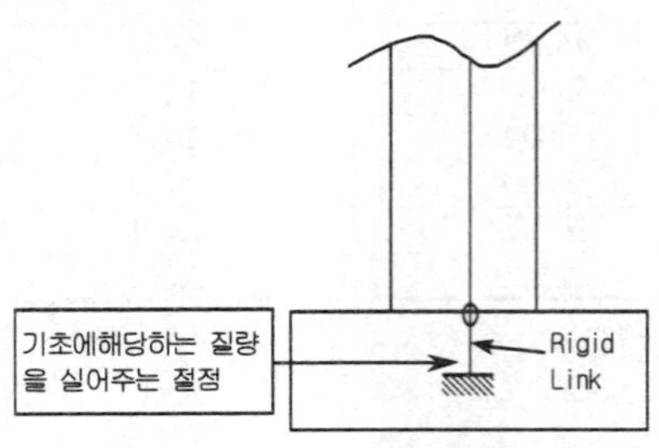

구 분	교축방향 폭 (B)	직각방향 폭 (L)	기초높이 (H)	MASS 질량
교각 1	6.000	12.000	2.000	36.697
교각 2	6.000	12.000	2.000	6.6979

※ MASS 질량 = (B x L x H) x 2.500 ÷ 9.810 (TON)

2.2.3 [단계 3] 예비내진설계

(1) [단계 3-1] 상부중량 산정

① 상부공

- 슬래브 : 14.235 x 0.240 x 25.000 x 105.000 = 8,968.050 kN
- 빔자중 : 31.445 x 25.000 x 6EA (표준도 참조) = 4,716.750 kN
- 방호벽 : 0.335 x 25.000 x 105.000 = 879.375 kN
- 중분대 : 0.356 x 25.000 x 105.000 = 934.500 kN
- 포 장 : (14.235 - 0.570 - 0.450) x 0.080 x 23.000 x 105.000 = 2,553.138 kN
- 가로보 : 0.700 x 0.400 x 2.080 x 25.000 x 10EA = 145.600 kN
  1.950 x 0.300 x 2.080 x 25.000 x 15EA = 456.300 kN
  1.950 x 0.300 x 2.080 x 25.000 x 20EA = 608.400 kN

계 : 19,262.113 kN

② 하부공

- 코핑부 : { 13.200 x 1.500 + (13.200 + 9.200) / 2 x 1.000 }
  x 2.200 x 25.000 x 2EA = 3,410.000 kN
- 기둥부 : π x 2.000^2/ 4 x 8.000 x 25.000 x 2EA = 1,256.637 kN

계 : 코핑부 + 기둥부 x 1/2 = 4,038.319 kN

③ 전체중량(W_t)

- 상부공 + 하부공 = 19,262.113 + 4,038.319 = 23,300.432 kN

(2) [단계 3-2] 강성산정

① 교대1강성

탄성받침 강성 : K_h = 2,876.000 x 6EA = 17,256.000 kN/m

교대1 강성 : K_1 = 17,256.000 kN/m

② 교각1 강성

탄성받침 강성 : K_h = 2,876.000 x 12EA = 34,512.000 kN/m

교각 강성 : $K_c = 3EI / h^3$ x 2EA = 3 x 23,998 x 10^3 x 0.785 / 10.500^3 x 2EA

= 97,640.065 kN/m

E = 23,998 x 10^3 kN/m^2

I = π x 2.000^4 / 64 = 0.785 m^4

h = 10.500 m

교각1 강성 : $K_2 = (K_h \times K_c) / (K_h + K_c)$ =

(34,512.000 x 97,640.065) / (34,512.000 + 97,640.065) = 25,499.064 kN/m

③ 교각2 강성

탄성받침 강성 : K_h = 2,876.000 x 12EA = 34,512.000 kN/m

교각강성 : $K_c = 3EI / h^3$ x 2EA = 3 x 23998 x 10^3 x 0.785 / 10.500^3 x 2EA

= 97,640.065 kN/m

E = 23,998 x 10^3 kN/m^2

I = π x 2.000^4 / 64 = 0.785 m^4

h = 10.500 m

교각1 강성 : $K_2 = (K_h \times K_c) / (K_h + K_c)$ =

(34,512.000 x 97,640.065) / (34,512.000 + 97,640.065) = 25,499.064 kN/m

④ 교대1 강성

탄성받침 강성 : K_h = 2,876.000 x 6EA = 17,256.000 kN/m

교대1 강성 : K_1 = 17,256.000 kN/m

⑤ 전체강성

$K_{total} = K_1 + K_2 + K_3 + K_4$ = 85,510.128 kN/m

(3) [단계 3-3] 고유주기, 수평력 및 변위 산정

① 주기산정

$T = 2\pi\sqrt{(W_t / g \times K_t)} = 2\pi\sqrt{(23{,}300.432 / 9.81 \times 85{,}510.128)}$ = 1.047 sec

② 수평력 및 변위 산정

$C_s = 1.2AS / T^{2/3}$ = 1.2 x 0.154 x 1.2 / $1.047^{2/3}$ = 0.215

교축방향 지진력 : V = 23,300.432 x 0.215 = 5,009.593 kN

교축방향 변위 : $\delta = V / K_t$ = 5,009.593 / 85,510.128 = 0.0586 m = 58.6 mm

교대부 교량받침 수평력 : $h = K_1 \times \delta$ / 6EA = 17,256.000 x 0.0586 / 6EA = 168.534 kN

교각부 교량받침 수평력 : $h = K_2 \times \delta$ / 12EA = 25,499.064 x 0.0586 / 12EA = 124.520 kN

교각부 전단력 : $H = K_2 \times \delta$ = 25,499.064 x 0.0586 / 2EA = 747.123 kN

교각부 모멘트 : $M = H \times z$ = 747.123 x 10.500 = 7,844.792 kN

(4) [단계 3-4] 예비설계 검토

① 교량 받침 검토

구분	수평력 검토 (kN)			변위 검토 (mm)		
	수평력	허용수평력	비고	변위	허용변위	비고
교대	168.534	258.8	OK	58.6	90.0	OK
교각	124.520	258.8	OK	58.6	90.0	OK

② 예비 설계 결과 교량받침부의 수평력과 변위는 모두 허용값 이내에 발생하여 받침 선정은 적정한 것으로 판단되며 교각 또한 탄성범위 안에서 거동할 것으로 예상된다. 예비설계단계는 수계산이 가능한 교축방향에 한해서 검토하였으며 이 후의 상세한 해석 및 설계는 다중모드 스펙트럼 해석을 통해 이루어지며 예비설계시 구한 고유주기나 변위등은 고유치 해석시의 모델링 검증자료로 활용할 수 있을 것이다.

2.2.4 [단계 4] 해석방법 결정

(1) [단계 4-1] 구조물 모델링

① 상부 모델링

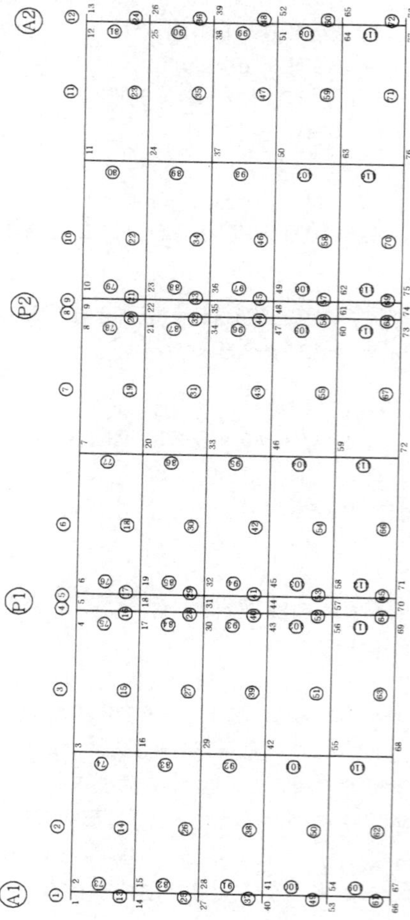

② 하부 모델링

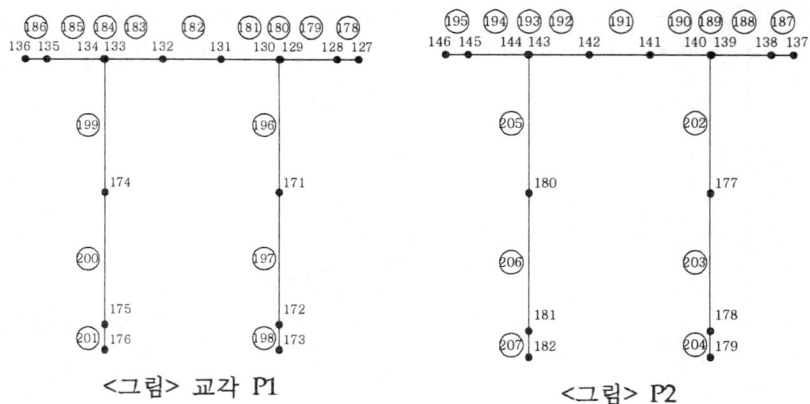

<그림> 교각 P1 <그림> P2

(2) [단계 4-2] 해석방법 결정

본 구조물은 다중모드 스펙트럼 해석법에 의해 계산한다.

① 고유치 해석

가. MODE별 자유진동 특성

Mode	Period (sec)	Frequency (Hz)	Participating Mass Ratios(질량누가)			비고
			X-Axis	Y-Axis	Z-Axis	
1	1.22284	0.81777	92.38700	0.00000	0.00000	
2	1.19345	0.83790	92.38700	90.78850	0.00000	
3	1.10458	0.90532	92.39010	90.78850	0.00000	
4	0.66490	1.50398	92.39010	90.92870	0.00010	
5	0.50834	1.96718	92.39010	90.92870	0.00010	
6	0.44588	2.24276	92.39010	90.92910	4.89860	
7	0.42527	2.35147	92.39010	90.92910	4.96360	
8	0.37564	2.66213	92.39010	91.01690	4.96910	
9	0.36568	2.73460	92.39150	91.01690	4.96910	
10	0.35892	2.78617	92.39160	91.01690	4.96910	
11	0.28851	3.46603	92.39160	91.39730	4.97080	
12	0.27737	3.60533	92.39160	91.40090	14.15330	
13	0.27323	3.65994	92.39160	91.40200	49.13640	
14	0.20678	4.83613	92.39160	91.40200	49.13640	
15	0.17926	5.57842	92.39160	91.40200	49.13640	
16	0.11295	8.85339	96.25240	91.40200	49.13640	
17	0.11053	9.04730	96.25240	91.40200	49.14570	
18	0.09012	11.09565	96.25240	91.40210	49.14670	
19	0.07609	13.14283	96.25240	93.38390	49.20860	
20	0.06816	14.67057	96.25240	93.41350	78.15670	
21	0.06398	15.63073	96.25240	97.53320	78.23620	
22	0.05488	18.22079	96.25240	97.53320	93.58990	
23	0.02833	35.30122	97.74530	97.53320	93.58990	
24	0.01475	67.80165	97.74530	97.54440	96.47130	
25	0.01423	70.26028	97.74530	97.78430	96.61810	

※ 유효모드 질량의 합이 전체질량의 90%이상이 되도록 Mode수를 결정한다.

② 응답스펙트럼 해석

$S_a = C_s \times g$

$C_s = 1.2 \times A \times S \;/\; T^{2/3} \;\leq 2.5A$ ($T \leq 4.0$ 인 경우)

$C_s = 3.0 \times A \times S \;/\; T^{4/3} \;\leq 2.5A$ ($T > 4.0$ 인 경우)

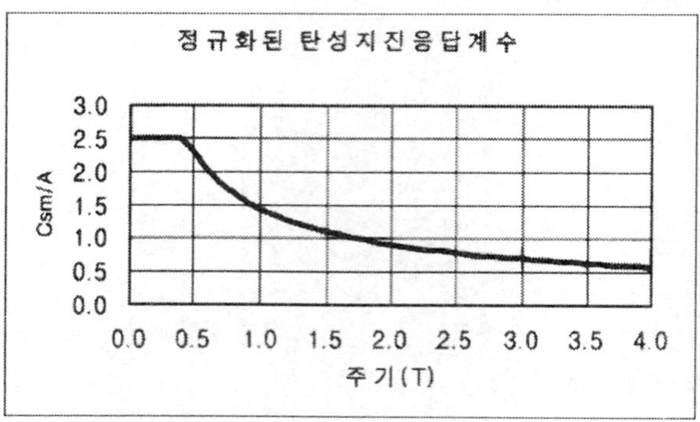

S_a : 탄성지진응답 가속도 (m/sec²)

C_s : 탄성지진응답 계수 (무차원)

g = 9.810 m/sec², 중력가속도

A = 0.154, 지진가속도 계수

S = 1.200, 지반특성에 따른 무차원의 지반계수

T : 진동모드의 주기

T	C_s	S_a	T	C_s	S_a	T	C_s	S_a
0.00	0.385	3.777	2.30	0.127	1.249	5.50	0.057	0.560
0.10	0.385	3.777	2.40	0.124	1.214	5.75	0.054	0.528
0.20	0.385	3.777	2.50	0.120	1.181	6.00	0.051	0.499
0.30	0.385	3.777	2.60	0.117	1.151	6.25	0.048	0.472
0.40	0.385	3.777	2.70	0.114	1.122	6.50	0.046	0.448
0.50	0.352	3.453	2.80	0.112	1.095	6.75	0.043	0.426
0.60	0.312	3.058	2.90	0.109	1.070	7.00	0.041	0.406
0.70	0.281	2.759	3.00	0.107	1.046	7.25	0.040	0.388
0.80	0.257	2.524	3.10	0.104	1.023	7.50	0.038	0.370
0.90	0.238	2.334	3.20	0.102	1.002	7.75	0.036	0.355
1.00	0.222	2.175	3.30	0.100	0.981	8.00	0.035	0.340
1.10	0.208	2.042	3.40	0.098	0.962	8.25	0.033	0.326
1.20	0.196	1.926	3.50	0.096	0.944	8.50	0.032	0.314
1.30	0.186	1.826	3.60	0.094	0.926	8.75	0.031	0.302
1.40	0.177	1.738	3.70	0.093	0.909	9.00	0.030	0.291
1.50	0.169	1.660	3.80	0.091	0.893	9.25	0.029	0.280
1.60	0.162	1.590	3.90	0.090	0.878	9.50	0.028	0.270
1.70	0.156	1.527	4.00	0.088	0.863	9.75	0.027	0.261
1.80	0.150	1.470	4.25	0.081	0.790	10.00	0.026	0.252
1.90	0.145	1.418	4.50	0.075	0.732	15.00	0.015	0.147
2.00	0.140	1.370	4.75	0.069	0.681	20.00	0.010	0.100
2.10	0.135	1.327	5.00	0.065	0.636			
2.20	0.131	1.286	5.25	0.061	0.596			

2.2.5 [단계 5] 설계지진력 및 변위 결정

(1) [단계 5-1] 각 부재의 방향별 탄성지진력과 변위 결정

① 교축방향(X방향) 지진하중 재하시

가. 교량받침

구 분		절점	P (kN)	V_2 (kN)	V_3 (kN)	비 고
교대 1	받침 1	79	22.839	209.229	1.754	
	받침 2	80	23.785	209.011	1.769	
	받침 3	81	23.473	208.835	1.768	
	받침 4	82	23.184	208.725	1.766	
	받침 5	83	22.870	208.683	1.764	
	받침 6	84	23.955	208.696	1.747	
교각 1	받침 1	85	531.147	162.873	0.641	
	받침 2	86	535.239	162.765	0.645	
	받침 3	87	533.082	162.661	0.643	
	받침 4	88	534.318	162.615	0.636	
	받침 5	89	538.873	162.623	0.633	
	받침 6	90	536.990	162.639	0.636	
	받침 7	91	545.209	162.888	0.596	
	받침 8	92	549.385	162.779	0.594	
	받침 9	93	546.817	162.674	0.597	
	받침10	94	547.813	162.627	0.603	
	받침11	95	552.229	162.635	0.605	
	받침12	96	549.765	162.650	0.601	
교각 2	받침 1	97	545.209	162.888	0.596	
	받침 2	98	549.385	162.779	0.594	
	받침 3	99	546.817	162.674	0.597	
	받침 4	100	547.813	162.627	0.603	
	받침 5	101	552.229	162.635	0.605	
	받침 6	102	549.765	162.650	0.601	
	받침 7	103	531.147	162.873	0.641	
	받침 8	104	535.239	162.765	0.645	
	받침 9	105	533.082	162.661	0.643	
	받침10	106	534.318	162.615	0.636	
	받침11	107	538.873	162.623	0.633	
	받침12	108	536.990	162.639	0.636	
교대 2	받침 1	109	22.839	209.229	1.754	
	받침 2	110	23.785	209.011	1.769	
	받침 3	111	23.473	208.835	1.768	
	받침 4	112	23.184	208.725	1.766	
	받침 5	113	22.870	208.683	1.764	
	받침 6	114	23.955	208.696	1.747	

※ 교량받침를 구성하는 ELEMENT와 NODE의 LOCAL AXIS에 대한 결과치임.
탄성받침 요소번호는 NLLINK의 절점번호임.

나. 기둥상단

구 분		절점	P (kN)	V_2 (kN)	M_3 (kNm)	x (m)	y (m)
교각 1	기둥1	129	40.325	987.681	844.917	0.015836	0.000012
	기둥2	134	44.213	987.087	846.372	0.015832	0.000012
교각 2	기둥1	139	40.325	987.681	844.917	0.015836	0.000012
	기둥2	144	44.213	987.087	846.372	0.015832	0.000012

※ 단면력은 기둥상단부재의 I단 값임.

다. 기둥하단

구 분		절점	P (kN)	V_2 (kN)	V_3 (kN)	M_2 (kNm)	M_3 (kNm)
교각 1	기둥1	172	40.329	1,001.338	3.863	16.254	8,801.898
	기둥2	175	44.218	1,000.747	3.611	15.495	8,798.601
교각 2	기둥1	178	40.329	1,001.338	3.863	16.254	8,801.898
	기둥2	181	44.218	1,000.747	3.611	15.495	8,798.601

※ 단면력은 기둥하단부재의 J단 값임.

② 교축직각방향(Y방향) 지진하중 재하시

가. 교량받침

구 분		절점	P (kN)	V_2 (kN)	V_3 (kN)	비 고
교대 1	받침 1	79	160.149	1.625	169.101	
	받침 2	80	39.486	0.386	170.675	
	받침 3	81	12.930	0.141	170.717	
	받침 4	82	11.613	0.057	170.716	
	받침 5	83	38.297	0.303	170.672	
	받침 6	84	160.581	1.563	169.053	
교각 1	받침 1	85	134.688	0.532	183.028	
	받침 2	86	76.667	0.155	183.260	
	받침 3	87	25.167	0.040	183.431	
	받침 4	88	32.348	0.060	183.444	
	받침 5	89	77.124	0.189	183.308	
	받침 6	90	121.446	0.564	183.124	
	받침 7	91	136.798	0.516	183.203	
	받침 8	92	77.347	0.152	183.369	
	받침 9	93	24.858	0.041	183.488	
	받침10	94	33.988	0.059	183.500	
	받침11	95	79.831	0.183	183.417	
	받침12	96	125.644	0.547	183.300	

구 분		절점	P (kN)	V_2 (kN)	V_3 (kN)	비 고
교각 2	받침 1	97	136.798	0.516	183.203	
	받침 2	98	77.347	0.152	183.369	
	받침 3	99	24.858	0.041	183.488	
	받침 4	100	33.988	0.059	183.500	
	받침 5	101	79.831	0.183	183.417	
	받침 6	102	125.644	0.547	183.300	
	받침 7	103	134.688	0.532	183.028	
	받침 8	104	76.667	0.155	183.260	
	받침 9	105	25.167	0.040	183.431	
	받침10	106	32.348	0.060	183.444	
	받침11	107	77.124	0.189	183.308	
	받침12	108	121.446	0.564	183.124	
교대 2	받침 1	109	160.149	1.625	169.101	
	받침 2	110	39.486	0.386	170.675	
	받침 3	111	12.930	0.141	170.717	
	받침 4	112	11.613	0.057	170.716	
	받침 5	113	38.297	0.303	170.672	
	받침 6	114	160.581	1.563	169.053	

※ 교량받침를 구성하는 ELEMENT와 NODE의 LOCAL AXIS에 대한 결과치임.
탄성받침 요소번호는 NLLINK의 절점번호임.

나. 기둥상단

구 분		절점	P (kN)	V_2 (kN)	M_3 (kNm)	x (m)	y (m)
교각 1	기둥1	129	2,495.502	1,102.903	4,112.365	0.000010	0.003724
	기둥2	134	2,491.056	1,105.438	4,124.793	0.000008	0.003724
교각 2	기둥1	139	2,495.502	1,102.903	4,112.365	0.000010	0.003724
	기둥2	144	2,491.056	1,105.438	4,124.793	0.000008	0.003724

※ 단면력은 기둥상단부재의 I단 값임.

다. 기둥하단

구 분		절점	P (kN)	V_2 (kN)	V_3 (kN)	M_2 (kNm)	M_3 (kNm)
교각 1	기둥1	172	2,496.667	1.496	1,117.212	4,777.474	7.855
	기둥2	175	2,492.240	1.711	1,119.714	4,785.184	6.958
교각 2	기둥1	178	2,496.667	1.496	1,117.212	4,777.474	7.855
	기둥2	181	2,492.240	1.711	1,119.714	4,785.184	6.958

※ 단면력은 기둥하단부재의 J단 값임.

(2) [단계 5-2] 설계지진력의 조합

① 하중경우 1 : 교축방향 + 교축직각방향 x 0.3

가. 교량받침

구 분		절점	P (kN)	V_2 (kN)	V_3 (kN)	비 고
교대 1	받침 1	79	70.884	209.717	52.484	
	받침 2	80	35.630	209.126	52.971	
	받침 3	81	27.352	208.878	52.983	
	받침 4	82	26.668	208.743	52.981	
	받침 5	83	34.360	208.774	52.965	
	받침 6	84	72.129	209.165	52.463	
교각 1	받침 1	85	571.554	163.033	55.549	
	받침 2	86	558.239	162.811	55.623	
	받침 3	87	540.632	162.673	55.672	
	받침 4	88	544.022	162.633	55.669	
	받침 5	89	562.011	162.680	55.625	
	받침 6	90	573.424	162.808	55.573	
	받침 7	91	586.248	163.043	55.557	
	받침 8	92	572.589	162.825	55.604	
	받침 9	93	554.274	162.687	55.643	
	받침10	94	558.010	162.645	55.653	
	받침11	95	576.178	162.690	55.630	
	받침12	96	587.458	162.814	55.591	
교각 2	받침 1	97	586.248	163.043	55.557	
	받침 2	98	572.589	162.825	55.604	
	받침 3	99	554.274	162.687	55.643	
	받침 4	100	558.010	162.645	55.653	
	받침 5	101	576.178	162.690	55.630	
	받침 6	102	587.458	162.814	55.591	
	받침 7	103	571.554	163.033	55.549	

구 분		절점	P (kN)	V_2 (kN)	V_3 (kN)	비 고
	받침 8	104	558.239	162.811	55.623	
	받침 9	105	540.632	162.673	55.672	
	받침10	106	544.022	162.633	55.669	
	받침11	107	562.011	162.680	55.625	
	받침12	108	573.424	162.808	55.573	
교대 2	받침 1	109	70.884	209.717	52.484	
	받침 2	110	35.630	209.126	52.971	
	받침 3	111	27.352	208.878	52.983	
	받침 4	112	26.668	208.743	52.981	
	받침 5	113	34.360	208.774	52.965	
	받침 6	114	72.129	209.165	52.463	

나. 기둥상단 : 변위

구 분		절점	x (m)	y (m)	비 고
교각 1	기둥1	129	0.015836	0.000012	
	기둥2	134	0.015832	0.000012	
교각 2	기둥1	139	0.015836	0.000012	
	기둥2	144	0.015832	0.000012	

다. 기둥상단

구 분		절점	P (kN)	V_2 (kN)	M_3 (kNm)	x (m)	y (m)
교각 1	기둥1	129	788.975	988.115	334.725	1,248.352	846.441
	기둥2	134	791.530	987.581	335.233	1,250.803	848.618
교각 2	기둥1	139	788.975	988.115	334.725	1,248.352	846.441
	기둥2	144	791.530	987.581	335.233	1,250.803	848.618

라. 기둥하단

구 분		절점	P (kN)	V_2 (kN)	V_3 (kN)	M_2 (kNm)	M_3 (kNm)
교각 1	기둥1	172	789.329	1,001.787	339.027	1,449.496	8,804.255
	기둥2	175	791.890	1,001.260	339.525	1,451.051	8,800.689
교각 2	기둥1	178	789.329	1,001.787	339.027	1,449.496	8,804.255
	기둥2	181	791.890	1,001.260	339.525	1,451.051	8,800.689

② 하중경우 2 : 교축직각방향 + 교축방향 x 0.3

가. 교량받침

구 분		절점	P (kN)	V_2 (kN)	V_3 (kN)	비 고
교대 1	받침 1	79	167.001	64.394	169.627	
	받침 2	80	46.622	63.089	171.206	
	받침 3	81	19.972	62.791	171.247	
	받침 4	82	18.569	62.675	171.245	
	받침 5	83	45.158	62.908	171.201	
	받침 6	84	167.767	64.172	169.578	

구 분		절점	P (kN)	V_2 (kN)	V_3 (kN)	비 고
교각 1	받침 1	85	294.032	49.394	183.220	
	받침 2	86	237.239	48.984	183.453	
	받침 3	87	185.092	48.838	183.624	
	받침 4	88	192.643	48.845	183.634	
	받침 5	89	238.786	48.976	183.498	
	받침 6	90	282.544	49.355	183.315	
	받침 7	91	300.361	49.382	183.382	
	받침 8	92	242.162	48.986	183.547	

구 분		절점	P (kN)	V_2 (kN)	V_3 (kN)	비 고
교각 1	받침 9	93	188.903	48.843	183.667	
	받침10	94	198.332	48.847	183.681	
	받침11	95	245.499	48.974	183.599	
	받침12	96	290.573	49.342	183.480	
교각 2	받침 1	97	300.361	49.382	183.382	
	받침 2	98	242.162	48.986	183.547	
	받침 3	99	188.903	48.843	183.667	
	받침 4	100	198.332	48.847	183.681	
	받침 5	101	245.499	48.974	183.599	
	받침 6	102	290.573	49.342	183.480	
	받침 7	103	294.032	49.394	183.220	
	받침 8	104	237.239	48.984	183.453	
	받침 9	105	185.092	48.838	183.624	
	받침10	106	192.643	48.845	183.634	
	받침11	107	238.786	48.976	183.498	
	받침12	108	282.544	49.355	183.315	
교대 2	받침 1	109	167.001	64.394	169.627	
	받침 2	110	46.622	63.089	171.206	
	받침 3	111	19.972	62.791	171.247	
	받침 4	112	18.569	62.675	171.245	
	받침 5	113	45.158	62.908	171.201	
	받침 6	114	167.767	64.172	169.578	

나. 기둥상단 : 변위

구 분		절점	x (m)	y (m)	비 고
교각 1	기둥1	129	0.000010	0.003724	
	기둥2	134	0.000008	0.003724	
교각 2	기둥1	139	0.000010	0.003724	
	기둥2	144	0.000008	0.003724	

다. 기둥상단

구 분		절점	P (kN)	V_2 (kN)	V_3 (kN)	M_2 (kNm)	M_3 (kNm)
교각 1	기둥1	129	2,507.600	297.749	1,104.059	4,116.758	258.554
	기둥2	134	2,504.320	297.772	1,106.519	4,128.803	261.397
교각 2	기둥1	139	2,507.600	297.749	1,104.059	4,116.758	258.554
	기둥2	144	2,504.320	297.772	1,106.519	4,128.803	261.397

라. 기둥하단

구 분		절점	P (kN)	V_2 (kN)	V_3 (kN)	M_2 (kNm)	M_3 (kNm)
교각 1	기둥1	172	2,508.765	301.898	1,118.371	4,782.350	2,648.425
	기둥2	175	2,505.506	301.935	1,120.797	4,789.833	2,646.539
교각 2	기둥1	178	2,508.765	301.898	1,118.371	4,782.350	2,648.425
	기둥2	181	2,505.506	301.935	1,120.797	4,789.833	2,646.539

(3) [단계 5-3] 설계지진 변위 결정

지진시에 상부구조와 교대 혹은 인접하는 상부구조간의 충돌에 의한 주요 구조부재의 손상을 방지하고, 설계시 고려된 내진성능이 충분히 발휘할 수 있도록 하기 위하여 상부구조의 단부에는 여유간격을 설치하여야 한다.

상부구조의 여유간격은 다음 식에 의한 값보다 작아서는 안된다.

『도 · 설, 6.4.8.5』

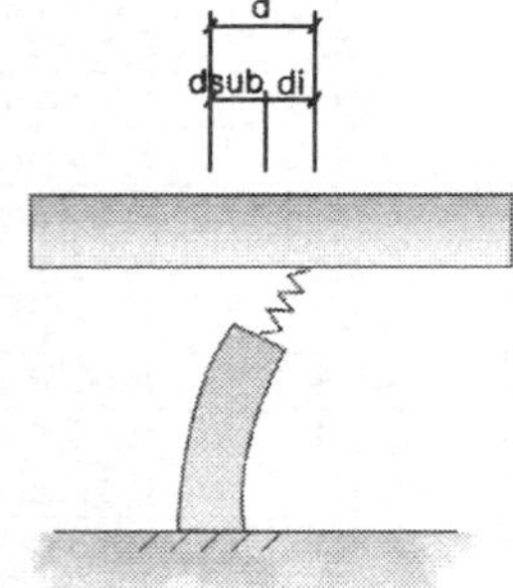

$$\Delta l_i = d + \Delta l_s + \Delta l_c + 0.4\Delta l_t$$

여기서, Δl_i : 상부구조의 여유간격

d : 지반에 대한 상부구조의 총변위 ($d_i + d_{sub}$)

Δl_s : 콘크리트 건조수축에 의한 이동량

Δl_c : 콘크리트 크리프에 의한 이동량

Δl_t : 온도변화에 의한 이동량

① 교축방향 변위

구 분		하부구조 변위 (d_{sub})		상부구조 총변위 (d)		교량받침변위 (d_i)
		절점	변위 (m)	절점	변위 (m)	
교대 1	받침 1	-	-	79	0.0726710	0.0726710
	받침 2	-	-	80	0.0725960	0.0725960
	받침 3	-	-	81	0.0725360	0.0725360
	받침 4	-	-	82	0.0724980	0.0724980
	받침 5			83	0.0724840	0.0724840
	받침 6			84	0.0724890	0.0724890
교각 1	받침 1	147	0.0158500	85	0.0724820	0.0566320
	받침 2	148	0.0158360	86	0.0724180	0.0565820
	받침 3	149	0.0158340	87	0.0723650	0.0565310
	받침 4	150	0.0158330	88	0.0723340	0.0565010
	받침 5	151	0.0158320	89	0.0723250	0.0564930
	받침 6	152	0.0158440	90	0.0723280	0.0564840
	받침 7	153	0.0158500	91	0.0724850	0.0566350
	받침 8	154	0.0158360	92	0.0724220	0.0565860
	받침 9	155	0.0158340	93	0.0723690	0.0565350
	받침10	156	0.0158330	94	0.0723370	0.0565040
	받침11	157	0.0158320	95	0.0723280	0.0564960
	받침12	158	0.0158440	96	0.0723310	0.0564870

구 분		하부구조 변위 (d_{sub})		상부구조 총변위 (d)		교량받침변위 (d_i)
		절점	변위 (m)	절점	변위 (m)	
교각 2	받침 1	159	0.0158500	97	0.0724850	0.0566350
	받침 2	160	0.0158360	98	0.0724220	0.0565860
	받침 3	161	0.0158340	99	0.0723690	0.0565350
	받침 4	162	0.0158330	100	0.0723370	0.0565040
	받침 5	163	0.0158320	101	0.0723280	0.0564960
	받침 6	164	0.0158440	102	0.0723310	0.0564870
	받침 7	165	0.0158500	103	0.0724820	0.0566320
	받침 8	166	0.0158360	104	0.0724180	0.0565820
	받침 9	167	0.0158340	105	0.0723650	0.0565310
	받침10	168	0.0158330	106	0.0723340	0.0565010
	받침11	169	0.0158320	107	0.0723250	0.0564930
	받침12			108	0.0723280	0.0564840
교대 2	받침 1	-	-	109	0.0726710	0.0726710
	받침 2	-	-	110	0.0725960	0.0725960
	받침 3	-	-	111	0.0725360	0.0725360
	받침 4	-	-	112	0.0724980	0.0724980
	받침 5			113	0.0724840	0.0724840
	받침 6			114	0.0724890	0.0724890

② 교축직각방향 변위

구 분		하부구조 변위 (d_{sub})		상부구조 총변위 (d)		교량받침변위 (d_i)
		절점	변위 (m)	절점	변위 (m)	
교대 1	받침 1	-	-	79	0.0588760	0.0588760
	받침 2	-	-	80	0.0592800	0.0592800
	받침 3	-	-	81	0.0592910	0.0592910
	받침 4	-	-	82	0.0592910	0.0592910
	받침 5			83	0.0592790	0.0592790
	받침 6			84	0.0588590	0.0588590
교각 1	받침 1	147	0.0037270	85	0.0673810	0.0636540
	받침 2	148	0.0037240	86	0.0674260	0.0637020
	받침 3	149	0.0037270	87	0.0674630	0.0637360
	받침 4	150	0.0037270	88	0.0674600	0.0637330
	받침 5	151	0.0037240	89	0.0674160	0.0636920
	받침 6	152	0.0037270	90	0.0673620	0.0636350
	받침 7	153	0.0037290	91	0.0674440	0.0637150
	받침 8	154	0.0037250	92	0.0674660	0.0637410
	받침 9	155	0.0037290	93	0.0674840	0.0637550
	받침10	156	0.0037290	94	0.0674810	0.0637520
	받침11	157	0.0037250	95	0.0674560	0.0637310
	받침12	158	0.0037290	96	0.0674240	0.0636950

구 분		하부구조 변위 (d_{sub})		상부구조 총변위 (d)		교량받침변위 (d_i)
		절점	변위 (m)	절점	변위 (m)	
교각 2	받침 1	159	0.0037290	97	0.0674440	0.0637150
	받침 2	160	0.0037250	98	0.0674660	0.0637410
	받침 3	161	0.0037290	99	0.0674840	0.0637550
	받침 4	162	0.0037290	100	0.0674810	0.0637520
	받침 5	163	0.0037250	101	0.0674560	0.0637310
	받침 6	164	0.0037290	102	0.0674240	0.0636950
	받침 7	165	0.0037270	103	0.0673810	0.0636540
	받침 8	166	0.0037240	104	0.0674260	0.0637020
	받침 9	167	0.0037270	105	0.0674630	0.0637360
	받침10	168	0.0037270	106	0.0674600	0.0637330
	받침11	169	0.0037240	107	0.0674160	0.0636920
	받침12			108	0.0673620	0.0636350
교대 2	받침 1	-	-	109	0.0588760	0.0588760
	받침 2	-	-	110	0.0592800	0.0592800
	받침 3	-	-	111	0.0592910	0.0592910
	받침 4	-	-	112	0.0592910	0.0592910
	받침 5			113	0.0592790	0.0592790
	받침 6			114	0.0588590	0.0588590

③ 여유간격산정

지진시 상부가 교대의 흉벽에 충돌하는 경우 건조수축과 크리프의 변위는 충돌하려는 변위와 반대방향으로 거동하기 때문에 건조수축과 크리프의 변위량은 상부구조의 여유간격 감소 요인으로 작용하므로 받침의 이동량 및 신축유간보다 상부구조의 여유간격을 크게 확보하기 위해서는 건조수축 및 크리프에 의한 이동은 완료된 것으로 보고 상부구조의 여유간격을 산정한다.

가. 교대 1

$d = 72.7\,mm$

$\Delta l_s = 0.0\,mm$

$\Delta l_c = 0.0\,mm$

$\Delta l_t = \alpha \times \Delta T \times L = 1.0 \times 10^{-5} \times 40.0 \times 35.0 = 14.0\,mm$

$\therefore d_i = 72.7 + 0.0 + 0.0 + 0.4 \times 14 = 78.3\,mm$

따라서 교대 1의 여유간격은 78.3 mm 이상 확보해야 함.

나. 교대 2

$d = 72.7\,mm$

$\Delta l_s = 0.0\,mm$

$\Delta l_c = 0.0\,mm$

$\Delta l_t = \alpha \times \Delta T \times L = 1.0 \times 10^{-5} \times 40.0 \times 70.0 = 28.0\,mm$

$\therefore d_i = 72.7 + 0.0 + 0.0 + 0.4 \times 28 = 83.9\,mm$

따라서 교대 2의 여유간격은 83.9 mm 이상 확보해야 함.

2.3 T형 교각 내진설계 예

2.3.1 [단계 1] 설계조건

(1) [단계 1-1] 일반사항

상부구조형식 : PSC 합성거더교
교량연장: L = 35.000 + 35.000 + 35.000 = 105.000 m
교량폭원 : B = 10.735 m
하부구조형식 : T형 원형 교각

(2) [단계 1-2] 설계강도 및 재료상수

① 설계강도

가. 콘크리트
상부구조 : f_{ck} = 27.00 MPa
하부구조 : f_{ck} = 24.00 MPa

나. 철 근
상부구조 : f_y = 400.00 MPa
하부구조 : f_y = 300.00 MPa

② 탄성계수
- 철근콘크리트: E_c = 23,998.0 MPa
- 강 재 : E_s = 200,000.0 MPa
- 탄성계수비 : $N = E_s \ / \ E_c$ = 8.0

(3) [단계 1-3] 내진설계 기준검토

내진등급 : 1 등급
가속도계수 : A = 0.154 (지진구역계수 : 0.110, 위험도계수 : 1.4)
지반계수 : S = 1.2 (지반종류 II)

(4) [단계 1-4] 경계조건

받침형식 : 탄성받침

(5) [단계 1-5] 참고문헌

고속도로교량의 내진설계지침, 한국도로공사, 2000

2.3.2 [단계 2] 단면 제원 가정 및 단면특성 산정

(1) [단계 2-1] 설계단면 가정

① 평면도

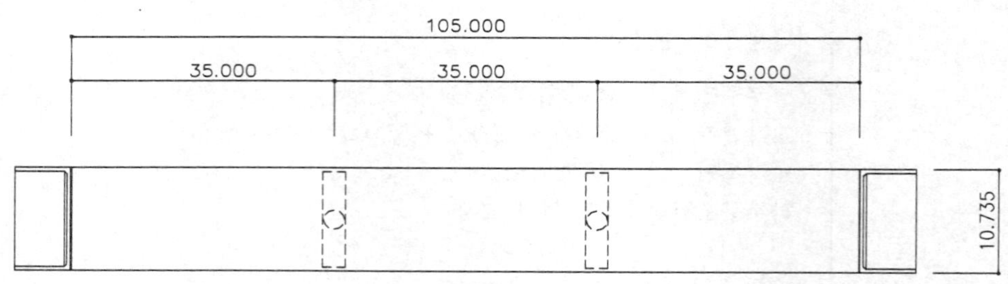

② 종단면도

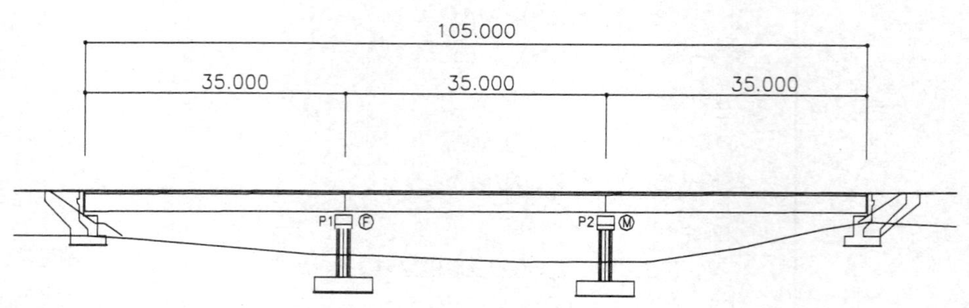

③ 상부구조

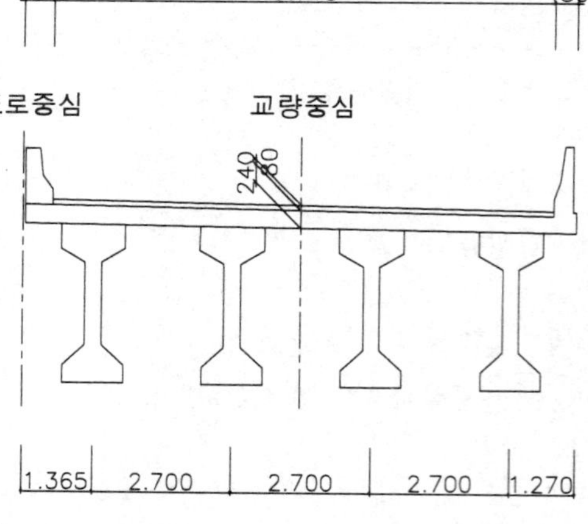

④ 하부구조

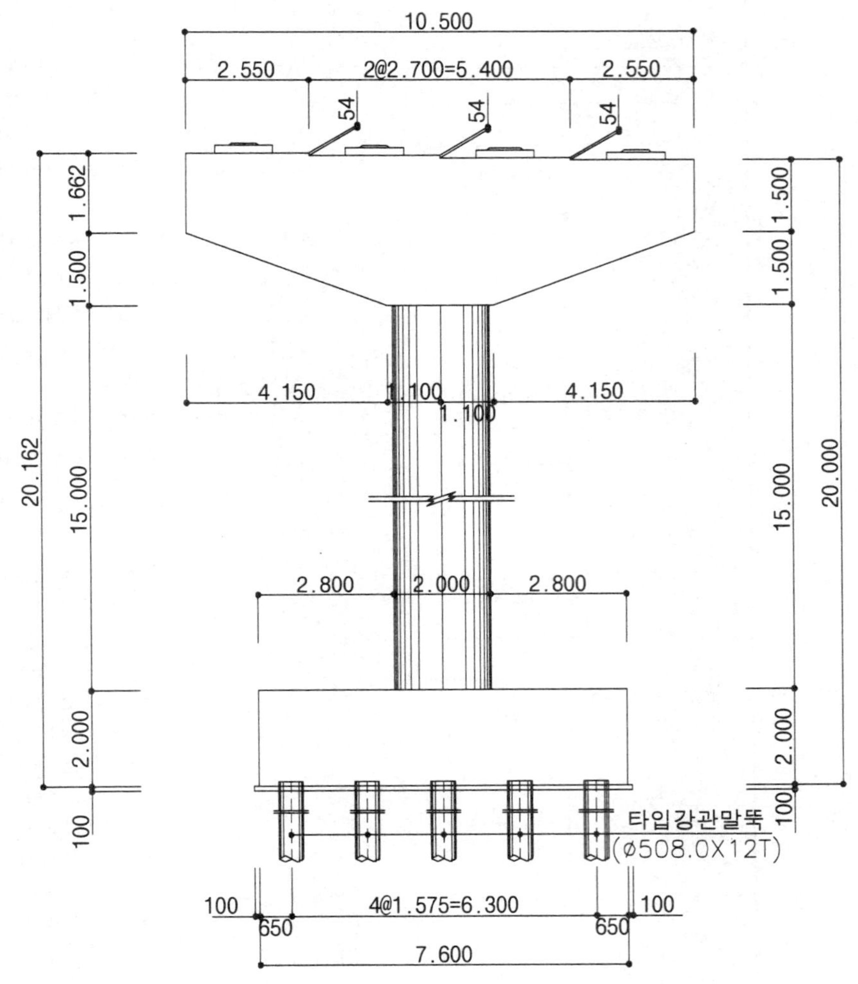

(2) [단계 2-2] 상부구조 단면특성 산정

① 거더 단면제원

구 분	A	I_{33}	I_{22}	K	비 고
1	1.2979574	0.4899642	0.2480323	0.0214201	
2	1.2952433	0.4899234	0.2442823	0.0213680	
3	1.2807853	0.4897039	0.2249987	0.0210904	

◎ 단면 - 1

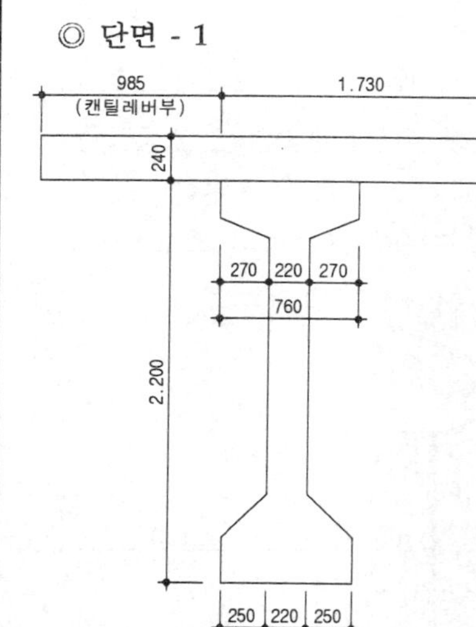

Beam길이 : 34.900 m
Beam배치간격 : 2.700 m
바닥판탄성계수 : 25,454 MPa
Beam탄성계수 : 29,315 MPa

상부바닥판 유효폭 계산(비대칭)

a. $6t + b_1 = 6 \times 240 + 1{,}475 = 2{,}915$ mm
b. $L/12 + b_1 = 34{,}900/12 + 1{,}475 = 4{,}383$ mm
c. $L_n/2 + b_1 = 2{,}480/12 + 1{,}475 = 2{,}715$ mm
이 중 작은 값 사용
$n = 25{,}454 \;/\; 29{,}315 = 0.868$
$\therefore\; B = 2{,}715 \times 0.868 = 2{,}357$ mm

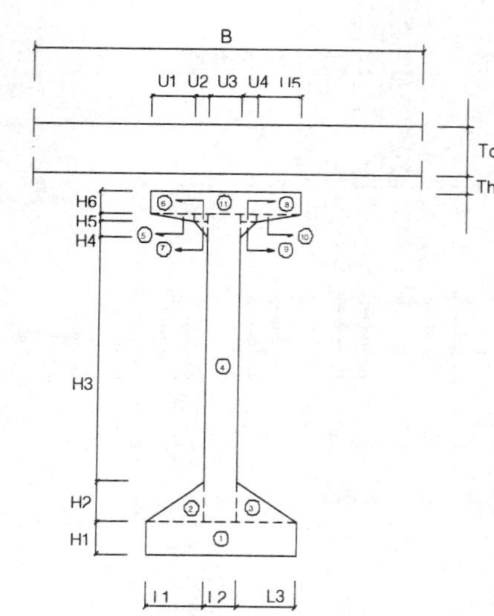

$B = 2.357$m
$T_c = 0.240$m
$U_1 = 0.270$m
$U_2 = 0.000$m
$U_3 = 0.220$m
$U_4 = 0.000$m
$U_5 = 0.270$m
$H_1 = 0.250$m
$H_2 = 0.240$m
$H_3 = 1.400$m
$H_4 = 0.000$m
$H_5 = 0.110$m
$H_6 = 0.200$m
$L_1 = 0.250$m
$L_2 = 0.220$m
$L_3 = 0.250$m

단 면	A_s (m²)	y (m)	$A_s y$ (m³)	$A_s y^2$ (m⁴)	I_o (m⁴)
①	0.1800	0.1250	0.0225	0.0028	0.0009370
②	0.0300	0.3300	0.0099	0.0033	0.0000960
③	0.0300	0.3300	0.0099	0.0033	0.0000960
④	0.3850	1.1250	0.4331	0.4873	0.0982550
⑤	0.0149	1.9633	0.0292	0.0572	0.0000100
⑥	0.0000	1.9450	0.0000	0.0000	0.0000000
⑦	0.0000	1.8900	0.0000	0.0000	0.0000000
⑧	0.0000	1.9450	0.0000	0.0000	0.0000000
⑨	0.0000	1.8900	0.0000	0.0000	0.0000000
⑩	0.0149	1.9633	0.0292	0.0572	0.0000300
⑪	0.1520	2.1000	0.3192	0.6703	0.0005070
합 계	0.8067	-	0.8529	1.2814	0.0999310
슬래브	0.5658	2.3200	1.3126	3.0452	0.0027160

◎ 합성전

A_s = 0.8067 m^2

I_s' = $\Sigma A_s y^2$ + ΣI_o = 1.2814 + 0.0999 = 1.3813474 m^4

δ_s = $\Sigma A_s y$ / A_s = 0.8529 / 0.8067 = 1.0573150 m

I_{33} = I_s' - ΣA_s x δ_s^2 = 1.3813 - 0.8067 x 1.1179 = 0.4795253 m^4

I_{22} = ΣI_o + $\Sigma A_s z^2$ = 0.0171 + 0.0034 = 0.0205247 m^4

- 비틀림 상수

K = $\Sigma(b \times t^3)$ / 3

= (0.7200 x 0.2500^3 + 0.7600 x 0.2000^3 + 1.7500 x 0.2200^3) / 3 = 0.0119880 m^4

단 면	A_s (m^2)	z (m)	$A_s z$ (m^3)	$A_s z^2$ (m^4)	I_o (m^4)
①	0.1800	0.0000	0.0000	0.0000	0.0077760
②	0.0300	-0.1933	-0.0058	0.0011	0.0001040
③	0.0300	0.1933	0.0058	0.0011	0.0001040
④	0.3850	0.0000	0.0000	0.0000	0.0015530
⑤	0.0149	-0.2000	-0.0030	0.0006	0.0000600
⑥	0.0000	-0.1100	0.0000	0.0000	0.0000000
⑦	0.0000	-0.1100	0.0000	0.0000	0.0000000
⑧	0.0000	0.1100	0.0000	0.0000	0.0000000
⑨	0.0000	0.1100	0.0000	0.0000	0.0000000
⑩	0.0149	0.2000	0.0030	0.0006	0.0001800
⑪	0.1520	0.0000	0.0000	0.0000	0.0073160
합 계	0.8067	-	0.0000	0.0034	0.0170940
슬래브	0.5658	0.0000	0.0000	0.0000	0.2620190

◎ 합성후 단면

A_c = B x T_c = 2.3574 x 0.2400 = 0.5657770 m^2

A_v = ΣA_s + A_c / N = 0.8067 + 0.5658 / 1.15 = 1.2979574 m^2

I_c = B x T_c^3 / 12 = 2.3574 x 0.2400^3 / 12 = 0.0027157 m^4

d_v = H / 2 - δ_s + T_c / 2 = 2.2000 / 2 - 1.0573 + 0.2400 / 2 = 0.1626850 m

d_{vc} = d_v x ΣA_s / A_v = 0.1627 x 0.8067 / 1.2980 = 0.1011112 m

d_{vs} = d_v - d_{vc} = 0.1627 - 0.1011 = 0.0615738 m

I_{v33} = I_{33} + I_c / N + ΣA_s x d_{vs}^2 + A_c / N x d_{vc}^2

= 0.4795 + 0.0027 / 1.15 + 0.8067 x 0.0616^2 + 0.5658 / 1.15 x 0.1011^2

= 0.4899642 m^4

I_{v22} = I_{22} + B^3 x T_c / 12 / N

= 0.0205 + 2.3574^3 x 0.2400 / 12 / 1.15 = 0.2480323 m^4

- 비틀림 상수

K_v = K + B x T_c^3 / N

= 0.0120 + 2.3574 x 0.2400^3 / 1.15 = 0.0214201 m^4

◎ 단면 - 2

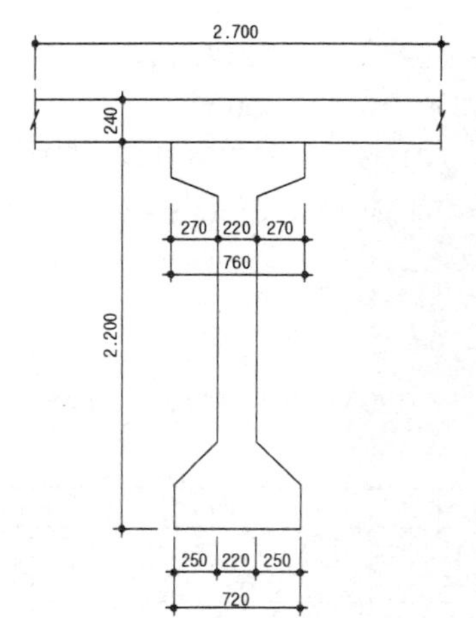

Beam길이 : 34.900 m
Beam배치간격 : 2.700 m
바닥판탄성계수 : 25,454 MPa
Beam탄성계수 : 29,315 MPa

상부바닥판 유효폭 계산(대칭)

a. 12t + b_w = 12×240 + 220 = 3,100 mm
b. 슬래브 중심간거리 = 2,700 mm
c. L/4 = 34,900/4 = 8,725 mm
이 중 작은 값 사용
n = 25,454 / 29,315 = 0.868
∴ B = 2,700×0.868 = 2,344 mm

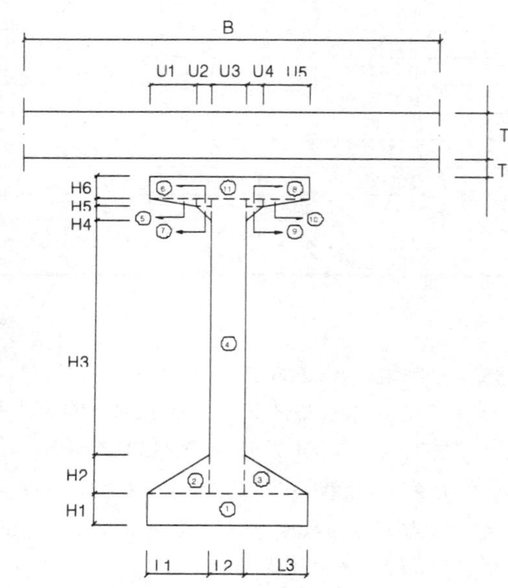

B = 2.344 m
T_c = 0.240 m
U_1 = 0.270 m
U_2 = 0.000 m
U_3 = 0.220 m
U_4 = 0.000 m
U_5 = 0.270 m
H_1 = 0.250 m
H_2 = 0.240 m
H_3 = 1.400 m
H_4 = 0.000 m
H_5 = 0.110 m
H_6 = 0.200 m
L_1 = 0.250 m
L_2 = 0.220 m
L_3 = 0.250 m

단 면	A_s (m^2)	y (m)	$A_s y$ (m^3)	$A_s y^2$ (m^4)	I_o (m^4)
①	0.1800	0.1250	0.0225	0.0028	0.0009370
②	0.0300	0.3300	0.0099	0.0033	0.0000960
③	0.0300	0.3300	0.0099	0.0033	0.0000960
④	0.3850	1.1250	0.4331	0.4873	0.0982550
⑤	0.0149	1.9633	0.0292	0.0572	0.0000100
⑥	0.0000	1.9450	0.0000	0.0000	0.0000000
⑦	0.0000	1.8900	0.0000	0.0000	0.0000000
⑧	0.0000	1.9450	0.0000	0.0000	0.0000000
⑨	0.0000	1.8900	0.0000	0.0000	0.0000000
⑩	0.0149	1.9633	0.0292	0.0572	0.0000300
⑪	0.1520	2.1000	0.3192	0.6703	0.0005070
합 계	0.8067	-	0.8529	1.2814	0.0999310
슬래브	0.5627	2.3200	1.3054	3.0284	0.0027160

◎ 합성전

A_s = 0.8067 m²

$I_s' = \sum A_s y^2 + \sum I_o$ = 1.2814 + 0.0999 = 1.3813474 m⁴

$\delta_s = \sum A_s y \ / \ A_s$ = 0.8529 / 0.8067 = 1.0573150 m

$I_{33} = I_s' - \sum A_s \times \delta_s^2$ = 1.3813 - 0.8067 x 1.1179 = 0.4795253 m⁴

$I_{22} = \sum I_o + \sum A_s z^2$ = 0.0171 + 0.0034 = 0.0205247 m⁴

- 비틀림 상수

$K = \Sigma(b \times t^3) \ / \ 3$

$= (0.7200 \times 0.2500^3 + 0.7600 \times 0.2000^3 + 1.7500 \times 0.2200^3) / 3 = 0.0119880$ m⁴

단 면	A_s (m²)	z (m)	$A_s z$ (m³)	$A_s z^2$ (m⁴)	I_o (m⁴)
①	0.1800	0.0000	0.0000	0.0000	0.0077760
②	0.0300	-0.1933	-0.0058	0.0011	0.0001040
③	0.0300	0.1933	0.0058	0.0011	0.0001040
④	0.3850	0.0000	0.0000	0.0000	0.0015530
⑤	0.0149	-0.2000	-0.0030	0.0006	0.0000600
⑥	0.0000	-0.1100	0.0000	0.0000	0.0000000
⑦	0.0000	-0.1100	0.0000	0.0000	0.0000000
⑧	0.0000	0.1100	0.0000	0.0000	0.0000000
⑨	0.0000	0.1100	0.0000	0.0000	0.0000000
⑩	0.0149	0.2000	0.0030	0.0006	0.0001800
⑪	0.1520	0.0000	0.0000	0.0000	0.0073160
합 계	0.8067	-	0.0000	0.0034	0.0170940
슬래브	0.5658	0.0000	0.0000	0.0000	0.2620190

◎ 합성후 단면

$A_c = B \times T_c$ = 2.3444 x 0.2400 = 0.5626512 m²

$A_v = \Sigma A_s + A_c \ / \ N$ = 0.8067 + 0.5627 / 1.15 = 1.2952433 m²

$I_c = B \times T_c^3 \ / \ 12$ = 2.3444 x 0.2400³ / 12 = 0.0027007 m⁴

$d_v = H \ / \ 2 - \delta_s + T_c \ / \ 2$ = 2.2000 / 2 - 1.0573 + 0.2400 / 2 = 0.1626850 m

$d_{vc} = d_v \times \Sigma A_s \ / \ A_v$ = 0.1627 x 0.8067 / 1.2952 = 0.1013230 m

$d_{vs} = d_v - d_{vc}$ = 0.1627 - 0.1013 = 0.0613620 m

$I_{v33} = I_{33} + I_c \ / \ N + \Sigma A_s \times d_{vs}^2 + A_c \ / \ N \times d_{vc}^2$

= 0.4795 + 0.0027 / 1.15 + 0.8067 x 0.0614² + 0.5627 / 1.15 x 0.1013²

= 0.4899234 m⁴

$I_{v22} = I_{22} + B^3 \times T_c \ / \ 12 \ / \ N$

= 0.0205 + 2.3444³ x 0.2400 / 12 / 1.15 = 0.2442823 m⁴

- 비틀림 상수

$K_v = K + B \times T_c^3 \ / \ N$

= 0.0120 + 2.3444 x 0.2400³ / 1.15 = 0.0213680 m⁴

◎ 단면 - 3

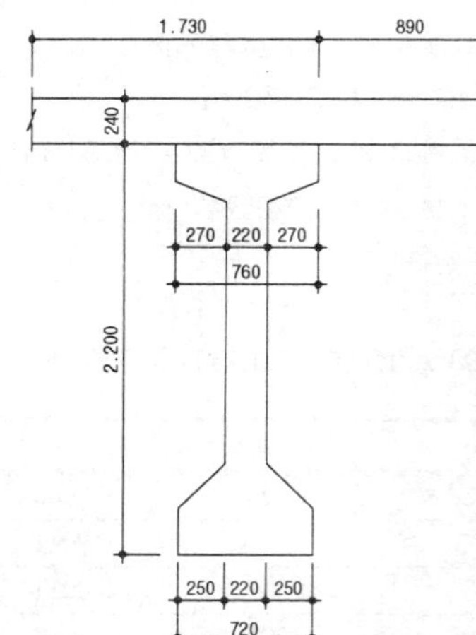

Beam길이 : 34.900 m
Beam배치간격 : 2.700 m
바닥판탄성계수 : 25,454 MPa
Beam탄성계수 : 29,315 MPa

상부바닥판 유효폭 계산(비대칭)

a. $6t + b_1 = 6 \times 240 + 1{,}380 = 2{,}820$ mm

b. $L/12 + b_1 = 34{,}900/12 + 1{,}380 = 4{,}288$ mm

c. $L_n/2 + b_1 = 2{,}480/12 + 1{,}480 = 2{,}620$ mm

이 중 작은 값 사용

$n = 25{,}454 \ / \ 29{,}315 = 0.868$

$\therefore \ B = 2{,}620 \times 0.868 = 2{,}275$ mm

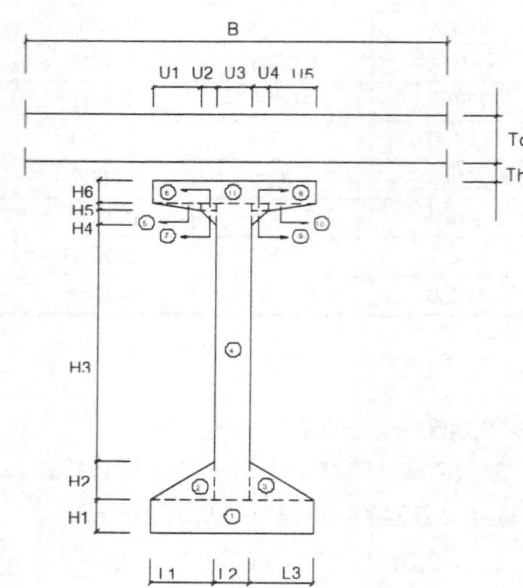

$B = 2.275$ m
$T_c = 0.240$ m
$U_1 = 0.270$ m
$U_2 = 0.000$ m
$U_3 = 0.220$ m
$U_4 = 0.000$ m
$U_5 = 0.270$ m
$H_1 = 0.250$ m
$H_2 = 0.240$ m
$H_3 = 1.400$ m
$H_4 = 0.000$ m
$H_5 = 0.110$ m
$H_6 = 0.200$ m
$L_1 = 0.250$ m
$L_2 = 0.220$ m
$L_3 = 0.250$ m

단 면	A_s (m^2)	y (m)	$A_s y$ (m^3)	$A_s y^2$ (m^4)	I_o (m^4)
①	0.1800	0.1250	0.0225	0.0028	0.0009370
②	0.0300	0.3300	0.0099	0.0033	0.0000960
③	0.0300	0.3300	0.0099	0.0033	0.0000960
④	0.3850	1.1250	0.4331	0.4873	0.0982550
⑤	0.0149	1.9633	0.0292	0.0572	0.0000100
⑥	0.0000	1.9450	0.0000	0.0000	0.0000000
⑦	0.0000	1.8900	0.0000	0.0000	0.0000000
⑧	0.0000	1.9450	0.0000	0.0000	0.0000000
⑨	0.0000	1.8900	0.0000	0.0000	0.0000000
⑩	0.0149	1.9633	0.0292	0.0572	0.0000300
⑪	0.1520	2.1000	0.3192	0.6703	0.0005070
합 계	0.8067	-	0.8529	1.2814	0.0999310
슬래브	0.5460	2.3200	1.2667	2.9388	0.0026210

◎ 합성전

A_s = 0.8067 m^2

I_s' = $\sum A_s y^2$ + $\sum I_o$ = 1.2814 + 0.0999 = 1.3813474 m^4

δ_s = $\sum A_s y$ / A_s = 0.8529 / 0.8067 = 1.0573150 m

I_{33} = I_s' - $\sum A_s$ x δ_s^2 = 1.3813 - 0.8067 x 1.1179 = 0.4795253 m^4

I_{22} = $\sum I_o$ + $\sum A_s z^2$ = 0.0171 + 0.0034 = 0.0205247 m^4

- 비틀림 상수

K = $\Sigma(b$ x $t^3)$ / 3

= (0.7200 x 0.2500^3 + 0.7600 x 0.2000^3 + 1.7500 x 0.2200^3) / 3 = 0.0119880 m^4

단 면	A_s (m^2)	z (m)	$A_s z$ (m^3)	$A_s z^2$ (m^4)	I_o (m^4)
①	0.1800	0.0000	0.0000	0.0000	0.0077760
②	0.0300	-0.1933	-0.0058	0.0011	0.0001040
③	0.0300	0.1933	0.0058	0.0011	0.0001040
④	0.3850	0.0000	0.0000	0.0000	0.0015530
⑤	0.0149	-0.2000	-0.0030	0.0006	0.0000600
⑥	0.0000	-0.1100	0.0000	0.0000	0.0000000
⑦	0.0000	-0.1100	0.0000	0.0000	0.0000000
⑧	0.0000	0.1100	0.0000	0.0000	0.0000000
⑨	0.0000	0.1100	0.0000	0.0000	0.0000000
⑩	0.0149	0.2000	0.0030	0.0006	0.0001800
⑪	0.1520	0.0000	0.0000	0.0000	0.0073160
합 계	0.8067	-	0.0000	0.0034	0.0170940
슬래브	0.5460	0.0000	0.0000	0.0000	0.2354910

◎ 합성후 단면

A_c = B x T_c = 2.2750 x 0.2400 = 0.5460000 m^2

A_v = ΣA_s + A_c / N = 0.8067 + 0.5460 / 1.15 = 1.2807853 m^2

I_c = B x T_c^3 / 12 = 2.2750 x 0.2400^3 / 12 = 0.0026208 m^4

d_v = H / 2 - δ_s + T_c / 2 = 2.2000 / 2 - 1.0573 + 0.2400 / 2 = 0.1626850 m

d_{vc} = d_v x ΣA_s / A_v = 0.1627 x 0.8067 / 1.2808 = 0.1024668 m

d_{vs} = d_v - d_{vc} = 0.1627 - 0.1025 = 0.0602182 m

I_{v33} = I_{33} + I_c / N + ΣA_s x d_{vs}^2 + A_c / N x d_{vc}^2

= 0.4795 + 0.0027 / 1.15 + 0.8067 x 0.0602^2 + 0.5460 / 1.15 x 0.1025^2

= 0.4897039 m^4

I_{v22} = I_{22} + B^3 x T_c / 12 / N

= 0.0205 + 2.2750^3 x 0.2400 / 12 / 1.15 = 0.2249987 m^4

- 비틀림 상수

K_v = K + B x T_c^3 / N

= 0.0120 + 2.2750 x 0.2400^3 / 1.15 = 0.0210904 m^4

② 가로보 단면제원

구분	A	I_{33}	I_{22}	K	비고
1	0.2800000	0.0114333	0.0037333	0.0096051	
2	0.2800000	0.0114333	0.0037333	0.0096051	
3	0.5850000	0.1853719	0.0043875	0.0158491	
4	0.8775000	0.2780537	0.0148078	0.0506220	

◎ 단면 - 1

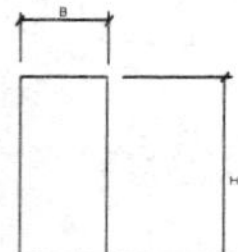

H = 0.700 m
B = 0.400 m

A = 0.4000 x 0.7000 = 0.2800000 m^2
I_{33} = 0.4000 x 0.7000^3 / 12 = 0.0114333 m^4
I_{22} = 0.7000 x 0.4000^3 = 0.0037333 m^4

- 비틀림 상수

$K = a \times b^3 \times (16 / 3 - 3.36 \times b / a \times (1 - b^4 / (12 \times a^4)))$
= 0.0096051 m^4 ($a = H / 2$, $b = B / 2$ 이며 $a \geq b$ 일 때)

◎ 단면 - 2

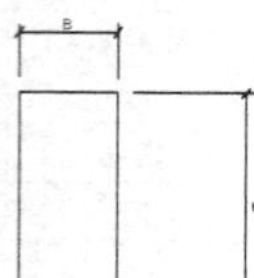

H = 0.700 m
B = 0.400 m

A = 0.4000 x 0.7000 = 0.2800000 m^2
I_{33} = 0.4000 x 0.7000^3 / 12 = 0.0114333 m^4
I_{22} = 0.7000 x 0.4000^3 = 0.0037333 m^4

- 비틀림 상수

$K = a \times b^3 \times (16 / 3 - 3.36 \times b / a \times (1 - b^4 / (12 \times a^4)))$
= 0.0096051 m^4 ($a = H / 2$, $b = B / 2$ 이며 $a \geq b$ 일 때)

◎ 단면 - 3

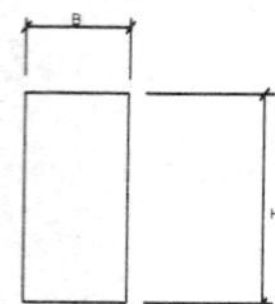

H = 1.950 m
B = 0.300 m

A = 0.3000 x 1.9500 = 0.5850000 m^2
I_{33} = 0.3000 x 1.9500^3 / 12 = 0.1853719 m^4
I_{22} = 1.9500 x 0.3000^3 = 0.0043875 m^4

- 비틀림 상수

$K = a \times b^3 \times (16 / 3 - 3.36 \times b / a \times (1 - b^4 / (12 \times a^4)))$

$= 0.0158491\ m^4$ ($a = H / 2$, $b = B / 2$ 이며 $a \geq b$ 일 때)

◎ 단면 - 4

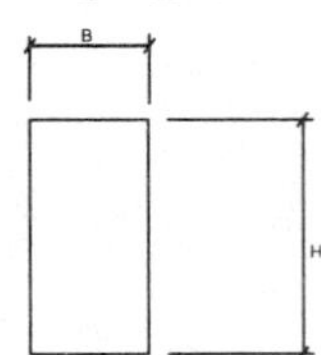

$H = 1.950\ m$

$B = 0.450\ m$

$A = 0.4500 \times 1.9500 = 0.8775000\ m^2$

$I_{33} = 0.4500 \times 1.9500^3 / 12 = 0.2780578\ m^4$

$I_{22} = 1.9500 \times 0.4500^3 = 0.0148078\ m^4$

- 비틀림 상수

$K = a \times b^3 \times (16 / 3 - 3.36 \times b / a \times (1 - b^4 / (12 \times a^4)))$

$= 0.0506220\ m^4$ ($a = H / 2$, $b = B / 2$ 이며 $a \geq b$ 일 때)

(3) [단계 2-3] 하부구조 단면특성 산정

$R = 1.200\ m$

$A = \pi D^2 / 4 = 4.524\ m^2$

$I = \pi D^4 / 64 = 1.629\ m^4$

$K = \pi D^4 / 32 = 3.257\ m^4$

(4) [단계 2-4] 하중 산정

구분		W	MPL	비고
거더	1	54.153	5.520	
	2	47.960	4.889	
	3	54.163	5.521	
가로보	1	7.000	0.714	
	2	7.000	0.714	
	3	14.625	1.491	
	4	21.938	2.236	

$MPL = W / 9.810$ (TON/m)

(5) [단계 2-5] 경계조건 결정

① 교량받침

가. 교대부 : $A1$

적용하중 : 1,750 kN 탄성받침 사용, T = 166mm

K_v = 605,100 kN/m K_h = 2876 kN/m

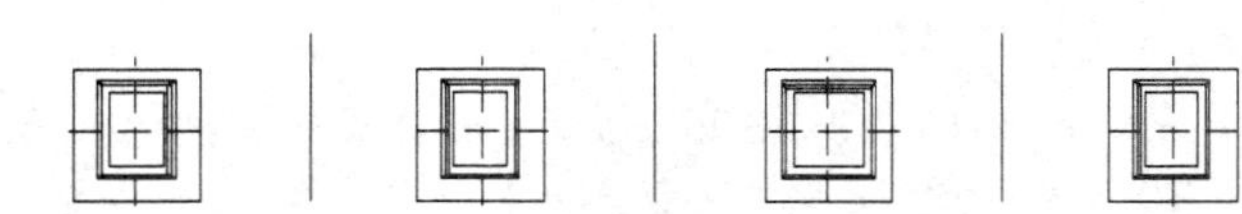

나. 교대부 : $A2$

적용하중 : 1,750 kN 탄성받침 사용, T = 166mm

K_v = 605,100 kN/m K_h = 2876 kN/m

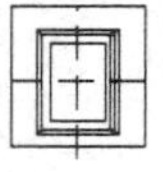
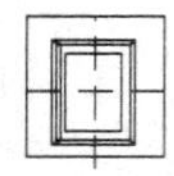
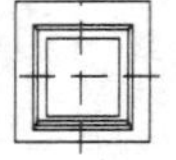
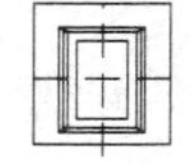

다. 교각부 : $P1$

적용하중 : 1,750 kN 탄성받침 사용, T = 166mm

K_v = 605,100 kN/m K_h = 2876 kN/m

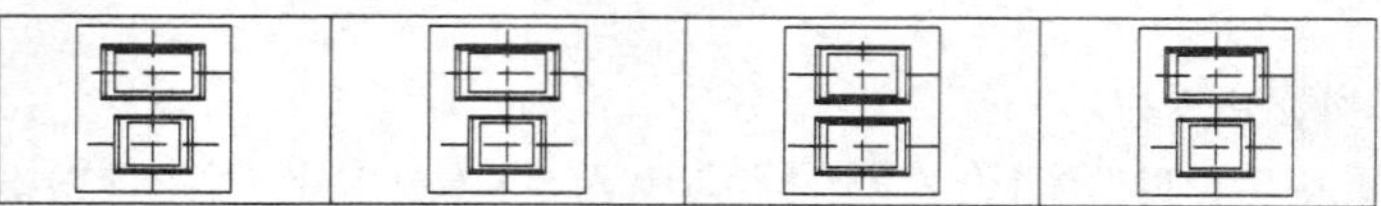

라. 교각부 : $P2$

적용하중 : 1,750 kN 탄성받침 사용, T = 166mm

K_v = 605,100 kN/m K_h = 2876 kN/m

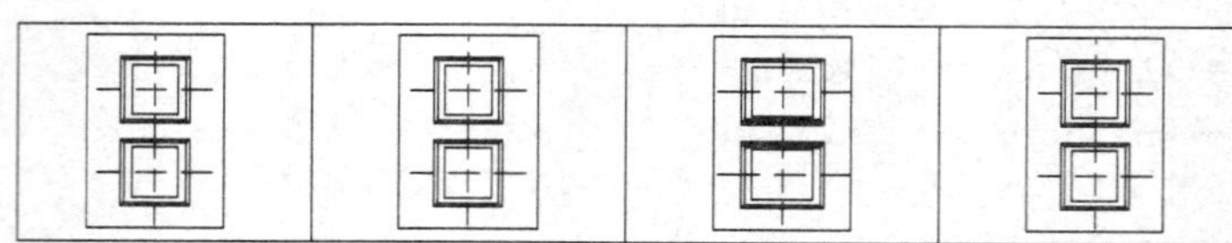

② 하부구조

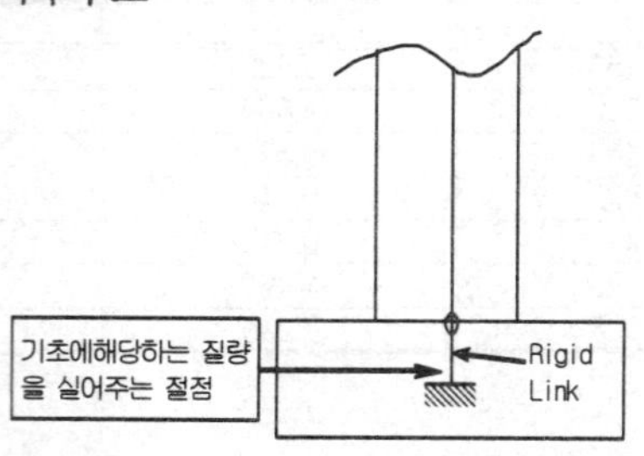

구 분	교축방향 폭 (B)	직각방향 폭 (L)	기초높이 (H)	MASS 질량
교각 1	7.000	7.000	2.000	24.975
교각 2	7.000	7.000	2.000	24.975

※ MASS 질량 = (B x L x H) x 2.500 ÷ 9.810 (TON)

2.3.3 **[단계 3] 예비내진설계**

2.2절 [단계 3] 의 π형 교각과 같은 방법에 의해 예비내진 설계를 검토한다.

2.3.4 [단계 4] 해석방법 결정

(1) [단계 4-1] 구조물 모델링

① 상부 모델링

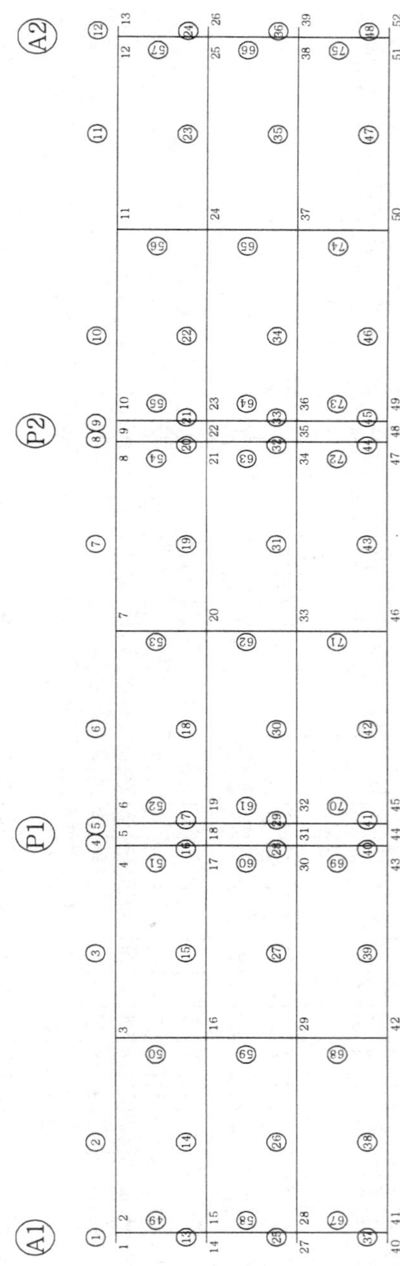

② 하부 모델링

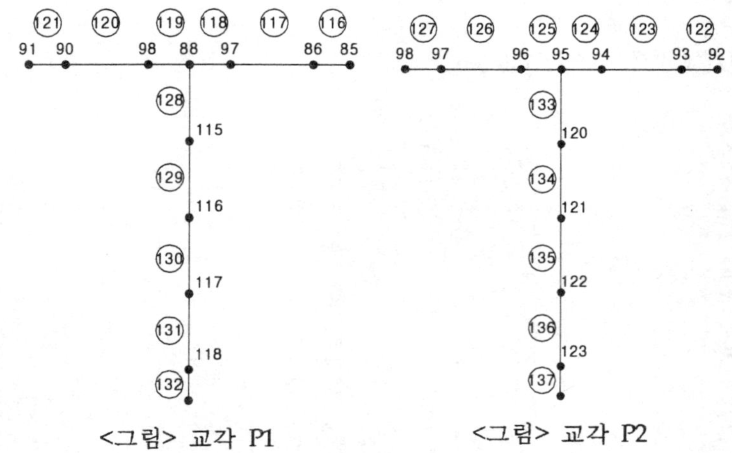

<그림> 교각 P1 <그림> 교각 P2

(2) [단계 4-2] 해석방법 결정

본 구조물은 다중모드 스펙트럼 해석법에 의해 계산한다.

① 고유치 해석

가. MODE별 자유진동 특성

Mode	Period (sec)	Frequency (Hz)	Participating Mass Ratios (질량누가)			비고
			X-Axis	Y-Axis	Z-Axis	
1	1.97616	0.50603	0.00000	88.10370	0.00000	
2	1.53736	0.65046	93.05070	88.10370	0.00000	
3	1.29631	0.77142	93.05080	88.10380	0.00000	
4	0.72483	1.37964	93.05080	90.64480	0.00000	
5	0.66081	1.51330	93.05080	90.64630	0.00000	
6	0.52134	1.91813	93.05080	91.18040	0.00030	
7	0.50870	1.96578	93.05080	91.18070	0.16750	
8	0.48486	2.06245	95.75710	91.18070	0.16750	
9	0.45520	2.19684	95.75720	91.18080	0.16750	
10	0.44899	2.22723	95.75720	91.18120	4.23800	
11	0.40906	2.44462	95.75720	91.18550	4.23800	
12	0.37267	2.68337	95.78700	91.18550	4.23840	
13	0.35841	2.79009	95.78700	91.31930	4.24150	
14	0.31809	3.14381	95.78700	91.31940	4.24150	
15	0.29453	3.39527	95.78700	94.89350	4.24160	
16	0.28298	3.53382	95.78710	94.89350	45.60910	
17	0.26171	3.82109	95.78710	94.90130	45.60960	
18	0.25347	3.94526	95.78710	94.91410	45.61120	
19	0.16022	6.24137	95.78710	97.18110	45.61120	
20	0.09335	10.71268	95.78720	97.18110	80.92820	

Mode	Period (sec)	Frequency (Hz)	Participating Mass Ratios (질량누가)			비고
			X-Axis	Y-Axis	Z-Axis	
21	0.07976	12.53748	97.94920	97.18110	80.93000	
22	0.05632	17.75449	97.94920	97.18110	93.52180	
23	0.04408	22.68848	97.94920	98.50730	93.52320	
24	0.03089	32.37699	97.94980	98.50760	97.32170	
25	0.02684	37.25440	98.74740	98.50760	97.32440	

※ 유효모드 질량의 합이 전체질량의 90%이상이 되도록 Mode수를 결정한다.

② 응답스펙트럼 해석

가. 응답스펙트럼의 결정

$S_a = C_s \times g$

$C_s = 1.2 \times A \times S \ / \ T^{2/3} \ \leq 2.5A$ ($T \leq 4.0$ 인 경우)

$C_s = 3.0 \times A \times S \ / \ T^{4/3} \ \leq 2.5A$ ($T > 4.0$ 인 경우)

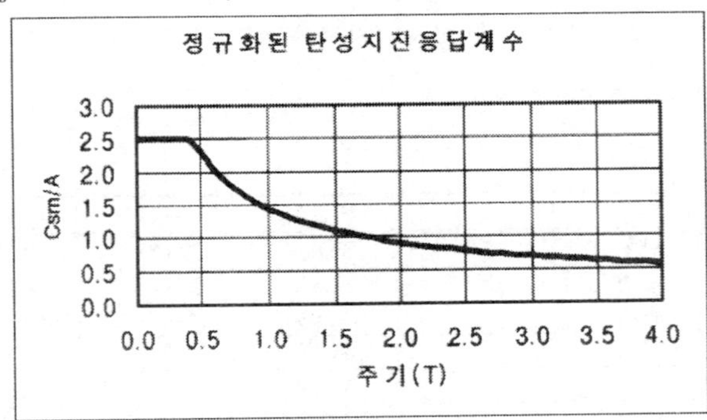

S_a : 탄성지진응답 가속도 (m/sec^2)

C_s : 탄성지진응답 계수 (무차원)

g = 9.810 m/sec^2, 중력가속도

A = 0.154, 지진가속도 계수

S = 1.200, 지반특성에 따른 무차원의 지반계수

T : 진동모드의 주기

T	C_s	S_a	T	C_s	S_a	T	C_s	S_a
0.00	0.385	3.777	2.30	0.127	1.249	5.50	0.057	0.560
0.10	0.385	3.777	2.40	0.124	1.214	5.75	0.054	0.528
0.20	0.385	3.777	2.50	0.120	1.181	6.00	0.051	0.499
0.30	0.385	3.777	2.60	0.117	1.151	6.25	0.048	0.472
0.40	0.385	3.777	2.70	0.114	1.122	6.50	0.046	0.448
0.50	0.352	3.453	2.80	0.112	1.095	6.75	0.043	0.426
0.60	0.312	3.058	2.90	0.109	1.070	7.00	0.041	0.406
0.70	0.281	2.759	3.00	0.107	1.046	7.25	0.040	0.388
0.80	0.257	2.524	3.10	0.104	1.023	7.50	0.038	0.370
0.90	0.238	2.334	3.20	0.102	1.002	7.75	0.036	0.355

T	C_s	S_a	T	C_s	S_a	T	C_s	S_a
1.00	0.222	2.175	3.30	0.100	0.981	8.00	0.035	0.340
1.10	0.208	2.042	3.40	0.098	0.962	8.25	0.033	0.326
1.20	0.196	1.926	3.50	0.096	0.944	8.50	0.032	0.314
1.30	0.186	1.826	3.60	0.094	0.926	8.75	0.031	0.302
1.40	0.177	1.738	3.70	0.093	0.909	9.00	0.030	0.291
1.50	0.169	1.660	3.80	0.091	0.893	9.25	0.029	0.280
1.60	0.162	1.590	3.90	0.090	0.878	9.50	0.028	0.270
1.70	0.156	1.527	4.00	0.088	0.863	9.75	0.027	0.261
1.80	0.150	1.470	4.25	0.081	0.790	10.00	0.026	0.252
1.90	0.145	1.418	4.50	0.075	0.732	15.00	0.015	0.147
2.00	0.140	1.370	4.75	0.069	0.681	20.00	0.010	0.100
2.10	0.135	1.327	5.00	0.065	0.636			
2.20	0.131	1.286	5.25	0.061	0.596			

2.3.5 [단계 5] 설계지진력 및 변위 결정

(1) [단계 5-1] 각 부재의 방향별 탄성지진력과 변위 결정

① 교축방향(X방향) 지진하중 재하시

가. 교량받침

구 분		절점	P (kN)	V_2 (kN)	V_3 (kN)	비 고
교대 1	받침 1	53	35.003	296.825	0.237	
	받침 2	54	34.612	296.735	0.240	
	받침 3	55	34.622	296.710	0.241	
	받침 4	56	34.370	296.756	0.238	
교각 1	받침 1	57	1321.829	103.371	0.107	
	받침 2	58	1332.365	103.522	0.104	
	받침 3	59	1333.237	103.568	0.102	
	받침 4	60	1324.268	103.497	0.103	
	받침 5	61	1343.665	103.364	0.104	
	받침 6	62	1356.998	103.516	0.102	
	받침 7	63	1357.713	103.562	0.102	
	받침 8	64	1345.568	103.491	0.105	
교각 2	받침 1	65	1343.442	103.397	0.103	
	받침 2	66	1356.981	103.548	0.100	
	받침 3	67	1357.666	103.592	0.100	
	받침 4	68	1345.356	103.520	0.104	
	받침 5	69	1321.817	103.327	0.105	
	받침 6	70	1332.208	103.480	0.102	
	받침 7	71	1333.114	103.527	0.100	
	받침 8	72	1324.255	103.457	0.101	
교대 2	받침 1	73	34.828	296.811	0.237	
	받침 2	74	34.441	296.721	0.241	
	받침 3	75	34.455	296.696	0.241	
	받침 4	76	34.202	296.742	0.238	

※ 교량받침를 구성하는 ELEMENT와 NODE의 LOCAL AXIS에 대한 결과치임.
탄성받침 요소번호는 NLLINK의 절점번호임.

나. 기둥상단

구 분	절점	P (kN)	V_2 (kN)	M_3 (kNm)	x (m)	y (m)
교각 1	88	103.503	1073.708	2154.594	0.068346	0.000057
교각 2	95	103.034	1073.704	2154.218	0.068348	0.000058

※ 단면력은 기둥상단부재의 I단 값임.

다. 기둥하단

구 분	절점	P (kN)	V_2 (kN)	V_3 (kN)	M_2 (kNm)	M_3 (kNm)
교각 1	118	103.702	1131.126	0.469	9.138	14510.860
교각 2	123	103.307	1131.122	0.467	9.222	14511.150

※ 단면력은 기둥하단부재의 J단 값임.

② 교축직각방향(Y방향) 지진하중 재하시

가. 교량받침

구 분		절점	P (kN)	V_2 (kN)	V_3 (kN)	비 고
교대 1	받침 1	53	253.174	11.475	221.048	
	받침 2	54	66.598	2.896	223.992	
	받침 3	55	60.958	2.847	223.995	
	받침 4	56	257.051	11.437	221.002	
교각 1	받침 1	57	112.981	4.552	83.679	
	받침 2	58	42.223	1.104	83.896	
	받침 3	59	39.807	1.063	83.906	
	받침 4	60	114.271	4.278	83.720	
	받침 5	61	257.688	4.336	84.705	
	받침 6	62	87.984	1.056	84.526	
	받침 7	63	83.964	1.009	84.526	
	받침 8	64	251.383	4.066	84.685	
교각 2	받침 1	65	259.927	4.325	84.969	
	받침 2	66	88.213	1.054	84.893	
	받침 3	67	84.391	1.007	84.899	
	받침 4	68	253.391	4.056	84.975	
	받침 5	69	113.464	4.534	83.923	
	받침 6	70	42.745	1.100	84.242	
	받침 7	71	40.012	1.059	84.257	
	받침 8	72	114.817	4.261	83.988	
교대 2	받침 1	73	252.960	11.450	220.940	
	받침 2	74	66.516	2.893	223.818	
	받침 3	75	60.908	2.845	223.823	
	받침 4	76	256.819	11.414	220.889	

※ 교량받침를 구성하는 ELEMENT와 NODE의 LOCAL AXIS에 대한 결과치임.
탄성받침 요소번호는 NLLINK의 절점번호임.

나. 기둥상단

구 분	절점	P (kN)	V_2 (kN)	M_3 (kNm)	x (m)	y (m)
교각 1	88	10.522	931.705	4501.656	0.000040	0.108992
교각 2	95	10.425	934.249	4501.185	0.000040	0.109191

※ 단면력은 기둥상단부재의 I단 값임.

다. 기둥하단

구 분	절점	P (kN)	V_2 (kN)	V_3 (kN)	M_2 (kNm)	M_3 (kNm)
교각 1	118	11.597	1.179	995.982	18516.040	10.300
교각 2	123	11.471	1.159	998.584	18554.800	10.282

※ 단면력은 기둥하단부재의 J단 값임.

(2) [단계 5-2] 설계지진력의 조합

① 하중경우 1 : 교축방향 + 교축직각방향 x 0.3

가. 교량받침

구 분		절점	P (kN)	V_2 (kN)	V_3 (kN)	비 고
교대 1	받침 1	53	110.955	300.268	66.551	
	받침 2	54	54.591	297.604	67.438	
	받침 3	55	52.909	297.564	67.440	
	받침 4	56	111.485	300.187	66.538	
교각 1	받침 1	57	1355.723	104.736	25.211	
	받침 2	58	1345.032	103.853	25.273	
	받침 3	59	1345.179	103.886	25.273	
	받침 4	60	1358.550	104.780	25.219	
	받침 5	61	1420.972	104.665	25.515	
	받침 6	62	1383.393	103.833	25.459	
	받침 7	63	1382.902	103.864	25.459	
	받침 8	64	1420.982	104.711	25.510	
교각 2	받침 1	65	1421.420	104.694	25.594	
	받침 2	66	1383.445	103.864	25.568	
	받침 3	67	1382.983	103.894	25.570	
	받침 4	68	1421.373	104.736	25.597	
	받침 5	69	1355.856	104.687	25.282	
	받침 6	70	1345.032	103.809	25.375	
	받침 7	71	1345.118	103.844	25.377	
	받침 8	72	1358.700	104.735	25.297	
교대 2	받침 1	73	110.716	300.246	66.519	
	받침 2	74	54.396	297.589	67.386	
	받침 3	75	52.727	297.550	67.388	
	받침 4	76	111.248	300.166	66.505	

나. 기둥상단 : 변위

구 분	절점	x (m)	y (m)	비 고
교각 1	88	0.068346	0.000057	
교각 2	95	0.068348	0.000058	

다. 기둥상단

구 분	절점	P (kN)	V_2 (kN)	V_3 (kN)	M_2 (kNm)	M_3 (kNm)
교각 1	88	106.660	1073.996	279.915	1354.542	2156.967
교각 2	95	106.161	1073.996	280.679	1354.405	2156.573

라. 기둥하단

구 분	절점	P (kN)	V_2 (kN)	V_3 (kN)	M_2 (kNm)	M_3 (kNm)
교각 1	118	107.181	1131.480	299.263	5563.950	14513.950
교각 2	123	106.748	1131.470	300.042	5575.662	14514.235

② 하중경우 2 : 교축직각방향 + 교축방향 x 0.3

가. 교량받침

구 분		절점	P (kN)	V_2 (kN)	V_3 (kN)	비 고
교대 1	받침 1	53	263.674	100.523	221.119	
	받침 2	54	76.982	91.917	224.064	
	받침 3	55	71.344	91.860	224.068	
	받침 4	56	267.362	100.463	221.073	
교각 1	받침 1	57	509.530	35.564	83.711	
	받침 2	58	441.932	32.161	83.928	
	받침 3	59	439.778	32.133	83.936	
	받침 4	60	511.552	35.327	83.751	
	받침 5	61	660.787	35.345	84.736	
	받침 6	62	495.084	32.111	84.557	
	받침 7	63	491.278	32.078	84.556	
	받침 8	64	655.053	35.114	84.717	
교각 2	받침 1	65	662.960	35.344	85.000	
	받침 2	66	495.307	32.119	84.923	
	받침 3	67	491.690	32.085	84.929	
	받침 4	68	656.997	35.112	85.007	
	받침 5	69	510.009	35.532	83.954	
	받침 6	70	442.408	32.144	84.273	
	받침 7	71	439.946	32.117	84.287	
	받침 8	72	512.094	35.298	84.018	
교대 2	받침 1	73	263.408	100.493	221.011	
	받침 2	74	76.849	91.909	223.890	
	받침 3	75	71.244	91.854	223.895	
	받침 4	76	267.080	100.437	220.960	

나. 기둥상단 : 변위

구 분	절점	x (m)	y (m)	비 고
교각 1	88	0.000040	0.108992	
교각 2	95	0.000040	0.109191	

다. 기둥상단

구 분	절점	P (kN)	V_2 (kN)	V_3 (kN)	M_2 (kNm)	M_3 (kNm)
교각 1	88	41.573	323.070	931.826	4502.870	654.290
교각 2	95	41.335	323.086	934.370	4502.399	654.114

라. 기둥하단

구 분	절점	P (kN)	V_2 (kN)	V_3 (kN)	M_2 (kNm)	M_3 (kNm)
교각 1	118	42.707	340.517	996.122	18518.781	4363.558
교각 2	123	42.463	340.496	998.724	18557.567	4363.627

(3) [단계 5-3] 설계지진 변위 결정

지진시에 상부구조와 교대 혹은 인접하는 상부구조간의 충돌에 의한 주요 구조부재의 손상을 방지하고, 설계시 고려된 내진성능이 충분히 발휘할 수 있도록 하기 위하여 상부구조의 단부에는 여유간격을 설치하여야 한다.

상부구조의 여유간격 규정은 『도로교설계기준, 6.4.8』, 편람 510.2.2.5 참조

① 교축방향 변위

구 분		하부구조 변위 (d_{sub})		상부구조 총변위 (d)		교량받침변위 (d_i)
		절점	변위 (m)	절점	변위 (m)	
교대 1	받침 1	-	-	53	0.1030900	0.1030900
	받침 2	-	-	54	0.1030590	0.1030590
	받침 3	-	-	55	0.1030510	0.1030510
	받침 4	-	-	56	0.1030680	0.1030680
교각 1	받침 1	99	0.0684220	57	0.1028690	0.0344470
	받침 2	100	0.0683640	58	0.1028480	0.0344840
	받침 3	101	0.0683670	59	0.1028440	0.0344770
	받침 4	102	0.0684330	60	0.1028630	0.0344300
	받침 5	103	0.0684220	61	0.1028690	0.0344470
	받침 6	104	0.0683640	62	0.1028470	0.0344830
	받침 7	105	0.0683670	63	0.1028440	0.0344770
	받침 8	106	0.0684330	64	0.1028620	0.0344290
교각 2	받침 1	107	0.0684250	65	0.1028800	0.0344550
	받침 2	108	0.0683670	66	0.1028580	0.0344910
	받침 3	109	0.0683700	67	0.1028550	0.0344850
	받침 4	110	0.0684360	68	0.1028730	0.0344370
	받침 5	111	0.0684250	69	0.1028620	0.0344370
	받침 6	112	0.0683670	70	0.1028410	0.0344740
	받침 7	113	0.0683700	71	0.1028380	0.0344680
	받침 8	114	0.0684360	72	0.1028560	0.0344200
교대 2	받침 1	-	-	73	0.1030870	0.1030870
	받침 2	-	-	74	0.1030560	0.1030560
	받침 3	-	-	75	0.1030480	0.1030480
	받침 4	-	-	76	0.1030650	0.1030650

② 교축직각방향 변위

구 분		하부구조 변위 (d_{sub})		상부구조 총변위 (d)		교량받침변위 (d_i)
		절점	변위 (m)	절점	변위 (m)	
교대 1	받침 1	-	-	53	0.0770450	0.0770450
	받침 2	-	-	54	0.0778020	0.0778020
	받침 3	-	-	55	0.0778030	0.0778030
	받침 4	-	-	56	0.0770270	0.0770270
교각 1	받침 1	99	0.1089550	57	0.1425280	0.0335730
	받침 2	100	0.1089520	58	0.1421460	0.0331940
	받침 3	101	0.1089520	59	0.1416130	0.0326610
	받침 4	102	0.1089550	60	0.1411080	0.0321530
	받침 5	103	0.1090420	61	0.1430370	0.0339950
	받침 6	104	0.1090380	62	0.1425100	0.0334720
	받침 7	105	0.1090380	63	0.1419670	0.0329290
	받침 8	106	0.1090420	64	0.1415810	0.0325390
교각 2	받침 1	107	0.1092400	65	0.1433270	0.0340870
	받침 2	108	0.1092370	66	0.1428340	0.0335970
	받침 3	109	0.1092370	67	0.1422900	0.0330530
	받침 4	110	0.1092400	68	0.1418720	0.0326320
	받침 5	111	0.1091540	69	0.1428090	0.0336550
	받침 6	112	0.1091510	70	0.1424620	0.0333110
	받침 7	113	0.1091510	71	0.1419270	0.0327760
	받침 8	114	0.1091540	72	0.1413910	0.0322370
교대 2	받침 1	-	-	73	0.0770010	0.0770010
	받침 2	-	-	74	0.0777350	0.0777350
	받침 3	-	-	75	0.0777370	0.0777370
	받침 4	-	-	76	0.0769820	0.0769820

③ 여유간격산정

지진시 상부가 교대의 흉벽에 충돌하는 경우 건조수축과 크리프의 변위는 충돌하려는 변위와 반대방향으로 거동하기 때문에 건조수축과 크리프의 변위량은 상부구조의 여유간격 감소 요인으로 작용하므로 받침의 이동량 및 신축유간보다 상부구조의 여유간격을 크게 확보하기 위해서는 건조수축 및 크리프에 의한 이동은 완료된 것으로 보고 상부구조의 여유간격을 산정한다.

가. 교대 1

$d = 103.1\,mm$

$\Delta l_s = 0.0\,mm$

$\Delta l_c = 0.0\,mm$

$\Delta l_t = \alpha \times \Delta T \times L = 1.0 \times 10^{-5} \times 40.0 \times 35.0 = 14.0\,mm$

$\therefore d_i = 103.1 + 0.0 + 0.0 + 0.4 \times 14 = 108.7\,mm$

따라서 교대 1의 여유간격은 108.7 mm 이상 확보해야 함.

나. 교대 2

$d = 103.1\,mm$

$\Delta l_s = 0.0\,mm$

$\Delta l_c = 0.0\,mm$

$\Delta l_t = \alpha \times \Delta T \times L = 1.0 \times 10^{-5} \times 40.0 \times 70.0 = 28.0\,mm$

$\therefore d_i = 103.1 + 0.0 + 0.0 + 0.4 \times 28 = 114.3\,mm$

따라서 교대 2의 여유간격은 114.3 mm 이상 확보해야 함.

510.3 지진격리시스템 설계

3.1 설계흐름도 구성

3.1.1 주설계단계

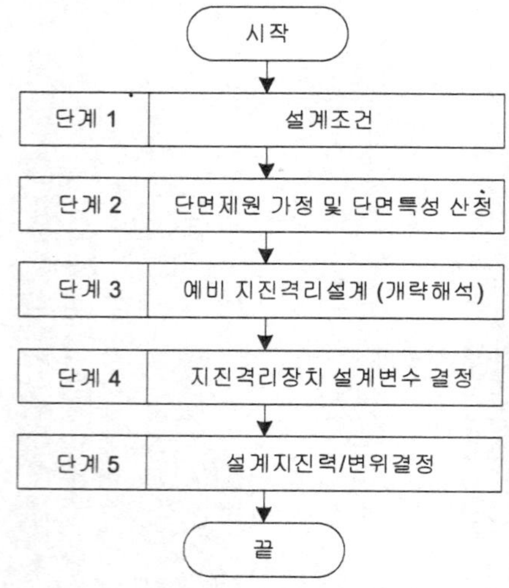

<그림 510.3.1> 주설계단계

3.1.2 [단계 1] 설계조건

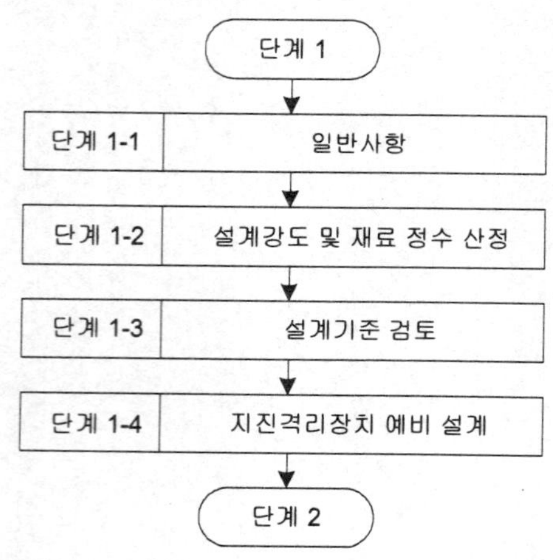

<그림 510.3.2> 설계조건

3.1.3 [단계 2] 단면제원 가정 및 단면특성 산정

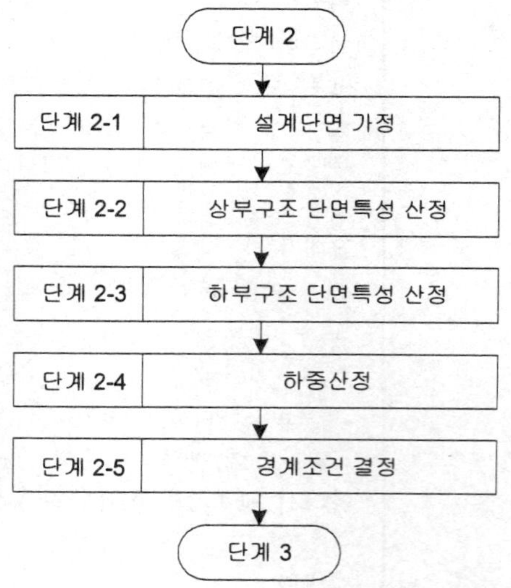

<그림 510.3.3> 단면제원 가정 및 단면특성산정

3.1.4 [단계 3] 예비지진격리설계(개략해석)

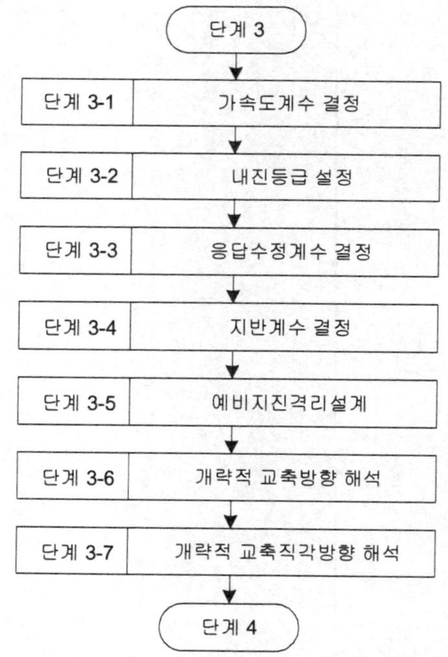

<그림 510.3.4> 예비지진격리설계(개략해석)

3.1.5 [단계 4] 지진격리장치 설계변수결정

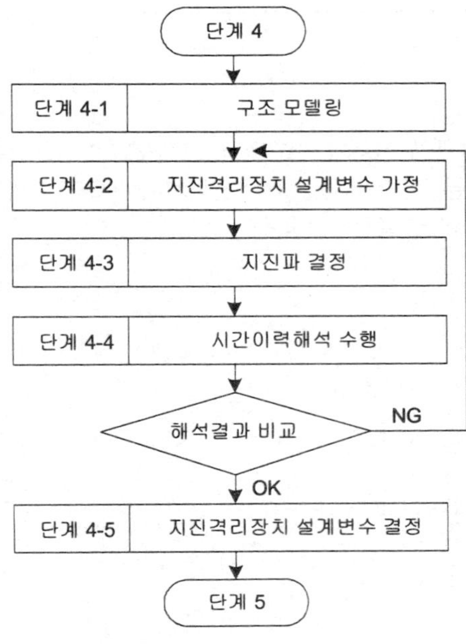

<그림 510.3.5> 해석방법 결정

3.1.6 [단계 5] 설계지진력 및 변위결정

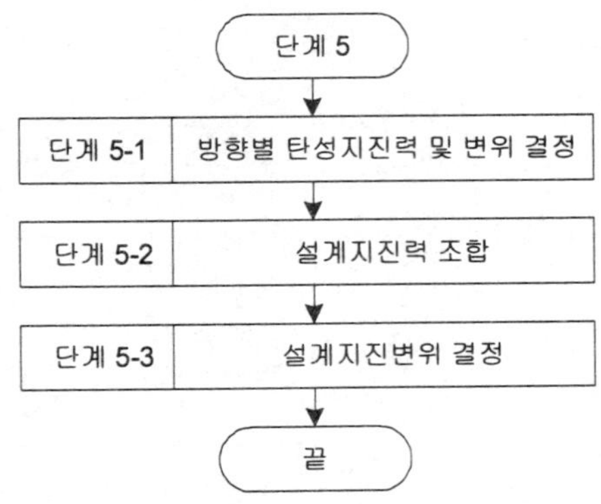

<그림 510.3.6> 설계지진력 및 변위결정

3.2 지진격리설계 예

3.2.1 [단계 1] 설계조건

※ 설계자가 지진격리설계와 일반 내진설계의 절차와 결과를 비교해 볼 수 있도록 하기 위하여 지진격리설계 예 대상교량은 편람 509.2.3 내진설계 예(PSC 합성거더교, T형 원형 교각)의 대상교량과 동일하게 설정하였음.

(1) [단계 1-1] 일반사항

상부구조형식 : PSC 합성거더교
교량연장: L = 35.000 + 35.000 + 35.000 = 105.000 m
교량폭원 : B = 10.735 m
하부구조형식 : T형 원형 교각

(2) [단계 1-2] 설계강도 및 재료상수

편람 509.2.3.1 내진설계편 설계조건과 동일함.

(3) [단계 1-3] 내진설계 기준검토

내진등급 : 1등급
가속도계수 : A = 0.154 (지진구역계수 : 0.110, 위험도계수 : 1.4)
지반계수 : S = 1.5 (지반종류 II)

(4) [단계 1-4] 경계조건

받침형식 : 납삽입고무받침

3.2.2 [단계 2] 단면제원 가정 및 단면특성 산정

(1) [단계 2-1] 설계단면 가정

편람 509.2.3.2 내진설계편 설계단면과 동일함.

(2) [단계 2-2] 상부구조 단면특성 산정

편람 509.2.3.2 내진설계편 산정결과와 동일함.

(3) [단계 2-3] 하부구조 단면특성 산정

편람 509.2.3.2 내진설계편 산정결과와 동일함.

(4) [단계 2-4] 하중 산정

편람 509.2.3.2 내진설계편 산정결과와 동일함.

(5) [단계 2-5] 경계조건 결정

① 납삽입고무받침의 강성결정

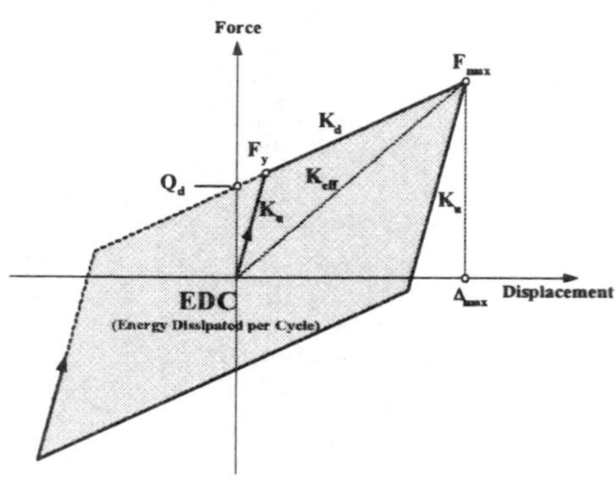

< 납삽입고무받침의 비선형 특성 >

가. 교대부 : A1

적용하중 : 1,750 kN 납삽입고무받침 사용, φ 457 × 114.5 T

K_v = 896,532 kN/m K_u = 18,670 kN/m K_d = 1,322 kN/m

F_y = 110.10 kN

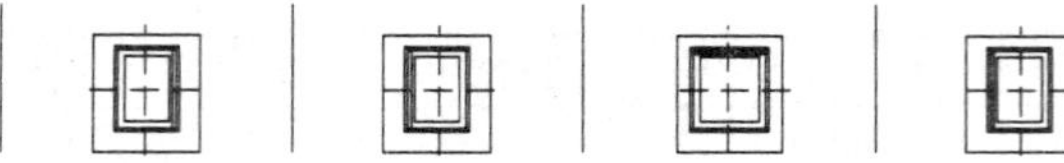

나. 교대부 : A2

적용하중 : 1,750 kN 납삽입고무받침 사용, φ 457 × 114.5 T

K_v = 896,532 kN/m K_u = 18,670 kN/m K_d = 1,322 kN/m

F_y = 110.10 kN

다. 교각부 : P1

적용하중 : 1,750 kN 납삽입고무받침 사용, φ 457 × 114.5T

K_v = 896,532 kN/m K_u = 18,670 kN/m K_d = 1,322 kN/m

F_y = 110.10 kN

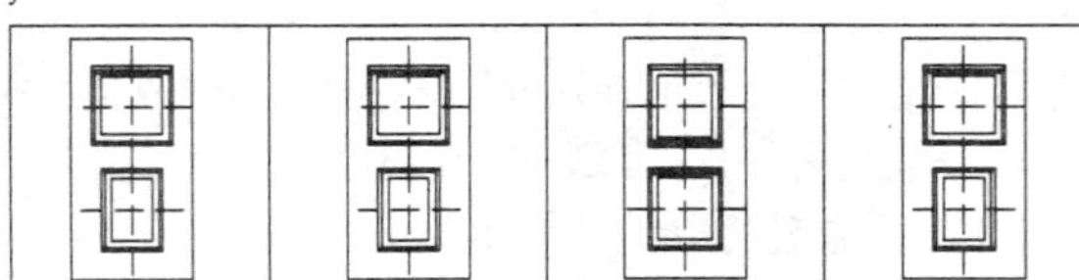

라. 교각부 : P2

적용하중 : 1,750 kN 납삽입고무받침 사용, φ 457 × 114.5T

K_v = 896,532 kN/m K_u = 18,670 kN/m K_d = 1,322 kN/m

F_y = 110.10 kN

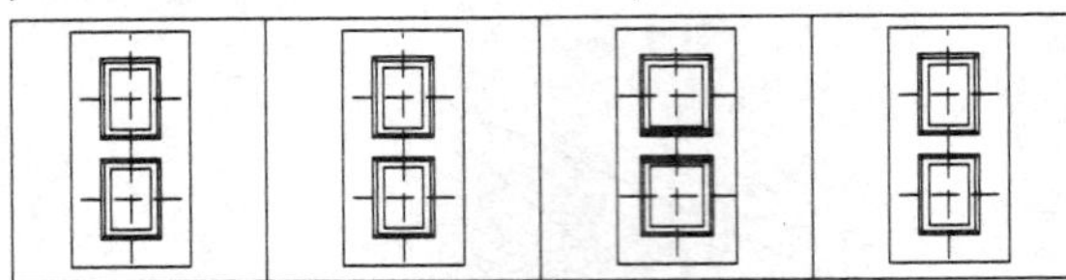

② 하부구조

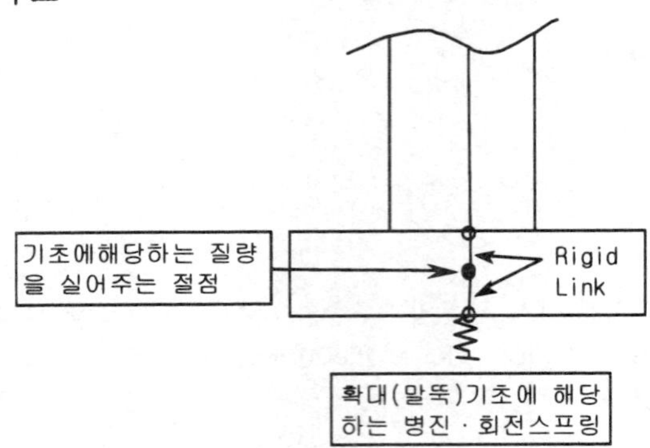

구 분	교축방향 폭(B)	직각방향 폭(L)	기초높이(H)	MASS질량
교각 1	7.600	7.600	2.000	29.439
교각 2	7.600	7.600	2.000	29.439

※ MASS질량 = (B x L x H) x 2.500 ÷ 9.810 x 1,000 kg

③ 기초의 스프링계수 산정

가. 말뚝기초 (P1)

말 뚝 종 류	직경(mm)	두께(mm)	부식두께(mm)	길이(m)
타입강관말뚝	508	12	2	6.900

ⓐ 말뚝의 제원

※ 말뚝길이는 기초평면에 묻힌 10 mm는 제외한 길이로 계산한다.

말뚝의 탄성계수 E = 210000.00 MPa

말뚝의 단면2차모멘트 $I = \pi/64 \times (504.0^4 - 484.0^4) = 473,607,596.1\ mm^4$

말뚝 머리의 평균 N치 N = 10

말뚝 선단의 평균 N치 N = 40 , N값은 40을 상한으로 한다.

말뚝 선단의 근입깊이 D_f = 1.0 m

원지반으로부터 돌출된 길이 h = 0.0 m

ⓑ 말뚝의 배치

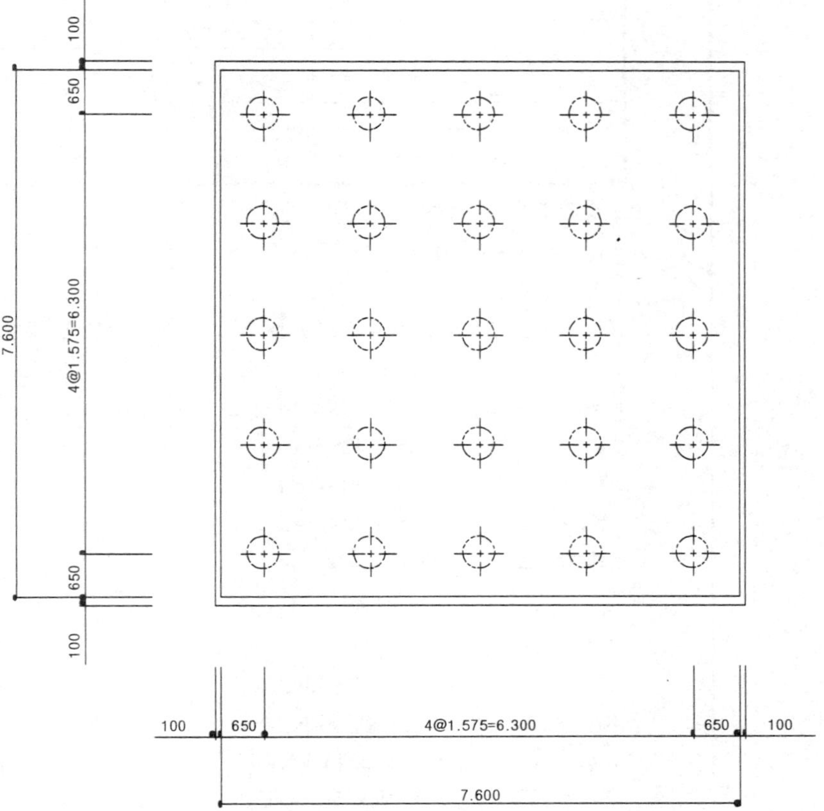

ⓒ 말뚝의 축방향 스프링정수

$A_p = \pi/4 \times (504.0^2 - 484.0^2) = 15{,}519.468\ mm^2$; 말뚝의 순단면적

$a = 0.014 \times (L/D) + 0.78 = 0.972$

$K_v = a \times A_p \times E_p / L = 458{,}949.851\ kN/m$; 말뚝의 축방향 스프링정수

ⓓ 말뚝의 축직각방향 스프링정수

: 1/β 가정된 값이 계산된 값과 일치할 때까지 반복 계산

$$B_H = \sqrt{\frac{D}{\beta}} \qquad k_{HO} = \frac{1}{0.3}\alpha E_O \qquad k_H = k_{HO}\left(\frac{B_H}{0.3}\right)^{-\frac{3}{4}}$$

α = 1 (평상시), 2 (지진시)

$E_o = 2800.0 \times N = 2800.0 \times 10.0 = 28{,}000.00\ kN/m^2$

$$\beta = \sqrt[4]{\frac{k_H D}{4EI}}$$

가정된 1/β(m)	계산치 1/β(m)	$K_h(kN/m^3)$
0.504	1.581	126498.3355
1.581	1.759	82403.9241
1.759	1.777	79158.5003
1.777	1.779	78860.8745
1.779	1.779	78833.0295
1.779	1.779	78830.4195
1.779	1.779	78830.1749

수평저항에 관여하는 지반의 깊이 : 지진시

K_h = 78,830.15191 kN/m^3

β = 0.56216 m-1

βL = 0.56216 x 6.90 = 3.879 ≥ 3 ∴ 반무한장 말뚝으로 설계한다.

ⓔ 축직각방향 스프링정수 : 말뚝머리 고정인 경우

K_1 = $4EI\beta^3$ = 70675 kN/m

K_2 = $2EI\beta^2$ = 62861 kN/rad

K_3 = $2EI\beta^2$ = 62861 kN/rad

K_4 = $2EI\beta$ = 111821 kN/rad

ⓕ 기초의 스프링 강성

K_{xt} = N x K_1 = 1766878 kN/m

K_{yt} = N x K_1 = 1766878 kN/m

K_{zt} = N x K_v = 11473746 kN/m

K_{xr} = K_v x Σy_i^2+ N x K_4 = 65157851 kN.m/rad

K_{yr} = K_v x Σx_i^2+ N x K_4 = 65157851 kN.m/rad

K_{zr} = K_1 x (Σx_i^2+ Σy_i^2) = 19723333 kN.m/rad

나. 말뚝기초 (P2)

말 뚝 종 류	직경(mm)	두께(mm)	부식두께(mm)	길이(m)
타입강관말뚝	508	12	2	6.900

ⓐ 말뚝의 제원

※ 말뚝길이는 기초평면에 묻힌 100 mm는 제외한 길이로 계산한다.

말뚝의 탄성계수 E = 210000.00 MPa

말뚝의 단면2차모멘트 I = π/64 x (504.0^4 - 484.0^4) = 473,607,596.1 mm^4

말뚝 머리의 평균 N치 N = 10

말뚝 선단의 평균 N치 N = 40 , N값은 40을 상한으로 한다.

말뚝 선단의 근입깊이 D_f = 1.0 m

원지반으로부터 돌출된 길이 h = 0.0 m

ⓑ 말뚝의 배치

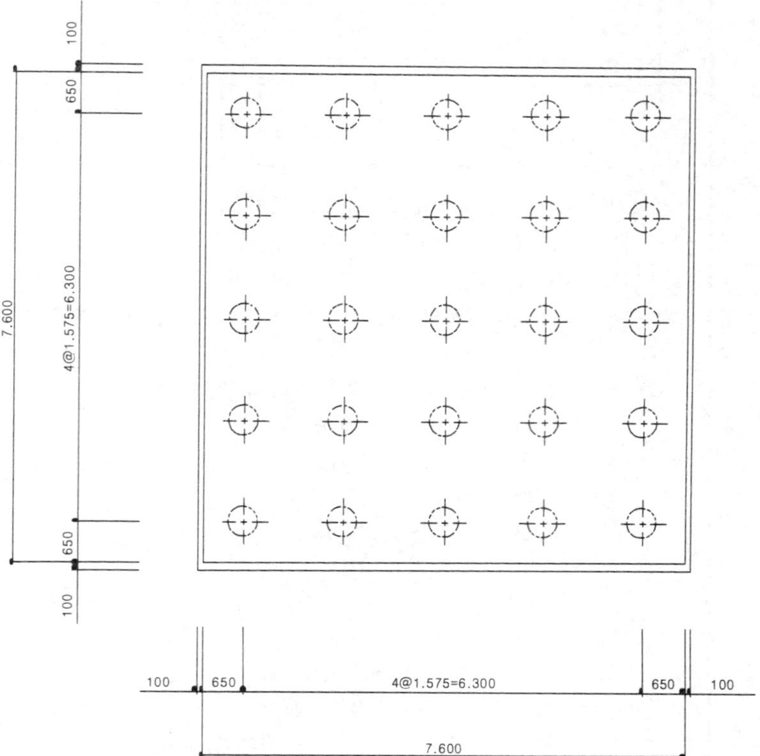

ⓒ 말뚝의 축방향 스프링정수

$A_p = \pi/4 \times (504.0^2 - 484.0^2) = 15519.468\ mm^2$; 말뚝의 순단면적

$a = 0.014 \times (L/D) + 0.78 = 0.972$

$K_v = a \times A_p \times E_p / L = 458949.851\ kN/m$; 말뚝의 축방향 스프링정수

ⓓ 말뚝의 축직각방향 스프링정수

: 1/β 가정된 값이 계산된 값과 일치할 때까지 반복 계산

$$B_H = \sqrt{\frac{D}{\beta}} \qquad k_{HO} = \frac{1}{0.3}\alpha E_o \qquad k_H = k_{HO}\left(\frac{B_H}{0.3}\right)^{-\frac{3}{4}}$$

α = 1 (평상시), 2 (지진시)

$E_o = 2800.0 \times N = 2800.0 \times 10.0 = 28000.00\ kN/m^2$

$$\beta = \sqrt[4]{\frac{k_H D}{4EI}}$$

가정된 1/β(m)	계산치 1/β(m)	K_h(kN/m³)
0.504	1.581	126,498.3
1.581	1.759	82,403.9
1.759	1.777	79,158.5
1.777	1.779	78,860.8
1.779	1.779	78,833.0
1.779	1.779	78,830.4
1.779	1.779	78,830.2

수평저항에 관여하는 지반의 깊이 : 지진시

K_h = 78,830.2 kN/m³

β = 0.56216 m-1

βL = 0.56216 x 6.90 = 3.879 ≥ 3 ∴ 반무한장 말뚝으로 설계한다.

ⓔ 축직각방향 스프링정수 : 말뚝머리 고정인 경우

K_1 = $4EI\beta^3$ = 70,675 kN/m

K_2 = $2EI\beta^2$ = 62,861 kN/rad

K_3 = $2EI\beta^2$ = 62,861 kN/rad

K_4 = $2EI\beta$ = 111,821 kN/rad

ⓕ 기초의 스프링 강성

K_{xt} = N x K_1 = 1,766,878 kN/m

K_{yt} = N x K_1 = 1,766,878 kN/m

K_{zt} = N x K_v = 11,473,746 kN/m

K_{xr} = K_v x $\sum y_i^2$+ N x K_4 = 65,157,851 kNm/rad

K_{yr} = K_v x $\sum x_i^2$+ N x K_4 = 65,157,851 kNm/rad

K_{zr} = K_1 x ($\sum x_i^2$+ $\sum y_i^2$) = 19,723,333 kNm/rad

3.2.3 [단계 4] 지진격리장치 설계변수 결정

(1) [단계 4-1] 구조물 모델링

편람 510.2.3.4 내진설계편 상부 및 하부구조 모델링과 동일함.

③ 지진격리받침 모델링

: 비선형 연결요소의 스프링 중 이력거동 시스템 및 납삽입고무받침형 지진격리장치 전단스프링 사용

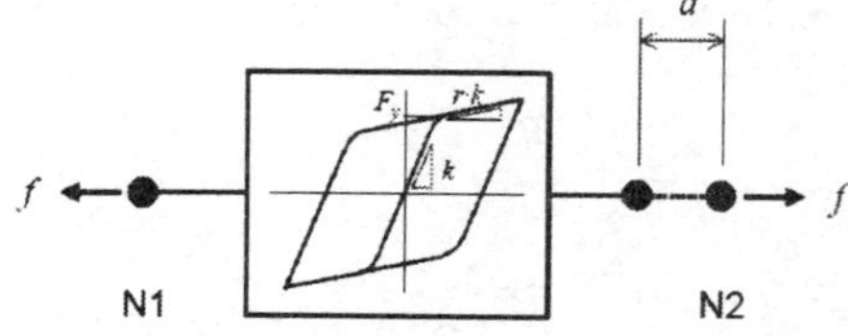

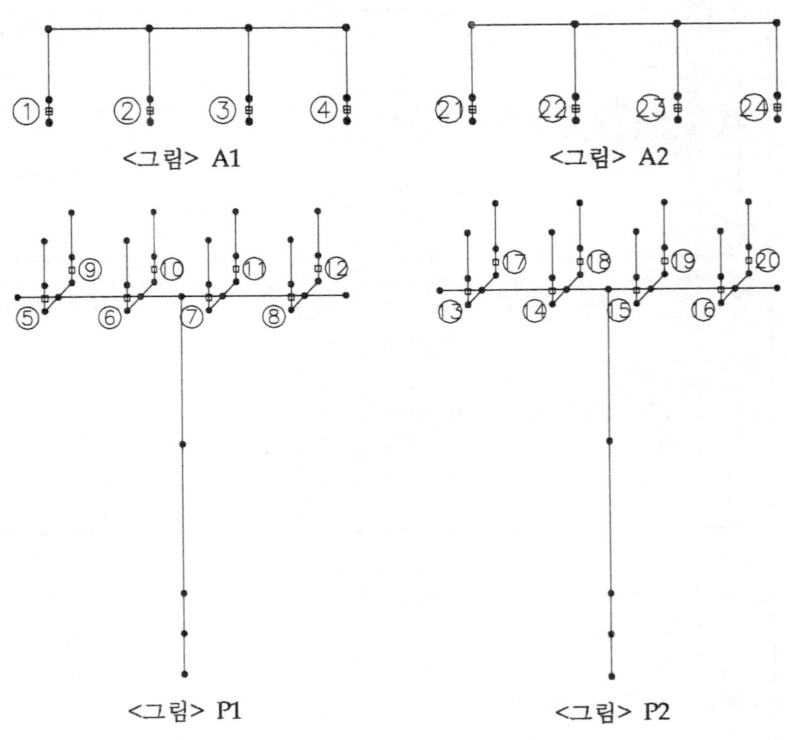

<그림> A1

<그림> A2

<그림> P1

<그림> P2

(2) [단계 4-2] 지진파 결정

① 인공지진파의 결정

- [도·설 6.10.7.5]의 세목에 준하여 인공지진파를 선택.수정한 후 해석에 이용한다.
- [도·설 표 6.3.6]에서 정의한 지반분류 Ⅱ에 부합하는 서로 다른 실제 지진기록으로부터 얻은 네 쌍의 수평지반운동 시간이력 성분을 이용한다.
- 작성된 시간이력 성분은 다음의 조건을 이용하여 검증
  ⓐ 시간이력의 응답스펙트럼 값이 설계지반 응답스펙트럼값보다 낮은 주기의 수는 5개 이하이고 낮은 정도는 10% 이내이어야 한다.
  ⓑ 시간이력의 응답스펙트럼을 계산하는 주기의 간격은 스펙트럼 값의 변화가 10% 이상 되지 않을 정도로 충분히 작아야 한다.[도·설 6.10.7.5]

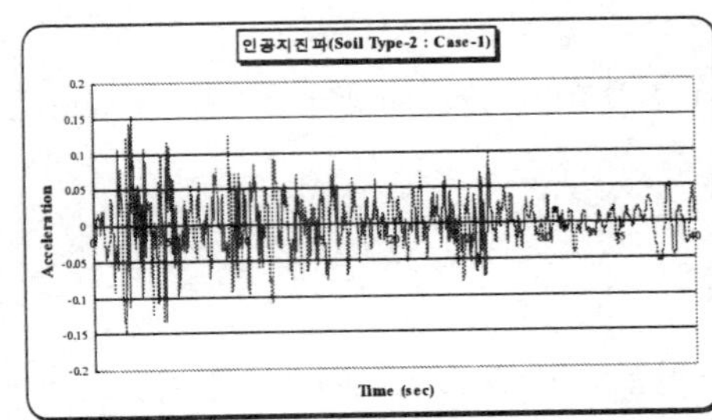

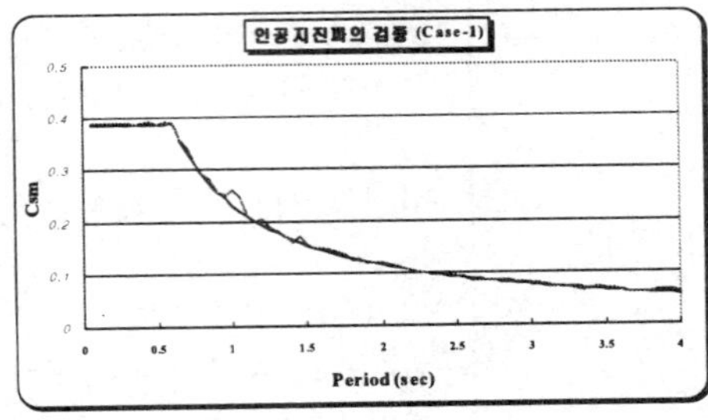

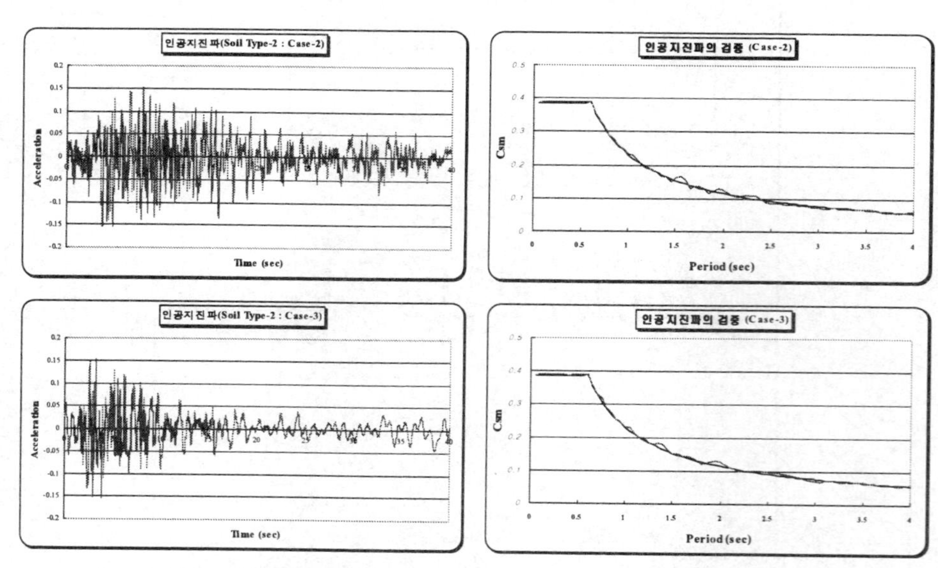

A = 0.154, 지진가속도 계수

S = 1.5, 지반특성에 따른 무차원의 지반계수

T : 진동모드의 주기

(3) [단계 4-3] 시간이력해석 수행

본 구조물은 납삽입고무받침을 사용한 지진격리교량으로 시간이력 해석법에 의해 해석한다.

① 고유치 해석

Mode	Period (sec)	Frequency (Hz)	Participating Mass Ratios(질량누가)			비고
			X-Axis	Y-Axis	Z-Axis	
1	1.09850	0.91033	0.00000	70.95010	0.00000	
2	0.98455	1.01570	72.20310	70.95010	0.00000	
3	0.94610	1.05697	72.20350	70.95020	0.00000	
-	-	-	-	-	-	
37	0.04405	22.70327	99.97580	99.98280	91.07130	
38	0.04156	24.06255	99.97590	99.98280	91.07130	
39	0.04062	24.61667	99.97590	99.98280	91.12150	
40	0.03249	30.78313	99.97590	99.98280	97.73290	

가. MODE별 자유진동 특성

※ 유효모드 질량의 합이 전체질량의 90%이상이 되도록 Mode수를 결정한다.

② 비선형 시간이력 해석

가. 지진력의 방향 결정

기하학적 형상이 불규칙하여 진동의 각 모드 내에서 3개의 좌표축 방향으로 진동이 연계되는 교량에서는 이러한 연계효과로 인해 각 모드를 진동의 단순한 종방향 혹은 횡방향 모드로 분류하기가 어렵고 진동의 여러 모드들이 구조물의 전체적인 응답에 기여하게 된다. 이러한 연계효과와 최종 응답에 대한 다중모드의 기여분을 결정하기 위해서는 공간 뼈대의 동적해석을 할 수 있는 전산 프로그램을 사용해야한다. 지점에서 수평의 두방향 중 어느 한 방향으로작용하는 운동은 연계효과 때문에 각 부재의 두 주축 모두를 따라서 힘을 발생시킬 것이다. 곡선형태의 구조물에 대해서 종방향 운동은 교대들을 연결하는 현(Chord)을 따라서 작용되고 횡방향 운동은 이 현에 수직한 방향으로 작용된다. 종방향 및 횡방향 운동에 의해 발생하는 힘은 4.4 [직교 지진력의 조합]에 규정한 바와 같이 합성해야 한다. 다중모드스펙트럼해석법은 비정형 교량의 3방향 연계효과와 최종 응답에 대한 다중 모드의 기여효과를 결정하기 위해 공인된 공간뼈대 선형 동적해석 프로그램을 사용하여 수행하여야 한다.
[도·설 6.5.4.1]

∴ X,Y방향의 응답스펙트럼을 사용한다.

3.2.4 **[단계 5] 설계지진력 및 변위결정**

(1) [단계 5-1] 각 부재의 방향별 탄성지진력과 변위결정

① 교축방향(X방향) 지진하중 재하시

가. 교량받침

구 분		NL-LINK	P(kN)	V2(kN)	V3(kN)	비 고
교대 1	받침 1	1	27.272	150.234	0.534	
	받침 2	2	30.152	150.193	0.551	
	받침 3	3	30.903	150.180	0.569	
	받침 4	4	26.121	150.196	0.593	
교각 1	받침 1	5	624.640	143.029	0.497	
	받침 2	6	632.608	143.079	0.349	
	받침 3	7	632.722	143.093	0.294	
	받침 4	8	625.004	143.068	0.377	
	받침 5	9	588.719	143.015	0.400	
	받침 6	10	597.166	143.065	0.304	
	받침 7	11	598.538	143.080	0.346	
	받침 8	12	592.491	143.056	0.479	
교각 2	받침 1	13	601.325	143.016	0.404	
	받침 2	14	605.950	143.067	0.305	
	받침 3	15	607.054	143.082	0.338	
	받침 4	16	604.366	143.057	0.477	
	받침 5	17	611.331	143.036	0.475	
	받침 6	18	623.116	143.085	0.333	
	받침 7	19	623.524	143.099	0.285	
	받침 8	20	612.526	143.074	0.376	
교대 2	받침 1	21	33.178	150.231	0.697	
	받침 2	22	28.087	150.191	0.624	
	받침 3	23	28.694	150.177	0.554	
	받침 4	24	30.891	150.193	0.554	

※ 교량받침를 구성하는 ELEMENT와 NODE의 LOCAL AXIS에 대한 결과치임.
지진격리받침의 요소번호는 NLLINK의 번호임.

나. 기둥상단 변위

구 분	절점	x(m)	y(m)	비 고
교각 1	88	0.013204	0.000022	
교각 2	95	0.013204	0.000022	

다. 기둥상단

구 분	절점	P(kN)	V2(kN)	V3(kN)	M2(kNm)	M3(kNm)
교각 1	88	156.830	1798.490	5.310	14.690	2949.540
교각 2	95	215.120	1798.360	2.180	14.720	2950.490

※ 단면력은 기둥상단부재의 I단 값임.

구 분	절점	P(kN)	V2(kN)	V3(kN)	M2(kNm)	M3(kNm)
교각 1	116	230.747	1844.008	2.613	21.425	13945.310
교각 2	120	185.466	1843.817	5.942	30.209	13945.220

라. 기둥하단

※ 단면력은 기둥하단부재의 J단 값임.

② 교축직각방향(Y방향) 지진하중 재하시

가. 교량받침

구 분		NL-LINK	P(kN)	V2(kN)	V3(kN)	비 고
교대 1	받침 1	1	106.771	29.555	126.493	
	받침 2	2	54.292	7.665	127.094	
	받침 3	3	57.220	7.330	127.091	
	받침 4	4	109.206	29.330	126.478	
교각 1	받침 1	5	317.456	7.666	138.768	
	받침 2	6	112.279	1.975	138.761	
	받침 3	7	115.805	1.954	138.766	
	받침 4	8	313.902	6.933	138.778	
	받침 5	9	191.793	7.027	138.361	
	받침 6	10	70.245	1.796	138.458	
	받침 7	11	72.398	1.795	138.464	
	받침 8	12	185.595	6.360	138.385	
교각 2	받침 1	13	181.723	8.404	139.012	
	받침 2	14	66.451	2.016	139.137	
	받침 3	15	68.767	1.945	139.143	
	받침 4	16	175.794	7.762	139.039	
	받침 5	17	329.371	8.868	139.416	
	받침 6	18	116.295	2.279	139.439	
	받침 7	19	120.041	2.112	139.444	
	받침 8	20	325.655	7.999	139.432	
교대 2	받침 1	21	115.257	30.103	127.432	
	받침 2	22	51.270	7.910	128.025	
	받침 3	23	55.229	7.614	128.022	
	받침 4	24	118.386	29.927	127.413	

※ 교량받침를 구성하는 ELEMENT와 NODE의 LOCAL AXIS에 대한 결과치임.
지진격리받침의 요소번호는 NLLINK의 번호임.

나. 기둥상단 변위

구 분	절점	x (m)	y (m)	비 고
교각 1	88	0.000024	0.016569	
교각 2	95	0.000025	0.016527	

다. 기둥상단

구 분	절점	P(kN)	V2(kN)	V3(kN)	M2(kNm)	M3(kNm)
교각 1	116	7.820	7.670	1429.500	8536.710	27.520
교각 2	120	7.640	7.940	1415.830	8547.590	27.540

※ 단면력은 기둥상단부재의 I단 값임.

라. 기둥하단

구 분	절점	P(kN)	V2(kN)	V3(kN)	M2(kNm)	M3(kNm)
교각 1	116	10.597	8.606	1469.708	16458.650	31.010
교각 2	120	10.124	8.279	1453.700	16386.780	30.133

※ 단면력은 기둥하단부재의 J단 값임.

(2) [단계 5-2] 설계지진력의 조합

① 하중경우 1 : 교축방향 + 교축직각방향 x 0.3

가. 교량받침

구 분		절점	P(kN)	V2(kN)	V3(kN)	비 고
교대 1	받침 1	53	59.303	158.415	38.436	
	받침 2	54	46.439	152.167	38.629	
	받침 3	55	48.069	152.379	38.655	
	받침 4	56	56.181	158.995	38.476	
교각 1	받침 1	57	711.893	145.317	42.128	
	받침 2	58	663.080	143.630	41.977	
	받침 3	59	667.464	143.679	41.846	
	받침 4	60	719.174	145.148	41.923	
	받침 5	61	646.257	145.123	41.802	
	받침 6	62	618.240	143.557	41.768	
	받침 7	63	618.898	143.619	41.885	
	받침 8	64	644.582	144.964	41.994	
교각 2	받침 1	65	651.645	145.538	42.108	
	받침 2	66	623.661	143.664	42.046	
	받침 3	67	627.684	143.624	42.056	
	받침 4	68	657.104	145.273	42.161	
	받침 5	69	710.143	145.661	42.275	
	받침 6	70	658.005	143.769	42.142	
	받침 7	71	656.370	143.685	42.118	
	받침 8	72	702.077	145.453	42.206	
교대 2	받침 1	73	67.755	159.262	38.927	
	받침 2	74	43.429	152.564	39.031	
	받침 3	75	45.263	152.360	38.961	
	받침 4	76	63.594	158.854	38.778	

나. 기둥상단 : 변위

구 분	절점	x(m)	y(m)	비 고
교각 1	88	0.013211	0.004993	
교각 2	95	0.013212	0.004980	

다. 기둥상단

구 분	절점	P(kN)	V2(kN)	V3(kN)	M2(kNm)	M3(kNm)
교각 1	88	159.176	1800.791	434.16	2575.703	2957.796
교각 2	95	217.412	1800.742	426.929	2578.997	2958.752

라. 기둥하단

구 분	절점	P(kN)	V2(kN)	V3(kN)	M2(kNm)	M3(kNm)
교각 1	116	233.926	1846.590	442.744	4958.798	13954.610
교각 2	120	188.503	1846.066	440.391	4937.542	13953.290

② 하중경우 2 : 교축직각방향 + 교축방향 x 0.3

가. 교량받침

구 분		절점	P (kN)	V2 (kN)	V3 (kN)	비 고
교대 1	받침 1	53	114.953	72.341	126.640	
	받침 2	54	63.337	51.638	127.244	
	받침 3	55	66.491	52.384	127.250	
	받침 4	56	116.232	74.389	126.638	
교각 1	받침 1	57	478.237	50.536	138.917	
	받침 2	58	291.356	44.761	138.866	
	받침 3	59	305.622	44.882	138.830	
	받침 4	60	501.403	49.853	138.865	
	받침 5	61	368.409	49.931	138.449	
	받침 6	62	249.395	44.557	138.527	
	받침 7	63	247.428	44.719	138.568	
	받침 8	64	351.383	49.277	138.529	
교각 2	받침 1	65	348.131	51.309	139.134	
	받침 2	66	240.823	44.911	139.228	
	받침 3	67	250.883	44.732	139.237	
	받침 4	68	357.104	50.304	139.174	
	받침 5	69	512.770	51.661	139.551	
	받침 6	70	303.229	45.204	139.532	
	받침 7	71	296.544	44.883	139.530	
	받침 8	72	482.261	50.852	139.545	
교대 2	받침 1	73	125.210	75.173	127.641	
	받침 2	74	59.565	52.967	128.212	
	받침 3	75	63.837	52.329	128.188	
	받침 4	76	126.809	73.926	127.579	

나. 기둥상단 : 변위

구 분	절점	x (m)	y (m)	비 고
교각 1	88	0.003985	0.016575	
교각 2	95	0.003987	0.016534	

다. 기둥상단

구 분	절점	P (kN)	V2 (kN)	V3 (kN)	M2 (kNm)	M3 (kNm)
교각 1	88	54.869	547.217	1431.093	8541.117	912.382
교각 2	95	72.176	547.448	1416.484	8552.006	912.687

라. 기둥하단

구 분	절점	P (kN)	V2 (kN)	V3 (kN)	M2 (kNm)	M3 (kNm)
교각 1	116	79.821	561.808	1470.257	16465.010	4214.604
교각 2	120	65.764	560.642	1454.984	16393.230	4210.485

(3) 지진시에 상부구조와 교대 혹은 인접하는 상부구조간의 충돌에 의한 주요 구조부재의 손상을 방지하고, 설계시 고려된 내진성능이 충분히 발휘할 수 있도록 하기 위하여 상부구조의 단부에는 여유간격을 설치하여야 한다. 상부구조의 여유간격은 다음 식에 의한 값보다 작아서는 안된다. [도·설 6.4.5(5)]

$$\Delta l_i = d + \Delta l_s + \Delta l_c + 0.4\Delta l_t$$

① 교축방향 변위

구 분		교축방향 변위				교축직각방향 변위			
		CASE1	CASE2	CASE3	CASE4	CASE1	CASE2	CASE3	CASE4
교대 1	받침 1	28.665	28.628	36.226	28.503	0.063	0.044	0.042	0.047
	받침 2	28.636	28.601	36.195	28.476	0.063	0.045	0.042	0.048
	받침 3	28.627	28.591	36.185	28.468	0.065	0.048	0.045	0.050
	받침 4	28.638	28.602	36.197	28.480	0.066	0.050	0.046	0.051
교각 1	받침 1	27.246	22.718	30.963	22.725	0.029	0.027	0.026	0.025
	받침 2	27.255	22.750	30.985	22.766	0.024	0.022	0.020	0.021
	받침 3	27.263	22.758	30.995	22.775	0.024	0.018	0.014	0.017
	받침 4	27.268	22.739	30.990	22.750	0.029	0.022	0.019	0.020
	받침 5	27.235	22.711	30.952	22.718	0.031	0.022	0.018	0.022
	받침 6	27.245	22.743	30.975	22.760	0.026	0.018	0.014	0.018
	받침 7	27.254	22.752	30.986	22.769	0.023	0.021	0.020	0.021
	받침 8	27.259	22.734	30.982	22.744	0.026	0.025	0.026	0.024
교각 2	받침 1	27.233	22.708	30.955	22.714	0.031	0.022	0.018	0.022
	받침 2	27.243	22.740	30.978	22.755	0.025	0.018	0.014	0.018
	받침 3	27.251	22.748	30.989	22.765	0.022	0.021	0.020	0.019

구 분		교축방향 변위				교축직각방향 변위			
		CASE1	CASE2	CASE3	CASE4	CASE1	CASE2	CASE3	CASE4
	받침 4	27.257	22.731	30.984	22.740	0.026	0.025	0.026	0.023
	받침 5	27.244	22.718	30.967	22.726	0.028	0.026	0.026	0.024
	받침 6	27.253	22.750	30.990	22.767	0.023	0.022	0.019	0.020
	받침 7	27.261	22.758	31.000	22.776	0.022	0.018	0.014	0.016
	받침 8	27.266	22.740	30.995	22.750	0.027	0.022	0.019	0.019
교대 2	받침 1	28.664	28.624	36.223	28.501	0.068	0.050	0.046	0.048
	받침 2	28.635	28.597	36.192	28.474	0.067	0.049	0.045	0.048
	받침 3	28.627	28.588	36.182	28.466	0.062	0.042	0.039	0.044
	받침 4	28.638	28.598	36.194	28.478	0.060	0.040	0.035	0.048

② 교축직각방향 변위

구 분		교축방향 변위				교축직각방향 변위			
		CASE1	CASE2	CASE3	CASE4	CASE1	CASE2	CASE3	CASE4
교대 1	받침 1	28.665	28.628	36.226	28.503	0.063	0.044	0.042	0.047
	받침 2	28.636	28.601	36.195	28.476	0.063	0.045	0.042	0.048
	받침 3	28.627	28.591	36.185	28.468	0.065	0.048	0.045	0.050
	받침 4	28.638	28.602	36.197	28.480	0.066	0.050	0.046	0.051
교각 1	받침 1	27.246	22.718	30.963	22.725	0.029	0.027	0.026	0.025
	받침 2	27.255	22.750	30.985	22.766	0.024	0.022	0.020	0.021
	받침 3	27.263	22.758	30.995	22.775	0.024	0.018	0.014	0.017
	받침 4	27.268	22.739	30.990	22.750	0.029	0.022	0.019	0.020
	받침 5	27.235	22.711	30.952	22.718	0.031	0.022	0.018	0.022
	받침 6	27.245	22.743	30.975	22.760	0.026	0.018	0.014	0.018
	받침 7	27.254	22.752	30.986	22.769	0.023	0.021	0.020	0.021
	받침 8	27.259	22.734	30.982	22.744	0.026	0.025	0.026	0.024
교각 2	받침 1	27.233	22.708	30.955	22.714	0.031	0.022	0.018	0.022
	받침 2	27.243	22.740	30.978	22.755	0.025	0.018	0.014	0.018
	받침 3	27.251	22.748	30.989	22.765	0.022	0.021	0.020	0.019
	받침 4	27.257	22.731	30.984	22.740	0.026	0.025	0.026	0.023
	받침 5	27.244	22.718	30.967	22.726	0.028	0.026	0.026	0.024
	받침 6	27.253	22.750	30.990	22.767	0.023	0.022	0.019	0.020
	받침 7	27.261	22.758	31.000	22.776	0.022	0.018	0.014	0.016
	받침 8	27.266	22.740	30.995	22.750	0.027	0.022	0.019	0.019
교대 2	받침 1	28.664	28.624	36.223	28.501	0.068	0.050	0.046	0.048
	받침 2	28.635	28.597	36.192	28.474	0.067	0.049	0.045	0.048
	받침 3	28.627	28.588	36.182	28.466	0.062	0.042	0.039	0.044
	받침 4	28.638	28.598	36.194	28.478	0.060	0.040	0.035	0.048

511
부속장치

511.1 신축이음장치

1.1 개요

신축이음장치는 상부구조의 신축 또는 이동량을 흡수하고 교면 평탄성을 유지하여 차량의 주행성을 확보하기 위하여 상부구조에 설치하는 기계적 신축이음(조인트)와 연결장치로 구성된다. 신축이음은 교축방향으로의 온도변화, 콘크리트의 크리프 및 건조수축에 의한 이동량과 교량의 회전변위 및 처짐량, 그리고 구조적으로 필요한 여유량 등을 만족할 수 있도록 선정하여야 한다. 이에 따라 적합한 신축이음의 종류가 결정되어야 한다. 최근에는 교통량 증가에 따른 교량 신축이음부의 내구성, 주행성, 유지관리 편의성이 중요시되고 있다.

1.2 신축이음 종류

신축이음을 구조적인 측면으로 분류하면, 신축이음 자체가 차량하중을 지지하지 않는 맞댐식과 신축이음 자체가 차량하중을 지지하는 지지식으로 분류할 수 있다. <그림 511.1.1>에는 신축이음의 종류 전체를 맞댐식과 지지식으로 구분하여 도시하였으나, 현재 가장 일반적으로 적용되고 있는 신축이음은 모노셀, NB, 강핑거, 레일 조인트이다.

1.2.1 맞댐식 조인트

(1) 맹 조인트 형식

· 맞댐구조의 신축부가 교량의 표면에 노출되지 않고, 연속 포장된 아스팔트의 변형에 의해 충격 및 신축을 흡수하는 구조이다.

· 이동량 : 0~10 mm

· 장점 : 구조가 간단하여 시공 용이하다.

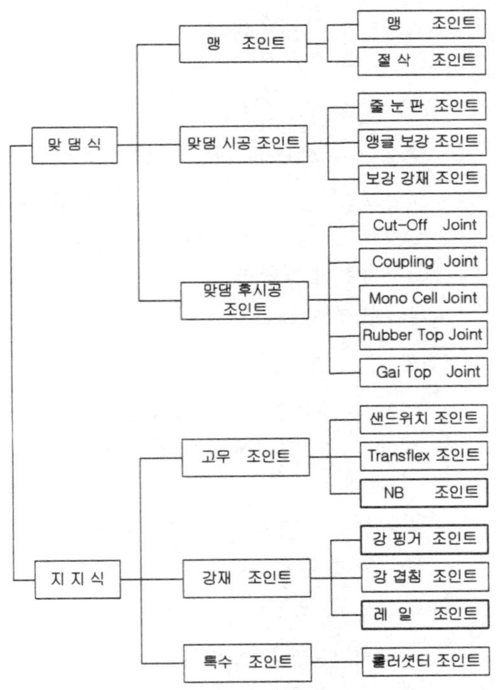

<그림 511.1.1> 신축이음의 분류

① 맹 조인트

- 철재 이음과 신축이 가능한 0.8 mm 동판을 볼트로 바닥판 콘크리트에 고정하고 아스팔트콘크리트를 포장한다.

- 시공이 어렵고, 이음부 포장재가 분리 또는

탈락되는 경우가 있다.

② 절삭 조인트

- 바닥판 신축부를 방수줄눈 처리하고, 포장을 5 mm 정도 절단한 후 줄눈 채움재로 주입 처리한다.
- 수명이 짧고, 절삭부 포장재 부위에 균열이 발생하는 단점이 있다.

(2) 맞댐 시공 형식

· 포장의 시공전에 설치하는 맞댐 줄눈구조

· 바닥판 콘크리트 타설 전 시공해야 한다.

· 이동량 : 10~30 mm

(3) 맞댐 후시공 형식

· 포장 시공후 설치 가능한 맞댐 조인트

· 포장부를 걷어내고 줄눈 우각부를 강재 및 수지재 등으로 보강하고, 줄눈부에는 채움 고무재를 삽입하여 접착하는 형식

· 평탄성이 양호

① Cut-Off 조인트

- 에폭시 몰탈부와의 접착부에 특수 고무접착제를 바르고 내후성의 고무 성형재를 끼워서 고정
- 평탄성이 양호하나, 접착제의 질에 따라 탈락우려가 있음

② Coupling 조인트

- 격자형 철판을 앵커볼트로 고정하고 고무 셀을 격자 철판에 볼트로 고정
- 고무 셀의 이동량이 Cut-Off 형식보다 다소 적음

③ Mono Cell 조인트

(동일유형 : Ace Joint - NC type)

- 측판에 앵커철근을 용접하여 단부에 설치하고 후타재 타설후 철판상단에 신축고무를 압축하여 삽입시킨 구조로서 가장 일반적으로 사용되는 조인트 중 하나임.
- 이동량이 적은 교량 상부구조에 적합

④ Rubber Top 조인트

- 앵커볼트 및 보강철근을 바닥판 상부철근에 용접·조립하고 후타재 타설후 고무조인트를 볼트로 고정
- 평탄성 양호

(4) 고무 조인트

· 고무재와 강재를 조합시켜 바닥판 유간을 지지하는 구조

· 변형과 충격에 대한 저항능력이 큼

① 샌드위치 조인트

- 상·하판으로 구분되어 하부 강판 위에 네오프렌(Neoprene)을 샌드위치 스타일로 접착. 바닥판 상단은 강판을 부착하여 축하중에 저항함

② Transflex 조인트

- 네오프렌 안에 강철판을 삽입한 일체형식으로 특징은 <표 511.1.3>을 참조
- 충격하중 : 고무의 탄성과 강재의 강성으로 흡수, 분산
- 전단변형 : 고무의 변형
- 시공 간편, 주행성 양호, 경제적, 저소음
- 고무판의 절삭부분이 자주 파손되어 유지보수 및 관리 문제
- 기존 콘크리트와 접착부 방수 불량

③ NB 조인트

- 트랜스플랙스 조인트의 개량형으로 네오프렌 고무 안에 강철판을 삽입한 일체식으로서 가장 일반적으로 사용되는 조인트 중 하나임[<표 511.1.3> 참조].
- 고정앵커는 보강철판에 용접 고정된 너트에 현장 조립 후 콘크리트 매입되므로 유지보수시 콘크리트를 제거 후 교체 가능
- 충격하중 : 고무의 탄성과 강재의 강성으로 흡수, 분산
- 이동량 : 고무의 인장과 압축

- 전단변형 : 고무의 변형
- 시공 간편, 주행성 양호, 경제성 양호
- 차륜의 접촉면적을 최소화함
- 정착부분 파손시 심한 소음발생
- 고무판의 절삭부분이 자주 파손되어 유지보수 및 관리 문제
- 기존 콘크리트와 접착부 방수불량

(5) 강재 조인트

신축이동량이 큰 교량에 적합한 형식이며, 내구성과 방수성이 뛰어나므로, 장지간 교량 및 연속교에 적합하다. 강핑거 조인트와 레일 조인트의 특징은 <표 511.1.4>를 참조한다.

① 강핑거 조인트

- 주행성이 좋으며, 강재로 내구성이 우수
- 방수기능 우수
- 이동량 : 50~700 mm
- 부분통제만으로 보수 및 교체가 가능하므로 유지관리 용이, 교통이 혼잡한 도심 고가차도 등에 많이 사용

② 강겹침 조인트

- 강핑거 조인트 이전에 사용하였으며, 현재는 주로 보도교에 사용

③ 레일 조인트

- 상부의 강재빔을 고무 씰로 연결 설치하고 하부는 가로보를 설치하여 하중을 분산시킴
- 이동량 : 80~1,200 mm
- 완벽한 방수성, 내구성, 주행성이 좋음
- 구조가 다소 복잡하고 주행시 소음 발생
- 전체 교폭에 대해 일체형으로 설치되므로 보수공사 시 교체가 어려우나, 정밀시공하는 경우 내구성 및 유지관리에 문제없음
- 단지간에서부터 신축량이 큰 장지간의 콘크리트교, 강교등 모든 교량에 적용이 가능하며, 중교통하중과 회전변위가 큰 교량 단부에 적합
- 곡선교, 사교, 풍하중 등으로 인하여 구조상 횡방향 변위가 발생할 수 있는 교량이나, 지진, 침하의 영향으로 수직방향 변위의 발생이 예상되는 교량에는 그 특성에 따라 X,Y 2축 이동가능 조인트나, X,Y,Z 3축으로 신축변위를 수용할 수 있는 레일조인트를 사용하는 것이 바람직함.
- 주행시 소음발생이 우려되는 구간에 대하여는 레일조인트 하부에 방음장치를 설치하거나 소음을 최소화 할 수 있는 단면의 레일을 적용
- 레일조인트는 본체 및 레일이 강재로 구성되어 부식에 취약할 수 있으므로 부식에 취약한 교량에 설치시에는 적극적인 방식대책을 마련하거나 ASTM A588 Weathering Steel 규격 등 내구성이 우수한 강재를 사용하는 것이 바람직함.

(6) 특수 형식

① 롤러셔터 조인트

- 롤러 셔터(Roller Shutter) 방식으로 현수교, 사장교 등 이동량이 크고 회전변위가 많은 교량에 적합함.
- 이동량 : 400 mm 이상
- 내구성, 주행성이 뛰어나며 소음이 적음
- 제작과 시공이 다소 복잡하고 고가임

1.3 신축이음 선정 요령

1.3.1 선정시 고려사항

(1) 교량의 종류

같은 종류의 신축이음이라도 강교에 설치하는 경우와 콘크리트교에 사용하는 경우에 설치방법에 차이가 있으며, 특히 PSC 합성거더교에 적용하는 경우에는 바닥판을 충분히 절단하고 후타설 부분을 두텁게 하여 강결하게 정착해야 한다.

(2) 이동량

온도변화, 건조수축, 크리프 등을 고려하여 산정하며 필요에 따라 활하중, 사각, 교대의 활동 등을 고려하여 결정하여야 한다.

[도 · 설 2.4.2.2]에는 신축이음의 설계이동량 산정시 가동받침의 이동량 산정방법에 준하도록 규정되어 있다. 설치시의 오차와 하부구조의 예상 밖의 변위 등에 대처하기 위하여 중소지간의 교량의 경우 설치여유량 10 mm와 부가여유량 20 mm를 추가로 고려하여야 한다.

소교량의 경우 여유량을 과다하게 산정하는 오류를 범할 수 있다. 이에 대하여 한국도로공사에서는 이동량 산정기준 적용시 있을 수 있는 혼선에 대한 합리적인 이동량 산출기준을 수립하고자 「교량 이동량 산출기준 검토(1999)」를 제시하였다(<표 511.1.1> 참조).

종류별 사용범위에 대한 표준을 <표 511.1.2>에 나타내었다. 표에는 일반적으로 사용되는 범위, 실적이 있는 범위, 또는 이론적으로 사용가능하다고 생각되는 범위로 나누어 나타내었다.

(3) 내구성

일반적으로 신축이음장치의 파손은 중차량의 통과횟수에 좌우되며, 전체 교통량에 의존하지 않는다. 따라서 중차량의 교통량이 많은 고속국도, 일반국도 및 주요 지방도에는 내구성이 큰 신축이음장치를 선택할 필요가 있다.

신축이음장치는 교량의 어떠한 부재보다도 차량 충격하중에 직접적으로 노출되므로 강도와 내구성이 우수한 제품을 선정하여야 한다. 또한, 신축이음장치는 도로 포장, 교량 바닥판 단부의 내구성과도 깊은 관계가 있다.

(4) 주행성

주행성은 신축이음의 내구성에 관계가 있으며, 주행성의 약화는 내구성의 저하에 따른다. 또한, 신축이음 본체의 단차는 주행성능을 현저하게 떨어뜨릴 수 있다. 특히 강핑거 조인트의 경우, 용접부 용접불량, 정착불량, 바닥판 콘크리트 타설에 따른 거더의 회전, 하부구조 침하 등의 원인으로 강판이 위로 솟아올라 차량의 주행성에 영향을 주는 경우가 있다.

(5) 배수성 및 수밀성

배수성 및 수밀성 역시 내구성의 일종으로 생각될 수 있다. 낙수가 문제가 되는 경우와 신축이음에서 누수가 발생하여 교량받침에 부식이 문제가 되는 경우가 있다.

(6) 시공성

① 시공의 난이도

- 줄눈형식, 줄눈판형식은 구조도 간단하고, 시공도 비교적 용이하다.
- 맞댐형식, 고무형식은 일단 시공된 포장을 절단한 후 시공하므로 비교적 번거롭다.
- 강재핑거 형식은 포장면 절단 후 시공하며, 평탄성을 고려 정밀한 시공이 요구된다.
- 레일 형식은 선시공은 물론 후시공이 가능하며 정상적인 기능을 발휘하기 위해서는 정밀시공이 요구된다.

② 시공방법에 따른 내구성, 평탄성, 수밀성, 배수성 등의 변화

- 줄눈형식은 제품자체가 원래 수명이 짧기 때문에 정상적인 시공이 되면 평탄성이 좋아 제품의 설계수명을 다할 수 있다
- 줄눈판형식은 줄눈벽의 청소 등에 따라 줄눈재의 수명이 크게 달라진다.
- 핑거형, 레일형은 정밀시공이 이루어질 경 내구수명을 유지하며, 시공의 정도에 따라 파괴나 평탄성, 수밀성이 떨어지는 경우가 있다.

(7) 경제성

경제성은 각 신축이음의 제품단가만으로 비교할 수 없다. 신축이음장치의 수명은 포장의 수명 정도만 유지하고 일종의 소모품으로 취급할 수밖에 없으므로 수명과 유지보수비, 도로의 성질 등을 고려하여 종합적으로 판단하여야 한다.

<표 511.1.1> 상부구조 이동량 산출기준 검토

구 분	도로교설계기준	도로설계요령	한국도로공사 설계지침
기 본 이동량	온도신축+건조수축+ 크리프+빔의 회전	온도신축+건조수축 +크리프	· 신축장 100 m 이하 : 도로설계요령과 동일 · 신축장 100 m 이상 : 도로교설계기준과 동일
여유량	설치여유량 : ±10 mm 부가여유량 : ±20 mm	기본이동량의 20% + 10 mm	· 신축장 100 m 이하 : 도로설계요령과 동일 · 신축장 100 m 이상 : 여유량만으로 규정
특 징	· 빔의 회전고려 · 여유량이 정량 (±30 mm)	· 여유량이 정률(20%) 과 정량(10 mm) · 보통지방과 한랭지방 으로 구분	· 신축장 100 m 이하 : 도로설계요령의 보통지방기준 · 신축장 100 m 이상 : 도로교설계기준과 동일하나 여유량을 구체적으로 명시하지 않음

<표 511.1.2> 신축이음(조인트) 종류별 이동량 예시

구 분	이동량 (mm)					
	100	200	300	400	500	~1,200
맹 조인트	10					
러버탑 조인트	30					
가이탑 조인트	30 60					
모노셀 조인트	30 70					
스트럽셀 조인트	100					
NB 조인트	35	120				
트랜스플랙스 조인트	30		230			
강핑거 조인트	50				500	
레일 조인트	80					1200
롤러셔터 조인트					400	1200

신축이음의 내구성의 저하로 인해 보수할 경우, 신축이음장치가 설치된 전 구간에 걸쳐 보수가 이루어지게 된다. 이에 따라 차량통행에 상당한 지장을 초래하므로, 신속한 보수가 가능한 신축이음장치를 선정하는 것이 바람직하다.

<표 511.1.3>과 <표 511.1.4>에는 가장 일반적으로 적용되고 있는 레일 조인트, 핑거 조인트, 트랜스플랙스 조인트 및 NB 조인트에 대하여 재질, 신축기능, 장·단점, 주의사항 및 설치현황 등을 정리하였다.

1.4 설계 시 고려사항

신축이음은 신축장에 대한 변위를 수용할 수 있도록 설계되어야 한다.

곡선교와 사교에는 교축방향과 교축직각방향의 신축, 종단경사가 있는 교량에서 가동받침의 수평이동으로 인한 수직단차, 주형의 단부회전에 의한 수평이동, 교대나 교각의 침하와 회전 및 수평이동에 의한 지점의 이동 등에 대하여 필요한 경우에는 이를 고려하여야 한다.

예상하지 못하거나 확실하지 않은 계산에 대해 충분한 여유간격을 확보하기 위해 이동량의 계산에 신축여유량과 설치여유량을 포함하여야 한다.

1.4.1 이동량 계산시 고려사항

(1) 온도변화

온도변화에 의한 이동량의 계산은 연중 최고온도차와 선팽창계수에 의해 계산한다. 이동량에 가장 큰 영향을 미치는 요인으로 전체 이동량의 50% 이상을 온도변화에 의한 이동량이 차지한다.

일반적으로 교량내의 온도차에 의한 변위는 다른 영향에 비해 무시할 수 있을 정도로 작으므로 이동량 계산에는 고려하지 않는다.

(2) 건조수축과 크리프

· RC 교량 : 건조수축만 고려

· PSC 교량 : 건조수축과 크리프 모두 고려

신축이음장치는 콘크리트의 건조수축과 크리프가 어느 정도 진행된 후에 설치되므로, 설치 이전의 이들에 의한 변형도를 고려하기 위해 콘크리트의 재령에 대한 저감계수 β를 사용한다.

(3) 교량의 처짐에 따른 단부의 회전 변위

보가 높거나 변형하기 쉬운 교량의 경우에는 단부의 회전에 의한 변위가 고려되어야 한다. 신축이음장치가 설치된 후에 작용하는 하중에 의해 교량에 처짐이 발생하며, 이로 인해 교량의 단부에는 회전변위가 발생한다. <그림 511.1.2>와 같이 고정받침에 대한 교량단부의 회전으로 단부는 수평으로 Δl_r과 수직으로 Δv 만큼 이동하게 된다.

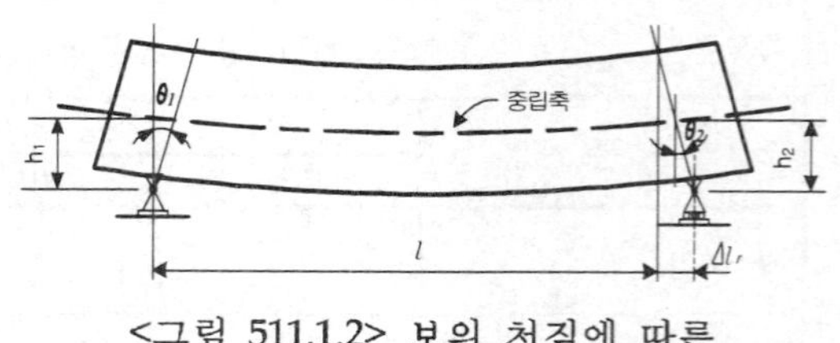

<그림 511.1.2> 보의 처짐에 따른 단부의 회전 변위

(4) 지점이동의 영향

신축이음은 교각과 교대의 침하, 회전, 수평이동 등에 의한 변위를 원활하게 수용할 수 있어야 한다. 교각과 교대에 예상되는 수평이동량을 여유간격의 계산에 고려하여야 하며, 수평이동량이 명확하지 않으면 보의 여유간격을 충분히 확보하는 것이 바람직하다.

(5) 교량의 종단경사에 의한 변위

교량의 가동단에 시공된 받침은 통상 수평으로 설치한다. 따라서 종단경사가 큰 교량의 경우 온도에 의한 수평변위에 의하여 <그림 511.1.3>과 같이 수직방향으로 단차가 발생한다.

<표 511.1.3> 신축이음 비교표(트랜스플랙스 및 NB 조인트)

구 분	트랜스플랙스 조인트	NB 조인트
형상		
재질	Rubber + 강판	Rubber + 강판
신축 기능	고무와 강판이 일체로 제작되어 고무의 변형으로 신축작용	고무와 강판이 일체로 제작되어 고무의 변형으로 신축작용하며, 앵커볼트가 본체 하부에 좌우로 연결된 일체 구조
이동량 범위	30 ~ 230 mm	35 ~ 120 mm
장점	- 표면이 고무재로 되어 있어 주행성은 비교적 양호하다. - Block-Out 깊이가 상대적으로 작다.	- 트랜스플랙스 조인트의 단점을 보완 개선한 제품이다. - 표면의 고무층을 두껍게 하여 완충능력과 내구성을 증대시켰다. - 표면적이 적고 표면에 앵커볼트 구멍이 없어 트랜스플랙스 조인트보다는 내마모성과 방수성이 우수하다. - 표면이 고무이므로 주행성이 좋고 유간에 흡음재를 설치하면 충격흡수 및 방음효과를 증대시킨다.
단점	- 내구수명이 짧다. - 완벽한 방수가 어렵다. - 고무의 마모가 심하며 100 mm 이상의 경우 수축시 중앙부가 솟아올라 파손이 잦고 수시로 보수가 필요하다. - 진동에 의한 정착너트의 풀림으로 빈번한 파손원인이 된다. - 타이어 접촉면이 많아 쉽게 마모되므로 잦은 교체가 필요하다.	- 내구수명이 짧다. - 완벽한 방수가 어렵다. - 앵커정착 너트부의 용접이 떨어질 경우 심한 소음 발생 - 정착부분의 하자발생시 후타 콘크리트를 제거하고 보수해야 함.
주의 사항	소교량에 적합하며, 정기적인 점검과 관리가 필수적이다.	- 소교량에 적합하며 이동량이 큰 교량(100 mm 이상)은 피하는 것이 좋다. - 정기적인 유지관리 필요
설치 현황	과거에는 사용실적이 많았으나 점차 교량이 장대화하고 제품 기능상의 문제점 등으로 사용 빈도가 낮다.	트랜스플랙스 조인트의 단점을 보완하여 개발되어 현재 소교량에는 가장 널리 쓰이고 있다.

<표 511.1.4> 신축이음 비교표(레일 및 핑거 조인트)

구 분	레일조인트	강핑거조인트
형상		
이동량 범위	80 ~ 1,200 mm	50 ~ 700 mm
특징	• 신축량이 커 회전변위가 큰 장대교량에 유리 • 각 방향(X,Y,Z) 신축이 가능하여 모든 교량 형태에 적용가능 • Block Out의 크기가 다소 큼 • 구조가 복잡하고 유지보수가 까다로움 • 동절기 소음증가, 주행성 저하	• Block Out의 크기가 작아 거더교에 효과적임 • 주행성이 우수하고 소음이 적음 • 주요 구성요소가 강재이므로 내구성 우수 • 구조가 단순하여 하자요소 적음 • 신축량이 큰 장대교량의 적용성에 문제 있음 • 사교, 급한 종단경사 적용시 정밀 검토 필요 • 레벨조정, 방수처리 등 시공 난이도 높음
시공성 유지보수	• 정밀시공이 요구됨 • 제품중량이 커서 운반 및 설치시 중장비 소요 • 조립 완료 상태로 현장 반입 되므로 품질관리 양호 • 온도에 따른 프리세팅 용이 • 중하자 발생 시 보수비용 고가, 보수기간 증가	• 1 m 길이로 제작되어 무게가 가벼워 운반, 취급 등 시공 용이 • 분할시공으로 인접 Finger간 Level 조정에 정밀시공 필요 • 대부분 볼트 형식으로 시공시 시공간편 • 부분적 차량통제로 보수가 가능함 • 신축이음부 방수, 배수처리 문제 상존
적용성	• 국내 고속도로, 일반국도 교량에서 가장 보편적으로 적용하는 형식이며 최근 유지관리상의 문제점이 지적되면서 사용이 다소 감소하고 있음.	• 레일조인트에 비해 사용빈도는 적으나 증가 추세임. 특히 도심지의 경우 소음발생이 적고, 유지보수의 간편성으로 교통통제 최소화가 가능하여 사용 증가하고 있음.

참고문헌 : 핑거조인트 설계기준 및 개선방안 검토, 한국도로공사, 2004

이 변위량이 작은 경우에는 그다지 큰 문제가 되지 않으나 이동량이 크고 종단경사가 큰 경우에는 신축이음장치 선정시 수평이동 Δl_h와 수직단차 Δv에 대한 영향이 고려되어야 한다.

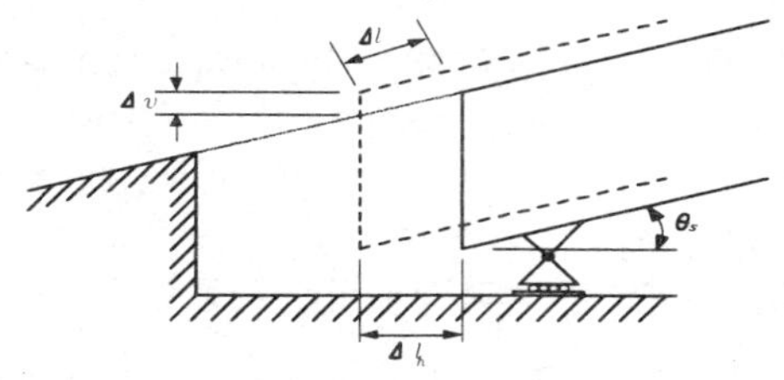

<그림 511.1.3> 종단경사에 의한 단부이동

(6) 사교 및 곡선교의 변위

곡선교와 사교에서 교량 단부의 접선방향 변위에 의한 비틀림은 신축이음장치에 전단력을 발생시키므로 신축이음장치의 형식 선정과 설계 및 시공에 특히 주의하여야 한다. 받침의 구속조건과 인접구조물의 형상에 따라 가능하면 신축이음장치에 전단력이 발생하지 않도록 받침을 선정하고 설계하여야 한다.

<그림 511.1.4>는 고정받침으로부터 이동단부까지의 직선거리를 신축장으로 하여 계산된 이동량 Δl을 단부에 대하여 접선방향변위($\Delta s = \Delta l \sin\Theta_c$)와 법선방향변위($\Delta d = \Delta l \cos\Theta_c$)로 분리하는 것을 나타낸다.

(7) 지진에 의한 영향

지진에 의한 인접구조물과의 상대변위를 신축이음장치가 흡수할 수 있어야 하지만 우리나라는 지진 발생빈도가 낮고, 신축이음장치가 파손되는 경우에도 낙교와 같은 대형사고가 발생할 우려가 적다. 또한, 지진시 이동량의 예측은 매우 어렵기 때문에 이동량의 계산에 이를 고려하지 않는다.

1.4.2 도로교설계기준에 의한 이동량 산정

신축이음의 선정과 설계의 기준이 되는 이동량의 계산은 온도변화, 콘크리트의 크리프와 건조수축, 교통하중에 의한 지점의 회전을 고려하여 계산된다. 또한, [도 · 설 2.4.2.2]에 따라 상부구조의 온도변화, 처짐, 콘크리트의 크리프 및 건조수축, 프리스트레스에 의한 부재의 탄성변형 등에 의해 생기는 이동량(기본 신축량)에 대해서 여유있는 구조로 하여야 한다.

설계 신축량은 신축이음의 용량을 의미하며, 신축이음의 신축량 산정에는 상기의 기본 신축량 외에 설치할 때의 오차와 하부구조의 예상 밖의 변위 등에 대처할 수 있도록 여유량을 고려하여야 한다. 이 여유량은 교량의 규모에 따라서 다른데, 일반적으로 다음과 같은 값을 따른다.

- 신축장 100 m 이하 : 설치여유량(기본 신축량 ×20%) + 부가 여유량(10 mm)

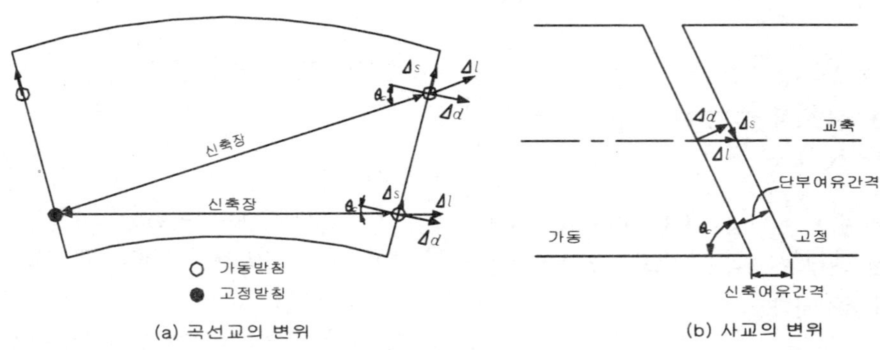

<그림 511.1.4> 곡선교 및 사교의 단부변위

- 신축장 100 m 이상 : 설치여유량(10 mm) + 부가 여유량(20 mm)

신축장은 신축하는 거더의 길이이며 일반받침의 경우는 고정단으로부터의 거리, 지진격리받침의 경우에는 교량의 중심에서부터의 거리로 본다.

$$\Delta l = \Delta l_t + \Delta l_s + \Delta l_c + \Delta l_r + (\Delta l_p) \quad (511.1.1)$$

여기서,

Δl : 계산이동량 (mm)

Δl_t : 온도변화에 의한 이동량 (mm)

Δl_s : 건조수축에 의한 이동량 (mm)

Δl_c : 크리프에 의한 이동량 (mm)

Δl_r : 처짐에 의한 이동량 (mm)

(Δl_p : 프리스트레싱에 의한 이동량)

(1) 온도변화에 의한 이동량

온도변화에 의한 이동량 Δl_t는 최저온도 T_{min}과 최고온도 T_{max} 의 차이로부터 다음과 같이 계산한다.

<표 511.1.5>에 제시한 온도범위는 교량상부구조의 평균온도이며, 지역구분은 최근 5년간 최저기온 및 최고기온을 참조하여 결정한 것이다.

$$\Delta l_t = (T_{max} - T_{min})\alpha l = \Delta T \alpha l \quad (511.1.2)$$

여기서,

α : 선팽창계수(<표 511.1.5> 참조)

l : 고정받침에서 고려하는 이동단부까지의 직선거리

신축이음장치가 설치될 때에 예상되는 온도 T_{set}에 대한 최대 신장량Δl_t^-과 수축량Δl_t^-은 다음과 같이 계산한다.

$$\Delta l_t^+ = (T_{max} - T_{set})\alpha l \quad (511.1.3a)$$

$$\Delta l_t^- = (T_{min} - T_{set})\alpha l \quad (511.1.3b)$$

$$\therefore \Delta l_t = \Delta_t^+ - \Delta_t^- \quad (511.1.3c)$$

여기서, T_{set} : 신축이음장치가 설치될 때의 온도 (48시간의 평균온도)

(2) 건조수축과 크리프에 의한 이동량

① 건조수축 : 콘크리트가 타설된 후부터 신축이음장치가 설치될 때까지를 다음과 같이 고려한다.

$$\Delta l_s = -\Delta T \times \alpha \times l \times \beta \quad (511.1.4)$$

여기서,

ΔT : 온도변화(<표 511.1.5> 참조)

α : 선팽창계수(<표 511.1.5> 참조)

l : 고정받침에서 고려하는 이동단부까지의 직선거리

β : 저감계수(<표 511.1.7> 참조)

ε_s : 극한 건조수축 변형도 ($=20\times10^{-5}$ 또는 20℃의 온도하강)

② 크리프

프리스트레스 긴장력이 도입될 때부터의 콘크리트의 재령에 따라 <표 511.1.7>의 저감계수 β를 사용한다.

$$\Delta l_c = -\frac{P_i}{E_c A_c}\phi \beta l \quad (511.1.5)$$

여기서,

ϕ : 크리프 계수 (= 2.0)

P_i : 프리스트레싱 직후의 PS강재에 작용하는 인장력

A_c, E_c : 콘크리트의 단면적과 탄성계수

<표 511.1.5> 가동받침 이동량 산정시 고려하는 온도변화 및 선팽창 계수

교량 종류	온도변화		선팽창계수
	보통지방	한냉한 지방	
PSC교, RC교	- 5 ℃ ~ + 35 ℃	- 15 ℃ ~ + 35 ℃	1.0×10^{-5}
강교(상로교)	- 10 ℃ ~ + 40 ℃	- 20 ℃ ~ + 40 ℃	1.2×10^{-5}
강교(하로교 및 강바닥판교)	- 10 ℃ ~ + 50 ℃	- 20 ℃ ~ + 40 ℃	1.2×10^{-5}

<표 511.1.6> 설계이동량의 계산 간편식

(기준 : 보통지방)

구분 \ 형식	강 교		PSC 교	RC 교
	상 로 교	하로교, 강바닥판교		
ΔT	50 ℃ (- 10 ~ + 40 ℃)	60 ℃ (- 20 ~ + 40 ℃)	40 ℃ (- 5 ~ + 35 ℃)	
α	1.2×10^{-5}		1.0×10^{-5}	
Δl_t	$\Delta l_t = \Delta T \alpha l = 0.6\,l$	$\Delta l_t = \Delta T \alpha l = 0.72\,l$	$\Delta l_t = \Delta T \alpha l = 0.4\,l$	
Δl_{sh}	-	-	$\Delta l_{sh} = 20 \alpha \beta l = 0.1\,l$	
Δl_{cr}	-	-	$\Delta l_{cr}^{*} = \frac{\sigma_p}{E_c} \phi \beta l = 0.2l$	-
Δl_e^{**}	$\Delta l_e = 0.6\,l \times 20\% + 10 = 0.12\,l + 10$	$\Delta l_e = 0.72\,l \times 20\% + 10 = 0.14\,l + 10$	$\Delta l_e = 0.7\,l \times 20\% + 10 = 0.14\,l + 10$	$\Delta l_e = 0.5\,l \times 20\% + 10 = 0.10\,l + 10$
합계 Δl (설계이동량)	$\Delta l = 0.72\,l + 10$	$\Delta l = 0.86\,l + 10$	$\Delta l = 0.84\,l + 10$	$\Delta l = 0.6\,l + 10$

* 여기서, β=0.5, $f_p = 5.884\,MPa$, $E_c = 2.942 \times 10^4\,MPa$, $\phi = 2$ 로 가정

** 포장 및 활하중에 의한 거더단부의 회전 및 시공오차로 인한 신축변화량은 여유량을 예상하여 기본이동량의 20%에 일률적으로 10 mm를 더하는 것으로 함.

<표 511.1.7> 콘크리트의 건조수축 및 크리프에 대한 저감계수(β)

콘크리트의 재령(월)	0.25	0.5	1	3	6	12	24
저감계수(β)	0.8	0.7	0.6	0.4	0.3	0.2	0.1

<표 511.1.8> 교량의 강성에 따른 지점의 회전각

l/δ	400	500	600	700	800	900	1,000	1,500	2,000
Θ_e(rad)	1/100	1/125	1/150	1/175	1/200	1/225	1/250	1/375	1/500

(3) 지점의 회전변위에 의한 이동량

지점의 회전변위 Θ_e에 의한 단부의 수평 이동량 Δl_r과 수직 이동량 Δv는 각각 다음과 같이 계산한다. 연속보의 중간지점에서는 그 영향이 적으므로 무시해도 좋다. 단순보의 경우에는 가동받침에 고정단에서의 회전의 영향이 가산되어 2배가 되는 것에 주의해야 한다. 일반적으로 Θ_e는 강교에서 1/150, 콘크리트교에서 1/300을 고려하면 된다.

$$\Delta l_r = -h\Theta_e \qquad (511.1.6a)$$

$$\Delta v = a\Theta_e \qquad (511.1.6b)$$

여기서,

a : 받침의 중심에서 단부까지의 수평거리

h : 보 높이의 ⅔

지점의 회전변위는 최대 처짐에 대한 지간의 비로 표시되는 교량의 강성(l/δ)으로부터 <표 511.1.8>의 값을 사용하여 근사적으로 구할 수 있다.

1.5 신축이동량 산정 예

[도·설 2.4.2.2]에 의한 설계 신축량 산정과정은 다음과 같다.

[단계 1] 설계조건

① 교량제원

- 형 식 : PSC 합성형거더교
- 교량등급 : 1등교 (차량전용)
- 교 장 : 2 @ 30.0 = 60.0 m
- 폭 원 : 12.4 m
- 지 간 : 29.1 m
- 거더간격 : 2.5 m

[단계 2] 온도 변화에 의한 이동량 [식(511.1.2) 참조]

$\Delta \ell_t = 0.4L = 0.4 \times 30 = 12.0$ mm

[단계 3] 콘크리트 건조수축에 의한 이동량 [식(511.1.4) 참조]

$\Delta \ell_s = 0.1L = 0.1 \times 30 = 3.0$ mm

[단계 4] 크리프에 의한 이동량 [식(511.1.5) 참조]

$\Delta \ell_c = 0.2L = 0.2 \times 30 = 6.0$ mm

[단계 5] 신축 여유량

($\Delta \ell t + \Delta \ell s + \Delta \ell c$)의 20%+ 10 mm

$\Delta \ell_a$

$= 0.14L + 10 = 0.14 \times 30 + 10 = 14.2$ mm

설계신축량은 다음과 같다.

$\Delta = (12.0 + 3.0 + 6.0 + 14.2) = 35.2$ mm

511.2 받침

2.1 개요

교량받침은 상부구조에 작용하는 하중을 하부구조에 전달하는 기능을 갖는 기계장치로서 교량의 내구성, 안정성에 관련된 중요한 구조요소이다. 또한 고정하중, 활하중 등에 의해서 상부구조에 발생되는 변위뿐만 아니라 온도변화 및 크리프에 의해서도 교량의 변위, 변형이 발생하므로 상·하부 구조를 별개로 한 경우 이들의 접점에 있는 받침은 그 변위를 흡수하는 구조로 하거나 변위에 의해 발생되는 하중에 저항할 수 있는 구조로 설계되어야 한다.

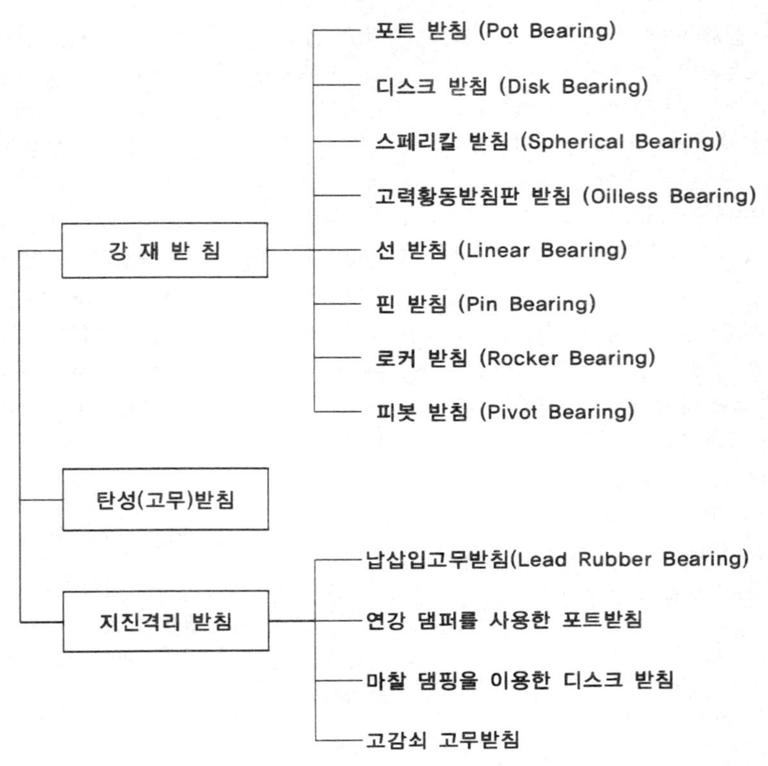

<그림 511.2.1> 교량받침의 종류

2.2 받침종류

2.2.1 기능상의 분류

교량받침에 요구되는 3대 기능으로는 받침(支持), 굴림(回轉), 미끄러짐(移動) 기능이 있다.

종래에는 교량받침의 기능에 따라 고정받침과 가동받침으로 구분하여, 차량진행방향인 교축방향에 따라 교량지간 양단에 각기 배열하였으나, 최근에는 교폭이 점차 넓어짐에 따라 가동형은 일방향과 전방향 가동받침으로 다시 구분되어 사용되고 있다.

(1) 고정받침

일종의 힌지 기능을 하며 수직·수평반력은 전달하고, 회전에 대해서는 자유롭다.

(2) 가동받침

수직반력만을 전달하며 수평 및 회전에 대해 자유롭게 움직인다. 이때 수평이동시에 약간의 수평저항이 존재하며 설계의 중요한 인자중 하나로 고려된다.

2.2.2 구조상의 분류

교량받침은 제작에 사용된 원자재의 재질에 따라 강재를 주로 사용한 강재받침과 고무를 주요자재로 사용한 탄성받침으로 대별할 수 있으며, 추가적으로 기본적인 받침거동을 수행하면서 지진에너지 소산기능을 갖고 있는 지진격리용 받침이 있다. 현재 널리 쓰이고 있는 교량받침의 종류별 특징과 기능은 <그림 511.2.1>와 같다.

(1) 포트 받침 (Pot Bearing)

현재 가장 널리 사용되어지는 교량받침의 형식인

포트 받침은 원형의 밀폐용기에 고무를 넣고 그 위에 받침판을 얹어 고무의 탄성변형에 의해 회전기능을 가지며, 미끄럼 기능은 고무판 위에 설치된 피스톤 상단에 부착된 불소수지(PolyTetraFluoroEthylene, PTFE)판과 포트받침 바닥판의 하단에 부착된 스테인리스 스틸 판 사이에 윤활유를 주입하여 이동변위에 대해 적은 마찰계수로 미끄럼 기능이 이루어진다.

포트 받침은 용기속의 고무가 유체처럼 작용하여 수직반력을 골고루 분포시키고 받침의 높이가 낮아 회전(0.01~0.02 rad)에 대한 안전성이 우수하며 회전에 따른 하중의 편심이 작아서 유리하다. 포트받침은 한국산업규격 KS F 4424에 따라 품질규격에 적합하도록 제작되어야 한다.

포트받침은 하중이 커질수록 다른 종류의 받침보다 경제성이 증가되기 때문에 장대교량에 적합한 형식 중의 하나이다.

(2) 탄성 받침(Elastomeric Bearing)

고무를 주자재로 사용한 탄성받침은 고무만을 사용재료로 한 순수탄성받침(Rubber Bearing) 받침과 내부에 1개 이상의 강판을 보강하여 하중재하시 받침 측면의 팽출현상을 억제하여 내하력을 증가시킨 적층탄성받침(Laminated Rubber Bearing)이 있으며 적층탄성받침이 교량받침으로 주로 사용된다.

천연고무 또는 합성고무를 재질로 하는 탄성받침은 별도의 다른 부품이 필요 없이 설치할 수 있는 매우 간단한 형식으로서, 설치 높이가 낮고 임의의 형상으로 제작이 가능하며 특히 설계가 매우 간단하다.

사용되는 고무는 장기에 걸쳐 확실한 하중지지와 이동 및 회전 변형의 정확한 추정이 요구되므로 충분한 내하능력과 탄성적 특성을 가지는 동시에 노화 안정성이 보증되어야 한다. 즉, [KS F 4420 교량지지용 탄성받침]의 규격을 만족하는 것이어야 하며 크로로프렌계 합성고무(CR) 및 천연고무(NR)가 사용되고 있다.

탄성받침은 현재 PSC 합성거더교에 널리 사용되고 있으며, 내진설계시 지진력분담 기능이 있어 최근에는 일반 강교량에 적용도 점차적으로 증가되는 추세이다. 한국도로공사에서는 현재 사용중인 일반형 탄성받침은 온도보정이 불가능하며 미끄럼 및 들뜸 현상이 발생되어 교량의 구조적 불안정성이 발생되는 경우가 있어 일체형 탄성받침을 사용하도록 권장하고 있다. 일체형 탄성받침(볼트체결, 가황, 접착제 등)은 제작 시 온도보정이 가능하고 전단 변형 발생(들뜸 현상 및 미끄럼 현상) 방지 및 안정적인 거동을 할 수 있도록 하여야 한다. [탄성받침 개선방안 검토, 한국도로공사, 2005]

(3) 스페리칼 받침(Spherical Bearing)

스페리칼 받침은 모든 방향으로의 회전이 가능하며 수직하중은 필요에 따라 설계 가능하다. 스페리칼 받침은 고정, 일방향 가동 및 전방향 가동 받침으로 분류한다.

(4) 고력황동 받침판 받침(Bearing Plate Bearing)

받침판의 한쪽을 평면, 다른 면은 곡면으로 하여 상, 하부판과 각각 면접촉을 시켜서 미끄럼에 의해 평면 접촉부에서 신축을, 곡면 접촉부에서 회전을 가능하게 한 받침이다.

이 받침형식은 받침판 받침 또는 Oilless Bearing 이라는 이름으로 사용되어 왔다. 받침판은 기능에 따라 차이는 있지만 회전성능(0.04 rad)이 우수하고 이 회전이 모든 방향으로 가능하기 때문에 회전이 큰 곳, 회전방향이 이동방향과 일치하지 않는 사교나 곡선교 등에도 사용하기 편리하다.

또 지진시 수평저항력이 크고 회전성능이 우수하므로 현재 단경간 철도교에 많이 사용되고 있으며 내진설계시 그 용도가 다양하기는 하지만, 대용량의 경우 받침이 대형화되는 단점이 있다. 또한, 미끄럼면에 이물질이 존재하거나 접촉면이 녹슬면 마찰계수가 증가하므로 씰링과 접촉부의 방청을 고려하여야 한다.

이 받침은 평면 접촉부, 곡면접촉부의 양면에서 미끄럼이 발생하는 구조로 하면 가동받침이 되고, 평면접촉부의 미끄러짐을 구속하고 곡면접촉만 미끄러짐이 발생하는 구조로 하면 고정받침이 된다.

(5) 평면 받침(Plane Bearing)

평면 받침은 두 장의 강판을 겹쳐 놓은 형태의 간단한 구조로서, 앵커볼트의 조절에 따라 고정 또는 가동받침으로 사용할 수 있다.

반력의 불균형이 생기기 쉬우며, 강판사이의 마찰저항이 크므로 가동받침으로 사용하는 경우에는 주의를 요한다. 단지간 교량을 제외하고는 평면받침을 사용하는 것은 바람직하지 않다.

(6) 선 받침 (Linear Bearing)

선 받침은 접합부의 한쪽은 평면, 다른 한쪽은 원주면으로 하여 선접촉을 시켜서 마찰저항의 감소와 회전변위를 흡수할 수 있도록 한 간단한 형식의 받침이다.

(7) 롤러 받침 (Roller Bearing)

롤러 받침은 가동단에 사용하는 것으로, 1개 롤러의 경우 자체만으로 회전이 가능하나, 복수 롤러의 경우에는 핀 등과 조합하여 사용된다.

이 받침은 롤러의 수가 2개 이내에서는 반력의 분포가 분명하나 그 이상일 때는 반력의 분포가 균등하지 않다.

큰 회전이 필요한 곳에 유리하며 보통 표준형의 설계시 지지하중은 15,000 kN까지, 이동량은 ±200 mm까지 설계하고 있다.

(8) 로커 받침 (Rocker Bearing)

로커 받침은 롤러를 변형시킨 것으로 작동원리는 롤러와 같으므로 롤러 받침의 일종이라 할 수 있다. 롤러 받침에 비해 경제성이 좋으나 수평변위량이 허용치를 초과해서는 않도록 해야 한다.

(9) 피봇 받침 (Pivot Bearing)

피봇 받침은 상·하 피봇면의 반경비가 1.01 이상일 때 점 피봇 받침, 1.01 이하일 때 구면 피봇 받침이라 한다. 여기서 피봇 면의 반경비란, 피봇 받침의 하부 피봇면의 반경에 대한 상부 피봇면의 반경 비율을 말한다. 점 피봇 받침은 회전성능이 뛰어나지만, 구면 피봇 받침에 비해 수직하중 재하능력이 작기 때문에 수직하중이 큰 곳에서는 통상의 재료를 사용하면 위험하다. 모든 방향으로 회전이 가능한 이 받침의 지지하중은 보통 4,000 kN까지, 적용지간은 25 m까지의 범위에서 사용되고 있다.

(10) 핀 받침 (Pin Bearing)

핀 받침은 플레이트거더, 박스거더 등에 고정받침으로 사용되며 이동지점에서는 복수 롤러받침과 조합해서 사용한다.

지압형은 분리된 상·하부판 사이에 끼워진 핀이 지압을 받는 형식으로 상양력은 단부의 캡(Cap)에 의하여 지지되는 정도이므로 상양력이 큰 곳에는 사용하지 않는다.

전단형은 상양력이 작용하는 곳에 사용하는데, 상부판과 하부판에 맞물려진 리브 사이를 핀이 관통하는 형식으로 이때 핀의 직경은 전단과 휨에 저항할 수 있도록 설계되어야 한다. 아치교에서는 주로 지압형 받침을 사용한다. 상·하부판은 보통 탄소강주강을 사용한다.

(11) 납삽입고무받침(Lead Rubber Bearing)

일체성형 형식의 고무받침의 내부에 코어 형태의 납플러그를 삽입하여 금속의 비선형성을 이용한 고무받침으로서 고무받침의 탄성 복원력에 의해 납플러그가 복원되므로 잔류 변형이 발생하더라도 자연적으로 원위치에 복귀하게 된다. 고무받침의 장점과 수평력에 의해 발생하는 변위를 억제할 수 있으며, 온도하중과 같이 서서히 발생하는 하중에 대해서는 납의 크리프 특성으로 쉽게 항복하여 온도하중을 하부구조에 전달하지 않는다. 또한, 납의 재결정 온도가 상온이므로 지진

발생 후에도, 납플러그를 교체할 필요가 없다. 다만 납의 사용으로 인한 환경오염 문제로 인하여 선진국에서는 사용이 감소하고 있는 추세이다.

(12) 연강 댐퍼를 사용한 포트받침

수직하중에 대해서는 포트받침의 기능과 같고, 지진시 고정받침의 수평하중에 대해서는 포트받침 상하판에 고정된 연강 댐퍼가 저항하고, 가동받침은 충격전달장치(Shock Transmission Unit)를 사용하여 상시에는 가동의 역할을 지진시에는 연강의 변형을 통해 지진 에너지 흡수하는 받침이다. 지진 발생 후, 연강 댐퍼가 영구변형으로 교량 상부구조를 원위치에 이동시키기 위한 별도의 대책이 필요하며, 댐퍼가 연강이므로 정기적인 도장이 필요하며, 지진시에 작동해야하는 충격전달장치의 유지보수 및 성능 점검이 필수적으로 요구된다.

(13) 마찰 댐핑을 이용한 디스크 받침

하부 강판 위에 회전기능 및 지지기능을 갖는 테프론 디스크를 설치하고, 상부 강판을 덮는 형태로 되어 있으며, 마찰판의 마찰댐핑을 이용하여 지진에너지를 소산하는 장치이다. 비교적 받침의 높이가 낮고 중량이 가벼워 시공성능이 우수하나, 상대적으로 회전각이 적어 장대교량이나 경사진 교량에 사용하는데는 어려움이 있다. 또한 디스크의 변형 또는 마모로 인한 유지관리 및 점검이 필수적이다. 지진시에 작동해야하는 충격전달장치의 유지보수 및 성능 점검이 필수적으로 요구된다.

(14) 고감쇠 고무받침

지진에너지를 고무 자체의 감쇠성능을 이용하여 열에너지로 소산시키는 받침으로서 별도의 댐퍼가 필요하지 않는 것이 장점일 수 있다. 그러나, 저온시에 고감쇠 고무자체의 전단강성의 변화가 크므로 설계시에 이를 반영하여 설계해야 한다. 납삽입고무받침의 대체로 사용되는 지진격리받침이다.

2.3 받침 선정 요령

2.3.1 교량형식에 따른 받침선정

교량의 상부구조 형식에 따라 받침종류가 일률적으로 적용되는 것은 아니지만 주로 사용되는 받침 순서로 정리하면 다음과 같다.

(1) 강교

① 강박스거더교 : 포트 받침, 고력황동 받침판 받침, 롤러 받침

② 플레이트거더교 : 롤러 받침, 포트 받침, 탄성 받침

③ 프리플렉스거더교 : 탄성 받침

(2) 콘크리트교

· PSC 합성거더교 : 탄성 받침, 고력황동 받침판 받침

· PSC 박스거더교 : 포트 받침

· 슬래브교 : 탄성 받침

2.3.2 받침 선정 시 고려사항

교량받침의 선정에 있어서 다음 항목들을 고려하여 가장 적합한 것을 선정해야 한다.

- 수직 하중
- 수평 하중
- 이동량 및 방향
- 회전량 및 방향
- 마찰 계수
- 상 · 하부 구조의 형식과 치수
- 지점에서의 소요 받침 수
- 지반 조건 및 침하 가능성(하부구조)
- 교량의 총 연장
- 받침의 상 · 하부 구조의 접속부의 보강
- 유지 관리

- 미관

2.4 설계 시 고려사항

교량 구조물에서 받침이 제기능을 충분히 발휘하도록 설계하려면 여러 가지 하중 조건하에서 받침에 발생되는 수직/수평하중과 이동량 산정이 정확히 이루어져야 한다. 교량의 이동량은 상부구조물에 사용되는 재료적 성질이나 교량구조물에 작용되는 다양한 외력들에 의해서 발생한다.

- · 온도, 습도의 변화
- · 콘크리트의 크리프 및 건조수축
- · 프리스트레싱
- · 고정하중 또는 활하중에 의한 휨 변형
- · 재료의 피로현상
- · 침하 또는 지반의 이동
- · 차량의 가속 또는 제동 하중
- · 교량의 선형 곡률에 의한 원심력
- · 지진
- · 풍하중
- · 가설하중

상기 요인에 따른 하중 및 이동량 산정은 그 크기뿐만 아니라 작용 방향 및 작용 기간도 고려되어야 하며, 반복(Reversible) 이동량 및 반복되지 않는(Irreversible) 이동량의 합은 받침의 최대 이동량을 초과해서는 안된다.

교량의 회전은 경간장, 프리스트레싱 힘, 하중 및 교량의 침하 정도에 따라 다르며 회전의 크기는 받침 종류를 선택하는데 매우 중요한 요소이다.

2.4.1 설계도에 기입해야 할 사항

교량받침의 설계도에는 설계된 받침의 검토, 시공시의 편리 및 유지관리 등을 위해 다음과 같은 사항을 기입해야 한다.

① 교량받침의 배치도(이동 및 회전 방향)

② 설계 하중

- · 전설계에 의한 반력 (R)
- · 고정하중에 의한 반력 (R_d)
- · 활하중에 의한 반력 ($R_{\ell+i}$)
- · 온도변화, 크리프, 건조수축의 영향에 의한 반력 (R_f)
- · 프리스트레싱에 의한 2차 반력 (R_p)
- · 지진하중(교축, 교축직각방향)에 의한 반력 (R_e)
- · 풍하중에 의한 반력 (R_w)

③ 설계 이동량

- · 계산 이동량 (Δl)
- · 온도변화에 의한 이동량 (Δl_t)
- · 콘크리트의 크리프, 건조수축에 의한 이동량 (Δl_c , Δl_s)
- · 프리스트레스에 의한 콘크리트의 탄성 변형량 (Δl_p)
- · 거더의 처짐에 의한 이동량 (Δl_r)
- · 설치 여유량 (Δl_y)

④ 가동받침의 설계 마찰계수 (f)

⑤ 재료표(재질과 수량)

2.4.2 받침의 설계하중

교량받침의 설계하중은 지점반력 및 그 조합 중에서 가장 불리하게 되는 값을 사용하며, 그 외에 특별히 유의할 사항은 다음과 같다.

① 수직반력

동일 선상에 배치된 각 받침의 수직반력은 시공오차와 철근콘크리트 바닥판의 강성평가 등 해석상의 오차 등을 고려해서 최소 수직반력은 $\Sigma R/n$ (ΣR : 동일선상의 각 받침의 수직반력의 합계,

n : 받침의 수) 이상으로 한다.

② 수평반력

수직반력과 같은 이유로 해서 지진시 최소 수평반력은 $\Sigma H/n$ (ΣH : 동일선상의 전수평반력) 이상으로 한다. 또 풍하중에 의한 수평반력에 대해서도 같은 식으로 배려하여야 한다.

2.4.3 받침의 설계 이동량

가동받침은 상부구조의 온도변화, 처짐, 콘크리트의 크리프 및 건조수축, 프리스트레싱에 의한 부재의 탄성변형 등에 의해 발생되는 이동량에 대해서 여유 있는 구조로 한다.

(1) 가동받침의 이동량(계산 이동량) 산정

$$\Delta l = \Delta l_t + \Delta l_s + \Delta l_c + \Delta l_r \quad (511.2.1)$$

여기서,

Δl : 계산 이동량

Δl_t : 온도변화에 의한 이동량

Δl_s : 콘크리트의 건조수축에 의한 이동량

Δl_c : 콘크리트의 크리프에 의한 이동량

Δl_r : 활하중에 의한 보의 처짐에 의한 이동량

① 온도변화에 의한 이동량

$$\Delta l_t = \Delta T \cdot \alpha \cdot l \quad (511.2.2)$$

여기서,

ΔT : 온도변화 (℃)

α : 선팽창계수(/℃)

l : 신축 들보 길이

② 콘크리트의 건조수축과 크리프에 의한 이동량

$$\Delta l_s = -20 \cdot \alpha \cdot l \cdot \beta \quad (511.2.3a)$$

$$\Delta l_c = -\frac{P_i}{E_c A_c} \cdot \phi \cdot l \cdot \beta \quad (511.2.3b)$$

여기서,

β : 건조수축, 크리프의 저감계수

P_i : 프리스트레싱 직후의 PS 강재에 작용하는 인장력

A_c : 콘크리트의 단면적

E_c : 콘크리트의 탄성계수

ϕ : 콘크리트의 크리프계수 (=2.0)

20 : 건조수축에 상당하는 온도변화

③ 거더의 처짐에 의한 이동량(활하중에 기인)[<그림 511.1.2> 참조]

$$\Delta l_r = \sum(h_i \times \theta_i) \quad (511.2.4)$$

여기서, h는 보 높이의 ⅔, θ는 강교에서 1/150, 콘크리트교에서 1/300 이다.

가동받침은 설계이동량과 최대회전각에 대하여 설계되는 것이므로 설치시 온도, 콘크리트 재령, 가설상황 등에 의하여 상 · 하부받침의 위치를 결정하여야 한다. 즉, 일반적으로 설계에 나타낸 표준온도하의 활하중이 재하되지 않은 상태에서 콘크리트의 건조수축, 크리프가 완료되었을 때 상 · 하부받침 중심이 일치하도록 설치한다. 또한 현장타설 PSC교 등은 프리스트레싱에 의한 탄성변형도 고려하여야 하므로 가동받침 상 · 하부판의 중심간 간격은 설치시의 상태에 따라 다음과 같이 수정된다.

$$l_m = l + \Delta l_d + \Delta l_t' + \Delta l_s + \Delta l_c + \Delta l_p$$
(511.2.5a)

$$\delta = l_m - l = \Delta l_d + \Delta l_t' + \Delta l_s + \Delta l_c + \Delta l_p$$
(511.2.5b)

여기서,

l : 받침 설치완료시의 신축 주형 길이

l_m : 가동받침의 하부받침 중심과 고정받침의 하부받침 중심간 거리

δ : 가동받침에서 상, 하부받침중심간 간격

Δl_d : 받침 설치완료 후 작용하는 고정하중에 의한 이동량

$\Delta l_t'$: 표준온도를 기준으로 한 온도변화에 의한 이동량

이때, <그림 511.2.2>에 나타낸 바와 같이 보가 신장되는 방향을 정(+)으로 한다.

(2) 설계 이동량

설계 이동량 = 계산 이동량 + 설치 여유량 + 부가 여유량

가동받침의 이동량 산정에는 상기의 계산 이동량 외에 설치할 때의 오차와 하부구조의 예상 밖의 변위 등에 대처할 수 있도록 여유량을 고려하여야 한다.

여유량은 교량의 규모에 따라 다른데, [도·설 2.4.1.3]는 가동받침의 이동량 산정에는 상기의 계산이동량 외에 설치할 때의 오차와 하부구조의 예상 밖의 변위 등에 대처할 수 있도록 여유량을 고려하여야 한다. 또한, 여유량은 교량의 규모에 따라서 다른데, 일반 중소지간 교량의 경우에는 설치여유량으로서 ±10 mm, 부가여유량으로서 ±20 mm, 합계 ±30 mm로 보는 것이 일반적이다.

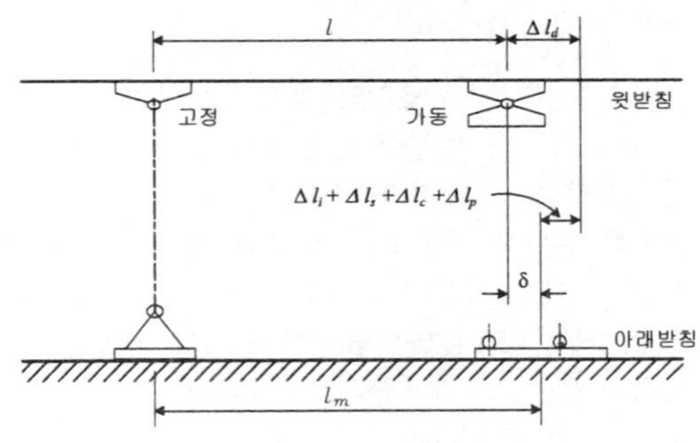

<그림 511.2.2> 받침 위치의 산정

2.4.3 받침 배치

받침의 배치는 상부구조물의 재료적 성질이나 교량구조물에 작용되는 다양한 외력들로 인하여 발생되는 각종 하중을 확실하게 전달할 수 있도록 고려한다. 따라서 교량 상·하부구조의 형식이나 치수 등을 고려해서 상부구조의 하중이 하부구조로 무리 없이 전달될 수 있도록 계획한다.

사교 및 곡선교의 거동을 정확하게 파악하기 위해서는 3차원 해석이 필수적이다.

일반적으로 해석이나 설계시에 단순성과 정확성을 충분히 감안하여 보다 경제적이면서도 정도를 잃지 않는 해석 및 설계방법을 선택하는 것이 설계자의 고민거리가 되며, 사교의 경우 사각 70° 정도를 기준으로 해서 사각을 고려하는 해석과 고려하지 않는 해석으로 구분한다. 따라서 설계대상 교량의 평면선형, 종구배 및 횡구배, 받침의 종류 등을 종합적으로 판단하여 적합한 해석 및 설계방법을 선택하여야 한다.

곡선교의 경우, 특히 램프교와 같이 곡률반경(R)이 매우 작은 경우(약 R = 100 m 이하)에 단부의 받침에 부반력이 발생할 가능성이 있다.

3차원 해석결과 임의의 받침(특히 곡선교의 단부 받침)에 부반력이 발생할 경우는 받침간격을 조정한다거나 받침부 높이를 조정하는 방법 등으로 부반력의 발생을 제한한다. 또한, 큰 효과를 기대하기는 어렵지만 탄성받침의 경우에는 받침반력을 다소 분배시킬 수 있어 다소 유리한 측면이 있는 등 받침의 종류에 따라서도 반력의 분배

양상이 달라질 수도 있다.

사교의 경우는 사각의 정도가 매우 심한 경우를 제외하고는 대부분 부반력이 발생하지는 않는다. 그러나, 둔각부에 상대적으로 하중 (고정하중 · 활하중)이 집중되는 현상이 발생하게 되므로 적절한 단부보강이 이루어져야 하며, 받침규격 선정시에도 최대 받침반력의 산정에 주의를 기울여야 한다.

또한, 받침의 배치방향은 고정단의 일방향 가동받침의 이동방향을 사각방향으로 배치하는 것이 받침의 거동을 확실하게 할 수 있어 받침설계 개념과 부합할 뿐만 아니라, 상부 슬래브의 온도상승에 의한 단부의 변형량을 줄여 줄 수 있어 신축이음장치의 전단변형량이 감소되는 효과도 기대할 수 있다.

(1) 사교의 교량받침 배치

사교의 경우 가동받침의 이동방향과 회전방향이 서로 일치하지 않는다. 이와 같은 경우 전방향 회전이 가능한 받침을 사용하는 것이 좋다. 이때 받침의 이동방향은 교량의 중앙선에 평행하게 설치되어야 하며, 사각의 교대나 교각에 대해 직각방향이어서는 안된다. 널리 적용되는 배치방식을 <그림 511.2.3(a),(b)>에 나타내었다.

<그림 511.2.3(c)>는 단순거더를 지점부에서 연결하여 연속교로 한 거더교의 받침 배치방법인데,

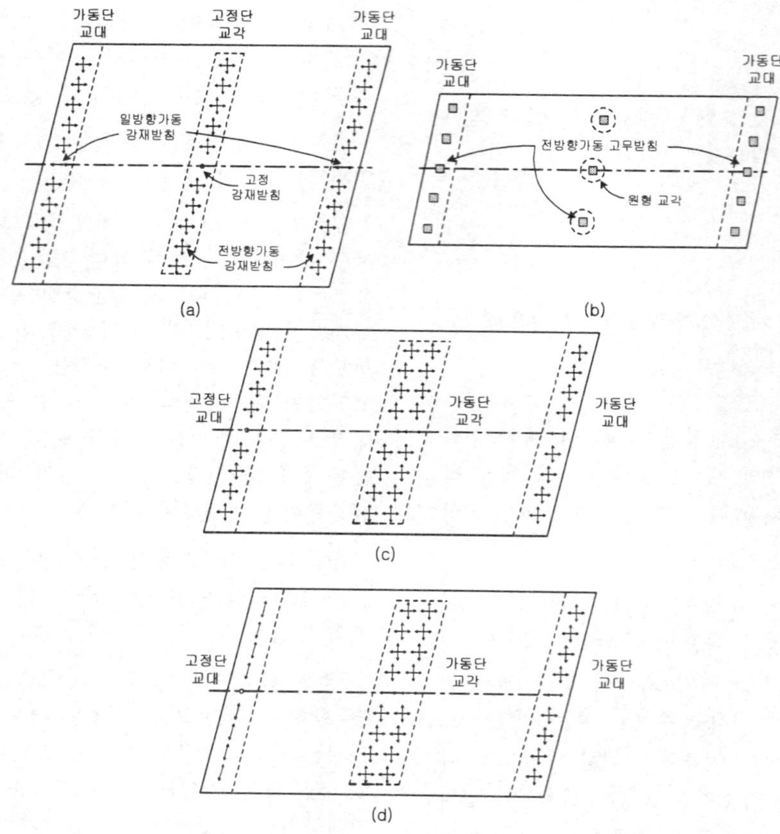

<그림 511.2.3> 사교에서의 교량받침 배치법

교량의 바닥판이 고정점에 대해 방사상으로 신축이 발생하므로 교각이나 교대에서 큰 수평력이 발생할 우려가 있다.

따라서, 사각이있고 폭이 넓은 교량에서는 <그림 511.2.3(a)>와 같이 설치하거나 고정단에서 이러한 받침을 사용하는 경우에는 <그림 511.2.3(d)>와 같이 배치하므로써 신축에 의해 발생되는 수평력을 완화시켜 주는 것이 바람직하다. 사교에서 고정단의 일방향 가동단은 사각방향으로 설치하는 것이 원칙이나 PSC 합성거더교 포함한 거더교는 교축 직각방향으로 배치하고 있다.

(2) 곡선교의 교량받침 배치

곡선교에서 가동받침의 이동방향은 고정받침에서 방사상의 현방향으로 설치하거나 곡선반경에 대해 접선방향으로 설치한다. 일반적으로 접선방향의 이동방향은 곡률이 일정한 교량에 가장 적합하며, 현방향 설치는 곡률이 일정하거나 변화하는 교량 모두에 적용된다.

<그림 511.2.4(a)>는 곡선교 받침 배치의 한 예로써 구조물은 휨강성이 작은 원형교각에 지지되어 있고 내부 6개의 교각에 고정받침이 설치되어 있다. 이론적인 고정점은 중앙의 2개 교각사이에 있으며, 모든 일방향 가동받침은 이 점을 향해 설치된다.

<그림 511.2.4(b)>는 교대에 고정점을 배치한 형태로서 교대의 휨강성이 크므로 하나의 받침만을 고정으로 하고 나머지는 전방향 가동받침으로 한다. <그림 511.2.4(c)>는 구조물을 고무받침으로 지지하는 경우로서 고정점은 중앙교각의 중앙에 있는 고정핀 받침이 된다.

이들 배치형태와는 대조적으로 <그림 511.2.5>는 접선방향으로 이동방향을 정한 것이다. <그림 511.2.5(a),(b)>는 강성이 강한 중앙교각을 가진 구조물의 받침 배치를 나타낸 것이다.

중앙교각과 교대사이의 휨강성이 작은 교각에는 외력에 대해 안정성을 갖도록 일방향 가동받침들을 설치한다.

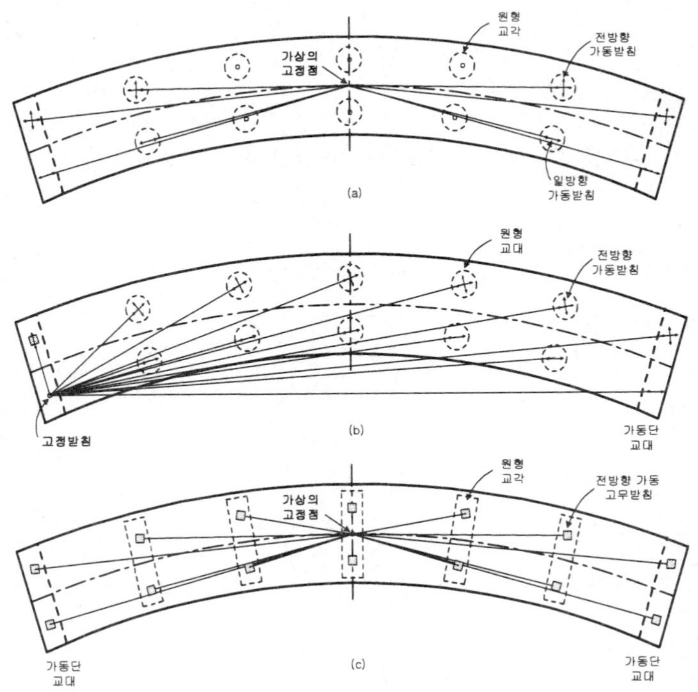

<그림 511.2.4> 곡선교에서의 받침 배치법(이동방향)

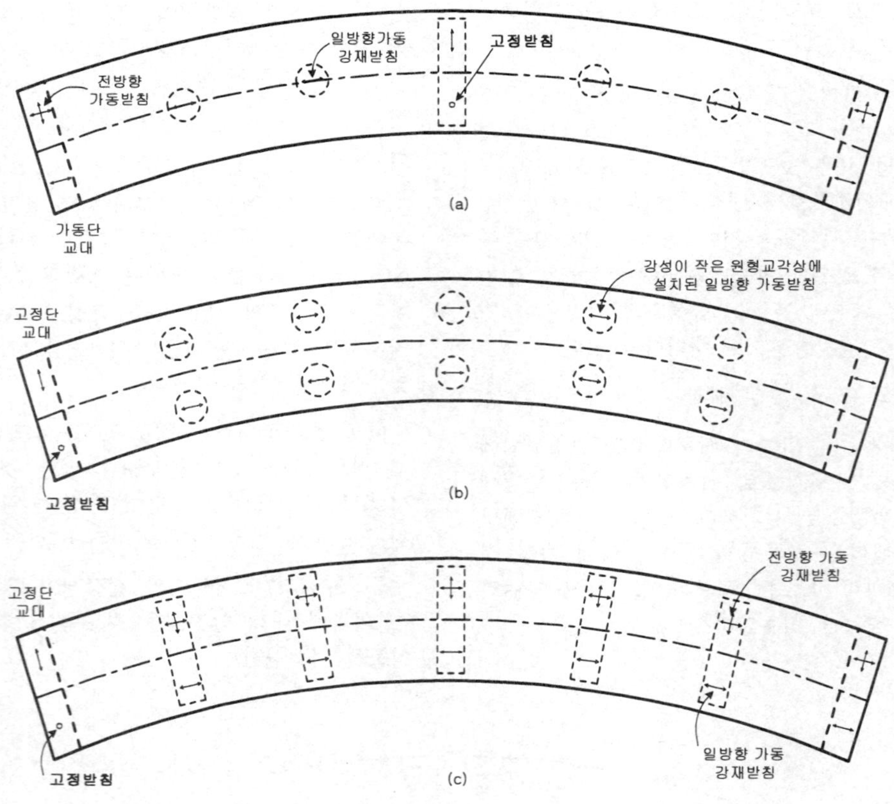

<그림 511.2.5> 곡선교에서의 받침 배치법(회전방향)

<그림 511.2.5(c)>에서는 상부구조가 강성이 강한 교각에 의해 지지되어 있으며, 접선방향의 이동과 외력이 모든 교각위에 균일하게 설치된 일방향 가동받침에 의해 조절된다.

(3) 폭이 넓은 교량의 경우

교량의 폭이 넓은 경우에 받침 배치는 교축직각방향의 신축을 고려하여 배치하여야 한다. 과거에는 교각의 교축직각방향 탄성변위가 있으므로 무시하고 배치를 하였으나, 현재는 받침의 교축직각방향 변위가 가능하도록 배치한다.

(4) 부반력이 발생하지 않도록 받침 배치

교량 폭에 비해 곡선의 중심각이 크거나, 사각이 작은 교량에서는 부반력 발생이 예상되기 때문에 계획시에 충분히 고려해야 한다.

부반력 발생시에는 받침에 부반력에 저항할 수 있는 대책을 세워야 하며, 부반력의 영향으로 상부구조계에 예기치 않은 응력이 발생할 수 있으므로 지진 등 예외적인 경우를 제외하면 사용시에 부반력이 발생하지 않도록 구조계를 계획하여야 한다.

다주형 박스거더교의 경우 한 개의 박스거더에 한 개의 받침을 사용하도록 설계하거나, 아웃리거(Out Rigger)를 이용하여 지점위치를 변경시켜서 받침을 배치하거나, Counter Weight를 사용하는 방법을 이용하여, 부반력을 최소화 할 수 있다.

2.5 낙교방지장치

낙교방지장치는 주로 상하부 구조가 교량받침을 매개로 하여 결합되는 형식의 교량을 대상으로 낙교방지를 위하여 설치하는 기계적 장치이다. 낙교방지장치는 신설교량에 설치하는 경우 거의 없으며, 기존 교량의 내진성능 보강 시 상부구조의 낙교방지를 위하여 설치되고 있다. 따라서, 본 절에서는 교량에 설치되는 낙교방지장치의 종류와 기본 설계개념에 대해서만 기술하기로 한다.

낙교방지장치 설치 검토가 필요한 교량은 제511.2.5.2절을 참조한다.

2.5.1 개요

낙교방지장치는 대규모 지진이 자주 발생하고 있는 일본 등에서 널리 사용되고 있으며 유형을 분류하면 <그림 511.2.6>과 같으며 설치방법은 <그림 511.2.7>과 같다. 가동단의 받침에서 최소받침지지길이가 확보되지 않는 경우에 설치하는 것이 원칙이며, 낙교방지장치가 설치되더라도 접촉면이 설계지진이나 온도신장에 의해 발생하는 변위 이상으로 이격되어야 한다.

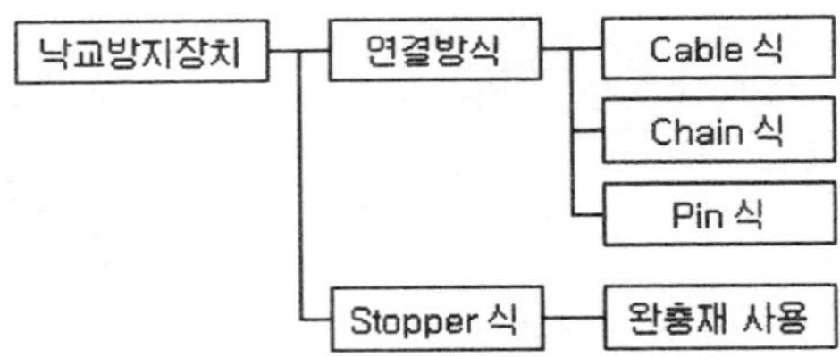

<그림 511.2.6> 낙교방지장치의 유형별 분류

(1) 최소받침 지지길이 확보

① 최소받침지지길이 산정

고정단 받침에는 필요 없으며 가동단 받침의 이동방향으로 최소받침지지길이를 확보해야 한다.

한편, [도·설 6.4.8] 의하면 최소받침 지지길이(mm)는 다음 식에 규정된 값과 설계지진변위에 의한 값 중 큰 값을 취하도록 하고 있다.

$$N = (200 + 1.67L + 6.66H)(1 + 0.000125\theta^2) \quad (511.2.6)$$

여기서,

L : 인접 신축이음부까지 또는 교량단부까지의 거리(m). 다만, 지간 내에 힌지가 있는 경우의 L은 힌지 좌, 우측방향의 거리인 L1과 L2의 합으로 함.

H : 다음 각 경우에 대한 평균 높이 (m)

- 교대 : 인접 신축이음부의 교량상부를 지지하는 기둥의 평균높이. 단경간교의 평균높이는 0으로 한다.
- 기둥 또는 교각 : 기둥 또는 교각의 평균높이
- 지간내의 힌지 : 인접하는 양측 기둥 또는 교각의 평균높이
- Θ : 받침선과 교축직각방향의 사잇각

(2) 낙교방지장치의 유형

낙교방지장치에는 여러 가지 방식이 있으나 크게 <그림 511.2.6>에 나타낸 4가지 방식으로 구별할 수 있다.

① Cable 식

낙교방지장치 중에 가장 일반적인 형식이며, 상부 슬래브와 교각, 단부슬래브와 교대 등을 Cable로 연결하여 지진시에 낙교를 방지하는 장치이며 Cable을 구조물에 고정시키는 Bracket 에는 일반적으로 고무판 또는 스프링을 사용하여 복원력을 유발시킨다. 일반적인 설치 유형은 <그림 511.2.7(a)>와 같다.

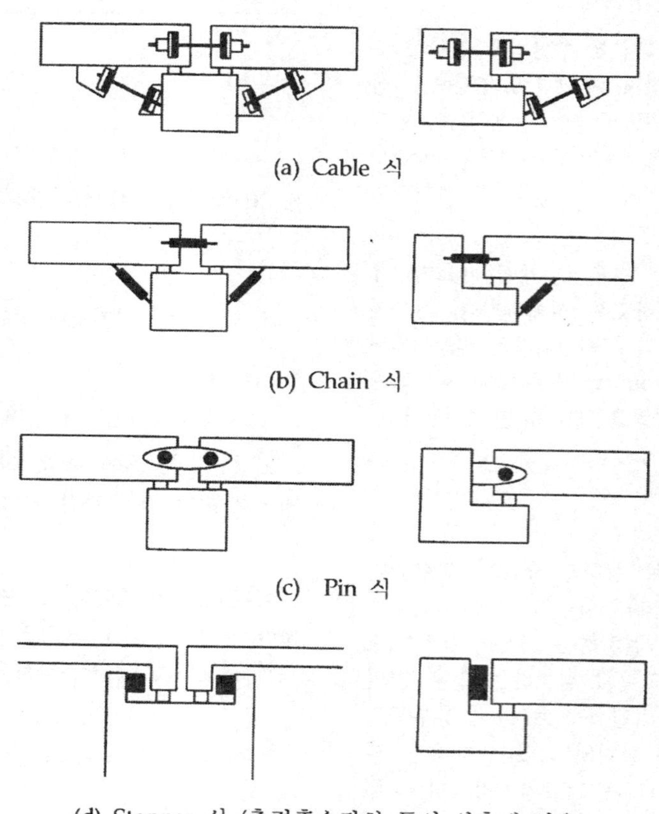

(a) Cable 식

(b) Chain 식

(c) Pin 식

(d) Stopper 식 (충격흡수장치 등의 완충재 사용)

<그림 511.2.7> 교량 낙교방지장치의 유형

② Chain 식

Cable식과 설치 위치는 동일하나, Cable 대신 Chain을 사용하게 된다. 상대적으로 대변위를 제어할 수 있는 장점이 있으며, 일반적인 설치유형은 <그림 510.2.7(b)>와 같다.

③ Pin 식

상부 슬래브 간이나 단부슬래브와 교대를 연결하여 낙교를 방지하는 장치이며, 타원형 스틸판을 핀으로 구조물에 고정하는 방식이다. 다른 방식에 비해 변위의 제한이 용이하고, 회전변위에 대한 흡수를 많이 할 수 있다는 것이 장점이다. 일반적인 설치유형은 <그림 511.2.7(c)>와 같다.

④ Stopper 식

낙교방지키는 돌출형 블록을 사용하는 단순한 방식으로서 전단키(Shear Key)와 유사한 형태이나 이와 구별하기 위하여 '낙교방지키'라고 한다. 낙교방지키는 최소이격거리를 확보하여야 하며, 설계하중은 일본의 경우 고정하중 반력의 1.5배로 취하도록 하고 있으나, 국내의 경우에는 아직 규정되지 않은 상태이다. 낙교방지장치와 구조물의 충돌하는 부분에 다양한 재료를 갖는 완충재를 사용한다. 완충재의 종류에는 섬유보강고무 및 댐퍼 등을 사용한다. 일반적인 설치유형은 <그림 511.2.7(d)>와 같다.

(2) 고속도로교량의 내진설계지침

한국도로공사의 내진설계지침에 의하면 낙교방지장치의 종류는 다음과 같이 구분하고 있다.

① 받침부 상부가 하부에서 이탈되지 않게 설치된 이동제한장치
② 최소 받침 연단 거리를 확보한 경우
③ 거더와 거더를 연결한 구조
④ 교대 또는 교각과 거더를 연결한 구조
⑤ 교대나 교각 또는 거더에 돌기를 설치한 경우

(3) 일본 도로교시방서

지진발생이 빈번한 일본의 경우, 1995년 고베지진에서는 낙교방지구조도 많은 피해를 입었다. 이에 따라 종래에는 최소지지길이, 낙교방지장치 및 가동받침의 이동제한장치로 구성된 바 있던 낙교방지구조를 재정리하여, 각 구성요소의 역할을 명확히 하고, 최소지지길이, 낙교방지구조, 변위제한구조, 그리고 단차방지구조로 구성되는 것을 낙교방지 시스템이라고 통칭하고, 낙교방지 시스템을 구성하는 각 요소에 요구되는 기능은 다음과 같이 분류하고 있다. 여기서 낙교방지구조라고 하는 용어는 종래의 낙교방지장치와 거의 동일하지만, 약간 좁은 의미로 사용되고 있다.

① 최소지지길이

하부구조 및 교량받침이 파괴되고, 상하부구조에 예상치 못한 큰 상대 변위가 발생한 경우에도 낙교는 방지한다.

② 낙교방지구조

최소지지길이와 동일하게, 하부구조 및 교량받침이 파괴되어 상하부구조 사이에 최소지지길이를 넘어서는 변위가 발생하지 않도록 한다.

③ 변위제한구조

이는 지진시 관성력에 저항하는 것을 목적으로 한 것으로, 교량받침이 손상한 경우에 상하부구조의 상대변위가 크지 않도록 하기 위한 구조이다.

④ 단차방지구조

받침의 높이가 큰 강재받침 등이 파손된 경우에, 노면에서 차량의 통행이 곤란하게 되는 단차가 발생하는 것을 방지한다.

2.5.2 낙교방지장치의 설치 검토가 필요한 경우

(1) 고속도로교량의 내진설계지침

한국도로공사의 내진설계지침에 따른 낙교방지장치의 설치 검토가 필요한 경우는 다음과 같다.

① 받침의 이동제한장치 및 받침의 최소지지거리는 모든 교량에 설치하는 것을 원칙으로 한다. 단 강제교각인 경우 받침의 최소지지 거리 확보는 거더간의 연결장치, 교대 또는 교각과 거더의 연결장치 및 교대, 교각 또는 거더에 돌기를 설치한 장치 중 1가지를 설치하면 [도·설 6.4.8]에 의한 규정을 만족시키지 않아도 좋다.

② 거더간의 연결장치, 교대 또는 교각과 거더를 연결한 것, 교대, 교각 또는 거더에 돌기를 설치한 것 중에서 다음의 교량에 해당되면 이중 낙교방지장치를 가동단에 설치하는 것으로 한다.

가. 구조상 비교적 낙교하기 쉬운 교량

나. 낙교할 경우 피해 및 영향이 큰 교량

(2) 일본 도로교시방서

일본 도로교시방서의 경우 낙교방지시스템을 설치하는 교량은, 주로 상하부 구조가 교량받침을 매개로 하여 결합되는 형식의 교량을 대상으로 하고 있으며, 상로식 아치교, 사장교 등을 포함하여 일률적으로 규정하는 것은 아니라고 되어 있다. 또한 이러한 교량에 대해서는, 각 교량의 동적거동을 고려하고, 상부구조의 낙교라고 하는 사태를 초래하지 않도록 신중히 검토할 필요가 있으며, 과거의 지진피해 경험으로부터 다음과 같은 교량에 대해서는 특별히 주의하여 낙교방지시스템에 대한 검토가 필요하다고 언급하고 있다.

① 하부구조가 변형을 일으킬 가능성이 있는 지반에 설치되는 교량

지진시에 변형을 일으킬 가능성이 있는 지반에 설치되는 하부구조는, 지반의 액상화 및 유동화, 연질 점토층의 미끄러짐 등에 의해 큰 변위가 발생하는 경우가 있다. 이러한 경우에는, 동적 해석 결과를 참고하여 최소지지길이 및 낙교방지구조의 강도를 결정하는 것이 바람직하다.

② 하부구조의 형식, 지반조건 등이 현저하게 다른 교량

한 개의 교량에 있어서 서로 다른 형식의 하부구조를 설계하는 경우, 혹은 동일한 형식의 하부구조라도 지반조건이 현저하게 다른 경우 등에서는 지진시 교량의 거동이 복잡하게 된다. 따라서, 이와 같은 교량에 대해서는 동적 해석 결과를 참고하여 최소지지길이를 결정하는 것이 좋다. 또한, 구조형식의 선택에 관계되는 사항이나, 이러한 위치에 교량바닥판이 연결되는 것을 피하고, 연속구조로 하는 방법이 바람직한 경우도 있으므로 기본설계 단계에서부터 이러한 점을 고려하는 것이 좋다.

③ 인접하는 상부구조의 형식 및 규모가 현저하게 다른 교량

서로 인접하는 상부구조의 형식 및 규모가 현저하게 다른 교량에서는, 설계진동단위 마다 서로 상이한 위상차로서 진동하기 때문에 큰 상대변위가 발생하는 경우가 있다. 이러한 경우에는 서로 인접하는 상부구조 사이를 서로 연결하는 형태의 낙교방지장치는 피하는 것이 좋다. 또한, 적합한 동적 해석 결과를 참고하여 바닥판간의 충돌에 대한 영향도 고려해서 최소지지길이에 여유를 갖게 하는 것이 좋다. 일반적으로 이와 같은 배려가 필요한 교량으로서는, 서로 인접하는 교량의 중량 비가 2배 이상, 또는 2개의 설계진동단위의 고유주기 비가 1.5배 이상이 되는 교량의 경우이다.

④ 교각이 상당히 높은 교량

교각이 상당히 높은 교량에서는, 고유주기가 길기 때문에 큰 최소지지길이가 필요하게 되는 경우가 있다. 이와 같은 교량에서는 적합한 동적 해석 결과를 참고하여 최소지지길이를 검토해야 한다.

⑤ 사교 및 곡선교

사교에서는 지진시 상부구조에 연직축에 대한 회전이 발생하는 등의 복잡한 거동이 나타나는 경우가 있다. 특히, 사각이 큰 경우 상부구조의 회전으로 인한 상부구조의 단부가 하부구조의 연단으로부터 어긋나 낙교할 가능성이 있다. 또한, 곡률이 큰 교량에 있어서도 상부구조의 회전 및 곡선 외측으로의 변위가 발생하기 때문에 큰 피해가 발생하는 경우가 있다. 이러한 형상을 갖는 교량에서는 직교와는 달리 상부구조의 비틀림이 일어나기 쉽고 이에 따른 비틀림 모드의 영향이 크므로 적합한 동적 해석 결과를 참고하여 최소 지지길이를 결정함과 동시에 교축방향만이 아니라 교축직각방향으로도 낙교방지장치를 설치하여야 한다.

⑥ 하부구조의 상부 폭이 협소한 교량

가로보가 없는 교각처럼 하부구조의 상부 폭이 좁은 교량은 교량받침이 파괴되면 교축 직각방향으로 낙교할 가능성이 높으므로, 일반적으로 내진 설계상 바람직하지 않는 구조이다. 어쩔 수 없이 상부 폭이 협소한 하부구조를 적용하는 경우에는 적합한 동적 해석 결과를 참고하여 낙교방지구조를 설치하여야 한다. 또한, 교축방향만이 아니라 교축직각방향에도 변위제한구조를 설치해야 한다.

⑦ 교각내의 동일 받침선상에 받침수가 적은 교량

교각내 동일 받침선상에 한 개의 받침으로만 지지되는 교량에서는 교량받침이 손상되면 상부구조가 교축직각방향으로 낙교할 가능성이 높다. 따라서, 교축방향만이 아니라 교축직각방향에도 변위제한구조를 설치해야 한다.

2.6 받침 이동량 산정 예

[도·설 2.4.1.3]에 의한 가동받침의 설계 이동량 산정과정은 다음과 같다.

[단계 1] 설계조건

① 교량제원

- 형 식 : PSC 합성거더교
- 교량등급 : 1등교 (차량전용)
- 교 장 : 2 @ 30.0 = 60.0 m
- 지 간 : 29.1 m
- 거더간격 : 2.5 m
- 거더높이 : 2.0 m
- 프리스트레싱 직후의 PS 강재에 작용하는 인장력(P_i) : 1,082 MPa
- 콘크리트의 단면적(A_c) : 175 m^2
- 콘크리트의 탄성계수(E_c) : 30,891 MPa
- 콘크리트의 크리프계수(φ) : 2.0
- 건조수축, 크리프의 저감계수(β) : 0.5
- 온도변화 범위 : -5℃ ~ +35℃
- 가동받침의 이동량(계산이동량) 산정식

$$\Delta l = \Delta l_t + \Delta l_s + \Delta l_c + \Delta l_r$$ [식(511.2.1) 참조]

여기서,

Δl : 계산 이동량 (mm)

Δl_t : 온도변화에 의한 이동량 (mm)

Δl_s : 콘크리트의 건조수축에 의한 이동량(mm)

Δl_c : 콘크리트의 크리프에 의한 이동량 (mm)

Δl_r : 활하중에 의한 보의 처짐에 의한 이동량 (mm)

[단계 2] 온도 변화에 의한 이동량

$$\Delta l_t = \Delta T \cdot \alpha \cdot l$$ [식(511.2.2) 참조]

$= 40 \times 1.0 \times 10^{-5} \times 30\ \text{m} = 12.0\ \text{mm}$

[단계 3] 건조수축에 의한 이동량

$$\Delta l_s = -20 \cdot \alpha \cdot l \cdot \beta$$ [식(511.2.3a) 참조]

$= -20 \times 1.0 \times 10^{-5} \times 30\ \text{m} \times 0.5$

$= 3.0\ \text{mm}$

[단계 4] 크리프에 의한 이동량

$$\Delta l_c = -\frac{P_i}{E_c A_c} \cdot \phi \cdot l \cdot \beta$$ [식(511.2.3b) 참조]

= 1,082 MPa / (30,891 MPa × 175 m^2) × 2.0 × 30 m × 0.5

= 6.0 mm

[단계 5] 활하중에 의한 보의 처짐에 의한 이동량

$$\Delta l_r = \sum (h_i \times \theta_i)$$ [식(511.2.4) 참조]

= 2 m × 2/3 × 1/300 = 4.5 mm

설계 이동량은 다음과 같다.

- Δ = 계산이동량(12.0 + 3.0 + 6.0 + 4.5 = 25.5 mm) + 설치여유량(10 mm) + 부가여유량(20 mm)
  = 55.5 mm

부록 A1
최신 설계기술 동향

A1.1 엑스트라도즈드교

A1.1.1 개념과 특징

(1) 엑스트라도즈드교의 정의

엑스트라도즈드교(Extradosed Bridge)는 거더교의 부모멘트 구간에 내부 또는 외부 긴장재를 배치하고 긴장력을 도입하여 주거더의 강성을 증가시키는 교량형식으로서, 일반적으로 낮은 주탑의 정부에 외부 긴장재를 사장교와 같이 사재로 배치하는 교량형식이다.

(2) 구조개념

엑스트라도즈드교는 사재에 의해 보강된 교량이라는 점에서 사장교와 유사하나, 주거더의 강성으로 단면력에 저항하고 사재에 의한 대편심 모멘트를 도입, 거동을 개선한 구조형식이므로 엑스트라도즈드교의 주거더는 거더교에 가까운 특징을 갖는다.

(3) 특징

엑스트라도즈드교는 거더 유효고 이상으로 PS 강재의 편심을 확보할 수 있어 PSC 거더교에 비해 경량화 및 장지간화가 가능하며, PSC 사장교에 비해 사재의 응력변동폭이 작고, 주탑 높이를 낮출 수 있어 100~200 m 정도의 지간에서 시공성 및 경제성이 탁월하다. 엑스트라도즈드교의 특징을 정리하면 다음과 같다.

① 주탑과 External Tendon의 배치로 거더교에 비해 상징성이 부각된다.

② 상부하중의 대부분을 거더가 분담하나 형고 축소가 가능하며 지점부 L/30~L/35, 지간부 L/50~L/60의 형고비를 필요로 한다.

③ 가설공법은 PSC 박스거더교에 적용하는 모든 가설공법의 적용이 가능하다.

④ 경간장에 있어서 엑스트라도즈드교는 PSC 박스거더교와 사장교의 중간형태의 교량으로 200 m 이상의 장지간 형성이 가능하면서 경관성도 우수할 뿐만 아니라 주탑과 케이블에 소모되는 비용이 사장교에 비해 저렴하고, 형고 또한 최소화가 가능하므로 경제성 측면에서도 우수하다고 할 수 있다.

A1.1.2 엑스트라도즈드교의 역사

(1) 초기의 엑스트라도즈드교

엑스트라도즈드교 형식의 도입은 교량사에서 그 역사가 그리 오래지 않은 것으로, 스위스 공학자 Christian Menn에 의해 1980년 완공된 Ganter교가 그 시초라 할 수 있다. 당시는 아직 엑스트라도즈드교라는 용어가 존재하지 않았으며, 이후 프랑스의 Jacques Mathivat이 이론적 발전을 이루면서 FCM으로 시공되는 기존 PSC 교의 대안으로 "Extradosed Prestressed Bridge" 라는 교량형태를 제안하였다.

초기에 시공된 엑스트라도즈드교는 사판교 형식을 취하고 있는데 이는 케이블을 콘크리트 벽체 내부에 배치한 형식을 말한다.

<그림 A1.1.1> Ganter교, 스위스

(2) 엑스트라도즈드교의 발전

초기 엑스트라도즈드교가 사판교 형식을 적용한 PSC교량 이었다면, 1994년 일본에서 케이블을 외부로 노출시킨 사장 외케이블 방식의 小田原港교가 건설된 이후로 장경간화를 위한 다양한 형태의 교량들이 시도되면서 현재에 이르고 있다.

A1.1.3 계획 및 설계 시 고려사항

엑스트라도즈드교는 주거더, 탑, 사재 및 교각으로 구성되어 있어, 이들의 결합조건 및 사재의 배치 등이 다양하여, 교량형식의 선정 및 계획시 구조물의 구조 특성 및 시공성을 충분히 이해하고 수행하여야만 한다. 엑스트라도즈드교의 가설실적을 중심으로 구성요소를 분류하면 <표 A1.1.1>와 같다.

엑스트라도즈드교는 가설지점의 모든 조건, 경제성, 시공성, 유지관리의 용이성, 환경과의 조화 등을 충분히 검토하고, 지간분할, 주탑, 사재, 교각의 적절한 구조계와 지지형식 및 가설공법을 종합적으로 계획하여야 한다. 일반적인 엑스트라도즈드교의 상부구조 계획절차 및 검토사항을 <그림 A1.1.3>에 정리하였으며, 다음과 같은 사항을 고려하여야 한다.

(1) 일반적으로 100~200 m 정도의 지간장에서 경제적이며, 200 m 이상의 엑스트라도즈드교에는 콘크리트와 강재의 복합거더를 적용하고 있다. 현재 최대 지간장은 2001년 완공된 일본의 木曾川橋(Kisokawa교)로 주경간장 275 m의 5경간 복합 엑스트라도즈드교이다.

<그림 A1.1.2> Kisogawa교, 일본

<표 A1.1.1> 엑스트라도즈드교 분류

주거더 형식	주거더 연결방식	사재처리방식	가설공법
콘크리트 (녹산대교, 평여2교 등)	연속거더 형식 (土狩大橋, 경안천교 등)	사판식 (Ganter교 등)	FSM (포남교 등)
복합형식 (揖斐川橋, 木曾川橋 등)	라멘형식 (河曲高架橋, 녹산대교 등)	Through식 (제2양평대교 등)	FCM (금가대교 등)
		사장 외케이블식 (경안천교 등의 대부분 ED교)	ILM (제2양평대교 등)

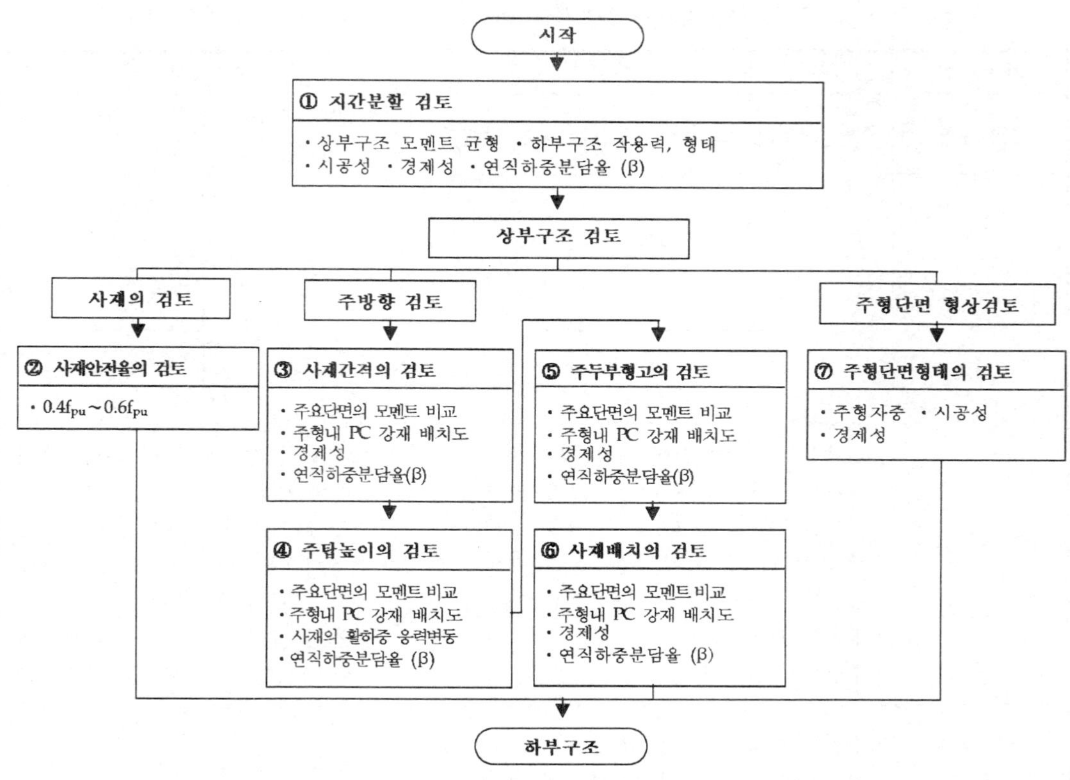

<그림 A1.1.3> 상부구조계획 절차 및 검토사항

(2) 주탑고는 케이블과 주형의 단면력이 최소가 되도록 하여야 하며, 일반적으로 L/8~L/12의 탑고비를 요한다. 탑정부 고정법으로는 관통구조에 의한 새들방식과 분리구조에 의한 앵커정착 방식을 주로 적용한다. 관통고정방식은 케이블 인장력을 최대로 유효하게 이용할 수 있다는 장점이 있는 반면, 보호관의 충분한 내하력 확보, 케이블의 보호관내 활동 방지 및 주변 콘크리트의 충분한 내하력 확보가 필요하다. 또한, 분리고정방식은 보호관과 케이블의 교환이 가능한 반면, 정착구의 배치, 재긴장, 케이블 교환 등의 공간을 확보키 위해 탑고와 폭을 넓게 해야 할 필요가 있다.

(3) 사재는 PSC 거더의 보조역할을 수행하는 것으로 하중분담율은 10~30% 내외이며, 사장교에 비해 활하중에 의한 응력변동 폭이 작아 피로의 영향이 비교적 작다. 보강형에 대한 사재의 정착위치는 최초 정착지간과 중앙지간의 비가 0.14인 곳이 가장 적합한 것으로 알려져 있다. 또한, 엑스트라도즈드교의 사재는 임의 시간에 있어서 인장력이 초기 인장력을 넘지 않으므로 여러 번의 인장력 조정이 필요 없다. 사재의 배치형태는 방사형, 하프형, 팬형이 주로 사용된다.

방사형은 거더의 모멘트가 작아 구조적으로 유리하나 시공이 어려우며, 하프형은 사재의 효율이 떨어지는 단점을 가지고 있다. 혼합형은 방사형의 구조적 효율성과 하프형의 하중분산효과를 모두 갖고 있다고 할 수 있다.

(4) 주거더의 지지형식 및 결합방법으로는 크게 라멘형식(강결)과 연속거더 형식으로 구분할 수 있으며 각 방법의 특징은 <표 A1.1.2>에 정리하였다.

<표 A1.1.2> 주거더의 지지형식과 주탑, 교각, 거더의 결합방법에 따른 비교

지지형식	라멘형식	연속 거더형식
결합방식	주탑, 거더 및 교각을 전부 강결하는 방법	주탑과 거더를 강결하고 거더를 받침으로 지지하는 방법
개 요 도		
특 징	· 교량받침이 필요 없어 유지관리 용이 · 캔틸레버 가설시 안전성 확보 용이 · 전체연장이 길면 온도하중, 크리프, 건조수축에 의한 영향을 크게 받음 · 지진시 이동량이 작지만, 주두부에 근접한 거더의 단면력이 커짐 · 주탑 변위제어에 유리	· 대규모 교량받침이 설치되어 유지관리에 불리 · 캔틸레버 가설시 가고정장치 필요 · 지진시에는 1차 진동모드가 탁월하고, 고유주기가 짧아짐 · 다경간 교량에 적용시 활하중에 의한 변위가 커 별도대책 필요
적 용 (사례조사)	· 주탑하부 교각고(H) 20 m 이상, 주탑하부 교각고비(L/H) 5 이하에서 주로 적용	· 주탑하부 교각고(H) 20 m 이하, 주탑하부 교각고비(L/H) 5 이상에서 주로 적용

A1.1.4 최신 설계동향

국내에서 엑스트라도즈드교는 지간장 100 m 이상의 중·장지간 교량에 주로 적용되고 있으며 최근에는 케이블의 하중분담율을 증가시켜 케이블의 효율성을 향상시키고자 하는 노력들이 설계에 반영되고 있다. 엑스트라도즈드교의 특성상 케이블의 효율성은 정착부 피로응력과 직접적인 연관이 있으며, 새들방식 적용 시에는 새들 정착부 피로응력 등에 의해 케이블 허용응력이 분리정착에 비해 작아지게 된다.

따라서 교량계획 시 케이블의 효율성을 중요한 변수로 고려할 때는 분리정착 방식과 고주탑을 적용하는 사례가 증가하고 있다. 그러나 이러한 사례들은 주로 다경간 엑스트라도즈드교, 주경간장 150 m 이상의 장경간 교량 등 활하중에 의한 케이블의 피로응력을 제어하기 어려울 경우에 적용하고 있으며, 일반적인 규모의 엑스트라도즈드교를 계획할 경우에는 각 부재의 구조적 효율성 및 경제성 등을 고려하여 정착방식을 적정히 결정할 필요가 있다. 또한 엑스트라도즈드교의 특성상 주거더의 강성확보와 더불어 자중경감이 교량계획의 주요변수로 작용하므로 최근에는 고정하중을 최소화하고 박스단면에 Rib나 Strut을 설치하여 단면의 효율성을 증대시키고 있는 추세이다.

이와 더불어 강박스거더와 PSC 박스거더의 복합거더 형식을 적용하여 200 m 이상의 주경간장을 갖는 엑스트라도즈드교도 설계 및 시공이 이루어지고 있으며, 그 대표적인 예로써 일본에 있는 중앙경간장 275 m의 木曾川橋(Kisokawa교)가 있다.

A1.2 사장교

A1.2.1 개념과 역사

(1) 사장교의 정의

사장교는 사장재 케이블의 인장강도와 주탑 및 보강형의 휨·압축강도를 효과적으로 결합시켜 구조적 효율성을 높인 교량형식으로 케이블의 강성과 장력을 조절함으로써 보강형에 발생되는 휨모멘트를 현저하게 감소시킬 수 있는 교량형식이다.

(2) 구조개념

상판에 작용하는 하중이 보강형과 사각을 이루는 사장재의 인장력에 의해 보강형과 주탑에 압축력으로 전달되며, 보강형은 케이블에 작용하는 인장력으로 인하여 휨과 축압축력을 받는 구조이다. 사장교에 작용하는 하중은 사장재를 통하여 전달되는 구조이므로 보강형은 사장재 정착점에서 탄성지지된 구조물로서 거동하게 되며, 사장재 프리스트레스에 의해 보강형 및 주탑의 응력을 설계자 의도대로 조정할 수 있어 세장한 구조가 가능한 반면, 유연한 구조로 거동하게 된다.

보강형에 작용하는 고정하중이 전경간에 걸쳐 일정하다고 하면 프리스트레스가 없는 상태에서는 보강형의 중간지점부와 중앙부 및 주탑에 큰 모멘트가 발생한다. 그러나 사장교에서는 케이블 장력을 변화시켜 주탑 및 보강형의 휨모멘트를 개선시킬 수 있다. 사장교에서는 일반적으로 프리스트레스를 도입하므로 완성시의 단면력은 고정하중에 의한 단면력과 프리스트레스에 의한 단면력을 중첩한 값이 된다.

(3) 사장교의 역사

거더를 케이블로 경사방향으로 매달아 보강하는 생각은 열대지방에서 대나무로 제작된 보행부를 경사지게 매단 구조로 사용한 것에서 기원을 찾을 수 있으며, 근세에는 1617년 베니스의 Verantius의 설계에 의한 쇠사슬로 목제통로를 매달은 사장교의 건설로 거슬러 올라간다. 또한, 1784년에 Löscher는 사장재를 포함한 모든 부재가 목재로 된 32 m 경간장의 사장교를 설계하였다. 그 후 다양한 사장교 형태의 교량들이 호기심적 관점에서 시도되어 왔으나, 최초의 근대적 사장교 개념으로 설계된 교량은 1956년 개통된 스웨덴의 Strömsund교(282 m)라 할 수 있다. Strömsund교 이후 사장교는 주로 독일을 중심으로 건설되었고, 1967년에는 최초의 멀티 케이블 타입으로 Friedrich Ebert교(280 m)가 건설되었다. 사장교의 기술기반은 그 시기 즉, 1960년대 이루어 졌다 할 수 있다.

산업화에 따른 장대교량의 필요성 증가, 전산에 의한 수치해석 기술의 발달, 시공기술의 발달, 재료의 고강도화 등은 사장교의 장대화를 가능케 하여, 1999년 중앙지간장 890 m의 일본 타타라대교가 건설되었으며, 중앙지간장 1,088 m의 중국 수통교가 완공을 앞두고 있다.

<그림 A1.2.1> Löscher의 목재교(독일, 1784년)

<그림 A1.2.2> Strösund교(스웨덴, 1956년)

A1.2.2 계획 시 고려사항

사장교 설계에 고려되는 주요 변수는 다음과 같다.

① 지간의 결정 (중간교각 설치 여부 등)

② 주형의 단면 결정

③ 주탑의 높이 및 단면결정

④ 케이블의 배열 (종방향, 횡방향)

⑤ 케이블의 수

⑥ 케이블과 주탑의 결합조건 및 위치

⑦ 주형과 주탑의 연결조건

⑧ 주탑과 기초 부위의 연결조건

⑨ 인접구간과의 연결상태

⑩ 기초형식

위의 사항 중 ①~⑤ 의 사항은 교량의 미관에 직접적인 영향을 미치므로 구조적인 기능과 함께 조형적인 검토가 충분히 수행되어야 한다.

(1) 적용지간

일반적으로 사장교의 경제적인 지간장은 300~600 m 정도인 것으로 알려져 있으나 재료, 시공기법, 해석기법 등의 발전으로 그 범위를 점차 넓혀가고 있다. 사장교의 지간장은 보강형의 형식과 관계가 깊으며, 현재까지는 복합사장교로 건설된 중앙지간 890 m의 일본 타타라대교가 최장의 사장교로 기록되고 있으나, 강사장교인 중국 Stonecutter교가 중앙지간장 1,018 m로 건설 중에 있으며, 중국의 중앙지간장 1,088 m의 수통교가 2008년 완공되면 최장 사장교의 기록을 갱신할 것으로 예상된다.

<그림 A1.2.3> 타타라대교(일본, 1999년)

한편, 국내의 경우는 강합성 사장교인 서해대교가 중앙지간장 470 m로 최장 지간장을 갖으며, 최근 강사장교인 중앙지간장 850 m의 인천대교가 2009년 완공을 앞두고 있다.

<그림 A1.2.4> 서해대교(2000년)

<그림 A1.2.5> 인천대교(2009년 예정)

(2) 지간비

사장교의 지간비는 시스템의 처짐양상을 결정할 뿐만 아니라 앵커 케이블의 장력 및 변화폭에 영향을 주므로 케이블 피로설계에 중요변수가 된다. 또한 측경간 보강형의 모멘트 제어를 위해 적정 측경간장 확보를 반드시 검토할 필요가 있다. 중앙 경간의 길이는 앵커 케이블의 최대 장력에 영향을 주고 지간비는 앵커 케이블의 장력 변동폭에 영향을 주므로 적절한 지간비 선정은 전체 시스템의 강성확보와 앵커케이블 및 정착부 피로설계에 중요한 변수가 된다.

(3) 케이블 배치와 주탑의 높이

사장교는 케이블의 배치형상에 따라 방사형(Fan Type), 하프형(Harp Type), 혼합형(Semi-Fan Type)으로 대별된다(<그림 A1.2.6> 참조). 방사형 케이블 배치는 구조적 효율성이 높고 주탑의 모멘트 제어에 유리하지만 주탑 정착부 설계가 어려워 주탑부 앵커의 적절한 분산을 위해서 혼합형이 많이 적용된다. 하프형 배치는 정착부 설계가 용이한 반면, 케이블의 효율성이 떨어지며 주탑의 휨모멘트가 커져 혼합형에 비해 불리하지만 외관상 정돈된 느낌을 주므로 미관을 중요시 하는 경우에 주로 적용되고 있다.

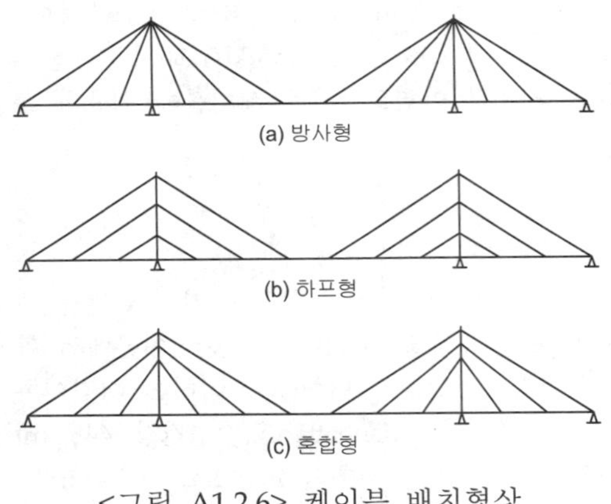

<그림 A1.2.6> 케이블 배치형상

(4) 케이블 배치 간격

초기 사장교는 케이블 간격이 30~70 m에 달해 보강형 강성이 클 수밖에 없었다. 이후 케이블 재료의 발전과 정착장치의 개발로 멀티 케이블 시스템이 가능해졌고 현재 사장교의 주류를 이루고 있다. 멀티 케이블 시스템이 도입됨으로써 전체적인 여용력이 많아지게 되고, 케이블 및 정착부의 크기가 작아지며, 보강형의 단면력을 개선할 수 있을 뿐만 아니라 가설장비 규모를 줄일 수 있다. 멀티 케이블 시스템에서 케이블 간격은 강사장교의 경우 15~25 m, 콘크리트 사장교의 경우 5~10 m 정도가 일반적이다.

(5) 보강형의 종류

사장교는 보강형의 구성요소에 따라 크게 강사장교, 강합성 사장교, 콘크리트 사장교 및 복합사장교로 분류된다. 콘크리트 사장교중 최대 주경간장은 530 m (Skarnsundet교)로 주로 200~400 m의 범위에서 경제성을 확보하고 있다. 반면 강합성 사장교는 500 m 내외의 일반적인 사장교에 주로 적용되고 있으며 프리캐스트 바닥판을 이용한 강합성 사장교의 등장 이후 그 영역이 급속히 확대되고 있다.

A1.2.3 최신 설계동향

앞서 기술한 바와 같이 사장교는 케이블의 세그, 보강형의 축력 도입 등으로 기하학적 비선형성이 크고 결정해야 할 설계변수 들이 많아 해석프로그램의 정도가 설계에 중요한 영향을 미친다. 최근에는 케이블 세그, 대변위 등 비선형성 뿐만 아니라 제작캠버에 의한 접선가설을 고려할 수 있는 전용 해석프로그램의 개발로 과거에 비해 실제 시공과 매우 근사한 해석이 이루어지고 있다.

최근의 사장교 계획 시에는 고주탑을 적용하여 케이블의 하중분담을 증대시키고 보강형의 축력도입을 최소화하여 응력을 제어하려는 경향을 보이고 있으며 이는 교량의 경관 계획과도 깊은 관련이 있다.

또한, 교량 가설 중 및 공용 중 내풍안정성 확보를 교량계획의 주요항목으로 검토하고 있으며, 이를 위해 가설 중 버펫팅 해석을 수행하고, 유선형 박스, Faring 설치 등과 함께 경제성, 변장비(교폭/중앙경간장) 확보가 가능한 Twin 박스거더 등이 설계에 적극 반영되고 있다. 뿐만 아니라, 케이블의 제진을 위해 다양한 방식의 댐퍼에 대한 이론적 검증과 실물실험이 이루어지고 있으며, 이를 통해 설계단계에서 적정한 케이블 댐퍼의 선정과 설치위치 등을 결정하는 등 케이블 진동제어 분야에서도 큰 발전이 이루어지고 있다.

국내에서는 최근 강사장교, 콘크리트 사장교, 강합성 사장교, 강과 콘크리트의 복합사장교 등 다양한 형식의 사장교가 설계·시공되고 있으며 경간장 증대와 함께 다경간 시스템 도입을 통해 사장교의 적용범위가 점차 확대되어 가고 있다. 다경간 사장교의 경우 활하중에 의한 변위제어, 교량의 연직방향 강성확보를 위해 추가적인 검토가 필요하며 이러한 요인으로 국내에서는 거가대교, 화명대교와 같이 주경간장 200~240 m 정도의 중·소규모에 적용되고 있고 국외에서는 프랑스의 Millau교(L=204+6@342+204=2,460 m), 그리스의 Rion-Antirion교(L=256+3@560+286=2,252 m) 등이 이미 준공되었다.

<그림 A1.2.7> Millau교(프랑스, 2004년)

A1.3 현수교

A1.3.1 현수교의 정의

현수교는 고정하중 작용 시 주케이블이 전체하중을 지지하여 보강형은 무응력 상태가 되며 추가 고정하중과 활하중 등의 부가하중은 보강형과 주케이블 시스템이 부담하도록 한 교량형식이다.

A1.3.2 현수교의 역사

(1) 현수교의 기원

현수교는 원시시대 원숭이의 무리가 골짜기를 건너기 위해 만든 Monkey Bridge에 착안하여 등나무나 덩굴 등의 천연소재를 이용한 현수교가 최초로 만들어졌고, 지금도 문명과 동떨어져 생활하고 있는 아프리카의 피그미족에서도 그 유래를 찾아 볼 수 있다. 또한 BC200년경부터 중국과 인도의 카시밀 지방에서 대나무줄과 쇠사슬을 이용한 현수교가 가설되었다.

(2) 근대의 현수교

17세기 초부터 연철이 개발되기 시작하면서 프러시아, 영국을 중심으로 Chain 케이블을 이용한 현수교가 만들어지기 시작했으며, 1801년 미국에서 건설된 트러스 형식의 보강형을 채택하고 있는 Jacob's Creek교는 근대 현수교의 원형으로 알려져 있다. 이후 근대 현수교 역사상 유명한 John Roebling과 그의 아들 Washington Roebling에 의해 Niagrara교, Cincinnati교, Brooklyn교 등이 설계·시공되었으며 그중 Brooklyn교(주경간장 487 m)는 최초로 아연도금강을 케이블에 적용한 교량이다.

(3) 현대의 현수교

20세기 전반은 미국이 현수교 기술 발전을 주도했다. 또한 현수교 해석이론도 탄성이론에서 활하중에 의한 케이블의 변형을 고려하는 처짐이론으로 발전하였다. Manhattan교(주경간장 448 m)는 처짐이론을 적용한 최초의 교량으로 Moisseiff에 의해 설계되었으며, 이후 Benjamin Franklin교(533 m, 미국), George Washington교(1,066 m, 미국), Golden Gate교(1,280 m, 미국)를 거쳐 미국의 현수교는 절정기를 맞이하게 된다. 처짐이론에 충실한 결과 플레이트거더를 보강형으로 채택한 Tacoma Narrows교가 탄생하기에 이르렀으나, 낮은 형고비, 낮은 비틀림 강성 등에 의해 설계풍속보다 낮은 풍속에서 비틀림 플러터에 의한 붕괴가 발생하였다.

이후 현수교 설계에 있어서 공기역학적 문제가 인식되고 실험적·이론적 실험을 통해 미국 장대현수교 대부분은 트러스 보강형을 채택하고 있다. 또한 케이블 가설시 최초로 Prefabricated Strand Method를 적용한 New Port교(488 m, 1969년), 형고 10 m의 트러스 보강형을 적용한 New Tacoma Narrows Bridge 등이 건설되었다.

<그림 A1.3.1> New Tacoma교(미국, 1950년)

유럽의 경우 Tancarville교(608 m)를 계기로 장대 현수교 건설이 활발하게 이루어졌으며 미국과 달리 주로 철근콘크리트 주탑과 유선형 강상판 박스를 보강형으로 적용하고 있다. Severn교(988 m, 1966년)는 박스거더(형고 3 m)를 보강형으로 적용한 최초의 교량으로 유선형 단면, 비틀림 강성 증가에 의해 내풍안정성을 확보하고 있으며, 종래의 연직행어 대신 경사행어를 채용하여 연직진동 감쇠를 기대하였으나, 경사행어의 파단, 보강형 용접부 크랙 등이 발생하여 보수한 바 있다. 이후 Bosporus교(1,074 m), Humber교(1,410 m), Great Belt East교(1,624 m, 1998년)가 건설되어 '70~'90년대의 장대 현수교 건설을 주도하였다.

<그림 A1.3.2> Great Belt East교(덴마크, 1998년)

아시아에서도 일본은 오랜 준비 끝에 장대교량의 선진국으로 발돋움하게 되었고, 일본 최초로 PS공법을 적용한 관문교(712 m, 1973년), 트러스 보강형과 트러스형 주탑을 적용한 이노시마대교(770 m, 1983년), 일본내 최초로 박스 보강형을 적용한 오오시마대교(560 m, 1988년), 주케이블이 앵커리지내 교차하는 연속 현수교인 세토대교(1,100 m, 1988년)를 거쳐 현재 세계 최장인 아카시해협대교(1,991 m, 1998년)를 건설하기에 이르렀다.

국내에서는 타정식 현수교인 남해대교(404 m, 1973년)와 광안대교(500 m, 2002년), 자정식 현수교인 영종대교(300 m)가 완성되어 공용중에 있으나 일본 등 외국 기술의 영향이 컸다. 그러나 소록대교(250 m)가 국내 기술력으로 설계·시공 중에 있으며, 설계시공일괄입찰, 대안설계 등을 통한 기술 축척으로 현재는 1,500 m급의 타정식 현수교의 설계·시공 기술을 확보하기에 이르렀다.

A1.3.3 구조개념

(1) 구성요소

① 교면하중을 지지하는 보강형 (Stiffening Girder)

② 보강거더를 매다는 행어 (Hanger)

③ 행어를 매다는 주케이블 (Cable)

④ 케이블을 고정하는 케이블 앵커리지 (Cable Anchorage)

⑤ 케이블을 지지하는 주탑 (Tower)

(2) 현수교의 구조개념

현수교의 주요 부재인 주케이블은 현수재를 포함한 케이블의 자중과 보강형의 자중, 이에 지지되는 상판, 포장 등의 자중을 주탑, 앵커리지에 전달하며, 완성 후에 작용하는 외력을 보강형과 함께 분담 지지하여 하중을 앵커리지로 전달한다. 또한 보강형은 케이블과 함께 교체에 연직 및 수평방향 강성을 부여하고, 완성 후 보강형에 작용

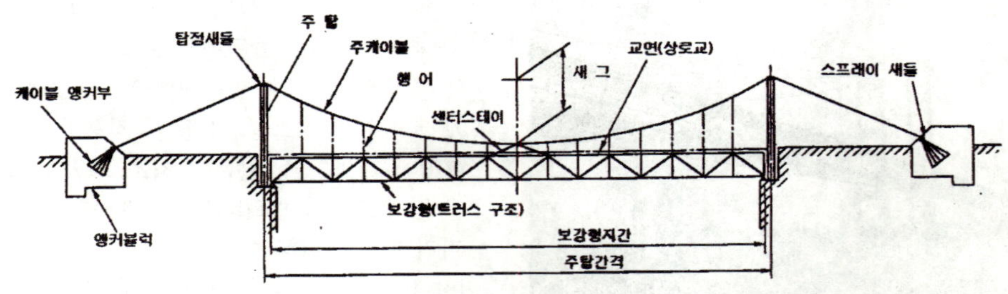

<그림 A1.3.3> 현수교의 개념도

하는 하중을 분산시키며, 그 하중을 행어를 통해 주케이블로 전달시키는 역할을 한다. 따라서 현수교는 주로 케이블에 의해 강성이 확보되는 구조물로 타형식의 교량에 비해 변위 및 유연성이 큰 교량형식이다.

A1.3.4 현수교의 종류

(1) 케이블 정착방식에 따른 분류

케이블 정착방식은 크게 자정식과 타정식으로 분류할 수 있으며, 자정식은 현수교 보강형의 단부 내에 주케이블을 정착시키고, 타정식은 현수교 단부에 있는 별도의 앵커리지를 설치하여 정착시키는 시스템이다.

자정식 현수교의 경우 보강형에 주케이블 장력에 의한 축력이 작용하므로 주케이블의 장력이 크지 않은 지간장 300 m 내외의 중·소규모 현수교에 적용하고 있으며, 단부 교량받침에 부반력이 발생할 수 있어 별도의 제어장치가 필요하고, 시공시 보강형을 먼저 가설해야하므로 가설벤트 설치 등 시공상 제약이 따르게 된다.

타정식 현수교는 주케이블의 장력이 별도의 앵커리지에 작용하므로 보강형에 축력이나 부반력이 발생하지 않아 대규모 현수교에 주로 적용하고 있으며, 주케이블 가설 후 보강형을 가설하므로 시공시 가설벤트는 불필요하나, 대규모 앵커리지 설치에 따른 경제적, 경관적 검토 등이 반드시 필요하다.

(2) 보강형의 경계조건에 따른 분류

보강형의 경계조건에 따른 분류는 다음과 같다.

① 1경간 2힌지 현수교

② 3경간 2힌지 현수교

③ 3경간 연속 현수교

④ 3경간 플로팅 현수교

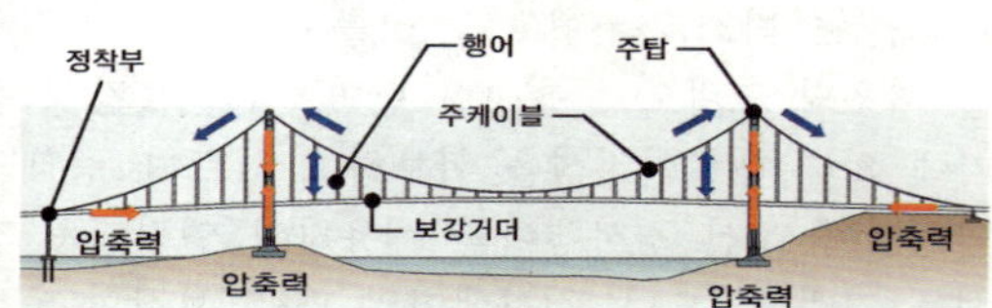

<그림 A1.3.4> 자정식 현수교의 구조거동

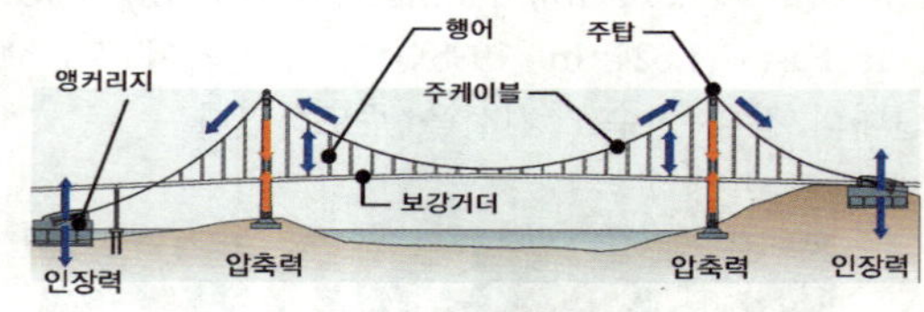

<그림 A1.3.5> 타정식 현수교의 구조거동

힌지구조는 연속구조에 비해 수평변위가 크고 신축장치 설치에 따른 주행성 저하 등의 단점이 있으며, 연속구조는 주탑부 부모멘트가 크게 발생하므로 최근에는 보강형 모멘트를 최적화하고 받침 제거, 점검차 개수 최소화 등에 따라 유지관리성이 우수한 플로팅 시스템을 주로 적용하고 있다.

A1.3.5 구조특징

(1) 주케이블

현수교에 이용되는 주케이블로 소선단위의 Parallel

Wire Cable과 스트랜드 단위의 Parallel Strand Cable이 주로 사용되고 있으며 각각의 가설공법으로 AS (Air Spinning)공법과 PS (Prefabricated Strand) 공법이 적용되고 있다. 주케이블의 인장강도는 지속적으로 발전하고 있으며, 현재 국내에서는 일반적으로 1,760 MPa의 고강도 케이블이 적용되고 있다. 최근 설계에는 1,860 MPa의 초고강도 케이블이 적용된 바 있다.

(a) 1경간 2힌지 현수교

(b) 3경간 2힌지 현수교

(c) 3경간 연속 현수교

(d) 3경간 플로팅 현수교

<그림 A1.3.6> 보강형의 경계조건

(2) 보강형

보강형은 트러스 보강형과 유선형 강박스 보강형이 주로 채택되고 있다. 트러스 보강형은 미국, 일본 등에서 주로 적용되어 왔으며 횡트러스와 횡프레임으로 구성된 횡단면이 바닥판의 하중을 행어로 전달시킨다. 트러스 보강형은 횡방향 저항단면이 작아 내풍안정성이 우수하나 강중의 증가, 시공·유지관리비 증가 등 단점을 가지고 있다. 반면 강박스 보강형은 1960년대부터 주로 유럽에서 적용되어 왔으며 트러스형식에 비해 형고와 강중을 작게 할 수 있는 장점이 있다.

(3) 앵커리지

앵커리지는 케이블의 장력을 지지하고 정착시키기 위한 장치로 지중 정착식, 터널식, 중력식 등이 있으며, 일반적으로 중력식을 많이 사용한다. 중력식은 콘크리트 구체와 상재토의 자중으로 케이블 장력에 저항하는 방식으로 세토대교 등 대부분의 현수교에 적용되고 있다.

터널식은 경사 터널내 강재 프레임과 선단에 정착장치를 설치하여 터널 외부면의 전단과 확폭부 지압으로 저항하는 방식이며, 지중 정착식은 지중에 정착터널을 구축하여 정착판을 설치하고 저면 암반의 자중 및 암반의 강도로 저항하는 방식이다.

(4) 행어시스템

행어시스템은 행어 케이블, 케이블 밴드, 보강형과의 정착부로 구성되며 케이블 밴드 형식은 안장 걸기 방식과 핀 방식으로 구분할 수 있다.

A1.3.4 계획 시 고려사항

(1) 앵커리지 지지기반

앵커블럭은 케이블 수평력을 받아 지반의 크리프 변형에 의해 공사 완료 후에도 주탑 측으로 이동하게 되므로 이에 대한 오차를 보정하도록 설계에 반영해야 한다. 또한 앵커리지의 안정계산에 있어서 활동에 대한 안정이 지배적인 경우가 많으므로 연직하중에 대해 간극수압에 의한 양압력 등의 존재여부를 고려해야 한다.

(2) 주경간장

현재 공용중인 현수교 중 최대 규모의 현수교는 아카시대교로 1,991 m의 주경간장을 갖고 있으며, 최근에는 Messina해협대교가 주경간장 3,000 m의 현수교로 계획되고 있다.

<그림 A1.3.7> 아카시대교(일본, 1998년)

국내에서는 묘도~광양간 연륙교(1,545 m, 설계중), 적금~영남간 연륙교(850 m, 시공중), 광안대교(500 m), 소록대교(250 m, 시공중), 영종대교 등의 설계·시공 사례가 있다. 주경간장은 내풍안정성이 확보되도록 변장비를 만족해야하며 현수교의 경우 일반적으로 65 이하의 변장비를 적용하고 있다. 또한 주경간장은 항로폭 확보, 적정한 기초규모 및 최적 공사비 확보가 가능하도록 충분한 검토가 필요하다.

<그림 A1.3.8> 영종대교(2000년)

(3) 측경간비

측경간비는 주탑 새들에서의 케이블 활동안전율의 확보, 적정 앵커리지 규모 확보, 경관적 요소 등을 고려하여 결정하며, 일반적으로 타정식 현수교의 경우 0.24~0.27, 자정식의 경우 0.35~0.45의 범위에서 선택되어 지고 있다.

(4) 세그비

세그비는 현수교의 역학적 특성을 좌우하는 지배적인 요소로 케이블 물량, 앵커리지 규모에 직접적인 영향을 준다. 일반적으로 세그비가 증가할수록 케이블 장력이 감소하나 보강형 휨모멘트가 증가하고 내풍안전성이 감소하므로 세그비에 따른 공사비 검토를 수행해야 한다.

타정식 현수교의 경우 1/12~1/8, 자정식 현수교의 경우 1/6~1/5의 범위에서 세그비를 결정하고 있으며, 자정식 현수교의 경우 세그비를 높게 하여 케이블 장력을 줄이고 보강형에 작용하는 축력을 저감시켜 경제성을 확보하는 것이 일반적이다.

A1.3.5 최신 설계동향

국내의 현수교 분야는 근래 대단한 기술발전을 이루어 독자적인 계획 및 설계가 가능한 기술력을 확보하고 있다. 현수교는 주케이블을 통한 교량 전체의 강성확보와 경간장 증대에 따른 내풍안정성 확보가 교량계획의 주요 항목으로 검토되고 있으며, 최근에는 1,800 MPa 이상의 초고강도 케이블의 적용과 보강형 자중감소를 통해 효율적 구조시스템을 갖도록 계획하고 있다.

고강도 케이블은 일반강도의 케이블에 비해 직경 및 케이블 자중감소를 가능하게 하며 최근 철강기술의 발전에 따라 국내에서도 1,860 MPa의 초고강도 케이블 개발이 완료되어 2012년 완공 예정인 광양대교(주경간장 1,545 m) 등의 설계에 반영되고 있다. 또한 초장대화에 따른 내풍안정성 확보를 위해 Multi 박스 보강거더의 적용이 증가하고 있으며 Messina해협대교(주경간장 3,300 m, 계획중), Xihumen교(주경간장 1,650 m) 등 국외의 초장대 교량의 설계에 적용된 바 있다.

<그림 A1.3.9> Multi 박스 보강거더 단면

현수교의 보강형 지지시스템으로는 주로 Floating 시스템을 적용하여 주탑부 보강형의 부모멘트를 제어하고, 운행 차량의 주행성을 확보하며, 부대시설 및 유지관리 시설을 최소화하도록 계획하고 있는 것이 일반적인 경향이다.

<그림 A1.3.10> Messina해협대교(이탈리아, 계획중)

현수교의 보강형 가설 중 항로구간의 선박통항을 확보하기 위해 항로 외부에서 보강형을 인양한 후 가설지점으로 이동시키는 Swing공법을 적용하는 등, 설계단계에서부터 상세한 시공계획을 수립하여 해석에 반영하고 있으며, 새들, 케이블 밴드, 스트랜드 슈 등의 케이블 부속시설과 신축이음, 링크 슈 등 부대시설에 대한 제작 및 설계기술의 발전으로 교량전체의 효율적인 구조시스템, 유지관리 계획을 수립하고 있다.

<그림 A1.3.11> 광양대교(2012년 예정)

A1.4 아치교

A1.4.1 아치교의 역사

(1) 아치, 가장 원초적인 구조

아치(Arch)는 인류가 존재하기 훨씬 전부터 자연의 일부로 존재해 왔다. 자연스러운 힘의 흐름을 극명하게 보여주는 자연 아치는 사막, 바다, 계곡 등에서 지금도 많이 볼 수 있다. 이러한 자연의 아치들은 무구한 시간동안 우리들에게 아치 구조의 효율성을 보여줘 왔다.

<그림 A1.4.1> Landscape Arch (미국)

아치구조의 탁월성과 아름다움은 자연속에서, 역사속에서 쉽게 찾을 수 있지만, 그밖에도 우리의 생활 속에서 조금만 눈을 돌려도 보이는 오히려 너무 가까이 있어서 잘 보이지 않는 바로 옆에 아치구조는 흔하게 존재한다.

아치 교량이 보여주는 사실적인 아름다움은 궁극의 미를 추구하는 예술가들에 좋은 작품의 대상이 되었다. 특히 빛과 자연의 모습을 주로 그린 사실주의나 인상파에 속하는 화가들에게는 더없이 좋은 소재가 되었다. 다음은 인상파의 선구격인 Johann Barthold가 그린 그림으로 센 강 위에 있는 아치교의 모습을 떠 있는 듯이 잔잔하게 표현하고 있다.

<그림 A1.4.2> 아치구조로 멋을 낸 강당 천장

<그림 A1.4.3> The Seine and Notre-Dame in Paris (Johann Barthold, 1984)

(2) 아치의 오늘

길이 3~4 m밖에 안 되는 정원의 아치교에서 500 m가 넘는 세계적인 아치교에 이르기까지 중대지간에서 아치교의 위치는 확고하다. 아치교는 1800년대 후반부터 장대화되기 시작하여 2003년에는 아치지간 550 m에 이르는 중국의 노포대교(Lupu Bridge)가 완성되었다.

아치교 형식별 세계 최장의 교량을 정리하면 다음과 같다.

<표 A1.4.1> 세계의 아치교

(단위 : m)

구분	국적	교량명	주경간장
강아치교	중국	Lupu교	550
RC아치교	중국	Wanxian교	425
닐센아치교	네덜란드	van Brienenoord교	287
석조아치교	중국	Wuchaohe 교	120

<그림 A1.4.4> Lupu Bridge, 중국, 2003년

고궁에서 볼 수 있는 석조 아치교에서 시작된 우리나라의 아치교의 역사는 2003년 지간 186 m의 초양대교에서 정점을 맞고 있다.

<그림 A1.4.5> 초양대교(2003년)

(3) 변모하는 아치교

현대의 아치교는 기존 아치교의 틀에서 벗어난 여러 가지의 시도를 하고 있다. 대표적인 예는 구조적인 간결성을 강조한 Unbraced 아치교와 Tubular 단면의 채택이다. 1964년에 가설된 독일 Kaiserlei교는 Tubular 단면을 채택한 Unbraced 아치교의 대표적인 형태다. 이 교량은 지간 220 m의 장대 아치교임에도 불구하고 ϕ2.0 m의 강관 Tube로 된 리브를 채택한 획기적인 교량이다. 이와 같은 Tubular Unbraced 아치는 구조적 간결성 이외에도 기존 아치교의 브레이싱으로 제약받던 통과 차량, 또는 철도의 건축한계를 고려하지 않아도 되기 때문에 구조적인 효율성을 증대시킬 수 있다.

<그림 A1.4.6> Kaiselei Bridge, 독일, 220 m

이외에도 Unbraced 아치교의 예는 많은 곳에서 찾아 볼 수 있다. 이는 Unbraced 아치교의 장점을 반증하는 예이기도 하다. 특히 최근에는 Mono-plane 아치교가 증가하면서 Bracing의 의미를 퇴색시키고 있다.

<그림 A1.4.7> Binwang Bridge, 중국, 80 m

최근에는 단면력을 많이 받는 고정 앵커부 등에 기존 단순 원형 강관 Tube를 보강한 CFT (Concrete Filled Tube) 단면을 많이 채택하고 있다. 이와 같은 CFT단면은 구조적인 효율성이 높을 뿐 아니라 제작, 설치도 용이해서 타 교량의 주형 구조에도 적용되고 있다. 향후 많은 형태로의 변형이 용이한 단면 형태다.

중대 지간의 교량에 적합한 아치구조의 특성을 볼 때, 미래의 아치교는 장대화로 가기 보다는 보다 외적인 면에 치중할 것으로 보인다. 또한 타 형식의 교량과 결합하는 Fusion Arch Bridge가 많이 등장할 것이다. 또한 이전에도 그랬던 것처럼 미래에도 아치구조의 안정함을 이용한 새로운 소재의 적용이 계속되어 신소재의 시험장이 될 것이다.

<그림 A1.4.8> Loire River Bridge, 프랑스, 201.6 m

A1.4.2 아치교의 종류

(1) 아치교의 분류

일반적인 분류, 즉 용도에 따른 구분, 사용재료에 따른 구분, 노면의 위치에 따른 구분, 교량의 평면형상에 따른 구분 이외에도 아치교량에만 적용되는 구조적인 구분이 있다. 그러나 이와 같은 분류체계가 서로 독립적으로 존재하는 것은 아니며 몇 가지 분류기준이 혼용되어 사용되는 것이 일반적이다. 여기서는 분류체계의 가장 기본이 되는 것을 설명한다.

1) 아치리브에 따른 구분

아치교량은 크게 주 구조인 아치리브(Arch Rib)와 통과하중을 1차적으로 부담하는 상판, 즉 보강형(Stiffened Girder)과 리브와 보강형 사이의 공간인 스팬드럴(Spandrel)으로 구성된다.

이중에서 주 구조체인 아치리브의 보강여부와 단면형식에 따라서 다음과 같이 분류할 수 있다.

① Solid Rib Arch

② Braced Rib Arch

③ Spandrel Braced Rib Arch

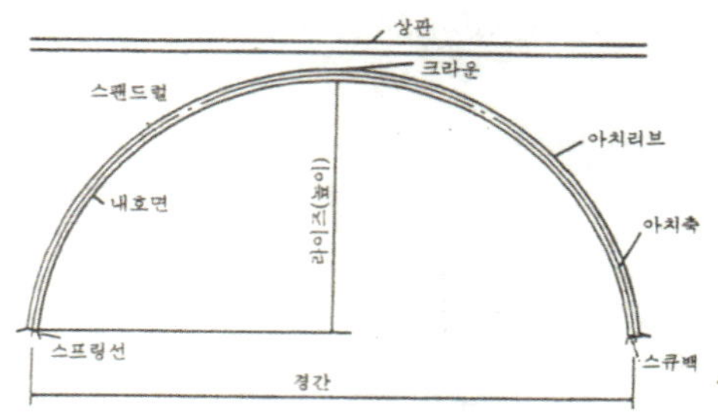

<그림 A1.4.9> 아치교량의 구조체 구분

2) 구조계에 따른 구분

아치작용에 의해 발생되는 수평반력을 기초 지반에 직접 전달하는 것과 그 수평력을 보강형에서 부담하는 타이드 아치(Tied Arch)로 구분할 수 있다. 또 타이드 아치는 리브와 보강형의 강성, 행어의 배치등에 따라 타이형(Tied Girder), 랭거형

(Langer Girder), 로제형(Lohse Girder)과 닐센계(Nielsen System)로 구분이 가능하다.

① 2 Hinged Arch

② 3 Hinged Arch

③ Fixed Arch

④ Tied Arch - Tied Girder, Langer Girder, Lohse Girder, Nielsen System

(2) 아치 리브에 따른 분류

1) Solid Rib Arch

Solid Rib Arch는 단일한 부재로 아치 리브를 구성한 것으로 보통 지간 200 m 이하에 적용된다. 미관이 우수하므로 다소 비경제적이더라도 이 이상의 지간에 적용되는 예도 있다.

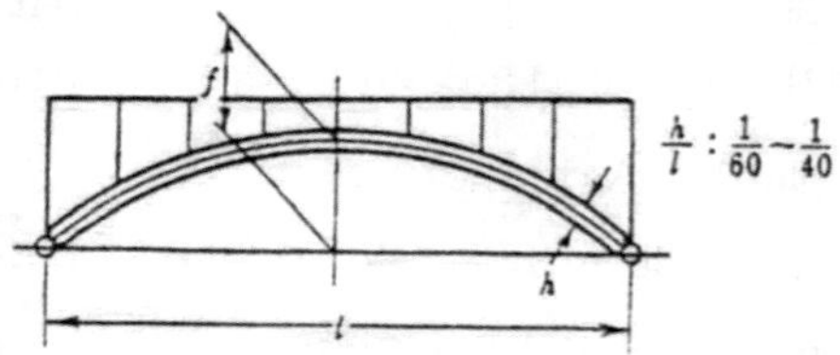

<그림 A1.4.10> Solid Rib Arch교의 개요

Solid Rib Arch는 흔히 볼 수 있으며 특히 대부분의 콘크리트 아치에서 적용하고 있다.

2) Braced Rib Arch

아치 지간이 길어지는 경우에 Rib는 힘을 많이 분담하게 되고, 따라서 보다 강한 단면을 채택할 수밖에 없다. 그럴 경우 Solid Rib를 적용하면 중량대비 단면의 효율성이 떨어지게 되므로 보강된(Braced) Rib 구조를 갖는 것이 유리하다. 관점에 따라 다소 차이는 있겠지만 Braced Rib Arch는 Solid Rib Arch에 비해 미관이 떨어진다. 그러나 경제성과 강도가 크기 때문에 지간 200 m가 넘는 강아치교에 많이 적용된다.

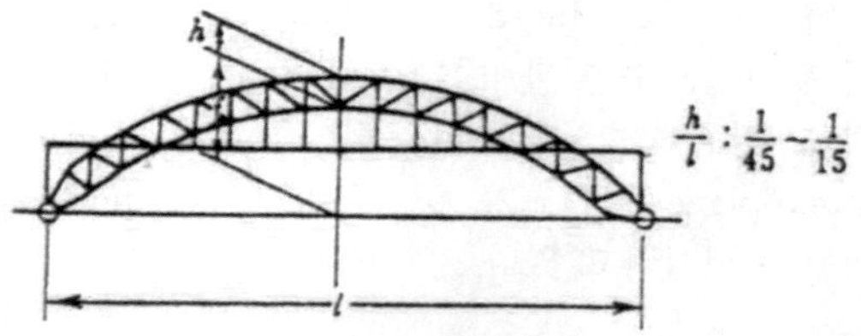

<그림 A1.4.11> Braced Rib Arch교의 개요

Braced Rib Arch는 구조적인 효율성이 높기 때문에 세계적인 장대 아치교는 대부분 이런 구조를 채택하고 있다.

2) Spandrel Braced Arch

아치교에서는 일반적으로 전단력이 작기 때문에 Braced Spandrel은 구조적으로 큰 의미가 없다. 이런 종류의 아치는 지간 100 m 이상에서는 거의 이용되지 않는다.

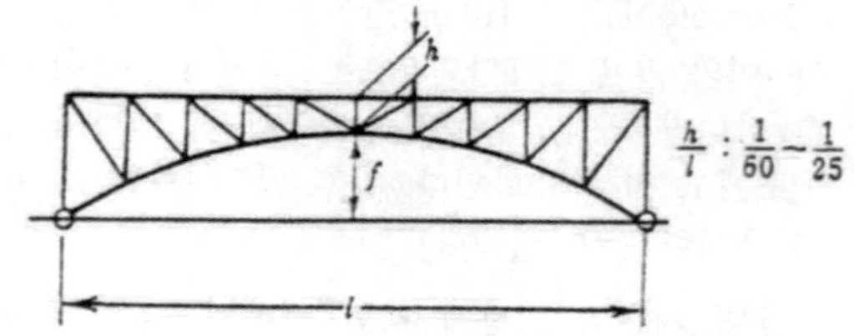

<그림 A1.4.12> Spandrel Braced Arch교의 개요

주로 과거에 가설된 아치교량에서 볼 수 있으며 석조 아치의 경우에는 Spandrel을 꽉 채운 Solid Spandrel 구조를 채택하고 있다.

(3) 구조계에 따른 구분

1) 2-Hinged Arch

2-Hinge Arch System은 아치이론에 가장 접근한 형식으로 널리 채용되고 있는 형식이다. 200 m 정도까지는 Solid Rib Arch가 경제적이며 그 이상의 지간에 대해서는 일반적으로 트러스형태의 Braced Rib Arch가 일반적이다. SM520을 재료로 사용하는 2-Hinged Braced Rib Arch교의 최대 지간은 570 m 정도가 될 것으로 예상하고 있다.

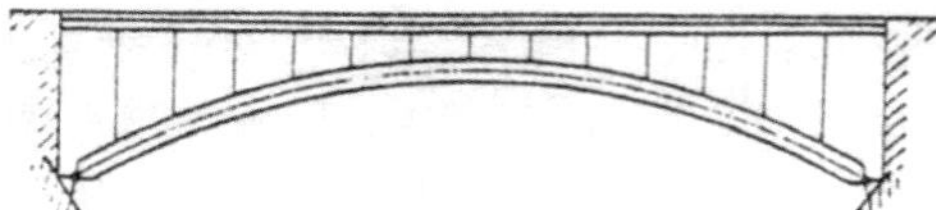

<그림 A1.4.13> 2-Hinged Arch교의 개념

그러나 Solid Rib Arch임에도 불구하고 2-Hinge 구조로 200 m 이상의 아치 지간을 갖는 예는 많이 있으며 대표적인 것으로는 Fremont Bridge (382.8 m), Port Mann Bridge (366 m) 등이 있다.

2) 3-Hinged Arch

3-Hinge Arch System은 가설위치의 지반 조건이 나쁜 경우와 같이, 부정정력에 의해 구조물이 크게 영향을 받을 가능성이 있는 지역에 주로 가설된다. 이러한 구조는 정정을 이룬다는 장점은 있으나 중앙 힌지부의 장기적인 처짐으로 주행성, 유지관리 측면에서 바람직하지 못하다.

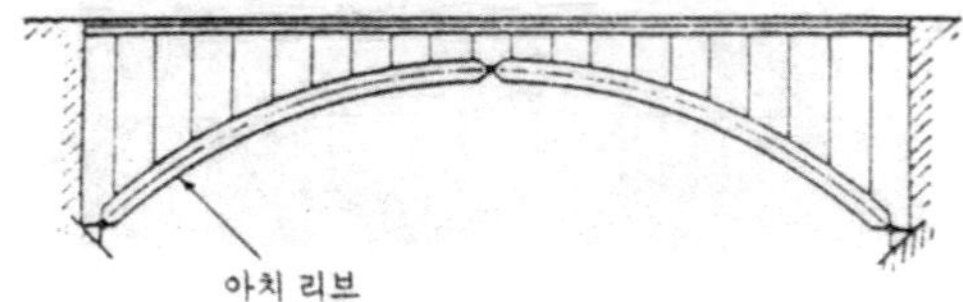

<그림 A1.4.14> 3 Hinged Arch교의 개념

3-Hinge 구조는 정정 구조이기 때문에 해석이 용이하며 따라서 구조해석 기술이 그다지 발전하지 못했던 근대시대의 교량에서도 종종 발견된다.

3) Fixed Arch

구조적으로는 가장 경제적이다. 그러나 양단의 고정 모멘트가 크므로 지반이 양호해야 하며 따라서 그 적용범위가 한정된다. Fixed Arch는 타형식에 비해서 강성이 크므로 처짐량이 작다.

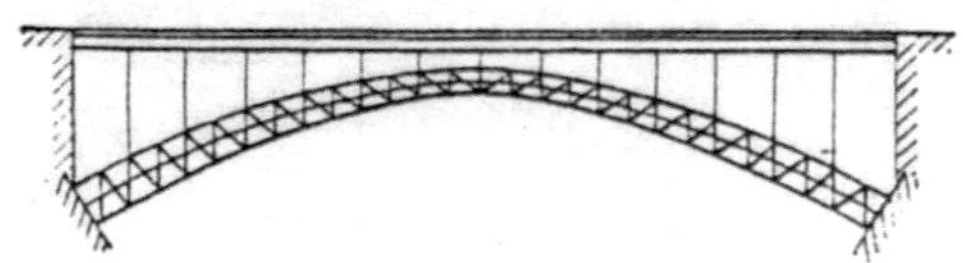

<그림 A1.4.15> Fixed Arch교의 개념

강아치인 지간 289.56 m의 미국 Niagara Rainbow Bridge의 경우, 2-Hinge구조인 경우 처짐에 의한 2차 단면력이 크게 발생되어 Fixed 구조로 계획이 변경되었다. 특성상 힌지구조를 갖기 어려운 많은 콘크리트 아치교가 Fixed구조를 채택하고 있다.

(4) 타이드아치교(Tied Arch Bridge)

타이드아치교는 수평력을 보강형이 부담하므로 기초 지반에는 그다지 큰 수평력이 발생하지 않으며, 따라서 지반이 나쁜 곳에서도 적용할 수 있다. 그러나 전반적으로 아치 리브의 구조적 효율성이 떨어진다. 타이드아치교는 아치 리브와 보강형의 강성분담, 행어의 배치형상에 따라 다음의 4가지로 구분이 가능하다.

① 타이형 (Tied Girder)

리브 강성이 보강형의 강성보다 커서 리브가 축력과 휨모멘트에 대해 주로 저항하며 보강형에는 축력이 주로 발생하는 구조이다 (예 : 한강대교)

② 랭거형 (Langer Girder)

보강형의 강성이 리브의 강성보다 커서 보강형이 축력과 휨모멘트에 대해 주로 저항하며 리브에는 축력이 주로 발생하는 구조. 라이즈비는 1/7 ~ 1/8정도, 보강형 높이는 L/30 ~ L/50정도, 아치 리브의 높이는 L/100 ~ L/200정도가 적당(예 : 동작대교)

③ 로제형 (Lohse Girder)

리브와 보강형의 강성이 엇비슷하여 리브와 보강형이 축력과 휨모멘트에 대해 같이 분담하는 구조

④ 닐센계 (Nielsen System)

수직의 행어 대신 Cable이나 Rod와 같은 보다 Flexible한 소재로 경사지게 설치한 구조로, 자체의 부정정 차수가 커서 널리 사용되지 못하고 있다가 구조해석 프로그램의 발전으로 일반적인 적용이 가능(예 : 서강대교)

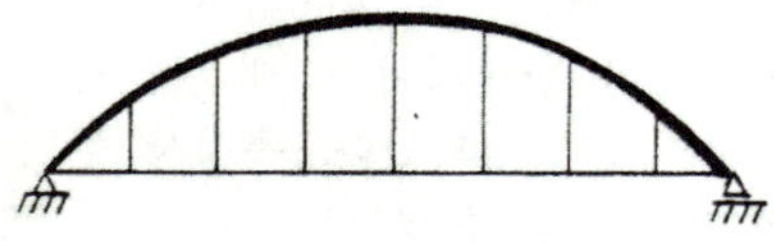

(a) 타이형 (Tied Girder)

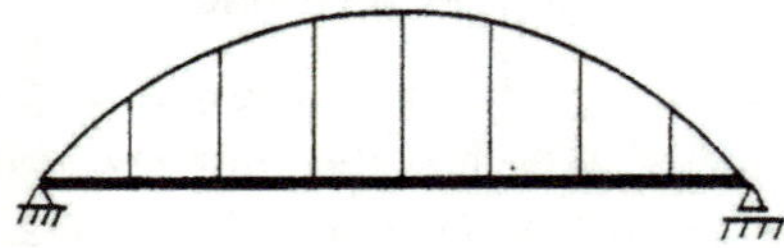

(b) 랭거형 (Langer Girder)

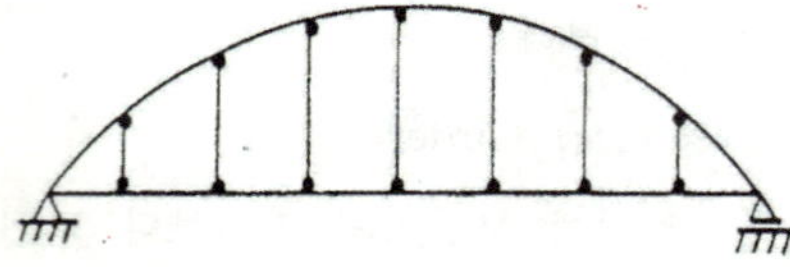

(c) 로제형 (Lohse Girder)

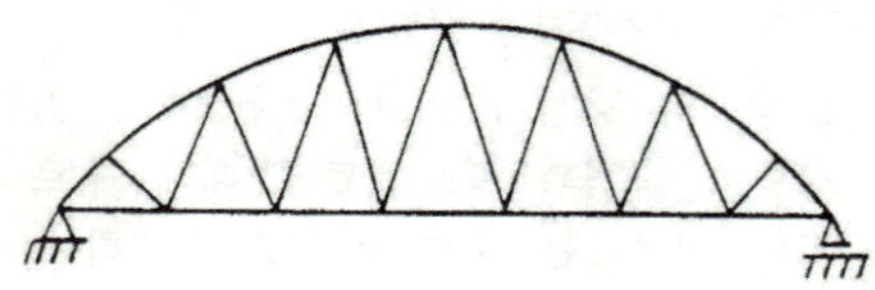

(d) 닐센계 (Nielsen System)

<그림 A1.4.16> Tied Arch교의 분류

(5) 새로운 패러다임 : Tubular, Unbraced

현대의 아치교는 전형적인 아치교의 형식에서 탈피하여 변신을 꾀하고 있다. 그 중에서 가장 눈에 띄는 것은 Tubular 단면을 사용하기 시작했다는 것과 Unbraced 리브를 채택함으로서 구조의 단순화를 시도한다는 점이다. 이것은 현대 아치교의 새로운 패러다임으로 자리 잡았다.

스웨덴의 Askeröfjord 아치교로 대표되는 Tubular Arch(또는 Pipe Arch)는 그 구조의 단순성과 효율성으로 많은 교량에 적용되고 있다.

아치 지간 278.036 m의 Askeröfjord교는 Φ3.8 m의 2개의 Tube단면을 연결해서 288 m의 철근콘크리트 상판을 지지하고 있다. Tube 단면은 항력계수를 줄일 수 있으며(Askeröfjord교의 경우 같은 제원의 사각형 단면에 비해 1/3.5) 판구조보다 좌굴에 강해 보강재의 생략이 가능하다.

Askeröfjord교의 경우, 리브의 두께가 14 mm 밖에 되지 않음에도 불구하고 내부의 보강재를 생략하였다. 이와 같은 특징은 아치교의 장대화에 크게 기여할 것으로 보인다. Askeröfjor교로 대표되던 Tubular 아치는 CFT(Concrete Filled Tube)로 보강되면서 지간 360 m의 Yanjisha Bridge (중국, 강아치 세계6위, 통합 세계 8위)에 이르고 있다.

<그림 A1.4.17> Yanjisha Bridge, 중국, 360 m

브레이싱 구조는 일반적인 K-브레이싱에서 Vielendeel Type으로 변하고, 현재에는 브레이싱을 과감하게 생략한 Unbraced Arch가 등장하여 그 중요성이 점차 퇴색되어 가고 있다.

(a) Vielendee Bridge

(b) Vielendeel Bracing의 예

<그림 A1.4.18> Bracing Type

Unbraced Arch교의 대표적인 예로는 H. Homberg가 설계하고 1964년에 완공된 독일 Kaiserlei교가 있다.

(a) 전경

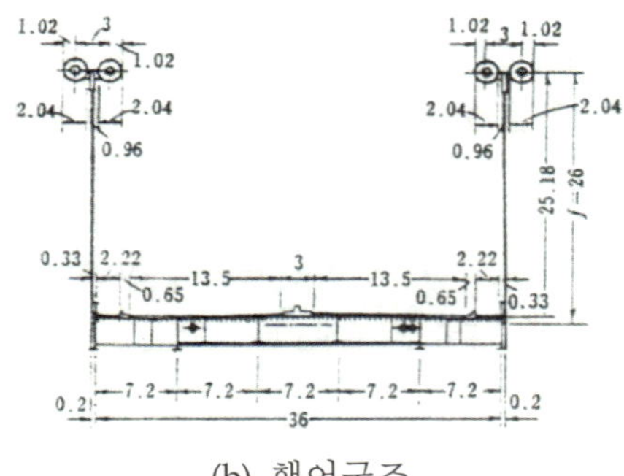

(b) 행어구조

<그림 A1.4.19> Kaiserlei교, 독일

폭 36.7 m, 지간 220 m의 Kaiserlei교는 10 m 간격으로 배치된 Double Tube 구조를 리브로 채용하고 있다. Double Tube의 아치리브는 Φ2.04 m의 Tube를 중심 간격 3 m로 수평배치하고 연결함으로써 횡방향 면외좌굴에 대한 안정성을 확보하였다. 또한 원형의 Tube형 아치리브는 항력계수가 작기 때문에 풍하중에 대해서 유리하다. 따라서 브레이싱이 없는 자립형 리브 교량에서는 대단히 유용하다고 할 수 있다. Unbraced Arch는 리브구조가 단순할 뿐만 아니라 건축한계의 제한을 받지 않기 때문에 하로형의 아치교에서는 적합한 형식이며 건축한계에 종속되어 아치의 라이즈가 높아지는 단점을 극복할 수 있으므로 구조물의 효율성을 높일 수 있다.

또한 Kaiserlei교는 케이블 행어구조를 채택해 단면의 단순화를 꾀하였다. 이와 같이 단면 및 연결구조가 단순해짐으로써 피로에 유리하며 내구성 확보가 용이하여 원형 Tubular 단면을 갖는 하로 아치교 행어구조의 전형이 되었다.

Unbraced Arch교의 다른 형태로는 1-Plane(또는 Mono Plane, Single Rib) 아치교가 있다. 1-Plane 아치교는 외형상 특징이 있을 뿐만 아니라 구조도 단순하여 최근 들어 많이 선호되고 있는 형식이다. 앞으로 이와 같은 Tubular, Unbraced 형태의 아치교가 그 영역을 더욱 확장할 것으로 보인다.

(a) 전경

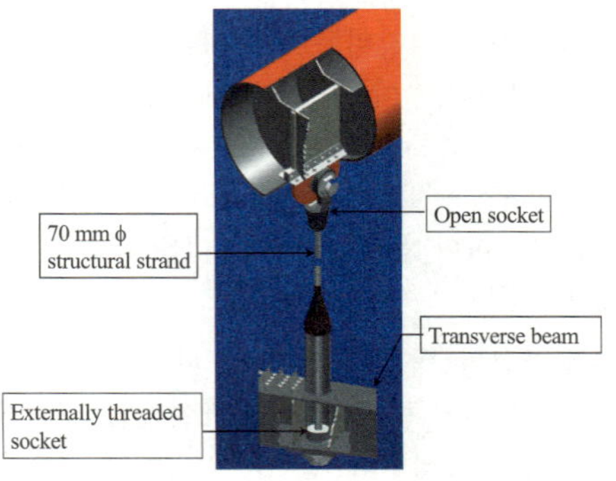

(b) 행어구조

<그림 A1.4.20> Damen Avenue Bridge, 미국, 1999

(a) Nanko Suiro Bridge, 일본, 162.85 m, 1980

(b) Izumi-Ohtsu Bridge, 일본, 175 m, 1976

<그림 A1.4.21> 1-Plane Arch교의 사례

A1.5 FSLM공법에 의한 PSC 박스거더교 설계 및 시공

A1.5.1 개요

FSLM(Full Span Launching Method)공법은 30~50 m의 PSC 박스거더를 공장에서 일괄 제작하여 특수한 가설장비를 이용하여 현장에서 가설하는 공법이다. 이 공법은 PSM(Precast Span Method), FSPM(Full Span Precast Method), 또는 FPLM(Full-span Precast Launching Method)라고 소개되기도 하나 본 편람에서는 FSLM으로 공법명을 정의하였다.

FSLM공법의 특성상 운영에 따라 1일 1경간의 가설이 가능하므로 현존하는 가설공법중 가장 빠른 교량 가설공법이라 할 수 있다. 이 공법은 이탈리아에서 고속철도용 교량공사용으로 개발되어 지금까지 약 30년간 주로 고속철도 교량 공사에 시공되어 왔으나, 최근 국내 인천대교 가설에 활용되는 등 도로교 급속시공에도 적용되고 있다.

<그림 A1.5.1> FSLM공법에 의한 교량 가설 예, 이탈리아

FSLM공법은 공장에서 일정한 길이의 균일한 품질로 제작한 교량상판을 현장으로 운반 후 이동식 가설트러스(Launching Girder)로 인양하여, 연속적으로 가설하여 상부 구조를 완성시키는 공법으로 표준화된 규격으로 시공이 가능하고, 가설속도가 빨라 공기 단축에 유리하다. 개략적인 시공순서는 철근망 제작, 텐던 긴장, 콘크리트 타설 및 양생 후 인출하여 Launching Girder로 이동 및 가설하는 순서이다.

FSLM공법의 많은 장점에도 불구하고 사용되는 장비가 범용성이 없는 특수장비가 대부분이고 공장설비 등 초기투입비용이 많이 요구되는 관계로 교량의 연장이 적정수준을 넘어야 공법적용의 경제성 및 타당성을 확보할 수 있다.

A1.5.2 공법소개

FSLM공법으로 시공되는 PSC 박스거더교의 설계 시에는 세그먼트의 제작, 운반 및 가설과 관련된 부분을 추가로 설계에 반영해야 한다.

(1) 제작 시 검토사항

<그림 A1.5.2(a), (b)>에는 세그먼트 제작을 위한 Outer몰드와 Inner몰드를 도시하였다. 세그먼

트의 제작시, 몰드의 운영 및 철거를 고려한 설계가 필요하다. 특히 <그림 A1.5.2(b)>에 도시한 Inner 몰드의 철거를 위해 거더의 격벽부에는 큰 개구부가 필요하며 이에 대한 격벽부 보강이 필요하다. 또한 제작장에서 세그먼트의 야적시에 불리한 응력이 발생하지 않도록 해야 한다.

(a) Outer 몰드

(b) Inner 몰드

<그림 A1.5.2> 거더 제작을 위한 몰드

<그림 A1.5.3> 세그먼트의 야적, 인천대교

(2) 운반 및 가설시 검토사항

완성된 거더 위로 세그먼트를 운송하는 경우에는 이때 발생하는 응력과 단면력에 대해서 검토가 필요하다. 특히 특수차량 및 특수한 가설장비에 대해서는 동적효과를 고려해야 하며 이에 대해 거더 및 하부구조의 안전성을 확인해야 한다. 또한 세그먼트는 중량물이며 여러 번의 인양이 이루어지므로 인양부에 대한 안전을 확인해야 한다.

A1.5.3 제작

일반적으로 제작장은 세그먼트 운송의 편리함을 위해 가설 현장 가까이에 위치한다. 제작장은 철근 가공 및 조립, 콘크리트 타설, 보수 및 야적을 위한 장소로 나누어진다. 제작장의 지반은 세그먼트의 지지에 충분해야 하며 부등침하가 발생되지 않도록 해야 한다.

철근은 제작장 내의 철근작업장에서 일괄절단 및 가공된 후 생산일정에 맞추어 반입하여 사용한다. 제작시간을 줄이기 위해 철근은 미리 조립해 두고, 완성된 Cage는 타설장으로 운송한다.

콘크리트 타설장비를 충분히 사용할 수 있는 곳에서는 세그먼트 전체를 일괄타설한다. Inner 몰드는 양생이후 격벽부의 개구부를 통하여 빠져나오게 되며 Outer 몰드에 비해 복잡한 구조를 하게 된다. 콘크리트 타설작업은 보통 하부 슬래브, 복부 그리고 상부슬래브 순으로 작업한다. 콘크리트 타설 양이 많고 타설해야 할 구간이 길기 때문에 Cold Joint가 발생하지 않도록 주의해야 한다.

양생은 조기 강도 발현을 위해 증기양생을 실시할 수 있으며 프리스트레싱 및 이동시 충분한 강성을 얻을 때까지 콘크리트를 양생한다. 양생이후에는 제작장의 임시받침 위에 야적된다.

A1.5.4 운반

중량물인 세그먼트를 운반하기 위해서는 특수장비가 필요하다. 제작장 내에서의 운반은 주로 Gantry나 Lifting Frame이 사용된다. 이때 제작장의 상황에 따라 바퀴를 사용하거나 레일을 설치해 그 위로 이동할 수도 있다. 레일 위로 설치하는 것은 조립 및 이동이 간편한 장점이 있으며, 바퀴로 이동하는 경우는 제작장 주위로 세그먼트를 자유롭게 이동 시킬 수 있는 장점이 있다.

육상에서의 이동시에는 세그먼트의 자중을 분산시키기 위해서 여러 개의 바퀴축이 달린 특수차량이 사용된다. 특수차량이 기존 도로나 교량으로 이동시에는 과대한 차량 축하중으로 인하여 문제가 발생할 수 있으며 이에 대한 적절한 조치가 필요하다. 이러한 문제를 해결하기 위해 완성된 거더 위로 특수차량이 이동할 수도 있다. 이를 위해서는 교량의 설계단계에서 특수차량 하중을 고려해야 한다.

해상에서의 이동시에는 바지를 이용해 수송하는 것이 가장 편리한 방법이다. 바지와 인양장비를 함께 이용하여 제작장에서 세그먼트를 가설 현장으로 운반할 수 있다. 이를 위해서 제작장은 바다 혹은 하천 근처에 위치해 바지가 쉽게 접근할 수 있도록 한다.

(a) 이탈리아 고속철도

(b) 대만 고속철도

<그림 A1.5.4> 완성된 거더 위로 세그멘트 운반

<그림 A1.5.5> 해상크레인을 이용한 세그먼트 인양, 인천대교

A1.5.5 가설

세그먼트를 가설하기 위해서는 세그먼트를 인양하여 계획된 위치에 설치할 수 있는 특별한 장비(Launching Girder)가 필요하다. 특수차량으로 운반된 세그먼트를 런칭거더에서 인양하여 교량받침 위에 설치한다. 이후에 런칭거더는 다음 경간으로 이동하여 이전 설치과정을 반복하게 된다. 해상교량의 경우 바지로 세그먼트를 운송한다면, 해상크레인을 이용하여 세그먼트를 바로 교각 위에 가설한다.

A1.5.6 연속화

단순 지지된 박스거더 사이를 현장타설에 의해서 일체화 시키고 포스트텐셔닝을 통하여 연속교로 거동하게 하는 과정을 말한다. 이때 기 설치된 임시받침을 제거하고 영구받침에 하중을 전달하게 함으로써 단순지지에서 연속보 개념으로 바뀜에 따라 구조계의 변화를 가져오게 된다. 거더 연속화를 위해서는 시공단계별 하중 및 지점변화를 설계에 반영해야 하며 이때 사용하는 받침의 용량 및 이동량도 고려해야 한다.

A1.5.7 국내외 시공 사례

(1) 인천대교

인천대교는 상하행 분리구조로 이루어진 왕복 6

차로의 교량으로 사장교, 접속교 및 고가교로 이루어져 있다. 이 중 고가교가 FSLM공법으로 시공되고 있으며, 50 m의 표준 세그먼트(약 1,350 tonf)가 단순보 형태로 가설된 이후에 연속화를 통하여 5경간 연속구조가 된다. 거더는 종방향 및 횡방향 모두 프리텐셔닝 공법을 적용하여 제작시간의 단축 및 비용절감이 가능하도록 하였다.

세그먼트는 제작장에서 바지를 이용하여 해상으로 운반된 이후 다시 특수차량을 이용하여 완성된 거더 위를 이동하여 가설위치까지 운반된다. 세그먼트는 런칭거더와 가설교량(Under Bridge)을 이용하여 교량받침에 설치되게 된다.

<그림 A1.5.6> 인천대교(고가교)

(2) 대만고속철도

2004년에 준공된 대만고속철도 C280 구간 중 약 13.9 km에 대하여 FSLM공법을 적용하였다. 세그먼트는 폭 13 m, 길이 30 m 또는 35 m이며 중량은 약 800~900 tonf에 달한다.

<그림 A1.5.7> 대만고속철도

(3) 경부고속철도 제2-2공구

2002년에 가설된 경부고속철도 2-2공구의 교량은 길이 25 m의 프리텐션 콘크리트 박스거더로 이루어져 있다. 세그먼트의 중량은 약 600 tonf으로 특수 제작한 차량을 이용하여 설치장소로 운반하고 교각 위에 기설치되어 있는 이동식 가설장비를 이용하여 거더를 가설하였다. 고속철도 교량의 특수성을 감안하여 주행성을 향상시키고 안정성 확보를 위해 3경간 연속화를 하였다.

<그림 A1.5.8> 경부고속철도 제2-2공구

(4) 중국 동해대교

2002년에 착공하여 2005년에 준공된 중국 동해대교는 총연장 32.5 km의 6차로 교량이다. 대부분의 교량 상판이 제작장에서 제작 후 해상크레인을 이용하여 가설되었다.

<그림 A1.5.9> 동해대교, 중국

(5) 중국 항주대교

2008년 준공예정인 중국 항주대교는 총연장 36 km의 6차로 교량이다. FSLM공법으로 가설되는 구간은 길이 50 m, 폭 15.8 m의 포스트텐션 PSC 박스거더로 이루어져 있다. 특수차량을 이용하여 가설현장까지 세그먼트를 이동한 후 런칭거더를 이용하여 세그먼트를 가설하였다.

<그림 A1.5.10> 항주대교, 중국

(7) 싱가포르 MRT

1989년 가설된 싱가포르 MRT의 고가교는 표준폭 9.4 m의 복선구조로 평균길이 23 m의 PSC 박스거더로 되어 있다. 제작장은 가설현장 바로 옆에 위치해 세그먼트를 특수차량에 올려 운반 후 런칭거더를 이용하여 가설했다.

<그림 A1.5.11> MRT 고가교, 싱가포르

(8) Vasco da Gama Crossing

1998년 가설된 포르투갈의 Vasco da Gama교량의 고가교는 길이 77.6 m, 중량 2,200 tonf의 세그먼트를 제작장에서 제작 후 바지로 운반하여 설치하였다. 단순지지로 가설된 이후 거더를 연속화하였다.

<그림 A1.5.12> Vasco da Gama Crossing, 포르투갈

A1.6 복합트러스 거더교

A1.6.1 개요

(1) 구성요소

트러스(Truss)는 인장 또는 압축을 받는 부재를 절점부에서 연결하여 형성되는 삼각형 구조를 기본으로 하는 골조구조이다. 트러스의 주요 구성부재로는 주부재인 상하의 현재(상현재, 하현재)와 이들 현재를 서로 연결하는 복부재(수직재 및 사재)가 있고, 상기 두 부재가 서로 결합되는 절점을 격점이라 한다. 한편, 부부재로써 풍하중이나 지진하중으로 인한 횡하중에 저항하기 위하여 상현재 및 하현재 사이에 각각 사재의 형태로 배치되는 횡방향보강재와 철근콘크리트 바닥판에 작용하는 차량하중을 트러스 격점으로 전달시키기 위한 바닥틀 부재(종거더 및 횡거더)가 있다. 종래의 트러스교에서는 철근콘크리트 바닥판과 트러스 현재가 서로 합성거동을 하지 않도록 설계되었다.

<그림 A1.6.1>에는 트러스교의 구성요소를 상로교를 기준으로 도시하였다.

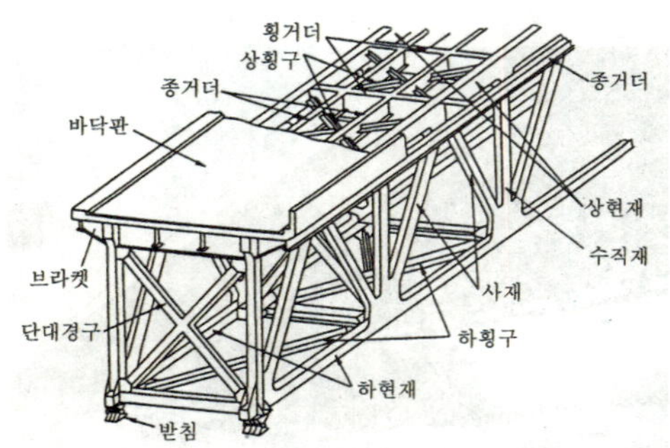

<그림 A1.6.1> 트러스교의 구성요소(상로교)

(2) 기본가정

트러스교는 일반적으로 구조계산상의 편의를 위하여 부재력 산정에 있어서 다음의 가정을 기초로 하고 있다.

① 트러스는 하나의 평면 내에 위치한다.
② 격점은 이상적인 핀구조으로 되어있다.

③ 부재는 직선이고, 그 축선은 모두 격점에서 교차한다.

④ 모든 외력은 평면내에 위치한 격점에 작용한다.

기본가정에 따르면 트러스 부재에는 축력만이 작용하고 휨모멘트와 전단력은 작용하지 않게 된다. 그러나 트러스교의 부재연결방법으로 고장력볼트를 이용한 강결합이 사용되고 있고, 강결합으로 부재를 연결하면 부재에는 축력 외에 휨모멘트가 작용하고, 이로 인한 2차 응력이 부재에 발생하게 된다. 과거 수계산에 의한 구조해석의 한계로 인하여 2차 응력을 검토하는 것이 번거로워 2차 응력이 최소화 될 수 있도록 부재를 설계하였다.

최근 합성트러스교 및 복합트러스교의 설계에서는 절점의 결합상태를 고려하여 트러스 부재의 단면력을 산정하는 추세에 있는데, 이것은 전산구조해석이 일반화된 이유도 있지만 강재와는 달리 인장응력에 상대적으로 약한 콘크리트를 트러스 부재로 사용하게 됨에 따라 휨모멘트로 인한 국부적인 균열발생여부를 사전에 검토하기 위함이다.

A1.6.2 복합트러스교의 분류 및 구조특성

현재 설계 및 가설되고 있는 복합트러스교는 트러스를 구성하는 주요부재(상・하현재, 복부재)에 사용되는 재료 그리고 콘크리트 바닥판과의 합성유무에 따라 크게 다음의 네 가지 형식으로 구분할 수 있다.

① 강합성트러스교

② PSC복합트러스 거더교

③ PCT 거더교

④ 매입형 이중합성트러스교

(1) 강합성트러스교

강합성트러스교는 강재 트러스의 상현재를 콘크리트 바닥판과 합성시킨 형식으로 이미 1959년에 독일에서 제안된 구조형식이었지만, 1980년대에 들어서 독일 루르(Ruhr)대학의 Roik 교수 등에 의한 기초적 연구를 바탕으로 단순합성트러스교인 Isar하천교가 건설되었다. 그 후, 상현재뿐만 아니라 중간지점부 부근에 위치한 트러스 하현재의 압축력을 경감시키기 위하여 이 구간에서 하현재와 콘크리트를 서로 합성시킨 Nantenbach교가 건설되었다.

강합성트러스 거더교의 주요특징으로는 종래 비합성 강트러스교에서 요구되는 바닥골조(횡거더 및 종거더)를 생략할 수 있어 구조의 합리화와 공사비 절감을 들수 있다.

<그림 A1.6.2> Nantenbach교, 독일

최근 일본에서 건설된 츠바키하라교(최대 경간장 155 m)는 트러스 상현재와 PSC바닥판을 합성시켜 PSC바닥판이 주구조로써의 기능을 가지도록 한 도로교용 복합트러스교이다. 2방향으로 PSC강재를 배치함으로써 바닥판의 강성 및 내력을 증진시켰고, 종래의 트러스교에서 일반적으로 채용되어왔던 상횡구조 및 바닥틀 구조를 생략하여 구조의 합리화를 꾀하고 있다.

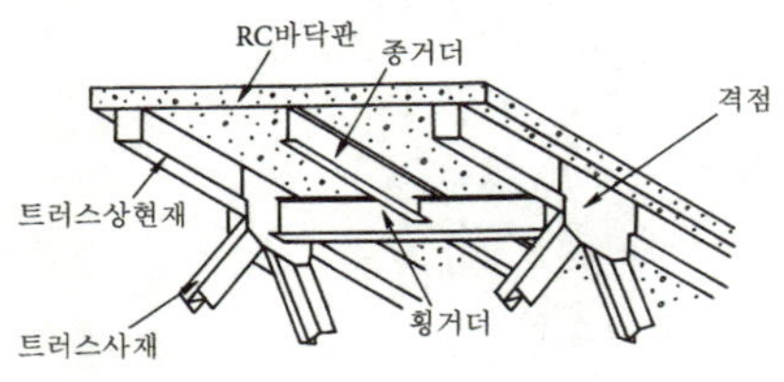

(a) 종래의 강트러스교 바닥구조

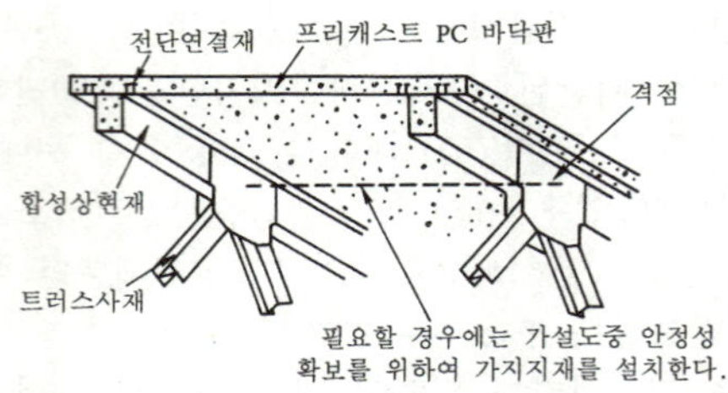

(b) 이중합성 상현재를 이용한 트러스교의 바닥구조

<그림 A1.6.3> 트러스 바닥구조의 합리화

<그림 A1.6.4> 츠바키하라교, 일본

강재 주거더를 역삼각형의 트러스 구조로 제작한 다음 상현재를 콘크리트 바닥판과 합성시킨 구조형식으로 가설된 스위스 Lully고가교가 있다. 본 구조형식은 50 m 정도의 경간장이 적용되는데 조형미가 뛰어나고 교량상부를 지지하는 하부구조의 크기를 대폭 줄일 수 있다는 것을 주요특징으로 들 수 있다.

<그림 A1.6.5> Lully고가교, 스위스

(2) PSC복합트러스 거더교

PSC복합트러스교는 PSC박스거더교의 복부를 강재 또는 콘크리트 트러스 부재로 치환한 구조로서, 거더의 자중경감(약 15~20%)을 통해 가설장비 경량화 및 하부구조의 단면을 감소시킬 목적으로 개발된 것이다.

거더자중을 경감시키기 위하여 강판 또는 파형강판을 복부에 사용한 사례도 있지만, 경간이 길어 거더높이가 높아질 경우에는 수평방향으로의 강판의 접합이 필요하게 되는 등 시공성에 있어서도 트러스 구조가 유리하다고 할 수 있다.

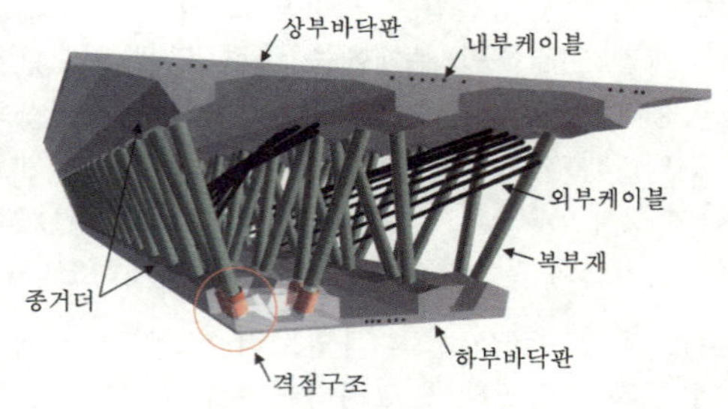

<그림 A1.6.6> PSC복합트러스 거더교 구성

PSC복합트러스 거더교의 주요 특징으로는 트러스 복부재와 철근콘크리트 바닥판사이의 힘의 전달을 원활히 하기 위하여 복부재와 콘크리트 바닥

판과의 결합부에는 교축방향으로 종거더를 설치하는 것과 주로 외부텐던(External Tendon)을 이용하여 상하부 콘크리트 슬래브에 발생하는 인장응력에 저항하고, 경간내에서 외부텐던의 수직편향력이 발생되도록 하여 고정하중으로 인한 복부재의 축력이 경감되도록 하는 것을 들 수 있다.

<그림 A1.6.7> Kinokawa교, 일본

또한 트러스 복부재를 콘크리트 부재로 할 것인지 아니면 강부재로 할 것인지는 경간장과 가설공법에 의해 결정되는 경향이 있다. 경간장 60 m 이하의 프리캐스트 세그먼트 가설공법이 적용되는 교량에서는 콘크리트 트러스가 경제성면에서 유리하고, 경간장이 70 m 이상이 되면 강재 트러스가 경량성 때문에 유리하다.

최근 일본에서 건설된 교량들의 사례를 보면, 최대 경간장 70 m 이상의 장경간 교량이 주를 이루고 있고, 가설공법에 있어서도 프리캐스트 세그멘탈 공법이 주를 이룬 프랑스와는 달리 현장에서 콘크리트 슬래브와 강재 복부재를 일체화 하는 현장치기공법(Cast-in-place)이 주를 이루고 있다.

한편, 복부재로는 주로 강관이 사용되고 있는데, 이것은 경관적인 배려에 의한 것이기도 하지만, 강관이 형강에 비해 좌굴에 대한 저항성이 뛰어나다는 구조적인 특성도 고려된 것이다.

(3) PCT 거더교

Prestressed Composite Truss 거더(이하, PCT 거더)교는 소정의 압축력이 도입된 콘크리트 하현재, 강관 또는 압연형강으로 제작되는 복부재, 그리고 강-콘크리트 합성부재로 형성되는 상현재로 이루어진 구조)로서, 외부텐던을 제외하면 <그림 A1.6.6>에 도시된 단면형상과 유사하다. 주거더를 먼저 거치한 다음에 바닥판을 시공하는 종래의 합성거더교의 구조특성과 트러스교의 구조특성을 동시에 갖는 신개념의 하이브리드(Hybrid)구조이다.

<그림 A1.6.8> Seiun교, 일본

<그림 A1.6.9> Europe교(세그멘트 제작), 포르투갈

PCT 거더교의 주요 특징으로는 자중이 작아 공장 또는 제작장에서 길이가 10~15 m 정도의 비교적 긴 세그먼트로 제작하여 현장으로 운송한 후, 지상에서 세그먼트들을 PS강재(하현재)와 용접(상현재)을 통해 주거더를 조립한 다음 크레인으로 인양·거치하고, 주거더와 콘크리트 바닥판을 현장에서 합성시키는 공정을 통해 시가지나 급속시공이 요구되는 교량에 적용할 수 있다는 것이다. <그림 A1.6.10>에는 국내 최초로 시공된 PCT 거더교의 시공장면을 도시하였다.

<그림 A1.6.10> 마암교 시공장면, 전북 완주

일반적으로 가설되는 PSC박스거더교의 자중에서 상부슬래브가 약 50%, 복부가 약 30% 그리고 하부슬래브가 약 20% 정도를 차지한다. 즉, PSC 복합트러스 거더교에서는 복부부분을 트러스 구조로 치환하는 경우 약 20% 정도의 자중을 경감시키는 효과를 얻을 수 있지만, 이에 반해 PCT 거더교는 상부슬래브 일부와 복부를 강재로 치환함으로써 약 60~70%정도의 자중감소효과를 얻을 수 있다. 또한 강재로 된 상현재가 인장력 및 압축력에 저항할 수 있어 FCM과 같이 가설 중에 상현재가 인장력을 받거나 ILM과 같이 상현재가 인장력과 압축력을 교번으로 받는 경우에 구조적으로 유리하고, PS강재량 및 가설장비의 규모를 크게 절감시킬 수 있어 경제성 측면에 유리하다. 다만, 주거더 가설 후에 상부슬래브를 별도로 시공하여야 하는 문제점은 내재하고 있다.

한편 최근에 가설된 PCT 거더교는 상현재의 강재량을 절감시키기 위하여 상현재에 이중합성구조를 도입하고, 주거더 인양작업 효율성과 바닥판 시공시 작업자의 안전성 확보를 위하여 횡단면상으로 다수의 주거더를 갖는 구조로 설계된 경우가 있다.

(4) 매입형 이중합성트러스교

2004년 스위스에 가설된 Dreirosen교는 강재로 된 트러스의 상·하현재를 콘크리트로 둘러싼 형태의 매입형 이중합성트러스교이다. Dreirosen교는 1934년에 건설된 기존 강교를 철거하고 신설된 것으로 경간구성 77+105+85 m로서 기존 하부구조를 보강하여 사용하였고, 교통량이 많아 트러스 하부는 6차로의 고속도로 그리고 트러스 상부는 지역의 교통도로 및 보도로 사용하고 있다. 교량 가설은 길이 133 m, 중량 470 tonf인 2조의 강재 트러스를 육상에서 조립한 후 바지선으로 운송하여 일괄로 거치하였고, 이후 교각측에 2기의 Form Traveler를 설치하여 바닥판 및 현재의 케이싱작업을 실시하였다.

<그림 A1.6.11> Dreirosen교, 스위스

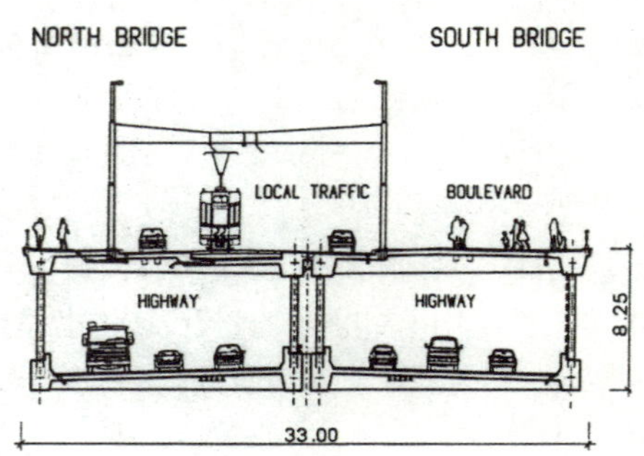

<그림 A1.6.12> Dreirosen교 횡단면도

강재 상하현재를 콘크리트로 감싸는 구조형식은 일부 중소규모의 합성거더교나 압축력을 받는 아치교에서 그 사례를 찾아볼 수 있으나, 대상교량처럼 인장력을 받는 장경간의 트러스 현재를 콘크리트로 감싼 다음 추가의 프리스트레스의 도입 없이 SRC구조로 한 사례는 최초이다. 현재를 둘러싸고 있는 콘크리트의 균열을 사용한계 이내로 확실히 제어할 수 있는 설계기술력만 뒷받침 된다면, 매입형 이중합성트러스교는 시공성과 경제성

측면에서 매우 획기적인 대안 중의 하나가 될 수 있을 것으로 사료된다.

A.1.6.3 복합트러스 거더교의 구조계획

각 복합트러스형식별 적정 경간장과 적용 가능한 가설공법은 다르므로 교량계획에 있어서는 노선선형, 지형조건, 가설조건 등을 종합적으로 고려하여 구조특성과 경제성이 충분히 발휘될 수 있도록 상부구조와 하부구조를 계획하여야 한다.

(1) 적용 경간장

복합트러스교의 각 구조형식별 적용 경간장을 <표 A1.6.1>에 나타내었다. 표에서 실선은 국내·외를 포함하여 가설실적이 있는 경간장을 나타낸 것이고, 파선은 개략적인 설계를 근거로 적용가능하다고 판단되는 경간장을 예시 한 것이다. 다만, 복합트러스교는 현재 시공실적이 많지 않기 때문에 장경간 교량에 적용하고자 할 때에는 면외방향으로의 구조거동과 내진성능에 대한 충분한 검토가 필요하다.

<표 A1.6.1> 복합트러스교의 적용 경간장

구조형식	50m	100m	150m
강합성트러스교			
PSC복합트러스교			
PCT 거더교			

(2) 형고비

복합트러스교의 가장 큰 특징은 일반적인 거더교와는 달리 거더높이를 증가시켜도 거더자중이 거의 변하지 않는다는 것이다. 따라서 현재의 강재량 및 PS강재량을 줄이기 위해서는 거더높이를 가능한 높게 하는 것이 유리하다. 다만, 형고를 높이면 압축력을 받는 복부재의 좌굴저항성이 감소하여 강관내부를 콘크리트로 채우는 등의 부가적인 조치가 필요한 경우도 있다.

현재까지 국내·외에서 설계 또는 시공된 복합트러스교의 실적을 바탕으로 경간장과 형고비와의 상관관계를 도출해보면, 강합성트러스교는 약 9~10, PSC복합트러스 거더교는 16~18, 그리고 PCT 거더교는 18~20 정도의 값을 갖는다.

(3) 가설공법

복합트러스교의 가설공법은 교량의 규모(교장, 경간장 등)와 가설여건(현장조건, 시공능력 등)을 고려한 경제성을 비교 검토한 다음, 복부 트러스재의 시공방법을 고려하여 적절히 선정되어야 한다. <표 A1.6.2>에는 복합트러스교의 각 구조형식별 적용 가능한 가설공법의 예를 나타내었다.

<표 A1.6.2> 복합트러스교의 가설공법

구조형식	가설공법
강합성 트러스교	· 고정식 지보공법 · 크레인+가설벤트에 의한 일괄거치
PSC 복합트러스 거더교	· 고정식 지보공법 · 캔틸레버 공법 (세그먼트공법 및 현장치기)
PCT 거더교	· 고정식 지보공법 · 크레인+가설벤트에 의한 일괄거치 · 캔틸레버 공법 · 압출공법 · 이동식 거푸집 공법

A1.6.4 복합트러스교의 설계 시 유의사항

(1) 설계기준

국내에는 복합트러스교에 대한 별도의 설계기준은 없으나, 트러스 격점과 전단 및 비틀림에 관한 일부 항목을 제외하고는 「도로교설계기준」의 관련규정을 적용하여 설계할 수 있다. 복합트러스교에 관한 전문 설계기준으로는 일본 프리스트레스트콘크리트기술협회에서 작성한 「複合橋設計施工規準(2005)」이 있다.

복합트러스교를 구성하고 있는 콘크리트 부재, 강부재(현재 및 복부재) 그리고 격점구조 등의 설계는 원칙적으로 사용하중상태 또는 극한하중상태에서 가장 불리한 하중조합에 대해 각각 요구되는 성능을 검토하여 해당부재가 안전하다는 것을 확인하여야 한다.

(2) 구조해석모델링

대부분의 복합트러스교에서는 현재 사이의 연결과 현재와 복부재가 만나는 격점에서의 연결구조가 축력뿐만 아니라 모멘트의 전달도 이루어지는 강결구조가 적용되고 있다. 따라서 설계에 사용되는 구조해석모델은 축력뿐만 아니라 모멘트와 전단력을 동시에 구할 수 있는 트러스 형상을 갖는 뼈대구조를 사용하여야 한다. 이때 부재축선은 트러스를 구성하는 각 구성부재의 도심축을 따라 놓이는 것으로 가정한다.

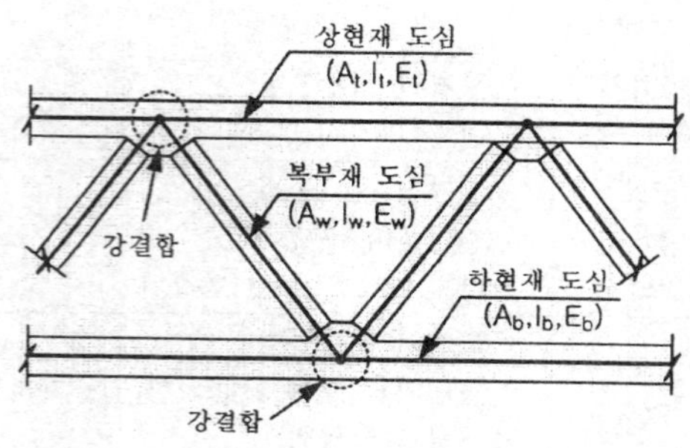

<그림 A1.6.13> 트러스 형상의 뼈대구조모델

또한, 트러스 구조로서의 힘의 전달을 생각하면 격점에서는 복부재의 축선과 현재 축선이 서로 한 점에서 만나는 것이 바람직하지만, 사용하는 격점의 형상에 따라서는 축선이 서로 일치하지 않을 수도 있다. 이럴 경우 격점 영역에는 부가적인 모멘트와 전단력이 발생하게 되는데, 격점의 형상에 맞는 적절한 해석모델이 구축되어야 한다.

횡단면상으로 복부재가 경사지게 배치되거나, 2열 이상 배치된 경우에는 복부재에 작용하는 단면력을 정확히 파악하기 위해서는 입체뼈대구조 또는 입체유한요소모델을 이용한 구조해석을 수행하여야 한다. 또한, 활하중의 편재하나 교량의 기하구조에 따른 비틀림 거동을 정확히 파악하기 위해서는 입체해석 모델의 사용이 필요하다. 하지만, 계산의 편의를 위하여 복부트러스를 교축방향으로 연속된 벽체로 환산한 다음, 상·하현의 콘크리트 바닥판과 복부재로 둘러싸인 폐단면을 갖는 하나의 보로써 비틀림 정수를 계산하여 비틀림 모멘트에 의한 단면력을 계산하는 방법도 제안되어 있다 「일본 複合橋設計施工規準(2005)」.

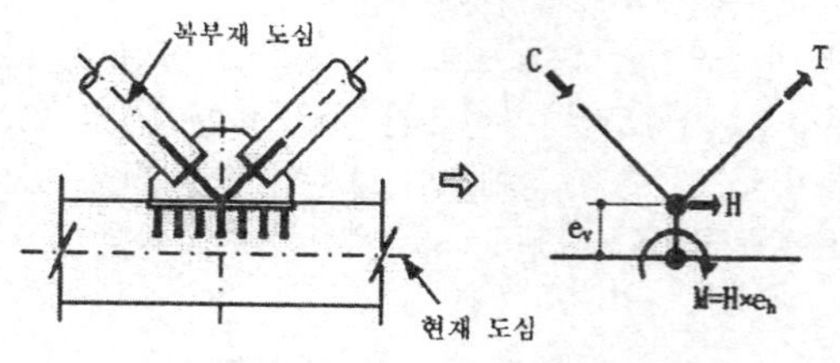

(a) 현재상단에서 복부재 축선이 교차

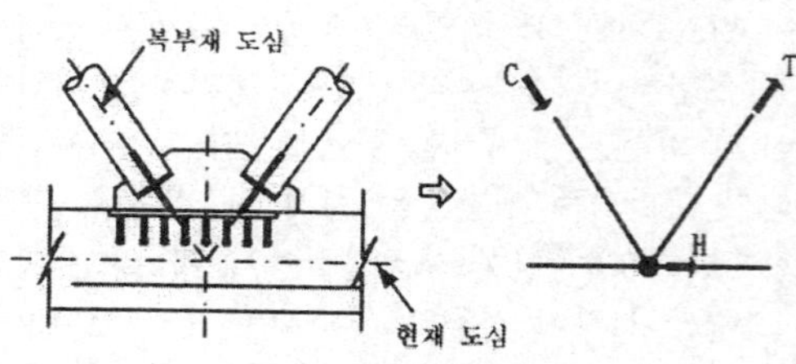

(b) 현재도심에서 복부재 축선이 교차

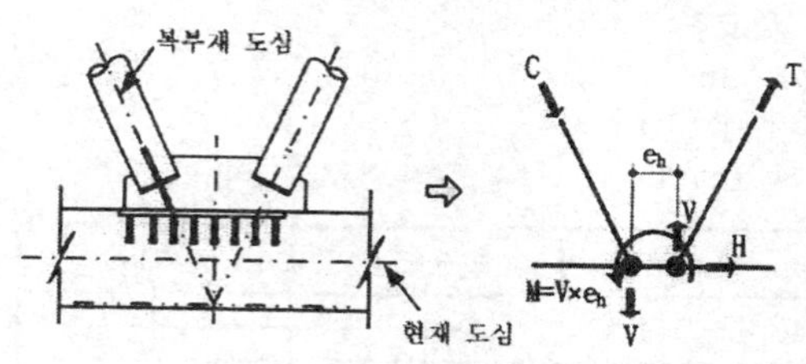

(c) 현재도심아래에서 복부재 축선이 교차

<그림 A1.6.14> 축선에 따른 모델변화

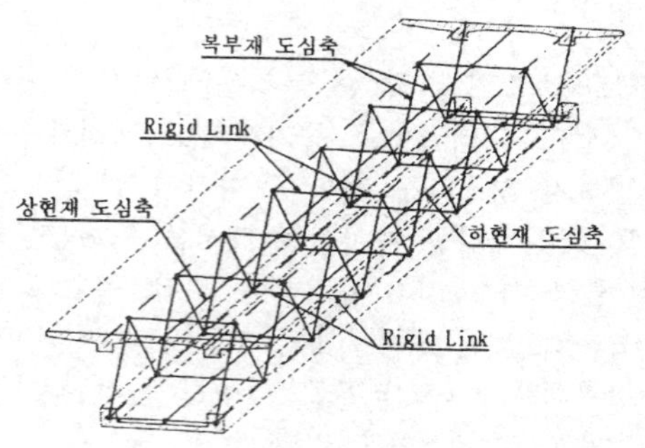

<그림 A1.6.15> 입체해석 모델

강합성트러스교, PCT 거더교 그리고 매입형 이중트러스교와 같이 현재와 콘크리트 바닥판이 서로 합성되는 구조에서는 바닥판 합성전과 합성후의 현재의 도심축이 변한다. 현재의 도심축(비합성 상태)과 복부재의 축선이 교차하도록 할 것인지, 합성단면의 도심축에 복부재의 축선이 교차하도록 할 것인지에 따라 해석모델이 달라진다. 일본의 연구결과에 의하면 상현강재의 도심축에 복부재의 도심축을 교차시키는 것이 합성작용을 위한 전단연결재의 작용력을 저감시킬 수 있을 뿐만 아니라 격점부 연결구조의 규모도 줄어들어 유리한 것으로 알려져 있다.

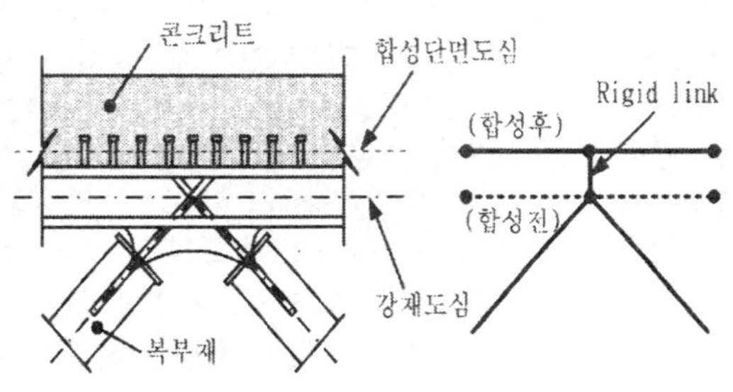

(a) 강재도심에서 복부재 축선 교차

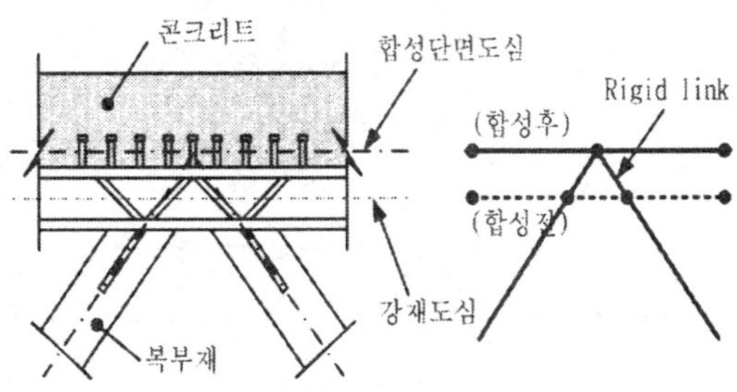

(b) 합성단면도심에서 복부재 축선 교차

<그림 A1.6.16> 바닥판 합성에 따른 축선의 변화

(3) 단면력 산정

설계에 사용하는 단면력의 산정은 앞서 제시한 구조해석모델을 사용하여 모든 부재의 전단면이 유효하다고 가정한 탄성해석을 통해 구하는 것을 기본으로 한다.

한편, 설계에서 고려해야 할 주요 하중조합은 「도로교설계기준」 제2장 설계 일반사항에 준하면 된다. 복합트러스교는 콘크리트 부재와 강부재가 일체로 거동하게 되므로, 콘크리트 부재의 크리프와 건조수축의 영향이 전체 구조에 미치는 영향이 매우 크다. 따라서 콘크리트 부재에 작용하는 응력수준과 응력구배 등을 고려하여 적절한 물리정수(크리프계수 및 건조수축변형률)를 설정하여야 한다.

A1.6.5 부재의 설계

(1) 상 · 하현재

복합트러스교의 상 · 하현재는 휨과 축방향력을 동시에 받는 부재로 각각 독립적으로 설계되어야 한다. 특히, 해당부재가 콘크리트 또는 합성부재로 이루어진 경우에는 사용하중상태에서의 균열제어가 설계에 있어서 매우 중요한 요소가 되므로, 휨모멘트에 의한 응력의 변화가 반드시 검토되어야 한다. 다만, PSC복합트러스 거더교와 같이 상 · 하현재가 모두 콘크리트 부재로 되어 있는 경우에는 뼈대구조해석에서 도출된 상 · 하현재의 단면력을 보구조와 같이 하나의 단면에 작용하는 단면력으로 환산하여 검토하여도 좋다.

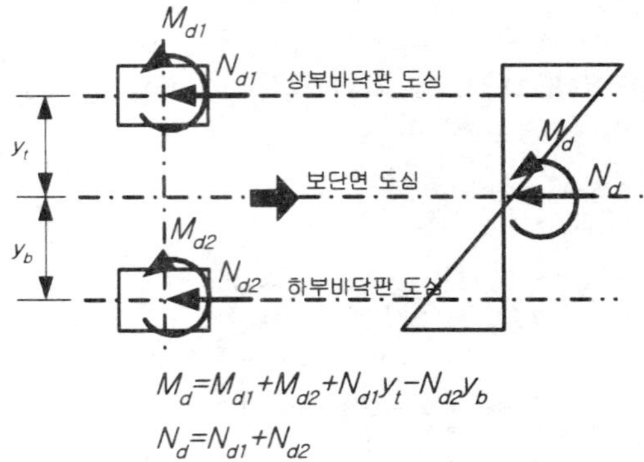

<그림 A1.6.17> 보구조로의 단면력 환산방법

한편 PCT 거더교나 매입형 이중합성트러스교의 콘크리트 하현재에 대해서는 기능성과 경제성을 고려하여 사용하중상태에서 휨모멘트로 인한 추가응력에 대해 균열을 허용하는 파샬 프리스트레스트 콘크리트(Partial Prestressed Concrete) 구조로 설계할 수도 있다. 이들 구조들은 사용하중상태에서 하현재 콘크리트에 휨균열이 발생하여도 구조전체의 현저한 강성저하가 발생하지 않는다. 다만, 인장응력이 발생되는 부재에 대해서는 인장력에 해당하는 단면력 이상의 보강철근을 인장영역내에 배치하여야 한다.

한편, PSC복합트러스 거더교와 같이 상·하현재가 모두 콘크리트로만 되어 있는 경우에는 콘크리트 현재에 균열이 발생하면 교량전체의 기능성과 내구성에 큰 영향이 미칠 수 있다. 그러므로 이들 콘크리트 부재들은 사용하중상태에 있어서는 콘크리트에 균열이 발생하지 않도록 설계하는 것이 바람직하다.

(2) 종방향 거더

복합트러스교의 구조특성상, 복부재와 현재가 만나는 격점영역에서 매우 큰 교축방향의 전단력이 발생할 수 있다. 따라서 현재가 콘크리트로만 되어있는 경우에는 트러스 복부재로부터 콘크리트 현재로의 힘의 전달로 인한 응력집중을 완화시키기 위해서 현재와 복부재가 만나는 위치에서 교축방향으로 연속하는 종거더를 설치하는 것이 바람직하다.

종거더에 대한 전단력 검토단면은 복부재의 축선과 현재의 축선이 만나는 위치에 따라 달라진다. 또한 전단력에 대한 콘크리트 저항단면으로는 현재단면 중에 종거더를 포함하고 있는 부분만이 유효한 것으로 가정하고, 해당영역 내에 배치된 전단철근(스터럽 및 수평철근)과 강재도 전단력에 저항하는 것으로 가정할 수 있다.

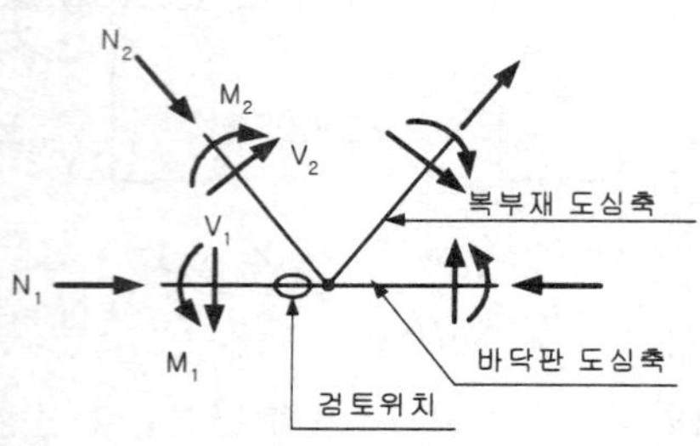

(a) 복부재와 바닥판의 축선이 일치하는 경우

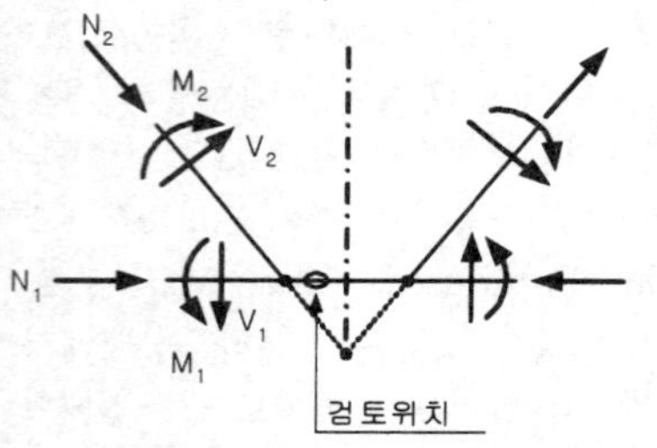

(b) 복부재와 바닥판의 축선이 일치하는 않는경우

<그림 A1.6.18> 전단력 검토위치

(3) 중간지점 영역

종래의 트러스 구조에서는 격점이 이상적인 핀으로 구성되어있다고 가정하고 있어 중간지점부에서의 하현재에는 압축력만이 발생하는 것으로 가정하였다. 하지만 복합트러스교에서는 현재를 휨강성을 갖는 보요소로 모델링하고 있기에 중간지점부에서의 하현재에는 회전에 대한 구속작용으로 인해 국부적으로 매우 큰 모멘트가 발생하게 되고, 이때 발생모멘트의 크기는 하현재의 휨강성에 거의 정비례하는 거동을 나타낸다.

강재로 된 현재를 사용하는 종래의 트러스교에서는 부재단면의 휨강성이 축방향 강성에 비해 상대적으로 작고, 형고비가 커서 모멘트의 영향을 무시한 설계가 가능하였지만, 현재에 콘크리트를 사용하는 복합트러스교에서는 모멘트로 인한 추가응력의 영향을 설계에서 무시할 수 없다. 이러한 국부 모멘트에 대응하기 위해서는 중간지점부에 적절한 형상의 격벽을 설치한 다음, 현재의 모멘트 변화에 맞춰 현재의 두께를 변화시키는 등의 대응책이 강구되어야 한다.

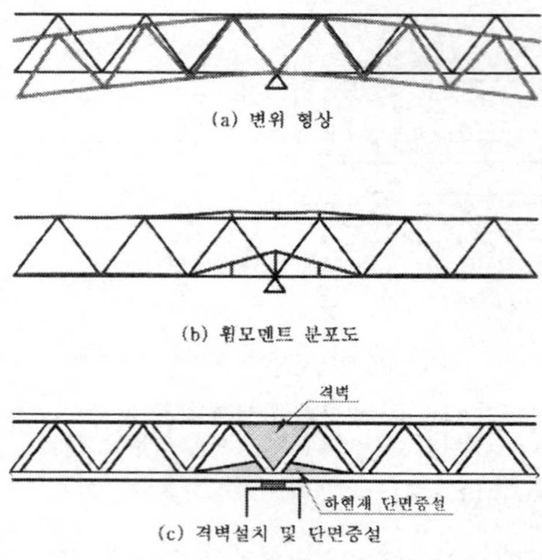

<그림 A1.6.19> 중간지점부 격벽구조

A1.6.6 격점부 설계

콘크리트 현재와 강복부재가 결합되는 격점은 복합트러스교에서 매우 중요한 구조요소이고, 격점부에서의 구조거동은 격점부 설계뿐만 아니라 복합트러스교의 전반적인 설계에도 큰 영향을 미친다. 따라서 설계자는 격점부에서의 힘의 전달기구를 충분히 파악하고 있어야 한다.

(1) 설계시의 요구성능

격점부 설계 시 요구되는 주요 구조성능은 다음과 같다.

- 내구성 확보를 위해 사용하중 작용시에는 균열이 발생되지 않도록 한다.
- 안전성 확보를 위해 극한하중상태에서 다른 부재에 선행하여 파괴되지 않아야 한다.

(2) 구조성능 확인을 위한 검증실험

격점부에서의 힘의 전달기구는 격점구조에 따라 달라진다. 그러므로 격점부를 설계할 때에는 해당 구조의 거동을 충분히 파악한 다음, 적절한 해석모델을 통해 보강방법을 결정하도록 하여야 한다. 격점구조는 구조성능실험을 통해 적용설계법의 타당성을 검증하는 것이 필요하다.

A1.7 스트럿-타이 모델을 이용한 설계

A1.7.1 개요

2007년 개정된 콘크리트구조설계기준에는 스트럿-타이 모델(Strut-Tie Model)이 콘크리트구조 설계방법으로 신설되었다. 선진국 설계기준에서는 스트럿-타이 모델을 응력이 집중되거나 기하학적 형상이 급변하는 RC 및 PSC 구조부재를 해석하는데 적용하도록 규정하고 있다.

스트럿-타이 모델은 외력을 받는 콘크리트 구조물에서 내적 힘의 전달 미케니즘을 압축응력 흐름을 대변하는 스트럿과 인장응력 흐름을 대변하는 타이로 구성하고, 외력과 가상의 스트럿과 타이에 작용하는 힘의 평형상태를 이용하여 부재를 해석하는 모델이다. 본 모델은 구조체 내부 힘의 흐름과 평형조건이 반영되어 합리적인 해석모델이라고 할 수 있다.

현재 국내에서도 스트럿-타이 모델이 교량설계에 적용되고 있으며, PSC 박스거더교 경우 지점부 격벽, 정착부 및 교각 코핑부의 설계에 주로 적용되고 있다. 그러나 국내의 기존의 설계는 트러스 모델을 이용하여 인장부재에 대한 철근량만 산정 하였고 스트럿 및 절점영역의 강도평가는 이루어지지 않고 있는 실정이다.

본 장에서는 스트럿-타이 모델의 기본적인 개념과 PSC박스거더교의 격벽, 정착부, 그리고 교각 설계를 위주로 적용 예를 간략하게 기술하였다.

A1.7.2 스트럿-타이 모델의 구성

(1) 응력교란영역(D영역)

앞서 설명하였듯이 구조물의 응력이 집중되거나 기하학적 형상이 급변하는 부분 및 보이론의 평면보존법칙이 적용되지 않는 영역을 응력교란영역 또는 D영역 (Discontinuity 또는 Disturbance Region)이라고 한다.

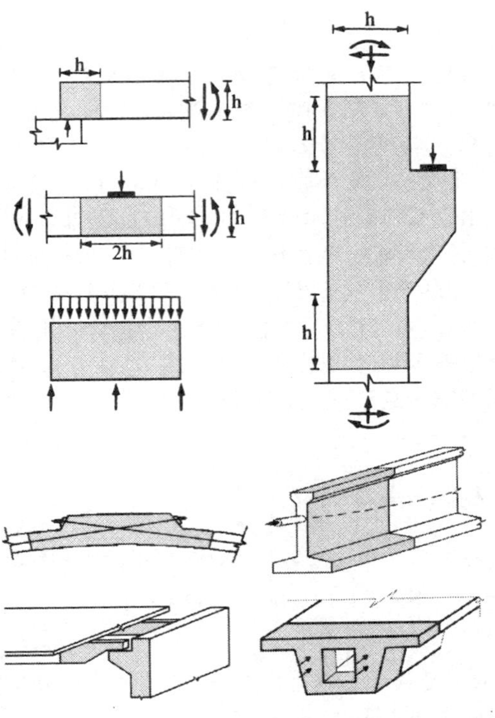

<그림 A1.7.1> 응력교란 영역의 예

(2) 구성요소

스트럿-타이 모델은 <그림 A1.7.2>에 도시한 바와 같이 D영역 설계를 위한 트러스 모델로서 외력(P)이 작용하는 깊은 보에서 압축력을 받는 사선방향의 스트럿과 인장력을 받는 하단의 타이로 구성할 수 있다. 이때, 스트럿은 프리즘모양 또는 부채꼴 모양의 압축응력장에 대한 요소이며, 타이는 인장요소로 정의된다. 스트럿과 타이 그리고 집중하중의 중심점이 교차하는 점을 절점이라고 한다.

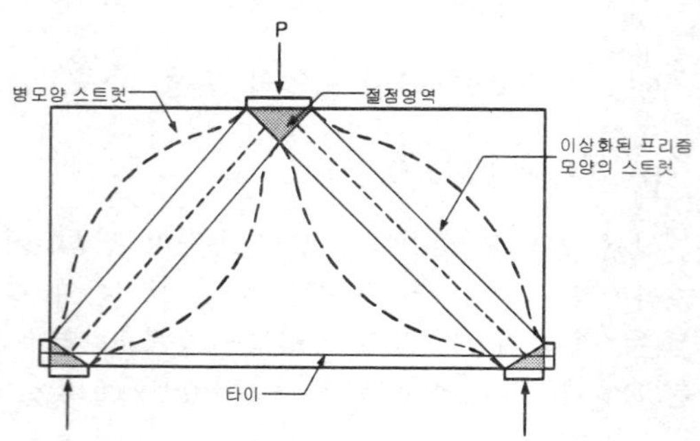

<그림 A1.7.2> 스트럿-타이 모델 예

절점의 경우 힘의 평형을 위해 모델의 한 절점에서는 적어도 3개의 힘이 작용하여야 한다. 세 개의 압축력이 작용하는 절점을 CCC절점이라 하며, 두 개의 압축력과 한 개의 인장력이 작용하는 절점을 CCT절점, 한 개의 압축력과 두 개의 인장력이 작용하는 절점을 CTT절점, 마지막으로 3개의 인장력이 작용하는 절점을 TTT절점이라고 분류한다. 이러한 각 절점은 스트럿과 타이의 힘이 절점을 통해서 전달될 수 있도록 하는 절점 주변의 콘크리트를 절점영역이라 한다.

A1.7.3 설계 절차

스트럿-타이 모델을 이용한 설계는 일반적으로 다음의 설계 절차에 따라 이루어진다.

① 1단계 : 설계대상영역을 설정하고 설계대상영역의 설계를 위한 초기조건을 결정한다.

② 2단계 : 설계대상영역의 설계를 위한 스트럿-타이 모델을 선정한다.

③ 3단계 : 스트럿과 타이의 단면력을 스트럿-타이 모델의 구조해석을 통해 계산한다. 구조해석 시 스트럿과 타이의 필요단면적은 스트럿과 타이의 유효강도 범위 내에서 결정한다. 스트럿과 타이의 필요단면적이 설계대상영역과 스트럿-타이 모델의 기하학적 형상에 의해 결정되는 이들 요소의 최대허용단면적을 초과하지 않아야 하며, 초과하는 경우 초기의 설계조건을 수정하여 2단계로 되돌아간다.

④ 4단계 : 절점영역의 강도를 검토한다. 절점영역의 강도에 문제가 있을 시, 철근타이의 정착방법과 지압판의 크기를 변경하여 절점영역의 강도를 재검토하거나 초기의 설계조건을 수정하여 2단계로 되돌아간다.

⑤ 5단계 : 타이의 유효강도를 고려하여 필요철근량을 산정한다.

(1) 설계대상영역 설정

기하학적 형상, 콘크리트 강도, 사용할 철근의 종류 등을 결정한다.

(2) 스트럿-타이 모델 선정

내부 힘을 전달하는 스트럿-타이 모델은 하중의 전달경로를 이용하거나 응력의 흐름경로를 가정하여 선정하게 되므로, 동일한 구조 및 조건에 대해서도 다수의 모델이 선정될 수 있다.

(3) 스트럿과 타이의 강도산정

스트럿과 타이의 단면력을 산정한 후 이에 대한 강도를 다음 식에 의하여 산정한다.

① 스트럿의 강도검토

$$F_{ns} = f_{cu}\ A_c \qquad \text{(A1.7.1)}$$

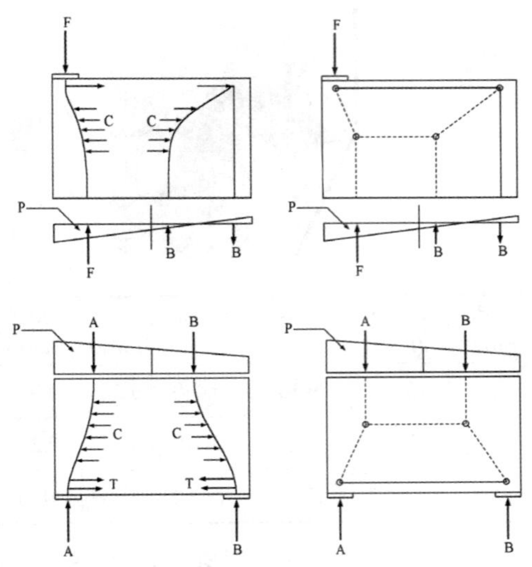

<그림 A1.7.3> 스트럿-타이 모델 선정 예

여기서, F_{ns}는 스트럿의 공칭압축강도 (N), A_c는 스트럿의 양단부 단면적 (mm^2)이며, f_{ce}는 스트럿의 유효압축강도 (MPa)로서 다음 식으로 구한다.

$$f_{ce} = 0.85\, \beta_s\, f_{ck} \qquad \text{(A1.7.2)}$$

식(A1.7.2)에서 β_s는 콘크리트 스트럿 압축강도를 계산할 때 균열의 영향과 구속철근의 영향을 고려하기 위한 계수로서 해당 값은 <표 A1.7.1>에 나타내었다.

<표 A1.7.1> 계수, β_s

구 분	β_s
▪ 스트럿의 단면적이 일정할 경우	1.0
▪ 병모양 스트럿의 경우	
- 철근배치 규정 만족시	0.75
- 철근배치 규정을 만족하지 못하는 경우	0.60λ
일반콘크리트 (λ=1.0)	0.60
모래-경량콘크리트 (λ=0.85)	0.51
경량콘크리트 (λ=0.75)	0.45
▪ 인장요소, 인장플랜지의 스트럿일 경우	0.4
▪ 기타의 모든 경우	0.6

② 타이의 강도검토

$$F_{nt} = A_{st}\, f_y + A_{ps}\, (f_{se} + \Delta f_p) \qquad \text{(A1.7.3)}$$

여기서,

F_{ns} : 타이의 공칭축강도 (N)

A_{st} : 철근타이의 단면적 (mm^2)

f_y : 철근의 항복강도 (MPa)

A_{ps} : 프리스트레스 강재타이의 단면적 (mm^2)

f_{se} : 프리스트레스 강재의 응력손실후 유효응력 (MPa)

Δf_p : 계수하중에 의한 긴장재 응력증가분 (MPa)

(4) 절점영역의 강도산정

절점영역의 강도는 절점영역의 공칭압축강도를 이용하여 검토하거나 절점영역의 비탄성해석에 의한 안전여부를 확인하여 검토한다.

$$F_{nn} = f_{cu}\, A_n \qquad \text{(A1.7.4)}$$

여기서,

F_{nn} : 절점영역 경계면의 공칭강도 (N)

f_{cu} : 절점영역의 유효압축강도 (N)

A_n : F_u의 작용선에 직각인 절점영역 경계면의 면적 또는 합력 작용선에 직각인 절점역영 경계면의 면적 (mm^2)

A1.7.4 설계 적용 예

(1) 개요

스트럿-타이 모델 설계는 일반적으로 2차원 평면해석으로 수행하고 있다. 스트럿-타이 모델 설계는 유한요소해석프로그램의 보편화로 인해 D영역의 하중흐름을 손쉽게 파악할 수 있다.

(2) 격벽 설계

격벽부는 단경간 또는 다경간 교량의 지점부 단면으로서 상부거더의 하중을 교각으로 전달시켜주는 밀실한 중공형 박스단면으로 이루어져 있다. 격벽부 단면은 일반적인 고전적 보이론으로 해석하기에 무리가 있으며, 하중의 경로가 간단하지 않은 D영역에 속하게 된다.

① 스트럿-타이 모델 선정

유한요소해석에 의한 하중의 흐름을 예측하고 적절한 스트럿-타이 모델을 선정한다.

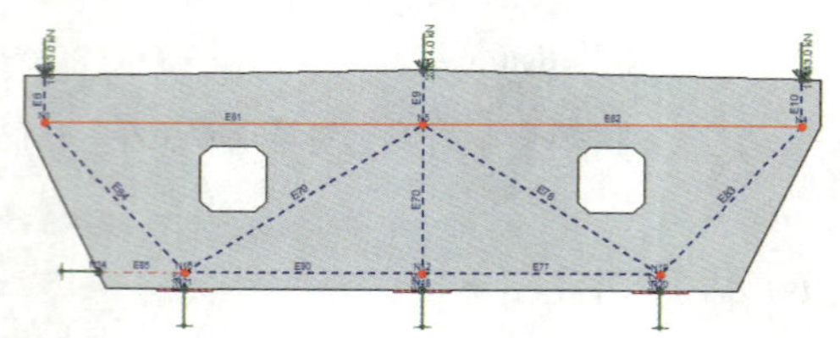

<그림 A1.7.4> 스트럿-타이 모델 선정

② 단면력 산정

선정된 트러스 모델의 각 부재의 단면력을 산정한다.

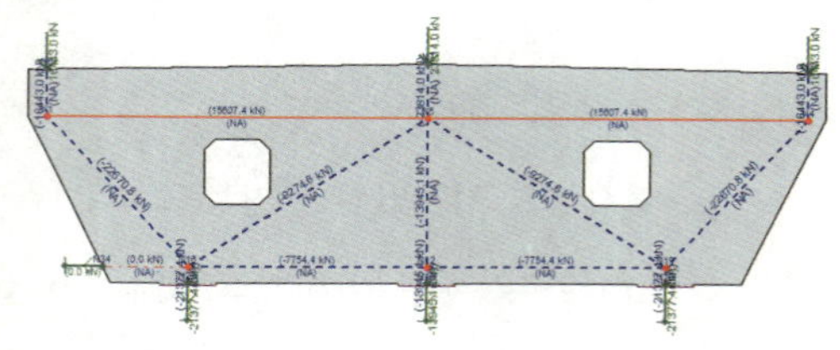

<그림 A1.7.5> 부재 단면력 산정

③ 강도검토

강도검토를 위해 타이부재의 철근배치 및 스트럿의 유효폭을 결정하고 스트럿, 타이, 절점영역에 대한 강도검토를 수행한다.

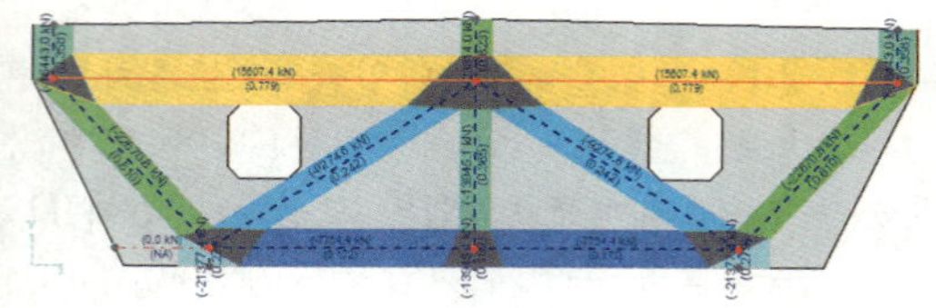

<그림 A1.7.6> 스트럿 및 타이의 강도검토

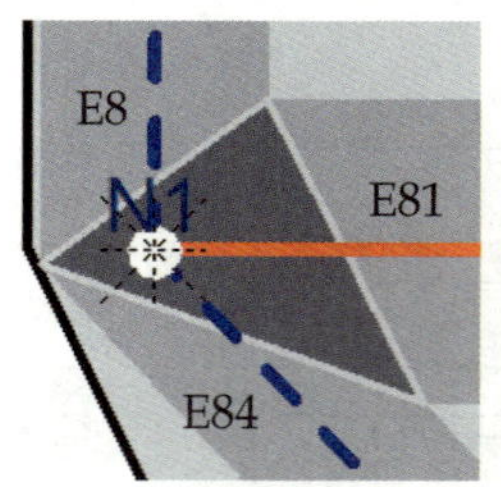

Node Side	Force (kN)	Stress (MPa)	Stress Ratio	f_c' Ratio	Beta Ratio
E8	-16,443	9.14	0.448	0.228	0.358
E81	15,607	6.5	0.319	0.163	0.255
E84	-22,671	15.55	0.762	0.389	0.61

<그림 A1.7.7> 절점영역 검토 예

(3) 정착부 설계

프리스트레싱 정착에 의한 하중집중부에 발생하는 파열력, 박리력등으로 인하여 균열발생이 쉽게 일어나기 때문에 정착단의 힘이 흐름을 잘 파악하고 적정한 철근을 배치해야 한다.

① 스트럿-타이 모델 선정

유한요소해석에 의한 하중의 흐름을 예측하고 적절한 스트럿-타이 모델을 선정한다.

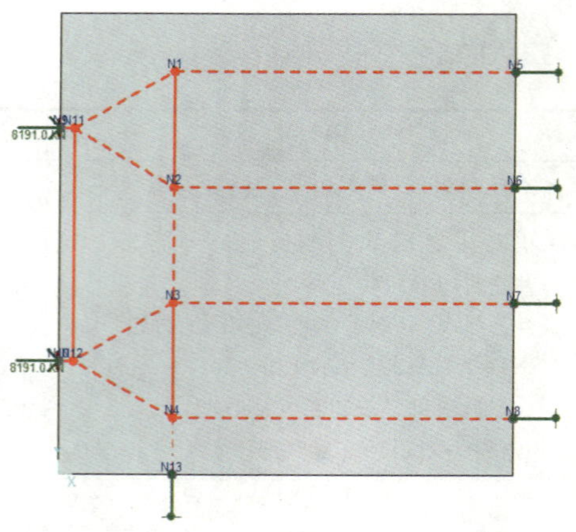

<그림 A1.7.8> 스트럿-타이 모델 선정

② 단면력 산정

선정된 트러스 모델의 각 부재의 단면력을 산정한다.

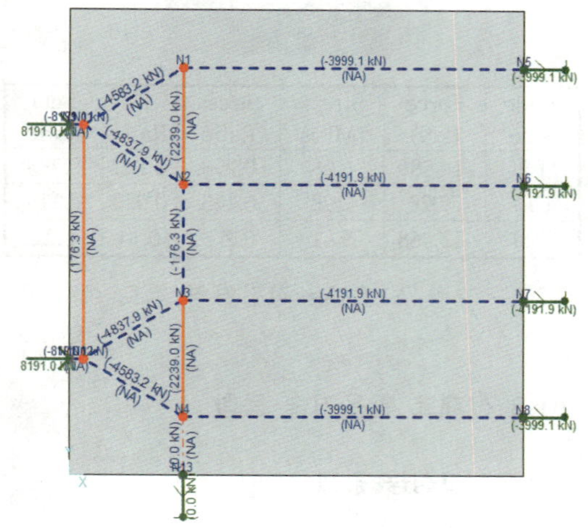

<그림 A1.7.9> 부재 단면력 산정

③ 강도검토

강도검토를 위해 타이부재의 철근배치 및 스트럿의 유효폭을 결정하고 스트럿, 타이, 절점영역에 대한 강도검토를 수행한다.

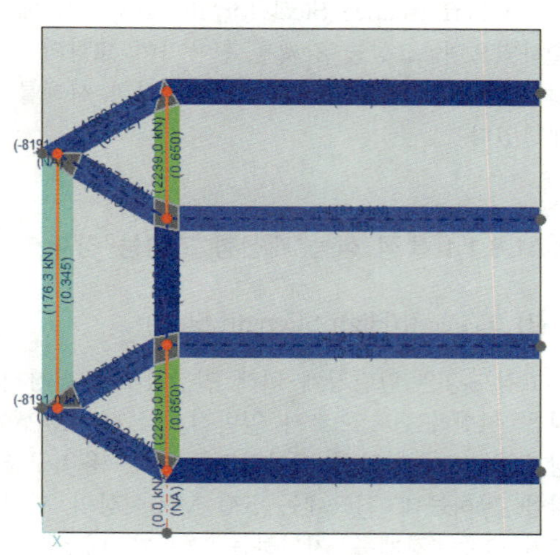

<그림 A1.7.10> 스트럿-타이의 강도검토

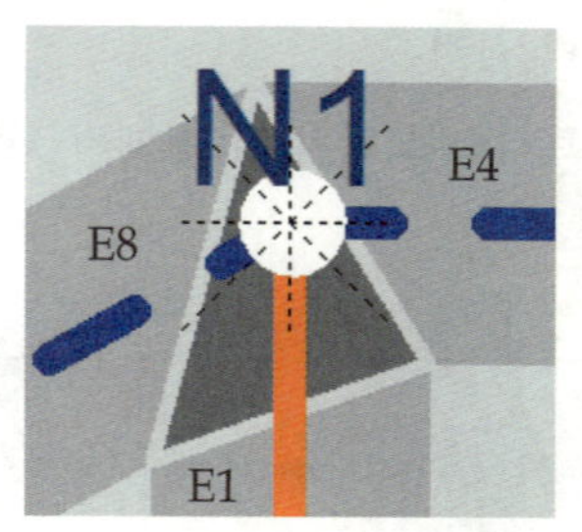

Node Side	Force (kN)	Stress (MPa)	Stress Ratio	f_c' Ratio	Beta Ratio
E1	2,239	NA	NA	NA	NA
E4	-4,000	NA	NA	NA	NA
E8	-4,583	NA	NA	NA	NA

<그림 A1.7.11> 절점영역 검토 예

(4) 교각 코핑부 설계

교각의 코핑부는 일반적으로 상부거더의 교좌장치로부터 작용하는 하중을 교각으로 전달시켜주는 역할을 하게 되며, 응력이 교란되는 영역으로 스트럿-타이 모델을 이용하여 설계하는 것이 적절한 구조이다.

① 스트럿-타이 모델 선정

유한요소해석에 의한 하중의 흐름을 예측하고 적절한 스트럿-타이 모델을 선정한다.

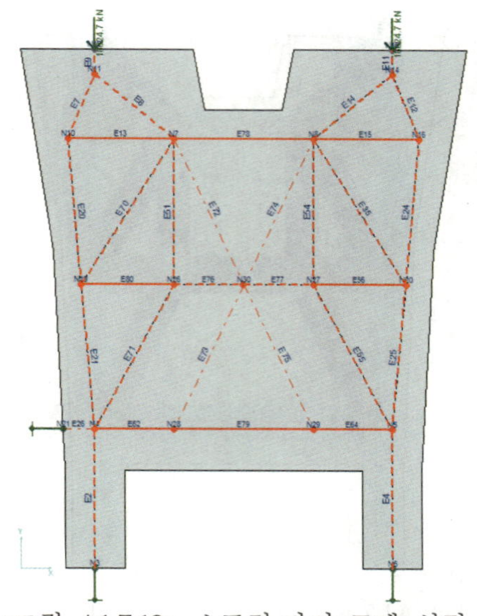

<그림 A1.7.12> 스트럿-타이 모델 선정

② 단면력 산정

선정된 트러스 모델의 각 부재의 단면력을 산정한다.

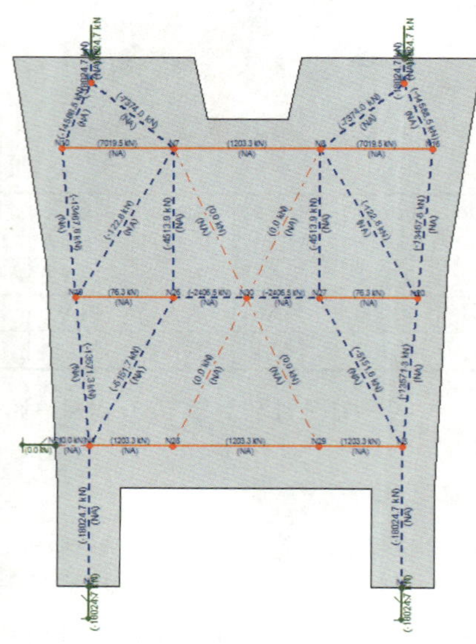

<그림 A1.7.13> 부재 단면력 산정

③ 강도검토

강도검토를 위해 타이부재의 철근배치 및 스트럿의 유효폭을 결정하고 스트럿, 타이, 절점영역에 대한 강도검토를 수행한다.

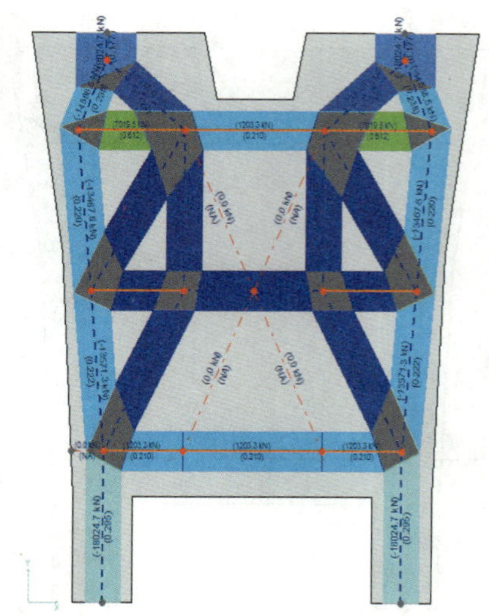

<그림 A1.7.14> 스트럿 및 타이의 강도검토

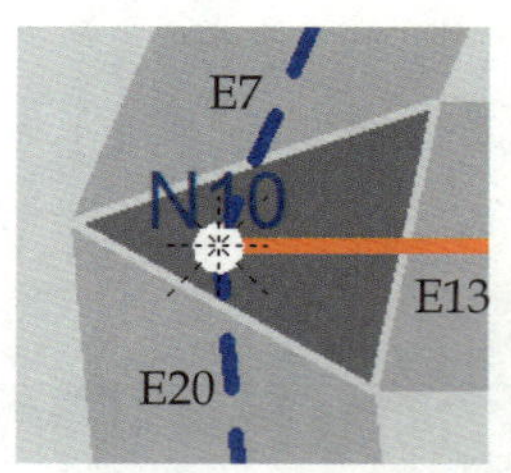

Node Side	Force (kN)	Stress (MPa)	Stress Ratio	f_c' Ratio	Beta Ratio
E7	-14,589	6.08	0.298	0.152	0.238
E13	7,020	2.92	0.143	0.073	0.115
E20	-13,468	5.61	0.275	0.14	0.22

<그림 A1.7.15> 절점영역 검토 예

A1.8 신재료 활용기술 동향

A1.8.1 고성능 강재

일반적으로 교량에 적용하는 고성능 강재는 교량에 요구되는 특정한 성능인 강도, 인성, 용접성, 내후성 등을 향상시킨 특정 성능 개선형 고성능 강재와 이들 요구 성능을 한 강종에 종합적으로 발현시킨 통합 성능 개선형 고성능 강재로 구분할 수 있다. 본 절에서는 특정 성능 개선형 고성능 강재에 대해 소개하고, 최근 미국, 일본, 한국에서 개발된 통합 성능 개선형 고성능 강재인 HSB (High Performance Steel for Bridges)에 대해 기술하였으며, 고성능 강재를 활용하여 교량의 성능 및 경제성을 향상시킬 수 있는 방안과 사례를 소개하였다.

A1.8.1.1 특정 성능 개선형 고성능 강재

(1) 고강도강(High Strength Steel)

고강도강은 일반강에 비해 인장강도를 향상시킨 강을 지칭하는 것으로서 일반적으로 490 MPa 이상 980 MPa 이하의 인장강도를 갖는 용접구조용 강을 말하는데 최근에는 570 MPa이상의 인장강도를 갖는 강재를 지칭하는 경우가 대부분이다. 국내의 경우, 교량용 강재로서 규정되어 있는 고강도강은 인장강도 570 MPa급의 용접구조용 압연강재(SM570) 및 용접구조용 내후성 열간압연강재(SMA570)이고 570 MPa을 초과하는 강재는 아직 적용된 사례는 없으나 일본의 경우에는 혼슈시코쿠 연락교 프로젝트를 중심으로 780 MPa급이 적용된 사례도 있다.

고강도강을 사용함으로써 얻게 되는 가장 큰 효과는 높은 허용응력을 가지기 때문에 교량구조를 합리화, 경량화할 수 있다는 것이다. 구조의 합리화, 경량화를 통해 장대 지간 교량의 경제적인 건설이 가능한 것 외에도, 보통강을 사용할 때보다 판두께를 얇게 할 수 있기 때문에 절단이나 천공 등 기계가공과 용접작업이 용이해지고 비파괴검사의 정밀도도 높일 수 있어 안정된 제작품질을 얻을 수 있다는 장점도 있다.

국내에서는 570 MPa급이 적용된 사례가 있는데, 방화대교에 6,000 ton, 영종대교 현수교 구간에 2,874 ton과 트러스교 구간에 13,615 ton이 적용되었고, 광안대로 현수교 구간에 11,443 ton, 트러스교 구간에 3,802 ton이 적용되었으며, 일산대교에 약 10,000 ton이 적용되었다.

일본의 적용사례로서는 港大橋나 明石海峽大橋 등이 있다. 1974년에 개통된 港大橋는 지간 510 m인 게르버 트러스교로서 570 MPa급 강이 약 8,700 ton, 690 MPa급 강이 약 1,000 ton, 780 MPa급 강이 약 4,200 ton가량 사용되었다.

1998년 4월에 개통된 아카시대교는 총길이 3,910 m (960 m + 1,910 m + 960 m)로서 세계 최장의 중앙경간장을 갖는 현수교이다. 이 초대형 현수교에는 주탑부 46,200 ton, 케이블부 57,700 ton, 보강형(강상판 포함) 89,300 ton 등 하부공을 포함해서 총 320,000 ton의 강재가 사용되었다. 이 중, 주탑부는 전부 SM570을 사용하였고 케이블에는 1,770 MPa급 고강도 와이어가, 보강형 트러스에는 SM570, HT690, HT780이 약 10,200 ton 가량 사용되었다.

아카시대교는 도로교 전용이라 설계단면력에서 활하중이 차지하는 비중이 상대적으로 작아 피로의 영향을 작게 받았기 때문에 자중을 경감함과 동시에 풍하중에 저항할 수 있어야 된다는 문제를 고강도강의 사용으로 해결할 수 있었다.

(2) TMCP 강재

TMCP (Thermo-Mechanical Control Process) 강재는 압연시 제어냉각을 통해 강도를 확보함으로써 동일 강도의 일반 압연강에 비해 탄소당량(C_{eq})을 낮출 수 있고, 판두께 방향으로 균일한 경도와 안정적인 품질을 얻을 수 있기 때문에 판두께가 40 mm를 초과하더라도 허용응력을 저감할 필요가 없다. 또한, 일반강에 비해 탄소당량(C_{eq})이나 용접균열감수성조성(PCM)이 낮기 때문에 예열조건을 대폭 완화할 수 있으며 대입열용접이 용이해지는 등 용접성이 매우 우수한 특징이 있다.

<그림 A1.8.1>에는 일반강과 TMCP강의 판두께별 항복강도를 비교하여 도시하였다.

이 강재는 KS 규격에서 별도로 규정하고 있는 강재가 아니라 TMC (Thermo-Mechanical Control) 제조법에 의해서 생산되는 강재를 총칭한다. KS D 3515(용접구조용 압연강재)에 의하면 TMC 제조법으로 생산되는 강재는 강종의 명칭 뒤에 "-TMC"라는 기호를 표기하도록 되어 있으며 교량용 TMC 강재로는 SM490C-TMC, SM520C-TMC, 그리고 SM570-TMC가 있다.

유럽, 일본 및 미국 등에서는 일반적으로 적용되고 있고, 국내에서는 일산대교에서 처음으로 SM570-TMC강재가 약 10,000 ton이 적용된 이래로 주로 극후판이 적용되는 교량을 중심으로 적용중에 있다.

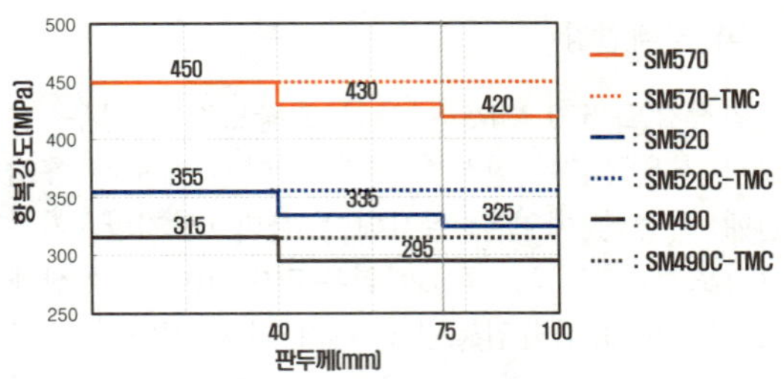

<그림 A1.8.1> 일반강과 TMCP강의 판두께별 항복강도 비교

(3) 고인성강

일반강의 경우, 냉간 휨가공시 인성 저하를 방지하기 위해서 15t (t : 판두께) 이상의 내측 휨반경이라는 제약조건을 두고 있으며, 또한 저온상태에서는 취성파괴의 위험성 때문에 한냉지역에서의 사용이 제한되어 왔다. 이러한 일반강의 제약조건을 극복하고자 인성을 향상시킨 강을 고인성강(Steel with Excellent Toughness)이라 한다.

고인성강을 적용함으로써 얻을 수 있는 장점은 크게 2가지로 구분될 수 있다. 첫째는 냉간성형성의 향상이고 둘째는 한냉지역에서의 적용성이 좋아진다는 점이다. 냉간 휨 가공시 샤르피 흡수에너지 150 J 이상을 보증하는 고인성강일 경우 7t (t : 판두께) 이상, 200 J 이상을 보증하는 경우에는 <그림 A1.8.2>에 도시한 바와 같이 5t 이상의 내측휨반경만이 필요하다. 또한, 일반강일 경우 취성파괴의 위험성 때문에 한냉지역에서의 적용이 제한되어 왔으나 고인성강을 적용함으로써 이러한 제한을 극복할 수 있다.

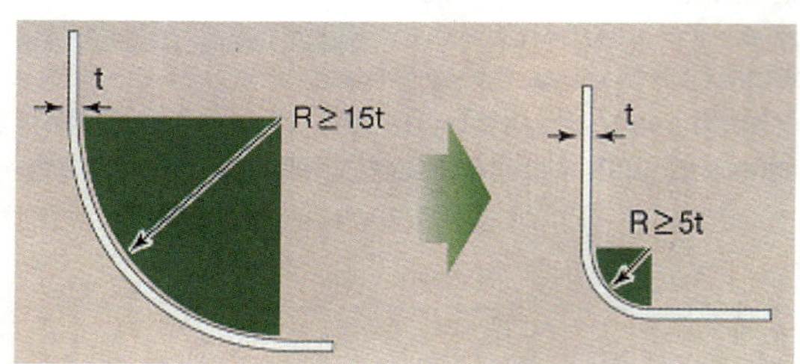

<그림 A1.8.2> 고인성 강재의 냉간 휨가공 성능

(4) 저예열강

인장강도 570 MPa 이상의 고강도강일 경우, 용접시 저온균열이 발생할 우려가 있기 때문에 용접 전에 적절한 예열을 실시해야 한다. 하지만, 기존 고강도강의 경우, 최소예열온도가 100℃ 이상에 이르는 등 용접작업조건에 여러 가지 제약이 많았다. 따라서, 이러한 단점을 극복하고자 기존 고강도강의 용접균열감수성조성(PCM) 조정을 통해 예열온도를 대폭 낮출 수 있도록 개선한 강이 저예열강(Low Preheating Steel) 이다.

<그림 A1.8.3>에는 저예열강과 일반강의 최소예열온도를 비교하여 도시하였다.

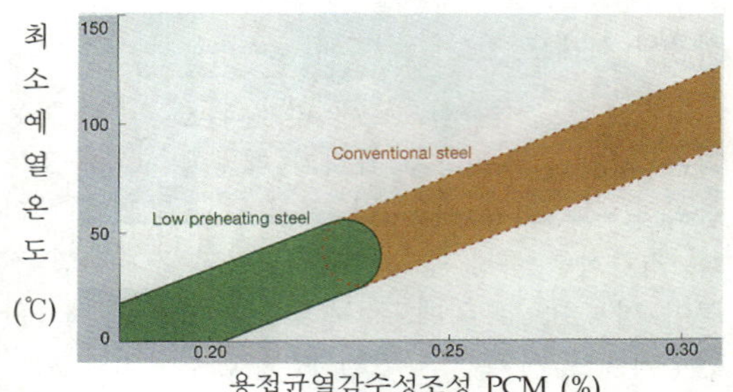

<그림 A1.8.3> 저예열강과 일반강의 최소예열온도 비교

(5) 내라멜라테어링강

최근 교량구조물에서도 현수교 또는 사장교의 주탑과 같이 구조적, 기능적 및 미적 관점으로부터 판두께 방향으로 높은 인장응력을 받도록 용접된 부재들이 많이 적용되고 있다. 이러한 부재들은 용접 후 <그림 A1.8.4>에 도시한 바와 같은 라멜라테어링의 위험이 있기 때문에, 도로교설계기준 해설이나 일본의 도로교시방서에서는 판두께방향 인장성능이 보증되는 내라멜라테어링강(Steel with Lamellar-tearing Resistance)의 적용이 권장되고 있다.

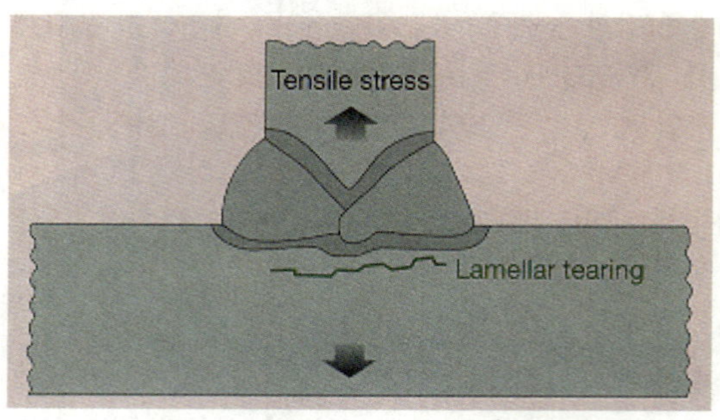

<그림 A1.8.4> 라멜라테어링 개념도

(6) 내후성 강재

일반 강재를 적용한 교량은 부식을 방지하기 위해 도장을 실시하게 된다. 또한, 도장은 시간이 경과함에 따라 열화하기 때문에 일정기간이 지나면 재도장도 필수적이다. 내후성강(Weathering Steel)은 이러한 도장과 재도장이라는 강재의 최대 단점을 극복하기 위해 개발된 강재로서 도장을 실시하지 않아도 강재 자체의 성분변화에 의해 도장의 도막 역할을 대신할 수 있도록 한 강이다. 내후성강은 일반강에 Cu, Cr, P, Ni 등 내식성이 우수한 원소를 소량 첨가한 저합금강으로서, 일반강에 비해서 4~8배의 내식성을 갖고 있는 강재이다.

내후성강이 대기에 노출되면 초기에는 일반강과 유사하게 녹이 발생하지만 시간의 경과에 따라 그 녹의 일부가 서서히 모재에 밀착하여 녹층(안정산화피막)을 형성한다. 이 녹층이 외부 대기에 대한 보호막이 되어 도장과 같은 역할을 수행하게 되고 따라서 더 이상의 부식진행을 억제하게 되는 것이다. 내후성 강재의 종류에는 크게 "용접구조용 내후성 열간압연강재(KS D 3529)"와 "고내후성 압연강재(KS D 3542)"가 있으며, 교량용으로는 주로 용접구조용 내후성 열간압연강재 중 무도장 내후성강인 SMA 400W, SMA490W, SMA570W가 사용된다.

무도장 내후성강을 교량에 적용함으로써 강교량의 가장 큰 취약점으로 항상 지적되어 온 부식문제를 어느 정도 극복할 수 있으며 초기도장 및 재도장의 생략으로 인한 초기건설비용 및 유지관리 비용의 감소라는 경제성 측면의 효과도 기대할 수 있다. 일반강 교량과 무도장 내후성강 교량의 수명기간비용을 비교한 결과를 <그림 A1.8.5>에 도시하였다.

현재 미국의 경우 약 4,000여 개소, 일본의 경우 약 1,500여 개소 이상의 무도장 내후성강 교량이 건설되는 등 전세계적으로 내후성강 교량이 널리 적용되고 있다. 국내에서는 1992년에 국내 최초로 마정육교가 무도장 내후성강으로 건설되었고, 최근까지 20여 개소 이상의 교량이 건설되었거나 건설 중에 있다. 이 중 상당수는 경기도 남한강 유역 상수원보호구역에 건설되었는데 이는 무도장 내후성강 교량의 환경보호적 측면을 고려한 결과로 볼 수 있다.

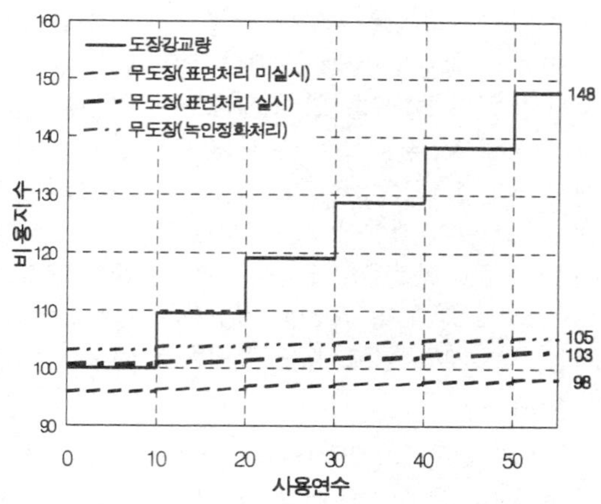

<그림 A1.8.5> 일반강 교량과 내후성강 교량의 수명기간비용 비교사례

A1.8.1.2 통합 성능 개선형 고성능 강재

A1.8.1.1절에 기술한 특정 성능 개선형 고성능 강재에 대해서는 많은 부분이 실용화가 되어 있으나, 특정한 목표 성능에만 초점이 맞추어져 있기 때문에 전반적인 구조물의 합리화를 도모하여 초기 공사비용 및 유지관리비용을 절감하고 안정적인 내구성을 확보하는 데는 일정한 한계가 있을 수밖에 없다. 이에 최근 국내에서는 국토해양부 연구개발사업의 일환으로 차세대 시설물용 신재료 활용기술 연구단 발족되어 고강도, 고용접성, 고인성, 내후성 등을 동시에 보유한 통합 성능 개선형 고성능 강재인 HSB (High Performance Steel for Bridge)를 개발하였고 구조 단순화, 제작성 향상, 초기 건설비용 및 유지관리비용 절감, 장수명화를 도모하기 위해 이미 상당한 수준의 실용화가 이루어지고 있다.

(1) 미국과 일본의 사례

국외의 통합 성능 개선형 강재로서 미국의 경우, 1992년부터 FHWA, NAVY 및 AISI가 중심이 되어 강도, 내후성, 인성, 용접성 등을 통합 개선한 고성능 강재인 HPS (High Performance Steel, HPS50W/HPS70W/HPS100W)를 개발하고 이를 구조물(특히 교량구조물)에 활용하는 기술을 실용화하는데 주력하여 2005년 기준 연간 25,000 ton 규모(전체 교량용 강재의 10% 규모)의 HPS가 사용되고 있다. HPS를 교량 구조물에 적용한 실적을 분석해 본 결과 일반 강재를 사용할 때와 비교해서 약 25%의 소요 강재 중량 감소 및 최대 18%의 건설비 절감이 가능하였다고 하고 이를 토대로 최종적으로 약 35%의 LCC 절감을 목표로 삼아 HPS 강재의 최적용접법, 설계 · 제작기준의 개정, 신설계법 검토 등을 중심으로 연구가 진행되었다.

일본의 경우에는 1994년 "공공공사의 건설 코스트 감축에 관한 행동계획"이 국토교통성에 의해 발표된 후, 국토교통성 총합 기술개발 프로젝트인 "건설산업을 향한 신재료 · 신소재 이용기술의 개발"이 착수되어 정부/민간/대학 등의 연구기관이 연계 협력해 합리적이고 저렴한 차세대 구조물을 개발하는데 필요한 기술들인 구조물의 합리화, 성능규정형 기준 제정, LCC (Life Cycle Cost) 절감 기술 등을 고성능 강재를 이용하여 개발하고 있고 2002년부터는 통합 성능 개선형 고성능 강재인 BHS [Bridge High Performance Steel, BHS500(W), BHS70(W)]를 개발하기 시작하여 이중 인장강도는 600 MPa급이고 항복강도는 500 MPa급인 BHS500이 2008년부터 상용화될 예정인 것으로 알려져 있다.

(2) 고성능 강재의 재료 특징

HSB는 기존의 교량용 강재 대비 강도 외에도 저온상태의 균열저항성능(저온인성), 용접성, 내후성과 내라멜라테어 성능 등을 종합적으로 개선한 교량 맞춤형 강재라고 할 수 있다.

HSB의 목표 성능은 교량 관련 설계, 제작, 학계 전문가들에 대한 설문조사 결과 및 해외 사례를 참조하여 강재 생산자 측면이 아니고 사용자 관점에서 설정되었다. HSB의 가장 큰 특징은 <표 A1.8.1>에 정리한 바와 같이 생산원가 및 공급납기, 품질안정성 측면에서 유리한 TMCP 제조법을 적용한 것과 생산 범위인 판두께 100 mm까지 항복강도가 일정한 점, 충격흡수에너지 성능을 -20 ℃에서 47 J 이상으로 상향 설정한 점, 그리고 강교량 제작 생산성을 제고하기 위해 용접 예열작업이 불필요하도록 화학성분을 조정한 점이다. HSB의 성능은 미국 및 일본에서 개발되었거나 개발예정인 동급의 교량용 고성능강에 비해 동급이상의 수준이다.

<그림 A1.8.6>과 <그림 A1.8.7>에는 기존 강재인 SM570과 HSB600의 비교 및 미국, 일본의 고성능 강재와 HSB의 비교를 나타내었다.

<표 A1.8.1> HSB500과 HSB600 강재의 비교

강 종	HSB500	HSB600
최대판두께	100 mm	100 mm
기준 항복강도(허용응력)	380 MPa (220 MPa)	450 MPa (260 MPa)
인장강도	500 MPa 이상	600 MPa 이상
충격인성 (Charpy 흡수에너지)	일반인성용 : 0 ℃에서 47 J 이상 저온인성용 : -20 ℃에서 47 J 이상	일반인성용 : -5 ℃에서 47 J 이상 저온인성용 : -20 ℃에서 47 J 이상
용접성	예열작업 불필요	저예열 (50℃)
내라멜타테어	KS D 0276의 K25 보증 (Option)	
내후성(무도장)	HSB600W/500W는 내후성 보유	
제조방법	TMCP	

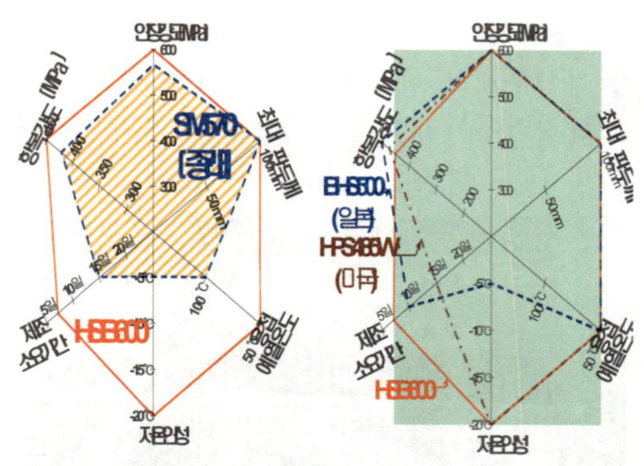

<그림 A1.8.6> HSB600과 기존 SM570강재의 비교

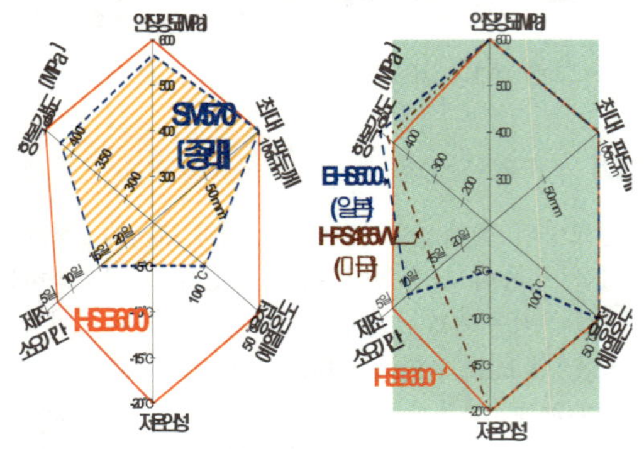

<그림 A1.8.7> 미국 및 일본의 고성능 강재와 HSB의 비교

(3) 고성능 강재의 KS규격

HSB는 "교량구조용 압연강재"로서 KS D 3868에 규정되어 있으며, KS 규격에 의한 HSB의 종류와 기호, 탄소당량, 용접균열감수성은 다음의 각 표와 같다.

<표 A1.8.2> HSB의 종류 및 기호

기 호	적용 두께	주요 용도
HSB500, HSB500L, HSB500W	100 mm 이하의 강판	교량 구조용 L : 저온인성이 우수한 강판 W : 내후성능이 우수한 강판
HSB600, HSB600L, HSB600W		

<표 A1.8.3> HSB의 탄소 당량

기호 적용두께	HSB500 HSB500L	HSB500W	HSB600 HSB600L	HSB600L
100 mm 이하	0.40 이하	0.47 이하	0.42 이하	0.47 이하

<표 A1.8.4> HSB의 용접균열감수성 조성

기호 적용두께	HSB500 HSB500L	HSB500W	HSB600 HSB600L	HSB600L
100 mm 이하	0.20 이하	0.22 이하	0.20 이하	0.22 이하

A1.8.1.3 고성능 강재의 활용 방안 및 사례

(1) 하이브리드(Hybrid) 설계법 적용

하이브리드 설계법이란, 강도가 다른 2개의 강재를 한 단면내에서 최적의 경제성을 확보할 수 있도록 혼용하는 것으로서 주로 응력이 큰 지점부에 고강도강을 적용한다.

<그림 A1.8.8>에는 하이브리드 거더 단면의 강종 구성 예를 나타내었으며, 강종별 강도는 50 ksi(344 MPa)와 70 ksi(482 MPa)이다. 미국에서는 HPS 70W가 사용된 교량과 기존 50W 강재 적용 교량과의 설계 비교를 통한 경제성 분석을 수행하였고(<표 A1.8.5> 참조), 그 결과 HPS 70W와 50W를 단면내 혼용하여 가장 경제적인 최적단면을 적용하는 것이 가능하다고 하였다.

<그림 A1.8.8> 하이브리드 거더 단면의 강종 구성 예

<표 A1.8.5> 하이브리드 HPS 단면의 경제성(Grade 50과의 비교)

항 목	전단면 HPS70W	하이브리드 단면
강 중	17~20% 절감	-
형 고	8~9% 감소	5% 감소
공사비	120%로 증가	91~96%로 절감

미국내 최초의 HPS적용 하이브리드 교량은 네브라스카주의 Dodge Street Bridge over I-480이다(<그림 A1.8.9>). 8개의 판형 거더를 2경간 합성 연속교로 설계하였으며 거더간격은 2.87 m이고 각 경간장은 72.9 m이다. 하이브리드 단면은 정모멘트부의 복부에 A709-50W 강재를 그리고 부모멘트부 복부와 상하부플랜지 구간에는 HPS 70W 강재를 적용하여 최적단면을 활용하였다. 또한, 모든 부재는 내후성 강재이다. 본 교량은 기존 대비 강중을 24.2% 감소하였으며, 총공사비를 10.6% 감소할 수 있다고 보고하였다.

<그림 A1.8.9> I-480 Bridge, 네브라스카주

콜로라도의 계곡을 지나는 SH67 over Arequa Gulch 교량은 총길이 369.5 m (63 m + 3@81 m + 63 m)이며 교량의 높이가 76 m으로 콜로라도 스프링 지역에 인접한 해발 2,896 m 계곡에 위치하고 있다. 현장 조건에 부합하도록 다양한 설계 검토가 이루어졌으며 PSC 합성거더를 적용 시 부모멘트부의 자중 증가로 교각의 단면이 증가되므로 5경간 HPS 판형교가 선정되었다. <그림 A1.8.10>에 도시한 바와 같이 HPS70W를 교량내 혼용하여 총 강중은 8% 절감하였으며 본 현장에서 중요하였던 현장 가설부재의 최대중량은 15~16% 감소하여 부모멘트 지역에서의 가설이 용이하게 이루어졌다.

<그림 A1.8.10> SH67 Bridge, 콜로라도주

(2) 구조의 단순화

강교량의 경제성을 개선하기 위해 고성능 강재와 후판을 적용하고 용접이 많은 보강재를 최소화하는 구조를 적용하고 있다. 2005년 완공된 미국의 Grand Island East Bridge(<그림 A1.8.11>)는 HPS100W를 적용한 최초의 교량으로 고성능 강재를 박스교에 적용하여 단순화된 보강 상세를 적용하고, 무조인트화를 달성하였으며, 무도장 내후성강을 적용하였다. 체코의 Ostrava시의 Freeway D47, Bridge Rudna(<그림 A1.8.12>)와 Bridge Opava는 소수거더교로서 보강재를 최소화하여 거더 제작비를 최소화하였으며 시공성 및 미관을 개선한 사례이다.

<그림 A1.8.11> Grand Island Bridge 거더 거치 후 전경, 네브라스카주

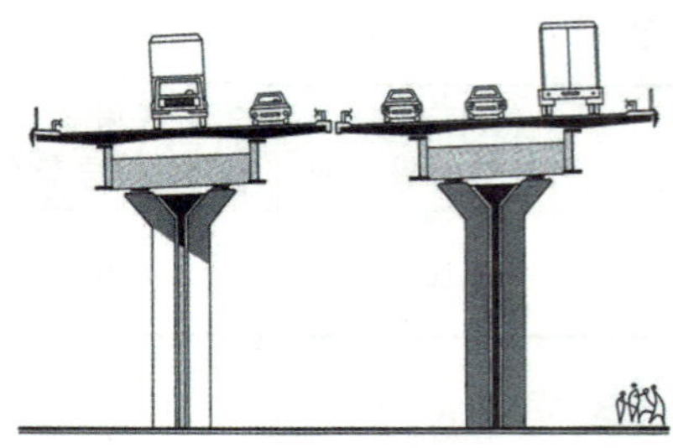

<그림 A1.8.12> Grand Island Bridge,
네브라스카주

(3) 기존 강교량의 합리화

강박스거더교는 휨강성과 비틀림 강성이 뛰어나 장경간이나 곡선을 갖는 교량형식으로서 적합한 구조인데, 국외에서는 강박스거더교의 공사비를 절감하기 위한 다양한 시도가 이루어지고 있다. 구조면에서는 기존의 강박스거더교를 지양하고 고성능 강재를 적용한 개구제형교, 소수거더교와 유사한 세폭(細幅)의 박스거더교 등에 대한 검토도 활발히 수행되고 있다.

<그림 A1.8.13>에 도시한 독일 드레스덴 근교의 독일 A17고속도로- 체코 D8고속도로간 고가교(58.4 m + 4@73 m + 58.4 m = 408.8 m) 경간 구성의 개구제형 교량으로서 U리브로 종방향 보강재를 사용하고, One-Cell 거더로 2~3차로를 담당하고 있으며 유럽에서 중경간(60~120 m)교로 활발히 적용되고 있다. 이는 상부구조 경량화로 경제성/시공성이 우수한 구조이기 때문이며, 상부플랜지의 최대 판두께는 130 mm의 고성능 강재 후판이 적용되었다.

<그림 A1.8.13> A17고속도로-체코
D8고속도로간 합리화 개구제형 강교량

(4) 이중 합성 구조의 도입

이중합성교는 강거더의 상부플랜지와 상판을 전단연결재로 결합한 통상의 연속합성 거더교에 대해, 압축력이 크게 작용하는 중간지점 영역의 강거더 하부플랜지 및 복부판의 일부를 RC판을 결합해 합성시킨 교량이다. 물론, 거더교외에 트러스교 등 다른 형식의 교량에서도 이러한 원리를 이용해 이중합성의 효과를 적용하기도 한다.

이러한 합성방식을 채용하는 것에 의해 중간지점 영역의 거더의 강성을 경제적으로 증가시킬 수 있어 형고를 낮출 수 있고(변단면 거더의 중간지점상의 형고 등), 중간지점 부근의 강형 하부플랜지의 극후판화를 제한할 수 있으며, 교량 전체의 강성이 증가하므로 연속합성 박스거더교 등의 지간의 장대화가 가능한 등의 장점이 있다.

미국의 University of South Florida에서는 HPS를 적용한 이중 합성 거더교의 비교설계를 통해 경제성과 구조적 장점을 평가하였다. 기존의 합성판형교, 이중합성 판형교 및 이중합성 박스거더교가 포함되었으며 경간구성은 65 m - 100 m - 65 m이었다(<그림 A1.8.14> 참조).

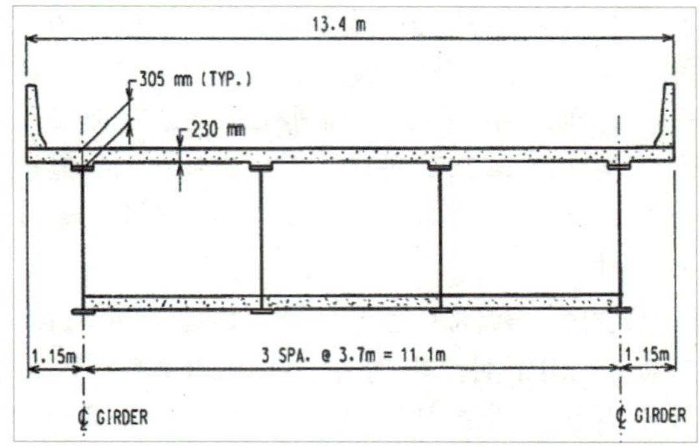

<그림 A1.8.14> 경제성 분석대상 HPS적용
이중합성 교량 횡단면도

경제성 분석결과를 보면(<표 A1.8.6> 참조) 일반 판형교 대비 이중합성 판형교는 강재 소요량에서 12% 절감되고 6% 정도의 비용절감 효과가 있는 것으로 나왔다. 더불어, 고성능 강재인 HPS를 적용하고 이중합성 구조로 하였을 경우에는 기존

<표 A1.8.6> 고성능 강재 적용 이중 합성 판형교의 경제성

구 분	일반판형교	이중합성 판형교	이중합성박스 거더교	HPS적용 이중합성판형교	일반판형교 대비 HPS 이중합성교
단위강중 (kN)	2,786	2,482	2,521	2,109	76%

판형교에 소요되는 강중대비 약 24% 수준으로 절감할 수 있는 것으로 평가되었고, 상부구조 공사비는 약 12% 정도를 절감할 수 있는 것으로 판단되어 고성능 강재가 이중합성 구조와 결합될 때 경제성 향상 효과가 극대화될 수 있음을 보여주고 있다.

A1.8.2 고강도 콘크리트

A1.8.2.1 개요

선진국에서는 1980년대부터 고강도 콘크리트를 사용한 교량건설이 활발히 이루어지고 있으며 PSC교의 경우 설계기준강도 40 MPa 이상의 고강도 콘크리트 적용이 일반화되고 있다. 교량건설에 고강도 콘크리트 적용하는 경우 단면 및 자중을 감소시킬 수 있고, 조기강도 발현에 따른 공기단축, 내구성 향상으로 인한 유지관리비 절감 효과 등을 기대할 수 있다. 국내에서도 초고층 건축물을 중심으로 고강도 콘크리트를 건설재료로 활용하고는 있으나 교량건설에서는 제한적으로 사용되고 있다.

재료적인 측면에서 고강도 콘크리트는 설계기준강도 60 MPa 이하의 경우 고성능 감수제를 사용하여 생산이 가능하며, 그 이상의 강도가 요구될 때는 특수 재료나 기술이 필요하게 된다. 2006년에 개정된 한국산업규격(KS)의 레이디믹스트 콘크리트의 표준규격(KSF 4009)에서는 공칭강도 60 MPa까지의 고강도 콘크리트에 대해 재료, 품질, 배합, 제조, 시험방법, 검사 등을 규정하고 있다.

A1.8.2.2 재료적 특성

<그림 A1.8.15>에 도시한 바와 같이 고강도 콘크리트는 보통 콘크리트에 비하여 응력-변형률 곡선의 상승부가 선형적이고 경사가 크며 최대 응력에서의 변형률도 크다. 또한 최대응력 이후의 하향곡선 기울기도 콘크리트 강도가 증가할수록 응력이 급격히 저하되는 취성파괴의 성질을 나타낸다.

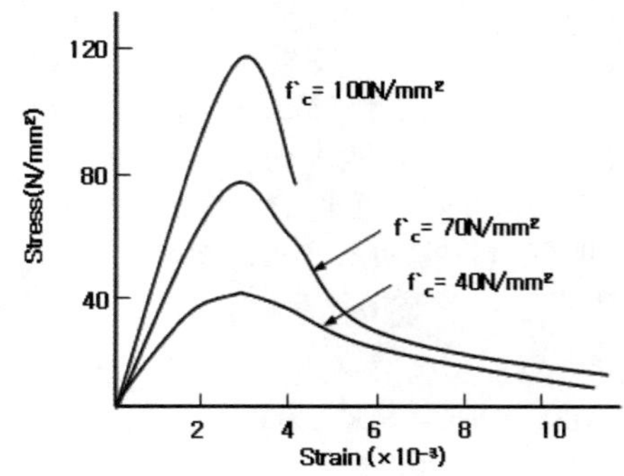

<그림 A1.8.15> 콘크리트의 응력-변형률 곡선

고강도 콘크리트의 탄성계수는 <그림 A1.8.16>에 도시한 바와 같이 일반적으로 30~45 GPa 범위이며, 압축강도가 증가함에 따라 탄성계수도 증가하지만, 고강도 영역에서는 증가비율이 감소한다. 보통 콘크리트보다 높은 탄성계수로 인하여 고강도 콘크리트를 구조물에 적용하는 경우 구조물의 처짐 감소를 기대할 수 있다.

한편, 고강도 콘크리트는 보통 콘크리트에 비하여 수화열이 크게 발생하는 단점이 있으나 구조물 내부에 발생하는 높은 수화열로 인해 콘크리트 내부 양생온도가 증가하여 초기 재령에서 강도발현이 빠른 장점이 있다. 또한 고강도 콘크리트에서는 보통 콘크리트에 비해 전체 수축량은 작지만, 전체 수축량에서 자기수축이 차지하는 비율은 건조수축에 비해 상당히 크기 때문에 구조물 설계시 균열제어 측면에서 고려해야 한다. 그리고 크리프 계수는 압축강도가 높을수록 작게 되며, 특히 압축강도가 100 N/mm^2 이상이 되면 건조 크리프가 현격히 감소한다. 일반적으로 고강도 콘크리트는 미세구조가 치밀하여 동결융해, 염해, 탄산화 등 내구성이 우수한 것으로 알려져 있다.

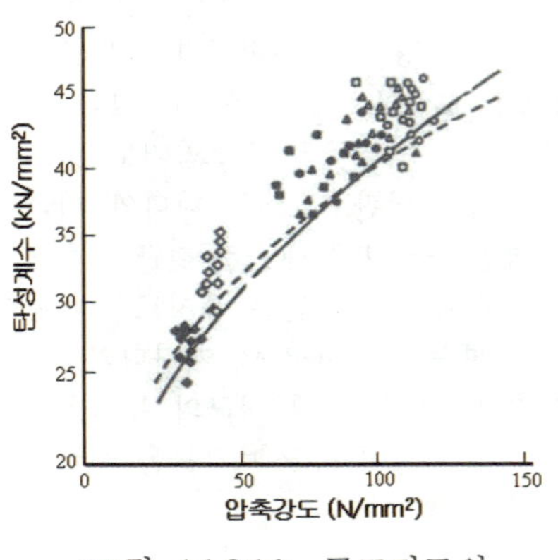

<그림 A1.8.16> 콘크리트의 압축강도와 탄성계수의 관계

A1.8.2.3 국외 적용사례

미국에서는 고강도 콘크리트를 PSC교 건설에 주로 적용하고 있으며 일반적으로 사용하고 있는 고강도 콘크리트의 설계기준강도는 52 MPa (7,500 psi) ~ 69 MPa (10,000 psi) 범위이다. 1981년 미국 워싱턴주에 가설된 Toutle River교는 PSC합성거더교로서 설계강도 62 MPa급 콘크리트를 사용하여 지간장 49 m인 거더의 높이를 1.5 m로 감소시킬 수 있었다. 최근에는 AASHTO 프리캐스트 PSC거더에도 설계강도 70 MPa급 고강도 콘크리트를 적용하고 사례가 있으며, 워싱톤주 도로청에서 개발한 일명 'Super Girder'의 경우 고강도 콘크리트의 적용으로 거더의 지간장을 최대 69 m까지 증가시킬 수 있었다.

1970년대 초반부터 설계강도 40 MPa급 이상의 고강도 콘크리트를 사용하고 있는 노르웨이의 경우, 1988년에 개정된 설계기준에서 적용 가능한 콘크리트의 설계기준강도를 보통 콘크리트의 경우 105 MPa까지 경량콘크리트의 경우 85 MPa까지 확장하였다. 1990년에 가설된 Boknasundet교는 당초 최대경간장을 150 m로 설정하였으나, 설계강도 60 MPa급의 고강도 경량콘크리트를 사용하여 최대경간장을 190 m로 증가시킬 수 있었고, 그 결과 주교각을 지지기반이 좋은 위치로 이동할 수 있었으며 측경간 교각 2개소를 제거할 수 있었다.

<그림 A1.8.17> 노르웨이 Boknasundet교

일본에서는 1973년에 Iwahana교(고속철도교)에 설계강도 80 MPa급 고강도 콘크리트가 처음 사용된 이후로 고강도 콘크리트를 적용한 교량건설이 활발히 이루어지고 있다. 1990년대까지 PSC 사장교가 많이 건설되었는데 그중 Aomori Bay Bridge는 주경간장 240 m의 3경간 사장교로 주탑에 60 MPa의 고강도 콘크리트를 사용하였다.

압축강도 200 MPa 정도의 초고강도 콘크리트를 캐나다 Sherbrook 보도교(1997년), 서울의 선유보도교(2002년)에 적용된 이후 일본, 호주, 미국, 프랑스 등에서 다양한 구조물에 적용되고 있다. 특히 2003년 호주에서 세계최초로 200 MPa급 초고강도 콘크리트를 차량교량(Sherlly Creek 교량)에 단경간 19.6 m의 경간으로 건설된 바 있고, 한국, 일본, 미국 등에서도 고강도 콘크리트를 거더교, 사장교 등에 활용하는 기술을 개발하고 있다.

A1.8.3 섬유강화폴리머 보강근

A1.8.3.1 개요

최근 국외에서 콘크리트 구조물에서 발생하는 철근의 부식문제를 근본적으로 해결하기 위하여 비부식재료인 섬유강화폴리머 복합재료를 콘크리트 구조물의 보강근으로 적용하고 있다. 본 절에서는 국내에 관련 설계기준이 없는 섬유강화폴리머 복합재료의 기본적인 재료성질과 설계에서 고려해야 할 주요사항을 기술하였다.

섬유강화폴리머(Fiber Reinforced Polymer; FRP) 보강근은 보강재인 섬유와 결합재인 수지로 구성되며, 섬유는 탄소섬유, 유리섬유, 아라미드 섬유가 사용되고 있으며 두 가지 이상의 섬유를 혼용하는 경우도 있다. 현재 국내외에서 상용화 생산되고 있는 FRP 보강근은 경제성 측면에서 유리한 유리섬유를 강화재로 사용하고 있으며, 유리섬유강화폴리머를 Glass FRP (GFRP) 보강근이라 한다. FRP 보강근에는 열경화성수지가 결합재로 주로 활용되는데 가장 일반적으로 적용되는 수지는 불포화 폴리에스테르 수지와 비닐에스터 수지이다.

A1.8.3.2 GFRP 보강근의 특성

콘크리트 구조물에 적용되는 GFRP 보강근의 장점은 고강도, 내부식성, 경량성, 비자성이며 단점은 높은 재료비, 항복이 없는 취성파괴, 인장강도에 비하여 낮은 압축강도 및 탄성계수, 고온에 취약한 성질 등이다. GFRP 보강근은 철근에 비하여 인장강도는 최대 4배 정도 크나 탄성계수가 약 1/4 수준이므로 콘크리트 구조물의 처짐 및 균열 제어에 불리하다.

따라서, GFRP 보강근을 도로교에 적용하는 경우 염해 가능성이 큰 거더교 바닥판 위주로 적용하고 있다. <표 A1.8.7>에는 국외에서 상용화 생산되고 있는 GFRP 보강근의 규격과 재료의 성질을 나타내었다.

<표 A1.8.7> GFRP 보강근 규격 및 물성

구 분	규격 및 물성
직경 (mm)	12.7 ~ 22
인장강도 (MPa)	483 ~ 1,600
탄성계수 (GPa)	35 ~ 51
파단변형률 (%)	1.2 ~ 3.1

A1.8.3.3 국내외 적용사례

FRP 보강근은 1986년 독일에서 처음으로 도로교 시공에 적용된 실적이 있다. 1990년대 이후 캐나다와 미국을 중심으로 FRP 보강근 개발연구가 활발하게 진행되어 1996년에 캐나다에 CFRP 보강근을 교량 공사에 적용한 예가 있으며, 1990년대 말에 GFRP 보강근이 개발되면서 FRP 보강근이 본격적으로 교량공사에 적용되고 있다. FRP 보강근을 적용하는 구조물은 박스암거도 있으나 대부분 거더교의 바닥판으로서 캐나다와 미국 북부지역으로 경우 슬래브에 배근된 철근이 동절기 염화물 사용으로 부식되어 많은 유지보수 비용이 발생하고 있기 때문이다. 따라서, 캐나다와 미국에서는 거더교 슬래브에 배근된 철근의 부식을 근본적으로 방지하기 위하여 FRP 보강근을 시험적으로 적용하고 있다.

GFRP 보강근을 적용한 바닥판의 설계상 특징은 캐나다의 경우 GFRP 보강근 슬래브의 상부 및 하부 보강근으로 적용한 시공사례가 있으나, 미국의 경우 대부분 슬래브 상부 보강근으로 적용하고 있다. GFRP 보강근을 슬래브 상부 보강근으로 적용하는 가장 큰 이유는 GFRP 보강근의 탄성계수가 기존 철근의 약 1/4 수준으로서 GFRP 보강근을 슬래브 하부에 배근하는 경우 현행 설계기준의 허용 균열폭 규정을 만족시키기 어렵기 때문이다.

캐나다와 미국 시공사례에서 확인된 바에 따르면 슬래브 구조검토에서 GFRP 보강근을 적용하는 경우 허용 균열폭 규정이 설계를 지배하고 있으며, 시공사례에서는 허용 균열폭을 0.5 mm로 적용하고 있다. GFRP 보강근의 겹이음 길이는 이형철근의 겹이음 길이와 동일하게 보강근 직경의 40배를 적용하고 있다.

<그림 A1.8.18>에 나타낸 Cruz Creek교는 2001년 미국 텍사스주에 가설된 거더교로서 총 12경간 중에서 2개 경간의 슬래브에 GFRP 보강근이 시공되었다. <그림 A1.8.19>에 나타낸 Wotton교는 2001년 캐나다 퀘벡주에 시공된 4주형 PSC거더교로서 연장은 30.6 m이다. 교축방향으로 슬래브 1/2에 대하여 GFRP 보강근을 상부 보강근으로

적용하였고, 하면 보강근의 1/2는 CFRP 보강근 (직경 10 mm)을 적용하였다.

<그림 A1.8.18> Cruz Creek교 슬래브 콘크리트 치기 장면

<그림 A1.8.19> Wotton교 슬래브 배근 장면

<그림 A1.8.20>에 나타낸 Morristown교는 2002년 미국 버몬트주에 시공된 5주형 강플레이트거더교로서 총 연장은 43.9 m이다. 직경 19.1 mm GFRP 보강근(ISOROD)이 시공된 슬래브의 두께는 230 mm이며 GFRP 보강근은 슬래브의 상부 및 하부 보강근으로 시공되었다. 상부 및 하부 주근은 직경 19 mm 보강근을 100 mm 간격으로 배근하였으며, 배력근은 직경 19 mm 보강근을 150 mm 간격으로 배근하였다. 장기계측을 위하여 변형률 측정용 광섬유센서를 시공 중 매설하였다.

<그림 A1.8.20> Morristown교 슬래브 치기

2003년 미국 버지니아주 Route 668상에 가설된 교량은 3경간 연속 강I형교(51 m = 13.5 m + 24 m + 13.5 m)이다. <그림 A1.8.21>에 나타낸 슬래브의 두께는 200 mm이며, 슬래브 상부는 GFRP 보강근을 적용하였고 슬래브 하부에는 에폭시코팅 철근을 적용하였다.

<그림 A1.8.22>에 나타낸 Cookshire-Eaton교는 2003년 캐나다 퀘벡주에 시공된 5주형 PSC합성거더교로서 총 연장은 52.85 m(2@26.4 m)이다. 직경 19.1 mm GFRP 보강근이 시공된 슬래브의 두께는 200 mm이며 GFRP 보강근은 첫 번째 경간 슬래브의 상부 및 하부 보강근으로 시공되었다. 한편, 장기거동 모니터링을 위하여 총 82개 온도 및 변형률 측정용 광섬유센서가 시공 중 매설되었다.

<그림 A1.8.21> 버지니아주 Route 668교량

2004년 캐나다 퀘벡주에 시공된 Val-Alain교는 4주형 강플레이트거더교(교장 : 48.89 m)로서 슬

래브는 물론 방호벽까지 GFRP 보강근으로 시공된 첫 번째 교량이다. Val-Alain교의 슬래브 두께는 225 mm이며 GFRP 보강근(주근 19 mm, 배력근 16 mm)을 슬래브 상부와 하부에 보강근으로 적용하였다.

<그림 A1.8.22> Cookshire-Eaton교 슬래브 치기 장면

A1.9 PSC 합성거더교의 구조세목

A1.9.1 개요

본 절에서는 프리캐스트 PSC 합성거더교의 구조세목에 관련된 최근 설계동향을 기술하였다. 구조세목에는 거더의 횡방향 배치, 최소곡선반경 결정, 종경사 및 편경사에 대한 검토, 제작장 선정, 거더설치, 바닥판 설계, 바닥판 연속화 검토, 가로보 배치, 코핑 폭원, 받침선정방법을 포함하였다.

A1.9.2 거더의 횡방향 배치

거더의 횡방향 배치는 중앙경간은 L=2.75 m 이하를 표준으로 하고 캔틸레버길이는 바닥판 최소두께를 만족할 수 있도록 L=1.3 m 정도를 표준으로 설계하고 있으나, 거더의 횡방향 배치는 구조검토를 실시하여 필요 시 간격을 조정하여야 한다. 특히, 방음벽과 같은 고정 시설물 등이 설치되는 경우와 도로교 설계하중을 초과할 경우 별도의 추가하중에 대해 검토가 이루어져야 한다.

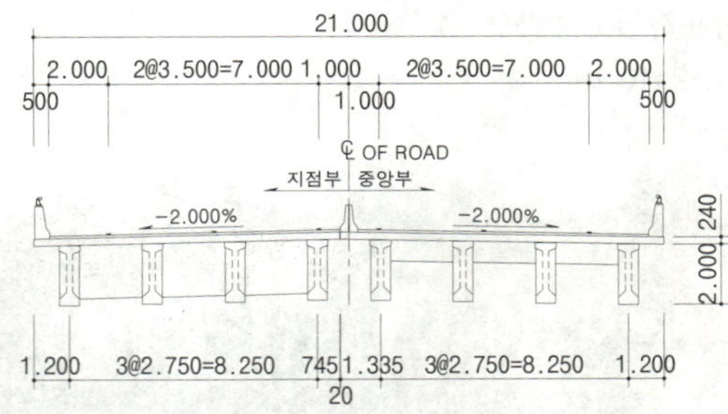

<그림 A1.9.1> 거더의 횡방향 배치 예

A1.9.3 최소곡선반경

(1) 한계 중심각 검토

PSC 합성거더교를 곡선교로 설계하는 경우 거더는 직선으로 배치하되 캔틸레버부 단면을 변화시켜 곡선교에 대응하도록 설계하고 있다. [도ㆍ설 4.15.2]의 규정에서는 곡선거더교의 단면력은 곡선의 영향을 고려하여 계산하는 것을 원칙으로 하고 있으나, 곡선반경이 R=200 m 이상 한 경간의 곡선 원호 각이 30° 이하인 박스거더인 경우에는 곡선장을 경간으로 하는 직교로 치환하여 설계하도록 되어있다.

프리캐스트 PSC I형 거더를 이용한 곡선교 설계에 대한 규정은 없으나 PSC I형 거더는 강플레이트거더보다 비틂강성이 크므로 [도ㆍ설 2.1.3 해설]에 규정된 바와 같이 중심각이 <표 A1.9.1>에 나타낸 한계 중심각보다 작은 지간에서는 곡률의 영향을 무시할 수 있다.

<표 A1.9.1> 휨모멘트를 결정할 때 곡률을 무시할 수 있는 한계 중심각

거더 수	단경간			2경간 이상		
	중심각	거더길이 30 m	거더길이 35 m	중심각	거더길이 30 m	거더길이 35 m
2	2°	R=860 m	R=1,003 m	3°	R=573 m	R=669 m
3 또는 4	3°	R=573 m	R=669 m	4°	R=430 m	R=502 m
5 이상	4°	R=430 m	R=502 m	5°	R=344 m	R=402 m

(2) 캔틸레버 길이 검토

최근 설계되고 있는 PSC 합성거더교 바닥판의 캔틸레버의 길이는 표준적인 단면을 적용하는 경우 1.3 m 이상 설계가 어렵다. 따라서, 설계자의 이해를 돕기 위하여 표준적인 단면을 적용하는 경우 거더길이와 곡선 반경에 따른 캔틸레버 바닥판의 최대값과 최소값을 비교하여 PSC 합성거더교의 최소곡선반경을 계산하여 <표 A1.9.2>에 나타내었다.

<표 A1.9.2> PSC 합성거더 최소곡선 반경

구 분	거더길이 (m)			비 고
	25	30	35	
캔틸레버	1.31 m	1.31 m	1.31 m	방호벽고려
캔틸레버	0.715 m	0.745 m	0.775 m	배수고려시
곡선반경	R=132 m	R=200 m	R=287 m	단경간

A1.9.4 평면곡선의 직선거더 배치

PSC I형 거더를 곡선교에 연속적으로 배치하는 경우 거더 배치방법은 다음과 같다.

① 평행형

<그림 A1.9.2(a)>에 도시한 바와 같이 거더를 지점부에서 일정한 간격을 유지하도록 평행하게 배치하되 교량의 곡률 변화는 거더의 중심각 변화로 조정하는 방법이다. 이 방법으로 거더를 배치하는 경우 코핑부 폭을 최소화할 수 있는 장점이 있다.

② 방사형

<그림 A1.9.2(b)>에 도시한 바와 같이 교량의 곡률 변화에 대응하기 위하여 지점부에서 거더 단부와 단부 간격을 변화시키는 방법이다. 이 방법을 적용하는 경우 곡률 변화는 슬래브 설계로 보정된다.

평행형의 경우 단경간과 경사교량의 설계에 적합하고 연속교에 적용 시에는 교각의 지점부에서 받침의 각도가 교각마다 상이하여 설계와 시공 시 주의가 필요하다.

방사형의 배치 시 교각부에서 받침의 배열이 일정하고 교각마다 코핑의 형상이 동일한 장점이 있으나 곡선 반경이 작고 교량횡단 폭원이 클 경우 교각 코핑폭이 커질 우려가 있으므로 경제성을 고려한 적용이 필요하다

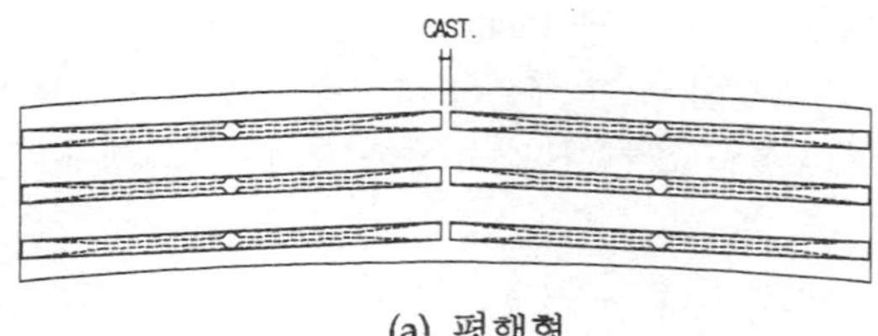

(a) 평행형

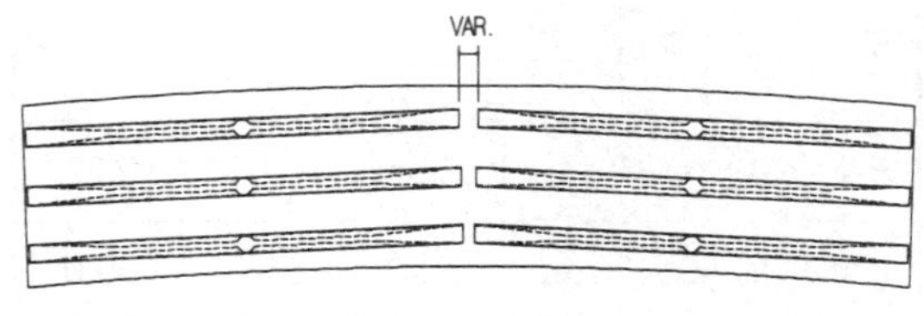

(b) 방사형

<그림 A1.9.2> PSC거더 평면배치

A1.9.5 종경사에 대한 검토

PSC 합성거더교는 규격화된 프리캐스트 I형 거더를 이용하여 시공하게 되므로 설계 시 교량 종경사에 대한 다음과 같은 사항을 사전에 검토하여야 한다.

① 종경사에 따른 거더길이

규격화되어 제작하는 거더의 길이는 일정하나 거더를 종단선형에 맞도록 배치하면 종단경사에 따라 평면에서의 길이는 줄게 된다.

일반적으로 종단곡선을 고려한 거더의 길이와 제작길이의 차가 5 mm 미만일 경우 받침의 설치오차 범위내이므로 무시하고 설계하여 도면작성을 하였으나 실제 교좌장치 시공 시 설치오차가 있는

것을 감안할 때 도면작성시에 종단곡선을 고려한 평면에서의 길이를 반영하는 것이 바람직하다.

② 거더 단부의 유간확보

규격화되어 제작된 거더는 단부가 직각이므로 종경사가 있는 교량에 거치 시 거더 단부와 흉벽 사이 간격인 유간확보를 검토하여야 한다. <표 A1.9.3>에는 유간조정이 필요 없는 최소 종단경사를 나타내었다. 종단경사가 <표 A1.9.3>에 나타낸 값보다 클 경우 거더 단부가 신축이동시 흉벽과 부딪칠 우려가 있기 때문에 흉벽의 단면 조정 또는 유간조정과 신축장치 선정 등의 대책이 필요하다.

<표 A1.9.3> 유간조정이 필요없는 한계 종단경사

구 분	단위	거더길이(m)		
		25	30	35
최소 종단경사	%	2.85	2.50	2.27
이격량 (a)	mm	50.0	50.0	50.0

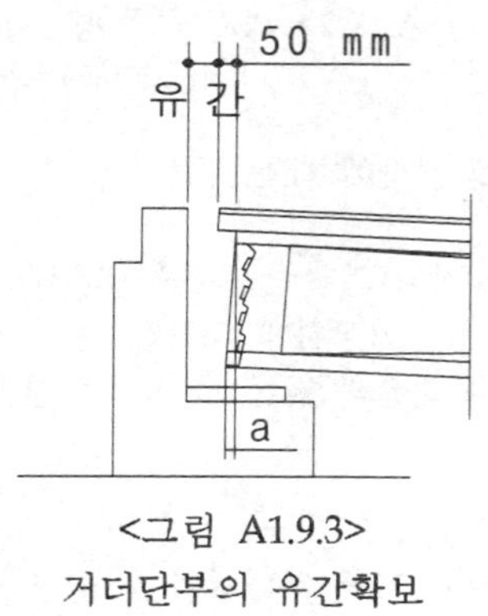

<그림 A1.9.3>
거더단부의 유간확보

③ 종곡선(완화곡선)에 대한 검토

PSC 합성거더의 종곡선에 대한 보정을 캠버로 조정할 경우 거푸집에 대한 효율 및 제작이 어렵기 때문에 종곡선의 보정은 슬래브의 헌치로 보정하는 것이 효율적이다. 종곡선에 대한 보정방법은 <그림 A1.9.4>에 도시한 편경사에 대한 보정방법으로 헌치에서 이용하여 보정할 수 있다.

A1.9.6 편경사에 대한 검토

PSC 합성거더의 경우 받침을 수평으로 유지해야하므로 바닥판에 횡방향 편경사가 있는 경우 편경사는 바닥판 하면에 헌치를 두어 보정해야한다.

이때 편경사에 대한 영향은 곡선배치상의 곡선반경과 편경사와 종단곡선의 구배에 따라 편구배 및 종구배의 헌치가 <그림 A1.9.4>과같이 반영되어야 한다.

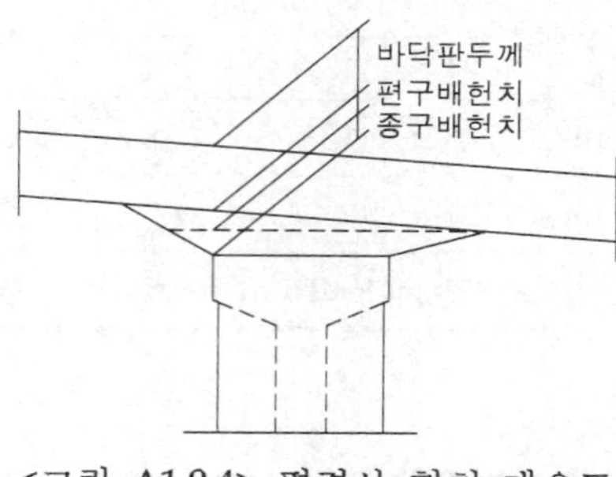

<그림 A1.9.4> 편경사 헌치 개요도

일반적으로 가설되는 PSC 합성거더교의 선형은 직교이고 편경사가 2% 이하이므로 종단곡선이 없는 경우 표준적인 PSC I형 거더를 적용할 수 있다. 그러나 곡선반경이 작아 편경사가 크고 종단곡선이 큰 경우 헌치의 높이도 증가되므로 거더 상면에 위치한 헌치의 자중도 늘어나게 된다. 따라서 헌치의 자중이 증가할 경우 거더 본체의 단면이 부족할 우려가 있으므로 유의하여야 한다.

이때 거더본체와 슬래브가 합성작용을 하기위해 거더본체에 매입된 전단연결재의 역할을 하는 철근의 돌출길이가 본체 상면에서 180 mm 정도 바닥판에 근입 할 수 있도록 되어 있다. 편경사를 고려한 평균 헌치의 높이가 80 mm 미만일 경우 헌치에 대한 추가하중만 고려하여도 문제가 없을 것으로 판단되나 헌치의 평균높이가 80 mm 이상일 경우 본체에서 연결된 전단철근이 바닥판에 근입되는 깊이가 100 mm 미만이므로 자중 외에 종합적인 검토가 필요하다.

A1.9.7 제작장 선정

PSC 합성거더교의 경우 현장과 가장 가까운 부지에 거더 제작장을 설치하면 운반거리를 최소화 시킬 수 있고 현장관리면에서도 유리하다.

현장여건상 거더의 제작장 부지의 확보가 어려운 경우 시·종점 교대의 전후를 선택하여 본선상에 토공을 미리 정지 시공하여 제작장을 확보할 수 있다. 제작장의 부지선정 시 제작에 필요한 면적을 검토하는 것이 필요하며, <그림 A1.9.5>에 도시한 바와 같이 거더의 작업통로폭은 5.0 m와 거더와의 거리를 2.0 m로 하여 제작장을 조성할 경우 필요한 최소 제작장의 부지를 예측할 수 있다.

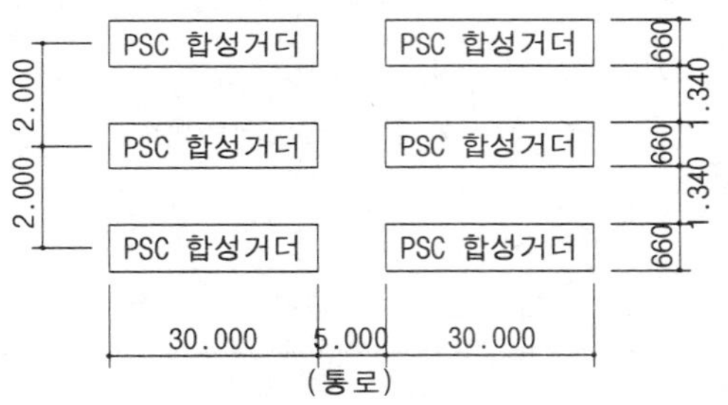

<그림 A1.9.5> PSC합성거더 제작장 평면 예

거더의 본수가 40본일 경우는 40본을 동시 제작하는 것보다 2회 나누어 제작하는 것이 효율적이며, 이때 소요되는 제작장 면적은 약 1,300 ㎡이다.

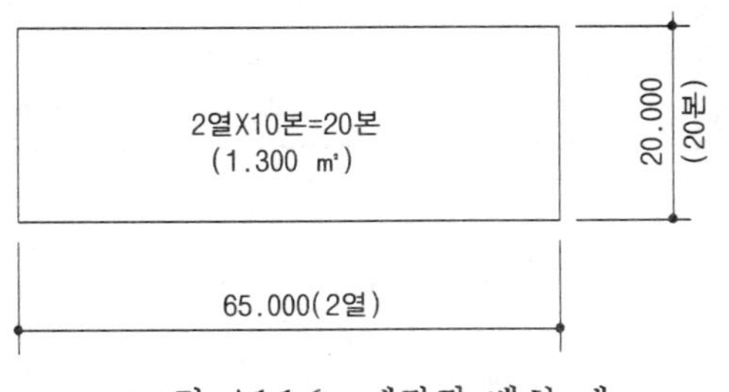

<그림 A1.1.6> 제작장 배치 예

A1.9.8 PSC 합성거더 설치

거더의 설치는 원지반 및 가설 시 계획지반 위치에 따라 거더 인양 가능여부를 검토하여 적정 크레인의 규격을 선정하는 것이 필요하다.

<표 A1.9.4> 거더가설 표준품셈 기준(2007년)

거더중량 (톤/본)	크레인 규격 및 대수	일당가설중량 (톤/일)	비 고
55~60 톤 미만	(45~250 톤) × 2대	663	30 m 거더
75~80 톤 미만		838	35 m 거더

표준품셈과 거더의 설치 시 필요한 크레인의 제원 및 작업반경과 인양중량, 높이 등을 고려할 때 일반적인 PSC 합성거더의 설치조건은 <표 A1.9.5>와 같음을 알 수 있다. 그러나 현장조건 마다 작업여건이 다르므로 일반적인 장비조합을 참조하고 현장에 맞도록 장비 조합의 적용이 필요하다.

<표 A1.9.5> 크레인의 작업 능력

구분	거더중량	크레인	작업반경	붐높이	인양중량
30 m 거더	57 톤	크롤라 100 톤 2대	12 m	39 m	35 톤
35 m 거더	83 톤	크롤라 150 톤 2대	12 m	39 m	53 톤

A1.9.9 바닥판 설계

바닥판의 경우 경험적설계법과 강도설계법 모두 적용할 수 있도록 도로교 설계기준에 제시되어있다. PSC 합성거더교 중앙부 바닥판의 경우 경험적설계법을 적용하게 되면 강도설계법을 적용하는 경우에 비하여 바닥판의 두께와 철근량을 감소시킬 수 있다. 따라서 바닥판의 두께는 경제성을 고려하여 경험적설계법 적용이 가능한 240 mm로 설계 및 시공한 사례가 대부분을 차지하고 있다. 캔틸레버 바닥판의 경우도 중앙부 바닥판과의 연속성을 위하여 두께를 240 mm로 설계하고 있다. 그러나 캔틸레버의 길이가 1.3 m를 초과할 경우 최소두께 240 mm를 초과하므로 주의가 필요하다.

일반적으로 많이 적용하고 있는 PSC I형 거더

의 간격 2.5 m 바닥판 경우의 실제 적용 배근 사례는 <표 A1.9.6>에 나타내었다.

<표 A1.9.6> 바닥판 배근 사례

구 분			필요철근량 (철근비)	규격@간격 (철근량)	철근비
중앙부 (경험적 설계법)	지간방향	상면	720 mm^2 (0.003 이상)	H16@200 (993 mm^2)	0.00413
		하면	960 mm^2 (0.004 이상)	H16@200 (993 mm^2)	0.00413
	지간직각	상면	720 mm^2 (0.003 이상)	H16@250 (794 mm^2)	0.00331
		하면	720 mm^2 (0.003 이상)	H16@250 (794 mm^2)	0.00331
캔틸레버 (강도 설계법)	지간방향	상면	중앙부 철근량을 강도설계법으로 검토	H16@200 (993 mm^2)	0.00413
		하면		H16@200 (993 mm^2)	0.00413
	지간직각	상면		H16@250 (794 mm^2)	0.00331
		하면		H16@250 (794 mm^2)	0.00331

PSC 합성거더교 바닥판은 현장치기 콘크리트를 적용하지만 최근에는 교량하부도로 및 고소작업의 안정성확보를 위하여 거푸집 및 동바리가 필요 없는 강·콘크리트합성 바닥판과 프리캐스트 바닥판 등을 적용하는 연구 및 사례가 있다.

A1.9.10 바닥판 연속화 검토

(1) 연속화 경간

PSC 합성거더교의 연속화는 바닥판만 연속화하는 탄성연결 방식과 바닥판과 격벽을 동시에 연결하는 강결연결방식으로 나눌 수 있다. 과거에는 바닥판만 연속화 시키는 탄성연결 방식이 일부 적용되었으나 최근에 설계 및 시공된 방식은 대부분 강결연결방식으로 이루어져 있다. 따라서 강결연결방식에 대해 적용된 사례중심으로 정리하였다.

연속화의 연속경간은 현재까지의 사례로 보아 4경간까지의 연속화가 최대이다. 4경간까지의 연속화도 4경간 교량에서만 적용하고 5경간 이상일 경우 신축이음을 두어 2, 3경간으로 분리하여 적용하고 있다. 5경간 이상의 연속 거더의 경우 연속화가 가능하다고 판단되나 현재까지 사례를 바탕으로 신축이동 등의 종합적인 검토 후 적용해야 될 것으로 판단된다.

(2) 연속 바닥판 철근량

연속화 적용 시 단면력은 합성후 하중(포장, 방호책, 활하중, 크리프 및 건조수축, 지점침하)에 대해서 저항하는 것으로 검토한다.

바닥판 철근량은 합성후 하중에 대한 단면력으로 격벽을 포함한 유효높이로 휨강도를 검토하여 철근량을 선정한다. 일반적으로 많이 적용되는 30~35 m의 PSC 거더의 연속화 지점부에서 적용되는 철근의 배근방법을 <표 A1.9.7>에 나타내었다.

이때 PSC 합성거더 연속화 적용 시 사용성에 대한 기준은 [도 · 설 4.11 연속거더교]에 규정되어 있다.

<표 A1.9.7> 철근 배근방법

구 분		2경간	3경간	4경간
범길이 30 m	종방향철근	H22@125	H22@125	H22@125
	변 곡 점	지점부에서 7.5 m	지점부에서 7.5 m	지점부에서 7.5 m
	철근길이	18.0 m	18.0 m	18.0 m
범길이 35 m	종방향철근	H22@125	H22@125	H22@125
	변 곡 점	지점부에서 9.0 m	지점부에서 9.0 m	지점부에서 9.0 m
	철근길이	21.0 m	21.0 m	21.0 m

A1.9.11 가로보의 배치

(1) 가로보의 개수

PSC 합성거더교의 가로보는 횡방향 하중의 분배 및 거더의 안전성 확보를 위하여 단부 및 중앙부에 6 m 이내로 가로보를 설치하여 왔다. 그러나 최근 횡방향 하중의 분배는 가로보만 아니라 바닥판도 하중의 횡분배효과가 있기 때문에 가로보의 수를 줄여 경제적으로 설계를 하고 있다. 따라서 최근에는 가로보의 설치 개소를 단부와 거더의 중앙부에만 두어 가로보 갯수를 3개로 하여 설계 및 시공되고 있다.

<표 A1.9.8> 가로보 수량

구 분	개선전		개선후
	25 m	30 m, 35 m	25 m, 30 m, 35 m
가로보 수량	5개	7개	3개

가로보의 시공은 거더 설치 후 가로보 및 바닥판을 동시에 타설하는 것으로 설계하고 있다. 가로보의 시공은 가로보와 바닥판을 동시에 시공하기가 어려우므로 가로보를 먼저 현장치기로 가설한 후 바닥판을 가설하는 순서로 시공하고 있다. 그러나 현장에서는 중간가로보의 시공 시 거푸집의 설치 및 해체에 따른 고소 작업등에 따른 안전사고 위험성이 있어 사고의 위험성을 경감시키기 위하여 <그림 A1.9.7>에 도시한 바와 같이 조립식 강재가로보로 적용도 시도 되고 있다.

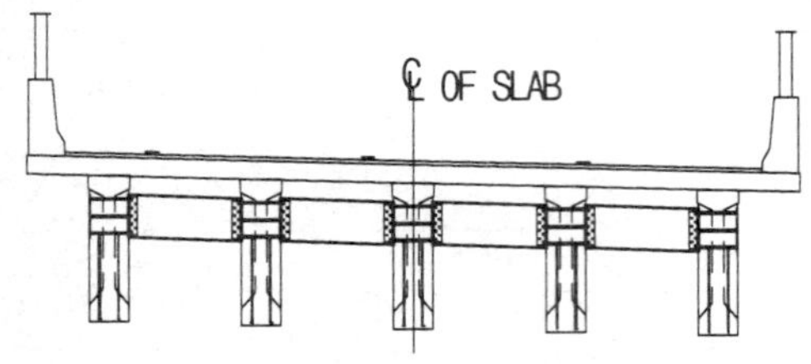

<그림 A1.9.7> 조립식 강재 가로보

(2) 가로보의 사각 적용

PSC 합성거더의 경우 가로보의 배치 및 간격에 대한 한국도로공사 설계지침의 경우 직교와 사교에서 사각 30°(구조물 모서리각 60°)의 경우만 고려하여 구조물 모서리 각이 90°~60° 까지는 가로보를 받침선과 평행하게 적용하여도 무리가 없다고 판단하고 있다.

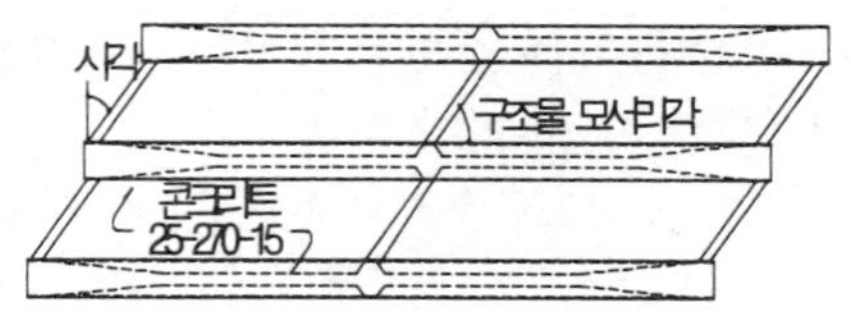

(a) 가로보 배치형상

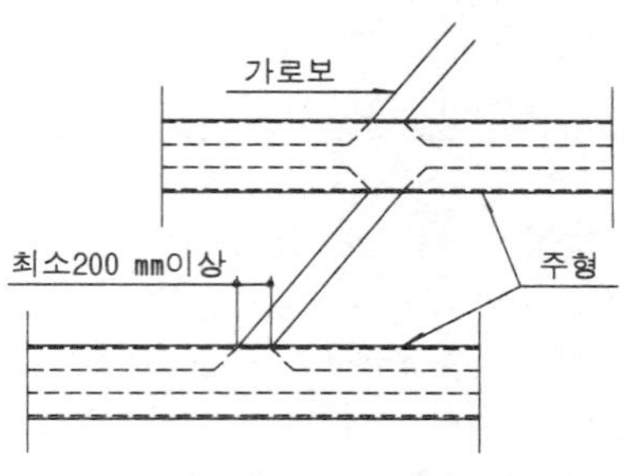

(b) 구조물 모서리각이 70°이상인 경우

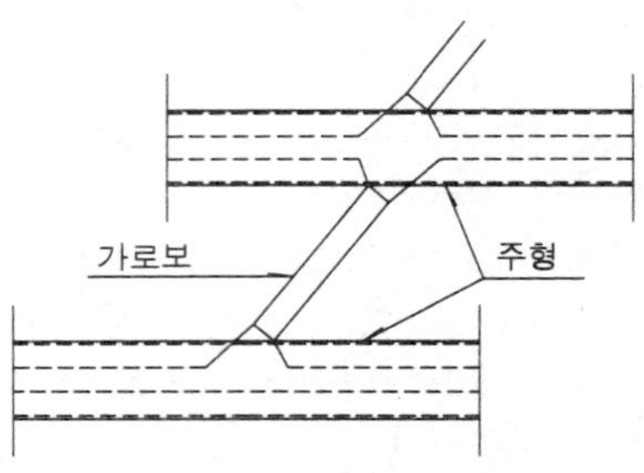

(c) 구조물 모서리각이 70°보다 작은 경우

<그림 A1.9.8> 가로보 연결방법

가로보의 연결 방법은 [도로설계요령 제3권4.8.6 가로보의 구조세목]에서 구조물 모서리각이 70° 보다 작을 경우 <그림 A1.9.8(c)>에 도시한 방법으로 가로보의 두께를 유지하도록 되어있으나 설계 및 시공사례는 구조물 모서리 각 70° 이상인 경우와 같이 대부분 <그림 A1.9.8(b)>에 도시한 방법으로 되어 있다. 이러한 사례는 실제 거푸집의 별도 제작 등의 문제가 있고 설계 및 시공이 다소 복잡하여 적용된 것으로 판단된다. 따라서 구조물 모서리각이 70°보다 작을 경우 구조물을 <그림 A1.9.8(b)>에 도시한 방법으로 시공한다면 연결에 따른 단면 감소분을 계산서에 반영하거나

<그림 A1.9.8(c)>에 도시한 방법으로 설치하는 것이 필요하다.

<표 A1.9.9> 가로보 배치조건 요약

구분	90° ~ 70°	70°~ 60°	60° ~50°	50° 미만
가로보 방향	받침선에 평행	받침선에 평행	받침선에 평행	상세검토 필요
가로보 두께	두께감소 미반영	두께감소 반영	상세검토 필요	상세검토 필요

PSC 합성거더는 <표 A1.9.9>에 나타낸 것과 같이 구조물 모서리 각이 60° 미만인 경우 가로보의 두께 및 사각에 따른 불균등한 응력 발생이 우려되므로 입체해석 등 상세검토를 실시하여 가로보의 배치 및 사교에 특성을 별도로 고려한 계획이 필요하다.

A1.9.12 코핑 폭원 검토

PSC 합성거더교에 있어서 거더길이 30~35 m의 일반적인 교량의 경우 받침 및 신축장치의 규모가 일정하므로 연속교의 경우 코핑의 폭원도 일정하게 계획할 수 있다. 그러나 설계자의 관점에 따라 교각 코핑 폭원이 달라지므로 설계 및 시공의 효율을 위한 일반적인 거더에 적용할 수 있는 최적의 코핑 폭을 소개하고자 한다. 코핑의 폭원을 검토하는데 필요한 받침의 규격 및 유지관리 시 필요한 잭의 규격을 <표 A1.9.10>과 <표 A1.9.11>에 각각 나타내었다.

<표 A1.9.10> PSC 합성거더교 받침의 규격

지간장	사용하중	받침 규격	
		일방향	양방향
30 m	1,350 kN	550 mm	500 mm
35 m	1,750 kN	550 mm	600 mm

<표 A1.9.11> 유지관리용 잭의 규격

지간장	인상하중	높이	직경	Stroke
30~35 m	2,200 kN	14.8 mm	220 mm	45 mm

※ 인상하중은 상시하중의 1.5배로 한다.

PSC 합성거더가 놓이는 교각 코핑 폭의 제원은 받침의 콘크리트블럭 및 유지관리용 잭의 위치와 받침 연단거리의 검토 후 결정된다. 유지관리용 잭을 콘크리트 블록 상단에 설치할 경우 교각부에서의 상세를 <그림 A1.9.9>에 나타내었다.

교각부에서 콘크리트 블록의 크기는 30~35 m PSC 합성거더교의 경우 <표 A1.9.12>에 나타낸 것과 같이 코핑폭원을 2.5 m로 할 경우 설계의 일관성과 표준화가 가능하다. 그러나 사교와 곡선 경우는 받침의 규격 및 신축이동이 직교와 상이하므로 검토 후 코핑폭원 결정이 필요하다.

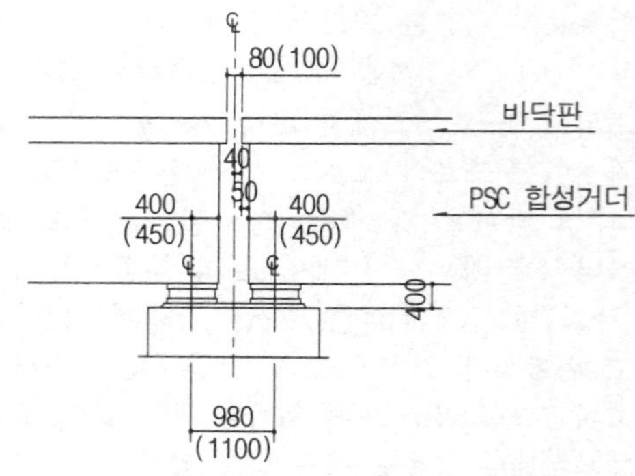

(a) 지점부 단면도

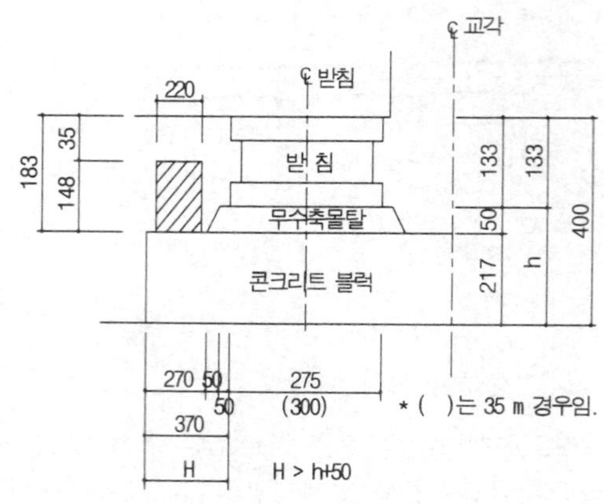

(b) 받침부 상세도

<그림 A1.9.9> 교각부에서의 받침상세

<표 A1.9.12> 교각 코핑 폭의 산정

구 분	받침간 거리	콘크리트 블럭폭	교각 코핑폭적용
30 m	980 mm	2,270 mm	2,500 mm
35 m	1,100 mm	2,440 mm	2,500 mm

※ 35 m PSC 합성거더의 콘크리트 블럭폭

(370+300) × 2 + 1,100 = 2,440 mm

A1.9.13 받침 선정

PSC 합성거더교의 경우 탄성받침 적용이 일반적이다. 이때 풍하중에 의한 상시의 검토와 내진시의 수평력과 변위검토를 통하여 받침의 규격을 선정해야 한다. 특히 방음벽이 있는 경우는 지진시 보다 풍하중이 클 경우 받침규격 및 배열의 방법에 대한 상세 검토가 필요하다. 이때 지진시의 하중이 상시 풍하중보다 작으므로 탄성받침에 설치된 온도에 대한 이동 가이드 쐐기가 부러지지 않으므로 내진 설계시 유의해야 한다.

탄성받침 시공 시 받침의 특성상 프리셋팅이 매우 어려우므로 설계시 기준온도(15℃)에 따라 시공시 온도 차이를 조사하고 받침의 설계 여유량을 확인 후 시공하도록 설계시 받침의 산정 및 도면 작성에 주의가 필요하다. 따라서 탄성받침의 경우 프리셋팅이 어려운 점을 감안하여 이동량이 큰 받침을 선정하므로 최근에는 공사비는 고가이나 프리셋팅이 가능한 장비나 탄성받침을 개발하는 시도가 많이 이루어지고 있다.

A1.10 파형강판 웨브교

A1.10.1 파형강판 웨브교의 정의

파형강판 웨브교(PSC Bridges with Corrugated Steel Web)는 PSC박스거더교의 콘크리트 웨브(Web)를 경량인 파형강판으로 대체한 교량이다. 콘크리트 상하 바닥판과 파형강판의 웨브를 조합시킨 복합구조로 강과 콘크리트의 장점을 조합한 PSC교의 새로운 구조형식이다.

A1.10.2 구조개념

파형강판 웨브교는 PSC박스거더교의 웨브를 파형강판으로 치환한 형태의 교량형식으로, 파형강판의 아코디언 효과로 인해 주형에 작용하는 축력과 휨모멘트는 콘크리트 상부 바닥판과 하부 플랜지만으로 저항하는 특징을 갖는다. 또한 주형에 작용하는 전단력은 모두 파형강판 웨브가 부담하는 것으로 고려하는 것이 일반적이다. 파형강판 웨브교의 가장 큰 장점은 기존 PSC 박스거더교에 비하여 웨브의 자중을 크게 감소시킬 수 있다는 것이다.

A1.10.3 특징

파형강판 웨브교의 특징을 정리하면 다음과 같다.

(1) 웨브에 사용하는 강판을 물결모양으로 제작함으로써 일반 판재에 비하여 높은 전단좌굴강도를 확보할 수 있으며 축력에 저항하지 않는 파형강판의 아코디언효과로 콘크리트 상·하 바닥판에 효율적으로 프리스트레스를 도입할 수 있다.

(2) 일반적으로 주형자중의 20~30%를 차지하는 웨브에 경량의 파형강판을 사용함으로서 주형자중을 크게 경감시킬 수 있다. 주형의 자중감소로 인하여 장지간화 뿐 아니라 건설비 절감도 가능하다. 또한 FCM 공법의 블록당 중량을 줄일 수 있으므로 가설 블록의 길이를 늘려 가설공기 단축도 가능하다.

(3) 파형강판은 공장에서 제작되므로 품질관리가 용이하고 이를 PSC박스거더교에 적용하는 경우 콘크리트 웨브가 필요 없으므로 철근조립 및 콘크리트 타설공정이 생략되어 시공성 향상, 품질 향상을 기대할 수 있다.

(4) 주형의 자중이 경감되므로 하부구조의 하중부담이 경감되고 관성력이 작아지므로 내진에 우수한 구조가 된다.

(5) 파형강판 웨브교의 단점으로는 강재부식을 방지하기 위한 유지관리비가 소요된다는 것이다.

A1.10.4 계획 시 고려사항

파형강판 웨브교의 설계는 일반적인 PSC박스거더교의 설계의 흐름을 따르며, 웨브(파형강판)의 설계를 별도로 고려한다. <그림 A1.10.1>에는 파형강판 웨브교의 설계 흐름을 나타내었다.

파형강판 웨브교의 웨브 설계에 있어서 주요 고려사항은 다음과 같다.

(1) 파형강판 웨브와 콘크리트 바닥판의 접합

콘크리트 상부 바닥판 및 하부 플랜지와 파형강판의 접합부는 가장 중요한 구성요소로 축방향 전단력을 확실하게 전달함과 동시에 직각방향으로 주형의 박스단면을 확실하게 구성하기에 충분한 내하력이 필요하게 된다. 따라서, 파형강판의 웨브와 콘크리트 사이의 접합부의 설계는 교축방향으로 작용하는 수평전단력과 교축직각방향으로 작용하는 휨모멘트에 대한 검토가 이루어져야 한다.

일반적으로 파형강판 웨브와 콘크리트 바닥판의

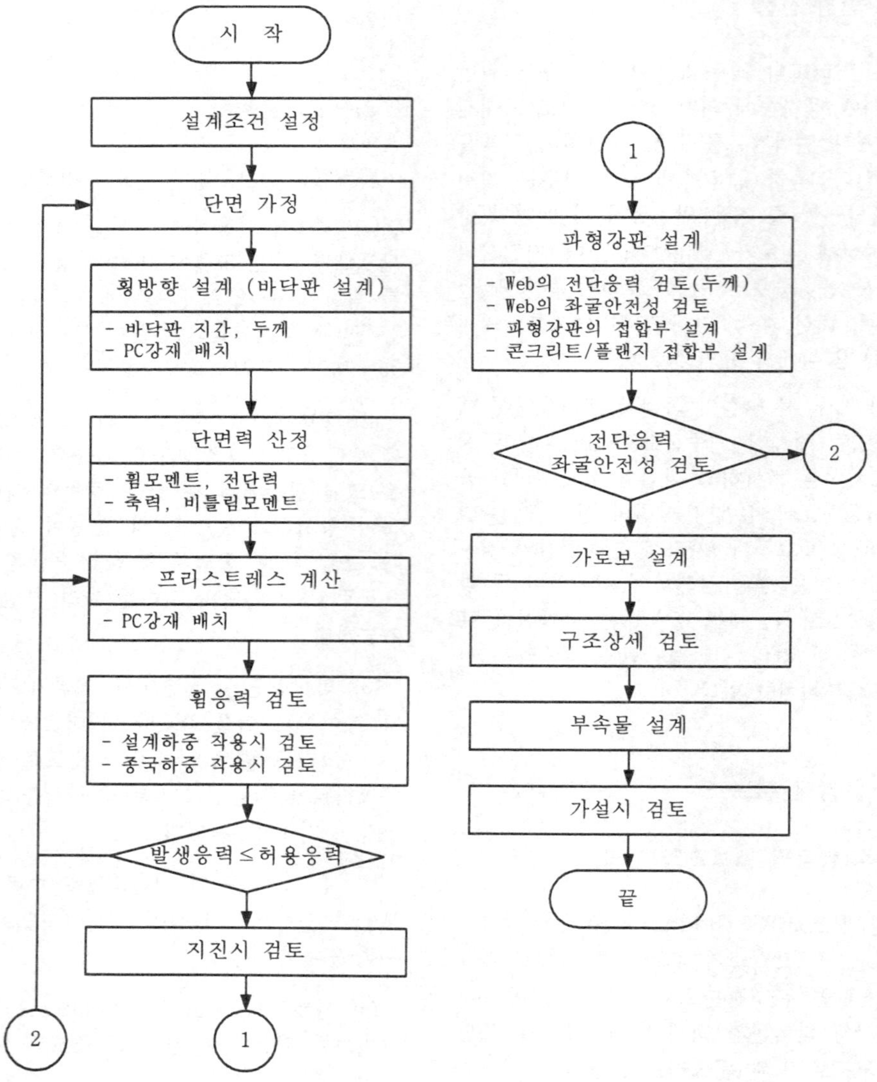

<그림 A1.10.1> 파형강판 웨브교의 설계 흐름도

접합 방법으로 <그림 A1.10.2>에 도시된 것들이 있으며, 각 접합방법에 적합한 설계방법을 따라 설계할 수 있다.

(2) 전단력에 대한 검토

파형강판 웨브교에서 바닥판이 부담하는 전단력의 비율이 파형강판에 비해 상대적으로 매우 작기 때문에, 전단력은 모두 파형강판이 부담하는 것으로 고려하는 것이 일반적이다. 또한, 전단력은 웨브에 균일하게 분포된다고 고려하여도 엄밀해와 차이가 거의 없다. 설계하중시 전단응력은 허용전단응력 이하가 되어야 하며, 극한하중에 대해서는 전단항복점 이하가 되도록 해야 한다.

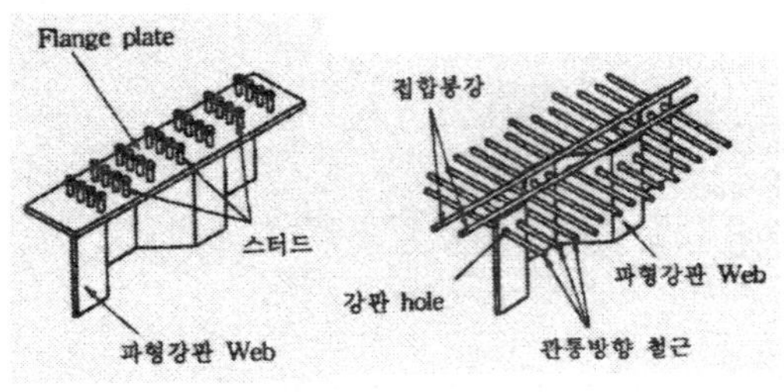

(a) 플랜지 방식　　(b) 매입 방식

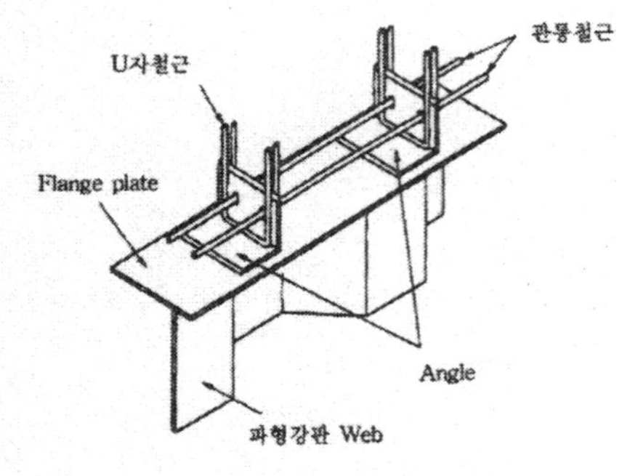

(c) 앵글스터드 방식

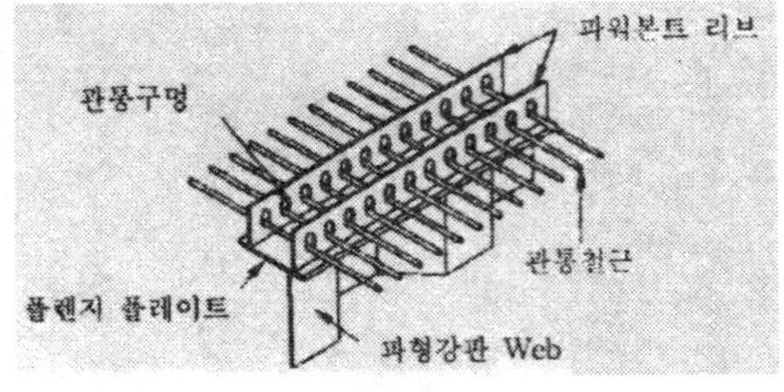

(d) Twin-PBL스터드 방식

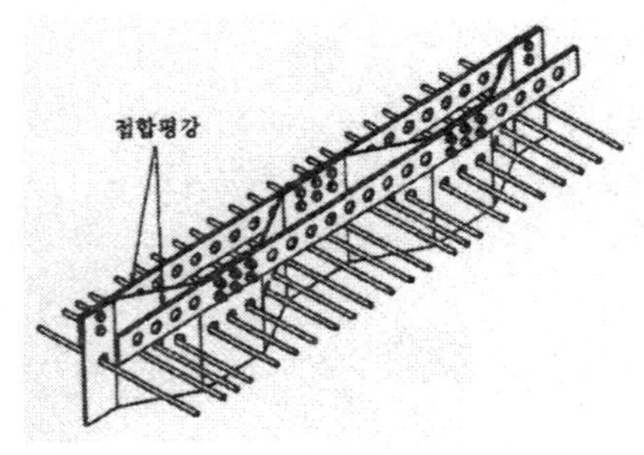

(e) 띠판 방식

<그림 A1.10.2> 파형강판과 바닥판의 접합 방식

(3) 전단좌굴 검토

파형강판은 형상으로 인하여 판재에 비하여 전단좌굴강도가 현저하게 증대된다. 파형강판 웨브의 전단좌굴 모드(Mode)에는 ① 파형강판을 꺾임부 사이에서 단순지지된 것으로 간주하는 국부좌굴 모드, ② 파형강판을 이방성판으로 간주하여 파형강판 전체가 좌굴되는 전체좌굴 모드와 ③전체좌굴과 국부좌굴이 복합적으로 발생하는 복합좌굴 모드의 세 가지 모드가 있다.

이 중에서 일반적으로 국부좌굴과 전체좌굴 모드에 대하여 경험적인 추정식 또는 유한요소해석을 통해 검토하며, 보다 엄격한 검토를 위해서는 유한요소해석을 통해 복합좌굴모드에 대한 검토가 필요할 수 있다.

(4) 비틀림 모멘트에 대한 설계

파형강판 웨브교는, ① 교축방향 강성이 콘크리트 바닥판에 비하여 무시할 수 있을 정도록 작고 ② 파형강판 웨브의 휨강성이 콘크리트 상·하 바닥판에 비하여 매우 작은 특징을 가지고 있기 때문에, 기존의 PSC박스거더교에서는 문제가 되지 않았던 단면형상의 영향이 크게 나타나게 되어 부가적인 순수휨 비틀림모멘트가 발생하는 특이한 거동이 나타난다. 따라서 단면변형을 억제하는 전단응력과 플랜지의 솟음응력을 줄이도록 해야 한다. <그림 A1.10.3>에는 비틀림모멘트에 대한 설계순서를 나타내었다.

(5) 지점부 웨브 설계

연속교 및 연속 라멘교의 지점부 근처에는 상대적으로 강성이 상당히 큰 콘크리트 구조에서 파형강판으로 단면이 급격하게 변하므로 그 영향을 최소한으로 줄일 수 있도록 하여야 한다. 또한, 형고가 높은 경우에는 앞에서 언급한 비틀림으로 인한 영향이 우려되므로 비틀림모멘트에 대한 저항 성능을 향상시키기 위해 배면 콘크리트를 타설하는 것도 고려할 수 있다.

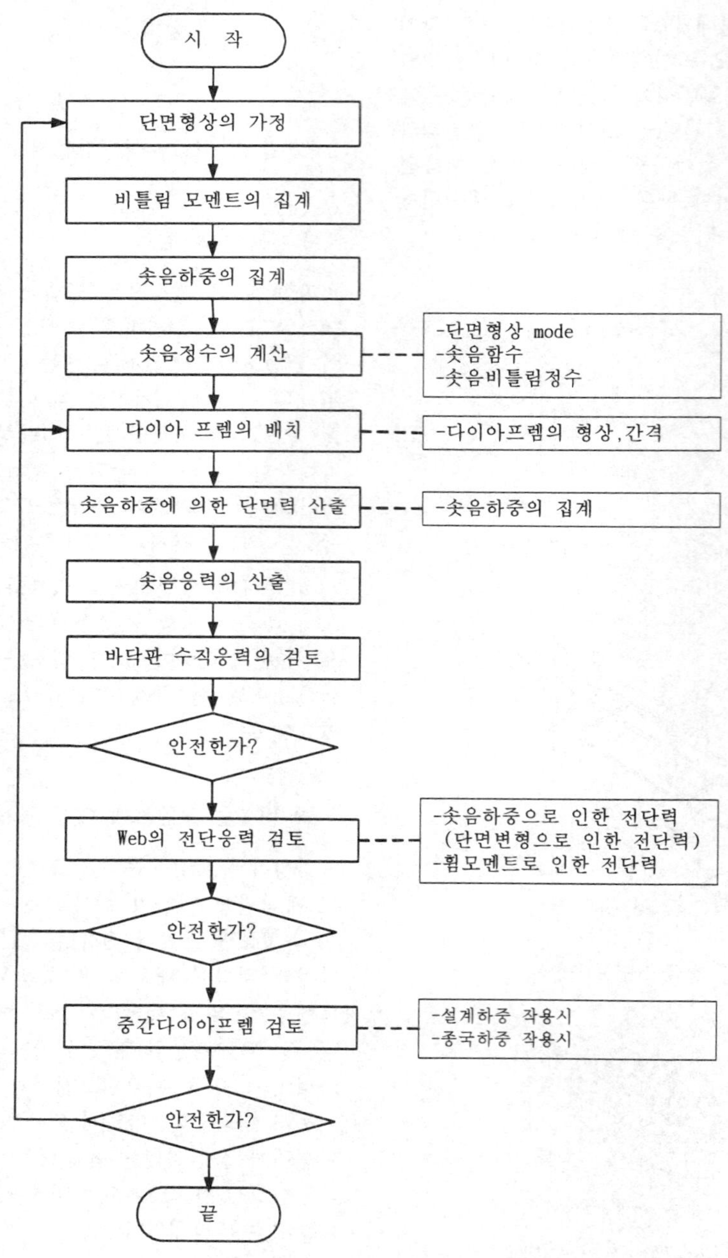

<그림 A1.10.3> 비틀림모멘트에 대한 설계 흐름

A1.9.5 국외 설계동향

파형강판 웨브교는 1980년대 중반 프랑스에서 처음으로 적용되었으며, 그 이후 일본에서 많은 사례를 찾아 볼 수 있다. 국내에서는 박스거더 형태의 파형강판 웨브교로 일선대교에 적용된 바가 있으며, 최근에는 PSC합성거더의 웨브를 파형강판으로 치환한 형태로 적용한 사례가 있다.

일반적인 박스거더 형태의 파형강판 웨브교의 시공 방법은 파형강판과 바닥판을 동시에 순차적 가설하는 FCM으로, 대표적인 예로는 3경간 연속교(65.35 + 102.5 + 65.35 = 235.5 m)로 가설된 일본 유랍뿌가와교(<그림 A1.10.4>)가 있다.

이와는 달리, FCM과 유사하지만 파형강판은 미리 가설을 완료한 상태에서 상부 바닥판과 하부 플랜지만을 순차적으로 가설하는 방법이 있다. 대표적인 예로는 5경간 연속교(57.5 m + 3@89.0 m + 57.5 m = 384 m)로 적용된 시가라키제7교(<그림 A1.10.5>)가 있다. 또한, <그림 A1.10.6>에 도시한 코이누마루카와교와 같이 유지관리를 용이하게 하고 시공을 표준화하기 위해 모든 긴장재를 External Tendon으로 적용한 예가 있으며, 내부와 외부 긴장재를 동시에 적용한 예도 있다.

<그림 A1.10.4> 유랍뿌가와교, 일본

<그림 A1.10.5> 시가라키교, 일본

<그림 A1.10.6> 코이누마루카와교, 일본

이와 더불어, 최근 주경간장을 보다 길게 늘이고 효율성을 향상시키기 위한 노력으로, 엑스트라도즈드교의 주형을 파형강판 웨브교 형식으로 적용하기도 한다. 그 대표적인 예로 주경간장이 170 m인 릿토교와 주경간장이 180 m인 히미교를 들 수 있다.

A1.11 장지간 PSC I형 거더

A1.11.1 개요

프리캐스트 PSC I형 거더를 이용한 PSC 합성거더교는 내구성, 경제성, 유지관리 편의성으로 인하여 세계적으로 널리 활용되는 교량형식이다. 과거에는 PSC 합성거더교는 지간장 40 m 이하에서 강교에 비하여 경제성이 우위에 있는 것으로 알려져 있으나, 최근에는 설계 및 재료기술의 발전으로 인하여 지간장 50 m 이상 장지간 PSC 합성거더교가 개발되어 시공되고 있는 실정이다.

PSC 합성거더교의 장지간화 기술개발에서는 고강도 콘크리트, 경량 콘크리트, 고강도 긴장재를 적용하거나 장지간화에 적합한 효율적인 단면의 개발이 진행되고 있다. 본 절에서는 국외에서 적용되고 있는 장지간 PSC I형 거더의 설계기술동향을 간략하게 소개하였다.

A1.11.2 AASHTO 거더

<그림 A1.11.1>에는 미국에서 널리 적용되고 있는 AASHTO 거더의 단면을 나타내었다. 1956년

첫 번째 AASHTO 거더의 표준단면이 개발된 이후로 총 6가지 표준단면이 개발되어 현재까지 교량설계에 활용되고 있다. <그림 A1.11.1(a)>에 도시한 I형 거더는 Type I, II, III, IV이 있으며, 국내에서 설계되고 있는 PSC I형 거더와 단면이 유사하다. 반면에 <그림 A1.11.1(b)>에 도시한 T형 거더는 장지간화를 위해서 상부플랜지 폭을 증가시킨 형태로 Type V와 Type VI가 있으며, 국내의 경우 1970년대부터 IBRD 및 ADB차관사업에서 적용한 PSC I형 거더의 표준단면형상과 유사하다.

AASHTO 거더는 프리스트레싱 도입방법이 프리텐셔닝이라는 특징이 있다. <표 A1.11.1>에는 AASHTO Type III, V, VI 거더의 단면제원과 최대 지간장을 나타내었다. 표에 나타낸 거더의 최대 지간장은 단경간 교량을 기준으로 HS25 하중(DB-24 하중과 유사함)과 콘크리트 압축강도 48 MPa을 적용한 결과이다.

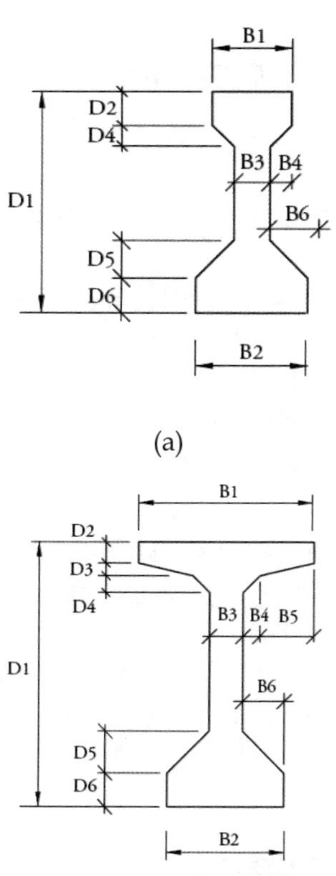

<그림 A1.11.1> AASHTO 거더 단면제원

<표 A1.11.1> AASHTO 거더의 최대 지간장

Type	D1 (mm)	B1 (mm)	B2 (mm)	최대 지간장 (m)
III	1,143	406	559	30.0
V	1,600	1,067	711	43.5
VI	1,828	1,067	711	50.1

A1.11.3 AASHTO/PCI 거더

<그림 A1.11.2>에 도시한 AASHTO/PCI Bulb Tee 거더(이하 PCI Bulb Tee 거더)는 T형 거더와 I형 거더의 장점만을 조합하여 개발된 거더이며, 미국 워싱톤주 DOT에서 1950년대 개발한 거더이다. Bulb Tee 거더는 높이가 1,372 mm ~ 1,828 mm 이며, 최대 지간장은 AASHTO 거더 Type V와 유사한 43.8 m이다.

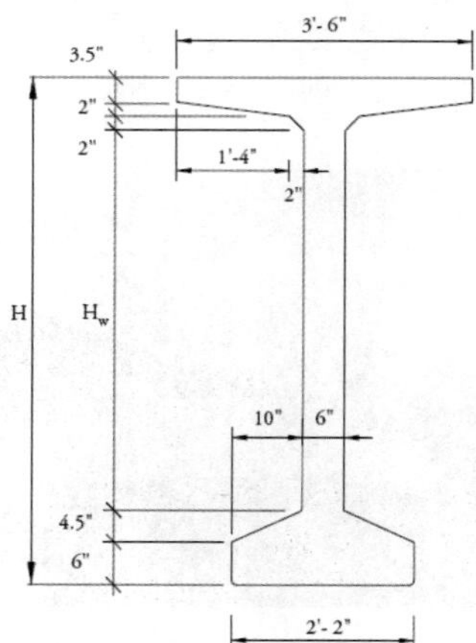

<그림 A1.11.2> AASHTO/PCI Bulb Tee 거더

A1.11.4 NU 거더

1992년 미국 네브라스카대학에서는 장지간 NU 거더(Nebraska University Girder)를 개발하였다. <그림 A1.11.3>에 나타낸 NU 거더는 AASHTO 거더와 비교할 때 하부플랜지폭을 증가시켜 Bulb

Tee 거더의 상부플랜지와 거의 유사한 단면형상을 갖는다. 그림에서 NU2000과 NU2000PT 거더의 단면(거더 높이 : 2,000 mm)을 나타낸 것으로 여기서 "PT"는 포스트텐션을 적용하기 위해 복부의 폭을 넓힌 단면을 의미한다. 이는 부모멘트가 작용할 경우 압축력에 보다 효과적으로 저항할 수 있는 효과가 있으며, 하부플랜지 단면적이 커져 많은 양의 긴장재를 배치할 수 있는 장점이 있다. 또한, NU 거더는 플랜지와 헌치부분을 곡선으로 처리하여 미관이 우수한 장점이 있으며, 이와 관련해서는 A1.11.5절에서 'Super 거더'와 비교하여 기술하였다.

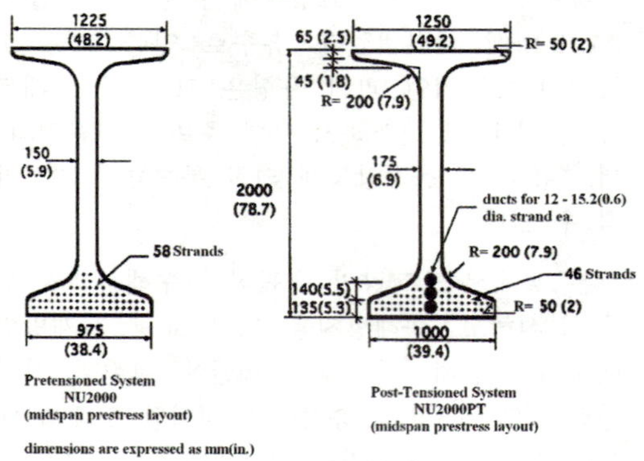

<그림 A1.11.3> NU2000과 NU2000PT 거더

NU 거더의 제작에는 압축강도 65 MPa급 고강도 콘크리트를 사용하며, 고강도 콘크리트의 사용으로 단위면적당 적용할 수 있는 압축력이 증가가 되어 일반적으로 사용되는 직경 12.7 mm 강연선 대신에 직경 15.2 mm 강연선을 적용할 수 있다. 강연선 직경의 20% 증가로 인하여 압축력은 40% 증가시킬 수 있는 장점이 있다.

NU 거더의 제작에서 또 다른 특징은 구속철근을 현장조립 이형철근이 아닌 WWF(Welded Wire Fabric) 철근을 적용하는 것이다. <그림 A1.11.4>에 도시된 WWF 철근은 이형철근과 비교하여 단가는 최대 2배 정도 고가이나, 현장조립에 필요한 인건비와 검사비용 그리고 작업시간 절감 등을 고려하면 경제적이며, 철근 조립 품질이 우수하여 거더 품질관리면에도 긍정적으로 작용한다.

<그림 A1.11.5>에는 공장에서 제작된 NU 거더를 트럭을 이용하여 현장으로 운반하는 모습을 도시하였다.

<그림 A1.11.4> WWF 철근 조립

<그림 A1.11.5> NU 거더(64 m)의 운반

NU 거더의 높이는 최소 750 mm에서 최대 2,800 mm 까지 제작이 가능하며, 가장 일반적으로 적용되는 거더의 높이는 1,800 mm와 2,000 mm이다. 거더 높이가 2,800 mm로 제작된 거더의 지간장은 단경간으로 가설 시 최대 64 m까지 적용한 실적이 있으며, NU 거더는 현재까지 네브라스카주에서만 40개소 이상 가설실적이 있다.

A1.11.4 Super 거더

미국 워싱톤주 DOT에서는 NU 거더와 유사한 단면형상을 갖는 장지간 'Super 거더'를 1998년에 개발하였다. <그림 A1.11.6>에서 비교한 것과 같이 Super 거더의 단면 형상은 NU 거더와 매우 유사하나, 차이점은 플랜지 모서리와 헌치 부분이 곡면이 아니라는 것이다.

거더 높이 2,400 mm로 제작된 Super 거더는 워싱톤주에서 단경간 교량(지간장 60 m)으로 시공된 실적이 있다.

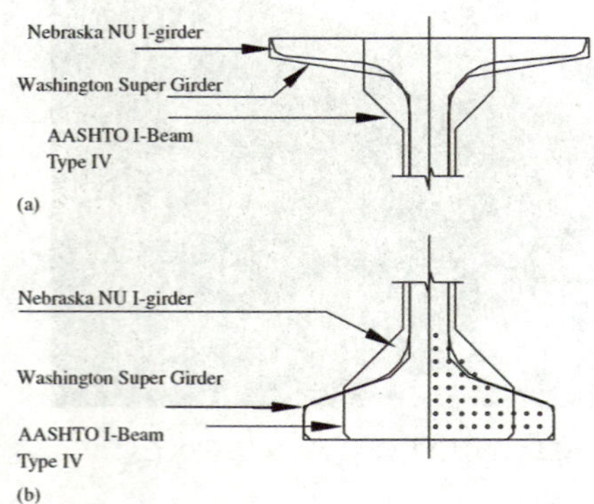

<그림 A1.11.6> 거더 단면형상의 비교

A1.11.5 장지간 거더 시공사례

<그림 A1.11.7>에 나타낸 캐나다 앨버타주 Bow River교는 상하행 분리 교량으로서 2002년에 가설되었다. Bow River 교량의 가설에 적용된 거더의 길이는 64 m로서 북아메리카에 건설된 가장 긴 프리캐스트 PSC I형 거더이다. 거더 높이가 2,800 mm인 2800 NU거더가 사용되었으며, 거더 하나의 무게는 130 tonf이다.

<그림 A1.11.7> Bow River교, 캐나다

A1.12 수해방지를 위한 교량 설계

A1.12.1 교량 홍수피해 사례

최근 이상 기후현상으로 인하여 집중호우, 돌발홍수가 급증하고 있으며, 이로 인한 도로 및 교량 파손 또는 유실 등 피해가 매년 증가하고 있는 실정이다. 소방방재청 재해연보에 따르면, 2000년 이후 태풍과 집중호우에 의해 발생하는 교량의 수해는 연간 약 20~30 건으로, 연간 피해액은 약 400~500 억원에 이른다. 특히 2002년과 2003년에는 태풍 '루사'와 '매미'의 영향으로 각각 136 개소와 92 개소 교량의 피해가 발생하였다.

홍수로 인한 주요 교량피해 유형과 원인을 <표 A1.12.1>에 나타내었다. 홍수로 인한 교량 피해 중에서 대표적인 피해 유형은 교각 및 교대부의 세굴, 설계 시 반영하지 못한 주변 수리환경의 변화, 홍수 시 유송잡물에 의한 통수능의 저하라고 할 수 있다.

본 절에서는 교량의 대표적인 수해사례와 원인을 분석하고, 수해방지를 위한 교량 설계방법에 대하여 기술하였다. 교량 세굴에 관련된 사항은 편람 제509.5.5절, 유송잡물에 대비한 설계에 대해서는 편람 제509.5.6절을 참고한다.

특히, 본 편람에서 기술된 내용은 다음과 같은 참고문헌의 내용을 간추려 정리한 것으로 자세한 사항은 원전을 참고하도록 한다.

- 홍수피해 방지를 위한 중소규모교량 설계지침, 행정자치부, 2002
- 풍수해 방재시설기준 제정에 관한 기초연구(Ⅰ), 국립방재연구소, 1999
- 풍수해 방재시설기준 제정에 관한 기초연구(Ⅱ), 국립방재연구소, 2000
- 중소하천 교량의 홍수시 구조안전에 관한 설계 및 유지관리 지침 작성 연구, 최종보고서, 행정자치부, 2000
- 홍수로 인한 교량 하부구조의 손상평가에 관한 기초 연구, 국립방재연구소, 2004

<표 A1.12.1> 홍수로 인한 교량 피해유형

유형	피해원인
1	세굴로 인한 교각의 침하 및 유실
2	유송잡물에 의한 통수능 저하
3	교장이 하폭보다 부족하여 통수능 저하
4	경간장 부족으로 통수능 저하
5	제방고보다 교량 교면이 낮은 경우
6	만곡 수충부에서의 교대부 및 제방유실
7	하천합류에 위치
8	상하류 수중보의 영향
9	토석류에 의한 피해
10	기타(접속도로 배수시설 미비 등)

(1) 세굴로 인한 피해 사례

<그림 A1.12.1>은 홍수 시 발생한 세굴로 인해 교각 기초부의 파일이 노출된 사례를 나타내고 있다. <그림 A1.12.2>는 세굴에 의해 교각이 전도되고 상부구조가 유실된 사례를 보여주고 있다.

세굴에 의한 피해는 소하천에 가설된 2등교 이하 소규모 교량에 많이 발생하였는데, 이는 소규모 교량의 하부구조는 파일을 시공하지 않는 직접기초 형식으로 시공되어 있는 데에 원인이 있다.

<그림 A1.12.1> 교각 세굴 피해사례

<그림 A1.12.2> 교각의 전도에 의한 교량붕괴 사례

세굴에 의한 교량피해와 함께 홍수 시 발생하는 대표적인 피해형태는 앞에서 기술한 바와 같이 통수능의 저하이다. 통수능의 저하는 설계시 예상하지 못한 수리환경의 변화와 유송잡물의 집적으로 인해 발생할 수 있다.

(2) 유송잡물로 인한 피해

<그림 A1.12.3>은 교각 사이의 간격이 충분하지 않아 유송잡물이 교량 측면에 과도하게 집적되어 교량의 통수능을 저하시킨 사례를 보여준다. 2003년에 발생한 태풍 '루사'와 '매미'로 인한 교량피해에서 유송잡물이 교량측면에 집적되어 교량이 교각이 유실되고 교량 상부구조가 전도된 사례가 많았다.

<그림 A1.12.3> 유송잡물에 의한 통수능의 저하 사례

(3) 통수능 저하로 인한 피해

교량의 경간장이 부족한 경우 집중호우시 통수능의 저하가 발생하여 급격한 수위의 상승을 초래하고 월류가 발생하여 상부구조를 전도시킬 수 있다. <그림 A1.12.4>와 <그림 A1.12.5>는 통수능의 저하로 인해 수위가 급격하게 높아짐에 따라 월류로 인한 피해 사례를 보여준다.

<그림 A1.12.4> 월류로 전도된 상부구조

(a) 교각 유실

(b) 난간 유실

<그림 A1.12.5> 홍수 피해 사례

(4) 토석류에 의한 피해

<그림 A1.12.6>에 도시한 바와 같이 토석류란 집중호우 등으로 인하여 산사면이 물로 포화되어 흘러내리는 현상으로서, 유송잡물 피해유형과 유사하다. <그림 A1.12.7>은 토석류로 인하여 암석이 슬래브교 측면에 집적된 상태를 도시하고 있다.

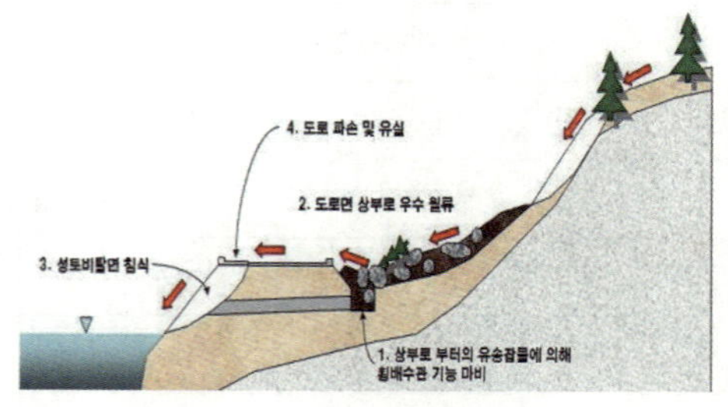

<그림 A1.12.6> 토석류 모사도

<그림 A1.12.7> 토석류 피해

A1.12.2 교량 홍수피해 발생원인

'교량수해예방을 위한 기본계획 수립 및 기본설계 용역 보고서'(건설교통부, 2004)에 따르면 하천에 건설된 기존 교량의 홍수피해 발생 원인을 <그림 A1.12.8>에 나타낸 바와 같이 근본적인 원인과 유도적인 원인으로 분류하고 있다. 이러한 홍수피해 발생 원인은 위치적인 조건, 주변 환경의 변화, 교량 기능부족으로 다시 구체화하여 구분할 수 있다. 교량의 홍수피해는 한 가지의 원인에 의해서 발생할 수도 있으나 여러 원인이 복합적으로 상호작용하는 경우 피해가 가중된다.

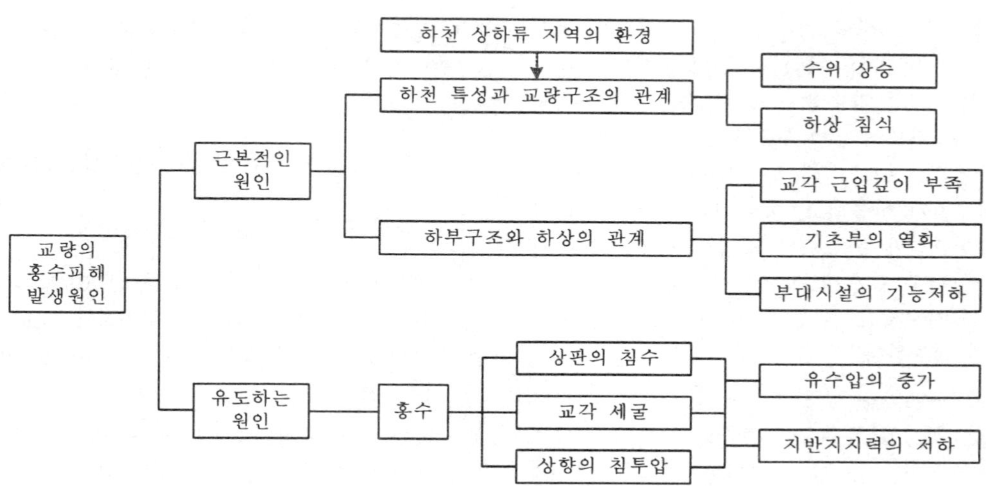

<그림 A1.12.8> 하천에 건설된 교량의 홍수피해 발생원인

교량 홍수피해의 원인들에 대해서 보다 구체적으로 기술하면 다음과 같다.

(1) 위치적인 요인

교량의 위치적 요인에 의한 피해원인은 교량이 횡단하는 하천의 수리적 특성과 교량 구조와의 부적합성에 관련되어 발생하는 것으로서 다음과 같은 경우에 피해가 발생하기 쉽다.

- 교량이 사행유로의 직하류부에 위치해 있는 경우
- 심한 만곡부가 있어 홍수 시 만곡으로 인하여 수충부를 형성하는 경우
- 산지하천 또는 하상경사가 급하여 유속이 빨라지는 경우
- 통수단면이 부족한 경우
- 하천합류점 근처의 횡단부에서 하천흐름이 급속히 변화되는 위치에 있는 경우
- 하상이 모래자갈인 교량의 경우

(2) 주변환경의 변화

주변환경의 변화는 교량 상하류 유역에서의 제반조건의 변화로 인해서 교량의 설계 시 고려했던 설계 조건이 변화되는 것을 말한다. 주변환경의 변화는 다음과 같은 경우에 발생할 수 있다.

- 상류부나 하류부에서의 골재채취
- 직상류부에 수중보 또는 기타시설물의 설치
- 상류부 저수지의 방류량의 변화
- 하천정비 및 정화사업의 추진

앞서 기술한 교량의 위치적인 요인, 주변환경의 변화, 교량의 기능부족과 같은 원인들을 교량 홍수피해의 잠재적인 원인이라고 한다면, 수해로 인한 교량붕괴의 직접적인 원인 중에서 가장 주요한 원인은 세굴이라고 할 수 있다. 편람 509.5에 상세하게 기술된 바와 같이 세굴은 유체 흐름에 의해 교량의 하부구조 주변의 하상재료가 유실되는 현상으로서, 공용중 장기간에 걸쳐 발생할 수도 있으나, 홍수 등으로 인하여 급격하게 발생할 수도 있다. 세굴은 하상침식과 함께 기초부를 노출시키고 기초의 근입깊이를 감소시켜 기초부의 지지력을 약화시킨다.

(3) 토석류와 유송잡물의 영향

다른 직접적인 원인으로 홍수 시 발생되는 토석

류, 유송잡물, 전석의 영향들을 들 수 있다. 전석은 하부구조 구체에 충돌하여 구체 콘크리트를 침식시켜 단면적의 감소와 구체 콘크리트 열화의 원인이 된다. 반면에 유송잡물과 토석류는 홍수 시 교각에 집적됨으로 인해 하천의 통수능이 감소하여 하천수위가 상승되고, 이로 인해 교량 및 하천제방을 월류하게 됨으로써 교대 뒷채움흙의 유실 및 교량난간부의 손상을 발생시키게 된다. 또한, 유속을 증가시켜 교각 및 교대부 기초의 세굴을 증가시키기도 한다.

교각에 유송잡물이 집적되면 교량의 통수능이 상실되고, 횡방향 유수압이 증가되어 교량의 전도와 상부구조 유실과 같은 피해를 발생시킨다. 이 경우 갑작스런 급류의 방출로 인해 하류부 지역의 피해를 증가시키게 된다.

<그림 A1.12.9>에는 수리학적 인자에 의한 교량 피해 원인을 도시하였다.

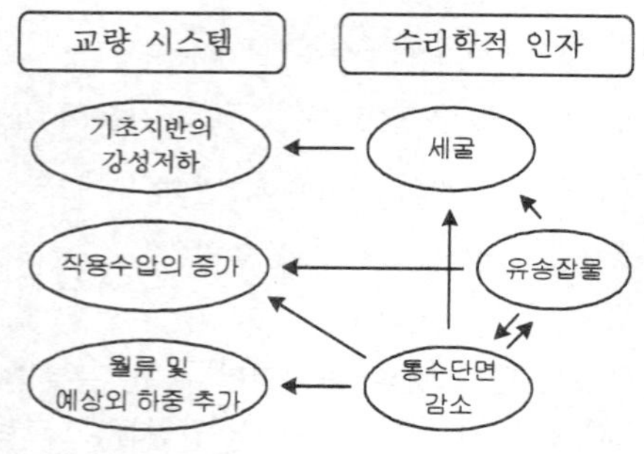

<그림 A1.12.9> 수리학적 인자에 의한 교량피해 원인

A1.12.3 설계 시 고려사항

교량의 홍수피해를 방지하기 위해서는 교량 기본계획 단계에서부터 위치적인 조건 및 주변환경 변화를 충분히 고려하여 교량의 위치 및 형식 선정에 반영해야 하며, 교량의 설계단계에서도 수리학적인 측면을 고려하여 필요 시 적극적인 방호책을 마련하는 것이 필요하다. 본 절에서는 교량의 위치 및 형식의 선정에 있어서 홍수피해를 방지하기 위한 고려사항, 교량의 위치적 조건에 따른 설계기준 적용방안과, 설계단계에서 고려해야 하는 수리학적인 고려사항에 대해 기술하였다.

A1.12.3.1 교량의 위치 및 형식 선정 시 고려사항

(1) 교량의 위치 선정 시 고려사항

- 하상이 안정되어 있는 곳을 선정하여야 하며, 하천의 만곡부에 교각을 설치하는 것은 교량 안전상 좋지 않으므로 될 수 있으면 피하는 것이 좋다.
- 하폭이 좁은 장소를 택하면 공사비는 적게 소요되나, 하천을 협소하게 하므로 치수상 영향이 없는 지 검토해야 한다.
- 사각이 큰 사교는 피하는 것이 좋다.
- 하천의 합류지점은 유수의 와류현상으로 인해 세굴이 발생하기 쉽다.
- 만곡부 수위 상승을 고려하여 홍수위를 산정하고 도로 지반고를 높게한다.

(2) 교량 형식 선정 시 고려사항

① 교대

만곡부에 위치한 교량의 교대는 수충부(<그림 A1.12.10> 참조)에서 뒷채움흙의 유실을 방지하기 위하여 교대에 접속부 옹벽을 설치하도록 한다.

② 교각

하천을 횡단하는 교량의 교각은 유수에 대한 저항성이 작은 단면형식을 선정하고, 통수단면에 심각한 영향을 미치는 교각형식은 피하는 것이 좋다.

③ 기초

교량 하부구조의 기초형식은 기초지반의 지질조건, 수심, 유속 및 세굴의 영향을 고려하여 선정하여야 한다.

④ 상부구조

- 하천을 횡단하는 교량에서는 하부구조의 형식이 매우 중요한 만큼 하천상황에 적절한 하부구조 및 경간 설정의 충분한 고려를 통하여 상부구조형식을 선정하는 것이 바람직하다.

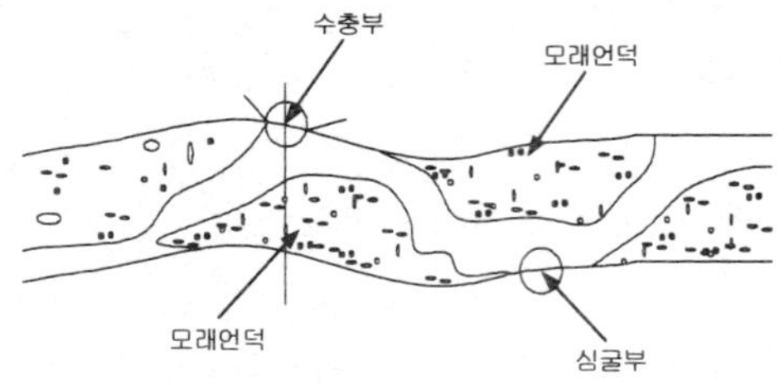

(a) 직선하도에서의 수충부

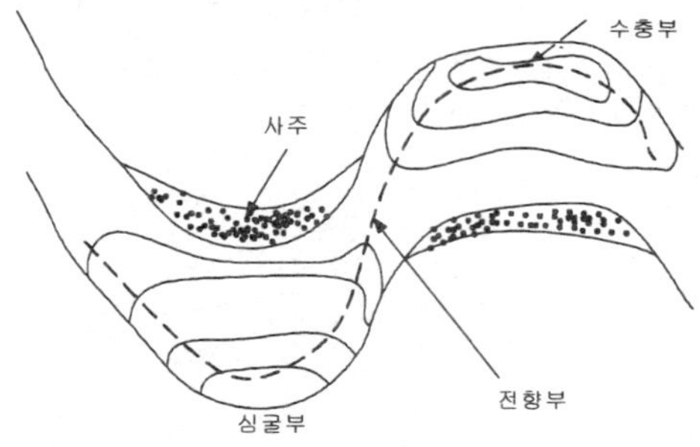

(b) 급사행하도의 수충부

(c) 완만곡하도의 수충부

<그림 A1.12.10> 하도의 수충부

- 교장을 결정할 때에는 홍수 시 유수에 지장이 없고 유수에 의해 교대가 피해를 받지 않도록 해야 한다.
- 하천에 가설하는 교량의 교장은 하폭에 의해 정해지나 하천개수계획은 물론 장래 하천부지 계획 등에도 적합하도록 교량길이를 결정하여야 한다.
- 하천계획 하폭보다 실제 하천의 하폭이 큰 경우에는 하천의 홍수방재 및 교량의 안전성을 위하여 실제 하천의 하폭에 따라 교장을 결정하도록 한다.

(3) 경간 분할

- 교량의 경간분할을 계획할 때에는 하천의 최대 수심부에 교각이 설치되지 않도록 하며, 경간은 최소 3개 이상으로 하여 하천의 중앙부에 교각이 설치되지 않도록 하는 것이 바람직하다.
- 소하천을 횡단하는 소규모 교량의 경우 가능한 한 교각이 없는 1경간 교량으로 설치하도록 하는 것이 바람직하다.

(4) 다리밑 공간

- 교량의 계획고는 설계홍수위 또는 흔적조사를 토대로 파악된 홍수위 흔적을 비교하여 큰 값에 다리밑 공간을 더한 높이 이상으로 한다.
- 홍수 시 유송잡물의 집적이 예상되는 경우에는 유송잡물의 집적에 따른 통수능 확보를 위한 다리밑 공간을 충분히 확보해야 한다.

(5) 사교

하천상에 사교를 계획하는 경우, 홍수에 대하여 다음과 같은 사항을 고려해야 한다.

- 중력식, 벽식 및 I형 교각과 같이 교축의 횡방향으로 길이가 긴 교각은 유수의 방향과 일치하도록 설치하는 것을 원칙으로 한다.
- 현장여건상 위 사항을 따르기 어려운 경우 유수의 유입각에 따라 교각에 미치는 유수압 및 세굴증가에 대한 영향을 설계에 고려해야 한다.
- 만곡부에 설치되는 교량의 교각은 T형 교각을 선정하는 것이 바람직하다. 부득이 중력식, 벽식 및 I형과 같은 교각을 선정한 때에는 사교와 같이 홍수시 예상되는 유수의 유입각에 대한 영향을 고려해야 하며, 만곡부 외측에 설치되는 교대 및 옹벽은 홍수시 작용되는 수압 및 세굴의 영향을 충분히 고려해야 한다.

A1.12.3.2 교량의 위치적 조건별 설계기준 적용방안

(1) 사행유하 특성을 갖는 하천에 위치하거나 산지구간에 위치한 교량의 경우

- 수충부에 위치한 교대의 안전성 검토

- 교대 뒤채움흙의 유실을 방지하기 위한 양안 접속 날개벽(옹벽) 설치
- 세굴 및 침식작용에 대한 검토
- 하상세굴이 발생되는 교각기초의 안전 설계
- 하류부 낙차보 및 하상보호공 등 세굴방지대책 마련
- 유송잡물에 의한 유수압을 적용한 검토

(2) 하천의 합류부에 위치한 교량의 경우

- 가능한 합류부에는 교량 등 구조물 설치 최소화
- 합류부의 지형에 대한 검토를 통해 수격발생 지역의 예측
- 교대 뒷채움흙의 방호를 위한 옹벽 설계
- 교대 및 교각의 세굴 검토

(3) 하상이 모래자갈인 교량의 경우

- 하천중앙부의 교각설치 지양
- 교각 기초를 말뚝기초로 선정하는 등 하상토질에 적합한 기초형식 선정
- 하상에 돌망태 등과 같은 세굴방지공 설치

(4) 상류부유물로 인한 통수단면부족이 예상되는 경우

- 세굴검토를 통한 교각기초의 안전설계
- 교대 날개벽 설치
- 유송잡물의 영향에 대한 세굴 및 유수압
- 부력 및 월류에 의한 상판 유실 가능성 검토
- 직접기초 형식을 띤 교량의 경우, 전도 위험성 검토

(5) 직상류부에 수중보가 설치되어 있는 교량

- 교량의 직상류부에 하상유지공이 설치된 경우에는 하상유지공을 철거하는 방안을 검토해야 한다.
- 농업용수 등의 이유로 철거가 어려운 경우에는 수중보의 하류부 영향을 최소화 할 수 있는 세굴방지공 등의 대책을 마련해야 한다.

(6) 하도변화가 발생된 교량

- 도시의 시가지화, 상류측 저수지의 건설, 하천정비 등에 의해 발생되는 하도의 변화(<그림 A1.12.11> 참조)가 예상되는 경우, 하상침식 및 국부세굴 등의 피해가 예상되므로 세굴검토가 필요하며, 필요시 세굴방호공을 설치하도록 한다.

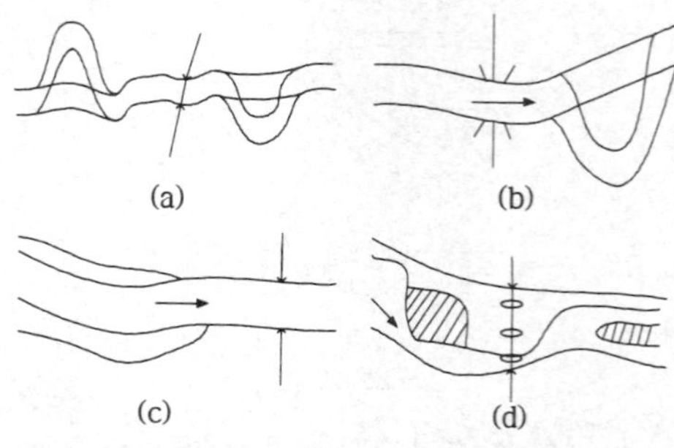

<그림 A1.12.11> 교량에 영향을 주기 쉬운 하도의 변화

A1.12.3.3 수리학적 고려사항

(1) 교량 통수단면

교량 통수단면의 개도부가 너무 작으면 유속이 증가하고 증가된 유속이 하상의 토사를 제거함으로써 교량의 하부구조 구체나 기초를 침식할 수 있으므로, 교량의 통수단면을 결정하는 설계과정에서 다음의 사항을 포함해야 한다.

① 주수로와 홍수터의 기존 조건에서 홍수 흐름 형태에 대한 평가

② 설계 목적에 부합되는 계획노선과 교량 길이, 도로 종단면의 조합에 대한 평가

- 교량에 의한 홍수 수면 표고의 증가
- 주수로와 홍수터에서의 홍수흐름형태와 유속의 변화
- 교량에 영향을 주는 수리학적 제어지점이나 장기간 흐름 안정성
- 유빙이나 유송잡물이 허용될 수 있는 다리 밑 공간
- 교량기초, 하상, 제방 등의 보호 필요성

(2) 유수의 월류에 의한 압력흐름

개도부의 잠김이 발생할 경우 자유수면 흐름일 때와 비해 세굴이 더 발생하게 되므로 주의를 요하며, 필요하다면 수리모형실험을 실시하고 원활한 흐름과 세굴 감소를 위해서 교량 상판 입구 주위의 곡면화(Rounding)나 모따기(Chamfer) 처리를 고려하는 것이 바람직하다.

(3) 유송잡물의 영향

유송잡물이 교량 개도부를 막거나 교각에 걸리면 통수단면적이 줄어들고 교각폭을 증가시켜 유속이 증가하여 국부세굴이 증가한다. 또한, 유송잡물이 넓은 범위에 걸쳐 집적되면 유속에 의한 수평하중을 교각이 전부 받게 되어 교각 하부에 큰 전단력과 휨 모멘트가 작용하게 된다.

따라서 유송잡물에 의한 교량의 피해를 방지하기 위해 교장, 경간장 및 다리밑 공간의 확보를 통해 충분한 통수단면을 확보할 수 있도록 해야한다. 또한, 유송잡물의 집적에 대비하여 편람 509.5에서 기술한 바와 같이 유송잡물에 의한 유수압을 고려하여 설계에 반영해야 한다.

(4) 교각의 세굴

교량 설계 시 사전에 설계홍수량에 의한 세굴심을 예측하여 세굴에 안전할 수 있도록 교량을 설계해야 한다.

교량 세굴평가 및 세굴방호공에 대해서는 편람 509.5에 기술하였으며, 편람 509.5에서 다룬 세굴 방호공 이외에 <표 A1.12.2>와 같이 세굴 유발인자의 능력감소에 의한 방호공법을 추가적으로 고려할 수도 있다.

<표 A1.12.2> 세굴 방호공의 종류 및 특징

구분	개요	개요도	특징/장점
원환에 의한 방법	스테인리스 강철판으로 만든 원환을 하상 저면에 설치	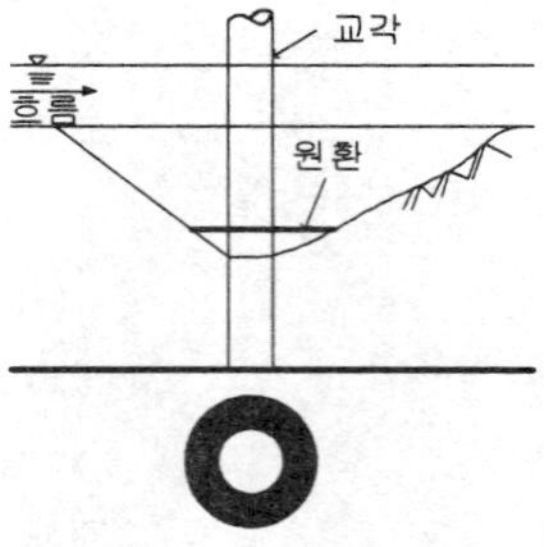	타공법에 비해 시공성이 양호하며, 유지관리가 불필요함. 설치에 따른 수리학적 및 구조학적 문제가 없음.
동공에 의한 방법	교각 구체에 적당한 폭을 가진 직사각형 구멍을 뚫어 교각에서의 세굴을 감소시켜 하강류를 전환 또는 감소시킴	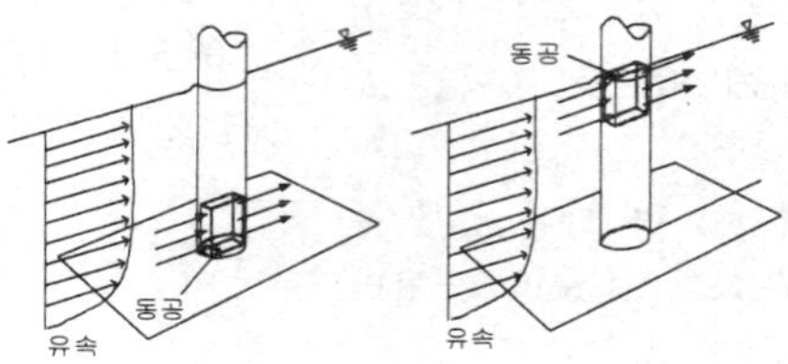	원환과 같이 사용하면 국부세굴 방지효과가 큼.
기초를 이용하는 방법	교각전면을 따라 발생하는 바닥물질에 직접 작용하는 하강류와 말굽형와류를 방지	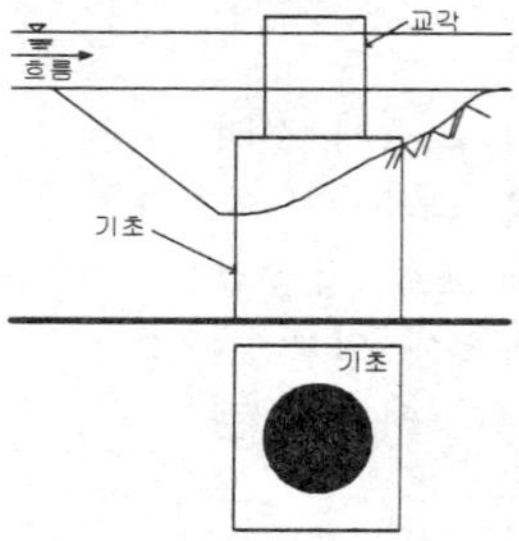	하상저하가 발생하지 않는 곳에서는 세굴 감소효과가 큼.
희생 말뚝	교각 상류에 말뚝을 설치하여 교각에 접근하는 흐름을 분산시켜 침식을 일으키는 와류운동을 약화	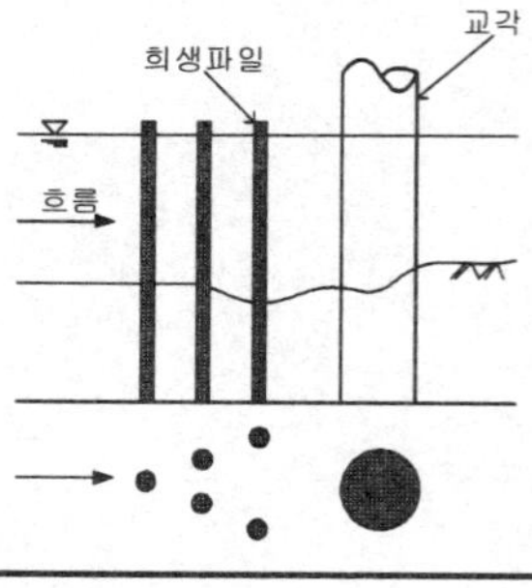	상류말뚝의 폭과 말뚝수, 배치, 교각과의 거리 및 배열각도가 세굴감소효과에 영향을 줌.

부록 A2

교량 건설 신기술

일러두기 : 국토해양부 지정 신기술(보호기간 이내) 중에서 교량설계와 관련된 기술을 소개하기 위하여 신기술 지정신청서를 근거로 요약한 것이며, 해당 신기술 지정신청서 전문은 한국건설교통기술평가원 홈페이지(www.kictep.re.kr)에서 열람이 가능함.

A2.1 다단계 긴장구조를 가지는 하부플랜지 매립형 합성거더의 제작기술

A2.1.1 기술의 개요

MSP 합성거더는 프리스트레스트 합성빔에 제작에 있어 프리플렉션과 릴리스 공정이 생략된 기술이다. 이 공법은 미리 압축응력이 도입된 프리캐스트 콘크리트 블록에 I-형강을 합성시킨 뒤 시간경과에 따라 콘크리트에 작용하는 크리프 및 건조수축에 의한 콘크리트의 응력손실을 유도한 후 이를 충분히 보상할 수 있는 압축응력을 2차로 도입하는 것으로 그 결과 하부플랜지 콘크리트에는 압축응력이 상존되어 있어 균열을 억제할 수 있다. 또한 강거더와 콘크리트가 일체화된 거더의 하부플랜지 콘크리트는 종래의 PSC 합성거더과 동등한 성능을 갖게 된다.

이때 2차 응력도입 시점은 거더의 가설시점에 따라 달리 시행하게 되며(합성후 1개월~1년 이상) 그로 인하여 콘크리트 강도발현이 충분히 이루어진 상태에서 각 거더에 대해 합성 후부터 가설 시점까지 시간경과에 따라 발생한 크리프 및 건조수축에 의한 응력손실을 충분히 보상할 수 있는 압축응력을 도입함으로써 구조적으로 안정된 거더를 제작할 수 있다. 앞서 기술한 바와 같이 프리플렉션 및 릴리스 공정이 생략되어 제작공정이 단순하고 제한된 공기내에 대량생산이 가능하여 보다 경제적이고 내구성이 큰 교량의 설계 및 시공이 가능하다.

MSP 합성거더의 제작순서는 <그림 A2.1.1>에 나타낸 것과 같다.

A2.1.2 구성 및 내용

A2.1.2.1 사용재료

(1) 콘크리트

- 프리캐스트 블럭 : $f_{ck} \geq 40$ MPa
- 복부, 가로보, 바닥판 : $f_{ck} \geq 27$ MPa

(2) 강재

- 주부재 : SM490B, SM520B, SM520C
- 부부재 : SS400

(3) PC STRAND 강재

- SWPC 7B - 7연선, ∅15.2 mm

(4) 기타부재 : 도로교표준시방서에 의한다.

A2.1.2.2 설계방법

(1) MSP 거더 : 허용응력설계법

(2) 상부 슬래브

- 내부 슬래브 : 경험적 또는 강도설계법
- 캔틸레버부 : 강도설계법

A2.1.2.3 설계절차

(a) 프리캐스트 콘크리트 패널의 제작

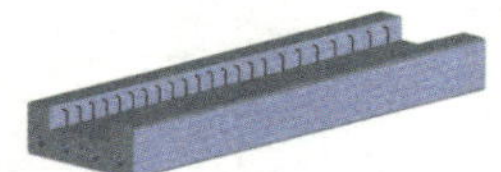

(b) 1차 프리스트레스 도입

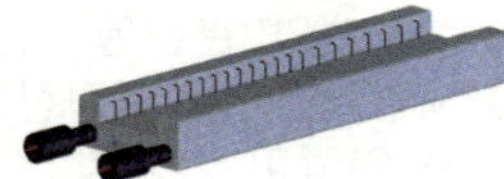

(c) I-GIRDER와의 합성

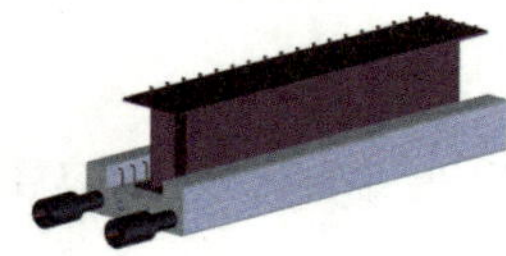

(d) 1차 추가 프리스트레스 도입

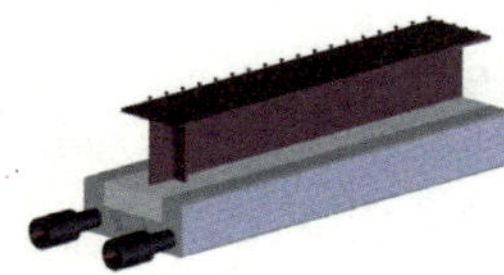

(e) 2차 프리스트레스 도입 (가설 직전)

(f) 현장 설치 후 바닥판 콘크리트 타설

<그림 A2.1.1> MSP 합성거더 제작순서

(1) 설계조건 검토

(2) 단면가정

(3) 바닥판 설계

(4) 구조해석(격자해석): 단면력 산정

(5) 주거더 검토

- 긴장력 도입에 따른 MSP 거더 검토
- 합성 후 거더 및 처짐 검토
- 주거더 상세설계

A2.1.3 특성 및 활용방안

A2.1.3.1 특성

이 공법을 PSC 합성거더와 비교했을 때 다음과 같은 특징이 있다.

(1) 프리캐스트 콘크리트를 사용하므로 건조수축에 의한 응력손실이 감소되고 도입 프리스트레스량도 줄일 수 있다.

(2) 강거더의 프리플렉션 작업이 생략되므로 강거더에 불필요한 응력이 잔존되지 않아 강거더의 단면적을 절감시켜 강재를 효율적으로 사용할 수 있다.

(3) 시공단계에 따른 응력손실을 예측하고 이를 효과적으로 보상함으로써 콘크리트의 균열을 제어할 수 있다.

(4) 제작공정이 단순하여 공기절감 및 노동생산성을 향상 시킬 수 있다.

(5) 응력도입 작업에 있어 사용되는 특수한 장비가 불필요하며 작업이 단순하여 자동화가 가능하고 고소작업에 대한 위험 부담이 없다.

A2.1.3.2 활용방안

MSP 합성거더는 제작공정이 단순하고 거더 제작에 있어 공기를 절감할 수 있어 경제적이며, 긴급을 요하는 공사나 제작장 부지가 협소한 현장에서 효과적으로 시공할 수 있다.

또한 거더높이가 낮아 지간길이 10~50 m까지의 중·장대 교량에 광범위하게 적용될 수 있으며 다음과 같은 경우 MSP 합성거더를 효과적으로 적용할 수 있다.

- 도로의 건축한계를 받는 입체교차로나 지하철공사, 육교 등 형하공간 확보가 필요한 교량
- 하천 개수에 따른 교량의 개체공사에서 H.W.L에 의해 거더고에 제한을 받는 교량
- 하천의 통수단면 부족으로 장지간의 거더가 필요한 교량

- 교량의 확장공사 구간
- 주형의 높이에 제한이 있는 경우(보통 H/L = 1/25~1/30, 최대 1/35)
- 미적효과, 소음 및 진동 등이 엄격이 제한되는 도심지 공사

A2.2 단부의 측면에 설치된 정착장치와 연속 텐던을 이용한 PSC-I형 거더 합성형교의 연속화 공법, IPC 거더 연속교 공법

A2.2.1 기술의 개요

IPC 거더 연속교 공법의 핵심은 PSC 합성거더 단부 측면에 설치한 노출된 정착 장치이다. 거더 측면의 정착장치에서 연속 텐던을 긴장함으로써 거더 단부 면에서 연속 텐던을 긴장하는 기존 방법의 문제점, 즉 긴장작업에 필요한 공간 때문에 발생되는 시공 제약의 문제를 해결하면서도, 연속 텐던을 사용하는 방법이 갖는 장점들, 즉 연속부의 횡균열을 효과적으로 억제하고 다단계 긴장에 의한 구조적 효율성을 취할 수 있다. 또한, 시공완료 후에도 긴장작업에 제약이 없기 때문에 비부착 텐던을 부착 연속 텐던과 함께 배치하여 향후 보수보강에 사용할 수 있도록 하였다.

IPC 거더 연속교의 시공순서는 <그림 A2.2.1>과 같다.

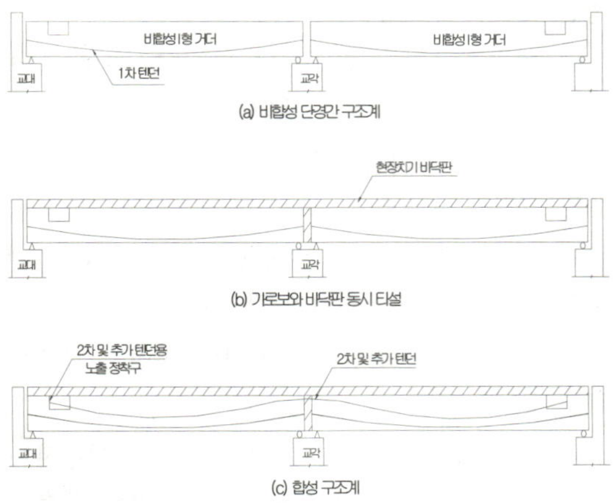

<그림 A2.2.1> 시공단계에 따른 구조계 변화

A2.2.2 기술의 구성 및 내용

(1) 경간장 및 재료의 구성

IPC거더 연속교의 형고는 0.9~2.6 m로 경간장 20~50 m에 적용이 가능하며, 사용재료의 구성은 <표 A2.2.1>에 나타내었다.

<표 A2.2.1> 사용재료의 구성

거더	콘크리트 : f_{ck} = 40 MPa 철　근 : f_y = 300 MPa (SD 300) P.S텐던 : SWPC7BΦ15.2 mm
슬래브	콘크리트 : f_{ck} = 40 MPa 철　근 : f_y = 400 MPa (SD 400)

(2) 연속지점부의 구성

IPC 거더 연속교의 연속 텐던 배치 및 연속 지점부 상세는 <그림 A2.2.2>와 같다.

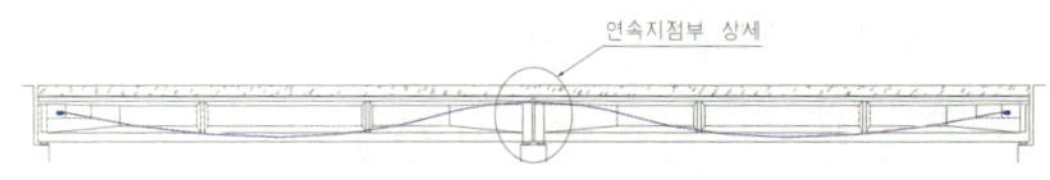

(a) 연속텐던 배치

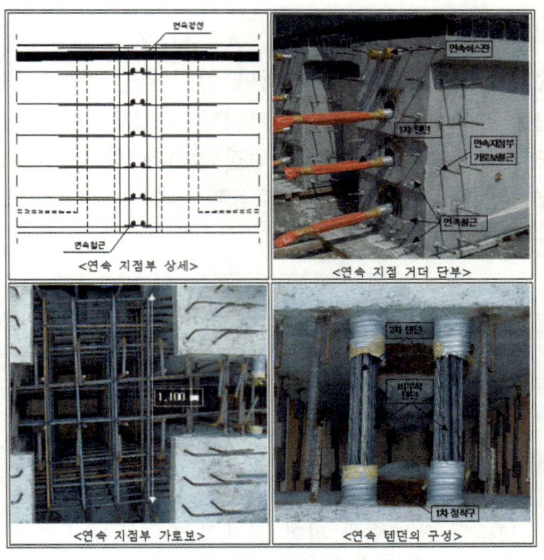

(b) 연속부지점부 상세

<그림 A2.2.2> 연속텐던 배치 및 연속지점부 상세

(3) 설계 절차 및 방법

합성거더의 설계는 각 경간의 중앙부, 연속부 거더단부 및 연속부의 응력을 검토하여 설계한다 (<그림 A2.2.3> 참조). 각 지점의 응력 설계 식은 다음과 같다.

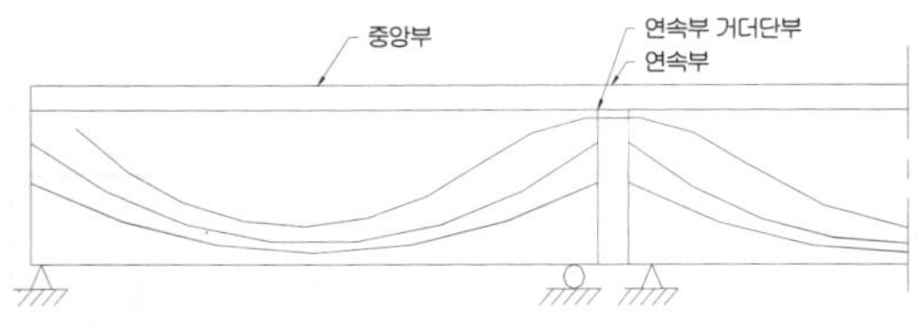

<그림 A2.2.3> 응력 검토 단면

중앙부의 응력 설계

$$f_c = \frac{P_1}{A_g} \pm \frac{M_{p1}}{Z_g} \mp \frac{M_{d1}}{Z_g} \mp \frac{M_{d2}}{Z_g} + \left[\frac{P_2}{A_c} \pm \frac{M_{p2}}{Z_c} \mp \frac{M_{d3}}{Z_c} \mp \frac{M_l}{Z_c}\right]$$

- 연속부의 응력 설계

$$f_j = \left[\frac{P_2}{A_j} \pm \frac{M_{p2}}{Z_j} \mp \frac{M_{d3}}{Z_j} \mp \frac{M_l}{Z_j}\right]$$

- 연속부 거더단부의 응력검토

$$f_e = \frac{P_1}{A_e} \pm \frac{M_{p1}}{Z_e} \mp \frac{M_{d1}}{Z_e} \mp \frac{M_{d2}}{Z_{ce}} + \left[\frac{P_2}{A_{ce}} \pm \frac{M_{p2}}{Z_{ce}} \mp \frac{M_{d3}}{Z_{ce}} \mp \frac{M_l}{Z_{ce}}\right]$$

여기서, A_g, A_c, A_j, A_e, A_{ce} 및 Z_g, Z_c, Z_j, Z_e, Z_{ce}는 각각 중앙부의 거더와 합성단면, 연속부 단면, 연속부 거더단부의 거더와 합성단면에 대한 단면적과 단면계수이다. 긴장력(P)과 휨모멘트(M)는 하중의 종류에 따라 다음과 같이 아래 첨자로 나타내었다.

P_{i1} : 1차 초기 긴장력
M_{d1} : 거더 자중에 의한 모멘트
M_{slab} : 슬래브 자중에 의한 모멘트
M'_{slab} : 가설하중에 의한 모멘트
P_{i2} : 2차 초기 긴장력(즉시 손실고려)
R : 긴장력의 장기 손실에 대한 유효율
M_{d3} : 2차 고정하중에 의한 모멘트
$M_{(l+i)}$: 활하중에 의한 모멘트(충격포함)
$P_{e1,2}$: 1, 2차 유효 긴장력(장기 손실고려)

3경간교의 경우에는 2경간교와 계산방법은 같으나, 가운데 거더 중앙부의 응력검토가 추가된다.

A2.2.3 기술의 효과

IPC거더 연속교는 기존 PSC 합성거더교의 한계였던 최대지간 35 m의 한계를 넘은 교량으로 시공이 용이 할 뿐 아니라 우수한 경제성과 낮은 형고로 인해 폭 넓게 활용될 수 있는 공법이다.

본 공법은 교량 지간에 따라 비교 대상 공법이 다르므로 이에 따른 활용 전망이 다르다. 또한, 유지관리에 환경적, 지역적 제약이 있는 경우에도 본 공법 활용이 가능하다.

A2.2.4 적용 분야

(1) 형하 여유고 확보에 제약을 받는 경간장 35 m 미만의 연속교

⇒ 기존 PSC I형 거더 보다 형고가 700 mm 작아 형하 여유고 확보에 유리

(2) 도로 종단선형 고려시 성토고를 낮출 수 있는 경간장 35 m 미만의 연속교

⇒ 기존 PSC I형 거더 보다 형고가 낮아 도로 종단 높이를 낮추는데 유리

(3) 경간장 35~50 m의 연속교

⇒ 기존 PSC I형 거더 적용이 불가능했던 중장경간에도 적용 가능

⇒ 경제성이 우수하여 기존의 적용 공법인 강교, 프리플렉스 거더교의 대안형식

(4) 교량이 유지관리에 제약이 있는 지역에 가설되는 경우

⇒ 철도 과선교, 상수원 보호구역내 교량, 교량하부 통행량이 많은 지역에 가설되는 교량

(5) 유지관리를 위한 통행제한이 어려운 도로상에 가설되는 경우

⇒ 철도 과선교, 고속도로 및 도심지를 관통하는 교량으로 통행량이 많아 통행제한이 어려운 경우

A2.3 신설 연속합성형 교량에 있어 주형의 상승 하강에 의한 프리스트레싱 도입 시공법

A2.3.1 기술의 개요

UDPSC (Up-Down Prestressed Concrete) 거더교는 현장의 제작장에서 단순보 형식으로 제작된 PSC거더를 교대와 교대 또는 교대와 교각에 거치시킨 후 단경간교의 경우는 한쪽 교대와 PSC거더를 연결시키고 반대쪽 이동지점부를 하강시킨 후 바닥판 콘크리트를 타설하고 양생시킨 다음 다시 상승시키며, 연속교의 경우는 연속지점부에서 PSC거더와 거더를 연결시키고 연속지점부에서 연결된 거더를 상승시킨 후 바닥판 콘크리트를 타설하고 양생시킨 다음 하강시킴으로써 거더와 바닥판 콘크리트의 인장부에 압축응력을 추가로 도입시켜 신설 교량의 형고를 감소시키거나 각종 표준도상의 단면에 대해 경간길이를 연장시킬 수 있는 기술이다.

A2.3.2 기술의 구성 및 내용

UDPSC 거더교는 기존의 일반적인 PSC합성거더교와 마찬가지로 설계강도 40 MPa의 콘크리트와 강연선 그리고 압축응력을 도입시키기 위한 설계강도 30 MPa의 바닥판 콘크리트로 이루어진다.

A2.3.2.1 UDPSC 거더교의 설계방법

UDPSC 거더교의 설계방법은 단경간교의 경우 ① 바닥판 콘크리트의 타설 전 PSC거더와 한쪽 교대를 연결하는 단계, ② 연결이 안 된 반대쪽 교대의 이동지점에서 PSC거더를 하강시키는 단계, ③ 바닥판 콘크리트 타설 단계, ④ 바닥판 콘크리트의 양생 후 이동지점에서 다시 PSC거더를 상승시키는 단계에 대해서 설계한다. 연속교의 경우는 ① 바닥판 콘크리트의 타설 전 PSC거더와 거더를 연속지점에서 연결하는 단계, ② 연속지점에서 연결된 PSC거더를 상승시키는 단계, ③ 바닥판 콘크리트 타설 단계, ④ 바닥판 콘크리트의 양생 후 연속지점에서 다시 PSC거더를 하강시키는 단계에 대해서 설계한다.

A2.3.2.2 거더교의 설계절차

<표 A2.3.1> 거더교 설계절차

단계	시공 순서 / 설계 절차	단면 / System
1	Beam 자중 및 긴장 / UDPSC Beam 자중과 긴장에 의한 PS 하중(즉시손실)	비합성/ 정정
2	Beam과 교대 연결 /	비합성/ 정정
3	이동지점 하강 / Beam 지간부 압축응력 추가 도입	비합성/ 정정
4	바닥판 콘크리트 타설 / 바닥판 콘크리트 자중 (장기손실 50% 고려)	비합성/ 부정정
5	이동지점 상승 / 교대와의 연결부 바닥판 콘크리트 압축응력 도입, Beam 지간부 인장응력 발생 장기손실 고려	합성/ 정정
6	추가 고정하중 및 활하중 / 추가 고정하중 및 활하중 작용 Creep, 건조수축에 따른 손실	합성/ 부정정
7	상세설계 / 휨, 전단강도 검토 처짐 검토, 전단연결재 설계, 지점 반력 산정	합성/ 부정정

<표 A2.3.2> 연속 거더교 설계절차

단계	시공 순서 / 설계 절차	단면 / System
1	거더 자중 및 긴장 / UDPSC Beam 자중과 긴장에 의한 PS 하중(즉시손실)	비 합 성 /정정
2	거더와 거더 연결	비 합 성 /정정
3	연속지점 상승 / 거더 지간부 압축응력 추가도입	비 합 성 /정정
4	바닥판 콘크리트 타설 / 바닥판 콘크리트 자중 (장기손실 50% 고려)	비합성/ 부정정
5	연속지점 하강 / 연속지점부 바닥판 콘크리트 압축응력 도입, 거더 지간부 인장응력 발생 장기손실 고려	합성/ 정정
6	추가 고정하중 및 활하중 / 추가 고정하중 및 활하중 작용 크리프, 건조수축에 따른 손실	합성/ 부정정
7	상세설계 / 휨, 전단강도 검토 처짐 검토, 전단연결재 설계, 지점 반력 산정	합성/ 부정정

A2.3.2.3 거더교의 단면 형상

(1) 교대와의 연결부 또는 연속 지점부에서 발생하는 부모멘트에 대응하기 위해 지점부 단면에서 긴장재를 중립축 위로 상향 배치하고 긴장재에 의해 도입되는 압축응력을 최대로 발휘시키기 위해 긴장재의 개수를 최대 3개까지 횡으로 나란히 배치

(2) 상부플랜지의 폭을 1,200 mm로 적용하여 휨응력 및 가설 단계에서 횡좌굴에 대한 저항능력 향상

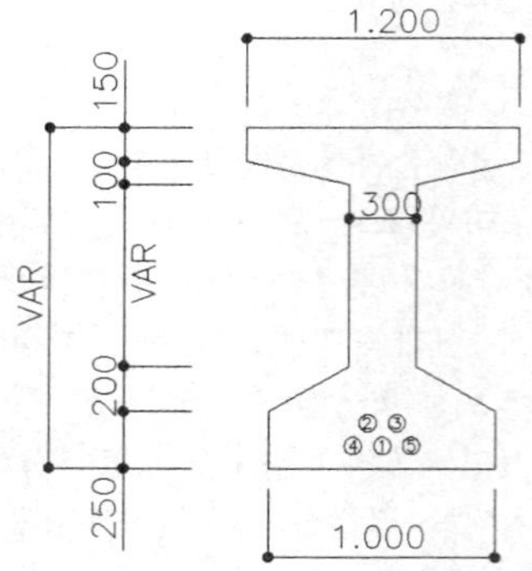

<그림 A2.3.1> 거더 지간부 단면 형상

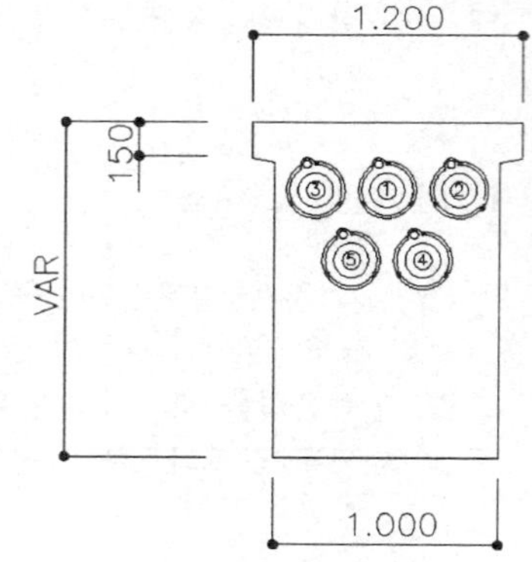

<그림 A2.3.2> 거더 지점부 단면 형상

A2.3.3 기술의 효과

UDPSC 거더교는 기존의 일반적인 PSC거더교의 형식에서 탈피하여 연속교는 물론 단경간교도 부정정 구조물로의 System 전환을 통해 형고를 대폭 낮춤으로서 형하공간 확보가 용이하며 PSC 합성거더교의 장경간(40~50 m)화를 가능하도록 한 공법으로 고가의 공사비가 요구되는 강교나 프리플렉스 거더교의 대안형식으로 적용이 가능한 공법이다.

A2.4 인발성형으로 제작된 3셀 제형 중공단면의 유리섬유 복합소재 프리캐스트 교량 바닥판 설치기술

A2.4.1 기술의 개요

A2.4.1.1 기술의 원리

유리섬유 복합소재 프리캐스트 교량 바닥판은 고강도 유리섬유(Glass Fiber)와 불포화폴리에스터 수지(Unsaturated Polyester Resin)를 인발성형(Pultrusion)방법으로 제작한다.

개개의 인발성형 튜브단면을 접합 연결한 패널(Panel) 형태의 바닥판구조는 거더 교량에 합성 또는 비합성의 방법으로 설치한다.

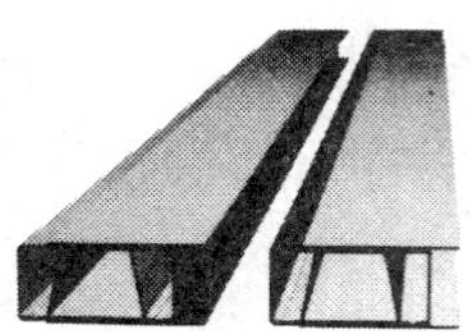

<그림 A2.4.1> 인발성형 튜브단면

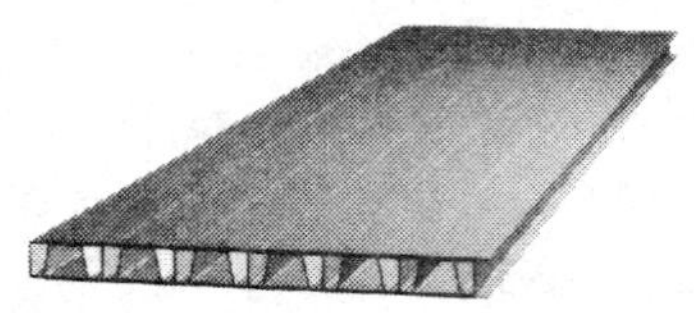

<그림 A2.4.2> 튜브단면을 병렬 접합한 프리캐스트 패널

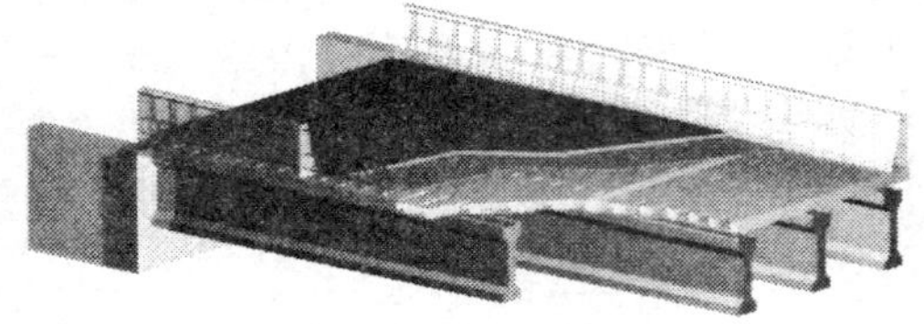

<그림 A2.4.3> 거더 교량에 합성 또는 비합성으로 조립, 설치하는 유리섬유 프리캐스트 교량 바닥판

A2.4.1.2 기술의 특징

유리섬유 복합소재 프리캐스트 교량 바닥판은 경량, 고강도, 고내구성, 친환경성 등의 소재 자체가 보유하고 있는 우수한 특성으로 인해 구조물 설계 시 그 이점을 충분히 반영할 수 있다.

기존의 현장타설공법으로 시공되는 콘크리트 바닥판은 배기가스 영향, 제설제 살포 등의 각종 유해환경에 의해 콘크리트가 심하게 열화되고 철근이 부식되어 내구연한이 20~30년 정도로 현격히 감소되고, 열화된 콘크리트 바닥판은 구조적인 안전성에도 문제가 발생한다. 그리고 열화된 바닥판의 교체비용과 공용시 유지관리비용이 현저히 증대되며, 보수 및 교체공사시 교통통제의 장기화로 인한 시민불편과 간접비용이 크게 부담된다. 또한 콘크리트 바닥판은 과다한 자중으로 인해 하부구조가 상대적으로 커지는 문제점이 있다. 이러한 시공성, 경제성, 유지관리 측면의 문제점 해결이 가능한 유리섬유 복합소재를 이용한 프리캐스트 교량 바닥판이 국내외에서 최근 많이 사용되고 있다.

A2.4.2 설계 적용방법

A2.4.2.1 사용재료

유리섬유 복합소재 프리캐스트 바닥판은 고강도 유리섬유와 불포화 폴리에스터 수지로 구성되는 복합소재를 재료로 한다. 강화재인 유리섬유는 3,500 MPa이상의 인장강도를 보유하고 있어 재료의 기계적 강도를 발휘하도록 하며, 수지재료는 구성하는 재료를 일체로 성형되도록 하는 접착제로서의 역할을 할 뿐만 아니라 내식, 내화학 등의 특성을 보유하고 있어 구조물이 외부 유해환경에 대한 내구성을 가질 수 있도록 한다.

유리섬유는 강화섬유 중 경제성이 양호하여 건설용 복합소재 구조물에서 가장 많이 사용되고 있으며 불포화 폴리에스터 수지는 우수한 내식, 내화학 특성을 보유하고 있다.

A2.4.2.2 적용범위

유리섬유 복합소재 프리캐스트 바닥판은 사장교, 현수교, 아치교, 강판형교, 강상자형교, 프리스트레스트 콘크리트 거더교 등의 거더와 결합시킨 교량 구조물을 대상으로 한다.

<표 A2.4.1> 사용재료의 물성치

항 목	재료성질	
	유리섬유	폴리에스터 수지
섬유직경 (mm)	0.001	-
단위질량 (kg/m^3)	2,570	1,240
인장강도 (MPa)	3,500	-
탄성계수 (MPa)	72,300	3,000
전단탄성계수 (MPa)	30,000	1,220
프와슨비	0.2	0.38

A2.4.2.3 바닥판 설계

복합소재 바닥판의 설계는 허용응력설계법을 적용한다. 도로교설계기준에 따른 허용응력 설계에서 고려되어지는 허용응력 증가계수는 고려하지 않는다.

(1) 복합소재 바닥판의 허용응력

복합소재 바닥판의 허용응력 설계에서는 인발성형 복합소재 구조용 부재에 일반적으로 적용되는 허용응력 설계의 부재강도 대비 안전율을 사용한다. 복합소재의 허용응력에 대한 안전율(F.S)은 EUROCOMP Code (1996), Strongwell사의 Design Manual (1989)에 따라 인장에 대하여 2.5, 압축에 대하여 3.0을 적용한다.

<표 A2.4.2> 복합소재 바닥판 강도/허용응력

구 분	인장강도	압축강도
재료강도 (MPa)	200	200
허용응력 (MPa)	80	65
안전율 (F.S)	2.5	3.0

(2) 복합소재 바닥판의 단면검토

① 교량 횡방향에 대한 복합소재 바닥판의 단면검토는 설계하중(고정하중, 윤하중, 풍하중, 원심하중 등)에 의한 휨에 대하여 바닥판의 상부판 및 하부판의 응력을 부재의 허용응력과 비교하여 검토한다.

② 교량 종방향에 대한 거더와 바닥판 합성단면의 단면검토는 합성단면의 중립축과 휨모멘트로부터 구한 계산응력에 대해 상하부판 허용응력을 이용하여 바닥판 안전성을 검토한다.

③ 복합소재 바닥판의 단면검토시 내부 채움재의 단면보강 효과는 고려하지 아니하고, 순수한 바닥판의 단면특성을 이용하여 검토한다.

(3) 사용성 설계기준

바닥판용 유리섬유 복합소재 패널은 강도는 큰 반면에 상대적으로 탄성계수가 작으므로 강성이 작다. 그러므로 처짐에 대한 사용성 검토가 선행되어야 한다. 사용성 기준은 충격을 포함한 활하중에 의한 바닥판의 처짐으로 평가하며, 거더내측의 경우에는 바닥판 지간에 대해 $L/425$를 처짐에 대한 허용기준으로 규정하고, 캔틸레버부 바닥판에 대해서는 바닥판 지간에 대해 $L/425$을 처짐에 대한 허용기준으로 규정한다. 여기서, L은 주형간 순간격이다.

이 기준은 1996년에 발간된 도로교표준시방서 하중-저항계수편에서 AASHTO LRFD Bridge Design Specifications과 동일한 기준으로 목재 바닥판에 대해 허용처짐을 $L/425$로 규정하고 있다. 이는 강바닥판의 처짐 사용성 기준인 $L/300$보다 더 불리한 기준이다. 복합소재 바닥판의 처짐 사용성은 내측 거더에 대해서 충격을 포함한 활하중에 의한 바닥판 지간의 최대처짐이 $L/425$이하가 되는 기준을 적용하여 평가한다.

A2.5 조립식 프리캐스트 콘크리트 중공 슬래브 교량 시스템(PPC 교량 시스템)

A2.5.1 기술의 개요

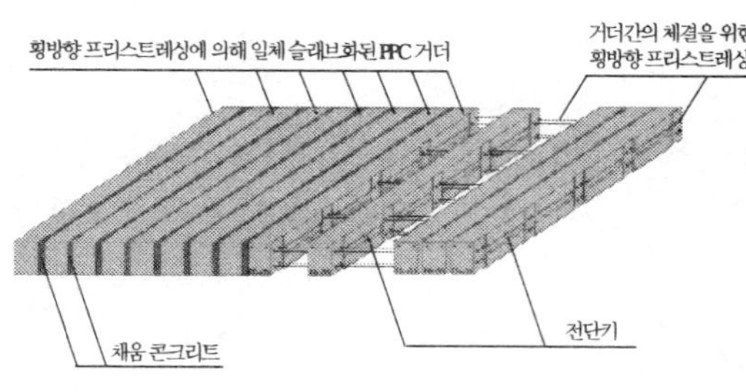

<그림 A2.5.1> 구조개요도

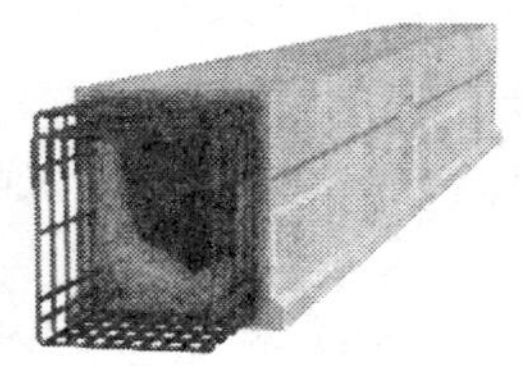

(a) Pretension 방식 (b) Post-tension 방식

<그림 A2.5.2> 거더의 개요도

PPC 교량은 공장에서 제작된 프리캐스트 콘크리트 교량을 현장으로 운반하여 가설 후 횡방향으로 체결하는 교량형식으로 고강도 콘크리트(f_{ck} = 50 MPa)의 사용과 공장제작을 통해 품질관리가 용이하다. 또한, 거더 상면 위에 바로 교면포장이 가능하며, 공기단축, 공사비 절감, 안전한 시공성 및 높은 강성을 가지면서 기존 프리플렉스 교량의 형고비인 1/25이 가능한 공법이다. PPC 교량은 제작 방법에 따라 Pretension 방식과 Post-tension 방식으로 구분될 수 있다.

A2.5.2 교량 설계

PPC 교량의 설계는 일반적으로 설계조건과 시공조건을 검토하여 PPC 거더의 높이를 결정한 후, 바닥판 설계, 종방향 설계, 전단설계, 횡방향 설계 및 PPC 교량의 구조세목과 부속물 설계의 순서로 수행된다.

PPC 교량은 긴장력 도입 시와 사용하중 작용 시 전단면에서 인장력이 발생하지 않도록 설계된다. 거더의 가설이 완료되고 횡방향 긴장력이 가해지면 교량은 하나의 슬래브 거더로 거동하게 되며, 사용하중 작용 시 교축방향 뿐 아니라 교축 직각방향의 작용력에 의해서도 인장응력이 발생하지 않도록 횡방향 긴장력을 결정한다.

상부구조의 설계는 격자해석을 이용하여 시공단계별 해석을 수행하며 크게 합성 전 상태와 횡방향 긴장력을 도입하여 모든 거더가 일체 거동을 하는 합성 후 상태로 구분된다.

A2.5.3 교량 제작 및 가설

PPC 교량은 고강도 콘크리트를 이용하여 공장에서 제작하며 운반상의 이유에 의해 프리텐션 방식과 분절 포스트텐션 방식으로 구분된다.

A2.5.3.1 프리텐션 방식(25 m 이하)

프리텐션으로 제작되는 PPC 교량의 제작 및 시공방법은 <그림 A2.5.3>과 같다.

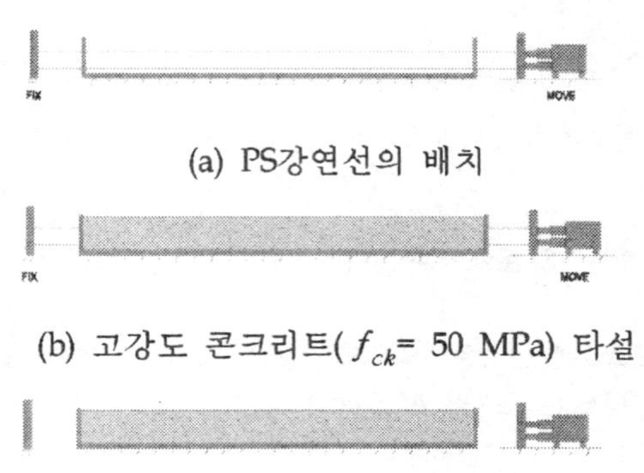

(a) PS강연선의 배치

(b) 고강도 콘크리트(f_{ck}= 50 MPa) 타설

(c) 콘크리트 압축응력 도입

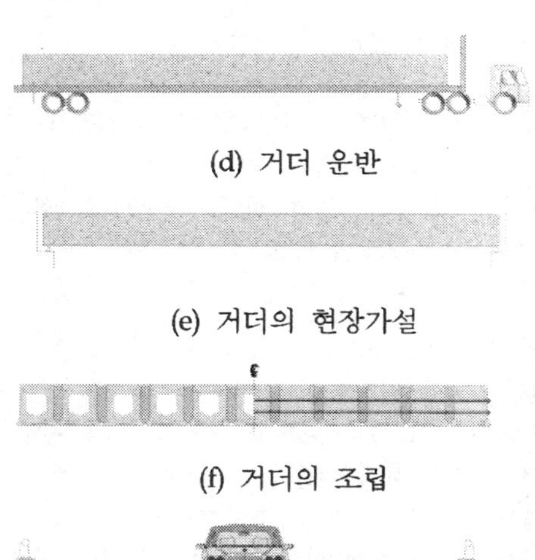

(d) 거더 운반

(e) 거더의 현장가설

(f) 거더의 조립

(g) 교량 완성

<그림 A2.5.3> 프리텐션 교량 시공 순서도

- 제작틀에 PS 강연선을 미리 배치한 후 긴장시스템을 이용하여 긴장
- 긴장력이 도입되어 있는 PS 강연선에 고강도 콘크리트(f_{ck}= 50 MPa)를 타설하여 양생
- 콘크리트가 소요의 압축강도에 도달하면 강연선을 절단하여 콘크리트에 압축응력을 도입
- PPC 거더를 현장으로 운반한 후 운반된 각각의 거더을 나란하게 교대 혹은 교각에 가설
- 가설된 거더와 거더 사이에 채움 콘크리트를 타설하여 양생
- PS 강연선 혹은 강봉을 교축 직각방향으로 체결
- 교면포장 및 방호벽을 시공하여 교량을 완성

A2.5.3.2 포스트텐션 방식(25 m 이상)

포스트텐션으로 제작되는 PPC 교량의 제작 및 시공방법은 <그림 A2.5.4>와 같다.

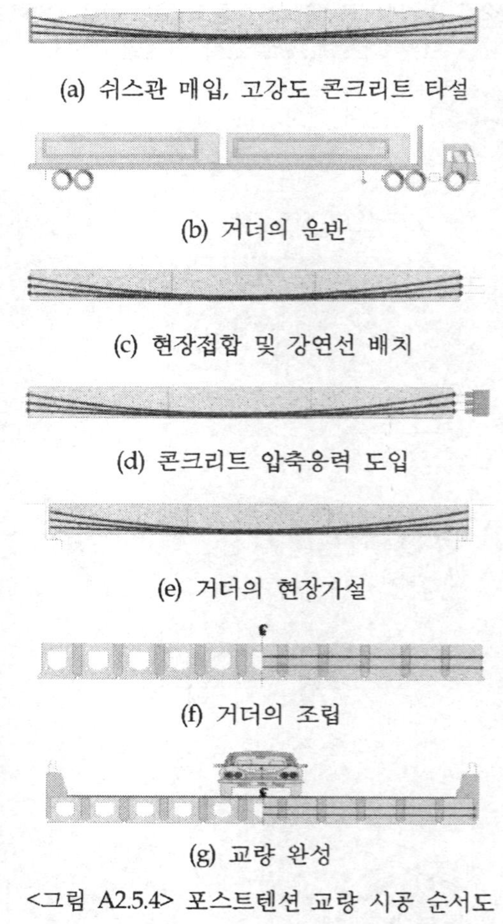

(a) 쉬스관 매입, 고강도 콘크리트 타설

(b) 거더의 운반

(c) 현장접합 및 강연선 배치

(d) 콘크리트 압축응력 도입

(e) 거더의 현장가설

(f) 거더의 조립

(g) 교량 완성

<그림 A2.5.4> 포스트텐션 교량 시공 순서도

- 쉬스관을 매입하고 철근 조립 후 고강도 콘크리트를 타설, 양생하여 거더를 분할제작
- 거더를 가설현장으로 운반한 후 현장에서 거더를 접합하고 강연선을 매입하여 배치
- PS 강연선을 긴장하여 거더에 압축응력을 도입
- 일체화 된 각각의 거더를 나란하게 교대 혹은 교각 위에 가설
- 가설된 거더와 거더 사이에 채움 콘크리트를 타설하여 양생
- PS 강연선 혹은 강봉을 교축 직각 방향으로 체결
- 교면포장 및 방호벽을 설치하여 교량을 완성

A2.6 프리캐스트 콘크리트 바닥판 교량에서 베딩층과 일괄가설 긴장재를 이용한 바닥판 설치기술

A2.6.1 기술의 개요

A2.6.1.1 원리

프리캐스트 콘크리트 바닥판간 이음부에 압축력을 도입하고, 제안된 정적 및 피로 설계식에 의해 등간격으로 배치된 전단연결재, 간격재 및 탄성재를 이용하여 거더와 바닥판의 완전합성을 이루는 프리캐스트 콘크리트 교량 바닥판 설치기술이다.

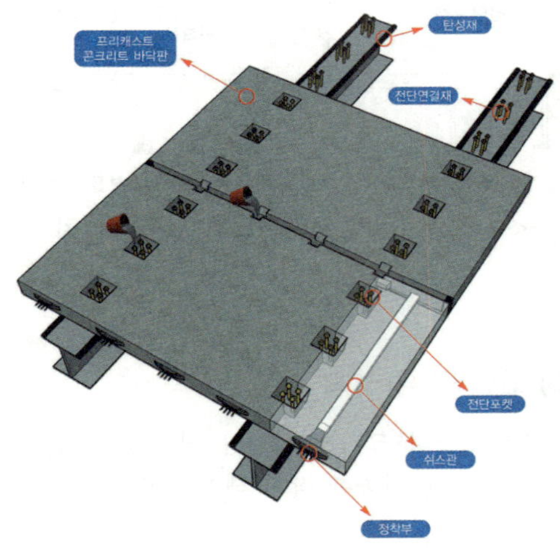

<그림 A2.6.1> 바닥판 개념도

A2.6.1.2 특징

(1) 고품질 바닥판 생산

- 공장에서 제작하여 고강도, 고내구성 실현
- 증기양생으로 초기 건조수축 대폭 감소

(2) 시공생산성 향상

- 기계화 시공 가능
- 철근조립, 거푸집 및 동바리 설치, 양생 등 현장공정을 대폭 생략하여 급속시공 가능
- 기후조건에 관계없는 전천후 현장작업 가능

(3) 경제성 향상

- 하부구조 공사와 바닥판 제작을 병행하므로 전체 공기단축 가능
- 고품질 프리캐스트 콘크리트 바닥판의 사용으로 장수명화 및 생애주기비용 절감

(4) 친환경 시공

- 급속 및 교차시공을 통한 교통체증 최소화
- 거푸집 및 동바리 공정 생략 → 환경오염 요인 감소

A2.6.1.3 적용범위

(1) 공사종류별

- 노후 교량바닥판 교체공사(반복시공 가능)
- 신설교량공사

(2) 교량형식별

- 플레이트거더교, 개구제형 강합성교, 소수거더교, PSC 합성거더교, 사장교 등

A2.6.2 기술의 구성 및 내용

A2.6.2.1 기술의 구성

(1) 바닥판간 합성

- 채움재 충전, 교축방향 프리스트레스 도입

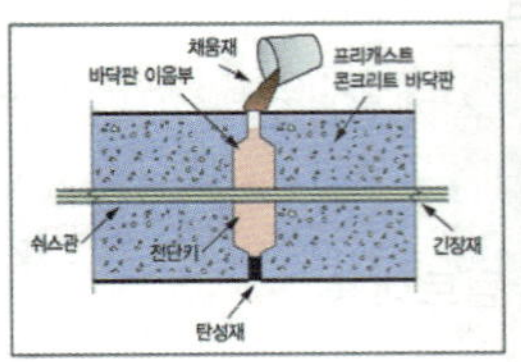

(2) 바닥판과 거더간 합성

- 전단연결재 설치, 전단포켓에 채움재 충전

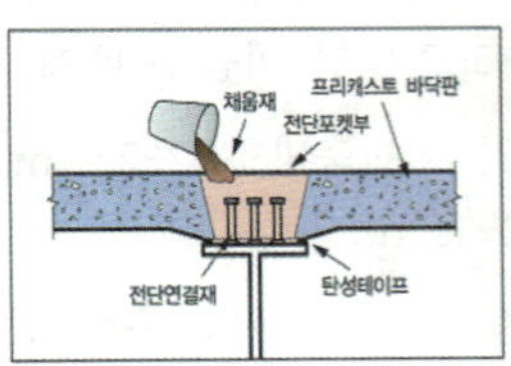

(3) 바닥판 긴장시스템

- 사용하중 하에서 이음부에 인장력이 발생하지 않는 수준의 프리스트레스 도입

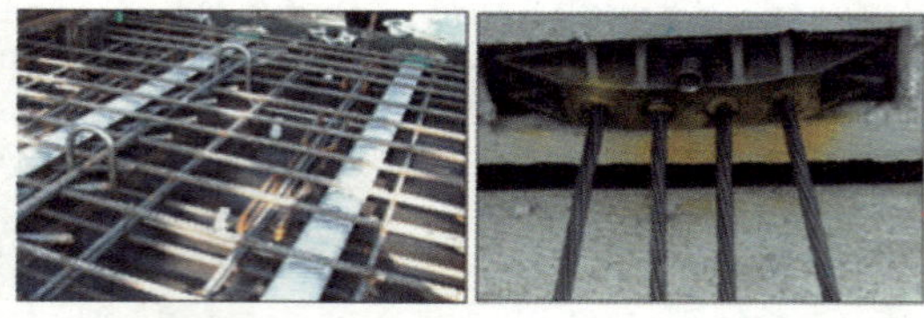

A2.6.2.2 프리캐스트 바닥판 설계절차

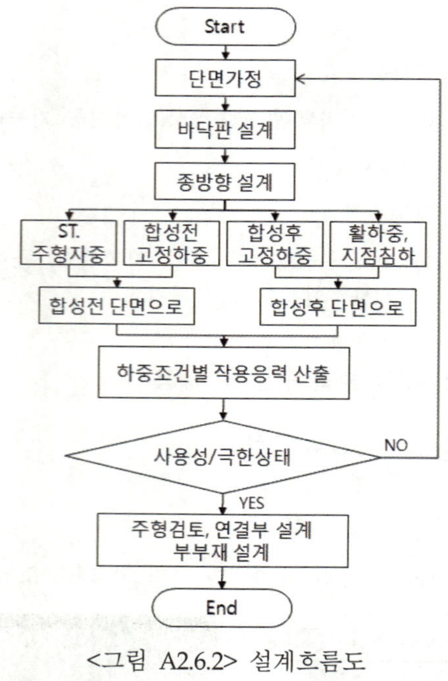

<그림 A2.6.2> 설계흐름도

A2.6.2.3 설계 시 주요 검토내용

(1) 프리캐스트 바닥판의 배치

- 프리캐스트 바닥판의 수송이나 가설에 지장이 없는 한도 내에서 교축방향 이음부 배제
- 일반적인 바닥판 크기 : 교축방향 2~2.5 m, 교축직각방향 보통 12~15 m
- 교축방향 이음부 설치 시 이음부가 주형 위에 위치하도록 배치

(2) 교축방향 프리스트레스의 설계

- 합성 후 사하중, 활하중 및 온도차를 고려한 사용하중 하에서 바닥판간 이음부에 발생하는 인장응력을 산정한다.
- 산정된 인장응력을 상쇄시킬 수 있는 압축응력을 도입할 수 있도록 유효 교축방향 프리스트레스의 크기를 결정한다.

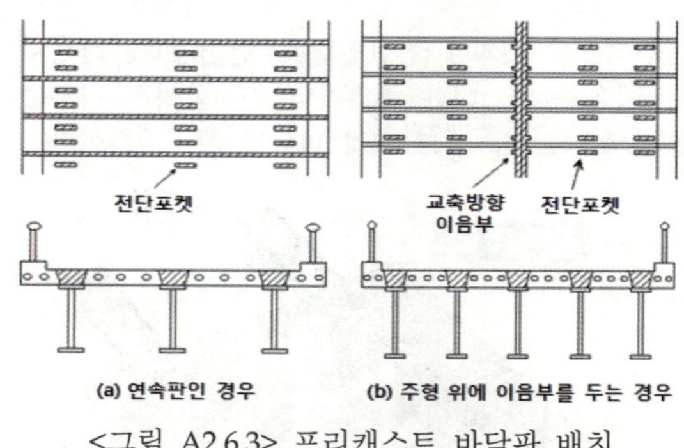

<그림 A2.6.3> 프리캐스트 바닥판 배치

(3) 전단포켓의 구조

- 전단포켓의 크기는 시공상 필요한 크기를 고려한 뒤에 가능한 작게 해야 한다.

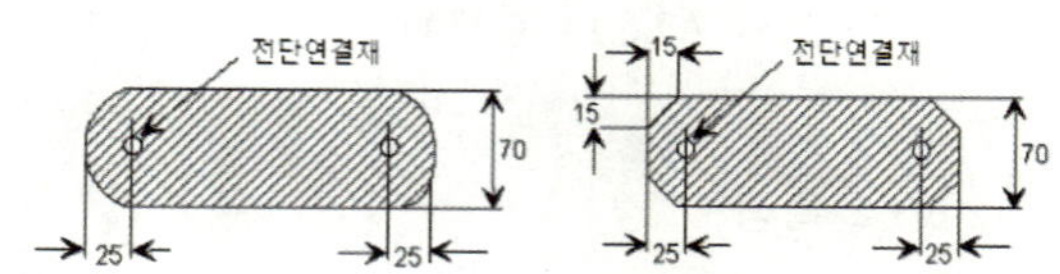

<그림 A2.6.4> 전단포켓의 표준형상 및 치수

(4) 전단연결재의 설계

- 전단연결재는 각종 하중의 조합에 의한 강주형과 바닥판 콘크리트 사이의 전단력이 최대가 되는 경우에 대해서 설계하는 것으로 한다. 전단연결재의 설계는 허용전단력에 대한 규정과 피로설계 규정을 적용한다.

A2.7 I형상의 강재로 구속된 프리스트레스트 콘크리트 충전 합성거더(SCP합성거더)의 시공기술

A2.7.1 기술의 개요

A2.7.1.1 기본원리

SCP합성거더는 <그림 A2.7.1>에 나타낸 바와 같이 지점부는 사각단면을, 거더 중앙부는 I-형상의 강재로 제작하여 거더 내부에 쉬스관을 설치하고, 프리스트레스트 콘크리트를 타설·충전시켜 완전 일체화한 새로운 개념의 교량형식으로 제작 및 시공과정은 강교 및 PSC 합성거더 시공방법과 유사하다.

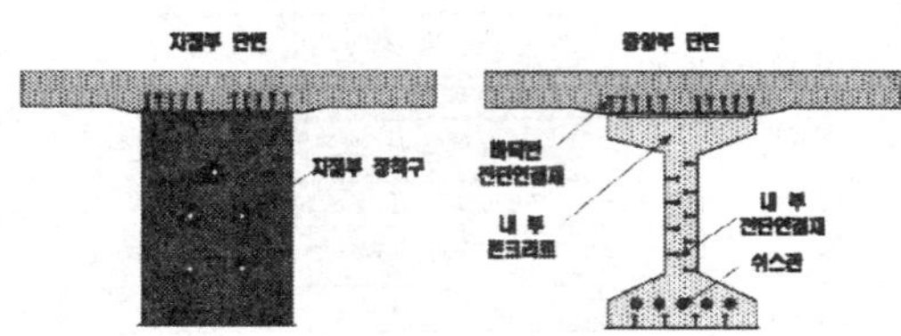

<그림 A2.7.1> 강합성거더 단면

또한 거더 외부 구조가 강재로 제작되어 철근가공·조립·검측 및 거푸집 시공이 필요 없어 콘크리트 타설 등 현장품질 관리가 용이하며, 기존 강교, PSC 합성거더 및 프리플렉스 거더와는 달리 동일 형고 대비 거더의 강성이 크므로 거더형고를 최소화할 수 있다.

A2.7.1.2 교량형식의 특징

(1) 교량형식별 공법비교

가. SCP합성거더교 vs 프리플렉스 거더교

① SCP합성거더교는 동일경간장에 대한 형고비가 프리플렉스 거더교에 비해 작으며, 진동폭 및 처짐율이 작다.

② 프리플렉스 거더교는 형고를 줄이기 위해 압축부 및 인장부에 사용강재를 증가시켜 비경제적인 반면, SCP합성거더는 압축부 및 인장부의 발생 단면력을 프리스트레스로 제어할 수 있으므로 경제적이다.

나. SCP합성거더교 vs PSC 합성거더교

① PSC 합성거더는 강성은 우수하나, 경간장이 30 m이내로 제한적인 반면, SCP합성거더는 효율적인 단면강성 및 프리스트레스에 의해 장경간화가 가능하다.

② PSC 합성거더교는 공사비가 저렴한 장점은 있으나, 구조형식 조건에 따른 하부구조 시공이 난해해 현장 하부공사비가 증가 할 수 있다.

(2) 교량 형식별/지간장별 형고비교

<표 A2.7.1> 교량 형식별/지간장별 형고 비교

(단위 : m)

구 분	35	40	45	50	55	60	65
PSC 거더	2.20		-	-	-	-	-
프리플렉스 거더	1.60	1.90	2.10	-	-	-	-
REPREFLEX 거더	1.60	1.90	2.10	-	-	-	-
강박스거더	-	-	2.20	2.50	2.70	3.00	-
IPC 거더	1.90	2.30	2.60	-	-	-	-
SCP 거더	-	-	1.60 ~ 1.70	1.70 ~ 2.00	1.80 ~ 2.25	1.85 ~ 2.65	2.15 ~ 2.80

A2.7.2 기술의 구성 및 내용

A2.7.2.1 사용재료

1) 콘크리트

- 바닥판 f_{ck} = 27 MPa

  E_c = 24,000 MPa

- SCP거더 f_{ck} = 40 MPa

  E_c = 28,000 MPa

2) 강재

- SM490B f_{sa} = 190 MPa

  τ_{ca} = 110 MPa

  E_{ss} = 210,000 MPa

- SM400B f_{sa} = 140 MPa

  τ_{ca} = 80 MPa

  E_{ss} = 210,000 MPa

A2.7.2.2 설계원리

<표 A2.7.2> 단계별 응력도

단계	재 하 상 태	저항단면	발생응력 강재거더	발생응력 바닥판 con'c / 거더 con'c	누계응력 강재거더	누계응력 바닥판 con'c / 거더 con'c
1	강재거더 제작 완성		압축 (−)	인장 (+)	압축 (−)	인장 (+)
2	거더 콘크리트 타설					
3	PS 강재 긴장 직후					
4	거더 콘크리트의 초기 크리프 및 건조수축					
5	바닥판 콘크리트 및 가로보 하중					
6	합성후 추가 고정하중					
7	바닥판 및 거더 콘크리트의 크리프 및 건조수축					
8	활하중					

A2.7.2.3 설계절차

SCP합성거더교의 설계절차는 <그림 A2.7.2>를 참고한다.

A2.7.3 기술의 효과

(1) 경제적 측면

장기적인 고내구성 확보로 유지관리 효율성을 증진시킴과 동시에 블록화시공에 의한 고품질 현장시공 및 공기단축이 가능하다.

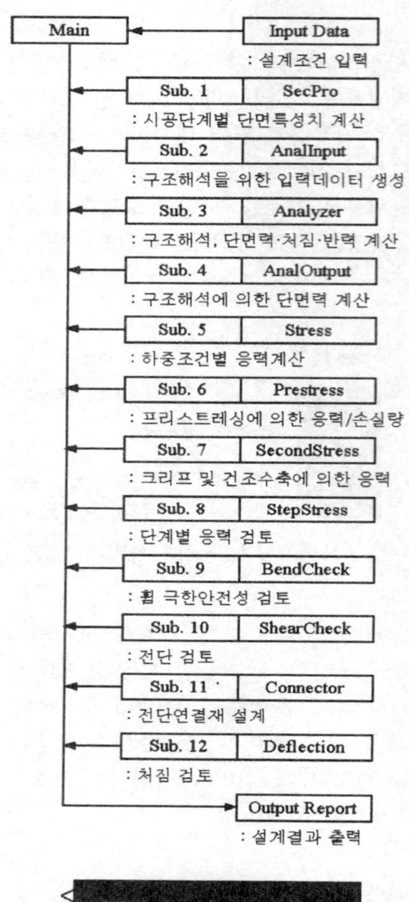

(2) 기술적 측면

장경간화에 따른 교각개소수의 최소화 및 다리밑 공간확보에 유리함.

(3) 사회/문화적 측면

교차조건에 따른 입체교차로 확대와 교량건설시 교통차단 및 공용 중 교통사고 유발의 최소화.

A2.8 PSC I형 거더의 상연에 강판을 매설하고, 부모멘트 구간에 강판 및 강선을 연결한 교량의 연속화 공법

A2.8.1 기술의 개요

본 기술(PSC e-Beam)은 PSC 합성거더의 상연에 전단연결재가 부착된 강판(Steel Plate)을 일부 구간 혹은 전 구간에 매설하여 제작하고, 거더 연결부(부모멘트 구간) 이음부 상연(인장부)에 철근, 강판, 콘크리트, PS긴장재 등의 구성으로 교량을 가설하는 공법이다.

A2.8.1.1 원리 및 특징

① 경간 중앙부 강판 배치

본 기술은 거더의 중앙부 상면에 강판을 배치하여 거더의 강성 증대와 더불어, 거더 횡단면 도심의 상향 이동으로부터 PS긴장재의 편심거리를 향상시켜 저항모멘트 증대 효과의 원리를 적용하였다.

② 내측 지점 연결부

본 기술의 내측 지점 연결부는 철근, 콘크리트, 강판 그리고 PS긴장재 등 구조용 재료의 통합적 사용으로 완전 강결 구조로 구성된다. 슬래브 타설 이후 내측 지점 연결구간 긴장작업을 실시하여 슬래브에 압축력을 도입하여 내구성 및 사용성을 확보하였다.

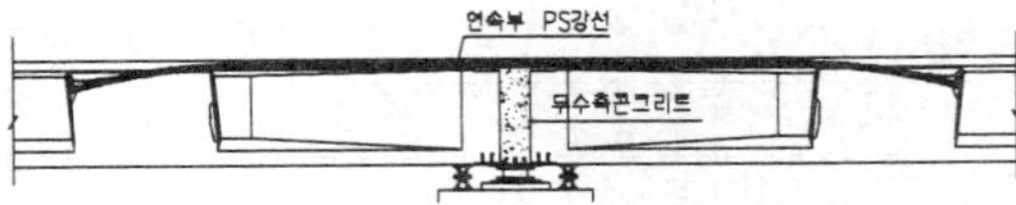

<그림 A2.8.2> PSC 거더 내측지점연결부

③ 유지보수용 정착장치

거더를 제작할 때, 유지 관리용 정착장치와 쉬스관을 별도로 매립하여 교량 완공후 사용시, 추가 긴장이 필요한 때 강선 삽입 후 긴장을 할 수 있어 효율적인 유지관리를 도모할 수 있도록 하였다.

A2.8.1.2 적용범위

본 기술은 도로 횡단 및 하천 통수단면 제약, 형고 제약, 경제성 및 시공성 측면이 고려되는 경간장 30~45 m의 단경간, 연속경간 교량 등에 적용되는 교량이다.

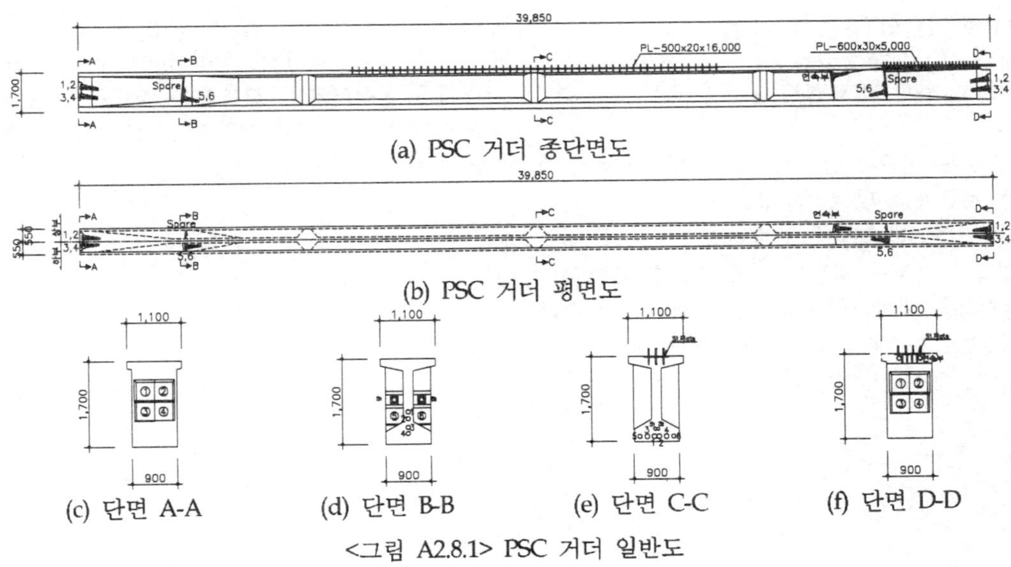

(a) PSC 거더 종단면도

(b) PSC 거더 평면도

(c) 단면 A-A (d) 단면 B-B (e) 단면 C-C (f) 단면 D-D

<그림 A2.8.1> PSC 거더 일반도

<표 A2.8.1>에는 본 기술의 적용 경간별 형고를 나타내고 있다.

<표 A2.8.1> PSC 거더 형고

구 분 / 경간(m)	PSC 거더 형고(m)	
	표준형	저형고형
30	1.30	1.10
35	1.50	1.30
40	1.70	1.50
45	2.00	1.70

특히, PSC 합성거더교로써 교량의 최적 경간 설계 즉, 동일 형고로써 부등경간의 설계가 가능하여 그 적용성이 매우 우수한 장점을 가지고 있다.

<표 A2.8.2> PSC 거더 최적 경간 구성

구분	제1경간 (*L1*)	제2경간 (*L2*)	제3경간 (*L1*)	적용 형고
	표준형	저형고형	표준형	
경간 구성	35 m	40 m	35 m	1.5 m
	40 m	45 m	40 m	1.7 m

A2.8.2 기술의 구성 및 내용

A2.8.2.1 PSC 거더 설계

본 기술은 기존의 일반적인 PSC 합성거더에 적용되는 사용재료 및 설계기준, 설계방법을 근간으로 하여 설계 및 해석을 수행하였다. 특히, 내측 지점연속부 검토는 별도의 설계 검토를 수행하여 그 안전성을 확보하였으며, 크리프와 건조수축의 산식은 도로교설계기준, 도로설계편람 제5편 교량을 근거로 하여 산출하였다.

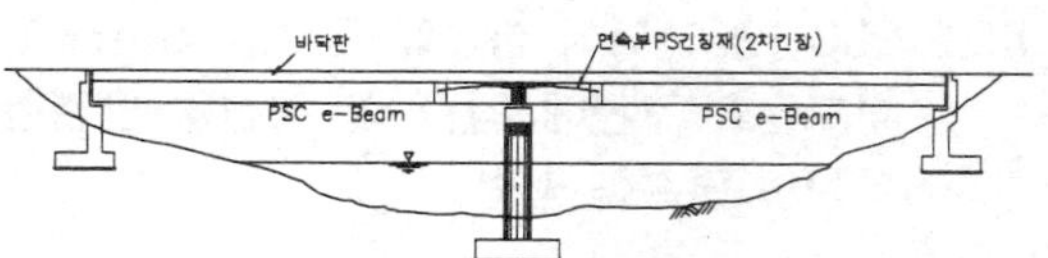

<그림 A2.8.3> 내측지점 연속부 긴장작업

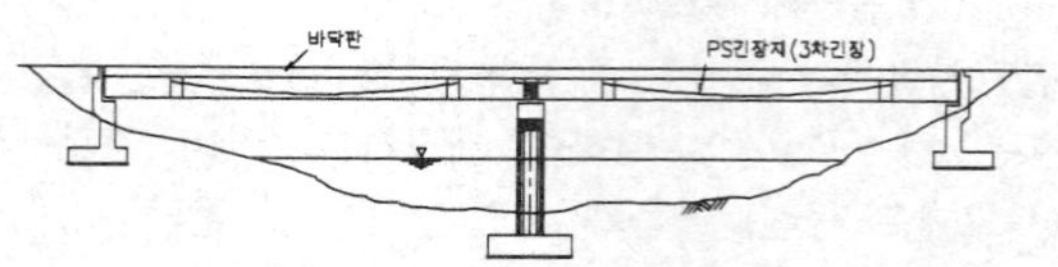

<그림 A2.8.4> 경간중앙부 추가 긴장작업

A2.8.2.2 내측 지점연속부의 설계

기존의 일반적인 PSC 합성거더의 연속교와는 다른 교량 받침 1개의 완전한 강결구조의 연속교이므로 거더의 연결부에 대한 설계에 있어서 시공단계별 검토를 수행하여야 한다. 이는 RC구조에서 PSC구조로의 전환 시점이 발생하므로 이에 대한 검토로써 그 안전성을 확보하도록 한다.

A2.8.3 기술의 효과

기존의 일반적인 PSC 합성거더의 경간과 형고의 한계로부터, 본 기술은 낮은 형고로써 장경간 구성이 가능하며, PSC 합성거더의 완전한 연속구조계를 형성시키고, 별도의 유지보수장치로써 매우 효율적이고 경제적인 유지관리 기법을 제공하는 교량 가설 공법이다.

참고문헌

- **국내문헌**(가나다순)

강교량의 설계단계 LCC분석 실무지침(안) 및 매뉴얼, 건설교통부, 2005

강도로교상세부설계지침, 건설교통부, 2006

고속도로교량의 내진설계지침, 한국도로공사, 1997

고속도로교량의 내진설계편람, 한국도로공사, 2000

공공교통시설 개발사업에 관한 투자평가지침, 건설교통부, 2002

교대·교각 재료강도 설계기준 검토, 한국도로공사, 2005

구조물기초설계기준, 건설교통부, 2002

국도건설공사설계실무요령, 건설교통부, 2005

국도설계업무매뉴얼, 건설교통부, 2007

깊은기초, 한국지반공학회, 2002

다발철근의 적용성 검토, 한국도로공사, 2005

도로교설계기준, 건설교통부, 2005

도로교표준시방서, 건설교통부, 2005

도로교하부구조설계요령, 건설교통부, 1997

도로설계요령 제3권 교량, 한국도로공사, 2001

도로설계편람 제5편 교량, 건설교통부, 2000

도로시설 및 설계기준 개선 방안 연구, 최종보고서, 건설교통부, 2003

도로의 구조·시설기준에 관한 규칙, 1999

도로의 구조·시설기준에 관한 규칙-해설 및 지침, 건설교통부, 2000

세장한 장주 상세설계 잠정기준, 한국도로공사, 2004

소수거더교여유도설계가이드, 한국전산구조공학회, 2006

소수주거더교 설계 합리화 방안, 한국도로공사, 2006

수해예방을 위한 산악지 도로설계 매뉴얼, 건설교통부, 2007

아름다운교량설계, 한국도로공사, 1994

얕은기초, 한국지반공학회, 1997

유지관리를 고려한 교량의 설계 및 시공지침, 건설교통부, 2001

FRP 복합재료 보강재 개발 및 이를 활용한 콘크리트 구조물 건설기술 개발, 최종보고서, 한국건설기술연구원, 2008

중소하천 교량의 홍수시 구조안전에 관한 설계 및 유지관리지침 작성 연구, 최종보고서, 행정자치부, 2000

철근콘크리트, 신현묵, 문제길, 동명사, 1991

철도교설계기준(철도교편), 건설교통부, 2004

철도설계편람, 대한토목학회, 2004

최신교량공학, 황학주, 동명사, 1994

케이블강교량설계지침, 대한토목학회, 2006

콘크리트교량 가설 특수공법 설계·시공·유지관리 지침, 건설교통부, 1994

콘크리트구조설계기준, 건설교통부, 2007

탄성받침 개선방안 검토, 한국도로공사, 2005

포항산업과학연구원, 강재교각설계요령, 1998

프리스트레스트 합성 트러스 거더를 이용한 합성 교량의 설계 및 시공, 기술기사, 한국강구조학회지 Vol. 15, 2003

풍수해 방재시설기준 제정에 관한 기초연구(Ⅰ), 국립방재연구소, 1999

풍수해 방재시설기준 제정에 관한 기초연구(II), 국립방재연구소, 2000

PSC 박스거더교 설계선진화를 통한 물량절감 및 품질향상방안 수립, 최종보고서, 건설교통부, 2004

핑거조인트 설계기준 및 개선방안 검토, 한국도로공사, 2004

하천설계기준, 건설교통부, 2002

하천설계기준·해설, 건설교통부, 2005

한국토목사 제4편 교량, 대한토목학회, 2001

홍수로 인한 교량 하부구조의 손상평가에 관한 기초 연구, 국립방재연구소, 2004

홍수피해 방지를 위한 중소규모교량 설계지침, 행정자치부, 2002

- **외국문헌(알파벳순)**

A method of managing floating debris, Saunders, S. and Oppenheimer, M.L., Proc., ASCE National Hydraulics Conference, San Francisco, California, U.S.A., pp. 1373-1378, 1993

AASHTO LRFD Bridge Design Specifications, AASHTO, SI Units, 4th Edition, 2007

Allowable Settlement of Structures, Bjerrum, L., Proceedings, 3rd European Conference on Soil Mechanics and Foundation Engineering, Wiesbaden, Vol. 2, pp. 135~137, 1963

Bearing Capacity and Settlement of Pile Foundation, Meyerhof, G.G, Journal of the Soil Mechanics and Foundations Division, ASCE, Vol. 102, No. GT3, pp. 197~228, 1976

Bending of beams resting on isotropic elastic Solid, Vesic, A.S, Journal of the Soil Mechanics and Foundations Division, ASCE, Vol. 87, pp. 35~53, 1961

Canadian Foundation Engineering Manual, Canadian Geotechnical Society, 1992

Canadian Highway Bridge Design Code, 2007

Design on Pile Foundation, Vesic, A.S., National Cooperative Highway Research Program Synthesis of Practice No. 42, TRB, 1977

Effect of debris rafting on local scour at bridge piers, Dongol, D.M.S., Report No. 473, School of Engineering, the University of Auckland, Auckland, New Zealand, 1989

Embankments on Soft Ground, Bjerrum, L., Proceedings, 3rd European Conference on Performance of Earth and Earth - Suppported Structures, Layfayette, Vol. 2, pp. 1~54, 1972

Evaluating scour at bridges, Richardson, E.V. and Davis, S.R., Hydraulic Engineering Circular No.18 (HEC-18), 4th Ed., Rep. No. FHWA NHI 01-001, Federal Highway Administration, Washington, D.C, 2001

Evaluation of Shear Lag Parameters for Beam-to-Column Connections in Steel Piers, Hwang, W.S., Kim, Y.P., and Park, Y.M., Structural Engineering and Mechanics, Vol. 17, No. 5, pp. 691-706, 2004

Foundation Analysis and Design, Bowles, J.E., McGraw-Hill Book Co., New York, 4th Edition, 1988

Foundation Engineering, Peck, R.B., Hanson, W.E. and Thornburn, T.H., John Wiley and Sons, Second Edition, 1974

Foundations on Rock, Duncan C. Wyllie, E & FN SPON, 1999

Geotechnical Engineering Analysis Evaluation, Hunt, R.E., McGraw-Hill Book Co, New York, 1986

Influence of Foundation Size on Settlement, Bond, J.E., Geotechnique, Vol. 11, No. 2, pp. 121~143, 1961

Improved Strain Influence Factor Diagrams, Schmertmann, J.H., and Hartman, J.P., Journal of the Geotechnical Engineering Division, ASCE, Vol. 104, No. 104, pp. 1131~1135, 1978

Interpretation and Application of Pressuremeter Test Results, Menard, L.F., Sols-soils, Paris, Vol. 26, pp. 1~23, 1975

Introduction to Rock Mechanics, Richard E. Goodman, John Wiley and Sons, Second Edition, 1980

Lateral resistance of piles in cohesionless soils, Broms, B.B, Journal of the Soil Mechanics and Foundation Division, ASCE, Vol. 90, SM3, pp. 123~156, 1964

Lateral resistance of piles in cohesive soils, Broms, B.B, Journal of the Soil Mechanics and Foundations Division, ASCE, Vol. 90, SM2, pp. 27~63, 1964

Local scour at bridge abutments, Melville, B.W., Journal of Hydraulic Engineering, ASCE, Vol. 118, No. 4, pp. 615-630, 1992

NAVFAC DM-7.2, Foundation and Earth Structures, Department of the Navy, Naval Facilities Engineering Command, 1982

Pile Foundation Analysis and Design, Poulos H.G. and Davis E.H., John Wiley and Sons, Inc., 1980

Precast Prestressed Concrete Bridge Design Manual, PCI (Precast Prestressed Concrete Institute), 2004

Process of debris accumulation on bridge piers, McClellan, A.K., M.Eng. Thesis, University of Louisville, Kentucky, 1994

Regle pour le Calcul de la Force Portante et du Tassement des Foundations en Fonction des Resultats Pressiometri ques, Menard, L., Proceedings 6th ICSMFE, Montreal, Vol 2., pp. 295~299, 1965

Settlement Analysis, Department of the Army, U.S. Army Corps of Engineers, 1990

Shallow Foundations, Meyerhof, G.G, Journal of the Soil Mechanics and Foundations Division, ASCE, Vol. 91, SM2, pp. 21~31, 1965

Standard Specification for Highway Bridges, AASHTO, 16th Edition, 1996

The Pressuremeter and Foundation Engineering, Baguelin, F., Je'ze'quel, J.F and Shields, D.H., Trans Tech publications, P. 617, 1978

Theory and Design of Bridges, Xanthakos, P. P., John Wiley & Sons, 1994

Use of In Situ Tests for Foundation Design in Clay, Aas, G., Lacasse, S., Lunne, I., and Hoeg, K., Proceedings, In Situ '86, ASCE, pp. 1~30, 1986

鋼製ラーメン橋脚の設計と解説, 河井章好, 古川紀, 林秀侃, 1979

橋梁の基礎, 建設圖書, 2000

道路橋設計便覧, 日本道路協會, 2000

道路橋 示方書・同解說, 日本道路協會, 1994

道路橋示方書/同解說, 日本道路協會, 2002

設計基準 第2部 構造物設計基準(橋梁編), 阪神高速道路公團, 1990

鋼製ラメン橋脚の設計と解說, 理工圖書

奥村敏惠, 石澤成夫, 薄板構造ラーメン隅角部の應力計算について, 日本土木學會論文集, 日本土木學會, 第153號, 1968

降雨に對する地盤と土木構造物の防災診斷, 岡田 勝せ, 山海堂, 1995

찾아보기

연구/집필진

연구기관 : 한국건설기술연구원
연구책임자 : 책임연구원 김형열

• 분야별 연구/집필진

책임 집필분야	직 급	성 명	원소속	이메일
총론	책임연구원	김형열	한국건설기술연구원	hykim1@kict.re.kr
설계절차, 기본계획	책임연구원	황윤국	한국건설기술연구원	ykhwang@kict.re.kr
조사, 설계기본사항	연구원	박경훈	한국건설기술연구원	paul@kict.re.kr
경제성 검토방법	객원연구원	최영민	자람기술	choijaram@jaram-tech.com
강교 설계	책임연구원	김정호	한국건설기술연구원	jhkim@kict.re.kr
	연구원	이상윤	한국건설기술연구원	sylee@kict.re.kr
플레이트거더교	객원연구원	김선일	진우엔지니어링	ksi11997@hanmail.net
박스거더교	객원연구원	김명철	진우엔지니어링	mckimsoc@paran.com
소수거더교	객원연구원	조경식	디엠엔지니어링	drchoks@dm-eng.com
철근콘크리트교 설계	책임연구원	김형열	한국건설기술연구원	hykim1@kict.re.kr
	연구원	주봉철	한국건설기술연구원	bcjoo@kict.re.kr
슬래브교, 라멘교	객원연구원	안광수	동호	ksahn@dongho.co.kr
PSC교 설계	선임연구원	박성용	한국건설기술연구원	sypark@kict.re.kr
합성거더교	객원연구원	조현준	동양알피에프산업	hyunjoon99@naver.com
박스거더교(FSM)	객원연구원	오명석	서영엔지니어링	msoh@seoyeong.co.kr
박스거더교(ILM, FCM)	객원연구원	박정호	코비코리아	jhpark@cowi.co.kr
하부구조 설계	선임연구원	이영호	한국건설기술연구원	lyh205@kict.re.kr
교대	객원연구원	신영각	경동기술공사	twindol@hanafos.com
콘크리트교각	객원연구원	엄영호	동명기술공단	eomyh7@naver.com
강교각	객원연구원	황원섭	인하대학교	hws@inha.ac.kr
기초	객원연구원	김용진	나우이엔지	geosolve@msn.com
세굴방호공	책임연구원	곽기석	한국건설기술연구원	kskwak@kict.re.kr
선박충돌 방호공	객원연구원	조경식	디엠엔지니어링	drchoks@dm-eng.com
내진설계, 부속장치	선임연구원	곽임종	한국건설기술연구원	kwakim@kict.re.kr
	객원연구원	엄영호	동명기술공단	eomyh7@naver.com
	객원연구원	조해진	테크스타코리아	chj91@snu.ac.kr

기술자문위원(가나다 순)

한국도로공사	곽석환	포항산업과학연구원	성택룡
디엠엔지니어링	김우종	지아이에프	원대연
한국종합기술공사	김창교	수성엔지니어링	유원희
건화엔지니어링	김충식	고려대학교	이우진
경동기술공사	김해수	청석엔지니어링	이원철
용마엔지니어링	남 인	씨티씨	이희현
태조엔지니어링	민영택	한국도로공사	전한철
삼보기술단	박명균	삼성물산	조천환
도로교통연구원	박찬민	건국대학교	하동호
비엔에스엔지니어링	변형균	경희대학교	황의승

개정심의위원(가나다 순)

도로교통연구원	길홍배	에스큐엔지니어링	박윤제
에스코컨설턴트	김승렬	동호	변윤주
경동기술공사	김영수	한국시설안전공단	이상철
국립방재연구소	박병철	건국대학교	하동호

참여진

국토해양부

도로정책관	이재홍
간선도로과장	김일평
시설사무관	허 용
주무관	김해동

도로설계편람 제5편 교량

■ 발간등록번호 / 11-1611000-000057-14

■ 발 행 일 / 2008.12.

■ 발 행 처 / 국토해양부

■ 보 급 처 / 한국건설기술연구원

경기도 고양시 일산서구 대화동 2311

정보전산실 : 031) 910-0081~2

■ 위탁판매처 / 도서출판 건설정보사

서울특별시 용산구 갈월동 70-9

TEL : 02) 717-3396~7

FAX : 02) 717-3398

등록번호 : 제03-1122호

ISBN 978-89-6295-012-0 93530 값 40,000